ZHE JIANG SHENG JIAO TONG ZHI

浙江省交通志

（远古~2010年）

上册

《浙江省交通志》编纂委员会 编

图书在版编目(CIP)数据

浙江省交通志/《浙江省交通志》编委会编. --
北京:人民交通出版社股份有限公司,2016.10
ISBN 978-7-114-12829-5

Ⅰ. ①浙… Ⅱ. ①浙… Ⅲ. ①交通运输业-概况-浙江省 Ⅳ. ①F512.755

中国版本图书馆 CIP 数据核字(2016)第 034448 号

书　　名:浙江省交通志（远古~2010年）
著 作 者:《浙江省交通志》编纂委员会
责任编辑:韩亚楠　崔　建　陈　鹏
出版发行:人民交通出版社股份有限公司
地　　址:(100011) 北京市朝阳区安定门外外馆斜街3号
网　　址:http://www.ccpress.com.cn
销售电话:(010) 59757973
总 经 销:人民交通出版社股份有限公司发行部
经　　销:各地新华书店
印　　刷:杭州地质印刷有限公司
开　　本:787×1092　1/16
印　　张:89
字　　数:2090千
版　　次:2016年10月　第1版
印　　次:2016年10月　第1次印刷
印　　数:1500册
书　　号:ISBN 987-7-114-12829-5
定　　价:350.00元（上、下册）

省公路交通图

2010年高速公路里程一览表

名称	里程（公里）
合计	3383
杭甬高速公路	145
沪杭高速公路	103
甬台温高速公路	357
杭州绕城公路	123
上虞至三门高速公路	142
杭宁高速公路	99
杭金衢杭州至衢州	289
金丽温高速公路	237
甬金高速公路	184
杭千高速（含龙游、千岛湖支线）	190
乍嘉苏高速公路	54
杭州萧山机场公路	19
杭徽高速公路	114
龙丽丽龙高速公路	222
申苏浙皖高速公路	88
台金高速公路	128
杭长高速公路	19
申嘉湖高速公路	142
宁波绕城公路	86
杭州湾大桥北岸连接线	25
杭州湾大桥南岸连接线	57
杭浦高速公路	112
杭州湾跨海大桥	36
黄衢南高速公路	160
温州绕城高速北线	27
诸永高速公路	225

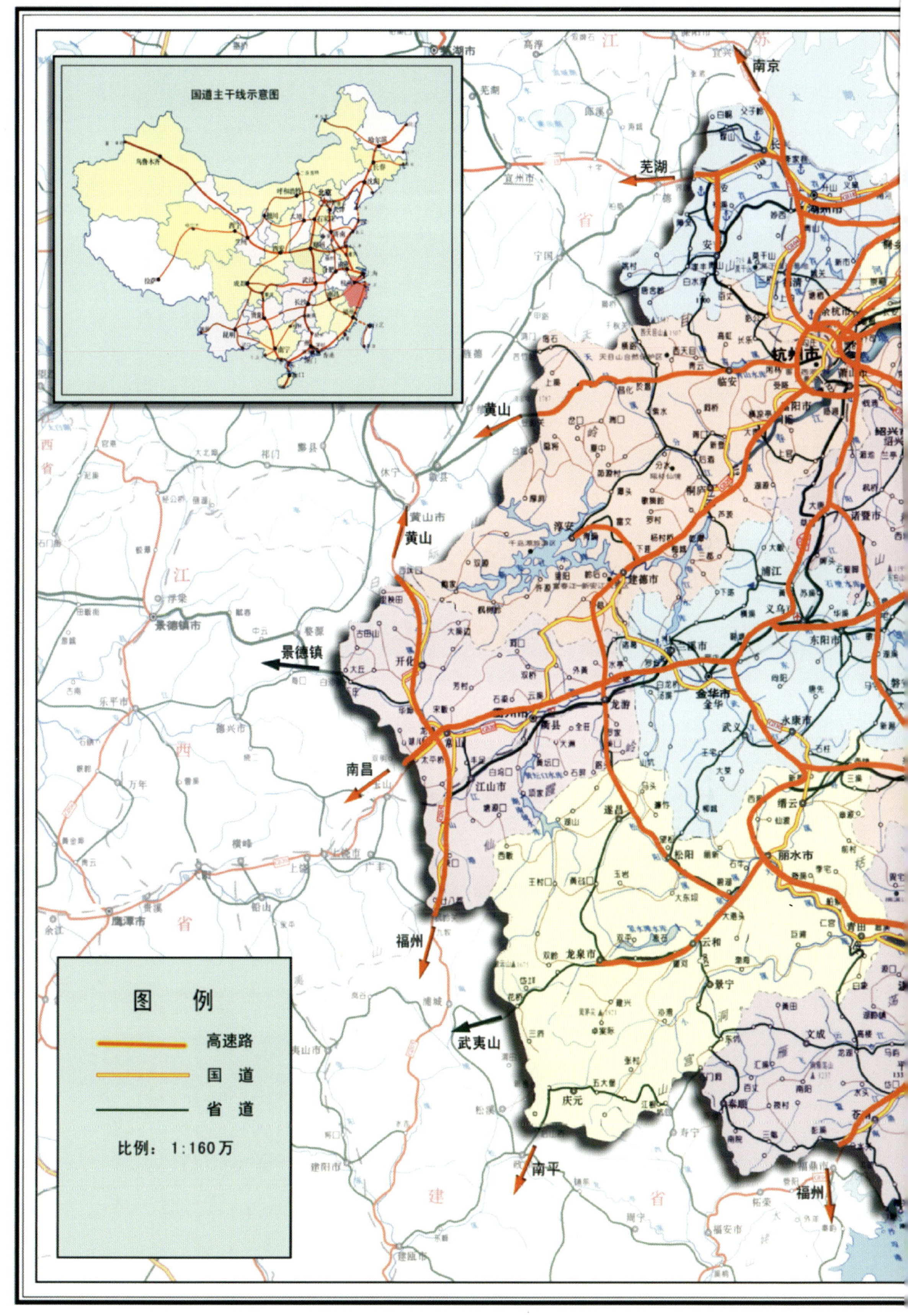
国道主干线示意图
图　例
高速路
国　道
省　道
比例：1:160万
南京
芜湖
黄山
景德镇
南昌
福州
武夷山
南平
杭州市
黄山市
景德镇市
宣州市
开化
衢州市
江山市
龙游
金华
兰溪
建德市
淳安
桐庐
临安
富阳市
诸暨市
义乌
东阳市
永康市
武义
缙云
丽水市
遂昌
松阳
龙泉市
云和
景宁
庆元
青田
文成
泰顺
苍南
安吉
长兴
湖州市
德清
余杭市
萧山市
绍兴
浦江
上饶
鹰潭市
建阳市
建瓯市
福安市
寿宁
松溪
浦城
宁国
绩溪
歙县
休宁
祁门
黟县
乐平市
浮梁
万年
余江
广丰
铅山
江
西
省
福
建
省

2010年浙江

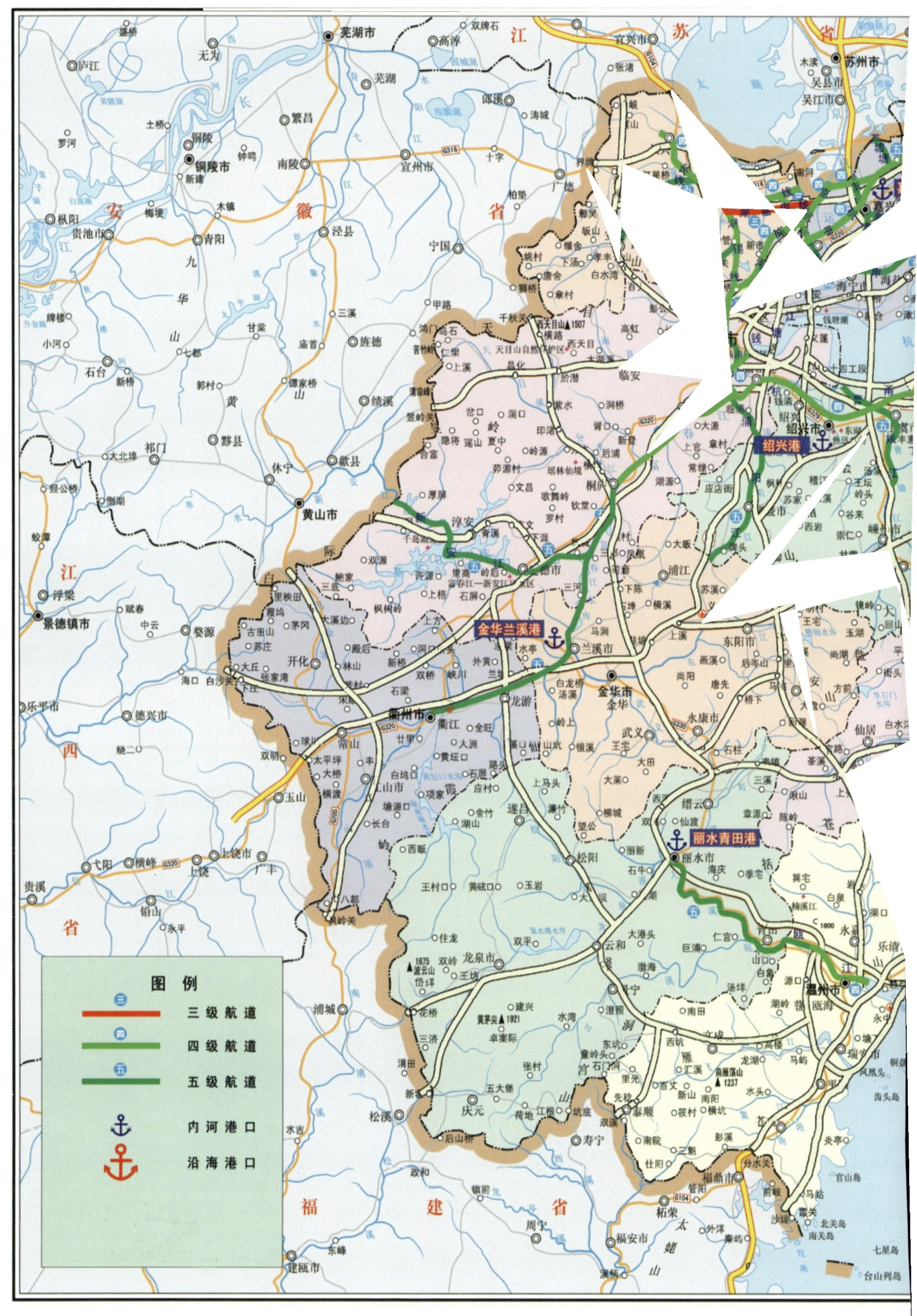

省水路交通图

浙江省内河骨干航道布局规划方案与现状

航道名称	起讫点	里程(km)	规划等级	现状等级
1.京杭运河	鸭子坝—北星桥	85.5	三级	四级
	二通道	26.0	三级	
2.长湖申线	小浦—南浔	76.0	三级	四~五级
3.杭申线	塘栖—红旗塘	106.0	三级	四级
4.湖嘉申线	湖州闸西—红旗塘	104.0	三级	四~等外级
5.乍嘉苏线	乍浦闸桥—王江泾	57.0	四级	四~五级
6.杭平申线	新市—泖口	119.0	四级	五~等外级
7.杭甬运河	三堡—甬江口	238.0	四级	四~六级
8.钱塘江（含富春江兰江衢江）	赭山—衢州	296.0	四级	四~等外级
9.东宗线	东迁—长山河	44.0	四级	四~等外级
10.杭湖锡线	太湖新港—武林头	75.4	四级	四级
11.梅湖线	霅水桥—安吉黄埔圩	61.0	四级	四~六级
12.东苕溪	太湖新港—青山	108.8	四级	四级
13.新安江	梅城—街口	123.0	四级	四级
14.芦墟塘	杨树—野毛塘	10.8	四级	五级
15.嘉于线	嘉兴—于城	30.0	四级	四~等外级
16.瓯江	丽水—温州	124.0	四级	三~六级
17.椒江	临海—海门港区	65.0	四级	三~六级
18.蒲阳江	王家井—闻家堰	74.8	四级	四~七级
19.曹娥江	三界镇—河口	86.4	四级	四~六级
20.奉化江	方桥—新江桥	31.0	四级	五~六级

2010年浙江省民航运输机场示意图

国道

▲ G104国道（京福线）乐清段改建前后对比。（改建年份：1981~1990年）

▲ 1993年12月14日，浙江省内第一个“四自公路工程项目”104国道绍兴钱清段“南连北建”工程完工并投入使用。

省道

▼ S202省道（乍浦－王江泾，原07省道）嘉兴段改建前后对比。（改建年份：2004~2007年）

▲ S315省道（兰溪－贺村,原46省道）衢州段改建前后对比。(改建年份：2000~2008年)

高速公路

▲ 1996年12月6日，全长145.26公里的浙江省第一条高速公路——杭甬高速公路（杭州－宁波）全线建成通车。图为该高速公路上虞段。

◀ 1998年12月29日，全长102.67公里的沪杭高速公路浙江段建成通车。图为该高速公路嘉兴市路段。

◀ 2000年12月26日，全长142公里的上三高速公路（绍兴上虞－台州三门）全线建成通车。图为该高速公路上虞段。

▶ 2002年11月28日，全长98.8公里、浙江省连接长三角中心城市的高速通道之一——杭宁高速公路（杭州－南京）浙江段全线通车。图为该高速公路湖州段。

◀ 2002年12月28日，全长53.83公里的乍嘉苏高速公路（平湖乍浦－江苏苏州）浙江段建成通车。图为该高速公路与沪杭高速公路俞新节点枢纽。

◀ 2003年9月22日，全长约290公里、时为浙江省穿越县市较多的高速公路之一——杭金衢高速公路（杭州－金华－衢州）全线建成通车。图为杭金衢与甬金高速金华傅村枢纽。

▶ 2003年12月28日，全长123公里、时为全国已建里程最长的绕城高速——杭州绕城高速公路全线贯通。图为该高速公路南线的白鹿塘互通。

◀ 2003年12月30日，全长252.70公里、浙江通往福建的第一条高速公路——甬台温高速公路(宁波－台州－温州)全线建成通车。图为该高速公路临江大桥段。

▲ 2005年12月23日，全长237公里的金丽温高速公路（金华－丽水－温州）全线建成通车。图为该高速公路丽水段。

▲ 2006年10月30日，全长88.2公里、浙江省贯穿长三角的高速通道之一——申苏浙皖高速公路浙江段（湖州－浙皖交界处）全线建成通车。图为该路段湖州李家巷互通枢纽。

▲ 2006年12月25日，全长114公里的杭徽高速公路浙江段（杭州－昱岭关浙皖交界处）全线建成通车。图为该高速公路的杭州临安昌化昱岭关路段。

▲ 2007年12月16日，沪杭甬高速公路八车道拓宽工程全线建成。图为该高速公路萧山段。

▲2007年12月25日，浙江省内贯穿浙西南山区的龙丽(龙游－丽水，119.78公里)、丽龙（丽水－龙泉，102.5公里）高速公路（简称两龙）全线建成通车。图为该高速公路缙云段。

▲2009年12月25日，全长约50公里、时为中国最大的大陆连岛工程——舟山跨海大桥（又名甬舟高速公路）全线通车。它起于宁波镇海炼化西侧，途经金塘、册子、富翅、里钓四岛，所涉海域分别由金塘、西堠门、桃夭门、响礁门、岑港五座大桥相连。图为该高速公路桃夭门大桥段。

▲ 2010年2月6日，全长50.91公里的申嘉湖杭高速公路（上海－嘉兴－湖州－杭州）全线贯通并投入营运。图为该高速公路嘉兴段。

▲ 2010年7月22日，全长225公里的诸永高速公路（诸暨－永嘉）正式通车。诸永高速连接全省5个县（市）42个乡镇，成为省会城市杭州至温州的一条便捷通道。图为该高速公路永嘉段。

农村公路

▲仙居县山区的县乡公路

自2003年开始的“乡村康庄工程”，浙江省在全国率先拉开大规模建设农村公路的序幕，截至2010年底，浙江农村公路里程达99261公里。这场惠及10万平方公里的38000个行政村、3500万农民的民心工程，彻底改变浙江农村交通的滞后面貌，为社会主义新农村的建设奠定交通基础。

▼ 丽水青田的康庄公路

桥梁

▶ 钱塘江大桥是中国首座自行设计建造的双层式公路、铁路两用桥，1937年11月建成。2000年4月对该桥的公路桥进行维修加固，工程于2001年5月1日完工并通车。经过整修改造后，大桥总长由原来的1453米延长至1582米，其中新建南岸引桥长147.12米，北岸引桥长118.55米，最小转弯半径增大到42米。

◀ 1955年7月1日，桥长184.30米、浙江省首座自己设计施工建造的大型桥梁——黄岩大桥建成通车。

▶ 1960年7月，桥长362米的浙江省第一座多孔大跨径大型石拱桥——白沙大桥建成。

◀ 1961年1月，桥长228.84米、浙江省第一座多孔大跨径装配式梁桥——桐庐大桥建成。

▶ 1965年10月，桥长549.67米、浙江省第一座预应力混凝土T梁桥——临海大桥建成。

◀ 1975年3月，桥长1041米、浙江省首次采用伸臂拼装法建造的双曲拱桥——兰江大桥建成。

▶ 1976年10月，桥长138.2米的浙江省双曲拱组合桥——宁海越溪桥建成。

▲1992年4月1日，桥长2110米、世界上首座建造于强涌潮江段上的公路铁路并列特大桥（铁路桥位居上游侧，公路桥位居下游侧）——杭州彭埠大桥（钱江二桥）建成通车。

▲1998年5月26日，桥长6977米、时为全国最长的公路大桥——温州大桥建成通车。

▲1999年5月31日，桥长2730米、华东第一座特大型跨海大桥——舟山朱家尖海峡大桥建成通车。

▲2001年4月28日，桥长1238.21米、国内首座公路、铁路合建于同一平面的跨海大桥——宁波大榭大桥建成通车。

▲ 2004年10月16日，桥长1376米、时为世界上唯一双层钢管混凝土系杆拱桥——杭州复兴大桥（钱江四桥）建成通车。

▲ 2005年12月19日，宁波市第一座建在软土地基上的自锚式拱桥——鄞州大桥建成通车。

▲ 2006年12月25日，桥长1800米、浙江省第一条引进民资建设的高速公路——杭新景高速公路（杭州－千岛湖－龙游）全线建成通车。图为杭新景高速公路千岛湖支线的金竹牌大桥。

▲ 2007年12月16日，桥长1650米、世界首座分体式钢箱梁悬索桥，跨径世界第二、国内第一——舟山大陆连岛工程西堠门大桥顺利实现主桥贯通。

▲ 2008年5月1日，桥长35673米的杭州湾跨海大桥建成通车，时为世界上最长的跨海大桥。

▲ 2009年11月2日，桥长21020米、舟山大陆连岛工程的金塘大桥建成通车。

隧道

◀1985年7月，台州市温岭县采用发行股票、贷款等集资形式建设的藤岭隧道贯通并投入使用。

▶ 1995年11月8日，国内首座软土地基上采用沉管法施工的水下隧道——宁波甬江隧道建成通车。

▶ 1999年9月27日，甬台温高速公路台州段大溪岭－湖雾岭隧道建成通车（左道长4114米，右道长4116米）。

▲ 2000年8月12日，杭州绕城高速公路北段控制性项目，浙江省第一条双向六车道的隧道，时为亚洲第三大公路隧道——黄鹤山隧道建成（左道长1370米，右道长1430米）。

▲ 2006年5月23日，特长隧道——台金高速公路西段的苍岭隧道正式贯通（左道长7536米，右道长7605米）。

▲ 2007年10月12日，诸永高速公路控制性工程，时为浙江省最长的公路隧道、全国位居第四、华东地区第一长大隧道——括苍山隧道建成通车（隧道共分相向2条，双洞全长15800米，单洞最长7930米）。

▶ 2009年12月26日，钱江隧道盾构始发暨钱江通道开工典礼在隧道南岸的工作井现场举行，标志钱江隧道工程跨出重要一步。图为盾构机“钱江通泰号”开挖出发。

车站

▲ 1959年10月，杭州长途汽车站（武林门汽车站）启用。1999年1月1日停用。

▲ 1991年12月28日，杭州汽车东站投入运营。2010年1月15日停用。

◀ 1999年10月1日，杭州汽车北站投入运营。

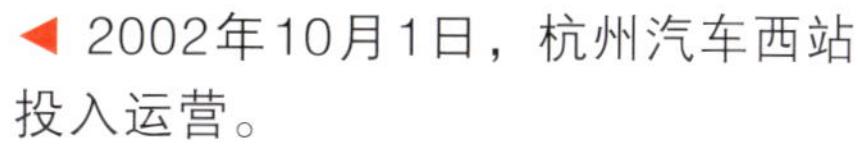

◀ 2002年10月1日，杭州汽车西站投入运营。

▶ 2002年10月1日，杭州汽车南站扩建后投入运营。

▲ 2008年9月6日，杭州汽车客运中心站投入运营。

▶ 1982年1月1日，温州汽车西站投入使用。

◀ 1989年1月26日，宁波汽车南站客运大楼投入使用。

航道

京杭运河杭州市段新旧对比

◀ 1980年前的京杭运河杭州市段。

▼ 2000年，“黄金水道”京杭运河杭州市段。

长湖申线新旧对比

◀ 1995年前，长湖申线在未改造前航道面窄、水浅、弯道多、事故多发、堵航频繁。图为小浦港水域。

▲ 2003年，被誉为“中国小莱茵河”长湖申线航道全线完成改造。

▲ 1996年12月14日，浙江省首项水上“四自”工程——杭州三堡二线船闸竣工并投入使用。图右为一线船闸，左为二线船闸。

▲ 2001年9月5日，交通部授予京杭运河浙江段为“文明样板航道”称号。图为京杭运河生态型航道湖州段。

▲ 2005年8月29日，杭申线浙境段塘栖至红旗塘航道被交通部授予“文明样板航道”称号。图为杭申线嘉兴段新貌。

▲ 2007年12月29日，全长239公里，历时4年建设，贯穿杭州、绍兴和宁波三地，跨越钱塘江、曹娥江、甬江三大水系的浙东“黄金水道”、全国首条现代人工开挖的运河——杭甬运河基本建成通航。图为该运河上的杭州新坝船闸段新貌。

▲ 2007年12月29日，浙江省首条千吨级内河航道湖嘉申线湖州段建成通航。

▲ 2008年1月12日，中国第一条30万吨级人工航道——虾峙门口外航道建成。同年11月26日，深水航道开通启用，这是中国沿海建港史上一项创举。

▲ 2009年 1月7日，大陆与台湾两岸海运直航首艘化工品船抵达宁波港。

▲ 2009年，台州港大麦屿港区先后对台湾集装箱运输和客运首航成功，浙江省实现对台湾海上直航。

▲ 2010年7月3日，台州港大麦屿港区至台湾基隆港“中远之星”轮定期航班开通。

港口

◀ 1995年12月6日，时为世界最大吨级的散货矿砂船——巴拿马籍30万吨级“大凤凰”轮首次靠泊宁波北仑港区码头。

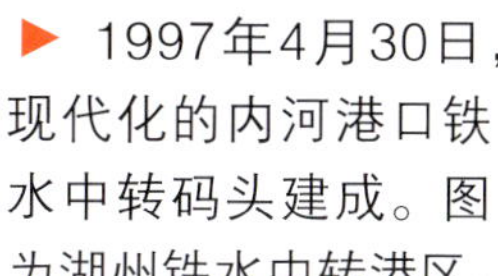

▶ 1997年4月30日，现代化的内河港口铁水中转码头建成。图为湖州铁水中转港区。

◀ 2005年12月10日，舟山港洋山深水港区一期工程全面完工并投入运行。图为洋山集装箱码头。

▲2005年12月20日，浙江省人民政府举行宁波－舟山港一体化新闻发布会，公布自2006年1月1日起启用“宁波－舟山港”名称。

▲2005年12月28日，时为浙江省最大的内河散货码头——杭州港内河港区管家漾码头建成。

▲ 2006年2月23日，国家重点项目宁波-舟山港册子岛原油中转基地一期工程通过验收并正式投产。图为首艘油轮靠泊册子岛油库码头。

◀ 2006年7月，宁波-舟山港老塘山港区三期扩建工程完工。该港区是舟山港域最大的公用性综合港区。

▶ 2006年9月7日，36万吨级的海上巨无霸——世界上吨位最大、净载重量最大的散装货轮“博格斯坦”靠泊宁波-舟山港马迹山港区。

◀ 2007年5月9日，可装载11000个标准集装箱、时为世界上最大的集装箱船“伊夫林·马士基”轮，首航靠泊宁波－舟山港北仑港区第二集装箱公司码头。

◀ 2007年10月27日，宁波－舟山港嵊泗宝钢马迹山港区30万吨级矿砂中转基地建成投产。

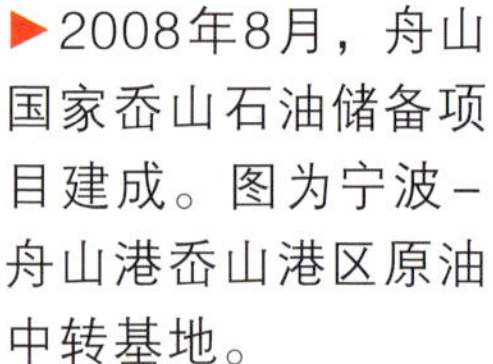

▶2008年8月，舟山国家岙山石油储备项目建成。图为宁波－舟山港岙山港区原油中转基地。

▲ 2008年11月21日，宁波-舟山港集装箱吞吐量突破1000万标准箱，成为国内第4个千万等级的世界级大港。

▲ 2008年12月25~26日，新建成的宁波-舟山港北仑四期集装箱码头5#、6#、7#泊位及配套工程通过交通运输部竣工验收。图为码头新貌。

▲ 2009年，宁波－舟山港港口集装箱装卸平均船时效率达到300标准箱，时年居全国首位。

▲ 2009年3月，宁波－舟山港荣登中国国际海运网、中国港航研究院等单位联合推出的“2008港口综合竞争力排行榜”首位。

◀ 2009年3月31日，载箱量为14028标准箱、时为世界上最大的集装箱船“地中海丹尼特”轮首次靠泊宁波-舟山港宁波港域。

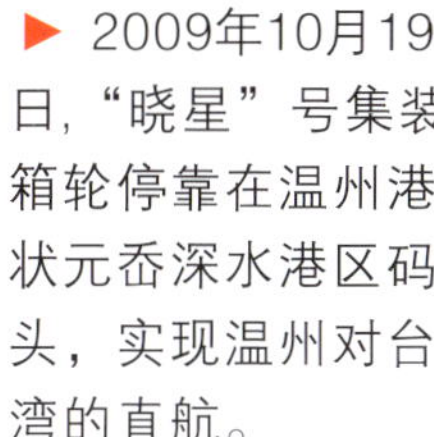

▶ 2009年10月19日，“晓星”号集装箱轮停靠在温州港状元岙深水港区码头，实现温州对台湾的直航。

◀ 2009年10月23日，时为国内最大吨位的油码头宁波-舟山港大榭港区30万吨级油码头投产。

◀ 2010年8月，宁波、舟山两地合作、统一开发宁波-舟山港第一个港口项目金塘大浦口集装箱码头一阶段两个泊位建成并投入生产。

▶ 2010年8月28日，在对“巴士基巴尔的摩”轮的作业中，宁波港股份有限公司北仑第二集装箱码头分公司创造每小时141.37自然箱的新桥吊单机效率世界纪录。

◀ 2010年9月3日，嘉兴港到日本的集装箱近洋航线首航。图为该港码头集装箱船装箱作业。

▲ 2010年9月15日，浙江省机场管理局正式挂牌成立。图为有关领导出席揭牌仪式。

▲ 2010年，全省民用航空设施建设中，续建杭州萧山国际机场二期、宁波机场飞行区平滑系统机坪扩建、温州机场飞行区扩建工程，实施义乌、台州、舟山、衢州机场安全辅助设施项目，全年7个机场共完成固定资产投资137804.8万元。图为杭州萧山国际机场全景。

▲ 宁波栎社国际机场

▲ 温州龙湾国际机场

道路运输

◀ 新中国成立之初，为克服汽、柴油供应困难，汽车燃料改用木炭。图为改装后的木炭货车。

▲ 浙江20世纪70年代制造的ZJ130载货汽车投入营运。

▲ 浙江20世纪80年代制造的NB—BG13型东风10吨半挂车投入营运。

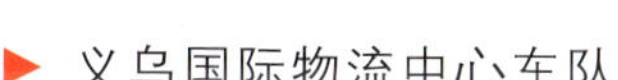

▶ 义乌国际物流中心车队

◀ 北仑集装箱车队

水路运输

◀ 挂桨机船

▲ 水泥运输船

▲ 浙江制造沿海货轮

▲ 集装箱运输船

◀ 2009年9月26日，浙江省远洋股份公司首艘新造船17.6万吨级散货船“浙远嘉兴”轮交付使用。

基地

▲ 义乌内陆口岸场站

▲ 中国轻纺城国际物流中心

▲ 义乌国际物流园区

长兴综合物流园区

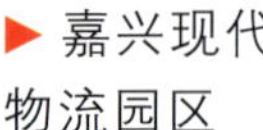

嘉兴现代物流园区

绍兴港现代物流园区

◀ 2003年4月18日，杭州传化公路港物流园区建立。图为该物流基地交易中心。

◀ 2007年11月，宁波（镇海）大宗货物海铁联运物流枢纽港成立。图为设在镇海老城区北侧的后海塘区域的该物流枢纽港全景。

▶ 2009年5月，浙江金华嘉宝物流有限公司成立。图为地处兰溪市灵洞乡的该物流园区。

▶ 2009年10月16日，绍兴市集亚物流基地有限公司开业。图为车队驶出物流基地。

▲2004年9月16日－18日，“2004国际（浙江）道路运输与物流科技博览会”在杭州和平会展中心举行，这在全国同行业中是第一次。图为开幕式现场。

▲ 2009年12月6日，浙江省人民政府与交通运输部在北京签署“共同促进浙江交通物流发展会谈纪要”。中共浙江省委书记赵洪祝、交通运输部部长李盛霖共同为“交通运输物流公共信息平台”试点项目揭牌。

▲ 时任交通运输部部长李盛霖和浙江省省长吕祖善出席部省共建签约仪式。

▲ 2010年4月27日，由交通运输部，浙江省人民政府主办的港口物流论坛在杭州举行。

▲ 2010年12月2日，东北亚物流信息服务网络成立。

▲ 2009年4月15日，浙江省交通运输厅挂牌。

▲ 2001年12月25日，浙江省高速公路联网收费系统建成并投入运行。

▲ 2003年1月1日，《浙江省水路运输管理条例》施行。图为港航管理人员在航道上例行检查。

▲2004年7月1日，国务院颁布的《中华人民共和国道路运输条例》施行。图为道路运管稽征人员在公路上例行检查。

▲ 2004年7月2日，《浙江省高速公路创精品工程施工质量现场会》在湖州长兴召开。通过开展抓典型、树样板、创精品，促使全省交通建设工程内在和外观质量的同步提升。

▲ 2005年，根据浙江省交通厅“确保完工、力促开工、加速在建”的方针，以高速公路为监督重点，开展抓基础、抓源头、抓规范三项工作，加强施工过程中的质量控制。图为舟山大陆连岛工程督查小组正在现场检查。

▲ 2006年4月，浙江省人民政府在丽水遂昌召开全省中小学接送车管理工作现场会暨电话会议，号召学习遂昌县推出的开通学生班车的经验。图为交通部门提供的美观舒适的学生接送车。

▲ 2007年1月5日，浙江省交通厅出台《浙江省公路水运在建工程监理企业信用评价办法》，启动全省交通监理行业信用评价工作。

◀ 2007年6月，杭州市运管局设立女子稽查中队，这是全省首支女子稽查中队。

▶ 2007年7月，浙江省在全国率先推出道路运输企业信用考核办法，对道路运输企业的经营行为、安全生产、服务质量、规费缴纳等情况进行全面考核。图为96520特服电话工作人员高效、准确、热情、周到为社会服务的工作场景。

◀ 2009年4月1日，浙江省实施新版内河钢质船舶建造规范。图为首艘标准化自动装载船在杭州富阳下水。

◀ 2009年12月30日，萧山国际机场出租车综合服务区正式启用。该服务区是全国首个机场出租车服务区。

▶ 2010年9月2日，杭州内河钱江水系“一体化”管理模式——全国首条水上“高速公路”在杭州试运行，该模式依托信息化手段，实行首站一次报港、就近确认签证、信息全程监控、费收统一结算、管理统一标准、监管模式优化的“一站式”快捷管理。

◀ 2010年，浙江省人民政府在杭州市组织召开了浙江省“三位一体”港口服务体系建设研究课题评审会议，推动构筑宁波-舟山港“三位一体”港口服务体系。“三位一体”港口服务体系包括：大商品交易平台、海陆联动集疏运网络、金融和信息支撑系统。

◀ 2002年12月31日，浙江省委宣传部、省交通厅、浙江广播电视集团联合录制的"'高速时代'——庆祝浙江省实现'四小时公路交通圈'暨2003年元旦文艺晚会"节目在浙江电视台卫视频道播出。

◀ 2003年10月26日，时为国内唯一一所船文化博物馆——嘉兴船文化博物馆建成开馆，成为嘉兴市爱国主义教育和科普教育基地。

▶ 2003年，浙江省交通系统按照上级指示，大力加强非典防控工作，严防疫情通过交通运输途径传播。图为衢州江山某非典检测点交通执法人员会同有关部门坚守岗位，对过境旅客实施健康情况登记。

▲ 2005年7月1-10日，浙江省交通厅在杭州举办全省交通系统反腐倡廉职工书画作品展。

▲ 2005年，浙江省农村客运班车达17万辆，33万人次，占客运班车总数的50%，班次数量达106万个，占班次总数的53.3%。尤其是服务于浙江山区的公共汽车深受广大农民欢迎。图为丽水畲乡百姓欢庆“绿谷巴士”通车。

▲ 2005年11月16–22日，浙江省委宣传部、省文化厅、省文联、省重点办和省交通厅联合组织省艺术家慰问团赴7市21个交通重点工程面向数万名一线建设者进行慰问演出。

▲ 自2003年启动城乡公交一体化以来至2005年底，浙江省农村客运班线达到2785条，城乡客运公交一体化线路881条，97%的农民出行得到了保障，605万农民享受了与城市人口相近的出行方式。图为湖州农村公交站农民乘车情景。

◀ 2006年4月13日，省交通厅在杭金衢高速公路萧山东收费所监控中心举行文明公路揭牌仪式，杭金衢等11条公路获“文明公路”称号。

◀ 发挥党支部战斗堡垒和共产党员先锋模范带头作用，为完成各项工程提供了保证。图为参加杭千高速公路（杭州－桐庐段）建设的党支部被工程指挥部授予“党员先锋岗”称号。

◀ 车站是文化创建的重要窗口，一批具有优质品牌服务的车站为浙江交通和谐文明增添风采。图为宁波公运集团汽车南站“3561”服务班优秀团队。

◀ 2007年11月上旬，浙江省交通系统第五届职工文艺汇演在杭州举行。自1991年以来，每隔4年举行一届全省交通系统职工文艺汇演。

▲ 2007年11月，浙江省交通系统首届职工运动会开幕。图为在杭州赛区举行的职工广播体操比赛现场。

◀ 2007年11月28日，位于杭申线上的最后一处渡口——嘉善县杨庙三店渡正式撤渡。图为撤渡建桥后农民的喜悦情景。

◀ 2007年12月29日，浙江省交通厅举办以"惠民、奉献、服务"为主题的浙江交通十大感动人物颁奖晚会。

◀ 2008年2月，50年一遇的风雪侵袭带来大面积道路阻断的大雪，浙江交通出动15万人上路扫雪，疏运旅客1.2亿人次，抢运重要物资700多万吨。图为风雪中奋战的交通人。

▶ 2008年5月汶川大地震，浙江省交通系统先后派出架桥、桥梁检测、抗震抢险突击队援川队伍200多人次，创造抗震救灾的浙江速度，受到灾区人民群众的敬颂。图为浙江交通援川抢险架桥突击队加紧架设钢桥保畅通情景。

▲ 2008年，浙江交通职业技术学院扩建工程完成，校区面积已达606亩，校容校貌焕然一新。

◀ 2008年5月22日，北京奥运圣火在宁波-舟山港传递。

▲ 2008年，北京奥运会期间，浙江交通投入58辆赴京服务车辆，累计出动2400辆次，运行里程近26万公里。图为奥运保障车队。

◀ 2010年上海“世界博览会”浙江交通安保工作万人誓师大会。

◀ 20世纪80年代的浙江省交通厅

▲2009年的浙江省交通运输厅

《浙江省交通志》编纂委员会

主 任 委 员:郭剑彪

副主任委员:李良福

委　　员:陈利幸　郑黎明　耿洛佳　赵　雁　王寅中　任　忠
白剑峰　李志胜　洪秀敏　胡旭铭　胡嘉临　于万春
周　群　王月良　金伟强　汪建江　钱立高　邵银泉
黄小斌　陈允法　李法卫　唐锡军　李小燕　吕新龙
戴　英　郑惠明　邵　宏　王亦华　吴德兴　范建军
劳可军　董庆华　顾国强　房石磊　应良波　邱建中
范家明　余本年　黄继满　叶旭勇　王照祥　徐全昌
周建业

《浙江省交通志》编纂委员会办公室

主　　任:郑惠明

副 主 任:姚钟华　周永富

主　　编:郑惠明

副 主 编:姚钟华　周永富(执行)

编纂人员:周永富　童隆福　杨金龙　陈鑑明　曹伟川
徐子寿　杨　艳　潘　进　高　波

序

交通的发展史就是一部人类的文明史。交通是人类文明演进的一个重要方面。纵观人类文明发展史,交通运输在传统社会迈向现代社会的各个时期,都与经济社会紧密联系、相互作用,共同推动人类文明不断进步。

浙江地处长江三角洲南翼,位于东海之滨,北邻沪、苏,西连皖、赣,南接闽。全省陆地面积10.18万平方公里,素有“七山一水二分田”之说,兼具沿海内河、山川平原,是我国交通运输多样性的典型代表。浙江因水而生,因水而兴。浙江交通自古以水运为主,亦有道路。秦修“驰道”,自会稽郡吴县(今苏州市)起止海盐秦驻山;汉朝后“驰道”转化为“驿道”,经历朝历代修建整治,延伸至各地。清末以后随着汽车引进,公路取代旧有驿道而兴。浙江近现代的公路建设,始自1916年浙江军政府提出修筑省道计划,直至1937年抗日战争前初具规模。之后因战争频繁,公路建设基本处于停滞状态。

中华人民共和国成立之初,全省公路只有1244公里,全天候公路935公里,基本濒于瘫痪。通过依靠地方和群众,浙江交通在20世纪50年代掀起解放后建设的第一个高潮,公路交通事业得到较快发展。但十年“文革”期间交通基础设施建设几乎徘徊不前。改革开放特别是“十一五”以来,浙江交通坚持解放思想、创业创新,充分发扬“逢山开路、遇河架桥”的行业精神,全面推进现代交通五大建设,实现了历史性跨越,极大地支撑和引领浙江经济社会持续快速发展。交通建设投资屡创新高,近十年累计完成7350亿元,是新中国成立以来至2005年57年总和的3倍。港航发展世界领先,建成宁波-舟山港世界第一大港,货物吞吐量自2009年以来连续七年居世界首位;建成全国首条现代人工开挖运河——杭甬运河,实现千年京杭运河通江达海;率先建成“三位一体”港航物流服务体系,舟山江海联运服务中心获国家批复设立。公路建设强势推进,实施“四自公路”政策,组织实施公路“三八双千工程”,相继建成杭州湾跨海大桥、舟山跨海大桥、嘉绍大桥、钱江隧道等一批世界级工程；率先在全国全面实施乡村康庄工程，农村公路实现村村通。航空发展高潮迭起，民航运输快速增长，杭州萧山国际机场成为全国第五大航空口岸。物流行业蓬勃发展，国家物流平台实现跨越式发展，成为当前国际上唯一具有规模的"物流信息根服务器"，成功构建全球首个物流信息合作机制——东北亚物流信息服务网络。同时，我省坚持交通服务于民的本质属性，着力提升行业发展软实力，成为全国交通运输综合改革、绿色交通建设试点省，省域城市治堵开创先河，统筹城乡交通发展先行先试，最美行业创建经验全国推广等。浙江交通在新中国成立以来的66年里，从当时的"千疮百孔、支离破碎"到如今的"万里通途、畅达国际"，实现由"瓶颈制约"到"基本适应"的跨越发展。

盛世修志是中华民族的优良传统。编修交通志是认识过去、服务现在、开拓未来的重要事业。经过多年潜心修编，新修《浙江省交通志》(远古~2010)终于正式出版了，这是浙江交通文化建设的又一硕果。《浙江省交通志》全面翔实反映了浙江交通的历史和现状，是贯通古今、综览历史的资料工具书，是综合系统地记述浙江交通史情的重要载体，是开展交通科学研究、提供交通信息咨询的文献资料。它既能为领导机关正确决策提供历史借鉴和现实依据，又有助于人们了解、认识浙江交通，宣传浙江交通。

由于各种原因，在20世纪80年代第一轮全国编志中没有编纂《浙江省交通志》，从2007年7月正式启动从古到2010年底的《浙江省交通志》新编工作，两轮并一轮编志，时间跨度远，收集资料多，工作难度大。在省委省政府、省方志办和交通运输部的正确领导下，在全省交通运输系统各单位的大力支持下，修编人员以对历史对后人负责的态度，不辞辛苦，努力工作，终于完成了新修《浙江省交通志》(远古~2010)的编纂任务，在此表示崇高的敬意，并对关心支持本志编纂工作的有关单位和同志们表示衷心的感谢！

浙江省交通运输厅党组书记、厅长 郭剑彪

2016年10月

凡　　例

一、《浙江省交通志》是一部全面记述、客观反映浙江省交通运输事业发展历史和现状的专门志书。所记史实上起事物在本省的发端，下迄 2010 年（个别内容因情况特殊，适当下延）。

二、编纂原则：本着“立足当代，详今明古”的原则，重点记述 1949 年中华人民共和国成立后，特别是 1978 年改革开放以来浙江省交通运输事业发展的史实。本志记述的内容限于本部门所辖道路、水路、道路运输、水路运输、车船及交通机械修造、管理、科技教育信息化等范围。由于体制改革等原因，不再属于交通运输部门管理范围的，变动后的史实不再记述。

三、体例：按交通运输方式横排门类，篇下设置章、节、目三个层次，根据记述的需要，条目之下增设子目、子子目。

四、纪年：清宣统三年（含宣统三年）以前采用旧纪年，括注公元纪年；民国纪年采用阿拉伯数字，括注公元纪年；1949 年以后采用公元纪年。

五、地名：地名写法以中国地图出版社最新出版的《中华人民共和国地图》和地名录，以及各当地地名办公室核定的地名为准。使用标准地名，必要时括注俗称地名。古地名后括注今地名。

六、人物：对有突出贡献的先进人物，以事系人。获荣誉者载入《先进个人荣誉一览表》。外国人物译名，采用通行译名。

七、计量单位：遵照国务院 1984 年 2 月颁布的《中华人民共和国法定计量单位》和国家技术监督局 1993 年 12 月发布的国家标准《量和单位》（GB3100 ~ 3102 - 1993）的规定。历史时期的度量衡单位沿用旧制。新旧人民币均按当时使用计算，不作换算。为方便阅读，本志对公路、桥梁、隧道和行车时速的计算统一写成公里（千米）、米（延米）和设计时速。

八、资料：本志资料源于文献、档案、典籍、报刊以及有关人士口碑传记，一般不注明出处。

目　　录

上　　册

第一篇　道　　路

第二篇　水　路

第三篇　道路运输

下　　册

第四篇　水 路 运 输

第五篇　车船及交通机械修造

第六篇　管　　理

第七篇　科技　教育　信息化

第八篇　队 伍 建 设

第九篇 交通文化

附 表

总 述

浙江地处中国东南沿海长江三角洲南翼，东临东海，南接福建，西与江西、安徽相连，北与上海、江苏接壤。境内最大的河流钱塘江，因江流曲折，称之江，又称浙江。省以江名，简称“浙”。省会杭州市。至2010年年底，浙江陆域面积10.18万平方公里，全省常住人口为5442.69万人（其中外省籍人口为1184万人，占22%），是中国面积最小、人口密度最大的省份之一。浙江省东西和南北的直线距离均为450公里左右，陆域面积为全国的1.06%。浙江省地理特征非常独特，从浙北地区水网密集的冲积平原，到浙东地区的沿海丘陵，再到浙南地区的山区，另外还有舟山市的海岛地貌，可谓山河湖海无所不有。浙江地势自西南向东北呈阶梯状倾斜。西南多为千米以上的群山盘结，其中位于龙泉市境内的黄茅尖，海拔1929米，为全省最高峰。地形以丘陵、山地为主，约占全省总面积70.40%。主要山脉自北而南分别有怀玉山脉、天目山脉、括苍山脉。平原面积约占23.20%，主要是杭嘉湖平原（杭州、嘉兴、湖州），宁绍平原（宁波、绍兴）、温黄平原（温岭、黄岩）、温瑞平原（温州、瑞安）。盆地主要是金衢（金华、衢州）盆地。浙江东濒大海，有漫长的海岸线，总长6686公里，居全国首位。有沿海岛屿3000余个，水深在200米以内的大陆架面积达23万平方公里。港湾林立，海运发展较早。境内有苕溪、钱塘江（又名浙江、之江）、曹娥江、甬江、椒江、瓯江、飞云江、鳌江等八大水系及大运河，干支流遍布全省。特别是东北部平原（即杭州、嘉兴、湖州及宁波、绍兴平原），河道纵横密布，向有“水乡”之称，河运比较发达。

一

浙江的交通，自古以来以水运为主。浙江境内陆续发掘出来的原始遗址颇多。萧山跨湖桥遗址最重要的发现是独木舟，独木舟呈梭形，为松木材质，残长5.60米，宽29～52厘米，船舷厚2.50厘米，最大内深15厘米左右，是中国迄今发现的最早的独木舟，被誉为“中华第一舟”。余姚河姆渡是距今约六七千年前的母系氏族遗址，其中就发现有捕鱼用的独木舟。距今约四千年前的杭州水田畈遗址，属良渚文化，其中一条水沟里就发现有船用木桨4支，可见当时已有水上交通工具——船。值得注意的是，在众多的遗址中，还没有发现陆上交通工具——车。《周书》载有周成王时“于越献舟”。《慎子》载有“行海者，坐而至越，有舟故也”。由此可见，在西周、东周时代，位于浙江境内的越国就有较高的造船和航海技术，越国的船舶已从海道航行到中国北方。春秋时代的越王勾践说：“越人水行而山处，以舟为车，以楫为马，往若飘风，去则难从。”因为越国境内河道很多，水行无阻，而陆行则为河道所阻，不及水行迅速。但越国也有一条主要的陆路贯穿于东北部平原，北通吴国都城（今江苏吴江），东通甬东（今宁波）。从春秋到战国时代，这条道路都是从北方通到浙境的主要道路。

秦、汉国内统一，重视陆路交通的开拓，但当时浙江境内还比较落后，离京都甚远，地区偏僻，人口稀少，商业尚不兴盛，境内陆路交通仍不发达。秦、汉时浙江境内所置的县，多数在东北部平原及其邻近之处，交通以水运为主。秦始皇二十七年（前220年）筑驰道，通到各郡郡治，而会稽郡治在吴江（江苏境内），浙江境内并无修筑驰道的明确记载。秦、汉推行邮驿，由京都至各郡的陆路要道，沿途设置驿和传，驿有马，传有车，接送使节和官员，传递皇帝诏命及军报。次要的道路，则设置亭和邮，有邮人步行传送文书。浙江境内的道路，属于郡以下的交通，因此只有亭、邮，而无驿、传。秦始皇三十七年（前 210 年）十月，东巡会稽，"以正月甲成到大越，留舍都亭"。大越指春秋越国都城，秦时置山阴县，都亭指县城门的"亭"叫"门亭'。山阴是当时浙境最重要的县城，秦始皇留宿都亭，可见并无驿、传。西汉也是如此。

东汉时，吴郡与会稽郡分治，会稽郡治在山阴（今绍兴），山阴成为钱塘江以南各县的政治、经济中心，浙江境内的陆路交通也开始发展起来。浙江有关桥梁建设的记载，最早是东汉。由此说明，陆路行人增多，原有的渡船或简单的木桥已经不能适应。但陆路交通分布不广，仍集中于东北部平原及其附近地区。

三国时期，浙江属吴国辖地，境内人口有所增加，增置 4 个郡和较多的县。东汉末叶，孙策据有江南，多次攻闽，从会稽郡经东阳郡（郡治长山，即今金华）、新安（今衢县）、定阳（今常山）至闽，是一条进军的道路，并派大将郑平镇守新安峥嵘山以防闽。此是由浙入闽的主要道路。贺齐讨伐丹阳、黔歙，诸葛恪平定山越，增置郡、县，沿钱塘江至歙县的道路亦已连接贯通。还有一条从句章县（今宁波市及鄞县）沿海经临海郡至永嘉的道路亦可通行。吴国、东晋和南朝（宋、齐、梁、陈），建都于建康（今南京），有长江和江南水网的优越条件，可以充分利用水运。南朝时，三吴（吴县、吴兴、山阴）成为闻名的商业城市，亦就是经济和水路交通中心，其中吴兴和山阴均在浙江境内，水运占主要地位。而鄮县（宁波）的港口亦已成为贸易港口。鄮县，古名贸山，为海人持货贸易之处，秦朝立为鄮县，句章、鄞县均位于附近。由此可知，秦朝时此处已经人口繁密，设有 3 个县。据《重修浙江通志稿》评述，所谓海人，即指战国时楚国打败越国后，散往沿海（台州、温州、福州等地）的越人。他们在台州湾口建立大本营，先是在今温岭大溪建东海王国，东汉后纳入中央统治，相继称回浦县、章安县、临海郡（三国时），为当时浙南（包括今台、温、丽三市）的首府。章安港当时与成山、连云、句章、番禺并称中国五大海港，后来发展成为对外通商贸易和军事需要的港口。如西汉武帝元鼎五年（前 154 年），横海将军韩说出句章，浮海征闽越，即是由此下海。三国吴黄龙二年（230 年）孙权派将军卫温、诸葛直率甲士万人由此出海去夷洲、亶洲（今台湾及日本西南部分岛屿）。《后汉书》、《三国志》都记载有亶洲人至会稽货布，浙江的纺织品由此传入日本。

浙江境内水陆交通，从唐朝开始有较大的发展。唐朝中期，北方战乱，南方比较稳定，经济中心逐渐南移。同时，唐朝改变秦、汉重农抑商政策，重视发展商品贸易，促使浙江的农业、手工业和商业有较大的发展。唐朝疆土广阔，国力强盛，海外各国使节交往频繁，官方贸易（贡物和赏赐）数额庞大，陆上丝绸之路已经不能满足需要，因而发展了海上丝绸之路，又称丝瓷之路。运往海外各国的主要物资是丝绸和瓷器，而浙江正是丝绸瓷器的主要产地。杭州和明州（今宁波）成为重要港口，日本遣唐使节也从北方改由明州出入。

另一方面，从隋炀帝开通南北大运河以后，大运河成为南北交通和货物、漕粮运输的主干路线，杭州是大运河的南方终点。浙江凭借明州、杭州两个海港和大运河的优势，在水陆交通上具有极其重要的地位。唐朝的邮驿比秦、汉更为完善，驿路干道遍布四方，其中通达浙境的驿道是由长安出发，经汴州，从扬州渡长江，经润州、苏州后入浙至杭州，沿浙江（即钱塘江)经睦州(今建德)、衢州、信州、建州至福州。分支路自杭州经越州(今绍兴)至明州;又自睦州分支经婺州(今金华)、处州(今丽水)至温州。还有几条次要道路,沿途均设置驿或馆。大运河沿岸有水驿,其余均为陆驿。陆驿置马或驴,水驿置船。以杭州为中心的水陆交通网此时已经形成,杭州至各州、县之间都有道路可通。特别是西南部山区各县,多数是唐朝时建立,也都有道路可通。

五代时,吴越国据有浙江全境11个州和江苏境内两个州,后来又扩展到福州。吴越建都于杭州,安境保民七十余年。当时海外各国商船,因吴越境内安定,又有丝绸、瓷器等驰名海内外的产品,所以纷纷来吴越国贸易,杭州钱塘江上"舟楫辐辏,望之不见其首尾"。五代时,十国割据,由吴越通往北方的运河及陆路都受阻,吴越的贡物改由海道送往京都。因此,吴越国的陆路交通仅限于境内各州、县之间。

宋朝是浙江境内水陆交通繁盛的时期,这是宋朝的政治局势所造成的。北宋时北方港口被辽、金等国占有。浙江位于中国海岸线中部,杭州、明州就成为宋朝最重要的港口。明州是宋代海上丝绸之路的起航点,朝鲜、日本等国使节也都从明州出入。北宋在全国6个港口设立市舶机构管理海外贸易,浙江境内就有两个(杭州、明州)。后来又规定:"诸非杭、明、广州辄发海商船舶者,以违制论"。这就是规定一切通往海外的船舶,都要在这3个港口集中,更显示出这3个港口的突出地位。南宋时,有7个港口设置市舶机构,其中浙江境内有4个(杭州、澉浦、温州和庆元(南宋庆元元年,1195年,设庆元府,位于今宁波)。其时,庆元和温州的造船业甚为发达。庆元制造的万斛船,是当时世界上最先进的船舶。温州造船的数量占全国第一位。南宋疏浚浙东运河,自庆元经余姚、绍兴至萧山西兴,与钱塘江及南北大运河衔接,庆元进出口物资及闽广漕粮均由此河运到临安(即杭州)。这些港口和水道,腹地宽广,吸引大量的货物,腹地的陆路交通也随之发展兴旺。总的来说,南宋建都临安一百五十余年,浙江的农业、手工业、商业及水陆交通均有较大的发展。

宋朝浙境的驿道与唐朝基本相同,但由于京都在临安,国外使节及各地官员来京朝拜述职者络绎不绝,驿道和驿馆比唐朝时增多。南宋苟安江南,马的来源缺乏,陆驿用轿代马。除驿和馆以外,还有急递铺,十里一铺,传报紧急军情和皇帝诏命,日行400里;还有金字牌急脚递,日行500里。一铺接一铺,步行接力递送,其速度是惊人的,但也说明了南宋时期有良好的道路条件。南宋时金国军马时时侵扰,急递铺就是为传递军报而设,并逐渐增多。

宋朝时,浙江境内的桥梁建设较多。如余杭塘栖通济桥为东汉熹平四年(175年)所建,杭州苏堤六桥是北宋所建,全是石拱桥。杭州城内大河(即中河)及城外东河的桥梁,绝大多数都是单孔石拱桥,为南宋所建。杭州可以说是一座石拱桥的城市。浙江境内其他各地的桥梁,结构形式多样,如绍兴城内的八字桥,是石台石板桥,因其布置巧妙、构筑精湛而闻名。丽水、泰顺等地的廊桥因桥上筑廊造型多样而著称。富阳恩波桥及黄岩五洞桥,是多孔石拱桥,因桥型优美而闻名。黄岩永宁江和临海灵江,原来都以渡船过渡,南宋时改建成随潮水涨落升降的浮桥。

元、明两朝,海运情况有较大的变化。元初,全国有7个管理海外贸易的市舶机构,即华亭(今上海)、澉浦(今海盐境,是杭州的外港)、杭州、庆元(今宁波)、温州、泉州、广州,其中浙江境内有4个。澉浦最盛,当时海外各国人员循南宋时的航路至此者较多。又因运河淤塞,漕粮亦由澉浦起运。椒江口之严屿(今海门)、石塘(今属温岭)、宁海铁场下海运往北方。后来，杭州、澉浦、华亭、温州均并入庆元。其原因有二：一是由于元朝民族压迫严重，农业、手工业生产受到压抑，产量下降，贸易量也减少，海外贸易由政府垄断，不及南宋繁盛。另一方面，因钱塘江河口淤浅，杭州、澉浦的港口条件不及庆元（今宁波）。这样，浙江境内就只剩一个海外贸易港口。明朝初期，海外贸易甚盛，胜过元朝。后因倭寇扰乱，洪武十六年（1383年）实行海禁，限制民船出海。嘉靖二年（1523年）不准外国船舶出入，直至隆庆六年（1572年）重开海禁，宁波海外贸易恢复，但主要是官方贡赐方式的贸易。

明代，浙江的丝绸、瓷器、漆器等仍是主要出口货物，生产较前代颇有发展，其中丝织工业已萌发了资本主义因素。由于海运情况的变化，大量的货物运输转到内江、内河及陆路上来。明朝主要的国内运输通道，一是南北大运河，二是由江南经赣江翻越庾岭直达两广的水陆驿道，都通过浙江境内。元、明两朝，虽然京都在今北京，浙江的水陆交通仍很重要。元朝时的驿道，与南宋大致相同，略有减少，所设的驿站称为站赤。江浙行中书省交通最繁，所设的站赤数量最多，急递铺比南宋普遍，各县都有。明朝的驿道和驿站，比宋、元都要少，凡70里设一驿。初期浙江境内约有五十多个驿站，经过数度裁减，明末尚有34个驿。陆驿置马、驴或轿，水驿置船，以水驿居多数。还有几处递运所，递送粮物。急递铺与元朝相同，专司递送文书。但与南宋的急递铺已经不同，南宋的急递铺递送速度较快，而明朝的急递铺递送速度较慢。

清康熙二十四年（1685年）重开海禁，宁波（洪武14年，1381年，明州改称宁波）设江浙海关，恢复海外贸易。乾隆二十二年（1757年）封闭江浙海关，只留下广州为对外贸易港口。鸦片战争以后，道光二十二年（1842年），清政府被迫签订南京条约，次年宁波开埠。光绪三年（1877年）温州划为通商口岸。光绪二十二年（1896年）杭州开埠。从此浙江境内两个重要海港和一个运河港埠均被迫对外开埠，成为对外通商的重要口岸。光绪二十八年至二十九年（1902~1903年），外国列强又迫使清政府签订中英、中美、中日通商行船条约，帝国主义国家的机动船舶纷纷在浙江沿海及内河开辟航线。在此之后，浙江商人也开始经营小火轮航线。陆路方面，由于战争频发，影响较大。特别是太平天国军队在浙江境内与清军作战持续10年之久，足迹所至遍及全省各地，道路桥梁都受到严重的破坏，影响陆路交通，经过较长时间始得恢复。

清朝的驿道和驿站比明朝略多，浙江省共有59个驿，其中由县兼设的驿（称为县驿）有33个，沿途专设的驿只有26个。陆驿有马100匹，集中于杭州、嘉兴两处；驴10头，用在新昌、天台之间。水驿原有船410条，嘉庆年间额定为53条。急递铺共有846个，光绪三十二年（1906年）全撤，改行邮政。驿站则于中华民国3年（1914年）全撤，推行数千年的邮驿制度至此结束。

清朝时浙江境内省、府、县之间的道路网，是经过两千数百年之久，逐步修筑整治而最后形成的。据清乾隆时浙江邮传道伊靖阿编撰的《浙江郡县道里记》所载，当时浙江共有邮驿道14771里（不包括海路）。其中，水路2340里（沿水路亦有陆路，可作陆路计算），水陆兼路（指水陆并用）115里，陆路9976里，海塘路（指杭州至乍浦、金山的海塘）280里，山路（指通往深山区的庆元、景宁、泰顺等县的道路）1000里。

道路的构造，主要有泥石路（中间铺石板，两边是土路）、板路（全用石板铺砌）、石子路（全用卵石弹砌）、砂土路等，以第一种为最多。道路上的桥梁，特别是规模较大、建筑宏伟的桥梁,多数是明、清时代重建或改建的。如杭州的拱宸桥、嘉兴的长虹桥、余杭的长桥、金华的通济桥、龙游的通驷桥、余姚的江桥、吴兴的潘公桥、双林三桥等都是多孔石拱桥,高大宏伟,构筑精美。道路的整个布局,是以省城杭州为中心,嘉兴为北部门户,通往京都及北方各省。衢州是西部重镇,通往西南部各省。建德、兰溪是钱塘江主要水陆码头,宁波、温州则是沿海主要港口。

晚清时期,浙江陆上交通路线仍是沿习以往,由江苏吴县进入浙江,经嘉兴、杭州、严州、衢州与福建的原京闽(北京—福州)大路相接;由杭州府往北至湖州府往东经绍兴府至宁波府,中经曹娥附近往南,过台州府至温州府;由京闽大路中之兰溪,往东南经金华府、处州府而至温州府(干线)和各府至县的小路(支线)组成。路网客货运输主要是依靠人力、兽力运载。近代陆上交通建设,直到清末洋务运动时才有所提倡,并着手兴修铁路。清宣统元年(1909 年)沪杭铁路通车;1914 年,杭甬铁路的宁波至百官段通车。辛亥革命后,浙江军政府民政司工程事务所,在杭州城站、旗营(湖滨一带)拓建少许马路。当时的交通工具,除上述两路火车外,在杭州城内还有些北方人以养马出租为业,供富家子弟沿湖乘骑。此外,当地人开设了轿行二十余家,有黑色小轿和藤轿两百余乘,多供富有游客上山涉涧、浏览风光时所享用。另有黄包车(人力车)约四百余辆,奔跑于大街小巷,载送一般乘客;为数不多的人拉板车、木轮、铁轮,在市内水陆码头承运货物。全省绝大部分地区,除很少的骡马和手推独轮小车可以用来乘人载货外,都还要步行肩挑。长期以来,旅客来往,物资流通,借江河之便,使用木船竹筏为多。

清末,浙江民族轮船航运业开始出现,一些华商创办起轮船企业,行驶浙江沿海和内河。这些企业除少数在外轮排挤下遭到了失败外,大多数生存了下来。其中 1908 年设立的宁绍商轮公司,由于得到了广大宁波人民和各方面的支持,在甬沪线上和招商局及外国航运势力进行竞争,打破了招商局和外国轮船公司共同垄断甬沪线的局面。浙江民族轮船业在外国航运企业和国内官办航运企业的夹缝中艰难成长,并开始初步构成浙江民族资本主义轮船航运体系。

二

1911 年的辛亥革命推翻了清王朝封建专制统治,建立了中华民国。1914 年,第一次世界大战爆发,欧洲各国忙于战争,放松了对中国的掠夺。浙江近代工商业趁机迅速兴起,商品经济十分活跃。随着浙江商品经济的活跃,浙江民族轮船航运业在外海轮船航运、内河轮船航运、港口、船舶修造,以及与航运相关行业等方面,有了较快和较全面的发展。第一次世界大战后,西方列强纷纷卷土重来,但浙江沿海和内河轮船业已经形成一定的规模,初步具有与外国航运势力抗衡和竞争的能力,在经营和竞争中仍保持其相对优势的局面。

民国 26 年(1937 年)7 月抗日战争全面爆发后,浙江船舶有不少毁于战火,各港也先后被迫封港,航运业损失很大。但在抗战初期,中国沿海许多港口被日军占领或遭到封锁时,宁波、温州、海门港局势较为安定,尚能行驶外轮(包括悬挂外国旗帜的华轮),船只进出港口十分频繁,浙江海运一度出现畸形繁荣现象。浙江的内河航运,尽管受到战争的严重破坏,但在完成艰巨的军、公运输和支援抗战后方的物资运输方面,仍发挥了重要的作用。1942 年,浙江大部沦陷,海上航运和内河航运基本上处于停顿和瘫痪的状态。

抗日战争胜利后，浙江民族轮船航运业得到暂时的复苏和发展。但由于民国政府发动内战，使社会生产力遭到严重破坏，通货急剧膨胀，物价飞涨，经济面临全面崩溃，浙江民族轮船航运业也随之趋于衰落。这一阶段自然河道逐渐淤浅，通航河段缩短，水运条件愈来愈差。

陆路交通翻山越岭，长途跋涉，肩挑背负，十分艰苦，开发铁路、公路，改变落后的交通条件，显得十分必要。

浙江境内最早的铁路，是清末建成的沪杭铁路（上海至杭州）及中华民国初期建成的甬百铁路（宁波至上虞百官）。

民国10年（1921年）1月，浙江正式设置省道筹备处，用官商共同修筑和谁筑谁营运的办法，开始了近代公路交通的建设。民国12~13年（1923~1924年），商办杭余（杭州至余杭）、余临（余杭至临安化龙）公路通车。民国14年（1925年），省建萧绍公路（萧山西兴至绍兴）开始通车。然而军阀混战，政局动荡，浙江近代公路交通建设进展极为缓慢。直至民国16年（1927年）北洋军阀统治结束时，全省只筑成通车营运路线335.29公里。其中由省道局通车营运的只有钱塘江南岸江边至绍兴一段48.58公里，其余85%以上的路线都是靠商人投资经营。在这一时期，省道局颇为重视汽车专业人员的培训，曾请准省府，自办司机及车务人员养成所，为浙江公路运输的发展积蓄了人才。

民国21~24年（1932~1935年），为更有利于吸收商资，将商人投资筑路的政策改为路归省筑，商人可提供借款及保证金，向省府承租路权，经营汽车运输。民国17~26年（1928~1937年）的近10年间，建成通车的公路有3307.38公里，连同民国16年（1927年）以前建成的335.29公里，总长达3642.67公里。省内有近90%的县市可通汽车，并沟通了与上海、南京、安徽、江西、福建、江苏6个省市的公路交通。省营路线由原48.58公里增加到2303公里（不包括官商合营的缙丽线的41.85公里），增长近46.5倍，拥有大小客货汽车370辆；各商营汽车公司经营的路线，也由原286.71公里增加到1297.82公里，有大小客货汽车345辆。

民国26年（1937年）9月26日，由桥梁专家茅以升主持设计，我国自行设计、建造的第一座双层铁路、公路两用桥——钱塘江大桥建成。12月23日为阻日军，中国军队撤离杭州时炸断钱塘江大桥。12月24日省会杭州沦陷后，原属浙江公路运输发达地区的杭嘉湖、宁绍一带的公路，或被侵占，或遭破坏，全省失去营运路线1614.03公里，车辆及厂站等设施也损失颇巨。

民国30年（1941年）4月宁、绍失守，宁波、温州两个海口均被封锁，部分公路实施破坏，浙江公路营运路线进一步缩减，客货运量急剧下降。随着汽车所需燃料、配件来源中断，公路运输逐渐难于维持。民国31年（1942年）5月，日军沿浙赣铁路再次南侵金华、衢县、丽水等地，省内仅剩龙浦路93公里一段路线由省营勉强通车，其余省营、商营路线均因实行破坏而停止营运，车辆、器材等损失惨重，从业人员大半被裁，故当时有“一条公路，两辆破车”之说。到抗战胜利前夕，营运路线只有579.64公里，客运班车极少。

民国34年（1945年）8月。浙江的公路运输在饱受日本侵略军摧残后，几近瘫痪，被破坏的近3000公里公路有待修建以恢复运输。省公路主管当局既无经费，又缺乏车辆设备，在极为困难的情况下，勉强先将原属省营的部分主要路线抢修通车，用临时租用商车出租商营和交通部公路总局第一运输处合办运输等办法,暂先维持交通。对战前商营路线,则严令各原承营公司尽速设法复业通车。同时,为便利物资流通,继续执行在战时就已实行的货运开放政策,允许零散商车随意营运。至 1949 年 5 月初公路运输各部门由中国人民解放军军管会接管前,全省通车营业里程有 2643 公里,仅及抗日战争前的 72%,而且路况很差,一切行车必备设施也都简陋不堪。

三

从 1949 年到 1978 年,浙江交通既有发展高潮,又有曲折徘徊。

中华人民共和国成立之初,浙江交通主要任务是在"千疮百孔、支离破碎"基础上恢复建设。新政权的建立激发人民群众参与交通基础设施建设的热情。浙江交通依靠地方、依靠群众,在 3 年中迅速改变满目疮痍的状况,并在 20 世纪 50 年代掀起第一个建设的高潮,至 20 世纪 60 年代中,浙江交通发展取得历史上未曾有过的成绩。1966 ~ 1976 年因"文化大革命"的影响,交通建设徘徊不前。

(一)公路建设在恢复中发展,在徘徊中前进

1949 年 5 月,浙江全省可通车公路支离破碎,晴通雨阻,技术标准低,通过能力差。浙江交通支援前线,恢复工农业生产和人民生活的需要,浙江交通部门全力抢修公路,恢复交通。至 1952 年年底,全省可通车公路增加到 2710 公里,以省会杭州为中心的几条公路干线相继恢复贯通。随后进行国防公路、经济干线和山区公路的修复和新建。在 1956 ~ 1957 年农业合作化高潮中,浙江掀起第一次群众筑路高潮,两年建成简易公路 1496 公里。同时,全省公路实行全面统一的养护管理,路况居全国先进水平。

1958 年起,在"大跃进"形势下,浙江再次掀起群众筑路高潮,持续 3 年建成公路 4549 公里,大部分县都有公路建成,发展之快,前所未有。至 1960 年年末,全省已有公路 9557 公里。但因战线太长、摊子太大,所修公路标准太低、质量太差,全省有 2354 公里公路晴通雨阻,有的甚至不能通车。1961 年起,调整公路建设部署,重点开发山区交通,加强国防公路建设,接通迂回路线,开展路、桥、渡改造,推广石拱桥,试建梁式桥,试铺渣油路面;同时调整公路管理体制,加强公路小修保养,公路通过能力提高,路况稳定上升。至 1966 年年底,全省通车公路达到 10459 公里,拥有桥梁 3523 座 62118 米,县乡公路建设初步发展,最偏远的山区县通了公路。

"文化大革命"时期,浙江公路建设和养护工作损失很大,路政管理松弛,公路失养严重,"车子跳、浙江到"成为浙江公路状况的真实写照。但在坚持抓生产的干群努力下公路建设仍然取得一定进展。1967 ~ 1971 年,全省新建改建公路 10 条,计 355 公里,实现县县通公路;1971 ~ 1976 年,修建浙北至浙南国防迂回路线等十多条国防公路,计 423 公里;1972 年实施全省社社通公路规划,至 1976 年新建县社公路 3072 公里,使当时 2990 个人民公社有 1820 个通了公路。

1973 年开始抓干线公路路基、路面恢复改造和公路绿化,铺筑高级、次高级路面(即油路、水泥路、块石路面),公路路况下降趋势得到遏制。加快桥梁改造和撤渡建桥步伐,推广双曲拱桥,试建多种型式桁架拱桥。至 1977 年末,全省公路达 17020 公里,比 1966 年增加 6561 公里;高级、次高级路面达 1137 公里,比 1966 年增加 1118 公里;公路绿化里程达到

2853 公里；桥梁达 5286 座 103355 米，桥梁永久化比重达 98%，居当时全国首位。

（二）道路运输运量稳步增长，运力严重不足

中华人民共和国成立前夕，浙江全省能营运的民用客货汽车仅一千两百余辆，因民国政府军警强征硬索和炸桥毁路，被迫全面停驶。中华人民共和国成立后，即实施军事接管，组织抢修车辆，恢复交通。接着成立省营汽车运输企业，下设各地区运输段、两个修理厂和两个保养场，接收私营客运线路，扩大经营范围，发展客货运输，兴办市、县运输。1957 年，全省私营汽车公司完成社会主义改造，并入省营汽运企业，实行全省集中统一的道路运输经营体制。是年全省民用客货运输汽车达到 2259 辆，其中客车 906 辆、货车 1353 辆；全省完成道路客运量、旅客周转量、货运量、货物周转量 2714 万人次、5.70 亿人公里、817 万吨、1.06 亿吨公里，分别比 1950 年增长 6.80 倍、2.50 倍、1.80 倍、1.60 倍。

1958 年在"大办工业、大炼钢铁"热潮下，道路客货运量急剧增加，运力严重不足。道路运输普遍采取加载措施，加班加点，超载行驶，加快车辆周转。同时，制造客货挂车，全面推行拖挂运输。1958 年年底，省营汽运部门载货挂车总数达 848 辆，挂车完成的货物周转量占总量的 1/4。厂矿企、事业单位陆续增添汽车，承运本单位物资，分担道路运输压力。但"乘车难、运货难"仍然普遍存在。

1961 年起，贯彻中央"调整、巩固、充实、提高"方针，道路运输进行全面调整，省营汽运企业陆续增加运力，支援农业生产，增辟客运线路，发展零担货运，开拓客货联运，改善运输服务。同时，发展市、县运输，统一厂矿企、事业单位自备货车，整顿发展民间运输，全省道路运输有较大发展。至 1965 年，全省民用汽车达到 4650 辆，其中客车 1545 辆，货车 3105 辆；全省完成道路客运量、旅客周转量、货运量、货物周转量 4915 万人次、10.50 亿人公里、1587 万吨、2.55 亿吨公里，分别比 1957 年增长 81%、83%、94%、141%。

1966 年"文化大革命"开始，大批领导干部和专业技术人员被批斗、下放，许多行之有效的规章制度被当作"管、卡、压"废除，道路经营、管理机构被下放、撤并，道路运输生产处于停产、半停产，运行秩序混乱，不少客运路线行车时通时断，运输成本上升，事故频发，效益下降。中期，贯彻中央"抓革命、促生产"和"开展增产节约运动"指示，道路运输经营状况有所好转，完成数项有重大影响的客货运输任务；厂矿企、事业单位自备货车有所发展，拖拉机进入农村运输市场并快速发展。至 1976 年，全省民用汽车达到 18283 辆，其中客车 4284 辆，货车 13999 辆（厂矿企、事业单位自备货车达 9725 辆）；拖拉机达到 26096 辆。全省完成道路客运量、旅客周转量、货运量、货物周转量 7748 万人次、17.90 亿人公里、1683 万吨、3.54 亿吨公里，分别比 1965 年增长 58%、71%、6%、39%。

（三）海、河港建设：修复、重建港口，建设发展缓慢

1950 年开始，宁波港码头陆续修复、重建。1957 年，温州港历史上第一个完整的港区——朔门装卸作业区形成。同年，国务院批准温州港对外开放。海门港至 1957 年共建成木质浮码头 4 个和石油码头 1 个。1955 年，舟山定海港和沈家门港虽有港务码头 6 个，但遇有较大船舶到港，还需借用驻舟海军部队码头靠泊装卸。乍浦港（现嘉兴港）在 20 世纪 50~60 年代建设缓慢，70 年代中期上海石化总厂开发建设陈山原油码头。20 世纪 50 年代，杭州港埠钱江片区相继建成两个码头，运河片区相继建成 4 个码头。多为石砌岸壁式简易码头。嘉兴港在新中国成立之初，船舶停靠依傍自然坡岸，1964 年建成客运码头，有泊位 9 个。

湖州港在1954年建成第一个客运专用码头。

1959年年底，宁波港码头增加到14个。温州港于1958年年底建成3号和4号码头及客运站，成为温州市区老港最主要的港区，1966年8月建成3000吨级沿海客运码头。海门港于1960年建成浙江省第一个沿海3000吨级高桩框架结构、双栈桥永久性码头。杭州港在1960年后形成半山杭州钢铁厂码头区，是杭州港第一个工矿企事业单位专用码头。绍兴港于1964～1970年建成企业自用码头5个。

宁波港在“文化大革命”期间，发展缓慢，仅建成小型泊位5个。温州港在此期间形成安澜新港区。1977年11月，温州龙湾建成3000吨级煤炭码头1个。海门港在1966～1971年间新建、改建码头8个。舟山港在1958～1977年新建、改建码头泊位18个，最大可靠泊5000吨级。1972年舟山港建成石油码头，可靠泊5000吨级油轮或8000吨级货轮。杭州港于1976年7月建成艮山港作业区，泊位13个。嘉兴港于1968年建成码头1个，泊位8个。1973年建成码头1个，泊位4个。兰溪港于1973年建成码头泊位两个。1975年6月兰溪港建成客运站码头。1977年全省港口货物吞吐量达到641万吨。

（四）主航道恢复通行，通航条件有所改善

1949年12月，浙江省航务局成立，内河航道建设贯彻“一般维持，重点建设”的基本方针，对杭嘉湖、浙东、钱塘江水系的主要航道实施疏浚、养护和初步建设。经过几年努力，主要航道恢复通行，通航里程逐年增加，通航条件有所改善，特别是杭申甲线、杭申乙线、湖申线等主要干线航道的通航能力明显提高。至1957年，全省内河航道里程达到11130公里，其中可通机动船里程2241公里，分别是1949年的3.10倍、2.20倍。

浙江航道建设先是在原有等级的基础上，对碍航段进行挖深拓宽、截弯取直、开挖新线等改善，并解决一些闸坝的碍航问题，使全省主要航道通过能力得到改善，通航里程有所增加。至1965年年底，全省内河航道通航里程为11828公里，其中通机动船里程为4258公里，分别比1957年增加698公里、2017公里。

1957年以后，浙江航道建设继续按六级航道标准对杭嘉湖、瓯江、钱塘江等主要航道的碍航段进行疏浚整治；并与水利部门配合，结合农田水利建设，组织对水运非发达地区（山区航道）因地制宜地进行疏浚整治。由于部分地区对水资源综合利用重视不够，在一定程度上导致内河水运非发达地区航道的萎缩。至1977年年底，全省内河航道通航里程为11723公里，比1965年减少105公里，其中通机动船里程为8678公里，比1965年增加4420公里。

（五）水路运输货运起伏不定，客运呈上升趋势

中华人民共和国建立之初，浙江省航运局组织和调动国营轮船业、民船运输业、私营轮船业这三支水运队伍，投入内河、沿海的客货运输。稍后对149家私营轮船业按“利用、限制、改造”政策，进行扶植和社会主义改造，1956年公私合营后并入国营轮船公司统一经营。至1957年年末，全省机动船及附拖驳船达到1154艘、39311吨位、19530客位，分别比1949年增加3.10倍、19.40倍、0.62倍；木帆船减至2.24万艘、16.57万吨，分别比1949年减少19%、21.60%。1957年，全省完成水路客运量、旅客周转量、货运量、货物周转量1332万人次、2.85亿人公里、1134万吨、9.80亿吨公里，分别比1950年增长2.90倍、2.70倍、3.60倍、3.80倍。

1957年后的浙江水运随着国民经济的起落，经历急剧增长、回落、调整、稳步增长的曲折

发展过程。1958～1960年，面对“大跃进”、“大炼钢铁”各种指令性运输物资计划实施，尤其是铁矿石、焦炭的运量急剧增长，浙江水运开展“全民办运输”的群众性运动，发动行业内外群众参加港口突击装卸和疏运，组织社会运力参加运输，同时对装卸机具和木帆船进行技术革命和技术革新，新增船舶运力，新建内河专业港口，改进船舶运输方式，实施“一条龙”运输大协作和沿海拖带运输，努力完成当时的运输任务。1960年冬以后，浙江水运开始全面调整，逐步走上稳步增长、健康发展的轨道。至1965年年末，全省机动船及附拖驳船达到2765艘、10.70万吨位、4.30万客位，分别比1957年增加1.40倍、1.70倍、1.20倍；木帆船减至1.48万艘、16.10万吨，分别比1957年减少34%、2.9%。1965年，全省完成水路客运量、旅客周转量、货运量、货物周转量2689万人次、4.40亿人公里、2255万吨、22.80亿吨公里，分别比1957年增长1倍、55%、9%、1.30倍。

受“文化大革命”的影响，1966年后浙江省船舶失修失养，生产秩序混乱，航运停运半停运、压船压货现象经常发生，浙江水运在逆境中艰难发展。机动船舶运力在修造船工业的发展中有所增长，货运生产起伏不定，客运生产呈上升趋势。至1977年，全省机动船及其附拖驳船达到9530艘、27.5万吨和9.3万客位，分别比1965年增加2.45倍、1.58倍、1.15倍；木帆船减至5849艘、4.20万吨，分别比1965年减少60.60%、73.80%。1977年，全省完成水路客运量、旅客周转量、货运量、货物周转量5564万人次、9.10亿人公里、3592万吨、34.70亿吨公里，分别比1965年增长1.07倍、1.07倍、59%、2%。

四

1978年，中国共产党十一届三中全会开启了中国改革开放新时期。浙江抓住改革开放的历史性机遇，率先推进市场化改革，推动经济持续快速增长，促进经济社会全面发展。在波澜壮阔的改革开放进程中，浙江交通坚持解放思想、创业创新，加快建设、加快发展，实现了历史性的跨越，起到经济社会发展“先行官”的作用。

（一）1979年到1990年浙江交通以改革谋发展

改革开放给浙江交通事业带来大发展的机遇。浙江交通人解放思想，开拓创新，积极探索具有浙江特色的交通发展之路，交通事业的面貌发生深刻变化。公路运输市场空前活跃；公路运输独家经营的格局开始打破；公路管理体制改革迈出新的步子；水路交通体制改革，放宽搞活；开放口岸，扩大外贸运输；港口航道建设迈出新的步伐。1990年年底，浙江公路密度达到29.60公里/百平方公里，为全国平均水平的两倍以上，基本完成了杭、宁、温等城市进出口道路的改造，改善了车辆拥挤状况。公路部门切实做好施工路段的“三度一排”工作（指公路改建、扩建中确定合理的供单向行车避让的公路长度、宽度、平整度和及时排水），为车辆通行提供必要的道路条件。通过新建、改建贫困地区公路，使浙西南老少边穷地区的公路状况也有一定的改善。该时期浙江省境内的320国道养护质量居各省之首，104国道湖州段养护工作受到交通部表彰。加快车站建设速度，一大批车站的建成投产，改善旅客候车条件，增强客运服务功能。

随着浙江率先市场化改革和经济社会发展进程的逐步加快，交通作为先行行业，需要和可能的矛盾非常突出。浙江交通无论在基础设施、运力结构和经营管理等方面的缺口都较大，浙江交通发展仍然滞后于国民经济发展的需要。

(二)1991 年到 1995 年浙江交通深化改革突破发展

浙江交通部门编制浙江省公路、水运从 1991 年至 2010 年发展规划，努力通过改革交通建设投资体制，充分调动和发挥各级积极性，有计划有重点地加快干线公路、新建高等级公路、加快航道和港口的建设步伐，以满足发展的需要。特别是进入 20 世纪 90 年代后，着重对全省公路和水路“卡脖子”路段和干线航道进行各类改建和新、扩建工作，重点突破瓶颈制约。经过 5 年的不懈努力，公路交通“卡脖子”路段有所减少，公路路况明显改善，公路交通紧张状况初步缓解；干线航道的通航条件有所改善，船舶轧档堵航现象有所减少，水路运输紧张状况得到初步缓解。总体上来说，浙江交通与经济社会发展需求之间的矛盾得到基本缓解。至 1995 年，浙江境内形成由 6 条国道、66 条省道组成的干线公路网，与分布全省各地的县乡公路一起，形成以杭州为中心的内接外连、四通八达的公路网。内河有钱塘江等八大水系，河道纵横，内河航道总里程 10600 公里，主要干线航道有京杭运河、长湖申线、杭申线等 10 条。沿海港口 58 个，各类泊位六百多个，其中万吨级以上深水泊位 36 个，主要港口有宁波、舟山、温州、乍浦、海门等。但从总体上看，浙江交通基础设施建设与国民经济发展的需要仍有较大差距。

(三)1996 年到 2002 年全面布局促进水陆交通大发展

1996 年 12 月 6 日，浙江省第一条高速公路——杭甬高速公路全线建成通车。跨入新世纪，浙江交通在历经改革开放近 20 年的赶超发展，与浙江社会经济发展需求的差距逐步缩小，进入全面发展阶段，交通紧张状况已经得到全面缓解。浙江交通坚持发展是硬道理，注重以规划引领发展，以改革促进发展，提出并全面布局“建设大交通，促进大发展”，开始向“走(运)得好”方向发展。在公路交通建设方面，按照“抓重点、通十线，先缓解、后适应”的方针，调整公路建设规划，实施“三八双千工程”，2002 年建成“四小时公路交通圈”。

在水路交通建设方面，从 1996 年起，浙江进行港口结构调整，逐步转变到建设集装箱专用泊位、石油化工泊位、车客渡滚装泊位和高速客运泊位为主。同时建设相应堆场和仓库，疏浚整治进港航道，港口能力严重不足的局面得到全面缓解。在航道建设上，基本形成以京杭运河、长湖申线、杭申线、乍嘉苏线和六平申线五条航道浙境段为主的杭嘉湖内河五级以上主要干线航道网，使该地区水路交通紧张状况得到全面缓解，也为长江三角洲江南航道网的“成网、直达”打下基础。

(四)2003 年至 2010 年“六大工程”、“三大建设”加快发展现代交通

贯彻党的十六大精神，落实省委、省政府实施“八八战略”、建设“平安浙江”的战略部署，围绕“两个率先”(即率先在全国同行业中实现现代化，率先在省内各行业间实现现代化)奋斗目标，浙江省交通系统组织实施了高速网络工程、干线畅通工程、乡村康庄工程、水运强省工程、绿色通道工程、廉政保障工程等六大工程。根据党的十七大提出的实现全面建设小康社会的新要求和省委提出的“创业富民、创新强省”的发展战略，落实部党组提出的提高“三个服务”的能力和水平、加快发展现代交通运输业的战略部署，提出并组织实施现代交通“三大建设”(建设大港口、大路网、大物流)。全省交通运输系统着力把握交通运输发展规律，创新发展理念，转变发展方式，破解发展难题，提高发展质量和效益，实现交通事业又好又快发展。公路、水路不适应经济社会发展的状况得到显著改善，总体趋向基本适应。这 6 年，是迄今为止浙江公路水路交通发展史上投资规模最大、建设任务最重、推进速度最快、

改革力度最强、惠民举措最多、综合效果最好的6年。

截至2010年年底，浙江省等级公路里程达到10.59万公里，公路密度达到108.23公里/百平方公里；高速公路里程达到3383公里，密度居全国第二；沿海港口货物吞吐量达到7.88亿吨，其中宁波—舟山港货物吞吐量达到6.30亿吨，跃居世界首位，万吨级以上泊位达到159个（不含洋山港区），等级航道里程达到4832公里；内河通航里程达到9704公里，其中高等级航道总里程达到1326公里；2010年完成公路货运量10.34亿吨，水路货运量6.33亿吨，分别居全国第十、第一，合计超过全社会运量的98%。

五

交通运输是经济文化的先行，是社会发展文明、进步的标志。中华人民共和国成立以来，尤其是改革开放以来，浙江交通坚持解放思想、创业创新，加快建设、加快发展，实现历史性的跨越，真正起到经济社会发展“先行官”的作用。

通过三十多年的创业创新，浙江交通取得巨大成就的同时，积累许多宝贵的经验。

一是坚持改革开放不动摇，深化体制机制改革，促进浙江交通大发展。改革开放以来，紧密结合浙江交通的实际，面向世界，学习国外的先进技术和管理经验，改革交通体制和建设机制，实现交通体制和机制创新，初步形成比较完整并具有浙江交通特色的制度体系，推动着浙江交通建设不断发展。实践证明，没有改革开放就没有浙江交通建设的大发展。

二是坚持以发展为第一要务，紧紧抓住发展机遇，实现浙江交通的率先发展。20世纪80年代，抓住城乡经济快速发展的机遇，浙江举交通全行业之力推进交通基础设施建设。90年代初，抓住发展社会主义市场经济的机遇，引入市场机制，进一步加快交通发展速度。末期，抓住国家实施积极财政金融政策的有利时机，掀起以高速公路为重点的交通基础设施建设高潮。积极应对宏观形势变化，坚持交通仍处于大建设、大发展时期这一基本判断不动摇，连续5年交通投资保持全国第一，为浙江省经济保稳促调、转型升级作出积极贡献。

三是坚持以人为本，强化交通的公益属性，服务经济社会发展大局。立足于满足人民群众不断增长的交通运输需求，跳出交通谋划交通，跳出交通发展交通，增强交通服务经济社会发展和改善民生的主动性，紧紧依靠各级党委、政府，紧紧依靠广大人民群众，调动各方积极性，营造全社会合力办交通的良好局面。在充分发挥市场作用的同时，始终坚持交通本质上的公益属性，妥善解决交通快速发展与政府财力不足的矛盾，努力使交通改革发展成果惠及全省人民。

四是坚持统筹协调，强化规划的龙头作用，引领交通全面协调可持续发展。准确判断经济社会发展形势，以科学的视野、长远的眼光审视交通工作，正确处理发展与环保，建设与文保等关系，高度重视交通规划，编制一系列综合、区域和专项规划，以交通规划指导交通的全面协调可持续发展。交通规划体系的完善，增强交通发展的前瞻性、科学性、有序性和指导性。在规划指导下，积极推进公路水运和城乡交通协调发展，推进建设与管理的协调发展，实现交通发展与经济、社会、资源、生态、文保的统筹兼顾。

五是坚持科技进步，增强交通科技创新能力，提高交通质量、安全和环保水准。质量、安全是交通的永恒主题，科技是推进交通发展的第一生产力，环保是交通可持续发展的必然要求。浙江交通不断完善科技创新体系，加快交通科技进步，不断提升交通基础设施建设质量和安全水平，走资源节约型、环境友好型交通发展之路。

六是坚持加强行业自身建设，提高服务水平，不断增强交通发展软实力。在推进交通基础设施建设、发展运输生产的同时，加强行业管理和队伍建设，提出并实施依法治交、科技兴交、人才强交等战略，采取构建惩防体系、实施人才工程、开展交通文化建设等创新性举措，在全行业增强惠民意识，弘扬奉献精神，增强服务本领，提升行业文明水平和队伍综合素质。

大 事 记

新石器时代(距今1.4万年前~4000年前)

约8000~7000年前的“跨湖桥文化”

1990年、2001年、2002年,浙江省文物考古研究所、萧山博物馆对跨湖桥遗址进行了多次联合考古发掘,出土了大量陶器、石器、木(竹)器、骨角器,发现了灰坑、黄土台、残存墙体等建筑遗迹。其中最重要的发现是独木舟和“中药罐”。独木舟呈梭形,为松木材质,残长5.6米,宽29~52厘米,船舷厚2.50厘米,最大内深15厘米左右,是我国迄今发现的最早的独木舟,被誉为“中华第一舟”。在独木舟的两侧还发现有木桩、木板、木料、船桨、砺石、石锛、编织物等数十件文物和炭灰遗迹,故而推知这里很可能是一处加工修整独木舟的现场。跨湖桥遗址因之入选“2001年全国十大考古新发现”。

战国时代(前770~前221年)

越国时期(前475~前221年)

浙江省境内最早的运河——《越绝书》卷八载:“山阴故水道,出东郭,从郡阳春亭,去县五十里”。山阴古水道:阳春亭位于今绍兴城东五云山门外,这是一条与自然河道相垂直,由越国都城向东直达曹娥江的水道干线,是浙江省境内第一条人工开凿的运河,是浙东运河的前身。

秦代(前221年~前206年)

秦始皇帝二十五年(前220年)

“十月癸丑,始皇出游……浮江下,观籍柯,渡海渚,过丹阳至钱唐。临浙江,水波恶,乃西百二十里从狭中渡,上会稽,祭大禹,望于南海,而立石刻,颂秦德。”

秦始皇帝二十五年至二十六年(前220~前221年)

秦始皇先后五次大规模外出巡视。最后一次巡视东南,一直到达会稽。

秦始皇帝二十六年(前221年)

灭楚后,秦始皇造道陵南,可通陵道,治陵水道到钱唐,通浙江。发会稽适戍卒,治通陵高以南陵道,以达诸县。

是年,命尉屠睢帅师五十万平百越,据《淮南子》载:“秦军从余干水(今信江)越过武夷山而达闽江、瓯江之地。”所说瓯江之地,即今温州、丽水一带。秦军开辟了一条由江西循余干水入闽境浦城折向龙泉、丽水至温州的道路。史称“括瓯古道”。

西汉（前 206～公元 23 年）

武帝建元三年（前 138 年）

闽越攻东瓯，汉皇命中大夫严助由会稽发兵浮海救东瓯，从贸县（今宁波镇海）下海。这时贸县港口开始作为军港使用。

三国（220～280 年）

吴大帝赤乌二年（239 年）

在今苍南县（原属平阳县）境内建立横屿船屯，可容万船（今尚存万全地名，万全即万船）。造船练兵，多次出海远征，成为吴国重要军事基地。从横屿船屯经过永宁沿海道路可与贸县港口连通，并通到吴都建业。

隋朝（581～618 年）

炀帝大业元年（605 年）

“遣黄门侍郎王弘、上仪同、於土澄往江南采木造龙舟、风艒、黄龙、赤艦、楼船等数万艘”。

炀帝大业六年（610 年）

十二月，隋炀帝下令挖凿改造江南河，全长 800 余里，此即浙西运河，从京口（今江苏镇江）到余杭（今杭州），运河广 10 余丈，使可通皇帝龙船。沿途还大兴土木，建造驿宫、草顿，欲东巡会稽。隋朝以洛阳为中心，先后开凿通济渠和永济渠，沟通黄河与淮河的交通，北通涿郡（治所在今北京市境内），并改造邗沟和江南河。

炀帝大业七年（611 年）

二月，壬午，下诏讨高丽。敕幽州总管元弘嗣往东莱海口造船三百艘，官吏督役，昼夜立水中，略不敢息，自腰以下皆生蛆，死者十三四。

唐代（618～907 年）

太宗贞观二十一年（647 年）

八月，戊戌，唐太宗李世民敕令宋州刺史王波利等，征召江南 1 州，包括省境内的杭、湖、越、婺、括、台等州的工匠，建造大船数百艘，准备征伐高丽。

太宗贞观二十二年（648 年）

七月，遣右领左右府长史强伟于剑南道伐木造舟舰，大者或长百尺，其广半之。别遣使行水道，自巫峡抵江、扬，趣莱州。以高丽困弊，议以明年发 30 万众，一举灭之。或以为大军东征，须备经岁之粮，非畜乘所能载，宜具舟舰为水运。隋末剑南独无寇盗，属者辽东之役，剑南复不预及，百姓富庶，宜使之造舟舰。唐太宗从之。

八月，丁丑，唐太宗又敕令越州总管府及婺、洪等州建造海船及双舫1100艘，准备征伐高丽。

武则天天授三年（692年）

“敕钱唐、於潜、余杭、临安四县，经取道于北（东笤溪）”，开辟了东笤溪航道。

五代十国（907~979年）

后梁太祖开平四年，吴越王钱镠天宝三年（910年）

八月，钱镠调集大批民工修筑捍海石塘，广杭州城，大修台馆。由是钱唐富庶，盛于东南。钱镠命人“运巨石盛以竹笼”，在离岸2丈9尺的地方打下6层木桩以捍之，创造了“石囤木桩法”这一我国古代海塘建筑技术史上具有重要突破意义的新技术，即编竹为笼，笼内装石，积叠为堤，再在其堤外“又植大木十余行，谓之榥柱”，石塘因此维护益固。钱镠修建的这条捍海石塘因此十分坚固，直到300多年后的南宋嘉熙年间才再次被潮水冲溃上岸，“漂荡民居”。此外，钱镠还修建龙山、浙江两座水闸，以遏制钱塘江潮灌入内河。又凿平钱江中大石，开通航道，以利海运。

后梁末帝贞明四年（918年）

十一月，吴军攻克虔州。先是，钱镠常自虔州入贡后梁，至是道绝，改走海道，从浙江乘海船至山东登州、莱州，再转陆路至开封。

后梁末帝贞明五年（919年）

三月，后梁诏命钱镠大举讨淮南。钱镠以子传瓘为诸军都指挥使，率战舰500艘，自东洲击吴。四月，吴兵大败。传瓘俘吴裨将70人，斩首千余级，焚战舰400艘。

后唐明宗长兴四年（933年）

九月，后唐吏部侍郎张文宝泛海使杭州，船坏，水工以小舟济之，风飘至天长；从者200人，所存者5人。吴主厚礼之，资以从者仪服钱币数万，仍为之牒钱氏，使于境上迎候。

后周世宗显德四年（957年）

八月，后周世宗派使臣尹日就崔颂从山东登州、莱州乘海船到杭州，赐钱弘俶生辰御服红袍2副。

后周世宗显德五年（958年）

二月，后周世宗到扬州。钱弘俶进献御衣、犀带，又供给后周军20万石稻米，并派邵可迁、路彦铢率战舰400艘、水军2万人与周军会师。江北诸州略平。

宋（960~1279年）

太祖开宝九年（976年）

二月，吴越王钱俶与妻孙氏及其世子惟濬等到开封朝见宋帝于崇德殿。先是，宋太祖以钱俶入觐，特遣供奉官张福贵等开古河一道，自瓜州口至润州江口，达龙舟堰，以待钱俶舟楫。

太宗太平兴国三年（978年）

在杭州设立两浙市舶司（其故址约在今劳动路转运桥附近），统辖自长江口至浙南一带的沿海港口，管理这些港口的海外贸易。

太宗端拱二年(989 年)

浙江位于我国海岸线中部，于是浙江境内的杭州和明州(今宁波)，就成为最重要的海港，与广州并列。这三个港口均设有管理海商船舶的市舶司，合称三司。

太宗至道三年(997 年)

宋分天下为十八路，浙江属两浙路。两浙转运衙在杭州双门(即子城北门)之北，为南、北两衙。熙宁年间徙于涌金门南，为转运东、西两衙。

真宗咸平二年(999 年)

分别在两地设立杭州市舶司和宁波市舶司，隶属于两浙市舶司。

真宗大中祥符二年(1009 年)

龙山闸位于杭州市闸口钱塘江北岸的白塔岭下龙山河口，由浑水、清水两闸组成，是温、台、明州及国外海舶和衢、婺、严等州江船出入杭州的咽喉。龙山闸始建于吴越国时期，而作为复闸，始建年代不详。北宋大中祥符前毁。大中祥符二年(1009 年)杭州排岸使胥致尧重建。其后又为潮水冲坏。宋仁宗诏令地方进行修理。元祐四年(1089 年)又坏，杭州知州苏东坡重加修整，恢复了通航。

真宗大中祥符九年(1016 年)

二月诏明州自今有新罗舟船漂泊上岸，据人数给以粮食，给予优抚，待顺风时遣送回国。

仁宗天圣四年(1026 年)

二月，己未，钱塘江抱余杭县，沿岸设有两个船闸，互相启闭，接纳温州、台州和衢州、婺州来的船只，后潮水冲破北闸，长久没有加以修复。两路船只为此堵塞。辛酉，侍御史方慎言奏请朝廷加以修复。

神宗熙宁元年(1068 年)

十月，宋神宗特地下诏将“杭之长安、秀之衫青、常之望亭三堰，监护使臣并以‘管干河塘’系衔，常同所属令佐巡视修固，以时启闭”。元朝武宗、仁宗时期，鉴于杭州城南龙山河自南宋以来“粪壤填塞，两岸居民间有侵占”，河道壅塞，阻隔江水，在丞相脱脱主持之下，浚挖了河道，建造了上下二闸，使运河直抵钱塘江。

神宗熙宁四年至七年(1071 ~ 1074 年)

苏轼在杭州担任通判之职时，主持过疏浚前沙河的工程。前沙河“在菜市门外，太平桥外沙河北水陆寺前入港，可通汤镇、赭山、岩门盐场”。于治理茆山、盐桥河的同时，苏东坡又疏浚了西湖。他用“以工代赈”的办法，发动数万民工，开掘葑田 25 万余丈。堆成一条纵贯西湖的南北长堤。不仅使西湖“复唐之旧”，而且更加风姿妖娆。

哲宗元祐元年至八年(1086 ~ 1093 年)

温州的造船数量已占全国第一位，明州造的万斛船(十斗为斛，南宋改五斗为斛)，称为神舟，是当时世界上最大最先进的船舶。

哲宗元祐五年(1090 年)

正月，宋廷诏温、明二州每年造船各以 600 只为额，数量之多居各地船场之首。淮南、两浙各 300 只。从户部裁省浮费所之请也。

徽宗政和二年(1112 年)

七月,兵部尚书张阁言:“臣昨守杭州,闻钱塘江自元丰六年泛溢之后,潮汛往来,率无宁岁。而比年水势稍改,自海门过赭山,即回薄岩门、白石一带北岸,坏民田及盐亭、监地,东西三十余里,南北二十余里。江东距仁和监止及三里,北趣赤岸口二十里。运河正出临平下塘,西入苏、秀,若失障御,恐他日数十里膏腴平陆,皆溃于江,下塘田庐,莫能自保,运河中绝,有害漕运。”诏亟修筑之。

徽宗宣和四年(1122 年)

是年,宋徽宗派使臣路允迪去高丽,在明州造了两艘巨型海舶,一艘名鼎新利涉怀远康济神舟,一艘名循流安逸通济神舟,“巍如山岳,浮动波上,锦帆鹢首,屈服蛟螭。”当这两艘神舟行驶到高丽时,高丽国人“倾国耸观而欢呼嘉叹”。据同时出使高丽的徐兢在他所写的《宣和奉使高丽图经》一书记载,船的内部结构也十分科学、完善,且使用了指南针。旧例:每因朝廷遣使,先期委福建、两浙监司顾募客舟,复令明州装饰。略如神舟,具体而微。其长十余丈,深三丈,阔二丈五尺,可载二千斛粟。其制皆以全木巨枋搀迭而成,上平如衡,下侧如刃,贵其可以破浪而行也。若夫神舟之长阔高大、什物器用人数,皆三倍于客舟也。

高宗绍兴元年(1131 年)初

因地制宜规定,粮食运输路线,一是由长江运建康,二是由海道运杭州,三是由运河运杭州,四是由江西信州入浙经常山下钱塘江运杭州。

高宗绍兴五年(1135 年)

闰二月,戊申,宝文阁待制新知湖州李光言;二浙每年秋谷,大数不下 150 万斛;苏、湖、明、越,其数又要占一大半;朝廷经费之源,实本于此。丙寅,诏江东、浙西路各造九车战船 12 艘,浙东造十三车战船 8 艘。战船式样根据王燮从荆湖获得的两只巨舰仿制。

三月,戊子,诏两浙州郡买客船为运送纲粮之用。甲午,赵鼎等奏:近来两浙久雨,又加天气寒冷,蚕茧、麦损失严重。丁酉,浙西安抚司从镇海重新移回临安府。

五月,癸未,诏江、浙四路共造五车十桨小船 50,仍以贴纳盐袋钱 5 万缗为造船经费。时已造十三车、九车战舰,而言者以为缓急遇敌,追袭掩击,须用轻捷舟船相参,乃复为之。

高宗绍兴十年(1140 年)

都水事归于工部。道路之治理,亦属工部。

孝宗淳熙八年(1181 年)

十一月,疏浚临安至镇江段浙西运河。同月,浙东提举朱熹入对,奏议浙东救荒事。乞劝谕推赏,又乞拨赐米斛给灾民,乞预放来年身丁钱。皆从之。

宁宗嘉泰三年(1203 年)

杭州,据《梦粱录》卷十记载,有东青门外北船场、荐桥门外船场。

是年,殿前都指挥司又于“保德门外本司后军教场侧起造船场一所”。东青门即庆春门,荐桥门即清泰门,保德门即艮山门。

理宗绍定二年(1229 年)

始修浙西运河岸塘。

度宗咸淳五年(1269 年)

余杭部伍桥,明成化《杭州府志》载:“县东三里,桥北有部伍亭,因名。”嘉庆《余杭县志》:该桥"跨余杭塘……吴凌统募民兵立部伍于此以御寇,故名。后圮。宋咸淳五年(1269年)重建。该桥现尚存,为跨径5米的石拱桥,是浙江境内最早的石拱桥之一。

元(1271~1368年)

世祖至元十六年(1279年)

日本商船四艘至庆元(今宁波)港口,沿海左副都元帅、庆元(今宁波)路总管府达鲁花赤哈剌觥寸与之贸易。海盗贺文达、顾润等进掠庆元海岛,哈剌觥寸下令降服,得舟六十余艘。

世祖至元二十年(1283年)

八月,浙西道宣慰使史弼以东征日本船500艘科诸民间,民不堪苦,改征取阿八赤所有船只,并在沿海雇募水手。

世祖至元二十一年(1284年)

在温州设立了市舶司。不过为时不久,至元三十年(1293年)即并入庆元(今宁波)。但温州仍然是一个海船经常出入的港口。

世祖至元二十七年(1290年)

十一月,复置三万户府镇守浙东道,以哈喇岱(亦作合刺带)一军戍沿海庆元(今宁波)、台州,伊奇哩(亦作亦怯烈)一军戍温州、处州,札古岱(亦作札忽带)军戍绍兴、婺州。以杭州为行省、诸司、府所在地,置4万户府。钱塘控扼海口,旧置战船20艘,今增置战船百艘。

成宗元贞二年(1296年)

温州永嘉人周达观奉谕从温州下海,出使真腊(今柬埔寨)。

八月一日(丁酉),禁舶商毋以金银过海,诸使海外国者不得为商。初六日(壬寅),命江浙行省以船50艘、水工1300人沿海巡禁私盐。

十一月,辛未,徙江浙行省拔都军万人戍潭州。遣枢密院官整饬江南诸镇戍军,凡将校勤怠者列实以闻。增海运明年粮为60万石。乙酉,枢密院臣言:江南近边州县,宜择险要之地合群戍为一屯,卒有警急,易于征发。诏行省图地形、核军实以闻。

成宗大德十一年(1307年)

九月,江浙饥,中书省臣上奏,请令本省官租,于九月先输三分之一,以备赈给。又两淮漕河淤涩,官议疏浚,盐一引带收钞二贯为佣费,计钞28000锭,今河流已通,宜移以赈饥民。杭州一郡,岁以酒糜米麦28万石,禁之便。制可。敕驰江浙诸郡山泽之禁。

武宗至大四年(1311年)

九月,都水监卿木八剌沙传旨给驿,往取杭州所造龙舟,省臣谏止。

仁宗延祐元年(1314年)

是年,改立泉州、广东、庆元(今宁波)3所市舶提举司。

仁宗延祐三年(1316年)

三月,因至大元年江浙省令史裴坚建议,开始疏浚杭州龙山河道,河长九里362步,造石桥八,自钱塘江直通运河。计工157566,日役5252,用钞163锭23两余。丞相脱脱总治其事,三月初七日开工,至四月十八日竣工。

明宗至顺元年(1330年)

浙江在元代承受漕运压力颇大。是年江浙间运粮装泊船只数目总计为1800只,内属于浙江的有海盐澉浦12只,杭州江岸一带51只,平阳、瑞安州飞云渡等港74只,永嘉县外沙港14只,乐清白溪、沙屿等处242只,黄岩州石塘等处11只,烈港一带34只,绍兴三江陡门39只,慈溪、定海、象山、鄞县桃花等渡、大高山堰头慈岙等处104只,临海、宁海岩岙铁场等港23只,奉化揭崎、昌国秀山等岙一带23只,共627只,要占到全部装泊艘数的三分之一。

顺帝至正六年(1346年)

脱脱之子达实特穆尔为江浙行省平章,再次疏浚杭州龙山河道,恢复舟楫来往,但仍未能完全通达于钱塘江。达实特穆尔还曾主持开挖了候潮门以南运河。

顺帝至正二十二年(1362年)

五月,张士诚海运粮13万石至京师。

顺帝至正二十三年(1363年)

五月一日(己巳),张士诚海运粮13万石至京师,此后元海运断绝。

顺帝至正二十七年(1367年)

十一月,吴祯引舟师乘潮夜入曹娥江,时方国珍遁入海,祯勒兵追之。癸未,汤和兵自绍兴渡曹娥江,进攻余姚,降其知州李枢及上虞县令沈煜,遂进兵庆元城下,攻其西门。院判徐善等率父老迎降。国珍率余众乘海舟遁,汤和率兵追击。汤和军攻克定海、慈溪等县,得军士3000人、战船60艘、马200余匹、银6900余锭、粮354600石。朱亮祖自黄岩进兵温州,陈于城南7里。方明善引兵拒战,亮祖击败之,破其太平寨,追至城下,余兵溃奔入城。亮祖遣部将汤克明、徐秀、柴虎等攻克温州城,获员外郎刘本善,国瑛等遁去。亮祖遂取瑞安,复败方明善于乐清盘屿岛。己丑,朱元璋复命廖永忠为征南副将军,率师自海道会汤和追讨方国珍。国珍乞降,又遣其子明克、明则、从子明巩等向汤和进纳省院及诸银印、铜印26,银1万两,钱2000缗。丙申,朱亮祖兵至黄岩,方国珍及其兄子明善率家降。

十二月,方国珍遣其子明完奉表谢罪。辛亥,国珍及其弟国珉率部属谒见汤和于军门,得士马舟楫数万计,和送国珍等于建康朱元璋处。浙东悉定。

明(1368~1644年)

太祖洪武元年(1368年)

置浙江市舶提举司,以浙东按察使陈宁为提举。

太祖洪武三年(1370年)

六月,诏延安侯唐胜宗督浙江属卫官军造海船、修城隍庙。

太祖洪武五年(1372年)

八月,明廷下诏浙江、福建濒海九卫造海舟606艘,以防御倭寇。

十一月,诏浙江沿海诸卫改造多橹快船,以防备倭寇。

太祖洪武二十年(1387年)

十二月,命浙江布政使司修治绍兴等府桥梁道路。暹罗贡船来温州互市,温州人购其沉香诸物。

太祖洪武二十六年(1393年)

是年规定,"凡各处河津合置桥梁者,由所在官司起造。弘治以后,地方修桥铺路之事,巡抚批准即可实施。"

成祖永乐元年(1403年)

九月,明廷命浙江观海卫造捕倭海船36艘。

成祖永乐二年(1404年)

十一月,日本第一期首次勘合贸易船至宁波港,后在1405年、1406年、1408年(2次)、1410年连续6次抵宁波。

成祖永乐三年(1405年)

六月,命浙江等都司造海舟1180艘。

十一月,日本第二次勘合贸易船到达宁波港。宁波建"安远驿"以安置"诸番贡使"。

成祖永乐九年(1411年)

十月,令浙江临山、观海、定海等卫造海船48艘。

成祖永乐十一年(1413年)

浙江布政使宁良等人议论钱塘门、涌金门其间有渠,应该疏浚为河,河上造桥,以通湖水。外置一水闸,按需开闭。工部覆奏疏浚杭州西湖,明廷许之。

宣宗宣德四年(1429年)

杭州设北新关,征收船税。后在成化四年撤。弘治六年复设。正德六年兼征商税。

代宗景泰四年(1453年)

六月,日本第二期第一次勘合贸易船5艘抵宁波港。八月,明廷重申海禁令。海外商旅不通。

宪宗成化四年(1468年)

日僧、画家雪舟随勘合贸易船至宁波,求法习画,绘有宁波港图、育王山图。宪宗赐号为"天童山第一座",次年归国。

宪宗成化十二年(1476年)

至十八年(1482年),绍兴知府戴琥开碛堰,修麻溪坝,导浦阳江全流入钱塘江;建柘林、新灶、扁佗、夹蓬、新河、龛山、长山诸闸以蓄泄山、会、萧三县之水;立山会水则碑以控制河网水位,适时启闭水闸,以利农灌与航运。

宪宗成化十三年(1477年)

浙江按察副使杨瑄在海盐用竖石斜砌,内垒碎石支撑,筑坡陀塘2300丈。这是钱塘江最早的石砌斜坡塘。

孝宗弘治七年(1494年)

余杭通济桥(又名广济桥)建成。余杭通济桥,在县治东(今余杭塘栖镇内),东汉熹平间建,旧名隆兴桥。五代吴越钱武肃王重建,改名安镇桥。相隔八百年左右始重建,则原建桥梁也是石梁桥(该桥南宋时复建,易梁以木,改名通济。明代改建为石拱桥)。

世宗嘉靖年间(1562~1565年)

独轮车始出现于常山至玉山的道路上,是玉山人所有。

神宗万历二十年(1592年)

秀水县令李培又征集附近居民疏浚了自陡门至王江泾界的运河,改善了嘉兴以北运河的航运条件。

神宗万历二十四年(1596 年)

潘季驯卒。潘季驯(1521～1596 年),字时良,湖州人。嘉靖末至万历中,4 次任总理河道,主持治理黄河、运河,在理论和实践上都有重要贡献。明代前期黄河下游水道紊乱,主流迁徙不定。潘氏主持治河后,提出并实行了束水攻沙、借水刷沙的一系列主张和措施,黄河和淮河经他治理后,保持了多年的稳定。著作有《两河管见》《河防一览》《留余堂集》等。生平事迹参见《明史》卷二二三、《潘季驯评传》。

清(1644～1911 年)

世祖顺治十年(1653 年)

裁撤漕储道,添设浙江督粮道一员,职掌督征漕粮、修造船鲶、佥运交兑、督押钤束领运官丁。

世祖顺治十六年(1659 年)

朝廷建造战船,大量征购木材。开化县将木材 2 万株运宁波造战船。

圣祖康熙九年(1670 年)

浙江总督刘兆麒及巡抚范承谟主持整修杭州下塘河及运河堤塘,历时 1 年,筑石塘 4383 丈,桥 623 洞。

圣祖康熙十六年(1677 年)

六月十日,浙江提督常进功疏报,台湾郑克塽盘踞舟山造船。官兵自黄岩赴定海,在螺头门洋面,击沉郑部船 13 只、获船 8 只。官兵后又连破木城木寨,杀 2160 余人、烧毁所造船只无算。清廷下部议叙。

圣祖康熙二十三年(1684 年)

十月,清政府驰“海禁”,颁“展海令”以后,即于次年在江苏的上海、浙江的宁波、福建的厦门和广东的广州设立江海关、浙海关、闽海关和粤海关。

圣祖康熙二十四年(1685 年)

正式解除“海禁”,允许商民下海交易。设置浙海关行署于宁波府内。英国商船前来舟山等地停泊。

是年,巡抚赵士麟力行开浚杭州城河,工程为 6 月,费白银 2 万余两,20 余万工,杭州水系沟通,颇有成效。

圣祖康熙三十五年(1696 年)

杭州外港乍浦成为对日贸易主要口岸之一,采办日本铜,设官、民二局,各有船 3 艘。

圣祖康熙三十七年(1698 年)

海关监督张圣诏以定海水势平缓,堪容远洋大船,可通各省贸易,奏准建署往来巡视,以就商人之便。另设红毛馆一座,安置洋船洋商,往来人众,以增税额。

圣祖康熙五十四年(1715 年)

日本国公布“正德商法”,限清朝赴日商船每年 30 艘,每船营业 6000 贯,其中宁波商船 11 艘。

世宗雍正五年(1727年)

浙江总督李卫,在杭嘉湖大规模修筑海塘,整治运河塘河,并檄府县浚河建闸,广兴水利。

世宗雍正七年(1729年)

五月十七日,准浙江商船出洋贸易。李卫奏:内地商船向来被禁令出洋,嗣因闽省产米不敷食用,许可该省商民出洋贸易。但浙江海面与闽省相连,恐奸商趋利,冒险前往,而沿途洋汛以非闽船反致稽查不及,请照闽省例准其出洋贸易。清廷许之。

世宗雍正十二年(1734年)

三月二日,决定挑挖南港河。大学士等议覆杭州副都统隆升疏奏,浙江海塘工程,查得河庄等山之东首,旧有南港河一道,舟楫可通,今西首沙淤者,仅一十五里,挑挖甚易,所费亦轻。清廷从之。

高宗乾隆二年(1737年)

夏秋之际,有两艘小琉球国、中山国船只满载粟米棉花遭受飓风飘到定海象山之处,乾隆谕旨大学士嵇曾筠查明人数,给足衣粮,修补船只。并规定以后凡是发生此等外洋船只遭受飓风飘到境内,当地督抚都应动用存公银两,赏给衣粮,修理舟楫,并将货物查还遗归本国,以示朝廷怀柔远人之心。并规定将此谕旨永著为例。

高宗乾隆二十年(1755年)

六月,英船荷达奈斯号驶至宁波港外,装有大炮20门,并有鸟枪40杆、火药4担等。

是年,英国总商喀刺生乘英船霍德尼斯号抵港,请求贸易,允在定海验税,运货至宁波销售。

高宗乾隆二十一年(1756年)

六月十五日,英吉利商船"噶喇吩"号到达宁波港,照例办理交易。七月初九日,乾隆降旨:"国家绥远通商,原与澳门无异,但于此复多一市场,恐积久留居内地者益众。滨海要地,殊非防微杜绝之道。"因命督抚"时加体察"。

十一月十日,确定广州一口通商,不准外商赴宁波贸易。乾隆采纳杨应据建议,限定外商于广州一口通商,不得再赴宁波,谕旨:如市侩在宁波设有洋行及图谋设立天主堂等,当严行禁逐。番商无可依托,自可断其来路。

是年,废定海红毛馆,关闭宁波港,封浙海关。自从康熙三十九年至此闭关,前来宁波定海贸易的英国商船共29艘次,其中以康熙四十九年最多,有10艘之多。

高宗乾隆二十四年(1759年)

四月十二日,英商驾船至宁波,声称为英人洪仁辉后船,浙江巡抚庄有恭令其回粤,并饬内地商民不得私与交易。乾隆谕旨:所办好。

高宗乾隆三十三年(1768年)

清廷为加强沿海控制,颁布了商船、渔船管理办法,规定商船、渔船建成时,须报地方官府,发给执照后方许使用,执照一年一换;海船的篷帆,按省分色,浙江的船帆为白篷黑字;船只出租须由邻甲保结;不出洋的海船,一概造报入册,5年一核;渔船不得装载货物。

高宗乾隆三十四年(1769年)

英武装商船驶至镇海峙头进行贸易。

高宗乾隆五十三年（1788 年）

宁波港开往日本贸易商船 10 艘。

高宗乾隆五十八年（1793 年）

英派专使马戛尔尼来华，提出开放宁波、舟山等处通商并要求取得舟山附近一处小岛作为英商仓库，被清政府拒绝。

仁宗嘉庆八年（1803 年）

正月，蔡牵率部抵定海，进香普陀山。适浙江水师提督李长庚率舟师掩至，蔡牵不敌，仅以身免。官军师船昼夜穷追至闽省三沙洋面，并据上风。蔡牵粮、硝尽，蓬索朽，已不能遁，乃伪降于闽浙总督玉德。玉德招抚，檄浙师收港勿出，蔡牵遂借机修缮船只，筹备粮食，扬帆远去。官军水师追击于三沙、温州。事后，蔡牵因官军水师霆船甚厚，遂赂闽商订造大于霆船之船，先后载货出洋。

仁宗嘉庆十四年（1809 年）

金华通济桥，嘉庆十四年（1809 年）开始兴建石拱桥，是一座高大巍峨、气势宏伟、13 孔的联拱桥，是浙江境内至清末为止最长最高大的石拱桥。

仁宗嘉庆二十一年（1816 年）

英国派阿美士德使团到北京，向清廷提出开辟宁波、天津两港等要求，遭清廷拒绝。

宣宗道光十年（1830 年）

清廷颁令，规定对日本贸易仅限于宁波一地，清朝赴日本商船，限制在 10 船以内。

宣宗道光十三年（1833 年）

十二月二十八日，严禁江浙沿河设卡讹诈商船。先是，给事中金应麟奏称，江浙内河一带，长约 700 余里。凡商民船过，小则讹诈钱文，大则肆行抢夺。其讹诈之法，或将漕船横截河中，来往船只非给钱不能放行，名曰“买渡钱”，或将两漕船直长并泊，使南北船只俱不能行，积至千百号之多，必各船给钱方能放行，名曰“排帮钱”。设遇无货船只，即留为分载私货之用，须送至清江交卸始得放回。船户稍为理论，即掷弃水中，毫无顾忌，地方官竟不敢弹压。其讹诈之处，如嘉兴府东门外之直公桥，浒墅关之市河等，最为受累地方。至是，道光令严行申禁之。

宣宗道光二十年（1840 年）

六月四日，清廷同意巡抚乌尔恭额奏请，修造温州、宁波两府巡洋船只。

六月五日，英军舰船 5 艘，驶进定海南道头港水面，实施侦察和航道勘测，后即离去。

六月，嘉兴县丞龚振麟调赴宁波军营，仿造英国轮船两艘。

宣宗道光二十一年（1841 年）

三月二十五日，海龄奏请将沿海通商码头全数关闭，清廷谕旨有碍于本份商渔船，实不可许。

八月一日，严禁阻挠宁波开埠。浙江提督李廷钰奏报英人已通市，宁波港指日可待。清廷著李廷钰严禁兵役籍端滋事，毋别生枝节。

十一月十二日，宁波正式对外开埠，划定江北岸为外国人通商口岸，江东浙海关重新开关。是年，从定海输入鸦片货值 187 万西班牙元。

十一月十三日，耆英奏报五口通商情形，并希冀由李廷钰办理浙江通商事务。清廷谕旨,李廷钰已被刘韵珂参奏,办理浙江通商事务不妥,著耆英与刘韵珂、程楙采赶紧会商,选派可靠、熟悉外务的大员前往。

十一月十五日,刘韵珂奏报,浙江海口封闭已久,商民失业,请求照旧开港。清廷上谕:乍浦、温州、台州等处海口准修开港,商、渔船均著其照旧出入,仍责成地方官协同守口,实力稽查。

宣宗道光二十三年(1843 年)

宁波开埠,划江北岸为外商居住地,自此浙江唯一的宁波港口被帝国主义侵占,海关主权丧失。

宣宗道光三十年(1850 年)

七月二十七日,英国外交大臣训令文翰,赞同开苏州、杭州、镇江为口岸,以代替福州、宁波。

文宗咸丰三年(1853 年)

中国引进的第一艘轮船"宝顺"号,开创了中国使用轮船之先河。

穆宗同治元年(1862 年)

美国旗昌洋行开通沪甬航线,其后外国轮船公司垄断浙江航运业。

杭州府开始设立杭州江干船局,抽收船捐。

穆宗同治二年(1863 年)

夏,左宗棠在给杭州命陈其元主持试制轮船工作。这艘轮船的试造成功,开创了中国官方制造轮船的先例,为以后创办福建马尾造船厂积累了经验,培养了人才。

穆宗同治三年(1864 年)

闽浙总督左宗棠寻觅匠人在杭州仿造小轮船 1 艘,试之西湖,效果不佳。

穆宗同治四年(1865 年)

六月初,左宗棠最后选定福建马尾附近为建厂基地,把杭州的造船厂迁到马尾,建立起洋务运动中最大的专门制造近代轮船的工厂——福州船政局。

穆宗同治十一年(1872 年)

1 月 17 日,中国第一家近代航运企业——轮船招商公局在上海正式成立。同时决定在宁波等处筹设分局。

德宗光绪二年(1876 年)

七月二十六日,李鸿章与英国公使威妥玛在烟台签订《烟台条约》,其中规定温州为开放商埠。

德宗光绪十年(1884 年)

二月四日,刘秉璋奏报沿海形势,并请拨轮船。清廷著左宗棠、何璟、张兆栋、何如璋酌量分拨兵船或者蚊子船 4 艘,前赴定海驻泊。

七月二十二日,清廷据奏,有外国船 6 艘驶至宁波江北岸。清廷著刘秉璋饬属确查系何国船只,如系法船即行攻击。

德宗光绪二十二年(1896 年)

三月八日,廖寿丰奏报购置小轮船四只,并奏杭州开设商埠,该处关务请以杭嘉湖道兼任。

德宗光绪三十年(1904年)

黄包车传入浙江境内，首次出现在宁波。

德宗光绪三十二年(1906年)

设海宁轮埠和甬利码头。

德宗光绪三十四年(1908年)

杭州成立钱江轮船公司，资本金6万两。

是年，设新宁海码头和平安码头。

宣统元年(1909年)

五月，宁绍公司建成的宁绍码头。

宣统二年(1910年)

浙江巡警道拟订的筹办《内河水路巡警章程》，规定水巡管理的范围很广，涉及水上治安、水上秩序、航行安全及航道、航标、救护等。

民国(1912~1949年)

民国1年(1912年)

宁绍公司打造一艘新轮船，命名“新宁绍”(主机功率3500马力，时速12海里，载重3407总吨、2150净吨，设2500客位)，并于民国3年(1914年)投入甬沪线营运，成为当时该航线上一艘最新、最大的客货班轮。

民国4年(1915年)

2月，浙江省行政公署设立内河、外海两个水上警察厅，负责稽查船舶、缉捕海盗、征收船牌费等事项。

民国5年(1916年)

8月9日，孙中山先生在浙江都督兼省长吕公望为他召开的欢迎会上，发表题为“道路为建设着手的第一端”的讲话，指出道路交通建设对于国计民生的重要性，勉励浙江省积极开展道路建设。

10月，浙江省长吕公望提出修筑省道议案，经省议会议决，成立省道办事处筹划进行。因政局动荡和缺少经费而中止。

10月27日，在孙中山先生关于道路建设的讲话推动下，浙江省长吕公望提出修筑浙江省道的议案，咨送省议会讨论审议。经省议会通过后，于11月4日复请省长筹备施行。此是浙江省最早的省道建设计划。

民国7年(1918年)

最先创办杭州振兴商轮公司轮船修造厂，资本仅1000元，设在杭州闸口。该厂的目的主要是能及时替该公司的轮船进行维修保养。

民国8年(1919年)

杭州广济医院第一任院长英国人梅藤更私人带入自用小汽车1辆，杭人视为奇观。

民国9年(1920年)

12月，省政当局鉴于省道需要，再次筹划设立省道筹备处，委令周凤岐为省道筹备处处长。

民国 10 年(1921 年)

1 月,省道筹备处成立,设委员若干人。

8 月,余杭县绅士王鼎三、张荇青邀同杭县士绅郑厚庵等共 50 余人集会筹组杭余省道汽车公司,公推郑厚庵为主席,集议招股筑路办法。

民国 11 年(1922 年)

3 月,省道筹备处改为省道局,仍直属省长公署,周凤歧任局长,阮性宜任总工程司(师),彭道中任副总工程司(师),局内设总务、工程两科。

7 月,"承筑杭余省道汽车股份有限公司"成立。第一条商办路线是杭余路(杭县至余杭),属省道浙皖正线的第一段,经营这条路的公司名称是承筑杭余省道汽车股份有限公司(简称杭余公司)。

冬季,"杭州永华汽车公司"创立,为市内公共交通之始。

民国 12 年(1923 年)

3 月,商营杭余汽车公司松木场至留下段通车营业。

4 月,中华全国道路建设协会浙江分会成立,督军卢永祥任名誉会长,省道局长周凤歧任会长,阮性宜任总干事。

是月,省建完成的第一条路线:萧绍段,自钱塘江南岸的西兴,经萧山、钱清、柯桥至绍兴五云门(北海坂)止,长 48.58 公里,是浙闽正线首段。

9 月,浙闽正线嵊县至新昌段公路开工,民国 15 年(1926 年)完工,民国 14 年,由当地绅商组成嵊新公司承租营业并负责养路,是浙江第一条由商办汽车公司承租营业的路线。

10 月 1 日,杭余公司杭州至余杭段全线通车。

12 月,浙江省道局订颁《浙江省道商办汽车条例》。

民国 14 年(1925 年)

1 月,省政当局公布《浙江省道征收车马通行费章程》。

3 月,省道局第一期司机养成所开学,名额 30 名,学期为 6 个月。

10 月,省道局创办车务人员养成所,名额 40 人,学期(包括实习)为 1 年。

11 月,省筑嵊县至新昌一段公路,归由商营嵊新汽车公司承租营业,同时给予暂不缴纳路租的优惠条件。

是月,省道局设立萧绍段车务管理处。

12 月 6 日,萧绍段江边至转坝一段公路开始通车营运。

民国 15 年(1926 年)

杭州首家市区货运汽车行——江墅货运汽车行开业。

冬季,宋梅村进兵浙江,夏超败退。萧绍段车辆遭毁坏,营业大受影响,综计损失达数万元。

民国 16 年(1927 年)

年初,北伐军入浙,孙传芳部溃败,杭富汽车公司车辆设备被大肆破坏。

5 月 4 日,浙江省建设厅开始办公。厅长程振钧。

10 月,省道局长周凤歧辞职,由建设厅长程振钧兼任。省道局改隶建设厅。

是年(1927 年)至民国 18 年(1929 年)三年中,茅以升在《三十年来之中国桥梁工程》一文中指出元贞桥的建设是我国公路钢桁架桥建设的先河，评价较高。当时，浙江省公路局有110英尺（合33.5米）、90英尺（合27.4米）、80英尺（合24.4米）、60英尺（合18.3米）四种钢桁架设计，元贞桥建成最早。

民国17年（1928年）

4月，省道局改称为"浙江省公路局"，委任叶纪元为局长。公路局的名称自此开始。

5月，浙江省政府公布《杭州市汽车管理规则》《杭州市取缔汽车司机人规则》。

8月7日，省道基本线——杭州市区拱宸桥至三廊庙一段公路由省公路局筑成通车。

8月，钱江义渡局归省公路局管辖，并改称为"杭绍线义渡办事处"。同时兴建浙江第一码头。

10月，省公路局给价123000余元收回商营杭富汽车公司。设车务办事处，继续通车。

11月，省公路局公布《浙江省公路局征收运货汽车照费规则》。

民国18年（1929年）

3月，省公路局杭州市区拱三段公共汽车改走清河坊，又添驶湖滨至城站路线，引起黄包车工人反对，发生风潮。

4月，省营萧绍段绍兴北海坂至五云门接线完成通车，与商营绍曹嵩汽车公司路线连接，汽车可由钱塘江边直达曹娥江边。

5月，省营鄞奉路鄞县至奉化、江口至入山亭完成通车。

是月，浙江第一码头建成。

6月6日，西湖博览会开幕。省公路局派客车16辆、货车2辆、材料和警备车各1辆，为博览会服务。

6月，浙江省政府会议通过公布《浙江省公路招商承筑规则（重订）》，其中第十五条规定："承办人承筑之路线应自开车营业之日起专利三十年期满后，所有路工桥梁车站均归公有，……。"

7月，省公路局修建杭长路，需利用商营余武汽车公司承筑彭公至上柏一段路线，给价4027元，予以收回。

民国19年（1930年）

2月6日，浙江省政府公布浙江省航政局章程，决定设立浙江省航政局。

2月，省公路局订颁《浙江省公路局管理公路交通暂行规则》《浙江省公路局暂行汽车载客章程》《浙江省公路局暂行汽车运货章程》。

4月1日，杭平公路闸口至乍浦段土路举行通车典礼。

4月，省公路局向商营宁袁汽车公司承租海宁至闸口、闸口至袁化两段公路，并与宁袁公司合租商营宁长公司所筑自胡家兜至海宁一段公路，租期均为6年。

5月14日，浙江省航政局将各区原设船舶事务所取消，改在宁波、温州等处设立4个航政分局，委任周小山、钱之江等为分局长。

6月，省公路局与沪杭甬铁路局商定联运办法，实行上海至莫干山旅客联运。

是月，省公路局呈准建设厅，在杭州西大街炮兵营旧址成立杭州修车厂，自制配件、制造车身并代外界修车。

8月1日，招商局内河轮船受英、日商轮排挤，业已辍业，浙江省航政局将该局停航轮船全部租下，于是日恢复苏浙航路21条。

8月，杭州修车厂完成第一辆客车挂车交拱三段试驶，效果甚佳。省公路局决定再添制5辆，并利用旧福特底盘改制客挂车6辆交由萧绍段使用。

9月，省公路局长陈体诚赴美国参加万国道路会议，并调查机械筑路及长途汽车运输等事宜。

12月2日，浙江省公路杭长、杭平、鄞奉、杭昌先后完成。新（昌）临（海）奉（化）临（海）温（岭）三线公路已经测量，并招商投标。

民国20年（1931年）

1月12日，浙江省三门湾开辟商埠兴工，由三门湾商民许廷佐以资产向政府抵借公债50万元承办开辟该湾。

1月，商营黄泽路椒汽车公司成立，按路归省筑、商可租营的政策精神，向省提供借款12.4万元及保证金3万元的条件，订约租营黄岩至泽国、路桥至海门公路，经营汽车运输业务。

2月5日，嘉兴黄包车夫罢工。

2月13日，杭州内河小轮宣告停航。

3月，"杭绍线义渡办事处"归省建设厅直辖。

6月，省公路局改组为"浙江省公路管理局"，专管营业和养路业务。奉建设厅令，改任黄霭如为局长。

7月1日，衢（州）广（丰）公路全路通车。

7月，交通部直属上海航政局成立。该局管辖范围为苏、浙、皖三省，先后在宁波、温州、台州、杭州等地设立13个办事处，石浦、吴淞等地设立23个船舶登记所。1932年7月，这些办事处和登记所进行改组，只设立宁波、温州、台州、杭州等23个登记所。1933年3月，又重新进行调整，改设宁波、温州、海州、镇州、芜湖5个办事处。8月增设海门办事处，由宁波办埋处兼埋。全此，在浙江的中央直属航政机构共有4个。

8月1日，浙江省公路管理局局长黄霭如辞职。

8月5日，新任浙江省公路管理局局长刘光兴就职。

10月，京（南京）杭（杭州）国道杭州至南京全线通车。省公路局与苏省商营江南汽车公司开始联合办理公路旅客联运。

11月30日，省公路管理局局长刘光兴辞职。

12月1日，新任省公路管理局局长邓翔海就职。

民国21年（1932年）

1月20日，省公路管理局局长邓翔海局长辞职。

1月21日，新任省公路管理局局长陈体诚就职。

2月5日，京杭公路客车停驶。12日，恢复。

3月6日，杭江铁路杭州至兰溪段建成通车。

9月27日，沪杭公路建成。

9月，省公路管理局派员赴湖南参加试行煤气车。

10月10日，沪杭公路建成，全线通车。

10月20日，京（南京）杭（杭州）国道杭州至南京全线通车。浙江省公路局与江苏省商营江南汽车公司开始联合办理公路旅客联运。

11月，苏、浙、皖、京、沪五省市交通委员会组成。

12月，鄞奉、萧绍两线公路由省租于商营鄞奉、萧绍两长途汽车公司经营。

民国22年（1933年）

1月13日，台州开往宁波的新宁台轮触礁沉没，死300余人。

2月，省政府公布《浙江省管理汽车暂行章程》《浙江省管理汽车司机人暂行章程》。

3月2日，杭州市公路局奉建设厅令，征发前方军用汽车10辆、料车6辆、客车4辆，并由公路局备司机2名。

3月，省政当局将商筑杭余路收归省营，给价20万元。

5月，宣（城）长（兴）公路建成。6月2日举行通车典礼。

6月20日，杭州市人力车夫20000余人，因要求降低车租，反对公共汽车在市区多设车站，是日起实行总罢工。经省会公安局及戒严司令部会同委善处置后，21日晨起复工。

6月28日，苏（州）嘉（兴）公路竣工，是日在苏州行通车典礼。

6月29日，浙江省政府筹建钱江大桥，使杭江路、沪杭甬路衔接。建设厅聘桥梁专家茅以升负责设计，拟定桥身均用洋灰钢梁，建筑经费500万元，3年内完成，10年内还清建筑费。

7月，省政府公布《浙江省城市公共汽车公司及长途汽车公司管理规则》。

8月，浙江、江苏两省建设厅签订嘉兴至王江泾段与闵行至金丝娘桥段互相租用合约。

9月20日，浙江省公路局为节省经费与时间，以便利交通起见，特在京杭铁路行驶柴油汽车。

11月18日，江山至浦城公路全部完成。

11月26日，杭徽公路通车。杭徽公路起于浙江杭州，止于安徽徽州，全长215公里，为皖、浙两省交通要道。徽州旅浙商贾早于民国13年即创筑此路，当时由浙人顾子材等集资商办，仅筑浙江境内杭州至余杭段，民国19年虽由浙江省政府续修，亦未竟全功。民国21年5月始由全国经济委员会及皖、浙两省建设厅合力经营。是日，在浙江昌化举行通车典礼。

11月28日，杭江铁路全线通车礼在金华举行。杭江铁路是浙江省第一条由省政府出资兴筑的铁路。此线由杭州钱塘江对岸的萧山西兴江边至江西玉山，长359公里，于1930年3月9日开工建设。

12月，省公路管理局因抽调部分汽车供国民党政府军用，致省营的杭塘线及杭州市区三、四、五路公共汽车一度暂停营业。

是年，建成最早的公路汽车渡口衢兰路的东迹渡和衢广路的江山渡。

民国23年（1934年）

1月2日，杭州警备部实施汽车检查。

1月19日，蒋介石派浙江建设厅厅长曾养甫任闽赣浙皖道路建筑处处长，在军务工程专家协助下，调集工兵万人、工人数千，开始赶筑浦城、建宁线。并计划筑建宁、延平线，接至水口，使闽北各主要城市以汽车大道连成一气。

2月，省公路管理局局长陈体诚调任福建建设厅厅长，局务由朱耀庭接任。

是月，商营萧绍、绍曹嵩、嵩新三公司开行钱塘江至新昌间直达车。

是月，本省公路划分为六区管理。

4月29日，杭、沪、甬、绍绅商在杭集议，认款协筑钱江南岸码头。

6月4日，浙、赣、皖三省边区公路完成，在婺源城西站举行婺(源)白(沙)段通车典礼。至此浙赣皖三省公路接通。

6月10日，铁道部与浙江省决定合作兴筑钱江大桥，全部建筑工程费用550万元，向中央庚款会借材料费250万元，沪银行借200万，铁道部负担100万元。

6月28日，杭(州)屯(溪)客车办联运。

7月，省公路管理局由上海购来中华煤气机制造公司T23-D式煤气发生炉，在杭州至昌化山地公路进行试验，取得成功。

是月，本省开始施行《苏浙皖京沪五省市公路汽车载客运货通则》。

11月11日，钱塘江铁桥开工。该工程由省政府与铁道部成立钱塘江大桥工程处，茅以升任处长，罗英为总工程师。

11月，官商合营"缙丽公路汽车两合公司"成立，官股90万元，商股10万元。

是月，于民国21年(1932年)2月开工建设的缙丽公路全线竣工。

冬季，萧绍、绍曹嵩、嵩新三公司与省公路管理局合办钱江至临海间联运直达客车。

民国24年(1935年)

2月7日，浙江省建设厅为推广造林，将全省已成公路2576公里，一律种植行道树，约植30万株。

3月，钱塘江开始实行汽车轮渡过江，并规定汽车渡江收费标准。

4月6日，杭州钱塘江大桥正式开工兴建。该桥系中国第一座自行设计和主持施工之较大近代化桥梁，由钱塘江桥工程处处长茅以升、总工程师罗英设计并指挥施工。

8月11日，省公路管理局正式设立杭州营业所。

10月，省公路管理局在杭州市区线发售月季票。

11月4日，实施法币。

11月，省公路管理局局长朱耀庭病故，局务由副局长李育代行。

是月，于民国21年(1932年)10月开工建设的丽水—浦城公路全线竣工。

民国25年(1936年)

1月，江家瑂继任省公路管理局局长。

4月，全省公商汽车运输推广使用木炭车，计省营12辆，商营75辆。

6月1日，浙江建设厅变更组织，裁撤公路、水利、商务等局及一、二、三各科，改设农业、交通、工商、水利四处。

6月，裁撤省公路管理局，在省建设厅内设交通管理处。陈琼仟处长。

9月7日，浙江省为建筑公路，向中国农民银行借款180万元，以公债300万元作抵，并再以浙东数线公路收入为担保，向盐业、中南、金城、大陆四行借款120万元。因省库支绌，商准农民银行将借款展期六年，另换新公债作抵押，至四行方面拟将公路收回。另以整理公债150万作抵，仅以公路收1万元为担保。再展期4年6个月偿还。

9月8日，浙江省建设厅会订邮运办法。规定长途汽车代运邮件，自本月10日起至11

月9日止，为邮运试办期；邮件价按每50公里每公斤1分计算，轻重件混合补装，其免费轻件之成数暂以三成为标准，包裹运价每公斤50公里1分2厘。

9月23日，浙江省公路第一区管理处主任曹寿昌，奉广州市长曾养甫电召赴粤，主持公用事宜，曹原兼建设厅技正，以呈请准予辞职。遗缺由建设厅派交通管理处处长陈琼兼任。

11月22日，浙江省建设厅整修桐建、建界、建兰、淳华四线公路。

12月，全省省营公路实行分段管理。原有的杭州、衢州、丽水三个区管理处，只负一定的监督责任。

民国26年（1937年）

2月，省建设厅交通管理处撤销，恢复设立省公路管理局，由沈景初任局长。

4月12日，浙边平（阳）、泰（顺）、龙（泉）、庆（元）、云（和）、景（宁）等各线公路，因多属崇山峻岭，施工困难，经费巨大，除由省府库券筹一部分外，决定设处属筑路筹款委员会，征收竹木碳捐，以应付筑路用途。

6月，省公路管理局局长由徐学禹继任。

7月1日，浙江省汽车总队部成立，徐学禹兼任总队长。

7月6日，浙江省公路管理局变更组织，改组为纯营业性机关。所有新修工程由另设公路工程处办理，由陈宗兼任处长。准备兴工建筑者计有：平（阳）、泰（顺）；余（杭）、安（吉）、孝（丰）；龙（泉）、庆（元）、云（和）、景（云）等各路。

8月13日，日本侵略军进攻上海，省汽车总队部征调省、商运输单位汽车210辆，编队开赴前线交兵站军用。

9月26日，钱塘江大桥建成，先通火车，继通汽车。

9月，商营杭瓶、瓶湖两公司停业。

11月，钱塘江大桥公路桥面完成，旋即实施破坏。

是月，省公路管理局奉命南迁，一部分迁至建德，一部分迁至衢县。商营余武、余临、杭徽、湖嘉、永华汽车公司均停业。

12月23日，余杭失陷。次日，杭州、杭县沦陷。中国军队撤出杭州，省主席黄绍竑离杭，撤离时炸断钱塘江大桥，以阻止日军前进。

12月24日，省会杭州被日军占领。

12月，省公路管理局局长徐学禹辞职，由陈琼继任。陈旋因故去职，由魏思诚继任。省局再经金华迁往丽水。

民国27年（1938年）

1月，设“浙江省交通处”，以省建设厅长兼处长，后方勤务部驻浙办事处主任兼副处长。

是月，浙江省颁布战时十大政治纲领。为实现纲领中提出的“健全交通组织”的具体要求，特组建起浙江省交通管理处，负责全省的车船的管理工作。浙江省船舶总队便改归省交通管理处领导。

4月，浙江省中央及地方交通机关联席谈话会奉交通部令成立于金华。每两星期开会一次。会议主旨在于互通情况，协调战时交通需求。

9月16日，省公路管理局开始承运皖赣绿茶运销处茶叶共13万箱。

11月28日，省公路管理局由青田开往丽水的客运班车，在芝溪头地方冲出护路石翻入江中,死2人,伤9人。

民国28年(1939年)

1月,省公路管理局与商营鄞奉、嵊新、嵊长、金武永四公司合办金华至宁波旅客水陆联运。

3月,魏思诚辞职,王文瀚继任公路管理局局长。

是月,国民党第28军62师破坏武康至埭溪公路长15公里。

5月,浙江省船舶总队部改为浙江省船舶管理局。

8月,国民党第三战区长官司令部,为统制和管理战区内各省的交通工具,成立第三战区水陆联运管理处。该处成立后,即令战区内各省组建相应机构。于是浙江省水陆联运管理处遂宣告成立,受第三战区水陆联运管理处及浙江省政府双重领导。

9月,省交通处改组为"第三战区长官司令部浙江省水陆联运管理处"。

是月,省公路管理局将汽车业务划出,另组"浙江省公路运输公司",实行商业化。

民国29年(1940年)

1月22日,日军渡钱塘江,侵占萧山。

是月,省公路管理局撤销裁并于省建设厅公用事业管理处。

是月,省公路运输公司呈准发还官商合营缙丽汽车公司商股,缙丽路收回省营,官商合营公司组织取消。

是月,本省开始执行行政院公布的《汽车管理规则》《汽车驾驶人管理规则》《汽车技工管理规则》等监理法规。原由省订管理汽车、驾驶人章程被同时废止。

5月,本省公路开始征收养路费。

6~8月,日军进犯镇海,省水陆联运管理处征用大批省、商车辆往宁波、溪口等地抢运物资。

民国30年(1941年)

1月1日,"浙江省驿运管理处"成立。

4月,日军侵占绍兴、宁波。

5月,省政府为期达到交通一元化,将建设厅公用事业管理处及省公路运输公司一并撤销,改组成立"浙江省交通管理处",与省水陆联运管理处、驿运管理处合并办公,由省建设厅厅长伍廷飏兼任三处处长。

民国31年(1942年)

5月,浙江省大部分地区被日军侵占,公路运输事业毁损惨重。水陆联管处奉令裁撤。

民国32年(1943年)

1月,省建设厅厅长伍廷飏辞去兼处长职,省交通管理处处长由杨树松继任。

5月,省交通管理处特约商组捷成公司承营江山至浦城一线汽车运输业务。

10月,江(山)、常(山)公路建成通车。

民国33年(1944年)

8月,省交通管理处大部分人员撤退至庆元县西边村办公。

10月,省交通管理处将有关货车调派事宜交由"交通部公路总局东南办事处丽水公商车辆调派所"接办。

民国34年(1945年)

2月1日,上月21日因空袭上海日军机场被击落的美驻华空军第十四航空队中尉飞行员托勒特。是日,由淞沪支队护送至余姚梁弄养伤月余,伤愈后,平安归队。

2月3日,国民党忠义救国军破坏钱塘江大桥,炸毁该桥两孔,敌伪交通顿告中断。

9月,省交通管理处接收日伪在杭州经营之"华中都市公共汽车公司杭州营业所"及"钱江轮渡局"等。先行恢复杭州湖滨至拱宸桥段公共汽车。

10月,省交通管理处由云和县之云章村迁返杭州。

是月,商营萧绍、绍曹嵩、杭徽等公司奉令复业通车。

11月,省交通管理处所属杭州汽车修理厂恢复成立。

12月,省政府委员会1429次会议决议,省内原设各驿运站一律撤销。省驿运管理处也同时撤消。

是月,省交通管理处订颁《浙江省管理运输商行办法》。

是月,"军事委员会战时运输管理局京沪区物资运输处杭州业务所"成立,同时开始经营汽车运输业务。

民国35年(1946年)

1月2日,中央拨款3亿元修筑浙江省公路。

1月,商营萧绍、绍曹嵩汽车公司实行合并,改称"萧绍绍曹嵩两路长途汽车公司"。

2月2日,杭(州)湖(州)公路正式通车。

3月1日,杭(州)屯(溪)公路全线通车。

3月26日,浙江水陆交通已通车的路线有:杭州至富阳,杭州至平湖,江山至浦城,丽水至浦城,永康至嵊县,江山至淳安,诸暨至江山等线;杭徽原已通车,后因雨阻断;沪杭公路已可通车;京杭国道,杭州已通至长兴,通车路线约2000公里;水道交通,瓯江计928公里,有交通船598艘;灵江477公里,有汽船200艘;衢江401公里,有交通船56艘;浙西内河杭州至吴兴90公里,有汽船5艘;吴兴至苏州102公里,有汽船6艘;其他尚有杭州至嘉兴、萧山至绍兴各线,亦有内河汽船总计30余艘。

3月,京沪区物资运输处杭州业务所改隶"交通部公路总局直辖第一运输处"。

4月4日,浙江省交通处为修复鄞(县)奉(化)新(昌)三县公路,成立修复鄞奉新路工程处,拨款5000万元。

5月31日,中央拨款4.5亿抢修浙江省境内公路。

8月4日,杭(州)乍(浦)间客运班车开通。

8月10日,中外水利专家抵杭,考察钱江大桥并视察海塘抢修工程。

8月18日,京(南京)杭(州)国道全线修复。

8月,省交通管理处处长杨树松辞职,由杨建继任。

9月,省交通管理处拟定《浙江省省营公路租车营运办法(修订)》。

民国36年(1947年)

3月1日,钱塘江大桥开放。日间自晨六时至下午五时为开放时间,凡载重十五吨以下有照汽车,在火车不经过时,均可单程通过,每车收费分5000、10000、30000圆三级,行人禁止通行。

是日，浙江省交通管理处奉令撤销，改为浙江省公路局，而在浙江省建设厅第三科置航政股。

3 月 19 日，公路局决定抢修杭淳公路，经费共计需 10 亿圆，计划 50 天竣工。

3 月，钱塘江大桥公路桥面修复通车。省交通管理处撤消，改组为“浙江省公路局”，钱豫格任局长。专事公路修建养护及交通管理，运输业务归浙江公路联营运输处负责经营。“浙江公路联营运输处”成立，蔡慕慈任处长。

4 月，省公路局将杭州至威坪、兰溪至白沙、江山至淳安、华埠至婺源四线，订约租于商营东南汽车公司。

7 月，建设厅奉省政府令准，重新颁布《浙江省手车管理规则》，手车管理由当地县市政府执行。

是月，行政院订颁《公路汽车监理实施办法》，本省设浙江省公路局监理所。

8 月 23 日，浙赣路杭州到衢州工程竣工。

8 月，公路总局玉皇山汽车修理厂由公路总局第一运输处以租借方式将全部厂房、机具交由浙江公路联营运输处使用。

9 月 4 日，杭州公共汽车罢工。

9 月，省公路局将丽水至浦城、丽水至长乐、碧湖至龙游、江山至浦城、龙泉至庆元五线订约租于商营浙江汽车公司。

12 月 7 日，杭州至南昌间铁路公路联运。

民国 37 年(1948 年)

1 月 9 日，定本年为浙江省建设年，计划全部修复战时破坏的公路。

是日，鄞奉(化)、奉新(昌)两公路贯通。

2 月，全省公路客货运输票价运费附加复路费一成，由省公路局负责征收。

4 月 2 日，京、沪、杭铁路与浙江公路局实施联运。

4 月 23 日，浙江省政府决议征出入杭州市区货车之复路费。

4 月，浙江公路联营运输处以第一运输处福州办事处名义，增开江山至福建福州间直达客车。

5 月 1 日起，萧绍汽车公司办理杭绍通车，及钱江西岸联运，接送京沪杭路及萧绍路旅客。

6 月 11 ~ 12 日，沪杭钱塘江水路试航成功。

7 月 31 日，浙赣路线全线接通，全长 1153 公里，为东西交通主要干道。

8 月 28 日，发行金圆券，法币 300 万元折合金圆券 1 元。

民国 38 年(1949 年)

1 月 4 日，大昌轮船局从湖州开往上海的申湖班客轮由于超载，在吴江卢墟附近沉没，约 150 名旅客丧生。

1 月 27 日，“建元号”与“太平号”两艘轮船在舟山洋面白漆门互撞沉没，造成 500 余人死亡。

4 月，通货极度膨胀，汽车运输成本激增。本省汽车客货运价仅在本月内就明令调增 4 次，调整幅度最后一次达到 3 倍。

是月，浙江公路联营运输处为免营运收入贬值，通知距处较远的外段站，以逐日票购办谷米，其杭州市内之营收则立即兑换银元。

是月，省公路局长钱豫格辞职，由陈楚雄继任。

是月，何应钦至杭州布置炸毁钱塘江大桥计划，中共杭州市委领导工人开展斗争，大桥未遭破坏。市委书记林枫部署开展护厂、护路、护校斗争。此外，宁波、嘉兴、绍兴、金华、温州等地也开展了护厂、护路、护校、护桥的斗争。

5月3日，中国人民解放军解放杭州。

中华人民共和国（1949～2010年）

1949年

5月7日，杭州市军事管制委员会成立，军管会财经部交通处负责全省交通管理工作，派军代表进驻旧民国政府水、陆交通机构，组织恢复交通，支援解放战争。

5月10日，起征客货汽车、人畜力车养路费和过渡费。

5月中旬，杭州至上海公路（浙境段）抢修通车，支援解放上海。

6月，浙江江山至福建浦城公路紧急抢修，支援解放福建。

8月1日，浙江省交通公司成立，主管省营汽车运输业务。

8月10日，浙江省交通管理局成立，管理全省水陆交通，隶属浙江省实业厅，局长朱人俊。

10月19日，宁波至穿山公路抢修完成，支援解放舟山群岛。

10月，成立13个工务段，负责公路养护工作；成立5个工程队，担负公路工程抢修任务。

11月，浙江省交通管理局在杭州召开第一届工务会议。

12月24日，浙江省航务局成立。浙江省交通管理局航政科归入该局，管理全省航务和航运业务，隶属浙江省实业厅，局长张志飞。

12月，浙江省交通公司首次奉令折价接收私营杭瓶汽车公司。

1950年

1月，杭甬公路宁波至上虞百官段（借用铁路路基）抢修通车。

4月3日，浙江省人民政府交通厅成立，掌理全省公路、航务之管理及指导邮政、电信、铁路等交通事宜（至1953年底）。

4月，接受华东支前公路建设任务，一期改建浙江江山至福建建阳公路（当年11月完工）。

5月，吴化文任浙江省交通厅厅长。

7月1日，浙江省航务局改称浙江省内河航运管理局。

7月，杭州至温州公路上虞蒿坝至温州港头段修复工程完工，全线初步贯通。该线全长461.31公里，为当时全省最长的公路干线。

9月20日，浙江省联运公司成立开业。

9月25日，浙江省交通管理局改称浙江省公路局。

10月1日，浙江省航运公司成立，与航运管理局合并办公。

11 月,浙江省公路局召开第一次养路会议,试行养路责任制。

12 月,完成全省公路路况调查,共 50 条路线、3675 公里。

1951 年

1 月 1 日,浙江省航运公司改组为国营华东内河轮船公司浙江省公司(原名保留)。

2 月,浙江省公路局改称浙江省人民政府交通厅公路局(以下简称厅公路局)。

2 月 21 日,浙江省人民政府第 25 次会议通过《浙江省公路用地保留实施办法》,并颁布执行。

4 月,杭徽公路杭州至昱岭关段及代办皖境昱岭关至歙县段的改建整修工程全部完成。

6 月 14 日,浙江省联运公司改称"国营华东联运公司浙江省公司"(保留原名)。

8 月,杭州至温州公路临海—温州段改建工程完工。

是月,浙江省交通公司、华东内河轮船公司浙江省公司、华东联运公司浙江省公司合并为浙江省运输公司。

9 月 1 日,浙江省运输公司首开杭州至孝丰、递铺货运零担班车。

9 月,浙江省交通厅公路局决定改造全省公路桥木桥面,一律加做石灰三合土铺装层。

10 月,华东支前公路二期新建福建水吉至建瓯线完工。

是月,浙江省内河航运管理局改称浙江省人民政府内河航运管理局(以下简称省内河航运局)。

11 月 16 日,浙江省运输公司奉令接收私营金武永汽车公司。

1952 年

1 月 20 日,紧急疏浚杭申甲线嘉兴市河航段工程完工。

3 月,浙江省交通厅开办首期"浙江省地方交通建设干部培训班"。

5 月 31 日,浙江省运输公司奉令接收公私合营鄞奉汽车公司。

6 月,开展三反运动,精简机构,浙江省交通厅与两局三公司合署办公。

是月,撤销浙江省运输公司,恢复设立浙江省交通公司、华东内河轮船公司浙江省公司和华东联运公司浙江省公司。

7 月 25 日,浙江省交通厅组织公私汽车 210 辆,运输修建宁波机场的 30 余万吨砂石料。

7 月,贯彻第一届全国养路会议精神,扩大省养里程。撤销原有工务段,改设九个养路段及两个直属领工区;撤销原有两个工程总队,成立工程建筑总队,负责公路测设施工。

9 月,浙江省交通厅创办杭州土木工程学校。

11 月,主要国防干线丽青温和乍平嘉公路修建工程经华东交通部核定,正式开工。

是月,省内河航运局嘉兴分所在上海设立浙海木帆船联运社驻沪业务接洽处。

12 月 1 日,浙江省交通公司响应交通部号召,开展"安全、四定、车吨月产超 2000 吨公里"的增产节约劳动竞赛。

12 月,全省所有私营货车,全部参加厅公路局所属各管理站的"三统"管理。

是年,省内河航运局组建航道工作专业队伍,负责航道疏浚、航障清除、沉船打捞等工作。

1953 年

1 月 1 日,浙江省交通公司奉令改称国营浙江省运输公司。

是日，宁波、温州两港管理机构改属交通部管理。设上海区港务局宁波分局和温州办事处。省内河航运局设宁波、温州两航管处。

1月，国营浙江省运输公司接收私营萧绍、绍曹嵩、嵩新汽车公司及其所属新天临黄办事处。

3月16日，浙江省交通厅所属企业单位的供给制、包干制人员自3月份实行工资制。

4月17日，国营华东内河轮船公司浙江省公司改称浙江省内河轮船公司。

6月1日，省内河航运局改称浙江省航运管理局。国营华东联运公司浙江省公司撤销，其所属分支机构及人员就近并入省航运局、省运输公司所属分支机构。

6月24日，浙江省内河轮船公司改称国营浙江省轮船公司。

6月，江山至浦城公路浙境段划归福建管养。

是月，路桥至海门公路恢复工程完工，支援解放一江山岛和大陈岛。

7月，江山至浦城线公路客运业务，划归福建接办。

9月，乍平嘉公路改建工程完工。

10月1日，金华至温州开行客运直达班车。

10月，丽青温公路修复工程完工。

11月，省航运局（轮船公司）在上海设立营业处。浙海木帆船联运社驻沪业务接洽处撤销。

12月，中华人民共和国宁波港港务监督设立。

是年，乌镇市河改道工程完工，开辟杭申乙线一列式拖带运输，杭申乙线成为杭—申的主要干线航道。

是年，公路养护推行砂土拌和铺设路面磨耗层工艺。

1954年

1月，厅公路局调出以工程技术人员为主的104人，支援福建公路建设。

是月，宁波市交通运输管理处成立。

3月，温州地区交通运输局成立。

4月，中华人民共和国温州港港务监督成立。

5月，浙江省交通厅制订《浙江省养路费、过渡费征收暂行办法实施细则》。

6月，杭州市交通管理处成立。

8月13日，浙江省人民政府批复同意，撤销原公路局、航运局、运输公司、轮船公司机构，成立浙江省交通厅工程局、公路运输局和省航运局（保留省轮船公司名义）。

11月25日，浙江省人民政府航运管理局改称浙江省人民政府交通厅航运管理局。

12月，新建东阳后岑山至磐安公路30.7公里，余姚至梁弄公路24.71公里。

是月，湖申线航道南浔市河段疏浚改线工程完成，可通航200吨级船舶。

1955年

1月1日，宁波市人民政府颁发《宁波港港章》。

2月25日，浙江沿海岛屿全部由中国人民解放军进驻，沿海运输得以恢复畅通。

3月1日，中国发行新人民币，运价执行新人民币制。

3月，《浙江交通报》创刊。

5月,新建泽国至楚门公路完工,长48.7公里。

是月,浙江省交通厅公路运输局调拨私营货车100辆,支援福建运输。

7月1日,杭温线黄岩大桥建成通车,桥长184.3米,为新中国成立后浙江省首建的大型公路桥梁。

9月6日,交通部公路总局向全国交通运输单位推广介绍浙江省交通厅公路运输局江山运输处"挖掘事故苗子,提高安全生产自觉性"的经验。

9月,新建宁海至高枧公路完工通车,长49.63公里。

10月,上虞百官至慈溪周巷公路修复通车,长33.03公里。

是年,全省中小型木面桥均铺上石灰三合土铺装层。

是年,浙东运河绍兴市区段疏浚完工,可通行10~15吨级船舶。

是年,由浙江省交通厅创办的杭州土木工程学校并入南京航务学校。

是年,浙江省人民政府交通厅航运管理局改称浙江省交通厅航运管理局(以下简称厅航运局)。

1956年

1月,中共中央公布《一九五六年至一九六七年全国农业发展纲要草案》,浙江省交通厅成立地方道路办公室,转发《地方道路修建标准》。

2月,浙江全省出现群众性筑路高潮,有62个县发动民工修建简易公路,动工线路达2350公里。

7月,经浙江省人民委员会批准,浙江省交通厅颁发《浙江省轮船运价汇编》。

8月1日,12级以上强台风在象山登陆,全省被毁公路1510公里,桥梁63座。其中,宁波地区大部分线路被迫停开,损失巨大。

是月,交通部组织23个省、市公路管理机构代表,来浙参观检查养路工作,奖给浙江"养路模范"锦旗一面。

是月,浙江省人民委员会颁发《浙江省渡口管理暂行办法》。

是月,"中浙一号"客货轮投入甬申航线营运,为新中国成立后中国第一艘自行设计、制造的沿海钢质客货轮(600总吨、900马力、532客位,上海江南船厂制造)。

9月19日,浙江省人民委员会批准省交通运输部门根据"按劳取酬"原则制订的工资改革方案,提高职工工资水平。

10月1日,浙江省交通厅颁发《公路汽车旅客、货物运输规则浙江省实施细则》。

是日,浙江省交通厅公路运输管理局奉令接并公私合营杭州汽车运输公司。

11月,浙江省交通厅公路运输管理局宁波运输处组织人力车分担公路短途运输任务,解决汽车运力不足的困难。

是年,浙江省交通厅航运局疏浚钱塘江杭州—桐庐航道,改善通航条件。

是年,全省私营轮船业完成社会主义改造,并入国营轮船公司统一经营。

1957年

2月,杭州至建德线4孔12米跨径的西水石拱桥建成,为新中国成立后浙江省第一座跨径超过10米的中型石拱桥。

是月,国务院批准温州港对日轮开放。

3月，修复温州至浙闽交界分水关公路，长100.37公里。

是月，浙江省交通厅下达《浙江省汽车客货运价规定》，调整汽车客货运价，总体下调20%。

4月，楚门至坎门公路完工，长25公里。

5月11日，浙江省交通厅公路运输管理局奉令接并公私合营宁波汽车公司。至此，全省所有私营长途汽车公司，均以不同形式，纳入国营体系，统一由省经营。

6月，浙江省交通厅公路运输管理局宁波运输处自制1.5吨单轴挂车，由客车拖带，装运行包和零担货物，行驶宁波至余姚线。

8月12日，浙江省人民委员会批复同意浙江省交通厅《关于改进本省交通体制问题的方案报告》，转发各地研究执行。

10月，新建成临海至仙居公路，长45.90公里。

11月7日，根据浙江省人民委员会指示，浙江省交通厅将杭州市区车辆监理工作移交杭州市公安局、交通局。

12月，新建成瑞安至文成公路，长68.86公里。

是月，新建云和至景宁公路，长37公里，工程艰巨，未达简易公路最低要求。

是年，开征民间运输业管理费，为营业收入的3%以下。

1958年

1月1日，舟山专署交通管理局成立。

1月，撤销浙江省交通厅工程局、航运管理局、公路运输管理局及所属机构，并在厅内设相关业务处。成立杭州、湖州、嘉兴、钱江、舟山区航运局及厅驻沪运输经营处；成立杭州、温州、金华、宁波区公路运输局；撤销工程局各养路段，养路工作划入各相关公路运输局。

2月，浙江省交通厅成立公路工程队、公路测设队、港道工程队。

3月，仙居至壶镇公路建成，长87.56公里。

4月，浙江省委工交部和浙江省交通厅在金华召开公路运输"双反双比"现场会议，推动汽车拖挂运输的全面开展。

6月，上海海运局将"和平31号"等31艘沿海客货轮及宁波、温州两港下放，由浙江省统一经营管理。浙江至上海沿海区间运输任务，原则上由浙江负责完成。

是月，上海市交通运输局将申浙内河运输业务交浙江省统一经营，将公私合营上海海帆船运输公司及其所属50艘海帆船和人员全部划归浙江。

是月，设立浙江省交通厅驻沪办事处和海运经营处（年底运输经营处、海运经营处、驻沪办事处合并称浙江省交通厅驻沪运输经营处）。

7月，宁波港划归宁波市管理，并入宁波市交通运输管理局。

是月，成立温州市航运局，负责管理全市航运业。

8月，浙江省航务学校、浙江省公路学校创办。

是月，新安江拦河大坝合拢，新安江断航。之后，组织过坝运输历时17年之久。

9月，泰顺至苍南分水关公路建成，长104.08公里。

是月，本年2月成立的公路工程队、公路测设队和港道工程队合并组建综合性的浙江省交通工程队。

10月4日，舟山撤地设县，舟山专署交通管理局改为舟山县交通管理局。

11月，宁海至象山公路建成通车，长79公里。

是月，德清至武康公路建成通车，长12公里。

12月1日，金华区公路运输局接收福建省经营管理的江浦线浙境段江山至廿八都公路运输业务和养路工作。

12月，浙江省交通厅成立民用航空处，与杭州民用航空站两块牌子一个机构，由交通厅和民航上海管理处双重领导（1960年扩编为中国民用航空局浙江省管理局，1962年全国民航系统划归空军负责管理时划出）。

是年，宁波港白沙沿江建成联运一号、二号码头，可靠泊3000吨级船舶。

是年，《浙江交通报》停刊。

1959年

3月，杭州市交通管理局成立。

4月，浙江省交通厅从所属工程队抽调技术人员101人，到温州、宁波、金华、嘉兴四地区交通局工作。

是月，张先进任浙江省交通厅厅长。

是月，衢县廿里至山前峦公路建成，长30公里。

5月，浙江省交通厅贯彻交通部指示，在全省开展“安全节约，车吨月产超万吨公里”运动。

9月25日，中共中央、国务院发出《关于开展群众短途运输的指示》，全省掀起一个空前规模的短途运输群众运动。

10月，萧甬铁路曹娥江桥铺设公路桥面，通行汽车。

11月，曹甬线吴山庙桥建成，这是浙江交通部门首次在软土地基采用砂桩砂垫层试建净跨6米的石拱桥。

12月，寿昌至衢县公路建成通车，长87.16公里。

是月，浙江省交通厅航运局颁发《浙江省港口管理暂行办法》。

是年，宁波至三门高枧公路集义堡卵石拱桥1孔15米建成，首次使用夹板拱架，效果良好。

是年，经浙江省人民委员会批准，从各工地接收熟练施工工人2800人，组成固定的交通专业施工队伍。

是年，开发闲林埠至半山航道，疏浚杭申线十二里漾航段，提高通航能力。

1960年

3月，交通部召开全国养路工作会议，提出“干支并重，经常养护与改善提高并重”的方针和开展以养好路面为纲的“养路六化”红旗竞赛运动。会后浙江省交通厅在湖州召开养路“技术革新和技术革命”会议，进行贯彻。

5月10日，温州区公路运输局先后调集客货车315辆次，将温州、台州各县支边青年12629人，分别运送至宁波、金华转乘火车，支援宁夏建设。

6月13日，浙江省交通厅执行交通部电示，通知各地公路运输部门开展“爱车运动”。7月，浙江省交通厅制订《浙江省交通厅养路费征收和使用办法》。

7月，杭兰线白沙大桥（又名新安江大桥）建成，为浙江省第一座多孔大跨径大型石拱桥，长362米，两孔50米、四孔45米、立体交叉旱桥一孔10米。

8月，海门港"海门一号"码头建成，为浙江省第一座自己设计、施工的3000吨级混凝土高桩平台固定式码头。

10月，杭温线坳桥建成，为浙江省软土修建一孔15米净跨中型石拱桥。

11月，浙江省交通厅派干部工人支援江山煤矿铁路建设。

是月，杭州区航运局与钱江航运局合并组建浙江省杭州区航运局。

是年，贯彻中共中央"调整、巩固、充实、提高"八字方针，基建战线缩短，1196公里在建公路停建。

是年，"浙海一号""浙海二号"两艘3000吨级沿海货轮投入营运，是浙江委托上海中华船厂建造的第一批吨位较大、设施较先进的沿海货船。

1961年

1月，杭兰线桐庐大桥建成通车，长228.84米，为省内第一座预制装配式钢筋混凝土梁桥。

是月，浙江省成立驻山西运煤大队，杭州区公路运输局抽调货车56辆前去参加运煤。

4月1日，原由商业部门经营的汽车配件供销业务，归交通部门统一经营。浙江省交通厅成立浙江省汽车配件公司。

4月13日，中共浙江省委批准，复设浙江省交通厅三局（工程局、公路运输管理局、航运管理局）。

5月，浙江省交通厅在龙游召开全省公路养护工作会议，贯彻国民经济八字方针，把公路维修保养工作放在首位。

6月，1960年11月组建的浙江省杭州区航运局，恢复分设为杭州区航运局、钱江航运局。

7月，江山市上村铁公两用桥建成，支援煤矿建设。桥长223米、七孔25米跨径悬链线石拱结构。

是月，杭州钱江、拱埠两航管所合并组建杭州市港航管理所。

9月，浙江铁路工程局撤销，部分职工由浙江省交通厅工程局接收。

是月，各县全民所有制综合运输企业开始调整，大部分搬运企业重又转为集体所有制。

是年，浙江省交通科学研究所成立。

是年，印尼排华反华，春节后浙江奉命调派大客车30辆，组成浙江省支援福建汽车队，赴闽接运印尼归侨。

1962年

2月2日，交通部上海海难救助打捞局温州救助站成立。

5月17日，中共浙江省委批准浙江省交通厅"关于调整交通运输体制的报告"，同意恢复1958年体制下放前各级机构建制和条块结合、以条为主的领导关系。机构统称交通厅局（公司）处（分公司）、所、站。

5月，复设舟山专署交通管理局。

6月，浙江省交通厅工程局设计室完成一套中、小型装配式钢筋混凝土桥面构造标准图，有利于大量木桥面改造工程的开展。

7月，萧（山）金（华）公路176.86公里全线贯通。

是月，宁波市港务局划归浙江省交通厅管理，改名为浙江省交通厅宁波港务管理局，与宁波区航运局两牌一门。

是月，设立杭嘉湖航运局。

9月4日，浙江省交通厅批准厅公路运输管理局颁发《公路汽车旅客行李和包裹运输规则浙江省实施细则》，同时废止1956年颁发的《公路汽车旅客运输规则浙江省实施细则》。

9月，召开全省地方交通工作会议，贯彻以“调整”为中心的八字方针，把民间交通建设作为交通部门支农转轨的主要工作之一。

10月1日，撤销温州市航运局，成立浙江省交通厅温州港务局。

12月，随着大庆油田的开发，汽油供应情况好转，本省省营运输汽车全部改燃汽油。

是年，连续五次台风袭境。其中14号台风是浙江历史上公路毁损最严重的一次，阻车公路162条、5152公里，占养护总里程的62%。

1963年

1月，浙江省交通厅在余姚召开全省公路绿化工作座谈会，贯彻“自育、自种、自养、自管”的方针。

是月，衢县双港口大桥建成通车。桥长208.9米，为五孔35米跨径石拱桥。

是月，杭嘉湖航运局仍分设为杭、嘉、湖三区局。

是月，建立钱江、浙西两航运管理处。

3月，《浙江桥梁（第一部分）石拱桥》内部出版。

是月，在安吉县鄣吴道班试行农工养路。

是月，浙江省公路学校撤消，其学生并入浙江省航务学校并更名“浙江省交通学校”。

4月8日，浙江省交通厅颁发《浙江省公路货物月度运输计划管理暂行办法》。

4月，改建瓯江（梅岙）渡码头完工。

5月，《浙江省水运货物月度运输计划管理暂行办法》颁发。

6月19日，浙江省驻山西运煤大队运煤结束，杭州区公路运输局运煤车辆及人员撤回。

6月，公路养护工作从公路运输部门划出，实行厅工程局、养路总段、工区三级管理体制。

7月，新建袁浦钱塘江预备渡口码头完工。

12月，绍（兴）甘（霖）公路全线贯通，长82公里。

是年，浙江省公布《浙江省内河通航标准（试行）》，航道定为1~13级。

1964年

1月6日，省交通厅贯彻交通部颁布《汽车运输企业技术管理制度》和《汽车运用技术规范》（由前颁“红皮书”修订而成）。

5月16日，浙江省交通厅在新登召开全省公路养护工作样板会议，学习广东省罗定经验。

6月12日，杭温（州）线钱塘江桥南端至西兴段铺筑全省第一段渣油表处试验路。

6月，恢复浙江省轮船运输公司，与浙江省交通厅航运管理局合署办公，下属机构亦照此办理。

7月1日，中共浙江省委批复同意浙江省交通厅成立浙江省汽车运输公司，负责全省汽车运输业务的经营，实行独立经济核算。撤销各区公路运输局，改设运输段。

7月7日，浙江省交通厅决定将厅属汽车配件厂和杭州区公路运输局汽车修理厂合并，改称浙江省汽车运输公司杭州修配厂。厂址设在余杭勾庄。

7月，浙江省交通厅驻沪办事处、驻沪运输经营处合并改称浙江省航运公司驻沪运输经营处（原驻沪办事处保留牌子）。

8月27日，温州港接卸自1957年批准对外开放以来首艘日本外轮。

8月，各养路总段（段）、工程队和设计室隶属浙江省交通厅工程局领导。

是月，国家船检局上海办事处温州船检组成立。

10月1日，浙江省交通厅温州港务局改称温州港务管理局，与温州区航运局两牌一门。

10月，浙江省交通系统建成第一艘新型内河客轮“百灵”号并投入营运。

11月，龙泉至庆元线龙泉南大桥（石拱桥）建成通车，长209米。

12月24日，遵照浙江省人民委员会对机关企事业单位自备大型货车分批进行调整的指示，浙江省汽车运输公司首批接收粮食、商业、水产、供销、外贸等所属单位的货车共353辆、挂车100辆。

是年，浙江省交通厅、财政厅联合颁发经修订的《浙江省公路养护费征收和使用办法》。

是年，在钱塘江大桥南岸和桐庐大桥两端的公路上试铺渣油路面。

1965年

3月1日，浙江省汽车运输公司再次接收重工、化工、森工系统及县（市）运输企业共31个单位的客货汽车87辆、挂车12辆。

4月，上虞百官渡码头改建完工，10日开渡。曹娥江铁路桥停止通行汽车。

5月，缙云至木栗公路蛟坑隧道建成，这是浙江公路隧道建设的开端。浙江省交通厅在缙云召开民间交通会议。

7月，浙江省汽车运输公司、浙江省交通厅公路运输管理局合署办公。

8月，新建景宁东坑至文成西坑公路完工，长44.19公里。

9月28日，浙江省汽车运输公司金华汽车修理厂工人丁履忠、陈炳才等，利用业余时间，研制出一种“转子发动机”，装在一辆乘坐12人的客车上进行路试，取得初步成功。

10月，杭温线临海大桥建成，长549.67米，主桥为九孔30米装配式预应力混凝土T梁，引桥一孔17.50米。这是省内首次采用预应力混凝土工艺建成的大型梁式桥。

11月，浙江省交通厅奉命代培越南汽车驾驶和汽车修理实习生。驾驶实习生400名，修理实习生128名，次年7月结业。

12月，景宁外舍桥建成，桥长243.32米，14孔净跨15米钢筋混凝土T梁，基础系省内首次采用冲抓钻孔灌注桩。

是年，浙江省交通厅颁发《浙江省轮船运输货物运价规定》，下调全省沿海、内河机动船货物运价，客运运价相应调整。

是年，1961年4月成立的浙江省汽车配件公司划归机械工业部门汽车工业公司统一经营管理。

是年，1961年成立的浙江省交通科学研究所撤销。

1966 年

1 月,浙江省轮船运输公司改称浙江省航运公司。

2 月,嵊县黄泽单车道钢筋混凝土 T 梁桥完工,桥长 115.85 米。这是省内最先采用钻孔(螺旋)灌注桩的桥梁。

3 月,遂昌黄砳口至龙泉梧桐口公路建成,长 52.40 公里。

是月,武康至莫干山公路建成,长 33.70 公里。

4 月,瑞安至东坑公路桥建成,长 131 米,中间三孔 30 米,为预应力混凝土 T 梁刚构墩。

7 月 1 日,浙江省人民委员会批准调整公路客运运价:客车每人公里 0.024 元,代客车每人公里 0.019 元。

8 月,磐安至缙云公路全线贯通,长 68.08 公里。

9 月 12 日,浙江省交通厅奉命组织抽调车况良好的解放牌大客车 100 辆及随车人员,支援北京市区客运。

9 月 21 日起,各地先后停止执行船舶进出口签证制度和机动船船员考试发证制度。

10 月 10 日 2 时 36 分,守卫钱塘江大桥的解放军战士蔡永祥为排除路障,抢救 746 次列车英勇献身。

10 月,安吉孝丰桥建成,桥长 112 米,为二孔 26 米预应力混凝土 T 梁和四孔钢筋混凝土 T 梁桥。

11 月 1 日,省人民委员会批准调整公路货运运价:货物不分等级每吨公里整车 0.17 元,零担 0.185 元,支农特价 0.14 元。

11 月,吴(兴)长(兴)安(吉)公路改善工程完工,长 108.27 公里。

12 月,继续代培越南驾驶实习生 301 人,时间 6 个月,次年 6 月结业。

是年,龙游南山线靖居口桥建成,这是悬砌施工的三孔 12 米跨径混凝土块拱桥。

1967 年

1 月,上荽道至松阳线武义(白洋渡)双曲拱桥建成,长 141.20 米,八孔跨径 15 米。

3 月 2 日,浙江省公路工程系统成立"浙江省公路工程系统革命委员会"。

3 月 13 日,浙江省汽车运输公司设立临时生产委员会,负责生产管理工作。

3 月 29 日,中国人民解放军浙江省交通厅军事管制小组(下称厅军管小组)成立。对交通厅实行军管至 1970 年 5 月。

6 月 2 日,交通部直属第一汽车运输总公司第八分公司在杭州成立。

8 月 9 日,厅军管小组决定成立浙江省交通厅生产办公室。

8 月 31 日,"浙江省公路工程系统革命委员会"自行解散。

10 月 1 日,浙江省汽车运输公司衢州运输段与安徽省汽车运输公司徽州分公司协商决定,试办衢州至屯溪客货运输业务。

10 月 14 日,厅军管小组决定成立浙江省工程局生产办公室。

11 月,淳安唐村至安徽歙县三阳坑公路建成,其中浙境段长 21 公里。

是年,浙江省财政拨款 150 万元,重点补助山区困难县改善农村交通条件。

1968 年

1 月 16 日,交通部技术司致函浙江省交通厅,支持浙江省汽车运输公司金华修理厂试制

"转子发动机"，并将其列为部1968年新产品试制项目。

3月，浙江省第一张航道图印发。

5月，浙江省交通厅驻沪办事处、浙江省航运公司驻沪运输经营处奉令撤销。

6月18日，浙江省交通厅公路工程局革命委员会成立。

6月，全省各个养路总段改称公路总段，养路工区改称公路段。

8月23日，浙江省交通厅航运管理局（公司）革命委员会成立。

12月23日，浙江省革命委员会批准成立浙江省公路运输管理局、浙江省汽车运输公司革命委员会。

12月29日，建成昌化汤家湾至苦竹岭线山田桥，时为浙江省内第一座大跨径钢筋混凝土双曲拱桥，单孔跨径70米，长87.60米。

1969年

2月28日，杭州地区车辆监理所成立。

4月，浙江省革命委员会决定，由浙江省公路运输管理局、浙江省汽车运输公司革命委员会派运货汽车40辆，再次去山西执行运煤任务。

6月下旬~7月上旬，暴雨成灾，全省受毁公路140条、2389公里。桐庐至南（分水江）桥（长247米）段被冲毁。

9月，奉化江口拔茅线康岭桥改建钢筋混凝土板面工作完工，长126米。

10月1日，萧山至金华公路的临浦大桥建成通车。

10月，浙江省交通厅军管小组增设政治办公室。

是月，临海石柱线壶镇石拱桥拼宽完工，长159米。

11月18日，浙江省交通厅公路工程局革命委员会宣布撤销（对内用省交通厅工程局名义）。

下半年，杭州德胜坝拆除，京杭运河延伸3.95公里，终点艮山港。

是年，全省抽换贝雷钢桥工作全部完成。

1970年

1月16日，浙江省交通厅军管小组发出交通运输部门"夺煤大会战"行动计划。

1月，泰顺至磨米潭公路完工，长5.04公里，与闽省寿宁公路接通。

4月，浙江省交通厅与浙江省邮政局合并成立浙江省革命委员会生产指挥组交通邮政局（下称省交通邮政局）。

6月，修复杭沪线嘉兴经嘉善至枫泾段，实现全省县县通公路。

是月，泰顺至景宁公路完工，长124.07公里，工程艰巨，经多次停工复工，历时10年，始告贯通。

8月6日，浙江省交通邮政局奉准成立浙江客车修造厂。

8月，浙江省交通厅工程局房建队划归浙江省革委会行政办公室管理；第二工程队划归长广煤矿公司建制。

9月，下放省属在各地区的交通企事业（汽车运输段、航运分公司、公路总段、港务局、公路管理所、航运管理处及所属单位），再次撤销浙江省交通厅工程局、公路运输管理局、航运管理局、浙江省汽车运输公司、浙江省航运公司，业务由浙江省交通厅直管。

10月,为方便城乡交通浙江省汽车运输公司湖州运输段孝丰中心站,开行山区10条路线的农村公共汽车,深受山区农民欢迎。

12月,恢复中村水泥厂。该厂原于1958年由省交通公路部门创立,后来改为生产队,生产石灰。由于水泥供应不足,恢复水泥生产。

是年,船舶进出口签证制度恢复。

是年,温州港航道整治工程完成。

1971 年

5月13日,浙江省交通邮政局颁发新编"浙江省公路营运里程表"。

5月,各公路总段所属公路段下放到县,改称县公路段。

6月1日,嘉兴地区汽车运输公司与江苏省镇江地区汽车运输公司达成增开常州—湖州、泗安—常州省际客运班车协议。

6月22日,浙江省交通邮政局直属杭州运输段和交通部下放的原部属第一汽车运输总公司第八分公司,改名为浙江省交通邮政局第一、第二汽车运输公司。

6月25日,浙江省革命委员会成立统一运输办公室。

10月,恢复内河机动船船员考试发证工作。

是年,养路费实行差额预算管理,养路费征收以地区为单位,支出按省下达的年度计划指标结算。

是年,浙江省交通邮政局公路工程管理处和同济大学公路工程研究所合作,试建成功国内首建的净跨50米钢筋混凝土桁架拱桥两座(塘栖里仁桥和砻糠山桥),曾有二十多个省派代表前来参观。

1972 年

1月1日,养路费恢复由省统收统支的办法。

4月,浙江省财政金融局、浙江省交通邮政局联合通知:在养路费收入中拨5%给各地区交通局掌握,用于公路建设。

7月,三门岭口至三角塘线上叶斜杆式钢筋混凝土桁架拱桥建成。邮电部1978年11月1日发行的"T. 31公路拱桥特种邮票"中,上叶桥被采用为图5—5,彩色,60分值。

是月,恢复沿海机动船船员考试发证工作制度。

8月,桐庐蒋家埠经七里泷大坝坝顶至浦江公路完工,长50.29公里。

是月,完成全省第二次航道普查和初步规划。

10月,新建东阳大盘至仙居公路完工,长40.30公里。自此东阳后岑山至仙居公路全线贯通。

11月,浙江省革命委员会发出《关于加强路政管理的通知》。

是年,泽国至楚门公路试建块石路面一公里完工。经鉴定决定推广。

是年,建成镇海汽车轮渡码头及公路连接线。

是年,自1967年起疏浚拓宽、截弯取直的杭申甲线崇德、石门、嘉兴三市河段航道工程完成,使100吨级船舶得以通行。

是年,组建杭州港航管理处(钱江、浙西两处合并)。

1973 年

1月，临安浪口至安吉公路工程完工，直通天目山区，又称天目山区南北公路，长46.64公里。

是月，仙居至永嘉公路工程完工，长76.81公里。

2月，金华武义江桥完工，长210.80米，为钢筋混凝土T梁结构。

5月1日，浙江省交通邮政局制订并颁发《公路汽车旅客运输规则浙江省实施细则（试行）》《公路汽车货物运输规则浙江省实施细则（试行）》。同时废止原1962年9月和1956年10月浙江省交通厅颁发的《公路汽车旅客行李和包裹运输规则浙江省实施细则》《公路汽车货物运输规则浙江省实施细则》。

5月，中共浙江省委决定，撤销浙江省交邮局，分设浙江省交通局和浙江省邮政局。张先进任浙江省交通局革命领导小组和党的核心小组组长。

是月，省道长兴—牛头山公路铺筑混凝土路面23公里，为省境第一条高等级路面。

5月21日，东阳至仙居公路修通，义乌经东阳、磐安、大盘、仙居至临海旅客班车开行。

7月20日，浙—皖两省签订省际公路汽车客货运输协议。

7月，按照国务院总理周恩来提出“三年改变港口面貌”的指示，国务院港口建设领导小组组长粟裕来浙江省确定建宁波港镇海新港区。

12月，浙江省革命委员会发出《严格路政管理，维护公路完整》的通告，人为破坏公路的情况有所减少。

是月，温溪港一期工程动工兴建。

1974年

1月1日，浙江省革命委员会生产指挥组决定从1月份起，全省城市公共交通管理归由浙江省基本建设局负责。

1月，鄞县盛垫至横山公路华锋桥完工，该桥为单孔净跨25米钢筋混凝土扁壳桥。

2月14日，仙居至永嘉公路建成，自3月1日起仙居至永嘉清水埠直达班车正式开行。

3月，改建乍浦至王江泾公路桥梁44座完工。

11月，浙江省交通局制订《浙江省内河通航标准（试行）》《浙江省内河航道管理暂行规定》《浙江省内河航道分级管理办法（试行）》。

12月，遂昌石练至黄沙腰公路全线完工，长58.98公里，总投资243.34万元，其中省财政补助141万元，县财政拨款82.15万元，群众投工84万工。

是年，自1969年起疏浚改造的钱塘江桐庐至七里泷航道，本年完成，通航条件得到改善。

是年，宁波港镇海新港区开工建设大堤，甬江口自招宝山延至大游山长约3.20公里。

1975年

3月，寿（昌）金（华）线兰江大桥（双曲拱）建成，长911米。其中正桥10孔长505.68米，系省内首次采用悬臂拼装法，为双曲拱桥的无支架施工开辟了新的途径。

5月21日，浙、赣两省达成省际公路运输协议。

5月，仙居东门球面扁壳桥建成，长154.2米，九孔跨径15米。

是月，杭申乙线德清新市步云桥航段截弯取直、新辟航道一段工程，历时6个月完成，通航条件得到改善。

6月,浙江省交通局发出《关于加强公路养路费征收工作和按时解交的紧急通知》。

7月1日,停航长达10年之久的椒—申(椒江—上海)客运航线恢复。

10月1日,新辟宁波—定海—温州沿海客运航线。

10月13日,浙江省计划委员会同意由宁波地区汽车运输公司建立建设车队,担负宁波港、浙江炼油厂、镇海电厂及宁波铁路中转物资运输任务。

12月,浙江船厂建成浙江省第一艘千吨级沿海货轮"浙海504"轮。

是年,浙江省汽车技工学校金华分校成立。

是年,浙江委托上海江南船厂新建的四艘1000吨级丙型沿海客货轮,先后建成并投入营运。

是年,杭州至父子岭公路全线铺筑沥青路面工作完工。

1976年

6月,宁波至临海公路黄坛桥建成。其长124.30米,七孔跨径16米,系首座推广的双铰平版拱桥。

10月,宁海越溪桥建成,长138.20米,主孔净跨75米预应力混凝土桁架拱(斜杆式),边孔净跨40米双曲拱。

12月,浙江130型2吨汽车通过技术鉴定。浙江省交通局决定由杭州交通机械厂和宁波市交通局修理厂定点批量生产(组织协作配套厂有30多个)该车。

1977年

1月,温溪港一期工程完工投产。

6月12日,金华—宁波客运班车恢复运行。

8月,浙江援外工程赤道几内亚恩昆至蒙戈莫公路全线完工,长120.88公里。

10月24日,浙江省交通局报经浙江省工业交通办公室同意,将浙江省交通局第一、二汽车运输公司合并,成立浙江省交通局直属汽车运输公司。

10月,泽国至坎门公路漩门港堵口大坝建成,公路从坝上通过与玉环海岛相连接。深浦渡随之撤销。

是月,黄华任浙江省交通局局长、党组书记。

是年,临安、仙居两县实现社社通公路。

是年,宁波港镇海新港区开工建设煤码头。

1978年

1月,交通部部长叶飞一行到宁波北仑考察,并参与研究在北仑建设矿石中转码头的建造方案。

3月1日,根据国家建设宁波北仑港的决定,浙江省北仑港建设指挥部成立。由此,宁波港进入大规模开发建设时期。

4月,浙江省公路养护"工业学大庆"经验交流会议在仙居召开,提出到1985年实现全省公路"五化"。

5月,浙江省统一全省公路交通监理机构名称,将设在各地、市、县(市)管理机动车辆的公路交通监理、管理所、站一律改称为地区、市车辆监理所及县(市)车辆监理站。公路养路费由公路交通监理机构负责征收,公路交通监理人员统一着装上岗。

7月28日,国务院港口建设领导小组组长粟裕视察宁波港镇海港区。

8月,浙江省人民政府批准,新建"浙江航运技工学校",校址设在杭州市。

是月,浙江省境内国道上第一座隧道——临海长石岭隧道建成通车,全长346米。它的建成,取代了原盘山越岭之路,将行车里程缩短1.90公里。

10月,新加坡、联邦德国、法国、澳大利亚、挪威、日本、丹麦、中国香港等国家和地区的来宾首次到舟山绿华锚地考察。

是月,宁波港镇海港区两个连片式煤码头建成(外侧为一万吨级卸船泊位,里侧为3000吨级装船泊位)。由此,将宁波港向前推进,到达甬江口。其万吨级泊位,是宁波港第一个万吨级深水泊位,也是浙江港口第一个万吨级泊位。

12月,遵照浙江省革命委员会《批转省交通局〈关于调整全省交通管理体制的意见〉》,全省交通管理体制恢复三局二公司建制,即成立浙江省交通局工程管理局、浙江省交通局公路运输管理局(浙江省汽车运输公司)、浙江省交通局航运管理局(浙江省航运公司),并将1970年下放给地(市)的省属交通企事业单位,上收到省局。实行省局与地(市)双重领导,以省局为主的领导体制。

1979年

1月1日,宁波实行港、航分设。宁波老港、镇海煤码头和北仑矿石中转码头合并,成立新的港务管理局,名称为交通部宁波港务管理局,直属交通部;浙江省宁波地区航运公司改称浙江省航运公司宁波分公司,直属浙江省航运公司。

1月10日,北仑港打下第一桩。中国第一个现代化10万吨级矿石中转码头开始建设。由此,开启浙江港口新时代。

1月,浙江省交通科学研究所正式恢复成立。

是月,《浙江交通科技》创刊。该刊物为浙江省交通系统唯一面向全行业内部发行的综合性交通科技刊物。

2月,经浙江省革命委员会批准,分别从浙江省交通局工程管理局和浙江省交通局航运管理局划出公路勘测设计室和航道勘测设计室,合并成立浙江省交通设计院,为浙江省交通局直属事业单位。由此,浙江省第一个具有规模的公路水运专业设计单位诞生。

3月,浙江省第一艘自行设计制造的沿海顶推船在台州海门投产。

4月,浙江省交通局在浦江召开全省公路第二次"工业学大庆"会议,贯彻"调整、改革、整顿、提高"八字方针,实行对外开放、对内搞活经济的政策。

是月,宁波市区东门口交通邮政大楼工地发掘出宋代海运码头遗址和宋代海船1艘,为研究宋代五大对外贸易港之一的明州(今宁波)港造船和海运业历史提供了新的例证。

5月,衢州开化县华埠镇下田坞村村民应永潮,购置2.50吨位"跃进牌"旧汽车1辆,经营货物运输。该村民是改革开放后浙江省第一位从事个体汽车货物运输专业户。

6月1日,经国务院批准,宁波港正式对外开放。曾经是"五口通商"口岸之一的宁波港重新向世界开放。

8月22日,日本籍"湖山丸"轮抵达宁波港镇海港区。这是宁波港正式对外开放以后到港的第一艘外国籍船舶。

8月,温州港务局一公司职工柳良鸽在抗击台风中不幸光荣牺牲。浙江省人民政府授予柳良鸽革命烈士称号。

9月,杭州梵村至建德白沙段公路全面改建工程完工。工程全长138.70公里,是浙江省第一条按照二级公路技术标准整段改建的国省道公路。

10月,温州泰顺县雪溪石拱桥建成,主孔净跨60米,时为浙江省单孔跨度最大的石拱桥。

11月,浙江省交通局在鄞县召开全省县社公路会议,对县社公路建、管、养问题,提出统一领导、分级管理、加强社队养护的方针。

是月,杭州客运码头和候船大厅建成并投入使用。该码头位于杭州市武林门,占地面积1.01公顷,主要从事杭州至嘉兴、湖州、苏州、无锡等地的旅客运输。时为浙江省最大内河客运码头。

12月,浙江汽车驾驶技工学校本部与浙江省709厂合并,并成立浙江汽车驾驶技工学校,校址从杭州市龙驹坞迁至桐庐坞泥口。

1980年

1月,按照浙江省人民政府提出的交通建设"水陆并举,以水为主,先求其通"的方针,杭甬运河按40吨级标准开通工程正式开工。沿线的绍兴、上虞、余姚、宁波等市县分别对杭甬运河进行拓浚改善。

是月,1978年动工建设的嵊县清风桥建成,长225.4米,主孔为两孔92米悬臂拼装结构钢筋混凝土空腹式单室箱形拱。此桥荣获全国优秀桥型设计奖,被交通部列为与国外进行桥梁技术交流项目之一。

2月17日,于1975年9月动工兴建的宁波港客运大楼建成使用。客运大楼位于江北外马路,共设四个候船厅,一次可接待旅客3000人。整个建筑坐东朝西,呈裙楼格局,结构凝重,外观恢宏壮观。

3月,金华—温州国内集装箱公铁联运业务开办,成为浙江省公路集装箱运输的先创。

是月,浙江省交通局与中国远洋运输总公司协商同意,并经交通部批准,组建中国远洋运输总公司浙江省公司(简称中远浙江省公司),双方合营从事外贸运输。当月26日,中远浙江省公司"姚江"轮(原浙海"504"轮)自宁波启航,装载物资777吨,首航香港成功。这是新中国成立后浙江省第一艘货轮第一次从事外贸运输,标志着浙江省外贸运输事业的新起步。

5月,浙江省交通局改称浙江省交通厅。直属单位相应冠以厅名。黄华任厅长、党组书记。

是月,遂昌上龙潭大桥建成,单孔净跨108米,时为省内单跨跨径最大的双曲拱桥。

8月16日,浙江省第一艘远洋自营油轮——中远浙江省公司"兰江"轮,开通宁波港至日本大阪港航线。该轮为3000载重吨。

10月6日,杭州余杭良渚至塘栖公路的塘栖运河大桥(单孔净跨70米)建成通车。时为浙江省跨越京杭运河最大跨径的公路桥。

10月,浙江省交通厅制订《关于县社公路养护管理试行办法》,对县社公路养护实行统一领导、分级管理。

是月,温州市汽车修造厂、温州市汽车运输公司与金华、丽水运输公司联合创办的金丽温联合运输公司,经营温州至丽水、金华和温州至瑞安、鳌江客运线路,为浙江省最先发展长途客运业务的市属运输企业,结束了过去由浙江省汽车运输公司独家经营长途客运业务的历史。

12月26日，中国远洋运输公司浙江省公司3700吨级货轮——“灵江”轮由宁波港启航，开辟宁波港至日本神户港航线。

12月，国务院、中央军委发文批准舟山沈家门港开办国轮对外贸易运输业务。

是年，浙江省船舶工业公司成立。

1981年

4月23日，中共中央总书记胡耀邦视察宁波港北仑港区。

5月29日，浙江省航运公司杭州分公司豪华卧铺旅游船“龙井号”投入杭州至无锡客运航线。开辟第一条由杭州出发，穿越太湖水域，到达无锡的水上客运旅游航线。

7月，中远浙江省公司4600吨级“北安”轮从朝鲜南浦运水泥4200吨抵宁波港，宁波—朝鲜货运航线重新开通。

10月5日，中国远洋运输公司上海分公司10万吨级“宝清海”轮，从澳大利亚载8.2万余吨铁矿石顺利抵达宁波港北仑港区。这是第一艘靠泊10万吨级矿石中转码头的中国籍远洋船舶。

10月，浙江省交通厅公路运输管理局与浙江省汽车运输公司分设，与浙江省交通厅运输处合署办公，结束长期以来政企合一的管理体制。

12月，时为全省最大的汽车客运站——浙江省汽车运输公司温州分公司所属的温州汽车西站建成并投入使用。

是月，马立亭任浙江省交通厅厅长、党组书记。

是年，浙江省苍南县龙港镇农民主动集资建造码头、建设港口。由农民集资建造码头、建港口在全国尚属首例。

1982年

3月18日，时为浙江省最长的公路桥(735.37米)——温州瓯江大桥开工。由此，拉开温州交通大建设的序幕。

8月，宁波—温州—香港海上货运航线从不定期航行改为每月上、中、下旬三次的定期航行，开辟浙江省第一条散杂货定期班轮航线。这条航线也是浙江省整个远洋运输的第一条定期班轮航线。

9月7~27日，浙江省交通学校副校长刘渊由交通部、教育部联合派遣，参加联合国教科文组织亚太地区教育工作署(曼谷)组织的技术教育师资培训考察。

10月，浙江省汽车运输公司金华修理厂JZ2110B型汽油转子发动机，通过交通部部级科技成果鉴定，并获得交通部1982年重大科技成果一等奖。

12月25日，中国第一个现代化的10万吨级矿石中转码头在宁波港北仑港区竣工验收并投入试生产，年吞吐能力为2000万吨。其主体工程为10万吨级卸船泊位一个，2.5万吨级装船泊位两个，以“F”形布置。自此，宁波港从甬江口扩展到东海边，拉开从河口港向海港发展的帷幕。

12月，经浙江省人民政府批准，浙江省交通干部学校成立。

1983年

1月10日，浙江省汽车运输公司杭州分公司开辟全国公路运输业中第一条公路零担货物集装箱“站对站”直达班线——杭(州)温(州)线。

4 月,浙江省交通厅决定取消货车跨省运输和客车跨省运输的有关限制。

6 月,浙江省交通厅工程管理局与浙江省交通厅公路运输管理局合并,改称浙江省交通厅公路管理局,担负全省公路建设、养护和公路运输、公路交通安全、车辆安全监理等职责。

是月,浙江省交通厅航运管理局与浙江省航运公司分别设立。由此,结束长期以来政企合一的管理体制。

7 月 1 日,杭甬运河开通工程一期竣工通航。这是新中国成立以来浙江省第一次由省交通部门牵头,沿线地方政府参与,有组织、有计划的系统整治工程。历经三年半施工,初步形成浙东内河水运网络,航道设计标准为 40 吨级,但因其中一座过船设施标准低,致使全线实际通过能力只有 25 吨级。

8 月,根据国家经委、交通部《关于改进公路运输的通知》精神,浙江省公路运输管理开始实行两个转变,即由局限于管理专业运输转变为全行业管理,把“统”字当头的传统管理方式转变为寓管理于服务之中,以促进公路运输向多层次、多形式、多渠道的结构发展。

是月,浙江东阳千祥客运线被交通部命名为文明线。

9 月 21 日,浙江省第一个个体联合运输车队——台州市仙居县第一联合运输车队成立。

10 月,上虞章镇斜拉桥建成。该桥于 1978 年 1 月开工,全长 303.69 米,横跨曹娥江,跨径分别为 54.31 米和 72.42 米。它是国内第一座单塔双索面预应力混凝土斜拉桥。

11 月 12 日,京杭运河与钱塘江沟通工程恢复建设。这一工程是交通部长江水系九省一市统一航运网规划建设的项目,也是京杭大运河江南段整治工程的一部分,又是中央与地方共同建设的内河航运工程,被列为浙江省和杭州市重点建设项目。

11 月 18 日,经国务院批准,台州海门港为办理国轮外贸运输业务的港口。

11 月 26 日,浙江省汽车运输公司节约汽油名列全国同行业前茅,被国家经济委员会评为全国节能先进单位,荣获银质奖。

11 月,温岭县城关镇西门村村民吴松青购置“凤凰牌”大客车一辆,经营客运。他是改革开放后浙江省第一位从事个体汽车旅客运输专业户。

12 月 1 日,浙江省航运公司杭州分公司投入豪华型卧铺客轮“龙井”号首航苏州,打破了杭州至苏州客运航线长期以来由江苏航运企业独家经营的局面。

12 月 8 日,浙江省舟山市岱山县秀山海运公司“浙岱 803 号”轮(2200 吨级)投入营运。该轮是浙江省集体运输企业最大的钢质船舶。

12 月 16 日,经交通部批准,成立中华人民共和国海门港务监督机构。

12 月 29 日,浙江省乃至全国第一艘浅吃水万吨级散装货轮——浙江省航运公司温州分公司“浙海 117”轮投产运行。

12 月,浙江省人民政府驻沪办事处航运营业部正式挂牌。

1984 年

1 月 1 日,根据交通部统一部署,浙江省交通厅航运管理局对外挂牌“浙江省船舶检验处”,启用“浙江省船舶检验处”工作印章。全省 13 个船舶检验处、51 个船舶检验所同时挂牌和启用全国统一的工作印章。

2 月 21 日,稳定性好、航速快、船舱宽畅、座位舒适的国内第一艘沿海双体客轮——浙江省航运公司宁波分公司“浙江 605”号轮首航宁波—沈家门—普陀山客运航线。

5 月 4 日，中共中央批转沿海部分城市座谈会会议纪要，决定进一步开放包括宁波、温州在内的 14 个沿海港口城市。

7 月，经浙江省人民政府批准，浙江省交通职工中等专业学校正式成立。

8 月 6 日，中远浙江省公司“鳌江”轮利用甲板捎带形式，在宁波港镇海港区装载了浙江省首批集装箱，经香港中转运往西欧四个港口。由此，浙江省国际集装箱运输起步。

9 月 25 日，温州瓯江大桥提前半年建成通车。

9 月，舟山港引航站引航员成功为万吨级国际大型豪华客轮“耀华”轮引航，顺利抵达普陀山客运码头。这是舟山港首次引领停靠万吨级外国籍客轮。

10 月 5 日，根据浙江省人民政府常务会议〔1984〕10 号纪要，对通过瓯江大桥的车辆征收过桥费。纪要同时明确规定，今后凡利用贷款集资建造的重要公路桥梁、隧道建成以后，经浙江省人民政府批准，可征收过桥、隧道通行费。这是浙江省对利用贷款集资建造的公路桥梁、隧道征收通行费之开端。

10 月，浙江省第一部交通专业志书——《仙居县交通志》历时两年编写后，出版问世。

12 月 1 日，甬申客轮在宁波港实行定时开航，结束二十多年来因姚江建大闸影响而实行候潮进出港的历史，并由每天两艘客轮增加至四艘客轮对开。

1985 年

1 月 16 日，巴西籍 13 万吨级“巨拉（JURUA）”号货轮，载铁矿砂抵达宁波港北仑港区 10 万吨级矿石中转码头。时为进入宁波港靠泊的第一艘最大吨位的外国籍矿砂船舶。

3 月，浙江省航运公司、宁波市经济技术开发股份有限公司、香港港瑞投资有限公司合资创办的宁波花港有限公司成立。这是全省第一家中外合资水路客运企业。

4 月 2 日，国务院决定自 1985 年 5 月 1 日起征收车辆购置附加费，所收资金用于加快公路建设。

4 月，宁波港镇海港区—香港集装箱运输航线由不定期改为定期航班（每月两航次），成为浙江省第一条集装箱定期班轮航线。

5 月 1 日，浙江瓯海县农民贾锡良创办的温州鹿城货运信息服务部正式成立。这是全国首家民营运输信息服务机构。

5 月 18 日，浙江客车修造厂以转子发动机为动力的空调大客车、金华修理厂研制的转子发动机和六吨全挂车，在全国公路交通工业产品展览会上，荣获交通部颁发的“优秀展品金杯奖”。

5 月，浙江省温州市区出现第一辆出租车——菲亚特小轿车，标志着浙江省城市出租车行业的诞生。

6 月，浙江省干线公路上时为距离最长（1034 米）、规模最大的隧道——省道丽水至花桥线上的严山岭隧道建成。

是月，经交通部电视中等专业学校同意，交通部电视中等专业学校浙江分校正式成立。

7 月，江、浙、沪两省一市的有关领导、专家实地考察长湖申线等主干航道，提出整治意见，并立项上报。

是月，台州温岭县采取发行股票、贷款等社会集资 160 万元建设藤岭隧道。它是浙江省首条股份合作制隧道，开启了全省股份制建设交通基础设施的先河。

8月，浙江省第一座大跨径预应力钢筋混凝土钢架桥——安丰塘桥建成。该桥位于湖嘉申航道上，其预应力高强粗钢筋及施工工艺获国家科技进步二等奖和浙江省交通工程优质奖。

9月21日，国内第一座现代化大型22万吨的海上驳油平台——“北仑”号在宁波港北仑港区投入试生产。利比里亚籍“卡路林琼”号油轮在该平台装8.4万余吨原油，运往新加坡。

10月1日，湖州市新建内河客运码头投入使用，时为浙江省最大内河客运码头。

11月8日，国内第一艘15万吨级的“普安海”轮从澳大利亚丹皮尔港装运13.98万吨铁矿砂抵达宁波港北仑港区。

11月11日，浙江省航运公司宁波分公司第一艘万吨级货轮“浙海501”满载一万多吨煤炭驶入宁波港镇海港区。该轮入籍宁波，结束了宁波乃至浙江无万吨轮的历史。

1986年

1月3日，全省交通工作会议提出浙江交通应贯彻“先缓解，后适应”的方针；并确定“七五”计划期间全省交通重点建设为“四、四、三、一、一”工程，即改造杭枫、杭父、杭甬、金温四条公路，改造和新建温州、舟山、乍浦、椒江四个沿海港口，改造京杭运河浙境段、长湖申线浙境段、杭甬运河三条内河航道，新建一座飞云江大桥和一座甬江隧道。

1月27日，浙江省第一座自行设计、自行施工的台州发电厂万吨级码头提前建成，通过验收投产。这是海门港第一个浅吃水万吨级码头。

2月2日，舟山定海鸭蛋山至宁波北仑白峰间汽车轮渡码头建成。随之，海峡汽车轮渡航线正式开航。这是浙江省第一条大陆与海岛开辟的滚装运输航线。由此，329国道杭州—沈家门客货汽车全线直达。

3月1日，浙江省航运公司杭州分公司与中国国际旅行社杭州分社合营组建的“古运河旅游公司”，投入“天堂”“古运河”轮船组，营运杭州至苏州旅游航线。这是浙江省水运企业组建的第一个跨行业水路客旅公司。

3月19日，杭州钱塘江汽车轮渡建成开渡，以缓解钱塘江大桥汽车行车拥塞情况。

4月18日，国务院、中央军委批复同意，将定海、沈家门、老塘山三个港区合并为一个港，统称舟山港。

4月，长湖申线南浔市河“卡脖子”段改造工程开工建设，从而拉开浙北内河主干航道改造的序幕。

5月30日，中波轮船公司1.6万吨级“永兴号”集装箱轮，从波兰丁尼亚港驶抵镇海港区9号泊位卸货。这是宁波港新辟的一条洲际集装箱直达航线。

6月14日，浙江省计经委、浙江省物价局、浙江省财政厅、浙江省交通厅联合发出通知，自1986年7月1日起征收客运汽车站和公路设施建设专用基金。

6月20日，宁波花港有限公司经营的省内第一艘高速客船“甬兴”号高速双体客轮首航宁波至普陀山航线。

6月28日，台州海门港至香港定期货运班轮首航仪式在海门港3号码头举行。

6月29日，国内第一座储运设施配备比较完整的液体化工产品储运工程——宁波港镇海港区5000吨级液体化工专用泊位通过国家验收，年吞吐能力为20万吨。

6月，浙江省交通学校成立大专部，与浙江工学院合办路桥与水运管理两个专业大专班，开创大专层次的办学新模式。

11月，邵尧定任浙江省交通厅厅长、党组书记。

12月，浙江省计经委、浙江省交通厅、浙江省物价局联合发出通知，按不同车型、不同乘坐条件，对全省公路汽车客运运价，作出调整。

是月，浙江省第一部经交通部中国公路交通史编审委员会审核后出版的交通专业志书《鄞县交通志》正式出版。

1987年

1月1日，宁波至香港航线列入国家重点班轮航线，每月六班，其中杂货班轮四班，集装箱班轮两班。

2月5日，宁波花港有限公司“甬兴”号高速双体客轮开通宁波—上海芦潮港航线，为国内第一条中外合资经营沿海省际高速客轮班线。

2月26日，中远浙江省公司“衢江”轮首载集装箱从温州港驶抵香港。由此，温州港首次开辟温州至香港国际集装箱航线。

3月11日，由台州业余作者创作的浙江省第一部反映养路工人劳动和生活的电视剧《爱之路》，在仙居举行首映式。

3月，世界银行考察组为浙江省交通学校向世行贷款项目，来到该学校考察访问。该学校使用世行贷款，建立起职业技术教育中心，以提高教育质量，扩大办学规模，使之成为浙江省交通职业技术教育开展国内外交流的窗口。

4月1日，经国务院、中央军委批准，舟山港正式对外开放，成为对外籍船舶开放的港口。

4月15日，“南极洲”货轮装载2.50万余吨铁矿砂，从北仑港区启航运往南通港。这是宁波港首次中转进长江的铁矿砂。

4月，舟山港老塘山港区1.5万吨级件杂货码头建成，年吞吐能力45万吨。该码头于1983年开始建设，为舟山港第一个万吨级以上深水泊位。老塘山货运港区的开辟，使舟山港客货港区分离迈出第一步，深水岸线开始合理使用，标志着舟山港由小型港口向大、中型港口迈进。

7月24日，根据国务院《关于改革道路交通管理体制的通知》精神，浙江省交通部门将公路交通监理中的安全管理及机动车管理成建制地移交同级公安部门。养路费的征收稽查管理仍留在交通部门。

7月25日，浙江省六届人大常委会第二十六次会议审议通过《浙江省道路交通管理条例》。该《条例》专设路政管理一章（共13条），对路政管理有关事项进行规定。这是浙江省第一部比较全面涉及路政管理的地方性法规。

7月28日，浙江省机构编制委员会《关于全省各级公路稽征机构、编制的批复》明确：设立浙江省公路稽征局，隶属浙江省交通厅，与厅公路管理局合署办公；市、地设公路稽征处，县（市）设公路稽征所，隶属市、地、县交通局，实行浙江省交通厅与地方双重领导，以地方为主。

8月13日，浙江省人民政府批复同意撤销浙江省汽车运输公司，公司所属11个分公司、两个厂和浙江省汽车驾驶技工学校及其宁波分校，成建制下放给所在省辖市（地）。浙江省汽车驾驶技工学校金华分校由浙江省交通厅直管，并改名为浙江汽车技工学校。

10 月 10 日，交通部宁波港务管理局下放宁波市，改称宁波港务局，实行宁波市和交通部双重领导、以市为主的领导体制。原属交通部宁波港务管理局的宁波港务监督，改名为交通部宁波海上安全监督局，实行交通部、宁波市人民政府双重领导、以部为主的领导体制。

10 月 12 日，宁波港北仑港区 2.50 万吨级通用泊位通过国家验收。时为浙江省最大的通用泊位。

10 月 22 日，浙江省航运公司宁波分公司"浙江 603"轮开通宁波—岱山—上海客运航线。

11 月 19 日，从秦皇岛装载 1.80 万吨煤炭的"长建"轮顺利靠上宁波港镇海港区煤码头，从而结束甬江航道不能驶入万吨轮的历史。

12 月 11 日，浙江省机构编制委员会《关于全省公路运输管理机构及人员编制的通知》明确：设立公路运输管理局，与厅公路管理局、省公路稽征局合署办公，三块牌子一套班子，为处级事业单位。

12 月 23 日，浙江省第一艘直航香港的客货班轮"雁荡山"轮在温州举行首航仪式。

12 月 28 日，中远浙江省公司"衢江"轮从宁波港首航日本神户，为浙江口岸至日本的第一艘集装箱班轮。

是年，浙江省交通职工思想政治工作研究会成立，以积极推动全省交通系统两个文明建设。

1988 年

1 月 2 日，桐庐分水大桥（一孔，跨径 2 米，全长 20.74 米）建成通车。该桥于 1985 年 12 月 16 日动工，是当时浙江省第一座预应力混凝土空心板梁大桥。

1 月，根据国家经委、交通部颁发的《公路运输管理暂行条例》，浙江省统一使用跨省客运班线和旅游出租线路标志牌。

3 月 18 日，浙江省航运公司钱江分公司"浙海 1101"轮与"浙海 911"轮编队，装载水泥和百货，从杭州海月桥码头启航，首航海南省海口市，获得成功。

4 月，杭甬（杭州—宁波）高速公路跨越钱塘江公路大桥——钱江二桥开工建设。高速公路建设首次在浙江大地上破土动工，拉开了浙江省高速公路建设的序幕。

是月，第一部记述浙江省公路发展历史的史书——《浙江公路史（第一册）》，由人民交通出版社公开出版发行。

5 月 17 日，时为浙江省县乡公路中最长的公路隧道——鄞县柘岭隧道建成通车。隧道全长 1226 米，行车道净宽 7 米，净高 4.50 米。

5 月，第一部记述浙江省公路运输发展历史的史书——《浙江公路运输史（第一册）》，由人民交通出版社公开出版发行。

6 月 15 日，浙江省人民政府批准自 7 月 1 日起开征公路养路费附加费和公路客货运附加费，收入作为高等级公路建设专用基金。

6 月，金华市在浙江省 11 个市（地）中成为第一个乡乡通公路的地市。

7 月 2 日，浙江省交通厅颁发试行《浙江省交通行业十六种主要从业人员职业道德规范》。

7月4日，台州海门港国际集装箱运输首发仪式在海门港3号码头举行。

7月16日，浙江省汽车运输公司管理体制改革完成后，其本部更名为“浙江省公路运务公司”，按照“网不破、线不断”的行业服务要求，承担有关公路运输协作牵线结网任务。

12月31日，温州瑞安飞云江大桥（全长1766.86米）建成通车。它是当时国内最大跨径简支梁桥，也是浙江省最长公路大桥。大桥为浙江交通建设实行公开招投标的首个项目，于1986年3月15日开工建设。

12月，温州港龙湾港区两个万吨级泊位建成投产，年吞吐能力为49万吨。该工程于1987年5月开工。它的建成投产，改变了温州港无深水泊位的状况，对促进浙南经济的发展具有重要作用。

1989年

1月1日，浙江省第一艘国产365客位全封闭豪华旅游船“海鸥”轮投入沈家门至普陀山营运。

是日，中央电视台在专题节目中，播放长达20分钟的电视纪录片《大路风流》，报道浙江省永嘉县公路段金竹溪道班养路工的先进事迹。

1月11日，浙江省人民政府批复同意浙江省交通厅关于公路、航运、沿海港口和航运公司管理体制改革方案。将公路管理、航运管理改为条块结合、以块[市（地）]为主的领导体制，市（地）公路总段、市（地）航运管理处隶属所在市（地）交通局领导。厅属沿海港口和浙江省航运公司所属杭州、嘉兴、湖州、钱江四个内河分公司及钱塘江海运公司，成建制下放给所在地的省辖市管理。浙江省航运公司改称浙江省海运总公司。

1月12日，舟山市海运公司正式开辟直航东南亚的国际航线，成为该市第一个开辟国际航线的海运企业。

1月17日，宁波海运公司“天一”轮营运镇申航线，中断四十余年的镇海至上海直达客运航线重新开通。

1月，浙江省交通设计院开始测设浙江第一条高速公路的第一段——钱塘江第二大桥接线工程，翻开了浙江公路测设史上新的一页。

2月1日，京杭运河与钱塘江沟通工程的重点项目——三堡船闸正式启用。由此，京杭运河与钱塘江实现沟通，开辟出一条江河直达航道，扩展直达水运里程400公里。

3月1日，载有两千多名世界各国游客的英国豪华邮轮“堪培拉”号，在宁波港北仑港区停靠。这是浙江，也是中国首次接待大型国际邮轮。

3月25日，15万吨级油轮“凯蒙”号装载14.10万吨原油抵达宁波港北仑港区，成为宁波港历史上接卸的第一艘最大油轮。

4月1日，浙江省首艘2.70万吨级货轮——宁波北仑船务有限公司“北仑1”号投入营运。这是当时在浙江省港口登记注册的最大吨位货轮。该轮投入营运，标志着宁波的海运向大型化船舶发展迈出一大步。

4月，余姚市公路稽征所首创适合浙江省管理体制的“一条龙”缴费方式。浙江省公路稽征局在总结、完善的基础上向全省推广。自此，全省养路费征收开始实施“一条龙”缴费方式，改变过去车主缴费需进几道门、排几次队的状况，大大方便了车主。

5月8日，国务院、中央军委批准台州海门港对外轮开放。

5月31日,杭州港濮家码头(亦称三堡内河码头)工程通过交工验收,并投入试生产。该码头于1987年3月动工,是国内内河水系首家挖入式货运码头,也是国内内河最大的配套较为完善的机械化程度较高的件杂货码头,为国内第一个利用外资(瑞典政府优惠贷款)建设的内河码头。

7月16日,浙江省第一艘无吊杆4300吨级散装货轮——海门航运公司"浙海312"轮投入营运。

7月30日,宁波市的地方远洋运输船队——宁波海运公司所属远洋运输船队"明州10"号轮首航香港。

7月,杭州临安县五金厂仿制的进口汽车消音器和临安县自动化机电设备厂研制的J8006V型电脑绕线机,经浙江省交通厅召开的新产品鉴定会鉴定,产品合格,填补了浙江省此项产品的生产空白。

9月4日,宁波港国际客运站大楼在镇海港区落成启用。该客运站为浙江省第一个国际海运客运站。

9月16日,国内第一艘自行设计、自行制造的20车渡海峡汽车渡轮——"舟渡4"号轮在甬江下水。该轮由上海船舶设计院设计,舟山市海峡轮渡公司委托宁波渔轮修造厂制造。渡轮总长52.20米,宽11.20米,满载排水量为924.50吨,可同时装载5吨标准汽车20辆和随车旅客600人。

9月29日,舟山—香港定期货运航线正式开通。第一艘货轮"芝山"号首航香港。

9月,杭州市公路稽征处首次试用微机征收养路费。养路费征收从此摆脱了传统的用手工开票的工作方式。浙江省公路稽征在现代化科学管理方面迈出了可喜的第一步。

10月20日,象山航运公司"石浦2"号客轮由象山石浦驶抵上海十六铺码头,标志着中断四十多年的宁波象山石浦—上海的客运航线正式恢复通航。

11月27日,国内第一艘沿海节能型双尾鳍客轮在宁波海运公司船厂下水。该轮总长44.90米,宽7.40米,满载排水量337.50吨,可载客506人,航速11.60节。

11月30日,国内第一艘自行设计、制造的海上航道测量船,从奉化湖头渡出发,进行国家级试航。该船由浙江船厂(厂址位于宁波奉化湖头渡)承造,船长55.50米,宽10米,航速14.50节,总造价九百多万元人民币。

12月底,宁波开通镇海小港到上海芦潮港的高速快艇。快艇单程航行时间4小时。宁波旅客乘快艇到上海芦潮港上岸,再乘客车到达上海市区。

是年,在交通部组织的104国道检查评比中,浙江境内段全部达到优秀。

1990年

1月,浙江省人民政府决定,建立浙江省沪杭甬高速公路建设领导小组,下设指挥部,隶属省政府领导。

4月18日,宁波—日本横滨的国际集装箱航线开通。这是继宁波—香港、宁波—日本神户后的第三条国际集装箱航线。航线全长1030海里,由上海远洋运输公司和中远浙江省公司联合经营的"抚顺城"轮担负首航任务。

4月,浙江省交通厅发出《关于贯彻省人民政府治理整顿道路水路运输市场通知的实施意见》,继续开展道路、水路客货运输市场的治理整顿工作。

5月6日，巴拿马籍17.5万吨级“潭梦”号油轮装载16.45万吨阿曼原油，从法哈尔港安全抵达宁波港北仑港区7号锚地。时为宁波港接卸的最大一艘油轮。

5月20日，中国远洋运输总公司浙江省公司“衢江”轮，首次开辟宁波—香港—曼谷货运航线。

6月3日，国内大陆港口最大的煤炭运输船——6.50万吨级“华凯”轮，开辟秦皇岛—宁波港北仑港区的煤炭运输线，并首航成功。

6月20日，金华汽车修造厂与交通部公路科研所、中国长江动力公司协作研制的JZ211C型转子发动机，在交通部组织的产品鉴定会上，经全国七十多位专家鉴定，获得通过。它的试制成功，标志着国内三角发动机发展史上的一次突破性进展。它不仅能用于中、轻型长途客车和旅游车上，也为移动式发电机、车载风力灭火机和飞艇等提供理想的内燃动力。

7月2日，宁波—香港国家级核心班轮航线开通。宁波港成为沿海港口中继大连、天津、青岛、上海、广州之后第六个拥有国家级核心班轮的港口。

7月6日，台州大陈岛300吨级码头建成，结束了该海岛无码头的历史。该码头于1986年3月20日动工兴建。

8月19日，宁波港首次开辟冷藏集装箱运输业务。宁波市水产公司销往欧美的冷冻水产品在宁波港顺利装运出口。

8月，浙江客车厂生产的50辆之江牌ZJK6971FC型柴油发动机公路客车，首次从宁波北仑港出口菲律宾。这是浙江省客车销往国外的开端。

10月1日，经国务院口岸办公室验收同意，台州海门港正式对外轮开放，成为全国对外开放的第四十九个港口。

11月1日，以台湾集装箱储运协会理事长兼总经理为团长、台湾世界集装箱储运公司董事长为总领队的台湾集装箱储运业访问团一行11人，抵甬考察宁波港。

11月12日，浙江新建最大载客量（728客位）沿海客轮“浙江406”轮正式投入椒申（海门—上海）航线。

11月29日，浙江省获得交通部组织的320国道检查评比第一名。

是日，宁波港1990年累计完成国际集装箱吞吐量20012TEU，比上年同期增加54%，为国家下达年运输计划的133%，首次跨入中国大陆沿海十大国际集装箱运输港口的行列。

11月，经浙江省人民政府批准，开征摩托车养路费和调整部分车辆养路费征收标准。其中摩托车和拖拉机养路费收入均作为县乡公路改建和养护经费。

12月5日，宁波镇海石油化工总厂算山码头15万吨级油船泊位投入营运。该工程于1989年1月开始打桩，1990年11月竣工。

12月14日，“浙雁”号轮抵靠舟山港老塘山港区，装载11只标准集装箱出口。这是宁波—香港集装箱班轮首挂舟山港，标志着该港成为浙江省继宁波、海门之后第三个开办国际集装箱运输港口。

12月28日，国内第一艘自行设计制造的300吨级海监巡逻艇“黄海巡11”号交付使用。该艇由上海船舶设计院设计，浙江船厂建造。船体总长45米，宽7.60米，设计航速17节，可在八级风浪的海况下执行巡逻、监督及救助等任务。

12 月,全省各级公路运输管理部门,根据浙江省交通厅关于整治车辆维修市场的要求,在对维修行业进行复审换证的基础上,进一步健全行业规范、技术规范、技术标准和收费标准。

是年,经国家船舶检验局批准,浙江省舟山—宁波水域成为我国第一处遮蔽航区。

1991 年

1 月 24 日,中日合作首期国际海员培训班在宁波华侨饭店举行结业典礼。首批 48 名学员通过中日双方业务考核,赴日本从事国际海运服务。

1 月 26 日,宁波海运公司所属的 3.50 万吨级“明州 20”号轮重载试航成功。该轮是当时浙江省最大吨位的海轮,主要往返于北仑港电厂码头和秦皇岛港之间,每年可为电厂运输 100 万吨发电用煤。

1 月,浙江省路桥工程处成立,为厅属、厅公路管理局管理,相当县处级的事业单位。厅公路管理局的一、二、三、四工程队划归该处。

是月,杭甬高速公路(杭州市彭埠—宁波市大朱家)的杭州彭埠至萧山钱江农场段七公里建成,实现浙江省高速公路零的突破,结束浙江省没有高速公路的历史。

2 月 1 日,全国第一个有关城市出租车管理的地方性法规《杭州市客运出租汽车管理条例》,经浙江省人大常委会批准颁布实施。

3 月 3 日,中远浙江省公司“浙鹏”轮成功首航新加坡。

3 月 29 日,香港环球航运集团所属的巴拿马籍“世界胜利”号 23 万吨超级油轮实载 16.8 万吨阿曼原油,在宁波港北仑港区锚地顺利过驳,创宁波港进港船泊吨位和实载货物量两个之最。

3 月,全省交通工作会议遵照“统筹规划,条块结合,分层负责,联合建设”的原则,制订全省交通“八五”计划,提出交通基础设施建设重点(除宁波港)为“一、二、三、四、五、六”,即新建一条高速公路,改造两条主要航道,改建三条主要国道,完善、扩建四个沿海港口,建设五千人以上和部分乡镇所在海岛交通码头,改善近六百万人口的浙西南和老、少、边、穷地区的公路交通。

4 月 7 日,经交通部批准,舟山沈家门—福建马尾的客(货)运航线开通。舟山市轮船公司“海星号”轮承担首航任务。这条航线运距为 350 海里,单程航行一次约需 24 小时,5 天一个航班。这条航线的开通,对于改善浙闽两省的海上交通条件,促进两省的经济文化交流,具有十分重要的意义。

4 月 20 日,中共中央政治局常委乔石视察宁波港北仑港区。

5 月 10 日,拥有国内大陆沿海最大国际集装箱专用泊位的宁波港北仑集装箱公司正式成立。

5 月 17 日,中共中央政治局常委李瑞环视察宁波港北仑港区。

6 月,浙江省人民政府在乐清召开全省“八五”交通建设座谈会。会上,研究部署全省交通建设工作,总结交流前一阶段运输市场治理整顿工作经验,并提出下一步运输市场治理整顿的意见。

7 月 1 日,宁波港北仑集装箱公司(北仑港区二期工程)第一个国际集装箱专用泊位投入试生产。

7 月 23 日,载重量为 4200 吨的散装货轮“明州 18”轮正式投入运营。至此,宁波市海运船队总吨位达到8万吨，成为浙江省内最大的海运船队。

8月8日，时为国内大陆沿海港口最大的装卸设备——岸边集装箱起重机于5月27日在宁波港北仑港区二期工程集装箱码头安装就位后，联吊试车成功。

9月29日，时为国内最大的国际集装箱码头——宁波北仑国际集装箱专用码头5万吨级泊位三个通过国家验收，投入使用，可供第三、四代大型集装箱船舶停靠作业。这是宁波港第一次利用世界银行贷款建设的项目。它首次采用国际公开招标确定水工工程施工单位和装卸设备供应单位，首次选聘国际咨询公司的专家进行监理。

是日，宁波至美国东海岸的纽约、查尔斯顿和休斯敦的国际核心班轮洲际集装箱直达干线正式开通。

10月22日，中共中央总书记江泽民视察宁波港北仑港区。

10月25日，富春江上第一桥——桐庐富春江大桥建成通车。大桥全长1400米，其中主桥长659米，是浙江省第一座自行设计的80米大跨径预应力连续梁桥。大桥将320国道与104国道连通。

11月19日，宁波港1991年货物吞吐量突破3000万吨大关，达到3009万吨，成为中国大陆沿海第五大港。

11月，中共浙江省交通厅党校正式成立。

12月17日，宁波港旅客年吞吐量达301多万人次，创历史最高纪录，在中国大陆沿海港口中仅次于上海和大连港，位居第三。

12月21日，全国人大常委会委员长万里专程前来杭州参加钱江二桥建成庆典并为大桥通车剪彩。

12月24日，温州港开辟温州至日本横滨国际集装箱航线。

12月27日，1988年8月6日开工建设的具有一流设施的现代化公路客运站场——杭州汽车东站正式启用。它是当时华东地区旅客发送量最大的公用型、科技型汽车客运站之一。

是年，中国远洋运输总公司浙江省公司由初建时的三艘船7000载重吨，发展到九艘船（五艘杂货轮、四艘多用途集装箱船）4.98万载重吨。该公司经营宁波—香港的集装箱和件杂货班轮每月10班（内三班为国家级核心班轮），航线密度居全国首位；经营宁波至日本神户、横滨的全集装箱班轮每月五班，居全国各港的第四位。同时，开展对台“不倒箱”运输业务。中远浙江省公司的发展，增强了浙江省对外贸易的能力。

是年，浙江省在104、320、329、330四条国道和甬临线等七条省道上开始实施GBM（公路标准化、美化）工程。这是一项涉及公路建设、改造、养护与管理等环节的系统工程。其目的是通过科学管理提高公路的通行能力和抗灾能力，突出公路特有的建筑美和景观美，使其达到“畅、洁、绿、美”的要求，形成安全、舒适的公路交通环境。该工程的实施标志着浙江省公路基础设施建设和养护水平进入新的阶段。

1992年

1月15日，“浙雁”号班轮正式作为国家级班轮，由温州驶往香港。

1月22日，国家核心班轮宁波至美国东海岸集装箱干线正式开通。至此，宁波港北仑港区大型集装箱码头正式列入国家远洋干线行列。

2月21日，时为全国最长公路客运线路——乐清—北京超长途客运班车开通。该线路全长1953公里，由浙江温州乐清盛金汽车服务有限公司承运。

3月2日，满载20万吨阿曼原油的23.20万吨级超级油轮“世界大使”号驶抵北仑港区靠泊，创当时宁波港进港船舶吨位最大和实载货物最重的纪录。

3月7日，宁波港务局轮驳公司“甬港拖6”号轮、交通部宁波海上安全监督局镇海航标区白节灯塔、奉化市航运公司“奉航1号”客轮，被浙江省人民政府授予国家“七五”期间模范集体称号。

4月1日，杭州彭埠大桥(又名钱江二桥)正式通车。大桥位于钱塘江下游13公里处的杭州市江干区四堡附近，跨钱塘江世界级强涌潮区，为中国自行设计、自行施工的铁、公平行分离式两用桥，其中公路桥是当时国内最长的公路连续梁桥。该桥于1987年11月20日动工，1988年4月21日举行开工典礼，1989年10月29日合龙，1991年12月20日建成，次日举行建成典礼。

4月19日，宁波港正式加入国际集装箱国内沿海支线运输网络，宁波港北仑港区开展大规模集装箱运输进入一个新阶段。

4月，嘉兴乍浦港一期工程——外海一万吨级和一千吨级件杂货泊位各一个建成投产。连同先前投产的12个100吨级泊位的内河码头和港池北侧的引航道，浙江省首次使海港与杭嘉湖内河水系连成一片，可直达苏南、皖南地区。

5月1日，国务院总理李鹏视察宁波港北仑港区，并题字“东方大港”。副总理吴邦国陪同视察。

5月6日，时为浙江省最大的出口船舶——“海玉”号2200吨级沿海货轮在浙江船厂建成下水。该轮出口至新加坡，总造价一千余万元人民币，船体总长71.82米，宽12.80米，航速10.50节。

5月，绍兴县公路稽征所首次使用牡丹卡缴纳公路规费，拉开了全省持卡缴费的序幕。浙江省改进规费征收结算办法迈出了可喜的一步。

6月9日，台州海门港至日本横滨国际集装箱班轮航线开通。

6月15日，载重16万吨的巴拿马矿船“哈德逊湾号”靠泊宁波港北仑港区10万吨级矿石中转码头，创当时该码头靠泊矿船载重吨位的历史最高纪录。

6月15~16日，国务院副总理邹家华视察宁波港。

6月16日，浙江省第一条运用全垫升气垫船的高速客运航线——慈溪—乍浦航线开通。这艘中国自行研制的“慈平”号气垫船，具有独特的两栖性，能够越沼泽、过河滩，载客50人，每小时航速60公里，抗风等级为六至七级。

6月21日，8000吨级“明州8号”多用途货轮加入宁波海运公司船队。至此，该公司拥有载重船舶超过10万吨，进入交通部规定的大型海运企业行列。

7月1日，时为浙江省最长的斜拉桥(主桥长202米)——宁波甬江大桥建成通车。

7月23日，宁波汽车软轴软管厂生产的汽车拉索总成出口日本，开创国内汽车拉索总成出口先例。

9月25日，杭甬高速公路正式开工建设。中共浙江省委、浙江省人民政府在杭州举行隆重的开工典礼。

9月，杭州市余杭县公路稽征所在当地法院的支持下，成立余杭县人民法院驻余杭县公路稽征所执行室，为全省法院在稽征部门设立执行室首开先河。

10月9日，日本东方轮船株式会社经营的宁波—香港集装箱定期班轮航线正式开通。这开创外籍轮船公司共同参与宁波开发建设的先例。

12月1日，浙江省人民政府印发《关于加快交通基础设施建设的通知》，提出公路建设“自行贷款、自行建设、自行收费、自行还贷”的“四自”方针。“四自”方针的出台，标志着浙江省交通基础设施建设开始形成“国家投资、地方筹资、社会融资、引进外资”的投资格局。

1993年

1月7日，浙江钱江航运公司船员孔照富在杭州海月桥船运物资泄毒事件中见义勇为，为抢救他人而牺牲，经浙江省人民政府批准，被授予“烈士”称号。1995年2月15日，获浙江省第四届“十佳见义勇为勇士”称号，

1月23日，国务院副总理朱镕基视察宁波港北仑港区，并亲切慰问春节坚持港口生产的干部和职工。

1月25日，国务院副总理朱镕基视察温州港。

2月11日，31.8万吨级的超级油轮英国“兰姆帕斯”号，载着19万吨原油，成功靠泊刚刚建成的舟山港岙山23万吨级码头。时为浙江省乃至全国码头接卸的最大吨位油轮。

2月，舟山港建成23万吨级承台式油码头（1号泊位）和10万立方米、5万立方米储油罐各两只及相应输油设施，码头泊位长555.70米，采用蝶形敞开墩式结构，年吞吐能力600万吨。这为浙江沿海第一个20万吨级以上的深水泊位。

3月29日，浙江省人民政府批准乍浦港为二类口岸对外开放，办理国轮外贸运输业务。

3月，舟山港老塘山港区二期工程竣工。该工程于1988年12月2日动工兴建，建有500吨级、3000吨级、25000吨级码头泊位各一座，成为舟山港第一个集煤炭水水中转、件杂货专用泊位及石料出口的多功能港区。

4月7日，经国务院批准，宁波象山石浦港为国家二类开放口岸，并正式开港。

4月17日，浙江公路水运工程咨询监理公司成立。

5月3日，省道丽水—浦城线上的云和赤石岭隧道正式通车，隧道长1240米，时为浙江省干线公路上最长的隧道。

6月16日，浙江省人民政府批准同意：浙江省交通厅航运管理局增挂浙江省航道管理局、浙江省港航监督局、浙江省船舶检验局牌子。

7月24日，浙江省人民政府颁布《浙江省道路运输管理办法》。随之，浙江省交通厅制定11个配套规定。

7月31日，由湖州市船用敷料厂完成的《HO—1型轻质甲板基层敷料》科技项目通过浙江省交通厅鉴定，填补了国内在该方面的技术空白。

7月，第一部记述浙江省航运发展历史的史书——《浙江航运史（古近代部分）》，由人民交通出版社公开出版发行。

9月，杭州三堡二线船闸开工建设。船闸位于三堡船闸（即一线船闸）西侧，两闸中心距离为100米，按五级航道300吨级一拖四驳过闸设计，年通过能力为550万吨。该船闸是经浙江省人民政府1993年批准的第一批28项交通设施“四自工程”中唯一的一项水运工程。

12 月 12 日,浙江省第一个由地方实行“四自”方针的建设项目——全省公路四大瓶颈之一的 104 国道绍兴段“南连北建”工程建成通车。浙江省人民政府在绍兴市召开全省公路“四自”工程建设现场会。

12 月 18 日,国家二类港口台州玉环大麦屿港开港。

是年,浙江省交通厅制订并实施《浙江省交通厅科技成果管理暂行办法》,加强科技计划项目与成果的管理,促进管理工作的科学化、规范化、制度化。

1994 年

1 月 19 日,时为浙江省最大豪华渡轮——舟山市海峡汽车轮渡公司“舟渡 5 号”轮投入营运。从此,鸭白轮渡线汽车日渡运能力超千辆。

3 月 7 日,浙江省人民政府第四十二号令颁布《浙江省公路养路费征收管理办法》,自 1994 年 4 月 1 日起实施。该《办法》同时调整养路费征收标准。

6 月 23 日,余姚市公路运输总公司职工——6301 次客车售票员胡金根,为保护客车乘客的人身安全,奋不顾身与持刀歹徒展开殊死搏斗,被歹徒连刺数刀,失血过多,壮烈牺牲。浙江省人民政府追认他为革命烈士。浙江省总工会等有关部门授予他“浙江省优秀职工”“浙江省第四届十佳见义勇为勇士”“宁波市见义勇为勇士”等荣誉称号。

7 月 9 日,跨越杭州湾海面的宁波镇海—上海金山车客渡开通。镇海—金山的公路里程是 450 公里。车客渡开通后,行程减至 188 公里,行驶时间减至 6 小时。

8 月 11 日,交通部批复:浙江省境内的京杭运河鸭子坝—杭州三堡 100 公里、长湖申线霅水桥—池家浜 62 公里、杭申线三堡—清凉庵 141 公里、钱塘江航道桐庐以下至赭山 113 公里为四级标准国家航道,并授权浙江省交通厅管理。

8 月 22 日,国家教委下发《关于公布国家重点普通中等专业学校名单通知》,确定浙江省交通学校为国家级重点普通中等专业学校。

9 月 6 日,富春江造船厂为斐济共和国 KDW 船务公司建造的“南方女神”号滚装岛屿渡船交船,斐济国家贸易工业部长,KDW 船务公司董事长吉姆参加交船仪式。该船 10 月 28 日驶离富阳。这是中国建造的船舶首次出口南太平洋地区。

9 月 8 日,浙江航运技工学校成建制移交浙江省交通学校的签字仪式,在浙江省交通学校举行。

9 月,浙江省公路稽征局在台州市成功试行体现浙江管理体制特色的多种规费一并使用微机征收管理的新程序,并在全省全面推广使用。新程序的推广使用,标志着浙江省公路规费征收实现现代化科学管理。

10 月 18 日,国家教委下发文件,确定浙江省交通学校为首批试办五年制高等职业教育的 10 所学校之一。试点工作从 1994 学年开始,招收初中毕业生,学制五年。考生参加当地招生考试,统一录取。高职班首开专业为公路与桥梁工程专业。

10 月 25 日,320 国道杭州至富阳段 25.80 公里按一级公路标准改造完成,投入使用。由此,结束了浙江省没有一级公路的历史。被省长万学远誉为“浙江第一路”。

是月,杭州钱江六堡海运码头和钱江三堡外海码头先后竣工。

11 月 10 日,宁波港北仑港区 20 万吨级(兼靠 30 万吨级)卸矿码头竣工进行试生产。成功接卸 25 万吨级“易坚”号轮靠泊卸矿。该大型散货泊位由原 10 万吨级扩建而成,长 360

米，宽36.50米，配有一千七百余米运输带。自此，结束国内大陆港口没有20万吨级以上特大型散货泊位的历史。

12月8日，时为全国最长的公路桥——温州大桥（又名瓯江二桥）开工建设。

12月14日，时为浙江省最大船舶——宁波海运公司5万吨级“金色大地”号首航顺利抵达美国新奥尔良港，成为浙江省冲出亚洲，进行洲际营运第一轮。

12月21日，在全国城市交通出租汽车客运优质服务百日竞赛总结表彰大会上，温州市公路运管处被评为先进单位，并作为浙江省唯一单位在大会上介绍经验。同时，温州市长途运输总公司出租车公司、温州市运公司出租车分公司、温州市广利小客车客运服务社荣获全国“百日赛”先进经营单位。

1995年

3月27日，华东地区最长的海上“蓝色公路”——舟山定海西码头—上海金山卫的首条轮渡航线开通，全程56海里，航行四个多小时。承运这条航线的“金龙”号渡轮可载车40辆、载客400人，时为国内自行设计、自行建造的最大轮渡船。

4月17日，舟山港接纳完成利比里亚籍38.50万吨超级油轮“凯达”号的清舱作业，创中国沿海港口接纳最大吨位船舶的记录。

4月，浙江省交通厅印发《浙江省交通行业（公路、水运）科技发展“九五”计划和2010年规划》。

是月，乍浦港独山港区建成嘉兴电厂3.50万吨级煤炭泊位，年吞吐能力400万吨。

5月15日，“浙海1166”号江海直达散货集装箱两用货轮，满载1500吨聚乙烯塑料颗粒等货物，从广东汕头港直航杭州，一次靠泊杭州六堡海运码头成功。

5月17日，时为浙江省最长公路大桥——330国道青田过境公路鹤城大桥（全长1920米）正式通车。

5月，台州市批准海门港务管理局为台州港务管理局。同年，正式批准台州港布局规划，明确台州港是以海门港为中心、健跳港和大麦屿港为两翼的浙江中部沿海多功能综合性港口。

是月，郭学焕任浙江省交通厅厅长、党组书记。

7月2日，浙江乐清盛金汽车服务公司投放九辆北方牌大客车，在中国西南交通大动脉——成渝（成都—重庆）高速公路上营运。一个公路客运企业到外省经营长途客运业务，这在全国尚属首次。

7月15日，5100吨级多用途集装箱货船“扬子江8号”在浙江船厂建成下海。时为浙江省建造的最大吨位船舶。

9月18日，国家“八五”期间交通部最大陆岛公路工程——宁波象山县蜊门港跨海大桥建成，并被评为优良工程。该桥全长220米，桥面宽9.70米，主跨150米，为国内第一座预应力组合桁架单拱形跨海大桥。

10月9~13日，全国内河航运建设工作会议在南京和杭州召开。这是新中国成立以来，首次召开全国性会议，对内河航运建设工作进行研究和部署。中共中央政治局委员、国务院副总理邹家华在会上作重要讲话，并视察浙江省杭嘉湖地区内河航道。中共浙江省委书记李泽民、浙江省省长万学远、副省长柴松岳、张启楣参加会议。

10月24日，国务院批准舟山岙山原油码头对外开放。

10月31日，浙江省人民政府颁布《浙江省航道管理办法》，自发布之日起施行。《办法》共六章三十六条，是浙江省航道管理的第一个行政规章，将对全省水运业产生重要作用。

11月8日，浙江省第一座水底公路隧道——甬江隧道历时八年多，建成通车。隧道长1018.84米，加上接线，总长为3837.40米。这是国内第一座在软土地基、大潮涌、大回淤海口江底采用沉管法施工的单管双车道隧道。它标志着中国在软土基础上，特别是海口河道上修建水底隧道技术达到世界先进水平，并为全国沉管法隧道的发展开创先例。

11月21日，宁波港镇海港区经上海至韩国釜山港国际集装箱班轮航线开通。

12月6日，舟山普陀山—江苏南通港的首条江海直达旅游客运航线开通（全程196海里，航行时间17小时）。它是由舟山第一海运公司和南通港务局客运总公司联合开辟的。航线的开通，为长江下游两岸的旅客提供交通便利，有效促进沿海地区和长江三角洲的经济文化交流和旅游事业的发展。

是日，时为世界最大吨级的散货矿砂船——巴拿马籍30万吨级“大凤凰”轮装载26万余吨铁矿砂首次靠泊宁波港北仑港区20万吨级矿石中转码头。该矿砂船为当时中国大陆港口接卸的最大吨位的散货船。

是年，浙江省公路交通部门按照交通部创建104国道文明建设样板路总体要求，在104国道浙江段700公里的公路线上，对路上、路内、路边进行全面整治，初步建成一条整洁、舒适、畅通、美观的文明建设样板路，得到交通部的好评。

是年，苍南县龙港镇农民不花政府一分钱，自力更生建起国内第一个农民港——龙江港。至是年底，该港已拥有500～1000吨级码头20座、泊位25个，相继开辟二十多条国内沿海货运航线。

是年，杭州市公路运输管理处被授予“全国出租车管理先进单位”称号。

1996年

1月8日，全国第一个磁卡、IC卡与现金收费并存的公路管理微机征费系统在钱塘江大桥收费管理处试开通。

1月9日，国务院批准乍浦港为一类对外开放港口。

1月11～14日，国务院总理李鹏、副总理吴邦国在浙江考察期间视察了宁波港北仑港区。

2月14日，国内第一艘风帆助航集装箱船——宁波海运总公司“明州22号”，满载148个集装箱离开宁波北仑港集装箱码头，首航日本横滨、名古屋。这艘由中国江扬船厂制造的新型集装箱船，首部设有电动液压控制的风帆助航装置及球首，船首部位装有总面积为120平方米的金属结构软质帆面的风帆，采用电子计算机指令自动控制帆的张、摺。它的建成填补了国内空白，标志中国海洋船舶利用风能技术达到国际先进水平。

2月17日，浙江省机构编制委员会批复，同意成立浙江省交通厅工程质量监督站，同时挂浙江省交通厅工程定额站牌子，两块牌子一套班子，为浙江省交通厅直属自收自支县处级事业单位。原浙江省公路工程质量监理站和浙江省水运工程质量监督站职能划归浙江省交通厅工程质量监督站。

2月，全省交通工作会议确定按“抓重点、通干线，先缓解、后适应”的目标，调整公路建设规划，实施“三八双千工程”，即从1996年开始，用三年时间，全线拓宽104、320、329、330、

03 等主要国省道干线公路约 1000 公里,形成杭州向各市(地)辐射的一级或二级加宽公路网;同时,用八年左右时间,建成沪杭甬、甬台温、杭金衢、杭宁、上三和金丽温等高速公路约 1000 公里,形成杭州向各市(地)辐射的高速公路网。

3 月 15 日,宁波港镇海港区经上海至日本清水港国际集装箱班轮开通。

3 月 18 日,浙江省机构编制委员会《关于车辆购置附加费征收管理机构编制问题的通知》明确:省、市(地)、县(市)建立车辆购置附加费征收管理办公室,分别与省公路稽征局、市(地)、县(市)公路稽征处(所)合署办公,一个机构,两块牌子。全省新增车辆购置附加费征收管理人员事业编制 256 名,连同原有编制 105 名,共定编 361 名。

3 月 29 日,财政部与浙江省人民政府签订世行贷款项目关于内河航运项目的转贷协议,将总额 2.10 亿美元贷款中的 4000 万美元转贷给浙江省,用于实施内河航运项目浙江省部分。杭嘉湖内河航道网的建设得到了该贷款,成为国内第一个向世界银行贷款的内河建设项目,首开引资用于内河航道改造先河。

4 月 1 日,浙江省人民政府在湖州召开浙江省首次内河航运建设工作会议。浙江省副省长张启楣出席会议。会议根据全国内河航运建设工作会议精神,确定了浙江省内河水运基础设施的总体布局和建设重点。其中,将京杭运河、长湖申线、杭申线浙境段航道的改造标准,从五级(300 吨级)提高到四级(500 吨级)。

5 月 13 日,温州市第一艘民营股份制货轮——1300 吨级杂货轮“安德利”号满载货物,驶离台州市海门港,前往日本。“安德利”号轮所驶航线是浙江省第一艘股份制货轮开辟的国际航线。

5 月 20 日,宁波海关、宁波出入境检验检疫局、宁波边防检查站等 18 家口岸查验及服务单位全部进入北仑港区,实行现场联合办公。标志着宁波港在全国港口中率先实行“365241(365 天,24 小时,1 小时进、提货箱通关)制度。

6 月 2 日,宁波港至美国东海岸国际远洋集装箱干线航班开通。这是宁波港开通的第一条集装箱远洋干线。中国远洋运输(集团)总公司在北仑集装箱码头举行首航仪式。

是日,浙江省交通厅党组制定《关于印发〈浙江省交通厅处级领导干部选拔任用管理暂行规定〉的通知》《关于印发〈浙江省交通厅厅管后备干部队伍建设意见〉的通知》《关于印发〈厅管干部谈心制度〉的通知》三个文件。

6 月 5 日,浙江省人民政府决定,将浙江省沪杭甬高速公路建设指挥部更名为浙江省高速公路建设指挥部,并组建浙江省高等级公路投资有限公司。

6 月 11 日,浙江省最大的客轮“洛伽山”轮正式投入普陀至福建马尾航线。

7 月 8 日,浙江省高等级公路投资有限公司成立。

8 月 30 日,26 万吨级巴哈马籍油轮“阿卡迪亚(ARCADIAMI)号”实载原油 22.7 万吨,顺利靠泊北仑港区算山油码头 1 号泊位。这是当时靠泊宁波港实载量最大的一艘油轮。

8 月,浙江省人民政府印发《关于调整公路检查站、收费站设置的通知》,按照国务院下发的文件规定,将原“公路检查站”统一更名为“公路征费稽查站”。

9 月 1 日,浙江省人民政府颁发《浙江省“四自”工程管理暂行办法》。

9 月 26 日,浙江省交通厅制定《浙江省交通建设工程质量监督实施细则》,为浙江省公路水运工程质量监督工作提供依据。

11月12日，浙江省人民政府颁布《浙江省公路路政管理办法》。该《办法》根据浙江省公路管理工作实际，对全省路政管理机构、管理职责等进行全面的规范，是浙江省第一个公路路政管理的政府规章。

12月1日，浙江省首个水上“四自工程”——三堡二线船闸建成通航。该船闸于1993年9月开工，按五级航道标准建设，年设计通过能力550万吨。它的建成通航，大大缓解三堡一线船闸的运行压力，有效提高整个船闸枢纽的通过能力。

12月6日，浙江省第一条高速公路——杭甬高速公路，全线建成通车。杭甬高速公路西起杭州彭埠，东至宁波大朱家，全长145公里，双向四车道，沿线途经萧山、绍兴、上虞、余姚、鄞县。它的通车，标志着浙江省公路运输开始进入高速运输的新阶段。

12月25日，法国达飞轮船有限公司第四代国际集装箱轮“阿贾克斯”号顺利靠泊宁波港北仑港区，标志着宁波至欧洲远洋集装箱直达干线开通。

12月31日，宁波港完成货物吞吐量7638.8万吨，全港货物吞吐量首次名列中国大陆沿海港口第三名。

是年，全省道路运输微机管理信息系统建成。

1997年

2月21日，宁波参与上海国际航运中心建设的重要举措——北仑港至温州港、海门港的集装箱内支线正式开通。

2月25日，杭州西兴大桥(又名钱江三桥)通过验收，正式交付使用。

是日，浙江省交通厅颁发《浙江省交通工程质量事故处理暂行办法》。

3月，浙江省交通设计院根据国务院办公厅和交通部的有关文件要求，在对一系列关键性问题进行深入调查、科学分析论证的基础上，完成和上报了《上海国际航运中心新港址论证》课题研究报告。

4月20日，国内最大的5万吨级液体化工专用泊位在宁波港镇海港区建成，投入使用。至此，宁波港成为中国大陆港口规模最大的液体化工储存和中转基地。

4月30日，湖州铁水中转港区建成。

5月15日，浙江省首家在境外上市的地方企业——浙江沪杭甬高速公路股份有限公司H股在香港联合交易所正式挂牌上市交易。首次募集资金折合人民币36.85亿元，创浙江省一次性引进外资数额最多的记录。

5月30日，国家“九五”重点科技攻关项目——宁波港国际集装箱运输电子信息传输和运作系统“EDI”中心正式开通。它的开通，从整体上提高集装箱运输效率和效益，增强宁波口岸在国内乃至国际市场的竞争力。

5月，浙江省交通厅在杭州召开全省交通系统创建文明行业大会，动员和部署开展以“三文明一提高”(建设文明、服务文明、执法文明，全面提高干部职工队伍素质)为主要内容的创建交通文明行业活动。

6月28日，国家“八五”期间全国最大的陆岛交通建设项目——宁波象山县“石南高”(石浦、南田、高塘)陆岛交通工程建成。该工程按三级公路标准建设，总长16公里。

8月，浙江省以“树出租车形象、创港城文明、让人民满意”为主题的创建出租车文明行业系统工程，率先在宁波市开展。

9月4日，浙江省人民政府第八十八号令发布《浙江省渡口安全管理办法》。《办法》共九章四十九条，自1997年10月1日起施行。

9月6日，宁波白峰—舟山普陀山高速客轮航线开通。

9月15日，浙江省交通厅印发《关于理顺省、市（地）两级质监关系的几点意见》，明确省、市两级质监站的监督范围划分、职责划分和质监费分配。

9月18日，由交通部批准的青岛—美国班轮航线加挂宁波港，标志着宁波港国际集装箱环球航线正式开通。

10月1日，上海海运集团客轮公司经营的上海—洞头旅游航线开通。客轮从上海芦潮港出发，至洞头、普陀山，然后返回芦潮港，全程三天，各景点分别游览一天。

10月6日，浙江省人民政府正式批复《乍浦港总体布局规划》。《规划》明确阐述了乍浦港的性质、功能、岸线规划及港区划分、港区功能分工、港界划分。

10月8日，浙江省交通厅颁发《浙江省公路水运工程监理工程师资质管理实施办法》，自发布之日起施行。浙江省交通厅制定《浙江省公路水运工程试验检测机构管理办法》（试行），为浙江省公路水运工程检测机构的规范化管理奠定基础。

11月5日，法国达飞轮船公司宁波至欧洲集装箱周班航线正式开通。这是宁波港继开辟“美东”航线、环球航线之后开辟的又一条国际集装箱远洋周班干线。

11月6日，浙江省人民政府正式批复《舟山港总体布局规划》《台州市港口总体布局规划》。两个规划分别明确阐述舟山港、台州港的性质、功能、岸线规划及港区划分、港区功能分工、港界划分。

11月10日，浙江省交通厅颁发《浙江省公路水运工程监理单位资质管理实施办法》（试行）。该实施办法有总则、申报和审批、复查、中外合资和外商独资监理单位的资质管理等共五章二十六条，为浙江省公路水运工程监理单位的规范化管理奠定基础。

11月13日，浙江省交通厅公布浙江省首批公路水运工程专业监理工程师审批结果，批准66人具有公路工程专业监理工程师资格，批准19人具有水运工程专业监理工程师资格。

12月31日，宁波港货物吞吐量达8220万吨，仅次于上海港，居中国大陆港口第二位。

是年，浙江省交通厅召开全省交通企业改革工作会议，对交通企业改革进行总体发动和部署。

是年，浙江开始实施普通公路快客改造的试点。在此基础上，快客逐渐推广到中长途线路直达和短途线路，促使道路客运快速运输系统尽快形成。

1998年

1月8日，曾经作为杭城重要门户，号称“浙江第一码头”的南星桥客运码头，在服役69年后，光荣“退休”。

1月12日，浙江省代省长柴松岳在浙江省第九届人民代表大会第一次会议上所作的政府工作报告中提出，今后五年要加强公路建设，重点是高等级公路建设，建成1000公里的高等级公路，形成省会杭州至各市（地）间的“四小时公路交通圈”，将原来规划在2003年建成的目标提前到2002年实现。

3月1日，时为国内大陆最大的液体化工码头——宁波港镇海港区五万吨级液化码头正式对外开放。利比里亚籍5万吨级液化船“海角”轮成功靠泊该码头。

4 月 10 日，宁波市港区联动正式运作，保税区和北仑港区实施与国际惯例接轨的“一线放开，二线管住”的监管模式。

4 月 13 日，浙江省交通厅、浙江省公安厅发出《关于公路交通标志标线管理工作移交的有关事项通知》。自 1998 年 7 月 1 日起，全省公路交通标志、标线的设置和管理工作统一由各级交通主管部门负责。

4 月 28 日，浙江省人民政府在嘉兴召开全省内河航运建设工作会议，贯彻落实全国内河航运建设现场会精神，并针对全省内河航运建设现状，研究确定加快内河航运建设的措施，确保“九五”期间内河航运“十线五港”重点建设计划的实现。

5 月 26 日，时为全国最长的公路大桥——温州大桥建成通车。该桥桥长 6977 米，加上接线，总长 17.10 公里。

6 月 3 日，浙江省交通厅发布《浙江省公路水运工程造价管理暂行规定》，为浙江省公路水运工程造价的规范化管理奠定基础。

6 月，嘉兴港铁水中转港区建成。该港区于 1994 年 3 月 22 日开工，位于嘉兴秀城区塘汇乡，沪杭铁路复线新货站北侧，北接杭申航道，南连乍嘉苏航道，占地 25.40 公顷，陆域 11.90 公顷，是一个现代化综合性内河港区。

7 月 1 日，浙江省第九届人民代表大会常务委员会颁布的《浙江省公路养路费征收管理条例》开始执行。该条例是浙江省交通系统第一部地方性法规。它的颁发和执行，标志着浙江省公路养路费征收稽查步入依法行政的轨道。

8 月 25 日，浙江省交通厅发文批复同意：驻浙江省航务军代处由原挂靠浙江省海运总公司改为挂靠浙江省交通厅航运管理局。

8 月 28 日，交通部、浙江省人民政府正式批复温州港总体布局规划，并授权温州港务局在温州市政府领导下负责监督执行。规划确定温州港划分为市区老港、杨府山港区、龙湾港区、七里港区和乐清湾港区，洞头岛列为远景发展港区。

9 月 9 日，载货能力为 32 万吨的巴哈马籍“莫斯金”号超大型油轮，顺利靠泊宁波港北仑港区算山(25 万吨级)原油码头。这是靠泊中国大陆港口最大吨位的船舶。

9 月 15 日，宁波北仑—舟山沈家门高速客轮航线开通。

9 月 22 日，荣获第十一届全国发明展览会新产品金杯奖和发明铜牌奖的双体门架式海上软地基作业船，在宁海船舶修造厂建成并下水。其先进的科技装置与广泛的应用功能为国内首创，达国际水平。

10 月 10 日，浙江省人民政府正式批复划定宁波大榭岛对外开放范围。其范围包括开放水域、陆域、锚地和外轮进出港航线。

10 月，浙江省首条“不搞承包经营、不售中途票、不上途中客”杭州长运集团公司的杭州—衢州直达快客班线开通，拉开全省承包车改造序幕，为创建“浙江快客”品牌奠定基础。

11 月 13 日，浙江省人民政府发出《关于调整我省高速公路管理体制的批复》，决定撤销浙江省高速公路建设指挥部，其职能移交给浙江省交通厅公路管理局及浙江省高等级公路投资有限公司；原浙江省交通厅公路管理局改称为浙江省公路管理局，并升格为浙江省交通厅管理的副厅级事业单位，统一负责全省公路(含高速公路)的建设、养护、路政和收费等管理工作。

12 月 4 日，浙江省高速公路路政管理机构建立，其授牌仪式暨新闻发布会在杭州举行。

12 月 21 日，中共浙江省委书记张德江在中共浙江省第十次代表大会所作的报告中提出：建设大交通，促进大发展。抓紧高等级公路、国际机场、铁路、港口、航运等重点工程建设，形成海陆空一体，贯通全省、联结省外，通向世界的交通网络。”为浙江省现代化大交通确立战略方向。

12 月 29 日，沪杭高速公路全线建成通车。由省、市国有企业共同投资组建的、当年 8 月登记成立的浙江新干线快速客运有限责任公司开业营运。开通杭州、宁波、绍兴、嘉兴至上海的班车及部分省内班线。该公司的开业，标志着浙江省道路客运进入快速运输发展阶段。

12 月，宁波港接卸中外船舶突破 5000 艘次，其中 10 万吨级以上巨轮四百七十多艘次，居中国大陆港口首位；全年货物吞吐量突破 8700 万吨，继续居中国大陆港口第二位；集装箱吞吐量达 35.25 万标准箱，跻身“世界集装箱百强港”之列，名列第 99 位。

1999 年

1 月 6 日，宁波—定海高速客轮定期航班开通。该航班实行车船衔接的运行方式，每天四个航次。旅客在宁波港客运总站坐车，抵白峰，换乘高速客轮，至定海客运码头，全程运行时间为 1 小时 30 分钟。

1 月 13 日，舟山航海学校收到国际航运界权威机构——挪威船级社颁发的 IS0 9001 国际质量认证证书，标志着舟山航海学校的毕业生可参与国际航运市场人才竞争。

2 月 9 日，湖州市航管处完成的交通部重点科技项目——《浙北航道网 300 吨集、散两用自航驳》通过交通部科教司鉴定。其成果达到国内先进水平。

2 月，经国家劳动和社会保障部批准，浙江汽车技工学校改名为浙江交通高级技工学校，成为浙江交通系统乃至全省首批高级技工学校。

3 月 5 日，宁波镇海—舟山嵊泗航线上第一艘高速客轮“嵊翔”轮（航速 25 海里，载客 120 人）投入营运，往返两地时间由原来常规客轮的五小时缩短至两个半小时。

3 月 12 日，教育部发文，同意在浙江省交通学校与杭州钢铁厂职工大学的基础上建立浙江交通职业技术学院，同时撤销原两校建制。浙江交通职业技术学院成为浙江省第一批专科层次的高等职业教育类学校。

3 月，全国第一条“省际高速接点班线”宁波—合肥首次开通。该班线能及时衔接旅客换乘至最终到达地，是一种既便捷又能减少在途乘车时间的运作方式。

4 月 26 日，浙江省交通厅通知：浙江省船舶工业行业管理职能移交给浙江省机械工业厅。

4 月，中国首架实用地效翼船——天翼 1 型利群号在湖州南太湖乐园下水首航。

5 月 31 日，时为华东地区第一座特大型跨海大桥——舟山朱家尖海峡大桥建成通车。

6 月 12 日，浙江省高速公路最大的立交工程——甬台温高速公路温州段南白象立交桥工程开工。工程占地 66.67 亩。

6 月，浙江省交通厅发出《浙江省交通系统专业技术人才发展规划纲要（1999 ~ 2010 年）》《浙江省交通系统专业技术人才发展规划纲要五年实施意见》，部署在全省交通系统内实施“283 拔尖人才培养计划”，即 20 名全国、全省知名，80 名全省交通行业内知名，30 名所在市知名的专业技术人才培养计划。由此，浙江省交通系统人才工程正式启动。

6月底，经国家海关总署批准，杭州—宁波异地“直通关”业务正式启动。今后杭州地区的货主可直接在当地办理国际集装箱报关、结汇、退税等手续，享受到当地和宁波港集装箱码头间的直通式运输服务，大大减少中转环节。

7月，国务院副总理温家宝到浙江省湖州市视察洪涝灾情，亲切慰问因洪水被迫停航的船民。

9月7日，全球最大的丹麦马士基(MAERSK)航运公司“落户”宁波，所属的“马士基东京”轮从宁波港北仑集装箱码头首航欧洲，开始加盟宁波港集装箱运输。这一年，还先后有沙特航运、意大利邮船、中海集团、新加坡太平等中外船公司加盟宁波港，有近30家中外船公司在宁波港开辟集装箱班轮运输。由此，宁波港开拓集装箱近远洋新航线有了新发展。

9月8日，宁波港国际互联网站正式开通，标志着宁波港顺利驶上因特网信息高速公路。

9月14日，舟山市扬帆集团首次与德国签订建造5艘4350吨级多用途集装箱船，标志舟山船舶制造业跻身国际市场。

9月26日，舟山大陆连岛一期工程首个项目——全长792米的岑港大桥正式开工。

9月28日，京杭运河浙江段航道改造工程以优良成绩通过竣工验收。改造后的京杭运河浙江段航道可通航500吨级的内河船舶。该工程于1993年12月开工，是中国首次利用世界银行贷款进行建设的内河航道项目之一。

9月，遵照浙江省人民政府《关于加快省属企业改革的通知》要求，浙江省海运总公司整体改制为浙江省海运集团有限公司。

10月1日，杭州汽车客运北站建成投入使用。该站为当时浙江省规模最大的汽车客运站。

10月13日，浙江省交通厅颁发《浙江省公路水运工程施工监理招标投标管理实施细则》，为施工监理招投标管理奠定基础。

11月7日，时为国内最大的散货码头——宁波港北仑港区20万吨级矿石中转码头工程，继获得1998年度中国建筑工程“鲁班”奖(国家优质工程)后，又获中国土木工程最高荣誉“詹天佑”奖。

11月19日，浙江省路桥工程处改制为浙江省交通工程建设集团有限公司。

11月26日，浙江省实施全国第一条公路客运线路服务质量招投标。按公开、公正、择优、无偿、有限期使用的原则，宁波—路桥快客线路在国内率先开展了客运经营线路服务质量招投标这一新的资源配置方式，共有九家运输企业参加角逐。宁波市汽车运输总公司和台州路桥汽车运输总公司，以较高的企业素质和高标准的服务承诺中标。

12月，位于台州、温州交界处的甬台温高速公路温岭大溪岭至乐清湖雾岭隧道(左洞长4114米，右洞长4116米)建成。

是月，1996年6月8日开工建设的宁波经济技术开发区杨公山5万吨级石油化工码头暨两座5000吨级泊位工程建成投产，时为华东地区靠泊能力最大的石油化工码头。

是月，以浙江省海运集团有限公司为核心，温州海运公司、台州海运公司、舟山第一海运公司等企业为紧密层，组建成浙江省海运集团。

是年，“浙江快客”在国家工商行政管理局注册成功，并建立了一套鲜明的形象标志和严格的服务标准，成为全国道路运输行业的第一个公共服务品牌。“浙江快客”品牌的创立和推广，全面提升全省道路客运服务水平。

2000 年

1 月 21 日，2000 年春运期间，上海海运局在温申客运航线（温州—上海）上，不再安排客运班轮。这是该航线四十多年来首次出现春运无客轮的局面，标志着这条经营了四十多年、曾经有过辉煌业绩的客运航线悄然退出历史舞台。

2 月 1 日，浙江省乃至全国第一条以质量招投标方式确定经营权的公路客运班线——宁波—路桥快速客运班线正式开通运营。该班线实行严格的"准时发车、直达运输、规范服务、违诺赔偿"的服务承诺。

2 月 2 日，"太平洋"号货轮在舟山港马峙锚地装载 4.8 万吨海沙，驶往日本，标志着舟山港海沙出口项目正式启动。

2 月 24 日，遵照浙江省省级科研院所体制改革的要求，根据浙江省人民政府浙政发〔2000〕35 号文件，浙江省交通科研所进入浙江交通职业技术学院。但仍独立核算，为准公益类事业单位。

2 月 29 日，马来西亚丽星邮轮公司的"金牛星"国际豪华邮轮由香港启航，首次抵达舟山港，靠上普陀山客运码头。这是国际高规格旅游船首次将浙江省的著名景点纳入全年挂港计划的首航。

3 月 1 日，浙江省第一个运管（稽征）"办证中心"——宁波市运管（稽征）"办证中心"成立。该中心设客货运输、汽车出租、汽车维修、从业培训等 10 个服务窗口，采取"一门受理，一条龙服务，限时办结"的方式，立足行业，便民服务。

是日，浙江省正式履行对上海石化总厂陈山原油码头的行业管理权限。该码头位于浙江省平湖市乍浦行政区域，是乍浦港总体布局规划内的一个货主码头。1999 年 7 月 8 日，交通部批复，明确由乍浦港务管理局实施对陈山原油码头的港口行政管理工作。2000 年 2 月 25 日，浙江省和上海市的有关方面在嘉兴正式签订了交接协议。

3 月 20 日，上海海运局经营甬申客运航线（宁波—上海）的客轮无奈停航。至此，由上海国有航运企业经营的上海至浙江沿海的常规客轮客运航线宣告全部退出。

4 月 25 日，智利南美轮船公司所属的"智利西雅图"号首航宁波港，标志着宁波港至南美远洋航线正式开通。

4 月，经交通部和海关总署批准，京杭大运河杭州—上海首条国际集装箱内支线开通，正式投入运营。这一集装箱班轮航线由杭州港务集装箱有限公司投资，共投入四艘大吨位船舶，在杭州港濮家码头专设集装箱泊位，配备有关装卸设备。浙江省人民政府口岸办和杭州海关在濮家码头开设海关监管站，实现杭州—上海"直通关"。

5 月 5 日，浙江沪杭甬高速公路股份有限公司股票继在香港上市后，又在伦敦交易所成功上市，成为浙江省第一家在该交易所实施股票上市的企业。

5 月 21 日，浙江省迄今规模最大的互通式公路立交桥——甬台温高速公路宁波潘火立交桥荣获国家工程建设质量银质奖。

5 月，104 国道湖州段被全国绿化委员会列入"全国绿色通道示范段"。

7 月 28 日，台湾富隆船务有限公司货轮"富隆 1"号（可载货 700 吨），从台湾高雄港直航温州市平阳县鳌江港。该轮在鳌江引航站工作人员引航下，顺利抵达并靠泊鳌江港 1 号码头。这是 1949 年以来第一艘停靠鳌江港的台湾货轮。

8 月 22 日,意大利邮轮公司舱容为 5652 标准箱的"意勇"轮成功靠泊宁波港北仑集装箱码头。这是宁波港首次接卸全球第五代集装箱船舶。

8 月 26 日,铁行渣华航运公司旗下的"铁行渣华阿巴斯"集装箱船驶离宁波港北仑港区集装箱码头,标志着宁波至中东的"波斯湾快航"国际集装箱班轮运输干线正式开通。

8 月 28 日,第六代国际集装箱船、最大舱容达 6252 标准箱的丹麦马士基海陆航运公司的"华盛顿"集装箱轮首航宁波港,靠泊北仑港区。这是迄今靠泊宁波港最大的一艘集装箱船。

8 月 30 日,中华人民共和国浙江海事局揭牌成立。该局是根据《国务院办公厅转发交通部水上安全监督体制改革实施方案的通知》要求,经交通部与浙江省人民政府协商,在杭州成立的水上安全监督机构,是经国务院批准在全国设置的交通部直属的 20 个海事局之一。其主要职责是依据国家法律、法规,实施浙江省宁波、舟山、台州、温州四市行政区域内的所有水域(包括沿海水域),以及嘉兴、绍兴两市的沿海(包括杭州湾)港口、水域的水上安全监督、船舶防污染、水上搜救和行政执法。

9 月 28 日,中远浙江省公司与中远(集团)公司,遵照国家体制改革的要求,终止合作经营。中远(集团)公司持有的 50% 股份全部转让给浙江省。随后,中远浙江省公司改制,并更名为浙江远洋运输公司。

10 月 9 日,中国海运(集团)总公司所属"海王星"集装箱轮在宁波港北仑港区装载 300 多个标准箱,驶往美国西海岸,标志着宁波至美国西海岸国际集装箱远洋干线开通。

是日,浙江省首座双连拱整体式隧道——同(江)三(亚)线宁波段宁海岾岫岭隧道工程建成通车。

11 月 8 日,上午 6 时,宁波港实现历史性的突破——全年累计货物吞吐量跨上亿吨台阶。

11 月 17 日,浙江省第一家正式登记注册的第三方物流公司——杭州八方物流有限公司正式成立,注册资金达 1200 万元,总资产近亿元,是浙江省管理先进的大型现代化物流企业之一。

11 月 18 日,宁波港当年液化品吞吐量累计达 100.14 万吨,成为全国首个液化吞吐量突破百万吨的港口。

12 月 10 日,舟山海星轮船公司"普济"轮从宁波开往上海,执行首航甬申线任务,标志着舟山水上客运企业首次介入外地水运市场。

12 月 26 日,上三高速公路全线通车。

12 月 28 日,世行引进建设项目浙江省最大的内河散货码头——杭州港内河港区管家漾码头通过交工验收并交付使用。

12 月,浙江省交通规划设计研究院与交通部重庆公路科学研究所、浙江省台州高速公路建设指挥部合作进行的国家主干线同江至三亚线浙境段大溪岭——湖雾岭隧道营运照明与通风关键技术研究项目通过浙江省科技厅组织的技术鉴定。其研究成果达到国内领先水平。

12 月,长湖申线浙境段航道改造工程完成。改造后,长兴小浦至雪水桥航段 31.8 公里为五级航道，湖州市区段（霅水桥至南浔省界）44.71 公里为四级航道，可通 300～500 吨级船舶。

12 月底，宁波港货物吞吐量 1.15 亿吨，首次列入全球超亿吨级大港行列，居中国大陆港口第二位。

2001 年

1 月 1 日，浙江省按《公路汽车征费标准计量手册》（第三册）核定征费吨位征收养路费，并对未编入《手册》的车辆，按照《手册》规定的核定原则，由浙江省交通厅、浙江省物价局联合统一核定征费计量及标准，此举为解决“大吨小标”车辆提供了依据。

1 月，浙江省汽车驾驶员培训行业正式纳入交通部门行业管理。

是月，宁波市公路运输管理处成功开发“车辆检测信息管理网络系统”。该系统集管理和服务于一体，利用因特网技术实现远程控制，以利省、市、县三级运管机构及车辆综合检测站联网操作应用。经浙江省交通厅鉴定，属浙江省内首创，达到国内领先水平。

2 月 9 日，中华人民共和国交通部发文批准台州市港口统一更名为台州港。台州港由海门港区、健跳港区、大麦屿港区三部分组成。

2 月 15 日，浙江省机构编制委员会发出《关于建立省交通厅信息中心的批复》，同意建立浙江省交通厅信息中心，为浙江省交通厅直属事业单位，机构规格相当于县处级。

2 月 28 日，鄞县航运公司从鄞江镇驶往宁波的“鄞航 45”号轮靠泊南门鄞西客运站码头后停航。这是宁波市内河最后停航的客轮，标志着明清以来兴起的“三江六塘河”和“三北内河”客运从此结束。

2 月，浙江省机构编制委员会《关于省公路运输管理局机构设置的批复》明确：浙江省公路运输管理局从浙江省公路管理局划出，单独设立，并更名为浙江省交通厅道路运输管理局，为浙江省交通厅厅属事业单位。

3 月 31 日，中远（集团）集装箱运输有限公司华东—东南亚干线班轮“阳江河”轮，首次挂靠温州港七里港区后，驶上海至新加坡、雅加达的国际集装箱航线。由此，温州港没有国际干线班轮直接挂港的历史宣告结束。

3 月，浙江省交通厅印发《浙江省公路、水路交通科技发展“十五”计划纲要》。

4 月 17 日，鄞县出租车驾驶员在出租车内拾到一只皮包，发现包内有 3.9 万元人民币和 42 份药品回扣凭证，便及时上交县公路运输管理所，从而引发了一场惊动全国的“药品回扣案”事件。

4 月 28 日，国内首座公路、铁路合建于同一平面的跨海特大桥——宁波大榭跨海大桥建成通车。

4 月，浙江省人大常委会第二十六次会议审议通过《浙江省道路运输管理条例》，自 2001 年 7 月 1 日起施行。

5 月 28 日，浙江省规模最大的道路运输企业——杭州长运集团公司改制揭牌，全公司整体改制工作完成。

6 月 8 日，国内最大跨度的协作体系独塔斜拉桥——宁波招宝山大桥建成通车。大桥由主桥、东西引桥和招宝山隧道组成，全长 2482 米。

是日，宁波港务局与香港和记黄浦国际港口集团的合资项目——总投资达 20 亿元人民

币的宁波北仑国际集装箱码头有限公司在宁波签约，标志着宁波港改革开放迈出新步伐，使宁波港北仑港区朝着具有世界水平的集装箱枢纽港迈进。

6月25日，宁波海运（集团）总公司经营宁波—上海旅客运输的“天封”轮正式停航。至此，具有140年历史的甬申海上常规客轮客运航线，完成历史使命。

是日，浙江省交通厅制定《浙江省公路水运工程设计监督办法》，对工程设计行业的监督工作作出具体规定。

7月2日，浙江省人民政府发文，决定组建浙江省交通投资集团有限公司，实行国有资产授权经营。浙江省交通厅据此将浙远、浙海、路桥等厅属企业移交给该集团。

7月3日，浙江省交通厅党组发出《关于印发〈关于深化干部人事制度改革进一步加强干部人事工作的若干意见（试行）〉的通知》《关于印发〈浙江省交通厅厅管后备干部工作暂行规定〉的通知》。

7月10日，宁波—俄罗斯符拉迪沃斯托克（即海参崴）集装箱旬班航线开通。俄罗斯菲泰来运输有限公司投入“戈尔诺萨沃斯克”集装箱轮担任主要运力。这是宁波港开往俄罗斯的首条航线。

7月25日，浙江省开始组建高速公路路政管理大队。根据“条块结合，属地管理”和“机构精简，人员精干，工作高效”的原则，在各市公路处（局）增挂“市公路路政管理支队”牌子。公路路政管理支队下设一个高速公路路政管理大队。高速公路路政管理大队原则上按“一路一中队”要求，下设若干中队。高速路政大队的组建有利于进一步加强和规范高速公路路政管理工作，对保障公路安全畅通，切实维护高速公路经营者的合法权益有重要作用。

8月26日，浙江省交通规划设计研究院与浙江省高速公路指挥部、沪杭高速公路嘉兴市指挥部、交通部第二公路工程局合作承担的交通部“九五”行业联合科技攻关计划项目——“水泥搅拌桩加固沪杭高速公路（嘉兴段）桥头软土地基试验研究”，在杭州通过交通部科教司组织并委托浙江省交通厅主持的技术鉴定。

9月5日，京杭运河浙江段航道被国家交通部（交水发〔2001〕486号文）授予“文明样板航道”称号。这是继京杭运河江苏段后命名的全国第二段文明样板航道，也是浙江省首条被交通部命名的文明样板航道。

10月19日，新加坡万邦船务公司“赛兰登”号在舟山港野鸭山锚地减载2.5万吨铁矿后直航长江。这是舟山港水水中转开辟的新项目——首次为进长江船舶开展货物减载业务。

11月2日，浙江省船舶检验局与湖州市航运管理处、湖州市水利水电工程建设有限公司合作完成的《内河挂桨船改造研究》项目通过浙江省交通厅组织的技术鉴定。其研究成果达到国内领先水平。

11月8日，宁波港集装箱年吞吐量首次突破100万TEU，达到121.3万TEU，增幅居中国大陆沿海主要集装箱港口首位。这是宁波港继年货物吞吐量历史性突破亿吨之后，又一次历史性的突破。

11月19日，宁波港大榭实华25万吨级原油码头接收第一艘30万吨级油轮“爱尔士—马士基”号试靠成功。

11月，全国交通廉政工作会议在杭州召开。交通部部长黄镇东、副部长李居昌、刘锷参加会议。会议期间，中共浙江省委书记张德江、省长柴松岳、副省长卢文舸会见黄镇东等交通部领导。

12月5—7日，交通部对320国道（上海—云南瑞丽）创建文明样板路进行检查验收。浙江省以94.8%的达标率获检查验收评比第一名，并以三项检查验收成绩都明显好于其他有关省（市），受到交通部通报表扬。

12月7日，嘉兴—上海国际集装箱内河运输航线正式开通。其首航仪式在嘉兴市铁水中转港举行。从此，嘉兴地区外向型企业在与世界各国进行贸易时有了自己的国际集装箱口岸。

12月11日，浙江省交通厅质监站负责编制的“公路工程绿化费用指标研究”课题通过鉴定，为浙江省公路工程绿化项目招投标奠定费用标准。

12月12日，浙江省交通厅、浙江省计委、浙江省教育厅同意：浙江交通职业技术学院教育事业发展纲要（2001—2015年）与“十五”教育事业建设计划发布，提出全日制高职类在校生规模为5000人，“十五”期间新征土地28.67公顷。

12月24日，宁波甬江常洪沉管隧道工程技术通过专家鉴定，成果达到国际先进水平，获中国“詹天佑”奖和浙江省科技进步二等奖，其桩基沉管隧道技术属国内首创。

12月25日，浙江省高速公路联网收费系统经过近两年的建设，顺利完工并投入运行。浙江省在全国率先实现全省域高速公路联网收费。

12月31日，宁波港年货物吞吐量达到1.29亿吨，液化产品运输吞吐量首次突破120万吨，集装箱吞吐量达121.3万TEU。港口集装箱运输增幅居全国主要集装箱港口首位。

12月，宁波港北仑第二集装箱公司国际集装箱专用码头建成。该码头为北仑港区第三期工程，建有深水泊位四个，码头长度1238米，可接纳世界上第五、六代集装箱船舶。

是月，建设“万里绿色通道”活动在浙江省组织实施，全年共投入资金两亿元，完成绿化路段640公里。

是月，温州港全年完成货物吞吐量1314.3万吨，继宁波港、舟山港之后，成为浙江省第三个跨入千万吨级行列的港口。

是月，乍浦港全年完成货物吞吐量1019万吨，首次突破1000万吨大关，进入全国中型港口行列。

是年，浙江省第一家依托商品专业市场的大型物流企业——义乌市联托运开发总公司成立。该公司拥有近40公顷场地，发往全国各地的托运处达230家，直达线路160条，货运网络覆盖全国除台湾外的250个城市。

是年，根据交通部的统一部署，浙江省圆满完成第二次公路里程和路况普查，并按照新国标规定，完成公路里程碑、百米桩的制作和埋设工作，保质保量完成普查任务。此工作得到交通部的表扬。

是年，京杭运河浙境段航道改造工程先后荣获2001年度交通部“水运勘察设计”一等奖、2001年度交通部“水运勘察设计质量奖”、2001年度浙江省“钱江杯”二等奖、全国第十届优秀工程设计铜质奖等荣誉。

2002年

2月3日，浙江省交通规划设计研究院与浙江省交通厅航运管理局联合承担的交通部

“九五”行业联合科技攻关计划项目——《内河航道护岸结构优化试验研究》,在浙江省交通厅主持召开的技术鉴定会上通过鉴定。成果整体达到国内领先水平,可以推广应用。

2月8日,浙江省交通厅党组发出《关于印发〈浙江省交通厅机关事业单位厅管干部交流暂行规定(试行)〉的通知》。

2月19日,浙江省机构编制委员会同意:浙江省交通厅航运管理局更名为浙江省交通厅港航管理局,浙江省港航监督局更名为浙江省地方海事局。

2月20日,浙江省交通厅党组发出《关于印发〈浙江省交通厅厅管厅属事业单位党政领导班子和机关事业单位厅管干部年度考核实施办法(试行)〉的通知》。

3月29日,浙江恒风交通运输股份有限公司,在浙江省2002年1号道路旅客经营权招标会上,获得杭州—温州班线经营权,成为浙江省首家从事异地经营的道路客运企业。

是月,上海国际航运中心洋山深水港一期工程可行性报告经国务院评审通过,并由国家计委批准。洋山深水港区是上海国际航运中心建在浙江舟山的深水港区,规划分四期进行建设,计划于2020年全部建成。

4月4日,由浙江、上海共同出资组建的洋山同盛港口建设有限公司在舟山嵊泗挂牌成立,标志着上海国际航运中心洋山深水港区建设正式启动。中共上海市委常委、上海市副市长韩正,浙江省副省长卢文舸出席成立大会。

是日,总舱容可达6725TEU的“地中海玛丽安娜”号集装箱轮靠泊宁波港,标志着宁波至地中海、欧洲集装箱周班干线正式开通。

4月5日,交通部批复同意嘉兴市乍浦港务管理局更名为嘉兴港务管理局。

4月7日,浙江省交通规划设计研究院与浙江省高速公路指挥部等联合开展的EPS轻质路堤在高速公路的应用试验研究,通过浙江省交通厅主持的技术鉴定。研究成果达到国内领先水平,具有很高的推广应用价值。

4月14日,浙江省公路管理局与中南大学、湘潭工学院、浙江工业大学合作完成的《预应力混凝土连续箱梁桥裂缝分析与防治》科研课题,通过浙江省交通厅主持的技术鉴定。该项研究成果达到国际先进水平。

4月19日,浙江省交通厅发布浙江省交通厅质监站编制的《浙江省高速公路机电工程质量检验评定标准》。浙江省交通厅质监站“瞬态瑞利波检测公路复合地基加固质量技术研究与应用”课题通过鉴定。其成果达到国内领先水平。

5月26日,美国总统集装箱班轮公司专门为在宁波港进行集装箱国际中转而命名的“APLNINGBO”轮,在宁波港装载来自韩国的389TEU后起航驶往中东,从而使宁波集装箱国际中转业务又有新突破。

5月30日,洞头五岛相连工程正式通车。

5月31日,1300吨级的“浙甬洲9”号货轮顺利驶抵瓯江下游青田温溪港,为该港建港以来接受靠泊的最大货轮。

5月,浙江省交通厅召开全省交通行业文明创建工作会议,部署“十五”时期全省交通行业文明创建工作。

是月,余姚市交通局于1998年初在全国交通系统率先进行的公路养护管理体制改革基本完成。公路养护机制实现管养分开、事企分开和职工身份置换、养护生产性资产置换。为全省公路养护管理体制改革进行有益探索，积累了经验。

6月10日，浙江省人民政府正式批复杭州港总体布局规划。按照规划，杭州港分为钱江港区和运河港区。

6月，亚洲最大的液化石油气中转基地——宁波华东BP液化石油气基地站竣工并投入使用。该基地于1998年10月开工建设。

是月，陪驾业作为杭州市驾驶员培训行业的重要补充，正式纳入政府行业管理。杭州市机动车驾驶员培训管理处全年批准陪驾业户70家，全市拥有陪驾车辆一百余辆。

7月22日，嘉兴港开辟乍浦—深圳—黄埔的内贸集装箱定期航班，结束嘉兴港“无箱”的历史，港口发展进入一个新阶段。

7月25日，浙江交通职业技术学院荣获教育部、劳动和社会保障部、国家经贸委联合表彰的全国职业教育先进单位。

7月，杭申线浙境段航道改造工程完成。改造工程完成后，全线达到四级航道标准，可通300~500吨级船舶。

8月14日，浙江船厂建造载重量达2.5万吨级轮船“阿斯娜”号，在奉化湖头渡造船基地首航。这是浙江省第一艘自行制造的万吨级轮船。

9月10日，千深线浙江段航道被浙江省交通厅授予“文明航道”称号。该航道是千岛湖航区的主要干线航道之一，东起淳安千岛湖镇，西至淳安鸠坑口，全长42公里。千深线是沟通浙江淳安和安徽黄山的跨省航线，也是“杭州—千岛湖—黄山”黄金旅游线的水路通道。

9月13日，宁波船务代理公司代理的法国达贸轮船公司“爱丽莎”号集装箱轮，驶离宁波港北仑港区向西非进发。这条航线是宁波至西非的首条集装箱直达航线。

9月，浙江省交通规划设计研究院与浙江省台州港务管理局共同承担的《永宁江建闸对椒江河段及海门港的影响研究》，通过交通部科技成果鉴定。研究成果总体达到国内领先水平，可供类似河口航道整治研究时借鉴。

是月，浙江省发展计划委员会和浙江省交通厅联合印发《浙江省道路运输业“十五”发展规划》。《规划》提出了浙江省道路运输“十五”发展的指导思想、目标任务和主要措施。

是月，浙江省四千八百多名道路运输行政管理执法人员统一换着新制服，取代沿袭22年的原交通监理服装。

10月16日，浙江省交通厅主持编纂的第一部《浙江交通年鉴(2002)》内部出版发行。

10月17日，国务院批复同意宁波口岸大榭港区作为国家一类口岸对外开放。大榭口岸设有大榭海关、大榭出入境检验检疫局、大榭海事处和大榭边防检查站等口岸查验机构。

10月28日，乍嘉苏高速公路浙江段全线建成通车。乍嘉苏高速公路浙江段南起海盐县东西大道杨树桥村西，北止于北墓城东侧大溪港江浙界河，接入江苏省苏州境内，全长53.83公里，双向四车道，沿线途经平湖、嘉兴市秀洲区和秀城区。它的建成，对完善长江三角洲地区的交通网络，带动区域经济发展，促进苏、嘉、杭黄金旅游城市带的进一步发展和综合开发，都将起到很大的作用。

11月11日，中国长江航运集团正式受理宁波口岸的中外籍船舶代理业务以及海运相关业务。长航所属的宁波长江船务代理有限公司同日挂牌成立。

11月23日，浙江省交通厅定额站“公路工程价格指数研究”课题通过鉴定。其成果达到国内领先水平。

11 月 28 日,杭宁(杭州—南京)高速公路浙江段全线建成通车。

12 月 5 日,由湖州市港航管理局完成的《港航综合监管系统》科技项目通过浙江省交通厅鉴定,填补了国内在该方面的技术空白。

12 月 13 日,中国交通教育研究会职工教育分会成立大会在浙江省交通干部学校召开。全国近 30 家原交通干部学校研究会会员单位的代表出席成立大会。

是日,新加坡籍 30 万吨级油轮"伊丽莎白"号在舟山港虾峙门外锚地成功进行 2 万吨原油减载过驳作业,创立舟山港发展史上一个新的里程碑。

12 月 16 日,五座雷达和一个监控中心组成的宁波船舶交通管理系统通过国家验收并正式启用。由此,宁波港有了世界先进水平的海上"千里眼"。

12 月 20 日,浙江省第九届人民代表大会常务委员会第四十次会议通过《浙江省水路运输管理条例》。《条例》共六章五十四条,自 2003 年 1 月 1 日起施行。它的颁布施行,标志着浙江省水路运输管理的法制建设上了一个新的台阶,为建立统一、开放、竞争有序的现代水运市场体系,促进浙江省水路运输发展提供法律保障。

12 月 21 日,全国最大的矿石中转港区——舟山港马迹山矿石中转港区通过竣工验收并正式投入运营。该港区于 1998 年 11 月 8 日开工建设,2002 年 5 月 30 日建成试运营。

12 月 25 日,浙江省人民政府决定对在高速公路建设过程中,涌现出来的开拓进取、无私奉献的先进集体和个人进行表彰,授予 15 个单位"浙江省高速公路建设先进集体"、148 名同志"浙江省高速公路建设先进个人"荣誉称号。其中授予 15 名"高速公路建设功勋奖"荣誉称号并记一等功,52 名记二等功,81 名记三等功。

12 月 26 日,时为浙江省最大的汽车客运服务中心——宁波汽车客运中心站建成。该站占地 10.70 万平方米,总建筑面积 33373 平方米。

是日,杭州市城市东扩跨世纪大桥——杭州下沙大桥建成通车。

12 月 27 日,浙江兰亭高科沥青有限公司自行开发和研制的乳化 SBS 改性沥青及其成套设备,通过浙江省交通厅主持的技术鉴定,成果达到国际先进水平。

12 月 28 日,杭金衢高速公路一期工程(萧山红垦—衢州翁梅段 236.50 公里)、金丽高速公路(金华—丽水)正式通车。当日,实现四小时公路交通圈暨杭金衢、金丽高速公路通车典礼在金华市隆重举行。

12 月 31 日,中共浙江省委宣传部、浙江省交通厅、浙江广播电视集团联合录制的"'高速时代'——庆祝浙江省实现'四小时公路交通圈'暨 2003 年元旦文艺晚会"节目在浙江电视台卫视频道播出。

12 月,浙江省道路运输管理系统建成一个省级、11 个市级和 62 个县级组成的网络中心,并开通省到市 2M 帧中继链路和市到县 10M 光纤链路,实现全省联网。

是月,根据国家经贸委、公安部、交通部和浙江省人民政府关于禁止农用车载客的规定,浙江省各级运管部门基本完成载客农用车的改造和淘汰工作。

是月,浙江全省公路管理部门以"两合并、两分开、一加快"为重点(县乡公路与专业公路管理机构合并,事企分开、管养分开,加快推进公路养护市场化进程),加大公路管理体制和养护运行机制改革力度。至是年底,全省"两合并"工作全部完成,"两分开"除个别县

（市、区）因区域调整未能完成外，其余已基本完成，全省核准一百多家具有公路养护资质的养护单位，一些条件较好的单位已经对部分公路的养护作业按新的要求实行招标养护。

至是年底，在浙江省道路客运企业中，拥有一级资质的客运企业2家（全国仅5家），整体规模从上年全国第六位跃升至第一位。

是年，浙江省开始对杭甬运河按四级航道标准改造，其中杭州段56.50公里，宁波段94公里，绍兴段88.50公里，工程概算总投资达74.20亿元，是浙江省迄今为止投资最大的单体水运工程项目。

是年，浙江省交通行业特有职业（工种）职业技能鉴定指导中心成立，并与浙江省劳动和社会保障厅共同制定《浙江省交通行业特有职业（工种）职业技能鉴定实施办法（试行）》《浙江省交通行业技师高级技师评聘实施办法（试行）》。

是年，经对外贸易经济合作部批准，浙江省交通规划设计研究院获得对外经济合作业务经营权。

2003年

1月3日，浙江省交通厅发布浙江省交通厅工程质量监督站编制的《内河航道工程质量检验评定标准》（DB－33/386—2002），作为浙江省地方标准，自2003年2月2日起实施。

1月5日，宁波船务代理有限公司代理的“以星地中海”轮开通宁波至美东集装箱直达航线。

1月，全国交通工作会议在杭州召开。交通部部长张春贤，副部长翁孟勇、胡希捷、冯正霖，部各司、局领导和各省、市、自治区交通厅厅长等参加会议。会议期间，中共浙江省委书记习近平、省长吕祖善、省委常委张曦、副省长巴音朝鲁会见交通部领导和会议代表。

3月5日，在学习雷锋活动40周年之际，由浙江省交通厅和浙江交通职业技术学院组织的“大学生结对助学行动”启动仪式在浙江交职院隆重举行。根据“公平、公正、公开”的原则，经过学院各系推荐，最终确定22名家庭困难、品学兼优的学生参与结对。

3月9日，浙江省交通规划设计研究院与杭金衢高速公路建设指挥部、河海大学、杭金衢高速公路总监办等合作完成的浙江省交通科技发展专项资金计划项目《杭衢高速公路真空联合堆载预压处理桥头软基试验研究》，该课题研究成果总体上达到国内领先水平。

3月12日，由浙江船厂改制而成的浙江造船有限公司揭牌成立。

3月20日，宁波市公路稽征处在全国率先实行委托银行代收养路费。为使该项工作规范有序地开展，浙江省交通厅制定《浙江省公路养路费委托银行代收业务管理暂行办法》。

3月，浙江省六项交通科技成果入选交通部科技教育司组织编写的《2000～2002年交通科技成果选编》一书，在全国交通系统加以推广。该选编共收录全国交通系统科技成果中的佼佼者195项。浙江省入选的六项成果分别是：《国家主干线同江至三亚线浙境段大溪岭—湖雾岭隧道营运照明与通风关键技术研究》《EPS轻质路堤在高速公路的应用》《预应力混凝土连续箱梁桥裂缝分析与防治》《水泥搅拌桩加固沪杭高速公路（嘉兴段）桥头软土地基试验研究》《内河航道护岸结构优化试验研究》《内河挂桨船改造研究》。

是月，赵詹奇任浙江省交通厅厅长、党组书记。

4月1日，交通部2003年2号令《路政管理规定》在浙江全省正式实施。

4月9日，温州半岛工程开工。标志着温州城市交通发展由瓯江时代向东海时代跨越，从滨江城市向滨海城市迈进。

4月21日，浙江省交通厅成立预防和控制非典型肺炎工作领导小组，并召开会议专题部署全省交通系统预防非典工作。

4月，浙江传化物流基地开业。它是浙江省首个现代化物流基地，也是杭州湾乃至长三角地区一个重要的公共性物流基地。

6月23日，浙江省省长吕祖善、副省长巴音朝鲁，在浙江省人民政府召开的"实现浙江交通新的跨越式发展座谈会"上提出，今后五年，浙江省交通建设实施"六大工程"，即：高速网络工程、干线畅通工程、水运强省工程、乡村康庄工程、绿色通道工程和廉政保障工程，实现浙江交通新的跨越式发展。由此，浙江交通新跨越的序幕正式拉开。

6月29日，宁波港用30小时30分卸空希腊籍20万吨巨轮"命运女神"号装载的169691吨巴西铁矿，创全国单船卸货最快纪录。

7月8日，杭千(杭州—千岛湖)高速公路建设融资取得重大突破，通过以"路权"引"股权"的方式吸引上海资金共同投资建设。当日，杭州—千岛湖高速公路合资建设协议在杭州正式签订。根据协议，上海工业投资(集团)有限公司、上海泽丰投资管理有限公司各出资26%，浙江省交通投资集团公司出资20%，杭州交通投资有限公司出资28%。

7月17日，申苏浙皖高速公路湖州段工程软土地基处理采用国内外首创的软基处理新工艺——Y形沉管灌注桩，通过浙江省科技厅的高新技术成果认定。Y形沉管灌注桩应用于高速公路工程软土地基处理，为有效解决"桥头跳车"这一高速公路质量通病提供新的方法和新的工艺。两院院士、中国工程院副院长教授潘家铮为此发来贺信，给予祝贺和鼓励。

8月6日，浙江省人民政府成立浙江省港口规划建设委员会。浙江省省长吕祖善任主任，副省长巴音朝鲁任副主任。委员会下设的办公室(简称省港口办)设在浙江省交通厅。与此同时，撤销原宁波和舟山港口开发规划领导小组。新成立的港口规划建设委员会的职责是：对全省港口建设进行统一规划和领导，合理使用全省的深水岸线。

8月8日，国内最大的高等级道路沥青加工项目——宁波大榭利万石化一期工程竣工投产。

8月10日，杭金衢高速公路衢州市建设指挥部和衢州市交通设计院、长安大学、龙游县交通局共同完成的浙江省交通厅科技计划项目《隧道施工监控与优化研究》，通过技术鉴定。

8月18日，上海、江苏、浙江三省市道路运输管理部门负责人汇聚杭州，共同签订《长三角地区道路运输一体化发展议定书》。

8月21日，同(江)三(亚)线宁波大碶—奉化西坞段高速公路获"国家环境保护百佳工程"称号，成为浙江省第一个获此荣誉称号的交通工程项目。

8月28日，浙江省交通厅质监站"提高水泥混凝土路面抗滑性能研究"课题通过鉴定。其成果达到国内领先。

8月，"浙江交通"网站正式开通，标志着浙江交通信息化建设取得重大成就。

是月，浙江省交通厅正式批准印发《浙江省道路客货运输发展规划》《浙江省道路运输站场发展规划》《浙江省智能道路运输系统规划》和《浙江省道路运政发展规划》。

9月1日，国内第一艘五星级豪华邮轮"假日号"投入普陀山至上海航线营运。

9月6日，浙江省金丽温高速公路建设指挥部与西南交通大学、贵州省桥梁工程总公司合作开展的连拱公路隧道综合修建技术研究，取得丰硕研究成果。

9月14日，法国达飞轮船公司“达飞卡多尼亚”轮首航宁波港，为宁波港开通首条至黑海、地中海东岸航线。

9月16日，占地面积20.80万平方米的宁波鄞州东方货运市场启用。时为华东地区最大的货运集散地。

9月22日，杭金衢高速公路二期工程（衢州翁梅—常山窑上段53公里）建成通车。至此，杭金衢高速公路全线建成通车。

9月23日，中共浙江省委、浙江省人民政府发出《关于表彰抗击非典先进集体和先进个人的决定》，全省交通系统有5个单位荣获“先进集体”称号，18位个人荣获“先进个人”称号。

9月24日，德国NEC公司散货轮巴拿马籍“阿米恩（AMYN）”号装载铁矿砂26.13万吨，首次前来中国，安全靠泊舟山嵊泗马迹山矿砂码头。该船长332米、宽58米、吃水深度21.50米，32.24万载重吨，是世界上最大的四艘散货船舶之一，堪称世界散货船王。此次靠泊为舟山港创下矿砂船靠泊等级、散货船舶排水量、装载能力和实际装载重量等三个全国第一。

9月28日，杭甬运河杭州段航道改造工程破土动工，标志着杭甬运河改造工程全线开工建设。该改造工程起自钱塘江北岸的三堡船闸，终于宁波镇海甬江口，全长239公里。

9月，浙江省建立起以区域性汽车维修企业为主体、国道干线公路为依托的全省汽车维修救援服务网络，共有39家企业参加。

10月16日，由舟山市交通国有资产经营公司、舟山市东方国际经贸公司、香港董氏集团合资的舟山东方国际海员培训中心正式成立。

10月26日，目前国内唯一的船文化博物馆——嘉兴船文化博物馆建成开馆。

10月30日，浙江造船有限公司制造的5.10万吨级巴拿马型散货船“RMMA—HANAIM”在奉化湖头渡基地下水，时为浙江省自行建造的最大吨位的出口船舶。

10月31日，挪威籍30万吨级特大型矿船“凤凰—伯爵号”装载28万多吨进口铁矿靠泊宁波港北仑港区，创国内大陆港口靠泊船体最大的散货船和单船最大装载量两项纪录。

10月，杭州长运集团公司完成由交通部委托开发的国家交通“十五”重点科技项目——网上售票系统，并在全国道路运输企业中率先推出网上订票业务。

11月3日，浙江省人民政府批准武獐线（武林头—余杭区獐山镇）、嘉于硖线（嘉兴—海盐县于城镇—海宁市长水塘）、妙湖线（湖州市妙西矿区—湖州）、武新线（德清县武康镇—新市镇）四条航道改造项目为全省第一批“自行筹资、自行建设、自行收费、自行还贷”的“四自”工程，分别由项目所在市、县政府组织实施。

11月20日，浙江省机构编制委员会同意：浙江省交通厅港航管理局更名为浙江省港航管理局。中共浙江省委同意：浙江省港航管理局的机构规格由县处级调整为副厅级。

11月26日，浙江省第一艘专门散装运输化学品的特种货船在宁波大榭造船厂下水。

11月28日，宁波口岸国际物流信息平台正式投入运行。

12月1日，浙江省交通厅、浙江省财政厅、浙江省物价局联合发文《关于调整公路养路费征收标准的通知》，从2004年1月起对货车和非营业性客车的公路养路费标准从每月每吨165元调整为每月每吨200元。

12月8日，杭州湾跨海大桥建设工程全面开工。

12月26日,浙江交通职业技术学院举行学院T—TEP开学典礼和签字仪式。这是该院成为日本T—TEP(Toyota—Technical Education Program—丰田汽车技术教育系统)在中国第七家、浙江省第一家的投放单位。浙江省人民政府、浙江省教育厅、浙江省交通厅领导及丰田汽车(中国)有限公司代表出席开学典礼并致辞。

12月28日,杭州机场路与杭甬、杭金衢互通立交改造工程建成通车。杭州绕城高速公路全线贯通。杭州绕城高速公路是国道主干线上海—云南瑞丽及浙江省公路网络主骨架的重要组成部分,与沪杭、杭甬、杭宁、杭金衢、杭千、杭徽、杭浦、杭绍甬、杭长、申嘉湖杭10条高速公路和104、320两条国道以及01、02、03三条省道相连接,是杭州交通贯通全省、连接全国的公路主枢纽。这条绕城高速公路全长123公里,时为全国已建里程最长的绕城高速公路。

12月30日,甬台温(宁波—台州—温州)高速公路全线建成通车。

是日,宁波海运集团有限公司投资经营的国内第一条跨国海上高速客运航线——中国防城港—越南下龙湾海上通道正式开通。

12月31日,2003年宁波港货物吞吐量突破1.85亿吨,同比增长20%以上;集装箱吞吐量超过275万标准箱,同比增长48%以上,集装箱吞吐量增幅继续名列全国港口第一。

是日,浙江省公路管理局被交通部正式命名为全国交通系统文明行业。

12月,104国道湖州收费站被全国职工道德建设指导协调小组授予"全国职工道德建设先进单位"。

是月,丽水市景宁县叶六公岙隧道建成。该隧道于1998年10月动工,长1112米,时为浙江省村道公路最长的隧道。它是采取鹤溪镇严坑村村民集资、山林出让、私人贷款和国家补助等办法建造的。

是月,杭州、宁波、温州等七个市和萧山等14个县均根据《浙江省公路养路费委托银行代收业务管理暂行办法》,实行委托银行代收公路养路费。

是年,杭州市出台"关于加快市区客运出租汽车更新速度和提高车辆档次有关政策措施",采取经营年限补贴的办法,鼓励经营者加快车辆更新速度以提高出租汽车档次。全市4753辆普通型出租车更新为排气量2.0L以上、车价在20万元以上的中高档车辆,致使杭城中高档出租车拥有数达到5267辆,成为全国拥有中高档出租车最多的城市。

2004年

1月6日,杭州湾大桥工程指挥部和武汉港湾工程设计研究院共同完成的杭州湾大桥海水拌制泥浆及其对钻孔桩耐久性影响研究课题,得到由九位国内著名专家组成的鉴定委员会的充分肯定。

是月,浙江省交通厅制定《浙江省海运运力发展补助资金管理暂行办法》,对企业购置大吨位船舶给予补助,有效支持浙江省海运运力发展。

是月,浙江省道路运输行业从道路运输服务网络、科技含量、市场信用环境等方面全面加快发展,提出实现网络运输、智能运输、信用运输"三个运输"的目标。

2月6日,浙江省交通厅发出《关于深入开展公路水运工程监理市场秩序整顿治理工作的实施意见》,启动以加强普通监理人员、监理现场管理层、监理企业经营层三个层面的培训,落实项目监理评价制、监理问题公开曝光制、监理人员一票否决制三项制度,实行资格证书和管理手册两证管理，建立一个信用体系为核心的监理市场“3321”整治工程。

2月20日，全国最大的修船基地建设项目在浙江省舟山六横落户。该项目由中国远洋运输（集团）总公司与拥有全球最大的船舶修理厂的跨国公司——新加坡圣科海事集团合作投资建设，投资额超过20亿元。项目分四期进行，计划在2010年前全部建成。

2月22日，在完成宁波北仑国际集装箱码头有限公司220标准箱装卸作业后，以色列以星船务公司所属“里迪莉亚”轮驶往中东，标志着宁波港中东环球航线正式开通。至此，宁波港集装箱航线突破100条。

3月1日，宁波海运集团有限公司所属控（参）股企业——宁波远洋运输有限公司和韩国斗宇海运株式会社共同投资组建的宁远国际船舶代理有限公司在宁波口岸正式挂牌，成为《中华人民共和国国际海运条例实施细则》实施后成立的浙江省首家中外合资国际船舶代理企业。此举标志着宁波远洋在广联优势强自身、展拓核心竞争力方面所取得的又一实质性突破。

3月9日，浙江省交通厅召开全省公路水运工程监理市场整治工作座谈会，就监理企业加强自律，提高监理市场规范化管理水平作了具体部署。省内33家监理单位和在浙江省从业的外省外系统43家监理单位负责人参加会议。

3月15日，湖州市第一条民间筹资建设的港区航道——长兴县吴山乡青山港航道开挖动工。该航道长4.50公里，按五级航道标准建设。

3月20日，宁波港务局、舟山金塘港口开发有限公司和香港宁兴（集团）有限公司共同投资组建的甬舟集装箱码头有限公司正式挂牌成立，标志着宁波、舟山港口一体化迈出实质性步伐。

4月8日，宁波港集团有限公司正式挂牌成立。它是按照现代企业制度建立的具有独立法人资格的国有独资有限责任公司。宁波港管理体制的改革，标志着宁波港朝建设现代企业制度迈出了重要一步。

是日，巴拿马籍7.60万吨级“阿迪麦”号货轮装载大豆6.20万吨靠泊老塘山港区三期码头，进行大豆减载作业。该轮在老塘山港区减载1.20万吨大豆后驶往目的港张家港。

4月17日，浙江省教育厅同意浙江交通职业技术学院与加拿大荷兰学院进行计算机技术与应用、市场营销专业的课程合作，共同制定教学计划和课程设置，统一进行教学管理。

4月18日，中国内陆湖第一艘豪华酒店式游轮“伯爵号”在千岛湖首航。“伯爵号”游轮长70米，宽18米，共有六层，可同时容纳600名游客。该游轮采用先进的舵桨一体全回转舵桨装置，在电子精密操作系统控制下，游船可以在原地360度灵活回转。

5月14日，世界最大集装箱船“东方宁波”号命名仪式在宁波港北仑第二集装箱有限公司码头隆重举行。海内外新闻媒体纷纷聚焦宁波港，近百名记者到现场进行采访。

5月20日，以宁波港为始发点的国家重点工程——甬沪宁进口原油管道投产。该管道南起宁波港大榭原油码头，向北越过杭州湾后到达上海浦东的高桥石化，再经南京直抵扬子石化。管道全长645公里，纵贯国内经济发达的浙、沪、苏三省市，连接中国石化所属的镇海、上海、高桥、金陵、扬子五大骨干炼油厂，年原油输送能力可达2000万吨以上。

6月28日，杭州钱江水系信息化综合管理服务系统正式启动。该系统的运用属全国内河首创。

6 月,嘉兴市“智能水上交通指挥中心”建立。该中心是由嘉兴市港航管理局在全国内河航运领域率先建成的,可对水路交通实现及时有效的智能化监控管理,提高快速反应、快速处置的能力,实现管理与服务的互动。

是月,浙江省机构编制委员会同意,浙江交通高级技工学校更名为“浙江交通技师学院”。并经浙江省劳动和社会保障厅批准,是年秋季将首次在全省范围招收全日制汽车维修专业技师班学生。

是月,根据全国治理车辆超限超载工作领导小组《关于在全国开展车辆超限超载治理工作的公告》精神,浙江省开始全面开展治理车辆超限超载工作。

7 月 2 日,浙江省交通厅在湖州召开“浙江省高速公路创精品工程施工质量现场会”。会议组织到会代表参观申苏浙皖高速公路(浙江段)标准化路基填筑、镜面小箱梁施工工艺、自动喷淋养护系统、自动监控系统和标准化工地建设等现场,并就全省高速公路“创精品工程,树浙江品牌”作出具体部署。

7 月,杭州市机动车驾驶培训行业在全国率先开发和使用 IC 卡实时计时系统,对术科培训课时进行“刷卡计时”。通过个人指纹录入,计算机实时采集学员上车行驶时间,并由教、学双方刷卡确认,从源头上保证了学员上车训练的足时和培训质量的提高。

是月,浙江省交通人才科技大会隆重召开。会议作出《关于加快实施“人才强交”战略的若干意见》及五个配套措施:《浙江省交通系统人才工作年度考核办法》《浙江省交通系统人才专项资金管理办法》《浙江省交通行业拔尖人才管理办法》《浙江省交通行业高级技师评聘实施办法》《浙江省交通行业特有工种(职业)技能鉴定实施办法》,以加大人才工作的行业指导力度,为新形势下交通人才工作向纵深发展打下坚实基础。

是月,浙江省交通厅道路运输管理局专门设立行政许可统一窗口,将发证、换证、补证、告知、送达、咨询、信访等简易事项统一对外。

是月,浙江省财政厅、浙江省交通厅联合印发《关于全省公路养路费收入实行超收分成办法》。中止了四年的养路费超收分成办法重新恢复,有效调动各级交通主管部门和稽征部门的积极性。

8 月 5 日,中国大陆第一艘总舱容为 8000 标准箱的集装箱船成功首航宁波港,投入宁波至美国西海岸直达集装箱航线的运营。

8 月 13 日,宁波市交通设计研究院与西南交通大学合作承担的浙江省交通厅科技计划项目《有限元与典型类比分析法在公路隧道中的应用研究》,通过浙江省交通厅组织的技术鉴定。

8 月 15 日,全球载箱量最大的集装箱船“中海亚洲”号成功首航宁波港,投入宁波至美国西海岸航线营运。

8 月 18 日,宁波港 800 兆数字集群系统投入试运行。这在国内港口尚属首次应用,使宁波港调度系统通信容量大幅增加。

8 月 21 日,浙江省金丽温高速公路建设指挥部、浙江大学防灾工程研究所、中铁隧道集团二处有限公司合作完成的《破碎岩质边坡锚固技术研究》项目,通过科技成果鉴定。

9 月 7 日,交通部表彰全国交通职业教育工作先进集体和先进个人。浙江交通职业技术学院被评为全国交通职业教育工作先进集体。

9月12日，浙江省交通厅质监站“高速公路路面三个指标的自动化测试评价方法”课题通过鉴定。

9月，浙江省在国内率先实施客车座位强制保险制度，即营运客车承运人责任险制度。以有效规避道路运输企业的经营风险，同时也避免当事乘客利益在发生意外后遭到损失。

是月，由浙江省交通厅和中国国际贸促会浙江分会共同举办、浙江省交通厅道路运输管理局承办的“2004国际（浙江）道路运输与物流科技博览会”在杭州举行。这在全国同行业还是第一次。

10月13日，在全国基本建设质量监督工作会议上，浙江省交通厅质监站被评为全国先进质量监督机构。

10月14日，浙江省交通厅、浙江省财政厅联合印发《关于对农村客运班车养路费等公路规费实行优惠的通知》。从2004年11月起，对县（市）区域范围内乡镇之间、乡镇至行政村之间运行的农村短途客运班车，以及专门用于接送小学生上下学的农村客运班车，养路费、客运附加费实行免征；对县（市）区域范围内由县城始发至乡镇、行政村亏损或保本经营的班车，养路费、客运附加费实行减半征收。

10月16日，杭州复兴大桥（又名钱江四桥）通车。该桥全长1376米，是世界上唯一双层钢管混凝土系杆拱桥。

10月28日，全国通航水域首条水上公交巴士线路在杭州正式开通。水上公共巴士项目一期工程开辟了武林门至拱宸桥之间共5.60公里的水上巴士线路，沿途设立拱宸桥、信义坊、武林门三个站点（码头）。二期、三期工程将把水上巴士航线的起点和终点分别延伸至钱江新城和余杭塘栖。

10月，“浙江交通科技信息网”开通。将1995年以来所有浙江省交通厅科技计划项目成果信息、省外重大成果信息、科技管理信息等录入，有效扩大科技成果交流，便利基层推广应用科研成果。

是月，浙江省第一个水运典型示范精品工程湖嘉申线湖州段航道测设完成。

是月，受交通部委托，由浙江省交通厅道路运输管理局与甘肃省道路运输管理局共同承担的《道路运输现代化指标体系》在杭州进行评审。

11月5日，全国首个规范内河“四自”航道管理的省级政府规范性文件——《浙江省内河“四自”航道管理暂行办法》出台。

11月24日，浙江省第一期公路水运工程监理企业高级培训班于当日至26日在杭州举办。省内34家公路水运监理公司负责人参加此次培训。

11月25日，宁波港集团有限公司和中国外轮理货总公司共同出资组建的宁波外轮理货有限公司成立。它是浙江省首家改制成功的外轮理货企业。

12月1日，经交通部批准，舟山口岸马迹山港区正式对外开放。这是继老塘山、沈家门、岙山三个港区后舟山口岸第四个一类对外开放港区。

12月9日，自动取票机在杭州汽车东站、南站、西站、北站正式投入使用，这在全国道路运输企业中尚属首家。

12月13日，建设部表彰全国工程质量监督工作中作出显著成绩的281个质量先进集体。浙江省交通厅工程质量监督站作为交通部推荐的两家单位之一受到建设部表彰。

12 月 20 日，浙江省劳动和社会保障厅同意设在浙江交通职业技术学院的浙江省水上运输国家职业技能鉴定所更名为浙江交通职业技术学院国家职业技能鉴定所。并在已有的 6 个鉴定专业工种的基础上，增加 10 个工种鉴定项目。至此，该所技能鉴定工种达到 16 个。

12 月 21 日，浙江省水上交通指挥系统一期工程建成并投入试运行。

12 月 23 日，湖嘉申线航道改造工程湖州段正式开工建设。

12 月 25 日，浙江省交通规划设计研究院承担的浙江省交通厅科技计划项目《旧水泥混凝土路面改造成沥青混凝土路面的研究》通过专家鉴定。

12 月 28 日，宁波港实现“双突破”:2004 年货物吞吐量突破 2.20 亿吨，排名连续五年保持中国大陆港口第二位；集装箱吞吐量突破 400 万标准箱，增幅连续六年位居大陆沿海主要集装箱港口之首。

12 月 31 日，杭州绕城高速公路权益以 82 亿元的价格，从杭州绕城高速公路发展有限公司和杭州绕城高速西线发展有限公司成功转让给杭州国益路桥经营管理有限公司和杭州国业路桥经营管理有限公司。时为杭州市最大的基础设施转让项目。

12 月，乍嘉苏高速公路（浙江段）工程，在先后获得是年浙江省“钱江杯”优秀设计一等奖、国家建设部第十一届优秀工程设计铜质奖、中国建筑工程的最高奖项——鲁班奖。

是月，绍兴县提前一年完成乡村康庄工程建设任务，率先在全省实现通村公路通达率 100% 和通村公路硬化率 100% 的“双百”目标。

是月，浙江省公路养路费征收额突破 50 亿元大关，达到 52.35 亿元（含拖拉机、摩托车养路费）。

是年，杭宁高速公路浙江段工程在建设过程中，运用诸多新技术：省内首次在高速公路上运用“真空预压加固软土地基的试验研究”和全国首创在高速公路软土上进行“现浇混凝土薄壁筒桩加固桥头软基试验研究”、“素混凝土桩加固软土地基的试验研究”，荣获 2004 年度国家优质工程银奖。

是年，根据交通部总体部署，并响应中共浙江省委打造“平安浙江”的号召，浙江省全面启动公路安全保障工程。

是年，全面完成 104 国道等六条国道和东仙线等六条省道的安保工程。

是年，按照《长三角地区道路运输一体化发展议定书》的要求，浙江省先后与上海市、江苏省共同编制长三角汽车租赁一体化发展规划；起草长三角旅游客运一体化规划，开通萧山机场至上海浦东机场直达客运专线；统一使用“96520”道路运输公众服务电话号码，实现长三角区域投诉、问询、呼救一号通；建立长三角地区道路运输稽查工作联席会议制度，形成区域市场监管联动机制。

是年，浙江省交通厅和浙江省公安厅在全省范围内联合开展交通限速标志清理和完善工作，通过清理和完善，拆除限速标志牌 2218 块，更换 1718 块，重新设置 1915 块。

2005 年

1 月 1 日，浙江交通部门履行了 19 年的车辆购置税（原车辆购置附加费）征收工作正式移交给浙江国税部门。

是日，湖州至舟山普陀、江苏南通的快客班线正式开通。在长三角地级城市中，湖州市率先实现与长三角其他 14 个城市间的快客运营。

是日，浙江省人大常委会颁布《浙江省公路路政管理条例》，自2005年4月1日起正式实施。

1月8日，浙江省交通厅质检站“瑞利波检测高速公路复合地基强度”课题通过鉴定。其成果达到国内领先水平。

1月9日，浙江省交通规划设计研究院与浙江大学合作承担的浙江省交通厅科技计划项目《浙江省公路滑坡主要类型分析及防治对策研究》通过专家鉴定。

1月，根据浙江省交通厅提出道路运输行业管理要着力构建“五大体系”的要求，浙江省交通厅道路运输管理局编制了道路运输行业管理长效机制的发展规划、市场准入、市场监管、信息服务、安全保障体系建设的实施方案。

2月5日，交通部、公安部、国务院纠风办通报，公布浙江省为全国第五批实现所有公路基本无“三乱”的省份。

2月20日，按照《浙江省鲜活农产品运输“绿色通道”暂行管理办法》，浙江省公路部门开通省鲜活农产品运输“绿色通道”。凡本省车辆装运本省生产的鲜活农产品，经过收费公路（包括高速公路）时，经核验免收通行费。

3月2日，浙江省交通厅制定《浙江省交通系统构建教育、制度、监督并重的惩治和预防腐败体系的实施意见（试行）》，积极探索建立适合浙江交通实际的惩治和预防腐败体系。

3月18日，巴拿马籍30万吨级矿砂船“巴图郎”号装载28万吨铁矿砂，在舟山港马迹山港区完成卸载作业。这是马迹山港区经国务院批准正式对外籍船舶开放以来，首接30万吨级以上外轮卸载作业。

3月30日，世界上在航的最大吨位油轮——比利时籍44万吨级超大型油轮“泰欧”轮成功靠泊宁波港大榭实华原油码头。这使宁波港成为国内第一个成功接卸44万吨级巨轮的港口，同时创下国内港口靠泊船舶吨位最高纪录。

3月，交通部副部长翁孟勇专程到嘉兴，分别召开贯彻实施《解决京杭运河堵航问题的方案》和《推行船舶标准化》座谈会。

是月，嘉兴市港航管理局先后荣获人事部、交通部授予的“全国交通系统先进集体”荣誉称号和中共浙江省委、浙江省人民政府授予的文明行业称号。

4月12日，浙江省人民政府表彰全省五大“百亿工程”建设优秀单位、先进集体、先进个人。台州市台金高速公路建设指挥部被评为“五大百亿”工程考核优秀单位，受到通报表彰。

4月，江苏、浙江、上海两省一市道路运输管理部门共同探讨道路货物运输发展思路，并就推进长三角地区道路货运一体化发展达成共识，签署《长三角地区道路货运一体化共同宣言》。

是月，浙江省交通厅颁发实施《浙江省道路运输安全生产管理规范（试行）》。

5月12日，浙江省唯一实施双向检测的高速公路固定超限检测站——杭州绕城高速公路袁浦超限运输检测站北侧（萧山往杭州方向）正式启用。

5月20日，南美轮船集团的北欧亚航运公司下属“北欧亚智利”轮和“智利罗伊”轮集装箱船，成功首航宁波港北仑第二集装箱有限公司码头，标志宁波港至欧洲和南美东两条集装箱远洋干线正式开通。

5月26日，浙江省内河个体运输船舶公司化管理工作启动，以解决内河个体运输船舶的安全运输得不到保障、市场竞争力低、发展后劲不足和不能满足国民经济规模化发展需求的弊端。

5月30日,英国《集装箱化》杂志对2004年世界三十大集装箱港排名统计:宁波港首次进入世界集装箱港口前二十强,位列第十七位。

5月,浙江省交通规划设计研究院荣获"全国模范职工之家"荣誉称号。

是月,全国农村客运网络化试点工作经验推广会在杭州召开。与会代表对浙江省的做法给予较高评价。

是月,杭州市交通局联合杭州市公安局启动出租车定额积分制管理。定额积分制考核依托交通部门管理的出租车司机服务资格证IC卡考核体系和公安交警部门的交通DIC卡考核体系,将两卡的定量考核结果一起纳入司机服务资格证IC卡中,产生对司机、车辆、经营户三方的考核结果。

6月,浙江省开展代号为"天网一号"的打击各类道路运输无证营运专项整治行动。

是月,修订《浙江省交通厅科技计划项目与成果管理办法》,对厅科技计划项目的申报与实施、科技资金管理、相关各方的职责等作了调整和修改。

7月1日,浙江省开始实施京杭运河等三条主干航道禁止挂桨机船进入航行。禁航区域为:京杭运河浙江段的杭州余杭武林头—三堡船闸航段、嘉兴乌镇—鸭子坝航段,长湖申线浙江段的长兴小浦—长兴电厂航段、湖州三里桥—南浔航段,东宗线的湖州东迁—安丰塘桥航段等。

是日,浙江省提前开通国家鲜活农产品运输"绿色通道",装载鲜活农产品的货车经过320国道和205国道浙江省境内收费站时,均可核检后免费通行。

7月4日,浙江省人民政府成立宁波、舟山港口一体化工作领导小组,副省长王永明任组长,成员由浙江省经贸委、浙江省交通厅等15个单位的领导组成。领导小组办公室设在浙江省交通厅,与浙江省港口规划建设委员会办公室合署办公。

7月7日,浙江省人民政府颁布《浙江省高速公路运行管理办法》,自2005年9月1日起正式实施。

7月11日,杭州市水上交通指挥中心一期工程建成并投入试运行。中心设操作监控室、指挥会议室和中心机房三个主要功能区。中心下设千岛湖分中心、钱江分中心、内河分中心。

7月17日,迄今世界上最大的集装箱船——地中海航运公司旗下的载重量为9200标准箱、长336.7米、最大吃水15.2米的"地中海帕梅拉"轮,在宁波港穿山港区港吉公司码头完成装卸任务后驶往欧洲。这标志着宁波港具有接待世界最大集装箱船舶能力。

7月18日,舟山海星轮船公司购买的"新东方之星"国际散货船现场交接仪式在深圳大屿山锚地举行。该轮总长270米,净宽23.8米,净深43米,载重吨为13.8万吨,为当时浙江省最大吨位的货船。

8月12日,杭州市交通局《现浇混凝土薄壁筒桩处理桥头软土地基实践与应用研究》通过浙江省交通厅专家组的鉴定,研究成果达到国际先进水平。

8月29日,杭申线浙境段塘栖至红旗塘106公里航道被交通部授予"文明样板航道"称号。这是浙江省第二条被交通部命名的文明样板航道。

9月1日，第13号台风“泰利”袭击浙江，引发景宁县石竹岙山洪爆发。当时正在现场清理公路塌方的景宁畲族自治县公路管理段石竹岙公路养护管理站站长鲍伟平，为解救一辆因山洪爆发受困的中巴车及车上13名乘客，毅然驾驶拖拉机挡在山洪前面，不幸被泥石流卷走，献出宝贵的生命，年仅35岁。

9月20日，经过三年建设的杭州淳安千岛湖大桥竣工通车。千岛湖大桥全长1258米，在设计上注重与山水美景相得益彰，桥型轻灵飘逸、新颖别致，成为千岛湖中又一景。

9月29日，浙江省人民政府和交通部联合批复《浙江省内河航运发展规划》。

是日，浙江省交通厅定额站编制的《浙江省公路养护工程预算定额》通过鉴定。其成果达到国内领先水平。

9月，《浙江省道路运输管理条例(修改稿)》经浙江省十届人大常委会第二十次会议审议通过，自2006年1月1日起施行。

10月1日，遵照《浙江省公路车辆通行费收费管理人员着装管理办法》，浙江省收费公路收费人员开始统一着装。同时，统一换发《浙江省车辆通行费收费员证》。

10月20日，浙江省人民政府第200号令公布经修订的《浙江省航道管理办法》。该办法对1995年10月颁布的《浙江省航道管理办法》的有关条款作了适当调整和补充。

10月25日，浙江省内河首条500吨级货船“浙富阳货00638号”在富阳正祥造船厂下水，标志着浙江省内河船舶船型标准化迈出可喜的第一步。

10月26日，宁波汽车南站、湖州市公路运输管理(稽征)处、宁波港集团有限公司分别被中央精神文明建设指导委员会授予“全国文明单位”称号。同日，湖州市车辆通行费征收处被授予“全国精神文明建设工作先进单位”称号。

10月，浙江省交通厅职业资格制度领导小组及其办公室成立。办公室设在浙江省交通厅人事处。

是月，实施新的浙江省交通厅科技计划项目立项方法。在广泛收集、会议讨论、专家咨询、印发征求意见的基础上，较系统地理出亟需解决的若干重大问题，以此确定“十一五”科研重点。同时明确“重点”以外的项目不得编入未来五年的年度科技计划，以保证研究的系统性和针对性，避免课题立项的重复，并为今后重大问题的集成与突破打下基础。

是月，浙江省交通厅首次实施厅科技计划项目立项查新制度。申报者在提交项目申请报告时，必须附上专业科技查新机构提供的查新报告。未提供报告或报告显示已有过研究的项目，一律不予立项。

11月1日，《浙江省农村公路养护技术规范》施行。这是浙江省第一部地方性公路养护技术规范，适用于省境内农村公路中县道以下的通乡、通村公路(即乡道、村道)的四级及准四级公路。

11月11日，浙江省机构编制委员会批复同意浙江省交通厅道路运输管理局更名为浙江省道路运输管理局，并升格为浙江省交通厅管理的副厅级事业单位。

是日，在2005年交通部组织的干线公路养护与管理检查中，浙江省公路综合得分位居全国第七位，为历史最好成绩。

11月15日，浙江省交通厅工程质量监督站“钢管拱桥管内混凝土浇筑质量检测技术研究”课题通过专家鉴定。

11 月 16 日,104 国道湖州收费站被交通部精神文明建设指导委员会办公室授予“全国交通行业文明示范窗口”。

是日,中共浙江省委宣传部、浙江省文化厅、浙江省文联、浙江省重点办、浙江省交通厅联合组织浙江省艺术家慰问团,于当日至 22 日先后赴嘉兴、湖州、宁波、舟山、台州、温州、丽水七个市,对杭浦高速、申苏浙皖高速、杭州湾跨海大桥、舟山连岛工程、诸永高速、两龙高速、台金高速等 21 个交通重点工程的数万名一线建设者进行慰问演出。

11 月 28 日,杭州大松树集装箱码头举行开工仪式。该工程位于杭州市余杭区良渚镇运河村,占地 32.70 公顷(约 500 亩)。该码头是经浙江省人民政府批准的水运重点工程,开创杭州首个专业集装箱港口作业区。

12 月 2 日,浙江省人民政府成立宁波—舟山港管理委员会,设在浙江省交通厅,与宁波舟山港口一体化工作领导小组办公室合署办公。管委会的成立,有利于整合两港资源优势,有效提升港口竞争力,加速推进两港一体化的进程。

12 月 5 日,国内第一条数字航道——京杭运河嘉兴段数字航道建设正式启动。

12 月 10 日,国家“十五”重大建设项目——上海国际航运中心洋山深水港区一期工程全面完工并投入试运行。

12 月 16 日,浙江省人民政府批准从 2006 年 1 月 1 日起使用“宁波—舟山港”名称,同时不再使用“宁波港”和“舟山港”名称。

是日,湖州市乡村康庄工程全面完成,提前两年实现浙江省人民政府提出的行政村公路通达率和通村公路路面硬化率“双百”目标,走在全省前列。

12 月 19 日,国内内河航道首次启用安全通航保障系统、宁波市第一座建在软土地基上的自锚式拱桥——鄞州大桥建成通车。

12 月 20 日,中共浙江省委、浙江省人民政府在杭州为宁波—舟山港管理委员会举行授牌仪式。中共浙江省委书记习近平为管委会授牌。同日,浙江省人民政府召开新闻发布会,浙江省省长吕祖善宣布宁波—舟山港管理委员会成立。宁波—舟山港一体化是浙江省港口发展的里程碑。

12 月 23 日,金丽温(金华—丽水—温州)高速公路全线建成通车。金丽温高速公路的贯通,使其与甬台温、沪杭甬、杭金衢共同形成浙江省第一个高速公路大环网,实现各主要城市之间高速公路多道对接,充分体现高速公路的成网效应,大大改善浙中、浙西南欠发达地区的投资环境。

12 月 28 日,舟山市人民政府公布舟山港航道与锚地专项规划。这是国内沿海第一部正式的地区性航道与锚地专项规划,开创对沿海航道和锚地资源进行控制性详细规划先例。

是日,甬金(宁波—金华)高速公路全线建成通车。

12 月 31 日,舟山岙山石油中转基地中威成品油罐区四座 5000 立方米储油罐扩建工程竣工,并通过消防验收。

12 月,黄衢南(黄山—衢州—南平)高速公路浙江段开工建设。它北起皖浙交界开化县西坑口,南至浙闽省界沙排,全长 161 公里。

是月,杭州市出租汽车从业人员 IC 卡积分管理被交通部评为管理创新奖。

是月,杭州市机动车服务管理局与深圳安车公司共同研发的、处于国内领先水平的汽车综合性能检测站电子签证系统获得成功，并完成市区三家检测站与行业管理部门联网，在全国率先使用检测站电子签证系统。

是月，交通部命名京杭运河浙江段为“全国交通运输十佳文明畅通工程”。

是月，经交通部检查验收，浙江省道路运输行业被评为“全国交通文明行业”。

是月，浙江省有形货运市场破解瓶颈，展现良好的发展前景。全省4049个专业货运市场，成交额连续15年名列全国第一。

是月，浙江省驾驶培训行业走科技发展之路，通过建立诚信体系，创新发展理念，向以人为本、与人为善的亲民型、安全型、节能型的行业发展，全年驾驶培训拥有量和驾驶培训完成量位居全国首位，得到交通部和兄弟省市的肯定。

是月，列为2005年浙江省人民政府承诺为民办10件实事的一项重要内容——全省县、省道路面改造工程全面完成。全省累计完成县、省道砂石路面改造6161公里（其中省道19公里、县道6022公里），完成县道病危桥梁改造257座8991延米，共完成投资24亿元（其中省道0.80亿元），省补资金16亿元。全省改造里程最长的县为龙泉县，改造里程为352公里。通过实施本工程，浙江省实现县、省道公路砂石路面100%硬化，全省公路高级、次高级路面铺装率达到83%以上，大大提升浙江省干线公路品质。

是月，通过2003年到2005年三年努力，按照“强化路面、标化设施、绿化公路、提高路网容量”的要求，浙江全省干线畅通工程共实施大中修2786公里，超额完成2003年确定的5000公里干线公路达到畅通标准的目标，进一步改善路容路貌，提高全省主要干线路网的综合服务能力。

是年，杭州市公路局被交通部评为创建全国交通文明行业先进单位。

是年，杭州绕城公路东段下沙大桥工程，是浙江省最早采用50米跨径先简支后连续的预应力混凝土T梁结构的桥梁工程。这一工程在荣获2004年国家优质工程银质奖后，又荣获2005年浙江省建设工程“钱江杯”优秀设计一等奖。

是年，浙江省高速公路联网运行监控系统建成运行。它形成了一个自高速公路各路段到省中心分层架构的综合服务平台，实现了全省域高速公路网的统一监控，快速、连续、准确掌握路网运行信息，进一步提升了整个路网的运行效率和综合服务能力。

是年，浙江省人事厅编发《人事信息特刊》，介绍浙江省交通厅的人才工作情况。浙江省交通厅人事处被评为省级厅局唯一的全省人事人才工作先进集体。

2006年

1月1日，舟山大陆连岛工程一期工程（岑港、响礁门、桃夭门三座大桥及相关接线），历经六年建设，建成通车。

1月8日，杭甬运河杭州段的标志性节点工程——新坝船闸建成。该船闸是沟通浦阳江与京杭运河的第一道船闸，也是杭州市通航能力最大的船闸。

1月12日，杭州长运集团公司召开“杭州长运2006春运暨自助售票机及杭甬豪华超大巴士投入运营新闻发布会”，向社会宣布：在杭州东、南、西、北四大汽车站启用尚属全国首创的银联自助售票机，并与宁波公运集团合作，在杭甬高速客运线上，共同投入四辆60座豪华超大NJP6137“青年”客车，开通浙江省首条豪华超大巴士试点班线。

1月，南浔港航管理检查站专用码头经过五个多月的重建，顺利完成整体工程，成为湖州航区第一个靠泊能力为千吨级的内河码头。

是月,浙江省交通厅首次编制、实施厅年度科技成果推广计划。经过多次布置、联系、衔接,将60项成果推广项目编入浙江省交通厅“2006年交通科技成果推广应用计划”。该项计划此后逐年编制,有效推动交通科技成果的推广应用。

是月,浙江省人民政府办公厅印发《“十一五”时期浙江省道路运输业发展的若干意见》,确定“十一五”期间浙江省道路运输要实现的六个战略目标。

2月7日,嘉兴市交投集团向社会成功发行25亿元“嘉兴交通建设债券”。该债券是国内第一只经国家发改委批准的地级市市属国有企业发行的公司债券。这在企业债券发行史上是一个突破。

2月12日,船长352米的丹麦籍“亚瑟—马士基”集装箱船成功靠泊宁波—舟山港北仑港区集装箱码头,是迄今靠泊宁波港域最长的集装箱船。

2月20日,宁波港域25万吨级原油中转码头工程通过交通部组织的竣工验收,工程质量总评为优良。

2月23日,国家重点建设项目——舟山港域册子岛原油中转基地一期工程,通过浙江省打击走私与海防口岸管理办公室组织的验收并投产。册子岛原油中转基地的投产,推动舟山成为长三角原油重点储运基地和国家原油战略储备库,大大增强宁波—舟山港吞吐量和总体接卸能力。

2月,地处丽水云和县紧水滩水库北岸的紧水滩—大源乡通乡公路全线贯通。该路段是浙江省最后一条贯通的通乡公路。

是月,浙江省交通厅首次制定、实施年度浙江交通地方标准编制计划,将10项左右标准项目列入、报浙江省质量技术监督局立项。该项计划此后逐年编制,有效解决新技术与现有标准不一致、使用新技术缺乏依据、存在风险的问题。通过一个时期的努力,以形成浙江交通地方标准体系,推进科技成果的推广应用。

是月,浙江省交通厅印发《浙江省交通厅建设节约型行业实施意见及近期工作要点》和《建设节约型交通行业近期主要工作任务分解表》,首次对全省交通运输节约型行业建设作出部署,并将相关的三十余项工作分解落实到各部门、单位。《分解表》此后逐年编制,以保障此项工作的有序开展。

3月1日,舟山市海峡汽车轮渡有限责任公司发明的“码头液压升降平台装置”获中华人民共和国国家知识产权局颁发的专利证书。

3月5日,舟山定海三江—洋山高速客轮航线开通。该航线由舟山市通达高速客轮有限公司“飞舟9号”船承运。

是日,舟山港域册子岛原油中转基地投入试运营后,成功靠泊接卸第一艘超级油轮——中国香港籍30万吨级“雄狮”号。

3月18日,浙江省首个紧急避险车道工程——104国道天台境关岭路段紧急避险车道工程通过竣工验收。

3月22日,“中远宁波”轮命名暨首航仪式在北仑集装箱四期码头举行。“中远宁波”轮是全球最大、设备最先进、航速最快的集装箱船,标志着宁波港域不仅能靠泊接卸世界最大的矿船、世界最大的油轮,也能靠泊接卸世界最大的集装箱船。

3月23日，为纪念世界集装箱航运50周年，国际港航界权威杂志英国《集装箱国际》在美国纽约举行第一届港航界颁奖典礼。在颁奖典礼上，宣布宁波港集团成功入围“世界五佳港口”。

3月28日，宁波港集团北仑第二集装箱公司在对集装箱船“中海日照”轮的作业中，创下每小时装卸409.53个自然箱的船时效率新纪录，标志着宁波港域集装箱装卸生产和管理系统已达到国际一流水平。

3月，台州大麦屿5万吨级集装箱码头破土动工。

是月，根据浙江省人民政府国有资产监督管理委员会的文件精神，浙江省海运集团所属舟山一海海运有限公司51%国有股权划转舟山市管理。划转地方后的舟山一海海运有限公司归属舟山市交通委员会管理。

是月，浙江省人民政府批准景宁畲族自治县公路管理段石竹岙公路养护管理站原站长鲍伟平为革命烈士。全省交通系统开展学习宣传鲍伟平先进事迹活动。

4月12日，浙江省机构编制委员会发文同意：成立浙江省高速公路运行监控中心。浙江省公路管理局高速公路收费结算中心增挂浙江省高速公路运行监控中心牌子。

4月19日，浙江省交通厅荣获交通部授予“‘十五’全国干线公路养护管理先进单位”。

4月26日，104国道湖州收费站、宁波港集团分别被全国总工会授予“全国五一劳动奖状”。

4月，浙江省人民政府在丽水市遂昌县召开全省中小学接送车管理工作现场会暨电话会议，号召全省学习遂昌县1998年推出的开通学生班车的经验。

是月，浙江道路运输行业以服务社会、便利公众为本，构建了“一号通、一卡通、一点通、一网通”信息平台。

5月10日，舟山市海晨船务有限公司自行设计的“船舶支撑和下水平板装置”获得中华人民共和国国家知识产权局颁发的国家实用新型专利证书。

5月19日，浙江省交通厅发出《浙江省交通厅关于对全省在建高速公路施工企业开展信用评价试点工作的通知》，正式启动交通施工企业信用评价工作。

5月29日，巴哈马籍五星级豪华国际邮轮“寰球号”，成功靠泊宁波大榭口岸40小时。这是国际邮轮首次抵港靠泊大榭口岸，也是第一次在宁波水域停泊过夜，标志着宁波港域接待国际邮轮的能力及国际邮轮界对宁波港域的认可度有了进一步提升。

5月，浙江恒风交通运输股份有限公司开通义乌—香港直通客运班车。

6月12~13日，中共中央总书记、国家主席、中央军委主席胡锦涛在上海考察期间，考察了舟山市嵊泗县洋山地区的洋山深水港区。胡锦涛仔细询问港区总体建设规划和工程建设情况，并实地察看码头。

6月12日，千岛湖航区新增旅游客船经营权招投标会议在杭州举行。这是《浙江省水路运输管理条例》实施以来，浙江省第一次实行客船经营权招投标。

6月16日，衢州市公路稽征处在全省率先将养路费征收“一条龙”服务转变为“一站式”服务，并在全省推广。

6月20日，中共浙江省委常委、浙江省常务副省长章猛进和中共浙江省委组织部副部长叶洪芳到浙江省交通厅召开党组会议，传达中共浙江省委意见：赵詹奇停止工作，说清问题；

浙江省交通厅工作由杨瑞丰临时负责。

6月,浙江交通职业技术学院教师设计的图像分析式浮法玻璃锡槽漂砖检测仪获国家知识产权局颁发的实用新型专利。其在秦皇岛一家玻璃股份公司生产线上使用,运行稳定。

是月,浙江省交通厅编辑、发行《浙江交通"十五"科技优秀成果汇编》。汇编由道路工程、水路运输、信息化、管理科学四部分组成,共收录"十五"期间厅科技计划中研究水平达到国内先进水平以上的科技成果102项。

是月,浙江省交通厅印发《浙江省重大交通工程科技项目招投标管理暂行办法》。该办法的制定和实施,为优化科技资源配置、提高科技经费的使用效益、推进交通科技进步与创新型行业建设、提升交通科技对交通发展的支持与服务水平等都有重要意义。

7月1日,国内第一本针对交通行业从业人员信用知识教育读本——《浙江省交通建设市场信用知识读本》由人民交通出版社出版,并向全国发行。

7月16日,新安江千岛湖至深渡段68.50公里航道被交通部授予"文明样板航道"称号。其中千岛湖至鸠坑口为浙江段航道,是浙江省第三条被交通部命名的文明样板航道。

7月31日,浙江造船有限公司建造的全省最大造船码头,在奉化松岙完成全部土建工程。该码头全长2600米,设计能力为8万吨级船舶。

7月,舟山老塘山港区扩建工程竣工并通过验收,工程质量优良。老塘山港区是舟山港域最大的公用性综合港区,始建于1985年,工程分三期完成。

8月1日,舟山连岛工程西堠门大桥,利用直升机对大桥先导索牵引过海获得成功。这在国家桥梁建设史上为首次采用,也是国家桥梁建设史上首次在封航条件下实施的直升机先导索架设。

8月11日,宁波－舟山港北仑四期3号、4号泊位及配套工程通过国家验收,工程质量总评为优良。北仑四期集装箱码头工程建设规模为5座5万~10万吨级专用集装箱泊位,码头总长185米。它的建成,结束中国不能停靠世界上超大型国际集装箱船舶的历史。

是日,温州市苍南县公路段马站公路站职工陈再新在抗击八号台风"桑美"时,连续高强度工作37个小时,终因疲劳过度,从装载机上滑落,因公殉职,年仅48岁。

8月18日,装载量8204标准箱的台湾阳明海运集团"同明"轮集装箱首航仪式,在宁波大榭招商国际码头举行。这是该码头运营以来迎来的最大一艘外贸集装箱船。

8月20日,浙江省机构编制委员会批复"浙江省交通厅工程质量监督站"更名为"浙江省交通厅工程质量监督局"。这是全国交通质监系统首个更名为"局"的质监部门。

8月22日,中海集装箱运输公司投入宁波至欧洲航线的"达飞诺玛"轮首航宁波港域。该轮共装载9600标准箱货物,刷新靠泊宁波港域作业的最大集装箱轮纪录。

8月,国家"十五"重大建设项目——上海国际航运中心洋山深水港区一期工程通过国家验收。

是月,玉环华能电厂5万吨级兼靠10万吨级煤码头举行开港首航典礼。至此,温台地区最大的专业化煤炭码头正式投入使用。

9月7日,世界上最大的散货船(全长342.08米、载重吨36.50万吨、最大吃水23米)——挪威籍"BERGESTAHL"(博格斯坦)轮,满载35.6万吨巴西铁矿,在舟山引航站引航下,成功靠泊宁波－舟山港嵊泗马迹山矿石中转码头。由此,舟山引航站刷新2003年创下的中国引航史上的三项纪录，又一次创造接靠重载进港船舶中载重吨最大、吃水最大、实际排水量最大的三项新纪录。

9月18日，浙江省首次以地级市命名的运输船“东方舟山”号轮在舟山起航。该船是香港东方海外货柜公司在内地订造的第一艘现代化集装箱船。

9月26日，杭州长运集团公司与浙江新干线快速客运有限公司、杭州长运锦湖客运有限公司、浙江外事旅游汽车有限公司、杭州巴士运输有限公司、浙江友谊汽车客运有限公司、杭州恒风交通运输有限公司、杭州长鸿客运有限公司等七家单位共同组建成立浙江省首条省际专线经营公司——浙江杭宁快速客运有限公司，注册资本人民币1000万元。

9月28日，巴拿马籍“首釜”轮靠泊宁波三星重工业有限公司码头，成为停靠宁波港口的第一艘自航船舶。该船无论是船长、船宽，还是总吨位，都位居亚洲自航船舶之首。

9月，浙江省交通厅召开全省交通行业文明创建工作会议，总结和表彰“十五”期间在开展以“三文明一提高”为主题的行业文明创建活动中，涌现出来的10个“全省交通行业文明创建工作十佳先进单位”、10个“全省交通行业十佳文明示范窗口”、10位“全省交通行业十佳文明标兵”、30个“全省交通行业文明创建工作先进单位”和50个“全省交通行业文明示范窗口”，并部署“十一五”时期全省交通行业文明创建工作的目标和任务。

是月，郭剑彪任浙江省交通厅厅长、党组书记。

10月10日，现代商船航运公司旗下的“现代挑战号”集装箱班轮靠泊宁波港域大榭招商国际码头。该船总长233米，净重19980吨，共有箱量2633标准箱，是现代商船航运公司在澳洲线上投入运营的第一艘集装箱船舶。

10月18日，台州三门健跳港5000吨级多用途码头建成，通过验收，投入使用。

10月30日，申苏浙皖高速公路浙江段全线建成通车。申苏浙皖高速公路浙江段是浙江省通往安徽省的第一条高速公路，为本省新增一条出省通道。至此，浙江省通往周边邻近的四省一市都有一条或一条以上的高速公路。

10月31日，杭州市公路稽征处和中国建设银行浙江省分行营业部推出全省首创的网上银行缴纳养路费业务。车籍地在杭州市区的(不含萧山、余杭区)只需缴纳养路费的车主，可在国内任何一家建设银行网点开通网上银行服务，便可办理养路费缴纳。

10月，浙江省交通厅首次编制科技计划立项的“优先主题”。将符合规划的、当前急需解决的重大技术问题列为“优先主题”，并随申报通知下发。相关课题优先立项，能保证立项项目做到与科技重大方向、与交通工作实际相结合。

11月1日，浙江省交通厅、浙江省经贸委、浙江省财政厅、浙江省物价局根据交通部、国家发改委有关规定，联合发布《关于调整养路费征收吨位核定标准的通知》，从2007年1月1日起，货运车辆养路费征收吨位标准按国家发改委公告核定。全省建立75765种车型的车辆数据库，基本做到同一车型，在省内执行同一个计征吨位和征费标准。

11月9日，浙江造船有限公司为加拿大SEASPAN集团公司建造的首艘3500标准箱船，在奉化湖头渡造船基地建成下水。该船总长231米，宽32.20米，高18.80米，航速24.50节，是当时浙江省最大的集装箱出口船舶。其设计水平和航行性能达到国际先进水平，为世界航运市场的第四代集装箱船型，具有良好的国际船舶市场地位。

11月13日，台州港大麦屿港区国际集装箱内支线航线正式开通。这是台州港继海门港区之后又一开通集装箱航线的港区。

11 月 20 日,中共浙江省委书记、浙江省人大常委会主任习近平在浙江工业博览会首届浙江创意设计展场馆的全省高校创意设计大赛展厅参观浙江交通职业技术学院参展作品,对该院参展的硬盒贴角机的创新设计与实用前景表示赞赏。

是日,湖州市最后一艘渡船在该市南浔区菱湖镇南溪东渡口"退役"。至此,湖州成为浙江省第一个"零渡口"的地级市,标志湖州的撤渡建桥任务全部完成,水乡湖州彻底告别了延续几千年的渡运史。

11 月 22 日,浙江省首支经审批的高速公路运政大队——台州市公路运管稽征稽查支队高速大队在黄岩浦西正式挂牌成立。新成立的高速公路运政大队为台州市公路运管稽征处稽查支队内设机构,下设甬台温高速公路中队和台金高速公路中队。运政大队与交警、路政等部门共同协作,通过联合执法工作,提升执法力度和执法效果。

是日,浙江省人民政府公布实施《浙江省沿海港口布局规划》。浙江沿海港口将呈现以宁波 - 舟山港、温州港为全国沿海主要港口,嘉兴港、台州港为地区性重要港口的分层次布局,形成煤炭、石油、铁矿石和集装箱四大运输系统。

是日,载重量 18.2 万吨的"海堡"轮卸靠马迹山码头,使舟山港域货物吞吐量首次突破亿吨大关。当年,舟山港域货物吞吐量达到 1.14 亿吨。

11 月 26 日,浙江省交通规划设计研究院在"首届交通企业文化建设论坛暨 2006 年度全国交通行业企业文化优秀成果奖表彰大会"上,以具有特色和个性,融物质文化、行为文化、制度文化和精神文化等文化要素为一体的 ZJIC 企业文化优秀成果,荣获首届全国交通行业企业文化优秀成果奖。

11 月 27 日,台缙高速公路西段控制性工程苍岭隧道贯通。

11 月 29 日,湖州营运挂桨机船舶全部退出水运市场仪式在该市南浔区善琏镇含山丰顺造船厂举行。湖州市 5000 余艘营运挂桨机船全部淘汰退市,有力地促进水上运力结构的优化升级。

是日,浙江省交通厅发出《浙江省交通厅关于成立浙江省交通建设市场从业单位信用体系建设领导小组的通知》。同日,还发出《浙江省公路水运工程施工企业信用评价管理暂行办法》。这是浙江省交通厅结合全省交通建设市场的实际情况初步建立起的一套施工企业信用评价指标体系和信用管理办法。

11 月,浙江省发展规划研究院和浙江省道路运输管理局共同编制完成《浙江省道路运输业"十一五"发展规划》。

是月,交通部表彰嘉兴市港航局为"京杭运河船型标准化示范工程推进工作先进单位。

12 月 9 日,浙江省交通厅质监局编制的《浙江省交通建设工程工程量清单计价规范(公路工程)》,通过浙江省质量技术监督局和浙江省交通厅的联合评审,被批准为地方标准。

12 月 10 日,湖州市公路管理处完成的《高等级道路超薄沥青磨耗层研究与应用》科技项目通过浙江省交通厅鉴定,研究成果达到国际先进水平。

12 月 14 日,浙江省精神文明建设委员会命名表彰嘉兴市思古桥港航管理检查站为"省级文明示范窗口"。

12 月 15 日,世界上最大的航运公司——丹麦 A—P 穆勒—马士基公司在温州设立分公司。这只“航运巨鳄”的加入，为温州港口经济的发展增添新动力，也为温州水铁联运的发展带来新活力。

12月19日，浙江省公路管理局科研课题《公路隧道围岩稳定与支护工程应用研究》通过项目鉴定，研究成果总体达到国际领先水平。

是日，衢州经小湖南镇至岭洋乡白岩村开通农村公交车。这是全省最后一个乡镇通上公交车，标志浙江省范围内的全部农村乡镇都通上了公交车。

12月25日，杭新景高速公路杭州至千岛湖段（简称杭千高速）全线通车。这条高速也是浙江首条真正意义上跨省市合资共建的高速公路。

是日，杭徽高速公路浙江段全线建成通车。

是日，中共浙江省委、浙江省人民政府发出决定，命名表彰浙江省公路管理局为“浙江省文明行业”，浙江省交通投资集团有限公司、浙江省道路运输管理局、浙江杭金衢高速公路有限公司衢州管理处、舟山市交通委员会、台州市交通局、杭州市道路运输管理局、嘉兴市港航管理局、杭州技师学院等36个交通系统（包括海事）的单位为“浙江省文明单位”。

12月27日，湖州市最后一个通往行政村的公交班线——南浔区和孚镇横港村的公交线正式开通。由此，湖州市在全省率先完成了“市—县区—乡镇—行政村”三级公交运营网络建设，全市1065个行政村全部实现村村通公交。

是日，宁波－舟山港集装箱年吞吐量突破700万标准箱，世界排名第十三位。当日上午10时35分，中共浙江省委书记习近平按下按钮，年吞吐量突破700万标准箱的集装箱缓缓起吊到“地中海黛布拉”巨轮上。

12月，“浙江交通六大工程监管系统”建成。该系统于2003年开始建设，是浙江省交通厅为全面、准确和及时掌握浙江交通“六大工程”建设动态，实现有效监管而建设的一个省市县三级应用平台，为领导及行业管理部门决策提供信息化手段。

是月，2003年确定的本届政府任期内实施的交通“六大工程”中，以浙江省公路管理局为主组织实施的“四大工程”（高速网络工程、乡村康庄工程、干线畅通工程、绿色通道工程）全部提前一年完成五年目标任务。

是月，浙江省公路管理局印发《浙江省公路养护道工工作服配置与使用管理规定》，统一公路养护道工工作服为橘黄色，配置反光条，前胸适当位置统一印制路徽及养护单位名称，后背统一印制“公路养护”（高速公路统一印制“高速养护”）字样。

是月，浙江省全年投资30.5亿元（高速公路投入10.5亿元，普通干线公路投入20亿元），实施干线公路路面整治工程，共实施国省道路面大中修1497公里。至年底，全省高速公路路面平整度检测的平均值小于2，达到全优；6条国道、28条省道路况基本达到良等级以上。

是月，浙江省乡道砂石路面改造提前一年圆满完成工程任务，工程实施总里程为5835公里，并修复改造乡道病危桥隧391座计12741延米，总投资约28亿元，省补资金约15亿元。浙江省乡道以上的公路全部实现铺装化。

是月底，宁波－舟山港全年货物吞吐量达到4.2387亿吨，居世界港口第四位、全国港口第二位；集装箱吞吐量达到713.54万标准箱，列全国第四位。全年新辟航线16条，达到总数162条，其中国际远洋干线82条，每月七百多个航班，连接全球一百多个国家和地区的六百多个港口。239家国际海运和中介服务机构，包括排名世界前20位的集装箱航运企业，均在宁波－舟山港设立分支机构。

是年，浙江省公路管理局与浙江广电集团交通之声签订浙江高速公路联网运行服务信息发布合作协议，通过交通之声电台，及时向社会播报高速公路联网路网运行信息（包括施工作业、特殊气象、突发事件等），为社会公众出行提供服务。

是年，浙江省交通厅印发《关于构建全省交通行业职业资格管理网络的通知》，要求在全省范围内构建职业资格管理网络，并明确各级交通职业资格领导小组及办公室的职责。

是年，丽水市地方海事局被国家交通部海事局授予“防抗台风工作先进集体”荣誉称号。

是年，深厚软基高速公路拓宽工程关键技术研究课题通过了交通部科技成果鉴定。该成果总体上达到了国际先进水平，在深厚软基高速公路拓宽工程理论研究的若干方面居国际领先地位。

2007年

1月4日，浙江省交通厅向社会各界聘请22位代表人士为交通行风效能建设监督员。

1月5日，浙江省交通厅颁发《浙江省公路水运在建工程监理企业信用评价办法》，启动全省交通监理行业信用评价工作。

1月19日，“飞舟10号”高速快艇替代“飞舟9号”营运定海三江至上海水运联运航线，全程航行时间缩短为2小时45分。

1月，衢州市柯城交通分局在全省率先对管辖范围内的重点养护路段实施路况摄像，国、省道每月一次，旅游线路每季度一次，县、乡道半年一次，并将摄像资料刻录光盘存档。此举有效促进公路管理和养护。

是月，浙江省交通厅印发《浙江省公路水路交通科技“十一五”发展规划纲要》。

2月5日，浙江省人民政府批准印发《台州港总体规划》。《规划》将台州港划分为健跳港区、临海港区、海门港区、黄岩港区、温岭港区和大麦屿港区，形成“一港六区”的新格局。

2月8日，浙江省教育厅公布高职高专人才培养工作水平评估结论及具体的评估意见，浙江交通职业技术学院被确定为评估优秀学校。

2月，浙江省人民政府批准《嘉兴港总体规划》，明确嘉兴港由独山、乍浦、海盐三大港区组成。

3月8日，“阳明伊比萨”班轮靠泊宁波港域穿山港区7号泊位，为港区试生产后开辟的第一条国际远洋干线。该航线亦为中国远洋集装箱运输有限公司、阳明海运股份有限公司和川崎汽船株式会社共同经营的首条地中海东岸航线。

3月15日，日本籍“蓝宝石号”大型滚装船装载505辆皮卡车，驶离宁波港域大榭开发区集信物流有限公司码头，前往非洲。这是国家对整车出口实施许可证管理后首次出口整车。

3月28日，宁波－舟山港北仑第二集装箱公司面对大雾天气的影响和船舶集中到港的压力，一举完成10艘集装箱船的装卸任务，吞吐量达到20425标准箱，创下了宁波－舟山港集装箱码头单天装卸量的最高纪录，成为世界上为数不多的单天吞吐量超过2万标准箱的码头公司之一。

3月，7.50万吨的东亚海轮靠上台州港华能玉环电厂码头。这是台州港靠泊的最大吨位外轮。

4月10日，交通部、共青团中央联合发文表彰2006年度全国交通行业青年岗位能手和全国青年文明号。浙江省宁波汽车南站“3561”服务班、嘉兴市思古桥港航管理检查站、舟山市鸭蛋山客运站团支部、湖州市公路路政管理支队高速公路大队被评为全国青年文明号。

4月16日，交通部发文表彰“九五”和“十五”期全国内河水运建设优秀项目与先进集体及先进个人。浙江省所获荣誉称号是：东宗线湖州段航道改造工程、杭申线浙境段航道改造工程获“全国内河水运建设优秀项目”称号；浙江省港航管理局、湖州市港航管理局、嘉兴市港航管理局获“全国内河水运建设先进集体”称号；六名水运建设工作者获“内河水运建设先进个人”称号。

4月19日，世界最大的新型集装箱船——“EMMAMAERSK”轮成功靠泊宁波港域北仑三期集装箱码头，在卸下634集装箱、装上1.1万标准箱后，驶离码头。该船总吨17万吨，长397.71米，宽56.40米，最大吃水16米，可装载11000标准箱，最高船速可达到25.2节，是丹麦马士基航运有限公司开辟的环球航线上最大的集装箱班轮，其挂靠的都是世界顶级港口。该船的靠泊，标志着宁波-舟山港向世界顶级港口迈进。

4月28日，宁波汽车南站在荣获交通部“全国交通行业巾帼文明示范岗”称号后，又荣获全国五一劳动奖章。

4月，浙江省交通厅开始开展民主评议和创建“群众满意基层站所（办事窗口）”活动。计有21个单位被浙江省交通厅评为先进单位。其中湖州市高速路政大队、舟山市港务局驻市审批办证中心港航窗口还分别被评为省级示范单位和先进单位，32人被评为省级先进个人。

5月25日，《浙江省港口管理条例》经浙江省十届人大常委会第三十二次会议审议通过，自2007年10月1日起正式实施。该条例是浙江省港口管理的首个法规。

是日，在全国公安系统英模立功集体表彰大会上，宁波港公安局被公安部授予“全国优秀公安局”光荣称号。

5月，浙江省公路管理部门设立全省统一的公路路政管理电话96266，以进一步方便群众咨询、求助和及时有效报告路政案件。

6月1日，福州罗源—玉环大麦屿—辽宁营口的内贸集装箱航线正式开通。这是大麦屿港开通的第一条内贸集装箱班轮航线。

6月8日，荷兰籍集装箱轮“浩兴308”号自日本名古屋驶抵嘉兴港乍浦港区二期集装箱泊位。这是首艘从国外直航抵达嘉兴港的外籍集装箱轮，也是嘉兴港有史以来靠泊的最大的集装箱轮。

6月12日，在浙江省第十二次代表大会上，中共浙江省委书记赵洪祝在报告中指出，要坚持把发展海洋经济放在更加突出的位置，以宁波-舟山港建设为核心，推进全省港口资源的整合和开发，大力发展海洋运输业，加快建设港航强省。

6月，位于温岭市松门镇的浙江天时造船有限公司开工建造5.50万吨散货船。这是目前台州建造的最大吨位船舶，也是浙江省民营企业采用共同规范建造的最大吨位船舶。

是月，全国首个“的士学校”在杭州成立。这所学校是由杭州市道路运输管理局牵头组织成立的。

是月，国务院批准公布《全国内河航道与港口布局规划》。浙江的钱塘江中上游航道首次正式被列入国家高等级内河航道网。

是月，2004 年 6 月 20 日开始的三年集中治超任务顺利完成。三年全省共出动执法人员 350 万人次，查处超限超载车辆 38 万余辆，对 26 万余辆超限超载车实施就地卸载，卸载吨位 231 万余吨。全省干线公路平均超限率由治理前的 56% 下降到 5% 以下。

7 月 3 日，浙江省第一台沥青路面多功能检测车在浙江省交通厅工程质量监督局通过验收。

7 月 8 日，舟山海星轮船有限公司客位为 232 客的高速客轮"飞越"号首开普陀山至小洋山航线。客轮驶抵小洋山后，旅客上岸改乘客车，经东海大桥，抵达上海市区。自普陀山至上海市区全程仅需 3.5 小时，成为普陀山至上海最快的一条车船联运线路。

8 月 15 日，浙江省交通厅召开全省交通文化建设和新闻宣传工作会议，研究制定《浙江交通文化建设实施意见》，提出"一构建四推进"的战略任务。即：构建交通精神文化体系，推进工程建设领域、推进行业管理领域、推进交通服务领域、推进职工生活领域的文化建设。

8 月 22 日，教育部印发《关于表彰第三届高等学校教学名师奖获奖教师的决定》。浙江交通职业技术学院教授、副院长季永青荣获教学名师奖，为全国高职高专院校首批获奖人员之一。

8 月，浙江省文明办、浙江省总工会和浙江省交通厅联合启动"浙江交通十大感动人物"评选活动。

是月，《浙江省公路公众出行交通信息服务系统》作为浙江省重要科技攻关项目，通过浙江省科技厅的验收，被认为具有较强的技术先进性和前瞻性，在国内同类项目中具有领先水平。

是月，浙江省交通厅编写组编纂的反映 1949 ~ 2000 年浙江交通发展的志书——《浙江省志 · 交通篇》内部出版发行。

是月，浙江省船舶检验局与江苏省船舶检验局、上海市船舶检验处共同签署了《船舶检验机构法定检验质量互认协议》，为全国第一个地方船舶检验机构之间的互认合作协议。

9 月 4 日，人事部、教育部联合发布《关于表彰全国教育系统先进集体和全国模范教师、全国教育系统先进工作者的决定》。浙江交通职业技术学院汽车系被评为全国教育系统先进集体。

9 月 10 日，浙江省交通厅信息中心承担编制的浙江省地方标准（DB - 33/T650—2007）——车（船）载全球卫星导航定位系统终端与控制中心通信协议正式实施。

9 月 11 日，交通部发出 2007 年第三号通告，公布全国第一批 23 家引航机构通过引航资质许可或审查，舟山引航站列为全国首批合格港口引航机构之一。

9 月 12 日，浙江造船有限公司建造的首艘可装载 4250 标准箱的 8 万吨级集装箱船，在奉化湖头渡造船基地顺利下水。时为浙江省建造的最大一艘集装箱船，其设计水平和航行性能均达到国际先进水平。

9 月 14 日，台州市成立浙江省首支民间海上义务救助队。

9 月 26 日，由铁道部、交通部、建设部、浙江省人民政府主办，杭州市政府承办的"纪念钱塘江大桥通车 70 周年"大会在杭州召开。会上表彰 10 名"钱塘江桥梁英雄人物"和 5 个

"钱塘江桥梁英雄团队"。杭州市高速公路管理局被授予"钱塘江桥梁英雄团队"称号。

9月28日，改装一新的浙江省最大客滚船"通达5"号轮投入定海三江至洋山航线营运。该船一次性可装载5吨标准车36辆、旅客382人。

10月17日，舟山市海峡汽车轮渡有限公司自行研制的MAN、B&W9L船用柴油机注气涡轮增压系统，获得国家实用新型专利证书。

10月26日，交通部发布第二十九号公告，浙江省的宁波－舟山港、温州港被列入全国沿海主要港口名录，杭州港、湖州港、嘉兴（内河）港被列入全国内河主要港口名录。

10月27日，"浙江交通十大感动人物"评选活动，经过公众投票、专家评审，最终评选出十名感动人物和两名特别奖人物。

是日，嵊泗宝钢马迹山矿砂中转基地二期工程建成投产。基地年吞吐能力达到5000万吨，有效缓解华东地区沿海港口大型矿石码头接卸能力不足的矛盾，适应长江三角洲及长江沿线地区钢铁业的发展。

10月，交通部和浙江省人民政府联合批复《嘉兴内河港总体规划》。嘉兴内河港为全国28个内河主要港口之一。

是月，交通部对国务院领导批示的国务院参事室呈报的《复兴钱塘江航运势在必行》进行研究，提出《关于发展钱塘江内河水运的意见》。

11月5日，浙江省最大规模的高科技造船基地——湖头渡生产基地在奉化建成投产。

11月7日，凌晨，乍嘉苏高速公路王江泾治超站治超分队长杨彬，在检测站依法对超限运输车辆例行检查时，以身殉职，年仅32岁。

11月28日，浙江省内第一条进行炸礁拓宽的公共航道——马岙港区公共航道整治工程正式开工。这是舟山港域开工建设的第二条大型公共航道。

是日，沪杭甬高速公路拓宽工程全线完成通车。沪杭甬高速公路全线由原来的双向四车道拓宽为双向八车道，公路日益拥挤的状况得到缓解。

11月，杭州投放100辆无障碍出租车，为残障人士及腿脚不便老人出行提供方便。此举为全省先例。

12月25日，两龙（龙丽、丽龙）高速公路全线建成通车。

12月29日，浙江省迄今投资最大的单体水运工程——杭甬运河改造工程基本建成。建成庆典仪式在杭州新坝船闸举行。

12月，浙江省内河首条按三级通航标准进行改造、可通航1000吨级船舶的省内内河最高等级航道——湖嘉申线湖州段通过交工质量鉴定，并顺利通航。

是月，嘉兴市港航管理局成功研发浙江省首艘运用于内河航道信息探测的扫测艇，并投入使用。该艇是利用"水声纳"扫测技术，实现航道水下地形的数字化测量，解决多年来航道扫测技术上的难题。

是月，浙江省道路物流信息系统一期公共展示平台成功上线运行。

是月，浙江省道路运输管理局编制的《2007浙江省道路物流白皮书》出版。

是年，浙江省汽车养路费征收额突破80亿元大关，达到83.02亿元（不含拖拉机、摩托车养路费）。

是年，杭州市运管局联合数字电视公司推出家银通养路费缴费代理系统，同步推出

95533 电话银行养路费缴费代理业务，丰富服务手段，提升服务水平。通过“家银通”缴纳养路费，尚属全国首创。

是年，千岛湖引进资金建造高档旅游船“伯爵”号。该船拥有 496 客位、86 间客房、160 床位，以及餐厅、舞厅、卡拉 OK 包厢、棋牌室等一应俱全，是中国内陆湖第一艘四星级标准酒店式豪华游轮。

是年底，浙江省公路高级、次高级路面铺装率达到 89%，居全国首位。

2008 年

1 月 8 日，中共浙江省交通厅党组授予杨彬“交通卫士”称号，号召全省交通战线党员干部职工开展向杨彬学习活动。

1 月 10 日，浙江省交通厅在全省交通工作会议上提出，今后五年交通发展的战略目标是推进现代交通“三大建设”：建设大港口，建设大路网，建设大物流。

1 月 14 日，浙江省人民政府办公厅印发《浙江省农村公路管理养护体制改革方案》。

1 月 18 日，国内首条跨区域的城际公交线路——德清至杭州城际公交 K588 路通车仪式在德清汽车总站举行。该条城际公交营运线路总长 51 公里，全程平均运行时间 80 分钟。它的开通，给两地百姓的出行提供了便利和实惠，开启真正意义上的“同城时代”。

1 月 28 日，杭浦（杭州—上海浦东）高速公路浙境段建成通车。它的建成通车，使杭州通往上海又多一条便捷的通道。

是日，申嘉湖高速公路浙境段建成通车。它的建成通车，进一步完善浙北高速公路网络，促进杭嘉湖地区接轨大上海、融入长三角经济圈。

1 月，嘉兴市交通工程质量监督站主持完成了《公路泡沫沥青冷再生路面设计与施工技术规范》地方性标准的编制，并通过了浙江省质量技术监督局的审定，从而填补了国内公路泡沫沥青冷再生设计与施工技术管理上的空白。

2 月 1 日，浙江永嘉县公路段汪国杰、林圣巧、胡明锋三位职工，在一场罕见的冰雪灾害奋战中，奉命驱车前往永嘉县西北山区进行道路巡查。汽车不幸坠入二百多米深的山谷中，汪国杰、林圣巧光荣牺牲，胡明锋身负重伤。

2 月 24 日，国务院批准设立宁波梅山保税港区。这是继上海洋山保税港区、天津东疆保税港区、大连大窑湾保税港区、海南洋浦保税港区之后国务院批准设立的第五个保税港区。

2 月 28 日，交通部和浙江省人民政府联合批复《湖州港总体规划》。新规划的湖州港，划分为吴兴、南浔、长兴、安吉、德清和太湖旅游六大港区。

2 月，1 月底至 2 月初，浙江发生四次大范围降雪。积雪厚度超过了历史纪录（杭州积雪 31 厘米，湖州积雪 32 厘米，长兴积雪 34 厘米），造成全省公路大范围封道，给全省道路春运工作带来前所未有的影响。全省道路客运累计停开班次 18.48 万班，其中省际 28240 班，省内 28936 班，农村班线 127712 班；累计滞留旅客 16.40 万人，约 59 万人退票。全省交通行业直接经济损失 5.366 亿元，其中客运损失 3.70 亿元，货运损失 1.24 亿元。在五十年一遇的风雪侵袭造成大面积道路阻断面前，浙江广大交通干部职工发扬不畏艰苦、连续作战的作风，科学抗雪，实现“三个确保”的承诺：确保国道主干线和国省道干线路网的畅通；全力救助滞留车辆和旅客，确保在途的旅客平安回家；优先保证电煤等重点物资和现货农产品运输，确保人民群众过上欢乐祥和的春节。

3月1日，全国城市机动车维修行业管理唯一一部地方性法规《杭州市机动车维修业管理条例》正式实施。

3月3日，全国交通行业抗灾保通先进表彰大会在北京隆重举行。浙江省永嘉县公路段的汪国杰、林圣巧被追授为“全国交通行业抗灾保通先进个人”荣誉称号。15位交通职工被授予“全国交通行业抗灾保通先进个人”光荣称号。湖州市交通局、杭州市交通局、临安市交通局等八个单位分别被授予“全国交通行业抗灾保通先进集体”荣誉称号。

3月10日，宁波、嘉兴两港出资组建的嘉兴市杭州湾港务开发有限公司授牌和两港合作暨集装箱开航仪式，在嘉兴港乍浦港区三期码头举行。至此，位于杭州湾跨海大桥两岸的两个港口在合作共赢、共谋发展上迈出具有历史意义的一步。

3月13日，杭州市六个出租车综合服务区正式启动，每天可接待7000辆次出租车、可停车1500辆。这种由政府“埋单”为“的哥”“的姐”提供综合服务的举措，为国内首创。

4月，浙江省交通系统首届职工运动会，自2007年11月开赛，前后历时半年，圆满结束。运动会分别在杭州、台州、嘉兴、湖州、绍兴、金华、丽水和浙江交通职业技术学院八大赛区，举行五大类26个单项比赛。全省交通系统共有数万职工参与了各个层面的比赛活动。

5月1日，由中国自行设计、自行投资、自行建造、自行管理，世界上时为最长的跨海大桥——杭州湾跨海大桥建成通车。中共中央政治局常委、中央书记处书记、国家副主席习近平和中共中央政治局委员、国务院副总理张德江分别为大桥通车发来贺信。它的建成通车，是我国跨海大桥建设史上的一个重要里程碑。

5月6日，16500吨Ⅱ类化学品船“阿丽娅号”，在宁波新乐船厂下水。该船由新乐造船有限公司与上海船舶设计所联合研发，是浙江省首艘具有自主知识产权的化学品船舶，定型为“新乐型”，船长144.80米、宽23米、深12.40米。该船采用“一人桥楼，无人机舱”设计和首侧推技术设施，具备驾驶自动化和便捷离靠岸的技术功能，体现船舶的高规格、高技术含量和高附加值特色，是迄今航运界同类型船舶中配置先进的船型，已成功出口欧洲。

5月18日，浙江交通职业技术学院隆重举行50周年校庆暨校企合作推进大会。

5月，四川汶川大地震后，浙江省交通系统以最快速度组织保通抢通，以最高效率运输救灾物资，先后派出架桥突击队、桥梁检测队、抗震抢险突击队等援川队伍共两百多人次，创造了抗震救灾的浙江速度，圆满完成抗震救灾的任务。

是月，2008年长三角地区道路运输一体化联席会议在上海召开。沪、苏、浙三省市道路运输管理部门领导和相关业务部门负责人出席会议，安徽、江西、福建、山东、河南五省运管部门领导也被邀请参加会议。会上，通过了《2008年长三角地区道路运输管理一体化工作项目实施方案》。

是月，国家人力资源保障部确定浙江交通技师学院为首批国家高技能人才培养示范基地之一。

6月22日，中海、达飞、马鲁巴和川崎合营的宁波至南美东航线的首航班轮“中海巴生号”，顺利靠上宁波－舟山港北仑第二集装箱有限公司码头，标志着宁波港口集装箱总航线突破200条，航线发展的质和量得到进一步提升。

6月，作为首批“城乡一体化”试点城市的嘉兴，于2003年在全省率先提出并实施“城乡公交一体化工程”。

7 月 4 日，作为浙江省、宁波市重点工程之一的三门口跨海大桥全线贯通。大桥由北门桥、中门桥、南门桥三座跨海大桥组成，其中主跨达 270 米的北门桥是迄今国内已建和在建同类型桥梁跨度之最。

7 月 8 日，《浙江省高速公路运行管理办法》（修订案）经浙江省人民政府第九次常务会议审议通过，以浙政令 246 号颁布。

是日，《浙江省农村公路养护与管理办法》经浙江省人民政府第九次常务会议审议通过，自 2008 年 8 月 1 日起施行，为农村交通发展提供坚实的法制保障和长效机制。

7 月 15 日，全国内河水运建设示范工程会议在湖州召开。湖嘉申线湖州段建设示范工程经专家组验收并获得通过，成为全国内河航道建设的样板工程。

7 月 18 日，《宁波 - 舟山港总体规划》通过国家交通运输部和浙江省人民政府联合审查。

7 月 21 日，30 万吨级"克里斯号"油轮驶离宁波实华原油码头，使宁波 - 舟山港最大的原油码头累计原油接卸量突破 1 亿吨大关，创国内单座码头原油接卸量的最高纪录。

7 月 29 日，长湖申线浙境段航道扩建工程开工。

8 月，浙江省道路运输管理局负责组织的，由浙江省外事旅游公司、杭州长运集团公司、宁波外事旅游公司和湖州长运公司四大运输企业调集的 58 辆豪华大客车，开赴北京第二十九届奥运会，执行为奥运会志愿者提供集中通勤服务和为奥运会提供应急运力保障的任务。

9 月 6 日，杭州公路客运中心站建成并投入试运营。该站是交通运输部确定的全国 45 个主枢纽场站之一，先后被列入浙江省的重点工程和杭州实施"城市东扩"发展战略的重点项目。为时年全省规模最大、设施最先进、最具现代化特色的公路客运站。

9 月 16 日，浙江省机构编制委员会发文《关于设立省交通厅宣传服务中心的批复》，同意设立浙江省交通厅宣传服务中心，与浙江省交通厅信息中心合署办公。

10 月 8 日，浙江省交通规划设计研究院副院长、挂职四川省广元市政府副秘书长、广元市交通局副局长、中组部、团中央第九批"博士服务团"成员赵长军被中共中央、国务院、中央军委授予"全国抗震救灾模范"光荣称号，在北京人民大会堂受到表彰。

11 月 21 日，宁波 - 舟山港起吊是年第 1000 万只集装箱，标志着宁波港正式进入世界港口十强。

11 月 26 日，位于舟山虾峙岛和桃花岛之间的国内海上最大的人工深水航槽——舟山虾峙门口外 30 万吨级人工航道正式开通启用。该航槽通过海上挖槽，水深达 22.10 米，全长 12 海里，航槽宽度 390 米。这是中国沿海建港史上一项创举，从此 30 万吨级超大型船舶可直接满载进出宁波 - 舟山港。

12 月 14 日，嘉绍大桥暨南北接线工程在上虞沥海滩涂举行开工典礼。这是继杭州湾跨海大桥以后，杭州湾的第二通道。

是日，京台高速公路衢南段（浙江衢州至福建南平，长度为 331.66 公里）建成通车。京台高速公路的浙江段均在衢州，北连安徽黄山，南接福建南平，也称黄衢南高速公路，全长 405.41 公里。

12 月 26 日，杭州江东大桥（钱江九桥）建成通车。

12 月 30 日，象山港公路大桥及接线工程开工建设。

是年，宁波 - 舟山港年集装箱吞吐量达 1092 万 TEU，超越世界知名港口——荷兰鹿特丹港，排名从2007年的世界第十一位上升到世界第八位；年货物吞吐量达5.20亿吨，稳居国内第二位、世界第三位。

是年，舟山大陆连岛工程的“跨海特大跨径钢箱梁悬索桥关键技术研究及工程示范”被列入国家科技支撑计划，并获得若干优秀成果。海洋环境混凝土桥桥面铺装结构与铺装技术、西堠门大桥北边跨钢箱梁架设技术、金塘大桥60米预制箱梁蒸汽养护自动化控制技术等均达到国际先进水平。

2009年

1月1日，台金高速公路苍岭特长隧道开通，标志着浙江省高速公路网的重要干线台金高速公路全线贯通。

1月7日，《浙江省高速公路计重收费实施意见》经省政府同意印发，明确力争在2009年7月、确保在2009年10月前全省已建成投入运行的高速公路均实行计重收费。

3月9日，省绿化委员会、省交通厅、省林业厅、共青团省委在安吉联合开展以“建设公路生态长廊、打造浙江美丽乡村”为主题的义务植树活动，并启动全省山区农村公路植树护坡工作。

3月30日，《宁波－舟山港总体规划》获交通运输部和浙江省人民政府的联合批复。

4月1日，根据中共中央、国务院批复的《浙江省人民政府机构改革方案》，将组建省交通运输厅，将省交通厅的职责、省建设厅的指导城市客运职责、省机场管理公司的全省民航机场管理职责，整合划入省交通运输厅，不再保留省交通厅。

是日，浙江省十一届人大常委会第十次会议第二次全体会议任命郭剑彪为省交通运输厅厅长。

4月7日，省委决定，建立浙江省交通运输厅党组。郭剑彪任省交通运输厅党组书记；徐纪平任党组副书记；储雪青、郑黎明、李良福、王德宝、耿洛佳、卞钧霈任党组成员；耿洛佳任省纪委派驻省交通运输厅纪律检查组组长。撤销浙江省交通厅党组。原任的党组书记、副书记、成员、驻厅纪检组长职务同时免去。

4月15日，浙江省交通运输厅正式挂牌。作为大部制行政体制改革的重头戏，将省交通厅的职责、省建设厅的指导城市客运职责、省机场管理公司的全省民航机场管理职责，整合划入省交通运输厅。大交通体制将整合公路、水运、航空、城市公共交通等交通运输资源，这样，全省交通行业将被赋予城市客运、民航机场等新的管理职能。

4月16日，省政府研究决定：徐纪平、储雪青、郑黎明、李良福、王德宝任浙江省交通运输厅副厅长；耿洛佳任浙江省监察厅驻浙江省交通运输厅监察专员；卞钧霈任浙江省交通运输厅总工程师；周群任浙江省交通运输厅副巡视员。

5月1日，浙江省内河港口第一部港口章程——《杭州港港口章程》正式发布实施。

5月5日，省交通运输厅与省发改委、省财政厅、省人力社保厅、省编委办联合出台《关于全省农村公路养护管理体制改革的实施意见》（浙交〔2009〕94号）。

5月8日，省交通运输厅制定《浙江省公路桥梁养护与管理办法》。

5月10日，列为浙江省第一批援建青川项目的酒家垭隧道成功实现试通车。

5月14日，省交通运输厅发出《关于进一步提高公路工程设计质量的若干意见》。

5月16日，浙江省台州港大麦屿港区、宁波－舟山港沈家门港区被交通运输部水运局增设为两岸直航港口。

5月22日,沪苏浙皖闽赣综合交通发展研讨会在杭州召开。五省一市交通(运输)厅(委)主要负责人参加会议,副省长王建满到会并讲话。会议签署了《沪苏浙皖闽赣五省一市省际交通发展区域协作机制》协议,浙江还分别与福建、安徽签署了浙江龙泉至福建浦城高速公路、沈海高速公路改扩建工程浙闽段、安徽宣城至浙江金华高速公路的省际接口协议。

7月7日,浙江省对台海上客运直航在台州大麦屿港区首航。

8月6日,浙江省综合交通物流行业协会在杭州成立。该协会是全国首家综合型交通物流协会。

9月14日,省公路局总工程师朱汉华、宁波市交通局副局长吕忠达当选60位新中国成立以来感动交通人物。

10月15日,全省高速公路二义性路径识别系统投入运行,全省高速公路车辆通行费实行精确拆分,即按照车辆实际行驶路径拆分通行费,为全国率先。

10月19日,温州至台湾海上集装箱班轮航线开通。

10月23日,中油燃料油大榭130万方油库和宁波大榭30万吨级码头正式投产。

11月20日,省政府第四十二次常务会议审议通过关于浙江省取消政府还贷二级公路收费工作的意见,确定79个政府还贷二级公路项目在2009年12月31日24时全部取消收费。

12月1日,申嘉湖杭高速公路全线贯通。

12月6日,省政府与交通运输部在北京签署"共同促进浙江交通物流发展会谈纪要",浙江成为全国交通物流发展试验先行区。

12月7日,温州至台湾海运直拼业务正式启动。

12月19日,省政府办公厅出台《转发省交通运输厅等部门关于成品油价格和税费改革涉及人员安置工作指导意见的通知》。

是日,省政府办公厅发出《关于进一步加强车辆超限超载长效管理工作的意见》。

12月25日23时58分,我国最大的陆岛联络工程——舟山跨海大桥实行试通车。大桥通车仪式于下午在金塘大桥互通区举行。国家副主席习近平、国务院副总理张德江、全国政协副主席董建华、交通运输部等发来贺信、贺电。省委书记赵洪祝、省长吕祖善、交通运输部副部长冯正霖等出席通车仪式。舟山跨海大桥全长约50公里,其中西堠门大桥主跨1650米,时为世界上跨径最大的钢箱梁悬索桥、首座分体式钢箱梁悬索桥。

12月26日,钱江隧道盾构始发暨钱江大道开工典礼在钱江隧道南岸工作井现场举行。省交通运输厅厅长郭剑彪等出席。钱江隧道全长4450米,江中段长3200米,采用外径15.43米的盾构法技术施工,双管六车道,时为世界最大直径的盾构法隧道之一,最大埋深约38米,估算总投资36.80亿元。

2010年

1月1日,《浙江省收费公路管理办法》自2010年1月1日起施行。

1月5日,嘉兴港乍浦港区第五个万吨级码头泊位嘉港石化码头投入试运行。

1月18日,国家高速公路网长(春)深(圳)线龙泉至庆元高速公路开工。副省长王建满、省交通运输厅厅长郭剑彪等参加开工仪式。

1月19日,省政府同意省交通运输厅与省物价局牵头制订的《浙江省高速公路联网收费运行管理若干规定(试行)》,并由省政府办公厅转发。

2月4日,概算总投资20.35亿元,国内首座同时具备交通、供水、供电功能的特大跨海大桥——温州大门大桥开工建设。

2月28日,省政府决定,自2010年2月28日23时58分起,取消省内全部政府还贷二级公路收费。取消收费项目78项,总里程1755.40公里;取消收费站点46个、代收点24个,降低收费标准的收费站4个。

4月16日,全省高速公路计重收费、不停车收费系统开通试运行。

4月22日,台州港中捷环洲1.50万吨级兼靠3万吨级多用途码头工程开工建设。

4月23日,浙江交通援建的四川省青川县井田坝大桥重建工程建成通车。

4月27日,由交通运输部和省政府联合举办的港口物流论坛在杭州举行。交通运输部副部长徐祖远、浙江省副省长王建满出席会议并讲话。

4月29日,省政府在杭州召开全省城乡交通统筹发展工作会议。

是日,浙江省内河首家船舶交易市场——湖州船舶交易市场开业。

5月4日,省交通运输厅与杭州海关签署《进一步推动大物流建设战略合作备忘录》。

5月10日,"公路港"模式3.0版本苏州传化物流基地正式开业。

是日,萧山机场开通首条直达欧洲航线。

5月18日,省政府办公厅批转同意《省交通运输厅推进城乡交通统筹发展的指导意见》。

6月2日,杭州对口援建青川重大基础设施项目——浙川大道正式通车。

6月10日,在台北召开的台湾—浙江经贸文化合作论坛上,台州港与基隆港签订了建立友好港关系协议,台州港成为浙江首个与基隆港建立友好港关系的港口。

6月26日,台州玉环大麦屿港至台湾基隆港开通定期航班。

7月3日,台州港大麦屿港区至台湾基隆港"中远之星"轮定期航班开通。

7月6日,全省高速公路网路线命名和编号调整标志更换工作现场会暨新闻发布会在嘉兴召开。

7月8~9日,全国部分市县长出租汽车管理座谈会在杭州召开,交通运输部部长李盛霖、副省长王建满出席会议。

7月22日,诸永高速公路全线正式通车。

8月11日,浙江援川项目之一的青川竹下公路一期工程被评为四川省建设工程质量最高奖——"天府杯"金奖。

8月17日,浙江省交通运输厅与交通运输部举行《交通科技战略合作框架协议》签约仪式。

8月27日,省长吕祖善主持召开省政府专题会议,研究推进"三位一体"港口服务体系建设问题。

9月1日,杭州内河钱江水系一体化新模式正式启动,推出全国首条"水上高速公路"。

9月3日,杭州发布全国首个内河港口作业(物流)服务规范。

9月7日,2010中国物流与采购信息化推进大会暨物流企业CIO峰会在中国杭州开幕。

9月8日,省政府第五十七次常务会议审议通过《浙江省港口岸线管理办法》。

9月15日,浙江省机场管理局正式挂牌成立。副省长王建满、省交通运输厅厅长郭剑彪、民航华东地区管理局局长沈泽江、省政府办公厅副主任谢济建为省机场管理局揭牌。

9月30日,省十一届人大常委会第二十次会议审议通过《浙江省航道管理条例》。

10月14日,省交通运输厅颁布并施行《浙江省公路水运危险性较大分部分项工程安全专项施工方案管理办法(试行)》。

10月23~25日,人民日报、光明日报、经济日报、中央电视台、中央人民广播电台、新华社等10余家中央主流媒体齐聚湖州、嘉兴等地,集中采访报道浙江“十一五”农村公路建设成就。

10月28~29日,全国交通运输科技大会在杭州召开。

10月30日,《浙江省交通资金管理暂行办法》正式发布。

11月5日,浙江省“三位一体”港口服务体系建设研究课题通过专家评审。

11月9日,全国交通运输系统保密密码工作会在嘉兴召开。

11月15日,全省世博水上安保工作圆满收官。

12月1日,全省收费公路对所有整车合法装载鲜活农产品的车辆免收车辆通行费。

12月2~3日,中日韩运输及物流发展论坛在杭州召开,东北亚物流信息服务网络正式成立,副部长翁孟勇、副省长王建满、厅长郭剑彪出席。

12月3~4日,中国现代物流业发展与国际内陆港建设高层研讨会在义乌举行。

12月6~7日,全省道路水路运输行业生态交通建设现场会在嘉兴召开。

12月11日,全省高速公路二义性路径识别系统第二阶段和不停车收费第一阶段工程顺利通过交工验收。

12月16日,宁波北仑区公路管理段春晓养护站站长胡建东在抗雪保畅工作中因公殉职。

12月23日,省委省政府授予浙江省交通运输厅“上海世博安保工作突出贡献单位”荣誉称号。

12月31日,宁波绕城高速公路东段镇海段通车,舟山大陆连岛高速公路正式连入全省高速公路网。

第一篇　道　　路

古代,浙江与中原交通相对闭塞,开发较晚。直至春秋越国,陆上道路才逐渐得以发展。唐宋时期,以杭州为中心的陆路交通网络开始逐步形成,主要包括苏州至杭州、杭州至福州等九条古道。到了清代,形成了较为完善的浙江陆路交通网。

民国期间,为适应当时的需要,浙江公路有了一定的发展,对促进物资交流和支援发挥了一定的作用。在公路建设、养护和运输管理等方面初步建立了一些规章制度。期间,浙江境内先后开工建设104、205、318、320、329、330等国道和01、02等省道,为浙江公路以后的发展奠定了基础。八年抗日战争期间,浙江公路受战事影响,全省公路破坏损毁里程达2400多公里。抗战胜利后,受内战影响,公路建设基本停滞。

中华人民共和国成立后,浙江公路交通建设资金短缺,并且长期处在计划经济体制下实行"三统"管理(即统一政策、统一计划、统一流动资金的管理),地区分割,部门封锁,发展缓慢。这一时期,1966年通车里程突破1万公里,1970年实现县县通公路,1977年通车里程达1.70万公里。

1978年12月,中共十一届三中全会后,浙江交通基础设施建设突飞猛进,在缓解瓶颈制约的基础上,实现了总体上的基本适应。1992年,浙江第一条高速公路的开通,使浙江的公路交通进入了新的历史发展阶段。2002年12月28日,杭金衢高速公路正式投入使用,浙江基本形成高速公路网,全省实现"四小时公路交通圈",对促进浙江经济发展起到重要的作用,浙江交通建设投资从1978年的3002万元上升到2010年的785.70亿元,增长达2618多倍,位居全国前列。全省公路里程从1.86万公里增加到11万公里。高速公路从无到有,2010年达到3383公里,位居全国第8名。全省现代特大桥桥梁拥有185座,总长度达381548.80米,位居全国第2名;特长隧道224条,总长度达439515.15米,位居全国第1名。

第一章 古 道

浙江境内早期的交通以水路为主,直至春秋越国,陆上道路才逐渐得以发展。经过秦汉、六朝期间的发展,浙江逐渐形成了以杭州为中心的陆路交通网。唐宋期间,浙江具有代表性的古道有九条,分别为苏州至杭州、杭州至福州、杭州至明州、睦州至温州、杭州至宣州、杭州至徽州、越州至婺州、越州至台州、明州至温州的道路。到了清代,浙江形成了较为完善的陆路交通网。

第一节 远古至六朝道路

一、春秋古道

春秋时期,主要道路,一是由会稽向北至吴国都城(今苏州),与吴国相通;二是向东至句章、甬东(今宁波定海);三是向西至姑蔑、余干,与楚国相通。这三条道路是浙江境内最早的道路。如图 1-1-1 所示。

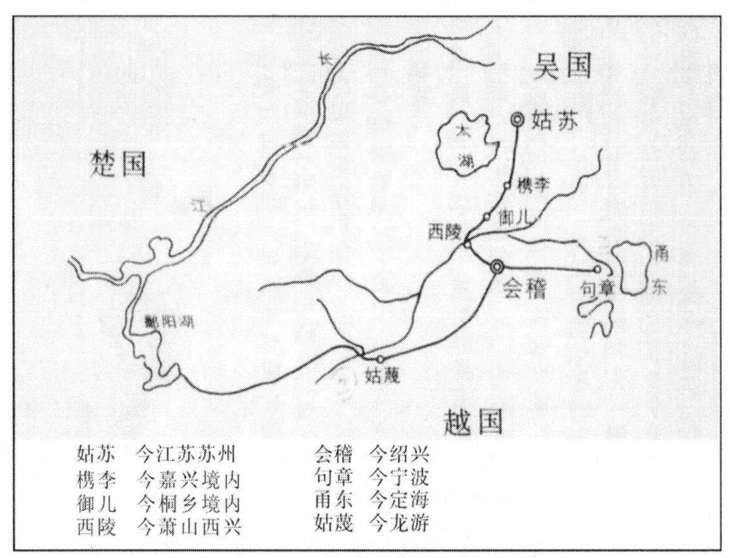

图 1-1-1 春秋期间古道示意图

吴越两国是近邻,长期处于战争状态,所以越国通往吴国的道路是最重要的。这条古道经过地点,虽无明确记载,但从沿路许多古迹和传说,可以看出大体的位置,即由王江泾入浙,经过槜李、石门、御儿、马嗥、西陵至会稽。

吴越之间,还有一条间道。这条间道,大致是经过今之德清、吴兴、长兴沿太湖西岸而入吴,所以吴国又筑垒于德清之吴憾山(今德清县城)。

越国另一条古道,是由大越城经诸暨,姑蔑(今龙游、衢县、常山等地,钱塘江上游的常山江,古名姑蔑溪)及弯干(今江西鄱阳湖东)。

二、秦汉道路

秦始皇统一六国后，东巡时修建了一条由会稽郡治吴县起经金山过平湖县境顾邑山至海盐秦驻山的驰道。此外，出于军事考虑，秦始皇二十六年（前221年）命尉屠睢帅师五十万平百越。秦军开辟了一条由江西循余干水入闽境浦城折向龙泉、丽水至温州的道路。

吴地（包括浙江境内）多山林沼泽，道路险仄难行，只能步兵通行，还有许多地方，道路尚未开辟，大规模的行军和作战，都要先开辟道路，所以浙江古代道路的开拓，适应军事需要是一个重要因素。从句章到东瓯，及东瓯到闽越之间还有一条沿海的陆路，是西汉时贯通的，也是由浙江入闽的一条大道。

秦汉时期，浙江境内最主要的路线是由会稽郡治吴县起经由拳（今嘉兴）、余杭、钱唐、余暨（今萧山）、山阴（今绍兴）、上虞、余姚、句章、鄮县、鄞县，并延伸到回浦。由这条路分出，一至乌程（今湖州），一至富春（今富阳），一至诸暨、乌伤（今义乌）、太末（今龙游、衢县、常山），一至剡县（今嵊县）。这是会稽郡的一片。另一片是以丹阳郡治宛陵（今宣城）为中心，向东通至故鄣（今安吉），并与乌程相接；向南通至淤潜。

三、六朝道路

东吴陆路有以下几条：第一条是由建业经过曲阿（丹阳）、义兴（宜兴）沿太湖西岸经乌程直至钱唐；第二条是由余杭经临水（今临安）至於潜；第三条是由钱唐、富春、新城、桐庐、建德至始新（今淳安）及寿昌的道路，与皖省歙县相通；第四条是由长山（金华）至永康、吴宁（今东阳）及丽水的道路。

东晋南朝陆路交通，在两汉、东吴的基础上，新辟一些通临海的道路，如剡县至始丰（今天台）的道路，是南朝宋时谢灵运组织开通的。至此，从钱唐、山阴至临海、永嘉，就不必绕道句章、鄞县了。

第二节　唐宋朝道路

一、唐朝道路

唐朝，浙境以杭州为中心的陆路交通网络开始形成。

唐朝的驿道，以长安为中心，遍布四方，沿途设置驿、馆。其中通到浙江境内的驿道，是从长安经洛阳、汴州（开封）、扬州，渡长江，经润州、苏州至杭州。沿钱塘江出睦州、衢州、信州、建州至福州时，把江南运河的塘路及沿钱塘江的道路定为至福州的驿路干道。唐代经济中心移到南方，从长安、洛阳到江南（包括浙江）成为最重要的驿道，也是最重要的商路。

浙江境内驿道的分歧路有两条，一自杭州经越州至明州；二自睦州经婺州、处州至温州。驿道干道不通时，还有迂回道，即还有几条次要的驿道，贯通到境内十个州，并与江苏、安徽、江西、福建的道路相接。此外，州与县之间，县与县之间也都有道路相通。以杭州为中心的道路网络开始形成。浙江的道路交通，在全国道路交通布局上也显得重要起来。

从京都到各地州、郡的道路，经常要递送朝廷至各州郡的文书诏命，所以都是驿道，其中浙江境内：

杭州：西北至上都（长安）3400里，西北至东都（洛阳）2540里；

北至苏州370里；

西南至睦州 315 里;
东南取浙江至越州 130 里;
西至歙州 470 里;
西北至宣州 496 里;
东北至浙江入海处约 100 里。

湖州:西北至上都 3240 里,西北至东都 2240 里;
东北至苏州 210 里;
正西微北至宣州 370 里;
东北至常州私路 300 里;
东南至杭州私路 190 里。

睦州:西北至上都 3710 里,西北至东都 2855 里;
西南至衢州 281 里;
西北至歙州 370 里;
东南至婺州 160 里。

越州:西北至上都 3530 里,西北至东都 2670 里;
东至明州 275 里;
东南至台州 475 里;
西南至婺州 390 里;
西北至杭州 140 里。

婺州:西北至上都 3995 里,西北至东都 3035 里;
正北微西至睦州 160 里,水路 180 里;
正北微东至越州 390 里;
西至衢州 190 里;
东南至处州 260 里。

衢州:西北至上都 4095 里,西北至东都 3135 里;
南至建州 700 里;
西至信州 250 里;
东至婺州 190 里;
东南至处州 450 里。

处州:西北至上都 4155 里,西北至东都 3295 里;
西北至婺州 260 里;
西北至衢州 450 里;
东北至台州 490 里;
西南至建州水路 900 里,东南水路至温州 270 里。陆路 490 里。

温州:西北至上都 4425 里,西北至东都 3565 里;
正北微西至台州 500 里;
西北至处州 370 里,东至大海 80 里;
西南至福州水陆路相兼 1800 里。

台州：西北至上都4500里，西北至东都3145里；
正南微东至温州500里；
东至大海180里；
西北至越州475里；
正西微南至处州490里。

明州：西北至上都3800里，西北至东都2945里；
东北至大海70里；
西至越州275里；
西南至台州宁海县160里，至台州州治250里。

唐代的道路，是在下列三种情况下修建而成的：一是唐代增置的郡（州）县比较多，郡县通向四方的道路，都要进行整治。二是唐元和时刺史王仲舒和孟简整治了浙江境内最重要的两条塘路，苏州至杭州的运河塘路和萧山西兴至绍兴运河塘路。三是开通两条南北向的山路险道。一条是自余杭经独松关、安吉、泗安、广德至宣州（今安徽宣州），原先是一条小道，自此成为要道；另一条自衢州、须江（今江山）经仙霞岭至福建浦城、建州（今建瓯）的山路，是黄巢所辟。自浙江衢州至福建建州，原须经常山、玉山、信州至建州或经广丰、越二度关至浦城再至建州，路程较远。乾符五年，黄巢率起义军自北而南，渡淮河、长江，进入江西，接连攻占了虔州（今江西赣州）、吉州（今江西吉安）、饶州（今江西波阳）、信州（今江西上饶）。当年九月，黄巢占领越州，不久越州被唐将夺去，因而继续南下。本来打算从海道入福建，但一时无法得到很多船只，所以开辟了一条从衢州、须江（今江山），越仙霞岭至建州长达700多里的山路。后来，南宋及清朝又经修辟，才成为闽浙之间的要道。

二、宋朝道路

北宋时，浙境属两浙路，驿道与唐朝相同。

南宋陆上道路最主要的驿道是苏州至杭州，及杭州、衢州、常山、草坪至信州，常山称为"八省通衢"（赣、闽、粤、桂、黔、滇、湘、蜀）。杭州至歙州，杭州经于潜千秋关至宣州，杭州经独松关、广德、宣州至建康，杭州经绍兴、庆元、台州、温州至福州，处州至建州，建德经婺州、处州至温州，绍兴至婺州，浙境驿道里程达到4700余里（约合2100公里）。南宋时金兵时常侵袭骚扰，长江下游是宋军重兵防守之地，随时有军报递送到杭州，通道增多，如杭州至苏州、镇江，杭州经湖州沿太湖西岸至义兴建康，杭州经独松关泗安、广德、宣州，杭州经临安于潜千秋关至宣州，还有长兴、悬脚岭至义兴、建康等。从成都到杭州，也是一条递送军报的路线。此路浙江境内就是杭州向西经富阳、桐庐、建德、衢州、常山、草坪入江西境。

南宋时期道路主要以修建整治为主，一是官办，二是民办。同时修治河道和整治塘路。如西兴经萧山至绍兴的运河塘路和西塘路。

京城杭州的道路，城中由南向北的一条大街，称为天街，起自和宁门皇城，北至天水院桥，长约6公里，中心是御道，由35300块巨形石板铺成，两边是用块石砌岸的河道，河里种植荷花，岸边种植桃、李、杏。河道外边是走廊，供市民行走。1988年在杭州万松岭挖掘出一段南宋皇城西南向的御街遗迹，在地面下3米处，宽5米，青砖横向侧砌，排列紧密整齐，路面下还有一层砖石铺底。可见南宋时的道路修建，不但规模宏伟，而且有相当高的技术水平。《马可·波罗游记》中记载："杭州的一切街道，全部用石头和砖块铺成。从那里，通往蛮子省的所有主要大路，也都是这样建造的。”马可·波罗所见到的正是南宋时浙江境内的道路状况。

三、唐宋时期的主要道路

(一)苏州至杭州的道路

自王江泾入浙，经嘉兴、石门(后改崇德县，属今桐乡市)至杭州，浙境路段长约260里(唐每里合今454.36米，此路合118公里)，是从北方入浙的要道，路线走向在春秋越国时已定。隋朝江南运河开通以后，沿河就有塘路。唐以后，加工修筑塘路，土塘陆续改建为石塘，路面一边为石板，一边为泥土路。塘路终点，是杭州余杭门，又称北关门，明清时称武林门。分歧路由盐官(今海宁)之长安、临平、皋亭山(今半山)入杭州艮山门。南宋时，这条分歧路很重要，金军、元军都由此入杭。《元和郡县图志》所列杭州北至苏州370里(合168公里)，至唐都长安3400里(合1545公里)，至东都洛阳2540里(合1154公里，)均指此路。杭州至北宋京都汴梁(今开封)，及元、明、清京都(今北京)也走这条路。

(二)杭州至福州的道路

由杭州向西南经富阳，新城(即新登，现属富阳区)，桐庐，睦州(后改严州，南宋为建德府)，寿昌，龙游，衢州，定阳(即常山)至草坪八赣境玉山、信州转建州(建瓯)至福州，浙境长约760里(合345公里)。此路与上述苏州至杭州古道连接起来，就成为贯穿浙江，北通北部各省，并与西南各省相通的要道。唐代起定为京都至福州的驿道。路线沿钱塘江、之江、富春江、兰江、衢江、至常山江，是水陆兼用的驿道，仅常山至草坪一段完全是陆路。睦州州治原在淳安，武则天时(697年)移至建德，因建德在新安江、兰江汇合处，是此路主要水陆码头，地位比淳安重要。由建德沿新安江至淳安，可通歙州，唐宋时也是驿道。

由建德出澄清门过南关渡经寿昌至龙游，要经过梅岭。龙游是杭州、越州、婺州至衢州必经之地；衢州则是浙江西南部重镇，界连皖、赣、闽三省，因称“三衢”。从衢州过招贤渡、常山至草坪入赣境玉山，货物运输则在常山转陆至玉山下水。

衢州到福州另有仙霞岭古道，由衢州经江山，越仙霞岭入闽境浦城，建州至福州，比绕道江西信州要近一些。浙境长约160里，闽境长约1000里。仙霞岭是浙闽之间的交通要道，向有东方剑阁之称。唐乾符五年(878年)黄巢劈山开路700里，直趋建州，即指此路。唐宋时，此路主要用于军事。驿道及商货运输，一般行旅，仍走常山、玉山一路。

(三)杭州至明州的道路

自杭州向东南渡钱塘江，经西兴、萧山、钱清、柯桥、越州(南宋为绍兴府)、曹娥、上虞、余姚、车厩、慈溪，至明州(南宋为庆元府)，全长约440里(合200公里)。这条古道的走向，在春秋越国时已定，是浙江境内最早的古道之一。秦、汉时浙江境内只有15～20个县，而这条古道所经过的就有6个县。东汉时起会稽郡治设于山阴(今绍兴)。南朝东扬州州治也在山阴，唐代又为浙江东道所在地，宋为两浙东路所在地。所以这条古道，历来都是浙江境内最重要的道路。从唐代起至宋、元、明、清又都是重要的驿道。《元和郡县图志》所列，杭州至越州140里(合64公里)，越州至明州275里(合125公里)即指此路。

(四)睦州至温州的道路

自建德经兰溪、婺州(今金华)、永康、缙云、处州(今丽水)、青田至温州，长约680里(合309公里)，是浙江中部通往南部的要道，自唐、宋、元至明、清止，都是驿道。《元和郡县图志》所列睦州至婺州160里(合73公里)，婺州至处州260里(合118公里)，处州水路至温州270里

(合123公里),即指此。处州至温州陆路沿瓯江而行,长度比水路要长一些。

自建德至兰溪间,沿江而行,经过三河、女埠。在兰溪分道有二路,西去龙游、衢州,南去婺州、处州、温州。

自兰溪、金华、永康至缙云间,道路比较平坦。缙云至丽水,称为括苍古道,崎岖难行。其中桃花岭最险,当地民谚:“翻过桃花岭,丢了半条命。”

丽水至温州间,唐宋的驿道,陆路沿瓯江而行。

秦、汉时,东瓯国有一条从温州经丽水、龙泉,至闽境浦城的通道,是这个地区最早的古道。

龙泉、小梅、竹口经福建松溪至建州的古道,也是由浙南入闽的通道,比走浦城要近便。《元和郡县图志》所列处州至建州陆路450里(合223公里),如走浦城再到建州,里程就要增加100里左右,通过的山岭也较多。

(五)杭州至宣州的道路

从杭州西北通往江苏、安徽境内的道路,有两条:

一由杭州经瓶窑、彭公、武康、湖州、长兴沿太湖西岸直上义兴(今宜兴)、常州,至昇州(今南京),浙境长约280里(合127公里)。这条古道在三国(吴)、东晋、南朝建都建康时,十分重要。唐宋时,杭州至湖州驿道走水道,陆路次要。

此路在湖州分歧可至苏州,也是一条古道。春秋、秦汉时已经可通。东晋太守殷康兴修水利,开河修筑塘路,名为荻塘。南朝宋太守沈嘉重开,改名吴兴塘。北宋庆历中(1041~1048年)诏有司修荻塘90里,今名东塘。明清两代又多重筑,并甃以青石更为坚固。

由杭州至湖州,及杭州至皖境广德、宣州、庐州(今合肥)及建康府(今南京),还可以走独松关一路。此路自余杭经麻车、双溪、古城出独松关经递铺、安吉、梅溪、泗安入安徽广德、宣州。浙境长约260里(合118公里)。《元和郡县图志》所列杭州西北至宣州490里(合223公里),应指此路。由梅溪分歧向东北亦可至湖州。

(六)杭州至徽州的道路

由杭州向西经余杭、临安、於潜、太阳、昌化昱岭关入皖境歙州,乾道《临安志》所列临安府西至昱岭243里即指此。《元和郡县图志》所列杭州西至歙州470里(合214公里),亦指此路。其中杭州至余杭,是余杭塘河的塘路。雍正《浙江通志》载:“余杭塘在北关门(武林门)外,江涨桥西,四十五里至余杭县。”

南宋建都临安后,这条道路成为要道。由此入皖下长江,通往西南部各地。

独松、千秋、昱岭是浙皖之间的三关,千秋关在於潜县之北,按《梦粱录》所载,南宋时由杭州至皖北宣州,不走独松关,而是走余杭、於潜、千秋关入皖境经宁国至宣州。从宣州经千秋关至於潜是西汉时就有的古道。

昌化昱岭关是交通要冲和军事重镇,浙皖交界之地,光绪《昌化县志》载:“昱岭关,县(指昌化县)西七十里,高七十五丈,徽杭通衢,山势险阻,控制此关,直插杭州,一路别无险阻。”

(七)越州至婺州的道路

此路由越州(绍兴)起,经诸暨,义乌至婺州(金华)。《元和郡县图志》所列,越州西南至婺州390里(合177公里),即指此。是春秋越国时的古道,通往赣境。东汉以来,绍兴是钱塘江以南的政治经济中心,此路亦为要道,唐宋为驿道。1985年在兰亭发掘出北宋至道二年(996年)所筑的出阴道残迹,在地面2米以下,路宽2米多,中间用石板铺砌,两侧用青灰色砖砌,呈人字形图案,呈微拱,向两侧倾斜,以利排水。上层是清代古道残迹,亦有 2 米宽,中铺石板,两侧是泥土路。宋吕祖谦撰有一篇《入越记》,自金华至绍兴,行程四天,可见宋时这条道路是畅通的。南宋时,川陕、荆湖、两广陆道入杭州的商贩,多由此路经诸暨、萧山临浦义桥,是一条商路。

(八)越州至台州的道路

自越州、东关、曹娥、嵊县、新昌、天台至临海,长约 360 里(合 164 公里)。《元和郡县图志》所列越州至台州 475 里(合 216 公里),亦指此路。前者不包括自越州至东关、曹娥一段,与越州至明州古道重复的里程。由于越州一直是钱塘江以南的政治经济和交通中心,所以从越州通往各地的通道也比较多,也有一些迂回道路。如越州至嵊州,除走东关、曹娥、蒿坝之外,还有两条路,一是走车头、青炫、黄炫出崇仁、甘霖;二是走平水日铸岭出三界,但主要的还是东关、曹娥、蒿坝一路。因为东汉筑鉴湖堤塘以后,塘路就成为东至上虞、余姚,至明州,南经嵊州、新昌,至台州的大道。

嵊州至天台的山岭路段,是南朝宋时谢灵运所开。此路唐、宋均为驿道,但因多山岭磴道,不利于马行。光绪《新昌县志》内说,"新昌自古无马递",因此与明州绕道至临海的道路并用,马行走明州、宁海,步行及轿走新昌、天台。也可以由新昌走奉化至明州或台州。

嵊州至天台间,有会墅岭、关岭,现存古道均为上山磴道,是否谢灵运之后又经过修筑,未见记载。天台至临海间,经黄山岭、苦竹、百步、八迭沿溪而行。

(九)明州至温州的道路

自明州(南宋为庆元府,即今宁波)经奉化、宁海、临海、黄岩、大荆、乐清于温州(南宋为瑞安府),长约 750 里(合 341 公里)。《无和郡县图志》所列明州到台州 250 里(合 114 公里),台州至温州 500 里(合 227 公里),即指此路。是一条滨海古道,唐、宋、明、清均为驿道。由宁海至临海的道路,前后经过地点不同。西汉所置回浦县,东汉所置章安县,东吴所置临海郡,其治所均为近海滨,其陆路必然也近海滨。宁海至临海间有 180 里,全是山岭路。南宋改道必然经过修筑。

自临海向南经黄岩、大荆、芙蓉、乐清至温州。

自温州向南经瑞安、平阳、出分水关入闽境霞浦至福州,是浙闽之间最早的通道。《元和郡县图志》所列,福州东北至温州水路屈曲 1800 里(合 818 公里),山路险阻,即指此。浙境长约 210 里(合 95 公里)。

从温州至瑞安、平阳的古道,大体上有东、西、中三条:西路傍山是最早的古道,东路沿海滨。中路是温、瑞、平运河塘路,顺直平坦,五代吴越以后,成为主要通道。南港古道,由平阳县城起经钱仓、灵溪、桥墩门至分水关。平阳城至桥墩门,大部分是沿河塘路,平坦顺直。桥墩门至分水关浙闽交界处是山路,由于山路险峻盘曲狭窄,一般行旅均在平阳、蒲门等处下海至福州。

这条路沿海路路线很长,经过的地方多,有几条重要的分歧路,一从明州渡象山港至象山,或由宁海至象山;二从临海经仙居至缙云壶镇,北通永康至婺州、衢州等地。南至缙云县城通往处州。《元和郡县图志》所列,台州正西微南至处州 490(合 223 公里),此路称为苍岭古道。

如图 1-1-2 所示为唐宋时期浙江境内主要道路分布图。

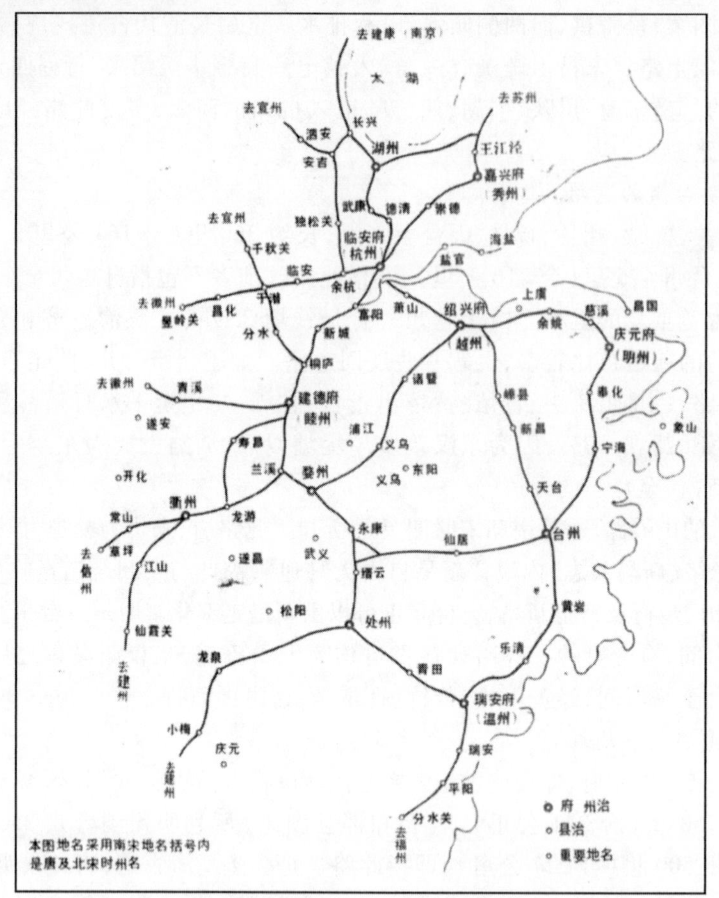

图1-1-2　唐宋时期浙江境内主要道路分布图

第三节　元明清道路

一、元朝道路

元朝的驿道，称为大道，主要的驿道，有东、西、南三路。南路通过浙江至福州。浙江境内的驿道，陆路较多。如杭州至苏州，杭州经严州、兰溪、衢州至常山，杭州经绍兴至庆元，这三条都是水陆兼用的驿道。杭州至歙州、杭州经千秋关至宣州、庐州（今合肥），绍兴至金华，绍兴至台州，全是陆路。严州至温州，其中严州至丽水走陆路、丽水至温州走水路。庆元至温州，其中庆元、台州至乐清走陆路，陆路交通占主要地位。元代在唐宋朝道路的基础上对道路的维修较为重视，但未见有新建的道路。

二、明清时期的道路

（一）道路交通情况

明、清的驿道，都是以北京为中心，通往各省区。清朝称为官马大路、官马支路。与浙江有关的是自北京、河南、山东、江苏入浙江境经杭州到福建福州。清朝列为官马南路中的福州官路，是一条水陆兼用并行的驿道。此外，境内还有五条驿道：

杭州至湖州并通往南京、苏州；

杭州经绍兴至宁波；

宁波经奉化、宁海、临海、黄岩、乐清至温州；

兰溪经金华、永康，至丽水全是陆路；丽水至温州；

绍兴经嵊州、新昌、天台至临海。

清朝仍是以上这几条驿道，并无变化。

清朝有两条官马支路：一为天台官路，即绍兴嵊州、新昌、天台至临海；二为温州官路，由衢州、龙游、越侵云岭至遂昌松阳下瓯江经丽水至温州。顺治八年(1651 年)闽浙总督驻衢州，将常山至玉山一路改走仙霞岭，又将温州官路改走遂昌，但后者为时不久，驿道仍走兰溪、金华、永康、缙云、丽水至温州。从苏州经嘉兴到杭州，及杭州经严州、衢州常山入江西玉山转福建福州是浙江境内最重要的驿道。其中常山至玉山一段约 80 里(浙境 40 里)陆路。从北京到福州，明清两朝的驿道经过地点，有些不同。一是明朝经过南京，清朝不经过南京，由扬州直到苏州；二是明朝由衢州走常山经江西玉山转到福建境，清朝由衢州走江山仙霞岭直趋福建浦城到福州。

(二)道路的修建改善

明、清两朝，对于道路桥梁的修治，都有比较明确的规定。洪武二十六年(1393 年)又规定，“凡各处河津合置桥梁者，由所在官司起造。弘治以后，地方修桥铺路之事，巡抚批准即可实施。”

余杭至临安的道路，是杭州至徽州古道的要冲地段。商旅踵接。明天顺五年(1461 年)，邑人叶元、陈宗凿通新路 2 里许，阔 3 ~ 4 丈，用石块铺砌，自此不再过二次溪。

淳安至寿昌间原无通道，据乾隆《严州府志》载，淳安过岭，在县南 75 里，是寿昌、淳安两县交界之处，悬崖绝壁，无路可通。明成化间(1465 ~ 1487 年)严州知府朱暟，通判刘永宽命工修砌道路桥梁，行旅称便。

嵊州至绍兴的道路，据乾隆《嵊县志》载，明心岭在县北 2 里，明心寺右为省郡孔道，山径崎岖，每当雨雪，泥泞不可上行，邑人尹如环捐资修砌，遂成通途，此路亦当是清代所修。

嵊州至奉化的道路，据《读史方舆纪要》载，嵊县东 70 里陈公岭，本名城固岭，陡峻难行，明宣德初(1426 年)凿石修砌 20 里，渐为通途。

龙游至遂昌的道路，明朝也曾修筑。雍正《浙江通志》载：明天顺四年(1460 年)，龙游县令王瓒以县南大虹桥，山岩高险，阻塞难行，凿石造桥，成为通途。

常山至江山的道路。据雍正《浙江通志》所载，常山木绵岭，在县南 10 里，山岭高险。后 40 年，邑人詹莱命工凿岩修路，始成通途。按以上情况，也是清朝修通。

缙云至仙居道路的险阻地段，清朝曾加工改善。据雍正《浙江通志》载，此路妒妇岩，当衢、婺、台、处通途，悬崖百丈，下临深溪，“危石嵌空，仄径窘步”，过此者心惊胆战。清道光间(1821 ~ 1850 年)，胡芬劈建磴道。

乐清至永嘉的道路，是杭州、宁波、绍兴等处去温州古道中的一段。据雍正《浙江通志》载：明万历间(1573 ~ 1619 年)，推官王允麟署乐清县掾，开新路自馆头，经乌牛，越胜美尖北面的长界岭、罗溪抵港头(今江头)。

庆元是一个山区县。四周山岭重叠，是瓯江、闽江的发源地，水陆交通均甚不便。该县建县于北宋，但至明清时，始有修筑道路的记载，据光绪《庆元县志》载：明嘉靖十一年（1532年）县令陈弥正，修路延袤700余丈，通道于入闽。庆元路称“周行”（意即大路）。清代有邑人姚承恩，个人出资将寨后岭崎岖小径砌成平路。又修三都马蹄隘百余丈，于是赴郡（指丽水）达闽（至福建松溪县）往来称便。

以上这些山岭道路的修筑改善，有官办，也有民办，以民办为多数。有的长达数十里，有的虽然距离不长，但是它的效益却很显著。

（三）道路的分布和构造

1. 全省道路的分布

明、清时期，浙江境内的道路分布，基本与唐宋相同，主要道路仍是唐宋时的九条。道路布局以省城杭州为中心，嘉兴为北部门户，通往江苏、山东、河南，直至京都。衢州是西部重镇，通往福建、江西、湖南、广东等地。九条主要道路，及府、县之间的大道把全省11个府城和许多县城，暨上述港口码头连贯起来，这个时期，增加的道路，有杭州至金山卫沿海的海塘路。此外，由于县和州、厅的增置，县与县之间的道路也相应地增多。形成一个水陆结合的交通网络。清乾隆时浙江邮传道伊靖阿所编的《浙江郡县道里记》是清朝省、府、县之间邮驿路线的综合，可以窥见浙江全省道路的全貌。其中：

陆路9755里（合今4682.40公里）；

水路2370里（合今1137.60公里）；

水陆兼路1400里（合今672公里）；

海塘路280里（合今134.40公里）；

山路1020里（合今489.60公里）；

合计14825里（合今7116公里）。

（清朝的里合今0.48公里。）

上列道里，未包括边境县至省界的里程。所列水陆兼路，是指水陆都作驿递之用的路线，所列水路，仍有陆路可通，陆路一般沿水道而行，亦可作陆路计算。实际上，急要文件都从陆路快马递送，不走水路。山路是指通往大山区的景宁、庆元、泰顺等县的路线，另外还有至定海等地的海路不在内，所以上述里程，加上通往省界的道里在内，即为全省交通道路的总里数。约为16000里（合今7680公里左右）。

总的来说，除平原地区以外，浙江东西之间，交通较便，既有水路可通，沿水道的道路险路并不多；而南北之间，有崇山峻岭隔阻，险路较多。最边远的泰顺县，陆路至府城温州370里，全是山路，至省城杭州1000里，步行需一个月左右。庆元至省城1310里，步行要一个月以上。

2. 道路的构造状况

浙江的道路，经过元、明、清特别是明清时期的陆续修建，道路状况有所改善。民国16年（1927年）浙江省建设厅布置全省各县对所有道路（除铁路公路外）进行调查，调查的时间距清末不远，从调查表1－1－1中可以看出清朝浙江道路的构造状况。

浙江省陆路调查表 表 1-1-1

路面种类	里程(公里)	占百分比(%)
合计	15138	100.00
泥石路	5501	36.34
石板路	3317	21.91
石子石板路	1091	7.21
石子路	2125	14.04
泥路	1090	7.20
砂路	657	4.34
砂泥路	491	3.24
未详	866	5.72

由上表里程数,可见道路的一般构造状况,前面四种,都是有路面的,占 79.5%,晴雨可通;后面三种是无路面的,数量不多。这是浙江古代道路的特色。浙江盛产石料,用卵石铺砌路面,是较早的,西汉时就有,山区、丘陵区县乡之间的大路,多用石子路;城镇街道及平原水网地区的大道,多用石板路,唐宋以来就有。如杭州、绍兴的城市街道,全是石板路。温州有砖砌路。庆元是个山城小县,城内街道,也是用砖砌的。

交通要道,一般都是中间石板两旁则为泥土路,既利于行人,又便于驿马驰行。至于山区道路,则以砂土路、泥土路居多,也有块石砌的磴道或卵石砌的坡道。据调查,山阴道、仙霞岭、独松关等古道宽度,均在 2 米以上,这个宽度是人马可以交会通行的宽度。

第二章　公　　路

浙江省的公路建设始于民国初期，随着社会经济发展的需要，公路里程经历了从无到有、从少到多的发展过程。民国时期先后开工建设的6条国道和2条省道，为浙江公路的发展奠定了一定的基础。但由于战乱至1949年5月浙江解放时，浙江省境内可通车公路总里程只有千余公里，且支离破碎，晴通雨阻，技术标准低，通过能力差。1949年中华人民共和国成立后，浙江公路建设经过恢复初建、起伏前进、改革提高、快速发展阶段，取得了辉煌的成就。通过对国省道的拓宽改造新建，提高了公路等级。特别是1991年建成钱江二桥高速公路，实现浙江省高速公路零的突破，经过二十年的发展建设，已形成连接各地市的高速公路主骨架。同时，加快县乡公路建设，公路等级得到提高。至2010年年底，浙江省已建成高速公路3383公里、国道4171公里、省道6031公里、县乡公路45668公里和村道53592公里及专用道公路715公里，形成了以省会杭州为中心，各市（地）政府所在地为枢纽，贯通全省、沟通城乡、连接邻省（市）、多层次、多形式、纵横交错、四通八达的公路交通网络。

第一节　高速公路

1978年，浙江提出建设高速公路的设想。经十多年的调研、论证、咨询评估，1989年国家计委正式批准"杭甬"高速公路建设立项启动，到1991年12月，杭甬高速公路的杭州彭埠至萧山钱江农场段7公里建成，实现浙江省高速公路零的突破。1996年12月6日，浙江省第一条高速公路——杭甬高速公路全线建成通车。2010年年底，全省的高速公路已达到3383.01公里，其中八车道以上有272.84公里；六车道有573.18公里；四车道有2536.99公里。

一、杭甬高速公路（杭州彭埠—宁波大朱家）

1978年，浙江省人民政府根据全国综合道路网规划，结合全省政治、经济、文化和国防建设需要，提出建设杭甬高速公路的设想。1989年11月24日国家计委正式批准杭甬高速公路建设立项，并于1990年12月6日以计工〔1990〕1817号文下达《关于杭州至宁波高速公路工程可行性研究报告的批复》。1991年，交通部以交工字541号《关于杭州至宁波高速公路初步设计文件的批复》，正式予以认可。概算投资23亿元人民币，其中：世界银行货款1.80亿美元，国家在车辆购置附加费中补助4亿元人民币，余为浙江省自筹。

杭甬高速公路建设工程项目全线分八个合同标段招标。除第一标段（钱江二桥接线）外，均属国际招标范围。采用国际通用的土木工程合同管理办法（"菲迪克"条款）。

（一）杭州段

杭州段起自杭州东郊彭埠镇，终于萧山党山镇，全长26.10公里。按平原微丘高速公路标准设计建设，设计速度120公里/小时，路基宽26米，双向四车道，全封闭、全立交，桥涵与路基同宽。

1. 彭埠立交至萧山红垦农场段

浙江省内首段高速公路的试验段(全长7.06公里,含钱塘江二桥长度),杭州端长0.99公里,北引桥0.32公里,萧山端长3.96公里。按平原微丘高速公路标准设计建设,设计速度80公里/小时,投资1.10亿元。1990年3月开工,1991年9月完工。

2. 萧山段

西起钱塘江二桥,东至与绍兴县交界,全长25.39公里,设计速度120公里/小时,双向四车道,路基宽26米,投资2.69亿元。1992年9月18日开工,1995年12月28日完工。

(二)绍兴段

绍兴市境内段起于绍兴县齐贤镇梅林村,经绍兴县、绍兴市越城区、上虞市至上虞边墩与宁波市余姚相接,全长47.96公里。设计速度120公里/小时,双向四车道,路基宽26米,沿线设置桥涵,其中曹娥江桥1165.30米,另有荷湖江等6座大桥,总长1585.24米。工程分两期组织施工,起点为绍兴县齐贤镇梅林村,终点为上虞市边墩。工程于1992年9月动工兴建,1995年12月28日建成通车。

2000年7月20日,杭甬高速公路绍兴连接线拓宽改造工程开工。绍兴连接线(绍三线)改建及绿色通道工程是省公路"四自"工程项目,工程起自104国道北复线环岛处,沿老路向北,跨杭甬运河,跨钱陶公路,终点为杭甬高速公路三江互通入口处,全长9.73公里。工程按交通部《公路工程技术标准》(JTG B01—2014)一级公路技术标准设计,设计速度为100公里/小时,路基宽66米,双向6车道,中间设12米绿化带,两边各设6.50米辅车道,全线为沥青混凝土路面,工程概算投资3.92亿元。工程2001年12月完工。2001年12月11~13日进行交工质量鉴定,2002年1月11日进行交工验收,2002年1月23日被核准工程质量等级为优良。

(三)宁波段

宁波段起点位于宁波境内余姚牟山,经余姚、大隐、高桥、段塘到达终点宁波鄞州大朱家,全长64.45公里。设计路面宽度26米,双向四车道,设计速度120公里/小时。杭甬高速公路宁波段1996年12月6日建成通车,工程投资总额13.40亿元人民币(其中余姚段7.75亿元,鄞州段5.65亿元)。宁波段内建有特大桥3座,大桥13座,中桥45座,小桥、通道174座,涵洞107个。

1998年12月18日,杭甬高速公路慈溪连接线一期工程开工建设,工程全长10.58公里。2000年9月15日完工,10月9~10日进行交工质量鉴定,10月21日进行交工验收,翌年1月22日被核准工程质量等级为优良。

2001年5月8日,杭甬高速公路余姚东连接线工程开工。工程项目按一级公路技术标准设计,设计速度100公里/小时。路线全长约12公里,其中特大桥1座,大桥3座。路基宽度26.50米。项目概算2.50亿万元,建设工期30个月。

是年12月28日,杭甬高速公路慈溪连接线延伸段工程开工。工程项目按一级公路技术标准设计,设计速度100公里/小时。路线全长约14公里,路基宽度34米。项目概算24.45亿元,建设工期24个月。

2004年11月9~2007年11月,余姚牟山至宁波段塘实施双向八车道的拓宽改造工程,于2011年12月23日通过竣工验收。

(四)杭甬高速公路拓宽工程

1. 红垦—沽渚段

拓宽工程起于杭甬高速萧山红垦枢纽互通，终于上虞沽渚枢纽互通，全长43.78公里，概算投资4.25亿元，路基宽度一般为35米，两侧相隔500米左右设3米宽的应急停车带，双向八车道，设计速度120公里/小时，2000年10月开工建设，2003年12月28日建成通车。2007年，杭甬高速公路红垦至沽渚段拓宽工程竣工验收。2007年8月22日，省交通厅以浙交〔2007〕219号文印发了《杭甬高速公路红垦至沽渚段拓宽工程竣工验收鉴定书》。2007年6月19~20日，省交通厅组织了杭甬高速公路红垦至沽渚段拓宽工程项目竣工验收。

2. 大井—枫泾段

拓宽工程全长95.61公里，2003年8月1日开工，2005年12月20日建成正式通车。

2003年8月1日，枫泾—海宁沈士段开工，该段长79.10公里，双向八车道，海宁沈士至余杭大井段16.50公里为双向六车道，设计速度120公里/小时，2005年12月22日建成通车。

3. 沽渚—宁波段

拓宽工程起点位于杭甬高速与上三高速交叉的沽渚枢纽，终于宁波段塘互通，全长79.60公里。投资概算为22.18亿元。工程将原26米路基宽度的四车道高速公路两侧各加宽7.75米，形成路基宽度41.50米的双向八车道高速公路。工程拼宽改建特大桥3座、大桥13座、互通式立交2处；拆除重建姚江大桥。工程于2004年10月8日开工建设。2007年6月19日至20日省交通厅组织通过竣工验收。

二、沪杭高速公路浙江段(上海枫泾—杭州彭埠)

沪杭高速公路浙江段起自浙沪交界处，经嘉善、嘉兴、桐乡、海宁、余杭，至杭州彭埠与杭甬高速公路相连接，全长102.67公里。

2001年12月19~20日，交通部公路司和浙江省交通厅联合组织上海—杭州高速公路(浙江段)的竣工验收。

2003年8月1日，沪杭高速公路拓宽工程开工。2005年年底，主线建成通车，2006年年底完成连接线改建。

(一)杭州段

1995年12月28日，彭埠至翁梅段投入营运。1998年12月29日，翁梅至浙沪交界段建成通车。

1999年12月8日，沪杭高速公路翁梅跨线立交桥拓宽工程开工建设，立交桥单幅拓宽319.77米/座，南接线长207.79米，北接线长578.44米。2000年12月5日完工，12月23日通过交工验收，2002年4月23日进行竣工验收，5月23日被核定工程质量等级为优良，并正式交付使用。

(二)嘉兴段

2003年7月28日，沪杭高速公路王店连接线改建工程开工。工程项目按部颁公路一级，结合城市道路技术标准设计，设计速度80公里/小时，路线全长8.35公里，其中大桥1座404米、中桥4座194米、小桥8座228米，路基宽度36.50米，路面宽度24.50米。工程概算总投资为2.33亿元，建设工期24个月。

拓宽工程海宁段全长19.90公里，工程主要规模由原四车道拓宽为八车道(绕城以西拓宽为六车道)，沪杭高速公路长安连接线由二级公路改建为一级公路，倒庄里和南河埭分离立交由两车道改建为双向四车道，新建海宁长安服务区和长安养护区。拓宽后的沪杭高速公路成为贯通沪杭的一条“黄金命脉”。上海枫泾至余杭大井段，全长 95.60 公里，2005 年 12 月 20 日建成正式通车。2009 年 12 月 22 ~ 23 日，省交通运输厅组织对沪杭甬高速公路拓宽工程枫泾至大井段工程项目进行竣工验收。2010 年 1 月 25 日，省交通运输厅以浙交办〔2010〕32 号文下发《关于印发沪杭甬高速公路拓宽工程枫泾至大井段竣工验收鉴定书的通知》，项目通过竣工验收，工程质量和建设项目综合评价等级均为优良。

三、甬台温高速公路(宁波大碶—苍南分水关)

甬台温高速公路，北起宁波大碶(甬)，经台州(台)，南抵温州(温)的苍南分水关，全长 252.70 公里。

(一)宁波段

甬台温高速公路宁波境段北起北仑大碶，经鄞州、奉化，南至宁海县新屋，全长 121.65 公里。大碶至大朱家段 28.62 公里、潘火至西坞段 21.05 公里、冠庄至新屋段 34.91 公里、西坞至冠庄段 36.65 公里。

1998 年 9 月 22 日，甬台温高速公路奉化连接线工程开工建设。奉化连接线全长 8.48 公里，1999 年 12 月 10 日完工，1999 年 12 月 18 日通过交工验收，2002 年 3 月 21 ~ 22 日进行竣工验收，2002 年 4 月 5 日被核定工程质量等级为优良，并正式交付使用。

是年 10 月 28 日，甬台温高速公路象山连接线宁海段公路开工建设。甬台温高速公路象山连接线宁海段公路全长 10.57 公里，1999 年 11 月 30 日完工，12 月 22 日通过交工验收。2002 年 3 月 19 ~ 20 日进行竣工验收，2002 年 4 月 5 日被核定工程质量等级为优良并正式交付使用。

2001 年 6 月 28 日，甬台温高速公路鄞区连接线宝幢—瞻岐公路工程开工。工程项目按一级公路技术标准设计，设计速度 100 公里/小时。路线全长约 17.40 公里，其中隧道 6 座(单洞)长 6250 米。路基宽度 23 米。项目概算 3.28 亿元，建设工期 24 个月。

是年 12 月，甬台温高速公路宁波段 122.89 公里全线建成通车。

2003 年 9 月 3 日，甬台温高速公路宁波市境西坞—新屋段工程通过竣工验收。西坞—新屋段起于宁波奉化市西坞镇，经尚田、西店、梅林、冠庄、黄坛、岔路、桑洲，止于宁海麻岙岭，主线四车道高速公路 71.56 公里，其中西坞—冠庄段设计速度 120 公里/小时，路基宽度 26 米；冠庄—新屋段设计速度 100 公里/小时，路基宽度 24.50 米。根据交通部《公路工程竣工验收办法》和省交通厅《浙江省公路工程竣工验收实施细则》，9 月 2 ~ 3 日，省交通厅组织对甬台温高速公路西坞—新屋段项目进行竣工验收。

(二)台州段

台州境段北接宁波段，起自二门麻岙岭，经三门、临海、黄岩、路桥，南至温岭大溪岭隧道，接温州段，全长 82.80 公里。

1994 年 10 月 16 日，台州段一期工程临海青岭—乐清湖雾街段开工。

1997 年 12 月 28 日，一期工程黄岩院桥—温岭大溪岭段建成通车。

1998 年 1 月，台州铺里—吴岙、大田—青岭段工程开工。工程项目全长 29.80 公里，概算投资约 16 亿元。

1998 年 9 月 28 日，甬台温高速公路温岭市大溪—石粘连接线工程开工，工程全长 13.39 公里。

1999 年 2 月 12 日，临海青岭—黄岩浦西、温岭大溪岭—乐清湖雾街建成通车。

是年 9 月 27 日，一期工程临海青岭至温岭大溪岭隧道段 40 公里全线建成通车。

是年 9 月 29 日，黄岩浦西—院桥建成通车。

2000 年 12 月 12 日，温岭市大溪—石粘连接线工程完工 2000 年 12 月 25 ~ 26 日进行交工验收，2001 年 2 月 5 日被核准工程质量等级为优良。

2001 年 11 月 8 日，铺里—吴岙段通过交工验收。

是年 12 月 25 日，甬台温高速公路台州段 87.70 公里全线建成通车。

2002 年 4 月 24 ~ 25 日，甬台温高速公路临海大田互通连接线通过交工验收，质量等级定为优良。工程起于大田竹溪桥，终点上沙桥（距大田互通约 1 公里），全长 2.80 公里，工程按二级加宽公路技术标准设计，设计速度 80 公里/小时，概算投资 2335 万元。

2003 年 11 月日，临海杨梅—乐清湖雾街段工程项目通过竣工验收。工程路线起自临海市青岭，经临海水洋、黄岩西城、院桥、高桥、温岭大溪，止于乐清市湖雾街。按山岭重丘区四车道高速公路技术标准设计，全长 44.64 公里（其中：台州境长 39.98 公里，乐清境长 4.66 公里），设计速度 100 公里/小时，路基宽度 24.50 米。路线设临海南、台州、台州南、大溪 4 处互通式立交，有马鬃岭、黄土岭、塘岭、大溪岭 4 座双向隧道，其中大溪岭隧道全长 4116 米，时为国内建成通车高速公路中最长的隧道。

（三）温州段

甬台温高速公路温州段，一期工程温州大桥工程 17.10 公里和湖雾岭隧道工程 4.66 公里，桥长 6977 米，总投资 11.79 亿元，于 1999 年 12 月前分段建成投入运营。

二期工程湖雾街—白鹭屿段，共计 63.29 公里，其中湖雾街—田垄段 14.71 公里和蒲岐—大湾河段 14.83 公里，于 2001 年 12 月 31 日建成投入试运营；田垄—蒲岐段和大湾河—白鹭屿段共计 33.75 公里，于 2002 年 10 月 25 日通过交工验收，评为优良工程，10 月 29 日建成投入试运营。

三期工程南白象—瑞安龙头段，共计 75.38 公里，其中南白象—飞云江互通段 20.66 公里，于 2002 年 12 月 26 日通过交工验收，评为优良工程，12 月 28 日建成投入试运营。2002 年 12 月，温州境湖雾岭隧道—飞云江互通段 105.72 公里全线建成通车。

2003 年 7 月，甬台温高速公路分水关互通工程进场动工建设。工程为同三高速公路泰顺接口，上年获得交通部批复，投资概算 4700 万元。

是年 12 月 25 ~ 27 日，经省交通厅、省公路管理局、厅工程质量监督站等有关单位对甬台温高速公路瑞安飞云—苍南分水关段工程进行交工验收，工程质量评为优良工程。是年 12 月 30 日举行通车典礼。工程全长 54.76 公里，其中瑞安飞云—龙头段为 3.68 公里，瑞安龙头—苍南段为 51.08 公里，按四车道高速公路技术标准设计，设计速度分别采用 120 公里/小时、80 公里/小时，路基宽度分别采用 28 米、24.50 米。

2004 年年底，甬台温高速公路分水关互通工程主体工程全部完成。

2005 年 4 月 16 日，甬台温高速公路分水关互通工程通过交工验收，是月 29 日正式通车。

四、杭金衢高速公路(萧山红垦—常山窑上)

杭金衢高速公路,北起萧山红垦枢纽,与杭甬高速公路和杭州绕城公路东线相接,经杭州、绍兴、金华、衢州4个市的12个县(市、区),南至浙赣交界处常山窑上,全长约290公里。此路段是衢州市金华市接轨东部沿海、沟通西南内陆诸省联系的主动脉。

(一)萧山红垦至衢州市翁梅段

1999年9月9日,萧山红垦至衢州市翁梅段开工建设。工程全长236.54公里,全线设19处互通式立交。其中K0+000~K9+200段路基宽度为34.50米(六车道),K9+200~K9+500段路基宽度从34.50米过渡到28米,K9+500~K227+259段路基宽度为28米(四车道),设计速度120公里/小时;K227+259~K237+100段路基宽度为26米(四车道)。

(二)龙游段—龙游九里立交桥连接线

2002年4月28日,龙游段—龙游九里立交桥连接线工程开工。工程按一级公路技术标准设计,设计速度100公里/小时。路线全长约8公里,其中互通立交2处,特大桥716米/1座。路基宽度25.50米。投资概算1.42亿元。12月14日通过交工验收,12月28日建成投入试运营。

(三)翁梅至窑上段

2000年12月8日,翁梅至窑上段建设开工。工程起于衢州市翁梅,终于浙赣交界的常山县窑上,与江西省梨温高速公路相连,全长52.95公里,概算投资14.78亿元,设3处互通式立交,路基宽度26米,双向四车道,设计速度100公里/小时。2003年9月18日,翁梅至窑上段通过交工验收,评为优良工程,9月22日举行通车典礼,投入试运营,并与全省高速公路实行联网收费。至此,全长290公里的杭金衢高速公路全线贯通,标志着上海—瑞丽的国道主干线在浙江境内全线贯通。

(四)常山天马桥及接线

2001年11月10日,杭金衢高速公路连接线常山天马桥及接线工程开工。工程项目按二级公路技术标准设计,设计速度80公里/小时。路线全长约0.69公里,其中大桥455米/座,桥梁宽度26米。项目概算2818.74万元。

(五)杭金衢高速公路与320国道连接线(衢州市绕城公路西段)

2002年6月,杭金衢高速公路与320国道连接线(衢州市绕城公路西段)正式动工。工程起点为杭金衢高速公路龙游互通南侧圩塘朱,经草塘底、中埠、跨衢江后经百步桥,终点为九里立交桥,全长8.20公里,其中互通立交两处,特大桥1座、长716米,全线按部颁一级公路技术标准设计,路基宽度25.50米,投资概算1.80亿元。该工程设计单位为衢州市交通设计院,施工单位为浙江通途交通工程有限公司和龙游县通途交通工程公司,监理单位为金华市公正公路监理咨询有限公司。

2004年3月,杭金衢高速公路与320国道连接线(衢州市绕城公路西段)建设工程完工。是年3月12日,连接线(衢州市绕城公路西段)建成通车。经省交通厅工程质量监督站质量鉴定,工程质量达到优良等级。

(六)绍兴县连接线

连接线工程项目是绍兴县首条由民营资本控股、政府参股市场化运作的交通建设项目,该公路全长17.32公里,投资概算4.40亿元,是省政府批准的公路“四自”工程。2003年2

月15日连接线一期工程开工。工程项目按一级公路技术标准设计，设计速度60公里/小时。起点为杭金衢高速公路绍兴县杨汛桥互通出口处，经杨汛桥镇、钱清镇，终于湖塘街道鉴江村的104国道南复线相交处，全长17.32公里，路基宽度27.50米，双向四车道，概算投资16649万元。2004年12月20日，绍兴县连接线一期工程完工并投入运行。2005年12月31日通过交工验收并投入使用。

经省政府批准：2006年3月5日起，杭金衢高速公路绍兴连接线公路正式收取车辆通行费。

五、杭宁高速公路浙江段（余杭南庄兜—长兴父子岭）

杭宁高速公路浙江段起于余杭南庄兜，经德清、湖州市区、长兴，止于浙苏两省交界的父子岭，全长98.80公里，设计速度120公里/小时。

（一）湖州青山至长兴王家浜段

湖州青山至长兴王家浜段34.34公里，于1997年12月16日动工建设，2000年12月27日投入营运。

2008年1月26~27日，省交通厅组织对王家浜至青山公路工程项目进行竣工验收。经竣工验收委员会评议，同意项目通过竣工验收，工程质量和建设项目综合评价等级均为优良。

是年2月21日，省交通厅印发《关于印发杭州至青山和王家浜至父子岭公路工程竣工验收鉴定书的通知》（浙交〔2008〕42号），工程通过竣工验收。

（二）余杭南庄兜至湖州青山段

1999年9月28日，工程项目开工。余杭南庄兜至湖州青山段42.13公里和长兴王家浜至父子岭段21.15公里，2002年10月20日完工，11月28日举行通车典礼。至此，杭宁高速公路浙江段全线建成通车。

2008年1月26~27日，省交通厅组织对杭州至青山和王家浜至父子岭公路工程项目进行竣工验收。经竣工验收委员会评议，同意项目通过竣工验收，工程质量和建设项目综合评价等级均为优良。

是年2月21日，省交通厅印发《关于印发王家浜至青山公路工程竣工验收鉴定书的通知》（浙交〔2008〕43号），工程通过竣工验收。

六、上三高速公路（上虞沽渚—三门吴岙）

1998年，上三高速公路动工。上三高速公路北起上虞沽渚连接杭甬高速，南至三门高枧乡，连通甬台温高速，途经上虞、嵊州、新昌、天台、三门五个县市，与甬金高速公路互通，纵贯浙江省中东部，全长142公里，投资概算46.26亿元，是连接绍兴、台州二市的大动脉。全线四车道高速公路141.39公里（含一期整修半幅23.91公里，全幅12.08公里），设计速度分别为100公里/小时和60公里/小时，路基宽度分别为24.50米和21.50米。

2003年3月12日，省交通厅、省公路管理局、厅质监站等有关单位参加上三高速公路上浦、三界互通立交工程的交工验收，同意厅工程质量监督站的质量鉴定结果，工程质量评为优良工程。上浦互通立交位于主线桩号K21+400~K22+400段，单喇叭A型；三界互通立交位于主线桩号K38+140~K39+200段，单喇叭B型。工程含路基、路面、交通安全设施、收费、通信、监控等。

2003 年 12 月 24 日，上虞—三门高速公路工程项目通过竣工验收。

七、金丽温高速公路(金华二仙桥—温州南白象)

1995 年，金丽温高速公路规划立项。金丽温高速公路起自金华市二仙桥枢纽，接杭金衢高速公路，经武义、永康、缙云、丽水、青田、永嘉，止于温州南白象枢纽，与甬台温高速公路连接，全长 237 公里。全线按双向四车道标准建设，设计速度 80 ~ 100 公里/小时。投资概算 127 亿元。其中，丽青段每公里平均造价为 7550 万元；永鹿段每公里平均造价为 7100 万元。整条金丽温高速公路，桥梁的里程有 70 多公里，隧道的里程超过 40 公里。工程于 1998 年 11 月 18 日在金华举行开工典礼，2005 年 12 月 23 日，金丽温高速公路全线贯通，并与甬台温、沪杭甬、杭金衢 3 条高速公路一起形成浙江省第一个高速公路大环网，实现各主要城市之间高速公路多道对接。

(一)岭下朱至西田畈段

1998 年 12 月 18 日，工程建设项目开工。工程长 20.27 公里，连接线长 11.78 公里，投资概算 6.70 亿元，途经金东区、武义县，该路段有隧道单洞 12 座，特大桥 1 座，大桥 1 座，中桥 6 座，涵洞 11 道，通道桥 43 座，互通立交 3 处，匝道长 6.87 公里。

2001 年 11 月 18 日，一期工程岭下朱至西田畈段完工。12 月 12 日通过交工验收，工程被评为优良工程。12 月 18 日 9 时 28 分，金华市人民政府和金丽温高速公路指挥部联合举行一期工程通车典礼。

(二)金华至丽水段

1998 年 12 月 18 日工程建设项目开工。2002 年 12 月 28 日，金丽温高速公路金华—丽水段建成通车。工程起于金华市金东区二仙桥，与杭金衢高速公路相接，经岭下朱、武义县西田畈、桐琴、永康市石城山、新店、缙云县新建、牛廷岭、丽水市莲都区里东、洪渡、双溪，终于莲都区富岭互通桩号 K2613 +0。全线采用四车道高速公路，全长 113.15 公里，设计速度 K0 ~ K68 +447 段：100 公里/小时；K68 +447 ~ K113 +147 段：80 公里/小时。K0 ~ K68 +447 段：整体式路基宽度 26 米，分离式路基宽度 13 米；K68 +48 ~ K113 +147 段：整体式路基宽度 24.50 米，分离式路基宽度 12.50 米。

(三)丽青段

2002 年 12 月 28 日，金丽温高速公路丽青段开工奠基仪式在青田县海口镇高沙村举行，于 2005 年 12 月 24 日全线通车。丽青段起自丽水莲都区富岭互通垟店，经岙村、石帆、祯埠、海口、芝溪、石溪、鹤城、温溪至终点青田与永嘉交界之花岩头。线路全长 75.71 公里，投资概算 54.97 亿元，按四车道高速公路技术标准设计，设计速度 80 公里/小时。其中路基折合双幅长度 25.03 公里，跨江大桥和沿江栈桥折合双幅桥梁长度 17.5 座、30.69 公里，隧道折合双幅长度 18.5 座、18.95 公里，互通式立交 5 处(石帆、海口、船寮、青田、温溪)，分离式立交 8 处，桥隧长度占路线全长的 67%(不计互通、通道桥及 330 国道改线桥梁)。

(四)温州西过境段

温州西过境段全线长 25.15 公里。1999 年 5 月 9 日，温州西过境段开工。

1999 年 12 月 28 日，双屿—古岸头段 6.78 公里建成通车。2000 年 12 月 12 日，瓯江大桥—双屿段 7.89 公里建成。

2001 年 12 月 5 日，温州西过境段通过交工验收，评为优良工程，12 月 25 日投入运营。

（五）永嘉—鹿城段

2002年9月30日，金丽温高速公路永嘉—鹿城段开工典礼在永嘉县梅岙村隆重举行，于2005年12月23日建成通车。工程起于青田与永嘉交界的花岩头，经过永嘉桥头镇、桥下镇，通过梅岙特大桥跨越瓯江进入温州鹿城区，与金丽温高速公路温州西过境段相接，全长21公里，投资概算15.68亿元，按四车道高速公路技术标准设计，设计速度80公里/小时。

2003年底，工程完成路基100%，大桥、特大桥49.20%，隧道37.70%，累计完成总工程量的43.70%。

2004年12月底，工程项目完成建设投资为年度计划的104.87%。是年完成的主要工程形象有：桥梁全部合龙；隧道全部贯通；完成路面工程的部分底基层。

八、杭州绕城高速公路

1994年4月15日，杭州绕城高速公路动工兴建。工程项目分西线、北线、东线、南线和杭金衢共用段五段建设，按全封闭、全立交的高速公路标准修建，设计速度100～120公里/小时。工程项目全长123公里，除杭金衢高速公路共用段外共有105公里，投资概算近70亿元。这条绕城公路是浙江省“两纵两横十八连三绕三通道”公路中的“一绕”，与沪杭、杭甬、杭宁、杭金衢、杭新景、杭徽、杭浦、杭绍甬、杭长、申嘉湖杭等10条高速公路及104、320两条国道，01、02、03三条省道相连接，是杭州交通贯通全省、连接全国的公路主枢纽。全线设有17个互通立交和2个大型公共服务区，建有钱江五桥、钱江六桥和运河大桥以及全省第一条双向六车道的黄鹤山隧道。2003年12月28日，杭州绕城高速公路全线贯通。杭州绕城高速公路总里程123公里，时为国内最长的绕城公路。

2004年12月31日，杭州绕城高速公路权益以82亿元的价格，从杭州绕城高速公路发展有限公司和杭州绕城高速西线发展有限公司成功转让给杭州国益路桥经营管理有限公司和杭州国业路桥经营管理有限公司。

（一）西段

1995年3月，杭州绕城高速公路西段工程开工。西段工程北起祥符桥，经余杭塘河、留下，南止于转塘狮子口，全长24.86公里。公路为双向4车道，设计速度100公里/小时。

2001年12月30日0点起全面整修后的杭州绕城高速公路西段与北段一期工程实现一体化通车营运。

（二）北段

1998年12月6日，杭州绕城高速公路北段一期工程开工。北段西起余杭塘河桥，东止于下沙，通过互通式立交与东段连接，全长37.93公里。一期工程余杭塘河桥—乔司，全长29.29公里。其中乔司—杭宁互通立交是浙江省第1条长达17公里的双向6车道高速公路。全段有互通立交10处，桥梁56座（计9819米），涵洞54处（计1995米）。

2000年10月，北段二期工程乔司—下沙段开工建设，2002年11月完工。乔司—下沙段全长8.63公里。2003年12月29日，工程通过竣工验收。

2001年12月1日，北段一期工程完工，12月22日通过交工验收。

是年12月29日，工程建成通车投入营运。

（三）东段

1999年9月28日，杭州绕城高速公路东段开工。东段北起海宁市沈士镇，与沪杭高速公路交叉桩号为 K23 +815,跨东西大道,经许巷下穿 01 省道后,进入乔司农场和下沙经济技术开发区,跨钱塘江,终于萧山红垦枢纽立交。全线采用平原微丘六车道高速公路,全长 23.48 公里,设计速度 120 公里/小时,K0 +000 ~ K14 +100 路基宽度 28 米,K14 +100 ~ K23 +481 路基宽度 34.50 米(其中下沙跨线钱塘江大桥 3.23 公里)。

2004 年 9 月 21 日,杭州绕城公路东段(含海宁境段)工程项目通过竣工验收。

(四)南段

2000 年 12 月 28 日,杭州绕城高速公路南段工程开工建设。工程项目西起转塘狮子口,经袁浦镇跨越钱塘江,东止萧山张家畈,与杭金衢高速公路衔接,全长 22.98 公里(其中袁浦跨钱江大桥 2.55 公里),投资概算 17.26 亿元,路基宽度 26 米,双向四车道,设计速度 100 公里/小时。2003 年 12 月 25 日,南段工程通过交工验收,评为优良工程。2003 年 12 月 28 日,南段工程竣工,举行通车典礼正式通车,并与全省高速公路联网收费。2005 年 12 月 29 日,杭州绕城高速公路南段工程通过竣工验收,并荣获 2005 年度浙江省建设工程钱江杯奖(优质工程)。

九、乍嘉苏高速公路浙江段(平湖乍浦—嘉兴王江泾)

1999 年 6 月 1 日,乍嘉苏高速公路浙江段开工建设。浙江段南起海盐县东西大道杨树桥村西,经西塘桥镇、新篁镇、余新镇、嘉兴市区西北侧、虹阳乡,北止于北墓城东侧大溪界河,接入江苏苏州境内,全长 53.83 公里,双向 4 车道(预留 6 车道),设计速度 120 公里/小时。设新篁、余新、嘉兴、象贤 4 个互通区及与沪杭高速公路交叉的枢纽 1 处。2002 年 10 月 8 日完工,12 月 28 日投入运营。

2003 年 11 月 20 日,乍嘉苏高速公路浙江段工程项目通过竣工验收。

十、萧山机场高速公路(钱江三桥—机场)

杭州萧山国际机场专用公路是省第六批“四自”工程,也是机场的配套工程,称为“省门第一路”。起自钱江三桥南岸,终于机场大门,途经滨江区西兴镇、萧山区宁围镇、新街镇、坎山镇,全长 18.66 公里。其中起点至杭甬枢纽互通路段 16.06 公里,为一级公路,路基宽 26.50 米,行车道 2 ×7.50 米,中央分隔带宽 3 米;杭甬互通至机场大门路段 2.60 公里为高速公路,双向六车道,全封闭、全立交,路基宽 36 米,行车道 2 ×11.50 米,中央分隔带宽 4.0 米。设计速度 100 公里/小时。全线设市心路互通和杭甬枢纽互通 2 处,主线桥总长 2000.11 米(枢纽互通 1026.11 米,市心路互通 974 米),匝道桥 8 座 592 米,分离立交桥 8 座,其中主线上跨 4 座 2489 米,主线下穿 4 座 1831.72 米,中桥 9 座 438 米,通道 32 座。特大桥、大桥桥面宽 21 米,其他桥涵与路基同宽。实际统计里程(至钱江三桥)为 18.73 公里。全线安装路灯,两侧各设宽 10 米绿化带,匝道区域绿化,规则式园林与自然式园林相结合,平视和空中俯视,都能感受透视美和全景美。投资概算 4.60 亿元。1999 年 6 月 5 日开工,2000 年 12 月 28 日完工。

2003 年 6 月,实施机场路与杭甬、杭金衢高速公路互通改造。位于萧山区新街镇和坎山镇。技术标准为一级互通立体交叉工程,匝道单向双车道。增设 4 条匝道,在机场公路与杭金衢高速公路分离立交处增设金华至钱江三桥和钱江三桥至金华两方向匝道;在机场公路与杭甬高速公路互通立交处增设宁波至钱江三桥和钱江三桥至宁波两方向匝道;并将以上两互通之间的机场公路及杭金衢高速公路 485 米拓宽为八车道。整个工程单向路线全长

10.30公里，其中桥梁总长2.34公里，投资概算3.42亿元。工程上跨杭甬高速公路、杭金衢高速公路、机场公路，主跨分别为55米、55米、42米。跨线桥均采用现浇箱梁满堂支架施工。是年12月1日完工。

2009年12月26日，萧山机场公路改建工程开工。改建工程历时三年，采用高速公路与城市道路相结合的形式。高速公路从西兴大桥至机场西大门，全长18.66公里，全程2/3路程为高架，其余路段为地面道路。高速公路设计速度100公里/小时，起点至机场公路与杭金衢高速公路相接口为双向六车道，路基宽度33米，此后至终点路段为双向八车道，路基宽度43米。高架下的地面道路为城市主干道，从起点至机场公路与杭金衢高速公路相接口，设计速度50公里/小时，道路宽度52.50米。改建后的机场公路全线设有7处互通立交，与萧山现有的主要道路及交通规划中的众多主次干道相通。

是年12月1日，机场公路互通立交工程全面完工；12月9日，工程通过交工质量鉴定；12月15日，工程通过交工验收；12月28日正式通车。

十一、杭徽高速公路浙江段（杭州—昱岭关）

2002年9月29日，杭州至安徽高速公路浙江段工程开工建设。工程起于杭州留下，与杭州绕城高速公路相连，止于浙皖交界的昱岭关，接入安徽省，全长约114公里，双向四车道。杭州—昱岭关高速公路是浙江省规划建设的“两纵两横十八连三绕三通道”公路主骨架的重要组成部分，是浙江省连接外省的重要通道之一。2006年12月25日，杭徽高速公路浙江段全线建成通车。

（一）昌化至昱岭关段

2002年9月29日，昌化—昱岭关段工程开工。工程起于临安市昌化镇，止于浙皖交界的昱岭关，全长36.68公里，按双向四车道高速公路技术标准设计，设计速度80公里/小时，设计概算10.22亿元。建设大桥14座、中桥7座、隧道3座、互通式3处，沿线龙岗镇建设高速公路服务区一处。

2004年12月25日，昌化—昱岭关段正式通车。

（二）汪家埠至昌化段

2003年12月29日，汪家埠—昌化段工程开工建设，工程起于临安与余杭交界的汪家埠，终点与昌昱段相接，全长67.41公里。其中汪家埠—徐家坞段24.23公里为新建路段，设计速度100公里/小时；徐家坞—昌化段43.18公里，利用现有02省道一级公路封闭改建，设计速度80公里/小时。2006年12月26日通车，投资概算16.79亿元。

（三）留下—汪家埠段

2004年8月30日，留下—汪家埠段工程开工建设。工程起于杭州绕城高速公路留下互通，终点与汪家埠—昌化段相接，全长18.30公里，双向四车道，总投资16.25亿元，2006年12月25日通车。

2010年，留下至汪家埠段工程通过竣工验收。

十二、甬金高速公路（宁波里仁堂—金华傅村）

2002年9月30日，甬金高速公路工程开工建设。甬金高速公路是浙江省规划建设的“两纵两横十八连三绕三通道”公路主骨架的重要组成部分，起自宁波市里仁堂，接宁波绕城公路西段，止于金华市傅村，经宁波、绍兴、金华3个地区，包括鄞州、奉化、新昌、嵊州、东阳、义乌、金东等县(市、区),接杭金衢高速公路,全长约184公里,全线按双向4车道高速公路标准建设。设16处互通式立交,设计概算75.18亿元。

2005年12月28日,甬金高速公路全线建成通车。

(一)宁波段

2002年12月31日,宁波段工程开工建设。宁波段起自里仁堂,止于奉化与新昌交界的剡界岭,全长42.25公里。其中起点—溪口互通段路基宽度26米,设计速度100公里/小时,溪口互通—剡界岭段路基宽度24.50米,设计速度80公里/小时。

2005年12月28日,宁波段全线建成通车。

(二)金华段

2002年11月,金华段开工建设。金华段起自白峰岭隧道,止于金华傅村,全长69.75公里。路基宽度26米,设计速度100公里/小时。

2005年12月28日,金华段全线建成通车。

(三)绍兴段

2003年4月22日,绍兴段工程开工建设。绍兴段起自剡界岭,止于嵊州与东阳交界的白峰岭,全长73.56公里。其中剡界岭—黄泽段路基宽度24.50米,设计速度80公里/小时;黄泽—白峰岭段路基宽度26米,设计速度100公里/小时。

2005年12月28日,绍兴段全线建成通车。

十三、"两龙"高速公路(龙游—丽水—龙泉)

"两龙"高速公路由龙游至丽水、丽水至龙泉段组成,全长222.30公里。工程于2001年3月29日动工,2007年12月25日全线建成通车。其中龙丽线119.78公里,丽龙线102.50公里,投资概算105亿元,是浙江省高速公路规划建设"二纵、两横、十八连、三绕三通道"中十八连之两连。

(一)龙游至丽水段

工程于2003年1月开工,2006年12月31日通车。起于龙游吕塘角枢纽,接杭金衢高速公路和杭新景高速公路龙游支线,经龙游、遂昌、松阳、莲都,止于丽水市莲都区北埠枢纽,与丽水至龙泉高速公路相接,全长119.78公里,其中改建段(利用已建成或在建一级公路改建为高速公路)80.85公里,新建段38.93公里。双向四车道,设计速度80~100公里/小时,设有互通9个、枢纽1个。改建段2001~2003年期间陆续开工。

1. 莲都段

2005年6月28日,龙丽一级改高速莲都段工程项目开工建设。工程线路长3.28公里,起点为松阳县与莲都区交界,终点为大港头镇北埠村。工程项目批复概算为1.88亿元。

2006年12月底,莲都段堰后至北埠和北埠至均溪计64公里建成通车。

2. 龙游段

2005年6月,龙丽一级改高速(龙游、松阳、莲都区新建段)工程开工建设。龙游、松阳、莲都区新建段全长52.48公里,投资概算16.08亿元。

是年7月,龙游段动工建设。工程新建一座长782米的跨衢江大桥和一座长625米的跨320国道、浙赣铁路的立交桥,还包括龙游、溪口2个出入口互通和1个服务区,工程投资概算7.40亿元。

2006 年 12 月 31 日，龙游经北埠至龙泉段建成通车。同日，龙游至丽水高速公路建成通车，并投入试运营。

（二）丽水至龙泉段

工程于 2001 年 3 月 29 日动工，2007 年 12 月 25 日建成通车。丽水至龙泉高速公路，起于莲都区富岭枢纽，与金丽温高速公路相接，经莲都、云和、龙泉，终于龙泉城关大猫亭，全长 102.46 公里，其中改建段（利用已建成或在建一级公路改建为高速公路）76.56 公里，新建段 25.90 公里。双向四车道，设计速度 60 ~ 80 公里/小时，设有互通 6 个、枢纽 2 个。

2005 年 6 月 28 日，丽龙高速公路开工建设。丽龙高速公路丽水—龙泉在建段 102.50 公里，其中云和段 44.10 公里、龙泉段 32.50 公里，莲都段 25.90 公里。2006 年 12 月 31 日，丽龙高速公路建成通车，并投入试运营。

1. 云和、龙泉段

丽龙一级改高速（云和、龙泉改建段）全长 63.26 公里，概算金额 34.50 亿元。

2006 年 12 月，丽龙一级改高速（云和、龙泉改建段）建成通车。

2. 莲都、云和段

2005 年 6 月，丽龙一级改高速（莲都、云和新建段）开工建设。丽龙一级改高速（莲都、云和新建段）全长 38.67 公里，概算金额 19.03 亿元。

6 月 28 日，丽龙高速莲都段工程项目投入建设。工程线路长 26.31 公里，双向四车道，起点为金丽温高速公路富岭枢纽，终点为莲都区与云和县交界的均溪村。工程批复概算为 12.53 亿元。

2007 年 12 月 25 日，丽龙高速公路莲都段建成通车。

十四、申苏浙皖高速公路浙江段（湖州南浔—浙皖交界处界牌段）

工程于 2003 年 7 月 1 日开工，2006 年通过竣工验收，全线建成通车。申苏浙皖高速公路浙江段是浙江省“两纵两横十八连三绕三通道”公路主骨架的重要部分，东起湖州南浔，与江苏省境段相接；西至长兴界牌，与安徽省相连，全长 88.20 公里，设互通立交 7 处、服务区 2 处，投资概算 51.95 亿元。

（一）南浔至姚家桥段

2003 年 7 月 1 日，南浔至姚家桥段开工建设。工程东起湖州南浔，经织里、湖州、李家巷，止于长兴姚家桥，与姚家桥—界牌（浙皖界）高速公路相连，全线设 5 处互通式立交，全长 60.92 公里，投资概算 40 亿元；同步建设湖州互通立交连接线 3.40 公里；主线采用双向六车道高速公路技术标准设计，路基宽度 28 米，设计速度 120 公里/小时，全长 60.92 公里。

是年 8 月 5 日，弁山隧道开工。隧道全长 1050 米。

2005 年 5 月 19 日，弁山隧道成功贯通。

2010 年 12 月 31 日，湖州南浔至长兴姚家桥段项目通过竣工验收。

（二）姚家桥至界牌段

2004 年 8 月 1 日，姚家桥至界牌段开工建设。工程起点为湖州市长兴县姚家桥镇，终点为浙皖交界的界牌处，起讫桩号为 K60 + 885 ~ K88 + 225，总长 27.40 公里。工程利用现有 318 国道一级公路进行改造，路基宽 25.50 米，双向四车道，设计速度 100 公里/小时，设计荷载为汽车 - 超 20 级、挂车 - 120。工程采取右半幅通车，左半幅封闭施工方式。当年完成投资1.03亿元。2005年10月15日,左幅工程通过省交通厅工程质量监督站的交工质量鉴定,11月25日通车。

2006年,申苏浙皖高速公路浙江段全线建成通车。2010年12月31日,申苏浙皖高速公路(浙江段)长兴姚家桥段至浙皖界牌段项目和湖州南浔至长兴姚家桥段项目通过竣工验收。

十五、杭新景高速公路浙江段(杭州—千岛湖—龙游吕塘角)

工程于2003年3月28日开工建设,2010年8月31日袁浦至洋溪段工程项目通过竣工验收。杭千高速公路线路东起西湖区袁浦镇,与杭州绕城高速公路南线相接,经富阳、桐庐、建德,西至洋溪枢纽互通,再一路分至淳安千岛湖,一路经寿昌至龙游与杭金衢高速公路相接,全长约190公里。

(一)袁浦至建德洋溪段

袁浦至建德洋溪段全长108.23公里,按双向六车道标准建设,设计速度120公里/小时。

2003年3月28日,袁浦至富阳中埠段开工建设。工程全长31公里。

是年12月,富阳中埠至建德洋溪段开工建设。工程全长77.13公里。

2005年12月26日,袁浦至富阳中埠段和富阳中埠至建德洋溪段同时建成通车。

2010年8月31日,杭新景高速公路袁浦至洋溪段工程项目通过竣工验收,工程质量和建设项目综合评价等级均为优良。10月28日,省交通运输厅以浙交办〔2010〕303号文印发《关于印发杭新景高速公路袁浦至洋溪段工程竣工验收鉴定书的通知》。

(二)千岛湖段

2004年4月28日,杭新景高速公路千岛湖段工程开工建设。工程全长20.20公里,投资概算12亿元,为双向四车道高速公路,设计速度80公里/小时,2006年10月28日建成通车。

(三)建德洋溪至寿昌段

2004年6月1日,建德洋溪至寿昌段开工建设。洋溪至寿昌段全长24.7公里,双向六车道,设计速度120公里/小时,2006年12月25日建成通车。

(四)建德寿昌至龙游吕塘角段

2004年6月29日,杭新景高速公路龙游支线龙游段开工。龙游支线起点位于建德寿昌,与杭新景高速公路建德段相连,沿320国道西侧,经曲斗桥、梅岭进入龙游境内,经横山大平坂、塔石,终点在小南海镇吕塘角,全长37.60公里,投资概算16亿元,设计速度100公里/小时。与杭金衢高速公路相交后,与龙丽高速相连,相互形成“十”字交叉。其中龙游段全长20.30公里,双向四车道高速公路,设计速度100公里/小时,路基宽度26米,沥青混凝土路面,工程包括塔石一级连接线8.50公里,设互通立交两处,管理中心、服务区各一处,工程投资概算8.60亿元。2006年12月8日,龙游段建成通车。12月25日,建德段17.3公里建成通车。

(五)富阳互通工程

2009年12月27日,杭新景高速富阳互通工程开工建设。高速公路设计速度120公里/小时,匝道设计速度40公里/小时,起点位于新中线,采用单喇叭形式,增设5条匝道与杭新景高速公路相接,匝道总长为2192米,其中杭新景高速公路改造长度为1236米。工程总用地15.54公顷，投资概算1.38亿元。工程建成后，与杭新景高速公路和鹿山大桥相贯通，成为富阳的一个主入城口。

十六、杭州湾跨海大桥南岸、北岸接线（海盐郑家埭—慈溪市庵东镇北）

（一）杭州湾跨海大桥

2003年6月8日，杭州湾跨海大桥举行工程奠基仪式，11月15日主体工程第一桩顺利施工，12月8日大桥全面开工，于2007年6月26日全线贯通，并于2008年5月1日晚11时58分正式通车。杭州湾跨海大桥北起海盐县郑家埭，跨越杭州湾海域后止于慈溪市庵东镇北，全长36公里。桥为双向六车道高速公路，设计速度100公里/小时，投资概算118亿元。

（二）大桥南岸接线段

2001年12月，杭州湾大桥南岸进场道路开工。工程起于沿海北线与芦庵公路交叉口，终于拟建的杭州湾大桥南岸桥址，全长6.68公里。按二级公路标准建设，概算投资3800余万元。

2003年10月28日，杭州湾跨海大桥南岸接线项目通过交通部组织的初步设计专家评审；11月，南岸接线工程试验路段开工。工程起自慈溪市庵东镇北，终于宁波市江北区前洋镇绕城高速公路连接点，全长57.43公里，六车道高速公路，设计速度120公里/小时。南岸接线工程投资概算51.96亿元。

2004年8月16日，南岸接线工程开工。工程起自慈溪市庵东镇北，终于宁波市江北区前洋镇绕城高速公路连接点，全长57.43公里，按六车道高速公路技术标准设计，设计速度120公里/小时。

2005年10月5日南岸接线长溪岭隧道左线隧道贯通。12月18日，长溪岭隧道全线贯通。隧道全线长1.55公里，分左右两条隧道。左线隧道为宁波至上海方向，进口位于江北南联村，出口到慈溪掌起长溪村，长775米，右线隧道为上海至宁波方向，长765米，左右隧道净宽各14.75米，高度7.50米，均按三车道标准设计，设计速度120公里/小时。

2005年年底，南岸接线完成形象进度61.40%。

2006年年底，南岸接线完成总体形象进度86.30%。

2007年12月26日，南岸接线建成通车。

（三）大桥北岸接线段

2004年11月25日，大桥北岸接线工程开工。工程为南北走向的高速公路，起自嘉善县步云，接沪杭高速公路和规划建设的嘉兴至江苏南通高速公路，经平湖，终于海盐县郑家埭杭州湾跨海大桥北岸引线起点，全长24.79公里，按六车道高速公路技术标准设计，设计速度120公里/小时，投资概算22.39亿元。路基宽35米。桥涵设计荷载为汽-超20、挂-120。设4个互通立交（步云枢纽、平湖、海盐枢纽、海盐）。

2007年12月29日，大桥北接线建成通车。

十七、台金高速公路（临海水洋—永康段）

工程于2002年12月29日开工建设，2011年10月11日，台金高速公路项目全面建成。台金高速公路是浙江省规划建设的“两纵两横十连一绕一通道”公路主骨架的重要组成部分，起自临海水洋，接甬台温高速公路和拟建的椒江至水洋公路，经临海、仙居、缙云，止于永康市前仓，接金丽温高速公路，全长约126公里，按四车道高速公路标准建设。全线分东、西

线两段，东线工程临海水洋至仙居城关段全长 60.42 公里，西线工程仙居城关至永康前仓段，全长约 67.83 公里。

（一）临海水洋—仙居城关段

2002 年 12 月 29 日，东线临海水洋—仙居城关段开工建设，于 2006 年 12 月 28 日建成通车。工程全长 60.42 公里，设计概算 36.02 亿元，整体式路基宽度 26 米，双向四车道，设计速度 100 公里/小时；起点建水洋枢纽互通，与甬台温高速公路相衔接。途经临海 7 个镇（街道）、仙居 5 个镇（街道），建古城、城西、白水洋、下各、仙居五处互通及张家渡服务区。互通连接线长 8.10 公里，按二级公路技术标准设计。全线特大桥 8505 米/8 座，大桥 4421 米/17 座，中小桥 2%9 米/50 座，占路线总长 80.70 公里（包括匝道）的 19.60%；隧道 9 条，总长 10311 米，占路线总长度的 12.8%；软基处理长度为 11.48 公里，占路线总长度的 14.2%。

（二）西线仙居城关—永康前仓段

2003 年 12 月 29 日，仙居城关—金华永康前仓段开工建设，于 2008 年 12 月 25 日通过交工验收。工程终点在永康前仓与金丽温高速公路相接，全长 67.83 公里。途经仙居 6 个镇（街道）、缙云 2 个镇、永康 2 个镇，有特大桥 2250 米/3 座，大桥 2380 米/13 座，中小桥 1543 米/24 座；隧道 23370 米/17 条，概算投资 39 亿元，其中缙云与仙居交界的苍岭隧道工程 12 公里（主隧道长 7580 米，系全省最长的公路隧道）。全线建白塔、横溪、壶镇、前仓四处互通式立交。

2004 年 1 月，苍岭隧道开工建设，左洞于 2006 年 5 月 23 日贯通，右洞于 2006 年 11 月 27 日贯通。

是年 10 月 1 日，苍岭隧道—永康前仓段开工建设。苍岭隧道—永康前仓段长 25 公里。

是年 10 月 29 日，仙居城关—苍岭隧道段开工建设。仙居城关—苍岭隧道段长 30.64 公里。

是年 12 月 25 日，仙居城关—永康前仓段工程完成路基填挖 17.70 万立方米，累计完成工程产值 867 万元。

2004 年年底，苍岭隧道工程掘进 3.75 公里，占隧道总长的 48%，累计完成总工程量的 36.5%。形象进度为 35%。

（三）金华段

2004 年 8 月 28 日，台金高速公路金华段开工建设，于 2008 年 1 月 26 日通车。金华段都在永康境内，全长 16.28 公里（包括匝道 4.60 公里），设计速度 100 公里/小时，路基宽度 26 米，双向四车道。工程建有 1773 米长隧道 1 条，服务区 1 个，并在前仓设立与 330 国道的互通式立交和金丽温高速公路枢纽。工程投资概算金额 7.08 亿元。

（四）缙永段

2004 年 11 月，台金高速公路缙永段开工建设，2008 年 12 月 25 日通过交工验收。缙永段全长 29.11 公里，概算金额 18.32 亿元。

（五）仙居至缙云段

2004 年 11 月，仙居至缙云段开工建设，2008 年 12 月 25 日通过交工验收。工程全长 38.72 公里，概算金额 20.77 亿元。

（六）东延段

2007 年，台金高速公路东延段开工建设。东延段建设里程 24.70 公里，投资概算 23.17 亿元。东延段椒江段工程，全长 11.30 公里，投资概算金额 14 亿元。

2010 年，东延线椒江段完工，路全长 11.80 公里，路基宽 26 米，四车道标准，设计速度 100 公里/小时，项目投资概算 14 亿元。2011 年 10 月 7 日，台金高速公路东延段工程交工验收。

十八、诸永高速公路（绍兴诸暨市—温州永嘉）

诸永高速公路是浙江省公路水路交通建设规划中公路网主骨架“两纵两横十八连三绕三通道”中的一连，它起于绍兴的诸暨市直埠镇植树茂村，经诸暨的岭北镇入金华的东阳市，经东阳的江北、横店、磐安的安文镇，到仙居县城，再向温州永嘉与甬台温高速公路相连。全长约 225 公里，双向四车道，设计速度 80 公里/小时，投资概算 166 亿元。

（一）金华段

2004 年 9 月 29 日，金华段开工建设。金华段起自枫树岭隧道，止于磐安与仙居交界的双峰隧道，全长 66.88 公里。其中东阳境内 47.10 公里，磐安境内 19.70 公里，双向四车道，投资概算 46.10 亿元，设有歌山、湖溪、横店、马宅、磐安、双峰六个互通，与甬金高速公路相交于怀鲁枢纽，设服务区 2 处，采用交通部颁《公路工程技术标准》（JTG B01 - 2014）双向四车道高速公路技术标准设计，项目投资概算 46.13 亿元。

2008 年 12 月 23 日，金华段通过交工验收。

2009 年 1 月 2 日，金华段建成通车。是日，诸永高速磐安收费站、双峰收费站开间通行，诸永高速诸暨至磐安段正式开通。

（二）温州段

2004 年 12 月 28 日，温州段开工建设。温州段起自括苍山隧道，终点在永嘉与温州绕城高速公路北段相接，全长约 64.80 公里，工程投资概算 52.60 亿元。

2010 年 7 月 22 日，温州段 64.60 公里建成并同步通车。12 月 24 日，温州段延伸工程（温州瓯江过江通道项目）举行动工仪式，工程投资概算 26.40 亿元。

（三）绍兴段

2005 年 1 月 6 日，绍兴段开工建设。工程起自诸暨市直埠镇植树茂村，与杭金衢高速公路 K549 + 168 相接，止于诸暨与东阳交界的枫树岭隧道与诸永高速金华段相接，全长 52.40 公里，全线按四车道高速公路标准建设，设计速度为 80 公里/小时，路基宽 24.50 米，工程投资概算 30.51 亿元。绍兴段在诸暨市境内设直埠、诸暨北、诸暨东、街亭、璜山、陈宅 6 处互通立交，需建特大桥及大、中桥梁 24 座，累计桥长 8393 米，开挖隧洞 10 个，累计长 8256 米，最长的为雪山隧道，长 2025 米。

2008 年 12 月 22 日，绍兴段通过交工验收。

（四）台州段

2005 年 3 月 16 日，台州段工程开工建设。台州段起自双峰隧道，止于仙居与永嘉交界的括苍山隧道，全长约 41.60 公里，投资概算 35.50 亿元。在仙居的埠头、白塔、柯思三处设置“埠头互通”“神仙居互通”“公盂岩互通”，与台金高速公路相接处设置枢纽，在白塔镇寺前村设置一个服务区。

是年 8 月 15 日，诸永高速公路的控制性工程括苍山隧道工程正式开建。括苍山隧道位于仙居、永嘉交界处的崇山峻岭中，全长7.93公里，在仙居县境内长5.80公里，该隧道由中铁16局集团三公司承建。

2010年7月22日0时9分，台州段正式通车。诸永高速南线（仙居和永嘉段）与诸永高速北线（北起诸暨直埠，南至磐安双峰）连成一体。即诸永高速公路全线正式通车。

十九、杭浦高速公路浙江段（杭州绕城高速—浙沪交界界河）

杭浦高速公路浙江段起自杭州绕城高速公路北线的大井互通，经翁埠、盐官、丁桥、袁花、通元、武源、西塘、当湖、黄姑，终于浙沪交界处的界河，与上海境内的莘奉高速公路相接，全长112公里。全线按双向六车道高速公路标准设计，设计速度120公里/小时，投资概算92.78亿元。2004年12月28日，浙江段开工建设，2007年12月29日建成，2008年1月28日正式通车。

（一）大井—海宁袁花段

2004年12月28日，浙江段大井—海宁袁花段开工建设。工程全长54.92公里。其中杭州境段地处余杭区，全长9.90公里，工程总投资约14亿元，2005年9月局部开工，2006年5月全面开建。

2007年年底全面完工。

（二）海宁袁花—平湖新仓段

2004年12月28日，海宁袁花—平湖新仓段开工建设，全长56.68公里。

二十、申嘉湖杭高速公路浙江段（练市杭州段、嘉兴段、湖州段）

（一）练（市）杭（州）段

2006年10月，练（市）杭（州）段开工建设。工程起于湖州市南浔区练市枢纽，经练市、桐乡西、新市、新安、雷甸、塘栖、崇贤，终点为崇贤枢纽，接杭州绕城高速公路北线，全长50.91公里，概算金额45.58亿元。跨越浙江嘉兴、湖州、杭州3个地市。其中杭州段全长9.13公里，全线按照双向4车道高架桥设计，将跨越京杭大运河建设特大桥一座、跨越绕城高速公路建设枢纽组合互通一座，在塘栖镇建设双喇叭互通一座。湖州段全长28.27公里。嘉兴桐乡段全长13.08公里，投资概算8.60亿元。桐乡段起自桐乡市石门镇周墅塘村与湖州市德清县交界处，终于桐乡市洲泉镇坝桥村与德清县交界处。

2010年1月27日，练杭段通过由省发改委和省交通运输厅组织的交工验收。2月6日零时，正式投入试营运。至此，申嘉湖杭高速公路实现全线贯通。

（二）嘉兴段

2004年9月30日，嘉兴段开工。嘉兴境内段起自上海市枫泾镇南长滨，与上海段终点相接，经嘉善姚庄、干窑、洪溪、天凝、秀洲区油车港、王江泾、新塍、桐乡乌镇至终点湖州交界处与湖州段相接，全长58.74公里，概算金额51.69亿元。路基宽度35米，桥涵设计荷载：汽车－超20级，挂车－120。设9个互通立交（姚庄、西塘、洪溪、油车港、王江泾、观音桥枢纽、新塍、濮院、乌镇），5条连接线，1个主线收费站。2004年度完成投资19216万元。

2007年12月29日，申嘉湖（杭）高速公路嘉兴段建成。

2008年1月28日，嘉兴段通车。

（三）湖州段

2004年9月30日，湖州段开工。湖州段途经练市、双林、和孚、八里店、道场和湖州经济技术开发区，全长42.90公里，设计速度120公里/小时，概算金额31.79亿元。工程按交通部颁发的《公路工程技术标准》JTG B01－2014标准设计，按预留六车道高速公路标准建设，路面先按四车道建设，路基及桥涵等结构物按六车道标准一次性建成，路基宽度35米。桥涵设计荷载：汽车－超20级，挂车－120。2007年12月29日，湖州段建成。2008年1月28日通车。

二十一、杭长高速公路（杭州绕城高速西湖区三墩镇—长兴泗安）

2005年4月30日，杭长高速公路工程举行开工典礼。杭长高速公路是浙江省高速公路主骨架“两纵、两横、十八连、三绕、三通道”中的一连，也是浙江省主动接轨大上海、融入“长三角”经济圈的重要基础设施。杭长高速公路起于杭州绕城高速公路北段的西湖区三墩镇，终点为长兴泗安互通与申苏浙皖高速公路相衔接，全长85公里（其中：一期为安城—泗安段，19公里；二期为杭州—安城段，66公里），全线按四车道高速公路标准建设，设计速度为120公里/小时，投资概算90亿元。2012年12月26日，杭长高速公路全线建成通车。

（一）安城—长兴泗安

2005年4月30日，安吉安城—长兴泗安段工程开工。工程起点为安吉县安城镇圣堂届村西侧，经安诚龙湾、吟诗村、小姚墩村、闸门村、台塘村，终点与申苏浙皖高速公路泗安段相连，全长19公里，按双向四车道高速公路标准设计，路基宽度26米，设计速度120公里/小时。

2008年1月1日，安吉安城—长兴泗安段正式开通运营，实现了湖州市每个县（区）通高速的目标。

（二）杭州—安城段

杭州—安城段工程全长约66公里（杭州境段约43.40公里，湖州境段22.60公里）。

1.湖州段

2008年12月18日，湖州段工程举行开工典礼。湖州段全长22.60公里，投资概算19.30亿元。

2009年3月25日，湖州安吉段正式破土动工。4月，湖州段全面开工。12月17～18日，工程进行交工验收。

2.杭州段

2008年12月29日，杭州段开工建设。工程起点位于杭州绕城高速公路北段K87＋360，与杭州市规划的紫金港路对接。终点位于杭州市余杭区与安吉县交界处，与杭长高速公路安吉段起点相接，杭州段工程全长43.40公里，批准概算为46.76亿元。四车道，起点至百丈特长隧道进口段路基宽度28米，百丈特长隧道进口至本项目终点路基宽度26米，设计速度为120公里/小时。

2009年12月17～18日，杭州段工程进行交工验收。

二十二、宁波绕城高速公路（宁波镇海区—姜山—颜家桥）

宁波绕城高速公路分为东西两段，其中西段已于2007年12月26日建成通车，东段于2010年年底建成通车。

（一）西段

2003年12月28日，宁波绕城高速公路西段工程开工建设。西段工程起自宁波市镇海区骆驼镇颜家桥村，经江北区的洪塘镇跨萧甬铁路，在裘市附近与杭州湾跨海大桥南接线相接；在大西坝下游跨越杭甬运河（余姚江），经高桥镇与杭甬高速公路相交；经集士港镇、古林镇,与鄞州大道、甬金高速公路相接;跨越奉化江,在姜山与同三国道主干线宁波段相接。全长 42.80 公里,投资概算 38.80 亿元,其中前洋—朝阳路段为八车道,路基宽度为 42.50 米,该路段长度约 22 公里。其余为双向六车道建设,路基宽度 35 米,设计速度 120 公里/小时。项目投资概算 43 亿元人民币。西段全线共建保国寺互通立交、高桥枢纽(杭甬高速节点)、横街互通立交(鄞区大道节点)、宁波西枢纽(甬金高速节点)、朝阳互通立交和姜山北枢纽(同三高速节点)六座互通式立交。另外,杭州湾大桥南岸连接线与绕城高速公路(西段)连接处,设宁波北互通立交。舟山大陆连岛工程建成后,是连接上海与舟山的最佳通道。西段主要功能是服务过境、疏港和城市出入境交通。

2007 年 12 月 23 日,西段工程顺利通过交工验收。12 月 26 日,进行试通车。

(二)东段

2007 年 11 月 8 日,宁波绕城高速公路东段开工建设。东段起自姜山北枢纽,经云龙、五乡、好思房、临江、沙河,止于颜家桥,全长 43.50 公里,连接甬台温复线,甬台温高速公路、穿山疏港高速公路及甬舟高速公路。公路按双向八(六)车道高速公路标准建设,设计速度 100 公里/小时,设计使用寿命 100 年。主线 99% 路段为高架桥,共设 11 处互通式立交,1 处服务区,1 处管理中心;其中有连接宁波绕城高速公路西段和甬台温高速公路的姜山北枢纽,连接象山港跨海大桥连接线的云龙枢纽,连接甬台温高速公路的五乡枢纽,连接穿山疏港公路和甬舟复线高速公路的好思房枢纽,连接甬舟高速公路的蛟川枢纽投资概算达 86.50 亿元。是日,东段甬江特大桥工程第一根钻孔灌注桩。

2011 年 11 月,东段(临江互通至严家桥段)完工。12 月 15 日,东段镇海段全线贯通。镇海段起自九龙湖互通,经沙河互通、蛟川枢纽至临江互通,全长 13 公里,99.7% 的路段为高架桥,设计速度为 120 公里/小时。其中,九龙湖互通到沙河互通一段为双向六车道,沙河互通到临江互通一段为双向八车道。12 月 23 日,临江互通至严家桥段通过交工验收后投入试运营。12 月 28 日,东段镇海段开通运营。

二十三、温州绕城高速公路(温州鹿城区—罗溪村)

温州绕城高速全长约 154 公里。全线采用六车道高速公路标准设计,设计速度 100 公里/小时,整体式路基宽度 33.50 米,分离式路基宽度 16.75 米。

2005 年 6 月 30 日,温州绕城高速公路北线一期工程开工建设。工程路线起于温州市鹿城区仰义乡前京村,设仰义枢纽与金丽温高速公路相接,往东穿过鹿城工业园区跨过瓯江,进入永嘉县瓯北镇和一村、和二村、和三村,沿山体隧道经上白岩村、下白岩村、黄田岙村、外窑村、新寿湾村,跨过楠溪江,在罗溪村与诸永高速公路相接。路线折向东偏南方向,经罗溪村、北岙村、仙客村、龙头村、木桥村、龙下村,进入乌牛镇境内的马岙村、大联村、茅楼村、横岗岙村、新庄村、古塘村,然后跨过永乐河,进入乐清市北白象镇的下安村、新桥村、陈家桥村、皇岙村、高中村、高东村、高西村,以北白象枢纽与甬台温高速公路相接。全长约 26.70 公里,共有桥梁 19 座,其中特大桥 5 座,大桥 3 座,中小桥 11 座;隧道 5 条,其中长隧道 4 条,短隧道 1 条;设枢纽互通 3 处,一般互通 2 处,预留互通 1 处,分离立交 1 处。另有连接线 3.47 公里。

2010 年 2 月 13 日,北白象枢纽至瓯北互通段建成通车。7 月 22 日,北线一期工程 26.70 公里全线建成通车。

2011 年 7 月，温州绕城高速公路北线二期工程、西南线工程同步开工建设。

二十四、黄衢南高速公路浙江段（浙江开化西坑—江山廿八都）

黄衢南高速公路是浙江省内路段黄衢南是浙江省交通规划的二纵二横十八连三绕二通道的关键一连，是浙皖闽三省的省际快速通道，也是衢州市迄今为止投资最大的交通项目。该项目起自皖浙交界开化县西坑口，接安徽省拟建的黄山至衢州高速公路安徽段，经开化县马金、开化、常山县芳村、五里、柯城、江山市峡口，终于江山市廿八都，接福建省在建的浦城至南平高速公路，全长 159.50 公里。其中衢南段（常山五里至江山廿八都）86.50 公里，衢黄段（开化西坑口至常山五里）74.09 公里。全线采用双向四车道高速公路标准设计，路基宽分别为 26 米、24.50 米，设计速度 80 ~ 100 公里/小时，项目投资概算 90 亿元。

2005 年 10 月 28 日，黄衢南高速公路浙江段工程正式开工。

（一）衢南段

2005 年 10 月 28 日，衢南段开工建设，衢南段起于衢州常山县五里村，与杭金衢高速公路相接，终点在浙闽省界上巾竹附近路段，与福建省浦南高速公路相接；双向四车道，设计速度分区段有 80 公里/小时、100 公里/小时，全长 86.48 公里，投资概算 42.24 亿元。

2008 年 11 月，衢南段完工，通过交工验收后投入试运营。12 月 24 日正式通车。

（二）衢黄段

2007 年 1 月，衢黄段开工建设。衢黄段（开化西坑口至常山五里）全长 74.09 公里，投资概算 47.84 亿元。

2011 年 1 月 27 日，衢黄段全线建成通车。

2010 年浙江省高速公路情况如表 1-2-1 所示。

2010 年浙江省高速公路一览表 表 1-2-1

线路名称	线路编号	起讫地点	起点桩号	止点桩号	合计（公里）	四车道（公里）	六车道（公里）	八车道及以上（公里）
合计	—	—	—	—	3383.006	2536.986	573.184	272.836
京台高速	G3	西坑品—廿八都沙家排	1382.21	1544.005	161.795	161.795	—	—
沈海高速	G15	上海界苍南分水关	1346	1830.885	484.003	327.546	115.503	40.954
长深高速	G25	父子岭—龙泉	2191	2714.348	378.334	318.392	59.942	—
沪渝高速	G50	南浔镇楼东村东侧—界牌	111	199.225	88.225	27.622	60.603	—
杭瑞高速	G56	留下—昱岭关	0	122.286	122.286	122.286	—	—
沪昆高速	G60	枫泾—常山窑上	65	457.333	350.434	271.605	—	78.829
杭州湾环线高速	G92	平湖塘—高桥枢纽	98.3	301.164	183.992	2.014	68.904	113.07
常台高速	G15W	吴江大溪港—大村	100	336.489	166.806	166.806	—	—
宁波绕城高速	G1501	0—宁波北	0	84.647	25.155	—	7.801	17.354
甬金高速	G1512	西楼—185.56	0	185.56	185.56	185.56	—	—
温丽高速	G1513	南白象—丽水（与 G25 相接）	0	116.143	116.143	116.143	—	—
杭州绕城高速	G2501	许村镇报国村北—终点	0	123.352	122.352	83.391	38.961	—
甬舟高速	G9211	蛟川收费站—双桥	22	58.225	36.225	32.125	4.1	—

续上表

线路名称	线路编号	起讫地点	起点桩号	止点桩号	合计（公里）	四车道（公里）	六车道（公里）	八车道及以上（公里）
北仑支线	S1	姜山—新矸	0	37.262	36.792	36.792	—	—
杭州支线	S2	许村镇报国村南—红垦枢纽	0	39	38.961	22.15	16.811	—
杭州机场高速	S4	钱江三桥—机场	16.094	18.728	2.634	—	—	2.634
宁波支线	S5	高桥—潘火	0	19.995	19.995	—	—	19.995
杭州湾北接线	S7	魏塘—海盐界	24	44.922	20.922	—	20.922	
温州绕城高速	S10	仰义—乐清北白象	0	26.4	26.4	—	26.4	
乍嘉苏高速	S11	海盐界南湖青龙港	0.5	25.423	24.923	24.923	—	—
申嘉湖高速	S12	姚庄浙江界—100.978	0.1	100.978	100.878	40.428	60.45	
练杭高速	S13	练市镇嵇家庄—绕城	0	50.34	50.316	48.716	1.6	
杭长高速(一期)	s14	安城—泗安	67.406	85.946	18.54	18.54		
杭州北支线	S16	杭州大井—绕城东枢纽	-1.273	15.461	16.734		16.734	
诸永高速	S26	直埠—永嘉罗东	0	223.802	223.802	223.802		
台金高速	S28	谢岙村—善塘	29.99	158.309	128.319	128.319		
杭新景高速	S31	杭州南—寿昌	-1.018	73.431	74.449		74.449	
千黄高速	S32	洋溪—千岛湖镇坪山	0	20.807	20.807	20.807		
龙丽高速	S33	寿昌—北埠	0	157.224	157.224	157.224		

注：省级高速公路按《浙江省高速公路命名和编号规则》（浙交〔2010〕1 号）进行编号。

第二节　国　　道

浙江省有 6 条国道主干线，分别为“G104”“G205”“G318”“G320”“G329”“G330”。民国 35 年（1946 年）6 月，交通部公路总局转发行政院核准第一期国道网，其中浙江国道五条，编号及线名根据公路总局原表标列。“122—上海南昌线”“125—南京象山线”“126—杭州贵池线”“127—永嘉龙游线”“128—龙游建阳线”。民国 36 年（1947 年）将部定五条国道以杭州为中心，分为 7 线：01 - 杭长线、202 - 杭浦线、203 - 杭沪线、204 - 杭徽线、205 - 衢玉线、206 - 龙温线、207 - 杭象线，国道 7 段共长 1432 公里。民国 37 年（1948 年）原定国道三线按乙级标准修复，后以工程过巨，修复至原有状态，实际按丙级省道标准改善。1949 年 5 月 3 日杭州解放后，浙江抓紧抢修六条主要干线（国道）恢复交通，提高通过能力。根据浙江实情，浙境国道尚未完工，公路主要与次要干线，较长时间内公路分类与路线名称存在混乱现象。直到 1979 年 5 月交通部召开全国公路普查会议，浙江省交通厅按照交通部的部署，通过 6 条国道（省境内路段）普查，至 1979 年年底，国道为 2057 公里，到 1982 年 5 月又进行补充普查，国道合计 2081 公里。2010 年，浙江 6 条国道主干线总里程为 4171 公里。

一、104 国道（京福线，编号 G104）浙境段

104 国道（北京—济南—南京—福州线）浙境段，从父子岭（江苏交界）入境，经长兴、湖州、德清、杭州、绍兴、上虞、嵊州、新昌、天台、临海、黄岩、温岭、乐清、永嘉、温州、瑞安、平阳、

苍南，至分水关（福建交界）出境，全长707公里，为省内南北向主要干线。

（一）湖州段

自江浙两省交界处父子岭（公路桩号K1310+162）入境，至杭州市余杭区马头关（公路桩号K1410+600）止，长100.48公里。

民国17年（1928年），湖州人张静江就任浙江省政府主席，按民国政府指令，弃已筹建的自杭州经湖州、长兴至泗安界牌通往安徽省广德公路，改筑至长兴父子岭通往南京公路，称京杭国道，浙境段称杭长路。省政府议会于11月16日通过修建杭长路工程预算，经路线测设比较，由杭州良渚经德清至湖州较由良渚经武康至湖州路程虽可缩短15公里，但工程大，工期长。为求工程迅速完成，决定利用（赎买）瓶（瓶窑）湖（横湖）双（双溪）和余（余杭）武（武康）两商办汽车公司已筑之公路，展筑上柏至父子岭公路。上柏至长兴段以古驿道为基础，于当月招商分段承包赶筑，长兴到父子岭经测设后于民国18年（1929年）2月动工。全路施工分4区段，省公路局在湖州设杭长路区段工程，赵履祺任主任工程师。共征用土地4814亩（武康县806亩、吴兴县2295亩、长兴县1713亩），长兴以南筑路基宽7.50米，以北为5米。沿路地势低洼多鱼塘，开挖望乡岭（菁山岭）堑深达8米，两头填土高至6米以上，纵坡度8%。全路共填土111万余立方米，挖土22万余立方米，新建桥梁50座，以湖州南门大桥（一字桥）和西门杭长桥为最大，利用原桥7座，原桥改建16座，建涵洞19座，铺设涵管745道，建车站12个。为中外宾客游莫干山之便，同时建三桥埠至莫干（庾村）公路（称三莫支线）。

民国18年（1929年）6月7日，杭州至庾村土路通车，8月筑至湖州，10月通至长兴，是月，杭长路全线土路贯通。通车后，天雨道路泥泞，运行不良，遭国民党中央军事委员会申斥。省政府追加经费铺筑泥石路面，长兴以南宽5.50米，以北3米。

民国19年（1930年）8月，杭长路完成，全路筑成共耗用法币150余万元。

抗日战争时期，公路破坏严重。抗战胜利后，国民政府拨款2000万元进行抢修，于民国35年（1946年）4月土路便桥通车。日后，军运频繁，多数木桥被碾断，至解放时，坑洼连片、杂草丛生，桥梁摇晃，行车要带跳板。

1949年10月1日，中华人民共和国成立。京杭国道改称宁（南京）杭公路，市境段简称杭父线，予以重点整修，实施专业养护。1962~1970年，境段木桥全部改建为6~9米宽的钢筋混凝土桥梁。1971年始，按日交通量500辆次设计，加宽路面至6米并浇筑沥青面，于1974年完成，平均每公里造价3.20万元。

1977年12月，吴兴县成立“恢复路基工程指挥部”，从杭长桥至县界姚武关段，拆除路障建筑，清除路肩作物，整修路面，部分路基拓宽至12米。

1980~1984年，省交通厅投资人民币558万元进行改善，拓宽路基至12米，加宽沥青路面至9米。1984年5月16日，市公路总段在湖州城南铺筑水泥混凝土路面，当年试筑3公里（K1358+890~K1361+890），在原沥青路面上用油结粒料调拱后直接铺筑，板块厚20厘米，纵缝未设拉杆。1985年，在湖州鹿山和长兴续铺9公里和3公里，水泥混凝土板厚增至22厘米，用10~12厘米厚泥灰结碎砾石结构作垫层，纵缝加设拉杆。两次铺筑宽度均为9米。

1986年3月16日，杭父公路湖州段改建工程开工。杭父公路湖州市辖境（即原嘉兴地区辖境)内,改建后全长 99.80 公里,比原里程缩短 1.70 公里。工程按二级公路标准进行全线改造,主要工程:香山至后漾改线;李家巷至湖州城区拓宽路基至 15 ~ 17 米、路面 12 米;菁山岭降坡度至 4%;建鸡马岭公路立交桥,新筑三桥至上柏公路,消除与杭牛铁路 5 处平交;九九桥至李家巷段和埭溪大桥以南至营盘山段增高路基;重建大中型桥梁 13 座;铺筑水泥混凝土路面宽 9 ~ 12 米;杭长桥至一字桥段采用城市道路建筑,总宽 22 米,其中机动车道宽 14 米。工程分期分段由 10 个建筑工程队承包。

1989 年 12 月 27 日,杭父公路湖州段改建工程竣工,共完成路基土石方 135.14 万立方米,总计人民币 1.10 亿元。工程质量验收评定:路基工程合格,路面工程良好,桥梁工程优良。

1990 年始,实施标准化、绿化工程(简称 GBM 工程),当年投资 27.93 万元在长兴境 K1311 ~ K1313 + 700 和湖州市区 K1384 ~ K1836 共 4.70 公里路段,修筑标准化路基,实行绿化带布局,提高公路排水、防护、通视和美化功能。

1994 年 3 月 18 日,德清段扩建工程开工。工程项目路线全长 19.25 公里,为“四自”改建工程。按二级公路技术标准设计,设计速度 80 公里/小时,路基宽 24.50 米,路面面层采用水泥混凝土。项目总投资为 9835.79 万元。

1996 年 5 月 18 日,长兴段拓宽改造工程开工。工程项目路线全长 34.14 公里,为“四自”改建工程。按二级公路技术标准设计,设计速度 80 公里/小时,路基宽 24 ~ 32 米,路面面层采用水泥混凝土。项目总投资 18357.38 万元。

1999 年 1 月 20 日开工,长兴雉城过境分流线工程开工。分流线全长 3.14 公里。

2000 年 9 月 10 日,长兴雉城过境分流线工程完工。9 月 22 ~ 23 日,工程进行交工质量鉴定。

2001 年 3 月,鹿山立交改建工程开工建设。工程全长 0.85 公里,其中桥长 303 米。工程 10 月完工,12 月 5 日进行交工质量鉴定,6 日进行交工验收。

是年 4 月 12 日,长兴雉城过境分流线工程进行交工验收。

是年 8 月 5 日冯家湾分离立交及接线工程开工。冯家湾分离立交及接线路基宽 24.50 米,桥梁全宽 19 米。项目概算 3718.39 万元。

是年 10 月 27 日,长兴段雉城过境分流线北段接线工程开工。北段接线工程按二级公路技术标准设计,设计速度 80 公里/小时。分流线路全长 1.20 公里,整体式路基宽 24.50 米,分离式路基宽 12.50 米;项目概算 4741.04 万元。

是年 10 月,鹿山立交改建工程工程完工。12 月 5 日进行交工质量鉴定,6 日进行交工验收。

2002 年 5 月 16 日,104 国道湖州—鹿山段拓宽改造工程开工。工程项目按一级公路技术标准设计,全长约 5 公里,设计速度 60 公里/小时,路基宽度 46 米。概算 6479.62 万元。

是年 6 月 15 日,湖州至鹿山段拓宽改造工程开工。工程项目路线全长 5.08 公里,为“四自”改建工程。按一级公路技术标准设计,设计速度 60 公里/小时,路基宽 38.5 ~ 46 米,路面面层采用沥青混凝土。项目总投资 9467.28 万元。

是年 10 月,长兴冯家湾分离立交工程完工。工程是省“四自”工程的建设项目,起于 104 国道 K1333 + 820,终于 104 国道 K1334 + 730,全长 0.91 公里,按平丘二级公路技术标准，设计速度 80 公里/小时，路基宽度 24.5 米，路面设计标准轴载 100 千牛，桥涵设计荷载汽车-20 级、挂车-100，路面采用细粒式沥青混凝土路面。

2003 年 1 月，长兴冯家湾分离立交工程通过交工验收，总投资 3718 万元。

是年 12 月 24 日，湖州一字桥—鹿山段改建工程通过交工质量鉴定。12 月 30 日通过交工验收。工程项目按平原微丘一级公路技术标准设计，设计速度 60 公里/小时。路线全长 5.10 公里，其中大桥 180 米/座，路基宽度 38.50~46 米。项目概算 6479.62 万元。

2004 年 3 月，湖州杨家埠—杭长桥段拓宽改造工程开工。工程项目起点为杨家埠杭宁高速公路互通（桩号 K1347+565），沿 104 国道原路拓宽，经九九桥，建高架桥跨大亨路、创业大道，在二环西路及陵阳路口设置互通，终点为杭长桥（桩号 K1354），全长 6.44 公里，按一级公路技术标准设计，设计速度 60 公里/小时，双向六车道，有大桥 435 米/2 座，高架桥 1139 米/座，桥梁设计荷载汽车-20 级，挂车-100，路基宽度 46 米（二环路—终点段 38.5 米），中央绿化隔离宽度 10 米，工程概算 21014.29 万元，建设工期 24 个月。工程由浙江中威交通建设有限公司和湖州市交通工程处承建，当年完成投资 1.17 亿元。

是年 6 月，湖州界牌岭至杭长桥段改建工程开工。工程按一级公路技术标准设计，设计速度 80 公里/小时，全长约 10.50 公里，路基 46 米，双向六车道，公路中间绿化隔离带 10 米，新建大桥（九九桥）1 座，改建大桥（杭长桥）1 座，新建苏家庄高架互通立交 1 座，总工程量 3.70 亿元。

2005 年，湖州杨家埠—杭长桥段拓宽改造工程完成投资 1.60 亿元，累计完成投资 2.77 亿元。

2006 年 4 月，长兴段冯家湾分离立交工程开工。工程全长 18 公里，按二级公路技术标准设计，设计速度 100 公里/小时。路基宽 33.50 米，路面面层为沥青混凝土，其中瑞安飞云江三桥长 2956 米，概算投资 1042 亿元。

是年 6 月 29 日，104 国道浙北地区最大的三层立体高架桥——苏家庄互通四个匝道同时开通（4 月 10 日主线通车），即苏家庄互通全线通车。该桥位于湖州西大门苏家庄，全长 1139 米，主线跨大享路、创业大道、二环西路，主线双向四车道，铺设 A、C 匝道与二环西路相连，B、D 匝道与陵阳路连接。苏家庄互通立交桥的通车，有效缓解了 104 国道南北方向交通压力。

是年 11 月 23 日，由省公路局、省交通设计院、湖州市政府、湖州市交通局等部门联合对 104 国道湖州界牌岭至杭长桥段改建工程进行交工验收。

2007 年 5 月 12 日，湖州长兴段东移一期工程（经三线南延）开工。工程北起经三路南端与已建成的经三路相接，往南与 104 国道相接为终点，一级公路技术标准设计，双向六车道，特大桥一座（杨湾大桥全长 338 米，宽 52 米），全长 1.92 公里，总投资 1.93 亿元。

是年 12 月 26 日，湖州—鹿山段拓宽改造工程通过竣工验收。

12 月 27 日，长兴雉城分流线工程通过竣工验收。项目路线全长 3.07 公里，为“四自”改建工程。按二级公路技术标准设计，设计速度 80 公里/小时，路基宽 24.50~27 米，路面面层采用水泥混凝土。项目总投资 6739 万元。

是日，长兴段冯家湾分离立交工程通过竣工验收。该项目路线全长 0.91 公里，为“四自”改建工程。按二级公路技术标准设计，设计速度 80 公里/小时，路基宽 24.50 米，路面面层采用沥青混凝土。项目总投资 4674 万元。

是日,长兴段拓宽改造工程通过竣工验收。

12 月 28 日,德清段扩建工程通过竣工验收。

2008 年 12 月,长兴段冯家湾分离立交工程竣工。

是年 12 月 27 日,湖州长兴段东移一期工程(经三线南延)通过交工验收。

2009 年 12 月 1 日,长兴段过境段经三线北延工程开工。经三线北延工程全长 4.31 公里,年内完成投资 7150 万元,超年度计划 79%。

(二)杭州段

杭州市境段北自余杭马头关(德清县入境),经市区过钱江二桥至萧山区明华村(出境绍兴)。市境段在历史上曾以轮渡和钱塘江桥越江,路名曾称京(南京)桂(广西龙州)、京闽、京象(山)国道;又以杭州为起点北段曾称京(南京)杭国道、杭长(兴)、杭宁(南京)和杭父线;南段曾称萧绍、杭绍、杭福、杭象和杭温线等。1981 年定为现名,由杭州至父子岭、杭州至温州两条公路在杭州衔接。1985 年,104 国道杭州段全长 78 公里。1988 年国道公路普查时,将路线走向调整为:自余杭市冷水坞入境至西湖区祥符桥段,仍按原路线走向不变;由祥符桥折向东,经拱墅区瓦窑头、石桥,江干区彭埠,过钱塘江二桥,进入萧山区长山、新街,至塘下金(姑娘桥)与原路相接,全长 73.40 公里。2000 年全国公路普查,市境内路线走向和里程调整为:起自余杭马头关,经彭公、勾庄互通、乔司枢纽、钱江农场、同心村、塘下金(姑娘桥)至钱清,全长 79.95 公里(其中勾庄至钱江农场长 37.23 公里,与绕城高速、沪杭甬高速路段共用)。

1. 杭父线市境段

起自武林门(杭州汽车总站)经小河、祥符桥、良渚、瓶窑、彭公至马头关。民国 5 年(1916 年)列为省道修建议案中浙皖副线的首段。民国 17 年(1928 年)8 月由省建成属省道基本线的武林门至观音桥段 2.74 公里,并利用至小河 1.76 公里城区道路,民国 13 年(1924 年)建成,次年 8 月筑成至良渚 11.62 公里,同时建成良渚、瓶窑 2 座桥梁,路桥共投资 15.04 万元。连接同年 6 月由私商杭瓶公司投资 8 万余元建成延至瓶窑的 8.37 公里和由瓶湖双公司投资 3.47 万元承筑延至彭公的 6 公里,民国 18 年(1929 年)建成以及由余武公司承筑延至马头关的 4.62 公里,民国 14 年(1925 年)建成,民国 18 年(1929 年)折价归省,至民国 19 年(1930 年)全段贯通,全长 35.11 公里。路基宽 7 ~ 10 米,最小平曲线半径 24 米,最大纵坡 9%。碎石路面宽 4.50 ~ 5.50 米。桥梁除瓶窑桥为木桥外均为钢筋混凝土桥。民国 26 年(1937 年)12 月 24 日,该段被日军侵占,屡遭破坏。抗战胜利后,列为全国复路计划首期工程。民国 35 年(1946 年)2 月由第三方面军督率日军战俘和民工以土路、便桥抢修勉通,后由交通部公路总局第一区公路工程管理局和杭瓶、瓶湖双公司分别重建瓶窑桥和整修路面等。

中华人民共和国成立后,分别由省市公路和市政部门逐段进行改造。1950 年年底经路况调查,起点移至解放路、延龄路口(现延安路)、路长为 38 公里。至 1952 年 10 月商筑路段期满,折价全部收回。之后,自起点至和睦支路长 7.90 公里,归市政部门按城市主干路技术标准进行改建和新建。1957 年公路部门加高瓶窑镇淹水阻车段路基,使晴雨畅通。1959 年彭公至马头关段局部改弯和降坡,以适应汽车拖挂通行。1971 年全段桥梁实现永久化,1972

年铺筑渣油路面。

1978 年 8 月，省计委安排杭州至莫干山公路改善项目。其中杭州段至武康段 48 公里，即杭州至父子岭国道中的一段（此次改善长 38 公里），这是改造杭父公路的起始。工程按二级路标准布置改造，施工划分杭州市区段 7.90 公里，杭州市区外 30.10 公里，靠近市区路段，路基宽 12～18 米，路面宽 10～16 米；一般路段，路基宽 12 米，路面宽 9 米。1979 年开始施工。1980 年，杭宁、萧绍、杭父线加速进行技术改造座谈会召开，工程进度加快。1982 年 6 月，和睦支路至良渚化工厂段长 13.84 公里，按二级加宽公路技术标准改建，路基宽 12～18 米，沥青路面宽 10～16 米，改建中小桥 6 座，桥与路同宽。省交通设计院测设，杭州市公路工程处（以下简称公路工程处）和余杭市组建"杭宁公路改建工程指挥部"组织实施。1985 年年底，全段拓宽、局部改建工程基本完成，尾留的良渚化工厂至杭州灯泡厂段改建（二级路）工程。1986 年 3 月，杭父公路改建工程开工。杭州市境内市区外路段改建后全长 29.87 公里，比原里程缩短 0.23 公里。其中良渚化工厂至杭州灯泡厂段 13.81 公里，是年 11 月竣工，投资 847 万元。1987 年 8 月，按相同标准延建良化至马头关 16.06 公里，路基宽 12～18 米，铺筑水泥混凝土路面 9 米宽的 4.75 公里，12 米宽的 11.31 公里，移建瓶窑大桥 1 座，小桥 2 座开工建设，桥面与路同宽，测设单位同前，浙江省杭州地区公路总段（以下简称公路总段）组织实施。1989 年 6 月完工。决算工程费 1875.66 万元。

2. 杭温线市境段

初建时，路线起于武林门，经钱塘门、清波门、万松岭、三廊庙，过钱塘江轮渡，经萧山江边，城厢镇、塘下金至明华村。民国 5 年（1916 年）列为省道修建议案中浙闽正线的首段。民国 15 年（1926 年）2 月由省建成江边至明华村段长 26.50 公里，投资约 41.50 万元。民国 17 年（1928 年）8 月建成省道基本线的武林门至钱塘门和涌金门至三廊庙两段长 6.49 公里，投资 30.12 万元（含武林门至观音桥段），其间钱塘门至涌金门长 1.44 公里，即利用建成之城区道路。民国 19 年（1930 年）5 月又建成钱塘江轮渡码头和栈桥，称"浙江第一码头"。但未久南岸码头遭洪水冲毁，直至民国 24 年（1935 年）1 月重建竣工，并增添汽车渡船，正式通航。两次共投资 30.81 万元。全段贯通路长 34.43 公里，路基宽 7.50～10 米。最小平曲线半径 50 米，最大纵坡 4.50%，路面宽 5～7 米，桥梁全为钢筋混凝土桥。

民国 26 年（1937 年）11 月 7 日，钱塘江桥公路桥竣工通车，桥北接线至桥南江边接线共长 5.90 公里（不含桥长 1.45 公里）亦同时建成。路线调整为自清波门经净慈寺过桥至江边，两端仍接原线。其间利用杭富公路（1926 年建成）和城区道路 2.52 公里。全长为 42.85 公里。同年 12 月 23 日下午，为阻止日军南下，钱塘江桥被奉命炸毁，（轮渡渡船沉没于桐庐）次年桥南全段亦被破坏。抗战胜利后，列为全国复路计划首期工程，先暂以轮渡恢复通车。民国 35 年（1946 年）8 月，江边至明华村段由省会同商营萧绍公司抢修通车，桥梁以木桥面修复。次年 2 月，江边至桥南段，由省以工代赈办法修复。钱塘江公路桥面由公路总局拨款 3 亿元，委托铁路部门统一修复，同年 3 月先以木面单车道限速通行。

中华人民共和国成立后，起点改移，路长为 40 公里。1954 年钱塘江桥公路桥修复为钢筋混凝土桥面，恢复双向通行。后杭州至桥南段长 8.60 公里，归市政部门按城市主干路技术标准分期改建。1962 年公路部门对桥以南即萧山境内段，将原木桥面改换为钢筋混凝土桥面，5 年后全部桥梁永久化；1964 年在桥南至小岳桥 9.90 公里路段上，试铺全省首次使用渣油表处路面。1973 年萧山段实现路面黑色化;自 1974 年冬起,县领导经过三冬三春的努力发动沿线群众还地复路,使路基拓宽至 13~15 米,投资仅 7 万元。1976~1980 年,相继拓宽路面由 6~8 米加宽至 10~12 米,累计投资 66 万元。1980 年 7 月~1983 年 9 月,对桥南至五七路口长 12.10 公里,按远期交通量要求,重建沥青路面,宽 12 米,路面边缘设混凝土缘石和混凝土硬路肩,钢质悬臂反光标志,港湾式公共汽车停靠设施,白瓷块路面分道线和各类地面指示标线等,为全省第一段等级较高、设施较齐的公路,投资 217 万元。接着又陆续延建路面 10 公里,宽 10.50 米,累计投资 246 万元。同时进行其余局段改善,除穿越城厢镇和恭先桥路段计长 3.30 公里外,线形均已达到平微二级加宽公路技术标准,累计投资 118 万元。以上工程均由萧山公路段,杭州公路总段工程队组织施工。1987 年 12 月~1988 年 9 月,改建五七路口至城厢镇市心街 1.73 公里,路基宽 16~30 米,沥青路面宽 12~21 米,两侧混凝土硬路肩或人行道各宽 2~4.5 米,小桥 2 座,与路同宽。公路总段测设,“萧山区公路交通重点工程建设领导小组”组建,投资 440 万元,其中萧山自筹 145 万元,验收时评为优良工程。长山三号桥至塘下金(姑娘桥)段按二级公路技术标准设计建设,全长 4.90 公里。中桥 2 座 73.20 米,桥路同宽,1988 年建成通车。是年 5 月 1 日,杭州机场路至艮山路工程开工建设。工程全长 1.55 公里,投资 755.44 万元,12 月 28 日完工。

3.新(改)建路段(1989~2010 年)

建设钱塘江二桥调整公路走向经国务院批准。1986 年 10 月确定新建钱塘江二桥位于杭州市江干区四堡附近。根据新建桥位及杭州市城市总体规划,1988 年国道公路普查丈量时,确定公路走向调整为:自余杭市冷水坞至西湖区祥符桥,长 27.40 公里仍按原路线走向不变,自祥符桥折向东,经拱墅区瓦窑头、石桥,江干区的彭埠,过钱塘江二桥,进入萧山区的长山、新街,至塘下金(姑娘桥)与原路相接,计划修建里程 35.14 公里,实际修建里程略有增加。其中:祥符桥经石桥至彭埠为杭州市过境公路的一个区段;彭埠经钱塘江二桥至萧山区钱江农场为杭甬高速公路的一个区段;钱江农场至塘下金(姑娘桥)为杭甬高速公路连接线。

(1)1989 年 9 月,祥符桥至石桥改建工程开工。工程全长 7.77 公里,路基宽 19 米;水泥混凝土路面宽 16 米;桥梁荷载等级汽车-20 级、挂车-100。桥面行车道宽 16 米,两侧人行道各宽 1.50 米,桥下通航净空均符合各级航道要求,投资 2730 万元。1991 年 6 月完工。

(2)1991 年 7 月,良渚化工厂至严家兜村(杭州衡器厂处)路段改建工程开工。路基宽 15~18 米,水泥混凝土路面宽 12~15 米。11 月完工,投资 896 万元。

(3)1992 年 10 月 20 日,石桥至机场路改建工程开工。工程起自石桥,经省农科院,终于机场路与秋涛路延伸段相接,长 4.70 公里。路基宽 20 米,路面宽 16.60 米,投资 1670 万元。1993 年 6 月 28 日完工。

(4)艮山路至萧山长山路段。起自艮山路上的秋涛路交叉点,经彭埠,过钱塘江二桥,终于萧山区长山三号桥,与原十甲至塘下金(姑娘桥)公路相接,全长 17.38 公里(含钱塘江二桥长 1.79 公里),总投资 1.10 亿元。

①1990 年 3 月,杭州段连接线工程开工,1991 年 9 月完工。工程起自艮山路,终于彭埠互通立交,长 0.93 公里,按二级公路技术标准设计建设。路基宽 12 米,沥青路面宽 9 米。

②1990 年 3 月,杭甬高速公路试验段工程开工,1991 年 9 月完工。工程起自江干区彭埠互通立交,过钱塘江二桥,终于萧山区钱江农场互通立交,长 5.27 公里,其中 5.03 公里属

104 国道。按高速公路技术标准设计建设，设计速度 80 公里/小时。全封闭，全立交，中设隔离带。路基宽 26 米，最大纵坡 2%，北岸路基为省内首次采用粉煤灰填筑。水泥混凝土路面 2×8.75 米。

③1990 年 5 月，萧山段连接线工程开工，1991 年 9 月完工。工程起自杭甬高速公路钱江农场互通立交匝道，终于长山三号桥与十甲至塘下金（姑娘桥）处相接，长 7.50 公里，其中十甲方向接线 0.25 公里，按加宽二级公路技术标准设计建设。路基宽 15 米，沥青路面宽 12 米。

④1990 年 8 月，艮山路改建工程开工，1991 年 10 月 18 日完工。工程起自艮山路上的秋涛路交叉点，终于杭州朝阳中学，长 3.50 公里，其中 2.37 公里属 104 国道。按城市一级道路技术标准设计建设。

(5)1994 年 6 月，勾庄公铁立交桥进行拓宽改建，1995 年 10 月完工。路基宽由 15 米扩孔为 26.7 米，水泥混凝土路面宽 22 米，其中主孔车道宽 12 米、两侧边孔车道各宽 5 米，主孔车道通行限高 5 米，两侧边孔车道通行限高 4.50 米。

(6)1996 年 5 月 10 日，彭公至马头关道路改建工程开工，12 月底完工。全长 4.79 公里，双向四车道，设计速度 80 公里/小时。老路拼宽段路基宽 26 米，行车道 2×8.25 米；新建二级公路段路基宽 12 米，行车道 9 米。投资 4080 万元。

(7)1997 年 10 月 5 日，彭公至祥符桥段改建工程开工，1998 年 12 月底完工。工程起自 104 国道与 S207 省道交叉口，终于余杭市与杭州市区交界处，全长 21.02 公里。其中 16.50 公里按一级公路技术标准设计建设，设计速度 100 公里/小时；桥梁设计荷载：汽－超 20、挂－120；路基宽 24.50 米，行车道 2×7.50 米。城郊路段按二级公路技术标准设计建设，设计速度 80 公里/小时，桥涵设计荷载：汽－20、挂－100。路基宽 22.5～24.5 米，行车道 2×7.50 米。投资 2.41 亿元。

(8)1999 年 5 月，104 国道萧山段改建工程开工。2000 年 12 月 31 日完工。2001 年 1 月 6～8 日，进行交工质量鉴定，1 月 13 日进行交工验收。主线起自萧山塘下金（姑娘桥），终于绍兴钱清，长 10.52 公里，按一级公路技术标准设计建设，设计速度 100 公里/小时，路基宽 25.50 米，路面宽 2×8.50 米。连接线按二级（加宽）公路技术标准设计建设，设计速度 80 公里/小时，萧山同兴至塘下金（姑娘桥）连接线长 3.55 公里，路基宽 18 米，路面宽 15 米。杭甬高速公路瓜沥互通至杨汛桥连接线长 7.30 公里，路基宽 18 米，路面宽 15 米；绍兴南连接线长 1.43 公里，路基宽 15 米，路面宽 12 米，桥梁与路基同宽。路面设计轴载标准 BZZ－100，全长 22.79 公里。总投资 3.10 亿元。

(9)1999 年 10 月 28 日，104 国道余杭东连接线（余杭良塘公路）改建工程开工。2001 年 10 月 28 日完工，10 月 30～31 日进行交工质量鉴定，11 月 5 日进行交工验收，11 月 8 日通车，12 月 27 日被核准工程质量等级为优良。工程途经余杭塘栖、东塘、獐山、云会、良渚，沟通 09 省道、杭宁高速公路和 104 国道，全长 16.51 公里。按二级公路技术标准设计建设，设计速度 80 公里/小时，路基宽 17 米，沥青混凝土路面，工程总投资 1.65 亿元。

(10)2002 年 3 月 8 日，104 国道余杭区东西连接线良渚—华坞段工程开工，路线全长约 18 公里。工程项目按二级公路技术标准设计，设计速度 80 公里/小时。路基宽度 17 米，路面宽度 14 米。概算 1.80 亿元，2004 年完工。

(11)2003 年 1 月 1 日,萧山钱江立交至同兴段改建工程开工。2007 年 11 月 14 日,该工程通过竣工验收。工程起自杭甬高速公路萧山钱江互通立交收费站,终于同兴村,与新建的 104 国道相连,全长约 6.48 公里,其中主线长约 5.63 公里,按一级公路技术标准,设计速度 60 公里/小时,起点至通惠环形平交处长约 1.76 公里,双向六车道,路基宽 33 米,行车道 2×10.5 米;通惠环形平交处至终点长约 3.87 公里,路基宽 23 米,行车道 2×7 米;104 国道与萧山杭塘公路连接线长 0.845 公里,路基宽 15 米,路面宽 12 米。投资概算 7523.06 万元。12 月 20 日完工。

(12)2003 年 8 月 15 日,瓶窑华兴路立交新建工程开工,2004 年 11 月 8 日完工。主线为一级公路,长 850 米,路基宽 20 米,接线为二级公路,长 1.23 公里,路基宽 9.25 米。投资概算 2699.29 万元。

(13)2008 年 12 月 29 日,良渚至古墩路连接线开工。2010 年 9 月 30 日,104 国道良渚至古墩路连接线建成通车。工程起自老 104 国道,向南与良渚镇风情路重合,上跨杭州绕城高速公路北线,再沿古墩路延伸线位继续南行,下穿宣杭铁路后终于市区古墩路与金渡北路交叉处,路线全长 8.73 公里,按一级公路标准设计,路幅宽 36 米,双向 6 车道,设计速度 80 公里/小时,投资概算 6.80 亿元。

(三)绍兴段

绍兴境内起讫桩号 K1484 ~ K1638 + 410,起点钱清西通萧山,终点关岭南接天台,沿线经过钱清、柯桥、绍兴、东关、曹娥、三界、嵊州、新昌、拔茅等主要城镇,长 147.23 公里,其中,K184 ~ K1536 位于宁绍平原,地势平坦,与杭甬运河、杭甬铁路平行;自 K1536 ~ K1609 线路进入丘陵地带,左依曹娥江,石傍会稽山,越嵂浦岭进入嵊、新盆地,至拔茅与江拔线相交,此后路线进入山岭重丘地带,至斑竹桥后,山岭险峻,线路迂迴而上,跨越会墅岭与台州关岭界相接。

1. 新建公路

绍兴段公路始建于民国 11 年(1922 年),至民国 23 年基本贯通,是绍兴境内第一条公路,分几段建成:

(1)萧山至绍兴段:省建的第一条公路,起自钱塘江南岸的西兴,经萧山、钱清至绍兴北海畈,长 48.58 公里,时称浙闽正线萧绍段。民国 11 年(1922 年),用以工代赈的办法始筑;同年 6 月,孙中山发表兵工计划宣言,浙江省自 6 月起开展兵工筑路工作,有兵工 3 个团,最多时有民工 1500 人。由绍兴向西筑成西兴至绍兴路基 36 公里,桥涵路面工程于民国 12 年发包施工。民国 15 年 2 月,西兴至绍兴段筑成通车,该段路面平坦,线路顺直,路基宽 7.50 米,最大纵坡 4.50%,最小平曲线半径 50 米,路面为泥结碎石结构,宽 5.50 ~7 米,厚 20 ~30 厘米,共有桥梁 62 座,涵洞共 245 道,沿路车站、车库、道班房等附属设施一次建筑完成,平均每公里造价 1.48 万元。时沪杭铁路已通到杭州,甬曹铁路只通到百官,杭州至百官段未建铁路。

(2)嵊州至新昌段:省内第一条省筑商营的公路,自嵊州东桥南端经黄泥桥至新昌西站,计长 13.42 公里。民国 12 年(1923 年)在嵊州设立"嵊新段省道工程处",进行线路勘测及土地征用工作,后由绅商王仲琴等创办的"嵊新汽车股份有限公司"将该段公路请准为商筑,9 月起开始修筑。后因嵊新公司资金不足,工程中途停顿,仍由省道局续建,于民国 14 年 9

月建成通车,共投国币 74922.74 元,其中嵊新公司付筑路工款 2 万银元,路成后由嵊新公司承担营业并进行养护,平均每公里造价 5669 元。新昌境内设西门、三溪两站,时三溪桥尚未建成,旅客须在三溪站前桥头两端驳车,至民国 21 年该段公路由蒿新公司养护。

(3)新昌至天台段:自新昌至台州关岭止,长 41 公里。民国 21 年(1932 年)由兵工修建,民国 23 年 7 月竣工,共征用 20 个村的土地 646 亩,投国币 32.34 万元,其中新昌投资 4 万元。同年该段公路由绍曹蒿公司承租营业并接养,民国 26 年 8 月改由新天临黄办事处接养。

(4)绍兴至嵊州杉树潭段:自绍兴五云门经曹娥、蒿坝至杉树潭,长 70.80 公里,民国 15 年(1926 年)7 月,由绍兴绅商金汤侯等创办的“绍曹嵊省道支路汽车股份有限公司”将该段公路请准为商筑,推举原浙江省省长张载阳为董事长,金汤候为经理,集资 60 万元,后又增资 100 万元(未收足)。民国 17 年 12 月,绍兴五云门至曹娥段公路竣工,次年 12 月,曹娥至蒿坝段亦建成,共费 52.60 万元,按合同尚须修建蒿坝至杉树潭段公路,因公司财力不足,无法履行合同而停筑。民国 21 年,省公路局将该线段改由省筑。时省局推行“官商合办”和“省县合作”政策,向绍曹嵊公司借款 7 万元作开工经费,并向绍兴、上虞、嵊州 3 个受益县派募公债 22 万元,不足部分计 8.70 万元由省拨款,同年 10 月由省公路局曹嵊公路工程处施工,至次年 12 月竣工,民国 23 年 1 月 15 日通车,由绍曹嵊、嵊杉、嵊新、嵊长等汽车公司集资 12 万元联合组办的蒿新汽车股份有限公司承租并养护。

(5)嵊州北站至杉树潭:民国 15 年(1926 年)7 月,由嵊杉省道汽车有限公司(嵊、新两县绅商王仲琴、章五成创办)与省道局签订商筑商营嵊杉公路合同,集资 5.50 万银元,于民国 16 年 8 月完成,计长 7.90 公里。

(6)绍兴北海畈至五云段接线工程:系省道局兴建。民国 16 年(1927 年)12 月进行路线勘测,次年正式开工,至民国 18 年 4 月 10 日完成,自此,由西兴可以直通至曹娥蒿坝,经此与甬曹铁路衔接。

(7)嵊州北站至东桥段接线:全长 0.40 公里(包括改建后的东桥长 179 米),由省公路局投资 4.60 万元,于民国 22 年(1933 年)10 月筑成通车。

民国 22 年(1933 年)10 月,全长 155 公里的萧(山)绍(兴)曹(娥)嵊(县)新(昌)公路全线通车,时路基宽度一般在 6~7 米,路面宽 4~5 米,泥结碎石路面。

民国 26 年(1937 年)抗日战争爆发,杭州沦陷,为阻日军,萧绍公路首先奉令破坏,初破时程度较轻,路基大部掘坏只留 1 米左右行人道,桥梁半边拆走掩埋,半边留存;民国 27 年 6 月,蒿新段公路亦奉令破坏;民国 29 年 1 月,日军侵占萧山,绍兴公路进行第二次彻底破坏,许多路段全部掘毁,变成水田或旱地,上虞小江桥及其他桥涵均被炸毁,民国 31 年新昌三溪桥被炸毁,新昌西站至三溪公路遂废。日军侵占绍兴、宁波后,对杭州至宁波干线采用一段段抢通的办法,民国 30 年 11 月从萧山抢通至绍兴,次年 5 月抢通至曹娥,至民国 33 年 9 月,杭甬全线,日军利用便道便桥,勉强通行汽车。民国 34 年 8 月,抗战胜利,公路逐步得以修复和改善,民国 35 年 11 月,蒿新段公路修复通车;至民国 38 年公路路基路面基本上恢复到抗日战争前的面貌,上虞小江渡口因受洪水或干旱水位的影响,不能保障正常载渡,通车不便。

2. 改建拓建

1949 年中华人民共和国成立后,对杭温公路进行了全面的整修。20 世纪 50 年代为支前需要,公路逐步拓宽为8~10米,多数桥梁改建为永久式或半永久式;至70年代,路基恢复拓宽,桥梁均拓宽改建为永久式,多数已达汽-20、挂-100标准,路面由砂石路改建为水泥混凝土路面和沥青路面,路面宽度达12米,至1990年年底,该线有水泥路99.94公里,沥青路58.31公里,沿线46座公路桥梁计长1231.12米均为永久式桥梁,公路绿化里程为138.60公里。平原微丘地形中有三级公路52.40公里,四级公路101.60公里,之中,不合标准平曲线96处,最小半径50米。山岭重丘地形中有四级公路30公里,之中,不合标准平曲线1处,最小半径15米。20世纪70年代至80年代,经过嵊浦岭改线,王家山改线、北海畈改线、上礼泉改线等几项大型改线工程线路标准提高,车辆通过能力提高。

(1)新昌县境会墅岭改建工程:1988年3月,新昌县境会墅岭改建工程开工。工程路线长4.73公里,按二级路标准进行改建。1989年12月,新昌县境会墅岭改建工程完工。

(2)绍兴市区段改建工程:1988年10月,绍兴市区段改建工程开工。绍兴市区过境公路按二级路标准进行改建,路基宽18~20米,铺水泥混凝土路面。1990年11月,绍兴市区段改建工程完工。改建后长3.89公里,比老路缩短0.56公里。

(3)"南连北建"工程:1992年当年动工,当年完工的绍兴城区南北复线缓解了城区过境路段交通紧张状况。该工程统称"南连北建"工程,为绍兴市第一个地方自筹经费、自行设计、建设、自行还贷的"四自工程"。工程南线起点为104线K1477+611.5,终点为绍甘线K3+018.6;北线起点为104线K1502+601.5,终点为104线K1513+270.05。南线建桥41座,1328.34米,其中大桥13座,804.5米。总长44.49公里,其中南线34.74公里,北线为9.75公里。工程总投资1.90亿元。2001年4月18日,绍兴"南连北建"市区段续建工程(一期)开工。续建工程(一期)项目按一级公路技术标准设计,设计速度60公里。路线全长约15.10公里,其中南线段长约11.67公里,路基宽度32米;北线西段长约3.50公里,路基宽度37米。项目概算24735.95万元。2001年10月28日,"南连北建"续建工程北线西段开工建设。北线西段全长3.49公里。2002年4月18日,104国道"南连北建"绍兴市区段续建工程(二期)开工建设。工程全长10.26公里,按一级公路技术标准设计,设计速度60公里/小时,路线利用老路,沿南侧拼一条新路,中间设5~15米绿化带,路基宽度31~41米,双向四车道,15米主行车道,7.5米副车道,1.5米硬路肩,2米路缘带,1米防撞护栏,特大桥1座,大桥7座,互通式立交2处。工程概算2.11亿元。8月15日,"南连北建"续建工程北线西段完工。10月10~11日进行交工质量鉴定,11月11日进行交工验收。2003年年底,"南连北建"绍兴市区段续建工程(二期)建成通车。

(4)绍兴市区西大门改建工程:1995年年初,绍兴市区西大门改建工程开工。当年12月竣工,总投资3700万元,全长3.80公里,路面拓宽至36米,主车道16米。104南复线与绍大线交叉口,104北复线与高速公路交叉口建成南、北二环岛,总投资分别为254万元和350万元。

(5)嵊州禹溪—艇湖段改建工程:2000年4月12日,嵊州禹溪—艇湖段改建工程开工。改建工程起自嵊州市区禹溪村,终于艇湖村,全长5.30公里,总投资8250万元。2001年4月11日,嵊州禹溪—艇湖段改建工程完工。7月16~18日,改建工程进行交工质量鉴定,8月8~9日交工验收。

(6)新昌城关—城东大桥段拓改工程:2001年5月10日,新昌城关—城东大桥段拓改工程开工。新昌城关加油站—城东大桥段长2.80公里，总投资4300万元，按交通部颁平原微丘二级（加宽）公路技术标准设计，路基宽度32米，水泥路面宽度24米，路幅布置为15米主车道+21.50米分隔带+24.50米非机动车道+22.50米土路肩，设计速度80公里/小时。全线有小桥1座，涵洞13道，桥涵与路基同宽，桥涵设计荷载为：汽车-20级，挂车-100。

2001年10月28日，“南连北建”续建工程北线西段开工建设。北线西段全长3.49公里。

是年4月底，新昌城关—城东大桥段拓改工程完工。

（7）绍兴县界—镜水路段改建工程：2002年5月29日，绍兴县界—镜水路段改建工程开工。工程起于104国道绍兴市县交界处，与绍兴市西大门整治改建工程相衔接，终于柯东开发区镜水路入口，全长0.90公里，按一级公路技术标准设计，路基宽度37米，工程概算1000万元。工程于9月底完工。

（8）上虞段改建工程：2003年5月18日，上虞段改建工程开工建设。工程起于上虞市三角站，经曹娥街道、上浦镇、章镇镇，终于上虞段与嵊州市交界处，全长24.90公里，设计速度100公里/小时，总投资4.60亿元。是年年底，上虞段改建工程竣工并交工试运行。2009年9月29日，上虞段改建工程通过了省交通运输厅组织的竣工验收。

（9）新昌段改建工程：2003年5月20日，新昌县城关—拔茅段拓改工程全线完工，通过交工验收。工程全长14.06公里，总投资1.65亿元，分二期实施。其中长4.51公里的青山热电厂—拔茅段，按二级平原微丘技术标准（加宽）设计，路基宽度32米，主车道宽度15米。5月25日，新昌段改建工程开工。项目按一级公路技术标准设计，设计速度60~100公里/小时。路线全长约37.50公里，其中大桥2座，隧道2条。路基宽度25.50米。5月底，新昌段后溪—桃树坞段改建工程动工兴建。新昌段改建工程是省第二批“四自”工程项目，起点为新嵊交界的黄泥桥，沿现有104国道下穿上三高速公路走新线，从新昌县城西南经坎头、坎下、挂帘山、下姆岭、桃树坞、燕窠后，分左右双线，于会墅岭会合后，基本沿现有104国道，终于新昌与天台交界的关岭。其中长隧道2条，大桥2座。工程按一级公路技术标准设计。工程全长37.50公里，投资概算5.52亿元，其中黄泥桥—坎下段路基宽度25.50米，主车道宽度15米，设计速度100公里/小时。坎下—关岭段路基宽度20米，主车道宽度14米，设计速度60公里/小时。一期工程从后溪—桃树坞，长17.80公里，投资概算2.30亿元，路基宽度20~25.50米，沥青路面宽17.50~22米，设计速度60~100公里/小时。2005年12月16日，新昌县后溪—桃树坞段改建工程完成通车。

（10）嵊州段改建工程：2006年，嵊州段改建工程1~6标段开工。工程起点设计桩号为K24+938（即104国道嵊州市与上虞市分界处），终点设计桩号为K50+100（东郭互通），全长25.20公里。工程按一级公路双向四车道标准建设，路基宽度为25.50米，桥涵与路基同宽。路面为沥青混凝土路面，桥涵荷载公基础设施建设、公路建设147路1级。2007年8月15日，嵊州段路面整治工程开工。工程整治范围为嵊州市三界穿镇路段、仙岩穿镇路段和连接嵊州市区与上三高速的艇湖至嵊州宾馆路段，全长11.30公里，投资概算460多万元。路面整治前的104国道嵊州段水泥混凝土路面建于20世纪70年代。10月30日，104国道嵊州段路面整治工程完工。经过路面整治的104国道嵊州段达到了路基路面轮廓线、安全设施防护线、车辆行驶分道线和绿化美化线四线分明及交通安全设施齐全、规范、醒目，“畅、安、舒、绿、美、谐”的文明公路新标准。2008年4月1日，嵊州段改建工程第七合同段变更设计通过省公路管理局主持的会审。因104国道嵊州第七合同段部分地块与新昌县的总体规划冲突,且新昌县石柱湾村拆迁数量大,已无土地可安置落实拆迁户等原因需变更线位。设计单位浙江省交通设计院根据意见进一步优化设计,并报请省发改委批复后实施。2009年7月27日,嵊州段仙岩隧道右洞率先贯通。嵊州段1~6标段共有招士湾、清风、仙岩3条双洞隧道,累计长4430米。位于第三合同段的仙岩隧道左洞长565米、右洞长680米,经过浙江交通工程建设集团三公司20位施工人员近1年的挖掘,右洞率先贯通,左洞于9月11日完成开挖,仙岩隧道成为该工程率先全面贯通的首座双洞隧道。2010年6月,嵊州段改建工程1~6标段完工。11月17日,改建工程1~6标段通过交工验收并开通。工程共建设涵洞81个,特大桥2座、大桥3座;单洞隧道6条(除招士湾隧道右洞外)等。

(11)绍兴高桥立交桥工程:2007年12月17日,绍兴市发改委批复通过104国道绍兴高桥立交桥工程项目建议书。绍兴市区段高桥立交桥位于萧甬铁路、104国道、萧绍运河与尹大公路的十字交叉口。拟建的高桥立交桥为椭圆形三层式,实现了非机动车、行人与机动车全分离、全互通,占地约83亩,投资估算约2.12亿元。2008年6月30日,绍兴高桥立交桥工程初步设计方案通过省公路局组织的专家组审查。工程位于东浦镇南侧,萧甬铁路、104国道、浙东古运河与绍齐公路的交叉处,横跨铁路、公路、古运河,建设方案采用椭圆形三层互通立交,总占地面积12.80公顷,项目总投资约2.60亿元。2009年3月20日,绍兴高桥立交桥工程正式动工。该桥采用机非分离互通式环形立交,横跨铁路、公路、古运河,立交桥主线两端分别在尹大线和绍齐公路,分设A、B、C、D匝道,连接立交桥主线和104国道,以满足东西向与南北向交通转换。工程总投资2.60亿元,总占地面积12.80公顷。

(12)绍兴县钱清段改建工程:2008年7月4日,绍兴县钱清段改建工程初步设计通过审查并完成工程立项、土地预审、环境评估、"工可"和施工图设计等批复工作。工程起于104国道与钱清镇规划的山阴路交叉口,沿萧甬铁路,终于104国道与杭金衢高速绍兴连接线秦望立交处,全长3.12公里,按一级公路标准设计,设计速度80公里/小时,路基宽度31.50米,概算总投资约3.34亿元。2010年3月25日,钱清段改建工程开工。至年底共完成路基填筑6600立方米,完成水泥搅拌桩19510米,挖场地堆方4000立方米,挖路基土方8000立方米,砌筑排水边沟200米。

(四)台州段

1.新建公路

杭温线自民国6年(1917年)开始建设,第一段动工的是黄岩至泽国,长20里。由驻温、台浙军第一师师长童保喧奉省长吕公望之令,派工兵挖基,后因调防而停。在孙中山"公兵为工"号召下,民国14年、民国18年又二次复筑未成。民国19年,黄岩、温岭两县绅商组织黄泽路椒汽车股份有限公司;民国20年开始租营;民国21年委托省公路局修筑。民国22年4月,黄岩至温岭泽国竣工通车,是国道线上台州地段的第一段通车线。

天台白鹤镇、关岭至新昌路段:民国11~12年(1922~1923年)由省公路局施工,迄于民国23年10月续建通车。

天临段、临黄段、临海穿城线(城东隅3.48公里):由中央实业部拨款,于民国22~23年(1933~1934年)省统一修筑。民国23年9月临海通车至黄岩,10月1日,新昌经天台至临海第一辆汽车驶入临海县城,可容18个客位。

泽馆段:从泽国至东清(温州)的馆头,于民国17年(1928年)由温岭县发行"泽馆公路股票"债券,集资74812元,交省公路局修筑。23年11月泽馆路连接黄泽路通车。

民国23年(1934年),杭温全线接通,成为浙江省主要干线之一。台州境内运营公路183.90公里,由省建设厅建筑,省公路局为主经营。境内贯串天台、三门(高枧)、临海、黄岩及温岭(泽国)个县,为新中国成立前台州公路发展最盛时期。民国24年有联运班车。

省公路运输史上统称台州七条公路。即新天、天临、临黄、黄泽、泽馆、临海穿城专线、天台国清寺专线。除后两条专线外,余均是今国道线的各段,实为同条干线。

抗日战争爆发后,民国27年(1938年)掘毁公路,交通瘫痪。民国34年,抗战胜利后,投入抢复公路活动。民国35年,黄泽路段、临黄路段均组织千余民工修复。民国37年,台州北通杭州,南通泽国(临黄段晴雨不通,通货车不通客车)。

1949年5月台州解放后,为配合解放全中国形势,8月临海抢修黄路临海境内路段;10月,省公路局派出抢修队,会同黄岩民工,于年底复通黄临段。1950年1月黄岩至路桥复通,1951年黄岩通车至泽国、清江(乐清)、温州。

1952年国家接养公路,国道线列入公路技术改造的重点。20世纪60~70年代消灭木梁,改建、新建为永久性桥梁。80年代路基拓宽,重点改造越岭线,开挖隧道,自北而南凿通了横山岭、小石岭、长石岭、杨梅岭、青岭、黄土岭、黄石7条隧道,共长1915.5米,其中黄土岭隧道最长,为912米。临海至黄岩路段可节约行车时间23.40分钟。路面技术改造,1971年临海城关城东、城关至城南路段试浇水泥混凝土路面,1973年黄岩马铺铺筑3公里渣油路面。1990年末国道线段水泥、渣油路面已占97.50%。

1982年,滩岭、杜潭岭至临海河头段开始新建二级路,路长12公里,由天台、临海两市县分别施工,历时8年,于1990年建成。

天台城关—临海留贤复线工程:2000年3月开工。工程系省重点工程,起自上三高速公路天台入口处,终至临海留贤连接104国道老复线,并与35省道平交,全长41.90公里,其中天台段17.20公里,临海段24.70公里,总投资4.57亿元。工程天台段整体式路段采用一级公路技术标准,分离式路段采用二级公路技术标准;临海段采用二级公路技术标准,全线设计速度60公里/小时。2001年12月,104国道天台城关—临海留贤复线工程完工。2001年12月28~29日,复线工程临海段进行交工质量鉴定,工程质量为优良等级。

黄岩城区过境东复线工程:2001年12月30日开工。工程北起长塘检查站,经马鞍山村后跨永宁江,经方山下至南门大转盘与104国道西复线相接,全长7.69公里,按部颁一级公路技术标准设计,设计速度60公里/小时。其中特大桥2座。路基宽26.50米,路面采用沥青混凝土路面,路面设计标准轴载BZZ—100,桥涵与路基同宽,设计荷载为汽-超20,挂-120。全线设有1处分离式立体交叉、2处通道、5处平面交叉。工程概算投资2.30亿元。2002年1月15~16日,复线工程天台段进行交工质量鉴定,工程质量为优良等级。2003年,东复线工程完成路基、桥梁工程量的90%。2004年,工程累计完成投资1.57亿元,路基桥梁工程完成97%,路面工程进场施工。2005年,工程总体形象进度80%。全面完成永宁江特大桥、九峰高架桥工程,路基工程完成95%,路面工程完成水泥稳定基层3万平方米,沥青面层1500平方米。2007年1月12日,东复线通过交工验收,1月17日正式交付通车。其中长塘至朱砂街段为三来三去六车道。

泽国复线工程:2004 年,104 国道泽国复线工程完成招投标工作。2005 年 3 月,工程开工。工程起于 104 国道泽国,终于路泽太一级公路,长 7 公里,批准概算投资 1.96 亿元。由于宏观调控,项目建设用地未批,2005 年 5 月停止实施。2007 年 8 月 15 日,泽国复线复工建设,正式进场施工。工程全长 0.55 公里,其中桥梁长 290 米,按一级公路标准建设,批准概算 2490 万元。永宁江老大桥现宽 16 米,为四车道,采用在老桥两侧各拼宽 12.50 米,拼宽桥梁紧挨老桥修建,跨径及结构形式与老桥相同。拼宽后桥梁宽 41 米,形成六车道加两侧各 4 米宽的非机动车道和 3.50 米宽的人行道。年底,复线建设用地获批。12 月,永宁江大桥交付使用。2008 年年底,泽国复线工程完成路基 10%、桥梁 8%。

2.整修改建拓建

1982 年 10 月,河头大桥于留贤改建工程开工。改建工程长 14.90 公里,按二级路标准进行改建,1990 年 12 月完工。

是年 11 月,临海穿城地段进行拓宽。

是年 12 月,下王丘至滩岭段路基改建工程开工。路基改建工程长 7.79 公里,按二级路标准进行改建,1990 年 5 月完工。

1990 年,天台县境关岭改建工程,按二级路标准进行改建,长 5.95 公里,至年底路基工程接近完成。

是年 10 月,天台至临海段铺筑水泥混凝土路面工程开工。路面工程长 35.68 公里,1991 年 12 月完工。

是年,104 国道台州地区辖境几处越岭线全都改建隧道,原天台经高枧至临海段,已另建新路,改由天台南门、滩岭、河头、留贤至临海。

(1)天台城关 临海留贤段天台境建工程:2000 年 5 月开工建设。工程全长 16.85 公里,整体式路段采用一级公路技术标准,分离式路段采用二级公路技术标准,2001 年 12 月完工。2002 年 1 月 15 ~ 16 日进行交工质量鉴定,2002 年 2 月 1 日进行交工验收,2002 年 3 月 11 日被核定工程质量等级为优良。

(2)天台城关—临海留贤段临海境改建工程:2000 年 4 月 1 日开工建设。工程全长 24.70 公里,按二级公路技术标准改建。设计速度 60 公里/小时,整体式路基宽度 25.50 米,行车道宽度 27.50 米;分离式路基宽度 12 米,行车道宽度 23.75 米。大桥 3 座,隧道 4 条,项目概算 2.63 亿元,建设工期 36 个月。2001 年 12 月 20 日,改建工程完工。2001 年 12 月 26 ~ 28 日进行交工质量鉴定,2002 年 1 月 28 ~ 29 日进行交工验收,2002 年 2 月 26 日被核定工程质量等级为优良。2003 年 12 月 11 ~ 12 日组织竣工验收。该项目综合得分 87.11 分,评为优良工程。

(3)天台关岭—城关段改建一期工程:2002 年 10 月开工。工程起于天台与新昌交界处关岭,终于上三线高速公路天台城关出口处,全长 18.72 公里,投资 1.84 亿元,按一级公路技术标准设计,采用沥青混凝土路面和水泥混凝土路面,路基宽度分别为 12 米、32 米、56 米,路面宽度分别为 9 米、32 米、56 米,全线隧道 1 条、全长 410 米。一期工程科山—上三高速公路天台城关出口段公路改建工程长 2.70 公里,总投资三千多万元,分别采用水泥混凝土和沥青混凝土路面,其中水泥混凝土路面宽度 56 米,沥青混凝土路面宽度 32 米,设计速度 100 公里/小时。

(4)灵江二桥—三洞桥段道路拓宽工程:2003 年 5 月拓宽工程动工。工程起于临海灵江二桥南端,终于三洞桥台州电业局石油气储备站大门前,全长 3.38 公里。道路拓宽至 43 米,双向六车道,工程总投资 2300 万元。至年底完成主体工程。

(5)天台西演茅—科山段改建工程:2003 年完成改建工程量 30%。104 国道天台西演茅—科山段公路改建工程是经省政府批准的"四自"工程项目,也是目前天台最宽的公路,堪称天台"第一路",起自上三线高速公路天台城关出口处,终点与 62 省道相连,全长 2.70 公里,总投资 4000 多万元,按一级公路技术标准设计,兼容城市道路功能,采用水泥混凝土路面,路面宽度 56 米,设计速度 100 公里/小时。至 2003 年年底完成路基及路面工程量 30%。

(6)临海青岭—黄土岭段改建工程:2003 年 5 月开工。工程起自甬台温高速公路临海青岭互通口,终于甬台温高速公路黄岩浦西互通口,全长 12.50 公里,其中黄岩段长 2.71 公里,工程总投资 3598 万元;临海段长 9.74 公里,工程总投资 1.55 亿元。路基宽度 25.50 米,路面宽度 15 米,四车道,沥青混凝土路面,设计荷载汽车 -20 级,挂车 -100。隧道一座 990 米。工程采用沿老路单侧拼宽,形成"有分有合,可高可低"的四车道一级公路标准,设计速度 80 公里/小时,路基宽度 25.50 米,分离式路基新拼半幅宽度 12.50 米,桥涵荷载汽车 - 超 20 级,挂车 -120。工程含黄土岭隧道一座计 1090 米,另有中、小桥各三座,涵洞 47 道。工程概算 1.88 亿元,由临海市、黄岩区按其管理区域组织实施。2003 年年底,104 国道临海青岭—黄土岭段改建工程完成工程量 40%。

(7)天台城关—临海留贤段(天台境)改建工程:2000 年 5 月,104 国道天台城关—临海留贤段(天台境)改建工程开工。2004 年 11 月 9 日通过竣工验收。工程按二级公路技术标准设计,设计速度 60 公里/小时。路线全长 16.85 公里。K1663 + 003 ~ K1664 + 900 段路基宽度 18 米,行车道宽度 27.50 米;K1664 + 900 ~ 界岭段采用分离式路基,路基宽度 12 米,行车道宽 23.75 米。大桥 3 座,隧道 1 条。项目概算 2.04 亿元。

(8)天台科山—上三高速公路天台城关出口段改建工程:2004 年,104 国道天台科山—上三高速公路天台城关出口段改建完成主车道工程。该段公路改建是省政府批准的"四自"工程项目之一,起自上三高速公路天台城关出口处,终点与 62 省道相连,全长 2.70 公里,按一级公路技术标准设计,水泥混凝土路面,路基宽度 56 米,设计速度 100 公里/小时。

(9)青岭—黄土岭段改建工程:2004 年,104 国道青岭—黄土岭段改建工程完成工程量 90%。年底,临海段 9.75 公里完成总工程量的 93%。黄岩段工程 2.75 公里完成投资 600 万元和合同工程量的 20%,完成黄岩段隧道 200 米。

2005 年 12 月 20 日,改建工程临海段全线完工。黄岩段工程总投资 3600 万元,2005 年共完成投资 1000 万元,黄土岭隧道工程完成洞身开挖 200 米,南侧洞口进洞施工,开挖土方 22000 立方米。

2006 年年底,104 国道青岭至黄土岭改建工程完成投资 1000 万元,完成全部隧道工程,基本落实征地工作,按要求初步接通新老公路。工程全长 2.80 公里,一级公路,批复概算 4200 万元。

2008 年年底,青岭至黄土岭改建工程:隧道工程 500 米全部完成,洞口接线及山体滑坡处置也全部完成,路基工程正在实施中,累计完成建安投资 1470 万元,占合同总价 124 万元,约 85%。青岭至黄土岭改建工程原批复设计概算 3600 万元,因黄土岭山体滑坡、农民房

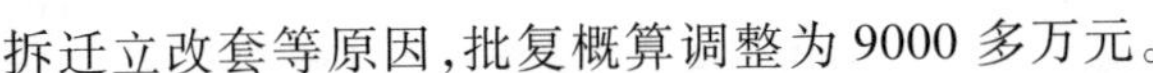

拆迁立改套等原因,批复概算调整为9000多万元。

2009年8月,青岭至黄土岭改建工程黄岩段通过交工验收。黄岩段长2.80公里,采用一级公路标准设计,概算投资为9008.61万元。是年9月份全线交付通车使用。

路桥段朱家桥改建工程:1995年,104国道路桥段朱家桥始建。朱家桥位于104国道路桥区朱家村(即K1754+927处),桥梁全长13米,宽度50米,其中央部位9米宽的老桥,由于设计荷载低,多年来受大量超限超载车辆的碾压,桥板严重损坏,铺装层破碎。

2005年5月,朱家桥中间部分9米宽的老桥进行拆除重建,总投资50多万元。10月底,104国道路桥段朱家桥改建工程完工。

天台段干线畅通大中修工程:2005年7月,104国道天台段干线畅通大中修工程开工。工程全长16.82公里,采用水泥混凝土路面和沥青混凝土路面,总投资额900万元。11月28~29日,天台段干线畅通大中修工程通过竣工质量鉴定,质量等级优良。

临海西过境改建工程:2007年10月25日,104国道临海西过境改建工程开工建设。工程起于临海七里,终于长石岭桥,路线全长9公里。按一级公路标准设计,设计速度100公里/小时,整体式路基宽25.50米,其中有灵江特大桥1座,左幅长1314.44米,右幅长1186.44米,隧道1座长195米。项目总投资34938.24万元。

是年底,104国道临海市区西过境段改建工程全线三个合同标段施工完成投资额0.35亿元,工程形象进度10%。

至2008年年底,104国道临海西过境段完成路基70%、桥梁完成45%、隧道40%。

2009年,104国道临海市区西过境段改建工程完成投资额1.50亿元,形象进度82%。灵江三桥进入钢管拱吊装施工阶段,完成路基100%,桥涵87.50%、隧道91%,全线已完成投资额2.87亿元。

天台关岭至响堂改建工程:2008年10月8日,104国道天台关岭至响堂改建工程可行性研究报告通过评审。工程起自关岭,穿越关岭隧道,经天台大桥头白鹤殿,利用白前线2公里,经三里宋,跨越62省道,经玉湖洪、水南、穿越隧道,莪园、终于104国道响堂,主线28.90公里,与上三高速连接线3公里,全长约31.90公里(其中新昌段1.74公里),预计工程总投资17.10亿元。

(五)温州段

自乐清县湖雾乡三里桥K1785+500起,由北向南贯穿乐清(K1870)、永嘉(K1896+600)、鹿城、瓯海(K1922+600)、瑞安(K1953+100)、平阳(K1984+953)、苍南(K2010)共7县(市、区),至浙闽交界分水关K2010止,全长224.50公里,沿途有水涨大桥、清江大桥、楠溪江大桥、瓯江大桥、飞云江大桥等大中型桥梁19座。

1.新建公路

民国5年(1916年)10月27日,省长吕公望提出修筑浙江省道的议案,计划由省会(杭县)经绍兴、鄞州区(宁波)、临海、永嘉(温州)至福建称浙闽正线,此路线走向与古驿道基本相同。民国10年1月,浙江省道筹备处派员测量了浙闽正线,并作了修正,将上述线路改为由省会(杭县)经绍兴、嵊州、新昌、天台、临海、温岭、乐清、永嘉、瑞安、平阳至福建。此线路与南朝宋谢灵运开辟的古道基本相同,比原路线缩短116公里。民国11年浙江开展规模较大的兵工筑路,第三工区设在永嘉(今温州)。当年6月兵工未到,改招灾工60人,动工建造永嘉南门至龙湾状元桥支线路基20里（合今12公里），路基宽2.5丈（合8米）。民国13年第三工区筑成区飞霞桥（石拱桥）和状元桥支线5.28公里路基土方。9月，浙江督军卢永祥与江苏督军齐燮元发生江浙战争，兵工长路遂停。民国18年以工代赈筑路，曾修过泽国至乐清段路基。民国21年，国民党军事委员会武汉行营下令限期修建京闽干线，次年1月，省公路局局长陈体诚到温州召开温州境内公路修建会议。5月，乐清县府成立筑路委员会，规定凡地方特产品照售价加税8%，以充筑路经费，桥梁工程由商办中南公司承包。国民政府强抽壮丁充当民工，县建设科和警察局派出大批督工、技佐和警察监督施工。民国23年10月，清江至港头段64.05公里建成，11月清江以北，32公里告完成。路基宽度一般为7~7.50米，泥结碎石路面宽5米，桥梁大多为半永久性石台木面或石台木排架木面，荷载标准8吨。沿线有湖雾岭、水涨人力渡和清江机轮渡。12月，杭福公路泽清温段全线通车，旅客在港头过渡到城区永川码头。杭福公路永瑞平段从温州至桥墩门（今苍南县境内），原长93.7公里。民国24年筹筑。

民国25年（1936年）7月1日，全国公路交通委员会通过7省公路联络干线计划和专线计划，京闽公路（今104国道）定为干线之一。民国26年6月27日，永瑞平公路建成，路基宽7~8米，沿途有瑞安南门飞云江、平阳岱口两处汽车渡口。当年7月7日抗日战争爆发，国民政府部署战备路线，开测桥墩门至泰顺公路，次年上半年动工修筑路基，但因沿海公路开始破坏，该工程告停。

民国27年（1938年）6月，为防日军进窜，国民党第三区战区下令破坏温州境内公路，隔一段掘一段，废路为田，桥梁拆毁殆尽。抗日战争胜利后，国民政府抽派壮丁，以工代赈修复泽清温公路。民国37年冬，国民政府交通部核拨经费，修复桥梁，至民国38年4月，基本完成泽国至乐清段路基。5月，人民解放军南下，修复工程停止。11月5日起，杭温线全线动工修复，次年11月底基本竣工。1951年1月起进行改造，一般地段路基宽均为7.50米，傍山狭路宽6.50米，改建桥梁14座，8月15日，清江渡建成锯齿形码头。以上工程总投资34.48亿元（旧人民币）。1955年5月14日，温州至分水关段公路由省公路局第二次测量队在原公路基础上重新测设，由交通部公路局第三工程局施工，当年11月10日温州至平阳段竣工，次年1月1日全线通车。总投资为2.70亿元。新建的温分线全长99.60公里，路基宽7.50~8.50米，路面宽3.50~5.50米，桥梁大多为木结构或石台木面桥，飞云江南北岸建有汽车渡口码头。杭温线和温分线修复通车后，先后进行多次的改造。1985年，按国道统一编号统称104国道温州段。

2.整修改建拓建

乐清、永嘉段：1953年，乐清水涨渡口改建为过水路面。1959年9月至11月，湖雾岭路段改线，这是全省大规模的改造。1965年12月至次年4月，水涨桥建成，其他临时桥陆续改建成永久性桥梁。1971年，省交通厅、水利厅与乐清县革委会协议，决定利用方江屿围垦大坝作公路，暂撤清江车渡。1972~1973年，先建成小芙陡门以南公路，1978年大坝合龙，后建成小芙陡门以北公路，改线公路于1983年3月16日投入使用，全长9.78公里，比原线长5.43公里。1979年2月市区安澜车渡停渡后，乐清方向开来的车辆改从巷港头过渡至清水埠，再经梅岙迂回至市区。从1981年开始，按二级公路标准全面拓宽改造104国道乐清、永嘉段公路，路基由7米拓宽至13.20米，逐段铺筑沥青路面和水泥路面，并拓宽桥梁宽度9~

12 米。1984 年 9 月 25 日,温州瓯江大桥建成通车,梅岙渡停渡。1985 年永嘉乌牛路段另建一座永久式公路桥,不再通过陡门闸桥,缩短路程 0.50 公里。1986 年开始改梅园岭山路为沿江平原走向的二级公路,1986 年 3 月 15 日,永嘉楠溪江大桥建成通车。1989 年,清江以北公路改线工程开工,1990 年先后建成 328 米长的白箬岭隧道和 227 米长的朴头岭隧道。当年,清北公路改造工程竣工,12 月 28 日,清江大桥动工修建。

温州市区、瓯海段:1986 年 8 月,国家投资 500 万元动工建造市区过境公路,次年 12 月 31 日建成通车,全长 7.28 公里。1988 年至 1989 年 9 月,鹿城区西进出口公路—瓯江大上台阶至又屿路段 9.30 公里,改建为路基 18 米、路面 14 米宽的水泥混凝土路,1989 年瓯海北庄桥至帆游 5 公里路段改造为路基宽 15 米、路面宽 12 米的沥青路面,同时将白象事故多发地段及其他弯道取直。1990 年十里亭至瓯海区北庄桥桥头路段改建为水泥混凝土路面,长 4.20 公里。

瑞安、平阳、苍南段:1953 年苍南县段(原平阳县段),因路基沉陷,经多次抢修,路基加宽为 9 米,路面 7 米。1960 年 8 月 10 日,桥墩水库出险,桥墩公路桥被冲毁,临时抢修简易木面桥。次年 8 月,平阳南水段 300 米公路由砂石路面改为水泥混凝土路面。1968 年起,自瑞安县孙桥至苍南桥墩按二级公路技术标准拓宽路基和铺筑沥青(渣油)路面和过镇路段水泥路面,完成鳌江支线 2.17 公里。1978 年 6 月 19 日,瑞安帆游至南岸孙桥按二级公路标准改建渣油路面,至 1982 年 12 月完成。1983 ~ 1985 年,平阳段完成 34 公里拓宽和改建水泥路面工程;1985 ~ 1986 年,苍南段完成 19 公里的拓宽与改建工程。1986 年 8 月起,自桥墩五里亭至分水差拓宽与改线及新建水泥路面,至 1990 年竣工。平阳岱口大桥、瑞安飞云江大桥、苍南桥墩大桥均在改建公路时相继建成通车。

大溪至清江段,长 39 公里(含清江桥 850.90 米,桥面宽 9 米)。按二级路标准进行改建,1988 年开工,路基、路面改建和隧道等工程均延至 1991 年完工(除清江桥外)。温州市南进出口公路(温分段),长 9.19 公里,按二级路标准改建,路基已于 1988 年完工;沥青路面(5.09 公里),1989 年 4 月开工,12 月完工;水泥混凝土路面(4.10 公里)于 1990 年 2 月开工,11 月完工。

永嘉乌牛段改建工程:1998 年 3 月 15 日开工。工程全长 3.95 公里。2000 年 9 月 15 日完工,10 月 1 日进行交工质量鉴定,12 月 28 日进行交工验收,2001 年 7 月 3 日被核准工程质量等级为合格。

南白象—凤山段改建工程:2000 年 4 月 20 日开工建设工程全长 10.26 公里。2001 年 12 月 25 日完工。2002 年 1 月 16 ~ 18 日进行交工质量鉴定,1 月 24 ~ 25 日进行交工验收,2 月 4 日被核定工程质量等级为优良。

苍南段一期改建工程:1999 年 10 月开工。工程包括灵溪过境段新建 6.15 公里(原 104 国道桩号 K1988 + 434.5 ~ K1994 + 263)和南水头—桥墩段改建 5.13 公里(原 104 国道桩号 K1997 + 07.36 ~ K2002 + 189.2)。其中南水头—桥墩段 2.04 公里(原 104 国道桩号 K2000 + 189.2 ~ K2002 + 224.2)按平原微丘二级公路技术标准设计;灵溪过境及南水头—桥墩段 3.09 公里按平原微丘一级公路技术标准设计。灵溪过境段路基宽 25.50 米,南水头—桥墩段路基宽度 24 米,设计速度 100 公里/小时。项目总投资 1.40 亿元。2003 年 8 月,一期改建工程完工。

瑞安飞云江三桥北接线工程：2003 年 7 月开工。工程（K5 + 365 ~ K13 + 200）项目按一级公路技术标准设计，设计速度 100 公里/小时。路线全长 7.84 公里，路基宽度 33.50 米，桥涵与路基同宽。项目概算投资 19614.31 万元，建设工期 48 个月。

瑞安飞云江三桥及南岸临时连接线工程：2003 年 7 月开工。工程（K13 + 200 ~ K23 + 365）项目按一级公路技术标准设计，设计速度 100 公里/小时。路线全长 4.11 公里，路基宽度 33.50 米，桥宽 33 米，其中特大桥 2956 米/座，为独塔双索面钢筋混凝土斜拉桥。南岸临时连接线工程按二级公路技术标准设计，设计速度 80 公里/小时，路线全长约 6.06 公里，路基宽度 18 米，桥涵与路基同宽。项目概算投资 70431.23 万元。

苍南段二期改建工程：2003 年 8 月开工。项目按一级公路技术标准设计，概算投资 1.07 亿元（调整后数据）。路线全长 6.54 公里（包括平阳界—灵溪段 3.73 公里和灵溪—南水头段 2.81 公里），路基宽 24 ~ 25.50 米，双向四车道，设计速度 100 公里/小时。平阳界—灵溪段为新建，路基宽度 25.50 米，灵溪—南水头段为老路拓宽，路基宽度 24 米。项目概算 7493 万元。2007 年 7 月，平阳界至灵溪段工程完工，9 月 28 日交付通车。

至年底，累计完成工程总投资 8330 万元，占概算投资的 69.40%。

乐清湖雾三界—清江段改建工程：2004 年 3 月开工。工程项目按二级公路技术标准设计，设计速度分别为 40 公里/小时和 80 公里/小时，路基宽度分别为 20.60 米和 25.50 米。路线全长约 28 公里，其中特大桥 1 座，大桥 2 座，隧道 5 条。项目概算 50609 万元。

永嘉乌牛—张堡段改建工程：2004 年 12 月开工。工程工程项目路线长 19 公里，按一级公路技术标准设计，设计速度 80 公里/小时，路基宽度 25.50 ~ 48.50 米，行车道宽 27.50 米。路线全长约 19 公里，全线共有桥梁 8 座，共计长 1931 米，其中特大桥 1 座，隧道 4 条，互通式立交 1 处。路面面层为沥青混凝土，项目概算 5.71 亿元。2008 年 12 月改建工程竣工。

飞云江大桥改建工程：2008 年 12 月 18 日开工。飞云江大桥改建为在老桥东侧 13.50 米处加建一座新桥，形成互不干扰的分离式六车道双桥，按一级公路标准设计，设计速度 60 公里/小时，新桥比老桥略高、宽、长，待新桥建成即对老桥实施大修，整个工程投资概算总金额为 3.19 亿元。

二、205 国道（山深线，编号 G205）浙境段

205 国道（山海关—广州—深圳）浙境段自开化县西坑入境，至深坑（枫岭）通往福建浦城。1985 年，境内全长 216.72 公里。后浙境段经多次改建，至 2010 年年底，全长减少到 163.05 公里。

（一）衢州市辖段

自开化县西坑口入境，经过马金、开化、华埠、常山、溪口、大陈、江山、贺村、淤头、峡口、廿八都、深坑（枫岭）向福建浦城方向出境，全长 216.72 公里（常山至溪口段的 10.50 公里与 320 国道重复）。其中有 2 级公路 106.91 公里，3 级公路 41 公里，4 级公路 68.81 公里。有大、中、小型永久性桥梁 69 座，共长 2264.82 米。

山广公路衢州市辖段路线原为古驿道，自民国 20 年（1931 年）开始，逐段修筑公路，至 1967 年才全线通车。

（二）西坑口至华埠段

路段全长 80 公里。民国 23 年（1934 年）先建成开化至华埠段。民国 26 年继建成杨和

(马金附近)至开化段,为省筑省营。后因长期失养,至1949年新中国成立前夕,已经不能通车。1951年12月修复开化至华埠段。1955年12月修复杨和至开化段。1961～1967年间,由林业部门投资124.65万元,建成西坑口至杨和段。1973年开始进行路线改善和路面改造。到1985年年底,路面改造投资158.40万元,建成7米宽的水泥混凝土路面31.40公里。

1.开化—常山段改建一期工程(开化境)

1999年6月28日,开化—常山段改建一期工程(开化境)开工。工程起点为华埠大坝头(205国道桩号K1748+830),沿马金溪,经火力发电厂、华埠镇、瓦窑边、上界首,终点为开化与常山交界的下界首(205国道桩号K1748+430)。工程全长9.48公里,按山岭重丘二级标准设计。其中,主线长3.40公里,二期连接线4.20公里,路基宽度18米,路面宽度15米;与17省道华白线连接线1.88公里,路基宽度15米,路面宽度12米。桥梁与路基同宽。路面采用水泥混凝土,设计轴载标准BZZ-100;桥涵的设计荷载标准为:汽-20、挂-100。工程概算投资13179.33万元。

2001年5月30日,改建一期工程(开化境)完工。8月2～3日进行交工质量鉴定,9月18～19日通过交工验收,并交付使用。10月9日被核准工程质量等级为优良。

2.开化—常山段公路改建二期工程

2003年6月20日,205国道开化—常山段公路改建二期工程通过交工验收。二期工程项目按二级公路技术标准设计,路基宽度18米,局部路基宽度16.50米,路面宽度15米,路线全长14.83公里。项目概算1.32亿元。8月21日通过交工质量鉴定,12月23日通过交工验收,被评为优良工程。

3.西坑口—开化段改建工程

2003年11月,西坑口—开化段改建工程开工。改建工程分两期建设,工程项目按二级公路技术标准设计,其中齐溪—马金段设计速度40公里/小时,路基宽度10.50米,路面宽度9米;马金—开化段设计速度60公里/小时,路基宽度12米,路面宽度9米,全长36公里,大桥8座,隧道10条。项目概算2.90亿元。一期工程于2005年12月完工。二期工程于2006年5月开工,2007年12月完工。

(三)常山段(原华埠至溪口段)

路段全长35.50公里(其中常山至溪口10.50公里与320国道重复)。民国20年(1931年)由私商"衢常公路汽车股份有限公司"建成常山至溪口的10.50公里,民国22年收归省营;民国31年遭日本侵略军破坏;民国37年修复通车,后因失养车辆又不通通行。民国21年由省公路局建成华埠至常山段,在华埠设人力汽车渡;后因水毁和失修长期不能通车。1949年新中国成立后,抢修通车。1975～1985年间,完成了华埠至溪口段的路基改建和路面改造;投资86.58万元,建成宽10～12米的2级公路;投资274.54万元,建成7米宽的水泥混凝土路面。

1.开化—常山段(常山境)改建工程

1999年5月16日,开化—常山段(常山境)改建工程开工,工程全长20.01公里,分两期建设。工程项目按二级加宽公路技术标准改建,路基宽度18米,路面宽度15米,其中320国道与205国道连接线局部3公里为一级公路。2001年5月30日,一期改建工程完工,8月2日进行交工质量鉴定,9月17日进行交工验收,10月9日被核准工程质量等级为优良。

2001 年 4 月，开化—常山段（常山境）二期改建工程开工。

2002 年 8 月，205 国道常山段一期改建工程（常山—开化段）通过竣工质量鉴定，评定为优良工程。

10 月，常山段改建工程（常山天马镇朱家坞—常山与江山交界处）开工建设。工程为省人民政府浙政函〔2002〕25 号批复同意的“四自”工程，起自常山天马镇朱家坞，终点为常山与江山交界的凉亭边，全长 12.45 公里。其中起点朱家坞—二都桥 6.50 公里为一级公路，设计速度 60 公里/小时，路基宽度 25.50 米；二都桥—凉亭边 5.95 公里为二级公路，设计速度 60 公里/小时，路基宽度 18 米。工程概算投资 1.47 亿元。2003 年 6 月，开化—常山段（常山境）二期改建工程完工。2004 年 11 月，二期改建工程完工。12 月 31 日被评为合格工程。

2. 常山—贺村段改建工程

2002 年 10 月 18 日，常山湖东—江山贺村段（江山境）改建工程开工。改建工程路线全长 35.50 公里，其中隧道 2 条，分离式立交 3 处。该项目分段设计，起点湖东—二都桥段长约 6 公里，按一级公路技术标准设计，设计速度 60 公里/小时，路基宽度 25.50 米；二都桥—终点贺村段工程为“四自”改建工程，按二级公路技术标准设计，设计速度 60 公里/小时，路基宽度 18 米，路面宽 15 米，路面面层采用水泥混凝土，行车道宽度 15 米。概算 3 亿元。公路改建工程常山境内路线长 12.50 公里，江山境内路线长 23 公里。

2003 年 1 月 20 日，常山至贺村段（常山境）公路改建工程开工。工程为“四自”改建工程。分两段：第一段长 6.80 公里，按一级公路技术标准设计，设计速度 60 公里/小时，路基宽 25.50 米；第二段长 5.70 公里，按二级公路技术标准设计，设计速度 60 公里/小时，路基宽 18 米，路面面层采用水泥混凝土。项目总投资 1.47 亿元。

2004 年 12 月，常山—江山段（江山境）公路改建工程完工。

2007 年 8 月 30 日，常山至贺村段（江山境内）公路改建工程通过竣工验收。11 月 28 日，常山至贺村段公路（常山境内）改建工程通过竣工验收。

3. 江山峡口至常山湖东段

2002 年 10 月，江山峡口至常山湖东段工程开工建设。江山峡口至常山湖东段全长 43.80 公里。2004 年 9 月，江山峡口至常山湖东段工程建成，获得优良工程。因浙赣铁路改建影响，贺村公铁立交推迟施工。2006 年 8 月 20 日，贺村公铁立交及接线完工。

（四）溪口至江山段

路段全长 21.85 公里，民国 24 年（1935 年）9 月，先建成大陈至江山的 12.50 公里单车道；民国 33 年 10 月，再建成溪口至大陈段，投资 14.82 万元，民国（义务）3.24 万工。民国 36 年遭水毁，直至 1949 年 5 月都不能通车。1958 年先修通大陈至江山段，1958 年 6 月 10 日再修通溪口至大陈段。

（五）江山至深坑（枫岭）段

路段全长 79.37 公里，江山至淤头 19 公里，为商办衢广（广丰）公路上一段，于民国 20 年（1931 年）建成通车。民国 22 年收归省营。淤头至深坑（枫岭）段，于民国 21 年动工，次年建成通车，投资 30.9 万元。民国 31 年 5 月，公路遭受日军侵略战火破坏。民国 34 年抗日战争胜利后，一度修复通车，后因失养，车辆不能正常运行。1949 年新中国成立后抢修通车。

1950 年 5 月,华东支前公路浙江指挥分所成立,投资 151 万元(新人民币),对路基进行改弯拓宽,路面重新铺筑,桥梁、涵洞分别改善或重建,以人民解放军第 70 师和另外两个工兵团为主施工,其特点是工程最大,施工时间短,标准严,质量好。这一路段,1953 年 6 月,一度划归福建养护;1958 年年底,又回归浙江养护管理。1972 年起,进行路线改善和路面改造,江山至峡口段,投资 41.8 万元,将 3 级路改建成 12 米宽的平丘 2 级公路;投资 238.15 万元,将 5 米宽的泥结碎石路面改为 6.50 ~7 米宽的水泥混凝土路面。

1. 贺村—峡口段公路修复工程

2001 年 8 月初,贺村—峡口段公路修复一期工程开工。工程起点为 205 国道江山贺村 5 号桥,终点为峡口镇,全长 22.65 公里,按山岭重丘二级公路技术标准修复,路基宽度 12 米,局部困难路段 10.5 米,路面宽度 9 米。桥涵与路基同宽。桥涵设计荷载标准:汽 -20,挂 -100。路面设计轴载标准 BZZ -100,工程总投资 3080.73 万元。一期工程长 4 公里,11 月底完工。

是年 11 月初,205 国道贺村—峡口段公路修复二期工程开工。二期工程全长 16.8 公里,余下部分与新线路改建工程同时实施。

2. 江山保安路口—小竿岭段改建工程

1998 年 10 月 15 日,江山保安路口—小竿岭段改建工程开工建设。改建工程全长 10.57 公里,2000 年 5 月 28 日,改建工程完工,8 月 2 日通过交工验收,2002 年 4 月 12 日进行竣工验收,5 月 9 日被核定工程质量等级为优良,并正式交付使用。

3. 贺村—峡口段改建工程

2002 年 10 月 18 日,贺村—峡口段改建工程开工。改建工程路线长 20.80 公里。按一级公路技术标准设计,设计速度 100 公里/小时,路线全长约 21 公里,其中大桥 6 座共计 724 米。路基宽度 25.50 米,路面面层采用水泥混凝土概算 2.64 亿元。

2007 年 9 月 6 日,贺村至峡口段改建工程通过竣工验收。

4. 江山段改建工程

2002 年 10 月,江山段改建工程开工。江山段改建工程全长 43.89 公里,其中江山与常山交界的凉亭边—贺村段长 23.03 公里,路基宽度 18 米,路面宽度 15 米,按二级公路技术标准设计,设计速度 60 公里/小时。贺村—峡口段长 20.86 公里,路基宽度 25.50 米,路面宽度 17 米,按一级公路技术标准设计,设计速度 100 公里/小时。2004 年 9 月,改建工程完工并通过交工验收,被评为优良工程。

三、318 国道(沪聂线,编号 G318)浙境段

318 国道〈上海 - 聂拉木〉浙江段自南浔镇入境(公路桩号 K119 +625),至与安徽省广德县接壤之界牌(公路桩号 K219 +657)出境,由湖浔、湖长、长界 3 线连成,全长 100.03 公里。除去湖长线与 104 国道重复段,实际长 74.54 公里。

(一)湖浔段

1. 新建公路

湖州至南浔段长 34.49 公里。民国 10 年(1921 年),湖浔两地商界与苏州、嘉兴两地富商共商筹建苏嘉湖长途汽车路,以接沪杭、沪宁铁路,加快与沪交通。民国 11 年,南浔富商庞莱臣聘请工程师沿湖浔塘路勘测,拟将塘路加宽,改筑公路。民国 14 年,湖绅沈田莘、李

恢伯等50余人，拟依浙江省修筑省道商人承筑条例暨长途汽车公司规定办法，集资招股承筑。商界几次拟建未成。民国18年，省建设厅将湖浔列入公路网建设计划。民国23年4月，国民政府电令浙省速建湖州至嘉兴直达公路，限年内完成。省公路局迅行复勘路线征工开筑，南浔至平望段由浙省修筑，筑修经费由两县富商摊派承担。路基土方工程以工代赈，于民国24年7月完成。桥涵和路面工程招商承筑，因商业不振，工款支绌停建。民国25年3月，湖嘉长途汽车股份有限公司董事长陈勤士以承租路权，经营汽车运输20年为条件与浙省建设厅签约，借与法币35万元复工续建。共建桥梁52座（其中湖浔线35座），除湖州南门桥为钢筋混凝土外，余均为石台木面桥，铺筑泥石路面宽5米，于4月建成，5月1日通车，共耗用法币48.30万元。抗日战争时期，路毁桥拆。抗战胜利后，国民政府公路总局补助工款2亿元由承租方湖嘉公司修复，限于经费不足，只简便修之，与通航和水利有关之桥梁架松木大梁、铺上木板通行，与农田水利无碍之桥梁填塞。南浔至平望段于民国36年9月修复，湖州至南浔段于民国37年4月18日修复通车。

20世纪50年代，靠简易整修和日常养护维持通车。1963~1966年，投资75万元人民币，加宽路基至8米，路面至6米，木桥全部改为荷载汽-13，拖-60的钢筋混凝土桥。1974~1978年，筑沥青路面，平均每公里耗支3.4万元人民币。1981~1985年，拓宽路基至12米，其中长湖申航线之三济桥至晟舍段拓宽至14米，沿塘埋设高0.80米的钢筋混凝土护栏桩2000根，共投资人民币84万余元。1986~1987年，旧馆至八里店重筑沥青路面并加宽至9~9.5米，支人民币128万元。在南浔鼓楼港桥至省界段加宽沥青路面至9米，浇筑沥青硬路肩各宽1米，实支人民币17万元。

1986年6月15日，长湖申航道南浔段拓宽，公路改线开工，工程自鼓楼港桥起至西筑新线959米，按一级公路征地37亩，公路界宽24.50米，筑路基宽15~17米，泥结碎石路面宽9米。共填土3.30万余立方米（利用开挖航道湿土2.70万立方米），新建1孔13米和3孔13米桥梁各1座，荷载标准汽-20，挂-100。共投资人民币122.63万元。1987年10月16日竣工通车。1988年4月26日始筑沥青路面，于10月12日浇筑完工，同时浇筑南浔大桥引道长411.16米，共支经费27.14万元人民币。

1999年3月，318国道湖州市过境公路工程开工湖州市过境公路全长2.12公里，2000年7月5日完工。11月22日进行交工验收，2001年1月3日被核准工程质量等级为优良。

2. 改建工程

1993年6月28日，南浔至湖州段公路改建工程开工。工程项目分两期实施，路线全长31.07公里，为“四自”改建工程。按二级公路技术标准设计，设计速度80公里/小时，路基宽24.5米。项目总投资2.08亿元。2007年12月26日通过竣工验收。

（二）长界段

1. 新建公路

长界段自长兴雉城至界牌（公路桩号K179+605~K219+657），长40.05公里。民国15年（1926年），浙江筹筑浙皖公路拟从泗安入皖境，发生战争中止。民国18年列入浙省10条干线公路计划。民国19年5月，长兴县政府呈请建杭长路长泗支线，以连接皖省之广德。民国21年4月9日，国民政府军政部电令浙省：长广线事关军用，限7天筑成。省政府急令长兴县政府和省建设厅立即赶筑。工程由长兴县政府主办，省公路工程处在长兴设“长泗路工程处”督导,沿长(兴)广(德)大道改筑公路。路基土方工程征工,桥梁和路面工程发包。沿路地势低洼,山水肆虐,唯恐时间仓促,工程草率,筑成后不能行车。经呈准,工期适当延长,工程略为改优。筑路基宽6米,泥石路面宽3米,架木桥40余座。经泗安镇一段利用老路拆民房太多,镇商会就地筹措3500元改由镇北通过。桥梁和路基工程11月完工,路面工程于民国22年6月10日完成,共耗资19.23万元法币。抗日战争时期,全路掘毁,部分化路为田。抗战胜利后,长兴县政府用“以工代赈”“国民义务劳役”等办法修筑,在民国37年春曾通车,后因大部分木桥腐烂而中断。1949年新中国成立时,泗安至界牌可通车,长兴至泗安段已趋荒废。

1950年12月,省公路局奉令派第三工程队协同长兴县人民政府实施紧急抢修。路基工程发动沿线乡民完成,修建桥梁24座、涵洞44道,于12月23日开工,1951年3月14日完工,共支经费22.99万元人民币,由华东局拨款。1963～1973年,所有木桥改为钢筋混凝土桥。1964年,建泗安水库,公路北移,改道8.90公里(其中600米在广德县境),建大东村桥和过水路面1处,由省水利电力厅支付工程费12.20万元。1974年始,按日行车500辆次要求,拓宽路基8.50～12米,浇筑沥青路面宽7米,于1984年完成,总投资248万余元。1987年,长兴县人民政府把改善县城出入口地段交通列为大事,拆迁房屋,建三岔口广场,拓宽路基至15米,铺筑水泥混凝土路面宽12米,改建高阳桥,总投资人民币95万元由省交通厅支拨,于1989年10月完工。1988年,宣杭铁路长兴境段动工兴建,高家墩公铁路立交桥始建,至1990年主体工程已完成。

2.改建公路

长兴段(高家墩—泗安界牌)改建工程:1999年9月5日,改建工程正式开工,工程列入省首批“四自”工程的建设项目。工程起于318国道一期长兴收费站,终于浙皖交界处界牌,全长34.06公里,总投资约3.89亿元。工程涉及沿线6个乡镇及长桥农场、南湖林场,按平原微丘一级公路设计标准执行,设计速度100公里/小时,全线桥涵荷载为汽-20、挂-100。2001年12月工程通过交工验收,评为优良工程。2002年1月10日被核定工程质量等级为优良。

李家巷—界牌段改建工程:2003年起,新建申苏浙皖高速公路(G50),其中长兴雉城城南——安徽广德交界段高速公路利用同段318国道兴建,与原318国道基本平行,县道三界线公路替代318国道功能。2008年,李家巷—界牌段改建工程开工。因318国道长兴段日均交通量近1.5万辆,交通量快速增长,为与安徽省境内段(计划按一级公路技术标准改造)衔接,省发改委同意318国道长兴段改建工程技术等级从原设计二级公路调整为一级公路。项目起点位于长兴李家巷(与104国道相接),由东向西经吕山、虹星桥、林城、天平桥、泗安,终点为浙皖两省交界处的界牌,路线全长43公里,设计速度80公里/小时,路基宽24.50米,桥涵设计汽车荷载等级为公路Ⅰ级。项目总投资11.80亿,其中由省交通厅补助4.50亿,其余资金由长兴县政府财政负责筹措。2009年11月3日,长兴段改建工程技术等级调整获省发改委批准。是年,改建工程完成投资3.33亿元,计划2011年10月建成通车。

四、320国道(沪瑞线,编号G320)浙境段

320国道(上海—云南瑞丽)浙境段从上海枫泾入浙境,经嘉善、嘉兴、桐乡、海宁、余杭、杭州、富阳、桐庐、建德、衢州市区,至常山太平桥出浙境,分别由嘉兴、杭州、衢州3段组成,长443.15公里。1981年11月，国家计委、经委、交通总划定该线为国家干线公路网320国道上海—昆明线中的一段。

（一）嘉兴段

320国道嘉兴市辖段，从上海市枫泾省界处，经嘉善、嘉兴、桐乡、海宁至杭州余杭交界，全长85.75公里。

1.新建公路

民国22年（1933年），浙江省公路管理局重订第二次公路线路网计划，杭州至枫泾公路称杭善路，为七省联络公路的杭松线（杭州至上海内线公路）之一段。其中嘉兴附近利用嘉兴飞机场公路11公里。路基土方，于民国24年工程完成，宽9米，路面材料征工采集，因当地缺乏石料，系用碎砖瓦作路面集料，桥梁均为石台木面或石台木排架木面，全部工程于民国25年10月13日完成。该路施工由全国经济委员会拨借款，建筑经费442417元（法币）。

民国26年（1937年）11月，杭善公路被日军侵占。八年抗战期间，由于严重失修失养，间有抗日军民为了反“扫荡”的多次毁路，该线除嘉兴至桐乡段29公里时通时阻外，其他路段均不通车。

民国34年（1945年）10月8日嘉兴县政府上报：嘉兴、经濮院至桐乡段公路，经草草抢修后勉强可以通车；有四座木桥损坏，路面凹凸不平，均须加以修筑，另有6座桥梁被日军所毁，用泥土填塞通车，其他路段桥梁路面大部损坏不能通车。

抗战胜利后，浙江省政府于民国36年（1947年）11月，将嘉（兴）桐（乡）段列入“绥靖八线”之一，民国37年由省拨款修复通车。

1949年新中国成立前夕，桐乡段7座桥梁木面遭国民党军队溃逃时破坏，1950年5月因空军方面的急需，抢修桥梁，5天恢复通车，终因工程简陋，至1951年即失修不通。1952年，嘉兴至马王塘（机场）的一小段，长8.42公里，由空军方面提出，经省财政经济委员会核准拨款。7月，由浙江省公路局工程建筑总队嘉兴分队施工，路基一律加宽至7.50米，路面加宽至5米，修理木桥面4座，同年11月竣工，投资7.94万元。

1958年桐乡市人民政府组织力量，修复濮院至崇福南门段公路，路基宽为6.50~7.50米，路面宽为3.50米，以碎砖瓦铺筑。桥梁共23座为临时或半永久式结构。工程投资13.97万元。1959年5月，嘉兴至崇福段恢复通车。

1969年，嘉兴至枫泾段28.92公里、临平至崇福段19.04公里，均同时开工，技术标准采用六级甲，路基宽度7.50米，路面宽度5.50米（泥结碎石），桥梁为永久式，桥面净宽7米，载重按汽-13、拖-60设计，两段公路分别于1970年6月9日及7月8日完工验收，共投资267.44万元。至此杭枫公路全线恢复通车。

1998年5月18日，嘉兴市区过境段工程开工建设。工程为省“四自”公路项目和省重点工程建设项目，全长18.01公里，2000年10月31日完工，12月2日进行交工质量鉴定，2001年1月11日进行交工验收，2月27日被核准工程质量等级为优良。2002年11月29日，嘉兴市区过境段工程进行竣工验收，工程被评为优良工程。

2006年2月23日，嘉兴段辅道工程开工。辅道工程先实施秀洲区段和开发区段（不包括机场段）。秀洲区段长10.20公里，计划总投资4000万元，到年底完成投资3300万元。经济开发区段长1.73公里，计划投资1000万元。嘉兴机场至乍嘉苏高速公路段于2006年

3月份开工,到年底完成投资600万元。

2.改建拓宽

嘉兴至崇福段公路木桥改建:1971~1972年,嘉兴至崇福段公路木桥18座,总长426米,均改建成永久式桥梁,桥面宽7米,荷载按汽-13、拖-60设计,由省拨款70万元,县组织施工。

桐乡市境濮院至崇福段改建:1974~1975年,桐乡市境濮院至崇福段公路27公里按部颁三级标准进行改建,路基拓宽为9米,路面加宽为7米(泥结碎石)。

嘉兴县濮院至东进段拓宽改建:1976~1977年,嘉兴县境从濮院至东进段公路26.82公里,路基恢复加宽为9米,行道树全面更新,并改建为黑色路面。

嘉兴段路面改建工程:1975~1981年,对该段路面进行技术改造,由泥结碎石路面改建成沥青(渣油)表面处治,路面宽度为7米,总投资289.3万元。

杭枫段公路改建工程:1985年,省交通厅决定对320国道杭枫段公路按平丘二级(加宽)公路技术标准进行改造。由嘉兴市政府和省交通厅共同组成了《市杭枫公路改建工程指挥部》进行改建工程的领导。1985年年底即开始路基放样,政策处理、备土和部分土方填筑等。由于路基填筑质量等方面存在不少问题,1986年6月,经省、市商定:从1987年1月改由省第一、二、三公路工程队施工,路基宽度15米,路面宽度12米,路面两侧各设1米宽的沥青表处硬路肩和各0.50米宽度的土路肩,平曲线最小半径400米,最大纵坡3%,路面横坡2%,路肩横坡3%。桥涵设计荷载等级按汽-20,挂-100;新建大中桥车行道宽12米,两边各设宽1.50米的人行道;新建小桥、涵洞与路基同宽;凡利用老桥的,拼宽7米。路面荷载超标准为黄河JN-150。改建工程路面标线采用中线为白色虚线,弯道和穿越城镇地段设白色实线;路面两边距中线3.50米处设白色反光分道块;全线设置柱式钢质标志牌和水泥混凝土里程碑。

全线浇筑22厘米厚水泥混凝土路面长60.74公里(基层30厘米二灰碎石)。浇筑10厘米厚沥青混凝土路面25.02公里(基层为26厘米二灰碎石)。新建改建桥梁87座共计长3615米(大桥9座、中桥35座、小桥43座),涵洞386道。改建后公路全长85.75公里,其中老路拓宽总长为63.97公里,新辟线路有桐乡市崇福镇、虎啸乡、梧桐乡、嘉兴机场与市区外环线,总长21.78公里。工程总投资1.62亿元,由国家基建资金、交通部、省财政补助和省公路养路费四部分组成。1989年12月2日,工程交工验收,路基、路面、桥梁三项工程总评均为优良工程。1990年11月29日通过交通部验收,改建工程总评为优良工程。

嘉兴—海宁段改建工程:2001年5月15日开工,嘉兴—海宁段改建工程开工。嘉兴—海宁段起自320国道嘉兴市区过境段终点,终止于与余杭交界处,沿途经洪合、濮院、梧桐、崇福、沈士、许村等镇,全长39.78公里,按部颁一级公路标准改造。工程投资概算2.11亿元。全线路基宽26米,桥涵与路基同宽,桥涵设计荷载为汽-20、挂-100,设计速度80公里/小时。2002年1月15日,嘉兴—海宁段改建工程完工。1月25~28日进行交工质量鉴定,2月2日进行交工验收,2月7日被核定工程质量等级为合格。

桐乡市区段改建工程:2002年9月12日开工。工程起自湖盐线与桐乡环城南路交叉处,终至320国道,全长9.80公里(其中环城南路段4.80公里改建工程于1999年完工)。工程总投资6765.10万元。至2002年年底,完成投资3000万元。2003年10月1日,改建工程完工。改建工程全长5.03公里，其中中桥1座，小桥5座。起点桩号K0+000，终点桩号K5+032。工程按平原微丘一级公路技术标准设计，设计速度100公里/小时，路基宽度27米。

（二）杭州段

320国道杭州段由杭枫线的杭州至新塘村、杭兰线的杭州至寿昌、寿衢线的寿昌至界头村等三段组成，历史上各段曾称临枫、杭（嘉）善、杭松（江）、杭临、杭枫线和沪桂（广西龙州）、杭广（江西广丰）、杭新（安江）、杭兰及寿衢线等，1981年定为现名。1985年，杭州市境内由原杭州至枫泾、杭州至兰溪、寿昌至衢州市3条公路组成，自余杭市双林乡新塘村（即五号桥、海宁市交界）入境，经临平、道古寺、乔司、七堡、彭埠、艮山门、梵村、富阳、桐庐、白沙、寿昌、大同至建德市长林乡界头村衢州市交界处。1988年，国道公路普查调整走向：自余杭市双林乡新塘村入境，经临平、道古寺、半山、艮山门、梵村、富阳、桐庐、白沙、寿昌、大同至建德市长林乡界头村衢州市交界处，全长234.48公里。2000年国道公路普查调整走向：起自余杭五号桥，经水洪庙、石塘、勾庄互通、余杭塘、留下、转塘、金家岭、东图、芝厦至会泽里，由东向西穿越余杭区、西湖区、富阳市、桐庐县、建德市，终于衢州市的龙游县，全长200.34公里。

1. 新建公路

杭枫线市境段最初以借道商筑杭海、杭塘两线首段，起于清泰门，经乔司、道古寺至临平，民国25年（1936年）10月建成临平至枫泾线，由省投资，路基宽9米，石台木架木面桥。民国26年（1937年）12月全线沦陷，日军侵占，损坏严重，不能全线通车，抗战胜利后，临平至桐乡段长期废弃。

1959年2月由市建设局建成杭州经半山至道古寺段，时为通往工业新区主干道。1970年8月，由余杭市建成临平至新塘村段，路基宽7.50米，碎石路面，钢筋混凝土桥。（临枫线境外路段亦已修通并与上海内线公路连接），杭临、临枫线合称杭枫线。1975年实现路面黑色化。

1981年，320国道杭枫线定为：起自杭州（环城东路、北路交点），经彭埠、七堡、乔司、道古寺、临平至枫泾。（杭州至七堡段，新建于1973年，时称大寨路）。

1988年杭枫线走向改由杭州艮山门（绍兴路、朝晖路交点）经半山、道古寺、临平至枫泾，杭州市境内长30.70公里。

1993年2月25日，五号桥至屯里村公路建设工程经省人民政府批准按首批“四自工程”建设。是年6月5日，五号桥至屯里村公路建设工程开工。工程起自五号桥，终于屯里村，全长11.42公里，过境总里程比原路缩短909米，按加宽二级公路技术标准设计建设。路基宽16米，水泥混凝土路面宽12米。中小桥9座。投资8558万元，1994年6月底完工。

杭兰线市境段初建时辖境内起自钱塘江桥北，经梵村、转塘、金家岭、富阳、松溪、新登、窄溪、桐庐、芝厦、杨村桥、白沙、更楼，至寿昌。民国5年（1916年）列为省道修建议案中浙赣线的首段，长162.31公里。民国15年钱塘江桥北岸至富阳段33.3公里，由省道杭富汽车股份有限公司建成，投资约15万元；民国17年10月由省给价收回，民国22年1月修复。是年，富阳经新登、桐庐、白沙至寿昌段129.01公里，由省投资修建，组成富新、桐建、屯建寿3个工程处负责施工，次年7月先后建成通车，跨分水江、新安江分别设桐庐、白沙人力汽车渡，投资101.30万元。全线路基宽5.50~9米，最小平曲线半径15米，最大纵坡8%，碎石路面，钱塘江桥北岸至富阳段桥为钢筋混凝土桥外，其余路段或利用老石拱桥，或为石台、墩木梁或工字钢梁木面桥。

抗战期间，富阳桥遭破坏。富阳至白沙，白沙至寿昌段分别于民国27年(1938年)，民国31年奉令毁桥断路，交通中断。

抗战胜利后，列入全国第一、二期复路计划，民国35年(1946年)1月动工，至年底土路、便桥抢通，富阳桥设渡，桐庐、白沙恢复原渡，较大桥梁均辟河底便道；后拨款整修路面，修复部分桥梁；民国37年12月，民国政府国防部电令浙江限期加固桥梁，次年2月陆军工兵营参加，公路部门配合，至4月未完而停工，大兴、下涯两桥停建，后遭水毁，仍以河底便道通车；富阳桥由杭州工程督导处负责修复，1949年前夕重建竣工。

寿衢线市境段起自建德市陈家村，经寿昌、溪沿、大同、李家至界头村(衢州市交界)，长32.90公里，1956年寿昌县按简易公路技术标准测设，施工，采用民办公助形式新建，路基宽4.50~6米，碎石路面宽4米，寿昌溪(原名艾溪)暂设竹筏汽车渡，1957年4月建成，投资18万元，其中国家补助6.15万元。

2. 改建拓建

桥路改建工程：1956年，国务院先后批准建设新安江、富春江两座水电站，对九溪至白沙段139.80公里公路进行改造。是年3月至1957年2月，将安仁、大兴、下涯埠、西水四大河底便道先后改建为桥，省交通厅第一工程队施工，用资27万元。1958年寿昌渡改建为桥，宽6米。1960年7月和1961年6月又将白沙、桐庐两渡先后改渡为桥。1960年6月，为适应富春江水电站重型设备的运输，芝厦至白沙段桥梁均改建为石拱桥或石台、墩、钢筋混凝土桥面，当年竣工。新安江大桥工程指挥部会同桐庐、建德两县组织实施，水电部门投资56万元。1965年，该段在省内率先实现桥梁永久化。1966年长林过水路面改建为桥。1969年实现桥梁永久化。1969年开始铺筑渣油(沥青)路面，至1973年累计铺筑74公里，水泥混凝土路面2公里。

白沙—寿昌(330国道交点)段改建工程：白沙至寿昌(330国道交点)段长14公里，1969年实现桥梁永久化后，与杭新线同步标准改建，至1990年年末全段路基宽12米，水泥混凝土路面宽9米，新建、拼宽中、小桥3座，桥与路基同宽。公路总段、建德公路段测设。建德市分别成立“杭兰公路改建指挥部”和“翠坑口公路改建工程领导小组”，负责前期政策处理。桥梁由总段工程队施工，路基、路面由建德公路段施工。累计投资300万元。

杭州—白沙(今新安江镇)段改建工程：1975年10月，改建工程动工，工程按二级公路技术标准进行拓宽改建。梵村至新登段属平原微丘，路基宽12~15米，沥青路面宽9米，新登至白沙段属山岭重丘，路基宽10~12米，沥青路面宽7~9米，改建、拼宽桥梁16座，行车道宽9米或与路同宽。铺筑沥青路面136.63公里，拼宽水泥混凝土路面2.07公里，改建后长138.70公里(原长150.25公里)。由省交通邮政局公路勘测设计室测设；省、市联合组成“杭州至新安江公路改建领导小组”，下设办公室组织实施；西湖区和富阳、桐庐、建德3县建立改建工程指挥部，具体组织施工；沥青路面由公路工程处富阳、桐庐、建德公路段施工，并抽调萧山、余杭、临安公路段支援。1979年8月竣工，投资1276万元。为全省第一条高等级路线，但尚有2处平曲线半径不符“标准”要求，富阳、青名、桐庐三桥桥面净宽仅6米。

岘岭至界头村段改造工程：1979年12月，岘岭至界头村段长20.13公里，除重点改善路段外，由大同区组织沿线群众、民工建勤恢复路基，宽10米，1981年年底竣工，投资25万元；1983～1990年期间，段外，铺筑水泥混凝土路面3.88公里，沥青路面15.25公里，路面宽7米，建德公路段施工，累计投资185万元。

寿昌至溪沿段改建工程：1984年9月，寿昌至溪沿段长6.20公里，改建路基宽12米，水泥混凝土路面宽9米，寿昌桥相应拼宽，行车道宽9米，两侧人行道各宽1.50米；寿昌区、镇两级政府共同成立"改建工程领导小组"，负责前期工作；建德公路段负责测设，施工，1989年12月竣工，投资160万元。

艮山门至制氧机厂段改建工程：1979年8月至1981年4月，艮山门至制氧机厂段按二级公路标准进行改造，全长2.60公里，路基宽16米，沥青路面宽14米，桥梁与路基同宽。杭州公路管理处测设；桥梁、路基、路面分别由管理处工程队，公路工程处工程队施工，投资111万元。

制氧机厂至杭州钢铁厂段改建工程：1983年9月至1985年9月，制氧机厂至杭州钢铁厂段按二级公路标准进行改造，全长6.10公里，路基路宽16米，水泥混凝土路面宽14米。省交通设计院测设，公路工程处施工，投资442万元，验收评为优良工程。

道古寺至新塘村段改建工程：1983年10月至1985年11月，道古寺至新塘村段按二级公路标准进行改造，全长8.80公里，其中改线长5.30公里。路基宽12米，沥青路面宽9米，新建、拼宽桥梁8座，中型桥行车道宽10米，小桥与路基同宽。省交通设计院测设。余杭市组建"杭申公路余杭市改建工程指挥部"组织实施。沥青路面由市公路工程处施工，投资427万元。

白沙—太平桥各段改建工程：1985～1990年间，白沙—太平桥各段按二级路标准完成部分路段改建，计77.78公里。

白沙镇穿越路段改建工程：1987年，白沙镇穿越路段改线长0.89公里，按二级加宽公路技术标准改建，路基宽14米，水泥混凝土路面宽9米；建德市组建"麻园公路改建指挥部"组织施工，1990年9月竣工，投资67万元。

富阳镇穿越路段改建工程：1988年3月富阳镇穿越路段长2.42公里，亦同标准改建，路基宽14米，沥青路面宽9米，两侧沥青表处硬路肩宽各1.50米；新建中、小桥3座，桥面与路基同宽；富阳市交通设计室测设；富阳桥梁工程处施工，1990年7月竣工，投资317万元。

杭州钢铁厂至道古寺段改建工程：1987年7月至1988年12月，改建杭州钢铁厂至道古寺段按二级公路标准进行改造，全长13.20公里，路基宽15米，水泥混凝土路面宽12米，沥青表处硬路肩各宽1.50米，桥、涵与路基同宽。省交通设计院测设，公路工程处施工，投资1514万元，经验收评为优良工程。

1991年至1993年6月，先后对富阳镇穿越路段、桐庐富春江大桥头接线段、建德白沙镇穿越路段、白沙至寿昌（330国道交点）段，按二级、二级加宽公路改线，路基宽9.6～14米，沥青、水泥混凝土路面宽9米；并对建德更楼、山后、西水、宋公等桥梁实施改造。总投资661.66万元。

金家岭至富阳段改建工程：1993年6月25日开工。工程起自杭州与富阳交界处金家岭，终于富阳新汽车站，长13.94公里，按一级公路技术标准设计建设，设计速度100公里/小时。路基宽32米，桥涵与路基同宽，桥涵设计荷载汽－超20、挂－120。桥梁9座92米，涵洞 66 道 2544 米。1994 年 8 月 30 日完工,投资 1.16 亿元。

珊瑚沙至金家岭段改建工程:1993 年 10 月 5 日开工。工程起自西湖区珊瑚沙村,终于杭州与富阳交界处金家岭,长 11.93 公里,按一级公路技术标准设计建设,设计速度 100 公里/小时,珊瑚沙至狮子口段路基宽 24.50 米,狮子口至金家岭段路基宽 32 米。大桥 1 座 208.64 米,中桥 1 座 45.44 米,小桥 3 座共 40.74 米,涵洞 76 个共 2490 米。1994 年 10 月 25 日完工,投资 1.61 亿元(2000 年公路普查将珊瑚沙至狮子口段,长 4.698 公里调整为县道 X016 珊狮线。)

新安江镇过境段改建工程:1994 年 5 月 18 日开工。工程起自焦山村,终于白沙村,长 5.69 公里,按山岭重丘一级公路技术标准设计建设,设计速度 80 公里/小时,路基宽 24.50 米。其中建德大桥长 412 米、宽 25 米。毕家后至弯清坞双向隧道 1 条长 387 米、各宽 10 米,立交桥 1 座 25.6 米,涵洞 11 个共 346 米。1995 年 11 月 10 日完工,投资 8500 万元。

桐庐段改建工程:1994 年 8 月 26 日开工。工程全长 17.24 公里,主线一级公路长 11.91 公里,设计速度 100 公里/小时,路基宽 24.50 米,行车道宽 2 ×7.50 米。连接线长 5.33 公里,窄溪连接线起自原 320 国道,经大元里、陈庄,在前村接主线一级公路。沿棚里、柴埠、外喻、朴仁塘、里庄坞、姚林家、华家、外棚、乔林,接乔林连接线,经富春江大桥至终点,设计速度 80 公里/小时,路基宽 12 米,路面宽 9 米,其中乔林连接线系城镇接合部,路基宽 30 米,路面宽 12 米。特大桥 1 座 610 米,大桥 1 座 158.01 米,中小桥 10 座共 159.54 米,涵洞 155 个共 4801.20 米。1995 年 12 月 30 日完工,总投资 1.60 亿元。

富阳至新登段改建工程:1994 年 10 月 8 日开工。工程起自横凉亭,终于新登镇,长 22.90 公里。按一级公路技术标准设计建设,设计速度 100 公里/小时,路基宽 25.50 米。大桥 1 座 180 米,中桥 1 座 81 米,涵洞 147 个共 3868 米。1995 年 11 月 22 日完工。投资 1.15 亿元。

富阳市过境段改建工程 1996 年 1 月开工。工程起自富阳新桥加油站,终于姚家畈与富阳至新登段相接,长 5.36 公里。按一级公路技术标准设计建设,设计速度 100 公里/小时,路基宽 24.50 米。立交桥 1 座 298 米,中小桥 4 座共 158 米,涵洞 46 个。1998 年 12 月 30 日完工,投资 6210.36 万元。

富阳至东图段改建工程:1997 年 4 月 28 日开工。工程起自 320 国道富阳过境段,终于东图与桐庐县窄溪相接,长 25.50 公里,按一级公路技术标准设计建设,设计速度 100 公里/小时,路基宽 24.50 米。特大桥 1 座 682.14 米,大桥 3 座共 501.89 米,中、小桥 9 座共 315.19 米,通道桥 39 座共 1583.06 米,涵洞 148 个共 5503.30 米。2000 年 3 月 15 日完工,投资 4.28 亿元。

富阳—新登段路面整修工程:1998 年 7 月 1 日开工。其中一级公路 5.60 公里,二级加宽段 1.40 公里,实施行车道路面病害处理后铺设沥青混凝土面层宽 9 米。两侧各 3 米非机动车道面层沥青混凝土封面。1998 年 9 月 30 日完工,投资 620 万元(2000 年公路普查后,于 2002 年调整为 S305 富衢线)。

建德芝厦—绪塘段改建工程:1997 年 8 月 8 日开工。工程起自建德与桐庐交界处,终于绪塘村。长 26.63 公里,其中老路拓宽长 13.42 公里,新建长 13.20 公里,按一级公路技术标准设计建设,设计速度 100 公里/小时,路基宽 24.50 米。中桥 5 座,共 288 米;涵洞 189 个,共6044.80米。1998年12月31日完工，投资2.21亿元。

建德绪塘—淤合段改建工程：1998年9月28日开工。工程起自杨村桥镇绪塘村，终于淤合村，长20.42公里。按一级公路技术标准设计建设，设计速度100公里/小时，新建路基宽24.50米，老路拼宽路基宽30.50米。立交桥1处，分离式立交1处，公铁立交1处，大桥3座共1151.40米，中小桥18座共421.40米，涵洞103个，通道10座。2000年8月15日完工，投资2.89亿元。

建德淤合至会泽里段改建工程：1998年2月12日开工，工程起自新安江街道淤合村，终于建德与龙游交界的会泽里，全长27.659公里。淤合至六山岩段9.012公里，按一级公路技术标准设计，设计速度100公里/小时，路基宽24.50米（穿填路段加宽至30.50米）。桥梁与路基同宽。六山岩至会泽里段16.604公里按二级公路技术标准设计，设计速度80公里/小时，路基宽18米，寿昌连接线长2.043公里，按二级公路技术标准设计，设计速度80公里/小时，路基宽15米。大桥3座共474.97米，中小桥12座共346米，涵洞175个共5340米，简易互通1处。1999年11月30日完工，总投资2.15亿元。

桐庐段二期改建工程：工程分两段实施，深澳—窄溪段，长5.60公里，1998年4月18日开工。乔林至芝厦段，长13.62公里（含渡济特大桥693米），1998年10月21日开工。按一级公路技术标准设计建设，设计速度100公里/小时，全长19.22公里，其中新建11.60公里，路基宽24.50米；老路拓宽7.63公里，路基宽30.50米，水泥混凝土路面。2000年5月17日完工，总投资2.40亿元。

320国道5号桥—杭州绕城高速公路改建工程：2002年12月25日开工。工程按一级公路技术标准设计，设计速度80公里/小时。路线全长约20.12公里（含连接线4公里），新建立交桥2座共935米，路基宽度35米。概算3.71亿元，2004年9月20日完工。

五号桥—翁梅连接线改建工程：2005年6月8日开工。工程起自五号桥，向南经双林村，下穿沪杭铁路，跨上塘河，终于临平迎宾大道与09（S304）省道环形交叉处，全长7.93公里，按一级公路技术标准设计建设，设计速度80公里/小时。路基宽36米，双向六车道，投资概算2.30亿元。2006年11月20日完工。

富阳受降—场口段改建工程：2008年3月2日开工建设。工程长约26.10公里，按一级公路技术标准建设，设计速度100公里/小时。工程始于富阳受降千人坑遗址，经高桥，富春街道，鹿山街道，新桐乡，与23省道交叉后穿隧道至新桐，设特大桥跨富春江至场口马山，终点与320国道南线相接。起点至大青段长约12.70公里，路基宽33.50米，大青至终点段长约13.40公里，路基宽26米。特大桥1座，大桥2座，隧道1条。隧道单洞宽10.75米，行车道净宽7.50米，净高5米。概算投资98228.27万元。2010年12月28日，工程举行通车典礼。

杭州绕城高速—富阳新桥段改建工程：2008年10月，改建工程开工。工程起点位于杭州西湖区与富阳市区界金家岭，路线基本沿原路拓宽，终点为富阳新桥交叉口，对全线旧水泥混凝土路面改造为沥青混凝土路面实现“白改黑”，行车道四车道改造为六车道实现“四改六”，架空管线“上改下”，以及新桥立交桥拆除改造为平面渠化交叉实现“立改平”。路线长约11.62公里，采用六车道一级公路标准，兼顾城市道路功能，设计速度100公里/小时，路基宽50米，总投资7.76亿元。2010年2月，工程通过交工验收，12月28日通车。

(三)衢州段

320 国道衢州段,东北来,西南去,经过葱口、上方、杜泽、云溪、衢州、航埠、溪口、常山、白石、草坪等地。全长 119.10 公里(溪口至常山的 10.50 公里与 205 国道重复)。其中属平丘 2 级公路有 39.50 公里,属平丘 3 级公路的有 7.40 公里,属平丘 4 级公路的有 48 公里,属山岭 4 级公路的有 24.20 公里。平曲线半径小于标准的有 50 处,其中最小半径是 20 米。路基宽度为 5~12 米,路面宽度为 3.50~9 米,其中有水泥混凝土高级路面 43.50 公里,有渣油次高级路面 4.40 公里,有泥结碎(砾)石中级路面 71.20 公里。有永久性桥梁 23 座,共长 920.91 米,其中大桥 2 座,中桥 5 座,小桥 16 座。绿化里程 39 公里。每昼夜混合交通量最高达 3000 辆,晴雨通车,由衢州市公路段养护 74.20 公里,由常山县公路段养护 44.90 公里。

1. 新建公路

上畹公路衢州市辖段沿线原为古驿道,沿道设有急递铺等设施。公路建设于中华民国 17 年(1928 年)开始,分段修筑,分段通车。

常山至草坪段,长 20.40 公里,由私商"常玉公司"筹资 40 万银元,于民国 17 年(1928 年)11 月建成。这是衢州地区最早的一条公路。

民国 31 年(1942 年)5 月,公路被日军侵略的战火所毁,直至 1958 年,由常山县人民下政府投资 2.78 万元,加以修复。1984 年投资 11 万元(省 6 万元,县 5 万元)将常山环城段 1.80 公里浇筑成水泥混凝土路面。

衢州至常山段,长 42.50 公里(溪口至常山段 10.50 公里与 205 国道重复)。由衢州市私商创办的"衢常公路汽车有限公司"集资 40 万元,于民国 20 年(1931 年)12 月建成,通车营运。民国 22 年 8 月,由浙江省公路局收归省营。民国 29 年 6 月,在又港口建成衢州地区一座低水位桥,水低时过桥,水涨时仍需过渡。民国 31 年 5 月,公路遭日军侵略战火所毁。民国 34 年抗日战争胜利前夕,不能正常运行,人民政府接管后,于 1949 年 7 月修复通车。1952 年发动"民工建勤"使路基加宽到 9 米,边沟开宽到 1 米。1962 年省交通厅投资 104 万元,建成 208 米长的双港口大桥。1972 年由省厅投资 9 万元,将衢州至又港口的 3 公里浇筑了 6~7 米宽的水泥混凝土路面。1977~1985 年间,先后完成了双港口至常山的 39.50 公里的路况改善;由 3 级公路改建 12 米宽的 2 级公路,由泥结碎石路面改建成 7 米宽的水泥混凝土路面。这项工程耗资 436.75 万元(线路改善用去 140.75 万元,路面改造用去 296 万元),同一期间,投资 8 万元,在这段路的两侧种植了水杉、杞木、白榆、法桐等树木。

葱口至衢州段,长 56.20 公里,由衢州市人民政府筹资 68 万元(国家财政拨款 18 万元),以"民工建勤"的方式,于 1956 年 10 月先建成杜泽至衢州段,1958 年继续建成葱口至杜泽段。为建设此路,衢州市交通科培训了 300 多名乡村筑路骨干人员。由这些人带领建筑队包干完成桥梁、涵洞、渡口和路基石方工程。1956 年建成浮石潭人力汽车渡口。1960 年改为汽油机轮渡。1962 年现改为柴油机轮渡。1968 年 10 月浮石渡大桥建成。1963~1973 年间,将原先架设的石墩台木面结构的半永久性桥梁,全部改建成为石拱、又曲拱和钢筋混凝土梁板等结构的永久性桥梁。1975 年衢州环城东路建成后,行经此路的车辆可以避开城区中心的街道。1979 年投资 15 万元,建成衢州城至浮石桥段的渣油路面。

2. 改建

衢州落马桥—叶家桥段改建工程:2001 年 11 月 24 日,改建工程开工。工程起自 46 省道衢州双港开发区落马桥，上跨浙赣铁路和江山港，经陈家淤、丰家村、梅家村，终点为叶家大桥东侧，与320国道双（港口）航（埠）线相接，全长3.75公里，并建设1公里支线与杭金衢高速公路衢州互通连接线相接，其中跨铁跨江特大桥（麻车里大桥）1座，1078米，互通式立交1处，半定向立交2处。该工程按一级公路标准设计，设计速度100公里/小时，路基宽25.50米，路幅布置为：行车道27.50米，中间带3米，硬路肩宽23米，土路肩宽20.75米。工程概算1.76亿元。2003年12月15日，改建工程完工。

樟潭—下张段公路改建工程：2002年10月，改建工程开工。工程起自樟潭，终至下张乡，与市郊南环线相连，全长12.85公里，按一级公路技术标准设计，设计速度100公里/小时，路基宽度25.50米；支线长约2.40公里，按二级公路技术标准设计，设计速度80公里/小时，路基宽度12米，路面宽度9米。项目概算1.79亿元。

朱家渡至钳口段改建工程2008年12月，改建工程通过交工验收。该工程长11.30公里，按一级公路技术标准设计，设计速度80公里/小时，路基宽24.50米，隧道（单洞）净宽10.25米，净高5米，路面采用沥青混凝土，概算投资2.69亿元。

五、329国道（杭朱线，编号G329）

329国道杭朱线（杭州—朱家尖）曾称杭甬公路，原为杭沈线，起自杭州，经萧山、绍兴、上虞、慈溪、宁波白峰跨海至定海，止于沈家门，分别由杭州、绍兴、宁波、舟山四个段组成，全长296.05公里（其中杭州—上虞曹娥岔口84公里与104国道里程重复）。2000年国道公路普查调整路线起自杭州，经萧山、绍兴、上虞、慈溪、宁波、白峰，跨海峡进入舟山市，从鸭蛋山码头经青岭、定海城区、车港、穿越朱家尖跨海大桥，终于朱家尖南沙停车场，全长196.03公里。

（一）杭州段

杭州段起自杭州（体育场路、延安路交点），向东通过体育场路、艮山路，过钱塘江二桥、经塘下金、终于萧山明华村。全长约37.24公里，均为重合道路，与杭州至金丝娘桥省干线公路（S101省道）重合4.10公里，与104国道重合33.14公里。2000年国道公路普查调整市境内起自杭州彭埠，经钱塘江二桥至萧山明华村，全长28.17公里。

（二）绍兴段

绍兴段自钱清至小越，其中，钱清至曹娥三角站段与104国道重合，自三角站经曹娥、百官、小越达宁波，原称甬曹公路，起讫桩号K94+000~K111+680，1990年改桩号为杭沈公路K89+700~K104+500，计长14.80公里，均处于平原微丘地形。甬曹公路分几个路段建成。

1.新建公路

曹娥至江边段：民国15年（1926年）7月，由绍曹嵊省道支路汽车股份有限公司承筑绍（兴）曹（娥）蒿（坝）公路，时曹娥江东岸的甬曹铁路已经通车，并在曹娥江边、百官、驿亭、五夫设有站点，为了使公路运输与甬曹铁路、曹娥江水运相连，该公司特地修筑从曹娥三角站至江边的一段公路，计长1.28公里，于民国17年12月建成通车，并在江边设立曹娥江车站。

百官至小越段：民国20年（1931年）5月，省公路局决定该路的修筑采用向商办公司借款筑路的方式，以出租营业作为条件。曹娥至宁波工程于民国22年开始动工，自上虞百官、小越、观海卫、鄞州市经育王至穿山止，其中绍兴境内百官至小越段整个工程于民国23年12月完成。为与曹娥江西岸的绍曹蒿公路对接，观曹汽车公司在原甬曹线K109+610处设百官汽车渡，由木质渡船一艘渡运单车，用人力摇渡，百官渡成为该线上的薄弱环节。至此，杭甬公路基本贯通。民国27年,为阻日军,甬百铁路路轨被拆除,杭甬公路逐段奉令破坏;民国33年日伪“华中铁道公司”利用甬百铁路路基通行汽车,并恢复百官车渡;抗战胜利后,自民国35年至1952年,由“宁绍商车联营处”利用甬百铁路路基通行汽车;1955年11月,百(官)周(巷)段公路修复通车,设百官渡承渡过江车辆;1959年10月15日,经铁路部门同意,除装有易爆易燃物资的车辆仍用渡船过江外,其余车辆可从曹娥江铁路大桥上通过;1965年5月,为确保铁路大桥列车营运安全,一切过江汽车仍由渡船承渡;1972年10月,曹娥江公路大桥建成通车,百官汽车渡随废,杭甬公路始保畅通。

上虞市区过境段工程:2004年3月,上虞市区过境段工程开工。工程按一级公路技术标准设计,设计速度100公里/小时,全长约12公里,路基宽度60米,行车道宽度22.5米。其中特大桥2869米/3座,互通立交1座。工程概算67814.50万元。

2. 整修改建

甬曹公路整修改建工程:自20世纪50年代中期,对甬曹公路进行了全面整修,公路路基拓宽为7米,路面宽度为5米。1979年后,通过路基恢复工作,甬曹公路大部分路段的路基和桥涵均已达到二级公路要求,路基加宽到12米,新建、改建桥梁9座计383.81米;1984年,对甬曹公路K111+300处的三角站闸门进行了拓宽,由原来的单幅6米改为双幅6.50米,中间设1米宽钢筋混凝土中墩,车辆分道行驶。至1990年年底,甬曹公路路线等级均达到三级公路标准,为水泥混凝土路面。公路绿化里程14.80公里。

上虞城区段改建工程:2007年5月10日,上虞城区段改建工程开工。工程起于上虞市市民大道与329国道K85+288交叉处,经上虞三环线、王充路,终点至329国道K86+856处,与上虞四环线边墩跨杭甬高速公路桥相接,投资4911万元,路线全长1.57公里。改建工程按二级公路技术标准建设,路基由原来的34米拓宽到45米,主行车道由原来的四车道改建成六车道,改建后的路面为沥青混凝土路面,设计速度80公里/小时。

2007年9月30日,上虞城区段改建工程完工。

(三)宁波段

宁波段起自与余姚市交界的五车堰进入宁波市境。又经浒山、观城、骆驼、常洪进入老市区。宁波境内段149.42公里。

民国18年(1929年),杭沈公路列入浙江省建设厅“第一次浙江省公路路线网计划”。同年4月,虞洽卿倡议修建宁波至观城段,由省公路局测量,商营通运长途汽车股份有限公司贷款。民国19年9月开工,民国22年8月竣工。同年,鄞州市、镇海县联合修建宁波至穿山段,于民国23年6月竣工。12月,由商营观曹长途汽车股份有限公司贷款、省公路局修建的观城至百官段竣工。至此,百官经宁波至穿山连成一线。民国27年和28年,国民政府为阻止日军进攻,两次调集民工进行毁坏。民国34年8月,商营通运、宁穿、观曹3家长途汽车股份有限公司各自抢修承租路段。民国37年4月,通运公司修复宁波至淞浦段。民国28年,宁穿、观曹两公司先后修复宁波至璎珞段和临山至观城段,然整条公路仍呈断续之状。1949年5月,国民党军队溃退舟山,再次将璎珞至穿山段路面毁坏,经沿线军民奋力抢修,同年9月10日恢复通车,后又屡遭国民党军队飞机轰炸而中断。

1950年,为解放舟山,浙江省公路局突击修建璎珞至穿山段,同年5月修通。1953年淞浦至观城段修复。1955年百官至临山段和穿山至白峰段竣工。至此,杭沈公路在宁波境内段全线贯通。1969年起试铺沥青(渣油)路面。1974年全线桥梁由临时式、半永久式改建为永久式。1978年由单车道桥面拓宽为双车道桥面。1983年宁波至五车堰段全部改建为沥青(渣油)路面。至1987年,宁波至穿山段改建沥青(渣油)路面15.70公里,水泥混凝土路面20.40公里。全线除洪家至常洪、穿山至白峰段尚待改建外,其余路基宽均在12米以上。

1990年,全线有二级公路99.57公里,三级公路26.56公里,四级公路8.40公里。市境段共有桥梁104座,共计长1836.57米(未含老市区桥梁),设计荷载汽-20、挂-100。日车流量4230辆。

2004年12月,鄞州区段一期工程开工。工程项目按一级公路技术标准设计,设计速度80公里/小时,全长约3.63公里,路基宽度30米,行车道宽度28.50米。工程概算5465.90万元,建设工期11个月。

2005年1月26日,陈华—白峰段交工验收通车,同时建成的还有沿海中线北仑段工程。陈华—白峰段是沟通宁波与舟山的一条主要干线。沿海中线北仑段是一条进出宁波港的集疏运通道,连接北仑、鄞州和宁波港穿山北港区、南港区、梅山岛港区。陈华—白峰段及沿海中线北仑段工程总投资约7.20亿元。该工程分两段建设。其中329国道陈华—白峰段,全长约19公里,为双向六车道,设计速度100公里/小时;沿海中线北仑段起自白峰,与329国道相连,终点为北仑与鄞州交界的印子山,与沿海中线鄞州段起点相连,全长约25.30公里,为双向四车道,设计速度60公里/小时。

(四)舟山段

舟山段起自白峰轮渡,跨海峡进入舟山岛,经定海区环城南路、甬东、临城,至普陀区沈家门宫墩隧道西口,全长27.54公里。1980年3月,国家计委、经委和交通部将定海螺头至普陀沈家门段公路列入329国道。从定海外螺头经定海城到解放路、洋岙、三官堂、惠民桥、二眼碶、勾山、平阳铺、大干至沈家门路线,即定沈线,里程35公里。1986年列入公路技术改造的重点。改建工程采用新建和改建分段逐年完成的办法,新建定海鸭蛋山轮渡码头至普陀大干段公路,线路走向与舟山岛南海岸基本平行,利用原定沈线改建为大干至沈家门段。

民国18年(1929年),杭州至沈家门公路列入浙江省建设厅《第一次浙江省公路路线网计划》。民国25年定海至沈家门始建公路,长30余公里,为简易军用公路。民国34年9月,经改建通车。1949年4~6月,国民党军队曾急促整修路基。

1953年,中央军委拨款重修,由中国人民解放军浙江省军区后勤部与浙江省人民政府交通厅公路局联合勘测、设计,定海工程队一分队施工。8月动工,1954年2月完工,全长25公里。1959年由舟山市公路运输段截弯取直,路基改造,翌年6月竣工,投资24万元,里程缩短至24公里。1972年下半年起,进行路基加宽及铺设沥青(渣油)路面。1977年年底竣工。

1980年12月至1986年2月,改建定海增产碶(海滨桥)至惠民桥公路,长6.51公里。投资164万元。

定海鸭蛋山汽车轮渡至定海观音桥建设工程1986年12月至1989年9月,新建定海鸭蛋山汽车轮渡至定海观音桥公路,长5.20公里。投资435.29万元,征用土地148亩,拆除房屋8972.40平方米,主要工程量为晓峰岭隧道。普陀境内勾山至大干公路,长2.16公里。投资215.90万元,征用土地50亩,拆除房屋8410.60平方米,主要工程量为桥梁2座,涵洞12个。

1989年9月至1991年12月,新建和改建定海惠民桥至普陀勾山浦桥7.54公里和大干至沈家门宫墩隧道西口 4.93 公里，计长 12.47 公里。其中新建 8.47 公里，利用老路改建 4 公里。总投资 676 万元。主要工程量是填筑路基，砌筑挡土墙 12.47 公里，桥梁 12 座，计长 195.85 米，涵洞 62 个。

1999 年 11 月，舟山段外环线工程开工。外环线起于鸭蛋山轮渡码头，绕开定海城区，至惠民桥，与国道惠民桥至朱家尖跨海大桥相衔接，全长 14.50 公里，双向 4 车道或 6 车道，总投资约 2.30 亿元，由市城建和市交通部门建设。2001 年 10 月 1 日，工程通过省交通厅组织的交工验收，核准工程质量等级为优良工程。

1999 年 11 月 8 日，舟山段改建工程开工。工程全长 9.79 公里，2001 年 9 月完工。2001 年 11 月 12～13 日，改建工程进行交工质量鉴定，2002 年 7 月 23 日进行交工验收，11 月 4 日被核定工程质量等级为优良。

1999 年 11 月，舟山鸭蛋山—青岭、双拥路—惠民桥段工程开工建设。工程全长 9.79 公里，按一级公路技术标准设计，设计速度 100 公里/小时，路基宽度 25.50 米。2001 年 9 月 30 日，工程完工。2002 年 7 月 23 日通过交工验收。2003 年 11 月 18 日通过竣工验收。工程质量优良，工程总投资 9570.63 万元。

2003 年 7 月 20 日，朱家尖泗苏—南沙公路工程开工。工程项目按一级公路技术标准设计，设计速度 60 公里/小时。路线全长 9.88 公里，双向四车道，路基宽度 23 米，路面宽度 14 米，项目概算 9000 万元。是年底，全线路基基本完成。

2005 年 7 月，舟山双拥路—惠民桥段路面大中修工程开工。双拥路—惠民桥段共 5 公里路面大中修是省交通厅实施干线畅通工程 2005 年度项目之一，7 月开工，9 月竣工。大中修重点是对平整度差的路面铺筑水泥稳定碎石基层；摊压沥青混凝土面层；对轻微网裂路段，用沥青混凝土进行全面铺装，总投资 800 万元。

2008 年 11 月，朱家尖大桥扩建工程开工建设。工程长 4.30 公里，按一级公路技术标准设计，设计速度 80 公里/小时，路基宽 24.50 米，分离式路基宽度 12.25 米。其中，特大桥朱家尖大桥长约 2740 米，东港高架桥长约 820 米。概算投资 4.53 亿元。

2010 年 7 月，舟山段路面整治工程启动，共 9.83 公里，其中定海 5.50 公里；普陀 4.33 公里。对部分行车道铣刨并处理局部基层病害，加铺厂拌泡沫沥青和沥青混凝土；硬路肩铣刨和病害处理后，加铺沥青混凝土；接顺沿线交叉路口并完善沿线排水设施及标志线等安全设施。年内完工，路况明显改善，总投资 2114 万元。期间专项整治公路桥头跳车现象，通过铣刨桥头路面，消除沉降差异，使路桥间平稳过渡，完成舟山段桥头跳车专项整治项目 16 座，其中定海 9 座，普陀 7 座，年内完工。总投资 208.20 万元。

六、330 国道（温寿线，编号 G330）

330 国道（温州—寿昌）起于省内温州，经青田、丽水、缙云、永康、金华、兰溪南，终于建德市寿昌区陈家村，由温丽、金丽、金兰、杭兰线 4 条干线组成，与 320 国道相接，全长 317.27 公里。2010 年调整为 290.89 公里。

（一）温州段

温州段自温州西站过瓯江大桥向西经永嘉县花岩头与丽水地区青田县交界止，全长 38 公里，其中温州西站至双屿 4 公里为市政管辖，双屿至瓯江大桥的 10.60 公里与 104 国道重复。

民国18年(1929年)5月7日,温州段路线经浙江省国民政府会议通过为10条干线之一,计划从永嘉经青田、丽水、云和至龙泉。民国22年1月由浙江省公路局勘测并施工,青田至永嘉段均是沿溪傍山路线,开山工程艰巨。永嘉境内的朱涂、洋湾等桥均为石台墩工字梁木面桥,涵洞较多为石拱涵。民国23年10月竣工。民国25年7月1日,全国公路交通委员会将该线定为浙江省12条支线之一,改从龙游至金华、永康、丽水至永嘉。后因寿昌至龙游段未建,此线经兰溪为起点。公路造价高昂,平均每公里花大米18万斤,折合当时货币1.20万余元。民国27年6月11日,为阻日军进犯,国民党第三战区下令破坏公路,次年,再次下令废路为田。朱涂、洋湾等桥梁全部拆毁。

1951年1~8月,浙江省公路局修建了永嘉林福至清水埠公路,投资23.32亿元(旧人民币)。同时建造市区永川码头起经九山、半腰桥、越太平岭,郑桥、双屿至渔渡,长19公里公路路基。1952年9月,浙江省公路局成立丽青温工程队,次年3月,华东公路管理局拨5亿余元(旧人民币),改由华东公路局第二工程总队负责施工,同年10月竣工,梅岙轮渡码头建成,金华至温州汽车可直达市区。1954年1月20日,梅岙至清水埠公路改建工程验收通车。1955年,路线改由梅岙过渡通至温州南站。1971年6月至1982年,清明桥至双屿前陈7.40公里,前陈至洞桥山3公里,洞桥山至梅岙渡口5.58公里,朱涂至林福至花岩头8公里,梅岙渡口至朱涂10公里,逐段改建泥碎石路面为渣油路面,改善工程均由温州公路总段工程队和永嘉负责施工。1984年9月25日,温州瓯江大桥建成通车,改由梅岙至六岙过瓯江大桥通车至市区。其间,陆续进行路基拓宽和路面改造。

1996年5月8日,330国道温州段复线(瓯青公路)开工建设。工程东起104国道鹿城区,穿官岭隧道,经瓯海区临江镇,沿瓯江南岸与金温铁路平行布线,与青田段接线,全长25.64公里,投资概算1.32亿元。1997年3月,官岭隧道贯通。2000年5月,瓯清公路路面进行二期施工,11月,工程通过竣工验收,交付使用。设计速度80公里/小时,设计荷载标准汽车-20、挂-100。

2004年8月12日,温州段畅通工程开工建设。全长25.60公里,投资概算3716万元。2005年元旦竣工。

2009年5月,鹿城区仰义后京至双屿嵇师段改建工程开工,全长6.50公里,双向六车道,投资概算12亿元,2011年竣工通车。

(二)丽水段

丽水段自永嘉朱涂入境,过青田、丽水、缙云出境去永康,330国道初建时丽水段长145.04公里,1990年为140.87公里,2010年为130.34公里。

丽水路段于民国21年(1932年)5月1日动工,民国23年10月完成。该线路除由国民党军队陆军21师2旅兵工3000人参与施工外,分段由余庆、裕兴、中华、兴业等公司承包营建。

民国26年(1937年)12月24日,日本侵略军占领杭州。次年1月,省会南迁。6月,第三战区司令长官顾祝同下令破坏公路。民国34年日本投降,9月,开工抢修丽(水)缙(云)永(康)段71.88公里,缙云低水位桥未修,设渡拖运。

中华人民共和国成立后,1951年8月起对丽温段公路进行拓建修复,1953年10月1日修通,耗资449亿元(旧人民币)。1954年4月,省公路局投资2亿元(旧人民币),对缙云段进行重点拓宽,同年9月10日完成。1964年,省公路局投资26.73万元,对缙云段再次进行拓宽,使路基宽度达7.50米。1973年、1975年、1977年和1986年国家先后投资137.53万元和650万元对该线缙、丽、青段进行拓宽改造,并于1977年7月起铺筑沥青渣油路面,至1988年年底全线实现了路面高级次高级化。

1987年,交通部投资1.21亿元,将改善温寿公路丽水区段列入"七五"计划建设项目。同年5月7日,丽水地区行政公署成立金温公路改建工程指挥部负责实施。

2002年7月15日,青田湖边—船寮复线工程开工。工程于2002年7月15日开工,起点为湖边村,路线跨小溪后,沿大溪南岸,在金丽温铁路北侧经下白浦、上白浦、良岸、西岸、邵坑、滩头、白岸村,跨大溪至终点船寮镇与330国道相接,长11.52公里。按山岭重丘二级(加宽)公路技术标准设计,设计速度80公里/小时。其中特大桥6089米/9座,大桥743米/3座,路基宽度12米,路面宽度9米,桥梁与路基同宽,桥涵设计负荷汽车-20级,挂车-100。投资概算20937.68万元。路基工程分别由浙江省交通工程建设集团有限公司、浙江省交通集团公司第四分公司、浙江正方交通建设股份有限公司承建;路面工程、安全设施工程分别由丽水市交通工程有限公司、杭州萧山金鹰交通设施有限公司承建。

2004年9月15日,复线工程完工。12月17日工程质量被评为优良。

(三)金华段

金华段自永康界牌、330线K176+200处入境,经石柱、永康县城、武义杨家、上茭道、金华岭下朱、婺城上古井、朱基头、金华白龙桥、兰溪马公滩、永昌至诸葛瑞泉金、330线K293+200处出境入建德界,长117公里。

民国21年(1932年)2月,金华段始建,共分4段修筑。民国23年11月境内段贯通。抗战期间,为阻日军沿路侵犯,全路破毁,民国35年逐段恢复。新中国成立前夕,部分路段再度破坏,1957年全部修复贯通。20世纪70年代起,沿线各县组织力量逐段进行拓宽、改线、降坡、铺筑高级次高级路面等技术改造,路况不断改善提高。

1. 兰溪至寿昌段

长22.95公里(含横山支线2.25公里),路基宽10米,沥青表处路面,宽7米(横山支线路基宽6.50~8米,砂石路面宽3.50米;K272+500~K274由兰溪市政管养,路基宽45米,水泥混凝土路面,宽14米),最小平曲线20米(K273+100)。有小桥3座,共计50.90米;荷载设计为:汽-15,挂-100。涵洞89道。民国21年(1932年)2月开工兴筑,12月15日完成土方工程。次年,列入省公路管理局制定的第二次公路路线网计划,定为县道,由县自行测量并承建,民国23年6月全线竣工,时称寿(昌)兰(溪)公路。同时完成衢(县)兰(溪)、寿(昌)兰(溪)接线(即横山支线2.88公里,含横山渡口)将两路沟通。后省道干线杭(州)广(丰)公路寿昌至龙游段未建,遂将该路段列入杭广线之一段,省复投资进行整修改善。民国31年4月4日,为阻日军侵犯,全路段破毁,民国35年7月动工修复,10月告竣,至解放时,尚可勉强通车。

1974年12月1日,由兰溪公路段组织施工,对岭下村594.30米路段进行降坡改造,工程共开挖土方及填土111立方米,将10%纵坡降为2.50%,1976年4月15日竣工,投资概算3.47万元。1977年11月,全段路基由7米拓至10米,次年2月浇筑沥青路面,宽7米,工程投资概算104.13万元(含21省道工程),1980年11月完工。1988年由兰溪市政投资,将穿城段1.50公里按城市道路改建，路基宽45米，水泥混凝土路面，宽14米，次年完成。

1993年8月8日，兰溪至寿昌段改造工程开工。工程按平原微丘二级标准路面宽18米，沥青路面宽14米进行改造，投资概算3500万元，1995年12月正式通车。

2. 永康至缙云段

境内长17.05公里（自双股金钗至界牌），路基宽12米，块石路面，宽10米，其中两侧各有1.5米水泥混凝土路面，最小平曲线125米（K183+200、K185~K186两处之间）。有中桥1座73.60米，小桥2座计长33.90米，设计荷载：汽-20，挂-100。涵洞73道。全路段基本绿化。民国21年（1932年），省召集永、缙两县代表议定“商资筑路”，派募建设公债7万银元，其中永康5万，确定路成后由两县商民组织公司优先承租营业。当年5月1日开工兴筑，路基完工后，两县均未派员去建设厅商议，路面工程只得由省政府组织施工建设，由此省取消了两县商民的优先承租权，于次年4月1日由省建设厅调拨车辆开通营运，时为双行车道，路面宽6米。民国31年5月18日，为阻日军侵犯，该路段奉命择要预破，留单车道，次日开始全面破毁，6月2日召集民工突击破毁，至6日全部破毁。民国35年6月动工修复勉强通车，民国38年4月11日石柱大桥被焚，各桥涵也不同程度损坏，交通中断，1949年6月1日线路修复通车。1977年11月3日，永康市公路段在双股金钗地段试铺块石路面，后逐段向南伸展，1983年12月铺至界牌。1984年6月至1987年，在两边各镶拼1.50米宽的水泥混凝土人行道。

3. 金华至永康段

长44.95公里（自上古井K238+200至双股金钗K193+250），路基宽11~12米，水泥混凝土路面，宽9米，最小平曲线50米（K220~K221）。有中桥3座143.78米，小桥9座146.16米，设计荷载：汽-20，挂-150。涵洞12道。全路段已基本绿化。民国21年（1932）2月18日，在金华县府召开公路筹资会议，拟定金武永三县合办自上浮桥经上古井、武义上茭道至永康公路，时称金武永公路，长47公里，属龙游至永嘉线之一段。筑路经费40万元，按2:1:3分别摊派。5月12日，省公路管理局与三县政府签定了承筑合约，并筹建了金武永汽车股份有限公司，由三县分筹工款，作为公司股款投资。规定专利30年，但省方有机动权，如有必要，满20年即可收回。路线选定之初，有两条路线：一为自金华经岭下朱、焦岩、后陈、邵宅、白溪、沈宅、内白至永康；二为自金华经上茭道至永康。经省公路管理工程处测量，决定采用第二条路线，武义县直属区党部各法团致电省建设厅，认为线路离县城太远，利益不均。建设厅遂令衢兰铁路工程处派员再次勘踏，认为还是第二条路线最为合适。为求经济合理，决定干线不通武义县城，同时兴建武义支线。当年5月25日动工，11月完成路基工程，进行土路通年。后因金武永公司未正式成立，且经费不继，由省垫款修筑路面，民国22年4月16日全路建成通车。此路是公路建设向浙南伸展的第一步，也是浙南与杭江铁路衔接的重要路线。民国31年5月18日，为抵抗日军沿路南犯，全线奉命预破，留宽4米单行车道，5月19日全线进行彻底破毁，至21日完成。民国34年12月1日修复通车。新中国成立前夕，该路段再度中断，1949年5月26日由金武永公司组织修复通车。

1952年以民工建勤方法修整路基。1973年10月，上古井至山嘴头改线建成后，列为县道管养。20世纪70年代末，金丽线列为省交通战备重点保障目标，永康、金华、武义三县分别于1979年12月20日、1980年和1985年5月22日展开拓宽工程，金、永两县辖段路基均拓至 12 米，武义辖段拓至 11 米。1989 年 10 月 5 日，永康城区段双股金钗至老加油站 2.80 公里按城市道路规划改建，全路投资概算 2000 余万元，宽为 40 米，其中快车道宽 22 米，永康城建规划另投资增宽 18 米，1990 年年末建成单向道路并开通，1991 年 10 月 14 日，工程全部竣工投入使用。1998 年年底开始逐年逐段路面改造，金、武、永三县先后对各辖段铺筑水泥混凝土路面，宽 5 ~ 9 米。上浮桥至上古井（金丽线 K3 + 100 ~ K6 + 100）因横穿飞机场，路面采用沥青铺筑，宽 7 米，路基拓至 8 米。

4. 金华至兰溪段

金华至兰溪段长 32.05 公里。金华辖段（K238 + 200 ~ K260 + 400）路基宽 10 米，沥青表处路面，宽 7 米；兰溪辖段（K260 + 400 ~ K270 + 250），路基宽 12 米，水泥混凝土路面，宽 9 米，最小平曲线 100 米（K238 + 400、K245 + 300、K270 各一处）。有大桥 1 座 210.34 米，中桥 2 座计长 164.6 米，小桥 7 座共计 130.35 米，设计荷载：汽 – 10，拖 – 60。涵洞 148 道。全线基本绿化。民国 23 年（1934 年），为连接寿兰公路与金武永公路而修建，时称金兰公路。3 月工程展开，金兰两县征工填上方，省公路局承建桥涵，5 月另建金华接线 2.24 公里，由金华上浮桥、环城与杭江铁路金华站衔接，11 月建成通车，时路基宽 7 米，砂石路面 4 米。民国 27 年初，兴建通济桥接线公路，自山嘴头经五里牌楼过通济桥至火车站，长 3.45 公里，4 月竣工，同时废弃老线 4.61 公里。民国 31 年，全路段破毁，后由日寇改修成单车道以供军用。民国 35 年 9 月修复，民国 37 年失养不通，1956 年由金兰两地组织修复，1957 年 6 月 8 日恢复客运。1972 年为解决兰溪、丽水间车辆须经金华城绕行的矛盾，新建金丽改道公路，自山嘴头过武义江至上占井，长 7.20 公里，1972 年 1 月动工，次年 10 月竣工。1977 年，省公路局投资 70.50 万元（含金丽线）对金华县境路段改造路面，拓宽路基。全路按三级公路标准设计，当年三季度铺筑渣油路面，1979 年 6 月竣工。1980 年 1 月兰溪境内路段动工拓宽，由 7 米拓宽 12 米，1982 年 3 月铺筑水泥混凝土路面，宽 9 米，1984 年年底完成。

2003 年 4 月 25 日，武义段改建工程完成招投标工作。6 月 10 日，改建工程开工。工程全长 11.47 公里，按一级公路技术标准设计，投资概算 1.26 亿元。

是年 6 月，金古泉—十八里改建工程开工。项目按一级公路技术标准设计，设计速度 80 公里/小时。路线全长 24.50 公里，其中，中桥 1 座，路基宽度 25.50 米，项目概算 2.75 亿元。

2009 年 3 月 10 日，兰溪市区过境段公路改建工程举行开工仪式。工程是 2009 年省级重点工程，是兰溪历史上投资规模最大的交通建设项目。8 月 4 日，兰溪城区段大中修工程通过交（竣）工验收。

5. 金华市区段

十八里至沈村，全长 24.98 公里（含白龙桥公跨铁立交桥）。1992 年 10 月 30 日，立交桥开工建设，即市区段公路开工。全路段分四个标段按“四自”公路建设，标准按平原微丘二级加宽，路基 24 米，水泥路面宽 18.50 米，四车道中间 1.50 米宽绿化隔离带，投资概算 2.03 亿元。1994 年 9 月 25 日，立交桥建成。1996 年 11 月 28 日，金华市区段公路全部建成通车。

（四）杭州段

330 国道杭州段自建德市檀村乡檀村与兰溪市交界处入境，终于寿昌陈家村，全长 14.10 公里。2000 年国道公路普查调整为 15.55 公里。

民国 5 年（1916 年）列省道议案中浙赣线的一个区段。民国 23 年寿昌县按县道公路技术标准建成；路基宽6米，石台木面桥。建成后曾称沪桂、沪（南）昌、杭广（丰）、杭兰线等，1981年定为现名。

民国31年(1942年)5月，日军发动金丽战役，该路奉令破坏，交通中断。抗战胜利后列入全国第二期复路计划，民国35年10月修复勉通。

1956年6月，因新安江水电站建设需要，修建兰溪至铜官铁路（即金岭铁路），为满足铁路技术要求，公路局段让位，公路技术标准降低。1985年按二级重丘公路技术标准改建，路基宽12米，水泥混凝土路面宽9米，拼宽、改建小桥3座，桥面与路基同宽。省交通设计院、建德公路段测设；建德市寿昌区成立“杭兰公路改建工程指挥部”，负责前期工作，建德公路段组织施工，1990年末竣工，投资571万元。

2003年12月，330国道建德段改建工程开工。工程起自建德与兰溪交界处，终于寿昌与320国道相接，新拼半幅（复线）按二级公路技术标准设计，设计速度60公里/小时。路线全长约14.70公里，其中大桥1座，公铁分离式立交桥3座，隧道1条。路基宽度12米，路面宽度9米。投资概算1.17亿元。2005年年底，工程完工。

2010年浙江省国道统计如表1-2-2所示。

2010年浙江省国道统计一览表

表1-2-2

单位：公里

路线编号	路线名称	总计	按技术等级分							按路面类型分				
			等级公路						等外	有铺装			简易铺装	未铺装
			小计	高速	一级	二级	三级	四级		小计	沥青混凝土	水泥混凝土		
	全省合计	4170.641	4170.641	2421.31	1060.076	682.359	6.896			4169.323	3559.54	609.783	1.318	
G104	京福线	630.008	630.008		378.633	244.479	6.896			630.008	379.361	250.647		
	湖州市	99.761	99.761		99.761					99.761	97.387	2.374		
	杭州市	42.72	42.72		38.573	4.147				42.72	29.252	13.468		
	绍兴市	146.814	146.814		98.835	47.003	0.976			146.814	98.224	48.59		
	台州市	144.585	144.585		64.049	76.27	4.266			144.585	55.821	88.764		
	温州市	196.128	196.128		77.415	117.059	1.654			196.128	98.677	97.451		
G104D001	京福线长链	0.411	0.411		0.411					0.411	0.411			
	绍兴市	0.411	0.411		0.411					0.411	0.411			
G104D002	京福线长链	0.18	0.18		0.18					0.18		0.18		
	台州市	0.18	0.18		0.18					0.18		0.18		
G104D003	京福线长链	0.088	0.088		0.088					0.088	0.088			
	湖州市	0.088	0.088		0.088					0.088	0.088			
G205	山深线	163.048	163.048		25.212	137.836				163.048	31.744	131.304		
	衢州市	163.048	163.048		25.212	137.836				163.048	31.744	131.304		

续上表

路线编号	路线名称	总 计	按技术等级分							按路面类型分				
			等级公路						等外	有铺装			简易铺装	未铺装
			小计	高速	一级	二级	三级	四级		小计	沥青混凝土	水泥混凝土		
G318	沪聂线	77.885	77.885		76.968	0.917				77.885	77.885			
	湖州市	77.885	77.885		76.968	0.917				77.885	77.885			
G320	沪瑞线	371.948	371.948		306.547	65.401					371.948	316.304	55.644	
	嘉兴市	88.363	88.363		88.363						88.363	88.363		
	杭州市	173.817	173.817		156.529	17.288					173.817	122.778	51.039	
	衢州市	109.768	109.768		61.655	48.113					109.768	105.163	4.605	
G320D001	沪瑞线长链	3.909	3.909		3.909						3.909	3.909		
	嘉兴市	3.909	3.909		3.909						3.909	3.909		
G320D002	沪瑞线长链	1.211	1.211		1.211						1.211	1.211		
	杭州市	1.211	1.211		1.211						1.211	1.211		
G329	杭朱线	199.339	199.339		159.912	39.427					199.339	121.082	78.257	
	杭州市	1.134	1.134			1.134					1.134	1.134		
	绍兴市	14.8	14.8			14.8					14.8	8.94	5.86	
	宁波市	136.882	136.882		116.542	20.34					136.882	70.924	65.958	
	舟山市	46.523	46.523		43.37	3.153					46.523	40.084	6.439	
G329D001	杭朱线长链													
	绍兴市													
G329D002	杭朱线长链	0.601	0.601		0.601						0.601		0.601	
	宁波市	0.601	0.601		0.601						0.601		0.601	
G330	温寿线	290.894	290.894		96.595	194.299				289.576	213.921	75.655	1.318	
	温州市	30.882	30.882			30.882				30.882	29.733	1.149		
	丽水市	130.343	130.343		4.235	126.108				130.343	110.41	19.933		
	金华市	114.119	114.119		92.36	21.759				114.119	61.098	53.021		
	杭州市	15.55	15.55			15.55				14.232	12.68	1.552	1.318	
G15	沈海高速	484.003	484.003	484.003						484.003	468.22	15.783		
	嘉兴市	33.725	33.725	33.725						33.725	33.725			
	宁波市	208.223	208.223	208.223						208.223	208.223			
	台州市	85.919	85.919	85.919						85.919	81.803	4.116		
	温州市	156.136	156.136	156.136						156.136	144.469	11.667		
G1501	宁波绕城高速	25.155	25.155	25.155						25.155	25.155			
	宁波市	25.155	25.155	25.155						25.155	25.155			

续上表

路线编号	路线名称	总 计	按技术等级分							按路面类型分				
			等级公路						等外	有铺装			简易铺装	未铺装
			小计	高速	一级	二级	三级	四级		小计	沥青混凝土	水泥混凝土		
G1512	甬金高速	185.56	185.56	185.56						185.56	185.56			
	宁波市	42.25	42.25	42.25						42.25	42.25			
	绍兴市	73.563	73.563	73.563						73.563	73.563			
	金华市	69.747	69.747	69.747						69.747	69.747			
G1513	温丽高速	116.143	116.143	116.143						116.143	116.143			
	温州市	45.608	45.608	45.608						45.608	45.608			
	丽水市	70.535	70.535	70.535						70.535	70.535			
G15W	常台高速	166.806	166.806	166.806						166.806	166.806			
	嘉兴市	24.873	24.873	24.873						24.873	24.873			
	绍兴市	100.081	100.081	100.081						100.081	100.081			
	台州市	41.852	41.852	41.852						41.852	41.852			
G25	长深高速	378.334	378.334	378.334						378.334	378.334			
	湖州市	86.42	86.42	86.42						86.42	86.42			
	杭州市	71.566	71.566	71.566						71.566	71.566			
	金华市	61.205	61.205	61.205						61.205	61.205			
	丽水市	159.143	159.143	159.143						159.143	159.143			
G2501	杭州绕城高速	122.352	122.352	122.352						122.352	120.64	1.712		
	嘉兴市	7.706	7.706	7.706						7.706	7.706			
	杭州市	110.111	110.111	110.111						110.111	108.399	1.712		
	绍兴市	4.535	4.535	4.535						4.535	4.535			
G3	京台高速	161.795	161.795	161.795						161.795	161.795			
	衢州市	161.795	161.795	161.795						161.795	161.795			
G50	沪渝高速	88.225	88.225	88.225						88.225	88.225			
	湖州市	88.225	88.225	88.225						88.225	88.225			
G56	杭瑞高速	122.286	122.286	122.286						122.286	122.286			
	杭州市	122.286	122.286	122.286						122.286	122.286			
G60	沪昆高速	350.434	350.434	350.434						350.434	350.434			
	嘉兴市	78.829	78.829	78.829						78.829	78.829			
	绍兴市	53.13	53.13	53.13						53.13	53.13			
	杭州市	18.044	18.044	18.044						18.044	18.044			
	金华市	99.242	99.242	99.242						99.242	99.242			
	衢州市	101.189	101.189	101.189						101.189	101.189			
G92	杭州湾环线高速	183.992	183.992	183.992						183.992	183.992			
	嘉兴市	70.328	70.328	70.328						70.328	70.328			

续上表

路线编号	路线名称	总 计	按技术等级分							按路面类型分				
			等 级 公 路						等外	有 铺 装			简易铺装	未铺装
			小计	高速	一级	二级	三级	四级		小计	沥青混凝土	水泥混凝土		
	杭州市	17.372	17.372	17.372						17.372	17.372			
	绍兴市	47.952	47.952	47.952						47.952	47.952			
	宁波市	48.34	48.34	48.34						48.34	48.34			
G9211	甬舟高速	46.034	46.034	36.225	9.809					46.034	46.034			
	宁波市	4.10	4.10	4.10						4.10	4.10			
	舟山市	41.9.4	41.934	32.125	9.809					41.934	41.934			

第三节 省　　道

浙江省道建设始于民国5年(1916年)。时吕公望任浙江都督兼省长,孙中山先生到杭州发表演讲《道路为建设着手的第一端》勉励浙江努力修筑道路。在此推动下,提出了修筑浙江省道的议案,议会讨论面议通过,筹备施行省道建设计划。共计四期,计划修筑干线7条,总长3672里(合2114公里)。因经济上的原因和政府不稳定,浙江省道建设比较缓慢,从民国5年(1916年)提出计划,民国11年才开始进行,到民国15年省建路线仅完成萧绍,嵊新两段共计62公里。中华人民共和国成立后,尤其是1978年实行改革开放政策后,公路建设飞速发展。2010年,全省干线公路"省道"有68条。按公路技术标准,是年末,省道公路总里程6013.12公里,其中高速公路961.70公里,一级公路1052.03公里,二级公路2832.42公里,三级公路695.58公里,四级公路467.30公里,等外公路22.10公里。

一、01省道(杭州—金丝娘桥,编号S101号)

01省道是省内省际主干线之一。原起于杭州清泰门,经七堡、乔司、翁家埠、海盐、乍浦至金丝娘桥。1982年路线调整,七堡至乔司段列为上海至畹町国家干线公路的一个区段,清泰门至七堡段改列县道公路,起点改为乔司。1990年该线改称杭(州)沪(上海)线,为省道浙01线。后经多次改建,至2010年,全长120.31公里。

(一)杭州段

01省道杭州段起自彭埠,终于与海宁市交界的翁家埠,全长16.12公里。

民国5年(1916年)为省道修建议案中浙苏线首段,即自杭州清泰门至临平段,长28公里,民国17年由杭海二县汽车股份有限公司建成。民国18年改为杭平(湖)线,市境自起点经乔司至翁家埠。民国21年由省投资,改线改建由清泰门经乌龙庙、七堡至乔司16.58公里,路基宽6~7米,钢筋混凝土桥梁,同年竣工;乔司至金丝娘桥段(上海交界)亦于同年建成。

抗日战争期间被日军侵占,年久失修,交通中断。战后列入全国第一期复路计划,民国35年(1946年)2月以土路、便桥抢通,后由公路部门整修路面,修复桥梁。1969年艮山路、凯旋路交点至七堡段长8.30公里,原为农村小道,由原东风公社采取民办公助组织进行拓宽、改建，路基宽9米，1973年建成。1982年调整国、省干线公路网，七堡至乔司段划入320国道的一个区段，杭金线起自乔司，市境长5.60公里。1989年再次调整路网，改为现定走向。城市道路已由市政部门新建或建成主干通道。1990年8月，动工改建艮山路、秋涛路交点起至东风中学段长3.50公里，路基宽20.60米，沥青路面宽16.60米，由省交通设计院测设，钱江二桥公路接线工程处组建。同月又改建七堡附近路段长1.75公里，路基宽19米，水泥混凝土路面宽15米，由市公路管理处测设，钱塘江外商投资区下沙公路建设工程处组建。其余路段均为三级公路技术标准，沥青路面宽5.50~7米，永久性结构桥梁。

1993年7月，杭州七堡至乔司段改建工程开工。工程按加宽二级平原微丘公路技术标准设计改建。线路截弯取直，改建后路基宽15米（不含2×0.5米挡墙），沥青路面宽12米，路肩2×1.50米。中桥1座34.20米。桥梁设计荷载标准：汽-20、挂-100。涵洞16道。1994年10月完工，投资1428万元。1997年12月20日，与东西大道（沪杭复线）连接线改造工程开工。工程起自乔司东三村，终于汤家村，长4.80公里，投资4062.63万元。1998年11月15日完工。

2002年8月28日，乔司至九堡段改建工程开工。工程起自杭州九堡收费站北侧，终于（S304）省道乔司与沪杭复线处，长2.05公里。设计速度80公里/小时，路基宽26米，双向六车道，沥青混凝土路面。投资2061.30万元，2003年9月25日，工程完工。

2003年3月15日，乔司至翁梅段改建工程开工。工程长4.95公里。按一级公路技术标准设计，设计速度80公里/小时，路基宽36.5米，双向六车道。投资9115.44万元。2004年11月26日，乔司至翁梅段改建工程完工。

（二）嘉兴段

路段起自嘉兴市辖境翁家埠，经胡家兜、盐官、新仓、闸口、澉浦、海盐、乍浦，讫于省界金丝娘桥，市辖段全长104.19公里。

民国14年（1925年）11月至民国17年6月间由杭州清泰山至闸口段公路由三家商办汽车公司分3段筑成：

杭州乔司至胡家兜18.28公里，由商办“杭海二县县道汽车股份有限公司”修筑，于民国14年（1925年）11月创立并立案，民国16年7月通车，名为杭海公路。民国19年2月由省公路管理局给价洋22000元（公路公债）收回省办。胡家兜至海宁（盐官）8.18公里，由商办“宁长汽车股份有限公司”修筑，于民国15年始筑，民国16年7月与杭海公路同期通车，名为宁（盐官）长（安）公路。民国19年8月1日起由省公路管理局承租，每年租金为洋4800元，承租期为10年。抗日胜利后，商办公司末复业，该路即归省所有。海宁（盐官）至闸口23.97公里，由商办“宁袁汽车股份有限公司”修筑，民国17年6月建成通车，名为宁（盐官）袁（花）公路。民国19年4月1日起，由省公路管理局租用，每年租金洋4420元，承租期为10年。抗战胜利后，该公司末复业，即归省所有。

以上三段有商办公司修筑，因限于经费，路面以碎砖瓦、贝壳、煤渣铺成，厚约12厘米，宽3.50米不等，路基宽度6~8米，桥梁8座，利用改建老桥而成。

民国18年（1929年）1月，闸口以东至乍浦段45.89公里改为省办。该段施工时称杭（州）平（湖）路，设杭平路区工程处负责施工。路基大部分利用海塘，路面仅就桥梁两端、车站及城镇附近酌铺有碎石煤屑路面750米，宽5米。煤屑路面2400米，宽3米、厚10厘米外,其余均为土路通车。新建桥梁15座,桥梁均为小型桥,有木结构及石台钢筋混凝土板桥两种。15~60英寸绉纹铁管26道、12英寸泥管162道。由于工程较易,施工迅速,民国19年4月1日在杭州清泰门举行通车典礼,开放营运。工程经费27.84万元。

民国21年(1932年)淞沪停战协定后,国民党政府下令修建苏浙皖间六条公路,称为"三省联络公路"。其中之一称沪杭路,当时杭州经海宁、海盐至乍浦段已完工通车,继续施工的是乍浦至金丝娘桥省界段,全长21.30公里。浙江省公路局设立乍金段工程处负责施工,民国21年6月1日开工。路基土方其中12公里于闸乍段施工,同时已经筑成,其余9公里为新筑路基,宽度为7.50米。路面为煤屑或砂土,新路基上闸铺碎砖,宽3米。10月1日简易路面通车,同年10月10日全国经济委员会,会同江、浙两省举行沪杭公路全线通车典礼。后继续加铺碎石煤屑路面,于民国22年3月正式竣工。工程经费9.45万元。

民国21年(1932年)11月,7省公路会议中沪杭公路列为沪桂干线(上海—广西)之一段。

民国26年(1937年)11月5日,一股日军在乍浦以东的金山嘴和全公亭登陆,沪杭公路未及破坏,即被日军侵占。民国27年,国民党当局海宁、海盐联合行动委员会为阻滞日军扫荡,督饬游击大队、抗日自卫大队将沪杭线上的狮子浜桥、烧香浜桥、六里洋桥、秦山桥等炸毁。民国28年1月,国民党当局又下令调集民工破坏该线。民国29年9月5日,撤至农村的国民党政府,集合壮丁2000余人,破坏海盐至乍浦公路2公里以上,每隔一段掘毁路基100米左右,同时拆除沿线电杆。以后又经过多次破坏,至抗战胜利,已是桥坍路毁,运输中断。

民国34年(1945年)9~10月间,沿线各县政府按照浙江省政府颁发"各县国民义务劳动服役修筑公路路基办法",组织民工义务修路。民国35年1月,国民政府第三方面军京沪区战俘管理处押日军战俘13师团、62旅团、91旅团二万三千余人修补沪杭公路路面、桥梁等工程,2月土路便桥勉可通车。3月公路总局第三公路工程总队成立沪杭路工程处,未及开工即因机构改组而撤销。4月,因杭(州)海(盐官)段海塘工程施工,物资运输频繁,该路路面不良,各方责难,才由省拨款500万元整修路面,5月竣工。6月,行政院核准的第一期国道网计划,其中该线列入122-上海南昌线。民国36年浙江省公路局重订《浙江省公路路线网计划》,该线名203-杭沪线,为部定国道122-上海南昌线中浙境的杭州以北的路段。民国37年善后救济总署浙闽分署拨给工赈面粉200吨,作为沪杭路改善路面。原定应按国道乙级标准修复,后以工程过巨,经费有限,重新规定路基宽度改为修复至原有状态;新铺路面宽度为5米,桥梁采用半永久性,下部结构宽6米,桥面宽4米。这样实际上是按丙级省道标准进行改善。该线除重建被日伪填塞的桥梁外,主要是修复和改善路基路面,其中由公路总局第一机械筑路队承包施工修建的有乍浦改线460米,杭海段水结碎石路面20公里。1949年新中国成立前夕,杭沪线缪家桥、何家桥、长安桥3座被国民党军队溃逃时所破坏,6处路基被炸,全线不能通车。1949年5月中旬,省公路局组织力量将被破坏3座桥梁架设"贝雷式钢架桥"恢复交通,并继续整修,积极支援解放上海战役。1951年海盐县人民政府发动一万多民工,整修杭沪线该县境段路基路面。1952年年底,平湖市组织2万余民工整修杭沪线该县境段路基路面。

杭沪线路基大部分利用海塘,线形差、弯道多、全线小于100米半径达28处,最小的半径只60米，路基填土高达4米左右，路基宽度一般为7.50米，小于7.50米地段达50.70公里，最狭处仅6米左右。路面原为泥结碎石，1975年为配合陈山码头建设，乍浦至金丝娘桥段21.30公里改建成沥青路面，1977年7月竣工，投资158.77万元。1985年秦山核电厂开始建设，海盐敕海庙至秦山桥段，按三级公路标准改建，路基宽8.50米，路面浇筑为水泥混凝土，宽7米，厚18厘米。1981年该线列为省道杭（州）金（丝娘桥）线，编号为浙501线。至1990年8月底该线市辖段112公里全部实现高级、次高级路面。其中水泥混凝土路面8.90公里，沥青渣油路面102.96公里。市辖段有大桥1座、中桥4座、小桥22座，共长605.19米，涵洞278道，实现全部桥涵永久化。1986年为确保秦山核电厂大件运输，由浙江省第四公路工程队改建自秦山至金丝娘桥9座桥梁，加宽桥面至8米，设计载重能力为：汽-20，挂-300；秦山桥以西其余桥梁载重为：汽-15，挂-80。

2006年8月10日，01省道平湖段路面大修工程开工。工程起点为01省道平湖段独山塘桥，终点为新港河桥，全长9.80公里，主要对北半幅（左幅）路面进行大修，其中K108+766~K114+845.6段基层采用泡沫沥青冷再生基层，其他路段采用铣刨罩面处理。本工程按二级公路标准设计，设计速度80公里/小时，沥青路面铺筑宽度为9米。工程投资概算2000.9万元。11月20日，工程完工。

是年4月，海宁段路面大修三期工程开工。工程投资概算为1.1亿元。是年底，海宁段路面大修三期工程29.30公里（单幅58.60公里）大修工程及部分桥梁改造完工。

2008年8月，嘉兴东西大道海宁、平湖、桐乡段通过竣工验收，经综合评议三段建设项目等级均为合格，同意交付使用。01东西大道嘉兴段全长106.40公里，为“四自”新建工程，按照平丘二级公路技术标准设计（路幅按一级公路布置），设计速度80公里/小时，路基宽度36米，桥梁设计荷载为汽-20、挂-100，全线采用沥青混凝土路面，路面设计轴载BZZ-100。

二、02省道（杭州—昱岭关、编号S102）

杭昱线起自杭州，向西通过体育场路，环城西路、天目山路，经古荡，进入余杭闲林埠，入临安市汪家埠、临安、藻溪、化龙、於潜、昌化、龙岗、顺溪至昱岭关，进入安徽省歙县，浙境全长149公里。1989年省道公路普查时起点为延安路、体育场路交点，向西通过体育场路、环城西路、天目山路，经古荡至昱岭关，长148.95公里。2000年省道公路普查调整起点为留下，经余杭、汪家埠、牧家桥、藻溪、於潜、昌化、龙岗、颊口、顺溪至昌化昱岭关，全长127.85公里。

（一）新建公路

民国5年（1916年），省道修建议案的浙皖正线起自松木场，终于昱岭关，全长150.30公里。民国13年，松木场至余杭岔路口24.50公里和延至化龙45.20公里两段，分别由杭余、余临省道汽车股份有限公司先后建成，投资约19万元和29万元。民国22年（1933年杭余路由省折价收回）。民国18年化龙至昌化段长37.60公里，由省投资修建，杭昌路区工程处施工，民国19年年底建成，投资约44.10万元；民国22年5月昌化至昱岭关段长43公里，亦为省筑，投资约29.90万元。自此，杭昱线贯通，路基宽7.70~11.20米，最大纵坡9%，最小平曲线半径25米，碎石路面，除大量利用古石拱桥和扩建息步桥外，均为石台（墩），工字钢梁或木梁木面桥。

民国22年(1933年)11月,昱岭关至歙县段建成,11月26日全国经济委员会会同浙、皖两省举行杭徽公路盛大通车典礼并拍摄电影,民国23年参加柏林举行的第七届国际道路会议展览。该线建成后,杭州至歙县当天即可到达。

抗战期间,杭州至余杭岔路口段被日军侵占。余杭至昱岭关段,于民国27年(1938年)至民国28年,奉令自行破坏。毁路断桥不通汽车;但古道石拱桥,当地民众以非政府所建,得以保护。民国29年浙西行署多次紧急征工,在已破坏的路基上抢通於潜经昌化、昱岭关至歙县的手车道,并新辟於潜经交口至临安手车道;在日军扰乱时,亦曾多次自行破坏。

抗战胜利后,杭昱线列入全国第一期复路计划,民国34年(1945年)11月由战时运输局第三干部总队以土路、便道、便桥抢修通车。后由公路管理部门逐年将50余处河底便道、便桥改建为半永久性木面桥,较大桥梁架设装配式钢架木面桥,并整修路面,提高汽车通行能力。

1949年新中国成立前夕,部分木桥遭焚毁和水毁,1949年6月先后恢复通车,但晴通雨阻。同年9月至1951年4月,中央、华东两次拨款共6.20亿元(旧人民币),进行局段改善、加固、修建桥梁,整修路面,使之畅通。1970年桥梁实现永久化,各段路况继续改善。

(二)拓建改建

杭州至古荡湾4.70公里,由城建部门按城市主干路技术标准进行新建和改建。古荡湾至沈家店16.60公里,1957年因新建闲林埠铁矿需要,按六级公路技术标准改线3公里,路基宽8.50米,碎石路面。1966年铺筑渣油(沥青)路面,1968年全段贯通,宽7~8米。1979年全段按三级加宽公路技术标准改建,路基宽14米、12米,沥青路面宽12米、10米,市公路工程处测设,并设"天目山路留下指挥部"组织施工,临安公路段协助铺路面10公里,1981年8月竣工,投资概算258万元。沈家店至汪家埠13.90公里,1974年发动沿线群众,亦按前标准恢复路基,逐段改善路线,路基宽12米,沥青路面宽8.50~9米,余杭公路段测设,施工,1977年年底竣工,投资88万元。1987年,童家坞桥改建,桥头接线长0.47公里,路基宽12米,桥与路基同宽,沥青路面宽9米;余杭市交通工程队测设,施工,沥青路面由余杭公路段施工,1988年9月竣工,投资概算54万元。

汪家埠至藻溪41.90公里。1954年藻溪附近路段按六级公路技术标准改线2.42公里,路基宽7.50米,碎石路面,省工程局工程队施工,同年12月竣工,投资概算7.80万元。

1958年修建青山水库,石亭子至临安附近路段属淹没区,计划另建新线,1960年4月,水库封坝蓄水,新线未建。客、货运输绕道增加17公里,长达7年之久。1966年水库调整蓄水高程,缩小淹没范围,决定恢复以原路为主的路线,仍按六级新建和改善,全长5.40公里,其中新建2.70公里,路基宽7.50米,碎石路面;改建、拼宽桥梁3座;省工程局公路勘测设计室测设,第三工程队施工,1967年12月竣工,投资27万元;但原路加高路段路基最低高程为27.65米,低于水库最高蓄水高程30.50米,仍是全线薄弱环节。1975年新建路段按二级重丘公路技术标准改善,路基宽10米,杭州地区公路总段测设,临安市交通工程队施工,1977年12月竣工,投资概算30万元。1978年发动沿线群众,按三级加宽公路技术标准恢复路基,宽12米,1979年竣工;1980年全段桥梁完成沥青路面铺筑,宽7米,后又逐段拓宽路面至9米,至1988年全段桥梁完成按"标准"进行改建,拓宽;路线累计拓宽30.7公里。以上均由临安公路段测设、施工,累计投资330万元。

藻溪至阳川段69.60公里，属山岭，重丘区。1970年后全段桥梁按"标准"改建、拓宽、昌化公路段，公路总段工程队施工，投资概算92万元。1975～1977年，藻溪至枫树岭18.32公里，按三级平原或二级山岭公路技术标准，有重点地拓宽，改弯和降坡，路基宽9米或12米，昌化公路段测设、施工，投资概算16万元。1978～1985年，枫树岭至阳川段除接官岭、颊口、岭下、青枫岭四重点路段外，长42.29公里，按二级山岭公路技术标准改善，其中枫树岭至龙岗段长20.70公里，路基宽10米，其余路段宽8.50米，省交通设计院测设，昌化公路段施工，投资概算139万元。

阳川至昱岭关段长2.30公里，系越岭路线，由于皖省路线走向未定，尚未改善，但为改善路面状况，减少雪阻，1985年铺筑沥青路面，宽6～6.50米，昌化公路段施工，投资概算16万元。

杭昱线接官岭改建工程：1987年2月至1990年年底，接官岭降坡，颊口穿村，岭下改线，青枫岭降坡等四段长8.99公里，按二级山岭公路技术标准改建，路基宽8.50米，局段宽10米或12米，最大纵坡5.50%；新建中、小桥7座，桥面与路基同宽；开凿隧道2条，长141米。省交通设计院测设，昌化公路段，公路总段复测，接官岭改建工程由昌化镇和昌化公路段，交管站共同组成"杭昱线接官岭改建工程领导小组"组织实施外，其余均由昌化公路段组织实施，投资概算598万元。1990年年末，由昌化公路段累计铺筑沥青路面65.20公里，宽7米，逐段9或10米，投资概算330万元。

1993年6月，临安汪家埠至玲珑段改建工程开工。工程全长20.14公里，其中拓宽8.3公里，新建11.84公里。按一级公路技术标准设计建设，平原区设计速度100公里/小时，路基宽24.50米；重丘区设计速度80公里/小时，路基宽21.50米。桥涵与路基同宽，桥涵荷载标准汽－20、挂－100。大、中桥3座，双向隧道3条。1995年9月16日完工，投资概算2亿元。

1994年9月23日，留下至凤凰岭改建工程开工。全长10.50公里，按一级公路技术标准设计建设，设计速度100公里/小时，路基宽26米，双向四车道。中桥5座共200.62米，小桥6座共114.50米，1995年10月29日完工，投资概算1亿元。

1996年2月15日，凤凰岭至汪家埠改建工程开工。工程全长7.44公里，支线长1.28公里。主线按一级公路技术标准设计建设，路基宽26米，主车道2×8米；支线按二级加宽公路技术标准设计建设，设计速度80公里/小时，行车道2×8米。中、小桥3座共73米。当年12月10日完工，投资概算7034万元。

1998年12月22日，02省道临安玲珑至昱岭关段一期改建工程开工建设。工程是浙江省连接外省的重要通道之一，为省政府批准的公路"四自"工程项目，按山岭重丘一级公路标准设计，设计速度60公里/小时，路基宽22.50～24.50米，双向四车道，行车道2×7米。互通立交1处，大桥1座134米，中桥6座。一期工程玲珑至昌化段长44.85公里，2001年7月20日完工，7月27日通过交工验收，投入营运。投资概算4.57亿元。

2003年2月18日，余杭留下至中泰段改建工程开工。工程起自杭州绕城高速公路留下互通出口，终于中泰乡，全长12.22公里。分两期实施。一期为杭徽高速公路高架桥建设提供施工空间，仅实施两侧各10米的过渡路面。路基设计宽度43米变更为46米，中间预留25米。中桥7座共289.98米，小桥6座共108.74米。2004年9月30日完工，投资2.40亿

元。二期于2007年4月1日开工，实施路面及桥梁综合整治。按一级公路技术标准设计建设，设计速度100公里/小时，路基宽46米，双向六车道。中桥6座，小桥6座，绿化20万平方米，公交停靠站24个。11月30日完工，投资1.40亿元。

2004年6月25日，汪家埠至玲珑段畅通工程开工，全长20.02公里，其中大修路段7.41公里，中修路段10.01公里，局部水泥破板修复2.60公里，同时对全线既有桥面及排水设施进行整修。投资5250万元，当年10月完工。

2007年4月1日，02省道余杭段工程和整治工程开工。路线全长约12.22公里，按一级公路技术标准设计，设计速度100公里/小时，路基宽46米，沥青混凝土路面，中桥6座共长223米。改建项目投资概算为20441.49万元；整治工程概算为7200万元2007年9月30日，工程通过交工验收。

2009年3月10日，02省道排山、岳山隧道整治工程开工。排山、岳山隧道始建于20世纪90年代，受地质条件及长年运营影响，隧道出现数次围岩掉石。是年11月1日，排山、岳山隧道整治工程建成通车，历时230天。排山、岳山隧道为分离式双向四车道公路隧道，双洞间距约14.20米，按一级公路标准设计，设计速度80公里/小时，隧道宽10.25米，净高5米。其中岳山隧道左右洞均长605米，排山隧道左右洞均长378米。投资概算6773万元。

三、03省道（杭州—金华，现编号S103）

03省道起自杭州，过钱塘江大桥、萧山、诸暨、浦江、义乌，至金华，全长204.67公里，其中杭州地区61.90公里，绍兴地区56.60公里，金华地区86.17公里。1979年开始改建，至1990年7月全线完成改造。

（一）杭州段

杭州至萧山城关镇段，原系104国道段，1989年省道公路普查时，将萧金线改为杭金线。起自杭州延安路与体育场路交叉口，向南通过延安路、解放路、南山路、虎跑路，越钱塘江大桥，经西兴，至萧山城厢镇与萧山至金华公路相接，市境段长61.9公里。2000年省道公路普查又将起点调整到钱塘江大桥，经西兴市心路、通惠路口、临浦、樟树下，终于诸暨次坞，全长50.75公里。

临浦至樟树段，长17.40公里。1956年11月在原大道的基础上拓宽、改建，标准较低，路基宽5～7米，石台（墩）木面桥，1957年建成。

萧山城厢镇至临浦段，长18.4公里。1960年按简易公路技术标准修建，路基宽4.5～7.5米，过狭路段设错车道；砖拱或石台（墩）木面桥，跨浦阳江设人力汽车渡；1961年建成。

樟树下至管村段，长1.5公里，路基宽7.5米，跨永兴河设过水路面（管村），1962年下半年建成。

1967年管村过水路面改建为桥，1969年临浦渡改渡为桥，均由省工程局公路勘测设计室设计，工程队施工，总投资82万元。1971年全段桥梁实现永久化。后又有重点地逐座改建，杭州地区公路总段工程队测设、施工，投资43万元。1974年冬发动沿线群众恢复路基，宽8～8.5米，收回土地12.87公顷，征用土地1.80公顷，投资仅17万元；1975～1986年又逐段按二级或三级平原公路技术标准进行改善，路基宽8.50～12米，累计长7.60公里，投资109万元。全段铺筑渣油（沥青）路面，自1968年开始至1979年完成，宽7米，后又整修、重建沥青路面，至1990年年末累计投资351万元。以上均由萧山公路段组织施工。

1992 年 8 月 8 日,萧山临浦大桥和接线公路工程开工。工程位于杭金线临浦镇,是浙江省首批"四自工程"。全长 2.96 公里,其中主线长 1.15 公里,桥长 456.06 米,连接线长 1.35 公里。主线(含临浦大桥)按半幅高速公路技术标准设计建设,路基宽 13 米,路面宽 11 米;连接线按二级公路技术标准设计建设,路基宽 15 米,路面宽 12 米,设计速度 60 公里/小时,桥涵与路基同宽。1993 年 10 月 7 日完工,投资 1990.38 万元。

1993 年 6 月 5 日,萧山至次坞段改建工程开工。工程起自原 104 国道与萧山通惠路交叉口,终于诸暨次坞,全长 32.20 公里(不含临浦大桥及接线段 2.96 公里)。工程为省首批"四自工程",按二级公路技术标准设计改建,设计速度 80 公里/小时,桥涵与路基同宽,桥涵设计荷载标准:汽 -20、挂 -100。原有公路拓宽 15.20 公里,新建 17 公里。其中 2 公里按城市道路标准改建,路基宽 42 米,主车道宽 18 米;其余路基宽 15 米,路面宽 12 米。大桥 492 米/2 座,中桥 314.60 米/7 座,小桥 144.10 米/15 座。1994 年 10 月 20 日完工,投资 1.17 亿元。

2001 年 6 月 15 日,03 省道萧山东复线工程开工。工程项目按二级公路技术标准设计,设计速度 80 公里/小时。路线全长 45 公里,由主线和连接线组成。主线起点为萧山塘下金新老 104 国道交叉处,向南经新塘、所前、临浦、进化等镇,与萧绍公路、萧甬铁路、杭甬运河、杭州绕城高速公路南段和杭金衢高速公路相交,终点位于诸暨店口镇,与诸湄线相连,全长 35 公里,为一级公路,路基宽度 26 米。连接线起点为河上西大桥(03 省道 K51 +700)处,由西向东经过浦阳镇,分别穿越永兴河、杭金衢高速公路、凰桐江、浙赣铁路和浦阳江,终点位于进化泥桥头,与主线相接。长 9 公里,为二级加宽标准,路基宽度 18.50 米。2003 年 11 月 26 ~28 日,通过交工质量鉴定,工程质量评定为优良,12 月底建成通车。总投资概算 7.46 亿元。共有桥梁 37 座,其中特大桥 2 座、大桥 9 座、下穿通道及箱涵 47 处,开山路段 11 处。

2008 年 2 月,萧山东复线延伸段(新街至红垦)改建工程开工建设。工程南起 03 省道东复线(塘湄线)与 104 国道交叉处,向北与红十五线相接,全长 6.90 公里,其中高架桥长约 3.20 公里,桥宽 25.50 米,并设置三处半菱形互通和一处单喇叭互通。工程按双向四车道一级公路技术标准设计,高架桥设计速度 100 公里/小时,桥梁宽 25.50 米。地面道路兼顾城市道路功能,起点至建设四路段设计速度 80 公里/小时,建设四路以北路面道路设计速度 60 公里/小时。上下高架桥路段路基宽 52 米,一般路段路基宽 38 米。投资概算 13.58 亿元。

2010 年 4 月 28 日,萧山东复线延伸段(新街至红垦)建成通车。

(二)绍兴段

该段 1989 年前称萧金线,1990 年改为杭(州)金(华)线,编号浙 03,绍兴境内起讫桩号 K61 +900 ~ K118 +500,自苦竹院至郑家坞,计长 56.60 公里。属平原微丘地形,途经次坞、应店街、合溪口、大唐庵、牌头、安华等主要村镇。

1. 新建公路

1956 年 3 月,利用民工建勤,民办公助形式建成合溪口至大唐庵段公路;1958 年,次坞至合溪口段利用旧驿道拓宽成简易公路,长 28.70 公里,线形弯曲,路基狭窄,个别地段仅 4 ~5 米;1960 年建苦竹院至次坞段 1.70 公里,路基宽度达到 8 米,并改建次坞至茅蓬桥段计 13.70 公里;1961 年整修茅蓬桥至合溪口段 15 公里,路基宽度达到 7.50 ~8 米,改善合溪口至大唐庵段路基,达到 8 米;大唐庵至郑家坞段公路结合水利建设,路线沿渠道而走,并把开挖西山渠道的土方用来修路,其基本走向与铁路平行,其中有500米路段距铁路仅11~24米,其他路段平均1.20公里,工程自1959年12月开工,至1962年7月10日竣工,土方工程以民办公助方式完成,路面和桥涵工程由省厅派工程队参加施工。国家共投资37万元。至此,杭金线诸暨境内段全线建成并通车。

2.改建工程

杭金公路为主要的省级公路,交通量增长速度较快,自1973年至1989年国家共投资142万元进行路基的拓宽和改造;1975年开始逐段改建路面,至1982年全线均为沥青路面;1981~1989年间,对合溪口至大唐庵和K48~K54+800地段按二级平微标准改造,并对线内的桥梁(诸煌桥、茅蓬桥)进行重建,符合汽-20、挂-100标准。至1990年年底,该线有三级公路9.90公里,四级公路46.70公里,沿线建有桥梁9座计371.08米,公路绿化里程43.80公里。

1993年11月16日,次坞至十二都段改建工程开工。工程起点为萧山与诸暨交界处(03省道桩号K61+860),经次坞、应店街,终点为十二都(03省道桩号K78+340),全长15.36公里,路线按二级公路技术标准设计,设计速度80公里/小时,路基宽18米,路面宽15米。路面采用沥青混凝土,投资概郑家坞算5450万元。1994年11月竣工。

1996年4月5日,诸暨境十二都至郑家坞段改建工程开工。工程起点为十二都(3省道桩号K77+300),经分水岭、冠山、大唐庵,终点为诸暨与浦江交界处郑家坞(03省道桩号K117+130),全长39.84公里;工程按二级公路技术标准设计,设计速度80公里/小时,路基宽18米,路面宽15米。路面采用沥青混凝土,投资概算1.47亿元。1997年7月竣工。

(三)金华段

金华段自浦江杨家、杭金线K118+500处入境,经义乌大陈、苏溪、稠城、上溪、金华傅村、曹宅、婺城仙桥、陶朱路、祝丰亭至朱基头与330国道K246+190处衔接,长86.17公里。路基宽8.50~12米,水泥混凝土、沥青路面,宽7~9米,有桥梁19座共982.70米,设计荷载:汽-13、拖-60。该路与1条国道、2条省道及浙赣铁路、金岭铁路相交(与铁路有2处平交,1处上跨立交,2处下行立交)并横跨大陈江、金华江。

1.新建公路

民国18年(1929年),金华段公路曾列入省公路网计划,由杭诸汽车股份有限公司投资筑杭金兰线,后因与杭江铁路平行而取消承筑权。1949年新中国成立后,由金华、义乌、浦江3县组织群众分段修筑。

1956~1960年,义乌至金华段公路进行建设。义乌至金华段长56.67公里(K148~K204+670),路基宽11~12米,沥青表处路面,宽7~9米,最小曲线半径50米(K187+100)。有大桥1座286.30米,小桥13座共226.6米,设计荷载:汽-1、拖-60。涵洞210道。标准绿化里程52.67公里,残缺4公里。全段由金义两县分段建设。1956年春,金华县交通科组织群众建金华至曹宅19公里简易公路,路线依地势延展,线形较差,路基宽4.50米,路面宽3.50米。在二仙桥有过水路面一处,小黄村、曹宅各有河底便道一处(1961年将河底便道改建为桥梁)。1958年拓宽路基至6.50米,路面宽3.50~4.50米。秋,工程竣工。冬,由专署统一规划,补助6.80万元续建至金义桥15.10公里,1959年12月竣工。金义桥至稠城,长18.80公里,由专署交通管理局按四级乙等标准测设,义乌县工交局组织建设,工程投资9.38万元,1959年11月动工,次年9月建成,路基宽7.05米,因路料不足,路面多采用碎砖瓦铺设,在鞋塘、上溪各设有过水路面一处。1960年9月20日,金(华)义(乌)间正式通行汽车,后因过水路面在大雨洪水时常阻断交通,1970年、1975年由金义两县分别将三处过水路面改建为桥梁。

1961~1974年,杨家至稠城段公路建设。杨家至稠城段长23.80公里,路基宽12米,水泥混凝土路面,宽9米(K118+500~K119+500为沥青路面,宽7米,路基宽9米)。有大桥1座305.20米(上跨立交桥),中桥2座共146米,小桥2座共18.60米,设计荷载:汽-20,挂-100。涵洞95道。标准绿化3.70公里,残缺3.40公里。共分3段建设:稠城至苏溪,1967年10月由义乌市工交局组织施工。初沿旧有大路修筑,线型较差,技术超标准很低,路基宽4.5米。为便利车辆交会,每隔250米设宽6~7米避开车道一处,1969年10月建成通行货车。苏溪至大陈段,1970年冬由义乌市工交局利用铁路改线留下的部分路基整修而成,路基宽6~6.50米,并在苏溪设有过水路面一处,1971年10月建成通车。大陈经浦江龙潭至杨家4.70公里路段,由地区统一规划,投资18.71万元,由浦江县、义乌市工交分别负责建设。义乌境内长1.50公里路段于1971年10月动工兴建,路基宽6.50米,1974年5月1日竣工。浦江境内长3.20公里,1971年7月1日动工,由于利用旧有机耕路修筑,故线形很差,路基宽5~6.50,路面宽4米。1974年7月竣工与义乌段衔接贯通。原经浦江郑家坞至黄宅利用蒋义线至义乌的车辆均改经龙潭、大陈、苏溪至义乌。1979年,义大段列为省道萧金线之一段并统一编为601号公路。

1976年2月4日,义乌市区环城路(今城中路)建设工程开工。工程长3.10公里,路基宽12米,次年铺筑油路。1978年12月,工程竣工。

1988年5月,新建义乌环城路段(即城西路,今杭金线K142+300~K148),起于金义线K52+600,迄于义大线K1+100,主线长5.70公里,另有8个喇叭口,长600米。在K1+850、K5+256处分别与义乌机场专用线K1+157、浙赣铁路K128+700处下行立交。1989年6月完成,路基宽12米,泥结碎石路面,宽9米。1989年12月23日,市交通局组织有关部门进行验收,并根据有关协议,同意城内原管养的5.43公里公路移归义乌城建管养。1991年铺筑沥青路面。

2.改建拓宽

1976年起,对金义线进行拓宽、改造,当年义乌境内路基拓宽至10米;1979年秋,自东而西铺筑油路,宽7米;1982年竣工,金华境内段于1979年3月改造,全段按平原微丘二级公路标准建设。其中K4+100(今旌孝街口)至K36+100段路基拓至12米,年底完工,工程总投资68.57万元。是年还在曹宅地段试铺筑0.80公里的油路,1980年3月全面铺筑油路面(K5+100~K36+100),宽9米,次年10月竣工。1983年又投资11万元,进行K4~K5的改线,年底完成路基工程,次年铺筑沥青路面,至此,金义间全部实现沥青路面。

1976年冬,兴建婺江大桥及南线接线,长2公里,工程总投资17.30万元。省交通厅工程队测设,金华县交通局承建,1978年6月路基工程完成,宽12米,随即铺筑沥青油路面,宽9米,10月,全段(含大桥)建成通车。1980年,开始规划修筑城西、城北环城线。当年12月2日,按平原微丘二级公路建设婺江大桥北岸接线,长5公里,在祝丰亭与金兰北线相接,投资概算107.40万元,路基宽12米,1981年2月24日竣工。1985年4月投资34.10万元铺筑沥青路面，宽9米，1986年8月竣工，与南接线并称环城西路。祝丰亭至陶朱路段，又称环城北路，长4公里。1983年冬由省交通厅补助40万元，与金华市（县级）人民政府签订协议，实行经济包干形式承建。全段按二级公路标准建设，路基宽12米，1984年4月测设，10月工程展开，1985年年底竣工，1986年5月正式投入使用。1987年，省公路局投资40万元改造路面，铺筑沥青，宽9米，1988年9月竣工。

1995～2002年，金华市境内全线84.37公里相继完成改造，改造后极大多数为二级路，路面宽18米，全路与一条国道、三条省道及浙赣、金千两条铁路相交，并多处与杭金衢高速公路互通，横跨金华江。

1983年6月，经省交通厅批准，利用银行贷款对稠城至郑家坞段（K119+500～K142+300）按平原微丘二级公路标准进行改造，1988年路基工程展开，宽12米，1989年铺筑水泥混凝土路面，宽9米，当年10月全线开通投入使用。1991年3月通过省市有关部门组织的验收正式投入使用，15日起对过往车辆收取通行费。

2002年11月8日，03省道—37省道义乌市稠城过境公路二期工程开工。工程按一级公路技术标准设计，设计速度80公里/小时。路线全长7.40公里，其中分离式立交1处。路基宽度43米。概算1.26亿元。

是年11月28日，03省道与330国道连接公路开工。工程按一级公路技术标准设计，设计速度100公里/小时。路线全长10公里，其中大桥1座，公铁立交1处。路基宽度35米。概算1.86亿元，2004年完工。

2003年8月6日，03省道改建工程金东区曹宅段开工。该工程全长2公里，结合穿镇干线建设，路幅宽度44米，投资2000万元，分两个标段施工。

四、05省道（新登—淳安，现编号S302）

05省道起自富阳市新登镇，经胥口、桐岭、后浦、分水、塔岭、潭头、文昌、浪达岭、东庄至淳安排岭镇西园，长109.70公里。此为新安江水库形成后，淳安县第一条陆上对外通道。2000年省道公路普查起点改为富阳横凉亭，经松溪、新登岔口、胥口、桐岭、高翔、焦山、分水桥头（焦山至分水桥头与S208省道共用）、百江、塔岭、潭头、乔西岭、浪达岭，终于淳安长途汽车站，全长120.07公里。2004年公路改建后起自富阳市新登镇乘庄与S305省道相交处，经胥口、桐岭、后浦、分水、塔岭、潭头、文昌，终于淳安浪达岭，全长84.43公里。大桥4座，中桥18座，小桥29座，隧道17条，涵洞267道。05省道初建时分三段修筑，后又改建或改线。如图1－2－1所示。

图1－2－1 （S302）05省道一级公路（淳安段）

（一）新登至分水段

新登至分水段长37余公里。民国24年（1935年）后浦至分水段以工赈修筑路基土方，称桐分线，因款尽而停。1956年全段按简易公路技术标准，以民工建勤修建，土方段路基宽6～7米，石方段宽3.60～4.50米；跨葛溪设过水路面（胥口），跨分水江暂设人渡，桥梁均为石台木面桥；建德专署组建“新分、桐分公路建筑办公室”，会同新登、分水两县组织施工，1956年年底建成，投资31.50万元，其中国家补助10.50万元。1957年3月至1958年9月分水江改渡为桥，建成长155米的钢筋混凝土低水位桥和块石过水路面。

1969年，富阳境内桥梁按“标准”拼宽或改建，对11处过水路面，低水位桥改建为桥或改溪填筑路堤，分别由省工程局第四工程队，总段工程队施工，至1979年完成，累计投资46万元。

1983年起富阳境内段14公里，按二级山岭公路技术标准改建，路基宽8.50米，沥青路面宽7米，富阳公路段测设，施工，1988年竣工，投资86万元。

1996年8月，富阳段二级公路改线工程开工。工程起自新登镇王家水堆，终于桐庐桐岭，全长14.55公里，其中改道新建公路10公里，老路拓宽改造4.55公里，按平原微丘二级公路标准设计改建，设计速度80公里/小时。新登镇过境段4公里路基宽18米，路面宽15米，其余路段路基宽12米，路面宽9米。大桥1座，中桥1座，小桥1座。1997年12月完工。该投资2951.78万元。

2003年1月，05省道富阳新登—桐岭段改建工程开工，10月17日正式开工。项目按一级公路技术标准设计，设计速度60公里/小时。路线全长约15.24公里，其中大桥164米1座，路基宽度22.50米。项目概算1.72亿元。

（二）分水至浪达岭段

1957~1958年，分水至浪达岭段公路进行建设。分水至浪达岭段长约69公里，初建时终点为排岭，施工里程85公里。原淳安县城贺村为新安江水库淹没区，经批准在排岭另建新县城，三面临水库。1957年9月省人民委员会批准新建分水经文昌至排岭的公路，时称淳分线。省工程局组织两个测量队，按六级公路技术标准测设，许光延和朱大鹏两位工程师定线。分水至文昌段长约42公里，为傍山沿溪线，土方段路基宽7.50米，石方段宽6.50米。文昌至排岭段长约43公里，为水库山腰线，在海拔110米以上，路基宽6.50米，艰巨路段宽仅4.50米。全路段最大纵坡9%，最小平曲线半径15米，过水路面11处，文昌至排岭段为石拱桥，其余均为石台（墩）木面桥。1957年年底建立“浙江省建德专员公署淳分公路建筑委员会”组织实施，淳安、分水两县设公路办公室，省交通厅派技术人员作技术指导。1958年1月动工，因水库急待修通，文昌至浪达岭段，降低修建标准，最大纵坡达11%，最小平曲线半径仅9~10米；是年10月建成至排岭试通车，投资185万元。

1959年，对分水至浪达岭段公路有碍行车安全的部分路段，二次进行拓宽，改弯，投资27万元。

1985年起，桐庐县按二级山岭公路技术标准，改建桐岭至高翔，焦山脚至阳普二段共7.70公里，路基宽10米，铺水泥混凝土路面3.40公里，余为沥青路面，宽7~8米，县交通工程勘测设计室测设，桐庐公路段施工，总投资148万元。1990年8月，阳普至分水西关路段改线工程开工。工程长12.20公里，按二级重丘公路技术标准改善，并逐段进行改线。路基宽8.5~12米，水泥混凝土路面宽7~9米。1992年7月完工，投资913万元。

1992年12月，分水西关至东辉塔岭路段改线工程开工。工程长25.37公里，按二级山岭公路技术标准测设，其中大改线路段6处3.33公里。路基宽8~12米，沥青路面宽7~9米。1995年9月25日完工，投资1497.67万元。

2002年12月25日,05省道桐庐段改建工程开工。工程按一级公路技术标准设计,设计速度60公里/小时。路线全长47公里,其中大桥3座,隧道3条,互通式立交1处。整体式路基宽度22.50米,分离式路基宽度11.25米。2004年12月26日完工通车,概算5.11亿元。

(三)淳安境内段

浪达岭至排岭西园段公路长3.50公里,为适应排岭城镇建设,将初建浪达岭经龙门坎至排岭路段4.30公里改为县道,改由浪达岭经东庄至排岭西园。1981年按三级山岭公路技术标准新建、改善,路基宽7.50~8.50米,最大纵坡6%,最小平曲线半径25米,淳安县交通管理局测设,西园工区组织施工,1983年12月竣工,投资50万元。

1970年起,淳安境内段44.20公里,逐段按三级山岭公路技术标准改建。至1984年改线改建西阳、西阳码头、何坑坞、翁家四段共长2.85公里,较原线缩短5公里,减少弯道93处,路基宽7.50米,碎石路面,淳安公路段测设、施工、投资44万元。1986~1989年,改线改建九龙喜珠、浪苑、桥西三岭长6.97公里,开凿九龙、浪苑隧道2座共长339米,缩短4.64公里,弯道减至19处,最大纵坡降至4%,路基宽8.50米,碎石路面,淳安县交通管理局测设和施工,投资390万元。1990年改线改建管坑岭长1.25公里,凿燕山隧道长约300米,缩短2.05公里,减少弯道30处,路基宽8.50米,砂石路面。同时动工改线改建潭头至文昌5.35公里,缩短0.66公里,路基宽8.50米,最大纵坡降至2.50%,均由县局测设,组建。1989~1990年铺筑沥青路面7.80公里,淳安公路段施工,投资88万元。

1991年3月,桥西岭至湖坑路段改线工程开工。全长1.20公里,逐段按二级山岭公路标准改线,较原路缩短0.50公里,路基宽8.50米,路面宽7米。1993年12月完工,投资87.90万元。

是年2月,西阳至翁家路段改线工程开工。路线全长5.69公里,较原路缩短2.16公里,路基宽8.50米,路面宽7米。1993年12月完工,投资621.78万元。

是年8月15日,塔岭至潭头路段改线工程开工。路线全长7.34公里,较原路缩短0.16公里,路基宽8.50米,路面宽7.0米。1993年12月完工,投资367.48万元。

1992年8月10日,管坑至浪达岭路段改线工程开工。路线全长5.20公里,较原路缩短2.14公里,设计速度40公里/小时,路基宽8.50米,路面宽7米。1994年1月完工,投资270.49万元。

是年10月1日,浪达岭至排岭纤维板厂岔口处路段改线工程开工。路线全长2.02公里,减少弯道5个,较原路缩短0.18公里,路基宽12米,路面宽10.50米。1994年1月1日完工,投资154.63万元。

2001年1月1日,05省道(新编号S302)淳安段改建工程开工。按山岭重丘一级公路技术标准建设,设计速度60公里/小时,双向四车道。全长32.16公里,起自桐庐与淳安交界处,终点至淳安县千岛湖镇新安东路。整体式路基宽22.5米,分离式路基宽11.25米,行车道2×7米,单洞隧道3条,连体隧道2条,中桥6座,小桥11座,涵洞125道。2002年12月18日完工,投资3.08亿元。

五、07省道(乍浦—王江泾,现编号S202)

07省道南起乍浦岔路口(与01省道相交于K114+252),经平湖、新丰、嘉兴至省界王江泾,全长58.61公里。新改建的07省道为一级公路标准,全长45.21公里,双向六车道,设计速度为100公里/小时。1982年列为省道，称乍王线，路线编号为浙506。1990年列为省道浙-07线。

（一）新建公路

民国21年（1932年），全国经委将该线列为苏浙皖三省联络公路之一，分3段修筑：

乍浦岔路口至平湖段13.41公里。民国18年（1929年）4月测设乍、平、嘉、湖。民国19年3月，乍平段开始修筑，设有平嘉路工程处，归省建设厅直接管理，后因资金不继，仅将路基修至虹霓埝。民国21年继续修筑，冬季竣工。路基宽7.50米；路面宽3米，厚10厘米碎砖煤屑；桥梁11座，涵洞60道，工程经费30.35万元。

嘉兴至王江泾段14.39公里，为苏州至嘉兴公路之一段。民国21年（1932年）6月由江苏、浙江两省建设厅分任兴筑，路基宽7.50米，土方共约13.50万立方米，10月间完成。路面宽3米，下层用碎砖，上层用碎石，民国22年3月竣工。桥梁18座，其中17座为木桥，长度6~26米，唯运河桥为钢筋混凝土桁梁桥，8孔长76米，民国22年4月竣工，工程费16.50万元。6月间与江苏省苏（州）王（江泾）段同时举行通车典礼。

平湖至嘉兴段，长27.80公里，民国22年（1933年）始筑，次年2月初步建成通车。3月因土方未坚，停车重修，于7月1日正式通车。路基宽7.50米，土方约25万立方米，路面铺碎砖、煤屑、贝壳，宽3米。大小桥梁38座，涵管122道，工程经费242013元。由全国经济委员会拨8万元，平湖、嘉兴、海盐、嘉善四县筹募6万元，余由省财政负责。

抗日战争期间，沿线抗日军民为了反“扫荡”，多次对公路加以破坏。民国33年（1944年）7月，平（湖）嘉（兴）公路6座桥梁损坏。后来填塞2桥，只修4桥通车。民国34年3月，经伪省公路处的勘查，王江泾至嘉兴等路，多数桥梁损坏，已不通车。

据嘉兴县政府民国34年（1945年）9月19日调查：平湖至乍浦可通车，嘉兴至平湖有12座桥梁损坏（其中2座已用泥土填塞）须加修筑。嘉兴至王江泾段桥梁大部分损坏须修理（盛泽浙江桥全部损坏）。

抗战胜利后，浙江省政府提出修复“绥靖八线”，其中乍浦、平湖至嘉兴公路列入抢修计划，民国36年（1947年）由杭州工务段抢修该线桥梁，因限于经费，工程因陋就简，同年8月修复。嘉兴至王江泾段经苏嘉湖汽车公司简易整修后，于民国35年12月18日苏州至嘉兴全线修复通车。

民国37年（1948）年11月，浙江省交通管理处报称：“乍嘉线桥梁危险万分，沿线桥梁三十余座，几无一座不腐烂……随时可通交通断绝。”1949年5月又因东栅桥、焦山门桥、东文王桥均被国民党溃军所毁，停止通车。同年7月，浙江的军事部署转入解放定海，渡海作战，急需便捷畅通的后勤运输线路，由军方提出经省委、省军区同意抢修乍浦至嘉兴、嘉兴至桐乡等5条支前公路。1949年8月下旬开工恢复该路，主要是修理桥梁，省交通管理局组织抢修，抽换腐烂木梁和桥面板，较大的焦山门桁架设一孔51.32米双层排贝雷钢架桥。1949年9月下旬修复通车。“以限于经费，殊多简陋，其中有34座桥梁必须重新修建后方能畅通”。嘉兴至王江泾段于同年6月6日修复通车。

（二）改建拓建

乍浦至嘉兴段：1952年，乍浦至嘉兴公路列为华东区军用线之一，9月进行测设准备工作，同年11月由省公路局工程建筑总队正式施工。该线全长43.96公里，按5级公路标准改建。原线路有虹霓埝、魁星桥、焦山门桥、魏塘桥、吴泾桥、奚家桥等6处改线，计长2973.48米。路基宽度除嘉兴市区为5～8.50米，焦山门改线1.03公里为7.50米外，其余均为8.50米。路面宽度为3.50米，乍浦方向9.06公里为泥结碎石路面；嘉兴方向33.07公里为开山石级配路面。全线共建桥梁45座，总长432米，其中永久性11座，总长127米；按苏联标准图修建，桥面净宽7米，二梁式钢筋混凝土上部构造（嘉兴东城河桥为四梁式）。半永久性34座（内有石灰三和土木桥33座），下部结构均按汽－10级，上部结构按汽－8级设计。全线工程于1953年9月完工，工程决算数为14.44亿元（旧人民币）。

1971年，军事部门提出改建本线桥梁的要求，1972年5月开工，经过这次改建，全线桥梁除嘉兴市区运河桥外，均已达至永久式汽－13；拖－60、净－7标准，并能通过挂－100重车。1974年3月全部竣工。

王江泾至渡船桥段：1975～1979年，嘉兴县境从王江泾至渡船桥段，恢复拓宽路基为9米，行道树全面更新，嘉（兴）王（江泾）段路面改建成沥青（沥油）表处宽7米。

乍浦至嘉兴（大庆路）段：1979～1986年，乍浦至嘉兴（大庆路）39.25公里砂石路面，全部改建成宽7米的沥青（渣油）表处路面。

乍浦至渡船桥段：1986～1988年，平湖市境乍浦至渡船桥段20.32公里，拓宽路基为14米，新植行道树11371枝，并开始进行桥梁、路面加宽工程。

乍王线改建工程：1990年，省交通厅（1990）以浙交复713号文批准，乍王线K35＋700～K41＋200包括接线全长6公里，按加宽二级平原公路标准进行改建，路基宽度15米，路面宽度12米，两侧沥青硬路肩各1米，桥涵按汽－20、挂－100与路基同宽。共有涵洞40余道1007米，大桥1座100.70米、中桥3座共143米、小桥3座共49米，核定投资概算1800万元，省第二工程队施工，1992年10月完工。

同时，位于江浙两省交界处K57＋800～K58＋481.30，全长689.30米。同时由省第二公路工程队施工，均按加宽二级平原公路标准施工，核定投资概算135.95万元，于1992年4月完工。

07省道改建工程：2004年3月22日，嘉兴至乍浦段开工。全长45.60公里，由乍浦至嘉兴和嘉兴至王江泾两段组成，全线按一级公路标准设计，设计速度100公里/小时，工程概算为17.50亿元。乍浦至嘉兴段起点为嘉兴东西大道与乍浦东方大道相交处，终点为三店塘互通，与320国道嘉兴市过境段相接，路线长36公里，路基宽36.50米，批准概算为13.16亿元。2005年8月26日，嘉兴至王江泾段开工。起点为07省道北郊河大桥，路线基本沿老路两侧拓宽改建，终于江浙交界的太平桥桥头，路线长9.6公里，路基宽45米，批准概算为4.34亿元。2006年10月，07省道改建工程嘉兴至乍浦段建成通车。2007年4月28日，07省道改建工程嘉兴至王江泾段通过交工验收，5月1日通车。

老07省道平湖段改建工程：2005年10月25日开工。工程起点位于平湖市区老07省道与平湖大道交叉口处，终点位于与嘉兴南湖区新丰交界的渡船桥西桥头，是连接平湖市区与嘉兴市区的主要通道。全长4.19公里，全线有中桥4座，小桥1座，按交通部部颁二级公路标准建设。工程总投资5820万元。2006年12月18日，老07省道平湖段改建工程完工。

六、11省道（鹿山—唐舍岭，现编号S306）

11省道起自104国道鹿山，终于安吉县天目山唐舍岭，全长107.13公里，其中湖州市区境13.70公里,长兴境18.30公里,安吉境75.13公里。

(一)新建公路

1956年和1957年,孝丰、安吉二县分别建孝丰至王家庄、递铺至晓墅公路。1958年,吴兴县动员千人筑路,两个月筑成鹿山经妙西至车埠公路;安吉县发动上万人挑灯夜战,用一天两夜时间完成晓墅至平铁矿公路7.46公里,继又兴筑王家庄经黄金坝至姚家村公路。同年,长兴县建成和平连接至晓墅的公路。1959年1月7日,吴兴、长兴二县同时开工,建妙西至和平公路,路基宽8.50米,路面宽5.50米,于4月25日建成。同年,安吉县筑递铺至塘浦公路。1965年,为开发深山毛竹资源,省供销合作社投资人民币25万元,安吉县出工勤折合投资2万元。共27万元建黄金坝至唐舍公路8.78公里。1966年1月,省列吴兴南浔至安吉唐舍岭公路(简称吴长安公路)为"小三线"公路,予以重点改善。2月,省交通厅会同吴兴、长兴、安吉三县和工程局第三工程队实地查勘。2月中旬吴兴、长兴、安吉三县分别成立"吴长安公路修建委员会",下设工程处。鹿山至长安桥段,以省工程局第三工程队为主,负责施工,于3月12日开工,改善线路长18.60公里,拓宽路基宽至7.50米,路面宽至5.50米,改临时性桥为永久性桥,桥宽为净7米,荷载汽-13、拖-60,当年11月25日完成,支出经费30.65万元人民币。长安桥至唐舍岭段,长75.07公里,由安吉县人民委员会同省工程局长三工程队共同组成修建委员会负责施工,施工区分四段和孝丰桥工地。从第一矿区至塘浦、长34.49公里为第一段,主要工程是改建小桥和涵洞,支出费用1.80万元人民币;从塘浦至缸窑岭,长6.81公里为第二段,改简易路基为双车道路基,新建路面和涵管,支出费用9.46万元人民币;缸窑岭至唐舍为第三段,长31.72公里,工程重点为部分路基改善和拓宽,全部桥涵改建为永久性结构,支出费用20.07万元人民币;唐舍至唐舍岭为第四段,新建公路长2.05公里,造价人民币7.51万元。改建孝丰桥,桥面净宽7.50米,桥长112米,载重汽-13、拖-60,投资19.05万元人民币。工程于1966年3月2日在唐舍岭新线先行开工。同年11月5日全部竣工。1976年赋石水库水淹地段按三级公路标准改线7公里。1978年,省交通厅拨款47万元人民币,按二级公路标准,拓宽梅溪经晓墅至孝丰路基,宽12米,次年(1980年)又投资155.70万元人民币浇筑9米宽的沥青路面,至1990年年末,全线有沥青路面69公里,余为砂石路面。1981年列二级公路改造规划,现为三级,部分地段属四级。

(二)改建工程

1.安吉递铺—孝丰段改建工程

2000年3月8日,安吉递铺—孝丰段改建工程开工建设。工程起自安吉城北大桥,终至孝丰王家庄,全长21.73公里,按一级公路技术标准设计,双向四车道,路基宽度26.5米,设计速度60公里/小时。其中立交桥1座,大桥2座,投资概算2.32亿元。

2002年10月20日,工程完工。10月25~26日进行交工质量鉴定,10月27日进行交工验收,10月31日被核定工程质量等级为优良。

2.鹿山—马家渡段改建工程

2000年4月,鹿山—马家渡段改建工程开工。工程全长44.32公里,其中,湖州、长兴段29.94公里,投资概算2.35亿元;安吉段14.38公里,投资概算9959万元。工程按部颁二级公路加宽设计建设。2001年10月中旬竣工,被评为省优良工程。

3.虎山—马家渡(安吉段)公路改建工程

2000 年 4 月，鹿山—马家渡（安吉段）公路改建工程开工建设。工程全长 14.38 公里，2001 年 10 月完工。11 月 15～16 日进行交工质量鉴定，11 月 23 日进行交工验收，12 月 3 日被核准工程质量等级为优良。

4. 湖州王家庄至唐舍岭段改建工程

2007 年 12 月底，王唐线改造工程全面完工。工程起点为孝丰镇王家庄，与已建成的 11 省道一级公路相接，经大竹竿、塘和桥、杭垓、桐杭，至终点唐舍岭，与安徽省 104 国道相接，路线全长 24.40 公里，按二级公路标准设计，设计速度为 80 公里/小时（局部地形复杂路段采用 60 公里/小时），路基宽 17 米。

2008 年 1 月 18 日，湖州王家庄至唐舍岭段公路改建工程通过交工验收。

七、20 省道（桐庐蒋家埠—义乌，编号 S210）

桐义线起自桐庐县蒋家埠，相交于 320 国道，经七里泷、富春江电站大坝、芦茨、茆坪、毛洲、梓州，进入浦江马岭、朱宅、杭口坪、浦江、黄宅至义乌，与 S103 省道相接，全长 79.40 公里。

（一）杭州段

20 省道杭州段境内终于马岭（浦江县交界），长 34.30 公里。2000 年省道公路普查，调整起自桐庐，经连接线、富春江 1 号桥、富春江大坝、毛洲至马岭，全长 43.28 公里。2008 年改建后全长 35.85 公里。其中桐庐至连接线 1.59 公里，城镇二级道路，路基宽 30 米，水泥路面宽 10 米；连接线至马岭 34.27 公里。二级公路 32.96 公里，路基宽 12～22 米，沥青路面宽 9～16 米；三级公路 1.301 公里，路基宽 7.50 米，水泥路面宽 6.50 米。隧道 7 条，大桥 7 座，中桥 18 座，小桥 5 座，涵洞 101 道。

蒋家埠至电站大坝东端段长 3.70 公里，其中蒋家埠至七里泷段长 2.80 公里，1960 年为筹建富春江电站而建，跨清渚江设过水路面；1970 年作局段改善，清渚江过水路面改建为桥；1979 年再次按三级平原公路技术标准改善，路基宽 8.50～10 米，最小平曲线半径 50 米，沥青路面宽 7 米，桐庐公路段测设、施工，1980 年竣工，投资 15 万元。七里泷至大坝东端段长 0.90 公里（含大坝），1978 年由水电部十二工程局改建为水泥混凝土路面。

大坝东端至马岭段长 30.60 公里，1970 年按六级公路技术标准，由桐庐、建德两县负责修建，时称桐浦公路；路基宽 6.50～7.50 米，最大纵坡 8%，最小平曲线半径 20 米。省工程局公路勘测设计室测设，建德、桐庐两县分别成立"桐浦公路建路（工程）指挥部"组织实施，1972 年 8 月建成，投资 127 万元。时蒋义线全线通车。

1990 年 9 月，15 号台风造成多处路基塌方，交通中断，除桐庐境内芦茨路段和桥梁外，其余路段均经抢修恢复，投资 18.76 万元。

1991 年 4～9 月，对芦茨路段修复路基，建造芦茨 1 号、2 号桥，长 400 米，按三级公路技术标准设计建设，桥宽 14 米，路基宽 8.50 米，砂石路面宽 7 米，总投资 72 万元。

1996 年 3～8 月，桐庐境内 12.4 公里路段实施沥青路面改建，路面平均宽 5.37 米，投资 186 万元。

1997 年 6～10 月，建德境内 11.20 公里路段实施沥青路面改建，路面宽 5.50 米，投资 213.60 万元。

2006 年 6 月 30 日，桐庐上杭埠至建德马岭桐庐段改建工程开工。工程起点为桐君街道上杭埠，终点为富春江镇石舍村，长23.72公里，按二级公路技术标准设计建设，设计速度40公里/小时，起点至桐庐滩头段路基宽17米，路面宽14米；桐庐滩头至终点段路基宽10.50米，路面宽9米，路面采用沥青混凝土。特长隧道1条，长隧道1条，短隧道4条，隧道净宽10.5米，净高5米。互通1处，大中桥10座，小桥4座。桥涵与路基同宽。2008年12月15日完工，12月30日通车，投资2.80亿元。

2006年7月15日，桐庐上杭埠至建德马岭建德段改建工程开工。工程起自建德市与桐庐县交界的毛洲村，经乾潭镇原下梓洲村、上梓洲村后设马岭隧道至建德与浦江交界处，长8.40公里，路面采用沥青混凝土。按二级公路技术标准设计建设，设计速度40公里/小时，路基宽10.50米，路面宽9米。隧道1条，大桥2座，中桥12座。2008年12月15日完工，12月30日通车，投资1.01亿元。

（二）金华段

金华境内段：自浦江马岭顶、蒋义线K34+300处入境经侯树岭脚、杭口坪、浦阳、黄宅、石斛桥、义乌后宅至稠城与杭金线K143+940衔接，长57.40公里，路基宽7~16米，水泥混凝土、沥青表处、砂石路面，宽5~7米。桥梁16座342.50米，设计荷载：汽-13、拖-60。

马岭顶经侯树岭脚至浦阳镇地段（K34+300~K63+500），马岭顶至侯树岭脚间14.8公里为山岭重丘四级公路，侯树岭脚至浦阳为山岭重丘三级公路；浦阳至义乌（K63+500~K91+700）段为平原微丘三级公路。全路除浦阳至黄宅段为民国21年（1932）所建浦（江）钟（宅）公路之一段，余均为新中国成立后由浦、义两县组织群众民工建勤逐段建设而成。

浦阳至义乌段，长28.20公里，路基宽9~12米，水泥混凝土、沥青表处路面，宽7米。有中桥2座，小桥7座，设计荷载：汽-13，拖-60。涵洞22道。浦阳至黄宅，原为浦江至钟宅公路西段，民国20年（1931年）5月，县长吕思义下乡劝募招工兴建，9月浦钟公路汽车股份有限公司成立，由公司承筑，民国21年7月竣工，8月通车。时全长24.70公里。其中浦黄段11.51公里，路基宽3.50~4米。民国31年4、5月间，为阻日军入侵曾破毁，35年8月，县借支商业登记，费10万元修复，12月通车。1949年新中国成立后，人民政府组织群众民工建勤分段整修，1951年竣工，路基宽7.5米。1974~1977年，投资10.60万元改造并田路分界，路基拓宽至12米。1978年，浦阳至黄宅段铺筑水泥混凝土路面，宽7米，黄宅至杨家段铺筑沥青路面，宽7.50米，工程总投资98.5万元。黄宅至稠城，长20.20公里，在专署统一规划下，浦义两县于50年代分别组织群众兴建。黄宅至石斛桥6.20公里，原为抗战初所筑人力车道，1951年曾组织群众民工建勤建简易公路。1957年7月按六级乙等标准承筑，国家投资2.20万元，路基路面分别宽7米、6米，1959年1月竣工。石斛桥至稠城14公里，稠城北门至义乌火车站曾于民国21年建2.50米宽人力车道，次年6月建成由新华车行租营，民国29年3月25日至4月16日改建公路。1951年12月组织群众投工修稠城至黄宅公路，不久工程下马。1957年5月按六级乙等标准测设，11月开工，路基工程由县发动群众义务出工4.10万个工日，6月完成，宽6.50米，桥涵工程及开山劈石由省投资1万元施工，1953年3月全路建成。至此，义浦间全线贯通，统称义浦公路。

1974年，由浦义两县分段按三级公路标准改造义浦线，路基拓宽至10米，1976年完工。1977年，石斛桥至稠城段开始铺筑油路面，宽7米，1981年12月竣工；1979年黄宅至石斛桥段铺筑油路，当年完成。

浦阳至建德市界段,长29.20公里,路基宽7~9米,路面宽5~7米。有小桥7座94.40米,设计荷载:汽-13,拖-60。涵洞36道。基本绿化里程28.20公里。浦阳至侯树岭脚,长14.40公里,原为浦阳至中余公路之一段,1955年3月1日动工修建浦(阳)杭(口坪)段8.23公里,路基宽3~3.50米,工程投资4.50万元,1956年4月1日竣工通车。7月修筑杭口坪经侯树岭脚至中余段,全长30.44公里(杭侯段4.84公里),1958年3月建成通车,工程投资9.7万元,一般地段路基宽6.50米,高填土、路堑、石方地段宽4~4.50米,每间隔100米设有会车道。1970年,为沟通浦江至桐庐交通,省交通厅规划投资兴建自桐庐蒋爱埠经建德姚村至浦江的公路,当年即组织三县公路工程技术人员会测,并在浦江成立"桐浦公路指挥部"。7月工程展开,境内段主要是利用浦江至中余公路浦江至侯树岭脚线向西接出盘山延伸。1972年7月1日境内段工程竣工验收投入使用,蒋义公路全线贯通。1973年浦阳至侯树岭脚段进行技术改造,1978年路基工程完成,宽8~9米,随即铺筑油路,宽5~7米。

1995年8月18日,浦阳至黄宅(浦阳至郑家坞公路之一段)公路改造工程开工建设。该路段长9.52公里,(浦郑总长21.77公里)按平原微丘一级公路标准建设,路基宽28米,沥青混凝土路面,宽27米,中为快车道双向4道,两侧各设1.50米绿化分隔带和各为4.50米宽的慢车道,设计速度100公里/小时。投资概算1.20亿元,1996年10月18日全线完工投入使用。

1997年2月28日,浦江境内黄宅至浦义交界处进行改造开工,全长6.32公里,其中黄宅至杭金衢高速互通口,长1.62公里,按平原微丘一级公路标准建设,路基宽28米,其余段按平原微丘二级加宽公路标准建设,路基宽18米,沥青混凝土路面,工程投资概算3800万元,7月路基工程完成,年底竣工投入使用。

是年12月20日,义乌俊塘至浦江交界段进行改造开工,路线全长2.75公里,按二线加宽至18米标准设计建设,水泥路面,投资概算2600万元,1998年6月30日完工。

1999年7月28日,浦江过境段开工。浦江过境段,长3.61公里,按平原微丘二级公路标准建设。路基宽18米,混凝土路面,宽16米,设计速度80公里/小时。桥涵设计荷载:汽-20,挂-100。投资概算1880万元,2000年10月1日完工,2001年5月交工投入使用。

2003年12月29日,浦江段改造工程开工。浦江段改造工程西起马岭头(K43+280),东至石马头(K63+135),全长19.86公里,投资概算2亿元。

2004年5月,浦江段改建工程开工。工程项目按二级公路技术标准设计,设计速度60公里/小时,全长约19.89公里,路基宽度分别为12~18米,其中大桥21座,长1107.04米,隧道(单洞)3条,长2770米。工程概算2.20亿元。2005年年底全部竣工。

八、32省道(绍兴—甘霖,现编号S212)

32省道起自绍兴五云至嵊州市甘霖线路,长76.25公里。该线位于绍兴东南和嵊州市西北的会稽山区,分属两种地形,K0~K16与K68~K79+632为平微区,K16~K68为山岭重丘,途经绍兴、平水、车头、青坛、王坛、王城、马溪、谷来、崇仁和甘霖等主要城镇。

公路未建筑前,沿线山区物资大部分靠肩挑背负过陶晏岭、日铸岭到平水或上灶装船,小部分过小舜江,用竹筏运至汤浦,曹娥江进出。

民国24年(1935年)珏芝至甘霖段由赵观涛建成公路,珏芝对崇仁段建成手车路;民国31年由沿线各村民工改建公路,后因日军入侵而中断;民国35年再次动工,由嵊长公司承筑，于次年11月建成崇甘公路，全长10公里，共投资65.90万斤谷。绍兴境内段建于民国26年。1956年9月至次年5月，由崇仁、北山区民工建勤修通谷来至崇仁段公路19.20公里（含富润支线2.30公里），时称崇北公路，国家补助4.30万元。1957年，因修建平水水库，从十二两至尧廊地段进行改线；1959年8月至次年7月，由嵊州市北山区组织民工建勤接通马溪至谷来8.80公里，称北绍公路，投资6万元。1960年，丰田岭地段改线；1961年12月，王坛大桥竣工；1963年12月，王坛至马溪公路建成。至此，绍甘线全线贯通。工程历经7年，政府共投资68.30万元，平均造价1.05万元/公里。

自20世纪70年代开始，绍甘线进行路面黑色化、线形标准化改造。至1990年年底，绍甘公路达到四级标准，有水泥混凝土路面0.86公里，沥青路面21.71公里，公路绿化里程21公里，沿线建有桥梁27座计762.76米。

2001年2月28日，32省道绍兴市区段改建工程开工。绍甘线市区段起自32省道绍甘线K2+200，沿老路拓宽，终点为南环线禹陵环岛，全长1.93公里。工程按交通部《公路工程技术标准》（JTG B01-2014）二级公路标准设计，设计速度80公里/小时，路基宽42米，中间为双向4车道，两边各设5米绿化分隔带，全线采用沥青混凝土路面，工程投资概算5356.70万元。工程至当年年底完工。

2001年4月10日，32省道K20+275~K26+950段改造工程开工建设，全长6.70公里，2002年1月10日完工。同年1月17~18日进行交工质量鉴定，1月29日进行交工验收，5月26日被核准工程质量等级为优良。

2002年7月15日，崇仁—甘霖段改建工程开工。工程起自嵊州崇仁西小桥，至甘霖袁家村与37省道相接处，全长9.30公里，投资概算6202.50万元，按平原微丘二级公路技术标准设计，路基宽度17米。

2003年10月20日，绍兴车头—王坛段改建工程正式开工。工程全长8.18公里，按平原微丘二级公路技术标准设计，投资概算7365万元，设计速度60公里/小时，路线K26+319~K33+750段路基宽度15米，K33+750~K34+500段，路基宽度20米。路面设计轴载BZZ-100，桥涵设计车辆荷载标准汽车-20级，挂车-100。全线共设中桥7座、小桥1座、隧道1条。2005年1月20日工程完工，4月28日通过交工验收，投入使用。

2008年6月，绍兴市区段改建开工，起点为杨绍公路禹陵路口交叉环岛，终点是市区与绍兴县交界处，全长4.62公里，投资概算2830万元，9月底全线贯通。

九、34省道（宁波—临海，现编号S214）

34省道简称甬临线，起自宁波南站，经奉化、宁海入台州境麻岙岭、岭口、高枧（双楼）、仙人桥、两头门、大男，止于临海城关，全长146.38公里。后历经多次改建，至2010年全长138.98公里，其中宁波段长100.64公里，临海段长38.34公里。

（一）宁波段

起自宁波段塘雄镇桥，经奉化、宁海至台州麻岙岭，全长106.30公里，其中鄞县15.90公里，奉化27.70公里、宁海57公里，老市区5.70公里。民国16年（1927年）浙籍在沪绅商借得法币50万元开筑鄞（县）奉（化）公路，民国18年5月建成。民国22年，商营鄞奉长途汽车股份有限公司得法币37.70万元，修筑奉化至宁海段，次年通车。1949年5月通车至梅林，次年1月通车至宁海城关镇。1955年2月筑宁海至麻岙岭段，9月竣工。至此市境内各段皆通。1962 年起，改造全线桥梁。1972 年后拓宽路基，改造路面。1990 年，宁波至宁海段 75 公里，路基宽 10～14 米，路面宽 7～9 米，主要为沥青（渣油）路面，少数水泥混凝土路面；宁海至麻岙岭段 30 公里，路基宽 7.50～8.50 米，有沥青（渣油）路面 77.11 公里、水泥混凝土路面 23.49 公里。市辖段内桥梁 58 座，长 1746.63 米，设计荷载：汽－13、挂－60；汽－20、挂－100。除段塘至栎社 6 公里为二级公路外，余均三级公路。

2006 年 2 月，甬临线宁海南段改造工程启动。甬临线贯穿宁海县全境，全长 57 公里，其中，北段已经改造为一级公路。南段工程全长 19 公里，经过 4 个镇（街道），规模为一级公路，路宽 26 米，设计速度 60～80 公里/小时。

（二）临海段

临海段起自临海城关，经高枧、天台、拔茅、麻岙岭，全长 40.08 公里，沿途桥梁 11 座。1955 年 9 月 15 日改线通车，公路技术等级二级、三级，是台州通往宁波港，接沪杭甬铁路线的要道。

民国 23 年（1934 年），34 省道临海段始建。1985 年以前兼起国、省道的作用，原从临海经高枧、天台、拔茅转江（口）拔（茅）线经溪口达宁波。比今线远 50 余公里。高枧至仙人桥路段，中阻猫狸岭，山高 500 米，坡陡、弯急，冬季大雪封山，为事故多发地段。1967 年 2 月 5 日，因雪阻中断交通 3 天；1985 年 12 月 11 日积雪阻车，200 多辆汽车、1000 多名旅客，经地、市机关和军分区指战员 700 人扫雪，才安全下山。1990 年 7 月，开通桐岩岭隧道后，才彻底改善了路况。

34 省道路面按省级干线标准进行建设，由省多次扩建，平原路基宽 12 米，行车道 7～9 米，铺设水泥或渣油路面，桥梁全部为永久性结构。1990 年机动车平均日交通量白竹点 3798 辆次；岭口点 2142 辆次。

十、46 省道（兰溪—贺村，现编号 S315）

46 省道自兰溪经洋埠、龙游、衢州、江山至贺村，全长 118.27 公里。46 省道原称 617 省道（兰溪—江山），后延伸至贺村改称 46 省道。

（一）金华段

金华境内段：自兰溪上华（马公滩）330 国道 K270＋250 处接出，经张坑（瓦灶头）、金华罗埠、下潘、洋埠进入龙游界，长 20.80 公里。路基宽 12 米，水泥混凝土路面，宽 9 米，最小半径 100 米（K14＋100 处）。中桥 2 座 92.20 米，小桥 3 座 28.10 米，设计荷载：汽－3，拖－60。涵洞 32 道。全段基本绿化。该线紧临衢江延伸，所经地区平坦，为平原微丘二级公路。

民国 18 年（1929 年）4 月，该路列入省第一次公路路线网计划，时称衢（县）兰（溪）公路，并建下潘至汤溪支线 1 条。民国 21 年 6 月由省投资兴建，为土路，宽 7 米，衢兰汽车股份有限公司铺筑砂石路面，宽 4 米，次年 8 月全路建成，该公司承租营业并负责养护，整个工程共用经费 17107 元（旧国币）。民国 23 年与金兰公路（南线，今 330 国道）衔接，民国 31 年 4 月 4 日为阻日军入侵，实施破毁，民国 34 年 8 月动工修复，9 月贯通，10 月衢兰间恢复通车，后陆续整修，至次年 12 月 30 日修复完工。1949 年 5 月，国民党军队败退兰溪时，将桥梁木面烧毁，全路复断。1956 年 7 月 29 日采用民工建勤方法修复，10 月兰溪至龙游段恢复通车，20 世纪 50 年代末至 60 年代初木结构桥梁均改为石拱桥和钢筋混凝土 T 梁桥。

1980 年 1 月 1 日，南京军区将“金兰龙线定为重要战备保障目标”，次年 7 月，金华县成立金兰龙公路改造工程指挥部，拓宽县内段路基至12米。1982年3月5日动工改建路面，铺筑水泥混凝土路面，宽9米，1983年10月竣工验收。兰溪境内段于1982年开始路基拓宽并铺筑水泥混凝土路面，1984年12月竣工。

1995年，婺城区对兰溪交界处（K8+050）至下潘（K13+370）长5.32公里路段进行改造，工程按二级加宽标准建设，路基宽18米，沥青混凝土路面宽15米。1996年年初，又对下潘龙游交界6.10公里路段进行改造，该工程为白龙桥至汤溪、下潘衔接线，是金华市区西去衢州的一条捷道，按平原微丘二级加宽标准建设，收费站又移至龙游交界处。兰溪境内段横山至大园发畈段8.05公里，1998年3月8日开工改造，全段分3个标准，按平原微丘二级加宽公路标准建设，路基宽18米，水泥混凝土路面15米，投资概算4017万元，当年10月31日完工投入使用。2003年9月，省公路局组织交工验收，各项指标符合竣工标准，正式投入使用。2004年8月10日，婺城区辖段11.42公里进行了一次路面修补工程，至9月完工。

（二）衢州段

衢州段自湖镇入境，经龙游、安仁、樟潭、衢州、廿里、后溪、大溪滩、江山县城等地，至贺村，全长89.30公里。晴雨通车，属平丘二级公路的有67.30公里，属平丘三级公路的有22公里（正在施工改建成二级）。平曲线半径除因地形和铁路、公路叉道口小于标准外，其他都符合二级公路的要求。路基宽度为6~13米，路面宽度为5~9米。有永久性桥梁31座，共长1127.46米（大型桥4座，共长626.24米；中型桥4座，共长186.52米；小型桥23座，共长314.7米）。有过水路面1处，长417米。兰江路线原来是一条驿道，沿途曾设有安仁铺、后溪铺等急递铺。全线沿衢江和江山港的南岸与水路并行，为古今的交通要道。公路建设始于中华民国20年（1931年），分段施工至民国21年全线建成通车。

1. 湖镇至衢州段

长48.60公里。由私商“衢兰公司”于民国21年（1932年）9月建成通车，商筑商营，次年10月收归省营。民国31年5月，日军侵占衢州，公路遭毁，交通中断。民国34年抗日战争胜利。此路抢修通车。但因质量太差，时通时阻，至1949年新中国成立前夕，客车已无法通行。1959年6月，由省交通厅投资修复通车。在东迹渡设汽车渡口，上山溪与下山溪设过水便道。1963年3月，由省交通厅第三工程队施工，在东迹渡建成便道和低水位桥梁。同年10月，该工程队建成龙游大桥，使此路由“通驷”古桥改道新桥。1978年10月，由金华公路总段工程队施工，建成下山溪大桥；次年12月，又建成上山溪大桥。1973年，由衢州市人民政府投资84.68万元，发动民工建勤，将马跑桥（湖镇附近）至衢州段由3级公路改建成2级公路，并通过改线避开铁路与公路交叉道口2处；继后，金华县也完成了湖镇（当时属金华县）至马跑桥段的改建任务。1975年5月至1977年10月，由衢州市公路段施工完成了马跑桥至衢州段的路面技术改造。以天然砂砾石灰土混合级配材料，加固路面底层，以砂石沥青渣油级配材料，对路面进行表层处理，建成了9米宽的沥青渣油路面，耗资156.53万元；湖镇至马跑桥段的路面改造，由金华县公路段于1979年建成9米宽的水泥混凝土路面。1974年起，先后投资12.90万元进行公路绿化。初种苦楝树，因此树不耐涝，成活率很低，而后改植水杉，成活率较高，随之落实了一些必要的管理措施，2010年公路两侧已绿树成荫。

2. 衢州至江山段

长40.7公里（衢城至双港口的2.55公里与320国道公路重复）。由私商“衢江广汽车有限公司”筹资20万元,省核准立案时全线入股8万元,以官商合营的方式,于民国20年(1931年)9月建成通车营运,民国22年商家退股。由省公路局收归省营。民国31年5月,日军侵占衢州、江山等地、此路遭毁。民国34年日军投降后抢修通车。但由于失养,时通时阻。至1949年新中国成立前夕,客车已无法通行。1957年江山县交通部门以“民工建勤”修通江山境内路段。1958年衢州市交通部门以“民工建勤”修通衢州至廿里至后溪段,1961年年初全线通车。1978年,江山县公路段投资8.05万元,按2级公路的标准,完成了15公里的改善工程;又投资52.44万元,建成9米宽的水泥混凝土路面4公里。1985年省交通厅批准投资204万元,对衢州至后溪段的线形、路基、路面等进行改善,现正在施工中。衢州环城南路(也叫城南公路)即将建成。这段路正式通车后,行经本公路的车辆可以避开衢州市区的中心街道。

1997年9月18日,46省道下张公铁立交桥工程开工。下张公铁立交桥工程全长1370米,1999年6月10日通过交工验收,1999年1月31日竣工。

1999年8月28日,46省道九里立交桥工程开工。工程全长5.91公里,其中包括灵山江大桥1座,九里互通立交、九里南互通立交2座。工程按平原微丘二级公路标准(一级路幅)建设2001年完工,并通过交工验收,投资概算1亿元。

2000年2月20日,衢州—江山段公路改建工程开工建设。工程起自衢州下张公铁立交,终于江山大桥接江贺公路,全长42.09公里,按一级公路技术标准设计,设计速度80公里/小时,路基宽度25.50米。工程总概算3.35亿元。

2001年2月27~28日,下张公铁立交桥工程进行竣工验收,3月28日被核定工程质量等级为优良,并正式交付使用。是年,九里立交桥工程完工。

2002年3月24~26日,衢州—江山段公路改建工程进行交工质量鉴定,4月20日完工。5月14~15日进行交工验收,6月10日被核定工程质量等级为优良。

2007年1月,46省道延伸江山墩头山至贺村段开工建设。路线全长21公里,按二级公路技术标准设计,设计速度80公里/小时,路基宽15米(穿镇路段约3公里宽24.50米),沥青混凝土路面,其中大桥3座。项目总投资20297.95万元。

2008年1月10日,湖镇至龙游“四自”延伸工程九里立交桥工程竣工。工程起点为50省道与46省道交叉处(46省道桩号K35+925),路线经灵山江大桥,双堰头、道上阡,跨浙赣铁路,终点为46省道桩号K41+813.50。路线长5.90公里,其中互通立交2处,按二级公路技术标准设计,设计速度80公里/小时,路基宽25.50米,路面采用水泥混凝土,投资概算10012.93万元。

十一、50省道(龙游—丽水,现编号S222)

50省道自龙游经遂昌县新路湾、金岸、松阳县古市、西屏镇至丽水市上南山,全长144.46公里。

(一)丽水段

丽水段自龙游起至遂昌北界入境经新路湾,翻马头岭,越连头岭,过金岸、古市、西屏、碧湖至丽水市区桃山桥头。丽水境内129.89公里。民国22年(1933年)12月动工,民国28年10月竣工。民国31年,日本侵略军占领丽水,为阻日军,公路破坏。民国34年日军投降,龙南线为省府返杭路线,于9月1日开工,当月21日土路便桥抢修通车,民国35年3月初步修复。

1962年，由国防经费补助10万元，对碧湖至松阳段的狭路、急弯、危桥进行重点改善，1982～1988年国家先后投资326.04万元，对该线西屏、界首和金岸、新路湾等路按二级公路标准进行拓宽改善，同时对丽水市碧湖至堰头和松阳县西屏至古市路段，铺筑沥青渣油路面和水泥混凝土路面。

1988年6月5日，龙丽线遂昌上江至小马埠段公路改建工程开工，全长11.41公里（其中洋条隧道长638米）。1992年3月19日竣工，并通过验收，交付使用。公路改建后，避开了翻越连头岭和马头岭，使龙游至丽水比原路缩短9.50公里。

1999年7月28日，50省道松阳过境公路开工。松阳西屏—古市过境公路全长20.70公里，双向4车道2001年5月完工。7月5日进行交工质量鉴定，7月27日进行交工验收，8月14日被核准工程质量等级为优良。

（二）衢州段

衢州市辖段，自龙游起，经上圩头、灵山、溪口、牛角湾、塘头后、渡头等地，至马戍口，全长40.30公里。其中平丘二级公路23.60公里，山岭2级公路4公里，山岭3级公路12.70公里。纵坡超出限额标准的有5处，共长290米。路基宽度为5～12米，路面宽度为4～9米。有永久性小型桥梁4座，共长64.10米。

龙南路线原为龙游通遂昌、松阳、丽水的古驿道。自龙游至遂昌北界一段，沿途设有东观铺、举岭铺、白石铺、庙下铺、新田铺等急递铺。驿道沿溪傍山，蜿蜒崎岖，地势险要，曾有壕岭寨、小蓬寨、上塘寨、灵山教场、陈村营等军事设施。

民国23年（1934年），龙游至溪口段公路（23.50公里）建成，民国26年，溪口至北界段公路（18.20公里）建成；民国29年公路修至遂昌，共耗资20万元。

民国31年（1942年）5月，日军侵犯龙游，此路遭受破坏。抗日战争胜利以后，民国34年9月动工重修，次年修复通车。同年，经省政府列为永嘉至龙游的省道公路。只因土路便桥，标准低，质量差，故而常遭水毁，时通时阻。

中华人民共和国成立以后，1950年人民政府投资16.10万元，进行维修、改善。1955年6月遭特大洪水袭击，上塘岭一带大塌方，沿河驳岸多处被毁，抢修一个多月，才恢复通车。1973年，对37～42公里路段，进行路基拓宽和路面改善。路基由原来的4.50～5米的单行线改为7.50米的双行线，路面由3.50米改为5～6米。随着不断的养护和改善，新中国成立前的土路已改变成泥结碎石中级路面。临时性便桥已改变成永久性石拱桥或钢筋混凝土桥。

1978年，黄铁矿对经过矿区的一段（1公里）改建成7米宽的水泥混凝土高级路面。1982年，由省交通厅公路管理局测量设计。由衢州市（县级市）公路段施工（龙游分县后由龙游公路段继续施工）。按2级公路标准，投资概算443.30万元，到1984年年底，完成龙游至牛角湾段26公里的线路改善和路面改造完成。建成12米宽的路基和9米宽的水泥混凝土高级路面，并于两侧种植行道树。

2001年8月15日，龙游段改建工程开工。工程起自九里南立交，经官潭、溪口、沐尘，终点为与遂昌交界处，全长30.42公里，工程项目按一级公路技术标准设计，主线全长约30.50公里，其中分离式隧道3700米/2条，大桥650米/3座。起点—溪口段长20公里，设计速度

100 公里/小时，路基宽度 25.50 米；溪口—终点段长 10.50 公里，设计速度 60 公里/小时，路基宽度 22.50 米。项目概算 5.60 亿元。

2003 年 12 月 10 日，改建工程完工，12 月 18 日通过交工质量鉴定，被评为优良工程，12 月 28 日建成通车。

十二、53 省道（丽水—浦城，现编号 S328）

自丽水市区起，经云和县城翻越赤石岭（1993 年 5 月 3 日开通隧道）过严山岭隧道，走龙泉城南，越新岭、牛头岭、过上垟、木岱口到花桥出境至福建省浦城县，全长 224.35 公里。

（一）新建公路

民国 21 年（1932 年）10 月，53 省道动工兴建。民国 24 年 11 月竣工。始建时，标准低、路狭、弯多，坡陡，设有括巷、大白岸、局村、西大桥 4 个车人力渡。民国 29 年交通部列为东南运输干线。民国 30 年改善赤石岭、新岭、牛头岭等处。民国 30～32 年日军二次侵犯丽水，公路遭破坏，到民国 34 年修复。1966 年，国家投资 44 万元，对该线的赤石岭段修复，使路基达到 6～6.50 米。1972 年丽水城关段浇水泥混凝土路面。1973 年国家又投资 29.50 万元，将石塘至云和段进行拓宽。1975 年投资 15.41 万元，将大港头至规溪亭段路基拓至 9～10 米。1979 年地区公路段投资 28.50 万元，将云和县城段改建为水泥混凝土路面。1982 年建紧水滩电站、赤石岭至龙泉段水库淹没，后改线，1985 年 8 月验收通车。1984～1988 年，地区公路总段投资 154.87 万元，该线改建铺筑沥青渣油路面。1989 年改建的丽浦公路赤石岭，1993 年 4 月竣工，投资概算 1208.50 万元。改线后缩短行车里程 4.51 公里，避免了翻越赤石岭。

1999 年 10 月，丽浦线莲都工程建设动工。莲都区管养段从九里至均溪，全长 33.74 公里。第一期分两段实施：第一阶段九里至大洋路口 2.30 公里，第二阶段垟店至大港头段 22.45 公里，2001 年 12 月建成通车。第二期为大港头至规溪亭长 2.88 公里。2002 年 6 月动工，2004 年 6 月竣工。

（二）改建改线公路

1990 年 12 月，云和段赤石岭隧道改线工程开工，投资概算 1208.50 万元。改线后，赤石岭段原由后山经重河至临海洋改由后山庙隧道通行。改建后路线缩短 4.51 公里。是年，龙泉段里下畈至茶寮段改线工程动工。工程长 5.30 公里，投资概算 450 万元，1992 年 7 月竣工。

1994 年 3 月，第一次云和县城过境公路改建工程开工，翌年 11 完工。长 5.25 公里，路基宽 12 米，投资概算 893.50 万元。1997 年 6 月，石岭至花桥段公路改建工程动工。工程属“四自”工程，全长 15.60 公里，分两期实施。投资概算 1.10 亿元。

2001 年 9 月，第二次云和县城过境公路改建工程开工，县城过境路段实施沥青混凝土路面，投资概算 473 万元。是年 12 月竣工。

2002 年 12 月石岭至花桥段公路改建工程竣工。

2004 年 7 月，龙泉至木岱口畅通工程建设动工，2005 年 12 月完工。总里程 33.73 公里，投资概算 3665 万元。

2005 年 6 月，丽浦线龙泉段恢复线工程开工。丽浦线龙泉段多处路因丽龙高速公路建设改线，2007 年 8 月竣工，全长 12.40 公里，投资概算 9000 万元。

是年7月，丽浦线规溪亭至石塘路段改线工程开工。路段全长6.51公里，路基宽10米，2006年10月完工。

2008年9月，龙泉至八都改建工程一期开工。龙泉至八都改建工程全长16.90公里，投资概算3.56亿元，分二期实施。第一期：龙泉市区过境段和八都过境段，全长8.32公里，投资概算1.55亿元。2010年1月，龙泉至八都改建工程二期开工。第二期：丽浦线上亭凉，经里下畈，牛头岭隧道和新岭隧道，终点源坑与53省道御接，全长8.53公里。

2010年12月，第三次云和县城过境公路改线工程开工。路线全长8.25公里，投资概算1.20亿元。

十三、56省道（瑞安—东坑，现编号S330）

56省道自104国道瑞安飞云江大桥南端起，迂回大桥下，过立交桥，经仙降、马屿、湖石、峃口和文成大峃至丽水地区景宁县东坑、三叉口，接云寿线，初建时里程为145.1公里，1995年为144.42公里，2010年全长为131.10公里。其中温州段为109.29公里，丽水段为21.81公里。

（一）温州段

1. 新建公路

1956年2月，文成大峃至瑞安平阳坑段公路工程开工，路段长38公里。1958年1月14日，工程竣工。

1956年9月，瑞安营前至平阳坑段公路工程开工，长19.96公里，1957年11月14日建成通车。

大峃至十八公里（地名），长18公里。1958年4月动工，当年8月竣工。

平阳坑至瑞安渡口，长30公里。同年7月27日竣工。1959年2月，瑞百公路改善工程开工。11月18日，工程完工。1960年，文成县民工连续建勤，继续修成了十八公里至西坑叶岸的16公里公路。

1963年4月人民解放军工程兵部队承包建造西坑叶岸至景亭东坑段公路，路线经过高山深壑，工程十分艰巨，至1964年8月5日竣工。

至此，瑞东公路全线贯通，使景宁以西、文成以北地区的竹木柴炭等货物运输，比原绕道丽水至温州各地缩短80~120公里，并使内地与沿海沟通，成为温州市战备公路之一，其中瑞安段自飞云江大桥南岸接线起至营前石溪，长49.96公里，文成段自石溪至碇步坑交界，长72公里。1972年8月至1973年10月，两次受台风影响，瑞安、文成等路段局部损坏。

2. 改建工程

1986年5月至1990年，从瑞安渡口南岸起至高楼开始改造路基、铺筑沥青路面和水泥路面，解决了江溪、马屿、平阳坑、高楼等过镇的“卡口”。1990年8月至9月，连续5次受特大洪灾袭击，峃口车站被冲毁，峃口公路桥端台被冲垮，平阳坑、高楼等公路全线被洪水淹没，县公路段职工奋战特大峃洪灾，及时修复被毁路段，保证运输畅通。从1990年开始，自瑞安高楼（湖石）至文成大峃，继续铺筑沥青路面。

瑞安段改建工程：改建工程是2001年省政府批准的“四自”工程，起自104国道孙桥村与飞云江三桥临时连接线相接（K0+000~K23+823），终点为瑞安营前乡黄岙村，进入文成县境内，全长45.70公里（其中主线长43.95公里、高速公路连接线长1.76公里），其中，瑞安飞云马道—马屿段和高速连接线为一级公路，路基宽度 25.50 米，双向四车道，设计速度 100 公里/小时；马屿—营前段（K24 + 870 ~ K45 + 000）为二级公路，路基宽度 10.50 米，双向二车道，设计速度 60 公里/小时，项目投资概算 6.50 亿元。2002 年 7 月 3 日，瑞安段改建工程开工建设。2004 年，完成路基、桥梁、隧道工程，路面工程基本完成。2005 年 2 月 1 日，通过交工验收，核准工程质量等级为优良。2007 年 12 月 27 日，通过竣工验收。

文成段改建工程：2000 年 12 月 28 日，文成段改建工程开工建设。文成段改建工程全长 14.83 公里，按山岭重丘二级加宽标准设计，路基宽度 10.50 米，路面宽度 9 米，其中县城过境段路基宽度 25 米，路面宽度 15 米，投资概算 1.94 亿元。

2005 年 5 月 26 日，工程通过交工验收。

56 省道文成花园至西坑段改建工程：2008 年 12 月，工程开工建设。工程长 19.80 公里，按二级公路技术标准设计，设计速度 40 公里/小时，路基宽 8.50 米，沥青混凝土路面。其中大桥 7 座，中小桥 4 座，长隧道 3 座，短隧道 1 座。投资概算 4.19 亿元。工程连接线长 3.02 公里，2012 年 12 月完工。2013 年通车。

（二）丽水段

丽水段属四级公路，自瑞安县城起，经文成西坑，翻越石门岭入境过石竹岙、章坑至景宁东坑，全长 144.42 公里。景宁畲族自治县境内 22.05 公里。该线东（坑）西（坑）段 44.20 公里，为国防工程，省交通厅测设，中国人民解放军铁道兵部队施工。1963 年 4 月动工，1965 年 8 月 15 日竣工，10 月 1 日通车。该路绕行崇山峻岭之中，起伏盘绕，悬崖峭壁，工程艰巨，施工困难，其俗名“老虎口”悬崖就在 K83 + 900 处。该线路基宽 6.50 米，最大纵坡 8%，弯道最小半径 20 米。

2004 年，景宁段进行沙改油，投资 912 万元。2005 ~ 2006 年，分期增设钢质护栏与其他安全设施。改造后，景宁段长 21.81 公里。

十四、76 省道（泽国—坎门，现编号 S226）

76 省道起自温岭县泽国，途经温岭（城关）、清港、楚门、玉环（城关），止于玉环县坎门。共计 64.25 公里，曾称泽楚线。公路技术等级二级、三级、四级。

1. 新建公路

民国 23 年（1934 年）、民国 28 年玉环县境内，曾筑过县城至坎门方向一段路基，但未成。

1954 年 12 月 16 日，76 省道开工建设。工程由交通部勘设，国家投资 169 万元。1955 年 6 月，泽楚线竣工通车至楚门。1957 年 5 月坎门至浓浦通车。

1985 ~ 1988 年，先后开挖温岭境内藤岭隧道，玉环境内西青岭、漩门隧道，路况改善。

2004 年，复线玉环段工程动工。工程起白沙门镇白岭村下，终于玉环收费站，全长 15.90 公里。公路按二级（加宽）公路技术标准设计，设计速度 80 公里/小时，投资概算 3.20 亿元。2007 年年底完成一期工程沙门至龙溪段路基、桥梁、隧道、路面交通安全设施工程，并经交工验收投入试运行。2008 年 7 月，复线玉环沙门—漩门公路通过交工验收，投入运行。

2005 年，复线温岭城南—玉环沙门段工程开工。工程全长 10.40 公里，路基宽度 26.50 米，工程投资概算 1.99 亿元，沥青混凝土路面，按二级公路技术标准设计。

2008 年，复线温岭段通过交工验收并投入运行。

2. 改建改造工程

泽国玉环路面改造:1975~1980 年,泽国、玉环分别改造路面。

楚门段改建工程:2002 年 6 月,楚门段改建工程开工,按一级公路技术标准设计,设计速度 80 公里/小时,全长 5.22 公里,路基宽度 54.50 米,投资概算 1.17 亿元,2004 年工程道路部分交工验收,并投入试运行。

玉环段改建工程:2003 年,玉环段改建工程开工,全长 4.02 公里,路基宽度 21 米,沥青混凝土路面,按二级加宽公路技术标准设计,设计速度 60 公里/小时,投资 4415 万元。是年 11 月底,通过交工验收。

玉环文旦大道改建工程:2004 年,玉环文旦大道改建工程开工。工程起自玉环收费站,终于黄泥坎隧道口,全长 4.90 公里,工程按六车道,宽度 50.50 米拓宽,设计速度 80 公里/小时,投资 1.10 亿元,2006 年 9 月,主体工程全面完成,11 月底通过交工验收,投入试运行。

十五、77 省道(温州—机场—延伸段,现编号 S332)

1996 年 12 月 29 日,洞头五岛相连工程动工兴建。洞头五岛相连工程是温州(洞头)半岛工程重要组成部分,公路总长 13.10 公里,以 7 座桥梁将 5 个海岛(灵昆岛、霓屿岛、状元岙岛、大山盘岛、深门山岛)相连接,投资概算 2.43 亿元。2001 年年底,7 座桥梁全部架通,2002 年 5 月 30 日,洞头五岛相连工程正式通车。

2010 年浙江省省道统计一览见表 1-2-3。

2010 年浙江省省道统计一览表

表 1-2-3

单位:公里

路线编号	路线名称	总计	按技术等级分								按路面类型分				
			等级公路						等外	有铺装			简易铺装	未铺装
			小计	高速	一级	二级	三级	四级		小计	沥青混凝土	水泥混凝土		
	全省合计	6031.123	6009.022	961.696	1052.031	2832.421	695.578	467.296	22.101	5988.122	4429.994	1558.128	43.001	
S101	杭沪线	120.314	120.314		120.314					120.314	120.314			
	杭州市	16.124	16.124		16.124					16.124	16.124			
	嘉兴市	104.19	104.19		104.19					104.19	104.19			
S102	杭昱线	131.243	131.243		39.781	89.544		1.918		131.243	126.918	4.325		
	杭州市	131.243	131.243		39.781	89.544		1.918		131.243	126.918	4.325		
S103	杭金线	190.3	190.3		41.953	148.347				190.3	186.613	3.687		
	杭州市	50.745	50.745		9.8	40.945				50.745	47.058	3.687		
	绍兴市	55.189	55.189			55.189				55.189	55.189			
	金华市	84.366	84.366		32.153	52.213				84.366	84.366			
S201	彭安线	44.849	44.849		44.849					44.849	44.849			
	杭州市	25.441	25.441		25.441					25.441	25.441			
	湖州市	19.408	19.408		19.408					19.408	19.408			
S202	乍王线	58.288	58.288		16.51	41.778				58.288	38.042	20.246		
	嘉兴市	58.288	58.288		16.51	41.778				58.288	38.042	20.246		
S203	海新线	16.563	16.563				16.563			16.563	10.756	5.807		
	嘉兴市	16.563	16.563				16.563			16.563	10.756	5.807		

续上表

路线编号	路线名称	总计	按技术等级分							按路面类型分				
			等级公路						等外	有铺装			简易铺装	未铺装
			小计	高速	一级	二级	三级	四级		小计	沥青混凝土	水泥混凝土		
S204	孝泗线	42.559	42.559		15.466	7.181	19.912			42.559	42.559			
	湖州市	42.559	42.559		15.466	7.181	19.912			42.559	42.559			
S205	青临线	63.333	63.333			16.976	15.497	30.86		63.333	54.823	8.51		
	湖州市	25.187	25.187			1.135	15.497	8.555	25.187	16.677	8.51			
	杭州市	38.146	38.146			15.841		22.305		38.146	38.146			
S205D001	青临线长链	0.342	0.342					0.342		0.342	0.342			
	湖州市	0.342	0.342					0.342		0.342	0.342			
S206	牧松线	30.695	30.695				30.695			30.695	30.695			
	杭州市	30.695	30.695				30.695			30.695	30.695			
S207	彭余线	27.412	27.412		11.886	1.156	14.37			27.412	25.766	1.646		
	杭州市	27.412	27.412		11.886	1.156	14.37			27.412	25.766	1.646		
S208	桐千线	91.859	91.859		27.128	61.918	2.813			91.859	87.585	4.274		
	杭州市	91.859	91.859		27.128	61.918	2.813			91.859	87.585	4.274		
S209	龙苦线	44.36	35.16			16.5		18.66	9.2	44.36	44.36			
	杭州市	44.36	35.16			16.5		18.66	9.2	44.36	44.36			
S210	桐义线	79.402	79.402		1.737	76.699	0.966			79.402	70.772	8.63		
	杭州市	35.852	35.852			34.886	0.966			35.852	34.886	0.966		
	金华市	43.55	43.55		1.737	41.813				43.55	35.886	7.664		
S211	诸东线	72.028	72.028			30.744	25.934	15.35		61.471	33.351	28.12	10.557	
	绍兴市	39.485	39.485			30.744	8.741			39.485	33.351	6.134		
	金华市	32.543	32.543				17.193	15.35		21.986		21.986	10.557	
S212	绍甘线	76.25	76.25			44.012	2.777	29.461		76.25	36.916	39.334		
	绍兴市	76.25	76.25			44.012	2.777	29.461		76.25	36.916	39.334		
S213	浒溪线	113.185	113.185		19.161		11.213	82.811		111.385	91.535	19.85	1.8	
	宁波市	113.185	113.185		19.161		11.213	82.811		111.385	91.535	19.85	1.8	
S214	甬临线	138.978	138.978		62.903	63.478	12.597			136.334	42.438	93.896	2.644	
	宁波市	100.64	100.64		62.903	30.14	7.597			97.996	25.532	72.464	2.644	
	台州市	38.338	38.338			33.338	5			38.338	16.906	21.432	0	
S215	盛宁线	134.467	134.467		15.753	41.589	67.853	9.272		131.751	18.87	112.881	2.716	
	宁波市	134.467	134.467		15.753	41.589	67.853	9.272		131.751	18.87	112.881	2.716	
S216	茅石线	51.5	51.5		2.834	18.068	30.598			49.084	31.51	17.574	2.416	
	宁波市	51.5	51.5		2.834	18.068	30.598			49.084	31.51	17.574	2.416	
S217	东永线	53.592	53.592		26.552	27.04				53.592		53.592		
	金华市	53.592	53.592		26.552	27.04				53.592		53.592		
S218	东仙线	97.199	97.199			67.718	5.037	24.444		97.199	54.955	42.244		
	金华市	81.751	81.751			67.718		14.033		81.751	44.931	36.82		
	台州市	15.448	15.448				5.037	10.411		15.448	10.024	5.424		

续上表

路线编号	路线名称	总计	按技术等级分							按路面类型分				
			等级公路						等外	有铺装			简易铺装	未铺装
			小计	高速	一级	二级	三级	四级		小计	沥青混凝土	水泥混凝土		
S219	磐缙线	72.132	72.132			44.382	27.75			72.132	12.95	59.182		
	金华市	27.75	27.75				27.75			27.75		27.75		
	丽水市	44.382	44.382			44.382				44.382	12.95	31.432		
S220	上松线	86.35	86.35			86.35				86.35	7.922	78.428		
	金华市	74.28	74.28			74.28				74.28		74.28		
	丽水市	12.07	12.07			12.07				12.07	7.922	4.148		
S221	江溪线	26.52	26.52			26.52				26.52	8.63	17.89		
	衢州市	26.52	26.52			26.52				26.52	8.63	17.89		
S222	龙丽线	132.113	132.113		10.137	121.976				132.113	69.406	62.707		
	衢州市	35.836	35.836			35.836				35.836	9.009	26.827		
	丽水市	96.277	96.277		10.137	86.14				96.277	60.397	35.88		
S223	仙清线	132.241	132.241			92.8	34.285	5.156		132.241	123.769	8.472		
	台州市	34.45	34.45			34.45				34.45	34.45			
	温州市	97.791	97.791			58.35	34.285	5.156		97.791	89.319	8.472		
S224	岭三线	59.022	59.022		15.186	43.836				59.022	59.022			
	台州市	59.022	59.022		15.186	43.836				59.022	59.022			
S225	大路线	90.043	90.043		17.097	72.946				90.043	45.387	44.656		
	台州市	90.043	90.043		17.097	72.946				90.043	45.387	44.656		
S226	泽坎线	58.235	58.235		17.966	40.269				58.235	18.193	40.042		
	台州市	58.235	58.235		17.966	40.269				58.235	18.193	40.042		
S227	遂龙线	108.606	108.606			13.629	56.451	38.526		108.606	95.963	12.643		
	丽水市	108.606	108.606			13.629	56.451	38.526		108.606	95.963	12.643		
S228	云寿线	99.958	99.958			91.58	8.378			99.958	74.159	25.799		
	丽水市	63.784	63.784			55.406	8.378			63.784	61.897	1.887		
	温州市	36.174	36.174			36.174				36.174	12.262	23.912		
S229	龙后线	88.23	88.23			85.552	2.678			88.23	85.886	2.344		
	丽水市	88.23	88.23			85.552	2.678			88.23	85.886	2.344		
S230	青岱线	112.007	112.007			43.492	10.554	57.961		96.972	46.298	50.674	15.035	
	丽水市	37.343	37.343			25.434		11.909		37.343	36.074	1.269		
	温州市	74.664	74.664			18.058	10.554	46.052		59.629	10.224	49.405	15.035	
S231	定西线	9.108	9.108		3.76	5.348				9.108	9.108			
	舟山市	9.108	9.108		3.76	5.348				9.108	9.108			
S232	水霞线	47.355	47.355			47.355				47.355	43.74	3.615		
	温州市	47.355	47.355			47.355				47.355	43.74	3.615		
S301	长牛线	41.085	41.085			22.179	7.59	11.316		41.085	41.085			
	湖州市	41.085	41.085			22.179	7.59	11.316		41.085	41.085			
S302	新淳线	84.434	84.434		84.434					84.434	84.434			
	杭州市	84.434	84.434		84.434					84.434	84.434			

续上表

路线编号	路线名称	总 计	按技术等级分							按路面类型分				
			等级公路						等外	有铺装			简易铺装	未铺装
			小计	高速	一级	二级	三级	四级		小计	沥青混凝土	水泥混凝土		
S303	建淳线	44.269	44.269			41.813	2.089	0.367		44.269	44.269			
	杭州市	44.269	44.269			41.813	2.089	0.367		44.269	44.269			
S304	临莫线	78.67	78.67		20.563	31.368	26.739			78.67	78.67			
	杭州市	20.563	20.563		20.563					20.563	20.563			
	湖州市	58.107	58.107			31.369	26.739			58.107	58.107			
S305	富衢线	146.1	146.1		59.3	86.8				146.1	144.941	1.159		
	杭州市	93.495	93.495		29.917	63.578				93.495	93.495			
	衢州市	52.605	52.605		29.383	23.222				52.605	51.446	1.159		
S306	鹿唐线	100.14	100.14		31.175	68.965				100.14	100.14			
	湖州市	100.14	100.14		31.175	68.965				100.14	100.14			
S307	中樟线	34.556	34.556			34.556				34.556	34.556			
	杭州市	34.556	34.556			34.556				34.556	34.556			
S308	绍大线	67.146	67.146		6.697	60.449				67.146	20.713	46.433		
	绍兴市	67.146	67.146		6.697	60.449				67.146	20.713	46.433		
S309	江拔线	64.562	64.562			64.562				64.562	28.878	35.684		
	宁波市	37.581	37.581			37.581				37.581	1.897	35.684		
	绍兴市	26.981	26.981			26.981				26.981	26.981			
S310	嵊义线	107.02	107.02		2.58	104.44				26.981	26.981			
	绍兴市	38.14	38.14			38.14				107.02	2.58	104.44		
	金华市	68.88	68.88		2.58	66.3				38.14		38.14		
S311	象西线	129.846	116.945		51.83	10.156	11.176	43.783	12.901	123.853	70.093	53.76	5.993	
	宁波市	88.485	88.485		51.83	2.102	11.176	23.377		82.492	30.39	52.102	5.993	
	绍兴市	41.361	28.46			8.054		20.406	12.901	41.361	39.703	1.658		
S311D001	象西线长链	0.48	0.48					0.48		0.48		0.48		
	宁波市	0.48	0.48					0.48		0.48		0.48		
S312	永武线	22.536	22.536		4.052	18.484				22.536	22.536			
	金华市	22.536	22.536		4.052	18.484				22.536	22.536			
S313	金兰线	34.703	34.703			28.765	5.938			34.703	16.834	17.869		
	金华市	34.703	34.703			28.765	5.938			34.703	16.834	17.869		
S314	浦兰线	55.317	55.317		6.663	48.654				55.317	10.117	45.2		
	金华市	55.317	55.317		6.663	48.654				55.317	10.117	45.2		
S315	兰贺线	111.145	111.145		64.353	46.792				111.145	63.79	47.355		
	金华市	19.47	19.47			19.47				19.47	11.42	8.05		
	衢州市	91.675	91.675		64.353	27.322				91.675	52.37	39.305		
S316	龙葛线	22.197	22.197		8.367	13.83				22.197	22.197			
	衢州市	17.8	17.8		8.367	9.433				17.8	17.8			
	杭州市	2.285	2.285			2.85				2.285	2.285			
	金华市	2.112	2.112			2.112				2.112	2.112			
S316D001	龙葛线长链	0.172	0.172			0.172				0.172	0.172			
	衢州市	0.172	0.172			0.172				0.172	0.172			

续上表

路线编号	路线名称	总计	按技术等级分							按路面类型分				
			等级公路						等外	有铺装			简易铺装	未铺装
			小计	高速	一级	二级	三级	四级		小计	沥青混凝土	水泥混凝土		
S317	华白线	40.619	40.619			40.619				40.619	40.619			
	衢州市	40.619	40.619			40.619				40.619	40.619			
S318	甬梁线	40.202	40.202			15.052	25.15			40.202		40.202		
	宁波市	40.202	40.202			15.052	25.15			40.202		40.202		
S319	甬余线	61.347		61.347		7.1	54.247				61.347	61.347		
	宁波市	61.347		61.347		7.1	54.247				61.347	61.347		
S320	骆亚线	36.095	36.095		12.074	22.775	1.246			36.095	3.29	32.805		
	宁波市	36.095	36.095		12.074	22.775	1.246			36.095	3.29	32.805		
S321	定岑线	15.308	15.308		1.375	4.087	9.846			13.468	12.549	0.919	1.84	
	舟山市	15.308	15.308		1.375	4.087	9.846			13.468	12.549	0.919	1.84	
S322	临石线	137.335	137.335		49.409	62.784		25.142		137.335	87.615	49.72		
	台州市	91.879	91.879		49.409	42.47				91.879	73.495	18.384		
	丽水市	31.336	31.336			6.194		25.142		31.336		31.336		
	金华市	14.12	14.12			14.12				14.12	14.12			
S323	科大线	71.003	71.003		1.958	34.442	34.603			71.003	21.371	49.632		
	台州市	36.4	36.4		1.958	34.442				36.4	21.371	15.029		
	金华市	34.603	34.603				34.603			34.603		34.603		
S324	林石线	32.7	32.7			32.7				32.7		32.7		
	台州市	32.7	32.7			32.7				32.7		32.7		
S325	椒黄线	22.416	22.416		22.416					22.416	9.741	12.675		
	台州市	22.416	22.416		22.416					22.416	9.741	12.675		
S326	天高线	32.026	32.026			10.494	21.532			32.026	23.867	8.159		
	台州市	32.026	32.026			10.494	21.532			32.026	23.867	8.159		
S327	临前线	38.459	38.459			38.459				38.459	5.974	32.485		
	台州市	38.459	38.459			38.459				38.459	5.974	32.485		
S328	丽浦线	168.86	168.86		35.212	86.275	47.373			168.86	154.841	14.019		
	丽水市	168.86	168.86		35.212	86.275	47.373			168.86	154.841	14.019		
S329	菊寿线	103.836	103.836			15.107	88.729			103.836	102.301	1.535		
	丽水市	103.836	103.836			15.107	88.729			103.836	102.301	1.535		
S330	瑞东线	131.095	131.095		23.823	34.897	0.928	71.447		131.095	120.254	10.841		
	温州市	109.285	109.285		23.823	34.897	0.928		49.637		109.285	98.444	10.841	
	丽水市	21.81	21.81					21.81		21.81	21.81			
S331	分泰线	64.124	64.124		4.416	59.465	0.243			64.124	49.531	14.593		
	温州市	64.124	64.124		4.416	59.465	0.243			64.124	49.531	14.593		
S332	温强线	26.697	26.697		26.697					26.697	24.744	1.953		
	温州市	26.697	26.697		26.697					26.697	24.744	1.953		
S333	六东线	85.725	85.725			70.25	15.475			85.725	53.283	32.442		
	温州市	23.016	23.016			8.654	14.362			23.016	20.296	2.72		
	丽水市	62.709	62.709			61.596	1.113			62.709	32.987	29.722		

续上表

路线编号	路线名称	总计	按技术等级分							按路面类型分				
			等级公路						等外	有铺装			简易铺装	未铺装
			小计	高速	一级	二级	三级	四级		小计	沥青混凝土	水泥混凝土		
S1	北仑支线	37.262	37.262	36.792	0.47					37.262	37.262			
	宁波市	37.262	37.262	36.792	0.47					37.262	37.262			
S10	温州绕城高速北线	26.4	26.4	26.4						26.4	26.4			
	温州市	26.4	26.4	26.4						26.4	26.4			
S11	乍嘉苏高速	24.923	24.923	24.923						24.923	24.923			
	嘉兴市	24.923	24.923	24.923						24.923	24.923			
S12	申嘉湖高速	100.878	100.878	100.878						100.878	100.878			
	嘉兴市	58.95	58.95	58.95						58.95	58.95			
	湖州市	41.928	41.928	41.928						41.928	41.928			
S13	练杭高速	50.316	50.316	50.316						50.316	50.316			
	湖州市	28.994	28.994	28.994						28.994	28.994			
	嘉兴市	12.822	12.822	12.822						12.822	12.822			
	杭州市	8.5	8.5	8.5						8.5	8.5			
S14	杭长高速(一期)	18.54	18.54	18.54						18.54	18.54			
	湖州市	18.54	18.54	18.54						18.54	18.54			
S16	杭州北支线	15.461	15.461	15.461						15.461	15.461			
	杭州市	8.625	8.625	8.625						8.625	8.625			
	嘉兴市	6.836	6.836	6.836						6.836	6.836			
S16D001	杭州北支线长链	1.273	1.273	1.273					1.273	1.273				
	杭州市	1.273	1.273	1.273					1.273	1.273				
S2	杭州支线	38.961	38.961	38.961						38.961	38.961			
	嘉兴市	9.385	9.385	9.385						9.385	9.385			
	杭州市	29.576	29.576	29.576						29.576	29.576			
S26	诸永高速	223.802	223.802	223.802						223.802	223.802			
	绍兴市	52.398	52.398	52.398						52.398	52.398			
	金华市	67.566	67.566	67.566						67.566	67.566			
	台州市	43.206	43.206	43.206						43.206	43.206			
	温州市	60.632	60.632	60.632						60.632	60.632			
S28	台金高速	128.319	128.319	128.319						128.319	128.319			
	台州市	102.572	102.572	102.572						102.572	102.572			
	丽水市	13.723	13.723	13.723						13.723	13.723			
	金华市	12.024	12.024	12.024						12.024	12.024			

第四节 县 乡 公 路

1949年新中国成立初，浙江省有82个县，其中有25个县已通公路，公路发展布局转向经济比较落后、交通闭塞的山区。

1952 年，浙江省颁发《浙江省县道建设试行准则（草案）》。县道范围包括汽车路、手车路及人行路 3 类；汽车路的技术标准略低于公路标准，与简易公路标准相当。此为浙江建设县、乡（社）公路之始。

1953 年，国家进入“一五”（1953 ~ 1957 年）时期，地方交通建设方针明确规定县、乡（社）公路由地区交通局按省每年分配地方道路修建费，负责统一安排、督促、指导各县、乡（社）公路建设。

1953 ~ 1955 年，按修建和新建及改造老路两种方式共建成 9 条线，长 222.28 公里。中华人民共和国成立后，浙江第一条由县新建的山区县、乡（社）公路“四明山余梁线”。余梁公路的通车是开辟四明山区老根据地交通的开端。其次是开展改造老路为简易公路共 8 条，老路的改造是浙江省重点建设县、乡（社）公路的良好开端。

1956 ~ 1957 年，浙江贯彻中共中央《关于农业合作问题》会议精神，浙江掀起了群众筑路高潮，全省 82 个县就有 62 个县开工兴修公路，占总县数的 76%。干线公路和县、乡（社）公路施工里程达 2350 公里。新建通县的干线有新（登）分（水）、临（海）仙（居）、瑞（安）文（成）、云（和）景（宁）4 线共长 189.21 公里。全省最困难的 8 个山区县“庆元、磐安、分水、仙居、文成、景宁、象山、泰顺也先后通了公路。修建的联络干线有“寿（昌）衢（县）线”（寿昌至界首和上方至衢县两段）、“永康缙云线”（石柱至壶镇）、“东永线”（南马至永康段）、“嵊义线”（长乐至卢宅段）、“丽龙线”（龙泉至木岱口段）、“金兰线”（金兰南线）、“彭（公）余（杭）线”（彭公至周枕段）、“江常线”（江山至常山线）共计 8 条，长 295.37 公里，将浙江腹部各干线基本上串联贯通，使山区公路开始形成网状。县、乡（社）公路建设两年间完成 960.25 公里，其中县际路线占 41%，各县县城通往区、乡的公路有 54%，计 570.41 公里。

1958 ~ 1961 年，浙江全党全民办交通，提出“乡乡通公路，社社通大车”等口号。三年的群众筑路高潮，虽存在缺点和失误，但公路数量大幅度增加，大部分路线的社会效益和经济效益明显。

1961 年起，浙江公路建设进入调整部署时期，除列入国家基本建设的项目以外，民间交通以修建手车道为主，只有与林业、供销合作社结合修建通往林区、毛竹基地的一些公路。直到 1973 年才有转机，省交通邮政局按省革命委员会的布置，通过农村交通状况的调查，开展县社公路建设。根据调查，全省每百平方公里只有 13.70 公里。全省公社（乡）通公路只有 58.50%，低于全国平均水平（77%），绝大部分在水网地区和山区。1973 年省交通局在慈溪养路工作会议上提出 1980 年全省实现社社通公路的规划和设想。当时全省尚有 28 个区及 1211 个公社不通公路，需修建公路 15000 公里，平均每年修建 2000 公里以上，到 1980 年才能实现指标。但是 1972 ~ 1976 年，合计新建县社公路只有 3072 公里，其因是资金不足，工程延期。1977 年、1978 年曾提出到 1985 年前实现“社社通公路”、“公路五化”等目标，但脱离实际的高指标未能实现。

1978 年，省交通局调整县社（乡）公路建设部署，把重点放到山区和革命老区。尤其是 12 月，中共十一届三中全会召开后，随着改革开放政策的不断深化，浙江公路建设贯彻“全面规划”的公路建设新方针，县社（乡）公路的建设进入新中国建立以来发展最好最快的时期。

20 世纪 80 年代中期，浙江农村经济体制改革取得很大成就。随着公路建设技术标准的提高和群众实践中深深认识到修路的好处，提出“若要富，先修路”的口号，群众中出现自筹资金、自觉修路的事迹。

1978～1980年，省革委会浙革（1978）6号文批转省交通局《全省县社公路建设经验交流会纪要》，提出了县社公路三年、八年发展规划的基本要求：三年规划新增公路4000公里，通公路的公社达到2380个，占公社总数79.30%；到1985年公路总里程达到28000公里，有90%的公社通公路。上述规划与设想，成为县社公路建设的目标和动力。

1985年，省交通厅加强县乡公路（1984年公社改称乡）管理和建设工作，完善全省干线公路和县乡公路网，编出近期（1987～1990年）和远期（1990～2000年）的试行方案。到1985年年底，全省有20个县实现乡乡通公路。进入80年代后，随着农村经济的发展，民办部分就逐渐转化为多渠道拓资，一靠省基建拨款、省财政补助和省交通局从养路费中拨款补助，二靠中央下拨的粮棉布“以工代赈”和世界银行贷款等修建农村公路。如温州的永嘉县“以工代赈”筑路，共修通12个乡的公路，全县交通面貌一新，至1990年摘掉贫困县的帽子。1990年年底，全省3196个乡镇中，有2990个通公路，占乡镇总数的93.60%。

1991年起，浙江公路基础设施建设上新台阶。县社（乡）公路建设进入快速发展时期。1992年省政府出台《关于加快交通基础设施建设的通知》。“四自”政策（自行贷款、自行建设、自行收费、自行还贷）的出台，境外资本、民营资本和社会其他各类经济组织的资本投入，形成多渠道的投资格局，解决公路建设资金严重短缺。104国道绍兴段“南连北建”两条复线改建，是省内第一个由地方执行“四自”政策建成的“四自”工程项目，到“八五”（1991～1995年）期末，“四自”政策实施3年，67项合格“四自”工程，累计完成37项，全省阻车路段基本得以缓解。

“八五”（1991～1995年）期间，全省山区县乡公路建设稳步发展，县乡合格的好路率由44.20%上升到51.70%。1992年省厅对8个贫困县投入公路建设资金4960万元，到年底完工的有丽水至青田、武义至柳城、武义至永康、泰顺章坑至柘荣、泰顺百丈桥、景宁半岭至桌案际、武义三港至茶坑、云和重河至梅源等公路，共计109公里。其中县乡公路104公里，机耕路212公里，9个乡137个行政村通了汽车。1997～2000年，在全省48个山区县和3个海岛县投入约20亿元人民币（其中省补5.28亿元人民币）修建通行政村的公路，建设公路19155公里，使全省山区县行政村通车率达到96.30%。通车的行政村达3490个。2000年狠抓公路建设规划和计划的落实，继续加大扶贫公路建设力度，加大山区县乡公路的建设力度。年内完成新改建山区县乡公路330公里，铺装次高级路面740公里，修建通728个行政村简易公路4600公里。到“九五”（2000年年底）期末，除少数海岛及乡镇及新安江水库个别库区乡外，山区基本乡乡通公路。

2001年，全省公路建设中县乡公路改造计划投资7.80亿元，而实际完成投资9.95亿元，为年计划的127.47%。完成新改建山区县乡公路400多公里，完成重要县道路面铺装1304公里，建设通行政村的简易公路1018公里，全省汽车通村率达到96.4%。2002年全省完成县乡公路改21.98亿元，公路通乡率达到99.15%，公路通村率达到88.07%，汽车通村率达到98.30%，全省共有乡道14857.10公里。

2003年，浙江交通全面启动交通“六大工程”。其中对乡村康庄工程提出五年内完成5万公里通乡村公路的建设和改造任务，地方标准以上公路通行政村率达到90%，通村公路硬化率提高到80%，带动农村现代化和农民奔小康。陆续制定印发《浙江省乡村康庄工程实施意见》《浙江省农村通村公路改造工程管理实施细则》《浙江省准四级公路工程技术标准（试行）》《浙江省乡村康庄工程资金管理暂行规定》、《浙江省乡村康庄工程检查考评和奖励办法（试行）》等规范性文件，为全省农村公路的健康快速发展奠定基础和提供保障。当年完成通乡公路328公里，通村公路5383公里。是年12月19日，杭州市首先实现乡乡通公路，村村通班车。

2004年，全省公路通乡率达到99.70%，公路通村率达到90.52%，其中等级公路通村率达到77.50%。全省乡村康庄工程实际完成17742公里，为年度计划的118%。全省有20个县（市区）的等级公路通乡、通村和硬化率达到100%，提前完成本行政区内的乡村康庄工程建设任务。其中杭州市实现全市乡乡通油（水泥）路；宁波市镇海、江北、鄞州三区率先实现农村公路“三百”目标；舟山乡村康庄工程实现“双百”目标等。乡村康庄工程对促进城乡一体化、解决“三农”问题、加快农民致富奔小康起到重大作用。

2005年，全省乡村康庄工程计划投资4.10亿元，实际完成57.50亿元，为年计划的130.30%；年末全省等级公里通乡率达到100%，公路通村率达到92.78%。全省累计完成乡村康庄工程路基、路面建设里程43000公里。全省通乡公路全面实现“双百”目标，全省45个县（市、区）的通村公路实现了“双百”目标。是年12月，义乌市实现村村通公路，其中大陈境见图1－2－2。2006年，全省乡村康庄工程计划投资46.70亿元，实际完成46.80亿元，为年计划的100.20%。同年，淳安县县乡公路全面实现黑色化（图1－2－3）。

图1－2－2　义乌村村通公路（大陈境）

图1－2－3　淳安黑色化的县乡公路

2007年，全省共有63个县（市、区）实现“双百”目标，6个市已实现所辖县（市、区）均达“双百”目标。

2008年，全省乡村公路计划投资40亿元，实际完成40.80亿元，为计划的102%。全省县乡公路县道26641公里，乡道18195公里，村道48178公里；乡镇公路通畅率为100%，行政公路通达率为99.03%，通畅率为97.18%；新改建通村公路3755公里，新增271个通等级公路行政村，新增硬化行政村498个。同时大力开展农村联网公路建设，共建成联网公路3006公里。

2009年，全省完成乡村公路建设投资31.40亿元，新改建通村公路3397公里，新增通等级公路行政村230个，新增公路硬化行政村341个。行政村公路通达率为98.76%，通畅率为98.11%；共建成联网公路2516公里。

2010年，全省乡村公路建设投资14.20亿元，为计划投资的109.20%。新改建通村公路3760公里,新增通等级公路行政村215个,新增公路硬化行政村399个,行政村公路通达率为99.48%,公路通畅率为99.44%。全省共建农村联网公路1141公里。是年,全省县道公路有27234公里,乡道18435公里,村道53592公里。

如表1-2-4~表1-2-9所示。

2010年浙江省县道公路技术等级统计一览表

表1-2-4

单位:公里

行政区划名称	公路总里程	等级公路							等外公路	
		高速公路	一级公路	二级公路	三级公路	四级公路	合计	占总里程的百分比(%)	等外公路	占总里程的百分比(%)
全省合计	27233.808		2044.967	4366.309	4763.124	15926.686	27101.086	99.51	132.722	0.49
杭州市	3928.668		207.764	746.142	764.838	2143.028	3861.772	98.30	66.896	1.70
宁波市	2729.305		481.584	429.520	870.476	947.725	2729.305	100.00		
温州市	3451.118		77.070	344.855	597.035	2431.932	3450.892	99.99	0.226	0.01
嘉兴市	1611.602		422.553	337.677	573.843	277.529	1611.602	100.00		
湖州市	1625.689		95.562	292.859	200.116	1034.143	1622.680	99.81	3.009	0.19
绍兴市	2168.563		146.975	488.935	189.052	1302.464	2127.426	98.10	41.137	1.90
金华市	3373.942		293.336	423.418	399.058	2258.130	3373.942	100.00		
衢州市	2178.467		92.158	283.243	557.869	1245.197	2178.467	100.00		
舟山市	697.906		107.047	165.193	174.607	229.605	676.452	96.93	21.454	3.07
台州市	2391.113		98.012	588.236	285.791	1419.074	2391.113	100.00		
丽水市	3077.435		22.906	266.231	150.439	2637.859	3077.435	100.00		

2010年浙江省县道公路路面统计一览表

表1-2-5

单位:公里

行政区划名称	公路总里程	按路面类型分					有路面、简易铺装合计	有路面、简易铺装占总里程(%)
		有路面	水泥混凝土	沥青混凝土	简易铺装	未铺装		
全省合计	27233.808	23626.738	11777.698	11849.040	3575.969	31.101	27202.707	99.89
杭州市	3928.668	3147.526	498.559	2648.967	781.142		3928.668	100.00
宁波市	2729.305	2460.417	1491.498	968.919	268.888		2729.305	100.00
温州市	3451.118	2841.775	2210.466	631.309	604.530	4.813	3446.305	99.86
嘉兴市	1611.602	1523.009	538.702	984.307	88.593		1611.602	100.00
湖州市	1625.689	1084.834	110.107	974.727	540.855		1625.689	100.00
绍兴市	2168.563	1981.076	887.106	1093.970	187.487		2168.563	100.00
金华市	3373.942	2976.468	2052.828	923.640	397.474		3373.942	100.00
衢州市	2178.467	2128.605	1374.676	753.929	49.862		2178.467	100.00
舟山市	697.906	632.972	170.155	462.817	64.934		697.906	100.00
台州市	2391.113	2286.786	1437.047	849.739	103.867	0.460	2390.653	99.98
丽水市	3077.435	2563.270	1006.554	1556.716	488.337	25.828	3051.607	99.16

2010 年浙江省乡道公路技术等级一览表

表 1－2－6

单位:公里

行政区划名称	公路总里程	等级公路							等外公路	
		高速公路	一级公路	二级公路	三级公路	四级公路	合计	占总里程的百分比（%）	等外公路	占总里程的百分比（%）
全省合计	18435.233		41.053	440.405	1158.513	16426.721	18066.692	98.00	368.5412	2.00
杭州市	2255.879			47.992	90.687	1876.349	2015.028	89.32	240.851	10.68
宁波市	2177.208		5.601	41.240	317.819	1812.548	2177.208	100.00		
温州市	1578.364		3.366	37.076	89.077	1417.304	1546.823	98.00	31.541	2.00
嘉兴市	1653.669		7.714	71.611	208.301	1366.043	1653.669	100.00		
湖州市	1391.543		2.301	18.515	21.147	1349.580	1391.543	100.00		
绍兴市	1606.441			15.408	52.361	1488.097	1555.866	96.85	50.575	3.15
金华市	3562.743		18.417	100.775	168.612	3274.939	3562.743	100.00		
衢州市	1040.092			5.070	28.714	1006.308	1040.092	100.00		
舟山市	227.320			4.815	8.373	176.830	190.018	83.59	37.302	16.41
台州市	2042.317		3.654	97.903	156.547	1780.822	2038.926	99.83	3.391	0.17
丽水市	899.657				16.875	877.901	894.776	99.46	4.881	0.54

2010 年浙江省乡道公路路面统计一览表

表 1－2－7

单位:公里

行政区划名称	公路总里程	按路面类型分					有路面、简易铺装合计	有路面、简易铺装占总里程（%）
		有路面	水泥混凝土	沥青混凝土	简易铺装	未铺装		
全省合计	18435.233	16444.133	13110.180	3333.953	1830.042	161.058	18274.175	99.13
杭州市	2255.879	1608.578	738.695	869.883	647.301		2255.879	100.00
宁波市	2177.208	1921.490	1628.886	292.604	131.620	124.098	2053.110	94.30
温州市	1578.364	1465.653	1451.292	14.361	108.569	4.142	1574.222	99.74
嘉兴市	1653.669	1530.923	1194.451	336.472	122.422	0.324	1653.345	99.98
湖州市	1391.543	985.044	293.401	691.643	406.499		1391.543	100.00
绍兴市	1606.441	1504.507	1184.401	320.106	101.934		1606.441	100.00
金华市	3562.743	3435.086	3156.999	278.087	127.657		3562.743	100.00
衢州市	1040.092	1023.558	947.105	76.453		16.534	1023.558	98.41
舟山市	227.320	196.291	160.912	35.379	31.029		227.320	100.00
台州市	2042.317	2018.199	1893.717	124.482	18.503	5.615	2036.702	99.73
丽水市	899.657	754.804	460.321	294.483	134.508	10.345	889.312	98.85

2010年浙江省村道公路技术等级一览表

表1-2-8

单位:公里

行政区划名称	公路总里程	等级公路							等外公路	
		一级公路	二级公路	三级公路	四级公路	准四级公路	合计	占总里程的百分比(%)	等外公路	占总里程的百分比(%)
全省合计	53591.565	77.973	756.054	1006.188	19550.413	28482.945	49873.573	93.06	3717.992	6.94
杭州市	7500.805		282.075	194.214	2341.253	4154.636	6972.178	92.95	528.627	7.05
宁波市	4047.715	21.709	108.676	173.004	3014.073	160.019	3477.481	85.91	570.234	14.09
温州市	7831.616	8.057	111.302	148.908	1362.973	5562.379	7193.619	91.85	637.997	8.15
嘉兴市	3709.285	2.232	80.557	165.919	1716.135	1432.190	3397.033	91.58	312.252	8.42
湖州市	4060.994	6.311	17.860	39.604	2535.601	718.018	3317.394	81.69	743.600	18.31
绍兴市	4642.815		60.342	110.792	1731.339	2315.477	4217.950	90.85	424.865	9.15
金华市	3458.778	34.158	27.756	59.399	2742.153	573.305	3436.771	99.36	22.007	0.64
衢州市	3409.674	1.837	16.039	24.389	1271.599	1911.627	3225.491	94.60	184.183	5.40
舟山市	621.869		2.192	14.811	424.726	150.953	592.682	95.31	29.187	4.69
台州市	5799.823	3.669	48.637	75.148	2251.415	3172.723	5551.592	95.72	248.231	4.28
丽水市	8508.191		0.618		159.146	8331.618	8491.382	99.80	16.809	0.20

2010年浙江省村道公路路面统计一览表

表1-2-9

单位:公里

行政区划名称	公路总里程	按路面类型分					有路面、简易铺装合计	有路面、简易铺装占总里程(%)
		有路面	水泥混凝土	沥青混凝土	简易铺装	未铺装		
全省合计	53591.565	47996.381	42934.066	5062.315	606.184	4989.000	48602.565	90.69
杭州市	7500.805	6774.179	4336.786	2437.393	67.043	659.583	6841.222	91.21
宁波市	4047.715	3783.298	3600.107	183.191	11.936	252.481	3795.234	93.76
温州市	7831.616	6949.873	6923.801	26.072	33.223	848.520	6983.096	89.17
嘉兴市	3709.285	2845.617	2556.368	289.249	138.115	725.553	2983.732	80.44
湖州市	4060.994	2745.769	1130.629	1615.140	52.945	1262.280	2798.714	68.92
绍兴市	4642.815	4424.271	4210.897	213.374	46.564	171.980	4470.835	96.30
金华市	3458.778	3320.412	3219.904	100.508	25.478	112.888	3345.890	96.74
衢州市	3409.674	3146.238	3128.180	18.058	0.000	263.436	3146.238	92.27
舟山市	621.869	564.603	551.110	13.493	47.077	10.189	611.680	98.36
台州市	5799.823	5224.480	5143.642	80.838	18.522	556.821	5243.002	90.40
丽水市	8508.191	8217.641	8132.642	84.999	165.281	125.269	8382.922	98.53

第五节 专 用 道

专用道指通往重要工矿企业、林区、车站和风景名胜区等的主要公路。2010年年末，全省主要专用道有14条，如表1-2-10所示。

一、丽水市南明山景区公路

南明山位于丽水市区南2公里外，与市区隔瓯江相望。历代均为游览胜地。有石梁、飞瀑、高阳洞等胜景。摩岸石刻尤为著名，现存58处，以东晋著名道教理论家葛洪所书“灵崇”二字及北宋书画家米芾题刻“南明山”三字最有名。民国23年（1934年）建有南明山支线公路。1980年辟为南明山公园。1985年被列为省级重点风景名胜区。1986年9月，为开发南明山风景区，开始修建南明公路，起自瓯江小水门大桥南端至南明山脚，长0.95公里，路基宽6.50米，1987年6月建成通车。1990年7月，水南外畈—齐村—小水门环形线公路竣工通车。

二、舟山定海桥头施至蚂蝗山公路

桥头施至蚂蝗山公路全长8.30公里，1949年修筑军用公路，1972年政府拨款改建。1974年，省、地两级政府投资22万元，于原路基础上新建桥头施至蚂蝗山专用公路，次年竣工使用。路基宽4.50米，砂石路面。

三、绍兴县境内厂矿企事业单位专用线

绍兴县境内（包括越城区）有8条厂矿企事业单位专用线。漓渚铁矿专用线包括分水桥至东矿、东矿至阮江、大选厂（阮江）至下庄3条，全长8.90公里，国家补助3.50万元，其余均由铁矿投资。其中：分水桥至东矿长3.50公里，1958年开工，1958年竣工。东矿—阮江，长2.70公里，1960年开工，1960年竣工。大选厂—下庄长2.70公里，1966年开工，1966年竣工。

四、丽水遂昌县源口至成屏一级水电站公路

源口至成屏一级水电站公路起于城尖公路4公里处（源上），沿成屏二级水电站库区延伸至一级水电站（下淤），全长8.65公里。源口至成屏二级水电站1.70公里，1958年建成，1984年9月电厂投资5.90万元，铺筑水泥混凝土路面，当年9月竣工。1985年成屏一级水电站动工兴建，水电部门投资35万元，长6.95公里，年底竣工。

五、金华兰溪专用道线

金华兰溪冶炼厂专用道线：1958年10月动工，次年6月建成，投资概算7万元，宽6米。

金华兰溪化肥厂专用道线：1964年1月开工，10月竣工，长0.50公里，宽8米，渣油路面，投资2万元，与冶炼厂专线衔接。

六、衢州市峡口至十里丰公路

峡口至十里丰公路自衢州市衢县峡口岔路口起，经东村、外黄、白凉亭至十里丰农场。全场10公里，属平丘4级公路，路基宽为5.5~6米，都是泥结碎石中级路面。绿化里程1公里，由十里丰农场自行养护。20世纪50年代初期，省公安部门在这里建立国营农场，定名为“十里丰农场”，投资10万，自行施工，于1964年建成通公路。1965年9月，又把东村附近芝溪源的过水便道改建成中水位桥。此后，除较大洪水外，均能通车。

七、湖州安吉县南湖林场

南湖林场是浙江省公安厅驻本县劳改机构。1965 年在场内先后修筑东亭至南湖中场、长江仙山至该场试验场、高禹至杨家桥、青石矿至水泥厂、高禹至五岭冲 5 条专用公路。合计 40.30 公里,泥结碎石路面,属简易公路。由南湖林场养护。

八、金华东阳县南岸公路

南岸公路自宁画线(吴宁至洪塘)K14 +200 桩的王坎头接线经黄山店、黄山、石塘头至南岸,全长 5.50 公里,路基宽 6.50 米,由东阳县铜矿修建,1970 年开工,1971 年竣工,投资 2.40 万元,是一条通往铜矿矿区的专用公路。

九、湖州长兴煤矿区公路

长广煤矿位于长兴县西北部。1958 年在长兴煤山创办长广煤矿公司,公司自建槐坎至牛头山,牛头山至独山,祖宁至大西,访贤至干井湾、新槐至六都等简易公路。1963 年国家资助矿区改善公路。1970 年,浙江省邮政局公路处,进驻矿区,整修公路,支援夺煤大会战。1971 年,广德境的矿区公路和长兴境内的煤矿 10 条公路划归长广煤矿公司。1973 年组建长广煤矿养路工区。现矿区共有公路 14 条,总长 51.21 公里,纵横连接矿区各点,与浙、苏、皖三省公路沟通。

十、舟山嵊泗东西绿华岛之洛东线

西绿华岛(海军码头)至东绿华岛(火嘴岗墩),全长 4.10 公里。1973 年绿华大桥竣工后修建。1978 年上海港务局扩建。1988 年由乡政府投资 4 万元建水泥混凝土路面,绿华乡人民政府管养。

十一、绍兴嵊县化工厂专用道

嵊县化工厂专用道自白沙地至原化工厂,长 0.50 公里,嵊县化工厂建造,1973 年 6 月开工,8 月完工。1985 年,路基宽 5 米,为等外公路。

十二、宁波镇海石化厂至岚山公路

宁波镇海石化厂至岚山公路,起自炼油厂东站,经南泓,湾塘五星,至岚山水库,全长 9 公里,路基宽 9 米,泥结碎石路面,1978 年 4 月建成。

十三、德胜快速路与沪杭高速公路立交

2005 年 5 月 28 日,德胜快速路开工建设。德胜快速路与沪杭高速公路立交(简称德胜立交)位于杭州市江干区彭埠镇、笕桥镇境内,工程范围为德胜快速路起点 K1 +960,终点 K3 +700,长 1.74 公里;沪杭高速公路起点 K165 +705,终点 K167 +505,长 1.80 公里。设计速度 100 公里/小时,征地 34.49 公顷,投资概算 7.50 亿元。2006 年 12 月 25 日完工。杭州市交通部门承建。

德胜立交是德胜快速路与沪杭高速公路两路转换的交通枢纽,采用四层全定向涡轮互通立交形式。地面辅道为第一层,供行人、非机动车及立交范围内地面机动车通行;沪杭高速公路为第二层;德胜快速路及西向北定向匝道、东向南定向匝道为第三层;南向北左转定向匝道及北向东右转定向匝道为第四层。是浙江省第一座高速公路和城市快速路直接相交的交通枢纽,是实施多点出入城市的“两口”工程之一,属杭州首个“交通进城”项目,工程同时接受交通、城建两个行业管理、两个设计标准、两个建设体系、两个施工标准规范和两个质量安全监督的要求,共有 10 余个不同专业资质的单位参加建设。2006 年 12 月 31 日零点与

全省高速公路并网营运。

十四、杭州大石快速路

2007年1月22日，杭州大石快速路开工建设。大石快速路起自石桥路与石祥路交叉口的石石立交，往东途经华中路、同协路、沪杭铁路、笕丁路世纪大道，终于杭浦高速大井枢纽，全长5.23公里，按六车道城市快速路标准设计建设，设计速度80公里/小时。全线共设有同协路、笕丁路、世纪大道3处菱形互通。批复核定概算为58373.23万元。2008年1月21日主体工程交工验收，同年7月16日全线开通。杭州市交通部门承建。如表1-2-10所示。

浙江省1990~2010年专用道公路里程一览表　　表1-2-10

单位:公里

里程 年份 地市	1990	1991	1992	1993	1994	1995	1996	1997	1998	1999	2000
合计	397	397	789	897	895.80	887.10	873.10	874.50	865.28	865.85	865.85
杭州	81	81	79	79	78.90	78.90	78.90	78.90	85.90	85.88	85.88
宁波	—	—	96	96	95.80	98.40	99.60	99.30	99.37	99.37	99.37
温州	11	11	—	—	—	—	—	—	—	—	—
嘉兴	18	18	—	—	—	—	—	—	—	—	—
湖州	38	38	38	38	38.30	38.30	38	38.30	38.27	38.27	38.27
绍兴	62	62	39	38	38.50	38.50	38.50	38.50	40.46	39.25	39.25
金华	—	—	230	245	245.30	234	234	234	239.63	239.63	239.63
衢州	—	—	98	102	102.10	102.10	102.10	103.50	87.65	89.45	89.45
舟山	102	102	71	161	158.90	158.90	144	144	146.52	146.52	146.52
台州	7	7	—	—	—	—	—	—	—	—	—
丽水	78	78	138	138	138	138	138	138	127.48	127.48	127.48

里程 年份 地市	2001	2002	2003	2004	2005	2006	2007	2008	2009	2010
合计	912.11	918.58	918.15	915.35	908.78	835.09	745.65	714.55	697.16	714.63
杭州	72.67	72.67	72.67	72.67	72.67	75.03	74.99	74.99	85.58	56.26
宁波	66.98	71.14	71.14	71.59	71.59	60.67	60.67	60.67	84.16	55.73
温州	104.24	104.24	104.24	109.22	109.22	112.74	107.57	107.57	107.57	109.29
嘉兴	—	—	—	—	—	—	—	—	—	73.67
湖州	126.21	126.21	126.21	126.21	120.81	121.80	121.80	121.83	83.23	83.23
绍兴	38.68	38.68	38.68	38.68	38.68	25.09	25.09	24.58	24.64	24.64
金华	87.55	87.55	87.55	87.55	87.55	75.79	64	57.89	43.10	43.10
衢州	83.58	83.58	83.58	75.48	75.48	73.33	—	—	—	—
舟山	55.62	55.62	55.19	53.31	52.14	36.10	37.54	45.91	46.52	46.36
台州	114.84	117.15	117.15	118.90	118.90	98.33	97.78	64.89	66.14	66.14
丽水	161.74	161.74	161.74	161.74	161.74	156.22	156.22	156.22	156.22	156.22

第六节　其他公路建设

一、援建非洲赤道几内亚恩昆·蒙戈莫公路

1972年1月13日，交通部正式下达援建赤道几内亚恩昆·蒙戈莫公路任务。同年2月28日，王锦鹤带领徐启友、周祥明等7人赴京，根据交通部援外办提供的《赤道几内亚公路考察报告》，编制公路改建方案、工程概算（1973万元人民币），提出人员编制（300人，其中国内派175人，当地聘用125人）、机械设备配置、材料供应（除木材、土、石料可就地取材外，其余筑路材料都从国内运去）和生活保障方案及清单。

1972年9月15日，援建公路组先遣组一行7人在王锦鹤组长带领下离京赴赤道几内亚，进行踏勘现场、找料场、场地布置等施工准备工作。经测试发现当地红砖土用水浸湿手捏之土办法塑性指数偏高，提出路面基层需掺水泥或石灰稳定，并向国内汇报。

遵照交通部“援外办”提供的《赤道几内亚公路考察报告》意见，先遣组与赤道几内亚工程部协商，经交通部批准的公路主要技术标准为：

路基宽度：8.5米

路面宽度：6.0米

桥梁宽度：与路基同宽

荷载标准：汽－13、拖－60

路面：　沥青路面

路线：　最小平曲线半径100米

最大纵坡：5%（实际小于4%）

1972年12月6日，援建公路测设人员赴北京学习、制装。1973年1月16日，离京赴赤道几内亚。以后根据准备工作和运输物资船期，援建人员逐步到位，按商定标准进行公路改建。

（一）路线工程

路线基本按老路裁弯拓宽，但有两段进行了改线，改线总长度10多公里。改建后路线全长121公里，使路线长度缩短了7公里多。改建路段有一段在宾比莱斯桥头，老路从民房前通过，平曲线半径小，总统车队中的装甲车曾在此翻入河中。新线改在民房后面走，使桥头路线顺直。另一段在阿尼索克与蒙戈莫两县交界处，老路沿山脚布线，呈U形回头线，纵坡不合理。因没有地形图等资料，又位于热带雨林，为早日提出公路设计文件，只能先按老路测量，待施工时采用边砍树、边测量设计、边施工的办法裁弯取直，取消了U形回头线路，使路线长度缩短了近6公里（全线最小平曲线半径100米，最高、最长拉沟就在此改线路段）。

（二）桥梁涵洞及排水工程

因没有老公路图纸和技术资料，确定的改建原则是：桥涵能利用的利用，损坏的进行修复，不能利用的拆除新建。根据排水需要，还新增了不少小桥、涵洞，新增浆砌排水边沟，完善了排水工程。3座中桥中：宾比莱斯桥，3孔，中孔为双悬臂钢筋混凝土拱肋式桥墩，中间架工字钢梁，钢筋混凝土桥面，全长84米，桥墩上侧损坏开裂，生长杂草小树。在详细检查老桥的基础上，进行了静载试验，验算后确定利用老桥拓宽。另两座中桥均为2孔跨径16米的石拱桥，经检验后确定利用。

（三）路面工程

路面材料，红砖土为天然褐红色的重黏土（塑性指数为24～25），其中含有25%～30%、直径1～2厘米的椭圆形卵石；碎石用当地花岗岩（酸性）按规格轧制。

先遣组踏勘现场和找料场时，发现当地红砖土塑性指数偏高，提出路面基层需掺水泥或石灰稳定的意见，但稳定材料无法解决。由于对当地自然环境同国内筑路条件完全不同的认识不足，又未能深入研究，致使路面施工出现问题。

原设计路面结构，由于稳定红砖土用的水泥要从国内远运，船期要等半年至一年，施工工期要相应推迟。因此，路面结构只有按照《赤道几内亚公路考察报告》的意见，用20厘米红砖土基层+6厘米贯入式沥青碎石+2.5厘米沥青表面处治面层。

在实施过程中，经历多次周折。后接交通部援外办通知，于1973年12月，公路组组长和工程师专程回京向部援外办汇报路面问题，也汇报了巴塔码头公路的水泥稳定红砖土沥青路状况。

1975年初开始先修建5公里试验路面。由于当地多雨，地面温度不高，沥青路面不能成型，积水严重，试验路面失败。虽经研究分析提出改进措施，但成效不大。当年夏，交通部援外办派遣了有经验的专家赶赴赤道几内亚工地协助研究，按改进意见再做试验路，但路面施工仍然没有成功。后来工地又利用桥涵工程余下的水泥试做了红砖土掺水泥的试验路段，但由于没有土壤拌和机具，改用平地机刮拌，红砖土与水泥拌和不够匀。1975年9月，部"援外办"王进前主任、李景鑫工程师到工地宣布：路面暂停施工，修改路面设计，援外人员回国休假的决定。

1976年4月，按重新修改后的路面结构：20厘米红砖土掺5%水泥稳定基层+2.5厘米沥青表处施工，1977年9月全线工程全部胜利完成。经工程竣工验收，质量优良。于当年12月7日举行通车盛典和交接仪式。

二、援藏交通建设

1994~2010年，浙江省交通厅多次派干部、拨资金支援西藏交通建设。

1998~2001年，在那曲地区交通局通过改制经营、破产重组局属5家企业，扭亏为盈。并修建了比如、索县、安多3县客运站，开通了比如县、索县县、巴青县、嘉黎县、申扎县、班戈县的客运班车，改变了那曲地区除那曲县其余各县无客运班车的历史。

2001年，组建了西藏那曲地区第一个公路交通工程质量监督站，并着手进行公路养护体制改革。

2010~2013年，完成那曲地区赛马场二期工程，那曲浙江小区一期主体工程、那曲浙江中学、那曲杭嘉小区、县大礼堂、嘉黎县浙江路、温州路等全额投资项目，完成农牧区小路小桥、农牧民安居工程、乡镇农贸市场等44个项目。在原几乎空白的基础上建立了较为完善的城乡建设和土地利用规划体系。完成各类援藏项目投资约6.8亿元。引进浙江同欣招投标代理有限公司协助那曲地区交通运输局进行招投标工作，并进行技术上指导和帮助，为今后那曲地区公路建设打下了基础。

三、援川交通建设

2008年5月，四川汶川大地震后，浙江省交通厅出资金派人员全力支援震后建设。2010年4月23日，浙江省交通厅援建四川省青川县井田坝大桥重点工程建成通车。是年6月，浙江省交通厅援建四川省青川县重大交通基础设施建设项目——浙川大道正式建成通车。是年8月11日，浙江援川—青川竹下公路一期工程被评为四川省"天府杯"金奖，并荣获四川省建设工程质量最高奖。

第三章　桥梁　隧道　公路渡口

浙江民间桥梁数量庞大,规模较大的大多为石拱桥。据 1963 年普查和典型调查,全省民间桥梁约有十万座。浙江古代桥梁的建筑和发展,为现代桥梁的建设和发展提供了宝贵的技术基础。中华人民共和国的成立和改革开放政策的实施,为公路建设的发展提供了强大的动力和经济基础。高速公路、特大桥梁的建设迅速发展,山区和贫困地区的公路建设不断发展。至 2010 年,全省拥有桥梁共 44778 座,其中特大桥梁 185 座;拥有隧道共 1273 条,其中特长隧道有 23 条;拥有涵洞共 282196 道;拥有渡口共 22 处,其中机动渡口占 19 处,大多数渡口经常处于停运状态。

第一节　古　　桥

古代,浙江桥梁的建设主要以木梁桥和石梁桥为主。

唐宋时期,浙江境内水陆交通全面发展。主要道路的桥梁一般由官府修建,其他道路的桥梁由当地居民修建。元代为时较短暂,道路桥梁并无显著发展。

明清时期,浙江境内城乡桥梁建设更为普遍。凡较大的石拱桥、石梁桥,多数都是此时期所修建,而且,以前各代所建桥梁,在明清时期也经过多次修理或重建。在桥梁结构形式方面,平原地区的桥梁,以石易木,石梁桥和石拱桥成为主要的形式。山区和近山区,采用石拱、木拱、石梁、木梁、八字形石桥。清代末期,在奉化方桥镇,出现了一座单跨 72 米的钢桁架桥。

随着近、现代生产力提高和科学技术的发展,桥梁建设不断发展,特别是 1978 年改革开放后,现代桥梁建设加快,桥梁种类繁多,跨度更大,有的桥梁已跨入世界先进行列。

一、西汉之前的桥梁

上虞百官桥,又名舜桥。《水经注》引《晋太康三年地记》云:"舜避丹朱于此,故以名县,百官从之,故县北有百官桥。"

绍兴夏履桥。绍兴城西北约 80 里。

临安夏禹桥。又名下舆桥,位于临安玲珑。

绍兴灵汜桥(或作灵圯桥)。春秋越王勾践时所建,在会稽县东 2 里,有石桥 2 座,相去各 10 步。

富阳秦望桥。富阳县治北 100 步。《汉书·地理志》载:"秦始皇南巡尝登此桥望会稽,因名。"

二、东汉至南朝的桥梁

余杭长桥。县东二十八里,东汉熹平间(172 ~ 177 年)建,宋端平二年(1235 年)重建。原建桥梁是石梁桥,现存石梁桥。

余杭通济桥。在县治东(今余杭镇内)、东汉熹平间建,旧名隆兴桥。五代吴越钱武肃王重建,改名安镇桥。南宋时复建,易梁以木,改名通济。明代改建为石拱桥。

余杭莲花桥。东汉熹平间建，跨越古余杭县护城河。南宋淳祐年间（1241～1252年）重建。

奉化谢公桥。南朝宋元嘉中（438年前后）鄞县县令谢凤所建（当时奉化尚未建县，属鄞县），民国时改为庆登桥。

杭州西泠桥，又名西林桥。原是一处渡口，南朝齐进建桥，桥上有亭。现存之桥，是民国时改建，以通汽车。

三、唐宋时期的桥梁

（一）浮桥

宁波东津浮桥，又名灵桥。在宁波东城门外，跨奉化江，是通往镇海、定海等处的要道。浮桥初建于唐长庆三年（823年），刺史应彪任内，置船16只，铺板于上，长55丈，阔1丈4尺，开始施工时，见云中有虹，因此名为灵桥。

绍兴钱清浮桥。位于杭州至绍兴的要道上，桥梁全长36丈，宽17尺，用10只船组成。宋《嘉泰会稽志》列有此桥。此处原是一条小江，宋代浦阳江借道钱清江，河道增宽达360尺，因而建此浮桥。

丽水济川浮桥，即平政桥。在丽水括苍门外，跨瓯江大溪，宋乾道四年（1168年）郡守范成大任内建。浮桥有船72只，架梁36根，两船一级，桥南南端有5米高的木架，净跨11米，作通航孔，从木船、排筏通过。

临海中津浮桥。位于临海县城南一里。宋淳熙八年（1181年）郡守唐仲友在任时创建，被誉为台州第一桥。

黄岩利涉浮桥（图1－3－1）。在澄江上，傍县城，旧为江亭渡，亦为台、温要道所经。宋嘉定四年（1211年）建浮桥。浮桥全长100丈，桥宽3丈，舟船40艘，两旁筑堤，缆索用铁9000余斤。清康熙十九年（1680年），浮桥定名为利涉浮桥。

图1－3－1　黄岩利涉浮桥

兰溪悦济浮桥。原设城西，跨兰江，旧名中浮桥，始建于宋熙宁五年（1072年），元末废，明洪武重建。清康熙三十九年（1700年）水涨船坏，易桥为渡。后又恢复浮桥。

建德政平浮桥。旧名永通，在定川门外，宝祐丁巳（1257年）知州李介叔重建，有船120艘。

遂安浮桥。县南跨溪为浮桥，邑士五総得捐田50亩命永济庵僧掌理，随时修理。

淳安青溪浮桥。宋淳熙六年（1179年）建。原名百丈桥，淳祐丙午年（1240年）重建，改名青溪，有舟36艘，板500片，铁绠500余丈。

开化通济浮桥。位于县城通济门外，始建于北宋政和年间（1111～1117年），县令李光使民建造，后毁于洪水。南宋淳熙年间（1174～1189年）县令丁朝佐下令重建。

（二）木梁桥

龙游通驷桥。初建于何时无考，宋宣和间（1119～1125年）改建石桥，未竣工因方腊义军过境而停止。淳祐年间（1241～1252年）10墩石桥建成，邑人马天骥又在桥上构屋50楹。

明天顺四年(1460 年)知县王瓒增建北桥为 10 孔,长 80 余丈。

慈溪夹田桥。县东南 5 里,宋皇祐二年(1050 年)县令林肇建。建炎(1127～1130 年)毁于兵。绍兴八年(1138 年)县令林定重建。开禧元年(1205 年)、明永乐间(1403～1424 年)相继修建。天启元年(1621 年)县令李逢申倡修。木桩基础石墩,高 5 丈半,长 20 丈,筑堤左右各 20 丈。李逢申作有桥记。清宣统年间(1909～1911 年)改建为石拱桥。

富阳新桥。富阳县北 20 里,旧架木为桥。宋淳熙十一年(1184 年)县尉林端厚倡捐改建石墩木梁桥,采松木为柱(桩),荷杵椎下 20 余尺,墨锯平上端,垒石为墩,谓可支数百年,靡师亘作记。明崇祯十年(1637 年)桥圮,邑人俞昌言重建,咸丰间(1184～1861 年)毁于兵,同治十年(1871 年)乡民王力四等筹资重建为石桥。

乐清万桥。乐清县东 25 里,宋代当地人万规独力建成。明宣德八年(1433 年)魏迪重修,费时 9 年。

鄞县洞桥。位于鄞县西洞桥乡,宋建隆元年(960 年)始建,为两孔石墩木梁桥,长 26.76 米,宽 8.10 米,两堍有踏步,桥上建桥屋 9 间,东侧桥栏中部有“洞桥”题额。

鄞县鄞江桥,又名大德桥。县西南 60 里,跨鄞江。宋元丰年间(1078～1085 年)建,屡建屡毁。清道光十三年(1833 年)知县周召棠率里绅朱孝铨等募捐重建,桥长 38 丈,阔三丈,桥上覆屋 28 间。实量长 76 米,宽 7 米,分 6 孔,中间 4 孔名净跨 6 米。已于 1979 年 5 月拆除。

鄞县百梁桥。位于鄞县西南宁峰乡,跨鄞江上游,宋宝庆《鄞县志》作水溪江桥。宋元丰元年(1078 年),邑人朱文伟,朱用廉父子始建,上有桥屋。绍兴十五年(1145 年)邑人朱世弥、朱世则重建。元至正二十四年(1364 年)重建。明成化八年(1472 年)毁于火,是年重修。现存桥长 69.40 米,宽 6.20 米,分 7 孔,每孔主梁 18～22 根,全桥 124 根。桥屋 22 间,卷棚顶,桥上有清嘉庆七年重建碑。

(8)奉化广济桥,俗称南渡桥(图 1－3－2)。原是渡口,位于县东北 12 公里之南渡村,跨奉化江。宋建隆二年(961 年)始建,僧人师悟以堆土搁板为桥,后邑人徐覃重建,易以木墩。绍熙元年(1190 年)邑人汪伋重建,以石甃两岸,立石柱、架木梁,复屋其上,元至元间(1335～1340 年)主簿卢振龙重新增建南北两亭。明洪武年间(1368～1398 年)、清乾隆三十七年(1772 年)、嘉庆十二年(1807 年)3 次重修。现存之桥,全长 43 米,4 孔,每孔 18 根梁,桥面宽 6.70 米,桥上盖屋 12 间,桥面两侧护栏高 1.30 米。

图 1－3－2 奉化广济桥

(三)石梁桥

绍兴八字桥。在绍兴城东都泗门内。主桥为单孔石平桥,桥面全用条石并排,微微拱起,净跨为 4.50 米,桥面净宽为 3.20 米。与主桥相连,跨二支流也各有一座小石梁桥,因二支流已被填塞,故东边的小桥已拆除。

德清阜安桥。又称长桥。位于德清县城骨,明清两代亦经重修,1979 年全部拆建。全桥长 87.80 米,有 9 孔,桥面宽 6.85 米,中孔跨径 7.90 米,其余各孔为 6～7 米。河床用弹石护底。该桥桥面系石梁嵌铺石板，下衬木托梁，桥墩为9~10根石柱立于岩层上，高5.50米，石料最重者有8.20吨。

三门花桥。位于花桥乡花桥村西南侧，三孔石梁桥，长21米，宽2.60米，高4米。宋代襄王（1267年）募捐筹建；元至治二年（1322年），城门西岭村李熙孟捐资造桥。后经乾隆四十三年（1778年）、民国29年（1940年）、1984年三次整修。

天台清溪桥，又名岳公桥。宋代建。全长约150米，宽约4米，有28孔，石梁。明代重修，民国23年（1934年）利用为公路桥。

宁海登台桥。在县东北70里，宋绍定间（1228~1233年）初建，是一座跨浅海湾的石桥，有24孔。

瑞安大桥村桥。是一座简朴的小型3孔石梁桥，中孔外侧题明建桥岁月，为北宋崇宁四年（1105年），吴三十九娘所建。桥长11.6米，桥面宽1.6米，中孔跨4.2米，边孔长为3.7米，桥柱用4根条石并立，桥面为（46×23）厘米条石4根，中孔持平，边两孔成斜坡，桥面条石土铺有横向石板（图1-3-3）。

图1-3-3 瑞安大桥村桥

瑞安上头桥。原建于北宋政和五年（1115年），清康熙庚辰年（1700年）重修，3孔全长13.60米，桥面宽1.52米，中孔二行石柱为三柱式，桥端石柱为二柱式。

瑞安八卦桥。建于南宋，5孔全长25.40米，桥面宽2.35米，桥面刻有花纹，桥台为块石砌筑，桥柱均为五柱式，但中间两行石柱下下游均另立五柱，起防护作用。

（四）石拱桥

绍兴拜王桥。在府山南端，也是单孔五边形拱，净跨5.80米，桥面宽3.10米。康熙二十八年（1689年）知府李铎重修。

绍兴谢公桥。始建于五代后晋（936~946年），为七边形拱桥，长28.50米，单跨8米，桥面净宽2.95米，清康熙二十四年（1685年）重建。

绍兴迎恩桥（图1-3-4）。传说春秋越国时已有此桥。但现存之七边形拱桥，建于明代，桥高3.73米，单跨9.70米，桥面净宽2.80米。桥面栏杆柱上均有石狮。

绍兴广宁桥。南宋建炎元年（1127年）以前已有，与八字桥南北相邻，亦为七边形拱桥，全长60米，单跨约6米，桥面宽5米，宋《嘉泰会稽志》内已有此桥记载。桥东尚有古碑一座，惜文字不清。

义乌县古月桥。建于宋嘉定六年（1213年），1孔净跨15米，桥长31.20米，高4.95米，桥面宽4.50米。纵间排列为六行，条石直径均为（50×30）厘米，间距55厘米。平顶石与撑条之间有角石，桥面铺横向石板。

金华滕家桥。位于长山乡，3孔八字形石桥，建于南宋淳熙年间（1174~1189年），长8.50米，宽1.60米。

鄞县甬水桥。北宋元符三年（1100年）初建，清光绪二十五年（1890年）重修。长22.30

米,宽3.30米,净跨7.80米。

鄞县定桥。三孔石拱,始建于宋初,全长23.90米,宽3.05米,两端有踏阶22级,桥面两侧石栏板,有方形望柱16根,桥堍有抱鼓石墩4只,里侧雕刻云龙纹饰,正中栏板上有"定桥"题字及建造重修记事。

鄞县高桥。宝祐四年(1256年)九月,吴潜任庆元府事重建。实长37.80米,宽4.70米。东西两堍分别有踏阶33级和22级,桥面两旁有望柱和石栏。

宁海归锦桥。乱石拱桥,建于宋嘉熙年间(1237~1240年),跨9米,宽3.40米,高5米的乱石拱桥。由当地村民集资建桥。

杭州坝子桥。位于艮山门,是城内东河北端第一座桥。1987年扩建中东河时,重建此桥,三孔石砌拱桥,桥上凤凰亭亦已重建。

余姚通济桥(图1-3-5)。位于余姚县南十步,横跨姚江,又名江桥。宋庆历间(1041~1048年)县令谢景初作木桥(石墩伸臂木梁桥),元延祐六年(1319年)僧惠兴,请募建石桥,道士李道宁继其后,至顺三年(1332年)桥成,名曰通济,韩性作记。雍正七年(1729年)总督李卫重修,较前桥增长2丈5尺,全长为26丈5尺,增高10级,计106级,为3孔石拱桥,中孔跨15米,桥面宽6米。海船过桥可不下帆,有"浙东第一桥"之称。是浙江境内最早的一座薄墩薄拱圈多孔石拱桥。

图1-3-4 绍兴迎恩桥

图1-3-5 余姚通济桥

黄岩五洞桥,又名西桥。俗称五洞桥。清雍正十三年(1735年)又经重修,修理后仍保持原桥形式。全桥长63.50米,桥面宽4.30米,每孔跨8.70米,现仅4孔跨水,1孔已淤。

奉化惠政桥。宋绍兴七年(1137年)所建,原桥毁。令荣彝重建,后易以石,下为双洞,上有小洞,以泄怒水,旁护以石栏。

(五)木拱桥

景宁成美桥。位于跨瓯江上游大赤坑口处,南宋嘉定十五年(1222年)建,清道光二年(1822年)重修,同治元年(1862年)和民国初年两次被洪水侵袭。民国21年(1923年)由邑人季瑞阳主持募捐重建,故又名瑞荫桥,桥全长50米,宽6米,高10米。桥上覆屋,现尚存。

泰顺三条桥(廊桥)(图1-3-6)。该处建桥前,原用三条独木,故有此名,后来建了木拱桥,仍沿用此名。南宋绍兴年间(1137~1161年)初建,清道光二十三年(1843年)里人苏某主持重建,全桥长32米,单跨21.26米,宽3.96米,高于水面9.55米。桥上盖屋,至今尚存。

四、元明清时期的桥梁

（一）浮桥

元、明、清三代，增设的浮桥有17处：嵊县南门桥；临海上津桥；临海下津桥；萧山尖山桥；金华上浮桥；衢县东迹浮桥；衢县通和浮桥；开化和平通济桥；常山紫港浮桥；常山广济浮桥；常山偿溪桥；江山清湖浮桥；义乌徐江浮桥；义乌西江浮桥；义乌佛堂下桥即万善桥；义乌中江浮桥；鄞县新江桥。

（二）石拱桥

余杭长桥。位于余杭塘栖镇，跨南北大运河。全桥长89.71米，中孔净跨15.80米，高12.65米，第3、5两孔净跨11.65米，第2、3两孔净跨为8.20米，边孔（第1、7孔）跨5.33米。桥面两端宽为9米，自桥顶至两端各设石阶80级降至路面平。

嘉兴长虹桥。位于王江泾镇，明万历三十九年至天启元年（1611~1621年），新安人吴国仕任知府时倡修，清嘉庆十三年至十七年（1808~1812年）重建。桥长72.80米，有三孔，中孔净跨16.50米，两边孔各跨9.30米，水面至中孔顶高10.80米，中孔桥面宽4.90米，两端各有石阶57级从中孔降至路面平。桥头并建有石牌坊一座。

杭州拱宸桥(图1-3-7)。位于北新关外，跨南北大运河。三孔石拱桥，中孔跨15.80米，高16米，边孔各11.90米，全长98米，桥面中部宽5.90米，两端桥堍处宽12.20米。

图1-3-6　泰顺三条桥

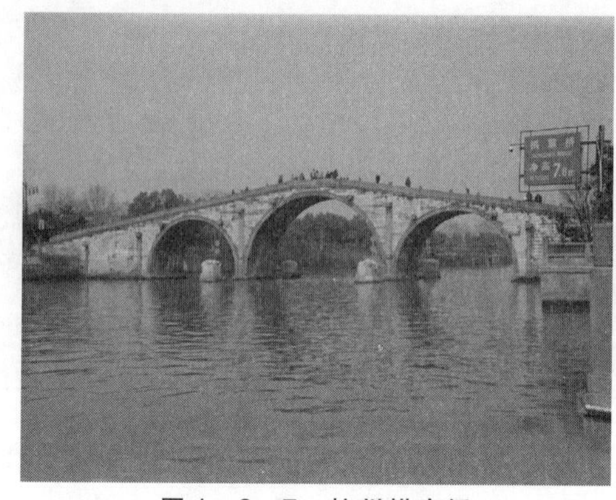

图1-3-7　杭州拱宸桥

吴兴双林三桥。三桥均在吴兴双林镇，相距很近。分别为：万魁桥、化成桥、万元桥。万魁桥，在禹王庙北，跨塘居三桥之西首。桥长53.5米，该桥距化成桥约100米。三桥均为三孔石拱桥。中孔跨径12.42~12.95米。边孔为7.20~7.90米，桥面宽2.80~3.20米，号称姐妹桥。桥栏上均有石狮蹲于石柱。

吴兴潘公桥。明万历甲申年（1584年），明尚书潘季驯捐助2500两银子作建桥费用，第二年三月动工，耗时五年零七个月，于万历十八年（1890年）十月告成，定名为潘公桥。桥长140尺，宽20尺，有五个洞。实测桥高10米，长55米，中孔跨17米，边孔各7米，桥面宽5.50米。

金华通济桥。位于金华通远门外西南1里，跨婺江，13孔联拱桥，是浙江境内至清末为止最长、最高大的石拱桥。旧为浮桥，是通往龙游、衢州之要道桥梁。元大德四年（1300年）。西峰寺僧宗信募缘建桥，十年（1306年）停顿。元元统二年（1334年）浙江宪使徐奭集资市材募工营建，至正二年（1342年），筑成2台11墩，高4丈1尺，架木为梁，桥上覆屋六十有四,从明洪开至清乾隆,共毁27次,重大的两次。清康熙二年(1663年)道宪胡养忠,县令五世功重建。康熙九年(1670年)再修。十四年(1675年)尽毁,改建浮桥,乾隆十五年(1750年)重建石墩木梁,上覆桥屋如旧制。嘉庆十四年(1809年)开始兴建石拱桥。民国2年(1913年)又曾修桥墩分水尖。后加宽桥面接长引桥利用为公路桥。新中国成立后,进行全面加固拓宽,桥长217.01米(不包括引桥),孔跨自10.85米至12.06米不等,桥面经加宽后净宽9.80米。

兰溪通洲桥。位于今梅江区石埠乡,为古时通往严州(今建德)的要道,跨兰江支流。清康熙年间是一座木桥,乾隆二十三年(1758年)改建为石桥。嘉庆五年(1800年)大水冲毁,暂布木桥。光绪十二年(1886年)改建为五孔联拱桥,全长84.80米,各孔净跨均为9米,桥面净宽4米,高8米。青石桥面,上有桥屋21间,中间有飞阁,两端各有门楼,落坡有石级与平台相同,现状完好。

余杭通济桥,即苕溪桥。跨南苕溪。位于余杭县治东,东汉熹平中(172~177年)建,石梁桥,全桥除小拱以外均用花岗石砌成。旧名隆兴。五代吴越王重建(907~978年),改名安镇。宋绍兴十二年(1142年)复建。改名通济桥,以木为梁。桥上盖屋成市,中通舆马。桥屋于抗日战争时拆除。

富阳恩波桥(图1-3-8)。位于富阳县西300步,跨富春江支流。旧名苋浦,初为木桥,宋太平兴国九年(即雍熙元年,984年)圯,治平二年(1065年)邑人孙道长重建,改名通济。绍兴四年(1134年)县令王衮重修,更名惠政,五年(1135年)坏于水。庆元二年(1196年)令蔡畿嘱邑人谢震募新之,复名通济。嘉定间(1208~1224年)改名恩波。清顺治十六年(1659年)康熙间(1662~1722年)修理。桥有三孔,敞肩拱。中孔跨15.70米,边孔跨各为14米,桥面宽6.20米,全长54.40米。

图1-3-8 富阳恩波桥

泰顺回澜桥。建于清咸丰壬子至乙卯(1852~1855年)。桥长85米,高12.80米,桥面宽5.55米。4孔,每孔跨径12.50米。

浦江浦阳桥。建于清光绪甲辰年(1904年)。桥长128.50米,面宽4.30米。9孔桥,每孔跨10.20米。

东阳荆浦桥。明崇祯僧知礼募建石拱桥,计长40丈,阔8尺,清嘉庆十九年(1814年)重建,道光、同治年间再重建,桥长158米,宽3.40米,15孔每孔跨8.10~8.20米。改建为公路桥。

(三)木拱桥

溪东桥。又名泗溪上桥、上东桥。位于通往平阳、苍南、福鼎等县的大道上,全长40.85米,宽4.86米,中间通道宽3.06米,单跨23米,高于水面10.35米,上有桥屋15间,中部有高大的飞阁,桥端有门楼,外形雄伟壮观。明隆庆庚午年(1570年),知县五克家首建。清乾隆十年(1745年)九月重建,道光七年(1827年)重修。

泰顺仙居桥。长41.38米，单跨34.14米，桥上有屋。明景泰三年(1452年)建。

泰顺北涧桥。即下桥，长51.87米，单跨29米，桥上有屋。清康熙十三年(1674年)建。

泰顺溁下桥。长44米，单跨32.2米，桥上有屋。建于清道光戊申年(1848年)。

泰顺薛宅桥。即营岗店桥，长34.75米，单跨29米，桥上有屋。薛氏一族造于清咸丰丙辰年(1856年)。

泰顺文兴桥。长57.10米(内有引桥13.70米)，单跨29.60米，桥上有屋。清咸丰七年(1857年)建。

泰顺双神桥。长47米，单跨30米，桥上有屋。始建年代不明，中华人民共和国成立后重建。

(四)石墩木梁桥

宁海镇东桥。建于清同治壬申年(1872年)，长21.20米，宽5.30米，双孔桥，有8根木梁另加斜撑支承，桥上建屋。

遂昌万石桥。清乾隆四十年(1775年)始建。桥长56米，宽5.50米，清乾隆四十三年(1778年)建成。

义乌东江桥。建于清嘉庆庚午(1810年)，光绪十六年(1890年)因水毁重建，桥长114.40米，有8孔，跨径12米。1934年修建公路时，利用台墩，改建为钢桁架桥，抗日战争时破坏，现已另建。

东阳歌山桥。清光绪辛巳年(1881年)重建，全长193.83米，有13孔，孔跨11.65~16.145米。1934年修建公路时，利用台墩，改建为钢桁架桥，抗日战争时破坏，现已另建。

(五)石墩石梁桥

嵊县南门桥，后称东桥。建于明嘉靖三十六年(1557年)，全长178.50米，19孔，孔径8.40~10.20米。

嵊县西门桥(今称南桥)。明嘉靖间(1522~1565年)建，长92.45米，12孔，每孔5~9.45米。

兰溪贯婺桥。清道光十八年(1838年)建，长116.30米，17孔，每孔跨径5.45至6.85米。

宁海戊戌桥。清道光已酉年(1849年)建，石柱石板桥，长145米，48孔，每孔跨平均3米。

德清东门城桥。明嘉靖三十三年(1554年)建，长76.38米，乾隆三十二年(1767年)重修。5孔石梁和石拱组合，其中一根石梁重约8.91吨，另六根均超过5吨。

苍南桥墩门桥。原名上元桥、平水桥、松山八角桥，原建于明万历年间(1573~1620年)，清康熙、乾隆、咸丰、同治多次重修，桥长100余米，宽4.50米，高6米，有20余孔，石墩石板桥面，桥两头有亭榭小阁，栏杆上石狮子口含滚球，精巧美观。

平阳德圣桥，又名溪心桥。建于清道光二十三年(1843年)，长107.91米，宽1.51米，高2.14米，为33孔石板板。

临海滥田桥。为伸臂石梁桥。清光绪十九年(1893年)建，长31米，3孔，墩上有5层悬臂，将中孔跨径从8.50米增长到10.10米，宽4.60米。桥用4根石梁并列，梁宽51厘米，中孔石梁自重4.10吨。

泰顺南阳桥。为伸臂石梁桥。清同治庚午(1870年)建，长41.70米，宽4.60米，两孔净跨各20.40米，桥台上伸出二层，桥墩上伸出三层，是伸臂石梁桥中跨径最长的。桥面上建屋。

临海两头门桥。建于清咸丰年间(1851~1861年),全长54.40米,有9孔,每孔跨径4.60~5.30米,桥面宽2.60米,用5根条石排成三行,空档以石板嵌砌,桥头平坦,桥墩上三层挑出成双悬臂。系漫水桥,上下游均有分水尖,与桥面平。

温岭县李婆桥。位于通往石桥(地名)、箬横、新河三条河道的交叉口,是石墩石梁、木梁结合桥。民国33年(1944年)曾予重建。该桥平面布置及结构造型均有独到之处。平面布置成"Y"形,其中两叉各为2孔,长度为15.30米及15.90米,净跨4.10~5米。桥面为两根石梁中间嵌以石板;另一叉为通航孔,孔径8.50米,长13.90米,系木梁石板面,桥面宽度均为1.80米,中墩立于三条河道的交叉中心。为六角形石玎,石桩基础,条石砌筑,边长1.55米,墩帽有条石二层,各挑出9厘米,其余两叉的桥墩均为薄壁墩,厚0.60米。

绍兴纤道桥。俗称玉带桥,宝带桥,位于绍兴阮社乡太平桥至湖上乡板桥一带运河上,清同治年间(1862~1874年)建。桥有两段,一段长502米,149孔;另一段长377.40米,112孔;每孔净跨约为2米,桥面宽1.50米,用三根条石拼建而成,桥墩用条块石干砌而成。

(六)八字形石桥

丽水梁村口桥。明嘉靖丙寅年(1566年)建,长8米,宽1.50米。

东阳县诚济桥。9孔全长69.20米,清代所建,民国23年(1934年)利用为公路桥,通行汽车。

诸暨县溪缘桥。15孔,全长143.30米。是现存最长的一座八字形石桥。

第二节 近、现代桥

一、钱塘江大桥

位于浙江省杭州市六和塔附近,横跨钱塘江,北岸在杭州二龙山东麓,南岸在滨江区浦沿街道联庄村上沙埠,由桥梁专家茅以升主持设计,是国内自行设计、建造的第一座双层铁路、公路两用桥,横贯钱塘江南北,是连接沪杭甬铁路、浙赣铁路的交通要道。桥为上下双层钢结构桁梁桥,全长1453米,高7.10米,分引桥和正桥两部分。正桥16孔,桥墩15座。下层铁路桥长1322.10米,单线行车;上层公路桥长1453米、宽6.10米(相当于二车道),两侧人行道各1.50米。桥下距水面有13~31米的空间,可以畅通轮船。如图1-3-9所示。

图1-3-9 钱塘江大桥

民国23年(1934年)11月11日,大桥开始动工兴建,次年4月6日全面铺开,民国26年9月26日铁路接轨通车,11月7日公路桥通车,实际施工历时两年零七个月,总投资532万银元。民国26年12月23日,接到当时南京政府命令后,茅以升下令炸毁钱塘江大桥,瘫痪在日寇侵略的烽火中。民国35年,钱塘江大桥被修复,成为浙赣线上的关键性工程之一。1949年5月杭州解放前夕,国民党当局炸桥以图阻止解放军南下。杭州地下党和铁路工人全力保护大桥,最终大桥比较完整地回到人民手中。

1949年后，杭州市人民政府对大桥进行整治与维护，1953年、1957年、1959年、1979年和1981年分别对桥梁进行检测和维修。1993年，杭州市公路管理处组织对公路桥沥青路面封闭交通进行大修，拆除旧桥面、重新铺装桥面；更新灯具，对栏杆、桥头堡进行装修；重做标志、标线；对桥北连接线进行改善，投资307万元。1993年8月15日开工，10月11日完工。1999年3月25日至4月19日，杭州市交通局委托铁道部大桥局桥梁科学院对公路桥进行全面的检测和评估。2000年4月15日，大桥整修工程开工，2001年5月1日完工。投资6000余万元。施工期间铁路桥照常通行，完工后，公路桥只限小型客车通行。

二、黄岩大桥

1954年10月，黄岩大桥开工建设。黄岩大桥位于永宁江上的黄岩渡口，距路桥17公里，海门31公里。如图1-3-10所示。

图1-3-10　黄岩大桥

黄岩大桥是新中国成立后浙江省第一座自己设计施工建设的大型公路桥梁。全长184.30米，桥面净宽7米，两侧人行道各宽1.50米，桥面长168米，6孔，每孔各28米，桥高13.70米，按载重汽-10、拖-60级，钢筋混凝土空心式桥台，管桩桩基，高桩承台双柱式桥墩，钢板梁与钢筋混凝土板组合梁桥，其结构形式、梁桥跨径、空心管桩长度等方面，在当时国内公路桥梁建设上处领先地位。施工中采用导管法浇筑水下混凝土，预制承台壳浮运就位，承台壳悬挂封底和高桩承台施工法等新工艺。在工程管理上，首次推行计划管理和调度制，工程快速、优质、安全、节约。全桥投入劳力19万工，总造价196.52万元。

1955年7月1日，黄岩大桥建成通车。

三、白沙大桥

1959年10月，白沙大桥动工建设，白沙大桥是浙江境内第一座多孔大跨径石拱桥。桥址在杭（州）兰（溪）线161公里处，跨新安江。桥位在原渡口下游180米处。由大桥指挥部主持设计，省交工程大队组织施工。如图1-3-11、图1-3-12所示。

图1-3-11　白沙桥侧面

图1-3-12　白沙桥正面

大桥采用变截面、悬链线、不等跨、有纵坡的空腹式结构。全桥长 362 米，桥面行车道宽 7 米，两边行人道各宽 1.50 米，桥高 24 米。载重标准按汽 -13、拖 -60 设计，并以拖 -80 验算。共 7 孔，1 孔 10 米(三铰石拱旱桥) +2 孔 ×45 米 +2 孔 ×50 米 +2 孔 ×45 米。拱上设置小拱 36 孔，每孔净跨 3 米。施工中首次采用“夹板拱架”“拱架整体移运安装”“预压后砌”等新施工方法，以及 A 字车、电动木行车、电动摇头扒杆等土洋结合施工机具，加快砌拱进度，提高工程质量。大桥于 1960 年 7 月建成试通车，9 月正式交付使用。全桥造价 147.65 万元。受到 1960 年 5 月在白沙召开的全国大跨径石拱桥快速施工现场会与会代表的赞扬和肯定。白沙大桥桥面装饰富有民族艺术气息。栏杆柱上用青色、绛红色料石及大理石凿制 250 余个神态各异的小狮子，两岸桥头各设立 2 米高青石大狮子一对，南岸桥头一侧小山上建亭一座，中立白色大理石碑，正面为中国科学院院长郭沫若题写的“白沙桥”桥名，背刻“白沙桥碑记”。1998 年 10 月，白沙桥改为城市道路桥梁。

四、桐庐大桥

1959 年 10 月桐庐大桥开工建设。大桥位于杭州—兰溪线桐庐县城西边，跨分水江，是浙江省第一座多孔大跨径装配式梁桥。全桥采用钢筋混凝土高桩承台，预制安装 T 梁结构，跨径组合为 10 × 20.66 米，桥面行车道宽 6 米，两边行人道各宽 1.50 米，桥全长 228.84 米，载重按汽 -13 级，拖 -60 设计。由省交工程大队设计施工。1961 年 1 月，桐庐大桥建成，造价 113 万元。如图 1-3-13 所示。

图 1-3-13 桐庐大桥

五、临海大桥

1964 年 7 月，临海大桥开工建设。大桥桥址在杭州—温州线临海县城东边，跨灵江。桥为组合式，主桥 9 孔 30 米净跨(梁长 32 米)预应力混凝土装配式梁，引桥为净跨 17.50 米(梁长 19.50 米)、普通钢筋混凝土装配式梁和 2 孔 10.57 米版梁，共 12 孔，桥面行车道宽 7 米，两边行人道各宽 1 米，全桥长 549.67 米，载重按汽 -13 级，拖 -60 设计。预应力梁的高强度钢丝直径为 5 毫米，抗拉极限强度为每平方厘米 16000 公斤和 15000 公斤两种，钢丝束的锚固采用“费莱西奈”式锚具，是比较先进的锚固方式，当时在国内公路桥建设中是首次采用，也开创了浙江建桥新记录。大桥由省交工程局设计室设计，省交工程局第四工程队施工。1965 年 10 月，临海大桥建成，造价为 204.60 万元。如图 1-3-14 所示。

图 1-3-14 临海大桥

六、章镇斜拉桥

1978 年 1 月，上虞章镇斜拉桥开工建设，1983 年 10 月建成，全长 303.69 米，主跨径组合为(72 +54)米。是国内第一座单塔双索面预应力混凝土斜拉桥。如图 1-3-15 所示。

七、嵊县清风桥

嵊县清风桥，1978 年动工，1980 年 1 月建成，全长 225.40 米。设计采用两孔 92 米悬臂拼装结构钢筋混凝土空腹式单室箱形拱，主拱采用伸臂安装工艺，使用人字钢扒杆起吊工具。大桥获全国优秀桥型设计奖，列为与美国等国家进行桥梁技术交流项目之一。如图 1－3－16 所示。

图 1－3－15　章镇斜拉桥

图 1－3－16　嵊县清风桥

八、彭埠大桥（钱江二桥）

位于杭甬高速公路钱塘江上，1988 年 4 月开工。为公铁并行分离式桥梁，公路桥全长 2110 米，桥宽 20 米，双向四车道，主桥上部结构为预应力混凝土变截面箱形连续梁，跨径组合为（45＋65＋1480＋65＋45）米，设计荷载汽－超 20、挂－120，时为国内公路连续梁桥中连续长度最长。

大桥主桥、南引桥和北引桥的第一孔至第七孔全宽 20 米，行车道 2×7.5 米；北引桥第八孔至第十八孔全宽 20.05 米，除栏杆各宽 0.29 米外，其余均与主桥同宽。铁路、公路桥总投资 2.40 亿元。1991 年 12 月 22 日完工，1992 年 4 月 1 日通车。

大桥 7 号墩至 18 号台引桥部分列入钱塘江二桥公路接线工程建设投资 626.3 万元。1990 年 3 月开工，1996 年 12 月完工。

九、西兴大桥（钱江三桥）

西兴大桥位于杭州钱江一、二桥之间，总长 5700 米，主桥 1280 米，南北高架引桥 4420 米，双向 6 车道。

主桥桥型为双独塔等跨单索面预应力混凝土斜拉桥，其主墩上两座矩形索塔高百米，平行的 15 对拉索呈竖琴状。钱江三桥是浙江省首座具有世界先进水平的现代斜拉索桥梁，其设计与施工创造了中国桥梁建筑史上多项之最。

1997 年 1 月 28 日，钱江三桥建成通车。

2005 年 9 月 2 日，大桥主桥大修工程开工。大修工程由浙江公路水运工程监理有限公司承接。大修的主要内容包括裂缝病害处治、竖向预应力筋病害处治、混凝土缺陷处理、粘钢补强、增加体外预应力索、粘贴碳纤维布、桥面翻修、斜拉索力调整等。2005 年 12 月 26 日，下游半幅主要的病害处理工作全部完成。2006 年 1 月 25 日，下游半幅开放交通，封闭上游进行大修。5 月 16 日零时起，进行全封闭维修，10 月 15 日恢复双向通车。12 月，大桥主桥大修工程项目完成。工程项目由浙江水运工程监理有限公司监理。

十、复兴大桥(钱江四桥)

位于钱塘江一桥下游4.30公里处,时为世界上唯一的双层钢管混凝土系杆拱桥。大桥主桥长1376米,宽26.40米,有两座190米跨径的主拱,9座85米跨径的小拱。大桥由广西路桥总公司和中铁大桥局共同承建,2002年3月28日开工,2004年10月16日通车。

复兴大桥是双层结构,上层为双向六车道,宽26米,北面通过复兴立交与中河高架及地面相连,南面通过中兴立交与滨江区的世纪大道、江南大道相连。下层桥面,左右两侧为公交专用道和自行车、行人通道,各宽7米,中间设计为轻轨预留道,现可用作机动车道,下层北面与上城区的凤凰城小区道路相连,南面和滨江区世纪大道、滨盛路相接。另为游人设置了8个平均面积约为370平方米的观景平台,以及大桥两端供游人乘坐的垂直升降梯。

十一、袁浦大桥(钱江五桥)

位于钱塘江、富春江、浦阳江三江交汇处,在袁浦镇的东江嘴跨越富春江和浦阳江,按双向四车道技术标准设计建设。全长3126米,宽26米,行车道宽2×11.50米;设计速度100公里/小时,设计荷载汽-超20、挂-120;富春江通航等级为Ⅳ级,设3个通航孔,每孔净宽100米,净高9米。浦阳江通航等级为四级限制性航道,设4个通航孔,每孔净宽38米,净高8米。投资概算3亿元。2000年12月28日开工,2003年12月28日完工。2005年12月竣工质量鉴定获得全省桥梁单项最高分(96.40分)。

大桥应用多项新技术、新工艺、新材料:布设首级施工控制网时利用GPS技术测量控制点作为参照和起算点,对保证工程质量起到积极的作用;利用超声波孔壁探测仪测孔,检测指标准确、直观、可靠,节约检测时间;主桥箱梁合龙段及桥面防水混凝土中掺加聚丙纤维,有效避免混凝土产生早期收缩裂缝,确保了混凝土质量;工程项目施工信息化网络系统应用,有效提高了工作效率及工作质量,节约了项目管理成本。

十二、下沙大桥(钱江六桥)

1999年12月30日,下沙大桥工程开工。下沙大桥是国省道主干线杭州绕城高速公路东段工程建设项目的一座跨越钱塘江的特大型桥梁。桥址位于赭山湾顶部,北侧属杭州下沙开发区,南侧属萧山市桥南开发区。桥址上游距闸口26公里,下游距盐官27公里。大桥主桥为双幅分离式五孔预应力刚构—连续组合体系。如图1-3-17所示。

图1-3-17 钱塘江下沙大桥

下沙大桥总长7920米,其中跨江主桥长2100米,桥宽34.50米,设计速度120公里/小时,设计荷载汽-超20、挂-120。主桥设3个通航孔,每空净宽180米,净高24米。投资4.90亿元。时为钱塘江上最高、最宽、最长的桥梁。

2002年11月30日,下沙大桥工程完工,12月20日通过交工验收,评为优良工程,12月28日投入试运营。

2003年9月,大桥以质量综合和建设管理评分两个全省第一的优良成绩通过竣工验收,并被授予浙江省“钱江杯”优质工程。2005年1月,大桥工程获得国家优质工程奖的奖牌。

十三、之江大桥(钱江七桥)

2008年12月18日,杭州之江大桥工程开始工程的前期工作。之江大桥位于西湖区转塘镇320国道和杭新景高速公路连接处,是杭新景高速公路延伸线的桥梁,全长1724米。主桥长478米,上部结构采用预应力混凝土等截面(60+60+60)米+变截面连续箱梁桥(60+11×86+60)米+钢箱梁双塔空间双索面斜拉桥(116+246+116)米,双向六车道,设计速度80公里/小时。互通2座分别与转塘320国道、之浦路相接,跨越钱塘江与滨江彩虹大道相接。主桥为双塔双索面钢箱斜拉桥,采用拱形门式索塔,索塔为钢结构,主塔高97米。大桥增设慢行系统,通过电梯可到达人行道,既便于行人通行,又可便于行人浏览钱塘江景观。项目投资概算29.50亿元。

2010年4月26日,杭州之江大桥主桥开始施工。工程由浙江省交通规划设计研究院设计,中交第二公路工程局有限公司、浙江省交通工程建设集团有限公司承建,北京路桥通国际工程资源有限公司监理。

2013年1月18日,杭州之江大桥建成通车。

十四、江东大桥(钱江九桥)

2006年3月,江东大桥开工。江东大桥是沟通杭州"三纵五横"快速路之一的德胜路与江东工业园区的快速通道,西起杭州下沙经济技术开发区(杭州经济技术开发区)高教二号楼与十一号路交叉口,跨越钱塘江,东至萧山区江东工业园区滨江二路,全长3520米,跨江长2248米,两侧引桥1272米。结构为自锚式悬索桥和预应力水泥混凝土连续梁组合体系,主桥为两座悬索桥和一座钢构桥。道路按城市快速路技术标准设计建设,双向八车道,两侧各设2米人行道,设计速度80公里/小时,荷载标准为—A级、公路—Ⅰ级,通航单孔双向净宽220米,净高24米。投资概算18.90亿元。

大桥主通航孔为空间缆自锚式悬索桥,造型独特,寓意"钱江帆影",采用独柱桥塔、分离式钢箱梁、空间缆索系统,悬索桥形式。大桥成套关键技术研究取得的成果有:实现钱塘江强涌潮河段大直径、深孔桩无缺陷成桩记录;实现通过栈桥运输、现场焊接拼装钢箱梁施工;首次采用适用于5段连续曲线预拱度钢箱梁的顶推安装、大吨位(1500吨)无级可调支座、"五轴联动数控技术"加工索鞍、索夹、树脂沥青组合体系钢桥面铺装技术、空间缆吊索球铰技术,首次实现空间缆架设及体系转换。

2008年12月26日,江东大桥建成通车。

十五、飞云江特大桥

位于104国道K1949+594~K1951+313处,南北横跨于飞云江上。北岸为瑞安市隆山乡三圣门地,南岸为孙桥乡浦口村。大桥全长1720.79米,行车道宽10米,两侧人行道各1.50米。荷载汽-20、挂-100。主孔跨径62米。时为浙江省最长的公路桥,国内最大跨径的简支梁桥。

民国26年(1937年),温州至桥墩门公路建成通车时,在瑞安南门设汽车渡口。民国28年路毁渡废。1955年修复车渡,1958年筹建温州至矾山铁路时,曾对飞云江大桥桥基进行钻探。1984年9月1日,浙江省人民政府决定将飞云江大桥列为省重点建设工程。是年11月13日,成立飞云江大桥建设工程指挥部,皇甫熹、吴伯云先后担任总指挥。大桥由浙江省交通设计院设计,铁道部大桥局第四桥梁工程处施工。1986年3月15日,飞云江大桥工程破土动工。

大桥共有429根基桩,36座桥墩,基桩为55米的预应力实心桩和空心桩,全桥37孔,主航道5孔,每孔跨径62米,其余有18孔跨径51米,15孔跨径35米。62米预应力钢筋混凝土T梁,是国内第一次施工,每片重220吨。采用600号混凝土、300吨架桥设大梁。在架设62米主梁时,因架桥机的挠度达不到理论要求,几次架设不成,时间上拖延4个月之久,后特制高强钢丝索,采用墩头锚固方法,终于攻克技术难关,于1988年11月10日架设成功,此技术为全国首例。大桥北岸立交桥长15.20米,宽12.50米,桥面为一孔13米长空心板,下部为灌注桩基础。两端接线公路长3.98公里,其中有6座中小型桥。大桥低潮位净高25米,通航水深8米,可通500吨级船舶。温州航标区在大桥附近设航标4座。桥面两侧有32对黄色桥灯,北首两侧水泥柱有“大鹏展翅”雕塑一对,柱正面镌刻前浙江省委书记江华手书“飞云江大桥”。大桥南端东侧有“飞云乱渡”钢质巨塑。大桥总造价4000.91万元,投工62万工日。1989年1月6日通车。4月25~27日省交通厅主持通过飞云江大桥验收。

十六、朱家尖海峡大桥

1997年3月,朱家尖跨海大桥正式开工。大桥长2907米,主桥长290米。大桥接线公路全长10.21公里,西与329国道舟山本岛浦西段相连接,东至朱家尖岛的蜈蚣峙码头,与普陀山机场相通。整个工程按照二级公路标准设计和建设,投资概算2.6亿元。1999年5月通过交工验收并投入试通车。

2008年12月28日上午,329国道舟山朱家尖大桥扩建工程开工。扩建工程经省发改委批准建设,列入省交通厅年度基本建设计划。工程起点为329国道应家湾水库附近(K278+830),路线沿现有的329国道(兴普大道)线位设东港高架桥穿越东港开发区后接朱家尖大桥。大桥扩建工程线位,位于老桥线位的北侧,与老桥桥梁净距3~10米,终点为原朱家尖大桥收费站处。路线总长4.30公里,桥梁总长3544.74米,其中东港高架桥长808米,朱家尖大桥拓宽段长2736.74米。设计标准为公路一级,设计速度为80公里/小时。路线采用整体式路基,一般路段宽度为24.50米,东港高架桥宽度23米,新桥宽度11.75米。大桥扩建主通航孔通航标准与老桥相同,通航等级为1000吨级海轮。整个工程投资概算4.53亿元。工程由广东省长大公路工程有限公司承建。2011年8月大桥全线完工,9月通过交工验收。

十七、椒江大桥

1998年8月19日,椒江大桥工程动工建设。工程是国家交通战备补助项目、省重点建设项目和台州市重大工程项目。大桥全长2587.30米,主桥为五跨430米连续梁,总宽19米,净宽18米,两岸接线公路长1538米。工程投资概算3.50亿元,通过股权筹资等方式,解决建桥资金。椒江大桥连接省道75、82和83线,接通104国道和甬台温高速公路,构建成台州沿海通道的基本框架。2001年6月29日,椒江大桥全桥合龙。9月28日通过荷载试验,10月16~17日通过省交通厅质量监督站交工质量鉴定,工程质量评为优良等级。工程按平丘一级公路技术等级设计,大桥长2587.30米,宽19米,接线长1.54公里,路基宽25米。投资概算3.46亿元。10月18日,椒江大桥工程竣工通车。

十八、杭州湾跨海大桥

2003年6月8日,杭州湾跨海大桥举行工程奠基仪式,11月15日主体工程第一桩顺利施工,12月8日大桥全面开工。大桥是国道主干线——同三线跨越杭州湾的便捷通道,北起海盐县郑家埭，跨越杭州湾海域后止于慈溪市庵东镇北，全长36公里。时为世界上最长的跨海大桥。2005年6月1日，杭州湾跨海大桥首片70米箱梁架设成功。如图1－3－18所示。

图1－3－18　2005年6月1日，杭州湾跨海大桥首片70米箱梁架设成功

大桥总投资概算超过140亿元人民币，其中大桥35.50公里，118亿元；北岸连接线29.10公里，17亿元；南岸连接线55.30公里，34亿元。来自民间的资本占了总资本的一半，包括雅戈尔、方太厨具、海通集团等民营企业都参与了对大桥的投资。大桥收费年限为30年。大桥按双向六车道高速公路设计，设计速度100公里/小时，设计使用年限100年。大桥设南、北两个航道，其中北航道桥为主跨448米的钻石型双塔双索面钢箱梁斜拉桥，通航标准35000吨；南航道桥为主跨318米的A型单塔双索面钢箱梁斜拉桥，通航标准3000吨。除南、北航道桥外其余引桥采用30~80米的预应力混凝土连续箱梁结构。大桥是中国自行设计、自行管理、自行投资、自行建造的，工程创6项世界或国内之最，可以抵抗12级以上台风。大桥的护栏为彩虹7色，每种颜色覆盖5公里，自慈溪到嘉兴海盐分别为红、橙、黄、绿、青、蓝、紫。

2007年6月26日，杭州湾跨海大桥全线贯通。2008年3月，杭州湾跨海大桥工程完工，4月17日通过交工验收（比预计工期提前8个月）。5月1日，杭州湾跨海大桥建成，全线通车投入试运营（限载客车辆），10月11日起允许载货车辆通行。大桥建成后缩短宁波至上海间的陆路距离120余公里，大大缓解了沪杭甬高速公路的压力，形成了以上海为中心的江浙沪两小时交通圈。

十九、西堠门大桥

工程包括西堠门大桥和西堠门接线公路。

（一）西堠门大桥

2004年5月，西堠门大桥开工建设。大桥起于定海区册子岛桃夭门岭，接桃夭门大桥西接线，于门头山经老虎山跨越西堠门水道，至金塘岛上雄鹅嘴。2005年2月停工，同年5月复工。2006年6月，大桥塔身建设全面结束。2007年12月，大桥主桥全面贯通。全桥长5452米，其中主桥为主跨1650米的双跨连续刚箱梁悬索桥，长2588米。北边跨与主跨主梁采用两跨连续的钢箱梁，南边跨引桥采用660米预应力混凝土刚构—连续组合箱梁。行车道宽度223.75米，路基宽度24.50米，桥梁宽度36米，桥面宽度24.50米，设计速度80公里/小时。通航净高49.50米，通航净宽630米，设计通航等级3000吨。设计荷载公路—Ⅰ级。地震基本烈度为Ⅶ度。投资概算23.61亿元。使用年限100年。时大桥跨径长位居国内第一、世界第二。

2009年8月，西堠门大桥桥工程建设完工，11月2日通过完工验收，投入试运行。12月25日23时58分正式对社会车辆开放。

（二）西堠门接线公路

接线公路起于册子岛桃夭门岭垭口一期接线终点，与西堠门大桥相接，全长2864米，整体式路基宽度为24.50米，分离式路基单幅宽度为12.25米，设计速度（含西堠门大桥）80公里/小时。设置一处互通式立交，共4个匝道。接线有5座桥梁，其中册北路桥长434米，册子互通主线桥长700米，门夭涂桥长800米，跨中石化油管桥长20米，狮子山桥长75.42米。

二十、金塘大桥

（一）金塘大桥

金塘大桥起于定海区金塘岛上雄鹅嘴，向西横穿金塘岛化成寺水库、茅岭、沥港水道和灰鳖洋海域，止于宁波镇海老海塘，与宁波规划建设的沿海北线高速公路相衔接。总投资概算76.90亿元。全长26.54公里，其中跨海大桥长18.27公里，桥宽26米，主通航孔桥全宽30.10米。全桥有斜拉桥、连续刚构桥、连续梁桥等多种桥型，设3个通航孔。其中主通航孔桥为主跨620米的双塔双索面五跨连续半漂浮体系钢箱梁斜拉桥，通航等级为5万吨级，通航净高51米，净宽544米，左侧边通航孔通航等级为1000吨级，通航净高25.50米，净宽109米；东通航孔桥为主跨216米三跨连续刚构桥，通航等级为3000吨级，通航净高28.50米，净宽121米；西通航孔桥为主跨156米的三跨连续刚构桥。通航等级为500吨级，通航净高17米，净宽126米；非通航孔桥总长15720米，根据不同海底高程和覆盖层厚薄，分别采用60米、118米和50米跨径连续梁桥；金塘侧接线长5.51公里，金塘侧引桥长1.01公里，镇海侧浅水区引桥长550米，岸上引桥长1.75公里，均为连续箱梁桥。全线采用4车道高速公路标准建设，从金塘岛雄鹅嘴至金塘互通立交段，设计速度80公里/小时，路基宽24.50米；金塘互通立交至终点段设计速度100公里/小时，路基宽26米。按抗风40.44米/秒，抗7级地震设防，营运年限100年。

2004年2月27日，连接宁波镇海—舟山金塘岛的金塘大桥工程第一根试桩顺利打下，大桥建设进入实质性准备阶段。2005年1月21日，金塘大桥项目获国家发改委批准立项。8月26日，项目初步设计获浙江省发改委批复，勘察设计工作转入技术设计和施工图设计。9月30日，金塘大桥正式开工，管径1.50米、长67米的第一根试桩顺利打下，各项招标工作、监理和工程施工全面铺开。2006年年底，金塘大桥完成主通航孔桥下部结构施工。2007年，金塘大桥完成主通航孔桥主要桥墩。年底，两座高程达210米的主通航孔桥索塔实现封顶。2008年6月30日前，金塘大桥主通航孔桥、东通航孔桥、西通航孔桥合龙；7月15日，实现海上部分全线贯通。9月27日，主桥钢桥面环氧沥青铺装开始施工，10月21日全部完成。2009年11月22日，金塘大桥正式通车。

（二）金塘岛接线公路

接线公路起于西堠门大桥南引桥终点，与金塘大桥相接，全长5511米，设置一处互通式立交，共4个匝道。起点至金塘互通式立交路基宽度24.50米，设计速度80公里/小时（小客车100公里），金塘互通式立交至终点路基宽度26米，设计速度（含金塘大桥）100公里/小时。接线有3座桥梁，其中金塘互通立交主线桥长1348米，化成寺水库桥长600米，跨沥港互通跨线桥长60米。

（二）宁波连接线公路

2007年9月26日，宁波连接线公路工程动工。连接线公路位于金塘大桥西端终点，沿庄俞公路向西南前行，穿宁波绕城高速公路东段后继续向南上跨新镇骆公路，止于镇海新区主干道北侧，与东外环城市快速路相连。连接线公路按四车道高速公路标准建设，长4143

米，其中主线高架桥长3845米，路基工程长298米，按双向四车道高速公路标准设计。设蛟川枢纽互通式立交一处（其中匝道桥长4327米/8座），路桥宽度26米，设计速度100公里/小时。与宁波绕城高速公路相接，进入国家高速公路网。投资概算10亿元。2009年9月30日，连接线公路贯通，11月10日通过交工验收，12月25日与整个舟山大陆连岛工程全线通车。

二十一、温州大桥

1994年12月8日，温州大桥开工建设。

温州大桥全长17.10公里，桥梁长达6977米。大桥由北桥主跨为270米的斜拉桥、七都岛高架桥、南航道桥和龙湾互通立交组成，桥梁部分桥面宽27米，为双向六车道。其中北航道斜拉桥下可通行浅吃水万吨轮和7500吨级客货轮；龙湾互通立交设有8条匝道，占地280亩。大桥与104国道连接。其中北桥为主航道桥，长2748米，主桥跨径270米，采用双塔双索面钢筋混凝土预应力斜拉桥，塔高102米，桥下净高31.30米。南桥1726米，通航跨径51米。大桥接线路基宽24.50米，为双向4车道。总投资概算为12.53亿元。

1998年5月26日，温州大桥建成通车。

二十二、富春江大桥

2003年11月，富春江大桥开工。大桥位于东洲岛与灵桥镇黄泥沙村之间，全长1679.50米，宽35.50米，双向六车道，设计速度120公里/小时，上部结构为联系箱梁、T梁组合，设计荷载：汽－超20、挂－120，净空高8米，最大跨径120米。投资概算2亿元。2005年12月完工。

二十三、鹿山大桥

2007年11月25日，鹿山大桥开工。鹿山大桥是富阳境内跨越富春江的第二座特大桥，位于320国道至杭新景高速公路连接线上。起点位于富阳鹿山街道，终点与新中线相连。全长2.40公里（主桥长1.54公里，双向四车道宽33米），按一级公路兼顾城市道路技术标准设计建设，设计速度80公里/小时，设计荷载公路—1级。结构为特大型双塔单索面预应力水泥混凝土斜拉桥。主塔为独柱式，最大高度100.96米，跨度（118＋256＋118）米；引桥分31米、35米、44米及50米等多种不同跨径的连续箱梁。投资概算3.20亿元。2010年8月完工。

二十四、新安江大桥

2004年8月，新安江大桥开工。新安江大桥位于杭新景高速公路洋溪至寿昌段，从洋溪互通跨320国道，至上章村与青龙头村之间跨越新安江。全长1460.40米，宽33.50米，行车道2×15.25米，双向六车道，设计速度100公里/小时，荷载：汽－超20、挂－120。主桥桥型为预应力水泥混凝土箱梁连续刚构，主桥通航孔最大跨径80米，可通过百吨级轮船。投资概算2.40亿元。2006年12月完工。

二十五、金竹牌大桥

2004年4月28日，金竹牌大桥开工。金竹牌大桥（始名千岛湖特大桥，后因同名而变更），长1340米，主跨跨径252米，采用省内高速公路桥梁建设中首次使用的上承式钢管拱桥技术，跨径长度时创浙江省内高速公路桥梁建设之最，有“浙江高速第一跨”之誉。双向四车道，设计速度80公里/小时，荷载标准汽－超20、挂－120。投资概算1.42亿元。2006年

10月15日完工。

二十六、千岛湖大桥

2002年11月15日，千岛湖大桥开工。大桥桥址南端位于千岛湖镇40万吨级货运码头处，与景观大道相连，接S302省道新淳线；北端与环湖公路北线相接，沟通安徽黄山。全长1258.10米，沥青混凝土桥面宽18米，设计速度100公里/小时，设计荷载为汽－20、挂－100。投资概算1.28亿元。建设中创3个国内第一：上部采用915米一连的V形墩预应力连续刚构，时为国内第一长连；下部高桩承台柔性钢管桩混凝土嵌岩锚固桩结构，为国内首次采用；钢管混凝土桩采用“载桩工艺”施工，属于国内首次运用的新工艺。

2005年9月15日，千岛湖大桥工程完工。

二十七、富春江第一大桥

1989年10月15日，富春江第一大桥开工建设。

大桥位于富阳县城鹳山东麓，是横跨富春江南北的首座大桥，全长869.78米；上部结构为预应力混凝土箱形连续梁、T形简支梁组合。设计荷载汽－20、挂－100，桥面行车道宽10米，设计速度60公里/小时，人行道2×1.50米，四级航道。连接线按二级平原微丘公路技术标准设计施工。投资概算3377万元。1991年12月30日完工。

2002年9月1日，大桥桥梁拼宽开工。拼宽后桥梁全长936米，宽26.50米，双向四车道，人行道2×3.50米。主航道净宽80米，净高10米，四级航道。投资概算6945万元。

2005年2月20日，桥梁拼宽工程完工。工程完工后，再投资1050万元，对原桥进行修复加固。

二十八、黄溢大桥

1994年9月18日，黄溢大桥动工兴建。大桥位于兰溪城北黄溢村羚羊岛之畔、省道金兰线(S313)K29+960处，跨兰江。大桥工程是省政府首批列为“四自”工程项目之一。系沟通省道金兰线、浦兰线和330国道以及兰江两岸的重要桥梁。1997年7月28日建成通车，12月通过省交通厅组织的交工验收，正式投入使用。由香港亚太基建投资股份有限公司投资7400余万元建造及管养。全桥长1069米，共29孔，跨径总长1064米，桥梁上部为箱形梁，下部为桩(柱)式墩台，水泥混凝土桥面，宽16米，其中行车道宽15米，桥高17米。设计速度80公里/小时，设计荷载：汽－20、挂－100。河床底均为砂砾石，常水位24.50米，历史最高水位35.35米，桥下可通500吨级船舶。

二十九、兰江大桥

1972年7月，兰江大桥开工兴建。大桥位于兰溪城劳动路两端，省道金兰北线K2+880(旧桩)处，跨兰江。兰江大桥是国内第一座采用预应力双曲拱悬臂墩新工艺的回形桥。桥梁全长1047米，正桥10孔，其中2孔跨径为43.30米，余孔单跨各50.60米，矢跨比1∶6。东引桥长222.07米，西引桥长183.50米，桥中段向上游方向另建人行桥通向中洲中园，桥净空高20.70米，水泥混凝土桥面，宽11米，东引道宽8米。上部为双曲拱结构，下部为重力式墩台结构，设计速度60公里/小时，设计荷载：汽－20、挂－100。桥面高程38.14米桥址，河床底质为砂砾石，常水位24.50米，历史最高洪水位35.35米，桥下可通300吨级船舶。工程由省交通厅第二工程队组织兴建。1975年3月兰江大桥工程竣工，4月1日正式投入使用。1998年动议改造拓宽兰江大桥，2000年7月由省内发展计划委员会在杭组织加宽工程会审并通过，设计建设规模及内容为：排除老盘道，与老桥外边缘（下游）距离2米处新建1座宽12米的新桥，新桥总长1310米，主桥为两桥合一，形成一座24米宽的桥梁，工程投资概算5200万元，2002年6月竣工投入使用。

三十、塔山大桥

2003年10月30日，塔山大桥建设开工。大桥位于青田县城东侧，是连接鹤城镇南北两岸的第三座大桥，也是连接县城老城区和油竹新区的快速通道。起点为鹤城东路与临江路交叉口，终点为330国道。整座大桥由隧道、主桥和引线等组成。大桥全长1039米，道路等级为城市主干道。其中主桥280米[(80+120+80)米]，预应力混凝土V形墩连续刚构桥。引桥147米，隧道322米为曲线形连体双洞结构，半径160米。匝道290米。桥梁全宽18米，其中车行道宽14米，两侧人行道各2米，荷载：汽车-20、挂-100，设计速度40公里/小时，纵坡不大于4%，净空高度6.88米，最高通航水位13.90米。工程投资概算7780万元。工程由中铁十三局集团第一工程有限公司承建，2006年5月底竣工，7月18日通车。

三十一、温溪沿江桥

2003年4月19日，温溪沿江桥开工。沿江桥位于青田县温溪镇，G1513温丽高速公路中心桩号K50+366，沿瓯江边而建，跨越S333省道（原称49省道）六东线。长3680米，跨径总长3667.50米，单孔最大跨径35米，桥梁跨径组合(4125+7335)米。桥宽24.50米，净宽21.50米。上部结构简支梁桥，下部结构桩柱式墩台，灌注桩基础，设计荷载公路—1级。2005年12月26日通车。

三十二、鹤城临江桥

1993年8月8日，鹤城临江桥开工。临江桥位于青田县鹤城镇临江城墙和沿江防洪大堤外侧，东接原330国道K52+920处，西与瓯江大桥引桥及330国道K55+880衔接（S333省道（原称49省道）六（岙）东（渡）线中心桩号K40+383）。桥长2968米，跨径总长1920米，单孔最大跨径16米，桥梁跨径组合12016，桥宽12米，桥面净宽9米，上部结构简支梁桥，下部结构桩柱式墩台，灌注桩基础，采用二级汽车专用公路标准建设。投资概算4133万元。1995年3月18日竣工通车。

三十三、常山港特大桥

2000年12月，常山港特大桥开工建设。大桥在G60沪昆线，中心桩号K453+062，位于杭金衢高速公路常山县境内，北南向跨常山港。桥长1259.18米，单孔最大跨径40米，52孔，桥梁全宽26米，桥面净宽23米，桥下净高5米。上部结构为板梁，板式橡胶支座、多柱框桥台，多柱桥墩、毛勒伸缩缝，常规桥特征，沥青混凝土桥面，荷载-超20。省交通设计院设计，省交通建设集团公司一分公司施工，投资概算5911.68万元。2003年9月建成。

三十四、麻车里特大桥

2001年11月，麻车里特大桥开工建设。大桥位于320国道柯城区段，中心桩号K442+327，东西向跨越江山港。桥长1077米跨径1073米，单孔最大跨径40米，48孔。桥梁全宽25.50米，桥面净宽22.50米，桥下净高5米。上部结构为T型梁，板式橡胶支座，钢板伸缩缝，沥青混凝土桥面，荷载汽-20、挂-100。衢州市交通设计院设计，南昌铁路局施工，投资概算5500万元。2003年12月建成。

三十五、曹娥江闸前大桥

2004年，绍兴市第一大桥曹娥江闸前大桥开工建设。大桥位于曹娥江大闸上游1公里处，全长3公里，桥面双向八车道，桥宽45米，时为国内跨河桥梁长度、宽度之最。投资概算5.50亿元。2006年11月28日，曹娥江闸前大桥贯通。

三十六、东海大桥

2002年6月26日，东海大桥开工建设。大桥起始于上海南汇区芦潮港，北与沪芦高速公路相连，南跨杭州湾北部海域，直达浙江嵊泗县小洋山岛，是连接上海国际航运中心洋山深水港的交通大动脉。大桥全长32.50公里。其中跨海部分25公里，时为世界上最长的外海跨海大桥。大桥按双向六车道高速公路标准设计，桥宽31.50米，设计速度80公里/小时。设计荷载按集装箱重车密排进行校验，可抗12级台风、七级烈度地震，设计基准期为100年。大桥并设有四个通航孔，其中主通航净高40米，净宽400米，可供万吨级船舶通过。2005年年底，东海大桥通车。

2010年浙江省特大型桥梁如表1-3-1所示。

2010年浙江省特大型桥梁一览表　　表1-3-1

桥梁名称	路线编号	路线名称	桥梁中心桩号	全长（米）	跨径总长（米）	单孔最大跨径（米）	桥梁全宽（米）	桥梁净宽（米）
合　计	185座	—	—	381548.82	—	—	—	—
周浦港特厅桥	G25	长深高速	2331.236	1211.94	1205.94	50.66	33.50	32
下沙大桥引桥	G2501	杭州绕城高速	17.758	5017.84	4925	197	34.50	33
下沙大桥	G2501	杭州绕城高速	21.575	2902.50	2900	232	34.50	33
宣杭公铁立交桥	G2501	杭州绕城高速	85.311	1250.14	1183.60	20.60	26	24.50
钱江二桥	S2	杭州支线	26.657	2112	2107	80	22.50	18.50
红垦枢纽1号桥	G2501	杭州绕城高速	24.785	1182.16	1178	33	35.50	22.50
西小江特大桥	G2501	杭州绕城高速	42.738	1624.24	1618.24	80	26	23
白鹿塘特大桥	G2501	杭州绕城高速	44.881	2432.14	2432.14	40	26	23
钱江五桥	G2501	杭州绕城高速	53.508	3126	3121	120	26	23
机场枢纽工程	S4	钱江三桥—机场	15.132	1045.10	1041.10	50	39.50	37.50
勾庄主线立交桥	G2501	杭州绕城高速	90.429	1144.40	1033.77	25	23.50	21
杭徽主线高架桥	G56	杭瑞高速	6.25	12988	12550	55	27.46	23
塘栖互通桥	S13	练杭高速	42.792	1059	1039	30	26.50	23.50
余杭高架桥	S13	练杭高速	46.776	5175	5175	25	26.50	23.50
崇贤互通桥	S13	练杭高速	50.215	1299.30	1299.30	27	26.50	23.50
临平高架桥	S16	杭州北支线	5.362	3765.20	3765	80	34.50	30.50
大井枢纽一号桥	S16D001	杭州北支线	15.71	1075.37	1069.86	35.76	34.50	30.50
富春江特大桥	S31	杭新景高速	8.683	1272.24	1265.02	90	33.50	32
石门大桥	S303330000	建淳线	29.635	276	242	164	11.50	9
千岛湖大桥Z	S32	千黄高速	15.591	1070	1070	40	11.50	10.50

续上表

桥梁名称	路线编号	路线名称	桥梁中心桩号	全长（米）	跨径总长（米）	单孔最大跨径（米）	桥梁全宽（米）	桥梁净宽（米）
千岛湖大桥 Y	S32	千黄高速	15.592	1065	1065	40	11.50	10.50
新安江特大桥	S31	杭新景高速	49.887	1460.40	1444.40	80	33.50	32
富春江特大桥	G25	长深高速	2337.472	1679.50	1676	120	33.50	32
东吴大桥	G320000000	沪瑞线	267.714	1543.02	1536	120	26	23
9 号桥	G15	沈海高速	1465.591	3201	3140	50	31	30
4 号桥	G15	沈海高速	1474.232	1130	1130	40	31	30
12 号桥	G1501	宁波绕城高速	1.404	1098	1093.20	39	31	30
8 号宁波高架桥	G1501	宁波绕城高速	5.143	2665	2580	50	31	30
14 号半浦大桥	G1501	宁波绕城高速	84.10	1489	1484	100	31	30
大碶特大桥	S1	北仑支线	29.721	1881	1877.60	30	26	22
19 号高桥互通主线桥	G15	沈海高速	1477.188	1275	1270	25	38	38
49 号桥	G15	沈海高速	1492.318	1684.70	1684.70	100	38	30
59 号明州高架桥	G15	沈海高速	1498.762	3713.50	3713.50	20	38	38
五十桥	S1	北仑支线	10.057	1524	1520.30	30	26	22
奉化江特大桥	S5	宁波支线	10.627	1350	1345	35	37	30
222 号桥	S5	宁波支线	19.412	1812.40	1808.90	20	37	30
五夫特大桥	G92	杭州湾环线高速	254.289	1235.30	1230	30	37	30
姚洲大桥	S213330000	浒溪线	21.539	1175	1162	31	20	15.50
杭州湾大桥	G15	沈海高速	1396.721	36000	36000	448	35	32
87 号崇寿高架桥	G15	沈海高速	1425.007	1021.60	1021.60	33	33.75	33
46 号桥	G15	沈海高速	1442.705	1681.49	1666.49	38	33.75	33
双屿立交桥（左）	G1513	温丽高速	15.094	1057	1057	25	25	15
双屿立交桥（右）	G1513	温丽高速	15.095	1057	1057	25	25	15
屿头一温化水厂高架桥	G1513	温丽高速	17.893	2951	2951	20	24	15
仰义高架桥	G1513	温丽高速	20.588	1057	1057	25	25	15
仰义枢纽主线桥（左）	S10	温州绕城高速北线	0.083	1401.97	1396	35	16.25	15
仰义枢纽主线桥（右）	S10	温州绕城高速北线	0.084	1396.67	1396	35	16.25	15
瓯江大桥（左）	S10	温州绕城高速北线	1.51	1868	1865	125	16.25	15
瓯江大桥（右）	S10	温州绕城高速北线	1.511	1868	1865	125	16.25	15
温州大桥	G15	沈海高速	1744.217	6977	6977	270	24	19
四角亭高架桥	G15	沈海高速	1760.717	4267.47	4231	35	28	27
金竹高架桥（右）	G1513	温丽高速	1.799	1800	1800	20	24.50	15
金竹高架桥（左）	G1513	温丽高速	1.80	1800	1800	20	24.50	15
南村高架桥（右）	G1513	温丽高速	3.698	1630	1630	20	24.50	15

续上表

桥梁名称	路线编号	路线名称	桥梁中心桩号	全长（米）	跨径总长（米）	单孔最大跨径（米）	桥梁全宽（米）	桥梁净宽（米）
娄桥高架桥(左)	G1513	温丽高速	3.713	1630	1630	20	24.50	15
娄桥高架桥(右)	G1513	温丽高速	7.555	1295.10	1295.10	28	24.50	15
上汇高架桥(左)	G1513	温丽高速	9.062	1120	1120	22	24.50	15
上汇高架桥(右)	G1513	温丽高速	9.063	1120	1120	22	24.50	15
楠溪江特大桥	G104000000	京福线	1873.874	1123.20	1109	80	24.50	22.50
梅岙大桥	G1513	温丽高速	26.783	1081.84	1039	80	24.50	22
路礁高架桥	G1513	温丽高速	30.209	1743.54	1740	87	24.50	22
互通主线桥	G1513	温丽高速	37.744	1613.04	1609	20	24.50	23
沿江高架桥	G1513	温丽高速	42034	3358.12	3309	35	24.50	22
楠溪江大桥(左)	S10	温州绕城高速北线	11.531	1067.46	1065	125	16.25	15.25
楠溪江大桥(右)	S10	温州绕城高速北线	11.536	1177.46	1075	125	16.25	15.25
永嘉枢纽主线桥(右)	S10	温州绕城高速北线	12.854	1557.46	1557	35	16.25	15.25
永嘉枢纽主线桥(左)	S10	温州绕城高速北线	12.859	1567.46	4565	35	16.25	15.25
双合岩桥2(左)	S26	诸永高速	168.853	1223.90	1208	40	12	10.75
大楠溪沿江桥3(左)	S26	诸永高速	170.885	1269.42	1260	35	12	10.75
大楠溪江桥(左)	S26	诸永高速	189.087	1347.96	1322	80	12	10.75
大楠溪江桥(右)	S26	诸永高速	189.088	1347.96	1322	80	12	10.75
河峙高回桥(右)	S26	诸永高速	211.607	2029	2025	25	12	10.75
河峙高回桥(左)	S26	诸永高速	211.608	2029	2025	25	12	10.75
永嘉互通主线桥(左)	S26	诸永高速	213.883	2428.12	2425	25	12	10.75
永嘉互通主线桥(右)	S26	诸永高速	213.884	2428.12	2425	25	12	10.75
楠溪江特大桥(左)	S26	诸永高速	218.705	2581.78	2570	100	12	10.75
楠溪江特大桥(右)	S26	诸永高速	218.706	2581.78	2570	100	12	10.75
山尾里特大桥	G15	沈海高速	1812.565	1111.08	1100.08	20	24.50	22
瑞安高架桥	G104000000	京福线	1939.928	1896	1889	63	11.10	10
飞云江大桥	G104000000	京福线	1942.093	1721	1718	62	13.60	13
罗凤高架桥	G15	沈海高速	1765.486	1692.10	1686.56	37	28	27
飞云江特大桥	G15	沈海高速	1774.176	2522.04	2518	240	28	24
清江特大桥	G15	沈海高速	1694.003	1180	1170	40	24.50	21.50
乐清湾高架桥	G15	沈海高速	1715.294	8777	8772	20	24.50	21.50
北白象枢纽主线桥(右)(未建好)	S10	温州绕城高速北线	25.931	1223.50	1221	65	16.25	15.25
北白象枢纽主线桥(左)(未建好)	S10	温州绕城高速北线	25.936	1234.50	1232	65	16.25	15.25
步云枢纽2号桥	S7	杭州湾北岸连接线	25.174	1142.10	1136	35	34.50	30.50
乍嘉苏跨申嘉湖主线桥	G15W	常台高速	104.561	1303.60	1294	80	30	27

续上表

桥梁名称	路线编号	路线名称	桥梁中心桩号	全长（米）	跨径总长（米）	单孔最大跨径（米）	桥梁全宽（米）	桥梁净宽（米）
和尚塘大桥	S12	申嘉湖高速	5.319	1040.60	1032.40	90	34	31
平黎公路高架桥	S12	申嘉湖高速	9.775	1233.20	1225	35	34	31
芦墟塘大桥	S12	申嘉湖高速	13.927	1198.20	1190	80	34	31
海宁互通主线桥	G2501	杭州绕城高速	3.193	1400	1391.30	25	25	24
长安公铁	G60	沪昆高速	142.124	1175.30	1170	30	41.50	37.50
盐官大桥	G92	杭州湾环线高速	152.378	1014.04	1010	37.50	34.50	30.5
绕城东枢纽桥	S16	杭州北支线	14.714	1272.6	1267	25	34.50	30.50
黄姑塘大桥	G15	沈海高速	1361.687	1074.06	1070	80	34.50	30.50
盐平塘大桥	G15	沈海高速	1369.973	1398.55	1393.21	90	34.50	30.50
平湖塘特大桥	G92	杭州湾环线高速	98.82	1162	1158	80	34.50	30.50
平湖塘特大桥	S7	杭州湾北岸连接线	34.946	1162	1158	45	34.50	30.50
乌镇南高架桥	S12	申嘉湖高速	57.482	2648.20	2640	90	35	32
横塘港大桥	S13	练杭高速	19.546	1040	1034	144	30	28.50
苏家庄互通	G104000000	京福线	1352.533	1139	1139	31	19	17
织里互通主线桥	G50	沪渝高速	127.754	1277.42	1271.70	25	36.75	33.750
长兜港桥	G50	沪渝高速	142.041	1336	1330	80	34.50	30.50
跨湖盐公路主线桥	S12	申嘉湖高速	90.942	1073.60	1066.15	35	35	31
鹿山枢纽主线桥	S12	申嘉湖高速	100.889	1260.59	1259.19	35	35	31
吴越分离式立交	G50	沪渝高速	114.786	1124.04	1080	20	34.50	30.50
练市高架桥	S12	申嘉湖高速	65.423	2008.20	2000	80	35	31
双林高架桥	S12	申嘉湖高速	77.349	1645.50	1627.80	90	35	31
秋山互通 1 号桥	G25	长深高速	2267.20	1319.50	1316.50	30	33.50	31
京杭运河 1 号大桥	S13	练杭高速	31.991	1166	1160	100	26.50	23.50
长兴大桥	G318000000	沪聂线	179.195	1168	1158.90	80	24.50	21.50
李家巷 1#立交桥	G50	沪渝高速	159.954	2398.70	2395	72	33.50	30.50
曹娥江大桥	G92	杭州湾环线高速	234.364	1165.30	1160	35	40.50	37.50
嵊州特大桥	G1512	甬金高速	78.677	1596.20	1591.80	36	26	22.50
黄溢大桥	S313330000	金兰线	28.739	1069	1064	80	16	15
右主线一号桥	S26	诸永高速	59.804	1590	1585	37.74	22	20
麻车里大桥	G320000000	沪瑞线	443.675	1077	1073	40	27.25	22.50
常山港特大桥	G60	沪昆高速	438.416	1259.18	1259.14	40	26	23
渊底特大桥右	G3	京台高速	1426.497	1256	1240	40	23.70	20
渊底特大桥左	G3	京台高速	1426.509	1276	1240	40	23.70	20
灵山高架桥	S33	龙丽高速	59.10	1125	1125	25	24.50	22.50

续上表

桥梁名称	路线编号	路线名称	桥梁中心桩号	全长（米）	跨径总长（米）	单孔最大跨径（米）	桥梁全宽（米）	桥梁净宽（米）
金塘大桥	G9211	甬舟高速	42.39	21020	18500	620	22.50	20
西堠门大桥	G9211	甬舟高速	53.429	1650	1650	1650	22.50	20
桃夭门大桥	G9211	甬舟高速	60.343	888	872	580	22.50	20
朱家尖海峡大桥	G329000000	杭朱线	281.773	2730	2706	138	12.50	9
椒江大桥	S225330000	大路线	73.666	2587	2580	100	19	15
永宁江特大桥	H104Q00000	国 G104 左线	1741.791	1121.37	1118.20	28	18.50	17
漩门港大桥	T226B330000	泽坎线	45.622	1643.50	1631.50	35	17	16
健跳大桥	S224330000	岭三线	38.515	500.50	500.50	245	22.50	15
白塔枢纽互通主线1号桥(左)	S26	诸永高速	136.672	1534.96	1520	40	12.50	12
主线 1 号桥(右)	S26	诸永高速	136.89	1534.96	1520	40	12.50	12
括苍坑大桥	S28	台金高速	70.652	1178.12	1175	25	25.20	22.50
永安溪 3 号桥	S28	台金高速	85.687	1566	1560	30	25.50	22.50
东环立交桥	T226A330000	泽坎线	17.537	1665	1652.42	50.48	13	12
东环立交桥(左)	T226A330000	泽坎线	17.543	1534.84	1521.60	50.48	13	12
邵家渡 1 号桥	G15	沈海高速	1623.192	1627.70	1624	20	24.80	21.50
邵家渡 2 号桥	G15	沈海高速	1624.854	1036.80	1030	35	24.80	21.50
灵江特大桥	G15	沈海高速	1631.206	1687	1665.50	122	24.80	21.50
永安溪一号桥	S28	台金高速	53.619	1175.52	1170	30	25	22.50
塘头朱大桥	S28	台金高速	65.536	1721.92	1716	30	25	22.50
社后特大桥	X023331101	绕城公路	10.573	1063.23	1050	30	25.50	17
温溪沿江桥(左右)	G1513	温丽高速	50.366	3680	3667.50	35	24	21.50
博瑞沿江桥(左右)	G1513	温丽高速	56.009	3544.50	3535	35	24	21.50
沙湾沿江桥(右)	G1513	温丽高速	64.371	2019.16	1995	35	12	11
沙湾沿江桥(左)	G1513	温丽高速	64.503	2038.90	2030	35	12	10.50
雷石—东岙沿江特大桥 2	G1513	温丽高速	69.726	1173.50	1155	35	12	11
雷石—东岙沿江特大桥 1	G1513	温丽高速	69.786	1127	1110	30	12	10.50
芝溪沿江桥(左右)	G1513	温丽高速	82.163	1866	1860	30	24.50	21
海口—戈溪外村沿江桥(左右)	G1513	温丽高速	89.026	10295.60	10290	30	24.50	21.50
圩地后沿江桥(左右)	G1513	温丽高速	96.575	2346	2340	30	24	21.50
锦水—小群沿江桥(右)	G1513	温丽高速	101.75	4803.75	4790	35	12	11
锦水—小群沿江桥(左)	G1513	温丽高速	101.835	4803.75	4790	35	12	11
鹤城临江特大桥	S333330000	六东线	40.074	1927	1920	16	10	9
石塘大桥	S328330000	丽浦线	39.164	1380	1375	25	9.50	8.50
浦阳江大桥	X142330109	大桥—泥桥头	8.535	1112.20	1108.20	50	18.50	15

续上表

桥梁名称	路线编号	路线名称	桥梁中心桩号	全长（米）	跨径总长（米）	单孔最大跨径（米）	桥梁全宽（米）	桥梁净宽（米）
塘新线立交桥	X152330109	塘新线立交	1.115	3213	3100	250	25.50	25
千岛湖大桥	X707330127	千威线	2.491	1258	1145	105	18	14.50
威坪大桥	X707330127	千威线	44.11	218.90	198	198	14	9
南浦大桥	X720330127	千郑线	0.16	328	319	319	14	9
小金山大桥	X724330127	淳开线	9.687	442.28	440	200	12	11
华光潭大桥	X311330185	华光潭—浪广	1.165	195	165	165	12	7
招宝山大桥(右)	X812330206	甬小线连接线	1.396	2482	568	258	14.75	13.25
招宝山大桥(左)	X812330206	甬小线连接线	1.40	2482	568	258	14.75	13.25
大榭大桥	Z814330206	穿山—大榭	2.25	1238.21	1225.90	36	28.20	17
铜门瓦大桥	C663330225	东门陆岛公路	2.496	297	297	297	7.50	7
北门桥	X508330225	石浦—三门口	26.783	352	270	270	12.50	12
中门桥	X508330225	石浦—三门口	27.364	368	270	270	12.50	12
南门桥	X508330225	石浦—三门口	27.95	752	340340	12.50	9	
最良江姚江特大桥	X228330281	东环线	4.222	1287.64	1283.60	60	30	22.50
明州大道互通跨线桥右	X322330283	下王—朝阳	18.769	1081.13	1077.10	50	22.50	12.25
明州大道互通跨线桥左	X322330283	下王—朝阳	18.832	1081.13	1077.10	50	22.50	12.25
甬金分离式大桥左	X323330283	上张—畸山	10.382	1009.47	1004.44	55	22.50	12.25
甬金分离式大桥右	X323330283	上张—畸山	10.459	1009.47	1004.44	55	22.50	12.25
灵昆大桥	X857330303	灵昆—霓屿	2.022	2534	2530	40	12	9
洞头大桥	X806330322	五岛相连公路	2.057	1500	1492	128	9.50	8.50
深门大桥	X806330322	五岛相连公路	8.841	212.5	206	160	9.50	8.50
东瓯大桥	X104330324	瓯娄线	3.073	2068	2048	98	21.40	16
曹娥江四环大桥	X532330682	东关—边墩	2.575	1141	1135	68	51	40
中山大桥	X502330783	东阳—小岭头	1.082	182	162	162	32	31
长峙大桥	X126330902	长岙线	6.858	580	568	170	12	11
岙山大桥	X126330902	长岙线	7.396	343	324	260	12	11
大溪高架桥(左)	X807331081	大溪—松门	0.567	1798	1794	40	9.50	8.50
大溪高架桥	X807331081	大溪—松门	0.568	1798	1794	40	9.50	8.50

第三节 隧　　道

1965 年，缙云县开通蛟坑隧道，成为浙江公路修建隧道之始。1978 年改革开放后，随着社会经济的发展对公路交通运输的要求，浙江公路隧道建设速度加快，规模越来越大。2010 年，全省拥有各类公路隧道 1273 道，总长 787513.70 米。其中：水下 1 道，特长隧道 23 道，长隧道 201 道,中隧道 222 道,短隧道 827 道。隧道总数和总长在全国各省中名列第一位。

一、大峡山隧道

2006 年 12 月 1 日,大峡山隧道开工建设。大峡山隧道是 S210 省道桐庐段改建中的控制性工程,时为杭州最长公路隧道,位于桐庐县东南部的湾里乡塘家埠村。全长 3005 米,按二级公路技术标准设计建设,设计速度 60 公里/小时,行车道 2 ×3. 50 米,净高 5 米;设置紧急停车带长 40 米,宽 3. 50 米,过渡段 2 ×5 米,净高 5 米;人行道各宽 1 米,净高 2. 50 米。投资概算 5700 万元。2008 年 3 月 31 日完工。

二、黄鹤山隧道

1999 年 3 月,黄鹤山隧道开工建设。隧道是杭州绕城高速公路北段建设的控制性项目之一,时为亚洲第三大公路隧道,国内建成的高速公路中宽度最大、长度最长的隧道,拥有全国最先进的火警报警系统。位于杭州市区东北部的皋亭山,分左右线穿越皋亭山,最大埋深约 280 米,进口位于丁桥镇沿山村的摔死马,出口位于半山镇石塘村的滴水坞。为上、下线分离单向三车道的双洞隧道,净宽 14 米,净高 5 米,隧道左线长 1370 米,右线 1430 米,两线间距 40 米,设计速度 100 公里/小时。投资概算 1. 60 亿元。2000 年 8 月 12 日全线贯通,2001 年 12 月完工。

三、横路头隧道

2005 年 1 月,横路头隧道开工建设。隧道位于千岛湖支线(千黄高速)淳安境内,隧道左洞长 1915 米、右洞长 1888 米,全宽 11 米,净宽 10. 70 米,净高 5 米,水泥混凝土路面,翼墙式正交洞口,直墙式坦顶双心圆拱。投资概算 9500 万元。2006 年 10 月完工。

四、雪水岭隧道

2003 年 4 月 20 日,雪水岭隧道开工建设。隧道位于桐庐县道柴雅线雪水岭,穿越海拔 975 米的雪水岭到达新合乡的雪水村。隧道长 1952 米,净宽 10. 50 米,净高 5 米,行车道宽 2 ×4. 50 米,人行道宽 0. 75 米,高 2. 50 米。按二级公路技术标准设计建设,设计速度 40 公里/小时。投资概算 4300 万元。2005 年 1 月 7 日完工。

五、窑山顶隧道

2004 年 8 月,窑山顶隧道开工建设。隧道位于杭新景高速公路建德至寿昌段,左隧道长 1618 米,右隧道长 1685 米,隧道宽 14. 54 米,行车道净宽 3 ×3. 75 米,净高 5. 50 米,设计速度 100 公里/小时。投资概算 1. 15 亿元。2006 年 12 月完工。

六、猫狸岭隧道

1998 年,猫狸岭隧道开工建设。隧道长 3592 米,宽 11 米,高 5 米,上下行双洞四车道,位于同三线浙江台州地区境内,1999 年 10 月主体竣工,2000 年 12 月建成通车。

猫狸岭隧道群位于甬台温高速公路由猫狸岭隧道(3616 米 +3592 米)、羊角山隧道(209 米 +193 米)、岩下徐隧道(68 米 +146 米)、牛官头隧道(1342. 40 米 +1310 米)四条隧道组成,分布于 8. 17 公里路段与三门吴岙互通枢纽相连。隧道在 8. 17 公里路段内占 64% 配有防灾监控和供配电系统。

七、大溪岭隧道

1994 年 10 月,大溪岭隧道建设工程开工。甬台温高速公路大溪岭—湖雾岭隧道(简称“大溪岭隧道”),为双洞单向行车双车道隧道,左右线各长 4116 米。隧道配备较为完善的机电设施，如通风设施、照明设施、火灾检测与报警、紧急呼救设施、交通诱导与控制设施、通风及照明控制设施、闭路电视监视设施、中央管理及控制设施、供配电设施、消防设施和防雷设施等。

1999 年 9 月 27 日，大溪岭隧道全线建成通车。

八、盘龙岭隧道群

1998 年，盘龙岭隧道群建设工程开工。隧道群位于浙江省新昌县与天台县交界的盘龙岭，全长约 3.70 公里，是上（虞）三（门）线一级汽车专用公路的咽喉工程之一，它由盘龙岭一号隧道和盘龙岭二号隧道组成；一号隧道右线长度为 1020 米，左线长度为 940 米，纵坡 2.66‰；二号右线长 2445 米，纵坡 -2.64‰，左线长度 2441 米，纵坡 -2.65‰。两隧道设计为单向行驶双洞双车道，双洞轴线间距为 35 米，隧道净宽 7 米，净高 6.98 米，内轮廓采用曲墙三心圆拱。2000 年建成通车。

九、括苍山隧道

2005 年 5 月 1 日，括苍山隧道开工建设。隧道连接台州与温州，是诸永高速公路控制性工程。隧道共分相向 2 条，双洞全长 15800 米，单洞最长 7930 米，最大埋深约 690 米。括苍山隧道长度时居全国第四，是华东地区高速公路第一长隧道。由温州段和台州段组成，直接贯通温州永嘉县和台州仙居县，投资概算 8 亿元，采取国家一级高速公路标准建设，有“浙江第一隧道”和“华东第一长隧道”之称。工程采取温州和台州两边同时开挖的方式进行。2007 年 10 月 12 日，诸永高速公路括苍山隧道贯通。

十、天长岭隧道

1998 年 9 月，天长岭隧道工程开工建设。隧道位于温州市瓯海区瞿溪镇与泽雅镇之间，全长 2600 米，净高 5 米，净宽 8 米，于 2000 年 11 月建成通车。2006 年经勘查发现，该隧道安全隐患严重，被列为温州市级交通安全隐患重点整治项目。2007 年 3 月 5 日起，瓯海区政府对该隧道实施封闭整治，主要包括隧道内壁漏水衬砌、照明灯光重新更换、安装隧洞排风设施 3 个方面。2007 年 9 月 30 日下午隧道举行试通车，10 月 1 日正式恢复通车。

十一、黄土岭隧道

1985 年 9 月，黄土岭隧道北洞开挖，10 月南洞开挖。黄土岭隧道位于 104 国道线上临海至黄岩最后一道山岭，主隧道长 912 米，总宽 10.50 米，行车道 9 米，人行道两则各 0.75 米，净空大于 5 米。纵坡度 0.30%、人字坡。隧道北口在临海水洋侧，南口黄岩市拱东侧。北口 462 米处有黄石副隧道，长 64.50 米，在临海水洋乡。洞内南北各有用混凝土直墙变截面拱圈，其余用喷射混凝土支护，配有灯光。两端洞口外光差蓬共 50 米，玻璃钢瓦覆盖，南端出口有拱形立交桥。洞上有“黄土岭隧道”青石字碑。时为浙江省境内国道线上最长的隧道。此路段原为古驿道，后改建成杭温线，黄土岭越岭公路长 6 公里，有弯道 27 处，半径小于 15 米的回头曲线 7 处，其中半径小于 11 米的 4 处，最大的纵坡高 9.50%，路基最小宽度 5.50 米。隧道工程由省交通设计院初步测设定线，台州地区公路总段测量设计并负责组织实施。北洞由临海水洋乡与三门第二建筑公司承包，南洞由温岭县肖村乡工程队承包。1988 年 6 月 25 日单辐通车，8 月全辐通车。施工中南端岩质较差，采用小导洞掘进，曾数次出现塌方。1986 年 8 月 15 日，大面积塌方，30 多米地段塌下土石 2000 余立方米，堵死洞口，一度影响施工。投资概算 712 万元，全部银行贷款，向过隧道车辆收费还贷。

十二、菜园隧道

1981 年 4 月,菜园隧道开工建设。菜园隧道位于嵊泗县菜园镇基湖岗墩下,为菜园至五龙公路所经。隧道长 186 米,高 6.28 米,宽 10 米,两侧人行道各宽 0.75 米,混凝土和浆砌块石被覆结构。共投资概算 107 万元。长 245.70 米,宽 8.50 米,高 5.80 米。水泥混凝土和浆砌块石被覆结构,洞内置有照明设备。工程由舟山地区公路段设计,嵊泗县菜园隧道工程指挥部承建,菜园基湖大队施工。1984 年 4 月 25 日通车。

十三、晓峰岭隧道

1987 年 6 月,晓峰岭隧道开工建设。隧道在 329 国道线鸭蛋山至定海段晓峰岭下。隧道长 246.80 米,净高 6.70 米,宽 11 米,水泥混凝土衬砌被覆结构。隧道内设有 7 米宽行车道,两侧各 2 米宽非机动车道,并置有照明设备。工程由舟山市公路管理处设计,定海区茅岭、东海两工程队承建。投资概算 150 万元。隧道建成后,鸭蛋山轮渡码头至定海城关的公路里程缩短 1.20 公里。1989 年 10 月 1 日,晓峰岭隧道正式通车。

十四、叶六公岙隧道

1998 年 10 月,丽水市景宁县叶六公岙隧道开工建设。隧道长 1103 米,宽 3.70 米,净高 3.50 米,时为浙江省村道公路最长的隧道。隧道由鹤溪镇严坑村村民集资、山林出让、私人贷款和国家补助的办法建造起来的。2003 年 12 月,叶六公岙隧道建成通车。

十五、蝙蝠岭隧道

1999 年 12 月,蝙蝠岭隧道开工建设。隧道分为左洞和右洞,位于金丽温高速公路 K57 +005 处(左洞),右洞中心桩号为 K57 +265.18 处。左洞全长 1730 米,右洞全长 1730.36 米,净宽 10.25 米,洞净高 5 米。2002 年 12 月建成,12 月 28 日正式投入使用。

十六、白峰岭隧道

2003 年,白峰岭隧道开工建设。隧道左洞位于甬金高速公路 K117 +022 ~ K115 +813 处,全长 1309 米,净高 5 米,净宽 11.74 米;右洞位于甬金高速公路 K117 +058 ~ K115 +813 处,全长 1245 米,净高 5 米,净宽 11.74 米,明洞,现浇钢筋等截面直墙式结构,由浙江省交通工程集团有限公司承建。2005 年 12 月,白峰岭隧道工程项目竣工。

十七、大盘隧道

2001 年 5 月,大盘隧道开工建设。隧道位于东仙线磐安境内的大盘镇利济村和小盘村附近。隧道全长 1589 米,宽 10.50 米,行车道宽 9 米,两侧人行道各宽 0.75 米,洞内净高 5 米,2003 年 11 月完工。

十八、长坑隧道

2003 年 7 月 28 日,长坑隧道开工建设。隧道位于 40 省道东仙线磐安境内长坑村附近。隧道全长 1450 米,宽 10.50 米,行车道宽 9 米,两侧人行道各宽 0.75 米,洞内净高 5 米,2005 年 8 月 30 日完工。

十九、桐坞岭隧道

2003 年 9 月,桐坞岭隧道开工建设。隧道位于 S314 浦兰线的浦江与兰溪交界处。全长 1030 米,其中兰溪境内 503 米,浦江境内 527 米,宽 10.56 米,兰溪段由温州交通集团有限公司承建,浦江段由浙江山水建设有限公司承建。2005 年 10 月,桐坞岭隧道竣工。

二十、温丽高速公路阳山隧道

2003年3月9日，阳山隧道开工建设。隧道位于青田县境内，左线中心桩号K106+485，长3742米；右线中心桩号K106+307，长3281米。净宽均15米，人行道21米，净高5米，断面形式直墙式单心圆拱，钢筋混凝土衬砌，沥青混凝土路面，全部照明，机械通风。2005年12月26日通车。

二十一、大梁山隧道

2003年5月22日，大梁山隧道开工建设。隧道位于莲都区境内，左线中心桩号K112+874，长2057.50米；右线中心桩号K112+879，长2066米。净宽均10米，人行道宽2×0.50米，净高5米，断面形式直墙式单心圆拱，钢筋混凝土衬砌，沥青混凝土路面，全部照明，机械通风。2005年12月19日通车。

二十二、赤石岭隧道

2004年6月，赤石岭隧道开工建设。隧道位于长深线丽龙段云和县城至赤石乡之间，左线中心桩号K2671+452，长2784米；右线中心桩号K2671+447，长2740米。净高6.72米，净宽8米，人行道宽2×0.75米，行车道2×3.75米，高5米，检修道宽0.75米，高2.50米，分离式隧道，复合式路面结构，设计速度80公里/小时。2006年12月30日通车。

二十三、青云岭隧道

2003年3月6日，青云岭隧道开工建设。隧道位于遂昌县境内。中心桩号K88+927，长2130米，净宽9.88米，人行道宽20.50米，净高6.85米，断面形式曲墙式单心圆拱，水泥混凝土衬砌，沥青混凝土路面，全部照明，机械通风。2005年12月1日通车。

二十四、大湾山隧道

1996年9月，大湾山隧道开工建设。隧道位于莲都区境内，330国道温寿线入口桩号K137+002，长1610.10米，净宽11米，人行道宽21米，净高5.32米。直墙式单心圆拱，水泥混凝土衬砌，水泥混凝土路面，全部照明，自然通风，1997年12月12日通车。

二十五、寨头岭隧道

1997年3月18日，寨头岭隧道开工建设。隧道位于松阳县境内。全长2343米，宽10.50米，净高5米，是当时丽水地区最长的公路隧道。1999年12月20日通过省交通厅工程质量监督站交工质量鉴定。隧道建成及改造后的松阳段比原公路缩短里程9.63公里，降低高差283米。

二十六、龙井隧道

2000年4月，龙井隧道开工建设。隧道位于景宁县境内，S228(52)中心桩号K63+509，长1910米，净宽8.50米，人行道宽20.75米，净高5米。直墙式单心圆拱，水泥混凝土衬砌，水泥混凝土路面，全部照明，机械通风，2002年8月通车。该隧道建成，降低高差346米，缩短里程13.80公里。

二十七、溪田分离式隧道

2001年8月，溪田分离式隧道开工建设。隧道位于50省道龙游至丽水线龙游沐尘乡境内，中心桩号K26+70。左幅隧道长2321米、右幅隧道长2300米，左、右各宽9米，净高5米，人行道宽2米。由衢州市交通设计院设计，市交通建设集团和省交通二公司施工，投资概算8071.61万元。2003年12月建成。

二十八、竹海分离式隧道

2001 年 8 月,竹海分离式隧道开工建设。隧道位于 50 省道龙游沐尘乡境内,中心桩号 K21 +65。左、右隧道各长 1285 米,净宽 9 米,净高 5 米,人行道 2 米。由衢州市交通设计院设计,省通途中国路桥一局施工,投资概算 4938.54 万元。2003 年 12 月建成。

二十九、十八跳隧道

2000 年 9 月,十八跳隧道开工建设。隧道位于 17 省道开化杨林乡境内,中心桩号 K32 +383。隧道长 1165 米,净宽 10.50 米,净高 6.98 米,人行道宽 1.50 米。衢州市交通设计院设计,浙江通途工程公司施工,投资概算 7179 万元。2002 年 10 月建成。

三十、阳排尖分离式隧道

2005 年 10 月,阳排尖分离式隧道开工建设。隧道位于黄衢南高速公路衢南段常山境,中心桩号:AK78 +478,BK78 +493,A 隧道长 2845 米,B 隧道长 2835 米,A、B 隧道各宽 10.75 米,净高 5 米,人行道宽 2 米。由省交通规划设计研究院设计,中铁四局第一工程有限公司施工,投资概算 2.28 亿元。2008 年 11 月建成。

三十一、三卿口分离式隧道

2005 年 10 月,三卿口分离式隧道开工建设。隧道位于黄衢南高速公路衢南端江山境,中心桩号:AK142 +668,BK142 +681,A 隧道长 1735 米,B 隧道长 1732 米,A、B 隧道各宽 10.25 米,净高 5 米,人行道宽 2 米。由省交通规划设计研究院设计,中铁隧道三处有限公司施工,投资概算 1.39 亿元。2008 年 11 月建成。

三十二、仙霞关分离式隧道

2005 年 10 月,仙霞关分离式隧道开工建设。隧道位于黄衢南高速公路衢南段江山境,中心桩号 AK147 +97,BK148 +02,A 隧道长 2450 米,B 隧道 2539 米,A、B 隧道各宽 10.25 米,净高 5 米,人行道宽 2 米。由省交通规划设计研究院设计,中铁隧道集团三处有限公司施工,投资概算 2.03 亿元。2008 年 11 月建成。

三十三、达坞分离式隧道

2005 年 10 月,达坞分离式隧道开工建设。隧道位于黄衢南高速公路衢南段江山境,中心桩号:AK151 +36,BK151 +42,A 隧道长 3550 米,B 隧道长 3520 米,A、B 隧道各宽 10.25 米,净高 5 米,人行道宽 2 米。由省交通规划设计研究院设计,江西公路机械工程局施工,投资概算 2.84 亿元。2008 年 11 月建成。

三十四、任胡岭隧道

1998 年,任胡岭隧道开工建设,隧道分为左右隧道。左隧道起点桩号为上三高速公路 K85 +071,终点桩号为 K86 +991,长 1920 米,全宽 10.16 米,中心高 6.98 米;右隧道起点桩号为上三高速公路 K85 +092,终点桩号为 K87 +949,长 1857 米,与左隧道同宽同高。由于地质条件差,地下水丰富,工程一开始就采取双侧壁导洞施工工艺,以确保安全并加快洞身开挖进度。1998 年 6 月,连续阴雨天气使左隧道出洞口发生山体塌方,堵塞了工作面。7 月,右隧道离进口仅 51 米处发生冒顶,又减少了 1 个工作面,使本来只能“少开挖、早支护”的Ⅱ类围岩分段洞身的开挖难度又增加了。为此,施工单位在围岩较好处增设一座长 156 米的斜井,于 1998 年 8 月底形成工作面。11 月底,左隧道进口段山体出现滑坡迹象,并出现大量涌水,收敛加快,至 11 月 28 日,已经衬砌的钢筋混凝土拱墙一天收敛达 0.25 米,钢筋混凝土二衬产生大量裂缝，为确保施工人员的人身安全，只好放弃工作面。因此，任胡岭隧道前后停工长达半年，随后施工单位采取增设抗滑桩、二次衬砌加固、接长明洞、浅埋段先加固后开挖等一系列措施，于2000年11月底完工，并进行了竣工质量鉴定。

三十五、新岭隧道

1999年，新岭隧道开工建设。左行线中心位于杭金衢高速公路K47+298处，隧道长1413米，全宽11.74米，全宽7.50米，高5米。建成于2002年。右行线中心位于杭金衢高速公路K47+323处，隧道长1432.50米，与左行线同宽同高。

三十六、陈公岭隧道

1993年9月，陈公岭隧道开工建设。隧道位于嵊州金庭镇念宅境内的嵊州至张家车线道，起点桩号为K31+046，终点桩号为K32+296，全长1250米，全宽15米，高5米。按北岭区二级公路标准设计，内设双向坡，全断面混凝土现浇衬砌，两边各设有安全带和排水沟，每隔20米设泄水孔1个。1997年1月建成。

如表1-3-2所示为2010年浙江省特长隧道、长隧道一览表。

2010年浙江省特长隧道、长隧道一览表

表1-3-2

隧道名称	路线编号	路线名称	隧道入口桩号	隧道长度（米）	隧道净宽（米）
合计	224道	—	—	439515.15	—
大峡山隧道	S210330000	桐义线	11.509	3005	10
跳远隧道（左）	S26	诸永高速	182.857	3242	8
跳远隧道（右）	S26	诸永高速	182.867	3242	8
杨家岭隧道	S331330000	分泰线	53.107	3300	7.50
西华岭隧道	S26	诸永高速	106.45	4312	20
双峰隧道	S26	诸永高速	113.63	5742	18
达坞隧道（左）	G3	（省内台金高速）	1533.602	3550	10.25
达坞隧道（右）	G3	（省内台金高速）	1533.611	3520	10.25
猫狸岭隧道（左）	G15	（省内台金高速）	1605.796	3616	11.02
猫狸岭隧道（右）	G15	（省内台金高速）	1605.806	3591.80	11.02
白鹤隧道（左）	S26	诸永高速	124.485	3893	8.50
白鹤隧道（右）	S26	诸永高速	124.526	3893	8.50
括苍山隧道（左）	S26	诸永高速	155.512	7660	8.50
括苍山隧道（右）	S26	诸永高速	155.569	7660	8.50
苍岭坑特长隧道（左）	S28	台金高速	124.932	7536	10.75
苍岭坑特长隧道（右）	S28	台金高速	125	7605	10.75
大溪岭隧道（左）	G15	（省内台金高速）	1670.216	4114	11.02
大溪岭隧道（右）	G15	（省内台金高速）	1670.217	4116	11.02
雪岭隧道（右）	S28	台金高速	31.718	3788	8.50
雪岭隧道（左）	S28	台金高速	31.773	3758	8.50
阳山隧道（左）	G1513	温丽高速	104.614	3742	15
阳山隧道（右）	G1513	温丽高速	104.666	3281	15

续上表

隧道名称	路线编号	路线名称	隧道入口桩号	隧道长度（米）	隧道净宽（米）
大岭山隧道1	X927331082	35省道东延线	5.12	3565	11
黄鹤山隧道(右)	G2501	杭州绕城高速	104.058	1430	11.25
黄鹤山隧道(左)	G2501	杭州绕城高速	104.088	1370	11.25
渡济隧道(右)	S305330000	富衢线	56.204	1704	10.50
渡济隧道(左)	S305330000	富衢线	56.21	1668	10.50
横路头隧道(右)	S32	千黄高速	16.737	1888	10.67
横路头隧道(左)	S32	千黄高速	16.743	1915	10.67
马岭隧道左	S210330000	桐义线	34.551	1094.15	9
窑山顶隧道Y	S31	杭新景高速	51.362	1680	14.50
窑山顶隧道Z	S31	杭新景高速	51.366	1618	14.50
道冠山隧道	G320000000	沪瑞线	259.298	1303	18
石板岭隧道	S307330000	中樟线	17.534	1540	10.50
高架岭隧道	S311330000	象西线	13.438	1320	7.75
桑洲岭隧道(右幅)	G15	(省内台金高速)	1582.295	1171	21.50
桑洲岭隧道(左幅)	G15	(省内台金高速)	1583.632	1240	21.50
桑洲岭隧道	S214330000	甬临线	91.771	1432	10.60
白桥岭隧道(左幅)	T215330000	盛宁线	138.044	1095	7
石子山隧道	G15	(省内台金高速)	1457.643	1180	30
四角尖隧道右幅	G1512	甬金高速	9.23	1480	11.43
四角尖隧道左幅	G1512	甬金高速	11.476	1475	11.43
大庙山隧道右幅	G1512	甬金高速	21.05	1098	10.99
大庙山隧道左幅	G1512	甬金高速	22.20	1171	10.96
官岭隧道	G330000000	温寿线	13.605	1054	9
双龙山隧道(左)	G104000000	京福线	1876.228	1045	8.75
双龙山隧道(右)	G104000000	京福线	1876.271	1015	8.75
江北岭隧道(右)	S10	温州绕城高速北线	4.297	2445	14.25
江北岭隧道(左)	S10	温州绕城高速北线	4.298	2455	14.25
马林头隧道(右)	S10	温州绕城高速北线	15.925	2640	4.25
马林头隧道(左)	S10	温州绕城高速北线	15.957	2600	4.25
后岗隧道(右)	S10	温州绕城高速北线	18.718	2352	14.25
后岗隧道(左)	S10	温州绕城高速北线	18.781	2369	14.25
小东尖隧道(左)	S26	诸永高速	163.236	1421	8.50
小东尖隧道(右)	S26	诸永高速	163.246	1421	8.50
大门台隧道(左)	S26	诸永高速	192.107	1565	8

续上表

隧道名称	路线编号	路线名称	隧道入口桩号	隧道长度（米）	隧道净宽（米）
大门台隧道(右)	S26	诸永高速	192.117	1565	8
包岙2号隧道(左)	S26	诸永高速	197.617	1315	8
包岙2号隧道(右)	S26	诸永高速	197.627	1315	8
龙前山1号隧道(左)	S26	诸永高速	201.907	2699	9.75
龙前山1号隧道(右)	S26	诸永高速	201.917	2699	9.75
南岙隧道(左)	S26	诸永高速	205.957	1090.80	8
南岙隧道(右)	S26	诸永高速	205.967	1090.80	8
龙岩头隧道(左)	S26	诸永高速	207.337	2880	8
龙岩头隧道(右)	S26	诸永高速	207.347	2880	8
下嶂岙隧道(左)	S26	诸永高速	215.998	1161	8
下嶂岙隧道(右)	S26	诸永高速	216.008	1161	8
九凰山隧道	G104000000	京福线	1956.613	1313	8.40
外笼山隧道左线	G15	沈海高速	1791.334	1295	10
外笼山隧道右线	G15	（省内台金高速）	1791.335	1322	10
仙岩隧道左线	G15	沈海高速	1793.422	1630	10
仙岩隧道右线	G15	沈海高速	1793.423	1587	10
鹤顶山隧道	S232330000	水霞线	28.145	2955	8
上岙岭隧道	S330330000	瑞东线	47.895	1105	9
红岩隧道	S228330000	云寿线	83.315	2510	8.50
富垟隧道	S331330000	分泰线	10.831	2445	7.50
峰坳隧道	S331330000	分泰线	16.272	1115	7.50
淡竹洋隧道	S331330000	分泰线	33.487	2390	7.50
洪岭头隧道	S331330000	分泰线	45.641	1265	7.50
三都岭隧道(右)	G15	沈海高速	1768.682	1715	10
三都岭隧道(左)	G15	沈海高速	1768.695	1704	10
塔石岭隧道	S330330000	瑞东线	25.486	1563	9
雁荡山隧道(右)	G15	沈海高速	1681.764	1396.20	9
雁荡山隧道(左)	G15	沈海高速	1681.778	1415	9
雁荡南隧道(右)	G15	沈海高速	1689.34	1568	9
雁荡南隧道(左)	G15	沈海高速	1689.355	1615	9
弁山隧道	G50	沪渝高速	148.341	1015	29
成功岭隧道(左行线)	G1512	甬金高速	46.329	2266	11.50
成功岭隧道(右行线)	G1512	甬金高速	46.353	2248	11.50
任胡岭隧道(右行线)	G15W	常台高速	279.677	1857	7

续上表

隧道名称	路线编号	路线名称	隧道入口桩号	隧道长度（米）	隧道净宽（米）
任胡岭隧道(左行线)	G15W	常台高速	279.694	1920	7
盘龙岭1#隧道(右行线)	G15W	常台高速	290.528	1020	7
盘龙岭2#隧道(右行线)	G15W	常台高速	291.779	2445	7
盘龙岭2#隧道(左行线)	G15W	常台高速	291.843	2441	7
新岭隧道	G60	沪昆高速	214.391	1413	15
雪山隧道	S26	诸永高速	42.409	2032	15
枫树头隧道	S26	诸永高速	48.86	1549	15
杭口岭右隧道	S210330000	桐义线	51.492	1095	8.25
杭口岭左隧道	S210330000	桐义线	52.609	1100	9
长坑隧道	S218330000	东仙线	57.3	1465	9
大盘山隧道	S218330000	东仙线	62.123	1589	9
岩坑尖隧道右线2号	G1512	甬金高速	157.244	1380	11.74
岩坑尖隧道左线2号	G1512	甬金高速	157.245	1286	11.74
岩坑尖隧道右线边号	G1512	甬金高速	158.707	1831	11.74
岩坑尖隧道左线3号	G1512	甬金高速	158.708	1492	11.74
白峰岭隧道(右)	G1512	甬金高速	115.82	1245	20
白峰岭隧道(左)	G1512	甬金高速	115.87	1309	20
枫树岭隧道	S26	诸永高速	52.4	1284	20
里岭隧道(右)	S26	诸永高速	72.23	2322	20
里岭隧道(左)	S26	诸永高速	72.288	2308	20
云腾岭隧道(右)	S26	诸永高速	97.883	2982	20
石城山隧道	G25	长深高速	2546.988	1730	10
法莲隧道	S28	台金高速	150.797	1797	26
杨家园隧道右洞	G3	京台高速	1432.716	2590	10.50
杨家园隧道左洞	G3	京台高速	1432.718	2590	10.50
白马山隧道右洞	G3	京台高速	1453.497	1764	10.50
白马山隧道左洞	G3	京台高速	1453.5	1764	10.50
阳排尖隧道左洞	G3	京台高速	1461.002	2845	7.50
阳排尖隧道右洞	G3	京台高速	1461.012	2845	7.50
枫岭头隧道右	G3	京台高速	1384.65	2799	10.50
枫岭头隧道左	G3	京台高速	1384.652	2868	10.50
连坑坞隧道右	G3	京台高速	1389.63	1137	10.50
连坑坞隧道左	G3	京台高速	1389.639	1109	10.50
大流坑隧道右	G3	京台高速	1405.884	1865	10.50

续上表

隧道名称	路线编号	路线名称	隧道入口桩号	隧道长度（米）	隧道净宽（米）
大流坑隧道左	G3	京台高速	1405.909	1928	10.50
石崖坞隧道右	G3	京台高速	1415.965	1400	10.50
石崖坞隧道左	G3	京台高速	1416.006	1460	10.50
后坪坞隧道右	G3	京台高速	1427.194	1071	10.50
后坪坞隧道左	G3	京台高速	1427.21	1047	10.50
江都坞隧道右	G3	京台高速	1428.337	1010	10.50
十八跳隧道	S317330000	华白线	32.157	1165	10.50
竹海隧道	S33	龙丽高速	63.15	1300	18
溪田隧道	S33	龙丽高速	68.20	2400	18
三卿口隧道(左)	G3	京台高速	1525.765	1735	10.25
三卿口隧道(右)	G3	京台高速	1525.769	1732	10.25
仙霞关隧道(右)	G3	京台高速	1530.78	2539	10.25
仙霞关隧道(左)	G3	京台高速	1530.785	2450	10.25
东皋岭隧道右	G329000000	杭朱线	255.946	1177	10.50
东皋岭隧道左	G329000000	杭朱线	257.154	1113	9
麻呑岭隧道(右)	G15	沈海高速	1588.831	2266	11.02
麻呑岭隧道(左)	G15	沈海高速	1588.832	2234	11.02
牛官头隧道(左)	G15	沈海高速	1603.565	1342.40	11.02
牛官头隧道(右)	G15	沈海高速	1603.585	1310	11.02
仙永隧道	S223330000	仙清线	33.349	1061	7
石龙隧道(右)	S28	台金高速	82.965	1002	10.75
横山隧道	G104000000	京福线	1684.865	1166	10.50
燕居岭隧道(左)	G15	沈海高速	1626.124	2140	11.02
燕居岭隧道(右)	G15	沈海高速	1626.156	2130	11.02
黄土岭隧道(右)	G15	沈海高速	1640.762	1910	11.02
黄土岭隧道(左)	G15	沈海高速	1640.788	1875	11.02
黄土岭隧道1	H104I00000	国G104国道左线7	1734.807	1003	7.50
里王隧道	S225330000	大路线	12.852	1817	12
吴岐隧道	S225330000	大路线	16.95	1299	12
长石岭隧道(左)	S28	台金高速	39.267	1596	8.50
长石岭隧道(右)	S28	台金高速	39.296	1620	8.50
麒龙顶隧道(左)	S28	台金高速	48.96	1052	8.50
麒龙顶隧道	S28	台金高速	49.023	1055	8.50

续上表

隧道名称	路线编号	路线名称	隧道入口桩号	隧道长度（米）	隧道净宽（米）
湾山隧道	S28	台金高速	50.564	1200	8.50
湾山隧道(左)	S28	台金高速	50.645	1210	8.50
余岭隧道	G330000000	温寿线	130.693	1203	11
大湾山隧道	G330000000	温寿线	136.489	1610.10	11
桃花岭隧道	G330000000	温寿线	139.403	1415.10	11
温溪隧道(左)	G1513	温丽高速	46.132	1188.50	7.50
风门亭隧道(右)	G1513	温丽高速	59.158	1253	7.50
风门亭隧道(左)	G1513	温丽高速	59.198	1504	7.50
鹤城隧道(左)	G1513	温丽高速	60.758	2550	7.50
鹤城隧道(右)	G1513	温丽高速	60.759	2380	7.50
石溪隧道(左)	G1513	温丽高速	65.396	1495	7.50
石溪隧道(右)	G1513	温丽高速	65.444	1548	7.50
东岙隧道(右)	G1513	温丽高速	67.52	1567	7.50
东岙隧道(左)	G1513	温丽高速	67.559	1553	7.50
大梁山隧道(左)	G1513	温丽高速	111.845	2057.50	10
大梁山隧道(右)	G1513	温丽高速	111.846	2066	10
石郭岭隧道	S230330000	青岱线	0.805	1179	9
青云岭隧道	S33	龙丽高速	87.953	2130	9.88
寨头岭隧道	S220330000	上松线	77.818	2343	9
东田隧道右	S33	龙丽高速	131.748	1240	19.60
东田隧道	S33	龙丽高速	131.768	1245	19.60
马岭头隧道(右)	G25	长深高速	2645.508	1885	8
马岭头隧道(左)	G25	长深高速	2645.535	1848	8
朱岭头隧道左	G25	长深高速	2650.117	2315	8
朱岭头隧道右	G25	长深高速	2650.142	2326	8
庵基头隧道(左)	G25	长深高速	2658.286	1663	8
庵基头隧道(右)	G25	长深高速	2658.295	1659	8
赤石岭隧道(左)	G25	长深高速	2670.06	2784	8
赤石岭隧道(右)	G25	长深高速	2670.077	2740	8
碗窑岭隧道左	G25	长深高速	2673.14	1340	8
碗窑岭隧道右	G25	长深高速	2673.15	1396	8
黄岗隧道左	G25	长深高速	2676.626	2078	8
黄岗隧道右	G25	长深高速	2676.646	1995	8

续上表

隧道名称	路线编号	路线名称	隧道入口桩号	隧道长度（米）	隧道净宽（米）
赤石岭隧道	S328330000	丽浦线	70.565	1239.80	7.50
龙山隧道	S329330000	菊寿线	7.937	1325	10.50
岚头岭隧道	S228330000	云寿线	13.405	1062	7.50
马岭头隧道	S228330000	云寿线	32.404	1200	8.50
张山岙隧道	S228330000	云寿线	45.233	1333	8.50
龙井隧道	S228330000	云寿线	62.554	1910	8.50
严山岭隧道左线	G25	长深高速	2683.512	2275	20
严山岭隧道右线	G25	长深高速	2683.596	2285	20
五贤门隧道左线	G25	长深高速	2700.322	1144	20
五贤门隧道右线	G25	长深高速	2700.39	1240	20
枣槐岭1#隧道右线	G25	长深高速	2702.164	1045	20
塔石岭隧道左线	G25	长深高速	2709.849	1386	20
塔石岭隧道右线	G25	长深高速	2709.925	1386	20
严山岭隧道	S328330000	丽浦线	88.643	1037	8.50
坑岭底隧道	S328330000	丽浦线	117.651	1300	10.50
雪水隧道	X505330122	柴埠—雅坊	24.30	1952	9
柘岭隧道	X019330212	上陈—大隐	3.837	1242	7.50
宝瞻隧道	X033330212	五乡镇宝幢—瞻岐镇	12.419	2138	11.50
龙溪隧道	X044330212	龙观—溪口	3.817	1530	10
天长岭隧道	X209330304	瓯海大道	19.887	2610	8
桐岭隧道X	X275330304	桐浦线	1.457	1195	10.25
昆徐隧道	X106330324	白桥线	8.798	1800	7
上桥隧道	X117330324	上桥线	8.351	2400	11.50
顶魁山隧道	Y527330327	渔寮支线	1.311	2195	8
大岀岭隧道	X602330328	十大线	6.687	1680	7
虹芙隧道	Y008330382	虹芙线	6.217	1200	7
陈公岭	X802330683	嵊州—张家车	30.681	1250	15
横坑隧道	X601330727	沙溪口—双峰	7.459	2400	9
永祥隧道	X404330784	王染店—赵宅	12.64	1040	5.50
黄杨尖隧道	X123330902	临螺线	2.877	1383	11
陈屿隧道	X407331021	玉环—大麦屿	3.535	2455	9
桐坑	Y012331082	前徐—桐坑	6.538	1620	6
飞石岭隧道	X619331123	石练—王村口	4.989	1435	10.50
坑头隧道	C007331127	三枝树—严村	4.748	1103	3.70

第四节 公路渡口

公路渡口在浙江公路交通运输中曾经发挥过巨大的作用。全省的公路历年来建桥撤渡，撤销了不少渡口，也新建一些渡口。1977 年全省公路渡口有 22 处，1990 年有 23 处，到 2000 年全省有公路渡口萎缩到 10 处，机动渡口 10 处；到 2010 年，全省公路渡口又增加到 22 处，机动渡口 19 处，绝大多数是机轮渡，渡口设备不断改进，通过能力不断加强，过渡时间缩短，基本能与路线等级交通量要求相适应。

一、钱塘江汽车轮渡

渡口位于杭州至塘下金公路，北岸码头设在杭州江干区四季青乡观音塘附近，南岸码头设在萧山市西兴镇古西陵渡口附近，横渡钱塘江，渡运航线长约 1300 米。

为解决钱塘江桥公路交通量日趋严重饱和状态，分流缓解杭州市区和萧山城厢镇交通拥挤受阻状况，1984 年经杭州市人民政府批准同意新建钱塘江汽车轮渡及其配套设施。

（一）码头设施

两岸设并列停靠 300 吨级汽车渡轮泊位各 3 个。1 号、2 号码头为顺岸斜坡式钢筋混凝土桩（含钢筋混凝土钻孔灌注桩），简支板梁结构，3 号码头为顺岸式钢筋混凝土框架结构，长 42.80 米，宽 12.50 米。1 号、2 号泊位间各设浮式靠船墩 3 个；两岸引道及停车道均为水泥路面。1 号、2 号码头及引道由省交通设计院设计；杭州市京杭运河钱塘江沟通工程指挥部组建，省海港工程队施工，1985 年 9 月动工，1986 年 2 月竣工，经验收评为优良工程；3 号码头及引道由杭州市交通设计处设计；杭州市交通设施建设处组织实施，1987 年 10 月动工，1988 年初竣工。

（二）公路连接

码头两岸连接线长 5.29 公里，按二级公路技术标准新建。其中北岸连接线自码头与原瓯江路（现统称清江路）相接，长 1.29 公里，路基宽 12～15 米，沥青路面宽 9～12 米，杭州市公路工程处施工，1985 年 6 月动工，同年 12 月竣工。南岸接线自码头经十甲桥至西兴岔口与杭州至金华省干线公路（S103 省道）相连，长 4 公里，路基宽 12 米，沥青路面宽 9 米，萧山市交通局组织实施，1985 年一季度动工，1986 年 3 月暂以泥结碎石路面与码头同时竣工；1986 年 6 月改建沥青路面，杭州市公路工程处施工。

（三）渡运设备

均为自航式汽车轮渡，有 14 车轮渡 3 艘，16 车轮渡 2 艘，20 车轮渡 3 艘，总功率 2576 千瓦；16 轮渡及 20 车轮渡均配有雷达导航设备。

1986 年 3 月 20 日，钱塘江汽车轮渡正式通渡，至 1990 年累计安全渡运 475.76 万辆次，社会效益显著。1997 年 1 月，西兴大桥（钱江三桥）建成通车，停渡。

二、杭州之江汽车轮渡

杭州之江汽车轮渡位于袁浦东江嘴，渡口西南岸与西湖区袁浦路相接，东北岸与萧山闻戴公路相接，距钱江一桥 12 公里。渡口两岸建长 45.60 米、宽 25 米的码头各一座，并修公路与之连接，配 14 车渡 3 艘，20 车渡 1 艘，设计能力为日渡车辆 2000 辆，总投资概算 3000 万元。1995 年 4 月 8 日码头桩基工程开工，10 月完工。1996 年 7 月通渡。2003 年 12 月 28

日，杭州绕城高速南段袁浦大桥（钱江五桥）建成通车，之江汽车轮渡停运。

三、淳安上江埠汽车轮渡

1986年1月通渡。1988年6月28日投入自航式钢质六车轮渡1艘（船体长43米，宽4.80米）运营，一次可渡大型客车6辆或小型轿车20辆，投资72万元。1993年1月，重新购进150马力钢质拖轮——“浙淳安拖001”号和170吨钢质双并6车渡运驳船——“浙淳安驳0001”号。1999年9月，新建的388总吨150客位8车位、功率224×2千瓦的“浙淳安车006”号渡轮投入使用。1999年12月，环湖南线白（沙）小（塘坞）段公路建成通车后，渡口渡运量减少。千汾公路建成通车后，渡运量再度下降。2001年10月，420总吨280客位的12车位、功率203×2千瓦的“浙淳安车008”号渡轮投入使用。2002年，实行渡运人车分流，对“浙淳安车002”号渡轮进行改建，改建后该轮增加116客位。2005年9月，阳光汽车渡轮废弃，原有渡船移至上江埠汽车轮渡继续使用。2008年，年渡运量6.50万辆次。1994~2008年，总共完成渡运量70.90万车次。2010年年末拥有388总吨150客位8车渡1艘，420总吨280客位12车渡1艘，236总吨116客位6车渡1艘和170总吨6车驳渡及拖轮各1艘。当年渡运量达6.50万辆次。2009~2010年总共完成渡运量19.8万车次。

四、春江汽车轮渡

春江汽车轮渡位于富阳至氹口县道公路，北岸码头在富阳县城鹳山东麓；南岸码头设在春江乡西南隅，横渡富春江，常水位渡运航线长800米。

（一）码头设施

两岸设五级水位块石混凝土锯齿式码头各一座，各码头宽约9米；引道均为水泥混凝土路面。富阳县交通局测设、施工，南岸码头建成于1979年，北岸码头建成于1982年9月。

（二）渡运设备

90千瓦柴油机钢质拖轮3艘，钢质6车渡驳3艘，均为拖带式汽车轮渡。

1982年10月1日正式通渡，设春江轮渡管理站，在册职工64人；1990年日平均渡运量为671辆次。富春江第一大桥建成后，于1992年10月停渡。

五、鸭蛋山—白峰海峡轮渡

1984年3月，在定海鸭蛋山和宁波市北仑区白峰两处设渡口，衔接329国道海峡两端。渡口码头荷载为汽-15、挂-80（单车载汽-20），均布荷载500公斤/平方米（相当于500吨级渡轮）。总投资525万元。1986年2月1日正式通渡。从此，329国道杭州—沈家门全线客货汽车直达，社会经济效益十分显著。轮渡由舟山海峡汽车轮渡公司经营。1984年11月，从日本引进的客货两用渡轮2艘，名“舟渡1号”“舟渡2号”。长43.50米和50.80米，宽11.38米和12.80米，总吨位486.10吨和499.57吨，装载能力10辆标车290客位和20辆标车480客位。两船主机功率688×2千瓦和735×2千瓦，航速均为14海里/小时。汽车舱翻板均液压传动。1988年，两艘渡轮共营运6144航次，渡运各类汽车9.60万余辆次，旅客106.96万人次，货物13.20万吨。

鸭蛋山汽车轮渡码头位于定海鸭蛋山。码头结构：纵向41.21米固定平台1座，215米钢引桥2座，189米浮趸船1艘和44米靠船墩各2只；横向70.48米车行栈桥，呈“T”形布局。东西靠船墩各有人行栈桥与岸线连接，东面713米，西面813米。码头前沿水深4.90米，码头全长159.20米，占用岸线317米。可停靠1000吨级以下船舶。陆上建有船室

488.26 平方米，仓库 261.36 平方米，停车场 2610 平方米。

白峰汽车轮渡码头位于宁波市白峰。纵向 5012 趸船 1 艘，东西各 15.64 米钢引桥 2 座、189 米趸船 1 艘和 44 米靠船墩 2 只；横向 458 米车行栈桥 1 座，由 216.30 米钢引桥与大趸船连接，呈“T”形布置。东西靠船墩各有 453 米人行栈桥与岸线连接。码头全长 157.20 米，占用岸线 300 米，可停靠 1000 吨级以下船舶。陆上建有候船室 481.68 平方米，停车场 1400 平方米。1990 年，每天（白天 12 小时）交通量为 1494 辆。

六、六横—上阳轮渡

六横—上阳轮渡位于普陀区六横岛龙山乡沙岙村与宁波市北仑区上阳乡之间，相距 6.20 海里。1987 年年初，经省政府批复、设置。同年 6 月，由宁波海军设计室设计。翌年 2 月，两站同时开工。上阳轮渡站由普陀区海港工程公司承造，沙岙轮渡站由普陀农林局水利开发公司承造。投资概算 38.80 万元。1989 年 3 月竣工，8 月 28 日验收通航。轮渡由舟山海峡汽车轮渡公司负责经营。

七、飞云车渡

位于瑞安南门飞云客渡东首。1955 年 5 月，温州至分水关公路全面动工修复时，建南北两岸斜坡锯齿码头，同年 12 月建成通渡客货汽车，置 58 马力拖轮和 2 车木质趸船各 1 艘，日渡运汽车 20 辆。1964 年改为钢质趸船，拖轮为 120 马力。1980 年渡轮扩大为钢质 6 艘趸船和 150 马力拖轮，1982 年再增 240 马力拖轮和 6 车钢质趸船各 1 艘，日均渡运 625 辆汽车。1983 年 9 月欧江大桥通车后，飞云车渡待渡车骤增，日均汽车渡运量上升到 800～900 辆，1985 年又增 6 车趸船 1 艘，实行汽车与板车分渡。1988 年春运最高日渡运量达 2453 辆，两岸待渡车辆最长达 10 公里。1989 年 1 月 6 日，飞云江大桥建成通车，飞云车渡停渡。

八、梅岙车渡

位于永嘉梅岙客渡。1953 年 10 月 1 日，梅岙与渔渡两岸干砌块石 6 级锯齿形汽车轮渡码道建成，金温线汽车运输直达市区。码头道长 40 米、上宽 20 米、下宽 10 米，供汽车轮渡。1979 年 2 月，温州市区安澜汽车轮渡移此，使汽车轮渡量猛增。1984 年汽车日渡量达 1560 辆。当年 9 月欧江大桥建成，梅岙车渡停渡。

九、港头车渡

位于永嘉县三江乡港头客渡上游约 70 米处。1950 年 11 月杭温公路修复通车时，新建浆砌块石锯齿形汽车轮渡码道，长 100 米，上宽 20 米，下宽 10 米，同清水埠通车渡。1953 年同温州市区用船码道通车渡。1958 年，安澜干砌块石单边直线斜坡式车渡码道建成，长 50 米，宽 7 米，港头车渡改在此码道通车渡。1979 年 1 月安澜码头与港头车渡撤销。1986 年 3 月，楠溪江大桥建成，港头与清水埠车渡停渡。

十、清江车渡

位于乐清县清江下游，同清江客渡同址。1951 年 8 月，杭温公路修复通车时，将旧石砌直线式码道改建成锯齿式码道，供汽车轮渡。1985 年 11 月 10 日，清江改线公路建成通车，汽车轮渡撤销。

如表 1－3－3 所示为 2010 年浙江省公路桥梁渡口情况一览表；如表 1－3－4 所示为 2010 年浙江省公路隧道、涵洞情况一览表。

2010 年浙江省公路桥梁、渡口情况一览表

表 1-3-3

行政区划名称	桥梁										其中:危桥（座）		渡口	机动渡口
	总计		特大桥		大桥		中桥		小桥					
	座	米	座	米	座	米	座	米	座	米	四类	五类	处	处
全省合计	44778	2238663.30	185	381548.80	3135	833486.20	10069	495270	31389	528358.30	1351	385	22	19
杭州市	5489	302829.70	31	63543.90	430	112690.70	1450	69530.90	3578	57064.20	107	12	4	3
宁波市	5391	251966.30	29	77377	237	66461.90	821	41330.5	4304	66796.80	169	8	5	5
温州市	5394	325385.40	50	96719.70	380	106729.40	1002	54275.60	3962	67660.70	62	68		
嘉兴市	7002	308247.30	15	19264.50	420	120951.20	2146	84138	4421	83893.70	360	55		
湖州市	3755	193882.70	12	16916.60	303	82404.50	1139	54437.80	2301	40123.80	232	34		
绍兴市	3786	169184.50	3	3902.50	307	76552.70	939	48174.50	2537	40554.80	80	12		
金华市	3508	134939.50	3	2841	202	49578.70	647	38284.60	2656	44235.30	76	27		
衢州市	2150	127660.10	5	5993.20	266	70530.90	473	25562.30	1406	25573.60	126	15		
舟山市	270	35273	6	27211	9	3400.8	31	1195.80	224	3465.40			1	1
台州市	5177	211606.40	17	25711.20	300	75032.50	867	45576.30	3993	65286.40	100	138	4	2
丽水市	2856	177688.60	14	42068.40	281	69153	554	32763.70	2007	33703.60	39	16	8	8

2010 年浙江省公路隧道、涵洞情况一览表

表 1-3-4

行政区划名称	总计				按隧道长度分类								涵洞
			水下隧道		特长隧道		长隧道		中隧道		短隧道		
	道	米	道	米	道	米	道	米	道	米	道	米	道
全省合计	1273	787513.70	1	435.50	23	101731.80	201	337783.40	222	153489.20	827	194509.40	282196
杭州市	170	73712.70			1	3005	12	19162.20	28	19518	129	32027.50	32282
宁波市	86	43239.40	1	435.50			13	17572	15	10156.40	58	15511	26504
温州市	226	155773.60			3	9784	49	87226.80	35	24880.20	139	33882.60	35012
嘉兴市													
湖州市	12	6589.70					1	1015	4	2700.70	7	2874	12614
绍兴市	54	36226.80					11	20441	16	10956	27	4829.80	20194
金华市	105	64373.60			2	10054	18	29655	16	10910.50	69	13754.10	39854
衢州市	102	79219.40			2	7070	24	45413	18	12765.40	58	13971	23761
舟山市	40	17394.10					3	3673	5	3244	32	10477.10	4243
台州市	263	172141.60			13	64795.80	22	34363.40	49	33611.50	179	39371	25258
丽水市	215	138842.80			2	7023	48	79262	36	44746.50	129	27811.30	42498

第四章 公路养护建设

中国自古就有养护道路的优良传统。西周时期就设“司空”,负责按季节整平道路,并规定“列树以表道,立鄙食以守路”“雨毕而除道,水涸而成梁”。

民国11年(1922年),民国政府成立浙江省道局,负责全省的道路规划和管理。民国15年,省道局工程科设养路股,专管公路的养护工作。民国16年,在萧绍路设立第一个养路所。省公路局民国17年制定养路所组织规则的规定,民国18年制定《养路所办事细则》。有组织负责对公路进行经常性的养护。

1950年4月,浙江省公路局成立,在全省普遍设立了公路养护管理机构,制定了各项公路养护的规章制度和技术规范,改进了养路费征收办法。

随着公路建设的发展,全省养护工作不断进行改进。1958～1966年期间,养护工作进入六化和技术革新,1966～1976年的十年“文化大革命”中,养护机构下放,养路机械化开始起步;1977～1990年,改革开放推动了公路养护工作;1990年后,全省平均好路率达到73%,公路绿化里程达到5037公里。2000年,全省大公路养护站总数达到177个。2010年,全省公路养护工程共投入国省干线公路路面大中修资金16亿元,实施工程191项,全省国省道新创建文明公路891公里,修复改造桥梁444座,投入标志线经费1.56亿元,加强公路三防工作,全省投入水毁资金1.02亿元。

第一节 公路养护技术改进和发展

民国时期,公路里程不多,养护技术比较简单,主要通过人工扫路、挖修疏通沟道进行公路养护。

1949年10月至1950年,养路经费“量入为出”,实施重点养护,路面状况逐渐好转,但国家只能对少数重要干线酌量拨款,进行分期改善,而全省公路总里程中占75%左右的还是抢修、恢复“先求其通”的路线,公路的通过能力与国民经济的迅速恢复和公路运量的持续增长远远不能适应。

1950年时,全省公路桥梁共977座,共计长18159米,其中木面桥梁按桥长计13304米,占总长的73%。另外还有许多木面涵洞其木料均未经防腐处理,使用寿命不过四五年。每年小修,三年大修,桥涵维修费要占去经常养护总支出的20%左右。而且浙江境内的木材来源紧缺。因此当时木桥维持困难,改建无力,维修费用越来越大,相对而言,大修、改建的资金越来越少,形成恶性循环。针对此状,研究延长木桥面使用年限的简便可行方法。经研究民间“石灰三合土”的传统工艺,有抗压强度大、防水性能好的优点。提出木桥面上加铺石灰三合土面的试验方案和图纸,于1950年指定於潜工务段在杭昱线90K+600昔口桥试做三孔、跨径5.35～5.48米、全长20.30米的第一座“石灰三合土桥面”桥,取得成功。此桥使用寿命长达18年之久,直到1968年才改建为钢筋混凝土板梁桥。

1951年9月,养路段长座谈会肯定了石灰三合土桥面能起到木材防腐与减少木材磨损并使行车平稳的作用。省公路局决定制发标准图，先在养路部门普遍推广。1953年绍兴养路段开始加铺胶泥防水底层，进行木材防腐处理，逐步完善工艺；同时推广到新路建设，也取得了良好效果。由于石灰三合土桥面上汽车过桥不跳车，又无轮胎吃钉子之害，司机满意。人、畜、手车往来再无踏空、落槽之苦（木桥面上铺轨道板就有此弊），群众满意。保养省力，再无牛粪烂桥之事，道班满意。取得司机、群众、道班三满意，因此推广很顺利，通车公路上原有中小型木面桥梁，通过养路大中修，至1955年年末已全部改造为石灰三合土桥面，成为浙江公路50年代中小型桥梁的特色。经济效果也十分明显，修建时基本上不增加养路大中修费用总额。

1964年5月，全面开展学习、推广"广东省罗定工区"路面磨耗层的"级配拌和"铺筑技术，以提高砂石路面的稳定性和抗一般雨水冲刷的能力。公路养护技术有了新的提高。1975年11月，开始修筑沥青表面处理，公路养护技术开始向高级、次高级路面养护技术转换与发展。1976年全省机械化养护里程达到2627公里。

1976～1980年，交通部提出在"五五计划"期间实施公路"五化"要求，改变公路落后状况，其中提到养路机械化方面：全部干线公路6454公里的养路工序实现机械化操作。各地积极贯彻恢复公路路基，路面技术改造，还在公路两旁进行绿化。

1982年4月浙江制定了现有公路技术改造"六五"计划和"七五"规划设想。1985年年底全省干线公路通过技术改造，高级、次高级路面达到了3261公里，绿化里程达到2800公里。

改革开放推动了公路养护工作。1990年，在全国30个省市中，平均公路养护好路率，浙江为73.10%，列全国第15位。其中改革措施，浙江实行了"三度一排合理工期"使行车深阻情况有所缓解。县社公路建设养护实施统一领导，分级管理，坚持"群修、群管、群养"大力发展"修、管、养统一社队养护"方针。水毁抗灾能力比1977年有明显提高，养路机械和水泥工业得到相应发展。减轻了体力劳动强度，改善了劳动条件。1990年年底，全省公路绿化里程达到6305公里。公路建设和养护技术改造，通过新技术的推广应用，取得了丰硕成果。科技创新，利用粉煤灰作路面基层，阳离子乳化沥青在公路技术改造中推广应用等，为公路养护技术改造做出了一定贡献。1992年，继续抓好公路全面养护，确保路况稳定提高。坚持雨季干线公路检查，抓好年终专线公路检查，促进养护水平与管理的提高。1993年，全省各地加强养护工作，干线好路率超过八成，达到84.70%。

1995年，公路养护坚持以"消灭坑洞，养好路面，疏通边沟，排水畅通"为中心，超额完成年初定下的大中修任务。同时编制了《浙江省"九五"公路养护管理工作计划》。1996年，公路养护为提高养护机械化水平，拟订了"九五"公路养护机械化规划。完成沥青路面大修42公里，中修152公里，混凝土路面修补42万平方米，大中修工程优良率达80%以上。1998年，全省"311交通绿化工程"实施第一年，基本完成全省581公里干线公路绿化任务。2000年，继续推进了公路养护机械化，加快了公路养护站的建设。2003年，公路养护机械化程度进一步提高，推广应用"四新"技术，组织热再生沥青路面修补设备，除雪撒布等养护机械现场演示。2004年，全省完成了绿色通道工程达到4715公里。2006年，全省完成县乡道砂石路面硬化工程。

2007年，全面启动实施农村公路大中修工程。全省高速公路养护投入持续增加，路况质量稳中有升，路段路面平整整洁，病害处治及时，边沟整洁，路肩整齐、排水畅通，绿化美观等总体较好。公路养护科技含量不断提高，公路工程应用沥青就地热再生、多锤头碎石化、共振碎石化、非开挖注浆加固基层等多种新技术取得较好效果。

2010年,全省高速公路,干线公路,农村公路,养护技术改造工作都取得实效,基本完成农村公路养护管理体制改革目标任务。特别是“三防”工作全省大范围强降雨,发生水毁中断,强降雪,冰冻造成公路封道,按照“先抢通、后修复,先干线,后支线”的原则,公路各部门全力组织抢修,维护投入各类机具,力保干线公路安全畅通。

第二节 公路养护设备

民国时期,公路养护设备以手工操作工具为主。民国15年(1926年),始出现机械化养路设备。时萧绍路养所配备6吨蒸汽压路机1台。抗日战争期间,日军入侵,道路损毁严重,公路养护设备破烂不堪。

1949年中华人民共和国成立后,公路养护设备在原有基础上有所增加和改进。时公路路面结构以砂石路面为主,公路养护的作业方式是人力手工操作,其劳动工具有锄头、铁锹、竹(铁皮)簸箕、独轮车、双轮板车、竹扫把等。后逐步配置了胶轮手拉车,改变了长期来肩挑运料的方式,减轻了养路工人的劳动强度。20世纪60年代,增加畜力替代养路工的强体力劳动作业。70年代初,部分养护作业被半机械化操作所替代。

1972年起,水泥混凝土路面发展较快。1973年,全省召开养路工作会议后,浙江养路机械化起步,省交通厅工程局及各地交通局,公路总段自力更生着手制造养路机具。

1977年,全省养护机械保有量大小运输车辆269台,中型拖拉机91台,小型拖拉机532台,大小压路机65台。

1978年1月和4月,省交通局机械厂承担的汽车修理和机械打桩任务划给机修队。机修队除担负本系统汽车修理外,还承担压路机、打桩机等大型机械的管理和租赁工作。机械厂开始试制筑路养路机械和运料车辆。是年,地区所属厂的筑路、养路机械修造力量也有加强,在保证原有设备运行的前提下,能够制造小翻斗车、小四轮和压路机等设备。1978年,全省机械化养路里程(低水平的)计有2888公里,其中干线2461公里,支线427公里。

1979年,除上下结合、分工协作生产一些养路机械外,各地区也自行安排生产一些革新工具,如金华地区公路总段机械厂试制了150250破碎机10台;丽水地区公路总段工具厂生产了流动轧石机12台,搞了沥青拌和机1台;舟山地区公路段和萧山、淳安、临安、新昌、嵊县、衢县、青田、遂昌、奉化等县公路段都通过修旧利废革新了一些运、铺、扫砂和洒水的机具。养路机械得到发展。

1980年,全省养路系统有近2000台套筑路、养路机械。

1981年制造了自卸汽车和运料汽车140辆,手扶振动压路机30台,小四轮拖拉机15辆、一吨翻斗车30辆、装载机5台、流动轧石机20台,并试制多功能扫砂车4辆等,筑路、养路机械,机械的完好率均在80%~90%,利用率一般都在60%左右。

1983年8月,杭州公路总段机修厂试制成的小型扫砂车,由ZL-12型小四轮拖拉机拖带扫砂、回砂的工作尾机,结构简便,每百公里扫砂节约人工160工日,全部费用仅占人工费用的1/2。但是,小型扫砂车只能应用于平直路段,凡弯道超高、纵坡大的路段使用有困难。

1985年,全省养护机械拥有量:载重汽车848辆、手扶拖拉机491台、拖拉机150台、压路机317台、沥青搅拌机42台、沥青洒布机（车）158台。

1990年，全省养护机械拥有量：载重汽车890辆，手扶拖拉机711辆，拖拉机191辆，推土机15辆，装载机27辆，压路机467辆，空压机78台，汽车吊9台，凿岩机9台，大中小客车177辆，沥青搅拌机40台，沥青摊铺机9台，沥青洒布机194台，洒水车52辆。

1991~2010年，高级、次高级公路建设的快速发展，对路面修建技术提出了更高的要求。因此，促进养护机械设备有较大发展，增加路面清扫车、钢质护栏清洗机（车）、独脚振动夯、平板振动夯、水泥混凝土路面破碎机、清缝机、灌缝机、板底灌浆机、路面切割机、推土机、装载机、挖掘机、振动压路机、轮式压路机、稀浆封层机、沥青洒布车、沥青混合料摊铺机、沥青混合料拌和机（楼）、乳化沥青生产装置、沥青路面铣刨机、多功能养护车、沥青路面微波加热器（车）、发电机、绿篱修理机、蹬高车、汽车式起重机等。如表1-4-1~表1-4-3所示。

1997~2001年浙江省公路养护机具一览表

表1-4-1

编号	机械名称	单位	1997年	1998年	1999年	2000年	2001年	编号	机械名称	单位	1997年	1998年	1999年	2000年	2001年
1	推土机	台	0	26	26		30	21	沥青摊铺机	台	7	45	48		73
2	挖掘机	台	0	28	21		26	22	沥青洒布机	台	12	118	95		82
3	铲运机	台	2	7	6		9	23	沥青洒布车	台	22	88	0		121
4	中重型压路机	台	63	370	325		251	24	装载机	辆	12	153	162		193
5	轻型压路机	台	34	145	139		248	25	铣刨机	台	0	6	5		6
6	空压机	台	3	66	55		81	26	钻机	台	2	21	23		8
7	凿岩机	台	3	15	37		43	27	洒水车	辆	19	69	65		89
8	履带式起重机	台	0	12	0		1	28	万能工程车	辆	1	2	2		10
9	轮胎式起重机	台	0	1	0		0	29	综合养护车	辆	11	52	51		114
10	汽车式起重机	台0	5	3		4		30	清扫车	辆	0	12	24		40
11	卷扬机	台	16	27	21		15	31	排障车	辆	0	1	0		1
12	载重汽车	辆	63	205	172		223	32	桥梁检测车	辆	0	0	0		0
13	自卸汽车	辆	23	182	168		262	33	混凝土切缝机	台	20	81	78		74
14	大中型拖拉机	台	2	116	126		128	34	灰土拌和机	台	1	2	2		1
15	小型拖拉机	台	282	697	512		843	35	平地机	台	0	1	2		4
16	碎石机	台	286	540	314		531	36	标志车	辆	0	0	0		1
17	抽水机	台	56	121	47		64	37	划线机	台	0	15	19		30
18	水泥混凝土搅拌机	台	50	244	147		250	38	发电机	台	19	220	239		216
19	水泥混凝土摊铺机	台0	6	3		16		39	维修机床	台	0	0	100		113
20	沥青混凝土搅拌机	台	15	141	149		186	合计		台套	1024	3840	3186		4387

2002～2007 年浙江省公路养护机具一览表

表 1－4－2

编号	机械名称	单位	2002年	2003年	2005年	2006年	2007年	编号	机械名称	单位	2002年	2003年	2005年	2006年	2007年
1	推土机	台	23	17	16	16	12	21	沥青混凝土摊铺机	台	98	96	111	120	133
2	挖掘机	台	23	29	18	25	24	22	沥青洒布机	台	88	91	60	66	65
3	铲运机	台	5	4	7	7	8	23	沥青洒布车	台	133	118	95	109	104
4	中重型压路机	台	403	381	333	361	366	24	装载机	辆	184	95	170	173	187
5	轻型压路机	台	238	239	216	213	205	25	铣刨机	台	8	7	17	13	17
6	空压机	台	71	72	89	89	89	26	钻机	台	14	11	3	3	1
7	凿岩机	台	49	37	34	48	40	27	洒水车	辆	98	108	114	130	136
8	履带式起重机	台	0	15	2	3	6	28	万能工程车	辆	9	11	2	6	13
9	轮胎式起重机	台	0	0	0	1	0	29	综合养护车	辆	74	102	94	96	133
10	汽车式起重机	台 10	7	14	11	13		30	清扫车	辆	51	58	51	64	66
11	卷扬机	台	4	7	9	10	10	31	排障车	辆	1	1	1	3	6
12	载重汽车	辆	182	202	153	147	183	32	桥梁检测车	辆	0	0	0	0	0
13	自卸汽车	辆	215	226	249	275	323	33	混凝土切缝机	台	111	122	95	111	133
14	大中型拖拉机	台	187	169	168	189	192	34	灰土拌和机	台	8	9	18	16	13
15	小型拖拉机	台	565	587	376	348	311	35	平地机	台	10	9	12	6	6
16	碎石机	台	334	267	155	107	79	36	标志车	辆	13	2	1	9	12
17	抽水机	台	45	34	53	64	53	37	划线机	台	30	49	26	28	23
18	水泥混凝土搅拌机	台	182	174	170	130	126	38	发电机	台	311	225	266	254	240
19	水泥混凝土摊铺机	台	17	11	15	19	16	39	维修机床	台	42	153	2	201	1
20	沥青混凝土搅拌机	台	144	175	137	153	142	合计		台套	3980	4020	3352	3624	3487

2008～2010 年浙江省公路应急储备物资及机具一览表

表 1－4－3

储备物资及机具	2008 年	2009 年	2010 年	
战备钢梁(组)	28(组)	54(组)	166(组)	应急储备物资
编织袋(万只)	46.80(万只)	62.65(万只)	83.04(万只)	
融震剂(吨)	802(吨)	1023(吨)	2331.20(吨)	
平板车(车)	36(辆)	30(辆)	36(辆)	应急保障机具
挖掘机(台)	53(台)	57(台)	74(台)	
推土机(台)	12(台)	16(台)	19(台)	
装载机(台)	170(台)	225(台)	277(台)	
抽水机(台)	(台)	118(台)	132(台)	
发电机组(套)	(套)	159(套)	190(套)	

第三节 水毁防治

浙江省地处中国东南沿海亚热带地区，年平均降水量从北到南由1200多毫米递增至1800毫米以上，每年5~9月为雨季和台风季节，经常受到台风暴雨的侵袭，山洪暴发，水流湍急，冲击公路、桥梁，造成严重水毁。浙江公路历来抗洪能力薄弱，自1924年有公路以来，水毁年年有，傍山沿溪路线尤为严重。

民国27~34年(1938~1945年)间，公路的水毁年年发生，丽水、衢州一带的公路，不是傍山，就是沿溪，抗战以前，历来都是水毁最严重的地区。由于物价飞涨，历年水毁工程费数额虽增加很多，但按照当年物价指数折成战前币值比较，却比战前少得多。水毁工程费少的原因有二：一是战时公路经费少，无钢材水泥，修复工程简陋，河底便道通车者颇多；二是战时的路基、路面水毁抢修，多有民工、道工承担，经费支出减少。正由于修复工程马马虎虎，往往于次年又告水毁。民国32年制定《防治公路水毁实施办法》。于是在当年冬季干涸时期，进行总检查，拟订防治计划预算，在雨季前施工完成，其中疏通涵沟及零星工作均由道班自办，第一季度道班工作以预防水毁为主。

中华人民共和国成立以后，1951年开始注意水毁预防，对各养路段印发了《雨季养护办法》，并由省人民政府通令各县，发动群众清除河道上游漂流物，配合公路部门做好公路水毁的预防和抢修工作，着重守护桥梁，预防和打捞漂流物。

1952年6月至9月，发生三次水毁，其间7月的一次台风穿经浙江中部，水毁阻车路线达1486公里，相当于省养总里程的80%，支出抢修工程费210267元(不包括修复水毁工程和民工建勤折价，下同)，占全年养路经费总支出的1.30%，是新中国成立后第一次比较严重的水毁。金华至丽水线的沿溪路段普遍漫水，被毁桥梁6座，共计长97米，护坡、驳[illegible]District15处6124立方米，坍方28处718立方米等，这些被毁工程多数是抗日战争胜利以后草率修复，而且年久失修所致。1954年建立"三查三抢"制度，即查水害可能性，小损立即抢防；查预防准备，未完成者立即抢工；查水毁根源，立即抢治。但当时养路财力有限，只有小补小修和修复一般水毁工程。

1956年8月1日，强大台风在象山登陆后，继续保持12级以上强度经过杭州后减弱出境。在这次台风暴雨侵袭下，浙江东南部各江水位无不超出警戒线，遭受正面袭击的地方，城镇进水，村庄被淹、房屋倒塌、堤防渠道被毁。全省公路水毁阻车路线1510公里，相当于省养公路总里程的60%。当年支出抢修工程费25.02万元(不包括跨年度结报部分)，全年养路经费总支出12%，被毁桥梁63座，共计长2307米，是新中国成立以来前所未有的重大水毁。其中1953年修复的丽水至温州线很多路段上水深1米多，最深处达3米左右，路面损失最大，路基坍方、缺口次之，桥涵则基本完好。宁绍地区的老线，桥梁被毁最多，轻者木桥面冲走，重的基础冲空、台墩全毁，甚至连桥头路堤都冲成河道，至年终才先后抢通。在1952~1957年的6年间，支出水毁抢修工程费(不包括水毁修复工程)112万余元，相当于同期养路费征收收入的1/10左右(当时水毁全靠中央拨款解决)。

1977年11月财政部补助浙江公路水毁经费100万元。省交通厅也拨款50万元，统一分配给各地市用于水毁遗留工程修复。各地政府对此十分重视，积极组织力量进行公路水毁修复工作,公路状况有所好转。

1980 年前后,浙江公路交通量剧增,雨季路况下降形成恶性循环。为改变被动局面,1985 年起对全省干线公路,实行每年二次(春、秋)分征检查,每次检查的里程约占公路总里程的 1/3。这一措施一开始,引起地市交通部门和各级公路管理单位的重视,把抓好雨季养路,确保路况稳定,摆上议事日程,安排年度计划就考虑人、财、物的落实。在省组织检查之前,各地普遍先进行自检,事先有领导人员蹲点,也有把任务和管理处室挂钩,派员深入基层抓好养路,坚持"以养好路面为中心,以搞好排水为重点,加强全面养护"的方针。由于雨季检查,对坑洞、坍方和各种病害容易发现,及时采取措施,可防患于未然,提高水毁抗灾能力。同时,雨季检查路况实施以后,金华、绍兴、台州、杭州、嘉兴等地市的干线公路都达到路面平整无坑洞,路肩整洁,边沟畅通,路容整齐。雨季路况较为稳定,雨季路况持续提高,恶性循环现象基本消除。

1982 年 6 月中旬末、下旬初,丽水地区的龙泉、庆元、遂昌等县;金华地区的江山、常山、开化衢县、金华、兰溪等县(市);杭州地区的淳安、建德、桐庐、富阳等县都下了大到暴雨,这次降雨的特点是历时短,强度大,山洪暴发,江河水位猛涨,出现近十年来的最大洪峰。洪水泛滥成灾,许多公路遭受严重水毁阻车,直接水毁经济损失达 410 余万元。其中:金华地区遭受水毁的公路有 31 条,水毁工程量计有路基塌方 147 处 13.89 立方米,冲倒驳勘 78 处 7798 立方米,冲毁桥梁 2 座共 86.20 米,冲毁路面承包层 58 公里,磨耗层 211 公里,冲毁过水路面 2 处计 38 米,涵洞 410 道。杭州地区淳安县境公路路基路面冲毁长 21 公里,桥梁 2 座,涵洞 11 处,坍方 64000 立方米。

丽水地区龙泉县遭受水毁的县社公路 23 条 323 公里,坍方 50000 立方米,驳勘 3070 立方米,路基冲毁 17 处,路面冲毁 14 公里,桥梁 97 处。龙泉、庆元、遂昌等县专业道班养护的公路遭受水毁 33 条,路基坍方 461 处 40360 立方米,倒坍驳勘 84 处 10136 立方米,冲断路基土方 35000 立方米,冲毁涵洞 208 道。丽浦线 174 公里地段残留路基宽度只有 2.45 米。隆庆线 K33 +900 地段路基宽度只剩 3 米。7 月 9 日遂昌县暴雨引起应村水库倒坍,北界至应村的公路全部被冲阻车,两个月内无法抢修恢复通车。是年第 9 号台风影响,浙南及沿海地区连降大雨、暴雨。丽水、温州、台州、宁波等地区共计水毁损失 184.76 万元。

1983 年入夏以后,梅雨时间长。4 ~6 月三个月连续暴雨,雨量达 650 ~750 毫米,比常年偏多 6 ~7 成,6 月下旬雨量达 216.20 毫米,比常年多 1.70 倍,新安江先后两次泄洪;宁波地区梅季前后连续下雨 117 天,为多年来罕见。温州、绍兴、金华、台州、嘉兴等地区发生有不同程度公路水毁,杭兰驳勘倒坍、桥涵铺底冲毁,数量之大,造成公路交通中断,这是新中国成立以后台风汛期出现的非台风造成的一次最大降雨,给公路养护造成了较大的困难。

1985 年元月以后,杭州地区连续 3 次降雪。杭昱线的接官岭、清风岭、昱岭关;彭孝线的幽岭以及千宁、龙岛、杭父等线,积雪较厚。金华地区入春后,受连绵阴雨、大雨侵袭。由于受恶劣气候影响,龙南、义浦、嵊东义、东永、常玉等线部分地段、油路、碎石路造成大面积连片坑洞,弹簧翻浆。同年台风于 7 月 30 日 23 时在温州地区登陆,玉环等 3 个总段受害较严重,特别是台州总段,8 月 1 日对外交通中断,境内五条干线公路发生阻车。8 月 23 日,夜 9 ~10时 10 号台风在福建省长乐县登陆。温州、台州、丽水受到影响,其中温州最为严重,台风期间两渡口(飞云、港头)停渡;温分等干线公路阻车,是年水毁损失共计 545.83 万元。

1988年8月8日零时，七号台风在象山县登陆，宁波、绍兴、杭州、湖州等地暴雨成灾，公路路基冲毁116公里，渣油路面冲毁20公里。碎石路面冲毁784公里，桥梁全毁32座，公路交通一个星期不通，到8月15日大部分恢复通车。

1989年1月12日，台州临海降了一场30年来罕见的大雪，10公里长的猫狸岭上有100多辆客货车辆受阻，1800余名旅客进退维谷。地、市领导和有关公路部门闻讯，立即调动临海客运站等五单位及运输专业户的大客车25辆，历时8小时，直至夜晚10时半全部旅客分批接回临海。

1990年6月24日~9月8日，浙江连续遭受5号、12号、15号、17号、18号五次台风洪水的袭击。其中8月30日15号台风风速每秒45米，是浙江34年来最大的一次。冲毁公路路基140公里，冲毁砂石路面2200公里，冲毁沥青路面47公里，冲毁桥梁47座等，经济损失达9400余万元;9月5日的17号台风，苍南降雨量达936.70毫米，泰顺、文成、景宁3县遭受百年未遇的洪涝灾害。

浙江水毁最严重的季节是夏秋之交的7、8月份，正是台风频发暴雨侵袭的季节。受害最严重的是沿海地带，最易发生水毁的是傍山沿溪线，遭受的重点是驳磡被冲塌，依山边坡坍方和低洼地段的路基、路面被冲毁。此外，春夏之交的梅雨季节，经常发生路基软化、路面大面积损坏。但桥梁永久化比重大，因此冲毁较少。冬季主要是山岭路线冰冻膨胀或溶雪后石质松散坍方，再是大雪封山造成雪阻。1984年冬季，新昌会墅岭一度积雪达20厘米厚，新昌公路段员工上下齐出动，驾驶扫雪车在大雪中清除积雪，保证了公路畅通和行车安全。

1991年之后，公路等级提高，水毁抗灾能力比以前有明显提高。桥涵实现永久化，越岭线开凿隧道代替，一般无水毁之患。县乡公路建、管、养实现三统一后，新建的公路注意标准，使水毁损失减少。水毁抗灾能力有较大提高的主要是国省道干线公路中的主要路线。而其他的路线，抗灾能力还不是很强。

2001年，全省加强雨季路况检查及水毁工程修复。全年共投入水毁修复资金500万元，修复水毁工程30多处，使水毁路段得到及时抢通，公路路况稳步提高。

2002年，全省水毁工程的修复，全年投入3500多万元，水毁修复率达到90%，抢通率达到100%。

2003年，全省组织开展“三防”工作。防御第六号热带风暴，第一号台风和第十四号热带风暴工作。

2004年，第十四号强台风冲毁国省道及县乡公路路基45万立方米，路面481万平方米，全毁桥梁22座，局部损毁桥梁88座，冲毁涵洞914道，冲塌档墙20万立方米，塌方155万立方米，毁坏行道树21万棵，直接经济损失达3.30亿元，高速公路直接经济损失790万元，国省县道公路受损259条。省公路局立即全面启动“三防”应急预案，全面排查，及时排除隐患或临时加固，实行24小时值班。及时组织投入设备、物资、人员等进行抢险，保证了公路的安全畅通。

2005年，“海棠”“麦莎”“泰利”“卡努”和“龙王”5次强台风经浙江造成严重公路水毁，其中台州、温州、丽水受灾最严重。全省公路部门提早准备，开展雨季前路况检查，灾害发生后，本着“先干线、后支线，先抢通、后修复”的原则积极抢险。全省公路系统出动抢险小分队1196人次，抢险人员21378人次，抢险设备3137台套次。至2005年年底，干线公路水毁路

基本修复。

2006年4~6月，局部连续暴雨及强台风“桑美”影响，全省有1894条普通公路因淹水、塌方、结构损坏和局部路基冲毁而交通一时中断，国道3条，省道8条，县乡公路141条，通村公路1742条。全省共冲毁路基350公里，全毁桥梁55座，涵洞1589道等，直接经济损失9.70亿元。灾害发生后，全省交通系统共组织抢险小分队50余支，出动7500余人，投入各类机具车辆2215余台套。至年底，干线公路水毁路段基本修复。

2007年，省交通厅制订和完善相关的应急预案。省交通厅牵头，会同省公安厅丽水市政府，省交通集团公司，组织金丽温高速公路，隧道突发事件应急演练，水毁公路抢修演练，全力做好交通系统防台抗台和抢险工作。

2008年，浙江遭遇50年一遇大灾害。雨雪冰冻天气，造成全省1226条次公路交通中断，其中高速公路25条次，国省道93条次，县乡道1112条次，公路受阻里程12295公里，公路损毁4036公里，路面损坏600万平方米，塌方3000余处，直接经济损失14.80亿元。全省公路系统齐心协力，全力以赴，尽最大努力做好抗雪救灾保春运工作。

2009年，全省普降暴雨，给公路造成巨大损失。灾情发生后公路部门广大干部职工昼夜奋战在抢险第一线，抗灾抢险总投资约1.9亿元。

2010年上半年，浙江多次大范围强降雨，导致丽水、衢州等地国省道主干公路多次发生水毁而中断；12月中旬强降雪，因积雪、冰冻造成公路封道(中断)最多时达536条，给浙江公路造成巨大损失。灾情发生后，全省公路部门广大干部职工昼夜奋战在抢险第一线，全省投入水毁资金1.02亿元。

第四节 公路绿化

民国19年(1930年)，浙江省建设厅公布《县有林事务所或县立苗圃代植公路行道树办法》，规定由公路所在地的县有林事务所或县立苗圃代植，尚未成立机构的由县建设科代办。民国20年，浙江省建设厅颁布《浙江省公路代植行道树办法》和《浙江省公路代植行道树保护办法》，规定公路行道树由公路所在县林务所或县立苗圃负完全代植之责，代植工资按树种和成活率分别给价，两年结清。各乡镇保甲长对所属区域内的行道树有毁坏或枯死者，负有补种之义务，折损行道树者，每株处以1~3元罚金，以五成充报告人，五成留补种之用或罚作5日以下之劳役。民国24年，建设厅公布《督促各公路种植及保护行道树实施办法》，规定省营公路树苗由省农业改良场筹划，督饬各县农场供应，植树经费由县建设经费开支。民国24年1月，省建设厅颁发《浙江省各县市保护公路行道树奖惩办法》，凡成活率达80%以上，无损毁者，由县政府呈报建设厅酌予奖励。对擅自砍伐、拔或攀折行道树等行为按违警处罚。民国26年，民国政府实业部颁布《全国公路植树监督规则》，规定公路机关应将植树经费列入预算，并负有植树、培育和保护之责，自此公路绿化工作由养路机构负责。民国34年抗战胜利后，管理混乱，公路绿化放任自流。

1949年10月，中华人民共和国成立后，各级政府和交通管理部门陆续颁发公路绿化工作的有关法规和具体实施意见。1951年，浙江省人民政府颁布《浙江省公路植树实施办法》和《浙江省公路行道树保护办法》，规定公路行道树不论原有或新植，均不得砍伐，不许在行道树附近纵放牲口或翻土掘伤树根，各路段养路道工及沿线居民对行道树有培养保护之责。

1956年3月，执行省交通厅《浙江省公路绿化规则》，主要干线每边双行植树，一般干线和支线每边单行植树。4月，规定公路绿化由公路管理部门负责规划，公路沿线农业生产合作社负责分段包栽、饲养单位享有按规定修剪树枝及收获果实的权益，但砍伐树木须经公路管理部门同意。

1950~1964年期间，贯彻"绿化祖国、消灭荒山"的方针，公路绿化列入其组成部分。在当地政府的统一部署下，发动沿线群众，采取"保栽、保活、保养和自采自造"的办法栽植公路行道树，除公路养护部门自管路段外，由于路树所有权不明确，政策不落实，以致"年年种树不见树"。1966~1976年"文化大革命"期间，公路绿化遭到严重破坏。

1973年9月在慈溪召开的养路工作会议决定，在公路干线恢复路基、改善线形、修建油路的同时，也把绿化植树一起搞上去，要求尽快植树成林，起到巩固路基，保护路面，防空隐蔽和送货路容等作用。1975年省革命委员会在《关于加强公路养护和管理工作的通知》中，明确了路树所有权，落实了路树护管经济政策，做到"栽、管、护"有机结合。全省公路绿化里程2852.74公里，其中干线公路绿化里程2500公里，占干线公路里程的1/3，行道树约190.40万株。嘉兴、桐乡、嘉善、平湖等绿化典型县区的绿化已连成一片。杭州—父子岭、杭州—新安江、杭州—宁波、杭州—莫干山、杭州—枫泾、萧山—金华等干线公路树木生长良好，基本上绿树成行。

1998年，省交通厅下发了《关于印发浙江省公路绿化管理办理（试行）的通知》浙交〔1998〕48号、浙绿委〔1998〕2号文；办法对适用于本省行政区域范围内的公路绿化规划、计划、设计、建设、保护、管理，以及公路用房的绿化和公路苗圃的管理作出了规定，明确了公路绿化是公路建设和国土绿化的重要组成部分，要纳入公路建设、管理、养护和国土绿化的发展计划中，加强公路绿化的科学研究，推广运用先进技术，提高公路绿化的水平和科技含量。

2000年10月16日，国务院下发《关于进一步推进全国绿色通道建设的通知》。2001年4月23日，省政府《关于建设"万里绿化通道"的通知》出台，明确到2005年建成绿色通道的具体工作目标以及到2010年力争所有可绿化的公路实现全面绿化，形成带、网、片、点相结合，层次多样、结构合理、功能完善的绿色长廊。为实现上述目标，在抓好正常绿化工作的同时，交通部门运用市场调节手段，对公路两侧5~10米土地统一规划，沿途开发经济林和苗木基地，并会同有关部门就绿色通道建设用地和租用标准、农业税减免等进行协调，出台优惠政策，把绿色通道工程与沿线群众致富结合起来，激发农民绿化积极性；同时充分利用市域苗木、花卉、水果产业优势，组织农民沿线开发，进一步带动沿线农业产定结构调整，并运用招投标办法，解决施工护管，从而达到双赢目的。

2003年5月13日，交通部以2003年第5号令发出《交通建设项目环境保护管理办法》，该办法规定交通建设项目需要配套建设的环境保护工程，必须与主体工程同时设计、同时施工、同时投入使用。

2008年，全省共投入资金3000万元实施国省道边坡荒地复绿28万平方米，完成国省道绿色通道工程管养4600公里，更新完善254公里，全省公路绿化面貌焕然一新。

2009年，全省公路绿化投入5000万元，实施国省道边坡荒地复绿33万平方米，绿色通道工程管养4650公里，绿化更新完善191公里，公路绿化各项目标任务圆满完成。

2010年,全省达到基本构建布局合理的公路绿化网络,省级投入资金5000万元。公路沿线树木连线,林带成网,绿化成荫,初步建成了具有江南特色、环境优美的公路绿色生态长廊。

第五节 GBM工程和文明公路样板路

一、GBM工程

1991年,浙江省在104、320、329、330共4条国道和甬临线等7条省道上开始实施GBM(公路标准化美化)工程,共完成投资1446万元,建成了41公里。GBM工程的实施,标志着浙江省公路基础设施和养护水平进入了新的阶段。1992年年底,全省GBM工程完成666.96公里,总投资2796.36万元,使部分公路达到了"畅(畅通)、洁(整洁)、绿(绿化)、美(美观)"的要求,形成了安全、舒适的公路交通环境。1993年,全省各级公路管理部门一手抓建设、一手抓养护,使干线公路好路率达到84.70%。1994年公路养护工作突出15条国、省道重点保障线路,在养护资金和人力、物力安排上都给予倾斜,使GBM工程建设上一个新台阶。

二、文明公路建设

1995年,浙江省根据交通部结合全国公路交通现状,为治理公路"三乱",推进文明公路建设的要求,在104国道开展创建文明建设样板路活动,拉开创建文明建设样板路活动的序幕。全省公路部门以实施文明建设样板路为动力,进一步改善和提高国、省道的通行能力和规范化管理水平。1996年,先后在46省道兰贺线、320国道、205国道开始实施文明样板路建设活动。

1998年,浙江省交通厅提出"九五"(1996~2000年)后三年绿化工作的目标任务,并开始实施"311交通绿化计划",保护和改善生态环境,促进社会经济和环境协调发展。2000年,杭州市累计出动9579人(次),拆除各类违章建筑24629平方米,清除路面堆积物34467平方米,清理非公路标志牌2452块,整治营业性边沟35412米。被列入全省文明样板路创建路段的国、省道干线公路182.10公里均达到省级文明样板路标准。2001年12月,320国道衢州段110.30公里,被评为交通部文明样板路。

2005年,全省公路系统大力开展以高速公路为重点的创建活动,并制定《浙江省文明合格创建活动实施办法》,通过全省文明公路创建活动现场会,观摩学习先进单位,交流文明公路创建经验,进一步推动文明公路掀起高潮。杭金衢高速公路杭州绕城高速公路、金丽温高速公路金丽段、104国道湖州境段,省道新淳线、彭泗线,湖盐线、省道江拨钱、省道甬余线、省道瑞东线、省道临前线等十一条公路被省交通厅命名为"文明公路"。

2006年,在文明公路创建活动中,对205国道江山段14.87公里及46省道龙游段13.94公里实施"白改黑";对48省道实施改建,其他路段实施破板修复(重点是46省道衢州至江山段40公里);同时对205国道、46省道进行绿化补植,共计种植香樟9800株,杜英6500株,其他乔木12500株;雨季来临前,对205国道全线和46省道江山段的上边坡进行全面整治,共计削坡17500平方米,增设钢质护栏5.50公里。

2007年,在文明公路创建活动中,对K16+700~K26+700长10公里的路面实施"白改黑"工程,对K0+000~K1+700、K26+700~K40+410长15.41公里的路面实施破板修复工程，破板修复17500平方米。本着宜林则林、宜草则草、宜花则花的原则，重点抓好公路两侧上边坡的覆绿及沿线两侧废弃地的绿化，创建路段累计种植紫薇、香樟、杜英等11000余株，路肩播种草籽38500平方米。对沿线穿村路段边沟进行集中治理，新浇筑排水沟22000米，浇筑水沟盖板12000米。累计实施边坡处治12000平方米，修复挡墙2000立方米，砌筑路缘石4000米，及时完善缺损的标志、护栏、轮廓标、里程碑和百米桩，新安装钢质波形护栏4500米，新设警告、禁令标志12块，增补指路标志40块，更换T形防撞护栏21.50米，修复T形防撞护栏25.80米，重新漆划路面标线25.41公里，桥梁、隧道立面标118.40平方米。

是年，在开展国省道文明公路创建工作的基础上，衢州市在全省率先提出将文明公路创建向农村公路延伸，在全市范围内开展农村文明公路创建活动。制定《衢州市农村公路文明创建活动实施办法》《农村公路文明创建养护综合质量标准》《农村公路文明创建路政规范执法标准》等制度。重点开展3个方面的工作：一是从服务于群众安全通行出发，加强安全设施设置与维护，对路面实施大中修，完善公路护栏、示警桩、公路标志等安全设施。二是从保护公路路产路权出发，加强公路建筑控制区管理、加大对穿村路段"脏、乱、差"现象整治力度，保持路容整洁，维护路容路貌稳定；三是从新农村建设出发，加强对公路沿线村民的教育，签订文明公路整治的村规民约和保洁协议，实施"门前三包"，建立责任机制、联动机制和监督机制，提高村民文明意识。当年，溪黄线、苦狮线、龙丰线、陆社线、杨霞线、保安支线、淤八线、黄双线、廿项线9条农村公路的文明创建顺利通过验收。

2008年，杭金衢、龙丽高速、205国道、21省道等8条国省干线公路通过文明公路创建验收，创建总里程483.79公里。205国道衢州段被列为全省文明公路创建路段。杭金衢高速公路被省交通厅命名为全省文明公路。是年，全省创建文明公路建设逐渐向农村公路延伸，分别在桐庐分老线、江山江碗线、苍南龙金大道3个项目计70.80公里进行试点创建截至年底，全省有15条2209公里高速公路创建为文明公路，42条3272公里普通国省道创建文明公路。

2010年，全省创建文明公路29条（段）高速公路计3030.50公里，55条普通国省道计4349公里，62条农村公路计923公里。圆满实现2005年提出的到"十一五"末（2006~2010年）符合创建条件的高速公路全部创建为文明公路的目标。

第五章　主要公路建设企业

第一节　浙江省交通工程建设集团有限公司

浙江省交通工程建设集团有限公司是浙江省公路桥梁建设专业施工企业。其前身源自成立于1953年5月的华东公路管理局第二工程纵队。1990年经建设部审核定为公路施工一级企业。1991年12月改名为浙江省路桥工程处。1997年4月，在省路桥工程处的基础上建立浙江省交通工程建设集团。集团下辖浙江第一、第二、第三、第四、第五工程处，浙江省交通工程建设集团测试中心和驻北京联络处。1998年11月3日，经浙江省省属企业改革领导小组发文《关于〈浙江省交通厅厅属企业改革总体方案〉的批复》（浙企政改〔1998〕6号），对浙江省交通工程建设集团（路桥处）实行企业改制。1998年12月，浙江省交通工程建设集团在工商注册登记名称时改名为浙江省交通工程建设集团有限公司。集团公司的主要服务和经营范围是境内外道路、桥梁、隧道、港口、航道、码头、船闸、机场等交通工程的施工、技术服务、材料试验以及工业与民用建筑、市政工程施工、建筑材料供销，商品混凝土构件、工程机械修造与租赁、劳务输出、工程施工配套服务项目和房地产及商业经营项目。

1995年，省路桥工程处完成工作量36192万元，比上年增长56.80%。全处固定资产原值18292万元，其中1995年新增6554万元，扣除折旧3173万元后，净增固定资产3381万元。

2000年，施工产值达17亿元。实现工程结算收入13.80亿元，超过上年112%；实现利润总额2616万元，超过上年55.60%；净利润为1542万元，超过上年67.60%；上缴国家所得税1074.60万元，超过上年46.40%；上缴营业税及附加4221.80万元，超过上年的163.40%。年末，公司净资产为17444万元，净资产保值增值率为6.50%。

2004年，集团完成财务结算收入31.60亿元，完成施工产值35亿元，两项指标均超过上年。利润达5155元，为国家创造1亿多元的税金。

2005年，集团营业收入47.65亿元，比上年增长51.90%；实现利润总额6141万元，比上年增长15.19%；上缴所得税2852万元，净利润3289万元。

2010年，集团营业收入超过72亿元，较上年增长15.70%，实现利润总额13766万元（剑泉山庄改造修缮费用调整前），较上年增长15.10%；实现净利润9999万元，其中国有净利润6222万元，国有资产保值增值率达114%。承接工程项目41个，合同总价60.47亿元，其中省外项目13个，合同累计32.39亿元，占承接业务总量的53.60%。集团净资产11.15亿元，其中国有净资产8.43亿元。如表1-5-1所示。

1993 ~2010 年交工集团部分重点年份主要经济指标一览表　　表 1 - 5 - 1

单位：万元

项目 \ 年份	1993 年	1999 年	2005 年	2006 年	2010 年
资产总额	25368	74903	289412	332900	538834
所有者权益	7425	22471	41788	55476	111558
其中：归属于母公司所有者权益	7425	16573	25548	37980	84370
营业收入	21011	49504	479713	589932	721647
利润总额	470	1681	6609	7129	13037
净利润	470	707	3625	4396	9523
其中：归属于母公司所有者的净利润	470	464	2407	2297	5720

公司高度重视和组织质量管理小组活动，2002 年、2003 年、2004 年、2005 年、2006 年、2008 年、2009 年、2010 年，公司接连荣获“全国交通行业质量管理小组活动优秀企业”称号；2008 年荣获全国工程建设质量管理优秀企业称号。

2005 年，公司荣获中国公路建设行业协会授予的“2004 年度公路建设行业优秀企业”称号；2009 年 10 月，荣获中国建筑业协会授予的“全国建筑业先进企业”称号。

集团有限公司重视管理工作，以管理促效益。1997 年 10 月，集团推行全面质量管理，并在直属各单位开展质量管理小组活动。1998 年 2 月，修订《安全生产综合目标管理办法》；1999 年，集团成立 ISO9000 贯标认证领导小组。2000 年 6 月印发《浙江省交通工程建设集团质量管理（QC）小组活动管理办法》，11 月制订《浙江省交通工程建设集团施工质量管理实施办法》，12 月制订《浙江省交通工程建设集团有限公司工程机械管理办法》；2002 年 9 月，制订《项目质量管理办法》（试行）、《质检员管理办法》（试行）、《项目质检科职责》；2003 年 3 月，制订《浙江省交通工程建设集团安全生产管理暂行规定》。

第二节　其他公路工程建设企业

浙江公路工程建设企业，成立最早、规模最大的企业是浙江省交通工程建设集团有限公司，随着浙江公路建设事业的迅速发展，公路工程建设企业如雨后春笋般涌现。至 2010 年，全省共有公路工程建设企业 114 家。如表 1 - 5 - 2 所示。

2010 年浙江省公路工程建设企业一览表　　表 1 - 5 - 2

序号	单位名称	序号	单位名称
1	浙江省交通工程建设集团有限公司	6	浙江省第一水电建设集团有限公司
2	杭州市交通工程集团有限公司	7	杭州港航工程公司
3	杭州宇航交通工程有限公司	8	浙江省交通工程建设集团第三交通工程有限公司
4	浙江省宏途交通建设有限公司	9	浙江交工路桥建设有限公司
5	浙江省大成建设集团有限公司	10	浙江登峰交通集团有限公司

续上表

序号	单位名称	序号	单位名称
11	杭州路达公路工程总公司	46	浙江环宇隧道工程有限公司
12	浙江华新交通工程有限公司	47	浙江中威交通建设有限公司
13	浙江奔腾交通工程有限公司	48	桐乡市交通工程有限公司
14	浙江国途交通工程有限公司	49	浙江嘉桥交通建设有限公司
15	杭州长虹路桥工程有限公司	50	浙江豪天建设有限公司
16	杭州市市政工程集团有限公司	51	海盐秦山交通建设有限公司
17	浙江金筑交通建设有限公司	52	浙江大陆交通建设有限公司
18	浙江顺畅高等级公路养护有限公司	53	嘉兴万虹建设工程有限公司
19	浙江交工高等级公路养护有限公司	54	海宁市鸿翔交通建设有限公司
20	杭州光华路桥工程有限公司	55	湖州市交通工程处
21	杭州先高路桥工程有限公司	56	湖州市交通工程总公司
22	浙江锦豪交通工程有限公司	57	浙江省疏浚工程有限公司
23	宁波交通工程建设集团有限公司	58	长兴县交通工程公司
24	浙江恒立交通工程有限公司	59	长兴县公路工程有限责任公司
25	宁波市公路局路桥工程处	60	德清县交通工程有限公司
26	浙江海洋工程有限公司	61	安吉县天河路桥工程有限公司
27	浙江良和交通建设有限公司	62	湖州集全交通建筑工程有限公司
28	宁波市江北交通工程有限公司	63	浙江天宇交通建设集团有限公司
29	宁波远翔交通建设有限公司	64	浙江鼎盛交通建设有限公司
30	宁波市政工程建设集团股份有限公司	65	浙江宝业交通建设工程有限公司
31	余姚市天虹路桥工程有限公司	66	浙江经纬路桥工程有限公司
32	宁波海港工程有限公司	67	绍兴市双保路桥工程建设有限公司
33	宏润建设集团股份有限公司	68	浙江联顺道路筑养科技有限公司
34	宁波市镇海区交通工程开发公司	69	浙江八达交通建设有限公司
35	慈溪市交通建筑有限公司	70	浙江大舜公路建设有限公司
36	慈溪市江南道路发展有限公司	71	浙江金衢交通工程有限公司
37	宁波海通疏浚工程有限公司	72	浙江海滨交通工程有限公司
38	温州交通建设集团有限公司	73	浙江腾飞交通工程有限公司
39	顺吉集团有限公司	74	浙江通达路桥工程有限公司
40	路港集团有限公司	75	浙江越达交通工程有限公司
41	永嘉县交通工程公司	76	浙江凌云水利水电建筑有限公司
42	浙江八达隧道工程有限公司	77	浙江大宇交通工程有限公司
43	乐清市路桥工程有限公司	78	浙江中祺建设有限公司
44	浙江交建路桥工程有限公司	79	浙江正方交通建设有限公司
45	浙江瓯越交通建设有限公司	80	利越集团有限公司

续上表

序号	单位名称	序号	单位名称
81	浙江八咏公路工程有限公司	98	浙江恒昌建设有限公司
82	义乌市恒风路桥有限公司	99	宏远建设有限公司
83	浙江金顺路桥建设有限公司	100	浙江大地交通工程有限公司
84	浙江省东阳市公路建设工程有限公司	101	台州市四方交通建设工程有限公司
85	永康市大通公路工程有限公司	102	浙江天一交通建设有限公司
86	金华市鑫隆路桥建设有限公司	103	台州市椒江交通建设工程有限公司
87	金华市交通建筑工程公司	104	浙江省台州市交通工程公司
88	浙江众达建设有限公司	105	临海市交通工程建设有限公司
89	义乌市共济交通工程有限公司	106	浙江天环交通建设有限公司
90	浙江省衢州市交通建设集团有限公司	107	浙江立达工程建设有限公司
91	浙江顺通路桥工程有限公司	108	腾达建设集团股份有限公司
92	浙江永达交通工程有限公司	109	台州蓝盾工程建设有限公司
93	龙游县通途交通建设工程有限公司	110	浙江众一建设工程有限公司
94	舟山市宏达交通工程有限责任公司	111	浙江华通路桥工程有限公司
95	舟山市金道公路建设工程有限公司	112	浙江大地路桥建设工程有限公司
96	岱山县交通建设工程公司	113	浙江路建交通工程有限公司
97	舟山市普陀宇通路桥工程有限公司	114	缙云县交通建设工程公司

第三节　浙江公路水运工程咨询公司

一、概况

浙江公路水运工程咨询公司的前身是浙江公路水运工程咨询监理公司，1993年经省交通运输厅批准更名，该公司是按现代企业制度组建的浙江省交通运输厅直属企业，为浙江省交通工程咨询、监理、招标代理行业的龙头企业。公司下设综合部、监察室、财务室、总师办、审价中心、经营部、咨询部、设计部、代建部9个职能部门和浙江公路水运工程监理有限公司、浙江远大公路水运工程咨询事务所、浙江港航经济开发公司3家全资子公司，参股浙江电子口岸有限公司。同时，浙江省交通运输厅专家委员会办公室常设该公司，由公司负责委员会的日常工作。

公司拥有一支高素质人才队伍，有技术人员近千人，其中高级工程师（教授级）14名，工程师以上技术人员占73%，注册工程师数十人（包括注册咨询师、土木工程师、项目管理师、造价师、建造师、结构师等）。同时还拥有由一批资深专家组成的专家库，为工程技术服务提供强有力的技术支持。

公司持有国家发改委颁发的“工程咨询甲级资格证书”，建设部颁发的“工程招标代理甲级资质证书”“公路工程设计乙级资质证书”，交通部颁发的“公路工程监理甲级资质证书”“水运工程监理甲级资质证书”“特殊独立大桥专项监理资质证书”,浙江省交通运输厅颁发的“公路工程试验检测综合乙级资质证书”“水运工程材料乙级资质证书”,可承担全国范围内高速公路、国省道、大型桥梁和隧道工程以及港口、航道等公路水运工程的前期规划、可行性研究、设计审查、公路设计、施工监理、项目代建、项目后评价、招标代理、试验检测等业务。公司被浙江省发改委、浙江省交通运输厅指定为交通项目代审单位。

二、职责

公司可承担交通(包括高速公路、普通公路、航道、港口码头)基本建设、技术改造的前期工作。包括编制项目建议书、可研报告、项目申请报告、区域交通建设规划、通航论证报告,对可行性研究报告等进行咨询评估,对初步设计、技术设计、施工图设计进行技术咨询审查,编制项目后评价报告、社会稳定风险评估报告、交通安全评估报告等;公路和水运工程建设项目的招标代理、工程设计、工程监理、项目代建及试验检测服务;项目概算专项审查。

三、企业业务结构

公司主要以咨询、设计业务为核心,探索发展项目代建业务。公司咨询业务覆盖浙江省高速公路、国省道及水运项目,完成包括预、工可编制及评估、初设及施工图审查等在内的公路水运咨询项目。下设 3 家全资子公司的主要业务如下:

1993 年港航公司成立,下设全资子公司杭州华烨交通工程检测有限公司。杭州华烨交通工程检测有限公司以公路水运工程试验检测项目为主,具有独立法人地位的检测机构,具有浙江省交通运输厅颁发的“公路工程试验检测综合乙级资质证书”及“水运工程材料乙级资质证书”,并通过省质量技术监督局的计量认证评审,可承担桥梁健康检测、混凝土无破损检测、基桩完整性、地基基础静荷载、桥梁构件强度、隧道锚杆检测、路基路面测试等现场检测项目及钢筋、钢绞线、锚具、水泥及水泥混凝土、沥青及沥青混合料、水质分析等室内检测项目。港航公司还持有嘉兴世纪交通设计有限公司股份。该设计公司具有水运行业设计乙级、港口河海工程咨询乙级、公路工程咨询丙级及内河船舶船员资质。主要业务范围为水运工程规划、可行性研究、工程设计、立项申请报告代理、水运行业招标咨询、水运工程测量、内河船舶船员培训等。

1998 年远大事务所成立,该所是经建设部批准的第一批具有工程建设招标代理甲级资格的中介服务机构,技术实力和发展水平处于省内招标代理行业前列,可承担各类公路工程和水运工程的招标代理业务。

2005 年,公司投资组建全资子公司——浙江公路水运工程监理有限公司。

此外,浙江公路水运工程咨询公司于 2013 年参股浙江电子口岸有限公司。浙江电子口岸有限公司成立于 2006 年,主管单位为浙江省人民政府办公厅,是由 7 家企事业单位:杭州海关机关服务中心、浙江出入境检验检疫局机关服务中心、中国电子口岸数据中心杭州分中心、中国电信股份有限公司浙江分公司、浙江物产中大元通集团股份有限公司、杭州萧山国际机场有限公司、浙江公路水运工程咨询公司)共同出资组建的国有高新技术企业,注册资金 1200 万元。

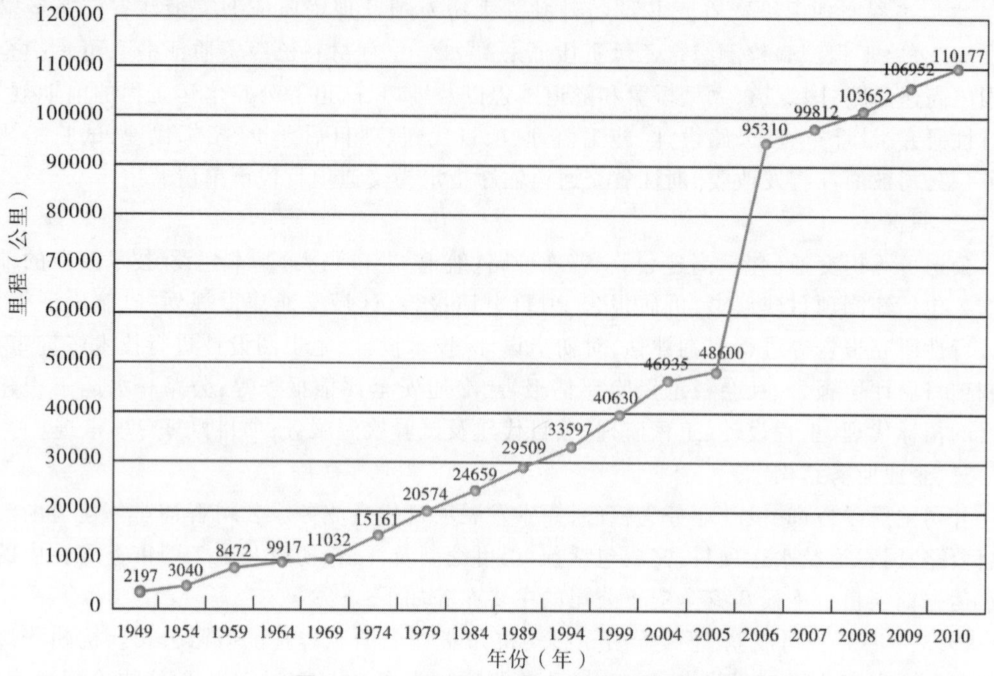

图1-5-1　1949~2010年浙江省公路里程情况

注：2006年起全省公路总里程包含村道里程。

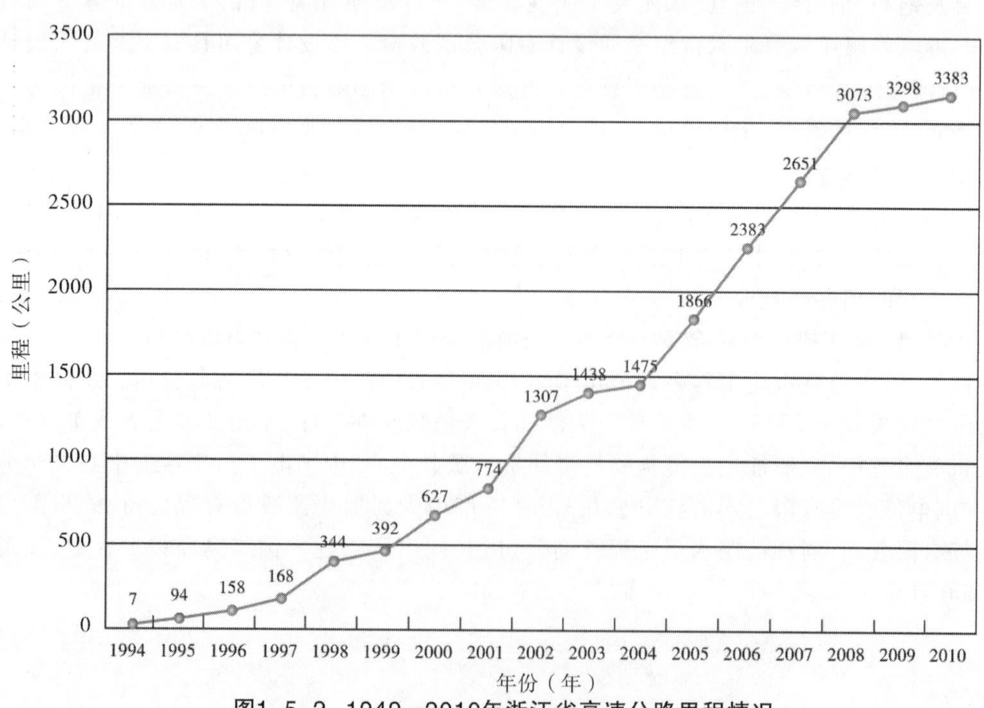

图1-5-2　1949~2010年浙江省高速公路里程情况

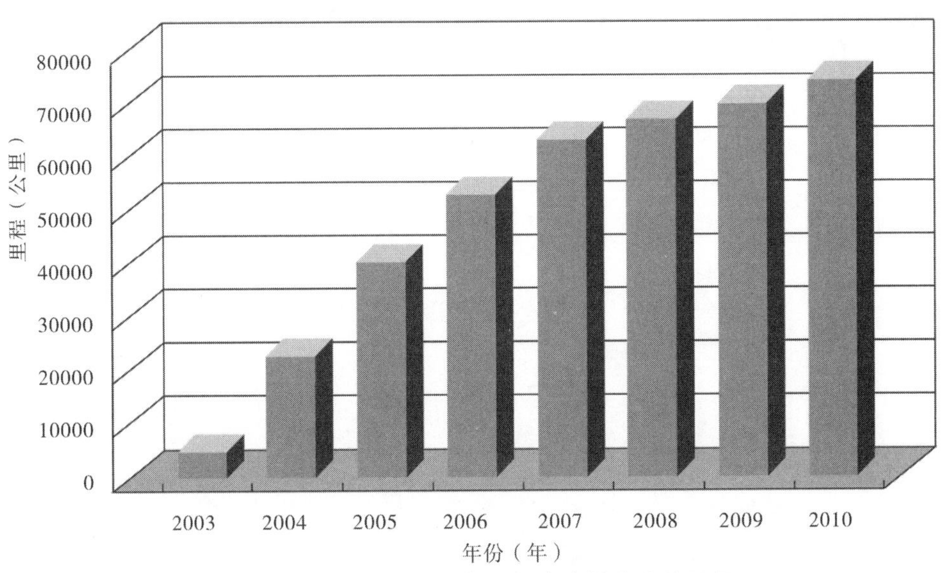

图1-5-3 2003~2010年浙江省农村公路总里程

行政等级	总计	国道	省道	县道	乡道	专用道	村道
里程(公里)	110177	4171	6013	27234	18435	715	53592

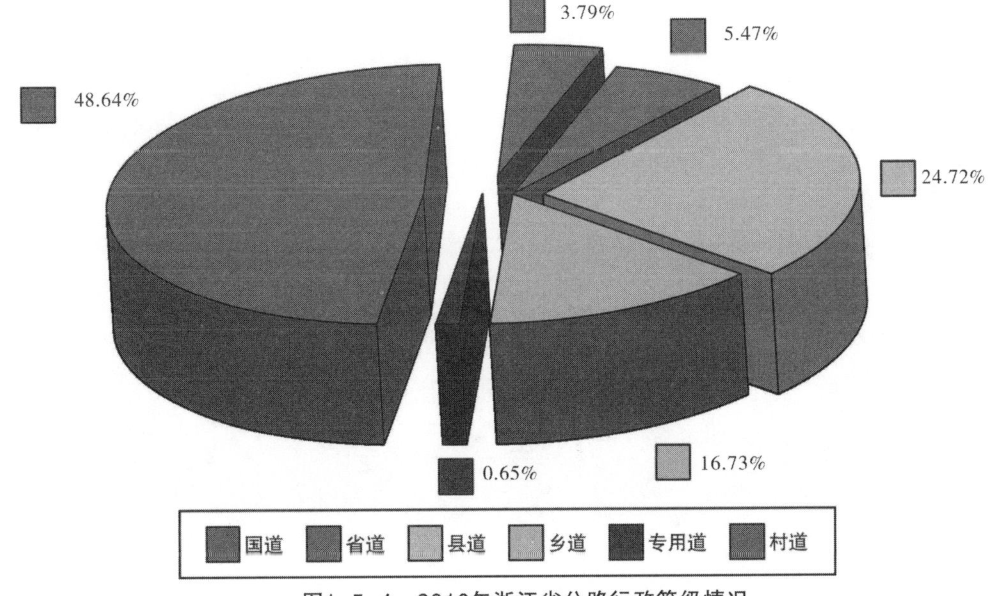

图1-5-4 2010年浙江省公路行政等级情况

第二篇　水　　路

浙江省境内河流湖泊众多,水网密集,海域辽阔,港湾纷呈,岛礁棋布,自古有舟楫之利。丰富的深水港口、疏港的内河航道资源和地处长江经济带与东部沿海经济带的"T"型交汇点,是浙江省最突出的资源优势和区位优势。境内有钱塘江、苕溪、曹娥江、甬江、椒江、瓯江、飞云江、鳌江八大水系,浙北航道交错成网,有骨干航道20条;拥有杭州港、嘉兴内河港、湖州港、绍兴港、宁波内河港、金华兰溪港、丽水青田港等7个主要内河港口和宁波－舟山港、温州港、嘉兴港、台州港4个沿海港口。

新石器时代,浙江已有航运活动。早期的水路交通大多利用天然河道。春秋晚期,越国开凿"山阴故水道",为浙江境内第一条人工开凿的运河。秦汉以后,航运获得初步发展,浙东运河形成。隋朝时期,隋炀帝开凿广通渠、通济渠、永济渠,敕穿江南河,江南运河形成,浙江省境内的水路运输向中原腹地伸展,海外航运业有明显发展。宋元时期,浙江在航道、港口建设等方面都呈现出一派兴旺景象,两大运河得到进一步的疏浚和整治,杭州、明州(今宁波)、温州、澉浦(今嘉兴海盐)成为了重要的贸易港口。明清时期,各航道的航运条件得到改善,内河航运繁荣,形成了一系列中小型港口,如平湖县的乍浦、海盐县的白塔山等,促进了海上贸易运输。

民国时期,内河航运、港口进一步发展。但在1937年抗战爆发后,中国内河航运受到严重破坏,沿海港口也遭到占领和封锁。1942年,浙江大部分沦陷,海上航运和内河航运基本处于停顿和瘫痪的状态。

1949年中华人民共和国成立初,浙江内河航道由于长期失修失养,通航里程只有3575公里,其中能通机动船的航道仅有1024公里。全省航道大致分布在浙北、浙南两大片,有10条干线航道。沿海港口设施破旧,内河码头多为自然岸坡,靠人力装卸。

1949年后,浙江省重点对杭嘉湖、浙东、钱塘江区域的主要航道实施了疏浚、养护和初步建设,使其先恢复通航,各港口也开始陆续修复、重建,通航条件有所改善。1958年,"二五"(1958～1965)计划开始实施,浙江省经济建设全面展开,为航运基础设施建设提供了发展机遇,浙江航道建设从局部清障复航转入到局部改善提高。该阶段在不断提高原有航道等级的基础上,对碍航航段进行改善,解决了一些闸坝的碍航问题,使全省主要航道通行能力得到提高,通航里程有所增加。至1965年底,全省内河航道通航里程为11828公里,其中通机动船里程为4258公里,分别比1957年增加了698公里和2017公里。

1966年开始的"文化大革命",给浙江省航道建设带来了干扰和破坏,造成一些内河航道断流、碍航,港口建设发展缓慢。

20世纪70年代初期,国务院总理周恩来提出迅速改变中国港口落后面貌的指示要求,推动了浙江港口建设的进程。尤其是在1978年改革开放以后,浙江省开始掀起建设新港和老码头技术改造的热潮,港口建设步伐加快。至1990年,浙江省已建成万吨级以上深水泊位17个。此阶段,内河航道建设先后实施了杭甬运河开通工程和京杭运河与钱塘江沟通工程,实现了浙北、浙东水运网的连接,使浙江主要经济发达地区的水路运输实现了直达。同时在内河水运发达地区,对京杭运河(浙境段)、长湖申线(浙境段)、杭甬运河等主要航道的部分"卡脖子"航段进行改造整治,改善了杭嘉湖干线航道的通航条件。

1990年后,根据交通部"抓重点、通干线、先缓解、后适应"的建设方针,浙江省按五级航道标准改造杭嘉湖干线航道,基本形成浙北杭嘉湖内河五级以上干线航道网,同时,内河航道建设投融资体制取得重大突破，颁布了《浙江省内河“四自”航道管理暂行办法》，嘉于线等四个“四自”航道项目相继开工建设，为内河航道建设注入了新活力。“九五”（1996～2000年）期间，重点强化杭嘉湖航道网，集中力量建设“十线”中的五线，即全线改造京杭运河、长湖申线、杭申线、乍嘉苏线、六平申线5条干线航道的浙境段。港口设施设备建设也逐步加快，装卸能力大有提升，海港建设呈规模效应。2000年年底，浙江省基本形成以宁波、舟山港深水港域为中心，温州、海门、乍浦港为骨干，中小港口为基础的沿海港口群。共有沿海港口34个，泊位876个，有万吨级以上深水泊位57个，其中10万吨级以上泊位6个。沿海主要港口中，有宁波、舟山、温州、台州、乍浦等一类开放口岸5个，二类开放口岸12个。

2000～2005年，全省新增内河航道通航总里程达到9892公里。期间，浙江省水运强省工程全面实施，杭甬运河全线开工。内河航道快速发展，骨干航道相继完成改造，浙北内河骨干航道网进一步完善。2005年年底，沿海港口吞吐能力达到29300万吨，万吨级以上深水泊位发展到81个。

2007年6月12日，浙江省提出“港航强省”战略，充分发挥浙江省港航资源丰富、运输需求旺盛的优势，强化龙头“宁波－舟山港”，做大两翼“温台和浙北港口”；以京杭运河为重点，全面提升浙北航道网；以杭甬运河为主干，完善浙东航道体系；以加快富春江七里泷大坝改造为突破口，全面复兴钱江水运；以瓯江开发为契机，推进浙西山区沿江入海。

“十一五”计划（2006～2010年）期间，浙江省内河水运基础设施建设完成投资119亿元，共新增及改善四级及以上航道里程350公里，新增内河泊位170个。至2010年年底，全省内河航道里程为9703.62公里。其中四级及以上航道里程为1317.01公里；全省完成内河货运量和货物周转量分别为18145.42万吨、378.66亿吨公里，内河港口货物吞吐量33940.84万吨。浙江省沿海港口泊位达到1095个，其中万吨级以上泊位159个（不含洋山港区），年综合通过能力达7.6亿吨；内河港口泊位达到4221个，年综合通过能力达3.5亿吨。

第一章 航 道

浙江地势自西南向东北倾斜，境内河流众多，平原地区水网密布，是水运大省。主要河流的近河口段航道可通航500~20000吨级船舶，中下游感潮河段可通航50~300吨级船舶。各平原水网地区水位稳定，特别是以浙北京杭运河为主干的杭嘉湖内河水网航道，通航条件优越，一般可通航100~500吨级船舶。

中华人民共和国成立前，浙江省内河航道长期失修失养，1949年通航里程3575公里，其中通机动船的航道1024公里。1949年浙江省水路客运量为240万人，周转量5433万人公里；水路货运量212万吨，周转量17176万吨公里。中华人民共和国成立60年，特别是改革开放30多年来的建设，内河航运基础设施有了很大发展，重点建设了浙北杭嘉湖地区航道网和杭甬运河。据第二次全国内河航道普查统计，至2002年12月31日，浙江省有内河航道1179条，10539公里。其中等级航道4753公里：通航500吨级船舶的四级及以上航道993公里，占全省内河航道总里程的9%，占全省等级航道里程的21%；五级航道563公里，六级航道1681公里，七级航道1516公里。已基本形成以京杭运河、杭申线、长湖申线、乍嘉苏线、杭湖锡线、六平申线、钱塘江、杭甬运河、椒江、瓯江等10条干线航道和湖嘉申线、东宗线、嘉于线3条连接线航道为主骨架的航道格局。

2008年年底，航道里程已达9695公里，其中四级及以上高等级航道1275公里。当年全省完成水路货运量5.16亿吨、周转量4022亿吨公里，分别是中华人民共和国成立初期的243倍和2341倍；完成水路旅客运输量3494万人、周转量7.3亿人公里，分别是解放初期的14倍和13倍，水运在综合运输体系中的地位和作用日益重要。

至2010年年底，浙江省内河航道里程达9704公里，其中四级及以上航道里程为1317.01公里；全省完成内河货运量和货物周转量分别为2.67亿吨、378.66亿吨公里。至此，以京杭运河、长湖申线等航道为核心，以杭嘉湖地区高等级航道网为主体，其他地区航道为补充的“北网南线、双十千八”骨干航道格局基本形成。同时投资3.2亿元建成国内首条30万吨级人工航道宁波－舟山港虾峙门口外航道，通航水深25.7米；建成宁波－舟山港马岙港区15万吨级进港航道，开工建设条帚门15万吨级航道。

第一节 内河航道

根据各航道的功能、作用及自然条件以及运输发展需求，浙江省内河航道分为骨干航道和一般航道两个层次。

内河骨干航道有京杭运河、长湖申线、杭申线、湖嘉申线、乍嘉苏线、杭平申线、杭甬运河、钱塘江（含富春江、兰江、衢江）、东宗线、航湖锡线、梅湖线、东苕溪、新安江、芦墟塘、嘉于线、瓯江、椒江、浦阳江、曹娥江、奉化江二十条。

一、杭嘉湖航道网

杭嘉湖地区航道密集，运量大，为浙江省北部最发达的内河水路运输网，主要航道有：长湖申线、京杭运河、杭申甲线、杭湖锡线、六平申线、嘉苏线等25条。

古时,杭嘉湖平原为天然水网地区。春秋晚期越国开凿的“山阴故水道”,是浙江省境内第一条人工开凿的运河。秦代整治原有航道,并开凿了嘉兴到杭州的航道,初步奠定了江南运河(浙江段)的基本走向。隋大业六年(610年)敕穿江南河后,自京口(今镇江)至余杭(今杭州),全长330余公里,形成了一条以洛阳为中心,北通涿郡、西连长安、南至余杭的水运大动脉。宋元至明清时期,在原有天然水网和运河的基础上,又进行了多次疏浚及修筑堤岸等工作,重点对江南运河(浙江段)进行疏浚和整治;明清时期,杭嘉湖地区市镇经济的发展使浙北的水路联系更为紧密、频繁,促进了杭嘉湖航运的进一步发展。民国建立后,随着内江、内河小轮航运业大规模的发展,杭嘉湖平原境内所有干支线航道终年都可行驶轮汽船,航线遍布各主要内河,并继续延伸至省外的上海、江苏等地。1937年11月,杭嘉湖平原被日军占领后,即无轮、汽船航行内河,内河航运基本瘫痪。

1949年前,浙北杭嘉湖内河航道长期失修失养,断航、阻塞现象严重。1949年后,为尽快恢复航运以适应日益增长的内河运输需要,浙江省航务局陆续对杭嘉湖主要内河运输航道包括杭申甲线(浙境段)航道、湖申线(浙境段)航道、长湖申线(浙境段)航道、六平申(海盐六里山—平湖—上海)线(浙境段)航道等进行了疏浚整治,并开辟了杭申乙线(浙境段)航道和闲半航道。

“六五”“七五”计划(1981~1990年)期间,遵照“以水为主,水陆并举,先求大通”的方针,重点实施了浙北杭嘉湖航道的连接贯通计划,对主要干线航道碍航航段进行了改造,并先后实施杭甬运河开通工程和京杭运河与钱塘江沟通工程。此阶段,对京杭运河(浙境段)、长湖申线(浙江段)2条主干航道的“卡脖子”航段进行了改造。

1983年11月,京杭运河与钱塘江沟通工程开工建设,历时5年,共投资6977万元,开拓出一条江河直达航线,使水运直达里程延伸了400多公里。

“八五”“九五”计划(1991~2000年)期间,浙江省结合全省经济和社会发展需求,高起点、高标准地重点建设与长江水系相通的浙北杭嘉湖地区航道网。到1995年,相继完成京杭运河塘栖、韶村弯道,乌镇—新市,杭州市河和长湖申线雪水桥—吕山航段以及主要碍航航段的改造;打通浙北杭嘉湖内河航道18处“瓶颈”航段中的16处,共计完成按5级航道通航标准改造内河航道73公里。1993年9月,浙江省首个水上“四自工程”(自行贷款、自行建设、自行收费、自行还贷)——三堡二线船闸开工建设,1996年12月建成通航,分流了一线船闸的超负荷运量,提高了整个船闸枢纽通过能力,缓解了杭州市河段与钱塘江之间的运输紧张状况。

“十五”(1996~2000年)期间,浙江省按照《浙江省公路水路交通建设规划(1996~2010年)》全线改造京杭运河、长湖申线、杭申线、乍嘉苏线、六平申线5条干线航道的浙境段。

1995年,根据全国内河航运建设工作会议精神,对京杭运河、长湖申线和杭申线浙境段规划进行调整,将改造标准从五级提高到四级。其中对嘉兴、平湖、崇福、塘栖等市(镇)河段,结合城镇规划,采取绕城改线方案,新辟航道。

1996年,浙北杭嘉湖内河航道网改造工程项目全面开工。经过5年建设,全线改造杭嘉湖5条干线航道共计410公里,其中六级航道40公里,五级航道135公里,四级航道235公里,实现了浙江省四级航道零的突破,基本缓解杭嘉湖地区水路运输的紧张状况。

至2000年年底，浙江省内河航道通航里程10408公里。其中四级航道533公里，五级航道1122公里，基本形成以京杭运河、长湖申线、杭申线、六平申线和乍嘉苏线5条航道浙境段为主的杭嘉湖内河五级以上主要干线航道网。

为充分发挥浙江水运大省的优势，拓宽筹资渠道，加快内河航道建设，2003年，浙江省人民政府以浙政函〔2003〕173号将余杭武獐线、嘉兴嘉于硖线、湖州武新线、湖州妙湖线航道等4个航道改造项目列为首批航道“四自”工程（即“自行建设、自行筹资、自行收费、自行还贷”）。2004年11月5日，制定出台了《浙江省内河“四自”航道管理暂行办法》（浙政办发〔2004〕105号），为全国首个规范内河“四自”航道管理的省级政府规范性文件。同时，浙江省政府确立“水运强省”发展战略，并制定“六线三连”的浙北干线航道网新建和改建工程（部分航道通航标准提高到三级），即京杭运河、长湖申线、杭申线、乍嘉苏线、杭平申线、杭湖锡线、东宗线、湖嘉申线、嘉于线，共计785公里。2005年1月18日，浙江省人民政府发文（浙政发函〔2005〕7号）批准，京杭运河、杭申线、六平申线、乍嘉苏线等整个浙北干线航道网改造项目列为“四自”航道工程。湖州妙湖线航道于2004年4月开工建设，2007年，浙江省完成东宗线、乍嘉苏线、嘉于线、杭平申线于硖段、湖嘉申线湖州段、杭湖锡线等6条骨干航道，基本形成与长三角航道网相适应的杭嘉湖高等级航道网络。2010年，实施湖嘉申线嘉兴段、杭平申线和京杭运河、长湖申线、杭申线部分重要航道的四级改三级，基本完成浙北航道网骨干航道的建设。

（一）京杭运河浙境段

1. 基本情况

京杭运河浙境段，曾用名杭申乙线。20世纪80年代初改造京杭运河时，由于经江苏平望、嘉兴桐乡乌镇、湖州练市、德清新市、杭州余杭塘栖至杭州这一航道自然条件较好，从江苏到杭州距离最近等特点，从航运角度出发，将此航道作为京杭运河浙江段来改造，1982年国家计划委员会在批复中予以明确。此后，杭申乙线改称为京杭运河浙境段。

航道起自杭州三堡，经湖州德清新市、湖州练市，嘉兴桐乡乌镇、鸭子坝后，进入江苏省，过平望、黎里、芦墟，再入浙江，经俞家汇、池家浜进入上海市境内，在泖港口入黄浦江，抵苏州河口，全长233.07公里。其中，浙境段为111.40公里。该航道的乌镇市河段，由于河面狭窄，河床底宽小，30吨船舶只能单向航行。其中，三堡船闸—北星桥14.79公里航道受市内桥梁及两岸城市建筑物的控制，为五级航道，通航300吨级的船队；北星桥—鸭子坝的85公里航段，经过1991~2000年间的建设，航道基本达到四级通航标准。航道上有跨河桥梁45座，其中公路桥20座、铁路桥2座。由于运输繁忙，“八五”计划（1991~1995年）期间在三堡一线船闸边又修建300吨级复线船闸一座，缓解了杭州市河段与钱塘江之间的运输紧张状况。三堡船闸1998年的通过货运量为807.41万吨。2008年，三堡二线船闸完成过闸货运量2847.05万吨。

至2010年，京杭运河杭州段航道北星桥以南为五级航道，长14.79公里；以北为四级航道，长22.15公里。全线河面宽均大于60米、底宽35~40米（中河立交桥以南为30米），设计水深2.5米，最弯曲半径320米。新建桥梁净跨45~60米，净高4.5~7.0米，可通航300~500吨级船舶；京杭运河湖州段在嘉兴桐乡乌镇西栅通河桥进入湖州市境内，由北向南经练市、含山、新市、邵村至德清邵家坝村。其中湖州市境内航道里程43.9公里，航道底宽40米以上，水深2.5米以上，弯曲半径大于320米，全线可通航500吨级船舶。

2.航道发展与整治

京杭运河江苏镇江至杭州段又称江南运河，为京杭运河浙境段的前身。江南运河的水道行径路线，在秦代已初步形成，《越绝书·吴地传》称：秦始皇时堰嘉兴马塘为陂，从嘉兴"治陵水道，到钱唐，越地，通浙江"。秦代的钱唐县即今杭州。这样，嘉兴到杭州的水道便连接了起来。"陵水道"是挖土修筑陆道而形成的人工渠道，水陆交通两具，即为今天的上塘河。至此，由今江苏省镇江，经丹阳、苏州、浙江省的嘉兴、湖州，直到杭州，沟通长江和钱塘江的水上渠道，经历代分段开凿，到秦代终于形成，初步奠定了江南运河的基本走向。

六朝建都建业（今江苏南京），为了避开长江之险，叠次开凿了茅山山麓的破冈渎和上容渎，西连秦淮河，东接运河，以达吴、会漕运。东晋吴兴太守殷康又开凿了荻塘，引余不溪、苕溪之水，自乌程县（今湖州市）东合流而东过旧馆，至南浔镇，入江南界，东经江苏震泽、平望两镇，与嘉兴之运河合，直接沟通了江南运河与湖州地区。隋朝大业六年（610年）大规模地修浚江南运河，使江南运河大大超过了前人所经营的运河故道。它北起今江苏省镇江市长江边上京口港，东南经无锡、苏州、平望，然后进入浙江省，经嘉兴，再折向西南，经崇德、长安、临平，又循今上塘河，至德胜坝，穿越杭州城，在城南今白塔与六和塔间进入钱塘江。全长330余公里，河面宽"十余丈"，合今30余米，水深可通行龙舟。其时，江南运河在今浙江境内的一段，成了杭嘉湖平原水运网络的主航道，由于水运大动脉的形成，将杭州与洛阳、长安、涿郡的水路交通连接起来，为浙江省境的内河航运向中原腹地伸展奠定了基础。

唐代对江南运河南段进行了浚治。长庆年间（821～824年），县令李谔在海盐县境内开凿了"古泾三百一所"，使江南运河的支线深入到了海盐。唐朝还在江南运河南段创设了"长安闸"（今海宁县西南长安镇），以防止运河水流失，保障航运畅通。

五代吴越国的时候，钱镠专门设置了"都水营使以主水事"，"募卒通河撩浅"。还在运河入钱塘江口建造了龙山闸和浙江闸，以阻止泥沙入侵淤塞运河，方便了舟楫航行。

宋元时期，对江南运河的水源进行了治理，并在今杭州境内开浚了奉口河、北关河等重要航道。江南运河的杭州段，从此形成了上塘河、奉口河、北关河3条主要航道。

明清两代，又多次疏浚了江南运河浙江段河段，对一些重要水利设施进行重修，并多次兴工加固改造堤岸。

1952年，乌镇西面日晖桥以北支流小河拓宽挖深，替代乌镇市河段航道。1953年，乌镇市河改道工程开工，当年竣工，改线300米，成了可通轮船（实行一列式拖带运输）的干线航道。1955年5～9月，又开挖了许家弯和龙腰弯两段河道，共长500多米，开辟了从吴兴含山，经练市，循施浩塘，接乌镇西栅的新航道，并成为杭州至上海的主要航道。1958年开始对十二里漾航段进行疏浚，到1959年下半年疏浚基本结束。此后又经多次疏浚，从根本上改善了航道的通航条件，结束了重船从上海到杭州要分3段接运的状况。1966年12月，桐乡县乌镇市河实施二期航道疏拓工程，拆除旧桥3座，改建新桥5座，挖掘土方55万立方米。疏拓后，河面宽达50米，底宽18米。1968年开始运河延伸工程建设，打开德胜坝，新建德胜桥、炼油厂桥和中山北路桥，按五级航道标准开挖新航道4.2公里，建成艮山港货运码头和客运码头，使京杭运河延伸到杭州市区中心地区。1974年12月～1975年5月，德清县新市步云桥航段改线，新辟航道长244.41米，面宽47.67米，底宽20～25米。1976年5月，又建成单孔净跨52米，梁底标高8.50米新市大桥一座。通过系列专项整治建设和对乌镇、新市、塘栖等城镇市区段逐一进行改造以及碍航、危桥改建，使京杭运河浙境段原通航30~40吨级船舶提高到通航60~100吨级船舶，基本达到六级航道标准。

1982年3月，京杭运河鸭子坝至艮山港航段改造，被列入京杭运河续建工程。1985年，国家计划委员会同意对这一地区的航道尽快改造；整治标准按四级航道（可通航500吨级船舶）进行规划，跨河建筑物也要按四级标准进行建设，京杭运河南段按五级航道（可通航300吨级船舶）整治；对货流密度大、航道狭窄的"卡脖子段"应先安排整治。"六五"计划（1981~1985年）期间实施了京杭运河与钱塘江沟通，按五级航道标准新开航道6.97公里，修建通航300吨级的三堡船闸一座，桥梁9座，排涝闸1座，开挖土方295万立方米，砌筑护岸9726米，工程总投资7661万元。

"七五"计划（1986~1990年）期间，重点对新市、练市、塘栖、韶村弯道按五级通航标准进行改造，改造航道9.02公里，开挖土方105.2万立方米，砌筑护岸7.76公里，建成桥梁9座，累计投资2938万元。

"八五""九五"计划（1991~2000年）期间改造瓶颈航段，按规划等级五级通航标准全线整治。首先开工建设的有乌镇养鸭场—新市、鸭子坝—乌镇、新市—义桥段等，重点建设三堡二线船闸一座，距一线船闸近100米，总投资1.4亿元，工程于1994年3月开工（1996年11月18日通过验收通航）。同年，交通部明确批复浙江省境京杭运河航道技术等级为四级航道。1995年，根据交通部水运主通道规划和全国内河航道建设工作会议精神，对京杭运河浙境段规划进行调整，按五级航道标准建设的航道全部提高到四级标准进行改造，除京杭运河沟通工程7公里，杭州市河10公里，限于铁路桥梁净高4.1米，不可能抬高以外，其余京杭运河浙境段全线整治，共整治航道83公里，新建护岸61.3公里，开挖土方433万立方米，改建桥梁17座，征用土地94.1公顷，工程总投资44562万元。同时根据交通部对京杭运河全线护岸的要求，增加了京杭运河浙境段护岸完善工程，新建护岸54.6公里，投资19852万元。2000年11月29日，京杭运河浙江段航道改造工程通过国家验收，可通航300~500吨级船舶。2001年8月20日，京杭运河浙江段被交通部正式命名为国家级文明样板航道。京杭运河浙江段除杭州市河外的航道均已达到四级航道标准，可通行500吨级船舶。根据《全国内河航道与港口布局规划》（2007年6月国务院批准）以及《长江三角洲地区高等级航道网规划》、《浙江省内河航运发展规划》，京杭运河是国家内河航运规划"两横一纵"两网之一纵，是"十一五"计划（1996~2010年）期间重点建设的国家干线航道，浙境段全线达到内河三级航道标准。

2008年4月，浙江省发改委等联合全省各有关部门及杭州、嘉兴、湖州市政府，对京杭运河浙江段三级航道整治工程的可行性研究报告进行了预评审，并于同年11月起全面开展21项专项工作，12月底国家发改委批复项目建议书。通过拓宽、挖深、改道等工程，使通航标准从四级提高到三级，即从500吨级的通航能力提高到1000吨级。京杭运河浙江段三级航道整治工程共建设三级航道122.1公里，其中"四改三"95.7公里，新建二通道26.4公里；杭州段"四改三"35.7公里、新建26.4公里（含嘉兴境内5.8公里）。设计建设工期4年。第一段自江浙交界处嘉兴鸭子坝，沿线有京杭运河四级航道向南，经乌镇、练市、含山、新市、韶寸、塘栖，向东终于杭申线博陆，长75.2公里，全线改造为三级航道：第二段为路上新开通第二通道，起自博陆，穿320国道、沪杭铁路、沪杭高速公路、杭浦高速公路、杭州绕城公路、德胜路，终于八堡入钱塘江，长26.4公里，全线为三级航道，即“二通道段”；第三段利用原四级航道改造为三级，起自塘栖，终于北星桥，长20.5公里。项目投资概算94.88亿元，其中涉及嘉兴段总长22.95公里。

（二）长湖申线

长湖申线位于江南水网平原地区，是一条千年的人工运河。西起长兴县小浦镇，经湖州、江苏吴江、平望，终于上海泖河口与苏申外港线相接，全长约143.2公里，横跨浙江、江苏、上海二省一市，与杭湖锡、东宗线、乍嘉苏线、京杭运河、苏中外港线等航道连接相通，构成四通八达的江南水运网络，是浙江、安徽、江苏、上海物资交流的水上大动脉，为长江三角洲地区东西向重要的运输通道，也是浙西北地区矿建材料和非金属矿石运往上海和沿线地区的生命线，被誉为“中国小莱茵河”。长湖申线沿线物产丰富、资源众多，航线所经之处均为中国商品经济最发达的城镇，运量大、运费低、能耗少、靠泊点多，有着优越的内河运输条件。长湖申线航道浙境段长95公里，主要在湖州市境内，湖州航区货流量的80%通过该航道进出。

1949年前，长湖申线南浔航段，弯曲浅窄、驳岸坍损、河床淤浅，阻航、搁船、沉船事故常有发生，中华人民共和国成立初期，只通40吨船。1954年7月实施南浔航道改线工程。改线全长1920米，底宽12米，还疏浚该新挖段两头接线点，以及湖州东门采花泾二里桥段淤浅航道。工程于当年12月竣工，改线后可供200吨级船舶通航。

1966～1976年期间，按六级航道标准，对长湖申线浙境段进行整治和改善。1968年12月起，全面拓浚长兴午山桥至湖州霅水桥段航道22.40公里，底宽10～12米，再次改建霅水桥。1969年11月～1971年5月，拓宽长兴县境内三里桥至五里桥航道，投资23.40万元修筑护岸和码头810米，确保了长广煤矿的煤炭由三里桥码头，经水路中转运至杭嘉湖各地的水上运输，同时改善了湖州南门驿西桥S型弯道，拆除驿西桥和知稼桥，挖除分水墩，新建航道护岸500米。

1970年6月改善狭窄的旧馆航段330米，航道底宽拓至20米，深2.40米。1973年裁切湖州一字桥河段弯道。1975年改善湖州市河客运码头前沿航道3公里，拆除碍航旧桥4座，建新桥3座；同年整治东迁市河，疏拓航道687米，河床底宽增至30米，河面宽至45米，筑成687米驳岸，并拆除老桥一座，新建钢筋混凝土双曲拱桥一座。1979年对湖州市河改造，疏浚土方14.72万立方米，新建驳岸2147米，拆除旧桥4座，建新桥3座。这条航道通过改造，基本上能通航150吨级船舶。

“七五”计划（1986～1990年）期间，对长湖申线的“卡脖子”航段进行改造。1986年4月，南浔市河改善工程开工，按五级航道标准改善2.34公里，航道底宽40米，面宽65.60米，水深2.50米，最小弯道半径400米，总投资654.40万元，于1988年10月完工，当年12月通过验收。1987年8月，湖州市河改线工程开工，按五级航道标准建设2.40公里，航道底宽40米，水深2.50米。全部工程由新开航道、新建300吨级船闸1座和城东大桥等多项工程组成，总投资2436万元，于1990年10月完工。

“九五”“十五”计划（1996～2005年）期间，全线改造长湖申线浙境段。1993年6月至2000年12月，长兴交界茅柴园——霅水桥按五级航道标准改造6.188公里；自霅水桥至省界南浔按四级航道标准改造44.71公里，两处实际改造50.898公里。改造后长兴小浦——霅水桥航段

31.8公里为五级航道，湖州市区段（雪水桥）至南浔省界44.71公里为四级航道，可通300~500吨级船舶。2001年4月18日，长湖申航道三期工程镇湾桥至黄土港口改造工程完工。该工程全长8.15公里，总投资8000万元。2002年10月，长湖申航道黄土港—五里桥段（即长兴市河段）改造工程完工，累计完成投资192万元。2002年11月20日，长湖申线航道改造工程湖州市区段完工。长湖申线航道改造工程湖州市区段全长50.9公里，其中长兴交界茅柴园—雪水桥按五级航道标准改造6.2公里，雪水桥—省界南浔按四级航道标准改造44.7公里，新建桥梁7座，总投资8215万元，其中利用世界银行贷款127.6万美元。2003年12月23日，长湖申线（长兴段）航道改造工程完工。长湖申线航道长兴境内25.7公里，除长兴县城段5.48公里按六级航道标准改造外，其余均为五级航道，工程总投资1.3亿元。

2008年7月29日，长湖申线扩建工程开工，扩建工程改造航道77.7公里，其中长兴小浦合溪——帅家村段15.1公里，按四级通航标准改造；帅家村——湖州南浔段62.6公里，按三级通航标准改造。新建护岸139.1公里，新改建24座跨航桥梁，新建水闸1座，改建枢纽1座，新建服务区3处和锚泊区3处。概算总投资18.59亿元，工期五年，分两期实施。2009年1月，长湖申线航道浙江段扩建工程长兴县境陆上新开挖航道正式动工，新开挖航道为帅家村——大树下段，全长9.13公里，涉及雉城镇等5个行政村。新开挖航道按通行500吨级船舶（四级航道标准）设计。2010年7月28日，长湖申线浙江段二期航道工程正式动工建设。该工程西起杨家埠镇施家门村，终于湖州船闸，长16.7公里，按千吨级航道标准改造建设，新建护岸16.213公里，修复护岸8.835公里，航道疏浚16.763公里，建设资金1.01亿元。至2010年年底，长湖申线浙江段航道扩建工程累计完成投资13.28亿元（湖州70078万元，长兴62749万元），占总投资的71%，其中2010年完成投资5.02亿元（湖州26147万元，长兴24100万元），占年度计划5亿元的101%。完成陆上土方343.73立方米，水下疏浚土方193.15万立方米，新建护岸56959米，老岸修复39931米；已开工2个服务区和3个锚泊区，开工率83%；桥梁工程已开工17座，开工率71%，完工4座。一期工程航道已完工，湖州船闸至南浔段34.3公里航道按三级航道标准基本建成。湖州段完成交工质量鉴定。

（三）杭申线航道

杭申线是杭州至上海最便捷的水上运输通道，主要为浙北杭嘉湖地区与上海之间的物资交流服务，同时还是杭州、嘉兴等港口至上海的内河集装箱运输航线，在促进区域经济发展、沿河产业带形成以及水资源综合利用方面具有重要作用。

杭申线原称杭申甲线，起自杭州三堡船闸，终于嘉善县红旗塘，与上海段的红旗塘、大蒸港、园泄泾等航段相接后进入黄浦江。杭申线是长江三角洲江南水运网的组成部分，是杭州至上海的最短航线。杭申线浙境段起自杭州三堡船闸，终于浙沪交界的红旗塘，全长141公里，其中杭州三堡至塘栖长35.04公里，与京杭运河重复。杭申线杭州段全长48.45公里，其中三堡船闸至塘栖三文村与京杭运河杭州段重合，里程为35.04公里，塘栖至博陆段长13.41公里。航道技术等级与京杭运河杭州段四级航道相同，是杭沪往返货物运输的主要通道，也是杭嘉湖航道网主干线之一。

20世纪40年代末，杭州到上海的水上运输，大多数走杭申线航道。20世纪50年代，杭申线航道因年久失修，部分航段岸堤塌毁，航道狭窄淤浅。特别是“嘉兴三桥”航段（嘉兴市河段上的秋泾、北丽、端平3座碍航桥梁），桥低、航道弯曲狭窄、水流湍急，是事故多发河段，通航条件差，严重影响繁重的支前运输和一般货物运输。1951 年 11 月，华东军政委员会、交通部与水利部门一起，组织民工对杭申线杭州—嘉兴段(即京杭运河浙境段的古航道)进行紧急疏浚。历时 2 个月，于 1952 年 1 月 20 日竣工，航道通行得到了恢复和改善。

“一五”计划(1953～1957 年)期间，对杭申线航道其他若干航段实施了一些较小规模的疏浚工程。至 1956 年，杭申线航道水位浅、通行条件差的状况有所改善，60 吨级船舶基本得以全线通行。1967 年，疏浚整治嘉兴市河南门东栅下至秋泾桥航段，实施桐乡崇福市河(“三弯取直”跃进桥弯、司马高桥弯、南门弯)疏拓工程。1970 年春，投资 60 万元，疏拓航道拆建桥梁 7 座，并改建了崇福客运码头。疏拓后河面宽达 50 米，底宽 22 米。同年，再次整治嘉兴市河航段，疏浚航道里程 6.92 公里，新建桥梁 4 座(高丽桥、西门大洋桥、北丽桥、端平桥)。1972 年冬疏拓白马塘至南市茧库的石门市河段(石门弯)2.40 公里，河面宽达 50 米，底宽 22 米。经过多次疏拓，杭申线嘉兴市境内航段可通航 100 吨级船舶。1988 年年底起，杭申线自塘栖至博陆段，可通航 100～200 吨级船舶，但桥梁多，有的河段底宽仅 5～20 米，仍有碍航航段 3 处。

1993 年，浙江省政府颁发了《关于加快杭嘉湖内河航道网改造工程建设的通知》，开始全线改造杭申线浙境段。1994 年，对桐乡延寿桥航段、东双桥航段、嘉兴秀洲区陡门航段按五级航道标准进行了改造。在改造“瓶颈”航段的基础上，省计经委批复了《关于杭申线(浙境段)航道改造工程初步设计的批复》，同意按五级航道等级标准进行技术改造。1995 年 10 月，交通部决定对杭申线浙境段的航道规划进行调整，将航道改造从五级提高到四级。整个工程从 1994 年 8 月开始，按四级航道标准改造，实际改造里程 106 公里，投资 6.75 亿元，其中利用世界银行贷款 1800 万美元。1995～1998 年，重点改建桥梁 7 座，净跨 55～60 米，净高均为 7.0 米。1999 年，京杭运河杭州段改造工程竣工通航，杭申线杭州段线路与之相连不走广济桥。2002 年 7 月整个工程改造完成，2002 年 12 月 25 日通过竣工验收。该工程建成后，可通 300～500 吨级船舶，极大地提高了杭申线的航行条件和通过能力。2001 年试运行期间，货运量为 3950 万吨，比改造前的 1990 年增长 2.5 倍；船舶平均吨位为 160 吨，比 1990 年增长 4.5 倍。

改造工程期间，同时完成了杭申线(浙境段)护岸完善工程和杭申线航道标志标牌工程。对“五改四”后仍处于自然状态的两岸砌筑新护岸进行了完善，全线改造里程为 92.57 公里。新设 752 座标志标牌。杭申线成为浙江省第二条全线实施标志标牌标准化工程的四级航道。2005 年 8 月 29 日，交通部授予杭申线浙境段塘栖至红旗塘航道“文明样板航道”称号。2007 年 5 月，杭申线浙境段获“交通部全国内河水运建设优秀项目”称号。

(四)湖嘉申线航道

湖嘉申线位于太湖南部浙北平原水网地区，连接湖州、嘉兴、上海等城市，为长湖申线的复线和分流航道，沟通京杭运河、长湖申线、杭湖锡线、乍嘉苏线、杭申线等主干航道。湖嘉申线起自湖州船闸西，向南沿东苕溪经吴沈门水闸转向东，经和孚、双林，至日晖桥与京杭运河相接，沿京杭运河北上入嘉兴市境内，于石汇头入嘉乌线，东行经新桃线、嘉桃线、新板桥港域乍嘉苏航道交会后，向东 2 公里入北官荡，北行接上嘉澄线，在嘉兴市秀城区油车港镇与红旗塘相连，终于红旗塘沪浙交界处，全长 104 公里。湖嘉申线航道是浙江省首条可通千吨级船舶的三级内河航道。其中湖州段(湖州船闸西至日晖桥)长 43.2 公里。2005 年 1 月，交通部将该航道列为全国环境友好型航道建设示范工程的依托项目，投入建设工程资金

8.57 亿元，按内河三级通航标准进行改造，从原 100 吨级航道直接提升为 1000 吨级航道。2007 年年底，改造工程竣工并进行试通航，2009 年 12 月底正式竣工验收。

湖嘉申线湖州段航道在改造以前，除与东苕溪重合的 6.0 公里航段达到四级航道标准外，其他航段只达到六级航道标准，大部分航段未进行过整治。改造之前，湖州船闸西至吴沈门，长 6.0 公里，宽 80～160 米，水深除局部地段外，基本超过 3.2 米，为四级航道；吴沈门水闸至和孚段，长 5 公里，一般航段面宽 60～100 米，底宽 25 米，水深 2.5 米，可通航 100 吨小船；和孚至双林西，长 13.0 公里，航道宽度除湖漾段较宽外，其余航道最小面宽只有 25 米，最小水深 2.0 米，最小弯曲半径 130 米，仅可通航 100 吨小船；双林市河段，长 4.6 公里，最小水深 2.0 米，底宽 18 米，航道顺直，基本达到六级航道标准；双林东至日晖桥，长 12.5 公里，最小水深 2.0 米，面宽 50～65 米，最小弯曲半径 330 米，基本达到六级航道标准。为提高湖州地区东西向航道的通航能力，2005 年 1 月，湖嘉申线湖州段按三级通航标准开工建设，改造里程 43.2 公里，开挖土方 585.6 万立方米，新建护岸 60.2 公里、桥梁 21 座、水闸 1 座、锚泊服务区 1 个，并同步配套建设航道标志、视频监控和航道绿化景观等设施，征地 168.87 公顷，拆迁房屋 12.8 万平方米。工程于 2007 年 12 月完工。2008 年 1 月通过交工验收并投入试运行，2009 年 12 月 28 日通过竣工验收，工程质量全优，工程实际完成总投资 8.11 亿元。

湖嘉申线湖州段航道是浙江省内河第一条按三级通航标准完成改造的高等级航道，被浙江省交通运输厅列为全省内河航道建设"典型示范和精品工程"实施项目，2006 年又被交通确定为全国内河水运建设示范工程验收，并荣获交通运输部颁发的"2012 年度水运交通优质工程奖"。

湖嘉申线嘉兴段起于京杭运河与湖州交界的通河桥，沿京杭运河于石汇头入嘉乌线，东行经新桃线、嘉桃线、新板桥港与乍嘉苏航道交汇后，向东新开挖 1.5 公里航道后入北官荡，北行接上（即拓宽和改造）嘉澄线，在秀洲区油车港镇与红旗塘相连，终于杨树浜杭申线交界处。

湖嘉申线航道嘉兴段一期工程起于乍嘉苏航道口，终于杨树浜，全长 14.76 公里，概算总投资 6.5 亿元，于 2008 年开始实施，计划 2013 年建成。工程内容主要包括土方 248 万立方米，新建护岸 16.87 公里，新建芦花荡和嘉善两个锚泊服务区，桥梁 11 座，水闸 9 座，建设配套管理用房、航道标志、视频监控等设施及航道绿化工程。到 2010 年年底，湖嘉申线航道嘉兴段一期工程全面开工建设，年完成投资 5917 万元，累计完成投资 5.09 亿元，占总投资的 79%。开挖土方 81.09 万立方米，为总数的 45.48%，开挖护岸基础 7107 米，为总数的 53.7%；砌筑墙身 5666 米，为总数的 42.8%；3 座桥梁完成工程总量的 20.5%，2 座水闸已开工建设。

湖嘉申线航道嘉兴段二期工程起于与京杭运河交汇的石汇头，沿嘉乌线，东行经新桃线、嘉桃线、新桥港，穿越乍嘉苏高速公路观音桥枢纽、天花荡、07 省道跨湖嘉申线航道桥，终于乍嘉苏航道口，与一期相接，途经新塍镇、王江泾镇，全长 14.74 公里，按照三级航道标准改造，主要工程内容包括土方工程、护岸工程 31.273 公里，桥梁改建 12 座，锚泊区 1 处及航道标志等助航安全设施等。项目投资概算 13.67 亿元。到 2010 年年底，二期工程项目建议书已获省发改委批复；工可报告、水土保持和环境影响评价初稿均已编制完成。

2010 年末，杭湖申线航道现状等级达到三级，航道底宽 45 米，水深 3.2 米，最小弯曲半径 330 米。全线共有跨航桥梁 24 座，通航孔净空尺度全部满足三级航道标准，2×20 米节制闸一座；全线共配布航道标志 210 座，其中发光标志 12 座（浮标 7 座）。当年 11 月 23 日，湖嘉申线湖州段被交通运输厅评为文明航道。

(五)乍嘉苏线航道

乍嘉苏线是浙北沟通苏南的跨省航道,主要担负杭嘉湖与苏锡常及长江中下游地区的物资交流任务,也是嘉兴港的集疏运通道。乍嘉苏线浙江段从嘉兴港至王江泾,沟通了京杭运河、长湖申线、杭申线、杭平申线等航道,是区域内高等级航道成网的重要连接通道。乍嘉苏线航道自浙江省平湖市乍浦,经嘉兴至江苏省苏州市,长111公里。航道水深1.2~3米,宽8~100米,通航20~100吨级船舶。草荡口至苏州段,属江南运河部分,通航300吨级船舶。其中,浙境段自乍浦闸桥,经平湖市郊和嘉兴市郊,至浙苏交接的王江泾,包括平湖市河改线段,全长57.1公里。与京杭运河、杭申线、六平申线航道互相贯通,共同构成浙北主干航道网,是浙江省十条干线航道之一,是乍浦港的疏港航道。

由于历史的原因,长期以来航道大部分处于自然状态,尤其是穿越平湖,嘉兴市区航段航道等级低,通航条件差,通过能力小,部分航段只能通行30~50吨级驳船。

1996年4月30日,乍嘉苏线航道浙境段按五级航道技术标准实施改造,嘉兴、平湖市区航段实施了改线工程,至2000年5月完工,共改造49.2公里,实际完成投资15046万元,其中世行贷款项目3255万元。共开挖土方358.58万立方米,新建护岸31.482公里,新建桥梁18座,征地1208.88亩,拆迁4.98万平方米。2001年12月18日通过竣工验收。建成后,全线可通行300吨级船舶。1996~2000年,对新开拓和因浚深造成岸坡失稳段修建了护岸工程。2003年9月,航道护岸完善一期工程开工,2005年11月完工。开挖土方71.98万立方米,修筑护岸35.22公里,实际完成投资5346.24万元。一期工程总改造里程32.90公里,共分为两段。其中五里亭至省界段长18.57公里,按四级航道标准改建,其余14.33公里按五级航道标准改造。工程质量为优良。通过完善工程秀洲区段,已全部达到四级航道标准。

(六)杭平申线航道(六平申线航道)

杭平申线是沟通浙江与上海之间的跨省市航道,是杭州、嘉兴与上海之间油品、优质石料、煤等大宗物资的运输通道。杭平申线原称六平申线,自湖州市德清县新市到嘉兴市平湖泖口,长119公里,是浙江省内河的十条干线航道之一,该航道狭窄而弯曲,桥梁多,净空尺度小,有些基本处于自然状态,加上船舶密度大等因素,常常发生堵航阻航现象。

1963年12月28日至1964年2月,对该航段进行第一次人工疏浚,拓疏航道46公里,船舶通过能力有了较大提高。1996年1月起,袁花—钦城—泖口按六级、五级航道标准改造(钦城以上是六级,钦城以下是五级)。至2000年12月底,主体工程基本完成,投资概算2.5亿元,可通航100~300吨级船舶。

杭平申线浙江段航道改造工程于1996年开工,历经8年改造完成。2003年10月29日,通过了竣工验收并交付使用。

2008年8月,杭平申线海盐段护岸完善工程开工。2010年7月30日,杭平申线航道支线养护工程开工。2011年1月27日,完成交工验收。该工程共计疏浚里程2520米,疏浚水下土方16062.5立方米,新修筑护岸长度636.27米,修复护岸长度63.6米。

(七)东宗线航道

东宗线航道起自湖州市南浔区南浔镇东迁,向南经马腰、花林,在四家村桥与京杭运河汇合至北召林(与京杭运河重合2.07公里),过洪塘戴家村进入嘉兴桐乡市,终于宗阳庙,与杭申线相连，全长32公里。

改造前的东宗线航道基本处于自然状态，除东迁至伍林高桥约5公里河面较宽外，其余航段面宽为30~35米，底宽仅为4~16米。桥梁除应家桥、马腰大桥达到五级通航标准外，其余桥梁的跨径和通航净空不足六级通航标准，绝大部分航段只能通航40~60吨级船舶（小部分航段可通航100吨级船舶），且船舶密度低，货运通过量小。随着京杭运河、长湖申线、杭申线3条主干航道等级的提高，东宗线通航条件偏差造成大吨位船舶不能干支直达，造成“瓶颈”航段。因此，自2001年开始对东宗线按四级标准进行了改造。

湖州段改造工程 2001年2月8日，东宗线湖州段航道改造工程开工。该航段起自湖州市东迁镇，终于与桐乡交界的戴家村，全长23.66公里，按四级航道通航标准改造。主要工程量为土方工程226.49万立方米，护岸工程38.91公里，新建桥梁7座，管理用房645平方米，征用土地35.16公顷，实际完成总投资1.17亿元，总工期2年。2003年11月6日，改造工程通过竣工验收。2005年12月14日，东宗线湖州段危险品船舶应急锚泊区建成，并交付使用。应急锚泊区位于东宗线湖州段东迁以南约2.5公里处，全长320米，共完成水下土方疏浚16500立方米，设置了应急系缆桩和航道标志牌。工程自2005年9月下旬开工至2005年11月底完工。2005年12月初通过验收。东宗线湖州段航道改造工程曾荣获2006年度浙江省建筑质量最高奖——“钱江杯”奖。

东宗线湖州段航道改造完工后，位于马腰航段的市级文保单位永丰塘桥的异地保护方案尚未获得批复，成为东宗线航道的一处“瓶颈”。永丰塘桥建于清末，是一座三孔石拱石桥，中孔为运输船舶通航孔，跨径12米，有效通航净宽仅7米，净高4.5米，船舶只可单向通行，古桥所在航段多发生堵航和船舶撞桥事故。2005年5月，浙江省政府委托湖州市博物馆对永丰塘桥进行异地拆迁重建，同时对桥位处的航道进行拓宽，工程于当年年底完工，投资360万元。

2007年，根据省交通厅的部署，湖州港航部门开展了东宗线湖州段文明航道创建活动。同年12月，通过省交通厅组织的验收，次年1月省交通厅发文授予东宗线湖州段“文明航道”称号。

至2010年年底，东宗线湖州段航道尺度全线达到四级航道标准，底宽40米，水深2.5米，最小弯曲半径330米。全线共有跨航桥梁12座，其中与京杭运河重复段3座，共配布各类航道标志67座。

嘉兴段改造工程 东宗线航道嘉兴段改造工程起自嘉兴与湖州交界的戴家村，沿金牛塘，经宗阳庙，穿过杭申线进入新板桥港，延伸至振兴西路桥，终于杭平申线（长山河），全长18.98公里，按四级航道标准改造。

2002年10月10日，东宗线嘉兴段航道改造工程开始施工。该工程起于嘉兴（乌镇）与湖州交界的戴家村，沿金牛塘与杭申线交会后进入新板桥港，全长17.82公里，其中：四级航道12.42公里，六级航道5.4公里。整个工程需开挖土方355万立方米，砌筑护岸35.8公里，拆迁房屋12.1万平方米，拆建桥梁22座，工程投资概算3.18亿元。东宗线嘉兴段航道一期改造工程起自乌镇戴介村桥，止于振兴西路桥，全长12.59公里，按四级航道标准改造。工程自2002年11月28日开工，于2006年9月30日主体工程基本完工（除振兴西路桥西侧三跨因征迁原因外），2007年12月27日通过竣工验收。累计完成土方243.7万立方米，新建护岸24.52公里，新建桥梁11座，概算投资34597万元。2008年3月，东宗线航道改造二期工程征迁工作启动，工程起于桐乡市振兴西路桥（即东宗线嘉兴段一期工程的终点），终于杭平申线长山河，全长6.4公里，按四级航道标准建设。2010年4月，灵安港以北段3.9公里完成交工质量鉴定，灵安港以南段2.5公里中的1.3公里航段完成了土地征迁。

（八）杭湖锡线航道

杭湖锡线航道是杭嘉湖地区的干线航道之一，位于长江三角洲平原水网地区，南起杭州，经湖州，穿越太湖至江苏省无锡市，是连接江、浙两省经济发达地区和中国著名风景旅游城市的一条重要省级航道，也是钱塘江中上游地区至湖州等地物资往来的运输通道，与京杭运河、长湖申线、湖嘉申线、杭申线等长三角高等级航道相通。航道起自杭州三堡，终于江苏无锡，全长180.7公里，其中浙江省境内长106.2公里。航道从三堡船闸开始，沿京杭运河至武林头进入德清县境，经黄婆漾、雷甸、大海漾、干（澉）山、山水渡、钟管、沈家墩入湖州市境，经菱湖、荻港、和孚漾、钱山漾至三里桥，再沿长湖申航道过湖州船闸至霅水桥叉口后入旄儿港、长兜港达太湖新港口至省界，再从小雷山西面穿越太湖到达江苏无锡市。其中三里桥—霅水桥航段12.9公里与长湖申线重合。三堡至武林头段30.17公里，为京杭运河杭州段、杭申线航道杭州段共同线。

1990年前，杭湖锡线航道条件较差，基本处于自然状态，大部分航段为六级航道标准，局部仅满足七级航道标准，通行40～100吨级船舶。

1991年，对武林桥及桥位处300米航道按五级标准进行改造，1992年完工。

2002年2月，经省发改委批准，杭湖锡线浙境段航道按五级航道标准进行改造，去除与京杭运河、长湖申线重合部分，实际改造总里程为49.45公里，工程概算2.05亿元。项目按行政划分区域分为湖州段与德清段，其中湖州段24.78公里，德清段24.67公里，工程于2003年2月开工。2004年上半年，根据水运强省战略实施和干线航道高等级化要求，考虑到杭湖锡线大部分航段河面宽阔的有利条件，经发改委批准，工程改为航道按四级、桥梁暂按五级标准实施，总概算调整为2.4亿元。项目于2004年11月完工，通过交工验收并投入试运行，2005年通过竣工验收。航道实际改造里程为48.46公里，完成投资1.44亿元。改造完工后的杭湖锡线湖州段，航道尺度除武林头、白云桥、雷甸、运河桥、澉山五处共4公里航道底宽为36米，全线底宽均达到40米，基本达到四级航道标准。

2005年8月中旬，杭湖锡线湖州段航道标志工程开工，12月完工。该工程是杭湖锡线浙境段航道改造工程的重要配套工程，全线共设置了253座航道标志，其中助航标志45座，信息标志14座，安全标志34座。

2006年，开展杭湖锡线武林头至三里桥段文明航道创建工作，2007年1月，杭湖锡线航道被浙江省交通厅授予“文明航道”称号。2008年8月1日，杭湖锡线浙境段荣获浙江省建筑工程最高奖“钱江杯”。

至2010年年底，全线共有跨航桥梁39座，其中与长湖申线、湖嘉申线航道重复段10座，共配布各类航道标志157座，其中发光航标11座。

（九）梅湖线航道

梅湖线航道位于湖州西部丘陵地区，属西苕溪干流中下游河段，穿越安吉、长兴、吴兴二县一区，沿线连接浑泥港、青山矿区航道、和平支线、长城支线、何潘线、弁南南矿线等矿区航道，下游经长湖申线通往上海、嘉兴、苏州等城市，主要承担湖州西部地区的建筑石料、石灰石、黄砂和竹制品的运出以及煤炭、燃油及工业原材料等物资的运入。

航道起自安吉县递铺镇黄坝圩，沿西苕溪向北至安城大桥，由安城大桥向东北至梅溪，沿西苕溪至吴山小溪口进入长兴县境内，经吴山渡、港口、便民桥，至潘店进入吴兴区境内，经塘口集镇至霅水桥与长湖申线相连，约61公里，其中安吉县境内33.15公里，长兴县境内18.09公里，吴兴区境内9.76公里。航道贯穿西苕溪干流中下游河段，水面宽阔，水量充沛，多弯道，弯曲半径小。

在中华人民共和国成立初期，船舶可通行至梅溪，梅溪以上河段为湾滩河流，枯水季节仅可通5吨级以下木船和竹筏。经历年黄沙开采，又经挖泥船疏浚，航道逐年向上游延伸。到20世纪90年代初期，延伸至安城大桥上游灵芝塔，灵芝塔至梅溪长约18公里，底宽20～30米，水深2.5米。2001年以来，航道管理部门对上游多处浅滩进行疏浚，改善航道条件。其中黄坝圩—灵塔段为6级航道，灵芝塔段—吴山为5级航道。2007年9月20日梅湖线航道延伸段护岸工程开工，该工程位于安吉县递铺镇马家渡，工程新建护岸1218.6米，按四级航道设计标准实施，设计最高通航水位3.16米、最低通航水位0.66米。总投资400万元。2008年9月1日完工，12月24日通过竣工验收。

2010年末，自起点至小溪口段航道，长33.20公里，属天然航道，多弯道，航道底宽35～50米，最小弯曲半径120米，现状等级为五级，其中柴滩埠渡口处1.2公里底宽仅30米。小溪口至霅水桥航段同行里程为27.85公里，该航道除航道弯曲半径不足外，其他技术指标均满足四级航道标准，航道底宽50～80米，水深大于2.5米，最小弯曲半径130米。航道沿线设有马家渡、吴山渡、和平三个港航管理检查站，航道全线按重点标配布类别配布发光航标13座（浮标5座），并根据航道条件设置相应的安全标志。沿线共有12座跨航桥梁，跨航桥梁均按要求配布了桥涵标和警示标志。根据《浙江省内河航运发展规划》，梅湖线航道自安吉县圩至霅水桥段航道规划等级为内河四级航道。

（十）东苕溪航道

苕溪是浙江省第五大河，源出临安东天目山。上游称南苕溪，向东流入余杭境内，在瓶窑镇附近接纳中苕溪、北苕溪后称东苕溪，经德清县至湖州市会西苕溪注入太湖。东苕溪沿线矿山码头林立，建材石料、水泥、蚕茧等物资可通过该航道运往江苏、上海及杭州、嘉兴等地，也是该地区的主要排洪通道，自然条件较好，自杭州市余杭区青山镇至太湖，大部分河段满足五级航道标准。

东苕溪航道自青山镇起，至太湖新港口长109公里，均可通航，为4～6级航道。唐天授二年（691年），皇帝诏令“钱塘、於潜、余杭、临安四县租税纲运皆取道于苕溪。”从苕溪转入运河，源源北运，私行商旅，往来不绝。此河段受季节性限制，常水位可通吃水1.2米的木帆船。枯水时只能通小吨位的木帆船。

青山至余杭瓶窑镇河段，又称青山航道，长29.99公里。据《咸淳临安志》载，南宋时遇涨大水，小木船可上行至西墅街。民国初年青山镇以下尚可常年通船，抗战时曾通小型机动船。1949年以后，东苕溪瓶窑至奉口陡门一段12.61公里，为余杭境内干线航道之一。东苕溪航道至奉口东折，过奉口陡门与武獐航道相接，出武林头进入运河，从奉口北流而下，进入德清县境，与杭湖航线接通，亦入运河。1953年，东苕溪航道常年水深3米，可通吃水1.20米、50吨级帆船。至1958年年底，东苕溪为木帆船航道。1959年2月东苕溪导流工程开工,次年4月竣工。经过20世纪60年代的整治,特别是1964年青山水库的建立,使瓶窑镇段河道免受砂石的淤积,通航条件有了改善,汪家埠以下可通行6吨小船。1966年10月1日,在苕溪河道上正式通航客货机动船,东苕溪遂始通轮船。后又成为沿溪石矿石料出运线,通航80吨级船队,年运量达数十万吨。1985年,东苕溪航道最低通航水位尺度为:水深2.31米,底宽13~30米,跨航道有桥梁3座,可通航40~100吨级船舶。1986年奉口陡门改建为上纤埠船阀,与武獐奉河道相接。

1969年,提出开发青山航道计划,于1973年9月制订《开发青山—余杭航道计划》,1976年9月经省基本建设委员会批准,于年底着手筹建工作,但仅完成投资额3.6万元即搁置。

1985年11月9日,浙江省计经委以1985(29)号文同意青山航道恢复开发,并核准概算为1260万元。1988年对整个工程进行了核算和调整,调整后的概算为1918万元。该航道工程于1985年动工建设,包括汪家埠、乌龙涧两个船闸枢纽工程,大园里码头建设、疏浚及护坡等多个单项工程,到1997年初完工,工程实际投资2270万元,并于当年7月完成梯级渠化建设,实现试通航,可通100吨级船舶,为6级航道。航道共分3级,建有2座100吨级船闸。第一梯级在浒溪闸上游,航道长约4公里,最高通航水位9.7米,最低8.5米,河面宽28.4米;第二梯级从浒溪闸下游至乌龙涧闸,长11.6公里,最高通航水位6米,最低5.2米,河面宽约30.8米;第三梯级从乌龙涧闸至瓶窑,长15.1公里,最高通航水位5米,最低2.5米,河面宽32.8米。经浒溪埠船闸进入大运河水系,北可通达上海、江苏等地,南可通达杭州、萧山、绍兴等地,经三堡船闸与钱江水系沟通,形成四通八达的水运网络。

东苕溪航道德清县三合镇康家山至太湖新港口段,为老的东苕溪航道,长67.94公里(德清县境27.93公里,湖州市区境40.01公里),途经德清千元镇、埭溪镇、湖州城区。其中:白雀塘桥至新港口航段与杭湖锡线重合6.23公里、杭长桥至城南水闸航段3.94公里与长湖申线重合。东苕溪航道是湖州东部平原地区的主要排洪通道,沿线连接武新线、湖嘉申线、长湖申线。在防汛关闸期间可通过湖州船闸、德清大闸将货物运往上海、杭州、江苏等地。全线共有跨航桥梁26座(含与其他航道重复段的8座),其中达标桥梁为8座,但达到五级航道标准的仅2座。

水利部门在"九五"计划(1996~2000年)期间修建德清以下的导流东大堤,东苕溪右岸为高等级护岸,左岸部分护岸基本处于自然状态。经历年的拓浚整治,东苕溪河面宽阔,航行条件好,大大提高了船舶通过能力。康家山至陆家渡门段9.08公里为界河航段,该段航宽42~50米,现状等级为5级。陆家渡门至城南水闸43.12公里,航道顺直,航宽大于50米,弯曲半径大于340米,现状等级为4级。其中枯柏树至德清大闸岔口航段2.8公里为瓶颈航段,水深2.5米,最小宽度2.8米,最小弯曲半径180米;城南水闸至杭长桥3.94公里,与长湖申线重复,航宽45米,现状等级4级。杭长桥至白雀塘桥5.57公里,航宽大于60米,弯曲半径260米,航道现状等级为4级;白雀塘桥至太湖新港口航段与杭湖锡线重合6.23公里,航带条件良好;航道面宽顺直,水深3.5米,航宽约在100米以上,现状等级为4级。东苕溪航道自然条件良好,市区段的跨航桥梁净空高度受到一定制约。该航道规划等级为4级。

(十一)芦墟塘航道(杨树—野毛塘)

芦墟塘连接杭申线、湖嘉申线和太浦河,是沟通苏州和嘉兴的水路连接线。芦墟塘从杨树浜红旗口至野猫塘，共11公里，为5级航道。考虑该航道的沟通功能很重要，纳入骨干航道规划布局，规划为4级航道。

（十二）嘉于线航道

嘉于线是杭申线、杭平申线、乍嘉苏线的连接线，起到优化完善浙北地区航道网的作用。嘉于线自嘉兴至于城，全长30公里，为5、6级航道，考虑该航道的沟通功能，2008年纳入骨干航道规划布局，规划为4级航道。

嘉于硖线航道起自嘉兴市西郊杭申线航道乍嘉苏高速公路东侧，沿乍嘉苏高速公路南下，穿320国道、沪杭铁路，在王店四联村进入海盐塘，在于城进入盐硖乙线，接长山河，止于硖石镇水塘口，为嘉于线的延长航道。嘉于硖线航道总里程41.95公里，投资概算8.43亿元。全线按4级航道标准建设。该航道分南郊河西段、嘉于段和于硖段。

南郊河西段起于嘉兴西郊杭申线航道乍嘉苏高速公路桥，在王店四联村进入海盐塘，航道全长10.72公里。于2004年11月25日开工建设，其中嘉杭大桥（纵二路桥）于2007年7月1日通车，完成土方271.2万立方米，新建护岸20.5公里，建设特大桥梁1座。

嘉于段起于南郊河西段终点，沿海盐塘南下，终于海盐县于城镇，全长19.80公里。嘉于硖线南郊河西段按4级航道（通航500吨级）标准建设，航道面宽60米，底宽40米，设计水深2.5米，桥梁净高5.5米。于2010年1月1日开工建设，同年12月10日完工，完成土方55.53万立方米，新建护岸6.08公里，修复护岸2.06公里，大塘桥防撞墩4个。

于硖段起于海盐县于城镇，终于海盐、海宁交界处，全长11.07公里。2006年10月23日开工建设，2009年12月31日完工，完成土方194.3万立方米，新建护岸18.08公里，新建桥梁8座、锚泊服务区1个。为打造高标准的生态航道，该工程首次试验建设475米F型护岸，即一个个预制好的圆形水泥桶并排斜式插入河道而成，这既削弱了过往船只形成的波浪，又节省了石料，此外，在“圆桶”中填上泥土，种上植被，还能使护岸更充满生气。积极试验建设圆桶型护岸，在浙江省航道建设中尚属首次。

2010年年底，嘉于硖线航道全部建成，累计完成投资8.43亿元。

二、钱塘江水系航道

钱塘江为浙江省第一大河，全长605公里，流域面积48887平方公里，其中浙江省内42265平方公里，流经淳安、建德、桐庐、富阳、萧山、杭州、余杭3市2县2区，可常年通航。通航里程373公里，其中浙江省境内279.83公里。连接京杭运河和杭甬运河，并可以沿杭州湾直接出海，是长江三角洲水网向浙江西部的延伸，又是浙江水运交通的骨干航道中唯一具有通江达海能力的航道。主要承担浙西地区与江苏、上海及浙江省内其他地区的物资交流。

钱塘江，原名浙江，又名渐江、㴈江，是浙江省最大的河流，发源于安徽省休宁县怀玉山主峰六股尖东坡（海拔1350米）。上游干流新安江，流经建德梅城与支流兰江汇合折向东北，在七里垅富春江水电站以下受潮水影响，属钱塘河口区。桐庐至闻家堰一段称富春江，闻家堰至杭州闸口段河道形如“之”字，故称“之江”，闸口以下始称钱塘江。在海盐澉浦长山至余姚西三闸一线注入杭州湾。河口呈喇叭形，潮差显著，以钱江涌潮闻名于世。现钱塘江航道包括新安江、兰江、衢江、富春江。

历史上，钱塘江航道曾有两次大变迁。一是元明以后，定山浮山段江道移至浮山东，呈“之”字形，此后，钱塘江上的航运，不再有浮山之险。二是出海口由南向北迁移。钱塘江河口，自古以来有三处，即北大门、中小门、南大门。海宁和河庄山之间为北大门，河庄山和赭山之间为中心门，赭山和龛山之间为南大门。春秋至南宋时期，钱塘江入海口在南大门，甚至元朝末年也仍以南大门为主要入海口。经过多次大的潮灾，至明万历四十八年(1620年)南大门淤浅，河口移至赭山与河庄山之间的中小门，阔约8里。清康熙十九年(1680)四月望日“江潮已出入于中小门”。后曾数次开浚导流，使“杭绍两郡”一度相安无事，但至乾隆四十二年(1777年)淤塞，河口移至赭山和河庄山与今海宁县盐官之间的北大门，宽约30余里。此海口于宋嘉定十二年(1219年)因“海失故道”冲而“尽沦为海”，迨明万历三年(1575年)六月二十三日“骤决而成大江”，却仍不稳定，至清乾隆二十四年(1759年)江道又转回北大门，此后即未变。

1949年以后，萧山、余杭、海宁3地开展筑堤围涂，使杭州至海宁60余公里江道从原宽10公里缩至仅2公里，从原有7、8处浅水区减少至2处固定的浅水区。两岸围垦滩涂，缩狭江道，其宽度在钱江大桥为1.0公里，西兴码头1.5公里，七堡1.5公里，仓前1.7公里，盐官2.5公里，八堡8公里，使杭州至盐官段江道基本稳定。因河口河床沙坎较高，小潮汛时300吨级以上船需要候潮方能出海。北岸经三堡船闸(300吨级)，可沟通大运河；船舶经七堡船闸，可沟通上塘河。1983~1985年，经洪水冲刷，使靠北江面11.5万亩，高5~6米的大沙洲冲通，自此航道得到相对稳定，也自然浚深了航槽。但因河床有长达130公里的沙坎隆起，出海航道仍系浅水航道。同时，由于涨、落水主流冲刷泥沙的方向和角度不同，泥沙在盐官上下浅水区呈现“上淤下冲”与“上冲下淤”的关系。当航道受落水流控制时，深水航道摆向落水流，反之则摆向涨潮流，因此，船舶航行需掌握航道变化和潮汐规律。航道变化主要有：四工段长约5公里，年变幅在500~700米之间；丰水期航深可达4.1米，枯水期最严重仅1.9米，但利用潮差，平均航深为2.95米。十工段长约8公里，年变幅在5~8公里之间，航深因近海口影响较小，而航道难测，尚不能夜航，必须算准涨落水最佳时刻才能通过浅水区。

钱塘江航道旧指淳安街口至赭山，全长265.33公里，是浙江省航网中的内河、江海直通的联运航道，是浙江省内最长的航道。根据2005年9月浙江省人民政府、交通部联合下发的《关于浙江省内河航运发展规划的批复》(浙政函〔2005〕48号)，2006年1月起，钱塘江航道指钱塘江、富春江、兰江、衢江，淳安街口至建德梅城为新安江。钱塘江上游衢州至兰溪82公里称衢江，中游兰溪至梅城48公里称兰江，下游梅城至渌渚江口49.42公里、渌渚江口至赭山100.41公里。其中，钱塘江段，赭山—浦阳江口长47.08公里，为4级航道；富春江段，浦阳江口—梅城三江口长102.75公里，为4级航道；兰江段，梅城三江口—兰溪，长46公里，为5级航道。钱塘江流域部分航段基本情况见表2-1-1。

钱塘江流域部分航段基本情况一览表 表2-1-1

航段名称	起讫地点	里程(公里)	面宽(米)	水深(米)	等级(吨)	水文特点
出海航道	杭州湾(澉浦、西山连线)—海宁新仓	40.5	20000	5	5000吨海轮	强涌潮，目前只允许海船通航
	海宁新仓—萧山赭山	39.5	1500~3000	1.5~3.0	乘潮通1000吨级海轮	

续上表

航段名称	起讫地点	里程(公里)	面宽(米)	水深(米)	等级(吨)	水文特点
钱塘江航段	萧山赭山—六堡外海码头(七堡)	18.3	1500~3000	1.5~3.0	乘潮通1000吨级海轮	强潮涌,候潮通航
	六堡外海码头—东江嘴	30	1000~1500	3.0~5.0	500	较强涌潮,常年通航
富春江航段	东江嘴—桐庐	57.5	500~1500	3.0~5.0	500	感潮河段,通航条件好
	桐庐—富春江大坝下	15	因电站建设时弃闸不当,是"卡脖子"航段,现已按300吨级基本完成整治			
	富春江大坝	建有100吨级船闸;可兼顾通行300吨级船舶,一天仅开两闸现准备扩建一座500吨级船闸				
	富春江大坝—建德梅城	33	300~500	7.0~9	500	库区航道,通航条件好
兰江	梅城—兰溪城关(金华)	49	300~500	1.7~4	300~500	常年通航300吨级
衢江	兰溪城关—衢州	长约82公里,时有断航,现将渠化整治为4级航道				

(一)钱塘江航道(含富春江兰江衢江)(赭山—衢州)

1. 钱塘江段航道

旧指起自萧山闻家堰,止于入海口,属涌潮江段,全长128公里。其航道自王盘山至七格为潮涌初生和强潮涌段,长91公里,七格至闻家堰为强感潮涌段,长33公里,全长124公里,境内航道长与河段同。江面内窄外宽,呈喇叭形、宽1~20公里不等,水深除四、十工段两处碍航浅段在低潮时分别为1.20米和2米外,其余均在3~4米以上。航槽移位边幅最大在二十工段5~8公里之间,需掌握变化规律驾船。全段属强潮涌和强感潮航段,涌潮时需避潮,由于河床有沙坎地形,为浅水航道。杭州出海航道原自海月桥,后移至六堡,可通1000吨级海轮。1988~1998年先后开辟杭州至广州、深圳、海口、防城、大连等航线。自三堡船闸至闻家堰段长25.29公里,因江河沟通航运最为繁忙,2004年通过量达2083万吨,是萧申(杭州萧山—上海)、富申(杭州富阳—上海)、桐申(杭州桐庐—上海)货运线必经航段,可通内河500吨级船舶,为4级航道。

2006年1月起,钱塘江段航道起止点起自萧山浦阳江口,止于赭山入海口,长47.08公里,江面内窄外宽,最窄处1公里,水深最浅在二十工段、四工段,枯水期仅0.8~1.5米,利用潮差平均航深为2.90米。航槽移位变幅最大在二十工段5~8公里之间。出海航道原起自海月桥,后移至九桥,可通1000吨级海轮。

2. 富春江段航道

富春江航道旧指上始建德县梅城东关,下至萧山闻家堰段的航道,是常年主干航道,全长104公里。

自东关下行7公里至乌石滩进入峡谷,与桐庐县的严陵滩相接,称七里泷,长20公里。旧时,泷中峡谷狭窄,滩浅流急。曾通浅水小客轮和20吨级以下船舶。枯水季节,浅段碍航,航行艰巨。东关滩浅时可涉足过江,上下行船需下水浚深航槽,常为盈尺之水互不相让,船舶装货亦需减载,10吨船仅载6~7吨。1968年年底,在泷口建成富春江水电站后,这里形成一个面积为56平方公里的富春江水库,河床平均宽300米,最低水位21米,最高水位26米,100吨货船自富春江水电站可达梅城,较大的内河客轮能直达兰溪。

坝下至桐庐窄溪,为桐江(桐庐县境的称谓),长33公里,(含电坝上游约4公里)河道宽350~450米,河谷宽800~1200米,水深:桐庐镇以下3米左右,县城以上14公里航道水位受电站泄量控制,无下泄时,坝下浅滩水落石出,不能通航,下泄500立方米/秒,水深1.4米,可通30吨级船队;下泄1000~1500立方米/秒,水深2~2.5米,可通行100吨级船队;下泄6000立方米/秒,因流速过快,船队难于上行。江内有:大坝滩、漏江滩、桐庐滩、窑头滩和舒湾滩等主要浅滩。特别是漏江滩,滩陡水急,航行艰难,上行船舶往往篙、纤并用。桐江又是感潮江段,海潮原顶托至梅城,今则至坝下,昔日,上行船舶在潮汛期,皆有聚泊于桐庐候潮而上的习惯。20世纪60~70年代对浅滩多次整治,杭州至桐庐航线达四、五级航道标准。20世纪90年代通行100~150吨级船舶,通航能力300~500吨级。

富春江从桐庐窄溪以下进入富阳县境到闻家堰长53公里。大致可分为以下几段:

窄溪至东梓段,中隔大桐州,一水沿桐州北面,经密涧泷至东梓,长8公里,江面宽处800米,最窄处25米,通航水位4.8~8.55米,最浅2米,为主航道;一水循桐州经横山埠至东梓,两水复合。

东梓至青江口,中隔王洲沙,一水径向东北流至青江口,长8公里,一般江面阔800米,最窄处25米,通航水位4.8~8.55米,为主航道。一水绕王洲南面,东北流至木排头,向北流至青江口,二水合。其间,上沙咀至木排头段长5公里,称瓜桥江。此江水位变化大,洪、汛期,可通50吨级船舶,枯水期可步涉过江,无航运价值。1976年王洲乡筑坝养鱼,航道全废。木排头至青江口段,统称青江(又称场口江),长3公里,宽100米左右,最低水位1米,最深3米左右,一般可通航20吨级,汛期可通航50吨级船舶,1937~1945年间,曾是浙西前线敌后主要运输线,场口镇是客户运输终点码头。

青江口至富阳镇段,水东北流,从洋浦口开始,中隔洋浦沙(含中沙),一分为二:一水径流至富阳镇,长15公里,江宽350~800米,一般通航水位4.8~8.55米,为主航道。水流平缓,江面宽阔,是全线最佳航段。一水绕洋浦沙流至下埠头,两水复合,长7公里。在共下埠头延伸至新沙头长4公里称洋浦江,江宽80米,进出口水位1.6米,其余均在1.8米以上。江内风浪小,水流缓慢,常年可通航20吨级以上的船舶。1937~1945期间,日军封锁鹳山江面时,往来船只均靠此江。1979年春江乡于洋浦江口机下埠头筑坝养鱼,航线中断。

富阳镇至里山段,江中坐落大小四沙渚(东洲沙、新沙、悬空沙、浮沙),将江水结成网状。中水自富阳镇径流至里山,长13公里、江宽500~800米,可航水位4.8~8.55米,为主航道。南水沿新沙南面流至新沙头出口与中水复合,即洋浦江东段,此水从富阳镇东侧新民乡分支,流至算帐岭出口,与大江汇合。名曰后江、亦称北江,全长17.5公里,宽80余米,常年可通40吨级船舶,原是富阳至周浦之航线,自1978年公路沟通后,原东洲公社(现分三乡)拦腰筑坝,建成渔业基地,至1990年仅有5公里尚可通行。

里山至渔山大沙头段,全长7公里为富阳境。连接钱塘江,但以航管航程则计至石门站位9公里,江面最宽800~1000米。通航水位:渔山滩航段仅有3米左右,其余均为4.8米左右。

富春江航道除有沙洲、浅滩、礁石、狭泷外,还有因战争而影响航道畅通之缘由。抗战时期,为阻侵华日军西进,于民国29年(1940年)6月,实行封疆措施,用松木、铁丝、蔑笼灌石在航道设置障碍,在窄溪江中海布有水雷。民国36年(1947年)在"密涧泷"北侧新炸开一个宽10~20米的缺口,但只能通行非机动船。每当枯水季节,航行尤加艰难。为改变钱江水系杭建（杭州—建德）线航道的杭州—桐庐段通航必须盘船转驳的局面，1956年再度对密洞泷的坝基实施水下爆破作业，辅以人工打捞、疏浚，将航槽拓宽至20~30米。同时对新店滩、阳江滩、窑头滩等浅滩航道近1000米地段加以整治，使通航水位达到1.5米上下，初步改善了机动船舶的通航条件，改杭桐客运的“四接班”为“两接班”，杭桐客轮朝发夕至，在航时间缩短2~3小时。与此同时，在金铜（金华—铜官）铁路尚未修建和公路运输已处饱和的情况下，为配合新安江水力发电站建设，1956年夏，浙东河道养护队运用十分简陋的疏浚工具，先后疏浚了南门滩、小里滩、风门滩、石滩、淄江滩，航槽水深基本达到1米以上，可供浅水机动船舶通行。既满足了新安江水电站工程从水上运输大宗物资的要求，也为全线开通杭州—建德的客运航线创造了条件。1959年后，新安江电站建成，下游航道受控于发电时下泄流量的调节，常年水位相对稳定。随后杭桐客轮直达，朝发夕至。

富春江航道在富春江水电站建立之前，每当洪水时，水大流急，航行危险而且困难，枯水期，水浅滩多航行不便。富春江电站大坝建成后，桐庐至电站14公里航道有桐庐滩、溜江滩、大坝滩，给船舶航行带来很大困难，时有船舶触礁事故发生。1969年组织疏浚改造桐庐至七里泷航道。桐庐滩疏浚始于1970年11月7日，经6个月疏浚航槽长1400米，宽30米，深2~2.50米。

溜江滩为富春江最大滩，面积约1350亩，航道沿俞赵岸而上，河床多石，且有暗礁。1970年11月，航管部门组织下水搬石，突击两夜，用双手捧掉200余吨石头。为拉直航道，从同年12月开始，历时4个月，破溜江滩中心线开挖出一条长3000米，宽30米，深3米的新航道，为改善杭州—兰溪客运航线的重点工程。

为保护新航道不易变迁，在溜江滩工程即将完成时，开始疏浚大坝滩。水上工程始于1971年8月，搬掉水面大石65000立方米；水下工程始于1972年9月，完成土方14万立方米。之后，在1973年、1974年多次疏浚了阳江滩、密洞境、窑头滩、舒湾滩。

富春江航道经过5年的疏浚和整治，既解决了当时建德长坑大批石煤运往杭、嘉、湖、绍地区的运输问题，也为开通杭州—兰溪客运航线提供一条深水航道奠定了基础。同期建设七里泷船闸，显著改善了航运条件。上游富春江水库回水至新安江水电站和兰溪铁路桥，形成深水航道，下游也得到一定程度改善。船闸每年10万吨的设计过闸量。

1995~2002年，杭州市、县航管部门又对船闸下游至桐庐分水江口段进行整治，设计标准六级航道，疏浚右航道5.87公里，设置导流、限流、流坝等共1252米，累计投资4017万元，使之能在下泄不足时提升水位，增强浅滩通航率。1999年，对富阳密洞泷长2745米航道进行局部整治，用爆破法彻底清除原封锁坝长50米、宽4米、高4.6米的坝基，疏浚土方12.1万立方米，使之达到水深2.5米、底宽65米，符合四级航道标准。

自2006年1月起，富春江段航道为萧山浦阳江口—建德梅城三江口，长102.75公里，其中浦阳江口—桐庐分水江口规划为4级航道，桐庐分水江口—梅城三江口为5级航道，规划为4级航道。梅城三江口至富春江船闸段为水库航道，长26.51公里，河床平均宽300米，水深5米以上，可通航100吨级船舶。船闸下游至桐庐分水江口长12.07公里，水位受电站泄量控制，下泄1000~1500立方米/秒最宜航行，水深2~2.5米，可通100吨级船队。桐庐至浦阳江口段长64.17公里，达到四级航道标准，可通500吨级船舶。主航道江宽一般为350~1000米，水深一般为3~8.55米。

3.兰江段航道

兰江，古称兰溪，因兰荫山盛产兰花而得名，是钱塘江兰溪至建德间的名称。该江上汇金、衢两江之水，自兰溪城西南兰荫山北流，经兰溪城，过女埠、洲上于将军岩入建德境，至梅城与新安江汇合注人富春江，全长46公里。沿江汇甘溪、梅溪诸水，流域面积18233平方公里。兰江江面宽广，水清流缓，江面宽370～1100米。

兰江航道为兰溪至梅城段，约48公里。兰江航道上端有浙江省五个主要地方内河港之一的兰溪港，通过兰江航道进口石油制品、煤炭、钢材及其他工业原材料，同时出口黄沙、水泥、非金属矿石等。

兰江航道共有三段，第一段从梅城“三江口”至兰溪将军岩，长22.38公里，该段全程在杭州市境内。第二段从将军岩至兰溪下埠头，长3.85公里，该段左岸在杭州市、建德市境内，右岸在金华市、兰溪市境内，属界河段。由兰溪市航运管理所管辖。第三段从下埠头至马公滩全长18.83公里，全程在金华市境内。1992年以来金华境内的兰江航段对碍航较严重的四处浅滩有规划地分期疏浚整治，到2002年四处浅滩航道的水深由原来的枯水期1.2米左右，提高到2.5米以上。使兰江航道达到五级内河航道标准，常年能通航300吨级的船舶。2005年兰江航道金华市辖内航段运量达1000万吨以上。

2008年，兰江段航道通航最高水位25.87米，最低22.87米，水深均在1.6米以上，航道宽200米，最小弯曲半径600米，为五级航道，可通航300吨级船舶，实际通航100吨级船舶。航道基本不用维护，但河床变化较大。

4. 衢江段航道

衢江为钱塘江最大的支流之一，上起常山江、江山江汇合处双港口，下迄兰溪市西南横山纳金华江接兰江，以衢州名。古治所在信安（今衢州）故又称信安江。因“其水萦回如瀫纹”。古又名瀫水。唐武德四年（621），于信安置衢州后，江流其境，始称衢江。衢江源出皖南山区，分段称马金溪、常山港，在衢州西汇江山港蜿蜒东下自金华洋埠西入境，过兰溪中洲、兰荫山至马公滩与金华江汇合入兰江。

衢江江面宽广，水深流缓槽稳，平均坡度0.434‰，河面宽200～350米。最大流量9000～13100立方米/秒，最小流量5～13立方米/秒，含沙量0.13～0.29公斤/立方米。河床底质：砂卵石。

衢江段航道位于钱塘江上游浙中西部，长82公里，衢江段航道位于钱塘江上游浙中西部，其中衢州境内双港口至金华洋埠长57公里，金华市辖区内航段起点为兰溪马公滩，终点为婺城区与龙游县交界的洋埠村，全长22.27公里。本航道属山溪性浅水河道，枯水期航道水深0.7～1.2米，宽度为100～250米，因滩多、水浅、湾多，河床落差大，衢州至龙游、龙游至兰溪的落差分别为19米、17米。

衢江金华段航道为七级航道，根据航道状况不同分为两段，从起点马公滩至兰溪伍家圩村为第 航段，长为11.09公里，下游4公里属富春江汇水范围。设计最低通航水位为吴淞24.5米。马公滩至横山大桥段在兰溪港区范围内。其余部属山区性航道平均坡降为0.36%。第二段从兰溪伍家圩至兰溪与龙游县交界的洋埠村全长11.18公里，该航段属山区性航道，航道平均坡降为0.36%。衢江金华段航道是金华市的干线航道之一，是兰溪港通向衢州地区的水上集疏运通道。金华段航道呈自然状态，最小水深仅0.5米。航道上较大碍航浅滩两处，一为青阳滩长约1.2公里，一为下包滩（西滩）长1公里。

2008年11月17日，钱塘江衢江航运开发工程可行性研究报告获得省发改委批复。该项目主要建设内容为建设红船豆、安仁辅两个枢纽（含大坝、电站、船闸），新建塔底和小溪滩两个船闸，改造57公里航道，建设相关的助航设施及锚泊服务区。航道及通航建筑物按内河四级航道、通航500吨级船舶的标准设计建设。项目总投资估算为26.25亿元。至2010年尚未开工建设。

（二）新安江航道

新安江发源于安徽休宁县怀玉山六股尖，自安徽与淳安接界的街口入境，至建德梅城三江口接富春江，全长373公里，浙江省境内全长115.5公里。新安江属山溪性河流，坡陡流急，从屯溪市至建德县白沙镇，多峡谷险滩，仅淳安县航道上就有险滩43处，平均长度416米；深潭38个。这些滩、潭皆面向下游，终年水流湍急，船舶上行需蒿、浆、纤并施，江面平均宽150米，河床平均深3.5米，自古至今上可通安徽省屯溪市，下达杭州，一年四季均可通航。一般可航行20吨以下的船舶，大水时能通百吨船只，昔时常在江中航行的舟楫不下300艘。

1959年新安江水库蓄水前，新安江仅有屯溪—街口—贺城（原淳安县城）—港口—梅城（通杭州、兰溪）一条分段航行的主航道。屯溪以下有浅滩76处，以螺丝滩、官滩、木滩、金滩、沫滩、梅花滩、云滩、天王滩、杨家滩、沧滩、山河滩、洋溪滩等最为险恶。新安江水位涨落幅度在10米以上，船只航行受枯水与洪水影响十分突出。枯水期，屯溪—街口、街口—梅城仅通行载重量为4~5吨的木船；丰水期，屯溪—杭州可通行载重量30吨以下船只，特大洪水时短期停航。全年通航天数仅250天左右。1947年上行船只大水时14舱可通淳安，10舱与8舱可通屯溪，浅水时仅抵歙县朱家村，唯6舱与4舱可至渔梁、屯溪，且须人工背纤驳运。支流遂安港、东源港等只通竹筏。1956年，新安江淳安境内货运量为5.7万吨，货运周转量644.2万吨公里；客运量1.8万人次，客运周转量34.6万人公里。建德境内年货运量也在8万吨以下。

1955年4月新安江水库动工兴建，1959年9月建成蓄水，水库拦水坝址在淳安、建德两县交界处的铜官峡谷中，全长466.5米，坝顶设计高度105米（海拔115米），海拔108米以下皆沦为水域。水库从四面八方接纳了近千条河流和山涧，集水区域达10442平方公里，水库面积为580平方公里，平均水深34米，总库容216.26亿立方米，有效库容102.66亿立方米。在正常高水位海拔108米时（黄海），库容178.4亿立方米。新安江水库在水位108米的时候，面积在3亩以上的岛屿有1078个，故又称千岛湖。

1960年，新安江大坝建成后，航道被截断，街口—新安江大坝段成为库区航道，海拔108米以下皆为水域，东西长60公里，南北宽50公里，除大坝以下的寿昌溪外，余者全淹，下行杭州的水道，亦受大坝阻隔。但库内水深面广，船舶四通八达，本来只能通行竹、木筏及小舟楫的水道，现均可航行百吨以上的轮驳了。

新安江水库航道自新安江大坝至淳安街口，长73.14公里，面积575平方公里，其航道是以排岭为中心的新辟航线。大坝处营运航道从毛竹源为起点，至排岭45公里，至街口85公里，至安徽深度110公里。水库一般水深80米。

1990年年底，已开辟54条航线，495公里，其中干线9条，长224公里，支线45条，271公里，皆可通行100吨级以上船舶。

至2008年，库区通航最高水位108米，最低93米（吴淞高程，下同），水深均在2.0米以上,航道宽420米,最小弯曲半径488米,为5级航道,可通航300吨级船舶。新安江大坝—梅城三江口长42.36公里,通航最高水位25.87米,最低22.87米,水深均在2.0米以上,航道宽200米,最小弯曲半径330米,为5级航道,可通航300吨级船舶。共有航线73条,739.56公里(内含重复计算里程200.98公里,分叉辅助航段52.9公里)。其中:4级航道6条,219.38公里;5级航道9条,85.95公里;6级航道10条,63.05公里;7级航道48条,371.18公里。主要航线有横沿甲线、横沿乙线、毛竹源线、临岐线、千深线。具体内容如下:

横沿甲线:位于千岛湖西南湖区,自淳安县汾口镇畈至千岛湖中心湖区的东溪口,全长49.3公里,与新安江航道相连,最高通航水位108米,最低93米,最小航道宽200米,最小弯曲半径560米,最深航道水深60余米;该航道为5级航道,可通航300吨级船舶。此线是一条以客货为主的航道,可通往淳安县汾口镇。

横沿乙线:位于千岛湖西南湖区,自淳安港口灯塔至狮城,全长22.79公里,与新安江航道相连,最低通航水位93米,为5级航道,以客货运输为主,可通淳安县汾口镇。

毛竹源线:位于千岛湖东南湖区,自淳安县千岛湖镇西源至石林镇毛竹源。全长20.03公里,最高通航水位108米,最低93米,最小航道宽120米,最小弯曲半径425米,最深航道水深60余米,为5级航道,可通航300吨级船舶。该航道部分航段与新安江航道重复,重复里程2.48公里。此线为以客旅货为主的航道,可通往建德市。

临岐线:位于千岛湖东北湖区,自淳安县临岐镇的临岐大桥至千岛湖中心湖区的东溪口。全长44.72公里,最高通航水位108米,最低93米,最小航道宽200米,最小弯曲半径236米,最深航道水深60余米,5级航道,可通航300吨级船舶。

千深线:是沟通浙皖的跨省航线,起于淳安县千岛湖镇,止于安徽歙线深渡镇,长68公里,其中自千岛湖镇至街口为浙江段,长40.98公里。与新安江航道上游重合34.7公里,与临岐线下游重合3.3公里,最高通航水位108米,最低93米,最小航道宽200米,最小弯曲半径570米,最深航道水深60余米,4级航道,可通航300吨级船舶。该线是千岛湖库区的重要航道,也是“杭州—千岛湖—黄山”黄金旅游线水路的必经通道。

(三)浦阳江航道

浦阳江是钱塘江的主要支流,连通钱塘江和杭甬运河。位于会稽山脉和龙门山脉之间,发源于浦江县花桥乡高塘村天灵岩南麓,沿倾斜盆地经浦江、诸暨、萧山,自南向北纵贯诸暨中部河谷盆地,河道自浦阳江的白马桥进入诸暨界牌轩后,穿诸暨城关至茅渚埠,至此东西分流为两江:西江与东江。至湄池两江会合,北入萧山境,由闻家堰入钱塘江,全长151公里,流域总面积3431平方公里。

浦阳江,古时流经临浦、渔浦两个湖泊,北入钱塘江。后因临浦、渔浦两湖泊湮废,原碛堰山口被塞。河道改道东流经钱清至三江口(绍兴市)入钱塘江,造成绍兴北部平原长期洪涝灾害。后在碛堰山口开塞无常,故江道一时东流,一时北流经渔浦入钱塘江,直到明嘉靖十六年(1537年)汤绍恩修建三江闸的同时,开启碛堰并堵塞麻溪坝,浦阳江从此北注钱塘江,形成今日之江道。

浦阳江主要支流有大陈江、开化江、五泄江、枫桥江、凰桐江五大支流。安华以上一段干流为上游,称安华江,安华至湄池为中游,湄池以下为下游。界牌轩至牌头长潭埠长13.8公里,水面宽60米左右;长潭埠至王家井桥长8.34公里,水面宽50~70米;王家井至诸暨县城太平桥长13.1公里；太平桥至金浦桥长32.26公里，河宽70~90米，水深2~5米。

浦阳江航道起自诸暨王家井，经会义桥、判官渡、杨蔡、丫家杨、杨树畈、诸暨城关、茅渚埠、王家堰、新亭埠、晚浦、汪王、姚公埠、长澜、湄池、潭头、渔村埠至金浦桥而北入萧山境，航线全长43.80公里，为诸暨市境内最重要的水上航线，水深2~5米，河岸宽60~90米，航线能通行10~40吨级船舶。杭州市属境内江道面宽120~200米，常水面亦在100~150米，水深2.00~2.70米。水运条件较好，据杭州航管部门资料：杭州航区从浦阳江口到金浦桥为29.80公里，属感潮河段。枯水期水深在2.40~2.70米，最浅为2.0米，航道底宽为50~90米。

2008年年底，杭州境内起自与诸暨接壤的兰头阁，途经萧山浦阳、临浦、义桥等地，至东江嘴与钱塘江汇合，全长31公里。该航道属感潮河段，受钱塘江潮水影响，同时受上游洪水和富春江泄洪影响，水位变化较大。江面宽90~110米，航道水深3米以上。航道较顺直，有跨河桥梁9座、过河管线8条，可通300吨级船舶，为5级航道。

浦阳江上游安华江，在古代丰水季节可通竹筏；安华至丰江周河段，称丰江，亦通竹筏，并可通3~5吨木船，最大载重量可达10吨以上。王家井至诸暨城关河段全长49公里，在王家堰建升船机保障通航，全线通航能力为40吨级，为诸暨浦阳江上的主要航线，丫江口经萱萝山至茅渚埠一段称浣江，船筏兼通。茅渚埠以下东、西两江，江阔水深，全程通航。西江为杭诸水上交通干线，晚浦以下航段可通40吨级船只。江道在诸暨市安华以下段比较弯曲，水流不畅，下游亦受钱塘江潮水顶托，一遇暴雨水位猛涨，往往决堤为患，历为洪涝重灾区。

明天顺元年（1457年）前，浦阳江由麻溪东流钱清经三江入海，水势顺下，宣泄尚易，至成化间（1465~1487年），萧山麻溪筑坝开碛堰山，截浦阳江水西流入钱塘江，使河道弯曲，下泄不畅，加上浦阳江上游溪短流急，下游受钱塘江潮顶托，江水倒灌，遂多水患，有"小黄河"之称。新中国成立后，浦阳江上游建成水库多处，中游兴建了高湖分洪区，下游截弯取直，疏道分流，经过全面治理，灾情得到根本性控制。

浦阳江自明成化年间（1465~1787年）由萧山在麻溪筑坝，开碛堰山截浦阳江水西流入钱塘江，遂下泄不畅而多水患，历代都注重对浦阳江的治理。元天历年间（1328~1329年）州同知阿思兰董牙组织疏浚下西江，以顺下泄；明成化年间（1465~1487年）在麻溪筑坝，开碛堰山，截浦阳江水西流入钱塘江；明万历年间（1573~1619年）知县刘光复凿渠疏导，江流始畅；清乾隆年间（1736~1795年），冯至提出"浣江挖沙"，使淤沙大害转为大利。民国18年（1929年），诸暨成立疏浚浦阳江委员会重点疏浚甲塘等处沙滩。同年10月，批准诸暨县《清江条例十条》；次年县府又发起疏浚浦阳江，但因工程浩大，经费无着而屡议屡辍。1949年10月，诸暨县人民政府实施"停垦造林""清江畅流""浚江开狭"等治江措施。1950年3月，完成浦阳江兰台角分流工程，新开泄洪道1020米，河槽拓宽至44米，挖深5.4米，挖土16.9万立方米。1952年4月，进行江西湖湾截直工程，截直工程从长澜埠起至罗止，穿江西湖，与湄池湾新河相接，新开河道2公里，缩短航程2.4公里，堤距拓宽至140米，河底拓宽至57.5米，开深5.5米，完成水下土方55.9万立方米，国家投资12.85万元，同年7月竣工通流。同年6月，诸暨成立浚江捞沙委员会，组织人工捞沙，同时拓宽江槽；1953年3月，切除姚公埠上庙湾凸出江道滩地，把狭窄河段从48米拓宽至122米，完成土方5.37万立方米，投资3325元；1956年3月整治甲塘湾河道，截直霞巨至姚公埠上村河段，开新江520米，河底拓宽至38米，缩短河道530米，完成土方5.4万立方米。国家投资5.6万元；1957年1

月起,诸暨浚江捞沙委员会划归诸暨水利局主管,设城关、湄池两个点,次年改为诸暨黄沙公司单独建制。1964 年和 1967 年,先后两次开挖城关太平桥下河床岩石。清除碍航石方 1115 立方米,高程由 6 米降至 4.4 米。1965 年 5 月,浙江省疏浚工程处第一疏浚队疏浚西江、枫桥江和东江,拓宽加深河槽,历时 7 年。期间,拓宽姚公埠七堡、八堡河道 660 米,江面拓宽达 122 米;对黄潭角弯道进行截直分流,新开直河 510 米,河槽宽至 50 米,缩短航程 290 米,将下赵至甲塘 565 米江段从原 86 米拓宽至 120 米,拓宽退堤长 340 米;同时,对姚公埠桥河床、应家滩、黄潭角滩进行开挖,计长 1680 米,将湄池河浪千山至江下湖河段从 150 米拓宽至 220 米;共计挖土石方 83 万立方米,总投资 29.53 万元。1977 年 11 月,再次在兰台角新开河道,泄洪分流,新河长 647 米,河底宽 50 米,高程 4 米,完成土方 14 万立方米,国家投资 10.3 万元。1978 ~ 1979 年,国家投资 11.54 万元,拓宽潭头、浪干山河段,退堤 2 处,长 1200 米,江面比原拓宽 29 米,开挖土方 8.1 万立方米,开山石 5.1 万立方米,湄池江段 868 米河槽由 90 米拓宽至 160 米,拓宽赵家埠河道,由原 66 米拓宽至 89 米,开挖新亭埠下游河段,清除水下石方 1590 立方米,王家堰以下 2000 米,河道拓宽 20 米,清深 1 ~ 1.5 米,总完成土石方 22.8 万立方米,国家补助 10 万元。期间,诸暨黄沙公司组建浚捞行业经销型企业群体,由人工捞沙逐步转向机械吸沙。1981 年 10 月至 1987 年,浙江省疏浚队共疏浚土方 288.44 万立方米。随着机械吸沙的日益发展,为防止滥吸损堤,1985 年 6 月,诸暨成立吸沙船管理委员会,由县河道堤防管理所核发吸沙许可证。截至 1987 年,浦阳江中游共挖除淤沙 2510 万吨,完成土石方 1 千多万立方米。

2008 年起,浙江省启动了对浦阳江航道的整治工程。2010 年 12 月,诸暨市浦阳江金浦桥至新亭埠全长 23.1 公里航道通过改造提升养护工程完工,达到四级航道标准。其中金浦桥至姚公埠桥 8.6 公里航段为双向通航;姚公埠桥至新亭埠 14.5 公里航道为单向通航。

三、浙东航道

浙东航道以杭甬运河为主,横贯曹娥江、姚江和甬江。

(一)杭甬运河

杭甬运河原名浙东运河,是浙东萧绍宁地区水运枢纽,为京杭运河的延伸,西起杭州三堡船闸、溯江而上经萧山临浦峙山闸入西小江,至钱清入绍兴界,再至宁波镇海港止,全长 238 公里。运河最初开凿的部分为位于绍兴市境内的山阴故水道,始建于春秋晚期。此后,经历朝历代的多次整治和疏浚,形成了集灌溉、防洪、运输等多种功能于一体的水上大动脉。西晋时,会稽内史贺循主持开挖西兴运河,此后与曹娥江以东运河形成西起钱塘江,东到东海的完整运河。南宋建都临安,杭甬运河成为当时重要的航运航道,历时近一个世纪,对其全线进行一系列大规模的疏浚,通航状况又有很大改善。元代至清代,杭甬运河重要性有所下降,但仍然保持畅通。直到近代,在新式交通方式的冲击下,运河作用逐渐被取代。2002 年,杭甬运河全线进行改造,2007 年年底部分通航,2009 年工程基本完成,但因受杭州段萧山铁路桥、宁波市河段工程影响,至 2013 年 12 月 30 日杭甬运河才正式全线开通。

杭甬运河西起杭州市滨江区西兴街道,在经过西兴之后进入萧山区境内,随后进入柯桥区钱清镇,与钱清江故道相交。此后运河向东南进入越城区境内,与曹娥江相交。自西兴至曹娥江的运河又名"萧绍运河"。过曹娥江后,运河进入上虞区境内,分为两支。北侧运河又名"虞余运河",从曹娥江东岸上虞百官的上堰头至余姚市曹墅桥连接姚江。南侧运河又名

“四十里河”，自曹娥江至通明坝汇入姚江，另有后新河、十八里河并行。此后主河道进入自然河道，在丈亭镇分出支流称“慈江”，在宁波市鄞州区高桥镇大西坝分出支流称“西塘河”。此后干流经姚江与奉化江在宁波三江口汇合成甬江，最后在镇海招宝山东面汇入东海。慈江自西向东，在慈城南面分出支流“刹子港”，在小西坝连通姚江。慈江干流经过化子闸改称“中大河”，此后从江北区进入镇海区，最后汇入甬江。西塘河向东到达宁波老城望京门，连接护城河和城内水系，并与奉化江相连。在自然河道形成内外江平行的格局是为了避让外江潮汐并截弯取直。

杭甬运河主干航道西段萧绍运河（旧称西兴运河）系古代人工疏浚、开凿而成；东段利用余姚江天然水道，余姚江在余姚县丈亭以下，江宽可达150～250米，水深4～5米，至宁波市汇入甬江。因运河穿越的钱塘江、曹娥江、甬江的水位高低不一，历史上只能分段航运。1966年兴建15～30吨级升船机多座，1979年又按40吨级标准浚治航道，1983年全线通航。

2002年开始的改造工程，将部分航道提升为可通行500吨级货轮的4级航道。钱塘江沟通运河工程实施后可直达杭州，与京杭运河连接。杭甬运河示意图见图2－1－1。

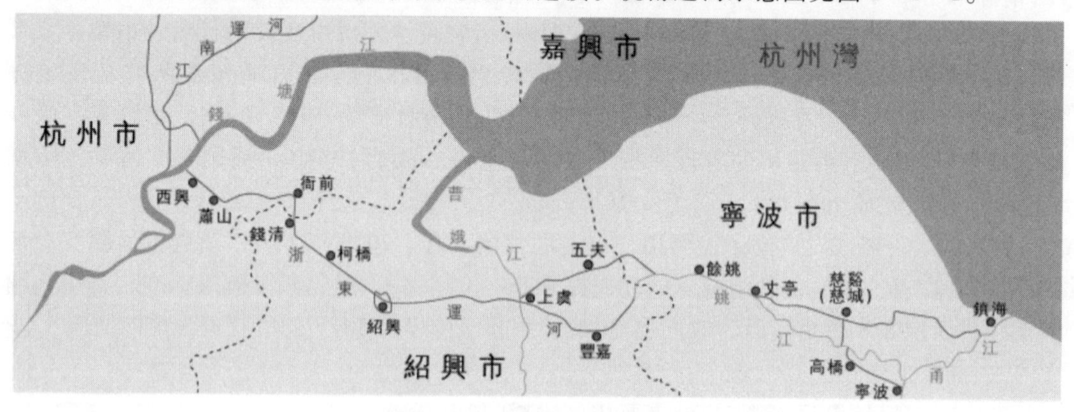

图2－1－1　杭甬运河示意图

杭甬运河的历史可以追溯到春秋时期的山阴故水道。根据《越绝书》载，山阴故水道起于范蠡修建山阴大城（大致相当于今绍兴老城）东郭门，终于上虞东关练塘，长20.7公里。西晋惠帝时，贺循至会稽郡（今浙江绍兴）主持开凿水道，疏浚旧河使其连接，自绍兴城下东连曹娥江，西通萧山县钱塘江。南朝于西陵（今浙江萧山西兴镇）建牛埭，挽舟过堰以入江，杭甬运河已初具规模。南北朝时，经过官方和民间的经营，运河的形制已经基本成型。唐代中叶，随着江南运河沿线航运的日益繁忙，浙东地方官员主持疏浚杭甬运河，增设堰锲设施，开挖新河道并疏浚鉴湖使之成为运河重要的水源。

南宋定都临安，宋金对立使得京杭大运河北部与江南联系中断，因而杭甬运河和江南运河一起成为南宋的生命线。加之南宋重视对外贸易，而庆元府（今宁波）是当时重要的对外贸易港口，因而南宋政权格外重视对杭甬运河的整修。南宋初年，宋高宗赵构即征发民夫修整杭甬运河绍兴及余姚段。在整个南宋统治时期，杭甬运河经过多次整饬，在唐代原有纤路、斗门基础上疏浚旧道、开挖新河，增设闸堰（西兴、钱清北、钱清南、都泗、曹娥、梁湖和通明七堰），航运条件有了较大改善。据《嘉泰会稽志》，当时杭甬运河在萧山县和上虞县境内可通行二百石船只，而山阴县和姚江可通行五百石船只。此时的运河航运条件和繁荣程度均达到极盛，浙东之盐米，帝后之梓宫，高丽、日本之使臣，南海之香药珠犀皆不由钱塘大江，唯泛余姚小江，易舟浮运河而达于行在（杭州）。

元明时期，官方对杭甬运河的修缮和维护仍然在进行，使得杭甬运河的航运一直不废，但已不如南宋时的繁华。明代，浙东自然条件发生了变化。原先阻隔运河的钱清江窨塞，钱清南北堰拆除，因而萧山、曹娥之间的水路不再有阻隔。随着明代浙江各地海塘的建设和海涂的开发，运河沿线形成了湖泊密布的水系。清代，杭甬运河日渐衰败，运河沿线的驿站多有撤并。据黄宗羲记叙，此时的杭甬运河较大的船只不过数十石，与南宋以百石记已不可同日而语。尤其是清末，随着轮船和杭甬铁路的出现，杭甬运河的作用逐渐被取代。

1949 年后，杭甬运河经历了数次整治、疏浚航道，同时新增附属设施，以便利运输和灌溉。1953 年萧山通航水道（含外江）仅 36 条，605 公里，至 1979 年达 88 条，764 公里，浙东运河为干线航道，可通航 40 吨级或以上船舶。增加的主要是内河，如开挖外沙围垦区渠化河道就有 52 条，246 公里，通航 5 ~ 30 吨级船舶。同时，经统筹规划，新建改建水利，航运两用闸共 17 座，其中沟通钱塘江的有 12 座。既稳定航道水位，又便利船舶通过。1979 年浙江省革命委员会批准开通杭甬运河工程，对航道和过堰设施，按通过 40 吨级船舶的要求进行改造建设。在充分利用原有河道的前提下，工程确定运河路线走向为：从杭州南星桥开始，逆钱塘江上行至萧山闻家堰入浦阳江，过临浦峙山闸，经绍兴钱清，沿杭甬铁路经绍兴城区到曹娥老坝底入曹娥江，再从下游赵家（百官）升船机通向驿亭、五夫、马渚、斗门入姚江，经余姚、宁波姚江闸，抵宁波三江口，全长 216 公里。1980 年工程正式开工，拓浚改善航道约 30 公里，新建 40 吨级升船机 4 座（曹娥老坝底、陡门、西横河、姚江），至 1983 年 7 月 1 日基本通航，沟通了钱塘江、曹娥江、甬江三个水系。杭甬运河全线有 7 座升船机，除新建 4 座外，尚有驿亭、五夫、赵家 3 座建于 20 世纪 70 年代，过载能力为 30 吨级。1983 年经试压测定仍符合 30 吨级标准，但为确保船舶安全过坝，暂定为 25 吨级。由于受部分升船机过载能力限制和部分航段尚未达到 8 级航道（40 吨级）标准，杭甬运河全线实际通过能力为 25 吨级内河船舶。1986 年至 1990 年，浙江省内河航道建设集中力量对杭甬运河在内三条航道的“卡脖子”航段进行改造，杭甬运河通过对赵家、驿亭、五夫三座升船机和部分航道、桥梁的改造，全线基本达到 40 吨级通航标准。1994 年改建临浦峙山闸，变 5 孔为 3 孔，1995 年基本完工。1997 年浚深杭州段航道。

20 世纪末，由于宁波港的开发，港口运输成本日渐提高，重建杭甬运河被提上议事日程。2002 年，针对原有运河堰坝多，通航吨位小，不能应对现代物流需要的缺陷，杭甬运河改建工程启动。改建的杭甬运河以 4 级航道（通行 500 吨级货轮）为标准，西起钱塘江西岸的三堡船闸，依次流经钱塘江、浦阳江、西小江、曹娥江、四十里河、姚江、甬江，在甬江口注入东海。工程共兴建桥梁 130 余座、船闸 8 座，并改建沿线铁路、公路、受影响建筑物和通航标志。2007 年 12 月，杭州段和绍兴段（除萧山铁路桥外）建成通航，成为繁忙的水道。2009 年 9 月，杭甬运河改建工程全部完成，成为中国大陆历史上单项工程投资规模最大的内河改造建设项目。但杭州段因萧山铁路桥下工程未能如期施工，宁波段由于市河姚江上桥梁达不到通航要求，改建投资巨大，推迟了全线通航时间。2013 年 12 月 30 日，总投资 70 多亿元，历时 10 余年建设的杭甬运河正式全线开通，首艘船“鄞通顺 210”于 31 日上午 9 点 50 分，在宁波顺利通过姚江船闸从杭甬运河进入甬江，京杭甬运河从此实现了江河海联运的蓝图。

（二）曹娥江航道

曹娥江连接杭甬运河，沿线建材储量丰富，且腹地缺油少煤，运输需求比较旺盛，为5级以下航道。考虑该航道的开发条件和运输需求，纳入骨干航道规划布局，规划为4级航道。

曹娥江发源于磐安县尚湖镇黄村齐公山脉的后岩岭高余山与岙来山之间，属典型的桂枝水系，无结冰期。经新昌县安顶、儒岙、镜岭、澄潭、梅渚、山头，入嵊县境田东村；经苍岩、丽湖、新市、捣臼爿村、嵊县东桥、三界，入上虞境；经嵴浦、章镇、蒿坝、梁湖、百官、沥海、三汇，于绍兴三江口附近注入杭州湾。全长192公里，流域面积4600平方公里。安顶至嵊县东桥段为曹娥江上游，称澄潭江；东桥至上虞百官段为中游，其中东桥至三界段称剡溪；百官以下为下游。古代自新昌以下河段为通航河段，现三界以下为通航河段。曹娥江各段河流包括曹娥江、澄潭江、剡溪。曹娥江下游的自然支流有百沥河、盖沥河、小舜江、下管溪、隐潭溪。

1. 上游澄潭江段航道

澄潭江在新昌境内旧称西港溪、长潭溪，嵊县境内则称南江或上碧溪，长61公里，流域面积578.63平方公里。其主要支流有长乐江、范洋江、新昌江、黄泽江、里东江、隐潭江、小乌溪江、大坂江、小泉溪、韩妃溪和西坑江共11条。澄潭江流经山地丘陵，比降大，水流急。自海拔1170米的齐公岭至嵊县城关镇与新昌江汇合处，干流长度仅83公里，海拔已降至50米以下，河道平均坡度为4.3%。1949年，自新昌镜岭下溯40公里的澄潭江河段可通行载重1.5吨级的竹筏。后因河道中多坝，以及上游地区水土流失导致河床淤积，于1962年年底竹筏停航。

2. 中游剡溪河段航道

嵊州东桥至三界的曹娥江剡溪河段是流经地势较低的四明山与会稽山相连处的一段13公里长的水道，河道弯曲，多险滩，主要有斗马泷、杨家地、庙下、岩鹰、湛头、竹山、栗树、高沙、乌泥埠头等滩，其中以斗马泷、杨家地、庙下、岩鹰四滩最为险恶。过屠家埠后进入峡谷，群山对峙，江面狭窄，至嵴浦进入曹娥江下游感潮河段。下游未建江闸时，江潮至屿浦而返，溪出三界入曹娥江下游河段。剡溪全程自古可通木船。清末民国初，因沙涂淤塞，航船常年仅能通至杉树潭，杉树潭以上至嵊县县城段仅能季节性通航。不能通航时，县城至杉树潭段由竹筏与船进行驳运。1958年后，曹娥江上游水土流失严重。1956年至1985年，剡溪平均年流沙量为63万吨级，其中1962年最多，约计133万吨级。至1961年，竹筏也只能季节性通航。1964年，剡溪基本停航。

3. 下游曹娥江段航道

古时章镇盆地以下河段称舜江。东汉后，因孝女曹娥寻父的典故而易名为曹娥江。袁浦以下河段水势平缓。曹娥江流入绍虞平原后，河面宽展，两岸筑有坝塘，右岸为百（官）沥（海）海塘，左岸为萧绍海塘（自萧山经绍兴向东延伸至蒿坝）。自嵊县三界经上虞章镇、上浦闸、江坎头、赵家，至三江闸口，为曹娥江干线航道，全长100.1公里，平均水深1.0~2.5米，最浅处仅0.2米（化宫渡），习惯最低通航水位在3.4~7.5米之间，河岸宽50~400米，底宽10~70米，航道曲度半径一般在400~700米之间，最小半径220米。通航能力：三界至章镇段为10~15吨级，章镇至上浦闸段为20~40吨级，上浦闸至赵家为30~40吨级，赵家至三江闸口段因江道有沙埂浅滩，加上涌潮的影响，船舶航行困难，一般通航10~20吨级船舶。

曹娥江航道在清代以前可全程通航。民国15年（1926年），航船仅能通至嵊县杉树潭。1959年，对嵊县城关以下2公里河段采用签笼灌大卵石的方法，在剡溪斗马泷上方建成导流坝,经过两次洪水冲刷,在淤塞的沙滩中间冲出长200米、宽20米、深1.1米的新航道。原长1.5公里的环形斗马泷航道经整治后,可直线航行,航程缩短一半。20世纪50年代末60年代初,曹娥江上游植被遭严重破坏,航道淤积日重,百官至嵊县一线一年内仅7~8个月可通行10~15吨级的船只,靠人工拉纤,行程需3天才能到达。至1961年,剡溪竹筏只能季节性通航。1962年,曹娥江输沙量达133万吨级。至1964年,剡溪竹筏停航。自20世纪60年代起,曹娥江上运输船舶以捞运黄沙为主,黄沙年捞运量为40多万吨。1974~1977年,黄沙年运量达157万吨。20世纪80年代后增加到300万吨以上。黄沙捞运使曹娥江航道不断向上游延伸。1962年,曹娥江航道常年只能通船至亭山庙,航程仅5公里;1968年,航道延伸至上浦,全程16公里;1972年,通航至王家汇,全程21公里;1980年可通航至东沙埠,全程32公里;1982年恢复至嵊县境内;1985年可通航至嵊县三界南端,全程37公里。恢复后的航道深1.5~3.0米,宽30~100米,每逢潮汛期,潮水能到达三界,潮区界可延伸到钓鱼潭。

1994年,曹娥江航道干流河口至嵊县段全长108公里,可通航87公里;丁家坝至三界段可通行40吨级船队;三聚潭以上及河口新三江闸以下基本不能通航。干流江面宽度为150~350米,河底为砂质河床。1995年开始,对嵊州市水泥厂至清风姚岙航段进行疏浚,1997年工程结束,疏浚后的航道达到100吨级航道通航能力。曹娥江梅库滩航段位于上虞百官铁路大桥上游6公里处,由于受潮汛及上游没有洪水冲刷等影响,航段内泥沙淤积严重,低水位时最深处水深仅为0.8~1.0米,每年都有6个月时间影响通航。1998年3~5月,由上虞航管所航道队实施曹娥江梅库滩疏浚工程,工程耗资80万元,完成疏浚土方共计50063.5立方米。该瓶颈问题基本得到解决。

2005年12月29日,曹娥江口门闸开工建设,2007年4月22日完工。该闸位于曹娥江河口,是中国强涌潮河口地区第一大闸。建闸后,曹娥江下游由潮汐河口变为内河。

曹娥江主干航道为口门闸—嵊州西桥,航道里程共计107.14公里,为5、6级航道。

曹娥江中的人工运河称虞甬运河,从上虞至宁波,全长100公里,上虞境内长15公里。该运河为杭甬运河东段,穿曹娥江与杭甬运河西段相连。

(三)奉化江航道

奉化江连接杭甬运河,沿线两岸建材、矿产资源较丰富,是该地区建材、工业原料的运输通道,现为6级航道。

奉化江,由主源剡江在方桥以下900米处的三江口与县江、东江汇合后称为奉化江,至横涨附近左纳鄞江,在宁波市区三江口与姚江相会。

剡江,自源头至方桥以下900米的三江口,长66.7公里,萧王庙以上流域面积445平方公里。剡江上游称晦溪,其源头出自大湾岗,主峰海拔963米,河源大湾岗董家彦村,海拔750米,自大湾岗发源至公棠长36.3公里,晦溪建有亭下水库,控制面积176平方公里。晦溪流至公棠右纳康岭溪(亦称剡溪)后称剡江。剡江上游坡降2.083%。河宽在20~120米之间不等。自公棠东流至萧王庙镇,镇旁拦溪筑有活动堰,拦上游水进水闸,现为亭下水库渠道的渠首。续东流经江口,于方桥以下990米的三江口汇入奉化江。自公棠至方桥长30.4公里,坡降0.54%。据光绪《奉化县志》记载:剡江在宋、元时溪水泻通,自公棠以下,俱可行舟,即到明初,尚可通舟楫。由于历年来,水土流失严重,河床逐渐淤涨。1949年后,经数次整治，现潮水可溯至萧王庙镇活动堰下，船只通至萧王庙镇以下。

自方桥以下990米处三江口至宁波市区三江口，习称奉化江。原长27.9公里，1987年铜盆浦弯道裁直后，缩短1.5公里，现长26.4公里。江面宽130~220米，平均水深5米，水面比降小于0.01%。河道曲折多弯，最大弯道杀鸡湾周长3.5公里，其上口与下口之间的距离仅350米，1963年洪水时，上下口水位差为0.22米。第二大弯为铜盆浦湾，周长1.87公里，上下口之间距离250米，1987年裁弯取直，弯道作为宁波市垃圾堆场。

奉化江系感潮河段，是咸淡水体交替段，天旱时沿江水间可部分纳淡水入内河。江道为甬奉间的水运要道，现汽轮通至方桥、西坞、江口和鄞江桥。

奉化江航道为跨县航道，上游段自萧王庙镇，经大埠，至方桥三江口，通航里程15公，最低通航水位2.5米，最窄处宽42米，最小弯曲半径100米，最浅处水深1.3米，桥5座，可通航60吨级以下船舶，属七级航道。

下游段为主干航道，起于奉化方桥三江口，经栎社、铜盆浦、周宿渡、兴宁桥，终于江厦桥，全长27.68公里，定级为6级航道。最低通航水位2.5米，最窄处宽180米，最小弯曲半径150米，最浅处水深3米，桥3座，可通航100吨级船舶。

奉化江主干航道北接姚江、甬江，可直达杭甬运河、宁波港，承担着海砂、砖、煤（长丰热电厂、中华纸业等大型企业、奉化电厂及周边县市工业用煤）的运输任务，年货运量在300万吨以上。

奉化江航道在鄞州境内为25.9公里，奉化境内1.78公里。航道宽40.70~77.70米，航深1.90~7米，最小转弯半径182米，现状为6级航道；但因奉化江为感潮河流，水深条件较好，300~500吨级船舶可候潮自由进出奉化江。奉化江不冻不淤，除局部需要疏浚外，几乎不需大的养护。奉化江河道宽80~200米，水深2.50~12.0米，航道条件较好，水深稳定。

奉化江支线航道，大桥至方桥段，经长汀，通航里程16公里，最低通航水位3米，最窄处宽10米，最小弯曲半径30米，最浅处水深1.1米，桥18座，可通20吨级船舶，属10级航道。西坞至方桥段，经陡门桥、后岸，全程10.8公里，最低通航水位2.5米，桥3座，可通航100吨级船舶，属6级航道。鄞江镇至横涨段，经洞桥，全程10.4公里，最低通航水位1.5米，桥3座，可通50吨级船舶，属8级航道。

奉化江上新建桥梁的标高控制以高速公路桥为界，高速公路桥上游按净高不低于7米控制，下游按不低于4.5米控制。航道上候潮时可航行300~500吨级内河船。

四、椒江水系航道

椒江是浙江省第三大河流，是台州港的内河集疏运通道，红光码头以下为4级航道。

椒江位于浙东部台州临海内，入海口因其状如椒，故名“椒江”。干流自仙居县天堂尖曲折向东至椒江牛头颈入海，全长198公里，沿途有灵江、永宁江和永安溪、始丰溪等80多条江溪汇入，流域面积6613平方公里。椒江航道网处于椒江两岸，通航40~300吨级船舶。

（一）椒江上游段永安溪航道

永安溪航道长144公里。发源于缙云县与仙居县交界的天堂尖和水湖岗之间，进入仙居县称漕溪，在曹店附近与发源于陈岭界乌坑的曹店港汇合，称永安溪。经临海市三江村，流经仙居县的溆山、横溪、皤滩、茶溪、白塔、官路、城西、城关镇、城东、下各及临海市的白水洋、大岭、张家渡、爱国、更楼等乡镇。干流自源头至溆山多峡谷，河宽150米左右，溆山以下多丘陵及小片平原。属山溪型河流，河道多卵石急滩，流急、水浅；滩上水深0.3~0.4米，河底宽3～8米，最小半径20米，可通5吨木船。

明至清末，永安溪上游水道，曹店至县城10余里通木船。大水时，木船可上溯至溪口湖，竹筏达曹店。至清末民初，航道缩短10余公里。1937～1945年间，又缩短15余公里，木船仅至皤滩，大水时方抵横溪。新中国成立后里程又有缩短，仅能通至黄良陈渡。沿溪在曹店、溪口湖、横溪、皤滩、后应、官路桥、河埠、下张、黄良陈等地均设置埠头。

20世纪50年代，客货航运一度兴盛。客运，有木船4只，每日由仙居县城至临海县城对开一班。货运，1953年拥有木船210只，竹筏350张，组成16个运输小组，年货运量3万吨。1954～1959年仍维持在4万吨以上。随着公里运输迅速发展，又因上游筑坝和水库增多，流量减少，泥沙淤积，河床增高，1958年8月客运终止。至20世纪60年代末货运基本停顿，仙居境内航道停航，临海境内从三江村至张家渡还可通5吨木船。

（二）椒江中游段灵江航道

灵江是海船从椒江入口，横贯临海境内的门户。全长50.4公里，从西北至东南流经临海市西郊、城关、城南、城东、钓鱼亭、汛桥、管岙、水洋、涌泉、西岑、黄礁等乡镇。灵江江宽300～800米，全为感潮河段，可通航木帆船、机帆船及各种货轮，随潮汐规律航行。遇强台风或山洪暴发，船只停航。

民国29年（1940年）临海至海门60公里，小轮日夜航行，约4.5小时可达。今灵江干线航道，自临海三江村至黄岩三江口，水深1.20～3.50米，河底宽10～40米，最小弯曲半径40米。自三江村至许市长2.60公里，通10吨级以下货轮；许市至城关长6.30公里，通50吨级以下货轮；城关至涌泉长25.60公里，通200～500吨级客货轮；涌泉至三江口长15.90公里，及三江口以下可通500～1000吨级客货船。

灵江主要支流有大田港，航道长18.3公里，通40吨级以内货轮；义城港航道长12.6公里，原通航10吨级货船，1975年建红旗闸断航。

（三）椒江下游段椒江航道

椒江航道长约15公里。西起三江口至三山长3公里，三山至客运码头长7.5公里，客运码头至老鼠山长4.1公里，注入台州湾。椒江是浙江省十条干线航道之一，上段流经临海，黄岩两市交界，下段贯穿椒江市全境，沿江北岸经黄礁、章安及椒江市前所3个乡镇；南岸经黄岩市的上研和椒江市的栅浦、葭址及椒江市区。椒江水流顺直平稳，江宽水深，江面宽1～2公里，涨潮时可以进入3000吨级以上吃水在4.33米的轮船。1969年起对海门港的码头前沿水深经多年疏浚与分期整治，3000～5000吨级货轮及浅吃水万吨级轮仍可由台州湾候潮进椒江停泊。椒江也是灵江流域泄洪排涝的主要出口。

椒江主干航道为椒（灵）江航道，起自松浦闸，自永丰镇三江村，通航里程65.15公里，为3～4级、6级航道。

椒江航道中，临海下桥码头—水银塘4公里航道基本达到五级航道标准；水银塘—红光码头52公里，为4级航道，航道乘潮通航3000吨级海轮。4号码头—松浦闸8.12公里，为3级航道，乘潮可通航5000吨级海轮。

椒（灵）江两岸共有大小码头71座，各类泊位78个，其中3000吨级泊位6个，5000吨级码头4个，浅万吨级泊位1个。有跨河桥梁5座，其中下游椒江大桥通航孔3个，通航孔净宽88米，净高20米。共设航标46座，其中航行标志33座，专用标志13座。

五、瓯江、飞云江、鳌江水系航道

瓯江、飞云江、鳌江水系航道处于下游平原，内河航运素不发达，船舶均在20吨以下，主要以三条江的出海航道，发展沿海运输。

（一）瓯江水系航道

瓯江是温州港的疏港航道和丽水地区的出海通道，丽水至温溪为6级航道，温溪至温州为5级航道。

瓯江，是浙江省第二大河，位于浙江省南部，旧名永宁江、永嘉江、蜃江、慎江、温江，发源于丽水庆元县与龙泉市交界的洞宫山锅帽尖西麓，其河流源头高程约1365米。瓯江干流自源头至莲都区大港头称龙泉溪，长195.50公里，河道坡降0.120%~1.47%，为瓯江上游段。龙泉溪会松阴溪后，自大港头至青田湖边村河段称大溪，长94.60公里，河道坡降0.07%~0.08%，为干流中游段。大溪与小溪在青田县湖边村汇合后置河口称瓯江，长92.90公里，河道坡降0.01%~0.07%，即干流下游段。干流流经龙泉、丽水、青田，进入温州境内的瓯海、永嘉、市区、乐清等县（区），出温州湾注入东海总长384公里。20世纪80年代以前，木帆船可上溯至龙泉小梅，沿八都溪可上溯至八都。

1.龙泉至丽水段航道

龙泉南大桥（现改名济川桥）至丽水大水门段航道，长117公里，沿线经大白岸、道太、安仁、武溪、赤石、龙门、紧水滩、局村、石塘、大港头、碧湖、石牛、苏埠等村镇。丽水至碧湖段航道水流较平缓，河面开阔。碧湖至龙泉段航道计97公里，在大港头以上几乎全部在山谷中穿行，两岸奇峰屹立，悬崖峭壁，滩多水急，礁石密布，航行十分困难。全段落差130米，平均比降0.134%，险滩120处，其中碍航较大的有65处。一般通航2.75吨蚱蜢船，正常水位上行需7~8天，下行2~3天。洪水期水流湍急，水势汹涌，船舶有一段时间避洪停航。枯水期由于水深不足，2.75吨蚱蜢船上行仅载600~1000公斤，下行载1000~1500公斤，船道浅滩处还需结对过滩，船工赤足下水，背扛肩推，十分艰苦。木排顺水下行，由于枯水航槽曲率半径过小，以及横流影响，常有排尾打在滩上，致使木排打散，造成祸事的危险。

西滩、七鼻滩、雷公滩三个险滩相连1公里左右，两侧为岩石和峭壁，激流击石，声似雷鸣。船舶在此发生事故，难以停靠抢救。1963年，丽水航养队对西滩进行了重点治理，炸礁清泓、截弯取直后，航行安全条件得到初步改善，但也只能通航载重2吨左右的人力船，不能通机动船。

龙泉至丽水航段航道，在枯水期绝大多数浅滩水深不足，最小水深仅0.20米。船队过滩，经常候雨待发，有时候雨长达数月之久，造成物资积压或者弃水走陆。为解决枯水航行困难，1972年投资0.55万元，在龙泉试制第一个活动蓄水坝，1973年又在遂昌县西屏建造一座活动蓄水坝。活动坝增加山区枯水期航道水深，消除减载停航，确保瓯江上游航道的安全畅通等起了重要作用。

2.丽水至温溪花岩头段航道

丽水至温溪花岩头段航道长86.32公里。沿线主要村镇有莲都区塔下、开潭、风化、青田县石帆、腊口、五里亭、祯埠、海口、石门洞、高市、芝溪头、船寮、石溪、鹤城镇、圩仁、温溪镇等。该航道洪水期水流湍急，枯水期滩多水浅，航行困难。航道总落差42公里，平均比降0.05%。全线共有险滩60处，平均1.5公里有一个滩，滩险处水深一般为0.60~0.80米，流速一般为 1 ~2 米/秒，比降一般为 0.10% ~0.20%。温溪镇以上属山溪性河流，两岸山势险峻，河谷下切深，具有岩性河岸、卵石河床鲜明特征。瓯江段下游航道为感潮河段，感潮止于温溪高岗滩。

丽温航道历为丽水地区和温州地区沟通内地和沿海的主要交通线。但直至 20 世纪 60 年代，除少数地段岩礁炸除外，基本处于自然状态。船只上滩时，船工必须下水拔船（背滩），拉纤辅助，结队过滩。在航行途中，有时还须疏浚浅滩才能过往。木排流放也常因转弯不及以致搁浅，事故频繁。发生特大洪水时，波涛汹涌，航运停止。民国元年（1912 年）瓯江发生特大洪水，丽水水位高达海拔 55.8 米（警戒水位 49 米），大水门以下城墙被冲坍，群众生命财产损失巨大。1952 年 7 月，洪水水位高至海拔 54.96 米，县城小水门、大猷街、大水门至仓前等街道可以行舟。

1965 年 2 月交通部在瓯江中游段（长 86.50 公里）进行全国山区浅水航道整治试点。同年 2 月中旬开始勘测设计，9 月 27 日组织施工。全线共有大小滩险 52 处，平均 1.66 公里即有 1 个，其中有碍航重点滩险 22 处，平均 4.12 公里即有 1 个；全线水面落差 42 米，平均比降近 0.05%，系典型的山区性航道。根据山区航道滩多水浅、坡陡流急、滩险多变等特性，整治按"以疏浚挖槽为主、筑坝导治为辅，先求其通，后求其畅"的原则进行。对一般碍航滩险采取挖槽处理，对碍航特别严重的滩险进行筑坝。1970 年 7 月，第一期工程完工，共挖槽 7.47 万立方米，筑坝 7.21 万立方米（其中顺坝 20 座，丁坝 21 座，坝体总长 8018.2 米），总投资 52 万元。工程完成后经受多年洪水，绝大部分坝体完好无损，单纯挖槽地段均有不同程度回游，筑坝与挖槽相结合地段水深有明显增加。整治后，一般水深从原来的 0.40 ~0.50 米增加到 0.60 ~0.80 米，航行条件有所改善，船舶装载量成倍增加，2.75 吨舴艋船，上行可载 5 吨，下行可满载。10 ~14 吨的大岀船，上行可载 3 吨，下行可满载。周转率（由丽水—温州 135 公里）下行从 3 天减至 2.5 天，上行从 5 天减至 3 ~3.5 天。木排放运顺水下行，既顺畅又安全，木材流散损失明显减少。经系统的航道整治后，通航条件明显改善。由原来通航 3 吨人力船，提高到能通航 6 ~8 吨机动船。

1973 年 5 月，交通部和浙江省交通局投资建造的玻璃钢浅水拖轮，在丽温航道试航（主机 120 马力，加振压 120 马力，拖 2 ~3 只驳船，计 35 ~65 吨），由于航道水深不足，只能在中水位时航行，而且耗油量大（每小时 25 公斤）等原因，于 1979 年 7 月停航。1987 年 7 月以后，上游紧水滩电站发电放水时，航道水位间歇性增高 70 厘米左右，能通航载重 18 吨级机动船。现时，丽温航道航行的船舶，几乎全部是 10 ~18 吨级机动船。并且可以下航满载，上航减载行驶上滩。

20 世纪 90 年代以后，瓯江段采砂业发展迅速，特别是温溪至鹤城河段，多处浅滩砂石被采挖，致使河道加深，感潮河段逐步上溯至鹤城镇，使该航段通过能力得到较大提高。至 2009 年年底，瓯江温溪至温州段航道已基本符合内河 4 级以上标准，3 米等深线全程贯通，乘潮 1500 吨级海轮（桅杆改造）可抵达温溪港区，温溪至鹤城段疏浚后，1000 吨级海轮可达鹤城港区。丽水市区至温溪段开潭、五里亭、外雄水库已经建成，形成梯级库区高等级航道 46 公里；开潭、五里亭电站船闸已经建成，并通水试运行。

3. 下花门（温溪港）至河口段航道

下花门（温溪港）至河口段航道长 76.2 公里，完全处于冲积平原地带，河底为淤泥，河面正常水面宽度1500米左右,为感潮河段,候潮1500吨海轮可抵达温溪港。

瓯江年降水量集中在4~6月份(为洪水期),7~9月份有几次台风影响,全年有8个月枯水期。

20世纪80年代起,修建紧水滩、石塘、玉溪电站后,上自龙泉市城区,下至玉溪电站大坝,已形成库区深水航道。玉溪电站大坝下游至莲都区联城段,由于上游电站流量调节,在丰水期,水量增大,水位上升,通航能力加强,船舶吨位增加。

4.瓯江中下游航道

自上至下建有开潭、五里亭、外雄、三溪口、青田四都5座梯级电站,而且上下衔接,自莲都区联城镇至青田县四都水利枢纽大坝也成为深水库区航道。

瓯江下游航道上起瓯江大桥上游1公里,下至瓯江口内岐头,全长78公里。按水深状况,自西向东可分为4段:第一段从起点至郭公山脚,长12公里,江面宽为300~1300米,最浅水深为1.1米,乘潮可通航500吨级海轮;第二段由郭公山起经灰桥浅滩,至杨府山港区,航道长6.5公里,灰桥处有一过渡浅滩,水深不足2.5米。乘潮可通过浅水万吨海轮;第三段由杨府山至龙湾,中间经过七都年涂北航道或南航道。20世纪70年代,瓯江三条江至江心段进行了整治,使温州港朔门港区恢复生产。1985年11月起,因七都南航道淤浅,七都北航道成为主航道,长14公里,江面宽800米以上,最浅水深为2.9米,江道长年稳定,有良好的河相关系,乘潮可通浅水万吨级海轮。龙湾至七都涂尾段的航道,弯曲较大,转向角为120°。七都南航道为辅助航道,长13.5公里,江面宽1100~2000米,滩多水浅,最浅水深1.4米左右。第四段由龙湾至岐头,长15公里,航道顺直,江面宽在1500米以上,水深良好,磐石至龙湾的过江浅滩最浅4米以上。

5.瓯江口进港航道

瓯江口进港航道分两条,一条为沙头水道,从港口的岐头至洞头县的小五星岛,长12公里,最浅水深2.5米。1970年前,为进港主航道。后该水道逐年淤浅,进港船舶吨级又不断增大,1973年调整为辅助航道,供3000吨级以下船舶进出港。另一条为黄大岙航道,从岐头至洞头的青菱屿检疫锚地,长14公里。青菱屿浅段水深不足6米,乌仙咀以西4.5公里浅段,最浅水深4.5米。民国时期,此航道是汽轮船进港主航道,后水深逐年加深,从1972年10月1日起,该航道对外轮开放,乘潮时可通过万吨级以上浅水轮。

2004年6月3日,瓯江口航道治理一期工程开工。瓯江口航道治理工程位于温州港瓯江口中水道、黄大岙水道西端至灵昆岛北岸,总长16.8公里。该工程采取整治和疏浚相结合的措施,分期实施,总工期为3年。一期工程设计达到水深6米、底宽为140米的单向航道,可满足2万吨级集装箱船舶、2万吨级散货船舶和3.5万吨级(浅吃水肥大型)散货船乘潮进港,总投资达9988万元。

6.瓯江支流航道松阴溪

发源于遂昌县垵口乡北园岙村东面,河流源头高程约1020米,流经遂昌、松阳、莲都区,在莲都区大港头汇入龙泉溪,干流全长120.12公里。流域面积1985.02平方公里,河宽120~160米,平均水深4.8米,平均年径流量20.3亿立方米,河道天然落差854米,平均坡降0.78%。洪枯变化悬殊,具有山溪性河流特征。遂昌、松阳县是松阴溪航道的直接经济腹地,历史上木帆船可上溯至遂昌县金岸。1985年后,由于河床淤积抬高,不再通航。

1995 年，松阴溪松阳县西屏至莲都区大港头段航道定级为七级航道，长 41.73 公里，航道宽度 25.6 米，水深 0.7 米，沿线有水电站大坝 3 座，拦砂坝 1 座，桥梁 7 座，其中碍航桥梁 4 座，通航孔径最大 45 米，最小 20 米；通航净宽高度最高 5.39 米，最低 1.59 米，规划通航 50 吨级。待条件具备后开发通航。

(1)宣平溪(又名午溪、宣平港)

发源于武义县柳城镇顶头岗，河流源头高程约 600 米，流经武义、松阳、莲都 3 县(区)。在武义县三港乡章湾流入莲都区境，至港口注入瓯江中游段大溪，干流全长 77 公里，莲都境内长 37.92 公里，1985 年后不再通航。

(2)好溪

旧名恶溪，发源于磐安县大盘山(仁川镇)溪上村北之仰曹尖，河流源头高程 605 米，流经缙云县、莲都区，至丽水市城区古城村注入大溪，干流长 125.80 公里。1985 年后不再通航。

(3)小溪

发源于庆元县鱼树坑山尖西麓(洋溪村大毛峰)，河流源头高程 1200 米，干流长 225.65 公里。自景宁县秋炉乡下圩到渤海镇鹤口，为 6 级航道，长 90.5 公里，从鹤口入境青田，经岭根、张口、北山、坑底、巨浦、仁宫、湖边等乡镇村，至湖边汇入大溪，全程 48.11 公里。

2003 年 5 月，国务院批准滩坑水电站建设，同年动工。2005 年 10 月，实现大江截流，2008 年，滩坑电站下闸蓄水，160 立方米水位，形成 90 公里的深水航道。

(二)飞云江水系航道

飞云江旧称罗阳江，位于浙江省南部，它发源于景宁畲族自治县上山头北侧，干流长 185 公里，流域面积 3731 平方公里。水流由西向东，单独流入东海。水位暴涨暴落现象明显。

飞云江航道起自平阳坑，至飞云江口，通航里程 56.84 公里，为 3～5 级航道。瑞安港至飞云江口外的齿头山，距离约 23 公里。其中外航道 12 公里，口内航道长 11 公里，最小水深一般在 2.5 米以上，候潮可通行 1000 吨级的船舶。平阳坑镇至瑞安港，可候潮通航 15～40 吨船。由平阳坑再往上游，可通行 5 吨以下小木船到达泰顺县的百丈口。

飞云江下游为瑞安港航道，自 1 号浮标至小横山，全长 18 公里，航道河床为粉砂质泥。1 号浮标至东山下埠为港区外航道，长 1.1 公里。低潮水位平均 1.5 米，低潮可通过 100 吨级满载船舶，涨潮可通航 1500 吨级满载船舶。东山埠至小横山为港内航道，长 7000 米。低潮水深平均 3 米，高潮平均水位 6.5 米，低潮可通航 300 吨级满载船舶，涨潮可通航 1500 吨级满载船舶。1986 年对该港道西门港区、南门港区及飞云江下游 150 米的范围内进行了局部导流疏浚，西门三号、四号码头前沿低潮水深 10 年一直保持 3.5～4.5 米，流向稳定。1990 年 7 月，经测量横山至江口航道全长 18 公里，27 平方公里。

(三)鳌江水系航道

鳌江又名横阳江，旧称钱阳江、始阳江。鳌江源头为文成的桂山乡，全长 82 公里，流域面积 1542 平方公里。

鳌江航道自鳌江口，至浦底大桥，通航里程 41.32 公里，为 4～5 级、7～等外航道。鳌江下游河口段为鳌江港航道，分为港内航道和港外航道。

港内航道自龙港下埠村至鳌江镇，全长 2 公里，平均宽度 250 米，弯道曲率半径 900 米，平均水深 3～4 米，最浅处 1 米左右。港区水域长 200 米，水深 2～3 米，凹岸及龙江湾水深

3.5~4米，乘潮可通行2000吨级满载船舶。

港外航道有两段，一是狮子口到龙港下埠村，全长4公里，平均宽度440米，水深3~4米，弯道曲率半径660米，乘潮可通行2200吨级满载船舶；二是四屿到狮子口，全长12公里，宽度300米，水深1.50~2米，乘潮可通行1500吨级满载船舶。

抗日战争爆发后，民国27年（1938年），在鳌江口（狮子口）主航道上，沉下笼壳船10艘，并打桩投石，组成水下封锁坝，总长439米，造成航道逐年淤积，封锁坝周围水域落潮时水深仅1.6米。1961年经半年时间疏浚和整治，使航道在落潮时水深达到2米。封锁坝南侧留有200米宽的通道，1600吨级的船舶可候潮进港。

鳌江港内外航道底质都是泥质，锚抓力好，候潮持续时间达5小时，正常流速平均每秒0.65米。1990年8月又动工整治航道，至11月第一期完成了两道竹坝，鳌江航道主流深槽重新呈现。

浙江省八大水系（河流）情况见表2-1-2，浙江省骨干航道见表2-1-3。

浙江省八大水系（河流）一览表

表2-1-2

水系（河流）名称	发源地	流经地	主流长度（公里）	入海处
钱塘江	北源：安徽省休宁县六股尖东坡 南源：青芝埭尖北坡	杭州、衢州、金华、绍兴、丽水等市（地区），共计26个县（市）	605	杭州湾
瓯江	丽水庆元县与龙泉市交界的洞宫山锅帽尖	龙泉、丽水、青田、瓯海、永嘉、温州市区、乐清	388.8	温州湾
苕溪	东苕溪：临安市境内水竹坞 西苕溪：安吉县狮子山的大沿坑	杭州、湖州及临安、余杭、德清、安吉、湖州菱湖、城区、长兴等7个县级市（区）	151 139	——
椒江	缙云县与仙居县交界的天堂尖和水湖岗之间	临海、黄岩、椒江	198	台州湾
曹娥江	磐安县尚湖镇黄村齐公山脉的后岩岭高余山与岙来山	流经新昌、嵊州、上虞，涉及绍兴、杭州、金华、台州、宁波	192	绍兴三江口
飞云江	景宁畲族自治县上山头北侧	瑞安	185	飞云江口
甬江	南源奉化江、北源姚江	宁波	121	镇海口
鳌江	温州市文成县桂山乡	文成、平阳、苍南、泰顺、瑞安	82	鳌江口

浙江省骨干航道一览表

表2-1-3

航道网	航道名称	起讫点	里程（公里）	航道等级
杭嘉湖航道	1.京杭运河	鸭子坝—三堡	98	4级
	2.长湖申线	镇湾桥—南浔	77	4~5级
		东蔡大桥—大舜钱家甸	2	4级
	3.杭申线	塘栖—红旗塘	106	4级
	4.湖嘉申线	湖州闸西—红旗塘	104	4~等外级
	5.乍嘉苏线	乍浦闸桥—王江泾	57	4~5级
	6.杭平申线	新市—泖口	119	5~等外级
	7.东宗线	东迁—梧桐	38	4~等外级

续上表

航道网	航道名称	起讫点	里程（公里）	航道等级
杭嘉湖航道	8. 杭湖锡线	武林头—新港口	75	4级
	9. 梅湖线	安吉黄坝圩—霅水桥	61	4~6级
	10. 东苕溪	青山—新港口	109	4级
	11. 芦墟塘	杨树浜红旗口—野猫塘	11	5级
	12. 嘉于线	嘉兴—于城	30	4~等外级
钱塘江水系航道	13. 钱塘江（含富春江、兰江、衢江）	衢州—赭山	296	4~等外级
	14. 新安江	街口—梅城三江口	116	4级
	15. 浦阳江	王家井—闻家堰三江口	71	4~7级
浙东航道	16. 杭甬运河	三堡—甬江口	262	4~6级
	17. 曹娥江	三界镇—河口	83	4~6级
	18. 奉化江	方桥—新桥东	31	5~6级
椒江水系航道	19. 椒江	临海—松浦闸	65	3~6级
瓯江、飞云江、鳌江水系航道	20. 瓯江	丽水—歧头	156	3~6级

第二节 通航建筑物

在古代，船舶航行只能通过简单的天然标示，如石块、水纹，或根据天文气象来辨别航向和船位，在天然水路上航行。随着航运的发展，为了确保航行的顺利，越来越多的助航设施被人们运用到航行当中，来帮助船舶安全顺利完成航行任务。

一、堰埭、船闸

秦汉以来，浙江的一些主要航道即已设置了堰闸，嘉兴有马塘堰、杉青闸，钱塘江有西陵、柳浦、浦阳南津、浦阳北津四埭。这些堰埭，船舶小者可以牵挽而过，大者则需盘驳。吴越国时期广建堰闸控制水位，以资灌溉和通航。宋代，建有杭州的龙山闸、浙江闸等复闸。2010年，浙江省内河航道共有船闸51座，其中正常使用的45座。

（一）杭州三堡船闸

三堡船闸位于杭州市东南方，钱塘江与京杭运河的交汇处，是京杭运河沟通钱塘江的枢纽工程，由一线船闸和二线船闸组成。

三堡一线船闸为5级航道标准船闸，1983年11月动工兴建，1989年2月1日正式通航运行，总投资1100万元，设计年吞吐量300万吨，船闸全长192米，闸室长160米、宽12米，上下游水位差2~4米，全部运行操作采用中央自动控制系统。船闸通航船舶设计标准为5级航道300吨级，年通过能力为300万吨。一线船闸工程于1990年被授予中国建筑最高奖——鲁班奖。

三堡二线船闸，位于原三堡船闸（即一线船闸）西侧，两闸中心距离为100米。该船闸是经浙江省政府1993年批准的第一批28项交通设施“四自工程”中唯一的一项水运工程，是浙江省、杭州市的重点工程。整个工程由市第二污水干管穿越引航道倒虹管、上闸首公路桥、上游引航道、船闸主体、江干区灌溉倒虹吸、下游引航道、下游江干区排涝闸、金属结构及机电设备制作安装、船闸启闭机房、唐家村新桥、进闸道路和办公楼等12个单项工程组成。二线船闸按五级航道300吨级队一拖四驳过闸设计，年通过能力550万吨。共征用土地14.20公顷，拆迁房屋17889.5平方米，安置劳动力32人。工程于1993年9月开工，1996年11月船闸主体工程完工，12月1日举行船闸通航典礼。1997年12月全部完工，历时4年。实际投资14820.49万元。二线船闸室长200米，净宽12.5米，深约2.5米，上闸首门槛水深3米，上游引航道长600米，宽60米，深3米，下游引航道长450米，宽46米，深2.5米，经浙江省交通厅工程质量监督站组织竣工验收，有9个单项工程质量等级为优良。2001年三堡二线船闸过闸货运总量达到1345万吨。2002年12月26日，交通部批准杭州三堡二线船闸工程获交通部2002年度水运工程质量奖。

三堡二线船闸自1998年7月正式运行后，由于技术上的原因，存在着安全可靠性差、能耗大、运行成本高、维护难等问题需要进行改造。经过4次专家论证会和多套方案的慎重选择，最后确定了改造方案。改造工程于2003年5月开工，2004年1月完工，改造后的二线船闸自启闭机和自动控制系统均已达到设计要求。新的二线闸门不仅结构简单、运行平稳、同步性能可靠，而且采用了包括电气、机械等多重安全保护装置，新设备的耗电量仅为原设备的29.7%，船闸的运行速度也有所提高，大大降低了运行成本。

2008年，三堡二线船闸完成过闸货运量2847.05万吨。

（二）杭甬运河新坝船闸

杭甬运河新坝船闸位于萧山义桥镇新坝，是沟通浦阳江与杭甬运河的第一道船闸，为杭甬运河杭州段工程建设的关键性节点工程。工程于2003年9月28日开工建设，由杭州市港航管理局杭甬运河工程建设处负责建设，是杭州市已建船闸中通航能力最大的船闸。闸室长200米，宽12米，深2.5米，上闸首门槛水深3米，上游引航道长400米，底宽50米，下游引航道长400米，底宽50米，深2.5米，系按4级航道500吨级，按年最大过闸设计能力860万吨设计。共征用土地15.8公顷，拆迁房屋3100平方米，实际投资8000万元。船闸由船闸主体（含上下游引航道和闸首公路桥，闸阀门金属结构和启闭机）、上下闸首启闭机房、船闸综合楼（含供配电、给排水）、船闸闸区景观绿化、船闸机电（自动控制、监控、调度收费）等单项工程组成。

新坝船闸作为杭甬运河杭州段的标志性建筑，也是杭甬运河沟通河海的第一座关键枢纽。船闸主体于2006年1月建成，同年6月6日交工验收并交付使用，2009年1月1日开闸运行。

（三）湖州船闸

湖州船闸位于长湖申线航道湖州市区段，主要担负着防止东西苕溪洪水东泄和保持航运畅通的任务。于1987年8月开工的湖州市河改线工程中建设，1990年10月完工，1991年11月通过竣工验收。设计等级为5级，常年通行300吨级船舶。由一座5级通航标准船闸和2孔16米防洪节制闸组成，船闸布置在航道北侧。船闸闸室宽12米，长160米，门槛水深2.5米，上闸首工作门使用升降式平板门，下闸首为人字门。防洪闸闸门使用升降机式平板门，上闸首建公路桥1座，通航孔净高5.50米。

（四）湖州二线船闸

湖州二线船闸建于2005年，位于长湖申线航道南侧，由湖州市水利部门建设，湖州市水利水电勘察设计院设计。设计等级为4级，常年通行500吨级船舶。船闸闸室长295米，宽23米，门槛水深3米，上游闸首公路桥通航孔净高7米。闸室工作门使用人字门，上游引航道长320米，下游引航道长126米。该工程于2006年4月22日投入使用。

（五）宁波姚江船闸

姚江船闸位于江北湾头。1999年开始筹建，2000年正式动工，2004年年底建成。姚江船闸闸室长160米，宽12米，门槛水深2.5米，上下游水位差0～2.5米。船闸采用中央自动控制系统，一次可以通过8艘船只，通行时间大致为半小时。姚江船闸投入运行后，从镇海口至姚江蜀山段74公里水路已经全面疏浚，船舶通航能力从过去40吨级提升至300吨级。

（六）富春江大坝船闸

富春江大坝船闸位于桐庐县七里泷峡谷出口处，始建于1958年冬，20世纪60年代初停建。1965年夏恢复施工，于1968年建成发电。船闸位于大坝东端，建成于1970年初，5月1日正式启用。船闸按4级航道（500吨级）标准设计，闸室有效长度102米，进口门宽12.4米，室内宽14.40米，高22.50米。闸上首建有三层启闭机房，闸下首有单层启闭机房控制输水。每闸输水量2万立方米。上闸门为下沉式钢平板一字门，下闸门为双扇人字门。闸室左右侧各设2吨浮式系船环6只，间距17.50米，固定系船环6组，以便小船系缆。左右闸室墙顶部高程为25米，墙顶通道宽4米，上设高1.1米实体胸墙，以拦挡空载船舷。总基建投资1738万元。船闸按100吨级船队300吨单船也能通行的设计要求建筑，年货运量可达80.60万吨。

导航设施：闸上首右侧建有直立式码头，长260米，顶宽9米，为过坝及等待进闸的船队停靠和导航。左侧建固定导航墒，长35米，墙顶高程25米；下游右侧建圆弧形固定导航墙，长20.50米，顶部高程12.50米；左侧固定导航墙144米，顶部高程14米。由于船闸系单线双向运行，上下船沿直线进闸，出闸后，则绕过等待进闸船队，曲线转入航道。

船闸启闭由电厂专人值班管理，七里泷航管站负责过闸船舶、排筏的安全监督，维持运行秩序。船闸从开始运行以来未实行收费。1985年统计，过闸货运量为25万吨。

（七）嘉善陶庄枢纽船闸

陶庄枢纽船闸位于浙江省嘉善县陶庄镇，具有防洪、排涝、通航等功能，工程完建后嘉北内船只可由本枢纽闸进出汾湖及太浦河，是太浦河工程浙江省境内的配套建筑物之一。

枢纽由两孔各浮宽12米的上下闸，闸室106米，可供300吨级船舶通航的船闸组成。桥宽7米，长106.2米。

（八）上虞上浦船闸

上浦船闸位于上虞市上浦乡境内曹娥江干流。上浦闸工程是浙东上浦引水枢纽的配套工程，由华东水利学院及河海大学设计。1977年9月动工，1979年7月竣工，国家投资877.31万元，主要水工建筑物有漫水闸、过水堰、引水闸、船闸。漫水闸设1孔，单孔净宽6米，总孔净宽102米。闸底高程0.6米，门顶高程5.7米，各孔设提升式翻板门，以台式行车启闭，属当时国内规模最大。闸基垂直防渗，在国内第一次采用砂浆板桩封闭。过水堰顶高6.1米，宽29.1米，长180米。船闸长135米，宽12米，启闭机为50吨，引水闸设4孔，总净宽16米。上浦闸最大泄流量6100立方米/秒，引水总干渠全长13.6公里，最大引水流量50

立方米/秒，关闭时正常蓄水量1990万立方米。

（九）德清大闸船闸

德清大闸船闸位于德清县乾元镇南门外导流港与苕溪故道不溪交汇处，南临丁山脚，是东苕溪导流工程调洪控制闸。1958年11月由嘉兴地区行政公署水利局设计，1959年3月8日动工，同年9月5日竣工。该闸分5孔，总净宽23米，中孔为主航道，宽9米，边孔宽均3.5米。设计最大水位差2.5米（闸上游水位6米，闸下游水位3.5米），过闸安全泄洪流量为385立方米/秒。结构为钢筋混凝土闸底，条石浆砌闸墩，闸底高程为吴淞零，梁底高程为8.22米，采用电动卷扬式启闭机。闸下游设交通桥，桥面宽5米，混凝土筑桥栏，荷载汽—10；同设人行桥，桥面宽3.6米。交通桥两端及闸墩上置有10头石狮。大闸建成后设专人管理，水位升至3.8米时关闸，升至危急水位6米时开闸分洪。

历经30余年的泄洪运行，德清大闸下游海漫河床损毁严重，1998年德清县水利部门根据浙江省水利厅（浙水政〔1998〕866号文）批准，择址原大闸北侧约80米的原东苕溪故道建设新闸。同年12月实施征地拆迁，1999年5月20日开工，2000年拆除老闸。新闸工程设计按防洪标准为百年一遇，船闸通航标准为6级。泄洪流量438立方米/秒，防洪节制闸与船闸上闸首并列，两闸净宽均为12米，闸底板高程0.0米，通航标高上闸9.5米，下闸9米，闸后段底宽18米，套闸通航规模100吨级。闸室长110米，启闭房860平方米，采用平板钢闸门，卷扬式启闭机。上游侧建公路桥一座，与上闸分离布置，桥面宽19米，工程总投资3165万元。2001年4月完工通水，6月投入试运行。2003年正式投入运行。2011年全年过闸船舶达25万艘，其中载重船舶12.78万艘。

（十）嘉善丁栅枢纽船闸

丁栅枢纽船闸（初步设计中称为丁栅船闸、节制闸工程）位于浙江省嘉善县丁栅镇，银水庙村以北，太湖河南岸，具有防洪、排涝、通航等功能，是浙江省境内主要配套建筑物之一。

1994年建成，枢纽有两孔各浮宽12米的上下闸，闸室106米，可供300吨级船舶通航的船闸组成。桥宽7米，长106.2米。

（十一）杭州七堡船闸

杭州七堡船闸又名上游船闸，位于九堡镇上游桥东侧，为上塘河附线航道重点，是一座利用外江和内河的水位差，引钱塘江水补充上塘河水源和钱塘江与运河航道沟通的综合工程。1970年4月动工兴建，1971年7月竣工通水。

七堡船闸是船套闸，上闸首在钱塘江北岸，闸门宽8米，闸栏高2.5米（吴淞基面），闸底高2米，闸顶高10.5米，闸身长10米，闸门提升高度11米；下闸首与新开和睦港（又名大寨港）连接，门槛高2米，闸门提升高度9.3米，上下闸门均为平板钢门，尺寸为4米×8.6米，2×25吨和2×26吨双吊卷扬机启闭，上下闸首均为沉井基础，分离式底板，闸墙、工作桥部分为混凝土重力墙，其他部分为浆砌块石重力墙。工作桥位筒支钢筋混凝土梁板。闸室长150米，闸底宽13米，闸室为半重力浆砌块石斜式护岸，船闸设计引水流量30立方米/秒，设计通航100吨级。因受沪杭铁路155号桥和航道闲置影响，仅通航30吨级的船舶。每年出港、进港运输船舶3万~4万艘。1987年9月10日，实行日夜开闸通航。1989年，三堡船闸建成通航，7月份起，七堡船闸进出船舶骤减，原每月进出4000余艘，年末只200艘。1990年，由于钱江潮带进大量泥沙，航道淤塞严重，每月只有大潮汛期间才能行驶10吨以下船只。1993 年，停止运行。

(十二)蜀山船闸

蜀山船闸是杭甬运河首座500吨级船闸，于2005年10月在宁波余姚建成并通过了通水验收。位于杭甬运河节点余姚城东姚江干道上，总投资为6000多万元。该船闸船箱的有效尺度200米×12米×2.5米，上闸首采用卷扬式闭机，下闸首采用液压式人字门，上下流引航道各长400米，可一次性通行500吨级船舶4艘。该工程还建有管理用房两千多平方米，变电站一座。蜀山船闸采用先进的自动化操作系统、电子监控系统和远程控制系统，自动化操作系统配有可以相互切换的中央控制室操作系统、手动应急操作系统和现场实地操作系统。电子监控系统可对船闸营运实行24小时全方位监控；远程控制系统可为杭甬运河全线信息化管理提供服务，实现信息互通。随蜀山船闸同时建成的还有8孔各宽12米的水闸，两者统称为姚江蜀山大闸。蜀山大闸的总投资为1.55亿元，是宁波历史上首座船闸与水闸合一和规模最大的大闸，被列为浙江省的重点工程。蜀山大闸的建成除了改善杭甬运河的通航条件，有利宁波内河航运业的发展外，还对城镇防洪抗旱和姚江水资源环境的改善起到很大作用。

(十三)丽水紧水滩、石塘2座过坎船筏道

丽水紧水滩、石塘2座过坝船筏道建于20世纪80年代，随着水上旅游业兴起，已有旅游船过船道。

(十四)丽水玉溪电站过坝船闸

丽水玉溪电站过坝船闸建成于2000年6月，通航标准七级。

浙江省主要船闸见表2－1－4。

浙江省土要船闸一览表 表2 1 4

名称	所在地	建成年份	过船吨位(吨)	通过能力(吨位)
杭州三堡船闸	一线船闸(杭州)	1989.2	300	300
	二线船闸(杭州)	1997.12	300	550
杭甬运河新坝船闸	萧山义桥镇新坝	2008.6	500	860
湖州船闸	頔塘与东苕溪交汇的新开河(长湖申线)上	1990	300	
湖州二线船闸	长湖申线航道南侧	2005	500	
宁波姚江船闸	姚江江北湾头	2004年年底		
富春江大坝船闸	大坝右侧	1968	300	
嘉善陶庄枢纽船闸	嘉善县陶庄镇	1998	300	
上虞上浦闸船闸	上浦乡境内曹娥江干流	1978	100	
德清大闸船闸	德清县乾元镇南门外导流港与苕溪故道不溪交汇处	2002	100	
嘉善丁栅枢纽船闸	嘉善县丁栅镇银水庙村以北	1994		
杭州七堡船闸	九堡镇上游桥东侧	1971.7	100	
蜀山船闸	宁波余姚	2005.10	500	

二、升船机

航道上堰坝虽然保证了通航所需水位，但同时又给行船设置了人为的障碍。据明末黄泉义的《南雷文定》记述："曹娥江而东，末入姚江，率数十里而堰，船亡夫者，不能客数十斛，不然则不可以施堰，风雨之夕，屈折蓬底，踯躅泥淖，故行者为甚难。"又曰："北路较南路弱十里，历陡门、横河、驿亭三堰。南堰挽舟设辘轳；北堰则徒手举之，故其舟尤小也。"这种古老的低效率的过堰设施，一直使用到20世纪60年代。随着船只吨位的增大和远距离运输航线的扩展，简陋的过堰设施已不适应航运事业发展的需要。为提高堰坝过船能力，加快物资周转，出现了升船机。

升船机置有一个较大的乘船车（乘船车的大小根据过载能力而设计），通过伸入河中的铁轨沉入河底。船只进入乘船车，通过室内电动机，卷扬机的拖拉，使乘船车缓缓上升，并越过堰坝，把船只输送到另一端，乘船车在此沉入水底，船只入水继续航行。有了现代的升船机，无论上、下河，内、外江的水位落差有多大，来往船只均能安全又省力地通过堰坝。

升船机与传统船闸比较，有以下5方面优越性：(1)不消耗水量，对一些流量不大的河流，在枯水季节不与灌溉、发电与航行之间争水；(2)有较强的适应性，不受总体布置及地形、地物限制；(3)在现有水利闸坝碍航点修建斜面升船机，不须破堤坝，工程量少，节约投资，在新辟航道上也较之新建船闸方便；(4)在小河支流上，若单船航行多，升船机的过往较为方便；(5)斜面升船机设备材料简单，较易解决。

升船机的优势使其成为解决不同水位航道间通行的一个有力工具。

至2010年，浙江省内河航道共有升船机19座，其中正常使用的11座。

（一）王家堰升船机（诸暨）

王家堰升船机位于浦阳江主航道的王家堰村，为境内水运枢纽。1949年中华人民共和国成立初期，每年经此水道输出的粮食、酒坛及其他农副产品约万吨以上。1959年，王家堰建成拦水坝，水位落差达6米，航运至坝中断。1977年，为恢复堰坝上下交通，加快物资周转，兴建升船机站。由县工交局设计施工，浣纱建筑队土建，航运部门协作，同年11月建成通航。王家堰升船机为斜面高低轮升船机。引航道长120米，坡度1∶8，轨长6米，承船车架长8米，宽5米，配电动机、变速箱、卷扬机各一台，用钢丝绳牵引升降船只，使用人控选档半自动电气装置，一般过船吨位为20吨级，船架最大负荷40吨级。国家投资15万元。1988年4月，对基础工程进行维修，耗资4.75万元。

（二）前所升船机（椒北升船机）（椒江）

前所升船机位于前所镇东路。从椒江经升船机进入椒北内河，在前所至四岔主航道中部经拖牛坝升船机到达四岔。工程由临海县交通局设计，杜桥区配合组织施工完成。1973年11月开工，1975年3月竣工，同年5月1日起正式运行。按11级航道标准，通航15吨船，由高低轮平车载运，船只轨道深入椒江部分轨距2.9米，水平长54.5米，轨道高程1.5米，与轨端费峰高差4.81米，升船机轨道水平总长度102米，钢轨铺设长度104.6米。载运船只平车长7米，宽3.5米，高低轮形式。纵向轮距（中至中）5米，宽轮距2.9米，狭窄轮距2.1米，钢轨规格25公斤/米，运行速度40米/分钟左右。升船机为电子数控过坝设备，由国家投资126530元，改建电动40000元，合计166530元。包括新开航道520米在内，使用劳动力3万余工日，木材9立方米，水泥90吨，钢材18.3吨，铸铁1.55吨。

(三)斗门升船机(余姚)

斗门升船机位于斗门小戴家村,跨杭甬运河甲线余姚段航道。马渚中河作为杭甬运河甲线进行改造,南端河道截裁,直接进入姚江,于小戴家村一带新造斗门升船机,1979 年 10 月动工,1983 年 7 月 1 日建成启用。投资 42 万元。

升船机采用高低轮斜面平运电子自控,惯性过顶。承船架长 11 米,宽 5.5 米,钢轨长 118 米。传动系统平均运行速度 40 米/分钟,过坝时间 2.5 ~3 分钟,最大通过能力 40 吨级。1986 年,东排工程新西横河水闸的建造,使斗门老闸难以承担东排流量,遂新造斗门水闸于升船机西侧。水闸于 1987 年 10 月完工。水闸总净宽 21 米,闸 3 孔,孔宽约 7 米。闸高 6.8 米,两侧有钢架楼梯,闸顶置机械动力。闭闸时内外高差约 0.5 米,开闸时过闸流量 130 立方米/秒。升船机和水闸之间筑有狭长分水岛,两侧拖船坝延伸,南北长约 250 米。正中和东侧都建有管理用房及配桥设施,现皆废弃。拖船坝最北端建有戴家大桥,东北西南走向,混凝土结构梁桥,全长 70 米,分东西两段,东段过船入斗门升船机,西段过水入斗门水闸。

20 世纪 90 年代中期以后,随着河运功能的逐渐衰落,加之杭甬运河改走南线,马渚中河基本不见船只。斗门升船机现皆废弃,管理用房也改做它用,但水闸依旧发挥功能。

(四)西横河升船机(余姚)

西横河升船机位于马渚镇西横河村,跨杭甬运河甲线余姚段航道。作为在杭甬运河甲线进行较大规模改造时,原西横河厢式船闸被改建成杭甬运河 40 吨级升船机站。1979 年 10 月动工,1983 年 7 月 1 日建成启用。

升船机改建,采用高低轮斜面平运电子自控,惯性过顶。升船机承船架长 11 米,宽 5.5 米,钢轨长 136 米。传动系统平均运行速度 40 米/分钟,过坝时间 2.5 ~3 分钟,最大通过能力 40 吨级。为减轻上游河道压力,解决西上河区内涝问题,1986 年 12 月,省水利厅制定东排工程,同年 12 月初,作为东排工程枢纽工程的新西横河水闸开始动工,并于 1987 年 6 月竣工,总造价 76.2 万元。新西横河水闸为 3 孔,每孔宽 7 米,闸身总宽 34.6 米,高 4.2 米。闸底高程 0.5 米,平均排涝流量 130 立方米/秒。闸顶置机房及办公室。闸前设水泥桥,2 墩 3 跨。升船机与水闸之间筑有狭长分水岛,两侧拖船坝延伸,东西长约 200 米。正中建有管理用房,现已废弃。拖船坝最西端建有过河大桥,南北向,混凝土结构梁桥,全长 60 米。分南北两段。南段过船入升船机,北段过水入水闸。

20 世纪 90 年代中期以后,随着河运功能的逐渐衰落,加之杭甬运河改走南线,马渚中河基本不见船只。升船机现皆废弃,管理用房也改作他用。但水闸依旧发挥功能。2009 年,对水闸、闸顶机房和办公用房外立面进行了装修。

(五)方桥升船机(宁波)

方桥升船机位于县江至奉化江航道 500 米处。1976 年建,采用高低轮惯性过顶。承船车长 9 米,宽 4.5 米,钢轨长 102 米。转动系统运行速度 43 米/分钟,过坝 2.5 ~3 分钟,最大通过能力 30 吨级。

(六)驿亭升船机(上虞)

驿亭升船机位于上虞县五驿乡泗洲驿亭闸北面的杭甬运河甲线航道上,为小型斜面高低轮升船机。由上虞县交通局设计并组织施工,于 1975 年 3 月 26 日动工,1976 年 8 月竣工通航。升船机轨道长度 95 米,坡度 1∶8,宽轨轨距 3 米,窄轨轨距 2.2 米,设计过载能力为 30

吨级。整个工程国家投资18万元，工程决算17.44万元，填挖土方7950立方米，浇灌混凝土197立方米，耗用钢材26.12吨，木材25立方米，水泥156吨。

驿亭40吨级升船机位于驿亭镇泗洲塘驿亭闸南面的（老）杭甬运河甲线航道上。1986年12月开工，1988年4月竣工，同年6月交付使用。轨道长度124米，坡度1:10，宽轨轨距3.8米，窄轨轨距2.8米，过载能力40吨级，整个工程国家投资136.6万元。由浙江省交通设计院设计，浙江省海港养护大队施工，现在还在使用。

驿亭40吨级升船机于1988年6月建设通航后，原25吨级升船机临时性的使用了1年左右时间，在1990年停止使用。1991年后，随着内河运输的衰退，升船机设施也因失养失修而失去功能。至2010年末，已被废弃。

（七）赵家升船机（上虞）

赵家升船机位于曹娥江东岸上虞娥江乡赵家村余上慈间，原设计选址在百官教场处，后因此处曹娥江水位不符合设计要求，移址于娥江乡赵家村，故有百官升船机之称。该升船机由浙江省交通局航道设计室设计，上虞县交通局组织施工。升船机轨道长度19米，坡度1:8，宽轨轨距3米，窄轨轨距2.2米。1978年动工建造，1979年12月建成通航，国家共投资56万元。该升船机旁建有上虞县升船机管理所所部，有机修车间和职工生活用房。该升船机原设计过载能力为30吨级，1983年经浙江省航运管理局试压测定，原设计符合30吨级要求，但为确保船舶过坝安全，暂定为25吨级。

1993年，对该船闸进行改造，改造后轨道长度138米，宽轨轨距3.8米，窄轨轨距2.8米，过载能力为40吨级。工程于1993年6月动工，1994年12月建成通航，国家共投资564.5万元，由浙江省交通设计院设计，浙江省海港养护大队施工。目前仍在使用。

（八）曹娥升船机（上虞）

曹娥丁坝底升船机为浙江省交通局航道设计室设计，交通部水运设计院协助设计的绍兴市第一座叉道式升船机。该升船机由浙江省港道工程一队负责土建施工，浙江省海港养护队负责电气和机械设备的安装。该升船机由斜坡轨道（轨道半径40米，坡度1:8，轨道斜坡段总长193.4米）、承船车卷扬机机房、操纵室等组成。于1964年动工，1971年4月建成，同年5月1日投产，能过载30吨级以下的各类船舶。1977年8月，成立上虞县升船机管理所。1983年，由于杭甬运河干线改道，通过该升船机的船舶减少，于同年9月起停止使用。

（九）曹娥老坝底升船机

曹娥老坝底升船机位于曹娥江西岸的杭甬运河航道上，终点为萧绍运河。该址原有曹娥堰，即六朝浦阳北津埭，为杭甬运河上重要的交通堰坝和货物盘驳点。萧山、绍兴、余姚、宁波等地往来船只都经过此坝。20世纪80年代，杭甬运河沟通后，由浙江省交通设计院设计，于1982年4月25日在原坝址上动工建造了40吨级小型斜面高低轮升船机。升船机轨道长度150米，轨道坡度1:8，宽轨轨距3.35米，窄轨轨距2.35米。由上虞县交通工程队负责土建施工，上虞县运输公司负责机械设备加工安装，上虞县升船机管理所负责电气设备安装。1983年6月20日，主体工程完工，同年7月1日正式通航。其附属工程于1983年年底全部竣工，整个工程国家投资100万元。

浙江省内河升船机情况见表2－1－5。

浙江省主要内河升船机一览表 表 2-1-5

名　称	所 在 地	建成年份	过船吨位（吨）	备注
王家堰升船机	王家堰村	1977 年	20~40 吨级	
前所升船机	前所镇东路	1975 年	15 吨级	
斗门升船机	斗门小戴家村	1983 年	40 吨级	20 世纪 90 年代中废弃
西横河升船机	马渚镇西横河村	1983 年	40 吨级	20 世纪 90 年代中废
方桥升船机	奉化江航道	1976 年	30 吨级	
驿亭升船机	上虞县五驿乡泗洲驿亭闸北面的杭甬运河甲线航道	1976 年	30 吨级	1990 年停用
驿亭 40 吨级升船机	驿亭镇泗洲塘驿亭闸南面的（老）杭甬运河甲线航道	1988 年	40 吨级	
赵家升船机	上虞娥江乡赵家村余上慈闸	1979 年	25~40 吨级	
曹娥丁坝底升船机	曹娥江西岸	1971 年	30 吨级	1983 年 9 月停用
曹娥老坝底升船机	曹娥江西岸的杭甬运河航道	1983 年	40 吨级	

第三节　航道建设整治养护

春秋时期，为解决山会平原的东西交通，越国对国都以东直达曹娥江边的河道湖沼进行整治，开凿了“山阴古水道”。秦汉时期，整治了杭嘉湖平原的原有航道，开凿了嘉兴到杭州的航道。为沟通曹娥江与姚江的水上航道，创建了镜湖，开凿了萧（山）会（稽）运河。隋唐五代时期，开凿了广通渠、通济渠、永济渠，形成一条以洛阳为中心，北通涿郡、西连长安、南至余杭的水运大动脉。南宋时疏凿了北关河，连同秦开凿的上塘河，使得江南运河在杭州境内形成了三条主要航道。明清时期重点对江南运河（浙江段）和杭甬运河进行疏浚和修筑堤岸，使其更为畅通。

1949 年前，由于战争因素，浙江省内河航道连年失修失养，造成航运萎缩，水路客货运量很少。

1949 年 12 月，浙江省航务局成立后，对杭嘉湖、浙东、钱塘江水系的主要航道实施了疏浚、养护和初步建设，使主要航道恢复通行。自 20 世纪 80 年代开始，陆续实施了浙北与浙东航道的连接贯通、主要干线航道“卡脖子”航段的改造等工程，基本解决了内河航运“卡脖子”问题，改善了杭嘉湖干线航道的通航条件。“九五”计划（1996~2000 年）期间，数次组织开展干线航道清除航障工作。2000 年 8 月，嘉兴市（各县、市）组建成立浙江省首支航政管理支队（大队），保护航道不受人为因素影响或破坏，提高航道通行能力。至 2002 年，浙江省杭嘉湖地区的 5 条干线航道进行了全线建设改造，基本形成了浙北杭嘉湖内河 5 级以上干线航道网，实现了 4 级航道零的突破。

2003 年，杭甬运河全线开工，杭湖锡线、东宗线等骨干航道相继完成改造，浙北内河骨干航道网进一步完善，开工建设浙江省首条沟通上海国际航运中心的内河集装箱通道——湖嘉申线 3 级航道；省政府颁布《浙江省内河“四自”航道管理暂行办法》，嘉于线等 4 个“四自”航道项目相继开工建设。

一、浙江省“瓶颈”航道改造工程

“七五”计划（1986～1990 年）期间，浙江内河航道建设集中力量，对京杭运河（浙境段）、长湖申线（浙境段）、杭甬运河 3 条航道的“卡脖子”航段开始按 5 级航道标准整治改善。到 1990 年年底，全省通航里程达到 10617.50 公里，比 1976 年减少 1105.50 公里，但全省主要干线航道通航等级有所提高，其中 5 级航道 11.42 公里，实现了 5 级航道零的突破。

“八五”“九五”计划（1991～2000 年）期间，按照交通部 20 世纪 90 年代初以建设“三江两河”（长江、珠江、黑龙江、京杭运河、淮河）为主的内河航道建设方针、“八五”中后期启动的建设“一纵三横”（一纵：京杭运河，三横：黑龙江、长江、珠江）内河主通道的长远发展规划和“九五”期间首先重点建设“一纵两横两网”（京杭运河济宁至杭州段、长江干线、西江干线、长江三角洲江南航道网、珠江三角洲航道网）的部署，浙江省高起点、高标准地重点建设与长江水系相通的杭嘉湖地区航道网。

按 5 级航道标准改造杭嘉湖干线航道：“八五”“九五”“十五”计划（1991～2005 年）期间，在“七五”计划（1986～1990 年）期间改造“卡脖子”航段的基础上，开始按 5 级航道标准全线整治改造京杭运河（浙境段）和长湖申线（浙境段）航道。1993～1995 年，打通了杭嘉湖内河干线航道“瓶颈”航段。2005 年，相继完成京杭运河塘栖、韶村弯道，乌镇—新市，杭州市河和长湖申线霅水桥—吕山航段以及主要碍航航段的改造；打通杭嘉湖内河航道 18 处“瓶颈”航段中的 16 处，共计完成按 5 级航道通航标准改造内河航道 73 公里。三堡二线船闸也于 1997 年 12 月建成通航，分流了一线船闸的超负荷运量，提高了整个船闸枢纽通过能力。

杭嘉湖内河航道网改造：“九五”“十五”“十一五”计划（1996～2010 年）期间，全线改造京杭运河、长湖申线、杭申线、乍嘉苏线、六平申线 5 条干线航道的浙境段。

1995 年，对京杭运河、长湖申线和杭申线浙境段规划进行调整，将改造标准从 5 级提高到 4 级。其中对嘉兴、平湖、崇福、塘栖等市（镇）河段，结合城镇规划，采取绕城改线方案，新辟航道。经过 5 年建设，全线改造杭嘉湖 5 条干线航道共计 410 公里，其中 6 级航道 40 公里，5 级航道 135 公里，4 级航道 235 公里，实现了浙江省 4 级航道零的突破，基本缓解杭嘉湖地区水路运输的紧张状况。

2000 年年底，全省内河航道里程 10408 公里，居全国第三位。其中 4 级航道 533 公里，5 级航道 1122 公里，基本形成以京杭运河、长湖申线、杭申线、六平申线和乍嘉苏线 5 条航道浙境段为主的杭嘉湖内河 5 级以上主要干线航道网。

二、重点建设工程

（一）京杭运河钱塘江沟通工程

1958 年，交通部和浙江省即决定实施京杭运河与钱塘江沟通工程。由于种种原因，工程历经三起三落。前两次，只作了规划、测量，未能上马动工。第三次，1976 年交通部将沟通工程列为长江水系九省一市统一航运网规划建设的一个项目，于当年 11 月开工。1980 年 9 月，因国家缩短基建战线，工程停建下马，只建成围堤。1983 年 6 月，浙江省政府决定重新恢复建设，由杭州市成立京杭运河沟通工程指挥部，下设沟通工程处，负责组织实施。主体工程有：在三堡建造船闸 1 座，新开新运河航道 6.97 公里；建造跨航桥梁 11 座（铁路桥 1 座、城市桥 4 座、公路桥 2 座、农桥 4 座）；在濮家小区建造拆迁居民用房 12 幢、45489 平方米等配合工程,共 20 个单项。计划征地 544 亩,实征 519 亩。

1983 年 11 月 12 日,京杭运河与钱塘江沟通工程动工,开始建设三堡船闸。新建航道起自当时京杭运河最南端——原上塘河南口西侧至三堡钱塘江边,全长 6. 97 公里。

1984 年 4 月 26 日开工建设郊区段航道,自艮山门沪杭铁路桥起,穿越机场路里街,经城东桥、京江桥、顾家桥、艮山路桥,绕新塘镇再过水湘桥、土培塘桥至船闸下游引航道止,全长 4067 米。1988 年 12 月 28 日竣工。

1986 年杭州市区段航道开工建设,自艮山港东端起,经艮山坝、建北桥、运河桥、艮山电厂到艮山沪杭铁路桥,全长 1495 米。1988 年 12 月 28 日竣工,1989 年 1 月 31 日试航。

京杭运河与钱塘江沟通工程于 1988 年 12 月 30 日竣工,总投资 7391. 63 万元,共计完成 20 个单项工程。1989 年 2 月 1 日新建船闸——三堡船闸正式通航运行,京杭运河与钱塘江"双流奇汇",开拓出一条江河直达航线,使水运直达里程延伸了 400 多公里,减少了中转环节,节约了运输成本。1989 年 6 月 3 日,京杭运河与钱塘江沟通工程竣工试航后,正式通过国家验收。当年年底,共安全通过船舶 66831 艘,406. 2 万吨。

1993 年 3 月 2 日杭州三堡二线船闸工程开工建设,二线船闸按 5 级航道 300 吨级队一拖四驳过闸设计,年通过能力 550 万吨。1996 年 11 月船闸主体工程完工,同年 12 月 1 日举行船闸通航典礼。1997 年 12 月全部完工,历时 4 年。实际投资 14820. 49 万元。三堡二线船闸通航后,大大缓解了三堡一线船闸的运行压力,分流了一线船闸的超负荷运量,提高了整个船闸枢纽的通过能力,基本杜绝了因为三堡船闸过闸不畅导致的京杭运河杭州段的堵航现象。同时,建成后的三堡二线船闸与一线船闸既能同时运行,又能互为后备,相互提供通航保障,不会出现仅有的一个船闸因检修突发故障而引起的全面停航。1999 年三堡船闸总过闸量 1089 万吨,过闸收入 2286 万元;2000 年总过闸量 1148 万吨,过闸收入 2472 万元。过闸收入分别比二线船闸建成前的 1996 年增长 92% 和 108% 。2003 年 5 月开始对三堡二线船闸进行改造,2004 年 2 月完工。新的二线船闸门不仅结构简单,且运行平稳、同步性可靠、耗电量低,运行速度有所提高。2008 年,三堡一线、二线船闸完成过闸货运量 2847. 05 万吨。

(二)杭甬运河改造工程

20 世纪 70 年代,杭甬运河有些航段的航道窄浅、弯曲,且因沿线地势起伏、农田拦坝蓄水,被分割成 6 段,形成多级河道,曹娥江又横贯其中,船舶航行必须多次过坝,通航能力低下,到 1979 年还只能通过 15 吨级船舶。1979 年浙江省革命委员会批准开通杭甬运河工程,对航道和过堰设施,按通过 40 吨级船舶的要求进行改造建设。在充分利用原有河道的前提下,工程确定运河路线走向为:从杭州南星桥开始,逆钱塘江上行至萧山闻家堰入浦阳江,过临浦峙山闸,经绍兴钱清,沿杭甬铁路经绍兴城区到曹娥老坝底入曹娥江,再从下游赵家(百官)升船机通向驿亭、五夫、马渚、斗门入姚江,经余姚、宁波姚江闸,抵宁波三江口,全长 216 公里。1980 年工程正式开工,拓浚改善航道约 30 公里,新建 40 吨级升船机 4 座(曹娥老坝底、陡门、西横河、姚江)。1983 年 7 月 1 日,整治过程完成,实现通航。但由于经费不足等原因,整治后,全线除五夫升船机站至三江口航道通过能力为 40 吨级外,其余航段仅能通航 25 吨级船舶。

1985 年,浙江省政府集中力量对京杭运河(浙境段)、长湖申线(浙境段)、杭甬运河 3 条航道的"卡脖子"航段进行改造。在此期间,通过对赵家、驿亭、五夫 3 座升船机和部分航道、桥梁的改造，杭甬运河全线基本达到40吨级通航标准。

2000年起，浙江省对杭甬运河按4级航道标准改造，改造工程贯穿杭州、绍兴、宁波三个地区，起自杭州三堡，终于宁波甬江口，穿越浙赣、萧甬铁路，横跨京杭运河、钱塘江、曹娥江、萧绍内河和甬江五大水系，全长约239公里。其中杭州段56.5公里，宁波段94公里，绍兴段88.5公里，工程概算总投资达74.2亿元。完工后可通航500吨级船舶。宁波、绍兴、杭州三市分别于2000年、2001年、2003年分段实施航道改造工程。改造后里程总长101.73公里。全线桥梁99座，其中由交通部门建设桥梁77座；调整后的概算投资为39.31亿元。

1. 杭甬运河杭州段建设

杭甬运河杭州段航道全长55.80公里，起于杭州三堡，经钱塘江上溯至三江口入浦阳江，在萧山区义桥镇南侧新坝位置新辟航道1.50公里进入萧绍内河，穿浙赣铁路线后进入西小江，终点在杭州与绍兴的交界点瓦泥地。工程按4级航道标准改造。

杭州段工程于2003年9月28日开工建设，工程概算16.50亿元，至2009年12月底，累计完成投资14.87亿元，为总投资的90%。建设用地于2009年6月获国土资源部批复。工程包括500吨级船闸1座、铁路桥2座、跨航道桥梁21座、改造航道30.50公里、船舶锚泊服务区2处及沿线绿化等。至2009年年底，船闸工程通过质量鉴定并交工；5个航道合同段除萧甬铁路桥段外已全部通过质量鉴定。21座桥梁中除杨汛人行桥外，其余20座已全部通过质量鉴定，其中19座交工；附属工程标志标牌工程交工，杨汛锚泊服务区通过质量鉴定，沿线绿化工程基本完工。

至2010年年底，杭州段航道改造工程累计完成投资15.91亿元。25个合同段（除杭甬运河穿萧甬铁路桥专项工程外）中24个已完成，已完工合同段全部通过交工验收。杭甬运河穿萧甬铁路专项工程累计完成投资1.93亿元，主体工程已完工。

2. 杭甬运河绍兴段建设

杭甬运河绍兴段起自绍兴县杨汛桥镇渔临关钱家湾，经镜湖灵芝镇、袍江斗门镇、越城区东湖镇、皋埠镇，沿萧甬铁路北侧，穿上三高速公路，由上虞西塘角入曹娥江，在大库接四十里河，经通明入姚江，终于上虞永和安家渡桥，改造里程101.4公里。全线建设桥梁77座，船闸3个，征地360.6公顷，投资概算15.89亿元，按4级航道标准建设。

绍兴段按行政区划又分为市区段、绍兴县段、上虞市段，市区段主要实施航道改造23.972公里（疏浚土方17万立方米，新建护岸30公里）、新建桥梁9座、建设运河养护管理中心1处、单家水上服务区1处，绍兴县段主要实施航道改造40.772公里、新建护岸及疏浚约43公里、新建各类桥梁46座；建设运河养护管理中心1处；上虞段主要建设航道36.966公里、桥梁22座、船闸3座。

2002年3月14日，杭甬运河绍兴市区段航道建设指挥部建立。2003年11月18日，杭甬运河上虞段开工。2007年10月20日，杭甬运河绍兴市区段跨度最大的跨运河桥新洋江大桥顺利合龙。2007年12月20日，杭甬运河绍兴市区段的富陵大桥、念眼大桥、百盛大桥、五联大桥、新洋江大桥接受交工验收。2007年12月29日，杭甬运河基本建成庆典仪式在杭州新坝船闸举行。2009年7月，杭甬运河绍兴段建成并经交工验收投入使用，全线达到4级航道通航标准。

杭甬运河绍兴段改造工程投资概算和资金来源见表2-1-6。

杭甬运河绍兴段改造工程投资概算和资金来源一览表　表2-1-6

单位:万元

市		总投资	部、省资金	地方资金		
				地方资本金	贷款	合计
绍兴段		393034	192587	82537	117910	200447
其中	绍兴县段	130909	64146	27491	39273	66764
	市区段	98563	48296	20698	29569	50267
	上虞段	163562	80145	34348	49068	83416

3.杭甬运河宁波段建设

宁波段航道改造工程分三期实施:姚江船闸节点工程(5级航道,通航300吨级船舶)为一期工程;余姚段工程(4级航道,通航500吨级船舶)为二期工程;规划预留姚江和甬江的二线沟通(500吨级标准)方案,即大通方案作为三期工程(远期)。一、二期工程于2009年4月通过通航前阶段性验收。

杭甬运河宁波段一、二期工程总投资约18.42亿元,新建船闸2座(余姚蜀山船闸及姚江船闸),改造桥梁15座,锚泊服务区1处,修建护岸38.67公里,开挖土方430.45万立方米,征地117.02公顷,拆迁房屋13.73万平方米。

1999年10月,宁波市交通局先行成立杭甬运河宁波段工程建设指挥部。2000年10月26日,宁波段一期工程姚江船闸工程正式开工。2005年2月5日,宁波段一期工程节点工程,姚江船闸工程正式完工。2007年6月6日,杭甬运河全线跨度最大的跨运河桥梁东藩大桥顺利合龙,并于9月21日通过质量鉴定。2007年12月29日,杭甬运河宁波段基本建成。姚江船闸上游姚江航道投入区间运营,并于2007年组建船闸运营公司,招聘人员,建章立制,规范企业管理;2008年10月24日通过交工验收;2009年4月全线通过通航前阶段性验收,省政府于2009年10月批准航道收费方案,具备了通航条件。

改造过后的杭甬运河宁波段自余姚安家渡开始,顺江自上而下经余姚斗门、最良江、丈亭、宁波市区三江口至甬江口,全长94公里,为4级航道。

(三)湖州市运河改造工程

湖州市市河总长为4.5公里,水域面积为13万平方米。市河及其沿岸是湖州市区最繁华的地段,但由于环境保护工作没有跟上,市河生态环境一度恶化,沿岸街区环境脏、乱、差。为此,湖州市委、市政府投入资金3亿元整治市河,拆除各类旧房达15万多平方米,相继建成了骆驼桥广场、仪凤桥等绿化景点,沿河绿化面积10万平方米,整修驳岸3.5公里,完成了清淤工程。

(四)塘栖市河改造工程

1998年京杭运河塘栖市河改线工程开工。横跨古运河的余杭市塘栖镇广济桥建于1494年,是一座七孔石拱桥,它以独特的造型被列为省重点保护文物,但也给现代航运带来了诸多麻烦。几百吨的船舶只能从很窄的桥中孔穿行而过,经常擦碰桥身,而且随着船舶流量的增大,塘栖市河成了整条航道的"卡脖子"航段。为妥善解决广济桥航道堵航问题,经过反复论证，浙江省政府最终决定开挖新航道以保护古桥，大运河因此而改道。

京杭运河塘栖市河改线工程，是浙江省利用世界银行贷款改造内河航道网工程最后一个开工的合同段，按国家4级航道标准新开3.64公里航道，需砌筑护岸9149米，开挖土方102万立方米，建桥梁4座，总投资7494万元，工期3年。

该工程由浙江省交通设计院设计，杭州港口开发公司航务公司与湖州镇西桥梁工程公司联合中标承建，1998年6月18日开工。工程征用土地31.88公顷，拆迁房屋2319平方米及一批高压线、通信线、农用机埠等。

（五）衢江航道开发工程

2005年5月，浙江省发改委正式批复衢江航道规划为4级航道，通航500吨级船舶。按照总体部署，2006~2010年间，衢江航道开发将投资18.11亿元，建成81公里航道，年通过能力800万吨货运量，主要工程项目有3座电站、6座船闸、航道疏浚工程、2个港区及相应的配套设施。3座电站为龙游红船豆电站、金华游埠电站、衢江与金华江交界处的兰江电站，总投资9.2亿元；6个船闸分别是塔底、安仁铺、红船豆、小溪滩、游埠、兰江船闸，总投资3.52亿元；航道工程投资1.95亿元。樟潭港和龙游港区建设投资额3.45亿元。至2010年年底尚未完工。

三、“四自”改造工程

2003年11月3日，浙江省人民政府以浙政函〔2003〕173号将余杭武獐线、嘉兴嘉于硖线、湖州武新线、湖州妙湖线航道等4个航道改造项目列为首批航道“四自”工程。这是自浙江省政府1993年批准京杭运河三堡复线船闸为第一批“四自”工程以来，首次将航道项目列为“四自”工程。

2004年3月31日，浙政函〔2004〕51号文批复省交通厅，为拓宽资金筹措渠道，加快杭甬运河航道的改造，促进“水运强省”工程建设，同意将杭甬运河全线列入省“四自”工程项目。为加强对内河“四自”航道的管理，维护“四自”航道经营管理者和使用者的合法权益，促进浙江内河航运事业的发展，浙江省政府于2004年11月5日，制定出台了《浙江省内河“四自”航道管理暂行办法》（浙政办发〔2004〕105号），为全国首个规范内河“四自”航道管理的省级政府规范性文件，在全国率先引入市场机制，在内河航道建设上运用公路建设的“自行贷款、自行建设、自行收费、自行还贷”的“四自”工程模式。

2005年1月18日，浙江省人民政府发文（浙政发函〔2005〕7号）批准，京杭运河、杭申线、六平申线、乍嘉苏线等整个浙北干线航道网改造项目列为“四自”航道工程。

2007年6月，浙江省人民政府行文批准海盐县何家桥线内河航道改造工程列入省内河“四自”航道工程。何家桥线内河航道，全长5.48公里，改造标准为6级，投资概算1.2亿元，通过航道的改造与内河港区的建设，将进一步沟通嘉兴沿海码头与浙北地区内河航道网，充分发挥海河联运的优势，有效地促进嘉兴乃至周边地区经济社会的发展。

四、进港航道的整治

（一）椒江进港航道整治

椒江进港航道整治工程于1998年6月28日开工，至2002年7月20日完工，建成长顺坝1300米、潜坝740米、北丁坝群960米、东方位标1座，开挖南导流槽3016米，工程概算总投资3282.44万元。

1. 椒江口内航道整治一期工程

一期工程于 1987 年 4 月开工,至 1987 年 12 月完工,位于椒江口内栅浦至牛头颈河段内。工程内容为新建 1000 米长顺坝,坝顶高程 1.5 米(吴淞基面,下同),坝顶宽 2 米,坝两侧坡度 1:2,共抛石 5.9 万立方米,总投资 94 万元。于 1988 年 5 月进行了三次大、小潮落潮段的水文点流速测量,测量结果与物模试验和数模计算结果基本一致。

2. 椒江口内航道整治二期工程

二期工程于 1989 年 4 月开工,至 1989 年 12 月完工,位于椒江口内栅浦至牛头颈河段内。在一期工程已抛筑 1000 米长顺坝的基础上,坝轴线按直线方向继续向下游抛筑长顺坝 2000 米,坝顶高程 1.5 米,坝顶宽 2 米,坝两侧坡度 1:2,坝体两侧设置各 10 米宽的护坦。共抛石 11 万立方米,总投资 360 万元。

3. 椒江口内航道整治三期工程

三期工程于 1990 年 9 月开工,至 1991 年 5 月完工,位于椒江口内栅浦至牛头颈河段内。在一、二期工程已抛筑 3000 米长顺坝的基础上,坝顶加高到 2.5 米,坝顶宽 2 米,坝两侧坡度 1:2,共抛石 5.3 万立方米,总投资 121.4 万元。

4. 椒江航道及海门港整治工程

由于上游建库、支流建闸等影响,使得椒江下游潮汐河道产生严重淤积,每年依靠疏浚维持港区水深,严重制约了航道及港区的发展。

20 世纪 80 年代开始致力于椒江和海门港区的航道整治工程。支流永江建闸前,实施了长顺坝整治工程,长顺坝实施了 3000 米的长度,坝顶高程 2.5 米(吴淞基面)。于 1987 年 4 月开工,1991 年 1 月完成。工程实施后,南槽潮量有所增加。

1997 年,永宁江建闸,拦截了上逆至永宁江的潮流,落潮主流偏离了南岸港区的码头前沿,造成椒江河段水流减小,抵消了已实施的长顺坝工程效果,引起闸下河段的淤积。为解决此问题,20 世纪 90 年代末开展椒江航道及海门港整治工程,该工程分三阶段。

第一阶段:工程于 1998 年 6 月开工,至 1999 年 6 月完工,位于椒江口内栅浦至牛头颈河段内。新建接原 3000 米长顺坝向下游方向延伸 836 米(36 米为原坝头接线段),坝顶高程 2.5 米,坝顶宽 2 米,坝两侧坡度 1:2,护坦宽度为堤轴线南北各 16 米,厚度为 1.6 米;新建 740 米潜坝(包括 120 米护岸),潜坝堤顶高程为 -1 米,边坡 1:3.5,护岸为 120 米,护岸高程为 4.2 米,护岸干砌面积为 2574 平方米。土石方共 19.522 万立方米,总投资 1423.01 万元。

第二阶段:工程于 1999 年 12 月 28 日开工,至 2001 年 1 月 19 日完工,位于椒江口内栅浦至牛头颈河段内。建设内容为沿原 3800 米长顺坝向东延伸 500 米长顺坝,新建北侧丁坝群 5 条,3000 米长顺坝补高。向东延伸的 500 米长顺坝坝顶高程 2.5 米,坝顶宽 2 米,坝两侧坡度 1:2,石方量为 8.46 万立方米;北丁坝群中 1 号、5 号丁坝坝长 180 米,2 号、3 号、4 号丁坝坝长 200 米,坝根高程 0 米,坝头高程 -1 米,纵坡 0.5%,坝顶宽 2 米,边坡 1:2,坝体两侧护底宽度 10 米,石方量为 4.96 万方;原 3000 米长顺坝补高,坝顶高程 2.5 米,边坡 1:2,石方量为 5.75 万立方米。总投资 1154.38 万元。

第三阶段:南导流槽开挖工程于 2002 年 1 月开工,至 2002 年 7 月完工,位于海门港区的栅浦至航标码头。疏浚总长度 3016 米,宽 60 米,导流槽底高程为 -4.4 ~ -3.8 米,水下挖方量 22.5 万立方米,设纵坡 0.2/1000,总投资 705 万元。

该工程的实施，使椒江航道及海门港区的水深条件得到了明显改善，河床由整治前的逐年淤积转为逐步刷深，水深增加十分明显。根据航道水下地形检测和水文测验分析表明，码头前沿出现 -6.0 米深槽，南槽主航道不仅 -3.0 米等深线已全线贯通，-4.0 米等深线也呈贯通趋势。码头前沿淤积量明显减少，淤积速度已趋放慢，年节省疏浚费用 30 万元。

(二)瓯江进港航道整治

温州港是中国沿海 25 个主要港口之一。瓯江口内现有万吨以上深水泊位 9 个，但进港航道黄大岙最浅处只有 4.2 米，仅能趁高潮水的时候通过万吨级船舶，且乘潮保证率仅 30%，泊位的通过能力受到制约，不能充分发挥现有码头的作用。温州港内这种港航不配套现状，已严重阻碍了港口特别是七里港区的快速发展。

瓯江口航道治理目标为航道水深 7 米，分两期进行整治，整治范围从乐清的岐头山至大门岛口，长 16 公里多，一期工程总投资 1 亿元。一期航道整治为水深 6 米，满足 1.5 万吨级集装箱船和 2 万吨级散装货船乘潮进港。二期航道整治到水深 7 米，可以满足 2.5 万吨级集装箱船、3 万吨级散货船乘潮进港。工程于 2004 年 6 月份动工，经过一年多的施工整治，航道疏浚至水深5.5 米，比原来最浅处 3.8 米深了近 1 米多。助航工程的第一阶段 5 座灯浮标也已抛设，并投入使用；导堤上的 4 座灯标基础路基，2 座已安装就位，工程完成后，万吨巨轮即可自由进出温州港。

治理瓯江口进港航道，打通“拦门沙”，治理工程完工后，2 万吨级的集装箱船舶可直接进入七里港区，温州港瓯江港区一改万吨轮需要候潮进港通行现状，可以自由进出温州港，瓯江港区大大增加瓯江港区七里港码头和龙湾码头的利用率。

(三)象山港 3.5 万吨级航道整治

2006 年宁波市对象山港航道实施疏浚，同年，国华宁海电厂和大唐乌沙山电厂出资完成了从象山港港外候潮锚地至国华宁海电厂码头的 3.5 万吨级进港航道工程的建设，12 月正式完工并通航。建设内容包括扫海工程、鞋子礁炸礁工程、航标设施抛设、潮汐预报站、遥测遥报站、海洋通信系统(VHF、VTS 系统)、港外专用候潮锚地。工程以电厂特定的运煤船浅吃水经济型 3.5 万吨级散货船型为设计船型，浅吃水肥大型和常规型 3.5 万吨级散货船型为兼顾船型，按双向航道设计，航道宽度 300 米。除对鞋子礁航段进行炸礁、疏浚外，其余航段利用自然水深，3.5 万吨级船舶可乘潮进港。浅吃水肥大型 3.5 万吨级船舶(满载吃水 9.5 米)乘潮通航保证率为 95%；浅吃水经济型 3.5 万吨级船舶(满载吃水 10.0 米)乘潮保证率为 92%；常规型 3.5 万吨级船舶(满载吃水 11.2 米)乘潮保证率为 30%。航道设计通航船流密度 4 艘次/昼夜。

象山港 3.5 万吨级航道整治工程完成后，象山港航道底宽达到 300 米，设计水深也达到 11 米，3.5 万吨级散货船型畅通无阻。

海洋通讯系统(VHF、VTS 系统)设置和港外专用候潮锚地工程列为二期工程建设内容。二期工程虽然尚未到开工阶段，但建设标准已作规划：满足 5 万吨级散货船舶满载单向进港、空载双向出港要求，航道有效宽度为 165 米，水深 14.35 ~ 15.25 米。以 5 万吨级散货船(满载吃水 12.5 米)为主要设计船型，乘潮进港历时 2 小时，通航保证率为 90%。工程实施后，5 万吨级散货船(满载吃水 12.8 米)乘潮通航保证率达到 70%。建设内容包括大礁、外干门、白石山和历试山四浅段航道的疏浚及航标设置、海洋通讯系统(VHF、VTS 系统)设置和港外专用候潮锚地建设工程等。

(四)虾峙门口外航道整治

虾峙门口外航道是大型船舶进出宁波－舟山港的重要门户,位于浙江舟山虾峙岛和桃花岛以东海域。虾峙门航道由虾峙门口内、口外两段航道组成。口内航道自然水深优良,最小水深在30米以上,可通航30万吨级船舶,是我国目前最深的天然进港航道。口外航道最小水深只有18.2米,仅能满足15～20万吨级船舶乘潮通航,20万吨级以上大型船舶需在口外锚地减载后乘潮进港。船舶减载过驳不但花费大量人力、物力,而且存在比较大的海上事故和污染风险。针对这一情况,中国石化股份有限公司、宁波港集团和舟山港务管理局,共同投资4亿多元进行航道整治。

2007年6月18日,虾峙门口外航道整治工程正式开工。该工程东起虾峙门口外过驳区西南约2.8公里处,西接虾峙门航道进港,共包括疏浚工程、航标工程、潮位站三个单位工程。全长22.2公里,其中人工开挖航道14.85公里,人工挖槽段航道有效宽度390米,通航水深25.7米,设计底标高－22.5米,配套设置通信、助航等设施,30万吨级船舶满载乘潮通航保证率达90%。航道两侧为自然航道,供30万吨级空载船舶和20万吨级以下船舶通航。工程预算总投资4.86亿元。虾峙门港道为我国第一条30万吨级人工航道。

2007年11月底疏浚主体工程完成,2008年1月10日通过交工验收。2008年11月26日,虾峙门口外深水航槽正式启用。2009年5月25日,虾峙门口外航道整治工程通过省交通运输厅组织的竣工验收。

虾峙门口外航道建设采用了全新的筹资模式,由政府、受益企业和港口当局共同出资建设,破解了沿海航道建设资金来源难题,同时使企业和政府实现了双赢,是沿海深水航道共同出资、共同建设、共同受益积极探索的成功典范。根据设计,虾峙门口外航道预测年维护量约250万立方米,疏浚维护费约4000万元。

五、养护

在古代,船舶航行全靠天然航道,船民对碍航浅滩只能做一些力所能及的人工助航。

抗日战争及内战期间,由于战争的破坏,航道年久失修,堵塞严重。1949年后,航道养护工作才逐渐进入正轨。1951年6月,浙江省航务局为加强航道的管理和建设工作,开始设立航道课(约于1953年改称港道科),专司其事。1952年从省人事厅、公路局调来工程技术和测量技术人员33人,由华东交通专科学校分配来土木工程系学生13人,向外招收打捞潜水技工27人,培养训练链斗式挖泥船技工11人,组成一支具有80余人,从事航道工作的专业队伍。港道科下设航道测量队、工程队、打捞组、挖泥船组等,担负起航道疏浚养护、清除航道障碍、打捞沉船等任务。1955年,以浙江省航运局原港道科所属第一工程队为基本力量,成立河道养护队,负责杭申乙线练市航道改线工程。这是新中国成立后浙江省第一支航道养护队。1956年,河道养护队改称浙西河道养护队。同时,成立浙东河道养护队。1960年5月,各地河道养护队陆续成立。至1961年4月全省共有养护人员1538人。初期,航道养护机具非常缺乏,一般靠手工进行操作养护,仅有的少量挖泥船由打捞起来的废钢铁和运输上修复报废的机器制造而成,生产率低,经常需要进厂维修。

全省航道养护的管理由省厅工程局负责,各区(市)交通局负责本区(市)的航道养护管理工作,各县航道养护队负责县境内的主要航道养护工作。具体分工,基本按“谁经营谁养护”和以县为单位成立专业性养护队相结合的原则，省厅工程局疏浚队担任省内重点物资运输航道的疏浚，直属企业及航运公司的养护队担任该企业经营航道的养护，各县的养护队担任县境内主要航道码头的养护工作。

航道养护经费，在省事业费内列支，每年由厅编年度计划报省计委批准拨款，由交通厅统一掌握。经常养护维修费使用按计划按月拨款，大修按工程批准预算拨款，以河养河，即以航运养河费的收入来养护航道。至1961年末，全省尚未有整套关于养护工作的管理、规章制度。

1965年末内河航道养护及设航标历程见表2-1-7。

1965年末内河航道养护及设航标里程一览表 表2-1-7

1965年末	养护里程（公里）	设航标里程（公里）	航标总座数（座）	其中	
				发光标（座）	不发光标（座）
全省总计	5387	1451	654	210	444
浙西航管处	714	291	53	23	30
嘉兴航管处	1108	432	256	53	203
钱江航管处	1096	525	286	77	209
金华航管处	293				
丽水航管处	440				
温州航管处	563	101	25	25	
台州航管处	453	4	14	14	
宁波航管处	720	98	20	18	2

2000年开始，航道养护工作逐步加强。2002年9月26~27日，全国内河航道养护管理工作会议在浙江嘉兴召开。来自全国28个省市的近150名全国内河航道养护管理的领导和专家参加了会议，积极探索航道养护新途径的经验。2004年，全省航道养护工作以巩固京杭运河文明样板航道成果、创建杭申线部级文明样板航道为契机，加大全航区干线航道经常性养护力度；以堵航易发航段为重点，进行航道拓宽疏浚、清障和锚泊区设置；依靠当地政府，调动全社会积极性，实现航道整治。

为加强骨干航道经常性养护管理，提高养护标准，逐步实行规范化养护，从而确保航道畅通，从2005年初开始，浙江省对杭嘉湖三市的京杭运河、杭申线、长湖申线、乍嘉苏线、六平申线等内河骨干航道养护工作现状、存在问题及对策措施等进行了专题调研，并对《杭嘉湖内河干线航道管理与养护暂行规定》（1999年）进行修订，起草《内河骨干航道经常性养护管理规定》，于2005年12月经内部审查通过。该规定于2006年3月1日起试行。就航道疏浚、护岸修复、应急系缆桩维护、无主碍航物清除、航标及标志标牌维护、航道绿化养护、管理码头维护和航道断面监测、船舶流量观测、水位测报等工作做了详细规定。

现代航道的养护工作包括设标和航标维护、航道疏浚、修护堤岸、维护清障等工作。

2001~2010年度浙江省航道养护工作概况见表2-1-8。

2001～2010 年度浙江省航道养护工作概况一览表 表 2-1-8

年份	养护工程投资（万元）	单项工程（项）	疏浚土方（万立方米）	打捞沉船（吨/艘）	维护航标（次/座）	修建码头（座）	改善航道（公里）	灯标、灯塔改造（座）	新建标志标牌（座）	新建护岸（米）	修复护岸（米）
2001	3891	41	119.4	12109/274	5702/524	3	33.8				
2002	6111	33	104.4			7		20	506		
2003	4371	52	154	21110/410	13192/972		48.6				
2004	6520	105	105	19284/420	21736/1136	8	2.9				5004
2005	6916		379.8	9503/184	19473/1038	11	1			2745	2503
2006	7388	51	232.8	15095/886	20099/1038	8	10.8		143	3230	
2007	6285		96.8	5363/75	6235/449	9				1583	5133
2008	7957	34	21.4	2174/36	31624/1873	11					1845
2009	7794		92.6		32384/1645	7	19.1		3738	3417	608
2010	10004	41	168.6	5421/76	35868/1577	8				5382	7135

（一）航标的设置、维护

晚晴时期，随着浙江省沿海轮船航运业的兴起和发展，浙江沿海陆续建设起一批航标设施。各海关对浙江沿海的海务管辖有明确的分工界限，即自杭州湾起往北沿海，归上海江海关管辖；自杭州湾往南沿海至台州的海域属浙海关管辖；自台州起往南沿海至福建霞浦县属的南澳关止的海域属瓯海关管辖。至 1907 年唐脑山灯塔建成后，甬沪航道的灯塔基本已配套。沿海航标的建立和改善，有力保障了船舶的安全航行。

浙江省在中华人民共和国建国以前，除宁波、温州两港设有航标外，内河（包括内江）的航标则是一片空白。1953 年开始在内河、运河、水库的航道上设置航标。浙江省于 1953～1954 年，在钱江、杭州湾、杭申乙线、杭湖线、梅湖线、平申线等主要干线，根据航行安全的需要，设置航标 33 座，以指示航向，其中灯标 16 座、岩标 17 座。还在杭申乙线上设置竹木结构的简易航标共 200 多座。

1956 年，浙江省首次完成了自行设计、自行建设的内河航道链锁式助航设施工程。这套链锁式航标架设在钱塘江水系杭（州）桐（庐）线上，东起杭州海月桥，西止桐庐桐江口，全线 90 公里，设标 90 座，其中鸣笛标 6 座、风讯杆 4 支、水深信号杆 2 支、过河标 8 座、接岸标 7 座、导标 3 座、过河导标 5 座、首尾导标 2 座、二角浮标 30 座、左右通航浮标 3 座，为保证该航线昼夜航行提供了必要的基础设施。标杆利用当地产的毛竹和杉木，就地加工制成，光源采用船用桅灯。这些简易助航设施，提高了全线通航能力，保障了安全航行。浙江省航标设置及管理主要依据《中华人民共和国航标条例》《内河航标管理办法》等现行航标法规，航标分类等技术要求参见《内河助航标志》《内河助航标志的主要外形尺寸》等国家和行业航标标准。浙江省内河航标管理机构为浙江省港航管理局（浙江省航道管理局），沿海航标管理机构为部直属海事管理机构。

从1986年开始，浙江省按照国家1986年规定的标准，开展内河航道航标的“制改”工作。确定航道的上、下游和左、右岸。左岸标志为白色（黑色），右岸标志为红色；夜间左岸为绿色光（白色光），右岸为红色光。按照国家标准《内河助航标志》（GB 5863—1993）和《内河助航标志的主要外形尺寸》（GB 5864—1993）中所规定的内河航标的种类、尺寸、配布原则等，对全省内河主要干线航道进行航标的配布。到2000年年底，二类配布里程117公里，三类配布里程1246公里。重点标配布里程422公里；设标588座（岸标429座，浮标85座，信号标74座），其中发光航标357座。

1. 内河航标

（1）钱塘江航道航标

钱塘江设置航标始于20世纪50年代中期。当时所设标志简陋。岸标多用竹木制成，灯标系用煤油点燃，简易白色航标灯，靠航标工在天黑之前，驾小船一盏盏挂到险要滩、礁及狭窄航道各点的标杆上，夜送昼收。每当刮风下雨，航标工还得划着小舟，分段巡视灯标有否发光，熄灭的点亮，为夜航船舶指明方向。直到1958年，才由自动控制航标灯代替，提高了航标发光率，减轻了人工的劳动强度和危险性。从1980年起，有使用空气电池硅电及锌空电池作为能源，使发光性能趋于稳定和耐用。

1956年11月，浙东河道养护队根据《内河航标规范》（GB 5863—1993），开始从钱塘江杭州至桐庐90公里航道上设置各种航标80座。其中鸣笛标6座，风讯信号杆4支，水深信号杆2支，过河标18座，接岸标7座，导标3座，过河导标5座，首位导标2座，三角浮标30座，左右通航浮标3座。

1968年富春江水电站建成，国家投资对桐庐滩、漏江滩加以疏浚、开凿，航线由桐庐延伸至七里泷，延伸段增设了必需的航标设施。在1978年浙江省航标普查时，杭州至七里泷线有航标43座，其中岸标24座，浮标19座；杭州诸暨线11座，发光标10座。

在1988年以前，钱塘江的航标配布比较简单，数量也比较少。随着水运的发展，原有的助航标志已不能适应快速发展的需要。为此，1987～1988年，航标管理部门对钱塘江的航标进行了改造，其灯器基本为机械换泡器，标杆为水泥杆，顶标为搪瓷。

1990年末，钱塘江（四工段至七里泷坝）有航标67座，其中发光标41座。1994年开始部分换成双丝灯泡；2002年开始部分使用LED冷光源。钱塘江航标自1990年后基本维持原有航标配布，其航标灯器在1993年逐步将机械式灯泡器更换为150毫米灯，内置配套闪光仪及电子换泡机，采用的仍为白炽灯。1990～1994年全部换成电子换泡器，随着科技发展，至1999年桐庐航区引用了155毫米LED冷光源航标灯试用，但电源仍采用太阳能硅板及镍镉电瓶。2007年全面采用集整个发光系统于一体的MWHB155型免维护LED一体化航标灯。

2005年开始，港航管理部门对钱塘江、新安江的航标进行了逐步改造，逐步推广使用LED冷光源的一体化航标。通过改造，有效提高了灯器发光效率、减少了能量消耗、降低了维护成本、减轻了保养强度，使航标从机械化转化为电子化方向迈出了重要一步。

至2007年钱塘江（包括兰江、部分新安江航道）共60座发光标已全部更换为一体化航标灯，同时于2005～2009年间更换27座顶标，由搪瓷更换为铝合金。

至2008年末,钱塘江(赭山—富春江大坝下)共设公用航标56座,其中岸标39座,浮标17座,按照是否发光分类,其中发光47座,不发光9座;富春江大坝—建德梅城三江口、兰江、新安江片航区共设公用航标33座,其中岸标32座,浮标1座,按照发光分类,其中发光29座,不发光4座。

(2)东苕溪航道、青山湖航标

东苕溪航段自1991年在东苕溪上牵埠—瓶窑设置4座航标。其中过河标3座,浮鼓1座。1991~2001年,其航标灯器均采用87航标制改邢台,岸标标杆均采用水泥杆,标牌采用铁钩搪瓷牌,标灯采用上海航标厂生产的150毫米灯,内置TS-1闪光仪器及机械换灯机,电源采用太阳能硅板及镍镉电瓶。2002年将灯器改为内置配套闪光仪及电子换泡机。

2006年8月为配合青山湖实施定线制航行规则,设置不发光浮标8座。同年11月为维护青山航道通航秩序,设置11座不发光岸标。2007年5月根据需要,青山航道增加1座不发光岸标。

至2008年末,东苕溪、青山湖共设公用标24座,其中岸标15座,浮标9座;按照是否发光分类,发光航标4座,不发光航标20座。

(3)甬江内河航道航标

民国4年(1915年),甬江内河航道有江南、朱家河头、白沙3座灯标。1958年,宁波航区开始有规划地设置航标。1957年,甬江内航道有江南道头、张监褉、王家洋、王家桥、梅墟、李家堰6座灯桩。除江南道头灯桩桩身为黑色铁架混凝土外,余5座为黑色木桩。标身高度:江南道头、张监褉、梅墟3座灯桩均为9.1米,其他3座均为9米。航标信号:日间为黑色圆竹球,夜间爰用红色定光灯,射程3海里。20世纪60年代以来,在改建原有航标的同时,又新建了一批航标。1986年2月,按国家标准局颁布的《内河助航标志》(GB 5863—1993)和《内河助航标志的主要外形尺寸》(GB 5864—1993)两项标准,改建、新建、淘汰部分航标。至1990年,甬江内航道共有引导灯桩、灯桩、灯浮29座。

(4)杭甬运河(宁波市境内段)航标

1978年,杭甬运河宁波市境内段有蜀山、小隐、河姆渡、城山、东江岸、乍山6座接岸标。标身高均在2.6~3.4米之间,均系白色灯光,灯器规格90厘米,标身采用方形水泥杆表面涂色,直流电源,射程1.5公里。

1986年起,6座航标均改建为沿岸标,采用太阳能电源,标身为电信杆结构;新建的4座航标,其中小西坝2座为侧面标;姚江口及升船机旁2座为示位标,标质系钢筋混凝土圆锥,太阳能电源,灯色为白色莫尔斯信号。

(5)奉化江航道航标

1978年,奉化江航道共有17座航标。1986年2月起,按国家标准局颁布的标准,改建、淘汰了部分航标。至1990年全线共有5座示位标。

(6)椒江航道航标

椒(灵)江两岸共设航标46座,其中航行标志33座,专用标志13座。

2.沿海航标

(1)舟山港域航标

舟山海域设置使用航标已有4000多年历史,经历刻石示警、立标指浅、烽火引航、宝塔指路、人工灯塔多个阶段。其中普陀山的宝陀塔、岱山岛上的高亭等具有显著特征的建筑物，早在唐宋年间即为人工助航标志。

南宋成淳年间（1265～1274年），昌国县令王与善在丁寡妇礁（寡妇岩）建标识，为舟山最早设立的航标。明末清初，庙子湖岛的财伯公（原名陈财福），自发坚持在大雾及夜间燃山火以导航的传说，亦为舟山烽火引航的史实之一。清康熙二十八年（1689年），定海把总沈良锡于普陀山短姑道头高悬一灯，光照彻夜，为船舶导航。

清同治四年（1865年），浙海关税务司与宁绍台道协建七里峙灯塔。同治八年（1869年）始，英人把持的上海海关海务科在舟山海域先后兴建大戢山灯塔、花鸟山灯塔、虎蹲山灯塔（20世纪70年代建北仑港时拆除）、鱼腥脑灯塔等灯塔，至民国元年（1912年）共建灯塔11座。此外，邑人或山僧亦先后募建长涂西鹤嘴灯塔、金塘裂表嘴（太平山）灯塔、普陀佛顶山灯塔等灯塔。至民国24年（1935年），共建民间灯塔7座。第二次世界大战中，大戢山、小龟山及东亭山灯塔均遭破坏。民间灯塔，亦因经费缺乏及战事影响而大多毁坏，仅存太平山和菜花山两座灯塔。

1950年5月以后，境内灯塔航标由中央人民政府交通部航务工程总局上海区海务办事处管理，航标建设迅速。至1952年，舟山海域各主要水道和港湾已初步结成航标链。翌年7月，移交中国人民解放军海军有关部门管理，重点兴建助航设施。在金塘水道、菰茨航门、长白水道等多处设置灯桩，至1957年建成全天候航标网。

1959年起，由舟山交通管理部门管理舟山境内灯桩。20世纪70年代起，交通和水产部门又陆续新建灯桩，改建木质灯桩为石质永久性标志。1975年航标灯器以电子仪器取代电动机械。1981年又新建航标导航站和导航台。1983年元月1日，上海航道局航标测量处接管航标，由上海航道局镇海航标区管理舟山海域航标。1988年12月31日，镇海航标区易名为宁波海监局镇海航标区，管理范围不变。至1990年年底，舟山海域共有航标导航台1座，灯塔13座，灯桩139座，灯浮10座。

历经几十年的建设，2010年舟山海域有灯塔18座，灯桩280座，灯浮116座。

（2）宁波港域航标

1990年年底，宁波市航标管理部门管理的沿海及甬江航标总数为145座。至2010年的20年间，宁波市航标管理部门管理的航标数量增加了8倍。同时，航标的种类、分布范围和科技含量都得到较大提高。至2010年年底，上海海事局宁波航标处共管辖航标1123座，其中公用航标519座、专用航标604座。具体可分为灯塔23座、灯桩424座、导标20座、灯浮336座、桥梁标志193座、立标2座，雾号3座、雷达应答器60座、雷达指向标1座、AIS岸台13座、AIS航标19座、AIS虚拟航标27座、AIS中继站1座、RBN－DGPS台1座。

宁波港水域内的航标共有394座，其中甬江航标27座、北仑港区航标50座、镇海港区航标154座、大榭港区航标35座、穿山港区航标6座、梅山港区航标6座、象山港港区航标51座、石浦港区航标65座。20年来，宁波港水域的航标建设向着信息化方向快速发展，至2010年年底，宁波航标处已建有AIS（船舶自动识别系统）岸台13个、AIS监控中心1个、DGPS（全球卫星定位差分系统）1个，建立了航标遥测遥控中心、GPRS车船跟踪系统、船舶自动识别系统等航标动态综合监控指挥系统。

2010年10月，宁波航标处11座百年灯塔以“浙东沿海灯塔群”的名义申报第七批全国重点文物保护单位资格,其中在宁波海域的有镇海口七里屿(峙)灯塔、象山海域北渔山灯塔和东门灯塔。

(3)温州港域航标

温州港开埠以后,瓯海关于清光绪四年(1878年)7月在江心屿东面的象岩礁上树立一根铁条,长25英尺(7.6米),直径9英寸(10厘米),顶端悬挂一个蓝色圆球,直径3英尺(0.91米),作为航行标志,这是温州港最早的一座航标。

清光绪十一年(1885年),瓯海关在港内航道的四处浅滩附近,设立红、黑色木桶各一只,作为浮筒,这是温州最早的浮标。以后随着浅滩的移动和航道的变化,浮筒的位置、数量也随之变动。此外,又在岸边插立少量竹竿,上悬球形标志,作为立标。

清光绪三十二年(1906年)9月13日,在象岩标上悬挂红色煤油灯一盏,作为夜间航行标志,这是温州港第一座灯标。

民国8年(1919年),在城区以西9公里礁下江中的暗礁处建了一座灯塔,高16英尺(4.86米);抗日战争期间,港内航标曾一度停顿使用。抗战胜利后得到恢复,象岩灯桩重新发光,并在港内各沉船上设立绿色浮筒作为标志。

1949年初,进出口轮船不多,港内只有象岩灯桩及沉船标志,轮船夜间无法进出港。

1953年温州港开始夜航,在楠溪江口东约4公里的潮呇附近浅滩航道上,设立两只不能发光的浮筒。如有夜航船舶,临时悬挂煤油灯,指示航向。1954年6月,驻温海军在港内设置电气灯桩8座,解决了夜航的困难。1955年,温沪航线畅通,进出港船舶日益频繁,港内又陆续增设了一些灯桩。到1957年年底,共有航标16座,其中灯桩14座,灯浮2座。5座仍以煤油灯发光,1958年年底基本上改用干电池为能源,仅1座以乙炔气发光,1座以煤油灯发光(礁头)。潮呇附近的浮筒已改建为灯浮,象岩灯桩改建成钢筋混凝土电气灯桩。1958年,港务部门专门配备了航标管理员,维护航标,1960年配备一舢板作补给工作船。1961年4月,对水上助航标志制度进行改革,当时港内共有航标26座。改革后进港左侧标的标身和灯光一律改为红色,右侧标标身一律改为黑色,灯光改为白色等。逐步把龙湾、磐石、岐头等多处简易灯桩改建为混凝土或角铁灯桩。1963年改装了80吨旧木驳1艘,作为航标工作船,及时解决维修和浮筒安装移位问题。至1965年年底,航标数量增至33座,其中灯桩15座、灯浮18座,并提高了航标质量。原来用木质三角架的灯浮,逐步改用铁质罐形灯浮、浮筒和沉锤(各重2~3吨),避免翻倒。1970年,温州港首次制成霓虹航标灯,并向全省推广。1971年温航船厂自行设计建造了排水量270吨的钢制航标工作船。1972年高重复率脉冲氙灯航标电源在温州港初试成功。1977年6月,改进、定型,并通过交通部鉴定,在温州地区各港口及上海、天津、广州各港口开始试点。氙灯具有广度强烈,光色纯白,射程远,光效好,容易识别等优点,大大提高了航标的质量,1979年被交通部科学技术委员会列为重大科研成果。温州港务局作为研究单位之一,获得表彰。

1985~1986年,在交通部、海军航标部、农牧渔业部联合统一部署指导下,温州港如期完成全国海上航标改革任务,符合国家航标管理委员会推荐的"国际航标A区域"标准。

瓯江航道变迁频繁,浮标经常移位和增减,在从洞头黄大呇检疫锚地到温州市港区的28海里主航道上,航标数在50~56座之间。布标密度在国内中小港口中最高。至1990年年底,全港共有灯标61座,其中灯桩26座,浮标35座。

1990 年 12 月 17 日，浙东南沿海第一座现代化大型灯塔——北麂山灯塔举行发光典礼。该塔海拔 135.5 米，灯光射程 2.5 海里，实行微机控制。2001 年 9 月 30 日，温州航标处将沙埕口灯浮、福建头灯桩等七座航标移交给福州航标处，温州航标处管辖范围变更为南至北纬 27°11′30″。2005 年 6 月 24 日，瓯江航标站开工建设。2006 年 2 月 19 日，北麂山灯塔完成光源、能源自动化改造，新型 TRB400 旋转灯器投入使用，灯塔由有人值守改为有人看守。

2007 年，为适应温州深水港建设、瓯江航道整治的需要，温州航标处对辖区航标配布进行了完善。新建的航标投用后，给这一水域的船舶航行安全带来保障。是年，温州港水域有灯浮标 85 座，其中龙湾码头以外有 57 座，龙湾码头以内水域至温州港西港界 28 座。根据这次调整方案，航标管理部门对业主专用航标与公用编号统一编排，编号分为数字和字母加数字两种，共有 30 个灯浮标改变编号名称，8 个灯浮标更换浮筒，4 个灯浮标安装夜间显示器。2008 年，温州航标处对冬瓜屿灯塔、大洞精岛灯桩、状元岙 Y1 号灯浮等 3 座安装了 ALS 航标（ALS 岸基站第一时间发布沉船事故），对 5 座安装了 ALS 虚拟航标，为航标效能调研统计船舶流量和航标建设提供支持。

至 2012 年年底，温州港及其附近水域共设置航标 551 座，其中港内水域设置航标 496 座、温州沿海水域设置航标 55 座。

（4）嘉兴（乍浦）港域航标

清康熙年间（1662～1722 年），乍浦港内外贸易极盛，海舶进出频繁，为引导夜航，于观山顶建普照庵，立杆悬灯，久圮。乾隆十四年（1749 年），海防同知叶齐在外蒲山顶建中普陀禅院，有屋 3 间，竖木悬灯，延僧静修专司灯事，朝暮添续膏火，双灯长明。咸丰十一年（1861 年）废。光绪十二年（1886 年），僧灵根及乍浦人李德山、林吟山、郑葆章在外蒲山西南的棺材礁建灯塔。光绪十三年（1887 年），林、郑两人复募银洋 700 余元，在大孟山拓地 3 弓（4.6 米）建屋 1 座，上层四面玻璃，置灯其间，久圮。后由徐胜昌在观山顶的联辉阁上层设置灯塔，久圮。

民国期间，在观山及外蒲山顶旧址再次重建灯塔 2 座，日军侵乍浦时毁。民国 36 年（1947 年）4 月，乍浦士绅徐眉轩在观山顶重建灯塔，以石块砌筑台基，上建小屋，四面玻璃，中置油灯，雇专人负责电灯。亦圮。

1954 年，浙江省航运局工程队在外蒲山设电器闪光灯标 1 座，后又增设菜荠山，均由上海市航道局航标处管理。1959 年，杭州钱江航管所在王盘山设灯桩 1 座，桩位在王盘山岛偏西北最高出，灯高 26 米，白色闪光灯，周期明灭（秒），0.9＋0.3＋3.8。在灯桩南 5 米有上海航道局设的黑白色二等三角点 1 座。2004 年 6 月，乍浦雅山西路 26 号设立上海海事局镇海航标处嘉兴航标站。12 月 30 日，在外蒲山西侧北纬 30°35′33.2″、东经 121°08′28.8″处的棺材礁上建钢结构灯桩，海拔灯高 10.11 米、标身高 7.4 米，射程达 4 海里，2005 年 1 月 23 日投入使用。

2007 年 4 月 12 日，在益山北纬 30°37′20.9″、东经 121°08′59.6″处建白色圆柱体混凝土灯桩，海拔高度 27 米、标身高 12.9 米、射程 10 海里。并设陈山原油站码头前引后引各设标灯，灯高 20.8 米，灯质红快，射程为 5 海里。航标站除了陆地灯桩外，还负责监测、维护、管理杭州湾水域的 15 个航道浮筒、2 个雷达应答器。

（5）台州港域航标

民国12年(1923年)及民国14年玉环县史可顺、支勋人分别在应东东沙山顶与东山头点灯助航。民国21年温岭县包玉行等人在钓硼门牛山岛着火嘴建第一座灯塔。

台州正式航标始置于20世纪50年代,多数以钢架或钢管为灯桩桩体;20世纪60~70年代,桩体则以钢筋混凝土或砖石结构为多,20世纪80年代续有增建。至1990年末,共有各种类型永久性航标42座。沿海22座(其中黄岩市3座,三门县5座,温岭县3座,玉环县11座)。光源,初以煤油,后为干电池,今为太阳能。

沿海航标射程7海里的有2处,系三门湾平礁灯桩,在踏道山西,建于1956年;另有白带门水道箬帽礁灯桩,在东泽岛以北100米处,1966年建立。射程6海里有14处之多,其中属玉环交通部门管理的灯桩,灯浮11座。一般射程3.5~2.4海里之间有18处;射程1.8海里有5处;射程较近的1.4海里有2处。桥涵标有灵江大桥1座,位于灵江大桥自南向北的第三洞主孔上,1966年建成。

1962年后,台州地区航管处成立航道养护队,专职管理全区航标,各县也陆续配置航养人员,维护设施,发挥作用,常租用民船巡检航标。

(二)航道疏浚

杭州湾南北两岸是浙江古代居民的聚集地,其南岸的宁绍平原和北岸的杭嘉湖平原是水网地带,出于水运交通及灌溉防洪的要求,伴随着水道的开凿整治,航道疏浚工作也一直延续至今。

大业六年(610年)隋炀帝时期,在开凿广通渠、永济渠的基础上,大规模修浚了江南运河,形成了北通涿郡、西连长安、南至余杭的水运大动脉。

五代吴越国时期,钱镠专门设置了“都水营使以主水事”,“募卒通河撩浅”,设置“撩浅军”千人,专事浚治西湖。这支“撩浅军”既是一支专职的水利队伍,也是一支专职的航道疏浚队伍。大事疏浚江河湖泊以防止淤塞成灾,以资灌溉和通航。

宋元时期,对航道管理尤为重视,配置厢兵用于江河的治理、疏浚。

明清时期,进一步疏浚、完善了江南运河(浙江段)、杭甬运河及其他航道的疏浚整治。1906年4月,商务部制定《苏杭沪内河航轮起卸煤灰章程》,规定了起卸煤灰的规章细则,禁止煤渣随意侵入河道。1910年仁(和)钱(塘)巡警局拟定《杭城河道善后管理规则》,要求浙江巡抚“察核转详立案”。此规则划分市河,派专人、专用船负责分工疏浚河道,规范航行船舶的行为。该规则经浙江巡抚于当年8月11日批准实行。这些规定对当时航道、河道的养护起到了积极的作用。

抗战初期,为保证内河航运的畅通,以适应繁重的水上运输任务的需要,浙江省当局对多处不利通航的河段进行了疏浚。1938年8月疏浚了大溪等,次月开始耗时三个月疏浚了瓯江温溪至青田县城一段。这些工程虽规模不大,但对航运的发展具有重要意义。

1939~1949年,内河航道基本没有疏浚,年久淤塞,河床日窄,暗坝充斥,航行困难。中华人民共和国成立后,为尽快恢复内河航运以适应日益增长的内河运输的需要,通过挖深拓宽、截弯取直、开挖新线等方式大力疏浚内河航道。至1953年年底,内河航道中占全省通航里程22%的七条主要干线,1100余公里航线普遍地清除了障碍,重点进行了疏浚。

“六五”“七五”计划(1981~1990年)期间,主要对京杭运河(浙境段)、长湖申线(浙境段)、杭南运河3条航道“卡脖子”航段进行了疏浚改造。在此基础上,于“八五”期后3年

(1993～1995 年),重点实施了打通内河干线航道“瓶颈”航段的艰巨工程。到 1995 年,相继完成京杭运河塘栖、韶村弯道,乌镇—新市,杭州市河和长湖申线霅水桥—吕山航段以及主要碍航航段的改造;打通杭嘉湖内河航道 18 处“瓶颈”航段中的 16 处,共计完成按五级航道通航标准改造内河航道 73 公里。至此,浙江干线航道的通航条件有了较大改善,为“九五”“十五”计划(1996～2005 年)期间,浙江航道实现从部分航段改造向全线改、从按较低通航标准改造向按较高通航标准改造的转变,为浙北航道成网,也为长江三角洲江南航道网的“成网、直达”打下了基础。

2009 年,由浙江省港航局牵头开展的航道扫测艇购置和试测完成后,发挥了良好作用,共对省内河 6 条骨干航道实施了扫测,分别是京杭运河杭州段、杭申线杭州段、杭湖锡线、东宗线、浦阳江杭州段、钱塘江三堡船闸至三江口段。扫测航道里程共计 201 公里,扫测成果已通过验收。

2001～2009 年间,航道养护工作累计投资 67237 万元,疏浚土方 1474 万立方米。

(三)清除航道沉船、沉物

在抗日战争期间(1937～1945 年),为了抵抗日军从水道上入侵,用沉船及木桩堵塞港口及航路,如镇海口沉塞的 7 艘轮船,富阳场口小江内沉下的“康益”轮,沉没在桐庐的 4 艘柴油轮,杭州南星桥渡口附近沉没的多艘轮(民)船。且因长期战乱和洪水冲刷,桥梁多处破坏残损,河道驳岸坍塌,危及居民和农田,阻碍水路交通。还有许多河道久未浚治,淤塞日甚,每遇干水季节,常需停航。所有这些都亟待清理。抗战结束后,整理、疏浚各条河道,成为复苏浙江省航运事业的当务之急。

1945 年,首先清理轮渡所码头附近沉没之轮船木船,使水道畅通,让客货船只可停泊。其次,拆毁沉没在富阳县境内场口小江之“康益”轮残骸。

运河水道主要清理了嘉属运河。该工程自王江泾起,经嘉兴、桐乡、崇德至西界高桥止,共长 137 公里。嘉属运河工程为 1946 年全省大型水利工程之一。全工程自 1946 年 11 月 25 日起,至 1947 年 7 月 15 日结束。工程修复嘉兴及桐乡境内圹坝 15 公里、桥梁 43 座、涵洞 2 座,清理苏家铁路废桥桥桩及各坝等 10 处,重砌嘉兴三塔石塘 1 公里,修筑海宁沈家等滚水坝 3 座,疏通了运河河道。全工程实际支出:面粉 150 吨,白米 146 吨,工程管理费 12008440 元,材料费 24959450 元。工程完成后,订立了管理养护办法 5 条:(1)沿堤植树;(2)养护堤塘,每 5 市里沿堤村中选一个人管理及保护;(3)管理及保护桥梁;(4)实行岁修;(5)订立禁约,依水利法各条之规定,如鱼簖之设置,木排停放,轮船行驶,市河侵占,逐一订立禁条及罚则。

为确保航行安全,规范沉船打捞工作,1947 年出台了《打捞沉船管理办法》。1952 年浙江省组织成立打捞队,打捞沉石 926 立方米。1957 年 10 月,在此基础上,由交通部发布实施了《中华人民共和国打捞沉船管理办法》(交厅秘(7)朱字第 173 号),共 13 条,进一步明确了沉船打捞范围、条件。

1949 年中华人民共和国成立后,为改变内河航道普遍淤浅的现象,浙江省成立了专门的技术队伍,担负起航道疏浚养护、清除航道障碍、打捞沉船等任务。内河航道清淤治理工作开始于 1951 年,重点放在杭嘉湖航道上。据统计,1951～1954 年,共疏浚淤滩 8.68 万立方米,清除坝基 1.3 万立方米,打捞沉石 0.36 万立方米,拔出木桩 2219 根,打捞沉船 14 艘,炸除礁石 600 平方米。1955～1956 年又继续挖泥 27.2 万立方米，炸除礁石 82 立方米，改善和提高了全省航线状况，并使通航里程逐年增加。1957 年，全省内河航道达到 11130 公里，比 1951 年增加了 2.11 倍。

沿海港口航道主要对宁波港航道和温州港航道进行了打捞清淤。宁波港在战争期间沉没的大小船舶共计 30 余艘。1950～1953 年，宁波群众自己组织成立镇海生产打捞组，先后打捞起"宁镇""新宁余""江利"等小型轮船。1950 年 10 月至 1952 年初，宁波港务局分局组织打捞力量，对宁波港的白沙、拗鬐江、镇海口门等段水域里的沉船、旧趸船，包括战争期间留下的堵江船舶残骸，做了一次较大规模的清理，基本清除了主航道上的障碍物，为沪甬线 3000 吨级客货轮复航创造了条件。

中华人民共和国成立前后，温州港先后有 6 艘大的沉船及 30 余艘木帆船残骸，给航行安全带来严重的威胁，曾造成严重的事故。1956 年 10 月，上海打捞工程局派遣打捞队到温州进行沉船打捞工作。1957 年 3 月，先将碍航最严重的总重 1612 吨的"东南"轮打捞出水，次月又将"荣华"轮主机捞起，5 月，再将日本运输舰（约 600 吨）打捞出水。另外 3 艘沉船因深埋在泥沙中，对航行妨碍不大，故暂未打捞。1954 年 12 月下旬至次年 2 月中旬，温州港务办事处先后两次组织打捞黄大岙海面木帆船残骸进行打捞，拔除桅杆 6 根，并对南航道附近的 800 平方米、北航道附近 1300 平方米的海面逐段进行探测，确保障碍物清除干净。

根据浙江省交通厅《报送浙江沿海沉船概况的报告》，1959 年，共打捞起 5000 吨小戢山沉轮、3500 吨太山沉轮及登陆艇 64 艘。

（四）过船建筑物维护

船闸和升船机则是过船建筑物中最主要的两种形式。浙江内河航道闸坝众多，碍航情况严重，损失巨大。为改变这种状况，各地在实践中摸索出不少过船方法，修建了一些过船设施。但是过船方法仍很简陋，设施结构简单、通过能力低，且全靠人力为之。为了提高过坝效率，降低劳动强度，在 1958 年技术革新活动中，杭州航运公司三坝工人首先试制出电动简易木排过坝机。1961 年为满足农船过坝的需要，经过改进，试制出简易升船机。1965 年初浙江省交通厅航运局海港养护队在原三坝简易升船机附近建设新三坝升船机。该机是水运科技成果，且属首创工程，于 1966 年 4 月建成。新三坝升船机，与原简易升船机相比，操作性能得到改善，通过效率大大提高，年通过能力可达 9 万吨。由于竹木、船舶以及液体化肥船都能平运过坝不用倒驳，比较便利，取得了良好的经济社会效益。与此同时，宁波地区闸坝职工也着手改建大通堰人力车坝，于 1965 年夏建成大通堰升船机。继三坝、大通堰之后，宁波地区又在莫枝堰、澄良堰、胜利堰先后改建了同类升船机。上述新型电动升船机的建成，不仅是浙江内河航道建设的成就和进步，而且为解决众多的闸坝过船问题闯出一条新路，为实现闸坝复航找到了新的技术方案。

六、文明样板航道

（一）京杭运河浙境段

京杭运河浙江段（嘉兴鸭子坝—杭州三堡船闸）全长 100 公里，贯穿杭州、嘉兴、湖州 3 市，是浙江省内河水运的主干航道。该航段自 1997 年 5 月起按 4 级航道标准动工改造，1999 年 8 月 30 日全线完工。2000 年 11 月 29 日交通部对京杭运河浙江段改造工程进行竣工验收，被评为优良工程。从 2000 年上半年起，根据交通部在全国开展"文明样板航道"创建活动的部署，浙江省交通厅在京杭运河浙江段全线开展了以规范水路运输市场秩序、提高航道管理和维护水平、深化行业精神文明建设为主要内容的创建活动。2001 年 6 月 8 日京杭运河浙江段文明样板航道通过了交通部组织的评审，同年 8 月京杭运河浙境段被交通部命名为全国第一条国家级文明样板航道。

按照交通部《关于做好 2004 年度全国文明样板航道创建工作的通知》（交水发〔2004〕17 号）精神和《文明样板航道评定办法》的规定，受交通部委托，浙江省交通厅于 2004 年 10 月 18 ~ 19 日，组织复验工作组分别对京杭运河杭州段、嘉兴段、湖州段的文明样板航道创建巩固工作进行了复验。2004 年 12 月，经交通部发文确认（交水发〔2004〕781 号），京杭运河浙江段符合文明样板航道标准，继续保留“文明样板航道”称号。2007 年 12 月，京杭运河浙境段全国文明样板航道通过了交通部复验。

（二）杭申线航道浙境段

20 世纪 90 年代初，杭申线航道大部分航段仍处于自然状态，桥梁低矮，航道淤浅，航道等级低，通过能力小。1993 年，省政府颁发了《关于加快杭嘉湖内河航道网改造工程建设的通知》。1994 年，桐乡延寿桥航段，东双桥航段，嘉兴秀洲区陡门航段按 5 级标准进行了改造。在改造“瓶颈”航段的基础上，省计经委批复了《关于杭申线（浙境段）航道改造工程初步设计的批复》，同意按 5 级航道等级标准进行技术改造。1995 年 10 月，交通部决定对杭申线浙江段的航道规划进行调整，将航道改造从 5 级提高到 4 级，整个工程从 1994 年 8 月开始建设，2002 年 7 月整个工程改造完成。共投资 67490.8 万元。

2003 年 4 月开始，浙江省港航管理局、杭州市交通局、嘉兴市交通局在杭申线浙境段塘栖至红旗塘 106 公里航道共同开展了创建文明样板航道活动。2004 年 1 月通过了省交通厅初验，2005 年 5 月中旬通过了交通部组织的专家组现场评审。2005 年 8 月 29 日，交通部以《关于授予杭申线浙境段塘栖至红旗塘航道文明样板航道称号的通知》（交水发〔2005〕390 号）正式授予杭申线浙境段塘栖至红旗塘航道文明样板航道称号。

（三）千深线航道浙境段

千深线是沟通皖浙的跨省航线，航道全长 68.5 公里，始于歙县深渡，其中安徽境内 26.5 公里，浙江境内 42 公里，贯穿于淳安县 8 个乡镇，为 5 级航道，常年通航 300 吨级船舶。它既是沟通安徽与浙江的跨省航道，又是“杭州—千岛湖—黄山”黄金旅游线的水路通道。浙境段与安徽段分别于 2002 年和 2004 年被浙江省和安徽省交通厅命名为“文明样板航道”。

2005 年 3 月，两省港航管理部门经过协商并报交通部同意，按照统一目标、统一主体、分头实施的原则，共同开展了创建部级文明样板航道活动，2006 年 7 月 18 日，新安江浙江杭州千岛湖至安徽黄山深渡段航道通过交通部评审，被命名为“全国文明样板航道”。创建后的“千深线”浙江段航道宽阔，原只有 50 米宽的部分航道，通过整治可达 3200 米。这是全国首条由两省联动、共同创建的文明样板航道，也是以旅游为主的库区航道，在全国文明样板航道创建中具有重要意义。

（四）湖嘉申线航道湖州段

湖嘉申线航道湖州段，起于湖州船闸西，止于京杭运河日晖桥，全长 43.2 公里，是浙江省内首条建成通航的 1000 吨级航道。2005 年 1 月，湖嘉申线按 3 级航道标准开工建设，

2008年在湖举行的长江三角洲环境友好型航道建设示范项目验收会上，湖嘉申线湖州段以理念、技术和管理上的创新赢得了全国水运专家的一致肯定，成为了全国内河航道建设样板，2009年12月竣工并正式交付使用。作为全省内河首条建成并投入使用的千吨级航道，湖嘉申线湖州段集运输、安全、生态、环保、人文、景观于一体，是全省内河水运工程生态航道建设的一个缩影和典范，被交通运输部评定为全国内河水运建设示范工程。

2010年3月18日，湖嘉申线湖州段创建厅级文明航道正式启动，全力打造畅通高效平安绿色生态航道，成为一条“船在水中行、人在画中游”的旅游风景线。同年12月8日，湖嘉申线湖州段厅级文明航道创建通过浙江省交通运输厅验收。

第四节　普 查 调 查

航道普查和勘测旨在全面、准确、系统地掌握内河航道情况，可以为科学制定内河航道发展政策和规划提供依据，为提高航道养护和管理水平，促进航道管理信息化、现代化发挥基础作用。浙江省早期航道勘测主要依托航道施工单位实施，如省级主要依靠航道工程队和疏浚队的勘测力量。部分地市，则有专业的勘测队伍。

一、全省航道图的绘制

1966年以前，浙江省没有完整的内河航道图，给运输生产与航运管理都带来一定的困难。因此，浙江省航运局委托杭州大学地理系及有关测绘部门对全省航道进行测绘，参照1:10000军事地图，绘制浙江省第一张航道图。该图于1968年3月印发全省。本航道图的问世，对于了解航道分布情况，安排运输生产和加强航运管理等工作，有一定的参考价值。

21世纪初期，为了满足水运有关从业人员及企事业和管理单位的需要，在第二次全国内河航道普查成果的基础上，浙江省港航管理局和浙江第一测绘院通过收集相关资料，共同编绘了《浙江省内河航道图册》。图册采用最新测绘成果，运用了卫星遥感获取的最新空间信息。内容包括航道、过船设施、助航标志、港口、涉航枢纽、闸坝及主要跨航桥梁等与水运有关的各类信息。图册绘制运用数字制图技术完成，于2006年5月首次出版印刷。

《浙江省内河航道图册》是浙江省有史以来第一本正式出版的内河航道图册，图册的编制运用了地图数据库技术、遥感影像处理与应用技术，综合了浙江省地理空间信息、全省内河航道现状普查数据、航道规划等资料，反映了浙江省航道在省综合运输体系乃至经济和社会发展中具有的重要战略地位和特殊作用。《浙江省内河航道图册》的编制为规划、航运管理部门提供丰富的空间信息，为浙江实施水运强省战略，进行全省航道规划，加强水运管理与服务，提供了有效的测绘信息服务，为政府部门行政决策提供科学依据，也为广大船舶驾驶人员提供工作指南。2008年，《浙江省内河航道地图册》荣获中国测绘学会颁发的“2008年优秀地图作品裴秀奖铜奖”。

二、航道普查

1952年浙江省航运局港道课所属的航道测量队建立后，为了掌握全省航道情况，以便开展航道的治理工作，对主要河流，包括运河、苕溪、钱塘江、椒江、甬江、瓯江、飞云江、鳌江等，进行调查和勘察。当年查勘了绍兴柯桥至瓜沥、余姚至庵东、余姚至观海卫、桐庐至兰溪、淳安至建德等航线，里程共达313.5公里。1953年，又配合中央交通部，对全省各主要干线航道情况,作了比较深入的查勘,里程长达5094公里。

在查勘的同时,测量队还对浙江省的主要航线,如杭申甲线、湖申线、浙东运河、湖泗线、平乍线等进行了测量。据统计,仅1952~1954年,测量里程即达526.86公里,进一步掌握了航道情况。

1952~1954年测量航道里程统计见表2-1-9。

1952~1954年测量航道里程统计一览表　　表2-1-9

航线名称	测量里程(公里)	备注
杭申甲线	117.40	武林头至清凉庵(浙西干线),包括嘉兴市区改线
湖申线	29.60	湖州至东迁段
浙东运河	105.86	西兴至曹娥江边
德二线	8.20	德清至二都(东苕溪的支流)
湖泗线	55.40	湖州至泗安
平乍线	71.10	平望至乍浦
霅梅线	40.80	湖州的霅水桥至梅溪
衙头线	24.50	衙前至头蓬(浙东运河的支线)
盐平线	23.00	海盐至平湖
西萧线	12.00	西兴至萧山
余庵线	16.00	余姚至庵东
余观线	9.00	余姚至观海卫
渎艮线	14.00	大运河路线杭州市区接通钱江线
合计	526.86	

注:本表只包括正规的测量,一般零星障碍和淤浅测量不包括在内。

(一)第一次航道普查

1956年,浙江省交通厅工程局为了进一步掌握全省内河航道通航情况,特成立航道普查队,负责此项工作。为浙江省第一次航道普查。通过这次普查,查明1956年全省内河通航里程为10767公里,其中可通机动船里程2199公里。

经过航道的查勘和测量,初步摸清各主要干线航道常年水位的基本尺度、通航能力、跨航道建筑物的高度、宽度和结构以及碍航情况,为整治、养护航道提供了可靠的依据。

(二)第二次航道普查

因时间推移和航运的发展,20世纪50年代航道普查资料已不能适应水上运输生产的需要。为此,浙江省航运局于1965年着手布置对全省主要航道再次进行普查。后来由于"文化大革命"的影响,使普查工作被迫停顿。经多番努力,最终于1971年10月至1972年8月,组织全省航管航道技术力量,对全省主要内河航道进行普查,并编制了全省和地区性的内河航道普查资料汇编。

这次普查的航道包括杭嘉湖地区干线,全长642.99公里,属太湖水系;钱塘江、富春江、新安江、兰江航道,全长476公里,属钱塘江水系;浙东运河干线,全长184.80公里,属钱塘

江、曹娥江、甬江水系。另外,对通航河道上的闸坝、船闸和桥梁情况做了调查。在普查的基础上,对浙西、钱江、宁绍、台州、温州5个航区的主要航道等级标准做了初步规划方案,以利于以后的航道建设。

(三)第三次航道普查(全国第一次内河航道普查)

第三次普查由交通部于1979年组织开展。普查范围为凡1979年通航客货营运船、筏的内河水道,不论通航时间长短和通航次数的多少,均作为航道加以普查(包括大小水库内的短途航道)。普查内容包括航道概况、通航水位、年运量、航标、桥梁现状、闸坝现状、航道示意图、港口工程养护主要机具设备及人员配备等。

经普查,1979年正式报部备案的通航里程为10620公里,其中有干线航道60条、3293公里,支线航道1095条、7327公里。有闸坝233座,跨航桥梁8823座。在534公里等外航道中,属小水库短途航道的里程174公里,属山溪上游通1.5吨以下木船的里程116公里,属沿海小船航道的里程31公里。有闸坝1座,跨航桥梁7座。在10620公里航道资料中,有水深1米以上的航道里程3955公里,其中干线2132公里,支线1823公里。

1979年年底,全省共有航道、港口工程管理养护人员1763人,其中内河航道1108人,沿海港口655人,有大小挖泥船33艘1480立方米/小时。全省共有航标649座,其中内河标439座,沿海标210座。经过普查后,随着交通事业的发展和水资源综合开发利用工作步伐的加快,航道建设取得明显进展,国家内河航道的状况及技术结构等均发生了较大变化。为全面、准确、系统地掌握全国内河航道的基本情况,推进航道统计工作规范化,提高航道管理信息化水平,发挥内河航道在国民经济和区域经济中的作用,促进内河航运事业发展,交通部在国家统计局的支持配合下,于2002年组织实施了第二次全国内河航道普查工作,即浙江省第三次航道普查。

(四)第四次航道普查(全国第二次内河航道普查)

第四次航道普查,即全国第二次内河航道普查。普查以2002年12月31日为标准时间。普查范围包括全国范围内已进行航道技术等级评定的内河航道和未评定等级但进行了航道建设或有航运开发价值的内河航道。普查内容包括内河航道概况、航道现状、航道枢纽、过河建筑物、临河设施的基本信息和航道管理机构及养护力量等情况,共设置近10个主要指标。普查工作内容包括基础信息的收集、整理,建设基于GIS(地理信息系统)的"全国内河航道基础信息管理系统"和绘制全国内河航道电子图集。

经过普查,2002年浙江省内河航道1179条,航道总里程为10538.99公里。其中京杭运河、长湖申线、杭申线、乍嘉苏线、杭平申线(六平申线)、杭湖锡线、钱塘江、杭甬运河、椒江、瓯江、东宗线、湖嘉申线(湖申复线)、嘉于线等省级干线航道的通航里程达1559.72公里。全省4级以上航道993.32公里,占总里程的9.5%;5级航道562.82公里,占总里程的5.47%;6级航道1681.37公里,占总里程的15.88%。浙北平原航道成网,相互连通,通航里程近8000公里。浙江省万余公里内河航道中,干线航道就达2000多公里,主要集中在浙北杭嘉湖水网地区。京杭运河浙境段100公里的航道已由交通部批准为全国文明样板航道。全省航道根据地域基本分属5个航道网,自南而北为:运河水系(杭嘉湖)航道网;钱塘江水系航道网;浙东航道网(宁波姚江、甬江、奉化江流域);温(岭)黄(岩)内河航道网;温(州)瑞(安)航道网。是年,全省内河客运量267万人次,旅客周转量

6167 万人公里；内河货运量 16218 万吨，内河货物周转量 1092.64 亿吨公里。2002 年主要航道运量情况见表 2-1-10。

经过几年的航道建设改造，运河水系杭嘉湖航道网与钱塘江水系航道网、浙东航道网已基本沟通。浙南的温黄航道网和温瑞航道网还处于各自封闭状态。

浙江省根据交通部“三主一支持”的长远规划总体布局，结合浙江省经济发展立体化大交通的发展战略，在规划期内实现干线航道高等级化。按照长江三角洲要建成现代化航道网的要求来建设。浙江省北部平原地区内河航道网主要水系沟通，干支直达，区域成网。集中力量抓好“十线三连”骨干航道和内河五港的基础设施建设，提高等级，完善网络，更好地发挥内河航道的综合效益。

“十线”：京杭运河、长湖申线、杭申线、杭甬运河、杭平申线（六平申线）、乍嘉苏线、杭湖锡线、钱塘江、瓯江、椒江。

“三连”：东宗线、湖嘉申线（湖申复线）、嘉于线。

全省的内河航道布局为“北网南线”，构筑成浙江省内河航道主骨架。

2007 年，基本完成浙北航道网骨干航道的建设，全省 4 级及以上高等级航道里程新增约 270 公里。

2010 年，完善浙北航道网骨干航道及主要支线航道，全省高等级航道里程新增约 320 公里。

2002 年主要航道运量情况见表 2-1-10。

2002 年主要航道运量情况一览表

表 2-1-10

航道名称	观测点名称	货运量（万吨/年）										客运量（万人次/年）	船舶数量（万艘次/年）
		合计	煤炭	砂石	水泥	化肥	粮食	钢铁	木材	石油	其他		
京杭大运河	义桥	973.00	36.00	473.50	10.00		11.00	218.00		110.50	114.00	4.20	7.45
	武林头	1250.00	150.00	780.00				100.00		200.00	20.00	2.00	8.05
	思古桥	3290.00	267.00	2221.00	68.00	35.00	13.00				586.00		
	乌镇	6000.00	1400.00	4500.00				80.00		10.00	10.00	0.50	38.50
杭申线	博陆	830.00	20.00	580.00				80.00		180.00	20.00		6.50
	宗阳庙	4800.00	360.00	4080.00	80.00			80.00		30.00	170.00		3.24
	塘汇	3610.00	316.00	2846.00	64.00	35.00	36.00	43.00		80.00	190.00	0.45	30.72
	红旗塘	4000.00	800.00	2300.00	300.00	15.00	100.00	70.00	150.00	30.00	235.00		28.67
长湖申线	东蔡大桥	5000.00	1000.00	2500.00	500.00	15.00	100.00	100.00	300.00	50.00	435.00		33.54
钱塘江航道	东江嘴	1365.50	53.00	1311.00				0.50			1.00	0.40	7.49
乍嘉苏线	平湖城	348.80	65.90	210.70	30.00	3.00	6.80	2.00	1.20	5.00	24.20	0.50	12.51
	王江泾	730.00	214.00	125.00	37.00	15.00	32.00				307.00	0.50	15.72
杭湖锡线	武林头	150.00	60.00								90.00	2.00	1.42
杭平申线（六平伸线）	东塘桥	2287.70	18.30	2146.80	30.50	10.90	16.20	13.16		3.60	48.04		30.82
	平湖大桥	2371.00	7.90	1924.80	15.00	12.50	36.00	21.30	5.20	48.30	200.00	0.10	37.95
杭甬运河	杨汛桥	620.00	70.00	40.00							10.00		15.50
	宁波甬江	2000.00	700.00	300.00	50.00	20.00	60.00	20.00	10.00	100.00	740.00	929.00	

续上表

航道名称	观测点名称	货运量(万吨/年)										客运量(万人次/年)	船舶数量(万艘次/年)
		合计	煤炭	砂石	水泥	化肥	粮食	钢铁	木材	石油	其他		
椒江	红光码头	87.00	5.00	50.00	4.00	2.00	6.00	3.50	8.00	3.50	6.20		
	芦村	105.29	5.68		5.00	0.15	5.30	7.88	11.00	3.67	66.61		0.13
	三山村	125.39	15.68		10.00	0.15	5.30	7.88	11.00	3.67	71.71		0.16
	四号码头	380.80	79.72	13.16	49.22	0.15	5.30	81.16	30.44	3.67	117.98	4.60	0.58
	台州电厂	1095.59	513.23	20.56	92.02	3.25	14.40	130.31	31.18	61.07	224.97	4.60	0.85
瓯江	云和	5.10			0.18	0.07			4.80		0.05	28.00	6.36
	莲都区	48.00		48.00								2.15	2.26
	石门洞	4.00		1.00							3.00	1.00	0.53
	温溪镇	625.00	3.00	600.00		2.00					20.00	2.00	6.56
	岐头至瓯江大桥	2855.00	391.00	1978.00	57.00	3.00	12.00	127.00	9.00	93.00	185.00	1428.00	33.12
东宗线	甬环桥	500.00	0	450.00	30.00						20.00		4.80
湖嘉申线(湖申复线)	安丰塘桥	781.66	6.96	760.37			2.56		2.85		8.92		25.23
嘉于线	花园桥	320.00	36.00	192.00	28.00	8.00	14.00				42.00		7.83
	齐家水泥厂	313.30	40.00	207.81	30.58	0.71		3.65	3.15	4.30	18.10		5.25

三、航道船舶观测流量

2010年度主要航道船舶通过量见表2－1－11，2010年度主要航道分货类通过量见表2－1－12。

2010年度主要航道船舶通过量一览表 表2－1－11

观测站	类别	合计		上行		下行	
		艘次	万吨	艘次	万吨	艘次	万吨
京杭运河武林头观测站北	拖轮	830		390		440	
	机动驳	238170	6180.85	119260	3055.55	118910	3125.3
	非机动驳	8310	252.7	4180	112.4	4130	140.3
	其他船	190	0.87	100	0.42	90	0.45
	合计	247500	6434.42	123930	3168.37	123570	3266.05
京杭运河武林头观测站南	拖轮	880		400		480	
	机动驳	160260	3275.73	74670	1432.05	85590	1843.68
	非机动驳	8930	192.7	4030	85.4	4900	107.3
	其他船	210	0.92	120	0.49	90	0.43
	合计	170280	3469.35	79220	1517.94	91060	1951.41
京杭运河义桥观测站	拖轮	980		357		623	
	机动驳	154523	4717.6	71077	2080.08	83446	2637.52
	非机动驳	8413	185.36	3356	74.28	5057	111.08
	其他船						
	合计	163916	4902.96	74790	2154.36	89126	2748.6

续上表

观测站	类别	合计		上行		下行	
		艘次	万吨	艘次	万吨	艘次	万吨
京杭运河思古桥观测站	拖轮	5720		3440		2280	
	机动驳	281030	9270.77	146610	4842.33	134420	4428.44
	非机动驳	50930	2068.59	31670	1152.52	19260	916.07
	其他船	850	28.93	380	13.67	470	15.26
	合计	338530	11368.29	182100	6008.52	156430	5359.77
长湖申线南浔观测站	拖轮	852		852			
	机动驳	232661	9350.74	115621	4557.55	117040	4793.19
	非机动驳	9685	140.44	9685	140.44		
	其他船						
	合计	243198	9491.17	126158	4697.98	117040	4793.19
杭申线塘汇观测站	拖轮	780		410		370	
	机动驳	320960	9616.45	169220	5367.64	151740	4248.81
	非机动驳	1350	115.2	630	35.1	720	80.1
	其他船	1290	57.81	840	34.51	450	23.3
	合计	324380	9789.46	171100	5437.25	153280	4352.21
六平申线平湖大桥 观测站	拖轮	670		370		300	
	机动驳	83360	1550.49	45450	862.05	37910	688.44
	非机动驳	4060	57.18	1970	24.72	2090	32.46
	其他船		0.05		0.05		
	合计	88090	1607.72	47790	886.82	40300	720.9
乍嘉苏平湖大桥观测站	拖轮	550		220		330	
	机动驳	63920	1679.7	25920	750.35	38000	929.35
	非机动驳	2460	42.65	1120	18.43	1340	24.22
	其他船	30	0.13	10	0.04	20	0.09
	合计	66960	1722.48	27270	768.82	39690	953.66

2010年度主要航道分货类通过量一览表　　表2-1-12

观测站	货类	合计（万吨）	上行（万吨）	下行（万吨）
京杭运河武林头观测站北	煤炭	453.37	1.07	452.3
	矿建材料	3843.53	3036.68	806.85
	其他	777.46	142.18	635.28
	合计	5074.36	3179.93	1894.43
京杭运河武林头观测站南	煤炭	444.15	0.65	443.5
	矿建材料	1462.84	446.85	1015.99
	其他	1541.58	567.65	973.93
	合计	3448.57	1015.15	2433.42

续上表

观测站	货类	合计(万吨)	上行(万吨)	下行(万吨)
京杭运河义桥观测站	煤炭	378.98	22.78	356.2
	矿建材料	1474.18	98.93	1375.25
	其他	1401.12	142.58	1258.54
	合计	3254.28	264.29	2989.99
长湖申线南浔观测站	煤炭	189.97	189.97	
	矿建材料	4737.12		4737.12
	其他	179.82	169.5	10.31
	合计	5106.93	359.49	4747.44
京杭运河思古桥观测站	煤炭	382.49	57.19	325.3
	矿建材料	4815.96	3841.71	974.25
	其他	2218.19	975.4	1242.79
	合计	7416.64	4874.3	2542.34
杭申线塘汇观测站	煤炭	353.05	184.72	168.33
	矿建材料	5177.93	2410.13	2767.8
	其他	1250.36	624.08	626.28
	合计	6781.34	3218.93	3562.41
六平申线平湖大桥观测站	煤炭	420.22	391.02	11.2
	矿建材料	1281.17	457.69	823.48
	其他	13.56	11.34	2.22
	合计	1696.95	860.05	836.9
乍嘉苏平湖大桥观测站	煤炭	615.76	595.44	20.32
	矿建材料	682.87	217.9	464.97
	其他	58.58	46.48	12.1
	合计	1357.24	859.82	497.37

第二章　港　　口

浙江自古有舟楫之利。春秋末年,越王勾践筑建句章城,宁波古港句章港形成。秦汉孙吴两晋南北朝时期,浙江傍海的会稽、句章、临海、永嘉(今温州)均为当时的海港。隋唐五代时期,杭州、越州、明州、温州作为港口城市相继兴起。宋元时期,由于航海事业的发展和对外贸易的繁荣,浙江沿海港口也随之发展,特别是杭州、明州、温州、澉浦等更是当时沟通中外的主要港口。

到近代,自宁波首先被辟为对外通商口岸,浙江航运也逐渐发生了前所未有的变化,开始向近代演变的历程迈进。第一次世界大战爆发后,在多种因素共同影响下,浙江沿海主要港口宁波和温州的进出口贸易得到进一步的发展,码头的建设也得到了一定改善。

1949 年初期,浙江沿海港口没有深水泊位,设施破旧,内河码头也多为自然岸坡,人力装卸,水陆交通十分落后。1950 年后,各港口陆续修复、重建。20 世纪 70 年代以前浙江港口建设未能处于优先地位,成为国民经济中的薄弱环节。20 世纪 70 年代初期,国务院总理周恩来发出改变中国港口落后面貌的号召,推动了浙江港口建设进程。1978 年改革开放以来,为适应经济发展和进出口贸易的需要,重点加强了主枢纽港的矿石、煤炭、石油、粮食、集装箱、外贸进口货物的大型化、专业化码头建设,港口设施的现代化、自动化程度不断提高,推动了浙江新港口建设和老码头技术改造的进程。宁波、温州、舟山、海门、乍浦 5 大主要沿海港口初步形成功能互补的港口全体。

1978 年 10 月,浙江省第一个万吨级泊位建成,结束了浙境无深水泊位的历史。“八五”计划(1991 ~ 1995 年)期间,港口建设进入突破发展阶段。河港加快了外海码头建设,拓宽了内河港口的泊位功能。1996 年起,浙江进行港口建设结构调整,以建设集装箱专用泊位、石油化工泊位、车客渡滚装泊位和高速客运泊位为主,同时建设配套的堆场和仓库,疏浚整治进港航道。2003 年,水运强省工程全面实施,浙江省沿海港口布局规划基本完成。至 2004 年年底,浙江省有港口 139 个。其中内河港口 105 个,主要有杭州、嘉兴、湖州、绍兴、兰溪 5 个港口;沿海港口 34 个,主要港口有宁波、温州、舟山、海门、乍浦 5 个港口。浙江省基本形成以宁波、舟山深水港域为中心,乍浦、海门、温州港为骨干,中心港口为基础的沿海港口群。

至 2010 年年底,浙江省有生产用码头泊位 5364 个,其中沿海 1095 个,内河 4269 个;码头长度共计 227937 米,其中沿海共 104504 米,内河共 193433 米。沿海万吨级以上码头泊位 159 个,港口年综合通过能力 111770 万吨。浙江港口货物吞吐量 112786. 94 万吨,其中沿海 78846. 11 万吨,内河 33940. 84 万吨。外贸吞吐量 29375. 29 万吨,集装箱 1404. 09 万 TEU。浙江港口旅客吞吐量 1516. 20 万人,其中沿海 1065. 28 万人,内河 450. 92 万人。根据第三次全国港口普查,至 2008 年,浙江省港口生产用装卸机械总计 10530 台,其中起重机械类 1644 台,输送机械类 618 台,专用机械类 986 台,库场机械 6167 台,水平运输机械 1115 台。

第一节 海　　港

中华人民共和国成立初期,浙江省沿海港口没有深水泊位,设施破旧。1978 年改革开放以后,浙江省开始掀起建设新港和老码头技术改造的热潮,兴起新一轮建港高潮,始有万吨级泊位。1990 年,已有万吨级以上深水泊位 17 个。2000 年年底,浙江省基本形成以宁波 - 舟山深水港域为中心,温州、海门、乍浦港为骨干,中小港口为基础的沿海港口群。

2000 年以来,全省沿海港布局规划、主要港口的总体规划等一批规划相继实施,港口建设更加规范。2003 年,浙江省提出建设"海洋强省"的奋斗目标,水运强省工程被列为当时的交通"六大工程"之一。2005 年年底,浙江省沿海港口吞吐能力达到 2.93 亿吨,万吨级以上深水泊位达 81 个。2006 年,宁波 - 舟山港口一体化取得突破性进展。

2007 年,浙江省提出"港航强省"战略,浙江现代交通三大建设也把建设"大港口"作为重中之重。2007 年沿海港口通过能力达 4.8 亿吨,其中万吨级以上泊位 115 个。宁波 - 舟山港一大批重点项目启动建设,2007 年货物吞吐量突破 4.73 亿吨,居世界第三位、国内第二位。

至 2008 年年底,浙江省沿海港口泊位 1042 个,综合通过能力 5.37 亿吨。其中万吨级泊位 128 个,形成了以宁波 - 舟山港为核心、浙北、温台港口为两翼的浙江沿海港口群以及与之相配套的多种运输方式相结合的便捷高效的港口集疏运网络。

至 2010 年,浙江省沿海港口码头泊位共计 1095 个,年货物综合通过能力 7.62 亿吨。其中集装箱吞吐能力 1091 万 TEU,万吨级以上泊位码头 159 个。沿海港口货物吞吐量 7.88 亿吨,集装箱吞吐量 1403.9 万 TEU。其中宁波 - 舟山港货物吞吐量 6.3 亿吨,集装箱吞吐量 1314.4 万 TEU。

一、宁波 - 舟山港

宁波 - 舟山港前身即宁波港和舟山港,位于浙江省东北海岸,处于中国东南沿海主要通道与长江黄金水道交汇处,背靠长江经济带与东部沿海经济带"T"形交汇的长江三角洲地区。宁波港域和舟山港域相毗邻,水上距离最近不足 3 海里。其直接腹地是国家经济发展水平最高、最具活力和发展潜力的地区之一。港区主要分布在宁波镇海、北仑海岸,以及舟山岛南海岸。

宁波—舟山海域宽阔,北起杭州湾东部的花鸟山岛,南至石浦的牛头山岛,南北长 220 公里;大陆岸线长 1547 公里,岛屿岸线长 3203 公里。岸线曲折、岛屿众多,港口岸线资源丰富。宁波—舟山地区岸线蜿蜒曲折,分布有港湾、河口、半岛和众多岛屿。主要海湾有杭州湾、象山湾和石浦湾等,主要入海河流有钱塘江、甬江。1910 个沿海岛屿星罗棋布,形成对外海波浪的天然屏障,很多岛屿线 -10 米等深线近岸、航道通畅,适宜建港。

港区主要分布在宁波镇海、北仑海岸,以及舟山到南海岸。大型国际远洋船舶经虾峙门深水航道进出。宁波 - 舟山港近岸 10 米以上深水岸线约长 333 公里,可用于港口建设岸线约长 223 公里,其中 184 公里尚未开发。已建成泊位 723 个,吞吐能力超过 2 亿吨。2010 年集装箱吞吐量 1314.4 万 TEU,位居全国第三位、全球第六位。货物吞吐量 6.3 亿吨,位居世界第一。港口成为集装箱远洋干线港、国内最大的矿石中转基地、最大的原油转运基地、沿海最大的液体化工储运基地和华东地区重要的煤炭运输基地。

1996年，浙江省出台《宁波－舟山港口中期规划》，提出两港统一规划、统一建设的思路。宁波、舟山海域深水岸线资源得天独厚，是浙江省经济发展中最大的比较优势。突破行政区域界线，整合宁波、舟山港口资源，推进两港一体化进程，充分发挥整体优势，提高浙江省港口的国际竞争力，是实施“八八战略”的重要内容。

2003年3月，浙江省政府成立浙江省港口规划建设委员会，筹备两港统一事宜。2004年3月，甬舟国际集装箱码头有限公司成立，宁波－舟山港口一体化迈出了实质性步伐。2005年7月，浙江省政府成立宁波－舟山港口一体化工作领导小组，推进两港一体化工作。2005年10月，省长常务会议原则通过了省交通厅关于《“宁波－舟山港”一体化运作方案》，明确：争取年内完成统一品牌申请。

2005年12月2日，浙江省政府成立宁波－舟山港管理委员会，设在省交通厅，与宁波舟山港口一体化工作领导小组办公室合署办公。省政府授权管委会负责宁波、舟山港口的规划管理和深水岸线的有序开发，协调两港一体化重大项目建设；协调两港生产经营秩序和有关规章制度的制定、执行；负责两港统计数据的汇总、上报、统一发布；协调两港对外宣传和招商引资工作。同年12月16日，省政府发文批准从2006年1月1日起使用“宁波－舟山港”名称，同时不再使用“宁波港”和“舟山港”名称。

2006年8月11日，宁波－舟山港北仑四期3号、4号泊位及配套工程通过国家验收，改变了中国不能停靠世界上超大型国际集装箱船舶的历史。同年10月24日，宁波海关批准宁波经济技术开发区安达危险品货柜有限公司集装箱场站设立首个海关监管危险品专业堆场。同年11月22日，浙江省政府正式公布实施了《浙江省沿海港口布局规划》，规划浙江沿海港口将呈现以宁波－舟山港、温州港为全国沿海主要港口，嘉兴港、台州港为地区性重要港口的分层次布局，形成煤炭、石油、铁矿石和集装箱四大运输系统。2006年年底，宁波－舟山港货物吞吐量突破4亿吨，达到42387万吨，居世界港口第4位、全国港口第2位；集装箱吞吐量达到713.54万TEU，列全国第4位。2006年全年新辟航线16条，总数162条。其中国际远洋干线82条，每月700多个航班，连接全球100多个国家和地区的600多个港口，吸引了239家国际海运和中介服务机构落户，排名世界前20位的集装箱航运企业均在宁波－舟山港设立了分支机构。

2007年，宁波－舟山港航线总条数超过200条，其中国际远洋干线达100多条，连接全球100多个国家和地区的600多个港口，吸引了近300家国际海运和中介服务机构落户。当年宁波－舟山港货物吞吐量达到47336万吨，同1990年宁波、舟山两港合计吞吐量2462万吨相比，年均递增18.2%；外贸吞吐量达20236万吨，同1990年宁波、舟山两港合计吞吐量812万吨相比，年均递增20.8%。其中煤炭、石油、金属矿石等大宗货物是主要货种，绝对吞吐量都有较大增长，但随着集装箱吞吐量的迅猛发展、原油管线进江运输方式的优化、煤炭直达率的提高，煤炭和石油的吞吐量比重有所下降，集装箱重量占总量的比重已由1995年的2%提高到2007年的15%。

2009年《宁波－舟山港总体规划》正式公布，根据规划，宁波－舟山港将形成“一港十九区”的港口总体布局。其中宁波港域包括甬江、镇海、北仑、穿山、大榭、梅山、象山港、石浦等8个港区；舟山港域包括定海、老塘山、马岙、金塘、沈家门、六横、高亭、衢山、泗礁、绿华山、洋山等11个港区，并明确了各个港区的功能定位。2009年10月，随着舟山跨海大桥建成，金塘港区大浦口集装箱码头投入运营。宁波、舟山港口一体化进入实质性阶段。

2010 年 5 月，浙江省人民政府正式启动全球吞吐量最大的海港——宁波－舟山港“三位一体”港口服务体系建设工程，进一步加大了宁波、舟山港两港合并后资源整合的力度。重点构筑大宗商品交易平台、海陆联动集疏运网络、金融和信息支撑系统。将宁波－舟山港打造成特色突出、服务完善的中国重要枢纽港和国际化大型港口，为浙江省各相关行业开拓发展空间，成为长三角地区经济发展的一大推动力。

2010 年，宁波－舟山港货物吞吐量 63000 万吨，位居世界第一位，集装箱吞吐量达到 1314.4 万 TEU，位居全国第三位，外贸吞吐量 27737.82 万吨，旅客吞吐量 674.32 万人次。宁波－舟山港已成为集装箱远洋干线港、国内最大的矿石中转基地、国内最大的原油转运基地、国内沿海最大的液体化工储运基地和华东地区重要的煤炭运输基地。宁波－舟山港（宁波港）见图 2－2－1。

至 2010 年年底，宁波－舟山港共有生产性码头泊位 650 个、长度 71668 米。其中万吨级以上泊位 10 个。综合通过能力 48624 万吨，集装箱吞吐能力为 1017 万 TEU。

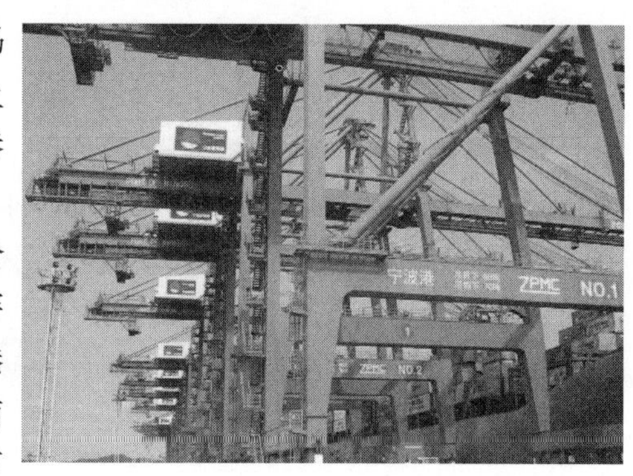

图 2－2－1　宁波－舟山港（宁波港）

宁波－舟山港海域航路复杂，锚地众多，按分布情况可划分为舟山本岛以北海域、北仑—穿山—舟山本岛附近—六横—象山港海域、石浦港海域三个区域，分别称为北部海域，中部海域，南部海域。其中，北部海域开阔，航道、锚地基本可以满足现有港口发展需求；中部海域码头基础设施集中，航道、锚地较为紧张；南部海域码头设施较少，航道、锚地建设基本可以满足现有发展需求。宁波－舟山港各海域主要航道现状见表 2－2－1。

2010 年宁波－舟山港各海域主要航道现状表　　表 2－2－1

主要航道		航道性质	通航标准	底宽（米）	水深（米）	备　注
北部海域	洋山进港航道	天然，人工	10 万吨级集装箱	300～550	>16.0	人工段宽度 300 米，深度为 16 米
	马迹山进港航道	天然	25 万吨级	1000	>22.1	乘潮
	马迹山中转东航道	天然	3.5 万吨级	500	10.7	乘潮
中部海域	金塘水道	天然	20 万乘潮	>2600	20～91	虾峙门口外人工航槽水深 25.7 米
	册子水道	天然		3900～8900	20.5～60	
	螺头水道	天然		2200	>40	
	虾峙门水道	天然		750～2800	20～123	
	象山港航道	天然	万吨级		7.9～26	无固定航路
南部海域	石浦航道	天然	5000 吨级	300～600	5.7～60	礁石碍航

（一）宁波港域（原宁波港）

宁波港域地处中国大陆海岸线中部，是中国最古老的港口之一，也是中国大陆主枢纽港之一和环球航线的重要挂靠港。同时，是中国大陆主要铁矿、原油、液体化工中转储存基地和华东地区主要煤炭、粮食等散杂货中转和储存基地。从古代句章港、明州港至现代宁波港域，约历2300年。唐开元二十六年（738年）明州建立，遂称为明州港。天宝十一年（752年）日本遣唐使船曾由明州入唐，迄今已有1200余年。随着经济、社会发展，港口的位置由姚江城山渡东移至城区三江口，推进至甬江口外海岸，港依城兴，港兴城荣，息息相关。

1.形成与发展

周元王三年（前473年），越王勾践以东疆句余之地，在城山（今宁波市郊乍山乡）筑建句章城，宁波古港句章港也随之形成。战国时期，七雄并峙，句章港的经济和战略地位日趋重要，与碣石、转附、琅琊、吴、会稽、东瓯、冶、番禺同为中国主要港口。秦王政二十五年（公元前222年）置句章县，设治于此，后成为海上交通、军事重要港口。

秦汉至六朝800余年间，句章港作为海上军事要塞屡见于史册。

隋开皇九年（589年）二月，句章县治由城山迁至小溪（今鄞县鄞江镇），句章港的地位渐被三江口所取代。唐开元二十六年（738年），明州（今宁波）自越州析出。天宝十一年（752年），日本孝谦朝遣唐使舶3艘首次在明州与越州（今绍兴）登岸，标志宁波港正式开埠，始为外贸港口。唐长庆元年（821年），港口经小溪迁至三江口形成明州港。

至宋元两代，港口发展渐趋成熟。北宋时，明州已与广州、杭州、泉州、密州4港齐名，列为朝廷规定的中国五个对外贸易港之一。货物以越窑青瓷和丝织品出口著称于世，是"海上瓷器之路"起点。宋绍熙五年（1195年），明州改为庆元府，港随之更名为庆元港，是全国对日本、朝鲜以及东南亚、西亚诸国贸易往来最重要的口岸之一。至元十三年（1276年），元军占庆元府（明州），改称庆元路，仍为日本、朝鲜及东南亚、西亚诸国贸易往来重要口岸之一，海外贸易、国际航运较宋代繁盛，通航国家、地区140余个，遍及欧、亚、非三大洲。

庆元港航线与宋代同，尤其国际航路承袭南宋，西越印度洋达非洲海岸。至高丽航线多在中国北部沿海航行，行至江苏、山东沿海再横渡黄海去高丽礼成等港口。元代海运漕粮，恢复庆元港原断航多年的北路航线。庆元港有码头两个：甬东司道头，地址在运粮千户所（现江左街口），北临余姚江边；至正二年（1342年），郡守王元恭在南城下沿江（奉化江）一带（下番滩南）建造马道，供海道运粮船泊驳。北方山东、江苏商船，渐在庆元立足，逐步形成南北商业船帮。

明初，改庆元港为明州港。洪武十四年（1381年），为避明国号之讳，改明州为宁波，遂称宁波港。明代由于实行海禁，港口发展缓慢。嘉靖元年（1522年）后，沿海倭患日重，一度禁渔船下海，民间贸易皆废，唯实行勘合贸易（即朝贡贸易）。为防止"入贡"国冒伪滥充，制定勘合制度，指定宁波港为接待日本"贡船"唯一港口。明嘉靖二年（1523年）在宁波发生"争贡事件"后，明朝政府下令关闭宁波、泉州三市舶司。隆庆元年（1567年），开放海禁，允许民间海上贸易，施行"引票"制，以征收商税。因倭患未清，对外贸易比重甚小。明万历间（1573~1620年）禁令"不得与倭寇、夷互市"。旋因地理位置优越，成为南北货转运枢纽，"南北商号"发展。"南号"亦称"南帮"，系长江以南地区港口商业船帮，专营东南沿海、岭南货运，主要来自闽广一带；"北号"或称"北帮"，北方商业船帮，专营长江以北港口贸易运输，以山东、安徽商人为主。对复苏宁波港、扩大南北物资交流起较大作用。明末清初屡行海禁，港口衰落。

清初,厉行海禁锁边政策,以扼杀沿海抗清力量,顺治、康熙年间均多次下令,禁绝下海船只。先后四十年间,宁波港民间海上贸易、渔业窒息。康熙二十三年(1684 年),清政府驰“海禁”,颁“展海令”,准 500 石以下船只出海贸易。康熙二十四年(1685 年),于宁波设浙海关。港口逐渐复苏,特别是驶往日本的商船逐年增加。康熙二十七年(1688 年),中国驶往长崎的商船 194 艘,其中宁波港去的就有 37 艘,占 19%。道光二十三年(1843 年),由《中英五口通商章程》,宁波被辟为五口通商口岸之一。道光二十四年(1844 年)1 月 1 日,宁波港以“条约口岸”正式开埠。此后,宁波港的帆船港时代逐步向轮船港转变。轮船的增多,又促使港口码头、仓场、航标等设施发展。开埠后,江北岸一带逐步修建石坳码头(俗称道头),供驳船和洋式帆船使用。

宁波口岸码头见图 2 - 2 - 2。

民国时期,随着轮船业的进一步兴起,石码头逐渐被钢质浮码头取代,宁波港得以较大发展。民国 2 年(1913 年),吞吐量 77.71 万吨,旅客运输量最高达 164.94 万人次。1875 ~ 1913 年,货运量增 5 ~ 6 倍。民国 21 年(1932 年),货物吞吐量最高达 195 万吨。1936 年,有轮船码头 20 余座(内镇海 7 座),计泊位 30 个(镇海 8 个),小轮船、帆船道头、埠头 100 余个。

图 2 - 2 - 2 宁波口岸码头明信片

后由于战乱频频,宁波港遭到很大破坏。1949 年,全港只有江天、宁绍、宁兴、美孚等码头尚能勉强使用,港口货物吞吐量下降至 4.25 万吨。20 世纪 50 年代后有所发展,但发展缓慢。1954 年制定《宁波港港章》,以后相继制定各项规则、规定、办法,加强港务、航务管理。1956 年吞吐量 58 万吨,进出港口船舶 58 万艘次。码头 11 座,除余姚码头属内河,江天、宁绍、宁兴等码头皆投入使用。20 世纪 60 年代初期,宁波港吞吐量、客运量处于上下徘徊状态。“文化大革命”中,港口设施毁损,经济效益下降。

20 世纪 70 ~ 80 年代,由于周恩来总理 1973 年提出的“要在三年内改变港口面貌”和改革开放政策,港口有了较快发展。1973 ~ 1978 年,老港区新建、改建整片式固定码头 4 座,移装钢制浮码头 1 座,建仓库 3 座,增置装卸机械 73 台。全港共增 500 吨级以上泊位 14 个。1979 年 6 月 1 日,宁波港对外开放。

20 世纪 70 年代末至 80 年代初,镇海港区和北仑港区的开发,使宁波港由原来的内河港,发展成为集内河港—河口港—海港三位一体的复合港,由区域性小港一跃成为跨区域多功能、多层次的综合性港口,集疏运条件显著改善,配套机构设施渐趋齐全。1984 年开始集装箱装卸业务,港口现代化建设步伐加快。1985 年年货物吞吐量首超 1000 万吨,跨入大港行列。是年,旅客吞吐量达 282.61 万人次。

进入 20 世纪 90 年代后,改革开放逐步深入,社会主义市场经济全面发展,宁波港港口生产建设呈现出快速发展崛起的态势。1991 年货物吞吐量突破 3000 万吨,1993 年突破 5000 万吨,2000 年突破 1 亿吨。2010 年宁波港域年货物吞吐量达 4.12 亿吨,居大陆沿海港口第 2 位、国际港口第 4 位。

进入21世纪，宁波港集装箱运输异军突起，年吞吐量2001年首次突破100万TEU，2006年突破700万TEU，跻身于大陆沿海港口第4位、国际港口第13位。2008年突破1000万TEU，2010年突破1300万TEU，居大陆沿海港口第3位、国际港口第8位。

2. 港区

原宁波港，指宁波市区老港。20世纪70年代中期，随着镇海及北仑新港相继开发建设，宁波港范围随之扩大。1980年10月后，宁波港、镇海港、北仑港区"三港合一"，统称宁波港，始有宁波港区（甬江港区）、镇海港区、北仑港区之分。宁波－舟山港正式启用后，后又陆续建设大榭、穿山、梅山等港区。

现在的宁波港域由北仑港区、镇海港区、甬江港区、大榭港区、穿山港区、梅山港区、石浦港区和象山港港区组成，是一个集内河港、河口港和海港于一体的多功能、综合性的现代化亿吨级深水大港。宁波港域八大港区示意图见图2－2－3。

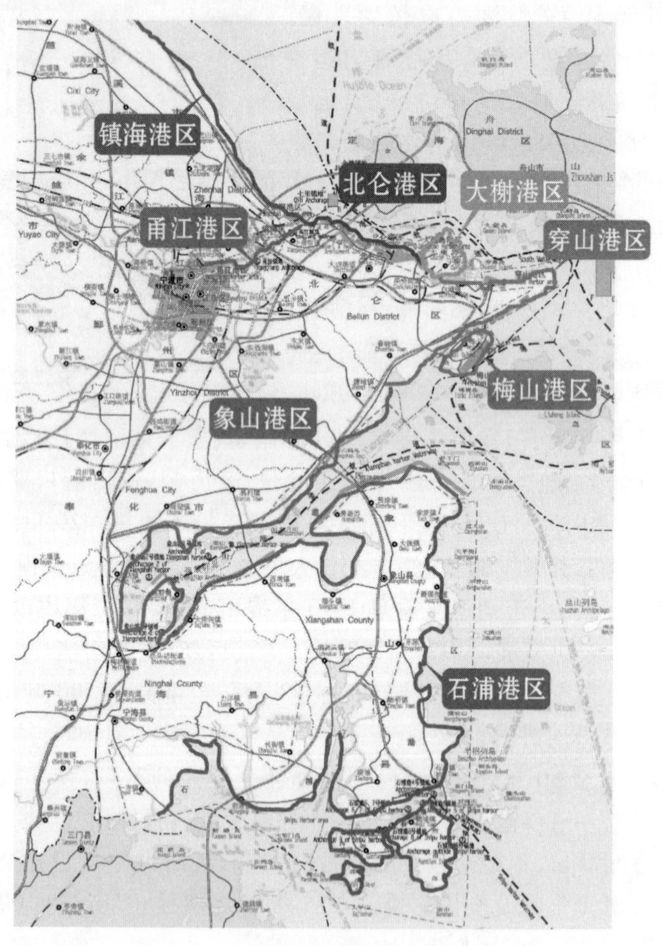

图2－2－3　宁波港域八大港区示意图

（1）北仑港区

北仑港区，位于甬江口东侧金塘水道南岸，西起甬江口长跳嘴灯桩，东至穿山北港区人渡码头。港域面积150平方公里，大部分水深50米以上。进港航道最窄处宽度在700米以

上,30 万吨级重载海轮可自由进出。岸线长 17.5 公里,其中 13 公里岸线规划建设万吨级以上深水泊位 50 座,承担散杂货、化肥、煤炭、矿石和集装箱运输。至 2010 年,北仑港区共有生产性码头泊位 49 个,长度 12674 米,万吨级以上泊位 36 个。泊位设计通过能力散装、件杂货物 1417 万吨,集装箱 190 万 TEU。

北仑港区的大规模开发建设,始于上海宝山钢铁总厂主要配套设施 10 万吨级矿石中转码头工程的建设。1977 年,在兴建上海宝山钢铁总厂的同时,需配套建造一座 10 万吨级矿石中转码头,以供进口澳大利亚等国铁矿石之用。1977 年 1 月 8 日,在杭州召开港口选址会议,肯定北仑航道港池水深良好,锚地海域宽阔;岸线顺直,沿岸坡陡、水深、流顺;近依长江,紧邻上海,地理位置适中;风小浪静,基本不淤,自然条件优越;陆域宽阔,水路中转方便,是宝山钢铁总厂矿石中转的理想港址。1979 年 1 月 10 日,10 万吨级矿石中转码头开工建设。从此北仑港区开始了开发建设,使古老的宁波港走出甬江,也完成了由河口港到海港的历史性跨越。

到 1987 年末,港区共有 500 吨级及以上生产性泊位 9 个(含货主专用泊位 5 个),北仑原油过驳平台泊位 1 个;仓库、堆场面积共 17 余万平方米;有各类装卸机械 123 台,年操作量 1107.7 万吨,货物吞吐量 1057.3 万吨。此后,除 1988 年 12 月将原油过驳平台泊位拍卖给外商外,生产性泊位建设继续进行。

1991 年,港区 500 吨级及以上生产性泊位增至 14 个(含货主专用泊位 7 个);仓库 5 座,面积 2.8 万平方米,容量 4.6 万吨;堆场 4 处,面积 14.5 万平方米,容量 114.3 万吨;各类装卸机械 123 台,年操作量 1745.9 万吨,货物吞吐量 1621.2 万吨。

北仑港区至国内沿海主要港口里程见表 2-2-2,北仑港区至世界主要港口里程见表 2-2-3。

北仑港区至国内沿海主要港口里程一览表 表 2-2-2

港名	里程(海里)	港名	里程(海里)
上海	西 129 东 160	福州	345
连云港	423	厦门	476
青岛	433	广州	824
烟台	544	湛江	967
秦皇岛	683	黄埔	807
旅顺	582	香港	735
大连	578	高雄	518
天津	769	基隆	331
温州	191	上海宝钢	210

北仑港区至世界主要港口里程一览表 表 2-2-3

港名	里程(海里)	港名	里程(海里)
长崎	460	温哥华	5007
佐世保	471	伦敦	10297
神户	787	纽约	10600
南浦	437	洛杉矶	6242
釜山	537	达尔文	3632
符拉迪沃斯托克(海参崴)	1017	墨尔本	5183
曼谷	2136	里约热内卢	10907

续上表

港名	里程(海里)	港名	里程(海里)
新加坡	2070	鹿特丹	10389
雅加达	2401	汉堡	10637
仰光	3187	不莱梅	10620
卡拉奇	4957	马赛	8618
旧金山	5411	迪拜	5608
惠灵顿	5510		

2008 年北仑港区 20 万吨级矿石中转码头改造工程、四期集装箱码头 5 号、6 号、7 号泊位及配套工程通过交通部组织的竣工验收。上述泊位等级为 5 ~ 10 万吨级集装箱专用泊位（水工结构按 10 万吨级集装箱船靠泊设计），泊位长度为 1100 米。工程累计实际投资 23.74 亿元。

2010 年，北仑第二港埠分公司 3 号、4 号码头通过竣工验收。包括新建的 7000 吨级石灰石泊位和 3 万吨级煤炭泊位（水工结构均按靠泊 5 万吨级船舶设计）各 1 个。其中石灰石泊位核定年通过能力 281.7 万吨；煤炭泊位核定年通过能力 451.9 万吨。两个泊位的投入使用提高了宁波港散杂货吞吐能力。同年，北仑山多用途码头通过对外启用验收。该多用途码头在设计上融国际旅游客运、件杂货及汽车滚装于一体，全长 433 米，前沿设计水深 14.5 米，建有一个 5 万吨级码头，可兼靠 8 万吨级散货轮，也可同时停靠两艘 2 万吨级船舶。设计年吞吐能力为 200 万吨散杂货、20 万 TEU 和 2 万辆小型汽车。

经过多年的发展，北仑港区已成为以承担大宗散货中转和外贸集装箱运输为主，兼具货物装卸、保税仓储、现代物流以及临港工业与水运工业开发等多功能的大型综合性深水港区。港区布局自西向东依次为：西部作业区、西部企业专用码头作业区、中部作业区、东部作业区和穿山西口作业区。北仑港区作业区情况见表 2 - 2 - 4。

北仑港区作业区一览表

表 2 - 2 - 4

名　称	主要码头数（个）	泊位数（个）	设计最大靠泊能力（万吨级）	年货物最大通过能力（万吨）	备　　注
西部作业区	3	6	5	99	
西部企业专用码头作业区	4	11	25	1519	
中部作业区	8	23	10	440	集装箱年最大通过能力 30 万 TEU
东部作业区		7	5	172	

（2）镇海港区

镇海港区西起后海塘港监信号杆，东至甬江口大小游山。地理坐标北纬 29°57′，东经 121°43′。使用岸线长 3683 米，港域面积 490 万平方米，其中生产性码头岸线长 3425 米，规划建 5000 至 7 万吨级泊位 18 个，其中深水泊位 14 个，设计总通过能力 2000 万吨。镇海港区河口港港口条件优越，游山北水深 10 米左右，最深达 44 米，甬江口门处航道水深稳定，可通航万吨级以上船舶。

20 世纪 70 年代初，宁波市区老港运输任务日益繁重，1973 年货物吞吐量达到 138 万吨,比1951年的21万吨增加了6.5倍,而同期的泊位总长增加还不到1倍,最大靠泊能力依然局限于3000吨级的水平,港口设施远不能适应运输发展的需要。

1973年7月,国务院港口建设领导小组组长粟裕视察甬江,确定在扩建宁波市区老港的同时,建设镇海新港区。是年9月浙江省宁波港建设指挥部向国家计划委员会和国务院港口建设领导小组编报《宁波港扩建工程计划任务书》,提出在镇海甬江口门扩建3个作业区,建设16个泊位,年设计吞吐能力820万吨;以及新建进港铁路、新建和改建公里、扩建杭甬运河等配套工程的规划,全部工程分两期实施。

1974年8月,交通部批复同意第一期工程建设2个煤码头泊位、3个杂货码头泊位以及相应的生产配套工程。是年,港区一期工程开始劈山围堤。

1978年12月,煤码头两个泊位主体工程和各项配套设施完工。工程决算总投资为人民币9058.5万元,后因航道回淤等原因,未完成的一期工程项目于1984年后续建。

1987年末,港区共有500吨级及其以上生产性泊位17个,含货主专用泊位9个;仓库、堆场面积计17余万平方米,一次可堆存50余万吨货物;储煤仓10个,容量2000吨;液化储罐11只,容积9700立方米;各种装卸机械设施153台,年操作量469.8万吨,货物吞吐量253万吨。翌年8月,二期工程的最后一个万吨级泊位及其配套设施建成。

1991年初,16号泊位(即化工泊位)技改工程结束,泊位的靠泊能力由5000吨级提高到万吨级。同年底,港区500吨级及其以上泊位增至20个(含货主专用泊位9个);生产性仓库5座,近2.8万平方米,容量6.4万余吨;堆场32处,面积26.2万平方米,可储存99.6万吨货物;储煤仓10个,容量2000吨;储罐18只,容积28223立方米,容量27400吨;各类装卸机械202台,年操作量约1000万吨,货物吞吐量587万吨(含轮驳公司38.6万吨)。

2004年,位于镇海区岚山的镇海国家石油储备基地一期工程全面开工建设。该项目总投资37.48亿元,由52座直径80米、高20多米的原油罐组成,单体储油能力为10万立方米。

2010年年底,镇海港区拥有生产用码头泊位18个,共计长度2850米,其中万吨级以上泊位11个。泊位设计年通过能力散装、件杂货物2231万吨,集装箱10万TEU。港区自西向东已形成煤炭作业区、通用散杂货和内贸集装箱作业区、油汽及液体化工储运区三大功能区。

镇海港区作业区情况见表2-2-5。

镇海港区作业区一览表　　表2-2-5

名　称	主要泊位数（个）	设计最大靠泊能力（万吨级）	年货物最大通过能力（万吨）	备　注
煤炭作业区	4	2	250	
通用散杂货和内贸集装箱作业区	7	2	160	其中集装箱10万TEU
油气及液体化工储运区	7	5	208	

(3)甬江港区

甬江港区在原宁波港区(即:甬江、余姚江、奉化江的汇合处“三江口”一带,系河岸港)的基础上扩展至内河港区,港区区域自市中心三江口起至镇海招宝山脚。港区内有甬江航道,长22公里,航道宽80~120米,由于航道的泥沙淤积,历史上最大通航能力达7500吨级，今最大通航能力只有2000~3000吨级。

20世纪70年代中期在镇海港区兴建之时，甬江港区也同时进行了扩建。1991年末，港区共有500吨级及其以上生产性泊位39个（内含货主专用泊位27个）；仓库11幢，面积2.3万平方米，容量1.06余万吨；堆场15处，面积2.6万平方米，容量4.9万吨；各类装卸机械119台，年操作量235万吨。货物吞吐量157万吨，旅客流量327.9万人次。至2008年，甬江港区1000吨级及以上海轮生产用泊位达到44个。

甬江港区主要码头有宁波港股份有限公司镇海港埠分公司码头、宁波港股份有限公司油港轮驳分公司码头、镇海发电厂码头、镇海轮渡公司码头、中港第三航务工程局宁波分公司码头、镇海客运中心码头、中国海监第四支队码头、宁波市粮食局码头、宁波勤勇港埠有限公司码头、中国石化镇海炼化股份有限公司码头、浙江石油总公司宁波分公司码头、中港第三航务工程局宁波分公司码头、宁波交通物资公司码头、宁波交福懋油脂有限公司码头等18个码头，设计最高靠泊能力为5000吨级，年货物通过能力最高为275万吨。

（4）大榭港区（宁波－舟山港启用后新建）

大榭港区位于宁波市北仑区大榭岛，大榭岛南北走向6.3公里，东西走向65公里，面积30.84平方公里，南距陆岸最近点0.5公里，位于北仑区新矸街道东，柴桥街道东北，经跨海大桥与陆域连接。承担集装箱和原油运输业务，同时承担客运业务。大榭港区水域宽广，拥有深水岸线10.7公里，30万吨级船舶可自由进出，是国际一流的深水良港。大榭港区的总体布局规划为三大区：穿鼻岛散货作业区（A区）和东部临港工业及液体储运区（B区）；西北临海工业港区（C区）和集装箱作业区（D区）；西南通用作业区（E区）。

2008年4月，大榭港区中油燃料油30万吨级油码头工程开工建设，2009年8月21日完成交工验收，9月投入试生产。2010年1月12日，省政府批复同意对外启用。该码头位于大榭岛东北侧大田湾岸段，建设规模为一个30万吨级油码头，年设计吞吐能力为1200万吨，投资24150万元，最大可兼靠45万吨油轮作业，可同时停靠两艘2万吨级出运油船作业。该码头对外启用后，大榭港区对外启用港口项目达到7个，吞吐能力5700万吨。

2010年，大榭港区生产用码头泊位30个，长度7250米，其中万吨级以上泊位18个。泊位设计年通过能力5367万吨，集装箱247万TEU。实现货物吞吐量6116.5万吨，原油进口超过2152万吨，集装箱167.5万TEU。

大榭港区作业区情况见表2－2－6。

大榭港区作业区一览表　　表2－2－6

名称	主要码头数（个）	泊位数（个）	设计最大靠泊能力（万吨级）	年货物最大通过能力（万吨）	备注
东部临港工业及液体储运区（B区）	5	8	30	1800	
东部大宗散货储运区B区	1	2	5	150	
西北临海工业区和集装箱作业区（C区、D区）	2	6	10	500	年集装箱通过能力为60万TEU
西南通用作业区（E区）	7	11	2	50	年旅客通过能力为60万人次

(5)穿山港区(宁波－舟山港启用后新建)

穿山港区即原穿山港,位于宁波市北仑区,穿山港区以穿山港客渡北岸为准,至镇海11海里,定海17海里。陆域三面环山,纵深50米,总面积2.48平方公里。港区主要分布在穿山北面,西起牛扼江东口,东至沙湾嘴,自然岸线7.2公里。承担集装箱运输业务。

穿山区港早期以渔业生产为主。19世纪末至20世纪30年代,港口进入鼎盛时期,航业兴旺。甬穿、平安、大华等轮船公司相继在穿山港建筑码头。至中华人民共和国成立前夕,几经更迭,仅存茂利、穿山、舟山3座码头。中华人民共和国成立后,穿山港主要为部队补给基地,码头时有增建。地方航运业随有一定增长,然发展缓慢。1990年,穿山全港有码头16座,泊位30个,靠泊能力除舟嵊要塞泊位为3000吨级外,其余为300~500吨级。

2009年1月,大榭招商国际码头2号泊位对外启用获省政府批复。招商国际码头有限公司共规划建设4个集装箱泊位,泊位总长1500米,码头前沿水深－17.5米,港区陆域面积164万平方米,堆场面积80万平方米。4号、3号泊位之前已实现对外启用。

2009年6月3~5日《宁波－舟山港穿山港区中宅煤炭码头工程项目申请报告》通过交通运输部规划研究院评估。评估会建议接卸泊位调整为5万吨级和3.5万吨级散货接卸泊位各1个,同时可兼靠15万吨级散货船,接卸能力850万吨。主要船型为5000吨级散货船,兼顾长江沿线3.5万吨级散货船,装船码头规模调整为5000吨级散货船泊位2个,同时可兼靠3.5万吨级散货船,装船能力400万吨。

至2010年,穿山港区共有生产性码头泊位40个,共计长度4767米,万吨级以上泊位8个。泊位设计通过能力散装、件杂货物992万吨,集装箱350万TEU。穿山港区作业区情况见表2－2－7。

穿山港区作业区一览表 表2－2－7

名　称	主要码头数(个)	泊位数(个)	设计最大靠泊能力(万吨级)	年货物最大通过能力(万吨)	备　注
西部集装箱作业区	2	8	10		年集装箱通过能力最高为50万TEU
东部大宗散货作业区	3	2	0.1	50	

(6)梅山保税港区(宁波－舟山港启用后新建)

梅山保税港区即原梅山港,位于宁波市北仑区梅山岛,距宁波市区57公里,距镇海45公里。梅山岛东侧朴蛇山至梅山化工厂南段7.2公里岸线,水深10~20米,为较好的深水岸线资源,是宁波港口远景发展的重要岸线。梅山保税港区主要承担集装箱运输业务。

1991年,梅山港有码头9座,泊位总长301米。最大码头为宁波海洋渔业公司油库和梅山冷库码头,靠泊能力均为500吨级。

2008年2月24日,国务院批准设立宁波梅山保税港区,这是继上海洋山、天津东疆、大连大窑湾、海南洋浦之后的中国第五个保税港区。宁波梅山保税港区位于梅山岛,规划面积7.7平方公里,起至范围:东到码头岸线(含泊位),南至南峰路,西北以沿港路、梅山大道、港区路围合为界。

2009年6月1~3日,交通运输部规划研究院受交通运输部综合规划司委托在宁波组织召开《宁波－舟山港梅山保税港区1号~5号集装箱码头工程可行性报告》审核会。该项目分期建设2个10万吨级（码头结构按靠泊15万吨级船舶设计）和3个7万吨级（码头结构按靠泊10万吨级船舶设计）集装箱泊位，以及工作船泊位等其他水、陆域配套设施，码头长度共计1800米，设计年通过能力300万TEU。

2010年8月26日，宁波梅山保税港区集装箱码头投入试运营。至2010年，梅山港区共有生产性码头泊位3个，长度共830米，万吨级以上泊位2个。泊位设计通过能力集装箱120万TEU。

梅山保税区主要码头为宁波梅山岛国际集装箱码头有限公司码头。拥有梅山公司集装箱码头1号、2号两个泊位。2010年建成投产，属经营性集装箱泊位。该码头为高桩式结构，共366米，前沿水深17米，设计靠泊能力10万吨级。此外，港区还有货主公司码头13个，最大靠泊能力500吨级。

（7）象山港区（宁波－舟山港启用后新建）

象山港区即原象山港，地处宁波市东南方，位于穿山半岛和象山半岛之间，即中心位置北纬29°35′，东经121°45′。海湾岸线总长406公里，其中岛屿岸线109公里，总面积582.5平方公里，系半封闭型港湾；港区四周环山，避风条件好，至2010年年底已设有锚地6处，平均水深6~8米。

象山港自20世纪50年代开始，陆续建有海军军用码头，形成一定规模的军港。但作为商用交通资源，长期未被充分开发利用而获得发展。

2010年，象山港区共有生产性码头泊位44个，长度共计4186米，万吨级以上泊位5个。泊位设计通过能力散装、件杂货物3262万吨。年吞吐量达300万吨，整个港区以1000吨级以上码头泊位为主。有客运场站21000平方米，年客运量101万人次。当前全港区以散杂货运输和电厂煤炭接卸为主，远期兼顾集装箱运输。

主要码头有浙江大唐乌沙山发电责任有限公司码头、宁波象山港水泥有限公司码头、象山三洋码头货物装卸有限公司1号码头等12个，泊位19个。设计靠泊能力最高达3.5万吨级，年货物通过能力最高为600万吨。

（8）石浦港区（宁波－舟山港启用后新建）

石浦港区即原石浦港，是国家一级渔港，1993年获准成为国家二级开放口岸。港区地处宁波市最南端，即北纬29°12′，东经121°56′，北起塘头港、西至三门口，呈东北—西南弯月形走向。港口地界适中，史称“浙洋中路重镇”，距镇海74海里、定海58海里、上海186海里。港区外有众多岛屿作天然屏障，是一个多口门的优良避风港，也是我国台湾渔船在大陆最集中的避风和补给港口之一。

石浦港区历史悠久，唐神龙二年（707年）象山立县前，已为贾贩往来、桅樯云集之区。宋代置东门寨，元代设巡检司，明代建卫所，清代设同知署。清光绪年间始建趸船码头，有永川码头、永利码头，民国建达兴码头。中华人民共和国成立后，港口建设加快，至1991年，共有码头38座，最大靠泊能力为5000吨级。全港年货物吞吐能力达200万吨。1993年获准成为国家二级开放口岸，同年5月正式开放。

石浦港区以煤炭、杂货等物资运输为主，并为陆岛交通和沿海客运服务。至2010年，有

客运场站15000平方米，年客运量77万人次；共有生产性泊位145个；拥有仓库堆场面积9800平方米，仓库容积50000立方米；拥有大型装卸机械4台，年货物吞吐量达100万吨。

石浦港区1000吨级以上码头泊位主要有：中国石油化工股份有限公司码头、象山荔港航运代理有限公司码头、象山石浦东方水产有限公司码头、象山中油油品经销有限公司码头、象山石浦水上客运中心码头、象山石城山码头开发有限公司码头等19个，设计最大靠泊能力为3000吨级船舶，年最高通过能力129万吨。

3. 港口设施

(1)码头

宁波港(宁波港域)在唐代，于今和义路沿江岸一带置有海运码头，在余姚江南岸置有内河码头。宋代，三江口至灵桥一带，自西向东置有西、中、东3座码头，因傍依江厦寺，故统称江厦码头。元皇庆二年(1313年)，海道漕粮运输勃兴，在运粮千户所(址在今新江桥北堍西侧)北端余姚江边，置有海漕码头，即甬东司道头。惠宗至正二年(1342年)，郡守王元恭于奉化江下番滩以南置马道，“以为海道运粮舟次”。

清嘉庆二十五年(1820年)前后，宁波港沿海贸易呈现繁荣势头，江东一带逐渐发展成为宁波水运和商业中心，沿江岸码头竞相添筑。道光二十四年(1844年)1月1日，按照中英《南京条约》，宁波门户洞开，英、美、法、德等国的轮船频繁出入宁波港。开埠初，以修建石式码头为主，专供驳船及小型帆船靠泊，货轮来港抛锚于江心，装卸货物由小船驳运上栈。继之，石礲码头渐为木质以至钢质浮码头所取代，宁波港港址亦向江北岸至下白沙沿甬江一线位移。同治元年(1862年)，美国旗昌轮船公司建造趸船浮码头1座，为开通宁波至上海间定班货轮做准备。同治十三年(1874年)，轮船招商局宁波分局筑成栈桥式铁木趸船浮码头1座，定名江天码头，靠泊能力初为1000吨级，后扩建达到3000吨级，时为宁波港靠泊能力最大的轮船码头。

民国时期，航运业曲折发展，码头建设时兴时废。至1949年解放时，尚留破旧码头11座。

1949年后，码头收归公有，破旧码头逐渐得以修复，新码头日见添筑。1958年，建成白沙水陆联运码头，有泊位2个，靠泊能力各为3000吨级。

20世纪70年代末以来，随着宁波港区、镇海港区的扩建和北仑港区的开发，以及镇海石油化工总厂、镇海发电厂等大型企业的兴建，码头建设加快，配套设施更趋完备。

1982年12月27日，国家第一座10万吨级现代化矿石中转码头在北仑港区建成投产，标志着宁波港码头设施登上了新台阶。1987年，宁波港共有500吨级及以上生产性泊位67个(内含专用泊位41个)。其中20万吨级平台1个，10万吨级泊位1个，5万吨级泊位2个，2.7万吨级平台1个，2.5万吨级泊位3个，万吨级泊位4个，5000吨级泊位4个，1000～3000吨级泊位21个，500吨级泊位30个。此后，2.7万吨级平台和20万吨级平台先后被转让和撤销；北仑港区6个3.5万～5万吨级泊位、镇海港区的3号、4号泊位以及镇海石油化工总厂的15万吨级原油泊位相继动工。

至1991年，宁波港共有500吨级及以上泊位74个(内含专用泊位45个)，码头总长4264.3米，设计通过能力4521万吨，集装箱年吞吐量3.55万TEU。

1991 年,宁波港第一个 10 万吨级矿石中转码头开始兴建。是年 9 月,北仑港区二期工程第一阶段 3 个泊位建成投产,其中一个第三、四代国际集装箱专用泊位是我国大陆沿海最早建成投产的。第二阶段 3 个泊位也于 1992 年 12 月通过国家验收并投产。1996 ~ 1997 年,宁波港加紧对现有 3 座 5 万吨级国际集装箱码头进行技术改造,形成年 50 万 TEU 的吞吐能力;兴建了与镇海石化总厂配套的 3 个 2.5 万 ~ 15 万吨级原油泊位(经技术改造后现为 25 万吨级原油泊位,是我国目前最大的原油码头之一);兴建了与北仑电厂配套的 2 万吨级、3 万吨级煤炭专用泊位各 1 个。1997 年 11 月,20 万吨级矿石码头竣工投入试生产并通过国家验收,使北仑港区 10 万吨级和 20 万吨级两座泊位年接卸进口铁矿能力达到 3000 万吨以上。"八五"计划(1991 ~ 1996 年)期间,宁波港建成北仑港二期 6 个 3 万 ~ 5 万吨级深水泊位和两个 20 万吨级矿石码头,新增货物通过能力 1200 万吨,货物吞吐量达 6853 万吨,新增集装箱年吞吐量 155487TEU。

2000 年年底,宁波港口拥有 500 吨级以上沿海泊位 205 个,其中万吨级码头 29 个(含 3 个 10 万吨级以上),码头总长 16709.4 米,核定通过能力 11013 万吨,比"八五"计划(1991 ~ 1996 年)期间新增货物通过能力 5163 万吨,新增集装箱年吞吐量 742195TEU。

进入 21 世纪后,港口吞吐量呈跨越式增长,码头工程建设也进入高潮。2001 年,北仑港区 1238 米国际集装箱码头工程建成泊位 1 个,形成 60 万 TEU 的吞吐能力。2003 年,4 个集装箱泊位全部建成并投入使用,宁波港集装箱吞吐能力达到 200 万 TEU。"十五"计划(2001 ~ 2005 年)期间宁波港共投资沿海港口工程 79.4 亿元,新建成北仑港区四期 5 个 5 万 ~ 10 万吨级集装箱泊位、大榭招商国际 3 号、4 号集装箱泊位、大榭 25 万吨级原油中转码头、大榭烟台万华 MDI 项目 5 万吨级液体化工码头和 5 万吨级煤盐码头、宁波青峙化工 4 万吨级液体化工码头、三菱 PTA5 万吨级化工码头、大唐乌沙山两个 3.5 万吨级码头和宁海强蛟两个 3.5 万吨级煤码头等一批大型专业化深水泊位。2005 年年底,宁波港拥有万吨级码头 48 个(含 8 个 10 万吨级以上),核定年通过能力 18662 万吨,比上年新增货物吞吐量 4295 万吨,新增集装箱年吞吐量 120.25 万 TEU。2006 年,宁波港域沿海港口工程建设实现历史性跨越,拥有万吨级码头 60 个(含 10 个 10 万吨级以上),核定年通过能力 24289 万吨,比上年新增货物通过能力 5627 万吨,新增集装箱吞吐量 186 万 TEU。

至 2008 年第三次港口普查,宁波港域 1000(300)吨级以上海轮(内河)生产用码头泊位数 165 个,其中万吨级以上 67 个,10 万吨级及以上 13 个。1000(300)吨级以上海轮(内河)生产用码头泊位中,专业化泊位 92 个,通用散货泊位 21 个,通用件杂货泊位 40 个,多用途泊位 5 个。2009 年,宁波港域新增生产性泊位 14 个、货物吞吐能力 3700 万吨、集装箱吞吐能力 210 万 TEU。2010 年,宁波港域相继建成北仑一至五期集装箱码头、大榭国际招商码头、大榭 25 万吨级原油码头、镇海港区 5 万吨级液化码头等一批不同功能的深水泊位群。至 2010 年年底,宁波港域共有经营性泊位 330 个,其中 1000 吨级以上泊位 196 个,万吨级以上深水泊位 80 个,包括 10 万吨级以上大型深水泊位 20 个,成为中国大陆大型和特大型深水泊位最多的港口。全年累计完成货物吞吐量 4.12 亿吨、集装箱吞吐量 1300.35 万 TEU。

宁波 - 舟山港宁波港域 2008 年及以前投产时用的万吨级及以上大泊位明细见表 2 - 2 - 8。

宁波－舟山港宁波港域2008年及以前投产时用的万吨级及以上大泊位明细表

表2－2－8

序号	港区名称	港口经营人名称	泊位名称	泊位形式	主要用途	投产年份（年）	前沿水深（米）		泊位长度（米）	设计靠泊能力（吨级）	泊位设计年综合通过能力	
							设计	维护			散装、件杂（万吨）	集装箱（万TEU）
1	镇海港区	宁波港股份有限公司镇海港埠分公司	镇司煤炭码头2号泊位	直立式	煤炭	1981	9.5	9.2	180	10000	250	
2			镇司煤炭码头3号泊位	直立式	煤炭	1988	9.5	9.5	160	10000	200	
3			镇司煤炭码头4号泊位	直立式	通用件杂货	1988	9.5	9.5	180	10000	60	
4			镇司煤炭码头5号泊位	直立式	通用件杂货	1986	9.5	9.5	180	10000	40	
5			镇司煤炭码头6号泊位	直立式	多用途	1986	9.5	9.5	180	10000	40	5
6			镇司煤炭码头9号泊位	直立式	通用件杂货	1985	9.5	9.5	180	10000	30	
7			镇司煤炭码头10号泊位	直立式	通用件杂货	2006	11.0	11.0	280	10000	100	
8			镇司煤炭码头16号泊位	直立式	液体化工	1986	9.0	9.0	64	10000	40	
9			镇司煤炭码头17号泊位	直立式	液体化工	1997	14.0	14.0	349	50000	208	
10			镇司煤炭码头18号泊位	直立式	液体化工	2003	14.0	14.0	340	50000	200	
11	北仑港区	台塑港务（宁波）有限公司	多1	直立式	通用件杂货	2006	14.0	14.0	240	50000	32	
12			多2	直立式	通用散货	2006	14.0	14.0	240	20000	71	
13			多3	直立式	煤炭	2006	14.0	14.0	270	35000	173	
14			化1－1	直立式	液体化工	2004	15.8	16.0	310	50000	75	
15			化1－2	直立式	液体化工	2004	14.0	14.0	310	30000	75	
16			化2－1	直立式	液体化工	2008	15.8	16.0	300	50000	60	
17			化2－2	直立式	液体化工	2008	14.0	14.0	300	30000	32	
18		宁波青峙化工码头有限公司	宁波青峙化工码头1#泊位	直立式	液体化工	2005	14.5	14.5	340	30000	120	
19		宁波港股份有限公司北仑矿石码头分公司	北司矿石码头1号泊位	直立式	金属矿石	1982	18.2	18.2	351	100000	1000	
20			北司矿石码头2号泊位	直立式	金属矿石	1995	20.5	20.5	422	200000	1200	

续上表

序号	港区名称	港口经营人名称	泊位名称	泊位型式	主要用途	投产年份	前沿水深（米）		泊位长度（米）	设计靠泊能力（吨级）	泊位设计年综合通过能力	
							设计	维护			散装、件杂（万吨）	集装箱（万TEU）
21	北仑港区	宁波港股份有限公司北仑矿石码头分公司	北司矿石码头3号泊位	直立式	金属矿石	1982	12.5	12.0	250	25000	700	
22			北司矿石码头4号泊位	直立式	金属矿石	1982	12.5	12.0	250	25000	700	
23			北司矿石码头5号泊位	直立式	金属矿石	1996	12.0	11.0	150	25000	700	
24		中国石油化工股份有限公司镇海炼化分公司	算山码头1号泊位	直立式	原油	1994	20.5	20.5	510	250000	1519	
25			算山码头2号泊位	直立式	原油	2006	20.8	21.5	608	250000	1500	
26			算山码头6号泊位	直立式	成品油	2001	9.5	9.5	220	10000	200	
27			算山码头7号泊位	直立式	成品油	2001	14.0	14.0	400	50000	362	
28		宁波港股份有限公司北仑第二集装箱分公司	北二集司集装箱码头1号泊位	直立式	集装箱	2001	15.0	15.0	308	70000		25
29			北二集司集装箱码头2号泊位	直立式	集装箱	2001	15.0	15.0	308	100000		25
30			北二集司集装箱码头3号泊位	直立式	集装箱	2001	15.0	15.0	311	70000		25
31			北二集司集装箱码头4号泊位	直立式	集装箱	2001	15.0	15.0	311	50000		25
32		宁波港股份有限公司北仑第二港埠分公司	北二集司煤炭码头1号泊位	直立式	煤炭	1992	13.5	13.5	245	10000	200	
33			北二集司煤炭码头2号泊位	直立式	煤炭	1992	13.5	13.5	254	50000	400	
34			北二集司煤炭码头4号泊位	直立式	通用散货	2005	12.5	12.5	279	30000	440	
35			北二集司煤炭码头6号泊位	直立式	通用件杂货	1987	12.5	12.5	345	50000	200	
36		宁波金光粮油码头有限公司	宁波金光粮油码头1号泊位	直立式	散装练市	1998	13.5	14.0	250	50000	374	
37		宁波众成矿石码头有限公司	众成矿石码头6号泊位	直立式	金属矿石	2006	13.5	13.5	365	50000	195	
38		宁波北仑国际集装箱码头有限公司	北仑国际集装箱码头3号泊位	直立式	集装箱	1991	13.5	13.5	300	50000		30
39			北仑国际集装箱码头4号泊位	直立式	集装箱	1991	13.5	13.5	300	50000		30
40			北仑国际集装箱码头5号泊位	直立式	集装箱	1991	13.5	13.5	300	50000		30

续上表

序号	港区名称	港口经营人名称	泊位名称	泊位形式	主要用途	投产年份（年）	前沿水深（米）		泊位长度（米）	设计靠泊能力（吨级）	泊位设计年综合通过能力	
							设计	维护			散装、件杂（万吨）	集装箱（万TEU）
41	北仑港区	国电浙江北仑第一发电有限公司	北仑第一发电有限公司码头	直立式	煤炭	1990	13.5	14.0	405	50000	400	
42	北仑港区	浙江北仑发电有限公司	北仑电厂码头	直立式	煤炭	2000	13.5	13.5	255	50000	400	
43	北仑港区	宁波市场公山石化码头有限公司	杨公山码头	直立式	成品油	1999	13.5	13.5	360	50000	245	
44	北仑港区	宁波正大粮油实业有限公司	正大粮油码头	直立式	其他	1997	12.5	13.5	250	40000	170	
45	大榭港区	中海石油宁波大榭石化有限公司	北仑国际集装箱码头1号泊位	直立式	原油	2003	17.0	17.0	330	50000	225	
46	大榭港区	宁波三菱化学有限公司	三菱化学化工码头	直立式	液体化工	2006	14.7	14.7	330	50000	181	
47	大榭港区	宁波华东BP液化石油气有限公司	BP液化气码头1号泊位	直立式	液化石油气	2002	15.0	15.0	329	50000	175	
48	大榭港区	宁波万华码头有限公司	万华煤盐码头1号泊位	直立式	通用散货	2005	19.0	19.0	340	50000	500	
49	大榭港区	宁波万华码头有限公司	万华化工码头1号泊位	直立式	液体化工	2005	19.0	19.0	330	50000	160	
50	大榭港区	宁波实华原油码头有限公司	华原油码头1号泊位	直立式	原油	2001	26.0	22.5	485	250000	1500	
51	大榭港区	宁波实华原油码头有限公司	华原油码头2号泊位	直立式	原油	2001	12.5	12.5	280	20000	500	
52	大榭港区	宁波大榭招商国际码头有限公司	招商国际集装箱码头2号泊位	直立式	集装箱	2008	17.5	17.5	360	100000		60
53	大榭港区	宁波大榭招商国际码头有限公司	大榭招商国际集装箱码头3号泊位	直立式	集装箱	2005	17.5	17.5	450	100000		60
54	大榭港区	宁波大榭招商国际码头有限公司	大榭招商国际集装箱码头4号泊位	直立式	集装箱	2005	17.5	17.5	360	70000		60
55	大榭港区	宁波大榭开发区集信物流有限公司	集信多用途码头	直立式	集装箱	2002	12.5	12.0	240	20000	47	1
56	大榭港区	宁波大榭开发区码头发展有限公司	码头公司多用途码头1号泊位	直立式	多用途	2007	13.5	13.2	240	20000	36	3

续上表

序号	港区名称	港口经营人名称	泊位名称	泊位形式	主要用途	投产年份（年）	前沿水深（米）		泊位长度（米）	设计靠泊能力（吨级）	泊位设计年综合通过能力	
							设计	维护			散装、件杂（万吨）	集装箱（万 TEU）
57	大榭港区	宁波大榭开发区永信港埠发展有限公司	永信多用途码头	直立式	多用途	2006	10.7	10.7	190	10000	46	2
58	大榭港区	宁波大榭开发区兴发码头有限公司	兴发多用途泊位	直立式	多用途	2005	13.5	13.5	170	10000	38	3
59	穿山港区	宁波穿山码头经营有限公司	港吉公司集装箱码头3号泊位	直立式	集装箱	2004	15.0	15.0	300	100000		40
60	穿山港区	宁波港吉码头经营有限公司	港吉公司集装箱码头4号泊位	直立式	集装箱	2004	17.0	17.0	385	100000		40
61	穿山港区	宁波意宁码头经营有限公司	港吉公司集装箱码头5号泊位	直立式	集装箱	2005	17.0	17.0	415	100000		40
62	穿山港区	宁波甬利码头经营有限公司	港吉公司集装箱码头6号泊位	直立式	集装箱	2005	15.0	15.0	300	100000		40
63	穿山港区	宁波远东码头经营有限公司	港吉公司集装箱码头7号泊位	直立式	集装箱	2006	15.0	15.0	385	100000		40
64	象山港区	浙江大唐乌沙山发电责任有限公司	浙江大唐乌沙山发电有限公司煤码头1号泊位	直立式	煤炭	2005	14.5	13.0	238	35000	335	
65	象山港区	浙江大唐乌沙山发电责任有限公司	浙江大唐乌沙山发电有限公司煤码头2号泊位	直立式	煤炭	2005	14.5	13.0	238	35000	335	
66	象山港区	浙江国华浙能发电有限公司	一期输煤码头1号泊位	直立式	煤炭	2005	14.2	14.2	230	35000	353	
67	象山港区	浙江国华浙能发电有限公司	一期输煤码头2号泊位	直立式	煤炭	2006	14.2	14.2	230	35000	353	

（2）库场

民国25年（1936年），宁波8家轮船（埠）公司共有仓库11幢。民国30年（1941年），宁波沦陷，港口库场遭受日军破坏。至民国36年7月（1947年），招商局宁波轮船公司才修复和新建仓库5幢，总面积1670平方米，库容量6000吨。另建堆场1处，面积1000余平方米。1949年仅有5幢仓库，面积不到2000平方米，库容量不到4000吨。

20世纪50年代，随着国民经济恢复，宁波港航运业有较快发展，库场设施相应增加。1956年，上海区港务管理局宁波分局翻修仓库3幢，新建4000平方米堆场1处。1958年，铁路宁波北站建站营业,白沙作业区新建仓库100平方米。至此,港属实有仓库面积达到4643平方米,堆场27743平方米。

自1961年起,对库场相应地做了调整。到1972年,堆场面积与1965年相比有所缩小,而仓库面积增加了1213平方米,达6096平方米。

1978年后,港口吞吐量剧增,库场随之增建。1987年,共有仓库(不含货主仓库)25幢,总面积87853.7平方米;堆场(不含货主堆场)29处,总面积30636平方米。另有储煤仓10个,总容量2000吨;液化储罐11只,总容积9700立方米。1988年以来,库场继续增建或扩建。

1991年,仓库增至59幢。其中生产库调整为24幢,总面积102325平方米;非生产性仓库35幢,总面积20486平方米。堆场(不含货主堆场)增至64处,总面积629381平方米。此外,液化储罐也由原来的11只增至18只。

仓库:至2010年年底,宁波港域拥有货物仓库总面积为138333平方米,有效面积109961平方米,容量1657976吨,容积1659332立方米。其中:普通仓库总面积为138333平方米,有效面积109961平方米,容量241712吨;圆桶仓容积为18260立方米,有效容积18000立方米,容量27600吨;原油、成品油罐容积1094823立方米,有效容积1008114立方米。容量934382吨;化工罐容积499789立方米,有效容积444700立方米,容量415642吨;沥青罐容积46460立方米,有效容积28000立方米,容量38640吨。

堆场:至2010年年底,宁波港域拥有货物堆场1136908平方米,有效面积833436平方米(集装箱堆场另计)。普通堆场总面积648256平方米,有效面积438227平方米,容量2040796吨;煤炭堆场总面积224804平方米,有效面积133009平方米,容量722165吨;矿石堆场总面积263848平方米,有效面积262200平方米,容量2884000吨。非生产用库场面积91218平方米。其中:机械库8318平方米,材料库12906平方米,其他库11787平方米。机械场26596平方米,其他场31611平方米。

(3)锚地

民国7年(1918年),浙海关理船厅发布的宁波理船章程规定:镇海自安远炮台起,至南岸盐田边,宁波自洋人坟地起,至新江桥为轮船锚地。宁波白沙铁路材料栈下游相离1英里处为危险品锚地,相离2英里处为检疫锚地。

1955年,宁波港港章规定:自宁波信号旗杆起,至郊区白沙路煤栈东端,江心之中为轮船锚地,并在镇海金塘道头至正大道头、宁波江东盐道头至广润道头、江北白沙煤栈以东等处划定水域为木帆船锚地。

1965年,经修改后的宁波港港章规定:七里峙灯标正东1海里处为中心,以半海里为半径之圆内水域为轮船待泊、检疫锚地;镇海自记水位站至张监碶坝东闸,偏江北岸为轮船锚地。并在镇海招宝山炮台至新水产道头、客班轮码头至海军码头、清水浦小班轮码头下游、孔浦碶闸至宁波海洋渔业公司,以及宁波江北、江东等处划定水域为木帆船锚地和小型船舶锚地。

1980年,经再次修改后的宁波港港章规定:船舶在港口或港口附近锚泊,应按《宁波港船舶锚地范围规定》办理。

1991年,宁波港共有锚地10处,其中宁波港区4处、镇海港区3处、北仑港区3处。

1991年后,随着宁波港域的发展和港区的扩大,宁波港域的锚地增加到20个,其中沿海锚地17个，甬江锚地3个。

沿海锚地有：金塘锚地、七里锚地、虾峙门北锚地、虾峙门南锚地、马峙锚地、虾峙门外原油过驳锚地、石浦港四号锚地、石浦港五号锚地、石浦港六号锚地、石浦港七号锚地、石浦港八号锚地、石浦港九号锚地、石浦港港外锚地、石浦港引航锚地、象山港一号锚地、象山港二号锚地、象山港三号锚地。其中虾峙门南、虾峙门北锚地与七里锚地为国际航行船舶的检疫锚地。

甬江锚地有：镇海锚地、常洪锚地、白沙锚地。

4. 港口装卸

1949年前后，港口码头装卸和搬运作业的主要工具是扁担、箩筐、绳索和杠棒，采用肩挑、背驮、杠抬，人工负重一二百公斤，步行数百米，有时还要爬坡上跳板、登台阶式踏步，工班效率仅5吨左右。

1955年4月，宁波港驳运队和装卸队成立。初由宁波市搬运公司调入驳船6艘，继从公司合营上海港内驳运输公司调入驳船4艘，后逐渐增加到71艘，计350总吨。配置的装卸工具，还有载重量为3吨的汽车3辆、钢丝车24辆、橡胶轮胎老虎车45辆、毛竹滑坡12块等，工班效率提高到6吨左右。1959年1~5月，海港工人为解脱繁重的体力劳动，开展技术革新和技术革命，革新成功的项目有259件。

1960年1~3月，技术革新的项目转移到以马特装卸机械为重点，革新成功的项目共135件，其中实用价值较大的有少先式起重机、500磅软胎拖车及拖斗和木结构帆布输送机等。至年底，宁波港第1、2、3作业区已有各类装卸机械90台，其中起重机械类54台，输送机械类29台，装卸机械类1台，搬运车类4台，牵引车类2台。装卸机械化、半机械化作业量占总装卸操作量的58.16%，工班效率由1954年的6吨提高到11.5吨。尤其是革新成功的木结构帆布输送机，取代了煤炭装卸从起仓到堆存，由堆存到装车(船)都靠肩抬的笨重体力劳动，既省力安全，又提高工效。1965年，宁波港装卸机械已增至128台。到1972年，装卸机械增至233台。其中起重机械类92台，输送机械类149台，装卸机械类3台，牵引车类8台，搬运车类60台，其他类21台。然而多数机械没有配套成龙，其运转效率和机械性能都欠佳，以致经常发生港口堵塞，压车、压船、压货现象严重。

20世纪70年代中期始，随着港口吞吐量急剧上升，装卸机械设备也有了相应增加。到1978年，宁波港已有各类装卸机械302台，皮带输送机69台，牵引车和平板车120辆，机械化、半机械化程度达到82%，平均工班效率为16.8吨。其中镇海港区新建的煤码头，机械化程度达95%以上。1982年12月，北仑港区10万吨级矿石中转码头建成。从矿石的卸船、装船、装车到堆场堆取料的全套装卸作业流程，都由中央控制室通过电子计算机管理，全部实现了自动化。

至1991年，宁波港公有起重机械类、输送机械类、装卸搬运机械类、专用机械类等各种装卸机械设备453台(不包括物资单位的码头装卸机械)。其中起重机械类114台，输送机械类137台，搬运机械类172台，专用机械类30台。

据第三次全国港口普查统计，至2008年，宁波港域各种装卸机械共计2350台，其中起重机械类153台，输送机械类50台，专用机械类388台，库场机械1039台，水平运输机械720台。

至2010年，宁波港域万吨级码头泊位大型机械设备包括大型起重设备、大型专用机械设备和大型输送机械设备，共有281台，其中最大的起重机械为400吨级大件吊，其他起重机械有固定式、轨道式门座起重机等，起重量为50、45、40吨，共有47台。

大型输送机械的功率分别为每小时1000吨、1600吨和1800吨的带式输送机，共有24套。

大型专用机械主要有装船机、卸船机、带斗门机、输油臂、软管、集装箱桥吊和高架吊等。卸船机共17台，其中最大的卸船机为桥式抓斗卸船机，功率分别为每小时卸矿2100～2500吨；装船机共12台，其中最大装船机的功率为每小时装矿4200～5000吨；大型输油臂的功率为每小时2100立方米，以输油臂的径口为标准，有10寸、12寸和16寸的输油臂共97台。另有输送软管22条，输油管道的最大管径为770毫米、最长达660公里，从镇海起，途经上海、南京，到达武汉。最大的集装箱专用机械有臂长63米、跨距35米、最大起重量65吨、可同时起吊两个集装箱的桥吊，其他桥吊的起重量在40～41吨之间，共59台。

5. 港口生产

宁波港域是中国大陆著名的深水良港，向外直接面向东亚及整个环太平洋地区，海上至香港、高雄、釜山、大阪、神户均在1000海里之内；向内不仅可连接沿海各港口，而且通过江海联运，可沟通长江、京杭大运河，直接覆盖整个华东地区及经济发达的长江流域，是中国沿海向美洲、大洋洲和南美洲等港口远洋运输辐射的理想集散地。

1949年解放前夕，宁波港遭到严重的破坏，新中国成立初期，依靠全体海港工人，抢修和重建港埠设施，打捞沉船，疏浚航道，为1952年甬沪传统航线的营运和南北航线的开通做了大量的工作，到1956年宁波港的旅客吞吐量达到79万人次，比1949年的27万人次增加2倍多；货物吞吐量从1949年的4万吨到1956年的58万吨，年递增率为38.74，其中以煤炭、矿建材料、木材、粮食、燃料和建筑材料的增长速度为最快。

1958年港口吞吐量急剧上升到89万吨，比1957年增长29万吨，从1959年上升到137万吨，这是中华人民共和国成立后第一次突破百万吨大关，年增长率为59.3%，1960年达到163万吨。“大跃进”导致国民经济的严重失调，随后而来的自然灾害造成的困难严重，港口生产步履维艰，出现了倒退。

1961年，港口吞吐量从1960年的163万吨猛跌到89万吨，回到了1958年的水平。1962年继续下降到75万吨，直至1963年开始回升。到1965年一直徘徊在88万吨上下；旅客吞吐量在1961年达到124万人次，这是新中国成立以来最高的一年。1962年保持在109万人次，以后就急转直下。1966～1972年，港口生产是低潮时期，特别是“文化大革命”（1966～1976年）前期，港口管理机构组织瘫痪，港口吞吐量自1967年开始连续3年下降。1970年以后，港口的吞吐量逐年回升。直到1972年虽有起伏，始终没有超过100万人次。1973～1978年宁波港的客运量徘徊在108万～109万人之间，吞吐量除1974年比1973年有较大幅度下降以外，始终保持上升的势头。

1979年以来，港口货物运输的激增。1985年突破1000万吨大关达到1040万吨。1988年达到2002万吨，跨上了 个新台阶。旅客吞吐量1979年为123万人次，1987年达到279万人次。

1991年货物吞吐量3390万吨，旅客吞吐量327.9万人次，仅次于上海、广州、大连3港。2000年港口货物吞吐量首次突破亿吨大关，达到11547万吨，仅次于上海港，居全国沿海港口第2位。跻身于世界上为数不多的亿吨大港之列。2007年宁波港域货物吞吐量突破3.45亿吨，同比增长11.5%，集装箱吞吐量超935万TEU，同比增长32.3%。2006年，宁波港入围世界集装箱“五佳港口”，是中国大陆港口中唯一入围的港口。宁波港已与全球100多个国家和地区的600多个港口有贸易往来，形成了覆盖全球的集疏运网络。2007年宁波港集团完成营业收入53亿元，同比增长18.02%；实现利润同比增长38.7%，主要经济指标处于全国港口领先水平。国有资产不断增值，至2007年年底，宁波港集团总资产、净资产分别达206亿元、117亿元。

至2010年，宁波港域年综合通过能力达26146万吨，集装箱917万TEU，旅客2166万人。港域货物吞吐量41216.76万吨，其中外贸20336.84万吨。集装箱吞吐量1300.35万TEU，旅客吞吐量306.05万人。

(1)货物运输

宁波港域历史上无货物吞吐量统计，从1844年1月1日宁波开埠至1849年，从贸易额推断吞吐量。1861年浙海关成立，开始统计进出港船舶总吨位。1940年前后，因战争关系，内地交通中断，大后方物资赖宁波港转运上海，加上走私偷运，呈畸形繁荣。日吞吐量最高3万吨，为战前6倍左右。1941年4月20日，日军侵占宁波，其后进出港船舶几乎绝迹。1946年年底，复至1172艘、近90万总吨。次年170余万总吨。

1949年，宁波解放，当年进出口船舶885艘次、611359吨，吞吐量仅4万吨。1973年后，宁波港开始大规模建设，疏运能力提高，货运量除1974年外稳步上升，1978年214万吨，1980年增至325.9万吨。1985年达1040万吨，比1980年增319%，年均递增26.11%。

在20世纪80年代港口发展的基础上，20世纪90年代后，宁波港逐步形成了以金属矿石、石油、煤炭、液体化工、集装箱五大货种为主，其他货种为辅的港口货物运输格局。1990年，宁波港货物吞吐量首次位居大陆沿海港口第六位。进入20世纪90年代后，港口生产建设呈现出跨越式发展，年货物吞吐量1991年突破3000万吨，1992年突破4000万吨，1993年突破5000万吨。宁波港口年货物吞吐量1995年完成6852.8万吨，首次位列中国大陆沿海主要港口第四。1996年，宁波港提出了到20世纪末建成亿吨大港奋斗目标，当年完成货物吞吐量7638.8万吨，首次进入中国大陆沿海主要港口前三名。1997年，完成货物吞吐量8220万吨，位列中国大陆沿海主要港口第二。2000年，宁波港实现重大突破，全年累计完成货物吞吐量11547万吨，进入世界亿吨大港行列。2003年，宁波港提出到2010年的“二次创业”发展战略，明确“建成国际一流深水枢纽港和国际集装箱远洋干线港”的目标。2004年完成货物吞吐量2.26亿吨，成为大陆沿海港口货物吞吐量突破2亿吨大关的第二个港口。2006年完成货物吞吐量3.08亿吨，2008年完成货物吞吐量3.61亿吨，继续位列大陆沿海港口第二位，提前两年全面实现了“二次创业”的目标，宁波港实现了跨越式的发展。2009年，宁波港域提出了到2015年的“强港工程”发展战略，明确“建成国际一流的深水枢纽港，打造我国重要的现代港口物流中心”的公司发展目标。2010年完成货物吞吐量4.1217亿吨。

1949年前，宁波港口货物主要为农副产品、日用生活品。中华人民共和国成立初期，仍以农副产品为主，棉纱、食盐、卷烟等轻工产品很少。1952年后，工业品、工业原辅材料比重上升。至1956年，煤炭、矿建材料、木料、粮食、燃料、建筑材料增长尤快。20世纪50年代后

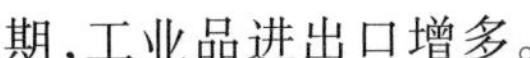

期，工业品进出口增多。

当前，宁波港口吞吐货物分为 17 个种类，主要货种是：金属矿石、石油、煤炭、化工产品等。至 2010 年年底，宁波港域与 100 多个国家和地区的 600 多个港口有贸易通航关系。

(2)集装箱运输

1984 年宁波港开始了集装箱疏运业务。当年，完成集装箱吞吐量 543TEU。1990 年，完成年度集装箱吞吐量 2.2 万 TEU。1992 年 4 月 19 日，宁波港正式加入国际集装箱国内沿海支线运输网络。20 世纪 90 年代，随着北仑港区集装箱专用深水泊位建成，以及现代化集装箱装卸桥吊和轮胎式龙门吊等先进设备投入生产，集装箱吞吐量有了较快的发展。1994 年，首破年集装箱吞吐量 10 万 TEU，达到 12.5 万 TEU。1996 年，首破年集装箱吞吐量 20 万 TEU，首次进入大陆沿海主要集装箱港口前 10 强，列第 9 位。1998 年，首破年集装箱吞吐量 30 万 TEU。至 2000 年年底，年度集装箱吞吐量达到 90.2 万 TEU。进入 21 世纪，宁波港一批集装箱专用深水泊位的建成投产，最先进的集装箱装卸机具的应用，货源腹地的开拓，世界前 20 大船公司的加盟，远洋干线的开辟，集装箱运输有了被业界称为"宁波港速度"的迅猛发展。2001 年，集装箱吞吐量首次突破 100 万 TEU。至 2007 年年底，年度集装箱吞吐量突破 900 万 TEU，居中国大陆沿海港口第 4 位，国际排位第 11 位。2008 年集装箱吞吐量首次突破 1000 万 TEU，达到 1084.6 万 TEU，居大陆沿海港口第 4 位，国际排位第 8 位。2010 年集装箱吞吐量突破 1200 万 TEU，国际排位第 6 位。

宁波港域集装箱运输近洋航线 54 条，内支线 20 条，内贸线 32 条。基本构成以欧洲、北美、中东为骨干，南美、澳洲、非洲等为辅助的远洋干线网络，并形成以东南亚、日本、韩国近洋支线为支撑，国内支线为补充的集装箱运输体系，实现了集装箱航线"全球通"。已有 70 多家集装箱航运公司落户宁波港口，其中世界排名前 20 位的集装箱班轮公司均在宁波港开辟航线。

(3)旅客运输

宁波港口的旅客运输最早始于清同治元年(1862 年)3 月美商旗昌洋行创办的上海轮船公司经营的甬沪航线。1864 年始有甬沪航线的定期航班。1949 年有甬沪、甬椒等航线 6 条，客运流量为 27.06 万人次。解放后有所发展，几经曲折。1962 年，宁波港发展到客运航线 10 条，客运量 109.09 万人次。1963 年下降为 78.15 万人次，直至 1979 年才恢复发展到客运航线 7 条，客运量 123.10 万人次。此后持续发展，1988 年客运航线 9 条，客运量 329.09 万人次。1990 年航线 11 条，客运量 295.04 万人次。

随着高速公路、民航的发展，对水上客运冲击明显，省际沿海客运航线难以为继，宁波至福州、芦潮港、马尾、黄龙等客运航线相继停航。2001 年 6 月 25 日，通航 140 年的宁波至上海客运航线停航。后随着旅游业和社会经济的发展，宁波至周边岛屿间的旅客运输快速发展，给沿海客运带来了新的生机。至 2010 年，宁波港域沿海客运航线有 15 条，客运量为 306.1 万人次。

(二)舟山港域(原舟山港)

1.形成与发展

舟山自古以来以舟为车，以辑为马，行舟辑之便。南宋时定海港设置渡口。康熙三十七年(1698 年)，清政府设定海海关，"招诸国夷人来互市"。光绪年间通客轮。民国时期定海、沈家门两港建9座木质码头。1949年后，浙江省航务局在舟山设立管理所，1954年改称为舟山航管处，后又形成为沈家门港、定海港和老塘山港。20世纪50年代起港口设施改造加快，建成定海、沈家门、东沙、菜园等港口。20世纪70年代中期，港口开发建设已由区域性单一吐纳港发展为跨区域综合性多功能港口。1981年5月开始办理外贸运输业务。

1986年4月由定海港、沈家门港、老塘山港“三港合一”组成舟山港。后增辟普陀山旅游港区和岙山石油储运基地。随着港口设施陆续改建，1987年4月1日正式对外国籍船舶开放。随之，舟山港口深水泊位建设开发加快。是年8月，舟山首座万吨级码头——老塘山港区一期1.5万吨级件杂货码头竣工。此后老塘山港区二期、三期工程陆续兴建、扩建，从开放初的单一泊位发展成为综合性、多用途港区。1990年全港货物吞吐量为186万吨。

1993年，岙山石油中转基地一期工程投入运行。1994年，先后建成老塘山港区二期、三期工程，开发形成岙山石油转运基地、宝钢马迹山矿砂中转基地和册子原油中转基地，同时视情对舟山港口、码头进行改扩建，增强吞吐能力。港口腹地范围不断扩大，逐渐向长江三角洲及长江流域省份和国内沿海地区延伸，至1994年年底，舟山港域有各类码头泊位156个，其中20万吨级1个，1.5万吨级以上4个，5000吨级以上1个，1000吨级以上27个，1000吨级以下123个。

1997年10月，根据舟山港的自然条件、岸线分布以及其所属区域的各项功能，浙江省人民政府经商交通部同意，批复《舟山港总体布局规划》，将舟山港划分为定海、沈家门、老塘山、高亭、衢山、泗礁、绿华山、洋山八大港区。2009年3月30日，经浙江省人民政府商交通部同意，批准《宁波－舟山港总体规划》，将舟山港域调整为定海、老塘山、金塘、马岙、沈家门、六横、高亭、衢山、泗礁、绿华山、洋山共11个港区。至2000年，舟山港域码头泊位增至589个，其中25万吨级1个，1万吨级以上10个，5000吨级以上25个，1000吨级以上73个，1000吨级以下480个。

2001年，嵊泗宝钢马迹山矿砂中转基地等重点工程相继建成投入使用。2002年，以港口业深度开发为重点，加强港口建设，促进港口生产。是年，马迹山矿砂中转基地一期工程投产，国家“十五”重大建设项目渌渚港建设启动，浙江省“十五”交通建设重点项目老塘山三期工程动工兴建。2003年，扩大港口规模，拓展港口功能，推进册子岛原油中转、舟山本岛北部马岙港区开发、国家石油战略储备基地等项目，成立金塘、六横、衢山三个经济大岛港口开发公司，推进三大岛的开发建设。2005年，落实“以港兴市”战略，港口开发建设进一步加快，是年，老塘山港区三期装船泊位、嵊泗马迹山引航基地二期工程完工，册子岛原油中转基地建成；推进老塘山港区三期扩建工程、马岙化工品中转项目、马迹山矿砂中转基地二期工程、西蟹峙浙江建桥成品油等项目建设。至2005年年底，舟山港有各类码头泊位385个，其中万吨级以上泊位12个。

进入21世纪以来，舟山港域货物吞吐量连续高速增长，一直保持着20%以上的增幅，从2001年的3280万吨节节攀升，至2006年首次突破1亿吨大关，2010年达到2.2亿吨，10年间增长近6倍。港口开发加快，资源集约利用程度不断提高，万吨级泊位快速增长，2010年年底万吨级泊位总数41个，其中25万吨级码头泊位5个。到2010年年底，舟山港域国内沿海运力保有量突破400万载重吨。

2. 港区

(1)定海港区

定海港区位于舟山本岛西南。西起洋螺山灯桩与冷坑嘴,东至勾山浦,包括大猫山、西蟹峙、盘峙、东岠、长峙、岙山、摘箬山等诸岛,可供开发的深水岸线总长逾80公里。

定海港区的基础港域为古老的定海港。定海港开埠始于唐代。舟山自唐代在定海始置翁山县,历宋、元、明、清、民国至今,均为县、州、厅、地区和市所在地,系舟山群岛的政治、经济和文化之中心。

南宋时,设有“舟山渡”,址在今舟山客运大楼东侧观山下,通航明州(今宁波)。北宋嘉定十六年(1223年)昌国县令赵大忠新创堤岸,以利舟之渡。元代,为南粮北运的海运中转港。

明天启五年(1625年)称舟山关港。清康熙三十三年(1694年)设定海海关。至康熙四十九年(1710年),外船到港10艘。清光绪元年(1875年)始通客轮。此后,在定海道头先后兴建越东、舟山、平安(后称宝华、大华)和三北等4座木质码头,总长约165米(50丈)。

民国26年(1937年),由该港始发和靠泊的客轮达40余艘,航线辐射宁波、上海、青岛、石浦、海门、温州、福州、普陀山和嵊泗泪等港。民国27年(1938年),道头有越东、三新、宝华、达兴和三北(2座)6座浮码头,总长133.6米,前沿水深5.5米,港内另有大道头、泥道头、中道头、西道头和沈家门道头等10余个埠头供木帆船靠泊。民国30年(1941年),定海港分南港、西港两部,南港长1.853公里,宽2.316公里;西港长1.853公里,宽1.390公里。两港合计6.87平方公里。民国36年(1947年),交通部划分全国港口等级,划定海港为三等港。翌年,港内仅存大华和三北两座码头,时大华码头划归军政使用,供商轮靠泊的仅三北码头1座。

1950年5月中旬,大华码头被炸,港内无码头,上下客及卸货均靠舢板过驳。1951年,浙江省航务局宁波办事处建造木质码头1座,供客班轮靠泊,货船仍无港埠系泊。1954年新建固定式码头2座。1957年旅客进出吞吐量为31.8万人次,货物吞吐量为12.04万吨。1960年,舟山航运大楼建成投入使用。是年,交通部批准定海港为货运海、海江和海河联运港口。1962年交通部门投资3478元,实施护岸工程,将原驳岸加固后建成台阶。1963年,港内有永久式码头2座,附属趸船7艘。码头前沿水深6米,最大靠泊能力1000吨级。旅客候船室700平方米。进出港船舶日均达50艘次,以木帆船居多。定期始发和中转班轮5艘。

1973年,定海港第一期扩建工程,扩建1号和2号码头,使码头线增加25米,建造驳岸线56米。1974年第二期扩建工程中扩建4号码头1座,驳岸线71米,增加码头线36米。1976年第三期扩建工程扩建5号和6号码头,驳岸线67.4米,增加码头线72米,总投资31万元,至1978年竣工。至此,定海港客运港区初具规模。与此同时,各企事业单位专用码头亦不断增多。

1987年4月1日,舟山港对外开放后,定海港区的开发建设步伐不断加大。1987年7月,舟山海军基地将定海港6号码头有偿转让地方。移交后,定海港港区可泊岸线将从原来258米延伸到490米。堆场陆域面积将从11000平方米扩展到17950平方米,并实行客货运输分开。是年,该港日均进出船舶35艘次。

1990年,有9条客运数线15艘客轮与宁波、上海、温州、镇海、衡山、泗礁、穿山、六横、桃花、沥港和大浦口等16个港口通航。旅客进出人数93.04万人次,货运直达全国沿海各港口和长江中下游港口。货物吞吐量37.36万吨,进口主要货种为煤、毛竹、木材、水泥、水产品和食盐等，出口主要货种为石料、水产品、盐、煤、毛竹和木材等。

20世纪90年代末，定海港区完成3000吨级泊位码头2座，1000吨级泊位（码头）1座，500吨级码头3座，以及候船室、港务综合大楼主体工程。至2001年5月，定海客运港区改建工程全部完工并交付使用。

2004~2010年间，定海港区先后完成了长峙万吨级货运码头、民间客运码头、金塘小李岙客货码头、小巨交通码头、干石览货运码头、盘峙车渡码头、长峙岛万吨级公用码头、大猫安基岗货运码头、岑港货运码头、大巨客货码头、沥鹏交通码头、盘峙货运码头、中化兴中舟山岙山30万吨级原油码头、万向石油储运（舟山）有限公司岙山油品码头等码头工程的建设。期间，完成了位于西蟹峙岛南侧浙江建桥能源发展有限公司西蟹峙石油储运工程。

定海港区内有定海、外洋螺、青垒头、瓦窑湾、盘峙、长峙、岙山、甬东、摘箬山9个作业区，主要为城市生活物资运输、旅游和客运服务。岙山、西蟹峙等作业区以原油、成品油仓储、中转运输为主。2005年，定海港区拥有各类码头泊位132个，其中万吨级以上泊位6个，最大靠泊能力25万吨级。是年，港区完成货物吞吐量660万吨。2010年末，定海港区共有生产用码头泊位59个，总长度6775米，其中万吨级以上泊位8个。泊位设计年通过能力散装、件杂货物5450万吨，旅客909万人。定海港区不仅是城市生活物资运输、旅游和客运服务的重要枢纽，而且已成为原油、成品油仓储、中转运输的重要基地。定海港区作业区情况见表2-2-9。

定海港区作业区一览表

表2-2-9

名　称	主要码头数（座）	泊位数（个）	最大靠泊能力（万吨级）	年通过能力（万吨）	备　注
定海客运作业区	7			72（万人次）	舟山跨海大桥建成通车后，该作业区客运量被分流
中化兴中岙山石油转运作业区	5		37.5	4100	是目前国内最大的商用石油储运企业和油品保税库
舟山万向石油储运作业区		4	10	660	
富兴石油储运公司油库作业区		1	1.8		包括1万立方米油罐4座、2000立方米油罐2座
西蟹峙石油储运作业区		2	5	400	
长峙货运码头作业区		1	1	45	
长峙万吨级公用码头		2	3		
金塘大浦口集装箱码头作业区		5	15	250TEU	1号、2号泊位已通过验收，二期工程正在建设中
世纪太平洋液体化工品中转作业区	3		8		

（2）老塘山港区

老塘山港区原名老宕山，附近居民原多以开采花岗岩为生，有多处采石“塘口”，故称“老塘山”。位于舟山本岛洋螺山灯桩与冷坑嘴以西区域，包括富翅、册子、里钓、外钓、金塘等诸岛,可供开发深水岸线36公里。距定海港客运站约9海里,与宁波市北仑港隔海相望。其中,野鸭山深水岸线长7公里,金塘岸段深水岸线14.5公里。港区内有老塘山、金塘(Ⅰ)、金塘(Ⅱ)、金塘(Ⅲ)、册子、马目、里钓、外钓8个作业区。

1982年8月,浙江省交通厅批准在该处建设万吨级件杂货码头,并经交通部审定,列入国家第七个五年计划。翌年1月起,第一期工程由交通部投资300万元进行“三通一平”和征地拆迁工作,征用土地82.13亩。1985年4月正式动工,1987年4月竣工。建钢筋混凝土高桩框架式1.5万吨级杂货码头1座,堆场1.29万平方米,仓库2000平方米,置牵引车、铲车各5辆,8~16吨吊车5台,3~10吨平板车45辆,水电供应设施齐备。是年,先后有“东光”“国家首领”号等7艘次远洋轮装卸水泥、木材靠泊。1988年共靠泊远洋国轮和日本、新加坡、利比里亚、巴拿马、苏联、菲律宾等外国籍船舶21艘次。1990年年底有前苏联籍“雷彻金斯基”号等2艘外国籍船舶和169艘中国籍远洋轮靠泊。

1988年12月12日老塘山港区二期工程正式动工。至1990年1月,建成500吨级港作码头1座,作为二期工程施工码头交付使用。同年6月,始建2.5万吨级卸煤码头1座,3000吨级装煤码头1座,其他附属设施包括引桥3座、护岸1310米、堆场3.8万平方米、水泥混凝土道路13000平方米等,并建成港内供电、通信、给排水及环保绿化。1993年3月,二期工程全部完工,经专家初验,工程质量定为优良等级。老塘山港区为舟山市第一个集煤炭水水中转、件杂货专用泊位及石料出口的多功能港区。

2000年9月老塘山港区动工进行一期工程扩建,在原15万吨杂货码头南侧延伸接长120米平台,新建栈桥154米×105米,平台南侧40米设置系缆墩1座,并建成混凝土堆场5838平方米,2001年12月底完工,扩建工程总投资1450万元。

2002年6月15日,作为浙江省“十五”计划交通建设重点项目的老塘山港区三期5万吨级码头(兼靠8万吨级)工程动工兴建,总投资为1.87亿元。规模为建造1座长302米、宽31米的5万吨级卸船码头(兼靠8万吨级散货船)和1座5000吨级装船码头(泊位)及相关的附属设施。2003年6月30日,该码头工程建设项目基本完工,同年12月30日,工程交工验收。

2005年4月,老塘山港区三期工程装船泊位开工。装船泊位位于5万吨级散杂货泊位后侧385米处,离岸约520米,与5万吨级码头和栈桥成“F”形布置。码头前沿为3000吨级兼靠5000吨泊位1个,码头后侧可停靠1000吨级散货船舶。工程合同造价1250万元。是年10月完工。

2005年7月,实施老塘山港区三期扩建工程。建设规模为1个5万吨级(兼靠8万吨级)散杂货泊位,后侧可停靠2万吨级散货船舶。工程于2006年4月完成,7月通过竣工验收。至此,老塘山建设成为综合性、多用途港区。2008年9月2日,老塘山港区三期码头经过136小时作业,成功接卸“飞驰”轮装运6.84万吨进口化肥,为进口化肥进入华东地区及长江流域开辟新的物流通道,也为老塘山三期码头开创新作业模式,拓展新货源渠道奠定基础。

2009年12月28日,希腊籍散货船“天使雅阁(ANANGE-LARGONAUT)”靠泊老塘山五期码头,老塘山五期码头正式投入运营。该工程位于野鸭山岸段的中部,老塘山港区三期工程南侧,为大型通用散货码头。2009年2月,省发改委批复同意该工程建设,工程规模为建设12万吨级（水工结构为15万吨级）卸船泊位1个，3.5万吨级和1万吨级装船泊位各1个，设计年通过能力1145万吨。项目总投资约6.4亿元。

2010年10月6日，长三角地区最大的成品油物流基地光汇石油储运（舟山）有限公司外钓岛油库码头工程开建。

至2010年年底，老塘山港区拥有生产用码头泊位28个，总长度4535米，其中万吨级以上泊位11个。泊位设计年通过能力散装、件杂货物5728万吨，旅客1万人。老塘山港区作业区情况见表2-2-10。

老塘山港区作业区一览表

表2-2-10

名　称	主要码头数（座）	泊位数（个）	最大靠泊能力（万吨级）	年通过能力（万吨）	备　注
老塘山作业区	3		2.5	400	
野鸭山作业区		5	8		
册子作业区	1			4000	

（3）沈家门港区

沈家门港区是舟山最早对外开放的口岸。宋代已有沈家门港记载。元代，现天主堂下设有渡口，称沈家门渡。明代，该港曾废，天启年间（1621~1627年）已成沈家门港。清康熙二十三年（1869~1990年）开海禁，沈家门渡复航。民国时期，由于外海客运渐兴，宁波私营轮船公司兴建浦东、定海、三北、东海码头，均为木质结构，另有20余个埠头，供木帆船靠泊。抗日战争时期（1937~1945年），港口设施遭日军破坏，海运衰落。民国36年（1947年），该港有三北、源记和东海码头3座，其中一座被招商局拍卖，一座码头被毁坏，仅存东海码头。

1949年成立了舟山航务管理所，统管港口、航政业务。1953年，置普陀县后，该港移交普陀县政府管理。20世纪50年代新建和改建200吨级码头各1座。1960年，开始整治港口，拆除违章建筑，建沿港马路。

沈家门港区是舟山最早对外开放的口岸。1980年初，港区新建300~1600吨级码头3座。翌年5月，经国务院、中央军委批准，嵊泗县绿华山和普陀区黄兴岛为外轮海产品交货锚地，同时开放沈家门港为国轮外贸运输港，国际货运航线至日本、朝鲜、新加坡、美国、英国、韩国、西班牙、古巴、南非、欧美及港澳地区。

1987年4月1日，国务院、中央军委批复《关于舟山港对外开放》文件，同意将沈家门、定海、老塘山三个港区合并为一港，统称舟山港，沈家门港区纳入舟山港整体规划与管理。

1990年底，有12条航线13艘客轮通航普陀山、定海、宁波、镇海、上海等港，进出旅客41.50万人次；货物进口主要为煤、黄沙、粮食、盐和水产品；出口为石料、黄沙、水产、盐、粮食积竹木等。货物流向上海、宁波、温州和海门等港，货物吞吐量132.40万吨。2003~2008年间，沈家门港区先后完成了凉潭交通码头改建工程、虾峙大岙客运码头、蚂蚁岛快艇交通码头、登步岛蛏子港交通码头、朱家尖蜈蚣峙（柱子山）通用码头、登步车渡码头、鲁家峙后泥山嘴游艇专用码头、鲁家峙轮渡站迁建改造工程、六横龙山车渡码头、六横大岙车渡码头等工程项目。

沈家门港区为勾山浦以东区域，包括普陀山、朱家尖、小干、马峙、鲁家峙、登步等诸岛，港区内可供开发的深水岸线有14.3公里，是兼有渔业、客运、货物等功能的港区。2010年末，沈家门港区有生产用码头泊位90个，共计长度4313米，万吨级以上泊位1个。泊位设计年通过能力散装、件杂货物778万吨，旅客1430万人。

因沈家门港区所辖岸段及港池的布局构成复杂，2009年3月批准的《宁波－舟山港总体规划》中，仅明确墩头作业区、普陀山作业区及东港作业区，对朱家尖岛、登步岛、桃花岛等岸段港池均未设置作业区。又因城区发展需要，其东港岸段已经改变为城建之用，遂其东港作业区已不存在。沈家门港区主要作业区情况见表2－2－11。

沈家门港区主要作业区一览表 表2－2－11

名　称	主要码头数（座）	泊位数（个）	最大靠泊能力（万吨级）	年通过能力（万吨）	备　注
普陀山客运码头作业区			0.3		主要为进出佛教圣地普陀山的信众及香游客提供客运服务
墩头作业区	6		0.3		承担普陀城区的杂货运输和岛际间客运任务
舟山煤炭中转码头作业区		5	15	3000	为华东地区最大的煤炭中转基地
舟山金润石油转运作业区	1		3	175	
浙江舟山武港码头作业区		4	25	3000	2010年7月正式开工建设，2011年建成投产。

（4）高亭港区（宁波－舟山港启用后新建）

高亭港区即原高亭港，包括岱山本岛和南部秀山诸岛及东部大长涂、小长涂等岛屿。港区水域面积93平方公里，陆域面积104.97平方公里，自然岸线总长170公里，其中可利用深水岸线长约32.5公里。1999年，港区建有各类码头53座，其中货运码头36座。2000年后，港区开发建设加快，临港企业陆续进驻，2002年货物吞吐量达151.28万吨。至2005年，港区拥有客运码头21座，货运码头44座，另有渔用码头14座。是年，港区货物吞吐量89.34万吨，旅客吞吐量214.84万人次。2005年以来，高亭港区陆续完成了双合车渡码头、小长涂高鳌山码头、大蒲门交通码头、秀山岛兰山车渡码头等工程。港区内有高亭老作业区、高亭新作业区及岱东、秀山4个作业区。

2009年3月，交通运输部、浙江省政府批复宁波－舟山港总体规划，确定高亭港区分置5大作业区——高亭老港、浪激渚、竹屿、长涂和秀山作业区。至2010年，高亭港区拥有生产用码头泊位29个，总长度1775米，其中万吨级以上泊位2个，泊位设计年通过能力散装、件杂货物295万吨，旅客342万人。客运码头32座，货运码头39座，公务码头12座，另有渔业码头22座。建有客运站（场）9处，总占地面积126297平方米；货运库场11家，总占地面积34667平方米。是年，港口货物吞吐量471.52万吨，旅客吞吐量502.27万吨，运载汽车34.19万辆次。高亭港区主要作业区情况见表2－2－12。

高亭港区主要作业区一览表　　表 2-2-12

名　称	主要码头数（座）	泊位数（个）	最大靠泊能力（万吨级）	备注
东海平湖油气田岱山原油中转站作业区	2		2	
万吨级通用码头作业区			3	
竹屿作业区	1		5	
浪激咀作业区	10		5	
长涂作业区	5		50	
秀山作业区	12		8	

（5）衢山港区（宁波－舟山港启用后新建）

衢山港区位于舟山群岛中北部的衢山岛及周边水域，港区范围包括衢山岛、黄泽山、鼠浪湖岛等沿岸陆域与附近港池，岸线总长 65.44 公里，其中深水岸段 44.74 公里。可供开发深水岸线长 18 公里。2000 年，衢山岛被市政府确定为舟山三个经济大岛之一，衢山深水良港陆续开发利用，至 2005 年年底，港区建有客运码头 7 座，货运码头 25 座，另有渔用码头 5 座。是年，全港旅客吞吐量 43.25 万人次，货物吞吐量 200.58 万吨。港区的鼠浪湖作业区在建为矿石中转运输基地，衢山岛以大宗散货运输为主，黄泽作业区结合临港产业开发，发展石油化工品和大宗干散货运输。舟山港综合保税港区衢山分区位于该港区内。

至 2010 年，衢山港区拥有生产用码头泊位 24 个，长度 853 米。泊位设计年通过能力散装、件杂货物 141 万吨，旅客 100 万人。

蛇移门作业区　位于衢山岛东岸。北起衢山岛东北端的外蛇舌山，南至衢山岛东南端大沙碗黄嘴头，南北走向，且向西内凹。2009 年 3 月 30 日，依据《宁波－舟山港总体规划》，衢山港区蛇移门港改称为蛇移门港作业区，规划布置 2 个 25 万吨级以上散货进口码头泊位，3～4 个 3.5 万吨级散货出口码头泊位，规划港区路域面积约 192 万平方米。

鼠浪湖作业区　位于衢山岛以东约 1 海里的鼠浪湖岛及周边水域。2004 年 12 月，舟山市衢黄港口开发建设有限公司与上海博威置业发展有限公司签订《舟山鼠浪湖岛开发有限公司合作协议》，开发建设铁矿石中转基地项目。该项目建设规模为 2 个 30 万吨级矿石卸船泊位（水工结构按照靠泊 40 万吨散货船设计）、码头长度为 835 米，1 个 10 万吨级和 2 个 5 万吨级装船泊位、码头长度为 870 米，1 座工作船码头（长度为 130 米）及其他相应配套设施；港区陆域总面积 119.9 公顷，为矿石堆场、生产、生活辅助设施区。使用岸线 1705 米，设计年通过能力为 5200 万吨，其中卸船能力 2600 万吨、装船能力 2600 万吨。总投资 49.10 亿元。

2012 年 7 月，国家发展和改革委员会正式核准衢山港区鼠浪湖作业区矿石中转码头项目。2016 年 1 月 26 日，鼠浪湖矿石中转码头 1 号泊位正式投入试运营。

衢山南作业区　位于衢山岛南侧，由北而南，自西向东扩展至衢山万南村湖琴岙，呈“L”形布局，全长约 13000 米，主要由衢山老港客运区、小黄沙修造船基地、泥螺山临港工业区和胡琴岙大宗散货区等 4 个作业区点组成。

黄泽山作业区 位于衢山岛以北约2.5海里的黄泽山岛西南侧岸段及前沿港池。2009年3月,依据《宁波-舟山港总体规划》,衢山港区黄泽山港改称黄泽山港作业区,规划作业区结合临港产业开发,发展石油化工和大宗干散货运输。2011年11月29日,黄泽山石油中转储运工程项目一期工程获得国家发改委核准的正式批文。12月19日,举行正式开工典礼。

(6)洋山港区(宁波-舟山港启用后新建)

洋山港区,位于杭州湾入海口,长江与钱塘江交汇处的崎岖列岛,包括大、小洋山岛及附近诸岛。港区由大洋山和小洋山岛为主的南、北两列岛链及周边水域构成。港域岸线15米等深线距岸200米。经连线改造深水岸线可达20公里,可供开发深水岸线3.3公里。

洋山深水港规划总面积超过25平方公里,包括东、西、南、北四个港区。东港区为能源作业港区,包括LNG(液化天然气)接收站、输气管线和成品油中转基地。南港区以大洋山岛为中心,西至双连山、大山塘一带,东至马鞍山,作为洋山深水港2020年以后规划发展预留岸线。北港区、西港区为集装箱装卸区,是洋山深水港的核心区域。其中北港区以小洋山岛为中心,西至小乌龟岛、东至沈家湾岛,平均水深15米,岸线全长5.6公里,分三期建设,已建洋山深水港一、二期工程;西港区紧邻东海大桥,平均水深12米,码头岸线总长4000米,建10~12个7万~10万吨级的集装箱专用泊位,陆域面积约2平方公里,年设计能力700万TEU,2009年开始建设,主要功能是作为江海联运集散中心,同时建洋山客运中心。

洋山深水港区是国家"十五"重大建设项目。港区建设规划分四期进行,计划到2020年建成30多个深水集装箱泊位,吞吐能力达1300万TEU以上。其中一期工程主要由三部分组成:建设5个可靠泊第五代、第六代集装箱船兼顾8000TEU船舶的深水泊位,设计年吞吐能力220万TEU;建设连接洋山深水港区与上海南汇芦潮港的长约30公里跨海大桥1座;建设公路、变包站、输水管线及后方配套设施。总投资130亿元。

2001年3月,经国务院批准,国家计委批复上海国际航运中心洋山深水港区一期工程项目建议书,并对该期工程立项。2002年4月,洋山深水港区建设正式启动。2002年6月26日,洋山深水港一期工程在小洋山开工建设,由港区、东海大桥、沪芦高速公路、临港新城四部分组成,2005年12月5日竣工投入试运行,总投资143亿元。共建5个10万吨级深水泊位,前沿水深15.5米,码头岸线长1600米,可停靠第五代、第六代集装箱船,同时兼顾8000TEU船舶靠泊,陆域面积1.53平方公里,堆场87万平方米,年吞吐能力220万TEU。2002年12月10日,洋山深水港区开港。

2005年6月,二期工程开工。2006年12月10日全面建成,总投资57亿元,建4个10万吨级泊位,前沿水深15.5米,码头岸线长1400米,陆域面积0.8平方公里,吹填砂400万立方米,堆场86.1万平方米,年吞吐能力210万TEU。

2005年6月22日,国务院颁发《关于设立保税港区的批复(国函〔2005〕54号)》,洋山保税港区设置。2008年3月,国家发改委核准洋山三期工程项目。三期工程建设规模为:码头岸线全长2600米,建设7个7万~15万吨级集装箱泊位(结构均按靠泊15万吨级集装箱船设计),设计年吞吐能力为500万TEU。2008年年底基本建成,2009年9月通过国家验收。

至2010年,洋山港区拥有生产用码头泊位8个,长度共计1405米,其中万吨级以上泊位1个,泊位设计年通过能力散装、件杂货物791万吨。

(7)泗礁港区(宁波-舟山港启用后新建)

位于舟山市嵊泗,包括泗礁山岛及金鸡山、大黄龙、马迹山等周边岛屿。港区内有李柱山、马迹山2个作业区。港区主要承担大宗散货的储存和中转运输服务,结合港口后方土地适当发展临港工业。规划港口岸线8.3公里。可供开发深水岸线约11公里,其中马迹岸段深水岸线长2.5公里。泗礁山岛深水岸线岛屿南侧水深5米,岸线长6.6公里,离岸距离50~700米,后方有一定的陆域,避风条件好。建双曲拱式钢筋混凝土桥梁与李柱山岛相连。建有1000吨级客运码头2座和1000吨级车客渡码头1座,为嵊泗客运主要集散地。

马迹山作业区 位于泗礁岛西南4.6公里处的马迹山岸段,由老虎嘴、北山、马屁股山深水岸段和前沿水域组成,后缘拥有面积550平方公里的马迹山海岙。马迹山海岸线长约11公里。深水岸线位于岛南岸,长约2.5公里。

2002年,宝钢马迹山矿砂中转基地一期工程建25万吨级(兼靠30万)卸船码头和3.5万吨级装船码头各1座。2004年,马迹山矿砂中转港实际完成吞吐量2530万吨,超过年吞吐2000万吨设计能力。2006年,该中转港实际完成吞吐量2617万吨,并有36万吨级"博格斯坦号"满载矿砂,在一期工程25万吨兼顾30万吨级码头顺利靠泊,创造新的纪录。

李柱山作业区 位于泗礁山西北侧的李柱山(又称连槌山)岛岸段。作业区港池宽阔,泥底,自然岸线长3000米。该作业区的主要功能是为岛屿生产生活和旅游服务。

1994年9月15日,李柱山汽车轮渡码头开工建设。2006年7月进行改建,改建工程由1座接长平台、3座吊架墩、1座液压升降平台、1座钢过桥及1座栈桥组成。工程于2006年10月底竣工。

李柱山作业区有李柱山北岙车渡码头,位于李柱山北侧,于2003年10月开工建设,2004年6月底竣工。建设规模为30车渡码头1座,码头靠泊平台1座,人行栈桥1座,钢吊桥墩1座,汽车栈桥1座,钢吊桥支座墩2座。

嵊泗宝钢马迹山矿砂中转基地 位于嵊泗县马迹山。1998年11月开工,一期工程投资13.2亿元,建设规模为25万吨兼靠30万吨级卸船泊位1座,3.5万吨级装船泊位1座,堆场面积48.5万平方米,设计年吞吐能力2000万吨。2000年底,基本完成25万吨级卸船码头和3.5万吨级装船码头等水工工程建设。2002年12月,工程通过竣工验收,正式投入生产运营。2005年,马迹山矿砂中转基地完成矿砂吞吐量2570.85万吨。

2005年6月,国家发改委批复同意建设舟山港马迹山港区宝钢矿石码头二期工程。建设规模为30万吨级卸船泊位1个,5万吨级和1万吨级装船泊位各1个。码头设计年卸船和装船能力各为1500万吨。工程于2005年年底开工,2007年10月27日建成投产。2009年3月,通过交通运输部组织的工程竣工验收,核定为优良工程。

2010年,泗礁港区拥有生产用码头泊位48个,总长度3683米,其中万吨级以上泊位5个,泊位设计年通过能力散装、件杂货物4710万吨,旅客68万人。

(8)绿华山港区(宁波-舟山港启用后新建)

绿华山港区位于长江口东南,舟山群岛最北部的嵊泗县马鞍列岛海域,港区主要岛屿有花鸟、绿华、嵊山、枸杞等,水深大于10米的深水岸段共9.5公里,分布在绿华、枸杞、嵊山三岛沿岸。设绿华山1个作业区。

1974年,国家计委决定在绿华山设置外轮引航站,后改设港务监督站。同年,绿华山南锚地正式开放。1982年6月1日，在该岛上设立中华人民共和国上海港务监督绿华监督站，建有国际导航台讯号塔，塔高30米。2005年7月1日开始，舟山绿华山锚地由浙江省舟山港务管理局正式实施港政航政管理。自此，绿华山港区的管辖权正式回归舟山。

2009年7月31日，绿华减载平台工程全部建成，2010年12月17日正式通过验收，投入运营。2009年前，使用船—船减载的年最高吞吐量为1544.86万吨，减载平台投入运营后，年吞吐量已达2316.38万吨(2012年)，增长达67%。

至2010年，绿华山港区拥有生产用码头泊位1个，长度320米，其中万吨级以上泊位1个，泊位设计年通过能力散装、件杂货物350万吨。

绿华山岛岸段 位于嵊泗县绿华山南侧，可利用岸线长度3.5公里。1981年，国家正式委托上海港务局对绿华山锚地区域进行口岸管理。2005年7月1日起，由舟山港务管理局对绿华山锚地实施港政管理。岛内建交通码头1座、船埠头1个。

嵊山岛深水岸线 位于嵊泗县嵊山岛南岸，岸线长3.7公里。南面嵊山锚地为马鞍列岛最大锚地，是冬季带鱼汛期各地渔船主要集结地，泗洲塘、箱子岙是船舶进出港口和带鱼汛集散中心锚泊避风港湾。岛上建有码头2座、渡埠2个、船埠3个。

枸杞岛深水岸线 位于嵊泗县枸杞岛南岸，从江爿嘴经里西嘴至南龙舌，长约3公里。岛上建有500吨级客货码头和3000吨级油品码头。

嵊泗绿华山减载平台 主体长288米、宽45米，投资5000万美元，年设计吞吐能力1400万吨。2009年10月，装载17万吨铁矿石的比利时散货船“楼兰永恒”轮成功首靠绿华山减载平台进行减载作业。

(9)金塘港区(宁波－舟山港启用后新建)

金塘港区范围为金塘全岛，位于环杭州湾南缘海域，舟山群岛西南部，以集装箱运输为主，并发展现代物流业。

2004年2月，舟山甬舟集装箱码头有限公司组建，负责开发建设金塘港区大浦口集装箱码头工程，建设规模为5个7万～10万吨级集装箱泊位(可兼靠15万吨级大型集装箱船舶)。

2010年7月25日，金塘大浦口集装箱码头一期工程建成进入试投产。第一阶段工程建成2个7万吨级集装箱泊位(共计长490米)和17.5万平方米堆场。8月10日16时30分，满载81个集装箱的联合30顺利靠泊金塘大浦口集装箱码头1号泊位，标志着宁波－舟山港金塘港区大浦口集装箱码头正式投产运营。

金塘港区深水岸段规划设为大浦口作业区、木岙作业区、小李岙作业区、上岙作业区、张家岙作业区和北岙作业区共6个作业区。已投入运营的主要为大浦口作业区。

大浦口作业区位于金塘岛西南侧的大浦口与长鼻咀(外湾山咀)之间。利用深水岸线2000米，布置7万～10万吨级集装箱泊位5个。作业区后方建设物流园区。2010年末，金塘港区拥有生产用码头泊位12个，总长度764米，其中万吨级以上泊位2个。泊位设计年通过能力散装、件杂货物60万吨，集装箱100万TEU，旅客71万人。

2013年12月，金塘疏港公路建成通车，大浦口集装箱码头的水陆中转模式正式启用。由单一的水水中转模式调整为水水中转、水陆中转同时进行的混合作业模式，大批进出口企业客户有更多进箱模式选择。

(10)六横港区(宁波－舟山港启用后新建)

六横港区位于长江口南端,舟山群岛南部海域,象山港口外,隶属舟山市普陀区。范围包括六横、虾峙岛、凉潭、佛渡等桃花岛以南诸岛。港区现以矿石、煤炭、石油化工品中转运输和大型船舶修造业为主。

历史上的六横曾因双屿港的鼎盛而扬名海内外。嘉靖三年至二十七年(1524～1548年),双屿港曾一度成为我国当时最大最繁华的海上国际自由贸易市场,参加交易的有欧、亚、非等10余国家和我国沿海闽、浙等省商人,多时“舶客拥万众”,并建有市政设施,自行组织武装以保互市。

2009年6月9日,华东地区最大的煤炭码头——浙江舟山煤炭中转码头正式开港。该中转码头坐落于六横岛东北岸,项目总投资28.7亿元,建设规模为15万吨级和5万吨级卸船泊位各1个,3.5万吨级、2万吨级和5000吨级装船泊位各1个,年设计卸船和装船能力各1500万吨,年吞吐能力3000万吨。设堆煤场及装卸船机等设施。2006年5月开工建设,2008年10月基本完成码头及输送设施建设。2008年11月20日,“明州”58号散装货轮装载5万多吨原煤在15万吨级中转码头进行试靠泊和试卸煤取得圆满成功。

2010年9月29日,金润石油转运有限公司3万吨级码头通过验收。码头位于六横岛涨起港,工程于2008年3月开工建设,设计规模为3万吨级兼靠5万吨级码头一座,泊位总长252米,其中工作平台长59米、宽28米;54万立方米储油罐,年设计货物吞吐量为15万吨。

2009年10月取得港口经营许可。2010年4月进行试靠船,9月3日投入试运营。

至2010年,六横港区拥有生产用码头泊位20个,总长度2576米,其中万吨级以上泊位5个,泊位设计年通过能力散装、件杂货物3273万吨,旅客80万人。

六横港区主要包括双塘作业区、聚源作业区、凉潭作业区、东浪嘴作业区、涨起港作业区。

双塘作业区 位于黄礁至大夹屯,岸线长约5400米,规划作为集装箱泊位区,共可布置集装箱泊位15个,吞吐能力680万TEU。

聚源作业区 位于石柱头到黄礁岸段。利用岸线2600米,布置煤电一体化项目,现已建成运营浙江舟山煤炭配送基地,有卸煤泊位15万吨级和5万吨级各1座,装煤泊位3.5万吨级、2万吨级、5000吨级各1座。

凉潭作业区 位于凉潭岛北侧,岸线长约2000米,占地700余亩。2010年6月,码头工程正式动工。2011年7月,主体工程完工。2012年11月,舟山武港码头陆域工程通过验收,正式投入运营。

东浪嘴作业区 位于东浪嘴至沙岙岸段,已有中远舟山大型船舶修造基地和龙山船厂等建成运营,形成规模化的船舶修造服务基地。码头有舟山中远船务公司船坞码头,位于六横岛西北端东浪嘴岸段。建于2004年6月8日,建有“三坞两船台七泊位”:10万吨级船坞1座、15＋8万吨级加长干船坞1座、30万吨级船坞1座;10万吨级船台2座;7万吨级码头2座,10万吨级码头1座、15万吨级码头2座、30万吨级码头2座。该码头是集造船、海工、修船、改装于一体的大型造修船基地。

涨起港作业区 位于火烧山嘴至沙岙岸段,建有运营舟山市金润石油转运有限公司和舟山市金晖石油有限公司。

(11)马岙港区(宁波－舟山港启用后新建)

马岙港区,位于舟山岛北岸中部,西起烟墩,东至钓山附近。港区跨越定海区的小沙镇、马岙镇、干缆乡、白泉镇和北蝉乡辖区。马岙港区是以临港产业服务为主的综合性港区,以石油化工品等液体散货、煤炭和散、杂货等运输为主。马岙港作船码头工程于 2007 年 6 月 27 日正式开工。至 2010 年,马岙港区拥有生产用码头泊位 24 个,总长度 3390 米,其中万吨级以上泊位 4 个,泊位设计年通过能力散装、件杂货物 894 万吨,旅客 218 万人。

马岙港区是临港产业服务型综合港区,以石油化工品等液体散货、煤炭和散、杂货等运输为主。主要作业区为烟墩临港工业区、金鸡山作业区、钓浪作业区。

烟墩临港工业区 位于狮子山西南侧的烟墩岸段,是马岙港区的临港工业区(又称岑港烟墩工业园区)。已建有天禄能源的 5000 吨级码头 2 座,海洋石化的 1 万吨级码头 1 座,舟山纳海油污水处理的 3 万吨级兼靠 5 吨码头 2 座。

金鸡山作业区 位于狮子山脚至金鸡山附近岸段,是马岙港区具备规模化开发的综合性作业区,建有石化临港工业区、船舶修造区、大宗散货转运区和为后方企业发展的通用泊位区。

散货区:由金鸡山自东向西依次利用 1100 米布置 3 万～10 万吨级泊位 4 个,形成大宗散货作业区;利用 3200 米岸线布置液体散货泊位,可布置万吨级泊位 11 个,并配套建设中级泊位,形成液体散货中转泊位区。

通用泊位区:散货区向西约 2.2 公里岸线作为通用泊位区。规划港区陆域纵深 1000 米左右,陆域面积为 220 万平方米。

临港工业区由金鸡山通用泊位区至狮子山脚约 2.3 公里岸线作为临港工业区,可布置 3 万～5 万吨级泊位约 9 个,后方陆域纵深 1000 米左右,陆域面积为 230 万平方米。港区后方大片陆域规划为重化工业等大型临港工业区。

此作业区内,已布局长宏国际、长宏金属、太平洋海洋工程(长白山岛西南岸段)、世纪太平洋化工、和邦(中海油)化工和中船重工等大型港口项目。

钓浪作业区 位于舟山本岛北侧岸段,西起长跳嘴,东至钓山。舟山经济开发区新港工业园区和舟山港综合保税区已在该区域建设运营。

3. 港口设施

(1)码头

1949 年舟山解放后,港口航运逐渐恢复。为适应到港船舶进行靠泊作业,1953 年对遗留于定海港的三北码头,木质趸船长 12.2 米、宽 5 米和沈家门港的东海码头,木质趸船长 25 米、宽 5.33 米,进行修复。1955 年,定海港由旧铁舰改建铁壳趸船 2 艘,建成定海港一号码头和二号码头。1972 年在沈家门建成货运码头 1 座。1972 年年底开始客货兼运的定海港工程,移建了一、二、三号码头,其中一、二号码头合用可靠泊 3000 吨级的船舶。1974 年 1 月建成了四号码头。1977 年年底建成五号、六号码头,总长达 224 米,大大提高了港口的通达能力。1958～1976 年在定海、沈家门扩建和新增专用码头 18 座,码头总长达到 685.4 米,最大靠泊能力为 5000 吨。

1981 年 5 月沈家门墩头客运码头竣工,码头由 2 艘 36 米 ×9 米的趸船和各自的引桥、撑杆等组成。靠泊能力为 1600 吨。1981 年 12 月,开辟普陀山旅游景区。普陀山建成 500

吨级钢筋混凝土客运码头一座，结束了普陀山岛无客运码头的历史。舟山与外县的交往历来以来船舶，1982年筹建舟山海峡汽车轮渡，1985年建成鸭蛋山码头，全长159.2米，中间为长41.2米、宽10米的固定平台。1983年开始建设老塘山货运港区。1984年10月对客运码头扩建，在原码头的两侧各增置36米×9米的趸船1艘，靠泊能力有了大幅度提高。1987年1月老塘山港区一期1.5万吨级件杂货码头1座竣工，新增吞吐能力45万吨。1987年7月驻舟山海军部队为解决舟山港定海港区岸线短、泊位小的困难，将其紧邻定海的港区西首的六号码头等设施有偿转让给地方，为定海港区增加岸线232米。1991年，又在一号码头与“海军六号码头”之间设置了0号泊位，泊位由36米×9米的钢筋混凝土趸船和撑杆组成。1993年1月，老塘山港区二期建成2.5万吨级和3000吨级煤炭专用泊位各一个。1993年2月建岙山20万吨级油码头1座，泊位总长555.7米，采用蝶形敞开式墩式结构。新增港口吞吐能力600万吨。1999年，岱山原油中转站投入使用；2002年，马迹山矿砂中转基地一期工程投产；2005年年底，册子岛原油中转基地建成；上海国际航运中心洋山深水港区一期工程于2005年10月全面建成，12月开港投入试运行，2006年8月通过国家验收。2010年，舟山港域拥有各类码头泊位366个，其中万吨级以上码头泊位41个。

至2012年，舟山港域共建成生产性码头泊位301个，总设计吞吐能力4.76亿吨、3003万人、滚装汽车98万辆。其中万吨级及以上泊位47个（投入运营的42个），25万吨级及以上码头泊位6个；其中公用码头泊位157个，业主码头泊位144个。

（2）库场

民国27年（1938年），除定海港区有堆货场总面积824.29平方米之外，其他港区均无仓库。中华人民共和国成立初期，舟山港域各港区内仍无正式仓库和堆场。1957年沈家门港区建仓库56平方米。1959年，定海港区利用候船室、办公室楼下搭竹篷作为临时仓库，以转运百货。随着港口建设、客货运量的增长，仓库建设不断增加。1985年，老塘山港区建砖混结构仓库1座，总面积2000平方米，有效面积1400平方米，容量2800吨，有泥结碎石地面堆场3个，总面积5919平方米，有效面积4143平方米，容量4200吨，均为件杂货库场。至1990年年底，沈家门港区内有砖木结构单层仓库3座，总面积1520平方米，总容量710吨，各货主自备货运码头共有堆场2万余平方米；定海港区共有单层仓库4座，总面积1046平方米，总容量474吨，另有水泥混凝土结构堆场1个，总面积3000平方米，容量4000吨。

至2012年末，舟山港域共有仓库面积21048平方米，堆场面积768280平方米。堆场面积在10万平方米以上的有四家，分别是常石集团（舟山）造船有限公司，堆场面积13万平方米；舟山甬舟集装箱码头有限公司，堆场面积11.5万平方米；宝山钢铁股份有限公司嵊泗马迹山港区，堆场面积10万平方米；浙江浙能中煤舟山煤电有限责任公司，堆场面积32.3万平方米。

（3）锚地

舟山港域的锚地均为公共锚地。除近年建设完成的东霍山锚地、虾峙门口外锚地以及其他航道配套锚地外，舟山港域现有锚地54处，锚地总面积约500平方公里。规划锚地38处，面积约300平方公里，最大程度上满足舟山港域内各临港企业对锚地的需求，为舟山港口发展提供有力基础配套服务。

南部海域锚地 根据2001年12月14日浙江海事局《关于浙江沿海主要公共航路锚地

的公告》(浙海[2001]358 号文件),舟山南部海域原公布锚地主要有虾峙门南、北锚地,马峙锚地、野鸭山锚地、金塘西锚地等。随着宁波－舟山港的建设发展,锚地也在逐步调整与建设中。主要调整锚地包括虾峙南锚地、马峙锚地、野鸭山锚地等,同时新建包括条帚门水道附近锚地、鲁家峙锚地等锚地。随着舟山无动力船舶防台工作的推进,在南部马峙锚地西侧水域设置 10 万吨级无动力防台浮筒 2 个。

中部海域锚地 舟山中部海域有锚地 12 个,其中 5 万吨级以上锚地主要为黄兴锚地和香炉花瓶锚地,1 万～5 万吨级的主要为大鱼山锚地、五虎礁锚地、马目锚地、秀山东锚地和香炉花瓶锚地,且大部分锚地为万吨级以下锚地。此外,为满足中部烟墩作业区、老塘山港区等需求,近期建设东霍山锚地。

北部海域锚地 舟山北部海域有锚地 17 个,其中 20 万吨级及以上的锚地有衢山临时锚地、衢山东危险锚位、马迹山港引航锚地、黄泽山锚地、马迹山中转东航道南侧锚地、绿华山锚地共 6 个。10 万～20 万吨级锚地有洋山港区引航待泊锚地 1 个、大洋山南 1 号锚地,还有 2 个 30 万吨级空载修造船锚位,其余锚地为 10 万吨级以下。舟山港域主要锚地情况见表 2－2－13。

舟山港域主要锚地一览表 表 2－2－13

锚地名称	主要用途	面积(平方公里)	水深(米)	容量		底质
				等级(万吨)	船数(艘)	
虾峙门口外原油过驳点	原油过驳	10.77	24	25	12	泥砂
虾峙门北锚地	为大型船舶和油轮进宁波港和舟山港共同的引航、待泊锚地	14.89	17～24	20	12	泥
虾峙门南锚地		11.24	19.5～23	15	17	泥
马峙锚地	避风、待泊交易船锚泊	21.68	10.4～45	15	35	泥
马峙联检过驳锚地	外籍船舶联检待泊及水上过驳	13.42	10.4～45	10	20	泥
马峙危险品锚地	危险品船舶锚泊	2.86	5～8	0.5	11	泥
岙山联检锚地(位)	联检锚泊用	2.01	33～54	30	1	泥
小竹山东侧锚地	避风停泊	0.24	3.5～7.8	0.3	1	泥
大五奎南侧锚地	避风停泊	0.83	14～37	0.5	3	泥
大五奎东侧锚地	油轮、危险品船舶品避风停泊	0.16	3～7	<0.1	1	泥
西蟹峙东北侧锚地	避风停泊	0.64	16～35	0.5	2	泥
野鸭山锚地	联检待泊	6.56	14～26	3.5	13	泥
金塘锚地	引航、待泊、避风	9.36	9.6～39	3.5	21	泥
普陀山外籍客轮联检锚地	外籍客轮联检待泊用	0.2	11.8	1	1	泥
黄星锚地	活鲜水产品交货点	0.3	5～8	0.1	2	泥
高亭联检锚地	岱山二类口岸国轮联检待泊用	0.53	8.4～20	0.5～1	2	泥
五虎礁锚地	联检	7.18	10～15	2	25	泥

续上表

锚地名称	主要用途	面积（平方公里）	水深（米）	容量		底质
				等级（万吨）	船数（艘）	
洋山引航待泊锚地	集装箱船引航待泊	16.5	22-24	15	25	泥
衢山联检锚地	引航待泊联检	8.28	15-29	20	11	泥
洋山港内锚地	集装箱船待泊	3	10-13	2	10	泥
马迹山外锚地	待泊	9	30	20	11	泥
马迹山2号锚地	引航锚地	7.5	22-23	15	10	泥
马迹山3号锚地	待泊	0.7	12.2-31	3.5	2	泥
绿华山南锚地	过载、避风、临时锚泊	25.24	18-56	15	38	泥
绿华山北锚地	活鲜水产品交货点	3.88	19-28	1	14	泥
绿华锚地	活鲜水产品交货点	0.29	2-4.5	<0.1	2	泥
陈钱山北锚地	嵊泗二类口岸国轮联检待泊用	0.15	40	1	1	泥
陈钱山南锚地	嵊泗二类口岸国轮联检待泊用	0.21	17-20	1	1	泥
金鸡山锚地	嵊泗二类口岸国轮联检待泊用	0.28	5-7	<0.1	2	泥
虾峙门口外油船锚地	引航、待泊、候潮	8	27-35	30	2	泥
虾峙门口外矿石船锚地	引航、待泊、候潮	4	27-35	30	1	泥
野鸭山南、北锚地	待泊、候潮、避风	7.28	>40	5		泥
岙山联检锚地	联检、待泊	5.89	27	30	5	泥
马峙联检（扩大）锚地	联检、待泊、避风	3.57	10-25	2~20	56	泥
大鱼山西南锚地	避风、候潮	10.5	11-21	5	22	泥
香炉花瓶礁锚地	引航、待泊、候潮	14.8	18-21	10		泥
秀山东（钓浪北）锚地	待泊、避风	26.5	7-16	5		泥
秀山西锚地	待泊、避风	3.32	6-15	5		泥
东霍山锚地	非危险品锚地，避风	54.5	6-15	5		泥
衢山东锚地	引航、待泊	25.6	20-25	20-25		泥
洋山南锚地	避风、候潮	7.4	10-15	3-5		泥
马目锚地	待泊、避风	5.8	11-30	3		泥
黄泽山锚地	待泊、避风	3.8	25-30	25-30		泥
佛渡锚地	待泊、避风	20.1	18-25	<25		泥

4. 港口生产

舟山港的主要功能有:装卸储存、中转换装功能;运输组织、管理功能;临港工业开发功能;现代物流功能;综合服务功能;通信和信息功能;商贸、金融、旅游和城市生活功能;渔业功能;国防安全功能。舟山港目前以进口煤炭、化肥、水泥、石油、木材、钢材为主,由上海等地运入;主要出口矿建材料、水泥等,流向上海和省内各地以及本区各地。

20 世纪 50 年代,岛屿港口的居间渡运得到相应的恢复和发展。1952 木帆船渡运的旅客运量为 13.5 万人次,1955 年达到顶峰,为 2098 万人次。1955 年沿海客运畅通后,旅客吞吐量有较大的上升,1957 年达 71.08 万人次。

随着港口沿海客运航线的恢复和增加,营运客轮的吨位增大,进出港口的旅客量也有持续上升。1989 ~ 2005 年,港口旅客运量呈逐年上升状,1989 年全港完成旅客运量 364.43 万人次,1991 年舟山港的旅客吞吐量达 462.03 万人次,2000 年达 619.02 万人次。

2008 年上升为 1378.20 万人次,平均年递增率为 7.25%。2009 年 12 月,舟山跨海大桥通车,港口客运量迅速下降。

(1)国际客运

1995 年 5 月,法国巴盖游船公司万吨级豪华游船海国明珠轮载欧美地区旅客首次抵达普陀山。之后,经常有国际旅游船抵达舟山港。2000 年,舟山港务管理局与马来西亚丽星邮轮公司商洽确定,舟山港为丽星公司国际旅游船的基本挂靠港。是年 2 月,该公司 2.5 万吨级“金牛星”号豪华邮轮载运日本、韩国、新加坡、中国香港、中国澳门等国家和地区 156 位游客,首航抵达舟山港普陀山客运码头。是年,舟山港共挂靠国际邮轮 10 航次,安全接送国外游客 2558 人次。

2001 年 9 月,美国豪华邮轮“奥德赛”由济州岛抵达舟山港普陀山客运码头,乘载国外游客 150 多人。2002 年 3 月,塞浦路斯邮轮管理公司“高尔基”号豪华邮轮直达普陀山客运码头。该轮长 194.7 米,宽 26.6 米,载重 2.4 万吨。此航次共载游客 600 多名,为到港国际邮轮单航次载客人数最多一次。2003 年 10 月,上海万邦邮轮有限公司“假日”号豪华邮轮靠泊普陀山客运码头,乘载游客近 220 名。2010 年 9 月,意大利籍“歌诗达 · 经典号”豪华邮轮靠泊老塘山三期码头,开启舟山市与台湾“南海观音慈航宝岛”之旅。

(2)港口货运

1957 年舟山港沿海货物吞吐量为 34.55 万吨。舟山港口进出的外埠沿海货物主要集中在定海和沈家门两港。1958 年“大跃进”开展后,进出舟山港的货物量急剧上升。1960 年,定海和沈家门的货物吞吐量已达 78.2 万吨。1960 年 9 月 30 日后,根据国民经济“调整、巩固、充实、提高”的八字方针,港口生产得以调整,港口货物吞吐量在调整的初始三年中呈现出下降的趋势。1964 年,港口生产开始回升,舟山港口的货物吞吐量达到 74.10 万吨。

1966 年下半年,“文化大革命”造成港口生产的一度混乱。到 1971 年,港口货物量比重下降到最低点,仅为 1963 年的 81.7%。20 世纪 70 年代开始,港口逐步恢复。1973 年货物量比重达 37 万吨。1974 年,港口吞吐量再次下降,比 1973 年减少 314.79 万吨。

1981 年 5 月,沈家门港获准开始经营国内船舶外贸运输业务,从而结束了舟山港口外贸货物的进出口需由其他港口转运的历史。港口的国际航线也逐渐得到了开辟。1981 年,完成外贸货物吞吐量 5.4 万吨,1983 年上升为 14.6 万吨,年平均量增长幅度达 64.58%,随后有所下降。1987 年 4 月，舟山港正式列为对外籍船舶开放的港口。先后开辟了与美国、前苏联、巴拿马、利比里亚、马来西亚等国家的货运航线。同年港口的对外货物吞吐量首次得到大幅度回升，达 15.1 万吨。1996 年港口吞吐量为 1187 万吨，突破千万吨大关，2000 年突破 3000 万吨，其中外贸 883 万吨，港口货物吞吐量位列全国（大陆）沿海港口第九位。2006 年，全港完成港口货物吞吐量 11408.65 万吨，首次突破亿吨大关。2010 年全年港域完成货物吞吐量 22083.74 万吨。2000～2010 年舟山港旅客、货物吞吐量见表 2－2－14。

2000～2010 年舟山港旅客、货物吞吐量表　　表 2－2－14

年份	旅客吞吐量（万人次）	货物吞吐量（万吨）	其中外贸货物吞吐量（万吨）
2000	617.19	3189.12	883.22
2001	670.27	3281.02	598.89
2002	738.33	4067.75	907.03
2003	755.61	5722.12	1929.42
2004	893.32	7359.26	2378.82
2005	940.32	9051.97	2622.86
2006	1059.55	11408.65	3951.75
2007	1181.09	12817.61	4451.03
2008	1378.20	15862.38	6182.68
2009	1299.09	19300.42	6300.54
2010	367.72	22083.74	7400.01

（3）国际集装箱运输

1991 年，国内至香港航线国际集装箱班轮挂港试运行。是年，吞吐量 16TEU。

1999 年 6 月，舟山至上海国际集装箱内支线正式通航，由中国海运集团集装箱运输公司“海棠轮”（运载能力 170TEU）承运，实行周班运输。2000 年 4 月起，中国海运集团集装箱运输公司增加“向荣轮”投入内支线营运，该内支线实行周双班运输。年内组织出运集装箱 953TEU，货物 17076 吨。2001 年 10 月，开通舟山至宁波外贸集装箱内支线班轮。是年，共完成集装箱吞吐量 1702TEU，进口集装箱 20TEU。

2004 年 1 月宁波港集团公司、舟山金塘港口开发公司、香港宁兴集团公司签订了金塘大浦口集装箱码头合资意向书，同年 3 月舟山甬舟集装箱码头公司成立。2005 年 5 月，开工建设金塘大浦口集装箱码头。2010 年 8 月，大浦口集装箱码头试投产。是年，全港完成集装箱吞吐量 14.30 万 TEU。

原油中转　1993 年 2 月，英国籍 31.8 万吨级“兰姆帕斯”号超级油轮装载 18.9 万吨原油成功靠泊岙山石油转运基地码头，舟山港原油中转业务正式开始。1994 年，拓展国外油品外进外出中转储运业务。2001 年，岙山石油转运基地油品吞吐量超千万吨，全港完成油品吞吐量 1298.84 万吨。2002 年，开拓海洋油中转业务；实施虾峙门外锚地原油减载项目，完成 2 艘油轮减载作业。全港完成油品吞吐量 1524.96 万吨。之后，全港油品吞吐量连年上升，2005 年完成 2573.50 万吨。2006 年 2 月，册子原油中转码头投入运营，成为货物吞吐量新

增长点。2010 年,全港完成油品吞吐量 4503.44 万吨。

矿砂中转 1993 年,引进进口铁矿砂中转业务,与香港和合有限公司、香港首长国际储有限公司合作组建舟山首和中转储运有限公司,于 1994 年 8 月进行矿砂中转试运行作业,年内完成矿砂吞吐量 61.91 万吨。2001 年 10 月,新加坡万邦船务公司“赛兰登”轮装运 7 万吨铁矿砂在舟山港野鸭山锚地进行减载过驳作业,2.5 万吨铁矿砂由二程船直接运入长江。

2002 年 5 月,塞浦路斯籍“阿瑞绍萨”轮装载 16.7 万吨铁矿砂抵达马迹山矿砂中转基地进行卸载作业。是年,完成矿砂吞吐量 503.95 万吨。2003 年完成矿砂吞吐量 2284.08 万吨。2007 年 10 月,宝钢马迹山矿砂中转基地二期工程建成投产,使该基地年矿砂吞吐能力达 5000 万吨。2010 年,全港完成铁矿石吞吐量 7540.88 万吨。

电煤中转 1997 年 10 月,舟山港务管理局与省电力燃料总公司在杭州签订舟山港老塘山二期电煤中转协议。是月,上海海运集团“长青”轮装运电煤 1.8 万余吨抵达老塘山港区,电煤中转作业正式启动。2001 年,开展配煤业务,全年配煤 162.71 万吨,完成煤炭吞吐量 486.51 万吨。2002 年,老塘山港区卸载 2 万吨煤船的时间缩短至 18 小时内。2005 年,全港煤炭吞吐量达 715.50 万吨。2008 年 11 月,六横浙能舟山煤炭中转基地投入试运行。2010 年,全港完成煤炭吞吐量 2114.92 万吨。

5. 港口装卸

1950 年前,港口装卸、搬运、驳运用扁担、绳索、手拉车和舢舨操作。至 1954 年,仍靠扛、挑、抬、拉,年搬运量仅 12.8 万吨。1957 年,定海港装卸工汪祥鑫始制第一台木质土吊车,一次负荷 200 公斤。同年将旧车改装成牵引车,一次可牵引大板车 8 辆,淘汰杠棒、扁担,装卸、搬运开始从原始人力吊起货中解脱出来。

1958 年 7 月,定海港工人赴上海港务局培训汽车驾驶、修理等技术。翌年 11 月返定海后,购置第一辆 2 吨三卡货车,建立了第一支码头汽车运输队伍。沈家门港装卸工人在哈尔滨第二工具厂购得起重机图纸一份,会集修车工、木工、搬运工反复试制,制出一台起重机,定名“少年先锋式起重机”。起重力为 300 ~ 400 公斤,比人力操作提高工效 5 倍。同年又革新制作脚跳舢舨机、砖块卸船溜板、坊溜送板、空中运输机械等工具。定海港工人制作锯板机、反斗车、酒埕车、夹砖头钳,日装卸量 27.48 吨。码头装卸、搬运工具逐步向机械化发展。

1960 年,改“少年式”起重机为转盘式起重机,比人力操作提高工效 8 倍。定海、沈家门两港淘汰笨重工具,装、驳、卸实行半机械化操作。机械化程度 80%。岱山东沙、高亭两港机械化程度 50%,嵊泗菜园港 30%。1967 年,定海港增添 3 辆 4 吨货车,组建汽车组,大板车剩 10 辆。1978 年,定海港口拥有 1.5 ~ 8 吨吊车 21 台,载重汽车 20 辆,轻型汽车 1 辆,平板车 2 辆,汽车拖斗 2 辆,柴油机革新车 5 辆。完成机械操作量 17.6 万吨。1979 年外海货运兴盛,港口大宗物资渐增,装卸设备更新,仅沈家门装卸工区配造起重机 22 台,总负荷 27 吨;至 1980 年,舟山港各种装卸机械 24 台,最大起重能力 8 吨,运输车辆 18 辆,载重吨 73.5 吨,年装卸操作量 36.2 万吨。

1987 年,舟山港对外国籍船舶开放,外贸物资进出口任务增多,原有的装卸设备已经不能满足港口装卸作业需要。1988 年 11 月,舟山市交通局投资 280 万元,在老塘山作业区安装起重量 16 吨的门式起重机 2 台,装卸能力显著提升,时使每艘船停港时间,由上年的 1.32

天减少到1.23天。1990年，舟山港有装卸机械137台，各类汽车98辆，载重吨471吨，机械作业量155万吨。根据第三次全国港口普查资料显示，至2008年，舟山港域配备库场机械293台，水平运输机械42台；1000吨级以上生产用海轮所配备的码头前沿装卸机械共计194台，其中起重机械73台，输送机械12台，专用机械109台。

2012年末，舟山港域共有码头生产用装卸机械1833台，其中码头前沿装卸机械330台，库场机械1503台。包括油品码头使用的输油臂，散货码头使用的装船机、卸船机、带式输送机、堆取料机、轮式装载机、推耙机等，集装箱码头使用的桥吊、龙门吊、堆高吊、正面吊、港内牵引车等，以及其他各类起重机、吊车、叉机等。

（三）重点工程建设

1. 舟山岙山30万吨级油码头

中化兴中公司岙山30万吨级油码头位于岙山南侧岸线，工程总投资近1.5亿元，设计年吞吐能力为1800万吨。可为3万~30万吨级油轮提供靠泊和装卸油作业条件。该码头为高桩墩式结构，呈蝶形敞开式布置，东西走向，码头全长480米，前沿水深23.8米以上，最大可靠泊37.5万吨级油轮。

码头由工作平台、靠船墩、系缆墩和引桥等组成。工作平台平面尺寸：2米×28米，面标高8.5米；由全长122.5米、宽8.5米的栈桥与岸上相连。栈桥可以上车，设计荷载均载：$10kN/m^2$，允许检修用16t轮胎吊上工作平台作业，允许消防车辆通行。主靠船墩2个，呈对称布置，面标高7.5米，平面尺寸14米×20米。副靠船墩2个，呈对称布置，面标高7.5米，平面尺寸10米×15米。系缆墩6个，面标高7.50米，平面尺寸10米×10米。人行桥及支墩6座，平面尺寸4米×4米，面标高均为7.50米。

码头于2007年5月开始施工，2008年5月9日，成功打下第一根长56米、直径1米的高强度预应力混凝土管桩。2009年6月投入试运行。2010年3月获舟山市“海山杯”优质工程奖，4月通过竣工初步验收，6月获浙江省“钱江杯”优质工程奖。2010年11月，通过由国家交通运输部水运局主持的竣工验收，核定该工程为优良工程。

2. 舟山煤炭中转码头

舟山煤炭中转码头工程是浙江省重点工程，由浙能中煤舟山煤电有限责任公司投资兴建，总投资28.5亿元。码头位于舟山第三大岛——六横岛东北岸，港址地理条件优越，拥有丰富深水岸线和天然深水航道，平均水深20~40米，其中短程航线可辐射国内沿海各大港口，远程可辐射日本、韩国、新加坡等国家。主体工程包括卸船码头和装船码头各一个。码头呈“F”形布置，卸船码头在外侧，泊位长度648米，前沿水深-21.6米，设15万吨级和5万吨级泊位各一个，配置3台2100吨/小时的卸船机；装船码头526米，前沿水深-15.7米，设3.5万吨级、2万吨级、5000吨级泊位各一个，配置3台3000吨/小时的装船机。设计年吞吐能力3000万吨，其中卸船和装船能力各1500万吨。码头后方建有占地面积118亩的堆煤场，可堆存310万吨原煤。

该工程于2006年12月开始动工建设，2009年6月实现全面投产。工程施工任务重，预制构件多达1730块；施工任务难度较大，栈桥线较长，海上现浇混凝土难度大，安装构件数量多，特别是在2007年施工高峰期曾遭遇四次强台风影响，一度影响水上施工及构件安装。

经过一年多的海上施工，于 2008 年 8 月 1 日顺利通过交工验收，经浙江省质检总站评定质量等级为优良。

舟山煤炭中转码头的建成，为浙江省的能源安全提供了保障。作为浙江省的煤炭储备基地，一旦遇到煤炭生产、运输等原因不能保证煤炭均衡供应时，它可以为电厂提供安全可靠的电煤运输和储存途径。另外，倚仗地处长江三角洲的地理优势，这一码头可辐射福建、广东两省的能源中转口岸。对平抑煤炭价格、节约岸线资源，改变今后火力电厂布局、拉动地方经济的发展都将起到积极的作用。

2009 年 6 月 9 日，浙江舟山煤炭中转码头正式开港，该码头是目前全国最大的企业自备煤炭中转码头。从此，来自全国乃至世界各地的煤炭将会源源不断地输入"资源小省、经济大省"的浙江，为浙江煤炭能源安全保障和社会经济发展发挥巨大作用。

3. 舟山西蟹峙油码头

舟山西蟹峙油码头位于舟山西蟹峙岛南部，2007 年 4 月获国家发改委批准建设。2008 年 1 月，交通部水运司组织对初步设计文件进行审查；2 月初步设计获省发改委批复同意；7 月，舟山港务管理局召开施工图设计审查会，批复同意施工图设计文件。

建设规模为新建 5 万吨级（水工结构按 8 万吨级设计）和 5000 吨级成品油泊位各 1 座及 29 万立方米储罐等配套设施。码头长度 478 米，设计年吞吐能力 400 万吨。项目主要装卸、储运燃料油、重柴油、轻柴油和汽油。工程于 2008 年 6 月开工，2010 年 10 月完工，累计投资 3.8 亿元。

4. 宁波金塘大浦口集装箱码头

金塘大浦口集装箱码头项目是宁波舟山两市开展经济合作、推进港口一体化建设首先启动的合作项目，2004 年宁波舟山两市共同组建甬舟集装箱码头有限公司负责开发建设金塘大浦口集装箱码头。大浦口集装箱码头工程是宁波 - 舟山港口一体化后首个工程，拥有水深 18 米的深水良港，码头岸线长 1774 米。该项目一期工程建设 5 个 7 万 ~ 10 万吨级集装箱泊位（可兼靠 15 万吨级大型集装箱船舶），码头岸线长 1774 米，水深 18 米，陆域面积 243.4 公顷，设计年吞吐能力为 250TEU，是目前国内设施最先进的集装箱码头，总投资 58.5 亿元人民币。工程于 2005 年开始建设。2010 年 7 月 25 日，金塘港区大浦口集装箱码头工程第一阶段 2 个泊位投入试生产。第一阶段 1 号和 2 号泊位共有 4 台桥吊、4 台轨道式龙门吊和 20 辆集卡等配套设备。其中，桥吊设备起升高度 42 米、吊具下额定起重量 65 吨、外伸距 66 米，是目前宁波 - 舟山港起重量最大、外伸距最长、起升速度最快的集装箱桥吊。

总投资为 42.5 亿元的二期工程建设泊位总长度为 1464 米，共建设 3 个 7 万吨级的集装箱码头，建成后与一期泊位年集装箱吞吐量将达到 250 万 TEU。宁波 - 舟山港金塘港区大浦口集装箱码头工程是宁波、舟山两港一体化的启动和标志项目，也将是舟山的第一个大型专业化集装箱码头。项目建设对于缓解宁波 - 舟山港集装箱泊位通过能力不足的矛盾，适应集装箱吞吐量不断增长和运输船舶大型化的要求，加快和推进宁波、舟山港口一体化具有重要作用。

舟山港域 2008 年及以前投产时用的万吨级及以上大泊位明细见表 2 - 2 - 15。

舟山港域2008年及以前投产时用的万吨级及以上大泊位一览表 表2-2-15

序号	港区名称	港口经营人名称	泊位名称	泊位形式	主要用途	投产年份(年)	前沿水深(米)		泊位长度(米)	设计靠泊能力(吨级)	泊位设计年综合通过能力		备注
							设计	维护			散装、件杂(万吨)	集装箱(万TEU)	
1	定海港区	中化兴中石油转运(舟山)有限公司	兴中公司1号泊位	直立式	原油	1993	20.0	21.0	556	280000	1000		
2			兴中公司2号泊位	直立式	原油	1995	14.0	15.5	340	80000	500		
3		舟山中威石油储运有限公司	兴中公司3号泊位	直立式	成品油	1999	20.0	21.0	230	10000	150		
4		浙江舟山富兴能源有限公司	西蟹峙油库码头	直立式	成品油	1997	10.0	10.0	100	18000	88		已停用
5		舟山港海兴装卸储运有限责任公司	长峙货运码头	直立式	通用件杂货	2007	11.0	12.5	174	10000	45		
6	老塘山港区	舟山港海通中转储运有限责任公司	老塘山二期卸船码头	直立式	煤炭	1993	11.0	11.0	186	25000	400		
7			老塘山三期卸船码头	直立式	多用途	2004	15.0	15.0	302	50000	50		
8			老塘山三期装船码头	直立式	通用散货	2004	15.0	15.0	302	50000	500		
9		中石油股份有限公司管道储运分公司	中石化册子30万吨级原油码头	直立式	原油	2006	23.0	23.0	512	300000	2054		
10		中海石油(舟山)基地物流有限公司	老塘山一期码头	直立式	通用散货	1988	10.5	10.5	120	15000	18		
11		浙江海鲜石油化工有限公司	海洋石化	直立式	成品油	2007	14.0	14.0	254	10000	96		
12	马岙港区	舟山朗喜发电有限责任公司	舟山发电厂卸煤码头	直立式	煤炭	1998	16.0	10.0	208	20000	150		
13	沈家门港区	浙江石油普陀储运有限公司	半升洞油库2号泊位	直立式	成品油	1995	11.7	11.7	253	18000	150		

续上表

序号	港区名称	港口经营人名称	泊位名称	泊位形式	主要用途	投产年份（年）	前沿水深（米）		泊位长度（米）	设计靠泊能力（吨级）	泊位设计年综合通过能力		备注
							设计	维护			散装、件杂（万吨）	集装箱（万 TEU）	
14	高亭港区	上海石油天然气有限公司石油储运分公司	南峰原油码头	直立式	原油	1998	12.0	13.0	225	20000	70		
15		中东（舟山）港务有限公司	浪激咀万吨级码头	直立式	通用散货	2007	12.0	12.0	219	12000	26		
16	泗礁港区	上海宝钢集团公司嵊泗马迹山港区	马迹山装船码头	直立式	金属矿石	2001	23.0	23.0	456	300000	3000		
17			马迹山卸船码头2号泊位	直立式	金属矿石	2007	24.0	24.0	431	300000	3000		
18			马迹山装船码头	直立式	金属矿石	2001	11.0	11.0	276	50000	700		
19			马迹山装船码头2号泊位	直立式	金属矿石	2007	14.0	14.0	535	50000	700		
20			马迹山装船码头	直立式	其他	2007	14.1	14.1	210	10000	10		
21	绿华山港区	上海浦远船舶有限公司嵊泗分公司	浙江省嵊泗绿华减载平台（锚地）	单点系泊	通用散货	1999	20.0	20.0	320	200000	350		

二、温州港

温州港位于瓯江下游河口段，北纬27°56′至28°06′、东经120°35′至120°57′的区域内。江面自西向东逐渐从1000多米开阔至5000多米。江心屿、七都涂、灵昆岛依序列居港中。北岸后方山峦起伏，江口外洞头岛有103个岛屿，全港域广水深、风平浪静，是一个河口港和海湾港兼备的天然良港。

温州港处在中国海岸线的中段，南北辐射居中。沿海各主要港口呈对称分布：北距上海港320海里、宁波港219海里；南距福州港192海里、厦门港393海里、台湾基隆港203海里。日本、朝鲜、东南亚等国的许多港口以及中国香港，都分布在温州港南北扇形的海面上。与德国、英国、意大利、俄罗斯、美国、阿联酋、日本、韩国、印度、新加坡、中国香港及中国台湾省等地的50多个港口有航运业务和贸易往来。水路货运航线贯通中国南北沿海主要港口以及长江沿线等地，是南北海运和诸多国际航线必经之路。

（一）形成与发展

战国时期（前475～前221年），温州港已具原始港口的雏形。东晋时港址已基本确立。南宋绍兴元年（1131年）前设有“市舶务”，管理外商来温有关事宜。唐、宋、元时期海上交通进一步发展，明清时，因“海禁”港口趋于衰落。

清康熙二十三年（1684年）诏开“海禁”，温州港运输恢复和发展。清乾隆二十三年（1758年），至鸦片战争爆发前，清政府闭关自守，仅留广州一口对外开放，温州港长期停止对外贸易。清光绪二年（1876年）9月13日，《中英烟台条约》签订后，温州被迫辟为对外通商口岸。次年4月设立温州海关。清光绪三年(1877年)4月公布的《温州港港章》划定温州港的港界为:瓯江南岸龙湾外口炮台与北岸磐石炮台连线以面的水域。今港界范围分为内港和外港两部分。内港为瓯江大桥上游1公里以东,歧头灯桩和宁村连续以面内的水域,外港为石马头、歧头灯桩、横趾山灯桩、鲳鱼礁、笔架礁、宁村等诸点连线以内的水域。

20世纪20年代,温州近代工商业兴起,港口又有了新的发展。民国19年(1930年)老港区货物吞吐量为30万吨。此后,温州港进出口贸易下降。1937年7月抗日战争爆发,沿海各地商埠相继沦陷,温州港成为东南沿海唯一对外口岸,战争初期曾出现畸形繁荣局面。民国27年(1938年)港口吞吐量约达7万吨;1939年4月至1940年11月,赣、皖、湘、闽、川等省商旅云集温州,内地货物进出均经此中转。英国的太古、怡和等公司轮船来往频繁,港口年吞吐量一度曾达50余万吨。民国30年(1941年)12月,太平洋战争爆发,港口沿海轮船运输停顿。抗战胜利后,温州港只经过短暂的复苏即行衰退。民国37年(1948年)港口货物吞吐量只有20万吨。1949年5月7日温州解放,港口只剩下一个囤船码头。

1949年后,港口逐渐修复。1954年港口吞吐量为57.88万吨。1955年2月后,沿海岛屿相继解放,温沪线畅通,建起了2、3、4、5、6号码头和接桥码头。20世纪50年代后期,温州港建成了历史上第一个完整的港区——朔门港区,从此温州港走向瓯江时代。

1957年2月21日,国务院批准温州港为18个对外开放的港口之一,当年货物吞吐量达到137.45万吨。1964年温州港正式对外开放接待外轮。经过"调整"后,温州港货物吞吐量逐年回升,1965年达到167.46万吨,并增辟了西门、安澜、振华等港区。"文化大革命"(1966~1976年)期间,温州港运输生产遭到重大挫折,港口吞吐量在10万吨左右,1976年仅完成58.73万吨。1978年后,温州港运输生产持续、稳定上升,港口设施有了很大改善,先后增辟了杨府山港区、状元港区和龙湾港区。

1989年1月,龙湾两个万吨级码头建成,温州港才有了万吨级码头。当年,市区杨府山一、二期工程完工,各县(市)主要港口进一步开发和发展,形成了以温州港为中心的大、小型港口群体。至20世纪90年代初,温州港口主要分布在瓯江等3条江内。主要港区有温州市区老港区、杨府山港区、状元港区和龙湾港区。主要码头有状元港区码头,安澜固定硬码头,安澜客运码头,望江客运码头,港务1、2、3、4、5、6号码头和安澜车渡码头。1990年5月,温州港安装了2台重150吨的大型门机,首次有了大型装卸机械设备。是年6月,温州港杨府山二期工程5000吨级杂货码头主体工程建成。此年,港口温州港完成货物吞吐量307.14万吨。

1991年2月,温州海运公司5000吨级航修码头主体工程通过验收,总投资266万元,时为浙江省最大航修码头。

1998年8月28日,国家交通部、浙江省人民政府批复温州港总体布局规划。总体布局规划确定温州港划分为市区老港、杨府山港区、龙湾港区、七里港区和乐清湾港区,洞头岛列为远景发展港区。规划批复后,温州市推行"水运强市"工程,港口建设步伐加快。

2000年,温州港建成万吨级以上码头泊位4个,其中七里港区煤码头为2.5万吨级。至年末,港区有生产用码头泊位66个,其中公用1个,万吨级7个;码头泊位总长度4716米,其中公用1727米;年综合通过能力1280.1万吨,其中公用592万吨。此年,温州港完成货物吞吐量859.44万吨,其中外贸104.351万吨,集装箱7.41万TEU,旅客吞吐量95.74万人次。

2001年3月,中远(集团)集装箱运输有限公司华东·东南亚干线班轮"阳江河"轮,首次挂靠温州港七里港区，然后由七里港区驶往新加坡、雅加达，温州港结束了没有国际干线班轮直接挂港的历史。4 月，温州港龙湾滚装码头主趸船与 110 吨的钢引桥建成，时为浙江省最大的浮码头。8 月，温州港七里集装箱公司引进 2 台日本“住友”牌大型集装箱桥吊，结束了温州港无集装箱桥吊的历史。10 月，温州至营口集装箱航运航线通航，此是温州港七里港区投入运营后开通的第一条内贸集装箱航线。12 月 4 日，4.7 万吨级挪威籍货轮“西岛”号靠泊温州港七里港区码头，时为温州港靠泊的最大货轮。

2002 年 9 月 29 日，温州市区朔门一号码头拆除，温州港第一座货运码头完成历史使命。同年，温州港完成货物吞吐量 1676.31 万吨，其中外贸货物吞吐量 191.87 万吨，国际标准集装箱 150264TEU，旅客吞吐量 104.91 万人次；港口各项事业收入和规费收入 1916.63 万元。

2003 年 9 月 18 日，浙江省政府批准温州港口七里港区正式对外启用。七里港区位于瓯江下游北岸，距市区约 40 公里，拥有码头大小泊位 5 个。11 月 7 日，温州港年货物吞吐量首次突破 2000 万吨大关。

2004 年 6 月，温州港状元岙深水港区暨围垦工程开工建设。11 月 8 日，巴拿马籍散货船“航荣 9 号”轮，满载 5000 吨出口钢坯，从龙湾港区驶往日本，此为温州港首次出口钢材。至年底，温州市沿海港口生产码头泊位岸线达到 13712 米，码头泊位 200 个左右。此年，温州市地方港口有作业企业 146 家，港机操作员 3336 人，码头 266 座，码头长度共计 6806 米，装卸机械 228 台，仓库 49905 平方米，堆场 246569 平方米。全市沿海港共完成货物吞吐量 3449.2 万吨，其中外贸 169 万吨；完成集装箱 21.3 万 TEU，其中外贸集装箱 7.36 万 TEU。

2005 年 6 月 19 日，满载 1.45 万吨印度铁矿砂的“福泰”号货轮靠泊温州港七里港区，这是温州港有史以来靠泊的第一艘装载铁矿砂的外籍轮。11 月 11 日，“富王”轮装载 6692 吨煤炭运抵龙湾港区码头，随后转由铁路联运，温州港务集团与金温铁道公司水铁联运由此正式启动。8 月，温州市政府常务会议原则通过《温州港总体规划（修编）方案》，总体规划温州港为“一港五区”，即状元岙港区、乐清湾港区、大小门岛港区、瓯江港区、瓯南港区。港口岸线 152 公里，其中深水岸线 82 公里。2005 年，温州港完成货物吞吐量 3637.1 万吨，其中外贸吞吐量 144.8 万吨；集装箱 23.02 万 TEU，旅客吞吐量 99.50 万人次；新增 2 个万吨级泊位。至年底，温州港有生产性码头岸线 12572 米，各类泊位 211 个，其中万吨级以上泊位 9 个。

2006 年 3 月 7 日，宁波港投资兴建灵昆多用途码头工程，项目建设规模为 4 个 5000 吨级（兼靠万吨级）多用途泊位及配套设施，主营散件杂货与集装箱。同月，温州港务集团和香港新创建港口管理有限公司签订合资框架协议，共同投资 1.75 亿美元，建设洞头状元岙港区一期工程。3～5 月份，温州港沿海客运航线迁至市区朔门 3 号码头；龙湾港区集装箱外贸内支线迁至七里港区；轮驳公司航线整体迁至七里港临时基地，原码头移交给温州明珠游艇有限公司经营；温州至瓯北、清水埠航线迁至朔门 1 号码头。至此，原安澜码头客运航线全部迁移。4 月，龙湾港区煤炭水铁联运中转码头建成并投入使用，金温铁路与温州港龙湾码头的电煤港铁联运正式开通。

2006 年 6 月 14 日，《温州港总体规划》（修编）方案通过国家交通部和浙江省人民政府联合评审。总体规划按照布局合理、层次分明、优势互补的原则，将温州港由原来“一港五区”修改为以状元岙港区、乐清湾港区、大小门岛港区为核心枢纽港区，以瓯江和瑞安、平阳、苍南等港区为补充的“一港七区”新格局。11 月 27 日，温州市政府通过《温州港瓯江港区控制性详细规划》，确定瓯江港区岸线总长172.43公里，规划可用岸线58.16公里。瓯江港区以七里、灵昆、龙湾3个作业区为主体，规划使用岸线9公里，建设5000～3万吨级泊位40个，吞吐能力为4000万吨。12月，世界最大航运公司丹麦A.P穆勒—马士基在温州港设分公司，巴拿马籍"晓兰"号货轮首次登陆七里港金洋码头，温州直达香港海上货运航线恢复。

2007年末，温州港有各类泊位246个，其中万吨级以上泊位13个。年吞吐能力3834万吨，集装箱吞吐能力82万TEU。完成水运建设投资11.13亿元，创历史新高。

2008年6月23日，国家交通运输部和浙江省人民政府联合批复温州港总体规划，将温州港规划为乐清湾港区、大小门岛港区、状元岙港区、瓯江港区、瑞安港区、平阳港区、苍南港区7个港区，定位为以能源、原材料等大宗散货和集装箱运输为主的多功能、综合性港口。2008年全市港口完成货物吞吐量5043万吨，首次突破5000万吨大关。

2009年8月，温州港集团启动温州港口开放报批工作。10月19日，温州至台湾集装箱班轮首航仪式在状元岙港区举行。12月25日，乐清湾港区一期2个5万吨级（兼靠10万吨级）多用途码头开工建设，工程概算总投资17亿元。此年，温州港完成基本建设投资6.7亿元，完成港口吞吐量5772.55万吨，其中完成外贸吞吐量197.54万吨，集装箱吞吐量39.35万TEU，旅客吞吐量100.35万人次。

2010年1月29日，8万吨级大型散货船"新华盛"海轮，满载7.48万吨煤炭靠泊洞头状元岙港区码头，成为温州港到港的最大吨位船舶。6月11日，韩国籍大型货船满载6.1万吨煤炭由俄罗斯东方港运抵温州状元岙港区码头。这是状元岙港区码头首次接卸进口煤炭，也是温州港靠泊的最大吨位的外贸散货船。至2010年年底，温州港有生产性泊位234个，其中万吨级以上深水泊位15个，最大靠泊能力10万吨级。

温州港总体规划图如图2－2－4所示。

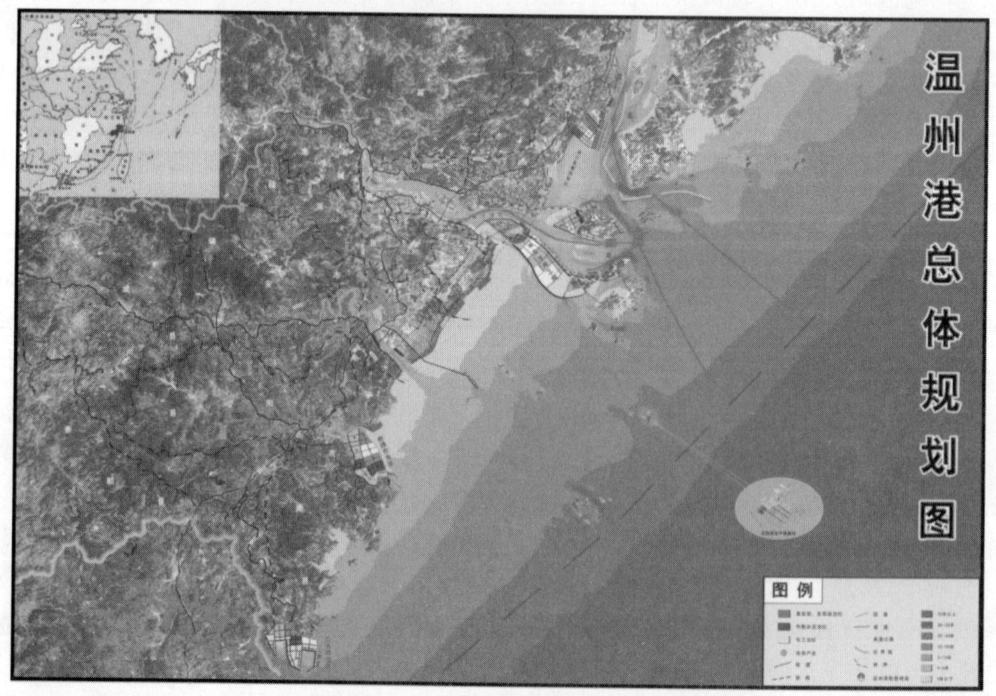

图2－2－4　2008年温州港总体规划图

（二）港区

1. 状元岙深水港区

状元岙深水港区位于温州市洞头县状元岙岛西北侧，与半岛浅滩围涂工程、大小门石化产业基地，是瓯江口区域内正在实施的“三大工程”。港区可利用岸线14140米，规划建设深水泊位25个，吞吐能力7000万吨，其中集装箱500万TEU，是温州港在“十一五”计划（2006～2010年）期间开发的大型外海深水港区。

2004年6月16日，状元岙港区围垦一期工程动工。该项目规划建设深水泊位20个，其中拟建集装箱泊位12个，集装箱吞吐能力达440万TEU以上，货物吞吐能力5000万吨以上。该工程总工期5年，总投资约11亿元。工程分三期实施，通过围垦滩涂可形成土地面积约2.6平方公里，围垦陆域纵深约900米，围堤总长约4.2公里（相当于再造约三分之一状元岙岛）。其中一期围垦工程工期18个月，概算投资3.1亿元，吹填面积约80万平方米，围堤长度约1.2公里，隔堤1.1公里。

2006年3月1日，温州港务集团和香港新创建港口管理有限公司正式签订合资框架协议，共同投资1.75亿美元，建设洞头状元岙港区一期工程，该工程拟建造2个5万吨级兼靠10万吨级泊位。6月14日，国家交通部和浙江省人民政府联合批复了《温州港总体规划》，规划将状元岙港区定位为温州港三大核心枢纽港区之一。12月31日，状元岙港区一期围垦工程基本建成，8号、9号两个5万吨级（兼靠10万吨级）多用途码头泊位主体工程完工，设计年吞吐能力为集装箱20万TEU，件杂货700万吨。当年，港区实现货物吞吐量700万吨、集装箱40万TEU。

2007年9月3日，温州港务集团与民营企业华峰集团合资成立石化码头有限公司，投资5.82亿元，建设状元岙港区5万吨级兼靠8万吨级化工码头。

2008年7月8日，浙江省发改委和省交通厅在杭州联合组织召开温州港状元岙港区二期工程可行性研究报告预审查会议。温州港状元岙港区二期工程选址在洞头县状元岙岛西北部，东侧紧邻已建成的状元岙港区一期工程，建设规模为：新建5万吨级集装箱泊位3个（码头水工结构按10万吨级设计）及相应陆域堆场、装卸设备等配套设施，设计年吞吐量150万TEU，港区陆域面积约85.75万平方米，使用岸线约969米。初步投资估算约为27亿元。是年，交通运输部和浙江省人民政府联合批复了《温州港总体规划》，状元岙港区是《规划》中确定的三大核心枢纽港区之一。是年，港区一期工程2个5万吨级（兼靠10万吨级）多用途泊位及相应的配套设施建成，设计年吞吐能力为集装箱20万TEU，件杂货70万吨。同年，港区华港5万吨级（兼靠10万吨级）化学品码头可行性研究报告通过审查。港区由原以集装箱和散杂货运输为主，逐步发展成为综合性港区。

2010年，状元岙港区拥有2个5万吨级多用途泊位，兼靠10万吨级。状元岙深水港如图2－2－5所示。

图2－2－5 状元岙深水港

2. 乐清湾港区

乐清湾港区是温州市三大核心港区之一，位于瓯江口外，乐清湾西岸，总规划面积111.2平方公里，规划岸线34公里。北起乐清市清江镇（南塘）黄家里，南至乐清市柳市镇（黄华）岐头山，与玉环县隔海相望，与瓯江口新区毗邻接壤，是温州港最具发展潜力和重点建设的深水港区。

由于港区位于乐清湾中部最窄岸段，掩护条件良好，码头作业基本不受风浪影响，年作业时间在320天以上。水深条件优越，航道基本水深10.8米（不涨潮），经疏浚后达到-15米，涨潮达到-18~20米，可通过5万~10万吨级的船舶，是个深水避风良港，具有得天独厚的建港条件。

港区将以大宗散货和临港物流起步，发展集装箱、大宗散货和件杂货运输业务，重点构建“水铁联运”物流基地，是温州港未来最主要的“水铁联运”大型深水港区，温州市十大重点海洋产业建设区块之一，也是浙江省建设“三位一体”港航物流服务体系和实施“港航强省”战略重点打造的大宗散货港口物流基地之一。

根据《温州港总体规划批复》，将乐清湾港区功能定位为：以集装箱、大宗散货和杂货运输为主，服务临港工业、拓展物流功能、逐步发展成为规模化、集约化的综合性港区。乐清湾港区一期规划，将港区分为4个区：沙港头以北为北区，沙港头以南、东干河以北为南区，东干河以南、西干河以北为拓展区，西干河以南为发展预留区。规划泊位布局分为A、B、C、D、E、F、G 7个码头作业区，共布置泊位万吨级以上泊位43个（其中5万吨级以上泊位18个），设计港口吞吐能力8200万吨、集装箱595万TEU。产业布局分为码头作业区、临港工业区、现代物流区、船舶制造基地和海上休闲旅游5部分。

2006年4月，乐清湾港区（一期）控制性详细规划通过会审。港区控制性详规认定港区功能为具有运输、临港工业开发和现代物流功能的工业港，服务于乐清湾临港产业基地和温台沿海经济带；一期规划面积60.8平方公里，开发岸线16.6公里，自北至南布置泊位43个（其中1万~7万吨级泊位31个），设计年吞吐能力8200万吨，其中集装箱595万TEU。港口作业生产区自南而北分为集装箱作业区、打水湾煤电作业区、沙港头预留发展区、北港区散杂货作业区、鹅头湾石化基地、南浦嘴头船舶修造基地和黄家里预留发展区，后方布置临港工业和物流园区。至年底，《乐清湾港区战略性规划》等五大规划全部完成，并通过审查。按照规划功能，港区功能布局分为码头作业区、临港工业区、现代物流区和船舶制造基地4块。

2009年2月18日，温州港乐清湾港区一期工程可行性研究报告通过了省发改委和省交通厅在温州联合主持召开的专家评审。当年12月25日，乐清湾港区一期2个5万吨级多用途泊位在蒲岐举行了开工仪式，该项目位于乐清湾港区一期南区2号区块，是乐清湾港区码头主体项目之一。

3. 大小门岛港区

大小门岛港区位于瓯江口外洞头县内，两岛现有面积为33.32平方公里，通过围垦造地，面积将达到60平方公里，是温州港“一港七区”的三大核心港区之一，也是温州港唯一具备建设30万吨级大型深水码头优越条件的港区。根据《温州港总体规划批复》，港区使用岸线19.6公里，可建设泊位55个，通过能力达1.38亿吨。大小门岛港区功能定位为：以临港石化产业为主，发展成为以“海管（管道）联运”为特色的临港产业基地和港口物流岛。

2006年,大小门岛石化产业发展规划制定。按照规划,大小门岛将通过围涂形成30平方公里陆域,引进1000万吨炼油和100万吨乙烯重化工业项目,发展成为60平方公里的温州石化基地。大小门岛港区发展目标定位为:为温州石化基地服务,近期建设小门岛5万~30万吨级深水泊位2个,吞吐能力1000万吨,最终形成具有石油化工储存、中转、加工等综合功能的石化港。

2011年8月17日,温州市政府组织召开大小门岛港区投资开发建设工作交接仪式,大小门岛投资开发主体开始由瓯江口新区管委会向温州港集团与洞头县政府移交。

至2012年年底,港区在建主要项目有:

(1)大门大桥,全长10.14公里,总投资20.36亿元,是温州市首座跨海特大桥,也是大小门岛连接外部的唯一陆路通道。

(2)中石化温州液化天然气(LNG)项目,总投资约116亿元,由温州港集团下属的大小门岛公司代表温州市参股。

(3)其他方面:开展了黄岙二期围涂工程、小门西片围垦工程、温州大门港口物流区促淤堤工程等围垦项目前期工作,承担了大门产业基地应急引水工程、大门镇长沙安置房等社会基础设施的建设。大小门岛石化基地码头如图2-2-6所示。

图2-2-6 大小门岛石化基地码头

4.瓯江港区

瓯江港区包括市区老港区、杨府山、龙湾、七里和灵昆等港区以及瓯江两岸零星的作业港点,是老温州港的主体港区。

2006年11月27日,温州市人民政府审议通过《温州港瓯江港区控制性详细规划》。规划认定瓯江港区岸线总长172.43公里,规划可用岸线58.16公里,为城市综合保障港区,港区由原温州港的杨府山港区、龙湾港区、乐清的盘石港区、七里岗区和灵昆港区整合组成,整合后,港区以龙湾、白楼下、杨府山、七里、灵昆5个作业区为主体,规划使用岸线9公里,建设5000~3万吨级以下泊位40个,吞吐能力约4000万吨。

瓯江港区主要服务于温州中心城市、开发区、加工工业和临港工业等对货物运输需求,承担集装箱、件散杂货、能源等物资运输。同时也承担着陆岛过江交通和旅游客运任务,是工商贸结合、临港(江)工业、港口支持管理服务功能齐全的沿海港区。港区功能以城市物资运输为主,龙湾、七里、灵昆三大作业区保留货运功能,其他作业区调整为城市生活、旅游服务功能。七里作业区承担外贸集装箱及件散杂货运输,规划建设深水泊位10个,形成1800万吨、集装箱150万TEU吞吐能力;龙湾作业区承担内贸集装箱、件散杂货及石化运输;灵昆作业区则发展集装箱及件散杂货运输,并承接老港区和杨府山港区货物转移。

2001年8月6日,港口配备了2台日本产“住友”牌大型桥吊机后,温州港集装箱年吞吐能力将由10万TEU增加到20万TEU,结束了温州港无集装箱桥吊的历史。同年11月14日,七里港区一期工程举行阶段性移交试生产交接仪式,投入试运行。该工程总投资3.8亿元,占地面积25万平方米,使用岸线867米,包括2.5万吨级煤炭卸船泊位1个,500吨级煤炭装船泊位2个,1.5万吨级和1000吨级多用途泊位各1个及相应配套设施。

2003年12月25日,温州港龙湾港区二期工程正式开工。该工程实际总投资1.98亿元,设计年吞吐量为98万吨。龙湾港区二期工程在一期工程西侧新建1万吨级多用途泊位和散杂货泊位各1个(3号泊位和4号泊位),同时建设港区堆场、道路、仓库等相关配套设施。工程于2007年通过交工验收投入试运行。

2008年7月21日灵昆作业区多用途码头开工建设。该工程新建2个5000吨级(兼靠10000吨级)多用途泊位及相应的附属配套设施,设计年吞吐能力93.8万吨。用地150亩,使用岸线286米,概算总投资5500万元。工程于2009年6月完工,同年11月25日通过竣工验收,2010年8月建成投入营运。

(1)龙湾作业区

龙湾作业区位于瓯江口南岸,龙湾区状元镇龙湾开发区茅竹岭至炮台山以东600米处。2008年9月前称龙湾港区,是温州港瓯江港区的主要外贸港区之一。

1960年5月,国家计委正式批准兴建龙湾装卸作业区。1961年1月,建成1000吨级纵辅勘码头1座、仓库503平方米、堆场1000平方米。因国民经济的调整,该工程停止施工。已建码头被拆除,趸船移至市区使用。1976年后,重建龙湾码头。1977年11月1日建成3000吨级煤炭码头1座。1986年龙湾码头被列为全国"七五"计划重点工程,当年12月,建成500吨级的钢筋混凝土趸船浮码头,作为港作码头使用。1987年5月开建货杂货泊位,另有多用途泊位,年设计通过能力70万吨,1989年投产。

2005年之前,龙湾作业区以内外贸集装箱装卸业务为主,散杂货装卸业务为辅。2006年,作业区开辟煤炭水铁联运业务;龙湾港区集装箱外贸内支线迁至七里港区;同年煤炭水铁联运中转码头建成投入使用,金温铁路与温州港龙湾码头的电煤港铁联运正式开通。此后,龙湾作业区成为杨府山煤炭装卸业务东移主要的安置码头。

2008年9月1日,根据《温州港总体规划》,龙湾港区成为瓯江港区的1个作业区。2010年,作业区开辟江西水铁电煤联运。

(2)白楼下作业区

白楼下作业区位于龙湾港区二期工程西侧,茅竹岭至白楼下段。2007年12月,为配合温州市"五个一"民生工程城市防洪堤的建设,对白楼下作业区码头实施改造,即白楼下作业区一期技改工程,改造5000吨级固定码头一个,修复5000吨级浮码头一个,以及陆域相应配套设施改造,设计年吞吐量90万吨。2008年12月,杨府山浦东作业区整体迁至白楼下作业区。

(3)灵昆作业区

灵昆作业区原为市区浦西港区"老港换新港"的安置码头,位于灵昆环岛北路北侧,滨海大桥西侧,是瓯江港区的3个主要作业区。作业区以集装箱及件散杂货运输为主,并承接市区老港、杨府山港区及城区各货运码头拆迁安置及货运功能的转移。

至2012年末,灵昆作业区有泊位2个,其中1万吨级(兼靠1.5万吨级)泊位1个,3000吨级浮码头1个。码头前沿水深-9米,码头平台总长286米,宽度22米;引桥2座,长度为271米,宽度8米;靠泊能力1.5万吨,通过能力90万吨。陆域面积10万平方米,仓库、堆场面积3.6万平方米;有10吨门机3台,12吨1台,装载机10台,自卸车6台,年设计吞吐量80万吨。装卸货种主要为散杂货。

(4)七里作业区

七里作业区位于温州市以东的瓯江河口北岸,距市区约40公里。2003年9月18日,浙江省人民政府批准温州港口七里港区对外启用。此前,七里港区以温州—新加坡东南亚航线、温州—釜山近洋集装箱航线和内贸南北干线以及散杂货装卸业务为主。对外启用后,七里港区成为温州港最为繁忙的集装箱码头。

2008年3月,为提高港口通关效率,实现温州港与上海大、小洋山港的对接,原本在龙湾码头装卸的外贸集装箱,全部迁到七里港区;原通过陆路运输的浙西地区所需的煤炭、油脂等,也均在七里港中转。9月1日,七里港区改名为七里港作业区。

(5)杨府山作业区

杨府山作业区位于瓯江南岸杨府山北侧,市区以东约4公里。1973年经温州港航道整治后,可锚泊5000吨级船舶,曾是温州港集团下属4大装卸码头之一。

1989年11月27日,杨府山港区二期工程开工,建设为5000吨级和500吨级杂货泊位各一个,设计年通过能力35万吨。1991年11月30日,工程竣工并投入使用。1998年10月14日,杨府山港区扩建工程开工建设。

2008年11月30日,杨府山港务公司码头停止作业。随着城市的扩建,杨府山港区成了城市的景观区,其港区功能由灵昆港代替。

至2008年年底,杨府山作业区占地面积11.8万平方米,海岸线总长726米,江面宽2000米左右,码头前沿水深7~10米,可同时停泊5艘5000吨级货轮或1艘万吨级船舶,吞吐能力可达240万吨。陆域纵深达800多米,建有一座长116米、5000吨级浮码头,可停泊1万吨级浅水轮;5000吨级固定泊位2个、1000吨级固定泊位1个、500吨级固定泊位2个,可同时停泊3艘6000吨级货轮或万吨轮。有仓库23500平方米,堆场56000平方米;配有各类装卸机械170台。港区下辖煤炭、件杂货、集装箱3个作业站,主要从事煤炭、钢材、粮食、水泥等内外贸货物的装卸、仓储、集装箱运输、物流配送、业务咨询等业务,装卸作业经验丰富,尤其是内贸钢材、水泥等货种的装卸质量在温州地区享有盛誉。

此外,还有状元、浦西、温州市区老港区、永嘉等作业区。

5. 平阳港区

平阳港区,原称为鳌江港,位于鳌江下游。鳌江河口是一个径流量小,而潮波变形剧烈的强潮河口。港区河宽仅300米左右,而河口则宽达10公里以上,是典型的喇叭形河口,口门发育着庞大的拦门沙。港区岸线规划范围为鳌江北岸上游岱口大桥至口门段,岸线总长22.41公里。

秦代,鳌江港与中原及沿海港口有即交通往来。赤乌二年(公元239年),孙权于横屿(今平阳县万全仙口)设置官营造船厂。随着飞云江下游冲击平原扩展,横屿港逐步形成陆地。至晚晴,鳌江港已成为浙南、闽北物资集散地。民国30年(1941年)初,百吨以下轮船可通过鳌江港直航香港。中华人民共和国成立去前,港口没有完整的码头,之后设施有所改善。1956年成为浙江省5大联运港口之一。1976年港口进行扩建。1980年增加了码头泊位和海运航线。

1994年5月,经浙江省政府批准为国家二类口岸和台湾渔轮停泊点,并在鳌江镇设立海关、商检、口岸等涉外机构,使鳌江港具备了对外开放条件。2006年6月,根据国家交通部和浙江省人民政府联合评审通过的《温州港总体规划方案》，鳌江港纳入温州港，更名为温州港平阳港区，成为温州港“一港七区”的重要组成部分。2008 年 5 月，《温州港平阳港区控制性详细规划》通过温州市政府的批准，规划将平阳港区功能定位为：鳌江中下游地区水上客运中心，以平阳及相邻文成、泰顺等县地方物资运输和服务临港工业为主，鳌江中下游地区经济发展的水上客货出海通道。

因鳌江航道淤积、陆域集疏运不畅等原因，自 1989 年起，鳌江港港口吞吐量逐年下降，1991 年鳌江港（北岸）吞吐量下降至 33 万吨。1994 年以后，随着区域经济对港口依存度的上升，港口吞吐量逐年回升。尤其是 2000 年以后，吞吐量迅速增长。2000 年 7 月 28 日，台湾富隆船务公司“富隆 1 号”货轮载货 700 吨，从台湾高雄港直航平阳鳌江港，靠泊鳌江港 1 号码头。这是 1949 年以来第一艘靠泊鳌江港的台湾货轮。2003 年，鳌江港吞吐量达到 95.2 万吨。2006 年，港区完成货物吞吐量 118 万吨。2011 年和 2012 年，港区分别完成货物吞吐量 203.63 万吨和 171.61 万吨。货种主要为煤炭、建材和其他杂货件。

至 2012 年末，平阳港区鳌江港境内有大小码头 27 座。按照设计靠泊能力可分为：1000 吨级、500 吨级、300 吨级和小于 300 吨级 4 级；按照使用功能可分为：石化码头、危化码头、散货码头、建材码头、客运码头等。航线可到达上海、大连、宁波、汕头、深圳、泉州、连云港、青岛、天津、秦皇岛、烟台、营口、丹东等沿海港口城市和武汉、九江、南京等长江沿江港口城市。另外，还有定期高速客轮通往南麂列岛。平阳港区主要由鳌江作业区（包括鳌江新、老码头作业区）、下厂陡门作业区和西湾作业区 3 个作业区组成。其中鳌江作业区应重点发展轻污染、无污染的货种运输和客运，禁止煤炭、石化等货种运输船舶入港作业。

（1）鳌江作业区　位于瓯南大桥上游，主要有 1 号码头和煤码头。因鳌江作业区处长建城区内，因而规划重点发展轻污染、无污染的货种运输和客运，禁止煤炭、石化等货种运输船舶入港作业。

（2）下厂陡门作业区　位于下厂陡门至鳌江六桥（未建）之间，有瓯华码头、多功能码头、永盛件杂货码头、柳城码头、中燃液化气码头、东海石化码头。

（3）西湾作业区　位于鳌江六桥（未建）下游，为西湾围垦形成的新岸线，暂时还未开发，规划建设 5 个 3000 吨级泊位，成为鳌江口内核心作业区。

（4）鳌江千吨级多用途码头　2001 年 7 月立项，2004 年 3 月 19 日开工建设，2005 年 11 月 29 日竣工交付使用。码头平台长 94 米，宽 25 米，栈桥两座，东栈桥为 52 米 ×8 米，西栈桥为 47 米 ×8 米，设计年吞吐量 20 万吨。

6. 瑞安港区

瑞安港区即原瑞安港，包括瑞安界内飞云江两岸岸线、凤凰山深水岸线、北龙深山深水岸线、北麂列岛深水岸线及相关陆域和水域。

三国时期，飞云江口曾为孙权操练水军之地。宋元时期，港口渐兴。清康熙二十四年（1685 年）浙海关在宁波建立，下设 15 个口，瑞安为其中之一。光绪二十四年（1898 年），清政府开放状元、瑞安等 8 个港口，瑞安港正式开港。抗日战争期间，瑞安港一度被封锁。抗战结束后，港口开始复苏。中华人民共和国成立初期，港口渐趋萎缩。20 世纪 50 ~ 60 年代，有计划进行了航道整、码头建设、航标设置等工作。20 世纪 70 年代后，瑞安港北岸岸线延伸到东山至小横山莲潭，港区面积比新中国成立初期增大 7 倍多。

随着港口的扩建改建及设施的不断增加,1990 年,瑞安港有南北码头泊位 20 个,锚地 13 处,航标 8 座,及至上海、宁波、大连、南京、长江中下游等海上货运航线。2008 年 8 月 5 日,交通运输部和省人民政府联合下发的《温州港总体规划》中,以行政区域管辖范围,瑞安港成为温州港"一港七区"中的瑞安港区。同年,经温州市人民政府发文(温政函〔2008〕13 号)批复,瑞安港区功能定位为:服务于当地社会经济和临海工业,运输组织、货物装卸储运、临港工业开发、现代物流和石油战略功能。港区从以装卸储运功能为主的港口逐步发展为现代化综合性港口和温州远期发展的深水港区。

瑞安港区规划码头岸线总长约为 6572 米,可建设各类生产性泊位 47 个,其中万吨级泊位 9 个,预计总通过能力可达 1540 万吨。规划航道分为飞云江口内航道、飞云江口外航道和北麂岛航道,其中飞云江航道满足 3000 吨级船舶通航,凤凰山作业区规划满足 1 万吨级船舶通航,北麂岛规划满足 30 万吨级船舶通航。瑞安港区由上望作业区、南岸作业区、凤凰山作业区、北麂岛预留发展作业区、北龙山预留发展作业区五个作业区组成。2007 年,瑞安港区北麂岛 30 万吨级油码头完成"预可"研究,石化产业基地规划方案同步委托中国石化院开展。

(1)上望作业区　为瑞安市上望经济开发区的专用码头区,承担企业的货物装卸运输。规划将岸线划分为上下游两段。上游段岸线长 980 米,规划布置 8 个 1000 ~ 3000 吨级泊位;下游段规划布置 16 个 1000 ~ 3000 吨级泊位,设计通过能力为 320 万吨。至 2012 年末,作业区陆域纵深 336 米,面积 71 万平方米,布有码头生产作业区、生产及生活辅助区和港口管理区。陆域后方布有港口物流园区,面积为 88.2 万平方米。

(2)南岸作业区　处于飞云江河道微凹岸,从陡门头至宋家岱可利用岸线 1880 米,具备建 1000 ~ 3000 吨级泊位条件。作业区由多用途码头、件杂货码头、石化码头组成。至 2012 年末,根据该区的水陆域条件,规划建设码头为顺岸连片式码头。

(3)凤凰山作业区　规划在凤凰山口门外建设突堤式和挖入式港池相结合码头。港池内侧规划建设 3 个万吨级油码头,外侧兼作防浪堤。至 2012 年末,作业区码头岸线总长 2800 米,陆域面积 232.49 万平方米,水域面积 93.6 万平方米。

7. 苍南港区

苍南港区主要由龙湾作业区、罗艚作业区和霞关作业区三部分组成。岸线总长 28.765 公里,水域面积 59.5 平方公里,陆域面积 1530.6 公顷。其中,龙江作业区岸线长 4.9 公里,水域面积 31.5 平方公里,陆域面积 134.6 公顷;罗艚作业区岸线长 9.925 公里,水域面积 9 平方公里,陆域面积 663 公顷;霞关作业区岸线长 13.94 公里,水域面积 19 平方公里,陆域面积 733 公顷。

2006 年 6 月,根据国家交通部和浙江省人民政府联合评审通过的《温州港总体规划方案》,苍南港纳入温州港,更名为温州港苍南港区,成为温州港"一港七区"的重要组成部分。此年,港区完成货物吞吐量 137 万吨。2007 年,舥艚作业区 5000 吨级码头进行了"预可"研究,华润苍南电厂配套码头、工程码头和航道"工可"研究通过审查。

2008 年 6 月,《温州港苍南港区控制性详细规划》通过温州市政府批准,将苍南港区功能定位为:服务于区域经济的地方性中等规模港口作业区。其中龙江作业区功能定位为,为龙港镇及周边城镇建设发展的直接需求提供小规模运量的装卸储运、运输组织与管理功能;罗艚作业区功能定位为,依托并服务于临港工业区、中心渔港、苍南及周边区域经济发展需求；霞关作业区功能定位为，温州南部地区重要的对外贸易口岸，为出口加工区提供装卸储运、运输组织与管理，通讯信息等功能，同时具备船舶修造、渔业生产加工功能。此年，舥艚苍南电厂2个3.5万吨级煤码头和舥艚作业区2个5000吨级泊位开工建设。

（1）龙江作业区　位于鳌江下游南岸，前身为龙港港区，1982年9月建立。1990年年底，有生产码头泊位30个，岸线总长度4.7公里。2008年更名为苍南港区龙江作业区，由龙江老码头、龙江新码头及鳌江口码头等组成。功能定位为：为龙港镇及周边城镇建设发展的直接需求提供小规模运量的装卸储运、运输组织与管理。

（2）舥艚作业区　舥艚作业区是一个集渔港和商港的综合港，北侧为4.3万亩海涂围垦，南侧有华润电厂码头和深水航道、崇家岙码头岸线，是现阶段苍南实施双海双区战略的主站场。主要建成的货运码头有舥艚砂码头、中石化舥艚油码头、苍南华润电厂3000吨级综合码头和3.5万吨级煤码头。作业区沿海运输，北达温州、宁波、上海，南达福州、泉州。根据《温州港总体规划》及《温州港苍南港区控制性详细规划》，将舥艚港改称苍南舥艚作业区，作业区岸线分为琵琶山西部商货码头岸线、琵琶山西部石化码头岸线、琵琶山东部商货码头岸线、支持保障系统区岸线、预留修造船岸线、崇家岙通用码头区岸线、崇家岙预留岸线七部分。

（3）霞关作业区　原为霞关港，位于浙江省最南端，与福建省沙埕港为邻，长1.5公里，最宽0.8公里，面积0.95平方公里，是苍南县的渔业中心，也是水上交通运输枢纽。

1991年，浙江省人民政府批准霞关港为浙江省对台口岸，国家一级渔港。港区长1.5公里，最宽处0.8公里，面积0.97平方公里。港内最深处达16米，潮流缓慢，海底平坦，是一个天然的避风港。港内可避10～11级大风，台风季节或渔汛旺季，常有数百只船舶来此停靠。港内建有两个300吨级的水产专用码头，各长30米，宽15米，前沿水深3米，系钢筋混凝土板与浆砌石混合结构，岸边建有700多米长的混凝土沿海大道。2005年，霞关港被定为"国家级对台口岸"。2008年，《温州港总体规划》"一港七区"的实施，划归苍南港区，改名为霞关作业区。功能定位为：温州南部地区重要的对外贸易口岸，为出口加工区提供装卸储运、运输组织与管理、通信信息等功能。此年，霞关口岸获批恢复对台小额贸易工作。其他还有石砰油库专用码头、大渔油库专用码头等。

（三）港口设施

1.码头

温州港第一座码头建于清光绪十年（1884年），由轮船招商局温州分局建造，故名招商码头（港务一号码头），为钢质趸船浮码头。民国5年（1916年），宝华轮船局在东门新码道建一座木质趸船码头，称宝华码头（安澜硬码头旧址），也称老公茂码头。后又在东门化鱼巷江边建木质小型趸船浮码头1座，称永川码头（军分区码头旧址）。民国10年（1921年），日本新泰洋行在海坦山岭脚江边建简易浮码头1座，次年受强台风袭击漂没。民国16年（1928年）前后，台州轮船局在东门建台轮码头1座。民国22年（1933年），平安轮船公司在东门新码道建木质趸船浮码头1座，称平安码头（后也称益利码头）。同年，永嘉县渠口乡叶会炳等人在东门建永楠码道（后称株柏码头）。民国25年（1936年）4月，招商码头趸船迁建东门株柏，称株柏码头（水产码头旧址）。民国27年（1938年），在永川码头和株柏码头之间又建了振华码头（又称振中码头）。至此，温州港已有7座码头。但在抗日战争期间，除平安码头(因原宝华码头被炸,此码头也称宝华码头)外,其余码头均遭破坏。民国35年(1946年)至1949年解放前夕,温州港仅有宝华与招商两座码头。

1953年11月重新修复招商码头,这是当时港内唯一的营运码头。朔门一、二号码头的陆地遇道,原是一条崎岖不平的石板路,雨后积水不退,泥泞不堪。1957年由温州港务办事处建成一条长约200米,宽9米的平坦水泥路,把两座码头及附近的仓库、堆场连接在一起,形成温州港历史上第一个完整的港区——朔门装卸作业区。至1966年的十年间,共建成新码头4座。

1978年以后,随着温州港进一步对外开放,在改建望江路时,朔门老港区和麻行、安澜、振华等码头连成一片。1979~1990年年底,新建码头7座。同时重修原有码头,扩大靠泊能力。其中,1988年11月29日,温州港龙湾区第一期工程——2个万吨级泊位主体工程建成,投产后港口年吞吐能力可增加70万吨,结束了温州港无万吨级码头的历史。1985年末全港有生产用码头泊位60个,其中:千吨级1个,3000吨级8个;非生产用码头泊位20个。港务局生产用码头泊位11个,最大靠泊能力5000吨级(1个),3000吨级泊位5个;非生产用码头泊位5个;另有5000、1万及2万吨级泊位各1个。有客运站3处(包括瑁头),候船室面积658平方米,港口货物集疏运以公路运输为主,部分物资(主要是煤炭)直接由水上过驳疏往温州地区其他港口。1985年全港完成货物吞吐量324.5万吨(29.2%为出口),其中:港务局190.3万吨(27.1%为出口);长短途旅客发送量80.7万人次。外贸吞吐量16.0万吨,占全港吞吐量的4.9%,占港务局吞吐量的8.4%。

1990年11月,温州电厂建成2万吨级煤炭泊位1个,年综合吞吐能力59万吨。1991年后港口建设步伐加快,至2000年温州港又建成投产万吨级以上的码头泊位4个。1998年9月,建成浙江华电能源有限公司5万吨级油化汽泊位1座,年综合能力达81万吨。

2000年,港内有生产用码头泊位66个,其中万吨级7个。码头总长度4716米,年综合通过能力1280.1万元,旅客103.1万人。完成货物吞吐量859.44万吨,其中外贸104.351万吨,集装箱7.41万TEU,旅客吞吐量95.74万人。

2002年9月29日,温州市区朔门1号码头拆除,温州港第一座货运码头完成历史使命。

2006年3月3日,温州港沿海客运航线迁至市区朔门3号码头;5月13日,温州至瓯北、清水埠航线迁至朔门1号码头。至此,原安澜码头客运航线全部迁移完毕。

2007年年底,各类泊位246个。其中万吨级以上泊位133个。分别是状元岙港区5万吨级泊位2个;浙能电厂3.5万吨级泊位2个;小门岛5万吨级油气泊位1个;七里港区1.5万吨级多用途泊位和2.5万吨级散杂货泊位各1个;磐石电厂2万吨级煤炭泊位2个;龙湾港区万吨级多用途码头和件杂货泊位、散杂货泊位各1个;龙湾码头二期万吨级件杂货泊位2个。年吞吐能力3834万吨,集装箱吞吐能力82万TEU。

2010年,温州港拥有各类泊位234个,其中万吨级以上泊位15个,分别是:小门岛5万吨级油气泊位1个,七里港作业区2.5万吨级多用途码头和件杂货泊位4个,磐石电厂2万吨级煤炭泊位2个,乐清浙能电厂3.5万吨级(兼靠5万吨)泊位2个,龙湾作业区万吨级多用途码头和件杂货泊位、散货泊位2个,龙湾码头二期万吨级件杂货泊位2个,状元岙港区5万吨级(兼靠10万吨级)泊位2个。温州港2008年及以前投产时用的万吨级及以上大泊位明细见表2-2-16。

温州港2008年及以前投产时用的万吨级及以上大泊位明细表 表2-2-16

序号	港区名称	港口经营人名称	泊位名称	泊位形式	主要用途	投产年份（年）	前沿水深（米）		泊位长度（米）	设计靠泊能力（吨级）	泊位设计年综合通过能力	
							设计	维护			散装、件杂（万吨）	集装箱（万TEU）
1	瓯江港区	温州金洋集装箱码头有限公司	七里码头125000	直立式	集装箱	2001	13.0	13.0	194	25000		4
2		七里码头2号泊位	直立式	集装箱	2001	13.0	13.0	194	25000		4	
3		七里码头3号泊位	直立式	集装箱	2008	15.0	15.0	194	25000	231	4	
4		温州发电有限责任公司	温州煤码头1号泊位	直立式	煤炭	1990	11.0	110	180	20000	300	9
5		温电煤码头2号泊位	直立式	煤炭	2000	11.0	11.0	190	20000	300	4	
6		温州金鑫码头有限公司	龙湾万吨码头二期4号泊位	直立式	多用途	2005	10.0	10.0	156	10000		
7		温州港龙湾集装箱公司	温州港龙湾万吨码头1号多用途泊位	直立式	多用途	1989	5.0	5.0	172	10000		
8		温州港龙湾万吨码头2号通用件杂货泊位	直立式	通用件杂货	1989	7.0	7.0	253	10000	30		
9		温州港龙湾万吨码头3号通用散货泊位	直立式	通用散货	2005	7.0	7.0	134	10000	50		
10		温州港集团有限公司七里集装箱公司		直立式	通用散货	2008	16.0	16.0	194	20000	33	
11	状元岙港区	温州状元岙新创建国际码头有限公司	温州港状元岙港区8号泊位	直立式	多用途	2007	17.0	17.0	325	50000	35	10
12			温州港状元岙港区9号泊位	直立式	多用途	2007	17.0	17.0	325	50000	35	10
13	大小门岛港区	浙江中油华电能源有限公司	1号码头	直立式	液化石油气	1998	13.0	12.5	273	50000	120	
14	乐清湾港区	浙江浙能乐清发电有限责任公司	卸煤码头1号泊位	直立式	煤炭	2007	15.3	17.0	251	35000	300	
15			卸煤码头2号泊位	直立式	煤炭	2007	15.3	17.0	251	35000	300	

2. 锚地

1949 年前，温州港轮船大多锚泊在江中进行水上作业。1949 年后，码头泊位虽有较大的改善，但港内航道水深条件有限，靠泊能力最大的仅 3000 吨级，故大轮一般在锚地锚泊候潮，过驳减载后，才能驶入市区港区。

1990 年，温州港共有 7 个锚地，其中港内货轮候潮、装卸、过驳等锚地 4 个，引航和外轮联检锚地 1 个，避风锚地 2 个。7 个锚地分别为：磐石装卸锚地、黄华候潮锚地、南溪口过驳锚地、西门避风锚地、乐清湾避风锚地、黄大岙锚地、小五星锚地。另有系泊浮筒 3 个。锚地最大系泊能力为万吨级船舶，浮筒最大系泊能力 2.5 万吨级船舶。

2010 年，温州港主要锚地如下。

(1)瓯江港区锚地

瓯江港区锚地主要有磐石装卸锚地、黄华候潮锚地、西门避风锚地等。

磐石装卸锚地 位于乐清市磐石镇沿海海面，分磐石灯桩东侧和南侧两座锚地。灯桩东侧装卸锚地，水域长 1300 米、宽 700 米，面积 91 万平方米，水深 6 米，底质为泥沙，可锚泊 3000 吨级船舶两艘。磐石灯桩南侧，1 万吨级和 2 万吨级船舶浮筒泊位各 1 个，作过驳锚地，水域长 1000 米、宽 300 米，水深 10 米，底质为泥沙，风浪掩护条件好，可供 2 艘万吨级船舶锚泊，为当时温州港进港吃水最深的船舶锚地。

黄华候潮锚地 位于乐清县黄华镇南侧。锚地水域长 1500 米、宽 800 米，面积 120 万平方米。水深 6 米，底质为泥沙，可锚泊 5 艘 3000 吨级轮船候潮。

西门避风锚地 位于市区郭公山西侧。锚地长 900 米、宽 200 米，面积 18 万平方米。水深 5 米，底质为泥沙，可供 2 艘 1000 吨级船舶避风。

(2)瓯江口外锚地

瓯江口外锚地主要有乐清湾港区待泊锚地、乐清湾避风锚地、状元岙港区进港航道引航候潮锚地等。

乐清湾港区待泊锚地 位于乐清市的乐清湾。锚地水域长 5 公里，水深区宽 4.5 公里，面积 880 万平方米，进港航道水深大于 11 米，底质为泥沙。可系泊 30 艘万吨级以上船舶锚泊避风。

乐清湾避风锚地 位于乐清湾。至 2012 年末，乐清湾港外候潮锚地，在东航线起点以东的海域建设了面积为 4 平方公里的候潮锚地，可同时停泊 4 艘 5 万～10 万吨级船舶。

状元岙港区进港航道引航候潮锚地 位于洞头县状元岙虎头屿东南向 14 海里处，靠近 5 万吨级海轮航道进口段。锚地水深 25 米以上，面积约 2 平方公里，作为引航候潮使用。

黄大岙检疫锚地 位于洞头县大门岛黄大岙海面，是温州港于 1972 年开辟的引航、检疫锚地。1972 年 4 月经交通部批准，首先对国轮开放，同年 10 月 1 日对外轮开放。至 2012 年末，凡是检疫的船舶都在此锚地接受联检或卫生检疫。

小五星检疫锚地 位于洞头县乌星屿和横趾山之间海域，，面积 8 平方公里，水深 6～12 米，系淤泥河床；可锚泊 71 艘千吨位船舶或 25 艘 5000 吨级船舶。该锚地有横趾山、鹿西岛、大小门岛为屏障，可避东北、西南向风 8～9 级，专为外轮引航检疫锚泊（后移到黄大岙锚地）。

洞头峡锚地 位于洞头岛、状元岙岛、霓屿岛之间，呈东北至西南走向；锚地为规则半日潮，潮差5~7米，中部通达深门航道。锚地水域长约10公里，宽约3000米，面积3000万平方米；东北部水深5~9米，其余5米左右，系淤积质河床，可供30艘500吨级船舶避7级诸向风。

大麦屿1~5号锚地　位于乐清湾，面积共8.4平方公里，底面高程-10~-20米，锚泊能力1万吨，可泊能力22艘；主要用于避风、待泊、驳载。

青菱屿锚地　位于瓯江口外，面积3.1平方公里，底面高程-7~-9米，锚泊能力5000吨，可泊能力10艘。

贵大峡锚地　位于瓯江口外，面积3.4平方公里，底面高程-12~-20米，锚泊能力1万吨，可泊能力9艘。

油轮锚地　位于瓯江口外，锚泊能力5万吨，可泊能力1艘。

（3）永嘉港区锚地

七都上沙锚地　水域面积约72万平方米，底质为泥沙，因地处瓯江北汊主航道，进出港船舶较多，作为大吨位船舶临时锚泊之用。

龟山锚地　水域面积约18万平方米，底质为泥沙，可供瓯北港区低吨级多艘船就近锚泊，2000吨级以上的船舶只能锚泊2~3艘。

清水埠港区锚地　水域面积约0.75万平方米，底质为泥沙，水深3米，可锚10艘300吨级船，因其位上有楠江大桥，下有砚瓦礁险，故仅供500吨级以下的船舶临时锚泊。

楠溪江口过驳锚地　位于楠溪江口东丁坝东侧。锚地水域长900米，宽200米，面积18万平方米，水深5米，底质为泥沙，可锚泊2艘2200吨级船舶过驳作业。1995年，该锚地因没有船舶过驳，自然废止。

永嘉青龙头锚地　位于永嘉千石与后江之间。锚地水域长500米，宽150米，面积7.5万平方米，半径75米，实际水深为6米左右，底质为泥沙河床，可同时锚泊300吨级船舶5艘。1995年起，该锚地作为渡口的渡船避风锚地一直在使用。

（4）瑞安港区锚地

老码头锚地　位于瑞安西山化肥厂至小横山之间，离岸约100米处水域。锚地水域长1350米，宽150米，面积15.55万平方米，平均水深为3米。锚地河床为粉碎质泥。可同时锚泊300吨级船舶40艘。

北麂岛避风锚地　规划锚地位于北麂岛、大明浦岛、小明浦岛南侧，由于北侧岛屿的遮挡，主要满足15万吨级以下船舶避北风适用，锚地水域水深19~20米，面积7.9平方公里。

双峰山岛锚地　规划锚地位于飞云江口外航道南侧、双峰岛西侧约3公里处，主要满足进入凤凰山作业区万吨级以下船舶的引航、检疫、候潮、待泊使用，锚地水域水深12~13米，面积10.5平方公里。此外，北麂岛30万吨级船舶需待泊，可利用大小门岛航道东侧的虎头屿大型危险品锚地。

荔枝山锚地　位于荔枝山、铜盘山、大长山西侧，主要满足3000吨级以下船舶的候潮、待泊以及避东北风用，其中东南侧水域为1000吨级油轮待泊候潮区，锚地水深4~6米，面积7.2平方公里。此外，北麂岛30万吨级船舶需待泊，可利用大小门岛航道东侧的虎头屿大型危险品锚地。

此外，瑞安港区尚有飞云江口内的潘岱防台锚地、小横山防台锚地、东山锚地3处锚地；

莲潭江面还有北龙渔港避风锚地。至2012年末，飞云江大桥下游南岸新码头区尚无500吨级以上船舶靠泊锚地。

(5)平阳港区锚地

鳌江港区锚地 位于三江巷至兴隆街一段，可泊百吨级船舶3～5艘；1号码头上游150米至2号码头之间，水深4～5米软沙河床，可供千吨级船舶避10级大风；县燃料公司所在地上游的江面水深2～3米，为200吨级以下船舶锚地；3号码头至北港埠水深2～3米，可供300吨级船舶锚泊。

龙江锚地 位于平阳县鳌江头屿以东约6公里处水域，锚地水域长约1公里，宽约1公里，面积约1平方公里，天然海底标高约-7.0米，可供3000吨级船舶锚泊水深要求。

(6)苍南港区锚地

舥艚锚地 位于苍南县舥艚镇海面。锚地水域长、宽均约1.8公里，面积约3.24平方公里。锚地天然海底标高在理论最低潮面-11.5米以下，可满足3.5万吨级散货船锚泊水深要求。

霞关锚地 位于苍南县霞关镇海面，在南关岛南侧外螺礁以南水域，离岸较近。锚地水域长约2公里，宽约2公里，面积约4平方公里。锚地天然水深大于15米，可满足规划船型锚泊水深要求。

(四)港口装卸

1949年，温州港码头泊位少，船舶锚泊在港中过驳装卸，仅有10～15吨的木质驳船49艘，载重量约700吨，没有拖轮配备；操作全靠人力，港口通过能力每天为1200吨左右。1956年，配备了120马力拖轮1艘，进行过驳作业。

1958年下半年，温州港利用机械牵引板车上下浮码头，1958年下半年改用轮船蒸气动力牵引，后又在码头安装卷扬机牵引板车。此后又陆续制造出土洋结合的土吊、少先吊、堆高机、皮带运输机、链板运输机等，1960年自制革新机具达100台左右。1961年通过整顿、调整，集中攻克抓斗起卸煤炭等革新项目，原来起卸3000吨级船舶煤炭配备劳力144人，需用36～48小时，改用抓斗起卸只需配备12人，22小时即可完成。不久，又改为皮带运输机送入煤场，逐步形成一条龙运输线，并增设了汽车式起重机、塔式起重机、电瓶搬运车等。1965年港口共有装卸机械设备78台(辆)，其中起重机2台、输送机32台、2吨电瓶车5辆、牵引力0.6吨电动溜车9台。另外，还有拖轮3艘、390马力，木驳53艘、2758吨位，最大吨位有80吨左右。

“文化大革命”(1966～1976年)期间，温州港装卸机械设备、码头泊位和港作轮驳逐步增加、淘汰了固定或土吊，陆续增添起吊能力3～5吨、16吨的起重机，电瓶车从原来5辆增至33辆。1972年4月，人力板车全部淘汰。同时逐步以150～500吨位的钢驳取代木驳。1976年10月，温州港各类装卸机械设备共有166台(辆)，其中起重机械3台、皮带式输送机械55台、装卸搬运机械58台、专用机械电动溜车19台，各类驳船28艘、4805吨，初步建立起具有一定规模的轮驳船队。

1978年后，温州港码头2吨以下的起重机全部淘汰，增添了3吨的电动轮胎吊车及5吨、8吨、10吨的电动或机动轮胎吊车。黄沙专用码头机械设备配套，并装置了高台装船机。同时增添了150～1000吨位钢驳和500吨位机动驳。1984年7月，杨府山港区第一期工程完成，煤炭装卸作业基本实现机械化。1985年末老港区拥有各种装卸机械108台（辆），机械化程度有较大提高。1988年年底，龙湾港区第一期工程两个万吨级泊位建成，配备了先进的港口装卸设备。1990年5月安装了2台重达150吨、高40米、主吊臂长21米、驾驶台体积达178立方米的M10－25型门机，此为温州首次安装大型门机。1990年末，温州港码头装卸机械设备有：起重机39台、80吨，单斗车6辆、3.16吨；牵引车18辆、10吨；叉式装卸车29辆、17吨；搬运车25辆、50吨；缆车1辆、5吨；门机2台、150吨。

2000年后，随着港口生产的快速发展，温州港集团不断加大机械设备更新改造，港口的机械设备逐步趋向自动化、智能化、大型化、专业化、高价值化和新型化。2001年8月，温州港七里集装箱码头新增了两台二手桥吊，实现了岸边集装箱装卸专业设备零的突破。至2008年，温州港配备库场机械312台，水平运输机械12台；1000吨级以上生产用海轮所配备的码头前沿装卸机械共计415台，其中起重机械134台，输送机械108台，专用机械173台。

此后，集团加大此项设备投入，至2012年，温州港集团拥有8台桥吊，吊具的额定起重量从30.5吨逐步增至41吨。单台设备的价值也由200万元左右，上升到均价3000万元左右。自动化和智能化技术不断应用到港口机械设备上，温州港集团所有大型机械设备均应用PLC、变频调速、监控等技术。

2010年，温州港集团拥有各类起重机械、平面运输机械330余台，主要装卸设备有：装卸桥8台，工作能力30.5~41吨，外伸距30~36米；门座式起重机30台，工作能力5~45吨，幅度11~35米；轮胎式起重机34台，工作能力8~16吨；轮胎式集装箱龙门吊13台，工作能力40~45吨；轨道式集装箱龙门吊5台，工作能力40~45吨；集装箱正面吊8台，最大工作能力45吨；空箱堆高机8台、轮式装载机70余台、叉车59台、集卡和自卸车等平面运输车辆90余台。其中，桥吊和轮胎式龙门吊主要配置于金洋公司和状元岙公司，轨道式龙门吊主要配置于龙湾港务公司和金鑫公司，轮胎式起重机主要配置于龙湾港务公司。

（五）港口生产

温州港港口经营重点围绕煤炭、集装箱、进口铁矿石、粮食、陆岛滚装、深水出海航道、件杂货等运输系统进行。温州港在中国沿海港口中占有重要的地位，其完成货物吞吐量在浙江已连续多年位居第三，仅次于宁波港和舟山港。

1949年中华人民共和国成立初期，港口遭到封锁和破坏，温州海运基本停顿，严重影响了港口的生产，吞吐量中沿海部分大幅下降也只有1948年20万吨的1/5。

1952年港口封锁局面初步打开，海运得到初步恢复，港口吞吐量明显上升。1954年达57.88万吨；1955年结束了港口封锁的局面，海运畅通无阻，港口运输生产初步发展；1957年吞吐量达137.45万吨，首次突破百万吨大关，比1954年增加1.37倍。

1960年10月开始，国民经济实行“调整、巩固、充实、提高”，温州港的运输生产逐渐走上健康的发展道路。

1. 货物运输

温州港主要货种为煤炭、金属矿石、钢材、矿建材料、水泥、集装箱等。温州港运输生产自1958年开始，经历了一个上升、下降、上升的过程。1963年港口吞吐量只有129.02万吨，1964年吞吐量回升至140.86万吨，开始超过了1957年的水平。1995年达到167.46万吨，

1966年"文化大革命"开始,港口吞吐量下降至160.85万吨;1967港口基本处于瘫痪状态,港口吞吐量仅有110.49万吨。1968年继续降至83.52万吨;1976年吞吐量仅58.73万吨,只有1966年的36.5%,相当于1954年的水平,港口生产倒退了二十多年。

1984年4月,党中央、国务院正式批准温州港等14个沿海港口城市,进一步对外开放,港口的运输生产稳步发展,吞吐量有了较大的提高。1985年吞吐量达到301.08万吨,跨入中型港口行列,进入了一个新的发展阶段。1990年以后逐年增长,2000年港口吞吐量达859万吨。港口货物运输呈向好趋势。

2001年,温州港全年完成货物吞吐量1314.3万吨,继宁波港、舟山港之后,成为浙江省第三个跨入千万吨级行列的港口。2003年,温州港全年共完成货物吞吐量2338万吨,首次突破2000万吨大关。其中外贸吞吐量179.06万吨,集装箱181107TEU。

2005年11月11日,温州港与金温铁道开发有限公司合作开始了港铁联运,开辟了浙西、赣东大宗散货运输市场,陆续引进了出口钢材、外贸进口煤炭、铁矿砂、镍矿等大宗散货业务。2006年,状元岙深水港区投产,温州港最大靠泊船舶等级提高至10万吨级,具备了水水、水铁、水公全方位集疏运方式。通过状元岙港区、龙湾港区、七里港区的水水中转和水铁联运,及与福建、台州等港口开展的水水中转,温州港大宗散货业务得到迅速发展。

2007年,温州港共完成货物吞吐量4246.57万吨,比上年增长8.22%。集装箱吞吐量完成351080TEU,比上年增长24.64%,全年完成旅客吞吐量58.74万人次。完成水运建设投资9.13亿元,为年度计划的163.04%,创历史新高。

2010年,港口吞吐量达6408万吨,其中外贸吞吐量190.25万吨,集装箱吞吐量41.23万TEU,旅客吞吐量191.27万人次。货种以煤炭、金属矿石、钢材、矿建材料为主。1990~2000年温州港吞吐量见表2-2-17,2001~2010年温州港集团历年货物吞吐量见表2-2-18。

1990~2000年温州港吞吐量一览表 表2-2-17

分类 \ 年份	单位	1990	1991	1992	1993	1994	1995	1996	1997	1998	1999	2000
全港	万吨	333	366	433	532	589	601	610	616	621	711	859
本港	万吨	180	190	214	249	286	268	238	222	235	271	353
外贸	万吨	20	22	24	30	42	42	63	109	104		
国际集装箱	TEU			5149	8728	16886	19302	17631	25665	34351	46136	74134

2001~2010年温州港集团历年货物吞吐量统计表 表2-2-18

年份	货物吞吐量（万吨）	其中：外贸吞吐量（万吨）	年份	货物吞吐量（万吨）	其中：外贸吞吐量（万吨）
2001	418.79		2006	1024.05	116.95
2002	551.2	98.29	2007	1310.16	128.75
2003	616.28		2008	1384.34	130.05
2004	708.36	111.34	2009	1454.98	176.69
2005	801.4	109.37	2010	1611.54	182.86

2. 集装箱运输

1986年，温州港率先在全国港口开展五吨集装箱运输，通过温州至上海的客轮转运至青岛和大连。1998年，温州港启动内贸TEU运输，当年共装卸内贸箱2098TEU。

2000年10月，温州港集团（原温州港务集团）成立。公司主要经营集装箱和散杂货装卸、内外贸集装箱业务代理、集装箱卡车运输。

2002年，温州港内贸集装箱吞吐量首次超过外贸集装箱吞吐量，达到80788TEU。2005年12月26日，温州金洋集装箱码头有限公司挂牌成立，专门从事集装箱业务。2006年，龙湾集装箱公司的外贸内支线业务全部调整到金洋集装箱公司进行运作，形成了龙湾公司经营内贸集装箱、金洋公司经营内贸和外贸内支线集装箱、状元岙公司经营外贸干线集装箱业务的经营格局。

2008年，温州港国际集装箱直航香港，通过上海、宁波外贸内支线中转至世界各地；内贸集装箱达大连、营口、天津、南通、上海、宁波、泉州、广州、海口等主要港口。

2009年10月，温州至台湾集装箱航线开通，挂靠温州港状元岙码头。2010年12月，该航线增挂台湾高雄港，台湾航线成功升级。

温州港集装箱业务主要分布在状元岙港区、龙湾港区和七里港区，三个港区每月集装箱航班达160班左右。2001~2010年温州港集团历年集装箱吞吐量见表2-2-19。

2001~2010年温州港集团历年集装箱吞吐量统计表　　表2-2-19

年份	箱量（万TEU）	重量（吨）	重箱数（万TEU）	空箱数（万TEU）	空箱所占比例（%）
2001	10.03		6.78	3.25	32.40
2002	15.03	1070962	10.15	4.88	32.47
2003	18.11		13.07	5.04	27.83
2004	21.31	3072977	13.95	7.36	34.54
2005	23.02	3530782	14.82	8.20	35.62
2006	28.17	4391616	18.33	9.84	34.93
2007	35.11	5184405	21.52	13.59	38.71
2008	38.05	5221643	21.57	16.48	43.31
2009	39.6	4687557	23.49	16.11	40.68
2010	41.23	5914780	24.98	16.25	39.41

三、台州港

台州港位于浙江省东南沿海中部，海岸线745公里，占全省的28%，有980公里内河航道，可江海通达。台州港是浙江沿海地区性重要港口，我国对外开放的一类口岸，承担腹地经济发展能源物资、原材料的中转运输，是集装箱运输的支线港和对台贸易的重要口岸，具备装卸储存、中转换装、临港工业开发、现代物流、综合服务、城市景观等功能，是民营化特色明显的综合性港口。台州拥有港口21个，以3湾3港为主，即台州湾的海门港、三门湾的健跳港和乐清湾的大麦屿港。

（一）形成与发展

台州港，主要由原海门港发展而来。

距今2500年前,即春秋晚期越王勾践时期,椒江河口段的越人“水行而山处,以船为车,以楫为马”,章安古港开始形成。西汉汉昭帝始元二年(公元前85年)设置回浦县(设治章安,辖境为今台州、温州、丽水浙南全部和部分闽北地区)),古港逐渐兴盛。

三国吴太平二年(257年),章安县设为临海郡(设治章安),隋开皇九年(589年),废临海郡,将郡属各县并为临海县,并移县治于灵江上游的大固山麓(今临海市古城街道),隶属于括州(治设今丽水)。唐武德四年,重设郡级建置,改临海县为海州并复置各县,次年改台州。后又撤章安县并入临海县;唐上元二年(675年),分临海县南部设永宁县(治在永宁江中游,后改黄岩县)。经过这一系列的行政调整。章安港从此失去行政依托,同时因为航道淤涨,逐渐衰落。而处上游的临海与黄岩分别接受港口转移。唐宋时台州海运不仅及于长江口和福建等沿海地区,还及于日本、朝鲜。《宋会要辑稿》载有“唐后期,日本商船停泊台州”,宋嘉定《赤城志》也载“东镇大山(今大陈岛)”“舟之往高丽(今朝鲜)者必视之以为准焉”,又说临海有新罗屿,“昔有新罗(朝鲜)贾人舣舟于此”。同时,唐宋时期,台州还是国内十大造船基地之一。

但上游海运毕竟通过下游,仍是经过椒江口,并须在椒江口靠埠。其时椒江南岸的水深优于北岸章安,南岸栅浦、葭沚渐成新的港埠,成为福建泉漳船商聚集之地。至元代,葭沚东边的严屿港又兴起,与石塘(今属温岭)、铁场(今属宁海)一起成为台州漕运的出发港。同时,三门湾内的六敖满山岛、蛇蟠岛也成为台州与日本贸易的转运地。

海门港历史发展经历了从椒江河口的北岸章安,向椒江的上游临海,再从上游临海发展到椒江河口的南岸海门。明清时期,海门港不但成为台州最大的贸易港和温黄平原水上交通枢纽,还是台州的军事重地。但海门港所在地的行政建置仅仅是临海县下属的一个乡庄。

清宣统元年(1909年),黄岩人江茂才购置“永裕”轮,航行黄岩至海门之间,为台州内江第一艘机动客船。宣统三年(1911年),临海至海门始通客班轮,“升昌”轮每日夜上下各一班。1949年3艘,1955年成立公私合营临海轮船公司,增至7艘。

民国时,海门港曾为浙江第一大港。1916年8月,孙中山亲临三门考察,并在此后的《建国方略》中,将三门湾定为东方第九渔业港。1920年,政府特许“三门湾为模范自治农垦区域”,定出具体开发计划,拟设码头、船坞,发展水上航运。1924年,江浙军阀混战,战火弥漫,开发遂告中止。1929年,政府再度批准三门湾开埠,然抗日战争爆发,战火又起,三门湾再次丧失机遇。民国时期,外海航行有至舟山、宁波、上海的船只。

民国时期,海门曾出现两次短暂的“繁荣”。第一次是抗战后期,宁波港与温州港均被日军占领,故海门港应运成为浙东唯一的对外开放港口和联系大后方的主要通道。第二次从抗战后到1949年新中国成立前,海门港也有过短暂的“繁荣”。但随之而来的内战,海门港虽远离战场,但其航运能力难以恢复到战前水平。

1949年6月25日,海门解放。20世纪50年代台州行政建制两次遭撤,海门港建设也受到一定程度的影响。

1950年8月,浙江省航务局海门管理所成立。于1951年11月成立华东联运公司浙江省分公司台州办事处。海门设立联运所,办理水陆联运业务。1958年3月,海门港新建的浙江省第一座3000吨级钢筋混凝土高桩框架码头动工,于1960年8月建成。同年6月,交通部上海海运局南洋线小海轮6艘计2205吨位下放海门,成立台州专署航管局(航运局)。

1980年7月7日，经浙江省政府批准，析出黄岩县海门区、大陈镇、山东公社和临海县前所公社建立海门特区；1981年7月28日，经国务院批准，海门特区改设椒江市。1983年11月18日，国务院批准海门港为办理国轮外贸运输港口，并开始设置港监、海关、边检、商检、卫检等机构。1984年5月23日，交通部批准成立中国外轮代理公司海门分公司和中国外轮理货公司海门分公司，港口海外运输迅速发展。

1985～1988年，海门港各项生产指标不断增长：1987年完成外贸运输量11.82吨，实现旅客吞吐量29.8万次；1988年实现货物吞吐量431.6万吨，居浙江省沿海四大港口第二位，列全国沿海港口第14位。为满足外向型经济发展的需要，海门港继开通外贸集装箱运输后，又于1990年投资2243万元在牛头颈外建设有5000吨级泊位的外贸港区。1990年10月1日，海门港正式对外轮开放，成为中国对外开放的第49个港口，从此，海门港从一个封闭型的、单一的地方性小港成为对外开放的综合性中型港口。

1994年8月22日，台州撤地建市，分布于台州沿海三门湾、浦坎湾、台州湾、隘顽湾、乐清湾的大小21个港口资源也得以更加合理地组合利用，一个以海门港为中心、以玉环大麦屿港和三门健跳港为南北两翼的组合型港口，以台州港之名列入中国现代化大港之列。

2001年交通部以〔2001〕58号文件批准台州市港口统一更名为台州港，实现“一城一港”、港城同名的发展格局。2003年实施港航体制改革，原台州港务管理局和原台州市航运管理处合并，组建新的台州市港航管理局，建立全港统一规划、建设、管理的港航新体制。

2005年，台州市全面推进台州港“一港六区”开发建设，规划和重点建设6大港区岸线后方临港区域的临港工业和物流园区。2006年全年完工码头泊位15个，新增码头泊位通过能力102万吨，完成总投资3亿多元，是“十五”计划（2001～2005年）期间台州港口基础设施投资的总和。

2007年2月，浙江省政府批复《台州港总体规划》，明确台州港是浙江沿海地区性重要港口，台州港由大麦屿、临海、海门、黄岩、温岭、健跳6港区组成，即“一港六区”，但主要是“一主两翼”：“一主”即台州湾的海门港，“两翼”则是台州南面的玉环岛大麦屿港、北面三门湾的健跳港。

台州港拥有生产性泊位12个，其中万吨级以上泊位4个，泊位（码头线）总长7886米；集装箱专用泊位2个，泊位（码头线）总长为244米，年通过能力为5万TEU；拥有公务执法、车客渡、工作船、军用等泊位42个，泊位（码头线）长度为2164米。

2009年，台州港共完成货物吞吐量4178.5万吨，集装箱吞吐量达9.08万TEU。2010年货物吞吐量达4705.71万吨，其中完成外贸吞吐量999.6万吨。完成集装箱吞吐量12.16万TEU，首次突破12万TEU。完成旅客吞吐量199.69万人次。2012年年底，椒江拥有浙江省海运集团台州海运有限公司等34家沿海水运企业，199艘船（其中客船4艘，420客位；渡轮3艘，1780客位），175.8万载重吨。2012年台州港货物吞吐量5358.2万吨，其中外贸吞吐量939.3万吨。

（二）港区

1. 大麦屿港区

大麦屿港区位于玉环半岛的西海岸，自然条件得天独厚，进港航道栏门砂水深11米，港区内航道水深均在13米以上，可用岸线14公里，规划码头前沿水深均在12米以上。2万吨级泊位可自由进出,3 万吨级船舶无须乘潮即可进出港区,5 万吨级以下船舶需乘潮进出,且港池基本不淤,港内避风条件优良。

清道光年间(1821 ~ 1850),当地人在大麦屿与白墩建埠头。民国期间,有乐清至坎门航船经此停靠。

1960 年 12 月建第一座客货码头。1984 年 11 月建为水上中转港,辟北煤南运捷径。1985 年建成千吨级浮式码头。1986 年码头启用,当年货物吞吐量 5.37 万吨,1988 年 10.32 万吨,1990 年 3.09 万吨。进出口物资为煤炭、水泥、粮食、矿建材料、鱼粉和鱼货等。1985 年 6 月,大麦屿航管站设于港口。

2006 年,大麦屿港区国际集装箱运输内支线航线正式开通,华能玉环电厂 2 个 5 万吨级泊位投入使用。同年 6 月 11 日,大麦屿集装箱作业区标准海塘工程开工。这次动工的标准海塘工程是集装箱作业区建设的重要组成部分,总投资约 1.9 亿,建设标准海堤总长 1877 米,围垦面积 845 亩。同年 8 月,台州港大麦屿港区多用途码头一期工程 5 万吨级码头正式开工建设。该码头为 5 万吨级兼靠 7.5 万吨级,按照集装箱多用途装卸工艺布置,设计面顶高程为 6.3 米,码头面宽度为 55 米,设计年吞吐量 231 万吨,投资 27316 万元。码头位于乐清湾东侧深水区,主要为台州、温州、金华、丽水和闽北等地区的企业提供原料和产品装卸服务。工程于 2008 年 8 月完工,2009 年 1 月至 11 月投入试运行,1 月 22 日,顺利通过竣工验收。随着该码头的竣工和投入使用,大麦屿港区万吨级以上泊位达到 4 个,吞吐能力达到 1841 万吨。

大麦屿港区属国家一类口岸,已建成投入使用千吨级以上码头泊位 14 个,其中 2 万吨级(兼靠 3 万吨级)多用途码头泊位 1 个。储量 1.82 亿斤的中央直属中转粮库紧邻 2 万吨级(兼靠 3 万吨级)码头。

2. 临海(头门)港区

临海(头门)港区位于台州湾北侧,处于台州中心港区位置,水深条件良好,可供建港的深水岸线长约 5 公里,通过连岛公路建设,可成为与大陆相连的近海岛港。

2007 年台州港临海港区综合开发工程启动,由港区码头工程、疏港公路、北洋涂围垦工程及港区配套设施工程组成。其中,北洋涂围垦工程于 2007 年 8 月开工建设,概算总投资 664 亿元,首期规划围垦面积 32(需核实)万亩。至 2008 年年底,北洋堤排水板打设顺利完成,共完成总投资 27 亿元。是年 6 月底,300 吨级兼靠 550 吨级陆岛交通码头工程进场施工。

3. 海门港区

海门港区位于浙江中部沿海的椒江入海处,是浙江中部地区性港口,1989 年 5 月 8 日,国务院、中央军委批准海门港对外轮开放。

2001 年 12 月初,确定了海门老港区改造详细规划,并完成征地拆迁前期土地、房屋的评估工作。海门老港区改造范围为椒江区光明路以西、江城路以东、振市街以北(含部分振市街以南地块)、港区段江滨路以南地段,总占地面积约 45 亩。该区域需拆迁港区内 14 家货主仓库和旧城区部分民房,总建筑面积为 3.4 万平方米,征地拆迁总投资约 4000 万元。

2005 年 7 月 21 日,海门港区 4 号码头改建工程通过交工验收。原海门港区 4 号码头靠泊等级为 1000 吨级,通过能力仅为 9 万吨。改建后的海门港区 4 号码头为 3000 吨级(兼靠 5000 吨级)多用途泊位一个,设计年吞吐量为 48 万吨。工程概算 2100 万元。该工程于

2004 年 6 月 25 日开工建设,2005 年 5 月 14 日完工,5 月 23 日通过浙江省交通工程质量监督站的质量鉴定。

海门港区岸线顺直,港域开阔,南北两岸规划岸线长 4500 米,航道实用水深乘潮 7 米,可通航 5000 吨级船舶和浅吃水万吨轮,现有码头 81 座,泊位 102 个,泊位总长 5595 米,其中万吨级泊位 1 个,1000 ~ 5000 吨级泊位 26 个,公用码头 6 座。经国家经贸委批准,国家级医化基地已落户海门港区。该港区以承担台州主城区的生活、生产物资中小船运输为主,并发展旅游客运、城市观光,发展临港加工业和物流,为市区经济发展服务的综合性港区。

4. 黄岩港区

黄岩港区位于黄岩市城关北门的永宁江南岸,黄岩大桥东侧。中华人民共和国成立初期,仅存江大和永升两座码头,1953 年起,黄岩航管所陆续改建和新建 3 座浮式码头。总长 88 米,泊位 4 个,可停靠 300 吨级货轮。1960 年后,原从海门中转的部分货物逐步改由黄岩港直达。1981 年 9 月黄岩港务管理所成立。1986 年货物吞吐量 16 万吨,1988 年 17.6 万吨,1990 年 19.01 万吨。

黄岩港主要服务于市区与港区后方的产业发展,承担生活和生产物资的小船运输功能,现有 500 吨级以上码头泊位 7 个,其中 2000 吨级码头泊位 2 个。

5. 温岭港区

2008 年 2 月,台州温岭龙门港建设工程正式开工。工程位于松门镇横门村,建设规划为 1 万吨级(结构按 3000 吨级标准设计)散杂泊位 3 个、500 吨级散杂泊位 1 个。项目拟用地为 21.3806 公顷(其中占用海域 4.5805 公顷)。建设内容主要为:码头平台一座,栈桥两座,港区生产、生产辅助及生活辅助建筑物及其配套设施,港区装卸设备购置及安装等。拟定总投资 12 亿元,建设期为 4 年。当年完成工程投资 2600 万元。

港区现有 500 吨级以上码头泊位 12 个,其中 3000 吨级 1 个,1000 ~ 2500 吨级 4 个。

6. 健跳港区

健跳港区为原健跳港,位于三门县健跳镇,地处三门湾西侧、健跳江北岸,为台州第二大港。口内岸线稳定,海域开阔。口外有牛山和洋市涂两处深水港址,岸线水深 10 米以上。

健跳有客轮埠头始于唐贞观年间。健跳为海防重地,始于宋、明洪武、嘉靖年间及清雍正年间均设哨驻防。1949 年后,为军渔两用港口,是三门县南北水路交通的枢纽,三门、天台两县物资出海口,为台州地区水上交通北大门。

健跳码头始建于 1950 年。其中,健跳 1 号、2 号、3 号码头分别建于 1970 年、1958 年、1985 年,经改建后,1 号、2 号码头靠泊能力达 300 吨级船舶,3 号码头可靠泊 1000 吨级船舶。1981 年 10 月,三门县健跳港务管理站成立。

健跳与申、瓯、椒、甬等港口有货轮往来,输出产品大多是农副产品、建材和水产品,输入产品则为燃料、化肥、石油及工业原料。1986 年货物吞吐量 3.5 万吨,1988 年 4.6 万吨,1990 年 6.21 万吨。

2004 年 11 月 5 日,健跳 5000 吨级多用途码头工程开工建设。工程概算 4988 万元,设计年吞吐能力 35 万吨,新建 5000 吨级(4000 吨级集装箱船)多用途泊位和 3000 吨级滚装船泊位各 1 个,以及相应的设备、库场等配套设施。2005 年完成主体码头工程。2006 年 10 月 18 日,5000 吨级多用码头(水工部分)顺利通过省级验收;陆域部分也于 2006 年年底基本完工。

该港区现有码头泊位9个,泊位总长374米,其中千吨级码头泊位2个,国家规划装机容量200万千瓦,总投资约250亿元的核电基地、5000吨级多用途码头正分别在前期准备和筹建之中,是未来的能源大港和"华东电力城"的配套港口。

(三)港口设施

1.码头

清光绪二十八年(1902年)始,海门天主教堂李思聪神父造安川码头,为海门港第一座木质浮码头。民国3年(1914年),建造振市第1、2、3座木质浮码头,取代安川码头。民国9年,建水泥桩架式油码头1座;民国18年,在海门和前所各建木质小码头1座。港口南北两岸先后建有石砌道头16处。至中华人民共和国建国前夕仅存3座振市码头和2座小码头,靠泊总长124米。

中华人民共和国成立后,维修使用原5座木质码头。1957年前,建4座木质码头和1座石油码头,靠泊总长162.3米。1960年8月,港务局首建3000吨级1号码头,至1960年,港口已有各类码头10座。期间,健跳、黄岩、大麦屿等港口也陆续开建码头。20世纪70年代后期,港口建设速度加快,各业货主纷纷兴建专用码头。至1990年年底,海门港拥有各类码头40座,46个泊位,其中万吨级泊位1个,3000吨级泊位5个,1000吨级泊位5个,靠泊总长2477米。拥有其他交通码头10座,10个泊位,余为各业货主码头25座,28个泊位。港口还建有各种简易码头50多个。

2003年4月9日,台州市五星货运装卸有限公司1000吨级兼靠3000吨级码头工程通过竣工验收,该码头为台州港首座按基本建设程序建设的民营投资码头。该码头为高桩梁板式结构码头,码头平台长10米,宽19米,码头前沿设计水深-4.5米(吴淞基面),可停靠1000吨级(兼靠3000吨级)海轮。工程总投资550万元。该码头2002年8月21日开工,至2003年3月10日完工。

随着台州市港口统一更名为台州港及台州港全面推进"一港六区"开发建设后,台州码头建设逐步加快,经第三次全国港口普查,至2008年,台州港1000吨级以上海轮生产用泊位51个,设计最大靠泊能力74000吨级。

2.装卸机械

中华人民共和国成立之前,港口主要搬运装卸方式为肩扛背负,每人日装卸量1吨左右。中华人民共和国成立后,只有2辆0.5吨木轮大板车,到1957年增至240辆手拉车。1960年首次试制成电动卷扬机、小先吊、皮带输送机,之后陆续添置塔式、汽车式、八一式、轮胎式起重机,电瓶运输车,柴油机运输车,牵引车、铲斗车,叉车等装卸机具,逐步取代手拉车运输。1973年在1号码头组成船舶—码头—堆场长85米皮带输送线。

至1990年年底,海门港有各类装卸机械103台,最大起重能力16吨,基本实现装卸机械化,装卸操作量544067吨,提高了搬运装卸能力,缩短船舶停港时间;黄岩港有吊杆3台;大麦屿港有6.5吨吊机3台,1吨卷扬机1台,20吨地磅1台。

经过20年的发展,至2008年,台州港六港区配备库场机械342台,水平运输机械9台;300吨级以上生产用海轮所配备的码头前沿装卸机械共计128台,其中起重机械83台,输送机械14台,专用机械31台。台州港2008年及以前投产时用的万吨级及以上大泊位明细见表2-2-20。

台州港2008年及以前投产时用的万吨级及以上大泊位明细表　　表2-2-20

序号	港区名称	港口经营人名称	泊位名称	泊位形式	主要用途	投产年份（年）	前沿水深（米）		泊位长度（米）	设计靠泊能力（吨级）	泊位设计年综合通过能力	
							设计	维护			散装、件杂（万吨）	集装箱（万TEU）
1	海门港区	台州发电厂	3号泊位	直立式	原油	1986	6.5	6.0	144	10000	126	
2	大麦屿港区	华能玉环电厂	华能玉环电厂煤码头一期码头	直立式	煤炭	2006	15.2	15.2	277	74000	460	
3			华能玉环电厂煤码头二期码头	直立式	煤炭	2006	15.2	15.2	277	74000	460	
4		浙江大麦屿港务有限公司	2万吨级多用途泊位	直立式	煤炭	2001	15.0	13.0	282	20000	64	1

（四）港口生产

民国21年（1932年），海门港出口各港货物共194022吨，以农副产品为主；进口货物共46850.5吨，以农业生产资料和生活用品为多。民国24年，海门港出口上海、宁波大米达420000石。民国25年，食糖进口高达54553.7公担。后因受战争影响，港口生产日渐衰落，中华人民共和国建国前，年货物吞吐量仅8万吨。

1952年海运受阻，港口货物吞吐量略有下降。1952年后，椒申、椒甬、椒瓯航线畅通，货物吞吐量由1953年近20万吨，增至1957年的43.25万吨。20世纪60年代初猛增至88.84万吨，国民经济调整阶段有所增减，至1965年为51.10万吨。

1966~1976年间，生产受挫，1968年降至22.86万吨。1975年恢复椒申客运航线，1976年货物吞吐量为58.50万吨，旅客吞吐量41.63万人次。1978年货物吞吐量突破百万大关达125.35万吨。

1978年以来，海门港扩建码头仓库，提高装卸机械化程度，分期疏浚整治码头前沿水深，扩大运输范围等，货物吞吐量逐年上升，1984~1985年，每年在200万吨以上。1981年承接外贸运输，1983年办理远洋国轮外贸外码运输，1988年开办国际集装箱运输。1988年，海门港货物吞吐量达431.64万吨，同期大麦屿港10.32万吨、黄岩港17.6万吨、健跳港4.6万吨。

1990年，海门港外贸货物吞吐量为59014吨，进出船舶88艘次，分别为1989年的98.89%和195.55%。出口集装箱865TEU。同年虽受市场疲软影响，但货物吞吐量仍达360万吨（包括外贸），旅客吞吐量28.97万人次。

2000年，台州港口货物吞吐量为1030万吨；2001年为1317万吨；2002年上升到1400万吨，集装箱吞吐量达3.5万TEU；2003年货物吞吐高达1457万吨，集装箱达4.4万TEU。至2010年，港口货物吞吐量4705.7万吨，其中外贸吞吐量999.6万吨；集装箱吞吐量12.2万TEU。1996~2010年台州港分货类吞吐量见表2-2-21。

1996～2010 年台州港分货类吞吐量

表 2-2-21

单位：万吨

年份(年)	合计	煤炭	石油	钢铁	矿建	水泥	木材	非金矿	化农	盐	粮食	机电	化工	轻工	牧渔业	其他	集装箱(万 TEU)
1996	515.83	368.42	50.43	12.21	1.05	22.38	0.93	0.00	4.73	0.09	15.67	9.42	2.36	5.03	0.23	22.88	0.66
1997	540.13	382.17	45.94	18.05	2.22	21.12	1.24	0.00	4.44	0.33	13.39	21.00	4.93	4.86	0.27	20.17	0.75
1998	680.35	424.98	41.84	21.65	65.55	28.65	16.54	0.16	3.93	0.82	15.36	32.10	5.85	4.75	0.21	17.97	0.50
1999	809.10	436.60	48.82	27.94	115.29	47.29	19.50	0.70	5.27	0.76	17.46	41.84	8.26	4.58	0.14	34.66	1.29
2000	949.51	508.69	56.96	28.66	127.58	54.09	28.07	1.01	5.13	1.46	18.86	64.08	5.25	3.64	0.12	45.91	2.25
2001	1023.50	514.94	57.15	35.37	150.39	68.76	19.41	0.35	7.20	1.82	12.65	83.00	5.54	4.77	0.00	62.16	3.36
2002	1100.33	503.18	57.41	76.41	170.42	89.78	20.25	1.47	5.27	1.85	10.06	90.59	7.84	5.92	0.15	59.73	3.47
2003	1457.37	582.81	61.61	103.54	329.15	134.02	23.75	0.68	4.58	2.99	10.58	114.00	7.89	4.56	0.06	77.14	4.43
2004	2022.19	658.58	74.50	181.37	471.98	146.44	9.90	0.34	4.45	2.34	12.57	127.33	10.54	5.61	0.29	315.92	4.24
2005	2820.43	767.74	156.90	204.33	1174.65	163.42	9.99	1.26	4.57	4.68	18.88	128.72	18.68	5.78	0.23	160.56	4.72
2006	3027.10	776.07	175.72	250.48	1369.91	169.06	4.86	0.25	4.20	3.26	17.69	133.27	21.37	5.86	0.78	94.32	5.66
2007	3506.53	1150.74	165.33	278.72	1215.48	150.12	5.05	2.19	2.64	5.11	10.64	386.19	23.61	14.08	0.57	96.08	5.37
2008	3897.83	1563.75	168.57	234.11	999.50	201.68	1.97	15.31	1.04	4.87	11.78	546.91	23.50	19.16	0.42	105.27	6.38
2009	4293.94	1528.03	166.87	240.62	893.22	197.61	2.24	8.06	3.62	3.76	7.40	183.12	26.84	12.86	0.84	1018.86	9.09
2010	4705.71	1649.81	205.17	300.42	978.42	181.42	2.79	2.24	4.36	5.60	9.04	155.08	29.24	8.84	0.15	1173.15	12.16

四、嘉兴港（原乍浦港）

嘉兴港，原名乍浦港，2002 年 4 月 5 日经交通部批准，乍浦港正式更名为嘉兴港。嘉兴港位于杭州湾跨海大桥北侧浙江省嘉兴市境内，地处沪、杭两市之间。岸线东起平湖金丝娘桥，西至海盐县长山闸止，自然岸线长 74.1 公里，可供建设生产性码头岸线约 26.5 公里。乍浦港自古就有“海口重镇”之称，历史上是一大商埠，是浙江省第一个海河联运港，也是目前浙北杭嘉湖平原在杭州湾沟通外海出口的唯一出海口，是国家一类开放口岸，杭州湾北岸制造业基地的核心区域。

（一）形成与发展

宋理宗淳祐六年（1246 年），乍浦开埠，港埠随即形成。

宋元时期，乍浦港口在唐家湾，即今陈山西侧唐家湾及汤山南麓山湾一带，当时，乍浦有河通海，入海处即在湾中。河宽 30 余米，海船可乘潮入内河，经圣塘关至广陈镇贸易。元代后期，乍浦港务渐盛，元至正年间（1341～1368 年），“番舶皆萃于此”。

明代，倭寇侵扰，嘉靖时更甚。明英宗正统七年（1442 年）七月，倭寇始犯乍浦，此后屡遭烧杀抢掠，乍浦港务因之衰落。倭患以后，为严守海防，乍浦港实际上已成了军港，泊有纲船、水艍船、小哨船、唬船等大小战船，商务甚少。

清顺治十八年（1661 年），为消灭占据台湾及沿海岛屿的郑成功为首的抗清武装，颁布了“迁海令”，禁止出海贸捕，“寸板不许入海”，并强令沿海居民内迁，使乍浦港遂成死港。康熙二十二年（1683 年），郑克爽降清，翌年，颁“展海令”，乍浦列东南 15 口岸之一，准民造

500 石沙船出海贸捕输税，乍浦港逐渐恢复生机。康熙五十四年（1715 年），日本颁布《正德新令》，对赴日船只和出口货物做出一定限额，试行信牌制度，使处于有利地理条件的上海、乍浦成了清、日贸易的中心港，尤其是乍浦。大批赴日的南京船、咬𠺕吧（今印尼雅加达）船、广南（越南南部）船、暹罗（泰国）船、东京（越南河内）船、宁波船、厦门船等纷纷从乍浦互市后起航赴日本经商。港址也逐渐西移。乾隆十年（1745 年），"自汤山逾闸口至乍浦城南之苦竹山天妃宫，系海舶停泊之所"，嗣后又西扩至西巷一带，建起了块石堆砌的 5 个缓坡码头（后因乍浦港扩建而圮）。对日贸易的兴起，使乍浦港务进入鼎盛时期。雍正八年（1730 年）《雍正朱批谕旨》记述浙江总督管巡抚事李卫奏称："乍浦系东洋日本商贩往来要口"。道光六年（1826 年），《乍浦备志》记："五方辐辏，千骑云屯。积今七十余年，极炽而丰，俨然东南一雄镇焉"。路守管《乍浦广仁堂记》曰："绾海而栖者数千家"，"商贾云集，人烟辐辏，遂为海滨重镇"。由此足以证明当时乍浦港内外贸易之盛。嗣后迭遭兵焚。道光二十二年四月初九（1842 年 5 月 18 日），英军入侵，攻占乍浦十日，大肆烧杀劫掠。咸丰十一年三月初九（1861 年 4 月 18 日），太平军攻占乍浦，满洲营房被焚 4000 余间，民宅大院、文物胜迹悉遭焚毁，致乍浦蒙受重大损失。太平天国运动后，上海益盛，沙乌各船皆就泊焉。其后，汽船便捷，向装帆船运乍浦者，皆改装汽船运上海，而乍浦益衰微不振。

民国期间，乍浦港的国外航线几绝，国内航线以浙东、浙南为主，通航的有：平阳、温州、台州、石浦、绍兴、宁波、余姚、舟山、上虞，还有福建兴化等地。民国 7 年，孙中山先生撰《建国方略》，首次提出建设东方大港的宏伟设想。后成立"东方大港"建设委员会，着手编印《东方大港现状及初步计划》、《东方大港调查报告》等专著。交通部、铁道部曾组建东方大港筹备委员会，对乍浦、上海都做了深入调查，然因政治、经济等原因，建港未能实现。

民国 21 年（1932 年）后，随着沪杭、乍嘉公路的通车，黄山风景区的开辟，乍浦商业日趋繁荣，港口货运日益增多，航线以浙东为主，有平阳、温州、台州、石浦、绍兴、宁波、余姚、舟山、上虞、福州、兴化等，每天进港渔货船 200 余艘，主要货物有海水产、水果、木材、杂货等。民国 26 年，国民政府成立东方大港筹备委员会，派技师到港址勘察、测量，并制定资金筹措办法。是年 11 月 5 日，日本侵略军在金山卫、全公亭、金丝娘桥一带登陆，23 日，乍浦沦陷，建港计划再次落空。次年至民国 28 年间，由于日军严格控制船只出入上海港，部分船舶改道由乍浦港出入。民国 29 年，日军实施封港，山湾滩涂围以铁丝网，自天妃宫至后海塘砌筑 1 人多高砖墙，仅在中码头处开一口，设一检问所，其余沿塘则拦以竹篱，严禁出入。民国 30 年 4 月，抗日军民突袭日军，摧毁封锁墙。民国 36 年，黄山风景区再度热闹起来，乍浦港务也渐有起色，进港货物以食盐、渔货为主。

1949 年，中华人民共和国成立初期，舟山诸岛尚未完全解放，乍浦港主要担负为解放沿海诸岛的军运任务和少量民用物资的转口。1953 年后，业务增加，运量上升，主要为嘉兴专区和浙东物资交流服务。1959 年，一度对港口进出货物管理过严，使进港渔货等大幅减少。后虽经调整，但港口业务始终徘徊不前，年运量不超过 10 万吨。1979 年后，由于政策逐渐宽松，使到港船只及运量有所增加。但终因靠泊码头受潮位影响，只能乘潮而入，潮退则船舶搁于滩涂，待潮而出；且内河港狭窄，船舶拥堵等，使港口的发展受到限制，未能发挥更大作用。

1965 年起，省交通厅及平湖县主管部门曾几次设想和提出建港方案，均因故未能实施。

1974 年,上海石化总厂在乍浦镇东南的陈山岸线段开建原油码头,拉开了乍浦港建设的序幕。1984 年,嘉兴建市后,经调查、考证,上报扩建港方案。嘉兴市人民政府为适应嘉兴地区经济开发需要,在取得大量资料的基础上,于 1985 年 3 月向浙江省计划经济委员会提出《关于报送(乍浦港扩建项目建议书)的报告》,并委托浙江省交通设计院拟订《乍浦港扩建工程计划任务书》。

1986 年,交通部批复同意将乍浦港列入国家“七五”计划地方补助项目。同年 1 月 13 日,浙江省计划经济委员会批准乍浦港扩建方案。4 月,乍浦港工程指挥部建立,全面拉开了乍浦港的扩建序幕。乍浦港第一期工程于 1986 年 12 月 12 日,开工建设,建外海万吨级泊位 1 个,千吨级泊位 1 个,设计年吞吐能力 45.4 万吨,同时建内河港池码头 100 吨级泊位,改造乍浦至平湖航道。

1991 年 12 月,嘉兴市乍浦港务管理局(简称乍浦港务局)建立,对平湖市金丝娘桥至海盐县澉浦镇长山闸的港口陆域和水域实行统一管理。1992 年 7 月 4 日,嘉兴港乍浦港区一期工程顺利通过竣工验收,并被评为优良工程。至此,杭州湾北岸无万吨级公用码头的历史结束。

2001 年 3 月 28 日,乍浦港一类口岸对外开放顺利通过国家验收,并于 4 月 22 日由交通部正式对外公布,这标志着乍浦港的开放进程进入一个新的历史阶段。5 月 14 日,中共嘉兴市委、嘉兴市人民政府下发《关于进一步理顺嘉兴港区开发建设体制的通知》,文件明确,乍浦港务局按规定报批后更名为嘉兴港务局,下辖独山港区、乍浦港区、海盐港区。对外仍可同时称“乍浦港”。

2002 年 4 月 5 日,经交通部批复同意,6 月 19 日省交通厅发函,原嘉兴市乍浦港务管理局正式更名为“嘉兴港务管理局”,“乍浦港”更名为“嘉兴港”,真正实现港城同名。

嘉兴港自 1992 年开港后,已基本形成了公用、专用泊位相配套、中小泊位齐全、内外贸兼营、集装箱、散杂货及油品装卸功能齐全的综合性港口,2001 年步入全国中型港口行列,为浙北地区以及苏南、皖南等地的经济发展和对外开放发挥了积极作用。嘉兴港主要接卸油品、煤炭、木材、钢铁、建材、化工原料等货种,已与日本、美国、加拿大、澳大利亚、韩国、俄罗斯、乌克兰、印尼、马来西亚、新加坡等 20 多个国家和地区的港口建立了运输往来。

(二)港区和设施

1949 年后,乍浦港的外海港区以灯光西侧清朝所建海塘为依托,筑短突堤码头 8 个,可供 50~100 吨级的外海机动船候潮进出。自 20 世纪 60 年代以来,交通部、省交通厅、上海港务局曾多次派专人赴现场调查,收集资料,拟定港口开发方案。

乍浦港开埠以来,船舶一直在突堤式码头上搁滩靠泊。1974 年,上海石化陈山原油码头在乍浦镇东南的唐家湾兴建,拉开了乍浦港建设的序幕。1975 年,陈山原油码头两个 2.5 万吨级泊位在乍浦建成,翻开了乍浦港建港史上新的一页。1986 年 12 月 12 日,乍浦港进行一期工程,建外海万吨级件杂货码头 1 座,包括万吨级和千吨级 2 个泊位,1134 米的码头栈桥,内河 100 吨级泊位 12 个,于 1992 年 7 月 4 日竣工验收交付使用。吞吐能力 96.9 万吨。

1949 年中华人民共和国成立后,在改造外海码头的同时陆续新建内河码头,可靠泊 40 吨以下船舶的泊位 9 个,河海两港相距 200 米。1990 年 11 月,内河港池建成。后又相继建成百吨级泊位12个。1990年后港口建设加快,1991～1999年,建成投产万吨级以上泊位5个。其中,1995年嘉兴发电厂煤炭码头(3.5万吨级煤炭泊位和2000吨级综合泊位各1个)建成试投产;1996年上海石油化工股份有限公司陈山原油码头扩建工程(5万吨级原油泊位1个)建成。1997年核电秦山联营公司重件码头(3000吨级泊位1个)建成投产;1999年浙江海盐华电能源有限公司液化气码头(1500吨级泊位1个)建成投产。

2000年乍浦港共有生产码头泊位25个,其中万吨级码头6个,码头长度2562.4米,年综合通过能力1238.9万吨;港口吞吐量905.69万吨,其中外贸127.09万吨和36TEU。

2003～2005年间,乍浦港区二期3个1.5万吨级多用途泊位和1个1.5万吨级件杂货泊位建成,为乍浦港的集装箱运输创造了良好条件,并缓解了乍浦港一期公用码头的运输压力。2005～2006年间,乍浦港区三期2个1.5万吨级通用泊位、1个3000吨级滚装泊位建成,2004年12月15日,全长641米的乍浦港区三期通用滚装泊位栈桥工程全线贯通。2006年6月,全港第一个民营企业投资建设的码头项目——嘉兴新世纪公用石化码头建成。

2007年4月2日,嘉兴港乍浦二期4号、5号泊位工程(第一阶段)通过省港航管理局组织的竣工验收。该工程位于嘉兴港乍浦二期散杂泊位西侧,工程建设规模为新建1.5万吨级(水工结构兼顾2万吨级)多用途泊位2个,设计年吞吐能力98万吨。该项目分两阶段实施,第一阶段建设码头及栈桥,作为杭州湾大桥施工码头;第二阶段为大桥施工完毕后,陆域及装卸设备建设。第一阶段工程于2004年4月开工,2005年8月完工,经竣工验收委员会审议,工程质量等级为优良。

2008年,独山港区围堤工程建成,海盐港区围涂项目一期主体建成,二期开工建设。乍浦港区三期围堤、通用滚装泊位及通用扩建泊位通过竣工验收;独山港区粮食码头通过交工验收;美福石化码头和栈桥工程通过交工鉴定;富春港务码头和栈桥工程主体建成并完成交工验收;海盐港区秦山港务一个5000吨级散杂码头投入试运行;林龙散杂码头建成并通过交工质量鉴定。全港累计完成建设投资10.2亿元,其中乍浦港区完成5.7亿元,独山港区完成2.2亿元,海盐港区完成2.3亿元。2008年12月31日,嘉兴港乍浦港区三期围堤、通用滚装泊位、通用扩建泊位等工程通过了浙江省交通厅组织的竣工验收。嘉兴港乍浦港区三期围堤、通用滚装泊位、通用扩建泊位是浙江省重点工程。围堤工程全长3950米,围海造陆约297公顷。通用滚装泊位工程建设1.5万吨级(兼靠3万吨级)通用泊位码头平台一个,西侧连接3000吨级滚装(舰)船(兼靠万吨级汽车滚装船舶)泊位一个,设计年吞吐量60万吨。通用扩建泊位工程建设1.5万吨级通用泊位一个(兼顾3万吨级船舶),设计年吞吐能力64万吨。通用泊位、通用扩建泊位分别于2006年1月、7月投入试运行,两泊位试运行以来共完成货物吞吐量755万吨。至2008年年底,全港共拥有生产性码头泊位26个,其中万吨级以上16个,千吨级泊位10个。总吞吐能力2589万吨/年,其中集装箱年吞吐能力达到10万TEU。

2009年,嘉兴港独山、乍浦、海盐三大港区累计完成建设投资10.09亿元。总投资8.5亿元的独山港区治江围涂工程全面完成,围垦面积10775亩。独山港区平玻码头项目开工。独山港区港务化工码头岸线获交通部批复,项目获核准并动工,外海码头及栈桥已基本建成。乍浦港区富春码头投入试运行,新世纪石化码头项目完成竣工验收,陈山原油码头技术改造工程和嘉港石化泊位工程通过交工验收，九龙山邮轮码头完成码头及栈桥主体。乍浦港区内河航道项目初步设计获批复，内河航道工程（一阶段）施工图设计获审查，完成部分土地征迁、港池开挖招投标及“三通一平”工作，具备了开工条件。2009 年 6 月 26 日，嘉兴港海盐港区 C 区 1 号、2 号泊位及仓储物流项目举行动工仪式，项目建成将填补海盐港区无万吨级泊位的空白；林龙码头一期投入试运行。海盐港区东段围涂工程一期已完成，围垦面积 7000 亩；二期围堤工程主堤顺利合龙。

2010 年 10 月 23 日，嘉兴港海盐港区 C 区 1 号、2 号万吨级多用途码头外海段栈桥工程打下第一根桩，标志着海盐港区首个万吨级码头建设正式全面启动。该工程位于嘉兴港海盐港区散杂货、多用途及临港作业区，规划新建 2 个 1 万吨级多用途泊位（水工结构按靠泊 2 万吨级船舶设计），码头平台岸线长 332 米，后方陆域占地 256 亩，总投资 43 亿元，设计年通过能力 165 万吨，其中集装箱通过能力 5 万 TEU。同年，嘉兴港独山港区 A 区 2 号泊位及配套项目、乍浦港区美福码头、独山港区治江围涂工程、独山港区白沙湾至水口围垦造地项目、乍浦港区三期 4 号泊位（嘉港石化）码头等项目交工验收。

至 2010 年年底，嘉兴港共有生产码头泊位 32 个，其中万吨级码头泊位 22 个，码头总长度 6115 米，年综合通过能力 2931 万吨；港口吞吐量 4431.7 万吨，其中外贸 447.61 万吨，基本形成杭州湾北岸港口集群，建设成为集港口装卸运输功能、工业功能、出口加工功能、现代物流服务功能、海运商务服务功能、港口信息功能于一体的中国沿海现代化、多功能、综合型的港口。

1. 乍浦港区

上海石化陈山原油码头（乍浦港区 B1、B2、B4 泊位） 位于乍浦港区东侧，西距乍浦港区一期工程码头 2 公里，是上海石油化工有限公司的原油专用码头。其中 2.5 万吨级泊位 2 个，码头年设计通过能力 250 万吨，1974 年 3 月开工，1976 年 4 月竣工；5 万吨级泊位 1 个，1991 年 12 月开工，1993 年 12 月竣工，年设计通过能力 250 万吨，主营原油中转业务，后又开拓液化气中转业务。

码头有输油臂 8 台，并配有原油储备罐 8 个，其中 2 万立方米储罐 2 个，5 万立方米储罐 6 个，共 34 万立方米；另有 5 万立方米低温液化气库 2 座。

中国石化上海石油化工股份有限公司成品油专用码头（乍浦港区 B3 泊位、即原浙江金浙九龙成品油专用码头） 位于陈山原油码头 5 万吨与 2.5 万吨泊位的中间，1998 年建成使用。建成成品油专用泊位 1 个，年设计吞吐能力 136 万吨。

乍浦港一期工程（乍浦港区 D1、D2 泊位） 位于乍浦港区。1986 年 1 月浙江省计划与经济委员会批准立项，1992 年 7 月通过竣工验收并正式交付使用。

乍浦港一期围堤工程于 1986 年 12 月开工，1992 年 2 月 20 日交工验收，围堤全长 1271 米，围涂面积 597 亩。

乍浦港一期码头工程为万吨级和千吨级件杂货泊位各一个，年吞吐能力 45.4 万吨，内河港池码头为一百吨级泊位 12 个，年吞吐能力 51.5 万吨，一期工程概算总投资 8120 万元。一期配套工程于 1994 年 1 月正式开工，1997 年 12 月通过验收，一期配套工程于 1994 年 1 月正式开工，1997 年 12 月通过验收，一期配套工程概算总投资 3299 万元。乍浦港一期工程码头自1992年交付使用以后，货物吞吐量逐年递增，1999年，资产重组后达到108.33万吨。由浙江世航乍浦港口有限公司经营。

乍浦港二期工程（乍浦港区D4～D8泊位） 乍浦港二期围堤工程于1997年3月10日开工，1999年12月17日交工验收，围堤轴线总长2674米，围涂面积1800亩。工程总投资11337万元。

乍浦港二期码头工程建设规模为2万吨级液体化工及油品泊位1个，后方陆域配置相应仓储罐区，年吞吐能力98万吨。二期码头工程于2005年7月5日开工，2006年6月10日完工；陆域仓储工程于2004年12月28日开工，2006年12月15日完工。2009年1月22日通过竣工验收。该工程由浙江五洲乍浦港口有限公司经营。二期码头工程投资总概算为19138万元。

乍浦港三期工程（乍浦港区D9～D12，E1～E3泊位） 乍浦港三期围堤工程于2003年5月10日开工，2005年10月18日交工验收。围堤轴线总长3950米，围涂面积4455亩。围堤工程总概算17207.47万元。

三期通用、滚装泊位工程码头（乍浦港区D9～D12泊位） 该码头检核规模为1.5万吨级通用泊位码头平台1个，西侧连接3000吨级滚装（舰）船泊位1个，与岸连接的共用栈桥1条。通用泊位设计年吞吐量60万吨。工程概算总投资16662.9万元（其中战备设施部分为4462.9万元）。该工程于2003年12月15日开工，2005年10月18日通过交工验收，10月20日投入试运行。

嘉港石化码头（乍浦港区E1泊位） 位于乍浦港区三期石化作业区，建设规模为：新建2万吨级液体化工泊位1个（兼靠2艘1000吨级船舶作业），泊位长191米，设计年吞吐能力160万吨，投资概算4400万元。该码头工程于2006年3月8日开工，2007年7月完工，2009年12月23日工程通过交工验收，质量评定为优良。

富春码头（乍浦港区D9泊位） 位于炸藕港区三期多用途作业区，建设规模为：新建2万吨级（水工结构兼顾3万吨级）多用途泊位1个，设计年吞吐能力105万吨，总投资24129万元。工程于2007年1月28日开工，2009年4月15日完工，6月17日通过交工验收，8月23日，举行启用庆典仪式。

美福码头（乍浦港区E2泊位） 位于嘉兴港乍浦港区三期石化作业区内，建设规模为：新建3万吨级石化码头泊位（可同时兼靠2艘3000吨级油轮）及11.2万立方米储罐区。总投资24879.77万元。工程于2007年3月28日开工，2010年1月2日完工，3月9日通过交工验收，质量评定为优良工程。

泰地石化码头（原新世纪石化码头，即乍浦港区E3泊位） 工程建设规模为2万吨级液体化工及油品泊位1个，后方陆域总量为22.9万立方米仓储罐区，其中本期建设7万立方米。总设计年吞吐能力98万吨，实际完成总投资18446万元。码头工程2005年7月5日开工，2006年8月14日交工验收，质量评定为合格。

2.独山港区

独山港区围堤工程于2005年1月20日开工，2008年5月31日完工，2010年7月27日竣工验收。主堤长9991米，围涂造地713.33公顷。实际工程投资5.4885亿元。

嘉兴发电有限责任公司煤炭专用码头(独山港区 D4~D7 泊位) 该码头位于嘉兴港独山港区。1994 年 10 月竣工,并进行试运行。码头拥有 3.5 万吨级和千吨级两个泊位,设计年吞吐能力为 260 万吨。2000 年实际吞吐量为 165 万吨。2004 年、2011 年分别建成 3.5 万吨级泊位各 1 个。

嘉兴港物流有限公司独山粮食码头(独山港区 D27 泊位) 2006 年 9 月 8 日,码头正式开工建设,码头平台长 268 米,栈桥长 551 米,水深 -15.5 米,泊位 5 万吨级,年吞吐能力 140 万吨;规划陆域总面积 10 万平方米,配有堆场 11484 平方米,道路 32564 平方米,配套房建工程 20374 平方米。总投资 3.66 亿元,2007 年 12 月试运行,2012 年 8 月 31 日竣工验收。

独山港区港务有限公司码头(独山港区 A2、A2-1 泊位) 该工程建设规模为 5 万吨级泊位 1 个和总罐容 15.15 万立方米的储罐 22 个及配套千吨级泊位,总设计吞吐能力 195 万吨/年。2008 年 6 月 20 日正式开工,2010 年 9 月 20 日交工验收,工程质量为合格。工程总投资实际完成 34399 万元(不包括配套千吨级工程)。

平湖玻璃港务码头(独山港区 B1、B2 泊位) 该工程建设规模为 1 万吨级散货、件杂货泊位各 1 个及码头相应配套设施,设计吞吐能力 230 万吨/年。2009 年 6 月 5 日正式开工,2011 年 6 月 15 日交工质量鉴定,10 月 10 日试运行。竣工决算总额 14140 万元。

3. 海盐港区

2006 年 12 月,海盐港区围堤工程动工兴建。具体分两期实施:一期围堤工程从郑家埭至八团,自 2006 年 12 月开工至 2008 年 12 月完工,新建围堤 4462 米,围涂面积 7000 亩;二期围堤工程从八团至武原镇城北东路出口处,自 2008 年 11 月 20 日开工,2009 年 10 月 26 日主堤龙口正式合拢,新建围堤 5076 米,围涂面积 5600 亩。

核电秦山联营有限公司重件码头(海盐港区 E20 泊位) 该码头当时是乍浦港唯一的一个重件码头,1995 年开始施工,1998 年投入运行。码头区总面积约为 5000 平方米,其中有 2000 平方米室内仓库 1 座。码头配有 400 吨人字桅杆吊台,为秦山核电二期、三期中转了数万吨重件设备,最重件达 350 吨。

海盐华电能源有限公司液化气专用码头(海盐港区 E2 泊位) 该码头位于嘉兴港海盐港区,为 1800 吨级液化气专用码头。1998 年开始建设,1999 年 6 月底建成投入使用。码头平台长 45 米,宽 12 米,年设计通过能力 6 万吨,平台配有输油臂 1 台,后方有储油罐 3 个。

林龙港口有限公司散杂货码头(海盐港区 G1 泊位) 该码头建设规模为 3000 吨级(兼顾 5000 吨级)散杂货泊位 1 个,设计年通过吞吐能力 75 万吨。码头于 2007 年 3 月 20 日开始施工,2008 年 4 月 8 日完工,5 月 23 日完成交工质量鉴定,2009 年 4 月 28 日码头正式投入试运营。

浙江钱塘江港口物流码头(原秦山港务码头,即海盐港区 E19 泊位) 该工程建设规模为 500 吨级散杂货泊位 2 个及相应配套设施。现已建成 1 个泊位。设计年吞吐能力 58 万吨。2006 年 5 月 28 日开工,2007 年 7 月 17 日交工验收,8 月 16 日投入试运行。竣工决算总额 1171 万元,工程质量为合格。

嘉兴港 2008 年及以前投产时用的万吨级及以上大泊位明细见表 2-2-22,2010 年嘉兴港沿海生产性码头泊位见表 2-2-23。

嘉兴港2008年及以前投产时用的万吨级及以上大泊位明细表 表2-2-22

序号	港区名称	港口经营人名称	泊位名称	泊位形式	主要用途	投产年份（年）	前沿水深（米）		泊位长度（米）	设计靠泊能力（吨级）	泊位设计年综合通过能力		备注
							设计	维护			散装、件杂（万吨）	集装箱（万TEU）	
1	独山港区	浙江嘉兴港物流有限公司	嘉兴港粮食码头散杂货泊位	直立式	散货粮食	2008	14.7	15.0	268	35000	147		
2		浙江浙能嘉兴发电有限公司	嘉电一期煤炭泊位	直立式	煤炭	1995	11.3	11.3	260	35000	350		
3		浙江嘉华发电有限责任公司	浙江嘉华发电有限责任公司	直立式	煤炭	2004	11.0	11.0	230	35000	450		
4	乍浦港区	中国石化上海石油化工股份有限公司	7号泊位	直立式	原油	1975	13.0	13.0	319	25000	125		
5			8号泊位	直立式	成品油	1975	13.0	13.0	319	25000	125		已停用
6			9号泊位	直立式	成品油	1998	12.0	10.0	251	15000	136		已停用
7			10号泊位	直立式	原油	1996	15.0	13.0	420	50000	250		
8		嘉兴市新世纪石油化工集团有限公司	新世纪公用石化码头泊位	直立式	液体化工	2007	10.9	10.0	205	20000	98		
9		嘉兴市港口开发建设有限责任公司	嘉港通用泊位	直立式	通用散货	2006	11.0	11.0	160	15000	62		
10			嘉港扩建泊位	直立式	通用散货	2007	11.0	11.0	179	15000	64		
11		浙江五洲乍浦港口有限公司	1号泊位	直立式	通用件杂货	2003	11.0	11.0	198	15000	40		
12			2号泊位	直立式	多用途	2003	11.0	11.0	182	15000	40	2	
13			4号泊位	直立式	多用途	2005	11.0	11.0	182	15000	49	4	已停用
14			5号泊位	直立式	多用途	2005	11.0	11.0	210	15000	49	4	
15		浙江世航乍浦港口有限公司	1号泊位	直立式	通用件杂货	1991	11.0	11.0		10000	40		

2010 年嘉兴港沿海生产性码头泊位一览表 表 2－2－23

港区	码头单位名称	泊位性质（货种）	泊位吨级（吨）	泊位数量（个）	年吞吐能力		建成时间
					万吨（万人）	TEU	
独山港区	平湖市独山港务有限公司	液体化工	50000	1	95		2009 年
			2000	1			
	浙江嘉兴港物流有限公司	散杂货	35000	1	147		2008 年
	浙江平湖玻璃港务有限公司	散杂货	10000	2	230		2010 年
	浙江嘉华发电有限责任公司	煤炭	35000	1	800		2004 年
	嘉兴发电有限责任公司	煤炭					1995 年
		散杂货	2000	1	40		2009 年
				8（6＋2）	1412		
乍浦港区	平湖市九龙山开发有限公司	客运	20000	1	（5）		2009 年
	上海石油化工股份有限公司	原油	25000	2	250		1975 年
		成品油液化	15000	1	136		1998 年
		原油液化气	50000	1	250		1996 年
	浙江世航乍浦港口有限公司	散杂货	10000	1	62		1992 年
			1000	1			
	浙江五洲乍浦港口有限公司	多用途	15000	1	80	2	2003 年
		件杂货	15000	1			
		多用途	15000	2	98	8	2005 年
	嘉兴市富春港务有限公司	多用途	20000	1	105		2008 年
	嘉兴市港口开发建设有限公司	通用	15000	1	64		2006 年
		通用	15000	1	60		2005 年
		滚装	3000	1			
		石油化工	20000	1	160		2007 年
	浙江乍浦美福码头仓储	石油化工	30000	1	195		2008 年
	泰地石化集团有限公司	液体化工	20000	1	98		2006 年
				18（16＋2）	1558（5）	10	
海盐港区	中铁大桥局集团	散杂货	3000	1			2005 年
	浙江海盐华电能源	液化气	1500	1	6		1999 年
	中港第二航务工程局	散杂货	3000	1			2004 年
	浙江钱塘港口物流	散杂货	5000	1	29		2007 年
	核电秦山联营有限公司	重件	3000	1	10		1997 年
	浙江林龙港口有限公司	散杂货	3000	1	79		2008 年
				6（0＋6）	124		
合计				32（22＋10）	3094（5）	10	

（三）港口生产

1.海外货运

乍浦港进出口货物品种繁多，大宗货物因时代不同而有所变化。宋元时，出口主要为金、银、缗线、铅、锡、杂色帛、瓷器等；进口主要有香药、犀角、象牙、珊瑚、琥珀、珠、玳瑁、玛瑙、水晶等。清代时，进出口货物有：金、银、铜、锡、铅、珠、珊瑚、玛瑙、琥珀、水晶、龙涎等。

据日本《唐船输出入品数量一览》载，1740～1832年间，注明海舶从乍浦出运日本的货物有300余种。内贸货物有来自福建、广东的糖、松、杉、楠木、靛青、桔、柚、佛手、荔枝等和来自浙东的竹木、炭、铁、鱼、盐等，以靛青、木、糖、炭为四大宗，出口至国内沿海诸港的货物主要有农副产品、土布、牛羊杂谷、豆饼等。民国初，进入乍浦港的海水产品有马鲛鱼、带鱼、黄鱼、海蜇等，还有福州的福柑、青果，黄岩的罗橘、冬笋等，此外还有许多来自福建、广东等地的货通过乍浦转口。

中华人民共和国成立后，进口大宗物资主要有慈溪的庵东盐，其他的木材，海水产品、麻袋、油桶、草纸等。出口物资主要是粮食、食油、棉花、麻、毛竹、水泥、白石子及五金百货，大都运往舟山诸岛。20世纪50年代，进出口大致平衡；20世纪60年代起，出港超过进港。1989年，出港运量为进港运量的7.93倍。进出口共81974吨。嗣后，随着陈山原油码头的建设和乍浦港的扩建，原乍浦老港码头运量逐年减少，少数船舶移泊独山西侧临时码头。

1974年3月初动工，1975年建成投产的上海石化总厂陈山原油码头，进出货物主要是油品。

1991年，乍浦港扩建工程一期公用码头、外海万吨级泊位主体完工，7月1日，舟山第一海运分公司“浙海815”轮首航乍浦港。1992年4月28日，大连至乍浦航线开通，万吨巨轮“虹桥”抵乍浦。是年全港吞吐货物22.7万吨。1993年3月，经批准开班国轮外贸运输业务。12月，第一艘外贸国轮到港。是年，浙江省政府批准乍浦港为二类开放口岸。1994年5月，批准临时接靠外籍船舶。8月，第一艘外轮到港。1995年11月20日，嘉兴市乍浦港引航管理站建立，承担进出乍浦港船舶和港内移泊的引航工作。嗣后，连年改写引领记录，年均增15%。1996年1月，国务院批准乍浦港为一类口岸。1997年6月，通过升级预验收。是年全港货物吞吐量为720.89万吨，其中一期公用码头货物吞吐量为62.05万吨，比上年增长63.82%（比1989年时的老港增659.95%，含外贸10.5万吨）。

1999年7月，按属地管理原则和国家有关行业管理精神，交通部高水发〔1999〕354号文明确陈山原油码头由乍浦港务局负责管理。是年，全港完成货物吞吐量为723.34万吨（含陈山原油码头进口原油480万吨，嘉兴发电厂码头进口煤炭139.826万吨），其中一期公用码头货物吞吐量为86.55万吨（含外贸38.97万吨）。2000年5月13日，陈山码头的“波罗的光辉”轮实施锚地外海引航（即港外引航）。10月，交通部同意乍浦港和澳大利亚班布利港正式签约成友好港，加强了双方的经贸和友好往来。是年，全港完成货物吞吐量905.69万吨，比上年增长25.21%；接靠外轮12艘，外贸吞吐首次超过100万吨，达127.09万吨。其中一期公用码头货物吞吐量为108.33万吨，增长25.16%；外贸货运量为53.01万吨，增长36.02%。

2001年3月，乍浦港通过一类口岸国家验收，正式对外国籍船舶开放。是年，接靠船舶996艘次，增长17.18%；其中外籍船舶195艘次，增长10.17%。全港货物吞吐量首次超过

1000万吨，跻身国家中型港口行列，达1019.05万吨，比上年增长12.52%；其中外贸吞吐量完成107万吨。一期公用码头完成货物吞吐量为167.2万吨，增长54.31%，首次超过100万吨；其中外贸吞吐量完成70.63万吨，增长32.25%。

2002年，经交通部批准，乍浦港正式更名为嘉兴港。为了适应港口腹地外向型经济持续快速发展，配合和服务上海的洋山深水港和宁波港的国际远洋干线集装箱业务，先后开辟宁波内支线和广州港、深圳港内贸线，随后又开辟了上海、福建泉州的内支线，完成集装箱801TEU，实现了集装箱装卸零的突破。是年，进出口货物达11303540吨，其中乍浦本港（不含陈山、嘉电码头）为1940184吨（其中外贸822591吨），是1985年进出口货物的12.13倍。

2004年，嘉兴港（乍浦港）完成货物吞吐量达1349万吨，其中外贸204万吨，集装箱接卸超过1万TEU，达16604TEU，其中公用码头完成获取吞吐量为371万吨，比上年增长42.9%。2005年，嘉兴港完成货物吞吐量为104万吨，其中外贸吞吐量为236万吨；公用泊位完成吞吐量达597万吨，同比增长60.5%。

2010年，嘉兴港完成货物吞吐量为4431.72万吨，其中外贸吞吐量447.61万吨；集装箱接卸超过35万标箱，达350193TEU。

嘉兴港进出口货物品种由原来较为固定的液化气、原油、原木、PTA、化学溶剂等发展到包括机器设备、化工产品、牛皮、废纸、紧固件、大理石、卷钢、服装、纺织原料等商品。

1992～2010年嘉兴港货物吞吐量见表2－2－24，2010年嘉兴港分货类吞吐量见表2－2－25。

1992～2010年嘉兴港货物吞吐量 表2－2－24

单位：万吨

年份	货物吞吐量	进港			出港		
		合计	外贸	内贸	合计	外贸	内贸
1992	22.71	16.38		16.38	6.33		6.33
1993	25.83	18.94	0.04	18.9	6.89		6.89
1994	40.78	24.73	0.84	23.89	16.05	0.09	15.96
1995	553.82	541.34	4.36	536.98	12.48	0.07	12.41
1996	682.58	662.09	10.5	651.59	20.49		20.49
1997	720.89	679.73	10.65	669.08	41.16	0.08	41.08
1998	740.25	712.78	32.89	679.89	27.47	0.18	27.29
1999	723.34	692.55	38.83	653.72	30.79	0.14	30.65
2000	905.69	883.38	126.91	756.47	22.31	0.18	22.13
2001	1019.05	971.72	107.24	864.48	47.33		47.33
2002	1130.35	1064.57	167.32	897.25	65.78	0.42	65.36
2003	1327.97	1244.96	198.94	1046.02	83.01	1.1	81.91
2004	1349.11	1236.48	198.87	1037.61	112.63	5.29	107.34
2005	1704.03	1490.45	232.59	1257.86	213.58	4.12	209.46
2006	2248.12	1889.91	256.37	1633.54	358.21	9.74	348.47
2007	2417.58	2005.76	274.74	1731.02	411.82	10.54	401.28
2008	2834.14	2337.3	241.34	2095.96	496.84	17.27	479.57
2009	3484.74	2795.12	317.32	2477.8	689.62	34.13	655.49
2010	4431.72	3573	367.95	3205.05	858.72	79.66	779.06

2010 年嘉兴港分货类吞吐量 表 2-2-25

单位:吨

分类货物	序号	总计			出港			进港		
		合计	外贸	内贸	合计	外贸	内贸	合计	外贸	内贸
A	B	1	2	3	4	5	6	7	8	9
总计	1	44317168	4476122	39841046	8587203	796624	7790579	35729965	3679498	32050467
其中:转口	2	13115520	1099120	12016400	6557760		6557760	6557760	1099120	5458640
内:船过船	3									
1.煤炭及制品	4	27300589	689235	26611354	5946109		5946109	21354480	689235	20665245
其中:焦炭	5									
2.石油、天然气及制品	6	7159372	617807	6541565	539241		539241	6620131	617807	6002324
其中:原油	7	3895353	157767	3737586				3895353	157767	3737586
成品油	8	2860515	123930	2736585	512532		512532	2347983	123930	2224053
液化气、天然气	9	186559	177731	8828				186559	177731	8828
3.金属矿石	10	308673	46343	262330	48500		48500	260173	46343	213830
其中:铁矿石	11	213830		213830				213830		213830
4.钢铁	12	142053	75186	66867	673		673	141380	75186	66194
其中:钢材	13	137595	75186	62409	673		673	136922	75186	61736
生铁	14									
5.矿建材料	15	1182274		1182274	16202		16202	1166072		1166072
其中:砂	16	1145445		1145445				1145445		1145445
6.水泥	17									
7.木材	18	43043	27739	15304				43043	27739	15304
其中:原木	19	27739	27739					27739		
8.非金属矿石	20	245914		245914				245914		245914
其中:磷矿	21									
9.化肥及农药	22									
10.盐	23	323038		323038				323038		323038
11.粮食	24	236250		236250	1006		1006	235244		235244
其中:小麦	25									
玉米	26	231784		231784				231784		231784
黄豆	27									
大米	28									
12.机械、设备电器	29	1646		1646				1646		1646
13.化工原料及制品	30	2532948	1215085	1317863	401763	1680	400083	2131185	1213405	917780
其中:橡胶	31									
纯碱	32	3352		3352				3352		3352
14.有色金属	33									
15.轻工、医药产品	34	3888945	1360635	2528310	1211699	629460	582239	2677246	731175	1946071
其中:纸	35									
日用工业品	36									
糖	37	13831		13831				13831		13831
16.农、林、牧、渔业产品	38	125455	124529	926				125455	124529	926
其中:棉花	39									
17.其他	40	826968	319563	507405	422010	165484	256526	404958	154079	250879

2. 集装箱业务的发展

2002 年 7 月 22 日，载有 110TEU、始发港为广州黄埔的“绪扬 4 号”内贸集装箱船舶成功靠泊嘉兴港，开启了嘉兴港乍浦—广州的内贸集装箱业务；同年 8 月 17 日，嘉兴港与宁波港合作，开辟了乍浦—宁波集装箱内支线，当天载有 11TEU、从宁波始发的“裕昌 1 号”轮成为嘉兴港首条外贸集装箱船舶；2003 年 9 月 19 日载有 19TEU 重箱的“凯发”轮从嘉兴港的乍浦码头出发驶往上海，至此嘉兴港的第二条集装箱内支线乍浦—上海线成功开辟。

嘉兴港的集装箱业务发展历程经历了徘徊不前的起步期，前 6 年集装箱吞吐量一直在几万箱徘徊，直到 2008 年嘉兴港、宁波港两港成功合作后才突破发展瓶颈，实现了突飞猛进。嘉兴港集装箱吞吐量分年度情况见表 2－2－26。

嘉兴港集装箱吞吐量分年度情况 表 2－2－26

单位：TEU

项目＼年度	2002	2003	2004	2005	2006	2007	2008	2009	2010
吞吐量	801	8525	16604	14375	45495	37174	100678	202382	350193
其中外贸箱	340	1736	9688	7773	27604	21104	34678	84881	140430

3. 外海客运

乍浦港历来以货运为主，无专业客运，一般搭乘货船往来。据日本《唐船输出入数量一览》载：清乾隆十九年至四十年间（1764～1775 年），从乍浦搭货船去日本的达 2894 人（不含日本漂流民）。另外，因海难的漂流民，从各地送达乍浦搭货船回日本的，自乾隆七年至咸丰八年（1772～1858 年）的 49 批次遇难漂流到吉林，广东，福建，台湾，海南岛，浙江省的象山、定海、永嘉，江苏的崇明等地和在东太平洋被菲律宾、美国、英国、西班牙等途经的商船搭救后，辗转送到乍浦的日本漂流民共 42 批次、492 人，占遇难漂流民总人数的 85.7%。在乍浦候船期间，由官、民两局和谢永泰、谢永和、谢顺兴牙行等接待安置，一有赴日商船，即安排搭乘送归日本。

清光绪三十一年（1905 年）十二月，英商怡和洋行开辟福州至乍浦航线，客货兼营。宣统三年（1911），绍兴商人楼景晖和乍浦商人朱次萱等筹办外海轮局；翌年八月，开航乍浦至镇海航班，旋因客货稀少而中辍。

抗战时（1937～1945 年），温州港有上海一旅行社开办上海到余姚客运，从上海乘内河轮船经平湖到乍浦过夜，第二天搭乘外海货船到余姚，后因日军封港而停办。

图 2－2－7 1991 年乍浦至舟山客运班轮首航

中华人民共和国成立后，外海仍无专业客运。直到乍浦港扩建后，于 1991 年 9 月 29 日，开通乍浦至沈家门的客运班轮。1996 年，完成客运 25.97 万人次，比上年增 22%；然而随着快捷的公路客运的发展，外海客运为时不久即告业务清淡。1997 年，客运仅 13.90 万人次；1998 年下降至 7.31 万人次，1999 年仅 0.85 万人次，是年即告停运。

1991 年乍浦至舟山客运班轮首航如图 2－2－7 所示。

第二节　河　　港

中华人民共和国成立初期，浙江省内河码头多为自然岸坡。在20世纪50~70年代主要是恢复和零星建设，除了杭州港建成艮山港区外，其他内河港基本没有建设投入，港口大都利用自然岸坡、人力装卸。

1978年以后，河港开始较大规模建设。杭州港先后建成濮家和管家漾作业区、三堡和六堡外海码头，嘉兴、湖州、绍兴先后建成铁水中转区。2000年以后，杭州港、湖州港、嘉兴内河港、绍兴港、宁波内河港、金华兰溪港、丽水青田港7个内河重点港口，相继制定了规划，并获得了批复。在规划指导下，港口建设步伐不断加快。杭州港管家漾码头等内河码头相继建成投入使用，靠泊能力大幅提高。至2002年，浙江省有内河港口93个，泊位5357个，年综合吞吐能力1.95亿吨、603万人次。吞吐能力在200万吨以上的港口有2个，吞吐能力在100万吨以上的港口有52个。2002年全省内河港口货物吞吐量为1.65亿吨，其中集装箱0.69万TEU，旅客吞吐量450万人次。杭州港、湖州港分别排名2002年全国内河港口货物吞吐量的第7位和第5位。

2010年末，浙江省内河港口码头泊位共计4269个，年货物综合通过能力35534万吨，港口货物吞吐量33940.84万吨。泊位设计年通过能力散装、件杂货物35242万吨，集装箱43万TEU，旅客696万人。

一、杭州港

杭州港位于钱塘江下游北岸和京杭大运河的南终点，是中国内河28个主要港口之一，是浙江省江河运输、水陆联运、水水中转的重要枢纽。杭州港水陆交通发达，水路从运河北上可达杭嘉湖地区和沪、苏、皖、鲁及长江沿线各省市港埠，沿钱塘江而下经杭州湾出海可至宁（波）、温（州）、台（州），以及福建、广东等省沿海港口。溯钱塘江而上经富春江、新安江水库连接皖南地带。过钱塘江南岸入杭甬运河可达浙东地区。

（一）形成与发展

在近五千年前，杭州出现水上交通时，便伴有原始独木舟靠泊点的出现。至春秋战国时，越国在钱塘江口南岸筑成屯驻“大船军”的“固陵”（今萧山西兴），与北岸杭州（时未建置）形成最早的港埠。钱唐早期的港埠处于自然状态，直至六朝才出现简易的人工设施。晋代钱塘江边已建有第一座木结构浮桥式码头——樟林桁，唐时即建为樟亭驿，“大船每有来者”。晋隆和元年（362年）钱唐早已有牛埭，即南朝宋齐二代所称著名的柳浦埭（今凤凰山东），江边又有柳浦港渡，黄山浦港渡等，内河已有后世称为的官涧口、羊坝头、泛洋湖等处港埠，这些港埠面江临河，成为浙江南北客旅往来和货物转换的主要津埠。这时期还建有储运粮食的钱唐仓。到了南朝梁、陈二代，钱唐县曾置为临江郡和钱唐郡，开始向江干大州过渡，已具备“水居江海之会、陆介两浙之间”，适应发展港城的自然地理条件。

隋唐至五代时期，是杭州港的发展时期。隋代州城的筑成和大运河的凿通，使杭州成为大运河的南大门，在唐代对城内外河道尤其是城外、里、中、外之沙河的开拓和浚治及西湖的治理，形成“栟樯二十里，开肆三万室”的东南名郡之港，港埠还有石砌埠头。至五代吴越国建立，扩筑州城，修筑百里捍海石塘，建造浙江、龙山闸，消除钱塘江碍航“罗刹石”，形成“南有浙江,北有运河”相连的两大港区,又发展海运,成为中国东南的国际贸易之港。

两宋时期,是杭州海港的鼎盛时期。北宋时杭州是全国四大海港之一,建有两浙市舶司,并与宁波港互为海口,与东亚、东南亚和南亚的国家和地区进行交往。南宋后又以澉浦作外港,进出口货物品种和数量更是急骤增多。内河港分布于城内城外各通航河道沿线,船埠旁桥而建,南宋时多达100余处。城内船埠还建置木栏,每埠留一个木栅门进出。港口设施建有多座复式船闸,装卸货物的仓库场地比比皆是,接待使客等客旅有馆驿和接待寺。漕粮的装卸搬运等有严格的规定,并设有农寺排岸司专管。

元明清时期,杭州港经历了由海、河并举的港口逐渐转变为内河港为主的历史进程。元代初期,杭州海运与泉州港之间建有海站通道,仍是著名的海港,内河港口建设偏重于在港航道的疏浚和开凿,一是重开龙山河;二是于元末开挖城北“新开运河”,使大运河的终点由上塘转至下塘,自此城北的港埠建设重点也移至下塘河一带。至明清时,由于钱塘江出海通道发生剧烈变迁,再加上朝廷实行海禁政策,杭州逐渐退出古代海港的行列。与此同时,内河港则以其繁华的都市经济和闻名的西湖风景作依托而名列大港前茅,港埠分布,钱塘江上自六和塔,下至观音堂,运河自德胜坝至拱宸桥一带。这些港埠不但大量集散漕粮、商品粮、浙盐及丝、茶、竹、木、柴炭土特产品等,而且随着杭州独特的香市贸易的兴盛,还接纳大量的商旅。既是内河货物的集散大港,又是旅客上下的客运大港。

到晚清签订《马关条约》,杭州拱宸桥即辟为日本租界和商埠。设立海关后,其内河航权和港权落入外国人手里。虽始有轮船营运,但轮埠码头都是临时搭就的木码头或利用河埠或石砌壁岸。至民国18年(1929年),以钢筋混凝土建成的三廊庙浙江第一码头,在抗日战争期间也遭到破坏。战后的杭州港一蹶不振。

1949年中华人民共和国成立后,杭州港开始了港口码头的基础设施和装卸机械化的建设。1980年,杭州武林门客旅码头建成并投入运行,客运步入了一个新的发展时期,无论是钱塘江还是京杭运河水系的水上客运都出现了一个鼎盛期,并一直维持到20世纪90年代初期。

20世纪90年代以来,随着城市化、水利和交通建设的发展,杭州全市港口、码头经历增减消长过程,基础设施发生新陈代谢变化。自内河三堡码头工程建设,港口建设标准逐步现代化。1989年,新建设计年吞吐能力达100万吨的濮家件杂货作业区。1994年,建成了钱江三堡散货作业区和六堡海运作业区。1995年随着三堡外海码头的建成,码头最大靠泊能力已达钱江1000吨级、内河500吨级;已有了最大年吞吐能力300万吨的码头,集疏运设施配套,生产功能齐全。

1996年,占地280亩、设计年吞吐能力达200万吨的管家漾件杂货作业区投入建设。1998年5月,濮家作业区吊装转运了第一只集装箱,标志着杭州港的内河集装箱运输开始起步。始建于1929年的浙江第一码头,经过历次改造完善,又于1999年服从钱塘江防洪建设需要移址改建。2001年,谢村作业区进行技术改造,设计吞吐量达140万吨,拥有500吨级泊位8个、300吨级全天候作业泊位2个。

为服从城市总体规划建设的需要,杭州濮家件杂货作业区实施了整体搬迁,京杭运河北星桥以南的货运码头、钱江港区三堡至八堡黄砂码头于2005年年底完成搬迁。

原杭州港由钱江河口港和运河内河港两部分组成。2003年以来,杭州港进行布局调整,将萧山、余杭两区港口列入港区统计范围，成为杭州港的重要组成港区。2008 年 6 月《杭州港总体规划［修编］（2005 ~ 2020 年）》确定了杭州港的功能和定位，明确了杭州港由钱江、运河、萧山、余杭、富阳、桐庐、建德、淳安、临安九个港区组成。

2008 年末，根据第三次全国港口普查统计，杭州港九个港区共有生产性码头泊位 1339 个，泊位总长度 5.48 万米，其中靠泊能力 500 吨级以上 70 个，300 吨级以上 332 个，300 吨级及以下 937 个。是年，完成港口货物吞吐量 7460 万吨（进港 5193 万吨，出港 2267 万吨）。杭州港是全国 28 个内河主要港口之一，货物吞吐量位居前十位，是浙江省规模以上的内河港口。2010 年末，杭州港拥有生产用码头泊位 1298 个，泊位设计年通过能力散装、件杂货物 8443 万吨，旅客 667 万人。杭州港货物吞吐量达到 8752.74 万吨，旅客吞吐量 400.18 万人。

（二）港区

杭州港共设钱江、运河、萧山、余杭、富阳、桐庐、建德、淳安、临安九个港区，可利用岸线长约 154 公里，其中运河港区 6 公里、钱江港区 3 公里、萧山港区 25 公里、余杭港区 12 公里、富阳港区 30 公里、桐庐港区 20 公里、建德港区 25 公里、淳安港区 30 公里、临安港区 3 公里。

1. 钱江港区

钱江港区即原钱江港，位于杭州城区钱塘江北岸，陆域港界自周浦至七格，自然岸线长 77.3 公里。

原钱江港仅限于南星桥、海月桥、闸口几处码头。1958 年划定港区后，在港区内又划分成第一至第八 8 个码头和 6 处空船停泊处。1985 年末市区钱江北岸西至周浦东至七堡航段，实际已形成港区，当时岸线全长 43 公里。

1994 年始，原自闸口至海月桥全部砂石码头，因建设钱江防洪堤工程和环保要求而陆续移迁至三堡以下江段。是年，建成钱江三堡散货作业区和六堡海运作业区。三堡至七堡沿江企业和乡镇新建一批货主临时码头，港口吞吐量逐年上升，货种以矿建材料（黄砂）和非金属矿石（石灰石）为主。1998 年，港区内有码头泊位 52 个，最大靠泊能力 1000 吨级。港区每年有 500 余万吨矿建材料用于市区及周边的海宁、绍兴、嘉兴、湖州、上海一带的城市基础设施建设和房地产建设，50 余万吨非金属矿石运往萧山、绍兴一带。其中六堡海运作业区是杭州港唯一的海运货物集散地，千吨级船舶可由钱塘江出海南下至广东、福建、海南等近海港口。但由于受航道条件、货源等多种因素影响，年货物吞吐量仅维持在 10 万吨左右。客运码头浙江第一码头，主要从事杭州至富阳、桐庐一带的旅客运输，随着钱塘江、富春江、新安江等两岸旅游景点的开发，水上旅游逐步增长，原有的水上航班客运量随着周边公路网的完善而呈下降趋势。是年，港区货物吞吐量 951 万吨，旅客吞吐量近 10 万人次。

2005 年，港区有三堡散货作业区、六堡海运作业区 2 个公共型货运作业区，有客旅码头 1 个，泊位 68 个，最大靠泊能力 1000 吨级，当年完成货物吞吐量 880 万吨。是年，因建设钱江新城和运河改造工程需要，于 12 月 10 日第一家码头停止报港指泊作业起，至 2006 年 1 月 1 日 0 时，钱塘江三堡至八堡所有 42 个建材码头泊位停止报港指泊作业，钱江三堡作业区和六堡海运作业区同时停止码头装卸作业，废弃不用。

钱江港区可利用岸线长度 1610 米，港区陆域面积 11.52 万平方米；设置生产用码头泊位 28 个，多数为临时泊位，最大靠泊能力 500 吨级。年货物吞吐量达 322 万吨，进出港货种以矿建材料为主。

2. 运河港区

运河港区位于京杭运河杭州市区段两岸，半山北河（半电河）两岸，半山南河（杭钢河）两岸。陆域港界自义桥至三堡船闸，自然岸线长36.3公里，可利用岸线8.053公里。

运河港区曾以跨越京杭运河上的拱宸桥而名拱埠、拱埠航区和京杭运河杭州港。清末后码头大多分布在原杭州关以内。1958年划定港区后，在港区内又划分第一至第六6个港作业区和15处空船停靠区。1985年末，京杭运河杭州段及支港实际已形成港区（包括市区管辖上塘河段），岸线全长19公里。

1990年起，小河、哑巴弄、德胜坝、艮山港等码头，均因城市建设先后撤销或补偿迁移。1998年，港区有濮家件杂货作业区、谢村件杂货作业区、三里洋件杂货作业区、三堡内河码头、市燃料总公司码头、省燃料总公司码头、杭州建筑材料公司码头和武林门客运码头8个作业区码头，共计81个泊位，另有货主专用码头17个，泊位96个。是年，完成港口货物吞吐量870万吨，公用作业区完成的货物吞吐量约占总量的三分之二。经营货种以矿建材料（黄沙为主）、煤炭、石油、钢铁及粮食为多，每年运往上海、嘉兴、湖州等周边地区的矿建材料300余万吨，由上海、江苏、山东等地流入本市的煤炭、钢材、石油及制品、粮食等货物达到270万吨。武林门客运码头主要从事杭州至苏州、无锡、常州及太湖的旅客运输和水上旅游。是年，旅客吞吐量约22万人次。2000年年底，杭州内河散货作业区通过交工验收并交付使用，时为浙江省最大的内河散货作业区。次年3月，建于1989年的濮家码头整体搬迁至内河散货作业区（也称管家漾作业区）。

运河港区陆域面积125.69万平方米，利用岸线长度7995米，岸线使用单位49家，设置生产用码头泊位151个，其中公用码头泊位27个，其余均为货主专用码头泊位及临时码头泊位，最大靠泊能力500吨级。港区内有管家漾件杂货作业区、谢村件杂货作业区、三里洋件杂货作业区3个公用码头，有义桥国家粮食储备库、杭州钢铁厂、杭州半山发电厂、杭州炼油厂、市燃料公司杜子桥煤库等货主专用码头。港区进出港主要货种为件杂货、煤炭、石油、钢铁、矿建材料、粮食等，是杭州市能源、原材料物资的主要接纳港，也是杭州产品的输出港，又是省内外水运货物的水陆中转港，年货物吞吐量达2484万吨。

3. 萧山港区

萧山港区位于萧山区境内的杭甬运河两岸、浦阳江西岸、西小江北岸、钱塘江南岸。港区陆域面积77.27万平方米。利用岸线长度11962米。

1990年末，萧山境内有萧山、临浦、瓜沥三港，当年客运吞吐量17万人次，货运吞吐量154.6万吨。20世纪90年代起，随着水路运输的萎缩和水运结构的调整，三港口原有码头装卸作业量日渐减少，部分货运码头偶尔有少量货物装卸。1993年起，新建一批货运码头，建设标准较高，码头泊位功能更为专业化，如萧山电厂煤码头、闻堰货运码头、富春玻璃中转码头、义桥油库码头、浙江中穗省级粮食储备库码头、瓜沥液碱码头等。港区货物吞吐量逐渐增加，1990年货物吞吐量仅为102万吨，2000年达到569万吨，主要为矿建材料、煤炭、非金属矿石等。水上客运逐步萎缩。1994年年底，萧（山）临（浦）航班歇航，城厢南门客运码头和临浦内河客运码头停用。20世纪90年代后期，随着杭州市钱江客运旅游公司在浦阳江上客运航线的歇航，闻堰客运码头、临浦客运码头、义桥客运码头停用，至此，萧山境内所有客运码头停用。

2003年，萧山港列入杭州港统计范围，成为杭州港的一个港区。至2005年，萧山港区有货运码头泊位40余个，其中设计吞吐能力10万吨以上的码头6个，泊位292个，泊位长度14032米，最大靠泊能力内河500吨级。当年港区完成货物吞吐量1176万吨。除萧山电厂煤码头作业区初具规模，设施较完善，其他码头和泊位主要为货主自建和专用。

萧山港区设置生产用码头泊位228个，年货物吞吐量达955万吨，建成浙江萧然钢材物流中心有限公司、杭州义桥金属材料市场有限公司等公用作业码头泊位。萧山港区是杭州港重要组合港区，已初步形成了以能源、钢材、煤炭、矿建材料为主，功能比较齐全的综合性港区。

4. 余杭港区

余杭港区位于余杭区境内京杭运河、杭申线、杭余线等两岸。港区陆域面积133.76万平方米，利用岸线长度10978米。余杭境内航道成网，水路四通八达。20世纪50年代进出余杭港的大宗物资主要为竹、木、粮食、茶叶等农副产品和食盐、轻化工业产品。

1990年末，有余杭、獐山、塘栖、瓶窑、安溪、闲林、三墩、临平共8个港口，年货物吞吐量532.5万吨，旅客吞吐量16.61万人次。1996年，因三墩行政区划调整至杭州城区，原三墩镇辖区码头泊位划归于杭州港内河港区管辖；1999年瓶窑片码头泊位统一归良渚港航管理站纳入统计。安溪矿区码头于2002年因良渚文化保护需要关闭全部石矿而关停。此后，余杭境内逐步形成了以余杭、良渚、塘栖（含獐山）、临平（五杭、博陆）为中心的码头泊位发展格局：獐山以矿建材料出口为主；老余杭以矿建材料、非金属矿石出口及黄沙、煤炭、水泥厂原料进口为主；塘栖、临平以黄沙、煤炭、化工品、钢材等货物进口为主。

根据杭州市委、市政府对京杭运河（杭州段）综合整治与开发利用的决策，运河市区段货物吞吐功能弱化，为发挥京杭运河（余杭段）"黄金水道"的价值，《杭州港余杭港区总体布局规划》于2003年1月30日由省交通厅批复同意。根据规划，启动崇贤、仁和、临平三大作业区建设，其中仁和作业区又分散杂区和石化区两个区块。2003年年底，港区三个作业区四个项目一期工程可行性研究报告由省发改委和省交通厅联合批复立项。港区建设采取总体一次性规划，分期分阶段性实施。2005年6月，崇贤作业区一期和仁和作业区一期共141公顷土地获国务院批复，于次年相继开工建设。

2003年，余杭港区纳入杭州港统计范围，成为杭州港四港区之一。至2005年，港区有货运码头123个，泊位263个，利用岸线长度14684米，最大靠泊能力500吨级，主要有余杭、獐山、塘栖、临平、瓶窑、杨梅山、闲林共7个主要港口码头群，其中余杭、瓶窑各建有一个公共码头，泊位分别为10个、7个。是年完成货物吞吐量862万吨，主要货种为矿建材料、煤炭、非金属矿石和化工产品。余杭港区设置生产用码头泊位177个，年货物吞吐量达1538万吨。

5. 富阳港区

富阳港区即原富阳港、渌渚港。位于富阳市境内富春江两岸和渌渚江西岸，港区陆域面积58.62万平方米。渌渚港在抗日战争期间是浙西驿运管理处的一个重要驿站。中华人民共和国成立后为石灰石出口港。20世纪50年代，在打石山一线利用岸坡供船舶装卸作业；20世纪70年代建成斜坡道简易码头。1960年、1978年分别建成可供汽车行驶的斜坡道简易码头各一座。中华人民共和国成立前，富阳港无专用货运码头，供船舶停泊装卸主要利用岸坡的埠头。1954年在上水门建成浆砌块石重力驳岸码头。20世纪50年代，进出富阳港的货物主要有粮食、木材、毛竹、土纸、食盐、杂百货;20 世纪 60 年代,随着砂石料等建筑材料的开发,此类商品吞吐量占首位。

1990 年末,富阳港、渌渚港两个港口各类码头 50 余个,其中客运码头 1 个。码头装卸货物以成品油、煤炭、砂石料为主。随着航运事业发展,1996 年有各类码头 88 个,泊位 104 个,年吞吐量 605 万吨。其中富春江主航道沿线 300 ~500 吨级码头 20 个,泊位 64 个,年吞吐量 340 万吨。还有砂、石料码头泊位,点多线长,规模小,设施简陋,装卸工艺落后。

1997 年,因杭州海月桥一带码头拆迁部门外移至富春江区域,富阳港口码头建设进入高峰期,先后有尖峰、三师水泥及杭州、余杭、德清众多业主到富阳投资建设水泥厂、开矿、建自备码头。新的富阳港范围扩展至富春江和渌渚江通航干支线沿岸,黄沙、矿石外运量日益增加。2005 年,富阳境内有生产性码头泊位 179 个,最大靠泊能力 500 吨级,岸线 8255 米,岸线使用单位 129 家。码头的建设规模、机械设备、装卸工艺随之提高,年吞吐量 1528 万吨,比 1991 年增长 1.79 倍,是全市唯一超千万吨级的县(市)大港。

2005 年 3 月 29 日,富阳首座大型作业区——杭州港东洲综合码头举行奠基仪式。东洲综合码头占地面积为 32 公顷,建设规模为可靠泊 500 吨级泊位 15 个,设计吞吐能力 300 万吨。5 月,开工建设中国内河水域首家船舶锚泊服务区——富阳市船舶锚泊服务区水上浮码头。该码头位于富阳市春江街道建设村,总长 133 米,由一艘 500 吨级趸船及相应接岸设施组成,设计 9.17 米(1985 国家高程基准),是杭州地区最大的水上浮码头,由杭州滨海船厂、杭州东方船厂和富阳杭新船厂共同承建安装,总投资 1700 万元。该码头于 2006 年 3 月完工并投入使用。是年 7 月,建筑面积 5600 平方米富阳市船舶锚泊服务区综合楼结顶,投入使用。

富阳港区利用岸线长度 9948 米,设置生产用码头泊位 152 个,年货物吞吐量达 1540 万吨。

6. 桐庐港区

桐庐港区即原桐庐港,位于桐庐县境内富春江中上游两岸,分水江下游两岸,港区陆域面积 19.27 万平方米。

桐庐港早期无货运码头,主要利用富春江、天目溪沿江的自然岸坡和踏步埠头,供船舶停泊和装卸作业。1977 年建成蚂蝗桥货运码头,最大靠泊能力 100 吨船。1980 年在浮桥埠和牛山坞建成粮食、化肥码头各一座,最大靠泊能力 60 吨级。1985 年桐庐港由客货运输码头 6 座,泊位 12 个,总长 305 米。1990 年末,桐庐港货物吞吐量 64 万吨,客运吞吐量 22.9 万人次。桐庐砂以质优闻名销往上海等地,为码头主要出港货种。1997 年开始,港口实施行业管理,逐步规范港口运输秩序,港口码头得到发展。1998 年港口货物吞吐量为 230 万吨,2000 年达到 334 万吨。2001 年以后,黄沙资源减少,产量滑坡,鹅卵石、水泥、管桩、机制砂等为主要货种。原主要货运码头中,1996 年蚂蝗桥货运码头毁于分水江"6·30"特大洪灾,根据城镇规划该地块不再建码头;1990 年桐庐燃料公司建成梓芳坞煤炭码头,可靠泊 100 吨级泊位 3 个,低桩承台,全长 175.5 米,于 2002 年转让给桐庐"三狮"集团使用,原煤炭装卸作业移往浮桥埠码头。1987 年 10 月建成浮桥埠码头,块石混凝土结构,长 135 米,面高 2.50 ~5 米,前沿水深 3 米,靠泊能力 100 吨级,泊位 4 个,主要货种为水泥、矿石、黄沙、煤炭;2002 年 5 月城关砂石码头因整治"两江"而撤除。2003 年桐庐富春江鹅卵石加工厂码头建成,拥有 6 个泊位,岸线长 600 米,经营砂石、煤炭、水泥熟料等,年吞吐量 300 万吨。2005 年末,全港区有生产用码头泊位 84 个,岸线 4493 米,使用单位 57 个,年货物吞吐量 585 万吨。

2006年12月，桐庐综合作业区开工建设，占地67367平方米，一期工程沿富春江岸线布置500吨级泊位10个(2个集装箱泊位)岸线长596米，设计年通过能力210万吨，标志着桐庐港区无公用型码头的结束。

桐庐港客运码头主要有桐庐轮船码头（东门码头），1987年12月整修扩建，1990年4月竣工，总投资130万元。码头长70米，靠泊能力500吨级，面积844平方米，用于桐庐至杭州等航线客轮停靠。1998~2002年，用于"水上世界"游船停靠。窄溪轮渡码头，1990年12月竣工，码头呈锯齿形，分高、中、低水位4个台阶，每个台阶高差0.8米，适应车渡轮在不同水位停靠；1996年因320国道窄溪桥建成通车而停用。此外，滩头轮船码头、柴埠轮船码头、窄溪轮船码头和上杭轮渡码头于1991年停用。

港区设置生产用码头泊位52个，年货物吞吐量达362万吨，利用岸线3102米。

7. 建德港区

建德港区即梅城港、白沙港，位于建德市境内富春江两岸、富春江支流胥溪两岸、新安江北岸和新安江库区。港区陆域面积2.19万平方米。

1990年末，梅城港和白沙港在新安江两岸、富春江乾潭、新安江岭后等处分布客货运码头，但总体规模较小，无综合性公用型作业泊位。境内虽有较好的航道条件，但受自然地形条件的限制，尤其是七里泷大坝过船设施等级低、能力小、运转不正常的限制，通过能力与外港联系受到严重制约。是年，货物吞吐量4万吨，客运吞吐量83.55万人次。至2002年，有货运码头23个，客旅码头4个，泊位75个，完成货物吞吐量140万吨，主要货种为矿建材料和煤炭，完成旅客吞吐量5.61万人次，港区总体规模较小。

港区利用岸线长度2820米，设置生产用码头泊位72个，年货物吞吐量达199万吨。货种主要有煤、化肥和砂石料等。

8. 淳安港区（原千岛湖港、毛竹园港）

淳安港区位于千岛湖库区内，港区陆域面积31.61万平方米。1990年，港口客运吞吐量210.11万人，货物吞吐量34.5万吨。港内水域宽阔，港汊众多，岸线曲折，水位变幅较大，给码头的建设、管理和装卸作业造成困难，陆域面积狭窄，总体规模较小。20世纪90年代，水上运输成为县境内客、货运输的主动脉，承担了境内大部分的客货运输量。

1996年选址杉树湾，新建吞吐能力40万吨的货运码头，货运主要限于域内湖区范围。因水上旅游资源优势巨大，整个千岛湖景区被划分成各具特色的五大湖区，使水上旅游客运占有较大优势，并形成了一定规模，但多数客旅码头建设标准偏低。至2005年，有公用型货运码头1个，客货综合码头113个，泊位215个，泊位总长度4250米，完成货物吞吐量65万吨；有标准客旅码头2个，完成旅客吞吐量452万人次。

千岛湖港原名排岭港，是淳安最大的港口。主要包括千岛湖客运码头、千岛湖货运码头、千岛湖旅游码头、西园码头和新北码头等。2005年港口货物吞吐量49万吨，客运52.86万人次，旅游114.96万人次。

毛竹源港位于茶园镇(2001年更名石林镇)毛竹源。在原来港口码头设施建设基础上，1998年兴建了毛竹源旅游专用码头。该港口现有客运、货运、旅游共3个专用码头。2005年，港口货物吞吐量5.6万吨，客运吞吐量2.21万人次，旅游18.83万人次。

淳安港区利用岸线长度6017米，设置生产用码头泊位469个(其中客旅泊位402个)，年货物吞吐量达37万吨,旅客吞吐量达316万人次。

9. 临安港区

临安港区位于临安市境内青山航道两岸、分水江北岸、青山湖市库区、华光潭水库库区等地。港区陆域面积3.72万平方米。

1985年,临安县设有港口,货物进出靠余杭镇码头转运。1997年青山航道开通后同时建成大园货运码头,始有港口,并挖掘利用青山航道以能源建材为重点货运。青山湖景区水域旅游客运也开始起步,实现港区客货运输的同步发展。港区货运主要通过青山航道,旅客主要集中在库区。

港区利用岸线长度415米,设置生产用码头泊位10个,年货物吞吐量22万吨。货种以煤炭为主,是临安市散装货物集散地。

(三)港口设施

旧时,杭州江滩河岸靠泊,以船埠为多,码头极少。货运挑埠全靠人力装卸,无机具可言。杭州有装卸机械的码头,始于20世纪50年代后期,经30年建设已初具设施完善的现代港口码头。

1990~2010年间,杭州港钱江、运河、萧山、余杭四大港区的码头建设从未间断,其他港区也新建和改建了一批码头作业区。随着杭州经济的快速发展,货物运输弃水陆走陆路现象突出,水上客运直线下降。自20世纪90年代后期,因城市建设需要,钱江沿岸杭州市区段的货运码头全部被征用而拆除,内河不少码头被拆除或移址改建,港口建设逐步呈北移南扩的发展趋势。

1. 主要客运码头

(1)浙江第一码头(南星桥客运码头)

浙江第一码头建于1928年8月,次年5月建成。1998年4月因建设钱塘江防洪堤和滨江路需要,原码头、引桥停用拆除。随着钱塘江、富春江、新安江等两岸旅游景点的开发,水上旅游出现了增长趋势,2000年3月28日开始在原客运码头位置重建客旅码头,次年1月建成。新建码头岸线长130米,有300吨级泊位3个,采用先进的钢引桥液压升降结构,泊位和引桥高低随水位涨落而变动,不再受潮汐的影响。年设计通过能力350万人次,附货30万吨。总投资350万元。客运码头建成后,钱塘江客运萎缩。企业改制后,码头产权属于杭州港航有限公司,由公司下属杭州钱塘江客运旅游有限公司经营管理。

(2)杭州客运轮船码头(武林门轮船码头)

杭州客运轮船码头建于1974年9月,1979年1月竣工。1995年5月前,码头由浙江杭州航运总公司经营管理,后由杭州港航实业总公司经营,主要经营杭州至苏州、无锡的水上旅客运输。2000年,杭州港航实业总公司以该码头土地和部分实物资产与杭州坤和投资集团有限公司合资成立杭州坤和旅游客运中心有限公司。2003年后,该码头改建为杭州武林门旅游客运中心。该中心是集旅游码头、商场、写字楼等多功能为一体的综合性公共建筑,与杭州西湖文化广场隔河相望。

(3)"水上巴士"码头

2004年4月,杭州市结合道路行车难、居民出行难的问题,充分利用京杭运河整治保护功能转换提出了开通"京杭运河杭州段'水上巴士'"的构想。2004年8月第一期"水上巴士”码头停靠站武林门站、信义坊站、拱宸桥站相继开工建设，均于年底前建成并投入使用。2005年4月建设港航锚泊站，同年9月完工；第二期水上巴士工程于2005年9月开工建设艮山门站和大关停靠点，于次年1月底完工。

2007年1月，杭州市港航管理局委托编制了《杭州市水上巴士站点布局规划》，规划钱塘江线“水上巴士”站点为六和塔点、第一码头点、钱江新城点和滨江点，每个站点建设一个“水上巴士”停靠泊位；运河增设濮家站点，建设2个停靠泊位；同时在余杭塘河新建水上巴士西溪湿地停靠站、古墩路停靠站、古翠路停靠站3个站点。13个水上巴士站点全由杭州市水上公共观光巴士有限公司经营管理。

（4）千岛湖旅游码头

千岛湖旅游码头原位于淳安千岛湖镇新安大街西端江滨公园旁，20世纪80年代初至1998年8月，为货运、旅游综合性码头。为改善千岛湖旅游服务设施，1998年8月，该码头货运部分搬迁至杉树湾新建的40万吨级货运码头后，此处即成为旅游专用码头。同年12月，旅游码头动工改建，1999年4月底完工投入使用，占地300平方米，建筑面积442.2平方米，候船大楼为钢结构，总投资250万元，是全县第一座旅游专用码头。随着旅游业迅速发展和运量的逐渐增加，该码头很快又无法适应发展需要，于是择址重建。

2005年1月，千岛湖新的旅游码头建设开工。码头位于千岛湖镇以西约3公里的箩姑塘港湾，占地19.80公顷，建筑面积4.5万平方米。陆域建有旅客中心、停车场2.5平方米，泊船码头岸线长760米，总投资1.3亿元。2006年10月竣工并投入使用。

为满足旅游业快速发展的需要，决定在紧邻新旅游码头以西的大石坪港湾进行二期延伸扩建（含千岛湖客运码头迁建）工程建设。该工程占地3.11公顷，管理用房与候船建筑面积1500平方米，游船码头泊位54个，客船码头泊位12个，总投资1731万元。该工程于2007年12月开工，2009年11月竣工投入使用。

（5）千岛湖东南湖区旅游码头

千岛湖东南湖区旅游码头位于东南湖区裴楼岛东南侧对面的珍珠半岛，城中湖二桥东端，占地面积5万平方米，岸线长626米，停靠泊位58个，陆域建停车场17000平方米，管理房售票区3270平方米，商业区6990平方米以及候船服务区6490平方米，概算投资5300万元。码头泊岸工程于2008年6月18日开工，2010年9月底建成并投入使用。

2. 主要货运码头（作业区）

（1）钱江三堡码头（杭州港钱江三堡作业区）

钱江三堡码头位于钱江三堡船闸和彭埠大桥之间，岸线长1224米，占地14.67公顷。码头为高桩梁板式结构，有平台3座，共长181.2米，设300吨级泊位6个、100吨级泊位13个，设计年吞吐能力250万吨，以装卸砂石料等建材为主。建江堤护坡1224米，堆场7余万平方米，综合办公楼等用房2798平方米，有装卸机械33台，搬运机械23台，输送机械5台。

该码头于1993年7月29日开工，1994年10月完工投产，投资2775万元。2005年，完成吞吐量669万吨。根据杭州市委、市政府对钱塘江三堡至八堡建材码头整体限期搬迁的决定，该码头从2005年12月31日起停止装卸作业，废弃不用。

（2）杭州海运码头（六堡外海码头）

杭州海运码头位于江干区六堡镇钱江北岸，占地3.47公顷，岸线长85米，码头平台长

88 米，宽 18 米，由两座长 191 米、宽 7.5 米的栈桥连接而成。码头为高板承台结构，设计 1000 吨级码头泊位 1 个，可靠千吨级浅吃水江海货轮 1 艘或 500 吨级海轮 2 艘，设计年吞吐能力 15 万吨。建有办公房屋 1139 平方米，码头堆场面积 10052 平方米。

该码头于 1992 年 11 月 20 日开工，1994 年 10 月 30 日竣工，码头总投资 1265 万元。1995 年 5 月 15 日，杭州航运总公司在该码头举行千吨轮重载首靠典礼。后根据市委市政府对钱塘江三堡至八堡建材码头整体限期搬迁的决定，从 2005 年 12 月 31 日起停止码头装卸作业，废弃不用。

(3)钱江“三防”码头

钱江“三防”码头位于杭州市上城区海月桥钱江北岸，总长 36 米，可停靠 300 吨级船舶，栈桥总长 30.6 米，信号台设计面积 170 平方米。工程于 1999 年 11 月开工，2000 年 11 月竣工，总投资 163 万元。码头由杭州市港航管理局钱江港航管理处管理，主要用于停靠港监艇，发布防潮、防台、防洪信号。

(4)濮家码头(杭州港三堡内河作业区)

濮家码头位于京杭运河钱塘江沟通工程新开航道京江桥至顾家桥北岸，是京杭运河钱塘江沟通配套工程，于 1987 年 3 月开工建设，占用土地 12.85 公顷，作业岸线 1236 米，建有挖入式港池 4 只，陆地纵深 200 米，300 吨级泊位 8 个，100 吨级泊位 16 个，堆场 2.23 万平方米，仓库 1.32 万平方米，设计吞吐能力 100 万吨。主要装卸机械设备有 5 吨门机 4 台、30 吨门机 1 台、5 吨桥吊 3 台等。该码头于 1989 年 5 月建成，1990 年 3 月投产，是杭州首次使用外币贷款建设的件杂货作业区。2000 年完成吞吐量 134 万吨。2002 年 4 月 28 日，濮家码头搬迁到内河散货作业区(管家漾码头)。

(5)管家漾码头(杭州港内河散货作业区)

管家漾码头位于拱墅区石祥路 350 号，是世界银行贷款的浙江省内河航道网改造项目之一。岸线总长 1602 米，其中作业区岸线 773 米，占地 19.77 公顷。码头利用原有支流河道和池塘建成挖入式港池，高桩板梁式结构，有 500 吨级泊位 3 个，300 吨级泊位 13 个，堆场 4500 平方米，管理生产用房 3250 米，市场经营用房 3600 平方米。装卸机械有 5 吨级以上门机 16 台，固定转盘吊 5 台，流动吊 5 台，汽车吊 4 台，叉车 3 台，铲车 7 台，移动式皮带输送机 20 台等共 5 类 43 套，最大起重负荷 35 吨，设计年吞吐能力 300 万吨。

码头于 1996 年 11 月开工，2000 年 12 月完工，总投资 1.18 亿。2002 年 4 月濮家码头整体搬迁至此后正式启用，实际货种以钢材为主。该码头的建成投运，缓解了杭州港散货装卸能力不足的压力。2008 年完成吞吐量 173 万吨。依托码头组建杭州运河钢材市场已成为省内乃至华东地区的钢材集散中心，年钢材成交额达数百亿元。

(6)谢村码头(杭州港谢村件杂货作业区)

杭州港谢村件杂货作业区位于杭州城北京杭运河东岸拱墅区康桥镇谢村，建于 1985 年，原为浙江杭州航运总公司专用码头，占地 6.13 公顷，作业岸线长度 577 米，100 吨级及 300 吨级码头泊位 11 个，年设计吞吐能力 100 万吨。1995 年杭州市港航企业重组后，转为公用码头。2002 年 8 月至 2003 年 1 月，对该码头进行第一期改扩建。2003 年 10 月至 2005 年 9 月，进行第二期技术改造。两期改扩建总投资 3469.5 万元。经过改扩建，码头占地面积 6.87 公顷，岸线 623 米，建有 500 吨级泊位 8 个，300 吨级泊位 2 个，堆场 27729 平方米，仓库 10334 平方米，生产生活配套用房 3000 平方米，装卸机械有门机 11 台，轮胎起重机 3 台，汽车起重机 2 台，叉车 5 台，铲车 7 台，设计年吞吐能力增至 150 万吨。2008 年完成吞吐量 188 万吨。

（7）杭州港三里洋件杂货码头（作业区）

杭州港三里洋件杂货码头位于杭州市拱北康桥镇谢村西侧，紧靠京杭大运河东岸。岸线长 610 米，占地 23.3 公顷。码头为沿河岸壁式和挖掘式港池，建有仓库 6 万平方米，堆场 2.65 万平方米；各类港口起重设备 50 余台，其中 200 吨级固定式起重机 1 台，10～20 吨汽车起重机 2 台，5～10 吨门式起重机 7 台。年吞吐能力达到 250 万吨。

1989 年 10 月，开始建设件杂货码头泊位，建成岸线 240 米，500 吨级泊位 6 个，库场 2.5 万平方米，年吞吐能力 150 万吨。2003 年，在杭钢河扩建二港区，建设 300 吨级件杂货泊位 7 个，岸线长 370 米，堆场 55900 平米，新增吞吐能力 100 万吨。一、二港区总投资 16847 万元，进出货种主要以钢材为主，出口超大件设备等，是杭州港件杂货主要集散地之一。三里洋件杂货作业区功能覆盖码头装卸、仓储运输、加工配送、钢材贸易、市场管理、金融服务等领域，形成一条以港口为龙头的现代物流产业链，2008 年码头经营收入达到 4.27 亿元。

（8）杭州港大松树集装箱码头（作业区）

杭州港大松树集装箱码头位于余杭区良渚镇运河村，运河西岸，杭长铁路南面，占地 32.7 公顷，规划建设 500 吨级泊位 15 个（其中集装箱泊位 7 个，钢材泊位 8 个），设计年吞吐能力 300 万吨，集装箱 18 万 TEU，概算总投资 3.1 亿元。该码头是经浙江省政府批准的水运重点工程，于 2005 年 11 月 28 日举行开工仪式，开创杭州首个专业集装箱港口作业区。2008 年，工程暂时停工。

（9）杭州港东洲综合码头

杭州港东洲综合码头位于富阳市东洲街道里山新浦闸处，于 2006 年 3 月 29 日开工建设。码头利用岸线 1710 米，占地 31.91 公顷，其中码头泊位区 28.67 公顷，进港道路 3.24 公顷，计划新建 500 吨级高桩梁板式结构码头泊位 25 个，其中 500 吨级散货泊位 11 个，500 吨级杂货泊位 14 个及其附属设施；年设计吞吐能力 460 万吨，项目总投资 3.01 亿元，工程分三期实施。2011 年 12 月 30 日正式开港。至开港为止，该码头建成泊位 15 个，码头总长 928 米，占地 478.71 亩。

（10）余杭港区崇贤作业区

余杭港区崇贤作业区位于京杭运河杭州段东岸、余杭区崇贤镇，杭州绕城高速公路运河大桥北侧，利用京杭运河 2300 米岸线。崇贤作业区规划利用岸线 2300 米，陆域纵深 900 米左右，采用挖入式港池，占地面积 164.7 公顷，总投资 5.81 亿元。其中一期工程位于杭州绕城北线、运河特大桥北侧，余杭区崇贤镇四维村，占地面积 56.4 公顷，建设规模为挖入式港池 2 个，新建 500 吨级泊位 23 个，陆域建设项目（仓库及部分配套房建），设计年通过能力 581 万吨。该工程于 2006 年 6 月开工，至 2008 年年底完成投资 3.68 亿元，2009 年 8 月投入试运行。

（11）余杭港区仁和作业区

余杭港区仁和作业区规划建在仁和镇姚斗村附近，京杭大运河的西岸。作业区以危化品、油品码头为主，件杂货码头为辅，规划中间以 205 米范围高压线走廊作为隔离带。一期

主要是吸收杭州运河段外迁码头。作业区距余杭东西大道约2000米,通过该大道最终可连接至杭宁高速公路和杭州绕城高速公路。仁和作业区规划利用岸线长1430米,陆域纵深370~650米;采用挖入式港池,占地77.3公顷。作业区的南侧以油品、危化品泊位为主,采用1个挖入式港池作业岸线长580米;北侧以散货、件杂货泊位为主,采用2个挖入式港池作业岸线长1760米,总投资5.77亿元。

仁和作业区散货区位于余杭区仁和镇东侧东西大道旁,与杭州绕城高速、杭宁高速、320国道、104国道、申嘉沪杭高速及09省道紧密连接。作业区码头水工工程建设2个500吨级(兼顾1000吨级)挖入式港池,包括散货及件杂货泊位24个,及相应的附属和配套设施,设计年通过能力550万吨。该工程于2006年3月开工建设,2011年11月完工。项目用地403316平方米,决算投资39772万元。

仁和作业区石化区北港区(杭州宇行石油储运有限公司码头),位于京杭运河仁和街道平宅村,于2010年8月31日开工建设,建有500吨级泊3个,岸线长度300余米,6000立方油品储罐12个,年设计吞吐量为85万吨,主要为杭州、湖州、绍兴等地供应汽柴油。2015年7月6日,进油工作正式开启。

仁和作业区石化区南港区,建设规模为挖入式港池2个,500吨级泊位8个,设计年通过能力170万吨;工程占地25.5公顷;核定投资概算10421.56万元。陆域房建部分于2008年3月开工,码头工程于2009年9月3日开工。

(12)杭州港桐庐综合作业区

杭州港桐庐综合作业区位于桐庐城区东侧下洋洲,省级经济开发区的北侧,富春江南岸,占地面积14.58公顷,总投资1.84亿元。设计年通过能力为385万吨。工程分两期建设。一期工程建设集装箱、钢材、矿建材料等500吨级泊位10个;二期工程建设仓储、物流等辅助生产设施。建成后的码头将是一个集集装箱、仓储、物流多功能为一体的现代化货运码头。

工程于2006年12月29日开工,至2010年年底尚未完成建设。

(13)千岛湖货运码头

千岛湖货运码头原先位于淳安县千岛湖镇新安大街西端,由于平台及仓库等设施均在108高程以下,库区水位上涨时易被淹没,同时又因为旅游码头建设需要,于1998年8月搬迁至新建的40万吨货运码头。40万吨货运码头位于千岛湖镇以北2.5公里的杉树湾,占地9公顷,总投资1376万元。该码头于1996年3月动工,1998年8月正式启用。2001年,又修建了3号码头和水泥路面。该码头有吊机2台,主要装卸黄沙等建筑材料。2002~2005年,随着千岛湖大桥和沿湖景观大道开工建设,该码头陆域三分之二部分被陆续占用。2008年码头货物吞吐量为27.43万吨。

(14)茶园码头

茶园码头位于淳安县石林镇毛竹源,原名毛竹源码头。1996年10月,为提高建制镇的旅游知名度,更名为茶园码头。货运码头位于毛竹源客运码头对面至枧坑坞水库沿线,由煤炭、木材、矿粉、粮食、百货、食品、钢材、土产、化肥、农药共10个装卸作业区码头组成。码头自建成投产后,曾为本县和皖南部分地区进出物资运输发挥过重要作用。货运吞吐量最多的1983年达31.70万吨。1999年,位于高塝码头以东的部分货运装卸码头及货场改建为旅游码头，整个码头范围缩小。2001 年，为配合环湖南线公路建设，拆除 3 号码头仓库 72 平方米，新建仓库 64 平方米。由于 05、06 省道改建和环湖公路建成通车，致使许多物资流通弃水走陆路，码头货物吞吐量减少，逐渐趋于萧条。2008 年，货物吞吐量仅 1.96 万吨。

2010 年杭州港码头设置情况见表 2－2－27，2008 年杭州港码头泊位一览见表 2－2－28，2008 年杭州港生产用码头泊位主要用途见表 2－2－29，2008 年杭州港生产用码头泊位拥有情况及综合通过能力情况见表 2－2－30。

2010 年杭州港码头设置一览表

表 2－2－27

辖区	辖区内岸线使用单位（个）	岸线（米）	泊位（个）	其中				2010 年吞吐量	
				煤炭	危险品泊位	件杂货泊位	旅、客码头	货物万吨	旅客万人
合计	482	49305	1298	10	28	84	459	8443	667
钱江港区	18	127	3			1	2	2	40
运河港区	36	7023	144		14	45		2535	
萧山港区	178	10607	193		2	9		1230	
余杭港区	108	10866	181	10	11	28		2408	5
富阳港区	46	6957	109		1	1		1234	
桐庐港区	38	3742	62				1	637	18
建德港区	49	2850	73					210	
淳安港区	7	6718	523			456	402	117	604
临安港区	2	415	10					70	

2008 年杭州港码头泊位一览表

表 2－2－28

杭州港	生产用码头泊位						泊位设计年通过能力		非生产用码头泊位个数
	泊位个数	长度	万吨级以下码头泊位						
			500～1000 吨级	400～500 吨级	300～400 吨级	300 吨级以下泊位	散装、件杂货物	旅客	
计算单位	个	米	个	个	个	个	万吨	万人	个
合计	1339	0	70	0	331	938	8927	668	1
钱江港区	28	1610	0	0	28	0	247	40	1
运河港区	151	7995	32	0	41	78	2539	0	0
萧山港区	228	11962	9	0	13	206	1329	0	0
余杭港区	177	10978	20	0	68	89	2413	5	0
富阳港区	152	9947	7	0	106	39	1422	1	0
桐庐港区	52	3102	2	0	50	0	581	18	0
建德港区	72	2820	0	0	18	54	209	0	0
淳安港区	469	6017	0	0	4	465	117	604	0
临安港区	10	415	0	0	3	7	70	0	0

2008 年杭州港生产用码头泊位主要用途一览表　　表 2-2-29

杭州港	专业化泊位(个)								通用散货(个)	通用件杂货(个)	客货(个)	其他泊位(个)	合计(个)
	小计	煤炭	原油	成品油	液体化工	散装粮食	散装水泥	客运					
总计	450	10	4	17	6	6	1	406	690	77	65	57	1339
钱江港区	3	0	0	1	0	0	0	2	19	1	0	5	28
运河港区	14	0	4	10	0	0	0	0	93	44	0	0	151
萧山港区	0	0	0	0	0	0	0	0	214	9	0	5	228
余杭港区	28	10	0	5	6	6	1	0	125	23	1	0	177
富阳港区	2	0	0	1	0	0	0	1	149	0	0	1	152
桐庐港区	1	0	0	0	0	0	0	1	4	0	1	46	52
建德港区	0	0	0	0	0	0	0	0	72	0	0	0	72
淳安港区	402	0	0	0	0	0	0	402	4	0	63	0	469
临安港区	0	0	0	0	0	0	0	0	10	0	0	0	10

2008 年杭州港生产用码头泊位拥有情况及综合通过能力情况　　表 2-2-30

泊位主要用途	泊位个数						设计年通过能力	
	总计	300 吨级以上				300 吨级以下	散装、件杂货物	旅客
		合计	300～400 吨级	400～500 吨级	500～1000 吨级		万吨	万人
总计	1339	401	331	0	70	938	8927	668
专业化泊位	450	47	25	0	22	403	635	555
煤炭泊位	10	10	9	0	1	0	136	0
原油泊位	4	4	0	0	4	0	63	0
成品油泊位	17	17	7	0	10	0	263	0
液体化工泊位	6	6	5	0	1	0	103	0
散装粮食	6	6	1	0	5	0	40	0
散装水泥	1	1	1	0	0	0	30	0
客运泊位	406	3	2	0	1	403	0	555
通用散货泊位	690	224	210	0	14	466	6047	0
通用件杂货泊位	77	75	42	0	33	2	1572	0
客货泊位	65	1	0	0	1	64	129	113
其他泊位	57	54	54	0	0	3	544	0

(四)港口生产

古时杭州港货物运输十分繁忙，杭州城北的北关市、湖州市(湖墅)、江涨桥商贾云集，牙行林立，钱塘江岸曾是对外贸易的主要港口。抗日战争以前中东河的航运是杭州的交通命脉，占杭州关贸易总值六分之一。

中华人民共和国成立后，尤其是从 1957 年起，随着城市大规模经济建设的开始，货运量日渐增长，年货物吞吐量达数百万吨。

1978 年杭州港务管理处建立，多年来港口生产逐年增长，吞吐能力不断提高，业务范围不断扩大。杭州港吞吐的物资以进口为主，主要有煤炭、石油、建材、钢材、木材、工业盐、粮食等，由上海、富阳、桐庐等地运入，出口主要是黄沙、石料、石灰石等，流向宁波、嘉兴及江苏、上海等地。

1985 年港口货物吞吐量 1198.58 万吨，其中进口 1078.6 万吨，出口 119.98 万吨，旅客吞吐量 230 万人次。1986 ~ 1995 年，杭州港生产（即港口货物吞吐量）呈波浪形发展，高峰在前后 3 年，中间 4 年为低谷。1988 年货物吞吐量 1374 万吨，1990 年降至 908 万吨。主要有四方面原因：一是江河沟通中转变直达；二是新老码头交替；三是国家压缩基建，矿建材料下降和保护黄砂资源实施总量调控；四是整顿违章临时码头（泊位）。当新码头功能逐渐发挥，适应有序的新环境后，港口生产开始回升，1995 年完成 1671 万吨。

1996 ~ 2008 年，随着经济建设、城市建设和房地产业的发展，杭州港吞吐量大幅度增长，主要以基建、能源和原材料等大宗货物为主。建立起多个钢材、砂石料等交易市场，为港口增添新的经济增长点，同时吸引众多省内外企业驻港贸易。管家漾、三里洋码头钢材市场，年吞吐量均超 100 万吨。水运通道改善后大吨位船舶逐年增加，货主专用码头也开始改扩建原有码头，临时泊位又有新的增加。1997 年港口普查显示：杭州港的公用码头、企业专用码头（当时为钱江、运河港区）共有码头泊位 403 个，年综合通过能力为 1975 万吨，其中公用码头泊位 126 个，吞吐量 413 万吨，专用码头泊位 120 个，吞吐量 520 万吨，临时泊位 157 个，吞吐量 1042 万吨，专用和临时泊位及完成量分别占总泊位和总吞吐量的 68.7% 和 79%。2003 年，萧山、余杭港区数据归入杭州港统计，港口行业结构发生新变化。2005 年，杭州港辖区内岸线使用单位有 424 家：余杭、萧山港区 363 家都为货主单位；运河、钱江港区 61 家。其中公用码头仅 4 家（有的按二级法人算），完成吞吐量仅 701 万吨，占总吞吐量的 14%。货主专用码头和临时泊位（实际是民营企业〉的生产能力则占总吞吐量的 86%。

至 2008 年末，杭州港 9 港区共有生产性码头泊位 1339 个，泊位长度 5.48 万米，其中靠泊能力 500 吨级以上 70 个，300 吨级以上 332 个，300 吨级以下 937 个，主要由公用码头、企业货主码头和临时泊位组成。杭州港最大起吊能力 300 吨，专为大型机械设备水陆联运提供服务。是年，共完成港口货物吞吐量 7460 万吨，主要货种是煤炭、石油、钢材、矿建材料、非金属矿石及化工原料。2001 ~ 2008 年杭州港各港区客货吞吐量情况见表 2 - 2 - 31。

2001 ~ 2008 年杭州港各港区客货吞吐量一览表 表 2 - 2 - 31

单位：万人次、万吨

港区	年份	2001	2002	2003	2004	2005	2006	2007	2008
城区四港区	旅客	13	11	15	18	4	—	—	—
	货物	3621.5	3577.3	4662.2	4863.9	5094.2	5220.7	5550.1	5299.5
富阳港区	旅客	—	0.6	0.8	0.9	—	—	—	—
	货物	1369.9	1565.4	1366.5	1191.7	1527.6	1582.3	1575.2	1539.5
桐庐港区	旅客	46.7	50	53.8	55.1	—	—	—	—
	货物	366.1	379.5	234.6	556.2	585.3	639.4	488.7	362.2
建德港区	旅客	7.1	5.2	7.1	9.5	—	—	—	—
	货物	123	140	71.6	91.8	268.6	320.6	214.4	199.4
淳安港区	旅客	215.6	191.1	239.58	423.34	336	424.3	441.5	316
	货物	39.5	34.7	55.2	66.7	65.3	60.6	57.5	37.3
临安港区	旅客	19	25	28.5	32.5	—	—	—	—
	货物	14.2	16	11.9	13.1	26.1	13.3	22.1	22

注：城区四港为钱江、内河、萧山、余杭港区。

2010年,杭州港口生产继续保持良好的增长势头,全港9个港区共完成货物吞吐量8753万吨,与上年同比增长15.95%,其中进港量5214万吨,出港量2391万吨。主要货种有矿建材料4819万吨、钢铁1253万吨、煤炭869万吨、非金属矿石534万吨、石油292万吨等。旅客吞吐量完成400万人次,与上年同比增长19.76%。至2010年年底,杭州港有生产性码头泊位1365个,码头占用岸线长度54124米,其中货运泊位863个,旅游客运泊位502个,最大靠泊能力500吨级,靠泊能力500吨级以上泊位134个,最大靠泊能力300吨,有港口经营企业和专用码头单位496家。

二、嘉兴内河港(原嘉兴港)

嘉兴内河港地处浙北杭嘉湖水网地区,连通京杭运河、杭申线、湖嘉申线等航道,嘉兴内河港陆路有沪杭铁路、杭枫公路和苏(州)乍(浦)公路过境,北至上海、苏南,南至杭州,西至湖州、皖南,东至平湖、乍浦;水路有杭申甲线通过,上行可至杭州,下行至上海,沿嘉平乍航道可直达乍浦港。此外还可经海盐塘、长水塘、嘉善塘至海盐、海宁、嘉善等县(市),经京杭运河可达桐乡和苏州。

嘉兴内河港是嘉兴城市和经济发展的依托,是发展临港产业和实现河海联运的主要基础,承担着腹地经济发展所需物资、原材料的中转运输,随着嘉兴内河集装箱码头的建成,集装箱港口业务将成为嘉兴内河港的一项新颖业务,嘉兴内河港将逐步发展为现代化、多功能、综合性港口。

(一)形成与发展

嘉兴于宋代开港,宋置漕运司治于瓶山南。元时尝调祁州翼万户镇守,清光绪八年(1882年),专设司码头的航政管理。民国16年(1927年)设船舶管理事务所,民国19年(1930年)成立浙江省航政局嘉兴事务所。中华人民共和国成立前,嘉兴航区大部分地区无固定码头泊位停靠船舶。即使有少量固定码头泊位,大多也是根据自然坡岸,由当地人公助集资筹建于集镇的市梢,且客运与货运混用。乡村船舶大多依乡间货栈、米行而泊。集镇之间的航快船,则分航向分别停泊。

中华人民共和国成立后,逐年在主要集镇上建起了码头,在航线上也建起了站点、埠头,彻底改变了以前船舶在自然坡岸停靠的简陋状况。旅客上下、货物装卸的条件也大为改善。

1949年12月,成立浙江省航运管理局浙西管理所嘉兴分所。随着水路交通运输的发展,逐渐建起码头泊位。1953年7月,浙江省航运管理局浙西管理所嘉兴分所改名浙江航运管理局嘉兴管理处。

1964年,为了适应日益增长的客流量,在嘉兴环城东路建成浆砌块石岸壁式客运码头泊位,岸线长100米,码头泊位9个,候船室476平方米。1988年12月又新建客运码头于中山西路桥堍北侧,码头为浆砌块石岸壁式,岸线长240米,泊位12个(其中零担4个),候船厅1284平方米,年发送旅客2000万人次。

1986年,根据交通部〔1986〕交函字149号文《关于开展全国港口普查工作的通知》的精神,嘉兴市航运管理处成立了嘉兴市港口普查工作组。普查工作从1986年6月24日至8月28日,历时两个月零5天。根据"一城一港、一县一港、一镇一港"的普查要求,在全市范围内共确定26个港口,其中河港25个。共计普查近500个货主单位,测量了581个码头、930个泊位,统计了近千个装卸机械设施,明确了港口内部的详细信息。

到1990年年底，嘉兴市境内共有内河港口25个，包括嘉兴港、王店港、新丰港、新塍港、硖石港、长安港、许村港、斜桥港、袁花港、魏塘港、下甸庙港、西塘港、干窑港、平湖港、新埭港、新仓港、武原港、角里山港、沈荡港、官堂港、通元港、西塘桥港、梧桐港、崇福港、乌镇港等。经过测量的码头有581个，泊位930个，近1000台装卸机械设施。

1997年9月11～12日，根据国家统计局要求，嘉兴市航运管理处成立了嘉兴市第二次港口普查工作组。普查工作从1997年9月13日开始，历时一个月。

1998年1月12日，嘉兴市人民政府颁发《嘉兴市港区管理暂行办法》，明确规定嘉兴市交通局是嘉兴港区（现嘉兴内河港）的行政主管机关。

1999年，内河港口码头泊位进行整治，嘉兴市区拆除了环城路以内的码头泊位，市区三环路以内不再设置经营性码头；已设置的经营性码头，要结合城市建设需要进行拆除或外迁。同时，内河港口码头新作业区选址工作同步进行，结合城市建设需要，确定三环路以外的平湖塘、海盐塘和杭州塘航段为市区外迁码头设置区。

1999年6月22日，嘉兴市铁水中转港区工程通过省交通厅验收。嘉兴市铁水中转港是嘉兴市首家建设的大型综合性内河港口。2001年12月7日，嘉兴市铁水中转港和中国远洋运输（集团）公司，共同开通了嘉兴至上海国际集装箱内河支线。由于运输比价优势明显、通关手续便捷，深受货主欢迎，呈现出良好的发展态势。截至2004年6月，累计吞吐量近1万TEU。

2002年，嘉兴市内河港口的货物吞吐量达5964万吨，其中进口3007万吨，出口2957万吨，主要货种为矿建材料、石油、钢材、煤炭、化肥，农药。但是，2002年嘉兴市内河码头业与其他水运发达地区的内河码头业相比，还是属于比较初级和落后的，与快速发展中的嘉兴经济的要求相比，仍存在着许多不适应的地方。内河港口中，码头分布散、规模小、装卸设备简陋、装卸工艺落后，专业化的集装箱泊位严重不足。零乱、落后的港口装卸作业制约了内河船舶朝大吨位方向的发展。与此同时，由于2002年大部分港口集中在城镇，与推进城市化进程、改善居住环境矛盾突出。

2003年，嘉兴市内河港口完成货物吞吐量6488.5万吨，其中四大主要港口完成货物吞吐量1715万吨，国际集装箱内河支线完成吞吐量4407TEU。新增吊机343台。

2004年底，全市共拥有内河码头（100吨级以上）1145个，泊位2311个，泊位总长度77304米，泊位年通过能力7000多万吨。全年完成货物吞吐量6554万吨。

2005年，全港共有生产性码头泊位2337个，泊位长度共82984米，其中100吨级以上生产性码头泊位共有1718个，占总数的73.5%，年综合通过能力7697万吨。分吨级泊位构成情况如下：500吨级以上泊位69个，300～500吨级泊位362个，100～300吨级泊位1287个，100吨级以下泊位619个。靠泊等级以100～300吨为主，占泊位总数的55%。

2006年，嘉兴内河港口货物吞吐量首次突破8000万吨大关，达到8002.43万吨，同比增长15.6%，以煤炭及其制品、矿建材料和粮食为主要进出口货种。四大主要港口（嘉兴港、平湖港、武原港、硖石港）货物吞吐量达1849.95万吨，同比增长3.05%。2006年嘉兴全市内河港口货物吞吐量中进港货物占到三分之二，以矿建材料、煤炭及其制品、水泥、钢铁、非金属矿石和粮食等为主要货种，其中矿建材料和煤炭两样占总数的74%，成为名副其实的“大户”。2006年年底，全市共拥有内河生产用码头泊位2346个（其中内河四大港口共拥有泊位579个),泊位总长度8.24公里,泊位设计年通过能力突破亿吨。

2007年10月,嘉兴内河港总体规划经交通部和浙江省人民政府批复,将嘉兴市25个内河港口合并,设立嘉兴内河港,并以行政区划设置城郊港区、嘉善港区、海宁港区、海盐内河港区、平湖港区和桐乡港区。2008年下半年,嘉兴内河港多用途港区正式开工建设。2010年8月通过交工验收,9月投入试运营。

随着嘉兴市经济的发展和内河航道的建设,沿河产业布局逐渐呈规模化发展。据统计,2006年嘉兴市沿河企业仅有642家,2009年全市拥有内河港口企业1238家。建材、船舶修造、食品饲料加工、造纸及纸制品、能源五大行业的企业占2/3左右,仓储和运输(服务)企业比例相对较少。同时,随着岸线资源的开发利用,沿河企业大多拥有了自己的码头泊位,2009年货主码头泊位达1395个,沿河港口企业平均每家拥有1.1个码头泊位。

到2010年年底,拥有内河码头泊位1784个,港口经营企业1053家,泊位总长度78600米,港口吞吐量达到9486万吨。嘉兴内河港生产性码头泊位主要分布于杭申线、乍嘉苏线、杭平申线、嘉于硖线、东宗线、京杭运河等主干线航道两岸,其他支线航道上也分布着一些简易码头泊位。

(二)港区

嘉兴老港区为原嘉兴港,东起东栅,西至三塔,南起嘉桐公路四号桥,北至嘉北百步桥,分布于东西长6公里、南北阔6公里的范围内。港区岸线长11.77公里,水域面积30.6万平方米,陆域面积26.86万平方米。嘉兴港有6个作业区,包括货主码头在内共有泊位235个(内物资部门码头泊位有167个),码头总长6745米,最大靠泊能力为120吨。泊位总数中有客运泊位9个,候船室476平方米。1988年12月建新客运码头1座,码头长250米,候船厅1281平方米。交通部门有仓库219平方米;堆场2万平方米;货棚284平方米;装卸、搬运机械共124台,最大起重能力15吨。沿港河道有众多的砖瓦厂、水泥厂,大多利用自然岸坡装卸,物资部门利用自然岸坡的地段长776米。承担港区装卸任务的主要有嘉兴市运输装卸公司,由四个装卸作业区公布在全港各码头;其次有嘉兴市第三运输装卸公司分担全港的装卸任务,亦部分量少、难度小,而可全由人力作业的装卸业务,则由街道装卸组织经营。

嘉兴内河港现有城郊、海宁、海盐内河、平湖、嘉善、桐乡六个港区。

1.城郊港区

流经城郊辖区主要有京杭运河、杭申线、乍嘉苏线、嘉于硖线4条主干线航道。辖区有沿河码头企业230多家,形成了以杭申线、乍嘉苏线、长水塘、嘉于硖线为主的沿河码头企业产业带,主要装卸建材、煤炭、粮食、油料、散装化学品等。2009年完成港口货物吞吐量1875.7万吨。其中,建材码头企业主要集中在杭申线、乍嘉苏线、长水塘、嘉于硖线4条航道两侧。油料、化学危险品码头企业主要集中在杭申线塘汇辖区与乍嘉苏线新丰辖区,全年吞吐量约55万吨。粮食中转码头企业主要集中在杭申线塘汇辖区与乍嘉苏线新丰辖区,全年吞吐量约65万吨。钢材全年吞吐量约40万吨。煤炭全年吞吐量约270万吨,以境内热电、化工、印染企业等自用为主。

2.海宁港区

海宁港区有148家港口企业,215个码头泊位。其中,有4个水上加油站,2家经营危险化学品装卸、仓储业务;142家经营普通货物装卸、仓储业务。大部分企业依厂自建码头泊位，沿河分散分布，特别是临港工业码头泊位和建材装卸码头泊位大部分是简易码头，大多分散无序，缺乏规模较大、集约化程度相对较高的公用码头港口群。

3. 海盐内河港区

海盐内河港区有102家港口企业，内河码头泊位238个，100吨级码头泊位195个，300吨级泊位53个，岸线长度10008米，泊位设计年通过能力2209万吨。

海河联运码头：已建成5000吨级、3000吨级（兼顾5000吨级）沿海散杂货泊位各一座，2009年接卸货物115万吨，2010年达到135万吨，主要通过内河流向杭州、绍兴等周边地区。

内河港口物流园区：城北作业区——东至盐平塘，西至盐嘉公路，北至杭平申线，南北纵深700米；用于城北综合物流仓储基地，为周边企业及主城区建设提供运输仓储服务。建设规模为三期，第一期已完成。主要布置6个300吨级、3个100吨级泊位，年吞吐能力100万吨，使用岸线380米，面积41000平方米。

主要物流企业：有海盐神舟三鑫装卸储运有限公司和浙江祥龙物流股份有限公司2家。前者位于杭平申线海盐大桥下游右岸（即城北作业区一期），占地78亩，堆场2万平方米，办公用房500平方米，使用岸线380米，布置300吨级码头泊位6个、100吨级泊位3个，设计年吞吐能力100万吨，年进口钢材40万吨，专业提供钢材装卸、仓储，已吸引10余家钢材贸易商入驻。后者位于杭平申线黄桥下游200米，占地80亩，堆场4万平方米，仓库1万平方米，办公用房2000平方米，使用港口岸线300米，布置500吨级码头泊位1个，300吨级泊位3个，设计年吞吐量60万吨，以储存公司自营煤炭为主，装卸量较小。

4. 平湖港区

平湖境内河流众多，交通自古以水路为主，商周之际即有舟楫之利。多年来，随着地方经济的快速发展，平湖水运经济也蓬勃发展起来，建材行业、煤炭、原油、钢铁等原材料行业、粮食行业、造纸行业及船舶制造行业等企业纷纷落脚境内两条主干线航道沿岸，水运为推进平湖市的经济快速发展起到了举足轻重的作用。

平湖港区即原平湖港，于明代宣德年间形成。中华人民共和国成立后，经济建设促进了港口的发展，于1951年成立航运管理站负责航运管理。1979年改为平湖县航运管理所，2002年8月改为平湖县航运管理处。1990年，全港有客运码头1个，货运码头41个，设泊位57个，最大靠泊能力120吨级船舶，其中交通部门码头6座，泊位11个，客运泊位3个，可靠泊60吨级船舶，仓库29座，面积13745平方米，堆场32个，计42223平方米，吊机24台，最大起重能力5吨，输送机23台，共计长235.5米。平湖港码头岸线分散，总长12.4公里，物资部门码头占83%。陆域2.5万平方米，物资部门码头占32%；水域14.6万平方米，物资部门占78%。

(1)客运码头

中华人民共和国成立前，平申线私营轮船公司自建简易木质码头，分设于渡船弄口及白地附近。1952年，县人民政府拨款8500元，私营轮行集资4000元，在白地上东湖边建直立式混凝土公共码头，长55.1米，面积305平方米，并建砖木结构候船室，面积127.2平方米。1969年9月，浙航平湖营业站建新候船室，翌年4月竣工，使用面积399平方米。码头亦扩建，长71.8米，面积485平方米。1989年7月起，站屋分批拆旧建新，建筑面积1224平方米，其中候船厅365平方米，售票处190平方米，3层办公楼669平方米，于1991年竣工使

用。1990 年 12 月,码头动工,向外扩宽 1.3 米。旅客发送量在 1985 年前持续增长,1985 年达 104.72 万人次;此后逐年下降,至 1990 年约降 60%。北门教化桥畔原有嘉善线客运小码头一座,因 1986 年年底航线撤销关闭,后改建为航管所用房。

(2)货运码头

中华人民共和国成立前,港区无专用货运码头。货船到港,靠石木结构踏渡或自然湖岸装。1959 年 4 季度,在三元桥北竹行头一带湖滩建第一座货运码头,长 112 米,可靠泊 60 吨级船舶。1978 年,经县批准,交通部门在西宝塔桥北线湖边,用挖深主航道,以废土填滩方法建货运作业区,包括码头 5 个,共围地 21.6 亩,填土 7.2 万立方米;砌筑挡土墙 260 米,岸线长 360 米,1980 年建成投产。有 120 吨级泊位 4 个,60 吨级泊位 3 个,仓库 4 座,计 682 平方米,简易堆场 5 个,计 12642 平方米,由平湖装卸运输公司设吊机 4 台,输送机 10 台,计 94.5 米,安排 70 余名工人装卸作业,主要货种为煤炭及建筑材料。1981 年吞吐量为 10.85 万吨,1985 年为 22.8 万吨,1990 年为 25.43 万吨。2010 年,全港有码头 41 个,岸线 1779 米,泊位 60 个。其中 35 个货主码头中,有 120 吨级泊位 1 个,100 吨级泊位 11 个,余为 60 吨、40 吨级不等。安装吊机 19 台,由平湖装卸运输公司 8 个班组共 50 余名工人装卸作业。港区物资进大于出,进口主要为矿建材料与燃料,出口主要为大米、食油、水泥、标准件及橡胶制品等,运往上海、杭州、嘉兴等地。1985 年全港货物吞吐量为 108.49 吨,其中进口 69.31 吨,出口 39.18 吨。1990 年,全港货物吞吐量为 142.60 万吨,其中进口 82.15 万吨,出口 60.46 万吨。

经过“十一五”计划(2006 ~ 1010 年)期间的建设,平湖境内通航能力的提高,吸引了社会力量对码头的投资,浙江华洋建设有限公司、平湖市粮食收储有限公司、杭州湾钢贸城等企业先后在流经平湖市的两条省级主干线航道上建造 500 吨级码头泊位,浙江大明玻璃有限公司等企业在平金线航道上建造了 300 吨级码头泊位,浙江荣成纸业有限公司在平金线航道上建造了 3 个 500 吨级码头泊位。另外,乍嘉苏线乍浦闸桥至关桥段近 9 公里的航道上货主码头林立,沿河产业带已成雏形。

5.嘉善港区

至 2009 年年底,嘉善港区共有沿河企业 300 多家,其中建材、船舶修造、木业企业 250 多家,石油制品、煤炭等批发零售企业近 60 家,拥有内河 500 吨级码头泊位 20 个,100 吨级泊位 204 个,沿河企业依靠自己的码头组织运输,形成了数量众多的水运自营物流。2009 年,内河港完成货物吞吐量 1128.11 万吨,同比增长 14.02%。

6.桐乡港区

桐乡市属于“资源进、商品出”的两头在外的经济类型,即原料来源和产品销售终端都在桐乡之外,因此,工业企业的生产销售对物流运输的依赖性较大。一般来说,工业企业的大宗原材料(特别是能源、建材等物资)长途运输主要依靠内河水运,而成品运输则大部分通过公路运输完成,据统计,水路运输则在 60% ~70% 之间。2010 年,桐乡市拥有 3 家水路普通货物运输企业。

2010 年,桐乡港区有港口码头作业点 248 家、内河泊位 394 个。桐乡港区有梧桐作业区、乌镇作业区和崇福作业区。已建成的内河港口物流企业有浙江宇石国际物流公司和成辉化工仓储物流项目。

（三）港口设施

1. 客运码头

中华人民共和国成立初期，随着国民经济的逐步好转，城乡物资交流趋于频繁，旅客逐年增多。当时公路交通还很不发达，旅客往来大部分依赖水路。航运部门为了方便旅客，开辟了许多支航线，把航线深入到支流小港，并在各县境客运航线上新设了许多停靠点。但这些停靠点均无码头，客轮只能顶泥滩靠泊。河岸受到损坏，甚至造成塌方，农作物遭受损失，纠纷时有发生。为此，航运部门于1963年在海宁县袁花试建第一个农村停靠小码头。试用后，船员和旅客均反映良好，小码头逐渐得到推广。接着在平湖县的新仓、海宁县的丰镇、许村又建起了3座马鞍式小码头。1965年平湖县航运部门在平湖至新埭航线上沿途建造了赵家庙、诸仙汇、坍牌楼和红庙渡4座小码头，造价共计3000元。

自1965年以后，嘉兴航区各航线根据客流量大小等实际需要，自行安排建造站点。至1985年，嘉兴市共建成乡（镇）、村小码头308个，其中相当一部分还建造了候船亭。这些小码头的建造经费，除自筹外，还从省航养费中以及省航运公司补助一部分，共补助了36万元。"六五"计划（1981～1985年）期间，嘉兴市水上客运空前兴旺。1985年完成客运量1411.27万人次，客运周转量21056.72万人公里。1991年以后，嘉兴市已乡乡通公路，水上客运进入衰退期，客运量随即急剧下滑，客运码头则因航线萎缩而逐年减少；至1999年3月23日，全市所有客运班线全部停航，全部客运码头被废弃或移作他用。

2. 货运码头

在中华人民共和国成立前，嘉兴货运船舶素无正规码头，或利用空旷坡岸，或依傍私家河埠，而装卸货物均靠人力。1949年后，随着工农业生产的恢复和发展，城乡物资交流的频繁，货运量逐年增多。航管部门和运输装卸部门，为加速货物运输，保证安全，开始重视港口码头的建设。

嘉兴航区的码头建设逐渐由简趋繁，由小到大，设备也不断更新完善。许多工厂企业，由于生产需要，也自行修建码头。

1959年嘉兴航区开展装卸技术革命。第一季度在学习江苏省南京、无锡、苏州等地先进经验的基础上，发动群众，修筑了100多个土码头。这些土码头可以用车子进行装卸，从此改变了靠人工肩背、扛挑装卸的状况，不仅减轻了工人的劳动强度，而且劳动效率也成倍提高。

1959年10月建成嘉兴火车站杂货码头。码头全长60米，装置4台固定电动吊杆，每台起重能力为0.5吨。码头主要用于装卸水泥、机械零件、纸张等物资。日吞吐量一般在1500～2000吨，最高日装卸量为3500吨，成为当时的主要码头。1961对该码头进行重建，采用浆砌块石，建成直立式码头。近水面用50厘米厚粗料石面层，并装置4台塔式转动吊杆，每台吊杆的起重能力为1吨。码头至仓库呈2.5度的坡度，利用这个坡度，又筑了两道溜槽，使货物从码头通过溜槽直接运入仓库，省时又省力。1965年，该码头又进行扩建，建设钢筋混凝土框架式码头一座，岸线长40米，装置6台塔式起重机。

1964年春，海宁县航快社在硖石九曲港投资15万元，自建零担货运码头一座。这座码头长175米，零担仓库12间，计386平方米；货场1个，285平方米。该码头的建立使长期分散停泊和装卸的定期定线航快船，有了固定、专用码头泊位，方便了货主托运、交接和内部的调度、管理。

因长安镇原有土码头无法满足发展需要，1969 年 8 月，航管部门投资了 7 万元，扩建长安车站断河头码头，将岸坡筑成壁岸式码头，全长 180 米；并挖深港池，使靠泊能力从原 60 吨级 4 艘提高到 10 艘，起重机从 3 台增至 9 台。

1979 年，在平湖县城关镇西宝塔桥北侧湖滩，即南门外虹桥路沿湖，用挖深主航道，以废土填滩的方法建造货运作业区（亦称货运专用新码头）。包括码头泊位 5 个，共围地 18.5 亩，填土 7.2 万立方米，砌筑挡土墙 260 米，岸线长 360 米，于 1985 年年底建成。码头设有 120 吨级泊位 4 个，60 吨级泊位 3 个；仓库 4 座，计 680 平方米；简易堆场 5 个，计 12642 平方米；设吊机 4 台，最大负荷 5 吨；输送机 10 台，计 94.5 米。主要货种是煤炭和建筑材料。日吞吐量 1500 吨，1985 年吞吐量为 22.8 万吨。

1984 年 1 月 16 日组建浙航嘉兴分公司零担站。零担站位于杭申公路 4 号桥。码头上设置吊机 3 台，实行自动装卸，100 吨级驳船畅通无阻。站内拥有 480 平方米的仓库两座，露天场地 1571 平方米。码头岸线长 166 米。该站有 60 吨级铁驳组成的船队两个，航线延伸至嘉兴各县，零担货物经上海中转至大连、青岛、烟台、天津等港口。

根据浙江省人民政府关于加强港口建设、港口管理的指示和海宁县城镇总体规划的布局，1984 年 3 月 2 日经浙江省人民政府土地征用办公室批准，建设硖石塘桥港口码头。工程建设规模为货物年吞吐量 30 万吨，内河 100 吨级泊位 4 个，码头岸线全长 140 米，港池 700 平方米，堆场 4845 平方米。设起重机 3 吨 3 台，5 吨 1 台。码头工程从 1984 年 4 月 19 日开始，历时 8 个月零 1 天，主体工程到年底完成。东西两端各做踏步式码头两个，共长 17.5 米，左右连接起来码头岸线总长度为 157.5 米。至 1985 年 11 月底全部竣工。塘桥码头是当时浙江省县一级码头中规模较大、设施较全的港口码头之一。

1984 年 3 月 26 日，海盐县人民政府盐政〔1984〕22 号文件发布，批准海盐县交通局投资建造海盐县武原港区南门货运码头。总投资为 42 万元，于 1984 年 12 月开工，1987 年 7 月竣工。码头总面积为 5300 平方米，其中管理用房面积为 150 平方米，堆场为 5150 平方米。该码头长度为 170 米，是浆砌块石重力式驳岸码头。码头高程为 4.7 米，前沿水深为 2.25 米。港池面积为 544 平方米，共有停靠泊位 6 个，能靠泊 60 吨级船舶。码头装有 5 吨吊机 2 台，3 吨吊机 4 台。

到 1985 年年底止，嘉兴市交通部门和物资部门共建有码头泊位 552 个，大部分码头泊位设有装卸机械。

“七五”计划（1986 ~ 1990 年）期间，嘉兴新建码头有：①上海粮油进出口公司嘉善仓库码头。投资 35 万元，建于 1989 年 2 月，由上海第二航运设计院设计。码头为钢筋混凝土重力式结构，总长 77 米，前沿水深 3.5 米，泊位 4 个，靠泊能力 100 吨级船舶。装卸粮油商品，有流动吊机 2 台，日装卸货物 700 吨，于当年 7 月竣工使用。②嘉兴热电厂吊机码头。该厂码头由嘉兴市建筑安装公司承建，投资金额 73 万元。码头结构形式为钢筋混凝土桩承台式，前沿水深 4 米，码头长 135 米，4 个泊位，靠泊能力 100 吨级船舶。装有固定吊机 4 台，每台负荷 5 吨，日装卸原煤 1000 吨。于 1989 年 11 月 23 日开工，1991 年 11 月竣工并投入使用。

随着基础建设迅猛发展，电、煤、石油，以及工农业生产和生活必需品需求量大增，为适应需要，市城、郊两区及各县不少工厂、公司都相继新建了仓库码头，包括部分工厂建新厂屋迁址后新建的码头，以及原有的码头因塌损或不适应需要而新改建的码头。五年来，新建、改建货运码头共63个（其中装吊机65台），嘉兴市城、郊区35个，嘉善县14个，海宁市5个，平湖县6个，桐乡县3个，同时废弃3个码头，从而提高了装卸作业的能力，缩短了船舶留港时间，加快货物周转，为上海经济区、嘉兴市振兴经济、搞活流通，发挥了良好的作用。

到2010年年底，嘉兴市内河港泊位基本情况：港口经营企业1053家，码头泊位总数1784个，生产性码头泊位1629个，泊位总长度78.6公里，年通过能力10987万吨，最大靠泊能力1000吨，完成港口吞吐量9486.48万吨。各港区货运码头现状如下。

（1）城郊港区

城郊港区码头主要分布于杭申线、乍嘉苏线、嘉于硖线等高等级航道两侧，京杭运河由于距离城区相对较远，码头泊位比较少。此外，其他支线航道上还分布着一些中小码头。城郊港区中规模比较大的码头包括嘉兴铁水中转港、浙江嘉化物流有限公司码头、嘉兴市汇丰储运有限公司码头、嘉兴市矗娃建材有限公司码头、嘉兴市龙业建材有限公司码头等，另外包括嘉兴新嘉爱斯热电有限公司码头、嘉兴市锦江热电有限公司码头、嘉兴市协鑫环保热电有限公司码头、嘉兴市中华化工有限责任公司码头、浙江嘉兴三塔建材股份有限公司码头、嘉兴市郊区水泥厂码头、浙江欣欣饲料股份有限公司码头等一批企业专用码头，主要经营煤炭、矿建材料、水泥、钢材、粮食、工业原材料及产品等货种运输。

至2009年年底，城郊港区拥有生产性泊位308个，其中300吨级以下泊位137个，300~500吨级以下泊位99个，500吨级及以上泊位72个。泊位岸线总长13070米，占嘉兴内河港生产性泊位岸线总长的20.1%。泊位年综合通过能力2038万吨，占嘉兴内河港泊位通过能力的19.7%。拥有库场总容量251万吨，其中：生产性堆场798940平方米，容量224万吨；生产性仓库容量27万吨，其中仓库73027平方米，容量18万吨，圆筒仓15000立方米，容量25500吨，油库88500立方米，容量70800吨。各类装卸机械282台，其中起重机械239台，输送机械21台，专用机械22台。2010年年底，城郊港区完成港口吞吐量20557800吨。

（2）海宁港区

海宁港区中规模比较大的码头包括海宁市公用码头、浙江海丰煤炭有限公司码头、海宁长荣商品混凝土有限公司码头、海宁市许村镇科同恒丰码头、浙江鸿集团有限公司海宁商砼分公司码头、钱江生物化学股份有限公司码头等一批企业、工厂建设的企业专用码头，以石料、矿建材料、工业原材料及产品、粮食、煤炭等货种运输为主。

至2009年年底，海宁港区拥有生产性泊位215个，其中300吨级以下泊位169个，300~500吨级以下泊位46个。泊位岸线总长10444米，占嘉兴内河港生产性泊位岸线总长的16.1%。泊位年综合通过能力1464万吨，占嘉兴内河港泊位通过能力的14.2%。拥有库场总容量134万吨，其中：生产性堆场431714平方米，容量121万吨；生产性仓库容量14万吨，其中仓库43124平方米，容量6.5万吨，圆筒仓40513立方米，容量68872吨，油库2750立方米，容量2200吨。各类装卸机械459台，其中起重机械219台，输送机械52台，装卸搬运机械166台，专用机械22台。

2010年年底，海宁港区完成港口吞吐量15027329万吨。

(3)海盐内河港区

海盐内河港区中吞吐量规模比较大的码头包括海盐县通六石料有限公司、海盐新安矿业有限公司等一批石料厂的自建码头,以石料出口为主;浙江省虎溪水泥有限公司码头、浙江齐家水泥有限公司码头、海盐秦丰水泥厂码头等一批水泥厂自建码头;海盐秦山混凝土有限公司码头、海盐安泰混凝土有限公司码头等码头,以水泥、矿建材料等大宗散货运输为主;另外还有海盐神舟三鑫装卸储运公司码头、浙江恒洋热电公司码头、浙江一星饲料集团有限公司码头等一批沿河企业专用码头,这些企业专用码头以工业原材料及产品、水泥、矿建材料、煤炭、粮食等货种运输为主。

至 2009 年年底,海盐内河港区拥有生产性泊位 238 个,其中 300 吨级以下泊位 185 个,300~500 吨级以下泊位 53 个。泊位岸线总长 10008 米,占嘉兴内河港生产性泊位岸线总长的 15.4%。泊位年综合通过能力 2209 万吨,占嘉兴内河港泊位通过能力的 21.4%。拥有库场总容量 216 万吨,其中:生产性堆场 464504 平方米,容量 130 万吨;生产性仓库容量 86 万吨,其中仓库 146832 平方米,容量 22 万吨,圆筒仓 376470 立方米,容量 639999 吨;各类装卸机械 361 台,其中起重机械 229 台,输送机械 63 台,装卸搬运机械 69 台。

2010 年年底,海盐内河港区完成港口吞吐量 15895280 吨。

(4)平湖港区

平湖港区中规模比较大的码头包括平湖兴平港务有限公司码头、三塔建材公司平湖分公司码头、平湖市热电厂码头、浙江星阁建材集团有限公司码头、六店港务有限公司码头、乍浦国家粮食储备库码头、平湖芽芽商品混凝土有限公司码头、浙江物产燃料集团有限公司乍浦煤场码头、浙江晋晟能源有限公司码头、浙江宏建建设有限公司当湖混凝土分公司码头、平湖市兴平港务有限公司码头、平湖市粮食收储有限公司码头、杭州湾钢贸城码头、浙江荣成纸业有限公司码头、平湖二轻水泥有限公司码头、景兴纸业有限公司码头、凯宇化工集团码头等一批企业专用码头,主要经营建材、水泥、化肥、煤炭、农贸产品、工业原材料及产品等货物的装卸业务。

至 2009 年年底,平湖港区拥有生产性泊位 233 个,其中 300 吨级以下泊位 88 个,300~500 吨级以下泊位 145 个。泊位岸线总长 9724 米,占嘉兴内河港生产性泊位岸线总长的 15%。泊位年综合通过能力 1160 万吨,占嘉兴内河港泊位通过能力的 11.2%。拥有库场总容量 146 万吨,其中:生产性堆场 454608 平方米,容量 127 万吨;生产性仓库容量 19 万吨,其中仓库 15200 平方米,容量 22800 吨,圆筒仓 80760 立方米,容量 137292 吨,油库 32150 立方米,容量 25720 吨;各类装卸机械 394 台,其中起重机械 130 台,输送机械 8 台,装卸搬运机械 256 台。

2010 年年底,平湖港区完成港口吞吐量 17526963 吨。

(5)嘉善港区

嘉善港区中规模比较大的码头包括嘉善交通运输公司码头、下甸庙装卸站码头、东庄水泥制品厂码头、振大水泥有限公司码头、嘉善天凝南方水泥有限公司码头、嘉兴市沪嘉构件有限公司码头、嘉善南方水泥有限公司码头、浙江宝泉码头、登峰麦芽公司码头、浙江嘉善银粮国家粮食储备库有限公司码头、嘉善县粮食收储有限公司码头等一批沿河企业的专用码头,这些企业专用码头以工业原材料及产品、粮食等货物运输为主。

至2009年年底，嘉善港区拥有生产性泊位224，其中300吨级以下泊位204个，500吨级及以上泊位20个。泊位岸线总长8642米，占嘉兴内河港生产性泊位岸线总长的13.3%。泊位年综合通过能力1543万吨，占嘉兴内河港泊位通过能力的14.9%。拥有库场总容量163万吨，其中：生产性堆场488411平方米，容量137万吨；生产性仓库容量26万吨，其中仓库60950平方米，容量79235吨，圆筒仓99448立方米，容量169062吨，油库18690立方米，容量15887吨；各类装卸机械551台。

2010年年底，嘉善港区完成港口吞吐量13041320吨。

(6)桐乡港区

桐乡港区中规模比较大的码头包括梧桐装卸运输公司码头、浙江森源煤炭有限公司码头、浙江新都热电有限公司码头、浙江新都水泥有限公司码头、桐乡市河山南方水泥有限公司码头、浙江佳供钢铁科技有限公司码头、桐乡新都混凝土有限公司码头、桐乡南方水泥有限公司码头、桐乡市桐加石油产品有限责任公司码头、桐星混凝土有限公司码头、振石集团码头、巨石集团和桐昆集团码头等一批企业专用码头，以煤炭、水泥、矿建材料、砖瓦、工业原材料及产品等货物运输为主。

至2009年年底，桐乡港区拥有生产性泊位270个，其中300吨级以下泊位6个，300~500吨级以下泊位113个，500吨级及以上泊位151个。泊位岸线总长13159米，占嘉兴内河港生产性泊位岸线总长的20.2%。泊位年综合通过能力1922万吨，占嘉兴内河港泊位通过能力的18.6%。拥有库场总容量122万吨，其中：生产性堆场307001平方米，容量86万吨；生产性仓库容量36万吨，其中仓库110702平方米，容量302815吨，圆筒仓15319立方米，容量26042吨，油库36690立方米，容量30819吨；各类装卸机械487台，其中起重机械277台，输送机械69台，装卸搬运机械141台。

2010年桐乡港区完成港口吞吐量12816129吨。

(7)嘉兴市铁水中转港和嘉兴内河港多用途港区

嘉兴市铁水中转港为嘉兴市建设的首个大型综合性内河港口。该工程自1994年3月22日正式动工建设，1999年6月22日通过省交通厅交工验收。总投资6426万元，占地26.4公顷，设计货物年吞吐能力172万吨。1号作业区岸线长80米，有全天候仓库6400平方米，作业面1300平方米，办公用房7间，机修车间2间；500吨级泊位2个，300吨级泊位3个；配备5吨移动吊2台，3.2吨桁架吊2台。2号作业区岸线长160米，作业面3700平方米，仓库2600平方米，办公用房8间，机修车间2间；设有300吨级泊位6个，配备5吨移动汽车吊2台。

2001年12月7日，嘉兴市铁水中转港和中国远洋运输(集团)公司，共同开通了嘉兴至上海国际集装箱内河支线。由于运输比价优势明显、通关手续便捷，深受货主欢迎，呈现出良好的发展态势。截至2004年6月，累计吞吐量近1万TEU。

2004年4月3日、7月2日，嘉兴市政府进行调研，并在铁水中转港召开会议，决定将铁水中转港集装箱码头功能调整为内河粮食码头，重新规划建设嘉兴内河港国际集装箱港区(嘉兴内河港多用途港区)。2007年4月，省发改委同意将原嘉兴内河港国际集装箱港区工程项目调整为嘉兴内河港多用途港区工程项目。2008年下半年，嘉兴内河港多用途港区正式开工建设。2010年8月通过交工验收，9月投入试运营。2011年多用途港区集装箱年吞吐量突破 6 万 TEU,2012 年更是一举突破 10 万 TEU。

嘉兴内河港多用途港区位于嘉兴市南湖区七星镇,总占地 32.6 万平方米,泊位长 570 米,建设 1000 吨级多用途泊位 8 个,是浙北地区最具规模的内河港口物流基地,是浙江省第一个建成并投入使用的内河多用途港区,又是交通运输部第一个列入全国内河水运工程建设项目管理绩效考核的项目。该港区具备口岸功能,本地区企业可在此实现就地通关、报检,实现了码头装卸、物流服务、一关三检和保税仓储“四合一”,形成一个完整的物流网络,大大降低了企业的物流成本。

(四)港口生产

嘉兴内河港出口以大米、纸张、皮革、丝绸为大宗;进口以煤炭、钢材、石灰石和百杂货等为主,化肥、建材等为港区的中转物资。

2010 年,全港完成港口货物吞吐量 9486 万吨,为上年同期的 112.9%,位列全国内河港口第八名。嘉兴内河港多用途港区完成集装箱吞吐量 1759TEU,完成陆路转关集装箱 3886TEU。嘉兴内河港 2001~2010 年港口吞吐量见表 2-3-32。

嘉兴内河港 2001~2010 年港口吞吐量一览表 表 2-2-32

单位:万吨

项目年份	合计	进港	出港
2001	5295	2654.3	2640.7
2002	5964	3007.5	2956.5
2003	6488	3423.5	3064.5
2004	6554	3410.4	3143.6
2005	6920	3283.7	3636.3
2006	8002.4	5361.6	2640.8
2007	8164.6	4991.6	3173.0
2008	7871.4	5334.7	2536.7
2009	8404.2	5538.6	2865.6
2010	9486.5	6372.2	3114.3

三、湖州港

湖州港是交通运输部公布的全国 28 个主要港口之一,为浙江省第二大内河港。位于浙江省西北部湖州市吴兴区,地处杭嘉湖水网地区,东、西苕溪汇流处。东起八里店,西至杨家埠镇弁南,南始东林镇青山,北至太湖小梅口。港界内水域面积 31.3 平方公里,路域面积 486.7 平方公里。湖州港直接经济腹地为湖州市三县两区(吴兴区、南浔区、长兴县、德清县、安吉县,间接经济腹地包括杭州、嘉兴地区部分市县级苏南和安徽宣州地区。湖州港是浙北地区的一个枢纽港,主要出口物资为石料、水泥、非金属矿石,进口物资为煤炭、非金属矿石。

(一)形成与发展

湖州境内随长期无港口设施,但位于运河、苕溪之畔的双林、菱湖、南浔、梅溪等镇自古便已成为粮船贾舶的交汇地。民国期间在长兴、德清县境始有几座轮船码头。中华人民共和国成立后，陆续在湖州、菱湖、南浔、双林、练市、德清、新市等地建造了400余座大小码头。1951年成立浙江省内河航运管理局湖州分所（现为湖州市航管处湖州航管所），负责湖州城郊两区的港航管理。中华人民共和国成立初期，船舶靠泊、货物装卸、旅客上下都利用自然岸滩或河边埠头搭跳作业，解放后陆续建造码头。码头建设没有相应的等级标准和技术要求，规模小，设施简陋，大部分码头泊位临航道而建，挖入式港池较少。港口装卸设施主要以固定式起重机、输送带为主。码头起重机械多为5吨或8吨小型起重机，龙门起重机等大型起重设备数量较少。

1954年9月在新开河建成湖州城区第一个客运专用码头，为浆砌块石重力式结构，岸线长137.50米。1961～1978年，湖州港共建成码头泊位36个，其中100吨级32个，300吨级4个，码头泊位长度合计650.4米，吞吐能力169.4万吨。1982年5月，在湖州南门菜花泾新建湖州客运码头，1985年8月竣工，新客运码头在长湖申航道左岸，挖入式港池，码头长250米，150吨船舶泊位5个。1995年4月建设湖州铁水中转港区，1997年4月完工，新建500吨级码头泊位1个，300吨级码头泊位9个，码头总长620米，建仓库、生产、生活用房2万平方米，堆场、道路5.5余万平方米，布设5股铁路装卸作业线，同时配备32吨龙门起重机和链斗式卸煤机等装卸作业机械40余台，年吞吐能力131万吨。湖州铁水中转港区，充分利用宣杭线这一浙江省通往中原腹地的铁路运输捷径，使湖州铁、公、水三路交通运输优势得以集中发挥，从根本上改善了湖州地区铁路进出物资依靠外地中转的状况。

1997年，经全国第二次港口普查，湖州市内河港口共计21个（湖州港、菱湖港、南浔港、双林港、练市港、埭溪港、善琏港、和孚港、织里港、小浦港、李家巷港、雉城港、泗安港、和平港、陈湾港、座山湾港、新市港、武康港、德清港、梅溪港和安城港）。21个内河港共有码头单位589个，码头泊位1675个，码头泊位长度共计58296米，年通过能力4888万吨。

2000年年底，有生产用码头泊位302个（其中公用10个），总长度12981米（其中公用620米），货物年综合通过能力位1866.70万吨（其中公用130万吨），旅客100万人次，还有非生产用码头泊位13个，长度计400米。

2003年湖州港港区内有码头单位151个，码头泊位314个，最大靠泊能力500吨级，泊位年综合通过能力2042万吨。主要承担煤炭、成品油、钢铁、矿建材料、水泥、非金属矿石等物资的集疏运。其出口物资以矿建材料为主，约占出口量的94%；进口物资以煤炭为主，约占进口量的32%。吞吐量以出口为主，进口仅为9%左右。全市21个内河港口共拥有码头单位571个，泊位1553个，泊位年综合通过能力6735万吨。规模较大、装卸工艺先进的码头有5座：湖州铁水中转码头、长兴铁水中转码头、中央储备粮库码头、湖州新开元碎石有限公司码头和湖州热电厂码头。2003年度，湖州港完成货物吞吐量为2338吨，其中出口2156万吨、进口182万吨。主要货种有矿建材料2039万吨、水泥104万吨、煤炭及制品68万吨、非金属矿石53万吨。完成内河集装箱吞吐量757TEU（其中出港390TEU）、4773吨（其中货重3201吨）。

2004年10月，湖州港被交通部列为全国内河主要港口。2004年完成货物吞吐量3324万吨。

2009年2月28日，交通运输部和浙江省人民政府联合批复《湖州港总体规划》。根据规划,湖州市21个内河港整合为1个湖州港。湖州港区域直接经济腹地从整合前的湖州市区扩展为湖州市行政辖区,即吴兴区、南浔区、长兴县、德清县和安吉县;间接经济腹地为与湖州交界的安徽广德、宁国地区以及杭州临安地区。湖州港港区水陆域面积从原市区范围的48.3万平方米扩展为陆域面积392.75万平方米,水域面积86.57万平方米。湖州港区岸线(码头)总长度从整合前的6043米扩展到56756米。

2009年,湖州港完成货物吞吐量1.49亿吨,进入亿吨大港行列。湖州港完成货物吞吐量以出港为主,约占总吞吐量的81%,出港物资以矿建材料、水泥、熟料和非金属矿石为主,进港物资以煤炭、原木、钢材为主。

为整合港口资源,2009年全市关闭不符合《湖州港总体规划》且严重影响通航安全和城市环境的散、乱、弱、小码头泊位22个。新建成码头泊位15个,其中500~1000吨级泊位14个、300吨级泊位1个,在建码头泊位10个,累计完成投资2.2亿元。

2010年,湖州港区全力推进港口综合整治,全年共关闭不符合《湖州港总体规划》的码头23座。全年建成码头泊位15个,在建码头泊位7个,累计完成投资额2.43亿元。

是年底,湖州港拥有港口企业435家,码头总长度56756米,泊位数1131个,最大靠泊能力1000吨级,泊位通过能力13791万吨。其中按泊位性质分:危险品泊位116个、旅客泊位8个、集装箱和多用途泊位8个,其余均为普货泊位。全港在建码头泊位大型化趋势明显,其中投资超2亿元的浙江长兴捷通物流有限公司码头扩建工程顺利推进,安吉川达物流有限公司码头工程(水工部分)于9月份通过交工验收,11月份已投入试运行。全年完成货物吞吐量万吨,其中出港11311万吨,进港3046万吨。出港物资以矿建材料、水泥、熟料和非金属矿石为主,进港物资以煤炭、原木、钢材为主。2010年湖州港靠泊能力与通过能力情况见表2-2-33。

2010年度湖州港靠泊能力与通过能力一览表　　表2-2-33

港区名称	港口企业（家）	最大靠泊能力（万吨级）	泊位年通过能力		
			货物年通过能力（万吨）	集装箱年通过能力（万标准集装箱）	旅客年通过能力（万人）
吴兴港区	86	1000	3925	4	6
南浔港区	101	1000	985	4	0
长兴港区	124	500	5795	0	12
德清港区	102	1000	2588	0	9
安吉港区	22	500	498	20	0
太湖旅游港区	0	0	0	0	0
合计	435	4000	13791	28	27

(二)港区及设施

湖州港曾长期没有专供船舶出入停泊的水工建筑物,货物和旅客大多利用河道自然岸滩或河边埠头搭跳作业。民国期间在长兴、德清县境始建几座轮船码头。中华人民共和国成立后,码头建设逐步加快。1990年年底,湖州市共有客货运输码头477座,总长13200米,

1028 个泊位，最大靠泊能力 300 吨级。

20 世纪 90 年代初，港口码头多为企业自备，以满足企业自身货物装卸要求为目的，投资少、规模小、装卸设备落后，大多采用“船—码头吊—堆场”的简单装卸工艺流程。

1997 年 1 月 8 日，湖州港铁水中转码头建成。2000 年后，又陆续建成南浔鑫达国际物流码头、长兴捷通物流码头、德清升大物流码头、安吉川达物流码头等一批规模较大的货物码头，湖州港区总体面貌得到改观。

2008 年 1 月，湖州 21 个内河港口整合为一个湖州港，下辖吴兴、南浔、长兴、德清、安吉、太湖六大港区。

2010 年末，湖州港六大港区 435 家码头单位拥有生产性码头泊位 1109 个，码头泊位总长 56800 米，泊位年通过能力 1.4 亿吨，最大靠泊能力 1000 吨级。按泊位专业分：危险品泊位 116 个、旅客泊位 8 个、集装箱和多用途泊位 8 个，其余均为普通泊位。按码头使用性质分：公用码头 63 座，其余为企业自有。湖州港服务功能总体较弱，仍以传统的装卸、储存、转运为主，缺乏仓储、分拨、配送、拆装箱等延伸服务和增值服务。六大港区及主要码头：

1. 吴兴港区

吴兴港区是湖州港的核心港区，地处湖州市中心城区。由原湖州港、埭溪港整合而成。主要运输货种为：煤炭、石油、天然气、钢铁、粮食、矿建材料、化肥、工业制品、水泥、非金属矿、集装箱等。

1990 年年底，原湖州港区有码头 63 座，长度共计 1986 米，泊位 160 个，最大靠泊能力为 300 吨级；原埭溪港有码头 3 座，长度共计 165 米，13 个泊位，最大靠泊能力 80 吨级。

2010 年年底，整合后的吴兴港区共有码头单位 86 家，码头泊位 245 个，码头总长 12066 米，最大靠泊能力 1000 吨级，泊位年通过能力 3925 万吨；港区全年完成货物 4835 万吨，其中：出港 4091 万吨，进港 744 万吨。时下规模较大的码头为湖州铁公水中转码头。

湖州铁公水中转码头占地 500 亩，设计年吞吐量能力 131 万吨，中转量 183 万吨。港区共铺设 5 股铁路装卸线；有挖入式港池一个，码头岸线长 620 米，沿线布置 10 个泊位，其中 500 吨级泊位 1 个，300 吨级泊位 9 个；仓库 2.2 万平方米，堆场 5.5 万平方米；配有大型装卸机械 15 台，小型装卸机械 5 台，集卡运输车辆 6 辆。布局按功能区分为 4 个独立的作业区：煤炭及散货作业区、重件作业区、全天候作业区和综合作业区。主要货类有钢铁、煤、木材、食品及烟草制品等。

2. 南浔港区

南浔港区是由原南浔港、练市港、双林港、菱湖港、善琏港、织里港整合而成。港区以矿建材料、件杂货和集装箱运输为主，是为湖州市经济开发区、临港工业园区和城市发展服务的主港区。1990 年，原南浔港、练市港、双林港、菱湖港、善琏港、织里港等 6 个港口公有码头 104 座，总长 3853 米，泊位 183 个，最大靠泊能力 100 吨级。至 2010 年年底，整合后的南浔港区公有码头单位 101 家，码头泊位 215 个，码头总长 9856 米，最大靠泊能力 1000 吨级，泊位年通过能力 985 万吨；港区全年完成货物吞吐量 726 万吨，其中：出港 149 万吨，进港 577 万吨。时下规模较大的为南浔鑫达国际物流码头。

南浔鑫达国际物流码头占地 268 亩，内设 5 万平方米的原木和建材堆场，3500 平方米的综合办公大楼，5000 平方米的监管仓库以及 5000 平方米的出入境货物（集装箱）的固定堆放地和与之配套的机械设备、辅助用房。2004 年,湖州南浔海关监管点和湖州检验检疫局南浔办事处入驻南浔鑫达物流中心。2005 年 9 月南浔监管点检验检疫设施通过省级验收。现监督点内设有集海关监管仓库、检验检疫的熏蒸用房、监管查验区域、内支线码头、集装箱堆场、集报关、报验、船代、货运、集运为一体的综合办公大厅。

3. 长兴港区

长兴港区是由原雉城港、小浦港、李家巷港、泗安港、和平港、陈湾港和座山湾港整合而成的港区,主要以水泥、矿建材料、煤炭、非金属矿石运输为主。港区为城市发展、对外开放、临港工业服务,为腹地内外向型经济发展服务,为湖州市资源开发和煤炭供给服务。1990 年,原雉城港、小浦港、李家巷港、泗安港、和平港等港口共有码头泊位 198 座,总长 2605 米,泊位 442 个,最大靠泊能力 100 吨级。至 2010 年年底,整合后的长兴港区公有码头单位 124 家,码头泊位 348 个,码头总长 17309 米,最大靠泊能力 500 吨级,泊位年通过能力 5795 万吨;港区全年完成货物吞吐量 3854 万吨,其中:出港 2995 万吨,进港 859 万吨。时下规模较大的码头有长兴捷通物流码头。

长兴捷通物流码头,占地约 450 亩,其中现有码头占地 270 亩。园区分两期建设:一期工程于 2006 年 6 月改建竣工,拥有 165 米 ×62 米开挖式港池一个,500 吨级泊位 8 个,岸线总长 750 米。为打造江、浙、皖三省交界处现代物流集散区,二期工程于 2010 年 4 月开工,新建 3 个煤炭泊位(300 吨级兼靠泊 500 吨级)、2 个多用途泊位(500 吨级兼靠 1000 吨级),泊位总长度 251 米,同时建设长兴地区物流交易信息平台,总投资约 2.3 亿元。

4. 德清港区

德清港区是由原德清港、武康港、新市港整合而成的港区,港区主要为当地资源开发和物资外运服务,为城市发展和临港工业服务,为腹地内外向型经济发展服务,主要以水泥、矿建材料、化工原料运输为主。1990 年,原德清港、武康港、新市港公有码头 66 个,总长 1069 米,泊位 95 个,最大靠泊能力 100 吨级。至 2010 年年底,整合后的德清港区共有码头单位 102 家,码头泊位 244 个,码头总长 13477 米,最大靠泊能力 1000 吨级,泊位年通过能力 2588 万吨;港区全年完成货物吞吐量 4294 万吨,其中出港 3514 万吨,进港 780 万吨。时下规模较大的码头为德清升大物流码头。

2007 年,德清升大物流码头依托京杭大运河、09 国道及申嘉湖杭高速公路等众多交通优势,筹建以德清新市为基地,向江浙及周边地区辐射的钢材板材交易集散中心。项目规划总投资 8000 万元,占地 120 亩,分期实施建设,建有码头泊位 5 个,其中:1000 吨级泊位 1 个、500 吨级泊位 4 个,占用岸线长度 450 米,堆场 3 个,16~36 吨行车 7 台,5 吨吊车 1 台。

5. 安吉港区

安吉港区由原梅溪港、安城港整合而成的港区。港区主要以水泥、矿建材料及竹制品运输为主。1990 年,原梅溪港有码头 23 座、泊位 67 个,最大靠泊能力 150 吨级;安城港有码头 9 个,总长 1017 米,泊位 40 个,最大靠泊能力 100 吨级。至 2010 年年底,整合后的安吉港区共有码头单位 22 家,码头泊位 57 个,码头总长 4048 米,最大靠泊能力 500 吨级,泊位年通过能力 498 万吨;港区全年完成货物吞吐量 648 万吨,其中:出港 562 万吨,进港 86 万吨。时下规模较大的码头为安吉川达物流码头。

安吉川达物流码头总投资 4500 万美元,其中香港旭达国际物流公司持 90% 股份,安吉亚川物流有限公司持10%股份。码头位于安吉县地铺镇马家村，2007年年底正式开工建设，占地198676平方米，建有500吨级集装箱泊位5个，年设计吞吐能力20万TEU，2010年9月该工程水工部分通过交工验收，2010年11月投入试运行。

6. 太湖旅游港区

港区为新建港区，主要为太湖水上旅游客运服务。2010年6月25日，太湖旅游度假区组织港口、航道、海事、水利等部门对太湖名爵游艇俱乐部码头项目的初步方案进行技术咨询。太湖名爵游艇俱乐部按照国际白金五星级会所标准设计，占地168亩，规划水上游艇码头泊位300个，总投资达3亿元，其中涉水项目投资约1.5亿元。项目于2009年10月21日奠基。

（三）港口生产

湖州港出港货物以矿建材料、水泥、非金属矿石为主，进港货物以煤炭、成品油等能源物质为主。自1994年开始，湖州市港口生产统计工作开始规范化。2003年，湖州港区出现集装箱装卸业务，同年，集装箱吞吐量列入统计范围。2003年度，湖州港完成货物吞吐量为2338吨，其中出口2156万吨、进口182万吨。主要货种有矿建材料2039万吨、水泥104万吨、煤炭及制品68万吨、非金属矿石53万吨。完成内河集装箱吞吐量757标准集装箱（其中出港390标准集装箱）、4773吨（其中货重3201吨）。

2008年，根据《湖州港总体规划》，将湖州市21个内河港整合为1个湖州港，下辖6个港区。2009年1月起，下辖的吴兴、南浔、长兴、德清、安吉和太湖旅游6个港区被纳入湖州港统计范围。

2009年，湖州港完成货物吞吐量14945万吨，其中出港12127万吨，进港2818万吨，进入亿吨大港行列，排名全国内河港口第二位，仅次于苏州港。

2010年，湖州港完成货物吞吐量14357万吨，其中出港11311万吨，进港3046万吨。码头泊位设计年通过能力13804万吨，集装箱23万TEU。与苏州港、南通港、南京港并列成为全国四大内河亿吨大港。

四、绍兴港

绍兴港地处绍兴市越城区东湖镇，处于杭甬运河终端，连通绍兴乃至长三角发达内河水系，拥有优越的内河港天然条件。绍兴港是浙江省重要的内河港，为浙江内河“十线五港”之一。绍兴港地理位置优越，水路交通便捷，经水路可直达宁波、杭州、上海、山东等地。港口以发展货运为主，是为地方农业和工矿企业及城市服务的综合性港口，兼顾客运，重点发展区间的旅游运输。

（一）形成与发展

绍兴港前身是越州港。在古代，绍兴境内海域与内河连通。先秦时期，境内航运繁盛，成为东南沿海的中心海港。唐代通过会稽三江海口（曹娥、钱清、浙江三水所会），把白洋、斗门、三江港等组成的越州海港和浙东大运河连接起来，成为海上交通枢纽口岸和贸易大港、海上丝路始发港，为中晚唐第一大都市。隋代，杨广为接轨大都市会稽，下令开凿大运河，越州白洋港濒海，亦称大和山，为南方著名盐场、海上贸易大港。至元末，白洋港仍有巨船泊岸，海外贸易活跃。唐代通过会稽三江海口（曹娥、钱清、浙江三水所会，三江，浙也、浦阳也、剡也），把白洋、斗门、三江港等组成的越州海港和浙东大运河连接起来，成为海上交通枢纽口岸和贸易大港，完善越州海陆交通体系，越罗、越茶、越瓷、剡纸、铜器等产业畅销海内外，成为"会稽天下本无俦"的全国第一大商业经济都会。宋代官府在越州设沿海博易务，促进南北的海道贸易和与日本的贸易往来。越州海市的形成主要与海上运输的便利有关。后航陆域变迁，地处绍虞平原的北海、大和、新埠头海港相继湮废，内河航运港口兴起。

绍兴港处于水网地区，但中华人民共和国成立前一直没有码头，船舶靠泊装卸利用河道自然岸坡。1949 年后，交通部门和各物资部门先后在火车站和大城湾等地建设了一批客、货码头。1952 年成立宁绍航管处绍兴航管站，1958 年与五个运输企业合并成立绍兴运输公司，1961 年恢复航管机构，成立绍兴县航管所，隶属宁绍航管处。1976 年隶属绍兴航管处，负责航运管理部分。2006 年 8 月 16 日，绍兴港总体规划通过专家的评审。从 2006 年开始到 2020 年，绍兴市将投资 50 多亿元，用于建设绍兴港。根据已通过评审的总体规划，绍兴港由 7 大港区组成，包括越城港区、柯桥港区、上虞港区、诸暨港区、嵊州港区、滨海港区和上虞新港区，规划作业区 34 个，泊位 312 个，其中 60% 的作业区建在杭甬运河和浦阳江、曹娥江两江处。在规划期内绍兴港总投资估算约 50.17 亿元。

（二）港区及港口设施

1949 年前，绍兴港船舶靠泊装卸均利用河道自然岸坡。1958 年，绍兴搬运公司在火车站、南委等地挖深河边，砌筑石坝，使船舶能直接靠岸卸货。1964～1970 年，燃料公司、烟糖公司、偏门酒厂、蔬菜批发部、粮食仓库为方便本单位物资装卸，先后在火车站、城北桥沿河一带建造自用码头 5 个。

绍兴港近代无外海货运码头，沿海运输船舶基本停泊在定海、上海、宁波等地。1978 年，由国家投资 5 万元，在上虞县盖北乡东进闸旁筹建一座 200 吨级泊位、吞吐量为 10 万吨级的外海码头。1979 年开始施工建造，于同年 4 月 29 日组织 8 艘专业、副业船舶试航成功；10 月 15 日，成立盖北外海码头联组。1980 年 2 月，浙江省交通厅〔1980〕浙交航 2101 号文批准开港。时上虞县有专业沿海船舶 29 艘，2672 吨位，2809 匹马力；副业船 18 艘，1371 吨位，1915 匹马力；最大装运船为 10 吨级，135 匹马力。该码头的建成，使上虞、绍兴等地的部分物资可通过海路运往沿海港口。自 1981 年起，盖北码头新建了 400 平方米的中转仓库，扩建了货场，设置了外海航标。

由于杭州湾滩涂变化无常，盖北外海码头被淤泥堵塞。1984 年，码头塌方，同年 10 月暂停使用。1993 年重建盖北码头，于 1997 年 1 月建成并投入使用。2003 年下半年，因码头被淤泥再度堵塞而废弃。

绍兴港原港区包括绍兴、曹娥、百官、柯桥、东关、蒿坝、通明、湄池、凰桐、三界十大港区。港区的总面积达到 45.87 万平方米，其中陆域面积 12.74 万平方米，水域面积 33.13 万平方米，自然岸线长 8.03 公里，有泊位 308 个，码头总长为 5648.1 米，其中货运泊位 282 个，总长 4989.4 米。其他部门码头 108 个，总长 1885 米；其中客运泊位 32 个，总长 675 米。有靠泊能力 200～3000 吨级的码头 1 个，50～300 吨级的码头 70 个，50 吨级以下的码头 233 个。十大港区拥有装卸机械 59 台，最大起重能力 15 吨级；输送机 30 台，长度 1199 米；还有其他装卸搬运机械 14 台。库场总面积 142600 平方米。大量的个体民营码头以装卸钢材、黄沙、石子等建材物资为主。除少量码头建设永久性码头设施外，大多利用自然岸坡，场地面积以几十平方米到近千平方米为多。据 2002 年 6 月的不完全调查，在航管部门登记的码头有 38

个，靠泊能力为40~1000吨级，年装卸货物为0.5万~33万吨。

根据《绍兴市港口总体规划》，绍兴港由越城港区、柯桥港区、上虞港区、诸暨港区、嵊州港区5个内河港区和滨海港区、上虞杭州湾2个外海港区及11个旅游码头组成。绍兴港规划占地面积达18266亩，有规划作业区35个、泊位309个，有旅游码头11个、55个泊位。绍兴港口主要有绍兴、柯桥横、湄池、东关、曹娥、蒿坝、三界7个内河港口。

2010年年底，绍兴港生产用码头泊位达到151个，总长度11437米，泊位设计年通过能力散装、件杂货物1521万吨。

绍兴港港区作业区主要情况如下：

1.绍兴港越城港区中心作业区

绍兴港越城港区中心作业区原称绍兴港，位于越城区东湖镇朱尉村以东、谢家岸村以南、窑湾江以北，在杭甬运河岸线上，自然条件优越，通航条件较好。设计年通过能力480万吨。近期建设500吨级码头泊位16个。远期建设500吨级码头泊位8个，规划岸线总长度875米，作业区占地面积1200亩，其中第一期占地面积478亩；堆场及仓库面积为45000平方米。该港主要为绍兴市区及周边工业园区的建设生产生活服务，以集装箱、危化品和件杂货等货物中转、仓储运输为主，在作业区建设一个大型的物流中心。

1949年新中国成立前，原绍兴港船舶靠泊装卸均利用河道自然岸坡。1958年，绍兴搬运公司在火车站南委等地挖深河道，砌筑石坎，使船舶能直接靠岸卸货，此后又陆续装置吊机、输送带、溜板、牵引机、铲车等机械工具代替体力劳动。1964~1970年，绍兴燃料公司、烟糖公司、偏门酒厂、蔬菜批发部、粮食仓库为方便本单位物资装卸，先后在火车站、城北桥沿河一带建造自用码头。1971~1980年，绍兴航运公司、绍兴第二航运公司在城北桥河道两岸建造客运码头和旅客候船室，绍兴化肥厂、钢铁厂、西郭粮化厂、昌安木材公司也建造了自用码头。1982年，杭甬运河疏浚工程开工，绍兴市航运管理处和绍兴市第二运输公司联合投资，修建了大城湾北、南、东3个码头，装置了行吊和转盘，建造了仓库和货场，使绍兴港区码头初具规模。1990年，绍兴港区总面积16.7万平方米，自然岸线长2.78公里，利用自然坡作业的长度为180米。码头长2701.8米，拥有泊位151个（包括货运码头133个，码头长度共计2416.8米，其中物资部门泊位60个，码头长共计1128米；客运码头18个，码头共计长285米）。拥有靠泊能力360~1000吨级码头13个，50~100吨级码头39个，50吨级以下的码头99个。库场总面积6584平方米。

港口全年吞吐量为200万~500万吨级。进出港的主要物资有石料、煤炭、粮食、砖瓦、钢铁、化肥等。

港区原先的大城湾联运码头、火车站南潘和大滩码头、下大路航快码头、石家池航快码头、绍兴市航运公司城北桥客运码头、绍兴市第二航运公司城北桥客运码头、大城湾水泥厂码头、绍兴钢铁厂新开河码头、轧钢厂码头、化肥厂码头、化肥厂煤码头、亭山水泥厂、城北河粮油码头、西郭化肥厂码头、城北河沿厂码头、昌安木材码头、辕门桥码头、东郭门码头、南门码头、偏门码头、西郭码头、偏门酒厂码头、城北河烟糖码头、城北河蔬菜码头等因城市建设的需要均已拆除或移建到城市郊区。绍兴港中心作业区现有城东交运公司码头、城东绍兴市航运有限责任公司搬运装卸公司码头、城东绍兴市汽运集团公司码头、城东大众码头、城西码头、新民热电厂码头等。

2007 年 5 月 9 日，省发改委和省重点建设领导小组联合下发《关于印发 2007 年浙江省重点建设项目名单的通知》（浙发改基综〔2007〕303 号），绍兴港越城港区中心作业区工程被列为 2007 年浙江省重点建设预备项目。工程建设规模为新建 500 吨级泊位 17 个，设计年吞吐能力 185 万吨，堆场总面积 46267 平方米，化工储罐 20000 立方米，化工中转库 2759 平方米，生产及生活辅助设施 5080 平方米，同时建设进港道路、进港航道、绿化等配套工程，总投资 5 亿元。

2010 年 11 月 18 日通过了绍兴港越城港区中心作业区工程施工图审查。其中作业区 B 区码头工程自 2011 年 2 月 28 日开工至 2011 年 10 月 30 日完工，C 区码头工程自 2011 年 4 月 5 日开工至 2011 年 10 月 30 日完工，D 区码头工程自 2011 年 9 月 5 日开工至 2012 年 8 月 20 日完工。

2. 绍兴港柯桥港区

绍兴港柯桥港区原称柯桥港，位于绍兴市区北 12 公里的柯桥镇，杭甬运河横贯该港，公路、铁路、水路相互衔接，交通便利。

港区东起柯桥镇新区码头，西至西官塘粮管所仓库，岸线长度 113 米。港区总面积 3.25 万平方米，其中陆域面积 1.15 万平方米，水域面积 2.1 万平方米，利用自然坡作业长度 80 米。共有泊位 45 个，均为货运码头，码头总长 842 米（其中物资部门泊位 20 个，码头共长 400 米）。港口历年最高水位 4.83 米，最低水位 2.94 米，年均水位 3.83 米，最大靠泊能力 40 吨级。该港库场设施总面积 2240 平方米。其拥有各类装卸机械 27 台，包括各类起重机 13 台，最大起重能力 8 吨；输送机 14 台，输送长度共计 234 米。

该港出口物资主要为轻纺产品、煤炭、石料和粮食；进口物资主要为铁矿粉、矿建材料和非金属矿石，港口全年吞吐量为 20 万 ~50 万吨。

港口主要码头有柯桥镇火车站货运码头、柯桥镇街河货物装卸码头和轻纺市场码头。

3. 绍兴港五星牌作业区

绍兴港五星牌作业区含原东关港。原东关港位于上虞县东关镇，距县城百官镇 6.1 公里，杭甬运河、杭甬铁路、104 国道平行穿越港区，沿东 107 公里达宁波，向西 135 公里至杭州，交通便利。港区处萧绍内河水系，历年最高水位 4.65 米，最低水位 2.9 米，平均水位 3.77 米。常年流速平缓，港池无明显冲淤变化。

港区南起东关水泥厂码头，北至东关火车站码头，自然岸线长 0.32 公里。港区总面积 1.1 万平方米，其中陆域面积 0.3 万平方米，水域面积 0.8 万平方米。利用自然坡作业长度 180 米。港区内共计有泊位 10 个，均为货运码头，码头总长 140 米（其中物资部门专用泊位 6 个，码头共长 80 米），最大靠泊能力 20 吨级。该港出口货物主要是曹娥江的黄沙，进口货物主要为石灰石。港口全年货物吞吐量为 20 万 ~50 万吨。

4. 绍兴港百官作业区

绍兴港百官作业区原称百官港，位于上虞市百官镇，杭甬运河穿越港区，杭甬铁路、329 国道通过港区南面。港区处内河水系，历年最高水位 3.86 米，最低水位 0.97 米，平均水位 2.88 米。常年流速平缓，冲淤变化不大。

百官港西起曹娥江南侧上源闸码头，东至大坝头货运码头，自然岸线长 0.445 公里，总面积 3.07 万平方米。利用自然坡作业长度 150 米。拥有泊位 12 个，码头总长 185 米（包括货运码头8个，码头长共计120米；客运码头4个，码头长共计65米），最大靠泊能力20吨。库场设施总面积1593平方米，其中仓库总面积93平方米，堆场总面积1500平方米。拥有各类起重设备4台，最大起重能力2吨级。港区自1857年在大坝村建造广济涵洞后，开始就有货物进出港口，余姚、宁波等地的货物均在此中转。

百官港以上虞县为经济腹地，出口货物以曹娥江黄沙为主，其数量占全部吞吐量的85%以上，主要流向余姚、宁波等地；出口货物还有石灰石及粮、棉、麻等农副产品。进口货物主要是化肥、农药及粮食。港区全年吞吐量为50万~100万吨。

港区内主要码头有大坝头码头、园山桥码头、百官轮船码头、2号桥码头。

5. 绍兴港曹娥作业区

绍兴港曹娥作业区原称曹娥港，位于上虞市曹娥镇，南起孝女庙砂场，北至曹娥江大桥以北上虞市建材公司码头，内河东起曹娥升船机，西至三角站作业区。港区总面积8.15万平方米，其中陆域面积2.13万平方米，水域面积6.02万平方米。自然岸线长0.74公里。利用自然坡作业长度224.6米。有泊位21个，均为货运码头，码头总长307米（其中物资部门泊位5个，码头长80米），最大靠泊能力40吨级。杭甬运河、杭甬铁路、329国道均通过该港，交通便利。港区地处曹娥江感潮河段，历年最高潮位8.92米，最低潮位1.69米，平均潮位3.74米，最大径流量1950立方米/秒，年平均流量76.2立方米/秒。

港区物资吞吐集中在丁坝底、老坝底、下沙等埠头，年吞吐量在50万吨左右。1990年，港区库场总面积9240平方米，其中仓库面积380平方米，堆场总面积8860平方米。拥有输送机4台，输送长度610米，其他装卸专用机械6台。港区全年货物吞吐量为100万~220万吨。

2009年7月7日，曹娥作业区工程可行性研究报告通过评审，计划新建10个500吨级泊位及相应配套设施。作业区分为东西两个，西侧为综合性作业区，主要服务于煤炭、矿建材料、钢铁、水泥等大宗物资运输，东侧为粮食专用作业区，设计年吞吐量为16万吨。

6. 绍兴港蒿坝作业区

绍兴港蒿坝作业区原称蒿坝港，位于上虞市蒿坝乡，东临曹娥江和14国道。港区处于杭甬运河的支流断头，距杭甬运河6公里，东可达宁波、镇海，西可至杭州。该港系内河水系，常年流速平缓，冲淤变化不大；历年最高水位4.65米，最低水位2.9米，平均水位3.77米。

蒿坝港南起蒿坝公路桥，北至蒿庄清水桥。港区面积1万平方米，其中水域面积0.6万平方米，自然岸线长0.35公里，利用自然坡作业长度50米；共有泊位10个，均为货运泊位，码头总长245米。最大靠泊能力20吨级。港区库场总面积3570平方米，容量3212吨级，其中仓库面积270平方米，堆场面积3300平方米，主要承担曹娥江的黄沙中转。此外，嵊县、新昌、天台、仙居等县的粮食、化肥、食糖、石灰石等物资也在此中转。港口全年吞吐量为20万~50万吨。

港区主要码头有蒿坝码头、蒿庄码头。

7. 绍兴港通明作业区

绍兴港通明作业区原称通明港，位于上虞市东部通明乡，西起上河砂码头，东至航管所联办码头。港区面积0.98万平方米，其中水域面积0.59万平方米，陆域面积0.39万平方

米。自然岸线长0.21公里,利用自然坡作业长度75米。港区分为东、西两部分。闸东为姚江,俗称下河,顺此可达余姚、宁波。自1959年下游建姚江大闸后,受潮汐的影响,历年最高水位5.62米,最低水位1.27米,平均水位2.74米。闸西是四十里河,俗称上河,系内河水系,顺此可达曹娥江边的江坎头,历年最高水位4.14米,最低水位2米,平均水位5.01米,内河流速平缓,常年变化不大。该港距县城百官镇13.6公里,永(徐)丰(惠)公路通过港区北侧。现该港以中转黄沙为主。黄沙产自曹娥江,在江坎头过驳,进四十里河到该港,再经通明坝过驳运往余姚、宁波等地。港区内有货运泊位12个,码头总长133米,最大靠泊能力30吨级。库场设施堆场总面积1200平方米,全年货物吞吐量为50万~100万吨。

港区内主要码头有通明码头。

8. 绍兴港三界作业区

绍兴港三界作业区位于嵊州曹娥江上游西岸三界镇附近,是曹娥江4级航道与6级航道的交界,近期设计年通过能力90万吨,建550吨级码头泊位8个;中远期设计年通过能力187万吨,增加500吨级码头泊位4个,规划岸线总长度660米,作业区占地面积165亩,仓库及堆场面积16900平方米。该港主要为嵊州市经济开发区以及各城镇的物资运输服务,主要装卸、中转矿建材料、钢铁、煤炭、非金属矿石等物资。

绍兴港三界作业区含原三界港。原三界港位于嵊州市三界镇北端的剡溪西岸,顺溪而下入曹娥江,与杭甬运河相沟通。向西有公路与104国道相接,交通便利。三界港处曹娥江感潮河段,每月受潮汛影响的半个月中,最大潮差达6米以上,一般在0.4米左右。港区全年最高水位7.13米,最低水位1.33米,平均水位1.73米。

1984年,建三界码头,码头长50米,港区自然岸线长0.217公里,内有货运泊位3个,码头总长96.6米,靠泊能力均在50吨级以下。该港主要吞吐货物以黄沙为主,全年吞吐量约10万吨。

9. 绍兴港店口作业区

绍兴港店口作业区位于诸暨市店口镇湄池浦阳江东江与西江的交汇处。设计年通过能力252万吨,建设500吨级码头泊位9个,规划岸线总长度为600米,作业区占地面积35亩,仓库及堆场面积3600平方米。该港主要为浦阳江的沿线乡镇的临江企业生产建设服务,以装卸中转煤炭、钢材等物资为主。

绍兴港店口作业区含原湄池港。原湄池港位于浦阳江中游,诸暨市北端的湄池镇,东邻绍兴,北接萧山,船舶经萧绍内河东行237公里可达宁波,北行50公里至杭州。有公路同萧山、绍兴相连,浙赣铁路穿越港区,交通十分便利。港区自下湄池起至南塘湖口渡船埠止,自然岸线长1公里,总面积8.05万平方米,其中陆域面积1.05万平方米,水域面积7万平方米。该港有泊位14个,码头总长285米。其中货运泊位11个,码头长共200米;客运泊位3个,码头长共85米。其中100吨级泊位1个,50~100吨级泊位4个,50吨级以下泊位9个。库场设置总面积4060平方米,堆场总面积4000平方米。

湄池港处于浦阳江感潮河段,历年最高潮位10.45米,最低潮位1.77米,平均潮位6.13米。1954年成立湄池航管站,负责港口的搬运装卸业务。港口主要吞吐货物有黄沙、大米、砖瓦、石灰石等,全年吞吐量为20万~50万吨。2003年,完成出港货物5万吨,进港货物46.17万吨。

港区内主要码头有湄池客运码头、桥上码头、桥下码头等。第三次全国港口普查中绍兴港300吨级及以上内河生产用泊位明细见表2-2-34。

第三次全国港口普查中绍兴港300吨级以上内河生产用泊位明细(2008年)

表2-2-34

序号	港区名称	港口经营人名称	泊位名称	泊位形式	主要用途	投产年份（年）	前沿水深（米）		泊位长度（米）	设计靠泊能力（吨级）	散装、件杂货泊位设计年综合通过能力（万吨）
							设计	维护			
1	诸暨港区	海亮码头	海亮码头	直立式	通用件杂货	2001	1.9	2.0	100	300	30
2		诸暨市龙骆码头	龙骆码头	直立式	通用件杂货	2007	1.9	1.9	234	300	39
3		诸暨市永兴码头货物装卸点	永兴码头	直立式	通用件杂货	2006	1.9	2.0	100	300	20

(三)港口生产

绍兴港为综合性河港,2005年,全市港口完成吞吐量806万吨,其中利用自然岸坡完成吞吐量为390万吨。绍兴港货物主要流向上海、杭州、嘉兴、湖州等地及绍兴市境内中转。绍兴港进出口货物主要有钢材、水泥、建材、粮食、煤炭等。其中进口货物煤炭、钢材和矿建材料等占进口量的65%,矿建材料大部分在绍兴市境内中转。绍兴市2004~2010年港口吞吐量见表2-2-35。

绍兴市2004~2010年港口吞吐量

表2-2-35

单位:万吨

年份	合计	越城港区	柯桥港区	上虞港区	诸暨港区	嵊州港区	利用岸坡
2004	618.3	42.6	9.0	77.8	110	3.9	375.0
2005	1196.1	45.0	150.7	398.7	161.7	50.0	390.0
2006	1352.7	116.2	388.3	421.7	194	50.2	182.3
2007	1341.9	221.3	380.8	426.33	220.5	83.0	10.0
2008	1238.9	119.8	462.7	380.5	198.4	77.5	0.0
2009	1173.0	154.0	472.0	204	257	86.0	0.0
2010	1162.0	143.0	542.0	125	288	64.0	0.0

五、金华兰溪港

金华兰溪港是浙中西部唯一能通航靠泊300~500吨级船舶的内河港,由港区逆流而上可连金华江、衢江航道,顺流下行与富春江相连,经钱塘江可达江浙沪江南航道网、京杭运河、杭甬运河及长江水系沿岸的上海、宁波等各大城市和港口。2005年全港货物吞吐量301万吨,客运量8.9万人次。

（一）形成与发展

唐咸亨五年(674 年)，兰溪港开港，专装兰江上游竹木山货，历代相沿至现代。后因铁路公路快速发展，兰溪港水运逐渐萎缩。

1949 年初，通航河道沿岸埠头较多，20 世纪 60 年代后，兰江沿城区岸码头得到改造和新建。1973 年建成下卡码头泊位 2 个，靠泊能力 50 吨级。1975 年 6 月建成钱江航运公司兰溪客运站码头，靠泊能力 300 吨级，客运站房面积 1780.57 平方米。

1982 年 9 月马公滩建成货运码头泊位 3 个，靠泊能力 100 吨级，形成马公滩货运作业区，标志着兰溪港的发展进入一个新时期。1983 年 11 月建成王家客运码头，泊位 2 个，靠泊能力 50 吨级。1989 年 8 月，黄溢建成货运码头，泊位 2 个，靠泊能力 300 吨级，形成黄溢货运作业区，兰溪港初具规模。1995 年兰溪发电厂建成重油专用码头泊位 2 个，靠泊能力 100 吨级。

依据《金华市人民政府关于金华兰溪港总体规划的批复》(金政发〔2006〕195 号)，将兰溪港规划为“一港五区”，上起衢江姚家梯级，金华灵马大桥，下至兰江与梅溪交汇口。一港即为兰溪港，五区是将兰溪港分成 5 个港区，分别为兰溪城区范围内的老港区、金华江范围内的方下店港区、兰江范围内的女埠港区、洲上港区和衢江范围内的衢江港区。

（二）港口设施及生产

兰溪港区内有客运码头两处，分别为城东客运码头和女埠客运码头，这两处客运码头靠泊能力均为 100 吨级，码头结构为重力或斜坡道。港区内有货运作业区 4 处，分别为马公滩作业区、黄溢作业区、下金作业区、临江工业区货运码头；码头泊位总数 14 个，其中 300 吨级泊位 5 个，其余为 100 吨级以下泊位，最大起重能力 5 吨；码头岸线总长 470 米，堆场 3 处，总面积 12300 平方米。20 世纪末至 21 世纪初，兰溪市城市防洪工程建设造成港区内原有货运作业区大幅收缩，其中下金货运作业区被撤销，马公滩、黄溢货运作业区仓库被拆除，堆场被挤占。

兰溪港以出口为主，其中矿建材料居多数，其余为粮食及其他用品。矿建材料除市区建设需要外，其余部分运往新安江、梅城、杭州及上海以远等地区。进口货物以百杂货为主，非金属矿石等次之。

2000 年，兰溪港有生产用码头泊位 17 个，码头总长度 670 米；年综合通过能力货物 121.5 万吨，旅客 70 万人；港口吞吐量 32 万吨，旅客 7 万人。

至 2010 年年底，兰溪港有生产用码头泊位 8 个，码头长度共计 268 米，年综合通过能力散装、件杂货物 86 万吨。

第三次全国港口普查中金华兰溪港 300 吨及以上内河生产用泊位明细见表 2－2－36。

第三次全国港口普查中金华兰溪港300吨级以上内河生产用泊位明细(2008年)

表2-2-36

序号	港区名称	港口经营人名称	泊位名称	泊位形式	主要用途	投产年份(年)	前沿水深(米)		泊位长度(米)	设计靠泊能力(吨级)	散装、件杂货泊位设计年综合通过能力(万吨)
							设计	维护			
1	老港区	兰溪市黄溢装卸作业队	兰溪市黄溢码头1号泊位	直立式	通用件杂货	1990	3.0	3.5	53	300	15
2			兰溪市黄溢码头2号泊位	直立式	通用件杂货	1990	3.0	3.5	53	300	15
3	女埠港区	兰溪中油礁石码头加油站	兰溪中油礁石码头1号泊位	直立式	成品油	2007	3.3	3.5	28	300	
4			兰溪中油礁石码头2号泊位	直立式	成品油	2007	3.3	3.5	28	300	
5		金华中油仓储有限公司	金华中油三江仓储石油码头1号泊位	直立式	成品油	2004	3.3	3.5	28	300	8
6			金华中油三江仓储石油码头2号泊位	直立式	成品油	2004	3.3	3.5	28	300	8

六、宁波内河港

宁波境内内河港口开港较早，各港围绕三江口，沿余姚江、奉化江分布。自北向南有长河港、周行港、逍林港、观城港、浒山港、横河港、马诸港、余姚港、陆埠港、丈亭港、慈城港、骆驼港、姚江港、湾塘港、浩河港、新河鄞江港等内河港口。宁波内河港通往宁波各地，中转物资运往杭州、上海。随着杭甬运河及宁波－舟山港的不断发展，宁波内河港作用逐渐减小。

宁波内河港主要由北仑海河联运港区、镇海海河联运港区、宁波城西港区、余姚东港区、余姚西港区、慈溪浒山港区、奉化江方桥港区、奉化江钟公庙港区等内河水域和陆域组成。

2009年4月14日，宁波市政府通过了《宁波内河港城西港区总体规划》。城西港区位于姚江北岸、宁波市慈城镇半浦村，是宁波市重要水陆物流节点，主要为杭甬运河与宁波各港区的集装箱和件杂货提供水陆中转服务，兼为城市建设及生活提供所需物资运输服务。城西港区规划编制工作于2008年6月正式开展。根据规划，城西港区近期作为杭甬运河宁波段三期工程过渡方案，主要为杭甬运河与宁波海港各港区的集装箱和件杂货提供水陆中转服务，并兼为城市建设及生活提供所需物资运输服务。城西港区规划分近期、远期两个阶段实施，其中近期工程的起步建设规模为：顺岸式布置 500 吨级泊位 14 个，其中集装箱泊位 2 个；使用岸线 1700 米；陆域面积 40 万平方米；设计年吞吐量 260 万吨，其中集装箱年吞吐量 4 万 TEU，钢材年吞吐量 110 万吨，其他件杂货年吞吐量 116 万吨。

第三次全国港口普查资料显示，至 2008 年年底，宁波内河港共有 300 吨级生产用泊位 15 个，其中煤炭泊位 2 个，客货泊位 1 个，其他泊位 12 个。港口拥有固定式起重机 14 台，库场机械 24 台，水平运输机械 17 台。

第三次全国港口普查中宁波内河港 300 吨及以上内河生产用泊位明细见表 2－2－37。

第三次全国港口普查中宁波内河港 300 吨级以上内河生产用泊位明细（2008）

表 2－2－37

序号	港区名称	港口经营人名称	泊位名称	泊位形式	主要用途	投产年份（年）	前沿水深（米）		泊位长度（米）	设计靠泊能力（吨级）	泊位设计年综合通过能力	
							设计	维护			散装、件杂（万吨）	集装箱（万 TEU）
1	宁波城郊港区	宁波天马三江旅游有限公司	港航稽查大队码头 1 号泊位	浮码头	客货	2002	1.9	1.9	30	300		
2		宁波长丰热电有限公司	长丰热电厂煤码头 1 号泊位	直立式	煤炭	1997	2.8	2.6	50	300	12	
3			长丰热电厂煤码头 2 号泊位	直立式	煤炭	1997	2.8	2.6	50	300	12	
4		宁波上善物资经营公司	中源沙场黄沙码头 1 号泊位	直立式	其他	2004	1.9	1.9	55	300		
5			信财沙场黄沙码头 1 号泊位	直立式	其他	2004	1.9	1.9	55	300		
6			大丰砂石济宁经营部黄沙码头 1 号泊位	直立式	其他	2004	1.9	1.9	55	300		
7			俞甬沙场黄沙码头 1 号泊位	直立式	其他	2004	1.9	1.9	55	300		
8			亚泰海沙淡化场黄沙码头 1 号泊位	直立式	其他	2004	1.9	1.9	55	300		
9			金国砂石场黄沙码头 1 号泊位	直立式	其他	2004	1.9	1.9	55	300		
10			双峰砂石场黄沙码头 1 号泊位	直立式	其他	2004	1.9	1.9	55	300		

续上表

序号	港区名称	港口经营人名称	泊位名称	泊位形式	主要用途	投产年份	前沿水深（米）		泊位长度（米）	设计靠泊能力（吨级）	泊位设计年综合通过能力	
							设计	维护			散装、件杂（万吨）	集装箱（万 TEU）
11	宁波城郊港区	宁波上善物资经营公司	海鸥砂石经营部黄沙码头1号泊位	直立式	其他	2004	1.9	1.9	55	300		
12			万宏砂场黄沙码头1号泊位	直立式	其他	2004	1.9	1.9	55	300		
13			飞达砂场黄沙码头1号泊位	直立式	其他	2004	1.9	1.9	55	300		
14			兴义砂场黄沙码头1号泊位	直立式	其他	2004	1.9	1.9	55	300		
15			长发砂场黄沙码头1号泊位	直立式	其他	2004	1.9	1.9	55	300		

七、丽水青田港（温溪港）

丽水青田港位于瓯江中上游，水深条件良好，是丽水市区的主要水路出口门户，肩负着江海联运的重要作用，是浙江省地区性内河重要港口。港口水路域面积12.8万平方米，码头岸线长1266米。

（一）形成与发展

丽水青田港即原温溪港，为丽水地区唯一港口。1972年12月，丽水青田港由丽水地区革委会生产指挥组投资30万元在青田县温溪镇东3公里的下花门建设。1977年1月第一期工程竣工开港通航。1978年4月18日温溪航运公司以“浙海901”号轮首先驶上海港。建港初期有300吨浮码头和500吨固定码头各1座，配备吊车、皮带输送机等设施。港口水域面积2.25万平方米，吃水3.5米以下的各类船舶可乘潮进出港口，年吞吐量20万~25万吨，中转丽水地区各县的蜡石、花岗岩、煤炭、食盐、粮食、化肥、木材、黄砂等大宗物资。1990年港口吞吐量为9.15万吨，操作量为12.9万吨。青田港建成开港后，温溪港作为港区之一归属青田港。

2007年12月《青田港总体布局规划（修编）》通过丽水市政府批复丽政函〔2007〕118号，实行“一港管理，三区作业”，三区即平演港区、高岗港区和温溪港区，并就港口总体布局的分期实施制定近期、远期和预留泊位实施目标。

青田港具有内河、沿海两大功能，位于瓯江干线下游，是浙江省7大重点内河港之一，由温溪港区（原温溪港）、港头（原在高岗）港区、鹤城（平演）港区组成设有码头泊位21个，仓库面积4000平方米，堆场面积近26000平方米，港口机械18台。经营货物以矿建材料（黄沙为主）和非金属矿石（叶腊石）为多，吞吐量中大部分为矿建材料，大部分运往温州市、椒江市等周边地区,少量销往上海,非金属矿石用于长江沿岸城市和温州的工业原材料。

(二)港区和设施

丽水青田港现有码头主要集中在青田县温溪镇附近,码头泊位等级以100~500吨级为主,部分码头在100吨级以下。主要运输货种为矿建材料、石油化工品等。港口后方陆域设施严重不足,码头上装卸设备简陋,吊具吨位小,港口服务功能单一。

青田港主要港区情况见表2-2-38。

青田港主要港区情况一览表 表2-2-38

港区名称	所在航道	2009年吞吐量(万吨)	设计年吞吐能力(万吨)	所有泊位	
				数量	最大靠泊吨级
温溪港区	瓯江干线	22.5	25	5	1000
港头港区	瓯江干线	19.5	37	9	1000
鹤城港区	瓯江干线	28	10	7	100
其他泊位	瓯江干线	15.6	16		

1.温溪港区

温溪港区位于青田县温溪镇东下花门,距温溪镇3公里处,地处瓯江下游北岸,溯江而上至青田城17公里,顺江而下至温州42公里,至瓯江口74公里,陆路有S333省道(原称49省道)和温丽高速公路连接全省公路网。

温溪港区担负着丽水市物资中转及出海运输任务,始建于1972年12月,拥有国有划拨土地15.33公顷,港口水域面积2.25万平方米。港区有500吨级泊位2个,100吨级泊位2个,可靠泊1000吨级海轮,是目前丽水市唯一的出海港口,原设计年吞吐能力25万吨,已达到设计能力。

温溪港建港初,下辖三个作业区,分别为马湾作业区、花岩头作业区和驮滩作业区,其中马湾作业区和花岩头作业区位于瓯江左岸,驮滩作业区位于江中的驮滩上。温溪港区现阶段部分岸线已经开发利用。其中花岩头作业区已建有500吨级泊位2个,占用岸线约140米;马湾作业区已建有100吨级泊位3个,占用岸线约150米;驮滩岸线尚未开发。

该港码头堆场8217平方米,1988年又扩建前方堆场1000平方米;仓库两座,建筑面积997平方米;油库油罐2只,容积100立方米。码头和堆场配有3吨吊机3台,2吨吊机2台,1.5吨少先吊机3台,柴油平板车6辆,15米皮带输送机3台,斗容抓斗1个。

温溪港码头位于青田县温溪镇东3公里处。1973年12月动工,1977年1月第一期工程竣工。前沿水深潮差6~7米,可停靠500~1000吨级船舶。建有500吨级浮码头、500吨级栈桥式硬码头和驳岸式小船码头各一座,设航标21座。配有1.5~3吨吊车8台,平板车6辆及皮带输送机等设备,有堆场8127平方米,仓库997平方米。

2.港头港区

港头港区位于温溪镇港头村港头渡口下游,地处瓯江下游南岸,由两个500吨级泊位组成,可泊1000吨级海轮。水路距温州港47公里,距青田县城9公里。该港区还与铁路货运站与330国道相连,与温丽高速公路温溪互通隔江通过温溪大桥连接,是丽水市唯一一处功能齐全的港口物流集散地,是青田县综合交通枢纽。该港区有泊位9个,最大靠泊能力1000

吨。由于温溪大桥建成和青田县工业格局的调整，该港区已移至距离高岗2公里处的港头小峙村。港区的2个1000吨级的泊位已于2008年年底建成，设计吞吐能力37万吨，是丽水市境内最大的码头，新增吞吐能力62万吨。

3. 鹤城港区

鹤城港区位于青田县城，由平演货运码头和塔山客运码头组成，20吨级泊位7个，100吨级塔山客运码头1个。

塔山客运码头是青田县第一个客运码头，从事青田至温溪、青田至北山（小溪）、青田至丽水及青田至温州的旅客运输和旅游客运。该码头于2001年2月动工建设，位于青田县鹤城镇东面、欧江北岸塔山脚南瓯江边。已建成100吨级泊位1个，旅客年吞吐能力为10万人次。斜坡式码头平台336平方米，驳岸680平方米，旅客临时候船场地540平方米，后方场地4000平方米，连接道路长220米、宽6米。该码头于2002年12月竣工交付使用，总投资320万元。

青田港主要码头情况见表2-2-39，第三次全国港口普查中青田港300吨级以上内河生产用泊位明细见表2-2-40，青田港2007~2010年客货运输情况见表2-2-41。

青田港主要码头一览表

表2-2-39

码头名称	码头位置	功能	泊位数（个）	靠泊能力（吨级）	库场面积（立方米）
温溪港码头	温溪花岩头	散货石油	2	500	16027
燃料公司码头	温溪镇马湾	矿建煤类	3	100	7000
文溪村2号码头	温溪镇	矿建	3	100	3500
港头码头	温溪镇港头村	矿建	5	100	
鹤城码头	鹤城镇平演	矿建	4	100	
塔山客运码头	鹤城镇塔山下	矿建	1	100	

第三次全国港口普查中青田港300吨级以上内河生产用泊位明细（2008年）

表2-2-40

序号	港区名称	港口经营人名称	泊位名称	泊位属性	泊位G形式	主要用途	投产年份（年）	前沿水深（米）		泊位长度（米）	设计靠泊能力（吨级）	散装、件杂货泊位设计年综合通过能力（万吨）
								设计	维护			
1	温溪港区	青田县宏海燃料有限公司	温溪马湾码头1号泊位	海轮泊位	直立式	通用杂货	2002	6	6	65	500	
2		浙江省温溪海运分公司	温溪固定高桩1号泊位	海轮泊位	直立式	通用杂货	1984	3.5	2.5	40	500	25
3			温溪浮动码头2号泊位	海轮泊位	直立式	通用杂货	1984	3.5	2.5	40	500	25

青田港 2007～2010 年客货运输情况一览表(含 3 大港区) 表 2-2-41

年份	货物吞吐量(万吨)	旅客运输量(万人)
2007	144	11
2008	140	12
2009	85.6	12.1
2010	105.3	6.51

(三)港口生产

1990 年,温溪港港口吞吐量为 9.15 万吨,操作量为 12.9 万吨。2005～2007 年,丽水青田港货运吞吐量逐年上升;但 2007～2010 年丽水青田港货运吞吐量逐年下降,尤其是 2009 年和 2010 年丽水青田港货物吞吐量仅有 371.3 万吨和 382.3 万吨,2011 年港口吞吐量稍有反弹,但幅度有限。

丽水青田港吞吐量情况见表 2-2-42。第三次港口普查浙江 1000(300)吨级以上海轮(内河)生产用码头泊位数量分别按功能和吨级分一览表,见表 2-2-43 和表 2-2-44。

丽水青田港吞吐量发展情况一览表 表 2-2-42

年份	2005	2006	2007	2008	2009	2010
吞吐量(万吨)	527.3	628.6	639.9	606.2	371.3	382.3

第三次港口普查浙江 1000(300)吨级以上海轮(内河)生产用码头泊位数量一览表(按功能分) 表 2-2-43

2008 年,单位:个

港口名称	专业化泊位												通用散货泊位	通用件杂货泊位	客货泊位	多用途泊位	其他
	集装箱泊位	煤炭泊位	金属矿石泊位	原油泊位	成品油泊位	液体化工泊位	液化天然气泊位	液化石油气泊位	散装粮食泊位	散装水泥泊位	客运泊位	滚装泊位					
合计	19	100	16	20	213	47	1	11	18	9	11	18	1159	264	18	19	111
嘉兴		2		2	2	1		1	1			1	3	5		3	
宁波-舟山	15	21	11	12	58	15		4	2	1	7	14	34	51	12	6	23
其中 宁波港域	15	15	6	7	18	15		3	2	1		10	21	40		5	7
其中 舟山港域		6	5	5	40			1			7	4	13	11	12	1	16
台州		4	1		15		1	1				1	18	4		4	2
温州	2	4		2	7	5		5		1	2	2	15	13	2	6	5
杭州		9		4	17	6			6	1	2		215	73	3		54
宁波内河		2													1		12
嘉兴内河		35	4		50	13			9	6			363	64			6
湖州	2	23			60	7							511	49			9
绍兴					4									3			
兰溪														2			
青田														3			

第三次港口普查浙江1000（300）吨级以上海轮（内河）生产用码头泊位数量一览表（按吨级分）

表2-2-44

2008年，单位：个

港口名称	300~1000吨级（不含1000）	1000~3000吨级（不含3000）	3000~5000吨级（不含5000）	5000~10000吨级（不含10000）	1万~3万吨级（不含3万）	3万~5万吨级（不含5万）	5万~10万吨级（不含10万）	10万吨级及以上
合计	16155	18177	98	42	54	15	35	18
嘉兴		3	2	1	11	3	1	
宁波-舟山		116	57	25	31	10	29	18
其中 宁波港域		52	29	17	20	10	24	13
其中 舟山港域		64	28	8	11		5	5
台州		18	23	6	2		2	
温州		30	16	10	10	2	3	
杭州	390							
宁波内河	15							
嘉兴内河	550							
湖州	651	10						
绍兴	3							
兰溪	6							
青田	3							

第三节 全国港口普查

一、第一次全国港口普查

根据交通部〔1986〕交函计字149《关于开展全国港口普查工作的通知》的精神，即第一次全国港口普查工作精神，浙江省对省辖范围内港口进行了一次普查。普查资料截止日期为1985年年底。1985年浙江省各地市港口统计情况见表2-2-45，浙江省分地区港口情况见表2-2-46。

浙江省各地市港口统计一览表

表2-2-45

所在地市 \ 港口个数 \ 吞吐量	1万~10万吨		10万~20万吨		20万~50万吨		50万~100万吨		100万~200万吨		200万~500万吨		500万~1000万吨		1000万吨以上		总计	
	河港	海港	河港	海港	河港	海港	河港	海港	河港	海港	河港	海港	河港	海港	河港	海港	河港	海港
杭州	5		3		7		1		1		1				1		19	
嘉兴	5		5		7		2		5		1	1					25	1
湖州	2		2		5		4		3		2		1				19	
绍兴	2				4		2		1		1						10	
宁波	18	8	3	1				1	1					1			22	11
舟山		12		4		1												18
台州	3	8	3	2	2	1											8	12
温州	18	8	2		1	4											21	13
丽水	5				1												6	
金华					1												1	
衢州	4		1														5	
总计	62	36	19	7	28	6	9	1			5		1	1	1		136	55

1985 年浙江省分地区港口统计一览表 表 2-2-46

所在地区	水系			1 万~20 万吨	20 万~50 万吨	50 万~100 万吨	100 万吨以上	合计
浙东北地区	内河	长江水系	苕溪	1	2	3	4	10
			杭嘉湖水网	16	10	2	8	36
		京杭大运河			3	2	1	6
		钱塘江水系		12	7			19
		杭甬运河		3	2	1		
		甬江水系		18		1	1	20
	海港			25	1	1	3	30
浙中地区	内河	椒江水系		6	2			8
	海港			10	1		1	12
浙西南地区	内河	瓯江水系		15	2			17
		鳌江水系		6				6
		飞云江水系		4	1			5
	海港			8	4		1	13
海港共计				43	6		5	55
总计				124	35	10	22	191

(一)港口规模及设施

全省 191 个港口自然岸线总长 704.83 公里,泊位总数 3643 个,码头总长 79700 米。其中生产用泊位 3597 个,码头总长 78169 米;内客运泊位 263 个,码头共长 7071 米。利用自然岸坡装卸段长 48.2 公里。交通部门拥有的生产用泊位数 1448 个,占总数的 40.3%;物资部门泊位数 2149 个,占 59.7%。按海河港分时,海港共有生产用泊位 461 个,码头总长 19305 米,内客运泊位 81 个,码头共长 2916 米。泊位组成按靠泊能力分时,100 吨级以下泊位 88 个;≤100~500 吨级泊位 209 个;≤500~1000 吨级泊位 78 个;≤1000~10000 吨级泊位 65 个;10000 吨级以上泊位 10 个。其中最大泊位为宁波港北仑作业区的 10 万吨级矿石中转码头。

河港生产泊位共 3136 个,码头共长 58864 米。内客运泊位 182 个,码头共长 4495 米。按泊位靠泊能力分,50 吨级以下泊位 1305 个,550~100 吨级的 1094 个,100~300 吨级泊位 722 个,300 吨级以上泊位 15 个。

全省港口中,交通部门仓库 144.1 千平方米,堆场 756.3 千平方米;装卸机械 1813 台,最大起重能力 36.5 吨;客运房屋建筑面积 49.4 千平方米,内候船室 22 千平方米;港作船舶 128 艘,其中拖轮 31 艘。

(二)码头结构及用途

全省 3597 个生产用泊位中,简易码头泊位占 26.0%,斜坡码头占 2.4%,浮码头占 4.81%,栈桥码头占 1.5%,直立式码头占 65.4%。码头用途多为通用性,配有专用装卸机械的专用码头占极少数。

（三）港口吞吐量、货物分类及流向

1985 年,全省 191 个海河港口的货物吞吐量为 9581.7 万吨,其中进口 4530.9 万吨,出口 5050.8 万吨;沿海 55 个港口的货物吞吐量为 2596.1 万吨,占 27.1%;内河港的货物吞吐量为 6986 万吨,占 72.9%。据全省年吞吐量在 20 万吨以上港口统计资料分货类吞吐量为:矿建材料 2867 万吨,占总数 33%;煤炭 1317.7 万吨,占 15.2%;石油占 8.7%;金属矿石占 2.6%;钢铁占 3.4%;水泥占 2.8%;木材占 1.8%;非金属矿石占 12.4%;化肥及农药占 3.2%;盐占 0.8%;粮食占 4.0%;其他占 12%。

矿建材料是本省居首位大宗水运物资,其中又以杭嘉湖地区的砂石料、石灰石和绍兴曹娥江一带的黄砂为主,流向上海、江苏及省内各大城市。煤炭是本省居第二位的大宗水运物资。杭嘉湖地区用煤多由上海经内河运入数量达 400 万吨/年以上,沿海地区用煤多从北方诸港直达或从上海港、宁波港水运中转,中转运量达 200 万吨/年以上。

是年,全省港口旅客吞吐量 7969 万人次。全省外贸物资吞吐量 346.9 万吨,其中进口 228.3 万吨,出口 118.6 万吨。主要货类有金属矿石、钢铁、水泥、木材、化肥及农药等。

（四）港口经营及管理

浙江省港口中宁波港为交通部直辖,温州、舟山、海门、温溪和杭州 5 个港口由交通厅航运管理局管辖,并设有港务管理机构,其余港均无专门港务管理机构,少量由交通部门建设的码头由当地航管部门兼管。港口装卸多由货主自行安排或由集体装卸单位承担。此外,绝大多数港口名称均系按此次普查要求首次命名,港口管理体制还有待改革健全。

二、第二次全国港口普查

（一）概述

普查的标准时间为 1996 年 12 月 30 日。普查范围为位于国家境内江、河、湖、海及人工运河、水库沿岸的全部港口以及专用码头。普查对象为在国家境内注册的港口企业和从事港口生产活动的所有单位(包括厂矿企业、物资部门专用码头和合资经营的港口生产单位)。渔港、船厂、水厂、地方轮渡、海洋工业供应基地等码头,原则上未列入本次港口普查范围之内,但兼营商港业务的部分均纳入普查。

为保证港口普查的顺利实施,浙江省交通厅会同省统计局成立了港口普查协调领导小组,负责领导、协调港口普查工作;下设港口普查办公室,负责港口普查的具体组织与实施工作,各市(地)也成立了相应的港口普查机构。

本次普查将全部港口或港口生产单位按年货物吞吐量的大小区分为三类:交通部门年货物吞吐量在 10 万吨及以上的港口填报甲表;非交通部门年货物吞吐量在 10 万吨及以上的港口生产单位填报乙表;其他港口或港口生产单位填报丙表。

（二）主要数据成果

至 1996 年年底,浙江省港口主要汇总数据如下:

(1)全省有港口 139 个,其中沿海港口 34 个、内河港口 105 个。沿海港口按地市分布为:宁波市 12 个,温州市 9 个,嘉兴市 1 个,绍兴市 1 个,台州市 10 个,舟山市 1 个。内河港口按地市分布为:杭州市 19 个,宁波市 10 个,温州市 2 个,嘉兴市 25 个,湖州市 21 个,绍兴市 8 个,金华市 3 个,衢州市 3 个,丽水地区 9 个,台州市 5 个。

(2)全省有港口生产单位 1810 个,其中沿海港口生产单位 464 个、内河港口生产单位

1346 个。沿海港口生产单位按地市分布为：宁波市 182 个，温州市 87 个，嘉兴市 3 个，绍兴市 1 个，台州市 46 个，舟山市 145 个。内河港口生产单位按地市分布为：杭州市 169 个，宁波市 18 个，温州市 9 个，嘉兴市 475 个，湖州市 589 个，绍兴市 36 个，金华市 7 个，衢州市 4 个，丽水地区 18 个，台州市 21 个。

(3)全省有生产用码头泊位 6152 个，其中沿海 986 个、内河 5166 个；码头长度 214304 米，其中沿海 48643 米、内河 165661 米。

(4)沿海港口码头泊位按吨级分：1000 吨级以下泊位 768 个，码头总长度 26892.4 米；1000 ~ 10000 吨级泊位 181 个，码头总长度 13082.7 米；10000 吨级及以上泊位 37 个，码头总长度 10231.1 米。

(5)内河港口码头泊位按吨级分：500 吨级以下泊位 3204 个，码头泊位总长度 106241 米；500 ~ 1000 吨级泊位 19 个，码头泊位总长度 620 米；1000 吨级及以上泊位 4 个，码头泊位总长度 239 米。

(6)全省港口货物吞吐量为 26110.9 万吨，其中沿海 11898.21 万吨、内河 14212.69 万吨。外贸吞吐量 3641.48 万吨，集装箱吞吐量 22.67 万 TEU。

(7)全省港口旅客吞吐量 3711.34 万人，其中沿海 2982.87 万人、内河 728.47 万人。

(8)全省港口通过能力为：货物 30071.7 万吨、旅客 419 万人。其中沿海通过能力货物 15717.1 万吨、旅客 3037 万人；内河通过能力货物 14354 万吨、旅客 1582 万人。其中杭州市通过能力货物 22 万吨、旅客 1084 万人；宁波市通过能力货物 9660 万吨、旅客 1003 万人；温州市通过能力货物 1117 万吨、旅客 362 万人；嘉兴市通过能力货物 7082.7 万吨、旅客 32 万人；湖州市通过能力货物 488 万吨、旅客 150 万人；绍兴市通过能力货物 599 万吨；金华市通过能力货物 100 万吨、旅客 98 万人；衢州市通过能力货物 46 万吨、旅客 125 万人；丽水市通过能力货物 126 万吨、旅客 57 万人；台州市通过能力货物 1017 万吨、旅客 59 万人；舟山市通过能力货物 2912 万吨、旅客 1649 万人。

三、第三次全国港口普查

(一)概述

本次普查，浙江省有 2500 多家港口企业、近 6000 个码头泊位纳入本次港口普查范围。

(1)普查的标准时间为：港口基础设施、设备及港口经营人现状的调查时点为 2008 年 6 月 30 日；港口吞吐量的调查时期为 2008 年 9 月 1 ~ 30 日、2008 年 1 月 1 日至 2008 年 6 月 30 日和 2007 年；港口生产能源消费的调查时期为 2008 年 1 月 1 日至 6 月 30 日。

(2)普查范围为全国范围内(港、澳、台地区暂不列入)具有船舶进出、停泊、靠泊、旅客上下，货物装卸、驳运、储存等功能，具有相应码头设施的所有港口。渔港和军港兼营商港业务的，其商用业务部分纳入普查。

(3)普查对象包括法定的从事港口生产活动的港口经营人、船厂、港口管理部门及使用港口岸线、陆域和水域的涉港管理部门。

(4)普查内容涉及港口基本情况、设备设施和生产能源消耗情况等。

(二)主要数据成果

(1)全省有沿海港口 4 个：嘉兴、宁波 - 舟山、台州、温州。内河港口 9 个：杭州、宁波内河、嘉兴内河、湖州、绍兴、兰溪、衢州、丽水、青田。各港口 300 吨级以上海轮(内河)生产用码头泊位共计2054个。其中,300~1000吨级1615个;1000~3000吨级177个;3000~5000吨级98个;5000~10000吨级42个;1万~3万吨级54个;3万~5万吨级15个;5万~10万吨级35个;10万吨级及以上18个。

(2)全省港口经营单位共2828个。其中嘉兴港港口27个;宁波-舟山港港口438个;台州港港口109个;温州港港口191个;杭州港港口577个;宁波内河港港口22个;嘉兴内河港港口876个;湖州港港口437个;绍兴港港口142个;金华兰溪港港口4个;青田港港口5个。

(3)全省港口生产用装卸机械情况。码头前沿装卸机械共3248台,其中起重机械1644台,输送机械618台,专用机械986台。库场机械6167台。水平运输机械1115台。

(4)全省沿海港口船厂设施情况。船厂58个,船坞52个,船台122座,舾装码头69座。

第三章 省级主要施工企业

浙江省水路省级施工企业主要成立于中华人民共和国初期,均为国有企业。1978 年改革开放后逐步下放给地方管理。

第一节 航道施工企业

一、浙江航道工程公司

浙江航道工程公司为原来的浙江航道工程队,隶属于杭州交通投资经营公司。其成立于 1953 年,在册正式职工为事业编制,独立经济核算,主营业务为航务工程,兼营公路工程。1953~1958 年,由浙江省航运局主管,称谓航运局工程队;1958~1960 年,由浙江省交通厅主管,称谓交通厅工程队;1960~1965 年,改称大运河指挥部;1966~1971 年,先后由浙江省交通厅、浙江省交通邮政局主管,称谓港道工程队;1972~1983 年,由浙江省航运局主管,称谓浙江航道工程一队;1984~1989 年,改称为浙江航道工程队;1990~1993 年 6 月,由杭州市交通局主管,称谓不变;1993 年 7 月~1996 年 3 月,主管不便,称谓浙江航道工程处、浙江航道工程公司;1996 年 4 月至 2001 年,主管不便,称谓杭州公路工程处五队、浙江航道工程处、浙江航道工程公司。

2002 年至今,改用现称,2003 年起隶属于现公司。1990 年,浙江航道工程队曾获得建筑企业航务二级资质,多项工程被评为优质工程并获奖。

二、浙江航道疏浚工程处

浙江航道疏浚工程队,为原来的浙江航道疏浚队,成立于 1953 年,是自收自支的事业单位,隶属于杭州市交通资产经营有限公司,在册正式职工均为事业编制。1978 年后,为适应市场经济形式,增挂杭州港航工程公司(属企业)牌子。主营业务为交通工程施工,具有港口与航道工程施工总承包二级,港口与海岸工程、桥梁工程、航道工程专业承包二级资质和船舶修造乙级资质。

第二节 海港施工企业

一、浙江海港工程公司

浙江海港工程公司,前身为浙江省交通厅工程局第一工程队,于 1958 年 4 月成立,时称“浙江省交通厅码头工程队”。1964 年改名为“浙江省交通厅航运管理局港道工程队”,下设 3 个分队,沿海地区由一、二分队承担施工任务,杭嘉湖地区由三分队承担。1968 年,3 个分队分别改名为浙江省航运管理局第一、二、三港道工程队。1974 年合并,改为“浙江海港工程队”。1988 年 8 月划归宁波市交通委员会,队址镇海区五里牌沿江边,从事全省港口、码头、滑道、防浪堤、公路桥梁等大中型交通工程建设,下辖 4 个工区,及预制场、船队、车队、车间等。

1990 年末，浙江海港工程队共有职工 483 人。主要机具设备有架高 50 米、43 米打桩船各 1 艘，60 吨浮吊一艘，440 ~ 990 马力拖轮 3 艘，440 吨级方驳船 1 艘，华运汽车 16 辆，年产 1 万立方米钢筋混凝土预制场 1 座，配有 60 吨龙门吊 1 台，拌和楼 1 座，QU – 80 和 SP – 10 型工程钻机 4 台，及其他常规建筑施工器械。固定资产原值 2265 万元，年施工产值 2010 万元，利润 188 万元。

1993 年 8 月，该工程队由事业单位转为企业，改名为"浙江海港工程公司"。1995 年 4 月，与宁波路桥工程公司合并，组成"宁波交通工程（集团）公司"。2000 年 9 月析出改为今名，成为宁波交通工程集团下属子公司，具有独立法人资格和专业承包三级资质，可通过宁波交工集团以一级资质实施工程总承包，包括码头、堆场、陆域构筑物、船坞、船闸、水下地基及基础、海上航标、栈桥、海岸工程、河海航道整治、吹填造地、水下开挖与清障、水下炸礁以及港口装卸设备与通航建筑设备安装等。

2010 年，拥有主要工程船舶 19 艘，价值 13447 万元；钢管、预应力钢筋混凝土预制和 PHC 高强混凝土管桩预制厂 3 家，固定资产 12039 万元，年总产值 5.0 亿元，员工 269 人。

二、宁波海通疏浚工程有限公司

宁波海通疏浚工程有限公司前身为"宁波港清航队"，1956 年成立。1958 年改名为"宁波港挖泥队"。1960 年又更名为"宁波港航道工程队"。1979 年归属省航运管理局，改名为"浙江海港疏浚队"。1988 年 8 月划归宁波市交通委员会，系浙江沿海航道工程三级施工单位，兼营水路丙级测量和码头拆装，下设海港船舶物资供应站、路林基地开发办公室。

1994 年 3 月改名为"浙江江海工程总公司"，下设疏浚工程公司、拖驳公司、港口工程公司、测量队、船舶修理车间、宁波市江海建材工程公司、宁波市海港船舶物资供应公司、宁波市新潮商场等。

2000 年完成改制并改为"宁波海通疏浚工程有限公司"，主营港口及码头建造、沿海、内河航道疏浚、测量、吹填、围垦等工程，兼营货物储运中转业务，具有港口、航道与海岸工程专业承包三级资质。

2010 年，资产总值 3800 万元，有各种抓斗挖泥船和起重船等配套辅助设备船舶 19 艘，年疏浚能力大于 500 万立方米，年生产总值 4000 万元，成为浙江沿海航道、航务工程主要专业施工单位之一。

三、浙江海洋工程有限公司

浙江海洋工程有限公司的前身为浙江交通厅工程局打捞组，1952 年成立，后扩建为浙江省交通厅打捞队。1964 年划归省交通厅海运管理局。1988 年 8 月划归宁波市交通委员会，系独立核算事业单位。担负浙闽沿海打捞救助及港口航道清障物，主管水下工程、泵船建造、疏浚吸泥，承担中小型固定码头、机电设备维修及微特电机研制。下设大刀队、疏浚队、工程队、水泥泵船预制车间、机电维修车间、维特电机研究所 6 个部门。

1990 年末，共有职工 407 人。主要机具设备有各种工程船 6 艘，大小汽车 5 辆，各种机电设备 11 台，仪器、仪表 11 台，固定资产原值 1125 万元。

2001 年 12 月改制，称为"浙江海洋工程有限公司"。公司资质主项港口与航道工程施工总承包二级，增项市政公用工程施工总承包二级、城市给水排水工程专业承包二级、港口与海岸工程专业承包二级、航道工程专业承包三级、打捞救助三级企业。主要从事港口与航道工程、市政工程、港工建筑、航道疏浚、陆域吹填、打捞救助、路桥工程、陆上及水下穿越江河湖海大口径长距离管道敷设、水电安装等业务。

2010年年底，资产总值15197万元，一般经营项目为：航务航道工程（含航标）；疏浚吹填及筑坝工程；码头建造；水下工程（含水下炸礁清礁）；打捞救助；市政工程；路桥工程建筑；机械、机电设备安装；港口给排水工程；水泥趸船等。从业人员619人。

2006～2010年浙江省万吨级码头数量（不含洋山港区）如图2－3－1所示，1998～2010年浙江省港口货物吞吐量情况如图2－3－2所示，1998～2010年浙江省港口集装箱吞吐量情况如图2－3－3所示。

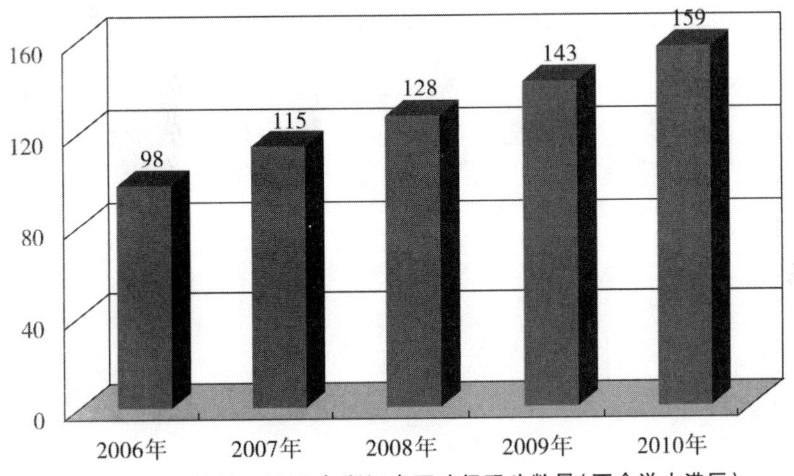

图2－3－1　2006～2010年浙江省万吨级码头数量（不含洋山港区）　（单位：个）

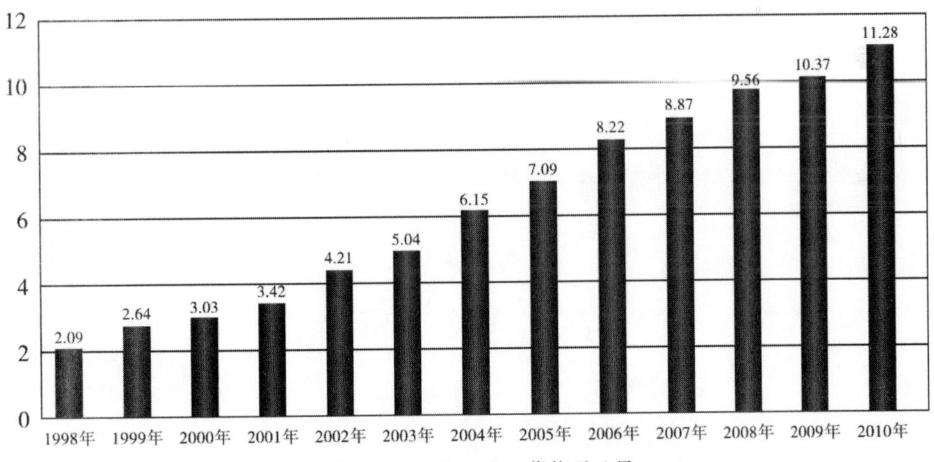

图2－3－2　1998～2010年浙江省港口货物吞吐量情况　（单位：亿吨）

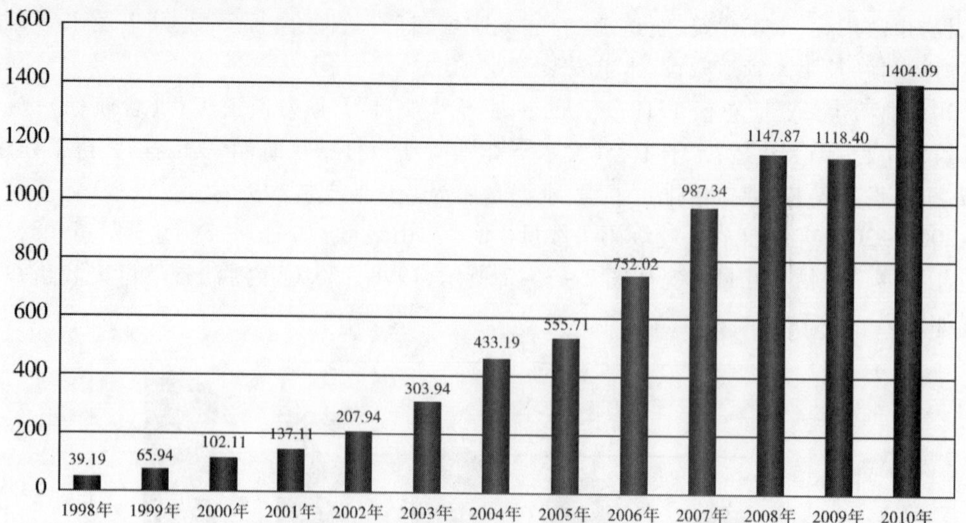

图 2-3-3 1998~2010 年浙江省港口集装箱吞吐量情况 （单位:万 TEU）

第三篇　道 路 运 输

远古时期，浙江先民们在求生存和发展中走踏出来的原始小道，通过后人的开辟修筑，成为了陆路交通的主要通道，为道路交通运输提供了最基本的条件。春秋开始，随着陆上道路的逐渐发展，道路交通运输亦随之发展。历代古道、邮驿道的修筑，为道路交通运输发展创造了条件。春秋和秦汉时期，浙江境内的道路主要运输为战争所需要的粮草兵马，同时也为朝廷管理和百姓生活需要提供服务。东晋南朝时期，境内的陆路交通在两汉、东吴的基础上有所发展，以杭州为中心的陆路交通网络开始形成，道路交通运输也得到相应的发展。唐朝时期，朝廷大量修筑驿道，沿途设置驿、馆，为商贸繁荣创造了良好的时机和交通条件。南宋时，临安(今杭州)作为南宋都城，更加重视道路交通建设，使浙江境内陆上道路通道比唐代及北宋时要多，而且更加宽畅。时驿、馆、亭的设置更加普遍，因临安府是首都，故界内馆驿分布甚密。元代，境内驿道以陆路为主，官用交通以马和马车为主要工具。明、清时期，境内的道路交通运输情况与唐宋元基本相近。明清时，浙境设置驿站增多，共有邮驿道14825里(不含海路)，其中陆路9755里，为道路运输发展提供了良好条件。

民国初期，浙江的道路客货运输主要依靠人力肩挑背驮，畜力驮拉。民国11年(1922年)12月，浙江省会杭州出现汽车运送旅客之后，人们对道路交通运输的观念发生巨大变化，修筑道路、购买汽车的积极性大增。从此，浙江道路交通运输发生巨变。民国12年10月省境第一条公路通车和第一家长途汽车公司正式营运，掀开道路交通运输新篇章。后越来越多的公路修筑完成，通车里程不断增多，通车线路不断开辟，新的汽车运输公司不断成立，道路客货运输从逐渐使用汽车发展到大多使用汽车。民国26年全省省营线路占63.70%，商营线路占35.10%，营运汽车总数达到725辆，除山区县份和岛屿外，省内4/5的县可通汽车。道路运输企业和道路交通设施也有所发展。抗日战争期间，浙江公路运输遭受日寇摧残，公路交通设施损毁严重、支离破碎。至抗战胜利前夕，通车公路减少，营运汽车仅剩几十辆。1949年5月3日杭州一解放，杭州市军事管制委员会即派军代表接管浙江公路联合运输处及其客货汽车。5月底，全省各地相继解放，部分长途客运线路陆续恢复。对私营长途汽车公司按原有经营范围扶助其恢复营业。新中国成立以后，省内的道路运输业有了很大发展。

1978年12月中共十一届三中全会召开以后，尤其是1983年起进一步实行开放政策，打破单一所有制和省营全省公路客运旧格局，全面开放了道路运输市场，各地区、各部门、各行业一起干，国营、集体、个人一起上的方针政策指导下，调动了社会各界兴办道路运输业的积极性，运力迅速增长，客货运输量大幅度提高。道路运输基础设施建设大大加快，道路运输企业迅速增多。21世纪初开始，道路运输业由传统运输业向综合运输、现代物流转型升级，发展迅猛。

第一章 道路运输工具

浙江古代陆路交通比较落后,处于辅助和从属的地位。先秦时期,浙江已有一定数量的车、马、牛等交通工具。后在较长时期内,道路运输一直采用人力、人力车、畜力车等工具。民国时期浙江境内出现第一辆机动车后,道路运输工具除了传统的工具以外,现代道路运输工具得到使用且数量不断增加。中华人民共和国成立后,尤其是1978年改革开放之后,现代道路运输工具形式种类发生很大变化,数量猛增,质量提升,性能改善。至2010年底,全省机动车数量达1140余万辆。

第一节 古代运输工具

古代道路运输工具是指在没有修筑公路之前,在驿道,在城市、乡镇和农村用石子、石条或石板铺成的道路上,或在山区开辟的用石块、石沙铺成的狭窄道路上从事客货运输的工具,主要有车、马、牛、轿等。

一、车

(一)人力车

1. 独轮车

独轮车亦称羊头车,羊角车,江北车,鹿车,是一个轮子向前滚动,形如辘轳,用人力推动的车,如图3-1-1所示。两晋、南北朝,多次战争都用大批独轮车运送军粮。明嘉靖年间(1522~1565年)独轮车始出现于常山至玉山的道路上,是玉山人所有。最多时,每天通过的有1500辆之多。

清末,一种木轮圈外包铁箍的独轮车从安徽传入浙江境内。这种车能载货300~600市斤,或载客2~4人。缺点是速度慢,只宜于短程运输,且易使路面受损。因此,政府在常山至玉山的道路上多次立碑禁止。清末及民国初期,这种独轮车在省内各地开始传播开来。但独轮车在公路上仍禁止通行。直到20世纪20年代后,由硬木车轮改用为胶皮轮,才广泛使用于公路和县乡之间的道路上,为水运、公路、铁路起集散作用。独轮车以金华、衢州、丽水地区为多,一般均由农家自备,以运输为副业,或作农业生产运输之用。抗日战争期间,由于汽车少,汽油来源断绝,独轮车曾经一度成为主要的运输工具。

20世纪50年代初期,独轮车改造了车辆结构,使用仍占一定优势。50年代后期随着双轮人力车的发展,独轮车逐渐被双轮人力车所替代。1970年,独轮车在浙江几乎匿迹。但独轮车在农村尤其是在山区农村,直到2010年仍有在用。

2. 黄包车

黄包车即二轮载客人力车,又称“东洋车”,俗称黄包车,可载人载货,主要用于运客,如图3-1-2所示。黄包车车轮初为木制,外包铁皮,滚动有声,有损路面。后改弹性车轮,车轮改成钢丝轴承,充气胎,有钢片弹簧悬挂装置。起初车内可容乘客2人,后车身改小只可容1人乘坐。黄包车由车行置备,按日按时收取租金,车夫则是城镇贫民,或流入城市的失业者，以此谋生。

图3－1－1　独轮车（羊角车）

图3－1－2　黄包车

清光绪30年（1904年）7月前，黄包车传入浙江境内，首次见于温州（表3－1－1）。同年7月，温州开办人力车行，从上海购入几辆铁皮包裹的木轮黄包车，仿制了50辆，在温州城区营业。清宣统2年（1910年）传入杭州。而后逐渐在浙江其他各地城区内先后出现。20世纪50年代末，随着三轮脚踏车的出现，黄包车逐渐被淘汰。

浙江各地市始有黄包车一览表　　表3－1－1

地市	时　间	备　　注
宁波	民国4年（1915年）5月	数量1辆
温州	清光绪30年（1904年）	50余辆
杭州	清宣统2年（1910年）	数量无记载
舟山	民国8年（1919年）1月1日	20年代有橡皮轮黄包车30辆
金华	20世纪20年代初	数量无记载
绍兴	民国13年（1924年）	数量无记载
台州	民国14年（1925年）12月	黄岩商人许镐等办起为数30辆的公司
嘉兴	民国初期	嘉兴嘉善等城镇均有。嘉善飞龙车行自制黄包车15辆
衢州	清末	数量无记载
湖州	民国17年（1928年）	数量无记载
丽水	民国时期	全区各县均有出现

3. 板车

图3－1－3　全国劳动模范朱启芳与他的板车（摄于1951年）

木制车身，车轮有木制和铁制两种，用双手推拉前进，车身较短，车速缓慢。后改为胶皮车轮、胶质气胎，可负载300～500公斤。清同治13年（1874年）传入浙江宁波城区。民国22年（1933年），温州城区中山路（今公园路）黄包车行老板庞显儒自制一辆板车，车架、车斗、车轮均为木质，可负载150公斤。民国25年车轮改为橡皮包胎，可负载360公斤。随着小型机动货车增加，板车逐年减少。至2010年，板车在农村小镇上，偶尔还能见到，如图3－1－3。

（二）畜力车

畜力车是由马、骡、驴等牲畜为牵引力构成的

车。浙江出现畜力车始于先秦时期,至今某些山区农村偶尔仍可见到畜力车。

1. 马车

马车是古时主要的交通工具和军事装备。单辕两轮车是马车的通用形式,常用两马至四马牵引。春秋越国盛行车战,马车充当主要的军事装备和交通工具。越王勾践至甬东,停车秣马于车厩(今余姚市)。公元前210年,秦始皇东巡会稽(今绍兴),乘金根车(又名金辂车),前有导从车,后有百官乘的81辆属车。南宋时,京都临安(杭州)城中的天街上有许多马驾的街车运送游览观赏的男女,这种游览车至元代还有。

中华人民共和国成立初期,浙江湖州德清县三桥搬运站从南京购置10辆马车在德清西部山区经营运输。20世纪50年代,衢州地区马车主要以军用和农场使用较多。现代交通发展后,马车在浙江已是罕见。

2. 牛车

车身木架四轮,前两轮灵活,随牛牵动运行。浙江境内偶有使用牛车搬运沙石、盐场拉盐和其他物品。民国时期,浙江台州个别从事搬运装卸的单位和个人仍使用牛车拉货。

中华人民共和国成立后,慈溪庵东盐场使用牛车短途拉盐非常普遍,多时有1000余辆。1958年"大跃进"期间,金华市在市区首先推行使用牛车,用于解决因短途运量大,运力不足的问题。20世纪60年代使用牛车曾兴一时,70年代基本停用。至2010年,牛车偶尔能在旅游区见到。牛拉列车如图3-1-4所示。

图3-1-4 牛拉列车自动卸料

3. 毛驴车

以毛驴作为拉车的牵引力,用于代步和运货。浙江使用毛驴车的地方不多,只有在湖州境内安吉孝丰山区和台州部分地区曾经使用毛驴车。毛驴车在民国时期较为多见,2010年浙江境内基本绝迹。

二、畜

(一)马

古代,马是重要的交通出行工具。在浙江,以马代步,自古就有。浙江境内骑马出行最早何时出现,无从考证。南齐时期,就有人骑马游杭州西湖。自唐朝开始骑马出行逐渐普遍。唐朝诗人白居易的《代卖薪女赠诸妓》:"乱蓬为鬓布为巾,晓蹋寒山自负薪。一种钱塘江畔女,著红骑马是何人。"可见一斑。五代时骑马更为普遍。后梁龙德3年(923年,吴越国大宝16年),吴越国"畜马三万余匹,号曰'海马'",后人因而名其地为"西马塍"(今杭州马塍路一带)。宋元两代用马更多。元代实行站赤站户制,称驿站为"站赤",额定养马服役。当时浙江境内共设置马站43个,共配马1720匹。杭州配马数量有10匹。明永乐时(1403~1424年),常山县的商营旅舍,备有骡马出租,清代还有骡马店与官驿并存。开化县华埠镇,清光绪年间还有马行,钱塘江流域有供旅客使用的骡马。

清代杭州在吴山驿、浙江驿配马30匹,马夫14人。至民国3年(1914年)杭州有30名北方人，以养马营生，有马24匹，在今湖滨一带兜揽生意，供游客乘骑。杭州市政府于民国36年明令禁止。新中国成立后，马已不再是交通出行的主要工具。然而，在某些山区或道路崎岖狭窄的小路上运送货物，仍利用马来驮拉。在许多旅游区配有马供游客乘骑租用。

（二）骡驴

古代浙江民间有用骡或驴代步。骡驴代步最早始于何时，无记载可证。唐代浙江境内在驿道上用马也有用驴。而用骡驴运货则是明代始有。且只在几条货运繁忙的路段出现，并不普遍。永乐年间，常山县的民间旅舍、安吉州北门外徽州人所开的饭铺，都养有骡，以供客商往来运货之用。浙江民间用骡驴运货，首先出现在常山至玉山这条道路上，是玉山骡马行置备。清乾隆年间（1736～1795年），玉山骡驴在这条路上行动的就有3000多头，以骡为多数，骡驴背上置一个货架，可负重150～200市斤，1个人可驱赶20～30头骡驴。清朝间，新昌至天台间驿站共备驴10头作驿运工具。骡马不仅用来运货，而且也有少量的利用骡马来完成运送旅客。

1949年10月1日中华人民共和国成立后，在常山等山区利用骡驴运驮货物偶尔仍可见到。2010年，骡运驮石料等建筑材料的现象，在许多旅游景区建设中仍可见到。如杭州在西湖景区建设中，就有使用骡来运驮石料。

（三）牛

除了以马、骡或驴代步外，浙江农村在短途外出时，也有直接骑牛代步去做客，但数量很少。古代用牛代步记载不详。东晋南朝时曾以牛取代马而成为这一时期公私车辆的主要动力。民国时期用它作动力拉车进行货物运输，经常可以见到。20世纪70年代以后，牛不再是重要的交通工具，但仍有其重要的使用价值。

三、轿

浙江在秦朝时有了轿，并以轿作为一种行旅工具。南宋时，由于马的来源少，而江南道路泥泞，不利马行，故朝廷诏百官乘轿，驿道上也开始以轿为官用交通工具，自此轿普遍起来。浙江大多数县境内多山，道路崎岖，交通不便，故轿子使用很多。清末民初时期，轿子的使用更为普遍。

（一）官轿

官轿为古时文职官吏所专用，浙江官轿始于南宋高宗时期，朝臣上朝、出退时可坐轿，驿站也配有官轿。官轿做工精细，装饰华美，轿身也比较大，按照官位品级乘坐8人轿、4人轿、2人轿。清道光间，道台以上乘绿呢金顶8人抬的轿，知县乘红漆朱顶蓝呢4人抬的轿。知县要到各乡巡视，当时的县乡道路，4人大轿必可通过。巡抚、按察使要到各府县巡察，府与府、县与县之间的主要道路，8人大轿必可通过。8人大轿通过时鸣锣喝道，前呼后拥，如有障碍物，就要立即清除，不容挡道。乡间百姓亦有以官轿扛抬“菩萨”出游“祈求赐福”。1911年辛亥革命推翻清王朝以后，官轿不再使用，1949年中华人民共和国成立后绝迹。

（二）小官轿

小官轿又名小轿或便轿，形同彩轿，木架篾壁，外表棕黑色，木制轿壳，形似立箱，四周幔帘，左右有布窗，前帘可掀起，以便出入。供1人乘坐，2抬2扛，乘者多为士绅商贾，也为医生、妇孺乘坐。浙江平原地区也常作百姓作客、进香、请医时的代步工具。1966年文化大革命时作为“四旧”清除淘汰。

（三）花轿

花轿又名彩轿、喜轿，系民间婚娶供新娘乘坐的轿子。花轿轿身长方体，为木竹精制，雕龙刻凤，装饰华丽，上有顶盖，四周围有帘幕，彩绸装潢，制作讲究。花轿一般为轿行所有，结婚迎亲之日租用。一般以 4 人抬行，少数 2 人抬行，个别豪绅富贾为显耀门庭，以 8 人抬杠。旧时民间习惯将女子出嫁不坐花轿引为耻辱，故有的男女两家近在咫尺，也要坐着花轿兜一个圈子才进男家。20 世纪 30 年代后，浙江各地的轿行均以出租花轿为主。至 50 年代，这种古老的代步工具基本消失。1966 年"文化大革命"时作为"四旧"被清除。

浙江的花轿历史悠久，制作讲究，精工细雕。至今保留在宁波市宁海十里红妆博物馆的一顶花轿——万工轿（图 3－1－5、图 3－1－6），曾在 2007 年 4 月 16～20 日，作为中国非物质文化遗产代表作品之一，参加由国家文化部主办的非物质文化遗产艺术节在法国巴黎联合国教科文组织总部举行的展出。

图 3－1－5 万工轿局部图

图 3 1 6 民国万工轿图

（四）小轿

小轿又名凉轿、青衣轿或乌壳轿，一般竹制。营业性的小轿由轿埠置备，用 2 人抬，四周用青布遮盖，绿色油布盖顶可以防雨。轿门有上下 2 个轿帘，两边镶有玻璃或明瓦，可以观望。民国期间使用普遍，民国 4 年（1915 年），浙江杭州菜市桥、慈云两处有轿埠，配有小轿 10 余座。1966 年淘汰。

（五）椅子轿

椅子轿竹制，形如椅子，有坐式、卧式，农村多置之，用于接送老弱者。直至 2010 年，山区仍有使用，许多旅游景点作为代步工具使用。

（六）藤轿

藤轿形如躺椅，以竹制成框架，编以藤皮而成，三面垂帷，前挂布帘，多用于客运。民国 5 年（1916 年），农历八月十八日，孙中山先生偕夫人宋庆龄及蒋介石等 10 人乘火车在周王庙站下车，随后各乘坐轿子到盐官观潮。观潮后，"总理以蓝呢大轿不便浏览沿途情状"而换用藤椅作轿，乘坐至长安上车。这种轿子至 2010 年在许多旅游景点可租用作为代步工具。

（七）庳子轿

庳子轿又称篼，也有称为二板轿或椅轿，是民间特别是山区百姓通用的代步工具。用绳子将 3 块木板缀成一座垫，一踏脚，一靠背。轿座形似躺椅，左右两边穿扎直径 8 厘米，长丈余（约 4 米）的杠棒，用两杠、两轿夫抬行，轻巧灵便，尤适于山区崎岖小路使用。《唐会要舆服上》记载："大和6年(852年)6月……胥吏商贾妻，并不得乘奚车及檐子，其老疾者，听乘苇舆车及篼笼，舁不得过2人。"1950年前，山区妇幼老弱走亲访友，士绅富商游山玩水乘坐篼笼甚为普遍。21世纪初期，丽水地区各县山民进城求医亦有沿用。

（八）山轿

山轿多见于湖州山区，一般为2抬2扛，藤编座椅，顶上以蓝布遮阳。民国期间武康莫干山麓的庾村设有轿行，共有山轿100余顶，专供游客上山乘坐。1966年7月，公路筑至莫干山山顶，小汽车可驶抵，山轿渐被淘汰。

（九）眠轿

眠轿用木或竹制成，乘者可卧其中，冷时可盖被，故又称被笼。用长杠贯穿上部抬行，重心低而稳，乘坐舒适。2010年，此桥在农村山区偶见使用。

（十）香轿

香轿是专供上山进香拜佛香客乘坐的轻便小轿，浙江舟山普陀山最为常见。此桥形如靠椅，上无顶盖，轿前可放香。2010年，此桥在普陀山仍可见到。

四、其他

旧时古道运输除了使用车、马、轿外，就是采用人力肩挑抬扛，有时也采用手提背驮。人力肩挑抬扛、手提背驮进行运输使用的工具包括扁担、竹杠、箩筐和布袋等。扁担、竹杠均由毛竹或木头削制而成，箩筐和布袋通过人工编织和缝制而成。较轻小的货物运送，可通过手拎肩背即可完成；对于较大或较重的货物，则可经1人挑或数人抬，将货物运送到目的地。采用人力进行货物运输，一般仅用于短途运输。古时常用的简易运输工具，在当今运输工具比较先进的情况下，有时由于受区域环境、条件等限制，仍能发挥其不可替代的作用。

第二节　现代道路运输工具

汽车的出现，改变了人们的出行方式和道路运输方式，有力地推进了社会经济的发展。民国时期，浙江汽车全系进口。民国24年(1935年)全省拥有各类汽车718辆。1949年新中国成立后，浙江道路运输工具发展迅速，尤其是1978年实行改革开放政策之后，各种机动车辆迅猛增加。至2010年，浙江省的道路运输工具展现形式多样、功能齐全、性能完善。浙江省机动车数量增加到11434697辆。

图3-1-7　20世纪30年代省公路管理局双层客车

一、机动车

（一）客车

客车是以人为运载对象的交通工具。浙江1917年始有1辆小轿车，见表3-1-2。20世纪30年代浙江省公路管理局的双层客车如图3-1-7所示。2010年，全省拥有各种类型客车4508344辆。

浙江各地市始有客车时间一览表 表 3－1－2

地市	时 间	备 注
杭州	民国 6 年(1917 年)	小轿车 1 辆
宁波	民国 14 年(1925 年)	小轿车 1 辆
温州	民国 13 年(1924 年)	“Nash”牌小型客车 1 辆
嘉兴	民国 17 年(1928 年)6 月	客车 4 辆
湖州	民国 9 年(1920 年)	美式吉普车 1 辆、福特牌轿车 1 辆
绍兴	民国 14 年(1925 年)6 月	旧客车 2 辆
金华	民国 21 年(1932 年)8 月	客车 2 辆
衢州	民国 17 年(1928 年)	大客车 4 辆,轿车 3 辆
舟山	民国 34 年(1945 年)9 月	数量无记载
台州	民国 21 年(1932 年)	“雪佛兰”客车 3 辆
丽水	民国 22 年(1933 年)11 月	“雪佛兰”小客车 2 辆

1. 公路客车

公路客车分为长途客车和短途客车。民国 12 年(1923 年)浙江境内始有长途客车。民国 14 年,浙江官办省营首开长途客车 20 辆,汽车全系进口,厂牌以福特、雪佛兰为多。20 世纪 70～80 年代,浙江公路客车厂牌以解放、钱江、吉尔、吉斯、道奇等为主。90 年代营运客车厂牌以东风、解放、浙江、黄河等为主。1992 年,全省拥有 20 座以上营运空调大客车 361 辆、13626 客位,其中国产 104 辆、4824 客位。浙江各地市公路营运客车始有和 2010 年拥有量见表 3－1－3。

浙江各地市公路营运客车始有和 2010 年拥有量一览表 表 3－1－3

地市	时间和数量	2010 年
杭州	民国 11 年(1922 年)冬,杭州宝华汽车行、永华汽车行拥有大小客车 7 辆	8533 辆
宁波	民国 18 年(1929 年),数量不详	5260 辆
温州	民国 23 年(1934 年),数量不详	6954 辆
嘉兴	民国 17 年(1928 年)6 月,客车 4 辆	1950 辆
湖州	民国 14 年(1925 年)7 月,客车 7 辆	1849 辆
绍兴	民国 14 年(1925 年)6 月,旧客车 2 辆	4087 辆
金华	民国 15 年(1926 年)3 月,客车 2 辆	4080 辆
衢州	民国 17 年(1928 年),大客车 4 辆	1765 辆
舟山	民国 34 年(1945 年)9 月,数量不详	1206 辆
台州	民国 21 年(1932 年)4 月,数量不详	4715 辆
丽水	民国 22 年(1933 年)11 月,2 辆“雪佛兰”牌小客车	1630 辆

2. 公交客车(城市客车)

浙江杭州在1922年冬开通第一条公共交通线,时有8辆公交车,公交客车座位最多的一辆有10个座位。2010年,浙江省拥有公交客车6988辆。

3. 轿车

民国6年(1917年)浙江境内始有轿车,2010年,浙江省拥有轿车163267辆,其中私家车152139辆。

4. 无轨电车

浙江境内只有在杭州市区内有无轨电车作为公共汽车行驶。1961年4月26日,浙江第一条无轨电车线路在杭州建成通车,共拥有电车23辆,车型为上海产SK561,其中铰接式无轨电车3辆。之后车辆逐年增加。随着美化城市市容的需要,杭州市区减少电车数量,至2010年,仅存无轨电车35辆。

5. 游览客车

供乘客游览、观光乘坐的客车。座位间距较大,乘坐舒适,视野广阔,一般都有通风、取暖和制冷设备。高级的长途游览客车还有卧铺、卫生间、厨房和文娱室等。2010年,浙江省拥有浏览客车219914辆。

6. 出租车(计程车、的士)

民国11年(1922年),浙江省杭州城内已有客车出租业务。杭州永华汽车行兼营出租小轿车,车型主要是美国晨风牌小汽车。1958年,杭州市区出现一种名叫"惠康牌"的小汽车,此为浙江省最早出现的等同于现在意义上的出租车,共有7辆。这种出租车被戏称为"香宾"(香港贵宾)车。1984年起,出租汽车客运业持续快速发展,几年时间便形成一定规模。在出租汽车数量增多的同时,出租汽车服务区域和服务对象也在不断扩大。2010年,浙江省共有出租车38704辆,主要厂牌是红旗、桑塔纳、捷达、帕萨特、现代索纳塔等(表3-1-4)。

浙江各地市出租车始有和2010年拥有量一览表 表3-1-4

地市	时间、地点和数量	2010年	地市	时间、地点和数量	2010年
杭州	1922年,杭州城内,数量不详	10215辆	金华	无查考	3332辆
宁波	1982年,宁波市区内,3辆	5381辆	衢州	1992年,城区,数量不详	791辆
温州	1967年,温州市区内,4辆	7631辆	舟山	1980年,普陀山,数量不详	1358辆
嘉兴	1985年前,具体时间和数量不详	2031辆	台州	1986年,数量不详	3157辆
湖州	20世纪80年代中期,个体经营,数量不详	1501辆	丽水	20世纪90年代初,个体经营,数量不详	760辆
绍兴	1984年,越城区,数量不详	2547辆			

(二)货车

1. 普通货车

民国11年(1922年),"杭余公司"购置旧货车1辆,为浙江省有货车之始。民国15年,浙江只有几辆货车,少量行李货物均由旅客随身携带或放在客车的行李架上。民国16年末,全省拥有各种类型大小营业汽车161辆,其中萧绍段有行李车3辆。民国25年,省营运输部门拥有货车66辆,货车厂牌以利和、雪佛兰、福特和贝特福特为主。1949年刚解放时,全省拥有大型货车758辆。2010年,全省拥有普通载货汽车596956辆,其中营运货车466026辆(表3-1-5)。

浙江各地市公路营运货车始有和2010年拥有量一览表 表3-1-5

地市	时间、地点和数量	2010年	地市	时间、地点和数量	2010年
杭州	1922年、余杭、旧货车1辆	75508辆	金华	1932年、境内、数量不详	87529辆
宁波	1930年、境内、数量不详	67573辆	衢州	1928年、境内、34辆	12556辆
温州	1934年、温州、数量不详	50001辆	舟山	1950年12月，定海，2辆	10924辆
嘉兴	1956年、境内、1辆	32806辆	台州	1934年，境内、1辆	67300辆
湖州	1933年、境内、3辆	15638辆	丽水	1934年11月，境内、1辆	13896辆
绍兴	1933年、境内、数量不详	32295辆			

2. 危险货物运输车

1996年前，浙江省内危险货物运输没有单列统计，也无可查资料证明始于何时，1996年末，浙江省有危险货物运输车辆745辆，4760吨位。其中交通部门拥有60辆，183吨位。2010年，浙江全省拥有危险货物运输车12646辆，148993吨位(表3-1-6)。

2010年浙江各地市拥有危险货物运输车一览表 表3-1-6

地市	辆	吨位	地市	辆	吨位
杭州	2316	24494	金华	1032	8696
宁波	2440	48994	衢州	791	16347
温州	1961	7776	舟山	308	1847
嘉兴	823	10230	台州	1231	10160
湖州	537	3192	丽水	402	3023
绍兴	805	14234	合计	12646	148993

3. 集装箱运输车

1980年3月，浙江省汽运公司温州、金华两分公司与金华火车站联合开办金华至温州集装箱公铁联运，配置了集装箱运输车，此为浙江有集装箱运输车之始。随后，宁波、杭州等地集装箱运输迅速发展，集装箱运输车也随之迅速增加。2010年，全省拥有公路集装箱运输车16398辆(表3-1-7)。

浙江各地市公路集装箱运输车始有和2010年拥有量一览表 表3-1-7

地市	时间和数量	2010年	地市	时间和数量	2010年
杭州	1985年2月，2辆	602辆	金华	1988年10月，数量不详	175辆
宁波	1980年10月，数量不详	9975辆	衢州	2002年，10辆	48辆
温州	1980年3月，数量不详	603辆	舟山	1998年，2辆	3361辆
嘉兴	1983年12月，2辆	938辆	台州	1995年，33辆	439辆
湖州	2004年，7辆	67辆	丽水	2007年，20辆	76辆
绍兴	1994年，2辆	114辆	合计		16398辆

4. 大型物件运输车

1996年之前，浙江已有大型物件运输车，具体数量不详。1996年，全省有大型物件运输车58辆（杭州7辆，绍兴1辆，衢州1辆，台州47辆，舟山2辆），其中交通部门拥有25辆，非交通部门33辆。

2010年，浙江省拥有大型物件运输车1185辆。其中杭州376辆，嘉兴13辆，宁波7辆，金华677辆，衢州6辆，丽水5辆，温州75辆，台州2辆，舟山24辆。

5. 商品汽车运输车

2001年之前，浙江已有商品汽车运输车，具体数量不详。2001年，全省共有商品汽车运输车12辆，其中宁波1辆，温州11辆。2009年，全省拥有商品汽车运输车88辆，2010年增加到140辆。

6. 挂车

挂车是指本身无动力，独立承载，依靠其他车辆牵引行驶的车辆，有全挂车和半挂车之分。浙江境内使用挂车运货始于1953年11月，在金华武义杨家用"吉斯"车配1.50吨挂车拖挂运输碲石。1956年，浙江自己制造挂车用于运输，时有货挂16辆，1958年有客挂25辆、货挂848辆。2010年，全省共有挂车31401辆，其中集装箱挂车16330辆，大件运输挂车723辆，危险品挂车4230辆，普通挂车19辆。

（三）其他

1. 拖拉机

以燃烧柴油的内燃机为动力，形式有轮式、履带式、手扶式3种形式。民国16年（1927年），浙江杭州萧山湘湖垦区的国立第三中山大学劳农学院从美国引进两台大型拖拉机用于农场土地试行机耕，这是浙江境内始有拖拉机。之后，各地先后陆续出现拖拉机用于农耕。

2010年，全省拥有拖拉机378943辆，全部为个人所有。在农村、小集镇仍有拖拉机搭客运货现象。如图3-1-8、图3-1-9所示。

图3-1-8 大型拖拉机

图3-1-9 小型手扶拖拉机

2. 摩托车

浙江有摩托车始于20世纪30年代，大多为军用，不到10辆。民国35年（1946年），全省有摩托车16辆，民国36年全省有50辆，民国37年全省有93辆。20世纪50年代末有几百余辆，大多用于公安、交通、邮电部门。1980年初，私人开始购置摩托车（双轮）作为代步工具，发展迅速，时全省拥有摩托车5241辆。1990年有162557辆，2000年有1840464辆。2010年，全省拥有各种摩托车5583876辆，其中5551879辆为个人私有，见表3-1-8。

浙江各地市第一辆摩托车出现时间一览表 表 3-1-8

地市	时 间	备 注
杭州	20 世纪 40 年代	4 辆,均为军用
宁波	1954 年	捷克产"嘉华"型,数量无记载
温州	民国 24 年(1935 年)6 月 24 日	永嘉城区鼓楼下鸿飞车行老板郑星儒从上海购买摩托车 1 辆
绍兴	1962 年	侧三轮摩托车 5 辆
金华	1938 年	东阳县国民抗战自卫团军官使用 1 辆
丽水	20 世纪 40 年代	数量不详。2010 年全市拥有 329069 辆
舟山	1950 年	1 辆,用于军事通信
湖州	1949 年后	1971 年,共 31 辆,用于公安、邮电
嘉兴	1960 年	嘉兴公安局二轮摩托车 1 辆
衢州	1958 年	2 辆,邮电局用于递送特种邮件
台州	20 世纪 60~70 年代	均为交通、公安、邮电、体委等部门用车,数量无记载

3. 简易机动车

一种以小功率汽、柴油机为动力,传动系统及灯光仪表结构较简单的三轮或四轮(图 3-1-10)交通运输工具。货物载重量为 1 吨以下,经改装亦可载客。简易机动车车身装有铁木质车厢,以供装货载客。驾驶室一般装有遮阳布,以避雨雪。1956 年,机动三轮车(卡)始在浙江宁波出现。此后有许多县搬运公司利用旧汽车轮轴进行改装成 6 马力机动三轮车,主要用于码头、城区等短途货运。后来个体户用于短途旅客运输。大部分是安吉产的天目山牌,也有飞彩、幸福、仁国、乘风、三环、九华山、西湖、风雷等牌号。见表 3-1-9。

图 3-1-10 三轮货车

浙江各地市第一辆机动三轮车出现时间一览表 表 3-1-9

地市	时间	备 注
杭州	20 世纪 50 年代末	杭州市三轮车服务处自制 10 辆
宁波	1956 年	4 座机动三轮客车
温州	1958 年	温州市航运公司购买 8 辆上海产 58-1 型半吨三轮机动车
绍兴	1963 年	数量无记载
金华	1967 年	1967 年金华县红卫运输公司自制第一辆前驱动三轮机动板车
丽水	1964 年	县搬运公司利用旧汽车轮轴改装成 6 马力机动三轮车 3 辆
舟山	1965 年	数量不详
湖州	20 世纪 80 年代初	数量不详
嘉兴	1965 年	平湖乍浦搬运站购上海牌 1 吨三轮小货车 1 辆
衢州	1967 年	型号为上海牌"小三卡"、金华产"小飞马",数量不详
台州	1981 年 1 月 6 日	数量不详,椒江

1983 年 5 月 5 日,苏溪首先出现一辆 0.40 吨位的"飞燕"牌三轮简易机动车,办理公路客货运输。1984 年,随着小商品市场的兴起,机动三轮车大量发展,成为公路和乡间大道的主要运输补充工具。1995 年后,因为城市公共交通建设的发展,城区机动三轮车数量开始大

幅度减少。

二、非机动车

1. 胶轮手拉车(双轮钢丝车)

钢圈橡胶车胎,内胎充气,车身长约1.40米,宽0.90米,可负载500千克。民国23年(1934年),橡皮气胎的手拉车在杭州始现。胶轮手拉车(图3-1-11)在民国至解放后的一段时期内,在城区和农村各地为运送货物起到很大的作用。胶轮手拉车解放后有了较快发展,1966年全省有15.70万辆,1976年发展到36.50万辆,大多从事城镇码头、车站和田间小道的货物运输。2010年,在农村和小集镇偶尔仍能见到使用胶轮手拉车拉货物。

图3-1-11 胶轮手拉车

2. 人力三轮车

以脚踏启动行进,有载货、载客两种。载货的后面轮上装货架。载客的车,后两轮上装车斗,形状似黄包车斗,可坐2人。1956年之后浙江省各地逐步淘汰黄包车,代之而起的人力三轮车,既有载客的车,也有载货的车。至2010年,全省各地市县集镇均有人力三轮车从事客货营运,数量无考。

3. 板车

板车又称大塌车或钢丝车,板身木制车身,车轮有木制和铁制两种,用双手推或拉前进,车身较短,车速缓慢。后逐渐改为胶皮车轮。清同治13年(1874年)传入浙江宁波城区。1949年后,板车发展很快。80年代中后期,为改变市区道路条件,不准板车进入城区主要街道。90年代,随着小型机动车增加,板车逐渐减少。至2010年,在农村和小集镇,偶尔仍可见到用板车拉运货物。

4. 自行车

自行车又称脚踏车。清朝光绪年间,自行车在浙江杭州出现,成为浙江有自行车之始见表3-1-10。后各地陆续出现。国产自行车生产规模扩大以后,成为民众走亲访友、上下班的代步工具。开始在城镇使用,逐步扩大到乡村。民国期间,全省数量已超万辆。70年代后发展迅速,进口车淘汰,同时国产凤凰、永久、海狮、飞花、大雁牌等大量增加。

浙江各地市第一辆自行车出现时间一览表　　表3-1-10

地市	时间	数量	地市	时间	数量
杭州	清朝光绪年间	不详	湖州	民国15年(1926年)	不详
宁波	民国初期	不详	衢州	民国17年(1928年)	1辆
温州	清末	不详	舟山	民国22年(1933年)	不详
绍兴	清末(1911年11月)	1辆	丽水	20世纪20年代	不详
台州	民国15年(1926年)	1辆	嘉兴	民国24年(1935年)	54辆
金华	民国元年(1912年)	1辆			

1989年,自行车大多是凤凰、永久牌28寸自行车,购买人络绎不绝。1992年,山地车、跑车、赛车等新型自行车逐渐热起来,车身变得五花八门,成为年轻人喜爱的代步工具。2006年5月底,杭州市主城区自行车注册数250万,实际使用150万辆。同年6月1日,根据《浙江省实施〈中华人民共和国道路交通安全法〉办法》第二十二条规定,交警部门对自行车取消上牌制度。杭州最后一块自行车牌——CK1666。

是年,大量折叠的新式自行车上市,深受一些有车族的喜爱,时兴开车到户外再做骑车运动。由于取消上牌制度,自行车数量无考。

2008年5月,杭州市开始运营城市公共自行车,数量2000辆。2010年,浙江省拥有城市公共自行车6.11万辆。

5. 电动自行车

指以蓄电池作为辅助能源在普通自行车的基础上,安装上电机、控制器、蓄电池、转把闸把等操纵部件和显示仪表系统的机电一体化的个人交通工具。中国电动自行车1985年诞生。1999年,电动自行车允许注册上牌。此后,电动自行车逐渐发展成为居民上下班的主要代步工具。2003年8月,浙江温州严禁电动自行车在市区行驶。2006年5月底,杭州主城区在册数量达到了40多万辆。

第二章　客货运输

浙江公路通车之前，道路运输采用的方式不是肩挑抬扛，就是车拉马驮轿抬。民国12年（1923年）浙江境内第一条公路通车之后，道路运输发生质的飞跃，机动车运力运量发展，运输方式呈现多样化。整个民国时期，道路运输虽有一定发展，但发展速度非常缓慢，尤其是在抗日战争时期，全省4/5的公路被毁，通车线路大幅减少，客货运输汽车所剩无几。1949年中华人民共和国成立后，随着公路建设的迅速发展，通车里程增加，道路客货运输事业也迅速发展起来。1978年改革开放政策推进道路运输业迅猛发展，个体（联户）运输发展更快，1986年个体（联户）运输户拥有各种机动车辆126935辆。2010年，全省营运汽车508055辆，在全国排名第8位，其中营运客车42029辆、1285221客位，在全国排名分别列第6位和第4位。公路客运量215708万人、旅客周转量8820351万人公里，在全国排名分别列第5位、第6位。全省各类营运货车拥有466026辆、2057280吨位，在全国位列第8位、第11位；货运量103394万吨，货物周转量12987139万吨公里，在全国排名均列第10位。

第一节　道路旅客运输

浙江道路客运早在唐代就有，当时客运主要依靠畜力车，大多是使用马车来承运。到了明代和清代，除了畜力车运客以外，还有用各种轿乘运客。随着现代机动车的出现和发展，道路客运逐渐发展到以汽车客运为主。到2010年，全省拥有营运客车80733辆、1458396客位，客运量达到215708万人、8820351万人公里。

一、班车客运

（一）线路

1. 普通客运线路

民国11年（1922年）冬，浙江杭州有了第一条客运线路——湖滨至灵隐，通车里程7.40公里。此线也是浙江第一条公交汽车线路。民国12年10月1日，浙江境内开通商营第一条长途客运线路：杭州至余杭，通车里程26.18公里。民国13年6月，余杭至临安化龙线路开通，通车里程43.83公里。民国14年12月6日，浙江省营的第一条长途客运线路钱塘江南岸江边至转坝一段线路通车营业。民国15年3月1日，杭州钱塘江南岸江边至绍兴全线通车营业，营运全线里程48.58公里。民国16年1~7月，嵊杉公司和宁长公司经营的嵊县至杉树潭、海宁至长安线先后通车。至此，浙江全省公路客运线路总里程达到335.29公里。浙江省初期通车路线见表3-2-1、图3-2-1。

1922~1927年浙江省初期通车路线一览表　　表3-2-1

经营单位	起止地点		承筑	通车公里		配车辆数	通车年月	附　注
	起	止		省营	商营			
永华公司	湖滨	灵隐	市		7.40	14	1922冬	
杭余公司	杭州	余杭	商		26.18	22	1923春	观音桥支线2.88公里不包括在内

续上表

经营单位	起止地点		承筑	通车公里		配车辆数	通车年月	附注
	起	止		省营	商营			
余临公司	余杭	临安、化龙	商		43.83	10	1924.6	逐段通车
余武公司	余杭	经彭公至上柏	商		39.77	15	1925.7	包括彭上段里程
	潘板	双溪						
瓶湖双公司	瓶窑	横湖	商		23.00	9	1925.7	
	塘埠	双溪						
嵊新公司	嵊县	新昌	省		14.89	2	1925.11	公路由省续筑完成
省道局	江边	绍兴至北海畈	省	48.58		49	1925.12	逐段通车
杭海公司	杭州	经乔司至五显庙	商		28.81	13	1926春	
	五显庙	胡家兜			18.28		1927.7	
	乔司	塘栖			23.71		1927.7	
杭富公司	杭州	富阳	商		39.17	22	1926春	留泗支线18公里不包括在内
嵊杉公司	嵊县	杉树潭	商		7	5	1927.1	
宁长公司	海宁	胡家兜	商		8.18		1927.7	海胡段转租与杭海公司通车
	胡家兜	长安			6.49		1927.7	胡长段租与宁袁公司通车
合计				48.58	286.71			
				335.29				

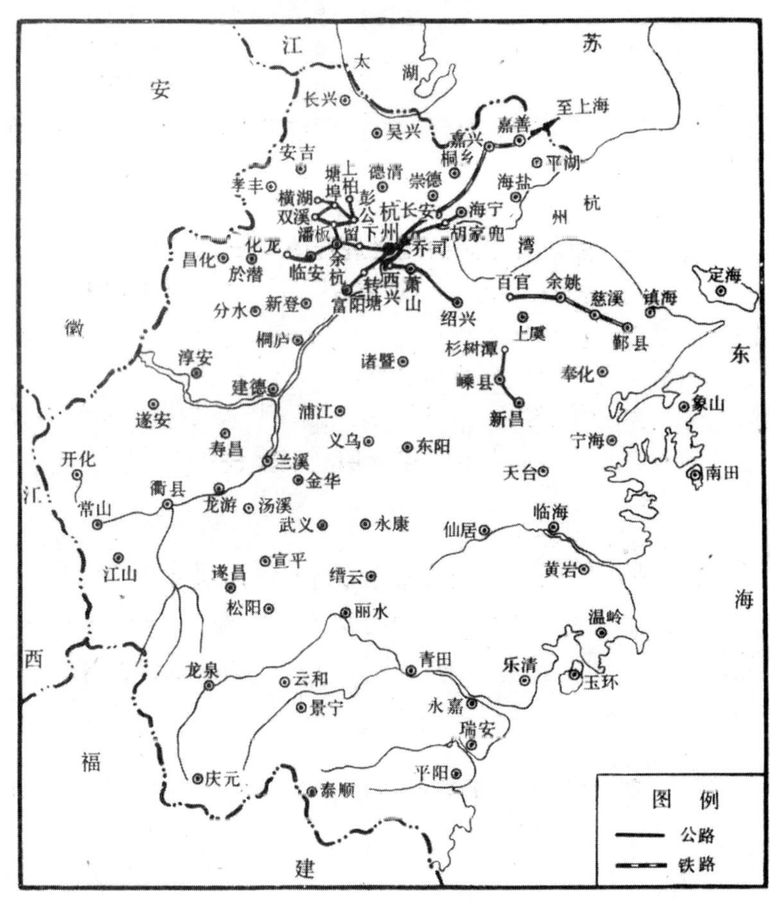

图3-2-1 1927年浙江通车营运路线图

民国17~26年(1928~1937年)的10年间,民国政府出于政府、军事等的需要,注重浙江公路交通运输建设,建成公路3307.38公里,先后通车开辟客运营运路线90条。详见"1928~1937年浙江客运通车线路表"(表3-2-2)。

民国26年(1937年)抗日战争爆发前,浙江省公路通车里程3716公里。是年6月,省营运输总共经营长途客运路线30条,长2303公里。占全省总营运里程的63.22%。

1928~1937年浙江客运通车线路一览表　表3-2-2

通车年	通车月	路段	起止地点	公里	附注
1928	6	宁袁	海宁经闸口—袁化	△28.33	商筑,1930年4月由省租营,其中海闸段23.50公里与杭乍并线
	8	市区一路	拱宸桥—三廊庙	△12.83	省筑省营,其中武小段与杭长并线
	11	常玉	常山—草坪	21.40	商筑商营,浙江境内里程
小计				62.56	
1929	1	绍曹嵩	绍兴五云门—嵩坝	33.90	商筑商营
		嵊长	嵊县—长乐	25.70	商筑商营
	4	萧绍接线	绍兴北海畈—五云门	3.76	省筑,1933年1月租给商营
		市区四路	湖滨—梵村	△13.69	省营与杭富并线
	5	鄞奉	鄞县—奉化	30.12	省筑,1932年12月租给商营
			江口—入山亭	19.13	省筑,1932年12月租给商营
	6	杭瓶	杭州小河—良渚	△12.00	省筑,省商同营,与杭长并线
			良渚—瓶窑	△9.00	省筑,省商同营,与杭长并线
		杭长	杭州—三轿埠	44.61	省筑省营,彭上段8.77公里未计在内
			三轿埠—莫干山	7.01	省筑省营
	10		三轿埠—吴兴	39.07	省筑省营
	12		吴兴—长兴	26.14	省筑省营
小计				264.13	
累计				326.69	
1930	4	杭乍	杭州—五显庙	16.58	省筑省营,沿海塘新筑为杭乍一段
			闸口—乍浦	45.89	省筑省营,为杭乍一段
		乍黄支线	乍浦—黄山	3.45	省筑省营
	5	衢广	江山—路亭山	27.90	官商合营　1933年11月收归省营
	10	临昌	临安化龙—淤潜	19.15	省筑省营　1936年6月租给商营
小计				112.97	
累计				439.66	
1931	1	衢广支线	江山路口—清湖	3.71	官商合营　1933年11月收归省营
	3	临昌	淤潜—昌化	19.26	省筑省营　1936年6月租给商营
	9	衢广	衢县—江山	37.83	官商合营　1933年11月收归省营
	11	衢广支线	淤头—峡口	20.47	官商合营　1933年11月收归省营
		长父	长兴—父子岭	20.82	省筑省营
	12	衢常	衢县—常山	41.80	商筑商营,1936年8月收归省营
小计				143.89	
累计				583.55	

续上表

通车 年	通车 月	路段	起止地点	公里	附注
1932	2	沧樟	衢县沧州—樟树潭	14.50	商筑商营
		杜黄	杜泽—黄甲山	15	商筑商营
	5	路椒	路桥—海门	14	省筑商租
	8	浦钟	浦江—郑家坞	25	商筑商营
	9	衢兰	衢县—兰溪	71	省筑商租 1933 年 11 月收归省营
	10	乍金	乍浦—金丝娘桥	21.12	省筑省营
		乍平	乍浦—平湖	12.51	省筑省营
小计				173.13	
累计				756.68	
1933	2	市区灵隐线	湖滨(延伸)迎紫路	0.60	市筑商营
	3	市区六路	湖滨—留下	△14.30	省营,与杭余并线
	4	永缙	永康—缙云	34	省筑省营
	5	昌昱	昌化—昱岭关	44.81	
		金武永	金华—永康及武义支线	61.30	商资省筑商营
		市区五路	湖滨—笕桥	12.14	省营(即原商筑杭海旧路一段)
		杭海(旧线)	杭州经乔司—五显庙	(减)28.31	商筑旧路杭笕段划为市路,笕桥段停止通车,齐五段并杭塘段由省租营
	6	长界	长兴—界牌	38	省筑省营,1936 年 6 月租给商营
	8	鄞镇慈	鄞县—观海卫	44.24	省筑商营
		金闵	金丝娘桥—闵行	46	向江苏省租用
	10	黄泽	黄岩—泽国	25.20	省筑商营
	11	东长	东阳—长乐	53.20	省筑省营
		义东	义乌—东阳	18.25	省筑省营,1934 年 2 月租给商营
		丽云	丽水—云和	59	省筑省营
小计				422.73	
累计				1179.41	
1934	1	嵩杉	嵩坝—杉树潭	38.45	省筑商营
		嵩新	渡头—章家埠 新西—大佛寺等支线	9.02	省筑商营(嵊新、嵊杉、嵩杉统一租给嵩新公司)
	3	常开	常山—开化	40.90	省筑省营
	4	江浦	江山—浦城	121.54	省筑省营其中枫浦段于同年 8 月 10 日向闽省补订合约
	5	宁穿	鄞县—穿山柴桥	41.06	省筑商营
		宁横	盛垫—横山	39.96	省筑商营
	6	富桐	富阳—桐庐	53.13	省筑省营
	7	桐建	桐庐—建德	45.50	省筑省营
		钓台支线	桐庐支厦—钓台	6.30	省筑省营
		建寿兰	建德经自沙—兰溪	80.70	省筑省营
		建淳威	白沙经淳安—威坪街口	82.10	省筑省营

续上表

通车年	通车月	路段	起止地点	公里	附注
1934		遂淳	遂安—淳安	27.80	省筑省营
		平嘉	平湖—嘉兴	27.80	省筑省营
		奉新	奉化溪口—新昌	58.31	省筑省营，1936年5月租给商营
		天目支线	藻溪—天目山	19.60	省筑省营，1936年6月租给商营
	9	仙都支线	缙云黄碧—仙都	7.84	省筑省营
	10	巍山支线	茶场—巍山	2.30	省筑省营
		东永	东阳—永康	57.40	省筑省营
		方岩支线	世雅—方岩	6.56	省筑省营
		云龙	云和—龙泉	75.90	省筑省营
	11	缙丽	缙云—丽水	39	官商合营
		三岩寺支线	丽水—三岩寺	1	官商合营
		南明山支线	丽水—南明山	1.85	官商合营
		新天临黄	新昌—黄岩	160.57	省筑省营，1936年6月租给商营
		国清寺支线	天台—国清寺	4.50	省筑省营，1936年6月租给商营
		金兰	金华—兰溪	28.03	省筑省营
		北山支线	金华—罗店北山	8	省筑省营
		丽青	丽水—青田	73.40	省筑省营
		青温	青田—永嘉清水埠	51	省筑省营
	12	玲珑支线	临安玲珑—玲珑山	1.98	省筑省营　1936年6月租给商营
		泽清温	泽国—港头	113.72	省筑省营
		雁荡支线	白溪—雁荡山	3.33	省筑省营
小　计				1328.55	
累　计				2507.96	
1935	1	鄞江支线	横涨—鄞江	9.70	省筑商营
		奉海	奉化—宁海	45.85	省筑商营
		镇骆支线	镇海—骆驼桥	13.50	省筑商营
		慈邱慈骆	慈溪至邱王、汉溪至骆驼桥	27.35	省筑商营
	3	观曹	观海卫—曹娥及浒山余周支线	93.13	省筑商营
	4	龙浦	龙泉—浦城	93.48	省筑省营
		象西	象山—西泽	18.64	省筑商营
	5	华婺	华埠经白沙—婺源	80.08	省筑省营
		遂松	遂昌—松阳	31.51	省筑省营
小　计				413.24	
累　计				2921.20	

续上表

通车年	通车月	路段	起止地点	公里	附注
1936	2	龙溪	龙游—溪口	23.92	省筑省营
	5	湖嘉	吴兴—平望	58	省筑商营
	10	杭善	临平—枫泾	92.60	省筑省营
		松碧	松阳—碧塑	46.21	省筑省营
小计				220.73	
累计				3141.93	
1937	3	遂开		66.79	省筑省营
	6	永瑞平		92.60	省筑商营
小计				159.39	
累计				3301.32	

注:①表内有△符号者,表示并线行车,有重复里程在内。

②表列公里数除个别外均系营运里程。

③表内有部分路线系县筑,也包括在省筑内。

民国26年(1937年)12月至民国34年8月,抗日战争期间。浙江道路交通运输受到严重创伤,多家商营公司停业,客运线路多条停运。此间,浙江道路交通运输主要由“华中铁道股份有限公司”(简称“华铁”)来经营。民国28年6月,“华铁”首先开行杭州至余杭客车;7月嘉兴至苏州通车;12月嘉兴至桐乡、长安至崇德通车。民国29年以后,杭州至湖州(吴兴)等线通车,前后营运过626公里路线。但“华铁”班车时开时停,并有部分路线被迫停驶。所以直到日本侵略军投降时,实际只维持455公里路线的断续行车。

民国32年(1943年)1月,丽浦路客运班车由龙泉延至南山,2月展通丽水。5月,省交通管理处特约商组捷成公司承营江山至浦城一线汽车运输业务。民国33年8月,常开淳线由常山延伸至江山。民国34年8月,日本侵略军无条件投降,华中铁道股份有限公司在浙境公路全部停驶(表3-2-3)。浙江交通管理处接收日伪有关公路运输资产,尽快恢复公路客货营运(图3-2-2)。9月30日,省营公路杭州市内湖滨至拱宸桥9公里路线恢复通车。10月10日,拱三线的湖滨至三廊庙4公里路线通车。是月,萧绍、杭徽等几家商营汽车公司恢复通车。

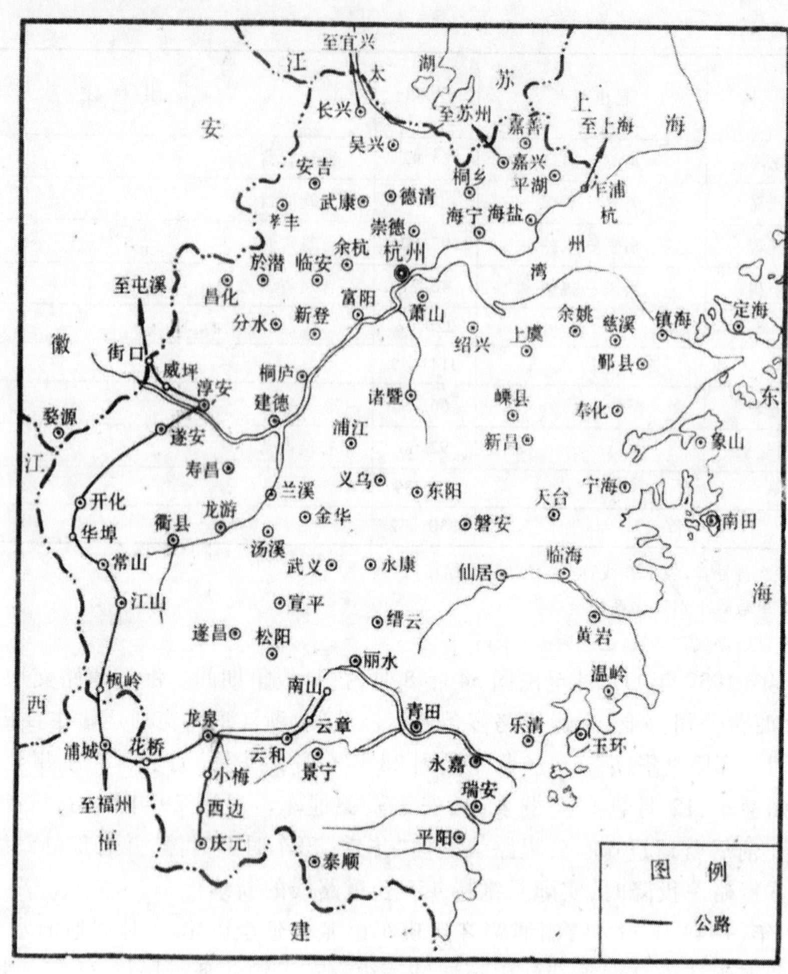

图 3-2-2　1945 年 8 月浙江通车营运路线图

华中铁道股份有限公司浙境公路通车情况一览表　　表 3-2-3

线　路	里　程（公里）	通车日期	行车班次（每日往返）	停驶日期
杭州—余杭	27	1939 年 6 月	2	1945 年 8 月
嘉兴—苏州	75	1939 年 7 月	4 ~ 7	1945 年 8 月
嘉兴—桐乡	28	1939 年 12 月	4	1945 年 8 月
长安—崇德	9	1939 年 12 月	3	1943 年初
杭州—吴兴(今湖州)	92	1940 年 1 月	1	1943 年初
钱江江边—萧山	10	1940 年 4 月	4	1945 年 8 月
湖州—长兴	27	1940 年 6 月	1	1943 年初
杭州—富阳	40	1940 年		1945 年 8 月
临平—塘栖	15	1940 年 10 月		1943 年初
嘉兴—平湖	29	1941 年 1 月		1945 年 8 月

续上表

线路	里程（公里）	通车日期	行车班次（每日往返）	停驶日期
萧山—绍兴五云门	41	1941 年 11 月	4	1945 年 8 月
湖州—南浔	35	1942 年		1945 年 8 月
平湖—乍浦	14	1942 年		1944 年
宁波—奉化	31	1942 年 5 月		1945 年 8 月
宁波—余姚	47	1942 年 5 月		1945 年 8 月
宁波—镇海	21	1942 年 5 月		1945 年 8 月
绍兴—曹娥	31	1943 年初		1945 年 8 月
金华—兰溪	24	1943 年 8 月		1944 年
余姚—百官	30	1944 年 9 月		1945 年 8 月
合计	626			

民国 35 年(1946 年)1 月,利用尚未铺轨的宁波至百官 90 公里、诸暨至兰溪 130 公里铁路路基,略加整修通行汽车。3 月 26 日,杭州至富阳、杭州至平湖、江山至浦城、丽水至浦城、永康至嵊县、江山至淳安、诸暨至江山等线均已通车;8 月 4 日,杭(州)乍(浦)间客运班车开通。4 月至 12 月间,湖滨至留下、湖滨至云栖、丽水至东阳等路线修复通车。省交通管理处主持恢复通车的省营公路,包括借用的铁路路基,共 1167.04 公里,连同浙南原通车的 534.64 公里(原龙泉至小梅段 45 公里已于 1945 年 9 月停运),总数达 1701.68 公里。在修复通车的省营路线中,由省交通管理处丽水区办事处自行办理营运的有丽水至浦城、丽水至东阳共 360.38 公里,江山区办事处自行办理营运的有江山至常山。12 月底,省营公路通车线路共有 21 条,通车里程为 1167.04 公里,详见表 3-2-4。

1946 年浙江省交通管理处恢复的省营公路通车线路情况一览表 表 3-2-4

线路	起止地点		公里	通车年月	附注
	起	止			
丽南	丽水	南山	18.04	1945.9	省交管处丽水区办事处自办
碧游	碧湖	龙游	151	1945.9	临时组织商车营运
江兰	江山	兰溪	110	1945.9	原由商车临时营运,后由一运处杭所代办
拱三	湖滨	拱宸桥	9	1945.9	租车营运
拱三	湖滨	三廊桥	4	1945.10	租车营运后由杭市公共接办
甬百	宁波	百官	90	1946.1	宁绍商车联营处及改组后民华运输行租营
诸兰	诸暨	兰溪	130	1946.1	原由兰诸商车营运,后由一运处杭所代办
湖留	湖滨	留下	13	1946.4	租车营运
湖云	湖滨	云栖	15	1946.4	原租车营运,后由杭市公共接办
丽东	丽水	东阳	132	1946.6	省交通管理处丽水区办事处自办
东长	东阳	长乐	53	1946.6	租车营运
杭富	杭州	富阳	39	1946.7	租车营运

续上表

线路	起止地点		公里	通车年月	附注
	起	止			
杭长	杭州	长乐	119	1946.8	委托一运处杭州业务所代办
杭海	杭州	海宁	48	1946.8	委托一运处杭州业务所代办
乍嘉	乍浦	嘉兴	42	1946.8	原租车营运,后托一运处杭所代办
海长	海宁	长安	14	1946.9	委托一运处杭州业务所代办
兰白	兰溪	白沙	48	1946.10	租车营运
三莫	三桥埠	莫干山	7	1946.11	委托一运处杭州业务所代办
长宜	长兴	宜兴	51	1946.11	委托一运处杭州业务所代办
富桐	富阳	桐庐	53	1946.11	租车营运
乍金	乍浦	金丝娘桥	21	1946.12	由华康公司租营
	合计		1167.04		

民国36年(1947年),浙江省共有客运营运公司23家,其中公营公司仅有浙江公路联营处1家,商营公司22家。全省公路通车里程2310.33公里。民国37年5月,19家抗战前开业的商营汽车公司复业,营运路线如表3-2-5所列。通车里程913公里。时有9家商营汽车公司通过租营线路进行客运。1948年1月起,杭州市公共汽车公司租营杭塘公司杭塘线43公里公路进行客运。租营线路里程共计1031公里。商营公司租营的路线详见表3-2-6。

抗战前开业的商营汽车公司复业后营运路线一览表(1949年4月) 表3-2-5

公司名称	路段		公里	复路通车年月	截至1948年底车辆数	每日行车班次(包括区间)	附注
	起	止					
萧绍 绍曹嵩	钱江 新昌	嵩坝 天台	87 60	1945.10 1948.5	91	82 4	1949年初钱嵩段改以杭州为起点
杭徽 余临	杭州 临安	临安 昱岭关	55 99	1945.10 1947.4	34	26	杭州至留下13公里与联营运输处共同行驶
金武永	金华	永康	62	1945.12	8	10	包括武义支线
永华	湖滨	灵隐	8	1946.1	7		10~15分钟一班
杭瓶 瓶湖双	杭州 瓶窑	瓶窑 双溪	21 25	1946.1 1946.1	10	16 16	杭州至彭公27公里与联营运输处共同行驶
鄞奉	宁波 奉化	奉化 新昌	59 58	1946.1 1946.12	43	36 10	
嵊长	嵊县	长乐	26	1946.2	9	10	
义东	义乌	东阳	18	1946.7	6	6	与联营运输处共同行驶
通运	宁波	松浦	35	1946.7	20	22	
苏湖嘉	嘉兴 湖州	王江泾 平望	16 58	1946.8 1946.8	21	13 13	嘉王段战前与金闵段互换,战后重又换回
嵩新	嵩坝	新昌	61	1946.11	14	26	
杭塘	杭州	塘栖	43	1946.11	5	6	1948.1由杭州市公共汽车公司租营

续上表

公司名称	路段		公里	复路通车年月	截至1948年底车辆数	每日行车班次（包括区间）	附注
	起	止					
浦钟	浦江	杨家	25	1946.12	2	4	1948.8由联营运输处接办
观曹	余姚	观海	38	1947.1	8	12	
	余姚	浒山	25	1947.7		8	
余武	余杭	彭公	13	1947.8	3	10	
宁穿	宁波	璎珞	21	1947.9	15	10	
合计			913		296	340	行车班次指固定班次

战后由商营公司租营的路线一览表(1949年4月) 表3-2-6

公司名称	成立或订约日期	路段		公里	通车年月	截至1948年底车辆数	每日行车班次（包括区间）	附注
		起	止					
民华	1946.1	宁波	百官	90	1946.1	40	37	利用铁路路基
杭州市公共汽车	1946.5	湖滨	云栖	15	1946.4		7	
		湖滨	城站	3	1946.6		隔10分1班	
		湖滨	宝善桥	4	1946.7		隔15分1班	
		湖滨	笕桥	12	1946.11	38	6	湖三、湖云线原由省租车行驶，于1946年9月才由杭州市接办。其中湖滨至梵村12公里与东南公司重复行驶
		湖滨	三廊庙	4	1945.10		隔6分1班	
		三廊庙	闸口	4	1947.2		隔20分1班	
		湖滨	玉泉游泳池	5	游泳池开放时通车		无记载	
华康	1946.12	乍浦	金丝娘桥	21	1946.12	2	无记载	
东南	1947.4	杭州	富阳	39	1946.7		12	杭富、兰白两线原由省租车行驶，于1947年3月，在该公司筹备期间先行接办。富桐段于1947年9月接办遂淳段通车不久又暂时停驶
		兰溪	白沙	48	1946.10		6	
		富阳	桐庐	53	1946.11		8	
		建德	淳安	73	1947.6	21	4	
		淳安	威坪	28	1947.8		4	
		桐庐	建德	46	1947.9		2	
		遂安	淳安	28	1948.5		无记载	
绍诸	1947.4	诸暨	娄宫	46	1947.7	7	8	诸娄段由联营运输处代办
		诸暨	街亭	10	1947.9		无记载	
萧山县道	1947.5	杭州	萧山	25	1947.7	2	12	二线均与联营运输处合办
		钱江	临浦	46	1947.7		14	

续上表

公司名称	成立或订约日期	路段 起	路段 止	公里	通车年月	截至1948年底车辆数	每日行车班次（包括区间）	附注
浙江	1947.9	丽水	龙泉	136	原已通车	30	2	三线均原由联营运输处营驶，于1947年10月由浙江公司接办
		东阳	长乐	53	1944.6		2	
		碧湖	龙游	151	1945.9		3	
余安孝	1947.12	横湖	孝丰	48	1947.12	4	只办货运	自1948年3月，与联营运输处共同行驶
合计				988		144	127	行车班次指固定班次

注：战后还成立过中新、姚江、余观3个汽车公司。中新公司租营鄞奉公司奉化至新昌一段路线；姚江、余观两个公司均系经营原观曹公司路线，三公司虽均向省建设厅申请备案，但省建设厅以应向原承租公司洽办，未予正式立案。1948年1月起，杭州市公共汽车公司，租营杭塘公司杭塘线43公里公路客运，因里程已列入杭塘公司，故此表未予再列。

1949年4月，浙江全省通车营业路线40余条，通车里程达2643公里（表3－2－7）。

战后浙江全省通车营业路线一览表（1949年4月） 表3－2－7

路线 起	路线 止	公里	附注	路线 起	路线 止	公里	附注
湖滨	灵隐	8		横湖	孝丰	48	
湖滨	玉泉游泳池	5		诸暨	娄官	46	
湖滨	城站	3		浦江	杨家	25	
湖滨	宝善桥	4		丽水	义乌	150	
湖滨	云栖	3	湖梵段与杭富线重复里程不计	丽水	龙泉	136	
湖滨	笕桥	12		东阳	长乐	53	
湖滨	闸口	8	其中湖滨至三廊庙原为拱三线之一段	金华	永康	62	包括武义支线
湖滨	拱宸桥	4	武小段与杭宜线重复里程不计	江山	浦城	129	
杭州	宜兴	177	包括三莫支线	衢县	华埠	68	
杭州	金丝娘桥	139		衢县	兰溪	72	
杭州	昱岭关	154		兰溪	白沙	48	
杭州	双溪	19	杭彭段与杭宜线重复里程不计	淳安	遂安	28	
杭州	塘栖	24	杭乔段与杭金线重复里程不计	碧湖	龙游	151	
杭州	萧山	25		嵊县	长乐	26	
杭州	威坪	239		宁波	新昌	117	
钱江	天台	208		宁波	松浦	35	
钱江	临浦	46		宁波	璎珞	21	
吴兴	嘉兴	91		宁波	百官	90	
乍浦	嘉兴	42		余姚	观海	38	
嘉兴	桐乡	28		余姚	浒山	25	
海宁	崇德	23					
余杭	彭公	13		合计		2643	

是年5月,杭州解放第三天,市区的1路(湖滨—拱宸桥)、6路(湖滨—留下)两线公共汽车恢复行驶。是月底,全省各地相继解放,部分长途客运线路陆续恢复。对私营长途汽车公司按原有经营范围扶助其恢复营业。至7月底,陆续恢复客货运输路线1443.50公里。

1952年1月,省交通厅与丽水、东阳县人民政府会商后,将私营浙江汽车公司甲乙丙丁四组交由省交通公司接收。丽水至龙泉、碧湖至龙游、东阳至长乐几线的客运业务由省交通公司负责经营。6月,公私合营鄞奉汽车公司归并于省交通公司杭甬运输段,并由宁波分公司统筹经营杭州至宁波、宁波至奉化、奉化至宁海、奉化至新昌各线旅客运输。7月,接办私营义东长途汽车公司经营的义乌至东阳客运业务。10月,接收私营瓶湖双公司经营的瓶窑至横湖、塘埠至双溪客运,使杭孝线的客运得到统一。同年开创定海至沈家门的海岛公路运输。年底,省交通公司经营的客运线路共19条,客运里程由成立之初的780.40公里增加到1912公里(表3-2-8),占当时全省客运总里程的71%以上。

1952年浙江省交通公司客运营业路线统计一览表 表3-2-8

路线	起止地点	公里	附注
临温	临海—温州	180	所列各线公里数已减去修正及重复里程。 ①包括按营运里程计算的甬百90公里铁路路基。 ②包括武义至溪里7公里。
杭甬	杭州—宁波	188①	
杭宜	杭州—宜兴	169	
三莫	三桥埠—庾村	7	
杭孝	杭州—孝丰	107	
塘双	塘埠—双溪	6	
杭乍	杭州—乍浦	118	
浦郑	郑家坞—墩头	48	
义东	义乌—卢宅	20	
鄞奉海	宁波—奉化—宁海	86	
鄞新	宁波—新昌	68	
定沈	定海—沈家门	25	
金丽	金华—丽水	118	
上宣	上茭道—宣平	67②	
丽龙	丽水—龙泉	138	
丽松	丽水—松阳	47	
龙遂松	龙游—松阳	105	
江浦	江山—建阳	242	
衢开	衢州—开化	106	
杭州市区	市区各线	67	
合计		1912	

1953年10月1日,浙江省交通公司开行金华至温州客运直达班车。1956年1月,开通杭州至南京跨省客运直达车,9月开通杭州至芜湖跨省客运直达车。

1961年,省营汽运部门开始整顿客货运输工作。开辟和延伸山区村镇线路,增设站点,加开县城、重要集镇至农村班车。并创设班车在农村过夜和开行定期集市班车。

1965 年底,省营汽车运输公司已有客运营运路线 310 余条。1966 年,全省道路客运路线长达 10239 公里。1972 年,全省道路客运路线 518 条,线路里程 11556 公里。1973 年 5 月 21 日,义乌经东阳、磐安、大磐、仙居至临海旅客班车开行。

1978 年 12 月,中国共产党第十一届三中全会召开。此后全省道路客运营运线路和里程迅速增加。1980 年 10 月,金丽温联合运输公司开行温州至丽水,金华和温州至瑞安、鳌江客运线路。1981 年底,省汽车运输公司客运线路已扩展到 1100 余条,总长达 1.80 万余公里。1982 年,省汽车运输公司开辟支农客运路线 27 条。1983 年,农村改革进一步深化,乡镇、村办企业发展,自产自销和长途贩运者增多。省汽车运输公司陆续把各线每日开行的长途和夜班客车班次增加到 1.20 万个,将客运里程延伸到 2.03 万公里。

1986 年 2 月,舟山定海鸭蛋山至镇海白峰的汽车轮渡码头建成,省汽车运输公司舟山分公司即开行定海至杭州、普陀至杭州班车。1990 年,全省道路客运营运班线共有 5859 条,线路里程 555307 公里。其中跨省线路 393 条,线路里程达 109608 公里;跨地(市)线路 1057 条,线路里程 109608 公里;跨县(市)线路 1462 条,128525 公里里程;县(市)内线路 1947 条,132085 公里里程。

2000 年,全省道路客运营运班线共有 8127 条,线路里程 1557511 公里。其中跨省线路 1689 条,线路里程达 935720 公里;跨地(市)线路 2325 条,线路里程 452727 公里;跨县(市)线路 4113 条,169064 公里里程;县(市)内线路 2566 条,70700 公里里程。见表 3-2-9。

1990~2000 年末浙江省道路客运营运班线一览表 表 3-2-9

年份	合计		跨省		跨地(市)		地(市)区内			
							跨县(市)		县(市)内	
	条	公里	条	公里	条	公里	条	公里	条	公里
1990	5859	555307	393	109608	1057	185089	1462	128525	2947	132085
1991	4441	502866	427	173832	913	170577	1050	73081	2051	85376
1992	5127	654738	725	300241	1195	216277	1266	71768	1941	66452
1993	4622	746025	668	376420	1167	240228	1164	85633	1623	43744
1994	5342	1007633	970	569945	1431	306435	1163	79271	1778	51982
1995	5616	1145882	1100	662673	1535	336378	1224	85397	1857	61434
1996	6615	1260034	1195	701346	1983	387590	1331	101519	2106	69579
1997	6997	1377619	1228	787326	2042	424441	1451	102021	2276	63831
1998	7057	1387648	1513	829358	2007	407550	1386	91441	2151	59299
1999	7449	1492336	1552	913265	2105	422117	1426	89870	2366	64404
2000	8127	1557511	1689	935720	2325	452727	1547	98364	2566	70700

2001~2005 年,第 10 个五年计划时期,浙江道路运输继续迅速发展。至 2005 年,全省道路客运营运班线 8102 条,线路里程 2135232 公里,营运线路里程增加 577721 公里;跨省线路 2291 条,比上年增加 5.77%,约为 2000 年的 1.36 倍。跨地(市)线路 1357 条,线路里程 312746 公里,约为 2000 年的 0.58 倍和 0.69 倍;跨县(市)线路 895 条,班线里程 62311 公

里,相比2000年大幅度减少,约为2000年的0.22倍和0.98倍。县(市)内线路3559条,91711公里里程,分别是2000年的1.39倍和1.30倍。

2010年,全省道路客运营运班线8713条。其中跨省线路2502条;跨地(市)线路1314条;跨县(市)线路746条;县(市)内线路4151条。见表3-2-10。

2001~2010年末浙江省道路客运营运班线一览表　　表3-2-10

年份	合计		跨省		跨地(市)		地(市)区内			
							跨县(市)		县(市)内	
	条	公里	条	公里	条	公里	条	公里	条	公里
2001	8548	2096840	1954	1347617	2422	555448	1781	125518	2391	68257
2002	9190	1994179	2059	1242874	2415	551250	1819	122248	2897	77807
2003	9400	2104933	2069	1340041	2484	564877	1922	123739	2925	76276
2004	7541	1902805	2166	1463047	1290	300686	886	68709	3199	70363
2005	8102	2135232	2291	1668464	1357	312746	895	62311	3559	91711
2006	8014	1987503	2198	1626499	1289	300897	824	60107	3703	
2007	8210		2243		1305		817		3845	
2008	8449		2374		1297		751		4027	
2009	8733		2451		1311		754		4217	
2010	8713		2502		1314		746		4151	

2.快(高)速客运线路

1979年8月3日起,省汽车运输公司在长途旅客较多的杭州至临海、黄岩、温岭、温州、宁波至温州,金华至温州等路段,开行8对29座软席直快客车。

1996年1月,杭州长运公司在沪杭甬高速公路上率先投入豪华大巴,开通浙江省第一条杭州至宁波高速客运班线。当月,公司根据市场发展趋势和旅客出行需求,在旅客运输经营中推出了"不中途售票、不中途上客、不中途停靠"的"三不"直达快客品牌。

1998年10月,杭州长运公司开通省内第一条杭州至衢州直达快客班线。是年成立衢州市快速汽车运输有限公司等4家快客公司,经营杭州至衢州、金华至温州等5条快客专线,日发40班次,实载率在70%以上。8月登记成立的浙江新干线快速客运有限责任公司,12月29日开业营运。开通杭州、宁波、绍兴、嘉兴至上海的班车及部分省内快速客运班线,标志着浙江省道路客运进入快速运输发展阶段。

1999年3月,全国第一条省际高速接点班线"宁波—合肥"首次开通。此班线能及时衔接旅客换乘至最终到达地,是一种既便捷又能减少在途乘车时间的运作方式。

2001年,全省快速客运班线共187条,其中跨省班线13条;高速客运班线47条,其中跨省班线16条。

2005年1月1日,湖州至舟山普陀、江苏南通的快客班线正式开通。在长三角地级城市中,湖州市率先实现了与长三角其他14个城市间的快客运营。是年,全省快速客运班线共254条,其中跨省班线80条;高速客运班线62条,其中跨省班线30条。

2006年,全省快速客运班线共235条,其中跨省班线61条;高速客运班线271条,其中跨省班线205条。见表3-2-11、表3-2-12。

2010年，全省快（高）速客运班线共890条，其中跨省班线294条；跨市班线483条，跨县（市）班线107条；县内班线7条。见表3-2-13。

2001~2006年浙江省快速客运班线班次一览表 表3-2-11

年份	合计		跨省		跨市		跨县（市）		县内	
	班线	班次	班线	班次	班线	班次	班线	班次	班线	班次
	条	个	条	个	条	个	条	个	条	个
2001	187	3419	13	62.50	100	703.50	71	2343	3	310
2002	245	4430.2	21	120.70	126	1019.50	89	2742	9	548
2003	298	4909.5	36	191	153	1244.50	99	2840	10	634
2004	218	50155	65	263	96	1530	52	2892	5	362
2005	254	4127	80	299	114	1555	57	2146	3	166
2006	235	4222	61	281	122	1649	51	2247	2	46

2001~2006年浙江省高速客运班线班次一览表 表3-2-12

年份	合计		跨省		跨市		跨县（市）		县内	
	班线	班次	班线	班次	班线	班次	班线	班次	班线	班次
	条	个	条	个	条	个	条	个	条	个
2001	47	371	16	79	31	292	0	0	0	0
2002	50	562.50	15	132.50	35	430	0	0	0	0
2003	63	684.50	24	163.50	38	496	1	25	0	0
2004	118	1202	50	219	58	841	10	142	0	0
2005	62	730	30	143	31	583	1	4		
2006	271	1333	205	460	64	834	2	39		

2007~2010年浙江省快速（高速）客运班线班次一览表 表3-2-13

年份	合计		跨省		跨市		跨县（市）		县内	
	班线	班次	班线	班次	班线	班次	班线	班次	班线	班次
	条	个	条	个	条	个	条	个	条	个
2007	755	4687	262	620	384	2348	111	1673	2	46
2008	888	7855	335	1984	468	4075	79	1465	6	330
2009	842	5874	293	1197	447	2764	96	1638	6	274
2010	890	5605	294	698	483	2608	107	1958	7	340

（二）班次

民国12年（1923年）10月1日，杭余线（杭州至余杭）全线通车营业，每日开行直达及区间班车40次。民国13年6月，余临线（余杭至临安）全线通车营业，每日来往班车36次，其中余杭、临安两起点站始发班车16次。民国16年6月，萧绍段恢复正常行车。每日上下行车60余次。各条路线的客运均有定时班车，使用正式客车开行。民国24年，浙江全省客运日上下行车928班次，其中省营汽车公司406班次，商营汽车公司522班次。

民国26年（1937年）7月7日，抗日战争爆发，浙江公路运输随即纳入战时体制。在杭州沦陷之前，省境内公路客运班次基本保持正常。12 月 24 日杭州沦陷。受战事影响，在杭嘉湖宁绍地区经营汽车运输的杭瓶等 11 家商营汽车公司停业。年底实际在经营业务的公司尚存 23 家。经营班次无统计查考。

民国 28 年(1939 年)5 月，华中铁道股份有限公司(简称“华铁”)成立，在浙江设有杭州自动车(汽车)区及萧山、绍兴两个办事处。6 月，“华铁”开行杭州至余杭客车，12 月开行嘉兴至桐乡、长安至崇德客车。民国 29 年 4 月，日军先占萧，继则骚扰沿海各地，新昌至天台段公路破坏，商营绍曹嵩公司停业。此间，省营汽车大部分被征调参加军运及抢运宁波等地军、公器材物资，客运班次减少。“华铁”在浙江客运班次情况详见表 3－2－3“华中铁道股份有限公司浙境公路通车情况一览表”。

民国 31 年(1942 年)3 月，省交通管理处各路段班车运营状况见表 3－2－14 所示。

浙江省交通管理处各路段班车状况一览表(1942 年 3 月) 表 3－2－14

路别	线别	里程(公里)	班车名称	车 别	行车班次	附 注
丽新	丽金	118.27	丽金特快	樟油车	每日对开 1 次	上午由金华丽水两站对开 1 次
丽新	丽金	118.27	丽金直快	柴油车	每日往返 2 次	每日由金华丽水两站对开 2 次
丽新	丽永	71.27	丽永区间	木炭车	每日往返 2 次	每日由丽水永康两站对开 2 次
丽新	永方	20.51	永方区间	樟油车	每日往返 2 次	每日往返开行 2 次
丽新	永东	57.78	永东区间	柴油车	每日往返 1 次	上午由永开东下午由东开永
丽新	东长	52.79	东长区间	樟油车	每日往返 1 次	上午由东开长下午由长开东
丽浦	丽龙	136.32	丽龙区间	樟油车	每日开行 1 次	单日由丽开龙双日出龙开丽
丽浦	龙浦	93.48	龙浦区间	樟油车	每日开行 1 次	双日由龙开浦单日由浦开龙
碧游	丽遂	98.17	丽遂区间	木炭车	每日开行 1 次	双日由丽开遂单日由遂开丽
碧游	遂游	81.46	遂游区间	樟油车	单日往返 1 次	上午由遂至游下午由游回遂
碧游	龙溪	23.92	龙溪区间	樟油车	双日往返 1 次	上午由游开溪下午由溪开游
金威	兰威	116.47	兰威直达	煤油车	每日往返 1 次	上午由兰开威下午由威开兰
金威	兰寿	84.97	兰寿区间	木炭车	每日往返 1 次	上午由兰开寿下午由寿开兰
兰浦	衢兰	71.19	衢兰区间	木炭车	每日往返 1 次	上午由衢开兰下午由兰开衢
兰浦	江浦	123.25	江浦直达	樟油车	每日开行 1 次	单日由江开浦双日由浦开江
衢淳	衢华	17.13	衢华区间	樟油车	每日往返 1 次	上午由华开衢下午由衢开华
衢淳	华婺	78.45	华婺区间	樟油车	每 5 日往返 1 次	五、十由华开婺六、一由婺开华
衢淳	华淳	116.69	华淳区间	木炭车	每 5 日往返 1 次	二、七由华开淳三、八由淳开华

民国 35 年(1946 年)8 月 4 日，杭州至乍浦间客运班车开通。民国 36 年 7 月，余武公司公司复业，有客车 3 辆，每日开行余杭至彭公 10 个班次，新中国成立前自行停业。

1949 年，浙江省汽车运输公司杭州分公司开通杭州至安徽屯溪的省际客运班线，全程 240 公里，每日对开一个班次。开启了浙江公路省际客运的先河。1956 年 1 月，开通杭州至南京、9 月开通杭州至芜湖跨省客运直达车。

1961 年，省营汽运部门积极开辟和延伸山区村镇线路，调整布局，增设站点，加开县城、重要集镇至农村班车。并将通往农村班车改为在公社、生产队过夜，次日一早由农村发车。同时开行定期集市班车。1962 年 10 月，中共中央提出“以农业为基础，以工业为主导”的发展国民经济总方针。12 月，省交通厅颁发了《浙江省交通运输部门支援农业方案》，要求全省交通运输部门把运输工作转向以支农为主的轨道上来。1963 年起，各区公路运输局增辟和延伸村镇路线，调整和增设站点，加开县城、重要集镇至农村的客运班车，并将通往农村的班车，改由农村发车，实行客车在公社、生产大队"过夜"办法，以方便农民。同时，按照各地不同的集市日期，开行许多定期集市班车。

1964 年，各区公路运输局运力不断充实，投入 66 座半挂客车，陆续增开许多新建路线的客运班车。至 1965 年底，省汽车运输公司已有营运路线 310 余条，每日开行的客运班车近 2000 次，有 199 辆农村班车在 181 个农村过夜点过夜。是年，与江苏、安徽、江西、福建等省合开省际直达客车。乘车条件大为改善，乘车难问题得到缓解。

1973 年 5 月 21 日，义乌经东阳、磐安、大磐、仙居至临海旅客班车开行。1974 年 3 月 1 日，仙居至永嘉清水埠直达班车正式开行。1977 年 6 月 12 日，金华至宁波客运班车恢复运行。

1979 年 8 月 3 日起，省汽车运输公司在长途旅客较多的杭州至临海、黄岩、温岭、温州、宁波至温州，金华至温州等路段，开行 8 对 29 座软席直快客车，用来缩短乘客旅途时间，加速车辆运转。1982 年，先后把各线的客运班车增加 1087 次，开辟支农客运路线 27 条。1983 年，农村改革进一步深化。省汽车运输公司陆续把各线每日开行的长途和夜班客车班次增加到 1.20 万个，将客运里程增加到 2.03 万公里。

1985 年 1 月 31 日 ~3 月 11 日春运期间，省汽车运输公司组织了大批厂矿交通车、各旅游单位客车、军用客车、汽车技校教练车，连同自有车辆共投入客车 3201 辆，并临时改装 87 辆代客车。各重点站并开展团体预约订票、送票上门服务，新增近百个售票窗口。绍兴、义乌、永康等站打破定时定班限制，改为车满即开的行车方式；宁波东、余姚、慈溪、奉化等站，开行直接接送火车旅客的直达车；新昌站开展以长短结合、干支相连的旅客联运；宁波南、云和等站在组织往返包车时，采取一次购票往返使用的措施；宁波南站还举办吃、住、行、医的"一条龙"服务；湖州、七里泷等站也为旅客提供快餐。各分公司在还乡过年旅客较为集中的路线加开多次夜班车，仅湖州站在 2 月 9 日夜间就运送去上海的旅客 398 人。是年底，省汽车运输公司通行客车的里程已增至 21346 公里。开行跨省、跨区、长短结合多种形式的客运班车，全年共运旅客 30965.40 万人次，按当年浙江总人口 4029.56 万人计算，每人年均乘车达 7.70 次。

1986 年 2 月，舟山定海鸭蛋山至镇海白峰的汽车轮渡码头建成，省汽车运输公司舟山分公司随即开行定海至杭州、普陀至杭州的两对班车。另在其他各线，坚持发展长途（50 公里以上）直达运输的方针，并重视座位的改善。

1992 年 2 月 21 日，浙江温州乐清盛金汽车服务有限公司开通乐清—北京超长途客运班车，线路全长 1953 公里，时为全国最长公路客运线路。

至 2005 年，全省道路客运日发班次 200067 个。其中跨省班次 4320 个，约为 2000 年的 1.80 倍。跨地（市）班次 9639 个，比上年增加 24.30%，是 2000 年的 5.73 倍；跨县（市）班次 36612 个，比上年增加 0.9%；县（市）内班次 149496 个，比上年增加 1.45%，是 2000 年的 2.85 倍。

2006 年 5 月，浙江恒风交通运输股份有限公司开通义乌至香港直通客运班车。

2010年全省道路客运日发班次总共247975个，其中跨省班次4590个，跨地（市）11555个，跨县（市）35689个，县（市）内196141个。是年，高速公路客运线路691条，日发2891班次。跨省班线2472条，班线里程2026202公里，日发4728班次。见表3－2－15。

1991～2010年浙江省道路客运日发班次（总）一览表 表3－2－15

单位：班次

年份	合计	跨省	跨地（市）	地（市）内	
				跨县（市）	县（市）内
1991		748			
1992		851.50			
1993		911.80			
1994		1180.30			
1995		1251.70			
1996	38576.90	1539.80	3738.50	11236	
1997	45740.50	1544.90	4315.50	14931.50	
1998	60128.10	1913.30	5092	17822.30	
1999	68317.60	1994.10	5714.90	60492.30	43089.80
2000	81831.40	2398.20	6041.40	73391.80	52459.30
2001	113677.90	3394.40	7971	35817.50	66495
2002	167435	3372	8733.40	42180	113150
2003	167516.46	3469.66	9039	34020	120987.20
2004	197094	4062	9410	36269	147353
2005	200066	4320	9639	36612	149496
2006	208024	4599	10069	35319	158037
2007	235809	4645	10032	38274	182857
2008	245317	4547	10970	33438	196362
2009	258269	4571	11107	35050	207541
2010	247975	4590	11555	35689	196141

（三）运力

1、机动车运力

（1）汽车

民国11年（1922年）前，浙江境内没有专门从事客运的机动车。民国11年冬，浙江杭州永华汽车公司从事营运客车共8辆，其中小客车7辆，10余座位的客车1辆。用于杭州西湖湖滨至灵隐风景旅游线的公共汽车。是年，杭余省道汽车公司购置福特牌客车4辆，小包车2辆、1辆旧包车和1辆旧货车，尚未投入营运。

民国12年（1923年），浙江共有客运汽车34辆。当年永华汽车公司添置大型客车6辆，杭余省道汽车公司添置客车4辆，大面包车2辆。民国13年，浙江共有客运汽车43辆。当年余临省道汽车公司购置客车6辆，小包车2辆。民国14年，浙江全省拥有客运汽车72辆（未包括承筑瓶湖双省道汽车股份有限公司的客车）。其中，嵊新汽车股份有限公司有客车2辆；杭海公司备有大中型福特牌客车13辆，小型道奇牌客车1辆。

民国15年（1926年），承筑杭富省道汽车股份有限公司购置24座及16座大中型福特牌客车22辆。省营萧绍线投入运营客车46辆。是年底,北伐军进军浙江,大肆破坏掠劫永华公司车辆,迫使永华公司停业。

民国16年(1927年),浙江共有客运汽车140余辆,其中省营萧绍段拥有福特、赫特生和雪佛兰等客车48辆。商营杭海公司有大小客车14辆,嵊新公司有客车5辆、75座位,小轿车1辆。见表3-2-16。

1922~1927年浙江省公路省营、商营运输汽车一览表　　表3-2-16

类别 / 辆数 / 年份	客货汽车总数（辆）	省营汽车			商营汽车		
		客车（辆）	货车（辆）	小计（辆）	客车（辆）	货车（辆）	小计（辆）
民国11年(1922年)	8				8		8
民国12年(1923年)	35				34	1	35
民国13年(1924年)	45				43	2	45
民国14年(1925年)	91	20		20	52	10	62+9
民国15年(1926年)	140	43	4	47	74	10	84+9
民国16年(1927年)	166	48	3	51	96	10	106+9

注:1925~1927年商营瓶湖双公司拥有9辆客货车,因无客车货车分类,故采用+9表示。

民国17年(1928年),浙江全省共有客运汽车126辆。民国18年,全省营运客车拥有293辆。民国19年,全省拥有营运客车321辆,其中省营157辆。

民国20~21年(1931~1932年),省营、商营客车虽有增加,具体数量不详。民国22年,浙江全省共有汽车400余辆,其中客车301辆、4180客位。

民国24年(1935年),全省共有旅客运输车辆579辆,除杭州市永华公共汽车公司的汽车外,浙江21家商营长途汽车公司拥有客车275辆(汽油车199辆,木炭车59辆,柴油车17辆),其中小包车52辆,承担浙江境内的长途旅客运输。

民国25年(1936年)4月,全省公商汽车运输推广使用木炭车,计省营12辆,商营75辆。是年,省营客车拥有274辆。民国26年,抗战爆发,全省客车骤减,并遭日军焚毁破坏。民国29年,全省公商营运客车拥有114辆。至民国34年抗日战争结束,客车几乎损失殆尽,仅剩几十辆。

民国34年(1945年)8月日本投降之后,浙江境内公路先后复路通车。全省有40余家客车出租行经营客车出租业务,主要从事旅游出租业务,其中以竺鸣庚为车主代表,包括振亚、久通、长发等16家行记,24辆小客车,曾以联营性质一度办理杭州至绍兴、杭州至临平、塘栖等线客运业务。

民国35年(1946年),根据杭州监理营业所汽车年度总检验换照数量的统计,全省客车拥有量为510辆,其中自用客车190辆,营业客车320辆。民国36年营业客车467辆。

民国37年(1948年)全省营业客车547辆。4月,杭州市客车出租行有42家,有大小客车80辆,其中大客车8辆,小客车72辆。年底,全省商营公司22家,抗战前开业的商营汽车公司战后复业后参加营运的车辆440辆。

1949年10月,中华人民共和国成立。年底,全省拥有民用客车585辆。专业运输企业营运客车93辆、2348座位。1950年,全省公路运输汽车客车469辆,其中地方国营企业拥有客车153辆、4123座位；公私合营企业有客车31辆、775座位；私营企业有客车285辆、6732座位。1953年，浙江省第一个五年计划第一年。全省公路运输汽车客车共319辆、9420座位，其中地方国营企业拥有客车243辆、7374座位；公私合营企业有客车22辆、679座位；私营企业有客车54辆、1367座位。见表3-2-17、表3-2-18。

1950～1953年浙江省公路运输汽车客车年末实有数一览表　表3-2-17

年份	地方国营		公私合营		私营辆数	
	辆数	座位	辆数	座位	辆数	座位
1950	153	4123	31	775	285	6732
1951	148	4423	18	530	185	5212
1952	143	4263	—	—	141	3914
1953	243	7374	22	679	54	1367

1954～1957年浙江省公路运输汽车客车年末实有数一览表　表3-2-18

年份	地方国营	
	辆数	座位
1954	251	4123
1955	224	4423
1956	339	4263
1957	444	7374

1958年，浙江掀起"大办工业、大炼钢铁"热潮，公路客货运量急剧增加，省营公路运输部门普遍采取加载措施，加装客车座位，使用35座客挂，在一些线路实行客车拖挂，还不时抽调货车参加旅客疏运，用环座客车加开区间班车。1960年，客车实载率达到105.60%。

1965年，全省拥有民用客车1545辆，其中大型客车897辆。专业运输企业营运客车648辆、24361座位。1966年，"文化大革命"开始。全省民用载客汽车1589辆，专业运输企业营运客车695辆、26184座位。见表3-2-19、表3-2-20。

1958～1966年浙江省营运客车数量一览表　表3-2-19

年份	载客汽车	
	辆	其中大型(辆)
1958	991	991
1959	694	694
1960	1170	1170
1961	1277	715
1962	1378	774
1963	1426	824
1964	1481	879
1965	1545	897
1966	1589	946

1958～1966年浙江省运输企业客运汽车数量一览表　　表3-2-20

年份	载客汽车		
	辆	座位	其中大型(辆)
1958	468	17889	
1959	465	16256	
1960	513	18127	
1961	535	18734	
1962	553	19651	
1963	621	22612	
1964	640	23988	
1965	648	24361	
1966	695	26184	

1967～1976年，全省民用汽车客车数从1589辆增加到4284辆。专业运输企业汽车客车数从698辆、26578座位增加到1233辆、51716座位。各年度客车数量变化情况详见表3-2-21、表3-2-22。

1967～1976年浙江省客运汽车数量一览表　　表3-2-21

年份	载客汽车	
	辆	其中大型(辆)
1967	1589	946
1968	1703	1021
1969	1523	1050
1970	1703	1150
1971	1905	1280
1972	2239	1394
1973	2719	1510
1974	3112	1566
1975	3695	1740
1976	4284	1988

1967～1976年浙江省运输企业客运汽车数量一览表　　表3-2-22

年份	载客汽车		
	辆	座位	其中大型(辆)
1967	698	26578	
1968	733	28016	
1969	770	29521	
1970	816	35951	
1971	920	36609	
1972	998	40048	
1973	1070	43716	
1974	1106	45327	
1975	1159	47955	
1976	1233	51716	

1977 年，“文化大革命”结束后，全省民用载客汽车增加到 4711 辆，其中大型 2112 辆，分别为 1976 年的 109.97% 和 106.24%；交通专业运输企业营运客车 1331 辆、56230 座位，分别为 1976 年的 107.95% 和 108.73%。

1978 年 12 月，中共十一届三中全会召开。是年底，全省民用载客汽车增加到 5523 辆，其中大型 2548 辆，分别为 1977 年的 117.24% 和 120.64%；交通专业运输企业营运客车 1446 辆、61571 座位，分别为 1977 年的 108.64% 和 109.50%。

1979 年，全省拥有民用客车 6188 辆，专业交通运输部门（省、市、地、县属专业交通运输部门）拥有客车 1606 辆、67938 座位。1980 年，全省拥有客车 7680 辆，专业交通运输部门（省、市、地、县属专业交通运输部门）拥有客车 1959 辆、82477 座位。1981 年，全省拥有民用客车 8850 辆，其中大型客车 4293 辆。专业交通运输部门（省、市、地、县属专业交通运输部门）拥有客车 2507 辆、106873 座位。1982 年，全省拥有客车 9689 辆，其中大型客车 4803 辆。专业交通运输部门（省、市、地、县属专业交通运输部门）拥有客车 2876 辆、122987 座位。见表 3－2－23。

1978～1982 年全省客车辆数情况一览表 表 3－2－23

项目	单位	1978	1979	1980	1981	1982		平均递增（%）
						达到数	为上年百分比	
载客汽车	辆	5523	6183	7680	8850	9689	109.50	15.10
其中：大型	辆	2548	2913	3536	4293	4803	111.90	17.20
内：交通运输部门	辆	1446	1606	1959	2507	2876	114.70	18.76
占大型比重	%	56.80	55.10	55.40	58.40	59.90	102.60	—
其中：省属企业	辆	1446	1606	1930	2374	2675	112.70	16.60

注：表内不包括城市电车。

1983 年，全省拥有客车 10094 辆，其中大型客车 5215 辆。专业交通运输部门（省、市、地、县属专业交通运输部门）拥有客车 3067 辆、131567 座位。1984 年，全省拥有民用客车 12811 辆，专业交通运输部门拥有客车 3445 辆。1985 年，全省拥有客车 20992 辆；专业运输企业新增客货汽车 905 辆。省、市、地、县属专业交通运输部门拥有客车 3954 辆。

1986 年，全省拥有民用客车 23159 辆，增长 10.30%，交通部门拥有客车 4088 辆，在全行业汽车总数中占 17.65%。1987 年，全省拥有的民用客车 34574 辆，增长 49.30%。其中交通部门拥有客车 4288 辆。1988 年，全省拥有民用客车 41040 辆，比上年增长 18.70%，其中交通部门拥有营运客车 4361 辆。1989 年，全省拥有民用客车 47658 辆，比上年增长 16.10%，其中交通部门拥有营运客车 4542 辆、202390 座位。1990 年，全省拥有民用客车 50104 辆，比上年增长 5.13%，其中交通部门拥有营运客车 4825 辆、214029 座位，比上年增长 6.23% 和 5.75%。是年，市（地）县所属公路运输企业（包括省下放企业）共有营运客车 4757 辆。厂矿企事业单位拥有自备营运客车 3186 辆；全省个体（联户）运输专业户共有客运汽车 6324 辆、客运机动三轮车 22837 辆。见表 3－2－24、表 3－2－25。

1977～1990年浙江省客运汽车数量一览表　表3－2－24

年份	载客汽车	
	辆	其中大型(辆)
1977	4711	2112
1978	5523	2548
1979	6183	2918
1980	7680	3536
1981	8850	4293
1982	9689	4803
1983	10094	5215
1984	12811	6039
1985	20992	7223
1986	23159	7530
1987	34574	9202
1988	41040	9677
1989	47658	10804
1990	50104	10789

1977～1990年浙江省运输企业客运汽车数量一览表　表3－2－25

年份	载客汽车		
	辆	座位	其中大型(辆)
1977	1331	56230	
1978	1446	61571	
1979	1606	67938	
1980	1959	82477	
1981	2507	106873	
1982	2876	122987	
1983	3067	131567	
1984	3445	149260	
1985	3954	170354	
1986	4088	176860	
1987	4288	189406	
1988	4361	194294	
1989	4542	202390	
1990	4825	214029	

1991～1995年,"八五"期间。1995年底,全省拥有公路载客汽车116016辆,比上年增长20.70%,是"七五"期末(1990年)的2.30倍。全省营运载客汽车3.80万辆。其中交通部门营运客车9328辆,比上年增长19%,是"七五"期末(1990年)的1.93倍。

1996～2000年,"九五"期间。2000年底,全省民用载客汽车323173辆,比上年增长20.40%,是"八五"期末(1995年)的2.37倍。全省交通部门营运客车20180辆,比上年增长10.96%,是"八五"期末(1995年)的2.16倍。是年底,全省营运班线客车26190辆、575398客位;旅游客车972辆、28999客位;出租客车29503辆、141171客位;租赁客车3069辆、17202客位。见表3-2-26、表3-2-27。

1991～2000年浙江省民用载客汽车数量一览表 表3-2-26

年份	载客汽车	
	辆	其中大型(辆)
1991	58638	11593
1992	71442	12486
1993	91765	13648
1994	112725	14506
1995	136643	16694
1996	152216	15526
1997	179928	14358
1998	209074	15349
1999	268442	16554
2000	323173	18725

1991～2000年浙江省运输企业客运汽车数量一览表 表3-2-27

年份	辆	座位	其中大型(辆)
1991	5304	233021	
1992	6202	254023	
1993	6972	259403	
1994	7836	254492	
1995	9328	254924	
1996	11510	286602	
1997	14243	315927	
1998	16417	341824	
1999	18186	366196	
2000	20180	402805	

1996年,全省拥有民用客车142511辆,比1995增长20%。交通专业运输部门营运客车11510辆,比上年增长23.40%%。全省拥有营运载客汽车4.68万辆。

1997年,全省公路运输客车158927辆,比1996增长11.50%。交通专业运输部门营运客车14243辆,比上年增长23.70%。

1998 年，全省公路运输客车 178999 辆，其中营运载客汽车 5.10 万辆。交通专业运输部门营运客车 16417 辆。

1999 年，全省公路运输客车 209168 辆，比上年增长 16.90%。拥有各类运营载客汽车 5.70 万辆。交通专业运输部门拥有营运客车 18186 辆。

2000 年底，全省民用客车拥有 323173 辆，其中班线客车 26190 辆、575398 客位；旅游客车 972 辆、28999 客位；出租客车 29503 辆、141171 客位；租赁客车 3069 辆、17202 客位。全省交通运输企业拥有营运载客汽车 59734 辆，762770 客位。其中卧铺客车 2520 辆，79956 客位；班线客车 26190 辆，575398 客位；包车（旅游）客车 972 辆，28999 客位；出租客车 29503 辆，141171 客位；租赁客车 3069 辆，17202 客位。

2001 年，全省交通运输企业拥有营运载客汽车 65104 辆，835816 客位。其中卧铺客车 2296 辆，74047 客位；班线客车 29925 辆，635438 客位；包车（旅游）客车 1229 辆，37921 客位；出租客车 30455 辆，142926 客位；租赁客车 3495 辆，19531 客位；其他客运机动车 4792 辆，52510 客位。

2005 年，全省拥有公路载客汽车 1799620 辆，比上年增长 83.90%，是“九五”期末（2000 年）的 5.57 倍。交通运输企业拥有营运载客汽车 74322 辆，1028478 客位。其中卧铺客车 1642 辆，55138 客位；班线客车 33369 辆，768958 客位；包车（旅游）客车 2835 辆，90179 客位；出租客车 34966 辆，151879 客位；租赁客车 3152 辆，17462 客位；其他客运机动车 196 辆，4944 客位。

2006 年，全省交通运输企业拥有营运载客汽车 72333 辆，1065444 客位。其中卧铺客车 1543 辆，53915 客位；班线客车 30485 辆，731757 客位；包车（旅游）客车 3688 辆，121326 客位；出租客车 35682 辆，156099 客位；租赁客车 400 辆，2562 客位；城内公共汽车 2212 辆，63768 客位；其他客运机动车 251 辆，2782 客位。

2009 年，全省交通运输企业拥有营运载客汽车 78313 辆，1327489 客位。其中卧铺客车 1282 辆，48361 客位；班线客车 28644 辆，732791 客位；包车（旅游）客车 4589 辆，169756 客位；出租客车 37674 辆，169141 客位；租赁客车 70 辆，289 客位；城内公共汽车 6898 辆，240695 客位；其他客运机动车 508 辆，15106 客位。

2010 年，全省拥有公路载客汽车 4508344 辆，比上年增长 8.27%，是“十五”期末（2005 年）的 3.14 倍。交通运输企业拥有营运载客汽车 80733 辆，1458396 客位。其中卧铺客车 1257 辆，48328 客位；班线客车 28961 辆，802207 客位；包车（旅游）客车 5508 辆，216914 客位；出租客车 38704 辆，173175 客位；租赁客车 142 辆，941 客位；城内公共汽车 6988 辆，250964 客位；其他客运机动车 572 辆，15136 客位。见表 3－2－28～表 3－2－30。

2001～2010 年度浙江省载客汽车数量一览表 表 3－2－28

年份	辆	其中大型（辆）
2001	426109	23995
2002	587846	27804
2003	848444	29403
2004	1074810	31174
2005	1435115	35221

续上表

年份	辆	其中大型(辆)
2006	1844670	38756
2007	2329315	41905
2008	2804070	46233
2009	3514725	49253
2010	4508344	52959

2001～2010年度浙江省运输企业营运客车数量一览表　　表3-2-29

年份	辆	座位	其中大型(辆)
2001	65104	835816	4566
2002	68986	905785	4899
2003	70292	938564	5866
2004	73123	985149	6910
2005	74322	1028832	8390
2006	72333	1065444	9813
2007	74794	1159476	11870
2008	76530	1247443	13591
2009	78313	1327489	15713
2010	80733	1458396	17545

2010年浙江各地市公路营业客运运力一览表　　表3-2-30

地市名称	辆数	座位
杭州市	8533	338350
宁波市	5260	139655
温州市	6954	180251
嘉兴市	1950	70144
湖州市	1849	62305
绍兴市	4087	106718
金华市	4080	131178
衢州市	1765	47364
舟山市	1206	39065
台州市	4715	129927
丽水市	1630	40264
合计	42029	1285221

(2)简易载客机动车

简易载客机动车包括机动三轮客车和机动简四轮客车,20世纪50年代已经出现。1956年,宁波市三轮车运输合作社拥有4座机动三轮客车。1958年,市三轮车运输公司先后自制4座、6座机动三轮客车20辆,以及4座电动三轮客车2辆。20世纪80年代有许多地区一些运输个体户,将简易机动车装棚改成载客,从事短途客运。由于其小巧灵活,适合小道小弄穿行,方便乘客,故受到普遍欢迎。个体车主从中得到经济实惠,导致简易机动车迅猛发展,至1990年底,全省个体(联户)运输专业户共有客运机动三轮车22837辆。但简易机动车存在管理难度大,服务质量难以保证,投诉处理难等问题。20世纪90年代,载客机动车呈增加趋势。随着出租车的迅速发展和客运汽车设施条件的不断改善,简易客运机动车在客运中的地位逐渐下降(表3-2-31),2004年开始不再将机动三轮客车和机动简四轮客车分类统计。

1993~2003年浙江省简易客运机动车一览表　　表3-2-31

年份	总数（辆）	机动三轮客车		机动简四轮客车	
		辆	客位	辆	客位
1993	25640	19117	111663	6523	45241
1994	18809	10889	60532	7920	55674
1995	17158	10279	59710	6879	49060
1996	10850	4590	28158	6260	42923
1997	6946	3358	21407	3588	31156
1998	5483	930	5466	4553	40141
1999	5205	2902	19772	2303	20036
2000	4229	1376	7875	2853	22089
2001	667	519	2526	148	1108
2002	81	57	171	24	273
2003	0	0	0	0	0

2. 非机动车运力

民国13年(1924年),绍兴城内始有黄包车,民国14年,绍兴诸暨成立“振路黄包车公司”,有黄包车23辆。民国20年,宁波城区有黄包车行12家,有车1900辆。民国32年春,杭州市区始有三轮客车。民国36年6月,宁波始出现人力三轮车。同月,嘉兴首次购进三轮车20辆,7月10日,三轮车全部上街营业。民国37年,嘉兴当局又添购三轮车12辆,总数达32辆。民国38年4月,杭州市内共有三轮客车939辆,其中自用569辆。

1953年,宁波城区黄包车行有车260辆,人力三轮车增至140辆。1954年4月,宁波黄包车全部淘汰。1956年,杭州城区黄包车全部淘汰。宁波三轮车公司拥有人力三轮车350辆。

1956年黄包车被取消后,温州市交通局从上海购进人力三轮车100辆,投入市区客运。1965年又增加41辆。“文化大革命”期间,市区从事客运的三轮车保持在140辆左右。

20世纪70年代,浙江全省黄包车绝迹。1979年,宁波市区拥有人力三轮车400~500辆,几乎承揽宁波除公交外的公共交通。温州市区增加到225辆。1987年,宁波市拥有人力三轮车192辆。1990年底,温州市区有经审批的三轮客车834辆,另有无证投入营运的1000余辆。宁波市有人力三轮车278辆。1993年初,杭州市有人力三轮车4660辆,2000年削减至958辆,2004年3月将958辆全部回收销毁。

2010年,丽水市区有人力三轮客车1742辆。

(四)运量

1. 机动车运量

民国11年(1922年)前,浙江境内没有客运机动车。民国11年冬,在省会杭州已有8辆客车从事旅客运输,但无运量统计记载。民国12~23年(1923~1934年),客运机动车和客运线路有了较大发展,旅客运量也大有增加,数据无考。民国24年,浙江全省客运量10021656人次,其中省营汽车公司载客5087232人次,商营汽车公司载客4934424人次。

民国26年(1937年)7月~34年8月,抗日战争时期,全省道路客运状况降到冰点。这几年的客运量大幅下降。民国36年3月~37年2月浙江公路联营运输处载客3200481人次56158922人公里。

1949年5月3日杭州解放,从此浙江道路客运事业发展加快速度。年底,全省道路客运总量225万人次,旅客周转量9680万人公里。1950年,浙江全省道路客运总量3466627人次,旅客周转量为164871085人公里。1953年,公路汽车运输发展速度显著提高,全省公路汽车旅客运输总量5904273人次,旅客周转量232662811人公里。见表3-2-32、表3-2-33。

1950~1954年浙江省公路汽车旅客运输量一览表 表3-2-32

年份	地方国营		公私合营		私营	
	人	人公里	人	人公里	人	人公里
1950	830504	66193876	369906	13243123	2266217	85434086
1951	1235189	88820088	423550	14273178	2417973	87644867
1952	1660245	84388995	130159	3929407	2256434	83782855
1953	4274449	188126289	228426	4624428	1401398	39912094
1954	2713267	110851738	421913	8055448	449062	14870721

注:1953年度的公私合营系自第三季度开始,故其运输量为下半年度数字。
1954年度中的运输量为上半年度数字。

1950~1956年私营长途汽车公司(行)客运运量一览表 表3-2-33

年 份	客运量(万人次)	客运周转量(万人公里)
1950	226.60	8543.40
1951	241.80	8764.50
1952	225.70	8378.30
1953	140.20	3991.20
1954	87.70	2977.10
1955	69.50	2244.10
1956	3.20	44.30

1957年,浙江全省年客运总量为2714万人次,自1958年起,每年以近500万人次递增,至1960年,全年客运量已达4134.80万人次,增长幅度为52.35%。见表3-2-34。

1949～1960年浙江省公路旅客运输量一览表　　表3－2－34

年份	旅客运量（万人）	旅客周转量（万人公里）
1949	225	9680
1950	347	16487
1951	408	19074
1952	405	17210
1953	590	23266
1954	755	27730
1955	825	28347
1956	1976	45402
1957	2714	57054
1958	3389	80327
1959	3816	100702
1960	4135	114862

1961年，中共中央开始纠正“大跃进”中的“左”倾错误。是年，各行各业进行调整，客运总量较之1960年减少近1000万人次。但因三年“大跃进”失控的超载加跑，客车技术状况严重下降，可资运行的车辆明显减少，致实载率仍居高不下，乘车难的问题尚未得到完全缓解。见表3－2－35、表3－2－36。

1961～1970年浙江省公路旅客运输量一览表　　表3－2－35

年份	旅客运量（万人）	旅客周转量（万人公里）
1961	3207	101225
1962	3383	101416
1963	4083	103082
1964	4484	101826
1965	4915	104538
1966	5808	123901
1967	6309	132273
1968	5009	113846
1969	5796	134749
1970	6122	144704

1971～1980年浙江省公路旅客运输量一览表　　表3－2－36

年份	旅客运量（万人）	旅客周转量（万人公里）
1971	6702	150727
1972	7749	170020
1973	8453	187391
1974	8603	195208

续上表

年份	旅客运量（万人）	旅客周转量（万人公里）
1975	7781	176707
1976	7748	178877
1977	9043	203928
1978	12815	276035
1979	15543	332642
1980	19326	416962

1981 年底，全省公路旅客运输量 22864 万人、502459 万人公里。省汽车运输公司全年共运旅客 22121 万余人次，旅客周转量 488058 万余人公里，比上年分别增长近 2865 万人次，72337 万人公里。

1984 年，公路运输客运量在铁、公、水三种运输方式完成的总客运量中占 75.7%。全省交通部门完成公路客运量 3.09 亿人次、76.86 亿人公里，分别为 1949 年完成数的 136 倍和 78.40 倍。具体详见表 3－2－37～表 3－2－45。

1981～1990 年浙江省公路旅客运输量一览表 表 3－2－37

年份	旅客运量（万人）	旅客周转量（万人公里）
1981	22864	502459
1982	26150	572771
1983	28469	645429
1984	30882	768623
1985	33573	951686
1986	45760	1249120
1987	49589	1458595
1988	52560	1588062
1989	48726	1538820
1990	51082	1668719

注：1985 年底前为交通部门及由交通部门组织的运输量；1986 年起为交通部门及非交通部门（厂矿企事业、个体联户）运输量。

1991～2000 年浙江省公路旅客运输量一览表 表 3－2－38

年份	旅客运量（万人）	旅客周转量（万人公里）
1991	60777	2013593
1992	68669	2496796
1993	83623	2885603
1994	86507	3304981

续上表

年份	旅客运量（万人）	旅客周转量（万人公里）
1995	101370	3600886
1996	107317	3916475
1997	108654	4177736
1998	111847	4363379
1999	111870	4335324
2000	116996	4495129

2001～2010 年浙江省公路旅客运输量一览表 表 3－2－39

年份	旅客运量（万人）	旅客周转量（万人公里）
2001	126008	4795287
2002	129054	5198706
2003	133968	5316292
2004	133850	5316311
2005	152222	6178715
2006	165441	6813919
2007	179501	7610678
2008	184575	7748311
2009	210584	8536306
2010	215708	8820351

2010 年度浙江省各地市公路营业性旅客运输量一览表 表 3－2－40

地市名称	客运量（万人）	旅客周转量（万人公里）
杭州市	29671	1416057
宁波市	26006	1303310
温州市	33487	2359089
嘉兴市	11298	347157
湖州市	9938	332719
绍兴市	17314	458779
金华市	28671	885241
衢州市	11058	376531
舟山市	12945	193671
台州市	29623	905848
丽水市	5697	241949
合　计	215708	8820351

1950～1957年省营汽车运输企业旅客运输量一览表

表3-2-41

年份	旅客运量（万人次）	旅客周转量（万人公里）	附注
1950	83.10	6619.40	1957年运量包括公私合营宁波汽车公司270.90万人次，2127.80万人公里。
1951	123.50	8882	
1952	166	8438.90	
1953	427.40	18812.60	
1954	578.30	23111.30	
1955	626.40	23252.30	
1956	1372.80	36738.70	
1957	2714	57030.50	

1958～1966年省营汽车运输企业客运量一览表

表3-2-42

年份	旅客运量(万人)	旅客周转量(万人公里)
1958	3389.10	80327.10
1959	3816.40	100663.90
1960	4134.80	114862.10
1961	3206.50	101225
1962	3383.10	101406
1963	4083.30	103082
1964	4484	101826.50
1965	4916.10	104540.30
1966	5807.80	123996.50

1967～1976年省、地营汽车运输企业客运量一览表

表3-2-43

年份	旅客运量（万人）	旅客周转量（万人公里）	车辆运用效率		
			辆	工作车率（%）	车座月产（人公里）
1967	6307.50	132247	689	88	4060
1968	5009.30	119561	733	80.80	3609
1969	5795.30	134750	770	84.30	3831
1970	6112	144704	816	88.30	3910
1971	6697.20	150708	920	89.30	3784
1972	7749.20	170021	998	87.10	3698
1973	8453.20	187391	1070	86.50	3738
1974	8566.60	194865	1140	80.70	3677
1975	7764.80	176466	1157	71.40	3252
1976	7737.30	178778	1233	68.90	3070

1977～1987年省、地营汽车运输企业客运量一览表　　表3-2-44

年份	旅客运量（万人）	旅客周转量（万人公里）
1977	9044.90	203928
1978	12814.80	276035
1979	15542.60	332642
1980	19256.40	415721
1981	22121.10	488058
1982	24914.30	546893
1983	27063.10	613204
1984	28900.50	706192
1985	30965.40	822966
1986	30466.10	860652
1987	28484.30	855990

注:1988年起省营汽运企业先后下放各地(市)。

1990年末原省汽车运输公司下放地市县以后的客运量一览表　　表3-2-45

原省汽车运输公司下放企业	完成的客运量	
	万人次	万人公里
总计	22215.50	814365.10
杭州市合计	3332	125507.50
杭州市长途汽车运输公司	139.20	29713.20
萧山县长途汽车运输公司	603	15001.70
富阳县长途汽车运输公司	613	16229.50
桐庐县长途汽车运输公司	422.50	14058.50
建德县长途汽车运输公司	474.80	16161.50
余杭县长途汽车运输公司	326.50	8836.70
淳安县长途汽车运输公司	118.90	4717.10
临安县客运公司	633.30	20789.30
临安县联运公司		
嘉兴市合计	2163.90	57599.40
嘉兴市汽车运输公司	504.10	15825.90
嘉善县汽车运输公司	394.20	6757.40
平湖县汽车运输公司	505.40	11457
海宁县汽车运输公司	233.10	7265.90
海盐县汽车运输公司	214.90	6553.90
桐乡县汽车运输公司	312.20	9739.30
湖州市合计	1969.50	67715.10
湖州汽车运输总公司	1969.50	67715.10

续上表

原省汽车运输公司下放企业	完成的客运量	
	万人次	万人公里
绍兴市合计	2449.50	74045.50
绍兴汽车运输总公司	743	22583
上虞县汽车运输公司	569.80	12719.50
嵊县汽车运输公司	413.10	13331.30
诸暨县第一汽车运输公司	464.70	15881.20
新昌县汽车运输公司	258.90	9530.50
宁波市合计	3109.60	92905.10
宁波市长途汽车运输公司	789.10	34812.30
镇海县长途汽车运输公司	137.60	2940.50
余姚县长途汽车运输公司	697.50	15101.90
慈溪县长途汽车运输公司	502.40	13337.60
象山县长途汽车运输公司	228.30	7911.70
奉化县长途汽车运输公司	377.30	8159.50
宁海县长途汽车运输公司	165.30	6738.50
北仑区长途汽车运输公司	212.10	3903.10
金华市合计	2647.30	90871.50
金华市汽车运输总公司	2647.30	90871.50
丽水地区合计	1350.30	59178.80
丽水地区汽车运输公司	1350.30	59178.80
温州市合计	893.90	109252.40
温州市长途汽车运输联合总公司	195.70	41336.90
永嘉县长途汽车运输公司	69.10	6013.30
平阳县长途汽车运输公司	116.50	15398.70
洞头县长途汽车运输公司	79.60	834.90
文成县长途汽车运输公司	109.90	6898.30
泰顺县长途汽车运输公司	73.50	4965.30
乐清县长途汽车运输公司	66.70	11980.10
瑞安市长途汽车运输公司	116.90	11387
苍南县长途汽车运输公司	66	10437.90
衢州市合计	1693.70	42002.10
衢州市汽车运输总公司	451	14623.20
江山市汽车运输中心站	367.90	7270
常山县汽车运输中心站	182	4014

续上表

原省汽车运输公司下放企业	完成的客运量	
	万人次	万人公里
开化县汽车运输总公司	372.30	7644.50
龙游县第一汽运公司	320.50	8450.40
临海地区合计	1106.20	65212.50
台州地区汽车运输公司	184.60	13224.80
天台汽车运输公司	115.50	7089.60
仙居汽车运输公司	88.50	5497.90
三门汽车运输公司	10.30	52945
黄岩汽车运输公司	261.60	10459
椒江汽车运输公司	104.50	4950.80
温岭汽车运输公司	259.90	12057.50
玉环汽车运输公司	81.30	6638.40
舟山市合计	1499.60	30075.20
舟山市汽车运输公司	416.60	11643.30
定海区汽车运输公司	376.60	7938.70
普陀区汽车运输公司	175	5705.20
岱山县汽车运输公司	342.50	3521.90
嵊泗县汽车运输总公司	188.90	1266.10

注:1987 年省营汽车运输公司运客 28484.30 万人次、855990 万人公里。

2. 非机动车运量

非机动车运量包括人力车、畜力车等所载运旅客的人次和周转量。因无统计记载资料,全省的非机动车运量无法准确列出。

(五)客运里程

民国 11 年(1922 年)冬,浙江杭州公交线路湖滨至灵隐,里程 7.40 公里。民国 12 年 10 月 1 日,浙江杭余公路全线通车,长途客运里程 26.18 公里,全省客运里程 33.58 公里。民国 13 年 6 月,浙江余临化公路全线通车,长途客运里程 43.83 公里,全省客运里程达 77.41 公里。民国 14 年 12 月,省营萧绍公路全线通车,通车里程 48.58 公里,连同 7 至 11 月已通车的 5 条路线里程,全省客运里程达到 203.65 公里。民国 15 年至民国 16 年 7 月,又有商营杭州经乔司至五显庙、杭州至富阳等 7 条路线通车,民国 16 年全省客运里程达 335.29 公里。详见浙江省初期通车路线表。

民国 17 ~ 26 年(1928 ~ 1937 年)的 10 年间,建都在南京的国民党政府,出于政府、军事等的需要,注重浙江公路交通运输建设,建成公路 3307.38 公里,先后通车开辟客运营运路线 90 条,详见"1928 ~ 1937 年浙江客运通车线路表"。民国 26 年,浙江全省客运经营路线里程 3601 公里,其中省营汽车公司 2303 公里,商营汽车公司 1298 公里。

1972 年,浙江省全省汽车运输营运里程 13173 公里,其中客运里程 11556 公里。1977 年,浙江省、地营汽车运输企业客运经营路线里程 13890 公里。1978 年,全省客运经营路线里程15116公里。1980年,17289公里。1985年,21346公里。

1987年,全省公路营运里程已达26390公里,其中客运经营路线里程达23436公里(表3-2-46)。

1987年之后,全省客运经营路线里程不再统计列出。

1977~1987年省、地营汽车运输企业营运线路里程一览表　　表3-2-46

年份	营运里程(公里)	其中:通客车里程(公里)
1977	15921	13890
1978	17100	15116
1979	18299	16268
1980	19443	17289
1981	20492	18087
1982	21798	19314
1983	22433	20259
1984	22901	21357
1985	23959	21346
1986	25382	23110
1987	26390	23436

注:1988年起省营汽运企业先后下放各地(市)。

二、快客运输

1996年1月,浙江省第一条高速客运班线开通,此后不断发展,班线班次增多。1998年10月省内第一条杭州至衢州直达快客班线开通。

2001年,全省快速客运班线187条,班次3419个。其中跨省班线13条,班次62.50个;跨市班线100条,班次703.50个;跨县(市)班线71条,班次2343个;县内班线3条,班次310个。全省快速客运实际运行车辆1080辆,26896客位。其中高级客车484辆,14654客位;中级客车585辆,12628客位。全省高速客运线路47条,班次371个。其中跨省班线16条,班次79个;跨市班线31条,班次292个。全省高速客运实际运行车辆151辆,5895客位。其中高级客车147辆,5781客位;中级客车4辆,114客位。

2002年,全省快速客运班线245条,班次4430.20个。其中跨省班线21条,班次120.70个;跨市班线126条,班次1019.50个;跨县(市)班线89条,班次2742个;县内班线9条,班次548个。全省快速客运实际运行车辆1412辆,37021客位。其中高级客车713辆,21679客位;中级客车656辆,14691客位。全省高速客运线路50条,班次562.50个。其中跨省班线15条,班次132.50个;跨市班线35条,班次430个。全省高速客运实际运行车辆263辆,11033客位。其中高级客车247辆,10610客位;中级客车15辆,423客位。

2003年,全省快速客运班线298条,班次4909.50个。其中跨省班线36条,班次191个;跨市班线153条,班次1244.50个;跨县(市)班线99条,班次2840个;县内班线10条,班次634个。全省快速客运实际运行车辆1700辆,46981客位。其中高级客车1026辆,31903客位;中级客车655辆,14808客位。全省高速客运线路63条,班次684.50个。其中跨省班线24条,班次163.50个;跨市班线38条,班次496个;跨县(市)班线1条,班次25

个。全省高速客运实际运行车辆 320 辆，12865 客位。其中高级客车 315 辆，12732 客位；中级客车 5 辆，133 客位。

2004 年，全省快速客运班线 218 条，班次 50155 个。其中跨省班线 65 条，班次 263 个；跨市班线 96 条，班次 1530 个；跨县（市）班线 52 条，班次 2892 个；县内班线 5 条，班次 362 个。全省快速客运实际运行车辆 1707 辆，50747 客位。其中高级客车 1194 辆，39116 客位；中级客车 513 辆，11631 客位。全省高速客运线路 118 条，班次 1202 个。其中跨省班线 50 条，班次 219 个；跨市班线 58 条，班次 841 个；跨县（市）班线 10 条，班次 142 个。全省高速客运实际运行车辆 615 辆，20897 客位。其中高级客车 490 辆，17962 客位；中级客车 121 辆，2863 客位。

2005 年，全省快速客运班线 254 条，班次 4127 个。其中跨省班线 80 条，班次 299 个；跨市班线 114 条，班次 1555 个；跨县（市）班线 57 条，班次 2146 个；县内班线 3 条，班次 166 个。全省快速客运实际运行车辆 1592 辆，50253 客位。其中高级客车 1115 辆，38364 客位；中级客车 379 辆，9008 客位。全省高速客运线路 62 条，班次 730 个。其中跨省班线 30 条，班次 143 个；跨市班线 31 条，班次 583 个；跨县（市）班线 1 条，班次 4 个。全省高速客运实际运行车辆 323 辆，12529 客位。其中高级客车 312 辆，12140 客位；中级客车 11 辆，237 客位。

2006 年，全省快速客运班线 235 条，班次 4222 个。其中跨省班线 61 条，班次 281 个；跨市班线 122 条，班次 1649 个；跨县（市）班线 51 条，班次 2247 个；县内班线 2 条，班次 46 个。全省快速客运实际运行车辆 1631 辆，52608 客位。其中高级客车 1233 辆，43045 客位；中级客车 418 辆，10243 客位。全省高速客运线路 271 条，班次 1333 个。其中跨省班线 205 条，班次 460 个；跨市班线 64 条，班次 834 个；跨县（市）班线 2 条，班次 39 个。全省高速客运实际运行车辆 949 辆，39516 客位。其中高级客车 928 辆，38931 客位；中级客车 21 辆，585 客位。

2007 年，全省快速（高速）客运班线 755 条，班次 4687 个。其中跨省班线 262 条，班次 620 个；跨市班线 384 条，班次 2348 个；跨县（市）班线 111 条，班次 1673 个；县内班线 2 条，班次 46 个。全省快速（高速）客运实际运行车辆 2882 辆，101551 客位。其中高级客车 2375 辆，89037 客位；中级客车 506 辆，12514 客位。

2008 年，全省快速（高速）客运班线 888 条，班次 7855 个。其中跨省班线 335 条，班次 1984 个；跨市班线 468 条，班次 4075 个；跨县（市）班线 79 条，班次 1465 个；县内班线 6 条，班次 330 个。全省快速（高速）客运实际运行车辆 5482 辆，202635 客位。其中高级客车 4923 辆，189462 客位；中级客车 559 辆，13173 客位。

2009 年，全省高速公路实际运行客车 3232 辆、116824 座位。客运线路 691 条，日发 2891 班次。跨省班线 2472 条，班线里程 2026202 公里，日发 4728 班次。全省快速（高速）客运班线 842 条，班次 5874 个。其中跨省班线 293 条，班次 1197 个；跨市班线 447 条，班次 2764 个；跨县（市）班线 96 条，班次 1638 个；县内班线 6 条，班次 274 个。全省快速（高速）客运实际运行车辆 3175 辆，114589 客位。其中高级客车 2620 辆，101418 客位；中级客车 555 辆，13171 客位。

2010 年，全省高速公路实际运行客车 3232 辆、116824 座位。客运线路 691 条，日发 2891 班次。跨省班线 2472 条，班线里程 2026202 公里，日发 4728 班次。全省快速（高速）客运班线 890 条，班次 5605 个。其中跨省班线 294 条，班次 698 个；跨市班线 483 条，班次

2608 个；跨县（市）班线 107 条，班次 1958 个；县内班线 7 条，班次 340 个。全省快速（高速）客运实际运行车辆 3232 辆，116824 客位。其中高级客车 2697 辆，104176 客位；中级客车 520 辆，12298 客位。

三、旅客联运

民国 18 年（1929 年）11 月后，随着萧绍线、绍曹嵊线在绍兴接线竣工，省公路局即与商营绍曹嵊长途汽车公司联合发售钱江至嵊坝间各站旅客、行李联票，在绍兴五云门站实行双方班车对接运输，开启浙江省境内公路旅客联运之始。

民国 19 年（1930 年）6 月，浙江省公路管理局与京沪、沪杭甬铁路局商订联运办法，签订《莫干山联运章程》，实行上海至莫干山旅客联运，开启浙江省公铁旅客联运之始。是月，开办以杭州为连接站，自 8 个铁路联运站到杭后换乘汽车至莫干山的旅游客运业务。之后，又有萧绍、绍曹嵊、嵊新等 3 家商营汽车公司与沪杭甬铁路局联运，以南星桥为连接站，连接沪杭铁路 9 个车站和萧绍、绍嵊新公路 10 个车站。杭江铁路建成后，省公路局又与杭江铁路局开展联运，杭州境内铁路联运站有江边、萧山、临浦 3 站，经义乌，换乘公路至丽水、温州等地（表 3－2－47）。省公路局在杭州湖滨专设营业所，发售联运客票，办理联运接送业务。为方便旅客，省公路局在莫干山上与商人于少甫合办寄宿舍，供一般购有联运客票的游客食住，将各联运站所售来回客票的回程有效期宽限至 3 个月，并印发中、英文莫干山联运章程，使旅客尤感方便。

抗日战争前浙江省公路与铁路联运概况一览表 表 3－2－47

铁路路别	京（南京）沪、沪杭甬铁路			杭江铁路（后称浙赣铁路）
汽车公司名称	萧绍长途汽车公司	萧绍长途汽车公司 绍曹嵊汽车公司 嵊新路汽车公司	浙江省公路管理局	浙江省公路管理局
联运事项	铁路头、二、三、四等旅客及行李包裹联运	铁路三、四等旅客及行李包裹联运	铁路头、二、三、等旅客及行李包裹联运	客票、行李联运
铁路联接站	南星桥	南星桥	杭州	义乌
铁路联运站名	上海北、上海南、松江、嘉兴、王店、硖石、斜桥、长安、拱宸桥	上海北、上海南	上海北、上海西、吴县、无锡、武进、镇西、南京	江边、萧山、临浦、诸暨、义乌
公路联运站名	萧山、衙前、阮社、柯桥、绍兴、北海、昌安、五云	嵊县、新昌	莫干山	世雅、永康、缙云、丽水、青田、温州

民国 20 年（1931 年）10 月 20 日，京杭国道由浙江、江苏两省修建完成，全线通车。省公路管理局与承营南京至父子岭苏境路段的商营江南汽车公司，按各售本省境内客票，分别在浙江省夹浦、江苏省汤渡两站换车的办法，办理京杭联运，开启省际公路联运之始。21 年（1932 年）5 月，浙江省将长兴至父子岭一段租与江南汽车公司承办，改分省售票办法为各自可以发售京杭联运通票，在长兴站换车。

民国 22 年（1933 年），受五省市（苏、浙、皖、京、沪）交通委员会指导和各省市大力发展旅客联运的推动，省公路管理局与江南汽车公司合资购置客车 2 辆，是年 6 月 1 日，开行南京至杭州联运直达车，班次定为每日对开 1 次，中途联运站规定为苏省句容、溧阳、宜兴，浙江省长兴、吴兴、三桥埠六站。此一联合经营方式为各省市合办联运树立了范例。

民国23年(1934年)6月28日，浙江省杭(州)与安徽省屯(溪)客车开办联运。是年，浙江省与上海沪闵南拓汽车公司、安徽歙昱汽车公司、江西广丰汽车公司、江苏省公路管理处、湖嘉、苏嘉汽车公司、福建省汽车管理处等单位，联合办理平湖至上海、杭州至屯溪、江山至广丰、乍浦至苏州、苏州至莫干山、江山至延平等线的各种不同形式的旅客及行李包裹联运业务。冬季，萧绍、绍曹嵊、嵊新三公司与省公路管理局合办钱江至临海间联运直达客车。

民国26年(1937年)7月抗日战争爆发，受战事影响，浙江省公路旅客联运几乎断绝。

民国28年(1939年)1月，省公路局与商营鄞奉、嵊新、嵊长、金武永四公司合办金华至宁波旅客水陆联运。抗日战争结束后，在浙赣铁路未修通前，省联营运输处即与沪杭铁路联运，开行杭州至江西上饶、杭州至丽水、杭州至福州及上海至莫干山等线路。新中国成立前告停。民国36~37年(1947~1948年)统计，浙江公路联营运输处共载客3200481人次，56158922人公里。民国37年4月2日，京、沪、杭铁路与浙江公路实施联运。

1949年中华人民共和国成立后，浙江公路联营运输处与商营汽车公司协议合办运输，代办部分县道及代营东南、浙江两汽车公司部分线路。8月1日，撤销浙江公路联营运输处，组建"浙江省交通公司"，主持省营汽车运输的经营。

1950年9月20日，浙江省联运公司正式成立，并设立了宁波、温州分公司，杭州、湖州、嘉兴、丽水、金华、舟山等12个办事处，杭州等9个联运站。1953年6月1日，浙江省联运公司及其分支机构撤销，所有业务人员归口公路、航运部门。历时2年8个月的省联运公司宣告结束。

1958~1966年期间，"大跃进"运动，使公路运输客货运量急剧增加。中央决定对国民经济实行"调整、巩固、充实、提高"，公路运输企业对管理体制和业务经营进行了全面调整，增辟客运路线，开拓客货联运等，全省公路运输有了较大进展。

1971年，浙江省设立"浙江省统一运输指挥部"，推动铁、公、水客货联合运输。1976年，全省千人吨公里综合成本高至175.08元，多数地属运输企业出现亏损。浙江地、市、县运输企业因"文化大革命"的动乱，造成工厂大多停产，运输秩序混乱，造成无人管理，效率低落，连年亏损。温州地区造反派激烈武斗，社会秩序混乱，物资流通显著减少，成为浙江地方运输企业亏损大户。金华县运输公司1974~1976年间业务损失最重，要靠政府补助发工资。"文化大革命"期间，运输秩序遭受干扰和破坏，联运业受到一定影响。70年代后期，经过拨乱反正，公路、铁路、水路客流组织逐步得以整顿，规章制度日臻完善，故公路、铁路、水路旅客联运形式已不复存在。

1978年12月，中共中央十一届三中全会后，浙江公路运输加速发展联运业务，温州汽运公司西站根据地区特点，在温州市联合运输指挥部和铁路部门的大力支持下开展铁路车票发售业务，经金华、杭州、上海火车站中转全国各地的旅客联票，既稳定了客源又改变了被动局面；省汽运公司针对长短途客源兴旺的形势，推动省地市县走向联合运输，统一客票发售、结算，并在客票上注"联营"标志；春运期间，开展团体预订票，上门服务，打破定时定班限制；宁波地区开行直接送火车站旅客直达车，长短结合、干支相连的旅客联运；省省汽运公司开展以杭州为中心，各个地区为枢纽，遍布平原、山区、海岛的城乡运输网络并行跨省、跨区，长短结合多种形式的客运班车(联合运输)。

20世纪80年代，浙江大力发展省（市）际直达旅客运输。至1987年底，与沪、苏、皖、赣、闽5省（市）共开辟客运路线157条，极大地方便了跨省（市）的长途旅客。浙江至上海的旅客运输，减少了跨省（市）旅客的转换车次数；浙赣旅客运输，杭州—景德镇，浙方金华开办代售南昌、九江等地中转车票；景德镇开办代售东阳、温州、宁波等地中转车票；浙闽旅客运输，为扩大杭州至浦城班车的服务，浙方委托上海长途汽运公司代售部分对号车票，杭州客运营业所按闽方浦城站预报，代为安排到杭旅客的住宿。截至1986年4月，浙江省际客运发展到6省1市，解决了广大旅客中转换车的种种麻烦。

1997年下半年和1998年上半年，新增客运班线，调整与苏、赣、皖、闽4省就发展省际班线达成协议，进一步加快快速客货联合运输系统的组建工作，帮助指导以浙江、上海、江苏3省（市）为基础的东方快运联运系统的组建。积极培育市场运营新机制，引导国有企业依托高等级公路发展快速联合运输，实现“强强联合”，走集约化经营道路。

2005年后，浙江高速网络工程“4小时公路交通圈”目标的实现，跨省高速公路建设的发展，省际旅客班线的开通，交通信息化工程的发展，为旅客直达省内各地市、外省许多城市创造了现实条件，公路旅客联运的方式已失去实际意义。此后，省内公路旅客联运不再存在。

四、黄金周小长假旅客运输

（一）春节旅客运输

1949年12月23日，中华人民共和国中央人民政府政务院规定每年春节放假3天。从此春运作为中华人民共和国传统年节春节阶段运输的特别阶段。

1995年，春节运输时间60天，全省道路运输共发运旅客7259.60万人，完成旅客周转量345682.20万人公里，分别比去年同期增长2.70和5%，投入春运的客运车辆24868辆，591182客位；累计发送205.24万个班次，其中春运加班21547个班次，基本达到“有序、安全、畅通”的总体要求。

2001年1月9日~2月17日，春运40天，全省道路运输发送旅客8115万人次。其中以城市公路客运流量增幅最为明显。宁波、金华、杭州、温州4大口子市区发送的长途旅客分别比上年同期增长26%、14%、10%和6%，衢州市区发送的长途旅客比上年增加达55.60%。

2002年1月28日~3月8日，春运40天，全省道路客运量7853万人，旅客周转量339566万人公里，分别为上年同期的96.80%和106.40%。全省日均投放运营客车2.80万辆、60万个客位，均比上年增长7.50%。平均日发班次12.70万班次，累计加班5.10万班次。

2003年1月17日到2月25日春运期间，全省道路运输发送旅客8265.50万人，完成旅客周转量362088.50万人公里，同比分别增长5.20%和6.60%。

2004年春节运输期间，全省道路运输完成旅客运输量8913.50万人，完成旅客周转量40.20亿人公里，同比分别为107.60%和111%。春运40天，日均投放车辆3.10万辆，70万客位；分别比上年同期增长3.50%和6%。投放加班车辆8766辆，累计加班9.60万班，保证了春运期间动力配备充足。

2005年1月25日~3月5日春运期间，全省共完成道路旅客运输量10984.80万人，比上年同期增长2.20%；客运周转量52.20亿人公里，比上年同期增长3.10%；全省日均投放车辆3.17万辆，72.48万客位，分别为上年同期的99.30%和102.70%。共发生重特大行车事故83起，死亡121人，其中特大事故4起，死亡35人。其中台州旅游公司包车“二五”事故死亡6人，东阳“二一三”事故死亡8人，嘉善“二二二”事故死亡17人。

2006年春运期间，全省道路运输发送旅客1.14亿人次，完成旅客周转量54.40亿人公里，分别比去年同期增长4.20%和4.60%（1月26日单日达330.20万人次，超过去年春运最高纪录的318万人次，创历史新高）。全省日均投放车辆32048辆，75.50万个客位，分别为去年同期的101%和104.10%，日均发送班次16.60万个，与去年基本持平。

2007年春运40天，全省道路运输共发送旅客1.76亿人，完成旅客周转量81.86亿人公里，分别比上年同期增长3.70%和5.20%。全省日均投放车辆3.21万辆，79.36万个客位，客位比上年增加5.10%。

2008年1~2月，全省遭受雨雪冰冻灾害。期间春运40天，全省道路运输共发送旅客1.72亿人，完成旅客周转量69.80亿人公里，分别比上年同期减少2.60%和12.70%。

2009年1月11日至2月19日，春运40天。全省道路共完成旅客运输量1.77亿人，旅客周转量73.20亿人公里，比去年同期增长3.17%和5.20%。全省道路运输日均投入运力3.20万辆，日均投放班次17.60万班，比去年同期增长1.90%和7.20%。

2010年，春运40天（1月30日至3月10日）。全省道路共完成旅客运输量1.76亿人，旅客周转量65.50亿人公里，比上年同期下降0.33%和0.50%。其中节前15天，共发送旅客6778.50万人，同比下降0.10%；节后25天，共发送旅客1.09亿人，同比下降0.40%。全省城市公交共运送旅客3.06亿人，同比增长8.07%。

（二）五一节旅客运输

1999年9月18日，《国务院关于修改〈全国年节及纪念日放假办法〉的决定》（第一次修订）发布，2000年5月1日至5月7日，是我国第一个“五一”黄金周。

2001年5月1~7日，“五一”黄金周，全省道路运输完成客运量1810万人次。此次“五一”黄金周呈现出客流流量大，流向集中，高峰期延长，并随着旅游景点的开发，中短途旅客日趋旺盛等特点。杭州东、南、西、北站，宁波汽车南站创日客流历史之最，分别达到7.90万人次和2.50万人次。

2002年5月1~7日，全省道路运输完成客运量1884万人次，比上年同期增长4.10%。杭州汽车东站、宁波汽车南站5月1日又创日客流历史新高，其中杭州汽车东站为5.10万人次，宁波汽车南站为2.70万人次。

2003年由于“非典”影响，“五一”黄金周取消。

2004年5月1~7日，全省运输完成旅客运输量2050.90万人，完成旅客周转量约10.50亿人公里旅客周转量2651万人公里。日均投放客车32476辆次（其中旅游客车1980辆），发放省际加班证1040张，省际包车证1315张，省内加班5515班次。

2005年“五一”期间，全省道路运输发送旅客2289万人，为上年同期的102.80%。全省道路运输日均投入客运车辆33185辆（其中旅游客车2397辆）。据初步统计，节日期间共发生道路运输行车事故10起，死亡15人，其中特大事故一起，死亡4人。

2006年5月1~7日，全省道路运输共发送旅客2383万人次，比去年同期增长4.20%，高于近几年1~2%的增幅。共投入大中型客车35416辆，其中加班车7100辆。

2007 年 5 月 1 ~7 日“五一”黄金周，全省道路运输共发送旅客 3097 万人（其中旅游 75 万人、出租汽车 450 万人），完成客运周转量为 15.50 亿人公里，分别比去年同期增长约 8.30% 和 18.50%。全省投入客运车辆 3.60 万辆（其中旅游客车 3303 辆），86 万客位，分别比去年同期增长约 3.10% 和 4.50%。“五一”黄金周期间，全省公路事故 6 起，死亡 8 人，事故起数和死亡人数分别比去年“五一”道路运输上升 20% 和 33%（去年分别为 5 起，6 人）。

是年 12 月 14 日，《国务院关于修改〈全国年节及纪念日放假办法〉的决定》（第二次修订）发布，“五一”黄金周不再有，成为“五一”小长假。

（三）国庆黄金周旅客运输

1999 年 9 月 18 日，《国务院关于修改〈全国年节及纪念日放假办法〉的决定》（第一次修订）发布，是年 10 月 1 日至 10 月 7 日，是我国第一个国庆黄金周。而后一直按此执行至今。

2001 年 10 月 1 ~7 日，“十一”黄金周，全省道路运输完成客运量 1840 万人次。杭州、宁波、温州 3 市区汽车站日客流量又创历史新高，分别达到 8.60 万人次、11.90 万人次和 6.03 万人次。

2002 年 10 月 1 ~7 日，全省道路客运量 1963 万人，客运周转量 97351 万人公里，分别为上年同期的 104.20% 和 104.10%。杭州、宁波两个口子的增长比例分别在 10.50% 和 20% 以上。10 月 1 日，杭州东、南、西、北四站客运量达 97208 人次，比历史最高峰还增加八千余人。宁波南站客流量也首次突破 3 万人次，达到 3.2 万余人次。

2003 年“十一”黄金周，全省道路运输日均投放客车 32789 辆次，完成客运量 2020 万人，与上年同期相比上升 8.10%。杭州东、南、西、北长途汽车站 2003 年 9 月 30 日，发送旅客 99092 人次，比上年同期增长 13.86%；2003 年 10 月 1 日，发送旅客 111006 人，创历史新高，比上年同期增长 14.19%。

2004 年 10 月 1 ~ 7 日，全省道路运输完成旅客运输量 2142 万人，为上年同期的 105.60%。日均投放客车 33678 辆次，121.10 万班次。

2005 年 10 月 1 ~ 7 日，全省道路运输完成旅客运输量 2316 万人，为上年同期的 101.20%。

2006 年 10 月 1 ~ 7 日，全省道路运输发送旅客 2435 万人次，与去年同期相比上升 4.20%。日均投放客车 35496 辆次，其中包车 3105 辆。

2007 年 10 月 1 ~7 日，全省道路运输共发送旅客 3306 万人（其中旅游 98 万人、出租汽车 458 万人），完成客运周转量 14.70 亿人公里，分别比去年同期增长约 14.30% 和 9.70%。全省投入客运车辆 3.60 万辆（其中旅游客车 3303 辆），86 万客位，分别比去年同期增长约 3.10% 和 4.50%。

2008 年 9 月 1 日 ~10 月 5 日，全省道路运输共发送旅客 3340 万人（其中旅游 99 万人、出租汽车 460 万人），完成客运周转量 14.80 亿人公里，分别比去年同期增长约 1.03% 和 0.68%。

2009 年 10 月 1 ~8 日，全省道路运输共发送旅客 4277 万人，完成客运周转量 19.30 亿人公里。全省投入客运车辆 3.89 万辆，比去年同期增 6.30%。

2010 年 10 月 1 ~7 日，全省道路运输共发送旅客 3938 万人，比去年同期增长约 4.80%，完成客运周转量 17.70 亿人公里。

第二节　道路货物运输

民国11年(1922年),浙江有了第一辆货车。而后,用汽车运货逐渐兴盛,货车数量逐年增加。1949年浙江省解放后,道路货物运输加快发展,运力、运量增加。至2010年年底,全省拥有营运货车466026辆、2057280吨位,公路货物运量103394万吨、12987139万吨公里,在全国排名均为前列。

一、货物运力

(一)机动车运力

1、普通货运汽车

浙江境内专门用于载运货物的汽车始于民国11年(1922年)杭州境内杭余公司购买的1辆旧货车,货车系进口,厂牌和号码无记载。民国13年,余临省道汽车公司购置货车1辆,拖车1辆。此为浙江省境内的第二辆货车和第一辆拖车。民国16年末,全省拥有各种类型大小营业汽车160余辆,其中省道萧绍段有货车3辆,专门运送行李。此前,货物一般通过客车随带。

民国17年(1928年),全省拥有货车48辆,其中省营货车3辆,厂牌为福特。民国18年,全省拥有货车60辆,其中省营15辆。货车厂牌为雪佛兰、福特、万国等。民国21年,全省拥有货车90辆,其中省营货车27辆。民国22年,全省拥有货车155辆,其中省营货车34辆,厂牌为利和、雪佛兰、福特、万国、康莫、大蒙天。民国24年,全省共有货物运输车辆200余辆,其中省营汽车公司92辆,商营长途汽车公司有货车76辆,承担浙江境内的货物运输。民国25年,全省共有货物运输车辆297辆,其中省营汽车公司66辆,商营长途汽车公司148辆。

民国26年(1937年)7月7日,抗日战争爆发。在杭州沦陷之前,全省拥有货物运输车辆269辆。其中杭州5月份有货车148辆,自用96辆。见表3-2-48。

1928~1937年浙江省公路运输营运汽车货车实有数一览表　　表3-2-48

年份	省营(辆)	商营(辆)	合计(辆)
民国17年(1928年)	3	45	48
民国18年(1929年)	15	45	60
民国19年(1930年)	27	58	85
民国20年(1931年)	27	60	87
民国21年(1932年)	27	63	90
民国22年(1933年)	34	74	108
民国23年(1934年)	98	82	180
民国24年(1935年)	92	76	168
民国25年(1936年)	66	82	148
民国26年(1937年)	69	55	124

注:杭州市、各地汽车行的货车未统计在内。

民国29年(1940年),浙江省公商营拥有货车279辆。抗战期间,商营萧绍、通运、湖嘉、黄泽路椒等长途汽车公司所承营路线失陷,在金华、永康、丽水、嵊县地区所设货运办事处的货车24辆参加了货运。时外省市的流动商车为数颇多,云集金华,承运内地进出口货物。民国31年,杭州有货车116辆。民国34年8月,日本侵略军无条件投降,省交通管理处接收日伪有关公路运输资产,仅接收到"上海都市交通公司杭州营业所"破旧汽车8辆。

民国35年(1946年),根据杭州监理营业所汽车年度总检验换照数量的统计,全省货车拥有量为794辆,民国36年为943辆,民国37年为963辆。民国37年底,杭州货运汽车拥有量达593辆,其中自用66辆。

1949年刚解放时,全省拥有大型货车758辆,其中运输企业拥有658辆、1974吨位。是年,杭州市境内有营业货车441辆。

1950年,全省拥有货运汽车1029辆。其中运输企业拥有802辆、2474.50吨位(国营企业145辆、504吨位,公私合营企业17辆、51吨位,私营企业640辆、1920吨位)。

1951年,全省拥有货运汽车1297辆。其中运输企业拥有1052辆、3385.50吨位(国营企业224辆、767吨位,公私合营企业17辆、51吨位,私营企业640辆、1920吨位)。

1952年,全省拥有货运汽车1297辆。其中运输企业拥有1180辆、3808.50吨位(国营企业382辆、1307吨位,公私合营企业111辆、342吨位,私营企业687辆、2159.50吨位)。

1953年,全省拥有货运汽车1193辆,营运货车916辆,其中国营企业拥有352辆、1216吨位;公私合营企业拥有9辆、27.50吨位;私营企业拥有555辆、1739.50吨位。拥有挂车5辆、7.50吨位。见表3-2-49。

1954年,全省运输企业拥有货运汽车1025辆,3345吨位;1955年,943辆,3095.50吨位;1956年,702辆,2309.50吨位;1957年,942辆,3149.50吨位。

1950~1953年度浙江省公路运输汽车货车年末实有数一览表 表3-2-49

年份	地方国营		公私合营		私营	
	辆数	吨位	辆数	吨位	辆数	吨位
1950	145	504	17	51	640	1920
1951	224	767	25	75	803	2544
1952	382	1307	—	—	687	2159.50
1953	352	1216	9	27.5	555	1739.50

注:1953起浙江有挂车5辆7.50吨位未列入表内。

1958年,"大跃进"期间。货物运输以确保冶炼钢铁原料,兼及建材、粮食等物资为主,全面推行拖挂运输。省营汽运部门载货挂车总数达848辆、3357吨位,挂车完成的货运周转量已占总量1/4。

1960年,全省运输企业拥有货运汽车1185辆,4179吨位;1961年,1149辆,4071.80吨位;1962年,1084辆,4701.20吨位;1963年,1236辆,4702.20吨位;1964年,1175辆,4307.10吨位;1965年,1339辆,4879.50吨位;1966年,1452辆,5357.50吨位;1967年,1494辆,5654.50吨位;1968年,1467辆,5564.50吨位;1969年,1539辆,5643.90吨位。

1970年,全省运输企业拥有货运汽车1779辆,6020.80吨位;1971年,2049辆,7260.10吨位;1972年,2167辆,8030吨位;1973年,2051辆,7968.50吨位;1974年,2112辆,8287.50

吨位;1975 年,2198 辆,8770 吨位。1975 年浙江各地区省、地属汽车运输企业拥有运输货车 1556 辆、6385.50 吨位。

1976 年 10 月,“文化大革命”结束。是年末,全省货车 13999 辆(厂矿企、事业单位自备货车达 9725 辆)。营运载货汽车 12691 辆,其中大型 12151 辆,小型 482 辆。全省运输企业共有载货汽车 2428 辆,9828.50 吨位;载货挂车 1037 辆,5076 吨位。各地区省、地属汽车运输企业共有运输货车 1599 辆、6515.50 吨位。见表 3-2-50、表 3-2-51。

1976 年全省各地市载货汽车车辆数一览表 表 3-2-50

地区	合计	其中:大型	其中:小型
杭州地区	1563	1445	118
杭州市区	2863	2840	23
嘉兴地区	1312	1282	30
绍兴地区	686	654	32
金华地区	1969	1901	68
丽水地区	861	851	10
温州地区	827	808	19
宁波地区	1684	1533	151
台州地区	634	613	21
舟山地区	234	224	10

1975、1976 年度各地区省、地属汽车运输企业年度货车车辆数一览表 表 3-2-51

单位 \ 年度 \ 数量	1975		1976	
	辆	吨位	辆	吨位
合计	1556	6385.50	1599	6515.50
第一汽车运输公司	163	713	174	750.50
第二汽车运输公司	188	756	187	752
杭州地区运输段	101	403.50	99	388.50
嘉兴地区汽运公司	127	548.50	130	557
绍兴地区汽运公司	104	363.50	107	378
宁波地区汽运公司	164	761	158	715
金华地区交通局	321	1319.50	336	1361.50
丽水地区运输段	135	632	162	672.50
温州地区汽运公司	127	493.50	135	529
台州地区运输段	89	333.50	92	348.50
舟山地区运输段	19	61.50	19	63

1977 年,浙江省运输企业拥有货车 2049 辆、7260.10 吨位。有些企业组织机构名称发生一些变化,杭州地区运输段改名杭州地区汽运公司;丽水地区运输段改名丽水地区汽运公司;台州地区运输段改名台州地区汽运公司;舟山地区运输段改名舟山地区汽运公司。是年,各地区省、地属汽车运输企业共有运输货车 1672 辆、6832 吨位。

1978 年,浙江省各地区省、地属汽车运输企业共拥有运输货车 1666 辆、6853 吨位。各地区省、地属汽车运输企业分别拥有运输货车数如表 3-2-52 所示。

1978 年度各地区省、地属汽车运输企业年度货车车辆数一览表　　表 3－2－52

单　　位	货车运力	
	辆	吨位
合计	1666	6853
省交通局直属汽车运输公司	306	1354.50
杭州地区汽运公司	86	332
嘉兴地区汽运公司	136	578
绍兴地区汽运公司	121	441.50
宁波地区汽运公司	141	641
金华地区交通局	209	895.50
丽水地区汽运公司	250	1008.50
台州地区汽运公司	105	393
温州地区汽运公司	165	663.50
舟山地区汽运公司	20	70
衢州运输段	127	475

1979 年，浙江省汽车运输总公司共拥有运输货车 1676 辆、7041 吨位，所属各分公司分别拥有运输货车数如表 3－2－53 所示。

1979 年度浙江汽车运输公司各分公司货车年度车辆数一览表　　表 3－2－53

单　　位	货车运力		单　　位	货车运力	
	辆	吨位		辆	吨位
合计	1676	7041	金华分公司	219	960
杭州分公司	285	1356	衢州分公司	146	556
新登分公司	83	316.50	丽水分公司	244	991
湖州分公司	141	602	温州分公司	151	594.50
绍兴分公司	118	433	临海分公司	107	396.50
宁波分公司	162	765.50	舟山分公司	20	70

1980 年，全省拥有货车 26473 辆（表 3－2－54）；专业交通运输部门（省、市、地、县属专业交通运输部门）拥有货车 3446 辆。1982 年，全省拥有民用货车 31298 辆，比上年增长 4%；专业交通运输部门拥有货车 4477 辆，比上年增长 14.40%。1984 年，全省拥有民用货车 38800 辆；专业交通运输部门拥有货车 5025 辆。1985 年，全省拥有民用货车 50018 辆；省、市、地、县属专业交通运输部门拥有货车 5424 辆。省汽车运输公司有零担车 271 辆。

1978～1982 年全省货车辆数情况一览表　　表 3－2－54

项　目	单位	1978	1979	1980	1981	1982		平均递增（%）
						达到数	为上年%	
载货汽车	辆	17546	21330	26473	30089	31298	104	15.60
其中：大型	辆	17011	20835	25975	29474	29931	101.60	15.20
内：交通运输部门	辆	2840	3166	3446	3918	4477	114.40	12.10
占大型比重	%	16.70	15.20	13.30	13.30	15	112.80	—
其中：省属企业	辆	1666	1676	1710	1826	1866	102.20	2.90

注：表内不包括各种拖拉机。

1986年，全省拥有民用货车62431辆，比上年增长24.80%，其中交通部门拥有货车5846辆，在全行业汽车总数中占9.36%。1987年，全省拥有的民用货车73116辆，比上年增长17.10%，其中个体和联户拥有货车10402辆，比上年增长23.40%。交通部门拥有货车6096辆。1988年，全省拥有民用货车80530辆，比上年增长10.10%，其中交通部门拥有营运货车5968辆。1989年，全省拥有民用货车94464辆，比上年增长15.40%。1990年，全省拥有民用货车9.7万辆，比上年增长3.40%，其中交通部门拥有营运货车5868辆，其中市（地）县所属公路运输企业（包括省下放企业）共有货车5826辆、载货挂车1527辆。全省个体（联户）运输专业户共有货运汽车14789辆、载货挂车1120辆、其他货运机动车15512辆；厂矿企事业单位拥有自备客货汽车45346辆，其中营运货车42160辆，

1991年，全省拥有货车106899辆，比上年增长9.40%。交通部门拥有营运货车5937辆，比上年增长2.50%。1992年，全省拥有民用货车125286辆，比上年增长28.20%。交通部门拥有营运货车6058辆，比上年增长2%。1993年，全省拥有民用货运输车辆121630辆，比上年增长1%，其中营运性货运输车辆为84387辆，比上年增长14.15%。1994年，全省拥有民用货运输车辆142900辆，比上年增长17.10%，其中交通部门营运货车5835辆，比上年增长4.40%。（注：交通民用汽车资料统计口径与公安部门民用汽车资料统计口径不同不可比。）1995年底，全省拥有公路载货汽车166911辆，比上年增长16.80%。其中营运载货汽车11.20万辆。交通部门营运货车6120辆，比上年增长4.90%。

1996年，全省拥有各类货车183684辆，比1995增长8.90%。拥有营运载货汽车11.94万辆。交通专业运输部门营运货车6907辆，比上年增长12.90%。1997年，全省公路运输货车197823辆，比1996增长7.70%。交通专业运输部门营运货车7957辆，比上年增长15.20%。1998年，全省公路运输货车215503辆、578739吨位。拥有各类营运载货汽车13.90万辆。1999年，全省公路运输货车243307辆，比上年增长12.90%。拥有各类运营载货汽车15.50万辆。2000年，全省拥有货车337804辆，其中大型货车119182辆；营运载货汽车17万辆。

2001年，全省拥有民用汽车64.20万辆，其中营运汽车24.80万辆（内营运货车192321辆）。2002年，全省拥有运输汽车80.78万辆，其中营运货车19.40万辆（内专用货车6742辆）。2003年，全省拥有运输汽车1115742辆，其中营运货车416633辆、923798吨位。2004年，全省拥有营运货车471810辆、1098740万吨位，分别比上年增长13.20%和18.90%，其中专用货车1.20万辆，占营运货车总数的5.20%。2005年，全省拥有运输货车519854辆（内营业性货车24.10万辆）、1234760吨位，比上年增长10.20%和12.40%。专用货车达到16671辆，比上年增长17%。见表3-2-55。

2006年，全省拥有运输货车555885辆（内营业性货车354202辆）、1458270吨位，比上年增长6.90%和18.10%。专用货车达到22245辆。2007年，全省拥有运输货车630000辆（内营业性货车414437万辆）、1730000吨位，比上年增长13.30%和18.60%。2008年，全省拥有营运货车423708万辆，其中普通货车33.60万辆、专用货车2.30万辆、厢式货车8.40万辆。2009年，全省拥有营运货车463768万辆，其中普通货车32.60万辆，专用货车2.20万辆，厢式货车10.30万辆。2010年，全省拥有营运货车466026辆、2057280吨位，在全国主要交通统计指标排名分别列第8位、第11位。见表3-2-56。

2001～2010年度浙江省营运货车数量一览表　　表3－2－55

年份	载货汽车总数		其中大型	
	辆	吨位	辆	吨位
2001	177833	468404	55019	311372
2002	187666	513151	59063	351010
2003	208960	572346	61536	378598
2004	220881	634945	62202	417652
2005	227126	666344	59471	432567
2006	354202	890428	60071	532485
2007	414437	1024082	65769	653689
2008	423708	1028750	60788	642885
2009	463768	1681184	86805	1253938
2010	466026	2057281	104823	1636568

2010年浙江各地市公路营运货车运力一览表　　表3－2－56

地市名称	辆	吨位	地市名称	辆	吨位
杭州市	75508	378643	金华市	87529	155725
宁波市	67573	571738	衢州市	12556	100324
温州市	50001	108502	舟山市	10924	128074
嘉兴市	32806	169174	台州市	67300	188468
湖州市	15638	74433	丽水市	13896	64497
绍兴市	32295	117703	合计	466026	2057281

2. 集装箱运输车

1979年初，金华市汽车运输总公司货联运分公司开始办理集装箱业务。同年，杭州联运服务公司前身杭州货运中转服务所试行铁路集装箱运输，配备了1吨箱442只，3吨箱9只，5吨箱69只，当年为铁路集散物资566箱/吨。是年，省汽车运输公司金华分公司与金华站货运室共同确定由货联运站办理零担集装箱公铁联运业务。8月，省汽车运输公司杭州货运站，与铁路杭州南星桥站试办一吨货物集装箱运输。

1980年3月18日，金华至温州间5吨货物集装箱公铁联运门到门直达运输专用车正式开行，开创了浙江集装箱运输之首。装运箱柜的汽车，初是以解放牌货车拖带10吨挂车（主车装载1个5吨箱，挂车装载2个5吨箱），采用钢丝索固定集装箱。是年集装箱运输车数量无记载。

1981年3月起，陆续改用东风牌半挂框架式集装箱专用车，用导向定位机械紧锁装置固定3个5吨箱体。

1983年1月1日，杭州长途汽车运输公司与温州汽车分公司率先在全国公路运输业中，开辟了全长440公里的一条公路集装箱“站对站”的直达班车，车辆选用东风EQ140型货车改装为集装箱专用半挂车，可装载SD标准集装箱3只。是年，省汽车运输公司金华分公司改装专用集装箱车11辆。至1985年，已先后开通金华至温州、瑞安、乐清3条集装箱公铁联运线，并扩建新建了作业场地，添置了装卸机械。

1985年2月，国际集装箱内陆货运站杭州分站开始营运，自备箱10只，标准集装箱运输车2辆，当年完成外贸进出口运输量为384TEU。1990年，杭州市集装箱运输企业共有专用集装箱载重卡车49辆，1280个车吨位。

2000年，全省拥有集装箱专用车1433辆，2393TEU。2001年2041辆，4152TEU。2002年2742辆，5295TEU。2001年，集装箱车辆发展较快，高档次货运车辆比例已上升至10%；2003年，全省新增集卡车789辆，比上年增长28.80%，总数达到3531辆，7575TEU；2004年，全省集装箱车达到4926辆、98232吨位，8530TEU；2005年，5923辆，比上年增长20%；2006年，7916辆；2007年，9948辆；2008年，11256辆，比上年增加1308辆，增长率达到11.60%。

2009年，全省拥有集装箱运输车12261辆，355138吨位，21363TEU，比上年增加1005辆，增长率达11.40%。集装箱挂车12451辆，369676吨位。2010年，全省公路集装箱运输专用车达到16398辆、489768吨位，24219TEU；集装箱挂车16330辆，489886吨位。见表3-2-57。

2010年浙江各地市公路集装箱运力一览表 表3-2-57

地市名称	辆	箱数TEU	吨位	地市名称	辆	箱数TEU	吨位
杭州市	602	1077	16687	金华市	175		4813.80
宁波市	9975	17817	299689	衢州市	48		1536
温州市	603	1364	16252	舟山市	3361	2691	101102
嘉兴市	938		28756	台州市	439	715	12956
湖州市	67	134	2023	丽水市	76	169	2298
绍兴市	114	252	3654	合计	16398	24219	489768

3.大型物件运输车

浙江省拥有大型物件运输车始于何时无确切资料可证。1997年之前，浙江公路运输工具统计中将大型物件运输车列入专用载货汽车中，故具体数量不详。

1997年，全省拥有大件运输车41辆、767吨位，其中交通部门拥有20辆、483吨位；1998年，全省拥有大件运输车32辆、627吨位，其中交通部门拥有13辆、383吨位；1999年，全省拥有大件运输车31辆、621吨位，其中交通部门拥有12辆、383吨位。

2000年，全省拥有大件运输车42辆、762吨位，其中交通部门拥有29辆、475吨位；2001年，全省拥有大件运输车48辆、947吨位，其中个体经营户拥有7辆、79吨位；2002年，全省拥有大件运输车54辆、1154.13吨位，其中个体经营户拥有18辆、245吨位；2003年，全省拥有大件运输车63辆、1309吨位，其中个体经营户拥有6辆、99吨位；2004年，全省拥有大件运输车47辆、804吨位，其中个体经营户拥有8辆、86吨位；2005年，全省拥有大件运输车50辆、1113吨位，其中个体经营户拥有8辆、100吨位。

2006年，全省拥有大件运输车108辆、2626吨位，其中个体经营户拥有14辆、366吨位；2007年，全省拥有大件运输车437辆、8843吨位，其中个体经营户拥有124辆、1672吨位；拥有大件运输挂车236辆、5678吨位，其中个体经营户51辆、1060吨位。2008年，全省拥有大件运输车957辆、12551吨位，其中个体经营户拥有138辆、1692吨位；拥有大件运输挂车

302 辆、7847 吨位，其中个体经营户 45 辆、976 吨位。2009 年，全省拥有大件运输车 1089 辆、11938 吨位，其中个体经营户拥有大件运输车 142 辆、1553 吨位；拥有大件运输挂车 482 辆，11424 吨位，其中个体经营户 94 辆、2231 吨位。2010 年，全省拥有大件运输车 1185 辆、20923 吨位，其中个体经营户拥有大件运输车 63 辆、1656 吨位；拥有大件运输挂车 723 辆，17131 吨位，其中个体经营户 102 辆、2553 吨位。

4. 危险品货物运输车

浙江省在 1997 年之前，危险品货物运输车已经存在。由于浙江公路运输工具统计中没有将危险品货物运输车单列统计，故具体数量不详。

1997 年，全省拥有道路危险品货物运输车 1241 辆、8848 吨位，其中交通部门拥有 183 辆、1429 吨位，私营及个体拥有 57 辆、351 吨位。1998 年，全省拥有危险品货物运输车 1266 辆、8138 吨位，其中交通部门拥有 112 辆、807 吨位，私营及个体拥有 101 辆、554 吨位。1999 年，全省拥有危险品货物运输车 1597 辆、10430 吨位，其中交通部门拥有 166 辆、1168 吨位，私营及个体拥有 121 辆、670 吨位。2000 年，全省拥有危险品货物运输车 1571 辆、10534 吨位，其中交通部门拥有 163 辆、1182 吨位，私营及个体拥有 91 辆、583 吨位。

2001 年，全省拥有道路危险品货物运输车 1539 辆、11148.09 吨位。2002 年拥有 2709 辆、17444.45 吨位。2003 年拥有 4292 辆、25224.325 吨位。2004 年拥有 5873 辆、39882 吨位。2005 年拥有 7259 辆、52627 吨位。

2006 年，全省拥有道路危险品运输车 8013 辆、65892 吨位，其中个体拥有 211 辆、1655 吨位。2007 年，全省拥有危险品运输车 9940 辆、84896 吨位，其中个体拥有 408 辆、2600 吨位；拥有危险品挂车 1756 辆、43559 吨位，其中个体拥有 23 辆、414 吨位。2008 年，全省危险品运输车达到 10154 辆、93307 吨位，其中个体拥有 249 辆、1601 吨位；拥有危险品挂车 2042 辆、52886 吨位。2009 年，全省拥有危险品运输车 11395 辆、112546 吨位；拥有危险品挂车 2245 辆，58325 吨位。2010 年，全省拥有危险品货运车 12646 辆、148993 吨位，其中个体拥有 230 辆、1606 吨位；拥有危险品挂车 4230 辆、102699 吨位，其中个体拥有 7 辆、194 吨位。

5. 商品汽车运输车

浙江省何时始有商品汽车运输车尚无资料可证。2001 年，浙江公路运输工具统计中始将商品汽车运输车单列统计。2001 年，全省拥有商品汽车运输车 12 辆、179 吨位，2002 年拥有 11 辆、175 吨位。2003 年拥有 17 辆、187 吨位，其中个体拥有 6 辆、12 吨位。2004 年拥有 405 辆、417 吨位。2005 年拥有 40 辆、517 吨位，其中个体拥有 18 辆、5 吨位。2006 年拥有 20 辆、245 吨位。2007 年拥有 38 辆、261 吨位。2008 年拥有 24 辆、245 吨位。2009 年拥有 88 辆、561 吨位，其中个体拥有 1 辆、1 吨位。2010 年，全省拥有商品汽车运输车 140 辆，804 吨位。

6. 货运三轮、四轮机动车

简易货运机动车包括机动三轮货车和机动简四轮货车，20 世纪 50 年代已经出现。20 世纪 80 年代有许多地区一些运输个体户，使用简易机动车从事短途货运。由于其小巧灵活，适合小道小弄穿行，方便输送到货主指定地点，故受到普遍欢迎。个体车主从中得到经济实惠，导致简易货运机动车迅猛发展，至 1990 年底，全省个体（联户）运输专业户共有简易货运机动三轮车 15512 辆。见表 3-2-58。

1993～2003年浙江省简易货运机动车一览表　　表3－2－58

年份	总数(辆)	机动三轮货车		机动简四轮货车	
		辆	吨位	辆	吨位
1993	19431	11316	5755.50	8115	8743.90
1994	24496	8747	4478.20	15739	14753.90
1995	25067	9336	4764.70	15731	16237.40
1996	23240	6458	3148.40	16782	19311.59
1997	19761	4022	2396.30	15739	16483.75
1998	18307	2962	1931.10	15345	15531.41
1999	17065	2421	1411.50	14644	14937.09
2000	16391	2252	1339.25	14139	13782.80
2001	14871	4624	2898.23	10247	9586.21
2002	8328	3349	2139.11	4979	4764.28
2003	6976	3040	1723.62	3936	4027.53

注:2004年始,简易货运机动车的三轮货车、简四轮货车不再分列统计。

7.拖拉机

20世纪50年代初期,浙江省从国外进口多辆大型拖拉机。这些拖拉机主要从事田间作业。

1959年,利用拖拉机上公路参加社会物资运输,减轻社会物资运输压力。

1961年,全省有轮式拖拉机295辆。

1966年底,全省从事公路运输的轮式拖拉机达451辆。

1967年,全省经交通管理部门发牌发证的轮式拖拉机有451辆。

1968年,全省经交通管理部门发牌发证的轮式拖拉机有410辆。

1976年,“文化大革命”的最后一年。全省参与公路运输的拖拉机已达26096辆,其中上牌持证轮式拖拉机发展到6082辆,手扶式拖拉机增加至20014辆。见表3－2－59。

1967～1976年浙江省拖拉机发展情况一览表　　表3－2－59

年份	拖拉机数量(辆)			附　注
	轮式	手扶式	合计	
1967	451		451	表内所列数字系交通管理部门发牌发证的拖拉机。专用于田间作业的拖拉机未包括在内
1968	410		4101	
969	553		553	
1970	849		849	
1971	1255		1255	
1972	2100	6164	8264	
1973	3216	10493	13709	
1974	4125	13705	17830	
1975	5097	18427	23524	
1976	6082	20014	26096	

1983 年,国家允许农民个人购买拖拉机经营运输。参与社会运输的拖拉机数量快速增长。1985 年底,全省参加运输的拖拉机已达 85568 辆、93157 吨位;1990 年,全省参与货物运输的拖拉机达 162313 辆、170659 吨位。全部都是个体(联户)运输专业户。

1995 年起,逐步禁止拖拉机进入城区行驶,拖拉机数量日益减少。现仅存的拖拉机限于农用和短途少量沙石料等建材的运输,全省共有 213286 辆。

2002 年始,全省交通运输部门基本不使用拖拉机进行运输,拖拉机运输以个体为主。全省参加运输的拖拉机有 175378 辆,178630 吨位。其中个体运输的有 165593 辆,168933 吨位。2009 年,全省用于货物运输的拖拉机有 15284 辆,15906 吨位,全部是个体运输。

2010 年,全省共有拖拉机 378943 辆,均属个人所有。其中参加营运的有轮胎式拖拉机 9677 辆,9715 吨位。拖拉机运输以个体为主,全省运货的拖拉机有 9667 辆,9705 吨位。见表 3-2-60。

1989~2010 年浙江省运输用拖拉机发展情况一览表 表 3-2-60

年份	全省(辆)	交通运输部门(辆)	年份	全省(辆)	交通运输部门(辆)
1989	212748		2000	193815	64
1990	213343	283	2001	174995	30
1991	214313	290	2002	175378	
1992	227964	300	2003	177591	
1993	237095	251	2004	163820	
1994	272659	288	2005	154962	
1995	213286	231	2006	150504	
1996	206098	223	2007	147619	
1997	193303	132	2008	114298	
1998	186548	101	2009	15284	
1999	193136	74	2010	9677	

(二)非机动车运力

1. 人力车

人力车包括独轮车、手拉车和脚踏三轮车。明代,浙江已出现用独轮车进行货物运输。

民国 26 年(1937 年)6 月,国民政府军事委员会为应付非常时期军事运运输需要通令各省市立即就所辖范围内民有旧式车辆(包括轻重手车)、驮挽兽类等进行登记、编号、发照,并规定无照车辆不准在公有道路上通行。7 月 7 日,抗日战争开始,省府鉴于汽车所需的油料和配件来源不易,决定组织手车运输。

民国 27 年(1938 年)1 月,省交通处成立,在处下设置手车总队。总队始有手车 1680 辆;后又征得金华、永康、缙云、丽水四县民间手车 3200 辆,编成五个大队、两个独立中队。规定单轮手车载重 150 千克,双轮载重 200~500 千克。

民国 29 年(1940 年)1 月,手车管理处将手车运输业务连同所剩省有手车 410 辆、民有现役队手车 4613 辆,一并交由省公路运输公司经营。民国 30 年 1 月,省府按照重庆全国驿运会议决议,成立"浙江省驿运管理处",接办手车管理处经营的手车征调及省公路运输公司手车的业务经营。省驿运管理处拥有受编领照手车4861辆。民国31年5月，日军进侵金华、丽水等地，驿运路线大多沦陷，民有手车均分散回乡，车工也多改肩挑为业，手车运输遂告衰落。民国32年，人力三轮车在浙江境内首次出现。

民国34年(1945年)8月，抗战胜利，手车支援战时运输的使命完成。省府各机关迁回杭州需要运输货物，省驿运管理处征集手车近300辆，供应复员运输。省驿运管理处于同年12月撤销。

1951年之前，全省人力车数量无统计数据可查。1952年至1954年，全省交通运输企业拥有人力车13957辆。1955年有10299辆；1956年有12938辆。

1957年，全省人力车数量有12387辆，其中交通运输企业中有手车7962辆。是年，宁波市区有人力三轮车89辆。

1958年，全省人力车数量有16084辆；1959年有16269辆；1960年有16546辆；1965年达到22799辆。1966年，全省有胶轮手拉车15.70万辆。1974年，全省运输企业中有人力车19149辆；1975年有18921辆。

1976年，全省有胶轮手拉车36.50万辆，大多从事城镇码头、车站和田间小道运输。全省运输企业中有人力车17395辆。1977年，全省运输企业中有人力车17860辆；1978年有17595辆；1979年有17501辆。杭州市区共有人力三轮货车8667辆，其中自用8500辆。

1980年，全省运输企业中有人力车17942辆。1984年开始，全省运输企业中使用人力车进行货物运输逐年减少。1989年末，湖州全市约有人力三轮货车一万辆左右，其中市区5700余辆。1990年，温州市区约有2100辆。

1999年，全省运输企业中人力车仅剩588辆，2000年为878辆。2000年以后，全省运输企业中不再用人力车从事运输，也不再列为统计内容。

2010年，全省各市区偶尔仍能见到有使用人力车运货，具体数量无考。

2. 畜力车

早在秦汉，浙江先民就已利用马车牛车运送人和货物，车的数量记载不详。

东晋南朝，牛车普遍使用。“二千石四品已上及列侯，皆给轺车，驾牛”，牛取代马而成为这一时期公私车辆的主要动力。

1974年，全省运输企业中有畜力车198辆。其中杭州市159辆，金华36辆，绍兴3辆。

1975年，全省运输企业中有畜力车38辆，其中金华地区36辆，杭州、绍兴各1辆。

1976年，全省运输企业中有畜力车29辆，其中金华地区25辆，台州地区3辆，绍兴地区1辆。

1977年，全省运输企业中有畜力车216辆，其中金华地区24辆，宁波地区186辆，台州地区4辆，杭州地区2辆。

1978年，全省运输企业中仅在金华地区有畜力车12辆。

1979年，全省运输企业中有畜力车仅存4辆，其中金华地区3辆，台州地区1辆。

1980年，全省运输企业中仅在金华地区有畜力车5辆。

1982年之后，除了农村仍有畜力车用于劳作外，交通运输企业中已不再使用畜力车进行货物运输。1974~2000年浙江省人、畜力车数见表3-2-61。

1974～1988 年浙江省人、畜力车数一览表 表 3－2－61

年份	辆数	其中畜力车	年份	辆数	其中畜力车
1974	19288	39	1988	9065	
1975	18959	38	1989	8862	
1976	17424	29	1990	8169	
1977	18076	216	1991	6784	
1978	17607	12	1992	5378	
1979	17505	4	1993	4934	
1980	17947	5	1994	4268	
1981	17987	5	1995	2403	
1982	无统计数可查		1996	1855	
1983	16413		1997	1033	
1984	15759		1998	1024	
1985	12967		1999	588	
1986	11987		2000	878	
1987	9800				

二、货物运量

(一)机动车运量

1. 货车运量

民国 12 年(1923 年),杭州市购入 1 辆旧载货汽车,尚未运货。民国 16 年前,浙江使用汽车进行道路运输以客运为主,货车量少,货物运量无记载。

民国 24 年(1935 年),浙江 21 家商营长途汽车公司有货车 50 辆,承担浙江境内的货物运输,货物运量无考。

民国 26 年(1937 年)战前,浙江省的公路货运由省公路管理局、商营汽车公司分别专营,运量只占客货总运量的百分之十几。

民国 29 年(1940 年)6～8 月日军进犯镇海,省水陆联运管理处征用大批省、商车辆往宁波、溪口等地抢运物资,数量不详。

民国 37 年(1948 年),统计浙江公路联营运输处自民国 36 年(1947 年)3 月至 37 年(1948 年)2 月的营运情况,共行车 3025104 公里,货物运量 8443.5 吨、923819 万吨公里。

1949 年 10 月,中华人民共和国成立。全年全省公路货物运量 252 万吨、1904 万吨公里。

1952 年,全省公路货物运量 404 万吨、5319 万吨公里。见表 3－2－62、表 3－2－63。

1950～1953 年浙江省公路汽车货物运输量一览表 表 3－2－62

年份	地方国营		公私合营		私营	
	吨	吨公里	吨	吨公里	吨	吨公里
1950	24838	2348789	8703	338149	249524	27851006
1951	47392	4966217	16677	1146188	323960	33423805
1952	160522	13634884	8437	466321	544501	22768634
1953	318111	26867243	4530	162850	434102	29258366
1954	188203	18459379	5303	233756	2384	97054

注:1953 年度的公私合营系自第三季度开始,故其运输量为下半年度数字。

1954 年度中的运输量为上半年度数字。

1949～1957年浙江省公路汽车货物运输量一览表　表3－2－63

年份	货物运量（万吨）	货物周转量（万吨公里）	年份	货物运量（万吨）	货物周转量（万吨公里）
1949	252	1904	1954	535	8427
1950	296	4074	1955	604	7722
1951	345	5539	1956	724	9731
1952	404	5319	1957	817	10586
1953	473	7277			

1957年，国家第一个五年计划末年。全省公路货物运量817万吨、10586万吨公里。

1958年，“大跃进”期间。货物运输以确保冶炼钢铁原料，兼及建材、粮食等物资为主，全面推行拖挂运输。全省货物运输量1287万吨，货物周转量20255万吨公里。省营汽运部门载货挂车总数达848辆、3357吨位，挂车完成的货运周转量已占总量1/4。

1960年，第二个五年计划的第三年，道路运输发展迅速，货物运输增长。全省货物运输量2180万吨，货物周转量44343万吨公里。

1961年，浙江遭受洪涝自然灾害，粮食减产，物资缺少。全省货物运输量1289万吨，货物周转量23579万吨公里。

1962年，“二五”计划的最后一年，浙江继续遭受洪涝自然灾害。全省货物运输量929万吨，货物周转量17858万吨公里。

1966年，第三个五年计划的第一年，道路运输事业加快发展。全省货物运输量1709万吨，货物周转量30490万吨公里。

1967年，全省公路货物运量1680万吨、30454万吨公里。省地营汽车运输企业货运量555.70万吨、24690万吨公里。

1968年，全省公路货物运量1645万吨、27015万吨公里。省地营汽车运输企业货运量494.90万吨、21946万吨公里。

1969年，全省公路货物运量1798万吨、31623万吨公里。省地营汽车运输企业货运量567.20万吨、26144万吨公里。

1970年，“三五”计划的最后一年。全省货物运输量1763万吨，货物周转量35378万吨公里。省地营汽车运输企业货运量618万吨、29666万吨公里。见表3－2－64。

1958～1970年浙江省公路货物运输年度运量一览表　表3－2－64

年份	货运量（万吨）	货物周转量（万吨公里）
1958	1287	20255
1959	1948	32761
1960	2180	44343
1961	1289	23579
1962	929	17858
1963	1021	16460
1964	1253	18038
1965	1587	25464

续上表

年份	货运量(万吨)	货物周转量(万吨公里)
1966	1709	30490
1967	1680	30454
1968	1645	27015
1969	1798	31623
1970	1763	35378

1971 年,第四个五年计划的第一年,全省货物运输量 1952 万吨,货物周转量 42697 万吨公里。

1975 年,“四五”计划的最后一年,“文化大革命”中期。全省货物运输量 1689 万吨,货物周转量 35395 万吨公里。

1976 年,第五个五年计划的第一年。10 月,“文化大革命”结束。年末,全省公路货物运输量 1683 万吨,货物周转量 35368 万吨公里。省地营汽车运输企业货运量 354.80 万吨、24714 万吨公里。1967～1976 年期间,公路运输生产停滞不前,最后几年甚至倒退。省地营汽车运输企业也面临同样的境况。见表 3－2－65。

1967～1976 年省地营汽车运输企业货运量一览表 表 3－2－65

年份	货物运量(万吨)	货物周转量(万吨公里)	年份	货物运量(万吨)	货物周转量(万吨公里)
1967	555.70	24690	1972	730.30	39710
1968	494.90	21946	1973	655.10	38980
1969	567.20	26144	1974	495.70	32409
1970	618	29666	1975	373.70	26166
1971	718.40	35685	1976	354.80	24714

1977 年,全省公路货物运量 2152 万吨、49839 万吨公里。省地营汽车运输企业货运量 437.80 万吨、36074 万吨公里。

1978 年 12 月,中国共产党第十一届三中全会召开。年末,全省公路货物运输量 2689 万吨,货物周转量 66942 万吨公里。

1980 年,第五个五年计划的最后一年。全省公路货物运输量 3012 万吨,货物周转量 82463 万吨公里。见表 3－2－66。

1971～1980 年浙江省公路货物运输年度运量一览表 表 3－2－66

年份	货物运量(万吨)	货物周转量(万吨公里)	年份	货物运量(万吨)	货物周转量(万吨公里)
1971	1952	42697	1976	1683	35368
1972	2202	48724	1977	2152	49839
1973	2075	48685	1978	2689	66942
1974	1781	41540	1979	2998	76152
1975	1689	35395	1980	3012	82463

1981 年,第六个五年计划的开局之年。全省公路货物运输量 3042 万吨,货物周转量 92544 万吨公里。

1985 年，“六五”计划的最后一年。全省公路货物运输量 3917 万吨，货物周转量 208822 万吨公里。

1986 年，第七个五年计划的第一年。是年放开交通运输市场，全省交通运输飞速发展。当年公路货物运输量 12270 万吨，货物周转量 418498 万吨公里，分别约是上年的 313. 25% 和 200. 41%。

1989 年 6 月，北京天安门发生不稳定事件。上半年全省公路货物运量增加速度较快，下半年运量明显减少。全年营业性货运量 18661 万吨、726832 万吨公里。

1990 年，第七个五年计划的最后一年。全省公路货物运量 103394 万吨、12987139 万吨公里，全国排名均列第 10 位。货运量是 2009 年的 107. 70%，货物周转量是 2009 年的 109. 30%。全省公路货物运输量占浙江全社会货物运输量的比重为 60. 61%，货物周转量占 18. 25%。全省全年营业性货运量 17547 万吨、689546 万吨公里。

1990 年，“七五”计划的最后一年。公路货物运输量 17547 万吨，货物周转量 689546 万吨公里，分别约是上年的 94. 03% 和 94. 87%。见表 3－2－67。

1981～1990 年浙江省公路货物运输年度运量一览表　　表 3－2－67

年份	货物运量（万吨）	货物周转量（万吨公里）	年份	货物运量（万吨）	货物周转量（万吨公里）
1981	3042	92544	1986	12270	418498
1982	3616	114795	1987	17702	706480
1983	3728	135811	1988	18372	692890
1984	3988	166683	1989	18661	726832
1985	3917	208822	1990	17547	689546

注：1985 年底为交通部门及由交通部门组织的运输量，1986 年起为交通部门及非交通部门（厂矿企事业、个体联户）的运输量。

1991 年，第八个五年计划的开局之年。全省公路货物运输量 20273 万吨，货物周转量 922284 万吨公里。

1991 年至 1995 年，第八个五年计划期间。全省公路货物运输有了新的发展。1995 年，“八五”计划的最后一年。公路货物运输量 45052 万吨，货物周转量 2451587 万吨公里，分别是 1990 年的 256. 75% 和 355. 54%。全省全年营业性货运量 45052 万吨、2451587 万吨公里。

1996 年，第九个五年计划的第一年。全省公路货物运输量 47399 万吨，货物周转量 2662155 万吨公里。

2000 年，“九五”计划的最后一年。公路货物运输量 55008 万吨，货物周转量 2800179 万吨公里，分别是 1995 年的 122. 10% 和 114. 22%。

2001 年，第十个五年计划的开局之年。全省公路货物运输量 55706 万吨，货物周转量 2825265 万吨公里。

2002 年，全省全行业道路运输完成货运量 6. 35 亿吨、货物周转量 293. 60 亿吨公里，分别比上年增长 14% 和 3. 90%。道路货运输量占全社会运输总量的比重达到 70. 20%。

2005 年，“十五”计划的最后一年。公路货物运输量 81447 万吨，货物周转量 3726584 万吨公里，分别是 2000 年的 148. 06% 和 133. 08%。

2006年,第十一个五年计划的第一年。全省公路货物运输量89342万吨,货物周转量4310705万吨公里。

2009年,公路货物运输量95802万吨,货物周转量11887005万吨公里,分别是2008年的91.88%和227.85%。

2010年,"十一五"计划的最后一年。公路货物运输量103391万吨,货物周转量12987137万吨公里,分别是2005年的126.94%和301.28%。见表3-2-68~表3-2-70。

2001~2010年浙江省公路货物运输运量一览表 表3-2-68

年份	货物运量（万吨）	货物周转量（万吨公里）	年份	货物运量（万吨）	货物周转量（万吨公里）
1991	20273	922284	1996	47399	2662155
1992	27165	1261690	1997	45224	2623197
1993	36394	1612082	1998	45338	2571115
1994	41051	2024648	1999	45754	2569297
1995	45052	2451587	2000	55008	2800179

2001~2010年浙江省公路货物运输年度运量一览表 表3-2-69

年份	货运量		年份	货运量	
	万吨	万吨公里		万吨	万吨公里
2001	55706	2825265	2006	89342	4310705
2002	64584	3009938	2007	98743	4936418
2003	70908	3136967	2008	104269	5217095
2004	78540	3536188	2009	95802	11887005
2005	81447	3726584	2010	103391	12987137

2010年浙江各地市公路营业性汽车货物运输量一览表 表3-2-70

地市名称	运量(万吨)	周转量(万吨公里)	地市名称	运量(万吨)	周转量(万吨公里)
杭州市	19148	2153961	金华市	11378	1480022
宁波市	14540	2448160	衢州市	8603	942430
温州市	7930	1137814	舟山市	4259	878467
嘉兴市	7919	737090	台州市	10500	1419832
湖州市	6798	383672	丽水市	4429	698209
绍兴市	7890	707482	合计	103394	12987139

2. 集装箱运输车运量

1979年初,金华市汽车运输总公司货联运分公司开始办理集装箱业务,是年集装箱运输量1466吨。是年,杭州联运服务公司前身杭州货运中转服务所为铁路集散物资566箱/吨。

1980年,浙江集装箱运输刚起步。全省集装箱运量达到9776吨。其中浙江省汽车运输公司杭州货运站为铁路集散物资2626只箱,2026吨。金华市汽车运输总公司货联运分公司3月,办理金温间门到门直达运输,全年集装箱运输量7150吨。

1981年,金华市汽车运输总公司货联运分公司14336吨。

1982 年，金华市汽车运输总公司货联运分公司 15459 吨。7 月，浙江省杭州市联运公司运出集装箱 4351 只。

1985 年，国际集装箱内陆货运站杭州分站完成外贸进出口运输量为 384 个标准集装箱。金华市汽车运输总公司货联运分公司 27053 吨。

1986 年，浙江省汽车运输公司公、铁联运零担集装箱运量 11408 箱，30815 吨。杭州长途汽车运输公司的国际集装箱运输开始起步。见表 3－2－71。

1980～1986 年浙江省汽车运输公司公、铁联运零担集装箱历年完成情况一览表

表 3－2－71

年份	重箱(个)	运量(吨)	年份	重箱(个)	运量(吨)
1980	2383	7150	1984	9181	24107
1981	4779	14336	1985	10280	27053
1982	7987	20855	1986	11408	30815
1983	8823	23016			

注：重箱指已装有货物。

1987 年，经货车从公路运输的集装箱共 199468 箱，集装箱运量为 302884 吨，1856 万吨公里，占全省汽车总运输量的 1.48% 和 1.14%。

1988 年，全省公路运输集装箱 245959 箱，共 477815 吨、19129833 吨公里，见表 3－2－72。

1989 年，全省公路运输集装箱 308949 箱，共 476607 吨、67685201 吨公里。

1990 年，全省公路运输集装箱运量：国际标准箱 8187 箱，12.80 万吨；国内标准箱 256771 箱，60.20 万吨，见表 3－2－73。

1988 年全省交通运输部门公路运输集装箱货物运输量一览表　　表 3－2－72

名称类别	箱数					运输量		备注
	总计	40 英尺箱	20 英尺箱	5 吨箱	1 吨箱	吨	吨公里	
总计	245959	451	4664	74205	166639	477815	19129833	
全民	151942	42	3631	60766	87503	329508	12936028	
集体	80683	—	—	1547	79136	69444	499979	
不同经济类型	13334	409	1033	11892	—	78863	5693826	

1988～1990 年全省交通运输部门公路运输集装箱货物运输量一览表　　表 3－2－73

项目类别	1988 年度	运输量		1989 年度	运输量		1990 年度	运输量	
	箱数	吨	吨公里	箱数	吨	吨公里	箱数	万吨	吨公里
总计	245959	477815	19129833	308949	476607	67685201	264958	73	
全民	151942	329508	12936028	201854	293423	59513298	162857	45	
集体	80683	69444	499979	79498	88320	619631	79819	16.4	
不同经济合营	13334	78863	5693826	27597	94864	7552272	22282	12	

1991 年，全省公路运输集装箱运量：国际标准箱 17804 箱，248515 吨；国内标准箱 291716 箱，814971 吨。

1992 年,全省公路运输集装箱运量:国际标准箱 45646 箱,455794 吨;国内标准箱 357996 箱,955336 吨。

1993 年,全省公路运输集装箱运量:国际标准箱 74891 箱,609391 吨;国内标准箱 394745 箱,1172790 吨,见表 3-2-74。

1991~1993 年全省交通运输部门公路运输集装箱货物运输量一览表 表 3-2-74

项目类别	1991 年度	运输量		1992 年度	运输量		1993 年度	运输量	
	箱数	吨	吨公里	箱数	吨	吨公里	箱数	万吨	吨公里
总计	309520	1063486		403642	1411130		469636	1782181	
国际标准箱 TEU	17804	248515		45646	455794		74891	609391	
国内标准箱	291716	814971		357996	955336		394745	1172790	

1994 年,全省公路运输承运集装箱 150871 箱,其中重箱 128914 箱;箱货总重 613695 吨,箱内总重 523623 吨。

1995 年,全省公路运输集装箱运量:国际标准箱 67556 箱,1014203 吨;国内标准箱 421808 箱,1327255 吨。

1996 年,全省公路运输集装箱运量:国际标准箱 71493 箱,1007154 吨;国内标准箱 384805 箱,1371448 吨。

1997 年,全省公路运输集装箱运量:国际标准箱 119369 箱,1076465 吨;国内标准箱 322281 箱,1112919 吨。

1998 年,全省公路运输集装箱运量无统计数据。

1999 年,全省公路运输集装箱运量:国际标准箱 100861 箱,2142171 吨;国内标准箱 215239 箱,676483 吨。

2000 年,全省公路运输集装箱运量:国际标准箱 121576 箱,2629350 吨;国内标准箱 200483 箱,726045 吨。

2001 年,全省公路运输集装箱运量:国际标准箱 1119204 箱,9515201 吨;国内标准箱 155552 箱,780678 吨。

2002 年,全省公路运输集装箱运量:国际标准箱 1311839 箱,11558862 吨;国内标准箱 195135 箱,685935 吨。

2003 年,全省公路运输集装箱运量:国际标准箱 1830994 箱,15083617 吨;国内标准箱 191181 箱,726752.20 吨。

2004 年,全省公路运输集装箱运量:国际标准箱 2377796 箱,39312906 吨;国内标准箱 159268 箱,827703 吨。

2005 年,全省公路运输集装箱运量:国际标准箱 3058947 箱,48477715 吨;国内标准箱 159268 箱,853200 吨。

2006 年,全部采用国际标准集装箱统计运量,全省公路运输国际标准箱 5510863 箱,68743430 吨。

2007 年,全省公路运输国际标准箱 6288443 箱,81807008 吨。

2008 年,全省公路运输国际标准箱 6373006 箱,81972365 吨。

2009 年，全省公路运输国际标准箱 6417250 箱，89064155 吨。

2010 年，全省公路运输国际标准箱 6454053 箱，94570380 吨，见表 3－2－75。

2010 年浙江各地市公路集装箱运输运量一览表 表 3－2－75

地市名称	箱运量（TEU）	货运量（吨）	地市名称	箱运量（TEU）	货运量（吨）
杭州市	236893	3897785	金华市	244022	4226061
宁波市	4968108	72597930	衢州市	3340	73109
温州市	145774	2126885	舟山市	515867	5792278
嘉兴市	184257	3352633	台州市	82225	1534563
湖州市	48110	693999	丽水市	7828	89427
绍兴市	17628	185710	合计	6454053	94570380

3. 危险品货物运输车运量

2009 年，全省危险品货运量 4201 万吨，381458 万吨公里。其中液体危险品 4019 万吨，240414 万吨公里；固体（粉状物）危险品 740 万吨，45356 万吨公里；气体危险品 1418 万吨，60971 万吨公里。

2010 年，全省危险品货运量 4386 万吨，471211 万吨公里。其中液体危险品 2782 万吨，322584 万吨公里；固体（粉状物）危险品 431 万吨，46450 万吨公里；气体危险品 778 万吨，58781 万吨公里，见表 3－2－76。

2010 年浙江省各地市危险品货物运量一览表 表 3－2－76

地市名称	货物运量（万吨）	货物周转量（万吨公里）	地市名称	货物运量（万吨）	货物周转量（万吨公里）
杭州市	643	60973	金华市	326	20421
宁波市	1257	190400	衢州市	249	38629
温州市	71	4239	舟山市	99	1815
嘉兴市	662	76113	台州市	225	20161
湖州市	205	15220	丽水市	77	10571
绍兴市	566	32664	合计	4386	471211

4. 拖拉机运量

拖拉机在农村是一支重要的运输力量，尤其是手扶式拖拉机，小巧灵玲适应性强。有的地区拖拉机完成的运输量，占农村总运输量的 80%。

1951 年杭州拖拉机总站、上泗、九堡、笕桥等分站，有 114 辆拖拉机投入运输，完成 451132 吨公里。

1959 年，浙江部分农用拖拉机开始利用农闲时间参加社会物资公路运输。1961 年，全省有 295 台轮式拖拉机根据机动车管理办法纳入管理。

1962 年 3 月 9 日，省人民政府再次发文，允许拖拉机在不影响机耕任务的前提下，可以担任一些农副产品的运输。

1966 年，全省从事公路运输的轮式拖拉机达 451 台。

1967 年后，手扶拖拉机发展迅速，数量很快超过轮式拖拉机。

1968 年，义乌县全县有 13 台拖拉机，其中有 11 台配挂拖斗搞运输副业。

1970 年杭州市革命委员会规定，拖拉机不准进城。

1972 年 3 月，浙江制订颁发了《浙江省手扶拖拉机交通管理暂行办法》。是年，经监理部门检验发牌发照的拖拉机有 8264 台，其中轮式 2100 台，手扶式 6164 台。至 1976 年底，全省搞公路运输的拖拉机已达 26096 台，其中轮式 6082 台，手扶式 20014 台。

1982 年，国务院发文允许农民购置机动工具，参加营业性运输。1985 年，杭州市拖拉机运输专业户达到 6187 户。1990 年，杭州西湖区袁浦乡参加运输的拖拉机 282 台，其中轮拖 39 辆。年平均运输量轮拖为 3000 吨/台，手扶拖拉机为 4500 吨/台。1990 年拖拉机完成运输量 12.20 万吨，见表 3－2－77。

1990 年浙江省各市(地)个体(联户)营运拖拉机数量一览表 表 3－2－77

项目 / 市(地)	拖拉机		项目 / 市(地)	拖拉机	
	辆	吨位		辆	吨位
杭州市	21014	22167	金华市	25954	27441
宁波市	19820	21262	衢州市	11384	14510
温州市	9446	9773	舟山市	4701	4841
嘉兴市	4878	4931	丽水地区	9551	9551
湖州市	11818	11843	台州地区	22059	22380
绍兴市	21688	21960	合计	162313	170659

1990 年之后，随着浙江公路建设和道路运输的发展，拖拉机参加道路运输带来许多弊端，于 2004 年明文规定拖拉机严禁从事公路运输。

(二)非机动车运量

秦汉时，浙江先民就已经利用马车牛车等畜力车运送人和货物，而且一直延续到以后各个朝代。东晋南朝，普遍使用牛车运送货物。清朝，浙江境内常山至玉山之间使用独轮车运送食盐等货物，各年代运量无记载。

民国时期，全省境内大量使用人力车和畜力车进行货物运输，货物运量无记载。

1949 年 10 月中华人民共和国成立后，浙江各地均有使用人力车进行货物运输，可货物运量无统计数据。

1974～1988 年，浙江全省人、畜力车货物运输量统计数据见表 3－2－78。

1974～1988 年浙江全省人、畜力车货物运输量一览表 表 3－2－78

年份	运量(万吨)	周转量(万吨公里)	年份	运量(万吨)	周转量(万吨公里)
1974	764.20	1614	1981	1254	3064
1975	801.10	1722	1983	1390.40	5235
1976	795	1887	1984	1256	5053
1977	957.40	2244	1985	976	6282
1978	1144	2850	1986	1146	5883
1979	1317	3517	1987	227	603
1980	1306.30	3341	1988	181	490

注:1982 年无统计资料可查考。

1988 年以后，随着现代交通的快速发展，机动车运输货物占绝对优势，浙江省内人、畜力车几乎绝迹，故非机动车的货物运输量也不再统计。

三、零担货物运输

（一）省内零担运输

20 世纪 50 年代初期，浙江省内的汽车零担货运起步，后发展较缓慢。

1964 年，各行各业大力支援农业，公路小批量物资运输渐多，零担运输逐步加以发展。

1965 年，全省零担货运班车路线 106 条，里程长达 8244 公里，其中 21 条为货郎担式零担班车，配有随车理货员，可沿途就地接受托运，不受站点限制，深受沿线农民欢迎。

1966 ~ 1976 年"文化大革命"时期，零担货运班车有不少路线被迫停止营运，班次和路线均急剧减少。

1979 年，农村实行经济改革，乡镇企业星罗棋布，零星货物运量大幅度上升。是年 6 月，省汽车运输公司。各分公司致力于零担货运业务的开展。8 月，省汽车运输公司恢复和开拓定线、定车、定班的零担货运业务，为货主排忧解难。改进零担公铁联运，缓解铁路运输压力。

1980 年底，省汽车运输公司开行的省内跨市、县和县（市）境内的零担货运班车线路增到 150 余条，营运里程达 15000 多公里。67% 的市、县都有零担货运班车开行。

1983 年底，杭州分公司杭州货运站的省内零担班车线路 32 条，班车运营里程 5082 公里，每月从杭州始发至省内的零担货运班车 257 次。

1984 年，温州、台州地区商品贩运，物资进出频繁，商品经济大发展，铁路部门对短途（200 公里以内）零担货物实行限运。是年 10 月，省汽车运输公司在浦江站召开零担货运工作会议，要求下属各分公司、车站多方设法创造条件迅速开拓零担货运市场，实行零担货运"乡邮化"，大小车站都要经办直达零担、短途零担、快运零担、集装箱零担，与民间拖拉机进行联运联营，以满足工农业生产和人民群众需要。会后制订《关于加强公路零担货运工作的若干规定》。

是年，全省省营零担货运线路 303 条。省汽车运输公司各分公司扩展省内各市、县之间的零担货运业务，新增班车路线 25 条，增设公路中转联运站点 30 多个，当年所完成的零担货运量、周转量，分别比 1983 年增加 20% 和 20.70%。

1985 年 2 月，浙江省计经委发出《关于铁路暂时停开零担车和暂停办理零担业务的通知》，提出将原经铁路运送的零担货物转由汽车承运的要求。省汽车运输公司各分公司随即增开或延伸铁路沿线、邻省之间的零担货运班车。同时，极力发展地、市、县间的零担运输网络，先后开辟了湖州至东阳，台州至宁波，绍兴至金华，黄岩路桥、玉环、温岭至杭州的零担货运班车路线，并加密杭州至宁波集装箱零担货车的班次。是年 9 月，省汽车运输公司杭州、绍兴分公司联合试开每日 1 对的杭州至绍兴快件零担货运班车。是年，全年完成汽车零担货物运输量为 42.50 万吨、8446 万吨公里，分别比 1984 年增长 21.60% 和 19%，零担货物运量和周转量占全公司货运总量和周转量的比重，由 1984 年的 6.50% 和 11.02%，上升到 1985 年的 9.05% 和 12.54%。是年，全省省营零担货运线路 359 条，其中省际线路 48 条。零担车 271 辆，营运线路 7 万余公里，受理点 218 处。如图 3－2－3 所示。

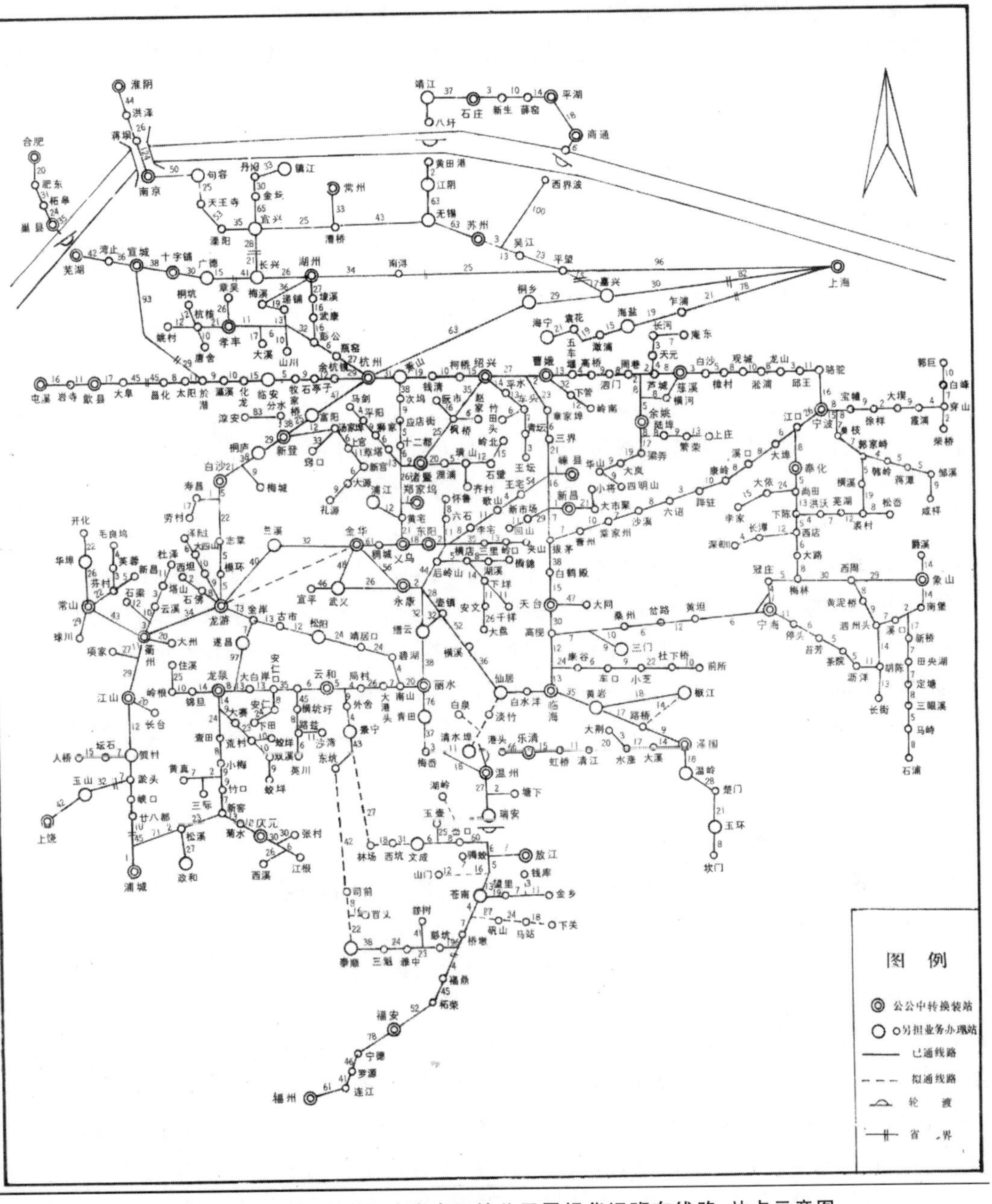

图 3-2-3 1985 年浙江省汽车运输公司零担货运班车线路、站点示意图

1986 年 6 月底,浙江省汽车运输公司开行的公铁分流零担货运线有 128 条,其中与铁路平行分流路线 33 条,直达分流路线 95 条,月发班次 1555 个,运货 1.30 万余吨。9 月开行的绍兴至宁波的快件零担货运班车,颇受货主赞许。是年,省汽车运输公司及所属分公司新辟零担货物运输线路 43 条,增加营运里程 8501 公里。是年,浙江省汽车运输公司全年增加零担班线 56 条,其中省际线路 48 条。

是年,全省货物零担运输线路 402 条,营运里程 8 万余公里,完成货运量 40 万吨,其中有跨省线路 88 条,营运里程 3.40 万余公里。省内零担线路 314 条,班车总里程达 46354 公里，完成零担货运量41万吨、零担货运周转量8574万吨公里。其中，省营零担货运线路359条，零担车271辆，营运线路7万余公里，受理点218处，全年完成货运量43万吨，占省汽车运输公司总货运量的9%。

是年，与沪、苏、皖、京等省（市）共同开行省际公路零担货运班车，连接全国各地568个零担受理点和省内91%的市县、123个受理点；省内连接市、县、乡、村，实现零担货运“乡邮化”。

1987年，浙江省大力开辟零担货运线路，发展零担运输。省汽运公司共运零担物资433685吨，9802万吨公里，占该公司总运输量的10.90%和15.90%。

是年8月13日，省汽运公司撤销。之后年份，零担货运数量不再统计。

（二）省际零担货物运输

1963年3月，浙江省际间的零担货物运输开始。是月，浙江省公路运输管理局杭州区局与安徽省签订协议，将杭州至屯溪零担货车由双方以按月轮流式开行，班期随货源而定。

1979年12月15日，省汽车运输公司与上海市汽车运输公司签订《沪杭公路汽车直达零担货物班车运输协议》。是月17日首开零担班车，双方共营，每天对开1班。

1980年5月17日，浙江杭州至江苏南京的零担货运班车开始，此为两省共同经营零担货物运输最早的一条路线。业务范围包括：承运两地直达和沿线各停靠站点的零担货物；经杭州中转浙江已开行公路零担班车路线的各站零担货物。1980~1981年间，浙江与江苏两省又开行了杭州至常州、南通、无锡、苏州的零担货运班车。

1980年6月~1982年6月，省汽车运输公司与上海市汽车运输公司双方先后签订协议。对开湖州、宁波、金华、慈溪、嘉兴、温州至上海的零担货物班车。在各线零担班车开行过程中，双方为保证由浙至沪零担班车的实载率，还达成浙方可配载经上海中转的公、铁或公、水联运物资的协议。

1982年，浙江省汽车运输公司温州分公司、福建省汽车运输公司福安分公司双方订立协议，以按月轮流、车辆吨位相等原则，开行温州至福安的零担货运班车。继之又先后增辟了温州至浦城、福州，敖江至福安几线。此后，随着浙闽物资交流的需要，两省的零担货运业务开始向温州以外地区发展。

1984年1月，杭州至屯溪开始实行每月对开10班的零担货物定期运输。继而又陆续增开了杭州至芜湖、合肥、安庆、宣城、蚌埠，湖州至广德、芜湖的定期零担货运班车。

1985年，全省省际零担货运线路48条。是年1月1日，浙江与江西开行零担货运班车始由浙江省汽车运输公司温州分公司、江西省汽车运输总公司上饶公司协议经营。共营的路线为温州至上饶，班次为每周对开1次。是年，相继开行了衢州至上饶、婺源，东阳至上饶，杭州至南昌，温州至南昌等5对零担班车。

1986年，全省货物零担运输跨省线路88条，营运里程3.40万余公里。是年，省汽车运输公司杭州、温州分公司分别与山东临沂汽车运输公司开行了杭州至临沂、温州至临沂的零担货运班车。

1987年9月，浙赣两省共营路线7条，总长2822公里。其中杭州至上饶一线，班次定为每月5班。

是年，浙江与安徽两省经协议先后开行的零担货运班车路线有8条，班车里程总长2620

公里。

是年，浙江与各省市共同开行的省、市际零担货运班车路线104条，班车里程41696公里。省、市际零担货运班车，通过公路联运站点中转华东各省市的零担物资受理点490个，以及天津、湖北、湖南、广东、河南、河北、山西、陕西等省市的78个受理点。华东各省市运进浙江的零担货物也可中转全省91%的市、县的123个受理点。省汽车运输公司杭州分公司每月自杭州开出的省、市际零担货运班车260余次。

是年，浙江省的临海、新昌、桐乡、余姚、海宁、绍兴、观城、曹娥、萧山、溆浦、临安、诸暨、东阳、衢州、嵊县等货运站先后与上海订约，开行零担货运班车，班车的路线共23条，总长6952公里。班期，分每天对开、每周对开3班、5天对开1班及每旬对开1班4种。

是年，浙江、江苏两省之间先后开办零担货运班车线路36条。其中：有浙江杭州至江苏镇江、淮阴、扬州、泰州、如皋、盐城、常熟、徐州、江阴、宜兴、江都、溧阳、泰兴、丹阳等市(县)的零担货运班车；浙江湖州、宁波、余姚、慈溪、绍兴、东阳、温州、临海、乐清、瑞安等市(县)至江苏南京、常州、苏州、南通、无锡、镇江等市的零担货运班车，班车里程总长12720公里。在这些班车中，除杭州至江苏泰州、扬州两线，由双方按月轮流开行外，其余均按所定班次对开。

是年，省汽车运输公司杭州分公司与北京、广州两市汽车运输公司，开行杭州至北京、杭州至广州直达零担货运班车。1997年5月，杭州开辟省内第一条专线快递试点线路——杭州至北京快运专线，实行“准时到达、误时赔偿”承诺运输，形成以点带面的零担专线快运发展新模式。见表3－2－79、表3－2－80。

浙江省汽车运输公司杭州分公司省际零担班车、线路、班次运行情况一览表

表3－2－79

起讫车站		全程公里	沿途停靠情况	首开班车日期			班次安排情况	营运方式	备注
起	讫			年	月	日			
杭州	上海	206	直达	1979	12	17	每日1班	共营	
杭州	南京	338	直达	1980	5	17	每旬4班	共营	江苏省
杭州	常州	229	直达	1980	9	16	隔天1班	共营	江苏省
杭州	南通	272	直达	1980	10	1	每月10班	共营	江苏省
杭州	无锡	230	直达	1981	1	1	每旬4班	共营	江苏省
杭州	苏州	165	直达	1981	6	1	每旬5班	共营	江苏省
杭州	屯溪	242	直达	1984	1	1	每月10对	共营	安徽省 50年代不定期对方单开，1963年起不定期双方轮开
杭州	芜湖	324	直达	1984	5	1	每月8班	共营	安徽省
杭州	镇江	289	直达	1985	2	11	每旬对开2班	共营	江苏省
杭州	淮阴	526	直达	1985	3	1	每旬对开2班	共营	江苏省
杭州	合肥	452	直达	1985	3	1	每月10对	共营	安徽省
杭州	福州	880	直达	1985	4	3	每旬对开2班		福建省
杭州	浦城	445	直达	1985	5	2	每月4班	对方单开	

续上表

起讫车站		全程公里	沿途停靠情况	首开班车日期			班次安排情况	营运方式	备注
起	讫			年	月	日			
杭州	扬州	316	直达	1985	8	1	每月10对	共营	江苏省
杭州	南昌	706	直达	1985	11	1	每月4对	共营	江西省
杭州	泰州	365	直达	1985	8	1	每旬对开1班	共营	江苏省
杭州	如皋	347	直达	1985	12	1	每旬2对	共营	江苏省
杭州	盐城	482	直达	1985	12	1	每月5对	共营	江苏省
杭州	常熟	210	直达	1985	12	1	每旬3班	共营	江苏省
杭州	临沂	743	直达	1986	1	1	每月4对	共营	山东省
杭州	徐州	710	直达	1986	3	1	每旬4对	共营	江苏省
杭州	安庆	474	直达	1986	5	5	每月7对	共营	安徽省
杭州	宣城	252	直达	1986	9	1	每月8对	共营	安徽省
杭州	蚌埠	553	直达	1986	10	1	每月4对	共营	安徽省
杭州	广州	1560	直达	1987	5	11	每月4对	共营	广东省
杭州	江阴	277	直达	1987	7	1	每月4对	共营	江苏省
杭州	宜兴	171	直达	1987	8	5	每旬2对	共营	江苏省
杭州	上饶	407	直达	1987	9	5	每月5对	共营	江西省
杭州	江都	333	直达	1987	12	1	每月3对	共营	江苏省
杭州	丹阳	257	直达	1987	12	3	每旬2对	共营	江苏省
杭州	溧阳	206	直达	1987	12	3	每旬2对	共营	江苏省
杭州	泰兴	278	直达	1987	12	5	每旬1对	共营	江苏省
杭州	北京	1444	直达	1987	12	6	每旬2对	共营	北京市

1982~1987年浙江省汽车运输公司零担货运班车里程发展情况一览表

表3-2-80

年份	货运零担班车情况			
	路线(条)		班车里程公里	
	合计	其中:跨省	合计	其中:跨省
1982	240		29174	
1983	223	16	33261	
1984	258	26	39982	7915
1985	359	73	71908	
1986	402	88	80409	34055
1987	445	104	95107	41696

是年8月13日,省汽运公司撤销。以后各年,零担货运班车路线、里程不再统计。

四、货物联运

民国18年(1929),浙江省省营运输联运起步。

民国23年(1934)7月,浙江与江西广丰汽车公司办理江山至广丰货物联运,但货物运营收入在客货总收入中所占比重,最高时也不过10%。

据 1947 ~ 1948 年统计,浙江公路联营运输处共计货运 8443.5 吨,923819 延吨公里。

1949 年 5 月 3 日杭州解放,公路运输初步恢复,为对旧官营运输机构进行彻底整改,1949 年 8 月 1 日,将浙江公路联营运输处撤销,另行组建"浙江省交通公司",主持省营汽车运输的经营。

1949 年 10 月 1 日,中华人民共和国成立。浙江联合运输在曲折中发展。1950 年 3 月,浙江实行财经统一政策。而后物资流通日益频繁,联运物资批量迅速增加。经交通部同意,8 月筹建"浙江省联运公司",9 月 20 日正式成立浙江省联运公司,并设立宁波、温州分公司,杭州、湖州、嘉兴、丽水、金华、舟山等 12 个办事处,杭州等 9 个联运站。

1951 年,联营业务发展加快,先后接收温州等 3 个营运公司,杭州业务部及一些办事处、联运站,合计达到 39 个下属机构。1952 年,共计完成货物联运 234 余万吨。

1953 年 2 月,华东交通部及所属机构撤销。4 月,交通部对各省联运工作作出指示。6 月 1 日,省交通厅撤销浙江省联运公司及其分支机构,所有业务人员归口公路、航运部门。省联运公司宣告结束。

1956 年 8 月,浙江省汽车运输公司与江苏省举办省际公路联合运输。

1958 年,"大跃进"运动,公路运输客货运量急剧增加。中央决定对国民经济实行"调整、巩固、充实、提高",公路运输企业对管理体制和业务经营进行全面调整,增辟客运路线,发展零担货运,开拓客货联运等,全省公路运输有较大进展。

1963 年,各区公路运输局在所辖路段设立许多联运站,联运工作组,联运代办站,受理整车和零担农副产品联运业务,实行一票到底的负责运输。上门承办和电话托运,随时随地接受托运。协助晋煤运浙,参加山西运煤,参加浙北磷矿石运输,联合货运业务升温。

1966 年,"文化大革命"开始,运输秩序遭受干扰和破坏,联运业受到一定影响。1971 年,浙江省设立"浙江省统一运输指挥部",推动铁、公、水联合运输。"文化大革命"后期,货物联运业务起色不大。

1978 年中共中央十一届三中全会后,随着改革开放的深入和省、地营汽车运输的变革,大力拓展省内、省际客货和集装箱运输的同时,加速发展联运业务,温州地区开办零担货物经杭州中转全国一些大、中城市的联运业务。

1980 年 6 月,省汽车运输公司在金华召开金华、丽水、温州、临海四个分公司公转铁零担货物联运工作会议,并邀请铁路部门参加,共同商定建立:电话预报联运零担计划,按照金华火车站南、北方向均衡发运的零担限额分配等制度。是年,省汽车运输公司各分公司的宁波、余姚、曹娥、衢州等站,也先后与铁路部门兴办了零担货物联运,见表 3-2-81。

浙江省汽车运输公司金、丽、温、临线公、铁联运零担货物限额分配一览表

表 3-2-81

单　位		发运量(吨)	备　注
温州分公司	温州站	600	包括泰顺、文成站,金温对开各半出车
	瑞安站	300	金温对开,各半出车
	敖江站	200	金温对开,各半出车
	乐清站	200	金温对开,各半出车

续上表

单　　位		发运量(吨)	备　　注
丽水分公司	丽水站	300	金丽对开,各半出车
	青田站	150	金丽对开,各半出车
	云和站	50	由云和站安排运行
	缙云站	100	由金华分公司安排运行
临海分公司	临海站	150	由临海分公司安排运行
	仙居站	200	由金华分公司安排运行
金华分公司	永康站	150	由金华分公司安排运行
	武义站	100	由金华分公司安排运行

1981年11月,省汽车运输公司与上海联运服务公司签订协议:由沪方代理经铁路中转华北、西北、东北各地;经黄海、渤海中转青岛、秦皇岛、大连;经长江中转宜昌以下芜湖以上各码头的零担货物中转联运业务,并做了每月运量暂定为300吨,如因中转仓库堵塞和路阻而造成的停运运量,可在以后月度计划内平衡补足的规定。

1983年,省计经委印发《关于开展联合运输服务工作若干规定(试行)》。1984年3月1日,省汽车运输公司与上海联运服务公司中止协议的执行。1984年,国家经委、交通部等5部门联合颁发《联运工作条例》,浙江台州地区、温州、椒江市、安吉、玉环、黄岩、象山、仙居等一些市(地)县(市)相继成立了联运公司。1986年,省计经委、交通厅等五部门联合颁发《浙江省关于发展联合运输若干问题暂行规定的实施细则》。

1987年,国家经委拨给杭州、宁波、温州、绍兴、台州、椒江、玉环等7个联运公司技术改造费200万元。浙江省汽车运输公司在杭举行苏、沪、杭联合运输公司成立大会,成立南京、合肥、杭州联合运输公司。省际货运的拓展和集装箱运输的兴办,集装箱体的增加,加速了公、铁零担集装箱联运的发展。省汽车运输公司杭州分公司先行参加上海、南通、杭州集装箱汽车运输联合公司的营运,后又与省远洋轮船公司协作配合,试行杭州至上海、南通集装箱甩挂运输。省汽车运输公司杭州、宁波两分公司参加了国际集装箱的水陆联运。省汽车运输公司发展零担货运工作,制订措施办法,基本形成干支线相连的省内外零担货物运输网,与浙、沪签订零担货物运输,达成浙方可配载经上海中转的公、铁或公、水联运物资的协议;与浙、苏签订零担货物运输协议,两省既可方便物资单位的托运,也可按协议互办各省自营运路线范围内的联运业务,与浙、皖签订零担货物运输协议,两省可相互派车加班,皖方的屯溪站可中转休宁、祁门等站,歙县站可中转绩溪、旌德,芜湖站可中转当涂、马鞍山等站;浙方的杭州站可中转浙江(不包括舟山地区),一票到底,运杂费一次算收,双方结算。

1988~1990年,市(地)县(市)运输企业随着运输市场的放宽,社会需求的增加,杭州第三运输公司设立了“四通托运部”,在车站、码头、厂矿、企业,周边省市设立业务受理点,建立横向协作,签订配载合约,与各地大中型物资单位实行合同运输;杭州第一汽车运输公司陆续配备散装、超长、笨重、零担和集装箱专用车,开办国际集装箱运输,与上海进一步实行联营,建立集装箱中转站。省营运输下放市(地)经营后,各市(地)汽车运输公司普遍设有联运机构承办货物中转联运及仓库业务,在省内、省际零担及集装箱货运的同时,开办公铁货物联运。在这一期间,湖州、嘉兴、丽水、衢州等市(地)及部分县(市),也先后成立了联运公司。截至1990年底，全省共有县以上联运公司35家，县以下联运公司847家，客货代办服务点147个，基本形成了以交通枢纽城市为中心，沟通全省，延伸外省市的联运网络。

1991年，第八个五年计划第一年。全省开展客、货运输经营资格清理审查，道路运输市场无证经营行为基本得到制止。金华、义乌市委市政府对金华、义乌联托运市场进行整顿，对市场的经营机制采取实行定点、定线、承包经营与政府联合办公，统一管理，解决调整生产力，纳入依法照章、有序管理轨道。

1993年，浙江省政府颁布《浙江省道路运输管理办法》。金华义乌市政府针对联托运行业的特殊性，通过第三次整顿，组织相关企业投巨资加快对联托运市场的站场建设。年初，义乌市第一家集中经营管理的联托运市场——北方联托运市场正式启用。

1995年，浙江省制订《浙江省公用型道路运输站、场管理实施细则》、《浙江省外商投资道路运输开业立项审批规定》等规范。有些地市县通过整顿，将所有联托运线路经营权级归政府，并指定一家公司统一发包，解决了生产关系方面所有制的调整。

1996年，浙江省制订《浙江省运输企业行车安全管理标准》，初步建成全省道路运输管理信息系统。建立货运审批管理制度，对大件货物、集装箱、零担及其他特种货物运输纳入规范化管理。组建道路快速货运系统，在原零担运输网络和运输组织方式的基础上，配合、协调抓好沪、宁、杭三地三线的快速联合运输系统的建设。

1997年下半年和1998年上半年，进一步加快快速客货联合运输系统的组建工作，帮助指导以浙江、上海、江苏三省（市）为基础的东方快运联运系统的组建。积极培育市场运营新机制，引导国有企业依托高等级公路发展快速联合运输，实现“强强联合”，走集约化经营道路。

1998年，绍兴县对中国轻纺城联托运市场进行全面整顿，成立轻纺城运输市场管理委员会，与交通、公安、财税、工商、物价等部门联合执法，共同管理，印发《绍兴县中国轻纺城铁路、航空货运代理管理暂行办法》和《轻纺城联托运市场托运部动态管理考核办法》。

20世纪90年代，金华市第三运输公司开办了公铁货物联运。

1999年，丽水地区汽车运输联合总公司在“丽水地区货物联运有限公司”的基础上与丽水地区联运公司合资组建“丽水市公铁联运有限公司”，主营公铁联运零担快运货运配载等业务。

2000年，经济结构调整初见成效，随着公路等级的不断提高，快速联合运输逐渐成为道路运输市场的发展方向。

2003～2005年，全省道路联合运输转变为新的组织形式，即传统的运输企业向现代物流转型。根据本省现代物流发展条件和环境，建设资源整合型、联合发展型、延伸服务型的道路运输。

2006～2010年，第十一个五年计划期间。全省道路运输业积极推进“三个运输”，2007年底，实现网络运输、智能运输、信用运输的工作目标。推进长三角道路运输一体化，加强信息网络合作，加快厢式货运等新型的联托运形式政策研究，继续整顿规范全省道路运输市场秩序，促进全省联托运生产力继续发展。

第三节 城市公共交通

浙江的城市公共交通，起步较迟。宋元明清时期主要客运工具为轿子，乘坐者多为达官贵人和贾商。在浙江境内出现公共汽车之前，城市公共交通工具已有黄包车、马车和轿等。民国11年(1922年)冬，资商潘宝泉等开办了"永华汽车公司"，在浙江省会杭州开启了使用汽车做城市公共交通工具之先。后由于国内政局动荡及日本侵略者的八年侵占，致使浙江城市公共交通迟迟得不到发展。

中华人民共和国成立后，浙江省城市公共交通从杭州市逐步发展到全省各地市，公共交通工具也呈现多样化。至1976年，浙江已有杭州、宁波、温州、湖州、嘉兴5个城市通行公共汽车。自1978年起，城市公交有很大发展，省内多地城市兴办了城市公共交通。见表3-2-82。

2004年10月，浙江城市公共交通在传统公共交通的基础上有了新发展，杭州利用京杭大运河资源，开通"水上巴士"作为对城市公交运输的补充。2008年5月，杭州市开创城市公共自行车运营，促进城市交通绿色环保，节能减排。

至2010年，全省11个地市城区均开通公交线路，全省城区内公交营运汽客车6988辆，是1949年的124倍。全省公共自行车车辆总数达到6.11万辆，水上巴士达到22艘。

浙江省各地市初次开通公共汽车时间一览表

表3-2-82

地　市	初次通车时间	里程	备　注
杭州	1922年冬	7.4公里	公交车7辆小客，1辆10座客车
宁波	1956年2月7日		公交车2辆
温州	1956年2月7日	7公里	公交车4辆
湖州	1976年12月		公交车4辆
嘉兴	1955年4月16日	8.57公里	
绍兴	1979年10月		公交车6辆
金华	1977年9月1日		公交车4辆大客
衢州	1979年12月		公交车2辆
台州	1984年9月		
丽水	1997年6月25日		公交车16辆(中巴车)
舟山	1988年9月26日		

一、城市公共交通运载工具

(一)公共汽车

1.汽车

民国11年(1922年)冬，资商潘宝泉等开办了"永华汽车公司"，在浙江省会杭州开通了从湖滨至灵隐的第一条公交线路。时全省拥有公交客车8辆，其中7辆小包车，1辆10座面包车。

民国25年(1936年)，全省有公共汽车17辆。

民国26年(1937年)，全省有公共汽车67辆。日军侵占杭州后，因汽油紧缺，一度将车辆改装为以木炭为燃料。

民国35年(1946年)，全省有公共汽车36辆。

1949年年底，全省有公共汽车辆56辆。

1956年2月，宁波市创办城市公共汽车，时有客车17辆、货车3辆，投入公共汽车的业务经营。

1958～1966 年杭州市公共交通公司客运车辆数，见表 3－2－83。

1984 年，杭州市区有北京红叶牌小公共汽车投入运营。数量未记载。

1990 年底，台州地区椒江市公共交通公司有公共汽车 14 辆。

1992 年，杭州新购上海沪陵牌小公共汽车投入运营。

1995 年，全省各市均有小公共汽车投入运营。主要厂牌有北京红叶牌、上海沪陵牌、依维柯等等。

进入 90 年代后期，长江和空调福莱西宝中客投入线路，其间金龙"空调"中巴也投入了运营。

1958～1966 年杭州市公共交通公司客运车辆数一览表 表 3－2－83

年份	年末营运车			
	公共汽车		无轨电车	
	单车	挂车	单车	铰接车
1958	121	25		
1959	128	46		
1960	133	51		
1961	130	27	20	3
1962	128	27	23	12
1963	131	27	23	17
1964	132	27	23	17
1965	137	20	23	17
1966	140	20	23	17

2010 年，全省公共汽车 6988 辆 250964 客位，其中地市城区 859 辆、26567 客位，县市城区 3832 辆、124946 客位。是年，全省共有 581 辆小公共汽车投入运营，主要是在县市城区经营服务。见表 3－2－84、表 3－2－85。

2006～2010 年浙江省城内公共汽车一览表 表 3－2－84

年份	辆	客位	年份	辆	客位
2006	2212	63768	2009	6898	240695
2007	4488	127846	2010	6988	250964
2008	6331	215685			

2010 年浙江各地市城内公共汽车运力一览表 表 3－2－85

地市名称	客车辆数	客车座位	地市名称	客车辆数	客车座位
杭州市	2046	101362	金华市	806	32096
宁波市	717	20490	衢州市	146	3811
温州市	674	17227	舟山市	213	9473
嘉兴市	715	不详	台州市	1025	30817
湖州市	118	3964	丽水市	108	2257
绍兴市	1135	29467	合计	6988	250964

2. 无轨电车

1961 年 4 月 26 日，浙江第一条无轨电车线路在杭州建成通车，始有无轨电车 23 辆，其中单车 20 车，铰接车 3 辆。

1962 年，浙江全省无轨电车单车增加到 23 辆，铰接车增加到 12 辆。

1963 ~ 1966 年，无轨电车总数一直保持在 40 辆，其中单车 23 辆，铰接车增加到 17 辆。

1974 年，全省有无轨电车 57 辆。1975 年有 55 辆。其中单车车型为西湖牌、BK540、SKD644，通道车车型为 BK560、SKD663 及西湖牌改装通道车。

1977 年年末，1 路无轨电车编码改为 51 路，更新部分车辆为 NJ663、SK561 车型。同时开通 52 路、53 路电车。

1981 年，全省有无轨电车 95 辆。1982 年增加到 110 辆。1983 年 108 辆。1984 年 114 辆。1985 年 122 辆。主要车型有 BK540 型电车、NJ663 铰接电车、SKD663 铰接电车、SK561 铰接电车和 HZ561 铰接电车等。

1989 年 6 月 1 日，51、52、53 路电车线路编码按国际排列调整为 151、152、153 路。9 月 28 日，新辟和睦新村至开元路口的 155 路电车。

20 世纪 80 年代，无轨电车平均年客运量为 1.72 亿人次。

20 世纪 90 年代，电车线路共有 6 条：151、152、153、155 路（90 年代末期开通 156 路和 555 路）。配车数最多时达 250 辆。主要投入 HZGD70C 型铰接电车、HZGWG110 型电车、SK562GP 型铰接电车和 SK561 型铰接电车四种型号。电车平均年客运量为 1.422 亿人次。

2000 ~ 2005 年，电车线路共有 7 条，配车数达 204 辆（其中 98 辆为铰接电车）。投入新车型：CJWG110K 型空调电车、CJWG110 型电车、CJWG150 型铰接电车。电车平均年客运量为 5244.78 万人次。

2006 年 8 月 7 日，155 路停驶。

2007 年 9 月 22 日，杭州举办第一届无车日、公交周活动。第一辆电电混合动力电车在 151 路上运行。

2008 年 9 月 22 日，290 路改为油电混合动力营运，线路为汽车北站至雄镇楼。

2010 年，省境杭州市区仍有一条电车线路运营，投入运营的电车 35 辆。

（二）出租车

民国 11 年（1922）冬，杭州永华汽车行出租小客车进行客运，此为浙江最早的客运出租汽车。时出租汽车意义不同于现在城市公交中的出租车。

1958 年，浙江境内杭州市区投入卫康车型小轿车 7 辆，作为出租车运营。乘坐出租车的多为新婚的新郎新娘，或专为参会人员服务。

1984 年，波罗涅茨车同时也有上海牌轿车投入运营，“文化大革命”期间，少量意大利产菲亚特和国产夏利轿车也相继投入营运，期间还有日产尼桑车。是年，全省有出租旅游车 117 辆。

20 世纪 90 年代起，普通桑塔纳逐渐成为杭州公交总公司出租车的主要车型。

1999 年，桑塔纳 2000 型投入运营。

2000 年，全省出租车行业共有出租车 34485 辆，其中客运出租车 29612 辆（29503 辆、141171 客位）。出租小轿车的主要车牌是桑塔纳（捷达）、富康、夏利，其中桑塔纳（捷达）达

18657 辆；出租面包车（面的）的主要车牌是长安和昌河。

2003 年，全省出租车行业共有出租车 35088 辆，其中客运出租小轿车 18646 辆。是年，红旗、帕萨特牌等高档豪华型轿车投入出租运营。是年，杭州市中高档出租车 5267 辆，成为全国拥有中高档出租车最多的城市。

2005 年，全省共有出租车营运汽车 34966 辆，151879 客位，其中客运出租小轿车以桑塔纳为最多，共 11972 辆。

2009 年，全省共有出租车营运汽车 37674 辆，169141 客位，其中个体营运的出租客车 4292 辆，19118 客位，客运出租小轿车以桑塔纳为最多，共 12096 辆。

2010 年，全省共有出租车营运汽车 38704 辆，173175 客位，其中个体营运的出租客车 4112 辆，18453 客位，客运出租小轿车以捷达为最多，共 12353 辆，其他主要厂牌为桑塔纳、现代索纳塔和中华等。见表 3－2－86、表 3－2－87。

2000～2010 年度浙江省出租客车一览表 表 3－2－86

年份	出租客车		年份	出租客车	
	辆	客位		辆	客位
2000	29503	141171	2006	35682	156099
2001	30455	142926	2007	36372	158220
2002	31397	141518	2008	37251	163946
2003	32175	143820	2009	37674	169141
2004	34486	149553	2010	38704	173175
2005	34966	151879			

2010 年度浙江省出租汽车分类情况一览表 表 3－2－87

辖区	一、企业数		二、驾驶员（持服务资格证）	三、车辆分类（辆）									
	（个）	其中：个体		合计	红旗	帕萨特	现代索那塔	中华	起亚远舰	桑塔纳	捷达	其他车型 排量 1.9L 以上	其他车型 排量 1.9L 以下
全省	4441	4011	104084	38727	385	440	6754	864	352	11720	12353	282	5677
杭州	1658	1537	27214	10215	122	416	6169	789	222	596	524	110	1267
嘉兴	44	13	5032	2031	0	0	2	0	0	1929	100	0	0
湖州	149	128	3507	1501	0	0	108	0	0	818	553	0	22
绍兴	30	0	6037	2547	0	0	0	0	0	455	2054	0	38
宁波	1338	1287	14327	5381	0	0	41	0	0	1641	3587	0	112
金华	30	0	8749	3332	118	0	428	50	113	1592	507	0	524
衢州	15	1	2364	791	100	0	0	0	0	54	78	0	659
丽水	18	0	1635	783	0	1	1	1	3	460	151	0	166
温州	66	0	24145	7631	45	1	5	2	0	1460	3795	129	2194
台州	555	524	8342	3157	0	22	0	22	14	2000	1002	43	54

辖区	一、企业数（个）	一、企业数 其中：个体	二、驾驶员（持服务资格证）	三、车辆分类（辆） 合计	红旗	帕萨特	现代索那塔	中华	起亚远舰	桑塔纳	捷达	其他车型 排量1.9L以上	其他车型 排量1.9L以下
舟山	538	521	2732	1358	0	0	0	0	0	715	2	0	641

（三）公共自行车

2008年5月1日，杭州公共自行车交通系统开始试运营，9月16日正式运营，开创了浙江境内公共自行车运营之先。市内首辆公共自行车编号为“800001”。系统在景区、城北、城西范围内以公交首末站为核心，以名胜区、小区、商家、广场等为结点设多个试点区，并设置62个的租车服务点。首次投入公共自行车2000辆。

2009年5月1日，杭州公共自行车服务点达到799个，其中15个24小时服务点，免费单车总数达到20000辆。服务时间由原来的6:30~20:00调整为6:00~21:00（晚上还车截止延迟至21:30）。是年底，公共自行车服务点达到2000个，免费单车总数达到50000辆。

2010年2月8日，台州市椒江区500辆公共自行车投入运行，设置服务点有6个。

是年，杭州公共自行车已经达到2411个服务点，6.06万辆公共自行车的规模。自2008年正式运营3年，总租用量突破1.26亿人次。2010年，公共自行车租用服务量达7476.04万人次，日平均租用量突破20万人次，日最高租用量达32.20万人次。

（四）水上巴士

水上巴士，是指水上公交巴士，主要是承担水上公共交通运输和周边城市的旅游线路功能，有利于促进当地经济的发展和旅游资源的开发利用。浙江杭州的水上巴士在全国首创。

2004年10月28日，杭州水上巴士顺利开通，成为全国首个在市区运河主干道中开通水上公共交通巴士的城市（图3-2-4）。先期投入运营的水上巴士有“钱江号”和“运河号”两艘，船长23米，48个客位，设计最高时速可达29公里，水域通航里程5.50公里。

2010年，杭州共有22艘水上巴士投入使用，共设6条线路29个站点。

图3-2-4　杭州运河的“水上巴士”

二、城市公交运营线路

（一）汽车客运线路

1.公共汽车线路

民国11年（1922）冬，杭州市区湖滨至灵隐线路通车，单程长7.40公里。此为浙江境内第一条运营的公交线路。

民国17年（1928），杭州市区道路次第拓宽，有汇通公司开通清泰门至昭庆寺（今少年宫）的公共汽车，因营业清淡，不久停歇。

民国22年（1933）3月，省公路管理局在杭州市区开通一、四、六、五路公共汽车路线。

民国25年（1936），浙江杭州市区公共交通线路发展至7条，总里程73.50公里。

民国26年(1937)6月,杭州市区省营公共汽车路线4条。

民国26年(1937)12月24日至34年(1945)8月15日,期间战乱不定,汽车遭劫事件不断,以及大部分车辆被国民党军队征用,公共交通不能维持营运,从1938年4月28日起,原有公共交通各线路全部停驶。1938年,日伪组合"华中都市公共汽车股份有限公司杭州营业所"经营市区公共交通,至34年(1945)1月止业。

民国34年(1945)8月15日,日军无条件投降,杭州公共交通开始恢复运营。9月,省交通管理处接收"华中都市公共汽车股份有限公司杭州营业所"及"钱江轮渡局"等,先行恢复杭州湖滨至拱宸桥段公共汽车线路。

民国35年(1946),杭州市公共汽车公司成立,开设6条线路。抗战胜利后,永华汽车公司车辆也返杭,恢复公共交通运营业务。

1949年5月3日,杭州解放。7日,公共汽车经营单位奉杭州市军管会之令陆续恢复通车。12月,杭州市公共汽车公司的私方股东提出退股,经杭州市人民政府建设局对公司股权及资产进行清理后,由杭州市工务局出资收购商资股权,实行公营。至年底,市内有公交线路8条,总驶里程71.70公里,车辆56辆,职工424人;1950年4月,杭州市区公共汽车管理处成立。1952年对公交线路的布局进行调整。1953年初,杭州市公共交通公司成立。至年底,有公交线路9条,总驶里程99.80公里,车辆82辆,其中6路和9路分别开往余杭与临平,并全部由杭州公共交通公司经营。1954年,新增武林门至梅花碑公交线路;1956年,又新增通往文教区的2条公交线;1957年,新增临平至塘栖、武林门至三墩与良渚等线,并延伸与调整3路、5路、6路、7路、11路等线;1958年,将通往良渚的公交线延伸至瓶窑;1959年1月,新增湖滨至萧山、湖滨至富阳2条公交线;

1955年4月16日,嘉兴市公共汽车首次通车。公交线路1条,自市区中百公司至东栅。

1956年2月7日,宁波市公共汽车首次通车。公交线路两条:1路——庄桥火车站至永宁汽车站;2路——丰厂至西门口。两条线路总长为19公里。

1956年2月7日,浙江省汽车运输公司丽水运输处温州中心站调剂4辆大客车,职工24人,开始筹办温州市公共交通汽车客运。2月12日(农历正月初一)首次开辟两条线路,一条是小南门至西郊大桥头,另一条是小南门至涨桥头。1957年6月20日,温州市公共汽车站正式成立,次年4月5日起独立经营,划给温州市交通局管辖。1965年全市公交客运线路有10条,共计153.66公里,其中市郊线路5条,129.90公里,时有公共汽车18辆。1974年至1976年,受"文化大革命"影响,,市区公共汽车曾4次全线停开,最长一次达8个月之久。1976年车辆增至54辆,营运线路减少5条,里程减为67公里。1979年,市区公共汽车客运土辆达114辆,线路延伸至瑞安、永嘉、瓯海等县。至1990年底,市区运行的公共汽车达148辆,公交客运线路共22条(16路暂停),营运里程达507.90公里,年客运量3758.50万人。

1960年,全省有城市公交运营线路17条,总驶里程288.40公里,运营车辆133辆;

1961年4月26日,浙江境内开通首条无轨电车线路,南起杭州城站,北至杭州拱宸桥,全长14.50公里,共有电车23辆;1963年秋,国家拨款建设城站至南星桥段无轨电车延伸线路,于1964年1月24日开通。至1965年底,杭州市区有公共汽、电车线路22条,总长度292.60公里,有汽、电车77辆和客挂车20辆,其中电车40辆。同年,公交的79辆福特、雪佛兰旧车改造了44辆。1958~1966年杭州市公共交通公司营运情况见表3-2-88。

1958～1966年杭州市公共交通公司营运情况一览表　　表3－2－88

年份	营运路线		营业总里程（万公里）	完成运量（万人次）	营业总收入（万元）
	条	总长（公里）			
1958	15	225.10	915.74	7176.16	461.758
1959	17	287.40	892.44	8648.50	616.902

续上表

年份	营运路线		营业总里程（万公里）	完成运量（万人次）	营业总收入（万元）
	条	总长（公里）			
1960	17	288.40	938.22	10576.82	781.642
1961	16	273.40	871.78	9581.89	693.666
1962	16	278.10	1088.80	10822.42	759.762
1963	17	257.40	1115.56	9543.31	631.991
1964	19	249.70	1147.79	9609.25	590.400
1965	22	292.50	1217.79	9734.07	586.292
1966	22	301.70	1339.30	12792.27	801.458

1966 年至 1976 年，"文化大革命"时期。杭州市公交新增线路仅 5 条，线路共 26 条，线路总长度 404.70 公里。

1976 年 10 月，"文化大革命"结束。至 1980 年，杭州市公交线路增至 35 条，总长度 492.20 公里，有汽车 379 辆，其中铰接车 97 辆。

1979 年 10 月，绍兴公共交通公司经营火车站到东湖的公交线路，配有公共汽车 8 辆。1980 年公司的公共汽车增加到 18 辆，并开辟了火车站至禹陵、胜利路口至兰亭 2 条名胜古迹旅游线路。

1984 年 5 月，台州地区原椒江市公共交通公司筹建，9 月正式通车营运，受市城乡建委领导。

1987 年，杭州市公交公司购置 20 辆北京红叶牌小公共汽车，开通 2 条小公共汽车线路，并开通 504、507 路及 511 路 3 条专线车，开辟 37 路采荷小区至葵巷公交线；1989 年，开通 506、509、513、514、515 路专线车。

1990 年底，台州地区椒江市公共交通公司有公共汽车 14 辆，经营着椒江至路桥、三甲农场等 4 条城郊线路，并开行椒江至杭州、宁波长途旅游客车、年运客 96 万人次。

1993 年，杭州市公交新开通 518 路火车东站至火车站，522 路三廊庙至萧山义桥；1995 年，开通 18 路景芳小区至六公园等公交线路。至 1995 年末，公交汽车路线有 91 条，总长度 1098.17 公里，运营车辆 1063 辆。

1996 年，杭州市新增 6 条线路：5 路三里亭至六公园，15 路和睦新村至曲院风荷，38 路区间长板巷至井亭桥，58 路大关小区至大关小区内外环线，503 路汽车北站至艮山电厂，538 路延安路至宋城。

1997 年，杭州城站火车站改造，火车东站成为杭州对外交通枢纽，公交线路随之调整：新增 7 条公交线，59 路双菱小区至双菱小区内外环线，36 路杭州家私城至松木场，31 路火车东站至万松岭，33 路火车东站至拱宸桥，302 路火车东站至杭州玻璃厂，20 路火车东站至三廊庙，301 路邮电路至浦沿镇。

1998 年，杭州市新增 8 条线路：12 路公交三公司至万松岭路口，K56 路公交总公司至公交总公司内外环线，29 路滨江四区至艮山门，595 路艮山门至下沙经济开发区，19 路长板巷至景芳六区，21 路浙大至汽车南站（为浙大、杭大、农大、医大四校合并而开通的四校联线），

25路翠苑四区至钱王祠路口，以及大关小区至宋城的假日旅游线。

1999年，杭州城站火车站改建完成，新增22条线路：516路汽车北站至武林门，303路翠苑一区至华东陶瓷建材市场；32路滨江四区至武林门，K599路火车东站至未来世界，35路彭埠镇至吴山广场，14路汽车南站至密渡桥路，K555路城站火车站至和睦新村，40路三里亭小区至吴山广场，24路蒋村商住区至环北市场，23拱辰桥至黄龙体育中心，34路大关小区至葵巷，22路杭州家私城至杭州大厦，游2线城站火车站至城站火车站环湖游览专线等。

2001年，杭州公交的运营车辆车型型谱结构日趋完善、合理。全年新增车辆全部达到欧Ⅰ、欧Ⅱ排放标准，欧Ⅰ、欧Ⅱ排放标准的车辆已占柴油车总数39%：全年新增空调运营车230辆，空调车已占全部营运车辆的35%；新增自动变速车辆195辆，带自动变速器的车辆已占运营车辆（不含电车）总数的29%。

2002年，杭州公交改善车辆配置，提高公交车辆技术性能，使当年空调车和安装自动变速器的车辆分别占公交车总数的42%和32%。

2007年3月16日，印发《浙江省人民政府办公厅转发省建设厅等部门关于优先发展城市公共交通若干意见的通知（浙政办发〔2007〕18号）》，对城市公共交通发展提出了指导意见。

2010年，全省城市公交线路共计1046条，日发班次（来回）97440个。其中地市城区线路166条，日发班次（来回）16912个；县市城区线路693条，日发班次（来回）68906个；乡级城镇内线路186条，日发班次（来回）11621个。

2.无轨电车线路

1961年4月26日，浙江第一条无轨电车线路在杭州建成通车，电车线路编码为1路。运营线路：从城站起，经解放街、延龄路、法院路、西大街、武拱路，至拱宸桥止，全长12.50公里。

1964年，城站至南星桥线网架设完毕，1路电车于农历春节前3天延伸至南星桥。

1972年，延安路（庆春路心北）线网架设完成，1路调整走向行驶：拱宸桥始发，改经武林门、体育场路、中山北路、环城北路、湖墅南路行驶，沿途停靠：拱宸桥、杭丝联、大关、安全路、卖鱼桥、米市巷、沈塘桥、半道红、武林门、天水桥（至拱宸桥方向）、延安新村、枪杆巷、胜利剧院、湖滨、官巷口、浙医二院、葵巷、邮电局（至南星桥方向）、火车站、建成巷、望江门、抚宁巷、雄镇楼、南星桥。

1977年末，电车线路增加到3条。1路电车编码改为51路，并缩短至火车站。沿途停靠：拱宸桥、杭丝联、大关、安全路、卖鱼桥、米市巷、沈塘桥、半道红、武林门、天水桥（至拱宸桥）、延安新村、枪杆巷、胜利剧院、湖滨、官巷口、浙医二院、葵巷、火车站。

52路线路为南星桥（今凤山公园内）至武林门（今杭州市政府对面）。途经环城东路、解放路、延安路、法院路、东坡路、武林路、环城西路、环城北路行驶，沿途停靠：武林门、省府大楼、六公园、胜利剧院、湖滨、官巷口、浙医二院、葵巷、火车站、建成巷、望江门、抚宁巷、雄镇楼、南星桥。

53路线路为武林门（今武林小广场）至火车站。途经环城北路、环城东路行驶。沿途停靠：武林门、省展览馆、杭州印刷厂、艮山门、艮山电厂、体育场路口、杭州机床厂、庆春门、解放路口、火车站。

1979~1984年间，江城立交桥建设时，52路缩短至雄镇楼；清泰立交桥建设时，51、53路缩短至金衙庄。54 路改用 52 路电车,改走延安路、法院路、东坡路、武林路、、环城北路,于 1985 年恢复。

1986 年 12 月 30 日,大关桥施工,架设文一路(莫干山路至湖墅南路)电车线网。51 路改走湖墅南路、文一路、莫干山路、远征路行驶。

1987 年 9 月 29 日,天目山路(古荡至杭大路)、杭大路、曙光路(杭大路至保俶路)、体育场路(环城西路以西)线网架设完毕。52 路西延古荡,南缩至火车站。

1989 年 2 月 1 日,51 路恢复原线。6 月 1 日,51、52、53 路电车线路编码按国际排列调整为 151、152、153 路。9 月 28 日,新辟和睦新村至开元路口的 155 路电车,杭州无轨电车线路增加到 4 条。

1990 年 5 月 29 日,153 路恢复通车(武林门至雄镇楼)。10 月 11 日,莫干山路污水管道施工,155 路绕道大关路、哑巴弄、湖墅北路、文一路、莫干山路行驶。

1991 年 12 月 19 日,155 路恢复莫干山路行驶,配车 13/13 辆。

1993 年 3 月 6 日,庆春路施工,临时架设湖滨路(庆春路至平海路)、平海路(湖滨路至延安路)线网。152 路改经湖滨路、平海路行驶。

1994 年 4 月 29 日,庆春路拓宽取直工程完成,线网恢复,同时架设浣纱路(庆春路至武林门浣纱路)线网,152 路恢复并改经庆春路、浣纱路、解放路行驶。

1995 年 9 月 16 日,湖墅路施工,151 路运力调整。154 路内环起点由艮山电厂调整为武林门(今武林小广场)。11 月 28 日,153 路雄镇楼至武林门方向改经中山北路、体育场路、武林路行驶。

2000 年~2005 年,电车线路达到鼎盛时期,共有 151、152、155、156、159、290、K555 路 7 条,配车数达 204 辆(其中 98 辆为铰接电车)。投入新车型:CJWG110K 型空调电车、CJWG110 型电车、CJWG150 型铰接电车。

2005 年 7 月 7 日,152 路停驶。155 路调整为汽车北站至城站火车站,159 路调整为文苑路西至鼓楼。10 月 8 日,555 路调整线路,延伸至城站火车站。

2006 年 8 月 7 日,155 路停驶。

2007 年 9 月 22 日,杭州举办第一届无车日、公交周活动。第一辆油电混合动力电车在 151 路上运行。11 月 9 日,159 路电车暂停运营。290 路电车调整线路。

2008 年 9 月 22 日,290 路改为油电混合动力营运,线路为汽车北站至雄镇楼。

2010 年,杭州市区仅有无轨电车线路 1 条,自拱北小区至雄镇楼。

(二)水上巴士线路

杭州“水上巴士”线路自 2004 年 10 月首条开通以后,至 2010 年已开通 6 条线路。

1. 运河线

分上行、下行两条线。上行:濮家站→拱宸桥;下行:拱宸桥→濮家站。两条线的通航时间均为 6:40~18:10,每班次间隔 1 小时左右。单程票价均为 3 元,可使用 IC 卡和各类电子钱包。

上行:濮家站→拱宸桥

首末车 6:40~18:10(间隔 1 小时左右)

上行线 表3-2-89

序号	站点名称	经过线路	辅助标识	邻近站点
1	水上巴士濮家码头	水上巴士(运河线)		
2	水上巴士艮山门码头	水上巴士(运河线)		
3	水上巴士武林门码头	水上巴士(上塘河线) 水上巴士(运河线)		轮船码头 武林广场北 杭州大厦(西跑道) 杭州大厦(环城北路) 武林门湖墅路口
4	水上巴士信义坊码头	水上巴士(余杭塘河线) 水上巴士(运河线)		
5	水上巴士拱宸桥码头	水上巴士(运河线)		

下行:拱宸桥→濮家站(表3-2-90)

首末车6:40~18:10(间隔1小时左右)

下行线 表3-2-90

序号	站点名称	经过线路	辅助标识	邻近站点
1	水上巴士拱宸桥码头	水上巴士(运河线)		
2	水上巴士信义坊码头	水上巴士(余杭塘河线) 水上巴士(运河线)		
3	水上巴士武林门码头	水上巴士(上塘河线) 水上巴士(运河线)		轮船码头 武林广场北 杭州大厦(西跑道) 杭州大厦(环城北路) 武林门湖墅路口
4	水上巴士艮山门码头	水上巴士(运河线)		
5	水上巴士濮家码头	水上巴士(运河线)		

2.余杭塘河线

分上行、下行两条线。上行:信义坊站→西溪站;下行:西溪站→信义坊站。两条线的通航时间和交费方式如下。单程票价均为3元,可使用IC卡和各类电子钱包。

上行:信义坊站→西溪站(表3-2-91)

首末车7:00 10:00 13:00

上行线 表3-2-91

序号	站点名称	经过线路	邻近站点
1	水上巴士信义坊码头	水上巴士(余杭塘河线) 水上巴士(运河线)	
2	水上巴士大关码头(大关桥)	水上巴士(余杭塘河线)	大关桥西
3	水上巴士和睦码头	水上巴士(余杭塘河线)	
4	水上巴士古翠码头	水上巴士(余杭塘河线)	
5	水上巴士古墩码头	水上巴士(余杭塘河线)	
6	水上巴士浙大码头	水上巴士(余杭塘河线)	
7	水上巴士蒋村码头	水上巴士(余杭塘河线)	
8	水上巴士西溪码头	水上巴士(余杭塘河线)	

下行:西溪站→信义坊站(表3-2-92)

首末车 8:30　11:30　14:30

下行线　表3-2-92

序号	站点名称	经过线路	邻近站点
1	水上巴士西溪码头	水上巴士(余杭塘河线)	
2	水上巴士蒋村码头	水上巴士(余杭塘河线)	
3	水上巴士浙大码头	水上巴士(余杭塘河线)	
4	水上巴士古墩码头	水上巴士(余杭塘河线)	
5	水上巴士古翠码头	水上巴士(余杭塘河线)	
6	水上巴士和睦码头	水上巴士(余杭塘河线)	
7	水上巴士大关码头(大关桥)	水上巴士(余杭塘河线)	大关桥西
8	水上巴士信义坊码头	水上巴士(余杭塘河线) 水上巴士(运河线)	

3. 上塘河线

分上行、下行两条线。上行:武林门站—华中路站;下行:华中路站—武林门站。两条线的通航时间和交费方式如下。单程票价均为3元,可使用IC卡和各类电子钱包。

上行:武林门站→华中路站(表3-2-93)

首末车 7:00　11:00　15:00

上行线　表3-2-93

序号	站点名称	经过线路	辅助标识	邻近站点
1	水上巴士武林门码头	水上巴士(上塘河线) 水上巴士(运河线)		轮船码头 武林广场北 杭州大厦(西跑道) 杭州大厦(环城北路) 武林门湖墅路口
2	水上巴士大关码头(大关小区)	水上巴士(上塘河线)		
3	水上巴士上塘站	水上巴士(上塘河线)		
4	水上巴士石祥路码头	水上巴士(上塘河线)		
5	水上巴士欢喜永宁码头	水上巴士(上塘河线)		
6	水上巴士杭玻码头	水上巴士(上塘河线)		
7	水上巴士半山码头	水上巴士(上塘河线)		杭钢生活区
8	水上巴士华中路码头	水上巴士(上塘河线)		

下行:华中路站→武林门站(表3-2-94)

首末车 9:00　13:00　17:00

下行线　　表 3－2－94

序号	站点名称	经过线路	辅助标识	邻近站点
1	水上巴士华中路码头	水上巴士(上塘河线)		
2	水上巴士半山码头	水上巴士(上塘河线)		杭钢生活区
3	水上巴士杭玻码头	水上巴士(上塘河线)		
4	水上巴士欢喜永宁码头	水上巴士(上塘河线)		
5	水上巴士石祥路码头	水上巴士(上塘河线)		
6	水上巴士上塘站	水上巴士(上塘河线)		
7	水上巴士大关码头(大关小区)	水上巴士(上塘河线)		
8	水上巴士武林门码头	水上巴士(上塘河线) 水上巴士(运河线)		轮船码头 武林广场北 杭州大厦(西跑道) 杭州大厦(环城北路) 武林门湖墅路口

2006 年 10 月 1 日，杭州“水上巴士”开通夜游运河专线，成为继西湖后又一流动风景。“灯火城河夜夜春”的运河古韵在现代都市的辉映下又有了新的诠释。

2010 年，杭州“水上巴士”共开设 6 条线路。“水上巴士”的开通，在一定程度上缓解市区道路的交通压力。

第三章　现代物流业

现代物流泛指原材料、产成品从起点至终点及相关信息有效流动的全过程。它将运输、仓储、装卸、加工、包装、配送、信息等方面有机结合,形成完整的供应链,为用户提供多功能、一体化的综合性服务。20 世纪 80 年代,浙江初显物流业的萌芽。1998 年出现快速货运、货运信息业等物流初级形式,2000 年 7 月杭州八方物流公司正式工商注册登记,预示着浙江省物流业的起步。2002 年以后发展加快。2008 年 9 月,省交通运输厅出台《大物流建设实施意见》,10 月省政府印发《关于进一步加快发展现代物流业的若干意见》,推动全省现代物流业建设发展进入提速期。2009 年 12 月 6 日,部省共建五大物流基地建设和部省共推"交通行业物流公共信息平台"试点示范项目建设签约,浙江成为全国交通物流发展试验先行区。2010 年,全省有物流法人单位 1.1 万余家,实现物流业增加值 2550 亿元,分别占全省服务业增加值和生产总值的 21.7% 与 9.4%;实现社会物流总额 8.75 万亿元,约占全国总量的 7.0%;3A 级以上物流企业 105 家,占全国总数的 12.27%。浙江现代物流的发展对于促进全省经济转型升级、提升传统交通运输业具有重要意义。

第一节　公共物流信息平台

2004 年,浙江省运管局立项建设"浙江省道路货运信息系统",开展前期调研和项目咨询工作,并启动展示系统建设。

2007 年 2 月,在信息系统建设调研后,决定建立以省运管局定方向负责业务和技术规划、杭州市运管局负责具体实施的新工作机制,并成立浙江省道路货运信息系统具体实施领导小组,以加快项目建设。9 月,根据"大物流"建设的要求,调整"浙江省货运信息系统"建设目标,致力于"浙江交通物流公共信息系统"目标建设。10 月,调整并确定系统总体规划,明确框架、建设内容和步骤。10 月 30 日,确定小件快运通用软件开发商。12 月 14 日,确定系统总集成商。12 月 16 日,确定普通运输通用软件开发商。12 月底,公共平台网站初步上线。

2008 年 5 月 13 日,确定系统运维商。7 月 29 日,小件快运通用软件正式在宁波公运集团上线运行。8 月 29 日,正式通过数据交换中心参与数据交换。10 月 14 日,普通运输通用软件在杭州羿天物流有限公司上线运行。10 月 17 日,省运管局正式成立浙江交通物流公共信息系统建设领导小组、系统建设指挥部和系统运维管理中心(浙江物流电子枢纽),并委托杭州市运管局牵头成立了建设指挥部,组建建设期间的浙江物流电子枢纽。10 月 30 日,杭州市运管局正式成立建设指挥部和浙江物流电子枢纽。12 月 23 日,确定集装箱通用软件开发商。12 月 26 日,确定物流基地通用软件开发商。

2009 年 2 月,黑龙江、内蒙古、河南等物流考察小组对系统建设情况进行考察。3 月 11 日,省道路运输管理局听取公共信息系统总体规划汇报后,进一步明确系统的核心功能是"数据交换"。3 月 18 日,参观试点单位浙江长运物流股份有限公司信息化应用情况。3 月

19日，举办全省小件快运通用软件培训班。3月23日，举办全省普通运输通用软件培训班。7月8日，由浙、沪、苏、鲁、黑、皖、福、青、川、蒙、宁等11省（市、自治区）交通运管部门负责人共同签署《省际物流公共信息平台共建协议》，推进物流信息化标准化建设。8月20日，系统荣获2009中国物流与采购信息化应用大会公共平台类优秀案例。9月11日，省际物流公共信息平台共建领导小组和中国电信集团签署共建物流公共信息平台协议。9月12日，由中国物流与采购联合会指导、浙江省综合交通物流行业协会牵头、国内知名物流信息化服务供应商组成的“物流信息化共建联盟”正式成立。同日，江西、湖北、湖南、河北、吉林5省道路运输管理机构负责人在宁波与浙江省运管局签订了《省际物流公共信息平台共建协议》，省际物流公共信息平台共建成员增至16个省（市、自治区）。12月6日，交通运输部与浙江省人民政府在北京签订协议，浙江省成为全国首个物流建设试点省份，浙江交通物流公共信息系统成为部省共建试点示范项目。

省际物流公共信息平台成员包括：浙江省道路运输管理局、上海市交通运输和港口管理局、江苏省交通厅运输管理局、黑龙江省交通厅道路运输管理局、安徽省交通厅公路运输管理局、福建省运输管理局、青海省公路运输管理局、四川省交通厅公路运输管理局、内蒙古自治区交通厅运输管理局、宁波回族自治区道路运输管理局、山东省交通厅道路运输管理局、江西省道路运输管理局、湖北省交通运输厅道路运输管理局、湖南省公路运输管理局、河北省道路运输管理局、吉林省运输管理局。

省际物流公共信息平台建设目标是：（1）致力于提高物流行业信息化水平，通过各类型物流通用软件的建设帮助企业完成物流信息化管理的初步建设，减少物流企业的信息化投入，避免物流企业信息化方面的重复投资，推动物流企业的信息化进程，提升物流企业的核心竞争力。（2）系统致力于推进物流信息标准化，通过各类型物流通用软件在物流企业的推广应用，规范物流企业的操作流程，形成物流信息化相关标准。同时信息服务中心为物流企业间提供了信息服务的平台，可以加快物流信息的流通速度和提高物流信息的准确性，提高物流企业间的工作效率，极大地降低物流成本，同时减少社会资源的浪费。（3）致力于提升行业公共管理，为行业管理部门与物流企业的信息互通和行业管理部门加强对货运市场监管、规范货运市场秩序提供很好的平台。

省际物流公共信息平台总体任务如下：

（1）系统组成

系统由“1+3N”组成，即1个系统管理中心，N个物流通用软件、N个物流公共应用中心与N个重要物流及相关信息系统联网。

1个以系统管理中心为核心的物流电子枢纽要实现中心目录服务、行业管理信息发布、标准和代码管理、行业统计和分析等功能。

N个物流通用软件是针对不同类型和特点的物流业务开发的各种物流标准业务信息系统通用软件，包括通用网站、小件快运、普通运输、物流基地、集装箱、仓储、货代、堆场、配送、水运等，这些软件内嵌了与物流电子枢纽或公共应用信息中心的接口。

N个物流公共应用信息中心是在N个通用软件推广及联网的基础上，提供区域或行业的基本信息服务和增值服务，主要包括数据交换和转换中心、公共信息发布和统计中心、物流企业信用和行业监管中心、货品物流状态跟踪中心、网上运输交易中心等。

N 个重要物流及相关信息系统联网，主要包括与电子口岸等相关公共服务平台、第四方物流企业信息服务平台、重要物资供货商的 ERP 系统、其他区域物流信息平台、港口码头大型船务公司物流系统、主流 GPS 运营商等的联网。系统整体结构如图 7 – 3 – 1 所示。

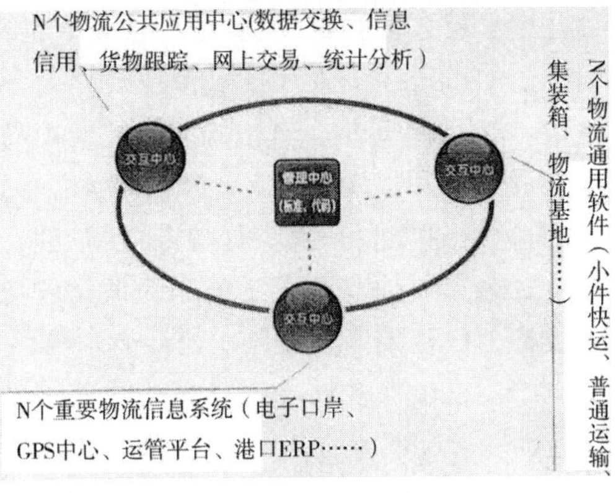

图 7 – 3 – 1 省际物流公共信息平台系统整体结构图

(2) 系统建设

组建系统建设和发展管委会，负责系统长远发展业务和技术规划的制定、指导项目开发和维护等工作。管委会由省运管局牵头，省交通厅相关处室、公路局、航运局、相关市县行业管理部门、相关行业协会、物流企业的代表、技术专家组成。

系统建设具体工作由杭州市运管局会同相关市地运管部门负责，行业协会、龙头企业参加。任务主要包括工程前期招投标，每个工程建设和试点周期内的管理工作。

(3) 系统推广

各市地成立系统推广领导小组，负责系统的推广工作。推广中积极发挥道路运输协会及下属的货运专业委员会、小件快运联盟、危化运输联盟、站场运营联盟、集装箱联盟等协会组织作用，做好系统开发需求整理、业务统一、推广、软件升级等相关工作，逐步建立协会对系统的自我管理、推广、发展机制。

(4) 系统运维

成立浙江物流电子枢纽，承担系统的运维和具体管理工作。其职责是在管委会指导下，负责系统的运行、维护、客服、推广、商务增值、行政等具体工作。物流电子枢纽中心的负责人从省市运管部门、协会抽调，其他工作人员由运维企业提供。物流电子枢纽中心的实际载体是运维企业，实行企业化运作，承担系统运行中相关法律责任和处理相关商业问题。扶持期间，行业管理部门承担相关运维费用；扶持期结束后，运营经费通过增值服务收费或会费解决。

第二节 交通物流基地

浙江省是全国首个交通物流业发展试验先行区。截至 2010 年，全省拥有 5 个部省共建基地和 11 个省级、56 个市级重点扶持物流基地。150 亩以上物流园区达 21 个，居全国首位。

一、部省共建物流基地

(一) 宁波梅山保税港区物流园区

位于宁波梅山保税港区内。梅山保税港区为梅山乡辖区，位于宁波市北仑区东南部、东临国际航道和国际锚地、南连佛渡和六横等舟山诸岛、西接象山港，总规划面积 7.7 平方公里，规划建设年 2008 ~ 2020 年。

2007 年 5 月，中共宁波市委印发《关于加快梅山岛开发建设的决定》(甬党〔2007〕9 号)，成立梅山开发建设管理委员会(以下简称管委会)和梅山岛开发建设有限公司(以下简称建设公司）等机构。管委会为市政府的派出机构，由市政府授权，在梅山岛所辖区域内行使相关的市级经济管理权限和县级社会行政管理职能；建设公司负责梅山岛配套基础设施建设。2007 年 8 月 1 日成立的宁波梅山岛开发投资有限公司为宁波梅山保税港区物流园区基础设施开发建设主体。2008 年 7 月，管委会下文成立梅山保税港区物流园区管理委员会（简称园区管委会），负责保税港区物流园区的日常管理。园区内各物流子项目由承租方全权负责运营。2009 年基地被列为浙江省与交通运输部"部省共建"重点物流基地。2010 年，宁波梅山保税港区物流园区已运营项目。

宁波梅山保税物流配送中心，位于梅山保税港区首期封关范围内，总占地面积 254 亩，建筑面积 69285 平方米，总投资为 34052 万元，年设计处理吞吐能力 101 万吨（折合 12.6 万标准箱）。目前一期已经全部投入运营。一期项目建成投入使用，投入资金 19000 万元，包括 2 座大型仓库，面积 280000 平方米，配套停车场 10000 平方米。

集卡停车场及服务区，位于港区行政服务中心对面，靠近海涂区。总投资 3059 万元，总建筑面积 5805 平方米，包括一幢 2 层的服务区综合楼、4 层的快捷旅馆和停车场。共有驾乘人员休息间 93 间，停车场含 130 个大车停车位和 32 个小车停车位。可为进出梅山保税港区的集卡车辆提供餐饮、住宿、汽车修理和进出港区卡口制卡服务。

（二）义乌物流园区

义乌物流园区以小商品制造业、零担货运、仓储物流、快递物流、口岸国际物流、都市配送、农业物流等为服务对象，将园区各功能区块布局在义乌市域范围各方位，总体可概括为"两园四专业两站点一备用"的框架结构，共由 13 个区块组成。

"两园"即义乌国际物流园区和义乌国内物流园区。义乌国际物流园区由在建的义乌内陆口岸站场（1050 亩）、规划建设的义乌青口监管中心（893 亩）和现有义乌国际物流中心（450 亩）3 个功能区组成；义乌国内物流园区由江东物流中心（150 亩）、规划建设的城西物流中心（2192 亩）和廿三里物流中心（2996 亩）3 个功能区组成；"四专业"即义乌市铁路物流中心（1200 亩，其中铁路海关监管区 200 亩）、义乌夏迹塘物流中心（1997 亩）、空港物流中心（100 亩）、义乌邮政速递中心（202 亩）；"两站点"即大陈物流站（15 亩）和佛堂物流站（100 亩）；"一备用"即义南物流中心（1000 亩）。上述物流站场建设用地总计约为 11345 亩（不包括备用地）。

义乌国际物流中心：位于义乌市城区偏北位置，紧靠雪峰路和机场路交叉口，总占地 450 亩，总投资 25000 万元，于 2002 年投入运营。建筑面积 264000 平方米，仓储面积 40000 平方米（海关监管仓库 5000 平方米），堆场 20000 平方米、停车场 10000 平方米。主要功能定位于出口货物仓储、海关施封查验、商检、堆场、物流企业商务办公、进口货物保税。

义乌江东物流中心：位于义乌市城区东南部，环城南路和篁园路交叉口东北角，总占地 150 亩，总投资 8000 万元，于 1999 年投入运营。建筑面积 30000 平方米，物流经营用房 4000 平方米，停车场 1000 平方米。主要为小联托运部收容、国内专线配载、简单仓储功能。

义乌内陆口岸一期（义乌港一期）：位于义乌城区北部边缘，距离义乌国际商贸城西部 1 公里，西城路以东、大通路以南、快速通道以西、银海路以北，诚信大道以西，占地面积 394 亩，概算投资 144100 亿元，建筑面积 430000 平方米。截至 2011 年底，引进外贸出口公司、船公司、货代公司、报关报检公司、物流企业 228 家。

2009 年基地被列为浙江省与交通运输部"部省共建"重点物流基地。2011 年园区运营项目共实现营业收入 7603 万元,实现净利润 2349 万元,上缴利税 1686 万元。

(三)传化物流园区

浙江传化物流基地位于浙江萧山经济技术开发区沪杭甬高速公路萧山出口处,建设规模 560 亩,投资 3 亿元人民币,由传化集团投资兴建。物流基地按现代物流基地的要求进行规划与建设,集交易中心、信息中心、运输中心、仓储中心、配送中心、转运中心及配套服务功能于一体。基地 2002 年始建,2003 年 4 月 18 日正式运营,主要为服务组织、中小物流企业、社会车辆提供生活后勤保障服务(联运中心、配套服务区),行政配套服务(办公区、司机旅馆),商务配套服务(物流信息港、展示销售中心),实施设备物业服务(仓储配送中心、零担快运中心)和信息支持服务(车源中心、交易中心)。其建成与投入运行为该区域内工商企业和物流企业提供了一个优质的综合性的物流服务平台,有效提升当地的物流效率,优化区域投资环境,对该区域的经济发展起到重要的推动作用。2009 年基地被列为浙江省与交通运输部"部省共建"重点物流基地。2010 年营业收入总额 35.7 亿元,上缴税收 1.47 亿元。

2006 年,浙江传化物流基地获得"中国物流示范基地"荣誉称号,2009 年入选交通运输部与浙江省"部省共建"项目重点扶持示范物流园区。

(四)嘉兴现代综合物流园区

嘉兴现代物流园位于嘉兴主城区西南侧,一期控制性规划面积约 4 平方公里。园区是省交通重点扶持物流基地和省"三个千亿工程"重点项目、2009 年服务业重大项目、浙江省国际服务外包示范园区、浙江省综合交通物流行业协会常务理事单位。2009 年底园区更被列为浙江省与交通运输部"部省共建"5 大重点物流基地之一。园区共有 5 个功能区块,简称"一心四区"。

物流运营中心:用地 105 亩,项目重点构建"一平台、三基地、六中心"的"136"现代物流产业服务体系。一平台:四方物流平台;三基地:区域物流总部基地、物流实训基地、物流创新创业基地;六中心:物流金融服务中心、区域采购分销中心、物流科技应用推广中心、物流与供应链研究中心、货物配载调度中心、管理服务中心。

高端配送功能区:总投资 2.1 亿元,占地 191 亩,由盖世理嘉兴投资咨询有限公司投资建设,2009 年 1 月 12 日正式启用。项目建设仓储设施 4.8 万平方米,为沃尔玛和好又多华东地区各门店提供商品分拨、配送服务。

制造业物流功能区:入驻项目有安博(嘉兴)物流设施项目,总投资 1.82 亿元,占地 200 亩,建设期限 2008 ~ 2009 年。2008 年投入 8840 万元,完成 2.4 万平方米仓储设施建设。2009 年建设 5 万平方米仓储设施。普洛斯(嘉兴)置业有限公司项目由世界 500 强企业普洛斯(Prologis)公司投资设立,投资总额为 2400 万美元,注册资本为 1200 万美元。该项目占地 169 亩,已动工兴建,建成后将为嘉兴经济开发区、秀洲工业园区内数百家工商企业服务,提供 5.6 万平方米仓储用房及相关物流设施服务。

钢材加工配送功能区:宝银重钢物流项目总投资约 2 亿元,占地 350 亩,建造加工及仓储用地 3 万平方米,货物堆场 12 万平方米,场内铁路及站台 1000 平方米,300 ~ 500 吨内河码头 2 座及相应办公房。建设主体浙江宝银物流有限公司注册,一期投资 1 亿元,占地 150 亩。一期工程 2009 年 11 月开工建设。项目将依托公铁水联运和国内钢铁公司参股优势,面向华东地区市场,发展重钢(构)加工,钢材剪切及物流配送产业。

服务配套功能区:为园区及周边贸易、生产、物流服务、电子商务、物流信息服务、物流软件开发企业以及政府相关公共机构和居民提供办公场所和居住环境。包括农民拆迁安置小区,一期建设规划138亩,安置157户,已基本建成。二期建设规划231亩,安置233户,目前正在建设中。黄埔商务配套项目,由美国黄埔投资集团开发建设,总投资4000多万美元,注册资金2400万美元,占地230亩土地。该项目将开发包含商住、办公、酒店、高速公路大型服务区等一系列项目,为嘉兴现代物流园及王店镇周边提供优质商业、商务配套服务和高档居住环境。项目已开工建设。

(五)中国轻纺城现代物流园区

中国轻纺城现代物流园区位于绍兴市绍兴县主城区柯桥境内。主要分为3大区块:中国轻纺城国际物流中心、中国轻纺城柯东仓储中心和中国轻纺城仓储物流中心。其中,中国轻纺城国际物流中心、中国轻纺城柯东仓储中心已经建成并投入运营;中国轻纺城仓储物流中心一期于2010年年底全部竣工投入试运行;中国轻纺城水运物流中心为规划待建项目。园区的3大板块中国轻纺城国际物流中心、中国轻纺城国际柯东仓储中心、中国轻纺城仓储物流中心的建设和运营主体分别是:绍兴县中国轻纺城国际物流中心有限公司、绍兴县中国轻纺城柯东仓储有限公司、绍兴县中国轻纺城仓储物流中心开发经营有限公司。

中国轻纺城国际物流中心:占地443亩,总投资3亿元,2003年建成。物流中心共分为A、B、C3个主要功能区。其中A区为仓储区,占地198亩,约占园区总面积的44.7%。共有194个单元,采用租赁的形式租给生产企业作为仓库。B区为停车场,占地39亩,约占园区总面积的8.8%,可供600余车辆停靠。C区为配载作业区,占地110亩,约占园区总面积的24.8%,共有164家联托运部入驻。其他区域为园区绿化、配套设施及生活后勤保障用地。2009年、2010年1~10月,物流中心分别完成货运量199万吨和177万吨;实现营收1729万元和1442万元;上缴利税283.3万元和220.87万元。

中国轻纺城柯东仓储中心:占地83亩,投资3.2亿元,2008年建成。仓储中心主体结构分为5层,每层功能布局和建筑结构基本相同,除一层具有货物配载功能外,其他均以仓储为主,共有仓储用房377间,分为A、B、C3个区域。区域与区域之间、中国轻纺城柯东仓储中心及各区域内部,由可供中型车辆通过的回廊和楼层间旋梯连接。仓储中心2009年、2010年1~10月分别完成货运量220万吨和184万吨;实现营收2480万元和2067万元;上缴利税427万元和356万元。

中国轻纺城仓储物流中心:在建项目,共占地278亩,分二期完成。其中一期占地110亩、计划投资3.98亿元,二期168亩。截至2009年,一期项目已完成总建筑面积5.8万平方米,其中A区为17层综合办公楼,建筑面积4.6万平方米。B区为仓储和堆场区,仓储区建筑面积1.2万平方米;堆场区占地面积4.9万平方米,其中海关查验区2.1万平方米、社会物流区2.8万平方米;装卸月台面积为0.2万平方米,停车场面积0.5万平方米;专用装卸叉车5台、堆高机1台、正面吊1台。一期试运营期间年通关3万标箱。

2009年基地被列为浙江省与交通运输部“部省共建”重点物流基地。

二、省级物流基地

2010年3月18日,宁波梅山保税港物流园区、义乌物流园区、传化物流中心、嘉兴现代综合物流园区、中国轻纺城现代物流基地、衢州综合物流中心、宁波空港物流园区、金华国际物流园区、德清临杭物流园区、台州市物流园区、舟山金塘港区物流园区和瑞安市江南物流园区12个交通重点扶持物流基地授牌。其中宁波梅山保税港物流园区、义乌物流园区、传化物流中心、嘉兴现代综合物流园区、中国轻纺城现代物流基地5个基地在部省共建物流基地中详述。

(一)宁波空港物流园区

2009年2月获国家4部委联合批准设立保税物流中心(B型)。宁波栎社保税物流中心(B型)是一个"境内关外"区域,享有特殊的监管政策,允许货物在中心与境外之间自由进出、免征关税、免领许可证等优惠政策;集成保税优势,出口退税、进口保税;同时可进行货物的包装、组装、分拣、贴码等物流增值服务。在保税物流中心与保税区、出口加工区、保税仓库等海关监管场所之间的货物交易、流转不征收关税、不征收进口和流通环节的增值税及消费税。园区将为企业的增收和利益创造最大化的优惠和便捷,使入驻企业真正解除后顾之忧。

(二)瑞安江南物流园区

地处瑞安市江南新区,位于温福铁路瑞安站东西两侧,新56省道南北两侧,温福铁路瑞安站位于其中,规划用地8775亩,其中一期用地548亩,建筑面积22.5万平方米,总投资7.26亿元。物流园区规划建设"一个中心、六大功能分区、十二个重点项目",形成铁路专线区、基础物流区、商贸物流区、保税物流区、站前综合服务区、物流社区6大区块。一期在建项目包括仓储中心、公铁联运中心、配送中心、物流管理中心等。截至2010年年底,由瑞安市江南新区开发建设管理委员会负责园区的规划、设计、建设、发展等前期工作。

仓储中心和公铁联运中心:北面紧临铁路货运场站,南面依靠仓储中心二期项目,规划建设普通标准仓储。总建筑面积为68068平方米,总造价为26342万元,仓储中心一期项目一方面是为园区入驻企业提供仓储配套,另一方面也是为瑞安及周边地区工商企业提供公共仓储服务。

配送中心:属于园区基础物流区,北面与建材装饰城连接,南面紧靠铁路货运场站。设置四幢五层高和两幢单层20米高的配送用房,西侧位置设置独立大型公共车辆集散中心。配送中心总建筑面积为93533平方米,总造价为35517万元;主要面向瑞安地区及周边县市、温州主城区南部区域的超市、便利店、百货店等提供商品配送服务。

公铁联运中心:北面紧临铁路货运场站,西面紧邻次纬二路,南面依靠仓储中心,东面以温福高速铁路为边界。总建筑面积为4150平方米,总造价为6850万元;通过公铁联运实现货物的本地区分发和转运。

物流管理中心:总建设面积17144.4平方米,总投资7502.95万元。

(三)德清临杭物流园区

位于湖州市德清县雷甸镇,地处杭州市北郊,杭湖锡线沿岸,紧邻京杭大运河、申嘉湖杭高速、09省道,与沪杭高速、杭宁高速、杭州绕城高速互通。由2009年4月1日组建的"浙江临杭物流发展有限公司"投资建设经营,公司注册资本1亿元人民币,其中浙江德清交通投资集团有限公司占25%、德清县雷甸镇临杭经济开发有限公司占50%、德清县贸易与粮食资产经营有限公司占25%。园区规划总面积约为3750亩,其中Ⅰ区435亩、Ⅱ区1888亩、

Ⅲ区1427亩。规划期限为7年，即2009～2015年。园区规划总建筑面积128万平方米，堆场18万平方米，500吨级泊位38个，码头岸线2600米，停车位2700个。

2010年11月16日，德清临杭物流园区举行开工典礼，同年被列入浙江省首批现代服务业集聚示范区。园区规划用地面积约250公顷，规划分8个功能区，即工业原材料采购功能区、钢材物流功能区、公用码头功能区、通用仓储功能区、保税物流功能区、分拨配送基础设施建设和站场建设177功能区、货运配载功能区、航运服务功能区。规划期限为2009～2015年。园区已建在建有3个项目。

中球冠油品项目：占地约37亩，建筑面积39801平方米，仓储面积30000平方米，共有12个2500立方米的油罐，是中球冠集团在德清的成品油仓库。项目总投资8000万元，目前12个储油罐已安装完毕。2010年实现营业收入8.3亿元，税利300余万元。

商源物流配送中心项目：占地约90亩，建筑面积61813平方米，仓储面积40000平方米，是浙江商源物流发展有限公司面向华东酒水市场的，集仓储（含恒温仓库）、配送、增值加工及信息服务的现代化配送交易中心。项目引入较先进的仓库管理系统（WMS）和运输管理系统（TMS），拥有完善的物流增值加工作业链，配备3套加工作业流水线，日开、封箱能力达5000～10000箱，具备快速完成客户加工需求的能力。2010年该公司实现营业收入2.9亿元，税利431万元。

源航塑业仓储项目：占地面积约88亩，建筑面积15500平方米，仓储面积15000平方米，共分8个仓库，其中5个3257平方米，3个3845.3平方米。主要从事浙江省及周边地区塑料原材料储存及短驳业务，计划分二期总投资5000万元，一期四幢仓储用房28000平方米已竣工投入运营；二期沿09省道的办公及营业综合用房待建。2010年吞吐量11万吨。

（四）衢州综合物流园区

位于衢州市衢江区樟潭街道区域，总规划面积9.13平方公里，包括北区、南区、东区3个功能区。其中北区西起芳桂路、东至上山溪、北临衢江、南连东迹大道和沪昆铁路；南区西起百灵路、东至上山溪、北临东迹大道和沪昆铁路、南至320国道；东区西起上山溪、北临衢江、东至下山溪，南至46省道。距规划中衢州铁路东站货场附近，紧靠即将建设的衢州港樟潭作业区，是集铁路—公路—航运多种运输方式的交通枢纽型物流基地。园区由衢州市物流投资开发有限公司（以下简称投资公司）负责综合园区的招商引资、公建项目包装、建设和向上争取政策支持，具体招商引资项目由项目主体单位承建。

衢州国际物流中心：位于南功能区，设置内陆口岸及保税物流功能，开展国际集装箱直通关等口岸式国际物流服务，主要建设无水港和公共保税仓库（包括仓储、配送、运输、报关、检验检疫等功能），设计作业能力达年完成集装箱3万元标准箱和普通货物年吞吐量1000万吨、成交额8亿元的规模。衢州汽车集团有限公司是主要股东之一。项目预计总投资12000万元，总占地面积191亩，其中一期用地64亩，主要为保税仓库及相关设施，2010年9月份投入营运，共完成集装箱吞吐量5420标准箱。

浙西粮食物流中心：位于北功能区，南邻320国道和浙赣铁路、西临衢江新城区和铁路东站、北接衢江航运码头。一期工程占地335.25亩，总建筑面积68570平方米，总投资约25000万元，系浙江省重点工程。按储运、加工、交易、信息"四位一体"粮食现代物流和"公铁水"联运功能进行设计，规划新建5万吨市级中心粮库，4万吨站台交易库，2900吨油罐，

100 万吨粮食加工区,100 万吨铁路专用线运量及 100 万吨网上交易市场。目前一期 5 万吨市级中心粮库已完工并投入使用。二期商务楼、主体结构,交易市场部主体结构已结顶,商务楼、交易楼一层、二层墙体正在施工,正在做装修、粉刷准备工作。后续土地未征,影响后期工程,工程计划 420 天完工,计划今年 10 月底完工。

衢州省级储备粮库:项目占地 148 亩,总投资 7890 万元,计划建设储备仓容量 7.5 万吨及附属用房,其中浅园仓 6 个、大跨度包装仓 1 幢、平房仓 4 幢。

(五)金华国际物流园区

位于省级开发区浙江金东经济开发区内。浙江金东经济开发区位处浙中城市群中心腹部,金义大都市区战略和金衢丽产业带规划的核心区域。规划范围既为浙江金东经济开发区范围,总占地面积 52.8 平方公里。近期以服务义乌物流市场为主,发展分拨物流、集装箱国际物流和中国小商品原料交易中心等,同时推进服务整个浙中城市群的保税物流与电子口岸国际物流,以及农产品物流等物流领域的发展;中远期主要瞄准浙江省中西部区域,特别是金衢丽产业带区域。形成以第三方的仓储物流、保税物流、口岸国际物流、展示交易、分拨物流、配载物流、快递物流、物流信息服务和理货加工等主要服务业态。

无水港项目:主体为浙江金华甬金国际集装箱有限公司,占地 100 亩,总投资 5000 万元。主要开展市本级进口货物查验、进口转关、仓储堆场出租等业务。集装箱通关箱量从 2003 年的 123 标箱发展到 2008 年的 89166 标箱。2010 年共完成通关 48144 标箱,同比增长 14%,实现营业收入 520 万元。

保税仓项目:主体为浙中国际仓储贸易有限公司总占地 300 亩,由尖峰集团有限公司投资 20000 万元兴建。2003 年 5 月,经海关总署批准设立公共保税仓库。目前已建成仓储面积达 60000 平方米(保税仓库面积 3000 平方米),堆场面积 40000 平方米,是目前金华市区最大的仓储物流企业。主要提供公共保税及仓储服务,并提供包括报关、物流货代、进出口贸易、保税仓储、国内仓储及配送等在内的配套业务。2010 年实现营业收入 11600 万元。

金华中外运国际物流中心项目:规划用地 209 亩,计划投资 26000 万元,建筑面积 74400 平方米,规划建设具有国际、国内货运代理、仓储、分拨、集拼、配送、电子信息、标签、再包装、查验、检测、融资、信息查询等多种服务于一身的多功能综合性物流中心,形成年货物吞吐量 72000 吨、集装箱吞吐量 32000 标箱物流规模,具有无水港功能及保税仓储功能,同时将开展金融物流服务和航空物流服务。该项目于 2010 年 10 月份正式开工,现主体仓库以及商务楼在建,已完成主体框架结构工程量的 85% 左右,预计年内可建成投入试运营。

金华诚信仓储有限公司仓储物流中心:计划投资 12000 万元,占地面积 70 亩,建成后将实现物流仓储、配送、铁路行包联运的经营格局。预计年营业收入达 2 亿元,实现利税 1000 万元。8000 平方米商务楼主体在建。

(六)台州物流园区

园区以甬台温铁路台州南站为核心,横跨螺洋街道和桐屿街道,总规划面积 3255 亩。共分为 5 个部分:“台州市粮食储备配送中心”、“台州市国际物流中心”、“台州市物流商务中心”、“台州市公路货运中心”、“台州市生产资料物流中心(主体为路桥货运站)”。其中,台州国际物流中心和台州市生产资料物流中心为在建项目。2010 年 2 月,台州市物流园区管理委员会正式成立,负责物流园区的规划、建设和管理。

台州市国际物流中心：位于104国道西干线和院路路交叉处，总占地300亩，分两期建设。一期用地90亩，建设铁路集装箱枢纽站。二期主要建设一个用地210亩的保税物流中心，拓展和完善一期的服务功能。建成后年通关5万标箱，仓储面积1.2万平方米，静态停车82辆。

台州市生产资料物流中心：位于台州铁路南站东侧，104国道西侧，规划用地约900亩。功能分为两大部分：一是公铁联运功能——路桥货运站；二是生产资料仓储功能，配套建设物流园区铁路专用线。按配套产业类型可分为钢材加工配送区、塑料原料仓储区、建材仓储配送区、农资仓储配送区。

（七）舟山金塘港口综合物流园区

园区项目规划面积1488亩，将建设3个集装箱作业区，年吞吐能力1000万标箱，物流园区作为金塘集装箱港区的配套项目，与集装箱物流互为支撑、相互促进。项目拟引进仓储、中转等港口物流相关产业。项目投资金额10亿元，合作形式为独资、合资和合作。

三、市级重点物流基地

截至2009年，浙江省11市共建设市级物流基地42个。

杭州市（2个）：下城区石桥商贸园区；桐庐现代物流中心。

宁波市（5个）：镇海物流基地；宁海物流中心；海联物流中心；慈溪市余慈物流中心；象山远达临港综合物流园区。

温州市（5个）：温州市潘桥物流园区；温州双屿物流中心；温州浙闽物流中心；平阳双赢物流中心；苍南县新联货运中心。

湖州市（4个）：湖州西塞物流园区；湖州长运祥瑞物流中心；万顺达物流基地；长兴综合物流园区。

金华市（7个）：永康市物流中心；金华现代物流中心；金华中宇物流基地；东阳物流基地；金华巨龙物流基地；浙江嘉宝物流基地；浦江县现代物流中心。

衢州市（4个）：衢州大华物流中心；龙游县物流园区；常山县公铁联运物流中心；陆通物流中心。

台州市（4个）：临海市江南物流中心；临海综合物流园区；浙江山鹰物流基地；浙江天啸物流中心。

丽水市（4个）：龙泉市交通运输物流中心；缙云县物流中心；丽水水阁物流园区；庆元超大物流配送中心。

舟山市（2个）：六横物流中心；舟山市普陀陆港物流中心。

绍兴市（3个）：绍兴市集亚物流基地；新昌县国际物流中心；绍兴港越城港区中心作业区。

嘉兴市（2个）：嘉兴内河港多用途港区；平湖市独山港综合物流园区。

第三节　物流龙头企业

2008年9月，浙江省交通重点扶持物流基地和物流龙头企业评定工作开始启动。2009年2月，全省有12家物流企业确定为省交通重点扶持物流龙头企业。到2010年年底，成功培育12家省级和106家市级物流龙头企业,累计完成投资超过60亿元。全省拥有A级物流企业167家,数量位居全国第一。

一、省级物流龙头企业

(一)浙江传化物流基地有限公司

公司位于浙江萧山经济技术开发区沪杭甬高速公路萧山出口处,2001年3月成立,注册资金6500万元,总资产2.2289亿元,是以综合物流服务为特点的民营企业。公司集货运、货运代理、货运信息、停车场、仓储、零担托运、货物配载、装卸服务、汽修汽配、餐饮住宿等多种业务于一体,并集聚银行、保险、商务、通信、网络等各项物流服务功能。公司自建仓储设施达到了10万平方米,引进铁运、水运、空运等物流企业资源,形成基地的多式联运功能。公司2004年物流服务经营收入10.88亿元,物流利润额2550万元;2005年物流服务经营收入16.18亿元,物流利润额3187万元。2009年2月,被省交通运输厅确定为第一批省交通重点扶持物流龙头企业。2010年,公司有职工168人。物流服务经营收入35.7亿元,上交税款1.47亿元。业务辐射范围到达杭州、嘉兴、绍兴、金华、宁波、湖州等周边地区,达到单个物流基地辐射半径100公里。

(二)浙江长运物流股份有限公司

公司位于杭州市余杭区乔司镇乔莫西路1号,2006年1月成立,注册资金5000万元,是一家为客户提供物流定制服务、商品配送、快件速递、快速货运、多式集成代理、信息化仓储管理、包装加工等系列专业化物流服务的企业。是省政府现代物流试点企业之一,也是浙江省交通运输厅首家商贸物流试点企业。股份公司下属杭州快运公司、杭州储运公司、上海、宁波4家分公司,长运物流、货的公司、长运三运3家子公司,专业从事公路零担和整车货物运输、仓储、搬运装卸、货运代理、国际集装箱运输、小件快运、特种货物的运输、市内配送以及整体物流方案的策划及实施。公司拥有一个占地150亩的仓储基地,地处杭州绕城高速公路乔司东出口处,距杭州市中心约10公里,距上海约2小时车程,仓库总面积达到53000平方米,资产规模近1.5亿人民币。2006年10月26日,公司正式运营。2007年,公司实现营业收入2.03亿元,利润217万元。2008年获得浙江省企业管理现代化创新成果一等奖。2009年2月,被省交通运输厅确定为第一批省交通重点扶持物流龙头企业。

(三)浙江顺风速运有限公司

公司位于杭州市拱墅区上塘路958号创意桥产业园1号楼3楼,是港资企业顺风速运集团在浙江建立的业务机构,1999年7月6日成立。公司经营范围主要是普通货物道路运输业务,国际、国内快递(不含私人信函)业务。2006~2007年,公司投资435万元,分别在萧山、下沙等地建设多套半自动分拣系统,使快件分拣效率达人工分拣的3倍以上,准确率超过99.5%。2008年10月,公司已发展6个业务区、370个营业网点、1个一级中转场、12个二级中转场、421辆营运车辆、6000台小型信息处理设备(高速扫描仪、数据采集器、智能手持HHT终端)、3个120座席的呼叫客户服务中心和6个60座席的信息数据处理中心,职工人数9183人。2009年2月,被省交通运输厅确定为第一批省交通重点扶持物流龙头企业。

(四)宁波恒胜物流有限公司

公司注册地址为宁波科技园区沧海路226号。公司2004年3月成立,注册资金1000万人民币。主营国际货运代理,国际集装箱运输。公司董事会是公司的最高决策机构;公司下设运作中心、保障中心、营销中心、财务结算中心、行政中心等5个部门，以及义乌物流中心分支机构。备有大型防盗监控停车场地、高速电子加油机以及车辆维修中心等后勤补给保障。公司形成一套规范、合理、高效的作业流程，并成为以国际集装箱运输为龙头，仓储、海（空）运进出口货物代理相结合的综合型物流企业，为国内外广大客户提供集装箱、仓储、散杂货、拼箱进出口、海（空）运物流等全方位一条龙的综合服务。

2005年，公司荣获"道路货物运输四级企业"，2007年荣获"2007年度中国物流最有商业价值品牌企业"称号，2008年通过ISO9001:2000国际质量标准体系认证和AAA级综合服务型物流企业，2009年荣获"2008年度宁波市成长型先进物流企业"，2009年2月被省交通运输厅确定为第一批浙江省交通重点扶持物流龙头企业，荣获"2009年度宁波市服务业百强企业"称号。2010年，公司有员工280多人，大型集装箱运输车辆达128辆，其中为宁波港集团NBCT配套专用26辆。

（五）浙江广深物流有限公司

公司位于"江南一镇"横店，公司注册资本6800万元，目前拥有营运车辆、管理车辆、叉车等500多辆，仓储面积10万余平方米。已经发展成为集装箱运输和汽车快运为主，公路、水路、航空货运线路开发为辅，集运输、装卸、仓储、配送、站场建设等为一体的大型现代物流企业。公司下辖浙江、广东、江苏、上海、四川（筹）、云南（筹）6大省份公司，下辖60余家分支机构，在长江三角洲往返珠江三角洲沿线各铁路站点设有集散中心。公司拥有正式员工1000余人，其中各类专业人员、中高级物流人才占20%，形成了具有现代物流管理理念的年轻团队。

公司已通过IS09001国际质量体系论证。运用现代物流理念为客户量身定做物流方案，实行门到门服务，重点突出集、散、快运货物中转能力，最大限度满足客户的服务需求。公司重视提升科技装备水平，投资800万元完善高智能物流信息化管理系统，包括现代物流信息平台、办公自动化、GPS卫星监控系统。

2002年开始，公司陆续承包经营铁路集装箱、81017、81021次五定班列，从中获取铁路运输蕴藏的无限商机。2007年，公司向国家铁道部、上海铁路局、柳州铁路局、广铁集团、昆明铁路局、成都铁路局、中铁集装箱有限公司等铁路及集装箱运输主管部门沟通、协调、申请，得到了各级领导的大力支持。

（六）金华市中宇物流有限公司

公司总部地处市一环西路，毗邻火车西站，下属经营站点沿一环公路分布，相近杭金衢、金丽温、甬金、台金等高速公路及330国道、03省道，地理环境优越、交通便利。公司2001年成立，注册资金3200万元。下属5个专业分公司和5个全资、控股、参股子公司。拥有各类营运自有车辆118辆，大型龙门式起重机1台，大型起重车、各式叉车、装载机等专用机械10台，大型作业场地4处，土地面积17万平方米，铁路专用线3股，各类仓储用房2万平方米。主要经营项目有国际国内集装箱中转运输，普通货物运输、大件、散装货物运输，化工危险品接卸、储存、运输，海上国际货物运输代理业务、航空国际货物运输代理业务，公铁联运、公路零担、仓储配送、货运信息、搬运装卸、驾驶培训、机动车辆性能检测、汽车修理、汽车整车及配件销售等。公司通过ISO9001:2008质量管理体系认证，是AAA级综合服务型物流企业和道路货物运输三级企业，是省交通重点扶持物流龙头企业、省交通运输厅道路货运重点联系企业、浙江省现代物流发展重点联系企业和长三角地区现代物流合作联盟成员单位。先后荣获浙江省联运物流行业先进企业、浙江省道路运输行业创建省级文明行业先进单位、金华市商贸粮食服务行业诚信企业、金华市企业文化建设先进单位、金华市思想政治工作优秀单位、金华市安全生产管理示范企业等荣誉称号等荣誉称号。

（七）巨化集团公司汽车运输有限公司

公司成立于1998年8月，是“巨化集团公司”下属子公司，为国有独资企业。公司注册资本1050万元，总资产43834万元。2009年，从业人员总数262人，其中大专学历60人，本科以上12人，经济师6人，信息软件工程师3人，会计师1人，取得高级职业经理人的有11人，高级物流师7人。

2003年，公司在衢州市率先引入车辆GPS全球卫星定位系统，以加强对车辆的即时管理。并在其后的发展中，自主研发一套运输流程软件，进一步推进公司物流发展。2010年8月18日，公司顺利通过浙江省公路危化品运输服务标准化验收，公司标准化体系的建立实施和验收通过。公司营运货车总数180辆（台）。其中半挂牵引车78台、单车9台，集装箱半挂车53台，罐式连体半挂车28台，罐式货车16台，厢式半挂车12台，运输装载总质量为2944吨，年运输产值超亿。

公司是中国危险品运输协会第一批会员单位，浙江省交通运输协会会员，国家三级货运企业。2006年被评为全国最具成长力百强物流企业，被省交通运输厅审定为2007～2009年度首批道路货运省级重点联系企业，2008年度被全国物流采购联合会评为4A级综合服务性物流企业，2009年被浙江省交通运输厅确定为第一批省交通重点扶持物流龙头企业。

（八）舟山润联国际集装箱储运有限公司

公司成立于2005年7月，是普陀区首家国际集装箱储运公司，公司由干月年、陈永球两人投资组建，是一家专业从事道路运输的物流企业。公司注册资金1188万元，运输车辆210余辆（其中80%以上为重型冷藏集装箱货车），总载质量超过5500吨，年承运能力超过70万吨，总资产7700余万元。2007年运输产值7844万元，2008年1～9月9400万元，预计全年可超过12000万元，成为舟山最大的物流企业之一。

公司秉持“润联为基、诚信为本、开拓进取、追求卓越”的企业宗旨和“自立于市场、服务于客户、奉献于社会”的企业精神，一方面积极拓展国内集装箱运输业务，搭建运输网络和客户网络。自公司成立之初的以舟山本地水产品运输业务为主，逐步发展到运输家禽、肉类、水果、蔬菜、苗种、鲜花等综合性运输业务。运输网络也由原来的以本市本省为主逐步发展到外省外地，到目前为止，已初步建立起遍布华东、华中、华南、华北、东北、西北、西南25个省（直辖市、区）的业务联系网络和运输网络，并建造了嵊州—广州、舟山—台州、台州—福州等多条运输专线。公司拥有广泛的业务客户群，同浙江兴业集团、舟山海洋渔业公司、金鹰股份、浙江振华、福建腾新、欧盛实业（天津）公司等大企业集团建立了良好的合作关系，业务量持续稳定并不断增长。另一方面，公司强化内部管理，打造企业的核心竞争力。经过几年的努力，公司已建立起一支拥有460余名技术过硬的驾驶员队伍和后勤管理队伍。针对车辆流动性大，不易管理的特点，公司坚持因地制宜，因事制宜，因人而异的三结合方针，与每位驾驶员签订聘用合同，并对驾驶员实行行车路线、成本、效益、安全、收入五挂钩的经济政策，多劳多得，千方百计调动驾驶员的工作积极性和创造性，并及时掌控车辆运行动态和车况，保证了企业顺利运转。自公司成立以来，没有出现一次货物流失、坏账现象和客户投诉现象，使企业一直处于良好的发展状态。

（九）绍兴市集亚物流基地有限公司

公司前身为绍兴市集亚特种货物运输有限公司，系绍兴市汽车运输集团有限公司控股的市级大型物流企业，于2009年7月经扩资后组建成立，为浙江省与绍兴市重点扶持的物流龙头企业，绍兴市重点扶持物流基地，系“绍兴国家公路运输枢纽总体规划”站场布局方案中4大物流园区之一，“绍兴市现代服务业集聚区总体布局建设规划（2010～2012）”拟培育的市级综合性生产服务集聚区之一。

公司位于绍兴市袍江工业区越东北路355号（望海路169号），注册资金5000万元，总资产18891万元，下设物流分公司、特运一分公司、特运二分公司。集亚物流基地总体规划用地600亩，其中一期建设用地269亩，建设面积49000平方米，是按现代物流标准建设的，集仓储经营、快运（零担）专线经营、特种运输、甩挂运营、信息交易、商务及配套服务等功能于一体的综合性物流服务平台。

通过多年来的建设和发展，公司先后被授予“AAA级综合服务型物流企业”、“全省道路运输诚信企业”、“长三角地区物流业先进诚信企业”、“浙江省首批行业质量服务诚信领先示范单位”、“浙江省交通运输业重服务守诚信优秀示范单位”、“浙江省文明行业先进单位”、“绍兴市服务业龙头骨干企业二十强”、“AAA级企业资信信用等级”、绍兴市区级“文明单位”等荣誉称号，具有道路货运三级企业资质。

（十）振石集团浙江宇石国际物流有限公司

公司位于桐乡市经济开发区广运南路3号，前身为嘉兴市国际集装箱中转站，注册资金2045.5万元，占地45亩。2001年企业改制为嘉兴市宇翔国际集装箱有限公司，主要经营国际集装箱的运输。2004年11月由振石集团收购控股，组建振石集团浙江宇石国际物流有限公司。公司在桐乡拥有2.4万平方米的办公及货物中转场地，并在场内建有轻、重堆箱区，配有32吨的集装箱专用龙门吊1台，集装箱的专用叉车3台等。在嘉兴拥有近5000平方米的中转场地。场内建有斯太尔特约维修站，并有专业技术职称的维修人员，汽车维修车间共有36名员工。

2007年，公司通过ISO9001质量体系认证。先后评为2007年度嘉兴市十强物流企业，2008年度桐乡市服务行业优秀企业。2008年被省交通运输厅确定为省重点物流龙头企业，国家发改委第四批物流税收试点备选企业。2009年，公司有158辆集装箱专用卡车，总吨位4840吨，总箱位314个（TEU），146名集卡车驾驶员，并为驾驶员休息配套的84套住宅，里面设施一应其全。

公司实行董事会领导下的总经理负责制，设董事长1名，总经理1名，副总经理2名。下设国际货代部、报关报检部、国内货代部、市场营销部、运输配送部、安全保卫部、考核结算部、设备维修部、综合管理部、上海办事处、成都办事处、九江办事处。从管理的角度讲，做到横到边，纵到底。从业人员308人。

（十一）宁波港集装箱运输有限公司

公司由宁波新世纪国际投资有限公司、宁波大榭招商国际码头有限公司、宁波北仑国际集装箱码头有限公司等8家单位共同出资组建，2007年8月成立，注册资金1.05亿，固定资产总投资2.24亿，是宁波港集团全资子公司。公司位于交通便捷、风光迤逦的深水良港——宁波北仑,公司距镇海炼化、镇海港 20 公里;距杭州湾大桥 100 公里,公司占地面积 10 万平方米,建有 5000 平方米的办公大楼,拥有停车场等配套设施,目前共有各类员工 1238 名,员工均与集运公司直接签订劳动合同。其中管理岗位 80 名,操作保障岗位 61 名,集卡驾驶员 1097 名,管理人员平均年龄 32 岁,驾驶员平均年龄 34 岁,管理人员大专及以上学历达到 80%。服务项目有门到门运输、货运(货物专用运输:集装箱),机动车辆保险兼业代理,车辆租赁,集装箱修箱服务,货物仓储服务,场地租赁,国内劳务派遣等。现拥有集卡牵引车 562 辆,半挂车 673 台,是宁波当地最大的集装箱运输企业,公司积极响应省、市政府号召,大力推行 LNG 集卡的使用,目前公司拥有 122 辆 LNG 集卡,年营业额在 2 亿元以上。

宁波港集装箱运输有限公司作为一家专业从事集装箱道路运输的国有企业,公司具有道路运输三级资质,是宁波市交通运输协会集装箱分会常务理事单位,成立以来实现了稳步发展,资信良好,受到客户及上级单位的一致好评。

公司已于百余家船公司、货代、码头、堆场、工厂等客户建立了良好的合作关系,开展了码头转运业务、港内平面运输业务、无水港操作业务、门到门运输业务、驳箱业务、仓库业务、内陆转关运输等业务。近年来,通过企业的不断创新实现了快速发展,取得了较好经济与社会效益。利用绍兴、萧山、义乌提还箱平台,开展双重运输模式。主要客户有宁波达升物流有限公司、宁波港东南物流有限公司、宁波广博赛灵国际物流有限公司、宁波五矿国际货运代理有限公司、杭州中策橡胶有限公司、宁波兴港货柜有限公司、马士基海运,并与这些企业签订了长期的物流运输合同,提供全方位的集装箱道路运输服务。

另外,公司下属分公司(乍浦分公司与温州分公司)与当地主要货代单位签订了物流战略合作协议,并不断新增车辆,2011 年完成进出口箱 60 万 TEU,实现产值近 4000 万元。

(十二)浙江远洋运输股份有限公司

浙江远洋运输股份有限公司(以下简称浙江远洋),是浙江省交通投资集团有限公司的控股子公司,创建于 1980 年。主营国际海上货物运输,同时经营国际船舶代理、国际货运代理、船员劳务服务和船舶修理、供应等相关业务。2008 年 1 月,经国资委和省交通投资集团有限公司批准,变更为浙江远洋运输股份有限公司。公司注册资本 4.5 亿元。

公司依法设立股东大会、董事会、监事会和经营管理机构。公司经营管理机构下设董事会秘书室、证券部、综合事务部、财务部、内审计部、人力资源部、市场发展部、党群工作部、航运部、安监部、船技部、ISM 办公室等 12 个职能部门。公司现在有直属和控股子公司 9 家:浙江远洋(香港)有限公司、浙江远洋船务有限公司、浙江远洋商务服务有限公司、浙江远洋物业管理有限公司、浙江远洋宁波国际货运有限公司、浙江远洋温州国际货运有限公司、宁波浙远国际集装箱货运有限公司、浙江远洋国际船舶代理有限公司、宁波浙远船舶修理供应有限公司。2005 年前,船队总载重吨达到 80 万吨;2008 年,公司总运力达 110 万载重吨,2009 年在建 12 艘计 212.8 万总载重吨的海峡型散货船开始陆续交付使用。

1998 年,公司建立 SMS 体系,获得 DOC 证书。2008 年各货运、船代公司承揽进出口集装箱 24.36 万标准箱,代理各类型船舶 943 艘次,承揽箱量和代理船舶数均比去年同期有一定幅度的增长。2008 年,全年仍将完成货运量约 505 万吨,货物周转量约 600 亿吨公里,预计营业收入近 15 亿元,全年实现利润总额逾 2.1 亿元。

二、市级物流龙头企业

2009年，全省11个地市交通主管部门确定的市级重点扶持物流龙头企业共有106家。

杭州市(13家)：浙江顺丰速运有限公司；杭州近江物流有限公司；浙江长运物流有限公司；杭州朝阳油品运输有限公司；杭州汤氏物流有限公司；杭州国际口岸物流有限公司；杭州羿天物流有限公司；杭州萧山高桥运输有限公司；浙江富阳口岸国际物流有限公司；杭州淳安千岛湖中集物流有限公司；浙江新安物流有限责任公司；浙江临安环球集装箱运输有限公司；桐庐华宇汽车运输有限公司。

宁波市(16家)：宁波港国际集装箱有限公司；宁波富邦物流有限公司；宁波宏达货柜储运有限公司；宁波市汽车运输有限公司；宁波海联物流有限公司；宁波百富物流有限公司；宁波永发物流有限公司；宁波金洋化工物流有限公司；宁波通达物流有限公司；宁波恒胜物流有限公司；宁波市金星物流有限公司；宁波市中通物流有限公司；宁波市舜发国际物流有限公司；宁波芦城国际物流运输公司；宁波天地物流有限公司；宁波顺衡运输有限公司。

绍兴市(5家)：绍兴市集亚特种货物运输有限公司；绍兴市交通运输有限责任公司；嵊州市货车运输公司；上虞市顺通运输部；新昌县甬港联运装卸服务有限公司。

湖州市(12家)：湖州华安物流发展有限公司；湖州鑫达国际物流有限公司；湖州一通物流有限公司；浙江长兴捷通物流有限公司；湖州广和危险品运输有限公司；长兴万宏快递有限公司；安吉县远大交通运输有限公司；安吉县溪龙运输有限公司；长兴天顺物流有限公司；浙江省长兴县长运船务有限公司；长兴县鸿运航运有限公司；浙江兴一物流有限公司。

嘉兴市(8家)：振石集团浙江宇石国际物流有限公司；平湖市亚太物流有限公司；浙江中坤东方物流有限公司；嘉兴市乍浦恒泰联运运输有限公司；嘉兴市第二运输装卸有限责任公司；嘉兴市大安汽车运输有限责任公司；嘉化物流有限公司；嘉兴市陆捷物流有限公司。

金华市(17家)：浙江诚信物流有限公司；金华市经纬货运有限公司；金华保发货运有限公司；永康鹰鹏物流有限公司；武义雨润物流有限公司；浙江德科物流有限公司；义乌市运输场站建设经营有限责任公司；金华浙中国际仓储贸易有限公司；永康顺天物流有限公司；永康任氏物流有限公司；浙江广深物流有限公司；金华市中宇物流有限公司；浙江东宇物流有限公司；金华中外运国际物流有限公司；义乌国联物流有限公司；浙江集海物流有限公司；义乌恒风运输有限公司。

温州市(7家)：温州长运集团(综合类)；温州市鹿富物流有限公司(综合类)；温州市顺衡速运有限公司(综合类)；温州市东风运输有限公司(综合类)；温州市太平洋石油化工有限公司(运输类)；浙江尊龙物流配送有限公司(综合类)；乐清四通物流有限公司(综合类)。

台州市(8家)：台州天啸物流有限公司；台州市东北物流有限公司；台州市山鹰物流有限公司；浙江陆通物流有限公司；台州市朝阳油品运输有限公司；台州市中集集装箱运输有限公司；台州顺丰速运有限公司；浙江五星物流有限公司。

丽水市(5家)：丽水市南明物流有限公司；缙云县路网物流中心有限公司；浙江绿通物流有限公司；松阳长运有限公司货运分公司。庆元超大运输有限公司。

衢州市(10家)：巨化集团公司汽车运输有限公司(运输类——危险品)；衢州汽车运输集团有限公司(站场类)；衢州柳丰物流有限公司(综合型物流——平台、冷链、配送、危险品)；浙江驰骋物流有限公司(综合类——仓储、配送物流)；衢州双洲物流有限公司(运输类——干线物流)；衢州金德运输有限公司(运输类——配送物流)；衢州正方物流有限公司

(运输类);衢州远鸿物流有限公司(运输类——干线物流);常山信安物流有限公司(综合类);衢州八达电子商务有限公司(平台物流)。

舟山市(5家):润联国际集装箱储运有限公司;浙江宇翔金海岸物流有限公司(普陀);浙江舟山中集国际集装箱货运有限公司(定海);浙江英之杰国际集装箱运输有限公司(岱山);浙江名捷物流有限公司(普陀)。

第四章 站场(客货中心)

浙江古代官道上设有驿站,为古人出行、休息和住宿提供方便。随着现代道路运输的出现,车站和停车场应运而生。浙江省在民国时期第一条公路通车时,就建成了相应的汽车站。后逐步建成停车场,以适应汽车客货运输发展的需要。由于经济落后和日军入侵造成公路交通设施损坏严重,浙江公路的站场建设一直较为落后,公路运输企业发展也非常缓慢。1949 年新中国成立后,全省各地逐渐恢复各汽车站营业用房及场地,加快客货运输站场的建设,逐步适应浙江社会主义经济建设发展的需要。1978 年实行改革开放政策后,公路运输市场迅速发展,客货运输基础设施建设加快,道路运输企业快速发展。截至 2010 年底,全省共有客运站 20464 个,货运站场(物流中心)185 个。

第一节 驿站馆亭

浙江的邮驿发展较早,但在隋朝时期,隋文帝裁并了很多郡县,邮驿机构也随之减少。唐朝至清朝,浙江邮驿得以逐步发展,驿制日趋完善,馆驿设施之华美,均为后世所称道。

一、驿馆亭

(一)唐朝的驿馆亭

隋朝平定南北,全国统一。隋文帝裁并了很多郡县,邮驿机构也随之减少。唐朝的邮驿,是在隋朝的基础上充实完备起来的,驿道遍布全国,驿制完善。

1. 驿馆的设置

唐朝的驿制,凡通途大道 30 里设一驿,非通途大道则设馆。据《唐六典》所载,玄宗(713 ~755 年)时,全国有驿道 49170 里,设驿 1639 个,其中水驿 260 个,陆驿 1297 个,水陆相兼之驿 86 个。浙江境内的邮驿有以下这些驿馆:

(1)苏州至杭州间

嘉兴县石门驿;海盐县秦驻馆;海盐馆;海宁县桑亭驿;赋亭驿;钱塘县樟亭驿。

(2)杭州于青溪(淳安)间

富春县(今富阳县)古驿;桐庐县桐庐馆;青溪县(今淳安县)青溪驿。

(3)杭州至越州、明州、台州间

萧山县庄亭驿即西兴驿;西陵馆;

山阴县(今绍兴市)西亭驿;

苦竹驿;余姚县使华驿;慈溪县皃矶驿;奉化县剡源;宁海县南陈馆。

(4)越州至婺州间

诸暨县诸暨驿;义乌县双柏驿;待贤驿;金华驿。

(5)越州至台州、温州间

嵊县剡溪馆;唐兴县(今天台)灵溪馆;永嘉县上津馆。

(6)湖州至苏州、杭州

乌程县（今吴兴县）霅溪馆；乌程驿；菱波驿；东迁馆；前溪馆。

（7）睦州至衢州间

衢州府雁序馆。

（8）杭州至临安间

临安县桂芝馆。

唐朝的驿，以陆驿为多数。

唐朝驿制，与汉代颇多不同。汉有邮、亭、驿、传4种名目，唐朝只有驿和馆。汉代的邮、亭可供平民住宿，唐的驿馆与汉的驿传一样，只供官员和使节住宿。所以唐朝的驿馆，完全是官用的交通设施。馆设于县和州城内，有的设于非通途大道的迂回道路，或支路上，是宾馆性质，接待各地官员差使住宿，由地方官派员管理。驿有通信递送文书，接待过往官员差使住宿，并有递送贡物等多种事务。驿舍原来多数在城内，由于城市宵禁关闭城门，对紧急军情的传递以及夜晚投宿都有不便，所以后来都迁到城外。唐玄宗天宝年间规定："三十里一驿，驿各有将，以州里富强之家主之。"富人掌驿，称为驿将或捉驿，捉驿即掌驿之意。安史之乱后，征发商人主驿，实际是一种掠夺民间财富的手段，百姓怨声载道。后来刘宴理财，才派吏为驿长，主驿事。驿长除管理全驿事务外，须按月呈报通信和接待使客的情况，驿马、驴死损服瘦的数目，以及每年经费开支和余存情况等。

唐朝驿馆建筑极其华丽壮观，或傍大道，或倚大江，屋宇宽敞，有堂有轩，有庭除，还有花园池沼。一般的驿也都有亭有楼，周围风景宜人，树木成荫。馆的设施更为豪华。州城的馆比县城的馆更为华丽。

2. 船马的配备及经费

陆驿有车有马（浙江境内无车），马的配备，据《唐六典》所载，按照驿事繁简，驿的等级分为7等：

京都的都亭驿驿马75匹；诸道第一等驿驿马60匹，第二等驿驿马45匹，第三等驿驿马30匹，第四等驿驿马18匹，第五等驿驿马12匹，第六等驿驿马8匹。

驿马的来源有3种：一是官马；二是民马供役；三是官给民养。除马以外，还有驴。

驿夫又称驿丁、驿卒、驿隶，一般按马船的多少配备，3匹马配驿夫1人，船1条配驿夫3人，常有驿夫人数并不多。

驿夫是由平民服役。规定每丁每年服役二十日，有事需要加役时增加十五日，至多不超过五十日。驿夫主要承担养马，发运行李货物，修缮房屋等劳动。大宗的货物运输另行雇用民夫，少量的也由驿夫承担，递送书信一般都另有专人，但偶尔也有交驿夫递送的。

关于驿的经费，如驿舍的修理、驿使的供给、驿吏之廪饩（指俸饷）、什物之购置，均有专税。据《唐六典》载："凡天下诸州税钱，各有准常，三年一大税，其率一百五十万贯，每年一小税，其率四十万贯，以供军用传驿及邮递之用"，则每年全国的驿银，约为90万贯。

3. 贡物输送

唐代的驿，不仅是递送使节官员，接待住宿，传递文书，还有递送各州贡物的使命。驿道就是贡道，"以驿递贡物，唐以来即朋之"。浙江境内10个州，都有常例的贡物，其中8个州，均贡丝、绸、绢、绫、绵，其他是地方物产。除常贡以外，还有特贡。

唐朝后期，地方不靖，驿政荒疏，还有不经过驿站递送，而是直接派人专送贡物。唐朝的驿制虽然比较周密完善，但是对平民百姓超过规定的勒索役使，仍然是十分严重。

（二）宋朝的驿、馆、亭

宋朝的邮驿，大体沿袭唐制，但也有一些重大的变化。第一，宋太祖建隆二年（961 年）五月十七日，诏诸道州府，“以军卒代百姓为递夫”。第二年又诏令各郡县“不得差遣道路居人，充递军脚力”。这是邮驿史上值得称道的改革，提高了邮驿的效率，也减轻了百姓的负担。第二，建立起专门承担传递军报、皇帝诏命，及各种文书的递铺，使得驿的性质与作用发生了变化，只承担接送过往官员使者，并提供食宿，与现代的交通站和招待所的性质相似。绍兴八年（1138 年），南宋建都临安（今杭州）以后，从浙江通往各地的驿道增多。驿、馆、亭的设置甚为普遍。《永乐大典》就有记载：“宋代州府、县、镇驿舍、亭、铺相望于道，以待宾客”，是浙江境内设置驿、馆、亭最多的时期。南宋浙江境内共有 66 个县，绝大多数都有驿、馆、亭的设置。

宋朝商业和海外贸易都很兴盛，海内外许多国家和少数民族部落常有使节和商人频繁出入，宋京都汴梁建有迎宾馆驿，如班荆馆、都亭驿、怀远驿。北宋建都临安后，也建有班荆馆、都亭驿、怀远驿。这些馆驿是举行国宴，接待各国使臣、商人的地方。如杭州的都亭驿专门接待外军使节，设备齐全华丽，冬有火箱，夏有水盆，冬暖夏凉。宋金之间，虽时常兵戎相见，使节却常来常往。至于各地来的官员，则在浙江亭即樟亭驿，等候传见。宋朝明州沿路亭驿，都被称作高丽亭，温州也设有来远驿。

乘驿的凭证是驿券，又称“头子”，由枢密院发给。太宗太平兴国三年（978 年）发生了李飞雄诈骗乘驿谋乱事件，就把驿券取消，恢复唐代的制度改用银牌。瑞拱中（989 ~ 995 年），由于乘驿使臣多次遗失银牌，再次取消银牌，恢复枢密院驿券。

二、递铺

（一）宋朝的递铺

1. 递铺的设置

唐后期及五代，已有递铺的名称，递送州郡之间的文书。宋朝的递铺，更为重要。宋朝的递铺有步递、马递、急脚递。既是 3 种不同的传递方式，也是 3 种不同的递铺组织。宋朝递铺的设置大体十里一置，也有二十五里一置的。北宋时，递铺总数约有 5000，铺兵当有 10 万人以上。南宋亦有 3000 余个递铺，铺兵 5 万人以上。

临安、绍兴、庆元 3 府及台州共有 184 铺，铺兵 1679 人（后减为 1649 人）。则全浙江境内 6 府 5 州约有铺 300 ~ 400 个，铺兵约有 2000 人左右。同时，也可以看出，所有递铺，均设置在主要道路，即驿道之上，与驿馆衔接。

步递是步行接力传递，速度较慢，传送普通公文，还要送人，送贡物及军物。

急脚递是在北宋对辽金战争中出现的，属于战时通信。急脚递传递紧急急文书的凭证是檄牌。

南宋时为了及时了解前沿及边远地区的情况，建立了斥堠与摆铺也是急脚递。南宋绍兴二年（1132 年），因淮西军与金接壤，沿江设置斥堠铺传递军服，恐长江风急浪高时，船不能渡，在沿江对岸设置烽燧。

递铺的铺兵，是从厢军中调拨的。铺兵的待遇，略高于普通的厢军。

2. 递铺的管理

所有递铺均有铺长1人，为了考核优劣，印发两处登记簿，称为大历小历。

南宋有两种关于邮驿法令的汇集：一是嘉泰二年（1202年）谢深甫等奉诏编纂的《庆元条法事类》，其中有关驰驿的24条，有关递铺通信的19条；二是《金玉新书》，是两宋关于递铺法规的总汇，共有条文115条。条文规定十分严格，如传送军期重要文件盗拆泄密者斩，请求或教令开拆窥看者也要处斩。同时要追究递铺官员失职的责任。对于递送文件违误程限的处罚也很重，如马递承传文书，违一时杖八千，一日杖一百，二日加一等，罪止徒三年，配500里重役处。急脚递承传金字牌御前不入铺文书的处罚更重，违不满一时者杖一百，一时徒一年配500里，每时加一等，至徒三年止，配3000里重役处。对于官员差遣铺兵卒也有严格规定，不应差而差，或者超数差遣者，各徒二年。宋代对官员有一些优惠的待遇，私书附递，也是其中之一。私书附递标志着通信范围的扩大，也是邮驿史上较大的变化。

（二）元朝的急递铺

元世祖中统元年（1260年）各地设置速铺，除少量重要文书派专人驰驿传送外，其余大量的官方文书都由急递铺传送。宋朝的递铺有步递、马递、急脚递3种形式，而元朝的急递铺只有步递，不承担运送物资和接待过往使臣等事务。

急递铺每10里至25里设1铺。急速铺每铺有铺兵5人。

浙江境内11路及州县，大部分都有急递铺，但也有少数例外。如庆元路（今宁波地区）的急递铺，路治有递铺录事司及在城急递铺，莒县有4铺，奉化州有11铺，慈溪县有6铺，定海县（今镇海）不在通衢驿道之上，故无急递铺。于民间有丁无役户内，点差往来走递。

（三）明朝的急递铺

急递铺与元朝基本相同，10里设1铺，每铺设铺司1至2人，铺兵要路10名，僻路4名、5名不等。

浙江境内明朝各府、州、县四境都设有急递铺，比元朝更普遍。如象山县元朝无急递铺，明朝就有。此与明朝倭寇经常骚扰，加强海防有关。

急递铺内部设施与元代大致相同。每铺均设有十二时日晷1个，以验时刻。步行接力北递送，日行300里，一昼夜为100刻，每3刻行1铺，铺前悬长明灯1副。铺内备有登记簿2本。铺兵每人置夹板1副、铃1副、缨枪1把、棍1根、回历1本。铺舍屋宇各地大同小异。万历《新昌县志》载，铺舍有屋3楹，旁列2厢，中建1亭，外有围墙，门上写有铺名。

（四）清朝的急递铺

清朝的急递铺与明朝基本相同。每10里1铺，每铺设铺司1人，铺兵人数按照地段之冲要与偏僻，事务繁简而定。多则4~5人，最多有7人；少则1~3人。清初铺兵也实行民役，于附近有丁力，田粮1石以上，2石以下的农户中征派。必须少壮正身，免其杂泛差役，昼夜须步递300里。急递铺专司传送地方和朝廷的寻常文书。严禁役使铺兵挑送其他官物及行李。

清朝后期浙江境内的急递铺裁减较多。如庆元县只有通龙泉一路保留有急递铺。龙游县原有16铺，减为7铺。江山县原有5铺，增为13铺。再以常山县为例，常山、开化、江山都属衢州府，由衢州至开化要经过常山，衢州至常山间文书最多，配置铺兵较多，常山至开化间文书较少，配置铺兵也较少，常山至江山间就更少。铺舍一般有厅3间，厢6间，邮亭（廊）1座，围以外门。

三、站赤

元朝的站赤，是蒙古部族进入中原统一全国的过程中建立起来的。至元元年（1264年）即南宋景定五年，改革蒙古站赤与汉地邮驿制度，建立了站赤，既与宋朝的邮驿有所不同，也与蒙古族原有的站赤制度有些区别。元朝站赤的显著特点，是以军事需要为前提的。

（一）站赤—驿站

元朝邮驿网络分布很广，《元史》中说："元有天下，薄海内外，人迹所及，皆置驿传，使驿往来，如行国中。""适千里者如在户庭，之万里者如出邻家。"凡征服之地，便设置站赤。站赤即驿站。《元史·兵志》载："站赤者，驿传之译名也。"《经世大典》也说："站赤者，国朝驿传之名也。"

元朝站赤的设置，大致60里至80里1驿，视交通繁简而定，交通繁者多设，简者少设。也有因站距过长，在中间设置换马之处，名为腰站。据《元史·地理志》和《经世大典·站赤》所载，全国共有站赤1519处，其中陆站（陆站分马站、轿站、步站、驴站、狗站、羊站，南方只有马站、步站、轿站）1095处，水站424处。江浙行中书省交通最繁，所设置的站赤也最多，共有262处。其中陆站180处，水站82处。当时江浙行中书省，共有30路（元朝的路相当于明清的府）其中浙江境内有11路。按《永乐大典》所载，属于浙江境内的站赤计有58处，但原文水马站16处均作两站计算，而衢州水马站及步站作3站计算，这样就共有75个站赤，配备有马1740匹，船712只，递运夫120名。杭州路是江浙行中书省的中心，所配备马船数量最多，其次是嘉兴、衢州、建德、婺州等路。

站赤的屋宇宽敞，设备豪华。意大利人马可·波罗曾在元朝政府任职17年，他对当时我国的驿站视为奇观。在《马可·波罗游记》一书中写道："从汗八里城（大都），有通往各省四通八达的道路。每条路上，也就是说每一条大路上，按照市镇坐落的位置，每隔40~50公里之间，都设有驿站，筑有旅馆，接待过往商旅住宿，这些就叫作驿站或邮传所，建筑宏伟壮丽，有陈设华丽的房间，挂着绸缎的窗帘和门帘，供给贵客使用。即使国王在这样的馆驿下榻，也不会有失体面的。"

元朝站赤有站官管理，按照驿路及站赤之重要次要分别设置，如重要路线，从大都（京城）至上都（开平）驿站，每站设驿令、驿丞，另设提领3员，司吏3名。

（二）站户制度

站户制度是从蒙古部落搬过来的，站户从民间较富裕的民户中签发，据《永乐大典》记载，一般北方的站赤，是"验孳畜之多者应之"，南方的站户，则"验田亩签之"。站户由站赤管理，世代相承，在户籍上自成一类。

站赤的交通工具以及站舍内的一切铺陈杂物都由站户提供。马的鞍辔、草料，船上的用具也都由站户提供。最沉重的负担是供给首思，"首思"是蒙古语，指来往使臣的饮食，官府供给定有限额，不足由站户提供，而过往使臣的要求是没有限额的。据《元史·武宗纪》：江浙省杭州站，半年之间，接待使客1200余，平均每天有7~8人。

在站赤内充当差役的站户主要是丁多、田少的穷户，需自备饮食，无偿地到驿站服役。驿站劳役名目繁多。大批站户，倾家荡产，被迫逃亡。《永乐大典》多处记载了站户制度的苛虐，大意是，服劳役的站户，本来都是一些贫困之户，无田无地，帮人种佃作雇工，遇到荒年就更惨。元朝浙江境内的站赤比较多，站户也多。

四、驿站

（一）明朝的驿站

明朝驿制，除取消站赤及站户恢复驿站以外，其他基本沿袭元朝。凡60～80里设1驿，有水驿和马驿，也有水陆合置的水马驿。在京都顺天府和南京应天府都设有会同馆。会同馆是全国驿站的中心，也是国宾馆。接待各国贡使陪臣及王府公差，内外官员。驿站只提供交通工具，接待过往使臣，不直接传送公文。重要公文均由专差递送，驿供给马或船。一般文书则同急递铺步行递送。

明朝270余年间，驿站增、减变化很大。据《地图综要》记载，嘉靖年间，浙江有府11，州1，县75。总计县以上地方行政机构87处，其中设驿的州县有31个。辖驿站42处。与全国其他地区相比，浙江置驿密度是较高的。

明朝的公馆比较多，除驿道上有公馆外，县与县之间的递铺路线上也有公馆。一般两县之间的距离，近者61～70里，远者100～200里，因此中途就需要有食宿停留之处，于是就有公馆。与唐宋的馆近似，但规模要小得多。

明代驿站交通工具的配备，据《洪武实录》所载马驿设置的马驴，要冲去之处为80匹，60匹，30匹。浙江境内常山县的广济渡水马驿是繁忙要冲之处。有马19匹、驴21匹、骡1匹，站船5只、红船7只。与元朝的常山站相比，减少很多。

浙江境内各驿站用轿比较多。如乐清县西皋驿有大轿2乘，小轿10乘，轿夫20名。驿站的驿舍，按事繁、事简，大小不等。

驿站的设置，以及车、船、马、驴、人夫、什物等数目均有定例。不得轻易变动，亦不得缺少。驿站设有驿丞，为一驿之长。

驿卒即驿夫，包括马夫、水夫、轿夫、车夫、馆夫、厨夫等。明朝取消了元朝的站户制度。但是，驿站的车、船、马、驴以及一切铺陈什物等，仍与元朝一样，要服役的民户提供，称为自备当差，还要自带口粮，3年轮番服役。

明朝还以囚徒充驿夫，凡是判刑的罪犯可以用银两或力役赎罪。民户对驿事怨声载道，极为不满。而地方官也不乐意在该管地域设驿。万历二十一年（1593年）兵道吴献定，才将桑洲驿移至天台县横渡，这样，天台至新昌间，才有了驿站。

明朝对海外诸国“入贡”的使节及来中国贸易的商人，一贯给予优待。凡外国使节商人一经批准入镜，则一切舟、车、水陆晨昏饮馔之费，悉取之有司。明朝各国使者通过宁波口岸进出人数之多。后因倭寇扰乱，这些馆驿多数撤销。

（二）清朝的驿站

清朝的邮驿是在明朝的基础上建立起来的，也有一些变化。自汉唐以来，邮驿组织大体分为“邮”和“驿”。“邮”是步递，专负责传递普通文书，主要是地方郡（府）县之间的文书。“驿”是设于驿道上的交通站，为过往使客提住宿，备有交通工具。宋朝一度出现的递铺，既传递朝廷诏命及重要军情文书也递送地方文书。驿站只承担接送过往使客的任务。元明两朝又恢复了宋朝以前的基本形式。至于清朝的驿站则是交通与通信合在一起，驿站从间接地为通信使者提供服务，成为直接办理通信事务，传送紧急文书的邮驿组织。驿站拥有马、车、船等交通工具，并配备有传递信件的马夫、驿卒，形成了与步递通信网（急递铺）并行的马递通信网。

《光绪会典》载59处，分别为：

(1)苏州至杭州间

嘉兴县驿;秀水县驿;西水驿;石门县驿;皂林驿;仁和县驿;武林驿;吴山驿。

(2)杭州至衢州、江山、常山间

钱塘县驿;浙江驿;富阳县驿;会江驿;桐庐县驿;桐江驿;建行县驿;富春驿;兰溪县驿;△瀔水驿;龙游县驿;亭步驿;西安县驿;上航埠头驿;常山县驿;广济水马驿。

(3)杭州至绍兴、宁波间

西兴驿;萧山县驿;山阴县驿;蓬莱驿;会稽县驿;东关驿;上虞县驿;曹娥驿;余姚县驿;姚江驿;慈溪县驿;车厩驿;鄞县县驿;四明驿。

(4)兰溪至处州、温州间

金华县驿;双溪驿;永康县驿;华溪驿;缙云县驿。

丹峰驿在缙云县水南。旧名云塘。在三里街,元毁。迁今址。隆庆三年(1569年)参议徐云程重建。康熙元年(1662年)裁。归并缙云县典史兼摄,有水夫14名。

丽水县驿;括苍驿;芝田驿。

(5)杭州至湖州间

乌程县驿;归安县驿;苕溪驿。

(6)宁波至温州间

奉化县驿;连山驿;宁波县驿;白峤驿;朱家岙驿;临海县驿;赤城驿;丹崖驿;乐清县驿;岭店驿;窑岙驿;西皋驿;馆头驿;象浦驿。

(7)绍兴至天台、临海间

嵊县县驿;新昌县驿;天台县驿;桑洲驿。

据雍正《浙江通志》记载:"驿马顺治初,各按驿路冲僻设马匹或一二百匹,七八十匹,以至一二十匹,或驴二三十头不等。"浙江额设驿马100匹,分布在杭州、嘉兴一带重要驿路上,驴10头,用于天台至新昌间。

清朝初期,驿站夫役均由民户服役,马驴等亦由民户喂养,取给于民。与明朝实行一条鞭法之前相同。

康熙二十年间(1681年),驿站经费,按明朝一条鞭法摊丁入亩随田赋编征,由官府募民代役,驿站经费称为支驿,各省设驿道库。为驿站经费的专库。由按察司管理。

驿站的差役,统称驿夫。雍正《浙江通志》说:凡驿递各站设有夫役,以供舁舆抬扛,递送文书,喂养马匹等。

由于驿站忙闲不一,劳逸不均,有的驿站数日无事,有的一日数差。

清朝浙江省内各驿站规模之大小,驿银之多少,相差很大,如杭州吴山驿每年额设银5090两2钱。石门县驿每年额设银4830两。

五、递运所

明初,鉴于历朝驿站兼办官物输送(军需物资及贡物等),互相干扰,影响邮传。因此成立了专门的运输机构递运所,使驿站、递运所、急递铺3个组织相对独立,各司其职。

弘治十年(1497年)《弘治会典》载,浙江境内有7处:嘉兴府嘉禾递运所;金华府金华递运所;金华府兰溪递运所;严州府桐庐递运所;衢州府常山新站递运所;湖州府苕溪递运所;杭州府杭州递运所。

衢州府常山新站递运所，原有红船40艘，后减为7艘，水夫25名。

明万历年间裁减递运所，浙江境内只保留了杭州府的杭州递运所。其余处均并入驿站。各地运送军需和贡物的事务由驿站兼管。

第二节 汽车客运站（客运中心）

浙江省的汽车客运站随着公路交通运输的发展而发展，1923年全省仅有7个长途汽车站，而且设施简陋。民国时期，汽车客运站的建设速度相当缓慢。中华人民共和国成立后，加快了公路建设，公路交通运输发展迅速，客运站的建设加快步伐。至2010年年底，全省共有客运站20464个，其中一级站28个，二级站82个，三级站112个，四级站169个，五级站187个，简易站227个，农村港湾式停车站19659个。

一、车站设置

民国11年（1922年）冬，浙江省会杭州开辟第一条汽车客运线路，沿线设置湖滨、中山公园、岳坟和灵隐等站。此为浙江最早的客运汽车站，也是为旅客服务的最先出现的公交汽车站。

民国12年（1923年），浙江省内首条长途汽车线路——杭余公路建成通车。随着杭余公路通车营业，沿途设了观音桥、松木场（图3－4－1）、古荡、东岳、留下、闲林、余杭（即余杭镇）7个车站，为旅客上下车提供方便。这几个车站也是浙江省内由商办汽车运输企业最早建成的长途汽车站。车站按业务繁简分为大、中、小三等，并在各站建有站房、接待室。在观音桥、松木场、留下、余杭建有4个停车场。

民国15年（1926年）3月1日，第一条省营路线萧绍公路全线通车营业，沿线设江边、西兴、萧山、转坝、吟龙、衙前、钱清、秦望、阮社、尊仪、柯桥、西郭、绍兴等13个车站，这是浙江杭州境内由官办汽车运输企业最早建成的长途汽车站。站分一、二、三等，各站均建有站房、接待室、专线行车调度电话。

图3－4－1 杭余公司松木场站

是年夏，余杭至化龙线全线通车，沿线建有余杭、石砱、跳头、汪家埠、石亭子、鹤山、临安、玲珑、下坞、化龙10个站，各站均建有站房、接待室，在大站建有停车场，全线装有专线行车电话。

民国16年（1927年），孙传芳所部宋梅村旅在桐庐富阳之间被北伐军击败，宋旅溃逃时对“承筑杭富省道汽车股份有限公司”车辆、站房等设备大肆破坏，致使杭富公司无力继续经营。

民国21年（1932年）10月，省路局在武林门新建杭州总车场，并先后在吴兴、乍浦、丽水、建德、衢县、永嘉等28处设立修车点和一些停车场、加油站等设施。

民国26年（1937年）7月至34年8月，抗日战争时期，客运站受到严重破坏，仅存浙江西部未受日寇侵占地区的几个地方，客车车站具体数据无查考。

民国34年(1945年)8月至38(1949年)年5月,由于战事不断,公路交通运输恢复缓慢,至新中国成立前,客运站所存寥寥无几。

1949年5月3日,浙江省杭州解放。此后,政府重视公路交通基础设施建设,原客运站得到恢复,新的数量有所增加,车站设备条件有所改善。

1978年实行改革开放政策后,全省各地加快客运汽车站建设,以适应浙江省公路交通运输的迅速发展。

2001~2010年10年间,全省汽车客运站建设大发展,大小不同等级车站从2001年的496个增加到2010年的20464个,具体见表3-4-1所示。

2001~2010年浙江省汽车客运站一览表

表3-4-1

年份	客运站							客运站务人员	客运站务工作量	
	合计 个	一级站 个	二级站 个	三级站 个	四级站 个	五级站（准四级） 个	简易站 个		平均日发班次	平均日旅客发送量
2001	496	12	84	87	119		194	10766	89819	996173
2002	496	12	84	94	90		216	11702	98597.10	9347951
2003	516	12	84	96	83		241	11694	98101	1045598
2004	523	14	94	92	85	5	233	11194	420522	44047.70
2005	565	18	97	89	73	36	252	11557	7084.60	84649.90
2006	580	22	96	91	85	71	215	12535	119406	1166274
2007	9366	25	96	99	118	114	269	11757	123085	1324783
2008	13201	25	93	100	130	140	191	12558	130012	1386436
2009	16528	27	85	107	153	153	204	13062	122390	1833863
2010	20464	28	82	112	169	187	227	13702	123649	1807484

二、汽车客运一级站

(一)杭州汽车南站

地处杭州市秋涛路407号,是杭州市第三汽车运输公司利用原上城车队旧址改建而成,筹建于1988年6月,同年12月20日正式启用,是浙江省第一个全民所有制公用型汽车客运站。主要接纳受理省内绍兴、宁波、舟山、金华、衢州、丽水、台州、温州等8个地(市)及属县来杭经营的客车到发业务,杭州长运运输集团有限公司负责经营。1990年,车站占地面积6878平方米,房屋建筑2114平方米,其中生产性建筑90平方米,办公及营业用房1794平方米;有职工150人,同年进站经营的单位达173家、客车291辆,日均发车约170班次、日均发送旅客约5500人次,高峰期日发228班次,1万余人。2001年10月30日,车站扩建工程开工,总投资2700万元,占地面积1.96公顷,按一级客运站标准设计,可停放大型客车80辆,日发送旅客1万人次。2002年9月工程竣工,10月1日投入营运。候车室拥有10个售票窗口,14个检票口。2005年车站日发班车400余班次日发送旅客万余人次。1989年被评为交通部优秀运输先进集体和省级文明车站及连续二年市级文明车站等荣誉称号。

2010年,车站占地面积39000平方米,停车场面积23000平方米,站房面积13000平方米,候车室面积3500平方米;营运班线110条,日发771班次。其中跨省29条,日发29班次;跨地(市)78条,日发711班次;跨县3条,日发31班次。年发送客运量647万人。

(二)杭州汽车客运西站

位于杭州市天目山路357号,筹建于1989年1月。是年,租借杭州天目山路庆丰村庆丰旅馆一楼4个房间为站务办公用房,馆内停车场地为客运班车停车场,年租金11万元。1989年1月20日正式投入营运。1990年进站经营的协作单位51个,全部为外单位车辆,至年末开行路线30条,日发67班次(其中安徽8条,10班次;江苏6条,11班次;上海2条,16班次;嘉湖地区14条,30班次)总行程达12348公里。2000年,庆丰旅馆改建,"西站"于同年4月20日搬迁至现址,在已被征用建站的地块上临时搭建站务设施,并于5月1日开始运作。西站按照交通部一级客运站标准设计、建设和日发2万人次、停车200辆的规模及功能进行规划,占地面积约60亩,室外停车场面积为1.15万平方米,建筑面积为1.42万平方米,总投资5000万元。2001年9月26日正式破土动工,征用土地3.20公顷,总投资5000余万元。2002年9月8日完工,27日通过竣工验收。建筑面积32700平方米,可停大型客车200余辆,候车大厅5400平方米,有17个检票口,10个售票窗。整个车站按生产服务、组织管理、通信信息和生产生活辅助服务4个子系统进行建设。引进一流的现代化智能设施,拥有PDS综合布线系统,对售票、检票、发布、结算、统计、调度等一系列站务操作实行集成化计算机信息管理。售票大厅配置大屏幕动态售票信息显示屏,实时发布班车售票信息,具有网上售票功能。候车大厅采用中英文双语自动广播与电子显示引导屏联网的旅客引导系统和大屏幕综合信息公告屏。2002年10月1日正式启用。2005年日发班车350余班次,日发送旅客6000余人次。2010年,全站占地面积32700平方米,停车场面积12489平方米,站房面积14189平方米,候车室面积5400平方米;营运班线72条,日发505班次。其中跨省30条,日发45班次;跨地(市)10条,日发69班次;跨县32条,日发391班次。年发送客运量391万人。车站由杭州长运运输集团有限公司负责经营。主要承担与安徽、江苏、上海及省内嘉兴、湖州地区相关的到发客运业务,亦为统一票务、统一站务、站车分离的公用汽车站。

(三)杭州汽车北站

位于杭州市莫干山路766号,由原杭州长途汽车站(武林门汽车站)迁建现址。武林门汽车站位于杭州湖墅南路11号,1958年初始建,1959年10月正式投入使用。1990年全站占地面积20187平方米,共开行客运路线216条,日发467班次,日发旅客约1.3万人次。1998年,车站旅客运营达到历史最高峰,日发510班次,日均发送旅客2.6万人次,最高峰日日发送旅客量达3.2万余人次。班车通达省内外100余个县(市),线路覆盖上海、河南、湖北等8省(市),时为省内最大的旅客集散点。车站于1991～1998年间先后对经营班车实施7次搬迁,迁至汽车东站、西站及北站。1998年12月31日,武林门站整体搬迁至未完工的北站边,简易搭建过渡房开始运作。

1999年10月1日,新建客运北站正式投入营运。候车室内配有高档的合金座椅、绿色植物和良好的音视设备。车站配有电脑售票、检票、安检仪、门检仪、自动洗车台等现代化设备,乘车环境安全、舒适、优美。北站由杭州长运运输集团有限公司负责经营,日发送旅客1.30万余人次,日始发班车700余班,主要发往安徽、江苏、上海、北京、河南、山东、湖北、重庆、浙北等地。北站是浙江连接苏、鲁、皖、鄂、豫等各省的交通枢纽,是集吃、住、行为一体的综合性共用型车站。

2005年,北站日发班车600余次,日发送旅客1万余人次。是年7月被省交通厅道路运输管理局评为一级客运汽车站。2010 年，全站占地面积 50879 平方米，停车场面积 21000 平方米，站房面积 29000 平方米，候车室面积 5400 平方米；营运班线 178 条，日发 650 班次。其中跨省 160 条，日发 400 班次（上海 2 条，44 班；江苏 34 条，61 班；安徽 28 条，37 班；福建、江西、山东各 1 条，1 班）；跨地（市）18 条，日发 250 班次。年发送客运量 415 万人。

（四）杭州汽车客运中心站（九堡客运中心站）

简称客运中心站，位于杭州市江干区九堡镇，德胜快速路和下沙快速路之间，距离沪杭高速公路德胜出口 4 公里。2009 年 9 月正式启用，时为浙江省最大的汽车站，也是华东地区最大的国家一级客运中心站、交通部确定的全国 45 个主枢纽场站之一。车站由杭州长运运输集团有限公司负责经营。整个中心站占地面积约 11.34 万平方米，总建筑面积 10.27 万平方米，总投资约 5.90 亿元。设计能力单日最大发送量 4.80 万人次。

简称客运中心站，主要由杭州汽车东站搬迁集成。杭州汽车东站位于艮山西路 71 号，1988 年 8 月 6 日开工，1991 年 12 月建成投入营运，总投资 1667 万元。车站占地面积 4.8 公顷，建筑面积 15114 平方米，候车大厅及附房 6109 平方米，设有 24 个上车检票口，售票处 665 平方米，停车场及回车道 27000 平方米，能同时停放大型客车 270 辆。班车主要发往绍兴、嘉兴、海盐、温州等方向，日发 72 个班次，至 1994 年日发班次达到 436 班。1995 年 2 月，杭甬高速公路开通，汽车东站率先在全省开通高速大巴，杭州至宁波的车程时间缩短到 2 个半小时，日发 8 个班次；同年 6 月，班次增加至 20 个。后因客流量大幅上升，发车密度增加，基本达每 5 ~ 10 分钟一班。1997 年 2 月，因车站班次不断增加。车站场地不足，经上级批准同意，汽车东站的乍浦、诸暨、绍兴等 181 班车迁至钱江二桥边的分站发车。1998 年 3 月，开辟安琪儿市场作为杭州汽车东站分站，后于 2006 年 2 月撤销。1998 年 12 月，沪杭高速公路建成通车，开通黄钻至上海的高速班车，日发 16 个班次；开通黄钻至嘉兴高速班车和杭州至湖州、丽水、金华快客班车。至 2001 年底，车站日发班车达 1469 班次，日均发送旅客 2.76 万人次。2001 年在车站南面征地 1.90 万平方米，扩建站场设施。2005 年，车站日发 1547 班次，日均发送旅客达 2.88 万人次。2008 年，车站日发 1464 班次，日均发送旅客 3.49 万人次，以高速、快客班车为主，普通班车为辅。

根据杭州市人民政府《关于杭州汽车东站搬迁工作协调领导小组专题会议纪要》（杭府纪要〔2009〕202 号）精神，2009 年 10 月 16 日起，杭州汽车东站将客运班线分步搬迁。2010 年 1 月 5 日，杭州汽车东站第二批班线搬迁，将发往宁波、绍兴地区的 37 条客运班线中的 330 个班次搬迁到客运中心站。1 月 15 日，又将发往台州、舟山地区、上海市、苏州、常熟、衢州、建德等 49 条客运班线中的 316 个班次搬迁到客运中心站。至此，汽车东站完成历史使命。

2010 年，客运中心站营运班线 129 条，日发 915 班次。其中跨省 45 条，日发 134 班次；跨地（市）74 条，日发 733 班次；跨县 10 条，日发 48 班次。年发送客运量 706 万人。

（五）富阳新客运南站

站址位于富春江南岸春江街道民主村，总建筑面积 3.30 万平方米，2010 年 1 月 30 日启用。总投资 1.17 亿元，占地 7 公顷。车站集办公楼、站房、广场及配套设施于一体。引用先进科学的客运软件系统，配备电子显示屏、语音广播，供旅客了解自己所乘车辆班次、票价、发车时间。是年，营运县（区）班线 7 条，日发 400 班次，年发送客运量 334 万人。车站由富阳市公共交通有限公司负责经营。

（六）嘉兴汽车北站

位于嘉兴市中环北路688号，2001年7月15日启用。车站由阮建伟负责经营。车站占地面积40000平方米，建筑面积3000平方米，停车场、回车道面积24000平方米。车站装有中央空调、电脑售票系统、电视监控、电脑检票、自动广播系统、X射线行包危险物品检测仪、行包微机开票核算系统等高科技现代设施，总投资近6000万元。

2010年，车站营运班线142条，日发448班次。其中跨省91条，日发276班次；跨地（市）49条，日发132班次；跨县7条，日发284班次；县（区）班线8条，日发564班次，年发送客运量144万人。

（七）桐乡客运中心

位于桐乡市世纪大道1号，2005年3月启用。由桐乡市汽车运输有限公司负责经营。

车站占地面积79920平方米，停车场面积29500平方米。

2010年，车站营运班线134条，日发940班次。其中跨省22条，日发22班次；跨地（市）36条，日发127班次；跨县6条，日发35班次；县（区）班线20条，日发499班次，年发送客运量127万人。

（八）湖州市浙北高速客运中心

位于湖州市二环西路1988号。2005年3月8日正式开工建设，2006年9月28日建成，2007年2月正式启用。由湖州长运汽车运输有限公司负责经营。中心占地面积102013平方米，总建筑面积30220.80平方米，总投资1.59亿元，设计日发送旅客能力5万人次，日发送1900班次，为浙北地区最大的道路客运枢纽。

2010年，客运中心营运班线118条，日发990班次。其中跨省44条，日发169班次；跨地（市）43条，日发231班次；跨县16条，日发283班次；县（区）班线15条，日发307班次，年发送客运量379万人。

（九）绍兴市公路客运西站

位于绍兴市城南大道1600号。2009年10月启用。由绍兴汽运集团负责经营。占地面积44377平方米，停车场面积15000平方米，候车室面积2671平方米，站房面积10000平方米，设计日发送旅客能力1万人次，日发送400班次。

2010年，客运西站营运班线32条，日发232班次。其中跨省3条，日发3班次；跨地（市）15条，日发93班次；跨县10条，日发136班次。年发送客运量83万人。

（十）绍兴市公路客运中心

位于绍兴市昌安。1999年启用。由绍兴汽运集团负责经营。占地面积48000平方米，停车场面积18000平方米，候车室面积2500平方米，站房面积8816平方米，设计日发送旅客能力1.80万人次，日发送600班次。

2010年，客运西站营运班线97条，日发422班次。其中跨省41条，日发89班次；跨地（市）29条，日发225班次；跨县1条，日发4班次。年发送客运量223万人。

（十一）诸暨市长途汽车运输有限公司客运站

位于诸暨暨东路38号。2002年1月启用。由绍兴长运公司负责经营。占地面积26600平方米，停车场面积10700平方米，候车室面积1230平方米，站房面积280平方米，设计日发送旅客能力13000人次，日发送1300班次。

2010年，客运站营运班线83条，日发1009班次。其中跨省24条，日发31班次；跨地(市)39条，日发163班次；跨县5条，日发99班次；县(区)15条，日发716班次。年发送客运量403万人。

（十二）宁波汽车中心站

位于宁波市通达路181号。2002年启用。由宁波公运集团股份有限公司负责经营。占地面积106656平方米，停车场面积40300平方米，候车室面积11700平方米，站房面积24900平方米，设计日发送875班次，日发送旅客能力28000人次。

2010年，客运站营运班线共276条，日发559班次。其中跨省186条，日发239班次；跨地(市)90条，日发320班次。年发送客运量290万人。

（十三）宁波汽车南站

位于宁波市南站西路6号。1998年启用。由宁波公运集团股份有限公司负责经营。占地面积16651平方米，停车场面积5500平方米，候车室面积2900平方米，站房面积8600平方米，设计日发送900班次，日发送旅客能力30000人次。

2010年，客运站营运班线共56条，日发661班次。其中跨省2条，日发52班次；跨地(市)31条，日发284班次；跨县23条，日发325班次。年发送客运量620万人。

（十四）象山县客运中心

位于象山丹西街道象山港路西首。2009年启用。由象山县公路运输有限责任公司负责经营。占地面积57362平方米，停车场面积23900平方米，候车室面积5000平方米，站房面积3672平方米，设计日发送650班次，日发送旅客能力5000人次。

2010年，客运站营运班线共40条，日发290班次。其中跨省12条，日发16班次；跨地(市)19条，日发24班次；跨县9条，日发250班次；县(区)3条，日发360班次。年发送客运量150万人。

（十五）金华汽车西站

位于金华环城西路6号。1996年启用。由浙江通济交通运输股份有限公司负责经营。占地面积18013平方米，停车场面积4000平方米，候车室面积1256平方米，站房面积2682平方米，设计日发送430班次，日发送旅客能力7400人次。

2010年，客运站营运班线共86条，日发291班次。其中跨省21条，日发32班次；跨地(市)64条，日发253班次；跨县1条，日发6班次。年发送客运量243万人。

（十六）义乌市宾王客运中心

位于义乌市宾王路221号。2002年7月启用。由浙江恒风交通运输股份有限公司负责经营。占地面积38000平方米，停车场面积20000平方米，候车室面积1300平方米，站房面积18000平方米，设计日发送494班次，日发送旅客能力7877人次。

2010年，客运站营运班线共374条，日发494班次。其中跨省286条，日发192班次；跨地(市)88条，日发302班次。年发送客运量287万人。

（十七）永康市东站

位于永康市金城路528号。2003年4月启用。由浙江双飞公司负责经营。占地面积31500平方米，停车场面积18000平方米，候车室面积3500平方米，站房面积10000平方米，设计日发送1235班次,日发送旅客能力13000人次。

2010年,客运站营运班线共86条,日发3778班次。其中跨省5条,日发2班次;跨地(市)11条,日发35班次;跨县4条,日发81班次;县(区)66条,日发3660班次。年发送客运量465万人。

(十八)衢州汽车客运中心

位于衢州市荷花中路411号。1999年1月启用。由欧阳立先生负责经营。占地面积22560平方米,停车场面积10738平方米,候车室面积1800平方米,站房面积6000平方米,设计日发送288班次,日发送旅客能力1368人次。

2005年,有客运班线70条,其中跨省班线21条,连通8个省(市);跨市班线49条,连通本省10个市(地)。日发班次113班,其中跨省34班,跨市79班,运送旅客29.8万人次。2007年新增衢州至合肥班线。衢州至温州、普陀改为快客班线。

2010年,客运站营运班线共75条,日发298班次。其中跨省23条,日发44班次;跨地(市)48条,日发87班次;跨县4条,日发167班次。年发送客运量182万人。

(十九)丽水市客运西站

位于丽水市南环西路109号。2003年6月启用。由丽水市汽车运输集团总公司负责经营。占地面积81564平方米,停车场面积35800平方米,候车室面积4699平方米,站房面积9030平方米,设计日发送500班次,日发送旅客能力13500人次。

2010年,客运站营运班线共30条,日发231班次。其中跨省6条,日发92班次;跨地(市)8条,日发61班次;跨县15条,日发156班次;县(区)2条,日发5班次。年发送客运量520万人。

(二十)龙泉市长途汽车运输公司客运站

位于龙泉市剑池东路300号。1993年9月启用。由林伯和先生负责经营。占地面积15500平方米,停车场面积12500平方米,候车室面积1100平方米,站房面积3000平方米,设计日发送350班次,日发送旅客能力6000人次。

2010年,客运站营运班线共104条,日发412班次。其中跨省7条,日发12班次;跨地(市)15条,日发23班次;跨县6条,日发33班次;县(区)80条,日发277班次。年发送客运量184万人。

(二十一)温州双屿客运中心

位于双屿镇。2006年启用。由交通运输集团负责经营。占地面积65876平方米,停车场面积38000平方米,候车室面积2150平方米,站房面积14749平方米,设计日发送500班次,日发送旅客能力10000人次。

2010年,客运站营运班线共159条,日发279班次。其中跨省120条,日发120班次;跨地(市)39条,日发159班次。年发送客运量130万人。

(二十二)温州汽车南站

位于温州大道。1991年1月启用。由交通运输集团负责经营。占地面积28666平方米,停车场面积1900平方米,候车室面积1456平方米,站房面积4241平方米,设计日发送700班次,日发送旅客能力10000人次。

2010年,客运站营运班线共112条,日发594班次。其中跨省86条,日发169班次;跨地(市)1条,日发1班次;跨县22条,日发346班次;县(区)3条,日发78班次。年发送客运量370万人。

（二十三）台州市客运西站

位于西城东路村。2002年5月启用。由郑岩先生负责经营。占地面积53504平方米,停车场面积16019平方米,候车室面积2020平方米,站房面积8000平方米,设计日发送800班次,日发送旅客能力12000人次。

2010年,客运站营运班线共94条,日发790班次。其中跨省42条,日发75班次;跨地(市)35条,日发120班次;跨县7条,日发130班次;县(区)10条,日发465班次。年发送客运量441万人。

（二十四）台州市临时客运总站

位于椒江黄海公路588号。2003年启用。由浙江金豹运业负责经营。占地面积40000平方米,停车场面积21750平方米,候车室面积1232平方米,站房面积2250平方米,设计日发送440班次,日发送旅客能力11000人次。

2010年,客运站营运班线共55条,日发232班次。其中跨省29条,日发35班次;跨地(市)20条,日发66班次;跨县6条,日发131班次。年发送客运量130万人。

（二十五）台州市客运中心

位于路桥区西路桥大道299号。1999年1月启用。由台州市客运中心负责经营。占地面积25900平方米,停车场面积21500平方米,候车室面积2000平方米,站房面积6500平方米,设计日发送500班次,日发送旅客能力15500人次。

2010年,客运站营运班线共100条,日发302班次。其中跨省49条,日发52班次;跨地(市)42条,日发183班次;跨县9条,日发67班次。年发送客运量203万人。

（二十六）玉环汽车运输有限公司玉环客运中心

位于玉环县珠港镇城关泰安路15号。2004年10月启用。由陈必忠先生负责经营。占地面积46667平方米,停车场面积1130平方米,候车室面积2800平方米,站房面积4782平方米,设计日发送1000班次,日发送旅客能力30000人次。

2010年,客运站营运班线共70条,日发2428班次。其中跨省30条,日发32班次;跨地(市)16条,日发80班次;跨县9条,日发195班次;县(区)15条,日发2121班次。年发送客运量563万人。

（二十七）临海客运中心

位于柏叶西路123号。2000年10月启用。由台运集团负责经营。占地面积78000平方米,停车场面积12800平方米,候车室面积2624平方米,站房面积22000平方米,设计日发送600班次,日发送旅客能力30000人次。

2010年,客运站营运班线共162条,日发1160班次。其中跨省95条,日发87班次;跨地(市)31条,日发102班次;跨县13条,日发258班次;县(区)23条,日发713班次。年发送客运量750万人。

（二十八）舟山市客运中心

位于定海环城南路15号。1997年启用。由舟山市汽运公司负责经营。占地面积14676平方米,停车场面积12676平方米,候车室面积890平方米,站房面积6890平方米,设计日发送189班次,日发送旅客能力3382人次。

2010年,客运站营运班线共86条,日发231班次。其中跨省37条,日发45班次;跨地(市)47条,日发180班次;跨县2条,日发6班次。年发送客运量122万人。

三、汽车客运二级站

2010年,浙江全省有二级汽车客运站82个,平均日发班次32925个。平均日旅客发送量471337人,见表3-4-2。

2010年浙江省二级汽车客运站一览表 表3-4-2

序号	车站名称	车站地址	年累计发送量(万人)	日均发班次(个)
1	萧山汽车总站	萧绍路838号	253	242
2	临平汽车北站	临平东湖北路	110	190
3	富阳客运站	迎宾路91号	608	762
4	新安江长运有限公司	府前路20号	279	132
5	临安市长运汽车客运站	锦城镇	255	330
6	临安市长运汽车客运东站	锦城镇	346	605
7	桐庐汽车站	桐君街道云栖路33号	128	141
8	淳安汽车站	千岛湖镇	76(1~9月)	180(1~9月)
9	海宁市客运中心	海宁市城南大道2219号	74	211
10	海盐汽车站	秦山路51号	190	537
11	嘉善县客运中心	嘉善县环北西路128号	344	890
12	平湖市汽车南站	南市路	905	648
13	嘉兴汽车西站	中山东路1362号	195	345
14	湖州绿色东站	湖州市二里桥4号	76	263
15	德清汽车总站	德清县武康镇北湖街	120	157
16	长兴汽车总站	长兴县雉城镇太湖大道路1288号	109	294
17	长兴汽车客运中心	雉城镇金陵南路	157	360
18	安吉客运中心	安吉县递铺镇	658	1670
19	汽车东站	越城区东池路516号	96	208
20	绍兴县轻纺城汽车站	柯桥云集路	138	354
21	诸暨市长途汽车运输有限公司客运站	诸暨暨东路38号	403	1100
22	新昌县旅游客运中心	新昌县上三线出口处	87	150
23	嵊州市客运中心站	嵊州大道397号	165	417
24	嵊州市客运西站	嵊州市东南路999号	191	552
25	汽车北站	江北区车站路100号	166	572
26	镇海公路运输总公司长途汽车站	镇海车站路628号	58	154
27	北仑客运总站	北仑新矸珠江路88号	23	43
28	余姚市汽车西站	阳明西路567号	136	403
29	慈溪市客运站	环城南路443号	240	425

续上表

序号	车站名称	车站地址	年累计发送量（万人）	日均发班次（个）
30	奉化市汽车客运站	大成东路588号	220	410
31	宁海县公路运输有限公司客运总站	兴宁中路129号	190	280
32	金华汽车东站	金华市环城北路100号	160	406
33	金华汽车南站	金华市八一南街1755号	184	554
34	江东客运站	义乌市江东中路478号	241	516
35	南方客运站	义乌市稠州西路80号	817	1143
36	东阳市汽车西站	东义路1号	233	413
37	东阳市汽车东站	吴宁西路176号	190	384
38	磐安恒风客运站	磐安县安文镇花月路178号	75	230
39	武义汽运总公司客运中心站	县城解放中街116号	338	370
40	浦江县汽运总公司	江南开发区	455	385
41	客运西站	月泉西路	251	260
42	兰溪市客运西站	丹溪大道18号	197	289
43	永康西站	永康市九铃西路1098号	63	145
44	衢州汽车南站	车站中路41号	209	413
45	客运北站	龙游小南海	200	556
46	江山市虎山汽车站	江山东岳路498号	44	99
47	江山市长途汽车运输有限公司客运中心	江山南门路66号	48	86
48	常山县客运中心	天马南路27号	219	5972
49	开化县长途汽车客运南站	芹南路42号	37	87
50	丽水市客运东站	丽水市丽青路399	175	520
51	青田客运南站	江南大道108号	40	111
52	景宁县客运站	环城西路151号	116	178
53	云和县客运中心	云和县云和镇城东路160号	131	231
54	遂昌县客运中心	妙高镇车站路41号	1912	424
55	缙云县客运中心	五云镇迎晖路1号	198	1157
56	庆元县客运站	庆元县大济路166号	90	146
57	松阳县客运中心站	松阳县西屏镇	220	306
58	台州市路桥金清客运中心	路桥区金清镇环城西路	155	530
59	天台县客运中心	天台山西路501号	105	156
60	安达汽车运输公司仙居客运站	仙居环城南路429号	347	907
61	玉环县楚门客运中心	玉环县楚门中山村	502	1300
62	杜桥客运中心	临海市杜桥镇环城南路351号	473	985
63	温岭市汽车站	太平三星大道29号	130	345

续上表

序号	车站名称	车站地址	年累计发送量（万人）	日均发班次（个）
64	三门客运西站	三门县海游光明中路 4 号	183	326
65	定海汽车南站	定海港务码头 1 号	43	41
66	普陀汽车站	东海中路 531 号	70	237
67	岱山汽车站	高亭衢山大道 999 号	311	752
68	嵊泗汽车站	东海路 108 号	142	210
69	温州新城站	新城大道 219 号	146	213
70	温州客运中心	牛山北路 52 号	350	735
71	永嘉县上塘客运	上塘	15	78
72	永嘉县五洲客运中心	瓯北	3	25
73	乐清长运客运站	乐成镇	659	1800
74	虹桥客运中心	虹桥镇	56	217
75	瑞安东门客运站	万松东路 2 号	59	98
76	平阳鳌江客运站	平阳县鳌江镇曙光南路 78 号	389	1890
77	苍南客运站	灵溪镇建兴东路 4 号	430	2728
78	苍南汽车西站	灵溪镇建兴西路	100	70
79	龙港客运站	龙港镇人民路 402 号	390	1761
80	泰顺县客运北站	泰庆北路 438 号	421	99
81	文成长途汽车站	文成县大学镇	173	268
82	洞头新城客运中心	北岙镇新城区	648	949

第三节　汽车货运站（货运中心）

浙江汽车货运站的设置起步较迟，1950 年前省内没有单独建立的汽车货运站。2010 年，浙江省道路货运站场（物流中心）共 185 个，其中一级站共有 6 个，站场位置全都在杭州。二级站 26 个，三级站 49 个，四级站 82 个。

一、站场分布

2000 年，全省有货运站 103 个，其中零担货运站 51 个，集装箱中转站 14 个，年货运交易量数万吨以上的较大货运交易市场 14 个。

2001 年，全省有货运站场 69 个，其中一级站 5 个，二级站 19 个，三级站 30 个，四级站 15 个。

2003 年，全省有货运站场 122 个，其中一级站 4 个，二级站 15 个，三级站 63 个，四级站 40 个，全部货运站场全年换算成货物吞吐量总共 1627 万吨。4 个一级站中，杭州 1 个，宁波 1 个，衢州 2 个。

2004 年，全省货运站 137 个，其中一级站 1 个，二级站 20 个，三级站 66 个，四级站 50 个。部分货运站场布局不合理、功能不全及经营设施落后，与现代物流发展需要极不适应，处于萎缩和被淘汰地步。一级站仅宁波 1 个。

2005 年，全省有货运站场 116 个，其中一级站 1 个，二级站 19 个，三级站 57 个，四级站 43 个。一级站仅宁波 1 个。

2006 年，全省有货运站场 113 个，其中二级站 18 个，三级站 57 个，四级站 33 个。

2007 年末，全省共有道路物流场站 137 个，其中一级货运站 1 个，二级货运站 20，三级货运站 66 个，四级货运站 50 个。拥有年运量 10 万吨以上的道路货运市场 37 个，直达发送全国各省市（除台港澳）的经营线路 1900 余条，年运量 8000 余万吨，成交额 100 多亿元。1 个一级站站场位置在杭州。

2009 年，全省有货运站场 144 个，其中一级站 6 个，二级站 25 个，三级站 54 个，四级站 59 个。6 个一级站站场位置全都在杭州。

2010 年，全省有货运站场（物流中心）共 185 个，其中一级站 6 个，二级站 26 个，三级站 49 个，四级站 82 个。6 个一级站站场位置全都在杭州，见表 3－4－3。

2001～2010 年浙江省道路货运站场（物流中心）一览表

表 3－4－3

年份	合计（个）	一级站（个）	二级站（个）	三级站（个）	四级站（个）
2001	69	5	19	30	15
2002	122	5	29	63	25
2003	122	4	15	63	40
2004	120	1	16	60	39
2005	116	1	19	57	43
2006	113	0	18	57	33
2007	117	1	21	60	35
2008	113	0	15	62	36
2009	144	6	25	54	59
2010	185	6	26	49	82

二、道路货运站场一级站

（一）杭州近江物流有限公司

位于杭州市秋涛路 475 号五楼（行政区号 330102，邮政编码 310016），2003 年 5 月 30 日注册成立。公司注册员工人数为 30 人，注册资本 500 万元人民币。2010 年，公司占地面积 150000 平方米，建筑面积 120000 平方米，仓储面积 100000 平方米；从业人员 87 人，其中本科 23 人，专科 30 人；年吞吐量 14 万吨、146 万吨公里；拥有装卸机具 43 辆，其中叉车 18 辆，铲车 20 辆，输送车 5 辆。

（二）杭州石大路货运市场

位于杭州石大线，距离杭州北高速出口仅 1500 米，是整个华东地区最大的物流集散中心。货运市场包括四个功能区：市场交易区、仓储区、物流专线区、综合服务区。2010 年，市场占地面积 258000 平方米，其中露天停车场 200000 平方米，建筑面积 28000 平方米，堆存面积 20000 平方米，其中室内面积 2000 平方米，仓储面积 18000 平方米；公司从业人员 260 人，其中本科 2 人，专科 8 人；年吞吐量 1132 万吨、28578 万吨公里；公司拥有叉车 6 辆。

（三）杭州富日物流有限公司

公司是在原杭州富达运输公司基础上,投资5000万人民币建立的一家现代第三方物流企业。公司位于杭州市下沙路旁,是一家现代化综合性物流企业。2001年2月筹备,9月1日正式成立并投入营运。

2010年,公司占地面积250000平方米,其中露天停车场70000平方米;建筑面积190000平方米;堆存面积18000平方米,其中室内面积60000平方米;其中仓储面积38000平方米。公司从业人员150人,其中本科50人;年吞吐量90万吨、34446万吨公里;公司拥有装卸机具20辆,其中吊车8辆,叉车12辆。

(四)杭州交通物流基地

基地占地面积55361平方米,其中露天停车场10000平方米;仓储面积20000平方米。

2010年,公司从业人员105人,其中本科4人,专科30人;年吞吐量18万吨、5068万吨公里;公司拥有叉车1辆,铲车1辆。

(五)萧山传化物流基地

位于杭州市萧山区,杭州钱江二桥萧山出口处附近。2010年,基地占地面积373400平方米,其中露天停车场62250平方米,建筑面积85212平方米,室内堆存面积60000平方米,仓储面积120000平方米。从业人员2750人,其中本科98人,专科230人;年吞吐量1131万吨、565750万吨公里。

(六)杭州正北货运市场

位于农副产品物流中心内博园路7号。市场始创于2010年12月,是浙江省和杭州市物流规划的重点物流基地之一。市场占地面积37366平方米,其中露天停车场19561平方米;建筑面积43358平方米,其中室内停车场5122平方米,仓储面积2640平方米。

三、道路货运站场二级站

2003年,浙江全省道路货运站二级站共有15个,其中杭州3个,宁波5个,金华5个,台州2个。

2004年,浙江全省道路货运站二级站共有16个,其中杭州1个,宁波5个,金华5个,丽水2个,台州3个。

2005年,浙江全省道路货运站二级站共有19个,其中杭州4个,宁波5个,金华5个,丽水2个,台州3个。

2006年,浙江全省道路货运站二级站共有18个,其中杭州4个,绍兴1个,宁波5个,金华6个,温州1个,台州1个。

2007年,浙江全省道路货运站场(物流中心)二级站共有21个,其中杭州5个,绍兴1个,宁波5个,金华6个,温州3个,台州1个。

2008年,浙江全省道路货运站场(物流中心)二级站共有15个,其中绍兴1个,宁波5个,金华6个,温州3个。

2009年,浙江全省道路货运站场(物流中心)二级站共有25个,其中杭州9个,绍兴2个,宁波5个,金华6个,温州3个。

2010年,浙江全省道路货运站场(物流中心)二级站共有26个,其中杭州10个,绍兴2个,宁波6个,金华5个,温州3个。

第四节　停　车　场

民国12年(1923年)10月1日,省内第一条公路杭余公路建成通车。杭余公路沿线观音桥、松木场、留下、余杭4个汽车站建有停车场。

民国15年(1926年)3月1日,省营萧绍段公路全线通车。沿线设置13个车站,在绍兴站建有停车场。

民国21年(1932年)10月,省路局在武林门新建杭州总车场,并先后在杭州、吴兴(湖州)、长兴、海宁、临安、衢县、江山、丽水等多处设立停车场。

民国24年(1935年),浙江省营公路共设有停车场23个,见表3-4-4。

1935年浙江省营公路停车场一览表

表3-4-4

路　名	停　车　场	路　名	停　车　场
杭长路 长界路	杭州、湖州 长兴、泗安	衢寿路 衢淳路	龙游、衢县、华埠
杭沪路 杭善路	海宁、乍浦、南桥	衢浦路 丽浦路	江山、浦城、云和
杭淳路	富阳、桐庐 建德、淳安	丽东路 丽泽路	东阳、永康 缙云、丽水
杭余路 临顺路	临安、昌化		

民国26年~34年(1937~1945年),抗日战争期间。公路交通设施受到严重破坏,停车场遭受破坏、所存寥寥无几。民国34年(1945年)8月至38年(1949年)5月2日,内战战乱。浙江公路设施建设基本停滞,停车场建设无所进展。

1949年5月3日新中国成立后,人民政府重视交通道路运输的建设和发展。公路设施建设有发展。

1966~1976年"文化大革命"10年影响,道路交通运输的发展跟不上社会发展的需求。停车场等公路设施建设非常缓慢。

1980年5月,舟山市市内有专用停车场1个,即西门停车场。西门停车场位于定海区解放西路85号,归定海区交通局管辖,占地面积10亩。投资7万元。后因定海区公路段和定海区交通旅游服务公司在此建造办公楼,现存2500平方米,车库15间,可同时停车50辆。

1990年,嘉兴城、郊两区停车场,经过公安、工商、交通部门批准的营业性停车场共计20家,其中较具规模的是嘉兴市社会停车场,归市城建委管辖,全民企业,1990年末有职工51人(其中基本工30人)该场共征地12亩,设计可停标准车100辆,主营停车、住宿、饭店和修理(2保),有床位120人,大楼建筑面积2670平方米。1988年12月施工,1990年5月30日正式营业,总投资为250万元。

改革开放政策实施后,停车场的建设发展相当迅速。尤其是向全社会允许置办私家车以后,停车场遍地开花,具体数据无从统计和考量。

第五章 汽车维修与检测

浙江省的汽车维修与检测服务业随着汽车运输业的出现应运而生和发展。民国11年(1922年)冬,省内首辆客运汽车载客运行开始后,汽车的维护保养和修理工作成为必需的服务配套。民国时期,随着汽车的逐渐增加,汽车修理行业随之发展起来。中华人民共和国成立后,全省道路运输行业迅速发展,汽车维修和检测工作日显重要。尤其是1978年实行改革开放政策以后,公路运输汽车急剧增加,对汽车维修业和检测工作提出更高的要求。截至2010年,全省维修企业达到29894家,全年维修车辆29979382辆(台)次,全年完成汽车检测量1142624辆次。

第一节 汽车维修

浙江省的汽车维修行业伴随着汽车运输的出现而产生。民国11年(1922年)冬,浙江省内第一批公交客车运营之后始有汽车维修之说。随着道路运输的发展,一大批汽车维修厂家和修理行应运而生。

一、维修发展

民国12年(1923年),杭州永华汽车公司在湖滨至灵隐路线上的洪春桥设有简易修车场,此为浙江最早设立的修车场。对公司车辆的维修情况未见记载。

民国14年(1925年),省营萧绍段在西兴设总车场,在绍兴设分车场。车场负责车辆修理的检验,材料的领发,油料的消耗考核,车辆及驾驶员的调派管理等。

民国21年(1932年)10月,省公路局在杭州武林门建造杭州总车场。总车场承担营运汽车的日常维修工作,并兼办营运车辆的调度,成为省营汽车初具规模的修理技术基地之一。总车场负责维修的车辆均来源于国外,车牌异常复杂,有利和、雪佛兰、贝特福特、福特、道奇、万国、康莫、泼来牧司等10余种。是年12月,鄞奉公司在宁波、奉化设修理厂。修理车辆数量无记载。

民国时期,随着汽车运输行的营业汽车及各工厂、商号、机关单位自用汽车的逐渐增加,汽车修理行业也随之发展起来。从事汽车修理行业的有省营汽车修理企业和私营汽车修理企业,主要的修理力量是省营汽车修理企业。

新中国成立后,全省维修行业发展更快,尤其是1978年中国共产党第十一届三中全会召开后,改革开放政策促进道路交通运输大发展,机动车维修行业发展迅速。至2010年,全省维修企业达到29894家,全午维修车辆总共达29979382辆(台)次。

二、省营维修

民国14年(1925年),是省营维修汽车的开始。时省营萧绍段为使车辆便于维修保养,在西兴设总车场,在绍兴设分车场。车场负责车辆修理的检验,材料的领发,油料的消耗考核,车辆及司机的调派管理等。车场设备以西兴总车场较具规模,由机械工程师一人主管场务工作,配有助理员、检验员、调派员和车、电、铜、铁、木、漆等技术工人,拥有一些机床等修车机具，能胜任车辆大修和车身制造任务。时各公司的修车设备，视车辆多少而定。凡有车20辆以上的公司，均自设修车场，其中以萧绍、鄞奉两公司修车场设备较全，能独立进行车辆大修及车身制造。其余如杭瓶、黄泽路椒等公司，因车辆不多，仅设修理间，雇用少数工匠，负责一般日常检修工作，遇到大修理则需求助于其他修理车场代为维修。

民国18年(1929年)以来，省营汽车通车营运路线逐渐扩展，车辆相继增加，维修保养工作受到重视。开始在杭州西大街炮兵营旧址筹建杭州修车厂。民国19年6月，杭州修车厂建成，因停车场地比较狭窄，不能容纳各路车辆晚间进厂停放，所以省路局于民国21年10月在武林门新建杭州总车场，并先后在吴兴、乍浦、丽水、建德、衢县、永嘉等28处设立车辆修理所。

1935年浙江省省营汽车修理厂情况见表3－5－1。

1935年浙江省省营汽车修理厂情况一览表 表3－5－1

路名	修理场所
杭长路　长界路	杭州、湖州、长兴
杭沪路　杭善路	海宁、乍浦、平湖　南桥、嘉兴、崇德
杭淳路	富阳、建德、淳安
衢寿路　杭淳路	兰溪、衢县、龙游　华埠、婺源
衢浦路　丽浦路	江山、浦城、松阳　云和、龙泉
丽东路　丽泽路	丽水、永康、东阳　永嘉、青田、泽国、港头

民国36年(1947年)8月，省公路总局玉皇山汽车修理厂由公路总局第一运输处以租借方式将全部厂房、机具交由浙江公路联营运输处使用。

1949年8月，浙江省交通公司成立之初，全省设有杭州武林门、玉皇山两个修理厂和江山、丽水两个保养场。11月25日至年底，杭州武林门、玉皇山两个修理厂公司修复客车27辆、货车28辆。丽水两个保养场修复旧车2辆。江山保养场大修发动机16台、底盘15部。

1956年，实行社会主义改造。省内一些设备较差的厂(行)115家归口公路运输部门。其中杭州70家，以杭州市公共交通公司修理厂为基础，组建“地方国营杭州市汽车修理厂”，另45家分别并入省营汽运企业在各地的修理部门。

1972年，全省汽车大修518辆次，汽车轮胎翻修3527条。1977年，全省汽车大修1574辆次，汽车轮胎翻修42319条。1978年，全省汽车大修1773辆次，汽车轮胎翻修58013条。

三、私营维修

浙江省内对汽车进行维修始于私营企业，具体维修的时间、地点和何种车辆等情况无明确记载。民国12年(1923年)，永华汽车公司在杭州西湖附近的洪春桥设有简易修车场，为公司运营的公交车辆维修服务。维修保养汽车的辆次未见记载。民国20年，浙江私营汽车修理行业始兴。是年，杭州市内延龄路(今延安路)一带有张鑫记、中华、美丽、生昌、胜利5家汽车修理行。修理行均由私人独资经营，名虽称为修理厂，但一般资本均只400元至800元之间。厂主本人即主要机匠，雇用人员极少，以自带学徒为主要辅助劳力，而且修理设备非常简单，多以手工操作。由于能适应修车客户需要，所以营业尚好。据1932年杭州市经济调查统计，5家全年营业额为13480元，其中以张鑫记收入最多，达5780元，见表3－5－20。

1932 年汽车修理行情况一览表　　表 3－5－2

厂　　名	地　址	性质	人　　数		资本（元）	营业收入（元）
			工人	学徒		
张鑫记汽车修理厂	延龄路	独资	3	1	800	5780
中华汽车修理厂	延龄路	独资	3	6	500	2800
美丽汽车修理厂	延龄路	独资	3	2	600	2700
生昌汽车修理厂	延龄路	独资		2	400	1000
胜利汽车修理厂	仁和路	独资		3	800	1200
合计			9	14	3100	13480

民国 21 年（1932 年）12 月，鄞奉公司在宁波、奉化设有修理厂。修理车辆数量无记载。

1949 年底，全省共有私营汽车修理行业 147 家，而以杭州最为集中，有 103 家之多，其余则分布在宁波、金华、丽水等地。其中以杭州蒋元昌、大利、鑫昌协记、郑源兴、金华建业、王克记，宁波厉云泰、大昌等厂（行）设备较为完善，拥有镗缸机、车床、钻床、磨床、电焊、充电、电动等机具。其余大多设备简陋，仅有一些手工工具，但各自有着技术较强的熟练工人。当时 147 家私营企业共拥有修理设备：镗缸机 9 台，钻床 15 台，电焊设备 19 套，车床 59 台，充电机 19 台，电动机 36 台，磨床 5 台。见表 3－5－3。

1949 年 12 月浙江省私营汽车修理业情况一览表　　表 3－5－3

地区	户数	从业人员			主要设备							主要厂（行）名称
		职工	资方	合计	镗缸机	钻床	电焊设备	车床	充电机	电动机	磨床	
杭州市	103	369	143	512	7	9	13	37	16	25	5	蒋元昌、郑源兴、五洲、鑫昌协记、大利、镇兴、云飞、宝锡、交通等
江山县	2	6	3	9				2		1Z		
永康县	4	7	4	11				1				
金华市	7	25	9	34	1	1	3	4	2	3		汽车修理生产组、徐利庆、建业、王克记、胡振财、骆伯金等
龙游县	4	3	4	7								
兰溪县	1	5	3	8		1		2		1		
丽水县	20	41	26	67	1		1	5	1			合记汽车修理厂等
绍兴县	1	1	1	2								
宁波市	3	41	3	44		4	2	8		6		厉云泰、大昌、新新等
嵊县	2	2	2	4								
合计	147	500	198	698	9	15	19	59	19	36	5	

1956 年，实行社会主义改造。有 115 家私营汽车修理业归口并入省营汽运企业在各地的修理部门，见表 3－5－4。

1956年私营汽车修理业归口一览表　　表3-5-4

地区	户数	人数	归口单位	附注
杭州	70	374	杭州市汽车修理厂	其中包括3户人力车修理业
宁波	6	17	省交通厅公路运输管理局	
金华	17	46	省交通厅公路运输管理局	包括永康、龙游、江山
丽水	16	42	省交通厅公路运输管理局	
嵊县	2	3	省交通厅公路运输管理局	
临海	4	7	省交通厅公路运输管理局	
合计	115	489		

2001年，全省机动车维修企业共有21305户，其中一类企业343户，二类2180户，三类9442户，摩托车修理9340户。全年完成机动车维修量共7808021辆次，其中整车大修16525辆次，总成大修92221辆次，二级维护724766辆次，专项修理6974509辆次。

四、全社会机动车维修

1987年8月13日，浙江省汽车运输公司撤销，原省属各地市汽车运输分公司由各市、地政府领导。全省维修行业得到迅速发展。

1989年，公路运输业发展迅速，机动车维修行业得到迅猛发展。维修行业经营单位共有6965户，其中经营大修的企业213户，经营三保的企业842户，经营二保的1226户，其他的维修企业4684户。

1990年，省交通厅印发《关于治理整顿车辆维修市场的通知》，全省通过维修企业整顿、审验、换证，经复审合格的维修企业共有8180个，其中经营大修的企业189个，经营三保的企业836个，经营二保的940个，其他的维修企业6215个。全省维修行业从业人员67199人；全年保修竣工1557103辆次；全年保、修营业收入31476.84万元，见表3-5-5。

1990年浙江省各地市经营汽车维修企业情况一览表　　表3-5-5

市（地）	经营单位个数					从业人数					保修竣工辆次					保修收入（万元）
	小计	大修	三保	二保	一保小修专修	小计	大修	三保	二保	一保小修专修	小计	大修	三保	二保	一保小修专修	
杭州	1604	38	253	152	1161	16317	2528	10213	1802	1774	64532	648	5898	5936	52050	5771.84
嘉兴	304	20	41	37	206	3780	1247	1494	756	283	133088	870	3048	3621	125549	2728.02
湖州	796	10	27	42	717	4423	1065	1322	760	1276	112054	1411	1405	9997	9921	2917.89
绍兴	345	7	39	59	20	4995	1173	2016	1078	728	150518	428	2516	5911	142023	3636.80
宁波	1210	39	189	142	840	10553	3161	4120	1660	1612	135169	1006	5458	7872	120833	5565.90
金华	858	18	66	75	699	6837	2176	2064	1032	1565	517210	510	2769	7700	560231	5047.00
衢州	611	13	26	60	512	3827	1376	1033	692	756	91742	335	742	3090	87575	1675.31
丽水	627	10	49	76	492	3155	659	985	585	926	98129	63	854	292	94720	735.51
温州	732	22	59	169	482	6997	1374	1954	1752	1917	116914	630	3944	21090	91250	2430.10
台州	1022	11	66	110	835	5293	705	1811	933	1844	123185	919	7184	18316	96766	2034.63
舟山	71	1	21	18	31	1022	200	526	216	80	14562	41	797	1178	12546	932.60
合计	8180	189	836	940	6215	67199	15664	27536	11266	13731	1557103	6861	34255	87203	1428784	31476.20

1991 年,全省维修行业经营单位共有 9055 个,其中经营大修的企业 201 个,经营二保的 1045 个,经营一保的单位 6215 个。全省维修行业从业人员 73143 人;全年保修竣工 2134792 辆次;全年保、修营业收入 54334 万元。

1992 年,全省维修行业经营单位共有 10749 个,其中经营大修的企业 193 个,经营二保的 1109 个,经营一保的单位 8518 个。全省维修行业从业人员 80646 人;全年保修竣工 3621988 辆次;全年保、修营业收入 41901.93 万元。

1993 年,全省维修行业经营单位共有 11335 个,其中经营大修的企业 220 个,经营三保的企业 1014 个,经营二保的 1218 个,其他的维修企业 8883 个。全省维修行业从业人员 85224 人;全年保修竣工 3435771 辆次;全年保、修营业收入 91566.12 万元。

1994 年,全省维修行业经营单位共有 12155 个,其中经营大修的企业 299 个,经营二保的 2215 个,其他的维修企业 9641 个。全省维修行业从业人员 88001 人;全年保修竣工 4308819 辆次;全年保、修营业收入 117329.44 万元。

1995 年,全省维修行业经营单位共有 13223 个,其中经营大修的企业 337 个,经营二保的 2316 个,其他的维修企业 10570 个。全省维修行业从业人员 94087 人;全年保修竣工 4579874 辆次;全年保、修营业收入 140058.47 万元。

1996 年,全省维修行业经营单位共有 13789 个,其中经营大修的企业 372 个,经营二保的 2236 个,其他的维修企业 11181 个。全省维修行业从业人员 96021 人;全年保修竣工 5780097 辆次;全年保、修营业收入 168500 万元。

1997 年,全省维修行业经营单位共有 16025 个,其中经营大修的企业 370 个,经营二保的 2255 个,其他的维修企业 13400 个。全省维修行业从业人员 98700 人;全午保修竣工 5266678 辆次;全年保、修营业收入 171880 万元,见表 3-5-6。

1987~1997 年浙江省汽车维修一览表 表 3-5-6

年份	大修（辆次）	三保（辆次）	二保（辆次）	其他（辆次）	轮胎翻修(新)
1987	453				
1988	323				36128 套
1989	6968	38516	101831	1153397	38174 套
1990	6861	34255	87203	1428784	
1991	7886		104077	1973682	
1992	6273		145411	3425232	
1993	7509	65378	160729	3202155	
1994	11883	0	358672	3938264	
1995	15337	0	460457	4104080	
1996	18885	0	650074	5111138	
1997	20303	0	614513	4631862	

1998 年,全省汽车维修企业共有 16967 户,其中一类企业 358 户,二类 2108 户,三类 8280 户,摩托车修理 6221 户。全年完成汽车整车大修 68663 辆次,总成修理 37148 辆次,二

级维护 561549 辆次，专项修理 5117033 辆次。维修行业从业人员 90723 人。

1999 年，全省汽车维修企业共有 18754 户，其中一类企业 341 户，二类 2114 户，三类 8948 户，摩托车修理 7351 户。全年完成汽车整车大修 18363 辆次，总成修理 44239 辆次，二级维护 619605 辆次，专项修理 5217504 辆次。维修业从业人员 92982 人。

2000 年，全省机动车维修企业共有 20537 户，其中一类企业 338 户，二类 2202 户，三类 9444 户，摩托车修理 8553 户。全年完成汽车整车大修 17638 辆次，总成大修 52292 辆次，二级维护 624590 辆次，专项修理 6020324 辆次。

2001 年，全省机动车维修企业共有 21305 户，其中一类企业 343 户，二类 2180 户，三类 9442 户，摩托车修理 9340 户。全年完成机动车维修量共 7808021 辆次，其中整车大修 16525 辆次，总成大修 92221 辆次，二级维护 724766 辆次，专项修理 6974509 辆次。

2002 年，全省机动车维修企业共有 20698 户，其中一类企业 382 户，二类 2200 户，三类 9128 户，摩托车修理 8988 户。全年完成机动车维修量共 9940330 辆次，其中整车大修 13151 辆次，总成大修 83638 辆次，二级维护 1217218 辆次，专项修理 8627906 辆次。

2003 年，全省机动车维修企业共有 20983 户，其中一类企业 442 户，二类 2288 户，三类 9604 户，摩托车修理 8649 户。全年完成机动车维修量共 10197541 辆次，其中整车大修 17660 辆次，总成大修 81613 辆次，二级维护 1322392 辆次，专项修理 8775876 辆次。

2004 年，全省机动车维修企业共有 23034 户，其中一类企业 525 户，二类 2401 户，三类 11021 户，摩托车修理 9087 户。全年完成机动车维修量共 12834252 辆次，其中整车大修 26321 辆次，总成大修 102261 辆次，二级维护 1538648 辆次，专项修理 11244541 辆次。

2005 年，全省机动车维修企业共有 24938 户，其中一类企业 634 户，二类 2576 户，三类 12721 户，摩托车修理 8995 户。全年完成机动车维修量共辆 21258750 次，其中整车大修 55769 辆次，总成大修 221708 辆次，二级维护 1443098 辆次，专项修理 19538175 辆次，见表 3－5－7。

2001～2005 年浙江省机动车维修业情况一览表　　表 3－5－7

年份	企业户数					完成工作量				
	合计	一类	二类	三类	摩托车	合计（辆次）	整车大修（辆次）	总成大修（辆次）	二级维护（辆次）	专项修理（辆次）
2001	21305	343	2180	9442	9340	7808021	16525	92221	724766	6974509
2002	20698	382	2200	9128	8988	9940330	13151	83638	1217218	8627906
2003	20983	442	2288	9604	8649	10197541	17660	81613	1322392	8775876
2004	23034	525	2401	11021	9087	12834252	26321	102261	1538648	11244541
2005	24938	634	2576	12721	8995	21258750	55769	221708	1443098	19538175

2006～2010 年，全省机动车维修行业随着公路运输市场发展迅速发展。2010 年，全省机动车维修企业共有 29894 户，其中一类企业 946 户，二类 3346 户，三类 17779 户，危险货物运输车辆维修维修户 154 户，摩托车修理 8097 户。全年完成机动车维修量共 29979382 辆次，其中整车大修 75368 辆次，总成大修 242591 辆次，二级维护 2227119 辆次，专项修理 19026538 辆次，维修救援 335570 辆次，摩托车修理 8062515 辆次，见表 3－5－8。

1998~2010年浙江省汽车维修一览表　表3-5-8

年份	整车大修（辆次）	总成修理（辆次）	二级维护（辆次）	专项修理（辆次）
1998	68663	37148	561549	5117033
1999	18363	44239	619605	5217504
2000	17638	52292	624590	6020324
2001	16525	92221	724766	6974509
2002	13151	83638	1217218	8627906
2003	17660	81613	1322392	8775876
2004	26321	102261	1538648	11244541
2005	55769	221708	1443098	19538175
2006	61502	202344	1930911	13608748
2007	53368	238227	1867018	14079105
2008	46795	216226	1512638	15839811
2009	58207	239131	1705413	17438397
2010	75368	242591	2227119	19026538

五、浙江快修

2007年底，维修行业统一了“浙江快修”形象标识，倾力打造“浙江快修”服务品牌，大力推动便民维修服务进社区，一批形象统一、服务优良、经营规范的“浙江快修”业户已脱颖而出。全省机动车维修经营户2.70万户，比上年增长5.30%，其中，快修企业达到203家，维修能力达到19万辆次/年；全年完成维修2496万辆次。

2009年，全省快修企业564户。2010年，企业户数保持不变。

第二节　汽车检测

汽车检测的目的可分为安全环保检测和综合性能检测两大类。

2001年，浙江省汽车综合性能检测企业共有65户，其中A级企业14户，B级48户，其他3户。全年完成汽车综合性能检测939490辆次，其中维修竣工检测521156辆次，等级评定检测241938辆次，质量仲裁检测6641辆次，排放检测132852辆次，维修质量监督检测11401辆次，其他25502辆次。

2005年，浙江省汽车综合性能检测企业共有66户，其中A级企业54户，B级10户，其他2户。全年完成汽车综合性能检测1091236辆次，其中维修竣工检测504002辆次，等级评定检测254006辆次，质量仲裁检测1545辆次，排放检测294018辆次，维修质量监督检测19868辆次，其他17797辆次。A级企业比2001年增加了40户，约为2001年的3.90倍，见表3-5-9。

2001～2005 年浙江省汽车综合性能检测情况一览表 表 3－5－9

年份	企业户数				完成检测量						
	合计（个）	A 级（个）	B 级（个）	其他（个）	合计（辆次）	维修竣工检测（辆次）	等级评定检测（辆次）	质量仲裁检测（辆次）	排放检测（辆次）	维修质量监督检测（辆次）	其他（辆次）
2001	65	14	48	3	939490	521156	241938	6641	132852	11401	25502
2002	63	16	46	2	1122480	558073	254085	621	260717	17334	31645
2003	64	43	19	2	1016534	560006	251317	11890	274112	15024	9914
2004	65	48	15	2	996016	550011	258838	1824	272801	16515	13401
2005	66	54	10	2	1091236	504002	254006	1545	294018	19868	17797

2006 年，浙江省汽车综合性能检测站共有 71 户，共完成检测量 1116575 辆次。其中维修竣工检测 503244 辆次，等级评定检测 329338 辆次，质量仲裁检测 1281 辆次，排放检测 245358 辆次，维修质量监督检测 1768 辆次，其他 280944 辆次。

2009 年，浙江省汽车综合性能检测站共有 77 户，共完成检测量 1042616 辆次。其中维修竣工检测 495007 辆次，等级评定检测 369923 辆次，质量仲裁检测 12969 辆次，排放检测 299966 辆次，维修质量监督检测 19172 辆次，其他 248454 辆次。

2010 年，浙江省汽车综合性能检测站共有 79 个，共完成检测量 1142624 辆次。其中维修竣工检测 561897 辆次，等级评定检测 445146 辆次，维修质量监督检测 24086 辆次，质量仲裁检测 1054 辆次，排放检测 369203 辆次，其他检测 160789 辆次，见表 3－5－10。

2006～2010 年浙江省汽车综合性能检测情况一览表 表 3－5－10

年份	检测站合计	完成检测量合计	其中：维修竣工检测	等级评定检测	维修质量监督检测	其他检测	排放检测	质量仲裁检测
	个	辆次	辆次	辆次	辆次	辆次	辆次	辆次
2006	71	1116575	503244	329338	1768	280944	245358	1281
2007	74	861968	474155	326122	1195	307408	284263	966
2008	76	945061	476862	342692	6898	171319	205458	921
2009	77	1042616	495007	369923	19172	248454	299966	12969
2010	79	1142624	561897	445146	24086	160789	369203	1054

第六章　主要运输维修企业

浙江道路交通运输企业,始于清代。时境内有的驿站开设民营的客栈和提供车马,以满足过往商民的需要。

浙江汽车运输企业始于民国 11 年(1922 年),而且以私营企业为主,到了民国 14 年(1925 年)才有了省营运输企业。浙江商营企业在浙江道路交通的发展史上起了非常重大的作用。抗日战争结束后至 1949 年新中国成立前夕,浙江道路运输企业发展缓慢。

中华人民共和国成立后,浙江省道路交通运输市场逐步兴旺。自改革开放政策实行以来,交通运输市场发展迅速,有力促进了社会主义经济建设的发展。特别是 1987 年 8 月 13 日,浙江省人民政府批复同意撤销浙江省汽车运输公司,原省属各地市汽车运输分公司由各市、地政府领导。运输企业的经理负责制和承包经营责任制走向深入,道路运输业迅猛发展。2005 年,全省共有道路运输经营业户 200998 家,道路运输业实现增加值(GDP)456 亿元,比“九五”末增长 89%。

2010 年,全省共有道路运输经营业户 323694 家,其中经营旅客运输的有 5060 家,经营货物运输的有 318516 家,客座货兼营的有 118 家。全省从事道路运输相关业务的经营业户共有 40547 家。其中,经营站(场)的 734 家,经营机动车维修的 29894 家,经营机动车驾驶员培训的 539 家,经营汽车租赁的 475 家,从事客运代理的 40 家(点),从事物流服务的 1701 家,从事货运代办的 4828 家,从事信息配载的 2269 家。全省经营出租车的企业 4441 家,其中个体 4011 家;全省持有服务资格证书的驾驶员 104084 人。共有出租车 38704 辆。

第一节　省属运输企业

民国 11 年(1922 年)3 月,浙江设置省道局,负责对公路建设和营运的管理,此省道局为省营也即省属企业。民国 22 年,浙江省经营汽车客货运输的公司共有 14 家,其中省营汽车公司,省公路管理局为省属企业。中华人民共和国成立后,道路交通运输实施计划经济管理模式,省属公路汽车运输企业一直仅保持 1 家,直至 1987 年 8 月浙江省汽车运输公司撤销。之后一段时间内没有任何省属公路汽车运输企业。1998 年 8 月,浙江新干线快速客运有限公司登记成立成为省属公路汽车运输企业。

一、浙江省公路运输公司

民国 28 年(1939 年)9 月,“浙江省公路运输公司”成立。任命王文翰为公司总经理,采取商业化组织形式,独立承办省营运输业务。

公司是以与省建设厅签订合同的形式,承办省内原不属于商营路线的客货运输,并负责养路任务。省建设厅以省公路管理局现有车辆、机具、厂站房屋及一切有关设备作为投资,公司按客货运总收入的 10% 上交建设厅作为租金,租期为 15 年。公司成立后,以原省公路管理局车辆、厂、站等设备及其所经营范围作为开展业务的基础,针对以往经营管理上存在的问题,先后采取了一系列改进措施:如控制车辆超载、增加各路段客运行车班次,整顿站房、仓库、货栈设施，招训驾驶、站务人员，教育员工诚恳和蔼接待乘客，改进服务。为增加运力，将从沪购入的新车50辆全部用作客运。同时，加强车辆的维修管理，将原公路管理局丽水县县头汽车修造厂改为公司修车总厂。除原淤头分厂，另又添设永康修车分厂。增设流动修理班，以利及时排除在途车辆故障。这些措施，使得省营运输业务有了较大起色。

民国29年(1940年)1月，省公路运输公司将官商合营缙丽公司的商股发还，收回自营，另外还接办了省手车管理处的手车营运业务。是年，公司通车路段有22条，共长1341.99公里，设有大小车站140个(停靠站不计在内)，见表3-6-1。

是年1月22日，日军渡钱塘江侵占萧山县城，继则四出骚扰沿海各地。新昌至天台段公路再行破坏，商营绍曹嵩公司随即在1940年4月停业。在此期间，省营汽车大部分被征调参加军运及抢运宁波等地军、公器材物资，遂将客运不太繁忙的线路的客运班次减少。因战局影响，公司的客货运营业收入自7月份起逐渐下降。

是年底，温州、宁波海口时受日军侵扰，油料来源濒于断绝。各运输机构不得不与铁路及河道并行和旅客往来不多的路段的班车停驶。其他必维持的路段，也尽可能利用来往的外界汽车放空、回空或车位，由车站安排搭客。见表3-6-2。

1940年1月浙江省公路运输公司通车营运路线一览表　　表3-6-1

路段	起止地点		里程	路段	起止地点		里程
	起	止	(公里)		起	止	(公里)
衢金	衢县至兰溪	金　华	99.22	丽龙	丽　水	龙　泉	136.32
兰寿白	兰　溪	白　沙	48.07	龙浦	龙　泉	浦　城	93.48
龙溪	龙　游	溪　口	23.92	龙梅	龙　泉	小　梅	44.80
金罗	金　华	罗　店	8.00	缙丽	缙　云	丽　水	37.15
白淳	白　沙	淳　安	40.94	缙东	缙云经永康	东　阳	91.90
淳威	淳　安	威　坪	27.46	世方	世　雅	方岩支线	6.43
衢常	衢　县	常　山	42.83	东长	东　阳	长　乐	52.79
常开淳	常山经开化	淳　安	141.59	茶巍	茶　山	巍山支线	1.95
华　婺	华　埠	婺　源	78.45	丽青	丽　水	青　田	78.30
衢　江	衢　县	江　山	39.07	丽松遂	丽水经松阳	遂　昌	98.17
江　广	江　山	路亭山	27.90	合　计			1341.99
江　浦	江　山	浦　城	123.25				

注：缙丽路官商合营于1940年1月收回省营

浙江省公路运输公司客货运输一览表　　表3-6-2

(1939年9月~1940年8月)　　单位：法币元

年月 \ 类别		客　运	货　运	总　计
1939	9	176682	22656	199388
	10	187165	39861	227026
	11	153293	46466	199759
	12	168525	64485	233010
小　计		685665	173468	859133

续上表

年月 \ 类别		客运	货运	总计
1940	1	173652	16395	190047
	2	143159	50029	195188
	3	201689	70862	272551
	4	206531	87527	294058
	5	195791	136585	332376
	6	208503	106088	314591
	7	143476	10520	153996
	8	176411	14776	191187
小计		1449212	492782	1941994

民国30年(1941)4月,宁波、绍兴沦陷,奉化至溪口、嵊县,丽水至青田,东阳至义乌,东阳至永康,东阳至长乐等公路均遭破坏。公司所营路线缩短,营业收入锐减,入不敷出。5月,省建设厅决定解除其承租合同,撤销省公路运输公司名称,将其承办的运输业务及设备,交由新成立的省交通管理处接办。省公路运输公司自成立至结束,历时一年零九个月,总结算盈余373291元,见表3-6-3。

浙江省公路运输公司历期盈亏及拨补一览表

(1939年9月~1941年5月)

表3-6-3

单位:法币元

期别	车别	盈亏	公积	股息	资本支出	奖励金	未分配盈余
1939年9~12月	汽车	12260	1839		10421		
	手车						
1940年1~12月	汽车	220819	22084	104778	25642	3415	64900
	手车	189677	18969		75213	9817	85678
1941年1~5月15日	汽车	-57886					-57886
	手车	8421					8421
合计		373291	42892	104778	111276	13232	101113

二、浙江省交通管理处

民国30年(1941年)5月,省交通管理处接办省公路运输公司经办的运输业务。遂即修复在日军进犯宁波、绍兴时破坏的东阳至永康、东阳至长乐、东阳至义乌的公路以维持交通。商营义东公司因之得以恢复营业。省筑龙游溪口至遂昌段也继之筑成通车。是月,省交通管理处接收省公路运输公司移交来的客货汽车162辆,但完好可用者甚少。

是年,改装、使用木炭车。

民国31年(1942年)2月,接收前浙区战时食盐收运处59辆汽车及部分汽油。拟定丽水至金华、永康等线每月约共行驶7万公里的各路客运班次,规定车辆发动和经山岭时可使用少量汽油外,均以樟油、木炭等作主要燃料(其中樟油车占52%,木炭车占29%,柴油车14%,煤油车5%。)。由于成本不断上涨,燃料供应不足,这一最低行车计划未能全部实现,见表3-6-4。

浙江省交通管理处各路段班车状况一览表　　表3-6-4

(1942年3月)

路别	线别	里程（公里）	班车名称	车别	行车班次	附注
丽新	丽金	118.27	丽金特快	樟油车	每日对开1次	上午由金华丽水两站对开1次
丽新	丽金	118.27	丽金直快	柴油车	每日往返2次	每日由丽水金华两站对开2次
丽新	丽永	71.27	丽永区间	木炭车	每日往返2次	每日由丽水永康两站对开2次
丽新	永方	20.51	永方区间	樟油车	每日往返2次	每日往返开行2次
丽新	永东	57.78	永东区间	柴油车	每日往返1次	上午由永开东下午由东开永
丽新	东长	52.79	东长区间	樟油车	每日往返1次	上午由东开长下午由长开东
丽浦	丽龙	136.32	丽龙区间	樟油车	每日开行1次	单日由丽开龙双日由龙开丽
丽浦	龙浦	93.48	龙浦区间	樟油车	每日开行1次	双日由龙开浦单日由浦开龙
碧游	丽遂	98.17	丽遂区间	木炭车	每日开行1次	双日由丽开遂单日由遂开丽
碧游	遂游	81.46	遂游区间	樟油车	单日往返1次	上午由遂至游下午由游回遂
碧游	龙溪	23.92	龙溪区间	樟油车	双日往返1次	上午由游开溪下午由溪开游
金威	兰威	116.47	兰威直达	煤油车	每日往返1次	上午由兰开威下午由威开兰
金威	兰寿	84.97	兰寿区间	木炭车	每日往返1次	上午由兰开寿下午由寿开兰
兰浦	衢兰	71.19	衢兰区间	木炭车	每日往返1次	上午由衢开兰下午由兰开衢
兰浦	江浦	123.25	江浦直达	樟油车	每日开行1次	单日由江开浦双日由浦开江
衢淳	衢华	17.13	衢华区间	樟油车	每日往返1次	上午由华开衢下午由衢开华
衢淳	华婺	78.45	华婺区间	樟油车	每5日往返1次	五、十由华开婺六、一由婺开华
衢淳	华淳	116.69	华淳区间	木炭车	每5日往返1次	二、七由华开淳三、八由淳开华

是年5月，日本侵略军进攻浙西南，金华、兰溪、衢县先后沦陷，省交通管理处撤往云和。6月，丽水弃守，云和临危，省交通管理处迁至竹坑，并在龙泉设立办公厅。是月，金、衢、丽一带公路均被破坏殆尽，商营常玉、沧樟、杜黄、金武永、浦钟等汽车公司相继停业，战前组成的商营汽车公司已无一家存在。

民国34年(1945年)8月日军投降。省交通管理处先派遣部分人员返杭办理收复区的公路运输恢复和接收日伪所属运输单位设备的工作。时仅接收到“上海都市交通公司杭州营业所”破旧汽车8辆，同时接收到“钱江轮渡局”、“上海内河公司杭州支店”、“上海内河公司湖州出张所”轮船14艘、艀船42艘。时省交通管理处自有设备仅剩可用汽车约20辆。9月初，省交通管理处组织抢通丽水至南山、碧湖至龙游、江山经龙游至兰溪共279.04公里路线，10月从云和县云章村迁回杭州办公。并将原与驿运管理处合设之衢淳、永嘉办事处撤销，改在丽水、江山两地分设区办事处。民国35年1月交通部公路总局召开的全国公路会议后，省交通管理处将省营公路客货运输实行招商经营，处本身则专事公路修筑和养护，以及运输的监督管理。民国36年3月1日，浙江省政府将省交通管理处改组为省公路局，省营运输业务则归省公路局与省公路总局第一运输处合组的“浙江公路联营运输处”负责经营。

三、浙江公路联营运输处

民国34年(1945年)8月成立，官营公路运输机构。联营运输处在浙江境内设有5个运输段，1个货运队，在杭州武林门设有修理厂，在玉皇山设修理分厂，在江山、丽水设有保养场。在福建省福州市设立办事处。负责经营浙西北和浙南1204公里固定线路的客运和一些不定线路的货物运输。业务范围客货兼容，以客运为主，经营重点在杭嘉湖一带。成立初期，营业收支尚可相抵。民国37年(1948年)后，亏损严重，通过采取压缩行车班次，减少汽油、轮胎等消耗费用,勉强维持。

1949 年 5 月 3 日,杭州解放,杭州市军事管制委员会派军代表接管联营运输处。接管的车辆有客货汽车 144 辆,其中客车 99 辆,货车 45 辆。

联营运输处经军事接管后,立即抢修车辆恢复交通。至 7 月 31 日,恢复 10 条路线,通车里程 758.40 公里。

1949 年 8 月 1 日,杭州市军事管制委员会撤销浙江公路联营运输处,建立全民所有制的“浙江省交通公司”。

四、浙江省交通公司

1949 年 8 月 1 日,杭州市军事管制委员会撤销浙江公路联合运输处,建立全民所有制的“浙江省交通公司”,主持省营汽车运输。省交通公司成立之初,设有:第一(杭州市区)、第二(吴兴)、第三(嘉兴)、第四(江山)、第五(丽水)、杭甬(筹设于宁波)6 个运输段,杭州(武林门)修理厂,杭州玉皇山修理厂,江山、丽水两个保养场。

1949 年 10 月,设立金华办事处。11 月,增设第六(黄岩)运输段,筹办临海至温州客运。是月,增设杭州总站,负责长途客货运输的经营管理。12 月,第三运输段改称嘉兴中心站。

1950 年 4 月 1 日,撤销第一运输段,成立“杭州市区公共汽车管理处”,负责杭州市区公营公共汽车业务的经营。5 月 1 日,按照省编制委员会决定,省交通公司与省交通厅、省交通管理局合署办公,形成政企合一的体制,增强了省交通公司在整个公路运输业中的威望。

1951 年 6 月,撤销金华办事处,8 月,省交通公司从厅、局合署办公中划出,与内河轮船公司、省联运公司联合组成“浙江省运输公司”。实践证明联合体制有碍各自专业特性的发挥。

1952 年 6 月,杭甬运输段改组为宁波分公司。7 月,撤销浙江省运输公司,恢复三公司的单独经营。省交通公司又实行与省交通厅公路局合署办公制度。是月,第五运输段改组为丽水分公司。是月,增设浦东运输段(后改为义东运输段);是月,撤销第四运输段,改设江山办事处。12 月,撤销第二运输段、义东运输段、杭州总站,改设杭州、吴兴(后改称湖州)、浦江、东阳中心站。

是年底,省交通公司营运的客运路线由初期的 758.4 公里增加到 1912 公里,占当时全省客运总里程的 71% 以上。全年客运行车 562 万余公里,运送乘客达 166 万人次。

1953 年 1 月 1 日,省交通公司更名为“国营浙江省运输公司”,负责全省的客货运输和管理。

五、国营浙江省运输公司

1953 年 1 月 1 日,浙江省交通公司更名为“国营浙江省运输公司”。是月 16 日,撤销第六运输段,改设台州分公司和绍兴、嵊县中心站。是月,成立江山分公司。7 月,撤销江山办事处。

1954 年 6 月,以杭州(武林门)修理厂为基础,成立杭州分公司,并将杭州、湖州、喜兴、绍兴中心站划归杭州分公司领导。8 月,撤销台州分公司,改设省运输公司直属临海中心站,同时将前设嵊县、浦江、东阳中心站改由公司直接领导。9 月 1 日,将国营浙江省运输公司改为“浙江省人民政府交通厅公路运输局”,主持公路运输行业的管理和省营汽车运输业务的经营。是月 13 日,省交通厅公路运输局将原国营运输公司的杭州、宁波、江山、丽水分公司改称省交通厅公路运输局杭州、宁波、江山、丽水运输处;将公司直属临海、嵊县、浦江、东阳中心站改称省交通厅公路运输局临海、嵊县、浦江、东阳直属中心站；先后合并各地管理站、业务站，改称省交通厅公路运输局(××)站。这一组织形式，使省营汽车运输企业兼具了行业管理职能，从上至下实行了政企合一体制。

1955年4月1日，将临海、嵊县两个直属中心站划归局属宁波运输处领导。10月，省交通厅将省交通厅公路局改称为“浙江省人民政府交通厅公路运输管理局”，下属机构的名衔亦相继变更。

1956年8月，设立金华运输处。10月，撤销江山运输处。

1957年5月，将丽水运输处移至温州，改称温州运输处。截止1957年底，省交通厅公路运输管理局下属有杭州、宁波、金华、温州4个运输处和1个汽车修理厂。

1958年1月1日，厅公路运输管理局撤销，改在厅内设立职能性的公路运输处，主持有关运输管理工作；将局属杭州、宁波、金华、温州运输处改为厅属杭州、宁波、金华、温州区公路运输局，分别负责地区运输业务的经营和管理。1961年4月13日，恢复设立省交通厅公路运输管理局，主持全省公路监理、管理和运输工作。

六、浙江省汽车运输公司

1964年7月1日，“浙江省汽车运输公司”正式成立。公司专营全省的汽车运输业务，并实行经济独立核算。次年7月又与省厅公路运输管理局合并办公，由局长兼任公司经理，其他工作人员亦多采用兼职，实质上仍是政企不分。至1965年底，省汽车运输公司有营运路线310余条，每日开行的班车近2000次，共设车站2701个(包括代办站、停靠站)，有199辆农村班车在181个农村过夜点过夜。还和江苏、安徽、江西、福建等省合开省际直达客车。同年，大力发展零担货运，将零星货运班车路线增加到106条，行车路线总长达8244公里。

1974年，浙江省汽车运输公司共有客车1104辆、45335客位；有货车1534辆、6199.50吨位；1975年，共有客车1157辆、47877客位；有货车1556辆、6385.50吨位。

1976年，公司共有客车1233辆、51754客位；有货车1599辆、6515.50吨位。

1977年，公司共有客车1331辆、56190客位；有货车1672辆、6832吨位。

1978年，公司共有客车1446辆、61571客位；有货车1666辆、6853吨位，见表3-6-5、表3-6-6。

1974~1978各年度浙江省汽车运输企业客车车辆数一览表 表3-6-5

年度	1974		1975		1976		1977		1978	
	辆	客位	辆	客位	辆	客位	辆	客位	辆	客位
数量	1104	45335	1157	47877	1233	51754	1331	56190	1446	61571

1974~1978年度浙江省汽车运输公司货车车辆数一览表 表3-6-6

年　度	1974		1975		1976		1977		1978	
	辆	吨位	辆	吨位	辆	吨位	辆	吨位	辆	吨位
数　量	1534	6199.50	1556	6385.50	1599	6515.50	1672	6832	1666	6853

1979年，浙江省汽车运输公司恢复，下设浙江省汽车运输公司杭州分公司、宁波分公司、嘉兴分公司、湖州分公司、绍兴分公司、金华分公司、衢州分公司、丽水分公司、温州分公司、临海分公司、舟山分公司。是年，公司共有客车1606辆、67938客位；有货车1676辆、7041

吨位。

1980年,公司共有客车1930辆、81451客位;有货车1710辆、7285.50吨位。

1981年,公司共有客车2374辆、101667客位;有货车1826辆、8073吨位。

1982年,公司共有客车2675辆、115928客位;有货车4477辆、21536吨位。

1983年,公司共有客车2831辆、122265客位;有货车1908辆、9518吨位。见表3-6-7、表3-6-8。

1979~1983年度浙江汽车运输公司各分公司营运客车车辆数一览表　　表3-6-7

年度/数量/单位	1979		1980		1981		1982		1983	
	辆	客位	辆	客位	辆	客位	辆	客位	辆	客位
合计	1606	67938	1930	81451	2374	101667	2675	115928	2831	122265
杭州分公司	142	5654	162	6492	212	8708			413	17580
新登分公司	93	3760	115	4680	148	6230				
湖州分公司	188	8000	208	8860	259	11192			305	13554
绍兴分公司	122	5255	142	6160	191	8210			233	10030
宁波分公司	243	10484	293	12368	357	15243			427	18370
金华分公司	185	7976	245	10416	294	12896			494	21646
衢州分公司	95	4100	116	4940	139	5952				
丽水分公司	121	4975	141	5815	175	7252			223	9314
温州分公司	185	7900	234	10106	280	12276			335	14811
临海分公司	173	7349	205	8709	242	10378			304	13026
舟山分公司	59	2485	69	2905	77	3330			97	3934

1979~1983年度浙江汽车运输公司各分公司营运货车车辆数一览表　　表3-6-8

年度/数量/单位	1979		1980		1981		1982		1983	
	辆	吨位	辆	吨位	辆	吨位	辆	吨位	辆	吨位
合计	1676	7041	1710	7285.50	1826	8073	1866	8759	1908	9518
杭州分公司	285	1356	265	1301	282	1427			372	1906
新登分公司	83	316.50	87	337.50	95	381.50				
湖州分公司	141	602	139	593.50	141	633.50			157	792.50
绍兴分公司	118	433	124	444	141	536.50			143	636
宁波分公司	162	765.50	162	770.50	165	805			182	1076.50
金华分公司	219	960	227	996	230	1058			441	2137
衢州分公司	146	556	149	601.50	170	724.50				
丽水分公司	244	991	245	993	256	1055.50			260	1228
温州分公司	151	594.50	185	777	209	920			206	1088
临海分公司	107	396.50	107	401.5	119	466.50			131	596.50
舟山分公司	20	70	20	70	18	65			16	57.50

注:①数据来源:“浙江省交通运输统计资料”;

②1981/1983包括全民办集体的车辆。

1984 年，公司共有客车 3030 辆、132732 客位；共有货车 1956 辆、10415.50 吨位。

1985 年，公司共有客车 3323 辆、145689 客位；共有货车 2041 辆、11761.75 吨位。

1986 年，公司共有客车 3372 辆、148225 客位；有货车 2015 辆、12844.75 吨位。

1987 年 8 月 13 日，浙江省人民政府批复同意撤销浙江省汽车运输公司，原省属各地市汽车运输分公司由各市、地政府领导。是年，公司共有客车 3509 辆、156442 客位；有货车 1972 辆、14097.25 吨位；公司职工总数 42962 人，其中运输职工 39282 人，工业生产职工 978 人，汽校职工 773 人。公司拥有营运载客汽车 3498 辆、156206 客位，其中大型客车 3350 辆、150720 客位。营运客车厂牌有解放 2208 辆，东风 1126 辆，钱江 30 辆，跃进 11 辆，黄河 97 辆，其他 26 辆。拥有营运载货汽车 1972 辆、14079.25 吨位，其中全民所有制 1815 辆、13236.25 吨位。全民所有制货车中大型货车 1801 辆、12798.50 吨位；大型特种车 10 辆、380 吨位。营运载货挂车 1908 辆、6374.50 吨位。营运货车厂牌有解放 1057 辆，东风 751 辆，钱江 77 辆，跃进 30 辆，黄河 20 辆，其他 37 辆。见表 3-6-9 ~ 表 3-6-12。

是年，公司经营着 27844 公里路线的客货运输，营运里程共计 26390 公里，其中客车营运里程 23436 公里。历年所创利润达 8.86 亿元，上缴税金 1.25 亿元，为国民经济建设做出了贡献。

1984 ~ 1987 年度浙江省汽车运输公司各分公司营运客车车辆数一览表 表 3-6-9

单位 \ 数量 \ 年度	1984		1985		1986		1987	
	辆	客位	辆	客位	辆	客位	辆	客位
省公司本部	—	—	—	—	—	—	—	—
杭州分公司	445	19089	476	20356	473	20538	505	22146
宁波分公司	450	19491	479	21100	491	21695	488	21662
温州分公司	350	15645	369	16428	367	16061	359	15608
嘉兴分公司	137	6446	152	7316	157	7641	188	9191
湖州分公司	204	9170	236	10638	242	10953	252	11593
绍兴分公司	262	11464	290	12739	305	13439	323	14602
金华分公司	516	22898	402	17898	416	18544	453	20354
衢州分公司			174	7793	173	7838	198	9138
舟山分公司	99	4054	110	4584	107	4401	103	4390
临海分公司	321	14008	344	14904	347	14982	335	14779
丽水分公司	246	10467	275	11628	279	11848	294	12743
合计	3030	132732	3307	145384	3357	146940	3498	156206

注：表列数为全民所有制、集体所有制，不同经济类型合营的合计数。

1984～1987 年度浙江省汽车运输公司各分公司营运货车车辆数一览 表 3－6－10

年度 数量 单位	1984		1985		1986		1987	
	辆	吨位	辆	吨位	辆	吨位	辆	吨位
省公司本部	—	—	—	—	—	—	—	—
杭州分公司	397	2150	393	2279.5	383	2458	370	2900
宁波分公司	202	1231	212	1441	206	1574	199	1658
温州分公司	196	1099	211	1283	197	1274.50	212	1440.50
嘉兴分公司	5	32.50	5	38.50	4	36	4	36
湖州分公司	158	878	168	1027	172	1140	162	1195.50
绍兴分公司	158	760	176	900.75	174	1002.25	165	1027.75
金华分公司	433	2266	284	1708	281	2009.50	269	2114.50
衢州分公司			180	887	183	956	190	1177.50
舟山分公司	13	47	14	59	17	107.5	20	153.50
临海分公司	140	706.5	136	727.50	127	730	110	732
丽水分公司	254	1245.5	262	1410.50	271	1557	271	1644
合计	1956	10415.5	2041	11761.75	2015	12844.75	1972	14097.25

注:表列数为全民所有制、集体所有制,不同经济类型合营的合计数。

1984～1986 年度浙江省汽车运输公司各分公司年末储油设备一览表 表 3－6－11

年度 数量 单位	1984		1985		1986	
	处	储量（吨）	处	储量（吨）	处	储量（吨）
杭州分公司	16	538.50	15	550	15	550
嘉兴分公司	2	90	2	90	2	90
湖州分公司	7	288	7	278	7	298
绍兴分公司	5	274	5	332	5	352
宁波分公司	9	206.10	9	193.90	9	238
金华分公司	15	747.60	9	444.50	9	498.40
衢州分公司	8	319	9	411.80	7	346.30
丽水分公司	11	313	6	299.30	6	327
温州分公司	10	431	9	307	11	374
临海分公司	11	112	6	400.50	6	400.50
舟山分公司			3	86	4	96
合　计	94	3319.20	80	3393	81	3570.20

七、浙江新干线快速客运有限责任公司

公司位于浙江省杭州市下城区文晖路 303 号 15 楼,1998 年 8 月登记成立,注册资金 5000 万元人民币,12 月 29 日开业营运。2002 年 8 月正式通过 ISO9001 质量管理体系认证。

是省内首家采用高档豪华车辆、提供航空式优质服务的现代专业旅客运输企业，是交通部批准的全国首批具有二级道路旅客运输经营资质企业。公司在杭州、宁波、绍兴、嘉兴四地设立营运管理处，在全省投资组建了以“新干线”为商号的上虞、慈溪、余姚、舟山、台州、温州等7家合资公司，拥有豪华客车180余辆，经营班线基本覆盖全省高速公路网络，并辐射至上海、江苏、江西、北京、福建、安徽、甘肃、香港等省、直辖市及特区。当年开通杭州、宁波、绍兴、嘉兴至上海的班车及部分省内班线。2005年1月，获得“浙江省著名商标”和“浙江省知名商号”荣誉称号

2008年，公司在职职工人数176人，拥有资产1.02亿元。拥有营运车辆60辆，经营班线包括杭州、宁波、绍兴、嘉兴四地至上海，杭州至宁波、绍兴、嘉兴、宁海、上海浦东机场，宁波至南京，绍兴至宁波、南京、椒江，嘉兴至温岭、椒江等。公司拥有旅客运输、旅游客运、货物运输、集装箱运输、汽车维修、汽车配件销售等经营资质。全年完成客运量152.15万人次、客运周转量27865.37万人公里，营业收入8753.97万元，实现利润1150.94万元，上缴所得税172.75万元。

2010年1月，浙江省交通投资集团将持有的“浙江新干线快速客运有限责任公司”的30%股份转让给杭州长运运输集团有限公司。从此，杭州长运运输集团有限公司对“浙江新干线快速客运有限责任公司”拥有控股权，新干线快速客运公司成为市属企业。

第二节　市地属运输企业

一、杭州市永华公共汽车股份有限公司

简称永华汽车公司，前身为1922年冬创办的宝华汽车行和永华汽车行，民国12年（1923年）初，两汽车行合并组成“永华汽车公司”，由陆宝泉任经理，潘宝泉任车务主任，并成立董事会。时省行政公署财政秘书肖剑尘担任董事长，省警察厅长夏超的妻舅熊凌霄等任董事。公司经营范围是以公共汽车为主，兼营小客车出租业务。经营线路为湖滨至灵隐7.4公里长的风景线，营业状况以春秋二季较佳，特别是“香汛”时期最为旺盛。自湖滨至灵隐路线间，设有中山公园、岳坟等站。公共汽车票价分为特等、普通两种。湖滨至灵隐全程，特等（小客车）小洋5角，普通（10余座客车）小洋3角。公司初有小客车7辆，可乘10余人的客车1辆。民国12年添购较大型客车6辆，并在洪春桥设简易修车场。后曾一度专利经营湖滨至拱宸桥小客车出包业务，每辆每次收费5元，每日营运收入约50元左右。民国15年底，公司车辆惨遭军阀掠劫，一度停业。北伐胜利后，公司再度兴业，民国17年完成客运量17.2万人次。民国20年，公司有大客车20辆，小客车5辆，民国21年，公司出资灌浇新市场至灵隐柏油马路，并改组为股份有限公司，呈请实业部注册，准予专利权20年。民国22年，在迎紫路（今解放路）青年路口建站亭为起点。

民国26年（1937年）淞沪事变后，公司部分车辆被征军用，内迁时仅剩10辆。全部员工随同政府后移，辗转皖、赣、湘、桂、川、滇等地。抗日战争胜利后，公司于民国35年1月复业，先租车2辆，后借贷购车6辆，恢复原有线路。

1953年8月1日，杭州市永华公共汽车股份有限公司被杭州市公共交通公司合并，由杭州市公共交通公司统一经营。

二、承筑杭余省道汽车股份有限公司

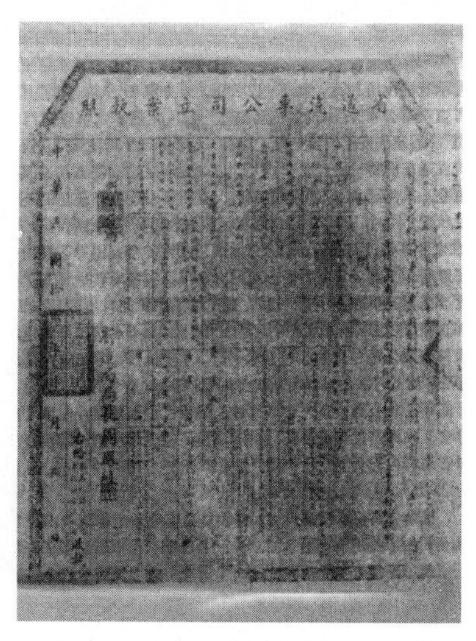

图 3-6-1 承筑杭余省道汽车股份有限公司立案执照

简称杭余公司，民国 10 年（1921 年）发起筹办，民国 11 年 3 月确定公司名称为“承筑杭余省道汽车股份有限公司”（图 3-6-1），承筑杭州松木场至余杭山西弄 26.18 公里，及松木场至观音桥支线 2.88 公里路线。同年 7 月召开成立大会，通过公司章程、选举董、监事，由董事会互推顾乃斌为董事长，由王学椶任经理（原称办事董事），并报省道局检验资本发给执照，公司享有 30 年客货专营权，总资本为 25 万元。民国 12 年 2 月 12 日，松木场至留下段竣工通车营业，10 月 1 日全线贯通，沿途设站 7 个，每日开行直达及区间班车 40 次。时有福特牌大客车 8 辆，小包车 4 辆。后又购 4～8 座小型客车 7 辆，公事车 1 辆，货车 1 辆，另借用小型客车 1 辆，共有汽车 22 辆。是年收入 42150 元，盈余 11046 元。民国 16 年公司年收入 11 万余元。民国 22 年因路面损坏严重，杭余公司未及修复，省公路局与之商妥折价 20 万元收回终止营业。见表 3-6-12。

杭余公司损益计算表（1923 年 12 月 31 日） 表 3-6-12

单位：银圆

科目	益方	损方
各项营业进款	42150.00	
小河山轿联票轿价		121.00
现款扣市款耗水		240.00
员、司、役等薪水		8177.00
汽油		10575.00
机件		3847.00
票证簿据		1810.00
应提车损费		4864.00
其他支出		1470.00
合计	42150.00	31104.00
实溢洋	11046.00	

三、承筑余临省道汽车股份有限公司

简称余临公司，民国 12 年（1923 年）11 月 7 日创立，股东 155 人，顾子才为董事长，孙笠峰为公司经理，韩子衡、周子功为公司协理，随即开始购地筑路。承筑浙皖省道第二段余杭至化龙段 43.83 公里（其中 11 公里在余杭县境内），享有 30 年客货专营权，有股本 35 万元，分作 7000 股，每股 50 元，或以现洋交纳，或以土地作股。承租杭州至余杭路段，客货兼营。民国 13 年 6 月开始营业，时全公司共有员工 60 人，有客车 6 辆，小包车 2 辆，货车 1 辆，每日来往班车 36 次。民国 14 年 4 月 7 日，召开第二次股东大会。10 月 1 日起，先后与杭余公司、省公路局、皖省商办歙昱公司进行客运联运，营业尚佳。民国 19 年，公司员工增至 75 人，汽车增至 20 辆，其中大小客车 14 辆，货车 4 辆。

余临公司设在余杭镇山西弄，董事会设在公司内。董事长自顾子才之后由王芬泉、庄菘甫、罗霞天、钱士青等继任；公司经理，继孙笠峰之后为周子功，民国 23 年（1934 年）起一直由赵龙山充任。是年汽车增至 24 辆，其中客车 12 辆，小包车 3 辆，货车 9 辆。民国 24 年，汽车 23 辆。杭徽公路开通后，在杭州至昌化、歙县之间与杭徽、歙昱公司合办直达旅客运输。抗战时停业。民国 35 年 4 月复业，次年与杭徽汽车股份有限公司合并，改称"杭徽余临长途汽车股份有限公司"。新中国成立前夕，大部分车辆被国民党军队征用，1950 年有大客车 6 辆，木炭货车 2 辆。

余临公司独家经营货运业务，营运后即制订《运输货物试办规则》，以路线市况订定运价。这是浙江省最早制订的一份较系统的汽车货运章程。民国 22 年（1933 年）杭徽公路全线修通，同年公司与省公路局签约，从 9 月 1 日起承租化龙至昱岭关段货运专营权，以货运进款的 5% 作为租金，租期 10 年。同时，公司又重新修订货运章程，改按周转量计费办法，公司营收逐年增加，民国 23 年达 18.5 万余元，盈利 2.5 万余元，占总营收的 13.6%。民国 24 年（1935 年）先后承租藻溪至鲍家支线、杭州至余杭段的独家经营货运之专营权，租期分别为 1 年和 3 年。于是货运业务迅速扩大，至年底货运收入达 12 万余元，占公司客货总营收的 60.97%。另外，公司与浙江省邮务管理局订立代运邮件特约，由公司汽车运输邮件。

民国 26 年（1937 年）11 月 19 日，因抗日战争爆发而被迫停业。抗战胜利后，与商营杭徽长途汽车公司合营，租车复业，于民国 34 年（1945 年）10 月 3 日恢复临安至余杭于客运，民国 36 年（1947 年）10 月 1 日恢复杭昱线客货运输，同时由各股东摊派增资，购置车辆，增强运力以振兴业务。民国 38 年（1949 年）3 月 1 日，公司承租线路的租期均已到期，国民党政府的省公路管理局收回专营权，改为逐次向省公路局交纳通行费，经营更加困难，勉强维持至解放初期。

1953 年，余杭至化龙段 30 年客货专营权亦已到期，公司难以独立经营，遂于是年 4 月 1 日并入商营杭徽长途汽车公司。

四、承筑余武省道汽车股份有限公司

简称余武公司。民国 13 年（1924 年）8 月，武康县上柏镇商会会长柯慕周、商会董事长史振亚等筹资兴办。为借重顾乃斌的社会声望，选其为余武公司董事长。公司先后集资 25 万元，请准立案享有 30 年专营权，承筑余杭经潘板、彭公至上柏及潘板至双溪支线共 39.77 公里路线，以与杭余公路衔接，既可从中求取利润，又能方便往返杭州的行旅和沿途乡镇土产外输及商货的内运。余武路在民国 14 年 7 月筑成通车。公司备客货车 15 辆，可是营业情况比较清淡。民国 18 年，彭公至上柏段被省收回，抗战时停业，民国 36 年 7 月复业，有客车 3 辆，每日开行余杭至彭公 10 个班次，解放前夕自行停业。

五、承筑瓶湖双省道汽车股份有限公司

简称瓶湖双公司。民国 13 年（1924 年）3 月，由张立、王立渊、胡道三等乡绅集资 11 万元开办，承筑瓶窑至横湖和塘埠至双溪共 23 公里两段公路。民国 14 年 7 月建成通车营业，客货兼营，有客货车 9 辆。抗战时停业。战后第二年 1 月，与杭瓶公司联合复业，组成"杭瓶瓶湖双长途汽车公司"，至民国 38 年 3 月 7 日分开，实行分营联运。自杭州解放恢复营业后

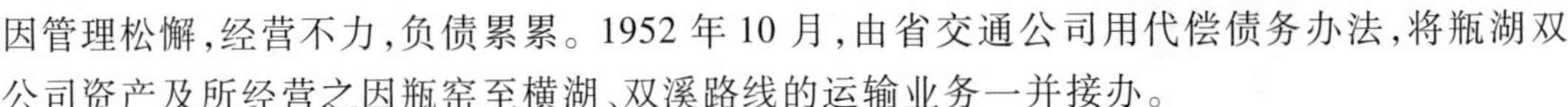

因管理松懈,经营不力,负债累累。1952 年 10 月,由省交通公司用代偿债务办法,将瓶湖双公司资产及所经营之因瓶窑至横湖、双溪路线的运输业务一并接办。

六、嵊新汽车股份有限公司

简称嵊新公司,由嵊县、新昌两县绅商王仲琴、陈肇科于民国 12 年(1923 年)开办,时集资 2 万银元开筑嵊新公路。嵊新段公路,起自嵊县东桥,迄至新昌,长 14.99 公里。嵊新公路开工后,因公司资金不足,筑路工程中途停止,改由省道局续筑完成。鉴于该路段修建时,嵊新公司曾付过工款 2 万银元,遂归嵊新公司承租营运。民国 14 年 11 月,嵊新段公路通车营业,公司仅有 2 辆福特牌旧汽车。民国 16 年,又购进福特牌新客车 3 辆、小包车 1 辆。民国 22 年底,嵊新公司并入嵩新公司。

七、杭海二县县道汽车股份有限公司

简称杭海公司,民国 13 年(1924 年)秋,顾乃斌等人发起筹筑杭州至海宁公路,并报准立案。公司定名"承筑杭县艮临县道汽车股份有限公司",股本 6 万元。民国 14 年冬,杭州艮山门至临平一段路线筑成通车营运。民国 15 年春,为方便旅客并更有利于经营,决定展长路线,改以杭州清泰门为起点,经庆春门、河垶、弄口、枸吉弄、笕桥、乔司至五显庙、及枸吉弄至七堡支线共长 28.81 公里。是年,公司资本增至 25 万元,更名为"杭海二县县道汽车股份有限公司"。民国 16 年间,公司将五显庙至胡家兜 18.28 公里筑成,并租用海宁至胡家兜路线,全线及支线相继通车营业。时有大小福特 13 辆,小道奇 1 辆。后因路线增加,向杭州汽车行租用大雪佛来车 6 辆,中型福特 4 辆,专事客营,但营业不佳,每月收入约 8000 余元,支出约 7000 余元,所余无多。民国 17 年将所有路线及车辆租与杭州协记公司承办,民国 19 年 2 月,乔司至胡家兜路段租权由省公路局收回,杭州至海宁业务终止。后于同年 10 月起开张恢复乔司至塘栖路段业务。未久全部出租给忠兴合记公司承运,至抗战停业。民国 35 年 11 月复业,经营杭州至塘栖的客运,改名为杭塘公司。

杭塘公司因无自备车辆,故转让给武林汽车行经营,拆帐分成。民国 36 年(1947 年)武林汽车行又转让给官商合营的杭州市公共汽车股份有限公司承办,由其投放客车 5 辆,每日开行 6 个班次。转让条件为杭塘公司净提营收的 30%,至解放后停业。

八、承筑杭富省道汽车股份有限公司

简称杭富公司。民国 14 年(1925 年)3 月,由原"承筑杭余省道留泗支路汽车股份有限公司"立案改名为"承筑杭富省道汽车股份有限公司",先后两次增资至 30 万元,承筑杭州至富阳 39.17 公里及留下经转塘至小和山,良户支线 18 公里,专营权为 30 年。次年干支线同时通车,时购有 24 座及 16 座大中型福特牌客车 22 辆。由于修建时路基填补欠高至临近富阳地势较低地段常遭雨水冲淹,行车很不正常。民国 16 年 3 月,公司遭到军阀孙传芳所部宋梅村旅对车辆,站房等设备大肆破坏,致使无力继续经营。杭富线于民国 17 年 10 月由省收回,其支线亦停止营运。

九、嵊杉汽车股份有限公司

简称嵊杉公司,民国 15 年(1926 年)7 月由嵊、新两县绅商王仲琴、章五成等集资 5.5 万银元开办,负责人陈肇科。资本总额 5.5 万元。时承筑 7 公里长的嵊县至杉树潭段公路(简称嵊杉公路)。民国 16 年 8 月,嵊杉公路建成通车,时公司购置福特牌汽车 2 辆投入客运,后再置大、小客车各 1 辆。民国 22 年底并入嵩新公司。

十、宁长汽车股份有限公司

简称宁长公司，民国15年（1926年）5月创立，资本总额6万元，请准承筑海宁至长安公路14.67公里。其中海宁至胡家兜8.18公里，支线胡家兜至长安6.49公里。民国16年1~7月，宁长公路建成通车后，宁长公路由宁长公司经营客货运输，时有自备客车4辆，2辆跑宁长线，1辆跑宁袁线，1辆跑长杭线。同时，海宁至胡家兜段租给杭海公司经营，胡家兜至长安段租给宁袁公司经营。见表3-6-13。

20世纪20年代浙江创办的商办筑路公司一览表　　表3-6-13

筑路公司名称	设立年份	企业性质	资本额（万元）	所筑公路
杭余省道汽车股份有限公司	1922年7月	商办	25	杭州松木场至余杭
余临省道汽车股份公司	1923年3月	商办		余杭山西弄经石蛤、汪家埠、石亭子、临安至化龙
嵊新汽车股份有限公司	1923年	商办	2	嵊县东桥至新昌
余武省道汽车股份公司	1924年8月	商办	25	余杭西门经彭公至武康县上柏
瓶湖双省道汽车股份公司	1924年8月	商办	11	杭县瓶窑至余杭县横湖镇
省道杭富汽车股份公司	1925年3月	商办	30	杭州至富阳，留下经转塘至小和山、良户
杭海二县汽车股份公司	1924年秋	商办	25	杭州艮山门至临平，清泰门至七堡
宁长汽车股份有限公司	1926年5月	商办	6	海宁经胡家兜至长安
嵊杉汽车股份有限公司	1926年7月	商办	5.50	嵊县至杉树潭

十一、东南汽车股份有限公司浙江省分公司

简称东南公司，民国36年（1947年）5月成立，总资本2000万元（法币）。租营杭州至富阳、兰溪至白沙等线的客运业务。后扩大杭州至威坪、江山至淳安等营业，里程达529公里。有客货汽车25辆，由于营业路线过长，运力不足，营运并不正常。1956年8月26日，经杭州市人民政府批准为公私合营，后并入省运输公司杭州运输处。

十二、金武永长途汽车股份有限公司

简称金武永公司，由永康、金华、武义三县仕绅于民国21年（1932年）3月集资筹建，总资金24万元，站址设永康城内紫微巷。5月1日，召开第一次股东大会选出董、监事，公司正式成立。同月12日省建设厅与公司签定筑路合同，民国22年4月建成，省公路管理局先行试通。9月23日，由公司接收营运，订租期30年，先有客车4辆，货车1辆，不久客车增至13辆，经理人徐素心、杨叙堂、钱有壬。民国26年1月，呈报实业部发给设字第1346号执照。民国30年5月日军扰乱浙东，一度停业。省交通管理处5月29日发出联丽四第4号训令，限文到3日内恢复通车，公司旋于6月5日恢复营业。民国31年5月，金（华）永（康）相继沦陷，车辆内撤，公司停业。

民国34年（1945年）12月1日复业，程士毅、钱有壬、蒋卓南任经理，时有汽车5辆，资本48万，职工32人。1949年5月2日，国民党溃军掠车再次停业。8日永康解放，次日迅速整修车辆，抢修桥路，即派车4辆投入支前军运，26日全路恢复营业。时公司归永康军管会实业科领导，并设劳资联管会经营业务。1950年冬迁金华三牌坊（今中医院处），当年购新车5辆。1951年上半年，原设永康七里经堂的修理厂迁金华（横街通济桥北端），9月8日，公司由浙江省交通公司第5运输段（丽水）接收。11月16日，奉令取消公司名称，下发车站

改隶浙江省交通公司,修理厂则改称浙江省交通公司棘保养场金华分场。移交时有职工113人,客货汽车各7辆,资产总额56339.9万元。

十三、义东长途汽车股份有限公司

简称义东公司,站址位于义乌火车站边。民国21年(1932年)3月22日,省建设厅令义乌、东阳两县政府各派代表8个,与厅议定由两县组织长途汽车公司,筑义东公路营运。路自义乌北门火车站至东阳县城,全长18.25公里。由政府负责建筑,建成后租与公司专营20年。以义乌县商会理事会主席胡纯道等31人,东阳县商会理事会主席胡文端等23人为发起创办人,公推楼云海、黄克仁等8人为公司代表。同年9月20日与建设厅签订租路合同。民国22年10月,召开公司成立大会,推马竹心、吴望级为董事长,陈乃薰为经理。总股金11万元,分1100股,每股100元。民国26年5月,建设厅发给义乌城第31号商业登记许可证,同月4日,实业部发给设字第1399号营业执照。

民国22年(1933年)11月公路建成,12月,省公路管理局试车营运,次年2月1日正式移交公司营运,时有客车4辆,货车2辆,小客车1辆。民国30年5月因抗战形势紧张而停业,车辆撤至丽水。为维持员工生活,设驻丽水临时办事处,推陈文林为主任,呈准省交通管理处在未毁线路上营运,9月1日局势稍稳,迁回义乌恢复营运。民国31年5月路毁,车被国民党军队掠走而停业。民国34年冬,迁东阳南街11号作复业准备,民国35年7月18日恢复营运。向丁华、和济两汽车行购旧汽车2辆,向建中、大陆运输行租赁货车3辆,10月又向钱江车行租用1辆,共6辆车投入营运,聘请陈文林为经理。民国38年4月28日再次停业,时仅剩1辆"道奇",1辆"福特"。1949年6月15日租借丁华汽车行6辆车恢复营运,时仍称义东公司,由该行经理陈文林负责,东阳县人民政府军代表白春华予以政治领导。1951年5月10日,省财经委员会(51)号第2347号函复金华地委,明确公司由交通厅接管。1952年7月10日,省交通公司成立浦东运输段,接收义东公司,自此公司不存。

十四、鄞奉长途汽车股份有限公司

简称鄞奉公司,位于鄞奉路40号。民国20年(1931年)10月,由地方绅士张申之、毛懋卿等34人集资60万元创办鄞奉汽车公司,毛懋卿任董事长兼总经理。翌年10月,与浙江建设厅签订《鄞奉路借款承租合同》,承租宁波至奉化、江口至入山亭路段,计长49.23公里。合同规定由公司向建设厅提供借款40万元,保证金10万元,按客运营业情况缴纳租金,承租期限20年,并接收鄞奉段货运公司,统一经营客货运业务。同年12月1日,宁波至奉化、江口至入山亭公路正式营业。

民国23年(1934年)8月,公司与浙江建设厅签订《鄞江桥支线借款承租合同》和《奉海路借款承租合同》。鄞江桥支线自鄞奉路横涨桥至鄞江,计长9.7公里,公司提供借款5.3万元,承租期限与鄞奉路承租期限同时满期。奉海路自奉化至宁海,计长45.85公里,公司提供借款27万元,保证金5万元,租期自通车之日起满18年为限。奉海路于民国24年1月6日通车营业,鄞江桥支线亦于同月15日通车营业。民国25年,公司与浙江建设厅签订《奉新路借款承租合同》。奉新路自奉化溪口至新昌,计长58.31公里,由公司提供保证金3万元,租期与鄞奉路同时期满同年7月,奉新路通车营业。

民国22年(1933年),公司有汽车39辆,月平均收入1.9万元。翌年,车辆增至47辆,月平均收入2.7万元。民国24年汽车数额未变,月平均收入增至3.7万元。民国27年1

月，宁波至入山亭、横涨至鄞江、奉化至宁海三路段停业。奉化至新昌段于民国30年4月停业。各路段停业后，车辆均被军方征用。民国35年1月，公司租车15辆复业，宁波至入山亭、横涨至鄞江路段恢复通车。同年12月，溪口至新昌路段于民国37年恢复通车。

1949年4月，公司共有职工251人，其中职员62人。通车里程117公里，设置站点33个。车辆43辆，其中客车27辆货车12辆，其他车4辆。另有停车棚12处，修理场所3处。1950年11月，公司实行公私合营，并定名为"公私合营鄞奉长途汽车公司"，同时任命私股代表毛懋卿为副经理。1952年6月，公司并入浙江省交通公司宁波分公司。

十五、萧绍绍曹嵊两路长途汽车股份有限公司

简称萧绍、绍曹嵊两公司，由萧绍公司和绍曹嵊公司合并而成。民国15年(1926年)7月，绍曹嵊公司建立；民国18年(1929年)初，绍曹嵊公司有客车16辆，小车7辆，负责人金汤候，分绍兴至曹娥和嵊坝两段通车营业。民国21年(1932)11月，萧绍公司建立。初时有37辆客车，7辆货车，资本60万元，负责人金汤候。民国22年(1933)1月1日，萧绍公司租营原由省道局萧绍车务处经营的萧山至绍兴公路52.34公里，以交纳保证金15万元和总营收15%至20%为路租，当月正式营运，并在杭州三廊庙设联运办事处。时除购得车务处部分车辆外，新添福特客车4辆，小客车7辆，奔驰柴油车12辆，共有大小客车48辆。萧绍公司注重职工素质，常以乘客为衣食父母教育职工，加强服务，营业兴旺，是全省效益最好的商营公司。民国26年(1937)11月因抗战停业。民国34年(1945)10月，萧绍公司租用商车45辆复业。

民国35年1月，萧绍、绍曹嵊两公司在杭州召开两路股东联席会议，决议两公司实行合并，改称"萧绍、绍曹嵊两路长途汽车股份有限公司"，还确定各股东按股金比例增资，资金总额增至老法币40亿元。重新修缮沿线站房、车站，增购大客车47辆、货车4辆、小客车4辆，并继续租用部分商车。至民国37年底，有91辆车投入客运，每天行驶82个班次(包括区间班)，客运量较旺，货运亦趋正常，收入较多。但因物价飞涨，币制贬值，收益仅堪维持，积累很少。民国36年初，恢复与嵊新公司战前合约开行钱江站至新昌直达车，与浙江公路联营运输处和宁波民华长途汽车运输行三方合组杭甬直达车联运管理处，开行杭州至宁波直达客车。后又经省府核准，开行杭州至绍兴直达车，每半小时开行一次班车。由于民国政府腐败，物价飞涨，民国37年，公司已入不敷出。1949年新中国成立后，仍营原有路线。后报经省人民政府办工字第5882号文批准，决定自1953年1月1日起执行，萧绍、绍曹嵊两路长途汽车股份有限公司宣告结束，由浙江省运输公司接收。

十六、嵊新汽车股份有限公司

简称嵊新公司，由绍曹嵊、嵊长、嵊新、嵊杉4公司于民国22年(1933)底集资联合创办，次年1月始，承租经营嵊新公路客货运输。时有客车14辆、小包车3辆、货车1辆。日军侵占嵊县前夕，公司成立运输办事处，组织部分汽车、人员撤往闽北浦城一带营运。留嵊县车辆多在沦陷时遭劫掠或损毁。抗日战争胜利后，嵊新段以闽北驶回的2辆客货两用车及租用的商车恢复营运，并陆续集资添置新车。嵊县解放时，拥有客车14辆，并用9辆新车投入支前运输。1952年底，由省交通公司接收，时有职工158人，客车12辆。

十七、观曹长途汽车公司

简称观曹公司。民国23年(1934)10月，余姚汽车公司和宁波通运长途汽车公司合并而成。公司时有大客车 18 辆，小轿车 4 辆，小篷车 10 辆，货车 8 辆。民国 24 年春正式营业，经营观城至曹娥及境内其他各线客货运输。余姚县内营运里程 73 公里，设余姚、胜堰、郑巷、低塘、周巷、朗霞、泗门、临山、高桥、五车堰、石堰、横河、浒山、历山、白沙、樟树、洋浦、小桥头 18 站（周巷、石堰、横河、浒山、白沙、樟树、洋浦、小桥头 8 站今属慈溪市）。民国 24 年，始有汽车货运，有货车 8 辆，年运量约 3000 吨。民国 25 年客运量 5 万人次。抗日战争爆发后，8 辆货车被政府征用。民国 27 年 3 月，为阻日军侵犯，公路全面破坏，客运停办。抗战胜利后，未复业。

十八、嵊长汽车股份有限公司

简称嵊长公司，民国 15 年（1926）月开办。时由嵊县士绅赵镜年等集资 16 万银元开筑嵊长公路。民国 18 年 1 月路成通车客运。民国 23 年，公司拥有客车 5 辆、小包车 1 辆、货车 1 辆。日军侵占嵊县期间，公司停业。抗日战争胜利后，因原有车辆受损，无法复业，仍由赵镜年联合旧股东组织嵊长新记长途汽车股份有限公司。民国 35 年 2 月，以拼装起来的 1 辆旧汽车经营客运，以后陆续添置客车 5 辆、货车 4 辆、小包车 1 辆。公司与县政府订约承筑崇甘公路，民国 36 年 11 月筑成通车。1954 年 4 月，由嵊县中心站接收，时有职工 79 人，客车 5 辆、货车 3 辆。

十九、杭徽汽车股份有限公司

简称杭徽公司，民国 24 年（1935）创建，筹集资金 22 万元，其中 10 万元系余临公司资本，并以 15 万元保证金（年息 3 厘 5 由省付给公司），租金以营收的 22% 至 30% 按级计付的形式，承租杭徽线杭州至余杭、化龙至昱岭关两段业务。享专营权 15 年，次年 10 月通车营业。抗战时停业。民国 34 年 10 月复业。民国 36 年初，与余临公司合并，增资 22 亿元，购进客车 11 辆，小篷车 1 辆，租用商车 11 辆，共 23 辆，开行杭州至临安、临安至昱岭关路线。38 年（1949）1 月至 4 月，平均每月行驶 4533 车公里 1047608 人公里，收支相抵月盈大米 160 石。1949 年解放前夕，杭徽余临有车辆 34 辆，但国民党军队溃逃时临征其大客车 5 辆，小篷车 1 辆。1955 年杭徽公司有公股 1 亿 7 千万元（老人民币），同年 8 月 17 日，经杭州市交通管理处批准，成立“公私合营杭徽长途汽车公司”，10 月与东南公司合并成立“公私合营杭州汽车运输公司”，1956 年 9 月 27 日并入浙江省公路管理局杭州运输处。

二十、公私合营宁波汽车公司

承租经营宁波至观海卫、镇海至骆驼桥公路客货运输。私营宁穿公司，承租经营宁波至柴桥、盛垫至横山公路客货运输。解放以后，由于管理不力，浪费严重，导致长期亏损，仅通运公司，自 1949 年 6 月至 1953 年 5 月，即亏损人民币 18 万元。宁穿公司亦亏损颇多。在这一时期，具有较强事业心的民族资本家一通运公司经理张申之，虽以变卖眷属首饰用以支持公司渡过难关，但究属杯水车薪，未能挽救公司濒临倒闭危机。宁波市人民政府鉴于两公司确已无力自拔，为有效地利用两公司设备，适应日益增长的客货运输需要，安定职工生活，于 1953 年 6 月，派员进驻两公司协助开拓业务，加强管理，节约开支，较快地扭转了亏损局面。同年 9 月，在清理股权的基础上，对两公司实行了公私合营。

自对通运公司、宁穿公司实行公私合营后，通过健全各项制度，推行计划管理，降低了行车成本。1953 年 9～12 月，通运公司即盈余 1.63 万元，宁穿公司盈余 1.70 万元。1954 年 10 月，为便于统筹经营，将两公司合并为“公私合营宁波汽车公司”。同时用租赁形式，合并了杭甬汽车运输行10辆货车，及所有设备、人员，进一步扩大了公司的经营实力。1957年5月，在实行业务归口领导时，宁波市人民政府除留客车17辆、货车3辆经营市区公共交通业务外，其余均并给省公路运输管理局。

二十一、杭州长运运输集团有限公司

公司源自1947年3月改称的浙江省公路联营运输处武林门修理厂（杭州分处）。1949年8月改名为省交通公司武林门修理厂，1954年6月筹建为国营浙江省运输公司杭州分公司。1988年省运杭州分公司下放给杭州市，设址于武林路245号。1992年10月，公司更名为杭州市长途汽车运输总公司。1997年10月，杭州长途汽车运输总公司兼并杭州市第三运输公司，组建杭州长运集团公司。2001年5月28日，杭州长运集团公司完成分立式改制，主体企业改制为杭州长运运输集团有限公司，企业注册资金5000万元。公司位于杭州市下城区文晖路269号。

公司下设8家分公司、27家全资和控股子公司，13家参股子公司。客运拥有杭州市区东南西北4个客运站和5个客运车公司。1996年1月开通省内第一条杭州至宁波高速客运班线；1998年10月开通省内第一条"不搞承包经营、不售中途票、不上中途客"的杭州至衢州长途快客班线；2002年6月推出杭州城站火车站至东、南、西、北四大汽车站的站际免费接送车服务、24小时旅客服务中心和快件行包运输。2003年10月推出网上订票业务。2006年9月收购黄山捷安达汽运有限公司股权，成立黄山杭徽长运有限公司，并与其他公司共同投资组建浙江杭宁快速客运有限公司和浙江衢州通杭直达客运有限公司。2008年1月17日与杭州市公共交通集团有限公司、湖州长运汽车运输有限公司共同合资组建杭州德清公共交通有限公司，开通全省首条跨区域、跨行业、跨管理法规的公交运营路线。年底，拥有客运经营线路181条，其中高速、快客班线84条。拥有高级以上客车1021辆。至2010年，共安全发送旅客2717.18万人次；四大汽车站均为国家一级车站、浙江省三星级车站，日发客运班次2800余班，日均发送旅客达5.60万余人次，年发送旅客达2000余万人次，单日最高峰发送旅客超过19万人次，班线辐射本省和全国20个省、市的350余个大中城市。

1997年5月开辟杭州至北京快运专线。1998年，与外省市企业合资组建东胜快运有限责任公司和通联快运有限责任公司。2003年7月1日，成立杭州长运快件公司。11月将四大车站行包房纳入管理，形成以杭州为中心，辐射全省各地及长三角各大城市的四小时物流圈。是月，收购中西（西班牙）合资浙江喜德国际储运有限公司全部实物资产。2005年4月，开辟杭州至上海货运专线。2006年1月，成立全资子公司浙江长运物流股份有限公司。2010年，公司拥有营运货车169辆、1469吨位，完成货运量43万吨、10628万吨公里。

2002年10月，公司取得全国道路客运一级经营资质和货运二级经营资质。2006年，公司综合实力名列中国道路运输企业100强第7位，2010年上升至第2位。公司拥有一类甲级汽车修理公司，维修网点分布东南西北4个车站。形成以客运和物流为主，货运代理、汽车检测与维修、商贸和旅游等为辅的多层次、全方位经营格局。

二十二、杭州第一汽车运输有限公司

公司前身是成立于1950年的杭州市搬运公司。1956年组建成立地方国营杭州市运输公司，先后将人力车、排运、赶运、码头装卸等业务划出。1958年成为单一汽车运输经营企业。1978年5月改为杭州第一汽车运输公司。1990年底下设第一分公司、二、三、四、五、七车队,客运旅游服务处、驾驶教练队、专用汽车修造厂(以上为全民所有制单位)和六车队、汽车保修机械厂、立体镜(保护器)厂、汽车配件供应站、劳动服务公司(以上为集体所有制单位)及汽车技术等级培训考核站等15个基层单位。公司拥有土地面积180154平方米,其中租用8483平万米。房屋建筑面积89444平方米(其中厂房、仓库等25225平方米,办公及营业用房16059平方米),职工3613人,其中各类职称人员315人内:高级职称3人,中级职称37人,技师12人。拥有营运客货汽车377辆,其中货车346辆,2784.5吨位,挂车99辆,594吨位,客车31辆,1355座位,各类起重装卸机械25台。拥有固定资产原值3681.20万元,净值2622.30万元。1993年12月18日,更名为杭州第一汽车运输总公司,时为杭州市交通管理局下属单位。2002年12月,经杭州市人民政府批准,公司改制后更名为杭州第一汽车运输有限公司,公司由杭州市武林路89号迁至杭州市莫干山路822号,为股份制企业。至2008年末,公司拥有固定资产总值2亿余元,年营业收入11351.60万元,实现税前利润686.40万元;拥有辐射全国各地货运专线28条,0.35吨以上各种大小营运货车500余辆,城市出租小客车近500辆,客运旅游客车100余辆。

1986年,公司开拓集装箱运输,购置国际标准集装箱运输车2辆。1988年,与上海张华浜集装箱装卸公司联营,集装箱专用车扩大到8辆。1990年,拥有集装箱货运车12辆,集装箱1085只,开通杭州至上海、宁波等地的路线。1991年,与杭州市交通管理局签订第二轮承包经营合同,成立杭州市化工危险品物资专业运输分公司、大型物件运输分公司、机械化运输分公司和从事国际集装箱运输、货运代理等业务的中外合资企业杭州富华国际货运有限公司。同时投资540余万元,在杭州瓜山建造占地面积2.3万平方米的集装箱专用车场。1992年,成立快件运输分公司。1998年,快件公司作为杭州市交通系统首家股份合作制企业正式挂牌运作。2000年,公司共有集装箱车35辆,标准箱63TEU。

1992年8月,公司投资483.30万元,购置夏利轿车51辆,与深圳安达出租公司投入的20辆桑塔纳轿车联合成立杭州一运客车出租分公司。1993年,拥有出租车131辆。1994年,收购原深圳安达公司的40辆桑塔纳轿车。2008年,客车出租公司组建杭州一运出租汽车有限公司。年末拥有客运出租车494辆,经营规模位居全省第一。

2010年,公司拥有资产总值1.95亿余元,年营业收入6235万元,实现税前利润1123万元;城市出租小客车494辆;大件运输基本达到大件运输二级、电力大件运输承包甲级资质,拥有独立承揽50~200吨大型设备的能力,仓储面积5.65万余平方米,物流服务辐射全国,年营业收入达到2086万元,基本形成运输、信息、仓储、专线配送的现代物流经营格局。拥有全国各地货运专线23条,拥有营运货车72辆、643吨位;是年,完成货运量4.20万吨,货物周转量333万吨公里。

二十三、金华市汽车运输总公司

公司位于金华市区中山路194号。隶属市交通局,经营汽车客、货、联运的综合性企业。1990年末共有建筑面积205918平方米,固定资产原值6134万元。全市境设有县级站10个,乡镇自设站88个,停靠站836个,职工5320人。置有营运客车443辆20126座位,货车232辆1948吨位,挂车81只405吨位,特种车12辆120吨位(集装箱车),联运短驳车19辆,装卸机械29台,其中起重汽车15台,铲车14台。年完成客运2647.30万人90871.50万人公里,货运45.23万吨6460.61万吨公里,营收7320.10万元,上缴利税816.40万元。

1956年8月11日组建，时称浙江省交通厅公路运输管理局金华运输处，地址市区横街（金武永公司原地址），人员大部由江山运输处撤销调来，将原由丽水运输处领导的金华、永康、武义汽车站，省局直属的东阳、浦江中心站及兰溪公私合营大众汽车运输行新改组的汽车中心站，原江山运输处领导的衢州中心站（包括下属常山，开化站）和今丽水地区的缙云、遂昌、松阳站及今绍兴市的诸暨站等，统归其领导并经营管辖。10月1日正式交接，接收后改设金华（领导武义）、兰溪、永康（领导缙云）、东阳（领导义乌）、浦江、衢州（领导常山、开化）、龙游（领导遂昌、松阳）、诸暨等8个中心站及金华车队，保修车间，有基层自设站54个，内设人事、劳动工资、运输、计划统计、机务、监理、总务、材料、财务和保卫、调度室等11个部门。是年冬适值社会主义改造高潮之际，金华、永康公私合营汽车运输公司，私人修理业，转运行业亦由该处接收分别并入中心站，自此全境始有汽车运输业统一的领导经营机构。

1958年1月1日，金华运输处撤销改称浙江省金华区公路运输局，隶属省交通厅领导，实行运、管、养合一体制。内设人保劳工、运输调度、计划统计、财务、机料、监理、养路7科。6月15日，诸暨中心站划归杭州区局。7月，下属调整第一（龙游）、第二（衢州）、第三（东阳）、第四（兰溪）运输段，金、武、永三县站及车队由局直管。保修车间修理部分组建修配厂，亦由局直管，保养部分组建保养场隶车队领导，各段分别建立一、二、三、四保养场。机料改称技安科，材料分设供应站，并筹建金华横店驾驶员培训班。

1959年3月，第一、二、三、四运输段，按地名称龙游、衢州、东阳、兰溪运输段。23日，根据中共金华地委指示，专署交通管理局、地区公路运输局、专署民船管理处合并成立“浙江省金华专员公署交通运输局”，实行政、企、事、运、管、养合一体制。内设运输、航搬、机务、计划统计、工程、财务、劳动工资、保卫、监理科、办公室、材料供应等11个职能部门。专署交通管理局，民船管理处随即迁横街与运输局合署办公。不久，省委指示三单位合并欠妥，可采取合署办公，对外挂三块牌子，内部一套班子，行文分别用印。是年，建德专署撤并于金华，新登运输段划隶金华运输局，江山至浦城公路江山境内营运权由福建划还浙江，贺村办事处划由金华局接收管理。

1960年1季度在金华杨梅山筹建轮胎翻修厂，5月，在浦江平安成立交通学校驾驶员训练班并对其领导。8月，新登段划杭州区局，贺村办事处易名江山运输段，开化从衢州段析出成立中心站。浦江站由兰溪段析出划义乌中心站领导，遂昌从龙游段析出成立中心站，4季度撤龙游段并衢州，直属金华。缙云站和车队合并组建金华运输段，1961年4月新组建白沙运输段。1962年4月撤兰溪段、永康中心站并入金华段，撤义乌中心站并入东阳段。7月，白沙段划杭州区局，并撤浦江平安交通学校。1964年10月1日撤销轮胎翻修厂，改称轮胎车间，并入金华修配厂。

1965年1月1日，省调整交通体制，组建浙江省汽车运输公司，撤金华区公路运输局，分设省汽运公司所属的金华、龙游、衢州运输段，金华段（即今市境范围的总公司）内设行政、计财、机料、调运、劳工、保卫6科，下设金华客运、货运、兰溪、永康、武义、东阳、义乌、缙云8个辅导站，5个车队。一队客车与金华客运站合并办公，二、三、四队货车，均驻金华；五队客货车辆驻东阳，原属车队和东阳段的保养场，改称保养车间，直属段管；金华汽车修配厂改称修理厂，亦属段直属。同年2月根据省人民政府委员会调整机关、企事业单位自备运货汽车归并专业运输企业，实行“托拉斯”经营的通知，金华段第一批接收48辆，第二批接收29辆，分别按车型并人各队,其人员亦随之并入。1966 年 3 月,缙云站划归丽水段领导经营。6 月 1 日,金华段调整为 8 个车队建制,1 队客车 34 辆,2 队货车 40 辆,3 队货车 39 辆,均驻金华,担负金华县境和跨区(包括永康、武义)客货运输。4 队客车 9 辆,货车 20 辆驻义乌,5 队客车 14 辆,货车 25 辆驻东阳,6 队货车 24 辆驻永康,7 队货车 27 辆驻武义,8 队客车 6 辆、货车 12 辆驻兰溪,分别担负当地客货运输。

1968 年 9 月 16 日,金华运输段革命委员会成立,设办事、政工、生产三组,基层站队、车间亦先后建立了革命委员会。1970 年 9 月,省革委会决定下放省属交通企业事业单位由地区领导,轮胎翻修车间未下放,易名金华轮胎翻修厂,1971 年 1 月起隶属省交通局,4 月 24 日,撤销金华运输段归并地区交通邮政局,局内设政工、生产、办事三组,段所属单位直接隶属交邮局领导。1974 年 9 月,邮政析出,改称浙江省金华地区革命委员会生产指挥组交通局。1977 年 4 月称浙江省金华地区交通局,10 月办公地点由横街迁现址,设政治处、党办、公路工程处、航管处、行政、保卫、综合、运输、车辆监理所等 9 个职能部门。

1979 年 1 月,省收回交通运输企事业单位,重新组建成立浙江省汽车运输公司金华分公司,隶省公司领导。分公司内设政治处、团委、办公室、调运、机料、安全、劳工、计财、保卫科及人武部,后增加工会、纪委、组织、宣传、教育、集体企业等科,下设金华客运站、货运站、货车队、修理厂、保养厂、轮胎翻修厂以及兰溪、东阳、永康、武义、义乌、浦江站。

1980 年 10 月,金华客运分为金华客运南站和北站经营,11 月成立金华分公司印厂 01982 年 8 月,撤政治处,成立党委办公室。10 月建分公司劳动服务公司和职工学校筹备小组以及调研室,撤销集体企业科。12 月,经省经委批准,撤销衢州分公司,连同原辖站、队、厂并人金华分公司,衢州改设中心站,领导常山、开化站。1983 年 2 月,金华货车大队与保养厂合并,成立郑岗山管理区,10 月,磐安复县,安文站改为磐安站,隶属公司领导,1985 年 1 月,撤郑岗山管理区,恢复货车大队和保养厂。1985 年 7 月,衢州中心站恢复衢州分公司,原所属单位一起析出由其领导。

1988 年 3 月,根据省人民政府(88)75 号文件,汽车运输企业下放,撤销金华分公司,成立金华市汽车运输总公司,隶属市交通局。下属单位易名为金华市汽车运输总公司第一(南站)、第二(北站)客运、货联运分公司(货车大队与货运站合并)以及东阳、兰溪、义乌、永康、武义、浦江、磐安分公司和劳动服务、材料供应公司、金华修造厂、保养厂,共 14 个基层单位。下半年科室调整为:党办、纪委、工会、团委、经理办公室、劳动人事、计财、行政、运输经营、机务、安全稽查、保卫(公安)、教育(职工学校)、企管科和培训、检测站等 16 个职能部门。印刷厂易名金华交通印刷厂,安全、稽查分为二科,建立总公司监察室与纪委合署办公。

二十四、宁波市汽车运输有限公司

公司始建于 1950 年,2002 年由宁波市汽车运输总公司(联运总公司)国有改制设立,由宁波市交通投资控股有限公司和屠卫平等 42 名自然人共同投资,注册资本 2057 万元。公司按现代公司制度设有股东会、董事会、监事会等机构。

公司现有下属分公司 11 家和控股子公司 10 家。公司在册员工 322 人,其他从业人员 1370 人;公司拥有各类车辆 908 辆;公司经营场地 16 万平方米,自有仓储面积 4.60 万平方米;全公司(包括子公司)年创营业收入 3 亿元,上缴利税 1300 万元,总资产逾 2.60 亿元。

1988 年被评为国家二级企业,1992 年被评为浙江省级“文明货运站”,1997 年被评为

“八五期间”浙江省级先进联运企业，1997～2005年被评为宁波市文明单位，2006年被评为宁波市江北区十强服务企业优秀奖，2007年被评为宁波市十佳道路货运企业一等奖，2007～2009年度被评为宁波市物流重点联系企业。是浙江省交通运输协会联运物流委员会副主任单位，宁波市交通运输协会副会长单位及其物流专业委员会主任单位。

2009年，公司“货的”拥有量达到354辆，占宁波市老三区总数的60%。公司车辆保有量908辆，2004年至2006年车辆总投资4385万元。有配送车辆365辆、业务网点62个，建立了东方物流信息网、安装了GPS卫星定位系统、实行了仓储配送电脑化管理等，初步实现物流一体化、网络化、信息化。四是实施多元化经营战略，努力拓阔发展空间。

2005～2009年，先后成功收购中美合资企业，宁波新芝科技有限公司，并在北仑建立了永久的物流研发基地；投资购建一艘5000吨级的“朝日1号”散货船，并顺利下水运营，拓展经营水上物流业；投资组建了宁波市环球国际货物运输代理有限公司，发展国际物流，现有经营操作部门40余个；创办了宁波市货运市场，同时又在其他区域开办了物流分市场；在江北投资创业中心征购了22亩土地，组建宁波市朝日汽车保养维修设备有限公司，发展车辆维修设备制造、车辆检测和仓储物流项目。

公司2002年通过了ISO9001:2000质量标准认证，参评了AAAA级综合物流企业。公司顾客满意度达到98%。公司2004年实现利润960万元，2006年实现利润1163万元。

二十五、绍兴市汽车运输集团有限公司

绍兴市汽车运输集团有限公司是一家与共和国同龄的老国有企业转制组建的混合所有制企业，企业由解放初期的萧绍运输公司演变而来，并一度成为浙江省汽车运输总公司的分支机构，管辖绍兴地区的道路运输经营，后因经济体制改革，公司下放为绍兴市汽车运输总公司，1997年，公司挂牌成立绍兴市汽车运输集团有限公司，2000年，公司改制为民营企业。目前，公司系浙江省大中型交通运输企业、市管大型企业、道路旅客运输一级企业、中国道路运输百强诚信企业、浙江省服务业百强企业和中国道路运输协会成员单位，是绍兴地区规模最大的专业运输企业。

公司现有总资产7.90亿元，员工1600余名，其中本科以上学历和各类专业技术人员600余名，占员工总人数的42.63%。公司下辖公路客运中心、公路客运西站、汽车东站、运务分公司、旅游客运分公司、快速货运分公司等6家二级单位；绍兴市汽运出租车有限公司、绍兴市汽运公交有限公司、绍兴县汽运巴士运输有限公司、绍兴市安达智能运输信息技术有限公司、绍兴县中天力运输有限公司、绍兴市汽运物业有限公司、绍兴市交运宾馆有限公司等10家全资子公司；绍兴市集亚物流基地有限公司、绍兴县轻纺城长运客运有限公司等2家控股公司；绍兴市越风汽车修理有限公司、绍兴市交通轿车维修有限公司、绍兴市汽车综合性能检测中心、绍兴市利民出租车有限公司、绍兴县轻纺城汽车运输有限公司、绍兴市城市一卡通有限公司、绍兴市汽运驾驶技术培训有限公司等8家参股企业。经营范围涉及道路客运、旅游客运、城乡公交、客运站经营、货物运输、出租车客运、车辆维修销售、驾驶培训、住宿餐饮、物业管理、车辆安全监控等项目。2010年年底，公司规划占地269亩，投资1.68亿元的绍兴大物流一期工程已顺利动工建设。

公司现有各类营运车辆772辆，其中班线客车146辆，公交客车313辆，旅游客车37辆，出租车159辆，货运车辆117辆，开发经营长短途客运班线140余条，日发班车2300余个班次。班线遍及广东、江苏、安徽、河南、湖北、福建、江西、山东、四川、浙江、北京、上海等10省2市,2010年实现客运量4712万人次、客运周转量9.21亿人公里,实现营收3.50亿元,其中客运营收2.42亿元。

2004年,公司创建全省客运业首个服务品牌——“春之旅”。2007年,“春之旅”品牌被评为“浙江名牌”。2008年,“春之旅”品牌被认定为绍兴市著名商标,09年又被认定为浙江省著名商标。公司于2002年通过ISO9001:2000质量管理体系认证,并先后被中央及地方各级部门评为“全国精神文明建设工作先进单位”、“全国模范职工之家”、“全国交通系统行风建设示范窗口”、“中国道路运输百强诚信企业”、“全国交通行业文明示范窗口”、“全国交通系统信誉AAA级企业”、“全国交通运输企业文化建设优秀单位”、“浙江省文明单位”、“浙江省服务业百强企业”、“浙江省交通行业文明示范窗口”、“浙江省交通行业文明创建十佳先进单位”、“浙江省行风建设先进单位”、“浙江省企业文化建设先进单位”、“浙江省创建和谐劳动关系先进企业”、“省工商企业信用监管评价AAA级企业”、“绍兴市先进基层党组织”、“绍兴市先进职工之家”等荣誉称号。公司三度入选“绍兴百强企业”榜。公司董事长章安庆荣获“浙江交通改革开放30年创业创新先进个人奖”,公司员工王水木、袁鸿娟分别荣获全国劳动模范、交通部劳动模范、全国三八红旗手、全国女职工建功立业标兵等称号,王水木还入选绍兴市“最有影响力的劳动模范”和“改革开放30年绍兴十大风流人物”。

二十六、浙江通济交通运输股份有限公司

公司是由原金华市汽车运输总公司和金华汽车东站客运有限公司通过内部改制而组建的股份制企业,2004年8月31日经省工商局批准设立,2005年1月正式运行。公司注册资本2743.70万元,总资产2.86亿元,员工1000余人,下属企业12家,参控股企业4家。

公司具有二级道路客运资质,是交通部重点联系道路运输企业之一,以公路客运为经营主业,包括长短途、快速客运、汽车出租、旅游业务及汽车维修、票据印刷等配套业务和房地产开发。2009年,公司共有营运车辆435辆,客运班线136条,开行赣、皖、滇、鲁、苏、豫、沪、粤、湘、鄂、渝等11省(市)及全省各主要车站。在金华市区辖有汽车西站、汽车东站、汽车南站、商城客运站等四个公用型车站,日均发车1413班次,日发送旅客达1.50万余人次。为方便旅客,公司除市区四车站可联网售票和3处自设售票网点外,与金华电信、工商银行和国贸宾馆等合作,在市区及高校、部分乡镇设合作售票点21处。

公司自设立以来,先后获得“浙江省交通厅行业信用优良单位”、“浙江省首批行业质量服务诚信领先示范单位”、“浙江省抗击雨雪冰冻灾害先进集体”、“金华市文明单位”、“金华市思想政治工作优秀单位”、“金华市企业文化建设先进单位”、“金华市先进基层工会”、“浙江省先进团委”、“金华市‘三八’红旗集体”等20余项荣誉称号,2008年,被浙江省委、省政府命名为“省级文明单位”。

二十七、湖州长运集团

集团位于湖州莲花庄路3号,其源自湖州运输段,前身为浙江省汽车运输公司湖州分公司,主要经营旅客运输、物流、旅游、汽车销售与约维修、客运出租、驾驶培训等。1983年,嘉兴地区撤销,设立湖州、嘉兴两省辖市。“省汽湖分”嘉兴中心站划出,另组公司。1984年7月,湖州中心站撤销,建立湖州客运站、湖州货运站和武康车站,均为“省汽湖分”直属单位。1985年9月,成立湖州中心站,辖湖州城郊客、货运站。

1988年2月，省汽运公司湖州分公司成建制下放给湖州市管理，更名为“湖州市汽车运输总公司”，所属中心站及直属站按县行政区域分别改称为湖州、长兴、安吉、德清分公司。1990年末，湖州市汽车运输总公司拥有固定资产原值3801万元，员工2568人。自设客、货运站46处，代办站100处。备有客车270辆，货车128辆。开辟省际客运班线19条，跨市地客运班线13条。日发长短途班车1015次。货运除经营长短途整车运输外，还开辟跨省、跨市及跨县区零担班线24条。总公司下辖主副业经济实体10个（湖州、长兴、德清、安吉汽运分公司、湖州汽车大修厂、劳动服务公司、职工学校、车站商业公司、“二汽”服务站、液化气供应站）。总产值5423万元，实现利税523万元。1992年3月，所属安吉、德清、长兴3个县级分公司下放各县管辖。1994年4月，与湖州广达实业总公司实现紧密型联合。2000年3月31日，公司资产总额1.66亿元，企业国有净资产1359.86万元。2001年8月改制为国有参股有限责任公司，更名为“湖州长运汽车运输有限公司”。同年公司通过ISO9001:2000客运服务质量体系认证。2002年8月通过国家二级道路旅客运输企业资质评审。9月，将德清县长运公司纳入旗下，成为湖州长运德清分公司。12月，公司所属各县、区车站实现异地联网售票。2010年9月经湖州市工商局核准设立登记为“湖州长运集团”。年底集团总资产6.3亿元，拥有员工1579人，下辖9个二级单位；拥有营运客车614辆，中高级客运车辆比率97%；拥有货车17辆；经营客运班线191条。当年集团收入21372万元，利润4582万元，人均收入36429元。

二十八、嘉兴市国鸿汽车运输有限公司

嘉兴市国鸿汽车运输有限公司源自1983年10月撤地建市时成立的浙江省汽车运输总公司嘉兴分公司，1987年12月省公司体制下放后成为市属全民企业，改名为“嘉兴市汽车运输公司”，人事归经委，业务隶属交通局。1988年10月汽车客运下放到县（市）后，公司有职工602人。客车67辆、2921座位，货车5辆、36吨位。固定资产原值1157.50万元，净值925万元，，流动资金297.2万元。经营跨省客运线路13条，跨市（地）客运线路11条，跨县（市）16条，县（市）内16条。年完成旅客运输量504.10万人次，旅客周转量15825.89万人公里；完成货物运输量1.53万吨，货物周转量121.95万吨公里。营收906.95万元，利润45.18万元。公司设劳动人事、计财、公安、稽查、机安、运管、党办、经理办、政治处、基建办、生活服务部及工会、共青团、人武等科办。基层单位有客运站、大修厂、汽车技校（乍浦）、零担货运站、车队、劳动服务公司。1998年，嘉兴市国鸿汽车运输有限公司成立。

1998年4月，国鸿集团经嘉兴市工商管理局注册登记成立，国鸿汽车运输有限公司成为国鸿集团最大的子公司。2006年，汽车运输有限公司资产、人员占整个国鸿集团的70%左右。公司下设客运分公司、站务分公司、维修分公司、公交分公司和客运出租公司。

二十九、丽水市汽车运输集团股份有限公司

公司地址在浙江省丽水市大洋路192号。是丽水市规模最大的道路运输骨干企业，具有交通部二级客运经营资质和三级货运经营资质。公司始创于1933年，2001年11月在原丽水市汽车运输联合总公司基础上改制为丽水市汽车运输集团有限公司，2008年12月国资进入公司，成为国资参股的有限公司。2010年11月更名为丽水市汽车运输集团股份有限公司。

2002年，公司通过ISO质量管理体系认证。公司现有在职员工1200余人，拥有客运西站、客运东站两个公用型车站和1个旅游车站,客、货运线路100余条,各类营运车520多辆。共有相关单位21个,其中分公司7个,控股子公司11个,参股公司3个,形成了以道路客、货运输业为主,城乡公交、汽车销售、维修、检测、改装和汽驾培训、宾馆、旅游、广告服务、燃油配件经营、房地产开发等相关行业为辅的经营格局。

公司陆续获得了"全国模范职工之家"、"浙江省道路运输诚信企业"、"浙江省首批公众满意诚信单位"、"浙江省综合治理先进单位"、"浙江省运输业重服务守诚信优秀单位"、"浙江省物流行业骨干企业"和"浙江省服务业80强"、"浙江省交通行业人才工作先进单位"、"浙江省思想政治工作优秀企业"、"浙江省行业优势放心满意推荐单位"、"浙江省群众体育先进集体"等称号;集团公司下属单位还多次获得"全国精神文明建设先进单位"、"全国交通行业文明示范窗口"、"交通部文明车站"、"交通部文明货运站"、"全国青年文明号"、"全国国内旅行社百强企业"、"浙江省最佳品质饭店"等荣誉称号,受到了社会各界的广泛好评。

三十、浙江衢州汽车运输集团有限公司

浙江衢州汽车运输集团有限公司(简称衢汽集团有限公司),设址衢州市市区上街207号。衢汽集团有限公司是国家4A级物流综合服务型物流企业和省物流骨干企业。衢汽集团有限公司源自衢州市行政区内建立最早、规模最大的全民所有制汽车运输企业——衢州汽车运输总公司,企业发展历史悠久。

1949年8月1日,浙江省交通公司成立,浙江省公路联营运输处第四运输段改组为浙江省交通公司第四运输段,衢州设汽车站和修理班,隶属该段。当时全段员工共97人,经营江山至福建浦城,衢州至华埠,龙游至遂昌3条线路。共有客车3辆,货车12辆。1952年7月,浙江省交通公司第四运输段改称为浙江省交通公司江山办事处(迁址淤头)。1953年1月,改称为国营浙江省运输公司江山分公司。下设衢州中心站,建立中共衢州中心站支部,主要经营衢州至江西婺源一线。1954年9月,改称运输局江山运输处,衢州仍然是中心站。1956年8月,撤销江山运输处,工作人员迁往金华,成立浙江省人民政府交通厅公路运输局金华运输处。衢州中心站改属金华运输处管辖。经营范围扩大到衢县、常山、开化、江山四个县的公路干线,1957年底,有职工189人,有客车25辆、货车115辆。

1958年7月,衢州中心站改称为金华地区公路运输局第二运输段(养路并入),经营衢县、江山、常山、开化等县境内的公路运输。1959年3月,改称为金华地区公路运输局衢州运输段。1960年8月,成立江山运输段和开化中心站,经营业务从衢州运输段划出。11月撤销龙游运输段,经营业务并入衢州运输段。1962年4月,恢复龙游运输段;撤销开化中心站,并入衢州运输段。1964年5月,养路划出,10月,撤销江山运输段,并入衢州运输段。1965年1月,中共衢州运输段委员会建立,接收社会货车21辆。1967年11月,衢州运输段革命委员会成立。1971年车辆监理划出。1978年底,全段有职工949人,有客车75辆、货车127辆,固定资产650万元,年利润213万元。

1979年1月,衢州运输段改称为浙江省汽车运输公司衢州分公司,龙游运输段改称为中心站,并入衢州分公司。1982年末,浙江省汽车运输公司衢州分公司撤销,分别成立衢州中心站和龙游中心站,属浙江省汽车运输公司金华分公司管辖。

1985年7月,衢州升为省辖市,衢州中心站改建为浙江省汽车运输公司衢州分公司。是年底，经营管辖龙游、江山、常山，开化4个县级站及衢州客运站、保修厂、货车队等直属部门。经理室以下设企业管理办公室，运输科、机务科、安全科、劳动工资科、计划财务科、公安科、稽查科、行政办公室等9个科室。共有职工2258人，其中驾驶员518人，修理工543人。有固定资产净值1331万元，客车170辆、货车162辆，年利润321万元。

1987年8月，省汽车运输公司管理体制改革，将11个分公司成建制下放给省辖市（地区）。1988年1月12日，省汽车运输公司衢州分公司及所属单位（包括全民和集体）成建制下放衢州市管理。14日，衢州分公司更名为衢州汽车运输总公司（简称衢汽总公司）。

1998年5月15日，成立衢州汽车运输集团，注册资本1829.54万元。11月4日，衢汽总公司召开五届二次职工代表大会，通过"公司组建方案"和"募股条例"。6月，与衢州运输实业总公司、市交通发展总公司共同出资，组建市快速汽车运输有限公司，衢汽总公司占股份50%。10月，市交通发展总公司所属省际长途客运公司、国际货运代理公司、上海远洋衢州分公司、南华汽车贸易中心4家单位成建制并入衢汽总公司。

1999年1月，经改制，衢汽总公司更名为衢州汽车运输集团有限公司（简称衢汽集团有限公司）。公司注册资本为1588万元。2001年5月，衢汽集团有限公司由国有控股改制为国有参股、经营者持大股、经营层控股的有限责任公司。公司注册资本仍为1588万元。

2004年1月，与市公共交通总公司共同出资组建衢通公共交通有限公司，衢汽集团有限公司占35%的股份。2005年1月，与江山市交通实业总公司共同出资组建江山市快速客运有限公司，衢汽集团有限公司占60%的股份。2006年9月，与杭州长途汽车运输集团有限公司共同出资组建浙江衢州通杭直达客运有限公司，衢汽集团有限公司占49%的股份。

2007年底，公司内设机构有办公室、政治处、运输机务处、安全保卫处、计划财务处、综合处。有直属、控股、参股企业12家。有职工712人。营运客货汽车333辆，其中班线客车158辆、轿车型出租车156辆、集装箱专用车19辆。

2010年，衢汽集团拥有在岗在册职工713人，拥有17家下属单位、8个职能部门，主要经营客货运集散、普通客运、快速客运、城市城际公交、集装箱运输、公铁联运、小件快运、物流服务、出租车服务、汽车修理、油料经营、旅游服务、车辆检测等。拥有各种营运车辆403余辆，其中营运客车201辆（其中班线客车182辆），货车19辆，轿车型出租车176辆，集装箱专用车7辆。

三十一、温州长运集团有限公司

位于飞霞南路197号。公司源自浙江省交通公司丽水分公司。1952年7月浙江省交通公司丽水分公司成立，1953年1月改称国营浙江省运输公司丽水分公司，1954年10月，丽水分公司改称丽水运输处。1957年4月，丽水运输处迁移至温州，5月1日，改称浙江省交通厅公路运输局温州运输处。1958年3月10日，温州运输处撤销，体制下放，成立温州区公路运输局，实行政企合一、企事合一、运养合一、运管合一，当年共增载143.45万吨。

1969年11月，浙江省交通厅撤销温州区公路运输局，成立浙江省运输公司温州运输段。1971年1月，企业体制再下放，改称温州地区汽车运输段。1973年温州地区汽车运输段更名为温州地区汽车运输公司。1976年企业第一交出现亏损，金额达78.54万元。1977年完成大修客货汽车128辆，"三保"客货车121辆，达历史最好水平。当年企业扭亏转盈，全年实现利润总额100.31万元。

1979年1月,企业体制再次上收,改称浙江省汽车运输公司温州分公司。1980年3月,开办集装箱运输业务。至1987年末,温州分公司有职工4513人,拥有客货营运汽车526辆,固定资产3443万元,营运里程2998公里,经营亏损130.83万元。全公司共有站屋42908平方米,比1978年扩大1.70倍。

1988年8月22日,浙江省人民政府决定,温州汽运分公司体制下放到温州市,改名为温州市长途汽车运输联合总公司。是年,温州长运总公司首先进行内部机构改革,下属客运一公司、客运二公司、货运一公司、货运二公司、燃料供应公司、劳动服务公司、材料供应公司、出租汽车公司、生活服务公司、汽车东站、汽车修造厂、修理厂以及驾驶技工职业学校13个单位,成为相对独立的经营实体。公司进行管理改革,总公司与二级公司签订承包经营合同,人事制度推行干部聘任制,经营方式推行层层承包和单车抵押承包,分配上采取工资全浮动,全面实行与工效挂钩,充分调动企业内部和职工的积极因素。1989年企业扭亏转盈。1990年末,总公司13个下属单位和部门有职工2341人,营运车辆234辆。是年末,总公司开通省际班车72班,货运零担班车59条,同时加强对山区、老区、边区的运输。全年完成旅客运输量1895万人、37301.80万人公里;货物周转量11.26万吨、3889.20万吨公里,利润总额达24.50万元,上缴国家税金166万元。是年,总公司实行总经理负责。

1998年至2001年,新城客运站、汽车新南站、温州双屿客运中心、温州旅游集散中心建成;金温快客通车;金鹿客运有限公司、汽车检测站、长顺快客运输有限公司相继建立。

2001年,公司被交通部评定为道路客运二级经营资质企业。2003年5月,公司兼并了温州市汽车运输公司。2004年7月,兼并了温州市联运总公司。2005年12月,兼并了洞头县长运总公司。2006年11月,兼并了温州交通国有资产经营有限公司。同一时期,公司建立多家合资企业,其范围涵盖客货运、物流、旅游、服务、广告、保险等诸多行业。先后成立金马客运有限公司、温丽客运有限公司、汽车服务有限公司、长运广告装饰有限公司、温沪快客有限公司等有限公司。

2005年4月,集团公司工会被中华全国总工会命名为"全国模范职工之家";2006年1月,被中国道路运输协会等权威机构评为全国道路旅客运输一级企业。2008年3月,公司通过中国物流与采购联合会评估获得AAA级综合服务型物流企业资格。2009年9月,集团公司董事长阮诗科被授予浙江省劳动模范荣誉称号。

截至2010年11月,温州长运集团有限公司拥有资产总额12亿余元。下属40多家单位,员工5000余人,经营范围为:客货运输,现代物流、汽车销售、检测维修、旅游服务、燃料销售、教育培训、广告装饰、保险代理等;集团经营客运线路280多条,覆盖20多个省、直辖市,拥有各类车辆1700辆;同时拥有双屿客运中心、汽车南站、新城客运中心、牛山客运中心、汽车东站、黄龙客运站、洞头新城站及旅游集散中心等八大客运旅游站场,日均发旅客4万余人。集团是交通部重点联系单位,全国道路运输百强企业、市级文明单位、市纳税百强和企业集团纳税十强企业、AAA级工商信用企业,省道路运输AAA级信用企业。

三十二、台州地区汽车运输公司

公司创建于1949年11月23日,浙江省交通公司第六运输段成立,段部设在黄岩县城关荔枝街5号,时有员工24人,汽车4辆。12月底开行黄岩至临海37公里班车。1950年2月初,黄岩工务段与第六运输段合署办公。年底两段人员共112人。1952年7月,黄岩工务段从第六运输段划出。1953 年 1 月 9 日，省交通公司第六运输段改称国营浙江省运输公司台州分公司，并接收原私营萧绍、绍曹嵩公司新天临黄办事处的全部经营路线和部分人员、车辆。原辖宁波的新昌、拔茅两站划归台州分公司管理。6 月 1 日，1951 年 10 月成立的国营华东联运公司浙江省公司临海办事处并入台州分公司。1954 年 8 月 13 日，台州分公司改称浙江省运输公司临海中心站，新昌、拔茅两站人员、财产划归嵊县中心站管理。9 月 1 日，分公司又改称省公路运输局临海中心站。1955 年 4 月，临海中心站改属宁波运输处管理，6 月成立临海货运站，9 月增设定车队和保养车间。10 月 8 日，黄岩至温州沿线各站划归丽水运输处。1956 年临海中心站接受私营临海协丰、海丰、韩正记、赵锦荣等 5 家汽车运输、修理业。1957 年 10 月 23 日，省交通厅发文，养护与运输合并。1958 年 5 月，撤销临海中心站，成立宁波区公路运输局台州运输段。10 月 1 日改称台州公路运输公司。12 月，台州专署撤销，台州地区公路运输公司改称为临海运输段，归温州区公路运输局领导。1962 年 5 月，台州专署恢复，成立浙江省直属台州公路运输段。1963 年省交通厅决定公路运输与公路养护分设。1964 年实行行政、事业、企业分开，浙江省汽车运输公司直属台州运输段隶属省汽车运输公司领导。1968 年 12 月 26 日，台州运输段成立地区革命委员会。1970 年 1 月交通体制下放，省汽车运输公司直属台州运输段改称为浙江省台州地区运输段革命委员会。1977 年 3 月更名为浙江省台州地区汽车运输公司。1979 年 1 月隶属省汽车运输公司管辖，称浙江省汽车运输公司临海分公司。1985 年，临海分公司共有干部和职工 3540 人，拥有客车 325 辆，货车 142 辆。全年完成旅客客运量 2475 万人，周转量 1792 万人公里；完成货物运量 21 万吨，周转量 3990 万吨公里。总营收 2584 万元，创利润 502 万元。

1988 年 2 月，临海分公司下放地区管理，改称台州地区汽车运输公司。

三十三、舟山市汽车运输有限公司

前身为 1951 年 5 月成立的定海运输公司，由定海县人民政府生产股领导。1952 年 6 月，由浙江省交通公司宁波分公司接管。1954 年 10 月，成立宁波区公路运输处舟山中心站。1958 年 7 月，改称宁波区公路运输局舟山运输段，9 月，归属舟山专署管辖。1960 年 1 月，又划归宁波区。1965 年 11 月，改称浙江省汽车运输公司舟山汽车站，由浙江省汽车运输公司领导。1970 年 11 月，更名舟山地区汽车运输段革命委员会。翌年 1 月，下放给舟山地区。1977 年 11 月，改称舟山地区汽车运输公司。1979 年归省属，改称浙江省汽车运输公司舟山分公司。1983 年 7 月，成立浙江省汽车运输公司定海货运站。1988 年 3 月，浙江省汽车运输公司舟山分公司下放归舟山市。9 月，浙江省舟山市汽车运输公司成立，归属舟山市交通局管辖。1989 年 1 月，舟山市汽车运输公司兼并市汽车出租公司。

1997 年 5 月，更名为舟山市汽车运输总公司。7 月，定海汽车客运旅游服务公司长途客运班车及随车人员划归舟山市汽车运输总公司。1998 年 1 月，舟山市汽车运输总公司兼并定海汽车客运旅游服务公司、舟山市客运联合售票处。2000 年 1 月，普陀汽车运输公司划归市汽车运输总公司。2002 年 2 月，企业改制易名市汽车运输有限责任公司。同年获交通部客运二级企业，并通过 ISO9001：2000 版质量管理体系认证。公司下辖定海客运分公司、定海快客分公司、普陀长途运输公司、普陀公共交通公司、定海公共交通公司、定海汽车客运旅游服务公司、市创新货物储运有限公司等 7 个经营实体和千岛外事旅游汽车有限公司、普陀山客车运输有限公司、朱家尖汽车有限责任公司、舟山新干线快速客运有限公司、舟山市神舟客运旅游有限公司、舟山驾驶培训中心、恒信服务就业有限公司、创新客运站务有限公司、舟山群岛旅游集散中心有限公司等9家合资公司,经营范围以客运为主。

2005年1月,投资成立舟山市创新货物储运有限公司。同年底,拥有各类营运车辆528辆、1.18万客位、其中大客车170辆、5882客位。中客车301辆、5642客位,出租车57辆、228客位。2007年5月,投资成立舟山市港城公共交通有限责任公司(全资)。9月,投资成立舟山汽运千岛外事汽车出租有限公司(控股)。2009年2月,投资成立舟山远达汽车客运中心有限公司。10月,投资成立浙江甬舟汽车客运有限公司(控股)。12月,成立金塘汇通汽车运输有限公司(控股)。2010年8月,投资成立浙江杭舟快速客运有限公司(控股),浙江长运客运旅游有限公司歇业注销。

2010年,公司拥有职工2651人,总资产3.58亿元,下辖快客分公司、普陀长运分公司、货运分公司3家分支机构和舟山市港城公共交通有限责任公司、定海汽车客运旅游服务公司、舟汽驾驶培训中心有限公司、舟山创新客运站务有限公司、舟山创新货物储运有限公司等5家全资公司及舟山市普陀朱家尖汽车运输有限责任公司、舟山千岛外事旅游汽车有限公司、舟山汽运千岛外事汽车出租有限公司、舟山市金塘汇通汽车运输有限公司、舟山新干线快速客运有限公司、浙江甬舟汽车客运有限公司、浙江杭舟快速客运有限公司、舟山市旅游集散中心有限公司、普陀山客车运输有限公司、舟山远达汽车客运中心有限公司等10家控股、参股单位。公司经营:公路客货运输、城市公交和城乡公交、旅游客运、出租汽车服务、纸张印刷、车辆维修、驾驶培训等项目。公司拥有定海、普陀、金塘5家客运站,各类营运车辆794辆,其中公交车481辆。长途客运班线65条,可通达广东、福建、江西、上海、江苏、安徽、湖北、山东、河南等地和本省各地、市;公交线路83条,覆盖面由城区扩展到乡镇,同时开通旅游观光车和无人售票车。年客运量5604万人次,客运周转量134883万人公里,营收22807万元。地址为舟山市定海区解放东路209弄7号。

第三节　汽车主要维修企业

一、杭州园林汽车服务有限公司

公司前身为杭州园林汽车修理厂,始建于1989年12月2日,2002年7月1日转制成为有限责任公司。公司率先在省内涉足高档名车维修业务,是一家综合性汽车服务企业,具备一类汽车维修资质。公司是杭州市机动车维修行业的龙头企业,也是省、市机关事业单位公务用车维修定点单位。下设杭州园林汽车检测服务有限公司(汽车综合性能检测A级站)、杭州万事达汽车销售有限公司、杭州园林美通汽车服务有限公司。2008年,公司有技师20余人,配有四轮定位仪、车身校正仪、自动变速箱测速仪、变扭器焊接机等,200多台先进的维修设备和20余台电脑检测仪,配备2条汽车综合性能和安全检测线,有员工300名,设备先进齐全,并拥有汽车发动机电脑解码仪,全车喷漆烘房2套等。

2010年年底,公司注册资金1050万元,资产达到2500余万元,占地面积21600平方米,年维修产值达4000余万元。拥有一支以高级技师7人、技师10余人为主的高素质的汽车维修专业队伍,配备四轮定位仪、车身校正仪、自动变速箱测试仪、变扭器焊接机等200多台先进的维修设备,和通用、宝马、晶产、雷诺、保时捷、奥迪等30余台电脑检测仪,同时配备2条汽车综合性能和安全检测线。公司已成为一家具有一类机动车维修资质(大中型客车、大中型货车、小型车辆维修),集汽车维修、检测、租赁、装潢及配件销售于一体的综合性汽车服务企业。是年,荣获“2009~2010年度全国汽车维修行业诚信企业”、“杭州汽车维修行业先进企业”、“杭州市信用考核AAA级单位”、“杭州市汽车维修行业最具社会责任感企业”等多项荣誉。

二、浙江中通物业发展有限公司汽车分公司

分公司前身为杭州市电信局动力修理厂,1994年更名为杭州迪佛汽车维修有限公司。2003年公司在杭城拥有3家汽修厂分别位于杭州市文一路56号、江城路94号和萧山洄澜路8号),成为杭州维修网络服务半径呈20公里辐射的大型汽车综合服务商。2006年具备全省一类汽车整车维修经营资质,省、市公务用车定点维修企业。2008年公司拥有职工140余人,主要配备小型汽车整修系列设备和检测诊断仪器、德国产百世霸检测设备、韩国、美国等发达国家的电脑诊断仪和汽车专用示波器。

三、衢州汽车运输集团有限公司修理厂

修理厂前身为汽车保修厂,1975年始建。1988年设立汽车修造厂(保留汽车保修厂),建立中国第二汽车集团公司衢州技术服务站。1991年成立衢州市轿车修理厂,1992年成立汽车保修检测设备厂,同时建立中国第一汽车集团公司衢州服务站。1993年建立上海大众汽车衢州服务站。1995年新建汽车保修厂车间和二汽服务站厂房。2004年组建衢汽集团有限公司修理厂。2005年修理厂有职工283人,拥有汽车各类设备10余套。是年,劳务产值55万元左右,配件销售120万元。2010年,修理厂拥有汽车维修专业工程师、技师11人,高级工2名,中级工13名。是年,劳务产值122万元,配件销售220万元。

四、杭州轮胎翻修厂

始建于民国36年(1947年)原杭州汽车修理厂与上海胜利轮胎翻修厂订约,建立翻修车间,施行各项轮胎的修补工作,当时主要为浙江联营运输服务。1952~1956年期间,公私合营成立杭州轮胎翻新小组和同业公会。1958年重新组织杭州市汽车修理轮胎车间。161年轮胎车间搬迁,当时轮胎翻修全市独此一家,技术在全省也数最佳。1980年以原轮胎车间为基础,建立杭州轮胎翻修厂。1981年轮胎翻修13324条,轮胎修7416条,1990年轮胎翻新15511条,轮胎修理7224条。该厂拥有主要设备15台,占地面积7308平方米,房屋建筑面积2323平方米,固定资产60.24万元。1990年后,行政业务管理脱离交通系统。

五、金华轮胎翻修厂

始于1959年,由金华地区公路运输局筹建。1960年投产,时为全省最大的轮胎翻修专业厂。1964年10月,并入金华汽车修配厂,改称轮胎翻修车间。1968年2月,改称金华运输段轮胎厂。1970年9月,改称浙江省汽车运输公司金华运输段轮胎翻修车间。是年12月,经浙江省交通邮政局批准,更名为金华轮胎翻修厂。1981年5月,称浙江轮胎厂。1983年3月,改称浙江轮胎翻修厂。1988年,经济体制调整,下放金华市交通局,当年扩建线胎翻修生产线。1990年,翻修厂有职工240人,投入生产,产值327万元,利税44.47万元,主要设备117台。1991年,厂主要领导班子调整后对轮胎翻修业务重视不够,经营不景气。1993年10月,金华市交通局对厂主要领导作调整,扭转被动局面,扩大再生产能力。1994年,上报再生胶技改项目,经省经委批准立项,扩建生产能力1000吨的项目。1995年7月,浙江轮胎厂改制参股浙江鸿运集团有限公司,同时开发不锈钢(落板)项目,因市场和贷款原因停

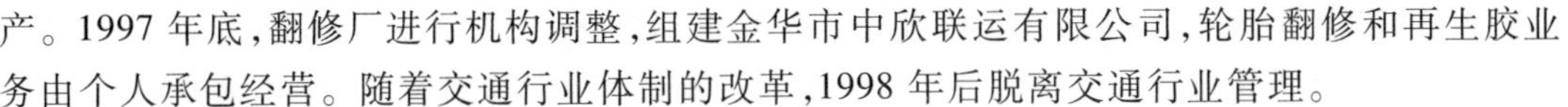

产。1997 年底，翻修厂进行机构调整，组建金华市中欣联运有限公司，轮胎翻修和再生胶业务由个人承包经营。随着交通行业体制的改革，1998 年后脱离交通行业管理。

六、湖州长运汽车销售服务有限公司

前身是湖州市汽车运输总公司大修厂，创建于 1958 年。公司位于湖州市吴兴区原 318 国道旁。公司 2001 年 8 月随总部改制以来进入快速发展期。2010 年，公司占地面积 33000 平方米，建筑面积 15000 平方米，集修理厂 4S 特约经销商、一类汽车维修、事故车定点、南园烧鸡食品加工销售等多产业一体的公司。

公司修理设备齐全，配备各式适应现代汽车需要的维修、检测设备，能满足各档汽车维修、检测业务的需要；备有施救车辆及拖车，能够开展 24 小时远程外出道路施救活动。

公司内部管理严密规范，制订有修理岗位责任制、安全生产责任制、修理车辆交接制、透明收费结算制、竣工车辆质量监督投诉制。公司以实现顾客满意为根本追求，是湖州市最早实行和取得汽车维修 ISO9001—2000 质量管理体系和 ISO14001 环境管理体系双认证企业。公司连续 10 年被评为一类大修先进企业。

2010 年，公司职工人数 173 人，有工程师 3 名，高级工以上 4 名，中、初级汽车机工、钣金工、漆工、电工等维修技术人员 40 多名，并配有高级检验员及结算员、接待员、仓管员。年产值 19445.01 万元，效益 331.16 万元。

七、绍兴市汽车运输总公司修理厂

始于 1974 年，原名浙江省绍兴市汽车运输公司绍兴修理厂。1988 年体制变革后，改称绍兴市汽车运输总公司修理厂，系全民所有制企业。1990 年，修理厂核定为一类企业，主要承修大型汽车和配件制造，时有机具设备 145 台，职工 260 余人，同时还生产汽车节能产品、汽车保修机具设备。1994 年，修理厂从大校场沿易址新建，迁入位于五云的汽车东站内。1999 年，修理厂与原城北桥客运总站修理车间合并，组建成绍兴市汽车运输集团有限公司修理厂，占地 25 亩，设立两个车间，由原先单一的修理大货车为主转变为以修理大客车为主。

1999 年 12 月，修理厂实现改制，由自然人控股，职工持股会与汽车集团共同参股经营，改制成立绍兴市越风汽车修理有限公司。改制后，越风修理公司克服规模小、设备旧、人员结构老化等困难，承修绍兴市汽运集团有限公司、浙江新干线快客公司绍兴管理处以及社会上的旅游大客车。2000 年，绍兴市汽运集团发展公交事业，相继成立汽运公交、汽运巴士等两家公交公司，越风修理公司又增加 300 余辆的公交车修理业务。至 2010 年，修理厂由客货并修转型为以大客车、公交车为主的修理格局，并相继成立宇通、金龙、海格、玉柴、潍柴、长安、五菱等特约维修站。越风修理公司有职工 117 人，总资产 543.37 万元，年营业收入 1561.55 万元，净利润 2.38 万元。

八、丽水汽运集团汽车修理厂

始于民国 21 年(1932 年)10 月，时称丽水修理店，总车场(修车)设在杭州武林门。民国 24 年，省营汽车在丽水市设修理场所。民国 26 年，由杭州迁往丽水的原杭州修车厂在丽水大港头建立修车厂，后迁至县头，改称县头汽车修造厂。民国 36 年抗战胜利后，省联营运输处在丽水设置保养场，直属杭州修理厂，负责第五运输段车辆大修。1951 年接收金武永汽车公司；1952 年丽水保养场扩建新厂房；1953 年，全面贯彻“三级保养制度”，撤销丽水保养场成立修理车间，直到 1959 年，开始承担全区的汽车修理任务。

1965年3月，丽水地区汽车运输公司从所属各单位抽调各种技术工人90多名组成汽车修理车间，1966年正式投入生产。1969年地区为解放社会车辆的保养与修理，决定在丽水市白云山麓建立地区汽车修配厂。1972年，经地区批准，地区汽车修配厂并入运输段，1974年又划给地区交通局管理，复名修配厂。1977年浙江省汽车运输公司丽水地区运输段修理厂正式成立，地区革委会决定将地区汽车修配厂划归地区汽车运输段领导，改名丽水地区汽车运输段修配厂，负责对全区社会车辆修理。1978年丽水地区汽车运输段修配厂又划给地区交通局领导，定名为丽水地区汽车修配厂。1979年，地区行政公署批复地区交通局报造，同意将丽水地区汽车修配厂仍旧归并汽车运输分公司管理，承担社会车辆大修任务。1980年丽水分公司决定将丽水修理厂和丽水修配厂合并改称为浙江省汽车运输公司丽水修理厂，任务不变。该厂下设车身车间，装配车间，动力设备组，技术检验组，材料组，承担汽车保养修理，自1966年共修理客货汽车10901辆，三类底盘105只，发动机152只。2003年，改制后的公司（丽汽集团）制订下发《车辆维修管理办法》。为适应车辆维修的需要，丽汽集团在西站站场创办了汽车修理厂，并兼修外地进站小修车辆。2005年丽水客运车站又组建修理车间，定点保修客车，兼修外地进站小修车辆，为确保维修质量，加强技术管理，认真贯彻国家标准《汽车维修开业条件》，2010年丽水汽运集团汽车修理企业，在设备、设施等方面都进入一个新的阶段，修理人员经多次培训后，技术素质满足各类车辆维修的要求。丽汽集团汽车修理厂设在客运西站内的修理厂，2010年全年维修汽车7013辆次；设在客运车站内的修理厂，完成定点包修客车156辆和外地进站小修业务。

ZHE JIANG SHENG JIAO TONG ZHI

浙江省交通志

（远古~2010年）

下册

《浙江省交通志》编纂委员会 编

图书在版编目(CIP)数据

浙江省交通志／《浙江省交通志》编委会编. --北京:人民交通出版社股份有限公司，2016.10

ISBN 978-7-114-12829-5

Ⅰ. ①浙… Ⅱ. ①浙… Ⅲ. ①交通运输业-概况-浙江省 Ⅳ. ①F512.755

中国版本图书馆 CIP 数据核字(2016)第 034448 号

书　　名：浙江省交通志（远古~2010 年）
著 作 者：《浙江省交通志》编纂委员会
责任编辑：韩亚楠　崔　建　陈　鹏
出版发行：人民交通出版社股份有限公司
地　　址：（100011）北京市朝阳区安定门外外馆斜街 3 号
网　　址：http：//www. ccpress. com. cn
销售电话：（010）59757973
总 经 销：人民交通出版社股份有限公司发行部
经　　销：各地新华书店
印　　刷：杭州地质印刷有限公司
开　　本：787×1092　1/16
印　　张：89
字　　数：2090 千
版　　次：2016 年 10 月　第 1 版
印　　次：2016 年 10 月　第 1 次印刷
印　　数：1500 册
书　　号：ISBN 987-7-114-12829-5
定　　价：350.00 元（上、下册）

目　　录

上　　册

第一篇　道　　路

第二篇　水　路

第三篇　道路运输

下　册

第四篇　水路运输

第五篇　车船及交通机械修造

第六篇　管　　理

第七篇　科技　教育　信息化

第八篇　队 伍 建 设

第九篇 交通文化

附 表

第四篇　水 路 运 输

浙江是个海洋大省，海岸线总长为6696公里，其中大陆海岸线北起平湖的金丝娘桥南至苍南沙埕港的虎头鼻，长约2253公里，天然良港达40多处，深水岸线506公里。浙江水系大多以武夷山系北半部闽浙赣边为中心由西南向东北或由西向东呈辐射状，西南高东北低，自北而南形成有苕溪、钱塘江、曹娥江、甬江、椒江、瓯江、飞云江和鳌江八大水系，以及江南、浙东两大人工运河。除苕溪、江南运河外，其他均各自向东，奔流到海。这些大江大河孕育了浙江远古文明，也成为最早为先民利用的天然水上交通通道。

春秋战国时期，越人在江浙一带“以船为车，以楫为马”。在越国国都会稽附近，沿河建立了造船场——“舟室”。越人已具备良好的海上航行能力，在对吴国及中原诸国的作战中，大都用舟船作为运载兵粮的工具。自秦汉以降，浙江境域民间造船发达，乡村居民所需船只都是自己打造。春秋战国时期的五大港口中，浙江占了会稽（今绍兴）、句章（今宁波）两个。浙江是元代海外贸易的重要基地，至元十四年（1277年）设立的七处市舶司中，有四处（庆元、澉浦、杭州、温州）在浙江境内，其中庆元是元代最为重要的外贸港口之一，与日本、高丽、东南亚、西亚以及地中海、非洲的许多国家和地区有着贸易往来。

明清时期，长期实行了严酷的海禁政策，海外贸易遭到沉重打击。康熙二十三年（1683年），平定台湾后即解除海禁，开放广州、漳州、宁波，云台山等四地，准许海外贸易，并设江、浙、闽、粤四海关管理。

20世纪初，英、日、法、美等外国资本的轮船公司的势力逐步向浙江沿海及内河扩张。许多爱国绅商在“护我航权”、“保护航利”、“振兴航业”等口号下，纷纷投资于轮船航运业，省内各地成立的轮船航运企业达到40余家。20世纪30年代之后，浙江的航运业有了较大发展，形成了中国民族轮船占优势地位的航运格局；内河航运发展迅速，航线遍及各主要内河，并延伸至上海、苏州等地。

1950年9月，浙江省国营轮船业——浙江省航运公司建立。1956年社会主义改造完成后，国营浙江省轮船公司在全省沿海、内河各主要港埠设立分支机构，初步形成了运输网络，拥有了一定的水运规模。1966~1976年的“文化大革命”运动，给浙江航运生产带来了严重的干扰和破坏。1978年改革开放以来，全省水路运输市场逐渐繁荣活跃：专业远洋运输企业从无到有，内河和沿海的国营、集体水运企业开拓经营，个体户和联户水运企业异军突起，沿海港口进一步对外开放。

1990年后，各种运输方式竞争激烈，为发挥优势适应竞争，旅客运输向着高速化、滚装化发展，国内货物运输向大宗货物运输发展，远洋运输向国际集装箱运输发展。截止2010年，全省水路运输船舶21439艘，18125788吨位；客运量3155万人次，旅客周转量603百万人公里；货运量63258万吨，货物周转量547624百万吨公里；沿海港口吞吐量达788百万吨，内河港口吞吐量339.41百万吨。

第一章 水运工具

春秋时期，浙江境内已有楼船、余皇、翼船、戈船、方舟等木板船及用松、柏扎成筏的木桴。南朝时，官府及民间已普遍使用木帆船。唐宋时期，浙江境内的海舰、江舟、河舶和湖船名目繁多。元代和明代前期进入造船技术的鼎盛时期。元代的运河漕船、海运漕船及远洋海船处于世界领先地位；明初郑和下西洋的大型宝船，船型巨大，船内设施完善。明中叶至清康熙二十三年（1684 年），采取禁海、闭关政策，船舶制造水平下降，帆船运输业迅速衰落，外国夹板船进入。20 世纪初，出现木质燃煤蒸汽机轮船。民国后期，柴油机船逐步取代了蒸汽机船，从单一的木帆船发展到拥有客轮、货轮、拖轮、客驳、货驳等多种船型。

1949 年中华人民共和国成立后，水运工具得到一定发展。20 世纪 60 年代起，以挂桨机为推进装置的钢丝网水泥船逐步取代传统的木帆船，并出现了钢质船。70 年代水泥船成主流船舶，木帆船基本淘汰。80 年代后以钢质船为主，并逐渐替代水泥船、挂桨机船，船舶设施日益完备，并完成了内河驳船、拖轮、客轮等船型的定型工作。

2010 年年末，浙江省共有营运船舶 21439 艘，净载重量 18125788 吨位。其中机动船 20498 艘，净载重量 18004798 吨位，载客量 72693 客位，总功率 5695657 千瓦；驳船 941 艘，120990 吨位。

第一节 筏 舟

一、筏

春秋后期，浙江境内即以筏为运输工具，广泛应用于山溪区段载货渡客。竹筏之大小因适应山溪河流而异，一般长 10 米、宽 1.5 米左右。筏上大都有高 15 ~ 20 厘米左右的货架，用于放置燥货。其制作工艺基本一致：用长大、挺直、粗细相当的毛竹 8 ~ 14 支，削去表层青皮，微火熏烤使排首弯成上翘，排身穿以数档坚木固定。

竹筏一般为单筏，但也有多节筏。节与节之间用绳索或铁丝联结，每筏能载重 300 ~ 500 公斤。筏工每筏首尾各 1 人，顺水航行时用竹篙撑，逆水航行时筏工赤足下水拖行或上岸背纤，筏上人撑篙把握方向，劳作十分艰苦。

清乾隆嘉庆年间，瑞安县玉壶和大峃有竹筏 140 余张。民国元年（1912 年）杭州所属各县有竹筏 935 张。民国 21 年（1932 年），义乌有竹筏 1000 余张。1949 年杭州市有竹筏 2125 张，金华市有竹筏 353 张。

图 4 – 1 – 1 为 20 世纪 30 年代钱塘江上游运货竹筏。

图 4 – 1 – 1 钱塘江上游运货竹筏（20 世纪 30 年代）

20世纪50年代，竹筏的使用还相当普遍。特别是在山区，竹筏仍是重要的运输工具。1952年，桐庐、分水两县共有竹筏420余张；1958年安吉县有竹筏500张；1959年，永嘉县有竹筏3525张，乐清县有380张，瑞安县有194张，平阳县有180余张，泰顺县有170余张。

20世纪60年代后，随着公路建设的发展和水运工具的进步，筏运逐渐萎缩。20世纪70年代，除个别旅游区仍用竹筏渡人外，70年代筏已基本绝迹。

二、舟

舟，指独木舟，以整段树干刳制而成，以楫（桨）为推进工具。

2002年11月，在萧山跨湖桥遗址内发现距今7600年前的近乎完整的独木舟（见图4-1-2）。该舟长5.6米，船身最宽处为53厘米，船体深20厘米，舱体凹面内有多条支撑横木的痕迹，在制作方法上已比较成熟。除跨湖桥遗址外，浙江还多处发现古代独木舟及其木桨等。1973年余姚河姆渡文化遗址出土了距今7000年前的6支木桨（见图4-1-3）；1996年余姚市鲻山遗址（距今5500年）曾出土背面微圆弧，尾部变薄且上翘的木拖舟；1958年，杭州市拱墅区东北的水田畈遗址（距今4000~5000年）发掘出了宽翼、窄翼两种式样的4支木桨等。

图4-1-2 浙江萧山跨湖桥遗址出土的独木舟遗骸

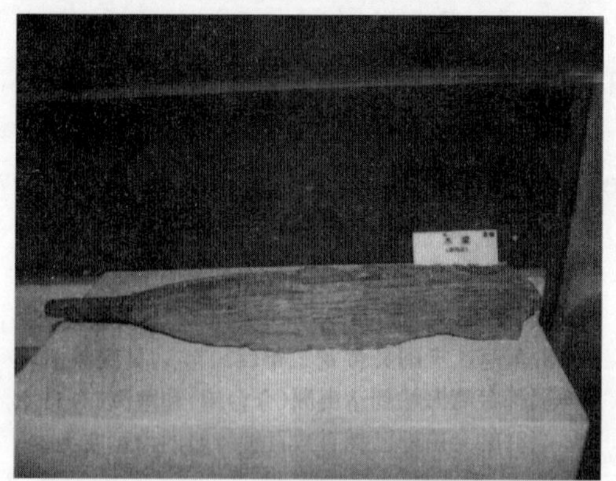

图4-1-3 7000年前的河姆渡船桨

1970年在温岭箬横村出土的汉代独木舟，残长700厘米，中部宽110厘，舱深约50厘米，舟内有用火加工的痕迹；1958年，在温州出土东晋独木舟4条，其中最长的一条为955厘米（见图4-1-4）；1978年在宁波出土唐代的独木舟，长130厘米，宽92厘米，两舷有对称的榫孔，可安装横梁。

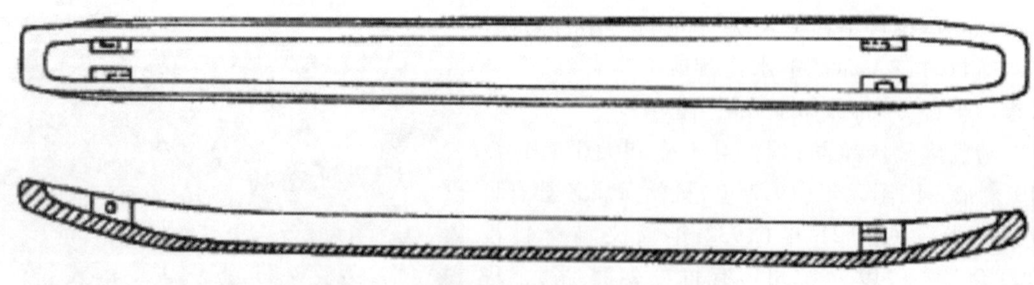

图4-1-4 东晋独木舟（温州出土，线图）

随着木板船的发展，唐代之后独木舟渐被淘汰。

第二节 木 帆 船

一、内河木帆船

西周时，越国人已精于造船。周成王时（前1042～前1021年），居于浙江一带的于越人沿海而上到达周都丰镐或洛邑，以舟为贡品献于成王。春秋时期，浙江打造的木板船用于军事活动。吴王阖闾即位（前514年）后，委任伍子胥整顿军备，打造大翼、小翼、突冒、楼船、桥船等类型的船只，并效法陆军车战法则训练水军。秦时的船只已能适应远航。秦始皇于三十七年（前210年）十月南巡时，乘船到达钱塘江。汉代，木板船中有战船、货船、客船等类型。汉代的楼船为军事活动中重要的运输工具，汉武帝任命朱买臣修造楼船，经略南方越族。晋时，钱塘江上商船千艘，出现两条船只并连而成的“大船连舫”，船只的装饰十分讲究。南朝宋孝武帝为了阻止诸王、大臣的座船过于奢侈，下令“平乘舫皆平，两头作露平行，不得拟像龙舟，悉不得朱油”。

隋朝时，杭州城建立，并成为江南重镇，运河上舟船往来频繁。沿杭州闸口至镇江京口的江南运河，待潮发舟，“编蒲为帆，大者或数十幅，自白沙（今江苏仪征南长江岸边）溯而上，常待东北风，谓之潮信。”

南宋时，杭州为国都，运河上舟船种类繁多。漕运有纲船、稍船，官船有红座船，寺观庵舍有红油舟同滩等。杭州里河皆是“落脚头船”，运载往来士贾诸邑等人，及搬载香货杂色物件等；还有大滩船，搬载米、盐、柴炭、砖瓦灰泥等物。客船有舟同船、舫船、航船、飞篷船等。

元代，江南运河上车船运货络绎不绝，运载居民必需之食粮。杭州有河流三道贯串全城，运河上的小船运载什物及煤炭来城售卖，还有游船供客人玩耍。

明清时期，江南运河上漕运规模甚大。成化年间（1465～1487年）定全国卫所船军漕粮为十二总，其中浙江总运粮66.5311万石3斗4升，浙西总属四卫三所，杭州前军2277人、浅船207艘、领漕7.1583万石1斗，杭州右军2497人、浅船227艘、领漕7.8499万石3斗4升，严州（今属杭州）所军1001人、浅船91艘。清初浙江漕船1441艘，至雍正四年（1726年）减存至1215艘，雍正九年（1731年）为1208艘（其中清船1082艘，自粮船126艘）。明清时舟船种类很多，仅清代雍正《北新关志》所载报关船式及船图，就有杭州墅湖船、湖州圈篷船、档板尖头船、刘河荡湖船、邵伯木屐头船、桐闸子船、邵白开稍船、平湖花船等76种。乾隆南巡时，其乘坐的“安福舻”，长九丈三尺，宽一丈九尺；孝贤皇后乘坐的“翔凤艇”，长八丈四尺，宽一丈六尺。后面是一支庞大的宫廷船队，有船1000余艘，拉纤河兵3600多人。

内河木帆船的品种因流域而形式各异。如钱塘江水系主要有义乌港船、江山船、大麦船、驳运船（俗称划船）、灵山港船、徽港船、海宁船（俗称炭船）等；苕溪水系及江南运河有西漳船、码头船、航船、丝网船、菱湖船、窑坯船、杭驳船、苏州船、常州船、包了船、芦墟船、里墅船、浪船（香船）、活水船、荡滩船、漕泥船、牛拖船、石灰船等；瓯江、飞云江水系有舴艋船、大岀船、河厢船、虹桥船、大泥乌（俗称“单万载”）、刁龟等（见表4－1－1）。

民国期间浙江省江航木帆船一览表　　表4－1－1

水系	名称	载重(客)量	航行区域	营运性质	备注
钱塘江	江山船	100~600担	江山、常山经衢县、金华、兰溪、建德至杭州	客运兼载	又名尖头船
	大8舱快船	50人	兰溪至建德	专载客	
	小8舱快船	24人	建德至淳安	专载客	
	小16舱民船	160担	建德至徽州	客货兼载	
	4舱民船	80~160担	义乌至金华、兰溪	客货兼载	
	8~14舱船	800~1200担	兰溪至杭州	客货兼载	
	划子	10~60担	分水、于潜至桐庐新登、渌渚至桐庐、富阳	客货兼载	4舱以下的木帆船统称划子
	滩船	100~500担	诸暨至临浦、杭州	客货兼载	
	西安船	100担	常山至开化	客货兼载	
	华埠乌	40~80担	常山、华埠至马金	客货兼载	
	开梢船(走内)	150~400担	义桥、富阳至桐庐	专载货	
	开梢船(走外)	60~200吨	杭州、萧山、海盐至浙东沿海一带	专载货	
	平头	120~240担 30~40人	上虞、百官至嵊县	客货兼运	
	白篷船	15~450担	上虞、百官至嵊县		分2、3、4、5、6舱5种
	白官船	200~400担 30~50人	百官附近一带	客货兼载	又称红头百官船
	缸船	150担	嵊县剡溪	客货兼载	
	航船	20~40人	各处均有	载客为主	
	驳船	50~100担	各货运集散港埠均有	专载货	
瓯江	大舴艋船(又名青田船)	80担 20人	永嘉至青田	客货兼运	飞云江、鳌江与瓯江类同
	舴艋船	60担15人	青田至丽水	客货兼运	
	小舴艋船	30担12人	永嘉至龙泉、小梅	客货兼运	
	大岙艇	120担30人	飞云江干线一带	客货兼运	属飞云江的文成县大岙所出
	禺船	140担40人	永嘉至丽水	客货兼运	
	五舱尖头	20担 8人	龙泉至永嘉	客货兼运	
	小蓬船	10担 3~5人	松阳至碧湖	客货兼运	
	驳船	100担	永嘉附近	载货为主	
	航船	20人左右	瓯江下游一带	载客为主	
甬江	乌山船	100~200担 20人	鄞县至奉化	客货兼运	源出奉化
	百官船	200~400担 30~50人	鄞县至余姚	客货兼运	源出上虞百官
	红头樟船	400~1000担	鄞县、余姚至上虞	专载货	

续上表

水系	名称	载重(客)量	航行区域	营运性质	备注
甬江	湖田船	120~200 担	余姚、上虞一带	专载货	
	红头船	400~180 担 40 人	鄞县、镇海一带	客货兼载	
	划船	2~3 人	鄞县附近	专载客	
	帆篷船	300~500 担	鄞、镇、姚、慈一带	专载货	
	航船	20 人左右	各处均有	客运为主	
灵江	长船	300~500 担	临海至海门	客货兼载	
	天台长船	100~200 担	天台至临海	客货兼载	
	临仙长船	100~200 担	仙居至临海	客货兼载	
	柴扛船	300~400 担	临海至海门	专载货	
	潮济舶	80~120 担	黄岩至潮济	客货兼运	
	河里舶	100 担左右	黄岩至温岭	客货兼运	
	小三舱	60 担左右	黄岩至温岭	客货兼运	
	小四舱	80 担左右	黄岩至温岭	客货兼运	
	航快船	10~20 人	各处均有	客运为主	

民国时期内河木帆船按营业性质分为航船、快船、民船、客船和划船等五种。航船及快船主营客运,兼载商货;民船以货运为主;客船、划船专营载客。杭嘉湖平原河网地区兼容各种类型的船舶,有方头、平底、身狭的苏、沪式船型,有船头短小、平底、船身狭长、后梢高翘的绍式船型;有尖头、圆底、身狭的江山式船型,也有首尾较窄、船腹阔大、底平的木地船,归纳起来约有30余种(见表4-1-2)。民国18年(1929年)浙江省内河营业木帆船领取牌照数量为58331艘(见表4-1-3),加上部分船户不登记、不领牌的船舶(占1/3强),全省内河从事营业的木帆船实际总数为9万艘左右。其中,江航木帆船总数约有3万艘,船型多系尖头、圆底,船身较狭长且多舱多单桅,载重量100~600担不等,但也有10担左右的小船和1000担以上的大尖头帆船。在下游至江口一带的船型多方头、平底、船身阔大,备双帆,载重量在60~200吨之间,也有可载重300吨,但数量很少。图4-1-5为1942年杭州运河中运行的民船。

民国初年开始,小轮业兴起,木帆船在客货运输中的份额渐渐缩小。1957年内河民船为2.07万艘、12.82万载重吨。1958~1960年,对木帆船进行"双革"(技术革命和技术革新),安装发动机改装成机帆船,木帆船数量逐渐减少。1965年全省木帆船总数为14843艘161468载重吨,1993年仅为53艘970载重吨。

民国期间杭嘉湖、绍萧平原各类内河木帆船一览表 表4-1-2

河道	名称	载重(客)量	行驶地方	营业性质	备注
江南运河(包括苕溪水系)	帐船	100~200 担	杭、嘉、湖各处	载客为主	又称圈棚船
	西樟船	200~400 担, 最多 2000 担			源出自无锡西樟一带
	浪船	400 担	吴兴一带	客货兼运	
	栈船	10~20 人	嘉兴、湖州一带	客运为主	

续上表

河道	名称	载重（客）量	行驶地方	营业性质	备　注
江南运河（包括苕溪水系）	乌山船	100～200 担 20 人	嘉兴、湖州一带	客货兼载	
	江山船	100～200 担	吴兴、长兴、余杭	客货兼载	
	丝网船	120～400 担	嘉兴、平湖	客货兼载	又名无锡网快
	海宁船	300～400 担	平湖、海宁	客货兼载	
	码头船	300～800 担	嘉兴、嘉善	货运为主	源自上海一带
	南通驳子		嘉兴、湖州	货运为主	
	江西驳子		嘉兴、湖州	货运为主	
	南京驳子		嘉兴、湖州	货运为主	
	崇明船		嘉兴、湖州	货运为主	
	川船		嘉兴、湖州	货运为主	
	泰州船	200 担	嘉兴、湖州	货运为主	
	常熟米包子	250 担左右	嘉兴、平湖、海宁	装运米粮	
	芦墟船	200 担左右	嘉善、平湖	客货兼运	
	苏州船	200 担以上	嘉兴、平湖	客货兼运	
	蠡墅船	200～300 担	嘉兴、嘉善、平湖	客货兼运	
	菱湖船	200～250 担	菱湖、吴兴、嘉兴	客货兼运	
杭甬运河	白篷船	120～500 担	上虞、绍兴、萧山	货运为主	分 1、2、3、4、5 舱
	乌篷船	20～100 担	上虞、绍兴、萧山	货运为主	
	白官船	200～400 担 30 人左右	曹娥、绍兴、西兴	客货兼运	
	乌山船	100～200 担 20 人左右	曹娥、绍兴、西兴	客货兼运	
	脚划船	3 人	各处均有	专运客	
	明瓦船		绍兴附近	专运客	乌篷船的一种
	开梢船	160～400 担	萧山附近	货运为主	
	长船	260 担	萧山、临浦	货运为主	
	网船	200 担	萧山、绍兴	客货兼运	
	滩船	300 担	临浦、萧山	货运为主	

1929 年浙江省内河营业木帆船数量及分布一览表　　表 4－1－3

管辖机关	分 布 区 域	艘数
第一区所	杭州大关、塘栖、桐庐	8224
第二区所	嘉兴、石门湾、平湖、硖石	12106
第三区所	吴兴、南浔、虹星桥、菱湖、新市、乌镇	11726
第四区所	宁波、镇海、定海、慈溪	4743
第五区所	永嘉、青田、坎门、鳌江、瑞安	5958
第六区所	海门、石浦、石塘、临海	920

续上表

管辖机关	分布区域	艘数
第七区所	兰溪、威坪、衢州、严东关、金华	7482
第八区所	绍兴、余姚、临浦	7172
合计		58331

浙江内河木帆船主要船种有：

乌篷船 又称脚划船，木质结构（图4－1－6）。源于绍兴，清代流入嘉兴地区，全由绍兴籍人经营。船体首尾较少，体似棱形，底平膀圆舱浅，上以黑色瓦形篾篷作舱棚，故名乌篷船。中间为统舱，舱板加铺草席供乘客坐卧，可载客三四人。后稍插有靠背木板一块，船家操作时手执小木桨操纵舵向，稍左置一戗水板辅航，以双脚蹬大木桨推进，时速约4公里。后因快班船增多和小汽轮行驶，1956年后逐渐减少并淘汰。

图4－1－5 运河中的民船（杭州，1942年）

图4－1－6 乌篷船

丝网船 又名南游船，起源于江苏无锡，木质结构。渔民长年用以兼作客运。上棚为木制折装棚板，中间镶嵌玻璃推窗，上面覆盖筱篷，船体皆用青桐油和紫广漆。船分三舱，中间客舱，有低跨梁相隔。前半舱供旅客乘坐；后半舱铺有高舱板，上铺草席，设有凳、搁几、茶具、被褥等物，随客坐卧。客舱与稍舱用推窗隔开，后舱为船家举炊住宿之处，上搭芦扉棚为摇船时挡风遮阳。可乘七八人，大者可乘十多人。丝网船平时为乘客雇用，春秋季为烧香或旅游者所包，可承包膳食或夜宿，具有旅游船性质，故收费高于其他客船。

快班船 源于绍兴，俗称绍兴快班船。船体狭长，首窄尾翘，走水性能好，且多橹摇驶，航速较快，古称快船。首尾各开圆孔，停泊时竹篙从中插入河底，无须扣岸缆。统舱上复盖黑色瓦形壳筱篷。船体水线以上为黑油涂漆，水线以下为红色或赫色。舱下可贮物。航快船以客运为主，兼营零担货运和传递邮件。载重量3～6吨，可乘客20～40人。船艄部位有正橹1支、大橹1支、边橹2支（船体较大的还有笃梢橹1支），小木舵1扇，船橹均为直板橹，船头备板桨一二支，倘有4橹2桨全部开档，时速可达6公里。快班船定期定点线开行，班次视航线距离远近而定，20公里以内早出晚归，当日往返；稍长的隔日来回；长航线则逢三六九或二四八开班，故又称班头船。20世纪50年代中期，快班船与航船通称为“航快船”，并转为货运为主。1976年后，快班船停止客运。

开梢船 萧山县的开梢船，俗名“狗屎”开梢，木质，首尾翘起，呈元宝形，稳性较好，抗潮抗浪能力较强。船身两旁画有龙头、龙身等图形。船有三支桅杆，即头桅、大桅、三桅，航行于钱塘江、富春江和浦阳江等水域。桐庐县的开梢船，两端正方而开梢，腹宽4~6米，长25米，摇以巨橹，转以大舵，蓬可揭盖，桅高10米以上，大船帆三道。1982年后淘汰。

航船 客货兼运船舶。有夜航船、快班船之分。夜航船穿越县境达邻县城市，航途较远；快班船是指乡村至县城的船，夜航船全船满篷，舱内铺高舱板，其上载客，舱下装货。载重一般为9~13吨，较大者为三舱载重14~20吨。此船傍晚启碇彻夜航行，天亮时分至到达港。快班船属定点、定期交通船。船首略翘高，头平形似板斧，后艄高于船首。船体分舱从首至尾依次为斗颈、前大挡、后火舱、灰背。全船满篷三扇，中舱为定篷，其余两扇为推篷。一般长约5~6米，宽1米，深0.50米，准载3~4吨。后艄配备大小橹、催艄橹，左右两侧各有一支出跳橹，必要时还可增加两支划桨，时速在7.50公里左右。

划船 萧山称脚划船，亦称信班船。船长约5米，宽约0.80米，深约0.30米。全船满逢三扇，中舱为定篷，余为推篷。夏令时节加盖明瓦，中舱可载客2~4人。船家坐于后艄，背靠船尾一块直立的木板，两脚划一支丈余长桨如两手划船状，在右舷两手夹持一支长约3~4尺的短桨，以桨代舵控制航向。杭州湖墅、余杭塘栖、三墩、临平一带称"小划船"，俗称渔船。船小，1~2人用手划桨，载客营业的有船篷，极为灵活方便。

西漳船 浙西内河货运船，源于江苏无锡西漳一带，故名。船长12~13米，宽3~3.5米，方形船头，流线型船体。一般载重约二三十吨，船首甲板上开有方孔，用板复盖，内可贮物或住宿。中间有两道大梁，分头舱、中舱、后舱，既可分类装运物资，又可免使一舱渗水全船皆湿。舷口两侧下有戗水板，上端有折装膀板，下复盖防雨筏篷，凡装运粮食及重要物资，可作封舱。一般物资敞舱装运。据船吨大小，设1~2支桅杆，既可扬帆，也可拉纤。后艄舱上铺平甲板，前设月台棚，下为船员住宿之处。船艄外挑出鹰翼（后出艄），可避后船碰撞舵片及大橹。普遍适航于长江以南流域，航速快，稳性好，宜于远航。

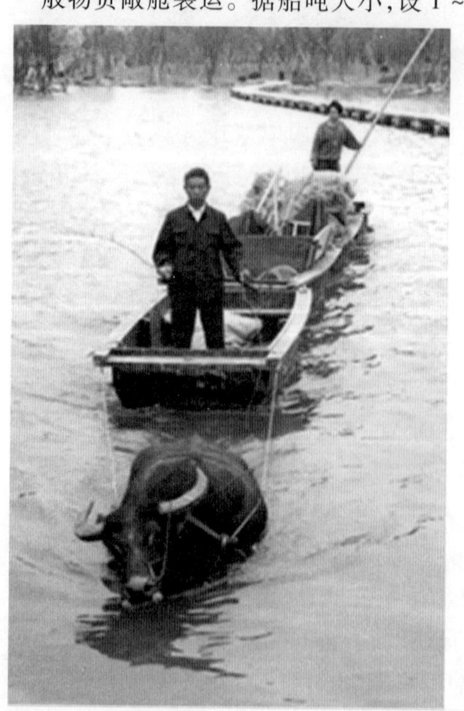

图4-1-7 牛拖船

绍兴船 又名乌艄船。产于绍兴地区，船主和船工大都为绍兴籍。船体瘦长，半圆形底，首尾无柱，只装斗斤板，斗斤板外加装假船头和假船尾。全船前中部和后中部各置大梁一道，中舱肚档较膨，俗称大档。大梁上装有26~40厘米宽的压梁甲板，俗称大挡甲板。前压梁甲板中部，开有一孔，供张时竖杆用。全船分三大舱，前、中舱为货轮，后舱为船员住宿处。艄舱上甲板为驾船操作场所，上置箬篷作艄棚，舱棚为拱形箬篷。船体水线以上及箬篷全用墨灰拌桐油涂抹，呈黑色，在水面行驶似乌艄蛇游动。

杭驳船 多航行于浙西内河，吃水浅，长方形，一般载重20~40吨。此船在杭州中河装运柴炭，以斜坡的船尾当头，可顺倒撑。湖墅一带的杭驳船后艄摇橹，前艄撑篙，装运粮食，最大40吨，叫大四舱，30吨的叫中四舱，每舱约2.67米见方，船长17米左右。

牛拖船 即用水牛拖的货运船（见图4-1-7）。道光二十九年（1849年）春，头蓬老盐仓船民钱毛毛设计，由绍兴钱芝品松陵船厂制造。此船仿照牛车双牛驾驶的原理，由一水牛拖驶而行。船呈长方形，首尾皆平，长5~6米，宽1米，深0.5米，每档三艘，可拖带7.5吨货，一人驾驶一牛拖。光绪二十五年（1899年）改为每档六艘，由一牛拖二人驾驶（一人管牛指引方向，一人管船把船撑直），遇水浅可拆档减载，每次2~3艘船亦能在泥浆中拖（滑）过去。20世纪70年代末淘汰。

舴艋船 是瓯江20世纪70年代前的主要水运工具。源出青田县一带，也称“青田船”，乐清县称“两头尖”，瑞安、永嘉、瓯海一带称“梭船”。头尾尖，舱肚大，以木桨、竹篙、风帆为工具。浅水用篙，深水用桨，顺风扬帆。上滩时船工要下水拔船或拉纤相结合。这种木船早期为小四舱，后发展为小五舱、大五舱。载重2.75吨的大五舱舴艋船，总长约12米（包括前后伸出的兜筋），五个主舱，前三舱为装货舱，后二舱主要为船工生活用舱，每舱约长1.1米，高0.75米，宽1.65米。松木为底板，杉木为漂板，船梁、马腿（肋）用硬木。底板厚2.5厘米，漂板厚1.8厘米。船只自重约400公斤，空船吃水13厘米左右。用三段硬篾篷遮盖。前头的小篾篷装卸货物时可以掀开，中间的娘篷固定，后面的推篷可随时前后推动。这种木船吃水浅，转向灵，适宜多礁多湾深浅相间的溪流航行。庆元六年（1200年），南宋哲学家叶适晚年在温州定居后，参考画舫的设计，给瓯江舴艋船加上了硬篾船篷。用竹爿、竹篾和箬叶编成。篷成弧状，分为两段（后发展为三段），中间隆起，可伸可并。20世纪80年代后除旅游用船外逐渐淘汰。图4-1-8为舴艋船。

图4-1-8 舴艋船

大峃船 又称大峃艇，航行于飞云江、瓯江水系。源出文成县大峃镇，故名。小平头、尾翘、底平。7吨位的大峃船全长15米，6个货舱，上盖三搭篾篷，篷下有梁，人在篷背可以前后走动，有风帆、船舵，用人力操篙桨为推力，船员2名。船只笨重，需结队航行，上滩时要下水拔船和多人拉纤相结合。原出于大峃（文成），航行于飞云江上游，民国时期部分迁入瓯江。1957年随着航运体制下放，有数十艘大峃船从温州迁入丽水县。大峃船比舴艋船吨位大、舱面宽，适宜装运轻泡货物或旅客。但由于造船木材耗量大、航速慢，被逐步淘汰。丽水1974年停建大峃船，20世纪80年代后绝迹。

二、海洋木帆船

商、西周时期，通行木板船。秦汉时代，省内沿海地区出现众多商船、战船。

唐代，明州（今宁波）有唐舶，为唐代出使之海船，大的有二十丈，可载六七百人。水密隔舱有9舱，帆的应用灵活，能驶侧逆风。船体坚固，适应性较强，载重量500~1000斛。在制作工艺上已使用油灰和船钉。中唐，昌国（今舟山）始建渔船，船身一般长一丈八尺（鲁尺），称“丈八河条”。

宋时，浙江沿海有客舟、神舟、漕船、海漕船等。客舟“长十余丈、深三丈、阔二丈五尺，可载二千斛粟。其制皆以全木巨枋搀叠而成，上平如衡，下侧如刃，船分三舱。”而神舟为宋代使臣出使海外所乘坐船。宋元丰元年（1078年），宋使安焘、陈睦出使高丽，命明州（今宁波）造两艘

“万斛船”，名为凌虚致远安济神舟、灵飞顺济神舟，载重约500吨。宣和年间（1119～1125年），宋廷又在明州打造两艘更大舟船，名为鼎新利涉怀远康济神舟、循流安逸通济神舟，“神舟之长阔高大，杂物器用，人数，皆三倍于客舟”。宣和五年（1123年），两船驶抵高丽时，出现“倾国耸观，而欢呼嘉叹”的盛况。昌国县（今定海）的船舶船宽一丈以上者597艘，一丈以下者3324艘，但均手摇木橹船。历经数代改良，木橹船演变出许多种类：按大小，有大对船、小对船，大捕船、小捕船；按构造特点，有卤潭船、夹板船、绿眉毛船、顶松头；按用途，有涨网船、钓船、拖船、乌槽船、水踞船等。北宋时期，舟山海域已有大型船舶通航。还有海漕船，系尖底三桅帆船，艏艉不分，两头各置一舵两桨，前后对称，上盖望楼，载重在1000斛上下。

元代，有庆元船、苍船、俞大娘船等。庆元（今宁波）所造之商舶，一般能搭乘六七十人，载重量五百斛以下，主要行驶我国沿海航线，有时也行驶日本、朝鲜航线。苍船、俞大娘船主要行驶外海，苍船长二十丈，可载六七百人，其中俞大娘船能载重万石。

明清时期，有蜑船、沙船、福船、夹板船、宁波船、绿眉毛、遮洋船、温州白点、六横雄鸡头、温州小白点、水艍、赶缯、双蓬等船型。乾隆五十八年（1793年）英国来华特使乔治·马夏尔尼途经舟山洋面时，看到停在洋面上的各类大小船只约一千艘，很多在打鱼，大一点的船在装运木材和其他货物。有些船并成一行，有些绑在一起装巨大的木材。所有这些船的帆都是席子编织的。19世纪初，在镇海、上海等处驻宁波港的“南北号”商船约有400艘。19世纪40年代后，外国夹板船进入，木帆船逐年减少。到1850年，宁波的“南北号”商行只有20多户，共置有木帆船100余艘，最大的木帆船载重约250吨。到了咸丰同治年间（1851～1874年），浙江漕粮改为海运等而导致船数大量增加。“南北号”达到最盛时，总计应拥有蜑船、像船等六七百艘，至少拥有15万吨的运力。光绪中叶，宁台温一带有性能优良的贸易海船3000多艘。后江苏省以钓船夹带禁物、偷漏税捐为由，实行封禁，不准驶入长江通航，上海也禁止进入黄浦江，使大批钓船失去生计而退出市场。

从清光绪中叶起至民国初年，浙江传统木帆船海运业明显衰退，大帆船日趋减少。宁波北号商船走向下坡，全盛时曾创建“庆安会馆”的冯公二、董大生、费敦大等9户，于光绪末年前后歇业，到民国初年只剩下10户左右被称为小北号的小商船行号。温州自开埠以后，进出港帆船的数量由开埠后第二年（1878年）的3496艘次，到1912年减少至1378艘次，载重总量为5万余吨。宁台温一带具有优良性能的贸易海船——钓船，在光绪中叶尚有3000多艘，到1911年只剩下1000艘左右，其中能够航驶长江的大钓船只有一百八九十艘。

20世纪20年代，帆船航运业呈现出迅速发展的势头，浙江沿海众多的港埠（包括乍浦、海盐、新埠头、健跳、花桥、金清港、松门、石塘、隘顽、江夏、白溪、清江渡、蒲歧、小叠、三盘等）进出客货迫切需要船舶运送，而当时行驶沿海的轮船均不往停靠，因此，这些地方纷纷集资或独资建造大帆船，仅楚门、坎门两地的海运贸易帆船统计即不下25艘。如楚门人陆楚材先独资建造1艘约100吨的“金益发”帆船，不久又与人合资建造了载重各125吨的大帆船3艘（“金同益”、“金三益”、“金永益”）。坎门玉泉隆钓钩商主，投资与人合伙于1920年前后购置“大排”、“南顺”、“乌揽”等大中号商船数对。另有同镇商贩叶木富，1931年开始置船从事商运，到抗战前夕已拥有帆船9艘。还有航商韩约渔的1艘载重100吨的“韩通利”帆船以及郑显元合资建造的5艘帆船等。此时，帆船技术性能有一定改进，投入南北洋和长江各处航行的大型海船多采用夹板船。如1919年陈文光在温州建造的“金瑞康”号，1920年宁波邬锦章新建的"金同华"号,1922 年温州芸芝新造的"金源兴"号,1924 年温州曾兰卿购置的"金鑫发"号,以及由旧帆船改造而成的"金海华"号等都是夹板船。1923 年,进出宁波、温州两港的夹板船达 502 艘次,63405 载重总吨。温州航商吴荣华等,先后对旧式帆船进行技术改造,在帆船或夹板船上加装机器动力,改为汽尾船,既提高了运输效率,又避免海盗的抢劫。以后,温州的汽尾船年有增加,至 20 世纪 30 年代前发展到七八十艘。

民国期间,沿海木质船舶种类甚多,有吊儿、马龙、水白底、丁松头、小梅龙、乌沙、雷网等船种,尤以木帆船最为广泛使用。

20 世纪 20 年代之前,省内各通商口岸每年帆船进出数量保持在 1 万艘次左右,船舶载重总吨位在 45 ~50 万吨之间。民国 11 ~12 年(1922 ~1923 年)间进出宁波、温州两港的帆船每年达 2 万多艘次、71 万余载重总吨。以后,宁、温两港的帆船进出口数量虽有所回落,但至民国 16 年以前,每年仍不少于 1.5 万艘次和 60 万载重总吨。民国 21 年,经交通部上海航政局宁波、温州航政办事处登记、丈检的 200 担以上的木帆船为 1282 艘,载重总量为 661594.12 担,平均每艘载重量为 516 担。实际上浙江沿海商运帆船远不止此数,隐匿拒不登记缴费的船只很多。据第一区船舶管理所报告,该管区内杭州湾一带有江海两用钓船、开梢船约 2000 艘(载重量大者 200 吨,小者 20 吨)就没向该所登记缴费。另外,沿海各岛屿的木帆船也大多不登记领牌。如第四区管辖的宁波一带,按登记的沿海营业木帆船共有 1193 艘。而仅定海县的帆船就有 5017 艘、载重总量 1084255 担,其中有大小客货帆船共 1878 艘、载重量 726370 担,超过了全管区的数量。浙江沿海木帆船总数实际不少于 2 万艘,载重总量当在 400 万担以上。

1949 年前后,木帆船仍然是沿海主要运输工具。

沿海木舤船主要类型:

蜑船 明清时期的浙江海船(见图 4 –1 –9)。长十一丈,宽二丈三尺多,深约八尺。小方头,高艉。船壳水下部分涂蛎粉以防蛀、腐,水上部分用煤屑抹成黑色,艄艉抹矾红。靠风力行驶,三桅,主桅高八丈。

图 4 –1 –9 明清时浙江海船——蜑船行驶图

沙船 明代多为"北帮"商号所经营之船舶。船型平底,小平头,艉部出艄,舭部有梗水木。身长而扁,吃水浅,稳性好。大号船长 10 丈,宽 1 丈 8 尺,设 4 桅,可载粮 1500 石。

福船 明代多为"南帮"号所经营之船舶。大福船"底尖卜阔,艄昂限高,舱楼 3 重,中部为 4 层,下层装土石压舱,2 层为住舱,3 层为操帆及餐事场所,中置水柜,左右开 6 门,4 层为露台,旁设翼板。"

遮洋船 始建于明洪武元年(1368 年)。因漕运需要,明政府下令温州和明州(今宁波)建造百余艘遮洋船。遮洋船头长、梢长、底宽均为 1.1 丈,底长 0.6 丈,底梢宽 0.75 丈,可装米四五百石。明永乐年间,船舶建造技术提高,抗风能力加强,遮洋船开始航行海外。

出海船 又称外海船、湖羊头船,是航行于江浙沿海、钱塘江下游一带的货运木帆船,载重为 10 ~ 150 吨级不等。船底平，船面是船底宽的一倍。头尾起翘，船头底板向外起翘 20 厘米；又有直板一块画上龙的头形。一般设三桅七舱。三桅即三道风帆，借风为动力；七舱即头串舱、闸水舱、胡同舱、大舱、尺八舱和舵柱舱，舱内有数根大梁支撑。船用配置的工属具，用属相的十二生肖命名。船上一般备两只锚，即四只钩的快水锚和两只钩的慢水锚。1970 至 1979 年间，出海船陆续被钢质货轮所替代。

第三节 驳 船

驳船按用途可分客驳和货驳，按造船材料分有木驳、钢丝网水泥驳、钢驳。船型大致相同，方头平底深舱，船尾有艄棚或月台，供船员生活和掌舵。

客驳拖带于客轮后面，于 20 世纪 70 年代投入营运，曾有水泥质客驳，80 年代淘汰。货驳都由拖轮拖带，20 世纪 70 年代木驳逐渐被水泥驳和钢驳所取代。2010 年，省内有驳船 941 艘、120990 总吨，均为钢质驳船。

一、木驳船

民国 4 年（1915 年），绍兴的越安轮船公司建造硬棚驳船 6 艘，由客轮拖带。民国 11 年，驳船发展到 30 艘。钱江轮渡和宁绍、胜利临绍三济公司在抗战后有渡驳 15 艘和客驳 6 艘。

1950 年，省航钱江分公司有渡驳 5 艘、小驳船 2 艘，杭州分公司有客驳 4 艘。1952 年，杭州分公司投资发展货驳 33 艘、1780 载重吨。自 1954 年国营航业推广“一列式拖带运输”和运输社在大跃进逐步实施轮驳拖带后，木驳船迅速增多。1958 年，杭州分公司就自造 100 艘、3650 吨位，各运输社则对 20 吨以上的木帆船改装成驳船，凡新船一律建为木驳。1960 年，在杭的省市航运企业就有木驳船 644 艘，2123 客座、21327 载重吨位。1956 年，湖州有木质驳船 250 余艘，大多原为载重 30 吨以上的木帆船。20 世纪 60 年代末，因木材供应不足，大多数航运企业停止木驳制造，仅靠技术改造增加木驳数量，以适应轮拖的需要。1979 年末，杭州有木质船有 1290 艘、30778 载重吨（含木帆船 199 艘、1824 载重吨），占非机动船艘数的 73.72%、吨位的 56.24%；绍兴的驳船总数达到 715 艘，其中客驳 71 艘、3503 客位，货驳 644 艘、11589 载重吨位。但随着更新换代的进程，木驳比重迅速下降。1990 年后仅存少量木帆船，基本淘汰。

二、钢丝网水泥驳船

钢丝网水泥驳船以圆钢为骨架，铺设钢丝网三四层，用 600 号以上水泥浇制而成。首尾呈小圆形，淌水部位有钢筋水泥“象鼻头”3 ~ 5 道。中间为统舱，舷口内向甲板。始舱与木驳不同，高出舷口 1 米左右，为船员生活住宿之处，上为操舵系统。无自航能力，以机动船拖带行驶。1969 年，杭州内河航运公司添置水泥船 15 艘，1973 年建造 60 吨级水泥驳船队驶于杭申线。后省内各水运企业也陆续建置水泥驳船队。1979 年杭州共有水泥质驳船 341 艘、13045 载重吨，分别占非机动船总数的 19.89%、23.34%；绍兴有 221 艘，其中货驳 212 艘、5191 载重吨，客驳 9 艘、989 客位。20 世纪 80 年代开始逐渐减少。至 1990 年年末，杭州尚存 108 艘、100 客座、3267 载重吨。2000 年后，基本淘汰。

三、钢质驳船

1952 年 9 月，省航杭州分公司始建 80 吨级钢驳 10 艘。1954 年又建 100 吨级钢驳 8 艘，

1958年6月更建150吨级钢驳40艘，1960年再建30艘、3250载重吨，累计达88艘、10850载重吨。1984年杭州航运公司还建造了航区内第一艘顶推驳船载量210吨位。1990年年末，杭州航区水运企业有钢驳1205艘、1804客座/1300卧席、92699载重吨。2000年后逐步淘汰出市场。

第四节 轮 船

一、内河轮船

（一）客货轮

道光二十年（1840年）以后，外国人经营的小轮船开始在杭州运河线上航行。同治十二年（1874年），杭州始有官营"内河招商局"轮船，行驶于杭州、上海间，在塘栖设站，客货兼营。光绪二十一年（1895年）八月始，上海、湖州间客轮通航。此后，瑞安项申甫等人购置"永瑞"小拖轮（1906年）行驶于温州内河，钱江轮船公司购"恒新"轮（1908年），奉化人王清夫经营的木质轮船由芦墟开嘉善（1905~1908年间），德清县程通林等人购置客轮创办德新轮船公司（1909年）。

民国时，小轮业兴起，客轮渐多。这些客轮大多数为木质，以煤、木炭、木柴为燃料，蒸汽发动机为动力。民国元年（1912年），越安轮船公司从上海购置的2艘木壳机轮。民国11年，该公司又购入铁壳火油机船5艘。此后，临绍、卓章、德兴等轮船公司也纷纷购置客轮从事内河客运。民国4年，嘉善县内已有王清记客轮4艘和另一商号"王升记"的客轮2艘。民国15年，招商、立兴、公利、戴生昌、正昌、锡湖等轮船局（公司）每日（或隔日）从湖州开往上海、杭州、苏州、无锡、南浔、长兴、菱湖等埠轮船有10余艘。民国18年起，嘉善、西塘等地的航快船主，先后从上海买回旧汽车引擎，改装原船，载客带货，当时称为"汽油班"或"机器班"。民国20年，杭州的航运公司在钱塘江航行的轮船有22艘，在运河航行的有19艘。民国21年，杭嘉湖内河地区共有小轮企业43家，拥有轮汽船86艘，计988.13吨，航行于杭州运河航道上国人经营的小轮船主要有：招商局内河轮船公司所属的利川轮、河平轮；宁绍内河轮船公司所属宁远轮、宁琛轮、宁青轮、宁学轮；源通轮船局所属大有轮、大安轮、水源轮；长杭轮船局所属长鲸轮、长源轮、长杭轮等。民国22年，温州有内河汽轮船16艘，其中钢质船6艘。民国30年至民国33年，内河轮汽船有19艘，其中钢质船约有八九艘。

1949年，绍兴有客轮13艘、278马力。湖州、南浔、菱湖、新市等埠停靠经营客轮、客货轮85艘，大多为小马力木质轮船，采用日本或美国产汽油机改装为木炭船，以木炭或木柴做燃料（1958年改为白煤机）。

1949年12月，浙江省航务局成立后，通过接管、调入、购置、租用等手段，解决和发展水运运输工具。1950年1月，由浙江省航务局所属钱江管理所，接收了原钱江渡轮管理所的拖轮1艘（主机功率32马力）、驳船5艘（载重量共125吨），继续经营钱江轮渡业务。接着，浙江省航务局从华东交通部先后调入内字号机帆船6艘（每艘60吨）、拖轮1艘，钱江管理所又购置"民力"号客轮1艘，经营杭（州）桐（庐）线客货运输业务。1952年3月，华东内河轮船公司浙江省公司及其分支机构分别接收了当地机关生产单位的内河轮船和驳船近40艘，自备运力得到了扩充。1953年6月，浙江省内河轮船公司改称为浙江省轮船公司，陆续接收了一些单位的船舶，并投资新建了一批拖轮、内河客轮、客货轮、铁驳。1956 年，社会主义改造完成后，又有公私合营的 178 艘轮船、88 艘驳船并入浙江省轮船公司。浙江省木帆船社会主义改造情况详见表 4－1－4。到 1957 年年底，浙江省轮船公司拥有机动船、驳船共 870 艘、0.70 万客位、3.13 万载重吨（其中机动船 127 艘、0.39 万客位、0.19 万载重吨）；全省内河民船为 2.07 万艘、12.82 万载重吨。

1956 年 6 月浙江省木帆船社会主义改造一览表　　表 4－1－4

地区	船舶数（艘）	吨位数（吨）	人数（人）	改造数								
				船舶数（艘）	占总数（%）	吨位数（吨）	占总数（%）	人数（人）	占总数（%）	合作社数（个）	合作小组数（个）	公私合营公司数（个）
温州	7469	22587	10730	7290	97.60	22035	97.56	10478	97.65	60	18	2
宁波	3351	25766	7981	2691	80.30	19902	77.24	5619	70.40	38		
舟山	732	16223	4448	604	82.51	14692	90.56	4157	93.46	14		
海门	1929	12489	3472	1578	81.80	9605	76.91	2736	78.80	25		
金华	1846	9051	6758	1713	92.80	8359	92.35	6270	92.78	16		
建德	1504	15662	7502	1269	84.38	12606	80.49	6336	84.46	22		1
钱江	1065	11592	2678	475	44.60	3878	33.45	755	28.19	5		
拱埠	962	17099	4842	455	47.30	6612	38.67	1750	36.14	7		
嘉兴	2856	40558	9129	2437	85133	33601	82.85	7777	85.19	38	1	
合计	21714	171027	57540	18512	85.25	131290	76.77	45878	79.73	225	19	3

20 世纪 50 年代，浙江的内河运输船舶以木质船为主。1958～1960 年，对木帆船进行"双革"（技术革命和技术革新），在船上装脚踏翻水板以代替手摇桨橹，利用旧发动机改装机帆船。至 1960 年 3 月，轮木结合拖带化的木帆船达 7.20 万吨，占全省木帆船总吨位数的 46%；内河轮船实现机驾合一的有 127 艘，占 45%。在对木帆船进行"双革"的同时，还通过租船、买船、造船等途径，增添了不少机动船舶。到 1965 年，机动船的比重由 1957 年的 19.60% 上升到 39.70%。机动船的总艘数、客位、吨位和拖轮功率，由 1957 年的 312 艘、10680 座、2392 吨、5103 千瓦，增长到 1965 年的 994 艘、21168 座、31636 吨、18968 千瓦，分别增长 218%、98%、1223%、271%。还接收上海市交通运输局所属公私合营内河航运所的机动船 23 艘（拖轮 9 艘、客轮 3 艘、机帆船 11 艘）、客驳 4 艘，以及第四运输民船合作社的全部船舶。20 世纪 60 年代开始，内河木质船逐步被钢丝网水泥船取代，并建成省内第一艘内河钢质客货轮。

1966～1976 年"文化大革命"期间，浙江航运生产基本上处于停滞状态，内河船舶失修失养。据 1973 年初统计，浙江省内河船舶完好率仅 60%（历史上一般完好率在 80% 以上）。一部分船舶不得不采取减载等措施，有的船舶不得不停航。20 世纪 70 年代始出现钢质船，水泥质机动船逐步进入客运行业。80 年代，木质客轮逐渐被钢质轮替代。

1977～1990 年，进行内河船舶的蒸汽机、柴油机、煤气机等的技术改造，一批低效、高耗和安全性能差的木质和水泥质船舶被钢质轮替代。全省交通运输部门各类钢质船舶的吨位比重不断上升，1980 年为 26%，1985 年为 73%，1990 年为 93%；客位比重也不断上升，1980

年为 14.70%,1985 年为 46.20%。完成了内河驳船、拖轮、客轮,以及短途小马力机动货船、客船等船型、机型的定型工作。客轮向钢质化、豪华型发展,钱江有"航 27"、"航 28"号两艘双体客轮,均为两层甲板式,座位舒适、阻力小、航速快、上下方便,主机功率为双机 220.80 千瓦,载客量分别为 390 人和 400 人。内河有"龙井"、"虎跑"、"双峰"、"玉泉"和"九溪"5 艘采用软席,并设有单、双人卧室及餐厅、小卖部、广播室、淋浴间。"九溪"轮还配置卧室空调、雷达导航等设施。主机功率分别为双机 266.43 千瓦和 210.21 千瓦,载客量前 4 艘为 250 客位/24 卧席,后 1 艘为 23 客位/122 卧席。1990 年后,交通部门的客轮已基本实现钢质化,非交通部门也大多为钢质柴油机客轮。

表 4-1-5 为浙江省 1977~1990 年内河水路运输企业拥有船舶情况。

1977~1990 年浙江省内河水路运输企业船舶数一览表 表 4-1-5

年份	船舶(艘)	载客量(客位)	净载重量(吨位)
1977	14275	82911	201960
1978	14004	86591	212116
1979	13881	87457	218974
1980	13318	88804	246216
1981	13308	86642	266395
1982	12901	96447	280330
1983	12737	96075	300482
1984	11856	93012	309246
1985	11046	87514	341569
1986	10688	80887	360736
1987	9827	66813	373554
1988	9563	60361	389435
1989	9049	62177	392967
1990	8471	59173	385683
1991	69538	165597	1718498
1992	63591	159374	1849891
1993	65604	101516	1433163
1994	64892	99017	1507864
1995	65581	88255	1621906
1996	61212	65155	1619752
1997	49333	60242	1409170
1998	47568	38411	1751496
1999	44670	40714	1822951
2000	36181	28764	1694393
2001	35030	27229	1909837

续上表

年份	船舶(艘)	载客量(客位)	净载重量(吨位)
2002	34327	23706	2315091
2003	30549	23711	2548928
2004	28386	23825	2830689
2005	25682	24827	2930499
2006	23379	33665	3074961
2007	21262	30149	3062734
2008	20089	31551	2974859
2009	18053	33209	2969239
2010	17758	35692	3334662

注:表列数字为机动船、驳船、木帆船之和。

1991~2000年间,内河船舶艘数呈下降趋势,而吨位有所上升;水上客运逐步为陆运所取代,客船数量有所减少,但各大旅游景点的旅游船有所增加。2000年年底,民用机动客船为914艘、58675客位,交通部门运输企业机动客船为158艘、25284客位。

2010年内河船舶为17758艘,运力333.47万载重吨,比2009年增长34.13万载重吨,增幅11.39%。内河通过实施船型标准化工程,淘汰营运钢质挂桨机船1.4万余艘,船舶平均吨位由2005年的114载重吨,提高到187载重吨,增长幅度为64%。全省船舶平均船龄保持在10年以内。

(二)拖轮

浙江拖轮始于清末民初,大多用于拖带客驳,钱江轮渡都用拖轮拖带渡驳。1949年后,普遍发展货拖轮,或以轮驳结合,或拖船挂货驳一列式运输。1953年,杭州市有拖轮22艘。1959年,建成自载货拖轮1艘,自载150吨,拖带500吨位,行驶于杭申线。1979年浙江水运企业有拖轮278艘,但功率较小,且以木质、水泥质居多。至1990年末,水运企业有165艘、16152千瓦,经改造更新,钢质船体已占多数,平均功率比1979年增长1倍多。最大货拖轮"浙运703"号158.9千瓦,可拖带1220吨级船队。顶推轮组,内河已有5组、341千瓦,驳船6艘,1416吨,一般都为1轮2驳。其中"浙运182"号顶推轮,可自载156吨。更有1组500吨级1轮1驳的顶推船组自钱江出海。

(三)机帆船

民国时,杭州市境内有7艘机帆船。1949年钱江航运公司奉命从上海接收了50吨级,功率为10.88~22.05千瓦的11艘机帆船,计550吨位。20世纪50年代,桐庐、余杭及杭州钱江和运河均开始建造或改装客驳为机帆船,但数量不多。1959年6月,钱江航运公司第一船队(即出海船队)首建120吨级(主机88.33千瓦)木质机帆船,后该船队又继续将20余艘海帆船改装成机帆船。20世纪60~70年代,萧山浦阳江、钱塘江各航运企业也陆续在木帆船上安装发动机,配置大、小帆于主、副桅杆,前者为动力帆,当机器故障时,可借风力航行。至1988年后,机帆船都改为货轮。

(四)旅游船

西湖游船 1957年,西湖游船工会建成第一艘木质机动船"西子"号,核定客位22座。1985年3月,始建以直流电机为动力的"柳浪"号,核载300人,长18.5米,吃水0.75米,两台主机。后有"山明"、"水秀"、"濯月"等游船7艘。1973年制成第一艘木质电瓶船。1976年9月建造玻璃钢电瓶船——"闻莺"号。1990年年末,计有玻璃钢电瓶船109艘(4~250座)。1981年5月,西湖上出现电机木质画舫"画中游",此后还有"总相宜"、"浮梅槛"、"菡萏舸"、"玉龙"、"金凤"、"兰槐号"等画舫。1959年,建造"西湖一号"机动游艇。1971年又增"西湖二"、"西湖三号"。1987年"明珠"号游艇投入使用。1988年3月,豪华型"玉龙"号游艇在西湖下水。嗣后,还有"飞霞"、"云溪"等游艇运行于西湖。

"天堂"号旅游船组 由"浙古1"号拖船和"天堂"号客驳编成。航行于杭州到苏州旅游专线,主要接待外宾、华侨和港、澳、台胞观光旅游,兼顾国内游客。"浙古1"号拖船长26.45米,总宽5.7米,型宽5.6米,型深1.35米,吃水1.40米,主机功率176.64千瓦,时速12公里;"天堂"号客驳长32.40米,宽6.40米,平均吃水0.90米,舱室分上下两层,设置16个房间、60张床位。

锡杭旅游船 1980年10月开辟杭州游览日班时,有"新梁"、"新惠"2艘客轮。其中新梁轮有客座215座、卧铺13张。截至1985年年末,江南公司投放在锡杭游览线上的客轮有5艘:"东林"轮(客位145个),"新梁"轮(客位190个),还有"湖光"、"湖辉"、"二泉"等。

此外,还有钱塘江旅游船、千岛湖游船、诸暨五泄风景区旅游船、绍兴游船,以及省内大型水库上的游船等。

(五)内河轮船主要船种

小客轮 木质结构,原型为尖头弧圆尾,首柱半露于船中间外部,形似象鼻,俗称鼻梁筋。筋下连底龙筋至尾柱,首尾为菱形骨架,呈尖底形,机舱地轴弄前至驾驶室后为元宝形骨架,呈圆平底,船体外部呈流线型。客舱、机舱上装木板舱棚,铺油漆帆布。舱棚以上置天篷,俗称百脚棚。船首上甲板设驾驶室,两侧设有小扶梯通入客舱,中间上甲板为走廊。驾驶员在前驾驶方向盘,牵带左右舷的铁链,使尾部舵机转动舵片,并用铅丝拉动机房钟铃,传递信号,指挥机匠作快慢或倒顺车。20世纪60年代起,船体通过修建,逐步扩大,船头放长加宽,改尖头甲板为平甲扳,俗称"蚱蜢头",可乘载80至100人。主机从原来杂牌旧汽车引擎,逐渐更换为国产柴油机;动力从不到20马力,增大到40马力、60马力、80马力;燃料种类从汽油、火油、柴油、煤炭,统一为柴油。驾驶操作通过技术革新,逐渐改为"机驾合一"。

机器快班船 木质结构。民国20年(1931年),船体由"绍兴船"改装,削平翘艄,改成半圆形船尾,使之吃水较浅,适应低桥浅水航线。船员在船尾操舵,俗称水关,用钟铃与机舱传递信号。两侧设坐板,大跨梁处设坐柜,可载客30~50人。从客舱到后舱机房,舷棚为拱状黑色筏篷,俗称软棚,作通风透光之用,后艄搭有简易艄棚。此后船体逐渐扩大,改后操舵为前驾驶。60年代初起改软棚为木质硬棚。但因上重底轻,影响稳性,60年代中期起为水泥客轮替代。至1978年前后,水泥客轮逐渐淘汰,以钢质客轮所替代。

水泥质客轮 1966年前后,由杭州大河船厂制造,省航运公司先后拨给嘉兴及各县客运站经营。船体以三角钢为骨架,圆钢为经,水泥制作,首尾为气舱,设圆形铁盖启闭,客舱与后舱舱橱相连,中间作腰弄。客轮设车厢式条木椅,定额客位75座,大的100座。后舱略高,用作机房。主机为2110型柴油机。舷口上棚板为木质构造。上舱棚有白铁皮覆盖的双夹层纤维板，后因夏天舱内太热，船棚以上置帆布天篷，上舱棚散席客位也因之增加到25人。船体水线以上天蓝色，上棚乳黄色。船式新颖，呈流线型。20世纪70年代中期逐渐淘汰。

钢质客轮　1978年制造“浙航402”号客轮，长30米，宽6米，配置6135型柴油机2台，248马力，设229座客位。船体前中部有上下两层客舱，中部可装附货，并有售票室、男女盥洗室，下为机舱间，后部上为船员生活区，下为船员卧室。1984年，省交通厅杭州船舶修造厂制造“喜鹤”、“云鹤”、“金鹊”、“百灵”、“白鹤”等钢质客轮。船体以骨钢为肋，用钢板焊接而成。半落舱驾驶室，室后顶棚向后挑出两翼。客舱与机舱舱棚相连，客舱设车厢式硬坐软靠，配有小搁几，定额80至100客位，大的有150至170座，舱内附有卫生间。机舱稍高，主机为60马力柴油机。后檐挑出如鸟尾，设炉灶等生活设施。

挂桨机船　始于20世纪60年代中期。该船在普通10~30吨级的水泥农船后梢装上小型柴油机，将叶片垂悬水中，推动船体前进（30吨以上船只，需2只195号柴油机，2支挂桨）。20世纪80年代农村办证营运机动船中多数为挂桨机船。时速约9公里，吃水浅，支流小港均可行驶。2010年前，挂桨机全部淘汰。

全浮式钢质渡船　替代木质渡船、水泥渡船的船型，主要有20客位、50客位、100客位3种。这类船舶的优点是即使船舱进水也不会沉没。20客位的渡船主要航行于乡村之间的航道，主尺度为6.60米×2.20米×0.70米，以手摇为主，少数装有8.8千瓦的挂桨机。而50客位、100客位的渡船主要航行在旅游景区的水库，如诸暨五泄、新昌长沼等客流量比较大的地方，主尺度分别为11.75米×2.90米×0.80米、16.05米×30米×0.98米（双挂桨机船），功率分别为8.8千瓦、17.60千瓦。

二、海洋轮船

（一）沿海船舶

咸丰四年（1854年）十二月，宁波“南北号”船商为宁波商船护航，打击海盗，耗资7万银元为中国引进第一艘蒸汽动力的明轮货船——“宝顺”号，开创了国内使用轮船之先河。咸丰五年（1855年）春，“宝顺”号开始担负浙江漕粮海运到天津的护航任务。

光绪年间外海客运渐兴，时有“上海”、“湖北”、“大有”、“济安”等轮通航普陀山。民国时期，有“定海”、“慈北”、“飞虹”等数十艘铁质客货轮，或由沈家门始发，或由外埠开往或兼弯沈家门、普陀山，岛际客货运输仍以手摇木帆船为主。

光绪二十一年（1895年），宁波绅商创办了外海商轮局，以资本3.8万元，购置一艘“海门”轮船（最初登记作177吨，后改277吨），航行宁波至定海、海门等处。此后，浙江一部分商人、绅士、买办、官僚用其积累起来的货币资本购置轮船，在沿海、沿江河的港口和城镇开设轮船公司，经营轮船航运业。到宣统三年（1911年）年末，已有大小21家轮船公司的26艘轮船，共计约1.8万余载重总吨，常年航驶浙江沿海各地。其中，外轮公司有2家，轮船2艘，合计5942载重总吨，占33%；中国轮船公司19家，轮船24艘，共计约1.2万余载重吨，占67%。在中国公司中，拥有1000总吨以上的仅3家，即轮船招商局、宁绍轮船公司、宝华（平安）轮船公司。这3家轮船企业规模较大，总共有轮船6艘行驶浙江，计8118载重吨，占航行浙江的中国轮船总吨的2/3以上。其余16家公司，规模都比较小，基本上每一公司仅有1轮，船舶吨位在100至750吨之间。

民国元年(1912年)开始,浙江外海轮船快速发展。浙江沿海轮船航运企业数、轮船艘数、吨位数明显增长(表4-1-6),轮船吨位等级显著提高(表4-1-7)。

民国时期浙江沿海轮船航运企业发展一览表 表4-1-6

项目＼年份	1911年	1922年	1935年
企业数(个)	10	24	92
资本总数(万元)	138.6		
轮船艘数(艘)	13	42	104
轮船吨数(总吨)	9475	28390	44610

民国时期浙江沿海轮船艘数、吨位比较 表4-1-7

轮船吨位级别＼年份	1911年		1922年		1935年	
	艘数	吨数	艘数	吨数	艘数	吨数
4000吨以下3000吨以上	0		2	7052	3	10491
3000吨以下1000吨以上	3	6238	7	5209	9	11168
1000吨以下500吨以上	3	1773	8	2972	14	10433
500吨以下100吨以上	7	1464	24	3634	39	11058
100吨以下	0		1	48	39	1460
合计	13	9475	42	18915	104	44610

民国11年(1922年),航商戴九畴(戴寿田)购置了“金长利”号汽船(134吨)参加温沪线航行,这是温州航商最早购置的一艘沿海机动船。民国22年,温州100吨以上的沿海轮汽船达38艘(共计7433载重总吨),其中钢质货轮4艘。民国12年,沈家门有冰鲜船138艘。民国15年,鱼商运输船增至199艘。民国26年,为防止日军从甬江入侵,将“新江天”、“定海”轮等大小21艘船舶自沉于甬江。1949年5月宁波解放后,国民党海军封锁海上,普陀约200条运输船停运搁滩,海运一度瘫痪。1950年5月,国民党驻舟山军队将多艘大型客货船劫持至台湾,炸毁炸沉多艘小型客货轮。

1950年5月,浙江省航务局调来4艘内字号机帆船,从上海调入5艘内字号机帆船,接收从甬江打捞上来的1艘沉没的轮船(85载重吨,取名“浙航”),共10艘机动船舶投入甬申线营运。1958年接收上海方面下放的船舶,1月接收“和平13号”等沿海货轮31艘(总计10735载重吨),6月接收上海海帆船运输公司及其所属海帆船50艘(总计4511载重吨)。这两支力量后来成了浙江沿海运输的基础和种子,对发展浙江沿海运输起到了重要作用。1960年,浙江省交通主管部门委托上海中华造船厂建造的两艘3000吨级沿海货轮(浙海一号、浙海二号)先后下水投入营运。这两艘沿海货轮是浙江航运所拥有的第一批吨位较大、设备较先进的沿海运输船舶。它们的投产极大地增加了浙江沿海运输能力。随后几年又陆续增添了一些大吨位的海轮。到1965年,浙江省沿海500吨级以上的船舶发展到15艘,总计15640载重吨、532客位、1500马力(系拖轮,折合1103千瓦)(详见表4-1-8)。

1965 年沿海 500 吨级以上船舶名录一览表　　表 4-1-8

经营单位	船名	吨位（或客位、功率）	经营单位	船名	吨位（或客位、功率）
驻沪经营处	浙海一号	3000 吨	宁波分公司	浙海 501 号	840 吨
驻沪经营处	浙海二号	2800 吨	宁波分公司	浙江 501 号	532 座/150 吨
温州分公司	浙海 101 号	1050 吨	温州分公司	浙拖一号	1200 马力（882 千瓦）
温州分公司	浙海 102 号	1000 吨	温州分公司	浙拖二号	300 马力（221 千瓦）
温州分公司	浙海 103 号	1000 吨	温州分公司	浙温驳 1 号	2400 吨
温州分公司	浙海 104 号	1000 吨	温州分公司	浙温驳 51 号	500 吨
温州分公司	浙海 106 号	560 吨	温州分公司	浙温驳 52 号	500 吨
海门分公司	浙海 301 号	840 吨			

1966～1976 年“文化大革命”期间，浙江航运生产基本上处于停滞状态。第一艘 1000 吨级钢质沿海货轮“浙海 504”轮自制成功。1975 年，浙江省航运公司委托上海江南造船厂新建的 1000 吨级丙型客货轮 4 艘（每艘客位 450 人，载货 300 吨），先后分配给台州地区航运分公司 2 艘（浙江 403 轮、浙江 404 轮）、宁波地区航运分公司 1 艘（浙江 604 轮）、舟山地区航运分公司 1 艘（浙江 805 轮），投入营运。但船舶失修失养，营运率和完好率不高。

1977～1990 年，新增了一批技术性能较好的 1000～10000 吨级货轮，研发了浅吃水万吨货轮、300 吨和 500 吨的沿海节能货轮、550 座双体客轮等新型运输船舶，其中浅吃水万吨货轮获国家科技进步奖。同时，专业货物运输船舶趋向大吨位化和专业化。在此期间完成了沿海货轮、客轮船型、机型的定型系列工作。

1991 年后，沿海客轮趋于高速、豪华型，货轮向大吨位发展。到 1995 年年末已拥有高速客船 17 艘（2550 客位）、客滚船 17 艘（4500 客位、260 车位），两者客位数占沿海客船总客位数的比例分别上升到近 4% 和 6.50%。2006 年 8 月“群岛之旅”号游船首航。该船集旅游观光、休闲娱乐、商务会议、私人聚会等功能于一体。截至 2010 年，浙江省水运运力总量达到 1825 万载重吨。其中，海运船舶为 3682 艘，运力 1491.09 万载重吨；沿海特种船舶和万吨级船舶达到 1140 艘，运力为 1189.95 万载重吨（详见表 4-1-9、表 4-1-10）。海运船舶向大吨位船舶发展，平均吨位由 2005 年的 1979 载重吨提高到 4050 载重吨，增长幅度达到 104%。

2010 年浙江辖区万吨以上国内货船一览表　　表 4-1-9

序号	船名	船舶管理人名称	船种	总吨	船籍港
1	汇鑫 2 号	浙江汇鑫海运有限公司	散货	10840	嘉兴
2	华德利 7	浙江华德利海运有限公司	散货	11021	嘉兴
3	海之星	舟山海星轮船有限公司	散货船	10050	舟山
4	希望之星	舟山海星轮船有限公司	散货船	10700	舟山
5	远大之星	舟山海星轮船有限公司	散货船	15485	舟山
6	东晨 1	嵊泗县东方海运有限责任公司	散货船	13163	舟山
7	中昌 28	舟山中昌海运股份有限公司	散货船	12034	舟山
8	中昌 58	舟山中昌海运股份有限公司	散货船	15832	舟山

续上表

序号	船名	船舶管理人名称	船种	总吨	船籍港
9	中昌 88	舟山中昌海运股份有限公司	散货船	24536	舟山
10	中昌 128	舟山中昌海运股份有限公司	散货船	13389	舟山
11	中昌 68	舟山中昌海运股份有限公司	散货船	18121	舟山
12	中昌 118	舟山中昌海运股份有限公司	散货船	25905	阳西
13	中昌 168	舟山中昌海运股份有限公司	散货船	26059	天津
14	永翔 7	舟山永翔海运有限公司	其他货船	13215	舟山
15	永翔 5	舟山永翔海运有限公司	散货船	13588	舟山
16	永鸿 39	舟山永鸿海运有限公司	散货船	13242	舟山
17	方华 6	舟山市普陀佳润船务管理有限公司	散货船	13943	舟山
18	夏之远 9	舟山市普陀佳润船务管理有限公司	散货船	13511	舟山
19	一海 723	浙江舟山一海海运有限公司	其他货船	10175	舟山
20	新一海 2	浙江舟山一海海运有限公司	散货船	13603	舟山
21	新一海 3	浙江舟山一海海运有限公司	散货船	15493	舟山
22	新一海 6	浙江舟山一海海运有限公司	散货船	15941	舟山
23	新一海 5	浙江舟山一海海运有限公司	散货船	13977	舟山
24	必胜隆 9	舟山皓诚船务有限公司	散货船	10222	舟山
25	广龙 6	舟山皓诚船务有限公司	散货船	13879	宁波
26	瑞盛 10	浙江省岱山县宏平海运有限公司	散货船	15493	舟山
27	诚锐 6	舟山华诚船务有限公司	散货船	15804	舟山
28	安澜 3	浙江省岱山县华翔海运有限公司	散货船	10053	舟山
29	梅山岗 9	浙江省岱山县宏成海运有限公司	其他货船	12215	舟山
30	梅山岗 17	浙江省岱山县宏成海运有限公司	散货船	10356	舟山
31	梅山岗 53	浙江省岱山县宏成海运有限公司	散货船	15493	舟山
32	浩祥 11	舟山市普陀永昌海运有限责任公司	散货船	11879	舟山
33	浩恒 8	浙江浩恒海运有限公司	散货船	10838	舟山
34	衡龙 11	舟山市永茂运输有限公司	散货船	10720	舟山
35	海中洲 6	舟山市俘宏海运有限公司	散货船	13687	舟山
36	吉泰 11	浙江吉泰船务有限公司	散货船	10716	舟山
37	宏舟 6	浙江省岱山县宏达海运有限公司	散货船	10716	舟山
38	高淳	德勤集团有限公司	其他货船	12213	舟山
39	德勤 68	德勤集团有限公司	散货船	12554	舟山
40	德勤 87	德勤集团有限公司	散货船	16456	舟山
41	德勤 88	德勤集团有限公司	散货船	16504	舟山
42	浩帆 5	浙江浩帆海运有限公司	散货船	10751	舟山
43	新金津	舟山和昌船舶管理有限公司	散货船	10771	舟山

续上表

序号	船名	船舶管理人名称	船种	总吨	船籍港
44	富强 1	舟山和昌船舶管理有限公司	散货船	13846	舟山
45	东和明 16	舟山和昌船舶管理有限公司	散货船	10796	舟山
46	夏电 2	舟山绿地海运有限公司	散货船	14187	舟山
47	宝强 1	浙江宝宏船务有限公司	散货船	15485	舟山
48	金平海	舟山博业船舶管理有限公司	散货船	12520	舟山
49	洛达 3	舟山洛达海运有限公司	散货船	10102	舟山
50	泓欣 16	浙江泓欣海运有限公司	散货船	10884	舟山
51	泓欣 17	浙江泓欣海运有限公司	散货船	10783	舟山
52	学府	嵊泗县昌盛海运有限责任公司	散货船	13616	舟山
53	瑞晟 6	舟山科源船舶管理有限公司	散货船	23477	舟山
54	明州 3	宁波海运股份有限公司	散货船	23409	宁波
55	东海 212	宁波东海海运有限公司	其他货船	18500	宁波
56	永星 9	宁波永正海运有限公司	散货船	10689	宁波
57	永星 7	宁波永正海运有限公司	散货船	14045	宁波
58	永星 3	宁波永正海运有限公司	散货船	13365	宁波
59	永星 13	宁波永正海运有限公司	散货船	13811	宁波
60	同盛 1	宁波永正海运有限公司	散货船	13879	宁波
61	永星 11	宁波永正海运有限公司	散货船	13822	宁波
62	永星 19	宁波永正海运有限公司	散货船	10064	宁波
63	金川 66	象山兴宁航运有限公司	散货船	11021	宁波
64	曙星 1	象山兴宁航运有限公司	散货船	10222	宁波
65	曙星 11	象山兴宁航运有限公司	散货船	10222	宁波
66	顶盛 16	奉化市顶盛船务有限公司	散货船	13794	宁波
67	卓业 1	奉化市顶盛船务有限公司	散货船	10697	宁波
68	旗祥 2	宁波市丰华船务有限公司	散货船	10597	宁波
69	旗祥 5	宁波市丰华船务有限公司	散货船	13849	宁波
70	旗祥 6	宁波市丰华船务有限公司	散货船	13849	宁波
71	北仑 10	宁波北仑船务有限公司	散货船	28746	宁波
72	新海洲 28	宁波市海洲船务有限公司	散货船	13687	宁波
73	新海洲 26	宁波市海洲船务有限公司	散货船	14109	宁波
74	恺舟 1	宁波市海洲船务有限公司	散货船	12458	宁波
75	敬业 2	宁波市敬业船务有限公司	散货船	10736	宁波
76	浩锦 1	宁波市镇海泓翔海运有限公司	散货船	10057	舟山
77	华韵 5	浙江华韵海运有限公司	散货船	14930	宁波
78	华韵 1	浙江华韵海运有限公司	散货船	13794	宁波

续上表

序号	船名	船舶管理人名称	船种	总吨	船籍港
79	明叶 58	宁波市明叶航运有限公司	散货船	10565	宁波
80	明叶 68	宁波市明叶航运有限公司	散货船	14925	宁波
81	金宁 2	宁波合众海运有限公司	散货船	12186	宁波
82	金宁 6	宁波合众海运有限公司	散货船	14223	宁波
83	拓展 2	宁波太平洋海运有限公司	散货船	13695	宁波
84	拓展 1	宁波太平洋海运有限公司	散货船	11031	宁波
85	欣宇 1	宁波浩翔船务发展有限公司	散货船	13844	宁波
86	远胜 18	宁波均胜远大海运有限公司	散货船	11031	宁波
87	远胜 36	宁波均胜远大海运有限公司	散货船	22491	宁波
88	联泰 2	宁波联泰航运有限公司	散货船	10565	宁波
89	隆腾 6	宁波蓝鸿海运有限公司	散货船	12186	宁波
90	神鱼 6	宁波神鱼海运有限公司	散货船	13811	宁波
91	平安达 75	宁波金增海运有限公司	散货船	24872	台州
92	实华 1	宁波市镇海实华海运有限公司	散货船	10898	宁波
93	天顺海 6	宁波天昊海运有限公司	散货船	12186	宁波
94	宁丰 1	宁波宁电海运有限公司	散货船	11699	宁波
95	宁丰 2	宁波宁电海运有限公司	散货船	11699	宁波
96	宁丰 3	宁波宁电海运有限公司	其他货船	10872	宁波
97	三源泰富 2	浙江三源泰富海运有限公司	散货船	10875	宁波
98	德龙 1	宁波德龙海运发展有限公司	散货船	10773	宁波
99	新开源 5	浙江国源海运有限公司	其他货船	24305	宁波
100	明州 6	宁波海运股份有限公司	散货船	15657	宁波
101	明州 25	宁波海运股份有限公司	散货船	23274	宁波
102	明州 27	宁波海运股份有限公司	散货船	23454	宁波
103	明州 28	宁波海运股份有限公司	散货船	35319	宁波
104	明州 29	宁波海运股份有限公司	散货船	31661	宁波
105	明州 30	宁波海运股份有限公司	散货船	31649	宁波
106	明州 58	宁波海运股份有限公司	散货船	31638	宁波
107	明州 62	宁波海运股份有限公司	散货船	17887	上海
108	明州 201	宁波海运股份有限公司	散货船	13466	宁波
109	明州 202	宁波海运股份有限公司	散货船	13466	宁波
110	东海 101	宁波东海海运有限公司	散货船	15613	宁波
111	东海 102	宁波东海海运有限公司	散货船	15746	杭州
112	明州 35	宁波江海运输有限公司	散货船	14102	上海
113	北仑海 9	宁波经济开发区龙盛航运有限公司	散货船	36269	宁波

续上表

序号	船名	船舶管理人名称	船种	总吨	船籍港
114	北仑海16	宁波经济开发区龙盛航运有限公司	散货船	22878	宁波
115	北仑海18	宁波经济开发区龙盛航运有限公司	散货船	36433	宁波
116	北仑海27	宁波经济开发区龙盛航运有限公司	散货船	36433	宁波
117	北仑海36	宁波经济开发区龙盛航运有限公司	散货船	36438	宁波
118	金富星66	宁波银星海运有限公司	散货船	15692	宁波
119	北仑1	宁波北仑船务有限公司	散货船	24111	宁波
120	北仑6	宁波北仑船务有限公司	散货船	25766	宁波
121	天盛16	宁波天盛海运有限公司	散货船	53892	宁波
122	天盛18	宁波天盛海运有限公司	散货船	28746	上海
123	拓展5	宁波太平洋海运有限公司	散货船	25891	宁波
124	拓展6	宁波太平洋海运有限公司	散货船	25891	宁波
125	拓展7	宁波太平洋海运有限公司	散货船	35890	宁波
126	神鱼9	宁波神鱼海运有限公司	散货船	16481	宁波
127	联合5	宁波远洋运输有限公司	散货船	15940	宁波
128	联合7	宁波远洋运输有限公司	散货船	13380	宁波
129	联合11	宁波远洋运输有限公司	散货船	13380	宁波
130	联合17	宁波远洋运输有限公司	其他货船	12806	宁波
131	浙海323	浙江省海运集团台州海运有限公司	散货船	12516	台州
132	浙海358	浙江省海运集团台州海运有限公司	散货船	19983	台州
133	浙海355	浙江省海运集团台州海运有限公司	散货船	16554	台州
134	浙海360	浙江省海运集团台州海运有限公司	散货船	19958	台州
135	浙海362	浙江省海运集团台州海运有限公司	散货船	22382	台州
136	凯航星8	台州市凯航海运有限公司	散货船	20160	台州
137	勤丰180	浙江勤丰海运有限公司	散货船	13691	台州
138	海鸿达98	台州市海鸿船务有限公司	散货船	10215	台州
139	港泰19	台州市港泰海运有限公司	散货船	14912	上海
140	长安旺	温岭市长安海运有限公司	其他货船	12812	台州
141	长安祥	温岭市长安海运有限公司	散货船	13706	台州
142	万信11	台州市黄岩万信船务有限公司	散货船	17081	台州
143	万信16	台州市黄岩万信船务有限公司	散货船	17116	台州
144	天台97	临海市回浦海运有限公司	散货船	10716	台州
145	金成洲88	浙江福庆海运有限公司	散货船	13682	台州
146	金成洲188	浙江福庆海运有限公司	散货船	14092	台州
147	浙海353	台州市新开源海运有限公司	散货船	12451	台州
148	浙海354	台州市新开源海运有限公司	散货船	16554	台州

续上表

序号	船名	船舶管理人名称	船种	总吨	船籍港
149	银环 19	台州市银环海运有限公司	散货船	16469	台州
150	银环 111	台州市银环海运有限公司	散货船	16449	上海
151	金舸 3	浙江黄岩海运有限公司	散货船	14010	台州
152	太平山 99	台州市太平海运有限公司	散货船	10902	台州
153	华浩 1	台州华航船务有限公司	散货船	10711	台州
154	华浩 8	台州华航船务有限公司	散货船	12832	台州
155	浙兴航 3	温岭市兴航海运有限公司	散货船	12301	台州
156	浙兴航 88	温岭市兴航海运有限公司	散货船	10880	台州
157	恒昌远 1	浙江恒远海运有限公司	散货船	12626	台州
158	海大海 3	浙江海大海运有限公司	散货船	11031	台州
159	海大海 6	浙江海大海运有限公司	散货船	12326	台州
160	长昌 2	浙江长昌海运有限公司	散货船	15588	台州
161	合远 8	浙江合远海运有限公司	散货船	11879	台州
162	运来 12	台州市运来海运有限公司	散货船	10901	台州
163	运来 19	台州市运来海运有限公司	散货船	10886	台州
164	中兴达	浙江中一海运有限公司	散货船	15943	台州
165	帆顺 999	温州市帆顺海运有限公司	散货船	12533	温州
166	振宇 68	浙江振宇海运有限公司	散货船	15485	温州
167	润达 1	温州市龙湾永兴航运有限公司	散货船	10901	温州
168	力宇 156	温州市龙湾永兴航运有限公司	散货船	11720	舟山
169	新风 1 号	温州市龙湾永兴航运有限公司	散货船	11709	上虞
170	兴远舟 2	乐清市远洋海运有限公司	散货船	10720	温州
171	华盛 111	温州华顺船务有限公司	散货船	14082	温州
172	华盛 112	温州华顺船务有限公司	散货船	14137	温州
173	新奥泰 1	乐清市利达海运有限公司	油船	11258	温州
174	富兴 7	浙江省海运集团浙海海运有限公司	散货船	34332	宁波
175	富兴 6	浙江省海运集团浙海海运有限公司	散货船	15927	宁波
176	富兴 9	浙江省海运集团浙海海运有限公司	散货船	25499	宁波
177	富兴 10	浙江省海运集团浙海海运有限公司	散货船	24843	宁波
178	富兴 5	浙江省海运集团浙海海运有限公司	其他货船	26811	舟山
179	富兴 16	浙江省海运集团浙海海运有限公司	散货船	17142	宁波
180	富兴 12	浙江省海运集团浙海海运有限公司	散货船	17275	宁波
181	富兴 15	浙江省海运集团浙海海运有限公司	散货船	17216	宁波
182	浙海 507	浙江省海运集团浙海海运有限公司	散货船	19921	杭州
183	富兴 11	浙江省海运集团浙海海运有限公司	散货船	29031	宁波

续上表

序号	船名	船舶管理人名称	船种	总吨	船籍港
184	富兴 17	浙江省海运集团浙海海运有限公司	散货船	29031	宁波
185	钱鸿 66	浙江钱鸿海运有限公司	散货船	10064	杭州
186	钱鸿 68	浙江钱鸿海运有限公司	散货船	10901	杭州
187	华瑞 1	浙江华瑞海运有限公司	散货船	10716	杭州
188	华瑞 2	浙江华瑞海运有限公司	散货船	28746	杭州
189	泉海 1 号	浙江泉海船务有限公司	散货船	10715	杭州

2010 年浙江辖区国内客船一览表 表 4－1－10

序号	船名	船舶管理人名称	船种	总吨	船籍港
1	舟渡 12	舟山海峡轮渡集团有限公司	客滚船	1814	舟山
2	舟渡 10	舟山海峡轮渡集团有限公司	客滚船	1796	舟山
3	舟渡 2	舟山海峡轮渡集团有限公司	客滚船	1814	舟山
4	舟渡 3	舟山海峡轮渡集团有限公司	客滚船	1814	舟山
5	舟渡 6	舟山海峡轮渡集团有限公司	客滚船	1814	舟山
6	舟渡 15	舟山海峡轮渡集团有限公司	客滚船	1814	舟山
7	通达 2	舟山市通达海运有限责任公司	客滚船	3099	舟山
8	普陀山	舟山海星轮船有限公司	普通客船	2811	舟山
9	洛伽山	舟山海星轮船有限公司	普通客船	4091	舟山
10	佛顶山	舟山海星轮船有限公司	高速客船	210	舟山
11	锦屏	舟山海星轮船有限公司	普通客船	3516	舟山
12	嵊翔 2	嵊泗县东方海运有限责任公司	普通客船	471	舟山
13	茂盛 1	嵊泗县东方海运有限责任公司	高速客船	332	舟山
14	茂盛 2	嵊泗县东方海运有限责任公司	高速客船	348	舟山
15	舟桥 1	嵊泗县东方海运有限责任公司	客滚船	3267	舟山
16	舟桥 2	嵊泗县东方海运有限责任公司	客滚船	1477	舟山
17	高运	岱山县蓬莱客运轮船有限公司	客滚船	893	舟山
18	澜亭	岱山县蓬莱客运轮船有限公司	普通客船	403	舟山
19	仙洲 5	岱山县蓬莱客运轮船有限公司	高速客船	348	舟山
20	仙洲 6	岱山县蓬莱客运轮船有限公司	高速客船	383	舟山
21	飞舟 1	舟山市通达高速客轮有限公司	高速客船	383	舟山
22	浙玉车渡 2 号	玉环滚装轮渡有限公司	客滚船	997	台州
23	浙玉车渡 1 号	玉环滚装轮渡有限公司	客滚船	747	台州
24	浙玉车渡 3 号	玉环滚装轮渡有限公司	客滚船	997	台州

(二)远洋船舶

唐代，浙江就有木帆船出海航行。宋代有海船远航日本、新罗、交趾(今越南河内附近)，进行贸易。明代后期，各类中国帆船从上海地区远航日本和南洋各地。明清实行海禁期间，省内只有少数船舶航行日本、冲绳和南洋各地。

1992年，有中国远洋运输总公司浙江省公司、浙江省海运总公司、宁波海运总公司、温州瓯江船务有限公司等5家企业的19艘船舶获准从事国际海上运输；舟山第二海洋渔业公司、宁波冷藏轮船运输公司等15家水产公司的39艘水产船获准从事国际水产品运输。1993年，又有3家公司获准从事国际水产品运输，全省获准从事水产冷冻冷藏货物的国际航运公司达18家，共有活水船、冷冻船、冷藏船53艘、17077载重吨。1999年8月，普陀永跃海运有限公司购入日本制造集装箱船1艘，载货吨位7114.05吨，437TEU。2000年9月8日，中远浙江省公司与中远（集团）公司终止合作经营，并更名为浙江远洋运输有限公司。公司拥有船舶11艘、23万载重吨，其中集装箱船3艘、1092TEU。

表4－1－11为1991～2000年浙江省购置大型远洋运输船舶的情况。

1991～2000年浙江省购置大型远洋运输船舶一览表 表4－1－11

<table>
<tr><th>年份</th><th>船名、船型、规格</th><th>购置单位</th><th>备 注</th></tr>
<tr><td>1992</td><td>“龙井”、“虎跑”320TEU多用途集装箱船</td><td>中远浙江省公司</td><td></td></tr>
<tr><td rowspan="2">1994</td><td>“金星”274TEU集装箱船
“涌金门”347TEU全集装箱船</td><td>七星船务有限公司</td><td rowspan="2">系中远浙江省公司与香港富春船务有限公司等合资经营</td></tr>
<tr><td>“金色大地”50825总载重吨位</td><td>宁波海运总公司</td></tr>
<tr><td>1996</td><td>“庆春门”430TEU集装箱船</td><td>中远浙江省公司</td><td></td></tr>
<tr><td>1999</td><td>3艘件杂货船
“大浙江”6.50万吨散货船</td><td>中远浙江省公司</td><td>投入东南亚航线，投入环球航线</td></tr>
<tr><td>2000</td><td>“丽浙江”6.50万吨散货船
“明浙江”6.70万吨散货船</td><td>浙江远洋运输有限公司</td><td>投入环球航线</td></tr>
</table>

2000年底，全省有远洋船舶24艘、净载重吨352571吨位、2696TEU，其中集装箱船9艘、净载重吨48550吨位、2696TEU。

表4－1－12为2010年浙江辖区拥有的国际货船情况。

2010年浙江辖区国际货船一览表 表4－1－12

序号	船名	船舶管理人名称	船种	总吨	船籍港
1	永跃7	舟山永跃船舶管理有限公司	其他货船	6813	舟山
2	中泰8	舟山市普陀佳润船务管理有限公司	其他货船	8564	舟山
3	高诚1	舟山市普陀佳润船务管理有限公司	化学品船/油船	6149	香港
4	高诚2	舟山市普陀佳润船务管理有限公司	化学品船/油船	12320	香港
5	宝宏8	浙江宝宏船务有限公司	其他货船	4517	舟山
6	明发	舟山海宝运输公司	其他货船	2028	宁波
7	明洋	舟山海宝运输公司	其他货船	12703	圣文森特
8	同茂5	浙江永航海运有限公司	其他货船	3770	舟山
9	同茂7	浙江永航海运有限公司	其他货船	3770	舟山
10	同茂101	浙江永航海运有限公司	其他货船	8934	舟山
11	同茂9	浙江永航海运有限公司	其他货船	4695	舟山
12	辽远16	浙江辽远海运有限公司	其他货船	4083	舟山
13	万利8	宁波市商轮有限责任公司	其他货船	2612	宁波

续上表

序号	船名	船舶管理人名称	船种	总吨	船籍港
14	WAN SHENG	宁波市商轮有限责任公司	其他货船	5405	KINGSTOWN
15	明州 20	宁波海运股份有限公司	散货船	36569	宁波
16	明州 68	宁波海运股份有限公司	散货船	36616	宁波
17	明州 76	宁波海运股份有限公司	散货船	31673	宁波
18	金富星 9	宁波银星海运有限公司	油船	3691	宁波
19	旗祥 11	宁波市丰华船务有限公司	散货船	32493	上海
20	旗祥 12	宁波市丰华船务有限公司	散货船	32493	上海
21	航浚 1007	中交上航局航道建设有限公司	其他货船	2394	宁波
22	航浚 4011	中交上航局航道建设有限公司	其他货船	5467	乌拉圭
23	航浚 4012	中交上航局航道建设有限公司	其他货船	5436	宁波
24	明州 22	宁波远洋运输有限公司	其他货船	6362	宁波
25	明州 56	宁波远洋运输有限公司	其他货船	6367	宁波
26	明州 77	宁波远洋运输有限公司	其他货船	8282	宁波
27	浙海 128	浙江省海运集团温州海运有限公司	散货船	15786	温州
28	浙海 161	浙江省海运集团温州海运有限公司	散货船	19983	温州
29	浙海 522	浙江省海运集团浙海海运有限公司	散货船	31320	宁波
30	浙海 521	浙江省海运集团浙海海运有限公司	散货船	31568	宁波
31	浙远湖州	浙江远洋运输股份有限公司	散货船	91971	巴拿马
32	浙远台州	浙江远洋运输股份有限公司	散货船	91971	巴拿马
33	浙远绍兴	浙江远洋运输股份有限公司	散货船	91971	巴拿马
34	浙远嘉兴	浙江远洋运输股份有限公司	散货船	91971	巴拿马
35	浙远舟山	浙江远洋运输股份有限公司	散货船	75851	巴拿马
36	明浙江	浙江远洋运输股份有限公司	散货船	37811	巴拿马
37	浙远温州	浙江远洋运输股份有限公司	散货船	77453	巴拿马
38	友浙江	浙江远洋运输股份有限公司	散货船	39539	巴拿马
39	耀浙江	浙江远洋运输股份有限公司	散货船	40796	巴拿马
40	新浙江	浙江远洋运输股份有限公司	散货船	39537	舟山
41	宝达山	浙江远洋运输股份有限公司	杂货船	3957	宁波

第二章 海洋运输

秦汉时，浙江与福建、广东沿海航线开通，并开始与台湾有海上往来。唐朝和五代吴越国时，出现了更适于远洋航行的海船，海外航运有明显发展，相继开通了与日本、朝鲜和东南亚的航线。宋元时，浙江海外贸易更为繁盛，明州（今宁波）、温州成为通往日本、朝鲜的重要港口。明清两代朝廷实行长期的海禁政策，民间海外贸易基本停滞，官方海外贸易也只是在明朝限于日本以朝贡的形式来宁波进行"勘合"贸易。"开海"以后，浙江的海外贸易才有所发展。1840 年鸦片战争以后，外国航运势力进入中国，侵占了国内的航运业务，尤其是沿岸贸易权的丧失，使中国传统帆船航运业日趋衰落。

民国年间，浙江沿海轮船业已经形成一定的规模，初步具有与外国航运势力竞争的能力。1937 年 7 月抗日战争全面爆发后，浙江船舶有不少毁于战火或被凿沉封港，但宁波、温州两港局势较为安定，有外轮（包括悬挂外国旗帜的华轮）频繁进出港口，海运业仍一度繁荣。1942 年，浙江大部地区沦陷，海上航运基本停顿。

1950 年 9 月，省国营轮船企业——浙江省航运公司建立，沿海航运线路不断拓展。1966 ~ 1976 年，水路运输业受"文化大革命"的影响，发展较为缓慢。1977 年后沿海航运业有一定的发展，开辟了新航线，引入先进客船，客货量有较大的提高。1980 年 3 月中国远洋运输总公司浙江省分公司成立，当月 26 日开通宁波至香港航线。1984 年 8 月，首次开通集装箱运输，由鳌江轮从镇海开往香港。2000 年后，因各种运输方式的竞争，海上客货运输出现较大幅度下滑。2010 年，浙江沿海客运量为 2472 万人次，旅客周转量 52657 万人公里；沿海货运量完成 3.49 亿吨，货物周转量 4058.1 亿吨公里；远洋货运量 0.16 亿吨，货物周转量 1039.5 亿吨公里。

第一节 沿海运输

一、客运

建炎三年（1129 年），金兵南下追击，宋高宗登海舟航海避敌，从明州乘楼船经过定海南下，先后泊靠昌国（今定海）、章安镇、馆头、温州。建炎四年三月，金兵北撤，才由温州返航，经章安镇、台州松门寨、定海、明州至余姚，并在余姚离开海舟，换乘小舟到达越州。南宋末年，文天祥往元营谈判时被元军扣留。脱险逃出后由镇江辗转走到通州（今南通），换乘海船南行，经浙东海面而至台州，转赴温州和福州。

明清时，浙江沿海地区有行旅的小海船。

同治三年（1864 年）起，美商旗昌公司在甬沪航线上首设定期航班。甬沪航线有"舟山"轮（1000 吨）定班行驶，通常夏季每日一班，冬季则隔日一次。至同治十年，该公司轮船在甬沪线的客运收入为 9.5 万余两白银，占旗昌公司客运总收入的 29%。此后，轮船招商公局、太古公司也加入甬沪航线营运。三家公司不断增加营运船舶，互相竞争。招商局还开设了沪温线及普陀旅游航班。同治十二年 9 月，轮船招商公局派"永宁"号轮船（324 吨）开辟了上海至宁波航线。光绪元年（1875 年）太古公司亦将"忌连佳"号轮船（1932 吨）改驶上海—

宁波—汕头线，后又用3000吨级的"北京"号试航甬沪线。5月，轮船招商公局决定将附局"大有"号投入甬沪航线，开辟定期客运班轮，每周二四六下午由上海开往宁波，每周一三五下午由宁波返回上海。从这一年起，每逢普陀山香期(每年的2~3月和6~7月)，甬沪线航轮兼湾普陀，停泊片刻，以迎送香客。同年7月间，招商局首开浙江普陀消暑旅游航班。9月25日，旗昌轮船公司"湖北"轮从长江调到甬沪线。光绪三年3月，招商局购入美商旗昌轮船公司所有的轮船及岸上产业，并对航线的轮船作了调整，沪甬线上调入1000吨级的"海珊"号和2000吨级的"江夫"号，每日从上海和宁波两地同时对开。8月又增派"海琛"号。此时，甬沪线在招商局轮船所经营的各条航线中占首位。光绪四年，招商局与太古公司妥协，得到一年内独家行驶甬沪航线的机会。4月，招商局派"永宁"轮行驶上海—温州—福州航线，回程时则从福州直放上海。后因温沪线运输业务清淡，当年7月即停航。光绪五年1月"永宁"轮正式被定为温沪线的班轮，并于每年二、三、六、七月间开航由温州往普陀的香期航班。光绪七年起，该轮中途靠泊宁波。光绪十二年10月，因"永宁"号修理改建，改派"江表"号(942吨)行驶沪温线。"江表"是艘老船，船况极差，在温州客商要求下，旋改派"海昌"号(系"永宁"号经修理改造后取名)，并将航线调整为由沪开出经宁波抵温，返航时则直接由温州开往上海，中间不再停靠。

光绪二十一年(1895年)甲午战争以后，浙江商人兴办航运企业，至宣统三年(1911年)年末共建立中型轮船企业(资本额在1万两白银以上)15家，小轮公司约50多家，营运线路有沪甬线、甬椒线、甬瓯线、甬宁线等。加上上海等外省的航运公司，常年航驶浙江沿海各地中型轮船公司共21家，营运轮船26艘，约1.8万余载重总吨。其中外轮公司有2家，轮船2艘，合计5942载重总吨，占33%；中国轮船公司19家，轮船24艘，共计约1.2万余载重吨，占67%。沪甬航线上集中了4家公司5艘轮船，分别为：英商太古公司的"北京"轮(3076载重吨)、法华合资的东方轮船公司的"立大"轮(2866载重吨)、轮船招商局的"江天"轮(2012载重吨)和宁绍轮船公司的"宁绍"轮(2641载重吨)、"甬兴"轮(1585载重吨)；沪瓯航线为招商局的"普济"轮(880载重吨)独占；甬椒航线上有4家公司：平安轮船局的"平安"轮(455载重吨)、越东轮船公司的"永利"轮(555载重吨)、永宁商轮局的"永宁"轮(261载重吨)和永川轮船公司的"海宁"(106载重吨)、"湖广"(154载重吨)、"永川"(372载重吨)3轮；甬瓯航线3家，为外海商轮公司的"海门"轮(673载重吨，中途湾定海、海门)、中国商业轮船公司的"德裕"轮(747载重吨，抵温州后再转航泉州、厦门)、宝华轮船局的"宝华"轮(545载重吨)；甬宁线(宁波至宁海，经过镇海、定海、象山等处)有宁象、甬定、宁海、华胜4家小轮局，计有1艘300余载重吨和3艘100余载重吨的小轮船。此外，宁波至石浦、石浦至三门湾沿岸等有4家小轮船公司，共有100载重吨以内的小轮船约5艘。

民国元年至民国24年(1912~1935年)，浙江沿海轮船航运业得到较快发展，沿海轮船航运企业数、轮船艘数、吨位数有较大的提高，出现了宁绍商轮公司、三北轮埠公司等一批有实力的航运企业，经营航线遍及全国沿海和长江沿线。宁绍商轮公司有江海轮船7艘，10968载重总吨，以甬沪航线为根基，航线遍及南北沿海和长江沿岸。三北轮埠公司自民国元年创立，有小轮3艘(400余载重总吨)，行驶于宁波沿海；至民国24年，拥有大小轮船65艘(9万余载重总吨)，约占全国商轮总吨数的13%，经营航线遍及全国沿海和长江沿线，是仅次于轮船招商局的中国第二大航业集团。此外还有永川轮船公司(宁波经海门至温州的航线）、甬定轮船局（宁波至定海、沈家门、普陀、岱山、象山、石浦、海门）、东海轮船公司和镇宁商轮公司（宁波至舟山群岛主要岛屿）。继而海门和温州也逐渐兴旺。至民国 19 年，海门地区有海外轮船企业 9 家，大小轮船 11 艘（计 6629 载重总吨）。民国 24 年，温州（包括瑞安、鳌江镇镇）外海轮船企业共有 63 家、轮船 74 艘（计 22243.86 载重总吨）。至此，浙江轮船航线遍及全省沿海和沿海各主要岛屿，并辐射至国内南北洋沿岸各口和长江中下游一带的主要港口。

表 4－2－1 为 1932～1936 年浙江外海轮船企业及其所属在航轮船概况。

1932～1936 年浙江外海轮船企业及其所属在航轮船概况统计表 表 4－2－1

公司名称	公司所在地	船名	吨数		航线起讫	经过地点	行驶班期
			总吨	净吨			
宁绍商轮公司	江北外滩	新宁绍	3407	2151	宁波—上海	镇海、普陀、吴淞	每星期二、四、六由甬开沪，隔日对放
三北轮埠公司	江北外滩	姚北	170	94	宁波—岱山	镇海、普陀、沈家门	每日一次
		镇北	150	90	宁波—定海	镇海、龙山、穿山	每日一次
		三北	160		宁波—海门	镇海、象山、石浦	每日一次
		宁兴	3439	2099	宁波—上海	镇海、普陀、吴淞	每星期一、三、五由甬开沪。隔日对开
招商局	江北外滩	新江天	3645	2613	宁波—上海	镇海、普陀、吴淞	
达兴商轮公司	江厦江滨路	新鸿兴	1259		宁波—上海		每星期二、四、六由甬开沪。隔日对开
太古公司（英国）	江北外滩	新北京	2866		宁波—上海	镇海、吴淞	
永川商轮公司	江北外滩	定海	260		宁波—温州	镇海、舟山、瑞安	七日一班
		永川	372		宁波—温州	镇海、舟山、石门、海门、坎门	
		湖广	154		宁波—黄岩	镇海、舟山、石浦、海门	
新宁海商轮公司	江北外滩	新宁海	244	180	宁波—黄岩	镇海、定海、石浦、海门	五日一班
		南海	420	282	宁波—黄岩	镇海、定海、石浦、海门	
甬象商轮公司	江北岸	朝阳	372		宁波—宁海（薛岙）	西周	三日一班
宁象商轮公司	江北外滩	宁象	359		宁波—宁海（薛岙）	白墩	三日一班
象山商轮公司	江北外滩	象宁	212		宁波—宁海（薛岙）	镇海、定海、象山	三日一班
永宁商轮公司	江北外滩	永宁	438	261	宁波—温州	镇海、定海、石浦、海门、坎门	七日一班
宝华商轮公司	江北外滩	新宝华	1054	624	宁波—温州	镇海、定海、石浦、海门、坎门	三日一班
		平阳	512	334	宁波—温州	镇海、定海、石浦、海门、坎门	
宁海商轮局	江北外滩	宁海	256		宁波—衡山	镇海、定海、沈家门、普陀、岱山	每逢星期二、五出口，每逢星期一、四进口
		黄岩	574		宁波—海门	镇海、定海、石浦	五日一班
海宁商轮公司		鳌江	333		宁波—海门	镇海、定海、石浦	五日一班
岱山商轮公司	江北外滩	岱山	120		宁波—嵊山		三日一班
新永川商轮公司	江北岸	新永川	240		宁波—温州		
新海门轮船公司	江北岸	新海门	600		宁波—温州	镇海、定海、石浦、海门、坎门	每星期往返一次
普兴商轮公司	江北岸	普兴			宁波—普陀	镇海、穿山、定海、沈家门	隔日一班

续上表

公司名称	公司所在地	船名	吨数		航线起讫	经过地点	行驶班期
			总吨	净吨			
定海商轮公司	江北岸	定海	261		宁波—普跄	镇海、定海、沈家门	隔日一班
捷兴汽船公司	江北岸	捷兴			宁波—沥港	镇海	隔日一班
三发航业公司	宁波	联益	73		宁波—黄岩	镇海、舟山、象山	
沪生公司	岱山	同源		29	岱山—定海		
梅浦公司	定海	梅浦		28	定海—普陀		
东和公司	定海	永顺		28	定海—六横		
福兴公司	定海	慈航		28	定海—普陀		
中孕公司	定海	蚰门		28	定海—蚰门		
华富公司	定海	华富		28	定海—岱山		
永宁商轮公司	海门	永宁	438	261	宁波—温州	镇海、定海、石浦、海门、坎门	七日一班
永安商轮公司	海门	永安	626		上海—瑞安	镇海、定海、石浦、海门、坎门、温州	七日一班
平安轮船公司	海门	新宝华	1054	624	宁波—温州	定海、石浦、海门、坎门	七日一班
		大华	1071	643	海门—上海	石浦、定海、穿山	七日一班
达兴商轮公司	海门	达兴	1046	638	海门—上海	石浦、定海	七日一班
舟山轮船公司	海门	舟山	1253	757	海门—上海	石浦、定海、穿山	七日一班
新宁海商轮公司	海门	新宁海	224	180	黄岩—宁波	海门、石浦、定海、镇海	五日一班
		南海	420	282	黄岩—宁波	海门、石浦、定海、镇海	五日一班
穿山商轮支局	海门	穿山	1040	638	海门—上海	石浦、定海、穿山	七日一班
宁海商轮局	海门	黄岩	574		海门—宁波	石浦、定海、镇海	五日一班
浙江轮船公司	海门	德利	697		上海—瑞安	海门	
永川商轮公司	海门	湖广	154		黄岩—宁波	海门、石浦、镇海等	七日一班
益利轮船公司	海门	益利	789		上海—温州	海门	七日一班
海宁商轮公司	海门	鳌江	333		海门—宁波	石浦、定海、镇海	五日一班
台州信记航业公司	海门	台州	1524	929	海门—上海	石浦、定海	七日一班
招商局温州分局	朔门外	海晏	1378	864	温州—上海	直放上海	每星期六由瓯开沪
宝华商轮公司	东门外	新宝华	1054	706	温州—宁波	坎门、海门、石浦、定海、镇海	每星期五由瓯开甬
		平阳	512	334	温州—宁波	欢门、海门、石浦、定海、镇海	每星期二由瓯开甬
永川商轮公司	化鱼巷	永川	372		温州—宁波	坎门、海门、石浦、舟山	
		定海	260		温州—宁波	舟山、镇海	
新永川商轮公司	化鱼巷	新永川	240		温州—宁波		
达兴轮船公司	鳌江	三江	805	400	鳌江—上海	瑞安	
		光济	1477		上海—厦门	温州	
益利轮船公司	东门外	益利	789		温州—上海		每星期往来一次
沪兴轮船公司	瑞安	瑞平	591		瑞安至沿海或长江各地		
		新瑞平	655		瑞安—上海	楚门、沙埕	每月定期往来三次
新海门商轮公司	温州	新海门	600		温州—宁波	坎门、海门、石浦、镇海	每星期往返一次
瑞安商轮公司	瑞安	新瑞安	781	471	瑞安至上海、山头等地		不定期
浙江轮船公司	瑞安	德利	697		瑞安至上海		每月来往三次

续上表

公司名称	公司所在地	船名	吨数		航线起讫	经过地点	行驶班期
			总吨	净吨			
华盛汽轮局		华盛	464	266	温州至沿海及长江各口		不定期
		新华盛	695	478	温州至沿海各地		不定期
胜利汽轮局	温州	胜利	292	198	温州至福州、汕头、汉口等地		不定期
		三利	515	340	温州至福州、汕头、汉口等地		不定期
同盛汽轮局	温州	同盛	656	478	温州至葫芦岛、广州等地		不定期
南昌轮船公司	温州	南昌	1033	580	上海至温州、广州以及海参崴等地		不定期
海宁汽轮局	温州	海宁	594	351	温州至青岛、汕尾等地		不定期
金宝山汽轮局	温州	金宝山	479	334	温州至上海		不定期
鼎盛汽轮局	温州	鼎盛	290	206	温州至上海、厦门等地		不定期
武昌汽轮局	温州	武昌	203	141	温州至上海、汕尾、汉口等地		不定期
海安汽轮局	温州	海安	393	239	温州至长江各口		不定期
晋江汽轮局	温州	晋江	245	139	温州至沿海各地		不定期
瑞华汽轮局	温州	瑞华	197	102	温州沿海各地		不定期
华顺汽轮局	温州	华顺	286	144	温州至厦门、汉口等地		不定期
		华升	175	95	温州至宜昌、福清等地		不定期
华南商轮公司	鳌江	福海	345	186	鳌江—福州		不定期
林李吴商轮公司	鳌江	公益	245	129	鳌江—福州		不定期
福建共和商轮公司	鳌江	同和	332	94	鳌江—福州		
图南商轮公司	鳌江	鳌江	333	179	厦门—上海	鳌江等地	不定期
海古轮船公司	鳌江	顺川	266	139	鳌江—福州	温州等地	不定期
荣兴汽轮局	温州	荣兴	178	89	温州至沿海各地		不定期
太平汽轮局	温州	太平	126	61	温州至沿海各地		不定期
玉江轮船局	鳌江	玉江	225	114	鳌江—福州	温州等地	不定期
瓯江汽轮局	温州	瓯江	202	112	温州至武昌、福兴		不定期
日兴汽澈局	温州	日兴	131	88	温州至长江各口		不定期
江安汽轮局	温州	江安	155	113	温州至长江各口		不定期
鼎茂馨行	温州	安平	176	95	温州至沿海各地		不定期
合兴商轮局	温州	合兴	32	14	温州至福州、厦门、宁波等地		不定期
福美汽船局	温州	福美	24	14	温州至福州、石浦等地		不定期
金胜泰汽船局	温州	金胜泰	36	18	温州至福州、海门等地		不定期
永临商轮公司	温州	永舍	39	16	温州至福州、宁波、泉州等地		不定期
宏通公司	温州	飞鹏	44	27	温州至宁波、汕头等地		不定期
		飞鹏	50	26	温州至海口、石浦等地		不定期
融平汽轮局	温州	融平	38	19	温州至海门、福州等地		不定期
和兴汽轮局	温州	和兴	40	20	温州至三都、石浦等地		不定期

续上表

公司名称	公司所在地	船名	吨数		航线起讫	经过地点	行驶班期
			总吨	净吨			
黄泰东汽轮局	温州	金顺成	23	14	温州—泉州		不定期
		顺成发兴	36	21	温州至沿海各地		不定期
茂昌汽轮局	温州	茂昌	52	23	温州至海门、石浦等地		不定期
福州裕祥号	温州	济平	52	16	福州—上海	温州	不定期
隆和汽轮局	温州	隆和	13	8	福州—海门	温州、三度	不定期
兴安汽轮局	温州	兴安	30	12	温州至沿海各地		不定期
振顺号	温州	升安	81	38	温州至汕头、镇江等地		不定期
华兴汽轮局	温州	华兴	65	35	温州至上海厦门等地		不定期
同和汽轮局	温州	同和	94	68	温州至沿海各地		不定期
大源福记	温州	新济	29	11	温州至沿海各地		不定期
兴记汽轮局	温州	新福利	57	30	温州至福州、汕头、上海等地		不定期
候亦白	温州	利泰	66		温州—坎门	楚门	不定期
荣记商轮经理处（又名德盛行）	温州	泉州	589		温州至厦门、汕头等地		不定期
		涵江	894	571	温州至厦门、汕头等地		不定期
福建兴宁汽船经理处	温州	建宁	265	189	温州至汉口、福州、汕尾等地		不定期
		福兴	124	67	温州至上海、汕头等地		不定期
新建安汽船局	温州	新建安	105	76	温州至泉州、定海等地		不定期
新浙江渔轮局	温州	新浙江	45	30	温州至沿海各地		不定期
		新福建	59	32	温州至沿海各地		不定期
陈绍伦	温州	建盛	62	29	温州至沿海各地		不定期
壮秀子干	温州	福建	63	27	温州至福清、宁波等地		不定期
永安汽船局	鳌江	福州	359	201	鳌江—福州		
福宁公司	温州	福宁	583		温州至厦门、汕头等地		不定期
志成商轮经理处	温州	小轮二艘（1935年前沉没一艘）	合175				
嘉宁公司	温州	新益利			温州—厦门		
金庆友	洞头	金谷			洞头—温州		
荣（属厦门泰利公司）记商轮经理处	温州	轮船二艘					
晓海商轮公司	临海城	升昌	42		白峤—亭头—石浦		原名临海六埠拖轮公司，兼营临海—海门，海门—章安内河航线业务
	江厦街	临浦	45		泗洲头—石浦	岳井、大泥塘、小湾、鹤浦	
		茂昌			石浦—海游—泗洲头		
		茂利			海门—海游		
智利商轮公司	黄岩	永浦			泗洲头—石浦	岳街、大泥塘、小湾、鹤浦	
蒋姓大户	黄岩				海游—石浦	南田、鸭嘴	

民国26年(1937年)8月,侵华日军全面封锁了中国沿海,宁波通向上海及省内沿海各地的航线一度停开。但外轮仍可在宁波等地营运,许多中国商轮为保障自身的安全,委托英、美、德、意等外国轮船公司出面经营。长江及沿海各主要港口相继沦陷停运后,尚未沦陷的宁波、温州的运输地位骤然上升,成为中南乃至西南诸省与外界的物资交流主通道,航运、贸易十分繁荣。民国28年经常行驶宁波港的外轮(包括悬挂外旗的国轮)有30艘,总吨位达38059.72吨,分属5个国家的14个公司;甬沪间往来轮船共有20余艘。在英、美未与日本宣战以前,还有挂英、美两国船旗的船只行驶南沪线,如英商太古轮船公司的"新北京",美商华洋航业公司的"棠贝"、"棠赛"、"棠鲁"三轮和挂英国船旗的"江苏"轮、"泰昌祥"轮等。这些轮船除"新北京"、"谋福"、"棠赛"等一些大轮每天轮流分班行驶外,其他备轮不定班定期,大多客货兼运。航行于宁波与温州、海门、定海、象山、石浦等港之间的有葡商美利公司的"美化轮",正德公司的"利宝"轮,美商美生公司的"高登"轮等。同年3~12月搭乘外轮进出口旅客即有166305人次(其中进口有76011人次,出口90294人次),主要往返于沪甬之间。

民国26年(1937年)10月开始,温州港外籍商轮逐渐增加。民国28年,行驶该港的外轮达70艘(包括悬挂外国旗帜的国轮),共76870总吨,分属英、美等9个国家的30家轮船公司:搭乘外轮进出口旅客共达19375人次,这些旅客除往来上海等国内口岸外,还有"海阳"、"海澄"两艘客货轮行驶温州至香港航线。民国30年4月19日,日军在镇海登陆,20日占领宁波,宁波沿海运输基本停顿。温州于民国30年4月19日至5月1日、民国31年7月11日至8月15日、民国33年9月9日至民国34年6月17日三次沦陷,期间温州港海上轮船运输和贸易完全处于停顿状态。

民国34年(1945年)8月,抗日战争结束。浙江通过旧公司复航营运、接收日伪航运资产,新办航运企业等途径,沿海客运业得到较快的恢复和发展。同年下半年,由招商局租用民营公司的"江凤"和"舟山"每日轮流开航沪甬线。"新永安"轮试航宁波至舟山线,"鄞余镇"轮试航宁波至海门线。民国35年起,招商局又有"江亚"轮和"江静"轮、宝华轮船局的"大华"轮、三北轮埠公司的"明兴"轮、泰昌祥轮船公司的"江苏"轮、"新瑞安"轮等相继在沪甬线营运。

温州于民国34年(1945年)9月起有民营公司的"大华"轮、"穿山"轮、"明兴"轮、"新瑞安"轮、"江苏"轮,以及招商局的"邓铿"轮、"林森"轮、"海穗"轮、"海沪"轮等不定期地航行温沪线。民国36年10月,"穿山"轮成为温沪线的定期客货班轮,每星期往返各一次,中途兼湾定海。民国36年12月至民国37年2月,"大华"客货轮、招商局的"海平"客货轮相继参加该线定期航行。此外,温州还恢复了通往宁波、福州、厦门、汕头等沿海港口和南通等长江沿岸港口的航线,增辟了温州到台湾各港航线。有"大来"、"海鸥"、"万象"、"福海"、"华进"、"光亚"、"中亚"、"南亚"等轮汽船不定期地行驶台湾各港,但尚未开辟客货班轮航线,往来的旅客都是顺便搭乘货轮。沪甬线虽然有四五艘轮船营运(多时达七八艘),但多数是不定期航行,且装载不足。民国36年,温州港年进出口总吨位约达50万吨,比前一年增长38.9%。同年下半年开始,因国共内战,产生严重的通货膨胀,沿海客运逐渐走向衰落。温州注册的轮汽船行(船务行)到1949年5月只剩下28家。

1950年9月,浙江省航运公司建立后,逐渐恢复沿海客运。1951年8月宁波至舟山沿海岛屿客货运输恢复,1952年江厦、坎门、楚门等沿海航班恢复。1952年4月,"江泰"轮首航甬申线，中断了3年之久的甬申客运航线正式恢复。1955年初温州沿海航线畅通，1957年8月浙江省航运公司开辟了海门至大陈岛客运航线。1965年，全省沿海水路运输客运量132万人次、旅客周转量4965万人公里。

1966～1976年，水路运输业受“文化大革命”的影响，一波三折，发展缓慢。在“文化大革命”后期，逐渐恢复和开辟了一些航线，沿海旅客运输量有所增长。1975年7月1日，停航长达10年的海门（椒江）—上海客运航线恢复通航（隔日一班）。9月，定海—上海客运航线开通。10月1日，宁波—定海—温州客运航线开通。1976年，沿海客运量232万人次、旅客周转量19332万人公里，比1966年分别增加48.70%和238.10%，其中旅客周转量增长幅度特别大。1968年、1969年、1971年虽然出现下降，但以后都继续回升，回升的幅度也较大。如1970年的客运量155万人次、旅客周转量5919万人公里，比1969年分别提高112.30%、45.70%；1972年的客运量162万人次、旅客周转量6434万人公里，比1971年分别提高7.30%和10.50%。

1977年后，除经营已有客运航线外，新开辟了不少航线，引入了高速客船，缩短运输时间，客运量有较大的提高。1995年后，各种运输方式竞争激烈，特别是高速公路网的建设和开通，出现了水运客源迅速下滑的现象，多条航线停航，沿海客运总体上处于萎缩状态。1980年后，除已开辟的宁波—上海、宁波—温州、海门—上海、温州—上海等沿海各地间的客运航线正常经营外，普陀山—沈家门—上海、宁波—岱山—上海、宁波—沈家门—普陀山等客运航线相继开辟，解决了普陀山旅客激增的问题；1986年后相继开辟定海鸭蛋山—宁波白峰渡、普陀六横沙岙—宁波北仑上阳、定海西码头—岱山高亭、沈家门—朱家尖等沟通陆岛、岛岛之间的渡运航线。1989年10月20日，中断40多年的象山石浦—上海的客运航线恢复通航。1991～2000年期间，浙江沿海港口与上海港口之间的客运航线主要有宁波—上海、宁波—镇海—上海、温州—上海、椒江—上海和舟山地区的定海—上海、普陀山—上海、普陀山—岱山—上海、衢山—泗礁—上海等8条客运航线。这些航线分别由上海海运局、宁波海运公司、海门海运公司、舟山第一海运公司、舟山海星轮船公司等经营。此外，1991年4月7日，舟山市轮船公司经营的沈家门—福建马尾客（货）航线开通，单程航行一次24小时左右，五天一个航班，改善了浙闽两省的海上交通条件。1995年3月27日，舟山—上海的首条轮渡航线开通，从定海西码头出发，经过4个多小时航行，跨越56海里，到达上海金山卫。在此期间，陆岛旅客运输、岛际旅客运输和旅游运输仍有一定的发展，27个万人岛屿已建成综合码头，拥有各种客船200多艘，开辟航线171条。其中，以普陀山为中心已开辟航线48条，投入营运船舶60余艘，年客运量600多万人次。另外，上海—洞头—普陀山—上海旅游航线也于1997年10月1日开通，由上海海运集团客运公司经营的豪华游轮从上海芦潮港出发，至浙江洞头岛、普陀山、上海，全程往返三昼夜。

期间，客运船舶得到较大的改善，大大缩短了运输时间。1984年2月国内第一艘沿海双体客轮“浙江605”轮投入宁波—沈家门—普陀山客运航线营运。1986年，全省第一艘高速客船（320客位）投入营运。同年，浙江省航运公司、宁波市经济技术开发公司、香港港瑞投资公司联合组建宁波花港有限公司，引进“甬兴”号高速双体客轮，新辟沿海的宁波镇海小港—上海南汇芦潮港航线；温州港务局、厦门港务局、广州海运局联合开辟温州—厦门—广州定期沿海客运航线。1991年，普陀山—上海航线引进高速双体船和水翼船，平湖乍浦—慈溪、舟山沈家门之间高速客运航线采用70客位水翼船和42客位双体船。1992年6月,平湖乍浦—慈溪航线采用全垫升气垫船。1996年2月22日,120客位国产消波型单体钢质高速客船"嵊翔"投入泗礁—嵊山—大洋—上海芦潮港航线营运。2003年9月1日,国内第一艘五星级豪华邮轮"假日号"投入普陀山到上海航线营运。同年12月30日,宁波海运集团有限公司投资经营的国内第一条跨国海上高速客运航线—中国防城港—越南下龙湾海上通道正式开通。2005年1月1日,湖州至舟山普陀、江苏南通的快客班线开通。2006年3月5日开通舟山定海三江—洋山高速客轮航线,2007年1月19日以"飞舟10号"高速快艇替代该航线的"飞舟9号",全程航行时间缩短为2小时45分;2007年9月28日浙江省最大客滚船"通达5号"轮投入该航线营运。2007年7月8日舟山海星轮船有限公司客位为232客的高速客轮"飞越号"首开普陀山至小洋山航线,成为普陀山至上海最快的一条车船联运线路。

随着省内航空、铁路、公路运输迅速发展,特别是高速公路的相继开通,浙江沿海旅客运输遭到强大冲击,常规旅客流量逐年大幅度下滑,多条航线撤销。1998年4月,海门海运公司撤销了椒江—上海的客运航线。2000年3月20日,经营了40多年的温申水上客运,因温州—上海空中航线以及金温铁路开通,客流大幅下滑而停航。2001年6月25日,宁波海运(集团)总公司经营宁波—上海旅客运输的"天封"轮正式停航。

2009年7月7日,台州大麦屿港区对台湾海上直航客运首航。2010年,舟山往返台湾的海上旅游观光航线完成首航。

2010年,浙江沿海客运量为2472万人次,旅客周转量52657万人公里。

表4-2-2为1995年浙江省沿海客运企业经营的跨省航线情况。表4-2-3为1991~2010年浙江省沿海航运运量情况。

1995年浙江省沿海客运企业经营的跨省航线一览表 表4-2-2

航 线	投入营运船舶
椒江—上海	"浙江404"、"浙江406"
定海—上海	"南湖"、"浙江816"
定海—衢山—嵊泗—上海	"浙江815"、"浙江801"
普陀山—上海	"普陀山"、"锦屏"
沈家门—上海	"海星"、"蓬莱"
岱山—上海	"蓬莱"
沈家门—福州	"海星"
沈家门—芦潮港	"梅岑"
普陀山—芦潮港	"梅岑"
石浦—上海	"石浦2号"
宁波小港—芦潮港	"甬兴"高速客船
宁波—上海	"天封"
普陀山—岱山—芦潮港	"徐福"高速客船
嵊泗—芦潮港	"金沙"
镇海—上海金山	"明越1号"、"明越2号"
镇海—芦潮港	"海马1号"
定海—嵊泗—芦潮港	"茂盛"
舟山—上海轮渡航线	"金龙"渡船

1991~2010年浙江省沿海航运运输量一览表　　表4-2-3

年度	客运		货运	
	客运量（万人次）	旅客周转量（万人公里）	货运量（万吨）	货物周转量（万吨公里）
1991	1592	79430	1781	1117422
1992	1677	80176	2113	1379905
1993	1658	79808	2507	1798615
1994	1693	80407	3004	2359943
1995	1862	89855	3988	3132153
1996	1653	84228	3449	2939909
1997	1733	83320	3881	3370245
1998	1673	73302	3750	3287183
1999	1821	71460	4512	4050874
2000	1869	69831	5369	4950124
2001	1748	64701	6369	6054122
2002	1855	60454	7833	7741269
2003	1784	52518	10399	10834040
2004	1969	65227	14439	14510393
2005	2111	67834	17361	19473871
2006	2406	59558	22090	25654827
2007	2738	61976	25209	29265626
2008	3033	66746	26858	30339970
2009	3125	67838	29307	32180766
2010	2472	52657	34941	40581035

二、货运

隋唐时期，浙江沿海货运始兴。沿海航运自杭州、越州、明州、台州、温州等港口出发，旁海而行，南下闽州、广州，北上登州、莱州，并越海而至辽东半岛。五代时期，因为陆路及内河航道受阻，沿海航线便成了吴越国交通闽广和中原各地的主要航线。北上中原的航线大致由钱塘江走浙东运河到明州，再北上，经山东半岛、登州、莱州，然后取道东西两京（今开封、洛阳）。吴越国还凭借这条沿海航线至辽东半岛，与契丹等国建立了海上交往。天祐十二年（915年）吴越国王钱镠派遣使者滕彦休首次入贡契丹，此后30年中有9年互派使者往来，吴越国由契丹输入马、羊、皮毛等北方特产，往契丹输出丝织品、茶、药、酒、瓷器、犀角、珊瑚、宝器、珍玩等。

宋时，沿海航运有了较大的发展。澉浦、杭州、越州、明州、台州、温州均为通航海港，傍海北上，可交通华亭（今松江）、通州（今南通）、江阴、楚州（今淮安）、海州（今连云港）、板桥（今胶县）等港口，南下可达福州、泉州、漳州、潮州、广州及雷州、琼州等港口。北宋天圣四年（1026年）温州纲运即从温州港由海道先运往明州，再由明州转运北上。

元代，实行漕粮海运。浙江的漕粮通过沿海船运至刘家港，再从刘家港启运出海北上，后来也有一段时间直接由庆元(今宁波)、温州、台州等地将漕粮运往北方。

明初,漕运路线沿袭元朝,海陆兼运。永乐十三年(1415年)会通河开通,江南漕粮始全部转入河运。以后,实行严格的“海禁”政策,浙江沿海是实行“海禁”政策的重要地区,沿海贸易大受影响,但民间沿海航运仍长期存在。浙江的地方产品,如丝绸、布匹以及其他手工业产品,许多通过海运输往闽广、山东沿海地区,而通过海运输入浙江的有广东、福建的蔗糖、木材、蓝靛、海货、干鲜水果,北方的枣、豆,乃至琼州(今海南岛)的“奇香异木,文甲【鬲皮】龟之产”。当时,太湖流域地区木材不足,许多商人就专门从事木材贸易。明代闽商先往福建收买杉木,再运至定海售出。“宁波势家,每至漳州贩木,顾白船往来海中,无复溺之患”。

清朝沿袭明朝的海禁政策,严禁商民出海贸易。顺治十七年(1660年)清政府下达“迁海”令,迁移温、台、宁三府边海居民进入内地,海上运输几乎停顿。康熙二十三年(1684年)九月海禁结束,东南沿海商民可以自行造船出海贸易,沿海运输复苏。宁、绍各地的土特产品、棉花、海产等货物通过宁波港外运。如余姚县的木棉,东至闽粤,西达吴楚。宁波也向台湾输出棉花、草席等。进港的南船常运糖、靛、板、果、白糖、胡椒、苏木、药材、海蚕、杉木、尺板等,北船常运蜀、楚、山东、南直的棉花、牛骨、桃、枣诸果、坑沙等。乍浦港出港货物以布匹、丝绸为大宗,进港有来自闽广的松、杉、楠、靛青、兰、茉莉、桔、柚、佛手、柑、龙眼、荔枝、橄榄、糖,来自浙东的有竹、木炭、铢、鱼、盐。乾嘉之际,国内海运年贸易额达2600余万两银元。19世纪初,浙江沿海贸易商船行号的主力——宁波“南北号”,在镇海、上海等处驻港的商船就有400艘。咸丰三年(1853年)浙江首次海运漕米赴津,受雇出运的“北号”商船有130余艘,每年输运浙江漕米均六七十万石,加之可随船附带二成免税货物约合10多万担,商船抵津卸空之后可往辽东装载油、豆等北货南归,故每趟赴津当有100万担之数。

道光二十年(1840年)以后,外国航运势力大量侵入中国,以致在东南沿海许多大口岸,轮船排挤了木帆船,尤其是沿海贸易权的丧失,使中国传统帆船航运业日趋衰落。但浙江沿海木帆船仍担负着沿海各地之间货物运输任务。宁波、温州、乍浦三个港口为沿海帆船聚集中心,北至丹东,南至海南,以及长江沿岸各地都有木帆船往来。主要航线有:(1)宁波至上海线。光绪十三年(1887年),在宁波往来上海的帆船中,仅向浙海关登记注册的就有619艘(44416载重吨)。这些船舶为承揽洋货运输业务,有半数悬挂外国船旗。(2)宁波至山东、辽宁线。这是一条以浙江的棉花、棉布与北方的豆类、篓油进行大宗交换的海运线。同治七年(1868年)宁波进口山东船140艘(3.75万载重吨),同年约有140~160艘浙江帆船往山东进行贸易,通常每船每年出航两次。(3)宁波至国内南洋各口线,包括宁波至福州,宁波至泉州、厦门,宁波至台湾,宁波至广州、香港航线。出口货物以棉花、棉布、墨鱼干、草席、豌豆、酒和山东出产的油脂为主,进口货物以木材、大米、食糖为大宗,其次为麻布、陶器、龙眼、胡椒、乌木、苏方和染料等,还有通过厦门转口的红海地区、马六甲海峡地区及爪哇等处的产品。宁波帆船运输承揽了福州、山东的大部分海上贸易,同治七年进口宁波的福州和温州木船130艘(11601载重吨),泉州木船120艘(23800载重吨)。宁波商人在福州专门装运木材的大帆船(俗称“柴虎船”)就有数百艘。在进入台湾基隆和淡水两港的船舶中,宁波船的数量位居第三。宁波船还向香港运装湖广的大米和云南的铜。(4)宁波至长江中下游各港口航线。宁波商人叶澄衷就自置帆船100余艘,经营宁波、上海至武汉航运。镇江船经这条航线载大米、小麦、生猪和药材到宁波，运回墨鱼及福建出产的圆木、红木和纸张。还有浙江派往扬州仙女庙采办大米的帆船队也走这条航线，每年多达50艘。(5)温州至省外的航线。温州有往来福建、台湾、上海、镇江、烟台、天津的贸易帆船。出口货物主要有茶叶、木材、木炭、柑桔、烟叶、生猪、药材、牛皮、纸伞、棕制品、海蜇、白矾、土铁等；进口货物有棉花、棉布、麻类、大豆、干果、红黑枣、桂圆干、荔枝干、海产品、红糖、葵扇以及旧铁丝、煤油等。光绪四年(1878年)温州进出港的帆船共计3496艘次。(6)乍浦至省外的航线。道光初年，上海港及乍浦有善走关东、山东海船5000多艘。鸦片战争后，乍浦多次遭受兵燹，元气大伤，加之上海港兴起市场竞争加剧之后更是一落千丈。但乍浦的帆船海运业并未完全衰落，每年从福建进口的木材就占乍浦进口总值的2/5，还输入来自福建、汕头的日用杂货，如建香、漆器、提桶、扶梯、藤棚、皮制品、建笠、黄泥火炉、磁器等。

浙江沿海的城镇如澉浦、海盐、乍浦、盐官、萧山、赭山、绍兴新埠头、宁波、镇海、石浦、穿山、宁海、薛岙、象山、白墩、爵溪、海门、鹤浦、海游、健跳、金清、松门、楚门、坎门、温州、黄华、瑞安、古鳌头、镇下关以及沿海岛屿中的沥港、定海、普陀、岱山、洞头等处，几乎所有可以靠泊的港湾小镇都有帆船出入，数量甚多。各地帆船运载货物，多为运往宁波销售或转口的腹地所产大宗农副产品，腹地所缺的布匹、棉花、盐、鱼鲞、干果、糖、油类、铁器、陶瓷器及日用小百货，便由帆船向沿海开放口岸采办装运到临近港埠，再用小船、竹筏通过内河运到内地。

中国航运业为了生存，沿海帆船大都以悬挂外旗和附股外商的方式经营。咸丰十一年(1861年)由美商旗昌洋行组织创办的“上海轮船公司”(通称旗昌轮船公司)，就是以“华资为主，外商主持”的典型企业。公司开办时的100万元股金中，中国商人占70%以上。同治五年至同治六年(1866~1867年)由宁波进出上海的1059艘次的船舶中，有518艘次是悬挂外国旗的，分别占48.91%。

民国元年(1912年)后，废除了清朝对海运业的规章禁令，取消了一些载运货物的禁例，实行鼓励发展交通政策。经过十余年的较快发展，形成了以中国民族轮船占优势地位的航运格局。到民国25年，轮船航线已遍及全省沿海和沿海各主要岛屿，并辐射至国内南北洋沿岸各口和长江中下游一带的主要港口。宁绍商轮公司有江海轮船7艘(10968载重吨)，以甬沪航线为根基，航线遍及南北沿海和长江沿岸。三北轮埠公司自民国元年创立，有小轮3艘(400余载重吨)，行驶于宁波沿海；至民国24年，拥有大小轮船65艘(9万余载重吨)，约占全国商轮总吨数的13%，经营航线遍及全国沿海和长江沿线，是仅次于轮船招商局的中国第二大航业集团。此外还有永川轮船公司(宁波经海门至温州的航线)、甬定轮船局(宁波至定海、沈家门、普陀、岱山、象山、石浦、海门)、东海轮船公司和镇宁商轮公司(宁波至舟山群岛主要岛屿)。继而海门和温州也逐渐兴旺。至民国19年，海门地区有海外轮船企业9家，大小轮船11艘(6629载重吨)。民国24年，温州(包括瑞安、鳌江镇)外海轮船企业共有63家、轮船74艘(22243.86载重吨)。

宣统三年至民国26年(1911~1937年)间，沿海旧式木帆船在货运方面仍有相当的竞争力，数量有所发展。宁波商帮利用当时浙江与外省(除上海外)无定期班轮航线的缺口，开拓新的海运贸易渠道，取得极大成效。长江之夹板船航运业皆属宁波商人所经营，其输出品为棉花、棉布、绸缎、海产物等类，输入品为杂粮、黄豆、桐油、牛油、片麻、芝麻、棉、米等类。民国7年，宁波商帮在汉口的年贸易额约三千五六百万至四千万两白银。民国初年，绍兴章泉源煤油五金号,自置海运帆船 8 艘,专运煤油五金等货来往绍兴新埠头至上海之间;宁波南号商船(也称树行)在福建设立专门运销木材的机构——柴虎船商会,置备"柴虎船"300多艘,从福建采办木材、板料源源运销宁绍。民国 10 年前后,柴虎船商会每月驶经洞头三盘门港口"柴虎船"约达 1000 艘次。随着煤油、化肥、水泥、煤、铁的货物输出量大幅度增加,而沿海轮船又拒绝装运这类易燃、易污染物资,于是这种货物均归帆船运载转销各地,成为帆船航运新的大宗货源。定海商人在经营煤油运销方面很成功,美孚、亚细亚两大公司其各埠分销处凡十之六七由定海商人承办。民国 11 ~12 年进出宁波、温州两港的帆船每年达 2 万多艘次,71 万余载重总吨。与民国 8 年相比,船次增加了 1 倍多,吨位增加了 48.4%。此后,宁、温两港的帆船进出口数量虽有所回落,但民国 16 年以前每年仍不少于 1.5 万艘次和 60 万吨位。楚门、坎门两地于民国 9 ~21 年间,帆船航运有了很快的发展。楚门陆楚材、坎门玉泉隆等购入多艘大帆船,开辟温州、福州、上海、台湾、福州、泉州、山东、旅顺间的海运贸易。民国 10 ~20 年间,乐清县白溪港有"金广利"、"张万盛"、"金洪利"、"黄源利"等三樵帆船 5 艘,计载重总量 6400 担,行驶福州、汕头、宁波、上海、南通等,出口装载茶叶、木炭、毛猪、草席、麻袋和海产等,进口载回煤油、豆饼、南北货、日用工业品以及猪羊骨等。三门县海游镇章姓家族,置造大帆船 1 艘,行驶海游至象山石浦航线,每月往返 6 次(单行一次需 18 小时),定期不误,称之为"六市船"。至 20 世纪 20 年代,在三门湾沿岸这种定期沿海航船发展到 6 艘,分别由海游至石浦,海游至象山岳浦,海游至宁海白岩下,海游至宁海朱门和宁海长街至海游等 6 条航线。

民国 26 年(1937 年)8 月,日军入侵中国后封锁中国沿海,宁波通向上海及省内沿海各地的航线一度停开。民国 30 年 4 月后宁波、温州相继沦陷,浙江沿海航运处于停顿状态,这种状况一直延续至民国 34 年 8 月。

民国 34 年(1945 年)8 月,抗日战争结束。浙江通过旧公司复航营运、接收日伪航运资产,新办航运企业等途径,沿海运输业得到较快的恢复和发展。民国 36 年宁波港船舶总吨位达到 170 余万吨,比上年的 90 万吨增加 88.9%。

民国 35 年 10 月,"穿山"轮成为温沪线的定期客货班轮,每星期往返各一次,中途兼湾定海。民国 36 年 12 月及民国 37 年 2 月,"大华"客货轮、招商局的"海平"客货轮相继参加该线定期航行。此外,温州还恢复了通往宁波、福州、厦门、汕头等沿海港口和南通等长江沿岸港口的航线,增辟了温州到台湾各港航线。有"大来"、"海鸥"、"万象"、"福海"、"华进"、"光亚"、"中亚"、"南亚"等轮汽船不定期地行驶台湾各港,但尚未开辟客货班轮航线。沪甬线虽然有四五艘轮船营运(多时达七八艘),但多数是不定期航行,且装载不足。民国 36 年,温州港进出口总吨位约达 50 万吨,比上年的 36 万吨增长 38.9%。民国 37 年底,温州注册的轮汽船行(船务行)为 51 家,至 1949 年 5 月只剩下 28 家。

1953 年和 1956 年,浙江沿海试行过轮木结合的拖带运输。1958 年,温州市先用小轮拖带小帆船成功,进而用 1000 吨以上大轮进行拖带运输又获得成功。舟山区航运局、宁波市轮船公司、海门航运局、浙江省交通厅驻沪海运经营处也相继全面开展了沿海拖带运输。经营的航线有温甬线、温申线、舟申线等,拖带的对象有木帆船、木(竹)排、铁(木)驳、趸船等。拖带运输在非机动船舶大量存在和机动船舶的效率未充分发挥的情况下,能提高运力效率,例如,"浙海 117 号"轮船拖带"浙温帆 11 号"木帆船后,产量增加 140%;拖带前月收入 2954

元，拖带后达6102元，增加106%。又如，温甬线木帆船原来每月只能跑3个单程航次，拖带后可跑8次，提高166%。但随着木帆船逐步被机动船所取代，沿海的拖带作业逐步减少，直至消失。1965年，全省沿海水路货运量293万吨、货物周转量88175万吨公里。

1966年，全省沿海的货物运量、周转量分别为296万吨、83158万吨公里。1967年沿海货物运量下降至257万吨、周转量下降至68954万吨公里。此后几年一直处于下降趋势，到1969年底分别为139万吨和50756万吨公里，比1966年分别下降53%和39%。1970年以后，煤炭运输和运往矿区的物资大量增加，浙江省水上运输生产有所恢复和发展。沿海货物运量增至294万吨、周转量增至88596万吨公里。1973年沿海货物运量达到402万吨、周转量达到122018万吨公里。1976年减少至329万吨和97910万吨公里，与1973年相比分别下降18.20%和20%。

1991~2000年期间，浙江沿海煤炭运输一直呈平稳增长趋势。煤运船型以1~6万吨级系列船型为主体。"九五"（1996~2000年）后期，浙江省沿海建设了一些大型石化企业，成为国内相对集中的石油产业带的组成部分，进口原油及加工后成品油的沿海运输在浙江省沿海油运任务中占有一定的比重。

1997以后，浙江开通多条国际集装箱内支线航线。1997年2月21日宁波北仑港至温州港、海门港的集装箱内支线开通，2001年12月7日嘉兴—上海国际集装箱内河运输航线开通，2002年7月22日乍浦—深圳—黄埔的内贸集装箱定期航班开通，2006年11月13日大麦屿港区国际集装箱内支线开通，2007年6月1日福州罗源—玉环大麦屿—辽宁营口的内贸集装箱航线开通，2008年1~5月间乍浦—宁波、乍浦—太仓、乍浦—天津内支线开通。

表4-2-4为1990~2010年浙江省沿海交通专业运输部门煤炭和石油运输量统计。

1990~2010年浙江省沿海交通专业运输部门煤炭和石油运输量一览表 表4-2-4

年份	煤炭及制品		石油、天然气及制品		运输部门
	运输量（万吨）	周转量（万吨公里）	运输量（万吨）	周转量（万吨公里）	沿海交通专业
1990	564	348788	11	5853	沿海交通专业
1991	642	501890	17	9680	沿海交通专业
1992	728	663730	27	13403	沿海交通专业
1993	793	790198	27	13158	沿海交通专业
1994	975	1013196	37	25434	沿海交通专业
1995	1112	1316765	41	25598	沿海交通专业
1996	1194	1388290	46	29110	沿海交通专业
1997	1241	1521179	74	31540	沿海交通专业
1998	1206	1450240	113	82082	沿海交通专业
1999	1309	1617249	139	107551	沿海交通专业
2000	2677	2547292	563	519612	全社会水路
2001	3197	3273904	587	587340	全社会水路

续上表

年份	煤炭及制品		石油、天然气及制品		运输部门
	运输量（万吨）	周转量（万吨公里）	运输量（万吨）	周转量（万吨公里）	沿海交通专业
2002	4090	4007922	822	827283	全社会水路
2003	4727	4986798	1117	1284942	全社会水路
2004	6968	8123811	2108	1863217	全社会水路
2005	8073	9694270	2276	2226304	全社会水路
2006	10611	13239586	2522	2789921	全社会水路
2007	12979	15249755	3046	3297828	全社会水路
2008	13632	15682290	3391	3497933	全社会水路
2009	14777	16559337	3687	3605914	全社会水路
2010	18623	22392607	4277	4493147	全社会水路

2006～2010 年间，浙江各地海上对台直航纷纷启动，两岸的经济贸易往来也随着直航日益活跃。宁波、舟山、温州、台州 4 个沿海港口被列为对台直航港口。温州港继宁波港、舟山港后开通了直航集装箱班轮航线。台州大麦屿港还开通了对台客运航线，实现了对台客运常态化。舟山往返台湾的海上旅游观光航线完成首航。台州港与基隆港结为友好港口。2010 年，沿海港口共完成浙台海运直航货物吞吐量 66.8 万吨，集装箱吞吐量 15.5 万标准箱。

第二节　远洋运输

一、远洋航线

（一）浙江至日本航线

浙江与日本间海上航运始于唐天宝年间。唐玄宗天宝十一年（752 年），日本孝谦朝遣唐使舶 3 艘，在明州（今宁波）登岸，首开日本至明州的南路航线。会昌二年（842 年），明州商人李邻德的商船抵达日本，巡礼五台山的日僧惠萼也搭此船返日。大中元年（847 年）六月二十二日，张支信（一说张友信）及元净等 37 名客商自明州望海镇（今镇海区）启碇，横渡东海，至日本肥前国值嘉岛，进入博多。

宋代，浙江通往日本的海船从明州港出发，横过东中国海，先到肥前的值嘉岛（今日本五岛），再转船到筑前的博多（今日本福冈）。当时从明州发船去博多，利用初夏（五六月）西南季风，只要五七天即可抵达。如果继续航行，可以穿过日本海，到达今日本若狭湾内的敦贺港登陆。如北宋嘉佑五年（1060 年）海商林养和俊政，元丰三年（1080 年）海商孙忠，元祐六年（1091 年）海商尧忠等都驾船走此道直达敦贺。这条航道与唐、五代时所开辟的航道基本上相同，所不同的只是将唐、五代时从明州到博多这一航道进一步延伸到了敦贺。

明初实施“海禁”，私人的海上贸易被禁止。永乐二年（1404 年），明政府与日本签定“勘合”贸易（即朝贡贸易）条约，宁波港被指定为接待日本“贡船”的唯一港口。弘治九年（1496 年），两国间往来船舶有两条航线：一条是从日本兵库出发，经濑户内海，在博多暂停，然后过五岛，越东海到宁波；另一条以堺港为起点，经四国岛南部，在萨摩的津坊暂停，再渡东海，到达宁波。宁渡驶日船舶，则按这两条航线逆向而行。

清代，宁波港驶日船舶的航线走向，大都由镇海启碇，在普陀山附近海面暂停，候风渡东海，驶抵日本长崎，航程约460海里。

20世纪20年代，每年有数十艘次日本轮船到温州。民国26年(1937年)7月抗日战争爆发前夕，浙江至日本航线断航。

1949年后，海外运输一直停顿。1963年8月11日，温州港列为对日本籍船舶开放港口之一。同年8月27日，日本轮船"东官丸"装载化肥从日本的牧山港驶抵温州港，恢复了温州至日本航线。1971~1973年，每年有20多艘次日本轮船到温州港。1980年8月16日，中国远洋运输总公司浙江省公司宁波办事处的"兰江"轮自宁波启航，驶抵大阪，重开宁波至日本的航线。至1990年，宁波港与日本通航的港口共63个。计有大阪、堺港、千叶、鹿岛、黑崎、新泻、水岛、宇部、坂出、神户、四日、君津、饰磨、衣浦、宇野、左贺关、宾坽、直岛、伏木、清水、下津、博多、横滨、东京、长崎、那坝、广岛、德山、水泻、福山、占小牧、名古屋、新居滨、门司、高松、细岛、川崎、石垣、德岛、和歌山、下关、三原、鹿川、八都、左世保、鹿尔岛、小名滨、松山、尾道、渥美、三门、六连、大分、东海、姬路、加吉川、三角、八户、今治、日比、赤湾、喜入、冈山。

（二）浙江至朝鲜半岛（高丽）航线

五代时期，吴越国与朝鲜半岛正式通航。至高丽航线的走向，一般由定海（今镇海区）放洋，顺大陆沿缘，北上至楚州（今淮安）、登州（今蓬莱），转海口，经大榭岛（今长山岛）、鼍歆岛（今砣矶岛）、末岛（大、小钦岛）、乌湖岛（今南城皇岛）、马石岛（今老铁山）、都里镇（今旅顺市附近）、青泥浦（今大连湾）、桃花浦、杏花浦、石人汪（今石城岛）、橐驼湾（今鹿岛以北大洋河口）、乌骨城（今安东市）至高丽。

宋元时期浙江和高丽的海上航路一般从明州定海（今镇海）放洋，越东海、黄海，沿朝鲜半岛南端西海岸北上，到达礼成江口，包括陆行40里，共计需要10天。当时从明州去高丽，多在七月、八月和九月，乘西南季风而行；回程（由高丽回明州），多在十月、十一月，乘东北季风。高丽方面以礼成江口的碧澜渡或介于礼成江、临津江之间的贞州作为对宋贸易的主要港口。此后至1644年明朝灭亡，明州与高丽间往返船舶都行驶这条航线。清代始，该航线断航。

1981年7月，中国远洋运输总公司浙江省公司宁波办事处4600吨级"北安"轮，首次去朝鲜南浦港装运水泥4200吨，航程560海里，航时40小时，驶抵宁波，重开宁波至朝鲜航线。

（三）浙江至南洋航线

吴越宝正二年(927年)，吴越与大食国（今埃及、伊朗一带）已通海上航线。北宋淳化三年(992年)十二月，阇婆（今印度尼西亚）遣使来宋朝贡，由中国商人毛旭做向导，经60天航行，到达明州定海（今镇海）。而西亚的波斯商人来明州贸易的更为频繁，明州府为此在城内子城东南隅（今江东区一带）两浙市舶司西首设立波斯馆，予以接待。南宋的南洋航线，除沿袭北宋以外，通航范围还扩展到真理富（今柬埔寨）、暹罗（今泰国）、勃泥（今加里曼丹北部）、麻逸（今菲律宾）、三佛齐（今苏门答腊东南部）等国家和地区。

元代，庆元（今宁波）港的南洋航线，又扩至马来西亚、三屿（今属菲律宾）等地。元贞二年(1296年)，元朝派遣使团从温州乘船到真腊（今柬埔寨）。明代，宁波至南洋航线断航。

清雍正年间(1723~1735年),复开南洋航线。宁波港通航范围以菲律宾群岛、安南(今越南)、柬埔寨、暹罗(今泰国)为限,每年往返南洋航线的船舶约为580余艘次。道光二十年(1840年)鸦片战争后,南洋航线有宁波至暹罗(今泰国)、锡兰、苏门答腊、菲律宾、柬埔寨等5条,以及温州至新加坡。光绪十一年(1885年)有8艘夹板船从槟城(今属马来西亚)驶抵温州。民国30年(1941年)4月,宁波被日军占领,南洋航线断航。

1982年,宁波至菲律宾、泰国、马来西亚的航线复又开通。翌年与印度尼西亚通航。1984年和1985年,又相继开通至印度和新加坡航线。1987年,再开越南航线。

1982~1990年,宁波港新辟的亚洲航线共有以下9个国家和地区的11个港口。其中包括土耳其的伊斯肯特仑、穆坦尼亚、休诺普港,巴林的巴林港,文莱的文莱港,伊朗的阿巴港,约旦的阿克巴港,巴基斯坦的卡拉奇港,科威特的索亚巴港,阿曼的米纳哈弗尔港,香港的香港港。

(四)其他航线

美洲航线。1982年,巴拿马籍2.03万总吨的散装船“海雄”轮,由美国的垣帕港满装化肥启航,行程1万余海里,驶抵宁波港北仑港区。翌年,宁波港又先后接待来自加拿大、古巴的货船。1985年1月,巴西籍13万吨级油、矿两用船“巨拉”号(JURUA),由里约热内卢港装载铁矿石启航,沿大西洋北上,经巴拿马运河,横越太平洋,驶抵宁波港北仑港区。至1990年,宁波港新辟的美洲航线共有9个国家和地区的38个港口。

欧洲航线。1982~1985年,宁波港新辟的欧洲航线有7条,通航的国家有英国、意大利、苏联、阿尔巴尼亚、民主德国、西班牙、葡萄牙等。1986年开通宁波至德国、挪威、丹麦、荷兰3条航线。1987年以来又新增至罗马尼亚、保加利亚、波兰、法国等国家的航线。至1990年,宁波港保持的欧洲航线共有13个国家和地区的24个港口。

非洲航线。1982~1990年,宁波港新辟的非洲航线共通达7个国家和地区的9个港口。

大洋洲航线。1985年11月,首开宁波至大洋洲航线。1987年以来又开通斐济、新西兰、新喀里多尼亚航线。至1990年,宁波港新辟的大洋洲航线共有以下4个国家的13个港口。其中包括澳大利亚的丹皮尔、敦斯维尔、格鲁特、麦凯、墨尔本、波特兰、阿得雷德、黑德兰、凯恩斯港,斐济的劳托卡港,新西兰的惠灵顿、璜加雷港,新喀里多尼亚的努美阿港。

二、杂货运输

浙江自唐代开始与日本、朝鲜以及东南亚国家有航运贸易往来。天宝十一年(752年),由日本孝谦朝遣唐使舶3艘,在明州(今宁波)登岸,首开日本至明州的南路航线。开成四年到唐朝灭亡之前(839年~907年),日唐间见于记载的海上往来共37次。除始发港和到达港不详的17次外,自日赴唐的6次中,明州登岸1次,温州登岸1次;自唐赴日的10次中,台州发船1次,明州发船6次。后梁开平三年至后周显德六年(909年~959年)间,中日商船往来有15次,其中11次为吴越人的船只往来,占73%。图4-2-1为唐代中日航线图。

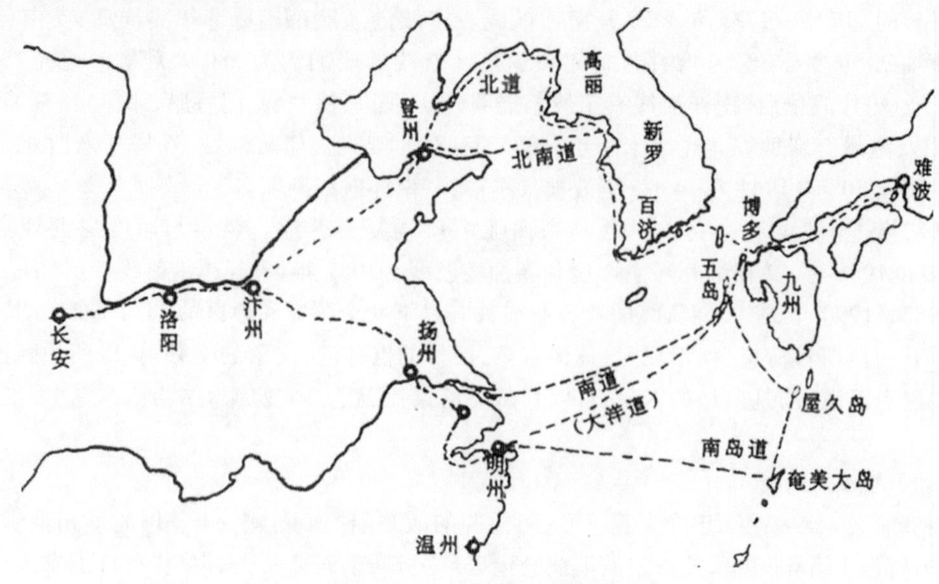

图 4－2－1　唐代中日航线图

五代时期，吴越国与朝鲜半岛通航。宝大二年（925 年）后唐庄宗李存勖正式册封钱镠为“吴越国王”，钱镠即“遣使册新罗、渤海王、海中诸国，皆封拜其君长”。宝正二年（927 年），后百济与高丽构兵，钱镠又遣尚书班某为通和使，经海路到高丽及后百济进行调解。同年，吴越与大食国（今埃及、伊朗一带）已通海上航线。

宋元时，除日本、高丽外航线外，还相继开通了浙江至东南亚及西亚诸国的航线。北宋淳化三年（992 年）十二月，阇婆（今印度尼西亚）遣使来宋朝贡，由中国商人毛旭做向导，经 60 天航行，到达明州定海（今镇海）。而西亚的波斯商人来明州贸易的更为频繁，咸平年间（998 ~ 1003 年）北宋政府还在明州市舶司西面波斯人聚居地专设一处波斯馆，在狮子桥北建清真寺。宋元时期浙江与真腊（今柬埔寨）也有航海关系。周达观于元贞二年（1296 年）自温州出发，经福建、广州诸港口，过七洲洋，经交趾（今越南）到占城，再到真腊境内的真蒲，在真腊住了一年，于大德元年（1297 年）“回舟抵四明泊岸”。

明清时，朝廷实施海禁政策。明代的海禁从开国（1368 年）到隆庆改元（1567 年），长达 200 年左右；清朝的海禁从开国（1644 年）至康熙二十二年（1684 年），达 40 年左右。海禁期间，浙江的民间海外贸易基本停滞，官方海外贸易也只是在明朝限于日本以“朝贡”的形式来宁波进行“勘合”贸易，而这种贸易也有一定的限制。康熙二十三年九月，清朝统一台湾并在东南沿海各省官吏的吁请之下，下令“开海贸易”。此后，海上对外贸易运输开始有所发展，但仍有种种限制，如船上限于装载五百石以下，海船横梁不得过一丈八尺，开航前还须取具连环保结，领取详细执照，注明带货种类、数量和前往贸易的港口，出海船只允许带一定的口粮，多带则按偷运治罪等。同时，日本政府对驶往日本的清朝商船也加以限制。康熙二十七年日本江户幕府限令清朝每年进入日本的船只为 70 艘，其中春船 20 艘（浙江占 9 艘），夏船 30 艘（浙江占 5 艘），秋船 20 艘（浙江占 1 艘），并于次年在长崎设“唐馆”，以控制中国商人的活动。康熙五十四年日本颁行“正德新商法”，规定赴日商船须持日本政府发给的信牌方能入港，每年入日清船改为 30 艘，其中南京、福州、宁波共占 21 艘。后来又几次削减入日清朝商船。在此期间，由于江浙商品经济的发展，江浙赴日的商船仍有一定发展。康熙二十七年有一艘温州商船驶抵日本长崎，此后温州至日本的贸易活动正常开展。虽然明清政府一再颁布禁海令，但私商海外贸易却一直秘密进行，从未间断。尤其是明朝嘉靖后期与日本的勘合贸易停止后，私商贸易骤然增加。其时，浙江私商海上贸易的主要对象仍然是日本，赴日贸易的私商船只很多。嘉靖二十年(1541 年)七月二十七日有明人 280 人去日本，嘉靖二十二年八月七日又有 5 艘至日本。这些船只不乏出自浙江的海商。除明朝私商船只驶往日本外，葡萄牙、日本、南洋等地的海商也驾驶船只来到位于南江口佛渡岛与六横岛之间的双屿岛(今双峙岛)，与浙江的私商进行走私贸易活动。聚集在双屿岛的国内外私商常达万余人，停靠船舶千余艘，其中葡萄牙人每年的贸易额超过 300 万埃斯库多。嘉靖二十六年明朝政府铲除了双屿岛走私基地，浙东沿海非法的民间海上贸易活动转入低潮。

道光二十二年(1842 年)，中英签订《南京条约》，宁波作为第一批条约口岸于 1844 年 1 月 1 日正式开埠。1876 年 9 月 13 日，中英签订《烟台条约》，根据条约的规定，温州于 1877 年 4 月 1 日开辟为通商口岸。随着这两个港口对外开放，外国航运势力便在浙江急骤扩张，向浙江倾销大量工业商品，攫取工业原料和农副产品，浙江与外洋的直接贸易开始衰落，对海外的帆船贸易往来日渐稀少，然尚未中断。19 世纪 70 年代之前，继续与浙江保持帆船通航的有暹罗(今泰国)、日本以及马六甲海峡沿岸的新加坡等国家和地区。浙江主要对外贸易港口为宁波、温州和乍浦 3 处，其国际航线主要有：(1)宁波至暹罗航线，主要由侨居暹罗华侨的帆船承担，以免税大米为大宗进口货物，其他进口货物为锡块以及菲律宾、柬埔寨和越南的转口货。1887 年出入宁波口暹罗帆船共有 39 艘，总计载重量为 16475 吨；1868 ~ 1869 年每年入口 21 艘，平均载重量为 9000 吨左右；到 19 世纪 70 年代初，每年进出口便减少到 6 ~ 8 艘，平均载重量约为 2000 余吨。(2)宁波至马六甲海峡线，是一条锡锭的帆船运输线。当时苏门答腊班卡的锡由华侨经营，并用帆船直接运至中国，其中一半以上运至宁波进口。1867 年宁波进口锡为 23043 担，1868 年进口 23072 担，全部来自暹罗和海峡殖民地。(3)宁波、温州至新加坡线，是由新加坡帆船输入糖、硬木、栲皮、纸张及南洋一带转口商品的航线。1847 年有 5 艘新加坡帆船载货 5 万担进口宁波。1885 年，新加坡的夹板船“特克里”号行驶新加坡—香港—温州线。1886 年还有夹板船从马来半岛的槟城驶抵温州。同年，新加坡六桅商船在瓯江口外的洞头岛停泊半年，用小船向内地转运货物。(4)宁波、乍浦至日本线。进口乍浦的日货占乍浦进口货总值的 1/5。乍浦输出品以宁波的棉花、湖丝、丝织品为主，其次为文具、书籍等。

光绪二年(1876 年)开始，由于包括宁波在内的中国近代航运业的兴起，国内轮船从无到有，从少到多，并通过和外国航运势力的竞争，终于取代了部分外国轮船，使中国船舶在宁波港进出口轮船中的比重逐步提高到 1/3 ~ 2/3。

民国元年(1912 年)，远洋航运业有一定的发展。民国 26 年(1937 年)抗日战争全面爆发，远洋运输几近中断。这种状况一直延续到 20 世纪 60 年代。1963 年始有日本货轮抵达温州港。此后，浙江与日本及东南亚国家的航运逐渐恢复。

1980 年 3 月，组建中国远洋运输总公司浙江省公司，开始了散杂货运输、集装箱运输、客货班轮运输、代管冷藏船运输。同年 3 月 26 日，中远浙江省公司“姚江”轮(原浙海“504”轮)，自宁波启航，装载浙江省出产的瓷砖、味精、细布和各种罐头食品等共 777 吨，首航香港成功。同年8月16日，宁波首航日本大阪。1981年7月，宁波首航朝鲜南浦。1982年8月，宁波—温州—香港航线从不定期航行改为每月上、中、下旬3次的定期航行，成为浙江省远洋运输第一条散杂货定期班轮航线。此后，又相继开辟了海门—香港、舟山沈家门—香港的散杂货运输航线。1986年浙江省获准从事国际海运的船公司有6家。1987年开辟温州—香港客货班轮航线。1990年，浙江全省完成远洋货物运量24万吨、周转量36266万吨公里，分别比1980年增加5倍、7.03倍。其中中远浙江省公司完成远洋货物运量21万吨、周转量32591万吨公里（此数字，按有关协议统计，为实际完成量的一半），分别比1980年增加4.25倍、6.22倍。

表4-2-5为浙江省1986年获准从事国际海运船公司及其船名录。

1986年浙江省获准从事国际海运船公司和船名录 表4-2-5

公司名称	经营范围	经营商船名称	公司所在地	艘数	备　注
浙江远洋运输公司	远近洋货运业务	浙鲲、浙鹏、北安、椒江、鳌江、灵江、衢江、浙鹏	杭州	8	
浙江普陀海运公司	与澳门间的货运业务	浙普107、浙普108	普陀	2	
瓯江船务有限公司	近洋客货运输	中型客货轮一艘（船名待定）	温州	1	
宁波商业冷藏轮船运输公司	近洋货运业务	浙冷3号、浙冷5号	宁波	2	
舟山第二海洋渔业公司		舟山2号、舟山3号、舟山6号、舟山34号，东渔2010号	普陀	5	由浙远代管
浙江省粮油食品进出口公司舟山船队		洛伽、洛川、洛洲、洛兴	定海	4	

注：本表转引自交通部（86）交海字707号文件。

1990年，宁波港与亚洲国家通航的港口共74个（其中日本有63个），与美洲通航的有9个国家和地区的38个港口，与欧洲通航的有13个国家和地区的24个港口，与非洲通航的有7个国家和地区的9个港口，与大洋洲通航的有4个国家的13个港口。1992年，中远浙江省公司、浙江省海运总公司、宁波海运总公司、温州瓯江船务有限公司等5家企业的19艘船舶获准从事国际海上运输；舟山第二海洋渔业公司、宁波冷藏轮船运输公司等15家水产公司的39艘水产船获准从事国际水产品运输。1993年，又有3家公司获准从事国际水产品运输，至此全省共有18家公司获准从事水产冷冻冷藏货物的国际航运，有活水船、冷冻船、冷藏船53艘、17077载重吨，经营航线以到日本、中国香港为主，也有到朝鲜、韩国、新加坡、马来西亚等国家的。到2000年，浙江省从事国际海运的船公司为18家（详见表4-2-6）。2000年9月8日，中远浙江省公司与中远（集团）公司终止合作经营，并更名为浙江远洋运输有限公司，船舶吨位已由成立时的2.5艘、7139载重吨（此数字，按有关协议统计，为实际拥有量的一半）发展到11艘、23万载重吨，其中集装箱船3艘、1092标准箱（TEU）。

2000 年浙江省获准从事国际海运船公司名录一览表 表 4－2－6

序号	公 司 名 称	序号	公 司 名 称
1	浙江远洋运输有限公司	10	舟山市普陀渔业(集团)海运有限公司
2	浙江省海运集团温州海运有限公司	11	浙江舟水联集团舟山泰荣船务有限公司
3	浙江省海运集团台州海运有限公司	12	象山县兴业航运有限公司
4	宁波海运(集团)总公司	13	舟山跃达船务有限公司
5	宁波海运股份有限公司	14	嵊泗县水产冷藏有限公司
6	宁波远洋运输有限公司	15	舟山第二海洋渔业公司
7	宁波市商轮有限责任公司	16	宁波市海鹰水产养殖有限公司
8	舟山海宝运输公司	17	宁波泰和渔业集团公司
9	舟山洛达海运有限公司	18	宁波象山港渔贸开发有限公司

2010 年宁波港集装箱航线总数达 228 条，与 100 多个国家、地区的 600 多个港口通航。浙江省海运集团有限公司共有 18 艘船舶从事国际航行业务，航线遍及四大洲三大洋，到达国家 40 余个。2010 年远洋运输量 1581 万吨。

（一）货种

唐代，明州港的海外航线仅通日本。输出的主要货物有锦绮、瓷器、药物、经卷、佛像、佛画、佛具、文集、诗集以及香料；从日本输入的主要货物有砂金、银、锡、水银、绵、绢、丝、布等。

五代，明州（今宁波）除通日本外，又沟通与高丽往来。输出的主要货物有瓷器、锦绮和香药；从日本输入的主要货物是砂金；从高丽输入的主要货物是金、银、土产等。

北宋，明州港输出日本的主要货物有缗钱、绵、绫、瓷器、香药、文具等；从日本输入的主要货物有砂金、水银、锦、绢、布、刀剑、扇子等。输往高丽的主要货物是绸缎、瓷器、乐器、香料、书籍、文具；从高丽输入的主要货物有水晶、车渠、番布、苏木、吉贝、绞布、檀香、玳瑁等。

南宋，明州港是沟通海外的主要渠道。输出日本的主要货物有绢、帛、锦绮、瓷器、书籍、铜钱；从日本输入的主要货物有金子、砂金、水银、鹿茸、茯苓、硫磺、木板等。输出高丽的主要货物有瓷器、锦绮、蜡、书籍、铜钱等；输入的主要货物有银子、人参、麝香、红花、茯苓、蜡、布等。输出南洋的主要货物有越窑青瓷、五色缬绢、皂绫、铜铁器、明蓆等；输入的主要货物有香料、条铁、生铁以及由“化外番船”运入的银子、朱砂、珊瑚、琥珀、玳瑁、象牙、赤藤、白藤、皮角、鼋皮等。

元代，庆元港输出的主要货物有铜、铁、香药、经卷、书籍、文具、唐画；输入的主要货物有珊瑚、玉器、玛瑙、水晶、犀角、琥珀、珍珠、倭金、倭银、倭铁、硫磺、铅、锡、象牙及各种香料。

明代，输出的主要货物有铜钱、丝、丝棉、布匹、铁锅、瓷器、古钱、古名画、药材、漆器等；输入的主要货物有刀剑、硫磺、铜、苏方木、描金品、屏风、砚等。民间走私贸易出口的主要货物有绸缎、湖丝、布匹、大米；进口的主要货物有金、银、胡椒、檀香、丁香、肉豆蔻夹、肉豆蔻子等。

清代，鸦片战争以前，宁波港输出的主要货物有生丝、丝织品、葛布、毛毡、茶叶、纸张、扇子、砚石、瓷器、漆器等；输入的主要货物有铜、金、银、大米、木材、糖、棉织品、机制品和海产品。道光二十年(1840年)鸦片战争以后，宁波港输出的主要货物有绿茶、棉花、生丝、草席、草帽、纸扇，温州输出的有木材、木炭、柑桔、烟叶、茶叶等；输入的主要货物有鸦片、棉织品、大米、糖、玻璃器皿、洋布、煤油、兰靛、西药。

民国期间，输出的有鲜蛋、草席、桐油、滑石、雕刻器、烟叶、木炭、纸伞等，输入的有糖、煤油、硫酸铔、橡胶制品等。

1979年6月至2010年，宁波港输出的主要货物有原油制品、农副产品、菜蔬加工品、传统工艺品、粮油食品、土畜产品、纺织品、轻工业产品、工艺品、机械、电子产品、五金矿产、化工、医药、保健等15大类，460多个品种。其中有水表、柴油发动机、铜闸门、钢琴、棉布、纱管、床单、童毯、五金工具、火柴、塑料编织袋、针织内衣、桔子、黄桃罐头、杨梅罐头、冻鹅、蜂密、鳗鱼、石斑鱼、贝母、草席、绣衣、金银绣品、骨木镶嵌、翻簧竹器、泥金彩漆等；输入的主要货物有铁矿砂、矿粉、化肥、氯化钾、纯碱、磷胺、硝酸钠、木材、水泥、铬矿、钢材、化汁丝、锰矿、散糖、三夹板、小麦等。

(二)运量

唐文宗开成四年(839年)，日本明仁朝遣唐使一行270人回国时，明州府奉中央政府观察之命，赐给绢1350匹。日本进献给唐廷的物品，据《日中文化交流史》所载："银大五百两，水织绝、美浓絁各二百匹，细絁、黄絁各三百匹，黄丝五百絇……别送彩绵二百匹，叠绵二百帖，屯绵二百匹，纻布三十端，望陀布一百端，木棉一百帖……海石榴油六斗，甘葛汁六斗，金漆四斗。"此外，还有遣唐使个人所带诸如絁、绵、布匹等物品。

宋神宗熙宁十年(1077年)，明州仅从"化外番船"进口的乳香一项，就达4739斤。宋高宗绍兴二年(1132年)，高丽使臣经明州向宋廷进贡黄金百两、银千两、绫罗百匹、人参五百斤。理宗宝祐年间(1253~1258年)，据日本史学家加藤繁所著《中国经济史考证》第二卷载："庆元府一年间由日本商人输入的黄金总额约及四五千两。""不但商人，就是公家、武家也把黄金运到中国，它的年额或许也不止一万两左右。"

元代，庆元港输往海外的货物以瓷器为大宗。1979年，从韩国新安海底打捞的元代中国沉船，其中最底层载有数千件龙泉窑青瓷和7万枚左右钱币。这些龙泉青瓷，就是由温州运到庆元(今宁波)，然后从庆元运往高丽的。

明代，自永乐至嘉靖年间(1403~1560年)，宁波港由日本输入的刀剑约30万把，硫磺150~200万斤，铜150万斤。

清代，自康熙五十四年(1715年)起，清政府每年从日本进口铜的数量约为100万斤，都通过宁波港进口。乾隆六十年(1795年)以后，铜的进口数量每年约200万斤，其中大部分通过宁波港进口。

1. 外贸主要货种输出量

清咸丰十一年(1861年)至同治十二年(1874年)，宁波港输出的主要商品以绿茶、棉花、生丝为大宗。光绪元年(1875年)至光绪二十二年，宁波港出口外洋的大宗商品仍以绿茶为最，然大部分是过境中转。而这一时期，棉花的出口量剧减，草帽出口量剧增。光绪二十二年九月杭州开埠后，转口宁波的徽茶、平水茶截留杭州，宁波茶叶出口量剧减，而棉花又上升为出口的大宗商品。草帽除民国元年(1912年)超过1000万顶外，其余年份浮动在数百万顶上下。

民国3年(1914年)8月,第一次世界大战爆发,宁波土货出口量增长。绿茶自民国8年起,运量又超过杭州,居全国第一位,同棉花、草帽一起成为宁波出口的主要商品。民国10~14年,宁波港棉花输出量分别为49116担、45521担、143694担、171325担和175230担。民国15年,棉花歉收,出口量减至10674担。翌年又增至198527担,占宁波港输出商品首位。民国19年温州旧式纸伞出口达到255.39万把,木炭大批直接运销日本。民国27年温州茶叶出口9.37万公担,其中直接外销量3.84万公担;桐油出口7.19万公担,其中直接外销量4.39万公担。同时出口的还有猪鬃、矿产品等。

1979年6月1日,宁波港重新对外开放,至1990年外贸输出的主要商品以石油、非金属矿石为大宗。1979年,温州港出口叶腊石、明矾、纸伞等共1252吨。1980年4月17日,"瓯江"轮直达香港,当年出口鲜冻水产品128吨,1983年增至2246吨。当年温州港还增加了伊利石出口。1985年温州水产加工厂状元码头允许外轮停泊装运出口水产品,1988年水产鲜冻品出口增至4800吨。1990年后温州港出口货物除水产鲜冻品、伊利石外,还有瓷砖、地砖、五金制品、烟花、矿建材料、花岗岩、日用工艺品、工艺美术品、罐头食品等。

2.外贸主要货种输入量

清道光二十七年(1847年),宁波港外贸输入量占大宗的有英国产的呢、小呢、荆纱、白洋布以及原料制成品;从印度及其他国家进口的有沙藤、檀香以及杂类商品。咸丰十一年(1861年)至同治十三年(1874年),以鸦片、大米、糖、棉织品的输入量为最大。

光绪元年(1875年)至光绪二十二年,宁波港鸦片输入量下降幅度较大,代之而起的洋布、铁、锡锭、煤油成为进口的大宗商品。光绪二十三年,鸦片输入量继续下降,到民国2年(1913年)基本绝迹。洋布、铁、锡也有较大幅度下降,而煤、糖、煤油成为宁波港输入的主要商品。煤由光绪二十三年的10166吨,上升到民国2年的14200吨。其间,光绪三十四年达22369吨。糖由光绪二十三年的320756担,上升到民国2年的395365担。民国3年至民国9年,宁波港的外贸进口货种,除煤油、锡的运量略有增长以外,其他如棉纱、棉布、钢铁、糖、煤都有较大幅度下降,特别是棉纱和煤炭。民国3年棉纱输入量为125557担,到民国9年仅2201担;民国3年煤炭输入量为14286吨,到民国8年仅2963吨。

温州的煤油最早只从美国进口,后增加俄国及英国煤油。民国2年(1913年)达到200.75万加仑(912.61万升),民国7年只进口67万加仑(304.58万升),次年进口数量提高到110.78万加仑(503.60万升)。温州开埠后棉布进口为7.12万匹,退居第二位,到民国7年为11.92万匹;次年"五四"运动爆发,抵制日货,使棉布进口量锐降为0.79万匹。

民国15~20年(1926~1931年),宁波港进口的外贸商品发生了很大变化,粮食成为进口的主要货种,而棉纱、棉布的进口量继续下降,煤油、煤炭在一度增长以后,也出现下降势头。民国25~26年,宁波港糖的输入量分别为37105公担和49750公担,煤油的输入量分别为549103升和6446236升。温州港在民国17年糖类进口高达110.76万担,煤油达246.54万加仑;民国19年硫酸铔(硫酸铵)进口达4.23万担。民国28年温州港进口值达276.48万元,次年为247.72万元。民国30年4月后,温州港进出口物资急剧下降,当年年末进口货物价值仅43.58万元。

1949年后,温州港停止对外贸易。1964年恢复对日轮开放后,当年进口化肥仅4000

吨。1964 至 1978 年间，外贸运输时断时续，其中 1965、1969、1975 年 3 年没有外轮进口，其余 12 年外贸货物吞吐量总和为 35.97 万吨，最高的 1971 年和 1973 年也只有 6.65 万吨和 7.27 万吨。

1979 年 6 月 1 日，宁波港重新对外开放。至年末，外贸输入主要货种运量为 0.91 万吨。进入 80 年代以来，主要货种运量迅速增加。1984 年达到 103.4 万吨，1987 年达到 451.8 万吨。1990 年达到 687.05 万吨，主要货种以金属矿石为大宗（428.6 万吨），其次是化肥、农药（61.5 万吨）。1979 年后温州进口货物主要有化肥、水泥、木材、原糖等。

三、集装箱运输

1984 年 8 月 6 日，中远浙江省公司“鳌江”轮利用甲板捎带形式，在镇海港区装载了浙江省首批集装箱（10 个 20 英尺标准箱），经香港中转运往西欧 4 个港口，开辟不定期航班。同年 10 月 29 日，该公司“衢江”轮又在宁波港装载了 96 个国际集装箱，经香港中转运往北美、西欧各地。翌年 4 月，这条航线成为浙江省第一条集装箱定期班轮航线，由全集装箱货轮“浙鹂”号营运，每月 2 个航次。此后，浙江省国际集装箱运输发展迅速，先后又开辟了宁波—日本神户集装箱航线（1987 年 12 月 28 日）、海门—香港集装箱定期班轮航线、宁波—日本神户全集装箱班轮航线、宁波—日本横滨全集装箱航线（1990 年 4 月 18 日）。温州港自 1987 年开始开办国际集装箱运输业务。2 月 26 日，浙江省远洋运输公司的“衢江”轮，由温州港首次装载 20 英尺集装箱驶往香港。此后，温州至各国的货物集装箱均由香港中转。至 1990 年止共完成集装箱运输 2377 标准箱，其中出口 1248 标准箱，进口 1129 标准箱。

20 世纪 90 年代后，国际集装箱运输已成为浙江外贸货物主要的运输方式。在承运普箱、挂衣箱的基础上，又发展了冷藏箱运输。1990 年 12 月 12 日，浙江省远洋运输公司“浙雁”轮，装运 9 只标准箱，从舟山港老塘山作业区启航驶往香港。其中 8 只标准箱装载对虾转口美国洛杉矶；1 只标准箱装载玩具转口马来西亚巴生港。至 1991 年由浙江省远洋运输公司“浙雁”、“浙鹂”轮承运 128 只标准箱，各类货种 721 吨，其中冻水产品运往美国、西欧，罐头运往澳大利亚等国，玩具运往中国香港、日本、美国等地。1993 年浙江省外贸出运各类货物 155 万吨，其中干杂货的装箱出运率已达 80% 以上，达到了发达国家 80 年代初的比例，标志着浙江省外贸货物的运输方式已逐步与国际航运大市场接轨。国际集装箱的班轮覆盖面也有扩大，1994 年浙江省远洋运输骨干企业——中远浙江省公司经营的集装箱班轮航线已有：宁波北仑—香港航线，每月 12 班；温州—香港航线，每月 3 班；海门—香港航线，每月 2 班；还与中集总部联营宁波北仑—日本门司、大阪、名古屋、横滨、神户国际航线，每月 2 ~ 3 班。集装箱货运量所占远洋运输总货运量的比重不断提高。2000 年，浙江省远洋国际标准集装箱箱运量 105528 标准箱（TEU）、货运量 105 万吨（详见表 4 - 2 - 7），占当年全省远洋货物运输总量（233 万吨）的 45%。2010 年，浙江省沿海港口集装箱吞吐量为 1403.9 万标准箱（TEU），其中宁波 - 舟山港累计完成集装箱吞吐量 1314.4 万标准箱（宁波港域 1300.2 万标准箱，舟山港域 14.2 万标准箱）。

2000年浙江省远洋运输国际标准集装箱箱运量和货运量一览表 表4-2-7

地区	箱运量(标准箱)			货运量(吨)		
	国际标准集装箱合计(TEU)	40英尺	20英尺	国际标准集装箱合计	40英尺	20英尺
合计	105528	24793	55942	1051911	497814	554097
省海运集团	24550	8729	7092	318458	184202	134256
省远洋公司	56017	16064	23889	552649	313612	239037
宁波市	24961		24961	180804		180804

21世纪以来,宁波相继开通了俄罗斯、欧洲、西非、地中海、美洲等多条集装箱航线。至2004年初,宁波港集装箱航线突破100条。2001年7月10日,宁波—俄罗斯符拉迪沃斯托克(即海参崴)集装箱旬班航线开通。俄罗斯菲泰来运输有限公司投入“戈尔诺萨沃斯克”集装箱轮担任主要运力。这是宁波港开往俄罗斯的首条航线。2002年4月4日,总舱容可达6725标准箱的“地中海玛丽安娜号”集装箱轮靠泊宁波港,宁波至地中海、欧洲集装箱周班干线开通。2002年9月13日,宁波船务代理公司代理的法国达贸轮船公司“爱丽莎号”集装箱轮,驶离宁波港北仑港区向西非进发,开通宁波至西非的首条集装箱直达航线。2003年1月5日,宁波船务代理有限公司代理的“以星地中海”轮开通宁波至美东集装箱直达航线。2003年9月14日,法国达飞轮船公司“达飞卡多尼亚”轮首航宁波港,开通宁波至黑海、地中海东岸航线。

2004年8月5日,中国大陆第一艘总舱容为8000标准箱的集装箱船成功首航宁波港,投入宁波至美国西海岸直达集装箱航线的运营。8月15日,全球载箱量最大的“中海亚洲号”成功首航宁波港,投入宁波至美国西海岸航线营运。2005年5月20日,南美轮船集团的北欧亚航运公司下属“北欧亚智利”轮和“智利罗伊”轮集装箱船,首航宁波港北仑第二集装箱有限公司码头,宁波港至欧洲和南美东两条集装箱远洋干线正式开通。2008年6月22日,中海、达飞、马鲁巴和川崎合营的宁波至南美东航线的首航班轮“中海巴生号”,顺利靠上宁波-舟山港北仑第二集装箱有限公司码头,标志着宁波港口集装箱总航线突破200条。

截至2010年年底,宁波-舟山港已拥有集装箱航线228条,其中远洋干线122余条,基本形成了覆盖全球的集装箱运输体系,成为我国拥有深水泊位最多、超大型巨轮进出数量最多的港口。

表4-2-8为浙江省1991~2000年新开通远洋运输航线情况。表4-2-9为浙江省2000~2010年水路集装箱运量情况一览表。表4-2-10为宁波-舟山港集装箱航线一览(2010年)。

1991~2000年浙江省新开通远洋运输航线一览表 表4-2-8

开通年份	航线	经营船公司	备注
1991	宁波—新加坡	中远浙江省公司	
1992	上海—香港	中远浙江省公司	集装箱班轮
1992	宁波—海门—日本横滨	中远浙江省公司	集装箱班轮
1994	宁波—美国新奥尔良	宁波海运总公司	5万吨级“金色大地”
1995	海门—日本横滨	海门外运公司	集装箱班轮
1996	海门—日本	温州安德利国际航运有限公司	浙江省第一家民营远洋运输企业
1996	宁波北仑—美国东岸		集装箱
1996	宁波—欧洲		集装箱

2000～2010年浙江省水路集装箱运量情况一览表 表4－2－9

年份	箱运量（标准箱）	货运量（吨）	年份	箱运量（标准箱）	货运量（吨）
2000	118468	1227886	2006	312890	4632594
2001	190181	1890929	2007	484072	8623223
2002	185589	2318688	2008	528600	6636232
2003	199658	2467674	2009	795423	15286303
2004	206546	2663277	2010	1018035	15153534
2005	182349	2550655			

宁波－舟山港集装箱航线一览（2010年） 表4－2－10

	航线	船公司	航线数
远洋干线	欧洲	法国达飞、长荣海运、丹麦马士基、川崎汽船、地中海航运、中海集运、伟大联盟、万海航运、太平船务、中远集运、韩进海运、阳明海运、美总轮船、北欧亚	17
	地中海	伟大联盟、中海集运、长荣海运、法国达飞、地中海航运、丹麦马士基、川崎汽船、阳明海运、阿拉伯联合、伊朗航运、现代	13
	黑海	法国达飞、赫伯罗特、地中海航运、太平、万海、阳明海运、中海	5
	美西	中远集运、中海集运、丹麦马士基、伟大联盟、长荣海运、商船三井、韩进海运、川崎汽船、阳明海运、现代商船、北欧亚、法国达飞、万海航运、地中海航运、美森轮船、中外运、海南泛洋、太平船务	16
	美东	以星轮船、长荣海运、韩进海运、川崎汽船、伟大联盟、中远、长荣、美总、商船三井、现代、智力南美	9
	南美	汉堡南美、智利南美、赫伯罗特、美总轮船、日邮、马士基、法国达飞、中远集运、长荣海运、马鲁巴航运	17
	中东波斯湾	地中海航运、阳明海运、美总轮船、商船三井、万海航运、太平船务、川崎汽船、中海集运、伊朗航运、伟大联盟、以星轮船、智利南美、阿联酋航运、法国达飞、中远集运	16
远洋干线	红海东非	太平船务、长荣、中远、万海、赫伯罗特	6
	西非、南非	法国达飞、法国达贸、长荣海运、中远集运、丹麦马士基、川崎汽船、太平船务、马来西亚船运	12
	澳新	中海集运、法国达飞、东方海外、赫伯罗特、海南泛洋、阳明海运、太平船务、中远集运、中外运、马士基	5
	印度	万海航运、宏海箱运、新加坡海运、中远集运、阳明海运、萨姆达拉、长荣海运、现代商船、北欧亚、印度国航、高丽海运、韩进海运	6
	小计		122
近洋航线	日本	宁波远洋、山东海丰、中海集运、中远集运、天海海运、烟台海运、神远汽船	12
	台湾	中远集运、万海航运、东方海外、中外运、洋浦中诚、阳明海运、台湾航业	10
	东南亚	东南亚海运、长锦商船、兴亚海运、山东海丰、正利航业、以星轮船、地中海航运、中海集运、大新华、德翔、长荣海运、宏海箱运	16
	韩国	高丽海运、京汉海运、南星海运、中海集运、泛洲海运、天敬海运、扬子江、东进商船、兴亚海运、达通、长锦商船、马士基	15
	香港		0
	俄罗斯	俄远东海洋轮船	1
	小计		54
内支线			20
内贸线			32
总计			228

第三章 内河运输

浙江省古代航运起源于新石器时期。先秦时期,越国开凿了省境内第一条运河“山阴古水道”,开始制造木板船,以用于军运及徙都。秦汉以来,浙江的内河航运进入了初步发展阶段。隋唐五代特别是大业六年(610年)敕穿江南河后,浙江省境的内河航运向中原腹地伸展,江南漕粮运输直达京师洛阳、长安。宋元时代,两浙为首富之区,“国家根本,仰给东南”。南宋和元朝政府都十分重视浙江的漕粮运输,规模浩大,管理加强,有力地促进了内河航运的繁荣。明清时内河航运(漕粮运输、盐运和民间运输)继续繁荣。19世纪90年代以后,浙江小轮企业始兴。光绪二十一年(1895年)甲午战争以后,清政府逐步解除内河运输禁令,各内河轮船公司陆续创办。民国初至民国26年(1937年)前,内河轮船业一度繁荣。后因战争及铁路的兴建,内河航运业日趋萎缩。1949年年初,水路客货运量非常小,全省水路旅客运量为240万人次,周转量5433万人公里,水路货物运量212万吨、周转量17176万吨公里。此后,内河水运虽然有一定的发展,但因公路、铁路等其他运输方式的迅速发展,内河客货源分流现象更为加剧,总体上出现滑坡和萎缩局面。2010年,全省沿海旅客运输量为2473万人次、周转量52657万人公里,内河旅客运输量为683万人次、周转量7416万人公里。

第一节 客 运

浙江水系发达,南来北往,悉赖舟楫。春秋以降,舟楫交通始兴,浙江境内的越人“水行而山处,以船为车,以辑为马,往若飘风,去则难从”。

秦时,秦始皇巡视东南,乘舟自太湖南下到杭州,再沿钱塘北岸西行至今富阳一带渡过钱塘江,最终到达会稽(今绍兴)祭拜禹陵。

晋时,人们外出旅行往往以舟代步。当时王子猷一时兴致,即放舟由山阴夜航剡县。南朝宋永初三年(422年),谢灵运出任永嘉太守,上任时自会稽郡永兴县西陵(今萧山)出发,乘船溯钱塘江而行,至东阳郡长山县(今金华),然后陆行至青田溪(今大溪),再乘船顺青田溪、永嘉江(今瓯江)至永嘉郡。

唐时,李翱于元和三年(808年)自长安至岭南,其行程自长安经洛阳入黄河,转汴河,由淮河过长江,经江南运河、钱塘江,逆富春江达衢州,从常山越玉山岭,渡鄱阳湖,溯漳江,逾大庾岭,沿浈江,出韶关,止于广州。这是一次经过今陕西、河南、江苏、浙江、江西、广东6省,长达数千里的旅程。其中只有玉山岭、大庾岭的190里为陆道,其余皆舟行。宋元时期,浙江江河之上客旅往来便捷,江河两岸私人舟船很多,备乘船者雇用。《梦粱录》记载:“若士庶欲往苏、湖、常、秀、江、淮等州,多雇铜船、舫船、飞蓬船等”,沿途有许多寺院、释馆供往来者舍宿。客旅乘船往来于江河之上史不绝书。南宋乾道五年(1169年)陆游受命通判夔州,坐船从越州出发,经浙东运河经萧山、杭州,然后循江南运河经秀州、苏州、真州,再逆长江西去四川。熙宁五年(1072年),日僧成寻率领弟子七人搭乘宋商孙忠的船只从肥前壁岛出发到达明州,明州不令入港,又乘船旁海而行,经越州、萧山,到达杭州。在杭州获准参天台国清寺以后，又乘船从杭州出发，沿浙东运河经越州、曹娥，并逆曹娥江而上，到剡县，才舍舟坐轿去天台国清寺。后来又从杭州乘船沿江南运河经秀州、苏州、扬州，去五台山。

明清时期，舟船踪迹遍及浙江大小江河。明徐霞客在崇祯三年（1630年）去福建旅游时，经武林，渡钱塘，至龙游，然后乘船至青湖，翻仙霞岭进入福建。在浙江境内主要是舟行。崇祯九年（1636年）游浙、赣，自家乡乘船经无锡、苏州、青浦、王江泾、乌镇、新市、塘栖至杭州为舟行，自杭州至余杭、临安为陆行，继而坐船经分水、桐庐、兰溪，游览了兰溪六洞以后，又坐船自兰溪，经安仁、杨村、衢州，至于常山。清代江西贵溪人郑日奎奉命北上，则刚好相反，从常山登舟，由衢州至严州，共三百里。

在杭嘉湖平原、宁绍平原等水网地带，人们往往以舟代步。有一种"满江红"船，行驶江浙之间，从清江浦至杭州，载运往来南北之客。在绍兴一带，甚至祭祖扫墓都以船为交通工具。

明清时，夜航船极为常见。"浙江临水州县各乡，皆有航船，男女老幼，杂处其中。以薄暮开驰者为多，解缆时，鸣锣为号，以告大众"。此外，各地香客坐船来杭州应香市的，每年有数十万人，南路到钱塘江滨，北路由运河到松木场停泊。这些香客进香游览之余，还携带各地的土特产品和手工业制品到杭出售，或交换其所需物品，形成规模巨大、别具特色的西湖香市。

19世纪60年代，浙江内河就开始航行小轮。当时清政府曾一度默许外国小轮船进入内地，杭、嘉、湖内河便有了小轮活动。嗣后清政府虽明令禁止，不准小轮擅入内河，但沪、杭、苏三地为苏浙两省政治中心，清朝大员过往用轮船拖带官船，丝商来往湖州租用轮船运送银两丝货，已相沿成习，无法禁绝。因此，清政府对这一地区的小轮航行采取特殊的处理办法，即经江海关发给执照后，小轮可以往来行驶。光绪十二年（1886年）3月招商局开始举办小轮业务，在上海虹口码头置备"乘风"、"破浪"小轮2艘，经营上海至苏、杭两地的内河小轮航运。为了防止被禁阻，仍交由禅臣洋行代理。

19世纪90年代以后，浙江小轮企业始兴。光绪十七年（1891年），镇海人戴源嗣在上海创办了戴生昌苏杭各地官轮船局，以小轮供官绅大吏租用，开始时只经营上海至杭州一条航线，以后逐步扩展至苏州、湖州、嘉兴等地。浙江牙厘总局招商创办了半官办性质的小轮公司——浙江官轮船局，除揽载商货旅客拖带民船之外，还承运邮件、官帑和贡品。光绪十九年，小轮航业由省城发展到内地城镇。这一年嘉兴硖石镇创办的萃顺昌申硖轮船局，有"萃顺昌"号小轮行驶硖石、嘉兴与上海间。光绪二十年，湖州创办的泰昌义记申杭湖轮船公司，有"泰昌"小轮行驶湖州、杭州与上海间。

光绪二十一年（1895年）甲午战争以后，清政府逐步解除内河运输禁令，各内河轮船公司陆续创办。光绪二十二年，绅士王铭贵在平湖开设王升记轮船局，置小轮4艘，行驶平湖—上海航线。同年，戴生昌轮船局也在湖州设立了分局。光绪二十三年，戴生昌轮船局又在杭州设立了分局，以小轮行驶杭州至湖州、嘉兴、苏州、上海等地，并在航线所经过的重要城镇设分局或支局，沿途经过各镇亦停泊装货、搭客。光绪二十八年，招商内河轮船公司（总部设在上海）在杭州、湖州、嘉兴等地设分公司，除继续经营原航线外，又增加了上海—湖州、嘉兴—湖州、湖州—泗安等航线。

图4-3-1为民国初期杭嘉湖地区内河主要航路示意图。

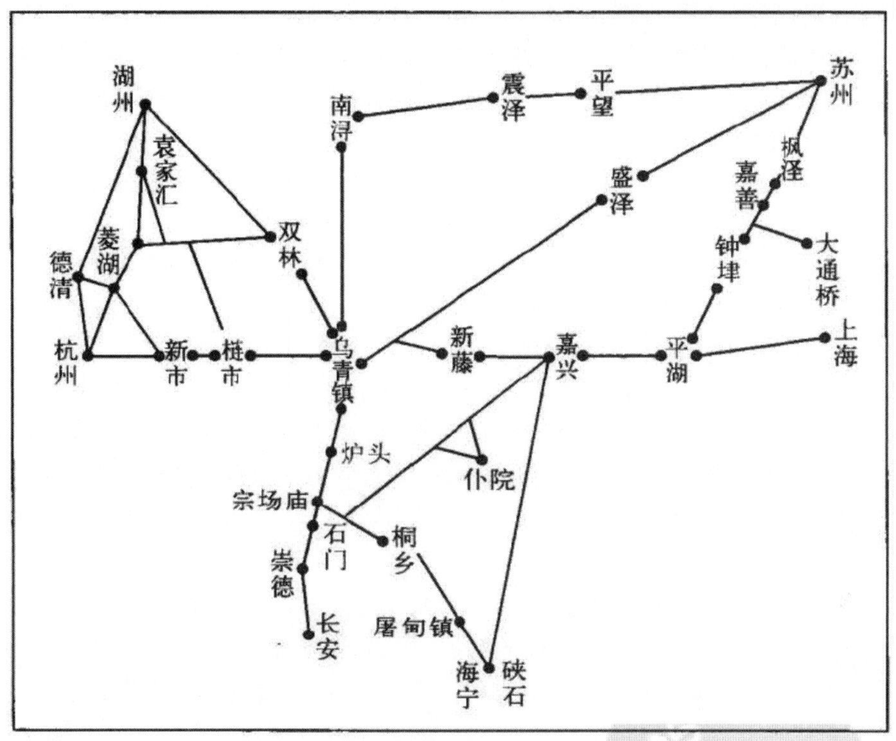

图4-3-1 民国初期杭嘉湖地区内河主要航路略图

20世纪初，杭州、嘉兴、湖州一带的内河水域，民族小轮航运业又有新的发展。光绪三十二年(1906年)起，陆续设立了易商轮船公司等内河航运企业，先后开辟了嘉兴—湖州、湖州—苏州、湖州—长兴、湖州—常州等多条航线。光绪三十四年六月，绅商楼景晖等人创办了第一家在钱塘江上经营的轮船企业——惠通钱江商轮公司(简称钱江商轮公司)，购置小轮3艘，开辟了从杭州溯富春江至桐庐、杭州溯浦阳江至临浦的航线。宣统元年(1909年)四月沪杭铁路竣工，一些商人为便于铁路集散客货源，又办了一些小轮公司。如宣统元年开办的通济公司，航行海盐—嘉兴线。宣统二年创办同济辅车轮船公司，行驶海盐—硖石航线。同年王升记轮船局添置"庆安"小轮，专走平湖至乍浦、嘉兴两地。宣统三年成立宁绍内河轮船公司，航行杭州—湖州线。次年又开辟了湖州—梅溪线。还有奉化人王清记商号，置"清和"木质小轮，经营嘉善—芦墟的跨省客运航线。

宁波于光绪二十一年(1895年)最早创办永安商轮局，翌年五月便派机帆船行驶余姚江，开辟宁波至余姚航线，起初是两条船对开，每日发一班，以后改为一条船，隔日发一班。光绪二十三年四月，有"海龙"轮从事宁波—镇海航线的客运，到十二月底共运客19876人次。光绪二十五年，美益利记宁绍轮船公司的3艘小轮，挂德商旗号，往来宁波至余姚、绍兴等处。光绪二十六年有一小轮航行宁波至奉化航线。光绪三十年起，又有甬川、通济等公司，各备小轮船1艘，开通奉化、西坞的航线。此后，永裕祥小轮局、镇海轮船局、利涉商轮公司、通济商轮公司、通裕小轮局、利运公司、安宁商轮局等，也先后派轮在这些航线上航行。

温州内河小轮业兴起较晚。光绪三十二年(1906年)，项篙(即项申甫)集股1.2万元在瑞安创设永瑞内河小轮公司，购置"永瑞"轮1艘，次年又添置"会昌"轮，行驶温州—瑞安内河航线，每日来回各一次。宣统二年（1910年）2月起，有“鸿发”客货小轮，自温州驶往瓯江北岸各地，以乐清县琯头作为终点。旅客到达琯头后，可以通过内河前往乐清县城。

除杭州、宁波、温州三大城市外，浙江其他地方的内河小轮业也有一定的发展。如黄岩江茂才置办“永裕”轮（7吨）航行黄岩、海门间，接着又有“永新”轮加入该线航行，两轮竞争十分激烈。宣统二年至三年（1910~1911年）间，张之铭筹组永顺轮船股份有限公司，租小轮专驶临海—海门航线。宣统三年，临海六埠拖轮公司创立，有“顺昌”轮行驶临海至海门各埠。

宣统二年至三年（1910~1911年）间，经过清政府注册给照的内河航线有21条，其中杭嘉湖地区有11条，以宁波为中心的有6条，以海门为中心的有4条。这一时期，除了本省内河小轮航运企业外，还有上海、苏州等地开设的许多小轮公司，也开辟通往杭州、嘉兴、湖州等地的航线。光绪二十二年（1896年），苏州有4家小轮公司的轮船往来上海、杭州；另有往来无锡、常州、湖州的小轮3艘。至光绪二十五年，苏州经营浙江内河航行的小轮公司增至10余家。上海也有多家小轮公司派轮航行浙江内河，其中规模较大的主要有3家，即戴生昌轮船局、大东汽船株式会社和招商内河轮船公司。宣统二年至三年，沪、苏、常等地内河轮船公司的小轮，行驶浙江杭、嘉、湖地区的航线已有36条。

这一时期，除通行定期班轮的航线，客商多乘小轮船外，绝大多数的县城、集镇与通口岸间往来的旅客商人，仍然广泛乘坐传统的航船、快船、夜航船；有钱的客商则可单独雇脚划船；官宦、富商还可雇有旅游船模样的丝网船。因此，经常性的客源比较稳定，民船客运状况大体未变。

20世纪20年代中期，浙江小轮企业发展更趋普遍，轮汽船的数量成倍增长。全省所有可以通航小轮船的内江、内河几乎都开辟了轮汽船航线，内河轮汽船遂成为沿海平原地区的主要交通工具。

民国元年（1912年）以后，小轮航运业首先从上海、苏南纷纷进入杭嘉湖地区的主要内河干线，而后逐渐深入到所有能够通行轮汽船的干支流航道。从民国元年至民国16年，该区内的轮汽船发展加快，各轮船企业时常合并改组，易主改名，开张歇业。民国3~18年间，杭嘉湖地区已领取部照开业行轮的企业共有95家、轮船165艘。其中，跨省的小轮船公司多达84家、轮汽船107艘，完全行驶该区境内的公司为11家、轮汽船58艘。此后经过不断地竞争，至20世纪30年代初，杭嘉湖地区的内河轮船企业的数目有了明显的下降，但被淘汰的大多属于外省的小公司，当地的小轮业仍在继续发展。民国21年，杭、嘉湖内河地区共有小轮企业43家，拥有轮汽船86艘，计988.13载重吨，航线遍布该地区的各条主要内河，并延伸至省外的上海、苏州等地。

杭州至桐庐是杭嘉湖地区与金衢严各县往来的水运干道，平时每日客流量约1500人次，航运业一向兴盛。浦阳江下游闻堰至临浦是上江各地与萧绍间客货进出的孔道，客货转输极为繁忙，民国成立以后轮船业兴起。这两处航线上先后有钱江、振兴、杭诸、钱浦、大华、永安等6家轮船公司，最盛时有轮汽船40多艘，共计1100余吨，轮船航业盛极一时。民国20年（1931年）杭江铁路（杭州江边至诸暨段）通车，轮船营业顿受影响，行驶杭诸线上的杭诸、钱浦、永安3家轮船公司组织联营以紧缩开支。民国22年年底，杭江铁路（萧山西兴至江西玉山）全线通车，并实行一系列的运价优待，致使轮船营业收入大减。钱江、振兴、大华3家轮船公司只得实行联合营业，成立钱江、振兴、大华三联公司。从此，钱塘江的轮船航业逐趋萎缩。

萧、绍内河在民国前,航运全恃航船和民船。宣统三年(1911 年),越安轮船合资有限公司成立,次年起开驶曹娥—西兴长班(每天对开一次)和绍城偏门—曹娥蒿坝短班(每天往返一次)。民国 4 年(1915 年),开驶由杭州江干径直往来绍兴、曹娥的小轮航线。民国 5 年 10 月,又向宁绍内河轮船公司转购“越康”汽船 1 艘,投入曹娥—西兴线运营。这样,该公司已拥有汽轮 6 艘,共计约 35 吨,拖船 10 多艘,日载客量 1000 多人,成为独家经营浙东运河的小轮公司。嗣后,临绍协济轮船有限公司、正大轮船公司、安济汽轮公司等陆续创办。各公司竞争激烈,到 20 世纪 30 年代,萧绍地区的小轮航运主要被越安公司、大华公司和临绍公司 3 家把持。

宁波地区在民国成立之前,已有商办的内河小轮船公司七八家,约有汽船 10 余艘,通航余姚江、奉化江与南江的干线,内河小轮业颇为发达。民国初年,这些原有的小轮公司除了光绪三十二年(1906 年)开办的鸿庆鸿记轮船公司以外,其余大多数都起了变化。民国 23 年(1924 年)9 月,宁波的公益轮船局开业,经营宁波—鄞县、宁波—余姚、宁波—镇海航线。民国 16 ~ 18 年间,轮汽船拖船运输兴盛,先后有 15 家公司 24 艘轮汽船航驶宁波东、西乡塘河沿线各集镇。其中,经营东乡塘河的有 8 家,西乡塘河的 6 家,南乡塘河的亦有 2 家(1 家兼营东乡塘河航线)。民国 20 年前后,拖带民船行驶达到极盛。此后不久,这批为数众多的小轮船公司因鄞奉、鄞慈镇、宁穿、宁横各线公路相继筑成通车,营业受到影响。鄞东五乡一带的鄮溪、鄞东、凌波等 3 家公司合并办事处,以节省开支。其他各乡也实行公司合营,或协商调整船期,以保证各公司利益的均衡。民国 23 年,鄞县轮驳局进入鄞奉线。民国 25 年航驶南江的三发、镇海、利涉等 3 家公司合营。民国 26 年鄞、慈余各线轮船业大联合,组成鄞慈余航线轮局,有轮汽船 15 艘、拖轮 1 艘,共 327.95 总吨。

温州自民国元年(1912 年)开办安平轮船公司,置汽船“波安”轮,与永瑞公司的“永瑞”、“会昌”两轮行驶同一条航线,民国 3 年合并为 1 家,改名“通济轮船公司”。合并后“会昌”轮改驶乐清至横渡大水港;“波安”、“永瑞”两轮仍航行永瑞线,起瑞安讫温州,经过莘塍、塘下、穗斗、霞陵、帆游、白象、梧诞等处。民国 13 年,再添“飞云”汽船,并用“会昌”小轮与平阳县平阳坑的绅商联合开办“瑞川河轮公司”,新辟瑞安至平阳坑的航线,拓展了飞云江的轮船航行范围。至此,共拥有轮汽船 7 艘,约 100 余吨,资本总额 3 万元,并在瑞安、永嘉、平阳、乐清等 4 县内河开辟了客货航线。民国 12 年,合兴商轮公司开办,行驶永瑞内河。民国 13 年,安平轮船公司(温瑞航线)、民生公司(永瑞塘河航线)等成立。民国 17 年,永乐轮船公司开办,行驶乐清城关至琯头、琯头至永嘉航线。同年,济瓯商轮公司创办,开辟温州至温溪的客货航线。民国 19 年,通利商轮公司成立,开辟平阳县古鳌头至北港灵溪镇航线。民国 20 ~ 22 年,有 13 家小轮公司先后兴办。至民国 24 年温州地区的内河轮汽船公司总计 26 家,拥有各类轮汽船 40 艘,共计 488.77 吨。

临海、黄岩、温岭内河轮船业以临海发展最早。宣统二年(1910 年)临海六埠拖轮公司派轮航行临海—海门线。后该公司扩大经营规模,改名临海商轮公司,除继续经营临海—海门线兼营三门湾沿岸航运业务外,还增辟海门至章安的渡江航线。自民国 13 年(1924 年)开始一直行驶温州至玉环岛楚门、坎门等地的“运大”轮,由于船小力薄,无法立足,因此,原设立在玉环的运大商轮局即于民国 19 年转移到海门,并将其所属“运大”轮改航海门至临海间的内河线。民国初年,黄岩至潮齐间有 1 艘“西安”轮行驶,逐日往返一次,不久因讼停航。

民国18年，黄岩人陈少白建造汽船“黄济”轮，行驶黄岩—湖济航线，经过新街、汕头、舟头、陀桥、三宫堂、之白等处，逐日往来。民国19年，陈少白与柯友三等人合资在黄岩开设公大内河汽船公司，除原有的“黄济”汽船外，先后又添购“公大1”号和“公大2”号两艘汽船，开驶黄岩—坝头及坝头—路桥的客货航班。同一年前后，黄岩至海门间的轮船航线也开通。民国25年，商人柯友三、王云亭等人利用打捞出水的1艘旧轮船的机件，配在1艘大木船上，改装成“永新”轮船，行驶黄岩至临海。民国20年3月，温岭路桥殷商王百城等人集资组织黄椒汽船局，购置“黄椒”小汽船1艘，航驶温岭经横峰、牧屿、泽国至路桥，逐日往来一次。不久又添置“太平”汽船1艘，开驶路桥经大溪至温岭的航线。民国21年，又有横湖汽船局和怡兴汽船公司成立，行驶路桥—温岭、路桥—松门线。民国22年，黄椒汽船局与横湖汽船局联合组成黄太汽船公司，开辟长途航线，将“太平”轮改航海门至松门线。民国23年，还有1艘“松湖”轮，在松门至温岭间行驶。民国21～26年，临海（包括海门）、黄岩、温岭3县共有轮汽船8艘，共计69吨，其中临海县2艘、黄岩县5艘、温岭县1艘。

除此之外，内河木帆船客运仍发挥较大的作用。民国20年（1931年），杭州城北运河一带的营运木帆船有1000余艘之多，其中湖墅大关一带的内河航船有147艘，经营58条航线的客货业，每日开航65艘，搭客1200人以上，年客运量可达40多万人次。民国22～24年，在杭甬运河西曹线中从事营运的木帆船共有3495艘，其中航快船632艘，平均每船可载客25人，全年木帆船的客运量为15800人次。

民国26年（1937年）“八·一三”事变后，国营内河招商局、民营源通轮船局、宁绍轮船公司、翔安轮局等许多航运企业都先后停业，航行于杭嘉湖平原的轮船停驶。其中较好的船舶被政府征用，所剩下的部分拆机改装，部分则凿沉河底以堵塞航道。当年11月杭、嘉湖平原被日军占领后，即无轮、汽船航行内河。时隔年余，日商开辟了杭州至上海的航线，但不久因游击队袭击而断航。

民国34年（1945年）抗日结束后，全省的内河航运得到了恢复和发展。较早投入营运的是被接收的日伪船舶，以租赁方式供商人经营。是年10月，吴兴县从日伪上海内河轮船股份有限公司湖州出张所接收的“大兴”、“永兴”、“复兴”3轮，成立“吴兴公有汽船管理委员会”，招商承租，投入航运。另外，还有一些战后复业或新创办的轮船公司也能较早地开始运营，钱江商轮公司、振兴商轮公司、大华商轮公司、浙江胜利公司等都在年底前投入营运。据民国35年1月4日《浙江省复苏后交通方面最近状况的通报》称：由杭州至上海、至嘉兴、至吴兴、至长兴，每日均有商办小轮行驶；钱塘江上，有浙江省交通管理处经营的钱江渡轮；杭州至桐庐、至临浦，每日有小轮船行驶。湖州于民国34年12月前，已开通的汽轮航线，有湖州至杭州、至梅溪、至泗阳、至长兴、至晓墅。民国35年，浙江省交通管理处直接经营的轮汽船发展到14艘，总吨位351吨。其经营范围从原仅在钱塘江航线上，发展到运河、苕溪水路，至苏州、至上海、至泗安、至长兴、至梅溪等处。其他地区的内河轮航业也有不同程度的恢复和发展。如宁波有“鄞慈”、“新同兴”、“镇新”、“梅浦”等轮定期航行宁波至余姚线，有“顺安”、“新鸿庆”、“甬川”等轮航行宁波至镇海、奉化航线。有鄞溪商轮公司的“鄞安”、“宝安”轮，鄞南商轮公司“鄞甬”、“鄞溪”轮航行内河各线。萧绍地区也有宏济、越济商轮公司、大华轮船局分别派轮航行绍兴至萧山、绍兴至曹娥、绍兴至临浦等线。温州内江航运则有温州至温溪、菇溪、韩埠、沙头、琯头等航线。

1950 年 1 月，浙江省航务局所属钱江管理所，开始经营钱江轮渡业务和杭(州)桐(庐)线、宁波至余姚、宁波至舟山沿海岛屿客运业务。1950 年 6 月，舟山“新宁余”、“益众 2”号、“新永华”，复通宁波弯泊定海至沈家门客运航线，其后又有“华东机 86 号”、“江泰”、“岱山轮”3 艘客轮相继恢复舟山与大陆间的交通。1957 年，全省完成旅客运输量 1332 万人次、周转量 28479 万人公里，分别比 1950 年增长 2.93 倍、2.69 倍。1965 年，全省内河水路旅客运量为 2557 万人次，周转量为 39051 万人公里。

1966 年浙江省内河旅客运量为 3097 万人次、周转量为 45072 万人公里，至 1976 年分别上升至 5052 万人次和 69479 万人公里，分别增长 63.10% 和 54.20%。“文化大革命”期间，旅客运输在坚持经营原有航线的同时，还开辟或恢复了内河客运航线。1970 年 8 月 1 日，由钱江航运分公司经营的杭州—兰溪客运航线正式开通，每天由杭州、兰溪各对开一班客轮，当天到达。

1981 年开辟杭州经太湖至无锡的旅游航线。1983 年 12 月 1 日浙江省航运公司杭州分公司投入豪华型卧铺客轮首航苏州。接着，又开辟了湖州—太湖西洞庭山客运新航线。

1986 年，浙江省航运公司杭州分公司与中国国际旅行社杭州分社合营“古运河旅游公司”，投入“天堂”号豪华型游览船，组织中外游客游览古运河。

随着公路运输方式的发展，内河旅客运输客源分流现象日益加剧，从 1985 年开始，内河旅客运输量逐年下降，且幅度较大，到 1990 年仅有旅客运量 1955 万人次、旅客周转量 45255 万人公里。

1991～2010 年浙江省内河航运运输量一览表 表 4-3-1

年度	客运		货运	
	客运量（万人次）	旅客周转量（万人公里）	货运量（万吨）	货物周转量（万吨公里）
1991	3694	60447	7455	690038
1992	3412	58788	8149	791357
1993	2901	47381	8872	883749
1994	2577	38118	9273	873222
1995	2105	41906	11239	1055259
1996	1793	28010	10955	1088324
1997	1499	24879	9993	1071245
1998	1360	21111	9427	953337
1999	1213	20749	11853	1166197
2000	1068	19014	12319	1165400
2001	623	13128	13265	1383391
2002	267	6167	16218	1795058
2003	199	4826	18516	2118857
2004	342	8902	20811	2478086
2005	399	8868	23617	2928509

续上表

年度	客运		货运	
	客运量（万人次）	旅客周转量（万人公里）	货运量（万吨）	货物周转量（万吨公里）
2006	386	7550	24479	3194379
2007	426	7123	24957	3366009
2008	461	6152	24103	3258030
2009	555	6644	21913	3030601
2010	683	7614	26735	3786630

在进入20世纪90年代后，浙江内河旅客运输处于常规旅客运输航线萎缩与内河旅游运输航线发展的变动时期。由于其他运输方式的迅速发展，内河客源分流现象进一步加剧，常规客船运输继续连年出现滑坡和萎缩，全省内河运输最发达的杭嘉湖地区的旅客运输航线相继停开。而与之相反，随着旅游业的发展，内河旅游运输（包括江海直达旅游运输）却有一定发展。处于江南水网地区的浙江内河客运，以名胜古迹为依托，开展旅游运输业务，主要航线有杭州—无锡、杭州—苏州等。在钱塘江及千岛湖旅游区，开辟的旅游航线主要有杭州—临浦—富阳及千岛湖等。1995年12月6日，由浙江舟山第一海运公司和南通港务局客运总公司联合开辟南通—浙江普陀山江海直达旅游航线（航线全长196海里，全程航行时间17小时）。

由于旅客运输的上述变化，这一时期的沿海旅客运输量尽管有几年出现幅度不大的起伏，但总体仍呈逐年上升趋势。2000年，全省沿海旅客运输量为1869万人次，其中交通部门运量为995万人次。而旅客周转量前5年（1991～1995年）呈逐年上升趋势，后5年（1996～2000年）呈逐年下降趋势。内河旅客运输量、周转量都呈逐年下降的趋势。2000年全省内河旅客运输量为1069万人次，周转量为19013万人公里，其中交通部门分别为223万人次、7974万人公里。

2010年，全省沿海旅客运输量2473万人次、周转量52657万人公里，内河旅客运输量683万人次，周转量7614万人公里（见表4－3－1）。

第二节　货　　运

春秋时间，浙江境内的越人以船为车，以楫为马，其生产原料、产品大都依靠内河运输。越人整治百尺渎后，船舶可由钱塘江北上，经崇德，到达吴国国都，并形成为运送粮食的航运线。

秦汉孙吴两晋南朝时期，浙北杭嘉湖地区和宁绍平原以航运为主要的交通运输方式，省内各地所出粮、盐、铜、铁、瓷器、竹木、鱼类、蔬果等，大多利用水道运输。

隋朝时，江南运河的开凿沟通了长江和钱塘江。唐时，漕运由北方转向东南，江南两浙成为漕粮重地，除漕粮外，布匹、丝织品、茶叶、铜钱、铜器、瓷器、纸张及至桔子等货物也通过江南运河运往各地。

南宋时，杭州的“细民所食，每日城内外不下一、二千余石，皆需之铺家”。“仰籴而食者凡十六七万人，人以二升计之，非三四千石不可以支一日之用，而南北外二厢不与焉，客旅之往来又不与焉”。这大量的稻米,都是从外地农村用船只运输而来,先集中于米市,再发给各铺户零售。杭州民用粮食主要依靠苏、湖、常、秀、江、淮等处客米。客商贩米多雇用一种叫“铁头舟”的船只运输,一船可载五六百石不等。船户一家大小悉居船中,只以往来兴贩为业。除了杭州以外,衢州、睦州等地食粮,仰仗湖州、秀州、苏州等地由钱塘江舟运而去。除了谷米的运输之外,丝绸、陶瓷、竹木柴草、四时瓜鲜、海鲜水产也多赖江河运输。以南宋京城杭州为例,城内所需的四季水果多出自严、婺、衢、徽等州,或由“长船”通过钱塘江运来。明州、越州、台州、温州等沿海诸州的海产,大多循浙东运河或逆钱塘江下游运至杭州。秀州、明州等地的鱼、蟹之类,也运到杭州贩卖。南宋时,瓯江已有大量的运瓷船。龙泉是当时全国最大的瓷业中心。清雍正《处州府志》载,瓯江两岸发现古窑址200余处。瓯江上游窑牌林立,烟火相望,江上运瓷船只往来如织。到了元代,龙泉瓷窑继续发展,已发现的元代窑址是南宋时的3倍。龙泉青瓷以及瓯江沿岸的山货、土特产等,均由瓯江水上运输经温州入海运往各地。

明清时期是商品经济的繁荣时期,也是商运的繁荣时期。浙江省境,“杭州省会百货所聚。其余各郡邑所出,则湖之丝,嘉之绢,绍之茶之酒,宁之海错,处之磁,严之漆,衢之橘,温之漆器,金之酒,皆以地得名。”由此出现了许多货物集散码头,所谓“天下马头,物所出所聚处,苏、杭之币,淮阴之粮,维扬之盐,临清、济宁之货,徐州之车骡,京师城隍、灯市之骨董,无锡之米,建阳之书,浮梁之瓷,宁、台之鲞,香山之番舶,广陵之姬,温州之漆器。”这些码头的地理位置,及所有这些货物的商贸交易,无一例外须得借助于车船的搬运,尤其是运河上的商运。清雍正《北新关志》有《税则》一卷,卷中罗列了缎绫罗纱布匹类、丝线花麻类、毡货毛毯类、衣帽靴鞋皮袄类、草席棕荐类、香椒白蜡干果食物类、青果姜笋类、颜料胶漆类、铜铁铅锡类、花白磁器类、土钵砖瓦类、纸箬锡箔扇类、猪羊腌腊类、杂色皮张类、杂色药材珀玉器类、什物家伙杂货等类、河泊所货物类等十七类商品,共约三千来种,足见江南运河网上货运之繁荣。在瓯江流域,龙泉、云和、景宁、松阳、丽水、青田等县所需的海货、食盐、杂货等均由温州溯瓯江船运。

宣统三年(1911年)前后,嘉兴进出口大宗货物主要由木帆船和航船、快班船附货承运。民国18年(1929年),嘉属五县有轮船28艘、汽轮20艘,航船、快班船554艘,内河木帆船近万艘(含季节性),为货运主要力量。民国20年,嘉善县运销沪、杭白米60万石左右,运出砖瓦10亿块(张),皆由民船户承运。民国22年,轮船、汽轮船增至93艘,计可附货994.28吨,航船、快班船降至493艘。是年,嘉兴县有轮行8家,职工206人,轮船、汽轮船25艘,计可附货161吨;航船、快班船116艘;民船(木帆船)约3000户11000余人。有记载专事货运的货轮仅平湖县发记轮局1艘,民国25年前后营运平申间。沦陷时期,民间货运量大幅度减少。民国29年,沪平民船联营公司在平湖县南廊下设分公司,4天开航货轮1班。民国34年抗战胜利后,嘉兴、和兴等轮船行有3艘轮船,皆是绍兴船改装的30吨左右自载货轮。各县中除平湖县有12艘货轮,其中固定有5~6轮营运于平申线。海宁硖石两家运输公司,有快轮承运硖沪间货物。嘉善、海盐、桐乡、崇德皆无货轮。民国36年瓜汛时,平湖大通货运公司曾用3艘登陆艇拖50艘木帆船运西瓜。此外各地仍以木帆船、航快船为主力,平湖有200余艘。下甸庙窑区聚集的县内外10吨以下的木帆船更多,其载重量约万余吨。

抗日战争期间(1937~1945年),日军因军事和掠夺需要,开辟临浦至闸口轮拖货班,直至其投降止。民国35年(1946年)后,钱塘江海岸工程局于2月接收美国援助的小兵舰4艘和100吨级方头无舱甲板木驳40艘，在富阳汤山至下游顺坝、翁家埠、九号坝和盐官出海江段进行了为时3年有余的海塘块石运输，从而打破了钱江怒潮区不能通航轮拖运输的禁区，也为后来的江海轮运提供了先例。丽温公路破坏后，龙泉、云和、松阳等地的土特产如烟叶、桐油、柴炭等由瓯江转运至温州，再转运上海或出口。民国26年，因浙赣铁路中断，龙游、衢州、常山、江山、玉山、弋阳带的食盐也由温州运至松阳，再转运各地。当时，松阳仅食盐一项，就比常年增加1800吨。民国29年，丽水至永嘉、缙云、松阳等公路相继破坏而公路交通中断，水上运输迅速崛起，各地商人及公务人员云集丽水，通过水运转往温州采购物资。民国31年，瓯江下游亦被日军占领，仅保持龙泉至丽水交通，自下而上的货物运至小梅、八都上岸后转为肩挑，最终到达福建浦城、江西广丰一带。

1950年1月，浙江省航务局所属钱江管理所，开始经营杭（州）桐（庐）线货运业务，1951年8月，相继开辟了杭州至上海、无锡、苏州3条跨省内河航线和宁波至余姚、宁波至舟山沿海岛屿货运业务。1957年，全省完成货物运输量1134万吨、周转量98147万吨公里，分别比1950年增长3.43倍、3.81倍。1965年，全省内河水路运输量为1962万吨、周转量140135万吨公里。

图4－3－2　运河上的船队

1966年，全省内河货物运量、周转量分别为1942万吨、139581万吨公里。1967年开始，航运企业停航停产，内河货物运量下降至1625万吨，周转量下降至120022万吨公里，分别比1966年减少19.50%和16.30%。1969年年底货物运量为1831万吨，周转量为139437万吨公里。1970年以后，煤炭运输和运往矿区的物资大量增加，浙江省水上运输生产有所恢复和发展。1970年，内河货物运量增至2308万吨，周转量增至162276万吨公里，分别比1969年增长26.10%、16.40%。1976年内河货物运量和周转量分别从1973年的2880万吨和190669万吨公里减少至2770万吨和176217万吨公里，分别下降3.80%和7.60%。

1989～1990年，受基建规模压缩、财政控制投放、工业生产回落过猛、市场疲软的影响，运输矿建材料、煤炭和非金属矿石为主的内河运输的货物运输量明显下降，到1990年仅有货运量2826万吨、货物周转量439489万吨公里。

1991～2000年“八五”、“九五”期间，浙江内河货物运输依然主要承担大宗货物运输，以及件杂货和各种长大重件货物的运输等。同时，内河集装箱运输也有了起步。随着浙江国民经济的快速发展和商贸业的大量增长，集中了浙江省主要内河货物运输量的3条内河航道，经过“六五”、“七五”期较大规模的基础建设，在浙江内河货物运输中发挥越来越大的作用，为地区物资交流作出了重要贡献。京杭运河浙江段的主要航线有两条，一条是自杭州经平望向东去上海的航线（即杭申乙线），其水深比杭申线深，是杭州到上海的深水航线；另一条是自杭州经平望向北去苏州方向的航线。两航线主要货种有杭州至上海的矿建材料、非金属矿和上海至杭州的煤炭,上述三大货种占航线总运量的86.20%。船舶运输方式主要采用一列式拖带运输,驳船吨位较小,以80、100吨为主,拖船功率以80、100、150马力为主,挂桨机船占有相当比重。此外,还有少量200吨机动驳船,船舶航行速度一般为6~7公里/小时。杭州—上海首条国际集装箱内支线,经交通部和海关总署批准,于2000年4月开通,正式投入运营。该航线由杭州港务集装箱有限公司投资经营,共投入4艘大吨位船舶。浙江省政府口岸办和杭州海关在杭州港濮家码头开设了海关监管站,实现了杭州至上海"直通关"。长湖申线浙江段的主要货种是煤炭、矿建材料和非金属矿石,三者占运量的86%。该航线运输繁忙,船舶密度之大为国内所罕见,是浙江省运量最大的一条航道,占全省内河货运量的45%。主要船舶运输方式为小吨位的一列式拖带运输和机动驳运输,挂桨机船占有较大比重。杭申线浙江段是杭州—上海最短的航线,比杭申乙线要短13.86公里。该航线的主要货种为杭州、嘉兴地区上水以煤炭为主,下水以建筑材料、非金属矿石为主,船型与上述类似。

图4-3-2为运河上的船队。

由于货物运输的上述发展,这一时期的货物运输量除内河交通部门呈逐年下降趋势外,其余尽管有几年出现幅度不大的起伏,但总体仍呈逐年上升趋势。2000年,全省内河货物运输量、周转量分别为12319万吨、1165400万吨公里,比1991年有所上升,其中交通部门货物运输量、周转量分别为1182万吨、207978万吨公里,比1991年有所下降;全省沿海货物运输量、周转量分别为5369万吨、4950124万吨公里,比1991年有所上升,其中交通部门货物运输量、周转量分别为2615万吨、2872324万吨公里,比1991年有所上升。

2000年4月,京杭大运河上海—杭州—上海首条国际集装箱航线开通,正式投入运营。上海—杭州—上海集装箱班轮航线由杭州港务集装箱有限公司投资,共投入4艘大吨位船舶。杭州港濮家码头专设了集装箱作业泊位,配备了30吨/32米进口门吊,设计通过能力3.5万TEU,初步达到国际集装箱散货码头标准。省政府口岸办和杭州海关在濮家码头开设了海关监管站,实现了杭州—上海"直通关"。

2010年全省内河货物运输量、周转量分别为26735万吨、3786630万吨公里。

第三节　漕运及盐纲运输

一、漕运

漕运,指中国历史上从内陆河流和海路运送官粮到京城和运送军粮到各地驻军所在地的系统,包括开发运河、制造船只和征收官粮、军粮等。

隋朝开发的大运河将海河、黄河、淮河、长江和钱塘江五大水系连接成为庞大的运河水运网。江南地区经济的发展,使得唐时的漕运由北方转向东南,江南两浙成为漕粮重地。《旧唐书》载:"江南,两浙转粟帛,府无虚月,朝廷赖焉。"天授二年(691年)"敕钱塘、於潜、余杭、临安四县租税,皆取道于苕溪,公私便之。"贞元二年(786年)"诏浙江东西至今入运送上都米七十五万石,更于本道两税折纳米一百万石,并江西、湖南、鄂岳、福建等道支米,委浙江东西节度使韩晃处置船运,数内送一百万石至东渭桥输纳,余赈给河北等诸军及行营粮料。”这些漕粮调运，大多通过杭州转输陕西、河北。唐开元以后，特别是安史之乱以后，江南成了漕粮的主要来源。

北宋于中央设发运使掌管漕运，地方各路设转运使。两浙路转运使衙在杭州双门（即子城北门）之北，为南、北两衙。熙宁年间（1068～1077年）徙之涌金门，为东、西两衙。北宋太平兴国（976～984年）初两浙岁运米为400万石。至道元年（995年），江、浙岁运600万石。景德四年（1007年）始定年漕额为600万石，其中两浙150万石，占总额的25%。南宋高宗驻跸越州时，温、台、闽、广等地的运粮海舶，皆由海道运至余姚县卸下，然后再转运到越州。绍兴二年（1132年）宋高宗移驻跸杭州以后，因定海（今镇海）至临安航道淤浅，海舟航行困难，温、台、闽、广等地的运粮海舶便在明州卸下，然后再转运到临安，或者先在温州起卸。

元朝至元二十四年（1287年），因会通河、济州河经常遭到黄河冲决，且水源不足，岸狭水浅，不负重载，所以终元一代漕粮以南北海运为主，运河只占辅助地位。元代海运的漕粮，主要集结到江苏刘家港启运出海北上。其时，浙江漕粮运输的航路大致如下：一方面，浙江沿海地区的漕粮，包括温州在内的20余处运粮船，一般先通过海路运至刘家港，然后再继续运往北方。也有一部分在刘家港卸下，再由其他海船转运北上。延佑元年（1314年），温州、台州及福建等地的运粮客舟，改在庆元（今宁波）停泊，再由海船装粮，从烈港（今定海沥港）入海北运。此外，也有从温州、台州、福建等地直接将漕粮运往北方。这样，便缩短了航程，减少了运费。元朝末年，漕粮海运主要依靠割据江浙的张士诚、方国珍和割据福建的陈友定等人维持残局，漕粮由澉浦装船出海。另一方面，浙江其他地区的漕粮，尤其是浙西的漕粮，首先仍要通过内河航运输送到刘家港，然后再赴海北上。所以浙江境内的内河漕运在元朝仍占有重要地位。元朝海运漕粮历年数量不等，主要出自江浙。天历二年（1329年）江浙行省漕运粮280万石，至顺元年（1330年）为200余万石，至顺二年为220万石。元朝末年，漕粮则全部出自江浙。

明清漕运，河海并用，但以河运为主。明代太祖时，设京畿都漕运司，设漕运使。洪武元年（1368年）在安庆、苏州、杭州、九江、樟树镇和饶州（鄱阳）设立造船厂，制造漕船。其漕粮运输情况为：杭州前卫所，浅船207艘，军额2277人，领漕71583.1石；杭州右卫所，船227艘，军额2497人，领漕78499.34石；严州所船91艘，军额1001人，领漕31468.92石。自永乐十三年（1415年）起，明朝规定漕运全部经由内河，停止海运。这种状况一直延续到19世纪。因此，在明、清两代大运河的运输量远远超过元代，其货物运输量一般占到全国的3/4。明代漕运船只，自永乐至景泰（1403～1456年）大小无定，为数至多。天顺（1457～1464年）以后定船11770艘，官军12万人。其中浙江都司为2416艘，占全部船只总数的20.53%。浙江的船只当中，杭州右军243艘，杭州前军223艘，占浙江船只总数的19.29%。湖州府有漕船60艘，漕军660名。明嘉靖元年（1522年）始，湖州府每年运京的正漕米44.7万石、麦0.88万石、丝棉76万两，纱绫平年1380匹、闰年1495匹，马草36.5万包。

晚清时期发生了一系列与漕运有关的事件，最终导致漕运的衰落。道光二十二年（1842年），英军攻占京杭大运河与长江交汇处的镇江，封锁漕运，清政府不久即签订了《中英南京条约》。清道光二十七年，在上海设立海运总局，专司海漕事宜，漕粮始由河运转为海运。咸丰三年（1853年）后，太平天国占据南京和安徽沿江一带十多年，运河漕运被迫中断。咸丰五年黄河改道后，运河山东段逐渐淤废，从此漕运主要改经海路。同治十一年（1872年），轮船招商局在上海成立,正式用轮船承运漕粮。光绪二十七年(1901年),李鸿章奏请废漕折银,漕运终止,3年后撤废漕运总督。

二、盐纲运输

浙江的盐运,历宋、元而至明、清。明朝对两浙盐区的盐业生产非常重视。早在洪武元年(1368年)就设置了两浙都转运盐司,职掌两浙盐政。两浙都转运盐司辖嘉兴、松江、宁绍、温台4分司,杭州、绍兴、嘉兴、温州4批验所,领有32个盐场(后省并为31个盐场)。清代重视盐业生产,顺治二年(1645年)设立了两浙巡盐御史,职掌两浙盐政,又设置两浙盐运使,具体掌管督察盐场生产、盐商行息、调整盐价和盐运事项。两浙巡盐御史下属分司的设置开始与明朝一样,后改为杭宁绍温台和嘉松两分司,各设运副或运判1员,管辖杭州、绍兴、嘉兴、松江4个批验所。批验所各设大使1员职掌其事。

明朝在洪武时(1368～1398年),岁办大引盐220400余引(约8816万斤),引销杭州、嘉兴、湖州、绍兴、宁波、台州、温州、处州、衢州、金华、严州、苏州、松江、常州、镇江、徽州、广德、广信等府州,及沿边地区的甘肃、延绥、宁夏、固原、山西神池诸堡。清朝浙江盐区的正引派额为701699引,票引派额为100698引,与沿海辽宁、河北、山东、江苏、福建、广东等盐区相比较,位居第四。引销地区涉足浙江、江苏、安徽、江西等98个县(州),其中浙江51县(州),江苏11县(州),安徽9县(州)、江西7县。由上可见,明清时期浙江盐的运输量之大和运输面之广。

这些盐的运销,除了少数地区车拉肩挑外,极大多数采用水路运输。纲盐运销历代都有盐法,先为官运官销,后改为官运商销和商运商销,运销地区都有规定,额定盐引,或就仓支盐,或就场支盐。运盐前须办理各种掣验手续,均需送批验所签掣后方能发运,“未检查者曰生盐,已检查者为熟盐,熟盐乃可发售”。清代杭州批验所所址在艮山门内。凡盐商到所由艮山门入泊太平桥,候巡盐御史按掣,掣毕放行,泊德胜猪圈二坝,候程开运。运盐河有两道:浙东盐由中河过坝出钱塘江,经富阳关、桐庐关、严州关盘验;浙西盐过坝由官河出北新关,至苏湖两府盘验。按纲地分布,从杭州水路发运或转运的盐额,大致有分水、富阳、新城、桐庐、建德、寿昌、淳安、遂安,共20590引;金华、兰溪、汤溪9470引;西安、龙游、江山、开化31412引;常山及江西广信府七县51982引;武康、德清5400引;其他嘉湖、萧绍地区则由杭、绍、松3所分担运销。

第四节 竹木排放运

浙江境内多山,山地丘陵占浙江总面积的70%。地势由西南向东北倾斜,大部分山脉都呈东北—西南走向。山区公路未通之前,采伐下来的竹、木材,主要靠山间小溪、小河漂流到山下集中,然后编结成筏,顺江、河漂流下运。

一、钱塘江水系

20世纪50年代,钱塘江水系上游金华一地,境内大部山区公路未通,大批量待运竹木多通过水路流放运输,主要有散放、排放两种方式。每年春、夏汛期,山涧溪流水涨,是流放运输的黄金季节,磐安、东阳、武义、浦江等县森工部门组织临时的或固定的流放人员,进行有计划的木材流放。浦江县森工站所属浦江县临时副业木排运输组,最多时达100多人在浦阳江水域从事木材流放。1953 年至 1960 年，仅东阳森工站组织的木材流放量就达 21093 立方米。

钱塘江是全省流放木材的最大河流，兰江以上木材在樟树潭集中，拼装成大排，每排长约 20 丈，头阔 1 丈，尾阔 3 丈，以两大排为一条，再行放运。新安江以上由徽州及境内遂安、淳安、寿昌、建德等县出运的木材，亦顺流放至杭州。钱塘江水系中游以分水江木筏放运最多。20 世纪 50 年代每年木筏放运数近 2 万立方米。杉（松）木在砍伐出山前（发水前），扎成小筏排（以多株树扎成一横木排，宽约 2～3 米），待发水时立即放运，至离桐庐约十华里尖山脚处停歇，由木行（过塘行）雇小船去接排，然后下运集聚木排头。桐庐木材水运站（昔为行方或水客）放排工用篾链或钢索扎成大排（每条排约 300 立方米）放运杭州。杭州江干为上述产地最主要的集散地，江边木行林立，水客、山客云集，木材在此成交后即过塘入中河，再二次过坝入运河，分销嘉兴、湖州、上海、江苏各地。民国时期，江干木排运输业计有 32 家，纯为世袭性质，最大者为鋁记、姚生记、吴永记等十余家，大多为封建包头所控制，全行业木排工人五百余人（其中近百人在拱宸桥）。撑排有两种：一是撑城河排，其线路自装排点（大多在洋泮桥、海月桥、化仙桥）沿城河（中河）至武林门外草坝、半道红坝或新坝，过坝入上塘河或子塘河，至德胜坝、新河坝、皋亭坝，再过坝入下河，汇于拱宸桥。此线实为木排专运线，船运极少。二是撑长路排，即以拱宸桥为起点，近至邻县，远至苏北。每列排由十多节组成，每节百根左右，排工 4 至 7 人，负责者称“替管长”，全靠背纤、撑篙，起早摸黑，运速极慢。

20 世纪 50 年代初，为减轻排工劳动强度，用拖轮拖带木排，一次能运木千余立方米。至 60 年代，木材生产量减少，加之公路延伸山区，木材运输逐由汽车取代，筏运逐渐消失。

筏运组织原为散漫，后由本乡农民自发形成，有“排会”、“撑柁工会”、“总排头”等负责业务分工，议定“水脚”（即运价）和处理纠纷等事宜。抗战时，分水、建德、淳安等县则由驿运站管理。1949 年后不久，木材归国家统购物资，上江木排运输均由各县水运站负责流放。1956 年年底排运站划归省轮船公司浙西分公司管理。20 世纪 50 年代，沿江各县还成立了“船筏工会”。

二、苕溪水系

苕溪排运以竹排为主，木排次之，间有小竹（篙竹、篱竹等）排。竹排在南、中、北三苕溪上游以水放为主。毛竹十余支为 1 帖，数帖或十数帖首尾衔接，1 人或数人站立排上，以撑篙把持方向兼作动力，顺溪而下，称水放毛竹，以北苕溪居多，约占全部水放毛竹的 70%。毛竹每年大量砍伐在秋冬两季，而水放毛竹则多在冬春两季，尤以春季为多。安吉、孝丰县竹区农民撬竹筏顺溪流而下，辗转运至梅溪，由撑筏工从梅溪运至湖州、嘉兴、苏州、上海等地，再经大运河运送北方。明朝始，梅溪成为竹子重要集散市场。武康县（今德清县武康镇）筏头以扎筏、放筏得名。苕溪水位高时，竹可直放余杭镇或瓶窑镇。平水位时，到各坝堰上等水，待水满开堰，逐段下放。有的坝堰有专人看守，在保证农田用水前提下才能开堰。排上搭自革棚，供撑运工人食宿。撑运中，浅水地段用竹篙撑运，深水地段则上岸背纤，每天平均行程约 10 公里，劳动条件异常艰苦。1958 年以前，南、中、北三苕溪毛竹出运全赖水放。1958 年以后，随着山乡公路建设的发展，毛竹改为陆路运输，水放毛竹渐次减少。南苕溪排运于 1958 年停放，中、北苕溪于 1967 年停止。

三、瓯江水系

浙南山区是浙江最大的林区，瓯江上游龙泉、遂昌、云和、松阳、庆元、宣平、青田等 7 县

图 4－3－3 木排流放

(市)是木材出产的重点县。宋元祐时(1086～1094 年),永嘉(今温州市)船舶制造业已相当发达,所用造船木料来自瓯江上游林区,沿海城市和平原地区居民建房和制造家俱所需的原料亦仰求以上山区供给。砍伐后的木料、毛竹,或人力背运,或让坑水推流至江边串扎成排,一直放运到温州,然后由温州转运至各地。1955 年 6 月,从温州到上海的木材在新卧旗涂北岸扎成大型雪茄型木排,用“生产号”拖轮拖运至上海。1957 年 3 月,将 7 万余枝毛竹扎成雪茄型竹排。雪茄型木竹排体型巨大,最大的雪茄型木排达 5400 立方米,最大的雪茄型竹排达 12 万株。据统计,1960 年温州港工人共扎成大小雪茄型木排 34 个、雪茄型竹排 7 个,同时还采取“雪茄加载法”,在一个雪茄型竹排上再加载木炭和番薯藤等轻泡货物 200 吨,由“浙海(温)102”轮拖运至上海。

图 4－3－3 为木排流放。

木排有长梢、段排之分。长梢指去皮的整株木料,段排用直径 16 厘米以上、长 2～4 米的木段串成。每 7～12 根长梢或木段并排用杂木、排钉固定为一节,每条排 20～30 节。节与节之间用练索连接,两侧用毛竹结扎,以适应航道弯曲。竹排亦有青竹、鱼扦、全尾之分。每 100 根毛竹顶部捆扎一起尾部散开为一“筒”。每条毛竹排的标准为青竹 40 筒、鱼扦 24 筒、全尾 13 筒。每筒首尾相叠,中间用粗练索连贯。排头另用 10 余根去顶毛竹并排扎成,亦用排梢、竹篙放运。

瓯江木竹放运,民初为鼎盛时期,年放运量达 30 万立方米,自西门外至黄浦江面停泊的排筏使航道几乎为之阻塞。20 世纪 50 年代仍有 20 万立方米。1960 年后,木材逐渐由水运改为水陆联运。1975～1984 年间,林业部门经瓯江水运木材 144.93 万立方米,占木材运出量 45.93%。其他部门从瓯江运出木材每年约 5 万立方米,毛竹 150 万支。此后运量急骤下降,1987 年仅 1000 余立方米,1990 年后基本淘汰。

第四章　渡口　渡运

春秋时，杭州钱江南岸已建有固陵渡。三国时，丽水有赤圩渡。南朝刘宋时，钱塘柳浦、定山、黄山浦及南岸渔浦等处已成名渡。唐宋时，嘉兴设有秀溪渡、毛家渡等官渡，舟山有舟山渡、竿缆（干磁）渡、泗洲塘渡、册子渡、金塘渡、沈家门渡等，明州（今宁波）有北渡和桃花渡，丽水有大港头、宝定（保定）和石牛渡等。南宋时，杭州及钱塘江两岸，上自桐庐县东门下迄海宁盐官，设有浙江、龙山、黄山浦、盐官等津渡。明清时期，境内有大量的渡口见于各类记载。

20 世纪 70 年代，随着公路、桥梁建设的发展，渡口逐渐被公路桥梁所替代。20 世纪 90 年代初期，全省共有渡口 1380 个，年渡运量 1.79 亿人次。到 2000 年，全省渡口减少至 1063 个（其中内河渡口为 902 个），年渡运量 1.47 亿人次。2002 ~ 2003 年间，更新改造内河乡镇渡口三、四类渡船 194 艘。2008 年，浙江实施“水上康庄工程”，更新升级渡船和渡埠设施，改善农村渡运条件。

2004 年起，浙江加快建桥撤渡工作。2006 年 11 月 20 日，湖州南浔区菱湖镇南溪东渡口最后一艘渡船退役，成为第一个“零渡口”地区。2007 年 12 月 27 日，嘉兴市的杨庙三店渡撤消，彻底告别千年渡运历史。2010 年，全省渡口总数减少到 203 个，其中交通渡 1 个、专用渡 6 个、乡镇渡 196 个，渡船 234 艘，渡工 311 人，年渡运量 530.51 万人次。渡口主要分布在杭州、丽水、衢州等地。其中丽水市渡口就有 115 处。

第一节　重要渡口

一、钱江渡

又名南星桥渡，南岸萧山长河镇江二村，北岸杭州市江干区南星桥。北宋政和年间（1111 ~ 1117 年），时任临安（今杭州）太守汪思温，出官银监造大船数 10 艘，设钱江渡。后废。清同治三年（1864 年），杭州绅士胡光镛（胡雪岩）倡设钱江渡，经筹 5 年，于同治八年通渡，为义渡。光绪六年（1880 年），归省慈善机构同善堂管理，有渡船 37 艘，牛车 8 辆，牛 16 头，由同善堂掌其事，过江者不取分文。

图 4 - 4 - 1　浙江第一码头——钱江渡

民国元年（1912 年），义渡收归省办专设机构“钱江义渡局”管理。民国 8 ~ 12 年（1919 ~ 1923 年），添置油轮 8 艘，全部实现轮渡。民国 17 年（1928 年）8 月，钱江义渡局更名为杭绍线义渡办事处，归省公路局管理。时有轮船 7 艘、江船 33 艘、轮艇 2 艘、员工 155 人。同年 7 月由省政府筹资修筑混凝土南北码头，次年 5 月竣工。北码头直抵三廊庙，南码头伸至江塘边。南北码头前沿各置铁趸船 1 艘。民国 20 年（1931 年）元月，原杭绍线义渡办事处更名为浙江省建设厅钱江义渡办事处,直属省建设厅领导,所需经费由省拨给。民国26年(1937年)12月,为阻止日军南侵,钱江渡渡轮全部沉于富春江桐庐附近江底。杭州、萧山两地沦陷后,日伪当局设立“钱江轮渡局”,从日商“上海内河公司杭州支店”租用轮船,继开钱江渡,始收渡费。1945年后,钱江渡由省交通管理处接收,更名钱江轮渡所,继收渡费。民国36年(1947年)3月,轮渡所移交国民党杭州市政府管辖。时有轮船7艘、客船2艘、门桥船4艘、拖船18艘、木驳船4艘。

1949年后,钱江渡由钱江航运公司(现钱江航运实业总公司)经营。其后,渡运设施不断更新,渡船多次置大易小,两岸码头几经扩建,称“浙江第一码头”(见图4-4-1)。1984年又投资80万元,增建南、北码头各1个,使两岸渡口各有2个停靠码头。1995年年末,钱江渡有铁质渡轮2艘,1000客位。当年完成渡运量250万人次,日最高渡运量达2.5万人次。1998年1月渡废。

二、东门渡

又名鹳山渡,初设于南宋。明天启年间(1621~1627年)中沙成陆,水分南北,遂分两渡,一名北江渡,一名南江渡,亦名洋浦渡。康熙十二年(1673年)以中沙所涨沙地和乡民捐资助田之收入,造船8艘,创立东门渡。此后,渡址多次变动。民国初年,义渡归县建设科管理,有人力渡船8艘,渡产田地320亩。抗战时,日军封江停渡。民国37年(1948年)恢复义渡。1949年有渡船6艘,渡工6人,渡产田地320亩。1955年成立东门渡管理委员会,9月实行售票过渡。1962年6月轮渡首航,1968年起全部使用轮渡,并建造靠岸码头。1977年富春江大桥建成,南江渡遂废,仅存北江渡。1986年,渡口迁到南门头。1988年2月,新建渡口码头投入使用。1990年有铁质渡轮3艘,3754马力,年渡运量774.5万人次,日均渡运量1.3万人次,由富阳县航运公司东门渡管理站经营。

三、窄溪渡

原系古渡。北岸有上港、下港,南岸在窄溪镇,系三埠一渡。民国时期有渡船60艘,多为农船,农闲运输,有货运货,无货摆渡。1949年后,分有土地者回村务农,留下16艘船建立渡中组,1956年改称渡口队,1982年实现轮渡,1984年建站。1985年配有钢质渡轮2艘,核定载客290人,年渡运量110万人次,由渡口站经营,直属桐庐县交通局。

四、上杭渡

位于桐庐县城西南500米处的马家埠,南宋时已有记载。清康熙二十二年(1683年)有渡船2艘,民国20年(1931年)有渡船15艘。抗战时全被毁坏,民国36年(1947年)复置渡船8艘。1950年渡工组织互助组。1966年改装成机渡。有南北渡埠和行人道与两岸公路相连。1985年配有渡轮4艘,日渡运量达3600人次。

五、下杭渡

位于桐庐县城东门。明代始建,为义渡。民国时期募捐造船,民国31年(1942年)有渡船18艘,时日军入侵被毁13艘,余5艘被渡工划至芦茨山坑才得保存。1949年后,复置船18艘。土改后渡工组织互助组,实行收费摆渡。此后募集资金修建两岸渡埠,20世纪70年代改人力渡为机渡。1985年有机动船3艘,日渡量4000人次。由三合乡大联村经营。

六、南门渡

位于梅城,属义渡。北岸原建有3座渡埠,20世纪50年代初并为南门渡。南岸渡口在南峰乡。1949 年有渡船 7 艘，渡工 7 户 14 人，对外地人始行收费。60 年代易人力行舟为机渡。1985 年有机动渡船 3 艘，载客 150 人，日渡量千人次以上。由南峰乡管理。

七、上梅渡

位于北仑区上阳至梅山岛，渡运距离 540 米，由北仑区白峰镇上梅渡运站经营。该渡 1983 年建有 200 吨级泊位 2 座、500 吨级泊位 1 座，由“上梅渡 9”号及“上梅渡 6”号承担渡运任务，为梅山岛居民出行的主要通道。2010 年渡运量为 9.3 万人次、3.5 万车次。2010 年 5 月 18 日梅山大桥开通，该渡运站停运。

八、镇海轮渡

在镇海区城关镇沿江西路至北仑区江南道头，渡运距离 300 米。1951 年始建，称大道头古渡口。1963 年镇海渡运服务站成立，始有 15 马力木质机动船 1 艘，小型木质码头 1 座，日均渡运 4000 人次。1964 年改建候船室 144 平方米。1966 年新置 90 客位、40 马力钢质渡轮 1 艘。1974 年和 1978 年先后增添 400 客位木质渡轮 2 艘，400 客位钢质渡轮 1 艘，钢筋混凝土码头 3 座。1981 年距渡口西侧 50 米新建轮渡，翌年 11 月 3 日投入使用。1990 年有 1000 客位钢质渡轮 2 艘，600 客位 1 艘，日均渡运量 4 ~ 5 万人次。由镇海轮渡公司经营。

九、西泽客货渡

位于象山港西泽，清道光二十一年（1841 年）建，对岸为鄞县横山码头，渡运距离 6 海里。1988 年 7 月改汽车渡，置 370 马力、16 车位、100 客位渡轮 2 艘。1990 年日均渡运量 16 航次、87 车次、538 人次。由象山县航运公司经营。

十、段塘渡

在海曙区段塘镇至鄞县钟公庙，渡运距离 200 米。清道光十三年（1833 年），段塘人吴灯茂发起成立渡船会，筹资建造渡船 1 艘，两岸建砖木结构四角亭各 1 座。光绪九年（1883 年），凉亭、船埠大修。1963 年，石碶公社段塘居民会接管渡口。1978 年，两岸各设渡埠 1 个，段塘亭 1 座，置木质非机动船 1 艘营运。1987 年以来，该渡由段塘居民会经营。

十一、东钱湖渡

在鄞县莫枝镇坝头至后庙湾，渡运距离 2500 米。唐天宝三年（公元 744 年）东钱湖建成，不久便有村民渡运。20 世纪 70 年代末，在湖畔月波山下发现南宋石窟“补陀洞天”，往来游客猛增，遂有个体渡工置船营运。1980 年 2 月，鄞县航运公司鄞东客运站置渡轮 1 艘投入营运，该轮共有 154 客位。1990 年，日渡运量 800 人次。

十二、番石渡

亦名翻石渡，在鄞县朝阳乡番石渡村至栎社，渡运距离 130 米。明初，里人任国禄等捐资造渡船。明正统七年（1442 年），知县杨寿命道人李存诚重造渡船，并建茶亭于渡之南。清康熙年间（1662 ~ 1722 年），里人捐田若干亩，以年收入供义渡之用。1949 年起，由个体船丁经营。1978 年两岸各有渡亭 1 座，渡埠各 1 个。1987 年以来，该渡由鄞县朝阳乡“鄞渡 4”号木质机动船营运，该船 3 马力、15 客位。

十三、北渡

在奉化市方桥北渡村至鄞县栎社北渡村，渡运距离 150 米。宋时为义渡，清至民国改为官渡。民国 22 年（1933 年），栎社安乐会孙忠宝向上海同乡人孙、陈两姓募捐，在鄞县北渡口扩建渡口设施并置渡船 5 艘。1978 年，渡口两岸有渡亭 1 座，渡埠 2 个，木质机动船 1 艘。

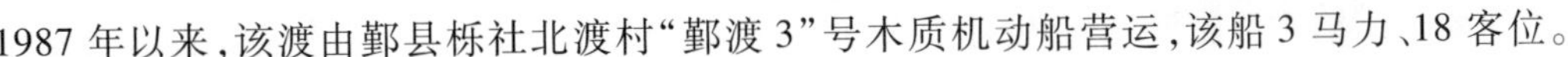

1987 年以来，该渡由鄞县栎社北渡村“鄞渡 3”号木质机动船营运，该船 3 马力、18 客位。

十四、清江渡

位于乐清县清江下游清江乡渡头村和清北乡清江村之间，渡程 800 米。旧称柽江渡，亦名缆屿渡，明朝为官渡。明嘉靖年间，乡官朱民父子曾将该渡迁往金鸡山（南岸）与沙埠山（北岸）之间，名金沙渡。后应乡民要求，重新迁回原处。清乾隆十年（1745 年），乡民吴昶教捐资建造大舢舨，捐田 20 亩，作义渡田。清咸丰十年（1860 年）、民国 7 年（1918 年）先后重建。民国 23 年（1934 年），杭温公路建成通车，清江渡口两岸设有南北汽车站，由清江镇订约承办接送旅客业务。1950 年有渡船 4 艘，渡工报酬由义渡田收获支付。土地改革后，由个体渡船自行收费。1951 年 8 月起汽车轮渡与民渡合用。1964 年 3 月，由渡头村和清江村联合建造 24 马力、60 客位的木质渡轮 1 艘代替人力舢舨摆渡。1985 年 11 月 10 日汽车轮渡撤渡后，轮渡码道归民渡使用。1987 年后渡运量剧增，1990 年日渡运 40 个班次，日渡运量为 1000 余人次，并可渡手扶拖拉机和小型汽车。

十五、安澜渡

位于温州市区安澜亭沿岸，隔瓯江同永嘉县的港头、清水埠、龙桥、江北等渡口各有渡轮对开，是市区通往永嘉、乐清等县的交通要道。民国时期已建有简易石砌码道，供通往楠溪等地的舢舨、舴艋船停泊。1958 年，建造汽车轮渡码道，为汽车渡和人渡两用，同港头渡口对渡。当年，清水埠客渡轮也在该码道停靠。1979 年 2 月后，安澜渡口客运量逐年增加，日渡运量达 2 万多人次，车辆改从梅岙渡口通过，安澜渡口为客班渡轮专用。同时，龙桥、江北渡轮也移到此处对渡。1987 年 9 月，由浙江省交通厅、温州市港务局、永嘉县罗浮运输公司和内港轮船公司共同投资 65 万元，建造客运浮码头。安澜轮渡码头共有两艘趸船，长 81 米，有 3 条引桥，可同时靠泊对岸 4 个渡口的渡轮。1988 年 7 月 26 日，安澜轮渡码头竣工并于同年 10 月 26 日投入使用。1990 年底日渡运量达 3.7 万人次。由永嘉县内港轮船公司和罗浮运输公司经营。

十六、港头渡

位于永嘉县三江乡江头村，与安澜渡口渡程 5 公里，同时隔楠溪江同清水埠镇对渡。明万历年间已有渡船通温州水门头。民国 23 年（1934 年）杭温公路建成时，汽车仅通到港头止，乘客在此乘渡船到温州永川码头。民国 26 年（1937 年）由济瓯轮船公司代办汽车轮渡。1950 年起，低潮时共用汽车轮渡码道。1979 年至安澜车渡停渡，客渡继续进行。1986 年 3 月楠溪江大桥建成通车后，至清水埠车渡停车，只开客渡。1990 年新建浮式钢质客渡码头 1 座。港头至安澜渡运由永嘉县内港轮船公司 2 艘 500 客位钢质轮，及永嘉县罗浮运输公司 1 艘 500 客位钢质渡轮日夜经营，日平均渡运量达 1.5 万人次。另有 1 艘 80 客位木质机动船同对岸清水埠镇通渡，日渡运量达 2200 人次。

十七、江心渡

坐落在市区麻行，是江心孤屿游览渡口，渡程近 400 米。旧时，温州城区至江心孤屿无固定渡口，仅有几艘小舢舨在江边招揽游客。1950 年由温州市舢舨社在麻行码道专渡游客。1957 年开始有木质机动船渡运，1962 年划定麻行西侧码道为江心专用渡口。江心孤屿东首石砌阶梯型码道长 12 米、宽 6 米，为渡船停靠埠，瓯江潮水最低时在江心孤屿西首石砌码道靠泊。1966 年开始，改由机动船渡运。1980 年以来，江心孤屿不断扩建，游客日增，从 1984

年春节开始改用钢质渡轮渡客。1986年5月，将江心孤屿停靠码道改建为钢筋混凝土趸船浮码头，长30米，宽8米，可靠泊200吨位、500客位的船舶，引桥1座，长21米，宽4米，当年9月竣工投入使用。1989年3月，国家投资135万元，在麻行新建浮式趸船码头，长40米，宽8米，引桥2条，长23米，宽3米。该渡口由温州市园林管理处瓯江旅游站经营。1990年有钢质渡轮4艘，日平均运量2千余人次，节假日高峰期达2.4万余人次。

十八、清水埠渡

位于永嘉县清水埠镇环江中路。1958年，永嘉县政府由温州市区迁往上塘镇，清水埠始有渡船同安澜渡口通渡，渡程5公里。当时日客流量二三百人次。1969年建成长40米、宽5.2米的斜坡式码道和66平方米的候船室。1983年开始由500客位的钢质渡轮代替木质渡船。1987年12月，又建成客运大楼和浮码头，方便旅客候渡和上下渡轮。清水埠至安澜渡运由永嘉县内港轮船公司经营，日夜由3艘500客位钢质渡轮穿插对开，1990年日渡运量达1.4万人次。

十九、龙桥渡

位于永嘉县江北乡龙桥村，同安澜渡口渡程3.6公里。东晋、南北朝时，仙居至永嘉的古道从此过渡。1950年后，旅客逐渐增多，日客流量约百余人次，渡口舢舨增至10余艘。1958年初改用100客位的木质机动船渡运。1968年建成龙桥码道，长100米，宽3米，用块石砌成。1979年1月，渡船由温州水门头码道转移到安澜渡口靠泊。1984年1月，改用370客位钢质渡轮渡运。该渡口由永嘉县罗浮运输公司经营，1990年日渡运量达4000人次。

二十、飞云客渡

位于飞云江下游瑞安城关南门，南岸在飞云镇码道村，两岸渡程1000米。宋时，飞云渡江程六里，后江海变迁，渡程缩短。延祐元年(1319年)暴风覆舟，温州路总管赵荣祭江并督办修建渡船。嘉靖元年(1522年)，改民渡为官渡，造渡船10艘。嘉靖二十九年县令刘畿复造渡船10艘。康熙十六年(1677年)，陈克受等募民创义渡，副将刘顺复捐俸造渡舟38艘。雍正九年(1731年)，天王寺僧宗义捐义渡田百亩。乾隆四年(1739年)户部拨官渡田240亩作义渡用。乾隆十年、嘉庆十三年(1808年)、光绪十五年(1889)先后重建和扩建码道。光绪三十一年八月瑞安吴之翰发起创办“飞云江渡改良会”，制定新章程，定期建修船舶。民国4年(1915年)，通济轮船公司创办轮渡，在南门选址建渡埠。民国18年，瑞安县财务委员会拨款建大码道。抗日战争期间，飞云江北岸大码道屡被日本飞机炸毁，渡运时断时续，后由县公产整理委员会修复。1950年10月仍由瑞安通济轮船公司承运。1958年10月由瑞安轮船公司承运，并改建南岸码头。1965年北岸码头始用木质趸船和木引桥。1978年12月投入第一艘400客位钢质渡轮，次年1月10日开始增开夜航渡轮。1983年上半年，南北两岸码道建成引桥趸船码头。1984年1月南北新码头建成，原南北岸码道均废。1985年5月起有3艘钢质渡轮，木质轮驳船全部淘汰。同年11月南北岸码头增设板车渡，实行人车分渡。1987年飞云渡日渡运量达3.21万人次，日渡运板车400余辆次。1989年1月飞云江大桥通车后，客渡继续保留。

二十一、方岩下渡

古名安澜渡，位于鳌江下游，渡口北岸是平阳县胜利埠，南岸是苍南方岩下，渡程500米。该渡建于清同治七年(1868年)，由陈果东等捐款修砌南北两岸码道，并由平阳知县方

注厘定渡章,由木船人力摆渡。新中国建立后,南北两岸码道多次修建,始用木质机动船渡运,由平阳县搬运公司经营。1959 年 8 月由平阳内河站经营。1983 年 1 月,成立方鳌轮渡联营管理委员会,由平阳、苍南两县交通局共同管辖。1984 年 11 月,该渡口划归苍南县交通局管辖,由苍南县渡运公司经营。1985 年 11 月动工建造南北两岸浮动码头,1986 年 1 月交付使用,并建造钢质渡轮代替木质渡轮。1990 年已有钢质渡轮 3 艘、900 客位,日夜兼渡。

二十二、龙江渡

原名平安渡,又名江口渡,位于苍南县龙江下游江口,北岸为平阳县下埠江口,渡程 1000 米。元大德十年(1306 年),提控滕天骥募民捐修南北岸码道,两岸建有石门。元延祐四年(1314 年)郡守赵凤仪重修。明弘治四年(1491 年)知县王约设官渡。清乾隆年间知县何子祥置渡船 4 艘承运,后又多次重修渡口码道。1949 年有渡船两艘,1965 年改木质机动船渡运。1987 年有 2 艘渡轮对开,日渡运量 2500 ~ 3000 人次。

二十三、梅岙渡

又名渔渡,位于瓯江下游,北岸是永嘉县梅岙乡梅岙村,南岸是鹿城区仰义乡渔渡村,渡程 700 米。始于清朝,时江面宽 1 里,后因江河变迁缩至 700 米。1953 年 10 月起,客渡与车渡并用。1984 年 9 月,温州瓯江大桥建成,梅岙汽车轮渡停渡,专供民渡使用。1990 年,梅岙村和渔渡村各有 1 艘木质机动船经营渡运,日渡运量千余人次。

二十四、南湖渡口

渡距 230 米,是嘉兴市内历史悠久、渡距最长的渡口。1956 年初对 10 余艘渡船进行检验,核准载客定额并发证,撤销狮子汇岸坡渡口,在南湖东畔设置渡口,制定渡口、渡船安全规则。平时日渡运量 1 千人次以上,节日成倍增长,每年"七一"达 1 万人次以上。1986 年 1 月,玻璃钢电动渡船"南湖 1 号"、"南湖 2 号"(乘客定额皆 20 人)投入运行,为嘉兴南湖有电动渡船之始。同年 6 月 27 日,"南湖 3 号"电(定额 42 人)投入运行。1986 ~ 1990 年共渡运 157 万人次,其中 1990 年最多 39.39 万人次。

二十五、马牧港渡口

钱塘江两岸海宁、萧山间的渡口,渡距 12 公里。清乾隆八年(1743 年)鱼鳞石塘筑成后,为兴盛一时的转运码头。1957 年由萧山县赭山运输社营渡,为木帆船。1967 年更新为 24 吨位机帆船。1980 年起,萧山县航运公司钱塘江分站又改用 105 吨位"浙航机 3411 号"钢质渡轮营渡,乘客定额散席 225 人。渡轮每天以涨潮为启航时间,由马牧港至对岸萧山县横叉路(今围垦四工段)往返一次。年渡运 4 万多人次,自行车 4000 辆次左右。1987 年 10 月停渡。

二十六、五泄旅游专用渡

位于诸暨市五泄镇五泄水库,在诸暨市著名景区五泄风景区内,是进出景区的唯一交通通道,渡船主要载运游客往返于水库大坝与天一碧景点之间,渡运距离 2500 米,年渡运量为 55 万人次。1973 年水库建成后开始设渡,1984 年为适应旅游需要改设交通渡,两岸渡埠均为水泥混凝土石阶。渡运实行收费,票价与风景区门票合并收取,由五泄旅游公司负责经营。有钢质渡船 3 艘,共 350 客位。

二十七、三汇渡

包括镇塘殿、桑盆殿、楝树下和堰头 4 个渡口,分别位于曹娥江下游的上虞县啃金乡、三汇乡和绍兴县皇甫乡、孙端乡，是古代萧绍虞慈北部4县人们往来的重要渡口。1949年前，4个渡口均设有大渡、小渡两种。大渡即义渡；小渡则由个人经营，收费过渡，但只在过渡旺季才使用，也无固定渡船。渡运旅客时还备有牛拖船，拖载渡船至岸上段沙滩路程。1952年，共有渡船18艘，个体经营，对往来旅客实行收费过渡。1966年7月，4个渡口联合组成上虞县三汇公社渡口运输大队。1972年，该渡运大队改装了第一艘机动渡船，开始在桑盆殿渡口使用。1985年，有机动船4艘，计49马力、32吨位；木帆船5艘，计36吨位；牛拖车多集中在镇塘殿渡口，有20多辆。随着公路建设的发展，过渡旅客逐渐减少，渡口点也相应集中在桑盆殿和镇塘殿两处，日均渡运量在500人次左右。

二十八、章镇渡

位于曹娥江中游的章镇，对岸为广福庵，于清康熙年间设置义渡。1960年以后有渡船3艘，收费过渡。1964年起，归属章镇镇政府管理，同时添置水泥机动船1艘，后又陆续购置水泥质渡船2艘。日均渡运1670余人次。1983年10月，章镇斜拉桥建成，渡废。

二十九、三溪桥渡

位于新昌西岭乡上三溪村。清嘉庆末道光初有渡工4人，有木船1艘，30余客位。民国14年(1925年)9月，曾用竹筏从三溪渡运新昌第一辆客车过新昌江。民国15年，三溪公路桥建成，渡停。民国29年，三溪桥毁于洪水，再次设渡，时有渡工1人、竹筏1张，桥渡田30亩。民国31年7月，日军侵占新昌县城，三溪桥再度被毁，继而复设渡运。1958年，桥渡田归人民公社。

三十、坪港渡口

位于兰溪市游埠镇洋港村旁，跨衢江，连结游埠、洋埠两大集镇。渡口渡距500米，洪水时800米。有钢质机动船1艘，载客定额40~47人，拖驳1艘，载客定额120人，可载汽车；木质渡船1艘，功率8.8千瓦，载客定额52人。有渡工9人，日均渡运量约350人次，逢市日、节日日渡运量1万余人次。

三十一、洋港渡口

位于兰溪市游埠镇洋港村旁。为金(华)龙(游)兰(溪)3地交界处水上重要通道，连结游埠、洋埠两大集镇。江面宽400米，洪水期宽800米，一般水深6米，洪水期10~15米。逢市、节日，日渡量达万人次以上，年渡运量50万人次。

三十二、枧头渡

位于常山县城北门外1.5公里处，因位于罗汉山脚下，又称罗汉山脚渡，是枧头、大弄口以及辉埠镇、何家乡部分村庄、童家工业区群众进城来往重要通道。20世纪50年代土改时，有渡产77.16亩，并由枧头、大弄口村各管一艘渡船，合作化时渡产全部入社，渡口维修以村办为主，县财政适当补助。1986年设人力渡船两艘，载重10.5吨位，客位63个，日渡运量800~1000人次，以渡养渡，适当收费。1990年，南北两岸重建埠头，大弄口村更新一艘40个客位钢质机动船，枧头村木船停渡。

三十三、华埠渡

位于开化县华埠镇，初设于元元统年间(1333~1335年)。1954年左岸(东岸)建埠头一处。1960年划归交通部门直接管理，渡工工资、修造船等开支由县财政拨款。1973年10月东岸桥建成后，渡运量下降，同年12月移交给华丰村经营，以渡养渡。1986年有木质渡船

1 艘，日渡运量 2000 人次。

三十四、下河渡

位于丽水市区东南 2.2 公里处的下河村，与大溪南中岸村通渡。江面宽 150 米，水深 6 米。是古陆路丽水—青田—永嘉的必经之地。清嘉庆十八年（1813 年）居人醵金购田，以其租给渡夫。1949 年 5 月后，渡田归集体，渡费亦由当地生产队集体负担。城关镇和富岭乡共同组成管委会指定专人负责管理。1981 年始改为机动渡船，共 2 艘，日均渡运量约 500 人次。2006 年 1 月 25 日，丽水市区跨大溪紫金大桥建成后，渡废。

三十五、大水门渡

旧称南明渡，在丽水市区大水门，与大溪南岸水南村通渡，江面宽 150 米，水深 5 米，是去南明山风景区必经之地。民国 23 年（1934 年）通往南明山公路建成，设人力汽车渡。民国 31 年日军入侵丽水前夕，汽车渡和公路均被破坏，仅留民渡。20 世纪 60 年代以来，有人力渡船 3 艘，日渡运量多达千余人次。1973 年建造 10 马力机动渡船 1 艘，由县航运公司经营渡运业务，并由水南生产队辅以人力渡。1984 年小水门瓯江大桥建成后，行人大多从大桥过往，机动渡船撤除，保留人力渡船 1 艘。2006 年 10 月 1 日，开潭电站下闸蓄水形成南明湖，渡废。

三十六、小水门渡

旧称括苍渡，在丽水市区西南小水门，与大溪南岸上水南村通渡，系通往江南、碧湖等区以及云和、松阳、龙泉之要道。元末，参军胡深将原设在大水门的济川浮桥（平政桥）迁址于小水门外，从此桥渡并存。民国 33 年（1944 年）抗日战争时浮桥拆去。1952 年重建浮桥，并设人力渡船 3 艘和机动渡船 1 艘，日渡运量多达数千人次，渡工 8 名。1984 年小水门瓯江大桥建成后，渡废。

三十七、石牛渡

在丽水市石牛乡（现属碧湖镇），与对岸水阁街道东岸村通渡。江面宽 100 米，水深 4 米。系通济古道要津。建过浮桥，清康熙十三年（1674 年）浮桥毁于“三藩之乱”，继以人力船渡。清康熙四十八年吕宗志捐渡田 21 亩，后渡田被洪水冲毁，其后裔吕调阳继置田租以维持。1949 年 5 月列为交通渡，现日均渡运量 300 人次，置有机动船和人力渡船各 1 艘。2007 年 11 月，石牛大桥建成，渡废。

三十八、海门至前所人渡

民国 33 年（1944）设渡，渡宽 1800 米，两岸民间自筹建造木质渡轮。民国 23 年 6 月被日本飞机炸毁。8 月重建复航。1956 年渡口为公私合营，称黄岩县海门轮船公司。1967 年与 1990 年 9 月两次改建 7 号人渡码头，置新型钢质渡轮 3 艘，客位 3600 人，船工 36 人，日运量 11000 人次。

三十九、朱家尖—沈家门轮渡

位于普陀区朱家尖岛庙龙村凉帽潭与舟山岛沈家门镇半升洞之间，相距约 1000 米。民国 23 年（1934 年）设交通渡。20 世纪 70 年代建木质机帆船 1 艘，限载客 40 人。1983 年、1985 年各建渡船 1 艘。1987 年建斜坡式渡埠 1 座。1989 年 10 月始通汽车轮渡，渡轮为单甲板滚装式。渡口由舟山市海峡汽车轮渡公司、朱家尖旅游服务公司、朱家尖区苗龙村 3 家组建的舟山普陀朱家尖汽车轮渡联营公司经营。

四十、王家墩渡口

位于定海区长峙乡王家墩村。民国 12 年（1923 年），设小泥埠头，有渡船往返王家墩，无定次。1949 年，两岸均凭帆船摆渡。1973～1987 年间，建渡船 3 艘，220 客位。1980 年，建钢筋混凝土渡埠 1 座，可靠泊 50 吨级船舶。1988 年 9 月，又将原埠扩建为登陆、靠泊两用码头，长 30 米。每日 100 班次，日均渡运量 1.4 万人次。由长峙乡王家墩村经营。

四十一、沈家门渡口

位于普陀区沈家门镇滨港路，距鲁家峙北岸 0.16 海里。民国 23 年（1934 年）始设渡船。1956 年前，有 7 艘舢舨往返两岸，旅客凭石埠头上下。1956 年，用旧船改建码头 1 座。1960 年，木质机帆船代舢舨营运。1976 年 8 月，建"沈渡 1"号船，木质，300 客位。1978 年，购入"沈渡 2"号钢质船，300 客位。1986 年原码头扩建为 100 吨级双引桥式码头，建候船室。1989 年 11 月，建"沈渡 3"号钢质船，700 客位。日均渡运量 2 万人次。由普陀区航运公司经营。

四十二、半升洞渡口

位于沈家门镇滨港路东端半升洞，距普陀山短姑道头 7 海里。民国 23 年（1934），有渡船当日往返两地，游客凭舢舨摇槽登渡。1976 年，始由"浙江 802"客轮营运，钢质，限载客 130 人。1977～1978 年，增 3 艘钢质客轮，共 500 客位，由普陀县航运公司经营。1982 年 7 月，划归舟山市轮船公司。1985 年，建浮式码头 1 座及候船室。每日 14 班次，日均渡运量 5000 人次。由舟山市轮船公司经营。

四十三、台门渡口

位于六横岛台门村，距舟山岛沈家门镇 24.02 海里。清光绪十一年（1895 年）始，六横岛戏文山有渡船往返定海道头埠间。清光绪十八年增加 1 艘渡船。民国 8 年（1919 年）又增 1 艘。民国 23 年有 4 艘渡船逢 5 日、10 日往穿山，2 日、7 日返六横。台门至马跳头，翁家渚（嘴）往虾岐（虾峙）至栅棚设渡，日均有渡船往返。1949 年渡口船舶往返频繁。1985 年 9 月，由社员王兴殿等 6 人购置木质机帆船 1 艘，组成个体联户，经营台门经镇海至宁波航线，2 天 1 班。次年 3 月，改航台门至沈家门，10 月撤销，转交台门镇工业办公室经营，有木质渡船 2 艘，240 客位。每日经该渡往返的还有台门至对面山、元山至虾峙、台门至元山，台门至凉潭、台门至走马塘渡船，日均渡运量 1150 人次，由台门镇渡口站经营。

四十四、茅草屋渡口

位于普陀区桃花镇宫前村，距舟山岛沈家门 8 海里。民国 23 年（1934 年），有 2 艘渡船行驶茅草屋、九（韭）菜，日均 1 次。1949 年船民朱阿定等 6 人购置 10 吨以下木帆船 2 艘，营运茅草屋至韭菜、沈家门 2 条航线。1952 年底，沈家门县运输合作社接管渡口。至 1974 年 8 月，下放给公社管理，建渡船 1 艘。1979 年 9 月，渡轮改建，总吨 50 吨，限载客 150 人。1984 年，设实堤式渡埠 1 座。9 月建"普民交 1"号船，木质，载重吨 185 总吨，136.03 千瓦，载客定额 300 人。航次每日由 2 次增至 4 次。该渡口且运营茅草屋至蚂蚁的宫前渡船及茅草屋至悬鹁鸪渡船。营运于蚂蚁至桃花、栅棚至穿山、乌石子至沈家门等航线的渡轮亦靠泊该渡埠。每日 28 班次，日均渡运量 1090 人次。由桃花镇渡口站经营。

四十五、长涂渡口

位于长涂镇倭井潭村。民国 12 年（1923 年）有渡船航行高亭至长涂，每日往返 1 次。20 世纪 50 年代置手摇舢舨往返渡运。1958 年长涂运输社始营该渡。1963 年，建木质船 1 艘，载重吨4吨,14.71千瓦,限载客30人。1984年,由载重吨7吨、29.41千瓦、限载客70人木质机动船代营。1988年9月,购入"长涂1"号渡轮,钢质,载重吨48吨,88.2千瓦,限载客200人。设有钢质趸船浮码头1座。每日24班次,日均渡运量2400人次。由长涂轮渡站经营。

表4-4-1为2010年浙江省渡口、渡船情况统计。表4-4-2为浙江省1990~2010年渡口及渡运基本情况统计。

2010年全省渡口、渡船情况一览表 表4-4-1

项目	渡口数(个)	渡口性质(个)			渡船数(艘)	渡船技术类别(艘)			
		交通	农村	专用		I	II	III	IV
总计	1537	75	1434	28	1990	606	792	561	31
杭州市	132	9	112	11	195	61	9	125	0
宁波市	117	3	114	0	134	9	7	114	4
温州市	284	11	269	4	413	98	183	109	23
嘉兴市	125	1	124	0	132	51	80	0	1
湖州市	130	0	129	1	136	134	0	1	1
绍兴市	89	3	83	3	116	43	53	20	0
金华市	69	1	67	1	88	44	34	10	0
衢州市	132	0	132	0	169	26	121	22	0
丽水市	226	17	206	3	291	85	170	35	1
台州市	147	9	138	0	189	27	56	106	0
舟山市	86	21	60	5	127	28	79	19	1

1990~2010年浙江省渡口及渡运基本情况一览表 表4-4-2

年份	渡口数(个)	其中(个)			渡船数(艘)	其中(艘)		客位(客位)	车位(辆)	渡工数(人)	年渡运量(万人次)
		交通渡	专用渡	乡镇渡		机动	非机动				
1992	1537	75	28	1434	1990	953	1036	93102			
1995	1380	70	37	1283	1745	936	809	89723	64		
1998	673										
1999	648										
2000	601										14700
2001	530	8	16	506	621	304	317	20460	149	749	2639
2002	499	7	13	479							2198
2003	431	9	11	411							1765
2004	393	7	10	376	464	278	186	15012	65	586	1545
2005	335	7	7	321	392	264	128	13380	64	491	1217
2006	306	3	7	296	344	240	104	12050	69	435	1210.4
2007											
2008	224	1	7	216	255	191	64	9348	55	326	863.10
2009	214	1	7	206	246	183	63	9227	58	323	761
2010	203	1	6	196	234	189	47	8301	65	311	531

注:2000年之后统计数据不包括宁波、温州、台州、舟山。

第二节　渡　　运

古代津渡有官渡、义渡之分。官渡多设于驿递要津，渡口设施均由官办，渡工工食银两悉由府库支给；义渡则遍布城乡，渡口设施及渡工工食来源于里人乡绅、地方官吏及村坊民众捐献，故渡船、埠头多撰文立碑，以表彰乐善好施之士。

内河渡运有拉渡、摇渡两类。拉渡由行渡者自行拉绳过渡（图4－4－2），摇渡一般由船工操船过渡。

1949年后，经土地改革，渡产收归集体所有，渡口由民政部门管理。1956年，浙江省人民委员会颁发《浙江省渡口管理暂行规定》，明确规定交通渡由各地交通部门管理，农渡由各地乡政府管理，由各乡（公社）、村（生产队）派专人负责。渡口修建及渡船修理费用民办公助，公助部分在航政规费中拨支。渡工报酬由所在乡村负担，由受益地方记工分，给口粮，偶向外地过客收取少量渡费作为渡工的津贴。

图4－4－2　拉渡船（德清县）

1981年农村实行家庭联产承包后，渡口由渡工承包经营，自负盈亏，实行收费，部分经济困难的渡口可从市（县）的交通事业费中得到一定补贴。1989年，渡口从公益型逐步向经营型过渡，过渡收费，“以渡养渡”。渡运量少、渡工工资不敷的由受益乡村给予补助，渡船及渡口设施修缮由当地交通部门和受益乡村共同出资；部分渡运量大、经济效益较好的渡口，则上缴一定渡资，作为维修经费。

20世纪70年代后，以水泥质渡船替代木质渡船，以机动渡船替代非机动渡船。1987年，根据《国务院关于加强内河乡镇运输船舶安全管理的通知》和《浙江省渡口安全管理规定（试行）》，各地（市）分别成立渡口安全管理办公室，由交通管理部门负责配合当地政府，实施对渡口、渡船、渡工的安全管理工作，制定渡口安全责任制。建立对渡工的考核制度和渡船的定期检验制度，对渡船进行重新登记、检验、发证，核定载客人数和载重量，组织渡工培训、考核，并建立渡口档案。1997年10月1日起施行《浙江省渡口安全管理办法》，渡口安全管理实行“谁经营、谁管理、谁负责”的原则，并将渡口分为交通渡、乡镇渡和专用渡3类。

第五章 主要运输企业

浙江航运企业兴起于20世纪初。民国元年(1912年),全省轮船航运企业达到41家。这些企业资本少、规模小、技术和设备落后,无法与外国资本轮船公司的竞争。20世纪30年代得到了较大发展,宁波、海门、温州等地形成外海轮船业的中心,中国民族轮船逐渐占优势地位。

1950年9月浙江省航运公司的建立,标志着浙江省国营轮船业的诞生。此后,对私营轮船业进行有计划、有重点的公私合营的社会主义改造,1956年全省私营轮船业基本实行了全行业的公私合营,不久又并入国营轮船公司统一经营。主要运输企业为浙江省海运总公司、浙江远洋运输公司及宁波海运公司等。20世纪80年代,出现国营、集体水运企业,以及个体户、联户水运企业共同发展的局面。20世纪末,国营轮船企业相继改制,成为股份制企业。

第一节 1949年前浙江航运企业

光绪二十六年(1900年)甲午战争后,浙江轮船航运业开始得到发展。光绪三十二年和宣统元年(1909年),每年新设的轮船公司都有四五家。至民国元年(1912年),全省轮船航运企业达到41家。

这些轮船公司所经营的大多为短程内河航线,除少数几家轮船公司经营跨省航线(到苏州、上海、福建等地)外,大多是在各府、县间甚至是在本县内营运。经营海上航运的,也多为沿海府、县之间的短途航运。由于这些企业资本少、规模小、技术和设备落后,无法与外国资本轮船公司进行竞争,只能局限于短途内河航运一隅。

浙江的航运业在20世纪30年代得到了较大发展。外海轮船航运业中轮船吨位等级有了明显提高,1000吨级以上、3000吨级以下的轮船由宣统三年(1911年)的3艘到民国24年(1935年)增至9艘,500吨级以下的小轮船由宣统三年的7艘到民国24年增至78艘,增长了10倍多。外海轮船业的中心在宁波、海门、温州等地,基本上形成了中国民族轮船占优势地位的航运格局。杭嘉湖地区的内河航运竞争激烈,到民国21年共有小轮企业43家,拥有汽船86艘,计988.13吨,航线遍及各主要内河,并延至上海、苏州等地。这些内河航运企业多为民营,但规模最大的内河航运企业还是民国19年浙江省建设厅承租的招商局内河轮船公司(承租后改名为浙江省内轮船营业处)。该公司由政府经营,但由于管理不善,民国24年又交还招商局。

表4-5-1为浙江省1895~1911年新办轮船企业情况。

1949年,浙江省有私营轮船行有149家,分布在全省16个城市和集镇。

1895~1911年浙江华资轮船企业表 表4-5-1

设立年月	企业名称	地址	创办人或经营者	轮船艘数、吨位	资本(或船本)	主要航线	附注
1895年	外海商轮局	宁波		海门轮(673吨)	38000元	宁波—定海、石浦、海门。1914年延伸到温州	

续上表

设立年月	企业名称	地址	创办人或经营者	轮船艘数、吨位	资本（或船本）	主要航线	附注
1895 年	永安商轮局	宁波		二艘	48000 元	宁波—余姚、绍兴	
1896 年	志澄轮船局	宁波		一艘		宁波—象山、石浦	
1896 年	王升记轮船局	平湖	王铭贵（1910 年由张永浚经营）	盛源、飞艇、飞航、纶华，1910 年添置庆安小轮		开驶平湖—上海航线（1910 年行驶平湖至乍浦、嘉兴两地）	
1896 年	戴生昌轮船局湖州分局	湖州	戴嗣源			航行上海、杭州、苏州、湖州等地	1905 年，戴氏之子戴玉书冒籍台湾，改为日商
1897 年	戴生昌轮船局杭州分局	杭州					
1897 年		宁波		海龙轮（42 吨）		宁波—镇海	因亏本不到一年即停办
1897 年	高源裕轮船局						办一二年即停闭
1897 年	芝太富轮船局	杭州					
1897 年	通裕轮船局	杭州					
1897 年	利用公司官轮船局	杭州	浙江商务局利用公司附设的官督商办企业	利川、利航、利海等小轮及拖轮四艘	官款 50000 两		1902 年盘给招商内河轮船公司
1898 年	越东轮船公司（后改称永宁商轮公司）	海门	杨晨、陶祝华等	永宁轮（261 吨），1905 年又购进永江轮（次年因发生事故停驶），1906 年又购进永利轮（555 吨）	30000 两（1906 年时为 55000 元）	宁波经镇海、定海、石浦至海门。1914 年延伸至温州。1906 年又辟海门、石浦—定海—上海航线	
1898 年		宁波		济安轮（49 吨）		宁波—舟山、海门	
1899 年	美益利记宁绍轮船公司	宁波		镇新轮（41 吨）镇南轮（24 吨）（挂德商旗号）		宁波—余姚、绍兴等处	
1899 年	永裕祥小轮局	宁波				宁波—镇海	
1900 年	镇海轮船局	宁波		镇海轮（69 吨，1904 年 4 月因超载沉没于三江口）	15000 元	宁波—镇海	
1900 年		宁波				宁波—奉化西坞	
1902 年	招商内河轮船公司 杭州分公司 湖州分公司 嘉兴分公司	杭州 湖州 嘉兴		接受利用公司小轮三艘，拖船四只，以后逐年增加，到 1911 年近三十艘	定资本 40 万两，招商局拨 5 万两开办	初在沪、苏、杭间往来，后在浙江辟有：上海—杭州线；上海—湖州线；苏州—杭州线；嘉兴—湖州线；湖州—泗安线等。	
1902 年	通益沪浙轮船公司			大轮二艘，小轮四艘	200000 元	上海经绍兴五龙埠至杭州；杭州经五龙埠至宁波，并分别在五龙埠至小潭村，杭州至富阳、严州、兰溪与诸暨等处进行拖驳。	

续上表

设立年月	企业名称	地址	创办人或经营者	轮船艘数、吨位	资本（或船本）	主要航线	附注
1903年11月	永川商轮船公司	宁波		海宁轮（106吨），1907年添湖广轮（154吨），1910年添永川轮（372吨），共632吨，船价近10万	40250元（一说3.2万元）	宁波、舟山、象山、海门	
1903年	甬定轮船局	宁波	陶祝华（台州人）	岳阳（估计100吨）	估计10000元	宁波至镇海、穿山、定海、沈家门、普陀、岱山、象山等	
1903年底				惠宁（107吨）		穿山—定海	
1904年	甬川轮船公司			小轮一艘；		宁波—奉化西坞	
1904年	海游商轮公司	石浦		海游（48吨）		石浦经南田、大泥塘、泗洲头、鹤颈、长街、白峤、健跳至海游	
1905年	宁海商轮局	宁波		宁海（136吨）（一说73吨）	20500元	宁波—定海、象山、宁海	
1905年	利涉商轮公司	宁波		景升（45吨）（一说75吨）	20000元	宁波—镇海	
1905年11月	通济商轮公司	宁波		通济轮	20000元（一说13300元）	宁波—奉化西坞	
1905年10月	华胜洋行	宁波	某华商	小轮一艘		宁波至奉化、象山、定海等地	
1906年	甬利汽轮局	临海			100000元	临海—宁波	
1906年正月	易商轮船公司	嘉兴				嘉兴经震泽、平望、南浔—湖州	
1906年正月	通裕小轮局	宁波	冯某（名不详）	小轮二艘		宁波 余姚	
1906年	永瑞内河小轮公司	瑞安	项嵩等	永瑞轮，1907年添置会昌轮	12000元	温州—瑞安	
1907年3月	永安（永益利）汽船局	宁波		镇新、利济、利太（共206吨）	48000元	宁波—余姚	
1907年5月	中国商业轮船公司	宁波（1909年总公司迁上海，宁波设分公司）	陈志寅等	德裕轮（747吨），1909年添龙裕轮（1895吨）、信裕轮（1100吨）、立裕轮（558吨），合计4300吨。	70000两（1909年增资为500000两）	宁波至温州、兴化、泉州、厦门，后扩展至烟台、营口、龙口、安东、海参崴	
1907年5月	某轮局	宁波		利运轮		宁波—余姚	
1908年	宁象轮船局	宁波		永江轮、宁象轮（334.76吨）	30000元	宁波、象山、宁海	
1908年7月	宁绍商轮股份有限公司	上海（宁波设分公司）	虞和德、陈薰、严义彬、方舜年	宁绍轮（2641吨）、甬兴轮（1585吨）	额定100万元（开办时25万，至1909年收股70万元）	上海—宁波	
1908年正月	济南有限公司	石浦	曾继贤	小轮及拖轮二艘	10000元	行驶南田半岛的龙泉、鹤浦，象山的金鸡、泗洲头，台州的鹤颈、长街、渡白桥、海游、健跳以至石浦等处	

续上表

设立年月	企业名称	地址	创办人或经营者	轮船艘数、吨位	资本（或船本）	主要航线	附注
1908年	新宁海商轮公司	宁波		新宁海、岳阳（共268吨）	60000元（原额24000元）	宁波、象山、宁海	
1908年		湖州				行驶杭州、苏州、新市、双林、长兴、常州等处	
1908年6月	惠通钱江商轮公司	杭州江干	楼景晖等	小轮三艘（71吨）	60000两	杭州溯富春江至桐庐及溯浦阳江至临浦等处	
1909年		黄岩	江茂才	永裕轮<7吨）		黄岩—海门	
1909年（约）				永新轮		黄岩—海门	
1909年	宝华轮船局	宁波		宝华轮（545吨）（注册434吨	70000两	宁波—温州（经镇海、穿山、石浦、海门、坎门）	
1909年	利运公司（与1907年5月的利运轮可能同一家）	宁波	戴崇德	顺宁轮（35.30吨）、顺安轮	20000两	宁波—慈溪—余姚	以银两万两向德商行康洋行盘顶利运公司招牌
1909年	通济公司	海盐	朱兴邺、何德恒			海盐至嘉兴及沿途各处	
1910年	同济辅芊轮船公司	海盐	朱兴邺、何德恒	小轮一艘、大号拖轮一艘		海盐至硖石及沿途各处	
1910年2月		温州		鸿发轮		温州至乐清所属各地	
1910年	外海轮船局	乍浦	楼景晖			乍浦—镇海（后因客货稀少中辍）	
1910年	鄞奉公司			鄞奉轮（40马力）		宁波—奉化	
1910年	鸿庆公司	宁波		新鸿庆轮（60马力）		宁波—奉化	
1910—1911年	永顺轮船股份有限公司	台州	张之铭等	租小轮一艘	2000元	临海—海门各埠	
1911年	建长公司	宁波		图瑞（89吨）		创办当年9~11月行驶宁波、温州、兴化、泉州、厦门间，后即失败退出	
1911年3月	临海六埠拖轮公司	临海	周继荣、章桂连等	顺昌轮（50吨）	10000元	临海—海门	
1911年	宁绍内河轮船公司		王廉			杭州—湖州（1912年又开辟湖州—梅溪线）	
1911年	王清记商行	嘉善	王清夫	清和轮		嘉善—下甸庙—芦墟	
（何年不详）	安宁商轮局	鄞县		安宁（44吨）		宁波—镇海	
（何年不详）	大同辅车轮船公司	海盐、嘉善		临安（23.26吨）		海盐经新篁、平湖、鍾埭、大云寺至嘉善	

说明：有少数轮船公司虽经筹建，但最后未能创办成功，皆未列入本表。

童隆福主编：《浙江航运史（古近代部分）》，北京：人民交通出版社1993年7月版，第261~267页

第二节 1949 年后浙江主要航运企业

1949 年 12 月浙江省航务局成立,1950 年 9 月浙江省航运公司建立,浙江省国营轮船业诞生。随后对 149 家私营轮船业采取利用、限制、改造的政策。到 1954 年 6 月,全省内河私营轮船行共 107 家。此后,对私营轮船业进行有计划、有重点的公私合营的社会主义改造。截至 1955 年年底,共改造私营轮船行 35 家,成立嘉兴、平湖、海宁、海盐和临海 5 个公私合营轮船公司,合营船舶 52 艘,从业人员 465 人。1956 年 3 月,全省私营轮船业基本实行了全行业的公私合营,不到半年又并入国营轮船公司统一经营。1966 年开始的"文化大革命"运动,给浙江航运生产带来了严重的干扰和破坏。1980 年后,专业远洋运输企业中国远洋运输总公司浙江省公司成立,内河和沿海的国营、集体水运企业,以及个体户、联户水运企业得到了共同的发展。

一、浙江远洋运输公司

公司成立于 1980 年 3 月,其前身为中国远洋运输总公司浙江省公司。

1980 年 3 月浙江省交通局与中国远洋运输总公司协商同意,并经交通部批准,组建中国远洋运输总公司浙江省公司(简称中远浙江省公司),双方合营从事外贸运输。当月 26 日,中远浙江省公司"姚江"轮(原"浙海 504"轮)自宁波启航,装载物资 777 吨,首航香港成功。这是 1949 年后浙江省第一艘货轮第一次从事外贸运输,标志着浙江省外贸运输事业的新起步。1989 年,在公司原有 3 个货运部的基础上,成立浙江远洋杭州、宁波、温州 3 个国际货运公司,并均由经贸部批准为"一级货代"。1998 年起,相继购入"宝石山"、"宝云山"等 5 艘适装木材的杂货船,开辟新加坡、马来西亚、泰国、韩国、巴布亚新几内亚等东南亚和远东地区航线。并在宁波、温州分别成立浙江远洋国际船舶代理公司(甲级)。1999 年起,相继购入"大浙江"、"丽浙江"等 10 艘载重吨为 6.5 ~ 8 万吨级的巴拿马型散货船,实现全球经营,航迹遍布四大洋。1999 年 6 月 8 日,浙江远洋房地产开发公司成立。2000 年 9 月 28 日遵照国家体制改革的要求,中远浙江省公司与中远(集团)公司终止合作经营,中远(集团)公司持有的 50% 股份全部转让给浙江省。随后,中远浙江省公司改制,并更名为浙江远洋运输公司。

2002 年 4 月 11 日,公司改制,成立浙江远洋运输有限公司,同时相继成立了浙江远洋宁波国际货运有限公司、宁波浙远国际集装箱货运有限公司、浙江远洋国际传播代理有限公司、宁波浙远船舶修理供应有限公司、浙江远洋温州国际货运有限公司、浙江远洋温州国际船舶代理有限公司。2008 年 1 月,浙江远洋运输股份有限公司成立,是浙江省交通投资集团有限公司的控股子公司。截至 2010 年年底,浙江远洋已拥有一支近 120 万载重吨的现代化远洋船队。

二、浙江省海运总公司

公司前身为浙江省航运公司,创建于 1950 年 10 月,后累经改名、改制。1951 年 1 月改称为国营华东内河轮船公司浙江省公司;1953 年 4 月改称为国营浙江省内河轮船公司;1953 年 6 月改称为国营浙江省轮船公司。1954 年 8 月国营浙江省轮船公司撤消(保留公司名义),业务并入浙江省交通厅航运管理局。1964 年 6 月,浙江省轮船运输公司恢复,为浙江省交通厅领导下的独立经济核算企业。1966 年 1 月,浙江省交通厅将宁波、舟山、海门、温州、钱江、杭州、嘉兴、湖州共 8 个区航运局改名为轮船运输分公司,浙江省交通厅船舶修造厂改称为"浙江省轮船运输公司船舶修造厂",浙江省交通厅驻沪经营处改称为"浙江省轮船运输公司驻沪经营处”。1965 年 11 月，浙江省轮船运输公司改称为浙江省航运公司。1971 年 1 月，浙江省航运公司撤销，原省航运公司各分公司均下放所在地（市）管理，并更名为“浙江省地区航运公司”。1978 年 11 月，浙江省航运公司恢复，与浙江省交通厅航道管理局合署办公，下辖宁波、温州、海门、舟山、杭州、钱江、嘉兴、湖州、温溪分公司，为内部核算单位。

1984 年 1 月 1 日，浙江省交通厅航运管理局与浙江省航运公司正式分设，结束了长期以来政企合一的管理体制。1985 年 6 ~ 7 月，原港航合一的温州港务管理局与温州分公司、海门港务管理局与海门分公司实行港航分设，分设后的两港隶属于浙江省交通厅航运管理局领导与管理。温溪港务管理处与温溪分公司因当时不具备港航分设条件，故未实施港航分设。此外，为适应浙江远洋运输的需要，1980 年 3 月浙江省航运公司与中国远洋运输总公司联合组建中国远洋运输总公司浙江省公司，从事外贸运输。1985 年 4 月 20 日，远洋运输业务从浙江省航运公司剥离，另设省远洋运输公司。1987 年 10 月 17 日杭州船厂成建制下放杭州市。1988 年宁波计划单列，同年 11 月 19 日宁波航运分公司成建制下放宁波市。

1989 年 5 月 1 日，浙江省航运公司改制，改称为浙江省海运总公司。原省航运公司所属的温州、海门、舟山、温溪分公司更名为“浙江省 × × 海运公司”。原省航运公司所属的浙江省船舶运输设计研究室、浙江航运技工学校、浙江省钱江船厂和广州越海、海南琼之船务有限公司名称不变，隶属于浙江省海运总公司。1989 年 12 月底，根据浙江省政府《关于印发浙江省公路、航运、沿海港口和航运公司管理体制改革方案的通知》（浙政发〔1989〕2 号）精神，完成湖州、嘉兴、杭州、钱江 4 家内河航运分公司成建制下放至所在地市的交接工作。

1998 年公司完成的客运量和旅客周转量为 101 万人次和 13461 万人公里；货运量和货物周转量为 793 万吨和 956978 万吨公里。

1999 年 12 月更名为浙江省海运集团有限公司，成为浙江省交通投资集团有限公司旗下主要从事航运、临港造船业的国有全资子公司，设有进出口分公司、物资分公司和天津分公司，下辖温州海运有限公司、台州海运有限公司、浙海海运有限公司、舟山五洲船舶修造有限公司、浙江省交通物资公司以及从事港口服务、内外贸易、房地产等 30 余家控股、参股企业。

三、浙江省驻沪办事处航运营业部

20 世纪 50 年代中期，浙江省建立驻沪航运机构——浙江省交通厅驻沪经营处。1965 年 1 月 1 日改名为“浙江省轮船运输公司驻沪经营处”，后又更名为“浙江省驻沪办事处航运营业部”。1968 年初营业部撤销，原有航运业务委托上海有关部门代理。1983 年 12 月 16 日恢复营业部，为浙江省交通系统常驻上海的骨干运输服务企业，主要从事国内航运船舶代理、货运代理及航空、铁路中转联运代理等。1984 年 4 月起由省政府驻沪办事处与省交通厅、省航运公司的双重领导，1987 年 1 月 1 日起改由省交通厅航运管理局管理。

2002 年 7 月 1 日起，成立“上海浙航船务有限公司”，注册资金 120 万元。企业实行“双置换”改制，国有资产全部退出，职工身份全部置换，经营范围不变。公司设股东会、董事会和监事会，组织机构有河运部、海运部、货运部、陆运部、财务部、人事部和办公室。2010 年年底，公司在岗人员 43 人，办公地点设在上海大柏树沪办大厦 3 号楼 6 楼。

四、浙江钱江航运公司

创建于 1950 年 10 月 1 日，设址南星桥，创建初有轮渡油轮 3 艘和渡驳 5 艘、小驳船 2

艘、码头舶1艘及尚有修理价值的旧渡轮3艘,是年5月8日,从上海接收木质机帆船11艘,一度开辟向外海运输的货运航线。1951年1月1日改称国营华东内河轮船公司钱江分公司,3月签约代管私营钱江振兴联运轮行,11月,国营华东内河轮船公司萧(山)绍(兴)虞(上虞)姚(余姚)分公司并入,改称华东内河轮船公司钱江分公司萧绍营业处。1953年1月,国营华东内河轮船公司撤销,改称浙江省轮船公司钱江分公司。1956年1月,私营杭钱永、杭兰、新民、之江、钱塘轮运行通过公私合营后并入。1958年1月1日,撤销钱江航管处和钱江分公司,成立浙江省钱江航运局,隶属省交通厅。1960年11月,省钱江航运局和杭州区航运局合并,改属杭州市交通管理局。1961年6月13日,恢复前建制,并增设船舶修造厂。1965年,集体所有制单位原杭州市钱江航运公司及钱江装卸站分别于7月份、9月份并入,成为全民、集体两种经济体制并存的企业。1966年9月,复称浙江省航运公司钱江分公司。1978年底,公司组建沿海船队,时有海轮8艘,1230总载重吨,1190.7千瓦,海帆船3艘,300余总载重吨。1984年,新建250吨级浅吃水小钢质海轮2艘,调进400吨级海轮1艘,从事杭州至浙闽沿海运输。

1989年12月13日,根据浙江省人民政府〔1989〕2号文决定,公司由省属下放归杭州市交通管理局领导,1990年1月,公司更名为浙江钱江航运公司。1994年5月又更名为浙江钱江航运实业总公司。

五、宁波海运公司

1950年10月26日成立,称浙江省航运公司宁波分公司,设址宁波市外马路34号,经营沿海及内河客货运输业务,计有机动船15艘。1951年1月,增设国营华东内河轮船公司浙江省公司宁波分公司名称,原名仍兼用,同年12月,沿海客货运输业务及船舶移交于上海区海运局宁波办事处,同时撤销浙江省航运公司宁波分公司名称。1952年1月至1953年7月,先后更名为华东内河轮船公司浙江省公司宁波营业处、浙江省轮船公司宁波营业处、浙江省轮船公司宁波分公司。1957年12月,改称地方国营宁波市轮船公司。

1962年7月,地方国营宁波市轮船公司改称浙江省宁波区航运公司和浙江省交通厅宁波港务管理局,对外两块牌子,内部一套班子,迁址宁波市外马路61号。1965年1月,浙江省宁波区航运公司改称浙江省轮船运输公司宁波分公司。同年11月,浙江省轮船运输公司宁波分公司改称浙江省航运公司宁波分公司。

1971年1月1日,浙江省航运公司宁波分公司改称浙江省宁波地区航运公司。1979年1月,港航分设,浙江省宁波地区航运公司改称浙江省航运公司宁波分公司。

1988年,宁波市计划单列,原宁波市的省属企业按照计划单列要求随之下放。是年11月19日,浙江省航运公司辖属的宁波分公司成建制下放给宁波市,并更名为宁波海运公司。

1990年,宁波海运公司下辖船厂、航修站、船队等单位,共有职工1740人。固定资产原值7162.5万元,客轮5艘、2062客位,货轮14艘、69800吨位。客运辟有宁波—定海—温州、宁波—岱山—上海、宁波—普陀山、宁波—定海等航线;货运辟有北至营门,南至湛江,西进长江沿线主要港埠的江海直达航线。年客运量46万人次,旅客周转量5543万人公里;货运量143万吨,货物周转量101022万吨公里。营运收入4148万元,创利1076万元。1992年更名宁波海运总公司。

六、浙江杭州航运公司

前身为国营华东内河轮船公司浙西分公司。1951年1月1日，以公营建华内河运输公司杭州营业处为基础，并入浙江省航运公司杭州营业处和理货站组建而成，管辖和经营杭苏、杭申和杭嘉湖轮船货物运输（嘉兴、湖州只代理木帆船挂拖业务）。后湖州、嘉兴营业处析出，另组分公司，杭嘉湖至申航线分营。1956年，拱埠一地私营轮行实行公私合营后于9月并入。1958年1月1日，改建为杭州区航运局，1960年11月与钱江航运局合并，次年分设。1962年7月，又组设杭嘉湖航运局，原杭州、嘉兴、湖州区航运局为分局，1963年1月，恢复原建制。1965年1月改为浙江省轮船运输公司杭州分公司。1966年1月改称浙江省航运公司杭州分公司。

1989年12月13日，更名为浙江杭州航运公司，由省属下放为市属，归杭州市交通管理局领导。1990年，有职工3892人，固定资产原值5427.7万元。机动船67艘，7150千瓦，2894个客位，395张卧铺，7157吨；非机动船有269艘，680个客位，1300张卧铺，25660吨；完成客运量141.5万人次，旅客周转量9874万人公里；货运量188万吨货物，货物周转量38735.8万吨公里。

1993年11月，更名为浙江杭州航运总公司，为全民所有制企业，经营水上客、货运输，港口装卸，船舶修造等。1995年5月4日，与浙江钱江航运实业总公司、杭州内河航运总公司、杭州港埠公司和杭州钱江港埠公司4家企业合并，组建成立杭州港航实业总公司，同年10月，浙江杭州航运总公司撤销建制。

七、浙江省温州海运公司

建于1950年11月1日。1952年7月1日，公司接管通济、来安内河轮船行，组合飞云江轮渡和公营永强轮船行，改名为“国营华东内河轮船公司温州营业处”，下设瑞安营业站，时有职工93人，小客轮8艘，经营温州内河航线和飞云江轮渡。1953年11月11日，改名为“国营浙江省轮船公司温州营业处”，时有拖轮10艘、驳船15艘，职工118人。1956年10月15日与公私合营温州轮船公司合署，经营温州至洞头、坎门、楚门、江夏等4条航线。1958年1月1日，国营浙江省轮船公司温州营业处与公私合营温州轮船公司（公私合营温州木帆船公司）合并成立“地方国营温州轮船公司”，下辖内河、内港、沿海3个营业处，从事温州沿海客货运输。

1958年5月1日，并入温州市交通运输管理局。6月15日，上海海运局无偿调拨13艘沿海货轮给公司，随船下放员工455人，经营温州至上海、宁波、海门货运航线。7月1日，成立温州市航运局，同年12月1日，由屿头、龙湾修船社和局属船舶修理车间合并成立公司轮修厂。

1962年10月1日，温州市航运局从温州市交通运输管理局析出，划归省交通厅直接领导，改名为浙江省温州区航运局，经营沿海、内河、内港客货运输和港口装卸业务及港湾管理。1963年年末，有职工2388人。其中航运部分1213人。沿海船舶有货轮14艘、客货轮5艘、拖轮1艘、货驳6艘、木帆船12艘；内河船舶有拖轮27艘、客驳59艘、货驳20艘，当年港航合计实现利润40.07万元。1965年1月1日，改称“浙江省轮船公司温州分公司”，1966年1月1日又改称“浙江省航运公司温州分公司”。

“文化大革命”期间，公司相继成立六七个群众组织。1967年3月，成立公司（局）革命委员会。1968年4月1日，温州军管会对公司（局）实行军事管制。1969年11月，省航运公司调拨入1艘废旧万吨级钢质船“钢铁34”轮。1971年3月1日,公司(局)体制下放,改名为“浙江省温州地区航运公司”。1975年6月21日,公司首建3000载重吨的“浙海109”轮投产。

1977年7月11日,交通部将上海港驳公司万吨级废旧钢质船“绿山”轮调拨给温州,改名“浙海106”轮投入营运。1978年6月3日,公司将内港客运航线及船舶分别移交给永嘉县运输公司和沿海客运站经营。

1979年1月1日,复名“浙江省航运公司温州分公司”。3月30日,撤销革命委员会,实行党委领导下的经理(局长)分工负责制。1983年12月29日,由渤海船厂建造的全国首艘万吨级浅吃水节能型货轮“浙海117”轮投产(10790载重吨、3000马力),并逐步把货运航线拓展到全国各主要港口。1984年,公司以用好统贷船舶、自贷造船及继续选购旧钢质船的办法多渠道发展运力。1985年4月,与温州经济技术开发总公司、中国对外贸易运输总公司温州办事处合资创办了瓯江船务有限公司。

1985年7月1日,温州航运分公司和温州港务管理局、温州远洋办事处分设。当时有职工1590人;机动船舶55艘、21875马力、31585载重吨、3197客位;非机动船舶41艘、525载重吨、3415客位。1987年开始,分两步实施利改税的政策,享受税前还贷和利润按比例留成的待遇。1988年,与省公司实行“包死基数、确保上交、超收多留、欠收扣减”的承包经营责任制,各基层单位又以不同形式实行集体承包或招标承包。

1989年5月1日,更名为“浙江省温州海运公司”,隶属浙江省海运总公司,实行自主经营、自负盈亏、独立核算,当年实现利税超1000万元。11月2日,载重吨1.8万吨的“武林”轮投入温州海运。1990年8月13日,浙江省人民政府授予该企业省级先进企业称号。当年年末,共有职工1965人,其中航行人员1255人。沿海客班航线有温州至坎门、温州至洞头,全年完成2137航次。沿海货运航线共132条,其中外向航线91条。有客货轮36艘、66298载重吨、3394客位,总产值7865.66万元,全年实现利润721.4万元。下属单位有沿海客运站、内河航运站、温航船厂、劳动服务公司及直属沿海各货轮。

八、嘉兴市航运总公司

创建于1950年10月10日,原名国营华东内河轮船公司嘉兴营业处。1952年初,接收“根利”、“解放”、“金平”、“根发”4艘轮船,经营嘉兴至苏州、嘉善至芦墟、平湖至金丝娘桥、嘉兴至海盐等客运航线及嘉兴至上海货运航线。1952年4月,接收中国人民解放军嘉兴军分区后勤处管辖的劳营运输公司部分船舶和资产。1953年6月,改称国营浙江省轮船公司嘉兴营业处。1956年,并入公私合营嘉兴轮船公司货驳27艘及部分私营船舶。1958年1月1日,改称浙江省嘉兴区航运局。1958年9月,转入上海市民船第四合作社木质货驳45艘(1513总载重吨)、公私合营上海内河轮船公司营业所的27艘客、货轮及驳船。1958年11月,撤销原嘉兴、湖州区航运局,成立嘉兴专区航运公司,设址湖州,嘉兴改为营业站,原嘉兴区航运局所辖各县客运机构并入各县交通运输公司。1961年11月,改称浙江省嘉兴区航运局。1962年8月1日,改称浙江省杭嘉湖航运局嘉兴分局,是年年底,接收原下放到嘉兴、嘉善、海宁、海盐、桐乡、平湖各县的客运站。1963年1月复称浙江省嘉兴区航运局。1965年1月,改称浙江省轮船运输公司嘉兴分公司。1966年1月,改称浙江省航运公司嘉兴分公司。1971年1月,改称浙江省嘉兴地区嘉兴航运公司。1979年1月,复名为浙江省航运公司嘉兴分公司。1983年,货运量首次突破200万吨。

1990 年 1 月，改名为嘉兴市航运总公司，为嘉兴市属水运企业。1990 年，拥有固定资产原值为 4697.74 万元，净值为 3117.38 万元。客轮、拖轮和客货驳船全部实现钢质化。有职工 4096 人。全年完成客运量 320.11 万人次，旅客周转量 8907.74 万人公里。

1994 年 4 月，嘉兴市航运总公司所属的平湖、嘉善、海宁、海盐、桐乡分公司，成建制下放给所在县（市）管理，为自主经营、独立核算的经济实体，嘉兴分公司仍隶属市航运总公司管理。1994 年 3 月 22 日，成立嘉兴海运有限公司，并开始沿海运输。1996 年 9 月 12 日，因经营亏损，嘉兴海运有限公司解散。2001 年 7 月 26 日，嘉兴市航运总公司破产。

九、湖州市航运总公司

前身为国营华东内河轮船公司浙江省公司浙西分公司湖州营业处，成立于 1951 年 1 月 1 日。1953 年 7 月 1 日，华东内河轮船公司撤销，湖州营业处归属浙江省轮船公司。1956 年接收私营轮船 10 艘、客驳 3 艘，从业人员 143 人；30 吨以上私有木帆船 217 艘，从业人员 1274 人。至 1959 年，先后接收上海水泥厂、上海内河航运公司、上海第四船民合作社等单位客轮、拖轮、驳船 420 余艘。1958 年 1 月，营业处与湖州航管所合并，成立湖州区航运局；11 月 1 日与嘉兴区航运局合并，成立嘉兴专区航运公司。1960 年年末，公司拥有客轮与拖轮 57 艘，客、货驳船 785 艘，职工 4186 人。1961 年 10 月改称嘉兴专区航运局。次年 7 月撤销，成立杭嘉湖航运局湖州分局。1963 年 1 月，杭嘉湖航运局撤销，改称湖州区航运局，隶浙江省航运局。1965 年 1 月改称浙江省轮船公司湖州分公司。次年 1 月，改称浙江省航运公司，隶嘉兴地区专署。1979 年 1 月，恢复浙江省航运公司湖州分公司建制。

1989 年 4 月下放更名为湖州市航运总公司。至 1990 年，下辖 34 个货运船队及客运所、船厂、水泥厂、劳动服务公司等单位，有职工 5136 人。年客运量 180 万人次、旅客周转量 3650 万人公里；年货运量 313 万吨、货物周转量 64232 万吨公里。

十、浙江省航运公司舟山第一海运公司

1956 年 6 月成立，前身为舟山航运管理处。拥有客货轮 10 艘，823 个客位，239 吨载货吨位，职工 173 人，经营定海至上海、定海至海门两条跨区客运航线，定海至金塘、西码头至岱山等 6 条区间客运航线及沿海货运业务。1958 年 1 月，成立舟山区航运局，7 月由省属下放为地区所属。1959 年 3 月，在定海港十六门开办船舶修造厂。1965 年 1 月，归省属，更名为“浙江省轮船公司舟山分公司”，同年 11 月改称“浙江省航运公司舟山分公司”。1973 年 12 月，由省属下放为地属，更名为“舟山地区航运公司革委会”，辖有船队、船厂、装卸工区、客运站。1979 年 2 月，重归省属，复名“浙江省航运公司舟山分公司”，原所属的装卸工区、客运站、电台划归舟山港务局。

1989 年 6 月，改称“浙江省航运公司舟山第一海运公司”。1990 年年底，公司拥有船舶 23 艘。其中客轮、客货轮 12 艘，19589 载重吨，功率 12157.82 千瓦，总客铺位 4283 个。经营定海至上海，定海弯泊衢山、泗礁至上海，定海至宁波，定海弯泊穿山、六横、虾峙、桃花至沈家门，长涂弯泊高亭、西码头和泗礁弯泊洛华、花鸟至嵊山等 6 条客运航线；承担沿海及长江中下游口岸货运业务。1990 年客运量 122.55 万人次，旅客周转量 14835.06 万人公里；货运量 71.53 万吨，货物周转量 35528.53 万吨公里。职工 1300 人。

2000 年 7 月，企业改制为国有控股、职工持股的有限责任公司，易名“浙江省海运集团舟山一海海运有限公司”，为浙江省海运集团控股子公司。2005 年 12 月，公司划归市交通委员会管辖,由省属转为市属企业。2010 年,公司拥有散(杂)货轮 9 艘,总载货吨 14.93 万吨。主要航线有:秦皇岛、天津、山东(黄华港)、唐山(京唐港)等港到浙江、上海及长江下游煤运航线,承担舟山电厂和定海电厂煤炭运输任务;山东岚山到宁波有石灰矿运航线;青岛到长江下游铁矿石运航线。全年完成货运量 453.75 万吨,货物周转量 50.24 亿吨公里。有职工 920 人。下辖船舶修造厂、气胀式救生筏站。

十一、浙江省海门海运公司

成立于 1958 年 6 月。由台州航管所改名为台州专署航运管理局(事业编制)和台州专区航运局(企业编制),并接收了由上海海运局南洋航线上下放、无偿移交台州航区的"和平31"等 6 艘小轮,计 2205 载重吨,978.9 千瓦。1959 年 3 月台州专区撤销,并入温州专区,改名为温州航运管理局海门分局。同年 12 月,公私合营黄岩县海门轮船公司、海门外海运输合作社和地方国营海门搬运公司并入温州航运管理局海门分局,改名为温州专署交通运输管理局海门分局,实行港航合一的体制,管理原台州片水上交通,主要经营海门港航运输业务。1961 年 7 月改属浙江省交通厅,改名为浙江省海门航运管理局。1962 年为实行全民、集体分开,将原海门外海社生产工具和人员划归集体。

1965 年,改名为浙江省轮船公司海门分公司。1966 年 1 月改名为浙江省航运公司海门分公司。1971 年下放给台州,改为台州地区航运公司。1979 年 1 月收归省交通厅所属,改称浙江省航运公司海门分公司。1985 年 7 月根据浙江省交通厅经济体制改革要实行政企分开的精神,海门港务局与海门航运分公司从体制上分开,于 8 月 1 日各自独立对外办公。此后海门航运分公司单独经营海上交通运输业务。

1988 年 10 月 1 日,该公司内江站划归椒江市管辖。1989 年 5 月 1 日浙江省航运公司海门分公司更名为浙江省海门海运公司,隶属于浙江省海运总公司。1990 年,有职工 1753 人,固定资产净值 0.8 亿元;货轮 10 艘,油轮 11 艘,拖驳船 1 组(1 拖 3 驳),净载重吨计 35243.1 吨;客轮 6 艘,计 2008 卧位,547 客位,另可配载货 336 吨。国内货运航线 210 条,共 71 个港口;客运航线 8 条。

十二、浙江省温溪海运公司

1976 年 3 月 23 日,浙江省丽水地区温溪港务处革命委员会、温溪航运公司革命委员会成立。1979 年 1 月 1 日,分别改称浙江省航运公司温溪分公司、温溪港务处,有 408 吨和 330 吨货轮 7 艘,航行于宁波、上海、海南省海口及长江中下游诸港口。1987 年完成货运量 9.18 万吨。

1989 年 5 月 19 日,原浙江省航运公司所属的温溪分公司下放给丽水地区领导,属丽水地区航运企业,称浙江省温溪海运公司。该公司为港航合一体制,两块牌子,一套人员,统一管理。1990 年开始,温溪海运公司连年亏损,企业陷入困境。浙江省海运总公司研究并提出了对温溪海运公司实施"保留牌子,撤航简港,人员分流,船舶转让"的改革方案在浙江省海运总公司范围内对其人财物重新优化配置。方案经 1994 年 8 月 12 日浙江省海运总公司在杭州召开的二届二次职代会第三次代表团组长(扩大)联席会议审议通过。温溪海运公司的海运业务撤销后,完全退出海运市场,保留、简化了港口管理,但保留部分温溪海运公司的经营资质。从业人员一部分被分流到温州、台州、舟山一海海运公司,另一部分则买断工龄自谋职业。温溪港务管理处留下 37 人,代管海运公司退休职工 8 人。1994 年年底,温溪海运公司的"撤航简港"改革完成。

第五篇　车船及交通机械修造

晚清洋务运动后，汽车开始输入浙江。杭州、宁波、温州先后开埠，外国轮船大量驶进沿海港埠，浙江掀起“买洋船“、“造汽轮”之风。机动运输工具的涌入，带动了浙江近代车船修理工业发展。民国时期汽车修理业有所发展，商营、官办长途汽车公司以及浙江省主要城市均设有汽修厂、车辆厂。船舶修理业进而兼营造船，制造木质船。

中华人民共和国建立后的经济恢复时期，浙江省车船修造主要整修接收的破旧车船，并开始制造配件。“大跃进”和三年调整期间，为适应运输生产的发展，开始大量制造挂车和革新车，继而批量生产改装客车；生产木质船，试产水泥船、钢质船；革新港站装卸、搬运和筑路养路机械。“文化大革命”期间试制成功载货汽车和客车。

1978 年中国共产党的十一届三中全会以后，浙江省车船修造又有新的发展。1990 年后，随着汽车制造业的发展，浙江省加快汽车修造企业体制和机制改革。企业逐步走向市场，经营机制快速转换。原行政业务领导由交通系统转为机械制造工业系统归口管理。船舶、筑路机械企业等先后下放到地方属地管理或进入市场。

第一章　汽 车 制 造

浙江省的汽车制造从无到有，从小到大，从拆装修配到生产总成，整机和整车，经历了一个不断发展的过程。

第一节　客　　车

民国时期，工业落后，客车基本是从国外购入或由进口货车进行改装而成。民国19年(1930年)6月，杭州修车厂成立。该厂注重旧车的改造和修复，曾从上海以每辆100～200元的价格先后收购旧汽车32辆，分别改造成大小客车。民国19年7～12月，改造小客车8辆。后又注重车身制造，提高载客容量，先后制造成15～29座用于长途普通客车、旅游客车、双层客车及可坐立40余人的公共客车、行李车、自用救火车等。

1954年，贯彻交通部《汽车运输企业技术标准与技术经济定额》，制订相关规定和制度，加强机务技术管理。改进客货车辆车身，先后将原28座客车一律改为31座，将部分横座位改为环式座位，以方便携带土产山货的农民乘车。

1958年，宁波区公路运输局修理车间试制成功"灯塔"牌大客车和小轿车各1辆，此为浙江省自行设计制造汽车的开端。1960年，宁波区公路运输局修理厂将"福特"、"道奇"等旧货车改装成NB－640型客车，次年改进为NB－640型平头客车。1963年12月，将钢木结构的CA—10型货车改成全金属结构的ZJ－641型平头客车。首次采用玻璃钢材料制作座椅，计40座，具有减轻车身重量、延长使用寿命等优点，并于1964年定型投入批量生产。1964年7月，全金属结构40座ZJ－641型"解放"牌平头客车在浙江省交通公司宁波分公司修理厂试制成功。1970年8月，又报准省革命委员会将客车车身车间扩建为"浙江客车修造厂"，开始批量生产ZJ641型客车。

1972年5月，省交通邮政局抽调省局、浙江客车修造厂、宁波地区汽车运输段修理厂、金华交通邮政局汽车修理厂技术人员，组成ZJ641型客车技术更新小组。对所用解放CA10B底盘、轴距、车身容积、车身外形均作了较大改进，并由浙江客车修造厂、宁波地区汽车运输段修理厂承担试制任务。其中，由宁波地区汽车运输段修理厂试制的样车，还采用整块玻璃钢蒙皮，增强耐腐蚀性能，减轻车身自重。这辆样车经由宁波客运总站试用具有结构合理、外形美观、采光充足、视野广阔、乘坐舒适、操作方便等优点。1973年3月，该样车与浙江客车修造厂试制的样车同时通过技术鉴定，并定名为ZJ642型客车。是年，浙江客车修造厂、宁波地区汽车运输公司修理厂还受交通部委托，以部产JT660A型客车、浙产ZJ642型客车为基础，研制成JT661、JT662型客车。在这一期间，浙江客车修造厂为便于客车改型、加速模具制造，制成低熔点合金模，并为防止车身锈蚀，增强漆层附着力，采用电泳涂漆新工艺。1973年，根据交通部新型客车改型要求，宁波地区汽车运输公司修理厂以JT－660型和ZJ－642型为基础，改装成功JT－661型、JT－662型客车各1辆，同时改装成功ZJ－667型铰链式通道客车1辆，并投入批量生产。1974年初，试制成可载客90人、行李400公斤的ZJ667

型通道式样车1辆，经金华客运站试用效果良好，特别是对防尘问题的解决较为理想。1975年，将“北京”130型货车改装成ZJ－620型、ZJ－621型旅行车各1辆，均为13座。

1977年以前，生产的长途客车，是以ZJ641型、ZJ642型的解放40座平头客车为主，其间亦生产少量ZJ667型铰接式通道客车，45座的JT661、JT662型客车和13座ZJ620型旅行车。ZJ642、JT661、JT662、ZJ667等型号客车，成为当时浙江公路客车的主要来源。

1978年后，浙江客车修造厂制成了可容60位乘客的环座客车。同时，为增加新建客车车身骨架的整车结构强度，引进二氧化碳气体保护焊接技术。此一新焊接技术的应用，可提高车身骨架使用寿命20%以上，这在长江以南的客车生产厂中尚属首例。宁波客车厂仿制成上海3K－633型旅行车，首制成功624型旅行车，并投入批量生产。

1979年，省汽车运输公司所属浙江客车修造厂采用杭州汽车制造厂的“钱塘江”5吨货车HZ－140底盘，改装成造型美观的ZJ643型团体旅游客车，并于1980年起正式供应社会。1980年2至9月间，浙江客车修造厂先后改用东风EQ140型底盘，制成东风ZJ670型50座长途客车两辆。经实际使用，这种车载客量大、车速高、耗油省、行驶稳定性好，直接运输成本仅为解放牌40座客车的85.70%。是年年底，杭州汽车制造厂参照ZJ670型客车底盘的技术参数，制造出第一代东风EQ1403型客车专用底盘，供省客车厂试制东风ZJ662型长途客车使用，东风型客车在1981年中共生产134辆。同时，为进一步增强客车车身骨架的抗锈蚀能力，延长车身使用寿命，浙江客车修造厂根据省交通厅1981年下达的“车厢防锈及表面涂装工艺技术改造”指示，研制成“839”中温磷化液，组建磷化工艺生产线，并通过部级审定，获得省科技进步三等奖。经使用验证，凡用磷化处理构件组装的客车车身，其大修间隔里程可提高到30万公里以上，个别可达到50万公里。

1982年，宁波拖拉机厂试制成功“浙江”132型双排座轻型载重客货两用汽车。省汽车运输公司以杭州汽车制造厂生产的东风EQ140t型、第一汽车制造厂生产的解放CA15D2客车专用底盘，对东风ZJ662型和解放ZJ661型（由ZJ641改型）、ZJ690型（由ZJ661改型）的客车车身进行全面改型设计。同时决定由浙江客车修造厂试制东风ZJ662B型客车（即ZJ662改型），由金华修理厂试制解放ZJ691型铰接式通道客车（即ZJ690改型），由宁波修理厂试制ZJ661A型客车（即ZJ661改型）。此三种新型客车均于当年年底完成样车生产，在1983年春节前后投入试运行。自1983年二季度起，上述客车陆续投入批量生产，并成为更新老旧客车的主要车型。其中，东风ZJ662B型客车车身骨架的受力和应力分布等情况，还经省交通厅科研所电测、电算和随机震动等试验，证明骨架结构牢固，各结点应力分布亦较合理，从而获得省交通厅科技二等奖。

1985年，浙江客车修造厂设计制造ZJ662BL型旅游客车、ZJ662B－KL型空调旅游客车、ZJ662B－ZKL型转子机空调旅游客车。其中，ZJ662B—ZKL型空调旅游客车由于采用体积较小的转子发动机，不仅给前置发动机前开门结构创造了有利条件，而且具有起动性能好、行驶噪音小、车速高等优点，在1985年全国公路交通工业产品展览会上荣获了“金杯奖”。1986年，浙江客车修造厂采用第一汽车制造厂生产的CA15DB客车专用底盘，制成一批ZJ661B型客车，较之ZJ661A型客车所用的CA15D2底盘又有了较大改进。与此同时，采用省公路机械厂生产的飞碟牌FD1301D小客车专用底盘，设计试制了一批形式美观，视野宽广,适合于工矿、机关、团体旅游用车要求的 ZJ620A 型小客车。在此期间,浙江客车修造厂所生产的东风 ZJ662B 型长途客车,于 1987 年获得交通部颁布的"生产许可证",并下达调拨计划供应外省市使用。

1988 年初,金华汽车修理厂下放金华市交通局后,更名为金华汽车修造厂。同年为开发新产品,用东风 EQ140S5A 型客车底盘,制成了造型美观、性能可靠、适合长短途旅客乘坐的 ZJ692 型铰接式通道客车。4 月,浙江客车修造厂亦下放给杭州市交通局,并更名为浙江客车厂,制成 ZJ6970YR 型和 ZJ6970JR 型中高档旅游客车。由于该两型车选用第二汽车制造厂杭州分厂最新生产的 HZ140tR2 型后置发动机客车底盘,各项性能均已具有国外 80 年代同类产品水平。其中 ZJ6970YR 型客车还获得省计经委 1988 年"四新"产品二等奖。1989 年,在原 ZJ6970YR 中型客车的基础上,制成了 ZLK6971 中型长途客车,获得杭州市 1989 年度优秀新产品、新技术二等奖,当年即投产 110 辆供应各单位使用。同时,为开拓国内和国外市场,于 1990 年 4 月又制成 ZJK6971FC 型柴油发动机客车,并于 5 月与省机械设备进出口公司签订出口供货合同。首批 50 辆于 1990 年 8 月从宁波北仑港启运,销往菲律宾马尼拉,开创了浙江客车出口的先例。

1990 年,金华汽车修造厂为填补国内空白,制成 ZJ662AW 型卧铺客车。浙江公路客车的生产,由于技术力量和机具设备关系,集中在浙江客车修造厂及宁波、金华修理厂内进行。在这一时期,为适应不同层次的需要,研制了多种美观、实用、安全、舒适的客车,体现了浙江客运装备的进步与发展。20 世纪 80 年代浙江客车修造厂和宁波、金华汽车修造厂研制生产的 ZJ662B、ZJ691、ZJ661A 等型客车,20 世纪 90 年代生产的 ZJ662A7 型卧铺客车、ZJK6971FC 型柴油发动机客车,是浙江更新老旧客车、增加运力的主要车型。1979 ~ 1990 年,上述三厂经省以上技术鉴定生产的各型客车共 7726 辆,对满足省内需要,支援外省市作出了贡献,并且闯出了出口外销之路。

1994 ~ 1999 年,金华专用汽车总厂推行国有企业股份制改造试点,取名为浙江神马汽车实业有限公司,逐步把主导经营项目、改装生产和销售转移到生产客车系列主体上来,研发的主要客车产品有 JH6970W 型卧铺客车系列(其中 JH6120 型卧铺客车获浙江省科技进步二等奖)、JH6100 型底仓式客车(获得浙江省科技进步三等奖)、JH6120 型豪华客车、JH6700、JH6600 轻型客车系列等。1995 ~ 1997 年,专用车、客车年产销量为 350 ~ 400 辆,1998 年为 650 辆,1999 年达到 880 辆,2000 年突破 1000 辆。1999 年后,该公司资产全部转让给横店集团公司,正式脱离交通系统。

2000 年,省交通厅发出通知,要求全省在 3 年内完成"农客"改造任务。2001 年 2 月《浙江省道路客运安全管理办法》颁布后,省交通厅立即下达了"年底前淘汰简易农用车,2002 年年底前彻底取缔农用车"的改造目标。在改造中,运管部门以发展"便捷巴士"为契机,鼓励采取收购、兼并等方式,积极引导经营者使用座位宽敞、安全系数高的中型客车替代农用车。据统计,全省 2001 年共完成 1.05 万辆农用客车的改造,占总数的 68.7%,其中 54% 的县(市、区)农用客车已全部退出农村客运市场。

2002 ~ 2010 年,随着市场经济的不断发展,浙江省的客车制造也走向市场,民营、股份制、国有企业先后进入客车制造业。

第二节　货　　车

民国时期，工业落后，货运汽车基本依赖从国外进口。

1949 年中华人民共和国成立后，浙江公路交通系统货运汽车生产由汽车修配起家，制造配件起步。1955 年起，将铁木混合车身骨架改用全钢结构，提高车身强度，减轻货车车身自重，增加载货吨位。此前的货车车身，多属木质箱式和固定篷布式。由于单纯追求坚固耐用，龙筋、搁栅、立柱、底板、栅板均采用硬质木料，并力求粗厚，导致箱式车身自重达 900 ~ 1200 公斤，篷布式车身自重也有 700 ~ 1000 公斤。为将货车的非生产性的负荷转换成运载能力，根据轻便、适用、安全的原则，将部分货车车身分别改装成载运木料毛竹的架子车、装运沙石等建筑材料的低栏平板车，减少车身自重 400 ~ 600 公斤。在 20 世纪 50 年代末期，又拼制完成过几辆中、小型杂牌客、货汽车。60 年代进行了小批量中型汽车的生产，后因生产厂划归省机械系统领导而停止。

1969 年，浙江开始制造轻型汽车（载重 3 吨以下），宁波市交通运输管理局所属宁波市汽车修配厂自力更生试制的两辆“东方红 120 型”轻型载重货车，开创了浙江制造轻型载重汽车的历史。1970 年初，宁波市运输公司汽车修配厂改造 6 轮货车为 10 轮半挂车，加长车身，增设中桥总成，驾驶室与车身间添置转盘，载重由 3 吨提高至 6 吨，适宜运输长、大货物。1970 年，宁波市汽车修配厂更名为“宁波汽车厂”，开始从事轻型汽车的专业生产。同年，即试制成“宁波牌 130 型”载重汽车，并投入小批量生产。至 1971 年年底，按期完成了省下达的 140 辆生产任务。

1971 年 4 月，宁波地区汽车修造厂试制载重 3 吨的“四明山”牌汽车两辆，除车架支架、拖钩总成、盆齿及电器仪表等少数零配件系外购外，余皆为自制。

1974 年，省交通局先后两次派员赴外省市学习制造轻型汽车的经验，并决定由杭州交通机械修配厂按沈阳市的生产方法，宁波汽车厂按北京 130（BJ130）汽车的蓝本进行试制。

1975 年 12 月，浙江省交通局两吨汽车生产办公室成立。1976 年 1 月，省交通局在杭州全省汽车运输工业生产座谈会，会上重点研究和落实两吨汽车的试制任务，并确定以“北京 130”为蓝本试制“浙江 130”样车。同年 4 月，省交通局在宁波召开“浙江 130”汽车生产会议，对参加试制的 18 个单位作了详细分工，规定由杭州交通机械修配厂负责总装及发动机、变速箱、车架总成的制造工作。经各厂的协力配合，于 1976 年国庆节前夕制成载重两吨的两辆“浙江 130”样车。经技术鉴定后，即投入了小批量生产。至 1977 年年底，共总装生产 93 辆。

1977 年 11 月，宁波汽车厂由市交通局划归市机械局领导，但仍按照省已鉴定的“浙江 130”车型继续组织生产。是年 12 月，杭州市建立了制造 130 型两吨汽车“一条龙”办公室，全面调整杭州地区的协作生产网点，形成 130 型两吨汽车的五大总成部件集中在杭州制造的布局，并对 11 家协作厂实行定厂、定人、定机、定产品、定工艺的“五定”制度，仅在 1979 年即生产 4504 辆。至此，浙江生产 130 型两吨汽车的基地已形成以杭州、宁波两地为主的格局。

1979～1980年，省交通局所属浙江公路机械厂、公路运输第二机械厂也从事过浙江130轻型汽车的生产，两厂共总装生产了191辆。其中，浙江公路机械厂自1980年7月起，以浙江130型汽车为样板自制底盘，试制出ZJ330型（浙江330型）自卸运料车，并通过技术鉴定，投入小批量生产。后经不断改进设计，逐渐形成FD130（飞碟130）轻型汽车系列产品，其载重量除FD130型为1.50吨外，其余车型均为两吨。至1986年，共生产2113辆。

1980年9月，杭州市为发展130型两吨汽车生产，将杭州交通机械修配厂改组为杭州轻型汽车总厂，并建成主要总成部件生产线和总装流水线。1981年4月，杭州轻型汽车总厂经中国汽车工业公司批准参加了南京汽车工业联营工业公司，此后生产的浙江130轻型汽车均冠以“三联牌”标志。1985年，又将厂名改为“南京汽车联营公司杭州轻型汽车总厂”。自杭州交通机械厂从1975年开始试制130型样车起计算，至1990年累计生产载重两吨轻型汽车6527辆，并具有了年产3000辆130型汽车的生产能力。

1987年，浙江公路机械厂又以自制底盘，设计试制了采用285Q柴油发动机的FD120D简易载货车、FD121D简易双排座车、FD122D厢式简易载货车和FD320D自卸简易载货车，在技术性能等方面均通过省级鉴定，并且实现了同一底盘可装汽油发动机或柴油发动机的通用要求。1989～1990年，再以自制底盘先后设计试制成FD120D1型、FD122D1型厢式、FD2415型燃用柴油的农用运输车，亦全部通过省级鉴定。其中FD2415型农用运输车还被机电部专家组选定为全国推荐车型。1990年，浙江公路机械厂已具有年产FD130、FD120两个系列7个品种轻型汽车1000辆的生产能力。

1990～2010年，经交通部颁发生产许可证的全国专用汽车生产定点企业“丽水汽车改装厂”、“丽水市汽车保修机具制造厂”改制组建股份制企业。1990年，该厂开发生产经省级鉴定的ZSY090x型箱式汽车，1993年生产ZHY1091vw型长轴距带卧铺载货汽车（被评为省产品质量监督检验一等品），1996年生产经浙江省级鉴定的ZSY3100型自卸汽车、1998年生产ZSY5100xL型箱式汽车（1999年度被省交通厅评为科技进步三等奖），2001年生产ZSY3160型自卸汽车，2005年生产ZSY50828型箱式运输车，2007年生产ZSY3200P3型自卸汽车，2008年生产ZSY5310xxyp0I型篷式运输车，2009年生产ZSY5120TPB型平板运输车。该公司产品已覆盖华东、华南地区及其他省市，曾多次在全国、省质量监督抽验时被评为一级品和优等品，多次获省、厅、市级科技进步奖和新产品奖。

第三节 挂　　车

民国19年（1930年），浙江省主席张静江倡议由省公路局杭州修车厂试制挂车。当年造出双轴载客挂车12辆，先后投入杭州市区和萧绍公路营运，因在行驶中稳定性较差，而未加改进逐渐淘汰。

1953年，浙江省运输公司制造1.5吨单轴载货挂车5辆，投入金华地区营运。1954年，又购置1.5～2吨挂车多辆，由温州分公司吉斯150型货车拖挂。

1957年6月，宁波运输处自制1.5吨单轴挂车，由客车拖带装运行李包裹和零担货物，行驶于宁波至余姚一线，并以25.80公里的时速驶上四明山梁弄。至1957年年底，省营汽车运输企业的营运挂车已发展到186辆。这些挂车虽大都是单轴型，但结构合理，装置完善，使用效果较好，纳入技术管理正常保修计划。是年，省交通厅工程师钱祥昌为研究提高挂车的载重量，在《浙江交通报》发表《使用挂车商榷》一文，从科学角度阐述汽车的牵引潜力，为浙江以后设计试制6吨挂车提供理论根据。

1958年"大跃进"时期，打破过去由专业厂生产挂车的常规，改由各运输单位自己制造。以边设计、边施工、边改进的做法，取代设计、会审、试制、鉴定、再生产的原有程序。为解决钢材困难，提出"铁木结合，以木为主"的办法，凭借浙江盛产毛竹、木材这一有利条件，采用毛竹做钢板，木料做大梁、轮胎钢卷、转盘中心销，大造挂车。如杭州区公路运输局造出全木结构3吨挂车，温州区公路运输局造出解放牌66座半挂客车，宁波区公路运输局造出铁木结构全挂客车37辆，平时只能担负汽车二、三级保养的段站保修车间也相继投入制造挂车，并先后造出载重6～20吨的通用挂车和长料专用挂车。年底，各区公路运输局载货挂车的拥有量已增至848辆，计3357吨位；载客挂车则达到62辆，计2480座位。因挂车底盘多数采用竹木结构，损坏频繁，仅有60%可供使用。是年，宁波区公路运输局修理车间将货车改装成大吨位客货挂车，共改装铁质40座挂车14辆，10吨货挂车5辆；铁木结构4～6吨货挂车107辆，15～20吨3辆；竹木结构40座挂车66辆。宁波市搬运公司保修车间利用旧"尼生"货车，改装成"万能号"牵引平板车1辆。该车主车6轮，上置3吨吊机1台，平板车长6.3米，宽2.5米，下置轮胎12只，载重15吨，宜运重货物，一直使用了29年。1959年，省交通厅规定凡3.5～6吨挂车应采用统一图纸，由各区公路运输局修配厂负责承制，并先后制订挂车的统一编号和应有手制动、真空加力制动、安全防护、信号灯等装置的14条规定，以及起人、定车、定线、定指标、定期保养制度。在三年"大跃进"中，各区公路运输局共制造载货挂车1288辆，连同1957年原有186辆，总计达到1474辆。1969年年末在册数仅剩1091辆，有383辆报废。即使是在册的1091辆中，也有许多不能保持完好状态。

1961年，浙江省交通厅颁发《挂车载重和拖载量的暂行规定》，货挂车生产逐渐定型，并在牵拉、制动、安全结构等方面不断完善。各区公路运输局根据"巩固、提高"和"先维修、后制造"的方针，改进挂车的制造、使用、管理工作，落实前订各项有关规定、制度。1961年以后，通过强化技术管理，挂车的制造和使用逐步走上正轨，成为提高汽车生产率、降低成本的一项有效措施。1962年1月，省交通厅还对37种车型的载重量、拖载量制订了统一规定。7月，又制订《挂车技术状况分类条件》，并组织力量对挂车技术状况、维修力量进行调查研究，分类加以改造和修理。除1959年及1960年所制造的3吨、6吨定型钢结构挂车原则上暂不报废外，其余均根据挂车本身的技术状况予以逐步淘汰。同时鉴于载货半挂车可装运各种物资，具有适应性强、载重量利用系数较高的特点，定为温州区公路运输局的重点生产车型，此外，还作出挂车的制造必须按照厅级鉴定图纸进行生产的决定。浙江在三年"大跃进"中，制造了为数众多的各种型式客、货挂车，对缓和当时运力紧张的矛盾曾起过一定作用。但在挂车制造中，由于不尊重科学，不重视质量，造成了一定的人力、物力、财力的浪费。

表5－1－1为浙江省1957～1966年汽车运输企业挂车数及拖运率统计。

1957～1966年省营汽车运输企业挂车数及拖运率 表5-1-1

项目 \ 年份	1957	1958	1959	1960	1961	1962	1963	1964	1965	1966
客挂车(辆)		62	60	66	58	58	39	39	37	35
货挂车(辆)	186	848	901	1091	837	618	591	676	910	967
货挂车拖运率(%)		21.1	39.5	50.6	41.9	40.1	36.0	38.5	36.5	37.5

1978年,省交通局指定省汽车运输公司钱祥昌工程师主持设计了符合系列化、标准化、通用化要求,载重为6吨的ZJ860型双轴全挂车,于1979年3月交由金华和宁波汽车修理厂试制完成。经长途载重试验,证明结构合理,转向轻便,自重轻,行驶稳定性好。由于采用单管路断气制动,无主销转盘,铆接组装车架,更具有安全可靠、维修方便等优点。该型车在通过省级鉴定时,获省科技成果三等奖。是年,浙江省汽运公司温州分公司修造厂试制成功东风牌10.5吨半挂汽车。从1980年起开始进行半挂车生产的统一规划,通过对丽水汽车修理厂设计的解放型8吨半挂车图纸的审定,于1981年向其下达了样车试制任务,并于当年投入小批量生产。

1979年11月,为化解挂车载重超过主车所引起的争议,省交通厅向交通部汇报了浙江自1958年使用6吨挂车以来,汽车大修间隔里程均保持在18万公里以上,百吨公里油耗仅为6升左右,其他各项技术指标亦均符合规定要求的情况,呈审了整套设计资料和图纸,得到各方认同,且在石家庄工业生产计划会上被列入交通部工业生产计划,在1980年就供应外省、市236辆。1981年,金华汽车修理厂在ZJ860型全挂车基础上又研制出载重6吨的封闭式全挂车,至1982年共生产了40辆。1982年,丽水修理厂又在此基础上,制成LS-BG13X型解放厢式半挂车。是年,温州市汽车修配厂试制成功10吨半挂货车,并逐步形成系列产品。与此同时,宁波第四汽车修理厂亦于1983年生产出东风NB—BG13型10吨半挂车,温州市长运总公司修造厂率先在全省试制生产出10吨集装箱半挂车。此后,浙江半挂车的生产走上了优质、规范的轨道。1983年,改装成载重10吨的东风半挂车。1983年,按照"国标"统一规定,将ZJ860型全挂车改名为ZJ-QG09型。1984年,金华汽车修理厂又对ZJ860型全挂车的边栏板作了加高,并在工艺上进行多方面改进。1985年在参加北京全国公路交通工业产品展览会上,该车获得优秀展品"金杯奖"。同年,省交通厅为扩大ZJ—QG09型全挂车的生产,在生产厂家金华汽车修理厂之外,增加了临海县(后改称市)汽车修理厂和杭州挂车厂两个定点生产单位。其中,金华汽车修理厂生产的ZJ—QG09型6吨全挂车在1986年还通过交通部"工业产品生产许可证"的审查,正式取得产品销售资格。1987年起,又对出厂的ZJ—QG9型全挂车全部采用了前后轮制动装置,进一步提高了它的安全性能。1979～1987年,全省累计生产该型全挂车1630辆。

1985年1月交通部发出"公路拖挂运输重点要发展半挂牵引车、半挂车、专用挂车的指示以后,浙江半挂车的生产又有了很大的发展。当年,温州市汽车修理厂即采用解放CA15和东风EQ140底盘,制成了WZ15-BG13型、WZ140-BG13型半挂车;丽水保修机具制造厂(丽水修理厂改名)也制造出解放LS15-BG13X型、东风LS140-BG13X型载重10吨的厢式半挂车。1986年,金华汽车修理厂利用技术和设备的优势,投入半挂车的生产,制成解放JS15-BG13型、东风JH140-BG13型载重10吨半挂车;临海市挂车厂采用东风EQ140和解放 CA15 等底盘，试制出 LH140 - BG13 型、LH15 - BG13 型、LH140BC - BG13 型、LH140QC - BG13 型等半挂车；丽水保修机具制造厂则设计试制了 LS140 - BG13JL 型箱货两用半挂车。同年年底，杭州第一汽车运输公司大修厂采用东风 EQ140 底盘试制成可载燃油 10 吨的 HZ140BK—BG13RY 型半挂运油车，并获杭州市优秀新产品、新技术三等奖。1987 年，自长春第一汽车制造厂的解放 CA141 型汽车问世后，金华汽车修造厂、丽水保修机具厂、温州市汽车修造厂、杭州专用汽车修造厂（由杭州第一汽车运输公司大修厂改称）等单位，开始采用 CA141 型汽车底盘，改装试制各种型号的载重 10 吨的半挂车。其中，金华汽车修造厂制成的 JH141 - BG13 半挂车，曾获得省科技进步四等奖。同年年底，杭州专用汽车修造厂改装的 HZ141 - BGY13 型 10 吨半挂运油车，荣获交通部科技进步三等奖。1988 年以后，为进一步开发专用化和大型化的载货挂车，金华、温州等地（市）汽车修配厂分别采用“东风系列”二类底盘，制出“气卸散装水泥罐式车”，临海市挂车厂试制成 LHG9181XLD 型“厢式零担载货半挂车”，丽水保修机具厂制成 LSY9140JLHD 型集装箱栏板半挂车”。金华汽车修造厂以钱塘江 BH2140 型柴油牵引车为基础试制出车箱长 8.5 米的 JH9170851HD 型、JH9170851E 型半挂车；并于 1990 年 5 月与北京客车挂车联营公司、西安公路学院联合，采用黄河 162 型二类车底盘，制出 JJ920085 型、载重 15 吨的箱货两用半挂车。至 1990 年，全省定型生产的半挂车总数为 4772 辆。1979 ~ 1990 年，浙江共生产各种型号全挂车、半挂车 6682 辆。

1991 年，浙江神马汽车实业有限公司（原金华汽车修造厂），研制开发了一系列适销对路的挂车和专用车产品，分别为 4.5 吨、7.2 吨、9 吨的散装水泥车和载重量为 10 吨、15 吨的半挂车。全年生产销售货挂车、散装水泥车 280 余辆，工业总产值达到 1400 万元。1990 ~ 2010 年期间，原丽水汽车保修机具制造厂获交通部颁发生产许可证，成为全国专用汽车生产的定点企业。

2001 年 3 月，由丽水汽车改造厂、丽水汽车保修机具制造厂改制组建成股份制企业，开发的主要半挂车产品有 1990 年的 CSY9140JLHO 型半挂栏板半挂车、1993 年的 ZSY99171W 型带卧铺载货半挂车、1995 年的 ZSY9190WS（P）型带卧铺双后轴半挂车、2000 年的 ZSY9181TJZS 型集装箱运输半挂车、2003 年的 ZSY9203TOP 型底平板半挂车、2005 年的 ZSY9380C 型仓栅式半挂车、2006 年的 ZSY9260Z 型自卸半挂车、2008 年的 ZSY94048890 型篷式运输半挂车、2010 年的平板半挂车等。该企业已成为全国专用汽车生产的骨干企业，是浙江省专用车生产经营最具规模和实力的企业。

第二章　交通机械

中华人民共和国成立之前至初期，浙江公路修筑和养护工都是露天流动作业，所使用的机械相当有限，以手工操作为主，条件十分艰苦。汽车维修也同样如此。为把筑养工人和汽车维修保养工人从笨重体力劳动中解放出来，减轻劳动强度，实现养路汽车维修保养机械化，在此后数十年里浙江做出了很多努力。随着制造业的发展，省汽车配件制造业和筑路机械、汽车维修检测也不断发展，数百家企业为整车厂和主机厂的主导产品配套提供服务，为全国各大型骨干企业和各级交通运输和维修部门提供配套服务。

第一节　筑路机械

1955 年，浙江省开始制造半机械化养路工具。

1970 年起，省交通局机械厂开始试制筑路养路机械和运料车辆，制造小翻斗车、小四轮和压路机等设备。

1971 年后，国产汽车、拖拉机分配到养护部门。

1972 年，养路机械化有了较快发展，有的公路自采路料，购置养路机、铺砂车、波浪刮、扫砂车、回砂器等。

1973 年，有些地区总段工具修配厂自力更生着手制造养路机具，如小翻斗车、小四轮车等。

1979 年，金华地区公路总段机修厂试制 150×250 破碎机 10 台，丽水地区公路总段工具厂生产流动轧石机 12 台、沥青拌合机 1 台，舟山、萧山、淳安、临安、新昌、嵊县、衢县、青田、遂昌、奉化等公路段通过修旧利废革新一批运、铺、扫砂和洒水机具。

1980 年，生产飞碟牌 FD330 型自动卸料汽车、双排座汽车，既能坐人又能运料，为县社公路养路创造了有利条件。

1981 年，制造了自卸汽车和运料汽车 140 辆、手扶振动压路机 30 台等。浙江交通工程机械厂成为本省生产筑路、养路机械的主干厂。

1985 年至 1990 年，浙江的养路机械生产发展较快。1990 年年底，浙江省养路拥有载重汽车 89 辆、手扶拖拉机 711 辆、拖拉机 191 辆、推土机 15 辆、装载机 27 辆、压路机 467 台、空压机 78 台、汽车吊 9 台、凿岩机 9 台、大中小客车 177 辆、沥青搅拌机 40 台、沥青摊铺机 9 台、沥青洒布机 194 台、洒水车 52 辆。

1990 年后，全省公路工程作业，筑路机械制造企业随着公路体制的改革，纷纷关门歇业。随着公路技术等级的提高，全省各地市筹措资金购买筑养路机械设备。如 2003 年，绍兴市公路部门为提高清除公路积雪的效率和进度，配置了从美国生产的"雪挪位"拖雪板、撒盐（融雪）机、公路标志标线的画线机。当年拥有铲运机、空压机、碎石机、抽水机、搅拌机、装载机等各类养护机具 261 台（套），公路养护已基本实行了机械化。

浙江省 1997～2001 年公路养护机具（筑路机械）统计数见表 5－2－1、表 5－2－2。

1997～2001年全省公路养护机具（筑路机械）统计表　　表5－2－1

编号	机械名称	单位	1997年	1998年	1999年	2000年	2001年
1	推土机	台	0	26	26		30
2	挖掘机	台	0	28	21		26
3	铲运机	台	2	7	6		9
4	中、重型压路机	台	63	370	325		251
5	轻型压路机	台	34	145	139		248
6	空压机	台	3	66	55		81
7	凿岩机	台	3	15	37		43
8	履带式起重机	台	0	12	0		1
9	轮胎式起重机	台	0	1	0		0
10	汽车式起重机	台	0	5	3		4
11	卷扬机	台	16	27	21		15
12	载重汽车	辆	63	205	172		223
13	自卸汽车	辆	23	182	168		262
14	大、中型拖拉机	台	2	116	126		128
15	小型拖拉机	台	282	697	512		843
16	碎石机	台	286	540	314		531
17	抽水机	台	56	121	47		64
18	水泥混凝土搅拌机	台	50	244	147		250
19	水泥混凝土摊铺机	台	0	6	3		16
20	沥青混凝土搅拌机	台	15	141	149		186
21	沥青混凝土摊铺机	台	7	45	48		73
22	沥青洒布机	台	12	118	195		82
23	沥青洒布车	台	22	88	0		121
24	装载机	辆	12	153	162		193
25	铣刨机	台	0	6	5		6
26	钻机	台	2	21	23		8
27	洒水车	辆	19	69	65		89
28	万能工程车	辆	1	2	2		10
29	综合养护车	辆	11	52	51		114
30	清扫车	辆	0	12	24		40
31	排障车	辆	0	1	0		1
32	桥梁检测车	辆	0	0	0		0

续上表

编号	机械名称	单位	1997 年	1998 年	1999 年	2000 年	2001 年
33	混凝土切缝机	台	20	81	78		74
34	灰土拌合机	台	1	2	2		1
35	平地机	台	0	1	2		4
36	标志车	辆	0	0	0		1
37	划线机	台	0	15	19		30
38	发电机	台	19	220	239		216
39	维修机床	台	0	0	100		113
合　计		台套	1024	3840	3186		4387

2002 年、2003 年、2005 年、2006 年、2007 年全省公路养护机具(筑路机械)统计表

表 5-2-2

编号	机械名称	单位	2002 年	2003 年	2005 年	2006 年	2007 年
1	推土机	台	23	17	16	16	12
2	挖掘机	台	23	29	18	25	24
3	铲运机	台	5	4	7	7	8
4	中、重型压路机	台	403	381	333	361	366
5	轻型压路机	台	238	239	216	213	205
6	空压机	台	71	72	89	89	89
7	凿岩机	台	49	37	34	48	40
8	履带式起重机	台	0	15	2	3	6
9	轮胎式起重机	台	0	0	0	1	0
10	汽车式起重机	台	10	7	14	11	13
11	卷扬机	台	4	7	9	10	10
12	载重汽车	辆	182	202	153	147	183
13	自卸汽车	辆	215	226	249	275	323
14	大、中型拖拉机	台	187	169	168	189	192
15	小型拖拉机	台	565	587	376	348	311
16	碎石机	台	334	267	155	107	79
17	抽水机	台	45	34	53	64	53
18	水泥混凝土搅拌机	台	182	174	170	130	126
19	水泥混凝土摊铺机	台	17	11	15	19	16
20	沥青混凝土搅拌机	台	144	175	137	153	142
21	沥青混凝土摊铺机	台	98	96	111	120	133

续上表

编号	机械名称	单位	2002 年	2003 年	2005 年	2006 年	2007 年
22	沥青洒布机	台	88	91	60	66	65
23	沥青洒布车	台	133	118	95	109	104
24	装载机	辆	184	195	170	173	187
25	铣刨机	台	8	7	17	13	17
26	钻机	台	14	11	3	3	1
27	洒水车	辆	98	108	114	130	136
28	万能工程车	辆	9	11	2	6	13
29	综合养护车	辆	74	102	94	96	133
30	清扫车	辆	51	58	51	64	66
31	排障车	辆	1	1	1	3	6
32	桥梁检测车	辆	0	0	0	0	0
33	混凝土切缝机	台	111	122	95	111	133
34	灰土拌合机	台	8	9	18	16	13
35	平地机	台	10	9	12	6	6
36	标志车	辆	13	2	1	9	12
37	划线机	台	30	49	26	28	23
38	发电机	台	311	225	266	254	240
39	维修机床	台	42	153	2	201	1
合　　计		台套	3980	4020	3352	3624	3487

2008～2010 年浙江省公路应急储备物资及机具情况统计表　　表 5-2-3

储备物资及机具	单位	2008 年	2009 年	2010 年	类　别
战备钢梁	（组）	28	54	166	应急储备物资
编织袋	（万只）	46.8	62.65	83.04	
融震剂	（吨）	802	1023	2331.2	
平板车	（辆）	36	30	36	应急保障机具
挖掘机	（台）	53	57	74	
推土机	（台）	12	16	19	
装载机	（台）	170	225	277	
抽水机	（台）		118	132	
发电机组	（套）		159	190	

2008 年，全省遭遇 50 年一遇大雪，长达一个月，杭州、丽水等地区公路部门启动应急预案，动用机械设备 5264 台次和 3626 台次，确保春运期间公路恢复畅通。2009、2010 年，全省

“三防”工作应急及早部署，总投资约 1.9 亿和 1.28 亿元。

2009 年，受 8 号台风(莫拉克)影响，全省普降暴雨，公路损失巨大，全省公路投入各类机具 2100 余台套。

2010 年，全省配备抢险车辆 1300 辆、各类公路机械设备 801 台(套)。

第二节 汽车修造机械

浙江的“汽车修理业”初兴于民国 17 年(1928 年)之后。1940 年，浙江有运货汽车行 27 家，货车 40 辆，1949 年，全省运货汽车行猛增到 200 余家，货车增至 700 余辆。这期间，汽车修理行，包括汽车修理、轮胎翻修、电瓶充电、车身喷漆、铜焊、电焊、气焊、钣金、浇铸等店铺相继开业。此外，还出现“背包师傅”，代修车辆，自备汽车修理简易工具和机具设备。

1958 年 7 月，省交通厅为提高汽车运输效能，适应“大跃进”的物资运输需要，要求各基层单位迅速制造新的保修工具设备，并把它作为一项紧迫的政治和经济任务来抓。于是，一个以压缩保修时间，实现保修机具的机械化、技术革新浪潮迅速掀起。在短期之内，杭州区公路运输局即造出重量轻、容水量大的蜂窝式水箱，15 吨级压机；丽水、龙泉保养车间分别造出电动夹板锤、锯板机、刨板机、电动试验台。

是年 10 月，宁波区公路运输局汽车修配厂先后制造成功 200 吨压床、电振动自动堆焊机、半液压式磨缸机，修车工效提高 10 倍。电振动自动堆焊机还解决了汽车曲轴磨耗修理加工难题，获全国工业新产品展览会展评二等奖。宁波区公路运输局先后自制和革新各种机具 50 多项 70 余件；金华区公路运输局革新卷板机、差速箱装台机等 147 项 479 件；金华车队创造了 15 分钟的二级保养“快速”作业法；龙游中心站保养车间创造出 4 小时完成三级保养的“特殊”纪录。1959～1960 年，各区公路运输局又先后革新各种机具 1.2 万余件，杭州区公路运输局还制成了 8 条生产联动线。然而在机具技术革新中，由于过份追求表面成绩，相互攀比、浮夸成风，革新项目的统计数字既难正确统计，也难令人置信，而且多数项目未经试验成功，即行盲目推广，成效不大，空耗不少劳力、资金和材料，而且因放松汽车日常维修，导致整体车况下降。不过，前桥、后桥、变速箱、差速器、油泵、水泵、气泵、电气零部件作业台，后钢板、轮壳、变速箱、轮胎螺丝、发动机拆装架和铁、木工机械等一些革新项目，却也实实在在改善了笨重的体力劳动，在一定程度上提高了工效。

1961 年，通过对机具与技术革新中不正常现象的反思，革新工作渐入正轨。

1962 年 3 月，省交通厅召开了省属交通运输企事业单位领导会议，决定：技术革新应针对生产关键，因地制宜，具有物质基础，并须尊重科学和经过试验；充分发挥技术人员、工人、领导三结合的作用；小改小革，谁革谁用；重点项目要经过审批程序，组织技术攻关等。同时数度组织有关人员赴外省市参观学习。1962～1965 年革新成果较具成效。

1962 年，宁波区公路运输局汽车制配厂为解决发动机、曲轴磨损的修复方法，提高耐磨性能，会同交通部科学研究院研究成功“电振动堆焊”新工艺，并通过交通部和省、市科研部门的技术鉴定，在 1964 年全国工业新产品展出中获得国家计委、经委、科委联合颁发的二等奖状。

1962 年，金华区公路运输局汽车修配厂创造电解镀钢修复曲轴的新工艺，镀层一次可达 6 毫米左右，并具有镀层附着牢固、减少铁瘤等特点，为旧件修复创出一条新路，《汽车杂志》

还为此作了专题介绍，吸引许多省市同行前来参观学习。

1963年，省交通厅为改善客车装备，决定在客车上采用全金属结构车身，并列入省科委新产品计划，指定宁波区公路运输局负责设计和试制。经过图纸会审等程序，1964年8月，宁波汽车制配厂制成1辆载客40人的ZJ641型解放牌平头全金属客车。由于具有自重轻、使用寿命长、可减少维修和驾驶室视野广阔、乘坐舒适等优点，该型车被定为当时客车的基本车型。

1965年，金华修理厂形成了1条发动机修配作业线；宁波修理厂革新研制出半液压磨缸机、凸轮轴检验仪、200吨级液压机等20余个关键项目，并初步形成发动机、底盘、客车车身3条工艺流水线；原温州区公路运输局临海运输段自制打浆机、烘模等设备，建成1个投资少、效率较高的轮胎修补车间；杭州修配厂生产出质量优良的轴瓦等汽车配件，缓解了配件供应的困难。衢州运输段成功地制造了第一台土设备——"小型卧式铣床"，解决了挂车前后辅头键槽和各类大小六角等铣削难题；自行设计、总装、调试，试磨第一批曲轴磨床，为1977年以后该地区的客、货车大修创造了条件。

1974年10月，交通部在湖南红岩召开的全国汽车保修机具技术革新经验交流大会上提出：要在1980年基本实现汽车保修机械化、汽车检验仪表化（简称"二化"）。省交通局根据这一精神，于同年11月召开了全省汽车保修机具技术革新座谈会，要求在今后两三年内使汽车拆装，清洗、校合、检验等方面的操作，逐步采用气动、液压、台架、仪表。同时决定以汽车发动机大修工艺线、汽车三保工艺线、制动试验台、前轴工字梁检验与校正联合装置、液压磨缸机等作为重点革新项目，并责成省交通局直属汽车运输公司、杭州第一汽车运输公司、金华汽车修理厂、嘉兴地区汽车运输公司修配厂等单位负责研制完成。会后还组织人员去湖南参观全国交通系统保修机具革新产品展览会，观摩红岩汽车保修厂的保修作业现场。至1979年，浙江的汽车保修机具革新在各厂（场）工人、技术人员努力下，先后取得不少成果。省汽车运输公司为检验所属单位保修机具的革新成就，在丽水召开经验交流会，根据国务院颁发的《技术改进奖励条件》评出二等奖2个、三等奖9个、四等奖37个、五等奖24个，并对所有革新机具进行选型和定型工作。

1980年9月，省交通厅科技处、省汽车运输公司等单位在杭州联合召开全省技术革新经验交流会。同时举办一次科技成果展览会，展出各种保修机具、检验设备等革新产品实物81件、图片44张，体现了浙江汽车维修业当时的技术水平。同年10月，又在杭州召开华东汽车运输科技情报网第四次经验交流会，并举办华东区技术革新成果展览会，108件的实物展品绝大多数是浙江的汽车保修机具革新产品。其中，湖州汽车修理厂的全液压自动镗缸机、全液压磨缸机，仙居汽车修配厂的汽车前后轴校验机，丽水汽车修理厂的液压随动式连杆校正工作台，杭州第一汽车运输公司修理厂的混合式制动试验台，杭州市公共交通公司的汽车外部清洗机，舟山修理厂的变速器拆装吊车，温州保养厂的电动制动蹄片光削机，宁波保养厂的轴承加油器等革新保修机具，均具有改善劳动强度、提高工作效率和保修质量的明显效果。

1980年浙江省保修机具革新的主要产品见表5－2－4。

1980 年浙江保修机具革新主要产品 表 5-2-4

保修机具名称	生产单位	保修机具名称	生产单位
发动机大修作业线	杭州修理厂	轴承加油器	宁波保养厂
公共汽车外部清洗机	杭州市交一场	电动制动蹄片光削机	温州保养厂
混合式制动试验台	杭州第一运输公司修理厂	轴壳套管拉压机	温州市运修理厂 龙泉保养车间
液压自动镗缸机	湖州修理厂	制动鼓糖削吊机	东阳保养车间
液压磨缸机	湖州修理厂	电动顶高机	龙游遂昌保养车间
连杆校正工作台	丽水修理厂	骑马攀螺母拆装机	温州、金华保养厂，宁波市运输修理厂
半自动连杆轴瓦镗削机	丽水修理厂	轮胎螺母拆装机	杭州一运公司修理厂
分电盘校验台	宁波保养厂	ZJ46/49 前后轴校验机	仙居汽车修配厂
磨汽门机	衢州保修厂	电器试验台	嵊县保养车间
汽油泵综合作业台	丽水修理厂	制动蹄片钻铆磨三用机	仙居汽车修配厂
空压机综合作业台	丽水修理厂	发动机作业台	杭州、湖州保养厂
离合器综合作业台	临安保养厂	前后桥总成拆装作业架	杭州保养厂
发动机热试作业台	杭州保养厂	方向机装试作业台	杭州保养厂
变速器拆装托运车	遂昌龙泉保修车间	差速器拉压作业台	杭州保养厂
差速器拆装运送车	龙泉保养车间 舟山修理厂	变速器解体作业台	杭州保养厂
变速器拆装吊车	舟山修理厂	管路作业台	杭州保养厂
电脉冲龄轮跑合机	临安保养厂 杭州保养厂	制动件测试台 中桥作业台	杭州保养厂
轴承加油器	杭州、宁波保养厂	三泵校验台	宁波保养厂
转向节铜套拉床	金华保养厂	高压油泵拉器(连夹具)	丽水修理厂
制动蹄偏心套拉床	金华保养厂	车贺液压无声铆钉枪	宁波分公司
缸套自动定心夹具	丽水修理厂	齿轮油加注器	诸暨保养车间
风板机	衢州修理厂		

1981 年 11 月，省交通厅委托省汽车运输公司在丽水召开了部分产品技术鉴定会。同时，要求各市(地)交通主管部门对一些精度要求高，结构复杂，适合于集中安排制造的保修机具，在所属汽车保修厂中专设保修机具制造车间，或在企业内设置保修机具制造厂，进行定点批量生产，供应市场。温州市汽车修造厂 1985 年 5 月设计生产的 ZJ29 型液压连杆校验工作台及 YFD500 型液压发动机吊，在全国公路交通工业展览会上获交通部优秀展品奖。1989 年 1 月，该厂受交通部委托主编的《液压连杆校验及技术条件国家标准》获得通过，填补了我国汽车维修机具行业标准的空白。绍兴市汽车运输总公司修理厂制造汽车节能产品——ZQS 型电磁式汽车风扇离合器及各类汽车备胎升降器、汽车保修机具等，并具有年生产汽车风扇离合器 1500 台、备胎升降器 2500 台、保修机具 50 台的能力。绍兴外贸汽车大修厂开发研制成功汽车变速箱拆装机、轮胎螺母拆装机等，全年共生产 400 多台汽车保修设备。

1990 年年底，浙江从事汽车保修机具制造的已有仙居汽车保修机械厂等 8 家，仅在 1990 年就生产各种保修机具 1686 台，销往省内外汽车运输单位使用(部分厂家及其产品见

表5－2－5）。

1990年，全省汽车维修行业企业拥有金属切削机床6218台、汽车维修专项设备16556台。

1990年浙江省部分保修机具生产厂及其产品 表5－2－5

生产厂名	主要产品名称	备注
仙居汽车保修机械厂	ZJ46/49型前后轴检验校正器	1985年获交通部交通工业产品金杯奖
	ZJY30型液力铆接机	1985年获交通部交通工业产品优秀奖
	MZ8350D制动蹄片钻（磨）铆机	1985年获交通部交通工业产品优秀奖
	T8350WC型镗制动鼓机	
	ZJ－40型轮胎螺母拆装机	
	ZJ－35型马攀螺母拆装机	
	TL50－70型半轴套管拆装机	1985年获交通部交通工业产品优秀奖
	ZJ－15型四轮液压千斤顶	1985年获交通部交通工业产品优秀奖
	ZJQZ1500型柴汽油二用起动电源	1985年获交通部交通工业产品优秀奖
	ZJH－1型霍尔磁力探伤器	1985年获交通部交通工业产品优秀奖
丽水地区汽车运输公司保修机具制造厂	ZJ9型系列液后拉器 LS－DC多功能拆装小车	1985年获交通部交通工业产品优秀奖
	DD4505电动顶高器	
	LS－25制动阀试验台	
宁波市交通机具厂	NJJ－LA轮胎螺母拆装机	
	XSC－1X攀螺母拆装机	
	XDC－1KL马攀螺母定矩拆装机	
	QDC90－K马攀螺母电控拆装机	专利产品
	SQC－800－1汽车多用拆装机	
	DD×4270A单柱电动千斤顶	
	DD×370A单柱电动千斤顶	
	SD×10（套）双柱电动千斤顶	
	LBJT70A轮胎螺母电动拆装机（解决重型车辆，工程机械轮胎螺母难以拆卸的工程问题）	获省新优产品骏马奖，省精品奖，省交通厅科技二等奖第二届国际专利及新技术新产品展览会铜牌奖
杭州汽车保修机械厂	自控制动鼓镗机	
	轮胎螺母拆装机	
	马攀螺母拆装机	
温州市长途汽车运输联合总公司修造厂	WZ－29型液压连杆校正机	该产品原为丽水汽车修理厂设计制造有二十年生产历史多次评为全国、省市优秀产品
	WZKQ－A1型回转式清洗机	
	WZKQ－B型回转式清洗机	
	WZKQ－C型回转式清洗机	
	WZKQ－D型回转式清洗机	
	WZKQ－E型回转式清洗机	

续上表

生产厂名	主要产品名称	备　注
温州市长途汽车运输联合总公司修造厂	WCZ－50 型马攀螺母拆装机	
	WCZ－70 型马攀螺母拆装机	
	WLC－D 型轮胎螺母拆装机	
	QY－30T 立式手动电动液压机	适用于汽车缸套、各种齿轮、轴承销轴等压力拆装
绍兴市汽车运输总公司修理厂	YTL－50 型液压半轴套管拉压机	
	平头吊车	
	马攀螺母拆装机	
	轮胎螺母拆装机	
	前后桥输送小车	
	发动机热走架	
	发动机冷磨器	
	差速器走合架	
	变速箱走合架	
衢州汽车运输总公司汽车修理厂	QL－60 马攀螺母拆装机	该厂于 1979～1984 年曾生产 3M9390 磨汽门机约 100 台，从 1985 年起停止生产
	QL－20 轮胎螺母拆装机	
	变速箱吊装机	
	QL－1000 多用电源起动器	
	QL－20 半轴套管拆装机	
	发动机吊装机	
金华市汽车运输总公司保修厂	工字梁镗孔机 发动机拆装作业台	该厂所有产品尚未列入批量生产，但自产自用，品种较多
	差变速器拆装器汽车地沟作业举升器	
	汽车零件清洗机	
	转向节铜套拉孔机	

1995 年，浙江省汽车维修行业企业拥有金属切削机床 12025 台、汽车维修专项设备 43975 台。

进入 21 世纪后，浙江省汽车维修行业实行市场化转型，原有陈旧、落后的汽车修造机械逐步被新的先进技术设备所替代。随着汽车制造技术发展和成本的降低，汽车维修开始被更换汽车零部件代替。

第三节　港口装卸机械

1949 年前，浙江省港口码头基本上没有机械化装卸设备，装卸和搬运作业主要采用人工肩挑、背驮、杠抬，劳动强度大，装卸效率低下。

1958年5月，中共中央八大二次会议上提出“大搞技术革命和技术革新运动”（简称“双革”），浙江水运业随即开展运输船舶（木帆船）和港口装卸搬运的“双革”运动。

“双革”第一阶段（1958年8月至1959年1月），土法上马，在铁木结构的大小车子（塌车、大板车，手拉钢丝车）上安装滚珠轴承；制作手拉绳牵的木杆木滑轮土吊车；制作铁木帆布结构的土输送机；在下坡装船的工序上用滑板或溜槽，在上坡卸船工序上则用绞车牵引的循环滑车（温州叫“电溜子”）等；同时，配合上述装卸船的需要，整修坡岸滑道，建筑简易土码头。据统计，仅木帆船运输系统就新建土码头40余座，制作土吊车、土输送机40余台，在3000余辆人力车上安装了滚珠轴承。

“双革”第二阶段（1959年1月至1960年2月），采取“以土为主，土洋结合，土中出洋”的做法，开展“一系五化”（即土洋结合装卸机械的系统化和电动牵引化、搬运列车化、起重土吊化、输送机械化、水上拖带化），全省主要港埠装卸搬运机械化半机械化程度达到50%（主要是半机械化），工班效率也从平均5吨左右提高到10吨左右。由于工班效率提高，全省沿海轮船平均留港时间从32小时压缩到27小时，内河轮驳留港时间从40小时压缩到34小时。其中，宁波港在起舱、上坡、堆垛、装卸车等几个环节初步实现了土洋结合的半机械化。机动船平均留港时间由30小时缩短到16小时左右。杭州市共创制仿造各种输送机、土洋吊杆、卷扬机和各种车辆370多件，使装卸机械化半机械化提高到60%，人均工班效率由7吨多提高到11.7吨，船舶停港时间压缩一半。嘉兴县运输公司建土码头49座，制造各式吊杆、输送机18台，修筑道路1200米，有80%的工人使用机械化半机械化操作。

“双革”第三阶段（1960年3月至1960年6月）。开始采取“能洋则洋，能部分洋则部分洋，不断提高”的做法，将前两年制作的人拉绳牵、木杆、木轮的土吊杆改成电动机带动纲丝绳、铁滑轮、铁转盘的“少先吊”，把运转不灵、容易损坏的铁木帆布结构输送机改成电动机带动、滚珠轴承转动胶带、全钢铁结构的输送机。宁波、温州等大港还购置了汽车起重机等现代化装卸设备。全省参加装卸搬运技术革新活动的达15万人次，实现革新项目2万余件，其中各种输送机480台4819米、土洋吊杆1664台、卷扬机169台、起仓机38台、土码头504座、联动作业线153条等，使全省装卸搬运机械化半机械化程度提高到80%（其中机械化约占25%）。到1960年年末，宁波港已拥有机械设备89台，其中起重机械54台、输送机械29台336米（含皮带机9台230米）。

但是水运业的“双革”活动由于受“大跃进”的“左”倾思想影响，也出现了不少失误。在指导思想上急于求成，不结合生产实际，盲目推广和学习所谓“先进经验”，有些革新项目刚刚制造好，即被废弃不用，造成很多浪费。1960年年底，国民经济开始出现困难，大批基建项目下马，运量急剧下降，运能由供不应求变为供过于求后，那些并不先进的或质量太差的革新项目，如脚踏翻水板、竹木制作的轨道和输送机就被淘汰，绳索杆棒、肩挑背扛的装卸方式又有所抬头。

1963年，国民经济开始好转，运量也有所恢复，“双革”活动复兴。1965年，省内主要港口有装卸机械132台、皮带输送机71台874米（详见表5-2-6）。

1965 年浙江省主要港口装卸机械设备统计表 表 5-2-6

机械名称	总计(台)	温州港	宁波港	海门港	定海港
起重机(台)	6	2	3	1	
“少先吊”(台)	46	9	30	2	5
卷扬机(台)	57	29	28		
电瓶车(台)	10	9	1		
塔式起重机(台)	2	1		1	
万能装卸机(台)	1	1			
牵引车(台)	2	2			
拖坡车(台)	5	5			
铲车(台)	1		1		
木吊杆(台)	2			2	
皮带输送机(台/米)	71/874	39/468	30/386	2/20	

“文化大革命”期间,浙江省修造港口机械的能力有一定的提高,沿海港口的机修车间都扩建为港口机械厂,以适应运输生产的需要。宁波港从 1968 年开始,逐步将港机维修车间扩建为港口机械修造厂,制造装卸起重设备和平面输送机械。该厂于 1970 年建成投产。1970 年,温州港对原有的港机车间进行了扩建后,改称为温州港机械修造厂。该厂在原来制造“少先吊”等小型机具的基础上,生产出 75 马力(55 千瓦)牵引车、3 吨革新起重机等装卸机械。1972 年年底,全省已有港机厂 2 个,港机车间 2 个,机修工人 383 人,设备 82 台。

1982 年 12 月,北仑港区 10 万吨级矿石中转码头建成。从矿石的卸船、装船、装车到堆场堆取料的全套装卸作业流程,都由中央控制室通过电子计算机管理,全部实现了自动化。1984 年 7 月,温州港杨府山港区煤炭装卸作业基本实现机械化。1988 年底,龙湾港区第一期工程两个万吨级泊位建成后配备了大型门机等先进的港口装卸设备。1988 年 11 月,舟山港老塘山作业区 2 座(起重量 16 吨)门式起重机投入使用,船舶停港时间由 1.32 天减至 1.23 天。

2010 年,宁波港域万吨级码头泊位大型机械设备,包括大型起重设备、大型专用机械设备和大型输送机械设备,共有 281 台。其中最大的起重机械为 400 吨级大件吊,其他起重机械有固定式、轨道式门座起重机等,起重量在 50、45、40 吨,共有 47 台。大型输送机械分别为每小时 1000 吨、1600 吨和 1800 吨的带式输送机,共有 24 套。大型专用机械主要有装船机、卸船机、带斗门机、输油臂、软管、集装箱桥吊和高架吊等。卸船机共 17 台,其中最大的卸船机为桥式抓斗卸船机,功率分别为每小时卸矿 2100 吨至 2500 吨;装船机共 12 台,其中最大装船机的功率为每小时装矿 4200 吨至 5000 吨;大型输油臂的功率为每小时 2100 立方米,有 10 寸、12 寸和 16 寸口径的输油臂 97 台。最大的集装箱专用机械有臂长 63 米、跨距 35 米、最大起重量 65 吨、可同时起吊两个集装箱的桥吊,其他桥吊的起重量在 40~41 吨之间,共 59 台。舟山港域(2012 年)共有码头生产用装卸机械 1833 台,其中码头前沿装卸机械 330 台、库场机械 1503 台。表 5-2-7 为 2010 年宁波港域万吨级码头泊位前沿装卸机械一览。

2010 年宁波港域万吨级码头泊位前沿装卸机械一览表 表 5-2-7

单位:台

港口经营单位名称	泊位名称	起重机械		输送机械		专用机械					
		合计	普通门座起重机	合计	带式(皮带)输送机	合计	装船机	卸船机	输油臂	软管	岸边集装箱装卸桥
宁波港股份有限公司镇海港埠分公司	镇司煤炭码头 2 号泊位	5	5	7	7	—	—	—	—	—	—
	镇司煤炭码头 3 号泊位	5	5	5	5	—	—	—	—	—	—
	镇司通用码头 4 号泊位	2	2	—	—	—	—	—	—	—	—
	镇司通用码头 5 号泊位	3	3	—	—	—	—	—	—	—	—
	镇司通用码头 6 号泊位	1	1	—	—	1	—	—	—	—	1
	镇司通用码头 9 号泊位	3	3	—	—	—	—	—	—	—	—
	镇司通用码头 10 号泊位	4	4	—	—	—	—	—	—	—	—
	镇司化工码头 16 号泊位	—	—	—	—	3	—	—	3	—	—
	镇司化工码头 17 号泊位	—	—	—	—	5	—	—	5	—	—
	镇司化工码头 18 号泊位	—	—	—	—	5	—	—	5	—	—
台塑港务(宁波)有限公司	多 1	2	2	—	—	—	—	—	—	—	—
	多 2	2	2	—	—	—	—	—	—	—	—
	多 3	—	—	1	1	—	—	—	—	—	—
	化 1-1	—	—	—	—	11	—	—	7	4	—
	化 1-2	—	—	—	—	11	—	—	7	4	—
	化 2-1	—	—	—	—	4	—	—	4	—	—
	化 2-2	—	—	—	—	4	—	—	4	—	—
宁波青峙化工码头有限公司	青峙化工码头 1 号泊位	—	—	—	—	4	—	—	4	—	—
宁波港股份有限公司北仑矿石码头分公司	北司矿石码头 1 号泊位	—	—	—	—	3	3	—	—	—	—
	北司矿石码头 2 号泊位	—	—	—	—	4	4	—	—	—	—
	北司矿石码头 3 号泊位	—	—	—	—	1	1	—	—	—	—

续上表

港口经营单位名称	泊位名称	起重机械		输送机械		专用机械					
		合计	普通门座起重机	合计	带式(皮带)输送机	合计	装船机	卸船机	输油臂	软管	岸边集装箱装卸桥
宁波港股份有限公司北仑矿石码头分公司	北司矿石码头4号泊位	—	—	—	—	1	1	—	—	—	—
	北司矿石码头5号泊位	—	—	—	—	1	1	—	—	—	—
中国石油化工股份有限公司镇海炼化分公司	算山码头1号泊位	—	—	—	—	3	—	—	3	—	—
	算山码头2号泊位	—	—	—	—	13	—	—	13	—	—
	算山码头6号泊位	—	—	—	—	6	—	—	6	—	—
	算山码头7号泊位	—	—	—	—	11	—	—	11	—	—
宁波港股份有限公司北仑第二集装箱分公司	北二集司集装箱码头1号泊位	—	—	—	—	4	—	—	—	—	4
	北二集司集装箱码头2号泊位	—	—	—	—	4	—	—	—	—	4
	北二集司集装箱码头3号泊位	—	—	—	—	4	—	—	—	—	4
	北二集司集装箱码头4号泊位	—	—	—	—	4	—	—	—	—	4
宁波港股份有限公司北仑第二港埠分公司	北二司煤炭码头1号泊位	3	3	3	3	1	1	—	—	—	—
	北二司煤炭码头2号泊位	1	1	2	2	3	—	—	—	—	—
	北二司煤炭码头4号泊位	—	—	—	—	2	—	2	—	—	—
	北二司通用码头6号泊位	5	5	—	—	—	—	—	—	—	—
宁波金光粮油码头有限公司	宁波金光粮油码头1号泊位	2	2	—	—	2	—	1	—	—	—
宁波众成矿石码头有限公司	众成矿石码头6号泊位	—	—	—	—	—	1	—	—	—	—
宁波北仑国际集装箱码头有限公司	北仑国际集装箱码头3号泊位	—	—	—	—	3	—	—	—	—	3
	北仑国际集装箱码头4号泊位	—	—	—	—	4	—	—	—	—	4
	北仑国际集装箱码头5号泊位	—	—	—	—	4	—	—	—	—	4
国电浙江北仑第一发电有限公司	北仑第一发电有限公司码头	—	—	2	2	3	—	3	—	—	—

续上表

港口经营单位名称	泊位名称	起重机械		输送机械		专用机械					
		合计	普通门座起重机	合计	带式（皮带）输送机	合计	装船机	卸船机	输油臂	软管	岸边集装箱装卸桥
浙江北仑发电有限公司	北仑电厂码头	—	—	2	2	2	—	2	—	—	—
宁波市杨公山石化码头有限公司	杨公山码头	—	—	—	—	7	—	—	1	6	—
宁波正大粮油实业有限公司	正大粮油码头	—	—	—	—	2	—	—	—	2	—
中海石油宁波大榭石化有限公司	大榭石化油品码头1号泊位	—	—	—	—	6	—	—	6	—	—
宁波三菱化学有限公司	三菱化学化工码头	—	—	—	—	2	—	—	2	—	—
宁波华东BP液化石油气有限公司	BP液化气码头1号泊位	—	—	—	—	4	—	—	4	—	—
宁波万华码头有限公司	万华化工码头1号泊位	—	—	—	—	11	—	—	5	6	—
	万华煤盐码头1号泊位	—	—	—	—	2	—	2	—	—	—
宁波实华原油码头有限公司	实华原油码头1号泊位	—	—	—	—	4	—	—	4	—	—
	实华原油码头2号泊位	—	—	—	—	3	—	—	3	—	—
宁波大榭招商国际码头有限公司	招商国际集装箱码头2号泊位	—	—	—	—	2	—	—	—	—	2
宁波大榭招商国际码头有限公司	招商国际集装箱码头3号泊位	—	—	—	—	5	—	—	—	—	5
宁波大榭招商国际码头有限公司	招商国际集装箱码头4号泊位	—	—	—	—	4	—	—	—	—	4
宁波大榭开发区集信物流有限公司	集信多用途码头	3	3	—	—	—	—	—	—	—	—
宁波大榭开发区码头发展有限公司	码头公司多用途码头1号泊位	2	—	—	—	—	—	—	—	—	—
宁波大榭开发区永信港埠发展有限公司	永信多用途码头	2	2	—	—	—	—	—	—	—	—

续上表

港口经营单位名称	泊位名称	起重机械		输送机械		专用机械					
		合计	普通门座起重机	合计	带式(皮带)输送机	合计	装船机	卸船机	输油臂	软管	岸边集装箱装卸桥
宁波大榭开发区兴发码头有限公司	兴发多用途码头	2	2	—	—	—	—	—	—	—	—
宁波穿山码头经营有限公司	港吉公司集装箱码头3号泊位	—	—	—	—	4	—	—	—	—	4
宁波港吉码头经营有限公司	港吉公司集装箱码头4号泊位	—	—	—	—	4	—	—	—	—	4
宁波意宁码头经营有限公司	港吉公司集装箱码头5号泊位	—	—	—	—	4	—	—	—	—	4
宁波甬利码头经营有限公司	港吉公司集装箱码头6号泊位	—	—	—	—	4	—	—	—	—	4
宁波远东码头经营有限公司	远东公司集装箱码头7号泊位	—	—	—	—	4	—	—	—	—	4
浙江大唐乌沙山发电责任有限公司	浙江大唐乌沙山发电有限公司煤码头1号泊位	—	—	1	1	2	—	2	—	—	—
浙江大唐乌沙山发电责任有限公司	浙江大唐乌沙山发电有限公司煤码头2号泊位	—	—	1	1	1	—	1	—	—	—
浙江国华浙能发电有限公司	一期输煤码头1号泊位	—	—	—	—	2	—	2	—	—	—
	一期输煤码头2号泊位	—	—	—	—	2	—	2	—	—	—

第三章 船舶制造

春秋晚期，越国已开始制造木板船。唐朝和五代吴越国时，浙江以造大船、海船著称，建造的海船大量采用钉榫接合和多道水密隔舱结构，船体结构坚固，帆桅增加，更适于远洋航行。北宋时，明州、温州的造船年产量达600艘。宋代出使海外使臣乘坐的大型座船被称作神舟，其中宋神宗遣使高丽的两艘神舟和宋徽宗遣使高丽的两艘神舟均为明州打造。当神舟抵达高丽时，引起了"倾国耸观，欢呼嘉叹"的轰动场面。南宋时，除了明州、温州外，杭州、婺州、处州也有造船业，造船数量居全国之首，而且在船型、结构、加工工艺、装饰技艺等造船技术上有所提高。明清时，官营造船业逐渐衰落，而民营造船业则继续发展。清道光二十年（1840年），宁波仿制成功两艘小型钢质轮船。民国7年（1918年），杭州振兴商轮公司轮船修造厂创办，浙江始有轮船修造企业。

20世纪50年代，浙江的沿海运输和内河运输均以木质船为主。60年代，省内造船业开始由以修为主向修造结合发展，内河木质船逐渐为钢丝网水泥船取代，并建造成功省内第一艘内河钢质客货轮；70年代，在投资建造海运钢质客货轮的同时，进行内河船舶的蒸汽机、柴油机、煤气机等的技术改造，实现内河船舶动力内燃化、系列化。

1985年后，浙江省交通厅下属的浙江主要造船企业浙江船厂和杭州船舶修造厂（简称杭州船厂）下放至属地管理。

第一节 非机动船

一、春秋晚期到唐五代时期

春秋晚期，越国在钱塘江南岸有专门的造船场，并设有专事管理造船的船官，所造的船舶类型主要有楼船、戈船、翼船等战船，以及扁舟、方舟、舲等民运船舶。

汉元鼎六年（前111年）东越王余善反汉，会稽太守朱买臣"治楼船，备粮食、水战具"，派遣横海将军、楼船将军、戈船将军等水军将领分兵进击余善。三国时期，孙吴以水军立国，船舶打造技术甚为发达，有可乘坐3000战士的大舡，有可载重万斛的舴艋，有疾驶如飞的艨冲，还有长安、飞云、青龙、舸、艟、凌波等各种船型。临海郡的横藇船屯（今平阳）为当时官营造船场。

两晋南北朝时期，浙江民间船舶制造有了很大的发展。东晋时，孙恩起义的活动地域主要在浙江及沿海岛屿，起义队伍在临海灵石山伐木造船，号称战士十万、楼船千余。六朝时期，3丈以上的船舶已很普遍，还出现载重2万斛的大船。隋大业元年（605年），隋炀帝曾派遣黄门侍郎王弘、上仪同於士澄往江南采木造龙舟、风艒、黄龙、赤艦、楼船等数万艘。唐时，为适应繁盛的外交与贸易的需要，造船基地数量猛增，造船技艺明显进步。海船打造大量采用钉榫接合和多道水密隔舱结构，增加了船舶横向强度和抗风浪、抗沉的能力。杭州、越州为造船发达之地，以制造大船、海船而著称。唐初攻打高丽所需船舶，多出自浙江。贞观二十一年（647年），唐太宗敕宋州刺史王波利等一次就发江南十二州工匠造大海船数百艘。

这十二州中有半数在浙江境内,包括湖(今湖州)、杭(今杭州)、越(今绍兴)、台(今临海)、婺(今金华)、括(今丽水)。贞观二十二年敕越州都督府及婺、洪等州造海船及双舫千一百艘。唐朝商人的船舶去日本的很多,大都从明州(今宁波)出发。明州商人把先进的造船技术带到日本。会昌二年(842 年),明州商人李处人在日本肥前国松浦郡值嘉岛,用大楠木费时 3 个月打造了 1 艘船。咸通三年(862 年),明州商人张支信在肥前国松浦郡柏岛用 8 个月时间,打造日本真如法亲王来唐时所乘的船舶。

五代吴越国时期,湖、杭、越、台、婺、括等地均有造船基地。吴越国拥有战舰数百艘,还营造富丽堂皇的舟船作为贡物。五代时期中日来往商船均为中国船,而中国船中几乎又都是吴越的船。

二、宋元时期

宋元时期,浙江的杭、明、温、台、婺等地都设有官营造船场。宋时,在明州设船坊指挥,在杭州和婺州设船务指挥等厢兵,其职责就是打造船舶。杭州的造船场设在东青门(今庆春门)外、荐桥门(今清泰门)外、保德门(今艮山门)外等处;明州造船场设在战船街(今姚江南岸的江心寺到江东庙一带);温州造船场曾在宋徽宗大观二年(1108 年)并归明州造船场,而将明州买木场并归温州买木场。政和元年(1111 年),温州、明州各恢复造船场和买木场,次年,因明州缺乏木材而将明州造船场兵役和买木监官发往温州打造船舶。政和七年(1118 年),为便于建造高丽使船,温州造船场移往明州,工毕迁回温州。宣和七年(1125 年),明州、温州造船场迁往镇江,不久又迁往秀州通惠镇(今上海市青浦县旧青浦镇)。南宋以后,明州、温州才又重新建立造船场。元朝时期,温州造船场还打造战船。元世祖曾命令温州路总管夏若水督造战船,远征爪哇。此外,海盐澉浦镇长墙山下、湖州白蘋洲东岸、慈溪桃花渡、平阳浦门寨(今属苍南县)以及兰溪等地也都有造船场。两浙路还是南宋船舶修理的中心。其时官方旧有舟船凡暂时闲置不用的,或虽破旧仍值得修理的,一般都运往两浙进行修理。如绍兴年间,淮南转运司曾将舟船 30 艘发往浙西修理保存。绍兴三十二年(1162 年)中央政府下令,将夺到的虏人粮船尽数发赴两浙转运使司修理。

宋元时期,浙江造船场打造的船舶很多。北宋真宗天禧(1017 ~ 1021 年)末年下达全国各地打造漕船额定为 2915 艘,浙江的明、婺、温、台四地为 533 艘,占总数 1/5 强。哲宗、徽宗时(1090 ~ 1125 年),温州、明州每年造船定额 600 艘。南宋初年,漕船数量虽有下降,但更加集中在浙江打造,温州造船场岁额打造任务就达 340 艘。浙江各船场除打造漕船外,还经常承担打造出海使船、战船任务。宋神宗时,派使者出使高丽,下令明州造万斛船两艘(凌虚致远安济神舟和灵飞顺济神舟)。宋徽宗时,徐兢出使高丽乘坐的鼎新利涉怀远康济神舟和循流安逸通济神舟,均为明州打造。南宋孝宗以后,沿江和沿海陆续设置了约 20 多支水军,浙江境内有嘉兴府金山水军、澉浦水军、殿前司浙江水军、庆元府定海县沿海制置使司水军等 4 支,其战舰则有海鳅、水哨马、双车、得胜、十棹、大飞、旗捷、防沙、平底、水马等,许多战舰是在浙江打造的。

除官营造船场外,商船、客船、游船及其他民用船舶则由民间造船场打造。南宋时,杭州仅西湖里的湖船就不下数百艘,大者一千料可容百人,小者二三百料可容三二十人,均制造精巧,雕栏画拱。往返在杭州内河里的河船,有落脚头船、大滩船、艒船、舫船、航船、飞蓬船、铁头船、红油艒,出没于钱塘江上的还有海泊、大舰、网艇等。

宋代浙江造船工匠已能按图纸施工，能打造江海两用船，造船时采用水密隔舱、舭龙骨等技术。南宋乾道五年(1169年)，明州奉旨打造了定海水军统制官冯湛设计的一艘船，“湖船底，战船盖，海船头尾，通长八丈三尺，阔二丈，并准尺计八百料，用桨四十二枝，江海淮河均可航行，可载甲军二百人，往来极轻便”，后又仿造50艘。1979年，在宁波东门口发现了元代修船场遗址，出土了大量的船板、木头及石臼、麻绳、船钉等遗物；出土宋代海船1艘，采用水密隔舱、舭龙骨等建造技术，其中舭龙骨使用比国外早600多年。

三、明清时期

明代，浙江仍然是官营造船的重要基地之一。洪武元年(1368年)，朱元璋就命令平章汤和在明州造船，运军粮到直沽(今天津)。为防御倭寇侵袭，洪武五年八月朱元璋令温州等浙、闽滨海九卫造海舟660艘；十一月，又诏浙江濒海诸卫改造多橹快船。永乐年间(1403~1424年)几乎每年都向浙江下达造船任务，其中以永乐三年(1405年)为最多。永乐三年五月，命浙江等都司造海舟1180艘；十月，命浙江、江西、湖广及直隶、安庆等府改造海运船80艘，命浙江、江西、湖广改造海运船13艘。嘉靖以前，浙江的漕船由清江船厂(在今江苏淮阴市)和卫河造船厂负责打造和维修。嘉靖之后，浙江各军卫自行打造，并由杭州南关抽分厂“兼督浙总漕艘”。其时，钱塘、仁和等地都设有船厂。嘉靖三十二年(1553年)南关抽分工部主事刘秉仁有鉴于造船用料未有定数，遂订立了漕艘规则作为定法，浙江打造漕船自此船式划一，始有定则。嘉靖三十八年(1559年)，浙江粮船于北新关设厂，工部抽分主事兼理打造。嘉靖四十四年又改为由粮储道督造漕艘，事权归一。

清朝政府曾经在浙江乍浦、宁波、温州兴办造船厂，打造海上战船。后因为造船木材匮乏而往厦门购办进口木材以维持生产，结果费用陡增，每船不下千金，难以维持而衰落。杭嘉湖平原民船中以打造浪舡最为普遍。浪舡多用杉木建造，船体较小，船上设有橹、纤绳和小蓬，适合复杂多变的水网地带航行。船上还建造窗牖堂房，可以人货同载。嘉兴还有一种赤马船，缚布为帆，往来于江河湖塘之间。钱塘江流域，尤其是上游地区常山、开化、遂安(今淳安县)一带，民间多打造西安舡，舱棚呈拱形，就地取材，用竹蔑夹箬叶编制而成。钱塘江上的大型渡船，可舟车并济，即“有以船济水者，而羊角车或肩舆至，亦载之以渡，盖以车舆置之舟而人即坐其中也。”绍兴一带民船称为乌篷船、屋帻船、坐船和鱼鱋、菱舠等。浙江打造的游船很有特色，如嘉兴南湖、杭州西湖、萧山湘湖、宁波日月湖等都有游船。清代钱塘人厉鹗《湖船录》辑录船名就有90余种。沿海宁波、台州、温州等地则擅长打造海船，如通商日本、朝鲜及东南亚等国的航海贸易船，沿海居民打鱼的渔船。此外，还有用运输船改成的多种海上战船，如苍船(又称苍山铁)、网梭、乌咀、壳哨、赶艚、水艍等。

四、民国时期

民国以后，浙江境内交通运输仍以水运为主，沿海和内河航行的木帆船总数多达10余万艘，有木帆船修造厂220余家，分布于11个县内。海船的建造通常都由航商出资、备料，船厂(或船业)只负责制造。在不通轮船的沿海小港，建造大帆船很盛。1920~1937年，仅玉环的楚门、坎门两镇的航商就先后打造100吨以上的海运商船25艘。同样，在洞头岛的乌仙头和仁前涂两地的航商也建造了商运帆船16艘。三门县海游等地也建造大帆船多艘，定期开航兰门湾沿岸各地。浙江所造海船仍以传统的宁波船型为主，均呈尖头，船腹较狭，呈半圆状曲线形，船底具备龙骨，船舷的曲线较陡，船首尾部均斜向高出水面。每船有帆桅2~5支,多系软蓬,无竹条横型筋带。船体构造较为复杂,载重量400~2000担为多,大型帆船亦可达5000担以上,能航行于近海或较远的洋面。此外,在绍萧沿海等地还制造一种海河两用的方头平底船,载重量在2000~4000担之间,能随潮汛涨落进出钱塘江。同时,部分造船工匠已能将旧式帆船改装成为夹板船或建造夹板船,但为数不多。内河、内江建造的木帆船,大致上有两种代表船型,即江山船型和绍兴船型。江山船型船身狭窄,船内多舱,首尾呈尖形且上翘圆底,俗称"尖头舱"船,有单桅或双桅,内设4~12舱,可载重100~600担。适合于山区型河道行驶,亦可在大江下游宽水平面航道航行,是钱塘江干支流航运的主要船型。绍兴船型船身较长,平底,船头短小,中舱宽大,两舷微呈弧形,后梢高翘,一般无桅杆。载重量一般在60~500担之间,最大的船载重量可达800担以上,适合于平面水网河道航行,航行时主要靠摇橹前进,每船有橹2~4支。有用竹笠编的圈棚遮盖,棚盖漆成黑色称乌篷船,本色的称白蓬船。制造木帆船通常均无正式图样,施工工艺与技术要领均由营造的负责大工匠口授或示范,但所造船舶都有规定的比例尺寸。海船的船身长、阔、深和桅长、板厚都有定规,一般船的长、阔、深的比例为13:3:1,桅高又为船长的约1.3倍。河船船式较多,各种船型长、阔、深的比例各异。普通船长约在2.8~5.4丈(合9.3~17.9米)之间。但也有船长至7.6丈(25.3米)的。造船所用木料亦按船的各部位均有定规。无论海船、河船,船身的纵向均用杉木,横向用樟木,船底板用松木、梓木或柏木。舵杆须用楠木或硬杂木,桅杆(尤其是海船)要求用建杉。造船所用的铁钉亦须定制,计有枣钉、边铲、锸钉、梁钉和挂足等。对捻缝和油漆用的桐油、石灰、麻、网衣也有一定的要求。

第二节 机 动 船

道光二十年(1840年)夏,宁波军营督造军械的龚振麟开始仿造轮船,船的两侧装置两个硬木划水明轮,明轮依靠船舱内的人力推动。后来,龚振麟等人参考了林则徐提供的《火轮船图》制造了5艘以人力代替火力推动齿轮激水的车轮战船,并参加了江南水师保卫吴淞炮台的海战。同治元年(1862年),浙江巡抚左宗棠在杭州建立造船工厂。次年夏,命陈其元主持试制轮船工作,胡光墉襄助此事。十一月,造出小轮船两艘,在西湖试航。

民国7年(1918年),杭州振兴商轮公司创办轮船修造厂(设在杭州闸口),为公司的轮船做维修保养,浙江始有轮船修造企业。民国10年,钱江商轮公司投资1万元,建立专为公司轮船修配服务的轮船修造厂。民国12年,钱江公司轮船修造厂邀请周金宝等人招股1万元,另行组织和昌机器造船厂,对外营业,承接修船、造船业务。20世纪30年代初,杭州的轮船修造厂有6家。民国15年,杭诸汽轮公司设立杭诸公司轮船修造厂,对内方便公司船舶的修理,对外承接修造船业务。民国19年前后,和昌厂兼并了创办于清末的陈景记造船厂,并改名为和昌景记机器造船厂,其规模和业务都有所扩大,资本增至1.5万元,工人增加到50人左右,年营业额达到1.4万元,并在拱宸桥内河设立分厂。民国16~19年(1927~1930年),杭州还开办了钱浦轮船公司,附设轮船修造厂和杨茂兴船厂(设在城北拱宸桥)。

温州最早的修造轮、汽船的工厂是毓蒙铁厂。该厂为宣统三年(1911年)就由瑞安手工业家李毓蒙创办,民国8年(1919年)开始兼营轮、汽船发动机的修造业务。后续兴起的还有瓯利、新蒙、安华、毓华等4家轮船修造厂,但规模都较小。

宁波因与上海来往便利，当地小轮、汽船的大修直接送往上海船厂，小修小配则由宁波汇昌、顺记、全通等兼营船舶修配业务的机器厂承担。民国15年(1926年)，镇海在城外办起范顺春、乾广隆两家机器厂，兼营轮、汽船修理业务。民国17年，李云通等人在江东船厂巷设立鸿大造船厂，以打造5~15吨位的轮船船壳为主，兼营修理业务。此后又有恒大、胡发记等两家船厂开设，但规模较小。

定海的沈家门于民国13年(1924年)创办了长生船厂，资本1.2万元。

吴兴的内河小轮颇多，但各航运公司的轮船大多是向上海租赁的，遇有需要修理或更换机件时均拖送上海，另外再由上海派船轮流替换。至20世纪30年代初，此地才有两家小修船厂先后开办，因营业清淡，至民国22年(1933年)仅剩下1家，每年修船营业额仅二三千元。嘉兴的情况与吴兴相似，长期没有专门的轮船修造业。民国19年(1930年)前后，才开设了新生泰船厂，曾于民国25年为湖州永大轮船局建造了1艘载重量10总吨的"新永康"小轮船。

1958年，国营浙江省轮船公司杭州修理厂(后称杭州船厂)成立；1969年，浙江反帝船厂(后称浙江船厂)成立，浙江的轮船制造技术逐渐发展。

在客轮制造方面，1964年杭州船厂设计、制造出省内第一艘内河钢质客货轮"喜鹊号"，100个客位，不久又制造出250个客位的"布谷号"钢质内河客轮。1984年，杭州东风造船厂和中国船舶工业总公司第708所合作建成省内第一艘侧壁式气垫客轮，在国内率先使用两台柴油机作动力，船长21米，宽4.94米，航速每小时38公里，设有70个软席客位，具有快速、平稳、舒适的特点。

在货轮制造方面，1970年省航运公司宁波分公司船厂设计、制造一艘450吨沿海钢质货轮。1975年12月，浙江船厂建成本省第一艘千吨级沿海货轮"浙海504轮"(该轮于1980年组建中国远洋运输总公司浙江省公司时改称为"姚江轮"，是当时浙江省首艘从事外贸运输的货轮)。1980年前后，省航运公司船舶设计室设计出300~500吨级的系列船型。1982年，浙江海东船厂设计出460吨沿海货轮，单位马力载货量比省内同类型船舶增加近1倍，减少油耗29%。1984年，浙江船厂设计、制造出2200吨沿海经济型货轮，长71.82米，宽12.8米，满载吃水4.8米，具有单位马力载货量大、耗能低的特点，适宜于在长江至沿海中小港口江海直达运输。之后，省航运公司还开发出3800吨级、4500吨级沿海经济型货轮，并形成系列。80年代初，省航运公司船舶设计室与上海交通大学合作，开展浅吃水万吨级散货船研究，按3000吨级沿海货船吃水标准设计万吨级浅吃水肥大型船舶。1984年由渤海船厂制成国内第一艘浅吃水、低能耗万吨级散货船浙海117轮。

在驳船制造方面。1978年省航运公司与交通部上海船舶研究所合作，用一条旧驳船改装成国内第一组500吨级海上顶推船组浙推一号，推轮与顶推驳之间采用液压联结装置。同年，杭州航运分公司船厂制成省内第一组内河250吨级机驳"一顶一"顶推船组，总长42米，采用刚性联结结构。1980年，杭州航运分公司船厂制成内河300吨级"一轮两驳"顶推船组，总长49.5米，采用分节驳刚性联结，推轮上安装自行研制的360度全回转Z形推进装置。1989年，嘉兴航运公司船厂设计、制造150吨级内河机动驳挠性顶推船组，比刚性顶推船组转弯半径小，较为适合杭、嘉、湖一带的航道条件。1986年，安吉县航运公司与上海交通大学合作，建造艏部为雪橇式线形的首驳。

在渡船制造方面,1989 年省航运局、省船舶运输设计室、塘栖船厂研制成功省内第一条具有充分储备浮力和稳性裕度的 50 客位内河钢质渡船。

1985 年 3 月,浙江省经济体制改革领导小组、省计划经济委员会、省财政厅、省交通厅联合印发《关于杭州船厂、浙江船厂下放的通知》,将杭州船厂下放给杭州市管理,浙江船厂下放给宁波市管理(包括人财物、产供销)。1985 年 4 月 16 日,在宁波市举行浙江船厂下放交接仪式。1987 年 10 月 14 日,在杭州航管处举行杭州船厂下放交接仪式。

第四章　主要车船修造企业

浙江省车船修造企业在民国时期因交通尚不发达而处于萌芽状态。中华人民共和国成立后，特别是1978年改革开放以来，随着交通事业的发展，车船修造企业也得到发展，涌现了一批较大规模的企业，为21世纪交通制造工业更大的发展打下了良好的基础。

第一节　汽车修造企业

一、宁波汽车运输公司修理厂

该厂是一个全民所有制的老企业。1956年，宁波成立市搬运公司汽车货运站汽车修理小组。1957年扩展为保修车间。1958年改装载重15吨的“万能号”牵引平板车1辆。1959~1960年，修复美国道奇、大蒙等旧车16辆。1961年，扩建保修车间，建立宁波运输公司汽车修配厂。1962年，完成大修汽车54辆。1971年，首次将“交通”牌汽车改装为8号自卸车。1980~1982年，将6辆4吨货车改为8吨自卸翻斗车，将15辆“解放”牌汽车改装为8吨半挂自卸车。1990年拥有职工157人，主要修理机具62台。1992年11月，厂址搬迁至环城北路420号。1994年12月，修理厂与工贸总公司济南汽车技术服务站合并。1995年7月，修理厂搬迁至环城北路东段605号（宁波市汽车运输工贸二公司所在地）营业，占地6037平方米，建筑面积2004平方米。2002年7月，修理厂易名宁波市汽车运输有限公司车辆养护分公司，地址设在宁波市环城北路东段581号。宁波市汽车运输有限公司组建成立宁波市朝日汽车保养维修设备有限公司，注册资本1000万元，与车辆养护分公司实行两块牌子一套班子。2005年，公司购地新建厂房6115平方米，综合办公楼1458平方米，车间1727平方米。地址在宁波江北区洪塘工业C区姜湖路219号。2010年，公司员工总数达48人，拥有车床、钻床、空压机、交（直）流电焊机、中压乙炔发生器、立式珩磨机等相关维修及机具设备204台。

二、宁波市汽车修造厂

该厂为全民所有制企业。其前身为民国19年（1930年）成立的鄞奉货运公司修理厂。后被鄞奉长途汽车股份有限公司接收。1952年，公司由浙江省交通公司宁波分公司接收，设立了保养场。1954年撤销保养场，成立修理车间，1955年又被改为中修车间。1958年新厂房落成，成为宁波区最大的汽车修理单位，后又成立浙江省宁波区公路运输汽车制配厂。1959年，更名为汽车修理厂。1987年8月22日，企业管理体制下放，改为宁波市长途汽车运输公司汽车修造厂，隶属宁波市长途汽车运输公司，厂址在宁波市海曙区鄞奉路47号。1990年有职工463人，主要生产设备100余台，具有年产车100辆，货挂车100辆和大修客货车100辆的生产能力。1996年，厂址迁至宁波市环城北路东段825号。1998年11月，更名为宁波公路运输（集团）总公司汽车修造厂。2003年4月，合并宁波公路运输集团股份有限公司轿车修理厂（俗称保养厂），全厂占地面积35380平方米，厂房面积10522平方米。企业负责承接各类车辆维修、专用汽车改装销售、汽车经营等多种业务，其中客车维修是浙江省定点维修企业。2006年,整车大修60辆,总成大修250辆,二级维护320辆,产值1505万元。2008年,更名为宁波公运汽车修造厂。2009年8月,更名为宁波公运汽车修造有限公司。2010年,公司有员工85人,拥有200吨压床、龙门剪刀机、行车、车身蒙皮泊拉机、汽车前后桥校正机、四柱压机、单柱校正压装液压机、镗制动鼓机、半轴套管拉压机和车床、刨床、磨床、锯床和铣床等金加工及车辆保养设备,与国内多家大型汽车集团公司保持相关业务往来。

三、温州市汽车修造厂

该厂地址设鹿城区飞霞南路204号,系全民所有制企业,隶属温州市交通委员会。该厂初建于1958年2月,前身是温州市搬运公司板车修理所,时有职工27名,从事板车、轮胎修理。同年10月改名为温州市交通局港口机械厂,职工增至210人。1961年10月独立建制,定名温州汽车修配厂,经营交通系统内部车辆维修,兼营社会车辆修理,年产值为19万元。1963年厂房迁入今址。1965年试制成功松花江牌车厢7辆,大修汽车422辆,年产值21.3万元。1966~1972年间曾一度划归温州市运输公司。恢复独立建制后,因受"文化大革命"影响,生产处于半瘫痪状态。连续5年累计亏损88.92万元。1980年实行"超额奖"、"综合奖"和经济责任制。同年10月,建立了温州市客运服务联合公司,从事温州至金华的客运业务。1982年上半年试制成功WZ940型10吨解放牌半挂货车,9月投入批量生产,年产值达107.67万元。扭亏增盈,利润达20万元。1984年,该厂参加全国汽车保养设备行业联合会。1985年5月,该厂设计生产的ZJ29型液压连杆校验工作台及YFDS00型澈压发动机吊,在全国公路交通工业展览会上获交通部优秀展品奖。9月,WZ15-BGB型和WZ140-BG13型10吨半挂货车通过省级鉴定后投入生产。同月,该厂又成为第一汽车制造厂温州服务站,当年实现利润48.44万元。1986年4月22日,改名为温州市汽车修造厂,工业总产值达521.3万元。1987年与杭州汽车制造厂联合开发生产HZ140AD柴油10吨半挂货车。同年2月,生产解放、东风、钱塘江3种车型10吨半挂5种产品,形成甩挂运输系列产品。当年还开发东风系列5吨和8吨水泥罐车新产品。1988年3月定为交通部计划生产半挂车和省计经委定点生产气卸散装水泥罐车的专业改装厂,实现利润40多万元,被评为省级优秀文明企业。1989年1月14日,受交通部委托主编《液压连杆校验及技术条件国家标准》获得通过,填补了我国汽年维修机具行业标准的空白。当年总产值达12.73万元,实现利润24.83万元。同时设计东风5吨自卸汽车,通过省级鉴定。下半年因受到全国经济滑坡的影响,产品积压,1990年又停产达9个月之久,年工业总产值下降至301,88万元。年末职工人为338人。1991年生产有所回升,开始摆脱困境。1990年后,随着汽车制造业的发展,企业体制和机制的改革,行政业务管理由交通系统转归机械制造工业系统。

四、温州市长运总公司修造厂

该厂地址设鹿城区飞霞南路195-2号,原为浙江省汽车运输公司温州修理厂(大修厂),系全民所有制企业。全厂占地2万平方米,建筑面积1万平方米,是温州市建立最早、规模最大的汽车修理企业。该厂前身是1953年5月浙江省交通公司丽水分公司修理车间。1958年7月,丽水修理车间迁至温州飞霞南路今址,改称温州区公路运输局修理车间,人员达300多人,大搞车辆改装和新制客车厢、挂车生产,研制成功"卫星"牌双层客车。1958~1960年浇制出"道奇"、"格斯"、"万国"等车型的活塞和气缸盖,自制喷镀设备等。1960年下半年改称修配厂。1961年改称温州区公路运输局修造厂。1962年试制成功铁质客、货半挂车厢，改进了大梁翻身架等。1963年，将全部木炭车改装成汽油车。1970年12月，研制成功“温州牌”5吨平头载货汽车。1978年试制成功东风牌10.5吨半挂汽车。1983年率先在全省试制生产出10吨集装箱半挂车。1981～1984年，全公司314台CA10B型发动机改造成CA10E型获得成功。该厂生产的各种型号周转式清洗机，1986年在西安全国汽车检测保修设备展示会上获优秀展品奖，1988年获得浙江优秀“四新”产品三等奖和温州市优秀“四新”产品一等奖，畅销全国。1987年11月与第二汽车制造厂联建“第二汽车制造厂东风系列车温州技术服务站”。同年全厂实行承包经营，扭转了连年亏损局面。1988体制下放改称修造厂，对内独立核算。1990年年末有职工348人，年工业生产总值258.98万元，年实现利润28.7万元。1990年后，行政业务管理由交通系统转归机械制造工业系统。

五、金华汽车修造厂

厂址位于市区飘萍路57号，隶属金华市汽车运输总公司，全民所有制，为汽车修理和制造及保养的综合性中型企业。其前身为1958年由金华地区公路运输局保修车间析出建立的汽车修配厂，以修为主，兼制配件和改装车辆，是当时金华唯一的大修厂。1960年国民经济困难时期，坚持自力更生，群策群力，深入开展技术革新活动，以其他材料代用钢材进行作业，并自制齿轮、转向传动等零配件达50%，取得了一定的社会经济效益。为解决汽油供应不足，通过改进木炭炉以适应交通运输需要，并新制挂车和改装半挂车，增加投入“大跃进”运输运力。1964年省交通厅鉴于该厂大修占用车日少，材料省，质量好，曾将部分交通运输单位车辆划给该厂大修恢复。1965年1月易名金华修理厂，由金华运输段领导。此后陆续研制汽油转子发动机，新建平头、半挂、通道客车等，生产系列挂车，水泥罐车等，成为省挂车生产的骨干厂家，为部属北京挂车联营公司成员单位之一。1985年，该厂生产的转子发动机及六吨挂车，获交通部全国交通工业产品“金杯奖”。1990年末，有职工574人，其中有技术职称人员84人。设有13个科室，分大修、制品、挂车、转子机4个车间以及专用汽车研究所、三角机械研究所等。厂区占地面积47000平方米，建筑总面积21600平方米，固定资产原值648.1万元，主要设备120台，各类生产检测设备326台（套），年总产值888.4万元（1980年不变价），上缴利税15万元。1990年该厂转制，改成为浙江神马汽车实业有限公司，全厂职工770人。该厂自筹资金，研制开发了一系列适销对路挂车和专用车产品，并独立自主研制出国内第一辆卧铺客车。转子发动机第四轮样机JZ211C型转子机顺利通过鉴定。1992年金华市政府、市交通局对该厂实施改制，脱离金华汽运总公司母体，建立具有法人资格的经济实体，改名金华市专用汽车总厂。1990年至1991年，开发新车型，抓好三项技术改造，申报上海大众特约维修站和金华市车辆综合性能检测站。1994年该企业成为市首批股份制改造试点单位。1995年至1997年，产品质量不够稳定，销路难以打开。1998年公司领导进行调整，新领导班子发挥技改成果，突破工艺技术关，全面提高产品质量，客车产销量直线上升。1998年公司职工达到1160人。轻型客车生产突破1000辆，公司总资产达到1.15亿元。1999年，与横店集团达成合资企业协议方案，由该公司及市国资公司和横店集团三方签订了股权转让协议。至此，浙江神马汽车实业有限公司离脱离了交通系统。

六、丽水市南明专用汽车有限公司

公司为丽水汽车集团的参股公司，地址位于丽水市水阁工业园区枫岭街1号。其前身为成立于1982年5月12日的汽车保修机具制造厂,由交通部颁发生产许可证,是全国专用汽车生产的定点企业。2001年3月27日,由丽水市汽车改装厂、丽水市汽车保修机具制造厂等改制组建成股份制企业。注册资本500万元。同年通过ISO 9001质量认证。2003年,"南明"系列专用汽车产品通过"3C"认证,该厂获浙江省三优企业(优秀企业、优质产品、优秀经营者)称号。2008年,经质量管理体系认证,该厂连续5年被评为丽水市工业企业20强,丽水市先进民营企业。2010年,注册资本提升到600万元。有职工200多名,其中高级工程师6名,中级职称技术骨干30多名。公司占地54954.71平方米,生产厂房面积12000平方米,拥有数控等离子切割机、折弯机、剪板机、630吨压机和美国林肯牌埋弧焊机等大型先进设备100多台,主要生产半挂汽车、厢式汽车、集装箱运输车、自卸汽车、散装水泥车、油罐车、低平板半挂车等专用汽车,已有100多种型号产品登上国家公告,具备年产3500辆专用汽车的能力,是全国专用汽车生产地骨干企业、浙江省专用车生产经营最具有规模和实力的企业。

七、海宁客车厂

嘉兴市车辆修造企业起步较晚。民国时期该地汽车处于修修补补的维持状况。1949年后逐步建立起汽车配件生产、汽车修理和汽车装配厂。1979年,海宁红江公社汽车修配厂成立。1983年,改名为浙江省海宁客车厂,以生产客车、救护车为主,兼营汽车修理。1990年年末,拥有职工244人,固定资产2053万元,厂区面积19300平方米,建筑面积5010平方米。主要机械投资67台。该厂主要产品有奇观牌HJ510型救护车,产品行销全国27个省、市及港澳地区。1990年,海宁客车厂生产的HK520型、HK521型轻便改装汽车和HK521型HK522型达到省级标准。HK620型旅行车于1985年获全省质量评比总分第一。1990年后,该厂行政业务管理由交通系统转归机械制造工业系统。

第二节　船舶修造企业

一、浙江船厂

该厂创建于1969年12月。原名浙江反帝船厂,为省属全民所有制企业,厂址在奉化市松岙乡湖头渡。1971年6月改称浙江船厂。1984年下放宁波市,隶属宁波市机械工业局。1989年,宁波船舶工业集团公司成立后,成为该公司主体企业。2003年3月,改组成立浙江造船有限公司。

1975年12月30日,该厂为宁波地区航运公司建造的"浙海504"轮下水,载重1185吨,主机900马力,时速11海里,型长64.63米,型宽10.8米,型深5.1米,是省内自行制造的第一艘千吨级货轮。1983年,经过技术改造,扩充设备,造船能力达到3000吨级。1984年,制造"浙海703"轮,载重2200吨,主机900马力,时速11海里,型长71.82米,型宽12.8米,型深6.2米。1990年,承接新加坡订造的2200吨级货轮业务,是浙江省首次建造的出口货轮。1990年年产值1773万元。2000年8月,获中国船级质量认证ISO 9002认证证书。

二、杭州船厂

该厂前身为国营浙江省轮船公司杭州修理厂,厂址在湖墅大王庙,并设有钱江工地。1951年3月,国营钱江轮船公司以1500万元(旧币)购进私营"和昌船厂"和"钱江机器修理所",专修钱江轮船分公司的机动船舶。1953年7月5日与"国营华东内河轮船公司浙江省分公司船舶修建组(筹)"合并,成立"国营浙江省轮船公司杭州修理厂",为省交通厅下属单位。1985 年 3 月 9 日,浙江省人民政府决定,将杭州船舶修造厂下放给杭州市管理(包括人财物、产供销)。1990 年,有职工 901 人,其中各类专业技术人员 86 人,年工业总产值 1100 万。1992 年 3 月,被杭州制氧机厂兼并。

1952～1956 年,杭州船舶修造厂先后修理各类船舶 276 艘。1958 年秋,设计建造省内第一艘装载量 20 吨的钢丝网水泥货驳,同年又研制成功 88.32 千瓦钢丝网水泥拖轮。20 世纪 60 年代,主要承担机动船舶、工程船舶的恢复修理、大修、改造。1963 年,将国民党海军旧军舰"嫩江号"改建成"天鹅号",投入钱江运行。"天鹅号"有 530 客位,排水量 300 吨,主机(两台)功率为 736 千瓦。1965 年 10 月,试制省内第一艘钢质沿海客货轮"浙海 712"号。1968 年,在淳安工地首建新安江水库游艇 1 艘。1972 年建造高级西湖游艇 3 艘(为 1972 年春接待美国总统尼克松游览西湖专用。大艇为周恩来总理、尼克松专座,中艇为各国记者专用)。20 世纪 70 年代末,为新疆维吾尔自治区、甘肃省刘家峡水电站和湖北丹江水库设计建造游艇。1981 年春,建造内河旅游客轮"龙井号"和"虎跑号",船总长为 32.7 米,宽 6.7 米,排水量 90 吨,250 客位,主机功率 254.96 千瓦。1971～1985 年,转向建造军用登陆艇、测量艇、修理艇。1982～1984 年,先后设计建造"玉泉号"旅游客轮、高级豪华型旅游客驳"天堂号"和拖轮"古运河 1 号"。

三、浙江省钱江船厂

该厂建于 1951 年 3 月,厂址位于杭州市南星桥浙江第一码头 6 号。1953 年 6 月,为了扩大修船能力,以适应当时国营航运系统的船舶迅速增加的需要,原省内河轮船公司船舶修理组扩大为杭州修船厂,主要负责浙西、钱江两航区轮驳船修理业务。钱江分公司修理所并入该厂,改称钱江修理组。

1989 年 12 月,浙江省航运公司钱江分公司下放杭州市管理时,该厂单独划出没有下放,仍留在浙江省航运公司,并更名为浙江省钱江船厂。

1989 年 5 月 1 日,浙江省航运公司改制为浙江省海运总公司,该厂成为该集团公司下属的一家国有独资子公司。占地面积 5.5 万平方米,具有建造 1000 吨级货驳和 300 吨级货轮的能力。1998 年以后,由于建造钱塘江防洪大堤、滨江大道、钱江四桥等重点工程需要,该厂生产经营场地全部拆迁。2000 年 7 月,浙江省海运总公司完成了股份制改造,组建了浙江省海运集团,2001 年 10 月 10 日,以收购的舟山五洋船厂为基础创办舟山五洲船舶修造有限公司。2004 年,钱江船厂职工和设备整体迁移至浙江五洲船舶修造有限公司。

四、浙江东方红工程船厂

前身为浙江省交通厅驻上海办事处下属周嘉渡船厂。1969 年,浙江省交通厅驻上海办事处撤销,周嘉渡船厂的员工及设备迁到杭州船厂旧址——大皇庙(杭州船厂另选新址),更名浙江省东方红工程船厂。船厂归属浙江省航运公司管理(时为浙江省航运公司、浙江省航运局管理合署办公)。主要修造疏竣内河的挖泥船、拖船、驳船等。

该厂从初建时有员工四五十人,生产规模最大时员工近 200 人。后因社会需求变化发展缓慢,生产逐步走下坡路。1988 年,全省交通系统开展管理体制改革,船厂下放给杭州市交通局管理。1999 年船厂建制撤销,并入杭州链条厂。

五、浙江省船舶工业公司

1980 年 12 月,为解决全省造船企业分散多头管理的弊端,浙江省交通厅根据省经济委员会的建议,为统管全省的修造船舶企业,在浙江省交通厅船舶办公室的基础上,成立浙江省船舶工业公司。该公司为浙江省交通厅直属船舶工业经营性公司。公司成立后,主要负责争取交通部、六机部和浙江省计划部门的船舶修造所需钢材等材料的计划指标,并转拨销给全省各修造船舶企业;对各修造船舶企业实行统一计划、统一经营、统一技术标准、统一材料供应;承担船舶制造行业管理,支持省内主要船厂的生产发展。进入 20 世纪 90 年代,随着计划经济向市场经济过渡,该公司由于没有造船实体,原有的行业管理、经营服务职能逐步减弱,难于为继。1998 年 2 月,公司并入浙江省海运总公司。1999 年 4 月 26 日,浙江省船舶工业公司行业管理职能移交浙江省机械工业厅,浙江省船舶工业公司正式撤销。

第六篇　管　　理

浙江自古就设有管理机构,对交通进行管理。如宋太宗时期,置两浙西南路、两浙东北路转运使及副使,负责浙江漕运事务。至道三年(997 年),宋分天下为十八路,浙江属两浙路,两浙转运衙在杭州双门(即子城北门)之北,为南、北两衙,管理浙江省的漕粮运输。

进入民国时期,随着近代交通运输业的兴起,公路、水路建设和运输管理的专业性管理机构逐步建立,并制订了相应的交通规章。但战乱频繁,交通机构和管理处于一种不稳定的状态。

中华人民共和国成立后,交通管理开始逐步正规起来。省、市、县三级成立了交通机构,实行全面垂直管理,并制定了一系列相关的法律法规和规章制度。

改革开放以后,交通行业逐步转向市场经济,交通管理也相应进行了调整。到 2010 年年底,浙江省交通运输管理已初步形成一整套与现代交通市场经济相适应的管理模式和手段,并不断进行新的探索。

第一章　管理机构

古代交通以邮驿、漕运、盐运为主体。各地道路、桥渡的修理养护由地方官负责,督促当地民户出工,较大的工程则由下而上申报经费。由此交通开始出现管理的专业机构。

中华人民共和国成立后,浙江各级交通管理行政、专业管理机构逐步完善,以适应交通事业的发展变化。

第一节　行政管理机构

一、浙江省交通运输厅

(一)沿革

1949年5月3日杭州解放,设立杭州市军事管制委员会,在其财经部内设交通处,负责全省交通管理工作。此后60多年来,其机构几经变化:1949年8月到1980年4月,先后设置浙江省交通管理局、浙江省交通厅、浙江省交通邮政局、浙江省交通局;1980年5月开始,名称恢复为浙江省交通厅,一直沿用到2009年3月;2009年4月,进行新一轮机构改革,组建浙江省交通运输厅。在机构名称发生变化的同时,机构职能也发生变化,其中较大的变化有:1987年,省级交通监理机构和职能移交浙江省公安厅;1989年,公路管理和航运管理的领导体制由条块结合、以条为主改为条块结合、以块为主;2000年,浙江省沿海海域和港口、对外开放水域的水上安全监督管理职能移交给浙江海事局,船舶工业的行业管理职能移交给浙江省经贸委;2001年,浙江省交通厅与所属的各企业脱钩,脱钩出来的企业纳入新组建的浙江省交通投资集团有限公司,实行国有资产授权经营;2002年,全省港口、码头、车站的公安职能移交浙江省公安厅;2005年,车辆购置附加费改为车辆购置附加税,其征收机构、人员和职能均移交给浙江省国税局;2009年,原浙江省交通厅的职责、浙江省建设厅的指导城市客运职责、浙江省机场管理公司的全省民航机场管理职责,整合划入新成立的浙江省交通运输厅。

1. 杭州市军事管制委员会财经部交通处(1949年5月~1949年8月)

1949年5月3日杭州解放,杭州市军事管制委员会财经部交通处成立,负责全省交通的组织管理,派军代表进驻民国政府浙江省公路局、交通部公路总局第一区局、浙江公路联营运输处和浙江省交通管理处所属钱江轮渡所等交通机构,进行军事接管,组织并监督其迅速恢复运输生产与各项工作。

2. 浙江省交通管理局(1949年8月~1950年4月)

1949年8月,杭州市军事管制委员会将财经部交通处接管的民国政府交通部公路总局第一区局和浙江省公路局,调整改组为浙江省交通管理局,交通处同时并入该局办公,负责全省水陆交通行政业务管理和工程建设养护工作。局长朱人俊。局内设秘书室、总工程司室和工务、运务、航政、材料、人事、会计、总务7科。

1949 年 8 月，浙江省交通公司成立，主要负责省营汽车运输业务。1949 年 12 月，浙江省航务局成立，负责航务管理和航运业务。

3. 浙江省交通厅（1950 年 4 月 ~ 1970 年 5 月）

1950 年 4 月 3 日，浙江省交通厅成立，厅长吴化文，厅党组书记、副厅长朱人俊。厅机关设秘书科、人事工资科、计划科、财务科、行政科、运输科，实有人员 62 名。1950 年 9、10 月先后成立省航运公司、省联运公司（1953 年 12 月撤销）。1954 年 8 月前，厅属单位有公路局（前身为成立交通厅后的省交通管理局）、航运局（前身为省航务局）、省运输公司（前身为省交通公司）、省轮船运输公司（前身为省航运公司）。受其指导管理的机构有省邮政、电信管理部门（自杭州解放至 1953 年年底）。

1954 年 8 月，原厅公路局、厅航运局、省运输公司和省轮船运输公司机构撤销，建立厅公路运输局、厅工程局、厅航运管理局（保留省轮船运输公司名义），3 局编制共 393 名。1955 年厅机关设办公室、监察室和计划处、财务处、运输处、人事处，编制 78 名。

1958 年 1 月，撤销厅公路运输管理局、厅工程局、厅航运管理局，3 局业务由厅办理。成立杭州、湖州、嘉兴、钱江、舟山区航运局及厅驻沪运输经营处（后改称交通厅驻沪办事处）和杭州、宁波、温州、金华区公路运输局，原工程局所属各养路段并入有关各区公路运输局，其他局属单位及杭州汽车修理厂、杭州修船厂归属厅领导。集运输管理、运输经营和工程养护、交通监理四位一体由厅直管的体制。厅机关设办公室和人事工资、计划、财务、搬运民间车船管理、公路运输、航运、工程等处室，编制 135 名。

1958 年，省交通厅创办浙江省公路学校和浙江省航务学校（中等专业学校，1963 年撤并更名浙江省交通学校），成立浙江省交通厅工程队，直属交通厅领导。

1958 年 12 月，根据国务院将中国民用航空局划归交通部领导、民用航空实行中央和地方双重领导和部分下放的决定，经浙江省人民委员会同意，省交通厅设立民用航空处，与杭州民用航空站两块牌子、一个机构，由省交通厅和民航上海管理处双重领导。1960 年扩编为中国民用航空局浙江省管理局，1962 年国务院决定全国民航系统划归空军负责管理时划出。

1961 年，根据国家关于汽车配件供销业务由商业部门移交交通部门负责经营管理的决定，省交通厅成立浙江省汽车配件公司（1965 年其机构、业务又全部划归第一机械工业部所属中国汽车工业公司统一经营管理）。

1961 年 4 月，恢复工程局、公路运输管理局和航运管理局三局建制。1962 年又将 1958 年下放的一部分省属企事业单位的行政业务管理权收回由省管理。1964 年恢复成立浙江省汽车运输公司、浙江省轮船运输公司（1966 年改称浙江省航运公司）。1964 年至 1966 年，厅机关处室调整为行政办公室、政治工作办公室、生产建设办公室和民间运输办公室，编制 62 名。

1967 年 3 月，成立交通厅军管小组，对交通厅机关实行军管，直至 1970 年 5 月。军管期间，交通厅原党政领导和机关内部处室停止工作，一切工作由军管小组领导。军管小组先后由省军区、空 5 军的方明生、赵省民、肖文智任组长。军管小组设政工办和生产办。1968 年厅驻沪办事处撤销。

4. 浙江省交通邮政局（1970 年 5 月 ~ 1973 年 5 月）

1970年5月,浙江省革命委员会决定,将浙江省交通厅和浙江省邮政局合并成立浙江省交通邮政局。行政领导为局革命领导小组,党的组织为局核心小组。刘涛任党的核心小组和革命领导小组组长,军管小组的正副组长作为军代表结合进党政领导班子。局机关设办事组、政工组、计财组和邮政组。

1970年9月,经浙江省革命委员会生产指挥组批复同意,省属各地区的汽车运输段、航运分公司、公路总段、港务局、公路管理所(即原监理所)、航运管理处及所属单位等,全部下放给地区革命委员会领导。工程局、公路运输管理局、航运管理局、省汽车运输公司和省航运公司再次撤销。1971年局机关设办公室、政治处、综合处、公路管理处、航道处、水运处、陆运处、邮政处和统一运输办公室、援外办公室。局属单位有第一汽车运输公司、第二汽车运输公司、浙江省交通学校、杭州船厂、杭州客车修造厂和公路、航道工程大队。

5. 浙江省交通局(1973年5月~1980年5月)

1973年5月,浙江省委决定,浙江省交通局和浙江省邮政局仍分设,建立浙江省交通局革命领导小组和党的核心小组,张先进任组长。1977年10月撤销局革命领导小组,原正副组长改任正副局长;局党的核心小组改为党组,黄华任局长、党组书记。局机关设办公室、政治处、工程处、公管处、航运处、综合处、统一运输办公室、援外办公室、三处(省交通战备办公室)。1978年增设工业学大庆办公室。

1978年,经浙江省革命委员会同意,成立浙江省航运公司和浙江省交通局航运管理局(两块牌子,一套机构),成立浙江省汽车运输公司和浙江省交通局公路运输管理局(两块牌子,一套机构),成立浙江省交通局工程管理局,并将1970年下放给地区(市)的省属交通企事业单位上收到省局,实行省局与地区(市)双重领导、以省局为主的领导体制。省交通局机关设办公室、政治处、综合处、运输处、科技处、三处、学大庆办公室、交通安全办公室。1979年宁波港务局划归交通部直属。

6. 浙江省交通厅(1980年5月~2009年3月)

1980年5月,浙江省交通局改称浙江省交通厅,黄华任厅长、党组书记;1981年12月马立亭任厅长、党组书记;1986年10月邵尧定任厅长、党组书记。1988年12月厅党组撤销,1991年1月复设,仍由厅长邵尧定任党组书记;1995年5月郭学焕任厅长、党组书记。

1983年浙江省省级机关机构改革前,厅机关设2室8处,即办公室、政治处、综合处、运输处、劳动工资处、宣传教育处、科技处、公安处、三处(交通战备办公室)、交通安全办公室,以及纪委、工会、机关党总支。1983年机构改革后,厅机关设2室6处,即总工程师室、办公室、政治处、计划财务处、运输处、劳动人事处、科技教育处、公安处,编制100名。省纪委驻交通厅纪检组、交通运输工会、机关党总支、共青团委。战备办工作并入计划财务处,安全办工作并入运输处。厅属企事业单位主要有厅公路管理局(1983年机构改革时工程管理局与公路运输管理局合并改称)、厅航运管理局、省交通设计院(1979年成立)、省交通学校、省交通科研所(1961年成立,1965年撤销,1978年复设)、省交通干部学校(1982年成立)、《浙江交通报》社(1955年创刊,1958年停刊,1981年复刊)和省汽车运输公司、省航运公司、中国远洋运输总公司浙江省公司(1980年成立)、省船舶工业公司(1980年成立)。

1987年,根据国务院关于改革道路交通管理体制的通知精神,省交通厅将交通监理机构及职能移交省公安厅；设立浙江省公路稽征局、浙江省公路运输管理局，与公路管理局一套班子，合署办公，总编制176名；撤销省汽车运输公司，将所属11个分公司、2个厂和省汽车驾驶技工学校及宁波分校成建制下放给所在省辖市（地区）；金华分校由厅直接管理，改名浙江汽车技工学校。同年，宁波港务局由部下放宁波市，实行部、市双重领导，以市为主管理体制。1988年在甬省属交通企事业单位下放宁波市。

1989年1月，浙江省人民政府批复同意省交通厅关于公路、航运、沿海港口和航运公司管理体制改革方案，将公路管理、航运管理改为条块结合、以块（市地）为主的领导体制，市（地）公路总段、市（地）航管处隶属所在市（地）交通局领导。厅属沿海港口和省航运公司所属杭州、嘉兴、湖州、钱江4个内河分公司及钱塘江海运公司，成建制下放给所在地的省辖市管理。浙江省航运公司改称浙江省海运总公司。

1995年12月，浙江省人民政府批准交通厅职能配置、内设机构和人员编制三定方案，厅机关内设10个职能处室（内含省政府、省军区交通战备领导小组办公室和直属机关党委），即办公室、劳动人事处、运输安全处、体改法规处、计划财务处（审计处）、建设管理处、科技教育处、交通公安处、政治处（与直属机关党委合署办公）、省交通战备办公室，行政编制100名，同时设省纪委、省监察厅驻厅纪检组、监察室和交通运输工会（人员编制另列）。

期间，浙江省人民政府建立全省高速公路建设领导指挥管理机构。其简要情况如下：1990年2月，浙江省人民政府建立浙江省沪杭甬高速公路建设领导小组，浙江省副省长柴松岳兼任领导小组组长。领导小组下设浙江省沪杭甬高速公路建设指挥部，为省政府直属事业单位，浙江省交通厅厅长邵尧定兼任指挥。1990年6月，省编制委员会浙编〔1990〕82号文批复省沪杭甬高速公路建设指挥部内设机构为1室5处，即办公室、计划财务处、工程管理处、征迁处、工程监理处（又称浙江省交通厅工程监理处）、劳动人事处，人员编制暂定事业编制80名。1996年6月，浙江省人民政府决定将其更名为浙江省高速公路指挥部，浙江省交通厅厅长郭学焕兼任指挥。同年7月，成立浙江省高等级公路投资有限责任公司。公司为省政府直属的国有独资公司，行政上委托浙江省交通厅领导管理。

1998年11月，浙江省人民政府撤销浙江省高速公路指挥部建制，指挥部的职能移交给浙江省交通厅公路管理局和浙江省高等级公路投资有限责任公司。与此同时，浙江省交通厅公路管理局改称浙江省公路管理局，并升格为浙江省交通厅管理的副厅级事业单位，统一负责全省公路（含高速公路）的建设、养护、路政和收费等管理工作。浙江省高速公路指挥部的建制撤销后，为有利于组织协调浙江省高速公路建设中的有关问题，保留“浙江省高速公路指挥部”牌子，其办事机构设在省公路管理局。

2000年6月，浙江省人民政府印发《浙江省交通厅职能配置、内设机构和人员编制规定》，省交通厅机关设7个职能处室，即办公室、政策法规处、人事劳资处、运输安全处（交通公安处）、规划财务与审计处、建设管理处、科技教育处，以及直属机关党委、浙江省交通战备办公室，同时设立省纪委、省监察厅派驻交通厅纪检组、监察专员办公室和省总工会交通运输工会工作委员会，人员编制共82名。厅管厅属单位有省公路管理局（公路稽征局、公路运输管理局、车辆购置附加费征收办公室）、省高等级公路投资有限责任公司、厅航运管理局、厅工程质量监督站（定额站）、浙江交通职业技术学院（前身浙江省交通学校）、省交通干校、浙江汽车技工学校、省交通规划设计研究院、浙江公路水运工程咨询监理公司(1993年成立)、省海运集团(前身为省海运总公司)、浙江远洋运输公司(原中远浙江省公司)、省交通工程建设集团(前身为1991年成立的省路桥工程处)、《浙江交通报》社、浙江新干线快速客运有限公司、浙通公路经营有限公司、厅机关服务中心、厅招待所、厅幼儿园等。

2001年厅管厅属单位有了一些调整变化。1月15日,经浙江省编办浙编办〔2001〕2号文件批复,《浙江交通报》社更名为《交通时报》社,主管主办单位由浙江省交通厅变更为浙江省交通工程建设集团有限公司,其单位性质、编制、经费预算形式不变。2月15日,根据国务院办公厅关于"三网一库"的建设要求和浙江省人民政府办公厅关于全省行政机关第二代电子邮件系统建设任务,经浙江省编委浙编〔2001〕15号文件批复,新建立一个厅管厅属单位——浙江省交通厅信息中心,核定事业编制6名,经费自筹,机构规格为县处级。2月,根据交通部"一厅三局一站"的省级交通行政管理体制改革思路,经浙江省编委浙编〔2001〕16号文批复同意,将浙江省公路运输管理局从浙江省公路管理局分离出来,单独设立并更名为"浙江省交通厅道路运输管理局",行政级别为县处级,事业编制50人。5月1日,浙江省交通厅物资管理处(浙江省交通物资公司)国有资产整体移交给浙江省海运集团有限公司。12月13日,厅招待所成建制划归厅服务中心管理。这一年,还对2000年机构改革后的厅直属单位和厅机关各处室主要职能重新确定。9月14日,分别发出《关于印发省公路局厅航运局运管局质监站主要职能的通知》(浙交〔2001〕367号)和《关于印发省交通厅机关各处室和派驻机构主要职能的通知》(浙交〔2001〕368号),确定了省公路管理局、厅航运管理局、厅道路运输管理局、厅工程质量监督站(工程定额站)以及省交通厅各处室、省交通战备办公室、直属机关党委和省总工会交通运输工会的主要职能。

2003年11月,根据省编委《关于省交通厅港航管理局机构问题的批复》(浙编〔2003〕112号),浙江省交通厅港航管理局更名为浙江省港航管理局,同时挂浙江省地方海事局、浙江省航道管理局、浙江省船舶检验局牌子,并将浙江省港航管理局的机构规格由县处级调整为副厅级。

2003年12月26日,浙江省编委浙编〔2003〕128号批复,对厅管厅属事业单位进行分类:三局(省公路管理局、厅港航管理局、厅道路运输管理局)一站(厅工程质量监督站)定为监督管理类事业单位;厅信息中心定为纯公益性事业单位;浙江交通职业技术学院、浙江航运技工学校、浙江交通高级技工学校、浙江公路技工学校、省交通干部学校、厅幼儿园、省水运职工培训中心、省高等级公路技术培训中心、省交通科研所、厅机关服务中心定为准公益性事业单位;省交通规划设计研究院定为中介服务类单位;厅招待所、省公路管理局机具材料站、省公路管理局沥青库、省公路管理局职工莫干山休养所、省交通厅物资管理站定为生产经营类单位;决定《交通时报》自2004年1月1日起停办,不再列入分类范围。

2005年11月11日,根据省编委《关于省交通厅道路运输管理局机构问题的批复》(浙编〔2005〕86号),浙江省交通厅道路运输管理局更名为浙江省道路运输管理局,机构规格由县处级调整为副厅级事业单位。该局于2007年1月4日正式挂牌。

2008年6月30日,根据《浙江省人事厅关于同意省公路管理局、省港航管理局和省道路运输管理局参照公务员法管理的函》(浙人函〔2008〕139号),浙江省公路管理局、浙江省港航管理局和浙江省道路运输管理局参照公务员法管理。

7. 浙江省交通运输厅(2009年4月~)

2009年,根据中共中央、国务院批复的《浙江省人民政府机构改革方案》,着手组建浙江省交通运输厅。4月1日,浙江省十一届人大常委会第十次会议第二次全体会议任命郭剑彪同志为浙江省交通运输厅厅长。4月7日,中共浙江省委决定,撤销浙江省交通厅党组,建立浙江省交通运输厅党组,郭剑彪同志任党组书记,徐纪平同志任党组副书记,储雪青、郑黎明、李良福、王德宝、耿洛佳、卞钧霈同志任党组成员,耿洛佳同志任省纪委派驻厅纪律检查组组长。4月15日,浙江省交通运输厅正式挂牌。

根据《浙江省人民政府机构改革方案》,作为大部制行政体制改革的重头戏,原浙江省交通厅的职责、省建设厅的指导城市客运职责、省机场管理公司的全省民航机场管理职责,整合划入省交通运输厅。随着浙江省交通运输厅的组建和职责的确定,该厅机关处室和厅管厅属单位也有了调整变化。调整变化后的厅机关处室为15个,厅管厅属单位有13家(见图6-1-1)。

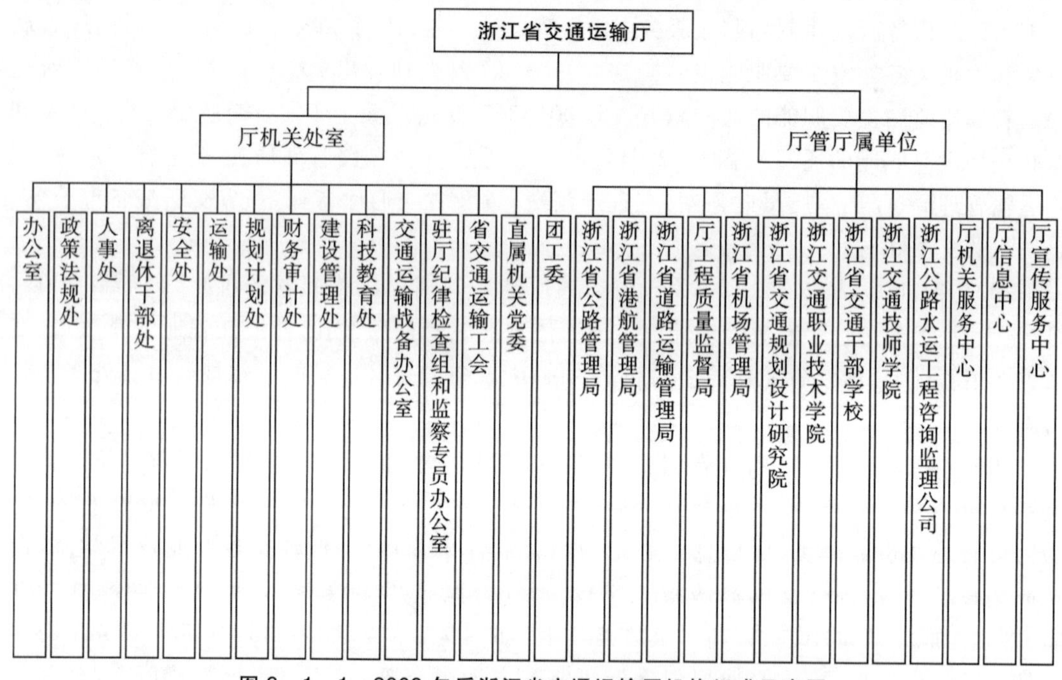

图6-1-1　2009年后浙江省交通运输厅机构组成示意图

2010年6~9月,根据浙江省人民政府办公厅〔2009〕152号文件精神,省机场管理公司更名转制省机场管理局,9月15日正式挂牌成立。

(二)工作职责

1950年浙江省人民政府交通厅组织规程(草案)规定,交通厅的职责是依据省人民政府组织规程之规定,掌理全省公路航务之管理及指导邮政、电信、铁路等交通事宜。

1954年省交通厅下设公路局、航运局、汽车运输公司、轮船运输公司时,主要负责交通方针政策重大问题的研究贯彻,全省交通运输工作全面、长远的策划和长远计划的编制,年、季度计划的审编，私营运输的管理与实行社会主义改造的研究、规划，组织全面性的经验交流，以及负责布置、检查、督促、总结等重大事项。

1958 年撤销厅属公路运输管理局、航运管理局、工程局，省属企事业单位由厅直管时，交通厅的职责是：

(1)贯彻党对交通运输方面的方针、政策、法令、指示及拟订颁发全省性的规章制度；

(2)加强调查研究，拟订交通运输的全面长远规划；

(3)部署和总结全省年、季度工作和检查执行情况；

(4)安排全省的运输任务和交通建设工作，组织年、季、月度的运输平衡计划，主要运输工具的集中调度及省际和跨专区路(航)线的确定和调整；

(5)运价政策的研究掌握，统一规定全省主要干线和专用线车船等各种运输工具的运价和货物重量换算及运价等级的标准；

(6)负责运输生产和交通建设的技术指导，促进交通运输方面的技术革命；

(7)总结推广先进经验，特别是技术革新和经营管理的经验；

(8)各种特殊专用物资(如汽车、轮船、飞机、钢圈、轮胎、贝雷钢架等)，掌握调剂使用；

(9)培养部分中等以上的技术人才和高级技术人员的调剂使用；

(10)组织运输生产和交通建设上的大协作。负责召开全省性的各种会议及随时了解各地交通运输工作等事宜。

1964 年省交通厅恢复厅属局、公司建制后，交通厅的基本任务是负责全省交通工作的行政管理和交通建设工作的领导，省属企事业单位的经济管理工作，以及协助省工交政治部管好省属单位职工思想政治工作。

1970 年撤销 3 局 2 公司(工程局、公路运输管理局、航运管理局和省汽车运输公司、省航运公司)，省属交通企事业下放地区后，省交通邮政局主管全省水陆交通运输、交通工程、交通监理、邮政建设和管理、车船维修与制造等。其主要工作范围和任务是抓好毛主席一系列指示的学习，活学活用毛泽东思想，党中央和上级规定的方针、政策的贯彻落实，全省交通规划、计划，行政管理，国防和重要交通工程建设，战时和平时重大政治运输任务的调度指挥，规章制度管理，调查研究并总结推广先进经验及业务指导。

1983 年厅机关和厅直属单位机构改革后，省交通厅作为省人民政府管理全省公路、航道交通运输的职能部门，主管全省交通行政工作，主要抓贯彻执行党的方针、政策，抓长远规划和近期计划，抓人才培养和技术改造，搞好调查研究，处理某些重大问题。

1989 年浙江省人民政府在《关于印发浙江省公路、航运、沿海港口和航运公司管理体制改革方案的通知》中强调：交通厅要进一步转变职能，加强行业管理，切实抓好省交通重点工程建设，健全交通运输网络，组织和协调好全省性重要物资、救灾物资的运输。

1995 年浙江省人民政府批准印发的《浙江省交通厅职能配置，内设机构和人员编制方案》规定：省交通厅是省人民政府主管全省公路、水路交通行业的职能部门。为加快省交通运输发展步伐，适应建立社会主义市场经济体制的需要，省交通厅主要加强的职能是：公路(包括高等级公路)、水路交通建设规划、布局以及交通基础设施建设；路政、航政、交通规费稽征及水上交通运输安全监督管理；全省公路、水路运输市场的培育和运政管理；交通法制建设和交通行业精神文明建设。与此同时，弱化计划经济体制下的微观管理职能，下放部分运输线路审批权，对运营线路审批实行分级管理，把按规定属于企业的自主权下放给企业。

2000年浙江省人民政府批准印发《浙江省交通厅职能配置，内设机构和人员编制规定》，省交通厅成为主管公路和水路交通行业的省政府组成部门，调整的职能有：沿海海域和港口、对外开放水域的水上安全监督管理职能上交国家交通部；船舶工业的行业管理职能交给省经济贸易委员会；城市出租汽车行业管理职能交给各城市人民政府，由其自行确定管理部门；城市间的协调职能维持现状，由交通厅为主承担。经调整后，省交通厅主要职责是：

（1）贯彻执行国家有关公路、水路交通行业的发展战略、方针政策和法规；制订全省公路、水路交通行业的发展战略和产业政策，受委托研究起草有关交通行政管理的地方性法规、规章草案，经审议通过后监督执行。

（2）组织编制全省公路、水路交通行业的发展规划，制订固定资产投资、运输、交通科技教育的中长期规划和年度计划并监督实施；负责交通行业统计和信息引导。

（3）负责全省道路水路交通运输、汽车租赁、搬运装卸、运输服务、机动车检测和维修、运输技术规范、标准和定额、汽车驾驶学校和驾驶员培训工作的行业管理；引导交通行业优化运输结构和协调发展；对国家重点物资运输和紧急客货运输进行必要的调控；会同有关部门管理交通运输市场。

（4）负责全省公路、水路交通基础设施及其配套项目的建设、维护和公路路政、航政管理工作，会同有关部门管理交通基础设施建设市场。

（5）负责全省水上交通运输安全的行业管理和省管通航水域及港口的水上交通安全监督；负责船舶和船用产品的技术检验工作；负责港口、航道和港航设施建设使用岸线布局的行业管理。

（6）负责厅直属单位的国有资产管理；指导交通行业体制改革，维护公路、水路交通行业的平等竞争秩序。

（7）负责水路、公路交通规费稽征，并进行监督管理和内部审计。

（8）组织、指导交通行业科技开发，推动行业技术进步；指导交通行业职业技术教育和成人教育；指导交通行业的精神文明建设和职工队伍建设。

（9）指导和管理利用外资工作、引进国外智力工作，开展国际交通经济技术合作与交流。

（10）负责省交通战备办公室的日常工作。配合有关部门管理车站、港口（码头）的治安保卫工作。

（11）承办省政府交办的其他事项。

2009年浙江省交通运输厅组建后，其职责调整为：加强交通综合运输体系的规划协调职责，优化布局、促进道路、水路、航空等各种交通运输方式的科学、有效衔接，切实形成便捷、通畅、高效、安全的综合交通运输体系；加强统筹区域和城乡交通运输协调发展职责，优先发展公共交通，大力发展农村交通，加快推进区域和城乡交通运输一体化，促进城乡公共交通服务均等化；负责涉及综合运输体系的规划协调工作，会同有关部门组织编制公路、水路、航空相协调的综合运输体系规划，指导交通运输枢纽规划和管理等。

（三）管理机构名称演变和历任领导成员名录

1. 行政管理机构及其领导成员（详见表6-1-1）

浙江省省级交通行政管理机构及领导成员(1949.5~2010.12) 表6-1-1

机构起讫时间(年月)	机构名称	职务	姓名	任职起讫时间(年月)
1949.5~1949.8	杭州市军事管制委员会财经部交通处	处长	罗应钦	1949.5~1949.6
			朱人俊	1949.6~1949.8
		副处长	孙子诚	1949.5~1949.6
			郭连潮	1949.5~1949.8
			章远	1949.6~1949.8
1949.8~1950.4	浙江省交通管理局	局长	朱人俊	1949.8~1950.4
		副局长	郭连潮	1949.8~1950.4
			章远	1949.8~1950.4
		总工程师	梁强	1949.8~
		副总工程师	刘元瓒	1949.8~
1950.4~1968.3	浙江省交通厅	厅长	吴化文	1950.5~1959.4
			张先进	1959.4~1968.3
		副厅长	朱人俊	1950.5~1953.12
			郭连潮	1953.10~1954.5
			伏伯言	1952.11~1953.2, 1953.11~1963.9
			章远	1953.1~1960.8
			张志飞	1953.6~1968.3
			何永忠	1954.4~1956.11
			蔡一鸣	1955.2~1957.10
			姜曦	1955.2~1968.3
			孔福亭	1956.8~1958.4 1960.5~1965.3
			张先进	1958.4~1959.4
			杨卓群	1958.4
			匡胜雨	1958.8~1965.3
			张先辰	1962.6~1968.3
1970.4~1973.6	浙江省交通邮政局革命领导小组	组长	刘涛	1970.4~1973.6
		副组长	肖文智	1970.4~1973.6
			杜纪伦	1970.4~1973.6
			秦廷尉	1970.4~1973.6
			张志飞	1971.6~1973.6
			韩国立	1971.12~1973.6
			张先辰	1970.4~1973.6
			杨华民	1970.4~1972.12

续上表

机构起讫时间(年月)	机构名称	职务	姓名	任职起讫时间(年月)
1973.6~1977.10	浙江省交通局革命领导小组	组长	张先进	1973.6~1977.10
		副组长	张志飞	1973.6~1977.10
			姜曦	1973.6~1977.10
			张先辰	1973.6~1977.10
			黄华	1975.7~1977.10
1977.10~1980.5	浙江省交通局	局长	黄华	1977.10~1980.5
		副局长	姜曦	1977.10~1978.8
			张志飞	1977.10~1980.5
			张先辰	1977.10~1980.5
			马立亭	1977.11~1980.5
			黄志裕	1977.11~1980.5
			姚畊	1977.11~1980.5
			吴先锋	1978.4~1980.5
			孔福亭	1979.2~1980.5
1980.5~2009.3	浙江省交通厅 期间，省政府建立浙江省高速公路建设领导小组，下设指挥部(1990年2月~1996年6月称浙江省沪杭甬高速公路建设指挥部，1996年6月以后改称浙江省高速公路指挥部)	厅长	黄华	1980.5~1981.12
			马立亭	1981.12~1986.11
			邵尧定	1986.11~1993.3
			郭学焕	1995.5~2003
			赵詹奇	2003~2006.9
			郭剑彪	2006.9~2009.3
		代厅长	邵尧定	1993.3~1995.5
		副厅长	马立亭	1980.5~1981.12
			张志飞	1980.5~1983.1
			孔福亭	1980.5~1981.8
			张先辰	1980.5~1983.1
			吴先锋	1980.5~1981.8
			黄志裕	1980.5~1988.5
			姚畊	1980.5~1983.1
			蔡体楞	1981.8~1992.3
			周志卿	1983.1~1996.3
			黄廷兰(女)	1986.3~1997.11
			杨雨洒	1990.1~1998.8
			闻欣然	1991.1~2001.9
			顾德裕	1993.4~2001.3
			张治中	1996.1~2006.5

续上表

机构起讫时间（年月）	机构名称	职务	姓名	任职起讫时间（年月）
1980.5~2009.3	浙江省交通厅 期间，省政府建立浙江省高速公路建设领导小组，下设指挥部（1990年2月~1996年6月称浙江省沪杭甬高速公路建设指挥部，1996年6月以后改称浙江省高速公路指挥部）	副厅长	杨瑞丰	1996.8~2007.2
			阎震	2001.5~2006.11
			薛振安	2001.9~2008.6
			王洪涛	2007.1~2009.3
			储雪青	2007.1~2009.3
			郑黎明	2007.1~2009.3
			李良福（兼）	2007.8~2009.3
			王德宝	2008.6~2009.3
		总工程师	黄湘柱	1981.8~1986.4
			王振民	1992.3~1996.12
			卞钧霈	2004.9~2009.3
		副总工程师	胡侠（女）	1986.7~
			黄抗（女）	1986.7~
		副厅级巡视员 助理巡视员 副巡视员	柴春青	1988.11~1990.2
			吴非熊	2001.1~2001.7
			王德宝	2004.5~2008.6
			周群	2008~2009.3
		顾问	张志飞	1983.1~1986.3
		港口建设技术顾问	邵尧定	1998.9~2003.9
		高速公路建设技术顾问	杨雨洒	1998.9~2003.9
		省高速公路（建设）指挥部 指挥	邵尧定	1990.2~1996.6
			郭学焕	1996.6~ 1999.3~
		省高速公路（建设）指挥部 副指挥	杨雨洒	1990.2~
			黄廷兰（女）	1990.2~1996.6
			蔡体楞	1991.12~1996.6
			杜云昌	1996.6~1999.3
			耿小平	1996.6~ 1999.3~
			吴非熊	1996.6~ 1999.3~2001.7
			张治中	1999.3~2006.5
			阎震	1999.3~2006.11
		省高速公路（建设）指挥部 总工程师	蔡体楞（兼）	1991.12~1996.6
2009.4~	浙江省交通运输厅	厅长	郭剑彪	2009.4~
		副厅长	徐纪平	2009.4~
			储雪青	2009.4~
			郑黎明	2009.4~
			李良福（兼）	2009.4~
			王德宝	2009.4~
		总工程师	卞钧霈	2009.4~
		副巡视员	周群	2009.4~

2. 党的组织机构及其领导成员(详见表6－1－2)

浙江省省级交通行政管理机构党组织及领导成员(1949.8～2010.12) 表6－1－2

机构起讫时间（年月）	机构名称	职务	姓名	任职起讫时间（年月）
1949.8～1950.5	浙江省交通管理局党支部	书记	朱人俊	
		委员	郭连潮	
			章远	
1950.5～1965.3	浙江省交通厅党组	书记	朱人俊	1950.5～1953.12
			何永忠	1954.5～1956.3
			孔福亭	1956.3～1958.4
			张先进	1958.4～1965.3
		代理书记	章远	1957.10～1958.4
		代理副书记	郭连潮	1954.1～1954.5
		副书记	杨卓群	1958.4.3～4.24
		成员	张志飞	
			伏伯言	
			姜曦	
			杨明(女)	
			匡胜雨	
			杨健	
			梁群灵	
			刘诚	
			张先辰	
			孔鲁	
			孔福亭	1960.5～1965.3
1965.3～1968.3	中共浙江省交通厅委员会	书记	张先进	1965.3～1968.3
		副书记	姜曦	1965.3～1968.3
			梁群灵	1965.3～1968.3
		委员	张志飞	
			张先辰	
			刘诚	
			孔鲁	
1970.4～1973.5	浙江省交通邮政局党的核心小组	组长	刘涛	1970.4～1973.6
		成员	肖文智	
			杜纪伦	
			秦廷尉	
			张先辰	
			杨华民	
			张志飞	
			韩国立	

续上表

机构起讫时间（年月）	机构名称	职务	姓名	任职起讫时间（年月）
1973.5～1977.10	浙江省交通局党的核心小组	组长	张先进	1973.5～1977.10
		副组长	姜曦	1973.5～1977.10
			黄华	1975.7～1977.10
		成员	张志飞	
			张先辰	
			吴先锋	
			马立亭	
			黄志裕	
			姚畊	
1977.10～1988.12	浙江省交通局党组（1977.10～1980.5） 浙江省交通厅党组（1980.5～1988.12）	书记	黄华	1977.10～1981.12
			马立亭	1981.12～1986.10
			邵尧定	1986.10～1988.12
		副书记	姜曦	1977.10～1978.7
			马立亭	1980.5～1981.12
			张先辰	1980.5～1983.1
			黄志裕	1983.1～1988.5
			蔡体楞	1987.3～1988.12
		成员	张志飞 吴先锋	
			姚畊	
			孔福亭	
			郑传礼	
			周志卿	
			王振民	
			柴春青	
			黄廷兰（女）	
1991.1～2009.4	浙江省交通厅党组	书记	邵尧定	1991.1～1995.5
			郭学焕	1995.5～2003.2
			赵詹奇	2003.2～2006.9
			郭剑彪	2006.9～2009.4
		副书记	蔡体楞	1991.1～1992.1
			杨雨洒	1991.1～1998.8
			张治中	2004.6～2006.6
			王洪涛	2007.1～2009.3
			徐纪平	2009.3～2009.4

续上表

机构起讫时间（年月）	机构名称	职务	姓名	任职起讫时间（年月）
1991.1～2009.4	浙江省交通厅党组	成员	周志卿	1991.1～1996.3
			黄廷兰（女）	1991.1～1997.11
			闻欣然	1991.1～2001.9
			顾德裕	1993.4～2001.3
			张治中	1996.1～2004
			杨瑞丰	1996.8～2007.2
			阎震	1999.3～2006.12
			吴非熊	1999.3～2001.7
			薛振安	2001.9～2008.6
			郑黎明	2002.6～2009.4
			张建康	2004～2008.5
			卞钧霈	2004.8～2009.4
			储雪青	2007.1～2009.4
			李良福	2007.8～2009.4
			王德宝	2008.6～2009.4
			耿洛佳	2008.5～2009.4
2009.4～	浙江省交通运输厅党组	书记	郭剑彪	2009.4～
		副书记	徐纪平	2009.4～
		成员	储雪青	2009.4～
			郑黎明	2009.4～
			李良福	2009.4～
			王德宝	2009.4～
			耿洛佳	2009.4～
			卞钧霈	2009.4～
			赵雁	2010.5～

二、市级交通行政管理机构

（一）杭州市交通运输局

1954年6月，杭州市人民委员会设交通运输管理处。这是新中国成立后杭州市第一个交通行政管理的专职机构。处内设企业、行政、人事3个科室，编制8人。其工作重点是对杭州市私营汽车运输行业进行社会主义改造，以及对民间运输业和社会零散人力车辆实行管理。1956年7月，该处撤销企业科，增设秘书科。

1958年6月，交通、房管和建设三机构合署办公，办公地址设西大街62号。翌年2月，恢复"市人委交通运输管理处"机构，科室设置仍维持原状。

1959年3月，杭州市人委交通运输处改组扩大，成立了杭州市交通管理局。首任局长崔梅亭，局址在西大街58号三楼。1959年至1967年间，局机关先后设有秘书、人事（后改为人事工资）、运输管理、计划财务、技术、物资、公路及组织、宣传等科室。

1967年3月，杭州市交通管理局实行军管，成立有军代表参加的生产领导小组，取代原交通管理局职能，历时一年又两个月。1968年6月"市交通管理局革命委员会"建立，由刘明祥任主任。当时交通管理局机关的主要精力是抓政治运动;科室进行大合并,仅设政工、生产、办事3个小组,行使管理职能;多数干部参加基层劳动。“文化大革命”期间局址迁至建德路8号。

1976年,“文化大革命”结束,恢复杭州市交通管理局建制,其内设机构基本恢复“文化大革命”前的组织、宣传、技术、交通建设、运输管理、劳动工资、物资等7个科室,嗣后又先后增设了保卫,综合、安全、教育、行政等5科和办公室。其主要职能是对市交通系统所属企业进行管理。

1978年8月,杭州实行市带县。市交通管理局进一步加强了对市辖七县(市)交通部门的业务管理,并逐步实行“两个职能转变”、政企职责分开和加强行业管理的改革。在随后的几年里,为加强行业管理和完善市交通管理局管理功能,杭州市交通管理局先后调整建立了市公路运输管理处(含维修行业管理处、公路稽征处)、交通设施建设处、交通设计处等。同时,市交通管理局的内设机构也有所调整变化。1990年,市交通管理局是市政府主管全市交通工作的行政管理部门,市政府的行政职能机构,有内设机构15个,核定编制数67名,实有人数59人,下设直属事业单位13家、直属企业12家。到1996年的杭州市市级党政机构改革开始时,该局实有内设机构13个,核定编制数67名,实有人数55人,下有直属企事业单位23家。

1996年6月17日,根据杭州市市级党政机构改革方案,杭州市交通管理局更名为杭州市交通局。次年3月13日,根据市政府办公厅《关于印发杭州市交通局职能配置内设机构和人员编制方案的通知》(杭政办发〔1997〕43号),市交通局是市人民政府主管全市公路、水路交通行业的职能部门。其内设职能处室8个,即办公室(市交通战备办公室)、人事处(组织处)、宣传教育处(团工委)、体改法规处(外经处)、计划财务处、建设管理处、运输管理处、安全保卫处(消防管理处),行政编制70名,其中局级领导职数5名、处室领导职数19名。为适应社会主义市场经济体制的需要,市交通局加强的职能主要是公路(包括高等级公路)、水路交通建设规划、布局以及交通基础设施建设,交通基础设施建设资金使用管理,路政、航政、港政、交通规费稽征及水上交通运输安全监督管理,全市公路、水路运输市场的培育和运政管理,交通法制建设和交通行业精神文明建设;弱化对交通行业具体事务的管理和对企业的微观管理,把属于企业的自主权下放给企业。

1998年11月,杭州市交通投资体制进行调整重组,组建杭州交通投资有限公司,负责杭州市交通设施存量资产和增量资产的经营和运作。同年12月,市交通局所属事业单位进行改革,改革后设直属事业单位16家。

2001年12月30日,根据市政府办公厅《关于印发杭州市交通局职能配置内设机构和人员编制规定的通知》(杭政办发〔2001〕271号),市交通局是主管全市公路和水路交通行业的市政府组成部门,部分职能有所调整,原水上消防监督管理职能交由市公安局承担,同时增加交通行业建设项目招投标活动的监督执法和汽车租赁业的行业管理两项职能。其内设职能处室7个,即办公室、人事处(组织宣传处)、计划财务处、政策法规处、建设管理处(交通项目招投标管理办公室)、行业管理处(产业指导处)、安全保卫处,另设机关党委和团工委,市交通战备办公室(杭州市国防动员委员会的正处级办事机构)挂靠在杭州市交通局,局机关编制为59名,其中局级领导职数5名、处级领导职数22名。

2003年10月,杭州市交通资产经营有限公司组建。杭州交通投资有限公司和市交通局所属涉及交通基础设施建设的企事业单位和运输企业的全部国有资产、股权，以及码头等经营性资产划转市交通资产经营有限公司授权经营。

2004年6月21日，经市交通局和市交通资产经营公司协商，鉴于当时企业改制尚未完全到位，管理职能尚未完全理顺，市政府办公厅同意杭州交通投资有限公司、杭州市交通设施建设处（市交通综合开发公司）、杭州港航实业总公司、杭州货运管理服务中心、杭州交通经济开发总公司、杭州市轮胎翻修厂、浙江航道疏浚处、杭州长运运输集团有限公司、杭州交通工程集团有限公司、杭州第一汽车运输有限公司、杭州市交通工程监理处、杭州筑路机械厂等企事业单位及所属企业原由市交通局承担的有关经营管理职能，移交市交通资产经营公司承担。

2005年5月9日，杭州市编办明确全市船舶修造业的行业管理职能由市交通局划转杭州市经委，并由其所属行业管理办公室承担。同日，就西湖水域水上交通安全监管职责问题，杭州市编办明确进入西湖的船舶和机动船舶驾驶员依法向市交通行政管理部门申领牌（证）照，并经西湖水域管理机构审核批准；西湖内的各种船舶的日常管理和安全监察由西湖水域管理机构承担；市交通局与西湖风景名胜区管委会加强协调配合，共同做好西湖水上交通安全监督管理工作。

2011年12月，杭州市交通局更名为杭州市交通运输局。

1954～2010年，杭州市市级交通行政管理机构名称演变和领导成员变化详见表6－1－3。

杭州市市级交通行政管理机构及领导成员（1954.6～2010.12）　　表6－1－3

机构起讫时间（年月）	机构名称	职务	姓名	任职起讫时间（年月）
1954.6～1959.3	杭州市人民委员会（市人民政府）交通运输管理处（其中1958.6～1959.1交通、房管、建设三机构合署办公）	处长	张迅	1954.6～1955.9
			张清勤	1955.9～1956.12
			崔梅亭	1957.10～1958.12（代） 1958.12～1959.3
		副处长	徐殿武	1954.6～1955.9
			崔梅亭	1954.6～1957.10
			褚贯一	1955.9～1958.12
			苗敦生	1957.10～1959.3
			罗时俊	1958.12～1959.3
1959.3～1968.6	杭州市交通管理局（其中1967.3～1968.6实行军管，成立生产领导小组）	局长	崔梅亭	1959.3～1961.1 1961.8～1968.6
			刘明祥	1961.1～1961.8
		副局长	苗敦生	1959.3～1968.6
			徐学文	1959.3～1961.8
			汤森林	1959.3～1968.6
			刘明祥	1961.8～1968.6
			刘集中	1961.8～1968.6
			褚贯一	1961.8～1968.6
			胡水庚	1961.8～1968.6

续上表

机构起讫时间（年月）	机构名称	职务	姓名	任职起讫时间（年月）
1968.6～1978.5	杭州市交通管理局革命委员会	主任	刘明祥	1968.6～1971.3
			袁恩栋	1971.3～1973.8
			崔梅亭	1973.8～1978.5
		副主任	赵双喜	1968.6～1978.5
			鲁志勇	1968.6～1973.8
			刘伟	1970.10～1975.12
			梁自修	1970.10～1973.8
			宁心波	1970.10～1971.3 1973.8～1978.5
			刘明祥	1971.3～1975.12
			张明堂	1973.8～1978.5
			鲍璋根	1976.1～1978.5
1978.5～1996.6	杭州市交通管理局	局长	崔梅亭	1978.5～1983.8
			鲍璋根	1983.8～1992.7
			赵詹奇	1992.7～1996.6
		副局长	张明堂	1978.5～1983.8
			宁心波	1978.5～1983.8
			鲍璋根	1978.5～1983.8
			程达鹏	1978.5～1992.7
			盛继芳	1983.8～1990.12
			何德君	1983.8～1995.10
			郭泰鸿	1986.1～1991.5
			王光荣	1990.03～1996.5
			曹树久	1990.03～1995.3
			李有华	1995.04～1996.6
			何新民	1995.04～1996.6
		总工程师	曹树久	1990.03～1995.3
			汤年生	1995.04～1996.6
1996.6～	杭州市交通局	局长	赵詹奇	1996.6～1997.6
			严华好	1997.6～2002.6
			王水法	2002.6～2007.6
			陈　伟	2007.6～
		副局长	李有华	1996.6～1997.6
			何新民	1996.6～2001.12
			王　坚	1996.10～1999.12

续上表

机构起讫时间（年月）	机构名称	职务	姓名	任职起讫时间（年月）
1996.6 ~	杭州市交通局	副局长	郑明甫	1996.10 ~ 2003.10
			范建军	2001.11 ~
			索学金	2005.2 ~
			朱玉龙	2009 ~
			周　琪	2009 ~
		总工程师	王一川	2009 ~
			汤年生	1996.6 ~ 1999.4
			朱玉龙	2007.7 ~ 2009
			洪发生	2009 ~

（二）宁波市交通运输委员会

1949年12月，宁波市人民政府在实业局内设立交通科，主管全市交通。翌年6月，实业局改为建设局，内设公用科，兼管全市交通。1951年，宁波专员公署建设科内设交通股，主管全区交通。1953年3月，为加强计划运输管理，成立宁波专署（市）运输计划小组，同时撤销专署建设科。同年5月，宁波市建设局更名为建筑工程局，全市的交通运输仍由下设的公用科兼管。11月，宁波专署（市）运输计划小组更名为运输计划委员会办公室，归口宁波专署财贸办公室，对内称交通组。

1954年1月和8月，宁波市交通运输管理局和宁波专员公署交通运输管理局先后成立，分别是新中国成立后宁波市和宁波地区第一个交通行政管理的专门机构。

1954年1月建立的宁波市交通运输管理局，地址在外马路36号，下设行政管理科、秘书科、运输管理科。1958年7月，上海区港务管理局宁波分局撤销，并入宁波市交通运输管理局，地址在外马路61号，下设人事秘书科、财务计划科、基建安全科、运输管理科。1961年10月，港口管理职能析出，复建宁波市港务管理局。此时，宁波市交通运输管理局改设人事工薪科、秘书科、计划财务科、公路工程科、材料供应科、运输管理科。1966年5月，“文化大革命”开始，市交通局正常工作受到冲击。1969年7月，宁波市交通运输管理局革命委员会成立。翌年2月，其内设机构改设政工组、保卫组、生产指挥组。1979年11月，宁波市交通运输管理局改称宁波市交通局。1983年10月，实行市管县体制后，宁波市交通局与宁波地区行政公署交通局合并。

1954年8月建立的宁波专员公署交通运输管理局，地址在外马路34号，下设运输科、工程科、秘书科。1959年5月，省属宁波区公路运输局撤销，并入专署交通运输管理局。局址迁永宁桥原宁波区公路运输局内，下设党委办公室、运输科、民间运输管理科、人事工资科、财务科、计划统计科、机料科、工程科、保卫科、监理科。1960年2月，恢复省属宁波区公路运输局。此时，专署交通运输管理局改设秘书科、运输科、工程科。翌年8月，因精简机构，专署交通运输管理局撤销。一个月后，根据实际需要，该局又恢复设立。1966年5月，“文化大革命”开始，正常工作受到冲击。1970年12月，撤销宁波地区公路总段和宁波地区航运管理处，合并交通、邮政两机构，成立宁波地区交通邮政局，并迁址江北大庆路原宁波地区邮局内，设政工、综合、航道、公路、运输、邮政以及交通工业等科室。1971 年 8 月,建立宁波地区交邮局革命领导小组,并迁址北大路宁波专员公署内。翌年 12 月,邮政职能析出,复建宁波地区交管局。1978 年 12 月和翌年 2 月,宁波地区航运管理处和宁波地区公路总段先后恢复,宁波地区交管局改称宁波地区行政公署交通局,内设机构改设秘书科、综合科、交通运输科、交通工业科。1983 年 10 月,实行市管县体制后,宁波地区行政公署交通局与宁波市交通局合并。

1983 年 10 月,宁波市交通局与宁波地区行政公署交通局合并后,建立了新的宁波市交通局,内设机构为:党委办公室、秘书科、运输管理科、企业管理科、计划财务科、交通建设科,地址在宁波市外马路 55 号。

1985 年年底,为便于协调宁波市交通、邮电部门工作,成立宁波市人民政府交通办公室,与宁波市经济委员会交通邮电处合署办公。

1988 年 7 月 1 日,宁波市九届人民代表大会第二次会议决定:撤销宁波市交通局和宁波市人民政府交通办公室,设立宁波市交通委员会。据此,宁波市交通委员会于 7 月 28 日正式成立。宁波市交通委员会是宁波市人民政府主管全市交通运输、邮电通信的综合行政管理部门,也是宁波市政府的一个办事机构。

2002 年 1 月,撤销宁波市交通委员会,设立宁波市交通局。该局是宁波市人民政府负责主管全市公路、水路、港口、航空等交通行业的市政府组成部门。内设机构:办公室、政治处、监察室、综合运输处、交通产业工会、综合规划处、财务审计处、建设管理处、科技处、政策法规处、安全处、港口管理处、航空管理处。

2011 年 4 月,根据《中共浙江省委办公厅、浙江省人民政府办公厅关于印发〈宁波市人民政府机构改革方案〉的通知》,撤销宁波市交通局,设立宁波市交通运输委员会。宁波市交通运输委员会是主管宁波全市交通运输工作的市政府工作部门,同时挂宁波市港口管理局牌子。

1954 ~ 2010 年,宁波市级、地区级交通行政管理机构名称演变和领导成员变化情况详见表 6 - 1 - 4 ~ 表 6 - 1 - 6。

宁波市市级交通行政管理机构及领导成员(1954.1 ~ 1983.10) 表 6 - 1 - 4

机构起讫时间(年月)	机构名称	职务	姓名	任职起讫时间(年月)
1954.1 ~ 1969.7	宁波市交通运输管理局	局长	谷秀峰	1954.1 ~ 1955.5
			杨青山	1958.9 ~ 1961.12
			郑君伦	1961.12 ~ 1969.7
		副局长	邓实甫	1954.7 ~ 1957.7
			郑君伦	1954.9 ~ 1961.12
			吴凤林	1956.12 ~ 1957.7
			王绪善	1960.2 ~ 1961.9
			孔云轩	1961.9 ~ 1969.7
			宋富田	1961.9 ~ 1965.4
			郭载瑞	1961.9 ~ 1965.7

续上表

机构起讫时间（年月）	机构名称	职务	姓名	任职起讫时间（年月）
1969.7~1978.3	宁波市交通运输管理局革命委员会	主任	单光普	1969.7~1973.3
			郑君伦	1973.3~1975.12
		副主任	邱宝庆	1969.7~1975.12
			林俞鳞	1969.7~1978.3
			孔云轩	1973.3~1978.3
			郑经照	1974.11~1978.3
			龚元云	1975.12~1978.3
			王关康	1975.12~1978.3
1978.3~1983.10	宁波市交通运输管理局（1979.11改称宁波市交通局）	局长	郑君伦	1978.3~1980.11
		副局长	龚元云	1978.3~1980.11
			孔云轩	1978.3~1981.5
			舒祖尧	1978.9~1980.8
			刘风歧	1979.8~1983.10
			王关康	1978.3~1983.10
			朱秉昌	1978.5~1983.10
			林俞鳞	1978.3~1979.11

宁波地区交通行政管理机构及领导成员（1954年8月~1983年10月） 表6-1-5

机构起讫时间（年月）	机构名称	职务	姓名	任职起讫时间（年月）
1954.8~1971	宁波专员公署交通运输管理局	局长	郭同科	1956.7~1962.11
			郝显志	1962.11~1965.3
		副局长	郭同科	1955.2~1956.7
			叶长权	1956.8~1966.8
			丁文邦	1957.2~1958.3
			马立亭	1959.4~1960.2
			朱连德	1959.4~1960.2
			卜静轩	1959.4~1960.2
			郝显志	1961.11~1962.11
			范石屏	1965.2~1971.8
1971~1978	宁波地区交通邮政局革命领导小组（1972.12，邮政职能析出，改称宁波地区交管局革命领导小组）	组长	任伯昌	1971.8~1975.11
			王玉生	1975.11~1978.1
		副组长	王玉生	1971.8~1975.11
			高佑淮	1971.8~1973.5
			吕渭清	1971.8~1975.11
			韩庭训	1972.3~1978.2
			徐国柱	1977.9~1978.2

续上表

机构起讫时间（年月）	机构名称	职务	姓名	任职起讫时间（年月）
1978～1983.10	宁波地区行政公署交通局	局长	高佑淮	1978.2～1983.10
		副局长	韩庭训	1978.2～1978.7
			徐国柱	1978.2～1981.3
			范石屏	1979.11～1981.3
			王玉生	1979.11～1983.10
			黄余光	1981.3～1983.10

宁波市市级交通行政管理机构及领导成员（市、地合并后1983.10～2010.12）

表6－1－6

机构起讫时间（年月）	机构名称	职务	姓名	任职起讫时间（年月）
1983.10～1988.7	市地合并后建立的宁波市交通局	局长	高佑淮	1983.10～1984.3
			钟之光	1984.3～1988.7
		副局长	龚元云	1983.10～1988.7
			朱正华	1983.10～1988.7
			张舜全	1984.6～1988.7
			胡国毅	1986.2～1988.7
		巡视员	黄余光	1983.10～1985.12
			朱秉昌	1983.10～1985.12
			徐国柱	1984.6～1985.12
1988.7～2001.12	宁波市交通委员会	主任	高久享	1988.7～1992.9
			桂兴华	1992.10～1997.9
			励奎铭	1997.9～2001.12
		副主任	钟之光	1988.7～1992.9
			朱正华	1989.8～1995.6
			张舜全	1988.7～1993.9
			孙春滋	1988.7～1989.12
			胡国毅	1988.7～1993..9
			毛国祥	1992.1～2001.12
			桂兴华	1991.3～1992.9
			高明峰	1990.3～1998.6
			王勇	1993.9～1998.12
			傅能正	1993.9～2001.12
			陈有华	1997.3～2001.12
			屠越骏	1997.12～1999.8
			罗良芳	1997.3～2001.12
			孙时光	1999.4～2001.12
			吴亚能（女）	1999.12～2000.11
			奚际斌	2000.10～2001.12
			徐国光	2001.1～2001.12.
		副书记	赵吉明	2001.1～2001.12.

续上表

机构起讫时间（年月）	机构名称	职务	姓名	任职起讫时间（年月）
2002.1 ~	宁波市交通局	局长	励奎铭	2002.1 ~ 2003.12
			奚际斌	2004.1 ~ 2006.12
			俞钢	2007.1 ~ 2010.8
			劳可军	2010.8 ~
		副局长	毛国祥	2002.1 ~ 2003.12
			傅能正	2002.1 ~ 2004.12
			陈有华	2002.1 ~ 2006.12
			罗良芳	2002.1 ~ 2009.1
			孙时光	2002.1 ~
			奚际斌	2002.1 ~ 2003.12
			徐国光	2002.1 ~
			张延	2003.1 ~ 2009.12
			胡国毅	2005.1 ~ 2006.12
			宦小龙	2005.1 ~
			金惠亮	2006.1 ~ 2007.12
			胡跃军	2006.1 ~ 2007.12
			劳可军	2007.7 ~ 2010.8
			梁成初	2007.1 ~
			吕忠达	2008.1 ~
			程启帆	2008.1 ~
			杨继光	2008.4 ~
			汪月娥（女）	2009.12 ~
		副书记	赵吉明	2002.1 ~ 2007.12

（三）温州市交通运输局

1949年5月7日，温州获得解放。温州市军管会（后为市人民政府）和温州专署分别设立机构，管理温州市和温州地区的交通（邮电）工作。

温州市的交通行政管理机构演变情况如下：

1949年6月，中国人民解放军华东军区温州市军事管制委员会设财政经济部交通处，管理交通邮电工作，黄生任处长，下设秘书科、航运科、航政科，并派军代表分别进驻轮船招商局股份有限公司温州办事处、东瓯电话公司、电信局、邮政局等单位，处办公地点在朔门招商局。同年11月交通处撤销。

1951年1月，温州市人民政府设建设科，李启钤任副科长，后调陈世勤为科长，下设秘书、交通等股。1952年10月10日，温州市人民政府建设科改组为温州市人民政府建设局，王村农任局长，刘英山任副局长兼交通科长。次年4月，建立温州市运输委员会办公室，实行统一计划运输。

1953年6月，交通科从温州市建设局中析出，成立市人民政府交通科，刘英山任科长，杨保田任副科长，办公地点设墨池坊35号，专管交通建设、管理工作。

1954年3月20日,温州市交通运输管理局正式成立,同时撤销市运输委员会办公室。当年12月12日,中共温州市地委将温州专署交通运输管理局委托中共温州市委代管,地、市交通运输管理局合署,设秘书、计划、运输管理、建设、人事等科,办公地址在今瓦市殿巷83号。

1958年5月1日,地、市交通运输管理局分开办公。同日,温州市人民委员会撤销地方国营温州轮船公司,温州市搬运公司、市民船管理处等机构,并入温州市交通运输管理局。6月25日,撤销温州港务办事处,7月1日增设温州航运局,与温州市交通运输管理局合署,设秘书、人保、财务、计划、劳动工资、运输、调度、机务、港航监督等科室及电台,下属单位有港埠装卸作业站、沿海航运站等11个基层单位。至此,全市交通形成政企合一体制。这一机构既是经营港口装卸和市区、内河、内港、沿海客货运输的独立核算经济实体,也是统一实行水上管理的行政机关,办公地点在温州市百里东路17号。

1962年10月1日,温州市交通运输管理局和温州市航运局、温州市搬运公司分开办公。温州市交通运输管理局负责地方交通运输管理工作。1963年4月,温州市交通运输管理局又与温州市搬运公司合署。1964年6月,温州市交通运输管理局重新单独建制。

1969年8月至1977年12月,温州市交通运输管理局先后改称温州市交通系统革委会、温州市交通运输管理局革委会、温州市交通局革委会。期间,1971年7月温州市运输公司并入温州市交通运输管理局。1973年7月该运输公司又分出,恢复自己的建制。

1977年12月,撤销温州市交通局革委会,重建温州市交通运输管理局。

温州地区的交通行政管理机构演变情况如下:

1951年1月,温州专署设立建设科。1953年6月,温州专署建设科改为温州专署交通建设科,王福安任副科长。

1954年4月,温州专署交通建设科改为温州专署交通运输管理局,管理温州地区交通建设、运输生产与交通管理。当年12月12日,与温州市交通运输管理局合署。

1958年1月1日,温州地区民船管理处并入温州专署交通运输管理局。同年5月1日温州专署交通运输管理局和温州市交通运输管理局分开办公。

1959年1月28日,温州专署交通运输管理局和温州航管处及温州区公路运输局合并,改称温州区公路运输管理局。1962年12月5日,温州区公路运输局析出,温州专署交通运输管理局仍与温州航运管理处合署,改称温州专署交通局。

1971年10月,温州专署交通局和温州邮电局合并,成立温州地区交通邮电局革命领导小组,交通、邮电工作仍分别管理。

1973年8月20日,温州地区交通邮电局撤销,成立温州地区交通运输管理局。

1979年7月,温州地区交通运输管理局和温州地区航管处分开办公。

撤地并市后,温州市和温州地区的交通行政管理机构演变情况如下:

1981年11月10日,温州实行撤地并市,温州地区交通运输管理局和温州市交通运输管理局合并,组建成新的温州市交通运输管理局,负责全地区交通建设、市属运输企业的运输生产和全地区交通管理工作,并对各县(市)交通局实行业务指导。

1985年1月27日温州市人民政府下达温政干〔1985〕6号文件,决定建立温州市交通委员会,同时撤销原温州市交通局建制。同年5月24日,温州市委批转了市委经济体制改革委员会《关于市府经济管理机构七个委员会的职责划分、科室设置和人员编制方案的通知》,明确温州市交通委员会是市政府的交通行政管理部门，主要职责是：对全市的水、陆、空交通实行统一管理和领导；制定交通邮电基础设施建设、交通运输发展规划，并组织检查其执行；做好交通安全和路政、航政、邮电、运输市场管理和对外口岸的管理；加强对干线公路的规划建设、县乡道路建设的养护、管理；做好系统内及其他部门的协调，对所属部门进行督导、服务，及时完成客货运输，组织好疏港工作。此外，还规定温州市口岸办公室与市交通委员会合署。

1989年1月11日，浙江省人民政府下达浙政发〔1989〕2号文件，对交通管理体制实行改革。公路、航道管理实行条块结合，以市为主的体制。1990年年底，温州市交通委员会机关设置办公室、政治处、监察室、规划建设处、交通管理处、企业管理处、计划财务处、涉外交通处等6个处室；归口单位有中国民航局温州站、温州市邮电局、温州港务局（温州港务监督）、温州海运公司、交通部上海海上安全监督局温州航标区、上海救捞局温州救助站、中国远洋运输公司浙江省公司温州办事处等7个；直属事业单位有温州市公路管理处、温州航管处、温州公路运输管理处（公路稽征处）、温州市县乡道路养护处、温州市交通工程设计室等5个；直属企业单位有市长途汽车联合运输总公司、瓯江船务公司、市汽车运输公司、市联运服务公司、市汽车修造厂及市第二、第三、第五汽车运输公司、市外海公司等16个单位。市交通委还对各县（市、区）交通局（委）实行业务领导。

1996年3月温州市交通委员会改为温州市交通局。

2011年温州市交通局改名为温州市交通运输局。

1954~2010年，温州市市级、地区级交通行政管理机构名称演变和领导成员变化详见表6-1-7~表6-1-9。

温州市市级交通行政管理机构及领导成员（1954.3~1981.11）　　表6-1-7

机构起讫时间（年月）	机构名称	职务	姓名	任职起讫时间（年月）
1954.3~1958.5	温州市交通运输管理局	局长	刘英山	1954.3~1954.12
			杨宝田	1954.12~1958.5
		副局长	杨宝田	1954.3~1954.12
			谢盛美	1956.3~1958.5
			周仁居	1956.3~1958.5
1958.5~1969.8	温州市交通运输管理局（1958.7~1962.9与温州市航运局合署，1963.4~1964.6与温州市搬运公司合署）	局长	杨宝田	1958.5~1963.3
			刘英山	1964.7~1968.4
		副局长	吕锐	1958.7~1963.3
			陈长学	1958.5~1958.12
			柳定甫	1958.5~1963.3
			周仁居	1958.5~1968.4
			卢光欣	1964.5~1968.11
1969.8~1977.12	温州市交通系统革委会	主任	赵玉堂	1969.8~1973.3
	温州市交通运输管理局革委会	主任	舒桂新	1971.1~1973.3
	温州市交通局革委会	第一主任	赵玉堂	1973.3~1976.10
		主任	舒桂新	1973.3~1976.10

续上表

机构起讫时间（年月）	机构名称	职务	姓名	任职起讫时间（年月）
1977.12～1981.11	温州市交通运输管理局	局长	赵玉堂	1977.12～1979.4
			黄绍元	1979.4～1981.11
		副局长	郑学儒	1977.12～1981.11
			李熙岩	1977.12～1981.8
			卢光欣	1977.12～1981.11
			赵玉宏	1977.12～1981.11
			傅智勋	1977.12～1981.11
			林培云	1978.3～1981.11

温州地区交通行政管理机构及领导成员（1954.4～1981.11） 表6－1－8

机构起讫时间（年月）	机构名称	职务	姓名	任职起讫时间（年月）
1954.4～1959.1	温州专署交通运输管理局	局长	王村农	1954.12～1959.1
		副局长	刘斌发	1954.9～1954.12
			周群	1955.3～1959.1
			周一平	1958.5～1959.1
1959.1～1962.12	温州区公路运输管理局	局长	王村农	1959.1～1959.5
			周群	1959.5～1962.12
		副局长	卢育生	1959.10～1962.12
			曹宝元	1959.1～1962.12
			马厚泽	1959.10～1962.12
1962.12～1971.10	温州专署交通局	局长	周群	1962.12～1968.11
		副局长	王伟钊	1963.1～1968.11
			王肇	1962.12～1968.11
1971.10～1973.6	温州地区交邮局革命领导小组	组长	于光礼	1969.10（未到任）
		副组长	高国璋	1971.10～1973.6
			刘盛杰	1971.10～1973.6
			王伟钊	1972.4～1973.6
			尤菊君	1971.10～1973.6
			孙效荣	1971.10～1973.6
1973.6～1981.11	温州地区交通运输管理局	局长	高国璋	1973.6～1981.11
		副局长	丁了寿	1973（曾任局长）～1979.8
			王伟钊	1973.6～1978.2
			王肇	1973.6～1981.11

温州市市级交通行政管理机构及领导成员(撤地并市后 1981.11~2010.12)

表 6-1-9

机构起讫时间（年月）	机构名称	职务	姓名	任职起讫时间（年月）
1981.11~1985.1	温州市交通局	局长	黄绍元	1981.11~1985.1
		副局长	王肇	1981.11~1983.10
			郑学儒	1981.11~1983.9
			赵玉宏	1981.11~1983.9
			卢光欣	1981.11~1983.9
			万志新	1983.10~1985.1
			叶桐章	1983.12~1985.1
1985.1~1996.3	温州市交通委员会	主任	戴松年	1985.3~1985.9.
			顾德裕	1985.9~1992.12
			郑仕林	1992.12~1996.3
		副主任	黄绍元	1985.1~1985.9.
			万志新	1985.1~1996.3
			姚兴汉	1985.1~1990.4
			邵任良	1985.5~1996.3
			金礼义	1987.6~1989.6.
			杨福桂	1991.05~1996.3
			王运正	1992.03~1992.09
			陈信远	1993.09~1996.3
			陈宏峰	1994.11~1996.3
		总工程师	王晓铮	1993.09~1996.3
		正职巡视员	黄绍元	1993.07~1993.10
1996.3~	温州市交通局	局长	郑仕林	1996.3~1997.02
			林绍濂	1997.02~1998.11
			陈宏峰	1998.11~2003.06
			朱铁山	2003.06~2010.11
			黄荣定	2010.11~
		副局长	万志新	1996.3~1998.07
			邵任良	1996.3~1998.06
			杨福桂	1996.3~2005.12
			陈信远	1996.3~2001.11
			陈宏峰	1996.3~1998.11
			林绍濂	1996.06~1997.02
			孙锦禹	1997.11~2005.12

续上表

机构起讫时间（年月）	机构名称	职务	姓名	任职起讫时间（年月）
1996.3～	温州市交通局	副局长	林建亚	1998.06～2004.10
			王晓铮	1998.10～2002.11
			仇德俊	2001.10～2010.11
			高广尘	2003.08～2010.03
			秦肖	2008.07～2010.11
			王军	2009.07～2010.12
			邵必武（调研员）	2010.03～2010.12
			叶正社	2010.03～2010.12
			黄定恩	2010.05～
			王德奔	2010.10～
			蒋理江	2010.12～
			徐锦栋	2010.12～
		总工程师	王晓铮	1996.3～2002.11
			徐锦栋	2004.11～2010.12
			许人平	2010.12～

（四）嘉兴市交通运输局

中华人民共和国成立初期，嘉兴地区无专门职能部门管理交通。1949年10月至1950年5月，嘉兴地区的交通行政管理，归属地区行署实业科。1950年5月至1952年12月归属行署建设科。1953年1月至1954年7月归属行署财政经济办公室。

1954年8月，建立嘉兴地区行署交通运输管理局，办公地址在嘉兴市原芝桥街，局长郑玉勤，副局长李坤、丁子寿。这是新中国成立以后，嘉兴地区的第一个交通行政管理的专门机构。

1958年1月，嘉兴地区行署交通运输管理局局内开始设科，分计划运输、秘书、基建监督、民间运输管理4个科室。5月，在嘉兴地区的省属航运、公路企事业单位改为嘉兴地属单位。

1958年12月，嘉兴地区行署交通运输管理局随行署从嘉兴搬迁至湖州办公，局址在湖州南街闻波兜，科室也作了相应调整，改设运输、工程、秘书、计划财务4个科，局长李坤，副局长丁子寿、常克义、鲁克成、孙宝铭。1959年，该局由行署副专员任潘芳兼任局长，孙宝铭副局长负责主持日常工作。1960年，由高师方兼局长。

1961年5月，嘉兴地区行署交通运输管理局撤销，交通管理工作划归行署工交办公室，具体分工由孙宝铭副主任负责。此时的行署一级改为仅行使行政督察职能，而航运、公路企事业单位则改为省属，由省管理。

1966年，“文化大革命”开始，机关日常工作遭到冲击、破坏。次年2月，嘉兴地区行署机关实行军管，成立军分区生产办公室工交口，由军分区作训科科长刘德中负责。

1968年9月，嘉兴地区革委会生产指挥组成立，由副组长（军代表）张锁凤负责工交工作。1970年4月，嘉兴地区革委会生产指挥组建立工业局（局长为郑立恒），由革命领导小组成员、军代表倪来观具体负责交通工作。

1971 年,根据中央和浙江省革委会关于交通体制下放和开展联合运输等指示,对原来隶属省交通厅的湖州和嘉兴航运公司、湖州汽车运输公司、嘉兴地区公路总段、航运管理处、车监所等企事业单位都移交给嘉兴地区领导。

1971 年 7 月,嘉兴地区交通邮政局正式成立,隶属于嘉兴地区革委会生产指挥组,办公地点利用湖州朝阳路原公路总段的办公楼。赵干任交邮局革命领导小组组长,荣振芝、王示之(分管邮政)任副组长。

1973 年 10 月 1 日,撤销地区革委会生产指挥组交邮局,分别建立嘉兴地区革委会交通局和邮政局。孙宝铭任地区革委会交通局革命领导小组组长,荣振芝、顾明豪任副组长。

1978 年,撤销嘉兴地区革委会,恢复嘉兴地区行署。嘉兴地区革委会交通局更名为嘉兴地区交通局,领导嘉兴地区的交通建设、运输生产、运输市场和监督执行交通安全法规等。洪克刚任嘉兴地区交通局局长,荣振芝、叶光明任副局长。

1983 年 9 月,撤地建市,分别建立嘉兴和湖州两个省辖市,实行市管县体制。同年 9 月 20 日嘉兴市交通局成立,局址在嘉兴火车站公园路口的市郊区交通局办公楼内(1984 年 6 月迁往秀州路项家漾 1 号,1988 年 10 月又迁址新落成的中山西路交通大楼内)。第一任局长为来益人。为适应嘉兴市实行市管县的体制,市交通局加强了对所辖嘉善、平湖、海宁、海盐、桐乡等 5 县和城区、郊区交通部门的业务领导。

1984 年,为适应交通部提出的各级交通部门要实行两个转变(把工作重点从主要抓企业、抓生产业务,转变到抓全行业、抓行政管理方面来)、政企分开和加强行业管理的要求,市交通局机构设置改为 6 科 1 室,即秘书科、运输管理科、工程科、计划财务科、工业科、劳动人事科和党委办公室。

1988 年 6 月,为适应进一步深化改革、扩大开放的需要,局机构作了相应的调整,设 2 处 5 科 1 室,即交通工程管理处、交通运输管理处、秘书科、综合管理科、计划财务科、安全教育科、劳动人事科和党委办公室。列编行政人员 22 名,事业人员 20 名。

1990 年 7 月,为加强全行业管理,充分发挥交通职能部门的作用,经嘉兴市编委批准,撤销秘书科、综合管理科、交通工程管理处和交通运输管理处,建立办公室、政治处、人事劳动工资科、计划财务科、企业管理科、运输管理科、交通工程建设管理处。行政编制调整为 27 名(其中交通战备办公室 2 名)。在册人数 44 名。

2010 年,经嘉兴市编委批准,嘉兴市交通局内设机构设立办公室、政治处、人事教育处、计划财务处、运输安全处、政策法规处、建设规划处、派驻纪检监察室、市交通工会联合会、市交通战备办公室。行政编制数 27 名。在册人数 27 名。

2011 年,嘉兴市交通局改名为嘉兴市交通运输局。局直属单位有 6 个:嘉兴市公路管理处、嘉兴市港航管理局、嘉兴市公路运输管理稽征处、嘉兴市交通工程质量安全监督站、嘉兴市交通工程建设管理处、07 省道嘉兴征费管理所。

1949 ~ 2010 年,嘉兴地区、嘉兴市交通行政管理机构名称演变和领导成员变化详见表 6 – 1 – 10 ~ 表 6 – 1 – 11。

嘉兴地区交通行政管理机构及领导成员(1949.10～1983.9) 表6－1－10

机构起讫时间(年月)	机构名称	职务	姓名	任职起讫时间(年月)
1949.10～1950.5	嘉兴地区行署实业科	科长	傅伯达(兼)	1949.10～1950.5
1950.5～1952.12	嘉兴地区行署建设科	科长	崔文彬	1950.5～1952.12
			陶访耕	1950.5～1952.12
		股长(主管交通)	曹桂林	1950.5～1952.12
1953.1～1954.8	嘉兴地区行署财政经济办公室	主任	皮圣锡	1953.1～1954.8
1954.8～1961.5	嘉兴地区专署交通运输管理局	局长	郑玉勤	1954.8～1957.12
			李坤	1958.1～1958.12
			任潘芳(兼)	1959.1～1959.12
			高师芳(兼)	1960.1～1961.4
		副局长	李坤	1954.8～1957.12
			丁子寿	1954.8～1961.4
			常克义	1958.1～1961.4
			鲁克成	1958.1～1961.4
			孙宝铭	1958.1～1961.4
1961.5～1967.1	嘉兴地区专署工业交通办公室	副主任兼主管交通负责人	孙宝铭	1961.5～1967.1
1967.2～1968.8	军分区生产办公室工交口	负责人	刘德中(军代表)	1967.2～1968.8
1968.9～1970.3	嘉兴地区革命委员会生产指挥组工交口	负责人	张锁凤(军代表)	1968.9～1970.3
1970.4～1971.6	嘉兴地区革命委员会生产指挥组工业局	局长	郑立恒	1970.4～1971.6
		主管交通工作负责人	倪来观(军代表)	1970.4～1971.6
1971.7～1973.9	嘉兴地区革委会交通邮政局革命领导小组	组长	赵干	1971.7～1973.9
		副组长	荣振芝	1971.7～1973.9
			王示之	1971.7～1973.9
1973.10～1978.9	嘉兴地区革委会交通局革命领导小组	组长	孙宝铭	1973.10～1978.4
		副组长	顾明豪	1973.10～1978
			荣振芝	1973.10～1978.9
1978～1983.9	嘉兴地区交通局	局长	洪克刚	1978～1983.9
		副局长	荣振芝	1978.10～1983.9
			叶光明	1978～1983.9

嘉兴市交通行政管理机构及领导成员（撤地建市后1983.9～2010.12） 表6－1－11

机构起讫时间（年月）	机构名称	职　务	姓　名	任职起讫时间（年月）
1983.9～	嘉兴市交通局	局长	来益人	1988.12～1992.9
			孙皎兴	1992.10～1997.12
			费金海	1998.6～2003.1
			浦加渔	2003.1～2006.9
			孙建华	2006.12～2010.5
			张文华	2010.5～
		副局长	来益人	1983.11～1988.11
			房爱民	1984.4～1990.3
			黄振亚	1985.8～1995.7
			倪慈云	1989.9～1990.8
			孙皎兴	1991.11～1992.10
			周培堃	1992.11～2003.8
			刘建甫	1994.1～2003.8
			徐忠汉	1994.7～2001.8
			杨志超	1999.9～2001.12
			陈月华	2000.11～2004.7
1983.9～	嘉兴市交通局	副局长	王强	2001.7～
			方文理	2004.4～2005.8
			施国良	2004.4～2004.12
			张伟林	2005.11～
			顾国强	2008.4～
			季永青（挂职）	2010.5～
		局长助理	宋建中	1992.8～1994.6
			曾航初（挂职）	1996.1～1997.12
		总工程师	严凤祥	2008.4～2010.12
		正局级巡视员	房爱民	1990.3～1992.1
			来益人	1995.7～1997.1
		副局级巡视员	黄振亚	1995.7～1997.12
		调研员	刘建甫	2003.9～2008.4
		助理调研员	茆水山	2000.4～2001.11
		副调研员	刘保生	2009.4～2010.12

（五）湖州市交通运输局

中华人民共和国成立初，中国人民解放军湖州军管会设交通处管理交通。1949年10月，嘉兴地区专署实业科兼管交通。1950年5月，由专署建设科兼管交通。1953年1月，转由专署财政经济办公室领导管理交通。

1954年8月，建立嘉兴地区专署交通运输管理局，办公地址在嘉兴市原芝桥街。这是中华人民共和国成立后,嘉兴地区的第一个交通行政管理的专门机构。

1958 年 12 月,嘉兴地区专署交通运输管理局随专署从嘉兴迁至湖州。局址在湖州南街闻波兜。

1961 年 5 月,专署交通运输管理局撤消。交通管理职能划归专署工业交通办公室,仅行使行政督察权。

1966 年 2 月,专署机关实行军管,交通运输管理职能划归军分区生产办公室工交口。

1968 年 9 月,嘉兴地区革委会生产指挥组成立,管理交通职能划归地区革命委员会生产指挥组工交口。1970 年 4 月转由地区革委会生产指挥组工业局代管。

1971 年 7 月,成立嘉兴地区交通邮政局。

1973 年 10 月,地区交通邮政局撤消,分别单独成立地区革委会交通局和邮政局。

1978 年,撤销嘉兴地区革委会,恢复嘉兴地区行署。嘉兴地区革委会交通局更名为嘉兴地区交通局,领导嘉兴地区的交通建设、运输生产、运输市场和监督执行交通安全法规等。

1983 年 9 月,撤地建市,分别建立湖州和嘉兴两个省辖市,实行市管县体制。同年,嘉兴地区交通局撤销,10 月 1 日湖州市交通局建立。局机关设办公室、运输管理科、交通工程科、交通工业科和组织科。局下辖市内河航运公司、市汽车运输公司、运输装卸公司、交通器材公司、汽车配件公司、桥梁工程队、交通机械厂等单位。

从 1984 年开始,湖州市交通局根据交通部的要求,实行两个转变,即从偏重直属交通企业的部门经济管理转为对公路水路行业的交通行政执法管理,从交通运输计划经济管理转为对公路水路运输市场经济管理。1988 ~ 1989 年,交通管理体制改革,湖州市交通局分别于 1988 年 2 月和 1989 年 4 月接收并领导由省里成建制下放给湖州市人民政府的原省属航运、汽运、航管、公管等企事业单位。到 1990 年年末,湖州市交通局辖属企事业单位共 11 个,实施业务领导的县交通局 3 个。

20 世纪 90 年代,以理顺政府与企业的关系为重点,改革产权制度、转换劳动关系、建立社会保障体制等,湖州市交通局逐步解除与所办经济实体和直属企业的行政隶属关系,有效推进政企分开,促进交通企业经济体制转型,形成了以公路水路全行业行政管理为主的交通行业政府公共管理体系。

2001 年 12 月 31 日,湖州市人民政府印发《湖州市交通局职能配置、内设机构和人员编制方案》。交通局机关设办公室、法规处、运输安全处(交通公安处)、规划财务处、建设管理处、组宣人事处、市交通战备办公室(7 个职能处室),人员编制 32 人。

2010 年 11 月 25 日,《湖州市人民政府机构改革方案》决定,湖州市交通局更名为湖州市交通运输局。原市交通局的职责、市规划与建设局的城市客运管理职责整合划入市交通运输局。运输业管理成为交通部门重要的工作职责之一,开始建立起适应综合运输发展的交通管理体制。同年 12 月 2 日,湖州市交通运输局正式成立。市交通运输局下辖市公路管理处、市港航局、市公路运输管理稽征处、市高速公路建设管理处、市交通工程质量监督(造价管理)站、市交通规划设计院、湖州交通学校和交通培训中心 8 个事业单位;以及市交通投资集团有限公司、市航运实业总公司 2 个国有独资企业。

1949 ~ 2010 年,嘉兴地区、湖州市交通行政管理机构名称演变和领导成员变化详见表 6 - 1 - 12、表 6 - 1 - 13。

嘉兴地区交通行政管理机构及领导成员(1949.10～1983.9)　表 6－1－12

机构起讫时间(年月)	机构名称	职务	姓名	任职起讫时间(年月)
1949.10～1950.5	嘉兴地区行署实业科	科长	傅伯达(兼)	1949.10～1950.5
1950.5～1952.12	嘉兴地区行署建设科	科长	崔文彬	1950.5～1952.12
			陶访耕	1950.5～1952.12
		股长(主管交通)	曹桂林	1950.5～1952.12
1953.1～1954.8	嘉兴地区行署财政经济办公室	主任	皮圣锡	1953.1～1954.8
1954.8～1961.5	嘉兴地区专署交通运输管理局	局长	郑玉勤	1954.8～1957.12
			李坤	1958.1～1958.12
			任潘芳(兼)	1959.1～1959.12
			高师芳(兼)	1960.1～1961.4
		副局长	李坤	1954.8～1957.12
			丁子寿	1954.8～1961.4
			常克义	1958.1～1961.4
			鲁克成	1958.1～1961.4
			孙宝铭	1958.1～1961.4
1961.5～1967.1	嘉兴地区专署工业交通办公室	副主任兼主管交通负责人	孙宝铭	1961.5～1967.1
1967.2～1968.8	军分区生产办公室工交口	负责人	刘德中(军代表)	1967.2～1968.8
1968.9～1970.3	嘉兴地区革命委员会生产指挥组工交口	负责人	张锁凤(军代表)	1968.9～1970.3
1970.4～1971.6	嘉兴地区革命委员会生产指挥组工业局	局长	郑立恒	1970.4～1971.6
		主管交通工作负责人	倪来观(军代表)	1970.4～1971.6
1971.7～1973.9	嘉兴地区革委会交通邮政局革命领导小组	组长	赵干	1971.7～1973.9
		副组长	荣振芝	1971.7～1973.9
			王示之	1971.7～1973.9
1973.10～1978.9	嘉兴地区革委会交通局革命领导小组	组长	孙宝铭	1973.10～1978.4
		副组长	顾明豪	1973.10～1978
			荣振芝	1973.10～1978.9
1978～1983.9	嘉兴地区交通局	局长	洪克刚	1978～1983.9
		副局长	荣振芝	1978.10～1983.9
			叶光明	1978～1983.9

湖州市交通行政管理机构及领导成员(撤地建市后1983.10~2010.12) 表6-1-13

机构起讫时间(年月)	机构名称	职务	姓名	任职起讫时间(年月)
1983.10~	湖州市交通局(2010年11月改名为湖州市交通运输局)	局长	洪克刚	1983.10~1986.11
			齐德全	1986.12~1991.9
			胡学章	1992.1~1998.6
			吴哲勇	1998.6~2007.6
			夏坚定	2007.7~
		副局长	荣振芝	1983.10~1984.9
			叶光明	1983.10~1983.12
			胡学章	1984.8~
			吴希毓(女)	1984.11~1993.12
			黄钜培	1992.4~2001.8
			吴哲勇	1993.8~1996.12
			闻桂荣	1997.8~2007.9
			童建华	1996.6~2002.12
			顾荣荣	2001.8~2010.10
			夏坚定	2003.7~2007.7
			房石磊	2003.8~2007.7
			张树明	2007.8~
			周军	2007.8~
			管仲龙	2010.2~2010.9(实际未到任)
			吴敏(挂职)	2010.8~
			章宇强	2010.12~
			陈永华	2010.12~

(六)绍兴市交通运输局

1949年5月绍兴解放,中国人民解放军绍兴军事管制委员会财政经济部设交通处,主管交通。

1949年8月至1952年,绍兴为浙江省人民政府第十行政区,撤销军管会交通处,建立绍兴专区交通局主管交通。

1952年绍兴专区撤销,上虞、嵊县、新昌划归宁波专署;绍兴市、县划归省直辖,次年亦划归宁波专署;诸暨、萧山分属金华、杭州,1957年划归宁波,1958年萧山重新划归杭州。这些县的交通均由所划入地区专署的交通行政管理机构管理。

1964年绍兴专署复设,设工交办公室主管交通。

1971年绍兴地区革委会设交邮处,主管交通。

1972 年交邮处改为交通邮政局。

1973 年交通与邮政分设，成立绍兴地区交通局。

绍兴地改市后，绍兴地区交通局改称绍兴市交通局。其内设机构 9 个职能处室（科级）：办公室、建设管理处（市地方铁路管理办公室）、计划财务处、运输安全处、法制公安处、政治处、科技教育处、监察室（纪检室）、绍兴市交通战备办公室。

2010 年，绍兴市交通局改名为绍兴市交通运输局。局机关编制 33 名（不含纪检监察编制 3 名、含市交通战备办公室编制 5 名）。其中：局长 1 名、副局长 4 名、党委副书记兼纪委书记 1 名，总工程师 1 名；局正副科级干部 16 名。截止当年 12 月底，绍兴市交通局机关共有工作人员（公务员）34 名（其中女性 6 名），机关工勤人员 1 名。

1964 ~ 2010 年，绍兴地区、市的交通行政管理机构名称演变和领导成员变化详见表 6 - 1 - 14。

绍兴地区、市交通行政管理机构及领导成员（1964 ~ 2010） 表 6 - 1 - 14

机构起讫时间（年月）	机构名称	职　务	姓　名	任职起讫时间（年月）
1964 ~ 1971	绍兴专署工交办公室	副主任	郭同科	1964 ~ 1971
1971 ~ 1972	绍兴地区革委会交邮处	处长	郭同科	1971 ~ 1972
		副处长	乔安斋	1971 ~ 1972
1972 ~ 1973	绍兴地区交通邮政局	局长	郭同科	1972 ~ 1973
		副局长	乔安斋	1972 ~ 1973
1973 ~ 1983	绍兴地区交通局	局长	郭同科	1973 ~ 1979
			徐火根	1979 ~ 1983
		副局长	徐火根	1973 ~ 1979
			周孝梅	1979 ~ 1983
1983 ~	绍兴市交通局（2010 年改名绍兴市交通运输局）	局长	徐华梁	1983 ~ 1993
			王国伟	1993 ~ 1996
			蔡继东	1998.1 ~ 2005.10
			钱三雄	2005.10 ~ 2010.01
			马永良	2010.02 ~
		副局长	周孝梅	1983 ~ 1988
			唐玉全	1989 ~ 1991
			陈凯雄	1991 ~ 2001.9
			谢炳荣	1995.08 ~ 2007.06
			张顺建	1995 ~ 2003
			蔡继东	1997 ~ 1998.1
			马志坚	2001.02 ~ 2006
			张来兴	2003.07 ~ 2006
			钟海	2003.07 ~ 2009.01
			王建平（女）	2005.01 ~

续上表

机构起讫时间（年月）	机构名称	职　务	姓　名	任职起讫时间（年月）
1983 ~	绍兴市交通局（2010 年改名绍兴市交通运输局）	副局长	邵全卯	2009.01 ~
			张建良	2005.12 ~
			张德胜	2007.06 ~
			王欣	2009.11 ~
			张海波	2010.04 ~
		纪检组长	陈小英（女）	2007.4 ~
		调研员	陈凯雄	2006.01 ~ 2006.11
			谢炳荣	2007.06 ~
		助理调研员	陈凯雄	2001.09 ~ 2006.01
		副调研员	傅志新	2009.12 ~

（七）金华市交通运输局

1949 年 5 月 10 日，金华市军事管制委员会成立（十一军军长曾绍山任主任），开始统辖境内交通工作。5 月 29 日，经政务院批准建立浙江省人民政府第八行政区专员公署，10 月 22 日改称金华专员公署，1950 年 10 月 1 日改称金华区专员公署。1951 年 3 月专员公署内设建设科（驻金华城区醋坊岭行署内办公），管理境内交通。

1954 年 3 月，建立金华区专员公署交通运输管理局，专司交通管理工作，辖金华、汤溪、兰溪、武义、永康、东阳、磐安、义乌、浦江、诸暨、建德、富阳、桐庐、寿昌、淳安、遂安、分水、开化等县。此后，金华区专员公署所管辖区域（县）有过多次变更，交通管理机构所管辖的区域（县）随专员公署管辖区域（县）的变更而变更。

1959 年 3 月，根据金华地委指示，金华专区民船管理处、金华区公路运输局两单位并入金华区专员公署交通运输管理局，3 单位合并成立浙江省金华专员公署交通运输局，迁入金华八一路 15 号办公。

1959 年 12 月，根据中共浙江省委 7 月的行文意见，恢复专署交通运输管理局，并入的民船管理处、公路运输局亦单独恢复设立（对内仍是一套班子，对外三块牌子，行文分别用印）。1961 年 3 月，金华民船管理处在行政上为局一科室，1962 年 10 月析出。

1971 年 1 月，交通、邮政合并成立金华地区革命委员会生产指挥组交通邮政局，实行政企合一体制，内设政工、生产、办事 3 个组，隶属地区革命委员会生产指挥组（1973 年后演变成工业交通办公室）。同时，金华公路总段并入局内，设公路办公室。5 月，金华航管处亦并入局内，设航运办公室。

1974 年 9 月体制调整，邮政析出，组建金华地区革命委员会生产指挥组交通局。

1977 年 4 月 1 日，金华地区革委会生产指挥组交通局改称金华地区交通局，内设政治处、党委办公室、公路工程处、航管处、行政科、保卫科、综合科、运输科、车辆监理所等 9 个职能部门。当年 10 月办公驻地迁金华市中山路 194 号新办公楼（中山路与八一北路交叉口西北侧）。

1979 年 1 月 1 日，根据 1978 年 11 月 30 日浙江省革命委员会浙革〔1978〕170 号文批转浙江省交通厅《关于调整全省交通管理体制的意见》精神，政企分开，恢复金华地区交通局独立建制，下分人秘、运输、工程3个组。同时，将企事业单位析出，分设成立金华地区公路总段、金华地区航管处、金华地区车辆监理所、浙江省汽车运输公司金华及衢州两个分公司。对这些企事业单位实行企业以条（省）为主、事业以块（地）为主的省地双重领导。

1982年1月4日，根据金华地区经委金地经字〔1982〕2号文批复，建立金华地区交通局测设组（时编制5名）。1984年5月25日，金华地区交通局县乡道路管理站建立。此时，测设组（时4人）并入该管理站，由其暂行接管。

1984年7月7日，根据金行署〔1984〕106号文《关于行署有关委、局设科的通知》，金华地区交通局内设人事秘书、工程管理、运输管理、安全管理4个科。

1985年6月22日，浙江省人民政府〔1985〕56号文通知：撤销金华地区，分别建立金华和衢州两个省辖市，实行市管县体制。随即，金华地区交通局撤销，组建金华市交通局，管辖婺城、金华、兰溪、武义、永康、东阳、磐安、义乌、浦江9县（市、区）交通工作。金华市交通局成立后，即从抓直属企业的经营转为抓全行业交通管理，发挥政府部门的职能作用，从市到县逐级理顺管理体制，强化全行业宏观管理。

1990年年末，金华市交通局定编26人，内设办公室、计划财务（审计）科、工程技术科、运输管理科、监察室。1996年6月，金华市交通局内设机构增设政工科。2000年10月金华市交通局搬迁到市区江南双龙南街801号市府大院东辅3号楼六层办公。

2002年3月金华市机构改革，科改为处。据此，金华市交通局内设办公室、人事劳资处、计划财务（审计）处、建设管理处、运输（安全）管理处、法制（监察）处等6个处（室），行使对全市交通规划、交通建设、运输组织、交通安全生产和交通行业管理的管理职能。

2011年金华市交通局改名为金华市交通运输局。

1951~2010年，金华地区、市的交通行政管理机构名称演变和领导成员变化详见表6-1-15。

金华地区、市交通行政管理机构及领导成员（1951.3~2010.12）　　表6-1-15

机构起讫时间（年月）	机构名称	职务	姓名	任职起讫时间（年月）
1951.3~1954.3	浙江省人民政府金华区专员公署建设科	科长	李圣集	1951.3~1954.3
		副科长	李文照	1951.3~1954.3
1954.3~1959.3	浙江省人民政府金华区专员公署交通运输管理局	局长	李圣集	1954.3~1959.5
1959.3~1959.12	浙江省金华专员公署交通运输局	局长	高国璋	1959.3~1959.12
		副局长	苏贵旺	1959.3~1959.12
1959.12~	浙江省金华专员公署交通运输管理局	局长	张玉堂	1959.12~1961.4
		副局长	苏贵旺	1959.12~1969.9
			齐土根	1960.2~1964.2
1971.1~1974.9	浙江省金华地区革命委员会生产指挥组交通邮政局革命领导小组	组长	王祖学	1971.1~1974.9
		副组长	支禹南（军代表）	1971.1~1973.7
			贺升儒	1971.1~1974.9

续上表

机构起讫时间(年月)	机构名称	职务	姓名	任职起讫时间(年月)
1974.9~1977.4	浙江省金华地区革命委员会生产指挥组交通局革命领导小组	组长	王祖学	1974.9~1975.11
			张宪章	1975.11~1977.3
		副组长	贺升儒	1974.9~1975.11
			赵连壁	1975.11~1977.4
1977.4~1982.3	浙江省金华地区交通局革命领导小组	组长	赵连壁	1977.4~1981.4
		副组长	陈鹏辉	1977.4~1978.12
			苏贵旺	1981.11~1983.6
1982.3~1985.8	浙江省金华地区交通局	局长	徐林木	1982.3~1985.6
		副局长	王青海	1982.3~1985.8
			谢郁佺	1982.3~1985.8
1985.8~	金华市交通局	局长	邢宪泰	1986.3~1995.8
			杜士良	1995.8~2003.1
			张志明	2003.3~
		副局长	王青海	1985.8~1990.9
			吴增福	1985.8~1995
			谢郁佺	1985.8~1990.9
1985.8~	金华市交通局	副局长	杜士良	1990.9~1995.8
			丁丰玕	1991.9~1996.9
			林文照	1994.6~1999.11
			张志明	1994.11~2003.3
			王汝新	1996.3~2006.5
			董一平	2000.9~
			骆家华	2002.12~2004.7
			董继祥	2003.10~
			季世春	2004.6~
		总工程师	谢郁佺	1990.9~1996.3
			王候明	2003.12~
		局长助理	俞小平	2008.1~

(八)衢州市交通运输局

1949年以前,衢州地区地方政府没有专设主管交通的职能部门。

1949年7月,建立浙江省人民政府第三行政区专员公署。10月,改为衢州专署,内设建设科,负责全区的交通管理。1954年4月,建设科改为交通科。

1955年3月,衢州专署撤销,全区划归金华专署管理。

1985年6月,撤销金华地区,分设衢州和金华两个省辖市,实行市管县体制。衢州市政府先后建立市级交通管理机构,包括市交通主管部门,公路、水路行业管理部门,铁路、民航和城市交通管理部门。7月,衢州市交通局设立,为市政府的组成部门,主管公路和水路交通,办公地点在衢州市南区荷花中路。10月,市交通局机关设公路工程管理处、人事秘书科、工程科、运输生产科、计划财务科。1988 年 1 月，运输生产科更名为企业管理科。1989 年 3 月，局内设科室调整为办公室、劳动人事科、运输生产科、计划财务科、交通公路科，公路工程管理处划归衢州市公路管理处。1991 年 4 月，增设组织宣传科、工程管理科。1993 年 3 月，劳动人事科更名为组织人事科，组织宣传科更名为宣传教育科，运输生产科更名为经济综合科。1997 年 1 月，增设服务中心。11 月，增设运输行业管理科。2000 年，市交通局办公地址迁至衢州市新桥街 15 号。

2002 年 1 月，衢州市交通局机关科室改为处室，分别为人事教育处，计划财务处、经济综合处、建设管理处、运输行业管理处、政策法规处、办公室、监察室（市监室局派驻）、交通战备办公室、服务中心。局下辖市公路管理处、市公路稽证运管处、市港航管理处、市县乡公路建设处、市交通工程质量监督站，以及交通中专、航埠收费站、樟潭收费站、衢江收费站等。

2011 年，衢州市交通局改名为衢州市交通运输局。其内设机构有办公室（宣传处合署）、政策法规处、人事教育处、财务审计处、建设管理处、运输处、安全处。其行政编制为 23 名（含纪检监察编制 2 名），其中局长 1 名、副局长 3 名、总工程师 1 名、科级领导 11 名、后勤服务人员 4 名。

1949 ~ 2010 年，衢州地区、市的交通行政管理机构名称演变和领导成员变化详见表 6 - 1 - 16。

衢州地区、市交通行政管理机构及领导成员（1949.10 ~ 2010.12） 表 6 - 1 - 16

机构起讫时间（年月）	机构名称	职务	姓名	任职起讫时间（年月）
1949.10 ~ 1955.5	衢州专署建设科，1954 年 4 月改交通科	科长	刘冠武	1949 ~ 1954.4
		副科长	苏贵旺	1954.4 ~ 1955.4
1985.7 ~	衢州市交通局	局长	徐林木	1985.09 ~ 1990.07
			刘新春	1990.07 ~ 1991.07
			鲁有根	1992.02 ~ 1995.06
			杨才古	1995.06 ~ 1998.05
			江云珊	1998.05 ~ 2000.06
			毛建民	2000.06 ~ 2005.06
			吴茶香（女）	2005.06 ~ 2010.9
		副局长	郑士楷	1985.09 ~ 1988.10
			刘新春	1989.12 ~ 1990.07
			鲁有根	1988.04 ~ 1992.02
			缪效森	1991.01 ~ 1997.07
			周建平	1994.10 ~ 2002.03
			蒋秀鸿	1997.07 ~ 2002.12
			方洪亮	1998.11 ~ 2004.04
			姜明才	2002.06 ~
			朱水根	2002.08 ~ 2008.12
			朱耀荣	2004.11 ~
			虞颜	2008.12 ~
		总工程师	姜明才	2001.01 ~ 2002.06
			虞颜	2002.06 ~
		局长助理	姜明才	1998.12 ~ 2001.12

（九）舟山市交通运输委员会

1953年2月，舟山专区设立。翌年4月，舟山专员公署设立交通科，负责全区公路、海上交通运输管理。1958年1月，舟山专署交通科与舟山航运管理处合并，成立舟山专署交通运输管理局和舟山区航运局，合署办公。1959年4月，舟山专署交通运输管理局随建制改变而改为舟山县交通运输管理局，直至1962年5月恢复舟山专署，又易名舟山专署交通管理局。

1970年4月，中国人民解放军舟山地区交管局军事管制小组生产领导小组成立。翌年5月，改称舟山地区革命委员会生产指挥组交通邮政局，但行政领导业务均未与邮政局合并。1973年3月，恢复舟山地区交通运输管理局。

1984年4月，舟山地区交通局、舟山港航管理局和舟山地区公路运输管理处合署办公。翌年10月，舟山地区公路运输管理处析出，舟山地区交通局则与舟山港航管理局继续合署办公。1986年7月，撤销舟山港航管理局，分别成立舟山地区港务管理局和舟山地区航运管理处，但两单位仍与舟山地区交通局合署办公。

1987年3月，撤地建市，撤销舟山地区交通局，成立舟山市交通局。1989年6月，交通、港务机构分设。舟山市交通局内设机构实行交通行政与航运管理合一的管理体制。1992年9月10日，舟山市人民政府下达舟政发〔1992〕100号文件，撤销舟山市交通局，建立舟山市交通委员会。翌年3月，交通、航管机构分设，舟山市交通委员会实行独立建制，为舟山市政府行政职能部门，对全市交通行使全面管理工作。

1996年6月，明确舟山市交通委员会是市政府主管全市公路、水路（港口）的职能部门。2001年10月，市政府对市交通委职能作调整，原属交通委管理的水上安全管理职能划归舟山海事局，全市港口开发管理职能划归舟山港务管理局，新增汽车租赁行业管理职能。

2005年4月，舟山市交通委办公地址从定海区人民南路150号迁移至舟山市新城行政中心3号楼。

2010年1月，舟山市政府对舟山市交通委职能作调整，明确海上客运安全管理主体为市交通委，海上货运安全管理主体为港航局。交通、港航两机构有关水运管理职能调整自2010年1月1日起执行。

2010年舟山市交通委员会改名为舟山市交通运输委员会。当年年末，内设处室有办公室、组织人事处、政策法规处、运输处、安全保卫处、计划财务与审计处、规划建设处、科技教育处、交战办（人武部）、纪委、监察室、工委、委直属机关党委、交通时报记者站、驻京办事处、交通审计所、舟山航运协会，委管委属单位有市公路局、市交通设计院、市交通质量监督局3家事业单位和舟山一海海运有限公司、舟山海峡汽车轮渡集团有限公司、舟山海星轮船有限公司、舟山市汽车运输有限公司、舟山市交通投资公司5家企业。

1954～2010年，舟山地区、市的交通行政管理机构名称演变和领导成员变化详见表6－1－17。

舟山地区、市交通行政管理机构及领导成员（1954.4～2010.12）　　表6－1－17

机构起讫时间（年月）	机构名称	职　务	姓　名	任职起讫时间（年月）
1954.4～1958.5	舟山专署交通科	科长	袁百禄	1954.10～1958.5
		副科长	步占文	1956～1958.5

续上表

机构起讫时间（年月）	机构名称	职务	姓名	任职起讫时间（年月）
1954.8~1958.5	舟山航管处	主任	马本强	1954.8~1958.5
		副主任	李坚劳	1954.8~1958.5
1958.5~1959.4	舟山专署交通运输管理局 舟山区航运局	局长	马本强	1958.5~1959.4
		副局长	王建寿	1958.5~1959.4
			李坚劳	1958.5~1959.4
1959.4~1962.5	舟山县交通运输管理局 舟山航运局	局长	马本强	1959.4~1962.5
		副局长	李坚劳	1959.4~1962.5
			步占文	1959.4~1962.5
			潘忠相	1959.4~1962.5
1962.5~1970.11	舟山专署交通管理局	局长	袁百禄	1962.5~1966.7
			马本强	1966.7~1972.6
		副局长	步占文	1962.5~1970.11
			潘忠相	1962.5~1970.11
1970.4~1971.5	中国人民解放军舟山地区交管局军事管制小组生产领导小组	主任	徐家龙（军代表）	1970.11~1971.5
			郭云超（军代表）	1970.5~1971.
		副主任	王岱青（军代表）	1970.11~1971
			步占文	1970.11~1971
1971.5~1973.9	浙江省舟山地区革委会生产指挥组交通邮政局	局长	郭云超	1970.~1973.9
		第一副局长	袁百禄	1971.~1973.9
		副局长	王岱青	1971.~1973.9
			步占文	1971.~1973.9
			潘忠相	1971.~1973.9
1973.9~1981	舟山地区交通运输管理局	局长	郭云超	1973.9~1974.
		第一副局长	袁百禄	1978.~1981
		副局长	步占文	1973.12~1979.4
			潘忠相	1973.12~1979.4
			王祥雨	1979.4~1981
			贺承惠	1973.12~1978
			乐秀奎	1973.8~
			王百珍	1978.10~1979.4
1981~1987.7	舟山地区交通局 舟山港航管理局	局长	步占文	1981.1~1983.10
			郑福员	1985.4~1987.7

续上表

机构起讫时间（年月）	机构名称	职　务	姓　名	任职起讫时间（年月）
1981～1987.7	舟山地区交通局 舟山港航管理局	副局长	于福修	1981.8～1983.10
			赵祖章	1982.7～1987.7
			宋志铨	1983.10～1985.10
			俞元成	1983.10～1987.7
			魏敏	1983.10～1987
			沈正煌	1985.11～1987.7
		局级巡视员	步占文	1985.11～1987.7
		副局级巡视员	赵祖章	1983.10～1987.7
			于福珍	1985.4～1985.12
1987.7～1992.9	舟山市交通局	局长	郑福员	1987.7～1992.9
		副局长	沈正煌	1987.7～1989.7
			魏敏	1987.7～1991.7
			王清友	1990.9～1992.9
			崔儒鹤	1991.1～1992.9
		局级巡视员	步占文	1987.7～1991.3
1992.9～	舟山市交通委员会（2010年改名舟山市交通运输委员会）	主任	潘太法	1992.9～1994.5
			张家盟	1994.5～1997.7
			郑惠明	1997.7～2001.4
			沈旺	2001.7～
		副主任	王清友	1992.9～1994.6
			方贤平	1993.1～1997.7
			陈德康	1994.10～2004.1
			郑惠明	1996.3～1997.7
			邱建英	1996.4～2010.12
			张家平	1997.9～
			乐国平	2000.6～2010.7
			顾辉辉	2003.6～
			张胜利	2005.6～2009.10
			郭健	2007.1～2008.7
			方志浩	2008.11～
			张鹏军	2010.5～
			蒋海平	2010.7～

（十）台州市交通运输局

1950年1月台州专员公署建设科兼管交通。1954年建设科随行署撤销而撤销。

1957年行署复设，10月建立工业交通局。1958年8月交通析出，单独成立交通管理局。1958年11月，交通管理局随台州行署撤销而撤销。

1962 年台州专署复设，11 月建立交通管理局。该局与浙江省交通厅航运管理局台州管理处合署办公。1969 年 9 月交通管理局与航运管理处分设。

1971 年 3 月交通管理局改称专署工业交通局。1972 年 5 月改称交通邮政局。

1973 年 10 月，单独设立台州地区交通局，兼管省属企事业单位（台州运输段、公路总段、车辆监理所、航运管理处、海门港务局）。1979 年浙江省革命委员会通知，汽车分公司、海门港务局仍属省管，条块结合，以条为主。台州地区交通局行政归属台州行政公署，业务受浙江省交通厅领导。

1990 年台州地区交通局内设办公室、运输管理科、交通建设科、计划财务科、交通战备办公室、监察室。

2011 年台州市交通局改名为台州市交通运输局。

1957 ~ 2010 年，台州地区、市的交通行政管理机构名称演变和领导成员变化详见表 6 - 1 - 18。

台州地区、市交通行政管理机构及领导成员（1957.10 ~ 2010.12）　　表 6 - 1 - 18

机构起讫时间（年月）	机构名称	职　务	姓　名	任职起讫时间（年月）
1957.10 ~ 1958.8	台州专署工业交通局	局长	李子甫	1957.10 ~ 1958.8
		副局长	贾荣玺	1958.5 ~ 1958.8
1958.8 ~ 1958.11	台州专署交通管理局	局长	刘岐山	1958.8 ~ 1958.11
1962.11 ~ 1969.9	台州专署交通管理局（与浙江省交通厅航运管理局台州管理处合署办公）	局长	卢育生	1962.11 ~ 1969.9
		副局长	周志达	1962.11 ~ 1969.9
1971.3 ~ 1972.5	台州专署工业交通局	局长	许志明	1971.3 ~ 1972.5
		副局长	刘乃铭（军代表）	1971.8 ~ 1972.5
1972.5 ~ 1973.10	台州专署交通邮政局	副局长	张锦松（军代表）	1972.3 ~ 1975.6
			孙维春	1972.5 ~ 1973.10
1973.10 ~ 1990.1	台州地区交通局	局长	赵昆	1973.10 ~ 1977.6
			刘云奇	1977.6 ~ 1982.4
			周锦堂	1982.4 ~ 1986.1
			孙普参	1986.1 ~
		副局长	周志达	1973.10 ~ 1980.3
			刘云奇	1973.10 ~ 1977.6
			周锦堂	1977.6 ~ 1982.4
			姜宝华	1980.3 ~ 1980.8
			孙晋明	1982.2 ~ 1983.10
			孙普参	1983.10 ~ 1986.1
			金可及	1985.2 ~ 1986.1
			潘彪	1986.1 ~
			叶河玉	1990.1 ~

续上表

机构起讫时间（年月）	机构名称	职务	姓名	任职起讫时间（年月）
1990.1～2000.12	台州地区交通局（1994年撤地建市后，改名台州市交通局）	局长	孙普参	1990.1～1996.11
			郑玉芳	1996.11～1998.10
			陈夏东	1998.10～2000.12
		副局长	叶河玉	1990.1～2000.10
			赵元法	1995.9～2000.12
			马步进	1996.3～
			王天堂	1998.10～2000.12
			王富翰	1998.10～
			戴荷福	2000.10～2000.12
		总工程师	郑先龙	1996.3～2000.10
2001.1～	台州市交通局	局长	陈夏东	2001.1～2006.12
			吕仁苗	2007.1～2010.12
		副局长	戴荷福	2001.1～2008.12
			王天堂	2001.1～2001.12
			潘行进	2001.1～2010.12
			赵元法	2001.1～2006.12
			良肖华	2003.1～2006.12
			陈加根	2003.1～
			陈理富	2007.1～
			贺匡林	2007.1～
		总工程师	乐小明	2009.1～

（十一）丽水市交通运输局

1949年5月丽水地区解放后，丽水专区专员公署设建设科，负责全区交通行政管理。

1952年1月19日，丽水专区撤销，各县交通分别归属温州、金华、衢州三区管理。

1954年11月，衢州专区撤销，宣平、松阳、遂昌三县交通归属金华专区管理。

1963年5月9日，恢复丽水地区专员公署，设工交办公室，负责全区交通行政管理。

1970年10月4日，丽水地区革命委员会设生产指挥组工交办公室，管理工业交通。

1971年2月28日，丽水地区设置交通邮政局，管理交通、邮政。

1974年9月，邮政划归邮电，交通单独设立丽水地区交通局，负责管理全地区交通行政、公路工程、公路管理、公路养护、公路运输、公路稽征、航道养护、码头建设、航运、航政、港监及航养费征收等工作。局址驻丽水市灯塔路103号。

2000年5月20日，丽水撤地设市。7月，丽水地区交通局改称丽水市交通局，局址驻丽水市大洋路262号，为丽水市政府主管全市公路和水路交通的行政机构。

2010年，丽水市交通局机关设办公室、法制处、建管处、计财处、运安处、纪检检察室等处室；在编职工数26人，借用9人，临时工11人，其中设局长1人、副局长5人（含挂职1人）、纪检组长1人。局下设公路管理局、公路路政管理支队、运管稽征处、港航管理处、地方海事局、交通工程质量监督站、紧石电站船筏过坝管理处、S328省道丽水市水阁公路收费站等事业单位。局下有丽水市交通建设开发有限公司、丽水市港航建设开发有限公司两家国资企业。局下属县交通行政机构有莲都、龙泉、青田、缙云、遂昌、松阳、云和、庆元、景宁县（市、区）交通局。

2011年5月13日，丽水市委、市人民政府下发《关于印发〈丽水市人民政府机构改革方案〉的通知》（丽委发〔2011〕42号），组建市交通运输局，将市交通局的职责、市建设局的城市客运管理职责整合划入市交通运输局，不再保留市交通局。6月15日，丽水市交通运输局正式挂牌。

1950～2010年，丽水地区、市的交通行政管理机构名称演变和领导成员变化详见表6－1－19。

丽水地区、市交通行政管理机构及领导成员（1950.6～2010.12）　　表6－1－19

<table>
<tr><th>机构起讫时间（年月）</th><th>机构名称</th><th>职务</th><th>姓名</th><th>任职起讫时间（年月）</th></tr>
<tr><td rowspan="2">1950.6～1951.10</td><td rowspan="2">丽水专署建设科</td><td>科长</td><td>樊康平</td><td>1950.6～1951.5</td></tr>
<tr><td>副科长</td><td>徐明章</td><td>1951.5～1951.10</td></tr>
<tr><td rowspan="2">1963.8～1970.10</td><td rowspan="2">丽水专署工交办公室</td><td rowspan="2">副主任</td><td>范勋泰</td><td>1963.8～1968</td></tr>
<tr><td>卢声亮</td><td>1964.10～1970.10</td></tr>
<tr><td>1970.10～1971.2</td><td>丽水地区革委会生产指挥组工交办公室</td><td>负责人</td><td>张廷贤</td><td>1970～1971.2</td></tr>
<tr><td rowspan="3">1971.2～1974.9</td><td rowspan="3">丽水地区交通邮政局</td><td>第一副组长</td><td>刘先</td><td>1971.2～1974.9</td></tr>
<tr><td rowspan="2">副组长</td><td>薛立广（军代表）</td><td>1971.2～1974.9</td></tr>
<tr><td>刘连铨</td><td>1974.3～1974.9</td></tr>
<tr><td rowspan="8">1974.9～1979.3</td><td rowspan="8">丽水地区交通局</td><td>领导小组组长</td><td>郑元夫</td><td>1974.9～1977.9</td></tr>
<tr><td>临时领导小组组长</td><td>霍在宝</td><td>1977.9～1978.1</td></tr>
<tr><td rowspan="3">副组长</td><td>刘连铨</td><td>1974.9～1977.9</td></tr>
<tr><td>李树林</td><td>1977.9～1978.1</td></tr>
<tr><td>刘先</td><td>1977.9～1978.1</td></tr>
<tr><td>局长</td><td>霍在宝</td><td>1978.1～1978.5</td></tr>
<tr><td rowspan="2">副局长</td><td>刘先</td><td>1978.1～1979.3</td></tr>
<tr><td>周国龙</td><td>1978.10～1979.3</td></tr>
<tr><td rowspan="4">1979.3～1980.1</td><td rowspan="4">丽水地区工业交通局</td><td>局长</td><td>卢声亮</td><td>1979.3～1980.1</td></tr>
<tr><td rowspan="3">副局长</td><td>钱祈永</td><td>1979.3～1980.1</td></tr>
<tr><td>周国龙</td><td>1979.3～1980.1</td></tr>
<tr><td>钱金全</td><td>1979.3～1980.1</td></tr>
</table>

续上表

机构起讫时间（年月）	机构名称	职务	姓名	任职起讫时间（年月）
1980.1～2000.7	丽水地区交通局	局长	邢宝荣	1980.1～1983.9
			蓝光谅	1983.9～1990.6
			蒋维洛	1990.6～1992.11 1994.1～1998.6
			李以勤	1998.9～2000.7
		副局长	周国龙	1980.1～1983.9
			李树林	1980.5～1983.2
			金时龙	1983.9～1987.12 1994.1～1995.8
			钟祖敏	1983.9～1987.12 1994.1～1995.8
			傅志新	1985.3～1987.12
			蒋维洛	1988.12～1990.6
			朱建新	1992.12～2000.7
			翟三扣（省厅挂职）	1994.12～1996.8
			蔡旭峰	1995.11～2000.6
2000.7	丽水市交通局	局长	李以勤	2000.7～2007.5
			崔建宏	2007.5～
		副局长	朱建新	2000.7～2001.4
			蔡旭锋	2000.7～2010.6
			将金松	2001.7～
			李建荣	2001.9～2010.10
			黄河（省厅挂职）	2004.5～2006.4
			吴和俊	2006.8～
			王顺发	2007.4～2010.7
			詹百松	2007.5～2009.4
			祝亮（挂职）	2010.6～
			王栋	2010.10～
			高向东	2010.12～
		副局长调研员	谢华友	2001.4～2009.12
		调研员	朱建新	2001.4～2004.8

第二节 行业管理机构

一、浙江省公路管理局（公路稽征局、车辆购置附加费征收管理办公室）

（一）沿革

民国5年（1916年）10月，浙江省长吕公望提出修筑省道议案，经省议会议决，成立省道办事处筹划进行。后因政局动荡和缺少经费而中止。

民国9年(1920年)12月,经省议会通过,成立省道筹备处,直属省长公署,周凤岐任处长。次年1月,省道筹备处正式成立,派员测量浙闽正线和浙皖正线,并对民国五年(公元1916年)制订的事后并未实施的省道计划作了修正,形成省道修正案。

民国11年(1922年)3月,省道筹备处改为省道局,仍直属省长公署,周凤岐任局长,阮性宜任总工程司(师),彭道中任副总工程司(师),局内设总务、工程两科。次年4月,中华全国道路建设协会浙江分会成立,督军卢永祥任名誉会长,省道局长周凤岐任会长,阮性宜任总干事。数周之间,征得会员4万余人,发展很快。该会出版《浙江道路》杂志,广为宣传,引起舆论界对道路建设的高度评价。

民国14年(1925年)4月,因周凤岐任浙军第二师师长,成为军界实力人物,无暇兼顾省道局的工作,于是增派俞炜为省道局会办(又称帮办),负责处理省道局的工作。俞炜至省道局后,逐步健全省道局机构,着手培训车务管理和汽车驾驶人员,开展汽车运输业务。当年增设财务科,12月由于萧绍段开始通车营业,增设营业科。次年3月,改会办为副局长,仍由俞炜担任,又改工程科为工程处,至此省道局的机构设有一处三科。

民国16年(1927年)4月,浙江成立建设厅。省道局与省建设厅并行,省道局主管省道,而县道建设则归省建设厅主管。10月,周凤岐辞去省道局局长,由省建设厅厅长程振钧兼任。自此,省道局改属省建设厅。11月,省建设厅提请省政府任命叶纪元为省道局副局长,蔡彬懿为总工程司(师)。

民国17年(1928年)3月,省建设厅提请省政府任命叶纪元为省道局局长、赵醒民为副局长。此时,省道局的组织编制有局长、副局长、总工程司(师)各1人,科长、科员、工程司、工程员、助理、雇员等合计50人。

民国17年(1928年)4月,省道局改名为省公路局,仍隶属省建设厅。原由省建设厅主管的县道建设改为由省公路局主管。省公路局的组织规程规定,省公路局职掌全省公路之建筑、修养及行车事宜。仍以叶纪元、赵醒民为正、副局长,蔡彬懿为总工程司。

民国17年(1928年)5月,省建设厅内成立公路设计委员会,由省建设厅技术室及省公路局有关人员组成,负责公路网的制定,路线里程之调查,分期筑路之计划,路线测设之审核,工程计划及章则之编审,工程经费预算决算之编审,公路经费之筹划等,每两周开会一次,以加强对公路建设的领导和管理。

民国18年(1929年)11月,省公路局将工程处改为工务处,由总工程司主管;营业科改为车务处,另设车务总管一人主管,吴琢之任车务总管。总务、财务科照旧。至年底实有人员99人。各工程处有人员138人,工夫役188人。到民国19年冬,省财政十分拮据,为厉行紧缩,节约支出,省公路局机构随之缩并。

民国20年(1931年)1月,将上年5月调整的7个科(总务、会计、考工、设计、营业、机务、材料)裁并为5个科(总务、会计、工程、营业、材料),后又再次调整为工务、车务两处及总务、财务两课。6月,省公路局改为省公路管理局,由省建设厅技正兼第一科科长,黄霭如任局长,专管已成公路的行车和养路事宜。新路建设改由省建设厅直接管理。省公路管理局设总务、工务、运输3课,实有人员67人。

民国21年(1932年)1月,为专责办理新路建设,在省建设厅之下又成立浙江省公路工程处,余籍传为处长,李育为总工程司。处内设总务、会计、设计、工事等课。同时,省公路管理局局内组织也有所扩充。3 月 19 日,改课为科(总务、工程、运输 3 科)。4 月,设会计专员室(后又改科)。当年 12 月,为集中事权,节省人力,又将省公路工程处撤销,并入省公路管理局。此时,省公路管理局内设总务、会计、工程、营运 4 科。

民国 23 年(1934 年),对浙江省省营公路全面实行分区管理(此前实行分路管理的办法)。全省分 6 区,成立 5 个管理处(所),其中第六区管理处未成立,其路线由四、五两区分管。各管理处(所)设正、副主任各 1 人,其中 1 人由工程技术人员担任。至民国 25 年,管理处(所)实行撤并,由原来的分 5 区管理(分别驻杭州、建德、衢县、丽水、临海)改为分 3 区管理(分别驻杭州、衢县、丽水)。

民国 25 年(1936 年)6 月,省建设厅决定改变公路管理组织,撤销省公路管理局,在省建设厅内设置交通管理处,综管水陆交通工作,陈琮任处长。10 月,沈景初任处长。11 月,将省营公路实行分段管理,共分 11 个段,各段均由交通管理处直辖,原有的 3 个管理处只负监督责任。交通管理处内设航政、电政、工程、业务、机务、材料、交通管理、稽核等股,会计工作归省建设厅第二科兼办。11 个段各设车务、工务管理员 1 人。

民国 26 年(1937 年)2 月,省建设厅交通管理处撤销,恢复省公路管理局,由沈景初任局长。局内设总务、工程、营运、机务、会计 5 科及稽查室。下属单位,撤销第一区管理处,又改第二、第三区管理处为驻衢、驻丽办事处,将各车务、工务段改为 11 个车务办事处和 10 个工务办事处(因市区路线划归杭州市养护,而营业属省,所以有 11 个车务办事处,而工务办事处为 10 个)。实际上仍是分段制。

民国 26 年(1937 年)6 月,省派徐学禹任省公路管理局局长。由于抗日战争战备工作的需要,另成立省公路工程处,专办新路建设工程,由陈琮任处长。省公路管理局专管行车运输及养路工作,局内组织除局长外,设总务长、工务长、业务长,科改为课,增设材料课,会计科改会计室。从此时起,会计室主任由省会计处指派。下属机构无变动。省公路工程处设总务、设计、工务等课及会计室。当年 12 月,省公路工程处撤销,并入省公路管理局。

抗日战争爆发,省公路管理局撤离杭州,先后迁至建德、衢县、金华、丽水等地。其下属机构驻丽、驻衢办事处先后撤销,10 个工务办事处也撤销了 3 个。

民国 28 年(1939 年)9 月,省政府决定成立浙江省公路运输公司,实行企业管理,经营省办公路,兼管养路。由省公路管理局局长王文翰、副局长梁鸿鸣兼任总经理、副经理。公司内部设总务部、业务部及会计室。业务部内有养路股负责养路工作。下属机构采用分段制,设丽长、丽浦、丽温、衢寿、衢淳、衢浦等 6 个段办事处,负责车务、养路综合管理。后来撤销丽温、衢寿两段。此时,省公路管理局的组织机构亦相应调整,增设丽区、衢区工程处,负责各线不属于经常养路工作范围内的改善工程、水毁修复工程等。

民国 29 年(1940 年)1 月,为进一步节约开支,省政府撤销省公路管理局,在省建设厅内设公用事业管理处,处长王文翰、副处长伍廷琛。处内有 3 课,掌管路政、航政、水利、电政,下属机构同前。

民国 30 年(1941 年)5 月宁波、绍兴被日军占领以后,浙江省政府决定实行交通一元化管理,将省建设厅公用事业管理处和省公路运输公司撤销,改组为浙江省交通管理处。随后,与浙江省驿运管理处、浙江省水陆联运管理处合并办公,对外挂 3 块牌子,分属 3 个系统

（见图6－1－2）。省交通管理处主管公路工程和运输，隶属省建设厅。省驿运管理处主管船舶、手车的调度管理，隶属省政府。省水陆联运管理处负责运输管制和军需调运，隶属第三战区司令长官部，同时受省政府节制。合并后的处长由省建设厅长伍廷飏兼任，副处长为江家琱、伍廷琛。内设5科（后并为3科）及会计室，实有员工一百数十人。这种战时体制，人员比3处分立时减少，事权统一，可减少互相牵制或扯皮。下属养路机构设丽长、丽浦、碧游、金威、兰浦、衢淳6个工务段，并办理临时工程。原有的衢区、丽区工程处撤销。

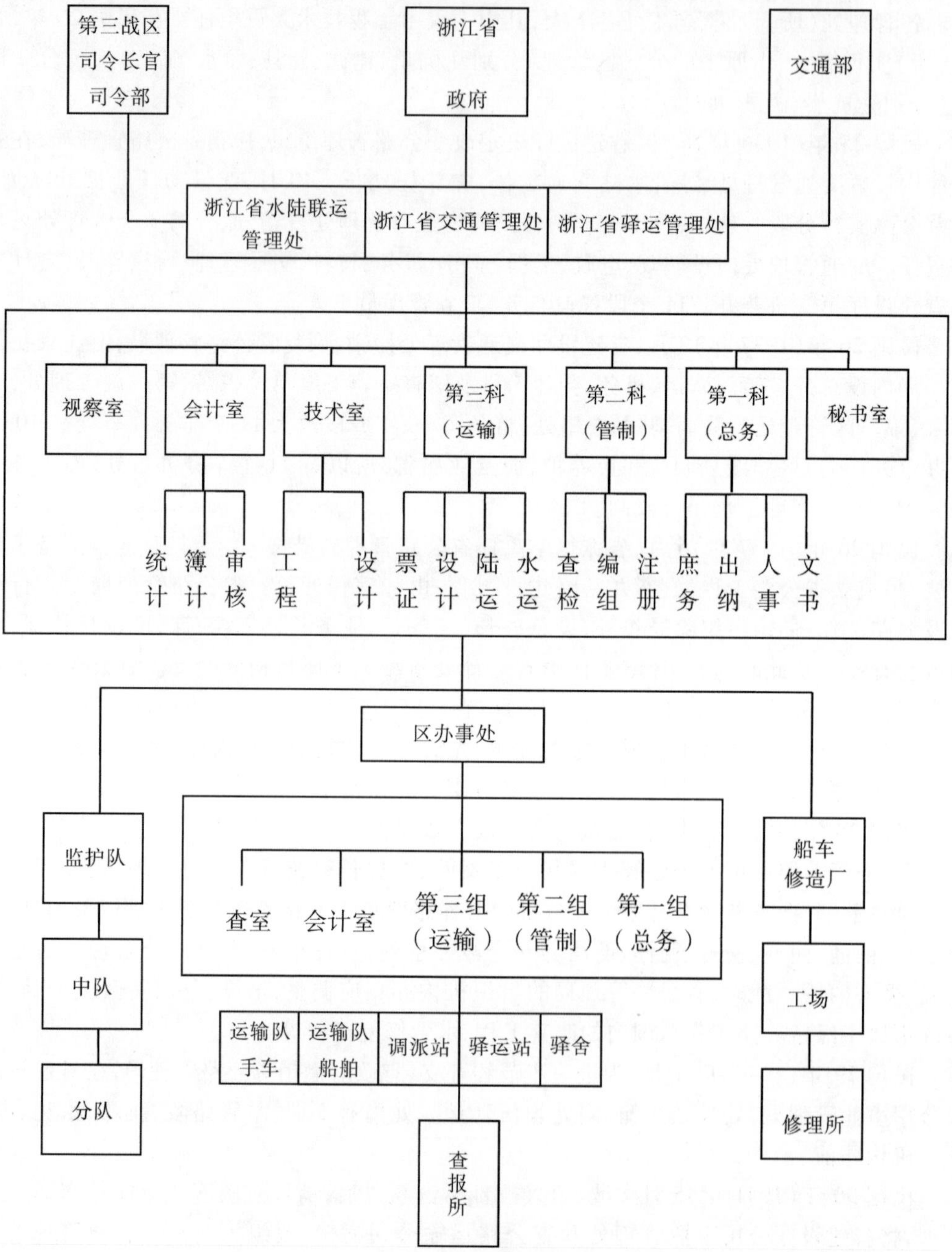

第三战区司令长官司令部
浙江省政府
交通部

浙江省水陆联运管理处
浙江省交通管理处
浙江省驿运管理处

视察室
会计室：统计、簿计、审核
技术室：工程、设计
第三科（运输）：票证、设计、陆运、水运
第二科（管制）：查检、编组、注册
第一科（总务）：庶务、出纳、人事、文书
秘书室

区办事处
查室
会计室
第三组（运输）
第二组（管制）
第一组（总务）

运输队手车
运输队船舶
调派站
驿运站
驿舍

查报所

监护队
中队
分队

船车修造厂
工场
修理所

图6－1－2　浙江省水陆运输管理机构设置图

民国31年(1942年)5月,浙江省水陆联运管理处奉令裁撤。次年8月,浙江省交通管理处及所属3个(即丽浦、常开淳、江浦)养路所的员工编列为第三战区第四工程干部总队,丽浦路养路所为第一大队,常开淳路养路所为第二大队,江浦路养路所为独立中队。

民国34年(1945年)10月,省交通管理处、省驿运管理处机关全部人员从云和云章迁回杭州。同月,撤销第四工程干部总队的编制。12月,省驿运管理处撤销。自此,省交通管理处仍恢复为专责的公路机构。原衢淳、永嘉两办事处改为江山、丽水两办事处,原丽浦、江浦、常开淳3个养路所改为龙泉、江山、遂安3个工务段。

民国36年(1947年)3月,省交通管理处改为省公路局,仍隶属于省建设厅。钱豫格任局长,赵志侠任副局长,金承昌任总工程司。这些人员来浙江后,当年与交通部公路总局第一运输处联合组设浙江公路联营处。同时,对浙江的公路机构也有所调整和加强,省公路局内设总工程司室,工程、管理、总务3科(后改科为课)及会计室。人员编制有职员140人,其中省预算列支80人、事业费列支60人。下属机构,撤销了松阳、兰溪两工务段,改设龙游工务段,共为7个工务段。增设两个桥工队,负责较大桥梁的施工。又为提运和保管交通部公路总局调拨的器材,成立了工程器材储运所,后改为材料课。

民国38年(1949年)3月,省公路局长钱豫格辞职。4月,省派陈楚雄继任省公路局局长,王叶祺任总工程司。同年4月21日,中国人民解放军百万雄师过大江。当月底,省公路局长陈楚雄即率少数人员,随省政府仓惶逃往舟山。

1949年5月3日中国人民解放军解放杭州。

1950年4月浙江省交通厅成立。同年10月浙江省交通管理局改称浙江省公路局,与浙江省交通公司合并办公,掌管全省公路工程及运输业务。1951年初改称浙江省交通厅公路局。全省根据路网设立9个养路段,2个直属工区和工程建筑总队。

1954年8月,公路局撤销,成立厅工程局,负责全省公路、港航工程之建设、养护、疏浚等事宜,事业性质,编制124名。1958年1月,厅工程局撤销,原工程局所属各养路段并入有关各区公路运输局,各区公路运输局与工程队均由厅直管。

1961年4月,厅工程局复设,编制70名。各工程队随之划归局管。1963年公路养护管理职能及机构由局管理。1971年初,工程局再次撤销,将各养路总段(段、工区、道班)下放地区交通主管部门,工程队划归厅管。

1978年12月,复设厅工程管理局,统一管理全省公路、航道、码头、桥梁基建和公路养护,编制122名。各工程队又划归局管。1982年航道、码头、桥梁基建职能和港航工程队划归厅航运局。

1983年厅工程局与厅公路运输管理局合并,改称厅公路管理局,负责全省公路建设养护、公路运输管理、公路交通安全和车辆监理等管理工作,编制96名。各地市、县设公路管理处、所。

1987年厅公路管理局与省公路稽征局、公路运输管理局合署办公,局机关共编制176名。1991年12月成立浙江省路桥工程处,局属一、二、三、四工程队划归该处管理。该路桥工程处为厅属局管、相当县处级的事业单位。

1996年省、市(地)、县(市)建立车辆购置附加费征收管理办公室,分别与省、市(地)、县(市)公路稽征局、处、所合署办公,全省共定编361名。

1998 年 11 月浙江省交通厅公路管理局改称浙江省公路管理局，机构升格为厅管副厅级事业单位，增加高速公路建设和收费管理等职能。1999 年 12 月 7 日，省交通厅浙交〔1999〕503 号文通知，省公路管理局内设办公室、组织人事处、计划财务处（审计处）、工程养护管理处、路政管理处、征费管理处、道路运输管理处、高速公路建设处、高速公路收费结算中心、总工室、监察室（与纪委合署办公）等 11 个处室。局领导职数为局长 1 名，副局长 5 名，专职党委副书记 1 名，总工程师 1 名；正、副处级领导职数 30 名。事业编制仍为 246 名（含“世行贷款公路项目办公室”5 名临时编制）。

2001 年 2 月，浙江省公路运输管理局从浙江省公路管理局划出，单独设立，并更名为浙江省交通厅道路运输管理局。此时，浙江省公路管理局编制调整为 191 名。

2003 年 11 月，省编委（浙编〔2003〕128 号文）批复同意省公路管理局为监督管理类事业单位。

2004 年 12 月，完成全省车辆购置税费改革，原车辆购置附加费征收管理机构及职能从省公路管理局划出，成建制移交给国家税务部门。

2008 年 6 月，省人事厅（浙人函〔2008〕139 号文）批复同意省公路管理局参照公务员法管理。

（二）工作职责、内设机构

随着改革的不断深入，浙江省公路管理局的职责也相应地作调整，截止 2010 年其职责为：

（1）参与拟订公路建设、养护、路政、运营和收费等行业规划、政策和标准，并监督实施。指导公路行业的体制改革。

（2）承担全省公路建设行业管理工作。负责普通国省道及重要县道项目建设的技术审查，参与调整公路项目建设的审查工作。检查、指导、督促高速公路、普通国省道及重要县道项目建设的组织实施和农村公路建设。组织或参与公路建设市场管理和工程交竣工验收及决算管理。

（3）负责全省公路养护的行业管理工作。承担普通国省道公路养护管理工作，指导、监督收费公路和农村公路的养护管理，负责全省公路绿化管理，组织公路交通量调查和路况登记。

（4）负责全省公路路政管理工作。负责公路标志标线、安全设施和超限运输车辆行驶公路等监督、管理。负责全省高速公路路政许可和跨省市超限运输许可等。

（5）参与全省收费公路通行费管理工作。负责提出车辆通行费标准、收费站设置、公路收费项目和收费期限的建议意见，负责公路通行费凭证和票据的领购、使用、保管等管理工作。

（6）承担全省高速公路运行监控、联网收费的行业管理工作。承担全省高速公路收费结算，并对全省高速公路不停车收费、计重收费以及联网运行等实施统一协调和监控。

（7）指导、督促全省公路行业安全生产，组织协调全省公路“三防”及其他涉及公路安全畅通的自然灾害或突发事件的应急管理等工作，承担国省道公路和大型桥梁、隧道等结构物安全运行的监管工作。负责路网运行状况信息的发布。

（8）组织编制省级公路奖金年度预算，并负责监督执行。负责筹措省级公路建设奖金，组织全省公路行业的内部审计，指导公路部门财务会计和审计工作。

（9）承担公路生态环境保护工作。负责全省公路系统信息化建设和标准化建设等工作。指导全省公路行业的精神文明建设。

(10)按规定承担普通收费公路省级投资的出资人职责,代行中央车购税资金投资我省公路项目出资人职责。按国家规定和省交通运输厅的授权,监督和管理局直属单位的国有资产。

(11)承接全省公路行业的战备工作。

(12)承办浙江省交通运输厅交办的其他工作。

随着职责的调整,浙江省公路管理局的内设机构也作相应调整。截止 2010 年时,其内设机构如图 6-1-3 所示。

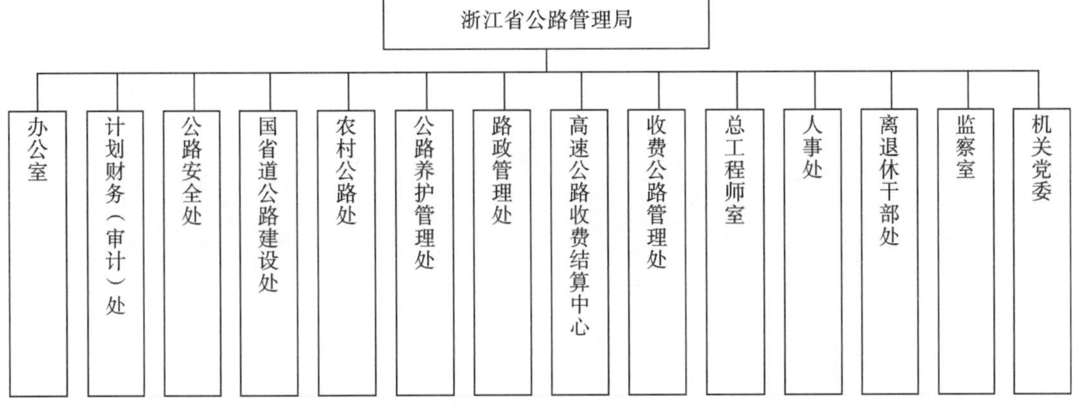

图 6-1-3 浙江省公路管理局内设机构示意图

(三)管理机构名称演变和历任领导成员名录(表 6-1-20)

浙江省省级公路行业管理机构及领导成员(1950.4~2010.12) 表 6-1-20

机构起讫时间(年月)	机构名称	职务	姓名	任职起讫时间(年月)
1950.4~1951.2	1950 年 4 月成立浙江省交通厅后的浙江省交通管理局,同年 10 月改名浙江省公路局	局长	郭连潮	1950.5~1951.2
		副局长	章远	1950.5~1951.2
1951.2~1954.9	浙江省交通厅公路局	局长	郭连潮	1951.2~1952.9
			章远	1952.9~1953.6
			杨明	1953.12~1954.9
		副局长	章远	1951.2~1952.9
			杨明	1952.9~1953.12
			姚畊	1953.12~1954.9
1954.9~1958.1	浙江省交通厅工程局	第一副局长	姚畊	1954.9~1958.1
		第二副局长	王澄涛	1954.9~1958.1
		第三副局长	程龙	1954.9~1958.1
		副局长	刘先	1954.12~1958.1
			王锦鹤	1957.8~1958.1
1958.1~1961.4	厅工程局撤销,业务由省交通厅直管			

续上表

机构起讫时间（年月）	机构名称	职务	姓名	任职起讫时间（年月）
1961.4~1968.5	浙江省交通厅工程局	局长	姜曦（兼）	1961.4~1963.8
			张先辰（兼）	1963.8~1968.5
		副局长	王锦鹤	1961.4~1968.5
			李振淮	1961.4~1968.5
			张华亭	1961.4~1968.5
			姚畊	1963.8~1968.5
			盛世樵	1963.8~1964.
		总工程师	刘霄	1962.1~1963.10
1968.6~1969.11	浙江省交通厅公路工程局革命委员会	主任	刘诚	1968.6~1969.11
		副主任	王锦鹤	1968.6~1969.11
			王子龙	1968.6~1969.11
1970~1978	撤销厅公路工程局，业务由省交通邮政局直管；1973年5月起，业务由省交通局直管			
1978~1983.12	浙江省交通局工程管理局 1980年5月改称浙江省交通厅工程管理局	局长兼书记	蔡体楞（兼）	1981.8~1983.12
		副局长	王修勤	1979.2~1983.12
			葛辰生	1979.2~1983.12
			刘东乡	1979.2~1983.12
			贾汝海	1980.7~1983.12
			刘庭智	1982.8~1983.11
		总工程师	葛辰生（兼）	1981.8~1983.12
1983.12~1999.3	浙江省交通厅公路管理局（1983年12月厅工程管理局与厅公路运输管理局合并改名）	局长	胡侠（女）	1984.1~1986.5
			刘庭智	1986.8~1993.10
			张治中	1993.10~1996.3
			阎震	1996.3~1999.3
		副局长	徐志贤	1984.1~1994.5
			皇甫熹	1984.1~1991.12
			韩桓	1984.1~1990.12
			沈继昌	1987.9~1995.10
			阎震	1990.11~1996.3
			王德宝	1993.8~1998.2
			张松寿	1993.7~1999.3
			于树德	1995.10~1999.3
			胡森	1998.2~1999.3
			洪秀敏	1998.4~1999.3

续上表

机构起讫时间（年月）	机构名称	职务	姓名	任职起讫时间（年月）
1983.12～1999.3	浙江省交通厅公路管理局（1983年12月厅工程管理局与厅公路运输管理局合并改名）	党委书记	钱治华	1985.10～1990.
			刘庭智	1983.12～1984.5 1990. ～1995.7
			张治中（兼）	1995.7～1996.3
			阎震（兼）	1996.3～1999.3
		副书记	朱世恒	1983.12～1985.10
			郑明炫	1988.9～1999.3
		总工程师	胡侠（女）	1992.4～
		正处级调研员	韩桓	1990.12～
		副处级调研员	郭忠诚	1988.7～
			盛仲豪	1988.7～
			许鸿达	1994.3～
			冯之立	1994.8～
1999.3～	浙江省公路管理局（机构调整升格为副厅级时改称）	局长	阎　震	1999.3～2001.5
			郑黎明	2002.6～2006
			李良福	2007～
		副局长	张松寿	1999.11～2002.6
			于树德	1999.11～2007
			杨才古	1999.11～
			崔三扣	2000.6～2003.7
			郑黎明	2001.5～2002
			洪秀敏	2001.5～
			汪银华（女）	2002.6～
			卞钧霈	2003.7～2004.10
			张德理	2004.12～2007
			钱立高	2008～
		局长助理	胡森	1999.11～2001.5
			洪秀敏	1999.11～2001.5
		总工程师	汪银华（女）	2001.5～2002.12
			汪会帮	2002.12～2003.8
			刘子剑	2003.8～2004.11
			朱汉华	2005.3～
		调研员	蒋琪（女）	2002.6～
			张松寿	2002.6～
			于树德	2008～2009
			张德理	2008～2009

续上表

<table>
<tr><th>机构起讫时间（年月）</th><th>机构名称</th><th>职务</th><th>姓名</th><th>任职起讫时间（年月）</th></tr>
<tr><td rowspan="10">1999.3～</td><td rowspan="10">浙江省公路管理局（机构调整升格为副厅级时改称）</td><td rowspan="3">党委书记</td><td>阎震（兼）</td><td>1999.3～2001.5</td></tr>
<tr><td>郑黎明（兼）</td><td>2002.6～2006</td></tr>
<tr><td>李良福（兼）</td><td>2007～</td></tr>
<tr><td rowspan="7">副书记</td><td>郑明炫</td><td>1999.11～2000.6</td></tr>
<tr><td>蒋琪（女）</td><td>2000.6～2002.6</td></tr>
<tr><td>郑黎明</td><td>2001.5～2002</td></tr>
<tr><td>张德理</td><td>2002.6～2004.12</td></tr>
<tr><td>卞钧霈</td><td>2003.7～2004.10</td></tr>
<tr><td>洪建浦</td><td>2004.12～</td></tr>
<tr><td>杨才古</td><td>2010～</td></tr>
</table>

（四）局直属单位、行业指导单位

随着机构改革的进行，浙江省公路管理局的直属单位有所增减变化。截止2010年年底，该局有6家直属单位（见图6－1－4），其中浙江省高等级公路技术培训中心与浙江公路技师学院合署办公。同样，随着机构改革的进行，浙江省公路管理局的行业指导单位也有所增减变化。截止2010年年底，该局有11家行业指导单位（见图6－1－4）。浙江省公路管理局与这11家单位，即各市公路管理局（处），实行条块结合、以市（地）为主的管理体制。浙江省公路管理局对这些单位主要是行使行业指导的职能。

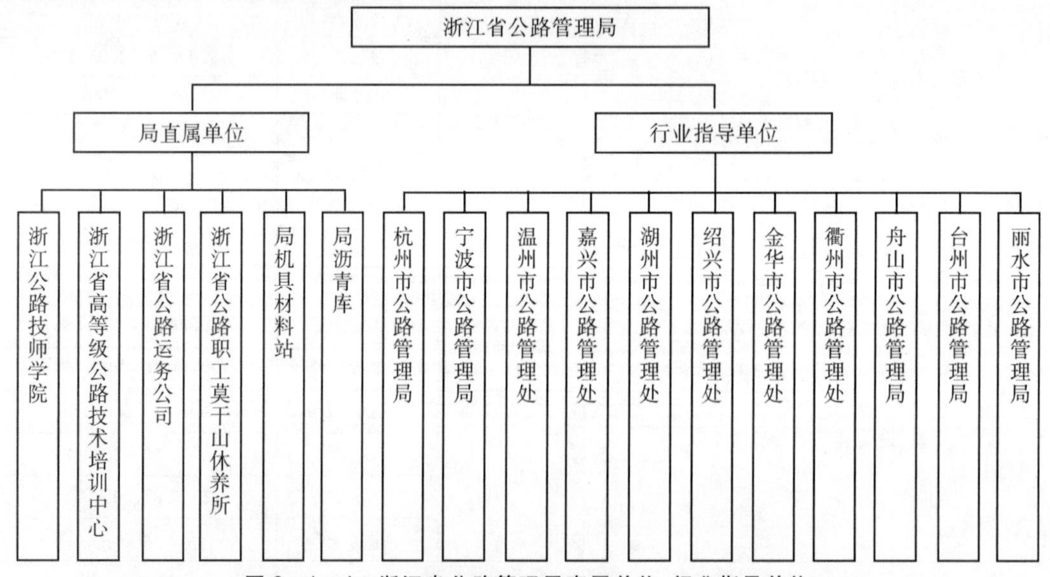

图6－1－4 浙江省公路管理局直属单位、行业指导单位

二、浙江省港航管理局（省地方海事局、航道管理局、船舶检验局）

（一）沿革

民国3年（1914年）2月，浙江省行政公署设立内河、外海两个水上警察厅，负责稽查船舶、缉捕海盗、征收船牌费等事项。旧宁、台、温属及乍浦洋面为外海警察厅的管辖范围；旧

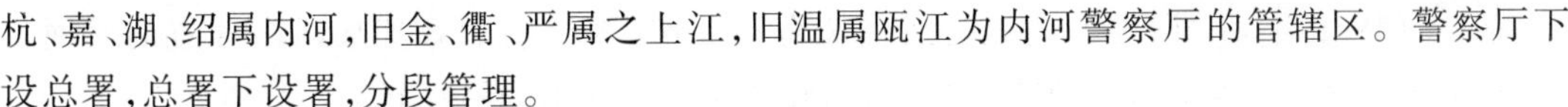

杭、嘉、湖、绍属内河,旧金、衢、严属之上江,旧温属瓯江为内河警察厅的管辖区。警察厅下设总署,总署下设署,分段管理。

民国16年(1927年)2月,浙江省临时政务会议成立,即有设立浙江省航政局的提议。7月20日浙江省政务委员会通过浙江省航政局组织大纲和预算草案,定开办费4400元,常年经费44808元。后仍因经费关系,暂缓设立。10月,浙江省政府改组,设立浙江省建设厅,确定该厅为分管全省航政的最高机关。浙江省建设厅长程振钧以航政局既经缓设,而管理船舶、查检给照等事项不容拖延,拟先按该省河流航行情况,选择航务繁要港埠,设立管理船舶事务所,负责船舶管理、取缔及给牌照查验、征费等事宜。11月1日,浙江省8个区管理船舶事务所成立,每区所下再设临时稽征处二三处不等。1年后,临时稽征处改为分所,并增设分所9所,合计共设分所27所。各区管理船舶事务所直隶于浙江省建设厅。

民国19年(1930年)2月6日,浙江省政府公布浙江省航政局章程,决定设立浙江省航政局,直隶于浙江省府建设厅,掌管全省航政事宜。全省划分区域设立分局及流动办事处,必要时得自行经营航业,并设立修船厂及船坞。2月13日,浙江省航政局正式成立,孙云霄任局长,改8个区管理船舶事务所为4个区航政分局,所有分所一律改为办事处。可是到了12月间,新任建设厅长石瑛以航政开支浩大"虚糜公帑",对航政机构压缩。

民国20年(1931年)2月7日浙江省航政局被撤销,改设航政处,附于建设厅内。原4个区航政分局,改为区管理船舶事务所,各地办事处改为分所,削减行政经费1/3。7月,再次紧缩机构,将航政处裁撤,改为航政股,隶属于厅下第一科,以后又改隶于第二科。4区管理船舶事务所及分所,由于征收船舶牌照费的需要,保留不变。各区事务所成为管理船舶的执行机构,其设置地点及管辖范围是:第一区所设在杭州江干,下辖有6个分所;第二区所设在湖州,下辖有8个分所;第三区所设在宁波,下辖有5个分所;第四区所设在温州,下辖有6个分所。

同时,中央直属航政机构也开始组建。1931年7月,交通部直属上海航政局成立。该局管辖范围为苏、浙、皖3省。可是,浙江省政府和主管航政的浙江省建设厅及各区管理船舶事务所不予合作,并处处设置障碍。对于浙江当局不合作的行为,交通部无可奈何。

民国26年(1937年)初,局势危急,战争迫近,浙江省着手实施战时船舶管理办法。2月底,浙江省政府命令所有各区管理船舶事务所及各分所统予撤销,免除船舶牌照费,此后关于浙江省船舶管理事宜暂由各县、市政府负责办理。

民国27年(1938年)1月,浙江省颁布战时十大政治纲领。为了实现纲领中提出的"健全交通组织"的具体要求,特组建浙江省交通处,省建设厅厅长、国民党军事委员会后方勤务部驻浙江办事处主任分别任正、副处长,负责全省的车船管理工作。抗战开始奉命组建的直接受辖于国民党军事委员会后方勤务部的统制全省船舶的浙江省船舶总队部便改归浙江省交通处领导。浙江省船舶总队部先后在各口各埠设置派出所、分站、联营处,并举办船舶登记、编队。浙江省船舶总队部下设9个大队(分别驻於潜、德清、绍兴、金华、衢县、鄞县、临海、永嘉、丽水),9个大队下设75个中队。

民国28年(1939年)5月,浙江省船舶总队部改为浙江省船舶管理局。它在管理上基本上沿用了浙江省船舶总队部的一些做法,只是更加强调军、公、民运的统筹兼顾。它在富春江、瓯江、曹娥江各设置了办事处,惟在甬江未设办事处,而由浙江省船舶管理局直辖。办事处下又设若干船舶站。

是年(1939年)8月,国民党第三战区长官司令部,为统制和管理战区内各省的交通工具,成立第三战区水陆联运管理处。9月,浙江省交通处改组为浙江省水陆联运管理处,受第三战区水陆联运管理处及浙江省政府双重领导。

民国29年(1940年)9月1日,交通部驿运总管理处成立。次年1月1日,浙江省驿运管理处成立,直隶于浙江省政府,并受交通部驿运总管理处监督指导。该处设3个科、2个室、1个监护队、1个船车修造厂,分别掌管注册编组、计划调度、财会统计、安全保卫等工作,并在各驿运路线还设有区办事处及驿运站。驿运站承受浙江省驿运管理处之命令和区办事处之指挥,办理驿运业务及船车注册编组、管制等事宜。

民国31年(1942年),浙江省驿运管理处与浙江省水陆联运管理处、浙江省交通管理处(1941年5月将省建设厅公用事业管理处与省公路运输公司一并撤销,改组成立,主管公路工程和运输)等3个机构奉命合并办公。合并办公后的机构设3个科、4个室,下设各区办事处。办事处下又设3个组、2个室,并配以监护队、船车修造厂。基层单位为驿运站、调派站,直接控制船舶运输队和手车运输队(见图6-1-5)。同年5月,浙江省水陆联运管理处奉令裁撤。

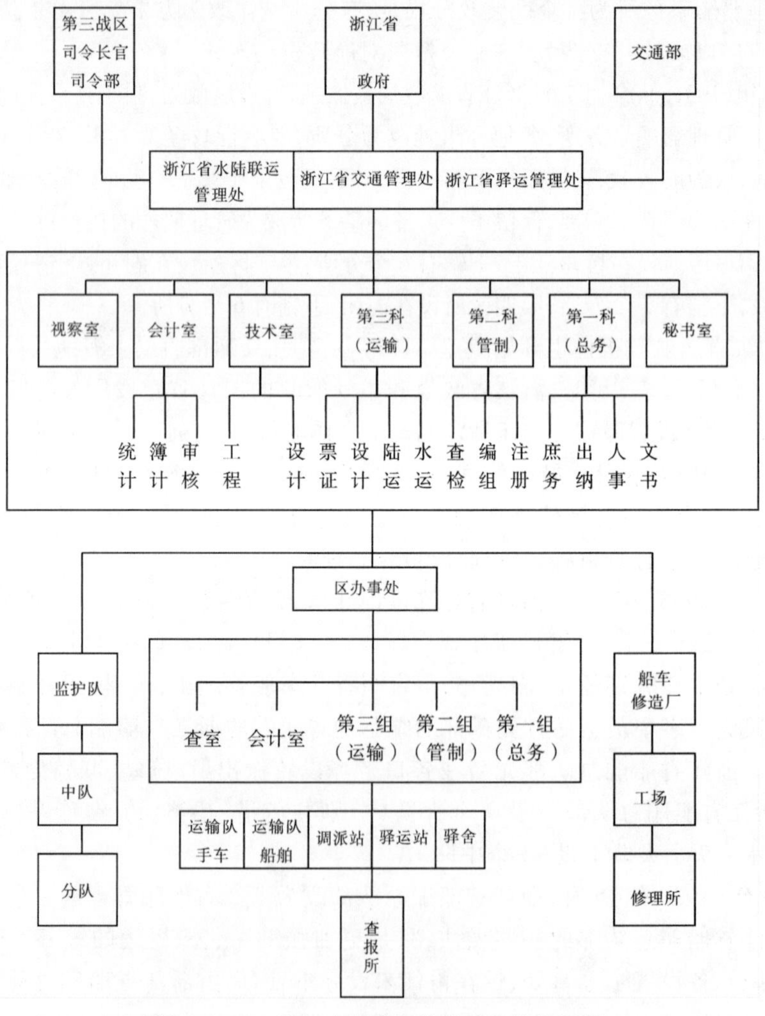

图6-1-5 浙江省水陆运输管理机构设置图

民国34年(1945年)8月,抗日战争取得胜利。9月20日,经国民党军事委员会战时运输管理局电准,第三战区长官司令部正式建立浙江省船舶调配所,并在淳安、杭州、嘉兴、湖州4地各置一等船舶调配所,在兰溪、桐庐、江山3地各置二等船舶调配所,在建德、衢州、富阳3地各置三等船舶调配所。同时增设水运科,专办水运事宜兼督察巡视所属各所及各河道。12月,浙江省内的军事运输和机关返杭运输等接近尾声,浙江全省各地船舶调配所均告结束。

民国34年(1945年)12月,浙江省驿运管理处撤销。同月11日,上海航政局温州办事处重新设立。次年1月17日上海航政局宁波办事处也重新设立。交通部规定,凡行驶沿海及内河水道之大小轮船,皆由交通部所属的航政机构办理登记手续。

民国36年(1947年)3月1日,浙江省交通管理处奉令撤销,改为浙江省公路局,仅在浙江省建设厅第三科设置航政股。

1949年5月3日杭州解放。12月24日,浙江省航务局奉命成立,负责管理全省航务。掌理航业、船舶、船员、引水、海事等行政管理,组织调配、经营运输及核定运价,掌理港务机埠和船舶、港埠、佐航设备等工程设计、修造、检验暨航道疏浚等事项。内设秘书、航政、航运、经理4科,并根据水系及业务需要在各地设置航务机构(处、所、站)。成立之初,其局名称先后改称浙江省内河航运管理局、浙江省交通厅航务局。1950年10月,浙江省航运公司成立,与该局合署办公。

1954年浙江省交通厅航务局改称浙江省交通厅航运管理局。8月,局港航工程之建设、疏浚、养护职能及机构划至厅工程局。局、公司编制139名。1958年局、公司撤销,业务由厅直管。1961年4月恢复局建制,并根据管理需要下设8个航管处、2个港务局和若干管理所、站。1964年与恢复成立的省轮船运输公司(1966年改名省航运公司)合署办公,港口、航道养护职能及机构划归局管理。1971年初,局、公司撤销,各级航管、港务机构和航运分公司下放地区交通主管部门,业务由厅管理。1978年底,恢复局、公司建制,两块牌子,一套班子,原下放地区的机构、职能和航运分公司上收,由局、公司管理。

1979年成立省航驻沪运输经营处,1983年改设为省政府驻沪办事处航运营业部,归局管理。1982年港航建设、疏浚职能及机构划归局管理。

1983年6月8号,根据中共浙江省委《批转省交通厅党组〈关于厅机关和厅直属单位机构编制方案的报告〉》(省委〔1983〕22号),局、公司分设,浙江省交通厅航运管理局为厅属县处级事业单位,编制56名,主要负责港口、航道规划、建设、养护、管理及航标设置、养护,港航的安全监督,水运秩序、运价等组织管理。

1986年,局管杭州船厂(1953年建厂)、浙江船厂(1969年12月建厂)分别下放杭州市、宁波市。1987年,原由省航运公司直属的浙江沪办航运营业部划入浙江省交通厅航运管理局管理。

1988年,宁波市计划单列,局属海港养护队、海港工程队、海港疏浚队、宁波港机厂以及宁波市航运管理处下放宁波市。1989年,局属航道疏浚队、航道工程队、杭州工程船厂(1969年建厂)下放杭州市。同时,全省航运管理实行条块结合、以市(地)为主的体制。市(地)航运管理处(港航监督、船舶检验所)隶属所在在市(地)交通局领导;沿海港口管理体制也实行改革，将温州、舟山、海门港务（管理）局成建制下放给所在地省辖市（地）。

1993年6月16日，为便于对外工作和依法行政，根据省政府浙政发〔1993〕134号文件精神，在浙江省交通厅航运管理局增挂浙江省航道管理局、浙江省港航监督局、浙江省船舶检验局的牌子，实行四块牌子，一套班子领导，编制和经费渠道不变。1996年局机关定编100名。

1998年2月18日，根据浙江省机构编制委员会的浙编〔1998〕11号文批复，建立浙江省水运职工培训中心，为浙江省交通厅航运管理局下属事业单位，核定事业编制50名，所需经费自理。

2001年7月，根据《国务院办公厅关于转发〈交通部水上安全监督管理体制改革实施方案〉的通知》（国办发〔1999〕54号）和交通部、浙江省人民政府《关于在浙江实施水上安全监督管理体制改革的协议》（交人劳发〔2000〕302号）精神，以及交通部海事局、浙江省交通厅《关于浙江省水上安全监督管理体制改革有关机构人员资产的交接意见》的具体要求，舟山、宁波、台州、温州4市行政区域内的所有水域（包括沿海水域）和嘉兴、绍兴两市的沿海（含杭州湾）港口、水域的安全监督管理职能，划转浙江海事局。上述职能划转后，2001年9月浙江省交通厅航运管理局机关核定编制84名。

2002年2月，根据省编委（浙编〔2002〕21号）文件批复，浙江省交通厅航运管理局更名为浙江省交通厅港航管理局；同时将浙江省港航监督局更名为浙江省地方海事局，浙江省航道管理局、浙江省船舶检验局牌子不变。更名后，仍为1个机构、4块牌子，机构规格、人员编制均不变。

2003年11月，根据省编委《关于省交通厅港航管理局机构问题的批复》（浙编〔2003〕112号），浙江省交通厅港航管理局更名为浙江省港航管理局，同时挂浙江省地方海事局、浙江省航道管理局、浙江省船舶检验局牌子；并将浙江省港航管理局的机构规格由县处级调整为副厅级。2004年8月18日，浙江省港航管理局正式挂牌。

2008年6月30日，根据《浙江省人事厅关于同意省公路管理局、省港航管理局和省道路运输管理局参照公务员法管理的函》（浙人函〔2008〕139号），浙江省港航管理局参照公务员法管理，并于2009年8月正式参照管理登记。

（二）工作职责、内设机构

随着改革的不断深入，浙江省港航管理局的职责也相应作调整。截止2010年，其职责为：

（1）贯彻执行国家和省有关水路交通建设与养护、水上交通安全、船舶检验、水路运输、港口、航道、水路规费稽征管理的法律、法规、规章、规划、标准及方针、政策。参与起草行业管理法规、规章，组织拟订行业发展政策及相关规章制度。

（2）参与编制全省水路交通规划，编制有关年度计划。承担规划、计划的实施以及监督、检查和指导工作。参与与相关规划的协调衔接工作。

（3）参与国家批准的水路交通项目的建设管理工作。承担省级主管部门批准的水路交通项目的建设管理工作；负责省级主管部门批准的水路交通项目的初步设计审查和竣工验收工作。

(4)负责全省法规规定的船舶、海上设施和船用产品的法定检验及管理。

(5)指导全省水路运输的安全生产和应急管理工作,负责省管通航水域的水上交通安全和船舶防污染监督管理,指导渡口安全管理工作。协调组织救助内河船舶、浮动设施遇险人员。

(6)负责全省水路运输市场监管,维护水运市场秩序;承担水运行业管理;负责全省水路运输经营资质、船舶交易等管理工作;组织协调全省重点物次、紧急客货水路运输和军事运输。

(7)承担全省港口的行业管理。按规定负责全省港口岸线使用的管理,监督、协调全省港口引航管理工作。承担港口经营市场监管工作。承担港口设施保安管理工作。

(8)贯彻执行国家和省有关物流方面的方针、政策及法规,参与编制全省港口物流规划并组织实施,提出全省港口物流政策和标准的建议并组织实施;组织开展港口物流管理工作。

(9)负责全省航道及航道设施的管理和养护。依法管理全省涉航建筑物的通航要求。

(10)负责水路交通行业的统计管理工作。

(11)负责全省港航事业规费的征收、稽查和使用管理。办理港航事业规费减免的审查、报批。

(12)指导全省水路交通行业技术进步和节能减排,组织、指导全省港航管理系统科技、设备、信息化工作。

(13)指导全省水路交通行业人才队伍建设,组织、指导港航系统管理人员的专业教育培训,指导港航管理系统体制改革。指导全省水路交通行业的精神文明建设。

(14)承担和监督全省水路运政、航政、港政、海事行政执法工作。

(15)承担宁波—舟山两港一体化的有关工作。

(16)承办上级有关部门交办的其他工作。

随着职责的调整,浙江省港航管理局的内设机构也作相应调整。截止 2010 年,其内设机构如图 6 -1 -6 所示。

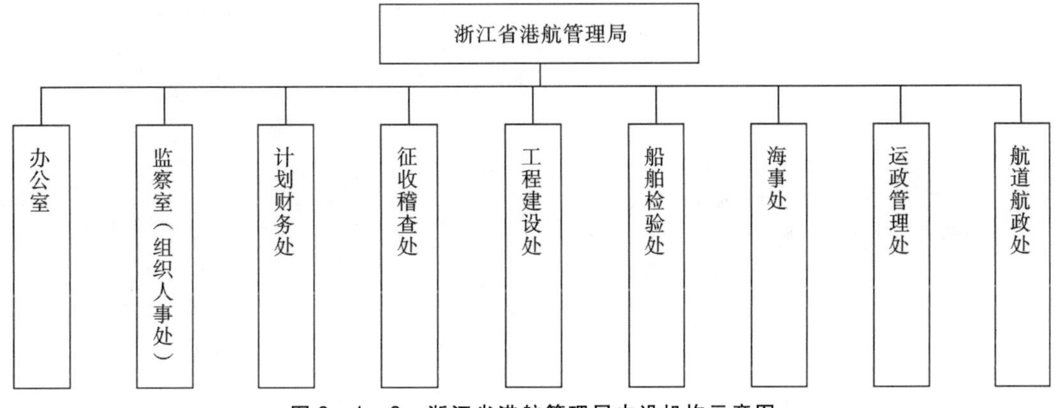

图 6 -1 -6 浙江省港航管理局内设机构示意图

（三）管理机构名称演变和历任领导成员名录（见表6-1-21）

浙江省省级水路行业管理机构及领导成员（1949.12~2010.12）　　表6-1-21

<table>
<tr><th>机构起讫时间（年月）</th><th>机构名称</th><th>职务</th><th>姓名</th><th>任职起讫时间（年月）</th></tr>
<tr><td rowspan="11">1949.12~1958</td><td rowspan="11">1949年12月成立浙江省航务局
1954年改称浙江省交通厅航运管理局</td><td rowspan="3">局长</td><td>张志飞</td><td>1949.12~1953.6</td></tr>
<tr><td>姜曦</td><td>1953.6~1955.6</td></tr>
<tr><td>郑绍贤</td><td>1955.6~1957.12</td></tr>
<tr><td rowspan="8">副局长</td><td>姜曦</td><td>1950.8~1953.6</td></tr>
<tr><td>郑绍贤</td><td>1953.6~1955.6</td></tr>
<tr><td>黄志裕</td><td>1954.6~1958.</td></tr>
<tr><td>王澄涛</td><td>1953. ~1954.9</td></tr>
<tr><td>胡骏</td><td>1954.12~1958.</td></tr>
<tr><td>邹连坡</td><td>1954.12~1956.7</td></tr>
<tr><td>岳启玉</td><td>1956.8~1958.</td></tr>
<tr><td>1958~1961</td><td>1958年省交通厅航运管理局撤销，业务由省交通厅直管</td><td></td><td></td><td></td></tr>
<tr><td rowspan="4">1961.2~1968</td><td rowspan="4">浙江省交通厅航运管理局</td><td>局长</td><td>伏伯言（兼）</td><td>1961.2~1963.3</td></tr>
<tr><td>负责人</td><td>黄志裕</td><td>1963.12~1966.8</td></tr>
<tr><td rowspan="2">副局长</td><td>张明堂</td><td>1961.2~1964.10</td></tr>
<tr><td>胡骏</td><td>1966.6~1968</td></tr>
<tr><td rowspan="3">1968~1970</td><td rowspan="3">浙江省交通厅航运管理局革命委员会</td><td>主任</td><td>贾汝海</td><td>1968~1970</td></tr>
<tr><td rowspan="2">副主任</td><td>陈剑明</td><td>1968~1969</td></tr>
<tr><td>韩一中</td><td>1968~1969</td></tr>
<tr><td>1970~1978</td><td>1970年撤销省交通厅航运管理局，业务由省交通邮政局直管；1973年5月起，业务由省交通局直管</td><td></td><td></td><td></td></tr>
<tr><td rowspan="11">1978~2004.7</td><td rowspan="11">浙江省交通局航运管理局
1980年5月改称浙江省交通厅航运管理局
2002年2月改称浙江省交通厅港航管理局</td><td rowspan="4">局长</td><td>黄廷兰（女）</td><td>1983.12~1986.3</td></tr>
<tr><td>顾裕琦</td><td>1990.10~1998.7</td></tr>
<tr><td>冯俊</td><td>1998.7~2001.2</td></tr>
<tr><td>郑惠明</td><td>2001.5~2004.6</td></tr>
<tr><td rowspan="7">副局长</td><td>胡骏</td><td>1978. ~1983.12</td></tr>
<tr><td>徐甲乙</td><td>1978. ~1983.12</td></tr>
<tr><td>钱治华</td><td>1980.1~1985.10</td></tr>
<tr><td>宋德昌</td><td>1983.12~1985.12</td></tr>
<tr><td>詹寿明</td><td>1983.12~1990.12</td></tr>
<tr><td>顾裕琦</td><td>1985.7~1990.10
1998.7~2002.6</td></tr>
<tr><td>周重惠</td><td>1986.8~1995.8</td></tr>
</table>

续上表

机构起讫时间（年月）	机构名称	职务	姓名	任职起讫时间（年月）
1978～2004.7	浙江省交通局航运管理局 1980年5月改称浙江省交通厅航运管理局 2002年2月改称浙江省交通厅港航管理局	副局长	章志澄	1986. ～1989.6
			黄节裕	1988.10～1990.10 1996.8～2001.5
			章友根	1988.9～2001.7
			戚步云	1990.10～1998.2
			冯俊	1995.8～1996.8
			姚家法	1996.8～1998.7
			王小萍（女）	1996.8～2000.9
			詹小张	1998.2～2002.6
			张小舜（兼）	2000.7～2003.8
			任忠	2000.9～2004.7
			邵银泉	2001.5～2004.7
			唐伟民	2001.5～2004.7
		正处级调研员 调研员	庄钠	1990.7～1995.1
			苏人杰	1997.9～2004.1
			黄节裕	2001.5～2004.7
			顾裕琦	2002.6～2004.7
			张小舜	2003.8～2004.7
		副处级调研员	马智	1987.9～1989.2
			边洎雄	1991.12～1993.3
			梁冬生	1993.4～2004.2
			童隆福	1993.4～1996.8
		党委书记	闻欣然	1986.5～1988.10
			顾裕琦	1990.10～1996.8（兼） 1998.7～2002.6
			姚家法	1996.8～1998.7
			郑惠明（兼）	2002.6～2004.6
		副书记	钱治华	1980.1～1985.10
			黄节裕	1988.1～1996.8
			顾裕琦	1996.8～1998.7
			冯俊	1998.7～2001.2
			张小舜	2000.7～2003.8
			颜献劼	2003.8～2004.7

续上表

机构起讫时间（年月）	机构名称	职务	姓名	任职起讫时间（年月）
2004.7～	浙江省港航管理局(2003.11.21机构升格为副厅级时改称)	局长	郑惠明	2004.7～
		副局长	汤修华	2004.7～
			任忠	2004.8～2008.4
			邵银泉	2004.8～
			唐伟明	2004.8～
			胡旭铭	2008.5～
			林建亚	2010.4～
		总工程师	任忠(兼)	2004.8～2008.4
		调研员	黄节裕	2004.8～2005.11
			顾裕琦	2004.8～2005.2
			张小舜	2004.8～2006.2
		党委书记	郑惠明(兼)	2004.6～
		副书记	汤修华(兼)	2004.7～
			颜献劼	2004.8～

（四）局直属单位、行业指导单位

随着机构改革的进行，浙江省港航管理局的直属单位有所增减变化，截止2010年年底，该局只有一家直属单位（见图6－1－7）。同样，随着机构改革的进行，浙江省港航管理局的行业指导单位也有所增减变化。截止2010年年底，该局有12家行业指导单位（见图6－1－7）。根据浙江省的港航管理体制，浙江省港航管理局与这12家单位，即各市港航（务）管理局（处），实行条块结合、以市（地）为主的管理体制。浙江省港航管理局对这些单位主要是行使行业指导的职能。

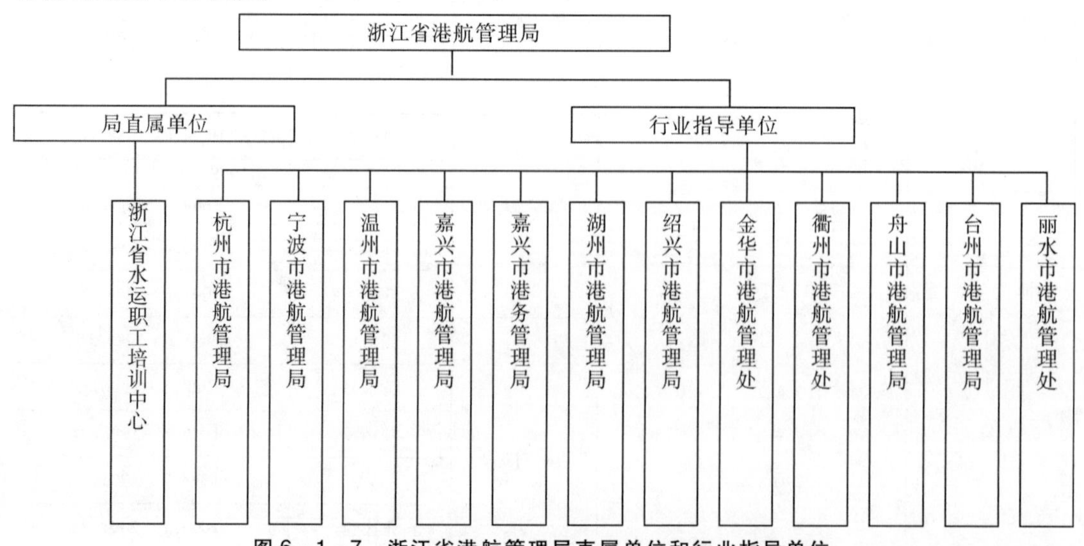

图6－1－7　浙江省港航管理局直属单位和行业指导单位

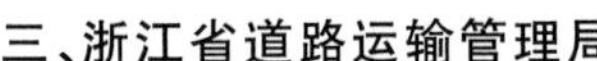

三、浙江省道路运输管理局

(一)沿革

1954 年 8 月,省交通厅调整直属各局、公司机构与编制,撤销省运输公司,成立厅公路运输局,负责全省公路管理和省营汽车运输经营业务,编制 130 名。全省根据运输区域设立 4 个运输处、4 个直属中心站和若干个站,原公路局之监理职能及机构亦随之划入该局。各运输处设监理所,下设管理站。1955 年改称厅公路运输管理局。

1958 年 1 月,厅公路运输管理局撤销,原 4 个运输处监理所改为厅属 4 个区公路运输局监理所。1961 年 4 月,恢复厅公路运输管理局,负责全省公路监理、管理和运输工作。1963 年公路养护管理职能及机构划出,由厅工程局负责。1965 年 7 月,与省汽车运输公司合并办公,两块牌子,一套班子。1971 年初,局、公司撤销,所属机构下放地区交通主管部门。

1978 年 12 月复设局、公司,全省各地市设立汽运分公司和公路运输管理处(县设所),与地市、县车监所、站合署办公。1981 年 10 月,局与公司分设。1983 年局与工程管理局合并后,省车监所改称省交通监理处,地市、县公路运输管理处、所与车辆监理所、站合并改称交通监理处、所。

1987 年 8 月,交通监理职能及机构划出后,设浙江省公路运输管理局,与厅公路管理局、稽征局合署办公,地市设公路运输管理处,县设所,与稽征处、所合署办公。全省运管人员事业编制 2800 名(其中局本部 50 名),稽征人员事业编制 534 名(其中局本部 30 名)。行政业务实行条块结合,以地市为主。

2000 年 11 月,根据交通部“一厅三局一站”的省级交通行政管理体制改革思路,省交通厅向省政府提出省公路运输管理局单独设立的请示。2001 年 2 月 21 日,根据省编委《关于省公路运输管理局机构设置的批复》(浙编〔2001〕16 号),浙江省公路运输管理局从浙江省公路管理局划出,单独设立,并更名为浙江省交通厅道路运输管理局,为浙江省交通厅下属事业单位,事业编制 50 名,规格仍为县处级,经费渠道不变。同年 5 月 30 日,省交通厅浙交复〔2001〕147 号文批复,根据省编委〔2001〕16 号文,拟同意浙江省交通厅道路运输管理局内设办公室(法规处)、组织人事处(监察室)、征费财务处、客运管理处、货运管理处、稽查安全处、驾驶员培训管理处、维修行业管理处;各处室行政级别为正科级,处室领导职数暂控制在 16 人以内。同年 6 月 29 日该局正式挂牌。

2005 年 11 月 11 日,根据省编委《关于省交通厅道路运输管理局机构问题的批复》(浙编〔2005〕86 号),浙江省交通厅道路运输管理局更名为浙江省道路运输管理局,机构规格由县处级调整为副厅级事业单位。2007 年 1 月 4 日该局正式挂牌。

2008 年 6 月 30 日,根据浙江省人事厅《关于同意省公路管理局、省港航管理局和省道路运输管理局参照公务员法管理的函》(浙人函〔2008〕139 号),省道路运输管理局参照公务员法管理。

(二)工作职责、内设机构

随着改革的不断深入,浙江省道路运输管理局的职责也相应地作调整,截止 2010 年,其职责为:

(1)贯彻执行国家和省有关道路旅客运输、货物运输、站(场)服务、机动车维修、机动车驾驶员培训的方针政策和法律法规。

（2）承担全省道路运输发展规划的实施；编制道路运输站（场）建设计划草案并组织实施。

（3）承担道路旅客运输及客运站的行业管理工作。负责跨省、市旅客运输和国际道路旅客运输的经营许可。

（4）承担全省出租车客运的行业管理工作。负责制定出租车驾驶员客运资格考试范围、标准。

（5）承担道路货物运输（包括危险货物运输）及货运站的行业管理工作。负责国际道路货物运输的经营许可。

（6）承担机动车维修的行业管理工作。承担机动车维修业开业地方标准的起草工作。

（7）承担机动车驾驶员培训的行业管理工作。负责机动车驾驶员培训教学人员相关知识和能力的考试；承担机动车驾驶员培训开业地方标准的起草工作。

（8）承担全省道路运输安全生产的行业管理。协助有关部门调查处理道路运输行业的重特大安全事故；依法对道路运输和道路运输相关业务经营活动进行监督检查；具体承担抢险、救灾、战略物资等紧急道路运输任务和指令性计划运输的组织实施。

（9）依法对道路运输行政许可、行政处罚行为实施监督。办理道路运输行政赔偿和行政诉讼案件的应诉工作。

（10）依法承担道路运输事业规费的稽征、使用管理；负责道路运输行业的统计和分析。

（11）承担全省道路运输行业的信息化建设、科研项目及技术攻关的管理；承担全省道路运输管理机构队伍建设和精神文明建设。

（12）承办省交通厅交办的其他工作。

随着职责的调整，浙江省道路运输管理局的内设机构也作相应调整。截止 2010 年时，其内设机构如图 6－1－8 所示。

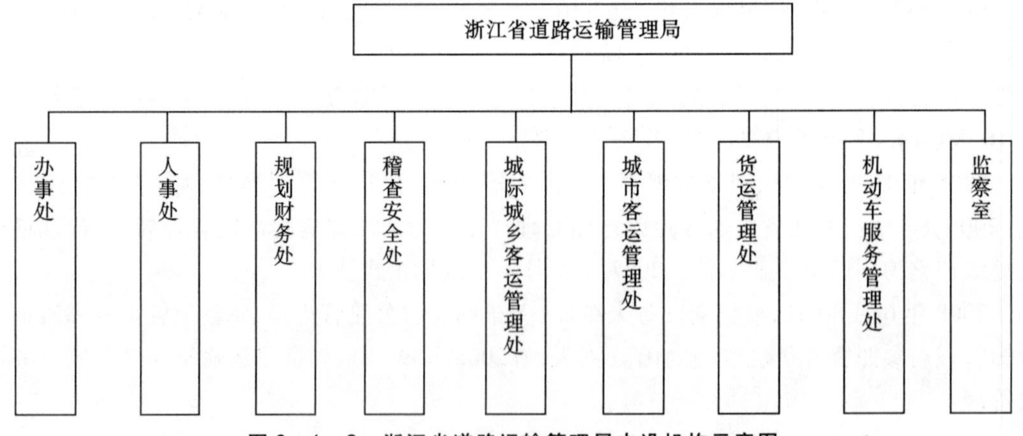

图 6－1－8　浙江省道路运输管理局内设机构示意图

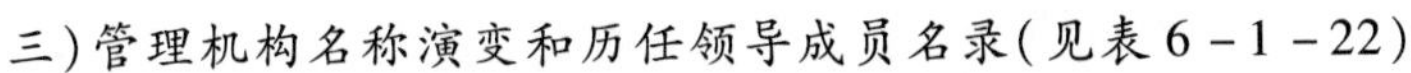

（三）管理机构名称演变和历任领导成员名录（见表 6－1－22）

浙江省省级道路运输行业管理机构及领导成员（1950.4～2010.12） 表 6－1－22

机构起讫时间（年月）	机构名称	职务	姓名	任职起讫时间（年月）
1950.4～1951.2	1950 年 4 月浙江省交通厅成立后的浙江省交通管理局，同年 10 月改名浙江省公路局	局长	郭连潮	1950.5～1951.2
		副局长	章远	1950.5～1951.2
1951.2～1954.9	浙江省交通厅公路局（1951 年 2 月浙江省公路局改称）	局长	郭连潮	1951.2～1952.9
			章远	1952.9～1953.6
			杨明	1953.12～1954.9
		副局长	章远	1951.2～1952.9
			杨明	1952.9～1953.12
			姚畊	1953.12～1954.9
1954.9～1955.10	浙江省交通厅公路运输局（1954 年 9 月，省汽车运输公司改组设立）	局长	杨明	1954.9～1955.3
		第一副局长	杨健	1954.9～1955.10
		第二副局长	虞振辉	1954.9～1955.10
		副局长	刘集中	1954.12～1955.10
			张宏德	1954.12～1955.10
1955.10～1958.1	浙江省交通厅公路运输管理局（1955 年 10 月，厅公路运输局改称）	副局长	杨健	1955.10～1958.1
			虞振辉	1955.10～1958.1
			刘集中	1955.10～1958.1
			张宏德	1955.10～1958.1
1958.1～1961.4	1958 年 1 月撤销厅公路运输管理局，其业务由省交通厅直管			
1961.4～1968.12	浙江省交通厅公路运输管理局	局长	梁群灵	1961.4～1965.7
			马立亭	1965.7～1968.12
		副局长	张宏德	1961.4～1965.7
			马立亭	1964.1～1965.7
			朱连德	1965.7～1968.12
			杨赞斌	1965.7～1968.12
1968.12～1970	浙江省交通厅公路运输管理局革命委员会	第一副主任	王新	1968.12～1971.4
1970～1979.1	1970 年厅公路运输管理局撤销，其业务由省交通邮政局直管；1973 年 5 月起，业务由省交通局直管			

续上表

机构起讫时间(年月)	机构名称	职务	姓名	任职起讫时间(年月)
1979.1~1980.4	浙江省交通局公路运输管理局	副局长	杨赞斌	1979.1~1980.4
			朱连德	1979.1~1980.4
			胡安然	1979.1~1980.4
1980~1983.12	浙江省交通厅公路运输管理局	副局长	王新	1981~1983.12
1983.12~1999.3	浙江省交通厅公路管理局(1983年12月厅公路运输管理局与厅工程局合并改称) 1987年8月交通监理职能划出时,设浙江省公路运输管理局,与浙江省交通厅公路管理局合署办公,一套领导班子	局长	胡侠(女)	1984.1~1986.5
			刘庭智	1986.8~1993.10
			张治中	1993.10~1996.3
			阎震	1996.3~1999.3
		分管运管工作的副局长	韩桓	1984.1~1990.12
			沈继昌	1987.9~1995.10
			王德宝	1993.8~1998.2
			胡森	1998.2~1999.3
		正处级调研员	陈柏明	1988.11~
		副处级调研员	蔡凤琦	1988.11~
			孔宪芳	1988.11~
1999.3~2001.5	浙江省公路运输管理局(与副厅级的浙江省公路管理局合署办公,一套领导班子)	局长	阎震(兼)	1999.3~2001.5
		分管运管工作的局长助理	胡森	1999.11~2001.5
2001.5~2006.11	浙江省交通厅道路运输管理局(2001年2月浙江省公路运输管理局从省公路管理局分出,单独设立并更名)	局长	张平平	2001.5~2006.11
		副局长	胡森	2001.5~2006.11
			胡克	2001.5~2002.6
			赵雁	2001.5~2005.6
			何丽萍	2002.2~2003.2
			陈永林	2002.6~2006.11
			李法卫	2004.9~2006.11
			方文理	2005.8~2006.11
			郭良	2006.4~2006.11
		党委书记	张平平(兼)	2001.5~2006.11
		副书记	胡森(兼)	2001.5~2006.11
2006.11~	浙江省道路运输管理局(2005.11.11升格为副厅级时改称)	局长	张平平	2006.11~
		副局长	胡森	2006.12~
			陈永林	2006.12~
			方文理	2006.12~
			郭良	2006.12~2009
			周继标	2008~
		党委书记	张平平(兼)	2006.11~
		副书记	胡森(兼)	2006.12~

（四）行业指导单位

随着机构改革的进行，浙江省道路运输管理局的行业指导单位有所增减变化。截止2010年年底，该局有11家行业指导单位（见图6－1－9）。根据浙江省的道路运输管理体制，浙江省道路运输管理局与这11家单位，即各市道路（公路）运输管理局（处）实行条块结合、以市（地）为主的管理体制。浙江省道路运输管理局对这些单位主要是行使行业指导的职能。

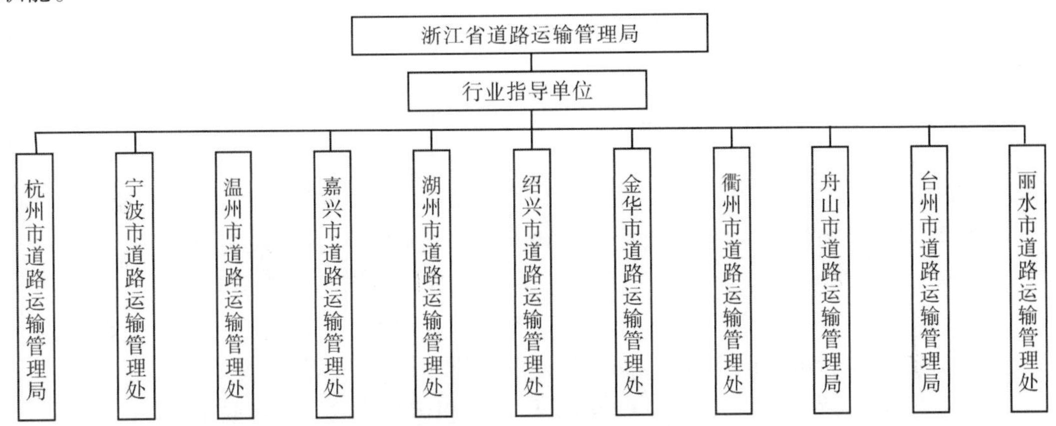

图6－1－9 浙江省道路运输管理下辖行业指导单位示意图

四、浙江省交通运输厅工程质量监督局

（一）沿革

1996年2月，根据浙江省机构编制委员会浙编〔1995〕92号文批复，成立浙江省交通厅工程质量监督站，同时挂浙江省交通厅工程定额站牌子，两块牌子一套班子。单位性质为厅直属自收自支县处级事业单位；核定事业编制总数为30名，所需经费在按规定收取的管理费中列支。原于1988年对外挂牌的浙江省公路工程质量监理站、浙江省水运工程质量监理站均予以撤销，其职能划入新成立的浙江省交通厅工程质量监督站。随后，全省11个地市级的交通质监机构也陆续成立。

2004年12月，根据浙江省机构编制委员会办公室《关于省交通厅工程质量监督站机构编制问题的批复》（浙编办〔2004〕145号），浙江省交通厅工程质量监督站（浙江省交通厅工程定额站）更名为浙江省交通厅工程质量监督站（浙江省交通厅工程造价管理站）。更名后的机构增加7个事业编制，核定事业编制总数为37名；机构类别、规格不变。

2006年8月，经浙江省机构编制委员会办公室浙编办〔2006〕73号文批复同意，浙江省交通厅工程质量监督站更名为浙江省交通厅工程质量监督局，成为全国交通系统首家更名为局的省级交通质监机构。另一块牌子"浙江省交通厅工程造价管理站"名称不变。更名后的机构类别、规格和核定事业编制总数不变。

2008年1月，经浙江省机构编制委员会办公室浙编办〔2008〕21号文批复同意，浙江省交通厅工程质量监督局受浙江省交通厅委托，承担公路水运工程安全生产监督管理工作，并将机构事业编制增加到41名，机构性质调整为全额拨款、行使行政职能的事业单位。

2010年6月，根据上级主管机构名称变更情况，浙江省交通厅工程质量监督局更名为浙江省交通运输厅工程质量监督局。另一块牌子"浙江省交通厅工程造价管理站"名称不变。

更名后的机构类别、规格和核定事业编制总数不变。

（二）工作职责、内设机构

截止2010年年底，根据浙江省机构编制委员会办公室浙编办〔2007〕101号文、浙编办〔2008〕21号文等规定，浙江省交通运输厅工程质量监督局、浙江省交通厅工程造价管理站的工作职责分别如下。

1. 浙江省交通运输厅工程质量监督局主要职责

（1）承担全省公路水运工程质量监督、工程监理行业管理工作：具体承担下级质监机构和相关从业人员的资格管理工作。

（2）监督检查公路水运工程业主、设计单位、监理单位、施工单位和试验检测机构的工程质量保证体系、合同履行情况。

（3）参加主管监督项目的设计文件审查和施工图交底，承担监理招投标的行业管理。

（4）承担主管监督项目的交工质量检验和竣工质量鉴定，参加交竣工验收。

（5）组织工程质量检查，依法查处违法违规行为，定期发布工程质量动态。

（6）受理交通建设工程质量问题的社会举报；组织一般工程质量事故的调查处理；参与重大工程（产品）质量事故调查处理，督促检查事故处理方案的执行情况。

（7）组织本省公路水运工程质量监督、工程监理和试验检测工作经验交流。

（8）参与优秀勘察设计、优质工程的评审工作，负责对申报省（部）、国家级优质工程项目进行质量核定。

（9）按照有关规定收取工程质量监督费（此项职责，根据财综〔2008〕78号及浙政发〔2008〕75号文件规定，从2009年1月1日起停止执行）。

（10）承担全省公路水运工程安全生产监督管理工作。

（11）指导全省工程质量监督行业的精神文明建设，制定年度创建计划，组织评比和推荐工程质量监督行业的文明（先进）单位、集体、个人；指导全省工程质量监督行业职工队伍建设工作；负责对工程质量监督行业风气建设进行检查、监督。

（12）承办浙江省交通运输厅交办的其他工作。

2. 浙江省交通厅工程造价管理站工作职责

（1）承担全省公路水运建设工程造价的行业管理，负责造价咨询单位和人员的资质资格审报工作。

（2）监督、审查省管公路水运工程建设项目招标标底和中标价的合理性。

（3）承担工程实施阶段合同履行情况的监督、检查、处理，并督促整改。

（4）定期发布材料价格信息、造价信息和工程结算期调价系数，积累造价资料，建立造价数据库。

（5）组织公路水运建设工程补充定额测定和编制，修订补充计价依据、办法和规定，上报批准后实施。

（6）按规定具体休承担公路水运工程造价人员的执业资格管理工作。

（7）调解公路水运建设工程造价和经济纠纷。

（8）承担省管公路水运工程项目的施工图预算审查，参与省管公路水运工程项目的投资估算，设计概算审查工作。

(9)参与主管监督公路水运建设项目交、竣工工程决算的核审和交、竣工验收。

(10)按照有关规定收取定额测定编制管理费(此项职责,根据财综〔2008〕78 号及浙政发〔2008〕75 号文件规定,从 2009 年 1 月 1 日起停止)。

(11)指导全省工程定额行业的精神文明建设,制定年度创建计划,组织评比和推荐工程定额行业的文明(先进)单位、集体、个人;指导全省工程定额行业职工队伍建设工作;负责对工程定额行业风气建设进行检查、监督。

(12)承办浙江省交通运输厅交办的其他工作。

随着工作职责的调整,浙江省交通运输厅工程质量监督局的内设机构也作相应调整。截止 2010 年年底,其内设机构如图 6-1-10 所示。

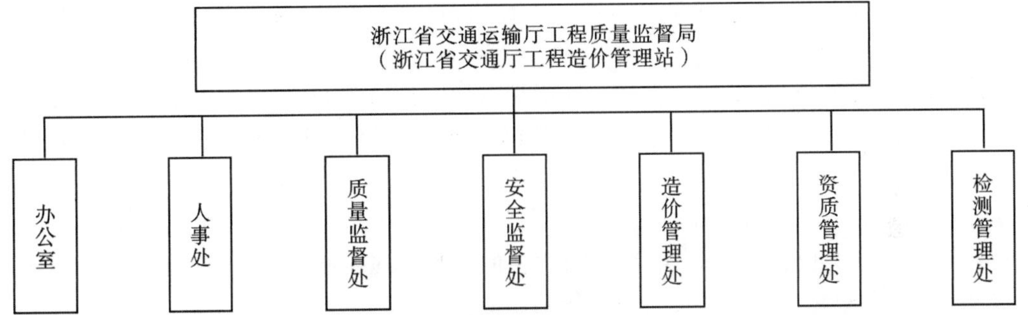

图 6-1-10　浙江省交通运输厅工程质量监督局内设机构示意图

(三)管理机构名称演变和历任领导成员名录(见表 6-1-23)

浙江省省级交通工程质量监督机构及领导成员(1996.02~2010.12)　表 6-1-23

机构起讫时间(年月)	机构名称	职务	姓名	任职起讫时间(年月)
1996.02~2004.12	浙江省交通厅工程质量监督站(浙江省交通厅工程定额站)	站长	卞钧霈	1997.5~2003.7
			翟三扣	2003.7~2004.12
		副站长	胡明德	1996.2~2001.8
			江立生	1996.8~2004.12
			邵宏	2001.8~2004.12
			张征	2002.6~2004.12
			吴安宁	2004.4~2004.12
2004.12~2006.8	浙江省交通厅工程质量监督站(浙江省交通厅工程造价管理站)	站长	翟三扣	2004.12~2006.8
		副站长	江立生	2004.12~2006.8
			邵宏	2004.12~2006.8
			张征	2004.12~2006.8
			吴安宁	2004.12~2006.8
2006.8~2010.6	浙江省交通厅工程质量监督局(浙江省交通厅工程造价管理站)	局长	翟三扣	2006.8~2010.3
			李志胜	2010.3~2010.6
		副局长	江立生	2006.8~2009.2
			邵宏	2006.8~2010.6
			张征	2006.8~2008.1
			吴安宁	2006.8~2010.6
			陈允法	2008.5~2010.6
			丁正祥	2010.5~2010.6

续上表

机构起讫时间(年月)	机构名称	职务	姓名	任职起讫时间(年月)
2010.6 ~	浙江省交通运输厅工程质量监督局(浙江省交通厅工程造价管理站)	局长	李志胜	2010.6 ~
		副局长	邵宏	2010.6 ~
			吴安宁	2010.6 ~
			陈允法	2010.6 ~
			丁正祥	2010.6 ~

(四)局直属单位、行业指导单位

截止2010年年底,浙江省交通运输厅工程质量监督局有1家直属单位(见图6-1-11)。

截止2010年年底,浙江省交通运输厅工程质量监督局有11家行业指导单位(见图6-1-11。其中宁波市交通工程质量监督机构名称于2011年5月12日增加“安全”两字,温州市交通工程质量监督机构名称于2011年由“站”改为“局”)。根据浙江省的交通工程质量监督管理体制,浙江省交通运输厅工程质量监督局与这11家单位,即各市交通工程质量(安全)监督局(站),实行条块结合、以市(地)为主的监督管理体制。浙江省交通运输厅工程质量监督局对这些单位主要是行使行业指导的职能。

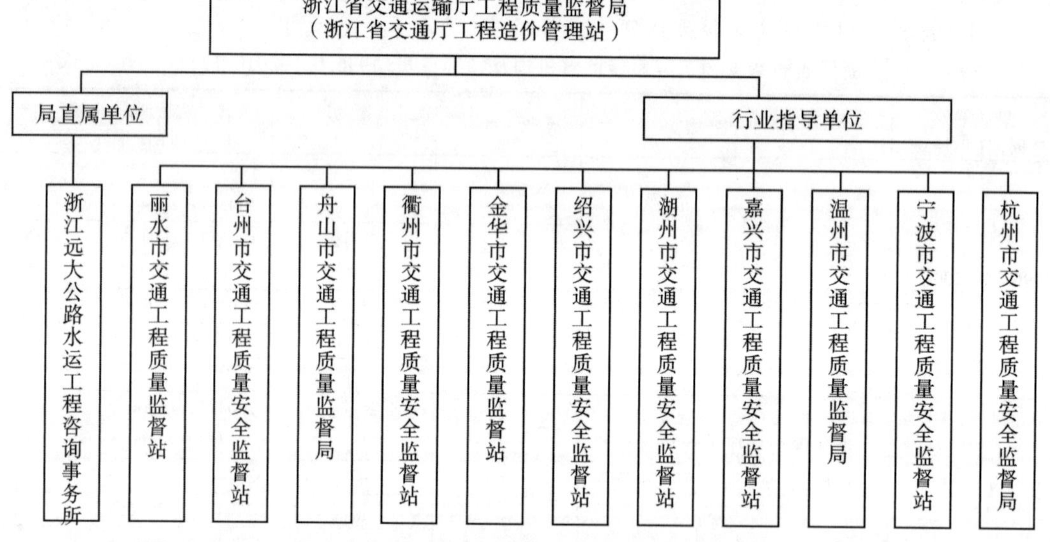

图6-1-11　浙江省交通运输厅工程质量监督局直属单位和行业指导单位

五、浙江省机场管理局

浙江省机场管理局,单位性质为事业单位;2010年在职人员12人,其中领导班子成员3人;办公地址在杭州市延安路528号标力大厦B座20楼。

(一)沿革

1997年12月,经浙江省人民政府研究决定,成立浙江航空投资公司(浙政发〔1997〕251号文),为全民事业单位,行政管理挂靠在浙江省计经委;实行企业化管理,自主经营、自负盈亏,经费自收自支。浙江航空投资公司为当时组建的杭州萧山民用机场有限责任公司浙江投资方中省政府的产权代表,参与机构的筹资、建设和经营管理。

根据国务院《关于印发民航体制改革方案的通知》(国发〔2002〕6 号)和《国务院关于省(区、市)民航机场管理体制和行政管理体制改革实施方案的批复》(国函〔2003〕97 号)精神,2004 年 1 月,浙江省人民政府研究决定在浙江航空投资公司基础上,组建浙江省机场管理公司(浙政函〔2004〕5 号),主要职责是按浙江省人民政府授权承担全省民航机场管理的部分职能。

根据浙江省人民政府专题会议纪要〔2005〕1 号精神,浙江省国资委根据授权,对浙江省机场管理公司依法履行国有资产出资人职责,浙江省机场管理公司为杭州萧山机场公司的出资人,持有 68.5% 的股份。浙江省机场管理公司除对杭州萧山机场公司行使出资人职能外,同时承担全省民航机场管理的部分职能,即直接管理萧山机场,委托地方政府管理宁波、温州机场,指导、服务省内民航机场的行业管理职能。同时,根据浙编〔2005〕8 号文件,浙江省机场管理公司为浙江省人民政府直属事业单位,届时撤销浙江航空投资公司。

2008 年,国务院机构改革,决定组建交通运输部,国家民用航空局划归交通运输部管理,不再保留中国民用航空总局。在浙江省机构改革中,根据 2009 年 10 月 23 日印发的《浙江省人民政府办公厅关于印发浙江省交通运输厅主要职责内设机构和人员编制规定的通知》(浙政办〔2009〕152 号)文件的决定,浙江省机场管理公司成建制划归浙江省交通运输厅,并更名为浙江省机场管理局,为正处级监管类事业单位。2010 年 9 月 15 日,浙江省机场管理局正式挂牌成立,工作性质从投资管理转变为行政监管,履行政府监管职责、统筹全省民航机场规划、建设和管理工作。

(二)工作职责、内设机构

2010 年时,浙江省机场管理局的职责为:

(1)参与起草有关民航机场的地方性法规、规章草案并监督实施。指导监督省内民航机场执行有关法律法规、规章制度和技术标准。

(2)承担省内民航机场的行业管理,研究提出全省民航机场发展战略,拟订全省民航机场行业发展规划,承担航空运输与其他运输方式衔接的协调工和,协调省内民航机场资源的合理配置和有效利用。

(3)编制全省民航机场建设年度计划草案,提出省内民航机场固定资产投资项目的规模、方向和资金安排建议并指导、监督实施。承担省内民航机场管理建设费等相关专项补助资金的汇总申报和使用监管。负责行业建设项目的汇总编报。

(4)指导省内民航机场行业安全生产和应急管理工作,协调有关部门调查处理民航机场重特大安全生产事故。

(5)组织省内机场业务交流和开展民航文明机场创建活动。承担全省民航机场的行业信息统计工作。

(6)承办浙江省交通运输厅交办的其他事项。

2010 年时,浙江省机场管理局的内设机构见图 6-1-12。

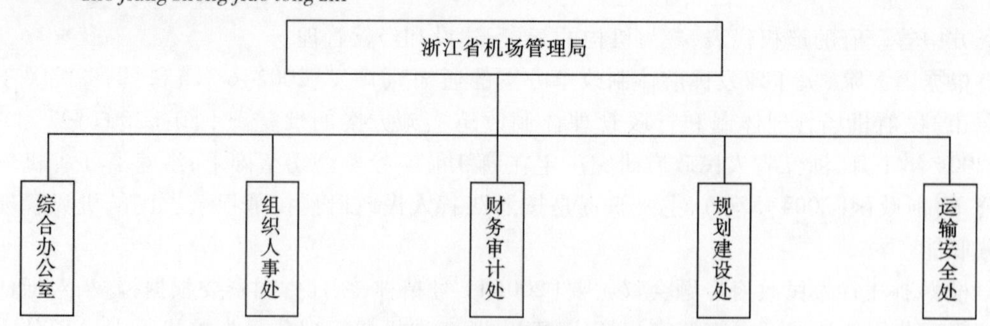

图6－1－12　浙江省机场管理局内设机构示意图

（三）管理机构名称演变和历任领导成员名录（见表6－1－24）

浙江省省级民航机场管理机构及领导成员（1997～2010年）　　表6－1－24

机构起讫时间（年月）	机构名称	职务	姓名	任职起讫时间（年月）
1997.12～2003.12	浙江航空投资公司	总经理	赵詹奇	1998.2～2003.2
			陈海玫	2003.3～2003.12
		副总经理	金卫平	1998.7～2003.12
2004.1～2010.9	浙江省机场管理公司	总经理	陈海玫	2004.4～2006.6
			冒康夫	2006.7～2008.7
		副总经理	颜世棣	2007.2～2010.9
2010.9～	浙江省机场管理局	局长、党委书记	郑智银	2010.9～
		副局长 党委副书记	尤祖铭	2010.9～
		调研员 党委委员	蔡建萍	2010.9～

（四）行业指导单位

截止2010年年底，浙江省机场管理局有7家行业指导单位（见图6－1－13）。浙江省机场管理局对这些单位主要是行使行业指导的职能。

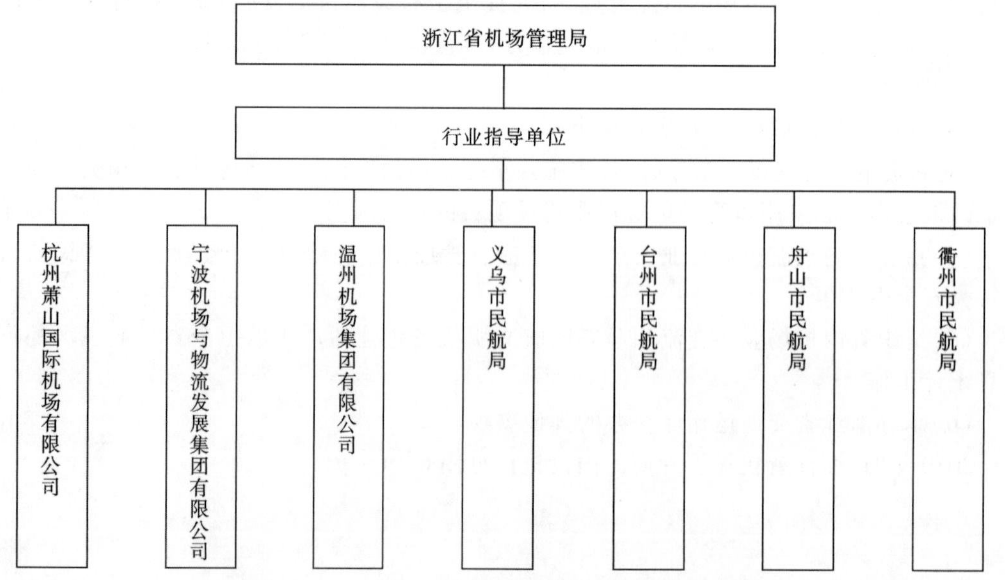

图6－1－13　浙江省机场管理局行业指导单位示意图

六、浙江省交通系统的协会、学会

浙江省交通系统的协会、学会先后成立于20世纪80年代后，已经过三四十年的发展。它是交通部门组织，由全省各交通企业和事业单位自愿参加，经民政部门注册、登记的具有法人资格的交通行业非盈利性的社会团体。它是随着浙江交通的发展而发展，是广大会员、学者、专家、科技工作者自觉组织的行为，主要从事交通研究和咨询服务，是沟通交通知识和交通技术流动的主要环节和有效途径，在推动全省交通科技进步，提高交通服务水平，加强交通系统各单位的合作交流、促进交通发展有着重要的作用。

浙江省交通系统的协会、学会至2010年年底共有17家，详见表6－1－25。

浙江省交通行业省级学会、协会业务联系单位一览表 表6－1－25

序号	社团名称	业务主管单位	业务联系单位（部门）	社团性质	备注
1	浙江省国防交通协会	省交通运输厅	省交战办	专业性	
2	浙江省交通劳动学会		厅人事处	学术性	
3	浙江省交通教育研究会		厅科教处	学术性	
4	浙江省道路运输协会		省运管局	行业性	
5	浙江省交通建设监理行业协会		厅质监局	行业性	
6	浙江省交通建设行业协会		厅建管处	行业性	
7	浙江省出租汽车行业协会		省运管局	行业性	
8	浙江省综合交通物流行业协会			行业性	
9	浙江省汽车维修行业协会			行业性	
10	浙江省汽车驾驶员培训行业协会			行业性	
11	浙江省汽车租赁协会			行业性	
12	浙江省城市公共交通协会			行业性	
13	浙江省高速公路行业协会		省公路局	行业性	
14	浙江省航海学会	省科协	省港航局	学术性	
15	浙江省公路学会		省公路局	学术性	
16	浙江省港口协会		省港航局	学术性	
17	浙江省交通运输协会	省经信委		行业性	

第二章　公路管理

公路管理主要是路政管理、公路规划和建设管理、公路养护管理、规费的征收和使用管理等。

第一节　路政管理

公路路政管理是指公路管理机构依据国家法律、法规、规章的规定，以公路为对象而实施的行政管理。

浙江公路的路政管理始于民国11年(1922年)，以后随着公路的建设发展而不断提高和完善。

一、路规

民国21年(1932年)，浙江省建设厅颁布《公路行道树保护法》。

民国24年(1935年)，浙江省分别颁布《督促各公路种植及保护行道树实施办法》和《各县市保护公路行道树奖惩办法》。

民国28年(1939年)，浙江省颁布《浙江省公路两旁建筑物纵放牲畜暂行办法》。

1951年，浙江省人民政府颁布《浙江省公路用地保留实施办法》。

1984年8月，浙江省人民政府发出《关于划定公路用地和留地范围的通知》，对国家干线公路、省级干线公路、县级及县级以下公路留地范围作了规定。

1990年9月，浙江省人民政府发布《关于加强对公路两侧建筑管理的通知》，规定在建筑红线范围内不得修建永久性建筑，未经批准也不得搭建临时性建筑物。

1991年4月，浙江省交通厅印发《浙江省公路及其附属设施损坏赔(补)偿标准的通知》。

1996年11月12日，浙江省人民政府发布《浙江省公路路政管理办法》，规定公路、公路用地、公路设施受法律保护，任何单位和个人不得侵占和破坏，各级人民政府应加强对公路路政管理工作的领导。

2001年7月25日，浙江省交通厅发布《关于进一步加强高速公路路政管理工作的通知》，就机构、人员、装备、经费等对高速公路路政管理工作作出规定。

2003年，浙江省财政厅、物价局对公路及其附属设施赔(补)偿标准进行了调整，并汇总颁发《浙江省公路路产赔(补)偿有关标准》(浙价费〔2003〕17号)，原《浙江省公路及其附属设施赔(补)偿标准》同时废止。省交通厅、财政厅和物价局制订了《浙江省公路路产赔(补)偿管理办法》，原《浙江省公路及其附属设施损坏赔(补)偿管理办法》及其《补充办法》和关于《调整超限运输车辆行驶公路赔(补)偿标准》同时废止。省公路管理局制定了《浙江省公路路政内务管理制度》。

2005年1月13日，浙江省第十届人民代表大会常务委员会第十五次会议通过《浙江省公路路政管理条例》，该条例适用于所有省内国道、省道、县道和乡道(包括高速公路)的公路路政管理。2005 年 7 月 7 日,《浙江省高速公路运行管理办法》经省政府第四十二次常务会议审议通过。《条例》和《办法》的实施,为浙江省进一步规范公路路政管理提供了强有力的法律保障。是年,省交通厅印发《关于进一步规范公路路政许可的通知》和《浙江省公路路政车辆管理办法》。

2007 年 12 月 27 日,省第十届人民代表大会常务委员会第三十六次会议 85 号公告公布关于修改《浙江省公路路政管理条例》的决定,将第五十八条修改为"土地所有权属于农民集体所有并符合公路技术标准的村道的路政管理,其行政许可、行政处罚及相关的监督检查,按照本条例对乡道的规定执行。村集体经济组织或村民委员会应当协助做好相关村道的路政管理工作。"该决定自 2008 年 4 月 1 日起施行。

2008 年,省交通厅印发《关于切实做好村道行政许可、处罚及相关监督检查工作的通知》,全面部署全省村道路政管理工作。

二、路产

公路路产的范围,包括 4 个方面:(1)公路,包括公路的路基、路面、桥梁、涵洞、隧道、公路附属设施等。(2)公路用地,指公路两侧边沟(或截水沟)及边坡以外不少于 1 米范围的土地。(3)公路附属设施,指为公路主体服务的标志、附属设备和构造物,包括公路的排水设备、防护构造物、交叉道口、界碑、测桩、里程碑、安全设施、通讯设施、检测及监测系统、养护设施、服务设施、渡口码头、花草树木、专用房屋等。(4)公路科研和工程技术人员所发明和创造的知识成果。

民国 22 年(1933 年)6 月 12 日颁发的《公路用地免征赋税章程》,对保护公路路产问题有明文规定。其第二条规定:凡公路征用土地,由该路主管机关造具原业主姓名、承粮户姓名、土地座落、面积清册,分别函请路线所在省公路主管机关及赋税征收机关转饬查勘明确,造具应免米粮赋清册,报请省市政府核转内政、铁道、财政 3 部汇呈豁免。

1949 年 10 月中华人民共和国成立后,浙江省公路建设用地按照《中华人民共和国土地管理法》的规定办理。凡公路发展规划,新建铁路或扩宽原有公路路基,增建其他公路设施需要的土地,由当地人民政府纳入其土地利用总体规划。

1950 年 10 月 9 日,中央财经委员会、交通部颁发《公路留地办法》规定:(1)关于新路用地,专案备核。(2)原有国道、省道应留土地,除路基宽度及两旁侧沟外,并得每侧保留 1 米,作为养路取土之用,如遇有道路提高标准,加强修建之必要时,可按照新建工程办法,专案办理。(3)车站用地,仍维持现状,特殊情况,专案处理。

1957 年 5 月 22 日,交通部、铁道部、农垦部、水利部《关于各部门基本建设工程占用公路暂行规定的联合通知》指出:"各部门因工程需要,必须占用公路,需公路改线时,不论路线长短,应在前一年度或在有关工程初步设计阶段,将使用目的、路段和要求公路改线计划,编制简要说明及略图送交公路主管部门审查同意后,由占用单位按照原来公路工程与设备标准(主管国防公路、其改线必须符合军事要求),负责进行公路改线的测设、施工等工程,但一切费用应由占用单位负责。在施工期间,不得妨碍车辆通行。必要时应修建临时工程(如便桥、副道、木屋、标志等),并注意维护交通安全。"

1983 年 7 月 9 日,国务院《关于加强路政管理保障公路安全畅通的通知》指出,公路和两侧留地范围内属公路路产权限,各部门因建设需要,临时需借用公路路产或农田灌溉,临时引水跨过公路，事前要报请公路部门批准，事后由使用者立即修复。在大中型桥梁和渡口上、下游各200米范围内，亦属公路部门维护河床范围，任何部门或单位以及个人不得侵犯权限。

1987年10月13日，国务院发布的《中华人民共和国公路管理条例》第四章“路政管理”第31条规定：在公路两侧修建永久性工程设施，其建筑物边缘与公路边沟的间距：国道不少于20米，省道不少于15米，县道不少于10米，乡道不少于5米。第23条规定：公路主管部门负责管理和维护公路、公路用地及公路设施，有权依法检查、制止、处理各种侵占、破坏公路、公路用地及公路设施的行为。

1997年7月3日，第八届全国人民代表大会常务委员会第二十六次会议通过《中华人民共和国公路法》。第一章总则第七条明确规定：公路受国家保护，任何单位和个人不得破坏、损坏或者非法占用公路、公路用地及公路附属设施。

2001年7月25日，浙江省交通厅发布《关于进一步加强高速公路路政管理工作的通知》（浙交〔2001〕295号），其中第一条规定：宣传公路路政管理法律法规、规章和政策，依法保护高速公路路产路权，维护高速公路业主（经营者）的合法权益，实施高速公路路政巡查，制止和查处各种违法利用、侵占、污染、毁坏和破坏路产的行为，确保高速公路完好畅通。

2005年1月13日，浙江省第十届人民代表大会常务委员会第十五次会议通过《浙江省公路路政管理条例》，其中第三章“公路保护公管理”第一节第十一条规定：公路管理机构应当建立公路路产登记制度，按规定对公路路产调查核实，并登记造册。第六条规定：公安机关交通管理部门在处理交通事故时，涉及路产损坏、公路污染的，应当及时通知公路管理机构或者收费公路经营者。

2008年国务院关于修改《中华人民共和国公路管理条例》的决定，其中第四章第二十一条、二十二条又明确规定：公路主管部门负责管理和保护公路，公路用地及公路设施，有权依法检查、制止、处理各种侵占、破坏公路、公路用地及公路设施的行为。禁止在公路及公路用地上构筑设施，种植作物。

2009年交通运输部令第8号《中华人民共和国公路管理条例实施细则》第一章总则又一次明确规定：公民有遵守公路法规、爱护公路、公路用地和公路设施的义务；有权检举、揭发违章利用、侵占、破坏公路、公路用地和公路设施行为。公路主管部门或授权的公路管理机构负责管理和保护公路、公路用地和公路设施。在公路、公路用地范围内禁止任何违章利用、侵占、损坏路产的行为。

三、路标

1950~1960年，根据交通部《公路养护技术规范》规定，公路设置的各种路标共分为3类14种：一是交通标志，分为警告标志、禁令标志和指示标志3种；二是指路标志，有里程碑、百米桩、公路界、地名牌、分界牌、指路牌、指向牌、路线示意牌等8种；三是路栏设备，分为3种情况：(1)施工地段不宜行驶车辆时；(2)在施工地点尚可开放路线或构造物的一半通行车辆时；(3)需要同时限制行车速率时，宜在危险或修理工地两端以外50~100米处加设“危险慢行”的临时标牌。

1970年，根据公安部、交通部发出的《城市和公路交通管理规则》，设置各种交通标志，计有3类34种。

1980 年，为了夜间行车安全，推广反光标志，使驾驶员能看清公路标志。

1983 年，贯彻交通部颁发的《公路标志及路面标线标准》（简称《部标》）。

1983 年以后，根据《部标》规定，公路标志分为主要标志和辅助标志两大类。公路主要标志中分为指示标志、警告标志、禁令标志、指路标志 4 种；辅助标志分为表示车辆种类、表示时间、表示区间范围、表示距离等 4 种；其他标志还有：在公路的路侧护柱上、桥梁两端的栏杆上涂黑白相间的油漆，在过水路面和漫水桥两侧护柱上用红、白相间的油漆标出安全水位线等。路面标线一般设有行车道中线、车道分界线、路缘线、停车线、禁止超过线、导流线、人行横道线、交叉路口中心圈、停车方位线、导向箭头等。标线的形式有连接实线、间断线和箭头指示 3 种，其颜色一般为白色。

1986 年，国家标准局又发布了中华人民共和国国家标准的《道路交通标志和标线》（简称《国标》）。

1998 年 7 月 1 日起，全省公路交通标志标线的设置和管理由公安交警部门移交给交通主管部门。

1998 年 8 月，省交通厅公路管理局印发《浙江省公路交通标志标线生产施工招投标管理暂行办法》。

1999 年 2 月 13 日，浙江省交通厅、物价局、财政厅颁发《浙江省公路及其附属设施损坏赔（补）偿管理办法的补充通知》，自 1999 年 3 月 1 日起执行。办法规定：公路两侧不得任意接线接坡；经营单位确需接线接坡的，经县级以上公路管理机构同意，并向公路管理机构一次性缴纳赔（补）偿费；二级（含）以上公路两侧建筑控制区以内确需设置各类非公路标牌的，经市（地）以上公路管理机构批准同意后设置，并向公路管理机构缴纳赔（补）偿费（公益性广告不收费）。

2000 年 12 月 5 日，浙江省交通厅颁发《浙江省公路沿线非公路标牌管理办法》，明确“公路沿线非公路标牌是指除符合国家标准《道路交通标志和标线》（GB 5768—1999）和《公路工程技术标准》（JTJ 001—97）规定的公路标志以外的指路牌、地名牌、厂（店）名牌、宣传牌、广告牌、龙门架、霓虹灯、电子显示牌、橱窗、灯箱和其他标牌设施等。”

2002 年，增设和更换 205 国道、01、04、05、09、37、82、50、56、76 省道、湖盐线等 24 条主要干线公路的警告、禁令、指示、指路标志牌（已符合《国标》或列入新改建路段的除外），继续完善 46 条省道的危桥险路地段标志。共投入经费 1320 万元，制作安装公路交通标志牌 6436 块；重新漆划了 104、205、318、320、329、330 等 6 条国道和 01、02、03、50、53、76 等 18 条省道已到使用期限的交通标线，共投入经费 3669 万元，漆划标线 118.12 万平方米。

2003 年，全省增设和更换了 6 条国道、28 条省道公路的警告、禁令、指示、指路标志牌，完善了 56 条县道公路危桥、险路地段的警告、禁令标志，重新漆划了 6 条国道、28 条省道公路已到使用期限的交通标线。共计制作安装公路交通标志牌 10320 块、漆划交通标线 112.34 万平方米。

2004 年，全省各级公路管理部门配合《道路交通安全法》的实施，及时完善公路沿线学校、幼儿园、敬老院等重点路段及重要县道公路危桥、险路地段的标志标线；重新漆划 104、205、318、320、329、330 等 6 条国道和 01、02、03、50、53、76 等 40 条省道公路已到使用期限的交通标线。全年共投入标志标线经费 7000 万元，制作安装公路交通标志牌 4.8 万块、道口标柱6700根，漆划标线102万平方米。

2005年，浙江省进一步完善国、省道公路的警告、禁令、指路、指示标志。在对全省6条国道、66条省道交通标志的设置情况进行全面调查的基础上，对全省国省道公路警告、禁令、指路、指示标志进行规范化设置。同时，特别注意对国省道公路沿线学校、幼儿园、敬老院等重点路段标志的进一步完善。并进一步规范城市出入口、高速公路与城市道路交接处的指路标志。对全省国省道公路及重要县道公路，路面宽度在9米以上的路段，也全面漆划了交通标线。

2006年，省公路局对省道公路交通标志标线的设置工作进行了规范。一是继续完善全省干线公路交通标志标线。对国省道公路已到使用期限的交通标志进行更换和完善，对路面宽度9米以上的国道、省道、重要县道公路全面漆划交通标线。二是组织实施104、329国道公路交通标志标线规范化设置工作。制订并下发了《104国道、329国道公路交通标志标线规范化管理实施设置标准》（浙公路〔2006〕64号），上半年完成了104国道湖州段30公里试点路段的设置工作，并在湖州召开了示范路段现场会。年底沿线7个市全面完成了104、329国道全线900公里标志标线规范化管理实施路段。全年国省道公路共增设交通标志牌8000余块，新漆划标线2420余公里，经费投资7000万元。三是完善县道公路影响行车安全路段的标志标线。对县道公路急弯、陡坡、视距不良、临水、临崖、平交路口等危险路段增设警告、禁令、指示标志、交通标线、道口标柱、反光镜等安全设施，经费总投入达2700余万元。

2007年，全面规范国省道公路交通标志线设置工作，一是为研究解决各等级公路之间、城市道路与公路之间的指路标志不连续、不衔接的问题，开展以高速公路为重点的干线公路指路体系完善工作，编制完成国省道及重要县道指路标志优化实施方案。二是继续完善全省国省道干线公路交通标志标线。对国省道公路已到使用期限的交通标志进行更换和完善，对路面宽度9米以上的国道、省道、县道公路全面漆划交通标线。全年国省道公路共增设交通标志牌28000余块，新漆划标线2000余公里，省直接投入经费8500万元。三是按照《104国道、329国道公路交通标志标线规范化管理实施设置标准》，完成了104、329国道浙江省全线985公里交通标志标线规范化设置工作，并于2007年3月通过验收。四是完善县道公路影响行车安全路段的标志标线。对县道公路急弯、陡坡、视距不良、临水、临崖、平交路口等危险路段增设警告、禁令、指示标志、交通标线、道口标柱、反光镜等安全设施，经费总投入达4500余万元。

2010年，完成全省国高网标志调整工作，全省共计3073公里，更换标志6226块，新增标志12796块，全省高速公路网相关标志按《国标》和规范要求做到规范设置，高速公路网指路体系得到进一步完善，并得到交通运输部通报表扬，排名全国第四位。

四、护路

民国17~21年（1928~1932年），浙江省公路养护运作机制为商营商养。

民国22~38年（1933~1949年），浙江省公路养护运作机制为官办雇民养护。

1949年中华人民共和国成立至1968年，浙江省公路收为国有，确立新的公路养护管理体制，建立专门的公路养护管理机构，公路养护实行省、地（市）县直管的公路养护运作机制，按照公路养护技术要求和养护作业内容逐步规范公路养护项目。

1969~1978年，浙江省公路养护管理体制实行省、地（市）、县双重管理，以条为主，整个公路养护计划在省公路局的统一安排下，由市(地)级公路管理机构具体安排下达到各县(市、区)公路养护管理机构具体执行，并给予预算审批、技术指导、质量监督、成本核算。

1979～1988年，浙江省公路局根据公路养护规律和各地地质特征、气候变化因素，给市(地)级公路管理机构少量的计划调控权，以应对公路自然灾害下的紧急状态。

1989～2001年，浙江省公路养护管理体制改革，将公路养护管理的任务下放给市(地)级地方政府。

2002年，浙江省公路养护管理体制进一步调整，成建制下放给县(市、区)政府。公路养护经常经费实行财政转移支付。公路养护与管理的具体任务都是由县(市、区)级公路管理机构组织实施完成。各县(市、区)公路管理机构根据市(地)级公路管理机构下达全年的公路养护质量指标和管理工作要求，按照每条公路的技术结构与养护作业的易、难情况，将公路养护质量指标和管理工作要求层层分解落实到各个养护站(道班、组、公司)。公路养护运作机制有以下几种形式：(1)段(工区)级直管制。按照全年计划养护经费和管理要求，由段(工区)部直接控制。由各养护道班编制月度养护作业、用工计划，报送段(工区)部审批，按月核销。(2)四定制。按照全年计划养护经费和管理要求，段部将全年计划养护经费和管理任务分解到各养护道班，实行"定指标、定经费、定人员、定里程"。各养护道班每月自查，段部每月组织核查，全年评定。(3)承包制。按照全年计划养护经费和管理要求，在四定制的基础上，段部将养护任务承包给各养护道班，主要有全额承包制、聘员承包制、选标承包制。(4)公司养护制。公路管理段内部成立以公路养护职工为主体的公路养护公司，段部根据养护公司的实际能力和方便公路养护的管理，设置相应的标的，在年初进行内部招标，并开展业务培训。公路养护公司中标后，公路管理段与其签署合同(协议)，公路养护的具体操作由养护公司自行安排，报公路管理段备案。浙江省为确保高速公路建设成果，实现高速公路使用功能，促进全省国民经济和社会发展，全省10个市公路管理处(局)(除舟山市外)先后组建高速公路路政大队，及时派驻高速公路，依法实施路政管理职权，切实履行保护路产、维护路权、保障畅通、维持秩序的路政管理职责。

2003年3月，组织全省贯彻交通部《公路路政管理规定》暨路政规范化执法动作演练大会，全省路政人员着新装，展现了路政管理队伍的风貌。4月1日，《规定》正式实施，为做好宣传贯彻工作，进一步规范路政管理行为，全省公路路政管理部门充分运用广播、电视、报纸等宣传媒体，大力宣传《规定》；认真做好《规定》的学习和培训工作；全面开展路政专项整治工作。全省全面完成了路政执法人员换装工作。

2007年，为进一步方便群众求助和及时有效报告路政案件，经商省通信管理局同意，设立了全省统一的96266路政服务电话。在全省高速公路及服务区入口、国省道、超限运输检测站等设置标志牌527块。加强路政队伍建设，共培训人员1000多人次。全省对交通事故多发地段100处制定治理方案。

2008年5月1日，"96266"全省路政管理统一电话正式启用。年内全省11市路政监控指挥中心共接听电话26259个，其中涉及路政方面的举报、投诉、咨询电话20473个，求助电话2070个。设置安装96266标志牌1940块。

2009年9月，省公路管理局发文，要求全省路政部门统一使用"浙江路政"标志，塑造"浙江路政"统一的品牌形象，并在全省开展规范化路政中队创建工作和合理调整全省高速公路限速标志限速值。

2010年，全省共出动路政巡查人员61万人次，处理违法案件9.83万件，拆除违法建筑8.5万平方米，清理堆积物75万立方米，拆除非公路标牌5万块，整治马路市场3950个，依法追缴公路损坏赔（补）偿费0.98亿元，办理行政处理案件4.17万件。8月1日～11月8日，开展干线公路百日专项整治，全省共拆除违法建筑3.9万平方米，清理公路堆积物20.3万平方米，拆除公路用地范围非公路标志牌5054块，拆除公路建筑控制区范围非公路标志牌1.1万块，整治摆摊设点、占道经营、马路市场2235个，整治施工路段不规范标志1357处，挖掘公路342处等。

五、超限运输车辆管理

超限运输主要是指超高、超宽、超长装载货物及车辆轴载质量超过规定值的运输。超限运输具有极大的危害，对其加强管理主要分为超限运输许可、超限运输行驶管理、超限运输现场管理三个方面。

1999年7月7日，浙江省交通厅发出〔1999〕271号文，决定在全省开展超限运输车辆行驶公路管理专项治理。

2000年4月1日，浙江省公路路政管理部门根据交通部颁布的《超限运输车辆行驶公路管理规定》（交通部2000年2号令）和《浙江省超限运输车辆行驶公路管理规定实施办法》（浙交〔2000〕343号），对在公路上行驶的、装载货物超过规定的机动车辆实施超限运输管理。

2000年11月1日，浙江省交通厅启用浙江省超限运输车辆通行证及浙江省超限运输车辆行驶公路申请表、浙江省公路超限运输管理处理决定书、浙江省公路超限运输管理（当场）处罚决定书、浙江省公路超限运输管理现场笔录等有关超限运输现场管理法律文书。

2001年3月，经省物价局、财政厅同意，决定对浙江省超限运输车辆行驶公路赔（补）偿标准进行调整。调整后的标准为，经公路管理机构批准的超限运输，车货总质量、车辆轴载质量超限部分按0.2元/吨公里的标准缴纳赔（补）偿费；未经批准擅自超限运输的车辆，一经查实，由公路管理机构对超限部分货物进行卸载，并对已发生的超限运输里程按超限部分0.6元/吨公里的标准收公路赔（补）偿费；对于超限运输的货物，因承运人拒不卸载而由公路管理机构组织有关运输机构和停车场强制卸载的，卸载费和货物保管费由承运人承担。

2001年4月，各级公路管理机构在全省范围内开展超限运输宣传整治月活动，严厉查处超限运输行驶公路的违法行为。整个活动包括宣传教育、专项整治、狠抓卸载、规范执法等。全省共发放超限运输宣传资料3万余份，在国省道干线公路收费站、加油站、检查站、公路站等张贴、喷刷宣传标语1000余条，悬挂横幅500余幅；出动宣传车千余次，行程数万公里；电视宣传400余次，广播宣传500余次，在各种报纸刊登文章200余篇。同时，对5500余辆超限运输车辆进行卸货，卸货吨位达5万余吨。

2001年7月23～29日、8月6～10日，为了确保高速公路完好、安全、畅通，维护高速公路经营者的合法权益，遏制超限运输车辆行驶公路的违法行为，按照省厅《关于开展全省高速公路、主要国省道超限运输专项整治活动的通知》（浙交〔2001〕264号）的要求，全省各地分两个阶段开展高速公路超限运输专项整治活动。全省各级公路路政管理部门克服各种困难，经过不懈的努力，圆满地完成了专项整治活动。通过一系列的专项整治活动，浙江省的超限状况,特别是高速公路超限状况有所好转,无论是超限运输车辆数量还是单车超限量均有所下降,运价有所回升。

2001 年 12 月 30 日,浙江省政府批复同意在省内主要国省道干线公路和高速公路设置 21 个超限运输车辆检测站,具体有:320 国道富阳超限运输检测站、02 省道临安超限运输检测站、杭金衢高速公路萧山超限运输检测站、34 省道宁海超限运输检测站、104 国道苍南超限运输检测站、甬台温高速公路平阳运输检测站、104 国道湖州超限运输检测站、杭宁高速公路长兴超限运输检测站、320 国道嘉善超限运输检测站、07 省道嘉兴王江泾超限运输检测站、沪杭甬调整公路嘉善大云超限运输检测站、乍嘉苏高速公路嘉兴超限运输检测站、03 省道诸暨超限运输检测站、104 国道上虞超限运输检测站、330 国道衢州超限运输检测站、杭金衢高速公路常山超限运输检测站、104 国道临海超限运输检测站、330 国道丽水超限运输检测站、50 省道龙游超限运输检测站等。

2002 年,全省各级公路路政管理部门加大超限运输管理力度,从源头、现场等各方面对超限运输进行监控与管理。全省共检测车辆 25.54 万辆次,查处超限车辆 13.35 万辆次,卸载 6.13 万辆、27 万吨,卸载率为 45.9%,劝返车辆 1000 余辆。开展超限运输检测站建设工作,320 国道嘉善检测站、03 省道诸暨检测站完成征地,进入建设阶段。

2002 年 9 月 30 日,320 国道衢州超限运输检测站建设工作全面完成,并正式投入运营。至此,浙江省第一个固定式超限运输检测站落成并投入使用,标志着浙江省超限运输管理工作从流动式检测跨入固定式全天候监控阶段,为全面开展超限运输管理工作,保护路产路权,保障公路安全畅通奠定了基础。

2002 年,全省各级公路路政管理部门加大超限运输管理力度,从源头、现场等各方面对超限运输进行监控与管理。4 月,在交通部 2000 年 2 号令颁布实施两周年之际,全省组织开展了超限运输专项宣传整治活动。9 月份,省公路管理局与省公安厅高速公路交通警察支队开展全省高速公路超载超限车辆联合整治工作。

2003 年,全省共检测车辆 15 万辆次,查处超限车辆 4 万辆次,卸载 2.1 万辆、7 万余吨,卸载率为 53.8%。建成 320 国道衢州检测站、嘉善检测站、104 国道长兴检测站、03 省道诸暨检测站、34 省道临海检测站等超限运输检测站并投入使用。制定出台《浙江省超限(载)运输联合检测站管理办法(试行)》、《浙江省超限(载)运输联合检测站建设、管理检收标准》、《浙江省公路路政内务管理制度(试行)》。

2004 年,根据交通部、公安部、发改委等 7 部、委的统一部署,浙江省全面开展治理车辆超限超载工作,先后发布《关于执行全国治超领导小组第 1 号公告有关事宜的通知》(浙交〔2004〕252 号)、转发《关于在全国开展车辆超限超载治理工作的实施方案的通知》(浙治超〔2004〕号)、《转发交通部等三部委关于进一步加强车辆超限超载集中治理工作的通知》(浙交〔2004〕383 号)、省政府办公厅《关于成立浙江省治理车辆超限超载工作领导小组的通知》(浙政办发〔2004〕39 号)等文件,省交通厅陆续颁布《浙江省治理车辆超限超载工作考核暂行办法》、《关于治理车辆超限超载货物装卸保管收费标准的通知》、《关于加强治超检查站点卸载管理的意见》、《关于开展高速公路超限超载车辆专项整治和强化普通公路流动检查的通知》等数十个治超规范性文件。主要工作有:强化五项治超前期准备工作,夯实全面治超工作基础。一是成立浙江省治理车辆超限超载工作领导小组及办公室、省交通厅治理车辆超限超载工作领导小组及办公室，明确部门分工，落实责任。二是舆论准备，印发《关于开展治理车辆超限载超运输宣传工作的通知》，制订全省宣传方案，全省共发放宣传资料50余万份，悬挂治超横幅2000余幅，制作大型宣传牌300多块，媒体刊登稿件2000多篇，张贴宣传画万余张，召开现场咨询会上百次。三是检查站点设备准备，全省共确定了46个现场执法站点（其中高速公路站点13个，国省道干线公路省际交界点15个，国省道干线站点18个）。建立了以46个检查站点为主、流动巡查为辅的全省路面治超执法网络。四是卸载场地准备。全省46个治超检查站点共落实900余亩卸载场地，平均每个站点20亩。五是设备准备。组成招标小组进行设备采购招投标，集中采购160台便携式称重仪，20台汽车吊车，10台叉车，于6月20日全国超统一行动前全部配备到位。上下联动，严格、全面、规范治超。5000多名执法人员在全省46个治超联合检查站（点）全部实行24小时不间断检测治超。6月20日至年底，全省共查处超载车辆10万余辆，对近8万辆超限超载车辆实施就地卸载，卸载吨位为50万余吨，卸载率为78%。截至12月底，全省公路平均超限率由集中整治前的56%下降到21.5%，大吨小标恢复吨位车辆74622辆（全省共需恢复大吨小标车辆89224辆），占需恢复吨位车辆的83.6%。积极开展超限运输检测建设，切实加快固定式超限运输检测站的建设工作。杭州绕城南线袁浦等11个超限运输检测站建成投入运行，并在管理过程中收到良好的效果。同时，根据路网结构、超限运输流量和流向的变化，报经省政府同意，对02省道临安超限运输检测站、104国道临海超限运输检测站进行站址调整。

2005年4月，发出《关于转发2005年全国治超工作要点的通知》（浙治超〔2005〕1号），对2005年的治超工作进行部署。

是年6月1日，国务院办公厅发出关于加强车辆超载超限治理工作的通知（国办发〔2005〕30号）。在省政府统一领导和各地各有关部门的通力协作、密切配合下，按照"统一口径，统一标准，统一行动"的治超工作要求，浙江省在加强路面执法和源头治理方面取得阶段性成果。全省交通部门共出动执法人员40.7万人次，检测车辆121.8万辆次，查处超限超载车辆12.4万辆次，除不可解体货物外，对9.7万辆超限超载车辆实施卸载，卸载吨位达68.8万吨，卸载率达78.2%。国省道干线公路超限率由年初的21.5%下降到6.5%左右。加快治超站点网络建设，完成104国道上虞限运输检测站、杭宁高速公路长兴超限运输检测站、02省道临安超限运输检测站等3个检测站的建设，截至2005年年底，经省政府批准的21个检测站，已有14个建成并投入运行。同年开发完成超限运输车辆查询系统。

2006年3月28日，召开全省治理车辆超限超载工作电视电话会议，全省各地交通、公安等部门进一步深化联合整治，深入推进各项治超工作。

是年4月19日，浙江省治理车辆超限超载工作领导小组办公室发布关于进一步加强治理车辆超限超载安全管理工作的紧急通知（浙治超办〔2006〕5号）。6月20日至12月20日，省交通厅、省公安厅联合开展全省高速公路超限超载集中整治工作。

是年，浙江省公路管理局完成全省固定式治超站"全球眼"视频监控系统建设工作，通过GPS监控系统，对车辆实行位置定位、轨迹查询、控制指令下发，对路政巡查车辆实行有效监控和调度。

是年，全省交通部门共出动执法人员40万余人次，查处超限超载车辆109492辆（其中外省车辆74454辆，为查处数的68%）。除不可解体货物外，对83140辆超限超载车辆实施

就地卸载,卸载吨位821573吨,卸载率85%。全省公路平均超限率下降到5%左右。

2007年5月16日,为进一步规范治理车辆超限一线执法行为,省交通运输厅出台《浙江省公路超限运输处罚标准》,对各类超限行为明确相应处罚标准。

是年8月中旬至10月底,省交通厅开展严惩"双超"、保护桥梁安全专项整治行动,整治范围是全省已通车公路的桥梁、隧道,重点查处违法超限超载车辆通行的5类桥梁、隧道。

是年12月24日,省交通厅、省公安厅等10部门根据交通部、公安部、发改委等9部门《关于印发全国车辆超限超载长效治理实施意见的通知》精神,提出关于贯彻全国车辆超限超载长效治理实施意见,要求继续坚持统一领导、政府负责、部门协调、各方联动的工作机制,建立和完善组织领导体系、法规政策保障体系、综合治理体系、科学治超体系、执法队伍监督管理体系,全面建立长效机制。

是年,全省交通部门共出动交通执法人员42.1万人次,查处超限超载车辆82222辆次(其中外省车辆57883辆次,占查处数的70.4%),除不可解体货物及鲜活农产品外,对56096辆次超限超载车辆实施就地卸载,卸载吨位为556945.7吨,卸载率为81%。全省公路平均超限率下降到5%左右。经省政府批准建设的21个超限检测站,目前已有15个建成并投入使用,其余6个正在加紧建设当中,以46个固定治超站(点)为基础的治超网络初步形成。因治超工作成绩突出,浙江省治超电子化、信息化建设的成绩被中央电视台《焦点访谈》报道。

2008年2月25日,浙江省政府调整全省公路超限运输检测站、超限超载联合检查点,新增和予以保留的超限运输检测站共有44个,予以保留的超限超载联合检查点14个。

2008年,全省共出动路政执法人员43万余人次,查超车辆6.48万辆次,就地卸载4.33万辆次,就地卸载47.47万吨,卸载率为81.5%。全省共出动路巡查人员61.8万人次,案件12.24万件,拆除违章建筑10.1万平方米。

2009年,全省共出动路政执法人员44.4万余人次,查处超限超载车辆56656辆次,就地卸载38660辆次,卸载吨位243121.7吨,卸载率为82.5%。

2010年,全省共出动路政执法人员53.7万余人次,查处超限超载车辆43957辆次,就地卸载30161辆次,卸载吨位310645.67吨,卸载率为83.7%。

第二节　交通量调查

1979年前,浙江只对重点公路路线的交通量作过一些突击观测调查,无系统统计资料。

1979年下半年和1980年上半年,先后在6条国道上进行交通量调查。调查共设置110个间隙式观测点,每月5日、15日、25日观测。1981年停顿一年。

1982年,全省公路交通量系统地开展调查观测,并第一次进行交通量比重调查。全省列入调查的公路共18374公里(专用公路及长度5公里以下的县乡公路除外),占全省列入养护公路里程的86.5%,共设观测点1227个。全省6条国道中,交通量最高的是104国道父子岭入境经湖州、杭州、绍兴、台州、温州至分水关出境,占国道汽车交通量的41.8%,占国道机动车交通量的42.1%;最低的是205国道(西坑口至枫岭),占国道汽车交通量的4.4%,占国道机动车交通量的5.1%。

1983 年，交通量调查范围从国道扩大到省道，在 1868 公里国道线上设 8 个连续式观测站、94 个间隙式观测点，在 5009.8 公里省道线上设 162 个间隙式观测点。

1984 年，国道线上共设有 10 个连续式观测站、87 个间隙式观测点，省道线上共设有间隙式观测点 163 个。

1985 年，全省设 10 个国道连续式观测站，88 个国道间隙式观测点，198 个省道间隙式观测点。全省各地区按路线交通量大小排列，依次为杭州、金华、嘉兴、宁波、绍兴、丽水、温州、台州、舟山。

通过 1982 ~ 1985 年连续 4 年的观测数据分析，全省日平均交通量递增较快的线路是杭州至沈家门和寿昌至温州两条公路，混合交通量从 1982 年至 1985 年分别递增 23.6% 和 26.8%。全省路线交通量最高的地区是杭州，占全省机动车路线交通量的 18.7%；最低的地区是舟山，占 2.8%。全省交通量最大的路段是杭州至萧山段，1982 年日平均交通量为 2785 辆，1985 年增至 6762 辆，最高峰时达 8467 辆。国、省、县、乡（社）道在总交通量上所占的比重：1982 年汽车交通量，国道占 35.3%，省道占 39.4%，合计 74.4%；机动车交通量，国道占 26.4%，省道占 36.4%，合计 62.8%。

1986 年，全省公路交通流量调查改为按调查区间观测。全省 6 条 1939 公里国道线上划定 98 个调查区间，69 条 5109 公里省道线上划定 206 个调查区间。每区间设观测站、点 304 个，其中连续式观测站 12 个（13 个观测断面），间隙式观察点 291 个。全省 18912 公里县乡道上也相应划定了调查区间，设立每季观测一次的间隙式观测点。1987 年、1988 年按照与 1986 年相同条件相同方式进行交通流量调查。

1989 年，全省 1857 公里国道线上划定 100 个调查区间，5145 公里省道线上划定 206 个调查区间，13043 公里县道线上划定 864 个调查区间，9057 公里乡道线上划定 538 个调查区间。国省道线上共设有连续式观测站 12 个（13 个观测断面），间隙式观测点 293 个。县乡道线上共设有间隙式观测点 1402 个。

1990 年，浙江国道通车里程为 1841 公里（内观测里程 1783.2 公里），省道 5149 公里（内观测里程 5027.5 公里），共设有连续式观测站 12 个（13 个观测断面），间隙式观测点 293 个；县乡道 22808 公里（内观测里程 16197.8 公里），共设有每季观测一次的间隙式观测点 1389 个。

2000 年，浙江省国省道干线公路上共设有连续式交通量观测站 15 个、间隙式交通量观测站 241 个（其中国道 64 个，省道 177 个），县乡道上共设有每季观测一次的间隙式观测点 146 个。总观测里程为 27677.4 公里，其中国道 1779.3 公里、省道 5095.5 公里、县道 16051.6 公里、乡道 4751 公里。

2001 年，浙江省国省道干线公路上共设有连续式交通量观测站 15 个，间隙式交通量观测站 235 个（其中国道 64 个，省道 171 个），县乡道上共设有每季观测一次的间隙式观测点 120 个。总观测里程为 27841 公里，其中国道 1884.5 公里、省道 5053.5 公里、县道 16384.6 公里、乡道 4518.7 公里。

2006 年，国省道干线公路（包括高速公路）共设观测站 259 个，县乡道上共设有每季观测一次的间隙式观测点 1779 个。总观测里程为 30401 公里，高速公路路段由抽样调查改为自动化设备观测。

2009 年,浙江省公路总里程 40630 公里。国道观测站(点)各路段、各条路线的交通量、观测站设置和代表路段长度划定略有调整。国省道干线公路上共设有连续式交通量观测站 14 个、间隙式交通量观测站 246 个(其中国道 68 个,省道 18 个),县乡道上共设有每季观测一次的间隙式观测点 1579 个。总观测里程为 25991.4 公里,其中国道 1769.2 公里、省道 5016.3 公里、县道 15122.4 公里、乡道 4083.3 公里。

2010 年,国省道干线公路上共设观测站 275 个(国道 91 个,省道 184 个,其中自动化连续式交通量观测站 100 个),县道上设间隙式观测站 1459 个,乡道上设间隙式观测站 374 个。总观测里程为 33153 公里,其中国道观测里程 2422 公里(覆盖率达 58%)、省道观测里程 519 公里(覆盖率达 86%)、县道观测里程 22105 公里(覆盖率达 81%)、乡道观测里程 3448 公里(覆盖率达 18%)。

第三节 公路规划和建设管理

一、规划管理

从传统的计划经济体制到社会主义市场经济体制,浙江省交通建设规划管理进行一系列的改革和创新,基本形成了规划体系,对交通事业的发展和社会经济发展发挥着重要作用。

1973 年 9 月,省交通局在慈溪养路工作会议上曾提出 1980 年全省实现社社通公路的规划和设想,并就 1973 年冬和 1974 年春的工作任务和 1974 年至 1975 年工作安排进行了研究讨论。规划设想,到 1975 年年末,先修建公路 2000 公里左右,安排原则有三:一是属于车船不通的山区,为生产所急需的;二是曾经动工,需要继续修建的;三是线路较短,比较容易解决的。具体安排,除了 1973 年冬至 1974 年从基建、林业及其他方面经费中已安排落实的不通车船的 4 个区外,先沟通不通车船的 2 个区和 158 个公社,修建公路 1500 多公里;其次安排季节通航的 8 个区和 62 个公社修建公路 400 多公里。

1978 ~ 1980 年规划新增公路 4000 公里。1980 年,预计全省公路总里程达到 21000 公里,通公路的公社达到 2380 个,占公社总数的 79.3%。1980 年,省交通厅进行了山区交通调查,编制了县社公路建设 1981 ~ 1990 年十年规划。这是中华人民共和国成立以来浙江第一次提出县社公路发展的规划设想,成了县社公路建设工作的目标和动力,推动了县社公路建设的发展。

1982 年 4 月,浙江省制订了浙江现有公路技术改造"六五"(1981 ~ 1985)计划和"七五"(1986 ~ 1990)规划设想。

1983 年 5 月,浙江省提出了"浙江省公路建设,改造工作近期计划和长期规划设想"。这些规划设想和试行方案,使浙江公路改造工作有了更明确的目标,能有步骤地付诸行动。

1985 年 4 月,省交通厅为了适应四化建设和工农业发展的需要,加强县乡公路(1984 年公社改称乡)管理和建设工作,完善全省国省道干线公路的县乡公路网,在武义县召开了县乡公路网规划编制研讨会,提出规划网的布局,构成内容和分阶段的初步意见,明确县乡的划分规定和审定权限,编出近期(1987 ~ 1990)和远期(1990 ~ 2000)的试行方案。总的要求是:基本建立一个以国、省公路为骨架,县乡公路为网络的四通八达的公路路线网。

1994 年，根据交通部的有关精神，省交通厅着手编制第一个《浙江公路水运交通建设规划(1996～2010)》，并于 1996 年经省政府同意后正式印发实施。

1996 年，根据《浙江省国民经济和社会发展“九五”(1996～2000)计划和 2010 年远景目标纲要》，及当时交通运输面临的新情况，对 1994 年规划进行修编，并经省政府同意后正式印发实施。规划目标是在“八五”(1991～1995)期末交通紧张状况得到抑制、缓解的基础上，“九五”(1996～2000)期末实现基本缓解，2010 年达到基本适应。规划重点：公路，提出了“两纵两横五连”的公路主骨架布局。建设分两步实施，第一步实施“三八双千工程”，第二步到 2010 年全面建成“两纵两横五连”公路主骨架。公路枢纽，以杭州、宁波、温州 3 个国家级公路主枢纽和金华、嘉兴两个省级主枢纽为核心，连接绍兴、湖州、台州、衢州、丽水、义乌等 10 个客运枢纽和绍兴、湖州、台州等 9 个货运枢纽及遍布全省各市客货集散地的公路运输服务网络。交通扶贫和山区交通，对 8 个国家级和省级贫困县实施“一联、二提、三养、四建”的公路扶贫方针，加快脱贫致富，“九五”(1996～2000)期末实现乡乡通公路、行政村基本通简易公路。

1998 年，根据省第十次党代会提出的浙江省提前基本实现现代化的奋斗目标和任务，结合浙江省社会经济和交通运输发展的实际需要和“十五”计划的编制，修编了《浙江省公路水运交通建设规划(1996～2010)》。

2000 年，经省政府同意，正式印发实施《浙江省公路水路交通建设规划纲要(2001～2015)》。这轮规划修编的指导思想是根据浙江省提前基本实现现代化的要求，交通要提前实现现代化，服务于经济发展，服务于人民生活水平的提高，坚持发展是硬道理，以加快发展为主题，以调整结构为主线，以改革和科技为动力，两个文明一起抓，促进交通事业的发展。规划目标：在“九五”(1996～2000)期末交通运输达到基本缓解的基础上，2005 年达到基本适应，2015 年达到适应。规划重点是：公路，规划建设“两纵、两横、十连、一绕、两通道”约 2930 公里公路主骨架，其中新增五连为黄衢南、丽龙庆、杭徽、申苏浙皖、龙丽，一绕为杭州绕城公路，两通道为跨杭州湾的乍浦通道、嘉兴至绍兴通道。规划提出，到 2002 年全省实现“四小时公路交通圈”，即形成杭州至各市(除舟山)的高速公路网。

2001 年 5 月 28 日，省交通厅制定《浙江省公路养护和管理发展纲要(2001～2010 年)》(以下简称《纲要》)。《纲要》在总结“九五”期间浙江省公路养护和管理工作成绩和问题的基础上，进一步明确 2001～2010 年公路养护和管理工作的指导思想、基本原则，提出了到 2005 年、2010 年的具体目标任务。通过养护和管理，要求到 2005 年，全省二级以上公路占全省公路总里程的 20%，全省公路路面铺装率达到 72%，新建文明样板路 1543 公里，实现 GDM 工程 3000 公里以上，全省公路平均好路率达到 65%，大中修工程合格率达到 100%。到 2010 年，二级以上公路占全省公路总里程的 28%，全省公路路面铺装率达到 87%，全省公路平均好路率达到 75%，全省公路均建成绿色通道。

2002 年，省交通厅对 1998 年编制的全省公路水路交通建设规划进行了修编，提出实现浙江交通新的跨越式发展的指导思想、总体目标、基本内涵和工作措施。到 2010 年，全省公路水路交通与国民经济和社会发展相适应。到 2020 年(力争到 2015 年)，省交通行业在全省各行各业和全国交通系统中率先提前基本实现现代化的奋斗目标。为了实现这个目标，厅党组研究提出，要在本届政府任期内实施交通“六大工程”(即高速网络工程、干线畅通工程、水运强省工程、乡村康庄工程、绿色通道工程和廉政保障工程)。2002 年 9 月份由省计委和交通厅联合印发给各市、县政府贯彻执行。规划目标:到 2010 年浙江省公路水路交通全面适应国民经济和社会发展的需要,全省公路总里程达 94600 公里,其中高速公路超过 3400 公里,全省公路密度达 93 公里/百平方公里,高速公路密度达 3.3 公里/百平方公里。20 万以上人口的城市都通高速公路,通乡镇公路全部实现等级化和路面硬化,90% 行政村通地方标准以上公路。沿海主要港口吞吐能力达 4.5 亿吨,集装箱吞吐能力达 1000 万标准箱。2020 年,全省公路水路交通基本实现现代化,实现县县通高速公路,行政村通标准化公路,内河干线航道高等级化,网络化,宁波 - 舟山港口跻身于世界一流港口行列。全省公路总里程达 10.7 万公里,其中高速公路 5000 公里以上,全省公路密度近 105 公里/百平方公里,高速公路密度达 4.9 公里/百平方公里以上;全省沿海港口吞吐能力达 7 亿吨,集装箱吞吐能力达 2000 万标准箱;全省内河 4 级以上高等级航道达 1400 公里。

2002 年 9 月 6 日,为加强对道路运输业发展的宏观指导,促进浙江省道路运输业持续、快速、有序发展,根据国家确定的"十五"道路运输业发展目标、主要任务和《浙江省国民经济和社会发展第十个五年计划(2001 ~ 2005)纲要》,省发展计划委员会和省交通厅编制印发了《浙江省道路运输业"十五"发展规划》。该规划在分析浙江省道路运输业发展背景的基础上,提出了道路运输业"十五"(2001 ~ 2005)发展的指导思想、目标任务和主要措施。"十五"(2001 ~ 2005)期间,道路运输业发展的主要目标:一是更为高效的运输服务,为国民经济和社会发展提供良好环境。在综合运输体系中,道路运输客货运量的比重分别上升到 95% 和 76%。二是更为便捷的运输,为改善人民生活环境提供运输保证。省会杭州至各市县间和其他 50% 以上的国省道干线客运班车实现快速化,乡镇通车率达到 100%,行政村通车率达到 89%,快速货运线路达到 100% 以上。三是更为现代化的运输,为实现道路运输产业升级打好基础。中高档客车在客车总量中达到 45% 以上,专用货车达到 30% 以上,50% 以上的高档客车和 30% 以上的集装箱安装 GPS 定位系统;实行运输管理业务处理微机化并实现全省联网。

2003 年,修编了交通建设规划:第一步是到 2007 年(即本届政府任期末)完成交通"六大工程",为新跨越奠定坚实基础。第二步是到 2010 年,交通与经济社会发展相适应,全省公路总里程达 94600 公里(其中高速公路超过 3400 公里、通村公路达到 40700 公里),全省公路密度达 93 公里/百平方公里,20 万人以上城市都通高速公路,通乡镇公路全部实现等级化和路面硬化,基本实现行政村通地方标准以上公路;沿海主要港口吞吐能力达 4.5 亿吨,集装箱吞吐能力达 1000 万标准箱以上,其中宁波 - 舟山港达到 1000 万标准箱,内河四级以上高等级航道达到 900 公里。第三步是到 2015 年,在全国同行业和全省各行业中率先基本实现现代化,全省公路总里程达 10.7 万公里(其中高速公路 5000 公里),公路密度达到 105 公里/百平方公里;沿海港口吞吐能力达 7 亿吨、集装箱吞吐能力达 2000 万标准箱,其中宁波 - 舟山港达到 1500 万标准箱;内河 4 级以上高等级航道达到 1400 公里,占干线航道总里程的 80% 以上。

2003 年 8 月 12 日,正式批准印发道路运输发展 4 个子规划。根据交通部《道路运输发展规划纲要(2001 ~ 2010)》、《浙江省道路运输业"十五"发展规划(2006 ~ 2010)》和近期实施"六大工程"的需要,以省交通厅道路运输管理局为主,组织编制《浙江省道路客货运输发展规划》、《浙江省道路运输站场发展规划》、《浙江省智能道路运输系统规划》和《浙江省道路运政发展规划》4个发展子规划。4个发展子规划的基年为2002年，描绘了到2020年浙江省道路运输现代化发展的一幅幅蓝图。

2006年12月20日，浙江省发展和改革委员会、浙江省交通厅联合印发了《浙江省公路水路交通"十一五"(2006～2010)规划》。该规划是"十一五"(2006～2010)时期统揽全省公路水路交通发展的全局性、综合性、战略性规划，还包含《浙江省道路运输业"十一五"(2006～2010)发展规划》、《浙江省船舶运输发展规划(2003～2020)》、《浙江省新农村公路交通专项规划(2006～2015)》、《浙江省公路水路交通信息化"十一五"规划(2006～2010)》4个子规划。

2007年5月11日，省交通厅印发《浙江省公路路政管理十一五发展规划(2006～2010)》(浙交〔2007〕135号)，对今后5年全省的路政管理工作做了全面、系统的规划。

二、建设管理

(一)公路建设项目管理

民国初期，浙江公路建设由省统一管理，民国9年(1920年)12月，省道筹备处成立，民国11年3月改省道局，民国17年4月改称公路局，并规定凡通行汽车的省道、县道统称公路，省道建设计划均由其负责。5月，公路网的制定、规划转由建设厅公路设计委员会负责，民国21年1月，省公路工程处成立，公路计划安排由其负责。筑路方案拟定后，通过省办、县办、商办和省县合作等形式修筑，并鼓励地方团体或商人筑路(时商营公司筑路仍须依照统一制定的公路网计划，并经省公路局或县政府转报建设厅批准发给执照后进行，仅有个别支线属计划外建设)。

民国26～34年(1934～1945年)抗日战争期间，公路工程处撤销，与公路管理局合并迁金华，后迁丽水，境内及整个浙江未沦陷区的战时交通规划由其直接管理。战后，根据光复计划，以国民义务劳动或服役名义征用民工修复了部分干线路线。

1950年代初以修复原有公路为主。随着社会经济的恢复和发展，1953年后境内各县陆续制定公路网建设规划，公路建设基本纳入地方经济建设轨道。在规划的基础上，对人民群众有迫切要求的路线，由当地交通部门通过广泛的调查研究，提出年度计划安排，报请县人民政府审查和地区交通局批准后，由县府或计委将建设项目、规模投资及主要材料下达各有关区、乡实施。基本形式是：国家适当补助、由县主办，区、乡包干，乡社自建。这个阶段，县际间，县内区镇间以及农业基地、山区、林区间先后建成一些对恢复发展有着重要作用的公路。

1958年初，贯彻"地、群、普"建路方针，公路建设步伐加快。但在"大跃进"背景下，无计划、超指标的现象时有发生，全境虽修建了大量的土方简易公路，但相当部分的公路不能正式通车投入使用。1960年初，随着国民经济进入调整时期，根据中央"三五年内原则上不再新建公路"的指示，全境公路建设速度开始放慢，并停建、缓建了已规划或已编入年度计划的一批项目，公路建设逐步转由各地自办。

1966～1976年"文化大革命"期间，生产管理的各项规章制度松弛或废止，建设计划、基建程序、投资控制、工期时限、验收等各环节的规章常不能得到贯彻和执行，公路工程建设具有随意性。

1978 年 12 月,中国共产党的十一届三中全会召开,国家进入新的历史发展时期,公路基本建设的各项管理制度逐步建立健全,工程计划管理渐趋正规,地区及各县先后对公路建设进行了新的规划。

1980 年,新建公路偏重于路基的纵坡、半径、宽度,而对驳嘞边沟及路面等基础工作重视不够;对"民办公助"的公路,只求得过去,"先求通、后完善",因而造成"新路难养"。

1981 年开始,为了严格执行部颁公路技术标准,提高公路质量,实行"三定"(即定职责,定质量,定竣工时间)责任制,并对净高 5 米以上的高驳嘞,采取竣工后分期兑付工程款的办法处理,一年内如出现工程不急固者,由包工队负责加固或修复。路面铺设工程亦由当地群众投工完成改为由专业工程队伍或养护农工承包铺设,有效地提高了铺设质量。

1983 年 2 月 17 日交通部颁发了《公路工程基本建设管理办法》,省据此又制定了《公路工程基本建设施工技术管理制度》,两个文件明确规定了公路基建的基本程序。

1984 年 4 月,省交通厅在武义召开了全省县乡公路网规划编制研讨会,提出了规划网的布局、构成内容和分阶段的初步意见,明确了县乡公路划分规定的审定权限,并要求以 1986 年为基础编出近期(1987 ~ 1990 年)、远期(1990 ~ 2000 年)试行方案,基本建立起一个以国家、省公路为骨架,县乡公路为网络的四通八达的公路路线网。

各地在新上项目时,均根据规划进行可行性研究,尔后编制计划任务书,报当地人民政府批准后编制初步设计文件,报地区(1985 年后为市)交通局审批,再编制施工预算,列入年度基建计划,最后编制施工组织计划,并由各县发文下达有关区、乡执行。农村实行生产承包责任制后,建路单位多改投工为投资,民工参加筑路均以现金取代工分结算,故每项工程则由双方签订合同,实行经济承包责任制。县交通局、工程单位则分别负责测设,施工技术指导,补助经费及采购物资和集资,组织施工,按工期和质量要求完成工程任务。工程竣工后,由县交通部门组织初验,再由市交通局组织验收,同意接养后全部工程终告完成。整个年度计划的执行情况,由县交通局向县人民政府及省交通厅、市交通局作书面报告,重点工程以专题报告并附竣工图案、财务结算等一并上报备查。

1996 年 3 月 16 日,国家计委颁发《关于实行建设项目法人责任制的暂行规定》。

2001 年,根据 2000 年 8 月 28 日交通部第 7 号令颁发了《公路建设四项制度实施办法》,明确"凡列入国家和地方基本建设计划的公路建设项目必须实行法人责任制,由项目法人对建设项目负总责",办法还明确"经营性公路建设项目应依法成立有限责任公司中股份有限公司,对建设项目筹划、资金筹措、建设实施、运营管理、债务偿还和资产管理全过程负责。"浙江省委、省政府率先提出建设"信用浙江"的战略决策。浙江省交通厅结合行业实际,积极落实这一战略决策,其中一项重要工作就是构建浙江省交通建设市场信用体系。

2003 年,根据省招投标政策变革,省交通厅定额站的造价管理工作逐步从标底审查向工程设计、施工、竣工决算全方位、全过程的造价控制转变;对全省钢材、水泥涨价情况进行了实地调查,形成《关于主要钢材、水泥价格涨幅情况的调查报告》,并据此印发了关于调价的指导性意见,对确保全省交通工程进度、质量,稳定建设大局起到了积极的促进作用;开展水运工程造价调查,为控制水运工程造价奠定基础;完成华东六省一市公路工程造价信息网数据库管理系统的调研工作(该系统的建成将对合理确定工程造价,实现公路工程决策科学化提供强有力的基础保障);补充和扩大了材料调查品种,从原先 28 个扩大到 11 大类 89 个,同时对20种设备租赁价格也进行了调查和发布；印发《关于进一步规范交通工程材料价格调查和信息发布工作的通知》，加强造价信息的日常积累、分析比较；按季发布4期材料价格信息，提高了材料价格信息的准确性、时效性和利用率。在加强造价管理的同时，进一步强化实施阶段合同管理，在对全省交通工程项目转分包现象调研的基础上，制定《浙江省公路、水运工程分包管理规定》，对非法转包违规分包的行为做了明确的界定，建立了分包管理和稽查制度；在全省范围内开展施工分包稽查，严肃查处了3起违规分包行为，处理了北京市公路桥梁建设公司等一批在合同管理上存在严重违规行为的施工和监理单位，进一步规范了分包行为。

2005年年底，出台《浙江省交通厅关于加快推进全省交通建设市场信用体系建设工作的意见》，加强对建设市场各方主体的诚信管理，建立行政监督和社会监督相结合的诚信监管保障体制，健全诚信激励和失信惩戒机制，营造诚实守信的良好氛围，建立健全交通建设市场信用体系，形成以道德为支撑、产权为基础、法律为保障的信用体系。

2006年11月，省交通厅正式发布《浙江省公路水运工程施工企业信用评价管理暂行办法》。文件规定了信用评价的指导原则，信用评价的内容、程序和方法，信用评价等级和奖惩，以及省、市两级交通主管部门在信用评价中的分工等内容。

2007年，开展初步设计概算等造价文件的审查工作，浙江省交通厅质监局累计完成38个公路项目初步设计概算、调概和重大设计变更造价的预审查工作。审查概算总额56.31亿元，净核减1.93亿元，净核减率为3.42%；对黄衢南高速公路等25个项次85个标段的投标控制价上限进行审查，共审查投标控制价上限74.79亿元，审定金额为67.16亿元，较合理地确定了投标控制价，进一步规范了招投标行为。省监理企业信用评价工作全面启动，出台《浙江省公路水运在建工程监理企业信用评价办法（试行）》；在18个在建高速公路项目、64个驻地办全面启动试点评价工作；对监理企业信用分AA、A、B、C、D等5个等级进行评价，31家甲级监理企业纳入全省试点评价范围，将监理企业信用等级与监理招标投标挂钩，评价结果对建立健全浙江省监理市场诚信体系，治理监理商业贿赂行为，引导监理企业诚信履约，促进监理市场的健康有序发展起到积极的推动作用。

（二）公路工程招标投标

工程建设实行招标投标制是建立社会主义市场经济体制的客观要求，也是交通项目建设管理体制改革的一项重要措施。公路、水运工程项目的招标投标一般包含项目勘测设计、施工、监理以及工程大宗材料采购的招标投标。工程施工、监理的招标投标一般是在项目完成初步设计批复之后进行。

1990年开始，公路建设基本都是以招投标的形式确定施工队伍，包括乡村道路、50万元以上的工程均通过招投标形式确定。省境交通工程建设无论是通过公开招标、邀请招标，或是议标方式来选择施工企业，基本上都是采用综合评估法招标。

1996年，省交通厅建立全省的公路、水运建设工程施工招投标制度，规定省内公路、水运建设项目都实行招投标。制定《浙江省公路水运工程招标投标管理实施细则》，提出了工程施工评标要按工程造价、施工方案、建设工期、工程质量保证、企业素质及信誉等5个方面进行评价。

1997年1月，省交通厅印发《浙江省公路工程造价管理补充规定》，规定业主在实施工程招标时，可根据工程性质、建设市场情况，适当降低取费标准；承包商在编制投标文件盒报价时，可根据自身条件和招标文件规定确定收费标准。

是年9月，省交通厅印发《浙江省公路、水运工程施工招投标管理实施细则》。1999年9月23日，对这一细则进行修改和补充：高速公路、国道及总投资在1亿元（含）以上且有省投资的省道新改建工程项目，施工招标工作由省交通厅负责管理；其他由各市（地）交通局（委）负责管理。工程招标形式有公开招标、邀请招标，一般应采取公开招标，每一标段参加投标的单位为3～8家。对个别施工难度大、工期特别紧迫以及情况特殊的公路、水运工程项目，招标人报请项目主管部门批准同意后，可采取邀请招标形式，对邀请招标的每一标段允许参加投标的单位为3～5家。

2001年，根据交通部《公路工程国内招标文件范本》，结合浙江省实际，省交通厅发布了《浙江省公路工程招标文件编制办法》。规定凡要进行招投标的公路工程项目，建设单位均应参照此办法编制招标文件。根据省政府对审批制度进行改革的意见和要求，为简化审批程序，减少审批环节，提高办事效率，2001年省交通厅行文规定施工招标文件、资格预审、决标和交工验收由原来的审批制改为核准制。

2003年8月，省交通厅下发《关于印发〈浙江省公路水运工程招投标管理实施细则（修订稿）〉的通知》，在公路工程招标投标中开始实施无标底招标法。此后，杭州湾跨海大桥、杭新景、甬金和杭徽公路工程部分标段相继采用无标底招标。在认真总结杭州湾跨海大桥等工程无标底招标经验的基础上，2003年25个高速公路项目全部采用无标底招标，并提出了二次开标、取消软分、最高限价和提高履约保证金等相应配套措施。

2006年4月30日，省交通厅发布《关于进一步完善浙江省交通基础设施建设项目招标投标办法的通知》（浙交〔2006〕167号）。同年，省交通厅还发布《浙江省高速公路机电工程招标文件编制办法和招标文件范本（试行）》。

2007年，浙江省对黄衢南高速公路等25项次85个标投的投标控制价上限进行审查。

2008年5月7日，省交通厅以浙交〔2008〕113号文发布《浙江省公路水运工程勘察设计招标投标管理实施细则》，省交通厅1997年11月24日印发的《浙江省公路、水运工程勘察设计招标投标管理办法（试行）》（浙交〔1997〕524号）和2003年8月19日印发的《关于贯彻执行国务院八部委〈工程建设项目勘察设计招标投标办法〉的若干意见》（浙交〔2003〕3255号）同时废止。

2009年10月9日，省交通厅以浙交〔2009〕212号发布《浙江省公路工程施工招标文件编制办法》，要求各市交通局（委）及有关单位认真贯彻执行。

（三）公路建设投资融资管理

交通基础设施是涉及国计民生的基础产业，建设资金需求大。浙江省公路、桥梁工程建设，民国时期有国家拨款，私营公司联合投资和征民夫、派民役等方法。

中华人民共和国成立后，发扬“修桥铺路做好事”的优良传统，提倡“人民交通人民办、人民交通为人民”，实行国家补助、多主集资、民办公助、民公建勤的原则。在农村经济以队为基础、按劳动工分分红时期，国家负责材料，技术工工资及运输等方面的补助；土方、路面、路料采运，以发动受益乡、村自行调整处理；房屋、晒场、坟墓等建筑物的搬迁则以抵偿补助的办法处理。资金则以自筹为主，各方资助。随着社会经济发展，建桥修路越来越多，但国家补助资金有限，群众集资承受能力有度，在具体实践“民办公助、民工建勤”原则时，各地先后创造许多好经验、好方法，如“三优先”（即经济效益好的优先、自筹资金好的优先、脱贫致富项目的优先）、“五转变”（由“独家办交通“逐步转到”多家办交通”；路面工程改由懂行农工养护人员承包建设；由“铺摊子”转到“保重点”，由有求必测（测设）转到订合同，先集资后测设；由“重建轻养”转到建、养、改相结合）。资金使用上精打细算，严格审批制度。做到工程有设计，施工有预算，竣工有决算，形成一整套管理办法和措施。

1990年后，公路建设的经费筹措越来越呈现出多样性，来源多渠道、多模式。首先是通过解放思想，更新观念，将公路作为一种商品来开发，实行投资主体多元化。变公路建设主要靠国家、省、市投资转向投资主体多元化，改变单纯依靠交通部门建设的局面，走“谁投资，谁受益”和“以路养路、以桥养路”路子。随着市场竞争机制的深入，由单纯依靠交通专项投入转变为通过多种形式吸引国内外的资金投入；由无偿使用公路设施转变为有偿使用；由过去的无偿集资转变为集资有偿使用。鼓励和引导社会各方面资金参与建设，鼓励外商直接投资，积极争取国内外贷款，将先进的建设模式引入公路网建设中。如推行股份制公司，或一路一公司，一桥一公司等模式筹措资金。同时继续抓好各项交通规费和通行费的征收、稽查工作，建立奖励和激励机制，做到应征不漏，坚持以交通养交通。通过运用借地、借电、借林和利用公路两侧土地增值等途径，筹集内资。实行交通产业界与金融界的优化组合，共同开发交通建设项目。在具体实践中，有下列方式：高速公路、收费“四自”公路、桥梁隧道，主要通过国家补助、业主投资、贷款、招商引资等多种筹资办法解决；不收费国、省道干线公路及重要县道，国家投资为主，地方筹集部分配套资金；其他县乡公路、通村公路或简易公路，国家定额补助、地方“民工建勤”解决。

1992年12月，浙江省人民政府下发《关于加快交通基础设施建设的通知》。通知中明确：支持地方政府实施“四自”工程，如地方政府有积极性，工程设施符合收取通行费条件，可采取由地方自行贷款、自行建设、自行收费、自行还贷的办法提前建设。要积极利用外资，多渠道筹集内资。灵活的投融资新机制显示出巨大能量，私营企业和合资、外资企业的大量社会资金投入交通基础设施建设上来。浙江交通建设投资自1998年首次突破100亿元大关后，持续5年增长。

1997年5月，沪杭甬高速公路股份有限公司在香港以H股上市，一次筹资36.8亿元人民币，创下浙江省一次引进外资数额的新纪录。7月，《中华人民共和国公路法》从法律上明确了收费公路这一形式。

1998年1月，交通部、财政部、国家物价局联合发出通知，明确指出“随着商品经济的发展，公路状况不适应国民经济发展的需要的矛盾日益突出，在国家投资有限的情况下……利用贷款、集资、外资等多渠道筹集资金建设公路……建成后，收取合理的通行费用于偿还贷款，对加快公路建设起到了积极的作用。”这是我国第一个允许实行贷款建路、收费还贷的明确规定，是一条有中国特色的公路建设路子。

2000年5月，沪杭甬高速公路股份有限公司在伦敦成功上市，叩开国际资本市场大门。

2004年，为加快浙江省高速公路的建设步伐，按照国务院有关投融资体制改革的精神，浙江省进行了高速公路建设项目投资业主招投标的改革。凡列入全省高速公路建设计划的项目，省交通主管部门会同地方政府根据项目的不同情况，制定出具体的项目投资业主招投标实施办法，并向社会公开招标，由此建立起省交通主管部门宏观调控、通过市场化化运作的高速公路项目投资业主招投标工作机制。9月，浙江在全国率先出台了高速公路项目业主招投标暂行办法，鼓励各类资本投资浙江高速公路项目，经营回报期为25年，并一举推出了包括诸永等4个高速公路项目进行公开招投标。

2005年后，浙江的高速公路投资保持在一个相对稳定的水平，从而保证了高速公路建设的顺利进行。“国家投资、地方投资、社会融资、引进外资”和“贷款修路、收费还贷、滚动发展”的投融资体制，让浙江交通资金的筹集如“百川归海”。是年年底，诸永高速项目段由来自北京、上海的两家不知名的投资公司投资164亿元。

2006年，浙江省执行交通部令2006年第3号《农村公路建设管理办法》。其中第三章“建设资金与管理”第十六条：“农村公路建设逐步实行政府投资为主，农村社区为辅、社会各界共同参与的多渠道筹资机制”。第十八条：“中央政府对农村公路建设的补助资金应当全部用于农村公路建设工程项目，并严格执行国家对农村公路补助资金使用的有关规定，不得从中提取咨询、审查、管理、监督等费用。”

2008年，浙江省执行国务院令第543号《国务院关于修改〈中华人民共和国管理管理条例〉的决定》。其中条例第二章第九条：公路建设资金可以采取国家和地方投资、专用单位投资、中外合资、社会集资、贷款和车辆购置税。公路建设还可以采取民工建勤、民办公助和以工代赈的办法。第十条：公路管理部门对利用集资、贷款修建的高速公路、一级公路、二级公路和大型的公路桥梁、隧道、轮渡码头，可以向过往车辆收取通行费，用于偿还集资和贷款。

（四）公路（建设）用地管理

民国21年（1932年），浙江境内公路建成开通之初，商办、省办公路均依据省公路局于民国18年颁布的《公路建筑法规》中有关条文进行管理。

民国28年（1939年）9月，经省政府核准备案，颁发《浙江省取缔公路两旁建筑及牧牲畜暂行办法》，规定在公路中心线两旁各5米以内、凡半径小于50米的弯道，其内边线上任何一点，均保留30米以上视距，达于内边线上其他一点，在此视距直线与弯道之间禁止建筑物构造，并规定公路线上一律禁止牧放牲畜等。11月21日，交通部颁发《公路两旁限制修造建筑物办法》，又规定公路在直线部分两旁建筑物离路中心不得少于10米；曲线半径在50米（山地）、130米（平地）以内者，两旁建筑物及树木等应维持60米和100米的视距；桥梁全长50米者，在距离桥头中心左右前三方20米以内不得修造房屋等建筑物。后因战事不断，公路几经破坏，战后部分公路虽经修复，但路基宽度，路标设施均没有恢复原貌，路政管理无从落实。

中华人民共和国成立后，为确保公路设施完善，保障行车安全畅通，中央和有关部、委，省、市人民政府及公路主管部门，先后发出有关规定、条例和实施办法等。政务院1950年3月颁发的《关于一九五〇年公路工作的决定》中，规定了公路工程计划、公路等级之划分、工程标准、民工建勤修路、公路用地、养路护路以及公路业务的组织领导等方面一系列的原则和办法，自此公路建设纳入国家计划轨道。浙江省为实施有计划、有重点地开展公路建设，自1950年起，开始进行基础资料的建立（包括路况调查、保留公路用地、路线测设）和专业人员的培养等准备工作。

1950年5月，省交通管理局按照交通部的统一部署，组成4个公路查基队，分片进行路况调查。事先将全省公路划分主要与一般两类，主要路线实施“踏勘”，分线提出其技术状况和经济状况的勘查报告；一般路线采用“调查”方式，掌握基本情况。规定全省主要公路干线以杭州市的解放路、延龄路口（通称湖滨）为起点。当年12月完毕，计踏勘21线，共长2286公里；调查29线，共长1389公里；共计50条路线，总长3675公里，占民国时期全省公路建筑总里程95%。实用中央款5814元，基本上完成了全面调查，建立了较为全面的路况基础资料。11月，省人民政府颁发《配合土改本省公路用地规定保留范围》。

1951年2月，《浙江省公路用地保留实施办法》经省人民政府第二十五次行政会议修正通过，华东军政委员会核准公布施行，成为行政法规。本办法共13条，除明确保留公路用地范围外，还有“第七条，公路经常养路砂石黄土材料之取拾，得由公路机构择定适当地点，会同当地政府及农民协会划界保留这”、“第九条，保留用地内，不得建筑房屋……”、“第十条，保留用地内，不得种植……”等规定。自此公路用地在土改中已一律划为国家所有，由公路部门专用、专管，范围明确，使用管理均有法可依。各地留地的丈量订界，均有公路中心桩号两侧界距的原始记录和临时性的界桩。但以上这些规定，为的是土改中保留用地，没有设立永久性标志，加之路政管理又没有跟上，时间一长，难免又因地界限不清，纠纷迭起。

1951年11月1日，省人民政府规定：“现有公路线段（包括通车或不通车及破坏路段，不分省建或商筑），暨各路段之车站、场库、公路苗圃等一律保留，计划路线不予保留。”保留的范围：“路基两旁边沟外每侧保留一公尺。”保留的办法：“应办丈量订界工作；并附发公路留地示范图，划界钉桩须知。”所有通车公路包括施工路线由公路机构会同当地政府在土改前完成丈量订界工作，“路线无公路机构者”则由当地政府办理。

1953年10月，根据省人民政府、省军区联合发布的《关于保护电信线路、铁路、公路的通知》精神，有组织地对沿线群众进行自觉保护公路等基础设施的教育。当时路政都由养护工区执管，因政通人和，令行禁止，路政管理卓有成效。

1960年，国民经济进入暂时困难时期，公路沿线农民为种“百斤粮”，竞相开垦路肩、路基，填平边沟种植农作物，山区公路种植情况更为普遍，严重破坏了公路设施，影响了行车安全，甚至造成部分公路中断。

1961年7月，省人民委员会下达《关于防止铁路、公路沿线行人、牲畜伤亡事故，制止破坏公路、砍伐行道树，保障行车安全的通知》，各县人民委员会随即在城乡范围颁发布告并广为张贴，各级公路管理部门亦在各自管辖的路段组织力量，运用一切可利用的宣传工具，采取宣传动员和强制措施相组合，分段包干，清除违章侵占公路种植的农作物，并将公路两侧路肩、边坡、边沟清理平整，补设交通标志等，以恢复公路原貌。

1963年1月，省人民委员会下达《关于加强公路养护和管理工作的紧急指示》。为贯彻落实上述一系列指示、规定精神，各地区和各县交通主管部门在抓好清除路障工作的同时，还组织力量深入沿线人民公社、生产大队进行宣传，并发动群众分别订出在各自范围内群众爱护公路公约。

1967年12月29日，省军事管制委员会发布制止破坏公路的禁令。

1970年前，公路建设用地均无偿使用。新建改建公路需用土地，本着节约土地，少占耕地的原则，做到“全面规划、充分利用、合理安排”，由乡人民政府规划、审核，报县人民政府批准划拨。

1973年12月和1975年3月，省革命委员会先后两次发文，加强公路养护和管理工作，期间各县也曾先后发出加强路政管理的通知，但均因各地政府和公路部门机构处于瘫痪半瘫痪状态，路政管理无法贯彻执行。为改变这种状况，加强公路养护和路政管理工作，1975年交通部颁布了《公路养护管理暂行规定》，提出了“全面养护、加强管理、统一规划、积极改善”的方针，明确了公路职工应和交通管理人员密切配合，积极做好路政管理工作，浙江省路政管理工作渐有转机。在随后的几年中，针对境内部分干线公路路况很差，严重影响行车安全和效率发挥的情况，各县陆续组织沿线群众突击抢修。

1980年起，浙江省开始对国、省道公路建设或改造项目所用的土地采取有偿征用政策。在建设项目确定之后，各有关人民政府授权地、市、县交通局会同所在乡人民政府签订土地征用合同，按规定付给土地征用费。乡道公路及拖拉机路需占用土地，由当地决定，通常不付征地费，只给青苗补偿。对公路用地范围内建筑物拆迁，由公路主管部门按规定付给拆迁费用。原则规定：先有公路后有建筑物，建筑物由所有者自行拆迁；先有建筑物后有公路，由公路主管部门负责拆迁。

1981年起，浙江省路政管理开始纳入养护管理部门管理职责范畴，平时由各养护管理部门自行组织路检，发现路障，及时发出通知单，责令路障责任者限期进行清理。同时，以各县为主，地区有关单位、部门配合，抽调公安、农机、交通、车辆监理、公路运输管理、公路养护部门人员进行路障清理工作。

1984年8月，省人民政府发出《关于划定公路用地和留地范围的通知》，公路留地范围的宽度暂定为：国家干线公路以路面中心线至两侧边缘各宽15米，省干线公路各宽10米，县以下公路各宽7.5米，并立界桩以示分界。1987年10月国务院发布的《中华人民共和国公路管理条例》，第五条重申公路、公路用地和公路设施受国家法律保护，任何单位和个人均不得侵占和破坏；第二十三条规定公路主管部门负责管理和保护公路、公路用地及公路设施，有权依法检查、制止、处理各种侵占、破坏公路、公路用地及公路设施的行为。第三十一条规定在公路两侧修建永久性工程设施，其建筑物边缘与公路边沟外缘的间距为：国道不少于20米，省道不少于15米，县道不少于10米，乡道不少于5米。该条例共41条，自1988年1月1日起施行。

1989年5月，浙江省交通厅颁发《浙江省公路及其附属设施损坏赔偿试行办法》共18条，作为公路损坏赔偿依据。

1990年3月1日和4月21日，省交通厅分别发布《关于完善我省公路机构的通知》、《关于完善我省公路路政管理机构的补充通知》。两个文件就路政管理机构设置和人员配备，组织领导关系及工作职责、着装与经费等作出明确规定。9月，省人民政府发布《关于加强公路两侧建筑管理的通知》，具体确定公路两侧建筑的审批制度及纠正违章办法等，并进一步明确公路留地范围。

1990年9月，交通部发布《公路路政管理规定（试行）》，提出公路路政管理工作应遵循“管养一体、综合治理、预防为主、依法处理”的原则，并具体规定公路各部设施的赔偿标准。

1996年，制定《浙江省公路路政管理办法》，多次组织集中统一整治。“八五”（1991～1995）、“九五”（1996～2000）期间以实施交通部“公路标准化、美化建设”，创建文明样板路活动为载体，清除公路违章建筑，取缔马路市场、路边饮食店和整治公路沿线加油站，专项治理超限运输，逐步走上依法治路轨道。在省、市、县3级公路管理机构内设置路政管理部门，配备管理人员，具体负责路政管理工作，依法上路巡逻检查，调查处理路政案件，路政管理得到加强。

2003年，浙江省贯彻执行交通部印发的《关于在公路建设中切实维护农民合法权益有关问题的通知》。

2008年，浙江省贯彻执行国土资源部第13次部务会议修正国土资源部令第42号建设项目用地预算管理办法。

2009年，浙江省执行交通运输部令修订的《中华人民共和国公路管理条例实施细则》。

（五）公路工程验收

公路工程验收内容包括新建公路、公路改建、公路大修、公路路基路面、桥涵、隧道、渡口、公路附属设施工程等单项工程的验收。从1979年到2004年，交通部曾先后4次颁布公路竣工验收相关办法，对公路工程竣工验收作出规定。浙江省按交通部的规定对公路工程组织验收。

2004年3月，交通部印发《公路工程竣（交）工验收办法》，规范新建和改建公路工程竣（交）工验收活动。

（六）公路建设市场管理

20世纪80年代，社会稳定，经济发展，交通建设规模大，管理法规不健全，存在种种弊端。工程发包缺乏严密管理。建筑市场曾出现一些混乱现象，个别工程建设单位或其主管部门的某些有关负责人，利用工程发包，索贿受贿，收取“回扣”，中饱私囊，或倒手转包或居间介绍工程，非法获利。《中共中央关于进一步治理整顿和深化改革的决定》颁布后，招标投标制度进一步完善，建筑市场管理加强，促使施工单位正当经营，舞弊现象有了收敛，工程质量有了好转。

2001年4月2日，根据国务院和省委、省政府召开的整顿和规范市场经济秩序工作会议精神，按照交通部关于整顿和规范公路水路建设市场的有关要求，省交通厅下发《整顿和规范公路水路建设市场秩序若干意见》，提出整顿和规范公路水路建设市场秩序，通过严格市场准入，加强源头管理；严格基本建设程序，加大执法力度；贯彻《招标投标法》，规范招投标行为；落实责任，加强监管，确保工程质量和安全；加强廉政建设，完善举报投诉制度等措施，整顿和规范公路、水路建设市场秩序。

是年，根据建设部《建筑业企业资质等级标准》和《建筑业企业资质管理规定实施意见》，省交通厅决定在全省开展交通施工企业资质就位工作，并颁发《浙江省公路工程招标文件编制办法》。

2004年，浙江省建设厅公布浙江建筑业二级以上资质企业年检结果，交通行业有83家参加年检，其中79家年检合格。省交通规划设计研究院参加设计招投标，其中有8个项目中标。

2006年3月31日，省交通厅以浙交〔2006〕124号文发布《关于印发规范建设单位行为若干规定的通知》。

2007年上半年，省交通厅对2006年度在浙江省有在建公路水运工程的施工企业和没有在建工程的省内一、二级公路水运施工企业（含交通安全设施资质及通信、监控、收费资质企业)258家开展信用评价工作,并于2007年7月13日公布评价结果。下半年,省交通厅组织有关人员对《浙江省交通建设市场信用知识读本》进行修订。

2007年9月12日,省交通厅以浙交〔2007〕237号文发布《关于进一步规范完善全省交通建设市场管理的若干意见》。一是推行交通企业的信用等级、诚信公开情况与工程招投标挂钩,招标时根据企业信用等级进行加分、减分或限制投标,公开企业及相关人员信息的还可适当加分。二是在全省交通建设工程招标中继续推行资格后审的招标方式,并提前公开招标控制价。三是加强勘察设计和试验检测的招标管理,勘察设计服务费或试验检测费在50万元以上的项目必须按规定招标。四是对未含在招标工程量中的设备材料达到100万元以上的,应当组织招标。五是限额以下的项目,当地政府规定应予招标的,必须招标。

2008年,省交通厅以浙交〔2008〕113号文发布《浙江省公路水运工程勘察设计招标投标管理实施细则》。

2008年上半年,省交通厅对2007年度在浙江省有在建公路水运工程的施工企业和没有在建工程的省内一、二级公路水运施工企业(含交通安全设施资质及通信、监控、收费资质企业)377家开展信用评价工作。下半年,省交通厅在2006、2007年度施工企业信用评价工作的基础上,对管理办法进行修订,11月17日以浙交〔2008〕283号文发布《浙江省公路水运工程施工企业信用评价管理办法》,《浙江省公路水运工程施工企业信用评价管理暂行办法》(浙交〔2006〕372号)同时废止。

2008年3月15日,浙江省交通建设行业协会筹备成立。4月14日,省交通厅党组经研究决定同意筹建。6月26日,省民政厅准予筹备成立。9月19日,省交通建设行业协会成立大会顺利召开。10月14日,省民政厅批准并颁发了社会团体法人登记证书。

2009年,省交通厅出台浙交〔2009〕180号文《浙江省交通建设市场信用信息管理实施细则》。

2010年,对384家施工企业、101家监理企业确定了信用评价等级。

第四节 公路养护管理

浙江公路养护工作始于民国11年(1922年)。1950年4月,成立浙江省公路局,在全省普遍设立了公路养护管理机构,制订了各项公路养护的规章制度和技术规范,改进了养路费征收办法。公路养护不仅保证了公路的完好畅通,并将许多不合乎标准的公路和大车道逐步改建成符合一定技术等级的公路。

一、公路养护政策

民国17年(1928年),省公路局制定养路所组织规则。民国18年,省公路局订定《养路所办事细则》,具体规定养路工作十条:(1)路面状态须保持完善,并须随时设法改良之。(2)土肩坡度须保持平整,土肩上面的杂草须铲除净尽。(3)疏通水沟并设法增进路基排水能力。(4)各种建筑物须保持完善。(5)有碍视线之障碍物如竹木树枝等突出路上者,皆须除去。(6)于危险处增设栏杆,及竖立各种警告标志。(7)弧线及坡度之随时改良及水患之防备。(8)路旁种植树木,土坡栽种草皮,并保护之。(9)公路地亩之保管及经营。(10)其他养路事项。又规定路面稍有损坏,谓之小修,由道工自办。凹陷不平须大加修理者,谓之翻修，得添雇临时工办理之。道工每年例假3日，每月轮休2日。民国29年，浙江省政府制订并公布《浙江省公路征收养路费施行细则》，开始征收公路养路费，作为公路养护的主要资金来源。民国34年，省交通管理处订定了修正浙江省公路民众养路办法，规定民众养路的范围是：整修路基路面材料，栽植及保养行道树等。工务段对各县民众养路队负责指导。民国35年1月，由于各县参议会对民众养路意见纷纷，省政府决定《民众养路办法》暂缓实施。两个月之间，既无道班亦无民众养路，路基路面损坏严重。至是年2月，恢复道班养路。民国36年1月，省交通管理处曾制订颁发《委托承租公司办法养路工程的暂行办法》。规定养路工作的基本要求，并规定以路租的10%及各公司所收外来车辆养路费的半数作为补贴公司养路费用。

1949年5月杭州解放，浙江省由旧国道机构养护的道路占9.5%，商营汽车公司养护的占47%，省直属机构养护的占39.5%，市、县养护的占4%。在养护方式上，专业道工养护的路线占58.5%，其余民工养护路线实际无人养护。

是年7月，公路交通初步恢复以后，按民族工商业政策部署商营公司代办养路，凡属于旧承筑、承租契约范围内的路线概由公司继续负责代养，并按原规定照交路租、工改费并拨给养路费，实行养路费专款专用；并指定工务段或工程队就近督导加强养护，将不属于旧契约以内的杭淳、兰寿白、钱塘江南岸接线、天目山支线等临时代养路线266公里收回省养。公路干线通过抗州市区的地段，仍由市养护，并按市区里程拆拨养路费。将历史上遗留下来的省建省管的城镇道路，如金华火车站接线、临海穿城线、丽水环城路及桐庐圆通寺支线等10.87公里，划归城镇管理。规定新线施工期间的通车路线，概由施工单位负责养护。除以上路线外，其余均为省养路线。

是年11月，省交通管理局召开第一届工务会议，会议决定：集中主要力量养好主要路线，原有的养路员工只调不减；加强职工政治学习，会后即调各段道渡班长来杭受训三个月，提高政治认识和养路技术知识；逐步进行大中修工程施工劳动组织的改革，先以小包（包商）为主，限制剥削；逐步建立工程管理制度；暂定工程经费按市价折实（以大米计算，斤为单位）编制预算、拨发工款，并可购米保值，以保证各项工程的顺利进行。会议从实情出发，明确方向，作出了克服困难的有力措施，推动下一步工作。当年12月，即将省养路线划分为“保持畅通”、“维持勉通”和“半放弃”、“放弃”等4种，开始按运输状况进行分类养护。撤销浦城、水康两个工务段，分别并入江山、丽水段，改13个工务段为11个。调整后省养里程（畅通与勉通两种）1133公里。比原来减少31%；实有道工827人，平均每公里0.73人，比原来增加22%。纠正了全面养护中摊子过大而又平均使用力量的缺点。

1950年5月间，国家实施财经统一，浙江省人民政府要求公路养护经费以自收自给为原则，减少开支；接受闽北公路修建任务，抽去大批工程技术人员和熟练道工，省内养路力量削弱；新线陆续竣工和部分商营路线收归国营，必须接养，养护里程增加。在上述新情况下，采取下述主要措施：（1）暂时放弃不符合养护条件的不通车及基本上无车行驶的路段；商得华东支前公路浙江指挥分所的同意，江（山）浦（城）线及其支线在支前施工期间，由该所管养。（2）委托商营公司代养属于旧合同范围内的新通车路段，以及配合运输管理部门交商营公司就近经营的少量短程路段（1950年为浙江解放后商营公司养路里程最多的时候，共943公里）。（3）按照交通部“一般公路均应教育沿线乡村群众进行养路”的指示，试行县养公路，将地区性的路线及支线共396公里交由县发动民工进行临时性的修养，维持交通；省对困难地区则酌予少量的补助经费。这是新中国成立后县养公路（通称地方养路）的开始。这样，属省养路机构可以集中力量养护主要路线。

1950年11月，省交通管理局召开了第一次全省养路会议。会议在总结养路经验基础上，提出了“以路养路，养路为运输服务”的方针，决定借鉴运输部门“保修负责制”的经验，试行养路负责制。其主要内容是：实行“四定”，即各线按交通量大小分别定级、定员、定料、定时完成所规定的任务；实施道工教育和民主管理；开展劳动竞赛，依靠工人保证完成任务。

1951年12月，交通部召开了第一届全国养路会议，要求树立“修、养、用并重”的观点，提出“通车必养，有路必护”，加强养路力量，实施计划养路，革新养路技术，提高公路使用质量等原则和办法。是年的浙江工农业总产值比上年增加22%，公路客货运量分别比上年增加10%和29%，公路养路费比上年增收62%。当时沿海岛屿的解放战役即将开始，养路的任务加重。在此新形势下加强养路工作，也有了一定的经济条件。于是省公路局在1952年7月“三反运动”基本结束时，根据全国养路会议精神，结合近年来营养路线路况明显好转，商养路线路况相对下降、县养路线养护困难的实际情况，决定采取以省养为主，从扩大省养路线、健全省养组织着手，加强养路工作。

是年，浙江省公路养护部门依照1951年12月交通部对养路工作规定，建立养路机构，完善制度，并划分国、省、县道由省公路部门管理。设立养路段、养路工区、管理站、养桥所、渡口所等对国、省道进行养护管理，以道工养护为主；县道由地方政府发动群众养护（设地方道路管理站）。养路费实行统收统支。一般公路和混合交通的一级及二级汽车专用公路，养护按其工程性质、规模大小、技术的难易程度分为小修保养、中修、大修、改善4类。

1952年7月起，贯彻第一届全国养路会议精神，在加强养路组织的同时，开始实施计划养路。首先修正养路负责制，提出树立“计划就是法律”的观点，各级对计划负责。主要干线特别是有关国防的路线均由省养护。收回商养的杭温线萧山西兴至临海，江拔、鄞奉海、义东等线及其支线，共458公里；收回县养的龙南线遂昌金岸至丽水南山，丽浦线丽水至龙泉，兰浦线浦江郑家坞至墩头等共233公里。这是省养路线从收缩到扩大的转折点。

1954年贯彻实行地方交通建设“民用、民建、民养”的方针，新增路线按里程计95%由县养护；老线中於潜藻溪至天目山、浦江郑家坞至墩头阿支线改县养；县养的常开淳干线华埠至开化改省养；商养的嵊（县）长（乐）、乍（浦）嘉（兴）两线收回省养；主要路线通过温州（3.40公里）、宁波（5.80公里）、嘉兴（5.11公里）等3市的市区路段改市养；甬百线利用铁路路基通汽车的临时公路归还铁路部门复轨。自此市、县养护路线又开始发展，省养的比重相对减少。

是年，经浙江省人民政府研究，颁发《实施道班群众分工共养试点办法》，简称“道群共养”。

1955年初，全省开始统一道班“巡回保养”。

1956年，县建路线大量增加，这些新线标准偏低，养路费收入少，必须及时建立群众养护组织以维持通车和提高质量，特制定《浙江省新建地方道路养护暂行办法（草案）》，先行实施。暂行办法的要点为：1956年前县养公路的养护办法一概不变；新通车的县干线均由县按定额组织道班养护为主，民工季节性建勤为辅；新建通车10公里以上的一般（县、乡）公路，采取拨补经费由农业生产合作社划段包干进行养护；新建通车在10公里以下的路线，以群众养护为原则，不支付报酬；根据以上划分原则，新建公路的按各线实际行车吨公里统一征收养路费，据实拆拨，并由各县编造养路费预算报专署核转省交通厅核定，不足之数由省统一平衡补贴。1958年起至1961年间，公路养护工作贯彻专业养护和群众养护相结合，经常养护和改善提高相结合的方针，同时改变养路体制，实行运养合一。实施以后，改善改建工程成绩比较明显，但经常养护工作逐渐削弱，路面状况呈下降趋势。

1961年3月，交通部召开全国养路工作会议，确定公路养护工作应放在首要地位，实行先维修、后修路，先质量、后数量，建立与健全各项规章制度。5月，省交通厅在龙游召开全省公路养护工作会议。这次会议的中心议题是贯彻"调整、巩固、充实、提高"八字方针，总结经验教训和讨论建立管理制度等内容。会议研究探讨了路养不好的原因，提出切实执行以"养好路面为纲"，加强经常保养工作，加强职工思想教育，充实基层，改进管理，整顿生产秩序等改进措施。

1964年3月省工业交通会议后，省交通厅根据中央《关于加强互相学习，克服固步自封、骄傲自满的指示》精神，制定了养路工作"两赶三消灭"计划。"两赶"指赶上广东罗定县和厦(门)公路的养路；"三消灭"指主要干线公路消灭坑洞、差等路、危桥。11月开始，省交通厅为切实贯彻执行中央和省关于推行两种劳动制度的指示，在安吉县对农工班养护和管理公路的情况作了为时50天的调查研究，确定仍在该县继续进行试点。对原来未养的和新建的县社公路逐步推行亦工亦农养护。

1978年，浙江省革命委员会对县社公路确定了"坚持群众修、群众管、群众养，大力发展修、管、养统一的社队养护"方针。

1979年4月在浦江召开全省公路第二次"工业学大庆"经验交流会。贯彻以调整为中心，推广浦江公路段从段到道班一整套管理制度，在加强思想政治工作的同时，用经济手段管理班组，实行全面经济核算。具体做法采取：公路段把小修保养年度计划分解落实到班组，各班组按规定八项定额指标执行。

1981年7月，浙江省干线公路养护紧急会议后，省工程管理局提出相应的改革措施。一是转移公路工作着重点，将养护工作的重点转移到干线公路，特别是主要干线公路的维修保养上来；二是增加养路费的收入；三是继续推行经济责任制。

1982年省交通厅拟订《浙江省县社公路养护和管理办法》。该办法的主要内容是：县社的公路养护管理，在省交通厅统一领导下，以地、市、县交通局为主。其中，县道由县(市)交通局管理，组织社队养护；社道在县(市)交通局统一管理下，由当地公社组织社队养护。

1984年5月，仙居公路段杨树坪道班职工自发实行路段承包到人养护。从完善"四定一包"责任制入手，重新修订经济责任制实施细则，于年底全段试行。班组人员由班长"组阁"，并实行路段承包到组、到人等多种形式的责任制。

1993年7月，浙江省交通厅制订《关于加强公路养护工作的通知》，坚持建养并举，层层落实养护责任制，养路经费坚持专款专用。

1996年12月，浙江省交通厅制订《浙江省"四自"公路养护、路政管理办法》，规定："四自"公路应按交通部《公路养护技术规范》及《浙江省干线公路养护与管理办法》进行养护管理。通过规范化养护和现代化管理手段，按照文明建设样板路标准，使公路达到畅、洁、绿、美的要求。

1997 年 5 月,浙江省交通厅制订《浙江省山区县乡公路建设管理办法(试行)》,规定:县乡公路的建设、养护、管理必须坚持发扬“艰苦奋斗、自力更生”的精神,坚持“民办公助、民工建勤”的方针和“自建、自养、自管”的原则;乡(镇)人民政府负责乡道的修建、养护、管理,通过行政村简易公路在乡(镇)人民政府的统一部署下由村委会组织群众修建、养护、管理,并受县(市、区)交通主管部门督促、检查、指导。县乡公路经验收合格后,县道由县(市、区)交通主管部门组织养护管理,乡道由乡(镇)人民政府负责养护、管理,通行政村简易公路由村委会群众养护、管理。

2004 年 7 月,浙江省交通厅制订《浙江省高速公路养护管理办法》(暂行),规定:高速公路养护工程实行业主自检,政府监管,逐步推行社会监理;高速公路大修及专项工程应进行验收,验收工作由高速公路经营业主组织,行业管理单位参加。

2008 年 7 月,浙江省人民政府制订《浙江省农村公路养护与管理办法》,规定:农村公路的养护与管理实行以县级为主、乡(镇)村配合的体制。县级人民政府组织协调本行政区域内农村公路养护与管理中的重大问题,根据应急预案及时处置重大自然灾害和突发公共事件,保障农村公路畅通。乡(镇)人民政府应当按照县级人民政府的规定,做好农村公路的养护与管理工作。村民委员会应当配合做好农村公路的养护与管理工作。

2010 年 12 月,浙江省人民政府公布《浙江省人民政府关于修改〈浙江省农村公路养护与管理办法〉的决定》,规定:县级公路管理机构和县级人民政府确定的乡道、村道养护管理机构应当与养护作业单位或者个人签订养护合同,明确双方权利义务和相关责任。乡道、村道养护管理机构与养护作业单位、个人签订的养护合同,应当报县级公路管理机构备案。农村公路养护工程应当建立“标准明确、企业自检、社会监理、政府监督”的质量监督体系,确保农村公路养护工程质量。

二、公路养护机构机制

中国自古就有养护道路的优良传统。西周时期就设“司空”,负责按季节整平道路,并规定“列树以表道,立鄙食以守路”,“雨毕而除道,水涸而成梁”。此后,这些规定历代相传,逐渐在人民中树立起修桥补路是美德的传统观念。

20 世纪初,浙江省开始修建通行汽车的公路,但多数只管修路不管养路。

民国 11 年(1922 年)成立省道局,开始正式有组织开展公路养护工作。

民国 14 年(1925 年)4 月,俞炜为省道局会办(又称邦办),负责处理省道局的工作,后逐步健全省道局机构。民国 15 年 3 月,改会办为副局长,改工程科为工程处,至此省道局设 1 处 3 科。省道局工程科设养路股,其职掌是省道巡视,负责种植行道树、管理养路设备等。

民国 14 ~ 15 年(1925 ~ 1926 年),萧绍段的西兴至转坝头间开始通车,养路工作由施工机构兼办,并设萧绍路管理处,有工程司 1 人、工程员 2 人、滚路机司(即压路机机司)1 人、勘测 4 人、工役 3 人、道夫工头 4 人、道夫 36 人。随后即设萧绍路养路所,专职其事。

民国 15 年(1926 年),省道局工程科设养路股,其职责除省道巡视、省道工程修补外,还管理道工开补支配、种植道树、养路设备及经费开支等。

民国 16 年(1927 年),浙江省在萧绍路设立第一个养路所。

民国 21 ~ 22 年(1932 ~ 1933 年),全省养路工作随新建路线较多,工作日益繁重,养路机构有3种情况，(1)浙北各路原由局工程科直接管理，不另设养路机构。乍浦至金丝娘桥、昌化至昱岭关、长兴至泗安界牌及杭笕路，还有杭州至富阳、杭州至余杭等路由局工程科直接管理养路工作。(2)"边防路"，衢兰(衢县至兰溪)、衢广(衢县至江山新塘边路亭山)等路收回省营，衢县成为该地区公路交通中心。民国22年11月，衢县设浙江省公路管理局第三区管理处，是本省公路实行分区管理第一步，综合管理行车业务和养路工作。(3)新建路线由商办、公属承租营业并养路。原萧绍路、鄞奉路改为商办公司承租营业并负责养路。永康至缙云段设养路所，由省养护。

民国22年(1933年)，沪杭路江苏境内金丝娘桥至闵行段由本省承租并办理养路。

民国23年(1934年)随着大量路线的完成，全面实行分区管理。第一区管理处设杭州，专管车务，养路仍由局工程科直接管。第二区管理所设建德，第三区管理处设衢县，第四区管理处设丽水，第五区管理处设临海，第六区管理处设温州。各管理处所均设正副主任各1人，其中1人由工程技术人员担任。宁波、绍兴两地因商办公司较多，不设管理处。

民国25年(1936年)，将奉新、新天、临黄及杭徽等路出租商营，撤销第二区和第五区，第二区的养路由局工程科管辖，车务工作并入第一区，衢县改为第二区，丽水改为第三区。至此省营公路实行三区管理。

民国26年(1937年)10月抗战时，公路机构变迁，省公路管理局遣散了大批员工，撤离杭州，始迁建德，再迁衢县。省公路管理局局长徐学禹辞职，由省公路工程处处长陈琼兼任。公路工程处撤销，与公路管理局合并。当时路工队、桥工队由省属养路机构(包括商办公司)的养路员工编列。

民国28年(1939年)9月，省政府决定成立浙江省公路运输公司，实行企业管理，经营省办公路，兼管养路。业务部有养路股具体负责养路工作。下属机构采用分段制，设丽长、丽浦、丽温、衢寿、衢淳、衢浦等6个段办事处，车务、养路综合管理。

民国30年(1941年)5月，撤销省公路运输公司，改组浙江省交通管理处。交通管理处主管公路工程，下属养路机构设丽长、丽浦、碧游、全威、兰浦、衢淳6个工务段，原衢区、丽区工程处撤销。养护工作包括公路改善、水毁抢修及养路临时工程等。

民国31年(1942年)6月，交通管理处再迁往云和和竹坑，龙泉设办公厅，下属工程机构全部撤销，改设养路组、抢修组。12月又撤销养路，抢修两组，改设丽龙庆、龙浦江工务段。

民国32年(1943年)3月，下属养路机构改为丽龙、龙江两个养路所，5月，改为丽浦、浦开淳、江浦3个养路所。8月，浙江省交通管理处及所属3个养路所员工编列为第三战区第四工程干部总队。

民国33年(1944年)9月，省交通、驿运管理处又迁至庆元西边村。直至1945年4月形势好转，管理处又迁回云和和云章村。

民国35年(1946年)6月，交通部公路总局国道网计划下达后，公路总局公布国道、省道划分管理办法：国道路线工程由中央各区管理局负责管理及养护，其余路线由省级公路机构负责管理及养护。9月，浙境养路机构有属上海总段的、南京总段的、临安总段的、绍兴总段的。11月，又撤销第四工程处及海宁、吴兴工务段，成立杭州工程处，负责京杭、沪杭浙境公路养护。

民国37~38年(1948~1949年)，国道机构又进行一次调整，过去以施工为主，兼管养路,调整后以养路为主。

1949 年 5 月 3 日杭州解放,浙江的公路以及一切交通设施都归人民所有。省交通管理处限令各商办公司投资,承筑公路,修复路线,公路养护里程逐年增加。政府对商办公司养路工作的管理,随着形势的变化,也不断地变化。浙江可通车的公路中,商营汽车公司养护(简称商养)84 公里,占 47%;民工养护(指原系旧省公路局道班养护)492 公里,占 39.50%;旧第一区局养护 118 公里,占 9.50%;市、县养护 50 公里,占 4%。在养护方式上,专业道工养护的路线占 58.5%,因原有道班工人所剩无几,民工养路,实际已无人养护。8 月,浙江省交通管理局整顿养路机制,普遍采用道班养护制,明确除商养路线和施工通车路段由施工单位负责养护外,余均由省局道班养护。撤销旧第一区局和旧省公路局两套养护机构,成立杭州、海宁等 10 余个工务段,配置道工 996 人,共养护公路 1641 公里;渡口 14 处,配渡工 107 人。采取上述措施后,养路工作有所加强。

1950 年,开始试行县养公路(通称地方养路),将地区性路线及支线 396 公里,交由县发动民工进行临时性修养,以维持通车。12 月,普遍建立起各段每月有各班道班工代表参加的段务会议,讨论和决定全段重要事项,道班内形成以班务会议为主的生产、学习、生活、料具、统计等 5 大员基层民主管理组织和方法。这是养路工参加管理的开端。

1952 年 7 月,省公路局决定扩大省养路线,主要干线均由省养护。共收回商养公路 458 公里,收回县养公路 233 公里。至年末,省养里程达 2024 公里,占全省公路总里程的 75%。1953 年春,经省人民政府统一布置,动员民工整修通车公路。

1954 年 4 月,根据"道群共养"原则,在新昌、临海两地组成 4 个群众试点组的基础上,在全省全面推广道群共养和季节性民工建勤。9 月,省工程局成立后,养路段调整为吴兴、嘉兴、临安、建德、绍兴、临海、宁波、丽水、衢州等 9 个段和东阳直属工区。

1955 年初,全省开始统一道班"巡回保养"。嘉兴地区各县进行道群共养试点。

1956 年春布置全面推广道群共养和季节性民工建勤。商养路线全部收回省养,商营公司代办养路的历史宣告结束。群众筑路新增公路 644 公里,82% 县养,18% 省养。

1957 年年末,全省公路省养 3008 公里,县养 1811 公里,市养 66 公里,闽省代养 77 公里,初步形成以省养为主的分级养护体制。局部路段开展了一些群众护路、抢修水毁等民工季节性建勤。自此,县养公路分别推行不同方式的民工建勤。浙江全省设置 8 个养路段,即吴兴、嘉兴、临安、建德、宁波、临海、温州、金华,分段养路,直属于省工程局。

1958 年 1 月,省交通厅在实施体制改革方案中,提出了养路体制的改变,实行"运养合一、条块结合、分区管理",将养路工作划归各地公路运输机构管理。

1963 年,将公路管理体制调整为省工程局、养路总段(段)、养路工区 3 级,试行农工养路(即亦工亦农养护方式,养路工人是农工,不列入国家事业编制),路况显著改善,约有 900 公里等外路上升到六级(路基宽 7.50 米、路面宽 3.50 米)公路。根据浙江省人民委员会 1963 年 1 月 24 日《关于加强公路养护和管理工作的紧急指示》精神,浙江省交通厅明确公路养护管理工作不宜从属于运输,应贯彻统一领导、分级管理的原则,建立各级专业养路机构,决定对本省的公路养护管理体制进行调整。调整后的公路养护体制分为省工程局、养路总段(段)、养路工区 3 级管理。

1965 年,在全省推行亦工亦农养护公路办法。亦工亦农养护公路的具体规定和办法是:

实行亦工亦农养护的公路，由县交通局和养路工区与沿线人民公社、生产大队协商，根据公路线路等级的具体情况，签订公路养护劳动合同，实行定里程、定人员、定经费、定任务、定养护技术标准，组织农工进行养护；劳动报酬和分配，各县规定不一；劳动组织形式，采取投资包干和长期合同工两种形式固定养护。

1966年年底，全省公路养护里程达到9958公里，其中专业养护7506公里、农工养护2452公里，优等路313公里、良等路4843公里、次等路4236公里、差等路566公里，绿化里程达到4169公里，路况稳定上升。

1970年9月，浙江省交通邮政局将原有的公路总段、公路段下放给各地区的交邮局领导管理，除杭州、温州、绍兴、台州仍保留公路总段外，其他地、市的公路总段陆续撤销，把总段改为职能科（股）。

1971年，将工区下放到县，改称公路段，公路养护的人、财、物3权全部下放到县（市）管理。

1979年，建立工具和路料的管理责任制，劳动与分配挂钩，按劳分配，多劳多得，把职工对国家贡献的大小同经济利益结合起来，突出一个“包”字。

1981年7月全省干线公路养护工作紧急会议后，把养路工作重点转到干线公路维修保养上来，坚持“以养好路面为中心，以搞好排水为重点，加强全面养护”方针，试行统一领导、分级管理体制，发挥各级公路管理部门积极性；开始征收过洞、过桥、过渡费，调整养路费征收标准，增加养路费收入和小修保养经费；公路养护推行承包到组、到人等多种形式经济责任制，调动养路职工积极性；确定先进、合理的小修保养定额，作为考核依据，降低养护成本；加强施工路段现场管理，狠抓“三度一排”（即：限定改造路段施工长度，拓宽路基不超过500米，铺筑油路不超过600米，铺筑水泥路面不超过1000米，行车道宽度不小于6米，路面要有一定平整度，施工路段做好排水）；加强雨季养路工作，提高公路抗灾能力。县社公路实行建、管、养统一的分级管理体制，推行以承包为中心的多种形式经济责任制，成效明显。

1982年，开始在全省范围内实施县社公路修、管、养“三统一”的养护机制。全省县社（乡）公路好路率逐年提高，1982年为29.68%，1985年为35.60%，1990年为51.70%。

1993年为有效地抓好干线公路养护工作，推行以“四加强、一抓好、一结合”（即：加强目标管理、加强质量管理、加强审计和财务管理、加强检查督促，抓好养护站的建设管理，结合路政管理）为内容的公路养护管理。

1995年，实行以“消灭坑洞，养好路面，疏通边沟，排水畅通”为中心，抓重点干线公路的养护工作，推动养护机制进一步深化改革。超额完成年初下达的大中修计划任务。其中，沥青路面大修10公里，为年计划103%；中修285公里，为年计划105%；混凝土路面修补49万平方米，为年计划110%。大中修项目的优良率达到80%以上。

1998年，进行公路养护经营机制改革，大中修工程实行系统内部招投标，打破了传统的计划管理模式，使养护成本得到有效控制。

2000年，经过“九五”期间（1996~2000年）推进公路养护体制改革，全省建成大公路养护站17个，实行内部机制转换和下放公路养护体制，建立了普通公路以县为主、高速公路以地级市为主的养护管理体制。

2001年，推行公路养护体制改革，各县（市、区）公路管理机构“两合并”、“两分开”工作

基本完成，推进了养护的市场化进程，保障养护资金的有效利用和养护质量的提高。

2008 年 1 月，浙江省为深化农村公路管理体制改革，建立正常化、制度化、规范化的农村公路管理体系，制定农村公路管理体制改革方案，提出建立健全以县为主的农村公路管理养护体制。7 月，浙江省为加强农村公路养护与管理，保护农村公路路产路权，保障农村公路完好畅通，促进农村经济社会发展和农村环境建设，通过招投标方式确定农村公路养护作业单位，鼓励有相应资质的农村公路养护企业积极参与农村公路养护作业的投标。山区、海岛等确因自然条件的原因，农村公路日常养护无法采用招投标方式选择养护作业单位的，可以采用委托养护企业、个人分段承包等方式进行。

2009 年 5 月 25 日省交通厅、省发展和改革委员会、省财政厅、省人力资源和社会保障厅、省机构编制委员会办公室发布《关于全省农村公路养护管理体制改革的实施意见》（浙交〔2009〕94 号），要求把握好创新体制机制，做好农村公路管理工作。

第五节　规费的征收和使用管理

一、公路养路费

浙江公路养路费的征收，始于民国 14 年（1925 年）1 月，时为“通行费”或“车照捐”，按浙江省议会公布的《省道车马通行费章程》付诸实施。继之，杭州市政府制订《汽车管理规则》，规定汽车每月每辆应缴捐额。民国 17 年，省公路局颁发《车照捐规定》，提高自用汽车捐额，并由省统一征收发照。民国 22 年 1 月 1 日起，苏、浙、皖、京、沪 5 省市汽车互通，附加汽车互通捐，不另收通行费，省市自用和营业客、货汽车之牌照捐分别增加 10% ~15% 。2 月车照捐改为季捐。政府机关自用车辆照章纳捐。民国 23 年 8 月，专营路线跨越两省市以上的长途汽车，季捐按其专营路线所经各省市之捐额分别减成缴纳。民国 25 年，商营长途汽车公司大客车季捐开征，经各公司一再呈请豁免，省府准于自民国 26 年起减半征收。同年，省市政府将汽车捐率由按座改为按重量核定计征，杭州市当年秋实行，全省冬季开始实行。民国 28 年 10 月，行政院颁发《公路征收养路费规则》，专营路线通行费和过渡费停征。浙江省制订《实施细则》，规定各种汽车和手车养路费停征。民国 29 年始，征收汽车、手车养路费，以自收自给为原则。民国 35 年后，实施国、省道划分管理。国道靠国库拨款，省道养路费收入甚微。

1949 年 5 月杭州解放后，首先从杭昱、杭宁、杭乍、杭淳等路线开始征收养路费，征收标准按当月杭州市人民银行折实中白米折价之平均价格计算。第一次的收费率为客车每座公里 0.37 元，货车每吨公里 4.05 元，手车每车公里 0.06 元，过渡费每辆次 155 元。1950 年 3 月 5 日，养路费率进行第 11 次调整：客车每座公里 32 元；货车每吨公里 400 元；手车每车公里 50 元；过渡费每辆次 20000 元。后随着全国财经统一，物价稳定，收费率逐渐降低。7 月，新中国成立后第一个全国性的养路费征收办法《公路养路费征收暂行办法（草案）》出台，提出“用路者养路”的原则，规定养路费一律按月征收，缴费后在有效期限以内准许通行全国公路。除军用车、人力车、畜力车、特种车，所有公私汽车及胶轮车应缴纳养路费。汽车分大、小两种，养路费以实物折合人民币征收，即客车每人公里为 19.20 元，货车每吨公里为 240 元，手车每车公里 30 元，最高收费额不超过运价的 6%。按大行政区划分，具体价格每月由各行政区交通主管部门调整一次。7月21日浙江实施此统一办法，收费率客车每座公里19.20元，货车每吨公里200元左右。同日起停收按公路客货运价附加一成征收的“复路费”。是年实行《省征收汽车养路费暂行规则》，公布统一征费办法，费率根据客货运价调整。同时全省没立31处养路费管理站。自此，养路费收支略有盈余。

1952年11月，根据《华东区公路养路费征收暂行办法实施细则》，浙江汽车实行按次与按月两种收费方法，客车每次收费每吨公里270元，按月收费每吨5.4万元，货车按次每吨公里200元，按月每吨4万元，畜力胶轮车一律按月计征，汽车过渡按次收1.2万元。以上费率限于华东地区，如跨越大行政区，需向所在地另缴跨行路段养路费。是年，承租路线及抗日战争以后“承筑路线”中由政府批复的路线，其工程改善费在全省养路费由省统一征收管理后停收。

1953年9月，交通部颁发了修订的《公路养路费征收暂行办法》，统一全国征收费率。1954年5月，省交通厅制定《浙江省养路费、过渡费征收暂行办法实施细则》，养路费率调整为：客车每吨公里由270元减为230元；货车每吨公里由200元减为195元；过渡费附加在养路费内并按加征6.2%计，即客车每吨公里收244元，货车每吨公里收207元，当月实施。9月，省工程局成立，养路费仍由省公路运输局的各地管理站负责征收，费率不变。路租作为养路业务其他收入（包括中央拨补的水毁工程费等），列入养路经费收入之内，统一使用。当年全省养路费达到220万元。

1955年至1957年之间，以1954年为基数，公路里程增加73%，达到4962公里，汽车增加5.5%，客货运量增加106%和28%，养路费为234万元，增收6.4%。1957年2月26日，省定国营、公私合营汽车运输业客货汽车养路费按营运收入总额的8%征收；其他单位客车每座公里征收0.00184元，货车每吨位公里收0.0156元。1957年，社会主义改造基本完成后，承租路线的商营汽车公司旧合约中规定应缴路租不再征收。

1960年7月1日，浙江省交通厅出台《浙江省交通厅养路费征收和使用实施办法》（计22条），规定养路费和公路费渡口的过渡费合并征收，并规定汽车养路费的征收率：运输企业的车辆按客货运总收入的8.65%征收，其中0.65%是附征过渡费；企业、事业单位，合作社和人民公社专业运输队按固定大中型客车每月每座2.1元、每座公里0.00198元征收，货车每吨位18元、每吨公里0.0168元征收。当月预缴，次月结销。1961年，《浙江省公路养路费征收和使用实施办法》颁布，规定不分车种、吨位均按运费收入总额，机动车为9%、畜力车3%计征；自用车按车吨（座）位，货车月吨60元，大客车月座8元计征。公路养路费完全实行“以路养路”、以收抵支的办法，省财政不再给予补助。

1962年2月2日，省人委通知专业汽车养路费征收标准自1962年1月1日开始起调整为按营业收入征收18%，其他不变。同年8月，专业汽车养路费标准改为10%征收，自7月1日起执行。

1963年7月18日，省交通厅、财政厅制定《浙江省公路养路费征收和使用实施办法》（修正办法）并联合发出通知，规定机动车辆由原汽车营业收入的10%调整为14%征收，并自1月1日起执行；畜力车按运费收入总额3%征收；企业、事业单位和合作社等非专业运输单位的自用车辆均按车辆吨（座）位计征，货车每吨每月征收60元（挂车免征），大型客车每座每月征费8元；牵引车以拖车载重吨位计算，每吨每月征费20元。凡行驶公路参加运输的拖拉机一律以马力计算,每月每5马力征收15元;履带式拖拉机除参加耕作经过公路外,一律不得在公路上用于运输。办法规定养路费要优先保证国防及主要干线公路的需要,同时照顾支线公路的必要支出;在分配上首先满足经常养护的需要,再安排分期分段改善公路及其路线构造物技术状况的支出。养护工程费用一般应占全部养路费总收入额的80%左右。1964年8月,农业生产运输的拖拉机免征养路费,参加营运的则按汽车养路费的40%征收。

1965年5月14日,省交通厅、财政厅对本省现行公路养路费征收和使用实施办法中,有关粮食、林业、供销等系统货运汽车养路费的征收标准进行调整,原主车每吨每月60元改为100元,挂车按载重吨位每吨每月50元,其他系统货运汽车仍按原办法不变,挂车按载重吨位每吨每月征收30元。1967~1969年,公路里程增加,车辆增加,养路费反而减少。1970年,加强养路费征收工作,情况有所好转。

1971年,随着交通体制的改变,养路费由原来统收统支的办法,改列省财政行差额预算管理。由于实践表明此管理办法存在不少问题,故1972年1月1日起,省革命委员会决定恢复由省统收统支的办法,加强省、地两级管理,全省平衡,专款专用,不纳入省财政预算。是年,省交邮局决定将养路费征收总数的5%拨给地区,安排用于公路养护、改善和建设。7月1日起,对企事业单位、合作社等非专业运输单位的自用车辆,货车每月每吨费率由60元调整为80元,载重挂车每月每吨30元调整为40元,牵引车每月每吨由20元调整为30元,大型客车每月每座8元。人民公社、党政机关、学校、建设兵团、人民团体、基建单位的自用货车、挂车、大型客车、牵引车则减半计算,机动板车、胶轮拖拉机均按每月每吨20元计征。专业运输汽车养路费仍按营收14%征收。同时,公路体制下放,养路经费实行省、地(市)两级管理,由省统一平衡的差额预算的管理办法。

1980年1月,经省政府批准的《公路养路费征收和使用的实施办法》颁发。1月1日起,养路费征收的费率标准:专业公路运输企业、其他部门的专业出租汽车、三轮客车、按月以营运收入总额的14%计征;社会车辆均按月按行驶证核定载重吨位,主车每月每吨80元计征,随车拖带的客、货拖挂车按核定吨位每月每吨40元计征;企事业单位及不属国家行政教育经费开支的机关、学校自用的小卧车、小吉普车,按每辆每月40元计征;拖拉机按发动机每20马力折合1吨不另征费;手扶拖拉机每台每月以20元计征;各种重型汽车、核定载重10吨及不足10吨的按40元计征。大型车板车,核定载重20吨及以下的按每月每吨40元计征;超过20吨以上部分每吨按20元计征。凡不能载货的特种车,一律按自重每月每吨按40元计征。1981年2月,省交通厅规定营运拖拉机均按每月20元计征;经核定农用兼营运的手扶拖拉机,每年缴纳养路费不得少于6个月,统缴包干,按每月每台10元计征。

1984年1月1日起,全省统一使用的新票证,新印章。新票证有统缴证、缴讫证、免费证、手扶拖拉机缴讫证。各证必须按规定分别盖有公路养路费专用章、月份章、收讫章等方能有效。6月,省交通厅,财政厅对农户个人或联户的拖拉机参加营业性运输征收养路费作出统一规定:专门从事营业性运输的手扶拖拉机每台每月征收公路养路费20元;轮式拖拉机每20马力折合1吨,每吨每月计征公路养路费32元。农用兼营运的采取包干收费,轻便手把式后三轮机动车比照手拖计征公路养路费。各县征收的手扶拖拉机养路费,由省全部返还给各县用于县乡公路建设,由县交通局掌握使用。当年,全省公路养路费收入14097.8

万元，养路费支出15593.15万元。其中，用于经常养路6507.65万元，占总支出的41.73%；用于新建、改建公路4880.18万元，占31.3%；上交能源交通基金和下达养路费分成作县乡公路投资共3680.53万元，占23.6%；其他支出524.79万元，占3.37%。

1985年5月，省人民政府批准省计经委、财政厅、物价局《关于调整公路养路费征收标准的意见》，6月1日起调整征费标准：企业、事业、合作社等单位和个体户、专业户、联户、个人的车辆以及交通运输企业的非营运车辆，由按核定载重吨位每月每吨80元调整为105元征收；汽车拖带的挂车每月每吨减半计征。交通部门公路专业运输企业的营运车辆和其他部门的专业出租汽车，由按营运收入的总额14%调整为15%计征养路费；若按吨位计算低于社会车辆征收标准的，一律改按每月每吨105元征收。对农民个人和联户的机动车辆养路费，专业从事营业性运输的手扶拖拉机由按每月每台20元调整为30元征收；轮式拖拉机每20马力折合1吨，由按每吨每月32元调整为按42元征收；半营运性质手扶拖拉机仍按原包干收费，累进减免的办法优待。当年，全省养路费收入22354.4万元。

1986年1月，手扶拖拉机养路费征收和使用管理改由市(地)交通局统一领导，各县(市)负责办理征收业务及金额留成使用，征收标准按省统一规定执行。6月14日，省计经委、物价局、财政厅、交通厅联合颁发《浙江省客运汽车站和公路设施专用基金征收实施办法》，决定从7月1日开始征集“客运汽车站和公路设施建设专用基金”，凡乘坐在本省经营公路客运的一切单位、企业、事业、联户和个体户的客车、旅游车、出租汽车的旅客都必须计征公路建设基金。征收标准按旅客乘坐里程，在现行票价外每人公里征收人民币3厘，起征点5分，尾数5分制，由经营者在发售客票时向旅客代收；货运按货票里程每吨公里征收人民币1分，起征点5分，由经营者在承运、签发货票的同时向托运单位、货主代收。凡跨省市客、货运输，按在浙江省境内行驶的实际里程和征收标准向旅客和货主代征公路客货运输附加费，征收工作由省交通部门负责，由稽征部门征收。收缴的客运建设基金的70%和货运建设基金由省政府统一掌握，用于高等级公路的建设。客运建设基金的30%由省交通厅用于公路客运站、场和公路及设施的改造和建设。当年全省养路费收入27677.6万元，1987年32334万元。

1988年7月23日，省计经委、交通厅、财政厅联合颁发《浙江省公路养路费附加费征收实施办法》，规定从当年7月1日起开征养路费附加费，并由省交通厅统一负责管理，凡按费额计证(即按吨、辆计征)公路养路费的车辆，均按规定缴纳养路费附加费；凡批准减免征收养路费的车辆，同时减免养路费附加费；凡因故停驶的车辆，按规定停征养路费时，养路费附加费亦同时停征。两费须同时缴清。当年全省养路费收入43727万元。是年，对宁波市实行养路费计划单列。

1989年6月，更换养路费新票证，发放“缴讫证”和“统缴证”，在营运车辆参加年审时必须缴验缴讫和报停凭证，使养路费征收和运输管理相结台。当年全省养路费收入43000万元。

1990年10月，浙江省人民政府通知，从1990年11月1日起开征摩托车养路费：侧三轮每辆每吨每年150元，二轮每辆每年100元，轻骑每辆每年50元。调整按载重吨位计征养路费的车辆每吨每月120元；5座及5座以下的非营运客车一律改按1个载重吨计征养路费；营业性客车均按营运收入15%计征养路费；拖拉机按拖拉机的核定载重量，每吨50元计征养路费。12月《开征摩托车养路费和调整部分车辆养路费征收标准的通知》下达，专业运输企业营运车辆，按营收总额15%征收，征收低于吨位计征费额，一律补足到按吨计征费额，并实行予缴。其他营业性客车，采取定额包缴办法，个体出租客车标准重新调整。当年全省养路费收入47057.1万元。

1991年，交通部、国家计划委员会、财政部、国家物价局联合下发《公路养路费征收管理规定》，对原来由国家计委、交通部、财政部、中国人民银行联合下发的《公路养路费征收和使用规定》进行了较大的补充和修改。

1993年1月起，调整按核定载重吨位计征的汽车养路费征收标准，从每吨每月120元调整为135元；手扶拖拉机的征收标准，从每吨每月50元调整为60元。5月起，全省专业运输企业营运车辆，一律改按其他社会营运车辆计费办法缴纳养路费。营运客车每吨每月最低不得低于230元；营运货车改为按吨计征。每吨每月135元，养路费附加费每吨每月25元。

1994年4月，根据《中华人民共和国公路管理条例》和《公路养路费征收管理规定》，浙江省人民政府发布《浙江省公路养路费征收管理办法》，停收养路费附加费，调整征收标准。表6-2-1为浙江省1994年公路养路费征收标准。

1994年浙江省公路养路费征收标准一览表 表6-2-1

单位：元

项　　目	计算单位	征收标准（元）	备　　注
一、营业性客车	每月每吨	不低于230	
二、货车及非营运客车	每月每吨	165	包括营运货车、其他机动车
三、侧三轮摩托车	每年每辆	150	
四、二轮摩托车	每年每辆	100	
五、二轮轻便摩托车	每年每辆	50	
六、拖拉机	每年每吨	540	

图6-2-1为1995年杭州市交通管理局公路规费征收大厅一角。

1996年11月起，执行《浙江省机动车公路养路费报停管理规定》。1998年，省政府发布《浙江省公路养路费征收管理条例》，明确公路养路费为政府性基金，从预算外资金纳入省财政金库，实行财政预算管理。《浙江省公路养路费征范围和标准》，进一步明确了养路费征收的范围和标准。2000年，全省征收公路养路费22.41亿元。

图6-2-1　1995年杭州市交通管理局公路规费征收大厅一角

2001年1月1日起，为解决汽车征费工作中出现的“大吨小标”问题，根据国家发展计划委员会、交通部联合印发的《公路汽车征费标准计量手册（第三册）》，省交通厅、省物价局发文，规定浙江省公路汽车养路费征收吨位统一按该手册核定的征收吨位征收。是年，在黄岩长塘公路征费稽查站试点开发养路费超载补征计算机管理软件的基础上，全省公路征费稽查站推广应用浙江省公路养路费补征管理系统。当年全省汽车养路费完成征收额度为年度计划的113.20%。2002年，全省汽车养路费征收同比增长19.59%。

2003年，浙江省交通厅、财政厅、物价局联合下发《关于调整公路养路费征收标准的通知》（浙交〔2003〕538号），对营运货车和自备车辆的养路费进行调整。是年，探索养路费征收管理新模式。至年底，有杭州、宁波等7个市和萧山等14个县实现了委托银行代收公路养路费。当年全省征收汽车公路养路费32.92亿元，同比增长20.56%。

2004年，浙江省交通厅印发《浙江省高速公路养护管理办法》。规定：对高速公路经营业主制定的养护规划与计划养护资金的落实情况等进行监督管理；对辖区内高速公路年度养护计划执行情况、资金安排等进行监督管理；高速公路经营业主每年应优先安排足够的资金用于高速公路养护，养护经费原则上不少于通行费收入的10%，按需及时投入，确保路况良好；制定养护规划及计划，安排足够的养护资金。是年，浙江省公路管理局印发《浙江省公路养护专项工程监督管理办法》，明确规定：投资在1000万元以上的公路养护专项工程，项目实施单位必须在银行设立专户，单独核算，专款专用，任何单位不得截留、克扣、挪用专用资金；公路养护专项工程资金按工程进程分次拨款。当年全省累计征收汽车养路费49.05亿。

2004年9月13日，公路稽征管理系统开发成功并完成全省推广。该系统具有规费征收、统计分析、车辆管理、银行委托代收、短信提醒、催缴和稽查等各项功能，使养路费征收模式向现代化迈进。养路费征收标准根据社会经济形势的变化作出调整：(1)为加快乡村康庄工程的实施，实现"乡乡公路等级化、乡乡公路硬化和大部分通村公路硬化"的目标，进一步改善农民生产和生活条件，加快农民脱贫奔小康的步伐，经省政府同意，从2004年1月起，对货车和非营业性客车的公路养路费征收标准由每月每吨165元调整为每月每吨200元。(2)为认真贯彻交通部等7部、委、办《关于在全国开展车辆超限超载治理工作的实施方案》（交公路发〔2004〕219号）和交通部等3部、委《关于进一步加强车辆超限超载集中治理工作的通知》（交公路发〔2004〕455号）精神，根据省交通厅提出的关于"治超"期间养路费征收政策的调整意见，调整了集装箱车辆最高征收标准，暂停了稽查站"超载补征"，明确了养路费征收计量核定规定。(3)为减轻农村客运班车经营者负担，加快城乡客运一体化步伐，方便农民出行，经省政府同意，省交通厅、省财政厅联合印发了《关于对农村短途客运班车养路费等公路规费实行优惠的通知》（浙交〔2004〕428号），明确对县（市）区域范围内乡镇之间、乡镇至行政村和行政村之间运行的班车的养路费、客运附加费实行全免，县城至乡镇、行政村的亏损或保本经营的班车的养路费、客运附加费实行减半征收，优惠政策从2004年11月起实施，暂定3年。

2004年11月起，省交通厅、财政厅决定对县级区域内农村客运班车养路费、公路客运附加费实行优惠：(1)对县（市）区域范围内乡镇之间、乡镇至行政村和行政村之间运行的班车（即农村短途客运班车）以及专门用于接送小学生上下学的农村客运班车实行全免。(2)对县（市）区域范围内由县城始发至乡镇、行政村的亏损或保本经营的班车（包括已实行公交化改造的城乡短途客运班车），实行减半征收。

2005年5月15日,省交通厅发出《关于印发〈浙江省公路养路费委托银行代收业务管理暂行办法(修订稿)〉的通知》(浙交〔2005〕141号),从印发之日开始实施,进一步规范全省养路费委托银行代收工作程序,扩大银行代收覆盖面,有利于进一步方便车主和服务社会。7月14日,浙江省公路管理局印发《关于公路养路费催缴通知书使用等有关规定的通知》,统一对拖欠养路费车辆发送的"公路养路费催缴通知书"式样和送交方式。7月27日,省公路管理局印发《浙江省公路养路费电子化稽查管理办法(试行)》,依法对本省机动车辆公路养路费缴纳情况进行稽查。

2005年,浙江省执行国务院办公厅印发《农村公路养护体制改革方案》(国办发〔2005〕49号)的规定,公路养路费主要用于公路养护,用于公路养护的资金比例不低于公路养路费收入的80%;省级人民政府交通主管部门每年在统筹安排汽车养路费时,用于农村公路养护工程资金不得低于县道每年每公里7000元,乡道每年每公里3500元,村道每年每公里1000元;地方各级人民政府应根据农村公路养护的实际需要,统筹本级财政预算,安排必要的财政资金,保证农村公路正常养护。特殊困难地区,中央财政加大转移支付力度,增强这些地区财政保障能力。当年全省征收公路汽车养路费56.66亿元,比上年增长15.44%。

2005年,浙江省公路管理局印发《浙江省普通公路常见病害治理修复管理规定》,明确规定:保障资金专款专用,养护企业要把公路常见病害治理修复作为企业中心工作,安排足够经费和人力。同时印发《浙江省高速公路护栏及隔离栅养护管理制度》,明确规定各高速公路经营单位应在年度计划中安排护栏及隔离栅专项养护经费,做到资金有保障。

2006年,全省征收汽车养路费68.09亿元,同比增长19.67%。车辆实征率93.60%。其中,杭州、宁波市本级养路费征收额达3亿元以上;萧山、义乌、瑞安、鄞州、慈溪、余杭、温岭、余姚、诸暨、永康、北仑、永嘉、路桥、乐清、绍兴等15个县(市、区)养路费征收额达1亿元以上。

2006年3月21日,省公路管理局印发《转发交通部关于规范转籍车辆公路养路费征收工作的通知》(浙交〔2006〕108号),对浙江省转籍车辆养路费征收及退费工作流程作出了详细规定:从2006年1月1日起,转籍车辆的养路费在转出地稽征部门只缴至转籍当月,次月起在转入地稽征部门缴纳。已在转出地稽征部门预缴后续月份养路费的,属于省内转籍车辆,转入地稽征部门应予认可;属于省际间转籍车辆,转出地稽征部门应当将预缴的养路费退还原车辆所有人。

2006年6月15日,省交通厅印发《关于规范货运车辆包干缴纳公路养路费的通知》(浙交〔2006〕212号),规定专业运输企业、载重量在5吨(含)以上的货运车辆,可以一个自然年为单位,对公路养路费实行全年不低于10个月的包缴。8月11日,省公路管理局印发《关于规范货运车辆包干缴纳公路养路费的实施意见》(浙公路〔2006〕115号),对养路费包缴工作提出具体要求。当年对114家企业1403辆货运车辆(折合吨位14853吨)实行养路费包缴,征收养路费594.12万元。11月17日,省交通厅、省经贸委、省财政厅、省物价局联合发布《关于调整养路费征收吨位核定标准的通知》(浙交〔2006〕358号),从2007年1月1日起,全省货运车辆养路费征收吨位标准按国家发改委公告核定。为此,省公路管理局部署开展养路费征收吨位核定标准调整工作,要求各市稽征处与公安车管部门沟通协调,尽快补充完善缴费车辆登记档案,并按照省公路管理局下发的标准计量吨位库信息进行信息比对。货运车辆养路费征收吨位标准的核定调整工作于2006年12月完成，全省建立75765种车型的车辆数据库，基本做到同一车型在省内执行同一个计征吨位和征费标准。

2007年，全省征收汽车养路费83.02亿元，同比增长22%，车辆实征率93.4%。是年，建立全省统一的养路费滞纳金管理机制，调整滞纳金征收标准、计算办法和新购车辆养路费起征日期。未按规定及时缴纳养路费的新增车辆，其滞纳金从机动车辆管理部门完成车籍登记之日起第十一日开始加收。是年，开展全省车辆外挂专项稽查活动，共查处逃缴、涂改养路费票据14800余起，补征2218万元。是年，共对218家企业4239辆货运车辆（折合吨位48640.5吨）实行养路费包缴，减征养路费1946万元。

2008年12月22日，国家财政部、发展改革委、交通运输部、监察部、审计署联合下发《关于公布取消公路养路费等涉及交通和车辆收费项目的通知》（财综〔2008〕84号），从2009年1月1日起，实施燃油税费改革，在全国范围内统一取消公路养路费、公路运输管理费、公路客货运附加费。是年，省交通、公安两厅联合发出《关于建立和完善信息共享机制协调会议纪要》，建立健全交通、公安部门车辆信息共享机制。省公路管理局在全省配置124辆装载不停车稽查系统的养路费智能稽查专用车，养路费不停车稽查开始在全省推广应用。继续对农村客运班车公路养路费等公路规费实行优惠，全省全年新批准3062辆农村班车享受公路规费减免优惠，共减免公路规费3456.6万元，其中养路费1376.2万元。当年全省征收汽车养路费96.03亿元，同比增长15.67%。

2009年1月1日起停止征收公路养路费。当年全省收取2009年以前年度漏缴、欠缴车辆养路费共3825.12万元。2010年，全省共清理补征养路费1616.8万元。

2010年，浙江省人民政府令284号修正浙江省农村公路养护办法规定：省农村公路养护专项资金由一定比例的成品油价格和税费转移支付资金以及其他省级财政安排的资金构成，其中成品油价格和税费转移支付中替代汽车养路费的资金用于安排农村公路养护的比例不得低于该资金总额的15%。

二、公路建设专用基金

1986年6月14日，省计经委、物价局、财政厅、交通厅联合颁发《浙江省客运汽车站和公路设施建设专用基金征收实施办法》，决定从1986年7月1日开始征集“客运汽车站和公路设施建设专用基金”（简称公路建设基金）。凡乘坐在本省经营公路客运的一切单位、企业、事业、联户和个体户的客车、旅游车、出租汽车（不包括在市区内行驶的出租车和其他机动车）的旅客都必须计征公路建设基金。征收标准按旅客乘车里程，在现行票价外每人公里征收人民币3厘。经营跨省客运的车辆（色括外省进入我省的客车）按旅客在浙江境内实际乘车里程计征。该基金是为了尽快改变公路建设与经济和社会发展不相适应的状况，扩大公路建设的资金来源，作为公路建设专用而征收的费用。

1988年8月，省计经委、财政厅、物价局.交通厅颁发《浙江省公路建设专用基金征收实施办法》，决定从1988年7月1日起，征收公路客、货运输附加费，作为公路建设专用基金。凡在浙江省境内和行经浙江省经营客、货运的所有机动车辆的单位和个人，均应向旅客和货主代征该基金。征收标准是：客运在原来已按客票里程每人公里征人民币3厘的基础上增收7厘（即每人公里征收1分），起征点5分，尾数5分制，由经营者在发售客票时向旅客代收；货运按货票里程每吨公里征收人民币1分，起征点5分，由经营者在承运，签发货票的同

时向托运单位、货主代收。个体(联户)货车每月每吨计征 30 元,社会车辆每月每吨计征 10 元,拖拉机每月每吨计征 10 元。

客运建设基金的 70% 和货运建设基金,用于高等级公路建设;客运基金的 30%,用于公路客运站场及公路设施的改造和建设。

2009 年 1 月 1 日起,全省停止征收公路建设专用基金。

第三章 水路管理

唐宋时期，官方对官办的漕运、盐运、贡品纲运和海外贸易运输等过程涉及到的航道、船舶、转运、仓储、征榷、国内外海船勘验及签证等事项进行管理。水路运输由转运使（又称漕司）管理，征榷由钞关负责，航道治理、纲船修造则由州府负责。元明两代在嘉兴等地设河泊所，境内渔船、埠头船、营户船均由河泊所管理并征收船捐、货税。到晚清时，政府虽设有“船政”，但内河航政港监之权实由外国人控制的海关管理。

民国时期，省内航政管理初由水管局、建设厅、海关各司其职。民国19年（1930年）浙江省航政局设立，实施有关航政管理职能。抗日战争期间，所有航政机构统归撤销，设立省驿运管理处，各地设驿运管理站，实施战时船舶统制管理。民国34年12月抗战胜利后，省驿运管理处撤销，归于上海航政局管辖。

1949年12月，浙江省航务局成立。1951年12月，浙江省航务局易名浙江省内河航运管理局。从1952年开始，创建和初步发展国营轮船业，恢复内河、沿海的客货运输及港口装卸生产。1954年省内地方航政机关建立。1978年后，逐渐形成现行的省、市、县各级航政体制和管理系统。

第一节 航政管理

五代吴越国时（907~978年），建造浙江、龙山船闸，视潮水及船舶状况“以时启闭”，并有专人巡检，实行通航管理。

唐白居易守杭时，对官河水位依盐铁使法，必须先量河水浅深，待溉田完毕，再还原水尺寸，以通舟船。宋朝时（960~1279年），大的航道疏浚工程由州府以上行政机构组织进行，日常治理主要由州府负责。苏轼曾对杭州船闸的启闭管理和收取侵占线路的赁钱作出规定，并将赁钱责成通判厅收管，专用于修补河岸。临安府历任知府重视城内外河道整治，配置厢军加强管理，设立捍江、修江、清湖闸、北城堰、长安堰闸、横江水军和船务等指挥，各有额定20~400名兵员，以巡检水道治安，修筑堤岸、修造船舶和堰闸及清理河道等。如在下塘河就曾置巡河铺屋30所，撩河船30只，日役军兵60人，疏通淤塞。还颁布禁条，申严居民污物倾倒填河之禁。淳化三年（992年）在明州定海县（今镇海）设市舶司，主管外运、外贸、航政和海关业务，为浙江最早的航政管理机构。至元三十年（1293年）制定《市舶条例》。隆庆二年（1568年），市舶司又称“钞关”，即“浙海钞关”。康熙二十三年（1684年）宁波设浙海关，制定《浙海关关章》和《浙海关轮船往来宁波专章》。

清同治四年（1865年），清政府海关署和宁绍道台在甬江入口处建造了七里屿灯塔和虎蹲山灯塔。图6-3-1为1895年设立的浙海关新关。光绪三十二年（1906年）四月，商务部制定《苏杭沪内河行轮起卸煤灰章程》，规定：各种小轮无论何处驶来，一经抵口，务将所有烧剩煤渣起卸交海关所备之驳船；各小轮均应自备洋铁桶若干只，为暂存煤渣之用，凡途中行驶时，一概不准将煤渣倾入沿路河道；凡常川来往贸易小轮行驶各口者应每月每船缴洋2

图 6－3－1 1895 年设立的浙海关新关

元,别的小轮官用或游历用应每船每次缴洋 3 角,为津贴驳船装卸煤渣之费。清光绪三十三年五月,置邮传部,下设路政、航政等司。航政司下设有筹度科掌管航务调查、航路开发等业务。宣统二年(1910 年)八月仁(和)钱(塘)巡警局拟定《杭城河道善后管理规则》,将市内河道划分 7 段,每段都派船 1 艘、雇人夫 1 名,打捞浮草、垃圾,分工包干疏浚,并将所捞浮草、垃圾随时运送城外空旷之处倾倒;禁止沿河店铺、居民在河内倾倒垃圾、污水;城外竹木排一概不准进城,城内竹木排应随到随起,不得任意停泊等。

民国元年(1912 年),邮传部改为交通部,不久成立航政司,职掌、管理航路等。民国 7 年,浙海关理船厅颁布《宁波港理船章程》,第一次以法规形式提出对甬江航道的保障细则。民国 16 年,南京国民政府成立,重设交通部,管理并兼办全国电政、邮政、航政及监督民办航业。民国 17 年以后,浙江各区船舶管理事务所(后为浙江省航政局)陆续制订、颁发了《修正浙江省取缔航船营业竞争办法》(1929 年 1 月)、《浙、江两省会订防护内河商轮办法》(1929 年 2 月)、《浙江省取缔内河行驶轮船汽船规则》(1929 年 3 月)、《修正浙江省取缔河道停泊竹木排规则》(1930 年 12 月)、《修正浙江省管理船舶规则》(1931 年 5 月修正)等管理规则,以维护航道秩序,加强船舶管理,保证船舶航行安全。民国 19 年 12 月,南京国民政府公布了航政局组织法,并着手组织成立全国各地航政机构。民国 20 年 7 月,交通部直属上海航政局成立,按照欧美模式划分航政与海关的权限,将原由海关兼管的船舶检验、登记、船员管理、海事处理等部分权限划归航政局。但航政局管理范围有限,只对普通民船、木帆船和一些中小船舶行使权力,宁波港的港政、港务、航运诸权仍操纵在洋人控制的海关手中。上海航政局管辖苏浙皖 3 省,先后在宁波、温州、台州、杭州等地设立了 13 个办事处,以及在石浦、吴淞等地设立了 23 个船舶登记所。民国 21 年 7 月,对办事处和登记所进行改组,仅设宁波、温州、台州、杭州等 23 个登记所。民国 22 年 3 月,又重新调整为宁波、温州、海州、镇州、芜湖 5 个办事处,是年 8 月增设了海门办事处(由宁波办理处兼理)后,在浙江的中央直属航政机构共有 4 个。

民国 36 年(1947 年)12 月,《航道纲》一书出版发行,规定了航道的划分标准。依据《航道纲》,1 级航道水深暂定为 5 ~ 8 米,其目标在中型海轮及货轮之直达;2 级航道船舶载重量 2000 吨,航道水深 3.8 米;3 级航道船舶载重是 1000 吨,航道水深 3.2 米;4 级航道船舶载重是 600 吨,航道水深 2.8 米;5 级航道船舶载重是 300 吨,航道水深 2.5 米;6 级航道船舶载重是 60 吨,航道水深 1.5 米。

1949 年 12 月浙江省航务管理局成立之后,实施航政管理。1963 年,浙江省公布了《浙江省内河通航标准(试行)》,1 至 5 级航道按部颁标准,通航载重 100 吨至 5 吨船舶航道分为 6 至 13 级。1964 年,国务院下达《关于加强航道管理养护工作的指示》,规定在通航河流上,修筑拦河闸坝、桥梁、渡槽、架空电线、过河电缆、码头等建筑物或拦蓄引用水源,进行河道治理以及其他设施时，必须与交通、林业部门协商，不得破坏通航和木材流放。

1974 年，浙江省革委会生产指挥组颁发了《浙江内河航道管理暂行规定》和《浙江省内河航道分级管理办法（试行）》，航政管理依照上述规定实施。

1987 年 8 月 22 日，国务院颁布《中华人民共和国航道管理条例》，自 10 月 1 日起施行。1990 年 12 月，建设部发布《内河通航标准》，将通航 50 吨至 3000 吨船舶航道分为 7 级，自 1991 年 8 月 1 日起施行。1991 年交通部发布《中华人民共和国航道管理条例实施细则》，自当年 10 月 1 日起施行。1995 年 10 月，浙江省人民政府根据上述条例和实施细则，结合本省航道建设、养护、管理实际，制订颁布《浙江省航道管理办法》，明确省交通行政主管部门主管全省的航道事业，市（地）县（市、区）交通行政主管部门主管本行政区域内的航道事业。各级交通行政主管部门设置的航道管理机构负责辖区内的航道管理工作。浙江省内河通航标准 1 至 7 级航道执行国家内河通航标准，8 级、9 级由浙江省人民政府颁布。审批权限为：4 级以上航道按规定报国务院有关部门批准；5 至 7 级航道报省人民政府批准并报交通部备案；8 级、9 级航道报省交通行政主管部门批准。

1995 ~ 1999 年，开展内河航道技术等级评定工作，确定全省 4 至 9 级航道为 10405.64 公里。1997 年，开展创建京杭运河浙境段部级文明样板航道活动，并在全省开展创建文明航道活动。2001 年 9 月，交通部正式命名京杭运河浙境段为全国文明样板航道。1996 ~ 2000 年，先后制订印发《加强航道行政管理工作意见》和《浙江省航道管理、航道养护三级分工职责》等航道管理规章制度，数次组织干线航道清除航障工作。2000 年 8 月，嘉兴市组建成立浙江省首支航政管理支队（大队），以加强航政管理。2010 年 9 月 30 日颁布《浙江省航道管理条例》，自 2011 年 1 月 1 日起施行，《浙江省航道管理办法》同时废止。

第二节　船舶检验管理

一、船舶建造检验和营运船舶的定期检验

民国 18 年（1929 年）前，船舶检验管理由英美控制下的海关把持。民国 19 年，海关所将船舶登记、检验等工作移交给航政局，但船检使用外国规范，船舶入级要向外国人申请，技术证书也由外国人签发。

民国 18 年（1929 年），浙江省政府颁布《浙江省管理船舶规则》、《浙江省编发轮船牌照及收费办法》，规定：凡航行本省之轮船经交通部注册发给执照，及海关查验给照后并须向管理船舶事务所请领本省船舶牌照。参加营运的船舶、排役均须填具报验单一、二，向当地船舶管理机关呈请注册，具领牌照（分甲、乙、丙、丁四种），应钉于船舶明显之处，以便识别。

1951 年 11 月，浙江省航务局船舶大队依照《华东内河木帆船管理暂行办法》、《华东内河木帆船检查丈量登记给照暂行实施细则》等规章，检验营运木帆船。营运船舶统一使用“木帆船航行簿”。1958 年起，按交通部《船舶吨位丈量规范》（1958 年）和《船舶检验条例》（1965 年），浙江省的《船舶检验规则》（1959 年）、《浙江省船舶管理监督暂行办法》（1959 年）、《钢船检验标准》（1962 年）、《木质机动船舶船体修理技术标准》（1962 年）等，对沿海、内河小型船舶进行制造或改建的建造检验和营运船舶的定期检验。1984 年起按《浙江省各级港航监督及船舶检验工作职责》、《船舶和船用产品监督检验条例》（1989 年）、《浙江省船

船检验工作程序和职责》、《浙江省船用产品检验暂行规定》(1992 年)和《中华人民共和国船舶与海上设施检验条例》(1993 年)等实施船舶检验。

1972 年完成 500 吨级沿海货轮建造检验,1975 年完成 1000 吨级沿海货轮建造检验,1981 ~ 1992 年完成多型号侧壁式、全垫升气垫船 13 艘和 2200 吨级沿海货船建造检验。2000 年全省检验各类船舶 32287 艘、234.80 万吨、177.40 万千瓦。被检船舶有沿海、内河各类客、货船、集装箱船、工程船、气垫船和危险品等特种船舶,最大为 18000 吨级。1990 年之后,开展全省乡镇船舶修造厂生产技术条件认可工作,全省 226 家修造厂提出认可申请,获认可证书的有 195 家,1993 年为 222 家。

2002 年,省船检局对《船检登记号管理办法》进行了修订,重新编制"船检登记号申领表",增设"船舶报废、转港、更名时船检登记号登记表"。2004 年 1 月 1 日,京杭运河船型标准化示范工程正式启动。7 月 20 日,省交通厅、省财政厅依据交通部、财政部《京航运河船型标准化示范工程挂桨机船拆解改造政府补贴资金管理办法》,联合制订并实施《浙江省内河挂桨机船拆解改造政府补贴资金管理办法》,规定了政府补贴资金的组成及管理方法、补贴对象、补贴标准、补贴项目的申报及审批程序、补贴资金拨付使用和监督管理制度以及其他有关事项,以推进内河船型标准化工作,加快全省内河挂桨机船的拆解改造。2007 年,浙江省全面完成了全部营运水泥船和挂桨机船的淘汰,累计淘汰内河水泥船舶 4.2 万余艘、挂桨机船 1.4 万艘。2010 年,建立了船舶法定检验质量体系和省船检局审图中心,船检基础建设得到加强。

二、船舶登记、签证

洪武二十六年(1393 年),沈家门设宝陀巡检司,负责海防及船舶管理。

民国时期,船舶登记主要实施《船舶登记章程》、《船舶登记实施细则》和《帆船登记章程》,浙江省政府曾先后颁发《浙江省管理船舶规则》(1928 年)、《浙江省取缔内河行驶汽轮船规则》(1929 年)、《浙江省轮汽船登记给照办法》(1945 年)等管理法规。

1951 年按照华东军政委员会交通部内河航运管理局分发的《华东内河木帆船暂行规定》,由浙江省航务局船舶丈量队办理船舶登记。此后,按交通部 1951 年《船舶登记暂行章程》、1960 年《船舶登记章程》、1979 年《船舶进出港口签证管理办法》、《中华人民共和国对外国籍船舶管理规则》、1986 年《中华人民共和国海船登记规则》、1987 年《浙江省加强船舶进出口签证工作管理若干规定(试行)》和 1993 年《中华人民共和国船舶签证管理规则》、1994 年《中华人民共和国船舶登记条例》等,对船舶进出港进行登记、签证、航行管理。

1958 ~ 1960 年,1966 ~ 1969 年先后因"大跃进"、"文化大革命",船舶登记、签证工作曾一度中止。1978 年后,对个人或联户购置机动船,常年或季节性从事营业性运输的船舶,只要持有当地政府证明,经检验合格,均予办理船舶报户或过户手续。2001 年,加强船舶防污监管力度,扩大对水泥船和挂桨机的限、禁航范围,淘汰水泥船,推广标准化、系列化、环保型的船舶。

2003 年 6 月,省交通厅港航管理局和湖州市港航局联合开发的船舶登记管理系统(网络版)用于地方海事部门船舶登记管理。2005 年 4 月,宁波率先使用船舶 IC 卡,将船舶身份标识、基本信息、证书信息、安全检查等现场监督信息和进出港信息存入 IC 卡,提高办理船舶进出港签证、接受安全检查等手续时的效率。

表6－3－1为浙江省1990～2010年船舶检验工作量统计情况。

1990～2010船舶检验工作量统计　表6－3－1

年度	制造检验			营运检验			合计		
	艘	总吨	千瓦	艘	总吨	千瓦	艘	总吨	千瓦
1990	509	22402	18595	48912	1083000	827871	49421	1105402	846466
1991	597	26751	17559	50999	1223366	938608	51596	1250117	956167
1992	1391	48454	27268	56768	1203326	1022674	58159	1251780	1049942
1993	3029	218458	172425	57499	1596981	1249919	60528	1815439	1422344
1994	3828	255914	203371	47645	1429616	1129004	51473	1685530	1332375
1995	2753	132985	119974	47092	1493220	1261482	49845	1626205	1381456
1996	874	48944	47232	44312	1642937	1301847	45186	1691881	1349079
1997	432	30600	34378	36017	1593360	1276592	36449	1623960	1310970
1998	508	55758	55567	43014	2052127	1692042	43522	2107885	1747609
1999	1140	166331	143123	36382	2142452	1640615	37522	2308783	1783738
2000									
2001	1240	352385	1055851	33326	3006750	2200219	34566	3259135	3256070
2002	3166	799460	476279	33507	4273721	2852305	36673	5073181	3328584
2003	2882	731966	1333270	35976	4899305	3452996	38858	5631271	4786266
2004	2677	1240271		36906	7254113		39583	8494384	
2005	2717	1994390		32278	7322295		34995	9316685	
2006	2318	1649748		29277	9078670		31595	10728418	
2007	1217	1283896		28979	10551455		30196	11835351	
2008	1010	2229681		25650	9079422		26660	11309103	
2009	1590	2342605		22953	9930946		24543	12273551	
2010	1975	1534703		24876	11387618		26851	12922321	

第三节　地方海事管理

一、船舶船员管理

自宋元时期起，市舶司和县属之尉负责发给船员朱证（即船员证）。船舶出海后，正副纲首和杂事凭市舶司朱证，代表官府管理和处置船上人员。

清光绪八年（1882年）轮船招商局开始招聘华人，定期由总船长、总轮机长会同中国兵舰舰长、轮机长以口试和实际操作考取，凡录用者，按级升迁。

民国17年（1928年），浙江省建设厅颁布《浙江省内河小轮舵工机手登记规则要点》，规定如不遵照本规则登记领有本省登记执照者，不得在本省内河小轮服务。舵工、机手呈请登记，应开列姓名、年龄、籍贯、住址，并附半身相片。对其他船员的管理，按省建设厅颁发的《浙江省取缔船舶水手、茶役规则》办理。民国18年浙江省政府颁发《浙江省船舶管理规则》，规定：凡轮船汽船之舵工、机手须领有交通部或建设厅发给之合格证书方准充任。凡船舶之茶役、水手须穿号衣或号挂标记，以资识别。如船舶遇险时，船员等人均负责拯救。民国24年12月12日，国民政府交通部公布《未满200总吨轮船船员检定暂行章程》，规定考试科目“驾驶七科，轮机五科，除国文一科外，得以口试举行之”。民国26年12月，交通部通知温州、宁波、福州等沿海港口航政机构，暂停船员管理工作。民国34年12月，恢复对船员的检验等工作。民国35年七八月及翌年二三月间，交通部上海航政局宁波办事处先后举办过两次未满200总吨轮船船员考试，应试者有驾驶、轮机等35人。

1953年起按交通部《内河船舶船员职务规则》和《关于内河小型轮船船员鉴定考试暂行办法》，不定期组织船员检定考试，合格者发给船员证书。1958~1962年、1966~1969年因“大跃进”和“文化大革命”原因，此项工作基本停顿。1979年起按交通部《中华人民共和国轮船船员考试发证办法》、《浙江省轮船船员考试发证补充规定》、《浙江省内河船舶船员职务规则》、《浙江省沿海船舶船员职务规则》、《海船船员考试发证规则》、《浙江省船员培训工作管理暂行规定》、《浙江省船员考试工作管理若干规定》、《内河船员考试发证规则》等规定，进行船员培训、考试、证书管理。

1997年9月24日，交通颁布《中华人民共和国船舶最低安全配员规则》，该规则适用于所有航行国际航线、200总吨或750千瓦以上航行国内沿海航线、50总吨或36.8千瓦以上航行国内内河航线的中国籍机动船舶。此类船舶应持有相应的“船舶最低安全配员证书”，并存放在船备查。2003年5月1日，省交通厅港航管理局制定的《浙江省内河船员培训管理办法》施行，明确各级海事管理机构在船员培训管理工作中的职责权限，同时还规定船员培训机构的资质、设施的配备标准。2004年，省地方海事局开展了内河客船、散装化学品船、油船船员特殊培训工作，所有内河客渡船、危险品船船员均持特培证书上船任职。

截至2004年年底，全省持有甲板部适任证书（船长、大副、二副、三副、值班驾驶员、值班水手）的船员为22064人，持有轮机部适任证书（轮机长、大管轮、二管轮、三管轮、值班轮机员、驾机员、值班机工）的船员为22143人。

二、危险货物管理

浙江省执行过的危险货物管理规则、条例、规定等包括1954年交通部《船舶装运汽油暂行规则》、《船舶装运危险品暂行规则》、1972年《危险货物运输规则》、1981年《船舶装载危险货物监督管理规则》、《国际海上危险货物运输规则》和1983年国务院《中华人民共和国防止船舶污染海域管理条例》、交通部《油船安全生产管理规则》、1984年《港口危险货物管理暂行规定》及1990年《国际海运危险货物规则》等。

三、安全管理

清光绪五年（1879年）制订《船舶免碰章程》。宣统元年（1909年）重订《行轮免碰民船章程》。民国18年（1929年），浙江省政府颁发《浙江省管理船舶规则》、《浙江省取缔轮汽船规则》、《浙江省取缔载重船只夜航办法》等。

1951年执行华东军政委员会交通部颁发的《华东区内河航行章程》。1955年制订《浙江省轮驳船航行操作制度》，1954年、1955年在全省范围开展两次航行安全大检查。

1956年起执行《国际海上避碰规则》。1963年1月，交通部颁布的《小型机动船安全管理守则》中规定：没有经过船舶检验部门准许搭载客货的船舱、甲板、顶篷等处所，不得搭载客货；装载客货的小型机动船如果临时需要附拖货驳或者客驳，事先应当报请港航行政管理部门审查批准，不准擅自拖带。1978年前，执行交通部批准制订的《长江避碰规则》。

1979年9月27日，统一实施交通部颁发的《内河避碰规则》。20世纪70年代初，执行《关于加强安全生产的通知》（1970年）和《关于加强运输船、渡船、渔船安全管理的规定》（1971年），进行水上安全整顿。

1983年9月2日，国家颁布《海上交通安全法》，次年1月1日实施。

1985年起执行交通部《船舶安全检查暂行办法》（1990年修订为规则）。1985年《浙江省船舶违章处罚规则》规定，对船员违章处以5~100元的罚款，对船舶所有人处以10~1000元，对违章情节严重的除经济处罚外，给予警告、扣证、吊销执照、扣船处罚，触犯刑律的提请司法机关依法追究刑事责任。

1986年12月16日，国务院颁布实施《中华人民共和国内河交通安全管理条例》。

1987年，国务院颁布实施《关于加强内河乡镇运输船舶安全管理条例》。1987年9月11日，浙江省颁发《浙江省乡镇船舶安全管理暂行办法》，开展乡镇运输船舶整顿，检查两户船舶、核发"水路运输许可证"、"运输服务许可证"、"船舶营业运输证"，严禁违章航行，严禁客货超载，确保客货安全。

1990年9月，实施交通部颁发的《中华人民共和国海上交通监督管理处罚规定》和《中华人民共和国内河交通安全管理违章处罚规定》。

1993年贯彻《浙江省人民政府关于保障杭嘉湖地区干线航道畅通的通知》，抓源头、禁超载、清航障、勤航查、保畅通。

1994年开展制止摩托艇经营客运、制止船舶易地办证、制止船舶挂靠经营、制止内河船舶严重超载的"四制止"专项整顿活动。

1997年开展内河客运船舶、船员证照、危险货物运输安全3个专项整治活动。1997年11月5日，交通部发布《中华人民共和国船舶安全检查规则》，规定各港务（航）监督负责对进出本港的中国籍船舶实施安全检查，对船舶实施安全检查的内容、程序、处理及法律责任作了统一规定，强调船舶存在的缺陷危及船舶、船员及旅客和水上交通安全或可能造成水域严重污染的，检查人员有权禁止船舶离港。

1999年山东烟台"11.24"特大海难事故发生后，全省进行为期1个月的水上安全大检查。

2000年又开展沿海客滚船专项整治。

2002年，浙江省根据交通部的部署，健全、落实县乡政府乡镇船舶安全管理责任制度和船舶登记责任制度，同时加强客船、液化气船、油船等重点船舶的现场签证制度；打击船舶超载，强化对危险品船舶的监管力度，规范船舶秩序；进行了特定种类船舶船员特殊培训的前期筹备工作，严格任职资格和条件审查，加强实际操作检查。2002年10月1日起施行《水上交通事故统计办法》，县级以上地方人民政府交通主管部门依法主管其行政区域内单位和个人所属船舶发生的水上交通事故的统计工作，交通部直属海事局及省属地方海事管理机构负责所辖区内发生的水上交通事故的统计工作，并重新界定水上交通事故的统计范围和事故等级。

2004年，全国内河首家水上交通指挥中心在嘉兴市港航局建成。该中心主要由航道数字远程监控、全球卫星定位系统、地理信息系统、水运通移动短信互动平台、接处警系统组

成，实现24小时服务。

2005年7月，杭州市水上交通指挥中心一期工程（包括淳安千岛湖指挥分中心）正式运行。该工程设计开发了船舶定位系统的操作界面，建立了水上巴士、内河危险品锚地以及淳安千岛湖、临安青山湖等覆盖7县、市重点水域共52个监控点的视频监控系统，对航道的通航情况和有关码头、锚地的停泊、装卸情况等进行实时监控。2009年2月23日，绍兴市水上交通指挥中心系统和视频监控系统建设项目（一期）通过验收。

2010年，建成全省水上交通指挥中心，实现了对全省内河80%重要站点和重点航段的视频监控。在航道主要控制点建设大屏幕信息发布板等，初步实现内河水上交通安全的现场监管、事故报警、搜寻救助、疏航应急反应以及船户服务的信息化管理，提高了预警、应急救助反应能力。

附　水上交通事故案例

1.清康熙九年（1670年），雪后严寒舟人强载，舡重沉溺80余人。

2.清康熙五十七年（1718年）十二月十八日，温州龙江渡暴风覆舟，溺死50余人。

3.清乾隆二十一年（1756年）六月十八日夜，象山县民众乘渡船去奉化县茅山（今属鄞县）进香，船至江心触礁沉没，致40人溺死。

4.清道光五年（1825年）八月初二，象山县东乡溪沿村村民过港求神，船至奉化湖头渡附近，因超载侧翻沉没，致20余人溺死。

5.咸丰十年（1860年）十二月，富阳县东门渡，由于渡船超额，船沉溺亡30余人。

6.光绪四年（1878年），渡船翻沉，死者20余人。次年五月十八日，又全船覆没，遇难30余人。

7.清光绪三十一年（1905年）四月二十日，镇海县城赛神会。是日13时许，当地民众数百人，乘"宁波"号轮船去观光。轮船停泊在江北岸，乘客人多座位少，东站西立者甚众，致船晃动难控制，刚一解缆即倾斜，乘客惊骇秩序乱，离埠不远即翻沉，溺死乘客三四百人。

8.民国3年（1914年）4月24日，招商局之"新裕"轮载兵员700余赴闽，行至南韭山附近，因迷雾与该船之护航舰"海容"号相撞致沉，600余人遇难。

9.民国5年（1916年）5月，松阳县南洲渡淹死9人。

10.民国7年（1918）7月2日，湖班小轮拖带无锡快船，满载乘客，由申赴湖，过黄浦江，在张家浜遭风雨巨浪冲击，缆绳中断，拖船倾覆，溺死11人。

11.民国8年（1919年）10月17日，1艘奉化航船撞及灵桥桥，致翻沉，全船17人落水，7人获救，10人溺死。

12.民国12年（1923年）7月14日上午，青田县十三都图南岸（今海口乡）渡口因渡船超载造成翻船，死9人。

13.民国20年（1931年）12月19日11时许，本埠正生渔轮局所属"镇宁"轮，航行于舟山猫头洋遇风浪翻沉，船上21人无一幸免。

14.民国24年（1935年）7月12日，茂利商轮局经营的"茂利2号"轮在定海码头侧倾下沉，溺死旅客10人。

15.民国25年（1936年）冬，申湖轮船当日班"永顺"号某日凌晨4时从湖州馆驿河头启航，16时行经芦墟大漾遇大风，上层棚舱所载米袋被移向一侧，船身倾斜，进水沉没。底舱中

30多名旅客溺死。

16. 民国26年(1937年)8月，上海战事爆发，旅沪定籍侨民乘定海鼠浪湖沙泥船回籍避难，船驶至大戢洋时，突遇风，船遭覆没，14人遇难。

17. 民国28年(1939年)4月，宁波利涉公司“景升”轮（排水量75吨，客位150个），因误传日军空袭警报，在江北岸码头超载仓促开航，离埠即倾覆，溺死乘客387人。

18. 民国29年(1940年)9月1日，松阳县观口渡渡船超载翻沉，死亡16人。

19. 民国33年(1944年)10月13日，松阳县南洲渡对岸雅溪口村演戏酬神，超载翻船，死亡46人。

20. 民国34年(1945年)4月23日，由私营四轮公司经营的“顺安”轮，在宁波返航西坞途中，驶至奉化江铜盆浦江面时，因遇大雾，与本公司所属“甬川”轮相向碰撞。“顺安”轮被截为两段，下舱20余人遇难。

21. 民国35年(1946年)11月5日，鄞西后塘乡大堰头朱将军庙为酬神开光，对江慈溪半浦镇居民乘渡船前往。下午13时，人多风猛，加之渡船渗漏，致中途倾覆。30余人罹难。

22. 民国36年(1947年)12月16日，上海元大油行“南华”号航船，从沪赴海门装运桔子，在定海县西堠门洋面上起火沉没，27人身亡。

23. 民国37年(1948年)12月3日，行驶沪甬航线的“江亚”轮于16时自上海十六铺码头驶往宁波，乘客约3000余人，船员179人。18时45分船驶至吴淞口白龙港洋面，突然船身后部爆炸，第三货舱大量进水，10分钟后全船沉没。招商局获讯后即派船前往失事地点救助，乘客除1000人左右获救，余均罹难。

24. 民国38年(1949年)1月3日，湖州“永兴”号客轮由湖驶沪，在平望遇风浪沉没，淹死旅客30余人，损失大米100多石、土绸10多件。

25. 1950年8月26日，丽水县四都村民船载谷3000斤，搭客11人，驶至路湾村前，船触石翻沉，溺死5人。

26. 1950年10月7日，衢县高家牛角口渡，因严重超载而翻船，死亡37人。

27. 1951年5月，中国人民解放军温州警备旅三团一营一连部分战士由营教导员鲍洪康率领执行剿匪任务，从巨浦乡大垄返回驻地湖云，途经城门渡口时适逢小溪大水，渡船进入主流即被狂涛掀翻，教导员及战士等27人牺牲。

28. 1951年7月3日下午，浙江省航运公司宁波分公司“华东机22”号机帆船，与在定海水泥码头卸炸药的“英雄117”号军用船因不慎相碰致岸上炸药爆炸，殃及码头附近房屋60余间，死伤搬运工人及居民百余人，“华东机22”号船损失达60%以上。

29. 1951年9月1日，定海城关镇“金裕兴”帆船，从上海返舟山途经上海市南汇县海域失事，30名乘客身亡。

30. 1952年7月31日上午9时，青田县章旦、外旦、项元3乡70名农民从水南渡口搭乘渡船进城，由于严重超载（核定载客30人），渡船离大埠头渡口40米时发现后撑篙洞大量进水，乘客惊惶拥至船首，渡船开始下沉，继而翻船，死29人。

31. 1952年12月8日上午，乐清县慎江乡里隆村林洪寿驾驶客船开往洞头途中，因客货混装，在洞头深门水道洋面遇风翻船，船上80余名乘客死亡50余人。次年8月，林洪寿又在台风警报期间冒险开船，在深门洋面再次翻船，乘客死亡18人。

32.1953 年 2 月 25 日，私营涌丰轮行“新鸿泰”轮在上海闵行与江苏“建苏”轮相撞沉没，淹死旅客 10 余人。

33.1953 年 11 月 22 日，普陀县木帆船运输合作社“419”号船，去普陀山飞沙岙装运黄砂，途经定海县大猫嘴头沉没，7 名船员死亡。

34.1954 年 6 月 29 日，常山船民鲍小善的船，从常山装运蜂蜜至淳安威平航段，16 时过青山滩时船翻沉，船上 5 人全部遇难。

35.1954 年 12 月 13 日，温州海防大队“109”号机帆船从温州夜航洞头，在黄大岙海面触及日本侵略军在民国 28 年(1939 年)沉下的沉船桅杆沉没，67 名军政干部罹难。

36.1957 年 8 月 22 日，常山县枧头渡渡船翻沉，死亡 18 人。

37.1958 年 10 月 9 日，上虞县上浦公社横汀大队以农用小船代替渡船，因严重超载，发生沉船，淹死 8 人。

38.1959 年 12 月 1 日，安吉县航运公司(原运输公司)“浙运安 86”号木帆船运黄砂到上海，夜泊黄浦江 34 号铁路桥，晚 12 时左右，忽起大风，船被浪沉，5 人淹死。

39.1960 年 9 月，上虞县三联公社吕家埠大队渡口，社员收工返家过渡，因严重超载，发生沉船，淹死 20 人。

40.1960 年 11 月 25 ~26 日，刮西北大风，横山码头至西泽渡船停驶。27 日，风稍和，中午 11 时渡船老大应旅客要求开船，15 分钟后渡船失稳倾覆，29 人丧生。

41.1961 年 4 月 3 日，富阳县大桐洲渡船超载沉没，死亡 9 人。

42.1961 年 5 月 5 日，瑞安塔石渡口渡船因严重超载造成沉船事故，20 名乘客蒙难。

43.1961 年 5 月 15 日，嘉兴专区航运公司“609”客轮从上海驶湖州，在米市渡毛竹港口撞滩搁浅，涨潮时潮水涌进后舱、机舱，被压后滑下沉，淹死乘客 23 人。

44.1961 年 5 月 21 日上午 7 时，船工朱某利用货船载客 30 人操渡从丽水县汛桥头驶向学诗村，船离岸不久即被激流冲向公路旁的一棵行道树上翻沉，死 17 人。

45.1961 年 11 月 12 日，富阳县里山两吨渡船超载，途遇风浪，船上 70 多人落水，死亡 33 人。

46.1962 年，杭州市老渡埠船小超载，水深流急，风大浪高而沉船，死亡 31 人。

47.1962 年 4 月 26 日上午 11 时许，永嘉县运输公司“永机 8”号渡轮从温州麻行开往江北途中，因浦西村民郑巨来等 5 人携带 842 斤火药放置舱内，一旅客将烟蒂丢人火药中引起爆炸，烧死、淹死 56 人，烧伤 3 人，渡轮毁于大火。

48.1962 年 6 月 3 日，开化县音坑公社姚家渡船因山洪暴涨时强渡而翻船，死 6 人。

49.1962 年 6 月 21 日，钱江航运局一号拖船船队，拖带驳船 32 艘自桐庐驶往杭州，经富阳水门码头，值班驾驶操纵错误，驳船触碰码头，沉船 1 艘，9 人落水，4 人遇难。

50.1963 年 3 月 29 日，大衢县大衢运输社 5 号船，从长江口横沙返大衢途中，在衢山岛沙塘嘴附近遇风沉没，6 名船员死亡，损失 2.6 万元。

51.1963 年 11 月 3 日，普陀县运输二社 119 号船，装运块石 115 吨，从定海岑港运往上海川沙，在嵊泗洋山附近水域触礁沉没，船员死亡 10 人。

52.1964 年 4 月 5 日，台州长潭水库，学生春游乘渡船摆渡，渡船超载并突遇强风翻沉，死亡 119 人。

53.1964 年 5 月，普陀县海运公司“普机 103”号船，去江苏省吕泗洋收购鱼货，回港途中搁浅翻船，死 7 人。

54.1965 年 7 月 18 日，上虞县百官公社大坝头大队渡口，社员出畈过渡，因严重超载沉船，淹死 8 人。

55.1967 年 6 月 25 日，丽水县大水门渡渡船超载翻沉，淹死 9 人。

56.1968 年 3 月 20 日晚，瑞安平阳坑运输社一艘小功率水泥船在驶往瑞安城关时，被福清县一艘渔船撞沉，58 名旅客落水，36 名死亡。

57.1969 年 2 月 1 日，湖州航运分公司“浙航 302”客轮拖带 152 号、153 号客驳，从上海驶往湖州途中，在 76/77 浮筒附近改变航向、斜行穿往浦东岸时，152 号客驳与“大庆 25”号轮发生碰撞后沉没，死亡 24 人。

58.1971 年 11 月 10 日，富阳县塘下渡船超载沉没，死 12 人。

59.1972 年 4 月 9 日，杭州市友谊渡口因渡船超载而沉没，死 6 人。

60.1972 年 8 月，慈溪上梅渡渡船因超载沉没，死亡 9 人。

61.1973 年 2 月 24 日，湖州白雀水产大队王某捕鱼船，由太湖联合运输站调派装运胡萝卜 396.5 担（自报连泥实重 22 吨），从太湖乡濮溇穿太湖去江苏武进县漕桥，航经太湖大雷山以北约 9 公里遇风倾翻，全家 13 人均遇难。

62.1973 年 4 月 24 日晚，奉化陡门桥附近横里埭村放电影，此时渡工已下班，一青年为接对岸杨村大队女友，擅自背摇船到对岸。待渡的人一拥而上，定额 15 人的渡船乘了 45 人之多。船至河中，船艄进水下沉，淹死 13 人。

63.1973 年 6 月 5 日，丽水县大水门人力渡上船 29 人，船身失衡，船头进水翻船，淹死 7 人。

64.1974 年，淳安县富春渡口，因船小超载而沉没，死亡 6 人。

65.1974 年 8 月 1 日，余杭县王家庄渡船因江苏客轮驶过而沉没，死亡 15 人。

66.1974 年 9 月 24 日，丽水县碧湖县头渡由 11 岁儿童撑渡超载沉船，13 人淹死。

67.1974 年 12 月 13 日，乐清县白溪南岙大队渡船旅客超载 40 多人，船头偏重进水，失控翻沉，19 人丧生。

68.1975 年 4 月 7 日，岱山县鼠浪湖一渔船私自载客 45 人，途中遇风，船倾覆，16 人死亡。

69.1975 年 7 月 11 日，上虞县长山公社新建大队王家汇渡口，社员开会，过渡时以小农船代替渡船，因超载沉船淹死妇女 5 人。

70.1975 年 8 月 5 日，富阳县俞家埠因超载船离岸即沉，死亡 6 人。

71.1976 年 7 月 3 日，安吉塘浦公社塘浦渡船载客 51 人，从康山驶向塘浦。因水大流急，在距岸 1～2 米处翻船，淹死 5 人。

72.1976 年 9 月 9 日，淳安县文昌造纸厂自备拖船因漏水漏油已停航数月，厂有关领导无视安全，强令开船，终因主机发生故障，加之机壳漏油致使全船起火，7 人烧死，船全损。

73.1977 年 4 月 18 日上午，上虞县娥江公社后郭渡口，社员收工返家时严重超载，加之风大水急，在江心倾斜翻船，淹死 39 人。

74.1977 年 7 月 3 日下午，乐清县轮船公司翁详船队，自翁蝉开往柳市，途经长山嘴转弯

处,客驳舵工包哲范擅离职守,造成翻船事故,17 人死亡。

75.1978 年 1 月 4 日,定海县册子供销社租借机帆船,由定海港装运 8 吨杂货,并违章搭客 14 人,途经横水洋鸭蛋山嘴,遇风浪沉没,15 人淹死。

76.1978 年 4 月 8 日上午 10 时 40 分,丽水县好溪防洪工程工地,崇义、丽新公社民工 54 人乘渡往青林宿点,船离岸后迅即下沉,11 人淹死。

77.1978 年 9 月 20 日,富阳县打石山,因超载加之乘客争先上岸而沉没,死 5 人。

78.1979 年 1 月 22 日,青田县坑底乡坑口渡船载运包括担柴回家的农民共 40 人和所有木柴从坑口航向郎回。因严重超载(核定载客 30 人),渡船离岸不久下沉翻船,死 6 人。

79.1979 年 3 月 2 日上午 8 时许,洞头县半屏渡口的施齐君、王振英,驾驶未经检验批准的渡轮,严重超载 31 人,在半屏大岙虎头山海面沉船,10 人死亡。

80.1979 年 9 月 1 日 12 时许,余姚丈亭运输公司所属"姚航 12 号"在余姚滨江船埠启航,该船核载定额 110 名,实载 130 余人和货物 3.6 吨,严重超载,加之操作不当,倾覆沉没,死亡 49 人。

81.1979 年 10 月 28 日,富阳县红星渡口渡船因严重超载而沉没,死亡 7 人。

82.1979 年 12 月 23 日,台州浙临机 65 号及浙临副机 93 号,在舟山菜花山洋面遇大风翻沉,死 34 人,损失 48 万元。

83.1980 年 3 月 27 日下午 4 时 30 分,"永航 10"号拖轮,拖带"永客驳 8"号等 3 艘客驳,从市区麻行驶往永嘉沙头,因客驳船装载过重,船体横倾,在尾岩头转弯时倾翻,14 人死亡。

84.1980 年 11 月 23 日,安吉县安城公社林场家用挂机船在赋石水库大坝载客 51 人,驶向赤坞公社大圩方向,在青石里航段翻沉,淹死 20 人。

85.1981 年 1 月 15 日 13 时 45 分,"浙象机 9"号客轮于岳井港距埠头 50 米处倾翻,11 名乘客丧生。

86.1981 年 4 月 29 日,富阳县江丰渡口因超载沉船,死亡 23 人。

87.1981 年 9 月 29 日,临海溪口水库,渡船超载翻沉,死亡 64 人。

88.1982 年 1 月 5 日,德清县新联乡易某驾驶未办理营运手续的挂机船,超载运客,沿湖嘉航道上行至德清县新联乡时与江苏如皋"水产 2"号轮碰撞,48 人落水,其中 4 人淹死。

89.1982 年 2 月 2 日,定海县盘峙公社摘箬山大队"定民交 10"号船,因超载,在盘峙公社小南岙西南 200 米处,与本大队"定副机 402"号船碰撞覆没,22 人死亡。

90.1982 年 3 月 18 日,普陀县六横海运站 110 吨级"浙普机 704"船,装煤从上海港返六横途中失事,船上 14 名船员死亡,经济损失 14 万元。

91.1982 年 7 月 16 日,"舟山 120"号船在宁波港发生电石爆炸事故,5 人死亡。

92.1983 年 2 月 28 日,湖州航运分公司 726 轮,在上海黄浦江拖重驳驶向董家渡,航至陆家咀时,被违章超越的长江航运局 1023 轮顶推的甲 1115 驳(装煤 1500 吨)顶撞压沉,造成 726 轮船 12 人落水.其中 7 人淹死。

93.1983 年 4 月 28 日,乐清县海屿乡后湖楝村陈余兴驾驶舴艋船,自海屿乡开往柳巾,在安丰桥靠埠时船首右侧触碰石头,但未及时检查,继续航行时河水从船头涌入舱内,造成翻沉事故,21 人死亡。

94.1983 年 7 月 10 日,松阳县南洲渡,船沉淹死 13 人。

95.1983年10月20日15时45分，象山县金星乡花沯山盐场“浙象副机3”号船在宁波装45.5吨啤酒及1.3吨书画去石浦。22时航行至大榭山涂泥咀时，遇急流，采取措施不力，致船沉没，造成9人死亡。

96.1984年6月24日，湖州市练市新丰村章某驾驶12号挂机船，拖带5吨水泥农用船1艘，由德清返回练市，航经德清县士林乡六里漾时，撞沉沈某小划船，沈某一家4人淹死。

97.1984年9月3日，长兴县吴山乡长安渡口，渡工权某驾驶未经航运管理部门检验的钢质机动船，载客99人（严重超载）从南岸驶向北岸。北岸渡埠及河岸被海宁县第二航运公司船队停泊所阻，权某未带好头缆即让乘客在海宁船队外侧顶流下客，渡船与停泊铁驳碰撞晃动失稳倾翻，乘客95人落水，死亡34人。

98.1984年12月10日，长兴县横山乡唐某无证开行小客班，客货混装，严重超载，在洪桥乡秋风漾与无证驾驶的农机船交会时，正面相撞，45人落水，其中4人淹死。

99.1985年4月19日上午6时许，青田县海口乡高沙渡口80余农民过渡至对面上山砍柴（核定载客30人）。船距对岸7米处船舷已部分进水，会游泳的农民纷纷跳入水中逃命，引起渡船倾斜翻沉，死20人。

100.1985年10月15日18时，杭州航运分公司“双峰号”客轮由杭州开往无锡，16日凌晨3时航行至太湖三山水域，遇风浪船舱大量进水，客轮搁沉，10名旅客遇难。

101.1987年1月25日，椒江市黄礁乡个体经营户“道头金渡一号”农渡机动船严重超载，在离岸300米水域翻沉，船上119人全部落水，死亡97人。

102.1987年3月12日，杭州古运河旅游有限公司“天堂号”船组18时杭州启航，21时30分在德清县陈家圩航段与江苏吴江县百尺乡的一艘（无证）8吨违章载客来杭州的挂机船碰撞翻沉，进香的38名农民全部落水，12人死亡。

103.1987年5月11日，“浙江605”轮载客757人，由宁波开往普陀山，9时37分航行至金塘水道镇海石化总厂算山码头附近，因雾，能见度差，与迎面开往镇海的“浙定交5”号轮碰撞，后者撞沉，所载旅客78人落水，经救捞，死4人、失踪5人、伤17人。

104.1987年9月16日17时20分，北仑区梅山乡渡运站所属“上梅渡3”号渡船，自上阳码头渡运至梅山码头，船离码头右首约20米处时，船艉尖舱大量进水而沉没，11人淹死。

105.1987年11月14日，兰溪汇潭渡口翻船，死亡10人。

106.1987年11月15日，瑞安北麂双北供销社一艘无证自备船，在北麂壳菜岙装货，违章搭客77人，途经瑞安冬瓜屿以南约500米海面时，风浪横袭，船身失去平衡而翻船，41人死亡。

107.1989年4月21日，舟山市海运公司“浙舟59”号冷藏船从汕头放空回定海，当行驶到兄弟屿东北偏东24海里处，不慎与香港华通船务代理有限公司“金源”轮相撞沉没，死2人，失踪5人。

108.1989年6月6日，温州海运公司“浙海103”号轮于福建省东山湾口东偏北海面，被海军北海舰队青岛基地“北575”船撞截沉没，造成10名船员罹难，货船全部损毁。

109.1989年7月29日，临海市更楼乡望洋店渡口发生沉船，死亡27人。

110.1989年10月2日，上海长江储运站长江10号轮，从上海崇明空船驶往长兴县李家巷，航至小箬桥航段时浪沉长兴包桥乡下士村满载石头的农用挂机船，船上5人全部淹死。

111.1989 年 12 月 16 日下午 3 时,青田县海口乡南岸渡口机动渡船载客由海口村埠头驶向对岸。由于渡船年久失修,底部霉烂漏水,航行至江心时船只下沉,死 9 人。

112.1990 年 3 月 21 日零时左右,玉环县航运公司“浙玉机 4”号船由福建装运 750 吨黄砂驶往上海,在上海南水道 01 灯浮附近与上海海运局客轮(“贺新”轮)发生碰撞沉没,船上 19 人全部落水,死亡 18 人,直接经济损失 160 万元。

113.1994 年 4 月 5 日,缙云县雁岭乡左库水库,小学生春游乘无证渡船摆渡,渡船超载翻沉,学生死亡 45 人。

114.1995 年 4 月 21 日,浙兴船务公司“浙海 8”号轮,从海门北驶天津途中于 20 时 40 分在普陀山以东约 10 海里的洋面,与南驶的山东“鲁海 302”轮相遇,因双方没有采取安全航速和瞭望疏忽,发生碰撞,致“浙海 8 号”轮沉没,落水船员 9 人死亡,3 人失踪。

115.1996 年 2 月 9 日 10 时 50 分,三门县航运公司“浙三机 3 号”木质客轮,载 76 人(其中船员 6 人),由象山石浦港开往三门海游港,在蛇蟠山以东海域,因瞭望疏忽,避让航道渔网时操作不当而倾翻沉没,死亡 25 人,41 人失踪。

116.1997 年 11 月 16 日,常山县何家乡煤山航段,一艘非载客船舶违章超载翻沉,死亡 6 人。

117.2002 年 5 月 14 日 5 时 40 分,温岭市江厦外海运输社所属的“浙岭 45”号船在江苏张家港海力码头 2 号泊位附近沉没,造成 6 名船员死亡。

118.2006 年 11 月 18 日 22 时 3 分,普陀海升海运公司的“龙运 5 号”轮装运 2400 吨煤炭从天津港到台州松门,途经上海佘山附近海域沉没,船上船员 6 人死亡,3 人失踪。

第四节 运政管理

北宋太平兴国三年(978 年)杭州始置两浙转运司,又称漕司,掌管两浙路漕运、盐运、财赋,并督察州县吏治。端拱二年(989 年)又置提举市舶司于杭州,并诏令自今商旅出海外番国贩易者,须于两浙市舶司陈牒,请官给券以行。

南宋时,设都杭州,上供漕米由直隶司农寺管辖。该寺所委官吏,专率督催米斛,解发杭州。运输自有官府纲船装载。

元明清三代,漕纲运输仍设都转运使司或督粮道继之。明代漕运的组织管理,在支运、兑运时,由军民船舶相半承运。改兑长运后,则由军船输送。杭州有二卫一所领漕。清代亦同。盐纲则由盐运使掌管,杭州还设有批验所检验盐船,掣毕放行。

清同治元年(1862 年)开始设立杭州江干船局,抽收船捐。“遇有差使需用船只,由船局封雇,按站定价,即以所收船槙给付水脚”,但当时仅供兵差。以后,官吏、差役以及解押犯人等需用船舶都要由船局供应。船局所收之船捐,均系过塘行承担。过塘行就对旅客、货主苛收费用,以致商民怨言甚多,被迫于宣统二年(1910 年)4 月 15 日裁撤。杭州江干船局于是年五月初十停收船捐,遗留工作交江干厘局接办。

杭州开埠后设海关,首任海关税务司者为英国人,民国 18 年(1929 年)起由中国人担任。

光绪二十二年(1896 年)七月颁布了《洋船来往苏杭沪通行试办章程》,光绪二十四年又颁布了《内港行轮章程》，对华洋小轮的税厘征收、费用收缴、船舶行驶、船舶停靠、船舶注册、货物起卸、违章处罚等作了许多规定。光绪三十年报经外务部批准颁布《洋轮往来沪苏杭搭载章程》及《全国商船进出口起卸货物完纳税钞各项开口试办章程》，规定：进大运河东岸长公桥即为进杭州口，划定停泊卸货地点：商船进口由新关派役管押；卸货前领取准单，出口须请领红单；拖轮不准装货，拖船不得超过3艘；只能在吴淞江及运河行驶；洋商船只船舱必须有盖，以便贴封。

民国三、四年间水警核发船舶牌照。民国16年（1927年）省管理船舶事务所核发牌照，审定经营航线。民国18年，浙江省建设厅制定《浙江省取缔内河行驶轮汽船规则》，规定：在同航线内每日行驶之轮船、汽船如艘数过多，有碍航行时，省管理船舶事务所得加以限制。民国20年6月，《修正浙江省管理船舶规则》中规定：凡已经注册领有牌照之船舶，如航线或起点有更改，或船舶转售及转租予他人时，其承买与承租人均应按照前项手续报请查验；凡船舶载运货客，遇有超过呈报注册数量时，该管区管理船舶事务所得勒令该船舶逾量之货卸载；凡船舶开行时刻及班次，经主管机关规定者，须按班次时刻开行，不得任意变更，并不得冒充他船之名，以图揽载；凡船舶承装货物，如因保管不善，致有缺少或损坏者，应负责赔偿，但遇有不可抗拒之天灾事变时得酌量减免。民国28年8月，《浙江省取缔航船业竞争办法》规定：凡航船未经呈请该管理船舶事务所核准以前，不得营业：凡航船于所牌照有效期内不得擅自改营他业；凡违背本办法之航船得由省管理船舶事务所处5元以上30元以下之罚金或呈请建设厅取消其航运权。

1937~1945年抗日战争时期，民国政府为战事需要管制船舶，由下设机构（各县所、站）负责运输计划调度、运价厘订、车船注册编组管制、车船征集调度及支配。驿运管理时期，未经编组之船舶不准参加营运；对水陆交通工人及工具分种类登记发给证照，编入预役队，轮流服役或留居管制机关候役；对公营事业机关自备船舶实行统一管理，以备紧急军运时征用。

1949年后，浙江水路运输管理部门通过建立、发展省级国营航运业，利用、扶植私营轮运业和整顿维持民船运输业，采取公私联（合）营、租赁经营和私私联（合）营等方式，恢复、发展水上客货运输生产。货运实行统一调配货源、统一调派船只、统一核定运价的三统管理。一切公私物资，均由省、地（市）、县3级物资调运机构，按先公营、后私营，先主要、后次要的原则统一计划运输。1954年起实行“分级递送、分区平衡”的管理办法。1955年10月浙江省航运管理局颁发的16条禁令中规定：非营运船船舶未经港监部门许可私自装运货物时，非载客船舶擅自载客，未设有拖带或顶推设备的船舶拖带或顶推船舶时，超过规定航线航行时，均属禁止之列。1956年，全省航运系统完成全行业的社会主义改造，一部分并入省级国营航运企业，其余成为地、县（国营、集体）航运企业。全省水路客货运主要航线由省级航运企业为主经营，地、县航运企业经营部分短途支线和农村小客班。这一格局同浙江水路运输经营与管理机构合一的体制，一直延续至1983年省级航运企业（公司）与航运管理机构（局）分设。1963年5月起执行《浙江省水运货物月度运输计划管理暂行办法》，实行集中领导、分级管理。凡属短途、本航区内的货物运输，由地（市）航管处综合平衡、核定；凡属跨航区、跨省的货物运输，由省航运管理局综合平衡、核定。根据先计划内、后计划外，先重点、后一般，先全民、后集体，先本港、后外港的原则，确定和下达省、地（市）、县属各航运企业的运输计划。各承运单位根据计划调度船舶，按时完成运输任务。“文化大革命”期间，运政管理工作受到冲击,有所削弱。

1979 年和 1980 年执行交通部修订后颁发的《水路货物运输规则》、《水路货物运输管理规则》和《水路旅客运输规则》、《水路旅客运输管理规则》,重申客运实行安全正点的定船、定线、定班、定时、定码头泊位的“五定”制度。1983 年,浙江根据交通部提出的“有河大家行船,有路大家走车”方针,鼓励扶持社会运输力量发展。1984 年 2 月国务院规定,允许农民个人或联户购置机动车船和拖拉机经营运输业,提倡多家经营,鼓励竞争,变封闭型运输市场为开放型运输市场,实行指令性计划、指导性计划和市场调节相结合,并逐步缩小指令性计划,扩大指导性计划和市场调节范围,逐步形成以公有制为主体,多种所有制经济共同发展的新格局。1985 年 4 月,浙江省航运管理局颁发《关于水上旅客运输审批程序的通知》,规定县(市)境内和市(地)范围内跨县(市)的客运航线,由县市(地)航管处审批,同时向省局报备;跨市(地)、跨省(市)的客运航线由有关港航管理部门签署意见后,报省局审批。1985 年 7 月,浙江省改革杭嘉湖内河货物运输计划管理和旅客运输审批程序。放宽计划运输范围,下放审批权限,允许货主择优托运,凡市辖境内货物运输原则上免提运输计划,由承托运双方直接办理;跨市、跨省货物运输,一次托运量在 100 吨以下者免提运输计划,100 吨以上者实行计划运输(1987 年调整为凡满 30 吨的整批货物及全月累计托运量满 100 吨的零星物资均应提送月度托运计划,进行综合平衡)。货物托运计划由航管部门独家受理改变为多家受理,航运企业自主调配船舶,执行合同运输,保证重点,兼顾一般。县(市)、地(市)范围内的客运航线由地(市)航管处审批,跨地(市)、跨省客运航线由省航运管理局审批。1987 年 6 月,国务院发布《中华人民共和国水路运输管理条例》,交通部发布《水路运输管理条例实施细则》,规定在 10 月 1 日前已开业的单位和个人一律按隶属关系,作一次性补办审批手续,即重行签发水路运输许可证、船舶营业运输证和水路运输服务许可证(简称“三证”);水路货运实行计划运输和市场调节相结合,对需要进行综合平衡的重点物资、联运物资、外贸进出口物资、军事运输和矿建材料以及县以上人民政府下达的突击性运输计划,实行省、市(地)两级综合平衡;水运企业和其他从事营业性运输的单位和个人,在保证完成综合平衡下达的运输计划前提下,可在批准的经营范围内自行组织货物运输,谁受理,谁承运。随着运输市场的放开搞活,民间营运船舶急剧增加,外省市船舶大量涌入,导致运力超过运量需求,不正当竞争加剧,水运秩序混乱。浙江从 1989 年开始治理整顿水运市场,严把市场准入关,加强宏观调控,合理投入运力,加强货源管理,保证重点物资、指令性物资和大宗物资的运输,查处水路运输中经济违法活动,加强监督、管理力度,运输秩序渐趋好转。

1992 年后,浙江进一步放开运输市场,不再下达运力额度计划,同时加强水运秩序治理整顿。1997 年开展以水路运输企业、单位及个体船舶的经营资格、经营行为和经营状况为主要内容的年度审验工作。1998 年开展以深化高速客船营运管理、深化水运服务业清理整顿、深化危险货物运输整治、加强水路运输行业管理的“三深化、一加强”水运市场整治活动。2000 年取消全省水路货物运输月度平衡会议制度,改为季度重点物资运输计划检查与水运信息分析会议制度,制订、完善水路运输管理规章制度,规范水运秩序。2001 年 4 月 1 日,交通部《国内船舶运输经营资质管理规定》实施。浙江按照该规定加大了水运市场整治力度,重点审查无自有运力、无办公场所、无管理人员,只靠委托管理他人船舶生存的企业。各市港航局(处)对符合经营资质条件及整改后达到经营资质条件的企业上报资料进行审核、评估。2002年12月1日起实施《浙江省水路旅客运输经营资质评估管理规定》，规定评估人员的基本条件，明确评估工作程序。2003年1月1日起施行《浙江省水路运输管理条例》，规范了水路运输经营活动，建立统一开放、公平竞争、规范有序的水运市场体系。2005年，推进内河运力结构调整，开发内河标准船型，强化水运市场监管，开展水上危险化学品运输船舶、船舶超载、低质量船舶、运输船舶委托经营管理、船员持假证任职等专项整治，加强水运企业经营资质动态管理，完善全省水上交通指挥系统。2008年5月5日交通运输部颁布实施《国内水路运输经营资质管理规定》，省港航局调查、掌握全省经营资质未达到该规定要求的企业情况，对不符合要求的企业提出了整改要求。2008年《浙江省水路运输管理条例》完成修订，并重新颁布实施。

第五节　稽征管理

一、水路交通规费管理

明宣德年间(1426～1435年)设钞关7所，向内河商船征收船税，按船只大小、路线远近征收。宣德四年(1429年)，在杭州北新关设关，上为桥，收陆路商贾之税，下为水门，收水运商船之税。成化四年(1468年)，裁并钞关，税收取消。成化七年，重新恢复。清承明制，康熙二十五年(1686年)北新关收税银达10万两之多。

民国三四年间，水警方面试发船舶牌照，征收费用。民国16年(1927年)以后，船舶事务所开始稽征船舶丈量费、检查费、牌照费。民国29年(1940年)《浙江省驿运管理规则》规定，由托运人向起运站缴纳运费总额的5%管理费。

1949年后，航政规费的设置和费率的确定及征收范围均由省人民政府或其授权有关机关审定颁布，由航管部门组织实施。航政规费基本上属地方财政预算外资金管理，由省交通厅航运管理局统筹统支，实行收支两条线。航政规费是航管部门实施航政管理向托运人、承运人或船舶所有人按章收取的费收，用于航道、港口码头的建设、维修、养护、疏浚及航政管理经费。1950年实行统一的低率收费制度，规定向货主征1%航政费，有货联运时再向货主征3%服务费。1954年航政费停收，开征按运费3%的管理费。

2001年10月15日起在嘉兴航区试运行《浙江省水路规费稽征业务管理系统》，进行水路规费稽征管理。

2003年，省港航局统一了内河水路运输企业交通规费征收项目、标准和缴费额度，制定了《浙江省海运企业净增运力水路运输管理费专项补助管理暂行办法》和《浙江省沿海航区港航事业费稽征管理规定》，规范海运企业净增运力运管费专项补助的管理工作和统缴证管理工作，并推广和应用计算机征费管理系统。

是年全省共征收港航事业费66839万元，其中航管部门征收54672万元，港口征收12167万元，杭、嘉、湖3市港航局规费征收均突破亿元。

2005年4月，根据交通部及浙江省等五省一市政府《关于发布京杭运河船型标准化示范工程行动方案的公告》(第17号)精神，适当调整部分内河交通规费标准。标准船型船舶是指按照交通部公布的京杭运河标准船型系列要求建造并按实际载重吨丈量的标准船型。标准船型船舶的内河航道养护费、水路运输管理费、货物港务费、船舶港务费标准在现行收费标准的基础上统一降低30%。挂桨机船的内河航道养护费、水路运输管理费、货物港务费、船舶港务费标准,在原有定额标准的基础上加收10%。2006年1月起,在原有定额标准的基础上加收20%。2007年1月起,在原有定额标准的基础上加收30%。其他各类船舶的内河航道养护费、水路运输管理费、货物港务费、船舶港务费标准仍按原有收费标准执行。

(一)水路运输管理费

1951年,根据国务院统一收费指示,由航管机构向货主征收运费值1%的航政费,用于航管机构和人员的行政管理费用开支。

1954年,浙江省财政经济委员会批准,改航政费为管理费,木帆船按运费的3%征收,航快船按运费的2%征收。

1963年起,改为向船舶单位征收营收总额3%的航管费,向货主单位征收运费总额4%的调配费(1966年8月停征)。

1965年10月1日开征内河航道养护费,同时不再收取内河航管费,沿海航管费改为沿海航政费,费率3%不变,1972年1月起调整为4%。

1991年12月1日起,浙江省交通厅、财政厅根据交通部、财政部的《水路运输管理费征收和使用办法》,制订《浙江省水路运输管理费征收和使用实施办法》,开征水路运输管理费。征收标准按水路运输(服务)企业、单位、个人营运(营业)收入的1.50%计。对难以准确反映营运收入的运输(服务)企业、单位和个人,按船舶核定的载重吨(客位或千瓦)定期、定额计。定额标准由各市(地)物价局、交通局(委)根据各航区客货流量、航次、营运收入等情况制定。

2000年浙江省交通厅、财政厅、物价局统一沿海水路运输管理费征收定额标准,并自2000年1月起停止征收沿海航政费。

(二)内河航道养护费

民国21年(1932年)起,上海航政局宁波办事处责成内河各汽轮公司,以每票代征1分充当养河费。

1965年10月1日起,浙江省交通厅、财政厅根据国务院《关于加强航道管理和养护工作的指示》和财政部、交通部颁发的《内河航道养护费征收和使用试行办法》,制订《浙江省内河航道养护费征收和使用试行办法》,开征内河航道养护费。费率为:各专业运输企业船舶和本省竹木排筏及其他有经营运输业务性质的船舶按运费收入的4%征收;机关、企事业单位、合作社、农场、水产和森工等部门负担本单位运输或经营运输副业生产的船舶,按机动船每月每登记吨(拖轮每马力)1元、非机动船每月每载重吨0.50元征收。

1971年浙江省革命委员会生产指挥组批准,自1972年1月起内河航道养护费率调整为6%。

1980年12月省交通局、航运管理局《关于自备船舶参加营业运输应另征收航养费的批复》规定,凡自备运输船,在完成本部门运输任务的同时,经准许而参加营业运输时,其航养费的征收除每月按运输船舶吨位(马力)照规定征收外,另再按运费收入征收6%的航养费。

1982年8月,省交通厅航运管理局《关于颁发浙江省内河航道养护费沿海航政规费"统缴证"、"缴讫证"的通知》,规定从翌年10月1日起,航养费使用"统缴证"、"缴讫证"。1992年10月1日起按国家交通部、财政部、物价局的《内河航道养护费征收和使用办法》规定的费率8%计征。

（三）货物港务费

民国38年（1949年）9月，浙江省政府和省绥靖总司令部征收港口捐，并附收绥靖经费。凡进出港口装卸货物，货主向当地稽征所申报缴纳单，稽征所凭单查验货物照数缴收款费后方得装卸。第一级货物照进货价格征收30%，第二级货物征收15%，第三级货物征收10%。

1964年4月，浙江省人民委员会试行《浙江省海港费收规则》，在沿海主要港口开征货物港务费，由港航管理机构向出进口货物单位征收。费率为甲类货物每吨0.10元、乙类货物每吨0.20元。

1976年，交通部颁发《港口费收规则》。

1979年，浙江省交通局航运管理局发出《关于开征货物港务费具体实施中有关问题的通知》，确定沿海、内河货物港务费的征收范围及征收办法。

1980年1月，省交通厅又发出《关于征收航运货物港务费的报告》，指出：已征收货物港务费的沿海港口仍按1964年颁发的《浙江省海港费收规则》执行。军运品、公粮、邮件及船舶自用货物免征。凡从起运港到达目的港，需要经过一次或多次中转换装的同一货物，除按照规定由起运港征收进、出口货物港务费各一次外，其中转换装货不论多少，只征收1次货物港务费。

1984年，省交通厅航运管理局发出《关于厂矿企业自备船计征货物港务费问题的答复》，指出厂矿企业自备船舶货物港务费，按船舶载重吨，按每月每吨2元的固定标准，由船籍港所在地的航管部门向船舶单位征收。其他港航管理部门凭当月货物港务费缴讫证明，不再重复计征。

1985年9月起，个体、联户船舶实行定额计征，每吨每月内港1元、沿海1.50元。

1990年4月起调整为甲类货物每吨0.20元、乙类货物每吨0.40元。

1994年9月起调整为按重量吨计费的每吨0.35元，按体积吨计费的每吨0.25元；厂矿企事业自备船，按船舶载重吨每月每吨4元。

2005年7月，《中华人民共和国港口收费规则（内贸部分）》公布实施，规定：货物港务费等行政事业性收费项目的收费标准按照《关于调整货物港务费征收标准的复函》（浙价费〔2005〕199号）规定执行；对于《收费规则（内贸部分）》中明确实行政府定价的收费项目，按照《收费规则（内贸部分）》中规定的标准执行；对于《收费规则（内贸部分）》中明确实行市场调节价的收费项目，由港口经营单位自行确定收费标准，并在其经营场所提前10天对外公布，自觉接受交通、价格主管部门的监督检查。

（四）船舶港务费

民国17年（1928年），浙江省建设厅征收船舶牌照费，规定：商轮未满100吨者每吨收费5角，100～500吨每吨收费0.30元，500～4000吨每吨收费0.20元；小轮拖船每吨收费0.25元；渔轮、营业船、游艇每吨收费0.20元。

1953年2月，上海区港务管理局宁波分局定海办事处开征船舶港务费，每艘船舶进出港口一次收费640元。同年7月始，对木帆船征收港务费，按运费总额3%征收。翌年4月，对5吨以上不满100吨空载船按总吨320元减半征收。7月，船舶港务费按新费率计收，总吨百吨以上满载船舶每吨以600元收取，总吨百吨以上空载船舶或百吨以下满载船舶每吨以300元收取，总吨百吨以下空载船舶每吨以150元收取（以上为旧人民币）。

1958 年 8 月 10 日，定海港、普陀山、沈家门港、嵊泗菜园、嵊山港、岱山高亭山外港、东沙角各港口开征船舶港务费。机动船每吨以 0.12 元计算，不满 1 吨按 1 吨计算；木帆船空船每总吨 0.015 元，载重船每吨 0.03 元，不足 5 吨不征收。

1964 年 4 月浙江省人民委员会以委价字 256 号文批准试行新订的《浙江省海港费收规则》，对进出温州、海门、宁波、定海、沈家门、鳌江及其他经省交通厅批准的开征港口的机动船舶，每进港或出港一次，每净吨（马力）征收船舶港务费 0.10 元。

1976 年，交通部颁发《港口费收规则》。

1988 年浙江省人民政府同意，征收范围扩大为进出浙江省内河和沿海港口（除交通部直属沿海港口）从事营业性运输的各类船舶、排筏和水上设施，征收标准调整为每净吨（无净吨按总吨，无总吨按载重吨。拖轮按马力，排筏按立方米，下同）沿海港口 0.20 元、内河港口 0.10 元。浙江省国营、集体所有制专业运输单位内河船舶以及在港内从事营业性运输、在城镇从事短驳运输船舶的船舶港务费，按每月每载重吨（拖轮按马力）1 元计征。企事业单位的自备船、租用船的船舶港务费按每月每载重吨（拖轮按马力）0.50 元计征。

1994 年 9 月起收费标准调整为船舶每进或出港一次，每净吨沿海港口 0.25 元，内河港口 0.55 元。从事港内作业的船舶和实行按月按定额计征的内河船舶港务费，每月每净吨 3 元。

（五）船舶和船用产品检验费

1980 年，按国家物价局批准的《船舶和船用产品检验计费规定》执行。

1993 年 9 月起执行国家物价局调整后的收费标准（原标准明显偏低，适当调高）。

1997 年起在规定收费标准基础上，降低 10%。

1998 年 9 月起执行国家发展计划委员会重新修订发布的船舶、船用产品检验计费标准（计价费〔1998〕800 号）。

2000 年全省征收 2112.28 万元。

（六）浙江省水路交通建设费

1999 年 7 月，浙江省政府颁发《浙江省水路交通建设费征收暂行管理办法》，同年 9 月起统一开征水路交通建设费，专项用于航道、港口重点建设工程和还贷。征收对象为凡在浙省境内和进出浙江省沿海、内河的水路运输货物之托运人或收货人。征收标准：内河运输船舶及其他从事内河水路货运船舶，实行按航次计征，费率按运输货物起讫地、运距的不同，分 0.20 元/吨、0.30 元/吨、0.50 元/吨、0.80 元/吨；产供运销结合的个体、专业户船舶，按月定额 3 元/吨计征；沿海运输货物，按货物类别、运距、航次计征，200 公里内 1.50 元/吨，200 公里以上 2 ~ 3.5 元/吨。

2000 年全省征收 9186.09 万元。

2007 年，遵照《浙江省人民政府办公厅关于开展规章和行政规范性文件清理工作的通知》，交通厅的浙交 2007〔310〕号废止，该项收费即行停止。

（七）航管费

1954 年开征航管费，内河于 1969 年 9 月 30 日后停征。凡在浙江省内河、沿海从事营运活动的船舶、排筏，按其营运（或租费）收入的 3% 计征。机关、学校、部队、厂矿企事业单位的船筏及非营业运输的农船免缴。

航管费的前身是木联社（1951 ~ 1953 年）向农船收取运费收入的 3% 作为社的管理经

费。1954 年木联社撤销，省人民政府决定将木联社收取的管理费改作航政规费，费率不变，由航管部门征收，定名为航运管理费（以后简称航管费，沿海称航政费）。

1965 年 10 月 1 日内河开征航道养护费，内河航管费停征，沿海继续征收航政费。1972 年 1 月调整费率为 4%。

（八）船舶调派费

1957 年 9 月 1 日开征船舶调派费，1966 年 8 月停征。凡托运单位申请调派内河、沿海木帆船（包括竹筏）装运货物者，按运费 4% 计征。物资单位向航运单位租用船只，按租船费计征。

1957 年浙江省交通厅规定从 11 月 1 日起，对委托航管部门代办运输者，服务费大于船舶调派费的，只收服务费；船舶调派费大于服务费的，只收船舶调派费。

1963 年 7 月，省交通厅对征收船舶调派费的最高额定为每吨次 0.25 元，砖瓦、石、泥土每吨次 0.05 元。

（九）水上安全监督收费

1992 年 4 月 25 日，国家物价局、财政部下发《关于发布交通部水上安全监督收费项目及标准的通知》，明确了水上安全监督收费名录及标准，税费内容包括船舶港务费、港务监督管理费（船舶登记费、船员适任证书申请考试发证费、船员服务簿申请及证书费、海员单项专业训练考试发证费、海员证费、油污水化验费、海事调解费、水上危险货物监督管理费、船舶证明签证费、特种船舶和水上水下工程护航费、清除污染管理费、水上水下作业许可证费、船舶申请安全检查复查费、浮油回收费、海岸电台无线电报电话费）和船舶吨税。

（十）河道护岸费

1986 年 7 月 1 日起开征河道护岸费。2011 年 12 月，浙江省政府发文废止《浙江省内河通航河道护岸费征收和使用暂行办法》，停征该费。

（十一）水路货运附加费

水路货运附加费征收对象是浙江省境内和进出浙江省沿海、内河的水路运输货物，由货主、托运人或收货人缴纳，征收标准按运费或按月定额征收，开征日期为 1993 年 1 月 1 日，1999 年 9 月停止征收。

（十二）乡镇船舶管理费

1987 年，交通部、农牧渔业部等 8 个单位联合颁布《关于加强乡镇船舶安全监督管理的通知》，规定航运管理部门可向营运的乡镇船舶征收乡镇船舶管理费。

1993 年 7 月 22 日，中共中央办公厅、国务院办公厅发布《关于涉及农民负担项目审核处理意见的通知》，取消了乡镇船舶管理费的征收项目。

二、运价管理

水路客货运价，主要由省物价、交通行政主管部门，依据本省社会物价总水平，水路运输社会平均成本、市场供需情况、运输质量及与铁路、公路运输方式的比价、周边省市运价水准和国家物价、交通主管部门颁布的水运价格规则、指示等制订、管理。县属企业经营县境范围内短途货运、小客、渡运运价，由当地政府物价、交通主管部门制定管理，报省备案。

1949 年以前，浙江省无统一运价，一般由轮船商业同业公会议订里程、票价，报省管理船舶事务所核准实施。1945 年后由轮船商业同业公会议订，报县政府核准，但各地客运运价参差不一。

1952 年华东区交通部颁布《华东内河运价管理暂行规则》,浙江据此开始制订统一运价与计算方法。货运运价按运距分级,每 30 公里为一级,递远递减;货分 5 等,每吨公里五等货在 190 ~ 300 元(1955 年 3 月 1 日前为旧币制,后为新币制,下同),四等货在 250 ~ 400 元;航线分主、次,货量分零、整。客运运价分航区、航线拟定,每人公里一般在 100 ~ 190 元。以后,逐年有所降低。如杭申线大米每吨公里运价,1950 年 1 月是 373 元,1954 年为 215 元。木帆船运价按地区、水系、航线确定,如浙西地区每吨装卸基价为 8901 元,每吨公里航行基价为 205 元。

1953 年前浙江省沿海运输由交通部上海海运局经营,1953 年后沿海小港、短途运输逐步归浙江地方经营管理。国营企业平均运价,客运每人海里 421.45 元,货运每吨海里 935.07 元。

1956 年浙江省颁发《浙江省轮船运输货物运价规定》,调整全省沿海、内河机动船运价,货运运价平均下降 20% 左右,客运运价降低幅度在 12% 以内。货物分 25 个等级,运价率分航线、分水系制订。20 世纪六七十年代调整较少。

1980 年颁发《浙江省内河货物运价规则》,调整杭嘉湖内河货物运价,总体提价 10% 左右。货分 8 级,级差率由原 1 ~ 25 级的 7.35 倍,降为 1 ~ 8 级的 3 倍。调整运价基价,停泊基价每吨原 1.17 元调为 1.25 元,航行基价每吨原 0.0118 元调为 0.014 元。零担货物按整批运价率加 30% 计算。

1982 年 1 月起,颁发《浙江省沿海机动船货物运价计算规则》。提高 500 吨级以下小轮货物运价,由原 1 ~ 8 级每吨海里 10 ~ 30.20 元基础上,分别加成计算。5 吨以下为零担货物,按整批运价加收 20%,起码计费里程调为 10 海里,货物运价费率按载重吨分级计收。500 总吨以上货轮运价执行交通部《直属水运企业货物运价规则》,500 吨级以下按小轮运价执行。

1984 年 7 月起,水上货运实行浮动运价,在浙江省原定运价率基础上上浮 10%。县境内短途、零星货物运价率由地、市物价、交通主管部门商定,报省物价、交通主管部门备案。1985 年起调整机动船客运票价,旅游航线的客票可根据船舶设备条件和淡旺季节按同航线票价在 20% 幅度内上下浮动。杭嘉湖内河轮船客运基价 80 公里内每人公里由 1971 年的 0.0175 元调至 0.02 元,超过 80 公里部分递增值由原 0.008 元调至 0.01 元。

1989 年,浙江省根据国务院国发〔1989〕53 号《关于做好提高铁路、水运、航空客运票价工作的通知》,决定同步调整省管水上客运票价,实行优质优价,新船新价,不同船型、不同航线不同价。机动船客票基价,沿海全程运距在 50 海里之内的,每人海里为 0.144 元,超过 50 海里部分递远递减;内河每人公里按 0.035 元计算,运距长短一个价。调整客轮舱(铺)、座位级差系数,内河客轮卧铺按同席座位票价加 80% 计价,高速、豪华客轮票价在批准的幅度内上浮。1990 年 3 月起,调整沿海、内河货物运价,沿海每吨停泊基价调至 5 元,航行基价 200 海里内每吨海里调为 0.05 元,201 ~ 400 海里内调为 0.046 元,400 海里以上调为 0.041 元,对 500 总吨以下小轮运价按调整后费率加 20%。内河杭嘉湖停泊基价每吨调为 3 元,航行基价每吨公里,150 公里内为 0.03 元,150 公里以上部分调为 0.024 元。同时调高部分货物等级和加成率。1992 年春运开始,对客轮运价实行视情临时上浮,具体上浮航线、客船、时间、幅度由省物价、交通主管部门确定。

1992 年，浙江省为弥补企业燃油供应平价转议价增加的费用支出，从 8 月起内河杭嘉湖客运实行燃油平议差价补贴，每人公里 0.006 元，向旅客收取，不作营业收入，用于冲抵燃油运输成本。9 月起调整货物运价，沿海停泊基价由每吨 5 元调为 6.50 元，航行基价每吨海里运距在 200 海里内由 0.05 元调至 0.065 元，201 ~ 400 海里以内的部分由 0.046 元调至 0.061 元，全程运距在 400 海里以上的由 0.041 元调至 0.056 元；内河停泊基价由每吨 3 元调至 4 元，航行基价每吨公里运距在 150 公里内由 0.03 元调至 0.04 元，运距在 150 公里以上部分由 0.024 元调至 0.034 元。1993 年 7 月，水路客货运输开始执行国家指导价，企业可在规定运价的基础上，上下 20% 幅度内浮动定价。水路煤炭运价等级由 4 级调至 5 级。同时调整省管水路客运票价，沿海客票基价每人海里，全程运距在 50 海里之内的，从 0.144 元调至 0.175 元；在 100 海里内的，超过 50 海里部分从 0.055 元调为 0.067 元；在 120 海里内的，超过 50 海里部分从 0.04 元调为 0.05 元；高速、豪华客轮票价按原定基价提高 10%。内河杭嘉湖客票基价每人公里从 0.035 元调为 0.06 元，燃油补贴停止执行。1997 年再次调整省管水路客运票价，按原省定客运基价，高速客轮上调 15%，其他客轮上调 20%，执行省定具体票价的客轮同幅上调，省管汽车渡运收费标准上调 10%。

2000 年内河重点物资运价在原规定费率基础上，每吨公里提高 0.01 元。

2001 年 3 月 6 日，经国务院批准，国家计委、交通部联合发文全面放开水运市场价格，除抢险、救灾、军运等重点物资运价继续实行政府定价，其他货物运输实行市场调节，由承托运双方依法签订运输合同，协议商定运价。

第六节 港政管理

民国 7 年(1918 年)，浙海关理船厅颁布《宁波港理船章程》，划定宁波港港口范围。民国 23 年，宁波航政处在沈家门设航政办事机构。

1949 年浙江解放初期，沿海几个主要港口由所在地军管会或人民政府颁发暂行规定、办法，对港口进行管理。

1950 年 7 月 26 日，政务院财政经济委员会发布《关于统一航务港务管理的指示》。

1953 年 4 月 17 日，交通部海运管理总局颁布《海务、港务监督章程》。

1954 年 1 月 23 日，政务院发布《中华人民共和国海港管理暂行条例》，规定“凡海港区内之一切港口设备，均由港务局统一管辖”，并对“港区之划定”、“港务之职权”作了明确的规定，浙江各地据此先后制订港口管理办法与各类具体规定，主要有 1954 年 10 月《舟山地区码头管理暂行规定》。

1955 年 1 月颁布《宁波港港章》、《海门港务管理暂行条例章则》。

1958 年 6 月颁布《杭州市港埠码头管理暂行办法》。

1959 年 5 月颁布《舟山地区码头管理规则》等，对港口实施管理。宁波还制订《宁波港区岸线管理暂行规则》、《宁波港装卸危险品暂行规定》、《宁波港引水章程》、《取缔航道张网捕鱼暂行办法》、《宁波港出海木帆船载客暂行规定》、《宁波港各类木船停泊暂行规定》、《违反宁波港航道秩序安全暂行罚则》等具体配套规定。

1959 年 12 月起执行《浙江省港口管理暂行办法》。

1984 年起执行国家经委、交通部《企业专用码头建设和管理试行办法》,提出“沿海、沿江、沿河企业,具备通航条件的,应该充分利用水运,依据‘谁建、谁管、谁受益’的原则,积极建设企业专用码头,以满足本企业运输的需要”。同时提出这些专用码头“在保证完成本企业运输装卸任务的基础上,如果能力有余,可与港务管理部门协商,……从事营业性装卸业务”。各港先后制订本港相应管理办法。

1987 年 3 月,舟山市交通局制定《舟山港港口管理规定》,确定舟山港引水,联检、过驳锚地的范围。

1993 年 4 月舟山市人民政府发布《舟山港专用码头管理暂行办法》,对沈家门港各码头作了具体规定。

1995 年 5 月,国务院办公厅转发国家计委、交通部《关于加强港口建设宏观管理的意见》,规定港口建设要统一规划、合理分工、大中小结合和专业化系统配套;岸线利用必须坚持深水深用、浅水浅用、节约使用、综合开发,不得随意挤占深水岸线建设中小泊位,建设项目严格按基本建设程序办事;新开港点建设万吨级以上码头泊位,需经交通部审查同意。

1998 年交通部发出《关于加强港口建设规划和港航设施建设使用岸线管理的通知》,浙江省据此编制沿海、内河各主要港口总体布局规划。

1999 年浙江省交通厅对港航设施建设使用岸线实行分级管理:建设万吨级及以上各类泊位使用岸线,由省交通厅航运管理局审查后,以交通厅文报交通部审批;建设千吨级及以上各类泊位使用岸线,由省交通厅委托厅航运管理局审批,报厅备案;千吨级及以下泊位及其他港航设施建设使用岸线,各市地交通主管部门(或委托市、地港航管理部门)审批,报厅航运管理局备案。

2007 年 10 月 1 日,《浙江省港口管理条例》正式实施。本条例对浙江省行政区域内港口的规划、建设、维护、经营、管理及其相关活动均进行了规范,规定港口所在地县级以上人民政府应当将港口的发展纳入国民经济和社会发展规划,依法保护和合理利用港口资源,鼓励国内外经济组织和个人依法投资建设、经营港口,保护投资者的合法权益。条例还对港口规划的制定和修改、港口岸线的管理和使用、港口建设项目的审批和核准、港口安全与监督、从事港口经营活动所应具备的条件、港口经营人的责任义务以及相关法律责任都进行了详细的规定。

2008 年,浙江省政府按照大力发展海洋经济、加快建设“港航强省”的战略部署,进一步整合宁波、舟山港口资源,加快推进两港一体化进程。按照规划、开发、品牌、管理“四个统一”的要求,成立了宁波 - 舟山港管理委员会,正式启用“宁波 - 舟山港”名称;温州、台州、嘉兴等港口加快了新港区的开发力度,港口功能和发展空间得到进一步拓展。

第七节 规划管理

一、内河航运发展规划

2003 年以来,编制了《浙江省公路水路交通建设规划纲要(2003 ~ 2010)》、《浙江省公路水路交通“十一五”规划》、《浙江省内河航运发展规划》、《浙江省沿海港口布局规划》(含

《宁波－舟山港口资源整合规划》）等一系列综合、区域和专项规划。

《浙江省公路水路交通建设规划纲要》（2003～2010）在水路建设方面重点突出了沿海港口建设，以推进宁波、舟山港口一体化进程为核心和温台港口、浙北港口为两翼的布局体系，强调港口资源整合开发。内河航道建设将集中力量抓“十线三连”骨干航道和内河五港（杭州、嘉兴内河、湖州、绍兴、兰溪港）的基础设施建设，提高航道等级，完善航道网络。

2004年9月16日，《浙江省内河航运发展规划》通过了省政府和交通部的评审。2005年9月29日省政府和交通部联合批复该规划。省内河航运发展的规划目标是：按照全面、协调、可持续的科学发展观，用20年左右时间，逐步建成与浙江省经济社会发展相适应、与其他运输方式相协调、网络畅通、结构合理、系统完善、技术先进、保障有力的现代化内河航运体系。浙江省骨干航道在长江三角洲高等级航道网中的重要地位将得到进一步巩固和提升，其中杭嘉湖地区骨干航道将覆盖80%以上的县（市、区），500吨级船舶可开展直达运输，骨干航道船舶堵航现象基本消除，内河运输营运成本明显降低。根据规划，浙江省内河航道将以京杭运河、长湖申线等航道为核心，以杭嘉湖地区高等级航道网为主体、其他地区航道为补充，形成“北网南线、双十千八”的骨干航道布局。“北网”指杭嘉湖地区航道网，“南线”指浙江南部地区相对独立航道，“双十千八”指20条、1825公里骨干航道。规划骨干航道里程占全省内河航道里程的17.3%，其中三级航道366公里，四级航道1459公里，分别占规划航道里程的20%和80%。规划重点港口包括杭州港、嘉兴内河港、湖州港、绍兴港、宁波内河港、金华兰溪港和丽水青田港等7个，其中杭州港、嘉兴内河港、湖州港为全国内河主要港口。

二、港口规划管理

宁波－舟山港　1995年11月《舟山港总体布局规划》由浙江省交通设计院编制并通过省级评审。1996年，浙江省出台《宁波舟山港口中期规划》，第一次提出两港统一规划、统一建设、统一管理的思路。1997年10月，省人民政府批复，将舟山港划分为定海、沈家门、老塘山、高亭、衢山、泗礁、绿华山、洋山等八大港区。2005年10月，《舟山港航道与锚地专项规划》通过国家交通部专家委员会评审，年底由市政府批准公布，规划到2020年在3个海域规划调整航道128条，新扩建锚地30个。

2009年3月，《宁波－舟山港总体规划》获得了交通运输部和省政府的批复，并正式公布实施。规划明确宁波－舟山港是我国沿海主要港口，长江三角洲地区综合运输体系的重要枢纽，上海国际航运中心的重要组成部分和沿海集装箱运输的干线港，长江三角洲及长江沿线地区大宗散货中转基地，长江三角洲、浙江省、宁波和舟山市国民经济发展的基础、对外开放的窗口，发展临港工业和现代物流业的重要依托，以能源、原材料等大宗物资中转和外贸集装箱运输为主的现代化、多功能的综合性港口。规划将宁波－舟山港划分为两港域共19个港区，并对两港域的各港区进行了明确的功能定位。其中，宁波港域8个港区是甬江、镇海、北仑、穿山、大榭、梅山、象山、石浦，舟山港域11个港区是定海、老塘山、金塘、马岙、沈家门、六横、高亭、衢山、泗礁、绿华山、洋山。

温州港　2008年，《温州港总体规划》通过了交通部和浙江省人民政府的联合批复。规划明确了温州港是全国沿海主要港口和集装箱支线港之一，国家综合运输体系的重要枢纽，分为乐清湾、大小门岛、状元岙、瓯江、瑞安、平阳、苍南7个港区。

嘉兴港　2007年2月5日，省政府批准印发《嘉兴港总体规划》。规划中，嘉兴港由独山、乍浦、海盐三大港区组成。乍浦港区主要建设液体化工、件杂货、多用途泊位，独山港区以承担煤炭、粮食等大宗干散货、液体化工品、件杂货运输及集装箱中转为主，海盐港区则主要建设散杂货、多用途泊位。

台州港 2007年2月5日，省政府批准印发《台州港总体规划》。规划中，台州港将形成健跳港区、临海港区、黄岩港区、海门港区、温岭港区和大麦屿港区"一港六区"的新格局。

杭州港 2002年6月10日，杭州港总体布局规划批复。按照规划，杭州港分为钱江港区和运河港区。钱江港区由三堡散货作业区、六堡海运作业区、六堡油品作业区、七格集装箱作业区、闻堰件杂货作业区、浙江第一码头（旅游）和相应的锚泊区等组成。运河港区由谢村件杂货作业区、管家漾散货作业区、义桥危险品作业区、大松树集装箱作业区、拱宸桥客运码头、武林门旅游码头及部分货主专用专业区和相应的锚泊区等组成。

2008年，《杭州港总体规划（修编）》（2005～2020）通过了交通部和浙江省人民政府的联合批复。该总体规划确定了杭州港的功能和定位，明确了杭州港由钱江、运河、萧山、余杭、富阳、桐庐、建德、淳安、临安等9个港区组成。同意杭州港使用港口岸线总长64.9公里（其中预留港口岸线长7.4公里），全港新建、改建货运作业区43个（不含货主码头）、客旅码头24个、船舶锚泊服务区4个、水上搜救中心1个，规划用地面积22437亩。至规划期末，杭州港的年综合通过能力将达1.56亿吨、集装箱135万TEU、旅客1177万人次。

湖州港 2008年，《湖州港总体规划》通过了交通部和浙江省人民政府的联合批复。湖州港划分为吴兴、南浔、长兴、安吉、德清和太湖旅游六大港区，下设24个作业区，规划港口岸线长17243米，建设水上船舶服务区6个，对各作业区的港口岸线长度和位置进行控制。

绍兴港 1999年10月，绍兴市航运管理处编制了《绍兴港总体布局规划（1996～2020年）》。2000年1月，绍兴市人民政府及浙江省交通厅联合批准《关于绍兴港总体布局规划的批复》，同意港口布局规划和各港功能的分工。

衢州港 2006年5月30日，《衢州港总体规划》通过评审。按"一城一港"、"一港三区"的原则进行规划，即衢州市设衢州港，下设衢州、龙游、常山3个港区。全港规划新建码头泊位90个，其中货运泊位82个、客运泊位8个，总占地面积196.5公顷。同年7月20日，市财政局、市国有资产监督管理委员会批准组建衢江航运开发建设有限公司，8月2日正式成立，并完成《钱塘江中上游衢江航运开发工程可行性研究报告》的编制。2007年6月，衢江航道列入国务院《全国内河航道及港口布局规划》，并完成钱塘江中上游衢江（衢州段）航运开发工程防洪评价报告及技术咨询，9月完成评审并获省环保局批复环境评价报告书。

表6－3－2为浙江省1952～2010年水路运输基本数据。表6－3－3为浙江省1990～2010年水路运输工具拥有量。

1952～2010年浙江省水路运输基本数据一览表 表6－3－2

年份	旅客运输		货物运输	
	旅客运输量（万人次）	旅客周转量（百万人公里）	货物运输量（万吨）	货物周转量（百万吨公里）
1952	599	137	488	387
1957	1332	285	1134	981
1960		418		3245
1961		689		1887

续上表

年份	旅客运输		货物运输	
	旅客运输量（万人次）	旅客周转量（百万人公里）	货物运输量（万吨）	货物周转量（百万吨公里）
1962	3377	689	1646	1601
1963		513		1768
1964		470		2064
1965	2689	441	2255	2283
1966		508		2228
1967		517		1890
1968		534		1729
1969		551		1902
1970		566		2504
1971		547		2551
1972		632		2766
1973		712		2823
1974		715		2438
1975		812		2700
1976		888		2741
1977		913		3470
1978	5828	933	4355	4473
1979	6166	1019	4743	5217
1980	6702	1149	5042	5628
1981	6909	1210	5071	6177
1982	7094	1265	5521	6985
1983	6461	1273	5468	7589
1984	6683	1421	6057	8841
1985	10163	1886	11207	12755
1986	9066	1704	12202	13788
1987	8526	1719	10996	14862
1988	8382	1750	11497	17121
1989	7275	1579	10093	16973
1990	6213	1448	8904	15547
1991	5286	1399	9269	18489
1992	5089	1390	10312	22509
1993	4556	1272	11445	27844
1994	4230	1185	12332	33223
1995	3967	1318	15320	44238
1996	3446	1122	14547	45566
1997	3232	1082	14015	48018
1998	3033	944	13304	46749

续上表

年份	旅客运输		货物运输	
	旅客运输量（万人次）	旅客周转量（百万人公里）	货物运输量（万吨）	货物周转量（百万吨公里）
1999	3034	922	16537	57543
2000	2938	888	17922	73255
2001	2371	778	19945	88259
2002	2122	666	24564	109264
2003	1983	573	29597	148086
2004	2311	741	35871	205964
2005	2510	767	41768	276139
2006	2792	671	47522	363190
2007	3164	691	51129	413268
2008	3494	729	51614	402201
2009	3680	745	52002	414778
2010	3155	603	63258	547624

1990～2010年浙江省水路运输工具拥有量一览表 表6-3-3

年度	艘数（艘）	净载重吨（吨位）	载客量（客位）	集装箱位（TEU）	功率（千瓦）
1990	63079	1669524	154317		931657
1991	69538	1718498	165597		949140
1992	63591	1849891	159374		1049450
1993	68561	2456628	164777		1299840
1994	67977	2866555	159567		1479678
1995	68689	3073549	157354		1580676
1996	63938	2944453	111632	3846	1581822
1997	51971	2911420	107076	3638	1600116
1998	50055	3185640	84711	1234	1702837
1999	47250	3753456	84931	2936	1955338
2000	38808	4239618	68441	3092	2055540
2001	37893	4906409	64924	3343	2301067
2002	37251	5773169	59818	2740	2716413
2003	33614	6984674	60861	3433	3280906
2004	31799	8337244	61808	6682	3622574
2005	29442	10371177	63940	6828	4229435
2006	27098	11496478	70932	6986	4541017
2007	24874	12038208	70690	9678	4612813
2008	23695	12915311	71865	10411	4785208
2009	21731	15503286	73530	11206	5154163
2010	21439	18125788	72693	14406	5695657

第四章　道路运输管理

道路运输管理始于近代。民国时期，省政府及交通运输部门陆续发布一些规章制度，对道路运输市场进行管理。新中国成立后，随着道路运输的不断发展，道路运输管理也不断地提高，主要是通过运政管理、行业管理、价格管理等手段加强对道路运输的管理。

第一节　运政管理

道路运政管理是指道路运输管理机构依据国家法律、法规、规章的规定，以道路运输、汽车维修、机动车驾驶员培训、道路运输市场的监管为对象而实施的行政管理。

民国时期，商营汽车公司除受省路政主管机关监督外，并受经营地区的县主管机关监督。一切客货运输的营业活动，均须遵守省订有关规章制度。运价统一由省（市）核准，财务一概依据公路会计制度办理，并须报送营业状况及收支报告。

中华人民共和国成立初期，浙江公路货运实行统一货源、统一调派、统一运价的“三统”管理。一切公私物资运输，均由省、地（市）、县物资调运机构，根据先公后私营、先主要后次要、先计划内后计划外的原则，统一托运和调派。

1954 年起，实行“分级递送、分区平衡”的管理办法，以保运力、运量之平衡。客运由省营汽车运输企业（省公路运输局，下同）以收回客运专营权，接盘、租赁、公私合营等形式，逐步将私营长途汽车公司转入。货运汽车行先是适当归并为车队、行记，继而组成公私合营或私私合营（私车联营）企业，在 1956 年社会主义改造高潮期间陆续并入省营汽车运输企业。

1957 年年底，浙江实行公路运输经营与运输管理合一的体制，省营汽车运输企业实现了全省客运和长途货运的统一经营与管理。

1964 年 11 月，浙江省人民委员会根据社会主义专业分工原则和交通部《关于汽车运输管理体制改革和“托拉斯”试点工作的意见》，发出整顿运输秩序的指示，规定全省汽车运输归由省属专业运输企业“统一经营”，将厂矿企事业单位参加流通过程运输的自备货车，分批调给省营汽车运输公司统一管理使用。市县运输以经营城镇短途驳运为主，限制购买汽车。

1966 ~ 1976 年“文化大革命”期间，“统一经营”被冲破，社会各企事业单位再次自备货车，自货自运，并将多余运力投入运输市场，市县运输经营业务和范围亦有扩展。1976 年后，整顿客货运秩序，恢复各项规章制度。

1983 年 7 月，国家经委、交通部提出，公路运输坚持计划经济为主、市场调节为辅的方针，实行多家经营，发展多种经济形式，允许城乡个人或联户购置机动车辆、拖拉机从事运输。自此，浙江道路运输管理开始由过去主要管理专业运输企业转向全行业管理，从单一所有制和独家经营、以“三统”为核心的传统计划管理模式转向多层次、多形式的宏观调控管理。

1985 年，浙江省下放部分客运线路、班次审批权，营业性客车开始按先专业、后个体、长短结合、干支搭配的原则，实行三级审批、二级平衡的客运线路审批和路单制度，货运开始使用统一货票和路单。

1988 年起,统一使用跨省客运班线、旅游出租线路标志牌。

1989 年,开始整顿公路客货运市场,查处违法经营活动。全面审核客运线路(包括旅游、出租车),清理不法经营,整顿营运证照。全省运管人员共有 55000 人次上路检查,检查车辆 564437 辆次,查获有违法、违纪现象车辆 95730 辆次,违纪率为 16.96%。全省共审验换发营运证照 20 万本。

1990 年全面治理整顿道路运输市场,清理私挂公、公挂私车辆,清理车站内商业性柜台、运输票证和维修网点,建立营运车辆购置审批、路单回收、区乡客运市场、车辆报到签证制度,创建文明车、文明站、文明线,兴办公用型客、货运中心,实行运力额度管理。

1992 年,简化审批手续,取消运力额度计划,货运实行市场调节,在诸暨、乐清、永康、苍南等县市进行客运热线有偿使用试点。同年,义乌、柯桥以货运站点为载体的集约式道路货运市场建立。

1993 年《浙江省道路运输管理办法》出台。1994 年继续狠抓道路客运承包、挂靠经营车辆及维修行业的专项整治。1997 年完成客运市场秩序整顿,开始货运市场的治理。

2000 年开展道路运输行业管理年活动,对驾驶员培训实施纳轨管理,积极发展结点运输,专项整治出租车,快速货运网络初步形成。按公开、公平、公正、择优、无偿、有限期使用的原则,在国内率先开展经营线路的质量招投标。固定班线货运按批准统一线路、区域经营。

2001 年 4 月 19 日,浙江省人大常委会发布《浙江省道路运输管理条例》。先后发出《关于整顿和规范道路水路建设市场的若干意见》等 3 个文件对该项工作进行指导。整顿和规范道路运输市场秩序工作主要围绕客运市场整顿、出租汽车整顿、危险品运输和货运联托运业专项整顿、更新改造农用客车、强制淘汰客运三轮车、配合省公安厅道路交通安全整治工作等 6 项内容进行。整顿中,各地加强对车站、码头、机场及旅客和货物集散地的监督检查,重点打击“二超”(超载、超限)、“三无”(无牌、无证、无照)、“四客”(宰客、买客、甩客、拉客)现象和站外组客、私设售票点等扰乱运输市场秩序的违规行为,使浙江省道路运输市场秩序有所好转,经营行为在一定程序上得到规范,运输服务质量不断提高,为旅客、货主和经营者营造了良好的运输市场环境。整顿期间,全省共检查车辆 52035 辆,查获违规违章车辆 13498 辆。

2002 年,全省各级交通运管部门加大对市场稽查力度,严厉打击站外组客、超范围经营、严重超载和“宰客”、“卖客”、“甩客”等违章行为。共查获违章车辆 22.8 万辆次,取缔 21 个非法站外组客点。开通道路“96520”举报投诉电话,建立举报投诉制度和曝光制度,对查获的违章经营行为车辆和经营业户,每月定期在新闻媒体上曝光。根据全国道路化学危险货物运输专项整治的精神,共清理不符合道路危险货物运输经营资质条件的企业 289 家、车辆 829 辆。改革行政审批制度,凡新增高速客运班车、快速客运班车、主要干线公路中的普通客运班车必须实行服务质量招投标,新增支线公路客运班车实行公示制,规范了运输市场秩序。厅道路运输管理局在《交通时报》开辟“道路运输违法违章经营行为曝光台”,对道路运输经营行为开展媒体监督。凡营运车辆站外组客、途中超载、不按规定的经营线路或区域经营、无营运线路核准证以及发生倒客、卖客、甩客等不法经营行为的运输车辆,定期予以公布,并与客运线路服务质量招投标资格和质量信誉考核挂钩,凡情节严重的限期取消招投标资格或适当扣减质量信誉考核分数。至 2002 年年底,对 103 辆违法违章经营行为的车辆予以曝光。

2002 年,建立健全举报投诉制度,接受社会和公众监督,在电信部门的支持下,全省各级运管部门统一设立了“96520”举报投诉电话，到2002年年底，市县运管处(所)开通率达到100%。自开通以来，各地运管部门实行24小时值班，坚持昼夜服务，规范操作程序，使用文明用语，提高举报投诉质量，得到了各方面的关注和支持。不少市县运管部门还专门成立了举报投诉处理中心，负责处理、反馈群众举报投诉事件。自2002年5月开通至年底，全省运管部门共接到举报投诉电话10万余次，大部分得到及时处理。

2003年，客运市场以打击非法营运为重点，加强对无证无照经营、站外组客及“四客”进行集中整治；货运市场以打击倒货、骗货行为和超范围经营为重点，同时继续做好道路危险品货物运输专项整治和汽车维修市场、驾培市场的整治工作。共出动运管稽查人员34.78万人次，检查车辆483.76万辆次，查获违章车辆16.22万辆次(其中无证经营的“黑车”8865辆)，处罚案件15万件，曝光车辆1835辆次。

2003年4月至7月非典期间，全省道路运输管理系统共有3700余人直接投身防控非典第一线，占人员总数的80%。期间，投入防非典资金1815万元，消毒营运车辆320万辆次；13个省际公路检查站共检查车辆49.3万辆，登记旅客178.5万人；专项整治中，出动检查人员4万余人次，检查车辆22万余辆。为落实非典期间部分行业减免收费、基金政策，自2003年6月10月底，全省共减免营运客车约5.2万辆，减免客货运附加费1.38亿元、运管费1526.54万元。

2004年，浙江省道路运输管理局提出城乡客运一体化、异地购票便捷化、规费代缴网络、高速维修规范、审批办证高效化、长三角实现一号通、货运信息实现一点通、驾培考核一卡通、培训考试一本通、快修救援一路通等10项便民服务举措。

2005年9月30日，浙江省人大常委会颁发经修订的《浙江省道路运输管理条例》，规定县级以上交通行政管理部门负责领导本行政区域内的道路运输管理工作，授权县级以下道路运输管理机构负责具体实施道路运输管理工作。

2005年，集中开展无证经营、客运场(站)秩序、营运客车等6项专项整治；开展天网一号行动，打击无证营运“黑车”，查获“黑车”10330辆，处理6109辆，道路运输市场秩序明显好转。继续推进网络、智能、信用、平安4个运输结构调整。

2006年，全省城乡公交一体化达到新水平，通等级公路的行政村全部通了班车，集约化运营车达到4614辆，全省2300万农民的出行得到了保障。为解决高速公路执法薄弱环节，交通与公安联合执法，在高速公路省标6个卡口建立运政稽查执法队伍。继续开展“平安交通”建设，全省以三个平安(平安工程、平安运输、平安队伍)建设为重点，切实规范交通运输市场秩序。

2007年，出租车行业开展“天网”行动。与公安交警联合整治黑车非法营运4600辆，G903安装率达58%，电话叫车全省每天达7万余人次。开展“信用出租汽车”、“的士之星”等评选。全省涌现星级司机1.2万名，星级出租汽车4500余辆。96520平台不断完善。快速货运培育现代物流业为主线，成立“浙江快运”机构，推动传统运输向现代物流转型。

2010年，全省继续开展打击“黑车”等非法经营专项治理活动，运管投入稽查人员97万余人次，设立固定检查点332个，流动检查点984个，出动稽查车辆5.3万余台次。八省市联合开展长三角地区春运联动稽查，加强执法力度，全省运管系统出动稽查力量11万余人次、车辆51000余台次，检查车辆165000余辆次，共计查处各类违法违章行为11264起，其中查处黑车592辆，查处出租车违规行为1135起，查处客运班车旅游车客运违规1396起。

第二节 运输市场管理

一、汽车维修业管理

浙江省解放初期，在汽车维修（机务技术）管理工作上，面临着国民党海军封锁浙东沿海港口，车用汽油、轮胎、配件供应濒于中断，车辆陈旧、运力不足，技术管理落后等诸多问题。省交通公司初建时，全省维修机构主要靠杭州玉皇山修理厂。为扭转这一局面，浙江省先后采取改装木炭车、抢修车辆、修旧利废、建立有关责任制度等一系列措施。

1950年1月，省交通公司对机务组织进行了调整充实，内设机料科，负责主持全公司机务技术和器材供应工作。

1951年3月，针对当时劳动组合形式解决保养与维修之间矛盾。

1952年，在全省先后设置金华、宁波、淤头保养场。

1953年，根据交通部精神，为使浙江公路运输汽车维修机务技术管理工作适应计划作业，将车辆保养、修理工作进行专业分工，另设车队保修组，制定“修理技术标准”，建立检验制度，并贯彻交通部颁发的三级（例保、一保、二保）保养制度。

1954年，省运输公司（由省交通公司改称）为实现机务业务的统一，保留杭州第三修理厂，撤销厂、场、班，各分公司及直属中心站设立修理车间，省公路运输局（由省运输公司改称）开始贯彻交通部颁汽车运输企业技术标准与技术经济定额（简称红皮书），并制订推行一系列制度。

1955年，省运输管理局推行保养修理计划预防制度，建立车辆技术资料卡和一、二级保养工艺规程，实行车辆技术鉴定强制中修。

1957年，省运输管理局将各运输处改称修理车间，恢复保养场，推行总成、部件更换保修，扩展修配能力，为健全省汽车修理基地打下基础。

1958年，省交通厅在杭州、温州、丽水、嘉兴、湖州等地陆续建汽车大修厂。

1961年，浙江交通机械制造厂被确定为全国26个重点厂之一。

1962年，在机械工业“关、停、并、转”中，省交通厅先后接受杭州农机厂和江山煤矿机修厂。

1963年，省交通厅对省交通厅汽车配件制造厂投资270万元，为汽车配件制造厂发展注入活力。

1964年7月，省汽车运输公司成立。公司下属“浙江省汽车运输公司杭州修配厂”的生产方向以修理为主，兼制造配件。

1966年，省、市计委根据省人民委员会决定，将杭州修配厂更名为“杭州汽车制造厂”，厂的生产方向转变为以汽车制造为主。此后，浙江失去一个重要的修配基地，省营汽车维修陷入困境。

1958年至1966年间，交通部和浙江省交通厅颁布了一系列条例、规章、制度、标准、定额、规范，如《汽车计划预防保修制度》、《汽车技术检验制度》、《货运汽车载重和拖挂量标准暂行规定》、《汽车修配厂工作条例》、《汽车机务干部分工责任制》，制订《汽车大修二十四条》、《汽车保养一条》、《汽车运输企业技术标准与技术经济定额》，修订《汽车运输企业技术管理制度》、《汽车运用规范》、《汽车运用技术手册》、《汽车运输企业规范》、《汽车运输企业轮胎管理、使用、保养制度》等。"文化大革命"以前，省营汽车保修技术管理由于各项制度健全、执行严格，车辆完好，大修间隔里程、轮胎寿命均创历史最好水平。

1966～1976年，批判专家治厂、技术挂帅，规章制度被批判为"管、卡、压"，导致厂、场、车间生产瘫痪，消耗激增，车况下降，浪费惊人。车辆技术管理和维修工作遭到派性干扰和破坏，省、地汽车维修企业厂、场生产陷于混乱之中，客、货、挂车长期停厂等待大修，客车车身无法结合大修进行新建，行车事故多发，车间劳动纪律松弛，生产失常，车辆完好率下降到历史最低点，汽油消耗却大量增加。

1979年后，省汽车运输公司恢复建立，进一步加强机务技术管理，认真贯彻汽车维修有关技术管理制度、技术规程、汽车修理与保养技术管理规程，制订岗位责任制和三级检验，12种管理制度，汽车保养修理管理工作细则，调整汽车保修网点，加强职工业务、技术、文化教育培训。

1978～1990年，随着公路运输的开放搞活，汽车维修行业在各地迅速兴起，专业运输企业及粮食、外贸、商业、建工、林业等单位自身设立车辆维修机构，浙江汽车维修厂对外开放维修。

1986年，省交通厅转发国家经委、工商行政管理局和交通部联合发布的《汽车维修行业管理暂行办法》，规定汽车维修企业开业、歇业、技术条件、维修质量、收费标准等归口交通部门管理，全省各地公路运输管理部门也先后开展汽车维修行业整顿和等级审定、修理工培训、考试等工作。

1989年，省公路运输管理局先后发布《汽车检测标准》、《汽车维修技术标准》、《浙江省汽车维修行业管理实施细则》、《汽车维修行业开业技术条件》、《汽车大修施工质量检验评分办法》、《汽车维修工时定额收费标准》，从各方面规范汽车维修行业的管理。

1990年，全省各市地根据省交通厅《关于治理整顿车辆维修市场的通知》，对维修行业进行了复审换证，健全了各种规章制度，不断完善管理工作、技术规范、技术标准、收费标准，经复审合格的汽车和其他机动车维修业有8180家，从业人员67199人，全年共维修保养客货汽车及其他机动车1557103辆次，收入31476.20万元，维修业的工业总产值达42894万元。

是年3月7日，交通部第13号令《汽车运输企业车辆技术管理规定》规定，对营运车辆实行"定期检测，强制维护"制度。

1991年8月23日，省交通厅颁布《关于印发〈浙江省运输车辆技术档案〉的通知》，自1992年1月1日起执行。

1992～1995年，省公路运输管理局进一步贯彻交通部发布的JT/T 201－95汽车维护工艺规范等3项交通行业标准，落实新的汽车维修制度，应用汽车不解体检测诊断技术，提高维修质量，编写第一册《汽车维护工艺规范》，后又继续编写第二册、第三册《维护工艺规范》和《汽车维修技术标准》，以满足全省维修业户维修所需，逐步完善浙江省车辆维护工艺规范化、制度化。

1995年，为加强汽车维修市场管理，对全省维修企业重新计划定级，取消三级维护作业制度和三级维护企业，并对外商投资维修企业全面清理、检查，接收汽车驾培行业前期管理工作；制订《驾培行业管理办法》；加强汽车综合性能检测站建设与管理。

1996年，加强行业管理调控力度，严把市场准入关，对维修业务严格审验把关，取缔维修企业 249 家；制订《浙江省 1996 年～2005 年汽车维修行业发展规划》和《浙江省 1996 年～2005 年汽车综合性能检测站发展规划》；统一更换车辆技术档案，开展全省汽车大修企业专项检查，评出 13 家优胜单位、4 家良好单位；宣贯《道路运输车辆维护管理规定》，并制订《浙江省汽车维修企业标志牌、证管理办法》；通过调研，提出将汽配市场纳入行业管理，汽车维修行业初步形成以城市为依托，一类企业为骨干，二类企业为基础，三类企业为补充，多层次多形式，门类齐全、服务方便的市场格局。

2003 年 9 月，建立全省汽车维修救援服务网络。随着国民经济的快速发展和人民生活水平的不断提高，各类汽车大幅度增长，特别是轿车进入家庭，使汽车维修尤其是突发性车辆修理面临着新的情况和新的需求。为更好地服务社会、服务车主，及时为车辆进行应急救援，并提供 24 小时和全方位服务，由运管部门积极引导，行业协会牵线搭桥，以区域性汽车维修企业为主体，以国道干线公路为依托，建立全省汽车维修救援服务网络，共有 359 家维修企业参加救援网络。自救援网络建立至 2003 年年底，共接修车辆 354 起。

2007 年，维修网络形成覆盖全省 24 小时规范服务的快修连锁和维修救援网点。

2009 年，开展维修企业创优达标创建活动和全省道路运输行业维修企业文明行业创建活动。

2006～2010 年，认真贯彻省政府关于"十一五"期间浙江省道路运输业发展若干意见，维修行业为适应汽车进入家庭的趋势，全省统一"浙江快修"形象标识，打造"浙江快修"服务品牌，便民维修服务进社区，提升维修服务业创新管理水平。通过引入互联网信息发布技术，完善汽车维修公共信息服务网站；建立废物利用管理体系，全省 2.57 万家维修企业一年更换废机油 12.6 万吨，发挥维修协会作用，牵头维修企业签订废油回收协议，建立回收制和回收网点；加强农村维修点；建立废旧轮胎资源回收利用信息系统，回收废旧轮胎，变废为宝。回收废配件、废旧电池，推广节水型洗车设备、环保型洗涤用品等，推进生态省建设，促进道路维修行业持续发展。

2010 年，完成全省机动车维修量达 2985 万辆次，居全国前列。

二、联托运管理

民国 34 年（1945 年）12 月，军事委员会战时运输管理局京沪区物资运输处杭州业务所成立，开始经营汽车运输业务。

民国 35 年（1946 年）2 月 21 日，杭州业务所接替兰诸商车联合办事处经营诸暨至兰溪段铁路路基道路的客运业务。3 月，京沪区物资运输处杭州业务所改隶交通部总局直辖第一运输处。

民国 36 年（1947 年）1 月，杭州业务所担负整修京杭国道吴县至宜兴间一段的路料运输。3 月 1 日，杭州业务所改称交通部公路总局第一运输处杭州分处。同时，浙江公路联营运输处（简称联营运输处）成立，处长一职由第一运输处委派其杭州分处处长蔡慕慈兼任。联营运输处的职责是负责办理修复及新建公路旅客运输，经营上实行独立核算。县公路局按期收取管理费、公路养路费。4 月，联营运输处取得杭州市公共汽车公司合作，建立钱江两岸联营处，共同办理杭州城站至钱江南岸客运业务。

民国 37 年（1948 年），又以第一运输处名义设置福州办事处。增开江山至福州的客运直达班车。

民国38年(1949年),联营运输处与商营汽车公司协议合办运输,代办部分县道及代营东南、浙江汽车公司部分线路。

1949年5月3日杭州解放,公路运输初步恢复。为对旧官营运输机构进行彻底整改,8月1日浙江公路联营运输处撤销,组建浙江省交通公司,主持省营汽车运输的经营。

1950年8月,筹建浙江省联运公司。9月20日,正式成立浙江省联运公司,并设立宁波、温州分公司,杭州、湖州、嘉兴、丽水、金华、舟山等12个办事处,杭州等9个联运站。

1951年,先后接收温州等3个营运公司、杭州业务部及一些办事处、联运站,下属机构达到39个。1952年,共计完成货物联运234万吨。

1953年1月1日起,根据交通部"各省汽车运输企业受大区交通部统一领导,并一律定为国营企业"的规定,省交通厅将省交通公司改称为"国营浙江省汽车运输公司"。

1953年1月16日,接盘私营萧绍长途汽车运输公司,撤销第六运输段,江浦线管理业务移交福建省接办,撤销江山办事处。

1953年6月1日,因华东交通部及所属机构撤销,为避免机构重叠,省交通厅撤销浙江省联运公司及其分支机构,所有业务人员归口公路、航运部门。

1954年,成立杭州分公司,撤销台州分公司。

1955年10月,省交通厅鉴于省交通厅公路运输局名称与其履行职责范围不相称,将其改为"浙江省人民政府交通厅公路运输管理局"。

1956年8月,设立金华运输处,撤销江山运输处,与江苏省举办省际公路联合运输。

1957年5月,将丽水运输处移至温州,改称温州运输处。后又接收省内最后一个公私合营企业——宁波汽车运输公司为省营。自此,省公路运输管理局统一了全省公路货运的经营。

1963年,各区公路运输局均在所辖路段设立联运站、联运工作组、联运代办站,受理整车和零担农副产品联运业务,实行一票到底的运输方式。接受托运时,做到上门承办和电话托运。对大宗货物,派人派车就地装运,随时随地接受托运。

1967~1976年,"文化大革命"严重干扰浙江公路运输工作的正常进行,体制变动,客货运输频遭冲击。省地汽车运输企业注重省际客运的拓展,先后与江苏、安徽、江西联合新辟和调整班车路线。省革委会为改变北煤南运局面,建立省夺煤指挥部,指定省汽车运输公司负责重点产区长广煤矿的运煤任务。为扩建杭州笕桥机场,省第一、第二汽车运输公司承担物料运输任务,省第二运输公司为丽水地区抢运木材,为天台县煤窑疏运煤炭。宁波汽车运输段派车去山西驳运煤炭,缓解宁波用煤紧张状况。

1971年,浙江省为推动铁、公、水联合运输,设立浙江省统一运输指挥部。

1976年,全省千人(吨)公里综合成本高至175.08元,多数地属汽车运输企业出现亏损。浙江地、市、县运输企业因"文化大革命"的动乱大都停产,运输秩序混乱,生产无人管理,效率低落,连年亏损。杭州市运输公司为浙江最大市县运输企业,1976年车吨年产量比1966年下降32%。

1978年中共十一届三中全会后,浙江公路运输随着改革开放深入和省、地营汽车运输变革,大力拓展省内、省际客货和集装箱运输,同时加速发展联运业务。温州地区开办零担货物经杭州中转全国一些大、中城市的联运业务。温州汽运公司西站根据地区特点,在温州市联合运输指挥部和铁路部门的大力支持下开展铁路车票发售业务,主要是经金华、杭州、上海火车站中转全国各地的旅客联票。省汽运公司针对长短途客源兴旺的形势,推动省、地、市、县拓展联合运输,统一客票发售、结算,并在客票上注明"联营"标志。春运期间,开展团体预订票,上门服务,打破定时定班限制。宁波开行送火车站旅客的直达车,开展长短结合、干支相连的旅客联运。省汽运公司开展以杭州为中心,各个地区为枢纽,遍布平原、山区、海岛的城乡运输网络并行,跨省、跨区、长短结合多种形式的客运班车(联合运输)。

1980 年后,浙江大力发展省(市)际直达旅客运输,至 1987 年年底与沪、苏、皖、赣、闽五省(市)共开辟客运路线 157 条,极大地方便了跨省、市的长途旅客。1986 年 4 月,与山东省公路运输联合公司签订省际客运协议。

1983 年,省计经委颁发《关于开展联合运输服务工作若干规定(试行)》。

1984 年,国家经委、交通部等 5 部门联合颁发《联运工作条例》,浙江台州、温州、椒江、安吉、玉环、黄岩、象山、仙居等一些市(地)县(市)相继成立了联运公司。

1986 年,省计经委、交通厅等 5 部门联合制发《浙江省关于发展联合运输若干问题暂行规定的实施细则》。

1987 年,国家经委为鼓励浙江联运企业的发展,拨给杭州、宁波、温州、绍兴、台州、椒江、玉环等 7 个联运公司技术改造费 200 万元。浙江省汽车运输公司在杭举行苏、沪、杭联合运输公司成立大会,成立南京、合肥、杭州联合运输公司,并采用直达分流、对角分流、平行分流等 3 种形式。

1987 年,省汽车运输公司杭州分公司先行参加上海、南通、杭州集装箱汽车运输联合公司的营运,后又与省远洋轮船公司协作配合,试运行杭州至上海、南通集装箱甩挂运输。

1987 年,省汽车运输公司杭州、宁波两分公司参加国际集装箱的水陆联运。省汽车运输公司就发展零担货运工作曾多次召开会议,制定了不少措施办法,基本上形成了干支线相连的省内外零担货物运输网。

1988 ~ 1990 年,随着运输市场的放宽,社会需求的增加,杭州第三运输公司设立了"四通托运部",在车站、码头、厂矿、企业和周边省市设立业务受理点,建立横向协作,签订配载合约,与各地大中型物资单位实行合同运输。杭州第一汽车运输公司陆续配备散装、超长、笨重、零担和集装箱专用车,开办国际集装箱运输,与上海进一步实行联营,建立集装箱中转站。省营运输下放市(地)经营后,各市(地)汽车运输公司开展旅游汽车出租服务,并普遍设有联运机构,承办货物中转联运及仓库业务。在跨省直达客运和省内、省际零担及集装箱货运的同时,开办公铁货物联运。在这期间,湖州、嘉兴、丽水、衢州等市(地)及部分县(市),也先后成立了联运公司。截至 1990 年年底,全省共有县以上联运公司 35 家、县以下联运站点 647 个、客货代办服务点 147 个,基本上形成了以交通枢纽城市为中心,沟通全省,伸向外省市的联运网络。

1991 年,全省开展客货运输经营资格清理审查,道路运输市场无证经营行为基本得到制止,公路运输市场的治理整顿取得了阶段性成果,公路运输生产开始复苏。金华义乌是全省最大的联托运市场,义乌市委、市政府大规模整顿市场经营机制,采取定点、定线、承包经营与政府联合办公方式,统一管理,调整生产力,努力将其纳入依法照章、有序管理轨道。

1992 年,重点加强公路运输行业管理,义乌、绍兴、湖州市县交通主管部门改变以往按行政区域设置市场的做法，衢州、常山、余杭等市县改革传统的单一管理方式，争取法院、工商、物价、公安等部门的配合支持，促使运输市场活跃而有序健康发展。

1993 年，浙江省政府颁布《浙江省道路运输管理办法》，基本解决了长期以来存在的关系不顺、手段不力、职责不明的问题。金华义乌市政府针对联托运行业的特殊性，通过第三次整顿，组织相关企业投巨资加快对联托运市场的站场建设，年初义乌市第一家集中经营管理的联托运市场——北方联正式启用。

1995 年，道路运输市场加快发展，客货运网络逐步得到完善。浙江省先后制订《浙江省公用型道路运输站、场管理实施细则》和《浙江省外商投资道路运输开业立项审批规定》。

1996 年，浙江省制定印发《浙江省高速公路旅客运输管理规定》和《浙江省高速公路旅客运输服务规范》，认真贯彻《交通部省际道路旅客运输管理办法》；根据交通部《关于整顿道路客运市场秩序的通知》精神，大力开展道路运输专项整治，并制定《浙江省运输企业行车安全管理标准》；初步建成全省道路运输管理信息系统；建立货运审批管理制度，将大件货物、集装箱、零担及其他特种货物运输纳入规范化管理；组建道路快速货运系统，在原零担运输网络和运输组织方式的基础上，配合、协调抓好沪、宁、杭三地三线的快速联合运输系统的建设。

1997 年下半年和 1998 年上半年，新增客运班线，与苏、赣、皖、闽四省就发展省际班线达成协议，进一步加快快速客货联合运输系统的组建工作，帮助指导以浙江、上海、江苏三省市为基础的东方快运联运系统的组建。积极培育市场运营新机制，引导国有企业依托高等级公路发展快速联合运输，走“强强联合”的集约化经营道路。

2000 年，随着公路等级的不断提高，快速联合运输逐渐成为道路运输市场的发展方向。

2001 年，浙江省各级运管部门根据省府办公厅转发省工商局等部门关于进一步抓好货物联托运市场专项执法整治实施方案和省交通厅、省工商局、省公安厅联合下发的《关于开展全省货物托运业专项执法整治的通知》精神，积极会同有关部门认真做好货物联托运市场的专项执法整治工作，调查摸底，深入现场，整顿和规范货物联托运市场秩序，保护合法经营，严厉打击非法经营和违法犯罪活动，取得了较显著的效果。经过专项执法整治，全省共取缔 1000 余家无证经营户，无证经营基本制止，欺行霸市、不正当竞争得到遏制，区域封锁、垄断货源、欺诈货主的现象明显减少，货运配载专线管理趋向规范，经营权有偿使用基本得到制止。

2003 ~ 2007 年，全省道路联合运输转变为新的组织形式，即由传统的运输企业向现代物流转型，经分析本省现代物流发展条件和环境，提出资源整合型、联合发展型、延伸服务型。2007 年，全省道路运输实现网络运输、智能运输、信用运输的工作目标，与省交通“六大工程”同步协调发展；推进长三角道路运输一体化，加强信息网络合作，加快江苏、浙江等地至上海浦东机场客运线路和江、浙两省间客运线路调整及高速客运线路发展和长三角区域旅游客运网络、租赁客运网络，农村客运、厢式货运等新型的联托运型式对策研究。

2006 ~ 2010 年，全省交通运输行业圆满完成乡村康庄工程，完善干线畅通工程，提前完成绿色通道工程，推动区域协调发展，加快高速公路网络化建设，推进增长方式转变和运力结构调整，推进农村客运网络化和城乡公交一体化，抓好现代物流发展，促进运输产业升级，构建现代化的生态交通的综合运输体系。

三、搬运装卸管理

浙江的搬运装卸大多分布在物资集散较为集中、人员来往频繁的杭州、绍兴、宁波、嘉兴、湖州、温州、金华、丽水、兰溪等城市和一些水陆交通枢纽的集镇。

民国初期，人力装卸、汽车货运装卸大多由官、商汽车公司雇佣杂务工完成，或由搬运的钢丝车工兼之。

1949 年初，全省从事搬运工作的工人约有 2.6 万余人。1949 年 11 月成立“浙江省搬运工会”。随后，各主要城市、集镇相继建立搬运工会组织。

1950 年 11 月，省人民政府对各地成立搬运公司一事作出具体规定：凡有 1000 人以上搬运工人的市县集镇可成立搬运公司，500 人以上 1000 人以下者可成立搬运服务所，500 人以下者成立搬运服务站；搬运公司、所、站的搬运方针、政策、业务规划、搬运价格等，由当地人民政府确定，并须接受省交通厅指导。至 1951 年，杭州、嘉兴、宁波、温州等 21 个市县建立搬运机构。

1953 年 4 月，省交通厅成立“国营浙江省搬运公司”。1954 年 2 月，省交通厅撤销国营浙江省搬运公司，改在厅内设置搬运科，负责搬运工作的行政领导。1957 年年底，全省各市县乡镇共建立国营、集体站所、站、所 76 个，共有职工 26740 人，一年完成货物搬运装卸量 2400 万吨。

1959 年国务院发文，要求大搞短途运输的群众运动，市区街道组建装卸运输组织。1966 年“文化大革命”开始，全省各地搬运装卸管理机构瘫痪。1968 年对民间运输装卸业进行整顿，统一归口各区领导。

1975 年，省公安局、省交通局颁发《浙江省城市和公路交通管理规则实施细则（试行）》，全省各地将三轮车、人力车、畜力车等搬运装卸的非机动车纳入地、市、县城镇交通管理站，经其审验发放牌证，投入营业。1979 年，浙江省各种形式的装卸组织纷纷涌现。1980 年，提倡多种经济成分合理竞争，搬运装卸活跃起来。

1986 年，根据交通部、国家经委发布的《公路运输管理暂行条例》规定，浙江省从事境内公路搬运装卸的单位和个体户一律纳入公路运输行业管理。

1989 年，全省三轮车和人力车的行驶牌证发放管理逐步移交各市公安局，但从事营运性运输的车辆管理仍由交通运输部门负责。

1990 年起，各地市逐渐兴起搬家运输服务业。全省各地火车站、汽车客货运站、沿海港区、轮船码头、民航机场，除行包装卸还需人力外，从行包房到装车已改用各小型电动平板车运送行包，大件货物搬运装卸运用吊机、叉车、铲车等机械。

2000 年起，全省个别地区成立快件货物运输，利用客运网络资源专营快件行包搬运，确保快件货物齐全，快捷送达。

2005 年《浙江省道路运输条例》修改出台后，搬家运输不再列入专门行政许可事项中。

四、出租车管理

1983～1984 年，运管部门着重将社会实际从事出租车经营但未办理证照的经营业户，统一纳入归口管理。

1985～1987 年，出租汽车发展尚无限制，只要单位或者个人申请即可获准。

1988～1995年，杭州市出租汽车运力发展开始实施有计划的行政审批阶段，出租汽车总数猛增至3675辆。

1995年7月，杭州市区首次实行出租汽车经营权有偿使用，并于2001年5月将原行政审批的3675辆出租车统一纳入有偿使用的轨道。

1996年，浙江省交通厅出台《浙江省货运出租车管理办法》(浙交〔1996〕486号)，省运管局印发《关于贯彻省交通厅〈浙江省货运出租车管理办法〉的通知》(浙公运〔1997〕19号)，规范货运出租车经营。

2001年4月23日，浙江省交通厅党组召开专题会议，传达贯彻中央、省整顿和规范市场经济秩序工作会议的精神，结合浙江省实际，制定方案，提出贯彻意见。主要围绕出租汽车整顿等，配合省公安厅道路交通安全整治工作6项内容进行。通过整顿和规范道路运输市场秩序，全省道路运输行业管理得到优化。

2003年，全省继续整顿和规范道路运输市场秩序。杭州市运政管理与服务方面，先后出台客运出租汽车驾驶员职业道德规范、服务资格证管理办法和IC卡考核计分细则，加大了动态监管力度。温州市出租车行业继续狠抓规范管理，加强出租车行业的文明创建工作。绍兴市客运出租车经营权实行服务质量招投标，客运出租车实行错时交接班，推行单月单号，双月双号错时交接班制，全市区按综合分由高到低得分85分以上评出首批35辆星级出租车。舟山市对全市客运出租车行业进行为期9个月的专项整治活动，制定《出租车提前报废实施意见》。台州市树立出租车行业新形象，促进行业文明程度的提高，加快交通信息化建设，建立企业信息网络，全市有1000辆出租车安装了GPS系统。

2005年，全省各地贯彻落实国务院办公厅《关于进一步规范出租汽车行业管理有关问题的通知》和浙江省政府办公厅〔2005〕76号文件精神，开展规范出租汽车行业管理工作。出租汽车的数量得到控制，收费项目标准得到规范，企业经营机制逐步转变，上访事件有所减少，出租汽车行业趋于稳定。宁波市出租车管理实效明显，有效整治机场非法营运和拉客现象，服务企业和司机以协会名义开展车辆团购保险，建立代班司机服务中心。打响“96520”服务品牌，建立三级稽查网络，开展联合执法，行业管理得到有效加强。

2006年，全省道路运输公共服务全面提升，全面开展出租车服务质量竞赛活动。交通部充分肯定浙江省在维护出租车行业稳定、提高出租汽车服务水平方面所取得的成绩。

2007年，浙江省出租车行业开展“出租车服务质量大提升”活动，集中整治出租车经营秩序的专项系列行动，与公安交警联合整治黑车，全年查处非法运营车辆4600辆，通过明察暗访，第三方评估、考核评比，切实促进出租车行业文明建设；实现省出租车行业协会的归口管理，提升内部、外部协调机制，推进长三角道路一体化；全省出租车GPS安装率达58%，服务质量不断提升，电话叫车服务不断推广，每天电话叫车的乘客达7万余人次；普遍开展了“信用出租汽车”、“的士之星”等评选，全省涌现了星级司机1.2万名、星级出租汽车4500辆。

2009年，省交通厅、省公安厅下发《关于打击“黑车”等非法从事出租汽车经营专项治理活动的通知》。

2010年，浙江省客运出租车服务质量走在全国前列。全省共有出租车3.87万辆，出租车业户为4435户，平均每户8.7辆。其中，杭州市区(不含萧山、余杭区)客运出租车经营户达到 1198 户,经营车辆 8071 辆,8002 辆出租车装有市民卡系统。

五、物流业管理

浙江的物流可追溯到古代道路运输,“驿运和邮传”占主要地位。民国初期,除传统肩挑、人力和马车等运输外,木炭车、机动车运输逐渐兴起。

20 世纪 90 年代初,浙江的桐乡、金华义乌、绍兴中国轻纺城已经进入全省乃至全国最大的货物运输网络,随着网点发展,短程搬运、中转服务、业务托运、快递、信息配载直达国际运输,全省的货物运输经过多次整顿和改革,浙江货运市场更趋规范,逐渐向现代物流转化,

2003 年,省交通厅组织开展现代物流调研,通过反复讨论研究和修改,形成《传统运输企业向现代物流业转型》课题报告,对本省物流业发展状况和存在问题进行深刻剖析,分析本省传统运输企业向现代物流业发展的条件和环境,并提出资源整合型、联合发展型、延伸服务型、第三方物流型 4 类转型模式供企业参考。

2004 年,国际(浙江)道路运输与物流科技博览会隆重召开,国内外 200 家企业参加涉及智能交通及设施、物流设备与系统等产品技术展示。浙江省两家物流企业“义乌市联托运开发总公司”和“杭州第一汽车运输有限公司”入选中国物流企业 100 强。开发了全省货运信息公共平台,使货运信息实现一点通。

2005 年,全省 46 家货运企业约有 2/3 向现代物流业转轨提升。全省已有专业货运市场 4049 个,成交额连续 14 年名列全国第一。

2006 ~ 2008 年,全省货运行业以发展快速货运、培育现代物流业为主线,提升行业服务水平,推进全省小件快运标准化作业,完善小件快运县级网络,推动长三角地区道路货运业的一体化进程。2007 年,全省有物流服务企业 1157 户。2008 年全省有货运相关业务经营户 7710 户,其中货运代办 4996 户,占总数的 64. 8% ,比上年减少 352 户;物流服务企业 1222 户,占总数的 15. 8% ,比上年增加 65 户;信息配载业户 1273 户,占总数的 16. 5% ,比上年增加 253 户。全省货运从业人员达 58. 5 万人,比上年增加 5. 1 万人。杭州加快物流产业培训和物流信息系统迅速推广,宁波北仑现代国际物流园区规划出炉,温州、嘉兴、湖州、台州、丽水物流业全面推进、稳定发展。

2008 年,全省物流总额为 5. 5 万亿元,为 GDP 的 2. 9 倍。全省共有物流园区(物流中心)45 个,A 级物流企业 118 家,分别占全国的 9. 5% 和 16. 0% 。

2008 年,省政府下发《关于进一步加快发展现代物流业的若干意见》,形成辐射功能较强的“港口、航空、综合”三大交通物流枢纽。选定 12 家省级重点扶持物流基地,培育物流龙头企业;选定 33 家省级物流重点联系企业,加快物流公共信息系统建设。

2009 年 7 月 8 日,浙江、上海、江苏、山东、黑龙江、安徽、福建、青海、四川、内蒙古、宁夏等 11 个省(直辖市、自治区)交通部门在杭州共同签署《省际物流公共信息平台共建协议》。

2009 年 12 月 6 日,《交通运输部、浙江省人民政府共同促进浙江省交通物流发展会谈纪要》在北京签署。浙江省相继出台《关于推进全省交通物流基地建设的意见》、《关于推进物流龙头企业培育工作的意见》、《关于推进交通物流公共信息系统建设的意见》等指导性文件。全省物流业户已达到 1576 户,占货运相关业务经营户总数的 19. 9% ,浙江的交通物流公共信息共享平台列入部省试点示范项目。全省 31 家省、市交通重点物流基地安排补助资

金3484万元，实施发展项目50个。

2009年，浙江省外商投资道路物流企业发展迅速，UPS、DHL、TNT、FEDEX等国际四大快递公司都已经进入，日本近铁物流、美国普鲁斯等国际知名物流及物流地产商纷纷进入浙江。外资物流以合资、独资、合作经营等方式进入的企业。截至2009年年底已达到39家。

2009年，浙江省A级物流企业数量占全国第一位，省级物流龙头企业有12家。

2010年，全省物流业继续加快发展，营收达3000万以上的物流企业超过300家，A级物流企业达到167家，占全国的15.7%，数量位居全国第一。在“十一五”(2006~2010年)期间累计扶持省级项目50个，完成投资9.65亿元。全省物流服务业达1701户，占货运相关业务经营户总数的19%，年物流总费用约4165亿元，同比增长7.1%，物流总成本占GDP比重为17.8%，低于全国平均水平0.2%，物流费用下降，有力提升了产品的竞争力。

2010年，省际物流公共信息平台在北京签署后，平台二期建设成果正式上线，免费向行业提供物流交换代码、物流通用软件、物流信息交换，16个省市共享这3项服务。

第三节　价格管理

公路汽车运输价格由省物价、交通主管部门依据本省社会物价总水平、道路运输社会平均成本、市场供需情况、运输质量以及与铁路、水路等运输方式的比价、周边省市运价水准和国家物价、交通主管部门颁布的汽车运价规则、指示等制定管理。

一、客运价格

浙江解放初期，社会物价波动较大，车用燃料来源及价格尚未正常与稳定，商车未加组织，运输秩序混乱，汽车运价波动及调整频繁，幅度也较大。

1949年5月10日，杭州市军事管制委员会颁布新的汽车运价，规定长途客车每人公里6元、货车每吨公里47.50元(旧人民币，下同)。至次年3月5日，客货运价变动11次．运价达到最高值：客运价每人公里500元，货运价每吨公里4000元。4月开始回落。此后，随着国家财经情况的好转，社会物价的稳定和汽车运输成本的逐步降低，运价亦随之稳定并逐步降低。客运运价全省统一，货运采用分线运价(包括回空费)，有的路线分去程、回程(大小头)运价，有的路线分双程、单程运价，货不分等级。

1950~1954年浙江省固体燃料(木炭)车平均运价见表6-4-1。

1950~1954年浙江固体燃料(木炭)车平均运价一览表　　表6-4-1

年份	客运每人公里		货运每吨公里	
	运价(元)	较上年±%	运价(元)	较上年±%
1950	322		2901	
1951	343	+6.52	3153	+8.69
1952	315	-8.17	3113	-1.34
1953	334	+6	2720	-12.57
1954	275	-17.67	2530	-7

1962 年,《浙江省公路汽车货物运输规则实施细则(摘要)》对汽车货运价格、客车运价、行包运价作了具体规定。

1966 年 7 月 1 日起,客运不分液体燃料车和固体燃料车(1962 年后已陆续改用汽油),一律调低为每人公里长途客车基本运价 0.024 元,长途快车 0.0288 元,货车代客车 0.019 元,短途区间班车 0.02 元。

1980 年代以来,随着社会经济的快速发展和运输市场的放开搞活,浙江公路运输工具更新速度加快,各类大中小型的空调、高档豪华客车和各种型号的普通、特种货车,陆续投放道路运输市场。浙江省物价、交通主管部门,根据汽车运输条件发展变化的情况,在保持运价基本稳定的前提下,逐步改革运价结构,适时补充、修订和调整汽车运价,对不同运输条件实行差别运价。

1981 年、1984 年、1988 年先后 3 次补充、修订各类空调、豪华客车运价,实行舒适优价、普通低价、不同车型不同价。

1984 年 10 月 18 日,浙江省物价局、省交通厅联合发布关于试行《浙江省公路汽车货运运价实施细则》,并于 1984 年 12 月 1 日起施行。

1988 年起,部分支线、山区、海岛短途客运运价由市(地)制定颁布。自是年春节旅客运输开始,对汽车客运运价实行视情临时上浮,具体上浮区间、时间、幅度由省物价、交通主管部门确定。

1989 年 1 月、1990 年 1 月(见表 6 - 4 - 2)两次调整客车基本运价,即长途普通大客车每人公里从 1966 年的 0.024 元调整到 1990 年的 0.036 元,高靠软座大客车从 1988 年的每人公里 0.028 元调整到 1990 年的 0.046 元。其他各类客车运价按比差亦相应调整(下同)。

1990 年 1 月浙江省公路汽车客运运价表 表 6 - 4 - 2

单位:元/人公里

<table>
<tr><th colspan="4">车 型</th><th>费 率</th><th>备 注</th></tr>
<tr><td rowspan="5">大型客车</td><td colspan="3">普通客车</td><td>0.036</td><td>普通客车含通道客车、简易高背客车</td></tr>
<tr><td colspan="3">高靠背软座客车</td><td>0.046</td><td>包括 22 ~ 23 座</td></tr>
<tr><td colspan="3">高靠背宽座客车</td><td>0.052</td><td>仅限于跨省固定的高靠背宽座</td></tr>
<tr><td rowspan="2">空调大客</td><td colspan="2">普通型空调客车</td><td>0.06</td><td></td></tr>
<tr><td colspan="2">豪华型空调客车</td><td>0.075</td><td></td></tr>
<tr><td rowspan="3">中型客车</td><td rowspan="3">16 ~ 30 座</td><td colspan="2">中型普通客车</td><td>0.055</td><td></td></tr>
<tr><td rowspan="2">空调</td><td>普通空调</td><td>0.07</td><td></td></tr>
<tr><td>豪华空调</td><td>0.08</td><td></td></tr>
<tr><td rowspan="2">小型客车</td><td rowspan="2">6 ~ 15 座</td><td colspan="2">普通客车</td><td>0.075</td><td></td></tr>
<tr><td colspan="2">空调客车</td><td>0.11</td><td></td></tr>
</table>

1992 年 8 月 15 日起,浙江为弥补运输企业燃油供应平价转议价增加的费用支出,实行价外燃油差价补贴。汽车客运价在各类车型运价基础上,客运每人公里补贴 0.004 元,不作运输企业营业收入,直接冲抵运输成本。

是年 12 月 25 日,省物价局、省交通厅联合发出《关于颁布〈浙江省汽车运价规则〉实施细则的通知》,明确规定汽车运价是国家计划价格的组成部分,以国家定价为主。

1993 年 3 月 23 日，省物价局、省交通厅下发《关于调整公路客货运燃料油差价补贴的通知》，从 1993 年 4 月 10 日起又将补贴标准调至客运每人公里 0.012 元。

1996 年 1 月 30 日起，再次调整客运基本运价，即长途普通大客车每人公里运价为 0.06 元，高靠软座大客车为 0.072 元，同时取消价外燃油差价补贴。同年 2 月 20 日起，调整豪华客车运价，进一步体现优质优价（见表 6-4-3）。

浙江省公路客运运价一览表（1996 年 1 月 30 日起执行） 表 6-4-3

单位：元/人公里

<table>
<tr><td rowspan="3">车型</td><td colspan="4">大型客车
（30 座以上）</td><td colspan="3">中型客车
（16~30 座）</td><td colspan="2">小型客车
（15 座及以下）</td><td colspan="2">卧铺客车</td></tr>
<tr><td rowspan="2">普通
客车</td><td rowspan="2">高告背
客车</td><td colspan="2">空调车</td><td rowspan="2">普通
客车</td><td colspan="2">空调车</td><td rowspan="2">普通
客车</td><td rowspan="2">空调
客车</td><td rowspan="2">普通
客车</td><td rowspan="2">空调
客车</td></tr>
<tr><td>普通
客车</td><td>豪华高
级客车</td><td>普通
客车</td><td>豪华高
级客车</td></tr>
<tr><td>费率</td><td>0.06</td><td>0.072</td><td>0.09</td><td>0.11</td><td>0.10</td><td>0.12</td><td>0.14</td><td>0.11</td><td>0.14</td><td>0.16</td><td>0.18</td></tr>
</table>

1999 年 12 月 1 日起，公路快客班车运价以原普通豪华车运价为基价，允许运输企业在上下各 10% 幅度内浮动。

2003 年 1 月 1 日起，公路客运票价由公路客运运价、公建金、车辆通行费、旅客站务费 4 项组成。公路客运票价实行政府指导价管理，可根据不同时段、不同路线、不同车型等市场情况适当浮动。

2005 年 9 月浙江省、市道路班车客运基准运价表 表 6-4-4

<table>
<tr><td colspan="2">车　型</td><td>客车等级</td><td>参考车价</td><td>运价（元/人公里）</td></tr>
<tr><td rowspan="11">坐席</td><td rowspan="6">30 座以上
（大型车）</td><td>普通级</td><td>20 万（含）元以下</td><td>0.10</td></tr>
<tr><td>中一级</td><td>20 万～40 万（含）元</td><td>0.13</td></tr>
<tr><td>中二级</td><td>40 万～60 万（含）元</td><td>0.16</td></tr>
<tr><td>高一级</td><td>60 万～120 万（含）元</td><td>0.20</td></tr>
<tr><td>高二级</td><td>120 万～180 万（含）元</td><td>0.24</td></tr>
<tr><td>高三级</td><td>180 万元以上</td><td>0.28</td></tr>
<tr><td rowspan="5">30 座（含 30 座）
以下（中小型）</td><td>普通级</td><td>20 万（含）元以下（无冷暖空调）</td><td>0.12</td></tr>
<tr><td>中一级</td><td>20 万（含）元以下（有冷暖空调）</td><td>0.14</td></tr>
<tr><td>中二级</td><td>20 万～40 万（含）元</td><td>0.18</td></tr>
<tr><td>高一级</td><td>40 万～60 万（含）元</td><td>0.20</td></tr>
<tr><td>高二级</td><td>60 万元以上</td><td>0.22</td></tr>
<tr><td colspan="2" rowspan="5">卧　铺</td><td>普通级</td><td>20 万（含）元以下</td><td>0.16</td></tr>
<tr><td>中级</td><td>20 万～60 万（含）元</td><td>0.18</td></tr>
<tr><td>高一级</td><td>60 万～120 万（含）元</td><td>0.20</td></tr>
<tr><td>高二级</td><td>120 万～180 万（含）元</td><td>0.24</td></tr>
<tr><td>高三级</td><td>180 万元以上</td><td>0.28</td></tr>
</table>

注：班车运价实行客车等级和实际购车参政价格双控标准，两者不一致时按购车参考价格对应的班车运价执行。

2005年9月15日起，实施《浙江省道路班车客运价格管理暂行办法》。该办法将营运客车按类型分等级，按乘坐方式分为座席、卧铺客车，按车身长度分为大型、中型和小型客车。又按配备设施划分等级为：座席客车的大型客车分高三级、高二级、高一级、中二级、中一级和普通级；中小型客车分高二级、高一级、中二级、中一级和普通级。卧铺客车分为高三级、高二级、高一级、中级和普通级。班车运价按“补偿运输成本，合理盈利”的原则制定。运输成本指道路班车客运业务经营者从事班车客运业务过程中发生的车辆折旧费、车辆维修费、燃油费、人员工资、管理费用、车辆保险费、旅客保险费以及国家规定的相关税费费用支出。班车运价以元/人公里×公里计算。跨省、市、县（市）道路班车运价实行政府指导价，县（市）境内道路班车运价实行政府定价。跨省、市、县（市）道路班车客运经营者可根据运输成本变化和市场供需等情况，实行运价浮动，上浮幅度不得超过基准运价的20%，下浮后的运价不得低于运输成本。该办法还调整跨省、市道路班车客运基准运价（详见表6－4－4）。

2006年3月26日起，国家实行石油价格形成机制综合配套改革，对农村道路客运经营者和城市公交企业等公益性行业给予财政补贴。对城市公交企业因油价上涨增加支出，由中央财政全额负担；对农村道路客运经营在油价上涨增加的支出，中央财政补贴50%。同时，稳定农村客运运价。

二、货运价格

1957年4月颁发浙江省汽车货运价，取消货运大小头运价和短途加成办法，再次降低货运价。货车每吨公里，木炭车一般货物0.19元、支农物资0.175元，汽油车一般货物0.228元、零担0.209元。

1965年9月1日起，货运实行分等计费，货分5等。长途货车基本运价每吨公里一等货0.24元、二等货0.23元、三等货0.22元、四等货0.21元、五等货0.20元，支农物资0.16元，零担0.23元，总体运价下调15.57%。1966年11月1日起，再次调低货运基本运价，改变计费办法，货不分等级、路不分远近、车不分种类，一律按整车每吨公里0.17元、零担0.185元、支农特价物资0.14元计费。此运价执行至1984年。

1984年12月1日起，按运价基本稳定、略有降低的原则，适当调整货物运价。货分普通货物（一、二、三等）和特种货物（长大、笨重、危险、鲜活等），车分大、中、小型普通货车和槽罐、冷藏、集装箱等特种货车，路分远近（省际、省内、短途）进行计价。运价确定为最高限价，允许企业可根据当地实际情况，在20%幅度内自行决定向下浮动。基本运价即长途普通货车、普通货物每吨公里一等货物0.16元、二等货物0.17元、三等货物0.18元、零担0.24元。

1987年8月25日起，对零担货物实行长、短途执行不同运价。每吨公里，县乡短途普通货物0.32元、特种货物0.41元；省内长途普通货物0.24元、特种货物0.32元；省际长途执行全国统一运价，普通货物0.26元、特种货物0.35元。

1990年9月，浙江全面整顿公路汽车货物运价。以基本运价为基准，按交通部《汽车运价规则》，对不同运输条件的货物运价作出调整。

1992年8月15日起，浙江为弥补运输企业燃油供应平价转议价增加的费用支出，实行价外燃油差价补贴。汽车货运价在各类车型运价基础上，货运每吨公里补贴0.03元，不作运输企业营业收入，直接冲抵运输成本。

1992年12月25日起，浙江执行新的《浙江省汽车运价规则实施细则》规定的货物运价，允许运输单位可在基本运价基础上加成或减成10%。运价总体水平仍保持在全国最低水平（见表6－4－5、表6－4－6）。

浙江省汽车货物运输长途费率一览表（1992年12月25日起执行）　　表6－4－5

单位：元/吨公里

<table>
<tr><td rowspan="4">项目
费率
车型</td><td colspan="10">整车</td><td colspan="6">零担</td></tr>
<tr><td colspan="3" rowspan="2">普通货车</td><td colspan="6">特种货物</td><td rowspan="2">大型车运输普通货物</td><td colspan="3" rowspan="2">特种车</td><td colspan="4">一般零担</td><td colspan="2" rowspan="2">快件省内</td></tr>
<tr><td colspan="3">长料笨重货物</td><td colspan="2">危险货物</td><td rowspan="2">贵重及特种鲜活货</td><td colspan="2">省际省内</td><td colspan="2">县乡</td></tr>
<tr><td>一等货物</td><td>二等货物</td><td>三等货物</td><td>长度6~10米，重量4~8吨</td><td>长度10~14米，重量8~20吨</td><td>长度14米以上，重量二十吨以上</td><td>二级危险货物</td><td>一级危险货物</td><td>40吨以上大型牵引平板车</td><td>普通冷藏车、专用车</td><td>槽罐车</td><td>制冷冷藏车</td><td>普通货物</td><td>特种货物</td><td>普通货物</td><td>特种货物</td><td>普通货物</td><td>特种货物</td></tr>
<tr><td>中型货车（3吨及3吨以上）</td><td>0.26</td><td>0.29</td><td>0.31</td><td>0.34</td><td>0.37</td><td>0.40</td><td>0.37</td><td>0.40</td><td>0.37</td><td rowspan="2">0.26</td><td rowspan="2">0.37</td><td rowspan="2">0.40</td><td rowspan="2">0.44</td><td rowspan="2">0.46</td><td rowspan="2">0.60</td><td rowspan="2">0.58</td><td rowspan="2">0.78</td><td rowspan="2">0.55</td><td rowspan="2">0.72</td></tr>
<tr><td>小型货车（2.50吨以下）</td><td>0.44</td><td>0.48</td><td>0.53</td><td></td><td></td><td></td><td>0.63</td><td>0.68</td><td>0.63</td></tr>
</table>

浙江省汽车货运短途运价、吨次费率及21至39公里递减费率一览表（1992年12月25日起执行）

表6－4－6

<table>
<tr><td colspan="4">项　目</td><td>1~5公里运　价</td><td>6~20公里吨次费率</td><td>21~39公里吨次递减费率（每天增加1公里递减）</td></tr>
<tr><td rowspan="9">（3吨及3吨以上中型货车）</td><td rowspan="3">普通货物</td><td colspan="2">一等货物</td><td>1.06</td><td>4</td><td>0.20</td></tr>
<tr><td colspan="2">二等货物</td><td>1.17</td><td>4.40</td><td>0.22</td></tr>
<tr><td colspan="2">三等货物</td><td>1.27</td><td>4.80</td><td>0.24</td></tr>
<tr><td rowspan="6">特种货物</td><td rowspan="3">长大笨重货物</td><td>长6~10米，重4~8吨</td><td>1.8</td><td>5.20</td><td>0.26</td></tr>
<tr><td>长10~14米，重8~20吨</td><td>1.49</td><td>5.60</td><td>0.28</td></tr>
<tr><td>长14米以上，重20吨以上</td><td>1.60</td><td>6</td><td>0.30</td></tr>
<tr><td rowspan="2">危险货物</td><td>二级危险货物</td><td>1.49</td><td>5.60</td><td>0.28</td></tr>
<tr><td>一级危险货物</td><td>1.60</td><td>6</td><td>0.30</td></tr>
<tr><td colspan="2">贵重及特种鲜活货</td><td>1.49</td><td>5.60</td><td>0.28</td></tr>
<tr><td rowspan="6">（2.5吨以下小型货车）</td><td rowspan="3">普通货物</td><td colspan="2">一等货物</td><td>1.80</td><td>6.80</td><td>0.34</td></tr>
<tr><td colspan="2">二等货物</td><td>1.93</td><td>7.20</td><td>0.36</td></tr>
<tr><td colspan="2">三等货物</td><td>2.05</td><td>7.60</td><td>0.38</td></tr>
<tr><td rowspan="3"></td><td rowspan="3">危险货物</td><td>二级危险货物</td><td>2.55</td><td>9.60</td><td>0.48</td></tr>
<tr><td></td><td></td><td></td><td></td></tr>
<tr><td></td><td></td><td></td><td></td></tr>
</table>

1993年4月10日起，又将补贴标准调至货运每吨公里0.07元。

1993年7月起，道路货物运输价格除抢险、救灾、军运等重点物资实行政府定价，其他货物的运价开始实行以政府指导性价格为基准,依市场行情及运输淡旺季节差异、上下浮动的市场调节价格,由承、托运双方依法签订运输合同,协议商定。

第四节　车辆管理

一、机动车管理

中华人民共和国成立前,境内无机动车辆专管机构,申领牌照和驾驶考试均由省建设厅办理。

民国19年(1930年),省建设厅制订《浙江省公路交通管理暂行规则》,申明:省建设厅为公路运输主管机关,车辆发牌发证和驾驶人员的考试由杭州市政府和省公路局负责进行。规定:行驶车辆一律靠左,左转时应紧靠原路左折入,右转弯时应经过路中央交叉点从左折入;超车应从前车左侧通过。任何车辆不得相并而行,汽车转头应用手势告知他人;不得超载,装载物不得逾7米,宽不得逾2米;货物超出车沿0.5米以上者,超出应该立即停驶,并快速报告附近公安局警察,不得隐瞒,不得移动,车辆损坏他人物件或他人身体的车主应负赔偿及医疗之责。

民国22年(1933年)2月起,转由省公路管理局办理。

民国22年(1933年)7月,浙江省政府公布了《浙江省管理汽车暂行章程》,凡各种汽车经登记后应送由登记机关检验,经检验合格后发给行车执照,不合格者修理完备后重新报请检验。各种汽车定期举行检验一次。

自民国23年(1933年)起,苏、浙、皖、京(南京)、沪5省市公路逐步衔接,实行车辆互通,车辆牌照和驾驶执照统一换发,并实行年检制度。

民国28年(1939年)11月,经行政院批准,交通部颁发全国统一的《汽车管理规则》、《汽车驾驶人管理规则》、《汽车技工管理规则》,规定汽车的登记、检验、领照、纳费以及驾驶人员考验、领照,应向交通部指定的交通管理机关办理。

民国30年(1941年)1月起,省公路管理局代办全省交通监理业务。2月,省公路局改组为省建设厅公用事业管理处,办理换发汽车"国"字统一牌照和驾驶人执照。1943年和1944年,进行过两次汽车年检换照及一次驾驶人总登记换照。

民国34年(1945年)10月,成立浙江省交通管理站绍兴站,负责辖区内行车检查及事故处理。

民国36年(1947年)7月,浙江省牌照代号为"09"。

1950年3月20日,政务院批准发布《汽车管理暂行办法》。

1950年9月15日,交通部颁发《汽车管理暂行办法实施细则》。9月27日,浙江省交通管理局通知:本省汽车总检验换发新牌照工作自10月1日起办理,同时颁发《浙江省汽车总检验换发牌照暂行办法》,规定如第一次检验不合格之车辆,必须按照规定重新检验,检验合格车辆,凭初次申请检验书及登记证,可向就近指定地点换领以"3★6"为代号的新牌照(3代表华东区,6代表浙江省),同时缴销以"09"为字首的旧牌照。

1952年,省交通厅订定《浙江省1952年办理汽车年度重点检验实施办法》,对已在1951年度检验合格车辆各项记录详实完备并具有符合规定条件者可免予"年度检验"或采用抽验办法。

1960年1月12日，交通部颁布机动车管理办法，同时将过去按大区划分牌照号码的办法改为按省、直辖市、自治区划分，浙江省代号为“10”。

1972年，省交邮局决定从7月1日起至10月31日止，对全省机动车、驾驶员进行年底总检审验和换发新证工作，因特殊情况不能按期办理检审的，由单位申请，交通管理部门同意，可延期办理，但不得超过两个月，逾期不办检审手续的车辆不准行驶，在外地执行任务的车辆，不能回原地办理检审的，单位可向车籍监理机关申请，委托所在地交通管理机关代办检审手续。方向盘式、手把式三轮汽车通过检验应发小号牌，载重量两吨的各种汽车核发大型车号牌。浙江机动车行驶证、驾驶证自1972年7月1日开始使用，原行驶证、驾驶证使用至10月底止，过期作废。

1981年8月，根据中共中央、国务院、中央军委〔1981〕20号、国务院国发〔1981〕58号、省人民政府浙政〔1981〕63号文件的规定，对全省各单位的载重汽车重新进行审定。凡各种车型的载重汽车，经过长期使用，虽经修理、燃料消耗高于原生产厂规定的20%的；行驶50万公里或经3次大修的；1次大修费用达到原出厂价格1/2的；车型老旧，又无配件供应来源的，均封存更新。到9月底审定工作基本结束，颁发“浙江省载重汽车使用证”，凭证换照、供油。从10月1日起各公路运输检查站、公管站已开始检查该使用证。

1984年2月29日，省人民政府颁发《关于农村拖拉机的管理和经营运输业有关问题的暂行规定》。

1985年1月1日，浙江省人民政府根据国务院有关规定结合本省实际情况，规定农村集体、个人、国营农业企事业的12马力以下手扶拖拉机、20马力以上的变型运输车，由交通、公安闻门按照城市分工负责监理。农村拖拉机上公路行驶，其驾驶人使用的证照必须经过农机监理部门会同交通或公安部门组织的考试考核，并加盖当地交通或公安部门印章。拖拉机在乡村公路上行驶发生事故，由当地农机监理和公安部门处理；在国家公路上行驶发生事故，由交通监理和公安部门处理。同年，省交通厅颁发的《关于改革机动车及驾驶员年检审验工作的通知》规定：凡参加车度检验的车辆必须技术性能良好，设备齐全，车容整洁。牌号清晰，联结机构审固可靠。送检的车辆应填写年检表，经安全片组、自检组初检合格后，由车辆监理部门复验。合格后，办理年检签证，发给合格证，有效期一年。年检合格证由省统一制发。两年未参加年度检验，本年仍不按期参加年检的车辆，缴回牌证，注销档案。参加年检的个体户车辆，应持有保险凭证。未参加年检的车辆，一律不准行驶。对私人车辆的管理按省交通厅《关于对私人机动车管理的通知》精神办。该文还规定：凡个人所有机动车辆，应向当地车辆监理部门申领牌证，申领牌证须持有城镇户口、单位证明或公社介绍信和购车发票、合格证、责任保险凭证或者具有相当资产、财力单位的具保文件，以及汽车生产准购证，并有正式驾驶证，无牌不准行驶。驾驶员原则上由车主担任，车主无驾驶技术的，可由车主在当地常住人员中选择，并报经车辆监理部门批准，按照驾驶员培训的规定培训，每车驾驶员不得超过两人。如有个别情况，需要跨地区聘请驾驶员，应报两地监理部门审查同意，被聘请的驾驶员应与车主订立合同，报车辆监理部门的证明，购车发票，应持有车辆单位检验合格，方可办理过户手续。私人购买外省在用车辆，一律不受理转籍过户手续。个人之间转让车辆时，除有双方单位证明外，应经车辆监理部门同意，检验合格，方可办理过户手续，不得任意转让买卖。

是年5月1日起，除上述规定外，要求车主对所有车辆需交纳车辆购置附加费后方能入户；机关、企事业，县属大集体单位购置的小型客车，需经省“控办”批准，方能入户。

是年11月，交通部、公安部发出《关于使用新的机动车号牌的通知》，要求新号牌从1986年7月1日开始更换启用，1987年底更换结束。新号牌牌面布置采用上、下排结构，上排用汉字注明省、自治区、直辖市的名称，并用两个阿拉伯数字表示发牌机关的代号（如绍兴市为“04”），下排有5个阿拉伯数字代表车辆编号。省交通厅〔85〕19号文决定，自1985年起，车辆的检验和发证工作下放县交通监理所组织实施。后又决定从1986年起，对不及时参加检验、三次检验不合格或两年来未参加年度检验而第三年仍不按期参加年检的车辆，令其缴回牌、证，注销档案等。

1986年，国家10个部委〔86〕560号文件，对车辆报废作了全国统一原则规定，凡客车行驶14年，货车行驶12年以上，车辆经过两次大修，技术状况下降严重无修复价值，或一次大修费用为新车价值50%以上的，都应予报废。对一些非营运性车辆，虽达到报废年限，但车况尚好，要求延期使用，须经县、市两级车管部门检验合格，转报省交通厅车管所审批后才能续驶。

1987年8月后，根据1987年7月24日国务院《关于改革道路交通管理体制的通知》精神，车辆监理、驾驶员管理、驾驶员培训、交通事故处理等行车安全管理工作从交通部门划出，移交公安部门。

二、驾驶员管理

民国16年（1927年）以前，驾驶人考核、发证等管理工作由省局统一办理，司机的检验、考试工作由各公司自负其责。

民国17年（1928年）11月，省政府公布《浙江省公路局征收运货汽车照费规则》，规定行驶公路的汽车司机应经省公路局考试合格，领取司机许可证，同时对专营长途汽车公司司机实施统一考试。

民国19年（1930年）8月，浙江省建设厅公布的《浙江省公路局管理公路交通暂行规定》中除修订和补充有关条文外，首次把条款中的“司机人”称呼改为“驾驶人”。

是年，浙江省公路局颁发的《管理公路交通暂行细则》规定：汽车及机踏车驾驶人应向公路局登记，经考验合格，发给执照后方取得驾驶人资格。驾驶人执照应随车携带，以备受公路局稽查员及各地公安警察查验。凡患有疾病者、年在17岁以下或50岁以上者、酒醉者均不得驾驶车辆。

民国21年（1932年）3月，省公路管理局成立汽车驾驶人委员会，先后对省局及各长途汽车公司驾驶人进行考试，不合格者解除驾驶人职务。

民国22年（1933年），《浙江省管理汽车司驾驶人暂行章程》规定：凡充当驾驶人者，是否车主，或特种驾驶汽车、雇佣驾驶人、学习驾驶人，均须持有本省建设厅发给之驾驶人执照方准驾驶汽车。驾驶人欲领执照，应先领登记书，照式填写，送后定期考验合格给予临时执照及驾驶证，并持证向指定照相馆摄取2寸半身软胶照片6张。临时执照以一个月为期限，如无人为过失及违章事情再予换发正式执照。

民国22年（1933年）2月，省建设厅对驾驶人的考试等作了具体规定，明确具体工作由省公路管路局负责执行，各地方政府、警察局协助做好对驾驶人的管理等工作。

民国23年（1934年）4月1日起，施行《苏浙皖京沪五省市汽车驾驶人执照统一办法》。同年7月1日起，施行《苏浙皖京沪五省市汽车驾驶人考验规则》。

民国25年（1936年）12月2日，修正公布《浙江省管理汽车驾驶人暂行章程》等文件，规定：凡在本省境内驾驶汽车者均须领有全国公路交通委员会各省市统一驾驶人执照。领取执照时须先经指定医院检查体格，并考验交通规则、机械常识、驾驶技术、地理常识。经过体验、考验合格后给予临时执照。以一个月为限，期满驾驶人如无过失违章事情，再予换发正式执照。驾驶执照分普通汽车驾驶人执照、执业汽车驾驶人执照、学习汽车驾驶人执照。驾驶人执照一年期满后均须向原登记机关审验一次。应考驾驶人不论男女均须年在17岁以上。

民国28年（1939年）9月，行政院批准公布《汽车驾驶员管理规则》，规定：全国汽车驾驶人的管理，除军用汽车驾驶人外，应由交通部统一负责。检考、换照应向交通部指定的公路交通管理机关办理。

1950年3月，政务院颁布中华人民共和国成立后第一个《汽车管理暂行办法》，汽车、驾驶人检考换照工作。

1950年7月15日，交通部颁发《汽车管理暂行办法实施细则》，规定汽车驾驶人考验分初验、复验、审验3种，驾驶执照分学习、普通、职业汽车驾驶人执照3种。

1950年9月，浙江省交通管理局颁发汽车驾驶人换考执照暂行办法，规定：凡民国时期或中华人民共和国成立以来领有的执照，一律应于规定限期内重新办理换考新照手续。考验分甲级、乙级、丙级3类。甲级履行体格检查、路考两项，乙级增加桩考，丙级再加试常识。

1953年7月，交通部颁布修订的《汽车管理暂行办法》和《汽车暂行办法实施细则》，职业汽车驾驶员根据技术分为一、二、三等。汽车驾驶员考验分初验、复验、升等、审验4种。凡领有三等职业驾驶员执照，并有3年以上驾驶技能或在驾驶工作上有显著成绩者，可申请二等驾驶员考试。凡领有二等职业驾驶员执照，并有6年以上驾驶经验、安全行驶10万公里以上，能做到保护车辆，有小修技能或在驾驶工作上有发明创造成绩显著者，可申请一等驾驶员考试。申请考验驾驶大型客车的驾驶员，必须有3年以上安全驾驶资历，方可领大型车驾驶执照。

1955年11月，浙江省公路运输管理局正式颁布《安全驾驶操作规程》，自1955年12月份起实行。

1960年1月，交通部颁布《机动车管理办法》，规定初考合格的驾驶员一律发给实习执照，实习期原则上规定至少6个月。驾驶员分职业驾驶员、非职业驾驶员、学习职业驾驶员和学习驾驶员4类。

1964年1月起，全省试行交通部颁发的《机动车驾驶员考试暂行规定》，明确规定机动车驾驶员必须经过培训和考试合格，才能办理执照。

1966年“文化大革命”开始后，《机动车驾驶员考试暂行规定》停止执行，周五驾驶员活动日制度中止。

1970年，根据省交通厅《浙江省机动车驾驶员考评执行办法》，采取单位领导、教练员、驾驶员代表“三结合”进行“考试”。

1972年，省交通局根据公安部、交通部公布的《城市和公路交通管理规则(试行)》规定，对机动车进行年度申验和换发新证工作。有机动车学习驾驶证的学习驾驶员和不符合使用军事车辆驾驶证的驾驶员也参加年审，并一律换发地方驾驶证。新机动车驾驶证自1972年7月1日起开始使用。审验工作采取民主评定，单位审查，由当地车辆监理机关办理身份证。对成绩显著者以签证表扬；对不宜再担任驾驶工作或问题未查清，年老体弱身体较差和已退休者，分别做收回驾驶证、缴销驾驶证、暂缓审验、不预审验等处理。

1974年，省交邮局颁发《机动车辆驾驶操作禁令》。境内有车单位普遍将“禁令”列为驾驶员安全教育的必备内容，广泛宣讲，组织学习，并印发给驾驶员或张贴醒目处(1986年6月19日，省公安厅交通厅又重新修订颁发《机动车驾驶员行车禁令》，内容与修订前基本类似)。

1974年，专业运输单位的驾驶员年审工作下放到各县交通管理站办理。对检验合格者，申报市管理所审批后，依照转发。

1977年，手扶拖拉机驾驶员的监理工作由县站办理。1983年移交给农机监理站办理。

1978年6月，境内非汽车底盘的各种轮式专用机械驾驶证也列入机动车驾驶员管理范畴，规定学习3个月，考试合格者发给简易机动车辆驾驶证，但不准驾驶其他车辆，只准驾驶与其所考试机动车辆同类的专用机械。

1980年起，驾驶员的审验内容增加参加安全学习、组织纪律、驾驶作风、工作表现以及是否保持经常驾驶及驾驶技术等。同时，开始实行私营汽车聘用驾驶员的申报制度。

1981年1月，方向盘式拖拉机驾驶员管理业务下放至县交通管理所。

1983年，中型拖拉机、简易机动车、机器脚踏车驾驶员的监理工作陆续下放到各县所。

1984年8月，实行《机动车辆驾驶员违章记分处罚试行办法》后，境内违章驾驶员均按统一的规章接受处罚。违章行为分一般、严重两类，有碍交通管理行为者为一般，危及交通安全者为严重。违章处分分批评教育、书面检讨、记证警告、罚款、延长学期、扣证、撤销驾驶证等7种，凡扣证3个月以上或撤销驾驶证者，须报地区车辆监理所批准执行。凡驾驶员在1年内无违章记分，年审时可作为免审条件之一，并可参加安全(先进)驾驶员评比。

1985年，省交通厅下达《关于改革机动车辆及驾驶员检审验工作的通知》及浙江省车辆监理所《关于机动车驾驶员违章记分、考核及处罚的试行办法》，规定驾驶员审验采取集中组织办法。

1987年9月，浙江省根据国务院决定，把交通部门负责的监理工作移交给公安部门，此后，车辆监理、驾驶员管理都由公安局交通警察队车辆管理所负责实施。

1993年12月14日，浙江省执行国务院印发的《关于研究道路交通管理分工和地方交通公安机构干警评警衔问题的会议纪要》，规定“交通部门负责对驾校和驾驶员培训工作进行宏观方面的行业管理，包括制定管理规章、技术标准、教学大纲，负责规划布局和监督检查”。同时明确规定：“驾校实行社会化，公安、交通部门都应按照政企分开的原则，与驾校和驾驶员培训工作的经济利益彻底脱钩。”自此，交通部门负责驾校行业管理，公安部门负责驾驶员考核和核发驾驶证工作。驾驶学员实行培考分离管理后，交通部、浙江省交通厅相继出台相关文件规范驾培市场，将驾培市场纳入行业管理。

1995年3月，浙江省执行交通部发布的《汽车驾驶员培训行业管理办法》。11月，执行交通部发布的《汽车驾驶员培训学校(班)开业条件》。

1996年12月,浙江省执行交通部发布的《中华人民共和国机动车驾驶员培训管理规定》。

2000年8月,省交通厅、公安厅联合下发《关于明确汽车驾驶员培训管理与考核发证工作有关问题的通知》,驾校和驾驶员培训的行业管理由交通部门负责,公安交警部门负责对驾驶员的考核发证工作。自驾驶员培训纳入行业管理以来,按照"理顺关系,全面纳轨,逐步规范"的要求,交通部门稳步推进汽车驾驶员培训行业的管理工作,逐步发展为以市场为导向,以学员为中心,由驾培学校全面承担报名、培训责任,运管部门负责对驾校审核和培训质量的监督,公安部门负责学员考试、发证,形成教学、管理、考试由3部门各司其责、各负其责的良性互动局面。

2000年9月,省交通厅印发《浙江省机动车驾驶员培训行业纳轨管理工作实施意见》,要求各地(市)成立驾培行业纳轨管理工作领导小组,制定具体实施方案。

2001年1月,省交通厅印发《浙江省汽车驾驶员培训行业开业技术条件(试行)》。4月,浙江省第九届人民代表大会常务委员会第二十六次会议通过了《浙江省道路运输管理条例》,明确规定开展汽车驾驶员培训业务的单位必须经省道路运输管理机构批准,实行行业管理。

2001年6月底以前,全省237家汽车驾驶员培训业户凭原公安部门的培训许可证,全部换发了交通部门核发的浙江省汽车驾驶员培训许可证,这标志着浙江省汽车驾驶员培训正式纳入了交通部门的行业管理。在圆满完成驾培业户登记换证工作的基础上,省交通厅和厅运管局分别制定下发了《浙江省汽车培训行业管理办法》、《浙江省汽车驾驶员培训开业技术条件(试行)》、《浙江省汽车驾驶员培训计划和教学大纲》、《浙江省汽车驾驶员培训资质认定标准》等6个规范性文件。编写出版了《浙江省驾驶员培训教材(试行)》,组织开展了全省汽车驾驶员理科、术科教员的培训,并在有关部门支持下统一了全省汽车驾驶员培训收费标准。这些措施较好地推动了省驾培行业规范化、法制化、有序化和市场化的进程。

是年7月,省交通厅印发《浙江省汽车驾驶员培训管理暂行规定》。根据《浙江省道路运输管理条例》和《中华人民共和国机动车驾驶员培训管理规定》,省交通厅运管局制定《浙江省汽车驾驶员培训教学计划和教学大纲》,并于2001年9月1日起施行。

是年,交通部先后出台《营业性道路运输驾驶员职业培训管理规定》、《营运汽车驾驶员从业资格考核大纲》、《营运汽车驾驶员职业培训教学计划与教学大纲》等文件。同时,省交通厅出台《关于进一步加强营业性道路运输驾驶员职业培训管理的通知》。

2003年8月5~6日,全省汽车驾驶培训教员技能比武在金华举行。这次比武是浙江省交通部门对驾驶员培训实施行业管理以来举行的首次技能比武活动,是检验和提高全省驾驶培训教学技能水平的有效方法。比武包括理论考试、故障排除和场地驾驶等3项内容。经过两天的赛事,在12支代表队、36名选手中决出了团体前三名和个人前三名。

2004年7月,浙江省正式实施《中华人民共和国道路运输条例》,要求申请从事机动车驾驶员培训业务的,应当向县级公路运输管理部门提出。

是年8月10日至12月31日,随着驾培市场的日益红火,出现了培训业户不规范、教练车不规范、教学质量下降、学员投诉量增加等现象,给交通安全、社会稳定带来极大危害。为进一步加强道路运输安全工作，从源头上遏制事故多发势头，根据中央五部委局《预防道路交通事故“五整顿”“三加强”实施意见》和浙江省五厅局委的实施方案，在全省组织开展了机动车驾培市场整治工作。这次整治的重点是全面检查驾培学校资质，清理整顿教练员队伍，加强培训管理和考试发证工作以及清理乱收费，同时严厉查处无证经营、异地设点培训、使用套牌车辆和报废车辆培训、缩短培训课时等违法违章行为。整治中，全省共发出整改通知书103份，其中5家被停业整顿；全省84家公安、交通、农业等国家机关以及行政部门举办的驾校，82家已按《实施意见》进行转制，其中53家彻底完成转制工作。通过整治，浙江省驾培市场日趋规范化、制度化和科学化。

是年，公安部、交通部、农业部3部委联合下发《机动车驾驶员队伍整顿工作实施方案》，部门间的职责更加明确，相互间的配合更加融洽。浙江在全国第一个完成道路运输驾培管理行业发证工作，培训量达64.4万人。

2005年4月，省运管局要求各驾校统一启用部颁驾驶员培训教学大纲和培训教材。

是年，浙江省驾培行业完善法规等基础性工作，强化以教练员为重点的驾培人员队伍建设，大力发展驾培1C卡、驾培电脑模拟训练器等先进设施，走科技化驾培之路，并且通过加强驾培行业诚信体系建设，创新发展理念，使整个行业朝着以人为本、与人为善的亲民型、安全型、节能型服务行业的方向快步发展。2005年年底，全省驾校拥有量和驾培完成量位居全国首位。与2002年相比，驾校数从237户增加到488户，教练车从7580辆增加到17508辆，年培训量从36.3万人次提高到70.3万人次。全省驾驶培训质量提高，交通事故减少。

2006年，浙江省驾培业开展“优化培训结构，探索集约连锁服务模式，推动个性化培训，调整驾培机构，强化软硬件设施建设，加强驾培协会沟通”活动。

2007年，浙江省驾驶员培训业户达到551户，从业人员达到2.7万人，教练员达到2.36万人，培训学员77.7万人次。

2009年，全省驾培业进一步优化培训结构，新增模拟机221台，建立教学集中培训点15个。

2010年，浙江省驾驶员培训量达到125万人次，比2009年增长23.8%，比“十五”时期末增长73.6%。

三、非机动车管理

浙江的非机动车管理，始于抗战初期，各县执行情况不一。民国29年(1940年)12月2日，金华县政府以境内行驶之人力车大都破烂不堪，有害安全为由，开始对人力车进行查验。破烂不堪者，令车主更换，同时换发牌照，以资识别。次年6月又决定对自用或营业之脚踏车(自由车)办理登记，核发执照。9月，为统一管理水陆交通，省驿运管理局金华驿运站开始对公私手车进行登记，月底完成。当时手车管理由各县组织，行驶省道时受驿运站管理。

中华人民共和国成立初期，自行车的发牌领证由税务部门办理，黄包车、手拉机则由交通运输部门办理。

1950年7月，省公路局制订公布《浙江省人力车辆通行公路管理暂行简则(草案)》，将人力车分为脚踏车、人力车(俗称黄包车，包括三轮车)、手车(又称手拉车、板车和塌车或手推车)及其他人力车4种。人力车的号牌、执照由各县核发，并将号牌钉挂于车辆前方明显处。

1951 年 6 月,《浙江省人力车辆通行公路管理暂行简则》正式颁发,明确非机动车辆由公安和交通管理两个部门共同管理。

1957 年,改进征收非机动车使用牌照税办法,征收期间实行税务局、交通警察队、人民银行联合办公。交警队负责检车、发行驶证,人民银行负责收款,税务局发照。

1975 年 12 月,省公安局、省交通局颁发《浙江省城市和公路交通管理规则实施细则(试行)》,非机动车分自行车、三轮车、人力车、畜力车 4 种,行驶道路的非机动车须持有县交通管理站核发的牌、证(自行车牌证由县公安局交通队核发),靠右行。自行车在市区、城镇不准带人。

1978 年 3 月,省公安厅转发公安部《关于自行车管理工作的通知》,规定自行车使用牌照统一由县(市)公安局制发。

1982 年 5 月,经省人民政府批准,省公安厅公布了《浙江省自行车管理暂行规定》,进一步完善了对新购自行车的登记、发放行驶证、自行车迁移、户主变更等各项管理制度。

1987 年 9 月,交通管理体制改革后,非机动车辆划归公安交警部门统一管理。

1995 年 8 月 17 日,浙江省人民政府印发《浙江省非机动车辆管理办法》。杭州、金华、丽水等地市先后出台《关于加强非机动车辆运输管理的通知》、《关于营业性人力三轮车运输管理办法》、《关于淘汰市区营业人力三轮车的方案》。

2004 年 5 月 1 日起施行《中华人民共和国道路交通安全法实施条例》。

2006 年 6 月 1 日起,浙江省实施《中华人民共和国道路交通安全法》。

四、行车安全管理

民国时期,交通安全工作主要由商营汽车运输公司自理。省公路局在公路主要地段设立检查站,由警察局办理汽车违章及事故处理事宜。

民国 17 年(1928 年)起,浙江省政府鉴于行车秩序的维护,先后制订有关行车违章处罚、接受公路稽查等章则,规定驾驶人员的检验、考试由省道局及各商营汽车公司负责,定线专营、车辆安全检查、司机培训由各公司自负其责。

民国 18 ~22 年(1929 ~1933 年),浙江省运输管理局先后执行国民政府行政院《民营公用事业监督条例》、铁道部《长途汽车公司条例》、《长途汽车发给执照规则》及省订的《浙江省城市公共汽车公司及长途汽车公司管理规则》等规章,作为制约管理商营汽车公司的依据。

民国 22 年(1933 年),省公路管理局为加强行车安全管理,成立巡逻警察,配备武器,驾驶机器脚踏车在沪杭、京杭两线公路巡查。

民国 22 年(1933 年)7 月,浙江省政府公布《浙江省管理汽车暂行章程》,规定车辆均须靠路左边行驶,驾驶公共汽车及运货汽车等在郊外时速不得超过 40 公里,在城市内不得超过 25 公里;普通汽车,在郊外不得超过 70 公里,在城市内不得超过 35 公里。车辆行驶在距离公路与铁路或与其他公路相交处 150 米前后或医院、学校附近时,最高行驶时速不得超过 8.5 公里。两车同向行驶,郊外须相距 60 米以上,城区繁荣地点须相距 15 米以上。各种车辆不得装载突出车身外的长大物件及超过桥梁限载的重量。营业乘人汽车须遵照登记机关规定之载客定额。不得逾限乘载,不得乘载传染病患者、疯癫及酗酒者,严禁携带危险及污臭之物品及其他违禁物品。

民国23年(1934年),省政府结合苏、浙、皖、京、沪五省市实行汽车互通精神,重订《浙江省管理汽车暂行章程》、《浙江省管理驾驶(司机)暂行章程》;换发五省市(苏、浙、皖、京、沪)统一格式的车辆牌照及驾驶执照,实行年检制度。浙江对汽车、驾驶人的管理逐步完善。

民国24年(1935年),166人经考试合格领得普通驾驶执照,1183人领到职业执照。浙江省为加强行车安全监督管理,采取各种安全保障措施,严格违章取缔,制订各种有关章则,并在杭州设立公路交通安全运动分会,公路交通行车秩序有所改善。

民国27年(1938年)抗日战争全面爆发后,交通部在部内设监理科、汽车牌照所,制订全国统一的《汽车管理规则》、《汽车驾驶人管理规则》、《汽车技工管理规则》。浙江省公路管理局在浙南丽水主办过汽车登记,换发红色"浙"字冠首的新牌照。先后在丽水、永康、青田、兰溪、金华、江山、浦江等12个主要站点设检查车站。

民国28年(1939年),检查车站改称检查站,调整设站地点,并请军警机关派兵警协助。

民国29年(1940年)1月起,受交通部委托,省公路管理局负责代办浙江省公路交通监理业务。2月,改组省公路局,成立省建设公用事业管理处,根据交通部规定办理换发汽车"国"字统一牌照和驾驶人执照。

民国32~33年(1943~1944年),进行过两次汽车年检换照及一次驾驶人总登记换照。

民国34年(1945年)10月起,公用事业管理处改组,成立省交通管理处,抗战胜利后设立杭州监理所。

民国35年(1946年)1月,战时运输管理局改组为交通部公路总局。3月公路总局第一区公路工程管理局成立。同年10月,划定杭州监理所管辖除江山、常山外省境内各地公路。

民国36年(1947年),交通管理部门实施交通部的《全国汽车管理联系执行办法》、《汽车出入过境联合登记办法》、《汽车交通巡察执行办法》、《公路交通安全措施办法》、《公路交通安全须知》、《公路行车稽查取缔处罚细则》、《全国公路交通安全执行纲要》等法规。

是年,交通部决定,凡属监理法令规章,由交通部统一制订,具体业务交地方办理。为不影响具体业务执行效果,将浙江省公路局接办的第一区公路工程局杭州监理所更名为浙江省公路局监理所。

民国35~37年(1946~1948年),浙江曾先后办理车辆及驾驶人总检换照工作。

1949年5月,浙江省公路局所属杭州监理所,由杭州市军事管制委员会财经部交通处接管,为维护运力,防止车辆外流,杭办"汽车通行证"实行凭证通行,待局势稳定,即行废止。

中华人民共和国成立后,公安部、交通部颁发《城市和公路交通管理规则》,规定道路宽直、视线良好,又无限速标志的地段,在保证交通安全的条件下,最高时速:小型汽车、摩托车60公里;大型汽车50公里;汽车带挂车、后三轮机动车40公里;方向盘拖拉机20公里,手扶拖拉机15公里。通过繁华街道、叉道叉口、窄桥隧、陡坡、弯道、狭路及下雪结冻、雨雾视线不清或拖拉损坏的车辆时,最高时速不得超过20公里。各种车辆须靠道路右侧行驶。转弯时应减速鸣号靠右行。机动车会车,倒车礼让"三先"。夜间会车,距对面来车150米以外互闭大光灯、改用小光灯,不准使用防雾灯。

1950年5月,浙江省交通厅成立,省交通管理局、省交通公司合署办公,公路交通监理工作由局与公司合设的业务科主持,行车安全宣教工作正式开始。为解决公路运输中比较突出的薄弱环节,交通部颁发《汽车管理暂行办法实施细则》,并制订《公路安全须知》,责成各运输单位组织学习、宣传张贴。

是年10月，省交通厅针对公路交通安全状况，制订了全省《公路安全须知》，并要求各地将其中主要内容印成标语，张贴于车站、车厢、村镇等处，广为宣传，务使广大群众都能了解公路交通安全的基本内容。同时查补修复的公路路标，并贯彻执行公安部、交通部颁发的《城市和公路交通管理规则》中有关各类车辆在不同道路、不同天气情况下不同时速的规定。

1952年，积极开展"安全、稳定、车吨月产2000公里"运动，并先后建立安全组织，重点贯彻落实安全质量。

1953年3月，成立省交通厅安全办公室，配置专门人员负责安全检查。

1956年，随着乡村公路增多，建立乡村公路安全宣传教育小组。

1958年，省交通厅贯彻新的交通体制方案，实行运监合一体制。厅公路运输管理局撤销，杭州、宁波、金华、温州四地公路运输局内设监理科，作为内部安全职能科室，对外称地区车辆监理所，主办辖区内车辆监理业务。后又在舟山、台州、嘉兴三地设立车辆监理所，受当地专署交通局领导，负责车辆监理和安全宣传工作。

1959年，因建德、台州专署撤销，杭州区局将新登、临安监理分别移交金华、嘉兴车辆监理所办理。当年，省交通厅又决定在设有公路运输中心站的龙游、衢州、新登、东阳、兰溪、金华、贺村、临海、鳌江、温州、龙泉、丽水、宁波、余姚、嵊县、绍兴、湖州、孝丰、嘉兴、临安等地设监理站。

1960年，省交通厅因运输形势改变，将杭州区局监理所、舟山区局监理所撤销，将桐庐、临安划归为杭州市领导，市属各县监理业务改由市公安局交通大队车管所办理。舟山区局的监理业务由宁波区局监理所办理，保留舟山运输段监理员，负责办理具体监理业务。为健全规章制度，交通部废除《汽车管理暂行办法》及其《实施细则》，重新制订《机动车管理办法》，并制订颁发《公路交通规则》。省交通厅随之也废除了原省制订的《汽车监理暂行办法》、《公路交通规则》，一律按部颁发办法和规则执行。省交通厅还制订颁发了《新驾驶员考试规定》、《浙江省机动车管理办法实施细则》。

1961年4月，省交通厅公路运输管理局建制恢复，下设省车辆监理所，主管全省监理工作。各区公路运输局（公司）在车辆来往密度较大地段或公路交叉口，车辆较多的单位或运输任务繁重地点，设立受区公路运输局（公司）与省车辆监理所双重领导的管理站，并规定了管理站的职责范围。各区公路运输局（公司）相继成立湖州、嘉兴、临海、温州、丽水、新登、金华、衢县、宁波等37个管理站。嘉兴区公路运输公司为加强监理工作，将原嘉兴地区车辆监所改为浙江省交通厅公路运输管理局嘉兴区车辆监理所。

1962年，因嘉兴运输业务并入杭州区局经营，省交通厅将嘉兴区车辆监理所撤销，成立杭嘉湖地区车辆监理所。同年，省交通厅根据浙江省委关于交通系统企业整编精简方案，将全省公路监理机构分省所、区所、管理站三级，对全省监理所、管理站设置作了全面调整，共计设有宁波、温州、金华、台州、杭嘉湖、杭州市区6个车辆监理所和宁波、绍兴、舟山、温州等33个管理站。

1963年，省交通厅在厅内设安全监督处，处下设车辆监理科。车辆监理科与省公路运输管理局合并办公，统一领导。监督处与原省汽车运输管理局监理科实为一体，对外称省车辆监理所。同年增设乐清管理站。省交通厅公路运输管理局为制止驾驶员违反交通规则、安全驾驶操作不当，颁发《驾驶员十条安全禁令》，并转发交通部制订的《汽车运输安全工作试行条例》，颁布了《机动车驾驶员考试规则暂行规定》。

1964 年，浙江省汽车运输公司成立。省内实行厅公路运输管理与厅工程局、区车辆监理所与养路总段等合署办公制度。在监理、管理业务上，实行厅公路运输管理局、区车辆管理所、管理站三级负责制。

1964 年，浙江省按照交通部、教育部联合发布的通知，因时制宜，开展对校内外少年儿童的安全教育。监理部门相关人员到校上课，通过各种形式进行宣传教育。

1965 年，省交通厅将厅公路运输管理局与省汽车运输公司合署办公，各区车辆监理所与所在地运输段合署办公。运监合一后，由于行政关系、经费来源从属于运输企业，安监部门在人员补充、培训、设备添置等方面都受一定限制，监管维护交通秩序，行车安全的社会职能未能很好执行。不过，浙江的公路交通监理陆续建立了一些规章制度，多次开现场会议进行安全教育，推行“一安、二严、三勤、四慢、五掌握”，推广宁停三分不抢一秒，先让、先慢、先停、礼让三先的先进经验。

1966 年“文化大革命”开始，公路交通监理规章制度被指责为不突出政治、制度卡人。交通部为此废除《机动车驾驶员考试暂行办法》，改用“三结合”方法进行考核鉴定，无形中降低了对新驾驶员的技术要求。

1967 年，省、地两级监理机构被造反派夺权。实行军管后，重申不准无证驾驶机动车辆，但因监理系统内部派性干扰，车辆及驾驶员的检验、审验工作无法开展。

1969 年，清理阶级队伍，驾驶员换发新证对个人出身成分无限上纲，设置重重限制，导致审验换证起不到实效。省交通厅军管小组为改善交通监理，撤销了杭嘉湖地区车辆监理所，接办杭州市公安局交通大队车辆管理所的监理业务；将绍兴监理所属的萧山等监理站划归杭州车辆监理所领导；成立嘉兴地区车辆监理所，负责湖州等监理站。

1970 年，省交通厅军管小组为加强监理监督检查职能，制订了《浙江省机动车辆驾驶员考评试行办法（草案）》。按不同车型，民主推举教练员、学员代表及监理人员负责考评，集体研究决定考评结果。省革委会生产指挥组指示省交通邮政局（由省交通厅改组）将杭州市区的车辆监理工作仍划市公安局主持。省交通邮政局根据中央的精神，参照邻省经验制订了《浙江省公路交通规则试行草案》。鉴于社会动乱造成安全生产情况恶化，中央发出了《关于加强安全生产的通知》。

1971 年，交通部、公安部为全面整顿交通法规，将原订《城市交通规则》、《公路交通规则》、《机动车管理办法》不适用部分删除，归并写成《城市和公路交通管理规则（草稿）》。全省交通安全工作会议强调正确处理生产与安全、管理教育与严肃纪律的关系，划清合理规章制度与“管、卡、压”的界线。

1972 年，公安部、交通部正式颁布实施讨论修改后的《城市和公路交通管理规则（试行）》。

是年 7 月，建立机动车驾驶员“周五安全活动”制度。

1973 年 3 月 16 日，省交通邮局颁发《浙江省机动车驾驶员安全公里管理办法（试行）》。车辆单位（车队、站队）建立驾驶员安全公里（年资），作为驾驶员年度审验各安全生产评比主要内容之一，并在年审表内核实登记。每年年底，车辆单位将驾驶员安全公里汇总造册，并报当地车监部门审核存档。凡安全公里在50万或安全年资在15年以上的驾驶员由单位报地区交通主管部门，凡安全公里在70万或安全年资在20年以上的驾驶员由地区报省交通主管部门，分别给予表扬和奖励。驾驶员在行车中发生责任事故，根据事故类别、责任，分别裁断其肇事前部分或全部安全公里（年资）。原订《浙江省机动车驾驶员考试办法（草案）》等废止。

1974年，省交通邮政局拨款在杭州庆丰村建造了供省市监理共用的检考场地。这是浙江第一个较具规模的检考场所。

1975年，制订《浙江省城市和公路交通管理规则（试行）》规定。但由于社会动乱，无政府主义思潮泛滥，有令不行，有禁不止，违反交规普遍，行车肇事屡屡发生。

1977年，浙江全省已有9个地市设置了车辆监理、机动车或交通管理所。除定海、洞头县外，各县监理或交通管理站，共配备监理人员390人。

1978年，根据交通部指示，原公路交通监理机构名称一律改为地区、市车辆监理所及县（市）车辆监理站。同年，经省革委会同意，成立浙江省汽车运输公司和浙江省交通局公路运输管理局，两块牌子一套机构。各地、市、县车辆监理机构既要加强安全监理，又要管理行政业务。各车辆监理所、站分别改称为"地区（市）公路运输管理处，县（市）公路运输管理站"，并保留监理所、站的牌子。省交通局为强化交通安全检查、驾驶员教育，在杭州召开全省监理工作会议，总结经验教训、制订改进措施。根据国家经委决定，9月份开展第一次"质量日"活动。全省行车事故发生率有所下降。

1979年7月，省教育局、省交通局发出关于"公路沿线学校加强对学生儿童进行交通安全宣传"的通知，树立了拔茅中学等一批交通教育的典型。

1979年12月，省交通局召开全省交通工作会议，决定把交通安全工作列为每年9月"质量月"活动的重要内容。从是年起，交通监理人员着装上岗。

1980年，经国务院批准，全国建立安全月制度，将每年5月份定为安全月，开展安全活动。省交通厅为贯彻好"安全月"和"质量月"活动，成立领导小组，层层落实工作。同年7月，全省各地区交通局发出《关于迅速清除公路、航道障碍的报告的通知》。

1983年1月，浙江省经委等6个单位联合发出《火车与其他车辆碰撞和铁路路外人员伤亡事故处理暂行规定》，规定：一切车辆抢越铁路口或强行通过非机动车道口造成伤亡事故者，由本人或所属单位负责。由此给铁路造成损失者，应追究肇事者责任，并严肃处理。各种机动车辆通过铁路道口时，必须做到"一慢、二看、三通过"，车速不得超过20公里，不得冒险抢越。

1985年8月22日，省交通监理部门下达《关于加强交通事故汇报制度的通知》，把交通事故分为以下几类：

一般事故：凡一次事故造成重伤1~2人或轻伤3人以上或直接经济损失机动车200~5000元以下；非机动车辆50及50元以上的事故。

重大事故：凡一次死亡1~2人或重伤3~10人或直接经济损失折款5000元以上至10000以下；或虽未造成人身伤亡，但危及首长（指副部级以上）、外宾、知名人士的安全，政治影响很坏的事故。凡属重大事故，必须在24小时内逐级报到省监理所。

特大事故：凡一次造成死亡3人及3人以上，或重伤11人及11人以上，或死亡1人同时重伤8人以上,或死亡2人同时重伤5人或5人以上,直接经济损失折款一万元或一万元以上的事故。或客车翻车造成伤亡,造成党政机关县团级以上(包括团级)领导干部重伤死亡的,造成外宾和华侨、港澳同胞重伤、死亡的事故。凡属特大事故的,必须在向当地报告的同时,直接电告省监理部门.

是年起,省交通厅为改进监理工作,将车辆年检改为按牌照号码末位数顺序分批分月检验,将方向盘轮式拖拉机和二轮、三轮摩托车车检下放县(市)监理站承办。

是年,全省10个地、市成立了交通监理处,大部分县(市)组建了交通监理所。但因国务院下达了《关于改革道路交通管理体制的通知》,改革工作亦即停止。

是年,国家经委、国家计委对各企事业单位等各种类型的汽车报废更新作出了五点规定,浙江省交通厅车辆监理所不再准许需要更新的老旧汽车办理转籍过户,并限期淘汰。

1986年7月12日,省公安厅、交通厅颁发《浙江省道路交通事故处理暂行规定》,并于9月1日起施行。

1987年7月23日,省交通厅、公安厅根据国务院《关于改革道路管理体制的通知》和省府补充通知的精神,达成交接协议。省交通厅将交通监理处及其附属机构人员共50人以及监理部门和牌证厂、考验厂的全部财产、设施移交省公安厅管理。杭州市在市人民政府领导下,将杭州市交通监理处人员共57人以及属于监理部门的财产、设施移交给杭州市公安局管理。其他地、市、县在当地政府领导下先后办妥交接。从此,浙江省交通部门结束了主管交通监理工作的历史使命。

是年8月后,车辆监理、驾驶员管理、驾驶员培训,交通事故处理等安全管理工作从交通部门划出,移交公安部门。

1988年12月,浙江省交通厅发出关于颁发《浙江省交通运输企业交通事故处理暂行规定》的通知,规定从1989年1月1日起执行。交通事故按后果大小分为小事故、一般事故、大事故、重大事故四类。发生事故后,事故当事人或有关人员应立即报告事故处理机关和本单位。一次死亡3人以上和大型客车的重大事故,肇事单位按隶属关系报告交通主管部门。县属运输企业的事故由县交通局同时报告当地政府和省、市交通主管部门;市属运输企业的事故由市(地)交通局同时报告当地政府和交通厅。一次死亡5人以上的重大事故,交通厅应报告省政府和交通部。上述报告均应在接到事故报告后一小时内发出。

2003年,省交通厅印发了《浙江省交通行业重特大事故和险情报告办法》和《浙江省交通行业安全督查办法》及各级交通主管部门安全管理台账的统一格式样本,规范各级交通主管部门的安全管理台账,使安全管理进一步走向规范化。

是年,省交通厅组织开展安全生产年活动,对全省各市及公路、道路运输和港航管理局提出具体的工作目标,并确定全省公路、道路和水路运输企业重大事故隐患须上报省安监局。6月,全国安全生产月中组织开展全省交通系统安全生产知识竞赛活动,得到全省交通系统广大干部职工和《交通时报》读者的大力支持和热情参与,共回收试题4万多份,取得圆满成功,达到预期的宣传效果。本次活动共抽取1200名个人奖、评选30个组织奖。是年,省交通厅共组织4次全省交通系统的大型检查,促进全系统安全生产各项措施的落实和交通安全生产形势的继续稳定。全年共发生上报事故797起,死亡314人,重伤162人,直接经济损失2.05亿元。与上年同期相比,除受伤人数上升20.6%外,事故次数、死亡人数和直接经济损失分别下降19.1%、10.5%和10.57%。责任事故率、责任死亡率、责任受伤率和经济损失率分别为0.126次/百万车公里、0.046人/百万车公里、0.086人/百万车公里和5.768千元/百万车公里，与上年同期相比分别下降0.042、0.002、0.029、和0.906个单位。

2004年，全省交通安全生产形势基本稳定。其中春运40天运送旅客9266.6万人次，完成旅客周转量409659.73亿人公里，分别是上年春运的1070和1100。全省交通系统深入开展建设平安交通活动，采取强有力措施，遏制交通运输事故多发势头。加强行业安全制度建设，先后印发或修订《浙江省交通厅安全生产委员会工作规则》、《浙江省交通行业安全事故及险情报告管理办法》、《浙江省重特大自然灾害求助应急预案交通系统实施细则》、《浙江省交通系统“三防”应急预案》等。

2005年，全省交通系统继续深入推进建设“平安交通”，道路运输企业重特大事故、死亡人数、重伤人数、直接经济损失与上年同期相比分别下降31.190、9.560、460、29.490。全省开展“天网一号”打击无证运营专项整治活动，整顿客运站场，建立健全行车安全生产机构和安全管理职能，配备相应安全管理人员。以查隐患、防事故、保安全为重点，完善设施，强化源头管理，开展全省道路危险货物运输生产安全专项整治，清理取缔达不到一级车况及存在安全隐患的车辆78辆，对有从业资格证的人员18490名进行再培训。

2006年，为解决高速公路运政执法的薄弱环节，省交通厅与公安厅交通管理局、高速交警总队建立道路运输安全联合执法机制，在高速公路上省际6个卡口和高速公路主要地段建立了一支道路运政稽查执法队伍。全省道路运输行业行车事故、死亡人数、直接经济损失同比分别下降2.570、12.90。

2007年，全省开展各项安全专项整治活动，结合全国安全生产月活动，悬挂横幅10003条，张贴标语宣传画21776张，出黑板报及内部期刊1833期，出动宣传车1503台次，设户外公益广告244块，参观图片展览76875人次。

2008年，圆满完成抗震救灾、奥运和残运会服务运输任务。“5·12”汶川大地震，浙江投入运行车辆1371辆。如杭州开展“赈灾义送”，组织10辆大巴车，免费运送400名“5·12”大地震后在杭川籍人员返乡。宁波车队赴京做好志愿者服务，共计出车547台次，安全接送16416人次。

2009年，是“安全质量月”活动深化部署年。全省交通系统“三防”应急工作部署及时，战高温、暴雨、台风、抢险、抢修，保畅通。全面开展“安全生产”活动，进一步推进安全生产执法、隐患治理和宣传教育“三项行动”，全面加强安全生产法制体制机制、部署保障能力和监管队伍“三项及时”。

2010年，全省道路运输行业发生的死亡事故、死亡人数、受伤人数、直接经济损失同比分别下降10.6%、9.5%、27.2%、53.4%和49%。共安排“三防”预算经费1.28亿元，组织抢险车辆1300车次，落实应急客车260辆、货车390辆，确保行车安全。

第五节 规费管理

一、车辆购置附加费

1985年4月2日，国务院国发〔1985〕50号文件《车辆购置附加费征收办法》发布，决定自5月1日起，对新增车辆开征车辆购置附加费（简称“车购费”）。4月6日，交通部、财政部、中国工商银行颁发《车辆购置附加费征收办法实施细则》。浙江省如期在全省开征车购费，对凡购买或自行组装使用的车辆（不包括人力车、兽力车和自行车，下同）在购买时或使用前必须缴纳车辆购置附加费。国内生产或组装的车辆，由生产厂或组装厂代征，费率为车辆实际销售价格的10%；进口车辆，由海关代征，费率为组合价格的15%。全部收入作为国家公路发展基金的一项来源，由交通部归口，按照国家有关规定统收统支，统一安排。重点补助纳入交通待业规划的国家干线公路、特大桥梁、隧道及重要的公铁交叉道口的改建，以及具有重要意义的省级干线公路建设，适当安排补助与上述公路相配套的重点汽车客货场、站设施等建设。征收管理工作由各级交通部门负责。

1994年1月1日起，原由生产厂、组装厂和海关代征的规定，改为由省级交通部门在车辆落籍地设置的车辆购置附加费征管单位负责，进口车辆费率降为10%，即与国产车辆一样。

1996年，经浙江省机构编委会浙编〔1996〕11号文件批准，成立浙江省“车辆购置附加费征收管理办公室”，各地（市）相继成立“车辆购置附加费征收管理办公室”。浙江省由交通厅主管车购费征管工作，在省、市、县三级公路管理部门设置征收管理办公室，与养路费征收管理、道路运输管理机构合署办公。

1999年，交通部《关于做好车辆购置附加费改税前有关工作的通知》，决定冻结各省（区、市）车辆购置附加费征稽部门中的机构、人员及全部资产，各地不得再设置机构，突击提拔干部，调入人员和转移资产．等“费改税”方案出台后，按规定统一安排处理。浙江省各级交通部门认真贯彻执行。自1985年5月1日至1999年11月，浙江省累计征收车购费54.31亿元。尤其是1994年改变征收环节以后，近6年时间各级车购费征管机构直接征收车购费48.11亿元。

2000年，全省征收17.08亿元。1995年5月至2000年，全省累计征收、上缴车辆购置附加费68.43亿元。这期间，交通部补助浙江的公路建设资金明显高于此征收上缴数。

是年12月，国务院发布第294号令《中华人民共和国车辆购置税暂行条例》，自2001年1月1日施行，从此交通部门征收管理的“车辆购置附加费”改为“车辆购置税”，由国家税务总局负责征收管理，但暂由交通部门车购费稽征机构代征。

2001年，浙江车辆购置附加税代征同比增长18.85%，征收额位居全国第二。2001年6月车购办转发《浙江省国家税务局关于手扶变形运输机征收车辆购置税有关问题的函》，明确规定浙江省暂不征收手扶变型运输机的车辆购置税。

2003年，全省共代征车辆购置附加税44.46亿元，同比增长58.63%，代征税额居全国第一位。

2004年10月起，免征农用三轮车（指柴油发动机，功率不大于7.4千瓦，载重量不大于500公斤，最高时速不大于40公里的三轮的机动车）车辆购置附加税。

2005年1月起，车辆购置附加税由国家税务部门自行征收。

二、公路客、货运附加费

1986年，经浙江省人民政府批准，自7月1日起向公路客运旅客征收客运汽车站和公路设施建设专用基金，在客票价外征收每人公里0.003元，由省交通厅“统收统支、专款专用、统筹安排。”

1988 年 7 月 1 日起，征收公路客货运输附加费，征收对象是在浙江省境内和行经浙江省经营公路客货运输的所有机动车辆和单位、个人。征收标准为客运在原 0.003 元的基础上增至 0.01 元，货运每吨公里 0.01 元。全省公路客运建设专用基金的 70% 和全部货运公路建设专用基金，专项用于建设高等级公路；客运公路建设专用基金的 30%，仍主要用于公路客运站、场及公路设施的改造和建设。

1993 年，调整费率为客、货运每人（吨）公里 0.02 元。

1997 年 1 月 10 日，省交通厅、财政厅、物价局联合制发《关于调整公路客货运输附加费征收标准的通知》，决定从 1997 年起浙江客货运输附加费调整至每人（吨）公里 0.025 元。

1998 年 9 月 1 日起，汽车客运附加费增调至每人（吨）公里 0.035 元，货运不变。

2000 年，全省征收公路客货运附加费 8.75 亿元。

2001 年，客货运附加费比上年增长 2.88%。全省高速公路联网收费系统年底投入运行。

2002 年，全省车辆购置附加税代征同比增长 66.98%，居全国第二，首次超过养路费征收额。

2005 年 1 月起，免收三轮汽车（原拖拉机变形运输车）客货运附加费。

是年，浙交〔2005〕145 号文承诺在城区营运的出租车不征收客运附加费，对在城区和非城区同时营运的出租车的客运附加费减半征收。

2009 年 1 月 1 日起，停止征收公路客货运附加费。

三、公路运输管理费

1957 年，浙江根据交通部、财政部《关于征收民间运输管理费的通知》，开始向民间运输业征收运输管理费，作为民间运输管理单位的经费开支，征收标准为营运收入的 3% 以下。

1965 年交通部规定，民间运输管理费率以够民间运输管理机构开支为原则，一般可占营运总收入的 2% 左右，最高不得超过 3%，征收对象为集体所有制运输企业和个体运输业者，以及城乡人民公社和厂矿运输队参加流通过程运输的车船，由县交管（航管）部门征收，县或县以上交通主管部门调剂使用。

1983 年，浙江按国家经委、交通部规定，向省境内从事营业运输的单位和个人按月征收营运收入不超过 1% 的运输管理费。

1986 年，交通部、财政部发布《公路运输管理费征收和使用规定》，明确公路运输管理费是公路运输行业管理的事业费，凡从事营业性公路客货运输、搬运装卸、运输服务的单位和个人，以及部队车辆参加地方营业性运输的，均须缴纳。运管费按经营者的营业收入计征，最高不超过 1%。营业额难以计算的，可核定年度营业收入，按月定额征收。

1991 年 1 月起，浙江增加向汽车维修行业按营业额 0.50% 征收运管费。运管费实行自收自支按规定比例上缴的制度，县级公路稽征运管部门按征收总额的 15% 上缴市级公路稽征运管部门（其中 1% 缴交通部、9% 缴省稽征运管部门，留用部分按规定使用）。

1998 年，国家计委、财政部《关于第一批降低 22 项收费标准的通知》，将公路运输管理费标准从最高不得超过营运（营业）收入的 1%，降低到最高不得超过营运（营业）收入的

0.08%。取消对汽车维修行业征收运管费。

2004年3月25日,省交通厅《转发关于取消和调整部分涉及农民负担的行政事业性收费项目及标准的通知》(浙交〔2004〕101号),对农民没有营运证从事营业性运输的农用三轮车、农用拖拉机收入免收公路运输管理费,从是年3月1日起执行。

2005年3月28日,省财政厅、物价局《关于调整公路运输管理费征收范围的通知》(浙财综字〔2005〕14号),明确2005年5月1日起,调整浙江省公路运输管理费征收范围。通知指出,根据《中华人民共和国道路交通安全法》和《中华人民共和国道路运输条例》规定,浙江省公路运输管理费收费范围包括机动车维修经营、机动车驾驶员培训。收费对象分别为机动车维修服务企业(业户)和机动车驾驶培训机构。新增收入统一用于全省道路运输经营相关业务的行业管理。取消汽车驾驶员培训结业鉴定费。

是年4月25日,浙交办〔2005〕91号文明确规定机动车维修经营和机动车驾驶员培训的运管费标准按最高不超过营业(培训)收入0.8%的标准执行。对营业(培训)收入难以确定计算的,也可按月(年)定额征收。

是年4月27日,省交通厅、财政局、物价局联合发出浙交〔2005〕145号文,规定停止收取出租汽车运输管理费。

2009年1月1日起,停止征收公路运输管理费。

四、车辆通行费

1984年,国务院作出贷款修路、收费还贷的决定,允许通过集资或银行贷款修建收费公路(桥梁、隧道,下同),对通过收费公路的车辆收取过路(过桥、过隧道)费,用于偿还贷款,有效地加快公路建设进度。

1984年10月5日,温州瓯江大桥成为浙江第一个征收车辆通行费的公路交通项目,征费对象为通过该桥的客货机动车(军车、执行任务的消防、救护、警备车、摩托车等免缴过桥费,下同)。征收标准按车辆载重量大小分6类,每辆次6~1元不等,所收费用全部用于公路建设(下同)。此后,浙江省人民政府又陆续批准新建的龙泉严山岭隧道、永嘉楠溪江大桥、温岭藤岭隧道、玉环西青岭隧道、仙居永安溪大桥收取通行费。1988年4月1日起,允许过往上述收费桥梁、隧道的营运客车,向每位旅客征收每过桥、过隧道一次0.10元的通行费。

1993年12月14日起,对通过"四自"工程104国道绍兴段南北复线车辆收取通行费。1995年浙江省高速公路车辆通行费标准见表6-4-7,1996年浙江省"四自"公路、桥梁、隧道通行费标准见表6-4-8。

至2000年年底,浙江共建有经省人民政府批准、符合国家规定收费条件的普通收费公路(桥梁、隧道)项目123个,改建高等级公路2550公里。累计新建高速公路645公里。

1995年浙江省高速公路车辆通行费（车公里费、车次费）标准一览表　表6-4-7

车辆分类	车辆分类标准	车辆通行费=车次费+车公里费率×里程	
		车次费（元/辆次）	车公里费率（元/车公里）
一	20座（含）以下客车 2吨（含）以下货车	5	0.40
二	20座以上40座（含）以下客车 2吨以上5吨（含）以下货车	10	0.80
三	40座以上客车（含32座以上卧铺车） 5吨以上10吨（含）以下货车	15	1.20
四	10吨以上20吨（含）以下货车	20	1.60
五	20吨以上货车	25	2

注：1999年7月1日起，沪杭甬高速公路一类车的车公里费率调整为0.45元。

1996年浙江省"四自"公路、桥梁、隧道通行费收费标准一览表　表6-4-8

车辆种类	征收标准
二、三轮摩托车（含轻骑）	2元/车次
2吨以下（含2吨）和20座以下（含20座）的客、货车及简易机动车	5元/车次
5吨以下（含5吨）和50座以下（含50座）的客、货汽车	10元/车次
10吨以下（含10吨）和50座以上的客、货汽车	15元/车次
10吨以上的车辆（含大型平板车、特种车）按行驶证规定的载重吨位（特种车自重吨位）计征。超过40吨以上的部分按50%计征	2元/车次.吨

注：对工程规模特别大的项目，经省政府特许，可按此标准加倍计征。

2000年，全省普通收费公路（桥梁、隧道）收取车辆通行费共计26.68亿元。

2002年，经省政府同意，省交通厅和省物价局联合印发《关于国际标准集装箱运输车辆收取通行费有关事宜的通知》，从2002年11月10日起，国际标准集装箱运输车辆的通行费，由原来的按车收费改为按运输集装箱种类、数量收取，减轻了车主负担。

2003年，我省对公路收费站（点）进行进一步清理整顿，已有温州瓯江大桥等6个收费站（点）按期停止收费。省交通厅会同省财政厅、物价局对全省符合测算条件的收费项目年限进行了核定，对其他收费项目年限进行了暂定，并报省政府同意。

2004年，经省政府批准，撤销了34省道桐岩岭隧道等7个收费站（点）。02省道余杭和临安收费站，03省道萧山和诸暨收费站，31省道绍兴和诸暨收费站实行联设站，归并收费。

是年4月1日起，根据《浙江省邮政专营管理办法》和《浙江省邮政专用车辆免收通行费实施意见》，邮政专用车辆凭免费通行证免收公路车辆通行费，免费通行证总量为全省990张，其中高速公路为220张以内。

2005年1月1日起，根据交通部、国家发改委《印发关于降低车辆通行费收费标准的意见的通知》（交公路发〔2004〕622号），经省政府浙政办函〔2004〕85号文批准，调整全省收费公路收费标准。高速公路四类车由10吨以上20吨（含）以下调整为10吨以上15吨（含）以下，车次费由20元/辆次调整为15元/辆次，里程费由1.60元/车公里调整为1.40元/车公里;五类车由20吨以上调整为15吨以上,车次费由25元/辆次调整为20元/辆次,里程费由2.00元/车公里调整为1.60元/车公里。普通收费公路10吨以上车辆收费标准一律按5吨以上10吨以下(含10吨)标准计征,取消摩托车通行费。高速公路收费站代征普通收费公路和城市"四自"通行费,一律调整为两档,即20座以下(含20座)、2吨以下(含2吨)客货车和20座以上、2吨以上客货车。

2004年,高速公路全路网通行费收入为904063万元,日均高速公路通行费收入为2288万元,比上年增长12.59%。全路网共采购通行卡35万张,发放30.37万张,缴费凭证8万张,免费凭证199万张。

是年2月起,根据省政府颁发《浙江省鲜活农产品运输"绿色通道"暂行管理办法》,规定凡本省货运车辆装运本省生产的鲜活农产品,从开通鲜活农产品运输"绿色通道",经过收费公路(包括高速公路)时,都免收通行费。预计每年可减轻农民负担至少在8700万元以上。2005年7月1日,提前开通国家鲜活农产品运输"绿色通道",装载鲜活农产品的货车经过320国道和205国道本省境内收费站时,均可核检后免费通行。

2006年,全省撤销收费站点12个,即53省道云和、50省道龙游灵山、329国道北仑、鄞州宝幢等。

是年,浙江省高速公路通行费收入达1021696万元,日均高速公路通行费收入为2799万元,与2005年同比增长22.32%。单向车流总量(出口)达15047万辆次,日均车流量为41.5万辆次,与2005年同比增长19.53%。

2007年,全省高速公路通行费收入达121.6亿元,日均高速公路通行费收入为3332万元,与2006年同比增长19.03%。单向车流总量(出口)达18,266万辆次,日均车流量为50.04万辆次,与2006年同比增长20.59%。2007年,全路网日最高通行费额和最大车流量为9月30日,分别达到4754万元和67.4万辆;日最低通行费额和最少车流量为2月18日(正月初一),分别为954万元和18.9万辆。

是年,继续贯彻执行国家及省鲜活农产品运输"绿色通道"政策,在全省范围内对运输本省生产的鲜活农产品货运车辆,免收包括高速公路在内的车辆通行费;在320和205国道上开通国家"绿色通道",对装载鲜活农产品的货车予以免费。全省"绿色通道"免收通行费1.5亿元,比2006年有较大幅度的增长。自2005年2月开通鲜活农产品"绿色通道"至2007年年底共免收通行费3.5亿元。

2007年,全省普通公路收费站点撤并7个,如329国道上虞、三江、岭光补票点和77省道温州收费站等。

2008年,浙江开通国家高速公路鲜活农产品运输"绿色通道",在国家规定的涉及浙江省路段沪杭甬、甬台温、杭金衢、杭州绕城高速公路,全年免费总额约4.2亿元。

是年,全路网单向出口总车流量20,863万辆次,日均车流量57万辆次,比2007年的日均增长13.90%。全路网高速公路通行费收入总额141.38亿元(日均3862.72万元),同比增长7.80%;主线通行费收入131.59亿元(日均3595.36万元),比2007年的121.61亿元(日均3331.77万元)增加9.98亿元,增长7.91%。全省普通公路收费站逐步有序撤销共10个,如安吉孝丰、建德三江、机场路收费点等。

2009年,全省取消政府还贷二级公路收费。经省政府第42次常务会议原则通过取消

78 项政府还贷二级公路收费项目。国家高速公路继续开通鲜活农副产品绿色通道,共减免通行费 4. 9 亿元。全省通行费总收入达 154 亿元,日均 4220 万元,同比增长 9. 24% 。

2010 年,全省共取消政府还贷二级公路收费站点 78 项,总里程 1700 余公里,约占全省普通收费公路 2/5,预计年减少社会通行成本 10 亿元。12 月 1 日起,对全省收费公路所有整车合法装载鲜活农产品车辆免收通行费,全年免费额为 6 亿元。全省全年通行费总收入达 189 亿元,日均 5190 万元,同比增长 22. 99% 。

第五章 工程质量监督管理

工程质量监督管理工作始于1992年。1996年2月,浙江省交通厅工程质量监督站(同时挂牌工程定额站)成立,后几经更名至2010年6月称浙江省交通运输厅工程质量监督局(工程造价管理站)。该局受省交通厅委托,对全省交通建设工程进行质量监督、安全监管、造价管理、监理行业管理、检测行业管理。

第一节 质量监督

1992年6月,浙江省依据交通部《关于发布〈公路工程质量监督暂行规定〉的通知》,加强公路工程的质量监督管理。

1997年,省交通厅发布《浙江省交通建设工程质量监督实施细则》。

1999年,浙江省公路水运工程建设三年质量年活动开始,工程质量优良率随之普遍提高。

2001年,浙江省在建308项公路水运工程的监督覆盖率达到100%,受监工程质量合格率达到100%,全省受监工程质量的平均优良率达到73.68%,其中省厅质监站主管监督工程的质量优良率达到82.9%,分别比上年提高0.38%和3.7%,列入省政府考核项目的工程质量优良率达到100%。

是年,在全省开展第三个公路建设质量年活动,省交通厅组织评选出公路优质竣工项目“交通杯”工程1项,质量管理优秀项目8项,国省道养护工程优质项目30项。全省在建308项公路水运工程的监督覆盖率达到100%,质量合格率达到100%。

2002年,受监工程的质量合格率达到100%,受监工程质量优良率达到79.1%,其中省厅质监站负责监督项目的质量优良率达到84 3%,这两项优良品率指标分别比上年提高5.4%和1.4%,调整公路和列入省政府考核的工程质量优良率达到100%。

是年,按照每年扎扎实实解决一两个质量问题的要求,把整个监管工作的侧重点放在提高路面施工质量方面。针对浙江省公路路面早期破坏时有发生、质量不高的状况开展调查研究,分析沥青混凝土路面质量差的原因,提出改进和提高沥青路面质量的措施和要求,印发《关于切实改进和提高沥青混凝土路面质量的措施和要求的通知》,并抓贯彻落实。同时,对水泥混凝土路面抗滑做了专项课题研究,提出抗滑措施,全年全省高速公路路面质量鉴定分均在90分以上,较以往有明显的提高。

是年,在加强监督检查工作的同时,进一步拓展质监管理职能,把质量监督工作延伸到设计监督。在宁波市交通设计研究院质量保证体系监督试点工作成功经验的基础上,根据《浙江省公路、水运工程设计监督办法(试行)》和《浙江省公路、水运工程设计质量保证体系考核验收办法》的有关规定及全省第十四次交通工程质监(定额)站站长会议有关设计监督工作的部署和分工,加速设计单位的质保体系建设,完成全省43家有资质的交通设计单位质保体系的考核验收工作,建立较为完善的设计质量保证体系,使设计在公路建设工程质量上真正起到了龙头作用。

2003 年，围绕实施交通“六大工程”的目标任务，全省在建的 368 项公路、水运工程项目全部纳入了质监部门的质量监督范围，监督覆盖率为 100%，受监工程的质量合格率为 100%，省站主管监督项目的质量优良率为 90.9%，高速公路和列入省政府考核项目的工程质量优良率继续保持在 100%。根据交通六大工程建设实际，制定《浙江省公路绿化工程质量检验评定标准》、《通村公路质量监督若干规定》，进一步推进“三个统一”的实施。

是年，浙江省在建公路、水路工程项目全部纳入质量监督范围，覆盖率 100%，质量合格率达 100%，质量优良率达 92.6%，高速公路质量优良率连续 6 年达 100%，国省道干线新改建工程质量优良率达 90% 以上，在建重点工程一次合格率达 95% 以上。强化重点项目监督，（如杭州湾跨海大桥沉台管桩、灌注桩施工、诸永高速公路 8 公里特长隧道开挖支护、岩爆等、舟山连岛工程金塘大桥等在建项目），根据项目不同时机、特点、要求，及时督查，深入现场，监督频率达 1.5 次/月，有效控制施工质量。

是年，浙江省出台《高速公路沥青混凝土路面施工亟需解决的若干问题的通知》，切实抓好控制集料颗粒含量、改进摊铺工艺、确保沥青料和时间等关键环节。

2004 年，针对浙江省沿海丘陵地区地形复杂，地质条件多变，造成工程项目建设质量的地区与地区之间、同一地区的不同项目之间以及同一项目的不同标段之间的“三个不平衡”，省、市质监站立足构筑新的质量平台，树立新的质量理念，开展质量创优抓典型、树样板工作，以点带面，着力解决“均匀性、均衡性、基础性”三方面问题。通过在全省开展抓典型、树样板、创精品工作，促使全省交通建设工程的内在质量和外观质量稳步提升，涌现出一批精品工程，如甬金高速公路宁波段的四角尖隧道光面爆破、喷护到位，反弹率大大低于标准水平。

是年，浙江省在建的 482 项公路、水运工程项目全部纳入了质监部门的监督范围，监督覆盖率为 100%，受监工程的质量合格率 100%，省站主管监督项目的质量优良率为 90.1%，高速公路和列入省政府考核项目的工程质量优良率连续五年保持 100%，实现了预期的目标。

2006 年，省交通厅质监局对舟山大陆连岛工程、黄衢南等 12 个重点项目 89 个合同段进行质量、安全与造价执法大检查和路面专项督查，及时进行数据的汇总分析，形成《全省在建高速公路质量状况分析报告》。制定《关于进一步加强我省高速公路工程质量管理的若干意见》，自 10 月 1 日起在新开工项目中全面推行工程质量责任制。出台《关于要求对独柱式桥墩桥梁进行稳定性复核验算的通知》、《关于进一步加强公路水运工程结构物砼构件等质量管理的几项规定》。

是年，根据省交通厅提高沥青路面质量“五八工程”的具体要求，省交通厅质监局将提升路面工程质量，有效解决高速公路沥青路面早期破损等质量问题，作为一项重点工作来抓。成立沥青路面质量督查组，建立高速公路路面施工质量状况定期通报制度，出台《浙江省高速公路沥青砼路面规范化施工与管理指导意见》、《浙江省高速公路沥青砼路面施工培训教材》、《浙江省高等级公路沥青混凝土面层施工手册》，切实规范一线操作人员施工技术流程。在申苏浙皖（上海—江苏—浙江—安徽）高速公路召开全省高速公路沥青路面质量管理现场会，推广提高沥青路面、伸缩缝施工质量管理的成功经验；结合 5 个计划通车高速公路

工程进度状况，重点对沥青供应、石料采购、伸缩缝施工、试验路段检评等重要环节进行现场检测和源头监控，对沥青路面原材料抽检达1000多批次，利用移动检测车对各路面标段施工现场混合料、冷料级配进行现场检测，对5个工程全部45个试验路段质量进行逐个检查验收。同时，开展《浙江省高速公路沥青路面的质量现状与对策》课题调研，在分析沥青路面管理、设计、施工、监理等方面存在的主要问题及成因的基础上，提出树立全寿命周期成本理念，强化五个控制、提高四种能力的对策与措施。通过强化源头控制、过程控制，对提高全省高速公路沥青混凝土路面施工质量进行的有益探索取得了阶段性成果。

2007年，根据浙江省交通厅提高沥青路面质量"五八工程"的具体要求，浙江省交通厅质监局将提升路面工程质量，有效解决高速公路沥青路面早期破损等质量问题，作为"利为民所谋"的一项重点工作来抓。修订《浙江省高速公路沥青砼路面规范化施工与管理指导意见》，出台沥青路面督查操作办法，组织编写《浙江省高等级公路水泥稳定碎石基层施工手册》，推行沥青路面施工质量动态管理系统，建立网上沥青路面工程质量数据库，实现管理信息的快速采集和监控。强化路面原材料的现场抽检和检测，对14个高速公路的31个路面标段施工现场混合料、冷级配料进行集中盲样抽检，共抽检1694批次，总合格率达到80%以上，完成68个配合比的审查和备案工作。为治理高速公路桥头跳车等三大质量通病，举办全省首次高速公路桥梁伸缩缝施工技术比武，力求在规范伸缩缝施工工艺、提高原材料供应质量、延长使用寿命、解决桥头跳车等方面有所突破。

是年，为贯彻浙江省第十二次党代会提出的实施"港航强省"新战略的会议精神，落实交通部推广营口港质量通病治理经验的有关要求，浙江省交通厅在宁波大榭招商国际集装箱码头组织召开了全省首次水运工程质量管理现场会，重点推广该项目桩帽施工、构件安装等6个方面的规范化施工管理经验以及治理码头面层裂缝等4项质量通病的防治措施。通过召开现场会，明确了实施"港航强省"新战略、创港航精品工程的目的意义，提出确保5个环节到位、把握6个关系、把好5个关口的水运工程精细化管理理念，以点带面推进了水运工程创精品工程的深入开展。

2008年，浙江省交通建设重点项目如黄衢南、舟山连岛工程、申嘉湖等项目创精品、创优良的目标明确，结构物整体质量稳定，各项目结构物混凝土强度指标合格率达到100%，各高速公路项目路基压实度指标合格率也均达到100%。

是年，全省广泛部署"抓精细化管理"，编制浙江省公路水运工程混凝土质量通病活动实施方案和制定《关于进一步加强公路水运工程混凝土构件预制管理的通知》，确保各类混凝土构件质量。

是年，按照"港航强省"战略部署，将落实交通运输部推广营口港质量通病治理经验作为提升全省水运工程建设质量的切入点，在全面推广2007年水运工程质量现场会6个方面规范化施工管理经验及4项质量通病防治措施的基础上，通过广泛调研，针对浙江省水运工程主要质量通病编写了《浙江省水运工程主要质量通病防治手册》，为广大水运工程建设单位治理水运工程质量通病提供有针对性、规范性和可操作性的工具手册。在全省水运工程项目中开展"抓精细管理、治质量通病"的活动，推广"治理航道护岸工程胸墙勾缝质量通病实施方案"等科研成果，对提高护岸工程质量和海工混凝土的耐久性发挥了重要作用。

2010年，出台《关于进一步加强公路水运工程混凝土构件预制管理的通知》、《浙江省公路水运危险性较大分部分项工程安全专项施工方案管理办法(试行)》等一批规范性制度和办法,推广使用浙江省公路水运建设工程施工安全管理系统,组织编写《浙江省高速公路养护工程质量评定标准》、《浙江省边坡绿化施工规范和质量检验评定标准》两部地方性标准,就落实安全质量责任制、规范安全经费管理、建立应急救援体系等提出具体要求。广泛开展"抓精细管理、治质量通病"活动,在长湖申线(湖州段)召开全省水运工程标准化工地建设和质量通病治理现场会,着力推广长湖申线通病治理和标准化工地建设"五化"典型工作经验,在新开工的公路建设项目中实行质量责任制登记制度,切实强化通病治理和重大项目源头质量控制。交通运输部督查组先后两次对嘉绍大桥、象山港大桥及湖嘉申线嘉兴段等公路水运项目进行质量安全综合督查,对浙江省公路水运工程质量安全管理工作给予肯定,对预制构件混凝土质量、隧道监控等予以高度评价。

第二节　安全监管

2008 年,省交通厅质监局经省编委批复同意和受省交通厅委托承担公路水运工程安全生产监督管理工作,同时全省 11 个地级市质量(安全)监督站也相继受所在市交通局委托承担了辖区内公路水运工程的安全监管工作。省市交通工程质监机构现共有专职安全监督人员 33 人,兼职安全监督人员 1 人。另外,温州、嘉兴、舟山、台州 4 个市的港航(务)局承担辖区内的港口工程建设安全监管工作;已成立的 11 个县(市、区)质量(安全)监督站,都受所在县交通局委托承担了辖区内公路水运工程的安全监管工作。全省逐步形成省、市、县三级交通工程安全监管体系。

是年,制定《浙江省公路水运建设工程生产安全事故应急预案》,对全省在建的 10 个高速公路项目的 225 座(特)大桥、183 座中桥、73 座隧道和 427 处高边坡进行结构物安全质量隐患专项治理,现场整改 222 项,限期整改 11 项,建立重大源头安全隐患数据库,实行挂牌督办和销号管理制度。

是年,进一步强化重特大项目质量控制。对舟山大陆连岛工程、黄衢南等 12 个重点项目 89 个合同段进行质量、安全与造价执法大检查和路面专项督查,及时进行数据的汇总分析,形成《全省在建高速公路质量状况分析报告》。根据省领导的重要批示精神,制定《关于进一步加强我省高速公路工程质量管理的若干意见》,自 10 月 1 日起在新开工项目中全面推行工程质量责任制,对进一步规范全省交通建设工程质量行为,明确工程建设各方的质量责任提出具体的要求。出台《关于要求对独柱式桥墩桥梁进行稳定性复核验算的通知》、《关于进一步加强公路水运工程结构物砼构件等质量管理的几项规定》,在加强结构物质量控制、保障结构物安全性等方面做了大量的基础工作。全年,浙江省交通建设总体质量形势较为稳定,重点项目如黄衢南、舟山连岛工程、申嘉湖等项目创精品、创优良的目标明确,结构物整体质量稳定,各项目结构物混凝土强度指标合格率达到 100%,未发现影响结构安全的重大质量问题。路基路面总体质量水平较好,上边坡防护、下边坡处理质量有所提高,各高速公路项目路基压实度指标合格率均达到 100%,各项抽检指标数据合格率高于往年平均水平,成效较为显著。

2009 年,针对浙江省大规模、高难度项目建设的新特点,通过制度建设和隐患排查结合,着力加强公路水运工程安全生产监管工作。制定《浙江省公路水运建设工程生产安全事故应急预案》,从组织保障、预测预警、应急处置等方面进一步建立完善公路水运工程安全生产事故应急机制。出台《浙江省公路水运建设工程安全生产经费使用暂行规定》,进一步规范施工单位安全生产费用的使用范围、计量支付等,从源头保证安全生产投入。交通运输部转发了该暂行规定,对规范交通运输行业安全生产费用管理起到了示范作用。在抓制度建设的同时,根据不同季节、项目的不同特点和要求,分别对全省在建的10个高速公路项目的225座(特)大桥、183座中桥、73座隧道和427处高边坡进行结构物安全质量隐患专项治理,督促现场整改施工质量安全隐患222项,限期整改11项,建立重大源头安全隐患数据库,实行挂牌督办和"销号"管理制度,确保整治到位。同时,以落实安全生产责任制为重点,紧密结合"安全质量年"和"安全隐患排查治理年"等重点工作,在全省公路水运建设工程中开展"安全生产月"活动,编制《浙江省公路水运工程安全管理文件汇编》、《浙江省公路水运建设工程施工临时用电手册》,组织现场观看安全事故案例剖析教育影片。针对交通建设安全生产管理台账用表不统一、不规范的状况,及时编制建设、监理、施工单位的台账用表,促进规范安全生产管理行为。通过开展"安全生产月"活动,深入宣传、贯彻有关安全生产法律、法规,推广安全施工理念,提高从业人员的安全意识。针对温州绕城高速匝道桥梁梁体倾覆等部分安全事故,为汲取事故教训,切实提高建设项目安全防范意识,发出《关于进一步加强公路水运建设工程安全生产管理的通知》。先后两次召开全省公路水运建设工程安全生产形势分析会,深入剖析全省安全事故发生部位、发生时间、发生原因,并就进一步落实安全生产责任制,开展桥梁、高边坡、隧道、码头等危险性较大工程专项整治,做好冬季施工安全防范工作提出具体要求。组织开展桥梁隐患排查治理、安全生产费用使用管理规定及冬季安全施工专项检查,确保安全生产费用投入到位,保障冬季施工措施落实到位,进一步建立健全安全生产管理长效机制。各市站(局)在安全监管工作中也有不少好的做法。如杭州质监局为强化施工人员安全教育培训和安全生产行为的管控,出台《杭州市交通工程施工人员安全教育培训和考核管理规定》;嘉兴站根据辖区工程建设特点,组织开展溺水和高空坠落应急演练,提高对突发事件的处置防御能力;湖州站建立了安全生产预警体系,采用移动短信平台群发的方式,对辖区内在建公路水运工程发布各类预警信息等。通过深入推进安全生产执法、隐患治理和宣传教育"三项行动",全面加强安全生产法制体制机制、安全生产能力和安全监管队伍"三项建设",浙江省公路水运建设工程安全形势总体稳定,未发生一次死亡3人以上的较大及以上安全责任事故。

2010年,针对确保建成黄衢南高速公路衢黄段,继续抓好嘉绍跨江通道等10个在建高速公路项目,建成万吨级以上泊位超过10个的建设任务和质量、安全目标,强化监管和制度建设,先后对绍诸高速、嘉绍大桥及南岸接线工程、象山港大桥及万向岙山油品码头等17个重点公路水运项目进行质量、安全、造价执法大检查和安全专项督查,督促整改现场施工质量安全问题445项,限期整改质量安全管理问题3项。以落实安全生产责任制为重点,在全省公路水运建设工程中深入开展"安全生产月"和"平安工地"建设活动,加强世博安保和三防应急救援体系建设,着力保障浙江省公路水运建设工程的安全稳定。全年,全省公路水运建设工程发生生产安全事故7起,死亡14人,直接经济损失约520万元。总体来看,2010年浙江省公路水运建设工程安全生产形势基本稳定,并呈现下降的趋势,基本处于受控状态。

第三节 造价管理

1997年,出台《浙江省公路水运工程施工招投标管理实施细则》。

2001年,对工程施工招标标底审查的覆盖率达到99%,通过标底审查减少投资1.85亿元。

2002年,工程定额造价管理有突破性进展,对工程施工招标标底审查的覆盖率达到100%,其中省管项目达到100%,通过标底审核减少工程投资1.58亿元。

2003年,根据浙江省招标政策变革,省交通厅定额站的造价管理工作逐步从标底审查向工程设计、施工、竣工决算全方位、全过程控制转变。对全省钢材、水泥涨价情况进行了实地调查,形成《关于主要钢材、水泥价格涨幅情况的调查报告》,并据此印发了关于调价的指导性文件,确保全省交通工程进度、质量,对稳定建设大局起到了积极的促进作用。开展水运工程造价调查,为控制水运工程造价奠定基础。完成华东六省一市公路工程造价信息网数据库管理系统的调研工作,合理确定工程造价,实现公路工程决策科学化做好有力的基础保障。补充和扩大了材料调查品种,从原先28个品种扩大到十一大类89个品种。对20种设备租赁价格进行了调查和发布。印发《关于进一步规范交通工程材料价格调查和信息发布工作的通知》,加强造价信息的日常积累、分析比较。按季发布4期材料价格信息,提高了材料价格信息的准确性、时效性和利用率。在加强造价管理的同时,进一步强化实施阶段的合同管理,在对全省交通工程项目转分包现象调研的基础上,制定《浙江省公路、水运工程分包管理规定》,对非法转包违规分包的行为做了明确的界定,建立了分包管理和稽查。

是年,在造价管理方面通过拓展初步设计概算审查、分标段概算审查等新的造价监控职能,进一步完善对高速公路和重点国省道项目的价格监控,对提高设计精度也起到较大的促进作用,实现了预期的目标。

2004年,针对初步设计概算双审制的需要,全面开展省批高速公路项目初步设计概算审查,制定《浙江省公路水运工程初步设计概算审查操作规定》。全年,审查高速公路项目21项(计731.7公里),审查概算总额492.6亿元,净核减概算17.8亿元,同时对设计中的一些差、错、漏项提出了修正意见,在合理控制造价的基础上提高了设计文件质量。

2005年,将初步设计概算审查范围横向拓展到国省道干线工程,纵向深化到分标段概算、变更费用和调整概算审查。全年累计审查7个高速公路项目和23个国省道项目(计585.8公里),审查概算总额109.95亿元,核减5.08亿元,核增1.15亿元,净核减3.93亿元,净核减率3.57%,同时对原概算中存在的问题提出了审查意见,达到了完善设计文件、合理确定和有效控制造价的目的。

2006年,开展初步设计概算等造价文件的审查工作。全年累计审查高速公路及一般公路项目25项(计289.54公里),审查概算总额165.34亿元,净核减概算8.98亿元,净核减率5.43%;各市局(站)累计审查国省道、水运工程、农村公路92项,审查概算总额56.55亿元,净核减1.27亿元,净核减率2.19%。根据无标底招标需要,对黄衢南高速公路、舟山连岛工程等省管公路水运工程项目共39项次146个施工与监理合同的投标控制价进行审查,累计报审限价金额85.11亿元,审查后限价金额77.94亿元,中标价金额65.54亿元,核减

率8.42%。通过审查,较合理地设定了投标控制价上限,对规范招投标行为,有效遏制围标发挥了积极作用。对16项省管公路水运工程开展了造价监督检查,共发出监督抽查意见通知书16份,有效地规范了工程实施过程中的计价行为。针对有色金属材料价格波动较大的状况,对全省7个高速公路项目进行了调研,完成了《关于有色金属价格波动对浙江省高速公路施工影响的调查报告》,为省交通厅决策提供了可靠的依据。

2007年,开展初步设计概算等造价文件的审查工作,浙江省交通厅质监局累计完成38个公路项目初步设计概算、调概和重大设计变更造价的预审查工作,审查概算总额56.31亿元,净核减1.93亿元,净核减率为3.42%;对黄衢南高速公路等25个项次85个标段的投标控制价上限进行审查,共审查投标控制价上限74.79亿元,审定金额为67.16亿元,较合理地确定了投标控制价,促进了招投标行为进一步规范。

是年,全省监理企业信用评价工作全面启动。出台《浙江省公路水运在建工程监理企业信用评价办法(试行)》;在18个在建高速公路项目、64个驻地办全面启动试点评价工作;对监理企业信用分AA、A、B、C、D5个等级进行评价,31家甲级监理企业纳入全省试点评价范围,监理企业信用等级与监理招标投标挂钩,其评价结果对建立健全浙江省监理市场诚信体系、治理监理商业贿赂行为、引导监理企业诚信履约、促进监理市场的健康有序发展起到积极的推动作用。

2008年,开展省管项目47项共计277.05亿元设计概算、调概和变更造价预审工作,共核减造价6.5亿元。省厅制定相关决策并出台《关于我省公路水运工程项目合同调价有关事宜的通知》,对新建和在建项目提出指导性意见。对全省53家等级试验检测机构和49家工地试验室的路基压实度、沥青混合料配合比等16325份参数报告进行全面核实,并出台《浙江省公路水运工程试验检测办法》和《浙江省公路水运工程工地试验室技术考核实施细则》。

是年,对15个在建项目进行造价与合同履约检查,发布《交通养护工程工程量清单计价规范》,完成地方标准《交通建设工程工程量清单计价规范》,发布《杭州湾跨海大桥专项预算定额》,编制完成《公路工程四新技术预算定额》。

是年,介入47项共计277.05亿元省管项目的设计概算、调概和变更造价预审查工作,核减造价6.5亿元;完成一批技术难度较大的招标限价审查工作,共审查26项次110个标段,审查清单预算148.91亿元,审定投标控制价上限价为129.59亿元,从同口径比较看,中标价总体低于预算价15.32%,为节约建设投资发挥了积极的作用。针对工程项目超概多、实施难等情况,结合具体项目对人工、材料、政策处理变化进行针对性的造价影响性分析,形成《关于人工、材料、政策处理费上涨对工程建设的影响分析及对策建议》报告,为省交通厅制定相关决策提供了依据。出台《关于我省公路水运工程项目合同调价有关事宜的通知》,进一步重申新建项目要建立完善的合同调价机制,对在建项目的材料调差及时提出了应对指导性意见。

2010年,共完成51项省管项目初步设计概算、调整概算和变更造价的预审查工作,共审查报审造价376.1亿元,核减12.9亿元,核增3.6亿元,净核减9.3亿元,净核减率2.4%。完成24个项次共64个标段施工招标工程量清单预算和15个合同段监理招标控制价审查。报审预算126.8亿元,招标后中标价总体低于预算11.8%,共节约交通建设资金14.9亿元,使中标价总体处于合理受控范围。完成公路养护工程造价软件清单计价应用模块开发和浙江省地方标准《浙江省交通建设工程工程量清单计价规范（第2部分:港口工程）》的研究工作，颁布实施《浙江省公路“四新”技术工程预算定额》，发布材料价格信息12期、价格指数4期，为工程建设各方提供了及时、准确的计价信息服务。

是年，共对36家省内监理企业及65家外省外系统监理企业进行信用评价，启用浙江交通监理诚信信息系统，利用信息化手段引导监理企业诚信履约。评价结果显示，监理企业信用等级呈“中间大、两头小”的正态分布，符合浙江省监理市场实际。组织召开监理行业新风建设活动阶段性总结暨全省公路水运工程总监负责制动员会议，以推行总监负责制为抓手，进一步推进和深化监理行业新风建设活动。开展监理费和监理人员配置对比分析、测算调研工作，通过对全省2009年以来68个招标项目监理费取费情况调查、统计和分析，拟定《浙江省公路工程施工监理服务费浮动幅度与监理人员数量配置建议意见》，形成《浙江省公路水运工程监理费调研报告》，为合理确定监理服务费和监理人员配备，制止低价抢标，促进监理费的合理回归奠定基础。印发施行《浙江省公路工程施工监理招标文件样本》，进一步规范监理招投标行为。

第四节　监 理 管 理

1993年8月4日，省交通厅发布《交通施工企业资质管理暂行规定》

2001年，加大监督检查频率，在省、市交通工程质监站之间签订的质量监督工作责任书中把监督检查的频率作为考核的主要内容之一。省站主管监督的工程，通过突击性抽查、常规性检查和一些专项检查，使每个项目的检查次数达到平均每月1.59次。把监督管理的侧重点放在解决公路路面和隧道质量问题上，将行政执法工作列入重要议事日程，编印了《浙江省公路水运工程质量监督行政执法现场操作手册》，在下半年的监督检查和查处群众质量举报中开了动用行政处罚手段的先河。

2002年，全省工程质量监督工作面对调整公路建设大决战的新形势，以高速公路建“人才工程”、“依法行政”为重点，加大监管力度，质量监督和定额造价管理工作取得新进展。全省408项在建公路、水运工程项目全部纳入质监部门的质量监督，监督覆盖率达到100%。进一步规范工程质量监督检查工作，制作和推广应用公路工程质量监督交底光盘和水运工程施工监理统一用表光盘，并制订《浙江省公路工程质量与造价执法大检查操作办法》，规范质量检查程序和格式，全面落实三个统一（即统一公路水运工程监督交底格式；统一公路水运工程施工、监理资料格式；统一公路水运工程质量与造价执法大检查操作方法）。同时，按照《浙江省公路水运工程质量负责制》的要求，全年新开工的项目均签订质量责任合同，并在质量监督交底及监督抽查时进行合同履行情况的检查，起到较好的监控作用。对高速公路和省政府考核项目除定期组织检查外，省市质监站按监督分工加强突击抽查，所监督项目的监督检查频率每个项目从平均每月不少于1次提高到1.5次，处理质量举报问题从原先的10天左右缩短到一个星期之内，对发现的质量隐患及时落实整改措施，提高工作实效。

是年，根据交通部《关于治理整顿公路监理市场秩序的意见》和省交通厅《关于提高我省公路、水运工程监理工作水平的若干意见》、《关于治理整顿我省公路、水运工程监理市场秩序的实施意见》精神，在全省大力开展公路、水运监理市场治理整顿工作，制定和完善一批监理市场的管理制度，积极推行以“三项制度、两项工作、一个体系”为主要内容的管理体系，实行监理人员上岗前摸底考试制度、资格证书暂存制度、执业管理制度，加强对监理单位的年检工作和合同监督检查工作，建立监理单位信用信息管理体系，进一步促进监理单位加快体制改革强化内部管理，引导监理市场向诚信方向发展。通过一年时间的大力整治，初步建立监理人员的动态管理机制，有效遏制监理人员到位率低和调换率高的问题，初步建立起监理市场的优存劣汰机制，监理单位的履约行为得到有效约束。进一步规范监理招投标行为，加快监理单位体制改革的步伐，进一步促进监理单位自觉加强诚信建设，整个监理市场的风气有了明显的转变。在整顿规范监理市场的同时，积极扶持市场发展，批准新增丙级公路水运工程监理单位 3 家，增加公路、水运工程监理工程师、专业监理工程师共 176 人和监理员 161 人，经厅报部批准增加了部专业监理工程师 84 人，充实了监理队伍。

2003 年，组织开展监理市场调研，形成《我省交通工程监理市场现状和对策》调研报告，初步摸清浙江省监理市场的状况和存在问题，为进一步深化监理市场治理整顿工作提供了依据。以监理单位信用建设为中心，制定《浙江省公路、水运工程监理单位信用信息管理暂行规定》。根据交通部对监理人员资质实施以考代评的具体要求，修订《浙江省公路水运工程监理工程师资质管理实施办法》。举办全省首次监理人员资格考试，共有符合资质的 368 名考生参加了此次考试。加强监理招投标管理，针对工程施工监理单位放弃投标导致招标失败弊端，制定《关于监理招标的通知》，进一步加强对监理投标行为的约束。就监理服务费取费标准偏低，严重制约监理市场发展的问题进行调查，收集大量数据材料，并将调查成果报部质监总站和部公路工程定额站。

是年，高速网络工程全速推进。根据省交通厅“确保完工、力促开工、加速在建”十二字方针，以高速公路为监督重点，在全省高速公路项目中开展抓基础、抓源头、抓规范三项工作，全面推广精品工程建设先进经验。推广利用绿化植被加强高速公路环保、水保的新技术、新手段。抽调 358 人次，对杭州湾跨海大桥、甬金、杭千等 11 个在建高速公路项目进行两次质监、造价、监理、检测联合行政执法大检查，累计检查时间 105 个工作日，对一些违规行为进行行政处罚. 着力加强高速公路施工过程和从业单位行为质量控制。为强化重点项目监督，对杭州湾跨海大桥沉台、管桩、灌注桩施工及 2200 吨 70 米梁海上吊装等，诸水高速公路 8 公里括苍特长隧道洞身的开挖防护、岩爆等，舟山连岛工程金塘大桥等特殊施工环节和在建的重特大项目，根据不同的时机、不同的特点、不同的要求，及时派出督查组，坚持每月深入施工现场进行检查。申苏浙皖高速公路在全省率先推出并实施系统的工程造价跟踪审计举措。

是年，继续开展以资格证书打假为核心的“3321”监理市场整治工作。强化 3 方面工作：一是强化人员管理。全面开展监理人员资格证书打假活动，对 26 个在建高速公路项目 90 个驻地监理站的 2276 名监理人员的临理资格证书、监理业务培训合格证书、试验检测人员资格证书等有关证书作了一次全面核查，共查实假证人员 124 名，并将其全部清退出浙江市场。对 17 个新开工高速公路项目新组建驻地办的 1661 名监理人员进行上岗摸底考试，将补考不及格的 91 人按规定予以清退；按交通部要求，对 587 名监理工程师实行动态管理岗位登记，并在网上进行公布。将《执业管理手册》发放范围扩大到在浙从业的外省外系统监理单位，新发放手册1500余本。通过上述一系列措施，进一步完善监理执业管理制度。强化监理人员后续教育，全年共举办4期监理人员执业技能后续教育培训班，全省在建高速公路和重点水运工程81个驻地办的360余名专业监理工程师接受了后续技能培训。二是强化过程控制。明察与暗访相结合，对22个在建和跨年度高速公路项目的69个驻地办进行了两次监理行为突击大检查，对查实存在严重违规行为的两家监理单位处以一年内不得进入浙江省监理市场的处罚，并将12名违规监理人员清退出浙江省监理市场，进一步促进规范临理市场履约行为。三是强化行为管理。全年查处举报和投诉20起，其中部总站委托调查的举报1起。对每一件举报和投诉都组织有关人员进行实地调查，并作相应处理。

是年，浙江省在建的公路、水运工程项目全部纳入质监部门的质量监督范围，监督覆盖率为100%，受监工程的质量合格率100%，省站主管监督项目的质量优良率92.6%，高速公路和列入省政府考核项目的工程质量优良率连续6年保持100%，国省道干线新改建工程和地方重点工程质量优良率达到90%以上，在建的重点公路建设项目监督检查一次合格率达到95%以上。为贯彻交通部《关于进一步提高内河航运建设工程质量暨开展内河航运建设工程质量活动年的通知》要求，进一步提高内河航运建设工程的质量。

2005年5月24~26日，由省港航管理局牵头，与省交通厅六大工程督查办、厅建管处、厅质监站及浙北内河航道网改造在建工程沿线交通局、指挥部、设计单位组成检查组，对在建工程的质量、安全、进度、廉政、管理等各方面的工作进行了全面仔细的检查。

2006年，全省深化了以资格证书打假为核心的监理市场整治工作。按照监理市场整治“3321”工程和治理商业贿赂专项活动的有关要求，在2005年高速公路监理打假工作基础上，将监理资格证书打假从高速公路深化到一般公路和重点水运工程项目，从资格证书打假深化到监理资料打假。对全省公路水运工程项目监理驻地办的监理人员的监理资格证书、试验检测人员资格证书等有关证书进行全面核查，共查实假证人员50余名，并将其全部清退出浙江市场，对弄虚作假的监理资料勒令进行整改。对16个在建和跨年度高速公路项目的31个驻地办监理行为进行突击大检查，对查实存在的违规行为，勒令监理单位进行整改，进一步规范了监理市场履约行为。

是年，加强交通建设工程监理市场诚信体系建设，开展“浙江省交通监理企业诚信体系建设调研”，以调研成果为基础，制订《浙江省公路水运在建工程监理企业信用评价办法（试行）》，明确监理企业信用评价内容、程序、等级及奖罚措施，作为从业监理单位绩效考核和招投标的主要依据，并在部分驻地办开展了试点工作。以“治理商业贿赂，打造诚信监理企业”主题，举办全省交通监理高级管理研讨班，切实提高监理企业经营管理层诚信经营意识。制定《浙江省工程监理领域建立治理商业贿赂长效机制实施意见》，为深入推进工程监理领域治理商业贿赂专项工作奠定了基础。

是年3月31日，省交通厅以浙交〔2006〕124号文印发了《关于印发规范建设单位行为若干规定的通知》（以下简称通知）。通知指出，为进一步规范代建单位和项目业主（以下简称“建设单位”）的建设行为，加强对建设过程的监督管理，强化交通基础设施领域的廉政建设，防止出现商业贿赂行为，维护统一、开放、竞争、有序的建设市场秩序，提高工程质量和投资效益，针对当前交通建设市场中建设单位存在的行为不规范等突出问题，制订了《规范建设单位行为的若干规定》。

是年，印发《关于进一步规范公路水运工程施工环境保护监理工作的通知》，出台《浙江省公路水运工程施工监理总监负责制实施办法》，在全国交通行业率先推行并得到交通部运输质量监督总站的充分肯定。

2008 年，重点建立从业单位行业管理工程质量监督 249 诚信体系和从业人员职业管理体系“两个体系”。出台《浙江省公路水运工程监理企业信用评价办法》，对浙江省 22 家甲、乙级监理企业以及 58 家在浙江省高速公路项目中从事监理业务的外省外系统甲级监理企业按照 AA、A、B、C、D 五个等级进信用评价，并将监理企业信用等级与监理招标投标挂钩，引导监理企业诚信履约；制定《浙江省公路水运工程监理人员执业指南》，通过信息化平台在全国质监系统中首次将监理人员执业行为纳入动态管理，为监理企业和建设单位提供监理人员行为评价参考，得到交通部质监总站的肯定。组建成立“浙江省交通建设监理行业协会”，为监理行业形成自我约束、互相交流、取长补短、共同促进的良性循环奠定基础。

2009 年，根据交通运输部治理公路水运工程混凝土质量通病活动的总体要求，制度建设和典型示范两手抓，在全省广泛部署开展“抓精细管理、治质量通病”活动。编制《浙江省公路水运工程混凝土质量通病活动实施方案》，分别确定绍诸高速公路和长湖申线航道工程为公路水运治理混凝土质量通病的典型示范项目，推广规范化施工管理经验和质量通病防治措施。出台《关于进一步提高公路工程设计质量的若干意见》，针对路基、路面、桥梁、隧道软基处理等 12 大类的设计注意要点、具体指标细化、结构形式选用原则等作出明确规定，并对省市两级交通主管部门、质量监督部门以及设计咨询单位的相关人员进行了专题宣贯培训，对总结推广质量通病治理经验和“四新”技术研究成果，进一步细化、优化和完善提高公路工程设计质量发挥了积极的作用。制定《关于进一步加强公路水运工程混凝土构件预制管理的通知》，推行混凝土构件工厂化生产，推广见证取样制度，对确保各类混凝土构件质量，防治混凝土结构质量通病起到较好的效果。

是年，按照全面推进“港航强省”战略的总体部署，将落实交通运输部推广营口港质量通病治理经验作为提升浙江省水运工程建设质量的切入点。在全面推广全省水运工程质量现场会六个方面规范化施工管理经验以及四项质量通病防治措施的基础上，按照交通运输部新版《水运工程质量检验标准》(J43257 - 2008)，修订《浙江省水运工程施工统一用表》，完成水运工程施工统一用表软件升级；就新版检验标准、《统一用表》以及《浙江省水运工程主要质量通病防治手册》举办两期覆盖全省水运建设管理人员的培训班和宣贯讲座，切实提高广大水运工程建设施工管理人员掌握运用新标准和通病治理防治技术的能力。对湖嘉申线嘉兴段(一期)、嘉兴内河港多用途港区、等 7 个重点水运项目进行全面督查，形成全省水运工程质量督查分析专报；推广“沿海港口砼耐久性研究”、“G03 测量仪航道断面测量”等科研成果，着力提高全省重点水运项目的精细化管理水平。一年来，全省各在建水运项目能按照《浙江省水运工程质量通病防治手册》的要求，持续推进水运工程质量通病治理活动，工程质量处于受控状态，施工工艺水平明显提高，舟山港马迹山港区宝钢二期矿石码头被评为部优工程，玉环大麦屿华能玉环电厂码头被评为国家优质工程金奖。浙江省水运项目中应用创新科技、规范操作程序来治理质量通病、保证工程质量和安全等方面取得了明显的成效。

是年，把诚信体系建设作为监理维护市场稳定的重要抓手，对浙江省 40 家监理企业以及 54 家在浙江省高速公路项目中从事监理业务的外省外系统监理企业分 AA、A、B、C、D 五个等级进信用评价，并将监理企业信用等级与监理招标投标挂钩，启用“浙江交通监理诚信信息系统”，采用数据库的公开信息作为评分的依据，利用信息化手段引导监理企业诚信履约。在推进监理行业诚信体系建设的同时，在全省部署开展“监理企业树品牌，监理人员讲责任”行业新风建设活动，制定《浙江省公路水运工程监理办标准化建设实施细则》，推行监理办标准化建设统一服装、统一标牌、统一用房标准、统一上墙图表、统一机构设置、统一职责分工“六个统一”；根据生态交通建设的有关要求，印发《关于进一步规范公路水运工程施工环境保护监理工作的通知》，明确环境保护监理的任务与职责、环境保护监理人员的资格与配备，提出了环境保护监理工作的五点具体要求；出台《浙江省公路水运工程施工监理总监负责制实施办法》，充分发挥三个关键人之一“驻地总监”的作用，在全国交通行业率先推行监理总监负责制，着力推进项目总监负主要责任的项目监理体制建设，得到交通运输部质量监督总站的充分肯定。加强监理办日常督查、服务和指导，对重点公路水运项目的47个监理办监督检查22次，较好的推进了监理办的规范化建设。

2010年，着力加强省市县三级机构体系建设，县级质量安全监督机构建设全面推进。先后出台《关于贯彻落实王建满副省长重要批示精神加强质量安全监督机构建设的意见》，制定《浙江省县（市、区）交通工程质量安全监督机构考核指导意见》，会同嘉兴市交通局对嘉善县质量安全监督站进行了考核验收。全年，全省共有嘉善县、义乌市等11个县（市、区）获批成立县级质监机构。在完善三级体系建设的同时，浙江省质监系统行业文明建设也取得了突出成效，被交通运输部评为全国交通运输系统文明行业，为进一步深化系统文化建设，增强行业凝聚力起到积极的促进作用。

第五节　检测管理

2002年，为提高质监造价工作科技含量，加强科研工作，先后开展隧道泵送混凝土衬砌、隧道管棚、系杆拱桥等补充定额的测定工作，完成交通部下达的“公路工程桩基动测规程”送审稿，通过“瑞利波检测复合地基加固质量”和“公路工程价格指数研究”等课题鉴定，报厅立项开展“公路工程项目施工招标成本价研究”、“新拌水泥混凝土质量快速测定方法”、“高速公路路面三个指标的现场自动化测试评价方法”等课题研究。同时加强各类业务培训，积极培育质监专业人才，充实和完善质监管理网络。全年，共举办公路和水运工程监理业务培训班三期、试验检测人员培训班五期、施工企业质检员培训班四期、全省公路工程造价人员培训班三期，交通部水运工程造价人员培训班一期，受训人员共达一千四百余人。

2005年，根据省交通厅“确保完工、力促开工、加速在建”十二字方针，以高速公路为监督重点，在全省高速公路项目中开展抓基础、抓源头、抓规范三项工作，全面推广精品工程建设先进经验和质量亮点；推广利用绿化植被加强高速公路环保、水保的新技术、新手段。抽调358人次，对杭州湾跨海大桥、甬金、杭千等11个在建高速公路项目进行两次质监、造价、监理、检测联合行政执法大检查，累计检查时间105个工作日，是历年来检查次数最多、参检人数最多、持续时间最长的一年，在检查中对一些违规行为进行了行政处罚，着力加强高速公路施工过程质量控制和从业单位行为质量控制。强化重点项目监督，针对杭州湾跨海大桥沉台、管桩、灌注桩施工以及2 200吨70米梁海上吊装等特殊施工环节，诸永高速公路8公里括苍特长隧道洞身的开挖支护、岩爆等关键施工环节，舟山连岛工程金塘大桥等在建的重特大项目，根据项目不同的时机、不同的特点、不同的要求，及时派出督查组，坚持每月深入施工现场，重点项目的监督频率达1.5次/月，有效地保障和控制了重大环节的施工质量和作业程序。

是年，在甬金高速金华段召开沥青路面施工现状召开专题研讨会，总结研讨省、内外高速公路沥青路面施工的成功经验，就路用材料质量控制、规范拌和厂、路基施工质量控制等十个方面提出了切实提高浙江省高速公路沥青混凝土路面施工质量的实施意见。同时，对部分在建高速公路项目采用的沥青、改性沥青、支座、水泥、钢筋、预应力筋等六类路用材料及常用产品质量实施全面盲样抽检，整治和清退部分质量不合格的产品。对甬金高速公路金华段等计划通车的8个高速公路项目19个标段的沥青混凝土路面施工质量状况进行专项大检查，对每个标段的沥青混凝土路面的路用材料规格、级配、沥青用量、空隙率以及下面层厚度等进行现场检测；结合路面质量检查中存在的质量通病和质量管理薄弱环节，出台《关于当前我省高速公路沥青混凝土路面施工亟需解决的若干问题的通知》，要求各参建单位切实抓好控制集料颗粒含量、改进摊铺工艺、确保沥青的拌和时间等八个关键环节。通过强化源头控制、过程控制，着力提高我省高速公路沥青混凝土路面施工质量。

2008年，全省沥青路质量按省厅“五八工程”的要求，对高速公路项目路面标准冷级配料、沥青混合料、芯样等346批次进行集中盲样抽检，总合格率为84.7%，全面推行“沥青路面施工质量动态管理系统”，建立网上沥青路面工程质量数据库，全面推进高速公路沥青路面精细化管理。

是年，根据交通部开展公路水运工程试验检测专项治理活动的要求，全面开展确保“检测数据真实性”为核心的检测市场专项整治活动，对全省53家等级试验检测机构和49家工地试验室的路基压实度、沥青混合料配合比等16325份参数报告进行数据真实性情况的全面核查，对管理不规范的检测单位和违规行为进行限期整改。出台《浙江省公路水运工程试验检测管理办法》、《浙江省公路水运工程工地试验室技术考核实施细则》两项办法和规定，初步理顺了交通部相关规定与浙江省地方法规存在的矛盾和差异，进一步将试验检测市场行为和工地实验室纳入规范化管理。推进检测市场信用体系建设，根据交通部质监总站和省交通厅和《关于加快推进我省交通建设市场信用体系建设工作的意见》的要求，受交通部质监总站委托，通过广泛调研，起草了全国《公路水运试验检测机构信用评价办法》，为下年度全面启动试验检测机构信用评价体系建设奠定基础。

2009年，针对建成舟山连岛工程等6个高速公路项目175公里；力争建成申嘉湖杭高速公路练杭段51公里的建设任务和质量、安全目标，强化督查和制度建设两手抓，着力确保重大项目质量安全形势稳定。抽调省市质监站（局）206人次，对舟山大陆连岛工程、黄衢南、诸永等10个重点项目152个施工、监理合同段进行质量、安全与造价执法大检查和路面专项督查，形成《2009年全省在建高速公路工程质量状况分析报告》，为省厅全面掌握高速公路质量状况提供有力依据。加强重点项目质量难点的协调和监管。对舟山连岛工程等重点项目的重点部位、重要环节和重大工序，实行监督组督查责任制；对诸永高速公路台州段一标滑坡体问题、怀鲁枢纽匝道整改工作以及申嘉湖高速练杭段个别标段梁板预制严重滞后等难点节点问题进行10余次重点督查和协调。并派技术骨干参加省厅诸永高速公路督导服务组赴现场蹲点，对解决诸永高速公路质量节点问题发挥有利作用。参与舟山连岛工程金塘大桥“11.16”非通航孔

E31 ~ E32 跨桥梁结构撞损事故损伤评估工作。起草结构损伤评估方案，撰写外观检查报告，提交交通运输部专家组作为损伤评估的主要参考资料；积极参与后续桥墩修复方案评审，并对修复质量进行检查检测，为大桥结构安全评估提供了决策参考。通过强化监管，协助舟山连岛工程攻克了60、70 米箱梁整体预制架设、50 米箱梁梁上运梁、海上钢管桩防腐、海工耐久性砼结构裂缝等重大技术难题，确保了西堠门大桥世界第二大跨径悬索桥 1650 米主跨在复杂海洋水文地质条件下进行海上钢箱梁施工的建设质量和施工安全。按照交通运输部《关于严格落实公路工程质量责任制的若干意见》的要求，对 2009 年新开工的公路建设项目实行质量责任制登记制度，确保新开工项目的质量得到有效控制。

是年，按照交通运输部《公路水运工程试验检测专项治理活动工作方案》和省厅的总体要求，厅质监局自 2007 年起组织开展了为期三年以保证数据真实性为重点的公路水运工程试验检测专项治理活动，至 2009 年底初步实现了交通运输部提出的"一个构建"、"两个保证"、"三个规范"、"四个提高"的总体目标。三年来累计检查试验检测机构 260 家次和工地试验室 812 家次，共抽查检测报告 56752 份，查处虚假检测报告 634 份，发出整改通知书 378 份，对 4 家违规试验检测机构和 27 家工地试验室进行停业整顿；对 26 家试验检测机构和 20 家工地试验室进行警告；取消 2 家丙级试验检测机构等级，取消 2 家工地试验室临时试验资格，并对 9 名试验检测人员进行通报批评；对 2 名检测工程师进行通报批评并建议部总站注销其资格证书。组织水泥、钢筋、沥青等原材料的比对试验 25 次，常用产品抽检四次，抽检材料 31 大类、1408 批次，合格率达到 98%。目前浙江省高等级公路及水运工程所使用的原材料抽检合格率有明显提高，质量总体较好，基本上处于受控状态。通过切实推行试验检测工作监督检查制、现场专项检测招投标制、工地试验室主任上岗考核和检测人员岗位登记制、高速公路工地试验室标准化建设制、工程原材料及常用产品抽查制五项制度，全面开展检测机构比对试验，加强检测人员的培育，着力构建试验检测信用评价体系，对规范试验检测市场秩序，提高检测人员技能水平和检测机构的公信力发挥了积极的推行作用。召开试验检测专项治理活动总结大会，回顾总结三年试验检测专项治理活动的阶段性成果，对试验检测专项治理活动中突出的 15 家先进单位、50 名先进个人以及 6 家交通试验检测行业文明示范窗口单位进行了表彰，并结合交通三大建设的新形势，提出了构建一个体系、开展两项活动，推行三项制度的检测市场治理工作的新思路，取得了预期的效果。

2010 年，全面启行业管理 · 工程质量监督 247 动检测市场信用管理工作，对全省 139 家检测机构，225 家工地试验室进行信用评价；推行工地试验室岗位登记制和工地试验室主任培训、考核制两项制度，在象山港大桥及接线工程的部分工地试验室进行标准化建设试点，为浙江省工地试验室的标准化建设有序推进奠定良好基础。在浙江电视台的大力支持下，组织开展全省交通系统试验检测专业知识竞赛活动，以知识竞赛为载体，通过广泛部署、全员参与、媒体宣传，对于提高试验检测人员专业知识水平，提升检测行业的社会认知度和行业荣誉感起到较好的促进作用，在交通系统内引起良好反响，得到交通运输部基本建设质量监督总站的充分肯定。为进一步提高检测数据真实性，按数据种类对现行试验检测设备进行分类升级改造，与交通运输部科研院合作研发预应力张拉监控仪器项目正式启动。

第六章　交通体制改革

1978年后浙江在全国率先进行交通管理改革，为经济主体的培育和发展创造了良好的环境。其中包括较早调整完善所有制结构，培育发展市场体系，推动政府职能转变。除了对政企、行业管理体制改革外重点进行了建设融资、建设市场、运输市场体制的改革。

第一节　建设投融资体制改革

一、"四自"方针

改革开放初期，面对交通投入长期欠账、公路基础设施远远落后于经济的发展，而国家投入又有限的现实，1998年1月交通部、财政部、国家物价局联合发出通知，明确指出"随着商品经济的发展，公路状况不适应国民经济发展的需要的矛盾日益突出，在国家投资有限的情况下，……利用贷款、集资、外资等多渠道筹集建设公路、……建成后，收取合理的通行费用于偿还贷款，对加快公路建设起到了积极的作用"。这是国家第一个允许实行贷款建路、收费还贷的明确规定，是一条有中国特色的公路建设路子。

在20世纪90年代初，浙江省养路费收入一年不到2亿元，根本无法满足适应社会经济发展需要的大规模公路改建。在这种情况下，1992年12月浙江省人民政府下发了《关于加快交通基础设施建设的通知》，指出"今后十年我省公路、水路交通基础设施建设任务很重。为了保障各项建设项目的顺利实施，当前的首要问题是要落实建设资金。要根据改革开放的总思路，坚决破除以往那种交通建设经费一等（等上级拨款）、二靠（靠内资靠交通规费）的老框框，……进一步更新观念，拓宽资金渠道。"该通知中明确：支持地方政府实施"四自"工程，如地方政府有积极性，工程设施符合收取通行费条件，可采取由地方自行贷款、自行建设、自行收费、自行还贷的办法提前建设。明确规定要积极利用外资，多渠道筹集内资，支持地方政府实施"四自工程"。

"四自工程"即由地方"自行贷款、自行建设、自行收费、自行还贷"的公路建设项目。灵活的投融资新机制显示出巨大能量，私营企业和合资、外资企业的大量社会资金被吸引到交通基础设施建设上来。浙江交通建设投资自1998年首次突破100亿元大关后，持续5年增长。

到2002年年底，浙江省交通基础设施建设共完成投资803亿元，位居全国前列。

2005年以后，浙江的高速公路投资保持在一个相对稳定的水平，从而保证了高速公路建设的顺利进行。浙江多年来交通建设资金不断"加码"的原因，可以归结是有一个好的机制。"国家投资、地方筹资、社会融资、引进外资"和"贷款修路、收费还贷、滚动发展"的投融资体制，让浙江交通资金的筹集如"百川归海"。

在内河航道建设中，同样积极推行"四自"工程。进一步突破了传统内河航道和水运工程建设的传统思维定式。2004年省政府批准了省交通厅提出的内河航道"四自"工程建设方案，并批准了妙湖线等一批内河航道"四自"工程。

二、投融资体制改革

为满足交通建设巨大的资金需求，浙江按照“政府引导、市场运作”的原则，探索以业主招标、“四自”航道、土地捆绑、合资合作、收费权转让、发行股票债券等形式拓宽投融资渠道，吸引民间资本和境外资本进入交通建设领域。特别是强化“经营交通”的理念，果断决定从高速公路建设中退出政府投资，把有限资金集中用于农村公路、国省道干线、内河航道建设，管好用好交通政府性资源。

全省交通系统通过交通投融资体制改革政策调研，确立了“省级投资、地方筹资、社会融资、利用外资”的多元化投融资改革新思路，拓宽了筹资融资渠道；地方各级政府充分发挥积极性，广泛利用社会资金办交通，发行企业债券，搭建融资平台，极大地促进了浙江交通的发展。同时，省交通厅会同省公路局、港航局，先后与国家开发银行杭州分行、浙江省工商银行加强银企合作，达成了银行贷款框架意向，其中工商银行批准对省公路局授信70亿元、对港航局授信25亿元的贷款额度，有效缓解了交通建设资金紧缺的矛盾。

为加快高速公路的建设步伐，按照国务院有关投融资体制改革的精神，浙江省在2004年进行了高速公路建设项目投资业主招投标的改革。凡列入全省高速公路建设计划的项目，省交通主管部门会同地方政府根据项目的不同情况，制定出具体的项目投资业主招投标实施办法，并向社会公开招标，建立起省交通主管部门宏观调控、通过市场化运作的高速公路项目投资业主招投标工作机制。

2004年9月，浙江在全国率先出台了高速公路项目业主招投标暂行办法，鼓励各类资本投资浙江高速公路项目，规定经营回报期为25年，并一举推出了包括诸永等4个高速公路项目进行公开招投标。

2005年年底，继杭州绕城高速公路10亿美元整体转让后，来自北京、上海的两家不知名的投资公司一举拿下了早前流标的总投资164亿元的诸永高速公路项目。这是浙江最大的招商项目，政府没有一分钱资金投入。

三、引进民资

交通基础设施是涉及国计民生的基础产业，建设资金需求量大，原有以政府为单一投资主体的投融资方式难以满足交通长期稳定发展的需要。积极引进民间投资，有利于减轻政府对交通投资的财政负担，可形成交通产业投资主体多元化、投资渠道多样化的投融资体制新格局，实现交通跨越式发展。

1997年4月，宁波海运总公司以募集方式设立的浙江省首家上市股份制航运企业——宁波海运股份有限公司正式创立。

浙江坚持交通发展社会化、发展模式市场化、投资主体多元化、经营方式多样化，大力引进市场机制，有效解决了交通建设资金的困难。引进民间投资的主要方式和途径有：

（一）民间资本通过联合、联营、集资、入股方式进入

交通基础设施，特别是高速公路建设项目是关系国计民生重大领域的项目，浙江省宜允许民间资金以参股的方式进入。这是民间资本进入交通设施领域的较为普遍的一种方式。

（二）通过运用内资型BOT（建设→经营→移交）方式吸纳民间资本进入

对交通基础设施项目，引入市场机制，面向社会“聘”业主。要求业主招标，投标人必须是在国内注册的企业（包括民营企业），并具有相应出资额度的投融资能力，投资人的注册资

本金要求不得少于3亿元人民币,净资产必须是其所需投入项目法定最低资本金的两倍或两倍以上,此外竞标单位还须具有近五年内实施单个工程投资总额不少于5亿元的大型基建项目经验。为调动广大民企的投资积极性,民营企业可自行结成联合体,其成员的注册资本金总和不少于3亿元,且其中至少一位成员的注册资金不少于1亿元,即可共同参与竞标,至于净资产,只需各成员按股比加权净资产总和达到原规定标准即可。这就大大降低了民企投资交通基础设施建设的门槛。

(三)引入市场化的经营机制

采用TOT(转让→经营→移交)方式,通过转让已建成的交通基础设施项目收费权(经营权)引入民间资本,同时盘活存量资产,提前收回部分或全部投资,为新的建设项目筹集资金。这种方式转让风险小,收益稳定,对趋利的民间投资更具吸引力。

(四)以利益补偿方式吸引民间投资

针对盈利能力不高,但社会效益好的交通设施项目(浙南、浙西公路网),采取政府、财政等利益补偿方式,并适当延长收费年限,让利于民间资本,共同推动项目建设。

(五)个人委托贷款融资

这是由某交通投资公司与一家或多家银行联手,推出"多对一"个人委托贷款的融资方式。该贷款项目除了具有1年后可转让或赎回、贷款年利率一般低于银行贷款利率外,还具有以下的显著特点:一是融资总额可达数亿元;二是贷款期限适中,一般为3年左右,较贴近投资者的投资需求;三是营业办理点多,方便个人认购;四是融资项目安全可靠,因为投资公司和银行均具有极强的可靠性。

(六)以股权信托方式吸纳民间资金的项目筹资

将交通基础设施项目的国有部分股权,以股权信托方式分割给普通百姓,规定百姓一次至少出资5万元,通过信托公司操作,投资于交通设施项目。这种投资方式可以将民间零星分散的资金集中起来搞交通建设,有效地将储蓄化为投资,从而激发资本的活力。它能使民资参与工程项目的监督,更好地实现其市场价值。

(七)发行交通建设债券

这既是一种低成本、风险相对较低的交通建设融资方式,又能帮助企业成长、政府回收投资资金的目的。

在投融资体制创新方面,一个典型的例子是民营资本首度进入"国字号"工程杭州湾跨海大桥建设。长期以来,国家大型基础设施"国字号"工程,尤其是大型桥梁、道路等项目,投资主体都是国家或地方财政资金,属于民间资本的投资禁区。杭州湾跨海大桥建设投资概算是118亿元。宁波市提出创新投融资体制,对大桥建设市财政不出一分钱。大桥建设指挥部认真研究了国家投融资政策,认为,凡国家法律没有明文禁入的领域,都可以向民间资本敞开大门。根据商业法则,118亿元资金需要个人或企业出资成立独立的大桥投资公司,不足部分由投资公司向银行贷款。按这一设计,总投资中银行贷款占65%,项目资本金占35%。在项目资本金中,建设方宁波与嘉兴按9∶1的比例出资,共同组建杭州湾跨海大桥发展有限公司。嘉兴投资方是一家国有企业;宁波方投资中,45%来自于国有的宁波交通投资公司,其余为雅戈尔集团、宁波方太厨具有限公司等地方民间资本。在杭州湾跨海大桥发展有限公司成立之初,民营资本所占比例超过一半。在实施过程中,民营资本有所进退。首先是持股45%的雅戈尔集团低调出让了40.5%的股份，分别转给宋城集团等4家民营企业。随后，宋城集团由于有其他建设项目而退出，中国钢铁集团“接盘”顶替宋城集团投资大桥。民营投资方虽几易其手，但仍约占30%，民营企业投资方达17家，在“国字号”工程投资中，民资占如此大的比例在全国是首例。杭州湾跨海大桥建设为民营资本投资国家级特大型基础设施项目的建设做出了有益的探索。

四、引进外资

积极利用外资，是浙江公路建设的一大亮点。浙江先后引进世界银行等贷款7.2亿美元，建设沪杭甬、杭金衢高速公路，改造杭嘉湖内河航道。1997年5月，沪杭甬高速公路股份有限公司在香港以H股上市，一次筹资36.8亿元人民币，创下浙江省一次引进外资数额的最高纪录；2000年5月，该公司又在伦敦成功上市，叩开国际资本市场大门。

在改革开放政策的指导下，浙江沿海港口建设发展速度很快，同时也积累了丰富的融资、管理、经营的经验。浙江沿海港口能力的快速发展相当程度上得益于投融资渠道的多元化。如嘉兴港自2003年以来，先后有浙江富春、温州新世纪、新加坡美福、浙江玻璃等多家民营和外商企业投资港口，对港口实行多元化经营、以及不同体制的港口企业管理已具有一定的经验，使浙江港口试行地主港管理模式可供借鉴。

第二节　建设市场体制改革

一、实行“七统”、“五包”交通建设体制

浙江彻底打破以交通主管部门为主体的单一建设格局，出台以“七统”、“五包”为核心的建设体制，由省里实行统一规划、统一标准、统一设计、统一招标、统一对外、统一对上、统一运营管理，项目所在地各市、县(市)、区包投资、包征迁、包管理费、包工期、包质量。各地高速公路建设由业主直接建设或委托指挥部建设，并以协议形式明确投资各方的权利、义务，充分调动了省、市、县各级的积极性，有力地促进了交通事业的不断进步。浙江交通建设投资自1998年首次突破100亿元大关后，持续5年增长，2002年交通基础设施建设共完成投资803亿元，位居全国前列。

二、推行一路一公司的项目法人体制

从2002年开始，为有效组织实施浙江省高速网络工程，加快高速公路建设，确保工程建设质量，省交通厅要求所有的高速公路建设项目按照“一路一公司”的原则组建项目法人，改变了以前在高速公路建设上存在的一路多公司，管理混乱和难以协调的状态。浙江省已建成的沪杭甬、杭金衢、上三线高速公路实行了一路一公司制，从建设阶段的工程进度、质量的统一协调，到运营阶段的统一管理都是有效的。申苏浙皖高速公路、杭千高速公路等也实行一路一公司制，公司与当地政府、指挥部的关系融洽，工作有序。

三、推行高速公路项目代建制

高速公路工程实行项目代建制，是克服原来建设管理体制弊端的有效形式，省交通厅在全省的高速公路建设上进行了全面的推广。这种建设体制有二种模式：

第一种模式：委托政府组织代建(项目法人公司+政府领导下的代建单位)。这种模式一般由项目法人公司委托政府组建单位或直接委托政府领导下的专业单位作为项目的代建单位，即通常所说的建设期间的“小法人公司、大代建单位”的模式。这是一种介于政府管理和纯商业化管理之间的模式，我省部分高速公路项目，如甬金金华段、杭千高速公路、申苏浙皖高速公路等都采用这种模式进行建设管理。

第二种模式：委托公司组织代建（项目法人公司 + 代建公司）。这种模式一般由项目法人公司直接委托有经验的专业化的工程管理公司作为代建单位，法人公司和代建单位之间是一种纯粹的商业关系，代建单位在业主的授权下，利用其在建设管理方面的经验提供专业服务，并承担相应的责任和获得相应的报酬。浙江省甬金高速公路宁波段即采用这种模式进行建设管理，由奥地利艾尔瓦格公司和宁波交投公司共同投资建设，委托阿尔皮内公司进行代建。

四、完善交通建设招投标，推行无标底招标

1996 年后，省交通厅建立了全省的公路、水运建设工程施工招投标制度，规定省内公路、水运建设项目都实行招投标。为了促进全省公路水运工程招投标各项工作的规范完善，制订了《浙江省公路、水运工程招投标管理实施细则》，提出了工程施工评标要按工程造价、施工方案、建设工期、工程质量保证、企业素质及信誉等五个方面进行评价。同时建立了按专业分类的全省公路工程和水运工程招标评标专家库，走上了专家评标、业主定标、政府监管的路子。

在实行招投标工作过程中，为了保密，采取了“三个随机抽取”的办法来计算复合标底价，即随机抽取业主标底价和各投标价平均值的复合比例；随机抽取低于复合标底的下浮系数，以确定最高报价得分的百分率；随机抽取评标专家进行评标，降低了人为操控的可能性，提高了市场竞争性。

从 2003 年 8 月开始，针对标底招标存在的标底容易泄密的问题，省交通厅下发了《关于印发浙江省公路水运工程施工招标投标管理实施细则（修订稿）的通知》，在公路工程招标投标中开始无标底招标法。无标底招标，就是在招标过程中不再人为编制并预先设置标底，而是在开标后以投标人的平均报为基准，按一定规则来计算出各个投标人的报价分。开展无标底招标，免去了业主编制标底之累，简化了招标程序，降低了招标成本，有利于选好施工队伍、控制工程造价、促进有序竞争和加强廉政建设。此后，杭州湾跨海大桥、杭新景、甬金和杭徽公路工程部分标段相继采用无标底招标。在认真总结杭州湾跨海大桥等工程无标底招标经验的基础上，在 2003 年 25 个高速公路项目全部采用无标底招标，并提出了二次开标、取消软分、最高限价和提高履约保证金等相应配套措施，使招投标工作更加公开、公平、公正。

五、实现农村公路建设“建养管运一体化”

从浙江实际出发，省交通厅在农村公路建设中遵循了“建养管运一体化”。根据交通部加快农村公路建设的决策部署和浙江省委、省政府的工作意见，2003 年 5 月，省交通厅结合本省实际，全面贯彻落实科学发展观，从求真务实、执政为民的高度，谋划新思路、编制新规划、实施新举措、探索新机制、加快新发展，实施了以“乡村康庄工程”为主要内容的农村公路建设，实现了浙江农村公路史上新的跨越式发展。截至 2006 年年底，浙江省农村公路实现了重大突破，实现了所有乡镇通等级化的水泥路或油路；具备建路条件的行政村，基本实现了村村通公路，其中 90% 以上的行政村实现了通村公路等级化，80% 以上的行政村通上了水泥路或油路。农村公路建设的大力实施，促进了城乡基础设施向农村延伸、公共服务向农村覆盖、城乡文明向农村辐射，大大改善了浙江农民出行和交通环境，对构建和谐社会、统筹城乡发展、服务现代农业、建设社会主义新农村起到了多方面的促进和带动作用，对整个经济社会发展产生了巨大的“乘数效应”和“拉动效应”，具有显著的社会、经济和政治效益。

六、整顿交通建设市场

“九五”(1996～2000年)期间，随着交通基础设施建设规模的日益扩大，一度出现建设市场乱、工程质量差、造价高和有关人员违纪违法等问题。对此，省交通厅一方面认真贯彻《中华人民共和国招标投标法》、《质量管理条例》和交通部一系列行政规章，围绕建立“政府监督、社会监理、企业自检”的质量保证体系，严格执行项目法人责任制度、招标投标制度、工程监理制度和合同管理制度等四项制度，把好前期和验收两个关；在建设市场管理中体现“严正、严肃”，通报处理违规或质量有问题的企业；开展了交通质量年活动和治理三大质量通病、工程造价整治等一系列工作，交通建设市场得到有效整治，工程质量明显提高。2000年全省在建工程没有出现重大质量事故，交工工程质量合格率达到100%，优良率达到73.3%，其中省政府考核的上三线等235公里高速公路项目均被评为优良工程。甬台温高速公路宁波大碶至西坞段和京杭运河浙境段，经交通部竣工验收，评为优良工程。另一方面，省交通厅党组提出并坚决遵守“施工队伍不介绍、经营活动不参与、线路审批不干预”的“三不”规定。

第三节　运输市场体制改革

1978年改革开放后，为了推进农村的改革，中央连续5年发了“一号文件”，相继提出了许多放宽搞活农村经济的政策。浙江各级交通部门认真贯彻交通部提出的“要努力把交通搞通、搞活、搞上去”，“有河大家行船、有路大家行车”，“各部门、各行业、各地区一起干，国营、集体、个人和各种运输工具一起上”的方针，使浙江交通运输领域凭借农村改革之势逐步放开，公路、水路运输出现了空前活跃的新局面。1983年起，浙江放开运输市场，允许非国有成分从事运输，从而逐渐形成国营、集体、个体一起上，多家经营、共同发展的新格局。省、市(地)、县公路运输企业增辟了许多县乡和山区、海岛营运路线，大力拓展省内、省际客货和集装箱运输，发展联运业务，更新运输设备。

在汽运企业内部从推行经理负责制起步，逐渐深化为各个层次、不同形式的承包经营责任制，并将省营汽运企业下放市(地)，增加企业活力。至20世纪80年代后期，长期困扰公路运输“乘车难、运货难”问题得到了缓解。

在20世纪90年代，浙江治理整顿公路运输市场，深化公路运输企业改革，加强宏观调控和行业管理，公路运输秩序明显好转，经营行为渐趋规范，运力运量快速增长，服务质量显著提高。

1987年11月，省汽运公司撤销，下属分公司、厂、校成建制下放，成为市、县汽运企业的中坚力量。下放后的汽运企业推行各种形式的承包经营责任制，调整运输结构，开展多种经营，扩大服务范围，加强内部管理。“八五”(1991～1995年)期间，市县公路运输企业转换经营机制，深化内部改革，全面推行和完善承包经营责任制，加快机具设备更新改造步伐，添置安全、新颖、舒适的客车和装运液体、固体危险货物及集装箱车。发挥公路专业运输企业技术安全、经营条件和政策上的优势，大力发展公路长途旅客运输和零担货物班线运输。“九五”(1996～2001 年)期间,市县公路运输企业进一步转换经营机制,调整企业结构,理顺产权关系,特别是大中型公有制骨干企业,改组、改造、联合、兼并、盘活存量资产,实行规模经营,发展快速运输,提高服务质量,努力拓宽市场覆盖面。

1996 年嘉兴、杭州、绍兴、宁波骨干公路运输企业组建浙江新干线高速客运有限公司,投放 40 辆高档大客车,经营沪杭甬高速公路沿线旅客运输。1998 年成立温金等 4 家快客公司,经营杭州至衢州、金华至温州等 5 条快客专线,日发 40 班次,实载率在 70% 以上。

1998 年,杭州、宁波、温州、金华 4 地的公路运输骨干企业,组建了浙江通联快运有限公司,跨地区经营快速货物运输。企业从单车承包经营走向集约化经营,增强了公路专业运输骨干企业的行业整体竞争力。杭州长运集团有限公司,改革计划管理模式,利用省会城市优势,抢占客运市场,开拓货物快运,联合兼并杭州市第三运输公司,引进外资,成立了中韩合资杭州长运锦湖客运有限公司,实行规模集约经营,提高市场占有率,初步形成客货运输、集装箱运输和多种经营新格局,经营线路四通八达,企业持续快速发展。“十五”(2001～2005)期间,浙江公路运输以结构调整为主线,重点调整企业结构、运力结构和经营结构。加快国有公路运输企业改革,优化车辆技术设备,发展高速运输、集装箱运输和特种运输,逐步发展现代物流运输,实现浙江公路运输跨越式发展,创造“人便于行、货畅其流”的新局面。

第七章　交通法制

民国时期，浙江曾发布了一些规章。1949 年中华人民共和国成立后，也制定了一些规章，但不是真正意义上的法规。1996 年，成立体改法规处，将政策法规工作职能由办公室转至体改法规处。2000 年，浙江省交通厅正式成立政策法规处，全面负责全省交通政策法规工作。至 2010 年年底，覆盖全省公路、水路、运管等行业建设和管理重要方面的地方交通法规规章体系初步形成，交通行政执法进一步文明规范。

第一节　执法主体

浙江省主要有公路局（处、段）、港航局（处、所）、运管局（处、所）、质监局（站）四大交通运输执法机构。省级设有浙江省公路局、港航局、运管局和厅工程质量监督局，各市、县设有公路路政、道路运政、港航执法、工程质量监督执法队伍。全省各设区市、县（市、区）公路管理机构均设立了相应的公路路政管理支队和公路路政管理大队，各设区市均设立专门的高速公路路政管理大队。据统计，截止 2010 年年底全省交通运输行政执法机构总数为 336 个，机构性质主要包括行政机关、参公管理事业单位、全额拨款事业单位、差额补助事业单位、自收自支事业单位 5 种类型，职权取得方式包括法定行政机关、法定授权组织和依法受委托组织 3 种类型。

第二节　交通立法

1990 年之前，浙江交通仅有两件地方性法规，即《浙江省道路交通管理条例》、《浙江省渡口管理暂行办法》。1991 ~ 2010 年是浙江省交通立法工作突飞猛进的时期。

1996 年，省交通厅成立体改法规处后，开始编制浙江省《交通法规汇编》，将中央、省、厅 3 级的政策法规集中公布，下发全省交通系统各单位贯彻执行。

2010 年年底，浙江交通有效的省级地方性法规和政府规章共有 12 件（详见表 6 - 7 - 1），其中省人大地方性法规 5 件、省政府规章 7 件，已初步形成国家法律、行政法规、省地方性法规和省政府规章、交通部部门规章相配套的省级交通法规体系。

浙江省交通法规　　表 6 - 7 - 1

分类	内容	
水上交通	浙江省水路运输管理条例	（省人大—法规）
	浙江省渡口安全管理办法	（省政府—规章）
	浙江省水上交通事故处理办法	（省政府—规章）
港口管理	浙江省港口管理条例	（省人大—法规）
	浙江省港口岸线管理办法	（省政府—规章）

续上表

分类	内容
水运设施管理	浙江省航道管理条例 （省人大—法规）
公路运输管理	浙江省公路路政管理条例 （省人大—法规）
	浙江省收费公路管理办法 （省政府—规章）
	浙江省高速公路运行管理办法 （省政府—规章）
	浙江省农村公路养护与管理办法 （省政府—规章）
道路运输管理	浙江省道路运输管理条例 （省人大—法规）
国防	浙江省实施《国防交通条例》办法 （省政府—规章）

一、公路规章和法规变化

民国14年(1925年)1月,浙江省政府公布《浙江省道征收车马通行费章程》。

民国17年(1928年)11月6日,浙江省政府会议通过公布《浙江省公路招商承筑规则(重订)》,其中第十五条规定:“承办人承筑之路线应自开车营业之日起专利三十年期满后,所有路工桥梁车站均归公有,……”

民国19年(1930年)2月,省公路局颁布《浙江省公路局管理公路交通暂行规则》。

1954年5月,浙江省交通厅制订《浙江省养路费、过渡费征收暂行办法实施细则》。

1960年7月,浙江省交通厅制订《浙江省交通厅养路费征收和使用办法》。

1980年10月,浙江省交通厅制订《关于县社公路养护管理试行办法》,对县社公路养护实行统一领导、分级管理。

1987年7月25日,浙江省六届人大常委会第26次会议审议通过《浙江省道路交通管理条例》。该《条例》专设路政管理一章(共13条)对路政管理有关事项进行了规定。这是浙江省第一部比较全面涉及路政管理的地方性法规。

1992年12月1日,浙江省人民政府印发《关于加快交通基础设施建设的通知》,提出公路建设“自行贷款、自行建设、自行收费、自行还贷”的“四自”方针。“四自”方针的出台,标志着浙江省交通基础设施建设开始形成“国家投资、地方筹资、社会融资、引进外资”的投资格局。

1993年3月7日,浙江省人民政府第四十二号令颁布《浙江省公路养路费征收管理办法》,自1994年4月1日起实施。该《办法》同时调整了养路费征收标准。

1996年11月12日,浙江省人民政府第78号令颁布《浙江省公路路政管理办法》。9月1日,浙江省人民政府颁布《浙江省公路“四自”工程管理暂行办法》。

1997年10月23日,浙江省人民政府颁布《关于调整公路检查站设置及有关问题的通知》。

1998年7月1日,浙江省第九届人代会常务委员会第2号公告颁布《浙江省公路养路费征收管理办法》。

1999年12月7日,浙江省人民政府浙政发〔1999〕297号颁布《关于撤并104国道乐清清江大桥等21个公路收费站点的批复》。

2001年2月,配合省政府法制办做《浙江省高速公路管理办法》的有关协调和修改工作。在做好地方性法规、规章的起草、出台工作的同时,还根据交通行业管理工作的实际需要,依法制定《浙江省公路养护工程资质管理暂行规定》。

2004 年 9 月 2 日，浙江省人民政府浙政发〔2004〕29 号印发《浙江省高速公路项目业主招标投标暂行办法》、《浙江省高速公路项目业主招标评标暂行办法》

2005 年 1 月 13 日，浙江省十届人大常委会第十五次会议通过《浙江省公路路政管理条例》。7 月 7 日，浙江省人民政府第 193 号令公布《浙江省高速公路运行管理办法》。

是年，省交通厅受理审批了涉及公路路政许可的 2886 件、省人大、省政府颁布了《浙江省公路路政管理条例》、《浙江省高速公路营运管理办法》等部地方性法规和政府规章。依法制定颁发了《浙江省公路养路费减免征管理办法》等个规范性文件。

2006 年 8 月，浙江省交通厅制定发布《浙江省交通系统开展法制宣传教育的第五个五年规划的通知》，明确了今后五年浙江省交通系统法制宣传教育的指导思想、主要目标、工作原则、主要任务、组织领导和工作安排，对浙江省交通系统“五五”普法工作出了全面具体的部署。同年，省交通厅依法制定颁发了《浙江省收费公路路面专项整治项目资金管理办法》等规范性文件，并及时向省法制办报送备案，为进一步加强交通行业规范管理，提供制度保障。省交通厅在总结交通系统 8 年来实施行政执法责任制工作情况的基础上，对省级交通执法主体、执法依据、执法职能进行了全面的梳理和责任分解工作，经省政府法制办审核确认后，将行政执法主体、执法依据、执法职能在省交通厅门户网站上公布。

2007 年 12 月 27 日，浙江省十届人民代表大会常务委员会第三十六次会议修订《浙江省公路路政管理条例》。

2008 年 7 月 8 日，浙江省人民政府修改《浙江省雷电灾害防御和应急办法》等 3 件规章，颁布《浙江省高速公路运行管理办法》。同日省政府常务会议审议通过了《浙江省农村公路养护与管理办法》（省政府令 248 号）。作为由省政府出台的政府规章，为浙江省农村公路养护管理工作提供坚强有力的政策保障。

2009 年 11 月 27 日，浙江省十一届人民代表大会常务委员会第十四次会议通过，人民代表大会常务委员会公告第 19 号公布浙江省人民代表大会常务委员会关于废止《浙江省公路养路费征收管理条例》等 7 件地方性法规的决定。是年，浙江省人民政府第 41 次常务会议审议通过，省政府令第 267 号公布《浙江省收费公路管理办法》。

2010 年 12 月 21 日，浙江省人民政府 271 号 wyc 公布《浙江省农村公路养护与管理办法》，对养护与管理体制、养护资金的筹集与使用、养护管理、法律责任都作了明确的规定。

二、水路规章和法规变化

1956 年 7 月，经浙江省人民委员会批准，浙江省交通厅颁发《浙江省轮船运价汇编》。8 月，浙江省人民委员会颁发《浙江省渡口管理暂行办法》。

1963 年 5 月，《浙江省水运货物月度运输计划管理暂行办法》颁发。是年，浙江省公布《浙江省内河通航标准（试行）》，航道定为 1 ~ 13 级。

1965 年浙江省交通厅颁发《浙江省轮船运输货物运价规定》，下调全省沿海、内河机动船货物运价，客运运价相应调整。

1974 年 11 月，浙江省交通局制订《浙江省内河通航标准（试行）》、《浙江省内河航道管理暂行规定》、《浙江省内河航道分级管理办法（试行）》。

1990 年 4 月，浙江省交通厅发出《关于贯彻省人民政府治理整顿道路水路运输市场通知的实施意见》，继续开展道路、水路客货运输市场的治理整顿工作。

1997 年 9 月 4 日，浙江省人民政府第 88 号令颁布《浙江省渡口安全管理办法》。

1998 年 1 月 6 日，浙江省人民政府第 91 号令颁布《浙江省水上交通事故处理办法》。4 月 3 日，浙江省人民政府第 94 号令颁布《修改〈浙江省内河水治安管理办法〉的决定》。

2000 年 9 月 26 日，浙江省人民政府浙政发〔2000〕215 号颁布《关于治理水路乱收费乱罚款的通知》。

2001 年，根据省政府年度政府规章制订计划，及时完成《浙江省港口管理办法》的起草上报工作；配合省政府法制办对《浙江省水路运输管理条例（草案）》的有关协调和修改工作。

2002 年 12 月 20 日由浙江省第九届人民代表大会常务委员会第四十次会议通过《浙江省水路运输管理条例》，以浙江省第九届人民代表大会常务委员会公告第七十九号公布，自 2003 年 1 月 1 日起施行。《浙江省水路运输管理条例》共六章五十四条，第一章总则，第二章经营资格管理，第三章经营行为规范，第四章监督检查，第五章法律责任，第六章附则。该条例体现水路运输发展与国民经济和社会发展的有机结合，树立水路运输为经济建设服务的宗旨；体现市场经济的客观要求，有利于管理职能的转变；有利于调整和优化运力结构，促进浙江省水运装备整体素质的提高；有利于创造公平竞争的市场环境，维护良好的市场秩序。该条例的颁布是浙江省交通法制建设的又一件大事，对规范水路运输经营活动，建立统一开放、公平竞争、规范有序的水运市场体系，促进浙江省水路运输事业的健康发展，推进浙江省从航运大省走向航运强省提供了重要的法律保障。

2005 年，省交通厅受理审批了涉及港航水运许可的 10810 件。省人大、省政府颁布了《浙江省航道管理办法》（修订）等部地方性法规和政府规章。依法制定颁发了《浙江省公路水运工程造价管理规定》、《浙江省公路水运建设市场管理实施细则》（修订稿）等个规范性文件。10 月 20 日，浙江省人民政府令第 200 号修订公布《浙江省航道管理办法》。12 月 27 日，浙江省人民政府令第 209 号修订公布《浙江省渡口安全管理办法》。

2007 年 5 月 25 日，浙江省十届人民代表大会常务委员会第三十次会议通过《浙江省港口管理条例》。7 月 17 日，浙江省人民政府浙政发〔2007〕42 号颁布《浙江省人民政府关于贯彻执行〈中华人民共和国车船税暂行条例〉的通知》。

2008 年 11 月 28 日，新修订的《浙江省水路运输管理条例》经浙江省第十一届人民代表大会常务会议第六次会议审议通过。新修订的条例将水路运输管理职能授权给港航管理机构，变港航管理机构委托执法为授权执法，有效的推进了浙江省水路运输管理工作。

2010 年 9 月 8 日，浙江省人民政府第 57 次常务会议审议通过了《浙江省港口岸线管理办法》（2010 年 10 月 12 日，浙江省人民政府令 2010 年 280 号颁布）。《办法》根据《中华人民共和国港口法》、《浙江省港口管理条例》等有关法律、法规，结合浙江港口岸线管理现状，针对港口岸线规划、港口岸线使用和监督管理遇到的问题，研究、比较实践中所采取或者应当采取的措施，设定了相应的制度规范。《办法》的出台对建立资源节约型发展模式，合理开发利用岸线，发挥岸线最大的综合经济效益和社会效益，促进港口岸线资源的节约使用和可持续利用具有重要的意义。

是年 9 月 30 日，浙江省十一届人大常委会第二十次会议审议通过了《浙江省航道管理条例》，从此浙江省航道管理的地方性法规诞生。该条例于 2011 年 1 月 1 日起施行，适用于浙江省行政区域内航道和国家确定由浙江省管理的沿海航道的规划、建设、养护、保护和管理。条例明确了县级以上人民政府应当保障航道建设、养护资金投入等职责，县级以上交通运输主管部门负责航道的管理工作，县级以上航道管理机构具体实施航道管理。《浙江省航道管理条例》的实施，将有利于落实水资源综合利用，促进涉水事业多赢发展；有利于保持航道通航条件，减少安全事故和安全隐患；有利于构建现代综合运输体系，促进全省经济协调可持续发展；是适应浙江省社会发展，加强航道管理的法律武器。

是年10月14日，省港航管理局制订出台了《浙江省水路运输证照管理工作规定》，于2011年1月1日起实施。该规定对全省水路运输许可证、船舶营业运输证、船舶营运证注销登记证明书、水路交通准予行政许可决定书等水路运输证照（重点对套印"浙江省港航管理局"印章的空白证照）的印制、申领、保管、核发、建档管理工作作出了具体规定。同时，该规定还强调了各级港航管理机构工作责任制度和内部检查、考核制度，并对玩忽职守行为规定了相应处罚措施。

三、道路运输规章和法规变化

民国12年（1923年）12月，浙江省道局订颁《浙江省道商办汽车条例》。民国17年5月，浙江省政府公布《杭州市汽车管理规则》、《杭州市取缔汽车司机人规则》。民国19年2月，省公路局订颁《浙江省公路局管理公路交通暂行规则》、《浙江省公路局暂行汽车载客章程》、《浙江省公路局暂行汽车运货章程》。民国22年2月，省府公布《浙江省管理汽车暂行章程》、《浙江省管理汽车司机人暂行章程》；7月，省府公布《浙江省城市公共汽车公司及长途汽车公司管理规则》。民国23年7月，浙江省开始施行《苏浙皖京沪五省市公路汽车载客运货通则》。民国29年1月，浙江省开始执行行政院公布的《汽车管理规则》、《汽车驾驶人管理规则》、《汽车技工管理规则》等监理法规，原由省订管理汽车、驾驶人章程同时废止。民国35年9月，省交通管理处订定《浙江省省营公路租车营运办法（修订）》。民国36年7月，省建设厅奉省府令准，重新颁布《浙江省手车管理规则》，手车管理由当地县市政府执行。

1957年3月，浙江省交通厅下达《浙江省汽车客货运价规定》，调整汽车客货运价，总体下调20%。

1962年9月4日，浙江省交通厅批准厅公路运输管理局颁发《公路汽车旅客行李和包裹运输规则浙江省实施细则》。同时废止1956年颁发的《公路汽车旅客运输规则浙江省实施细则》。

1963年4月8日，浙江省交通厅颁发《浙江省公路货物月度运输计划管理暂行办法》。

1973年5月1日，浙江省交通邮政局制订颁发《公路汽车旅客运输规则浙江省实施细则（试行）》、《公路汽车货物运输规则浙江省实施细则（试行）》。同时废止原1962年9月和1956年10月浙江省交通厅颁发的《公路汽车旅客行李和包裹运输规则浙江省实施细则》、《公路汽车货物运输规则浙江省实施细则》。

1990年4月，浙江省交通厅发出《关于贯彻省人民政府治理整顿道路水路运输市场通知的实施意见》，继续开展道路、水路客货运输市场的治理整顿工作。

1991年2月，全国第一个有关城市出租车管理的地方性法规《杭州市客运出租汽车管理条例》，经浙江省人大常委会批准颁布实施。

1996年3月18日，浙江省机构编制委员会《关于车辆购置附加费征收管理机构编制问题的通知》明确：省、市（地）、县（市）建立车辆购置附加费征收管理办公室，分别与省公路稽征局、市(地)、县(市)公路稽征处(所)合署办公,一个机构,两块牌子。全省新增车辆购置附加费征收管理人员事业编制256名,连同原有编制105名,共定编361名。

1997年3月31日,浙江省人民政府浙政发〔1997〕72号颁布《浙江省公路车辆通行费征收管理办法》。

2001年2月20日,浙江省人民政府令124号颁布《浙江省道路客运安全管理办法》。4月19日经省九届人大常委会第26次会议审议通过,出台《浙江省道路运输管理条例》。这一《条例》的颁布实施,使浙江省道路运输行业管理工作从此进入一个新的、更高的起点,结束道路运输管理法律依据层次低的局面,步入有法可依的轨道。同年在重点配合省人大做好地方性交通法规出台的同时,配合省政府法制办做好《浙江省道路客运安全管理办法》政府规章的出台工作。该《办法》于2001年2月20日以省政府第124号令颁布实施。此外,还根据省政府年度政府规章制订计划,及时完成《浙江省机动车驾驶员培训行业管理办法》的有关协调和修改工作。在做好地方性法规、规章的起草、出台工作的同时,还根据交通行业管理工作的实际需要,依法制定《浙江省汽车驾驶员培训管理暂行规定》、《浙江省汽车客运站安全门检管理规定》、《浙江省汽车驾驶员培训户开业技术条件》等一系列规范性文件。

2004年为了更好地贯彻落实《中华人民共和国行政许可法》和《中华人民共和国道路运输条例》,按照"三高"和便民、为民的要求,省交通厅道路运输管理局在上述两个法律、法规文件2004年7月1日实施之日,专门设立了行政许可统一窗口,将发证、换证、补证、告知、送达、咨询、信访等简易事项从业务处室剥离出来,实现受理许可一个窗口统一对外,做到一般办证随到随办,全周五天办理,使经营业户申办行政许可类事项从过去的6个月降至18个工作日,方便群众,得到了服务对象的好评。

2005年9月30日,浙江省十届人大常委会第二十次会议修订通过《浙江省道路运输管理条例》。

2005年,省交通厅受理审批了道路运输许可的3498件。省人大、省政府颁布了《浙江省道路运输管理条例》(修订)等部地方性法规和政府规章。依法制定颁发了《浙江省道路运输车辆维护周期规定》(试行)等个规范性文件。

是年,省交通厅依法制定颁发了《浙江省道路运输企业信用考核办法》、《驻点浙江省经营外省籍车辆公路规费征收管理暂行办法》、《浙江省道路运输无证经营行为有奖举报实施办法(试行)》等规范性文件,并及时向省法制办报送备案,为进一步加强交通行业规范管理提供制度保障。

2006年3月29日,浙江省十届人民代表大会常务委员会第二十四次会议通过《浙江省实施〈中华人民共和国道路交通安全法〉办法》。

四、综合规章法规变化

1988年7月2日,浙江省交通厅颁发试行《浙江省交通行业十六种主要从业人员职业道德规范》。

1992年12月1日,浙江省人民政府印发《关于加快交通基础设施建设的通知》,提出公路建设"自行贷款、自行建设、自行收费、自行还贷"的"四自"方针。"四自"方针的出台,标志着浙江省交通基础设施建设开始形成"国家投资、地方筹资、社会融资、引进外资"的投资格局。

1996年6月2日,浙江省交通厅党组印发《关于印发〈浙江省交通厅处级领导干部选拔任用管理暂行规定〉的通知》、《关于印发〈浙江省交通厅厅管后备干部队伍建设意见〉的通知》、《关于印发〈厅管干部谈心制度〉的通知》3 个文件。

1997 年 5 月 13 日，浙江省人民政府第 83 号令颁布《浙江省行政处罚听证程序实施办法》。浙江省人民政府第 85 号令颁布《浙江省行政执法证件管理办法》

1999 年 5 月 13 日，浙江省人民政府浙政发〔1999〕110 号颁布《关于省交通厅行政执法责任制实施方案的批复》。

2001 年，浙江省人民政府浙政发〔2001〕274 号发布《浙江省交通厅审批事项减少和保留目录》。

2006 年 8 月，浙江省交通厅制定发布《浙江省交通系统开展法制宣传教育的第五个五年规划的通知》，明确了今后五年浙江省交通系统法制宣传教育的指导思想、主要目标、工作原则、主要任务、组织领导和工作安排，对浙江省交通系统"五五"普法工作出了全面具体的部署。

是年，省交通厅在总结交通系统 8 年来实施行政执法责任制工作情况的基础上，对省级交通执法主体、执法依据、执法职能进行了全面的梳理和责任分解工作，经省政府法制办审核确认后，将行政执法主体、执法依据、执法职能在省交通厅门户网站上公布。同时，修订并完善了行政执法责任制实施方案和行政执法责任制考核机制，制定公布了新修订的《浙江省交通厅依法行政（行政执法责任制）考核办法》，进一步完善和推行交通行政执法责任制。

2008 年 12 月 9 日，交通厅制定印发《浙江省交通行政处罚自由裁量权实施办法》和《浙江省交通行政处罚自由裁量执行标准》。两个文件的出台将有效规范行政处罚自由裁量权滥用，遏制行政执法腐败等问题，标志着浙江省交通行政处罚自由裁量权进入全面规范阶段。

2009 年 1 月 1 日起《浙江省交通行政处罚自由裁量权实施办法》和《交通行政处罚自由裁量执行标准》在全省统一实施。《办法》和《标准》的实施，有效的规范了交通行政处罚中的自由裁量权的行使，标志着交通行政处罚实现了全省统一标准。

第七篇　科技　教育　信息化

在全力推进浙江交通现代化的进程中，浙江交通认真实施"科教兴交"、"人才强交"战略，不断发展和提升交通科技、交通教育和交通信息化工作，取得了一批又一批的丰硕成果，培养出一届又一届的学生和学员。

浙江交通坚持"科学技术是第一生产力"的思想，出台并执行有关交通科技管理办法，加大交通科技投入，制定并实施科技发展规划，强化科技计划管理，尤其是改革开放以来创造性地解决了一批交通建设、管理、运输生产上的技术难题，涌现出不少具有国际领先、国际先进、国内领先、国内先进水平的科研成果。同时，制定成果推广应用计划，大力推广科研成果，积极开展高新技术和先进适用技术的推广应用，实现科研到先进生产力的转化。

浙江交通落实"人才强交"战略，大力发展交通职业技术教育。经长期努力，尤其是改革开放以来，全省交通系统学校的办学条件不断优化，办学规模不断扩大，教学质量不断提高。特别是浙江省交通运输厅的厅管、厅属4所院校办学规格、质量与效益都显著增长，在全省交通职业教育中始终发挥着骨干和引领的作用。在抓学校教育的同时，在职人员的培训也不断强化，有计划有组织地开办各种内容、各种层次的培训，持续提升交通从业队伍的综合素质。

浙江交通把大力推进交通信息化建设作为加快交通现代化建设步伐的战略举措来抓，起步于1995年。2001年2月有了专门的工作机构——浙江省交通厅信息中心。2003年8月浙江省交通厅又成立了以厅长为组长的浙江交通信息化领导小组及其办公室，以加强对交通信息化工作的领导，并制定浙江交通信息化建设管理暂行办法等。又相继出台并实施2003~2010年发展规划、"十一五"发展规划、"十二五"发展规划，逐步形成了以电子政务为龙头、以有效监管为重点、以公众服务为落脚点的公路、水路、道路运输及物流信息化管理服务体系。

第一章　科　　技

浙江交通系统坚持“科学技术是第一生产力”的指导思想，围绕交通中心工作，开展高新技术和先进适用技术的研究，对交通建设和管理中存在的重点问题、热点问题和难点问题进行科研攻关，取得了一大批具有实用价值的成果，并在建设、生产、管理的实践中加以推广应用，为浙江交通的改革发展提供了有力的科技支撑和保障。

随着浙江交通事业的不断发展，浙江交通科技也不断发展，科技成果越来越多，科研水平越来越高。本志书收录的科研项目包括2000年以前收录人比较重大的科研项目、“十五”计划(2001～2005年)期间，科研水平达到国内先进水平以上的科研项目、“十一五”计划(2006～2010年)期间，科研水平达到国际先进水平以上的科研项目。

第一节　科技成果

一、公路科技

(一)路面、路基

1. 铺筑道路渣油表面处治试验路

1964年铺筑道路渣油表面处治试验路，为华东地区首试路段，长9.882公里。该铺筑工程由交通部上海研究所、浙江省交通厅设计科研室参与，杭州公路总段和萧山养路工区实施。在铺筑中，结合江南多雨潮湿特点，积累了各项数据，并加以推广应用。

2. 水泥混凝土路面设计理论和系数研究

1972年台州公路总段与浙江省交通设计院(原省公路勘察设计院)、南京工学院在临海城关镇临天路与杭温线临海城南地段，对水泥混凝土路面进行设计、施工、静载、动载、模拟等多种试验，先后得出3个研究结论：①基础强度指标为形变模量E；②混凝土强度设计折减系数是根据小梁重复荷载试验中取得；③理论上确认：根据路面板为一无限大的，平坦的异向同质的弹性版体与实质关系。这些结论为交通部编制《水泥混凝土路面设计规范》提供了科研成果。

在此基础上，1981年由交通部公路局主持“水泥混凝土路面设计理论和系数”研究时，台州公路总段继续承担动荷系数和综合系数的研究课题，后获水泥混凝土路面设计理论、方法和参数研究项目1987年交通部科学技术进步奖二等奖。

3. 粉煤灰废渣在公路路面基层中的应用研究

1980年11月至1985年12月，杭州市公路工程处和浙江省交通学校接受浙江省科委立项课题《粉煤灰废渣在公路路面基层中的应用》，取得科研成果。杭州市交管局加以普遍推广应用，并应用于高等级公路软土地基上填筑。该课题于1986年获浙江省交通厅科技进步三等奖。

4. 大交通量沥青路面试验路的研究

杭州公路科技部门从1982年开始进行“大交通量沥青路面试验路”的研究工作：1982

年进行“粘贴式瓷块车道分界线”探索，1984 年开展“国产沥青路面面层耐久性与抗滑性”研究（浙江省科委重点科研项目），1987 年进行“聚合物橡胶沥青试验路”的研究，1989 年进行“高等级公路沥青路面结构”的研究（浙江省交通厅科研项目）等，均取得较好的成效。

5. 旧水泥混凝土路面水泥混凝土加厚层施工工艺

境内早期修建的水泥混凝土路面，有的已达到设计年限，有的设计标准偏低、板厚偏小，加之交通流量逐年递增、轴载增大，导致部分路面出现结构性损坏，使用性能逐渐下降。为防止损坏的进一步发展，恢复其使用功能，1986 年开始在 330 国道一段长 19.9 公里旧水泥混凝土路面上进行加铺水泥混凝土路面的探索，通车情况表明，使用效果较好。1989 年，金华市公路管理处同西安公路学院、浙江省交通设计院、省公路管理局等单位合作，在 330 国道上旧水泥混凝土路面加铺了 1 公里不同加铺厚度、不同层间结合形式的试验路，用以研究加铺后的结构设计，参数取值及不同层间结合的施工工艺。试验路采用结合式、直接式、分离式 3 种不同层间的结合形式。试验路于 1989 年 12 月初竣工，1990 年 6 月和 12 月先后组织了两次评定。

交通部科技司试验鉴定认为：旧水泥混凝土路面各种加厚层设计方法及施工工艺的设计理论、参数和方法具有国际先进水平。该成果对提高我国水泥混凝土路面的设计、施工水平和路面使用品质具有显著效益。

6. 乳化沥青生产和使用技术

阳离子乳化沥青是一种新型的路面黏结材料，是用热熔状沥青，经高速离心，在剪切搅拌等机械破碎作用下，出现微小液滴，并均匀、稳定分散在含乳化剂的水溶液中，成为水包油型的乳化状态。它在常温下，具较好的流动性，施工时不需加热，可直接喷洒或拌和冷法施工，节约施工能源 50%，节约沥青 20%，并能改善施工条件，消除环境污染，做到文明生产，延长施工季节，在技术上、经济上都具有较好的效果。1986 年，嘉兴市公路段为解决低温问题而引进此项新技术，开始进行乳化沥青生产，主要用于雨季修补油路坑槽，当年生产乳化沥青 107 吨。1990 年，嘉兴市公路管理处生产阳离子乳化沥青 40 吨，主要用于铺筑 1 公里乳化沥青稀浆封层试验路和冬季油路修补坑槽。

7. 浙江省高速公路沥青路面合理结构形式研究

主要完成单位：浙江省公路管理局。

主要技术内容：本项目系统研究了半刚性基层结构、过渡层结构、倒装式柔性基层结构和柔性基层结构等 4 种不同沥青路面结构形式的抗疲劳能力和承载力，表明它们的结构形式均具有较好的承载能力；建立了高温条件下不同沥青路面结构和不同沥青层厚度的车辙与累计加载次数关系，以及不同沥青路面结构各层第应变与累计加载次数的关系，进而提出适合于浙江省高速公路沥青路面的结构组合形式。

本项目成果应用于温州、金华和杭州地区的不同结构形式的沥青路面工程，并作长期性能观测试验研究，以进一步对浙江省高速公路沥青路面典型结构设计优化提供依据。

8. 高等级公路沥青柔性基层的研究与开发

主要完成单位：湖州市公路管理处、同济大学。

主要技术内容：本项目分析了柔性基层沥青路面的工作特性，研究了作为柔性基层的乳化沥青稳定碎石、大粒径沥青混合料以及泡沫沥青稳定碎石成形机理、设计方法和物理力学性能;提出3种沥青稳定碎石都可以用于沥青路面基层,而以大粒径沥青混合料的力学性能为最优的结论;通过分析路面各层功能,提出了适合于不同交通量情况下的沥青路面典型结构。

本项目成果在湖州市部分公路路面改造中推广应用。

该成果于2005年8月完成,达到国内领先水平。

9. 高等级道路超薄沥青磨耗层研究与应用

主要完成单位:湖州市公路管理处。

主要技术内容:本项目应用有限元方法分析了超薄沥青磨耗层路面结构力学响应规律,设立了层间抗剪强度设计指标,提出SMA-10是铺筑超薄沥青磨耗层的理想材料、可使细粒式沥青混合料具有足够的抗滑性能并具有良好的抗松散能力。在充分总结室内试验和实体工程跟踪测试结果基础上,完善了超薄沥青磨耗层设计技术和超薄沥青混合料生产、摊铺与压实工艺要求,制定了《超薄抗滑沥青磨耗层设计与施工技术指南》。

本项目成果已在318国道改造等工程中应用。

10. 高等级公路水泥稳定基层沥青路面抗裂性能研究

主要完成单位:金丽温高速公路永嘉鹿城段工程建设指挥部。

主要技术内容:本项目在对大粒径水泥稳定碎石抗裂性级配设计理论进行分析研究的基础上,进行了大量不同粒径范围的级配试验和全面的抗裂性能试验,包括强度、弹性模量力学性、水泥稳定碎石抗裂性能的温缩和干缩指标测试,得出了大粒径水泥稳定碎石抗裂性能的主要特征,并筛选出混合料合理粒径的范围,探讨了大粒径水泥稳定碎石施工工艺。

本项目成果已在金丽温高速公路工程中应用。

11. 旧水泥混凝土路面破碎稳固加铺沥青混凝土路面技术评估及研究

主要完成单位:浙江省公路管理局、衢州市公路管理处。

主要技术内容:本项目对白改黑所采取的几种破碎技术进行全面系统的研究,系统分析了冲击破碎、打裂压稳、碎石化以及压路机振碎等破碎稳固技术的技术特点、施工工艺、质量控制等关键技术,并基于三维有限元方法研究了破碎稳固技术的防反机理和破碎稳固后加铺沥青路面的应力响应特征,对各种破碎稳固技术的经济性和适用条件进行了比较。

本项目成果已在台州、湖州、衢州以及丽水等地区的"白改黑"工程中应用,并编入国内首部《旧水泥路面破碎稳固加铺沥青混凝土路面设计与施工技术指南》。

12. 水泥稳定碎石基层沥青路面裂缝防治研究

主要完成单位:杭州市公路管理局、同济大学。

主要技术内容:本项目针对半刚性基层材料在温度或湿度发生变化时,容易在沥青面层上形成反射裂缝、进而严重影响路面的使用性能问题,从基层材料组成设计、施工以及养护措施入手,在分析反射裂缝产生的机理及影响水泥稳定碎石伸缩的主要因素的基础上,通过开展水泥稳定碎石级配、水泥用量、含水量、压实度、掺和料、外加剂等因素对基层材料物理性能、基层强度、基层开裂影响的试验和理论研究,总结和完善水泥稳定碎石基层上沥青路面产生反射裂缝的理论,提出防治水泥稳定碎石基层反射裂缝的设计和技术措施。

本项目成果在杭州市部分公路新建项目和干线公路大修项目中应用。

该成果于2005年8月完成,达到国内领先水平。

13. 浙江省干线公路沿线沥青路面适用石料调查与研究

主要完成单位:浙江省公路管理局、浙江省交通工程建设集团有限公司。

主要技术内容:本项目在深入调查,并对已有资料作认真研究、分析的基础上,绘制了全省高速公路沥青路面适用矿料分布图,对浙江省2007年以前将完工的高速公路沥青路面采用的石料提出实质性选择建议。

本项目成果以发文的形式提供给各市交通局(委)、高速网络办及各项目业主使用。

该成果于2005年3月完成,达到国内先进水平。

14. 浙江省高速公路沥青路面调查与对策研究

主要完成单位:浙江省公路管理局、浙江省交通工程建设集团有限公司。

主要技术内容:本项目调查了具有代表性的9条高速公路,通过对沥青路面桥头沉降、车辙、水破坏、裂缝、桥面松散、坑洞等沥青路面早期破损形式和原因的研究,提出了全省沥青路面工程中设计、施工、管理、养护等方面存在的主要问题及应对措施,达到合理控制投资、节约成本、延长沥青路面使用寿命的目的。

本项目成果以发文的形式,提供给各市交通局、高速网络办及各项目业主参考。

该成果于2005年3月完成,达到国内先进水平。

15. 温州市高速公路沥青路面材料特性与路用性能试验研究

主要完成单位:温州市高速公路工程建设总指挥部、浙江大学。

主要技术内容:本项目通过对甬台温高速公路温州乐清段沥青路面的有关试验和采用3D－FEM的非线性理论分析,着重探讨高速公路沥青路面的材料特性、路用性能等有关问题,以期提高道路的使用性能、耐久性和稳定性,减少早期破坏,并为今后高速公路沥青路面修建提供理论分析方法、试验和施工技术。

本项目成果应用于甬台温高速公路温州乐清段和后续的其他高速公路上。

该成果于2003年10月完成,达到国内领先水平。

16. Duroflex改性剂在沥青路面中的应用研究

主要完成单位:浙江省公路管理局。

主要技术内容:本项目对掺加不同含量Duroflex改性剂的两种沥青混合料(AC－13、AK－13)的路用性能进行系统测试研究,发现Duroflex改性剂可明显提高高温抗车辙性能、抗水损害性能以及耐疲劳性能。室内研究表明,采用Duroflex改性剂,仅以AH－70沥青作为结合料不使用SBS改性沥青和纤维稳定剂,所拌制SMA沥青混合料各项技术指标可满足《沥青路面施工技术规范》规定;研究提出在SMA混合料中Duroflex掺量为0.6~0.8%,能使混合料具备较好的稳定性。

本项目成果通过修筑试验路段验证。

17. 改性乳化沥青及设备研究

主要完成单位:浙江兰亭高科有限公司。

主要技术内容:慢裂快凝型乳化剂的性能可与进口产品媲美,价格仅为其1/4;高速剪切均化磨SBS,研磨细度达2μm以下,保证了产品的性能指标;多级连续分散乳化机以“高流速、小流量、短流程、多剪切”为设计思路,能把软化点在60℃以上的SBS改性沥青一次分散成4μm左右的微粒细度;乳化改性沥青生产工艺将改性与乳化工艺有机结合,节约能源,避免了环境

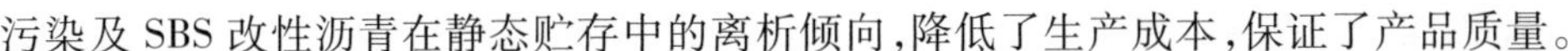

污染及 SBS 改性沥青在静态贮存中的离析倾向,降低了生产成本,保证了产品质量。

本项目成果在省内外十余家单位推广应用。

该成果于 2002 年 12 月完成,达到国际先进水平。

18. 快凝型重交沥青阳离子乳化剂试验研究

主要完成单位:浙江省金华市公路管理处、省公路局。

主要技术内容:本项目在研究分析重交道路石油沥青基本组成的基础上,从理论上设计能有效乳化重交沥青,并满足快开放交通型稀浆封层施工技术要求所必须具备的乳化剂分子基本结构;根据基本分子结构,研究开发该乳化剂的工业化合成技术,选择反应试剂,确定工艺路线及工艺参数。对乳化剂性能从乳化剂的基本物理性和乳化剂的应用性能进行测试与研究。

本项目开发的乳化剂应用于浙江省大部分市地和上海的公路工程。

该成果于 2001 年 8 月完成,达到国内领先水平。

19. 沥青混合料拌和设备塔板式大通量高效除尘系统的研制与开发

主要完成单位:浙江省公路管理局。

主要技术内容:本项目将原应用于化工物料分离的"矩形悬挂降液管导流板塔板"专利技术,首次引入沥青混合料拌和设备的湿式除尘系统,创立了双层塔板水膜封尘、漏液喷淋灭尘和二次风除雾去尘有机结合的三效除尘法。采用这一系统后,使沥青拌和设备排出的烟尘在通过双层塔板水膜封层和经塔板漏液水珠喷淋后,除去绝大部分尘粒,剩余尘粒又与引入的二次风汇合,并进入旋流板除雾器后被大量清除,最后排出的尘粒可完全达到粉尘排放国家环保要求。

本项目成果已在绍兴、杭州部分地区推广应用。

20. 提高公路水泥混凝土路面抗滑性能研究

主要完成单位:浙江省交通厅工程质量监督站等。

主要技术内容:本项目针对水泥混凝土路面抗滑性能较难达到检评标准的问题,通过研究多种施工工艺,从中找出既不影响平整要求、又能满足规范和验收要求的施工工艺——拉毛后压纹、打点类的水泥路面粗糙度施工方法。选定试验路段,应用路面横向力摩擦系数检测车、手动摆式仪、砂铺仪、普通汽车制动距离等手段检测横向力摩擦系数、摆式摩擦值、抗滑构造深度、刹车距离等。

本项目成果应用于浙江省部分水泥混凝土路面建设。

21. 大粒径碎石柔性基层在旧水泥路面改建中的运用技术

主要完成单位:浙江省衢州市公路管理处。

主要技术内容:本项目探讨了大粒径沥青混合料(LSAM)组成结构和强度的主要影响因素,通过对 ATB40 大粒径沥青混合料的级配及配合比设计、高温稳定性研究,提出了 ATB40 大粒径沥青碎石作为旧水泥路面改造中沥青加铺层的基层,能有效减少反射裂缝,并具有良好的高温稳定性的结论;制订了在旧水泥路面改建中大粒径级配碎石和大粒径沥青碎石基层较完整的施工指南和质量控制标准。

本项目成果已在衢州等地推广应用。

该成果于 2005 年 12 月完成,达到国内领先水平。

22. 大掺量粉煤灰水泥砼路面研究

主要完成单位：绍兴市交通设计院。

主要技术内容：本项目通过对路面用粉煤灰混凝土的早起收缩、温度裂缝和力学性能的试验研究，得出在普通水泥混凝土路面中掺入较多的粉煤灰（占水泥总量的35%以上），既减少水泥用量，节省投资，又改善路面早期收缩、温度裂缝状况，并提高路面后期强度的结论。后实测：7天抗折强度与抗压强度达到普通混凝土的85%；28天强度接近普通混凝土；56天强度达到或超过普通混凝土；半年以后明显高于普通混凝土。

本项目成果应用于绍兴市水泥混凝土路面建设。

该成果于2001年10月完成，达到国内先进水平。

23. 软基处理四项新技术的定额测定和工艺质量控制研究

主要完成单位：浙江省交通厅工程造价管理站等。

主要技术内容：本项目主要通过补充定额的测定和编制，形成定额标准。该标准可作为管理部门合理确定估算、概算、预算等相关造价文件的依据，也可作为建设各方编制和确定相关造价和结算单价的指导性依据；通过施工工艺和质量控制研究，形成施工技术规范及质量控制和检验标准，可作为主管部门及建设各方规范施工工艺、控制和检验工程质量的根据。

本项目成果以文件形式发布，在全省范围作为定额标准、施工技术规范和质量检验评定标准执行。

该成果于2005年7月完成，达到国内领先水平。

24. 水泥搅拌桩加固沪杭高速公路嘉兴段桥头软土地基试验研究

主要完成单位：浙江省交通规划设计研究院等。

主要技术内容：本项目结合沪杭高速公路嘉兴段桥头路堤软基处理工程，在国内首次运用计算机控制计量装置施工粉喷桩，使软土固化达到足够强度，提高了地基的承载力。同时，项目还研究了柔性荷载作用下，水泥搅拌桩与桩间土之间的相互作用关系及其规律，探讨了柔性荷载作用下的理论计算方法，确定柔性路堤下水泥搅拌桩的设计参数。

本项目成果在沪杭高速公路、杭宁高速公路一期和二期、上三高速公路、320国道嘉兴过境段、甬台温高速公路、乍嘉苏高速公路、杭金衢高速公路、杭甬高速公路拓宽等软基处理工程中推广应用。

该成果于2001年8月通过交通部科技成果鉴定，达到国内领先水平。

25. 真空联合堆载预压处理桥头软基试验研究

主要完成单位：浙江省交通规划设计研究院等。

主要技术内容：本项目结合杭衢高速公路工程实例，通过现场测试、室内试验及理论分析，对真空联合堆载预压处理公路软基的变形、固结、稳定、施工控制等问题开展深入研究，得出真空联合堆载预压处理公路软基的主要结论，如在较短的预压期内其固结和沉降快速、具有真空预压和堆载预压的双重加固效果、真空－堆载联合预压加固效果比两者的叠加更好等；并根据真空联合堆载预压方法的应力应变特性，提出了更符合工程实际的实用简化计算方法；在Biot固结理论的基础上，推导了三维Biot固结有限元公式。

本项目成果应用于杭金衢、甬台温平阳至苍南段、甬金宁波段、申苏浙皖浙江段、申嘉湖、杭浦、宁波绕城西段、温州绕城东段、金丽温温州段、杭州湾跨海大桥南岸连接线等高速公路工程。

26. PCC 桩软基加固设计理论与应用试验研究

主要完成单位:杭州杭千高速公路发展有限公司。

主要技术内容:本项目研究了大直径现浇混凝土薄壁管桩(PCC 桩)复合地基技术在柔性基础高速公路路基中的应用。PCC 桩可显著提高地基承载力,减少地基的总沉降和工后沉降,与常用的公路软基处理粉喷桩加固法相比,具有施工质量易控制、检测方便且费用低、承载力高、总沉降量小等优点,桥头跳车状况也能得到较大改善。本研究首次进行了 PCC 桩离心机模拟试验,建立了 PCC 桩复合地基的桩土应力比、承载力及沉降计算公式,提出了荷载——沉降关系的简化分析方法;通过现场静荷载试验、小应变动态测量、开挖直接检测等方法,提出了 PCC 桩质量控制和检测的方法。

本项目成果在杭千高速公路等工程中应用。

27. 甬台温高速公路平苍段傍山软基高路堤稳定性与沉降控制研究

主要完成单位:温州市高速公路建设工程总指挥部等。

主要技术内容:本项目通过对甬台温高速公路平苍段傍山软基中软塑—流塑状淤泥的物理力学性能进行试验研究,分析了孔隙水压力、孔隙气压力对路堤强度的影响,对高填方路堤的稳定性、锚索抗滑桩的内力与变形、沉降与工后沉降进行了探讨,由此提出了傍山软基高路堤的加固处理方案。

本项目成果应用于甬台温高速公路平苍段。

28. 甬台温高速公路温州段软基处治技术与效果评价研究

主要完成单位:温州市高速公路工程建设总指挥部、重庆交通科研设计院。

主要技术内容:本项目针对软土地基上高速公路的沉降问题,运用理论计算方法和实测沉降推算方法,对沉降速率控制、工后沉降控制、粉喷桩与塑料排水板联合使用等进行了分析研究,提出了相应的设计方法和施工工艺。

本项目成果应用于甬台温高速公路瑞安段、乐清段两期工程。

该成果于 2004 年 7 月完成,达到国内领先水平。

29. 现浇砼薄壁筒桩加固软土地基试验研究

主要完成单位:浙江省杭宁高速公路管理委员会等。

主要技术内容:本项目针对现浇混凝土薄壁筒桩技术加固高路堤桥头软土地基的可能性和加固效果开展研究,结合杭宁高速公路二期工程软土地基处理,研究了高速公路高路堤在荷载作用下筒桩加固软基的沉降规律;筒桩单桩承载力与桩径、桩长、地质条件的关系;现浇混凝土筒桩承载力理论计算模型;相同的地质与荷载条件下,现浇混凝土薄壁筒桩与粉喷桩、塑料排水板加固地基的效果及经济效益比较;筒桩桩身质量和承载力测试方法及其判别标准;路堤荷载作用下桩土应力分担比规律;刚性桩理论计算和过度区作用原理。

本项目成果在杭宁高速公路、申苏浙皖高速公路等工程中推广应用。

该成果于 2001 年 12 月完成,达到国内领先水平。

30. 低强度砼桩复合地基处理试验研究

主要完成单位:浙江省杭宁高速公路管理委员会等。

主要技术内容：本项目针对低强度混凝土桩复合地基加固高速公路软土地基的应用开展研究，结合杭宁高速公路二期工程软土地基处理，对路堤荷载作用下低强度混凝土桩复合地基的性状进行试验分析，研究了基础刚度对复合地基性状的影响，探讨柔性基础与刚性基础下复合地基性状的差异；路堤在荷载作用下的低强度混凝土桩复合地基加固软基的沉降规律；低强度混凝土桩单桩承载力与桩径、桩长、地质条件的关系；相同的地质条件和荷载条件下，低强度混凝土桩与粉喷桩、塑料排水板加固地基的效果及经济效益分析；提出路堤荷载作用下低强度混凝土桩复合地基的设计方法。

本项目成果在杭宁等高速公路软土地基处理中（包括设计、施工）推广应用。

该成果于2002年12月完成，达到国内领先水平。

31. 低标号混凝土桩在高等级公路软基处理中的应用及技术研究

主要完成单位：台州市交通勘察设计院等。

主要技术内容：本项目针对高等级公路软土地基区出现的桥头沉降问题，采用典型段法对沉降影响因素进行三维有限元分析，给出了基于天然地基沉降计算的复合地基沉降计算方法及相应图表；通过采用低强度混凝土桩复合地基大大减少路基的沉降，通过变桩长的方式使顶面的沉降基本上均匀。

本项目成果在台州市路桥滨海大道一级公路、路桥至泽国一级公路上应用。

32. 柱下条基桩土共同作用研究

主要完成单位：浙江省交通规划设计研究院、浙江大学。

主要技术内容：本项目运用通用有限元程序ANSYS分析柱下条基单排桩群的性状，研究影响桩基受荷、沉降的诸多因素，并据此对有关规范中相关条目进行了探讨；用APDL编写了柱下条形桩基设计及优化设计程序，对柱下条形单排桩群的一般优化方法开展了研究；在理论分析和试验研究的基础上，提出了柱下条形桩基宽基浅埋、小直径摩擦型群桩“内强外弱”的布桩方式。

本项目在玉环县楚门客运中心站工程基础设计、杭甬拓宽工程绍兴三江服务区扩建等项目的基础设计中应用。

33. EPS轻质路堤在高速公路的应用

主要完成单位：浙江省交通规划设计研究院等。

主要技术内容：本项目对EPS材料特性及其在大交通量的高速公路上的工作状态、耐久性及使用寿命等进一步展开深入研究，主要包括EPS超轻质路堤上高等级路面的结构设计方法与施工方法、EPS超轻质路堤的沉降和侧压力的试验研究、EPS超轻质路堤桥路过渡结构优化设计、EPS超轻质路堤的耐久性和使用寿命、降低EPS材料路用成本途径。

本项目成果在沪杭高速公路余杭段、甬台温高速公路台州一期和平阳—苍南段、杭宁高速公路湖州段、杭金衢高速公路萧山段工程中推广应用。

该成果于2002年4月完成，达到国内领先水平。

34. 基础设施用混凝土早期开裂机理及损伤断裂理论与试验研究

主要完成单位：浙江省金丽温高速公路丽青段建设指挥部。

主要技术内容：本项目分析了复掺矿物掺合料混凝土的力学性能、弹性模量、收缩性能、极限拉应变、温度场及徐变性能，证明适量复掺矿物掺合料能使混凝土具有良好的抗碳化性能和抗氯离子渗透性能,以微观角度探讨了复掺矿物掺合料高性能混凝土的抗裂机理;建立了混凝土早期开裂理论模型,探讨早龄期普通强度混凝土损伤断裂性能、材料脆性和微观结构,借助大型通用有限元软件 ABAQUS,对早龄期混凝土的损伤、断裂力学性能进行有限元分析,提供数值依据。

本项目成果已在金丽温高速公路丽青段工程应用。

35. 公路路面隆声带的应用研究

主要完成单位:杭州市公路管理局、长安大学。

主要技术内容:本项目采取实车道路试验研究和理论模拟计算研究相结合的方法,对 3 种典型车型(小轿车、中型客车、重型货车)进行不同形式铣刨式隆声带条件下的车辆警示效力试验、行驶系统安全性试验、行驶安全性试验,建立了定量描述隆声带主要结构尺寸与使用性能参数之间相关关系的经验模型。此外,本项目对不同形式的铣刨式隆声带进行了 3 种典型车型的车辆行驶平顺性、车辆车桥(轴)冲击状况、车辆瞬态方向稳定性模拟计算研究,得出了铣刨式隆声带各结构参数对其使用效果的影响规律。提出了适合我国公路运行特点的隆声带结构及技术条件,系统地解决了公路隆声带在我国推广使用中可能遇到的一系列技术问题。

本项目成果应用于杭州市绕城高速公路、杭金衢高速公路、甬台温高速公路、甬金高速公路、河南连霍高速公路及叶信高速公路、京珠高速公路郑州—许昌段等工程。

该成果于 2005 年 8 月完成,达到国内领先水平。

36. 高速公路路面三个指标的现场自动化测试评价方法研究

主要完成单位:浙江省交通厅工程质量监督站、交通部公路科学研究所。

主要研究内容:本项目通过大量现场试验与理论研究,提出了高速公路路面三个指标现场自动化检测数据影响因素(如速度、坡度、承载车型等)的修正方法;确立了自动弯沉仪与贝克曼梁、水推断面仪与精密水准仪、颠簸累积仪与精密水准仪、几何线形仪与精密水准仪等的相关关系;确立了自动化设备检测路面三大指标的数据溯源体系;确定了路面弯沉、平整度、横坡数据的自动化检测在不同路况条件下的采集方法与评价区间;提出采用数理统计方法计算代表值进行路面横坡评价的方法。

本项目成果已广泛应用于我省高速公路建设、养护项目。

该成果于 2004 年 9 月完成,达到国内领先水平。

37. 瞬态瑞利波检测高速公路复合地基加固效果

主要完成单位:浙江省交通厅工程质量监督局等。

主要技术内容:本项目应用瑞利波测试技术,根据表面波波速由大到小的变化拐点,判断出复合地基的有效加固深度,得出的剪切波速和承载力,分析出复合地基有效加固深度对剪切波速的影响,复合地基置换率对复合地基剪切波速以及加固后前剪切波速比的影响,建立了拟合效果较好的以复合地基剪切波速为自变量、复合地基承载力为因变量的经验公式。

该成果于 2005 年 5 月通过交通部科技成果鉴定,达到国内领先水平。

38. 土石混合料填筑路堤密实度简捷判定方法研究

主要完成单位:浙江省交通厅工程质量监督局。

主要技术内容：本项目采用沉降测试块的沉降差法快速简捷检测判定土石混合料填筑路堤质量。研究发现，采用直径20cm的测试块检测沉降差能较为准确反映路基的压实质量，检测时应将测试块单排布置，并采用高精度水准仪。通过多因素回归分析，建立了密实度与各影响因子之间的最优方程，表明多土类和多石类两种土石混合料填筑路堤的密实度均与沉降差的相关性最大。根据回归方程，制作了土石混合料填筑路堤密实度简捷测定方法沉降差与密实度对比表格。

本项目研究成果已在诸永高速公路工程中应用。

39.新拌水泥混凝土质量快速测定方法

主要完成单位：浙江省交通厅工程质量监督局。

主要技术内容：本项目利用FCT101测试仪，对用不同材料配置的不同强度等级配合比的混凝土进行了大量的对比试验，建立了省内新拌混凝土塌落度、水灰比等参数与混凝土28天强度的相关关系；通过在施工现场准确测试新拌水泥混凝土的水灰比、塌落度及28天强度，实现水泥混凝土质量的全面控制。

本项目成果已应用于湖盐线海宁金三角至东山大桥改建工程、海宁市硖尖公路工程、沈家门4号码头工程、普陀东白莲交通码头工程、岱山浪激咀车渡码头工程等项目。

该成果于2003年4月完成，达到国内领先水平。

40.钢桥梁电弧喷涂层纳米改性封闭剂研制及工艺性能研究

主要完成单位：浙江省舟山连岛工程建设指挥部。

主要技术内容：本项目将纳米技术应用于封闭涂料，成功地研制了新型电弧喷涂层纳米改性环氧封闭涂料。经检测，与国内外环氧封闭漆相比具有以下优异的性能：粘度低且封孔能力强；可渗透至金属喷涂层内部深处，对金属涂层具有物理和化学的双重封闭作用；涂膜附着力提高1倍以上；涂膜耐盐水浸泡、耐盐雾、耐酸、耐碱性能均大幅度提高。同时，该涂料与环氧中间漆和聚氨酯面漆的配套性好，综合力显著增强，具有较好的耐候性。该项目设计的“电弧喷铝+纳米改性环氧封闭剂+丙稀酸聚氨酯面漆”涂层体系，综合考虑了涂层结合力、耐腐蚀寿命、装饰性和经济性，可满足跨海大桥上部钢结构长达50年以上的防腐蚀寿命要求。

该项目成果在舟山大陆连岛工程跨海大桥建设中应用。

41.复杂地质地貌条件区高速公路主要岩土工程问题研究

主要完成单位：浙江省上三公路建设指挥部、浙江大学建工学院防灾所。

主要技术内容：本项目系统研究了复杂地质地貌条件区高速公路建设中含碎石粘性土边坡的地下水渗流管网系统、滑坡变形破坏的力学过程、含碎石粘性土边坡的坡面堆载和坡脚开挖导致滑坡的机制、围岩变形破坏发展形成洞口大规模滑坡、高路堤稳定、粉喷桩加固机理等问题，在认识滑坡机理、正确评价滑坡稳定性、完善高填方路基分析方法、改善粉喷桩加固软土地基等方面具有指导意义。

本项目成果应用于上三高速公路等工程。

该成果于2002年12月完成，达到国际先进水平。

42.破碎岩质边坡锚固技术研究

主要完成单位：浙江大学建工学院防灾所等。

主要技术内容:本项目针对当前破碎岩质边坡锚固技术中存在的问题,提出了锚索间距、框格梁截面高度和锚固角确定的建议方案、锚索预应力分析预测的理论方法,解决了破碎岩质边坡锚固设计的关键性技术问题,为边坡锚固方案确定、锚固设计参数选择、锚固效果评价等提供了依据,为经济合理地利用锚固技术奠定了基础。

本项目成果应用于金丽温高速公路工程的边坡加固。

该成果于 2004 年 7 月完成,达到国际先进水平。

43. 锚杆施工质量无损检测

主要完成单位:浙江省交通厅工程质量监督局。

主要技术内容:本项目通过理论分析与对室内和现场实地模型锚杆的研究,提出采用能流曲线识别反射波信号和计算能量反射率确定充填率的方法,建立了充填率与能量反射率的线形相关经验公式,编制了锚杆施工质量专用分析软件,为检测锚杆质量提供了有效手段,对锚杆施工质量控制具有积极的意义。

本项目成果在台缙高速公路和诸永高速公路工程中应用。

44. 高边坡稳定可靠性与支护结构优化及其工程应用

主要完成单位:浙江大学等。

主要技术内容:本项目系统地开展了边坡岩体结构及力学参数的测定、评价和岩体变形破裂机理的研究工作,确定了熔结凝灰岩强度参数的尺寸效应,给出了模拟地应力的边界和位移函数方法,在国内首先提出边坡岩体深层破裂的二分剪拉破裂模式,编制了边坡平面破坏、圆弧破坏的计算图表,分析了影响边坡支护结构安全的主要控制因素,对支护结构的设计以及边坡动态设计的要点提出了建设性的建议。

本项目成果应用于金丽温高速公路 15、18、20、21 等标段的施工安全监测、开挖施工方案优化、支护结构形式优选、坡率优化等。

该成果于 2002 年 12 月完成,达到国内领先水平。

45. 浙江省公路滑坡主要类型分析及防治对策研究

主要完成单位:浙江省交通规划设计研究院、浙江大学建工学院防灾所。

主要技术内容:本项目通过对浙江省公路滑坡现象的系统调查,揭示了浙江省公路滑坡的地质环境、诱发因素和时空发育规律,划分了浙江省公路滑坡的主要类型和揭示各类主要滑坡类型的共性;并通过采用接触弹塑性有限元分析、建立稳定系数与滑面抗剪强度指标及滑体饱水面积比的相关式、弹塑性有限元极限塑性应变分析和室内物理力学试验,提出完整认识滑坡机理、正确评价滑坡的稳定性、提高滑坡的调查评价方法和相应的防治对策。

本项目成果在龙丽丽龙高速公路、杭千高速公路、甬金高速公路等多处工程中推广应用。

该成果于 2004 年 12 月完成,达到国际先进水平。

46. 碎石土滑坡的地下水作用机理与处治技术

主要完成单位:浙江省衢州市交通设计有限公司。

主要技术内容:本项目在对多个碎石土滑坡实例的现场勘探、测试及室内岩土物理力学试验基础上,分别建立二维和三维不分离接触弹塑性有限元模型,采用数理统计分析方法、不平衡推力法和不分离接触弹塑性有限元算法,结合对碎石土的一般物理力学特性和渗透特性的分析，揭示了降雨作用下碎石土滑坡变形解体破坏机理和碎石土滑坡复活破坏机理，提出滑坡治理的经济方法。

本项目成果在龙丽高速公路工程中应用。

47. 公路边坡稳定性对地下水与降雨的动态响应研究

主要完成单位：浙江交通职业技术学院。

主要技术内容：本项目重点研究了边坡地下水与大气降雨的动态关系，建立了边坡内地下水位不受降雨影响和受降雨影响条件下的渗流基本运动方程和计算模型，分析大气降雨对边坡稳定性的影响机理，总结了大气降雨、边坡地下水、边坡稳定性之间动态关系的规律；在分析边坡岩土体水力学特征的基础上，形成MSARMA法，实现与降雨、地下水的动态变化计算模型的耦合，开发了公路边坡稳定性评价设计系统（W－Slope－V2.0），可对大气降雨、地下水、地震、坡面荷载等多种影响因素作用下的边坡稳定性做出综合评价分析。

本项目成果应用于申苏浙皖高速公路、三峡库区公路、吉林延边—图们高速公路工程。

48. 高速公路生态边坡工程应用研究

主要完成单位：杭州杭千高速公路发展有限公司。

主要技术内容：本项目将工程防护与生态防护有机结合，研究了生态边坡工程建设中的关键难题，提出了隧道洞口水泥锚喷面的喷播绿化等新工艺，编写了《高速公路边坡生态防护工程技术指南》、《高速公路边坡生态防护设计方案》、《高速公路生态边坡植被养护管理手册》、《高速公路边坡生态防护工程施工监理规程》、《高速公路边坡绿化工程质量验收评价标准》等系列文件。

本项目研究成果在杭千高速全线绝大部分上边坡（140万㎡）上应用。

49. 高速公路边坡工程稳定性评价与加固设计智能优化系统

主要完成单位：浙江交通职业技术学院、北京工业大学。

主要技术内容：本项目针对公路的边坡工程稳定性评价和加固技术，以工程地质学、水文地质学、岩土力学为基本理论，以计算机技术为基本手段，提出了公路边坡的工程地质概念模型、边坡岩土体为不透水介质和透水介质两种情况下地下水作用的考虑方法、公路边坡稳态敏感性分析的方法，并开发了公路边坡工程稳定性评价与加固设计系统。

本项目成果应用于申苏浙皖高速公路、长江三峡库区宜兴杨家岭公路、元磨高速公路、吉珲高速公路等工程。

该成果于2005年1月完成，达到国内领先水平。

50. 旧水泥混凝土路面破碎稳固加铺沥青混凝土路面技术评估及研究

主要完成单位：浙江省公路管理局。

主要研究人员：洪秀敏、侯利国、吕伟民、黄元德、周军。

主要技术创新点：对比分析了旧混凝土板直接加铺沥青路面和旧水泥板破碎稳固后加铺沥青路面应力响应规律，研究了破碎稳固技术的反射裂缝机理，提出了相应的技术措施。系统研究分析了冲击破碎、打裂压稳、碎石化等破碎稳固的技术特点、施工工艺、质量控制等关键技术。编写了《旧水泥路面破碎稳固加铺沥青混凝土路面设计与施工技术指南》，对旧水泥路面加铺沥青混凝土路面具有指导作用。

该项目为“十一五”计划2006年浙江交通科技成果，达到国际先进水平。

51. 基础设施用混凝土早期开裂机理及损伤断裂理论与试验研究

主要完成单位:浙江省金丽温高速公路丽青段建设指挥部。

主要研究人员:冯国荣、金南国、蔡旭锋、金贤玉、徐德进。

主要技术创新点:在理论与试验研究的基础上,有针对性地配制了具有良好抗裂性能的复掺矿物掺合料混凝土,对其材料强度、弹性模量、收缩性能、极限拉应变、温度场、徐变、抗裂性、耐久性等进行了系统深入的研究,并进行了工程应用,为同类相似的大体积混凝土防裂研究提供了重要参考依据。从宏观力学性能和微观结构两方面入手,着重研究了不同水灰比时早龄期混凝土的抗压、抗拉强度,应力－应变曲线、断裂性能、材料脆性以及孔隙率和孔径分布随龄期的发展规律,在强度、断裂韧度和孔隙率之间建立定性与定量的关系,为混凝土早期断裂分析提供了试验依据。项目将 ABAOUS 的损伤塑性模型与模糊裂缝模型相结合,进行了损伤与断裂联合应用于混凝土试件的失效过程分析,为早龄期混凝土结构的损伤断裂过程分析提供了一种新的数值模拟分析方法。

该项目为“十一五”计划 2006 年浙江交通科技成果,达到国际先进水平。

52. 浙江省高速公路沥青路面合理结构形式研究

主要完成单位:浙江省公路管理局。

主要研究人员:卞钧霈、孟书涛、汪银华、陈允法、金秀丽。

主要技术创新点:采用现场足尺路面加速加载试验验证手段,对 4 种不同路面结构的疲劳性能和高温性能进行了对比验证。首次进行的分层应变观测和足尺路面加热系统高温车辙试验。紧密结合浙江省的自然气候条件、交通荷载条件以及当地的建筑材料,研究提出的四种沥青路面合理结构组合形式,对指导浙江省高速公路沥青路面设计与施工具有实用价值。研究成果对提高沥青路面使用性能,减少和预防沥青路面结构发生早期损坏具有重要意义。

该项目为“十一五”计划 2006 年浙江交通科技成果,达到国际先进水平。

53. 碎石土滑坡的地下水作用机理与处治技术

主要完成单位:浙江省衢州市交通设计有限公司。

主要研究人员:李雪林、应国强、宣剑裕、蒋军、孙红月。

主要技术创新点:提出了滑体饱水面积比新概念和利用三维弹塑性接触有限元算法计算的结果提取滑面上的摩擦应力计算二维剖面碎石土滑坡稳定性系数的新方法,并应用于降雨作用下的碎石土滑坡体变形破坏过程的分析,为该类型滑坡的预测预报提供科学依据。

该项目为“十一五”计划 2006 年浙江交通科技成果,达到国际先进水平。

54. 高等级道路超薄沥青磨耗层的研究与应用

主要完成单位:湖州市公路管理处。

主要研究人员:陆新民、孙大权、周军、沈建荣、沈云琴。

主要技术创新点:通过理论分析得出超薄磨耗层发生疲劳开裂的可能性较小,而发生层间滑移的几率较大的结论,对超薄磨耗层结构设计具有指导意义。在分析国内外常用的超薄沥青混合料组成设计方法与技术要求的基础上,并基于理论分析结果认为超薄沥青混合料宜采用骨架密实结构,提出了相应的超薄沥青混合料设计方法与指标体系。撰写了《超薄抗滑沥青磨耗层设计与施工技术指南》。

该项目为“十一五”计划2006年浙江交通科技成果，达到国际先进水平。

55. 高速公路生态边坡工程应用研究

主要完成单位：杭州杭千高速公路发展有限公司。

主要研究人员：何晓丰、王景峰、朱仁民、徐礼根、桂炎德。

主要技术创新点：在地形复杂的同一条路上进行大规模多工艺的边坡生态防护应用，取得了显著的景观、生态效益。对高速公路边坡生态防护的设计理念进行了系统的分析和总结，并提出了相应的设计方案。针对边坡生态防护的施工、监理、验收、养护等方面的工作编写了系列文件，并成功地在浙江省高速公路上得到了推广应用，具有较大的应用价值。

该项目为“十一五”计划2007年浙江交通科技成果，达到国际先进水平。

56. PCC桩软基加固设计理论与应用试验研究

主要完成单位：杭州杭千高速公路发展有限公司。

主要研究人员：王景峰、赵益民、刘汉龙、吴为东、陈永辉。

主要技术创新点：首次进行了PCC桩离心机模拟试验。通过系统的试验与理论研究，建立了PCC桩复合地基的桩土应力比、承载力及沉降计算公式，提出了荷载—沉降关系的简化分析方法。通过现场静荷载试验、小应变动态测量、开挖直接检测等方法，提出了PCC桩质量控制和检测的方法。

该项目为“十一五”计划2007年浙江交通科技成果，达到国际先进水平。

57. 泡沫沥青冷再生技术的应用研究

主要完成单位：杭州市公路管理局。

主要研究人员：曹国银、潘学政、李立寒、拾方治、张永平。

主要技术创新点：首次提出以沥青的“合适发泡范围”确定合理发泡效果，并采用劈裂疲劳试验提出泡沫沥青合料的疲劳方程。提出了泡沫沥青混合料路用性能的评价指标体系、技术要求及再生混合料组成设计方法，首次编制了《泡沫沥青冷再生混合料组成设计指南》和《泡沫沥青冷再生施工技术指南》。

该项目为“十一五”计划2007年浙江交通科技成果，达到国际先进水平。

58. 人造轻质土路堤试验研究

主要完成单位：浙江省交通规划设计研究院。

主要研究人员：杨少华、徐立新、胡建福、段冰、陈国军。

主要技术创新点：结合浙江省甬余一级公路桥头软基工程，通过人造轻质土的室内配方试验和现场试验，在理论计算、设计方法、材料选择与配比，施工工艺与质量控制及泡沫珠轻质土的物理力学性质等方面开展研究，成功修筑了洋溪河东桥头路堤并进行了观察，提出了桥头软基处理的新方法。采用泡沫珠轻质土路堤可有效地减少路基的沉降、处理方法比较简单，对周边环境干扰少，在软基公路工程中具有较高的社会经济效益和推广应用价值，开创了我国泡沫珠轻质土在软基高等级公路上工程应用方面的先例。

该项目为“十一五”计划2007年浙江交通科技成果，达到国际先进水平。

59. 运营高速公路滑坡地质灾害处置技术研究

主要完成单位：浙江杭金衢高速公路有限公司。

主要研究人员：倪慈云、尚岳全、赵志泉、申永江、陈斌。

主要技术创新点:研究了营运高速公路产生滑坡体时处置的技术和管理体系,揭示了滑坡体的成因机理,建立了完整的滑坡监测体系。实现高速公路滑坡的降雨、地下水位和滑坡变形的同步远程无线实时监测。运用数值模拟方法求得抗滑桩所承受的抗滑推力,并从双排桩的监测入手,研究了双排桩的位移和受力变化规律,为设计提供了依据。

该项目为"十一五"计划2007年浙江交通科技成果,达到国际先进水平。

60. 申嘉湖高速公路真空网点吸水联合堆载预压法试验研究

主要完成单位:浙江省交通规划设计研究院。

主要研究人员:徐立新、杨少华、李雪平、曹德洪、龚廉湨。

主要技术创新点:结合浙江省申嘉湖高速公路软基处理工程,在常规真空预压基础上提出了真空网点吸水联合堆载预压新方法。通过试验段试验,研究了新的管网布设及与塑料排水板的连接与密封等施工工艺。通过现场监测,分析研究了沉降、侧向位移、孔隙水压力、真空度等的变化规律;通过理论分析和数值计算探讨了该方法的作用机理和工作性状,提出了真空网点吸水联合堆载预压法的设计计算方法。首次提出真空网点吸水联合堆载预压地基处理新方法,有利于控制深厚软基的沉降。

该项目为"十一五"计划2008年浙江交通科技成果,达到国际先进水平。

61. 沥青混合料中填料的性能评价指标与适用性研究

主要完成单位:浙江杭长高速公路有限公司。

主要研究人员:赵玉贤、陈森贤、顾军、吕常新、王银龙。

主要技术创新点:在总结国内外沥青混合料填料相关研究基础上,从填料的性能指标、填料(特别是拌合楼回收粉)对沥青胶浆性能的影响、填料对沥青混合料性能的影响、拌合楼回收粉使用条件和原则以及试验路施工工艺、回收粉添加方法等方面进行了较为全面的研究。应用DSR、BBR对回收粉沥青胶浆的性能进行研究。提出拌合楼回收粉的使用条件及控制指标。

该项目为"十一五"计划2008年浙江交通科技成果,达到国际先进水平。

62. 高速公路车辙病害浅层铣刨薄层加铺快速修复技术研究

主要完成单位:浙江省交通投资集团有限公司杭金衢分公司。

主要研究人员:赵志泉、陈斌、施福勇、胡跃苏、施世江。

主要技术创新点:提出了轨道式浅层铣刨薄层加铺路面结构设计方法和适宜的加铺材料类型,解决了大型摊铺机窄幅摊铺、薄层沥青混合料施工工艺等技术难题。形成了沥青路面车辙病害轨道式浅层铣刨薄层加铺快速修复成套技术。开发了大型摊铺机改装技术,实现了宽幅摊铺机窄幅轨道式摊铺。

该项目为"十一五"计划2008年浙江交通科技成果,达到国际先进水平。

63. 水泥稳定碎石振动成形法设计与施工技术研究

主要完成单位:申嘉湖(杭)高速公路(嘉兴段)项目指挥部。

主要研究人员:许海云、龚廉湨、曹德洪、严凤祥、陆伟。

主要技术创新点:采用振动成形法对水稳碎石的最大干密度、级配组成、抗压强度、干温缩性能、疲劳强度等方面进行了试验,并与重型击实法进行了相关比对试验,编制了水泥稳定碎石振动成形法设计与施工技术指导意见，进行了实体工程的实施和验证。提出了用振动成形法提高水泥稳定碎石抗压强度、抗裂性能及疲劳强度的混合料配合比设计方法。提出了水泥稳定碎石振动成形法的成套施工技术。

该项目为"十一五"计划 2008 年浙江交通科技成果，达到国际先进水平。

64. 高速公路边坡稳定评价与安全监控技术及工程示范

主要完成单位：浙江省交通运输厅。

主要研究人员：卞钧霈、孙红月、洪秀敏、徐建伟、楼晓寅。

主要技术创新点：采用激光测距传感器、CCD 微变形监测仪告等新的边坡监测技术；提出了缠绕式光纤固定方式解决边坡环境的光纤布设方法；利用同轴数据放大原理开发出岩土移直读仪。提出虚拟工况有限元法，实现有限元离心加载法和有限元强度折减法在理论上的统一；提出基于测斜数据计算抗滑桩内力分布的方法，实现抗滑桩工作状态评价；应用功率谱分析对监测数据进行预处理，优化时间序列分析的计算速度。建立以 GIS 为基础平台的边坡灾害管理与防灾决策支持系统，实现边坡信息管理与查询、边坡远程监测数据动态传输与分析、边坡综合模型分析与评判。

该项目为"十一五"计划 2009 年浙江交通科技成果，达到国际领先水平。

65. 公路路堑边坡桩锚设计一体化研究

主要完成单位：浙江省交通规划设计研究院。

主要研究人员：杨少华、丁伯阳、朱益军、潘晓东、毛斌。

主要技术创新点：针对浙江省山区公路边坡防护设计，结合数据库技术与三维显示技术，建立三维虚拟边坡地形管理系统；研究提出了一种基于坡面网格全局搜索危险滑动面的优化技术；筛选出了影响边坡稳定的主要因素，建立了基于 GIS 公路边坡模糊分类的稳定评判与防护决策一体化的专家系统。项目基于 ArcGIS 提供的 COM 组件技术，开发了一套集边坡数据库管理、三维场地虚拟功能、边坡稳定半定性半定量分类评判，通过二维和三维极限平衡分析，实现桩锚结构分析和边坡防护方案等多种功能一体化的公路边坡桩锚设计系统。提出了一种基于坡面网格搜索全局滑动面方法，能在综合范围内确定安全系数极限值，并判别潜在的危险滑动面。

该项目为"十一五"计划 2009 年浙江交通科技成果，达到国际先进水平。

66. 山区高速公路边坡光面爆破关键技术研究

主要完成单位：浙江黄衢南高速公路有限公司。

主要研究人员：姜汶泉、汪银华、谢雄耀、孙章校、蔡金荣。

主要技术创新点：依托黄衢高速公路两处边坡，针对山区公路边坡光面爆破技术安全性、经济性、适应性要求，采取现场调查、理论分析、数值计算、监控量测等手段进行研究，建立了适用于山区高速公路边坡开挖光面爆破技术。提出了山区典型岩石边坡光面爆破实用经验公式与计算参数，得出了节理发育泥岩边坡进行光面爆破的质点振动速度限值和安全允许距离。建立了相对比较完整的关于边坡光面爆破适应性的分析体系。编制了《山区高速公路边坡开挖光面爆破技术指南》。

该项目为"十一五"计划 2009 年浙江交通科技成果，达到国际先进水平。

67. 天然岩沥青在重载沥青路面中的应用研究

主要完成单位:温州市公路管理处。

主要研究人员:王守勤、侯利国、张银华、徐建伟、王建平。

主要技术创新点:基于灰色关联分析理论研究了岩沥青种类和掺量、搅拌温度和搅拌时间、基质沥青性能等因素对岩沥青改性沥青性能的影响。开发了储存稳定的岩沥青改性沥青、岩沥青与SBS复合改性沥青制备技术,建立了岩沥青应用技术指南。

该项目为“十一五”计划2009年浙江交通科技成果,达到国际先进水平。

68. 橡胶粉改沥青路面(干法)设计与应用研究

主要完成单位:浙江黄衢南高速公路有限公司。

主要研究人员:倪慈云、张桂生、姜汶泉、王捷、孙章校。

主要技术创新点:对采用维他黏结剂的干法施工橡胶沥青的性能指标、橡胶沥青混合料的路用性能、施工工艺、橡胶粉添加方法进行了较为全面的研究,并对橡胶沥青路面厚度减薄的可行性进行了分析。提出了橡胶沥青混合料(干法)的施工工艺和质量控制标准。提出了橡胶沥青混合料(干法)的评价指标范围。

该项目为“十一五”计划2009年浙江交通科技成果,达到国际先进水平。

69. 预应力管道压浆密实度的质量控制与检测技术研究

主要完成单位:杭州市交通工程质量安全监督局。

主要研究人员:徐建达、季文洪、李恩望、杨超、侯建青。

主要技术创新点:针对管道压浆施工技术存在的问题研究建立了制浆质量要求和检测方法、压浆施工实时监测、压浆密实度无损检测的一套较完整的质量控制体系,包括灌浆料性能检测、压浆施工工艺参数的动态监测、压浆密实度的等效波速法和内窥法检测技术等,对提高压浆施工质量和结构耐久性具有重要意义。完善了制浆质量要求和检测方法。研发了灌浆记录仪,并应用内窥镜检测技术,实现了压浆施工质量的动态监测。研究开发的等效波速法(改进型冲击回波法),提高了管道压浆密实度冲击回波法检测的准确性。

该项目为“十一五”计划2009年浙江交通科技成果,达到国际先进水平。

70. 大直径(钉型)双向水泥土深层搅拌桩加固软土地基试验研究

主要完成单位:浙江申嘉湖杭高速公路有限公司。

主要研究人员:曹德洪、刘松玉、李雪平、李国文、龚廉溟。

主要技术创新点:采用理论分析、室内外试验、数值模拟相结合,实体工程检验的技术路线,将大直径(钉形)双向水泥土深层搅拌桩技术用体育高速公路身后软土地基加固处理,并对其加固机理、有效桩长、垫层效应、质量控制等问题进行了系统研究,提出了大直径(钉形)双向水泥土搅拌桩复合低级设计方法、施工指南和质量控制方法。首次将深度达25米的大直径(钉形)双向水泥土深层搅拌桩成功应用于深厚软土地基的加固,建立了相应的施工工艺和施工质量控制与检测方法。提出了基于变形控制的大直径(钉形)双向水泥搅拌桩复合地基的设计方法。提出了采用电阻率测试技术对大直径(钉形)双向水泥土搅拌桩的桩身强度及搅拌均匀性进行综合评价。

该项目为“十一五”计划2009年浙江交通科技成果,达到国际先进水平。

71. 塑料套管混凝土桩(TC桩)加固公路软土地基试验研究

主要完成单位:浙江浙北高速公路管理有限公司。

主要研究人员：曹德洪、陈永辉、李雪平、李国文、龚廉溟。

主要技术创新点：通过现场试验、模型试验、理论分析、数值模拟和实际工程检验相结合的技术路线，将单壁塑料套管混凝土桩技术用于公路软土地基加固处理，并对其套管结构材料、施工工艺、质量检测和控制、加固机理、计算分析理论、技术经济特性等方面系统全面地进行了研究。在国外 AuGeo 桩技术的基础上开发了单壁塑料套管混凝土桩技术，获得多项国家专利。通过试验研究，揭示了单壁塑料套管混凝土桩塑料套管的“套箍”效应、挤土效应、承载力时效性，并建立了适用于单壁塑料套管混凝土桩加固软基的设计计算方法。提出了尖点突变理论单桩稳定计算方法，建立了桩顶和桩底不同约束条件的 3 种压屈临界荷载尖点突变模型，并应用于单壁塑料套管混凝土桩的压曲稳定计算之中。

该项目为“十一五”计划 2010 年浙江交通科技成果，达到国际先进水平。

72. 大直径深长嵌岩桩承载特性及设计标准研究

主要完成单位：东南大学。

主要研究人员：戴国亮、宋晖、许宏亮、王武刚、龚维明。

主要技术创新点：以大直径深长嵌岩桩为对象，采用理论分析、室内试验以及原位试验、有限元模拟等研究手段，对大直径深长嵌岩桩的荷载传递机理、尺寸效应和岩石特性对嵌岩桩嵌岩段侧阻力和端阻力的影响以及计算方法进行了研究。提出了考虑桩基嵌岩比、孔壁粗糙度等因素的嵌岩桩嵌岩段桩侧阻力、桩端阻力以及上覆土层摩阻力的分项系数。建立了深长嵌岩桩的设计方法，撰写了《大直径深长嵌岩桩设计指南》。

该项目为“十一五”计划 2010 年浙江交通科技成果，达到国际先进水平。

73. 山区公路边坡处治监测技术研究

主要完成单位：开化县交通局。

主要研究人员：孙金林、谢军、李涛、何斌芳、韦秉旭。

主要技术创新点：针对实体工程的工程地质特点和影响因素，采用不平衡推力法计算参数的敏感性分析和强度参数的反算方法；进行了边坡现场监测，利用小波分析的原理对监测数据进行降噪处理；根据现场监测数据进行理论分析得出的成果，对依托工程提出了优化设计的措施并指导了实际应用。提出了深部位移曲线时空变化的成套分析方法，建立了相应的滑坡判断准则。将监测数据的处理和分析结果应用于边坡的动态设计之中。该项目取得了一项国家实用新型专利。

该项目为“十一五”计划 2010 年浙江交通科技成果，达到国际先进水平。

74. 高速公路薄层磨耗层设计与应用研究

主要完成单位：浙江申嘉湖杭高速公路有限公司。

主要研究人员：龚廉溟、曹德洪、李国文、王捷、项新里。

主要技术创新点：对 2cm 厚度的 AR－SMA－5 和 SBS－SUP－5 作为路面薄层磨耗层进行了研究，并与常规路面上面层的 SBS－AC－13 进行了技术经济对比和分析，提出了薄层磨耗层热拌沥青混合料的施工工艺及质量控制标准。提出了维他橡胶粉沥青 SMA－5、SBS 改性沥青 SUP－5 沥青混合料体积指标。应用落锤弯沉仪（FWD）对薄层磨耗层路面进行弯沉测定，反算模量来考察路面材料的特性。

该项目为“十一五”计划 2010 年浙江交通科技成果，达到国际先进水平。

(二)桥梁 隧道

1. 成功试建“石灰三合土木桥面”

1950年,临安工务段在昔口桥试建“石灰三合土木桥面”成功,对延长木材使用年限和改善行车均有良好效果。省交通厅后制订标准图在全省推广。

2. 圆洞拱片桥

由嘉兴市桥梁工程队设计施工,于1970年在桁架拱桥的基础上改进的一种有利于预制、运输、安装、施工的建桥形式,设计荷载汽6级(老标准)、最大汽15(新标准)。该桥型具有桁架拱桥优点,增大刚度,减少墩、台的变形,提高桥梁承载能力,适合机械化作业,最大跨径可达36米。上部构造实行了标准生产(预制)、标准化施工(安装),既经济,建造速度又快。

3. 混凝土桁架拱试验桥建成

1972年10月岭三线(岭口至三角塘)上叶桥建成,该桥是在双曲拱桥基础上,由上海同济大学设计,台州公路总段施工的我国第一座2孔45米混凝土桁架拱试验桥,该型桥梁经鉴定后,已在全国软土地区推广。由此,桁架拱结构类型桥梁有了较大的发展。

4. 壳机结构应用

1973年,鄞县公路段工程技术人员孙春滋运用壳体结构原理,设计成功净跨10米的鄞县红岭桥。1979年,设计成功跨径25米的鄞县管江乡华锋桥。应用壳体结构原理设计桥梁,可省工30%,省钢材50%。是年,华锋桥模型在浙江省科技成果展览会展出,论文《壳体结构在桥梁及其他建筑上的应用研究》获浙江省科技成果三等奖。

5. 大吨位70米预应力混凝土箱梁整体预制和强潮海域海上运输架设技术

主要完成单位:杭州湾大桥工程指挥部。

主要技术内容:本项目进行了大吨位70米预应力混凝土箱梁整体预制和强潮海域海上运输架设技术研究,采用低强早期张拉技术解决了大型预应力混凝土预制箱梁早期裂缝问题;研究了一整套大体积混凝土箱梁整体预制施工工法;使用自行研制的移运设备,采用高分子材料和液压悬挂技术解决了重型箱梁在陆地的横向和纵向移动难题;使用起吊运架一体船进行了强潮急流海域大吨位整体预制箱梁的运输和架设。

本项目成果中70m跨整体预制海上吊装方案已推广运用于杭州湾大桥、舟山金塘大桥等工程;大型箱梁整体预制工法广泛运用于全国铁路客运专线预制的32m和24m箱梁制造;低强早期张拉防裂技术已写入《客运专线铁路桥涵工程施工技术指南》一书;海工耐久混凝土新的配合比和施工等技术已推广应用于铁路客运专线。

6. 大吨位50米预应力混凝土箱梁整体预制和梁上运输架设技术

主要完成单位:杭州湾大桥工程指挥部。

主要技术内容:本项目制定了杭州湾跨海大桥滩涂区大吨位预应力混凝土箱梁整体预制、梁上运梁架设的整套施工技术方案,进行了大吨位预应力混凝土箱梁关键结构研究,分析箱梁吊点结构及空间局部应力和箱梁湿接头空间局部应力;开展大吨位预应力混凝土箱梁整体预制施工技术研究,确定大吨位箱梁预制场总体规划与建设、箱梁预制、高性能海工耐久混凝土配合比、箱梁保温保湿养护工艺等技术环节;进行大吨位预应力混凝土箱梁梁上运梁架设技术研究,实施了箱梁提升上桥、箱梁梁上运梁、箱梁架设以及大吨位整体箱梁先简支后连续体系转换施工等。

本项目成果已应用于杭州湾跨海大桥工程。

7. 杭州湾跨海大桥工程桥梁基础波浪力物理模型试验研究

主要完成单位:杭州湾大桥工程指挥部等。

主要技术内容:本项目针对杭州湾跨海大桥建设过程中,所处区域海况条件较为恶劣、设计桥墩基础复杂的情况,采用物模试验的方法,研究波流对桥墩的作用力,为工程设计提供依据。通过物模试验,给出了基础整体受力、单墩各部分结构的波流力、单墩总水平力最大时各部分结构的同步波流力、单墩承台和桥墩总水平力最大时各部分结构的同步波流力、承台系梁上的波流力以及桥梁基础上的波流压力分布,为杭州湾跨海大桥工程的设计提供了重要参考依据。

本项目成果在杭州湾跨海大桥工程中得到应用。

该成果于 2004 年 11 月完成,达到国际先进水平。

8. 海洋环境下长寿命混凝土结构耐久性研究

主要完成单位:杭州湾大桥工程指挥部。

主要技术内容:本项目研究了海洋环境下混凝土结构的耐久性设计、施工、维护、监测预警、措施效果验证等海工混凝土结构生命周期的全过程,引进欧洲混凝土氯离子扩散系数快速测试方法、钢筋保护层质量控制及检验方法和混凝土耐久性预埋式监测技术,开发了针对海洋环境外渗型脱钝引导介质的耐久性监测预警系统,提出了海工耐久混凝土概念及其配合比设计原则、技术路线和对应配套技术指标,确定了非预应力钢筋的选用原则,明确了 100 年工程预期使用寿命(年限)的统计学定义,并制定了整套技术文件。

本项目成果应用于杭州湾跨海大桥工程。

9. 杭州湾跨海大桥大直径超长钢管桩设计、制造、防腐和沉桩成套技术

主要完成单位:杭州湾大桥工程指挥部。

主要技术内容:本项目采用了变壁厚螺旋焊管和螺旋焊管在线预精焊专利技术,解决大直径超长变壁厚螺旋焊缝钢管桩整桩制造难题。钢管桩直径 1.6m、桩长 89m,是目前世界上整桩一次连续卷制的最长的螺旋焊缝钢管桩。采用了三层溶结环氧涂层专利技术辅以阴极保护的方案,解决海洋环境下钢管桩腐蚀难题。发明水下卡环安装水面馈电焊接的牺牲阳极安装新方法,解决了水下焊接易造成涂层损坏和焊接质量难以控制的缺点。采用强潮海湾大直径超长钢管桩整桩沉桩施工技术,成功解决了杭州湾大桥钢管桩沉桩难题。

本项目成果应用于杭州湾跨海大桥工程、舟山金塘大桥工程。

10. 金塘大桥桥墩及基础防船舶撞击及设施研究

主要完成单位:浙江省舟山连岛工程建设指挥部。

主要技术内容:本项目结合通航船舶、桥墩基础特点,研究了防撞设施工程化中的相关问题,通过对船舶撞击力和船舶撞击频率的计算,对主通航孔主墩承台、防撞设施波浪力数值模拟和桥墩防撞消能设施性能数值模拟计算,结合承台套箱的防撞设计技术,在国内中等水深(-25m)海域首次采用了独立群桩防撞措施,以此确定大桥防撞方案的技术、经济特性。

本项目成果应用于金塘大桥工程。

11. 复杂地形地貌区大跨度桥梁抗风性能研究

主要完成单位:金华市交通规划设计院有限公司。

主要技术内容:本项目对复杂地形地貌区大跨度桥梁抗风性能进行了风特性、钝化桥梁构件气动特性、典型结构状态动力特性、大跨度桥梁静风响应及抖振响应特点、阵风系数法及静动组合法对比等多项进行分析,建立了复杂地形地貌区风特性的 CFD 分析方法以及基于 CFD 的断面涡振性能评价方法,系统总结了大跨度连续刚构桥主梁和桥墩断面三分力系数及涡振性能随断面尺寸的变化关系,探明了阵风系数法和静动组合法在大跨度桥梁风致响应分析中的差异,明确了各自的适用性。

本项目成果在磐安至新昌公路夹溪特大桥建设工程中应用。

12. 西堠门大桥抗风性能及风荷载研究

主要完成单位:浙江省舟山连岛工程建设指挥部。

主要技术内容:本项目对西堠门大桥进行了抗风性能及风荷载研究,采用 CFD 计算和二维颤振分析相结合方法对中央开槽加劲梁断面颤振作优化选型,采用 CFD 方法对桥塔断面作气动选型;运用计入三分力影响的非线性有限元分析方法,通过计算中央开槽断面加劲梁竖向、侧向和扭转位移随风速变化,确定静风失稳临界风速,并通过风洞试验验证;使用静风荷载响应分析和抖振响应分析相结合的方法对大跨度中央开槽断面加劲梁悬索桥等效风荷载效应进行分析,从而得出在成桥状态加劲梁和桥塔需主要控制截面位移和内力的结论。

本项目成果应用于西堠门大桥工程。

13. 舟山大陆连岛工程桃夭门大桥斜拉索抗振研究

主要完成单位:舟山市大陆连岛工程指挥部。

主要技术内容:本项目针对斜拉桥拉索自身阻尼小、在风雨激荡下会产生多种类型的振动问题,对斜拉索的抑振措施进行了探索,提出了采用机械措施和空气动力学措施相结合的抑振方法。机械措施为安装粘性剪切型阻尼器(HCA 减振器);空气动力学措施为在拉索表面设螺旋带状物,并对减振措施进行了较系统的试验研究。

本项目成果应用于桃夭门大桥工程。

该成果于 2004 年 3 月完成,达到国内领先水平。

14. 钢混斜拉桥上部结构施工控制及合龙技术研究

主要完成单位:舟山市大陆连岛工程指挥部。

主要技术内容:本项目针对大跨度钢混斜拉桥的受力特点和变形的复杂性,结合其出现实际偏差的原因和特点,综合国内外主要的施工控制理论,对有关参数作了充分研究,并在此基础上通过参数识别校正了计算模型,创造性地提出了分类最小偏差施工控制思路,对大跨度钢混斜拉桥的施工进行了有效控制,实现了斜拉索索力和线形指标的实测值和理论值的一致性,并在国内首次成功采用了无压重合龙技术。同时,在施工过程中,对钢主梁预制线形、架设过程中温度场的影响、合龙后索力优化调整等几个关键问题进行了较深入的研究,为施工控制的顺利有效实施提供了保障。

该项目成果在桃夭门大桥工程中应用。

15. 部分斜拉桥主塔斜拉索锚固工艺及试验研究

主要完成单位:上虞市区三环路建设工程指挥部。

主要技术内容:本项目针对部分斜拉桥塔上斜拉索锚固工艺存在诸多不确定性及不稳

定性的问题，研究了部分斜拉桥塔上斜拉索锚固方式，对斜拉索锚固结构、材料、制造安装工艺、结构分析等方面进行了创新探讨，提出了新的思路，使相关技术更趋完善。

本项目成果在上虞市三环曹娥江部分斜拉桥工程中应用。

16. 自锚式悬索桥的性能分析与施工控制研究

主要完成单位：湖州市交通工程处。

主要技术内容：本项目研究了自锚式悬索桥的科学合理施工方法，通过采用小应变悬链线单元模拟主缆，建立相应的自锚式悬索桥非线性有限元分析模型，并借助有限元分析软件Ansys进行施工前与使用荷载分析。研究表明，该施工控制计算能够较好地模拟自锚式悬索桥吊杆张拉的各个施工阶段，实现施工的有效控制与监测。研究还发现，挠度理论与有限位移理论均适用于较小跨度自锚式悬索桥，大跨度桥施工则应选择有限位移理论；自锚式悬索桥吊杆张拉时在同一张拉等级下应先对称张拉，并在成桥后作一次索力调整；三跨连续加劲梁需考虑对桥塔处支座进行处理。

本项目成果应用于金华等地的桥梁施工。

17. 直升机牵引悬索桥先导索过海新技术的研究

主要完成单位：浙江省舟山连岛工程建设指挥部。

主要技术内容：本项目针对西堠门大桥施工海域环境复杂且西堠门水道为国际兼军用水道，施工期间不允许全线中断通航的特定条件，在传统的先导索过海方法难以满足要求且施工风险很大的情况下，提出了直升机牵引先导索过海技术方案，进行飞行动态设计、牵引系统动力分析模拟计算和优化，结合试验，确定牵引方案的技术、经济特性，并对配套相关问题进行了研究，实现了真正意义上的不封航，节省了施工费用，加快了施工进度，提高了施工安全性和可靠性。

该项目成果在西堠门大桥工程中应用。

18. 大跨度钢管拱桥无支架吊装技术研究

主要完成单位：浙江省交通工程建设集团。

主要技术内容：本项目着重在强台风地区大跨度钢管拱桥无支架缆索吊装斜拉扣挂施工工艺的应用、大跨度钢管拱桥不设调整合拢段直接合拢的施工方法及理论、大跨度钢管拱桥吊装施工中“定长扣索法”的应用、缆索索塔与扣索索塔相结合吊装系统的设计与特点、以四氟材料为轴套的轻型索鞍在钢管拱桥无支架缆索吊装中的应用等方面开展研究，并取得相关成果。

本项目成果应用于三门健跳大桥工程。

该成果于2002年12月完成，达到国内先进水平。

19. 桁架式钢管混凝土拱桥拱座及拱肋混凝土性能研究报告

主要完成单位：浙江省公路管理局。

主要技术内容：本项目以千岛湖大桥为依托工程，总结了钢管混凝土拱桥的施工经验和施工监控经验，研究了大体积混凝土力学性能变化规律，监测大体积混凝土固化过程，探讨了拱座大体积混凝土早期温度发展规律及温度控制、大体积混凝土温度实测与芯部的力学性能发展规律，实现了国内首次大跨径桥梁钢管混凝土结构徐变效应现场的监测，为今后大跨径钢管混凝土拱桥徐变分析提供了实测数据，并首次提出钢管混凝土结构徐变效应的实测弹性比方法。

本项目成果应用于千岛湖大桥工程。

20. 千岛湖1#特大桥沥青混凝土桥面铺装结构与材料设计研究

主要完成单位:杭州市交通设施建设处。

主要技术内容:本项目研究了水泥混凝土桥面沥青混凝土铺装层使用性能,在静荷载分析的基础上考察了水泥混凝土桥桥面铺装在移动荷载和施工振动荷载作用下的应力、应变响应,为铺装层设计提供力学理论支持;对铺装下层混合料类型选择进行重点研究,侧重于铺装层各层之间的整体性,对复合结构进行高温稳定性检验和疲劳性能检验;着重研究了保证桥面沥青铺装层压实质量的施工方式,包括现场的压实方案以及施工质量检测与控制。

本项目成果应用于千岛湖特大桥工程。

21. 淳安千岛湖大桥深水钢管混凝土钻孔桩及多跨V型墩连续刚构桥施工技术与监控技术研究

主要完成单位:杭州市交通工程质量安全监督总站。

主要技术内容:本项目通过对淳安千岛湖大桥深水钢管混凝土桩施工技术研究、深水钢管混凝土桩单桩抗弯刚度及群桩抗推刚度研究、连续刚构上下部结构刚度协调性和悬臂施工监控研究,建立起钢管内混凝土外翻结合管外填石子并注浆的桩基嵌固处理工艺和桩基超声波检测、抗推刚度试验等质量检测方法;创造深水V型墩施工时采用劲型骨架提高其竖向和纵向刚度的施工方法,开发了以应变自动化、挠度采集系统为基础的远程施工监控系统,实现实时数据采集。

本项目成果应用于千岛湖大桥、淳开公路小金山大桥、青田县塔山大桥、杭州钱江大桥主桥大修工程。

22. 大跨度连续弯梁桥施工控制关键技术研究

主要完成单位:金华市交通规划设计院有限公司。

主要技术内容:本项目对大跨度连续弯梁桥的分析理论、计算方法进行了探讨,论述了支承方式、平面变形、预偏心设置、混凝土收缩与徐变、预应力对弯梁的影响,介绍了结构有限元分析的基本原理及其建模过程与方法;建立斗门江大桥4种曲率半径的空间有限元模型,分析了曲率半径、温度、混凝土收缩徐变对连续弯梁桥内力、变形及自振特性的影响;介绍连续弯梁桥施工监控的内容和方法,讨论了考虑扭转影响后的桥梁立模标高的确定方法,并就混凝土容重、预应力参数、混凝土弹性模量对弯梁桥变形的影响进行参数敏感性分析,得出实测应力、挠度与理论计算应力、挠度的对比分析结果。

本项目成果应用于329国道柯桥—袍江段斗门江大桥(50+80+50m连续弯梁桥)。

23. 钢筋混凝土连续曲线箱梁桥裂缝、剪力滞效应、变形机理研究

主要完成单位:浙江省衢州市交通设计有限公司等。

主要技术内容:本项目就钢筋混凝土连续曲线箱梁桥建设中存在的裂缝问题,提出了一整套可减少钢筋混凝土连续曲线箱梁产生施工裂缝的施工技术和方法;运用有限元法分析剪力滞效应的影响,提出连续曲线箱梁桥有效分布宽度的简便计算方法,以供设计参考;根据试验和计算结果提出了符合大悬臂钢筋连续曲线箱梁桥的温度梯度,结合计算结果从设计和构造提出了限制曲线箱梁桥在温度荷载作用下产生不利径向变形的措施。

本项目成果应用于320国道衢州段改造工程。

24.预应力混凝土空心板先简支后连续结构的试验研究

主要完成单位:温州市高速公路工程建设总指挥部等。

主要技术内容:本项目深入研究预应力混凝土先简支后连续结构体系的设计理论、试验技术和施工工艺技术。包括:运用空间梁/杆系有限元、经典的板壳单元法以及虚拟层合单元法对先简支后连续结构体系进行了施工仿真分析;对先简支后连续结构整个施工过程进行监控,并进行单片梁预制、五跨单联、成桥的系统测试;系统研究先简支后连续结构体系后连续端部浇筑和后连续预应力张拉的顺序、体系转换、后连续端部浇筑方式、后连续端部的预应力筋及普通钢筋的优化等问题,并提出相应的可行性建议。

本项目成果应用于甬台温高速公路瑞安段飞云江大桥、甬台温高速公路平苍段工程。

该成果于2004年7月完成,达到国内领先水平。

25.预应力混凝土多箱式(装配式小箱梁)桥梁受力性能的分析及试验研究

主要完成单位:浙江省公路管理局。

主要技术内容:本项目对浙江省内多箱式桥梁的结构受力特性进行分析与试验研究,采用弹性支承连续梁法分析计算多梁式小箱梁桥的横向分布系数,为先简支后连续结构的小箱梁桥受力分析提供了理论计算方法;应用预应力混凝土结构空间预应力束单元的概念,推导建立了预应力小箱梁桥空间效应分析的理论方法;研究了施工顺序、混凝土收缩徐变对成桥受力特性的影响,提出了分析体系转换前施加荷载在体系转换后的徐变效应的等代荷载计算方法。本项目给出的设计理论计算方法,提高了对浙江省内多箱式桥梁的设计施工受力和关键技术的认识,可以有效避免该类型桥梁开裂,提高设计施工的质量,降低工程造价。

依据本项目成果,项目组编写应用手册,以指导全省实际工程。

26.既有桥梁的钢筋混凝土空心/实心矩形板梁加固与修复技术研究

主要完成单位:湖州市公路管理处、浙江大学。

主要技术内容:本项目通过底板粘钢和碳纤维(CFRP)加固对比试验和理论分析,提出加固效果好、经济合理的钢筋混凝土空心/实心矩形板加固和修复方案,优选出施工方便、经济合理的碳纤维(CFRP)加固钢筋混凝土空心/实心板梁技术。

本项目成果应用于湖州市部分桥梁的钢筋混凝土板梁加固与修复。

该成果于2005年7月完成,达到国内领先水平。

27.钢缆索斜拉法加固拱桥的分析及试验研究

主要完成单位:嘉兴市公路管理处等。

主要技术内容:本项目研究采用钢缆索斜拉方法加固拱桥,通过改变原有钢架拱桥结构受力体系,最大程度上恢复拱顶标高,同时提高原有桥梁的承载能力,从而为软土地基上部分有病害拱桥提供一种简单易行的加固方法。

本项目成果应用于湖盐线桥梁的加固。

该成果于2005年9月完成,达到国内领先水平。

28.CT层析成像技术在混凝土灌注桩质量检测中的应用研究

主要完成单位:浙江省交通厅工程质量监督站等。

主要技术内容:本项目针对高速公路桥涵及大型码头的基础型式中钻孔灌注桩桩身检

测的缺陷，提出采用层析成像（CT）技术进行桩基质量检测的思路，及两阶段的射线追踪算法；对 SIRT 算法进行改进，使 SIRT 算法在单元内无射线通过时仍能求解，拓展了 SIRT 方法的应用条件；在广义逆反演方法和层成像缺陷的定量识别算法等方面取得了创新性成果。

本项目成果已在浙江省高速公路建设中推广应用。

该成果于 2003 年 12 月完成，达到国内领先水平。

29. 跨海长桥全天候运行测量控制关键技术

主要完成单位：杭州湾大桥工程指挥部。

主要技术内容：本项目建立了杭州湾大桥连续运行 GPS 工程参考站系统，可对海中施工区提供 24 小时远距离的实时 RTK 定位服务，解决了 GPS 连续跟踪站在宽海域长期稳定可靠高精度的运行问题，创造了 GPS、水准测量和三角高程测量整体优化的海上长桥施工高精度控制及高程传递的新方法；GPS 拟合高程的精度达到三等水准测量要求，满足了海上首批承台施工高程控制的需要；建立适应海域长距离大范围的独立工程坐标系，提高了施工放样精度。

本项目成果应用于杭州湾跨海大桥工程、舟山金塘大桥工程。

30. 杭州下沙大桥健康与安全监测系统研究

主要完成单位：杭州市交通路桥建设处。

主要技术内容：本项目研究了桥梁长期运营状态下力学性能和物理性能的改变，通过对桥梁结构内力、应力、变位等响应的监测与评价分析，了解结构使用工作状况，评估不同应力水准下结构的安全可靠度；通过对桥梁结构振动响应的监测分析，掌握结构动力性能，论证其抗风、抗震稳定性，确定桥梁使用过程中的振动环境控制条件，研究结构固有动力特性参数的演变，分析结构疲劳损伤，预报结构可能存在的隐患或质量衰退；通过设定结构安全预警值，对大桥结构的健康状况、结构安全可靠性进行评估，提供等级预警信息。

本项目成果应用于杭州下沙大桥的健康与安全监控预警。

31. 浙江省舟山大陆连岛工程（金塘大桥）可靠性管理技术与应用研究

主要完成单位：浙江舟山大陆连岛工程高速公路有限公司。

主要技术内容：本项目从可靠度和敏感性分析的基本理论出发，以耐久性分析及项目经济分析为基础，研究金塘大桥施工期和运营期的可靠性管理技术。通过对金塘大桥代表性部位的可靠度分析，提出金塘大桥施工期内可能面临的风险因素及可进行管理的质量控制参数，并由参数分析得到控制参数的需控制范围；出台了金塘大桥施工期的可靠性管理强化制度；提出了金塘大桥运营期内的耐久性风险因素及其预防和控制措施；建立了跨海桥梁全寿命期可靠度接受准则。

本项目成果应用于舟山金塘大桥工程。

32. 公路混凝土桥梁结构耐久性评估研究

主要完成单位：浙江省公路管理局、浙江大学。

主要技术内容：本项日针对现役混凝土公路桥梁耐久性问题进行研究：一是混凝土结构的耐久性区划标准；二是考虑氯离子和碳化联合作用下的钢筋初锈的判断准则，针对钢筋混凝土的锈胀裂缝和锈后承载力提出预测方法；三是提出了 RC 桥梁结构耐久性评估的三层次多指标评估（MITL）方法和多级模糊综合评判法；四是给出构件分析与结构系统分析相结合的桥梁结构耐久性评定方法,并在此基础上编制了桥梁结构耐久性预测和评估的分析软件(1.0版)。本项目研究为浙江省钢筋混凝土桥梁的耐久性评价、管理和修复提供了理论依据、计算手段、数据基础和试验方法。

本项目提交的耐久性预测评估软件已经在若干典型工程中推广应用,试验方法已经应用于若干桥梁结构中。

该成果于2005年8月完成,达到国内领先水平。

33.《浙江省公路隧道施工暂行规定》首编

由台州公路管理处主编,省公路管理局、台州地区交通局、舟山市公路管理处、三门县交通局等单位参加编写《浙江省公路隧道施工暂行规定》一书,1991年2月由省交通厅鉴定通过,被认为主题正确,国内首编,具有一定的先进性和较强的实用性、对浙江省公路隧道建设具有指导意义。同年5月,该规定印发全省公路交通部门,为各县(市)公路部门修建隧道提供了技术资料和施工依据。

34. 连拱公路隧道综合修建技术研究

主要完成单位:浙江省金丽温高速公路建设指挥部等。

主要技术内容:本项目针对连拱公路隧道施工期间的合理开挖支护方法、监控量测基准、支护参数、衬砌结构的安全性等关键技术问题,经过现场实测和研究分析,提出了连拱隧道优化施工步骤、支护结构参数、现场监控量测管理体系和监控基准、衬砌结构长期安全性评价及对策等。

本项目成果为金丽温高速公路二期工程20座连拱隧道的按期建成提供了重要技术支持和保证。

该成果于2003年9月完成,达到国际先进水平。

35. 长大隧道沥青混凝土路面的防灾安全性能研究

主要完成单位:浙江省交通投资集团有限公司、浙江大学。

主要技术内容:本项目通过热重天平分析技术进行沥青材料热重试验,获取了沥青着火点和燃烧速率等参数;进行一系列沥青混合料、沥青路面直接燃烧试验,对沥青路面燃烧特性做出评价;建立了非绝热的隧道沥青路面火灾过程模拟三维数学模型,并对特长隧道在不同火灾规模和通风条件下温度场分布和烟气进行数值模拟研究,分析沥青路面的可能引燃范围和对火灾温度、烟气和人员安全威胁的影响程度。结果表明,在一般火灾规模情况下,沥青路面不会被大面积引燃,通过及时和合理通风可有效减低火灾影响。研究还提出了沥青路面防火灾结构层组合建议和具体实施技术。

本项目成果在台缙高速公路苍岭隧道中应用。

36. 公路隧道围岩稳定与支护工程应用研究

主要完成单位:浙江省公路管理局。

主要技术内容:本项目围绕隧道工程开挖支护过程中的核心问题进行全面分析,提出了用"基本维持围岩原始状态"代替"充分发挥围岩自承能力"的理念,便于实际应用;提出了隧道开挖能量最小原理作为判断各种隧道施工方法优劣的依据,有利于实际应用中选择隧道合理施工方案;提出了隧道受力独立性问题,有利于连拱隧道、小净距隧道的设计与施工;提出了隧道预支护原理,能统一描述现行各种隧道理论(如新奥法、浅埋暗挖法、矿山法等);

对上述几个问题进行了理论分析与模型试验验证。

本项目成果在两条铁路和多条高速公路的20余座隧道施工中应用。

37. 金丽温高速公路永嘉鹿城段连拱隧道防水及施工模拟数值研究

主要完成单位:金丽温高速公路永嘉鹿城段工程建设指挥部。

主要技术内容:本项目对隧道渗漏病害、开挖变形及支护衬砌的应力变化、公路隧道动态施工过程中围岩变形破坏等问题进行了研究,运用地下水动力学的基本原理,采用数值计算方法,研究渗流场对隧道稳定性的影响,提出防水措施并指导施工;运用数学上的最优化方法、力学中的有限元方法对公路隧道进行平面及三维的动态施工数值模拟建模、计算及分析;采用小波神经网络方法、结构面网络模拟方法及块体理论方法对连拱隧道超挖进行研究,确定超挖块体的最大可动域,评价超挖块体体积的最大值、最小值以及平均值,对超挖提出预防措施及指导建议,并提出了分类开挖的基本方法。

本项目在金丽温高速公路连拱隧道应用。

38. 隧道施工监控与优化研究

主要完成单位:杭金衢高速公路衢州段指挥部等。

主要技术内容:本项目针对隧道施工过程中最为常见的渗漏水与衬砌开裂问题,开发出相应监测系统对隧道位移进行实时监测。系统主要包括被测量系统、测量系统和记录分析系统3部分,主要性能参数有精度、稳定性、测量范围(量程)、分辨率、采样频率、传输性能、响应灵敏度等。另外,本项目利用可排水止水带具备堵水、排水两项功能,设计了安装可排水止水带并使之与混凝土粘结更加紧密的施工方法。

本项目成果应用于杭金衢高速公路、50省道、龙丽高速公路工程。

该成果于2003年8月完成,达到国际先进水平。

39. 软岩地区三车道隧道动态可视化监控技术的研究

主要完成单位:杭州市交通设施建设处。

主要技术内容:本项目着力于解决复杂地区的浅埋偏压大跨度隧道施工难题,分析了隧道进出洞、渗水等隧道建设中常见的问题及解决的关键技术;总结了隧道施工支护病害的特点、产生原因及处理对策;利用模糊聚类与识别、统计相结合的方法建立隧道初次衬砌最大变形速率预测模型并编写相关预测程序,对隧道开挖后围岩的稳定情况进行预警;采用有限元软件MARC进行隧道施工过程力学分析,检测施工过程的围岩、初衬、锚杆等支护系统的承载情况;开发了隧道动态三位监控软件系统(3DTOS),具有预测功能的三维可视化与基于隧道群的监测数据的集成综合化动态反馈功能,可对隧道受力和变形进行动态反馈预测,进而指导施工,合理安排工序,实现信息化施工。

本项目成果应用于杭千高速公路的隧道施工。

40. 六车道公路连拱隧道信息化施工技术研究

主要完成单位:杭州杭千高速公路发展有限公司。

主要技术内容:本项目通过数值模拟、室内模型试验、现场监控量测等3种手段,对六车道连拱隧道开挖面的时空效应、施工信息反馈分析技术、合理施工方法、整体式中墙与复合式中墙受力特点、二次衬砌最佳施作时机进行研究,调整与优化了不同围岩条件下的施工方法与工序、支护型式与支护参数,提出六车道公路连拱隧道二次衬砌施做的最佳时机及围岩压力长期荷载分布规律，实现动态设计和信息化施工，提高了大跨连拱公路隧道的整体修筑技术水平，保证了隧道施工安全、进度和工程质量。

本项目成果应用于杭千高速公路南烽隧道、善岭隧道的设计与施工。

41. 探地雷达检测公路隧道衬砌质量应用研究

主要完成单位：浙江省交通厅工程质量监督站、浙江省工程物探研究院。

主要技术内容：本项目利用地质雷达高频电磁脉冲波的反射，探测隧道衬砌开裂、渗漏，衬砌混凝土厚度不足、强度不够，衬砌后背脱空、回填不密实，钢筋网、隔栅拱错断变形等问题，并有针对性地进行理论研究和资料收集，总结和归纳出解决各种隧道衬砌质量问题的方法，确定各参数的选择和测线的布置原则，通过选取科学的测试参数并经计算机处理和分析，达到全面、快速、有效地对隧道工程质量进行检测的目的。

本项目研究成果在全省公路隧道衬砌质量检测中广泛应用。

42. 公路隧道围岩稳定与支护工程应用研究

主要完成单位：浙江省公路管理局。

主要研究人员：朱汉华、孙红月、傅鹤林、杨建辉、王戍平。

主要技术创新点：提出用维持围岩的原始状态理念代替充分发挥围岩自承能力的理念，作为隧道合理开挖方案的判别方法。总结创建了连续介质、碎裂介质、块裂介质和板裂介质4种相应围岩的荷载解析解，分析了单拱和连拱隧道荷载计算的理论解，对认识隧道施工过程受力物理概念有指导作用。采用数值模拟方法，揭示了破碎围岩隧道应先预支护后开挖的力学作用是保障围岩自承能力的重要理念。系统研究了隧道围岩稳定与山体稳定的关系。

该项目为"十一五"计划2006年浙江交通科技成果，达到国际领先水平。

43. 钢桥梁电弧喷涂层纳米改性封闭剂研制及工艺性能研究

主要完成单位：浙江省舟山连岛工程建设指挥部。

主要研究人员：陈卫国、张胜利、易春龙、王辉平、于旭东。

主要技术创新点：通过系统的试验研究，将纳米技术与封闭涂料相结合，成功地研制了新型电弧喷涂层纳米改性环氧封闭涂料。经国家认可机构检测，纳米改性环氧封闭涂料与国内外其他环氧封闭漆相比具有以下优异的性能：粘度低且封孔能力强，可渗透至金属喷涂层内部深处，对金属涂层具有物理和化学的双重封闭作用；涂膜附着力提高了1倍以上；涂膜耐盐水浸泡、耐盐雾、耐酸、耐碱性能均大幅度提高。同时，该涂料与环氧中间漆和聚氨酯面漆的配套性好，结合力显著增强，具有较好的耐候性。项目设计的"电弧喷铝+纳米改性环氧封闭剂+丙烯酸聚氨酯面漆"涂层体系，综合考虑了涂层结合力、耐蚀寿命、装饰性和经济性。经实验数据测算，可满足跨海大桥上部钢结构长达50年以上的防腐蚀寿命要求，具有推广应用前景。

该项目为"十一五"计划2006年浙江交通科技成果，达到国际先进水平。

44. 杭州湾跨海大桥混凝土结构耐久性研究

主要完成单位：杭州湾跨海大桥指挥部。

主要研究人员：吕忠达、干伟忠、陈肇元、林国雄、方明山。

主要技术创新点：针对海洋环境的重大跨海大桥工程，充分吸收集成国内外已有的研究成果，通过相关试验验证，全面地、系统地提出了杭州湾跨海大桥的耐久性设计、施工、维护、监测的措施。提出海工耐久混凝土配合比设计原则、技术路线和对应配套技术指标。引进消化了欧洲混凝土氯离子扩散系数快速测试方法。集成开发了新一代针对海洋环境外渗型脱钝引导介质的耐久性监测预警系统。

该项目为"十一五"计划 2006 年浙江交通科技成果，达到国际先进水平。

45. 金丽温高速公路永嘉鹿城段连拱隧道防水及施工模拟数值研究（超挖监控及稳定性研究）

主要完成单位：金丽温高速公路永嘉鹿城段工程建设指挥部。

主要研究人员：徐锦栋、吴继敏、陈显春、陈永辉、彭建忠。

主要技术创新点：采用小波神经网络方法、结构面网络模拟技术、块体理论，成功地预测了隧道的超挖块体的行为特征。研究了开挖进尺对隧道位移场及应力场的影响，针对不同的岩体结构特征和岩体的破坏准则，确定了合理的隧道开挖进尺。在深入研究连拱隧道渗流场的基础上，揭示出渗水的导水结构面，提出了相应的防排水措施。

该项目为"十一五"计划 2006 年浙江交通科技成果，达到国际先进水平。

46. 复杂地形地貌区大跨度桥梁抗风性能研究

主要完成单位：金华市交通规划设计有限公司。

主要研究人员：郝超、李永乐、童德友、吕宁生、杨文平。

主要技术创新点：建立了复杂地形地貌区风特性的 CFD 分析方法，为复杂地形地貌区大跨度桥梁抗风性能的评估提供了新的方法。建立了基于 CFD 的断面涡振性能评价方法，为评价桥梁构件的涡振性能提供了更为有效的手段。较系统地总结了大跨度连续刚构桥主梁和桥墩断面三分力系数及涡振性能随断面尺寸的变化关系，对同类型桥梁结构具有参考价值。研究了阵风系数法和静动组合法在大跨度桥梁风致响应分析中的差异，提出了各自的适用性。

该项目为"十一五"计划 2006 年浙江交通科技成果，达到国际先进水平。

47. 杭州湾跨海大桥海工混凝土超声回弹综合法专用测强曲线研究

主要完成单位：宁波市交通建设工程试验检测中心。

主要研究人员：徐德明、周启国、林文体、张亦飞、程传国。

主要技术创新点：该研究成果填补了海工混凝土专用测强曲线的空白，统计计算方法更加符合工程实际。首次提出了基于信息扩散理论的构配件混凝土强度推定值计算新方法，使推定值计算理论更加严密，保证率更加明确。首创开发的计算软件提高了工作效率，为混凝土构件无损强度检测提供了有力的技术依据与支撑。

该项目为"十一五"计划 2006 年浙江交通科技成果，达到国际先进水平。

48. 西堠门大桥抗风性能及风荷载研究

主要完成单位：浙江省舟山连岛工程建设指挥部。

主要研究人员：许洪亮、葛耀金、张胜利、王辉平、宋晖。

主要技术创新点：采用 CFD 计算和二维颤振分析相结合的方法对中间开槽加筋梁断面进行颤振优化选型，并采用 CFD 方法对桥塔断面进行气动选型。采用计入三分力影响的非线性有限元分析方法，通过对中央开槽断面加筋梁竖向、侧向和扭转位移随风速变化计算，确定静风失稳临界风速，并通过风洞试验验证。采用静风荷载响应分析和抖振响应分析相结合方法对大跨度中央开槽断面加筋梁悬索桥等效风荷载效应进行分析，从而得出在成桥状态加筋梁和桥塔主要控制截面的位移内力。

该项目为“十一五”计划2006年浙江交通科技成果，达到国际先进水平。

49. 预应力混凝土多箱式（装配式小箱梁）桥梁受力性能的分析及试验研究

主要完成单位：浙江省公路管理局。

主要研究人员：项贻强、朱汉华、汪劲丰、吴明、杨万里。

主要技术创新点：采用弹性支承连续梁法分析计算多梁式小箱梁桥的横向分布系数，为先简支后连续结构的小箱梁桥受力分析提供了理论计算方法。应用预应力混凝土结构空间预应力束单元的概念，推导建立了预应力小箱梁桥空间效应分析的理论方法。

该项目为“十一五”计划2006年浙江交通科技成果，达到国际先进水平。

50. 直升机索引悬索桥先导索过海新技术研究

主要完成单位：浙江省舟山连岛工程建设指挥部。

主要研究人员：沈旺、徐风云、张胜利、沈良成、张伟堂。

主要技术创新点：提出了悬索桥牵引先导索作业采用放索系统与直升机分离的创新模式，为选用经济合理的直升机机型提供了依据。研制了功能完善的，可以高速放索、收索、制动、降温、轻便灵活的放索系统。通过大量飞行试验，总结出在不利风况条件（逆风10~12m/s，顺风6~8m/s）下达直升机飞行与放索系统的协调控制技术。

该项目为“十一五”计划2006年浙江交通科技成果，达到国际先进水平。

51. 大吨位70米预应力混凝土箱梁整体预制和强潮海域海上运输架设技术

主要完成单位：杭州湾大桥工程指挥部。

主要研究人员：吕忠达、赵剑发、谭国顺、黄燕庆、徐怀安。

主要技术创新点：70米箱梁整体预制技术，包括高性能海工耐久性混凝土配合比设计、整体连续灌注、钢筋整体绑扎整体吊装、外模整体移动、内模整体吊装及分段拆除、低强度早期张拉防裂等技术，可提高工效，加快制梁速度，确保箱梁质量。预制场内大吨位箱梁纵横移位技术，包括滑移式横移台车和轮轨式纵移台车，可安全有效地进行梁体移运，具有平衡精度高、安全性能好的特点。研制的吊重3000吨的“天一”号起吊运架船，开发了集运输和架设为一体的海上运架技术，安全可靠、技术先进，保证了箱梁架设质量，提高了工效。

该项目为“十一五”计划2007年浙江交通科技成果，达到国际领先水平。

52. 大吨位50米预应力混凝土箱梁整体预制和梁上运输架设技术

主要完成单位：杭州湾大桥工程指挥部。

主要研究人员：吕忠达、林原、李友明、刘乃生、方明山。

主要技术创新点：针对工程所处的滩涂区多跨长桥施工特点，提出的大吨位箱梁整体预制、梁上运输架设总体设计，降低了施工风险，加快了施工进度，保证了工程质量，提高了生产效率。研制了技术先进、功能匹配的1600t轮胎式搬运机、桁架结构提梁龙门吊、轮胎式运梁车、宽巷架桥机等施工设备，形成了箱梁预制、场内运输、提升上桥、梁上运输、架设一体化的施工工艺系统。自主研制了后浇段整体式移动模架系统和1000t钢砂顶临时支座，有效地实现了体系转换。研制了性能优良、经济合理的箱梁C50海工耐久混凝土，采用了保温保湿养护措施和预应力早期预张拉技术。

该项目为“十一五”计划2007年浙江交通科技成果，达到国际领先水平。

53. 海洋环境下长寿命混凝土结构耐久性研究

主要完成单位：杭州湾大桥工程指挥部。

主要研究人员：方明山、干伟忠、陈肇元、王仁贵、王东晖。

主要技术创新点：从整体结构的角度，全面系统地对海洋环境下混凝土结构耐久性所涉的疑难问题进行了攻关，制定了耐久性设计、施工、维护、监测预警、检验评定等技术文件，并成功地运用于杭州湾跨海大桥混凝土工程。在欧洲混凝土氯离子扩散系数快速测试方法基础上，自主研制出自动控制扩散系数测定仪。采用监测混凝土耐久性预埋式技术，创造性地提出了可靠的钢筋脱钝电化学参数和输出光功率变化综合判据，研究开发了对混凝土结构预期寿命动态预报的实时监测技术。首次明确了100年工程预期使用寿命（年限）的统计学定义。

该项目为“十一五”计划2007年浙江交通科技成果，达到国际领先水平。

54. 跨海长桥全天候运行测量控制关键技术

主要完成单位：杭州湾大桥工程指挥部。

主要研究人员：朱瑶宏、肖根旺、林文体、许提多、周文健。

主要技术创新点：解决了GPS连续跟踪站在宽海域长期稳定可靠高精度的运行问题，创造了GPS、水准测量和三角高程测量整体优化的海上长桥施工高精度控制及高程传递的新方法。建立了连续运行的GPS工程参考站系统，实现了实时平面定位精度3～5cm、实时高程定位精度5～10cm，满足了海上钢管桩和钢护筒施工实时定位的精度要求。根据对桥位测区高程异常值数据的理论分析，提出了一种过渡曲面高程拟合法，使36km跨海GPS拟合水准的测量精度优于3cm，达到了国家三等水准测量精度标准，满足了海上首批承台施工高程控制的需要。建立了适应海域长距离大范围的独立工程坐标系，考虑了地球曲率等对坐标系的影响，提高了施工放样精度。

该项目为“十一五”计划2007年浙江交通科技成果，达到国际领先水平。

55. 杭州湾跨海大桥大直径超长钢管桩设计、制造、防腐和沉桩成套技术

主要完成单位：杭州湾大桥工程指挥部。

主要研究人员：林文体、黄燕庆、陈涛、郑海洪、成崇华。

主要技术创新点：大直径超长变壁厚螺旋焊缝钢管桩新型设计和制造技术，包括大直径超长变壁厚螺旋焊缝钢管桩新型设计、变壁厚螺旋焊管连续卷制和螺旋焊管在线预精焊新技术、研发制造了国内最大型的新型螺旋焊管成套设备等，提高了工效，加快了制桩速度，确保了钢管桩质量。桥梁用钢管桩高性能熔结环氧涂层与牺牲阳极联合保护新设计，使腐蚀防护系统的可靠性大大提高，可以解决在海洋中垂直方向腐蚀环境分布不均匀引起的局部严重腐蚀防护难题。适应海洋多种腐蚀环境的钢管桩三层熔结环氧涂层防腐新结构和新型涂装设备：应用高性能熔结环氧涂料和创新的三层熔结环氧涂层新结构，提高了涂层防腐的可靠性，研发制造了全自动涂装生产线，粉末喷涂采用三层独立连续式喷涂系统，大大提高了涂装工效和质量。承台钢管桩牺牲阳极的阴极保护结构新设计和新施工方法，采用水上焊接、水下卡环安装阳极，提高了施工工效并有效保证了施工质量。强潮海湾大直径超长钢

管桩整桩沉桩施工技术：通过合理的设备选型和制造，采用先进的测控技术，采取科学合理的施工技术对策，制定适宜的沉桩技术标准，成功解决了强潮海湾大直径超长钢管桩整桩沉桩技术难题。

该项目为“十一五”计划2007年浙江交通科技成果，达到国际领先水平。

56. 长大隧道沥青混凝土路面的防灾安全性能研究

主要完成单位：浙江省交通投资集团有限公司。

主要研究人员：黄志义、文斌、王国伟、李群、吴珂。

主要技术创新点：首次系统研究公路长隧道沥青路面火灾过程安全性，揭示了长隧道沥青路面火灾过程机理。结合流体动力学和热重分析技术评价了沥青路面燃烧对隧道火灾规模的影响。提出了隧道沥青路面燃烧过程的数值模拟技术。

该项目为“十一五”计划2007年浙江交通科技成果，达到国际先进水平。

57. 大跨度连续弯梁桥施工控制关键技术研究

主要完成单位：绍兴宏盛交通设计有限公司。

主要研究人员：郝超、王炎、郝景雨、刘慧利、祝文澜。

主要技术创新点：较系统地研究了曲率半径对悬臂浇筑的连续弯梁桥施工阶段及成桥阶段内力、变形、结构自振特性的影响，指出了其影响规律，对同类型桥梁的设计具有参考价值。针对温度作用对悬臂浇筑施工的连续弯梁桥施工阶段及成桥阶段内力、变形的影响进行了详细论述，对同类型桥梁的结构分析中合理考虑温度，作用的影响具有指导价值。研究了混凝土收缩徐变对悬臂浇筑施工的连续弯梁桥施工阶段及成桥阶段内力及变形的影响，指出了其影响规律及影响程度，为结构设计、施工控制提供了参考依据。项目给出了考虑箱梁扭转影响的连续弯梁桥立模标高计算公式，并就混凝土容重、预应力参数、混凝土弹性模量对主梁立模标高的影响进行了参数敏感性分析，对施工阶段内力、变形进行了实测与理论对比分析，所得结论对同类型桥梁的施工监控具有借鉴意义。

该项目为“十一五”计划2007年浙江交通科技成果，达到国际先进水平。

58. 六车道公路连拱隧道信息化施工技术研究

主要完成单位：杭州杭千高速公路发展有限公司。

主要研究人员：王景峰、吴为东、吴梦军、赵益民、黄伦海。

主要技术创新点：首次针对六车道复合式中墙连拱隧道的受力特征与施工动态力学行为，通过数值模拟和室内模型试验，研究了六车道连拱隧道围岩与结构的受力和变形特征及开挖面的时空效应，确定了结构形式和施工工艺，提出了在Ⅱ类、Ⅲ类围岩条件下的合理施工方法，并成功得到实施。采用先进的试验方法，利用公路连拱隧道内加载实验系统，模拟研究了六车道连拱隧道施工过程及其受力状态，并于数值模拟、现场量测相互补充与验证。通过对依托工程量测数据的统计分析，全面掌握了隧道施工中围岩位移、应力、应变等发展规律，得到了Ⅱ类、Ⅲ类围岩中六车道连拱隧道围岩变形的基本稳定时间，提出了二次衬砌的合理施作时间。

该项目为“十一五”计划2007年浙江交通科技成果，达到国际先进水平。

59. 软岩地区三车道隧道动态可视化监控技术的研究

主要完成单位：浙江省公路管理局。

主要研究人员:蔡金荣、楼渭林、吕常新、金秀丽、邵俊江。

主要技术创新点:基于模糊聚类与识别、统计相结合的方法,提出了多因素的围岩稳定性预警变形速率的计算方法。建立了多变量的动态变形预测模型。开发了具有预测功能与隧道群管理功能的公路隧道三维可视化监测软件3DTOS。

该项目为"十一五"计划2007年浙江交通科技成果,达到国际先进水平。

60.浙江省舟山大陆连岛工程(金塘大桥)可靠性管理技术与应用研究

主要完成单位:浙江舟山大陆连岛工程高速公路有限公司。

主要研究人员:丁惠康、金伟良、于群力、何勇、王伟力。

主要技术创新点:提出了跨海桥梁(金塘大桥)的可靠度接受准则和金塘大桥正常使用极限状态的目标可靠度指标。提出了金塘大桥施工期基于可靠度分析的基本理论的质量控制分析方法,并对施工期桥梁的主要可控参数进行了分析,确定了相应的控制范围。提出了金塘大桥运营期以混凝土耐久性分析及可靠度的经济分析为基础的检测与维修决策方法。

该项目为"十一五"计划2007年浙江交通科技成果,达到国际先进水平。

61.西堠门大桥建设成套技术研究

主要完成单位:浙江省舟山连岛工程建设指挥部。

主要研究人员:沈旺、张胜利、王武刚、潘永坚、胡卸文。

主要技术创新点:首次采用1:2比例尺两个节段的分体式钢箱梁模型进行试验研究,其成果与理论计算结果相符。通过模型静载试验首次得到分体式钢箱梁的应力水平、应力分布及传力途径,并得到横向连接箱梁与横向连接工字梁的横向弯矩分配比,验证了该构造方案是可行的。研究了分体式钢箱梁制造工艺、组装方案及焊接变形控制措施,为实际生产奠定了基础。研制的大跨径悬索桥1770MPa级主缆钢丝的直线性、抗松弛等性能指标超过了国内外同类产品,并实现了国内的规模化生产。运用水平成圈、放索技术,首次解决了大跨径悬索桥索股架设过程中出现的"呼啦圈"现象,提高了主缆索股的架设质量和速度。

该项目为"十一五"计划2007年浙江交通科技成果,达到国际先进水平。

62.金塘大桥波流力分析研究

主要完成单位:浙江省舟山连岛工程建设指挥部。

主要研究人员:黄华定、王加升、柳淑学、滕斌、季广丰。

主要技术创新点:对承台和桩基两部分分别予以计算,得到了桥墩所受波流力,为金塘大桥工程的设计提供了重要依据。首次采用三维线性势流绕射理论,同时考虑桥位区的波浪、水深和水流条件,对大尺度桥墩承台结构上的波流力进行计算。桥墩桩基基础为小尺度结构,波流力按 Morison 公式计算,计算中同时考虑了不同位置的桩所受波浪力间的相位差以及前桩对后桩的掩护作用,计算方法合理,结果可信。

该项目为"十一五"计划2007年浙江交通科技成果,达到国际先进水平。

63.碳纤维筋在公路钢筋混凝土桥梁中的应用研究

主要完成单位:湖州市公路管理处。

主要研究人员:陆新民、周军、徐晓亮沈云琴、朱建富。

主要技术创新点:在原有碳纤维材料加固桥梁研究的基础上,对T形桥梁采用碳纤维筋加固,监测分析了间接施加预应力对消除碳纤维筋应变滞后效应的影响,提出了既有桥梁的极限承载力计算方法。通过理论分析、静载试验、现场监测等，为依托工程制定了纤维筋加固方法。试验结果表明其加固后的承载力达到公路－Ⅰ级标准，从而提高了公路桥梁的承载能力。首次在国内成功地应用碳纤维筋对既有桥梁进行了结构加固，提出了碳纤维筋对公路桥梁结构加固的设计、施工技术要点。该新方法为同类工程的推广和应用起到了重要作用。

该项目为“十一五”计划2007年浙江交通科技成果，达到国际先进水平。

64.大跨径混凝土梁式桥竖向预应力控制技术

主要完成单位：浙江省舟山连岛工程建设指挥部。

主要研究人员：沈旺、王昌将、唐亮、崔冰、陈卫国。

主要技术创新点：通过多项对比试验，竖向预应力材料采用国产高强钢筋并采取二次张拉工艺能有效控制永存预应力值。索锚计测量精度高，便于更换，适合在高强钢筋预应力的长期监测中使用，为竖向预应力长期监测设备选型提供了依据。通过200万次的疲劳载荷试验，对竖向预应力损失机理进行了深入研究，并提出了荷载反复作用对竖向预应力后期损失影响不大的结论。

该项目为“十一五”计划2007年浙江交通科技成果，达到国际先进水平。

65.60m预制箱梁蒸汽养护自动化控制技术研究

主要完成单位：浙江省舟山连岛工程建设指挥部。

主要研究人员：张胜利、王加升、陈辉、羊雨林、程致高。

主要技术创新点：总结了适合本桥海工耐久性混凝土的温度蒸养变化曲线，采用“大范围多点测量、分段控制”的方法，解决了箱梁内温度梯度差及梁体与外部环境温度差的控制问题。开发的适合大型预制混凝土箱梁的成套微机自动化控制系统，可方便设定工艺曲线，能单独或同时对处于不同蒸养阶段的箱梁进行多点温度自动检测、控制，并具有实时温度超差报警功能，形成了适合大规模生产大型预制混凝土箱梁的蒸养技术。

该项目为“十一五”计划2007年浙江交通科技成果，达到国际先进水平。

66.金塘大桥非通航孔桥防碰撞技术研究

主要完成单位：浙江舟山大陆连岛工程高速公路有限公司。

主要研究人员：于群力、吴广怀、周建平、陈徐均、孙灏。

主要技术创新点：根据桥区条件确定了合适的设防标准。通过数值分析、模型试验和现场阻力系数测试，得到防撞系统的拦阻力、浮筒必须具备的浮力、系统到桥位的设置距离和不同地质海底的锚阻力系数分布规律等，完成了总体方案和技术设计工作。创造性地提出了“柔性浮式防船舶碰撞系统”设计新概念，利用长距离走锚，大幅度延长失控船舶与防撞系统的作用时间和距离，消耗船舶动能，能有效防止船舶对桥梁的撞击，减轻失控船舶在撞击过程中的损伤。该技术已获得国家发明专利。

该项目为“十一五”计划2008年浙江交通科技成果，达到国际领先水平。

67.杭州湾跨海大桥混凝土结构耐久性长期性能研究

主要完成单位：杭州湾大桥工程指挥部。

主要研究人员：方明山、金伟良、王海龙、赵羽习、陈涛。

主要技术创新点：首次在氯离子输运机理中定量考虑了渗流和固化，提出了修正的

Nernst - Planck 方程,建立了氯盐侵蚀环境下离子的多机制输运模型,实现了对氯离子在空间三维分布规律的合理描述;提出了采用周期浸润时间确定干湿交替区域中氯离子侵蚀分布峰值以及相应位置的简化计算方法。将暴露试验站和现场试件的试验、第三方参照物取样试验和室内加速试验相结合,提出了多重环境时间的相似性氯盐侵蚀混凝土试验方法,第三方参照物的选择是建立相似关系的关键,也是区别于其他试验方法的特点。提出了基于 Markov 链的路径概率方法,并将此方法与多重环境时间的相似性方法相结合,实现了杭州湾跨海大桥混凝土结构耐久性的寿命预测。设计了室内人工环境模拟的实验方法,研制了计算机自动控制的大型步入式多功能人工气候模拟试验装置。研究了不同涂料对大桥混凝土耐久性提升的作用机理,进行了处理工艺、质量检测与评定指标探索,制定了具有一定工程适用性的混凝土防腐涂料抗氯离子保护性能的评定标准。

该项目为"十一五"计划 2008 年浙江交通科技成果,达到国际领先水平。

68. 西堠门大桥北边跨钢箱梁架设技术研究

主要完成单位:浙江省舟山连岛工程建设指挥部。

主要研究人员:张胜利、卢伟、王昌将、毛优达、杨成安。

主要技术创新点:针对西堠门大桥结构特点及北边跨复杂的地形、水文、气候条件,首次采用固定支架 + 移动支架 + 缆载吊机单机两次荡移并结合航道拓宽的施工技术,成功地解决了跨海悬索桥边跨区钢箱梁安装难题。通过钢箱梁荡移过程的全程仿真计算,获得其几何位置以及大缆、吊索等构件的相关参数,保证了北边跨架梁过程的结构和施工安全与质量。

该项目为"十一五"计划 2008 年浙江交通科技成果,达到国际先进水平。

69. 海洋环境混凝土桥面铺装结构及铺装技术研究

主要完成单位:浙江省舟山连岛工程建设指挥部。

主要研究人员:沈旺、陆耀忠、赵长军、伍朝晖、周颂。

主要技术创新点:通过室内试验研究,采用岩沥青与 SBS 复合改性沥青作为桥面铺装 SMA 用胶结料,混合料的综合性能有较大提高。系统研究了多种防水材料的性能,首次对混凝土桥桥面铺装防水体系的耐盐腐蚀和渗透性进行了试验评价。采用 2 万次的浸水车辙试验,提出了铺装体系组合结构的耐久性能评价指标。

该项目为"十一五"计划 2008 年浙江交通科技成果,达到国际先进水平。

70. 大跨度悬索桥吊索的抑振措施研究

主要完成单位:浙江省舟山连岛工程建设指挥部。

主要研究人员:王武刚、顾金钧、赵长军、宋晖、周颂。

主要技术创新点:用计算流体力学方法对西堠门大桥并列吊索发生尾流驰振的发振风速和风偏角的范围作了详细理论论证;根据桥址环境温度要求,开发了一种丁基类阻尼橡胶材料 WTD,以确保损耗因子 $\eta \geq 0.8$,并采用平面剪切型阻尼结构,依据室内静、动力试验和分析结果,完成了新型阻尼减振器的设计。采用工作温度范围为 -7℃ ~50℃、剪切模量≥7MPa,结构损耗因子 $\eta \geq 0.8$ 的高阻尼橡胶材料,研制了新型平面剪切型减振器。对同一种阻尼器抑制不同索长条件的布置位置进行了分析与优化。

该项目为"十一五"计划 2008 年浙江交通科技成果,达到国际先进水平。

71. 复杂海洋环境钢箱梁运输船动力定位研究

主要完成单位：浙江省舟山连岛工程建设指挥部。

主要研究人员：于旭东、龙勇、张胜利、卢伟、周建平。

主要技术创新点：根据西堠门大桥桥区复杂海洋环境，研究确定了钢箱梁运输船舶动力定位方案；在实船实地试验基础上提出了西堠门大桥钢箱梁运输动力定位的技术参数和实施组织流程，为该桥钢箱梁的成功吊装提供了技术保证。在复杂海洋环境中采用运输船舶动力定位技术进行钢箱梁的吊装并提出相应技术参数。通过工程实践，提出了动力定位的工艺流程和操作方法，为今后同类型桥梁施工提供了一种安全可行的施工方法和可借鉴的成功经验。

该项目为“十一五”计划2008年浙江交通科技成果，达到国际先进水平。

72. 大跨度隧道施工力学特性测试分析

主要完成单位：温州市绕城高速公路工程建设指挥部。

主要研究人员：徐锦栋、叶勇、李金宝、许人平、吴从师。

主要技术创新点：首次系统开展了隧道车行横洞开挖效应的研究，提示了车行与人行横洞的不同布置形式及开挖进尺对主洞围岩和初期支护的应力分布规律，科学地指导开挖施工。通过对后岗隧道岩爆现象的研究，指出后岗隧道发生轻微及中等强度的岩爆与地质构造条件和开挖工艺有关，从而拓展了隧道岩爆形成条件认识。研究成果已在温州绕城高速公路北线五座隧道推广应用。

该项目为“十一五”计划2008年江交通科技成果，达到国际先进水平。

73. 水泥混凝土桥面耐久性沥青铺装结构研究

主要完成单位：浙江省交通投资集团有限公司。

主要研究人员：陈继松、李雪平、刘黎萍、李国文、周建平。

主要技术创新点：提出了以抗剪强度为主要设计指标的混凝土桥面铺装结构组合设计方法，并通过了多座桥梁桥面铺装结构组合的试验验证。在混凝土桥面沥青铺装结构设计方法和设计标准方面具有创新性。

该项目为“十一五”计划2008年浙江交通科技成果，达到国际先进水平。

74. 公路隧道二衬裂缝机理分析与防治技术研究

主要完成单位：杭州市交通工程质量安全监督局。

主要研究人员：王建民、黄志义、周勇明、吴卫东、徐建达。

主要技术创新点：项目对杭州部分运营和在建隧道工程的二衬裂缝进行调查，分析了裂缝成因；进行了三座施工中的隧道围岩和衬砌的应力与位移监测、室内混凝土板式收缩性能试验；运用断裂力学有限元方法对二衬裂缝产生机理进行分析。研究成果对预防二衬混凝土裂缝具有指导意义。采用断裂力学有限元方法和接触单元进行公路隧道二衬在温缩、干缩和偏载耦合作用下损伤裂缝的数值模拟，揭示隧道二衬产生裂缝的机理。

该项目为“十一五”计划2008年浙江交通科技成果，达到国际先进水平。

75. 高速公路深长隧道监控量测关键技术研究

主要完成单位：浙江省交通厅工程质量监督局。

主要研究人员：张征、石振明、郑东锋、赵东、赵春风。

主要技术创新点:针对隧道建设过程中取得的数据等资料,建立科学有效的数据库管理文件,实现了对数据的查询分析及三维可视化的查询功能,并将位移反馈分析与有限元计算程序纳入隧道监测数字化系统中。提出了正算过程采用复变函数,并选用遗传算法的随机位移反分析,给出了随机位移反分析的流程。采用黏弹性力学理论、参数灵敏度分析等手段,提出了确定模型参数的无边界条件方法。

该项目为"十一五"计划 2008 年浙江交通科技成果,达到国际先进水平。

76. 跨海桥梁高性能混凝土研制和施工控制关键技术研究

主要完成单位:浙江省舟山连岛工程建设指挥部。

主要研究人员:陈卫国、王昌将、许宏亮、陈向阳、张国志。

主要技术创新点:针对金塘大桥氯盐腐蚀严重的特点,采用 P-II 水泥和大掺合料配制低热、低渗透海工混凝土,技术指标先进。大桥浪溅区混凝土首次大范围掺入氨基醇阻锈剂,在提高混凝土防腐性能的同时,改善了混凝土的工作性能、抗氯离子渗透性和抗裂性能。对超大体积(大于 2000 立方米)承台浇筑混凝土采用通海水冷却的方法,并提出相关处理措施。

该项目为"十一五"计划 2008 年浙江交通科技成果,达到国际先进水平。

77. 重载交通组合式护栏设计及试验研究

主要完成单位:浙江省舟山连岛工程建设指挥部。

主要研究人员:周颂、白书锋、梅新咏、陈国兴、季广丰。

主要技术创新点:通过对依托工程重要交通车辆构成的调查研究,通过计算机仿真模拟分析和实车碰撞试验,提出了具有防护等级为 SA 级的新型双横梁组合式桥梁护栏,并在实际工程中得到了应用。首次提出了设计防护等级为 SA 级的新型双横梁组合式桥梁护栏,并采用有限元仿真分析和实车碰撞试验方法进行了验证。

该项目为"十一五"计划 2008 年浙江交通科技成果,达到国际先进水平。

78. 特大跨径悬索桥新型分体式钢箱梁关键技术研究

主要完成单位:浙江省舟山连岛工程建设指挥部。

主要研究人员:沈旺、宋晖、葛耀君、郭建、廖海黎。

主要技术创新点:进行分体式钢箱梁设计技术及模型试验研究。首次在强台风地区特大跨径悬索桥——西堠门大桥采用分体式钢箱梁;首次采用大尺度悬吊模型,研究了分体式钢箱梁受力性能;对分体式钢箱梁进行了系统的空间受力分析,提示并通过试验验证了受力规律。解决了加劲梁梁型选择、钢箱梁气动选型、分体式钢箱梁关键构造及力学性能等问题。进行成桥状态分体式钢箱梁抗风性能研究。首次研究了分体式钢箱梁颤振和涡振气动控制的在效措施,首次进行了分体式钢箱梁悬索桥静风稳定性概率评价。解决了分体式钢箱梁槽宽优化选型以及成桥状态的颤振、涡振、静风稳定等问题。进行分体式钢箱梁施工状态抗风安全性研究。首次研究了特大跨径悬索桥分体式钢箱梁施工状态颤振稳定性、特大跨径悬索桥分体式钢箱梁的施工状态抖振以回应及满激振动特性、风致辞效应对施工状态的特大跨径分体式钢箱悬索桥临时连接件的影响。解决了施工状态分体式钢筋梁抗风安全性、梁段架设方案、抗风措施等问题。

该项目为"十一五"计划 2009 年浙江交通科技成果,达到国际领先水平。

79.《杭州市江东大桥空间自锚式悬索桥设计与施工成套技术研究》子课题:关键节点的

构造与工艺试验研究

主要完成单位:杭州市高速公路管理局。

主要研究人员:章曾焕、张剑英、王心方、王跃飞、戴建国。

主要技术创新点:通过空间有限元理论分析和关键构造试验研究,提出了空间缆索重要部位的特殊构造,包括具有双向转向构造的主索鞍、能适应双向变形的新型销接式吊索。所获得的研究成果及时指导了设计,并以应用在工程施工中。通过塔顶鞍座及主缆编制、横向滑移及鞍座顶推工艺试验,对架缆试验鼓丝现象进行了分析与对策研究,在国际上率先提出了长短丝法加工预制索股和辅助工具索鞍的技术;总结的主缆索股加工架设技术要求,妥善合理地解决了空间缆索架设的关键技术难题,确保了施工顺利进行,取得了重大技术突破,经成桥试验,各项指标满足规范和使用功能要求。成功解决了空间缆索架设的关键技术难题,特别是"销接式吊索"、"一种用于悬索桥塔顶的索鞍"取得了两项专利成果,为其他相似工程提供了宝贵经验。

该项目为"十一五"计划2009年浙江交通科技成果,达到国际领先水平。

80.杭州湾大桥风环境对行车安全的影响和对策研究

主要完成单位:杭州湾大桥工程指挥部。

主要研究人员:陈艾荣、张宝胜、郭忠印、方明山、王达磊。

主要技术创新点:在国内首次考虑桥面振动对车辆行驶安全性的影响,建立了风-汽车-桥梁耦合振动分析模型,并提出了桥面风环境分布的基本特征及其对车辆气动力特性的影响。提出不同风障碍型式对桥面风环境影响的基本规律,在国内桥梁工程中首次设置风障,并确定了相应的风障设计方法和技术标准。在国内首次进行了针对风环境,并考虑雨、雾、冰雪等灾害因素影响的跨海长桥车辆行驶安全性研究,提出了典型车辆跨海长桥行车安全控制标准。

该项目为"十一五"计划2009年浙江交通科技成果,达到国际领先水平。

81.钢筋混凝土桥梁状态评估体系研究

主要完成单位:浙江公路技师学院。

主要研究人员:严军、艾军、王潘劳、张丽芳、候英。

主要技术创新点:在对我国当前桥梁评估体系进行分析研究的基础上,针对钢筋混凝土桥的结构特性,综合考虑了对桥梁承载能力和使用性能有影响的诸多因素,提出了应用模糊评估方法,并建立了钢筋混凝土梁桥评估系统。采用变权原理的模糊评估作为系统的核心计算原理,将桥面平整度、桥头引道沉降等更多的桥梁检测信息融合到承载力及使用性能评估中,为梁评估指标的选取及分级标准提供依据。

该项目为"十一五"计划2009年浙江交通科技成果,达到国际先进水平。

82.特大跨径悬索桥施工阶段抗风性能研究

主要完成单位:浙江省舟山连岛工程建设指挥部。

主要研究人员:张胜利、葛耀君、廖海黎、杨詠昕、王武刚。

主要技术创新点:以西堠门大桥为工程背景,研究了特大跨径悬索桥施工阶段的抗风性能。分析了在施工阶段采取不同抗风措施的结构动力特性;采用全桥气弹模型试验模拟了主要施工阶段的各种结构状态,验证了结构颤振稳定性,测试了结构抖振响应;依据风洞试验结果计算了对称架梁方案的风载内力,优化了梁段间的临时连接件。开展了特大跨径悬索桥分体式钢箱梁施工状态颤振稳定性研究,并根据研究成果制定了安全通过台风期的架梁方案。对悬索桥分体式钢箱梁梁段间临时连接件的抗风性能进行了研究。研究了特大跨径悬索桥分体式钢箱梁施工阶段抖振响应。

该项目为"十一五"计划2009年浙江交通科技成果,达到国际先进水平。

83.新型墩身湿接头设计

主要完成单位:浙江省舟山连岛工程建设指挥部。

主要研究人员:王昌将、黄燕庆、陈卫国、梅新咏、陈向阳。

主要技术创新点:提出了一种全新的湿接头方案,将湿接头置于预制墩身内部,使湿接头不外露,有效地保证了结构耐久性。在桥梁结构上首次采用了盾构隧道中使用的止水橡胶防水技术,提高了结构防海水侵蚀能力。系统研究了新型墩身湿接头施工成套技术。该项目为"十一五"计划2009年浙江交通科技成果,达到国际先进水平。

84.超宽大跨度预应力混凝土斜拉桥关键技术研究

主要完成单位:金华市交通规划设计院有限公司。

主要研究人员:郝超、强士中、卫星、章汉斌、徐骏。

主要技术创新点:较系统地研究了超宽大跨度预应力混凝土斜拉桥索力优化方法,对运用影响矩阵法在超宽大跨度预应力混凝土斜拉桥中的适用性进行了研究,提出了以控制最大应力为目标进行索力优化的方法。采用精细有限元法对超宽大跨度预应力混凝土双Π梁的剪力滞效应进行了系统的研究,得出了超宽桥梁成桥状态活载作用和横坡效应对剪力滞系数的影响程度。

该项目为"十一五"计划2009年浙江交通科技成果,达到国际先进水平。

85.大跨径连续刚构桥病害分析和控制技术研究

主要完成单位:浙江省舟山连岛工程建设指挥部。

主要研究人员:王昌将、石雪飞、史方华、陈向阳、黄华定。

主要技术创新点:以金塘大桥东通航孔桥为工程背景,进行了大跨径连续刚构病害分析和控制技术研究。提出了大跨径预应力连续刚构长期下挠的关键因素和对应的控制措施及长期挠度控制预防方案与关键构造设计。基于试验研究和数值模拟,揭示了底板崩裂机理、提出了设计施工对策。

该项目为"十一五"计划2009年浙江交通科技成果,达到国际先进水平。

86.高速公路特长隧道与隧道群运营安全及防灾救援研究

主要完成单位:浙江省公路管理局。

主要研究人员:洪秀敏、何川、吴德兴、李伟平、曾艳华。

主要技术创新点:首次进行了公路隧道群交通事故调查,对隧道群交通事故的类型、交通事故车型、交通量大小对事故发生率的影响等进行了系统分析,得出了浙江省公路隧道群每公里百万辆车交通事故率等基础数据,据此建立了消防、医疗、交警、路政等多机构、机电监控系统多设备联动的特长公路隧道群防灾救援体系。在公路隧道纵向及集中排烟系统通风网络中,提出了火灾烟流对轴流风机和射流风机的影响效应及不同位置发生火灾对轴流风机的性能影响。提出了将隧道交通事故风险划分为3个风险阶段的公路隧道群交通事故致因模型。提出了基于概率分析的公路隧道群定量火灾风险评估方法，包括火灾发生概率，火灾不受控制概率以及火灾下致人死亡的概率及后果的计算模型。

该项目为“十一五”计划2009年浙江交通科技成果，达到国际先进水平。

87.基于zigbee技术的高速公路隧道群防二次事故无线报警系统的研究

主要完成单位：浙江省交通科学研究所。

主要研究人员：杨松、张乃斌、刘钟祥、黄大康、徐志龙。

主要技术创新点：研发的系统由基于ZigBee技术的报警基站、中继器、控制器及专用监控软件组成。ZigBee无线通信与有线专网/GPRS公网通信相结合，实现隧道现场与监控中心的双向信息交互，具有及时报警、事故点精确定位、信号同步传递以及监控中心实时监控、远程报警、信息发布、车道监管等功能。基于ZigBee技术的无线报警设备和系统，为避免隧道二次事故提供有效报警手段。可与双波长火灾自动探测器和分布式光纤感温火灾自动探测器结合，实现联合报警。

该项目为“十一五”计划2009年浙江交通科技成果，达到国际先进水平。

88.养护工程中对国省道已建桥梁桥头基础的处理技术研究

主要完成单位：温州市公路管理处。

主要研究人员：王守勤、侯利国、张银华、马建青、王建平。

主要技术创新点：对桥头设置深层水泥混凝土过渡板、泡沫珠混凝土换填、EPS换填和桥头基础深层注浆等四种处置方法进行了分析比较及试验研究，并修筑了实体工程，开展了桥头跳车的行车安全性评估工作。提出了采用设置深层混凝土过渡板的桥头跳车处置方法。提出来泡沫珠混凝土作为一种轻质填筑材料应用于桥头跳车的处置并提出了相应的施工工艺。提出了桥头跳车病害深层注浆快速处治技术、关键设计方法和施工工艺。

该项目为“十一五”计划2009年浙江交通科技成果，达到国际先进水平。

89.《杭州市江东大桥空间自锚式悬索桥设计与施工成套技术研究》子课题：运营阶段结构性能与模型试验研究

主要完成单位：杭州市高速公路管理局。

主要研究人员：章曾焕、沈锐利、何明成、张剑英、郝维索。

主要技术创新点：杭州市江东大桥采用双塔独柱、空间缆索、宽桥面、分离式钢箱、单跨悬吊的主跨260m空间自锚式悬索桥，结构新颖，造型独特。对该桥运营阶段结构性能与模型试验专题研究，所获得的研究成果很好地指导了设计和施工。在国内外率先采用几何缩尺1∶16、力的缩尺1∶4相似准则的箱梁截面全桥模型试验进行空间缆自锚式悬索桥的静动力特性的力学行为试验研究，验证了该桥的设计和计算分析成果，保证了该桥的成功修建和后期正常运营，研究成果具有创新性，也为其他类似工程提供了宝贵经验。通过有限元分析和全桥模型试验验证，分析研究空间缆索的受力性能和线形控制、空间缆索悬索桥在恒载和活载作用下位移、应力与动力性能，建立了准确的数学模型，测试方法和手段有创新，为该桥的顺利实施提供了坚实的理论基础。成功地解决了空间缆索悬索桥设计中的技术难题。经竣工前成桥加载试验，各项指标满足规范和使用要求，结构性能优良。

该项目为“十一五”计划2009年浙江交通科技成果，达到国际先进水平。

90.《杭州市江东大桥空间自锚式悬索桥设计与施工成套技术研究》子课题：体系转换分

析与模型试验研究

主要完成单位:杭州市高速公路管理局。

主要研究人员:章曾焕、赵益民、沈锐利、张剑英、沈洋。

主要技术创新点:申请了“一种空间自锚式悬索桥缆索系统施工方法”和“一种自锚式悬索桥斜拉施工法”两项发明专利。在国内外率先采用大比例尺箱梁截面全桥模型试验研究空间缆自锚式悬索桥的体系转换,总结的体系转换施工技术要求,指导了体系转换施工顺利进行,具有创新性,也为其他类似工程提供了宝贵经验。通过有限元分析和几何缩尺1:16,力的缩尺1:4相似准则的全桥模型试验验证,运用临时吊索和临时索夹,研究和提出的临时吊索“七点法”横移主缆、索夹耳板角度的空间定位、新型销接式吊索无应力索长控制的体系转换过程吊索张拉施工方案,实现了主缆由平面到空间的转换,及时指导了施工方案和施工控制,成功地解决了大角度空间缆自锚式悬索桥施工中的关键技术难题,取得了重大技术突破,确保了工程按期优质的建成。

该项目为“十一五”计划2009年浙江交通科技成果,达到国际先进水平。

91. 植入式桥面连续构造在公路桥梁中的应用研究

主要完成单位:浙江金丽温高速公司有限公司。

主要研究人员:姜扬剑、娄亮、金朝阳、谢旭、潘志炎。

主要技术创新点:在既有桥梁桥面连续构造病害调查和收集国内外文献资料的基础上,通过多种技术方案论证比选后择优提出带排水功能的植入式桥面连续构造(ECS),并采取空间有限元分析、足尺模型试验和实桥工程的应用等验证手段,系统研究了桥面连续构造的作用机理、ECS和传统的桥面连续构造在车辆荷载和温度梯度作用下应力、变形、抗裂性的不同表现。研究成果表明ECS的使用功能及效果明显优于传统的桥面连续构造。开发了钢筋橡胶组合装置并应用到简支体系的桥面连续构造中,使桥面连续构造具有排水和应力分散功能,对解决目前连续桥面存在的早期病害问题具有重要意义。通过理论分析和工程实践,总结出了不同工况下连续桥面(ECS)的应力与变形分布规律。

该项目为“十一五”计划2009年浙江交通科技成果,达到国际先进水平。

92. 超长大规格高强悬索桥主缆索股制造技术研究

主要完成单位:浙江省舟山连岛工程建设指挥部。

主要研究人员:沈旺、罗国强、李刚、张海良、毛优达。

主要技术创新点:开发研制了超长(4250米)大规格(169丝)高强度(1860MPA)主缆索股的的编制和锚固技术。突破传统的悬索桥主缆索股收放成盘工艺技术,开发了具有自主知识产权的主缆索股水平收放技术,解决了索股架设时出现的“呼啦圈”问题,改善了索盘运输条件。研制的智能水平放索控制系统,放索速度可调可控(10米/分钟~60米/分钟),提高了效率,为特大跨径悬索桥使用PPWS架设主缆索股技术提供了技术支持。该项目研究成果支撑了世界上最大跨度分体式钢箱梁悬索桥——西堠门大桥工程的建设,并已在国内外多座大跨度径桥梁建设中得到了推广应用,有力的促进了桥梁建造技术进步。

该项目为“十一五”计划2010年浙江交通科技成果,达到国际领先水平。

93. 杭州湾大桥远程智能单点多控技术研发与应用

主要完成单位:杭州湾大桥工程指挥部。

主要研究人员：周尧达、方明山、方二伦、陈立峰、王建华。

主要技术创新点：自主研发的系统由路段智能控制模块、终端智能控制模块及远程智能单点多控技术软件三部分组成。系统基于低压电力载波扩频技术实现多种光源多样化控制，工程应用方便、工序简化、节约成本，可对光源和附属器件进行实时监控，并便于维护。研究在无中继低压超长距离电力载波通信技术、单点多控技术及单灯变频降功率技术等方面具有创新性。

该项目为“十一五”计划2010年浙江交通科技成果，达到国际领先水平。

94.跨海悬索桥结构监测、巡检管理关键技术

主要完成单位：中交公路规划设计院有限公司。

主要研究人员：李娜、郭健、陈卫国、张强、刘志强。

主要技术创新点：首次研究了以工业以太网和三维GIS在跨海大跨径悬索桥监测管理领域的应用技术，攻克了跨海桥梁监测管理技术中高精度同步采集以及三维显示的行业难题，实现了微秒级的高精度信号同步采集。研发了符合跨海大跨径悬索桥运营环境和结构响应特点的智能调理器以及基于三维GIS技术的跨海悬索桥的监测管理系统。运用结构危险性方法论和量化管理方法，首次对跨海悬索桥全寿命周期的结构危险性进行了分析，并提出了相应的养护管理策略，实现基于风险分析的全过程标准化、规范化管理。

该项目为“十一五”计划2010年浙江交通科技成果，达到国际领先水平。

95.杭州市江东大桥空间自锚式悬索桥设计与施工成套技术研究子课题：自锚式悬索桥施工监控技术研究

主要完成单位：杭州市高速公路管理局。

主要研究人员：田启贤、赵益民、梅秀道、王跃飞、彭旭民。

主要技术创新点：通过理论计算与试验研究相结合的方法，对空间缆索体系自锚式悬索桥施工过程中的钢箱梁分幅顶推施工应力和线形控制、尾端锚固横梁成型施工控制、空间缆索体系转换施工控制、主缆扭转计算方法、索夹安装控制及空间缆索体系转换施工控制等关键技术进行了研究，研究成果成功地应用于江东大桥的施工监控工作。提出了对设置预拱度曲线的钢箱梁顶推施工时采用接触单元法和强制位移法相结合的优化临时墩标高调整方法，达到了施工应力和线形控制的目的，提高了工效。系统分析了主缆扭转的主要因素，提出了计算空间索面悬索桥主缆扭转的方法，实现了对主缆扭转状态的控制。

该项目为“十一五”计划2010年浙江交通科技成果，达到国际领先水平。

96.预应力碳纤维布技术在混凝土桥梁加固中的应用研究

主要完成单位：浙江省交通工程建设集团有限公司。

主要研究人员：单岗、艾军、李青松、胡跃苏、王江水。

主要技术创新点：通过理论和实验验证了预应力碳纤维布技术在混凝土桥梁加固中的粘结层性能、动力特性、低周重复加载性能等，提出了预应力碳纤维布加固混凝土桥梁设计要点，编制了预应力碳纤维布加固混凝土桥梁施工工法。提出了预应力碳纤维布加固混凝土桥梁的理论基础与施工工艺，解决了中小跨径混凝土桥梁主动加固的关键技术。改进了嵌入式预应力CFRP施工技术，提出了将机械锚固和粘结锚固相结合的锚固方法。

该项目为“十一五”计划2010年浙江交通科技成果，达到国际领先水平。

97. 公路隧道纵向排烟模式与独立排烟道集中排烟模式模型试验研究

主要完成单位:浙江交通规划设计研究院。

主要研究人员:吴德兴、徐志胜、李伟平、易亮、郑国平。

主要技术创新点:建立了独立排烟道隧道排烟试验模型,系统地研究了公路隧道火灾时独立排烟道集中排烟的排烟机理与烟气控制技术。通过缩尺寸独立排烟道隧道模型试验,揭示了不同参数对独立排烟道集中排烟模式下隧道火灾温度场分布、烟气蔓延及控制效果的影响规律、集中排烟模式下排烟阀流速和排烟道流速分布规律。建立了独立排烟道集中排烟模式下排烟阀排热效率、排烟风机排热效率理论计算模型和排烟阀排烟效率计算模型,获得了双向排烟和单向排烟方式下不同排烟阀设置方案对排热效率和排烟效率的影响规律。揭示了排烟系统关键技术参数对独立排烟道集中排烟模式下烟气控制效果的影响规律,提出了30MW和50MW火灾功率下单、双向排烟工况下的排烟系统设计参数。提出了独立排烟道集中排烟模式排烟系统的合理设计方法。

该项目为"十一五"计划2010年浙江交通科技成果,达到国际领先水平。

98. 树脂沥青组合体系(ERS)钢桥面铺装技术在江东大桥的应用研究

主要完成单位:杭州市高速公路管理局。

主要研究人员:赵益民、张志宏、卞钧霈、陆耀忠、曹荣吉。

主要技术创新点:针对江东大桥的工程特点,对钢桥面铺装受力特点、ERS钢桥面铺装设计、材料、施工工艺及验评标准进行了系统的研究。首次在国内大型桥梁钢桥面主桥应用获得成功。通过室内外试验对比、现场施工及通车运营,验证了EBCL优良的防水、粘结性能和RA05整体化功能层的作用。通过对钢桥面受力三阶段力学分析,初步建立了ERS钢桥面铺装理论体系。

该项目为"十一五"计划2010年浙江交通科技成果,达到国际领先水平。

99. 预引力混凝土连续箱梁底板开裂原因分析及其防治研究

主要完成单位:浙江省公路管理局。

主要研究人员:朱汉华、项贻强、陈孟冲、唐国斌、晁春峰。

主要技术创新点:在弹性分析的基础上,进一步对底板开裂的过程进行非线性分析,提出了箱梁底板可能的开裂破坏形态类型,并对箱梁底板横向弯、剪破坏进行重点研究,提出了相应的改进设计方法和防治措施。首次基于非线性理论,研究了预应力混凝土连续箱梁施工过程中底板开裂机理。提出了预应力混凝土连续箱梁桥施工过程中底板横向弯、剪破坏形式,并给出简化计算方法。

该项目为"十一五"计划2010年浙江交通科技成果,达到国际先进水平。

100. 国产特大跨径悬索桥主缆用镀锌钢丝制造技术研究

主要完成单位:浙江省舟山连岛工程建设指挥部。

主要研究人员:沈旺、周代义、毛优达、林仁岳、周金芳。

主要技术创新点:采用微合金化工艺,对桥梁缆索用盘条进行成份设计,采用洁净钢冶炼技术、化学成份均匀性技术及特殊控轧控冷技术研制的桥梁缆索用盘条的纯净度、金相组织、力学性能等相关指标达到国际同类产品先进水平,满足特大型桥梁缆索用镀锌钢丝专用盘条要求。改进了传统的镀锌生产工艺,采用"双张紧+限径模"的稳定化生产技术,实现了镀锌钢丝具有高强度及良好韧性的综合性能，满足了大型桥梁缆索用镀锌钢丝的要求。

该项目为“十一五”计划2010年浙江交通科技成果，达到国际先进水平。

101.特长公路隧道纵向通风模式下的独立排烟道系统的研究与应用

主要完成单位：浙江省交通规划设计研究院。

主要研究人员：吴德兴、徐志胜、李伟平、易亮、高翔。

主要技术创新点：创新性地提出了纵向通风与顶部排烟道集中排烟组合通风排烟方案，充分发挥了纵向通风模式的经济性和独立排烟道集中排烟的优越性。揭示了顶部独立排烟道组合通风排烟模式下隧道火灾的烟气蔓延及温度分布规律，得出了产生烟囱效应的临界坡度及不同坡度下的烟囱效应强度。提出了排烟阀的开启范围、面积、间距、个数等关键参数，给出了不同火灾情形下的诱导风速设定值以及对应的气流组织方法。探明了火灾高温对隧道结构、排烟道烟道板结构的损伤特征，获得了烟道板破坏临界温度、破坏范围以及植筋胶强度的衰变规律。

该项目为“十一五”计划2010年浙江交通科技成果，达到国际先进水平。

102.浙江舟山大陆连岛工程桥梁健康监测及安全评价系统研究和设计

主要完成单位：浙江省舟山连岛工程高速公路有限公司。

主要研究人员：于群力、崔冰、吴波明、李娜、张新越。

主要技术创新点：首次基于跨海特大径悬索桥、斜拉桥结构安全监测巡检管理系统所获取的监测数据和巡检信息，研究设计了跨海特大型缆索承重桥梁的结构预警和安全评估体系，实现了大跨径海桥梁的实时在线预警、内力状态识别、安全评估等。运用结构危险性方法论和量化管理方法，首次对跨海大桥全寿命周期的结构危险性进行了分析，并提出了相应的养护管理策略，实现基于风险分析的全过程标准化管理。

该项目为“十一五”计划2010年浙江交通科技成果，达到国际先进水平。

103.温拌沥青混合料技术在长大公路隧道沥青路面铺装中的应用研究

主要完成单位：浙江台金高速公路有限公司。

主要研究人员：叶楠、葛蔚敏、程一鸣、邱兴友、周志明。

主要技术创新点：依托台金高速公路苍岭隧道建设工程，就降粘型温拌添加剂Sasobit和乳化型温拌添加剂Evotherm对沥青的影响进行了研究，提出了两种温拌沥青混合料的配合比设计关键指标，并对两种温拌沥青混合料路用性能、有害气体的排放量和相同级配的普通热拌沥青混合料进行了对比分析，对温拌沥青路面抗柴油污染的性能进行了评价，提出了温拌沥青混合料相应的配合比设计和施工指南。首次系统地开展了温拌沥青混合料Superpave设计方法的研究，并由此提出了温拌沥青混合料设计中的关键控制参数、原材料技术标准和施工工艺，并首次在特长隧道(7.55千米)中应用研究，路用性能优良。首次对温拌沥青路面抗柴油污染性能进行了针对性的研究，评价了柴油污染对沥青路面路用性能的影响。

该项目为“十一五”计划2010年浙江交通科技成果，达到国际先进水平。

104.特高强度大规格吊索钢丝绳研制

主要完成单位：浙江省舟山连岛工程建设指挥部。

主要研究人员：沈旺、张家琦、胡正中、李伦友、毛优达。

主要技术创新点：开发了 8 * 55sws(41ws) + IWR 多丝镀锌线接触结构的吊索钢丝绳，绳芯采用满充式结构，增大钢丝绳的金属面积，优化了镀锌钢丝绳各钢丝，绳股之间的接触状态，减小了各钢丝和各绳股之间的接触应力，提高了吊索钢丝绳的破断拉力、耐疲劳性能、弹性模量及结构稳定性。研制了改性塑胶，作为吊索钢丝绳内部充填材料，有效地缓冲了吊索钢丝绳承受脉动载荷时绳内之间相互挤压，降低接触应力，避免应力集中，进一步提高了吊索钢丝绳的耐疲劳性能；还可防止腐蚀介质渗入吊索钢丝绳内部空隙，提高了吊索钢丝绳耐锈蚀能力。为了解决随着镀锌钢丝强度的提高其韧性下降的问题，采用改进的热处理技术和拉丝模，使研制的镀锌制绳钢丝具有足够高强度的同时保持良好的韧性。

该项目为"十一五"计划 2010 年浙江交通科技成果，达到国际先进水平。

105. 钢筋混凝土公路桥梁结构耐久性损伤修复技术研究

主要完成单位：浙江省公路管理局。

主要研究人员：潘仁泉、金伟良、李飞泉、王海龙、金秀丽。

主要技术创新点：以浙江省在役混凝土桥梁为主要研究对象，深入分析引起桥梁耐久性破坏的主要影响因素和破坏状况特征，得出了浙江省内混凝土桥梁的主要耐久性破坏形式。针对桥梁破坏特征，综合研究了电化学脱盐技术、碳纤维加固技术以及表面涂层防腐技术，提出了各种耐久性修复补强的方法。项目综合考虑了混凝土防腐涂层的抗氯离子侵蚀性、透气性和透水性的影响，建立了含涂层混凝土的耐久性评定方法。首次采用体外预应力粘贴碳纤维筋方法对既有桥梁进行加固，并提出了相应的极限承载力计算方法。

该项目为"十一五"计划 2010 年浙江交通科技成果，达到国际先进水平。

106. 浙江省高速公路隧道交通安全关键技术及应用研究

主要完成单位：浙江省交通规划设计研究院。

主要研究人员：李伟平、张桂生、杨轸、周红升、姜明才。

主要技术创新点：提出了采用障碍物视认距离作为隧道入口照明设计的方法，建立了隧道入口障碍物视认距离与障碍物/背景对比度的相关关系，提出了采用贴地照明的改善方法并获得实验验证。提出了高速公路隧道基于视觉适应性的隧道侧墙图案，达到缓解压抑，改善驾驶环境的效果。提出满足不同设计车速情况下平面线形一致性的相应指标临界值及一般性计算公式，对现行规范中洞内外 3s 行程范围指标提出了实际应用方法。

该项目为"十一五"计划 2010 年浙江交通科技成果，达到国际先进水平。

107. 海域岛礁桥梁地基精细化综合勘察技术指南研究

主要完成单位：浙江省工程勘察院。

主要研究人员：蒋建良、潘永坚、吴炳华、梁龙、任建新。

主要技术创新点：系统研究了海域特定地形工程测量、工程地质调查与测绘、海域工程地质钻探、弹性波测量、弹性波 CT、数字钻孔测量摄像、水文地质试验及岩石试验等方法在海域岛礁桥地基勘察中的综合利用，提出了适用于海域岛礁桥梁地基勘察的技术方法。提出了适用的海域钻场类型，以及海域岛礁大跨度高塔杜桥梁地基勘察方法的综合配置原则及工作量布设。提出了海域地貌测图的标准原则和海域岛礁岩石风化程度分级的风化波速比。提出了《海域岛礁桥梁地基精细化综合勘察技术指南》。

该项目为"十一五"计划 2010 年浙江交通科技成果，达到国际先进水平。

108. 海域岛礁岩体质量分类体系

主要完成单位：西南交通大学。

主要研究人员：胡卸文、吕小平、张耀、童亮、朱海勇。

主要技术创新点：依托西堠门大桥桥基老虎山边坡工程，开展基于海域岛礁桥基工程边坡为对象的现场地质调查、勘探和试验工作，提出了海域岛礁岩体质量控制因素，形成了《海域岛礁岩体质量分类体系指南》。提出了岩体结构量化新指标，即"岩体块度指数 RBI"。系统提出了海域岛礁岩体质量分级体系及其配套的力学参数取值。应用 GOCAD 软件建立了海域岛礁桥梁地基部位三维可视化地质模型。

该项目为"十一五"计划 2010 年浙江交通科技成果，达到国际先进水平。

109. 特大跨径钢箱梁悬索桥技术标准和指南

主要完成单位：中交公路规划设计院有限公司。

主要研究人员：宋晖、许宏亮、王武刚、刘晓光、张克。

主要技术创新点：编制了适用于跨径 1500 ~ 2000 米的《特大跨径钢箱梁悬索桥设计指南》，充实了现有的国内特大跨径钢箱梁悬索桥相关设计规范（报批稿）。针对目前主缆应力安全系数 2.5 的取值，通过比对国外相关设计规范，进行了钢箱梁吊装、体系转换和桥面铺装 3 个阶段主缆弯曲应力现场试验，并对主缆主要的二次应力进行理论分析，在此基础上提出了悬索桥主缆应力安全系数参考值。以钢丝绳短吊索为对象，通过室内试验和理论分析，对吊索锚头部位和索夹部位的二次应力展开研究，在此基础上提出了钢丝绳吊索强度安全系数参考值。开展了挠跨比限值指标、车辆在桥上行驶的安全性和舒适性研究，并研究了梁端转角和整体刚度的影响。

该项目为"十一五"计划 2010 年浙江交通科技成果，达到国际先进水平。

110. 特大跨径悬索桥分体式钢箱梁设计关键技术研究

主要完成单位：中交公路规划设计院有限公司。

主要研究人员：崔冰、张胜利、刘晓光、童育强、张玉玲。

主要技术创新点：编制了悬索桥空间结构非线性精细化分析软件（SBSNAP - 1.0），研发了缆 - 鞍座、散索鞍 - 锚跨组合单元；提出了面向对象的软件数据模型、适合精细化分析的有限元子结构，采用超级单元及静力凝聚求解技术和并行计算技术，实现了求解模型的图形交互式、命令流、文本数据文件等三种输入方式；运用该软件，成功地实现了西堠门大桥结构精细化计算。该项目对正交异性钢桥面板荷载进行了大量的调查，从公路钢桥面板疲劳设计的角度对车辆荷载数据进行统计分析，提出了公路钢桥面板疲劳设计车辆荷载简化模型。该成果填补了国内公路钢桥面板疲劳荷载相关设计规范的空白。该项目通过对国内外研究成果和设计规范的调研分析，在国内首次系统开展了正交异性钢桥面板焊接构造细节疲劳试验研究，模拟移动轮载的双点反相位疲劳加载足尺模型试验研究和实桥静动载试验研究，通过 22 吨 1000 万次加载试验验证了西堠门大桥正交异性钢桥面板的抗疲劳性能，取得了正交异性钢桥面板系统结构体系设计、构造细节设计、疲劳验算、疲劳裂纹分析和修补加固技术等成套科研成果，形成了《正交异性钢桥面系统的设计和基本维护指南》。

该项目为"十一五"计划 2010 年浙江交通科技成果，达到国际先进水平。

111. 特大跨径悬索桥分体式钢箱梁安装关键技术研究

主要完成单位:四川公路桥梁建设集团有限公司。

主要研究人员:杨如刚、卢伟、龙勇、邓亨长、崔冰。

主要技术创新点:首次开展了台风期悬索桥钢箱梁架设研究与实践,进行了抗风稳定性研究,制订了台风期架梁的安全措施。开发研制了步履式液压提升缆载吊机,提升能力超过400t,采用了新型的液压自动夹缆机构与行走系统,大幅提高缆载吊机的行走能力与自动化程度。通过风洞试验验证缆载吊机设计参数,非工作状态可抵抗12级台风,保证了西堠门大桥台风期钢箱梁架设成功实施。将船舶动力定位技术引入悬索桥施工领域,根据西堠门大桥的海域环境并结合悬索桥结构施工特点,设计制造适用于动力定位作业的运输船舶,创造性地以固定于主缆上的天缆系统辅助船舶定位。经现场试验验证后用于钢箱梁安装施工,运输船定位精度小于0.3米、控位能力控制与定位保持时间达到40分钟,满足了大桥钢箱梁安装需要。

该项目为"十一五"计划2010年浙江交通科技成果,达到国际先进水平。

112. 特大跨径悬索桥分体式钢箱梁防护材料及复合涂层体系研究

主要完成单位:江苏中矿大正表面工程技术有限公司。

主要研究人员:安云岐、易春龙、张胜利、崔冰、孙智。

主要技术创新点:采用二步法工艺实现了纳米改性涂料的工业化规模生产,首次实现3种无机纳米氧化物材料在涂料中共混而稳定分散,纳米相粒度小于100nm,具有粘度低、渗透深度大、封孔能力强、附着力高、耐蚀性好、与环氧和聚氨酯涂层体系配套性好的特点,对金属喷涂层具有物理隔离封闭和化学反应封闭的双重作用,解决了电弧喷涂层封孔的难题。项目设计的"电弧喷涂金属涂层+纳米改性封闭漆+中间漆+面漆"复合涂层体系,综合考虑了涂层结合力和耐蚀寿命,具有寿命周期成本低的特点。

该项目为"十一五"计划2010年浙江交通科技成果,达到国际先进水平。

113. 公路隧道排烟道顶隔板结构耐火性能试验研究

主要完成单位:浙江交通规划设计研究院。

主要研究人员:吴德兴、徐志胜、李伟平、张焱、郑国平。

主要技术创新点:采用双面受火方式对顶隔板典型温度工况下的抗火性能进行试验研究,获得了在高温和荷载作用下的温度场变化规律和力学响应特性、顶隔板结构的破坏形态、剩余强度和剩余承载力变化规律。采用双面受火方式对有无防火涂料条件下的全尺寸植筋牛腿试件在HC曲线的抗火性能进行试验研究,揭示了牛腿在温度-荷载耦合作用下温度场变化、高温力学响应规律,以及防火保护层与添加聚丙烯纤维混凝土耐高温性能的影响规律。获得了公路隧道衬砌结构在不同温度、不同含水量条件下的隧道衬砌C25混凝土的抗压强度和劈裂抗拉强度变化规律、隧道衬砌混凝土高温下发生爆裂的温度及相应的混凝土含水量的关系。提出了火灾后顶隔板构件的损伤等级的判定标准和判定方法,给出了火灾后排烟道顶隔板结构损伤加固范围。

该项目为"十一五"计划2010年浙江交通科技成果,达到国际先进水平。

114. 少平联半穿式双曲弦杆公路钢桁架连续梁桥关键技术研究

主要完成单位:长兴县交通局。

主要研究人员:周平、费增乾、许汉铮、陈云峰、王光。

主要技术创新点：首次进行了大跨径（100米）少平联半穿式双曲弦杆公路钢桁架连续梁桥研究，并取得成功，其成果为同类型桥梁在公路上的应用提供了技术支持。根据少平联半穿式双曲弦杆公路钢桁架连续梁桥的特点，在制造工艺上采取了有效的焊接变形控制措施，提高了构件的制造精度；在安装上采用无应力状态施工控制法，确保了大跨径公路双曲弦桁架的线形要求。研究了少平联半穿式双曲弦杆公路钢桁架连续梁桥的车桥耦合振动特性，编制了BDANS车桥耦合振动程序，并将研究成果成功运用于上莘大桥。

该项目为“十一五”计划2010年浙江交通科技成果，达到国际先进水平。

115. 钱江隧道超深基坑围护体系及防渗技术研究

主要完成单位：杭州市公路管理局。

主要研究人员：潘学政、柳崇敏、廖少明、陈国强、戴利平。

主要技术创新点：以钱江隧道江南试验井工程为依托，针对钱江流域复杂地质、水文条件，结合钱江隧道深基坑设计和施工过程，研究了深基坑围护体系的优化、超大开孔墙板及高腋板等复杂结构的力学性能；采用Cosserat力学模型分析了不同隔降模式的影响；制定了防渗及隔降结合的综合治水措施；提出了施工过程监控指标，合理控制了工程风险。在强涌潮高承压水、水头变化大、富水砂层条件下，对超大开孔内衬墙、高腋板等复杂结构进行力学分析，采用超深地下隔降水结合、超大开孔衬墙逆筑与内支撑顺筑结合方法，保证了大跨度侧墙受力安全与变形控制，顺利建设了江南工作井。首次基于Cosserat不平衡非柯西力学模型，对多种情况下基坑渗流及其环境影响进行了分析。

该项目为“十一五”计划2010年浙江交通科技成果，达到国际先进水平。

二、水路科技

1. 温州港航道整治模型试验

该模型由温州港航道整治规划小组、南京水利科学研究院联合试验。1970年1月，温州港根据模型试验结果，实施第一期航道整治工程，次年4月完工。1972年4月起，温州港进行第二期整治工程，次年6月完工。第一、二期整治工程通过顺坝导流、潜坝截流、丁坝挑流、挖槽引流等工程措施，缩窄了河床，固定了边滩，控制了瓯江主流向，达到来水归槽的目的。市区老港航道水深基本达到5米以上，满足了3000吨级船舶的航行和靠泊。1978年9月，“温州港航道整治模型试验”项目获得全国科学大会重大科技奖，同年获交通部“温州港航道整治”重大科技奖，温州港航道整治小组被交通部评为全国交通战线科技先进集体。

2. 高重复率脉冲氙航标灯电源

该电源1976年8月由上海精密光学机械研究所、温州港务局、上海航标厂、温州地区无线电厂等单位联合研制。温州港务局以陈献岩、朱学琼为主及部分航标工作人员参加研制。该航标灯电源由石英灯管、稀土元素、大气压氙气、时标控制触发脉冲发生器等部分组成，使用寿命可达1年以上；发光度高，能在月光下几十微妙内将电能转化为光源，日光照射时电路全部停止；射程达到5海里以上，光色纯白，接近于日光光谱，使航行者能极早发现。1977年6月通过交通部技术鉴定。1979年，高重复率脉冲氙航标灯电源被交通部科学技术委员会列为重大科研成果之一，并获得当年度浙江省科技成果三等奖。

3. 沙填层软基处理工艺

1959年，在定海港2号码头至5号码头海涂上建造10米长木桩基础重力式岸壁106

米,建成不到一年即整体坍滑。1963 年和 1964 年,海军工程处在 5 号、6 号码头处建造重力式岸壁 60 米,也先后坍滑。至 1972 年,定海港 250 米岸线中有 200 米是坍滑后的海涂。1973 年,地区交通局金品华提出用砂垫层提高烂淤泥本身力学强度,使地基深层趋于稳定,以代替用大量钢材、木材、木泥制成的深桩基础,再结合施工条件,采用水憾法密实砂垫层克服永久性码头的坍滑。同年,定海港第一期试验工程采用此方案获得成功。1974 年第二期与 1976 年第三期扩建工程采用此法,均获得成功。定海港 1 ~6 号可靠泊码头线由原 87 米扩延至 220 米,建成重力式岸壁 200 米,货物堆场由 1000 米扩展到 4000 米。1986 年 10 月在交通部水运工程码头岸坡稳定会上,《在烂淤泥海涂上采用砂垫层基础建造重力式岸壁》论文宣读,并汇编成书。1989 年 9 月在交通部水运工程内河港口建设技术会上,上述论文被评为优秀论文,并获奖。

4. 大口径嵌岩柱桩透空式码头

舟山各岛屿风浪大、潮流急、坡度陡、岩石埋层浅,在此类地形上建码头须建筑沉箱、材块等重力式码头。这种码头施工复杂,需大型机具和专用场地,又受水文、气象制约,建造时间长,造价高。1987 年,市交通局金品华提出采用大口径嵌岩柱桩透空式码头型式。这类码头将大口径柱桩整个嵌入岩基内,提高柱桩与岩基连接的牢固度,能承受大风浪产生的上拔力、水平力,保证了码头牢固稳定。且施工简单,不需复杂机具和专门场地。重力式变成透空式,码头前沿风浪不受风浪反射,靠泊条件大为改善。1987 年 11 月开工、翌年 5 月竣工的朱家尖岛交通码头采用了透空式,验收会上被与会省市专家评为优质工程。嵊山、秀山、金塘、大浦口等岛屿凡是交通码头及外系统码头均采用此类型式。1990 年 5 月交通部水运工程情报网在舟山召开海岛码头设计交流会,《在风浪大覆盖层浅的海岛岩基上建造大口径嵌岩柱桩码头》一文,被评为优秀论文,获二等奖。此文还在《浙江交通科技》1990 年第 3、第 4 期和交通部《水运工程》1991 年第 9 期分别发表。

5. 水运强省评价指标体系及发展对策研究

主要完成单位:浙江省港航管理局。

主要技术内容:本项目通过对浙江水运发展现状的分析、浙江与国内主要省(市)水运发展情况的比较、国外水运发展有关数据的收集研究,围绕水运强省的概念和内涵、水运强省的评价指标体系、水运强省的发展目标和目标实现度等方面进行了深入研究。

本项目成果已吸收到浙江港航发展战略。

该成果于 2005 年 8 月完成,达到国内领先水平。

6. 浙江省水运业发展的经济社会效益综合评价

主要完成单位:浙江省港航管理局。

主要技术内容:本项目通过对浙江省水运发展趋势、国内外经济和水运发展趋势的分析,研究了浙江省“1212”目标和“五个化”的适应性,提出了浙江省水运强省工程实施对浙江省经济的促进作用:带动浙江省水运相关产业发展,促进浙江省区域经济发展,有利于长三角地区的联动发展和综合竞争力的提高。

本项目成果已吸收到浙江港航发展战略。

该成果于 2004 年 11 月完成,达到国内领先水平。

7. 浙江“水运强省”工程人才培养的战略研究

主要完成单位:浙江交通职业技术学院。

主要技术内容:本项目通过对浙江省水运行业人才的分类研究,指出了浙江省水运人才及其培养存在的主要问题;根据浙江省水运业发展现状和发展环境,通过回归分析和借鉴其他人才预测结果的方法对目标年各类水运人才的需求进行了预测,提出了浙江省水运行业人才培养的战略目标、指导思想与基本理念,制订了水运人才培养的对策与措施,包括构建终身教育体系、创建学习型行业,制定和实施人力资源战略规划,培育和发展水运人才市场,创新水运人才使用机制,构建水运教育与培训体系以及提高水运职业教育质量和水平。

本项目成果提供省港航局在制定水运人才培养政策时参考。

8. 内河航道护岸结构优化试验研究

主要完成单位:浙江省交通规划设计研究院等。

主要技术内容:本项目采用现场观测、室内试验和理论分析相结合的研究方法,拟定了内河航道计算船行波最大波高、波面爬高和落深、回流流速的经验公式;根据齿坎式护岸结构断面有限元分析和抗滑稳定性试验,确定了护岸齿坎的合理深度,并优化了带齿坎的护岸结构断面;通过齿坎式护岸一系列的现场观测和室内模拟试验,明确了齿坎对抗滑稳定性的作用效果及机理,提出了综合摩擦系数的概念。

本项目成果在杭申线崇福市河改线、东宗线嘉兴段、杭湖锡线、杭甬运河、江苏省锡溧漕河(锡宜段)等航道改造工程中推广应用。

该成果于2002年2月通过交通部科技成果鉴定,达到国内领先水平。

9. 内河航道生态型护岸研究

主要完成单位:浙江省港航管理局。

主要技术内容:本项目以生态学和航道工程为理论指导,结合内河航道工程实际情况,系统阐述生态项目规划、设计、施工、方案评定准则等一系列生态理念,通过对国内外生态航道建设技术方面的调查研究,提出了多种切实可行的生态型护岸实施方案,并选取透水性预制混凝土沉箱式护岸断面型式试验,强化护岸透水性,再造湿地环境,有效改善动植物生长条件,并基本实现工厂化制作;在航道护岸中引入椰丝毯护坡技术,利用其透水、短期不腐蚀、长期可降解的特性,为植被生长提供了良好条件,有利于水位变化段岸坡的植被覆盖。

本项目成果正通过修筑试验段验证,并将在相关工程建设中推广。

10. 内河渡口交通安全状况评估方法研究

主要完成单位:浙江省港航管理局

主要技术内容:本项目在国内首次系统性地提出内河渡口交通安全状况评估方法和评估制度。通过调查研究,收集了内河渡口相关资料,掌握了影响渡口安全的主要因素及其变化情况和发展规律,系统地分析了主要因素对渡口交通安全状况的影响。通过评估,量化分析渡口的交通安全状况及其变化,全面形成评估报告以通报评估结果,督促、指导、帮助有关方面落实渡口管理责任、加强渡口的管理工作,为渡运安全监管提供决策依据。

本项目研究成果已在杭嘉湖绍金丽衢市推广应用。

11. ISO－9001质量管理体系在浙西航区的应用研究

主要完成单位:衢州市港航管理处。

主要技术内容:本课题应用调查诊断与理论分析相结合的方法,对衢州市港航管理处运行基于 ISO－9000 的质量管理体系存在的问题进行了总结分析。针对浙西航区港航管理机构的特点，确定了以质量目标为导向的部门与岗位职责，建立了基于 ISO－9001 的三级质量目标管理体系，重构了职责明晰的港航管理工作流程，并在此基础上建立了量化的、操作性强的绩效考评体系，实现了港航管理工作的标准化、程序化和记录化。这一体系的实施使管理工作从定性考核向定量考核转化，绩效考核更加公平、公正、科学。

本课题研究为港航管理机构运行质量管理体系提供了有效的应用模式，保障了管理业务的规范化与高效性，有利于提高港航管理部门的综合管理水平。2000 年在浙西港航的进一步推广应用可以推进浙西港航管理水平的提升，改进浙西航区港航管理绩效水平，并在实际运行中取得初步成效。

12. 港航综合监管系统项目

主要完成单位：浙江省湖州市港航管理局。

主要技术内容：本项目共开发设计了 6 个港航业务管理软件，即"船舶综合档案管理系统"、"船舶签证系统"、"港航稽征管理系统"、"现场船舶监控系统"、"港航管理信息综合查询系统"和"中心机房控制系统"。项目通过构建网络化、动态化的航区船舶综合数据库和管理应用平台，实现运、养、管、收等业务的动态化综合管理，从而达到优化管理模式、发挥本省港航管理"四合一体制"优势、提升管理层次和方便管理对象的目的。

本项目成果在湖州航区全面投入应用。

该成果于 2002 年 12 月完成，达到国内领先水平。

13. 航标电子遥测监控系统研究

主要完成单位：浙江省湖州市港航管理局。

主要技术内容：本项目应用计算机技术和无线通信传输技术，建立了一个实时、动态的航标监控管理平台。通过手机或专用工控机进行控制，用户可以根据需要对航标运行情况进行巡查。该系统成功解决了航标技术参数的实况采集和传输，实现受控航标的实时监测。

本项目成果在湖州航区重点航线（如长湖申、京杭运河、梅湖锡线等）全面应用。

该成果于 2003 年 12 月完成，达到国内先进水平。

14. 海员职业适宜性心理测评系统及标准的研究

主要完成单位：浙江交通职业技术学院。

主要技术内容：本项目结合我国海运行业的实际情况与现场实验的可能性，在筛选出来的海员身心素质 10 项测评指标的基础上，通过专家评定与相关研究结果最终确定反应能力（反应时间和错误反应次数）、速度估计能力、深度知觉能力、注意力、短时记忆力等 6 个指标作为海员职业适宜性测评指标，并以此构建了海员职业适宜性的评价指标体系，提出了单项指标判别标准和海员职业适宜性综合评价模型及其标准。

本项目成果已在海运企业人力资源开发管理中得到部分应用。

该成果于 2004 年 8 月完成，达到国内领先水平。

15. 浙江省沿海港口现代物流发展研究

主要完成单位：浙江省港航管理局等。

主要技术内容：本项目分析认为浙江省沿海港口发展现代物流存在的主要问题是法律和体制环境有待改善、港口基础设施能力不足、集疏运系统尚需完善等，明确了浙江省港口现代物流的功能定位与战略部署，即：以五大沿海港口为依托、以四大货种物流系统为主要对象；沿海港口将具有省内、国内和国际物流枢纽的综合功能，既巩固装卸、仓储、运输等传统功能，又扩展加工、信息、增值服务功能，同时促进港口地区金融、保险、商业、贸易、信息产业的集聚和发展，由此构筑起沿海港口与国际接轨的现代物流体系。本项目还提出浙江省发展现代物流战略目标的实施步骤及沿海港口发展现代物流的对策和措施。

本项目成果已吸收到浙江港航发展战略中。

该成果于2004年9月完成，达到国内领先水平。

16. 内河挂桨机船改造研究

主要完成单位：浙江省船舶检验局。

主要技术内容：本项目主要研究挂桨机船的机器落舱改造方案，既解决油污染并减少噪音污染，又提高船舶推进效率，同时控制挂桨机船改造投入，让暂时无实力更新新船的船户以改造方式淘汰挂桨机。主要研究研究对象为二挂桨机船和三挂桨机船，重点研究三挂机船的总体布置、轴线布置、机舱布置、螺旋桨的设计、桨盘面定位、油污和噪音等问题。

本项目成果为2007年1月1日全面禁止挂桨机船进入浙北主干航道提供了保障。

该成果于2001年11月完成，达到国内先进水平。

17. 内河机动船舶及顶推船队实用技术开发

主要完成单位：上海船舶运输科学研究所、浙江省船舶运输设计研究所等。

主要技术内容：本项目主要开展内河运输市场需求与政策、内河船型优化技术、内河船舶操纵与推进方式、直叶推进器性能优化、浅水船舶性能估算等共性技术的研究，为我国内河支流（四级、五级）航道船型开发、设计、建造提供实用技术，有效地提高我国内河船型的研制水平。

本项目成果已应用于有关船型改造和新船型设计。

该成果于2002年通过交通部科教司组织的鉴定，达到国内领先水平。

18. 内河疏航艇开发研究

主要完成单位：浙江省湖州市港航管理局。

主要技术内容：本项目研发的内河疏航艇主要用于内河主干线航道疏航、拖浅、抢险、消防等。为满足内河航道条件的要求，对吃水作了严格控制，船体采用了尖艏、方艉、圆舭、舭升高的线型，以降低兴波阻力；船体结构除满足《内河钢质船舶入级与建造规范》（2002）的要求外，在局部作了结构加强，选用了非整圆导管桨，采用7.06:1的大减速比，提高导管桨的效率，增加系柱拖力；采用双机双桨的形式，具有良好的回转性能。

本项目研发的内河疏航艇已在杭嘉湖航区疏航、拖浅等工作中推广应用。

该成果于2004年10月完成，达到国内领先水平。

19. 新型湖面搜救艇研究

主要完成单位：浙江省湖州市港航管理局。

主要技术内容：为满足太湖较浅的航道条件要求，对吃水、抗风性能等作了严格控制。船体采用钢铝结构、V形折角高速艇线型，以减轻船舶重量、降低船体重心、提高船舶稳性和航速。船体结构除满足《内河船舶法定检验技术规则》（2004）和《内河高速艇入级与建造规范》（2002）的要求外，为具备良好的回转性能，还采用了双机双桨形式。本艇还配备了性能稳定的先进设备，主要用于内陆湖泊特定水域、各种恶劣气候条件快速出警救助等工作。

本项目成果已在太湖湖面应用于抢险、救助等。

20. 浙江沿海高风浪区钢质高速客船研究

主要完成单位：浙江现代船舶设计研究有限公司。

主要技术内容：本项目以台州沿海为特定航线，将高风浪区钢质高速客轮的开发作为依托，对沿海航区高速客轮的总体布置、线型、结构、舾装、设备、主机选型、船舶自动化控制以及船舶营运的经济性等进行研究、分析和优化。

本项目研究开发的实船已投入实际运营。

该成果于 2005 年 9 月完成，达到国内领先水平。

21. 舟山港外海超大型油轮在航过驳作业方案研究

主要完成单位：舟山港务管理局。

主要技术内容：本项目研究了大型油轮在航过驳作业的新方法，确定了在海上一程超大型油轮低速保向漂航为二程受载空船创造下风浪舷、随即两船航行中靠泊并在保向漂航中进行过驳作业的先进方式，科学论证了该作业方式采用的船舶保向操纵方法、所需系缆力及配备缆绳数量和受载二程空船主动靠泊的操纵技术，从理论和实践上为本项目方案的科学性和安全性提供依据。

本项目成果多次应用于舟山的海上在航过驳作业。

22. 高桩板梁式码头修复研究

主要完成单位：浙江省交通规划设计研究院等。

主要技术内容：本项目针对浙江省地方港口中高桩板梁式码头结构的基本情况和 11 座经过调查的码头损坏情况，对其中 4 座有代表性码头的严重损坏现象进行了损坏特征分析，将损坏情况归纳为码头上部结构的腐蚀损坏和码头前沿结构及基桩受到船舶撞击而开裂损坏两大类型；从海洋环境、施工和设计以及平台区土坡淤积等方面分析结构损坏的原因，并提出海工钢筋混凝土结构耐久性的措施；针对码头工程的修复设计，提出码头结构构件损坏调查和资料收集的内容以及质量检测方法。

本项目应用于 3000 吨级镇海发电有限责任公司煤码头加固及防腐工程设计，七里港区一期工程万吨级多用途码头被船撞受损修复工程，台州电厂二期（万吨级）、四期（0.5 万吨级）码头修复工程。

该成果于 2004 年 7 月完成，达到国内领先水平。

23. 舟山码头混凝土结构耐久性调查与分析

主要完成单位：舟山市交通规划设计院等。

主要技术内容：本项目研究了足尺梁的纵筋腐蚀规律、海浪冲击对混凝土的影响、海水变动区混凝土成份的变化、氯离子入侵过程中钢筋表面各点的氯离子浓度，结合铁腐名义泊桑比 rv 和名义弹性模量 rE，计算出钢筋在不均匀腐蚀模型下腐胀的腐层厚度和开裂时间。项目成果为东海海域码头结构使用年限的确定、剩余寿命的预测，以及维护修固提供了科学的依据，并针对影响混凝土结构耐久性的各个方面和环节提出了相应的措施和方法。

本项目成果在舟山部分港区中应用。

该成果于 2003 年 3 月完成，达到国内先进水平。

24. 海工普通混凝土耐久性施工技术与检验

主要完成单位:浙江省交通厅工程质量监督局。

主要技术内容:本项目针对浙江省海港工程混凝土耐久性方面存在的主要问题,研究了水灰比变化、掺合料及其掺量、砂率变化、砂的细度模数、碎石级配变化对混凝土耐久性作用,探讨相互之间影响,推荐了实际施工中合理的混凝土配合比设计;此外,研究了通过改进施工工艺和加强质量检验提高混凝土耐久性的方法,并由此编制了《海工普遍混凝土考虑耐久性施工要点》。

本项目成果已在乍浦港三期、舟山仙草潭等海港工程中应用。

25. 海岛滚装码头无极定位研究

主要完成单位:舟山市嵊泗县航运管理所。

主要技术内容:本项目研究的设备由钢引桥、四立柱龙门架和液压电气操纵设备等组成,钢引桥一端与陆上延伸的钢筋混凝土栈桥桥台相联,另一端由倒挂在立柱龙门架横梁上的两只油缸悬吊着。钢引桥总长35米,车辆通道净宽5米,油缸最长行程为5250毫米。钢引桥与桥台联结根部和立柱平台上专门设置了整体升降用于防台所需的可脱卸铰链、提升装置、压紧装置及固定装置,引桥上下传动依赖于一套液压电气设备。

本项目成果在嵊泗李柱山3000吨级滚装码头、洋山深水港客运中心滚装码头、嵊泗枸杞岛车客渡码头上使用,接受了台风和冬季强大冷空气引起大风浪的考验。

该成果于2004年10月完成,达到国内先进水平。

26. 嘉兴港海盐港区围涂工程专题研究

主要完成单位:嘉兴市港务管理局。

主要技术内容:本项目根据杭州湾综合规划,通过河床演变分析、数学模型计算、整体物理模型及局部定床浑水模型研究,在实测资料分析的基础上,运用物理模型结合大范围数学模型论证了海盐港区围涂工程的可行性及对邻近工程、北岸深槽的影响等问题,发现钱塘江河口大规模治江围垦造成河口段的下移,减少了纳潮量,导致杭州湾的淤积。为尽可能减少这种不可逆影响,特别是从维护杭州湾北岸深槽出发,同时为尽可能利用滩涂资源经济,建议围垦施工时将杭州北岸深槽淤幅控制在0.1米内。

本项目成果已作为《嘉兴港海盐港区东段围涂工程项目建议书》的研究及项目受理的理论依据,同时已应用于《嘉兴港海盐港区东段围涂工程可行性研究报告》。

27. 浙江省沿海港口集疏运网络研究

主要完成单位:浙江省港航管理局。

主要技术内容:本项目采用交通流OD反推方法,获得浙江省港口各港区与腹地间OD流空间分布,构建起广义费用函数和超级网络模型,并运用STAN软件收集各规划期浙江省港口疏港通道和干线网络上流量分布。在此基础上,综合预测各港口和各港口主要港区规划期货物集疏运需求,研究陆向主要运输通道上港口货物运输流所占的比重,定量计算运输网络空间服务水平,并指出系统存在的薄弱环节,提出了沿海港口集疏运公路、铁路、内河规划建设的改进意见。

本项目成果应用于全省沿海港口集疏运网络建设。

28. MAN20/27船用柴油机注气涡轮增压系统性能的研究

主要完成单位:舟山市海峡汽车轮渡有限责任公司。

主要技术内容:本项目针对 MANB&W9L20/27 增压柴油机作为船用主机,在低工况及加速加载运行时,缸内出现增压压力不足、燃烧过量空气系数过小、废气排温高、冒黑烟等实际问题,提出了一种新型的 MPC 涡轮增压排气管系,同时连续向压气机注气的新的解决方案。

本项目成果在舟山市海峡汽车轮渡有限责任公司等渡船上应用。

该成果于 2005 年 6 月完成,达到国内领先水平。

三、管理科技

1. 水路客运 QC 小组活动

1983 年,浙航嘉兴分公司嘉善客运站,为实现质量第一、信誉至上的要求,开始采用新的管理方法。先在 403 轮和 504 轮两艘客轮组织 QC 小组活动点。403 轮首先总结以往教训,开展"避碰船员分岗、定位、加强瞭望,选道行船,主动避碰,礼让三分",B、D、C、A 循环活动,又推动其他客轮开展此项工作,实行一年多时间,安全航行 100 余航次,运送 70 余万人(次)旅客,做到优质服务、安全文明生产。1983 年,403 轮 QC 小组活动获得省交通系统发表奖。1984 年,交通部授予 403 轮为优秀 QC 小组,授予嘉善客运站为"文明客运站"。1985 年获省交通厅成果发表奖。403 轮小组被评为 1985 年度交通部优秀 QC 小组,这是全省交通系统 QC 小组在全国唯一获奖者。

2. 计算机应用于企业管理

1984 年 7 月,杭州市第一汽车运输公司根据本月交通部计算机应用交流会的要求,在杭州市交通局指示下,以〔84〕145 号文下达"公司微电脑推广应用方案",并确定计算机开发应用的重点是用于企业管理。1985 年 4 月先后完成"汽车运输计划统计日常事务处理系统"和"汽车运输机务车辆管理系统",经过几个月的使用达到预期效果。1985 年 8 月 27 日,由杭州市交通局主持,通过技术审定。

杭州第一汽车运输公司将计算机应用于汽车运输计划工作和机务车辆管理工作,在省内属首创。1986 年 8 月,浙江省计算机学会颁发证书称:该公司的"汽车运输计算机管理系统"软件可在全省推广,特此表彰。1986 年 11 月获得省科委颁发的浙江省计算机优秀软件二等奖。1987 年 3 月获得浙江省交通厅颁发的 1986 年度厅科技进步三等奖。

3. 公路工程价格指数研究

主要完成单位:交通厅工程造价管理站、衢州市交通工程定额站。

主要技术内容:本项目针对浙江省公路工程的特点,在广泛收集浙江省已建和在建各级公路的人工、材料、机械消耗量的基础上,统计出"百公里基本量",采用人工、材料、机械设备"百公里基本量"乘以定额基价的办法,得出"百公里基本量"的费用。

公路工程价格指数定期在浙江省的《交通旅游导报》和《质监与造价信息》上公布,为高速公路、一级公路、二级公路的价格调整和工程结算提供依据,直接服务于公路工程建设。

该成果于 2002 年 11 月完成,达到国内领先水平。

4. 浙江省高速公路网路径识别方法的研究

主要完成单位:浙江省公路管理局、浙江省交通科学研究所。

主要技术内容:本项目针对高速公路投资主体多元化、路网结构复杂化的环境,在对浙江省高速公路网的二义性、多义性路径进行调查研究的基础上,从探讨各种路径识别方法入手，采用路径走向分析方法，运用图表及实例，提出了采用不同拆分方法（综合比例法、里程比例限定法、节点位势法、流量调查法等），通过成本效益综合分析，确定路环通行费拆分分配的操作方案。

本项目成果已应用于浙江省高速公路联网收费结算系统。

该成果于2003年7月完成，达到国内领先水平。

5. 浙江省支线公路交通情况调查统计方法研究

主要完成单位：浙江省公路管理局、浙江省交通科学研究所。

主要技术内容：本项目对国内外交通情况调查的现状和方式作了比较和研究，在对浙江省支线公路交通情况调查方法作了综合调研的基础上，对现有支线公路交通量观测点的各类数据，运用抽样数据概率密度分布验证和置信区间推断进行分析。运用统计抽样分布理论，通过对干线公路上设置的连续式观测点的数据分析，针对支线公路交通情况调查工作现状，提出了支线公路交通情况调查方法的建议。

本项目成果为做好支线公路交通情况调查工作提出了新颖的思路。可以抽样数据概率密度分布验证和置信区间推断应用于支线公路交通量调查方面具有独创性，为浙江省公路的规划、设计、养护和管理部门提供了更正确的参考依据。

该成果于2005年4月完成，达到国内领先水平。

6.《浙江省农村公路养护技术规范》编制

主要完成单位：浙江省公路管理局等。

主要技术内容：本项目根据浙江省农村公路特点，遵循“简明实用”的原则，对农村公路及其附属设施的各个部分养护的技术要求、标准、措施和目标开展研究，并作出规定。项目成果编写成《浙江省农村公路养护技术规范》。

本项目确定的各项技术指标、参数较合理，针对性强，具有较强的实用性和可操作性。本规范是我国首部出台的有关农村公路的地方性养护技术规范，对浙江省农村公路养护具有重要的指导意义，对全国农村公路的养护也有一定的参考价值。

该成果于2005年9月完成，达到国内领先水平。

7. 浙江省高速公路机电设施信息管理系统的研究

主要完成单位：浙江省公路管理局。

主要技术内容：本项目以高速公路机电设施基础数据库、GIS可视化高速公路机电空间数据库为基础，建立以通用的高速公路机电设施管理工作流程为主线的应用软件平台，涵盖机电设施资源管理、故障采集与处理和设备运行维护管理，可实现一点受理、统一派单的分层管理模式，智能生成维护计划，实现设备故障信息采集方式的创新，完成高速公路机电设备及其附属设施的GIS图形仿真，从而规范了高速公路机电设施管理工作流程。

本项目成果应用于金丽温高速公路。

8. 浙江省公路水路施工企业信用评价指标体系和评价标准

主要完成单位：浙江交通职业技术学院。

主要技术内容：本项目构建了浙江省公路水路施工企业信用评价指标体系，提出浙江省公路水路施工企业信用等级的评定标准，架构起浙江省公路水路施工企业信用管理有关规章的框架，为政府决策部门提供了理论和操作依据，有助于规范交通建设市场，并充分发挥国家交通建设资金投资效益。

本项目成果在浙江省在建高速公路施工企业的信用试评价中应用。

9. 高速公路雾区智能电子诱导系统应用研究

主要完成单位：浙江省交通投资集团有限公司。

主要研究人员：陈继松、刘纯凯、倪慈云、邵勇、周建平。

主要技术创新点：运用雾区智能电子诱导系统，在雾区对车辆进行安全诱导，有效减少雾天对高速公路交通的影响，充分利用高速公路资源，明显减少封道时间和次数，提高高速公路运营安全和服务水平。成功研制了车辆动态多节点探测器，对雾区车辆进行有效检测。采用电光诱导和控制诱导标志的颜色转换，引导车辆安全通行。在雾区智能电子诱导系统中首次应用长距离、多节点的 CAN 总线通信方式，并采用 MESH 组网技术和 ZigBee 技术，实现数据无线通信。

该项目为"十一五"计划 2008 年浙江交通科技成果，达到国际先进水平。

四、交通工具科技（运输车辆、运输船舶、筑养路机械等）

1. 热套焊接法修理汽车后轴壳

汽车上的后轴壳很容易磨损，弯曲甚至断裂，过去找不出修理方法，不是新买的，就是把已经报废车辆上的后轴壳拆下来替换。买不到或找不到可拆换后轴壳时干脆就不加修理，对轮胎和机件损害很大。

1954 年 12 月，浙江省公路运输局汽车修理厂试验用热压焊接法修整后轴壳。经过 3 个月的行驶，修复的后轴壳没有丝毫损坏，质量完全合乎标准。1955 年 2 月底起，该厂正式动用热套焊接法修理汽车后轴壳。

用热套焊接法修理汽车后轴壳，对节约汽车零件的消耗有一定的价值。

2. 电振动自动堆焊机研制

1960 年，宁波区公路运输局修配厂研制成功振动自动堆焊机。经该机堆焊加工修理后的汽车曲轴，经久耐磨，无脱壳现象。1962 年 11 月，该机通过浙江省交通厅技术鉴定。1964 年获全国工业产品展览会二等奖。

3. 玻璃钢客车试制

1966 年，浙江省汽车运输公司宁波运输段修理厂试制成功 ZJ632 型玻璃钢客车。车身、后轮、后轮罩、发动机罩等 30 余个零部件采用玻璃钢新材料，每辆车可节省钢材 2 吨、铝材 200 余公斤。是年，玻璃钢客车送杭州技术革新成果展览会展出，并列入交通部科技情报所《交通技术革新成果》。

4. 陶瓷激法红外线煤烘房研制

1968 年，浙江省汽车运输公司宁波运输段修理厂研制成功陶瓷激法红外线烘房。该烘房选用电热碳化硅管陶瓷发热元件，功率 36 千瓦，可无级调温至 260 摄氏度，解决了客车车身喷漆烘干和玻璃钢制品加热成形的技术难题，被列入交通部科技情报所《交通技术革新成果》。

5. 500 吨油压机研制

1971 年由浙江省汽车运输公司宁波运输段研制成功 500 吨油压机。机重 30 吨，可进行客车大件壳体的一次成形，每年可压制客车车壳 120 辆。

6. 玻璃钢船试制

1969 年年底，由杭航公司船厂设计制造第一艘玻璃钢小快艇成功。后在上海船舶科研所帮助下，1972 年试制成功浙江省第一艘安装 176.64 千瓦主机，全长 17 米、型宽 3.6 米、吃水 0.45 米的全玻璃钢浅水急流拖船，经实测，符合设计要求。

7. ZT－3 型汽车用晶体管油泵试制

汽车用晶体管油泵于 1972 年 4 月由瑞安交通电器厂周石统主持下开始试制，次年投入小批量生产，后又改进为 ZT－2 型、ZT－3 型。ZT－3 型晶体管汽油泵，采用汽车直流电源，通过晶体管开关电路与机械柱塞往复运动，使低位油箱中的汽油能供给化油器，节省汽油 8%～12%，山区使用效果更为明显，消除了高温气阻。1978 年 9 月，该产品荣获全国交通战线重要成果奖，同年获全国科学大会重大贡献奖。

8. 叶轮机气动力学新理论体系研究

1977 年 5 月至 1980 年 6 月，鄞县经委吴宝仁参加了上海机械学院刘高联、陈月林等研究的这一课题，主要包括气动力学变分原理与广义变分原理的研究、平面叶栅与三元旋转叶栅气动设计最优化理论的研究。该理论可广泛应用于透平机械通流部分的设计，从而奠定了透平机械流动计算的基础。在实际应用中，既可解 S1 面，也可解 S2 面；既可解局部反问题（如杂交性命题），也可解完整的反问题；既可用于亚音速，也可用于超音速。甚至还可以用于计算一般方法难以解决的问题，如缝隙叶栅、双列叶栅和带有分流面的进气道。这些在国内均为首创，在国际上也处于领先地位。1982 年，该课题中“完成叶轮机械三元流动变分原理及有限元计算”获第一机械工业部一等奖；1985 年 3 月，“三元流动变分原理及优化设计”获机械工业部设计奖。这一系统研究成果，使叶轮机气动设计思想和方法发生根本变革，具有高度的系统性、完整性和中国特色，获 1987 年国家自然科学二等奖。

9. 春风牌 76－1 型船用导航雷达研制

1977 年 12 月，宁波无线电厂研制成功春风牌 76－1 型船用导航雷达，翌年 8 月通过省级鉴定。该雷达采用耿氏振荡器、微波限幅器、单级压缩固态调剂器、船电逆变压器等先进技术，具有体积小、重量轻、耗电少、灵敏度高、性能稳定、使用维修方便等优点，适用于中小型船舶助航，有普遍推广价值。1979 年获浙江省科技成果三等奖。

10. 船体数学放样——回弹法研究

1978 年，浙江省宁波地区航运公司船厂与浙江大学应用数学组、嘉兴航运公司船厂主体联合研究成功船体数学放样——回弹法。船体采用回弹法放样，能提高放样准确性，缩短船体线型三向光顺时间，提高造船质量。是年该研究成果获全国科学技术大会奖。

11. KDZ－05 型船用主机电动遥控装置研制

1978 年，宁波航海仪器厂研制成功 KDZ－05 型船用主机电动遥控装置。该装置适用于 6300 和 8300 主机的船舶。采用先进的电子技术，操作简便，机动性好，能提高船舶工作效率和减轻工人劳动强度。1979 年获浙江省科技成果三等奖，1981 年获国家水产总局技术改进成果三等奖。

12. DZK－15A 型电子自动控制升船机研制

1978 年 2 月，宁波市升船机公司研制成功 DZK－15A 型电子自动控制升船机。该机应用惯性过点中承船车自动测荷，自控过顶，自动检测故障和无线电遥控，具有高抗干扰、可靠性好、操作简便、船舶过坝安全、减轻劳动强度等优点。翌年分别获浙江省、宁波市科技成果一等奖。

13. 太阳能电池研制

1979 年,宁波太阳能电源厂与第四机械工业部六所共同研制成功大直径乳胶源扩散硅太阳能电池。经测定,已达到美国 BTU 标准和西德 AEG 公司同类产品水平,可广泛作为太阳能车、船及航标灯、信号灯、通信机等设备的电源。是年获浙江省科技成果二等奖。1980 年获第四机械工业部科学技术成果二等奖。1981 年,用本电池的太阳能游艇在国内首次试制成功,赴美国田纳西州参加世界能源博览会展出。1984 年,湖南金属学会星期天技术开发公司用本电池研制成国内第一台太阳能汽车,开到北京中南海,受到中央领导人好评。

14. ZJ－860 型六吨双轴载货全挂车研制

1981 年 7 月由浙江省汽车运输公司与宁波分公司汽车修理厂等联合研制成功 ZJ－860 型 6 吨双轴载货全挂车。该产品适用于东风 ZQ－140 型和解放 CA－15 型拖挂车,制动和稳定性好,能降低油耗和单车成本。是年获浙江省科技产品三等奖。

15. 船舶甲板敷料芯材研制

1981 年由象山无机轻体板材厂以膨胀珍珠岩为原料,在 HD 无机轻体板材的基础上研制船舶甲板敷料芯材。该产品具有耐火、隔热、化学性能稳定以及耐油、耐水、耐酸等优点,填补了国内船用防火材料的空白。其中,芯材获 1981 年度浙江省科技成果二等奖,防火甲板敷料获 1981 年度中国船舶总公司重要科技成果二等奖,敷料芯获 1985 年度国家科技成果二等奖。

16. 解放牌汽车 CA－10B 型发动机技术改造

1979～1982 年,浙江省汽车运输公司宁波分公司自行设计 NB－1 型凸轮轴及 NB－A、B、C 共 3 种燃烧室结构形状的汽缸盖,改变祧型曲线等新技术,对 405 辆解放牌汽车进行改造。经试验证明,功率比出厂指标提高 10%,最大扭距提高 17.8%,油耗降低 6.5%。1982 年获浙江省科技优秀成果推广三等奖。

17. 6300 系列 1000 马力船用柴油机研制

1982 年,宁波动力机厂在 6300 型 600 马力船用柴油机基础上制成 1000 马力船用柴油机。该柴油机适于作沿海客货轮、渔轮、拖轮和港作船及其他船舶的主机,获该年度国防工办重大科技成果二等奖。

18. OFN8 米玻璃钢耐火全封闭式救生艇研制

1982 年 12 月,由上海海运局、广州海运局委托 704 研究所设计,鄞县福明造船厂冯富祥、周信良联合研制成功 OFN8 米玻璃钢耐火全封闭式救生艇,并通过部级鉴定。该艇可乘员 45 名,艇内装有脱钩装置,遇海难时可脱钩离开母船。该艇艇体耐火,并有洒水系统,按规范燃烧 8 分钟,可使艇内生物无恙。1985 年获国家科技进步三等奖。

19. 混合式制动试验台研制

杭州市第一汽车运输公司于 1978 年接受了研制汽车试验台的任务,专门成立小组,设计以惯性为主,加上测制动力的混合式制动试验台方案。这种试验台在全国尚属首创,在研制过程中就参加 1980 年第一届全国制动研讨会,并向大会介绍这种既有测试制动距离又能测制动力的混合式制动试验台的情况。1981 年试制成功,次年 3 月 8～11 日通过省交通厅技术鉴定。

20. 客车构件磷化防锈新工艺

客车制造原采用的防锈涂装工艺，劳动强度大、工效低、污染严重，导致产品质量差。一般新客车使用两三年以后因车身严重锈蚀须提前大修，影响车身的使用经济效益。

20 世纪 80 年代初，浙江客车厂用槽浸法水剂除油液脱脂，无公害除锈，高质量磷化和高效率浸漆，远红外烘干技术，形成一条半自动化防锈涂装工艺线，该工艺线适用于客车骨架及外车身复盖件的表面防锈处理。其技术关键是浙江客车厂成功研制出 839 磷化剂。

839 磷化剂成本低廉，磷化速度快，具有良好的防锈性能和工艺性能，是处理客车行业用量最大的 08F 钢板较理想的磷化剂。选用的 HX－814 除油剂及 705 除锈磷化剂，除油除锈效果良好，对金属基材无不良影响，无”三废“污染。以该工艺处理的客车车身可以延长使用寿命 3～4 年。

客车构件磷化防锈工艺是客车行业较为完整和先进的磷化涂装工艺，获得浙江省 1983 年度优秀科学技术成果推广三等奖。

21. 液压随动式连杆校正机革新

1980 年，丽水运输段工程师邢志良主持革新的连杆校正机，冲破常用的“液压开关式”，采用“液压随动式”控制，使用时轻便如意，既减轻了劳动强度，又提高了工效和检验精度。同时运用液压技术，革新了修理汽车的 20 多种轴承拉器，提高了拆装速度和质量。同年 10 月，连杆校正机和轴承拉器在华东汽车科技情报网杭州会议的技术革新展览会上展出后，有 11 项产品获奖。液压随动式连杆校正机 1985 年获交通部交通工业优秀展品奖。

22. 客车骨架电测电算课题研究

1982 年 6 月，浙江省汽车运输公司委托浙江省交通科研所进行“客车骨架电测电算”课题研究。1983 年初，浙江省汽车运输公司所属的浙江客车修造厂向浙江省交通科研所提供该厂生产的 ZJ－662B 客车的骨架图纸及带底盘的车梁骨架 1 辆，同时该厂技术科派专人协助科研所进行电测试验。试验包括：进行 ZJ－662B 客车骨架的静弯曲、静扭转强度计算，基本振型计算；进行静载电测，动载电测和随机振动测试，并用计算机处理结果，最后对客车骨架设计提出改进意见。1984 年 8 月，客车骨架的电测电算工作圆满完成。1985 年获得浙江省科学技术进步三等奖。这是交通部系统内第一次尝试独立进行骨架电测电算课题，而且计算和试验内容比国内其他地方要全、要深，为推进客车骨架设计理论迈进了一大步。

23. 汽油机激机冷合金铸铁挺柱研制

1985 年，定海县汽车配件厂郑二君等 3 人合作研制成功 BJ212(4920) 汽油机激机冷合金铸铁挺柱，同年 10 月 30 日通过技术鉴定，获 1985 年度浙江省科技进步三等奖。

24. 船舶舱底水位自动报警器试制

1985 年 12 月，岱山县岱西海运公司船员叶梦富为解决木质船舶舱底渗漏，试制成功一台报警器，该报警器视舱底水位超过安全线，自动开启红灯，发出“嘟、嘟”声报警。该成果被评为 1985 年度浙江省“五小杯”科研成果三等奖。

25. 2.8 吨木动臂吊、QS－1 型全方位移动式升降台研制

嘉兴市交通机械配件厂（现市汽车传动轴厂）李定锦等研制的 2.8 吨木动臂吊（滑轨爬移式桉面起重机）、QS－1 型全方位移动式升降台分别被浙江省交通厅授予 1985 年科学技

术进步奖四等奖。

26. 货驳舵柄柱缓冲分合装置研制

浙航嘉兴分公司王德法等研制的货驳舵柄柱缓冲分合装置，被浙江省交通厅授予1987年科学技术进步奖三等奖。

27. 1.0立方米全液压抓斗挖泥船研制

1.0立方米全液压抓斗挖泥船是由杭州工程船厂与日本四国建机株式会社合作研制的，1986年制造完成。经交通部鉴定，获浙江省交通厅科技进步三等奖。

28. 液压发动机吊车设计制造

温州市汽车修造厂设计制造的500型液压发动机吊车，获1985年交通部工业展览会优秀奖。1986年8月吴一亨对油源系统、行走系统进行改进。1987年在原型基础上设计生产1000型液压发动机吊车，采用液压传动，额定吊重1000公斤，最大起升高度3米，吊臂伸缩为0.5米。

29. WZKQ型－回转式零件自动清洗机研制

从1978年开始，温州市长途汽车运输联合总公司修理厂独创WZKQ型－回转式自动零件清洗系列产品，获1988年温州市优秀“四新”产品奖和浙江省优秀“四新”产品奖。该产品分A、B、C共3型。A型机可将较大的机件解体后放入进行清洗作业，通过升温，以高压液体进行强力冲洗；B型机直径为1.3米，采用金属洗涤剂作清洗液，电加热，适用于各类汽车修理、保养及一般机械零件的清洗作业。A、B型机获1987年全国汽车检测保修设备展示会优秀展品。C型机系移动式结构，采用金属洗涤剂作清洗液，适用于汽车、拖拉机、摩托车及各种机械零件的清洗作业。

30. 磁电式自动控制汽车安全节油器研制

1985年，宁海县食品公司职工陶松垒研制成功磁电式自动控制汽车安全节油器。该节油器适用于各种汽油机汽车。在汽车行驶中不需要动力时，能自动截止汽油进缸；在不需要大动力时，能适当调稀混合气；在制动、下坡、颠簸等情况下，能解决由于浮子晃动油平面上升而引起的呛油问题。在同一条件下，装上节油器能节油3.6%～21.5%，平均节油率达10.1%。该产品获1985年浙江省商业科技进步一等奖，1986年省首届发明展览会金瓶奖，全国第三届发明展览会铜牌奖和商业部科技进步一等奖，1987年获国家专利。

31. ZJ－132A型长轴距双排座轻型载货汽车研制

1986年4月，宁波汽车厂研制成功ZJ－132A型长轴距双排座轻型载货汽车。该车采用两极传动轴真空加力，双管路液压制动，经海南岛2.5万公里强化路面定型测试，整车性能良好。是年获浙江省科技进步四等奖、宁波市科技进步三等奖。

32. 平钢片增强石棉板加强型汽缸垫研制

1979年10月，象山县缸垫厂研制成功平钢片增强石棉板加强型汽缸垫。该汽缸垫以材质、结构、工艺、技术性能之独特，位居全国同类产品之首。1983年获浙江省优质产品奖和优秀科技成果三等奖。

33. A型射钉工具器研制

象山县汽车修配厂所属宁波巨力机械设备工具厂研制成功A型射钉工具器。该工具器能利用火药爆炸时所产生的高压推进力，将钉钉入钢板、混凝土等坚硬构件。1988年获宁波市科技成果四等奖、浙江省科技成果四等奖，1989 年获全国星火计划成果、适用技术展览交易会金奖。

34. ZJQG09 五吨载货全挂车设计开发

ZJQG09 五吨载货全挂车金华修造厂开发的新车型之一。该车主要是在吸取各地生产挂车经验和交通部设计的 JT851 型挂车部件新结构的基础上设计的。其主要特性为结构合理、自重轻、造型美观、转向轻便、重载时平顺性好，前后轴可通用，并采用分段式结构；轴体与轴头可拆，方便维修，车架、转盘架、牵引架等主要采用钢板冷压成形，抗弯、抗扭强度好；以铆代焊，减少焊接。挂车车厢 98% 以上是压制件，刚度好、自重轻。投入运输可有效地降低运输成本，提高经济效益。1979 年获省科技成果三等奖，1985 年获交通部优秀产品“金杯奖”，1987 年获省优秀产品奖，并通过了交通厅的鉴定。

该车主要技术参数为：装载重量 6000 公斤，自重 2500 公斤；长 6.450 米，宽 2.290 米，高 2.045 米（满载）。制动器采用单管断气制动，厢内长 4.700、宽 2.210、高 0.550 米。

35. 10 吨运货半挂车研制

10 吨运货半挂车是金华汽车修造厂制造的系列产品之一，1987 年研制，型号有 JH917076E、JH917076D、JH917076C、JH917085E、JH917085D 共 5 种。该车型轴荷分配合理、结构牢固、造型美观，与牵引车之间连接装置达到互换性、标准化，制动系统为双腔三四路，三轴具有独立的控制性能，整体设计处于国内领先地位。其营运成本比单车低 25% ~35%。经交通厅鉴定，1990 年被评为省级优质产品。

36. 汽油转子发动机研制

1960 年初，金华汽车修造厂（前称修理厂）工人陈炳才、丁履忠等从《科学画报》中了解到德国人汪克尔发明转子发动机种，并认识到该机将成为发达国家用于汽车的理想机种之一，即着手摸索研究制造。1972 年得到交通部科学院、浙江大学的合作，正式开展研制工作，至 1986 年先后完成 JZ110、JZ110B 型等样机。JZ110B 样机通过 1982 年 10 月部级鉴定，1983 ~1986 年共生产 271 台，装配于长途客货汽车试运转。1985 年 5 月装长途空调大客车上，参加交通部举办的“全国公路交通工业品展览”，获优秀展品“金杯奖”。该车成为我国唯一的汽油转子机汽车，具有高速比、大功率、减轻前桥负荷、增加车厢有效面积等优点，不足之处是低速负荷和冬季冷起动性能较差，长期运行后缸体常有缩变漏水现象。1987 年 1 月，修造厂与交通部公路科研所，中国长江动力公司协作，研制 JZ211C 型转子发动机。1988 年 4 月，第一批 3 台发动机总装完毕，新机测试一次成功。经试调改进，1989 年又装配 7 台，经一年多的反复负荷测试，未出现缸体缩变和漏水现象，发动机的可靠性良好。1990 年 6 月 16 ~20 日，由交通部组织产品鉴定会，全国 70 多位专家对这项研究成果做了鉴定并给予通过。它的试制成功，标志着我国三角机械发展史上的一次突破性进展。它不仅能用于中、轻型长途客车和旅游车上，也为移动式发电机、车载风力灭火机和飞艇等提供了理想的内燃动力。该产品已由金华汽车修造厂列入批量生产计划。

37. 转子发动机客车的研制

1979 年，浙江客车厂开始采用浙江省汽车运输公司金华修理厂与交通部公路科研所和浙江大学联合研制的 JZ211B 型转子发动机作为动力改装公路长途客车。先是利用 CA10B 解放底盘改装 JT661 型客车，以后几年又分别改装出 ZJ643 型客车、ZJ662B 型客车。至 1986

年共生产转子发动机的长途客车50辆、空调旅游客车1辆。

转子发动机的主要优点是体积比往复机小三分之一,质量比同类汽油往复机轻40%,运行平衡、噪声小、结构简单、动力性好,成本比往复机低30%~40%,功率大60%。采用转子发动机对提高客车的舒适性、降低保修成本,提高经济效益十分有利。转子发动机客车的生产,填补了国内一项空白。随着转子机寿命的延长、燃油经济性的提高和客车底盘综合性能达到良好匹配后,转子机客车作为高速公路客车具有良好的发展前景。

38.11.5米公安艇开发

嘉兴市造船厂于1988开发的11.5米公安艇,当年通过浙江省省级新产品鉴定,并获1988年省级科技进步三等奖,进而由国家计委列入1989年国家级重大新产品试产计划。该产品派生出11.5米公安艇低驾驶型、高驾驶型和消防艇等类型。该艇最大长度12.10米,型宽2.42米,型深1.00米,吃水0.60米,排水量6.70米,主机功率69千瓦(80马力),航速726公里/小时,噪音<80分贝(驾驶位),可载船员2名、乘员8名。作为消防艇时,主机功率74千瓦(100马力),消防水泵扬程110米,流量1800升/分。

39.9米交通艇开发

嘉兴市造船厂1989年开发的9米交通艇,最大时速20公里,噪音7.9分贝,获嘉兴市1989优秀产品金鹊奖,被浙江省计划经济委员会评为1990年度省级新优秀产品,获得浙江省1990年优秀产品“骏马奖”。

40.11.5米艉机型快艇开发

嘉兴市造船二厂于1986年初,与中国船舶海洋设计研究院上海708研究所挂钩,改造原10.5米艏机型钢质快艇(因结构不合理而引起客舱噪音大、震动大、航速慢等缺陷),将原首艏机型结构改成艉机型结构,舵机按德国肖德尔公司技术图样设计制造,装配国内较为先进的主副机,开发出11.5米艉机型块艇。1987年10月,11.5米快艇在上海黄浦江试航测定,航速达24.85公里/小时,在当时嘉兴市同类快艇产品中处于领先地位。1988年8月25日,该艇被国家专利局批准为国家专利产品,专利期为8年。该型艇经过不断革新改进,技术性能不断提高。艇长增加了20厘米,时速达27公里,功率为61.8千瓦,具国内同类产品一流水平。

41.挠性顶推船队可变性挂连技术及船型研究

1990年,由嘉兴市航运总公司船厂作为参加单位的挠性顶推船队可变性挂连技术及船型研究项目,列入1990年交通部、浙江省交通厅重大科研项目。船组由嘉航船厂试制完成,并顺利通过空重载试验。经过专家评议,认为挠推船组与刚性顶推相比,在改善回转性能、提高过湾能力方面的效果是明显的。该船组挠性联按装置的功能和机械强度经试验考核,基本符合设计要求。

42.船舶主机缸体裂纹的补救

1987年,浙江省航运公司舟山分公司经营的“南湖”轮A/SBDW750-VTF-110主机(3400马力)有5个缸体上产生7条大裂纹,个别缸体支承脚断裂,机架平面凹陷,缸套中心线倾斜,振动加剧,濒临停航。更换缸体费用约50万元,更新整台立机费用约80万元以上。1989年4月,机务技术科宋成钊、翁昌维采取在气缸体支承脚下加垫片,恢复有关固定形位尺寸后,再收紧贯穿螺栓的方法,达到清除各种不良症状的目的。维修后该主机安全运转至今，节约费用百万元。根据该技术写成的论文在《浙江航海》1990 年第一期发表。1990 年，该技术荣获全国交通水运系统“技术进步先进成果奖”。

43. 7206 型气垫升气垫船、7210 型气垫升气垫巡逻艇、7301 型气垫升气垫运输平台的研制

7206 型气垫升气垫船，获 1983 年杭州市科技成果二等奖；7210 型气垫升气垫巡逻艇，获浙江省新产品奖；7301 型气垫升气垫运输平台，获 1990 年国家重大设备二等奖。上述船舶和平台均由杭州东风造船厂研制建造，其中 7301 型气垫平台已于 1987 年交货应用。

44. 浙江 PLJ75 - 1 型联合铺路机试制

1975 年，杭州公路总段机具站试制浙江 PLJ75 - 1 型联合铺路机成功，并在全省养路机械会上作现场表演。1978 年、1979 年分别获得市、省级优秀科技成果三等奖。

45. YZF - 07 型手扶振动压路机试制

1980 年，杭州公路总段机修厂试制 YZF - 07 型手扶振动压路机成功。1981 年 10 月鉴定为交通部公路养护小型压实定型机具，机修厂为生产定点厂。1985 年在部办“全国交通工业产品展览会”展出，获优秀展品奖。到 1990 年年末已累计生产 461 台，销售 19 个省、市。

46. 2 ~ 3 吨压路机设计制造

1981 年，舟山市公路机修厂自行设计制造 6 台 2 ~ 3 吨小型压路机，创产值 7. 8 万元。该压路机的柴油机装有惯性增压装置，经水力测动仪测定，马力增大，油耗降低（S195 型原 12 马力，后为 13 马力，同负荷下油耗降低 7%）。1982 年，该机在全省公路系统筑养路机械展销会上获技术革新成果奖。

47. 太阳能及远红外综合加热沥青装置试制

1983 年，岱山县养路工区组织人员经过半年试验、探索，制造出一台新型太阳能远红外综合加热化油池。该装置分太阳能油池和远红外化油锅两大部分。太阳能是利用太阳自然光源，转换成热能，使沥青融化，再运用远红外油锅进行升温、脱水。用此工艺，成本由每吨 90 元减至 51 元，降低率为 43%；工作效益提高 3 倍，操作人员由 10 人减为 3 人。该工艺填补了全省公路沥青加热技术上的空白。1984 年，获岱山县科技成果二等奖，并被列为《1981 ~ 1985 年浙江省交通科技成果汇编》（第三辑）新技术推广项目。

48. 多功能自动调温沥青洒布机试制

1989 年 3 月，平阳县公路段胡如彪、邓增弟、吴乃新、吴乃友等发动公路段职工共同试制成功多功能自动调温沥青洒布机。该机压力大，采用油气混合加压输送燃烧加温，自动调温，使柏油沥青保持在 180℃ 上下，兼有溶化和洒布的综合功能，喷洒沥青利用率可提高 10%，同时可用于洒水、除虫等。该产品荣获 1990 年第二届广州国际专利新技术新产品展览会铜奖和温州市首届专利发明优秀奖。

49. 激光式自动弯沉仪的研制与应用

主要完成单位：浙江省交通厅工程质量监督局。

主要研究人员：翟三扣、卞钧霈、吕聪儒、崔军、官世平。

主要技术创新点：将激光技术与无线数据传输技术用于路面弯沉检测，通过新技术的研究和新型材料及工艺的应用，研制出新型激光式自动弯沉仪。经过实测检验验证，检测速度可达到 8 公里/小时，数据采集精度由 10μm 提高到 0. 6μm。该研究成果推动了弯沉检测技术的发展，并极大地提高了路面弯沉检测效率。采用的双导柱辅助定位及保护技术、主动气

源式柔性后阻尼技术、快速结合移步卷扬及步距控制离合器复合技术、无线实时测试数据传输技术,使新的激光自动弯沉仪在检测安全、检测速度、检测精度方面有了大幅度提高。

该项目为“十一五”2009 年浙江交通科技成果,达到国际先进水平。

50.900t 轮胎搬运机两机联动移运技术研究

主要完成单位:浙江省舟山连岛工程建设指挥部。

主要研究人员:王昌将、陈辉黄新、黄华定、代华。

主要技术创新点:研制了国内首台大吨位两机联动轮胎式搬运机。利用 GPS/RTK 定位技术和无线传输技术,实现两机行走同步。开发了 8 台液压卷扬机提升同步控制技术及大吨位大体积箱梁的成套吊具系统。

该项目为“十一五”2009 年浙江交通科技成果,达到国际先进水平。

五、信息化科技

1.公路工程地理信息系统

主要完成单位:浙江省衢州市交通设计有限公司、浙江大学生产工程研究所。

主要技术内容:本系统基于 Windons 98 操作系统,MapInfo 地理信息系统平台,采用了数据信息可视化、图形化的技术,为公路工程地理数据的输入、加工和快速导入公路工程 CAD 提供了一种新型的操作方式,主要技术内容:地形图纸矢量化整合系统、基于三角网的数字地形模型、公路中心线设计及纵断面、横断面设计、基于网络的地表数据输入。

本系统已在省内多家公路工程设计单位推广使用,并用于杭金衢高速公路与 50 省道连接线、320 国道樟潭至下张等工程的可行性研究,其采集地形图数据的正确性和快速性得到了设计人员的肯定。

该系统于 2001 年 3 月开发完成,处于国内先进水平。其中公路工程路线设计中,采用地形图基于 MapInfo 平台上实现三角网数字地形建模和网络和地形数据输入具有创新性。

2.车辆检测信息管理网络系统

主要完成单位:宁波市公路运输管理处。

主要技术内容:本系统实现了省运管局、市运管处、县运管所和车辆综检站 4 级联网,具备汽车维修检测管理的多种功能。其主要技术内容包括:车辆综合性能检测站人员、设备等资质管理,车辆检测数据远程实时传输,车辆维修质量检测监督,车辆二级维护及技术等级评定超期查询,汽车维修管理档案无纸化管理,车辆技术档案管理。

该系统于 2001 年 10 月开发完成,12 月 25 日在浙江省运管系统全面推广使用,处于国内领先水平。

3.公路机械、战备钢桥管理与租赁信息系统

主要完成单位:浙江省公路管理局、浙江天正信息科技有限公司。

主要技术内容:本系统采用 Intranet 的思路和 Web 技术进行了全新的设计,建立了统一完整的浏览界面,操作方便;采用大型数据库,能对各类综合信息、动态情况和统计汇总等进行即时访问。

该系统技术性能优异、新颖、实用,2002 年 4 月开发完成,处于国内领先水平。自 2002 年起在浙江省省、市、县 3 级公路管理单位应用,反应良好,达到了预期的效果。

4.高速公路预付卡应用系统

主要完成单位：浙江沪杭甬高速公路股份有限公司。

主要技术内容：高速公路预付卡应用系统的研究开发主要包括预付卡的初始化、发行、充值、查询、挂失等应用程序模块，预付卡管理应用程序：包括发行、充值、使用、查询、挂失、清帐退款、报表等管理规程，建立预付卡促销、宣传等推广流程，在软件上实现预付卡与高速公路其他通行卡的兼容，能在非接触式读写器上正常读写，并将预付卡所支付的费用及所剩余额打印在通行费发票上等。

系统除在沪杭甬高速公路上成功应用外，还推广到上三高速公路全线。该系统 2002 年 10 月开发完成，处于国内领先水平。

5. 浙江省港航规费业务管理系统研究

主要完成单位：浙江省港航管理局。

主要技术内容：本系统的数据量相当大，为了解决海量数据的存放问题，采用 SQL SERVER 7.0 作后台，易用性、可伸缩性、可靠性等都相当优秀。利用 Windows 组件技术编程，当某一部分程序更改时，只需将相应的组件作调整，而不需要搬动整个程序。

浙江省港航规费稽征业务管理系统在全省所有航区进行了推广应用，基本实现了稽征业务的计算机化管理。本系统软件可填补本软件国内的一项空白，具有良好的推广应用前景。

内河版 2002 年 11 月开发完成，处于国内领先水平。沿海版 2005 年 11 月通过验收。

6. 公路建设施工统一用表及管理系统研究开发

主要完成单位：浙江省交通厅工程质量监督站、浙江登峰交通集团有限公司。

主要技术内容：该成果主要由两大部分技术内容组成。第一部分为《浙江省公路建设项目施工统一用表》的编制。主要通过收集国家和浙江省多项公路工程的现有施工和监理用表，根据有关规范和标准的要求研究制定和补充完善大量新的表式，编制成各类专业用表和分项工程用表共 5 类 658 项。第二部分是以统一用表为依据开发的用表管理系统。考虑到施工统一用表表式较多，采用实物推广存在一定的难度和局限性，也不科学，同时也不方便建设各方多项目使用的需要，故将其编制成了施工统一用表管理系统，通过应用软件进行推广。管理系统按资源管理器方式，根据以上五大类用表及工程分类分门别类进行分级设置，操作和选用方便，同时以菜单方式设置了项目初始化等功能。

已在全省范围全面推广应用。

该系统 2003 年 4 月开发完成，处于国内领先水平。

7. 水运建设项目施工统一用表及管理软件

主要完成单位：浙江省交通厅工程质量监督站、湖州市交通工程处。

主要技术内容：本项目研究内容由用表表式和管理系统两大部分组成。用表表式根据用表的种类不同共分五大部分，分别是原始记录表、质量检验评定用表、计量支付用表、监理用表、分项工程目录。施工统一用表管理系统（A 版）对已编制完成的施工统一用表进行载入，并作分类、归档，存储于数据库中。同时，为方便今后对施工统一用表的修改完善、升级扩展，管理系统（A 版）提供对施工统一用表数据库的增加、修改、删除等功能。为方便最终用户使用，管理系统（B 版）将设置多种查找、检索方式，保证查找功能得以方便、快捷地执行。

该系统(A 版)于 2003 年 7 月开发完成,处于国内领先水平。

8. 内河交通行政处罚管理系统

主要完成单位:绍兴市航运管理处。

主要技术内容:开发了针对内河交通行政处罚工作停留在手工操作阶段,工作效率低下,案卷规范化程度不高,对执法资格、处罚权限和办案质量缺乏内部监控手段,容易因程序上错误出现行政败诉的现状,绍兴市航运管理处结合浙江内河交通"四合一"管理体制的实际设计、开发了内河交通行政处罚管理系统。系统采用 Microsoft Visual Studio. Net 开发,由数据库、访问控制层、客户服务层、客户端程序构成。以客户端发起资料请求后,由客户服务程序分析请求并通过访问控制层向数据库请求资料并返回数据库。主体采用浏览器/服务器结构,具有独立的访问控制层,所有资料访问均采用存贮以提高数据库安全性,并采用 SSL 安全协议加密传输。

该系统于 2004 年 9 月开发完成,并在绍兴市港航系统投入应用,处于国内领先水平。

9. 船舶技术档案管理系统

主要完成单位:浙江现代船舶设计研究有限公司。

主要技术内容:本项目主要通过对设计流程—资料归档—文本检索—图纸查阅—资料调用过程的深入研究及优化,并结合船舶设计及管理的实际经验,开发出一套先进、实用的图纸技术档案管理应用软件。

该软件于 2004 年 9 月开发完成,并已顺利投入试运行,处于国内领先水平。

10. 车辆检测数据智能化辅助分析系统

主要完成单位:湖州市车辆综合性能检测站。

主要技术内容:本系统使用脉冲波形分析原理,考察左右制动力曲线的上升速率、最大幅度和相位差,确定左右制动力曲线的幅度、形状及相互位置关系,并结合左右轮重差、左右制动力最大幅度差、左右制动力/轮重的百分比等辅助参数,依此来自动分析制动性能不合格的原因,并实时生成通俗易懂的分析结果。

本系统于 2004 年 10 月开发完成,处于国内领先水平。

11. 浙江省港航数据字典及数据库平台研究

主要完成单位:浙江省湖州市港航管理局。

主要技术内容:《浙江省港航数据字典规范》是根据浙江港航实际情况和新形势下信息化建设的需要而制定的一整套针对港航业务的数据规范。该规范规定了软件开发中用到的所有数据项的定义、格式、命名和规范,包括港航信息化数据库建设中数据库表和字段的命名规则、业务需求规范、数据字典 3 个部分。

本平台具有较强的适应性、可扩充性和可操作性,于 2004 年 11 月开发完成,属国内领先水平,已在浙江省船员管理系统、湖州水上交通指挥系统等项目开发中应用。

12. 高速公路工程项目管理系统

主要完成单位:杭州市交通信息中心、杭州杭千高速公路发展有限公司、上海中交海德交通科技股份有限公司。

主要技术内容:本系统主要针对高速公路建设行业管理部门、项目公司、代建单位(指挥部)、设计单位、监理单位、承包商等不同对象提出运用信息化手段进行项目管理的不同方案。项目管理系统的研发以工作分解结构（WBS）为主线，本着针对性、实用性、易用性、先进性的开发原则，以质量管理、投资控制、计划进度、档案管理和合同管理作为主要的计算机开发应用模块，通过规范相关审批流程，统一报表样式，统一计算方法，提供审批过程监控，增加审批透明度，重点解决工程建设中的规范化问题、时效性问题和数据统一性问题。同时针对目前公众关注的建设施工安全、用工欠薪、廉政与效能建设等问题，开发完成安全管理、用工管理、廉政效能管理等模块，以辅助各方管理。

系统根据浙江省科技信息研究院技术查新报告结果，建立广义的工作分解结构单元（WBS-U），实现质量控制单元、进度控制单元与投资控制单元的统一。将PDCA循环引入高速公路项目管理软件系统，实现工程建设的全过程管理。用工管理、廉政效能建设等公众关注问题引入项目管理系统均在国内也属首次。

该系统于2004年12月开发完成，处于国内领先水平，已在杭千高速公路、杭徽高速公路（留下至汪家埠段）、诸永高速公路等工程建设项目中推广应用。

13. 浙江省水运基础地理信息系统

主要完成单位：浙江省交通厅航运管理局、浙江大学生产工程研究所。

主要技术内容：本系统基于Windows操作系统平台、Client/Server网络结构模型和MapInfo地理信息系统平台，利用SQL Server 7.0数据库平台构造数据库服务器，通过局域网络实现从客户端到服务器的访问功能；实现了数据信息共享，管理对象涵盖内河航道、内河建筑物、内河港口、沿海港口、陆岛交通码头；实现了地图对象与远程服务器之间的网络数据链接及自动更新；地图对象可动态关联图像文件及DXF文件。

该系统于2000年6月开发完成，处于国内工程管理软件系统领先水平。

14. 浙江省交通行政执法信息管理系统

主要完成单位：浙江交通职业技术学院、海盐县公路运输稽征所。

主要技术内容：交通行政执法信息管理系统开发按照Intranet规则，建立以SQL Server 2000为中心、Windows 2000/9X为用户平台的局域网络应用系统，以及健全的信息安全体系；按照有关的法律和条例，依C/S模式设计，以规范交通行政执法的公正和公平，维护执行客体的合法权益，促进廉政建设，进一步推动行政管理的信息化和自动化建设。

该系统于2001年7月开发完成，处于国内先进水平，已在海盐县公路运输稽征所试用。

15. 公路病害处理管理系统

主要完成单位：浙江省交通科学研究所、衢州市公路管理处。

主要技术内容：以衢州市和常山县为试点，建立市—县区域路面数据库、多媒体病害数据库。依据相关路面病害的分类、基本原因，参照国内有关规范，借助互联网查询国内外有关处理方法，建立公路路面病害库，存储以桩号为单位的各种公路路面病害实情数据（含图像、图片等多媒体资料）。确定区域公路路面病害换算系数K值，计算好路率，制作公路养护质量报表和示意图。根据公路养护质量检评方法确定沥青、水泥、砂石路面的大中修面积换算系数（权重）、设置大中修费用单价、判定参数，估算区域大中修养护工程费用。

该系统于2003年12月开发完成，处于国内先进水平。

16. 基于GPS、GIS技术的交通实时路况系统分析与研究

主要完成单位：浙江省交通厅信息中心。

主要研究人员:韩海航、沈祖志、葛晓锋、刘南、邓明荣。

主要技术创新点:在浙江省交通厅信息中心的 GPS/GIS 实时数据库的环境下,对 GPS 历史数据进行分析、挖掘,建立了道路短期通堵状况分析预报模型和近期道路通堵趋势分析预报模型,编制了道路通堵状况分析软件包原型,通过软件的运行对模型的有效性进行检验,并将分析预报信息在浙江交通网发布。该项目做到基于变异系数方法的海量 GPS 历史数据典型性规律性的交通数据挖掘技术,基于车流特性分析的路况“情境知识”生成技术,基于路况“情境知识”匹配的道路通堵趋势分析推理模型构建技术。

该项目为“十一五”2010 年浙江交通科技成果,达到国际先进水平。

第二节 科研机构

一、浙江省交通规划设计研究院

1979 年,浙江省交通局根据专业化分工需要,决定建立浙江省交通设计院,成立由张先辰为组长、蔡体楞为副组长的筹建小组,负责筹建工作。2 月底,报经省革委会批准,从省工程管理局划出公路勘测设计室,从省航运管理局划出航道勘测设计室,合并成立浙江省交通设计院,为省交通局直属事业单位。公路勘测设计室随即从梅花碑省交通局大院的办公地,迁址到航道勘测设计室所在地环城西路 89 号(原 111 号)合署办公。设计院由黄湘柱任院长兼总工程师,李世龙任党委副书记。其内设机构为 9 室 7 队,分别是政治工作办公室(党委办公室)、办公室、技术室、综合室、道路室、桥梁室、地质室、航道室、水工室、第一测量队、第二测量队、第三测量队、第四测量队、第五测量队、第一钻探队、第二钻探队,总人数 310 余人。

1984 年 8 月,为了使勘测设计工作逐步走向企业化、社会化,更好地完成交通工程勘测设计任务,设计院的机构设置进行了第一次大调整。调整后的机构设置为 7 室 1 大队:总工程师室、综合室、工程经济室、港航室、路桥室、行政办公室、党委办公室和勘测大队。

1985 年 6 月,省交通科研所与交通设计院结合。12 月 9 日,根据省交通厅党组关于交通科研所进一步执行“依靠”、“面向”科技新方针的有关精神以及本着充实加强生产指挥系统的原则,经设计院与科研所共同研究决定,成立科技情报研究室、电子计算机开发应用研究室、测设大队和地质勘察大队,撤销勘测大队。

1986 年 1 月,省交通厅同意设计院将勘察设计服务队改成“天桥百货商店”。“天桥百货商店”系集体所有制性质,主要妥善安置了富余职工和不适合继续从事野外勘测的体弱职工。6 月 23 日,省交通厅同意设计院成立路基路面室、航道室(从港航室中分出),不增加人员编制。1987 年 3 月,科技情报研究室改为情报资料出版室。

1988 年 10 月 13 日,为适应宁波市列为国家计划单列城市的形势,开拓勘测设计咨询业务的需要,设计院成立了浙江省交通设计院宁波市勘察设计处。1989 年 3 月,为了适应高速公路发展的要求,迎接浙江省高速公路建设高潮的到来,设计院成立高速公路测设队,开始进入高速公路设计新时代。

1990 年 3 月,设计院成立中心试验室,移址拱宸桥舟山路的基地。7 月 2 日,工程咨询部更名为工程咨询(监理)部。1992 年 6 月 26 日，撤销工程经济室，总工程师室更名为总工程师办公室。

1993 年 3 月 12 日，成立浙江省交通设计院台州地区勘察设计处。同年 7 月，为促进生产、进一步理顺关系，与设计院第三轮技术经济承包责任制相配套，设计院机构作了调整，成立港航室、路桥测设一室(队)、路桥测设二室(队)，撤销港工室、航道室、桥梁室、高速队、公路测设队、路基路面室等机构。7 月 27 日，经省交通厅批准，成立浙江省交通设计院勘察设计事务所。

1994 年 4 月 20 日，成立浙江省交通设计院舟山勘察设计处。1995 年 12 月 11 日，因设计公路业务量巨大，港航室一部分技术人员也承担公路桥梁的测设任务，将港航室改为港航室(路桥三室)。1997 年 8 月 29 日，省交通厅将省交通科技情报站及 5 名工作人员建制划归设计院。省交通科技情报站的工作职责、经费来源渠道不变。

1998 年 8 月，经省机构编制委员会批复同意，浙江省交通设计院更名为浙江省交通规划设计研究院。1999 年 1 月 1 日，省交通科技情报站与省交通规划设计研究院情报资料室合署办公。2000 年 3 月，经省交通厅批准设立财务室专职机构。2001 年 4 月 10 日，经省交通厅同意增设规划室。2002 年 12 月 4 日，成立交通工程设计所。

2004 年 5 月，为了适应激烈的勘察设计市场竞争形势，进一步强化内部管理，省交通规划设计研究院进行机构大调整。调整后的机构为总师室、办公室、综合经营部、人力资源部、财务审计部、科技研发部、第一设计部、第二设计部、第三设计部、水运设计部、交通工程部、规划部、地质工程部、勘察设计事务所、试验中心、信息中心、服务中心。这次调整，较大地增强了生产经营和科技研发的力量。

2007 年 3 月，为适应市政建设、轨道交通等城市基础设施建设方兴未艾的形势，经省交通厅批复同意，“浙江省交通规划设计研究院市政与轨道交通分院”正式成立，为省交通规划设计研究院内设机构。11 月，为了更好地完成省有关主管部门委托的高速公路前期评审工作，在总师室增挂审核室牌子。增挂牌子后，不增加中层领导职数，所需人员编制内部调剂。

2008 年 3 月，为了增强海外市场经营能力，协调好承接海外项目的专业技术力量，提高海外项目生产管理的质量和效率，经浙江省交通厅批复同意，省交通规划设计研究院增设海外事业部。

2009 年 7 月，为适应现代交通发展趋势、省委省政府“两创”总战略和浙江现代交通“三大建设”，经省交通运输厅批复同意，省交通规划设计研究院增设综合运输研究所、智能交通研究所、监察室；综合运输研究所与规划部合署，智能交通研究所与交通工程部合署，监察室与人力资源部合署，内设机构数和中层领导干部职数均不变。

2010 年，为适应新形势需要，推进企业的转型，经省交通运输厅批准，省交通规划设计研究院开展内部改革和机构调整工作，组建了“浙江浙交检测有限公司”，增设了“浙江省交通规划设计研究院宁波分院”，水运工程部增挂“港航工程分院”牌子，综合经营部分设为“市场经营部”和“生产发展部”，同时对中层干部进行了调整充实，出台了浙江浙交检测有限公司管理办法。

是年 12 月，为有效提升勘察技术业务水平，促进工程勘测人力资源的综合利用，省交通规划设计研究院对测绘队伍进行了内部资源整合，在机构设置上保持已有的勘察分院勘察大队建制，与勘察分院地质工程部实现两牌一门，由地质工程部统一协调管理。在人员和设备整合方面，将所属第一、第二、第三设计部从事勘测工作的人员调整至勘测大队，并将分散于各专业部门的勘测设备统计汇总后划入勘测大队，同时根据业务发展和设备状况进行补充和更新。

浙江省交通规划设计研究院的工作职能包括：(1)承担公路行业、水运行业、市政公用行业、建筑行业规划、勘察、设计、科研、工程咨询、工程总承包业务；(2)承担综合类工程勘察业务；(3)承担市政公用行业(道路工程、桥梁工程、城市隧道工程、轨道交通工程和给水工程、排水工程、公共交通工程)工程设计；(4)承担建筑行业(建筑)工程设计；(5)承担地质灾害治理工程设计、勘查、评估；(6)承担开发建设项目水土保持方案的编制；(7)开展上述境外工程的对外经济合作业务。

浙江省交通规划设计研究院的性质为事业(企业化管理)单位，座落于杭州市环城西路89号。截止2010年年底，全院在职人员数433人，其中行政管理90人、专业技术岗位302人、生产工人28人、后勤9人、其他4人。其内设职能机构见图7－1－1。

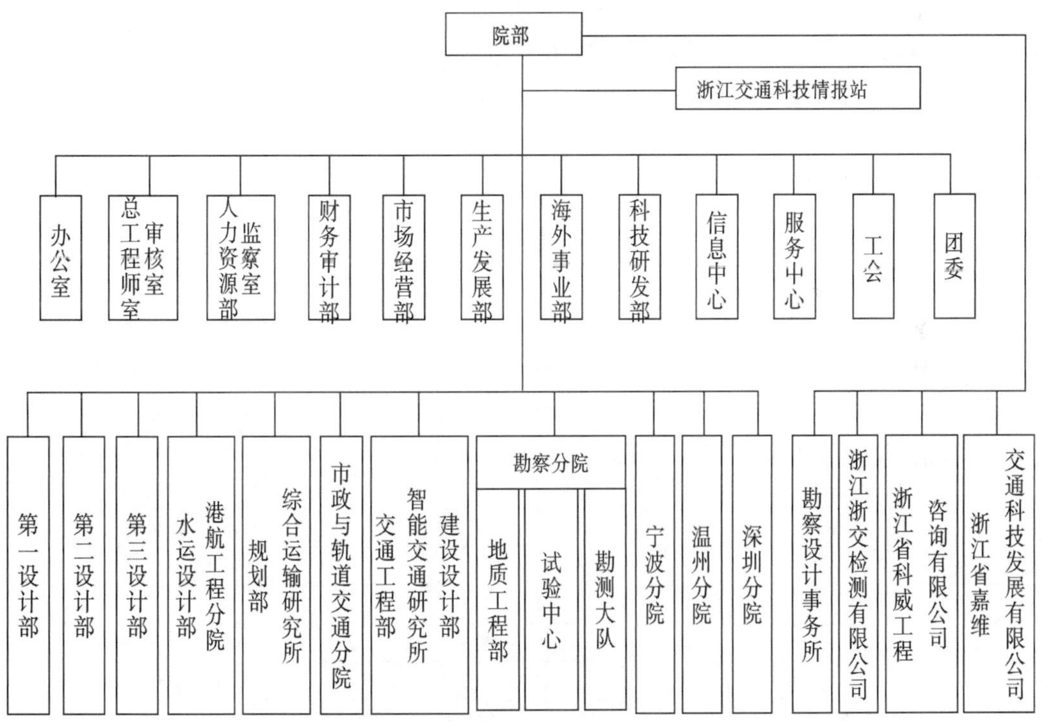

图7－1－1　浙江省交通规划设计研究院内设职能机构图

浙江省交通规划设计研究院历届党政领导成员见表7－1－1。

浙江省交通规划设计研究院历届党政领导成员（1979~2010年）　表7-1-1

时间（年月）	职　务	姓　名	任职时间（年月）
1979.3~1984.6	院长、总工程师	黄湘柱	1979.3~1981.8
	党委副书记	李世龙	1979.3~1982.8
	党委书记	李世龙	1982.8~1984.6
	副院长	王凤瑞	1979.3~1984.6
		蔡体楞	1979.3~1981.12
		虞懋南	1979.3~1984.6
		王振民	1981.12~1984.6
		刘庭智	1981.12~1982.8
		黄廷兰（女）	1981.12~1983
1984.6~1992.8	院长兼党委书记	王振民	1984.6~1992.8
	党委副书记	楼永兴	1984.6~1992.8
	副院长	周庆良	1984.6~1992.8
		边泊雄	1984.6~1985.12
		邹来吟	1987.10~1992.8
		宋德昌	1986.8~
	总工程师	张继尧	1984.6~1992.8
1992.8~2000.9	代院长	楼永兴	1992.8~1997.2
	院长	楼永兴	1997.2~2000.9
	党委副书记	包斯文（女）	1992.8~2000.9
	副院长	周庆良	1992.8~2000.9
		邹来吟	1992.8~1998
		赵锦文	1995.3~1999.9
		任忠	1995.10~2000.9
		金德均	1998.6~2000.9
	总工程师	张继尧	1992.8~1998.6
		蔡方毅	1998.6~2000.9
2000.9~2003.8	院　长	刘子剑	2000.9~2003.8
	党委书记	楼永兴	2000.9~2003.8
	副院长	金德均	2000.9~2003.8
		楼晓寅	2000.9~2003.2
		胡旭铭	2001.5~2003.8
		吴德兴	2003.2~2003.8
	总工程师	蔡方毅	2000.9~2003.2
		陈海君	2003.2~2003.8
	纪委书记	包斯文（女）	2000.9~2003.8
	调研员	周庆良	2000.9~2003.8

续上表

时间(年月)	职　务	姓　名	任职时间(年月)
2003.8～2008.5	院长兼党委书记	方贤平	2003.8～2008.5
	副院长	金德均	2003.8～2008.5
		胡旭铭	2003.8～2008.5
		吴德兴	2003.8～2008.5
		沈坚	2003.8～2008.5
		王昌将	2006.4～2008.5
	总工程师	陈海君	2003.8～2008.5
	党委副书记	包斯文(女)	2003.8～2005.2
		徐云涛	2005.2～2008.5
	调研员	包斯文(女)	2005.3～
2008.5～2010.10	党委书记	方贤平	2008.5～2010.3
	院长	吴德兴	2008.5～2010.10
	副院长	金德均	2008.5～2010.10
		沈坚	2008.5～2010.10
		王昌将	2008.5～2010.10
		赵长军	2008.5～2010.10
		桂炎德	2008.5～2010.10
	总工程师	陈海君	2008.5～2010.10
	党委副书记	徐云涛	2008.5～2010.10
	工会主席	朱海光	2008.5～2010.10
	调研员	方贤平	2010.3～

二、浙江省交通科学研究所

浙江省交通科学研究所成立于1961年,1965年撤销,1978年复设。复设之初至1984年上半年,科研所党支部书记由省交通厅科技处处长兼任。科研所内设办公室、工程研究室、船舶研究室、汽车研究室和情报科学研究室(浙江省交通情报站)等部门,重点业务发展方向是汽车、船舶和工程研究。

1984年5月至1987年初,科研所办公地点从省交通厅大楼迁至省航运大楼(杭州环城北路140号),并按市场发展需要新增设了科技管理室、计算机技术开发应用研究室和综合经济研究室等部门,全所人员规模达49人。这一时期,科研所在浙江交通行业内有一定影响力,并形成了以计算机开发应用研究等为龙头的特色业务发展局面。

1987年上半年,为响应国家推进科技体制改革号召,贯彻落实"科技与生产相结合"、"依靠和面向"决策部署,科研所从省交通厅二级事业机构剥离出来,并与浙江交通规划设计研究院实现联合,科研所所长同时兼任浙江交通规划设计研究院副院长、党委委员,双方业务发展一定程度上实现优势互补,相互促进。1989年年底,科研所搬迁至运务大楼(杭州体育场路379号)。

1991年,为进一步拓展市场,走科、工、贸一体化发展之路,提升行业综合服务能力,科研所投资成立浙江交通科技开发有限公司。公司主要从事交通技术产品开发、推广与贸易业务，业务范围曾一度扩展到广东、福建及东北等地，后因经营债务等问题宣告破产。1996年，伴随着国家科技体制改革的进一步深入，为提升科研成果转化率，推动科研为社会生产服务，科研所一部分科技人员相继分流到高校、企业及有关行业管理部门至2000年前后，全所在册员工不足20人，业务发展特色不明显，在行业内的影响力十分弱小。

2000年下半年，浙江省交通厅正式下文，科研所作为独立的事业法人机构划归浙江交通职业技术学院管辖，在业务发展上则仍保持独立。2005年2月起，科研所所长改由浙江交通职业技术学院直接任命。

2008年开始，科研研究工作发展步入快车道。2009年11月，在省交通运输厅、省科学技术厅的大力支持与亲切关怀下，科研所作为浙江交通科研机构代表与临安市政府签订入驻浙江省科研机构创新基地（科技城）合作协议，浙江省现代交通运输科技创新基地建设（筹备）工作正式启动，掀开了科研所发展史上具有里程碑意义的崭新一页。基地建筑面积合计34961平方米，包括省交通工程研究中心、省部级重点实验室、省交通科技展示推广应用中心、部省共建研发中心等，旨在打造浙江交通科创研发基地、科技资源集聚地、科技成果转化和“四新”技术推广应用服务平台。

与此同时，基于行业发展需求，科研所按照省交通运输厅的有关部署，积极筹建浙江省现代交通物流研究院；加强科研条件建设，建设了浙江省科技厅院所重点实验室——浙江省道路工程实验室，并按照交通运输部交通工程综合甲级资质申报的基本要求，实施实验室维修和改造；大力引进青年科技人才，聘请一批业内知名专家为科研所顾问；精心组织，高质量地抓好科研项目研究工作；突出专业特色，大力开展技术服务和合作，与全省11个地市中的9个地市开展科技合作，尤其是与长安大学、台湾大学等高等院校建立战略合作关系，对外合作纵深获得极大拓展。

2010年年底，全所设有9个部门（见图7－1－2），形成以道桥检测、交通信息化服务、交通软科学研究等为重点的业务发展格局。全年实现科研与技术服务合同额1700余万元，单位资产（不含办公用房）增至1102万元。

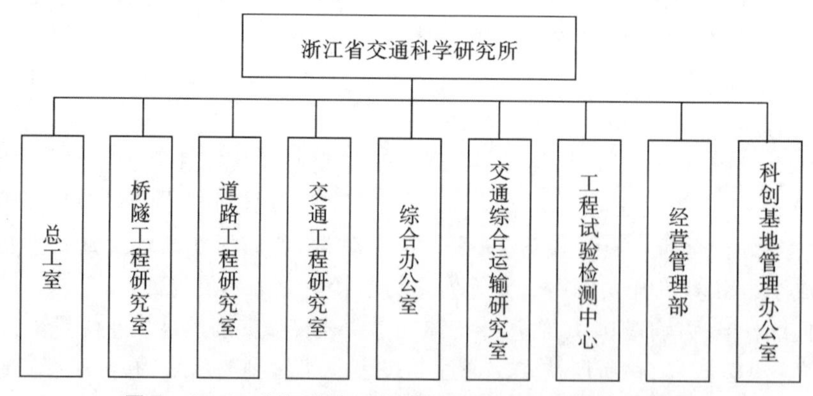

图7－1－2　浙江省交通科学研究所2010年机构设置图

浙江省交通科学研究所工作职能包括：浙江省交通科学研究所是浙江省唯一的专业从事交通科学研究、运输经济研究、交通科技开发、工程质量试验检测、工程技术咨询和交通新材料研发服务的科研机构，截至2010年年底，具有公路综合乙级和桥梁检测甲级增项资质。

浙江省交通科学研究所是隶属于浙江省交通运输厅的准公益性事业单位，具有独立法人资格。单位座落于杭州市下城区体育场路379号运务大楼8F、9F。截至2010年年底，全所职工共计57人（含在编、人事代理）。其中工程师以上职称18人、硕士研究生以上16人、省交通运输厅283拔尖人才4人、省级专家库人员4人。

浙江省交通科学研究所1979～2010年历届党政领导成员详见表7－1－2。

浙江省交通科学研究所历届党政领导成员（1979～2010年） 表7－1－2

时间（年月）	职　务	姓　名	任职时间（年月）
1979.8～1980.6	副所长	邵恕棠	1979.8～1980.6
	党支部书记	徐超（兼）	1979.8～1980.6
1980.7～1984.5	副所长	俞曾善	1980.7～1984.5
	党支部书记	徐超（兼）	1980.7～1984.5
1984.6～1985.12	所长	胡文辉	1984.6～1985.12
	党支部书记	张治中（兼）	1984.6～1985.12
	副所长	黄大康	1984.6～1985.12
	副所长	陈金福	1984.6～1985.12
1985.12～1990.8	副所长兼党支部书记	宋德昌	1985.12～1986.8
	兼所长兼党支部书记		1986.8～1990.8
	副所长	黄大康	1985.12～1986.8
	副所长兼总工程师		1986.8～1990.8
1990.9～1997.8	所长兼党支部书记	蔡伊民	1990.9～1997.8
	副所长兼总工程师	黄大康	1990.9～1997.8
1997.9～2005.1	副所长、党支部书记兼总工程师	黄大康	1997.9～2005.1
2005.2～2008.1	所长	阮少华	2005.2～2008.1
	党支部书记兼总工程师	黄大康	2005.2～2008.1
2008.2～	所长	金小平	2008.2～
	副所长	马振南	2008.2～
	所长助理	迟凤霞（女）	2008.2～
		江永贝	2010.10～
	党支部书记兼总工程师	黄大康	2008.2～

第二章 教 育

浙江交通教育随着交通事业的发展而发展。民国时期，浙江省开始出现交通职业技术的培养机构，主要是培训汽车驾驶、汽车修理和车务人员等。中华人民名共和国成立后，浙江省交通厅大力加强职工文化技术教育和专业技术学校建设。先后开办杭州土木工程学校、浙江公路学校、浙江航务学校、浙江省汽车驾驶学校、浙江省交通学校、浙江省公路工程技工学校、浙江省航运技工学校、浙江交通职业技术学院，进行学历教育。20 世纪 80 年代，浙江省交通厅、各地市交通局（委）公司相继成立教育机构，建立教育基地，围绕中央提出的职工教育任务和要求开展工作。与此同时，根据交通生产建设发展的需要，从抓基础入手，拓宽教育渠道，多层次、多形式地开展思想政治教育、技术业务培训和干部培训教育。至 2010 年，全省交通系统已形成了各层次的学历教育和多种形式的交通职业教育体系。

第一节 学 历 教 育

一、高等学历教育

中华人民共和国成立前，浙江省没有交通高等专业学校。仅民国 22 年（1933 年），浙江大学在该校高中机械科三年级另设汽车专科，以代培汽车机务技术专业人员。

1986 年，省教委据此下达高字〔86〕第 290 号文件，批准浙江省交通学校与浙江工学院合办公路与桥梁工程和交通运输管理工程两个专业的专科班，开设路桥专业和水运管理专业各 1 个班，学制为高中后 3 年。

浙江省交通学校先后参与同济大学、大连海事大学、长沙交通学院、上海海运学院等 7 所高等院校的高等函授和浙江大学道桥专业研究生班、重庆交通学院高等级公路学习班的教学与管理，同时还开办了各专业的大专证书班及其他各类交通短期培训、船员证书考证班。

1994 年下半年经国家教委教职〔94〕11 号文件批复，确定浙江省交通学校为首批试办五年制高等职业教育的十所学校之一。

1999 年 3 月，经教育部批准，杭州钢铁厂职工大学与浙江省交通学校合并组建浙江交通职业技术学院。

二、中等学历教育

浙江省交通中等专业教育始于 1952 年秋，经浙江省人民政府批准浙江省交通厅和省教育厅联合开办杭州土木工程学校。该校由浙江省工业干部学校的土木工程科（其前身为宁波高级工业职业学校）和温州高级工业职业学校的土木工程科合并组成，教育大纲的制定、招生、毕业证书等事宜属教育厅管辖，学校的行政人员和专业教师配备及经费开支等由交通厅主管负责。1952 年至 1955 年共开设了道路、建筑两科 10 个班，培养了约 500 名学生。这也是浙江交通系统正轨办学育才的开端。两年后，在全国中专调整中，该校并入交通部属南京航务工程学校。

1958 年 8 月，省交通厅在金华开办浙江省金华公路学校。同年在杭州开办浙江省航务学校，12 月迁址校至宁波镇海。

1959 年 5 月，浙江省委指示将浙江省金华公路学校迁到杭州，与浙江省汽车驾驶学校合并，设在西子湖畔赤山埠，校名改为“浙江省公路学校”。该校设公路与桥梁和汽车机械两个专业，附设汽车驾驶训练班。1961 年，浙江省金华公路学该校由杭州赤山埠迁至余杭勾庄。

1963 年，省公路学校撤销，学生并入省航务学校，定名为浙江省交通学校。该校设汽车运用与修理、公路桥梁工程、航道工程、海洋船舶驾驶、海船轮机管理等 5 个专业，学员人数在 500～600 名之间，成为浙江省一所较完备的交通中等专业学校。

1966 年“文化大革命”爆发，学校正常的教学秩序受到严重的冲击，教学活动基本停止。

1978 年，中共十一届三中全会做出了把全党工作着重点转到社会主义现代化建设上来的战略决策，确立了教育在经济建设中的战略地位，全日制学校得到恢复与发展。1978 年、1979 年先后新办和恢复了浙江省航运技工学校、浙江省公路工程技工学校、浙江省汽车技工学校及分地（市）的汽车运输技工分校。对办学条件较为简陋的浙江省交通学校，增加资金投入，充实师资队伍，增设各类专业，扩大办学规模。

三、职业技工教育

随着交通事业的发展，需要大批专业技术工人。19 世纪 20 年代，随着汽车运输的兴起，汽车驾驶和车务管理人员异常缺乏，浙江省道局请准省政府自办司机及车务人员养成所。

民国 14 年（1925 年）3 月，省道所举办第一期司机养成所，考取学员 30 名，当年 9 月结业。民国 15 年 9 月 9 日，又举办地二期司机养成所，招收学员 40 名，次年 5 月结业。这批学员成为当时浙江公路运输工作的技术骨干。

中华人民共和国成立初期，浙江省交通系统针对当时职工队伍文化水平低、专业基础薄弱的状况，从提高文化基础入手，兴办职工业余学校和各种职工学校，对交通职工进行文化教育和技术培训。

1959 年，浙江省交通厅成立浙江省汽车驾驶学校，主要是培训汽车驾驶员（后并入浙江省公路学校），这是初创阶段的中等公路技术学校。

1974 年 7 月，经省交通厅批准成立浙江省汽车驾驶技工学校（地址在杭州黄龙洞）。从浙江省交通学校分出，主要地市相应成立汽车技工分校，继续培养汽车驾驶技术人员。

1974 年 8 月，浙江汽车驾驶技工学校金华分校成立，1988 年更名为浙江金华汽车技工学校，1999 年 2 月改建为浙江交通高级技工学校，2004 年更名为浙江交通技师学院。

1978 年，相继成立浙江公路机械技工学校、浙江航运技工学校，主要培养公路和航运技术工人。

四、成人高、中等学历教育

20 世纪 50～60 年代，浙江省交通系统的成人教育主要进行文化和专业技术的基础教育。进入 80 年代，在继续加强非学历教育的同时，大力发展职工的高、中等学历教育，以适应交通生产建设发展对专门人才的需要。1979～1984 年，省交通厅依托广播电视大学先进的教学手段和开放性办学的优势，举办了浙江广播电视大学交通教学班，由省统考，招收高中文化程度、3 年以上工龄、勤奋好学的青年职工脱产或半脱产入校学习，按照省电大统一的教学计划、课程设置、课本讲义、学习年限，由教学班按时组织收看听课，聘请大专院校教师进行课程辅导，开设必要的讲座，辅以交通专业教育。厅教育、工会等部门先后开办了机械、电子、中文、工业企业管理等专业的教学班，经省统考合格，发给毕业证书。

1978年改革开放以来，浙江省交通高等函授教育发展较快，培养了一批交通专业的专科和本科毕业生。1981年，省交通厅在浙江省交通学校成立同济大学函授站。1982年年底成立西安公路学院函授站。全省交通系统有许多未达学历要求的职工经过成人高等教育，取得了大专或本科学历证书。

20世纪80年代后期，浙江省交通系统多形式、多渠道发展成人中等专业学历教育，加快了职工中专教育的进程。1985年7月，经交通部电视中等专业学校批准，成立交通部中等专业学校浙江分校，与交通干校合署办学。全省交通系统一大批职工，通过各种渠道的大、中等专业教育，取得成人大、中专毕业证书。

第二节　职业培训

中华人民共和国成立初期，浙江省交通系统就成立机构，因地制宜、因陋就简地兴办各种职业培训班，举办各类职工学校和工人夜校，开展多种形式的职业培训和教育。1978年中共十一届三中全会后的三十多年来，浙江省交通职业培训有了长足的进步。职工在岗轮训与学历教育协调发展，思想政治教育与专业技术培训同步展开，按需办学与正规教育配套进行，新知识、新科技的教育不断拓宽和加深，逐步向高层次发展，造就了大批有理论、懂技术、会实践的专业技术人才和管理人才，为发展交通生产建设服务。

一、补习文化

中华人民共和国成立初期，浙江省交通系统职工有不少人处于文盲、半文盲状态，文化素质低、业务技术水平不高。50年代初，浙江省交通系统各单位的党、政、工会紧密配合，由各级工会牵头，开办识字班、扫盲班和文化补习班，创办职工学校、工人夜校和业余小学，读书识字。学习文化、扫除文盲，提高职工基础文化水平。

1966~1976年“文化大革命”期间，职工文化技术学校停办。1981年2月，中共中央、国务院《关于加强职工教育工作的决定》要求在“近两三年内，要把职工教育的重点，放在对领导干部的训练和对‘文化大革命’以来入厂的青年职工进行政治思想教育、文化技术补课方面。”全国职工教育管理委员会等部门规定，凡是1968年至1980年初中毕业和1970年至1980年高中毕业而实际文化水平达不到初中毕业程度的职工，均需进行初中文化补课；凡是1968年至1980年进入企事业单位，属于三级工（含三级工）以下的技术工种工人和在关键岗位上操作的工人，未经专业技术培训的，均列为初级技术补课对象。1982年，在浙江省交通厅的统一部署下，厅教育部门制定“双补”工作计划，进行调查摸底，列出对象，依托各类学校和职教基地，举办或委办文化补习班和技术培训班。文化补课按省编初中文化补习课课本组织教学，技术补课则根据《工人技术等级标准》的要求，进行初级技术理论和实际操作技能的学习培训。浙江省交通厅加强了管理和检查指导，组织了测试、考核工作，对补课及格的颁发省级统一印制的合格证书。

二、干部培训

中华人民共和国成立后，浙江省交通部门根据形势发展的要求，不断加强对干部的培训。20世纪50年代至60年代初期，交通干部培训以政治理论和文化教育为主，相应举办交通业务训练班。文化大革命"期间撤销了干部培训机构,干部培训工作基本停顿。

中国共产党十一届三中全会以后,经过拨乱反正,干部培训工作得到恢复和发展。1982年11月,建立浙江省交通干部学校,交通系统各专业单位相继成立干部训练机构,设立教学基地或教学场所,开展对干部的培训。为使各级交通干部在党的工作着重点转移后能及时学习经济建设基本方针政策和科学管理知识,提高经营管理能力和决策水平。浙江省省交通系统采取区别对象、不同要求、领导先学、分级负责、分批轮训的办法,有计划地组织干部学习党的路线、方针、政策和经济规律,普及企业生产管理和知识。1983年,省交通厅组织并委托交通干校举办了企业管理理论基础知识培训班,分批轮训科级以上领导干部和管理人员。"六五"(1981~1985)计划期间累计有92%的干部和93%的领导干部,经过分级、分批培训,普遍学习了经济理论和经济管理知识。1984年6月,中共中央宣传部提出干部必须系统学习马克思主义哲学、政治经济学、科学社会主义和中国革命史4门课程。省交通厅按上级部署,有序地逐科班组织学习,广大干部经省统一考试,取得各科结业证书。1986年,根据国务院对企业厂长(经理)进行国家统考的决定精神,组织他们深化学习和进一步培训,通过了交通运输企业厂长(经理)的统考。

实行专业证书制度,是国家改革、发展成人专业教育,加快实现干部专业化的重要措施。通过学习本岗位相关的高、中等专业基础课、专业课和相应的文化课,达到岗位必需的高、中等专业文化知识水平。浙江省交通系统干部的高、中等专业教育,更加注重提高本岗、本职技能,并发展了高、中等专业证书教育。1986年,经省教育部门批准,在浙江省交通干校开办电视中专专修班,设置汽车运输管理、交通运输管理等专业,当年招收交通系统职工入学。同时,各单位还批准部分干部报读省外和外系统举办的专修班。1987年2月,国家教育委员会关于改革和发展成人教育的决定中指出:"大学后继续教育,对于提高专业技术人员、管理人员素质,提高我国新技术、高技术发展水平和现代化管理水平,具有极其重要的作用。"交通系统各单位为帮助已有大专学历和中级职称的专业技术和管理人员,了解和掌握新的科学技术和现代经营管理知识,进行知识补缺更新的继续工程教育,组织科技人员和管理干部参加广播电视大学办的现代工程继续教育专修班以及电子计算机等培训班,学习新知识、新技术。同时选派人员外出专业进修,组织专题培训、学习考察和请专家、学者讲学。

三、技术培训

浙江职工专业技术培训范围广泛,涉及面广,经历了由浅入深,从初级向中高级循序发展的过程。

19世纪20年代,随着汽车运输的兴起,汽车驾驶和车务管理人员异常缺乏,浙江省道局请准省府自办司机及车务人员养成所,这是浙江省交通系统最早的职业技术培训机构。浙江省道局局长周风岐兼任养成所所长,副局长俞炜兼任副所长并主持教务。

民国14年(1925年)3月,省道所举办第一期司机养成所,考取学员30名,当年9月结业。民国15年(1926年)9月9日,又举办地二期司机养成所,招收学员40名。民国16年(1927年)5月结业。这批学员成为当时浙江公路运输工作的技术骨干。

中华人民共和国成立后,为发展社会主义事业,人民政府大力加强职工文化技术教育和专业技术学校建设。建国初期,浙江省交通系统针对当时职工队伍文化水平低、专业基础薄弱的状况,从提高文化基础入手,兴办职工业余学校和各种职工学校,对交通职工进行文化教育和技术培训。

中国共产党十一届三中全会后，全省交通系统以开展青壮年职工文化技术补课为契机，根据中央关于加强职工教育工作决定的精神和全国职工教育工作会议确定的"六五"（1981～1985年）后3年和"七五"（1986～2000年）期间职工教育的重点任务，紧密结合生产实际与职工实际，干什么、学什么、缺什么、补什么、普及与提高相结合，重点突出岗位专业培训，多学科、分层次、有针对性地举办各种技术培训班和专业适任证书培训班，实行全员培训。

第三节　学历教育机构

一、浙江交通职业技术学院

1999年3月，经国务院教育部批准，杭州钢铁厂职工大学与浙江省交通学校合并组建浙江交通职业技术学院，属公办普通高等学校。校址设在杭州市莫干山路金家渡。

2000年7月，省政府发文正式成立浙江交通职业技术学院。该学院设有交通工程系、汽车工程系、航海技术系、轮机工程系、管理与信息工程系、成人教育部等。

2001年1月，学院首次实施院系两级管理，建立教学管理、行政管理、学生管理等方面的两级管理制度。2月，学院进行首轮内部机构改革，制定《浙江交通职业技术学院一般工作人员聘任工作实施办法》，根据按需设岗、平等竞争、择优聘任原则，以三年为一轮，进行行政人员岗位聘任。3月，学院《浙江交通职业技术学院学报》获准在国内外公开发行（刊号为CN33—1262/2）。4月，余杭区原则确定了学院扩建征地规划，明确四至界定为：东邻学院操场，西至古墩路延伸段，南至金昌路，北至勾庄镇规划道路（现好运路延伸段）。5月，省教育厅确定道路与桥梁工程技术、轮机技术与管理专业为省高职高专重点建设专业。6月，学院被教育部评为第二批示范性职业技术学院建设单位。9月，学院开设12个专业，在校生3122名，并首次在航海类专业学生中实施半军事化管理，着重抓好新生入学军训、内务卫生、言行举止等文明教育，建立"心理健康指导中心"。9月下旬，学院启动贫困大学生助学贷款工作。10月，道路与桥梁工程技术与海洋船舶驾驶两个专业被批准为第二批部级高职高专教育专业教学改革试点专业。12月，学院被教育部确定为全国示范性职业技术学院建设单位。

2002年7月，学院被教育部、劳动和社会保障部、国家经济贸易委员会联合授予全国职业教育先进单位，同时招生范围由浙江省内扩至全国6省。9月，道路与桥梁工程技术专业成为第一批国家高职高专精品专业建设项目。10月，学院初次与同济大学、大连海事大学、武汉理工大学等4所高校联合开展成人学历教育，开设有8个专业的函授、网络教育专科及"专升本"教育，同时开设大专证书班、职业技术培训等非学历教育。9月，学院被评为全国职业教育先进单位。11月，杭州市余杭区国土资源局同意学院规划征地27.88公顷(418亩)。

2003年2月，学院顺利通过浙江省教育厅高等学校教学工作评估。10月，学院召开首届发展战略研讨会，教育部、省教育厅、交通厅的部门领导参加了研讨会。11月，学院举行首届科技文化节。学院共有社团33个，其中院级社团21个、系级社团12个。

2004年9月，学院被交通部评为全国交通职业教育工作先进单位。10月，学院被确定为全国开展汽车运用与维修专业领域技能型紧缺人才培养培训工作的63所院校之一。12月，经浙江省劳动社会保障厅批准，学校下属的浙江省水上运输职业技能鉴定所更名为浙江交通职业技术学院国家职业技能鉴定所，并增加汽车驾驶员、汽车修理工、维修电工、电气设备安装工、家用电器产品维修工、电子仪器仪表修理工、电子设备装接工、电子计算机（微机）维修工、车工、机修钳工等10个工种鉴定项目。

2005年1月，学院与舟山市合作，开展转产转业渔民职业技能培训工作，全年共培训转产转业渔民近4000人。6月，省高等教育自考委决定在浙江省开考汽车营销与售后技术服务本科专业，学院列入专科起点本科首批衔接试点学校名单。9月，招生范围由全国6省扩至全国9省，录取高职专科新生2236名。10月，学院被浙江省教育厅评为全省普通高校毕业生就业工作优秀单位。11月，学院扩建工程开工典礼隆重举行，一期项目第三教学楼正式开工建设。12月，学院完成与同济大学等高校联合办学的函授学历教育教学共计6500多人次，职业技术培训教育50000多人次。

2006年3月，学院被浙江省人民政府授予“浙江省职业教育先进单位”称号。9月，学院在全省高职高专院校人才培养水平评估中获得优秀等级。

2007年，学院汽车系被评为全国教育系统先进集体。

2008年，学院荣获“改革开放三十年浙江交通创业创新”先进集体荣誉称号。

2009年，学院被列为省级示范性高等职业院校建设计划立项建设单位。

2010年，学院被交通运输部评为交通职业教育示范院校；被教育部、财政部列入“国家示范性高等职业院校建设计划”成为骨干高职院校立项建设单位。

截止2010年，学院占地面积641.5亩，总建筑面积234509平方米，固定资产6.8亿元，拥有现代化、数字化的教育教学基础设施和先进的现代教育教学技术设备。学院有全日制在校生8500余名，教职工507名，专任教师335人，其中高级职称122人，硕士以上学历157人。现有国家级教学名师1名，省级教学名师2名，全国交通高等职业教育专业带头人4名，浙江省高校中青年学科带头人1名，省交通系统“283”拔尖人才6名，省“新世纪151人才工程”培养人员7名，交通部吴福－振华交通教育奖3人，全国女职工建功立业标兵1人，省高校青年教师资助计划对象19名，省高职高专专业带头人培养对象9名，浙江省交通院校优秀教师“育才奖”2人，省高校教坛新秀5名，浙江省优秀教师1名。

学院设有路桥学院、汽车学院、海运学院、机电学院、信息学院、人文学院、运输管理学院、成人教育学院等教学部门，开设33个全日制高职专业。其中，道路桥梁工程技术、航海技术、轮机工程技术和机电设备维修与管理（港口机械）4个专业分别被确定为国家精品专业、教育部教学改革试点专业、省重点专业和中央财政支持高等职业学校重点建设专业。学院开设16个成人高职专业，设有同济大学、大连海事大学、武汉理工大学等4所高校8个专业的函授、网络教育专科及“专升本”教育，学生在校学习期间可以参加相应专业的自学考试，也可以在毕业前参加由省教育厅组织的“专升本”考试。学校建立了一系列的“奖、助、贷、减、补”等制度和措施，帮助扶持贫困学生完成学业。

学院入学教育部与德国政府、德国五大汽车制造商合作“中德汽车机电技能型人才培养培训合作项目”（SGAVE）；与丰田汽车（中国）有限公司合作T－TEP项目（丰田教育项目）；与德国外贸交通学院、澳大利亚西海岸TAFE学院、英国考文垂大学等境外院校开展学生交流、专业开发等国际合作；与国内企事业单位共建路桥、汽车、海运、物流、宾馆、机电、IT、通信、外贸、旅游等紧密型校企合作教育教学实训基地100余个；建立浙江交通职业教育集团，设有企业奖学（教）金，形成产学研结合教育机制。学院下设有独立法人资格的浙江省交通科学研究所，另有现代物流研究所、汽车运用技术研究所、顾客满意度测评研究所、水运经济研究所、桥隧工程研究所、德育研究所、交通文化研究所、交通运输安全研究所、信息技术研究所、知识产权研究所等10个院级研究所。

表7-2-1为2000~2010年浙江交通职业技术学院领导成员名单。表7-2-2为2000~2010年浙江省交通职业技术学院历年专业学生数统计。

2000~2010年浙江交通职业技术学院领导成员名单 表7-2-1

时间年月	职 务	姓 名	任职时间（年月）
2000.2~2010.12	党委书记	谭文莹（女）	2000.2~2004.5
		戚步云	2004.5~
	院长	王怡民	2000.2~
	副院长	金仲秋	2000.7~
		马云飞	2000.7~
		季永青	2001.8~
		孙常强	2007.9~2009.2
		姚钟华	2010.5~
		胡克	2010.3~

2000~2010年浙江省交通职业技术学院历年专业学生数统计表 表7-2-2

年份	专业/学生数													合计（专业/学生数）
2000	道路与桥梁工程技术/130	土木工程施工与管理/45	公安等级公路管理/45	汽车运用技术/90	汽车检测与维修/125	机械制造工艺与设备/87	海洋船舶与驾驶/130	轮机技术与管理/130	计算机技术与应用/90					9/872
2001	道路与桥梁工程技术/245	土木工程施工与管理/90	高等级公路管理管理/90	汽车运用技术/90	汽车检测与维修/129	汽车维修与营销/90	海洋船舶与驾驶/120	轮机技术与管理/120	计算机技术与应用/90	通信与信息技术应用/90	机械制造工艺与设备/87	物流管理/90	交通运输经济管理/80	14/1411
2002	道路与桥梁工程技术/102	土木工程技术与管理/90	工程监理/87	汽车运用技术/158	汽车检测与维修/85	工程机械控制与运用技术/35	机电一体化技术应用/101	工业企业机电设备管理/27	海洋船舶与驾驶/96	轮机技术与管理/77	计算机技术与应用/178	现代物流/142	通讯与信息技术应用/86	15/1308
	02级中专升大专（汽车运用与维修/35	02级中专升大专（文秘）/8												
2003	道路与桥梁工程技术/148	土木工程技术与管理/96	工程监理/47	市政工程设施与管理/84	汽车检测与维修/99	汽车技术服务与营销/130	03丰田班/20	机电一体化技术应用/89	宾馆机电设备管理/42	海洋船舶与驾驶/79	轮机技术与管理/80	国际航运业务与管理/49	集装箱运输管理与外轮理货/85	18/1544
	船舶机械制造与维修/60	计算机技术与应用/188	现代物流/140	通讯与信息技术应用/83	03级中专班（汽54）/25									

续上表

年份	专业/学生数													合计（专业/学生数）
2004	道路与桥梁工程技术/231	土木工程技术与管理/89	工程监理/102	市政工程设施与管理/95	汽车技术服务与营销/173	汽车电子技术/88	市场营销/81	数控加工技术/98	机电一体化技术应用/111	宾馆机电设备管理/46	海洋船舶与驾驶/96	轮机技术与管理/86	国际航运业务与管理/105	19/1985
	集装箱运输管理与外轮理货/95	船舶机械制造与维修/72	计算机技术与应用/81	现代物流/102	通讯与信息技术应用/151	数据库管理与应用/83	04级2年制（道路与桥梁工程技术）/64	04级2年制（汽车运用技术）/44	04级2年制（汽车检测与维修）/45	04级2年制（汽车运用与维修）/91	04级2年制（计算机技术与应用）/19	04级2年制（现代物流）/30	04级通讯分班（计算机技术与应用）/105	
	04级通讯分班（现代物流）/111	04级通讯分班（通讯与信息技术应用）/157	04级通讯分班（数据库管理与应用）/83	06级丰田班（汽车运用技术）/20										30/2754
2005	道路与桥梁工程技术/110	道路与桥梁工程技术（工程检测）/100	市政工程技术/46	汽车运用技术（评估与鉴定）/95	汽车技术服务与营销/109	汽车电子技术/57	市场营销/35	数控加工技术/103	机电一体化技术应用/204	楼宇智能化工程技术/52	航海技术/140	轮机工程技术/144	国际航运业务与管理/61	20/1726
	集装箱运输管理/59	船舶机械制造与维修/82	船体修造/69	计算机网络技术/87	通信技术/81	商务英语/44	交通旅游/48	05级2年制（汽车运用技术）/170	05级2年制（汽车技术服务与营销）/30	05级2年制（计算机网络技术）/46	05级2年制（物流管理）/33	06线路工程/48	07丰田班/42	
	西溪班（道路与桥梁工程技术）/55	西溪班（工程监理）/27	西溪班（计算机网络技术）/20	西溪班（物流管理）/32										30/2229
2006	道路与桥梁工程技术/157	公路工程检测/49	高等级公路维修与管理/45	汽车运用技术/88	汽车技术服务与营销/91	汽车电子技术/45	市场营销/46	数控加工技术/48	机电一体化技术应用/173	楼宇智能化工程技术/78	航海技术/121	轮机工程技术/115	国际航运业务与管理/47	22/1537
	集装箱运输管理/53	船舶机械制造与维修/43	计算机网络技术/40	物流管理/49	通信技术/79	计算机信息管理/34	商务英语/48	交通旅游/44	人力资源管理/44	08丰田技术员班/20	08丰田营销班/11			24/1568
2007	道路与桥梁工程技术/105	公路工程检测/49	高等级公路维修与管理/41	市政工程技术/42	汽车运用技术/102	汽车技术服务与营销/85	汽车电子技术/97	市场营销/83	数控加工技术/49	机电一体化技术应用/182	楼宇智能化工程技术/87	应用电子技术/47	航海技术/135	25/1994
	轮机工程技术/108	船舶机械制造与维修/41	船体修造/47	物流管理/96	国际航运业务与管理/50	集装箱运输管理/49	交通旅游/91	商务英语/94	人力资源管理/49	计算机网络技术/89	通信技术/89	计算机信息管理/87	09丰田技术员班/30	28/2089
	09丰田营销班/22	09青海班（汽车电子技术）/43												

续上表

年份	专业/学生数													合计（专业/学生数）
2008	道路与桥梁工程技术/118	公路工程检测/88	高等级公路维修与管理/45	工程监理/45	市政工程技术/79	汽车运用技术/95	汽车技术服务与营销/95	汽车电子技术/188	市场营销/86	数控加工技术/47	机电一体化技术应用/184	楼宇智能化工程技术/46	应用电子技术/43	28/2444
	航海技术/185	轮机工程技术/97	船舶电气工程/41	船舶机械制造与维修/92	船体修造/91	船舶制造安全管理/45	物流管理/102	国际航运业务与管理/93	集装箱运输管理/83	交通旅游/88	商务英语/90	人力资源管理/47	计算机网络技术/113	
	通信技术/172	计算机信息管理/46	10丰田技术员班/29	10丰田营销班/18										30/2491
2009	道路与桥梁工程技术/116	公路工程检测/107	高等级公路维修与管理/50	工程监理/46	市政工程技术/90	铁道工程技术/88	钢结构建造技术/76	汽车运用技术/182	汽车技术服务与营销/174	汽车电子技术/89	市场营销/87	2011丰田技术员班/22	2001丰田营销班/22	
	2011东风日产营销班/43	2011东风日产机电班/24	数控加工技术/88	机电一体化技术应用/180	楼宇智能化工程技术/78	应用电子技术/44	航海技术/208	轮机工程技术/101	船舶电气工程/44	船舶机械制造与维修/81	船体修造/76	船舶制造安全管理/45	船机制造与维修/38	
	物流管理/100	国际航运业务与管理/90	集装箱运输管理/78	交通旅游/44	交通运输管理/89	商务英语/85	人力资源管理/48	计算机网络技术/90	通信技术/148	计算机信息管理/91	11国际通信班/56			37/3118
2010	道路与桥梁工程技术/200	检测监理/106	市政工程技术/90	铁道工程技术/85	钢结构建造技术/80	汽车运用技术/182	汽车电子技术/89	汽车技术服务与营销/118	市场营销/92	2012丰田技术员班/31	2002丰田营销班/23	2012东风日产机电班/18	2012东风日产营销班/17	
	2012一汽大众/29	数控加工技术/90	机电一体化技术应用/174	楼宇智能化工程技术/81	应用电子技术/83	航海技术/228	轮机工程技术/87	船舶电气工程/75	船舶机械制造与维修/52	船体修造/46	船舶制造安全管理/43	船机制造与维修/34	物流管理/186	
	国际航运业务与管理/47	集装箱运输管理/53	交通运营管理/92	商务英语/97	人力资源管理/92	计算机网络技术/80	通信技术/164	计算机信息管理/92						34/3056

二、浙江省公路学校

1958年，为适应浙江省公路交通运输发展事业对技术、管理人才的需要，浙江省金华公路学校成立，临时校址定在金华县乾西乡湖头村。当年共招新生456名，计9个班级，其中公路与桥梁专业6个班，汽车运用与修理专业3个班，学制均为3年，培养目标是中级技术人员。

学校在湖头村村内空地上自建总面积约400平方米的6间简易竹棚作为教室。用毛竹支撑木板桌面作为课桌凳，可容纳400到500名学生学习。

1959年5月，金华公路学校与浙江省杭州区公路运输局汽车驾驶学校合并，成立浙江省公路学校，校址位于杭州市赤山埠六通寺、法相寺两座寺院（原为汽车驾驶学校校址）。

两校合并后，学校的性质、规模、体制都起了很大变化，出现了中专教育与技工教育并存，路桥和汽修两个专业并存，汽车专业又是中专和技工两种学制和两种培养目标共存的局面。在校学生、学员数和教职工人数均大为增加。经过第一学期的教学实践，针对中专学生原有的文化程度高低不一的情况，第二学期对学生进行调整，重新编班，其中，路桥专业原有的6个班编为4个班(即公一、公二、公三、公四。公一、公二、公三3个班学制为3年,公四班学制两年,培养中级技术员。公一班后又改为4年制)。汽修专业原3个班编为两个班,学制3年,培养中级技术员。

随着学校规模的扩大,原有的教师,驾驶助教以及工作人员已不能满足工作需要,学校决定在学生、学员中择优选拔进行培养(部分优秀学生培养为中专教师,部分优秀驾驶学员毕业后留校任助教),共计86人,其中中专学生31人、驾驶学员55人(按工作性质分,中专教师12人,驾驶助教44人,行政干部30人)。这些新生力量对推动学校工作起了很大作用。

1960年起,学校开办函授教育,这是学校最早创办的交通系统陆上专业中专函授。除在杭州设点外,还在丽水龙泉车队、汽车保修厂开设一个函授班。

杭州市有关主管部门为了确保交通安全,多次提出要学校尽快迁离赤山埠,在市区外另选校址。为此,省交通厅于1960年3月决定学校再次迁址至余杭县勾庄乡金家渡村。

1960年3月,学校根据省交通厅的决定开始在杭州市郊区勾庄建筑新校舍。同年第一期工程完成混合结构三层教学楼一幢(即老教楼)2200平方米、学生宿舍两幢(分别为1410平方米和1440平方米)及一部分简易结构房屋。为缓解中专班用房紧张,学校将汽车驾驶班与中专班分离,在瓶窑凤山成立汽车驾驶分部。同年10月,学校自赤山埠迁至新校区。

1961年学校续建砖木结构饭厅兼大会堂一座,面积1054平方米,完成简易家属宿舍一幢、瓶窑汽车驾驶分部办公楼、教室等零星基建项目。学校除1960年毕业的公四班(两年制),1961年陆续毕业路桥、汽修(3年制)4个班学生外,两年招收中专新生和驾驶班学员共600名,在校学生、学员总数达800人以上。

1962年在贯彻党中央和省市关于"压缩城市人口,支援农业"的运动中,原籍在农村的教职工20余名、学生94名,陆续离校回乡参加农业生产,师生人数有所减少。

1963年春,浙江省委和省交通厅为进一步贯彻"调整、巩固、充实、提高"的八字方针,集中财力物力,统一办学管理,调整交通中专学校布局,决定保留浙江航务学校,撤销浙江公路学校,原浙江公路学校学生并入浙江航务学校,继续完成学业至毕业。

表7-2-3为1958~1963年浙江省公路学校领导成立名单。

浙江省公路学校及领导成员名单　　表7-2-3

时间年月	职　务	姓　名	任职时间（年月）
1958.3~1963.3（浙江省金华公路学校）	校长(地交局长兼)	李圣集	1958.8~1959.4
	副校长	梁宏义	1958~1959.4
1959.4~1963.3（浙江省公路学校）	校长	赵先涛	1959.4~1963.3
	副校长	梁宏义	1959.4~1963.3
		刘云奇	1959.5~1960
		刘干臣	1959.4~1963.3
		张华亭	1959.5~1960

三、浙江省航务学校

1958年,为适应浙江省水上交通运输发展对技术、管理人才的需要,在当时的浙江交通干校基础上筹建浙江航务学校，地址设在杭州赤山埠六通寺。当年，按计划招收新生400人，分3个专业8个班，即海船驾驶两个班、轮机管理两个班、航道工程4个班。由于招生需要量大，首批生源不足，后又续招，由此带来了新生文化程度参差不齐。寺内大殿用竹墙分隔即作为教室，学生和教师的宿舍利用了寺庙的厢房。为贯彻教育与生产劳动相结合的方针，一边上课，一边劳动。12月，学校经省交通厅报请省人委批准，迁至镇海，仍属交通厅直接领导。

1959年5月，学校易名浙江省宁波航务学校。同年秋季招收新生200名。

1960年1月，学校开始筹办函授教育，并发出函授招生简章，向各地区航运部门招收驾驶、轮机、航道等专业函授生。招收的函授生相当于中专文化程度，但仅办了一年多时间，到1962年因故中辍。所办的航训班结业，为本省航运事业输送了受过半年测工训练的航工人员35名。

1960年3月，经省厅批准6万元基建拨款，着手兴建教学楼和饭厅。原设计1650平方米的三层楼基建面积改为1142平方米的两层楼。1961年5月底，新建教学楼全面竣工。

1960年9月25日，唐世华救落水儿童牺牲，被追认为烈士。

1960年，航务学校在原有基础上增办培训班，计航道养护训练班50名、轮机培训班40名、驾驶培训班40名。

1962年夏，在校学生有3个年级，计6个班级，215人，教职员工80余人，初具规模。

1958~1962年浙江省航务学校为浙江省航运行业输送的毕业生共计363名。

1963年春，浙江省委和省交通厅为进一步贯彻“调整、巩固、充实、提高”的八字方针，集中财力物力，统一办学管理，调整交通中专学校布局。保留浙江航务学校，迁到浙江公路学校原地——杭州市莫干山路金家渡。根据专业设置为水陆专业配套的多科性中等专业学校，更名为浙江省交通学校。

表7-2-4为1958~1963年浙江省航务学校领导成员名单。

浙江航务学校及领导成员名单　　表7-2-4

时间年月	职　务	姓　名	任职时间(年月)
1958.8~1958.12（浙江省航务学校）	校长	俞伟民	1958.8~1958.12
	副校长(兼)	荣振芝	1958.8~1958.12
1959.1~1963.3 浙江省宁波航务学校	校长	俞伟民	1959.1~1963.3
	副校长(兼)	荣振芝	1959.1~1963.3
	副校长	杨广禄	1961.10~1962

四、浙江省交通学校

1963年春，浙江省委和省交通厅为进一步贯彻“调整、巩固、充实、提高”的八字方针，集中财力物力，统一办学管理，调整交通中专学校布局，浙江省航务学校更名为浙江省交通学校。

该校开设有公路与桥梁工程、汽车运用与修理、海洋船舶驾驶、海船轮机管理、航道工程等5个专业，共计9个班级。同年5月、9月分别举办两期交通业务干部培训班，每期2个月，学员70余人。在瓶窑凤山设交通学校分部，办汽车驾驶训练班，培养汽车驾驶员。

1964~1965学年，学校为贯彻“少而精”的原则，以数学课为试点，对教学内容、教学方法、课外作业等多方面进行改革,取得了一定的效果。同时,学校重视校内教学基地的建设和加强对校外校内外生产实习基地的领导,进一步提高了教学质量。

1966 年“文化大革命”爆发。学校领导受到批判,学校正常的教学秩序受到严重的冲击,直至 1968 年夏教学活动仍处于停顿状态。

1969 年年底,根据中央指示和省教育厅统一部署,完成了 66、67、68 届毕业生的分配工作。

1970 年,学校顶住当时来自社会“解散风”,组织广大教师去工厂、港口码头边劳动边调研,论证继续办学的必要性,避免了学校被解散的危机。同时,学校组织教师分别两次下厂矿企业、港口码头进行教学调查,广泛听取教学意见,探讨办学形式。

1971 年起,学校陆续开办了为期一年的教学班。如汽修十一班(厂来厂去)、公路专业班(社来社去)、汽车驾驶 3 个平行班(为交邮局代培)。1972 年,招收汽驾一、二班(推荐工农兵学员入学,技工班)。

1972 年,学校正式恢复考试招生制度,经省交邮局批准,首先在杭州地区通过考试招收汽修十二班新生。

1973 年,汽修十三班定向招收工农兵学员。路桥、海驾和轮机等专业也都经省教育厅批准恢复招生。至此,各专业都已全面恢复正式招生制度,比当时全省其他各校早两年。

1975 年,学校采取厂校联合办学的方法,在浙江船厂开设了船舶修造作业教学班,为该厂培养了技术力量。在整个“文化大革命”期间,交通系统上岗前培训和内河与沿海轮机驾驶考证班从未间断过,取得了较好的社会效果。

1978 年学校恢复考试,从全国统考招收学生。中国共产党的十一届三中全会后,学校组织广大教职员工把工作重心转移到搞好教学的正确轨道上来,从加强领导班子、健全组织机构、建立和完善规章制度、加强教学管理、深化教学改革、扩大校园面积、改善办学条件等多方面入手,巩固建校以来取得的成果。自此,学校开始进入了一个新的发展时期。

1979 年根据上级精神,结合学校实际,招收以高中毕业生为主的新生 200 名,其中汽车专业为 2 个班,其他 3 个专业各为 1 个班,学制改为高中两年。班级的名号是汽修(21)班、(22)班,轮机(16)班,船驾(14)班,公路与桥梁(14)班。这是改革开放后进校的第一批学生。

1980 年招新生 160 名,入学程度仍为高中毕业,学制改为 3 年,其中汽修 40 名、路桥 42 名、船驾 39 名、轮机 39 名。1981 年招高中毕业生 240 名,其中路桥 2 个班 80 名、汽车 2 个班 81 名、船驾 39 名、轮机 40 名。1982 年招新生 198 名,其中路桥 39 名、汽车 42 名、轮机 39 名、船驾 2 个班 78 名。1981、1982 年先后承办同济大学、西安公路学院本科函授。首次完成教师职称评定工作,先后评定讲师 34 人、教员 20 人。

1983 年继续招高中三年制新生 202 名。其中路桥 41 名、汽修 40 名、船驾 40 名、轮机 2 个班 81 名。为适应浙江省交通事业发展的需要,增设交通监理专业,改 1982 年入学的汽(26)班为交监(1)班。应浙江船厂委托,定向扩招 1 个中专班,即轮 21 班(高中 3 年)。根据浙江省船舶修造业的发展所需,培养船舶技术监督检验方面的中级技术人才,增设船舶检验专业,改轮(20)班为船检(1)班。

1984 年下半学期,招高中毕业新生 253 名,其中 4 个原有的骨干专业除汽车专业未招外,路桥、船驾、轮机专业各招 1 个班,并增设水上运输和汽车运输 2 个管理专业(各为 1 个班）并在全省范围内招收在职职工，开办了1个汽运工程职工中专班（初中毕业、学制3年）。此外，陆续举办公路施工、制图、干部文化补习、海船轮机员考证、汽车驾驶、汽车运输经济管理等各种培训班。

1985年，招船舶检验专业1个班，是为“船检(2)班”。由于省内航务监督（航政）技术管理工作发展需要，为培养这方面的中级应用人才，增设“港监专业”，招生1个班。汽运管理、水运管理及交通监理专业各招1个班，并继续招汽车职工中专1个班。学制除职工中专仍为初中后3年，其余均为高中后2年制。4个长线专业中，路桥、船驾各招1个班，轮机、汽车专业未招，共招新生351名。随着中心实验楼竣工，学校的实验场地不足问题从根本上得到解决。

1986年，学校与浙江工学院合办公路与桥梁工程和交通运输管理工程两个专业的专科班、教学和管理均由学校负责。6月，学校建立大专部，并于同年暑假开始招生。开设路桥专业和水运管理专业各1个班，学制为高中后3年。同时招路桥、船驾、汽车、轮机4个长线骨干专业各1个班，“交通监理”“港监”2专业各1个班，共计254人。7月底，有专任教师96人，教师与学生比例为1∶84。教师中，本科生61人，占63.5%；专科生8人，占8%；中专生26人，占27.5%；其他1人，占1%。其中，讲师28人，未定职称58人。当年，通过省教委，争取到世界银行贷款的项目预选资格，引进世界银行贷款78万美元。

1987年下半年设立船驾、轮机、路桥和汽车4个专业科。与教务处属于同级关系。这是一次教学体制改革的重大调整。当年有364名新生入校。他们分别进入路桥等4个骨干专业及“汽运管理”、“港监”各1个班，大专“路桥”、“水管”各1个班，以及恢复开办中断12年的“航道工程”班（“航工(7)班”）。是年，300米跑道的田径场建成，适应了体育教学的需要。

1988年入校新生280名，为汽车、轮机、船驾、港监、航工各1个班及大专路桥2个班，并开办职工中专班。

1989年招新生377名，其中汽车2个班（内1个自费班）、船驾、轮机各2个班，公路1个班，大专路桥1个班。由于客观的需要和条件的可能，又新设“船舶电器”专业，招1个班（即“船电(1)班”）。八层新教学大楼建成，可容纳当时学校所有班级的课堂教学。

1990年入学新生245名，为路桥、船驾、轮机各1个班、汽车2个班（内1个自费班）、在锐意进取精神的鼓励下，为跟上交通运输管理工作的发展需要，还增设“财会”专业，招了1个班，为学校历史上第一个财务管理方面的班级。至12月，学校有专职教师为110人，兼职教师14人；大专及以上文化程度的为90人，教龄在25年以上的21人，16~25年的12人，5~15年47人，而5年以下的则为44人。教职工获各级各类专业技术职称的有141人，其中高级职称19人、中级职称39人、初级职称83人。荣获省（部）级以上荣誉称号的教师有6人次。教职工共275人，在校学生为17个班700人（其中中专14个班605人、大专3个班95人），另有本科函授生120余人、各类培训班约200人。

1991年11月28~29日，接受了浙江省教委组织的中专教育评估组的检查验收，顺利通过合格评估。这是学校上台阶的起跑线，为以后的水平评估奠定了坚实的基础。

1992年，在《中国教育改革和发展纲要》提倡联合办学、走产教结合的路子、增强学校自我发展能力的方针指导下，学校为进一步转换办学机制，增强办学活力以适应市场经济的飞速发展，下半年在调研的基础上，提出了“一校两制，产教结合，以产养教”的新一轮改革方案。当年拥有教学仪器设备3945台套、固定资产292.97万元。实习工厂有实习机具设备价值73万元。全校实验实习总固定资产为365.97万元,其中62.8%为1986年以后新添置。同年新建了轮机实验楼。同年6月获得省(部)级重点中专学校和交通部规范化学校的光荣称号。这一年,学校与温州龙港镇协议联合开办中专班。

1993年建成投资307万元的有相当规模的游泳池和跳水池,为提高学生身体素质和水上训练创造了良好条件。同年,投资兴建第二实验楼。是年,开办职业高中班。

1994年9月,浙江航运技工学校,由浙江省海运总公司成建制移交给浙江交通学校,两校走上了联姻办学之路,建立以高等职业为主导,集高职、中专、技工或成人教育为一体的教学基地。行政楼(该办公楼与新图书馆连成一体)建造完成,投入使用。同年下半年国家教委颁发教职〔94〕11号文件,确定该校为首批试办五年制高等职业教育的十所学校之一。

1995年7月,学校告别设施一直比较滞后的旧图书馆,迁入面积3000立方米新图书馆大楼(馆藏图书12.4万册)。同年辅以职工集资方式,投资建造培训中心楼。迄1995年实验设备购入总值780万元。有基础和专业实验室30个,基础课和专业课的实验开出率分别由1992年的96%和80%提高到99.4%和95.1%。学校还添置了5000吨级的实习船1艘。在实习工厂安装了汽车检测线。路桥等专业也根据各自优势建立相应的实验室。12月学校路桥专业接受交通部对该专业师资队伍、科研与著作、实验实习仪器设备、教学管理、学生质量、办学效益等项目的检评。同年成立了成人教育部。是年,公路、桥梁工程专业被评定为交通部重点专业。

1996年根据省交通厅的决定,浙江航运技工学校成建制移交给浙江交通学校管理后,为进一步实行一体化改革。8月30日调整校领导班子,适当调整中层机构,增设一分部(谢村)、二分部(南星桥)、技工综合办公室、招生与毕业分配办公室和设备科。撤消中心实验室、公共课实验室,将它们划归相关教学部门管理。完成400米跑道标准田径场扩建工程,使原非标准的300米跑道田径场跃上了新台阶。4号学生宿舍楼建成,5层75间,建筑面积2508平方米,可容纳学生450名左右。兴建有1400座位的大礼堂及附属设施。是年,学校有专、兼任教师173人。其中高级职称26人、中级职称79人、初级职称68人、实验实习指导教师48人。1月交通部以交教〔96〕72号文批准学校路桥专业为部级重点专业点。学校扩大招生规模,招收新生34个班级,1453人,连同老生班级在校学生达到64个班级2700人,创历史之最。汽车运用工程被评定为交通部重点专业。

1997年,交通部以交教〔97〕67号和教职字〔97〕7号文批准学校路桥专业为部级重点专业点和教学质量A级。全年招收新生26个班级1013人。

1998年5月18日,学校举行浙江省交通学校建校40周年、浙江航运技工学校建校20周年校庆。

1999年,学校"以适应求生存,以改革促发展",进一步建立适应经济、社会发展的灵活机制,实行四个并举的方针(即:主干专业与短线专业并举,中专与基地层次并举,独立办学与联合办学并举,教育与岗位培训并举)。除加强公路、汽车、船驾、轮机4个主体专业以外,学校先后开设了工程监理、公路稽征、航政管理、船舶物资管理、交通运输管理、港口与航道工程、船舶电器、计算机应用、现代文秘等12个短线专业(40个班级);继成立同济大学、西安公路学院两个函授站后,又成立长沙交通学院函授站,共培养高函高专毕业生750名。

1999年年底,全日制在校生规模达3000人(其中高职班规模1000人),教职工总数为

374人(其中,专任教师196人,高、中级职称146人,交通部教学带头人2名)。对学生进行半军事化管理,实行教师、学生多证制制度,突出学生“专业加特长”的教学特色。学校培养大、中专毕业生1.4万余名,培训干部职工2.25万名、中技生2500余人,充分显示办学特色与优势,受到了用人单位和各级领导的好评。“七五”(1986~1990)期间学校被评为省交通教育先进单位,“八五”(1991~1995)期间荣获交通部先进单位称号。本部、一分部、二分部校园占地面积200亩,建筑面积6.2万平方米,拥有教学楼、培训楼、第一、第二实验楼、图书楼、教师办公楼、综合会堂、学生宿舍楼、实习工厂、400m跑道田径场、标准游泳池、跳水池等一系列较完善的教学基础设施,拥有自动雷达标绘仪(ARPA)、全球海上安全和遇险系统(GMDSS)、全站仪路桥测量设备、汽车检测系统、NOVEL局域网计算机实验系统、48座多媒体语音实验室、汽车新结构实验室等一批具有国内先进水平的水陆专业实验设备和基础与专业实验室47个,拥有5000吨级实习船1艘和30辆教练车的教练队等6个校内实习基地,实验实习设备总值达2200万元,馆藏图书13万册。学校开设公路与桥梁、汽车运用工程、海洋船舶驾驶、海洋轮机管理、公路工程监理、公路稽征、高等级公路管理、汽车检测、计算机及应用、财会电算化、文秘与档案等中高级各层次长短线专业25个,同时承担同济大学、大连海事大学、长沙交通学院、上海海运学院等7所高等院校的高等函授、浙江大学道桥专业研究生班、重庆交通学院高等级公路学习班的教学与管理,还开办了各专业的大专证书班及其他各类交通短期培训、船员证书考证班。成立浙江省中等职业技术教育中心,通过建立国家职业技能考核鉴定所、浙江省船员培训中心、交通部电视中专教学点、浙江省水上专业高级技工培训中心、浙江大学道路工程专业自考助学点等。同年3月,杭州钢铁厂职工大学与该校合并,开始组建浙江交通职业技术学院。该校已成为全国有影响的重点中专学校。

浙江省交通学校领导成员名单见表7-2-5。

浙江省交通学校沿革见图7-2-1。

2000年7月浙江省交通学校党政领导班子名单见表7-2-6。

浙江省交通学校历年分专业招生情况见表7-2-7。

浙江省交通学校及领导成员名单 表7-2-5

时间年月	职　务	姓　名	任职时间(年月)
1963.3~2000.7	校长	俞伟民	1963.3~此后病休
		赵先涛	1963.3~1968
		江扬	1966.10~
	革委会主任	李成富	1966.10~1980.1
	代理校长	刘渊	1983.4~1984.6
	校长	谭文莹(女)	1984.6~2000.2
	副校长	梁宏义	1963.3~1968
		刘干臣	1963.3~1966
	革委会副主任	蒋金宝	1980.1~1983.4
		孙文富	1976~1977
	副校长	李成富	1980.1~1983.4
		蒋金宝	1980.1~1983.4
		夏克明	1980.1~1983.4
		刘渊	1980.1~1983.4

续上表

时间年月	职 务	姓 名	任职时间(年月)
1963.3～2000.7	副校长	蔡维元	1980.1～1983.4
		沈本业	1983.4～1984.6
		林立坦	1983.4～1996.10
		陶遵炳	1983.4～1987.11
		庞又艇	1983.4～1987.11
		张林正	1992.10～2000.7
		金仲秋	1996.8～2000.7
		张华	1996.8～2000.7
	党委专职书记	沈本业	1983.4～1987.11
		陶遵炳	1987.11～1993.
	党委专职副书记	王志武	1980.1～1983.4
		庞又艇	1993. ～1996.
		童隆福	1996.8～2000.7

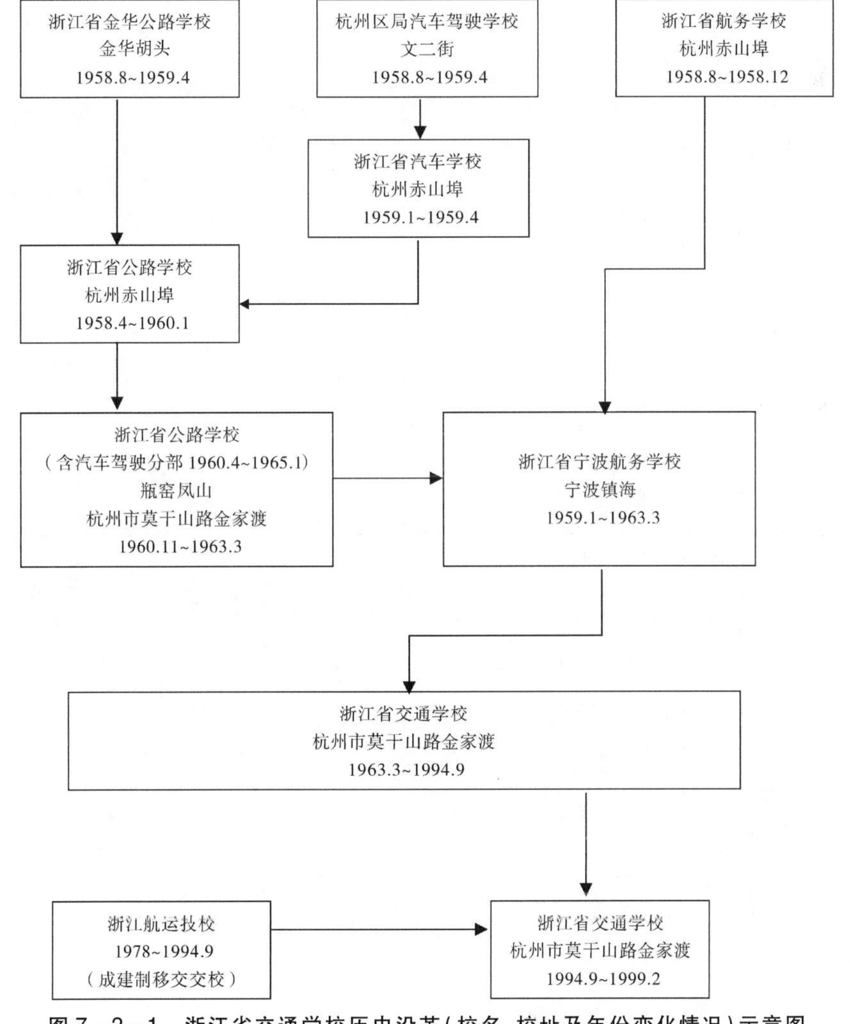

图7-2-1 浙江省交通学校历史沿革(校名、校址及年份变化情况)示意图

2000 年 7 月浙江省交通学校党政领导班子名单　　表 7-2-6

分类	职务	姓名	任职时间
学校行政领导班子	校长	谭文莹	1984.6～2000.7
	副校长	张林正	1992.10～2000.7
		金仲秋	1996.8～2000.7
		张华	1996.8～2000.7
学校党委领导班子	书记	谭文莹	1987.11～2000.7
	副书记	童隆福	1996.8～2000.7
	委员	张林正	1992.10～2000.7
		金仲秋	1996.8～2000.7
		张华	1996.8～2000.7
	委员、纪委书记	周永富	1996.8～2000.7

浙江省交通学校历年专业/学生数统计表（1958～1999 年）　　表 7-2-7

年份	专业/学生数													合计（专业/学生数）
1958	公路与桥梁/202	航道工程/99	汽车运用工程/98	海洋船舶驾驶/96	海洋轮机管理/139									5/634
1959		航道工程/34	汽车运用工程/76	海洋船舶驾驶/40										3/150
1960	公路与桥梁/39		汽车运用工程/101	海洋船舶驾驶/22										3/162
1961			汽车运用工程/51		海洋轮机管理/58									2/109
1963		航道工程/36	汽车运用工程/41	海洋船舶驾驶/36	海洋轮机管理/39									4/152
1964	公路与桥梁/48		汽车运用工程/50	海洋船舶驾驶/46	海洋轮机管理/51									4/195
1965	公路与桥梁/40	航道工程/40	汽车运用工程/45	海洋船舶驾驶/39	海洋轮机管理/42									5/206
1970						轮机修造/40								1/40
1972			汽车运用工程/70											1/70
1973	公路与桥梁/38	航道工程/40	汽车运用工程/43	海洋船舶驾驶/40	海洋轮机管理/40									5/201
1974	公路与桥梁/49		汽车运用工程/49	海洋船舶驾驶/50	海洋轮机管理/49									4/197
1975	公路与桥梁/52		汽车运用工程/48	海洋船舶驾驶/52	海洋轮机管理/50	船舶修造/60								5/262

续上表

年份	专业/学生数													合计（专业/学生数）
1976	公路与桥梁/28			海洋船舶驾驶/18	海洋轮机管理/22									3/68
1977			汽车运用工程/69											1/69
1978	公路与桥梁/81		汽车运用工程/119	海洋船舶驾驶/75	海洋轮机管理/80									4/355
1979	公路与桥梁/40		汽车运用工程/81	海洋船舶驾驶/40	海洋轮机管理/40									4/201
1980	公路与桥梁/40		汽车运用工程/40	海洋船舶驾驶/39	海洋轮机管理/39									4/158
1981	公路与桥梁/80		汽车运用工程/81	海洋船舶驾驶/39	海洋轮机管理/40									4/240
1982	公路与桥梁/39		汽车运用工程/40	海洋船舶驾驶/78	海洋轮机管理/78	交通监理/40								5/275
1983	公路与桥梁/41		汽车运用工程/40	海洋船舶驾驶/40	海洋轮机管理/41	船舶检验/41								5/203
1984	公路与桥梁/43	汽运/39	职汽/49	海洋船舶驾驶/40	海洋轮机管理/37	水运管理/42								6/250
1985	公路与桥梁/48	汽运/50	职汽/37	海洋船舶驾驶/39	交通监理/46	水运管理/41	航政管理/39	船舶检验/48						8/348
1986	公路与桥梁/49	公路与桥梁（大专）/27	汽车运用工程/42	海洋船舶驾驶/42	海洋轮机管理/39	交通监理/41	水运管理（大专）/28	航政管理/40						8/308
1987	公路与桥梁/49	公路与桥梁（大专）/31	汽车运用工程/39	海洋船舶驾驶/45	海洋轮机管理/44	航政管理/42	水运管理（大专）/32	汽运/40	航道工程/42					9/364
1988		公路与桥梁（大专）/59	汽车运用工程/47	海洋船舶驾驶/42	海洋轮机管理/40			航政管理/31	航道工程/42					6/261
1989	公路与桥梁/45	公路与桥梁（大专）/34	汽车运用工程/87	海洋船舶驾驶/94	海洋轮机管理/79	船舶电器专业/43								6/382
1990	公路与桥梁/50		汽车运用工程/69	海洋船舶驾驶/42	海洋轮机管理/43		财会电算化/50							5/254
1991	公路与桥梁/97		汽车运用工程/45	海洋船舶驾驶/86	海洋轮机管理/133		财会电算化/46							5/407
1992	公路与桥梁/138	交通运输管理 I 稽征/46	汽车运用工程/82	海洋船舶驾驶/88	海洋轮机管理/90	财会电算化/47								6/491
1993	公路与桥梁/95		汽车运用工程/41	海洋船舶驾驶/81	海洋船舶驾驶（大专）/29	海洋轮机管理/41	财会电算化/38							6/325
1994	公路与桥梁/86	公路与桥梁（大专）/39	汽车运用工程/80	海洋船舶驾驶/33	公路工程监理/11	海洋轮机管理/119	船舶设备管理/39	文秘与档案/42						8/449

续上表

年份	专业/学生数													合计（专业/学生数）
1995	公路与桥梁/178	公路与桥梁（大专）/54	汽车运用工程/114	海洋船舶驾驶/43	海洋船舶驾驶（大专）/30	公路工程监理/36	汽摩/25	汽修班/56	海洋轮机管理/38	海洋轮机管理（大专）/28	财会电算化/34	计算机及应用/49	文秘与档案/43	13/728
1996	公路与桥梁/244	公路与桥梁（大专）/65	汽车运用工程/113	海洋船舶驾驶/73	海洋船舶驾驶（大专）/30	交通运输管理Ⅰ稽征/44	公路工程监理/47	汽修班/63	海洋轮机管理/63	海洋轮机管理（大专）/34	财会电算化/78	计算机及应用/81	文秘与档案/43	13/978
1997	公路与桥梁/259	公路与桥梁（大专）/31	汽车运用工程/90	汽车检测与维修（大专）/60	海洋船舶驾驶/34	海洋船舶驾驶（大专）/35	航政管理/31	汽修班/74	海洋轮机管理/70	海洋轮机管理（大专）/36	财会电算化/52	计算机及应用/79	文秘与档案/48	13/899
1998	公路与桥梁工程/120	公路与桥梁（预算）/40	高等级公路管理/40	汽车检测与维修/40	汽车运用工程（轿车维修）/120	海洋船舶与驾驶/40	海洋轮机管理/40	计算机技术与应用/120	办公自动化/40	财会（交通工程财会）/80	烹饪与管理/40			11/720
1999	公路与城市道路工程/140	高等级公路管理/45	汽车运用技术/120	海洋船舶与驾驶/120	海洋轮机管理/85	计算机应用与维护/40	机械制造工艺及设备/90							7/640

五、浙江交通技师学院

1974年8月，经浙江省交通局批准，设立浙江汽车驾驶技工学校金华分校，校址设在金华地区交通邮政局七里畈材料仓库内。9月，学校首次在全省范围内招生，采用推荐的方法招收城镇和农村户口的汽车驾驶专业工农兵学员146人，学制为2年。

1980年7月，经上级部门批准，学校设立校办公室、行政股、教务股、机料股、教练队、修理车间，并任命了相应的管理干部。1981年1月，增设学生管理股。同年4月，校办公室改为政工股。1982年3月，学校将机料股合并到修理车间，将学生管理股合并到教务股。

1986年6月，省交通厅决定，金华分校行政上不再实行“双重领导”管理体制，由省校对金华分校实行行政垂直领导及四统一管理（即劳动人事、教学、计财、材料统一管理）。

是年9月，学校根据省政府和省劳动人事厅“定编制、定学制、定规模、定人员”的要求进行整顿，撤股建科，校部下设校办公室、政工科、教务科、教练队、修理厂，机构设置进一步健全、规范。

1987年8月，浙江省汽车运输管理体制实行重大改革，原省汽车运输公司所属各地、市分公司均下放所在地、市管理。金华汽校由省交通厅直接管理，学校的办学经费主要通过勤工俭学和有偿培训等办法筹集。浙江汽车驾驶技工学校金华分校成为省交通厅直接管理的唯一一所汽车技工学校。12月金华分校与省汽车驾驶技工学校本部（桐庐）脱钩。1988年2月，更名为浙江金华汽车技工学校。

1988年1月，金华汽校率先进行学制、招生分配制度改革，迈出了市场化办学的第一步。

1989年5月，浙江金华汽车技工学校更名为浙江汽车技工学校。11月学校增设党委办公室和保卫科，1992年10月又增设财务科，机构设置更趋完备。

1994年起，学校提出“上挂、横联、下辐射”合作办学的新理念，先后同瑞安农技校、永嘉劳动局、金华九峰职校、乐清交通委等4家单位签订联合办学协议，确定由联办单位负责招生和文化基础课的教学，校本部负责专业理论和术科教学。同年秋季，学校与浙江省交通学校进行联合办学，开办了汽车运用技术专业的中专班，进一步拓展了办学规模。此后教学点逐步增多,1998 年达到高峰,各教学点招收的学生数超过学校招生总数的 1/3。

1993 年 11 ~12 月,学校先后通过了交通部规范化技工学校和浙江省交通系统文明学校的评估验收,并于 1994 年 2 月、3 月被交通部和省交通厅分别命名为“全国交通系统规范化技工学校”和“浙江省交通系统文明学校”。1994 年 10 月,被浙江省劳动厅认定为“省级重点技工学校”。

1997 年 5 月,被原劳动部认定为国家级重点技工学校。

1999 年 2 月,经劳动和社会保障部批准,学校由浙江汽车技工学校改建为浙江交通高级技工学校,成为浙江省交通系统乃至全省首批高级技工学校。

2002 年 2 月,经省交通厅批复同意,学校机构设置调整,设党政办公室、财务处、后勤处、招生就业处、学生处、教务处、基础人文科、汽车工程科、信息工程科、驾驶培训中心、成人教育部。进一步理顺了内部工作关系,有利于专业拓展及教学管理。

2003 年 6 月,经省劳动保障厅和省发展计划委员会批准,在浙江交通高级技工学校基础上组建浙江交通技师学院,办学经费来源、办学体制不变。2004 年 6 月,经省机构编制委员会下文批复,浙江交通高级技工学校正式更名为浙江交通技师学院。同年秋季,经省劳动保障厅同意,浙江交通技师学院首次在全省范围招收全日制汽车维修专业技师班。

2005 年,学院提出了包括“教研强校”在内的六大工程建设发展战略。2006 年 3 月,经省交通厅同意,学院设立了科研处,这在全省技工院校中是第一家。科研处的成立,为浙江交通技师学院全面推进教育研究工作的规范化、制度化和正常化提供了重要组织保障。

2008 年,经人力资源保障部批准,学院被确定为首批国家高技能人才培养示范基地,并被授予“国家技能人才培育突出贡献奖”。

2010 年,经各市及省级有关部门推荐、组织核查、公开答辩、专家评审、公示等环节,学院被省人力资源和社会保障厅、财政厅确定为浙江省汽车维修与制造高技能人才公共实训基地,汽车钣金与涂装专业继被省教育厅确定为省级示范专业之后又被省人力资源和社会保障厅、财政厅确定为省级品牌专业。

截至 2010 年年底,学院占地 22 万平方米(约 330 亩),建筑面积 74800 平方米,总资产 2.5 亿元,建有现代化教室 100 多个,各类实验实训室 95 个,教学设备总值 2634 万元。有在编教职工 272 人。其中专业技术人员 237 人,占教职工总数的 87.1%。理实课教师 218 人,其中高级讲师、高级实习指导教师 50 人,高级技师 11 人,讲师、一级实习指导教师 71 人,技师 90 人,中高级职称教师占教师总数的 63.3%。一体化教师 138 人,占教师总数的 63.3%。

学院举办高职、中职两个层次的教育,开设交通、机电、信息技术、经贸人文四大类近 20 个专业。在校生 5194 人。学院设有浙江省汽车运输高级工培训中心、浙江交通技师学院国家职业技能鉴定所、浙江省计算机应用能力培训考核站。同时开设汽车驾驶员、汽车维修与驾驶中、高级工、技师、高级技师、营运驾驶员、教练员等培训,年培训量达 8000 人。办学至今已为浙江省交通系统及社会各界培养各类技能型人才 10 万余人,为地方经济发展作出了应有的贡献。

浙江省交通技师学院(原汽车技工学校)1974 ~2010 年领导班子成员名单见表 7 -2 -8。

2010 年 12 月浙江省交通技师学院党政领导班子名单见表 7 -2 -9。

浙江省交通技师学院(原汽车技工学校)领导成员名单　　表7-2-8

时间年月	机构全称	职务	姓名	任职时间（年月）
1974.8~1988.2	浙江汽车驾驶技工学校金华分校	学校负责人	朱一新	1974~1975
		党委书记	朱一新	1975~1979
			冯立华	1983~1988
		校长	朱一新	1979~1983
			赵惇义	1983~1988
		副校长	吴传贤	1979~1983
			茅连根	1979~1985
			王传先	1979~1985
			丁丰荣	1983~1988
			徐松林	1987~1988
		党委副书记	朱一新	1979~1983
			汪驰飞	1975~1977
			李唐观	1975~1977
			吴传贤	1979~1983
1988.2~1989.5	浙江金华汽车技工学校	校长	赵惇义	1988~1989
		党委书记	冯立华	1988~1989
		副校长	冯立华	1988~1989
			吴传贤	1988~1989
			丁丰荣	1988~1989
1989.5~1999.2	浙江汽车技工学校	校长	赵惇义	1989~1995
			郑黎明	1995~1996
			马云飞	1996~1999
		党委书记	冯立华	1989~1995
			郑黎明	1995~1996
			杨晓法	1996~1999
			吴传贤	1989~1991
			丁丰荣	1989~1999
			郑黎明	1989~1995
			马云飞	1995~1996
			马步进	1995~1999
			杨晓法	1996~1999
			金伟强	1996~1999
		党委副书记	杨晓法	1995~1996

续上表

时间(年月)	机构全称	职　务	姓　名	任职时间(年月)
1999.2～2004.6	浙江交通高级技工学校	校长	马云飞	1999～2000
			杨晓法	2000～2003
			金伟强	2003～2004
		党委书记	杨晓法	1999～2003
			金伟强	2003～2004
		党委副书记	金伟强	2001～2003
		副校长	丁丰荣	1999～2000
			马步进	1999～2000
			杨晓法	1999～2003
			金伟强	1999～2000
			张　华	2000～2002
			戚光辉	2000～2004
			楼扬森	2003～2004
			孙常强	2003～2004
2004.6～2010.12	浙江交通技师学院	院长	金伟强	2004～2008
			戚光辉	2008～
		党委书记	金伟强	2004～2009
			孙常强	2009～
		副院长	戚光辉	2004～2008
			楼扬森	2004～
			孙常强	2004～2009
			陈运清	2007～

2010年12月底浙江省交通技师学院党政领导班子名单　　表7-2-9

分　类	职　务	姓　名	任职时间
行政领导班子	院长	戚光辉	
	副院长	楼扬森	
		陈运清	
党委领导班子	书记	孙常强	
	成员	戚光辉	
		楼扬森	
		陈运清	

六、浙江省汽车驾驶技术学校

1958年8月，浙江省交通局杭州市区在杭州市文二街成立汽车驾驶学校。1959年1月，改名为浙江省汽车驾驶学校，迁往杭州市赤山埠。1959年4月，并入浙江省公路学校，为浙江省公路学校瓶窑风山汽车驾驶分部。

1974年7月，经浙江省交通邮政局批准，学校恢复成立并更名为浙江省汽车驾驶技工学校，由浙江省交通学校汽车驾驶教研组和瓶窑汽车驾驶分部合并而成，校址设在杭州市黄龙洞。并在主要地市相应成立汽车驾驶技工学校，继续培养汽车驾驶技术人员。

1979年，省汽车运输公司为确保运输生产第一线有足够的驾驶人员和技术工人，在桐庐自设汽车驾驶技工学校，在湖州、丽水设立分校，在临海、绍兴设立以培养汽车驾驶技工为主的分校。同年，省交通厅所属浙江省汽车驾驶技工学校又将设立于宁波、温州、金华的3所分校相继划给省汽车运输公司宁波、温州、金子华分公司直接领导。至此，省汽车运输公司共有驾驶技工培训基地8个。在省交通厅拨款及企业自筹资金支持下，陆续兴建各校校舍共4万多平方米，添置有闭路电视、录像、教学电影、驾驶模拟操作台等教学设备。在教学上，按照交通部《教育大纲》的要求，设政治、德育、各种技术基础理论和生产实习课，学制分一年、二年、三年。在各分校中，以金华分校最具规模，建筑面积2.8万平方米，有60余辆教练车，配备的理论教师和实习教师达130余人。

1987年8月，根据国务院关于改革道路交通管理体制的通知精神，省交通厅将交通监理机构及职能移交省公安厅。同时，设立浙江省公路稽征局、浙江省公路运输管理局，与公路管理局一套班子合署办公；撤销省汽车运输公司，将所属11个分公司、两个厂和省汽车驾驶技工学校及宁波分校成建制下放给所在省辖市（地区）。金华分校由厅直接管理，改名浙江汽车技工学校。

七、浙江航运技工学校

浙江航运技工学校创建于1978年，由浙江省航运公司杭州航运分公司负责筹建管理。创校初期，学校位于杭州市区电厂路谢村。校园占地28亩，建筑面积1万多平方米，有水手现场教学室、轮机现场教学室等教学设施。学校设内河驾驶、内河轮机、沿海驾驶、沿海轮机、船机修理等专业，学制2至3年。1978年，学校招收学生150人。1981年，首届学生毕业，择优留校15名充实教师队伍。1983年，学校教职工达124人，其中中级以上职称者24人。1984年，新开设沿海船舶机工和水手两个专业，同时开展成人教育培训。1985年年底，学校下设校办公室、教务科、实习科、总务科、财务科、政工科、团委、工会和实习工厂共9个部门。1986年，学校通过省劳动人事厅验收，成为全省首批技工培训学校合格学校。1987年，学校开展首次教师职称评定工作。经过评审，首批获得高级职称的2人，中级职称25人，初级职称42人。同年7月，浙江航运技工学校嘉兴分校撤销，并入浙江航运技工学校。1989年12月，学校由交通厅委托省航运公司代管改为由浙江省航运总公司管理。招收学生区域限于浙江省海运总公司所属的舟山、温州、海门等地，学生数量急剧下降。为走出办学困境，自1990年下半年开始，学校实行有偿代培，恢复内河专业招生。1993年学校与地方联合办学，开展职高班教学。1993年3月，学生实习基地在杭州南星桥钱江船厂东侧正式开工建设，至12月底第一期工程（占地9亩，建筑面积为3200平方米）竣工。1994年9月，学校按原规模成建制移交给浙江省交通学校。1996年，学校招收新生538人，在校生人数达到926人。

八、浙江公路技师学院

浙江公路技师学院前身为创建于1978年的浙江公路机械技工学校，隶属于浙江省交通运输厅和省公路管理局。2007年7月改建为技师学院。学院现有在校生3100余人，教职工270余人，设有道路桥梁工程、工程机械、现代物流、汽车检测与维修4个专业群共10余个专业方向，已成为浙江省现代交通公路一线高技能人才的培养基地，培养、培训各类交通公路技术人才近10万名。

学院是国家级重点技工院校、国家职业技能鉴定所、交通运输行业特有工种职业技能鉴定站、浙江省职业教育先进单位和浙江省优秀职工教育培训基地，是人社部批准的国家级高技能人才培训基地、教育部和财政部批准的中央财政支持的职业教育实训基地，列入国家发改委的“职业教育基础能力建设项目”。公路施工与养护专业和工程机械专业为“省级品牌专业”。学院同时拥有交通部综合甲级资质的公路水运工程试验检测中心、高等级公路技术培训中心和浙江省公路养护和公路工程国家职业技能鉴定所。

2010 年学院共有专兼职教师 100 余人，其中博士 1 人，硕士 22 人，高级技师 18 人，技师 19 人，“双师型”教师占 52.5%，具有中高级职称占 54.1%，有 9 人次获得全国交通技术能手称号，1 名省级青年岗位能手，1 名全国交通职业教育专业带头人，2 名浙江省技工院校专业带头人。

学院以创建特色型一流技师学院为办学目标，以培养具有良好品行的技能型、智慧型、创新型高技能人才为培养目标，坚持“高端引领、多元办学、特色发展”的发展理念，在“一体两翼”（以全日制教育为主体，以培训中心和检测中心为两翼均衡发展）的办学框架下，创新人才培养模式，深化教育教学改革。围绕 4 个专业群建成并投入使用路桥、工程机械、汽车维修、现代物流四大实训中心，实训面积达 9000 余平方米，各类实训设施、设备价值达 8000 万元以上。

培训中心作为学院“一体两翼”战略框架中的一翼，是全省公路系统职工教育培训基地，也是浙江省第一批优秀职教培训基地，承担着系统内大量的培训任务及特有工种的技能鉴定等。培训工作紧密依托行业，整合内外资源，积极开展省新增公路路政管理人员岗位培训、公路养护工、筑路机械操作工等多工种的等级技工和技师以及高级技师的培训，年均培训、鉴定学员达到 4000 人次以上。

试验检测中心作为学院“一体两翼”战略框架中的另一翼，是学院“产教研”结合的平台，承担了高层次学生的技师研习和对外检测试验业务，2008 年成为全国技工院校首家交通部公路综合甲级资质的检测机构。该中心每年对全省国省道及高速公路路况进行检测，对全省国省道桥梁进行定期检查，为省局制定大中修计划、桥梁维修加固方案和全省养护投资决策科学化提供依据。

学院推行开门办学，积极创新多样化的校企一体办学模式，扎实稳妥地开展学生顶岗实习、工学交替和订单培养等。学院分别与浙江正方集团、浙江立洋机械有限公司、苏宁电器、百世物流等企业合作开设订单冠名班；分别与上海宝马格（中国）工程机械有限公司、卡西欧（上海）贸易有限公司、阿里巴巴（中国）教育科技有限公司、圆通快递、浙江省交通工程建设集团有限公司、浙江省测绘大队等 48 家知名企业签订校企合作协议，共建实训基地，合作培养师资，联合开发教材，实现校企深度融合。学生就业率一直保持在 97% 以上。

九、浙江省交通干部学校

浙江省交通干部学校创建于 1982 年，隶属于省交通运输厅，与 1984 年 2 月 13 日成立的浙江省交通职工中等专业学校、1991 年成立的中共浙江省交通厅党校合署办公，是省交通运输厅培养、培训领导干部、管理和技术人才的重要基地。该校主要针对交通运输系统干部职工进行党政干部理论培训、岗位任职适应性培训、岗位资格培训、业务知识更新培训等，也承接对外培训业务。学校还是省安监局认定的安全生产培训机构。

学校地处杭州城西西溪路，校园占地面积 35867 平方米，绿化面积 11000 平方米，总建筑面积 24000 余平方米，各项配套设施完善、管理规范有序、服务功能齐全、师资素质良好。现有可容纳 300 人的学术报告厅 1 个，容纳 60 人的情景模拟课堂 1 个，可容纳 120 人的多媒体课堂2个，可容纳200人的多媒体阶梯课堂2个，可容纳120人的计算机教室2个；普通教室18个，面积总计1080平方米，可容纳近千人上课。已完成数字化校园建设。拥有阅览室、计算机网络中心、远程教育用卫星地球接收站、PU场地篮球场、网球场、田径场等。

学校拥有一支稳定的高素质专、兼职教师队伍。2010年有专业技术人员49人，其中高级职称17人、中级职称23人；专职教师35人，其中高级职称14人、中级职称19人。具有高、中级职称的人员占教职工总数的61%。还拥有一支由省委党校、浙江大学等在杭高校、长三角高校教授、省委省政府资深官员、交通系统各单位有关领导和专家组成的兼职专家师资队伍。

作为培训全省交通系统党政领导干部的基地，学校编制并组织实施了地市交通系统领导干部三大建设专题培训、全省交通局长培训等各级各类干部培训项目；自主开发了“干部教育培训五年轮训”、“征稽人员转岗培训”、“大物流管理人员培训”、“交通前期工作培训”、“应急管理人员培训”等五大专题培训项目。同时，学校做精做强安全培训等专题培训项目，形成了一批自主培训品牌。

至2010年年底，累计举办培训班824期，培训学员63516余人次。学校于2009年被交通运输部认定为交通运输行业管理干部队伍培训平台第一批建设单位。

浙江省交通干部学校及领导班子成员见表7－2－10。

2010年12月底浙江省交通干部学校党政领导班子见表7－2－11。

浙江省交通干部学校及领导成员名单 表7－2－10

时间年月	机构全称	职务	姓名	任职时间(年月)
1983	浙江省交通干部学校筹建组	校筹建组组长	李成富	1983.5～1984.9
		校党委委员、调研员		1984.9～1985.5
		校筹建组成员	任伯昌	1983.5～1984.9
		校筹建组成员	相全福	1983.5～1984.9
1984～2010	浙江省交通干部学校	校长	温超祥	1984.9～1987.6
			沈本叶	1987.6～1990.4
			傅玲虎	1995.4～1997.2
			郭良	1997.2～2004.10
			胡克	2005.5～2010.3
			马云飞	2010.3～
		副校长	相全福	1984.9～1989.11
			傅玲虎	1990.4～1995.4
			费福祥	1990.4～1995.4
			郭良	1995.4～1997.2
			杨信安	1995.4～2002.5
			阮少华	1997.6～2000.9
			谢炜麟	2001.5～2009.2
			胡克	2002.6～2005.4
			祝亮	2007.9～
			于建国	2010.5～
			赵国勋	2010.5～

续上表

时间年月	机构全称	职务	姓名	任职时间(年月)
1984～2010	浙江省交通干部学校	调研员	何仲南	1997.2～2002.12
			傅玲虎	1997.2～2000.1
			谢炜麟	2009.2～
			杨一芹(女)	2010.3～
		助理调研员	相全福	1989.11～1994.3
			费福祥	1999.10～2000.12
			杨信安	2002.6～2006.7
		书记	何仲南	1995.4～1997.2
			郭良	1997.2～2004.10
			胡克	2005.5～2010.3
		副书记	杨俊杰	1997.2～2001.5
			杨一芹(女)	2005.4～2010.3
			马云飞	2010.3～
		纪委书记	何仲南	1984.9～1995.4
			费福祥	1995.4～1997.2
			杨俊杰	1997.2～2001.5
			杨一芹(女)	2005.4～2010.3

2010年12月底浙江省交通干部学校党政领导班子名单 表7-2-11

分类	职务	职务姓名	任职时间
行政领导班子	校长	马云飞	
	副校长	祝亮	
		于建国	
		赵国勋	
	调研员	杨一琴	
		谢炜麟	
党委领导班子	书记		
	副书记	马云飞	
	成员	祝亮	
		于建国	
		赵国勋	

第四节 幼儿教育

浙江省交通运输厅幼儿园创办于1956年8月，隶属于浙江省交通运输厅。其原名为“省公路局幼儿园”，1958年与省航运局幼儿园、省汽车公司幼儿园合并成“省交通厅幼儿园”,原址位于浣纱路井亭桥,1977 年 7 月迁址于风景秀丽的宝石山麓——保俶路宝石山下四弄 18 号。

幼儿园占地面积 5334 平方米,建筑面积 3398 平方米,是浙江省一级幼儿园、杭州市甲级幼儿园,曾被评为全国五一巾帼标兵岗、浙江省女职工先进集体、浙江省巾帼文明岗、杭州市青年文明号、杭州市绿化先进单位、西湖区绿色幼儿园、西湖区教育先进集体、西湖区课程改革先进集体、西湖区园本教研先进、全省交通系统教育先进集体,西湖区托幼机构卫生保健优秀单位。该幼儿园是西湖区城乡一体化核心园、浙江师范大学杭州幼儿师范学院的实验幼儿园。

该幼儿园秉承“一切为了孩子的发展”的办园宗旨、“美好今天,准备未来”的教育理念,用“一颗真挚纯洁的爱心,一副端庄大方的仪表,一脸亲切温和的微笑,一股脚踏实地的干劲,一种勇于创新的精神”的文化建设,全力创出优质幼教品牌。

第五节　浙江省交通类学校

截至 2010 年年底,全省共有 22 所交通类学校(详见表 7-2-12),承担全省交通人才的培养任务。

截至 2010 年浙江省交通类学校一览表　　表 7-2-12

学校
1. 东阳市汽车技术学校
2. 金华市长运汽车职业技术培训学校
3. 丽水汽车技术学校
4. 温州交通技术学校
5. 温州市公路管理处职工培训中心
6. 温州市港航管理局航运职工学校
7. 台州市公路管理处职工学校
8. 台州市交通技术学校
9. 绍兴市交通职业学校
10. 嘉兴市交通学校(国家级重点中等职业学校)
11. 杭州汽车高级技工学校(国家级重点技工学校)
12. 杭州技师学院(国家中等职业教育改革发展示范学校)
13. 衢州市工程技术学校(国家级重点中等职业学校)
14. 浙江交通技师学院(国家级重点高级技工学校)
15. 宁波市交通技工学校
16. 宁波港技工学校
17. 舟山航海学校
18. 浙江国际海运职业技术学院
19. 湖州交通学校
20. 浙江交通职业技术学院(省示范高职院校)
21. 浙江公路技师学院(国家级重点技工学校)
22. 浙江省交通干部学校

第三章　信　息　化

浙江省交通信息化建设最早起步于1995年。2001年2月,省交通厅信息中心成立,交通信息化工作有了机构上的保证。此后经过十多年的发展,浙江省交通行业已建成了较为完善的信息系统。截至2010年年底,浙江省交通信息化建设成效卓著,信息化应用逐步深入到交通建设、管理、服务的各个领域,行业内信息共享程度有较大提高。通过以电子政务为龙头、以有效监管为重点、以公共服务为落脚点推进信息化建设,逐步形成公路水路交通信息化管理体系和信息化服务体系。主要体现为:

交通信息基础设施建设初具规模,建成了覆盖省市县各级交通管理部门节点数达450个以上的3级广域网络,构建了省到市的主干网络带宽达6Mbps、市到县的网络带宽10Mbps以上的全省交通基础业务网络平台,沿高速公路的信息网络基础设施也逐渐成线成网,所有市和绝大部分县交通管理单位建立了内部局域网。建设了覆盖省厅、厅管厅属单位、所有市(县)交通局(委)计百余家单位的全省网络视音频指挥及会议系统。

建成了面向社会公众、服务功能较强的浙江交通门户网站和11个市子网站,实现了交通政务和业务系统的结合,整合了各级交通部门资源,完成了以政府为中心转向以用户为中心的网站定位的跨越。网站应用项目包括交通科技信息共享平台、公众出行信息服务系统、浙江交通网上审批系统、浙江交通政务平台、浙江交通电子邮件系统等。

行业电子政务建设方面,实施交通行业办公自动化;行业监管、廉政方面,建设了浙江交通"六大工程"监管系统、省交通建设市场诚信系统、浙江交通网上督察系统、浙江省交通行政执法系统、浙江省营运车辆GPS监控系统、浙江交通网络手机短信投诉举报系统等;实施长三角交通信息交换服务系统、交通部重大示范工程省级公路交通信息资源整合工程、交通部重大示范工程公路公众出行交通信息服务系统,实施了省交通厅财务集中管理平台、省人资源信息管理系统、省交通干部在线学习教育平台、交通基础地理信息平台、通信平台、信息安全等级保护等电子政务项目。

公路信息化建设方面,建立了一套完善的全省高速公路收费清分、交通监控和通信统一的计算机网络系统,达到综合提高全省高速公路整体经济效益和社会效益的目的。该项目采用了国内外先进技术,为浙江省高速公路联网收费提供了高效快捷的信息处理平台。系统建设中形成了联网收费中心计算机网络系统、全省高速公路骨干通信网络系统、联网收费系统软件三大系统;建立了全省公路稽征管理系统,省、市运管稽征处、县(市、区)运管稽征所办公自动化系统;建立了全省公路数据资源采集、交换、整合技术平台,提供了基于GIS的公路数据资源综合查询分析系统;省高速公路运行监控中心试运行高速公路特殊气象预报预警系统;省高速公路运行监控中心系统。

水路信息化建设方面,建立全省港航管理综合信息系统(具有信息交流、业务查询、电子邮件的功能)、水路运政管理信息系统、稽征收费系统和港航管理综合监管系统。

道路运输管理及物流信息化建设方面,建立了浙江省车辆检测信息管理网络系统;道路运输管理信息平台;道路运输公众信息服务网;道路运输管理综合公众系统;车辆综合性能检测站信息联网管理系统、行政处罚管理系统；96520举报投诉信息管理系统；营运车辆GPS监控系统；客运、货运、维修与检测、驾驶员培训、稽查与安全五大行业的业务软件系统；道路客运综合信息服务系统；道路货运信息化系统；内网信息化交换系统和浙江运管网络。

第一节　交通信息化基础设施

截至2001年年底，省交通厅根据信息化需求和应用特点，建成了高效、灵活、可靠和便于管理的局域网系统。除处理厅机关内部业务外，厅局域网还成为省交通系统信息网络的中枢。省厅局域网系统采用先进的网络技术，配备CISCO公司的企业级CATALYST 5500交换机作为主干交换机，带宽高、性能强、扩充性好、容错性高；配置高档路由器和防火墙，担任与交通部、省委省政府和各级交通部门的广域联网，具备通过多种广域通信线路（光纤、继中帧、DDN等）构筑浙江省交通行业高带宽网络连接交换能力；购置拨号访问服务器，实现拨号上网和广域线路备份功能。厅办公自动化系统采用AS400小型机，提供性能、可靠性和安全性保障；建设了符合国家有关信息化安全规定的物理隔离的宽带外网系统，方便厅机关工作人员上网；内外网络系统配置网络防毒杀毒软件，有效控制和阻断病毒来源。

2003年，省交通厅港航管理局机关网络安全及宽带网布线工程项目如期完工，并通过验收。局机关网络安全及宽带网布线工程实现了局机关Internet宽带接入，并采取了防火墙技术、内网（综合信息网）外网（Internet）物理隔离等有效措施，有效阻挡网络“黑客”攻击和防止各种病毒侵入，更好地保障内部信息网络的安全。

2004年，全省交通政务信息基础主干网基本建成。遵循“统筹规划、集中管理、分级建设维护”原则，建成的交通主干网，联接省交通厅、厅管厅属单位、11个市到县各级单位，节点数达450个以上。主干网由3层体系结构组成，为树状拓扑结构，第一层为省级网络中心，第二层为市级网络分中心，第三层为县级网络中心。网络通信链路上，省中心与业务局、厅属单位、市中心采用2M E1专线通道，市中心通过光纤宽带10M VLAN线路连接其下属单位，其他移动状态下的部门利用联通CDMA 1X接入网络（上行带宽20K以上）。作为全省交通信息化应用的基础平台，该工程为全省交通信息化发展发挥了较好的管理和经济效益。

是年，覆盖省交通厅、厅管厅属单位、所有市（县）交通局（委）的网络视、音频指挥及会议系统基本建成。系统在省交通厅现有网络基础上实现先进的基于IP网络的视频会议与多媒体数据交互功能。系统呈网络树状拓扑结构，由核心层、分布层和接入层构成。系统采用统一技术平台、统一数据库管理，实现用户统一管理、登录和论证等功能，主要由会议控制中心、MCU和会议终端3部分组成。系统选择MPEG4编码作为视频首选方式，内置H.263、H.263+以实现与其他编码的互通，声音编码支持ITU-T组织的G系列编码方式、GSM和MP3。结合电子政务的建设需要，视频系统实现点对点、点对多点、多点对多点的实时远程视频会议、远程培训、异地指挥调度及异地协同工作等功能，为交通工作开展提供了极大的便利。

2005年，为确保全省交通业务网络的无间断运行、增强网络安全性和抗冲击性、消除链路单点故障，启动了涉及全省11个市80家单位的交通业务网络扩容工程。省交通网络中心、各市交通网络中心的中心路由设备实现冗余备份；省交通网络中心与各市交通网络中心之间增加一条4M ATM链路，各市交通网络中心与市交通局之间的连接线路新增一条VPN

VLAN 线路；在厅管厅属单位与省交通网络中心、市交通网络中心与市交通局(委)及局属单位、市交通网络中心与县级交通局的连接线路上各配置网络安全保障设备，实现接入单位的访问控制。

2006 年 4 月，省交通厅组织并通过了《浙江省高速公路通信网络建设方案》的项目验收。该项目由省公路管理局于 2005 年初立项。根据新的高速公路建设规划，结合全省高速公路通信网络建设实际，通过分析对比当前主要通信网络技术及其应用，研究确定全省高速公路骨干通信网组网技术，提出了新的通信系统设计及实施方案。该方案为全省高速公路通信系统的扩容和改造提供重要依据，对指导全省高速公路联网运行通信系统的建设和全省高速公路联网运行系统的发展有着十分重要的意义。

2006 年，厅信息中心完成省厅数据及网络中心机房改造，该项目建设内容包括网络机房改造，建设数据机房、机房电源系统、机房消防系统、机房安保系统、集中消防设施和安保设施等。

2008 年，厅信息中心完成交通部及省政务网络接入改造项目建设，实现了交通业务骨干网同省政府、交通部电子政务网互联互通，形成横向到边、纵向到底的网络。

2010 年 6 月 12 日，浙江交通视音频会议指挥系统升级项目通过验收。该项目对全省交通网络视频会议系统软件进行了升级，对省交通运输厅和金华、衢州、丽水、舟山等交通局(委)及下属县交通局的部分视频会议终端进行了升级和更换。项目实施后，有效提高了全省交通视音频会议指挥系统的使用性能，解决了部分偏远县系统运维和操作力量薄弱的问题。

第二节　浙江交通门户网站

2002 年，省交通厅启动了浙江交通网站建设，厅信息中心负责具体实施。是年年底网站投入试运行，次年 8 月 1 日正式开通。浙江交通网站是浙江交通信息化的一个重要组成部分，是浙江交通的对外窗口，是一个集成行业基础数据库和基于统一网络平台的应用工程，面向社会提供交通运输行业信息、政务、政策法规、GIS 和交通法规等信息查询，具备网上审批、网上咨询业务功能。网站的建成，树立了“公开、公正、廉政、高效、创新”的交通形象，为浙江交通的发展创造了更好的环境。

2004 年 10 月 17 日，浙江交通科技信息网通过验收。浙江交通科技信息网利用浙江交通网站平台设施，发布内容涵盖科技工作信息、科技成果、科技项目申报、政策法规、科技规划和服务指南等。系统的运行为全省交通科技信息的权威发布提供了平台，有助于促进科技信息共享和科技成果转化、科技工作管理效率的提高。

2005 年厅信息中心完成浙江交通网站扩容项目。该项目采用双机热备和 SAN 技术，对原浙江交通网站进行了大幅度的软硬件设备和邮件系统改造、扩容，消除了原有系统的单点故障，确保了浙江交通门户网站 7 × 24 小时连续、安全、稳定运行。

2006 年，浙江交通网站群建设取得重大进展，100% 地市以上交通管理部门实现面向社会的政务信息服务。是年，省交通厅将浙江交通网站群建设作为一项重要工作来抓，通过制定标准、加强指导培训，采取第三方测评、验收奖励的方法，大力推进各市交通局(委)子网站建设。全省各地按照省厅的统一部署，加强领导、精心组织，全面完成了子网站建设的各项任务。当年，全省11个市交通局（委）网站建设水平全部达到优秀，考核平均分达91.9分，在当地政府部门网站中名列前茅。交通各子网站整体功能完善，信息公开功能整体水平较高，所有网站都公开了组织机构、政策法规、重大项目建设情况、招标情况、行政许可目录，尤其是在网上办事方面提供了办事流程、办理期限、办理依据、申报材料、表格下载、反馈质量、网上评议、政务信箱等服务，为社会公众提供了及时、便捷的信息服务平台。与此同时，省厅不断深化和完善浙江交通主网站建设。是年年底的浙江交通网站日点击量保持在11万人次左右，在当年省政府组织的第三方测评考核中被评为第一。

2006年，浙江交通网上审批体系建设取得初步成效，进入了全面实施阶段。网上审批分网上审批平台和网上审批业务系统两部分。为加快推进网上审批工作，省交通厅多次召开座谈会，专题研讨相关工作，建立工作月报制度。厅法规处组织对全省交通系统的审批项目进行了全面清理，省厅以文件形式并通过浙江交通网站公布了浙江省交通系统所有行政许可项目和具体的办事指南，其中省级、设区的市级和县（市、区）级的行政许可项目分别为50项、42项和33项。审批项目的全面清理为顺利实施网上审批奠定了基础。为确保审批平台与各审批业务系统间信息互联互通，厅信息中心在完成平台建设的同时，编制和实施了《浙江交通网上审批数据交换标准》，在浙江交通网站从业者频道上开设了网上审批专栏。各业务局也纷纷加快网上审批业务系统建设步伐。到当年年底，已实现32项行政许可审批业务建设，其中省公路局9项、省港航局21项、厅质监局1项、厅机关2项。

2007年7月19日，交通部办公厅发出《关于交通部政府网站共建工作情况的通报》就2007年1~6月部网站共建工作考评情况予以通报。浙江省交通厅以11245分的综合得分，荣获全国交通系统政府网站建设工作考评第一名。在通报中，多处点名表扬了浙江的网站建设和维护，充分肯定了浙江交通网站在全国地方交通部门网站建设中的先进水平。

是年7月，浙江交通网站在第二届中国特色政府网站评选活动中获"特色与创新提名奖"。本次评选活动，由中国社科院信息化研究中心和国脉互联政府网站评测研究中心共同主办，以"发现特色、共享经验，强调网站服务能力，推动我国政府网站质量整体提升"为目的，突出政府网站的"服务与创新"能力。评选范围包括72个部委、31个省（自治区、直辖市）、31个省会、200个地级市等共计615个政府网站。

是年，浙江交通网站以"为民、利民、便民"为宗旨，以提高"三个服务"能力和水平为目标，围绕交通建设中心工作，努力构建完善的公共信息服务平台，应用信息技术手段为交通系统相关人员和公众出行提供服务。浙江交通网站的日点击量保持在10~15万人次，2008年春运期间日点击量连续突破30万人次，连续3年在全省政府网站第三方测评中荣获第一名。

2008年1月24日，交通运输部办公厅发出《交通部政府网站共建工作情况的通报》，就2008年1~6月部网站共建工作考评情况予以通报。浙江省交通厅以6697分的综合得分，荣获全国交通系统政府网站建设工作考评第一名，得分遥遥领先第二名，其中信息发布和网上办事栏目建设尤为突出。

是年4月，浙江交通网站在第三届中国特色政府网站评选活动中获"用户满意奖"称号。本次评选由中国社会科学院信息化研究中心与国脉互联政府网站评测研究中心联合举办，全国共有10余家部委出席，参会代表涉及30多个省市区。

是年8月11日，交通运输部办公厅发出《交通运输部政府网站共建工作情况通报》，就2008年1~6月部网站共建工作考评情况予以通报。浙江省交通厅以6697分的综合得分，荣获全国交通系统政府网站建设工作考评第一名。

是年12月，浙江交通网站邮件系统升级项目通过验收。项目建设提高了浙江交通网站邮件系统的运行稳定性和反病毒、反垃圾邮件能力，同时根据交通业务人员的需求，新增了个人空间、邮件到达短信提醒、交通新闻等功能模块。

2009年1月23日，交通运输部办公厅发出《交通运输部政府网站共建工作情况的通报》，就2008年7~12月部网站共建工作考评情况予以通报。浙江省交通厅以8825.1分的综合得分，荣获全国交通系统政府网站建设工作考评第一名。

是年7月31日，交通运输部办公厅发出《交通运输部政府网站共建工作情况的通报》（第33期），就2009年1~6月部网站共建工作考评情况予以通报。浙江省交通运输厅以12025.8分的综合得分，获全国交通系统政府网站建设工作考评第一名。

是年10月，厅信息中心按照“技术整合、突出交通行业特色”的要求，启动了浙江交通网站改版工作。10月26日，新版网站上线试运行。新版网站突出“公开、整合、服务”的理念，围绕中心突出重点，开设了“大港口、大路网、大物流”专题，全面介绍了浙江省交通实施的“三大建设”内容、实施进度、政策法规等，对于社会各界了解“三大建设”提供了一个权威的平台；搭建了政务信息公开平台，将政务公开流程同办公自动化系统融合，集中、规范地展示了浙江省交通政务；搭建了虚拟的“办事大厅”，集中了交通省级办理事项，方便了群众；以清新的风格和全面的功能为公众出行提供服务，其主要服务概括为“12345”（即综合查询一键式服务、智能地图二图层应用、高速枢纽三维互动、物流在线四类查询、持续应用五大突破等）；树立“全员办网”的理念，制定了网站栏目的责任分解和管理制度，建设了维护更新机制等，从制度上保障了网站的内容更新；做到了“一点录入、多点发布”，将外网、内网整合，将多个栏目维护整合，提高了信息的一致性。新版网站的开通，对于树立交通“高效、廉洁、服务”的新形象具有积极的意义。网站改版后，平均日点击量从原有的30万人次提高到40多万人次。

是年，浙江省交通科技信息资源共享平台建成。该项目为交通运输部科技信息资源共享管理平台试点工程的试点子平台建设项目，3月开始建设，同年12月份建成并投入使用。平台有效整合浙江交通科技信息资源，开发省交通科技管理信息系统，建立部与省交通科技信息资源共享管理子平台的前置系统、交换平台和信息服务门户，实现资源共享，提供信息服务，为浙江交通科技创新和行业科技进步提供了有力支撑。平台整理了2001年来的交通科技信息2130项，其中科技项目341项、科技成果335项、科技成果转化信息53项、科技人力资源信息41项、科技基础条件信息870项、科技文献350项及其他科技信息600项。平台于2010年6月通过交通运输部验收。

2010年，浙江交通网站服务内容进一步拓宽。按照“全面加强信息和服务资源整合，进一步发挥网站互动功能，大力推进政府网站集约化建设”的要求，省交通厅信息中心提升和完善了网站服务内容，主要体现在：做好部、省政府网站共建工作，建立信息报送机制，明确职责、落实分工，努力做好各项内容保障工作；完善公众出行服务系统，完成国家高速公路命名编号调整、世博园如何走等专题建设，完善了智能地图、物流在线等功能模块，提高了公众出行的服务水平；搭建浙江交通政务公开平台，完成了目录修订，实现了政务公开流程同办公自动化系统整合；开展网上在线访谈，即根据全国道路命名调整的计划，省厅在网站上开展"全省高速公路命名编号调整和公众出行"在线访谈直播活动。

2010年2月3日，交通运输部办公厅印发《交通运输部政府网站共建工作情况的通报》，就2009年7~12月部网站共建工作考评情况予以通报。省交通运输厅以14411.3分的综合考评得分、8401分的信息发布得分和2570分的应用系统建设得分，荣获地方交通主管部门共建考评得分第一名。

是年6月12日，浙江交通网上审批平台通过验收。该项目充分利用现有网络资源和信息资源，在全面梳理审批业务、制定业务规范的基础上，整合交通业务系统，建设全省交通审批业务的公共平台，实现省级所有行政许可项目的上网审批，为其他网上服务项目建设奠定基础。项目实施大大提升了全省交通系统的电子政务建设水平和依法行政能力。

是年9月10日，交通运输部办公厅印发《交通运输部政府网站共建工作情况的通报》（第65期），就2010年1~6月部网站共建工作考评情况予以通报。浙江省交通运输厅以12286.5分的综合考评得分、6239分的信息发布得分和3140分的应用系统建设得分，荣获地方交通主管部门共建考评得分第一名。

第三节　交通电子政务系统

一、交通行业办公自动化系统

2001年，为改变机关工作方式，提高办公效率和质量，省交通厅抓紧落实了3件事：一是做好厅机关内部公文流转的培训和应用；二是动员厅管厅属单位和各市交通局（委）进行网络平台建设，有计划、有步骤地实施交通行业办公自动化；三是深化《浙江交通》多媒体信息采编与发布系统推广力度，分期分批组织各级交通管理部门参加培训，形成纵向信息传递渠道。同时，建立完善维护机制，效果理想，达到预期目标。

2003年7月25日，交通行业办公自动化系统通过验收。根据"高效率运转，高质量服务，高要求管理"的精神，10月8日省交通厅机关全面单轨实行办公自动化，12月底完成全省11个市和厅管厅属单位的办公自动化推广，次年1月1日起全省交通行政主管部门实施办公自动化，全省推广率达99.5%，从而实现了省、市、县3级公文网上流转、收发文和文件归档一体化，使交通行业行政管理部门的办公效率大幅度提升。实施办公自动化后，文件运转时间从原来的30天以上缩短到7天左右。另外，为确保异地办公，厅机关、业务局和有条件的单位实施了CDMA无线移动办公，机关办文时间进一步缩短，成效明显。

2005年2月，省公路管理局与杭州银润科技有限公司签订了县（市、区）公路段办公自动化系统推广合同，联合省交通厅道路运输管理局与杭州银润科技有限公司签订了市运管稽征处、县（市、区）运管稽征所办公自动化系统推广合同，开始县（市、区）公路段、运管稽征所推广办公自动化系统。至9月底，全省86个县公路段中有85个（因东阳公路段要搬新大楼尚未实施）、10个市运管稽征处、68个县（市、区）运管、稽征所完成了推广工作。从11月1日起，全省公路系统公文和政务信息全部通过网上传递。

二、部省重大信息化项目

2004 年,交通部在全国以方案比选的方式进行信息系统的示范工程建设。面对机遇,浙江省交通厅积极参与省级公路交通信息资源整合、区域客运综合信息服务系统和公众出行交通信息服务系统 3 个示范项目的建设。按照“面向应用、理性务实、整合资源、提升效能”的总体思路,省交通厅以资源整合为龙头,以示范工程为载体,积极推进浙江省交通信息资源的开发、整合、利用,实现各应用系统在交通信息平台间的互联互通,提高交通信息化应用层次和水平。

2006 年,浙江省级公路交通信息资源整合工程通过交通部验收。项目整合了已有公路业务管理系统和数据库资源,建设了全省公路数据资源采集、交换、整合技术平台,提供了基于 GIS 的公路数据资源综合查询分析系统,实现了全省公路基础数据、运政管理和车辆稽征信息、高速公路联网收费数据、通行量数据、公路养护、路政管理业务等信息的综合查询、分析,并初步具备道路路面、桥梁使用状况的辅助评估与维修计划决策功能。项目部分成果已经在省公路局的公路综合业务平台项目中得到推广应用,并在 2006 年召开的全国公路路政工作会议上得到了一致的好评。项目实施后,初步形成了全省公路基础数据中心,实现了省级公路基础数据的共享,大大提升了全省公路管理信息化水平。

是年,浙江公路公众出行交通信息服务系统通过交通部验收。项目在对交通资源和其他出行相关资源充分整合和综合利用的基础上,突出以人为本的理念,借助呼叫中心、广播电台、公众出行网站及手机短信等四大服务手段,为公众提供行前、行中、行后的各种出行服务,全力打造一个综合性、全面性和服务性的全省统一的公众互动出行信息服务平台,提升交通信息服务水平。项目投入运行后,受到了社会各界特别是出行者的好评,产生了良好的间接经济效益。

2007 年 8 月 17 日,由省交通厅信息中心、杭州展望科技有限公司合作的省重大科技攻关项目“面向公众的动态交通信息服务平台建设与示范”通过由省科技厅验收。专家组对项目成果作了高度评价,一致认为该项目在面向公众的公路动态交通信息服务应用方面达到了国内领先水平。该项目通过与省交通基础信息应用平台、省高速公路运营中心、公路客运数据中心的数据交换,实现了动态交通信息发布中心与其他管理部门信息采集系统和信息发布系统间的数据共享,建立了动态交通信息采集中心、动态交通流处理中心、动态交通流分析中心、动态交通信息发布中心,完成了面向公众的动态交通信息服务平台建设,并在浙江省实现了应用示范。

2008 年 12 月 22 日,浙江省公路公众出行交通信息服务系统二期项目通过验收。项目在一期基础上强化了数据资源整合,全新设计开发了智能地图和高速公路实时路况分析,增加长三角公众出行、城市公交、民航到港、水运信息、地市特色等栏目,更新了电子地图、交通枢纽、高速公路通行费等重要交通信息,通过公众出行网站、出行呼叫中心、短信平台等为公众出行提供了更优质的交通信息服务。二期系统上线后,网站访问量大幅度上升。据国际知名排名 alexa 网站统计数据显示,网站上线 2 个月后,“浙江交通”网站国际排名从 40 多万名上升到 18 多万名,访问量也增长了 3 ~ 5 倍。公众出行信息服务系统越来越受到公众的关注,服务效果明显。

2009 年,由省交通厅信息中心承担的浙江省重大科技攻关项目“面向公众的动态交通信息服务平台建设与示范"荣获浙江省科学技术三等奖。

2010 年 9 月 27 日，浙江省公路公众出行交通信息服务系统三期项目通过验收。项目在前期的基础上进行了全新改版，新增了安徽交通电子地图、带我去世博、长三角卫星地图、物流在线等服务，增强了智能地图、实时路况等系统功能，更新了高速公路新命名，为公众提供了更优质的交通出行信息服务。

三、行业综合应用系统

2003 年 10 月 11 日，浙江交通网络手机短信投诉举报系统开通，这是推进全省交通廉政建设工作的一项重要举措。

是年，为了全面、准确和及时地掌握浙江交通"六大工程"组织实施动态，实现对各工程的有效管理和决策，省交通厅启动建设浙江交通"六大工程"监管系统。项目由省、市、县 3 级应用组成，实现数据申报、数据审核及领导监管等三大部分功能。在省交通厅领导下，厅规划计划处、建管处、质监站、信息中心和六大工程各办公室共同参与成立了项目组。年内已完成各工程的调研、系统框架的搭建和前期工作评审、测试和试运行工作。2004 年 4 月 14 日，浙江交通"六大工程"监管系统通过验收，6 月上线运行。10 月，系统涉及工程基本实现网上数据百分之百申报，系统效能得到发挥。经过 3 年多的推广和实施，截至 2006 年年底，高速指挥部、市级交通局、康庄办等 389 家单位每月进行数据申报，上报率达到了 98%。该系统通过科学合理的汇总统计手段，满足了对高速网络工程、干线畅通工程、水运强省工程等六大工程进度、资金、质量等指标的实时监管需要，为领导及行业管理部门决策提供了信息化手段。

2005 年 1 月，省交通厅启动财务集中管理信息平台建设，将厅管厅属单位纳入到统一的财务信息平台进行分散核算、集中管理。12 月，项目通过验收并投入运行。系统结合会计核算与预算执行情况，以资金预算和使用为主线，建立了以预算执行和控制为重点、以核算和监督为依托、以指标分析为评价依据的财务集中管理模式。系统的应用克服了以往财务核算与预算管理脱节的弊端，遏止了预算单位对预算支出的随意性，从而达到了资金监管的目的。

是年，全省交通建设市场诚信系统建成并投入使用。项目以全省交通建设项目、从业单位、从业人员和设计监理单位的信息为核心，以诚信建设为导向，实现了信息上报、管理、共享、事务处理和查询统计等功能，达到对全省交通建设市场监管的目的。同时，系统在互联网实现了信息发布功能，社会公众可以查询到全省交通建设市场、政策法规、交通建设项目、从业单位和人员的信息。该系统的建设有利于规范整个交通行业招投标市场，为营造良好的招投标氛围提供了一种信息化管理手段。

2006 年，省交通厅完成浙江交通网上督察系统一期建设，实现了对公路及运管稽征、路政治超案件和港航行政执法等数据的网上在线督察管理。

是年，省交通厅启动行政执法系统建设，加强浙江省交通执法工作的管理力度。

是年，省交通厅完成省人力资源信息管理系统建设，实现了厅机关、厅管厅属单位和各市交通局（委）人事数据信息的同步。

是年，省交通厅启动长三角交通信息交换服务系统建设。8 月 30 日，长三角地区高速公路动态信息交换接口试运行，完成了上海与浙江的地图拼接。10 月 1 日，长三角之间信息资源实现互通，成果形式由各省（市）根据实际需求和现有条件予以展示。通过信息交换服务系统的建设,逐步消除长三角地区在管理体制、信息化运作机制和信息基础网络设施上存在的差异,有效建立区域间信息交换和共享机制。

2007 年 2 月 15 日,省交通厅被省政府评为 2006 年度省级政府网站建设考核优秀单位。

是年,浙江省运营车辆 GPS 监控系统完成建设并投入使用。系统通过与各运营商相连,实时采集运行在全省的运营车辆 GPS 数据,实现车辆监视控制、数据回放、车辆超速统计和上线情况统计等功能,方便了运输管理部门对全省运营车辆的统一管理,对车辆的超速运行情况进行监控,有效避免因超速引起的交通事故。该系统同时实现地图监控功能,做到车辆出现紧急情况可以快速知道车辆所在位置,配合公安、消防部门进行快速调度处理。

是年,厅信息中心升级完善了建设市场诚信信息系统,增加了设计和监理两大功能,对全省 100 多家一级施工企业、80 多家二级施工企业及部分省外施工企业、全省全部设计企业开展了培训、数据报送。

是年,省交通厅建设了 GPS 危险品货运信息平台,并在全省进行推广,主管部门可对全省安装了 GPS 的 8000 多辆危险品车辆进行实时监控和统计分析。

2008 年 2 月 18 日,省政府办公厅发出《关于表彰 2007 年度电子政务建设优秀单位的通报》,对省级单位和各市政府的网站建设、政务网络建设及安全工作、电子监察系统建设工作考核评比中的优秀单位予以通报表彰,其中省交通厅被评为 2007 年度电子政务建设综合考核优秀单位。

2009 年 9 月 27 日,浙江省重点营运车辆 GPS 信息监控平台项目通过验收。该平台通过整合全省县际以上班车、旅游包车、危险品车辆近 2 万多辆重点营运车辆 GPS 数据,实现省市县 3 级对所辖重点营运车辆进行实时监管。项目应用后,成为全国第一批向部平台传送运政数据,日平均上报 GPS 实时数据量为 500 多万条,实时在线车辆平均数为 12000 辆,在线车辆峰值在 16000 多辆以上,GPS 实时数据上报量及在线车辆均位于全国前 3 位。当年,平台应用到上海世博会、广东亚运会安保工作中,为上海世博会和广东亚运会圆满举办提供了信息技术支撑手段。

2009 年,省交通运输厅完成厅财务集中管理平台升级。项目整合了厅本级与直属单位的财务管理、会计核算、项目计划、预算管理的业务需求,实现决策分析、财务管理、资产管理、资金管理和基层单位业务管理等功能,达到分层次、分角色管理要求,全面提升了财务管理、预算管理的实时分析和监控能力。

是年,省交通运输厅启动实施了信息安全等级保护项目。在确定信息系统安全等级后,根据不同安全等级提出不同的安全策略,建立全面、重点突出的信息安全保障。当年完成厅机关、省公路局、省港航局、省运管局共计 24 个重点信息系统等级保护定级及测评的招标工作,利用专业公司对信息安全等级进行定级。同时,厅信息中心也积极为各市提供指导和技术支持。

是年,浙江省人民政府办公厅下发《关于 2009 年度电子政务建设优秀单位的通报》,省交通运输厅被评为 2009 年省电子政务建设综合考核优秀单位。

是年,省厅建成并开通了交通干部在线学习教育平台。这是一个覆盖交通系统多层次、全天候的在线学习系统。开通的在线教育网站,能及时发布干部培训的动态信息、在线观看专家讲课、参加在线考试、查阅电子期刊、学习行业报告等,开辟了一种全新的“随身学习”模式;培训信息管理系统，可以对人员基本信息进行管理，根据不同身份提供不同的培训计划，实现干部培训考核管理。6月10日在线学习平台正式上线试运行。截至2010年年底，已有注册学员498人，其中283位学员登录在线教育平台进行学习。上线视频课程数量已达到345门，最热门课程点播达到537次。学员累计登录次数3896人次，累计学习达11714人次。

是年，省交通运输厅开通了交通基础地理信息平台和通信平台，厅管厅属各单位、各市交通局及相关单位可通过该平台对地理信息数据进行分级维护和数据共享，实现短信、3G、即时通信等。

第四节　公路信息化

1999年初，经省编委同意，在省公路管理局内组建高速公路收费结算中心，具体负责高速公路联网收费结算的各项工作。同时成立联网收费协调小组，及时协调联网收费准备工作中出现的问题。

2000年年初，通过招投标选择有一定资质的单位进行"浙江省高速公路联网收费系统规划设计"和应用软件的开发工作。

2001年2月，经专家评审并完善，"规划设计"正式确定，软件系统于4月开发完成并进行试运行。11月，全省公路联网收费中心系统基本建成，确定了"统一解缴、按时清分、按时结算"的联网收费结算运作程序和管理办法，由省公路管理局、结算银行、各高速公路业主共同签订浙江省高速公路联网收费协议，明确各方权利、责任、义务，并制定了收费业务操作规程、资金结算管理办法、通行凭证管理办法、系统技术管理办法等。12月25日，高速公路联网收费系统开通运行，实现了高速公路的联网收费。参加首批联网收费的有沪杭甬、上三、甬台温及杭州绕城北段、绕城西段等高速公路共计664公里，分属沪杭甬股份有限公司等12家业主。

2002年年底，全省高速公路联网收费系统已成功地覆盖了全省1307公里高速公路。在路网不断扩大的情况下，系统运行稳定，基本达到规划设计的要求。该收费系统由收费系统软件、省骨干通信系统和监控系统三大部分组成。其规划设计的总体目标是建立一套完善的全省高速公路收费清分、交通监控和通信的统一的计算机网络系统，综合提高全省高速公路整体经济效益和社会效益。该项目采用了国内外先进技术，为浙江省高速公路联网收费提供了高效快捷的信息处理平台。系统建设中，收费结算中心系统通过主服务器、前置服务器及收费站客户端等构成一个完整的多重架构的客户机/服务器体系结构，形成一个极大的OLTP处理系统。中心数据库选用Oracle 8i作为核心数据库，采用了目前最先进的ESAN企业网络存储体系结构，主机采用了64位COMPAQ最新的GS160野火机，是国内引进的第一套COMPAQ高性能服务器集群系统。全省高速公路骨干通信网络系统采用直接基于光纤通信的IP宽带数据网络，即以支持DPT/IP技术的高性能交换式路由器和千兆以太网交换机作为广域的传输机制组成一个622Mbps的DPT骨干环网。通信系统负责传输全路网收费数据、监控数据、图像信息、程控交换、指令电话等信息，实现了数据、语音、视频三网合一。联网收费系统应用软件按功能划分为收费结算中心管理子系统、收费通信子系统、卡票管理子系统、线上子系统等几个部分。针对浙江省高速公路网内多主体、大区域的特点，联网收费系统软件采用了分散收费、实时拆分、集中结算体系，形成账户集中、统一管理的结算模式。该系统具有收费、结算、IC卡管理、报表、查询统计、预警等功能,成功解决在各种硬件系统平台上联网收费的难题,按照“统一解缴、按时拆分、按时结算”的原则,在48个工作小时内将通行费资金划拨到各业主收益账户。该联网收费软件具有能与多级管理体制相配套的灵活路网模型、良好的开放性和扩展性等特征,能通过计算机网络,利用银行系统的清算网络,与省结算银行各分支机构网点定时交换数据,缩短了资金在途时间,提高了资金使用效率。在收费结算中心和各路网公司之间,实现资金的无纸化双向流动。

2003年4月下旬,省收费结算中心组织全路网各收费站在各车道进行人工输入车辆牌照末3位校核,历时5天,共调查805845辆车,查得出入口车牌号不一致的车辆4425辆,比例为5‰,基本确定中途换卡车辆为413辆,其中二类以上车辆为233辆,测算全路网日流失通行费两万元左右,直接经济损失巨大。为有效遏制换卡逃费的不法行为,课题组在提出从根本上堵塞换卡逃费的技术性措施前,建议先采用以下管理措施:一是在路网现在设备条件下,采用人工输入车牌号的短期应对措施;二是创造条件做好收费广场内的方向性物理措施,以便正确判定来车方向;三是加强服务区的管理和路面巡查;四是认真做好超时卡、卡不可读和无卡无票等异动车辆的询问盘查工作。

是年,浙江省公路系统信息网络开始建设,依托交通内网建成覆盖全省11个市公路处(局)、86个县(市、区)公路段的省、市、县3级公路通信网络,实现了公文、政务信息和其他业务数据的远程实时传输和应用。

是年,在保证全省高速公路联网收费安全正常运行的基础上,省高速公路收费结算中心重点进行联网运行监控系统的建设。一是督促一些联网单位加快前期监控系统建设不完善路段的建设;同时,加快推进省级骨干通信网的延伸建设工作,进一步完善省收费结算中心的监控系统,已完成省中心系统及骨干通信站设备供应和安装工程二期项目的招投标工作,并开始实施;二是制定各级运行消息处理的有关规定,形成协调一致、快速反应的管理体系,确保监控总中心在今后全路网监控系统开通后能顺利完成对全路网的运行协调和对社会的消息发布工作;三是进一步完善监控总中心的工作机制,强化规章制度的完善和执行监督,保证监控系统的全面联网运行,充分发挥综合服务能力。

是年9月22~24日,浙江省高速公路联网收费资金结算和通行凭证管理培训在杭州举办。各联网单位均派员参加培训。省公路管理局收费结算中心就全省高速公路联网收费资金结算和通行凭证管理中的重点及难点进行讲解。同时为配合联网收费路段的系统升级,对全路网资金结算以及凭证管理中的具体事项作出统一要求。

是年,针对全省高速公路联网收费以来,一些不法车主采用中途调换通行IC卡的手法,大肆逃漏车辆通行费,且愈演愈烈的趋势,按省高速公路运行管理委员会的部署,省高速公路收费结算中心组织有关联网单位着手开展遏制高速公路中途换卡的课题调查研究工作。

是年,由省公路管理局与省交通科学研究所合作承担的省交通厅科技计划项目《浙江省高速公路网路径识别方法的研究》于2003年7月9日在杭州通过评审。专家对该项目进行了认真的审查和评议,一致认为该项目提出的路径识别方法和通行费拆分的计算方法具有独创性,可为复杂多义性路径的识别研究提供依据;研究成果经实际使用,效果良好,体现出较高的实用性;对高速公路联网收费路径识别具有指导意义,在国内处于领先水平。该项目的研究成果,为进一步深化路径识别和通行费拆分方案的研究,从综合考虑高速公路的社会效益和经济效益出发，形成一整套高效、合理、经济的识别方法体系奠定了良好的基础，也为国内日益成网的高速公路制定有关规范提供了可借鉴的依据。

2004 年，交通部交通信息化示范工程正式启动。杭州市公路局根据省交通厅统一部署启动了浙江省级公路交通信息资源整合工程项目建设，2006 年 7 月通过交通部验收。项目建设开发了路政管理系统，规范了路政内业管理，实现了路政许可、处罚及文书档案的信息化管理；建立超限运输车辆联网查询系统，及时掌控超限车辆动态，提升超限运输治理的科技水平；整合了已有公路业务管理系统和数据库资源，建设了全省公路数据资源采集、交换、整合技术平台。在杭州市公路局应用试点的基础上，2006 年 9 月省公路局与浙江协同数据系统有限公司、上海亿用软件有限公司签订软件推广合同，推进公路业务综合管理系统应用工作。2008 年，全省 11 个地市的系统部署基本完成，并投入试运行。2012 年 1 月，浙江省公路业务应用系统推广项目通过省公路局验收。

是年，全省高速公路网车流量增长迅猛，联网收费资金与上年相比有大幅度的提高，省公路管理局高速公路收费结算中心加强和改善了联网收费运行管理工作，认真履行联网运行协调管理职责，较好地完成了每天的资金结算工作。全年共完成 80.66 亿元的资金结算，比上年提高 39.46%。

是年，根据“完善高速公路三大系统（收费、监控、通信）建设，提高综合服务能力”的要求，省公路管理局高速公路收费结算中心运行监控管理系统的建设工作经过各方的努力，已完成改造并与总中心联接，同时还着手进行高速公路联网运行监控系统运行管理机制的准备工作，积极参与交警、气象、电台、移动通信等规程的制订，积极与具备监控系统联网条件的路段进行协调。

2005 年 2 月，省公路管理局与杭州银润科技有限公司签订了县（市、区）公路段办公自动化系统推广合同，全面推广办公自动化系统。交通省根据厅的统一部署，因地制宜，灵活采用全实施、收发文接口的技术方式，在各市、县公路部门推广应用办公自动化系统，建立了政务信息平台，实现省、市、县 3 级公文网上流转。同时，还借助 CDMA 1X 无线网络技术，开展无纸办公，加快了公文流转速度，提高了办事效率。

是年，上述系统与省交通厅信息中心系统联网，可向省交通厅信息中心提供有关交通量信息和图像信息。为了规范全省的监控运行管理工作，4 月省交通厅制定《浙江省高速公路联网运行监控管理办法（试行）》。7 月 27 日，浙江省高速公路联网运行管理委员会在杭州召开第十次工作会议，决定从 8 月 12 日开始全面开展高速公路联网运行监控试运行。全省高速公路联网运行监控试运行分为信息采集监视、协调管理与内部查询服务、对社会公众服务等 3 个阶段逐步实施。每个阶段以 1 个月为周期，一个阶段工作完成后逐步增加下一阶段工作，最终使整个联网运行监控系统良好地运作起来。

是年，经各方共同努力，公路稽征管理系统全省联网工作于 12 月份顺利完成，并进一步完善了系统功能，通过增加票据管理等功能模块，使目前的稽征管理系统涵盖了票据管理，车辆档案管理，规费征收、催缴、稽查、处罚等征收工作的各个环节，实现稽征工作全方位一体化管理。该系统的全省联网：一是实现省、市对基层征收和银行代收情况的全面监管，有利于提高各项工作的规范化水平；二是实现报表数据自动统计、上传、汇总，为预测和决策提供快速可靠的依据；三是畅通信息传递渠道，一线征收人员可随时查阅各项政策法规，交流工作信息;四是实现异地数据逐级备份,为征费数据增加一道安全屏障;五是实现全省车辆缴费情况即时查询,有利于假证识别(本省车辆)工作的顺利开展。

是年,甬金高速公路、金丽温高速公路丽青段和永鹿段于2005年底建成通车,全省联网收费高速公路形成了新的复杂的二义性路环。为解决由此带来的计费及拆分问题,确保全省高速公路联网收费工作顺利实施,经过充分讨论,在原有的二义性路径计费及拆分办法的基础上,增加里程差距50公里的分界判断标准来处理新增二义性路段的计费及拆分问题。2005年11月23日,省交通厅正式印发《浙江省高速公路联网收费二义性路径计费及拆分暂行办法》(浙交〔2005〕360号)。同时,要求有关各方对现行的二义性路径计费及拆分办法在实际中的应用情况进行调查分析,以便进一步调整和完善拆分办法。

2006年4月18日,在省交通厅主持下,省公路局、工行浙江省分行和全省23家高速公路联网单位在杭州重新签署了《浙江省高速公路联网收费资金结算协议》。该协议在总结3年来高速公路联网收费资金结算工作的基础上,针对路网发展的实际,对资金结算时间作了调整,即结算时间顺延24小时,并进一步完善明确了签约各方的职责。为了保证资金结算工作的平稳过渡,经与结算银行协商,决定从2006年5月30日起正式按照新协议规定的结算时间进行划款。

是年6月,省公路局出台了《全省公路内部计算机网络接入管理办法》,进一步规范和加强全省公路内部计算机网络的管理,保证全省公路系统计算机网络的安全运行。

是年,省公路局出台了《浙江省公路信息化发展规划(2006~2010)》,提出了建设公路网络通信平台、省数据中心平台、市数据中心平台、公路信息交换平台、公路信息服务平台、公路地理信息系统(Geographic Information System, GIS)平台等六大平台,建设涵盖项目管理、养护管理、路政和超限运输管理、行政许可执法管理、路网管理等八大系统的任务。

是年底,省公路局出台了《浙江省公路办公自动化系统运行管理办法(试行)》,从系统管理职责、日常运行维护、系统安全管理等方面规范系统运行管理,确保全省公路办公自动化系统安全、稳定、可靠地运行,切实提高工作效率。

是年底,为了有效推进浙江公路信息化的发展,指导全省公路行业信息化建设全局,省公路局制定出台了《关于建立浙江省公路管理局信息化管理体系的实施意见》。

是年底,全省新建成通车高速公路6条共计516公里,由此新增高速公路收费站37个、新增高速公路联网收费成员单位7家,从而使全省高速公路联网收费总里程达到2382公里、收费站201个、联网单位30家。申苏浙皖、杭新景、杭徽、台金东段、龙丽、丽龙等6条新建成高速公路分别于通车之日正式实现收费、通信和监控等三大系统的并网运行。新增7家联网单位分别为浙江申苏浙皖高速公路有限公司、龙游县龙新高速公路投资有限公司、浙江杭州杭徽高速公路有限公司、临安杭徽高速公路有限公司、浙江临安高速公路有限公司、浙江龙丽丽龙高速公路有限公司、浙江台金高速公路有限公司。

2007年,浙江省高速公路联网收费骨干通信站设备供应及安装工程三期项目主要包括湖州及袁浦2个骨干通信站的建设、完成2006年新建高速公路三大系统的骨干网接入。6月21日,省交通厅工程质量监督局组织了该项目的工程质量鉴定。经鉴定验收,工程质量综合评定得分95.4分,评为优良工程。高速公路骨干通信网系统是联网收费系统的重要组成部分,按照“统一规划,网随路建”的原则建设。完成三期高速公路骨干通信站系统的建设，共建成了10个骨干通信站，实现全省2382公里高速公路收费、监控和通信系统的联网运行，保证了全省高速公路联网有关的数据、图像及语音的实时传输。

是年7月4日，浙江省高速公路骨干通信站三期项目竣工、四期项目交工顺利通过验收。高速公路骨干通信网系统是联网收费系统的重要组成部分，至此已完成四期高速公路骨干通信站系统的建设，共建成12个骨干通信站，数据、图像、语音实现实时传输，保证了全省高速公路收费、监控和通信系统的联网运行。

是年7月26～27日，长三角区域高速公路联网不停车收费第三次省（市）级联席会议在杭州召开。会议重点就交通部公路院编写的《长三角区域（苏、浙、沪、皖）高速公路联网不停车收费实施方案》（修改稿）进行了深入讨论，基本达成共识，有力地推进了长三角区域高速公路联网不停车收费示范工程的实施。

是年，省政府以第246号令公布《浙江省高速公路运行管理办法（修订案）》，全省高速公路试行联网运行管理。省高速公路运行监控中心试运行高速公路特殊气象预报预警系统，全年共采集施工作业、交通事故、特殊气象等信息11674件，提供公众查询服务1732件。高速公路运行二义性路径识别、不停车收费和计重收费三大系统建设取得实质性进展和阶段性突破，二义性路径识别系统于12月底完工试运行。

是年年底，全省新建成的丽龙高速公路莲都段、杭州湾跨海大桥南接线、宁波绕城高速公路西段和杭长高速公路安城至泗安段等4段高速公路计142公里顺利并网运行。由此新增高速公路收费站13个、新增高速公路联网收费成员单位2家，从而使全省高速公路联网收费总里程达到2524公里、联网单位达到32家。

2009年8月24日，浙江省高速公路运行监控中心系统完善建设项目顺利通过交工验收。该建设项目包括开发完善监控系统软件平台、配置语音查询系统、建立移动短信发布系统、完善事件监测分析和预警处理等。

2009年10月15日零时起，全省高速公路车辆通行费实现全国首创的精确拆分，即根据车辆携带的复合通行卡中记录的高速公路出、入口收费站及途经标识站的路径信息，确定实际行驶路线，将收取的车辆通行费拆分给沿线的各高速公路经营管理单位。

2009年，全年共采集施工作业、交通事故、特殊气象等信息1.6万余件。高速公路计重收费、不停车收费（第一阶段）工程建设基本完成。《浙江省高速公路联网运行收费、监控、通信系统技术要求》作为省地方标准，由省技术质量监督局批准发布。为加强高速公路网运行监控管理，与省气象部门合作，开展了气象灾害预警技术的应用研究，预警准确率超过90%。

2010年4月16日，全省高速公路不停车收费投入试运行。截至12月底，全省已有2万余个用户安装了电子标签。不停车用户车辆已通行高速公路200余万车次，日均车流量达1.45万车次，日均不停车收费车辆通行费达105万元，不停车收费效益逐步体现。实行计重收费的货车共4187万辆，其中，超限10%以内占95.963%，超限10%～30%的占2.927%，超限100%以上的车辆占0.034%。

第五节　水路信息化

1995年5月，浙江省港航管理系统综合信息网络始建，网络总投资558.39万元，其中网络设备投资503.02万元,网页开发及技术服务费为55.37万元。网络分一期工程和二期工程两个阶段建设。一期工程应用于杭嘉湖地区,实现厅航运局与杭嘉湖处、所及8个监控站的网络互联,于2001年2月20日通过厅航运局验收;二期工程实现了厅航运局与其他地区航管处、港务局及航管所的网络互联。厅航运局于2001年12月对整个网络进行了验收。

2001年,全省网络根据港航管理系统的实际情况,依靠公用电话网,通过拨号实现互联互通。在网络上运行的软件有全省港航管理综合信息系统(具有信息交流、业务查询、电子邮件的功能)、水路运政管理信息系统、稽征收费系统和港航管理综合监管系统。同年,浙江省船舶检验费实行电算化,提高了船检费收管理水平。

2002年12月6日,由厅港航管理局、嘉兴市港航管理局等单位联合开发的"浙江省水路规费稽征业务管理系统"通过省交通厅组织的,省财政厅、省物价局等有关单位参加的鉴定,成果达到国内领先水平。从此浙江省水路规费稽征在国内率先实行了电脑开票、网络化管理和银行卡缴费。该系统采用先进的信息技术构建了网络化的规费稽征业务数据库和管理应用平台,功能涵盖港航稽征票证业务、船舶档案管理、报表处理,实现了对港航规费征收的全过程管理,达到了票款同步,进一步规范了稽征管理工作。该系统在杭州、嘉兴、湖州等港航管理局试运行后,运行情况良好,达到了水路规费征收工作的要求,极大地提高了征收工作效率和现代化水平。

2002年,浙江省港航管理系统综合信息网经过近两年的建设,实现了省局与全省14个港航处(局)、港务局和44个所、8个监控站的网络互联。网络的建成为港航管理系统内的数据资源共享创造了条件,为业务软件的应用提供了一个技术平台。目前在网络上运行的软件有具有信息交流、业务查询、内部电子邮件功能的全省港航管理综合信息系统,水路运政管理信息系统,稽征收费系统和港航管理综合监管系统。利用网络还完成了杭嘉湖两万余艘船舶集中换证工作的计算机登记、资料的网络传输、网上资料的统计、查询工作。

2002年,由厅港航管理局组织开展的"水运管理信息系统推广"项目,于2002年3月通过了省交通厅验收。该项目取得的主要成果有:通过开展水运管理信息系统推广应用,建立起全省统一的水运管理信息系统,完成了水运数据录入,建立了水运信息档案(营运船舶3.9万艘、460万吨),逐步实现日常管理工作计算机化,为今后全面实现水运管理现代化打下良好基础;促进了全省港航部门装备的更新(共配置电脑四十余台),改变了以往手工办公的落后局面,加快了管理部门办公现代化的步伐,提高了全省港航管理部门的计算机应用技能和水运管理队伍的综合素质,改进管理手段,提高办事效率。

2004年,省交通厅港航管理局和湖州市港航局联合开发的船舶登记管理系统(网络版)进入运行阶段。船舶登记管理系统主要用于地方海事部门船舶登记管理。由于交通部海事局下发的船舶登记管理系统(单机版)尚不能适应浙江省港航管理实际,在部单机版的基础上重新开发了网络版的船舶登记管理系统。该系统依托全省港航综合信息网运行,可满足船舶登记业务日常管理和资源共享的要求,该系统具有实时监控、防止登记差错、防止越权办证等功能,同时具有与原系统历史数据的转换接口,减少换证数据录入工作量。

2005年10月21日,根据交通部海事局"一卡通工程"的推广计划,浙江省地方海事局向"浙萧山货23506"的船主发放了浙江省内河船舶IC卡。船舶IC卡中存储了所有由交通部海事局所要求的标准数据,在全国范围内通用。船舶IC卡的发放结束了以前船民携带大大小小资料办理签证的尴尬局面,减少海事管理人员在检查中因人为因素而带来的纰漏,有效地避免船舶重复登记,有力地打击伪造船舶证书行为。

是年12月30日,由省港航管理局和浙江天健软件有限公司合作研究开发的"浙江省水路运输管理信息系统",在杭州通过省交通厅组织的鉴定。该系统采用C/S体系结构,前端为VB. Net开发的基于Windows的客户端,后端为Microsoft SQL Server 2000数据库的数据储存层。该系统主要功能有:实现运政管理部门日常管理,包括水路运输企业筹建、开业、年审、变更、注销的申请和许可,船舶新增、年审、变更、注销的申请和许可;企业、船舶各类业务数据查询、统计及报表管理等。该系统通过建立地方及省级数据库,实现网络化运作和全省数据共享,为浙江省水路运输信息化、现代化管理奠定良好基础。专家们认为,该系统结构易于维护,界面友好易懂,功能实用全面,性能安全可靠,系统的开发应用提高了工作效率、规范了管理行为,经济效益和社会效益明显。

是年,省港航管理局科技计划项目——内河港口综合管理信息系统研究开发工作已全面启动。根据省港航管理局的统一安排和开发计划,项目组前往杭州、嘉兴、绍兴、金华和衢州等地进行需求调研。调研后即进入了总体方案设计和需求分析设计阶段。该系统的开发旨在通过建立港口综合管理信息平台,动态地反映内河港口企业、码头单位的基本情况,以规范港口生产、统计、业务管理,实现港口经营许可证、危险货物港口作业认可证、港口岸线使用许可证等相关证书的网络化审批和管理。

是年,由省交通厅港航管理局主持开发的"浙江省水上交通安全信息管理系统"、"浙江省渡口安全信息管理系统"两套网络版计算机软件正式投入运行。此次新开发的两套软件是海事系统最重要的应用软件,是原浙江省港航监督局使用的两套单机版软件的升级、替代版本,是国家海事局和浙江省内河地方海事系统新的统计报表制度的配套软件。这两套网络版软件的投入运行,大大提高了全省内河水上交通安全信息的传递效率,确保了相关数据的时效性、准确性和完整性。

2007年1月18日,浙江省首条内河测量船技术参数在杭州通过审查。3月8日,长三角IC卡一卡通应用接口规范正式启用,完成卡内基础资料的读取。4月26日,港航管理艇2007年度预招标工作完成。5月15日,全省沿海电子海图建设完成。6月7日,浙江省港航信息安全平台项目通过验收。7月4日,船舶免停靠报港杭州试点项目启动。9月5日,2006年信息化项目绩效评价通过审查。9月6日,沿海港口船舶动态AIS系统初步设计通过审查。9月23日,全省港航信息化业务人员培训完成。10月17日,浙江省港航综合数据平台通过中间验收。11月21日,全省在用信息管理系统编制完成并通过内部审查。11月25日,无源射频技术应用试点工作在嘉兴通过验收,结果证明该项技术用于船舶管理是可行和合适的。11月26日,浙江地方海事业务数据处理系统通过验收。11月27日,全省港航管理系统科技设备工作会议在杭召开。12月4日,随着台州市视频监控通过验收,省水上指挥中心接入视频数量超过150个。12月11日,全省港航管理艇后评估办法编制完成。12月12日,内河港口综合管理信息系统通过验收,该系统采用B/S架构的港口管理平台,实现了港口业务数据的动态共享和信息化管理。12月18日,浙江省第一个完整的市级1:1万地形图电子数据(湖州市)通过验收。12月24日,舟山、温州沿海两个港口船舶AIS信息上传省局,实现沿海港口船舶动态监管。

是年10月17日,省港航管理局召开"浙江省港航管理局综合数据平台项目"中期验收会议。验收组专家听取了项目组对平台开发总体情况的介绍,观看了系统功能演示,审阅了平台项目的技术文档。经过讨论,项目验收组专家一致认为,项目已完成系统需求任务书所规定的内容,性能基本达到指标要求。

是年,浙江省内河首条千吨级航道——湖嘉申线湖州段率先在全国采用航道流量视频观测系统。该系统由清华大学自动化系研发,基于视频进行内河航道船舶检测与自动识别,可以实现航道船舶流量和货物流量的自动分析、统计。经南浔港航管理检查站试点测试,该系统与人工数据的抽样比对,船舶通行流量统计的精度白天达到96.5%以上,夜间达到93.5%以上。该系统还能准确测量船舶长度和航行速度,精度达到90%以上,并能利用船长估计船舶载重吨,准确区分船舶是重载还是空载,是单船还是船队,同时识别船队的驳船艘数。航道流量视频观测系统的投入使用,有效提高航段的智能化管理水平,对船舶动态监管、搜集水运发展基础资料有着重要意义。该项目于12月20日正式竣工。

是年,省港航局加快推进船舶动态监管服务系统建设。船舶动态监管服务系统有效地解决了管理部门对船舶动态的掌握,提高了管理水平,减少了事故隐患。如千岛湖航区多艘游船在遇大雾,通过求助指挥中心实施导航,避免了船舶海事事故;浙北航段通过GPS及时掌握交通流量,实施有效分流,避免出现堵航情况等。省港航局在总结杭、嘉、湖等地区的经验的基础上,针对浙江省船舶动态监管服务系统的建设工作中存在的问题,(主要包括政策、资金补助及船户的接受程度等)进行了研究讨论并制订了相关的支持政策。

2008年3月4日,《舟山港口EDI系统规划》通过评审。舟山港口EDI(电子数据交换)系统建设于2007年9月正式启动。该系统是通过计算机网络用一种国际公认的标准格式,实现各有关部门或公司与企业之间贸易、物流、保险、银行和海关等行业信息数据的交换和处理,范围涵盖以贸易为中心的全部过程。

是年4月29日,浙江省港航局在杭州召开地方海事业务系统实施会议,明确了数据交换、共享方式及相关业务流程等。地方海事业务系统是在嘉兴地方海事业务数据处理系统的基础上,将湖州的IC卡报港系统及杭州免停靠业务系统部分海事业务整合,按照信息数据标准规范和信息资源整合应用的要求,建立的一套海事综合业务管理系统。5月27日,浙江省地方海事业务综合系统、事故处理系统及船员无纸化考试系统在湖州培训并全省推广使用。

是年5月20日,浙江省交通厅对内河航道多视觉信息融合技术研究项目下发了鉴定证书。该项目由省港航局和浙江工业大学共同完成,成果达到国内领先水平。该研究项目采用多视觉传感器的融合技术,通过大范围的视频摄像装置(或利用现有视频监控系统)及相应软件自动跟踪航道上船舶,实现了内河航道中各种交通流量数据的自动收集与统计;同时通过模式识别和标定技术,实现船名的自动识别和船舶载重量估算。该研究项目充分利用原有的投资和信息资源获取最大的效益,通过科技手段提高和扩大原系统的功能,提高港航系统的整体能力,以科技创新推动行业进步。

是年7月,"杭嘉湖"地区主动式"RFID"技术港航管理信息平台研究与应用成果总结报告会在嘉兴举行。会议就船舶"RFID"技术在内河航道试点的应用成果进行了研讨。作为一种采集现场数据的手段,电子标签中的信息实现与港航业务数据库相连,一方面能够为现场港航执法人员迅速提供船舶各类信息等，减少了船舶检查的次数，提高了执法效率，另一方面能为航道的各类统计和船舶防伪等提供即时详尽的第一手资料，便于分析研究。RFID技术的应用有效地解决了船舶监控依靠人工的传统方式，提高了港航管理的信息化水平、节约了监管人力和资金的投入。

2009年2月11日，浙江省港口船舶AIS动态管理系统通过了省港航局组织的专家验收。该系统是省港航局2008年信息化重点项目。建设内容包括在全省5个沿海港口建立8个AIS接收基站，以及船舶安全监控、船舶引航管理、船舶状态管理等系统的开发。该系统融合了计算机软件、GPS卫星定位、GIS、无线数据通信、AIS、航海地理学、信息管理系统等多种技术领域，建立起港口船舶管理、船舶动态监控、海上GIS平台、导航于一体的导航监控指挥体系，实现港口管理部门对港口船舶的一体化监控、指挥、调度和管理。该项目的实施进一步提高了浙江省港口管理信息化水平和港口服务质量。

是年7月27日，浙江省港航综合数据平台通过了省港航局组织的专家验收。专家组认为该项目开发内容符合合同要求，制定了全省港航业务数据规范和综合数据平台数据标准；对港航船舶业务系统进行数据抽取、转换和加载，建设了港航船舶综合数据中心，并在数据中心的基础上建立信息关联查询、统计与分析展示平台和相应的业务主题模型。该项目具有一定的创新性和实用性，为港航实施信息化和科学化管理奠定了基础。下一步要逐步对海事、船检、运政、稽征等业务系统开展资源整合和改造，实现港航数据信息在全省的完全共享和交换应用，逐步形成比较完善的船舶、船员、航道及港口等信息资源库。

2010年11月5~6日，长三角海事信息共享首次会议在杭州成功召开。上海海事局、上海市地方海事局、江苏省地方海事局、浙江省地方海事局的信息化分管领导及信息化负责人参加会议。交通运输部派驻上海世博安保前方工作组领导作了指导讲话。对下一阶段如何开展长三角地区的信息化共享工作，会议达成以下共识：一是成立三地的信息工作领导小组及联席技术工作小组，确定相应的人员，具体负责信息共享事宜。二是在世博会原有的基础上，将三地的信息共享交换平台搭建在上海海事局，一期工作将实现长三角地区签证数据的共享及小型船舶GPS监管平台信息的共享，以项目的形式推进各信息共享工作的有效开展。

是年12月15日，由省港航局统一开发，杭嘉湖三市港航局共同参与的“浙江省船舶综合监管系统”在浙北航区8个基层管理站点投入试运行。此次试运行工作为期1个月，旨在进一步完善系统，提高可操作性，为系统后期的全面推广应用积累经验。船舶综合监管系统是浙北航区港航管理模式调整配套系统，是实施杭嘉湖地区扎口管理的必要科技手段。系统具有船舶监管、外省船舶档案采集、船舶报告、签证、世博安保等功能，首次实现了杭嘉湖地区所有营运船舶的网上综合监管和船舶信息实时共享。该系统的成功应用达到了优化管理模式、节约管理成本、提高管理水平、方便管理对象的目的，也为即将开展的浙北航区港航管理资源整合、船舶科学化管理奠定了基础。

第六节　道路运输及物流信息化

2001年，根据交通部提出的用3~5年时间建立全国统一的车辆管理信息系统的工作目标，浙江省交通厅运输管理局在开展车辆综合性能检测站规范化管理的基础上，开发完成了浙江省车辆检测信息管理网络系统,并于2001年10月通过了省级鉴定。系统的开发应用实现了省、市、县(市、区)行业管理部门和检测站的联网,实现了行业管理部门对检测站技术、质量、设备、人员的监管和车辆检测的远程控制,实现了二级维护记录的IC卡管理,满足了汽车维修与检测管理的基本需求,有效地防止了车辆"假维护"、"假检测"、"假签证"等违章行为。系统应用互联网技术,界面采用浏览器模式,实现IC卡技术记录和稽查汽车维修及检测数据信息,达到了国内先进水平。

2002年年初,为充分运用高新技术,不断提高行业管理水平,促进全省道路运输现代化建设,省交通厅道路运输管理局按照高起点、高水平、高质量和强有力保证措施的"三高一强"指导方针,着手启动全省道路运输管理信息平台建设。经过全省各级运管部门的不懈努力和有关方面的重视支持,到年底相继建成了1个省级、11个市级和62个县级网络中心,开通了省局到11个市运管处的2M帧中继链路和市运管处到各县(市、区)运管所的10M光纤链路,实现了全省联网,并开发了涵盖客运、货运、维修与检测、驾驶员培训、稽查与安全五大行业的业务软件系统、内网信息化交换系统和浙江运管子网络。

2003年,省交通厅道路运输管理局以"六大工程"为中心,立足道路运输业发展实际,结合道路运输信息建设状况,围绕人流、物流、信息流,按照制定的智能道路运输系统规划的要求,坚持科技创新,加大资金投入,突出重点,稳步推进,加快道路运输管理信息系统建设,取得了新的进展:一是在道路运输信息高速公路网络基础设施基本形成的基础上,开通了浙江省道路运输管理视频会议系统,首期开通省局与11个市处的连接;二是开展三网合一工程,把政府网站、浙江快客网站和公众服务网站运管进行整合,正式启用浙江省道路运输公众信息服务网,集政策法规、市场动态、咨询服务于一身,以及时、准确、大容量的信息为社会提供服务;三是开发应用道路运输管理综合公众系统,在原有基础上增加了个人事务、内务管理、电子邮件、在线督办、公共信息等功能,并于2003年8月7日正式开通;四是完成了96520道路运输特服号码的功能扩展,在原有举报投诉功能的基础上,扩展增加客运站问讯、车辆救援呼叫等服务项目。还相继推广应用车辆综合性能检测站信息联网管理系统、行政处罚管理系统、96520举报投诉信息管理系统、营运车辆GPS监控系统,既提高了运管工作的效率和水平,也为今后智能道路系统规划的全面实施打下了基础。

2004年,经过三年多的研究开发,浙江省道路运输稽查管理系统升级项目基本完成,在组织杭州、宁波、常山等运管部门试用的基础上,省交通厅道路运输管理局组成验收组,对该系统进行了验收,于3月3日获得通过。该系统为省、市、县运管部门联网的道路运输稽查信息管理系统,实行数据实时同步,与道路运输信用质量考核系统衔接,极大地提高交通行政处罚案件的办事效率和查询功能,方便当事人。该系统的升级启动将进一步提高执法文书的统一和规范,监督行政执法的公正、公平、公开;有利于执法队伍廉政建设,并有效地促进行政执法队伍的规范化和现代化建设,规范执法,文明执法,更有利于树立交通行政执法良好的"窗口"形象。

2005年11月,省交通厅道路运输管理局召开"全省道路运输管理信息网络物理隔离工程"竣工验收会。该项目从2005年5月初到9月初按照合同在规定的时间内完成了全省各级运管部门共2490台计算机的物理隔离工作,并根据实际情况对部分单位局域网络进行了改造,工程质量符合招标文件技术要求。经过近3个月的试运行,各级用户对工程质量基本满意，普遍认为项目的实施为加强网络安全起到了积极的作用，同时局域网络在实施物理隔离后运行正常、稳定。竣工验收后要求施工单位及时处理各级用户单位反映的情况，进一步优化和完善工程质量。此外，还要求施工单位对各市运管处（局）办公室进行三次现场回访、维护，并做好书面记录。该工程的有效性保证了全省道路运输广域专网的安全性，在防止病毒、黑客入侵内网系统和确保应用系统、数据安全方面效果明显。

是年年底，作为交通部信息化示范工程项目——浙江省道路客运综合信息服务系统（一期）实现联网应用。该系统首先直接提高了浙江省道路运输的公共服务水平，每一个出行者可以从网上查询联网车站的班线、班次、班时、票价、余座等即时信息，为自身出行找到详实的参考；其次为行政审批和管理提供了科学的决策依据，及时反映客运市场每个车站、每条线路、每个班时的运力与运量的供求信息，并通过自动生成的统计图表展示市场长期趋势动态，从而为客流高峰的运力调度和长期的运力配置提供科学依据；再次为客运企业之间的费用结算以及规费缴纳提供了可信的依据，提供的规费征收的重要参数依据，无论是以天计数还是以月计数，每一辆班车、每一条线路、每一个参营企业的营收和应缴的规费都有据可查，促进了客运市场的平等竞争。

是年，浙江道路运输信息服务体系的总体框架基本形成。浙江道路运输信息化建设以科学发展观为统领，严格按照省委、省政府提出的把建设“数字浙江”纳入“八八战略”，全面推进长三角地区经济和信息化建设一体化建设的要求，充分调动各级运管部门和运输企业的积极性，以便民为方向，把便民作为信息化建设的出发点和落脚点，推进道路运输信息化建设，最大限度地满足社会需要。经过几年的努力，相继开发应用了三十余个项目，基本形成了全省道路运输信息服务体系的总体框架，便民服务初步实现了“四个通”：道路运输“一号通”，以最普及的电话为服务载体，以全省统一的96520服务热线为主要形式，关注公众日常最细微的问讯、寻物等琐事，综合各类服务信息建立统一的道路运输信息服务窗口。无论是举报投诉、寻找失物、出行问讯，还是车辆救助、电话叫车，在浙江的公路上拨个电话都会得到满意的答复。二是道路运输“一卡通”，从维护企业和公众的切身利益出发，以证照的电子化为基础，延伸服务功能，扩展应用领域，形成规范、标准的道路运输IC卡应用体系，实现覆盖全省的“三维”功能（即针对学员学驾中防止“跑冒滴漏”上的“维权”，针对出租车从业人员管理中为遵章守法者声张名誉上的“维名”，针对经营者交纳公路规费中防止漏、迟、多交上的“维利”）。无论学驾、从业，还是缴费，一卡在手便可走遍浙江。“一卡通”的建立促进了市场的诚信、公开，提高了社会对管理的满意度，扩大了行业的影响力。三是道路运输“一点通”，就是利用对公众最具影响力的信息网络，整合各类信息资源形成规范的道路运输服务平台。无论出行购票、托运货物、修车学车，还是了解行业政策、查询企业信用、监督行政执法，点击鼠标进入96520网站均能得到及时的服务。“一点通”促进了信息服务体系的完善，提高了社会对行业的满意度。四是道路运输“一网通”，从提高运管工作效能和服务水平出发，以各类行政办公和业务管理应用系统为主体，加强信息共享和系统协同，形成一站式的道路运政综合事务处理平台。管理人员无论是要办理公文，还是处理业务，进入内网都可快速、准确地完成。“一网通”的建立使行业管理部门内部的运转更加高效，面向公众的服务更加公正透明、便民利民，提高了社会对管理的信任度。

是年，由省交通厅道路运输管理局承担完成的浙江省道路货运信息化系统研究课题，通过省交通厅组织的验收。课题在全国尚没有成功先例的背景下,通过全面深入的调研和探索,对浙江省道路货运信息化思路和开发建设进行了系统研究。课题由两个报告组成,主报告《浙江省道路货运信息化发展研究》,在界定道路货运信息化和道路货运信息系统的内涵,阐述道路货运信息化的意义,回顾总结浙江省道路货运信息化的实践,分析浙江省道路货运信息化的发展机遇和挑战的基础上,提出了服务于全面提升浙江省道路货运业的信息化思路,明确了政府、企业、行业协会在信息化过程中的职责和任务。报告认为道路货运信息化系统建设是政府部门推动行业信息化的较为有效的切入点,即通过企业信息平台和公共信息平台的搭建和有机整合,形成以企业信息平台为基础、公共信息平台为龙头,诚信管理体系为保障的道路货运信息系统。报告还提出了企业信息平台的开发建设思路、途经,以及“4+1”推荐模式。分报告《浙江省道路货运信息系统开发和建设方案》,在分析信息系统面临任务的基础上,探讨了信息系统的“推动、服务、监管”的功能定位和“政府推动、行业管理、企业运作”的模式,提出了系统中心建设和发展的5个阶段和第一阶段的三大战役,以及政府资金及政策支持的相应保障措施。该课题的完成,对加快全省道路货运业的信息化进程具有较大的理论和实践指导意义。

是年,为有效解决“信息孤岛”现象造成的信息冗余、数据更新不一等问题,建立起可供数据交流共享和应用沟通的中心系统,使现有的应用系统和数据库能够在新的环境下良好地运行,省交通厅道路运输管理局根据“浙江省道路运输信息化资源整合项目”立项评审中的专家意见和省交通厅信息化发展规划的要求,组织起草了《浙江省道路运输管理信息化建设软件开发技术标准》。《标准》介绍了信息资源标准建设的内容和通用技术标准或原则,提出了数据、业务、决策分析三个层面的技术标准,以及这三种方式的过程和相关技术。标准的实施,有助于用户对信息技术标准技术的理解,为用户决定整合方式及产品或厂家选型提供帮助。

2006年6月,由省交通厅信息中心、省运管局等单位联合编制的“车(船)载全球卫星导航定位系统终端与控制中心通信协议”地方标准通过了浙江省质量技术监督局审定,于2007年8月10日正式发布,2007年9月10日起实施。该协议的发布和实施,有利于加强营运车辆、船舶的安全管理,有利于提高交通运输智能化程度和行业监管水平,有利于GPS信息资源的优化、整合和利用。

是年,浙江省交通系统利用现代信息技术进行服务创新,不断改进服务方式和手段。浙江省道路运输服务公众信息平台,使管理者、经营者和乘客信息得到有效沟通,网上答疑、网上投诉、网上售票等便民措施服务了广大的经营者和人民群众,大大提高管理效能。96520投诉服务平台接待投诉、查询、咨询等电话20万余个,集答疑、解惑、救援、查询为一体,方便了经营者和乘客,消除了运输环节中产生的不稳定因素。是年交通部在杭州召开全国道路运输信息化现场会,充分肯定了浙江道路运输信息化建设成果,并建议在全国推广浙江经验。

第八篇　队 伍 建 设

在推进交通基础设施建设、发展运输生产、加强行业管理的同时，浙江交通行业大力抓好队伍建设——党的队伍、工会队伍和共青团队伍的建设，抓好对先进人物和先进集体的表彰。浙江交通行业各单位、各部门在建设、运输、管理等实践中，通过党的思想、组织、党风廉政等建设，通过以建设职工之家为载体的工会工作和培养事业接班人的共青团工作，通过对先进人物的发现、培养等，造就了一大批劳动模范、先进生产（工作）者、优秀党员、优秀党务工作者、优秀工会工作者、优秀工会积极分子以及各级各类的先进集体。这一大批先进人物和先进集体活跃在浙江交通的各条战线上，以自己的先进模范带头作用，影响和引领广大交通干部职工。广大交通干部职工的素质得以全面提高，又大大推进了浙江交通事业的发展。浙江交通就是在这种人与事之间的作用与反作用下，不断取得新的业绩，不断提升“惠民、奉献、服务”的水平，不断为浙江经济社会的发展作出自己的贡献。

第一章 党的建设

浙江省交通运输厅党组以改革创新精神，全面加强党的思想、组织、党风廉政等建设。抓好思想理论建设，抓好党性教育，抓好道德建设；坚持党管干部、党管人才的原则，全面实施交通人才工程，大力加强交通干部队伍和人才队伍建设；坚持“标本兼治、综合治理、惩防并举、注重预防”方针，严格执行党风廉政建设责任制，狠抓反腐倡廉教育和领导干部廉洁自律，把交通基础设施领域的廉政建设作为工作重点，着力构建具有浙江交通特色的惩治和预防腐败体系，为浙江交通事业的改革发展保驾护航。

第一节 思想建设

1986～1990年，全省各级交通部门结合交通特点和职工思想实际，开展党的基本路线、基本国情和形势教育，坚持四项基本原则，坚定社会主义方向；制定了全省交通系统16种从业人员的职业道德规范，加强职业道德建设；开展了“学雷锋、树新风、创文明”活动，宣传学习严力宾、李锦荣等一批先进模范人物的事迹，广大职工的政治素质不断得到提高。5年中，涌现出95个文明建设先进单位、集体和159名先进职工和37名全国、部、省级劳动模范，6名职工获“五一劳动奖章”，4个单位获“五一劳动奖状”。

1991～1995年，全省各级交通部门，针对行业特点，结合各部门实际，学习江泽民同志1991年“七一”讲话，开展“双基教育”、形势任务教育和反和平演变教育；学习邓小平同志视察南方重要谈话，开展解放思想的大讨论；学习党的十四大文件精神，学习邓小平同志建设有中国特色的社会主义理论；宣传学习孔繁森、杨东海、包起帆、“华铜海”轮等先进模范事迹，开展争创文明先进、树新风、树典型活动，涌现出施世贵、彭金根、章利军等先进人物。5年来，全省交通系统共评选出两个文明建设单位14个、先进集体36个、先进职工80名、“十佳”岗位标兵10名、文明客运站191个(次)、文明货运站20个(次)、文明客船22艘、文明营运示范车1521辆(次)、文明营运示范驾驶员1791人(次)、文明示范乘务员596人(次)，较好地展现了交通行业的精神风貌。

1996年，继续宣传学习邓小平建设有中国特色社会主义理论和党的十四届六中全会精神，继续宣传学习包起帆、“华铜海”轮、青岛港的先进模范事迹。1997年宣传学习党的十五大精神，并在创建文明行业工作中重点开了一个大会(全省交通系统创建文明行业大会)，制定了一个纲要(全省交通系统精神文明建设工作纲要)，树立了一批典型(推出宁波汽车南站、舟山港普陀山客运站等22个窗口先进单位)，组织了一个报告团(全省交通系统先进集体和个人事迹报告团，在杭州、绍兴、台州、金华、衢州进行了5场巡回报告)。1998年，召开了有1997年树立起来的22个“窗口”示范单位参加的文明示范“窗口”经验交流会，充分显示出良好的示范带头作用。当年，省交通工程集团等4个单位被人事部、交通部授予全国交通系统先进集体称号，汤家孟等9人被授予全国交通系统劳动模范、先进工作者称号。1999年，省交通厅、处(局)级、各市(地)交通局(委)和局(处)级以上领导干部分期分批开展了以“讲学习、讲政治、讲正气”为主要内容的党性党风教育。领导干部的思想政治素质得到提高，存在的突出问题得到了整改。2000 年，抓好“三讲”教育“回头看”工作，厅党组根据《省交通厅党组对“三讲”教育中所反映问题的整改方案》，切实把各项整改措施落到实处。同时，还认真抓好厅管厅属事业单位“三讲”教育整改措施落实情况的督查工作。

2003 年，开始贯彻落实中央和省委“干部五年轮训一遍”的要求，以能力建设为重点，抓好领导班子和干部队伍建设。制定、印发《浙江省交通厅干部教育培训五年计划(2003~2007 年)(试行)》。当年组织了新任交通局长、处级干部、军转干部和其他干部培训班，共 4 期 190 人。培训内容和形式均有所创新：新任交通局长培训班为首次开办，运用讲座、经验交流、参观、分组讨论等多种形式进行培训；处级干部培训首次尝试采用与交通部党校、中央党校合办的模式；机关依法行政培训采用了滚动组织方式；一般干部培训，则尝试了菜单方式，扩大了受训面，提高了培训质量和档次。2004 年，继续按照五年轮训一遍干部的培训计划，组织了第二期中央党校浙江交通干部培训班；组织了组工干部培训班，专题学习事业单位改革和“5 +1”文件精神；组织了第二十期军转干部培训班和厅管厅属事业单位工资培训班。2005 年上半年，按照中央和省委的统一部署，省交通厅机关及厅管厅属单位 12 个党委(党组)、76 个基层党支部、1241 名党员扎实开展了保持共产党员先进性教育活动。整个教育活动经历学习动员、分析评议、整改提高 3 个阶段。在学习动员阶段，领导干部带头上党课，举办党支部书记培训班，综合运用网站、简报、报告会、研讨会、学习笔记等多种形式，推动学习和教育，确保集中学习的时间和学习效果。在分析评议阶段，先后召开征求意见座谈会 21 次，发放征求意见函 66 件，发放征求意见表 180 份，征求到意见和建议 268 条次，梳理、归纳为“树立和落实科学发展观”等 15 个专题，认真开好民主生活会和组织生活会，提高分析评议质量。在整改提高阶段，认真制订《浙江省交通厅党组先进性教育整改方案》，确定了 6 个方面的努力方向，列出了 18 条具体整改措施。为巩固和扩大先进性教育的成果，制定了省交通厅建立健全党员先进性长效机制方案。厅管厅属各单位党委也积极采取措施，确保整改效果，建立健全长效机制。经过各级党组织、广大党员的共同努力，保持共产党员先进性教育活动展现了“无私奉献先行官、一心为民孺子牛”的交通系统共产党员先锋形象，推进了“高效率运转、高质量服务、高要求管理”的机关作风建设，总结和树立了以朱汉华(省公路局共产党员、总工程师)为代表的一大批进行模范人物，激发了广大共产党员以更大的热情和实际行动投入到交通“六大工程”建设、实现浙江交通新的跨越式发展中去。这一年，在开展保持共产党员先进性教育活动的同时，开展经常性的形势任务宣传教育，营造厅机关思想政治宣传氛围，全年出了 12 期紧密结合交通新跨越战略的宣传栏；开展爱国主义、集体主义和社会主义主旋律教育，先后组织党员干部职工参观中国人民抗日战争和世界反法西斯战争胜利 60 周年图片展，参加全省优秀公务员事迹报告会、形势报告会等活动。

2006 年上半年，在省交通厅机关和厅管厅属单位党员中深入开展“学习党章、遵守党章、贯彻党章、维护党章”专题教育活动，运用支部书记培训班、专题学习讲座、知识竞赛、学习交流会等多种形式，增强对党章的学习、理解、贯彻，加强党性修养，提高党的知识水平。2008 年 9 月开始，全省交通系统分期分批开展学习实践科学发展观活动。第一批开展活动的是厅机关和厅管厅属10个单位党组织、75个基层党支部、1110名党员，历时6个月经历3个阶段11个环节。经过学习调研提高认识，分析检查征求意见，到2009年初第一批学习实践活动进入落实整改阶段。省厅针对征求到的建议意见，明确责任领导、责任部门、认真组织整改落实，并结合交通运输工作实际，开展"一推三保"（推项目、保投资、保转型、保民生）为主题的"双服务"（服务企业，服务基层）专项行动。学习实践活动结束后，进一步深化巩固，及时开展"回头看"工作，主动参与"千乡万村送服务"集中行动。中央检查组评价省交通运输厅学习实践活动具有"任务重、共识明、责任清、标准高、效果好"的特点。有关经验在省学习实践活动领导小组会议上交流，群众满意率达到了99.8%。各市、县交通运输部门认真组织开展第二批学习实践活动，结合本地、本单位实际，积极运用推广"嘉善经验"，也创出不少新经验、新做法，取得了明显成效。在整个学习实践活动中，始终注重学习和实践的结合，以学习推动实践，以实践深化学习；在整改的实践中建章立制，在建章立制中推动整改，制定出台了浙江省交通运输厅《关于建立健全学习实践科学发展观长效机制的意见》，将学习实践科学发展观作为一项工作长期坚持下去。

2010年6月7日，省交通运输厅召开"之江先锋"创先争优活动动员大会，拉开了厅机关和厅管厅属单位开展创先争优活动的序幕。活动坚持围绕中心，始终围绕交通发展大局，结合本地本单位实际，在"三大建设"、世博安保、生态交通等工作中创先进、争优秀，为交通转型发展提供动力和保证；突出服务主题，增强服务功能，全面推行公开承诺，领导带支部，支部带党员，认真开展结对帮扶和志愿者服务等活动（厅各级基层党组织结成帮扶对子19个，为结对村办实事40多件，投入资金200余万元，参加志愿服务的党员300多名，办结完毕"双服务"抄告单63件）；坚持履职尽责创先进，立足本职争优秀，把创先争优体现在本职岗位和日常工作中，在世博安保、抗雪保畅、抗灾救灾等多项急难险重任务中充分发挥战斗堡垒和先锋模范作用；发挥先进典型的示范作用，以身边人身边事激励、感染、带动党员群众，推荐展示创先争优活动闪光言行，开展向抗雪英雄彭建东学习活动，使党员群众学有榜样、干有方向。五年中，明显增强新闻宣传工作，2007年5月，厅党组组建了浙江省交通厅新闻宣传中心，2008年3月10日经省编委批复设立浙江省交通运输厅宣传服务中心。该宣传服务中心分别于2007年8月、2008年7月两次召开全省交通新闻宣传工作会议，对全省交通新闻工作进行研究并作出部署。在纪念改革开放30周年之际，开展"10+20"件大事评选，30年成就报道、征文与摄影比赛、交通精神大讨论等系列宣传活动，编著出版《浙江交通与改革开放30年》、《见证30年》、《跨越——浙江交通改革开放30年大事记》等书籍和画册。举办学习实践科学发展观先进人物事迹报告会，在全行业开展向占立明、赵长军、杨彬同志学习活动。加强重大决策、重大活动和突发事件的新闻报道，2008年在《浙江日报》、《中国交通报》头版和浙江卫视新闻联播上发布的报道超过200篇，在抗雪救灾、抗震救灾、奥运安保、世博安保等应急考验中发挥了宣传工作的保障作用。推出了"交通十一五成就"系列宣传，组织了多项大型主题宣传活动，积极做好交通物流部省签约、"三位一体"港航物流服务体系北京推介会等重大会议宣传保障，稳妥做好成品油税费改革、撤销政府还贷二级公路收费等重大改革的引导，为交通事业发展提供了良好的舆论氛围。

第二节　组 织 建 设

一、干部管理

浙江省交通厅党组重视干部建设和干部管理工作，按照干部“四化”标准和德才兼备原则，做好干部的培养、选拔、任用等工作。

1996 年贯彻中共浙江省委组织工作会议精神，召开全省交通组织工作会议，出台组织工作制度，加强党的组织建设，加大干部工作力度，做好领导班子建设的各项工作。1998 年开始，贯彻执行《党政领导干部选拔任用工作暂行条例》。9 月下旬至 11 月上旬，为加大干部培养力度，组织全省市、地、县交通局长、厅机关各处室、厅属单位主要负责人参加的 3 期理论学习研讨会。与会人员在学习理论、联系工作实际理清工作思路的同时，结合自身实际，使自己的思想政治素质和执政工作能力都有提高。1999 年，进一步规范和加强了干部考核、厅属单位部分领导班子的调整和配备、下派干部的选派等干部管理工作。

2000 年，按照干部“四化”标准和德才兼备原则，提拔优秀的年轻干部，进一步加快了新老交替的步伐。厅机关党委结合机构改革，按照政府机构“统一、精简、高效”要求，努力建设“办事高效、运转协调、行为规范”的机关管理体制和高素质的公务员队伍。同时，通过调整交流、岗位轮换、人员分流、大胆选拔年轻干部等举措，改变了机关干部年龄偏大、学历结构偏低和任现职岗位时间偏长的状况，进一步提高了厅机关干部的整体素质。经过这次调整，厅机关处级干部平均年龄降为 46.5 岁，大专以上文化程度者达到 96%。此外，结合厅机关的机构调整，对厅管厅属单位也进行了领导班子的调整配备，大力引进、培养和提拔了一批德才兼备的年轻干部。

2001 年，省交通厅开展干部人事工作调研。5 月，召开干部人事工作会议，按照新的形势和任务要求，以“提高素质、优化结构、增强活力”为目标，进一步加强领导班子和干部队伍建设，大力推进干部人事制度改革，健全和完善干部监督制度。制定并出台了《关于深化干部人事制度改革进一步加强干部人事工作的若干意见（试行）》、《浙江省交通厅厅管后备干部工作暂行规定》以及厅管干部交流和考核方面共 4 个规定，对处级干部的考核首次尝试定性与定量相结合的考核办法，推出处级工作人员年度考核量化测评表，取得了一定的效果。截止 2001 年 12 月 31 日，全年共提拔厅管干部 30 人，对厅管厅属单位领导班子进行调整、充实，调整班子 9 个、25 人，处级干部的平均年龄从 2000 年的 48.2 岁下降到 46.6 岁。同时，完成了厅管厅属单位领导班子的考核，厅管后备干部推荐、考察及厅级后备干部的考察、上报等工作；选派科技副县长 1 名，安排上挂干部 2 名，完成了第二批援藏干部的返回和第三批援藏干部的选派等工作。

2002 年，省交通厅干部管理工作重点是贯彻落实中共中央《党政领导干部选拔任用工作条例》和省交通厅 4 个干部人事改革政策。一是加大干部交流的力度。2002 年度，共对 58 名厅管干部进行调整，其中提任 31 名（正处 13 名，副处 18 名），岗位调整 17 名，跨单位交流 16 名，年满 52、57 岁改任非领导职务的 4 名。二是加快领导干部队伍年轻化建设步伐。在新提拔的厅管干部中，40 岁以下的共 17 名，占提任总数的 55%，其中最年轻的 30 岁。三是首次对厅机关部分副处领导职位进行竞争上岗，提高干部职工的竞争意识，引起了较大反响,取得较好的效果。四是首次对试用期满干部和公务员进行考核,设计相关的考核标准和程序,为今后的试用期满干部考核打下基础。五是配合组织部做好对领导班子的全面考察和下派期满干部的考察工作,做好公开选拔副厅级女干部、党外副厅级干部和高学历层次副县长的报名动员、组织工作。

2003 年,浙江省交通厅党组组织对厅管厅属单位领导班子进行全面考察,调整了省公路管理局、省交通厅工程质量监督站、省交通规划设计研究院、浙江公路水运工程咨询监理公司、浙江交通高级技工学校等 6 个领导班子和成员;提拔、交流,调整厅管干部 24 名;探索干部任职试用期的考核方法,完成 6 名试用期满干部的考察工作;完成厅管厅属单位领导班子民主生活会和“一把手”年度报告工作的相关组织、指导、操办工作;上挂、下派、援藏干部的考察、走访和相关的管理工作;组织开展《党政领导干部选拔任用条例》的知识竞赛;加强厅管干部和厅机关干部的基础台账。

2004 年,省交通厅党组共提拔厅管处级领导干部 17 人,其中正处 10 人,副处 7 人;交流调动处级干部 21 人;选拔下派挂职干部 1 人,援藏干部 1 人;试用期满正式任职干部 9 人;公务员确定和晋升非领导职务 4 人;配合省委组织部完成了 4 名副厅级干部的考察任用工作,完成了省港航管理局升格后领导班子配备工作。

2005 年浙江省交通厅首次尝试全省交通系统范围内的干部短期挂职交流制度。这是加强交通队伍建设的一件大事,是全面提升交通队伍综合素质的有益尝试,是拓宽干部培养渠道的有效载体。5 月 12 日,浙江省交通厅召开会议,欢迎首批 12 名到厅机关和公路局、港航局、运管局、厅质监站挂职的干部。当年 9 月份起,浙江省交通厅还根据浙江省委组织部的统一安排,参与了浙江省直机关处级领导干部跨部门竞争上岗的工作,并对浙江省交通厅推出的厅科教处副处长职位组织跨部门竞争上岗,共有 21 人参加竞争上岗,经笔试、面试和考察,产生了一名厅科教处副处长。

2006 年,贯彻落实《公务员法》、《党政领导干部选拔任用条例》,研究完善班子考察、干部考核等办法,完善干部培训和挂职锻炼等制度。

2007 年,出台《浙江省交通厅厅管厅属单位领导班子全面考察实施办法》、《浙江省交通厅厅管厅属单位领导班子及其成员年度考核实施办法》、《浙江省交通厅厅管干部提拔任用考察工作实施办法》等体现科学发展观要求的干部综合评价系列文件。此外,制定了《浙江省交通厅干部培训计划管理办法(试行)》,开始实施厅管厅属单位的干部培训归口管理,还制定了《领导干部联系基层制度》和厅机关年轻干部体验基层生活制度,建立起作风建设长效机制。开展厅管厅属单位部分领导职位公开选拔和在厅管厅属单位全体干部群众中进行对所有厅管干部职位的民主推荐工作。组织市县交通局长等大规模干部培训,加强干部教育培训,大力培养年轻干部,调整干部队伍结构。选派省港航局金晓明为省第五批援藏干部到西藏那曲交通局挂职,厅建管处赵长军为中组部“博士服务团”成员赴四川省广元市,省运管局倪杰为驻村指导员赴泰顺县峰门乡。组织了全省交通系统 36 名干部的挂职交流锻炼,并在挂职时间、要求、程序、范围等方面作了进一步规范,使全省交通系统干部挂职交流工作逐步进入了制度化、规范化轨道。

2008 年,提高干部工作的公开性、民主性,加大干部培养交流力度,选派年轻干部到重大工程、到抗灾一线锻炼:完成该年度全省交通系统共 35 名干部挂职的组织工作,同时完成到两龙指挥部、舟山连岛工程等省重点工程挂职干部的考察及到市县挂职和到四川青川挂职干部的选派工作，完成厅机关年轻公务员到基层体验生活的组织工作。组织完成对厅管厅属单位领导班子的全面考察和班子成员年度考核；组织厅机关及厅管厅属单位部分空缺厅管干部职位的民主推荐，提拔、交流、调整厅管干部43名；完成7名试用期满干部的考察工作；完成厅党组民主生活会的征求意见、谈心、民主生活会情况通报和报告等工作，同时做好厅管厅属单位组织民主生活会的指导联系工作。继续开展大规模干部轮训，全年共培训干部近1000人次。至此，完成了五年一轮的干部培训计划。

2009年，按照德才兼备、以德为先的要求，民主公开地选拔任用干部，推荐了厅管后备干部，完善了厅管后备干部工作机制。加大干部培养交流力度，组织完成了该年度全省交通系统共34名干部挂职工作，选派优秀年轻干部到省重点工程、市县挂职，担任农村指导员以及支援四川阿坝重建工作，通过多岗位锻炼，有计划的培养使用干部。组织制定《浙江省交通运输系统干部教育培训五年(2009~2013年)规划方案》，在全系统启动新一轮大规模干部轮训，当年就完成各类干部培训7000余人次。

2010年，开展厅机关及厅管厅属单位部分副处级领导职位竞争上岗工作，多名年轻干部通过公开竞争选拔走上新的工作岗位。继续实施在全省交通系统范围内干部挂职交流制度，该年全系统共有35位干部到厅机关、省公路局、省运管局，进行为期一年的上挂锻炼，另有4名干部下派市局和建设指挥部挂职锻炼。五年内(2006~2010年)，共选派140余名优秀干部上挂下派、援藏援疆援川、下基层、下工地、驻农村，派遣70多名拔尖人才到重大工程中锻炼，在实践中提高干部队伍的素质和能力。此外，根据交通运输部的要求，厅人事处进行调研，完成了《浙江省交通运输厅"十一五"干部培训工作总结和"十二五"干部培训工作思路》调研报告并上报交通运输部科教司。

二、人才工程

1999年5月开始，浙江省交通厅在全省交通系统范围内实施跨世纪交通"人才工程"，并把它作为当年交通事业发展的两个重点之一，为交通可持续发展贮备"高、精、尖"人才。出台面向21世纪的《浙江省交通系统专业技术人才发展规划纲要(1999~2010)》及其实施意见，提出普遍提高职工素质等3项目标。各市(地)也都结合实际制订实施工作计划，并提出了目标。该年，全省交通系统新增中专以上专业技术人才1857名，中专以上学历的职工比例达到10.1%。经评审，有655人获得中级专业技术职称资格，有133人获得高级专业技术职称资格，有7人获得教授级专业技术职称资格。着手进行了"283拔尖人才"计划第二层次人选的首次评定。培养和引进高级专业技术人才工作也有了较好的进展，全年引进高级职称的专业人员35名。

2000年，继续把"人才工程"作为当年交通事业发展的两个重点之一。坚持培养和引进并举，下大力气把一批优秀人才充实到交通职工队伍中来。继续组织实施"283拔尖人才"计划，取得了初步成果。与1996年相比具有职称的专业技术人员总数由18523名上升到21670名，中高级职称由5211名上升到6936名，具有大专及以上学历者由7765名上升到10899名。其中，引进高级职称的专业人员95名(1999年引进35名、2000年引进60名)。省交通厅还通过多种途径引进博士2名、硕士1名，分别安排在厅属单位担任领导职务。

2001年8月，在宁波召开了全省交通系统人才工作经验交流会议。出台了《实施1999

~2010 年交通系统专业技术人才发展规划纲要的补充意见》,确定了提高中高学历人员比例。首批“283 拔尖人才”第一层次 1 名、第二层次 16 名培养人选,在 2001 年全省交通工作会议上接受了厅颁发的证书。当年 9 月,又有了 1 名专业人才进入厅“283 拔尖人才”第一层次人选。全系统专业技术人员总数,特别是高层次人才的引进数量不断增加,交通人才的学历、专业、年龄和职称结构有了明显改善,截止 2001 年底,专业技术人员已近 2 万人,占职工总数的 15.28%,其中大专及以上学历人员占专业技术人员总数的比例达到了 52%,高级、中级、初级专业技术职称人员的比例已经调整为 1:8:19。与此同时,还通过驾驶员技术比武等方式着力提高技术工人的业务素质。

2002 年,继续全面实施交通“人才工程”,至年底,全省交通系统专业技术人员占职工总数比重为 16.3%,比 1998 年前提高了 5 个百分点,高、中、低专业技术人员比例由 1:9.8:26.7 调整为 1:8:19。当年,全省交通系统引进大专以上各类人才 896 名(硕士 34 名,博士 3 名),其中厅管厅属单位 96 名(硕士 28 名,博士 1 名),完成专业技术人员占职工总数的比例提高一个百分点的任务;选拔产生“283 拔尖人才”第二层次人选 16 名(其中第一层次后备人选 5 名),第三层次培养人员 144 名,选拔推荐交通部百千万人才工程国家级人选 4 名,首次安排“283 拔尖人才”培养人选出国考察培养计划 4 名。

2003 年,浙江交通系统围绕专业技术人才队伍建设的目标任务,坚持引进和培养并举,继续深化交通人才工程,全省交通系统全年引进大专以上各类人才 1612 名(硕士 37 名,博士 7 名),其中厅管厅属单位 49 名(硕士 19 名),完成专业技术人员占职工总数的比例提高一个百分点的任务;选拔产生“283 拔尖人才”第二层次人选 32 名,第三层次培养人选 205 名,安排了“283 拔尖人才”培养人选出国考察培养计划 6 名。同时,为加强技能型交通人才培养力度,以浙江省交通特有工种职业技能鉴定指导中心为依托,建立相关专业(工种)的考评员队伍,指导并完成了公路技校 111 名路基、路面中级工的培训考核、鉴定和发证工作。

2004 年,认真贯彻落实全国和全省人才工作会议精神,树立新的人才观,在全省交通系统进行了人才资源开发调研,召开了全省交通人才科技工作大会,表彰了优秀交通科技人才和交通行业人才工作先进单位,完善了今后一个时期的发展规划。为加快培养高素质交通人才队伍的步伐,实现交通基础设施建设与交通队伍建设的同步发展,厅党组织决定实施“人才强交”战略,出台了《关于加快实施“人才强交”战略的若干意见》及《浙江省交通行业拔尖人才管理办法(试行)》、《浙江省交通厅人才专项资金管理办法(试行)》、《浙江省交通厅人才工作年度考核办法》、《浙江省交通行业特有职业(工种)职业技能鉴定实施办法(试行)》、《浙江省交通行业技师高级技师评聘实施办法(试行)》等 5 个配套文件,抓住了培养、引进和用好人才的三个环节,夯实了资金保障、信息支撑、考核推动的三个基础,使全行业人才工作开始走上了制度化、规范化、信息化的发展轨道。当年 6 月 3 日评审通过,7 月 1 日公布了浙江省交通行业“283 拔尖人才”第一层次培养人选 5 人、第二层次培养人选 31 人。当年 7 月 6 日,浙江省交通厅发出《关于全省交通行业人才工作先进单位、优秀交通科技人才等的表彰决定》文件,授予杭州市交通局等 22 家单位“浙江省交通行业人才工作先进单位”称号,徐建达等 38 位同志“浙江省优秀交通科技人才奖”,朱玉龙等 15 位同志“浙江省交通科技进步推动奖”,李大为等 7 位同志“浙江省交通科技贡献奖”。

2005 年,继续积极推进“人才强交”战略,11 月 16 日评审通过了浙江省交通行业“283

拔尖人才”第一、二层次培养人选37名。12月经培训、专家评审，并经省劳动和社会保障厅核准，103位同志获具有技师国家职业任职资格。这一年，在各单位推荐的基础上，经省“新世纪151才人工程”联席会议审核批准省交通系统朱汉华等17名同志为2005年度省“新世纪151人才工程”第三层次培养人员。据统计，五年（2001年～2005年）共引进、吸纳大专以上学历的各类人才11396人，全省交通行政执法人员大专以上学历从37%提高到85%；“283拔尖人才”第一、二层次人选已分别达17名、73名；高技能人才占技术工人总数的比例提高到20%，职业资格持证率提高到76%。

2006年，继续推进专业技术队伍建设，在完善职业资格制度和培养拔尖人才上加大了力度，全省入选省部级拔尖人才26人，省厅“283拔尖人才”第一、二层次人选66名。通过组织开辟网上专家苑等途径，为拔尖人才的培养提高和发挥其技术带头辐射作用提供平台。同时，加快技能型人才培养，全省高技能人才总量超过了8000人，职业资格持证率达81.38%。

2007年，积极培养高素质人才，12月30日评审通过（2008年1月8日公布）了浙江省交通行业“283拔尖人才”第一、二层次培养人选28名。加快交通行业职业资格制度建设，建立了全省交通行业职业资格管理网络，进一步理清关系，明确职责、规范程序。建立了全国技术能手和全国交通技术能手信息库，并将技能型人才纳入了“专家苑”宣传的宣传范围。组织了全省交通行业汽车驾驶学校教练员、汽车钣喷职业技能竞赛，不断提高从业人员素质。12月经培训、专家评审，并经省劳动和社会保障厅审核批准26位同志获具有技师国家职业任职资格。这一年，在各单位推荐的基础上，经省“新世纪151人才工程”联席会议审核批准，厅质监局、浙江交职院的3名同志为2007年度省“新世纪151人才工程”第三层次培养人员。

2008年2月21日，浙江省交通行业的藏春林（杭州园林汽车服务公司）、章建良（杭州康桥丰田汽车销售服务有限公司）、楼建伟（宁波坤源汽车销售服务有限公司）、梁思龙（宁波锦华轿车修理厂）4名同志被浙江省劳动和社会保障厅授予2007年度“浙江省技术能手”称号。12月，进行2009年度浙江省交通行业部分特有职业（工种）职业技能鉴定及技师考评工作，经省劳动和社会保障厅认定42人具有技师国家职业任职资格；经交通运输部评定5人具有高级技师国家职业资格，8人具有高级技师任职资格。

2009年，做好新一批“283拔尖人才”选拔，经浙江省交通运输厅“283拔尖人才”评审委员会12月30日评审通过，确定8人为浙江省交通行业“283拔尖人才”第一层次培养人选，30人为第二层次培养人选。12月，省交通行业的章建良（杭州康桥丰田汽车销售服务有限公司）、应威丰（宁波骏达汽车销售服务公司）、张镭（金华市东阳公路管理段）、聂如伟（丽水市直属公路管理段）、季晓嵩（丽水市龙泉公路管理段）、林坚（台州市三门公路管理段）、张日宝（金华市迅达公路养护公司）7人被交通运输部授予“全国交通技术能手”称号。

2010年，是“十一五”的最后一年。从2006年至2010年的五年里，浙江省交通运输厅不断加强人才队伍建设，建立交通职业资格管理体系，开展职工岗位练兵和技术比武，改善交通职业院校办学条件，全系统28人入选“省151人才工程”，600多人入选厅“283拔尖人才”，高级专业技术人员达1600余名，高技能人才达10228人。

第三节 廉政建设

一、党风廉政建设责任制

1999～2000年，浙江交通系统开始建立并实施党风廉政建设责任制。1999年党中央、国务院《关于实行党风廉政建设责任制的规定》和中共浙江省委、浙江省政府《关于落实党风廉政建设责任制的实施办法》发布后，浙江省交通厅党组开始着手进行党风廉政建设责任制基础性工作，并启动实施该责任制。

2000年年初及时组织制定了《中共浙江省交通厅党组关于落实党风廉政建设责任制的实施细则》（以下简称《实施细则》），明确：厅机关和厅管厅属单位各级党政领导班子及其职能部门领导对职责范围内的党风廉政建设负全面领导责任；厅机关和厅管厅属单位各级党政领导班子主要负责人为党风廉政建设第一责任人，对职责范围内的党风廉政建设负总责；领导班子其他成员根据工作分工，对职责范围内的党风廉政建设负直接领导责任。《实施细则》对领导体制和工作机制、责任内容、责任考核、责任追究等都作了具体规定。坚持党组统一领导，党政齐抓共管，纪检部门组织协调，业务部门各负其责和集体领导与个人分工负责的原则，每年根据上级的部署，结合省交通厅实际，对年度的党风廉政建设和反腐败各项任务及时作出分解，落实责任分工。健全完善监督机制。包括：坚持和完善民主集中制，加强对本级领导班子自身的监督；坚持和完善领导干部民主生活会和党员领导干部双重组织生活制度，强化党内监督；建立和坚持第一责任人执行党风廉政建设责任制和自身廉洁自律情况年度报告、民主评议和民主测评、诫勉谈话、干部廉政档案等多项制度；积极推进政务公开制度，根据机构改革后的职能变化情况，结合审批制度改革，对厅原有的9大项政务公开内容、厅机关各处室工作服务细则和政务公开监督与惩处措施试行方案进行了调整和完善，组织编印《政务公开手册》，并认真组织实施，接受社会监督，促进依法行政和党风廉政建设。同时，在厅管厅属单位也积极推行和实行政务公开。厅纪检部门每年进行党风廉政建设责任制的考核。并组织制定了与《实施细则》相配套的《浙江省交通厅党风廉政建设责任制考核表》，细化、量化了责任内容，规定了考核标准和具体考核办法，具有较强的可操作性。同时，省厅还加强了对厅机关和厅管厅属单位的指导和督促检查。

2001年，浙江省交通系统各级党政领导班子和纪检监察部门认真按照《中共浙江省交通厅党组关于落实党风廉政建设责任制的实施细则》要求，强化责任意识，狠抓责任落实。省厅和各市交通局（委）及厅管厅属单位坚持把党风廉政建设和反腐败工作纳入行业管理，列入年度工作考核目标，实行目标管理，并按照业务分工和责任制要求对全年的党风廉政建设和反腐败工作任务进行责任分解，坚持做到每项工作有领导分管，有部门牵头负责。绍兴、金华、台州、衢州、湖州、温州、丽水等市交通局还逐级签订党风廉政建设责任书。各级各单位结合本系统本单位实际，普遍建立健全责任制度。据不完全统计，2001年浙江省交通系统新制订落实责任制的配套制度321个。同时，加强监督检查，严格责任考核和责任追究，共有6名干部因违反党风廉政建设责任制受到责任追究，其中受到党纪政纪处分的4人，受到组织处理的2人。

2002年，省交通厅党组先后发出《中共浙江省交通厅党组关于2002年党风廉政建设和反腐败工作的责任分工》和《关于认真落实党风廉政建设责任制和领导干部廉洁自律几项重点工作的实施意见》，对贯彻落实党风廉政建设责任制提出具体意见，做到每项工作有领导分管，有部门牵头负责，并按照责任分工，各负其责，逐项抓好落实；同时加强监督检查，严格责任考核。厅管厅属各单位党政领导班子及其领导干部、厅机关各部门负责人对贯彻执行党风廉政建设责任制认识到位，紧密结合实际，按照责任分工，坚持两手抓，积极开展工作，各项工作基本上都得到较好落实，没有发生违法违纪案件，也没有出现有违反责任制需要进行责任追究的情况。

2003～2005年，每年都制定有关当年的厅党组党风廉政建设和反腐败工作的组织领导和责任分工，不断完善党风廉政建设的领导机制和工作机制。厅领导班子成员严格按照党风廉政建设责任制要求以及各自的工作分工和责任分工，认真履行职责，抓好责任范围内的党风廉政建设。对厅管厅属各单位落实党风廉政建设责任制情况进行检查；对各市交通局（委）廉政保障工程开展情况进行年度考核。

2006～2007年，浙江省交通系统各级党组织充分发挥党风廉政建设责任制的龙头作用，切实落实廉政建设的工作责任。2006年，省交通厅成立了反腐败工作领导小组，进一步加强了对落实党风廉政建设责任制工作的领导和督促检查。各级党政领导班子和领导干部注重履行“一岗双责”，自觉把廉政工作与业务工作有机结合起来，切实抓好职责范围内的党风廉政建设。各级交通部门认真执行党章和党内政治生活准则的各项规定，严格遵守民主集中制和廉洁自律规定。为认真贯彻执行中央和省委、省政府的各项决策，2006年厅党组制定了《健全完善科学民主决策制度的实施办法》，努力做到依法决策、科学决策、民主决策。绝大多数领导干部坚持以身作则，严格自律，带领广大党员干部认真践行“三个代表”的重要思想，较好地执行了“四大纪律八项要求”、领导干部廉洁从政的各项规定以及交通部“四不准”和省交通厅“三不”（不吃不拿不要）要求。

2008～2010年，党风廉政建设责任制进一步落实，省交通运输厅党组切实担负起反腐倡廉建设的主体责任，把反腐倡廉建设纳入交通改革发展的总体规划之中，与交通业务工作同部署、同落实、同检查。在每年召开的全省交通系统廉政工作会议上，及时贯彻落实省委、省政府、省纪委和交通运输部有关党风廉政建设和反腐败工作的决策部署，并结合行业实际，及时制订和出台本年度党风廉政建设和反腐败工作的目标任务和责任分工文件。针对行业特点，不断坚持和完善“党委统一领导，党政齐抓共管，纪委组织协调，部门各负其职，依靠群众支持和参与”的反腐败领导体制和工作机制。各市交通局（委）在当地党委政府的统一领导下，把责任分工与充分发挥单位（部门）优势有机结合起来，认真排查权力行使过程中可能产生消极腐败行为的环节，建立了具有交通特点的党风廉政建设责任制落实体系、惩防体系细则和廉政保障措施，构建了全省交通运输系统“横向到边，纵向到底”的党风廉政建设责任制的网络体系，为深入推进交通运输系统党风廉政建设和反腐败工作发挥了重要的保障作用。

二、惩治和预防腐败体系

2004年下半年，根据党中央《惩治和预防腐败体系实施纲要》和中共浙江省委《浙江省惩治和预防腐败体系实施意见》的要求，浙江省交通厅按照行业构建的思路，率先在全国交通系统启动了惩治和预防腐败体系（以下简称惩防体系）构建工作。组织人员深入市、县交通局和厅管厅属单位，对惩防体系的构建进行认真调研。

2005年，浙江交通特色的惩防体系初步构建。3月，浙江省交通厅经反复讨论，数易其稿，制定并出台《浙江省交通系统构建教育、制度、监督并重的惩治和预防腐败体系实施意见（试行）》（以下简称《实施意见（试行）》），提出了思想教育、权力监控、干部选任、监督制约、查办惩戒、信息预警等6项机制31项措施，成立了工作领导小组，指导全省交通系统惩防体系构建工作。11月，出台了贯彻落实惩防体系实施意见的2005～2007年工作要点。厅机关各处室及厅信息中心、服务中心认真排查了本部门本单位权力行驶过程中容易滋生腐败消极行为的环节，制定了“厅机关预防腐败具体办法”。厅管厅属单位制订了贯彻落实《实施意见（试行）》的细则。各市交通局（委）也结合本部门实际，分别制订了具体办法。在构建惩防体系中，注意提高构建工作的科技含量，积极运用现代科技手段，建设行政许可网上审批系统、财务集中管理信息平台和交通建设市场诚信系统等，方便群众监督，增强惩防体系的实际功效。

2006年，浙江交通特色的惩防体系日趋完善。这一年，浙江省交通厅以科学、规范、严密、有效为目标，不断完善和落实具有浙江交通特色的惩治和预防腐败体系。一是提高反腐倡廉制度化水平。围绕班子建设、人事工作、建设和运输市场管理、行业管理，制订或修订了80多项制度。下半年，针对省厅前厅长赵詹奇暴露出的问题（1994年至2006年期间，赵詹奇利用职务上的便利，在工程招投标、工程建设等工作中，为他人谋取利益，多次单独或者通过其子或情妇汪某，以“咨询费”、“业务费”和“借款”等名义收受他人所送钱物，共计折合人民币620余万元。赵詹奇非法收受他人财物的行为已构成受贿罪，被依法判处无期徒刑，剥夺政治权利终身，并处没收个人全部财产；没收赃款人民币3518851.86元，剩余赃款继续予以追缴），制定了《机关工作人员与企业交往的若干规定》、《领导干部个人重大事项报告制度》、《领导干部廉洁自律若干规定》等5项制度。用制度管权、用制度管事、用制度管人的机制初步形成。各市交通局（委）也都制订了一系列规章制度，不断完善惩防体系的构建工作。二是加强对制度执行情况的检查。驻厅纪检组牵头组织各市交通局（委）纪委（纪检组）对工程建设领域制度执行情况开展了交叉检查，并对厅管厅属单位的非政府集中采购大宗物品购置网上公示情况进行了检查。三是加快“科技促建”步伐。把信息技术、网络技术等科技手段引入到惩防体系的构建之中，成立了网上招标投标试点工作小组，逐步推行网上招投标试点工作；初步建成行政处罚网上监管系统；加快建设了网上审批（包括实时监控）系统，已有20余个行政许可项目实施网上审批，方便了群众监督，增强了监督功效。四是加强对领导干部的监督管理。认真抓好《党内监督条例》、《党内监督十项制度实施办法（试行）》的贯彻执行；实施厅领导班子成员与各市交通局（委）主要负责人进行廉政谈话的规定和对提拔或转任的厅管干部进行廉政谈话的制度，先后与6名提拔或转任的厅管干部进行了廉政谈话。

2007年，浙江交通特色的惩防体系基本框架初步建立。这一年，浙江省交通厅继续贯彻执行《浙江省交通系统构建惩防体系的实施意见》，全面落实当年体系建设任务，初步建立起具有浙江交通特色的惩防体系基本框架。加快制度建设进度，针对行政审批、工程建设、财务管理、干部人事等重点领域存在的问题，制定和修改了一批制度。围绕规范行政权力运行开展了调研，排查分析薄弱环节，督促行业管理部门建立决策权、执行权、监督权既相互制约又相互协调的权力运行机制。抓好制度的落实，对一些制度落实情况进行了监督检查，对存在的问题提出了整改意见。继续推进“科技促建”，加快建设电子监察系统，建立了全省交通审批系统平台，所有行政审批事项可以实现网上审批；完成了“浙江交通行政处罚网上督查系统”，实现了实时监控。

2008年，浙江交通特色的惩防体系基本框架有效推进。1月份，浙江省交通厅经充分调查研究和征求各方意见，制定并下发了《浙江省交通系统建立健全惩治和预防腐败体系2008~2012年工作意见》(以下简称《工作意见》)，明确了今后五年全省交通系统惩防体系建设的指导思想、基本原则和工作目标，对教育、制度、监督、改革、纠风和惩处六个方面的工作作了具体部署。同时，制定了贯彻落实《工作意见》责任分解方案，做到领导有责任，部门有分工。各市交通局(委)也制定了建立健全惩防体系的工作要点，把完善惩防体系同交通改革发展结合起来，始终坚持将反腐倡廉建设与业务工作同部署、同检查、同落实。当年，浙江省交通厅还将省交通厅2004年以来有关惩治和预防腐败体系的制度规定(共计142项)加以汇总，编辑出版《浙江省交通厅惩治和预防腐败体系制度汇编》。

2009年，浙江交通特色的惩防体系进一步的健全和完善。这一年，浙江省交通运输厅针对惩防体系运行的实际情况和业务工作中的具体问题，先后制定了《浙江省交通建设市场信用信息管理实施细则》等一系列规章制度。

2010年，浙江交通特色的惩防体系不断深入完善。这一年，浙江省交通运输厅党组把排查岗位廉政风险、建立廉政防控机制作为突破口来抓。5月份开始在厅机关和厅管厅属单位部署开展了岗位廉政风险排查和防控工作。制定下发了《关于开展重点岗位廉政风险防控机制建设的通知》，明确工作目标和工作要求，确定了工作步骤，要求各处室深入排查重点岗位廉政风险，从完善机制制度、规范履职行为、建立风险预警等方面入手，制定完善相应的防控措施，建立从源头上有效预防腐败现象发生的岗位廉政风险防控机制。11月，浙江省交通运输厅党组会议审议通过了《浙江省交通运输厅机关各处室重点岗位廉政风险点及防控措施》。在厅机关本级47个重点岗位中，共排查出廉政风险点56个，制定了防控措施101项。各市交通局(委)和沿海港航(务)局都结合自身实际，开展了岗位风险排查，健全完善防控措施，推进了全省交通运输系统惩防体系建设的不断深入。

三、廉政教育和廉洁自律

1997~2000年，浙江省交通系统各级党组织和纪检检察部门，组织广大党员干部，认真学习中纪委、省纪委全会精神，按照全省交通系统纪检监察工作会议提出的要求，开展党员干部、领导干部的反腐倡廉形势教育，开展以胡长清、成克杰等典型案件为主要教材的警示教育，开展以党员干部领导干部廉洁自律78个“不准”的党性党风党纪教育，举行党纪条规知识竞赛，举办党支部书记廉政建设专题培训班等，提高了广大党员干部对从严治党重要性的认识，增强了党员干部尤其是领导干部廉洁自律的自觉性。在加强党风廉政教育的同时，相继开展了多项廉洁自律工作：结合行业特点，深入进行“三不”规定(施工队伍不介绍、经营活动不参与、线路审批不干预)的教育和检查；开展了对落实规范领导干部离职和退(离)休后从业行为规定的调查摸底填表登记工作；加强了对领导干部从旅游渠道公费出国(境)情况的检查；对违反规定安装和购置通信工具进行清理和规范，实行通信费定额包干等制度；对执行关于配备和更换小汽车有关规定情况进行督查；加强了对贯彻落实《廉政准则》和制止奢侈浪费八项规定的督促检查;抓了领导干部个人重大事项报告、收入申报、礼品登记和国有企业业务招待费使用情况等重要事项向职代会报告等制度的检查落实;开展了对用公款配备个人住宅、电脑情况的专项检查和清理;开展了对厅机关和厅管厅属事业单位干部个人使用小汽车情况的摸底清理工作。

2001 年,党风廉政教育不断深化。浙江省交通系统普遍深入开展以学习贯彻"三个代表"重要思想和总书记江泽民的"七一"重要讲话、六中全会《决定》为主要内容的党性党风教育;开展以学习贯彻中央纪委五次全会、省纪委七次全体(扩大)会议和全国交通系统纪检监察工作会议精神为主要内容的反腐倡廉形势任务教育;开展以学习范匡夫、汪洋湖、马健等先进典型事迹为主要内容的理想信念和廉洁从政教育;开展以罗鉴宇、朱承岭等一批反面典型为主要教材的警示教育。各单位还通过组织庆祝建党 80 周年系列活动,组织观看反腐败成果展和反腐倡廉电教片,举办专题讲座,上辅导课,开展党纪政纪条规知识竞赛、解剖本系统本单位违法违纪案件,请服刑劳教人员"现身说法"等,对党员干部进行教育,丰富学习教育的形式和内容。厅党组在抓好自身"一班人"学习教育的同时,先后举办 3 期处级干部学习班和 3 期(分 3 片)市县交通局长研讨班,组织撰写浙江省交通系统违法违纪典型案件的剖析材料,在全省交通系统处级以上领导干部中进行通报,组织厅机关开展机关作风年活动。这一年,在廉洁自律方面,落实中纪委五次全会提出和重申的 5 项规定工作取得的明显成效。组织开展对领导干部不准收受现金、有价证券规定的检查和清理。据不完全统计,浙江省交通系统有 364 名干部主动登记上交礼金、礼券、礼卡和礼品、礼物,折合人民币 37.3 万余元;未按规定期限上交的 10 名干部受到纪律处分。对处以上领导干部配偶、子女从业情况及离职和退(离)休的处以上领导干部的从业情况等进行调查摸底和填表登记,并对违反规定的进行纠正。此外,继续加强对贯彻落实《廉洁准则》和制止奢侈浪费 8 项规定的监督检查。

2002 年,继续开展一系列的党风廉政教育。如开展以有关纪律条文、优秀党员领导干部先进事迹和深刻剖析反面典型案例为主要内容的廉洁从政教育,组织厅管厅属单位党政领导班子成员和处级领导干部及厅机关全体工作人员观看许运鸿案剖析和周航、王天义、陈文宪等人犯罪案件警示录电教片。举办厅管厅属单位和厅机关党支部书记培训班,进行党风廉政建设等方面的学习教育培训;组织厅管厅属单位党委(党支部)书记、厅机关各部门党支部书记、组织人事和纪检监察干部学习《党政领导干部选拔任用工作条例》辅导会和培训班;组织举办全省交通系统纪检监察干部业务知识培训班。由此,党员干部特别是党员领导干部廉洁自律的意识和自觉性进一步增强。这一年,根据中央和省纪委的部署,以及浙江省交通厅《关于认真落实党风廉政建设责任制和领导干部廉洁自律几项重点工作的实施意见》,省交通系统领导干部廉洁自律工作重点抓了五项:一是继续落实领导干部不准收受有关单位和个人赠送的现金、有价证券的规定。二是继续落实领导干部配偶、子女从业的有关规定。对 130 名厅管领导干部配偶、子女从业有关规定情况组织填表自查,在自查的基础上逐个进行核实。三是落实禁止领导干部到企业和单位报销应由本人及其配偶、子女支付的个人费用的规定。四是狠刹奢侈享乐、铺张浪费歪风。五是清理和纠正领导干部违反住房规定以权谋房行为,组织开展领导干部违反住房规定专项清理工作,对 210 名厅机关、厅管厅属单位在职处级领导干部和曾担任过副处级以上领导职务的离退休领导干部住房情况进行填表自查，在组织自查的基础上逐个进行审查核实。清理领导干部住房工作得到落实，摸清领导干部住房情况。一名干部异地换购房付款不符合要求和一名干部公款购车库的，本人在自查中都主动进行纠正，共补交住房、车库款32437.04元；处理纠正一名退休干部超标准两处房改购房的行为。为促进领导干部廉洁自律工作的落实，当年9月对各单位、各部门执行落实上述各项重点工作情况进行检查。通过采取组织自查、专项清理和监督检查等措施，上述各项规定得到较好执行，厅机关和厅管厅属单位领导干部中没有发现有违反规定的情况。

2003年，浙江省交通系统采用多种宣传教育的方法和手段，掀起学习“三个代表”重要思想的新高潮，强化“立党为公、执政为民”观念；宣传郑培民等先进典型，弘扬一心为民、廉洁奉公精神；组织“艰苦奋斗，廉洁从政”专项教育和“廉洁从政知识”测试；观看“李真案例”等警示教育电教片；对各级领导干部进行了反腐倡廉教育；组织各级交通局领导、职能部门负责人、监理、项目经理开展保廉专项教育。这一年，各级领导干部的廉洁自律意识进一步增强。省交通厅结合交通行业特点，对落实中央和省委部署的2003年领导干部廉洁自律几项重点工作提出了具体的实施意见。各级主要领导严以律己、率先垂范，以拒收礼金、礼券、礼卡为切入点，落实“不吃、不拿、不要”的新“三不”要求。

2004年，反腐倡廉宣教工作取得新进展。浙江交通系统各级党组织深入学习宣传贯彻《党内监督条例》、《党纪处分条例》和《党员权利保障条例》，进一步提高了纪律观念和监督意识。定期对浙江交通系统各级领导干部，涉及“人”、“财”、“物”等“特岗”人员进行针对性教育；对评标专家、监理工作人员、执法队伍开展专项教育。编印了《浙江省交通系统纪律手册》，向领导干部不定期发送党风廉政学习参考资料。对提拔任用和转任重要岗位的干部进行廉政谈话；对违反廉政规定的干部进行诫勉谈话。开展节假日廉政教育组织参观省纪委举办的廉政书画展。从这一年开始，每年9月开展“廉政警示教育月”活动，举办廉政讲座，观看廉政警示教育片，到监狱听取服刑人员的现身说法，组织党员干部开展“增强拒腐防变能力”的讨论。这一年，领导干部廉洁自律工作进一步深化。一是省交通厅印发了《关于做好2004年领导干部廉洁自律重点工作的通知》，制定了《关于对机关工作人员在业务活动中收受各种酬金和物品的管理规定》。省交通厅党组成员和厅管厅属单位班子成员带头执行中纪委提出的“四大纪律八项要求”和廉洁自律各项规定，进行公开述廉，主动接受监督。二是按照省纪委的统一部署和要求，开展三项“清理工作”。对省交通厅机关和厅管厅属单位干部在企业兼职进行了清理，省交通厅机关两人免去兼职。完成了用公款为干部职工购买个人商业保险和党政领导干部拖欠公款的专项清理。开展专项治理党员干部赌博问题，通过清查，未发现有赌博行为。落实廉政谈话制度，省交通厅党组成员根据分工，和下级党政负责人进行谈话95人次；驻厅纪检组开展领导干部任前廉政谈话13人次。三是各级交通部门认真执行领导干部廉洁自律的各项规定及交通部提出的“四个不准”和省厅“不吃不拿不要”的“三不”要求。同时，根据实际，制定了具体的规章制度，细化了领导干部廉洁自律的规定，推动了全系统廉洁自律工作的进一步深化。

2005年，反腐倡廉教育进一步加强。浙江交通系统各级党组织开展了以实践“三个代表”重要思想为主要内容的保持共产党员先进性教育活动。同时，紧密结合先进性教育活动，开展丰富教育内容、创新教育形式的廉政教育。组织广大党员干部认真学习党内法规和

《“三个代表”重要思想反腐倡廉理论学习纲要》；开展向优秀共产党员朱汉华的学习活动；组织第二次“廉政教育月”活动，听取了全国劳模、“五一”劳动奖章获得者李友星的先进事迹报告，开展了典型示范教育；观看警示教育片和浙江省女子监狱育新艺术团的文艺演出，进行廉政警示教育；组织党员认真学习《浙江省党内监督十项制度实施办法（试行）》，强化监督意识；举办县（市、区）交通局长、分管基础设施建设副局长的廉政培训班；开展节前廉政教育，发送廉政短信，编印《纪律规定学习手册》，印发党风廉政教育学习参阅资料，做好经常性的廉政教育工作；切实解决党员干部在思想、组织、作风及工作方面的突出问题，树立交通系统共产党员“无私奉献先行官，一心为民孺子牛”的先锋形象。这一年，领导干部廉洁自律的自觉性明显提高。省交通厅认真开展对中央纪委、省纪委有关廉洁自律规定落实情况的专项检查，重点加强对“五类问题”的防治。对违反规定收送现金、有价证券和支付凭证，放任纵容配偶、子女和身边工作人员利用领导干部职权和职务影响经商办企业或从事中介活动谋取非法利益，“跑官要官”，借婚丧嫁娶等大操大办、收钱敛财，以及党员干部赌博的问题，进行认真清查。继续开展党政领导干部拖欠公款、党政机关和事业单位用公款为个人购买商业保险的检查清理。按照省纪委、省委组织部要求，对事业单位干部在企业兼职问题进行了清理，11 个人按规定辞去了兼职。认真落实廉政谈话制度，开展领导干部述职述廉工作。厅领导班子成员和厅管厅属单位班子成员带头执行“四大纪律八项要求”，自觉遵守领导干部廉洁从政的各项规定及交通部提出的“四个不准”和省交通厅“三不”要求，领导干部廉洁自律意识得到加强。

2006 年，浙江省交通系统反腐倡廉教育进一步深化。结合保持共产党员先进性教育和学习贯彻党章活动，加强对全省交通系统党员干部的反腐倡廉教育。一是加强正面教育。认真开展学习胡锦涛总书记“八荣八耻”讲话，树立社会主义荣辱观的学习教育。开展向陈刚毅、郑九万、朱汉华等勤政廉政典型的学习活动。各级党组织结合治理商业贿赂专项工作，开展多种形式的教育活动，增强做好反腐倡廉工作的责任感和紧迫感。二是抓好集中教育。开展第三次“廉政教育月”活动，组织干部职工观看警示教育片和廉政教育文艺演出、听取交通部监察局局长的反腐倡廉报告、参观反腐倡廉成果展；学习江泽民关于反腐倡廉的论述，就“如何防范商业贿赂，筑牢拒腐防变的思想防线”开展讨论。三是坚持经常性教育。继续开展节前廉政教育，编发廉政宣传资料，发送廉政短信，组织在部分高速公路工地放映廉政题材影片，开展交通廉政文化建设征文活动，推进廉政文化进机关、进校园、进工地的实践探索与理论研究，促进交通系统尊廉崇廉良好氛围的形成。

2007 年，反腐倡廉教育继续深化。浙江省交通系统围绕社会主义核心价值体系建设，继续深入开展廉政教育，并将教育有机地融入“作风建设年”活动中，提高广大党员干部廉洁从政意识，转变领导作风。一是坚持开展经常性教育。组织学习廉政规定，开展节前廉政教育，编发廉政宣传资料，定期发送廉政短信，参观廉政书画摄影展。二是加强集中教育。对新任交通局长进行廉政培训，开展第四次“廉政教育月”活动，举办交通系统反腐倡廉图片展，召开廉政建设先进经验交流会，请专家上廉政课。三是开展警示教育。组织观看警示教育片，参观警示教育基地，旁听法庭审判。四是推进交通廉政文化建设。坚持开展“廉政题材影片进工地”活动，制定《关于进一步加强交通系统校园廉政文化建设的意见》，组织校园廉政文化征文活动，促进全系统尊廉崇廉的良好氛围进一步浓厚。这一年，浙江省交通系统领导干部廉洁从政行为进一步规范。认真学习贯彻中央纪委《关于严格禁止利用职务上的便利谋取不正当利益的若干规定》,采取制作宣传栏、组织专题学习、下发自查表格等方式,组织全体党员干部学习和对照八条禁止性规定,开展自查自纠。严格落实领导干部廉洁自律有关规定,按照中央纪委、省纪委提出的领导干部廉洁从政的要求,加强督促检查。认真执行"三谈一述"制度,对转任、提拔的领导干部进行任前谈话,对有问题的干部进行诫勉谈话,对重要岗位的干部进行提醒谈话;继续开展领导干部述职述廉、廉政考核及民主测评等工作。组织学习《行政机关公务员处分条例》,增强机关工作人员廉洁从政意识。

2008 年,浙江省交通系统反腐倡廉教育取得新成效。各级交通部门通过组织观看警示教育片、听取相关人员现身说法、举办廉政辅导讲座、召开廉政读书会和领导干部家属廉政座谈会等多种形式,进一步深化反腐倡廉教育,使广大党员干部的廉洁自律意识普遍提高。举办校园廉政文化演讲比赛等活动,推进廉政文化进机关、进工地、进校园工作的继续深入开展,在全行业继续营造尊廉崇廉的良好氛围。同时,浙江省交通厅召开学习实践活动先进人物事迹报告视频会议,开展向赵长军等先进人物学习活动,大力弘扬"惠民、奉献、服务"精神,鼓舞和激励交通系统广大党员干部职工廉政、勤政、优政。

2009 年,反腐倡廉"大宣教"格局形成。浙江省交通系统各级党组织高度重视思想教育在反腐倡廉中的基础性作用,建立"大宣教"工作格局,将廉政教育纳入党组织宣传教育的总体部署。纪检监察与组织人事、宣传等部门密切协调配合,整合资源,发挥优势,广开渠道,扩大阵地,形成反腐倡廉教育的强大合力。同时紧密把握党员领导干部的思想动态,不断拓宽载体,创新教育方式和方法,增强教育的吸引力、感召力和实效性。一是坚持开展经常性教育。省交通厅坚持隔周发送廉政短信,及时更新浙江交通网站"党风廉政"的专栏内容,及时贯彻传达上级最新精神要求,宣传介绍最新文件规定和各地廉政工作动态。同时,把廉政教育纳入各类培训班的教学内容。二是加强对关键岗位人员的廉政教育。5~6 月,省交通厅以防范商业贿赂作为主要教育内容,举办了 4 期公路施工企业项目管理廉政培训班,全省公路水运施工企业党政主要负责人、项目经理、一级建造师 600 余人参加了培训。同时,在全系统接受继续教育的财务人员、港航系统基层站所负责人、交通运输系统评标专家、招投标监管人员的培训中,都安排了反腐倡廉讲座。三是开展了第六次廉政教育月活动。9 月份,组织厅机关和厅管厅属单位学习中央"四个文件",观看反腐倡廉警示教育片,组织厅机关、厅管厅属单位中层以上干部参观省法纪教育基地,组织收看中共浙江省委书记赵洪祝在全省党员领导干部党风廉政教育大会上的讲话录像等,使尊廉崇廉的氛围进一步形成。

2010 年,省交通运输厅党组以学习贯彻《廉政准则》为重点,开展第七次"廉政教育月"活动。结合创先争优、机关学习年、深化作风建设年活动的要求,把廉政宣传与学习老一辈革命家的优秀传统事迹、学习优秀模范典型、学习优秀传统文化结合起来,开展观看警示教育片、听取专题讲座、参观革命圣地、组织专题研讨等形式多样的教育。同时,加强对干部选拔任用工作四项监督制度执行情况的监督检查,坚持对转任、提拔的领导干部进行任前廉政谈话,落实领导干部报告个人有关事项制度,开展领导干部述职述廉、廉政考核及民主测评等工作。此外,浙江省交通系统各级党组织始终重视反腐倡廉教育的基础性作用,以学习、宣传和贯彻《廉政准则》为重点,推动全系统尊廉崇廉的氛围逐步形成和广大党员干部廉洁自律的意识不断增强。

四、交通基础设施建设领域的廉政建设

从1996年开始，浙江省交通系统着手对交通建设市场进行整治。从1999年开始，组织开展交通工程建设执法监察工作。结合交通建设市场整治和交通工程建设执法监察，强化对项目的全过程管理，建立健全各项制度，先后制订了《浙江省公路、水运工程施工招投标实施细则》、《关于建立全省公路工程施工、监理招标、评标专家库的通知》、《浙江省交通工程建设廉政规定》等一系列文件规定，对交通建设市场和干部在交通工程建设中的行为进行具体规范。在重点工程项目中，全面推行廉政合同。2000年，编印下发浙江省交通工程廉政建设资料汇编，并修改下发浙江省交通工程建设廉政规定。同时，会同省监察厅联合下发交通工程执法检查实施意见，对交通工程建设执法检查工作进一步作出具体部署。这些规定和意见的制订，进一步健全了质量保证体系，规范了交通建设市场行为，加大了政府监督的力度，较为有效地遏制了腐败的产生。

2001年，浙江省交通系统在着力治标的同时，继续加大治本力度，以深化交通工程廉政建设为重点，在交通工程项目执法监察等方面取得明显成效。省交通厅制定印发《关于2001年交通工程建设执法监察工作意见》。各市各级交通部门和各高速公路指挥部（管委会）根据省交通厅的部署和要求，围绕工程建设程序、招投标、工程质量、建设资金使用管理、材料采供等重点环节，进一步加大检查督查力度，扎实有效地开展交通工程执法监察工作。据不完全统计，这一年浙江省交通系统对426个交通基础设施建设和基建项目进行执法监察，纠正各类问题53个；制订和规范交通基础设施建设的规定、制度117个；在424个重点工程项目中推行廉政合同。各级交通纪检监察部门还参与551个施工、监理等项目的招投标监督工作，参与11起工程质量安全事故的调查处理。当年发生在交通基础设施领域中的违法违纪案件共6件，仅占全年各类违法违纪案件总数的7.2%，与上年同期相比减少60件。

2002年，在认真抓好原有的各项制度、规定落实的同时，突出重点，进一步加强交通工程领域的廉政制度建设，维护交通建设市场秩序。省交通厅在广泛征求意见的基础上，对1999年印发的《浙江省公路、水运工程施工招标投标管理实施细则》进行修改和补充，同时制订印发《施工招标评标办法》。继续在全省交通基础设施建设中推行廉政合同，并于10月下旬组织纪检监察、建设管理、工程技术、财会等人员对杭州、绍兴、台州等市交通局开展交通工程执法监察工作及在交通基础设施建设中推行廉政合同情况进行重点抽查。各级交通部门在深入开展交通工程建设执法监察的同时，加强对工程招投标和工程建设全过程的监督检查。省交通厅于年初，对在杭州、宁波等地交通工程建设中有行贿行为的5家施工单位进行通报，有效地遏制了工程建设腐败行为。

2003年，将党风廉政建设和反腐败工作的要求与浙江交通建设的实际相结合，形成“廉政保障工程”，列入“交通六大工程”序列。年初制定并组织实施《廉政保障工程实施意见》，积极探索切合浙江交通实际的纪检监察新的工作机制。一是完善领导机制。初步形成主要领导亲自抓，分管领导具体抓，党政齐抓共管，纪检部门组织协调，各相关部门密切配合，广大群众积极参与的反腐倡廉工作格局和领导机制。从行业管理的角度，组建了从省交通厅到各县（市、区）交通局反腐倡廉的责任网络。二是完善工作机制。制订《全省交通基础设施建设廉政合同考核评分标准》，规定所有重点工程项目都必须签订廉政合同。制订印发《公路水运工程合同行为监督管理办法》，强化招投标后的合同管理，提高合同履行质量。开展监理市场整顿，保证交通工程质量监督覆盖率达到100%，受监工程合格率保持在100%。三是完善监督检查机制。省交通厅与监察厅联合发出《关于加强监督实施廉政保障工程保证我省交通基础设施建设顺利进行的通知》，积极争取各级纪委、监察部门的监督指导，加强与检察系统沟通联系，与反腐败工作的专业部门密切配合，优势互补，一起研讨预防职务犯罪的对策措施，交通反腐倡廉监督检查的力量和声势得到了大力增强。12月上旬，省交通厅与省监察厅联手对杭州湾跨海大桥、沪杭高速公路浙江段拓宽工程、杭千高速公路和申苏浙皖高速公路浙江段等在建工程项目进行执法监察，通过听汇报、看现场、查台账等方法，对重大设计变更、原材料采购、资金管理等重要环节，分析情况，查摆问题，提出建议。各市交通局（委）根据实际情况，会同地方纪委、监察机关一起开展执法监察；有的还积极参与由相关业务部门组织开展的分包稽查、资金专项稽查等工作，提高了监督检查的深度。四是针对乡村康庄工程点多线长面广、管理分散、责任主体多、资金来源多样化的特点，组织厅机关和厅管厅属有关单位深入县（市）、乡、镇、村调查摸底。12月在宁波慈溪召开现场会，分析乡村康庄工程廉政保障的具体特点，交流经验做法，研究制定乡村康庄工程廉政工作的措施和办法。这一年各级交通主管部门高度重视交通基础设施建设领域的廉政建设，腐败现象易发多发的势头基本得到遏制。

2004年，浙江省交通基础设施建设领域廉政工作得到进一步强化。一是主动争取纪检监察机关、司法机关和有关部门的支持，形成齐抓共管的整体合力。通过抓关键环节、建章立制、监督检查，不断加强交通基础设施建设领域的廉政工作。省交通厅与省检察院共同制定了《关于进一步加强交通基础设施领域廉政建设的意见》、《关于在交通重大工程建设中加强联系配合，共同开展预防职务犯罪工作的通知》等文件，加强协调配合，增进了预防职务犯罪的保障合力。省交通厅与省监察厅、省财政厅、省审计厅联合发出《关于加强乡村康庄工程廉政保障工作的实施意见》，按照各自的职责分工，认真开展行业管理和监督检查，共同做好农村公路建设的廉政保障工作。二是进一步完善工程招投标。省交通厅与省检察院、省建设厅、省水利厅联合发出《关于在全省工程建设领域开展行贿行为档案查询工作的通知》。各地认真执行这一制度，招标文件出售之前都向工程项目所在地的检察机关查询潜在投标人有无行贿行为记录。改进和完善无标底招标办法，努力遏制串标、围标和抢标现象。建立浙江省交通建设市场诚信信息系统，对违反交通建设市场规定、扰乱市场秩序的行为进行通报，净化市场环境，规范市场行为。共有20家企业因在交通建设项目招投标活动中存在不良行为而受到通报。其中2家被取消中标资格，6家在2年内不得参加浙江省交通建设项目施工投标活动。三是对交通基础设施建设项目开展经常性检查。高速网络工程创建“精品工程”活动，增加了“干部队伍廉洁”的考评指标；乡村康庄工程和“立功竞赛”活动都把廉政建设作为考核的一项重要内容。开展执法监察等多项检查，对在建高速公路派出督查组，进行全过程效能监察等。省交通厅在年初通报了对沪杭高速公路拓宽工程、申苏浙皖等在建13个高速公路和6个水运工程建设项目工程质量与造价执法检查的结果和整改意见。加强对监理市场的监督，对全省在建高速公路和主要水运工程项目52个驻地办的监理工作进行了检查，对存在问题的3家企业进行了通报，13人被逐出监理市场。各地交通局对在建工程项目开展了执法监察检查。

2005 年,浙江省交通基础设施建设领域的廉政工作继续推进。省交通厅针对交通基础设施建设领域腐败现象易发多发的特点,坚持把这一领域的廉政工作摆到突出位置紧抓不放,积极争取纪检监察机关和相关部门的支持指导,形成监督的整体合力,努力遏制交通基础设施领域腐败现象的发生。一是建立健全若干制度。为加强对建设过程的监督管理,强化交通基础设施领域的廉政建设,制定了《规范建设单位行为的若干规定》。针对招投标过程中出现的一些新情况、新问题,修订了《浙江省公路水运工程施工招标投标管理实施细则》、《工程施工招标评标办法》和《工程施工招标资格预审评审办法》,进一步完善招投标制度。建立了高速公路项目纪检监察派驻制,向两龙、诸永、黄衢南等 6 个高速公路建设项目派驻了纪检监察员。印发《关于规范厅管厅属单位建设项目管理的通知》,与省监察厅联合发布《浙江省高速公路建设效能监察实施意见》,与省审计厅联合颁发《关于积极推行我省高速公路建设项目全过程跟踪审计的指导意见》。二是加强监督检查。继续与省监察厅、审计厅、财政厅联合落实《关于加强乡村康庄工程廉政保障工作的实施意见》,对全省乡村康庄工程廉政保障工作进行检查,并召开全省乡村康庄工程廉政建设经验交流会。联合监察机关对交通工程建设项目开展了执法监察,对厅管厅属单位的基建项目进行廉政督查。三是强化交通建设市场管理。开展交通建设市场诚信体系调研,在全省交通施工、监理企业中开展诚信企业活动,积极推进交通建设市场诚信体系建设。对省管 70 个招投标项目进行监管和监督;对出现投诉举报现象的 9 个标段,及时查实并予以纠正;对 23 家有违法违规行为的单位(企业)进行通报,净化了市场环境,规范了市场行为。

2006 年,浙江省交通基础设施建设领域廉政工作继续深化。省交通厅坚持不懈地抓好交通基础设施建设领域的廉政工作,进一步促进了浙江省建设市场向统一开放、竞争有序的方向发展。一是继续完善招标投标办法。推行资格后审,简化开标程序,完善评标方式,强化业主决标,进一步制止了围标、串标行为。二是加强制度建设。针对交通建设市场中建设单位存在的突出问题,制订《规范建设单位行为的若干规定》,加强对建设过程的监督管理,进一步规范代建单位和项目业主的建设行为。三是打造信用体系。制定了《公路水运工程施工企业信用评价管理办法(试行)》,对在建高速公路施工企业开展信用等级评价,初步形成了浙江省交通建设市场施工企业信用评价体系。四是全面推行高速公路建设项目全过程跟踪审计。制订跟踪审计质量管理办法,规范社会中介机构跟踪审计行为,提高跟踪审计质量。五是开展效能监察和廉政监察。继续执行高速公路建设项目效能监察和派驻纪检监察员等制度。各市交通局(委)开展多种形式的廉政检查,会同纪检监察机关开展高速公路建设项目效能监察,会同司法机关参与工程建设的监督检查,开展乡村康庄工程"回头看"等活动,努力为工程建设创造良好的外部环境。六是加大检查惩处力度。及时受理和处理投诉和举报。省交通厅共对省管 80 个招投标项目进行了监管和监督,对 7 个项目的投诉进行了处理,并纠正了 4 个标段的施工中标结果;通报了 4 家监理单位弄虚作假的行为和 8 家施工企业违法转包、违规分包的行为,净化了市场环境,规范了市场行为。七是开展治理商业贿赂专项工作。以在建项目的工程转包和违法分包等五方面为切入点,深入开展自查自纠工作,基本摸清全省在建项目的基本情况、商业贿赂的表现形式、重点环节、重点人员及治理任务。加强监督检查,拓宽举报渠道,并按照管理权限对重点岗位的工作人员进行谈话。省交通厅对各市局(委)治理工作进行督查,对全省在建工程转包和违法分包问题进行专项检查。针对工程项目招投标、工程转包分包、工程设计变更等7个关键环节,制定了《建立治理商业贿赂长效机制的制度建设责任分工》,落实了责任单位。

2007年,浙江省交通基础设施建设领域廉政工作得到加强。继续把交通基础设施领域的廉政建设作为工作重点。围绕招标投标环节,推行合理低价中标和资格后审等办法,不断改进管理监督,进一步防范"围标"、"串标"行为。继续推进信用体系建设,完成了2006年度全省交通建设项目施工企业信用等级评价,建立了诚信考核、监督、奖惩机制,并将诚信评价与招投标挂钩。完成了监理企业信用评价试点工作。继续加强对工程建设的监督管理,通过效能和廉政监察等方式,对在建项目进行监控。推行高速公路建设项目全过程跟踪审计,加强了对设计变更的监督,进一步规范了设计变更行为。继续开展治理商业贿赂专项工作,在上年集中治理的基础上,突出抓好长效机制建设,工程转分包、工程监理、质量监督、设计变更等环节的管理制度已初步建立。积极配合与协助纪检监察机关和司法机关查处商业贿赂案件。

2008年,浙江省交通基础设施建设领域廉政工作进一步加强。交通基础设施建设领域廉政工作成为交通行业反腐倡廉建设的重中之重,针对薄弱环节,完善制度,深化改革,强化监管,取得明显成效。一是工程建设管理制度进一步完善。各级交通部门围绕工程建设招标投标、设计变更、材料采购、资金管理等关键环节,建立健全一系列规章制度。坚持和完善招投标制度,全年省管建设项目的招投标率达100%。制定出台《浙江省公路水运工程勘察设计招标投标管理实施细则》,对全省限额以上交通建设项目全部推行勘察设计招标;修订《施工招标评标办法(资格后审)》,并重新调整浙江省公路水运工程施工、监理评标专家库。对加强小额交通工程管理进行深入调研,提出解决问题的初步建议。二是继续推进建设市场信用体系建设。完成了2007年施工、监理企业的信用评价工作,对省内外377家施工企业和156家监理企业信用评价资料进行审查,完成企业信用评价结果公示,公布了企业信用等级。三是监督检查力度进一步加大。针对工程建设中存在的突出问题,开展了2008年度全省交通建设市场的督查工作,部分市交通部门针对辖区内的工程项目开展执法检查。按照上级部署,开展治理商业贿赂"回头看"工作,进一步查找问题,堵塞漏洞,促进治理工作全面深入、经常有序地开展。

2009年,浙江省交通工程建设领域专项治理工作扎实开展。贯彻落实中央办公厅、国务院办公厅《关于开展工程建设领域突出问题专项治理工作的意见》,遵照中共浙江省委、浙江省政府和交通运输部对开展工程建设领域突出问题专项治理工作作出的总体部署,成立了由省交通厅主要领导"挂帅"的专项治理工作领导小组,多次召开会议,集中分析研究浙江省交通工程建设领域的新情况新特点,制定实施方案,排查突出问题,提出治理措施,明确责任分工,建立落实机制。9月24日,召开电视电话会议,对全系统开展工程建设领域突出问题专项治理工作进行动员部署,发动各级交通运输部门以公路水运工程项目为主线,重点对全系统2008年以来政府投资项目和使用国有资金项目,特别是三大建设重大项目和扩大内需项目组织开展自查,找出存在的突出问题,分析原因,提出治理对策。11月26日再次召开全省交通系统专项治理排查工作电视电话会议,制定下发《关于开展交通建设领域突出问题排查暨2009年交通建设市场督查工作的通知》,具体部署了专项治理第二阶段的工作。通过单位自查、组织市局互查、厅领导带队督查等形式，推进全系统专项治理工作的扎实开展。

2010 年，浙江省交通工程建设领域专项治理工作深入开展。按照浙江省、交通运输部专项治理工作领导小组的要求，省交通厅下发《关于开展 2010 年交通建设市场督查工作的通知》，明确督查内容、督查范围和督查要求。3 月初，省交通厅组织 3 个复查组对部分重点建设项目的排查情况进行复查，以及对全省国省道及重要县道公路建设项目突出问题专项治理进行检查，认真核实自查情况，着重关注“零问题”项目，帮助查找问题。在排查阶段，对全省 2008 年以来立项、在建和竣工的总投资在 5000 万以上的 392 个交通建设项目进行排查，发现涉及五个方面的问题共 386 个。进入整改阶段后，省交通厅专项治理领导小组深入分析研究浙江省交通工程建设领域存在的突出问题，并就整改阶段工作进行部署安排。制订出台《浙江省国省道及重要县道建设项目管理若干规定（试行）》，进一步规范国省道项目管理和资金管理；推进标准化工地建设，强化对公路、水运工程施工过程的监管。全系统通过建制度、抓规范、促整改，排查阶段发现的问题 75% 以上得到了纠正。

第二章　工会、共青团建设

浙江省交通运输工会和共青团浙江省交通运输厅工作委员会这两大群众团体，在浙江省交通运输厅党组的领导下，紧紧围绕党的中心工作和决策部署，以开展各种活动为手段，不断提升做好职工群众和青年群众工作的能力水平，从而释放职工群众（青年）的创造能力和成才热情，激励广大职工群众（青年）奋发向上、建功立业，引领广大交通职工（青年）在浙江交通建设、运输生产、管理之中不断为建设现代化浙江作出新贡献。

第一节　工会建设

一、职工经济技术创新

（一）立功竞赛活动

2003 年 5 月 19 日，省交通厅、省交通运输工会联合发出《关于在新一轮高速公路建设中继续广泛深入开展立功竞赛活动的通知》，要求全省各市交通局（委）及高速公路工程建设指挥部，继续广泛深入地开展立功竞赛活动，以饱满的工作热情投入到以“优质、高效、安全、文明、创新、廉政”为主题的新一轮高速公路建设立功竞赛中去。7 月 22 日，全省高速公路建设立功竞赛现场会在义乌召开，参加会议的有全省 17 个高速公路建设指挥部的负责人和省交通厅、公路局相关处室的负责人，共 80 余人。会议的中心议题是以“三个代表”重要思想为指导，围绕浙江交通新的跨越式发展的基本思路，组织实施交通六大工程，实现 5 年内再建 1000 公里、力争 1200 公里高速公路的目标任务，认真总结交流前一轮高速公路建设立功竞赛的成功经验，掀起以优质、高效、安全、文明、廉政为内容的新一轮高速公路立功竞赛。与会代表参观了甬金高速公路金华段 106、107 标段及项目经理部、义乌指挥部等立功竞赛的活动现场。甬金金华、杭金衢、申苏浙皖、乍嘉苏、杭宁、杭州绕城南线等 6 个高速公路建设指挥部分别以口头或书面形式介绍了他们开展立功竞赛活动的做法和成功经验。

2004 年，交通“六大工程”立功竞赛活动全面展开。11 月 2 日，省交通厅和交通运输工会联合发出了《关于在全省交通“六大工程”建设中广泛开展立功竞赛活动的通知》，对竞赛主题、竞赛内容、竞赛要求、组织领导、表彰奖励等都作了具体部署，提出了具体要求。该通知要求省、市两级交通工会积极组织、发动、指导立功竞赛活动，动态掌握活动进展情况，定期通报全省各地交通重点工程建设项目立功竞赛的季度考评情况。至此，全省交通系统以高速公路建设为重点的立功竞赛活动向交通“六大工程”全面推开，通过“比质量、比安全、比进度、比投资控制、比科技创新、比廉政”，掀起“六大工程”建设新高潮。

2005 年，全省高速公路建设立功竞赛活动实行整合规范动态管理。8 月 9 日，省交通厅、省交通运输工会联合发出《关于进一步规范立功竞赛活动的若干意见》，对立功竞赛活动作出规范：一是整合力量，改变原来抓立功竞赛主要停留在省级交通工会层面上的状况，建立了全省 11 个市交通工会直接参与、指导和协调当地的高速公路建设立功竞赛的组织体系，上下联动，形成合力。二是规范活动，对全省交通重点工程立功竞赛活动实行三统一两建立(即统一活动名称、统一报名渠道,统一考核评比名称、时间,建立评比结果季报及通报制度,建立宣传报道网络)。三是动态管理,加强对高速公路立功竞赛活动的指导、协调,动态掌握34个交通重点建设项目立功竞赛活动情况,及时将各项目季度考评的优胜、达标、不达标、黄牌警告等情况整理汇总,并在《交通六大工程》、交通网站、《浙江工人日报》、《交通旅游导报》和《工会信息》上予以通报,并以此作为参加全省重点工程立功竞赛年度先进集体、先进个人和优秀组织单位评比的依据,作为项目招投标加分备查的依据,最大限度地体现公正、公平、公开。8月29日,诸永高速公路在金华段第三合同段工地现场召开声势浩大的立功竞赛千人誓师大会,全面启动诸永高速公路立功竞赛活动。这一年全省水运强省工程立功竞赛活动也全面展开。10月,省港航管理局决定在水运强省工程中开展立功竞赛活动,引导广大建设者以主人翁的姿态,创造性的劳动,将"水运强省工程"真正建设成为民心工程、德政工程、精品工程、安全工程、廉政工程。各市港航管理局(处)、港务局按照省港航管理局的统一部署,结合各自的实际情况,成立相应的组织机构,制定立功竞赛活动的实施方案和考核办法,将活动落实到每一个标段、班组、个人。11月26日,全省重点工程建设立功竞赛现场会在杭州湾大桥指挥部召开,省交通运输工会主任在会上作"交通重点工程建设立功竞赛活动开展情况"典型介绍。

2006年,为进一步深化立功竞赛活动,配合确保六大工程的如期完成,立功竞赛活动重点是进行整合、规范和动态管理。根据省总工会统一部署,建立了省重点建设立功竞赛交通赛区,制订下发了《交通赛区活动方案》,实地指导帮助申苏浙皖、诸永、两龙、黄衢南、杭甬运河等交通重点建设项目立功竞赛活动的开展,动态掌握各高速公路建设指挥部立功竞赛活动情况,及时在多种媒体上发布每个季度的《全省交通重点工程立功竞赛战报》。有效整合各市交通工会干部力量,加强当地交通重点工程立功竞赛活动的组织发动和指导协调。大部分市交通工会,在市交通局的领导下,建立了立功竞赛工作网络和机制。嘉兴、温州、衢州、台州等市交通局都召开了声势浩大的立功竞赛动员会、誓师会。各项目指挥部到各施工监理单位,都把竞赛内容与整个工程紧密结合起来,寓竞赛于工程管理之中,将所有参建单位纳入立功竞赛范围,形成指挥部统一组织、各参建单位具体实施、广大建设者积极参加的组织格局和有功必录、奖惩分明的竞赛氛围,实现了指挥部对施工、监理、设计单位管理上的紧密联系。全省所有在建的37个公路、水路重点建设项目都轰轰烈烈地开展立功竞赛活动,参赛人数达14.73万人,累计评出优胜单位574个、不达标单位30个、黄牌警告单位11个,有力地促进了工程管理水平的提高和工程建设步伐的加快。4月26日,省委、省政府召开省重点建设暨"五大百亿"工程工作会议,表彰了重点建设立功竞赛先进集体32个、先进个人63名,其中全省交通系统被表彰先进集体15个、先进个人21名,省交通运输工会被评为优秀组织单位。这一年,黄衢南高速公路全线开展"创精品08工程"立功竞赛活动。

2007年,省交通运输工会指导帮助杭甬运河、黄衢南等交通重点工程开展立功竞赛活动,动态掌握全省交通重点建设立功竞赛活动情况,会审汇编并及时在多种媒体上发布《全省交通重点工程立功竞赛季度战报》。4月初,召集黄衢南、申嘉湖杭、杭长、杭甬拓宽和即将建设的舟山大陆连岛宁波接线等工程沿线的8个市交通工会和各工程建设单位负责立功竞赛的人员,在宁波召开高速公路立功竞赛座谈会,结合部分高速公路建设的实际,协调立功竞赛活动的组织格局,努力使立功竞赛活动开展得更加有声有色。5月16日,省总工会、省发改委联合表彰2006年度全省重点工程立功竞赛先进集体40个、先进个人80个，其中交通系统分别为10个和24个，交通赛区被评为优秀组织单位。6月29日，省交通运输工会、省龙丽丽龙高速公路建设指挥部联合在丽水隆重召开“两龙”高速公路立功竞赛表彰大会，授予浙江省交通工程建设集团有限公司等29家单位为“龙丽丽龙高速公路立功竞赛先进集体”荣誉称号，授予邵宝成等95人为“龙丽丽龙高速公路立功竞赛先进个人”荣誉称号，授予刘世伟等10人为“龙丽丽龙高速公路立功竞赛优秀项目经理/驻地监理”荣誉称号。大会充分肯定了2006年“两龙”高速199公里建成通车，并超额完成68公里的骄人业绩，以及“两龙”参建者“团结拼搏，高效务实，不畏艰难，奋勇争先”的崇高精神，总结建设过程中积累的许多宝贵经验，号召全体参建人员发扬成绩，再接再厉，以更高昂的斗志，全力拿下最后23公里莲都段，为“两龙”高速公路建设划上圆满的句号。

2008年，省交通运输工会继续指导帮助杭甬运河、黄衢南等立功竞赛活动的开展，动态掌握全省交通重点建设立功竞赛活动情况，会审汇编并及时在多种媒体上发布《全省交通重点工程立功竞赛季度战报》。根据省总工会要求，积极推荐申报2007年度全省重点工程立功竞赛先进集体、先进个人。5月，省政府表彰了2007年度全省重点工程立功竞赛先进，其中交通系统获11个先进个人和8个先进集体称号，另有2人被评为重点建设先进个人。12月中旬，浙江省交通运输工会陪同浙江省总工会副巡视员、经济部部长张彤一行，对黄衢南高速公路衢南段立功竞赛开展情况进行了调查验收，并随后联合省交通集团公司对黄衢南高速公路立功竞赛先进集体、先进个人给予表彰。同时，省交通运输工会根据省总工会要求，以节能减排为主体，在交通企事业中广泛开展职工合理化建议活动并收到良好效果，获中华全国总工会、省总工会优秀合理化建议表彰各1项。

2009年，为进一步深化交通重点建设劳动立功竞赛，对杭州、湖州等市交通工会、工程指挥部、项目部开展劳动立功竞赛活动进行了调研，完善了交通赛区立功竞赛组织架构和活动方案。这一年，在省人民政府表彰2008年度全省重点工程立功竞赛先进名单中，省交通系统共有13个先进集体、20名先进个人，获奖数在各行业中名列前茅。

2010年8月24~27日，省交通运输工会联合省交通运输厅建管处，赴宁波、杭州、嘉兴、湖州、绍兴，对象山港大桥及接线工程等8个省重点工程项目的立功竞赛开展情况进行深入了解，对竞赛活动取得的成功经验和亟待解决的问题进行系统的总结并形成调研报告。这一年，在省人民政府表彰2009年度全省重点工程立功竞赛先进集体58个、先进个人110名的名单中，省交通运输系统15个集体荣获立功竞赛先进集体称号，18人荣获立功竞赛先进个人称号，获奖数居各行业之首。

（二）岗位练兵和技术比武

2001年11月15~16日，全省汽车驾驶员技术比武在桐庐举行。经各地各单位层层选拔，全省各市、省直机关和省部属企业共组成14个代表队（42名选手）参加了比武活动。这次比武活动是浙江省历次汽车驾驶员技术比武中参赛人数最多、参赛面最广、档次要求最高的省级一类竞赛。比武结果，张立新、汪喜潮、邵小进、张正其、汪泽建、刘金祥、高家敏、阙祖伟等选手获个人1~8名，其余选手获省赛区优胜奖；杭州市、金华市、嘉兴市代表队分获团体1、2、3名；衢州市、省部属企业一队获组织奖。

2003年10月31至11月1日，根据省职工经济技术创新领导小组统一安排，省交通厅、省交通运输工会在杭州举行首次省级汽车维修工技能大赛。33 名选手分别代表全省 11 个市进行为期一天半的角逐。比赛内容包括行业法规、汽车结构和工作原理等方面的知识和汽车故障诊断排除以及汽车零部件识别等。为突出技能大赛的先进性,在竞赛项目的设置上加大了科技含量,尽力体现和适应迅速发展着的汽车制造业对维修行业的高要求和新要求。获得团体前 3 名的是杭州、宁波、绍兴代表队;获得个人前 8 名的是王新(绍兴)、潘国标(温州)、李军总(杭州)、徐东辉(台州)、傅钟鸣(金华)、曾宣明(台州)、夏建明(杭州)、施之峰(宁波),其中前 5 名同时获得"浙江省技术操作能手"称号,其余选手均获优胜奖;台州、金华两市交通局获组织奖。

2006 年 8 月 24 日,浙江省职工技能运动会开幕式在浙江机电职业技术学院举行,来自全省 11 个市和各产业工会的 18 个代表队参赛。在开幕式内容之一的"浙江省实施职工素质工程成果展"中,省交通运输工会制作选送的成果展板被评为一等奖,得到浙江省劳动竞赛委员会的表彰。10 月 24 ~25 日,浙江省营运大客车驾驶员技能大赛在杭州技师学院隆重举行,来自全省 11 个市的 33 名营运大客车驾驶员参加比赛。经过两天的角逐,金华、绍兴、舟山代表队分获团体前 3 名;个人优胜选手前 8 名为胡一标(浙江省双飞运输有限公司)、陈超(金华市通杭快速客运公司)、许高峰(台州汽运集团长运公司)、周曙光(浙江通济交通运输股份有限公司)、胡志良(绍兴市公共交通有限公司)、邓善伟(绍兴市公共交通有限公司)、尉丹东(绍兴县公共交通公司)、钟伟(舟山市汽车运输有限公司);省交通厅被评为优秀组织单位。

2009 年 8 月 18 ~19 日,浙江省交通运输工会会同省运管局在杭州举办全省交通运输行业"宇通杯"机动车驾驶员节能技能竞赛暨全国选拔赛,全省 11 个市的 22 名选手参加竞赛。10 月 28 ~29 日,在首届全国交通运输行业"宇通杯"机动车驾驶员节能技能竞赛中,浙江省代表队获得团体二等奖,衢州汽运公司的王渭平获得"节油先锋二等奖"及"全国交通行业技术能手"荣誉称号。10 月 10 ~11 日,省交通运输工会会同省公路局在浙江公路技师学院举行全省公路系统养护机械操作技能竞赛决赛,来自全省 11 个地市的 66 名选手参加了理论考试、起重装载机操作、压路机操作和公路养护车等多个项目的比赛。11 月 3 ~6 日,在首届全国交通运输行业"厦工杯"筑养路机械操作手技能竞赛决赛中,浙江省代表队表现出色,取得了团体第八名的好成绩,金华公路处张镭获装载机第三名、台州公路处林坚获压路机第五名。

2010 年 9 月 10 ~11 日,浙江省暨宁波市第二届职工科技周在宁波市举行。作为参展单位之一的省交通运输工会,积极做好布展宣传工作。科技周以高速公路、桥隧、港口、物流等模型相结合,综合运用声、光、电技术,体现交通特色,通过交通成就、科技管理、科技成果、科技人才、职工技术创新活动 5 个板块的介绍,充分展示浙江省交通"三大建设"宏伟业绩,总结交通科技领域取得的丰硕成果,彰显科技创新对交通发展所起的重要作用,歌颂交通职工立足本职、积极创新、勇克难关的先进事迹和高尚品格。

(三)劳动安全保护竞赛活动

2005 年,省交通运输工会组队参加"康恩贝"全省职工安全消防知识竞赛。6 月 16 ~18 日,"康恩贝"杯全省职工安全卫生消防知识竞赛省级决赛先后在海盐秦山核电公司和省电视台举行。来自全省各市和各产业工会的 20 支代表队共 60 位选手参加了决赛。省交通厅也组队参加。6月23日，浙江省总工会、省安全生产监督管理局、省卫生厅、省公安厅消防局发出《关于“康恩贝”杯全省职工安全卫生消防知识竞赛结果的通报》。代表交通系统参加决赛的浙江沪杭甬高速公路股份公司的3名选手均获得奖项。其中：绍兴管理处的姒继军获个人二等奖，杭州管理处的石洪升和养护中心的黄苏莺获个人优秀奖。省交通运输工会获竞赛组织奖。

2006年，省交通工会配合省交通运输厅运安处抓好职工劳动安全工作，参与厅管厅属单位综治安全工作检查考核，会同厅运安处、省港航局做好省“安康杯”竞赛活动和全省水运系统船舶、班组安全竞赛活动的组织报名工作（全省共有447条船舶、78个班组参赛）。同时做好2005年度全国、省安康杯竞赛和省经济技术创新的评选表彰工作，浙江沪杭甬高速公路公司被评为全国安康杯竞赛优胜企业，杭金衢高速公路公司等5家企业被评这省安康杯优秀企业和优秀组织单位，3名职工被评为竞赛先进个人、创新标兵和创新能手。此外，还积极组织职工参与省交通厅安委会组织开展的“安全月”活动。

2007年，省交通工会继续配合厅运安处抓好职工劳动安全工作，参与厅管厅属单位综治安全工作检查考核，会同厅运安处、省港航局开展2007年省“安康杯”竞赛活动和全省水运系统船舶、班组安全竞赛活动（全省共有451条船舶、66个班组参赛）。同时总结表彰了2006年度全国、省安康杯竞赛和省经济技术创新的优秀集体和个人，共评出全国、省水运系统安全优秀船舶26条、班组7个，浙江杭金衢高速公路公司被评为全国安康杯竞赛优胜企业，宁波甬台温高速公路公司、省交通干校等5家单位被评为省安康杯优秀单位和优秀组织单位，3名职工被评为百行百星。此外，还积极组织职工参与厅安委会组织开展的“安全月”活动，做好参加省总工会、省安监局举办的“浙电杯”企业安全生产知识竞赛的选拔组队训练工作。

2008年，省交通工会积极配合厅运安处抓好职工劳动安全工作，参与厅管厅属单位综合治理安全工作检查考核，会同厅运安处、省港航局开展2008年省“安康杯”竞赛活动和全省水运系统船舶、班组安全竞赛活动，总结表彰2007年度全国、省安康杯竞赛以及全国、省水运系统安全优秀船舶、班组。其中，省交通运输工会魏亚华被评为2007年全国“安康杯”组织工作优秀个人，浙江温州甬台温高速公路有限公司等4家单位被评为全国“安康杯”竞赛优胜企业，浙江杭金衢高速公路有限公司萧山东收费所等4个班组被评为2007年全国安康杯优胜班组，浙江远洋运输有限公司“浙远温州”轮、舟山市海峡汽车轮渡有限责任公司“舟渡6号”轮被评为2007年全国水运系统安全优秀船舶，杭州市港航管理局萧山港航管理处城厢管理所被评为2007年全国水运系统安全优秀班组。省交通工会还积极组织职工参与省总工会、省安监局组织开展的“安全月”活动，组队参加由省总工会、省公安厅消防局联合主办的全省企业职工消防安全知识技能竞赛。全省100多万名企业职工参加了各种培训和选拔活动，其中22支代表队110名选手参加省级决赛。由省交通运输工会选派、省交通集团浙北公司组建的省直交通代表队不负众望，获得团体总分二等奖和个人二等奖、三等奖各一名的好成绩。

2009年，省交通运输工会强化劳动安全保护工作，积极组织职工参与省总工会、省安监局组织开展的“安全月”各项活动，加大安全生产知识的宣传力度，指导各级工会组织开展安全教育、安全培训活动，下发调查问卷，广泛了解基层职工安全工作落实情况和面临的问题，为下一步工作打好基础。选派人员参加省总工会、省安监局联合举办的"'浙能杯'安全伴我行"演讲比赛,获三等奖。积极开展"安康杯"竞赛活动,根据省总工会要求于6月下旬对交通系统"安康杯"竞赛活动开展情况进行检查,并与铁路工会组成联合检查组,于7月8日至10日先后赴省交工集团、宁波甬台温高速公路公司和铁路杭州机务段、杭州工务段进行"安康杯"竞赛和重点工程劳动保护工作的互查交流,通过听介绍、查台账、阅资料、看现场和个别访谈等方式,自查互查工作取得良好成效,为进一步开展"安康杯"竞赛活动提供了宝贵经验。省交通运输工会还会同厅运安处、省港航局开展2009年全省水运系统船舶、班组安全竞赛活动,共有439艘船舶、106个班组参加。积极推荐2008年度全国、省水运系统安全优秀船舶、班组,嘉兴市城郊港航管理处"浙海巡0290"号艇等4艘船舶被评为全国水运系统安全优秀船舶,杭州余杭港航管理处良渚管理所等2个集体被评为全国水运系统安全优秀班组。

2010年,省交通运输工会积极组织职工参与省总工会、省安监局组织开展的"安全月"各项活动,贯彻落实全总《关于加强劳动保护监督检查做好防暑降温工作的紧急通知》和《关于举办班组安全建设成果展示活动的通知》,开展省直交通企业应急知识竞赛,组织职工参与安全生产征文活动,贯彻落实全总关于加强工会参与职业病防治工作的意见。积极开展"安康杯"竞赛活动,根据省总工会要求对交通系统重点项目"安康杯"竞赛活动开展情况进行检查,先后赴嘉绍大桥工程、杭长高速公路工程、之江大桥工程等项目施工单位检查安全管理情况,并与铁路工会组成联合检查组,进行"安康杯"竞赛和重点工程劳动保护工作的互查交流,通过听介绍、查台账、阅资料、看现场和个别访谈等方式,自查互查工作取得良好成效,为进一步开展"安康杯"竞赛活动提供了宝贵经验。省交通运输工会还会同厅运安处、省港航局开展2010年全省水运系统船舶、班组安全竞赛活动。

二、维护职工合法权益

(一)平等协商集体合同制度

2004年7月,省交通运输工会会同省交通集团公司工会在甬台温高速公路温州公司、杭金衢高速公路公司开展工资协商集体合同制度的试点。上述两公司的集体合同、工资集体协议经过平等协商、职代会审议通过、双方首席代表签字、报当地劳动行政部门审批等多项程序后,正式生效。

2005年7月26日,浙江省交通集团公司工会专门召开由各子公司党委书记、董事长或总经理、工会主席、人事部经理参加的建立工资集体协商制度工作部署会。与会人员听取了2004年浙江省两个试点单位的经验介绍,观看了试点单位试点做法实况录像。会议就全面推开建立工资协商集体合同制度工作的意义、重点、要求提出了指导性意见,并进行了全面发动和部署,要求各级党政领导尤其是一把手要高度重视、支持这项工作,集团公司工会和相关部门要切实抓好此项工作,使之成为体现先进性教育成效的一个亮点工程。

2006年,省交通工会会同厅人事处、省交通劳动学会组织举办了全省交通系统"建立平等协商集体合同制度培训班",共有92名工会、劳资干部参加。会同省交通集团公司工会,将2005年在杭金衢、甬台温温州公司的试点经验在整个集团公司所属单位全面推开,使集团公司90%的企业建立了工资平等协商、集体合同制度,企业职工的各项合法权益通过制度从源头上得到有效保障。2007年,省交通工会继续抓好省直交通企业建立工资平等协商、集体合同制度的工作，企业职工的各项合法权益通过制度从源头上进一步得到有效保障。

（二）帮扶慰问暖人心活动

2003年1月14日，省交通厅厅长郭学焕、副厅长杨瑞丰、厅党组成员郑黎明及省交通运输工会、厅人劳处等负责人专程看望了身患尿毒症多年、生活遇到极大困难的浙江交通设施有限公司退休女职工钱美英，送上了党组织和厅局领导对特困职工的关心和问候。同一天，还上门慰问了全国"五一劳动奖章"获得者、浙江省交通规划设计研究院二室主任吴德兴，表达了厅党组对他的问候和勉励。这一年，省交通运输工会开始实行2003~2005年全省交通系统第一轮工会工作联系点制度。同年11月中旬，省交通运输工会在衢州召开全省交通工会专题工作研讨会，决定开展维权"百千万凝聚人心"活动。"百千万凝聚人心活动"就是要在全省交通企、事业单位中建立100个工会工作联系点，帮扶1000个困难家庭，走访10000名职工，把全省交通工会的力量整合起来，把全省交通职工凝聚起来，为实现浙江交通新的跨越作出应有的贡献。

2004年，省交通运输工会开始在全省交通系统中开展工会维权"百千万凝聚人心"活动。

2005年，省交通运输工会继续抓好"百千万"暖人心活动。交通系统第一轮工会工作联系点制度建立以来，省市县3级交通工会在全省交通企事业单位中建立了120个交通工会工作联系点，初步形成了宝塔形的立体工作网络，对全省交通工会工作的指导、协调初见成效。这一年，继续开展春节慰问一线干部职工活动。2月7日上午，省交通厅新春慰问组在厅领导带领下，分两组冒雨对春节期间将仍然坚守在交通一线的工作人员进行慰问。在杭千高速公路一标段工地，新春慰问组给工人们拜了早年并带去了节日慰问品。随后，又慰问了坚守在治超一线的杭州绕城高速公路袁浦超载超限检测站的全体执法人员。同日，另一新春慰问组先后来到杭州拱宸桥水上巴士码头、杭州汽车客运北站、驻浙航务军代处，对工作人员进行了亲切慰问。这一年，省委宣传部、省文化厅、省文联、省重点办、省交通厅联合组织省艺术家慰问团，并由省委宣传部常务副部长童芍素等五个主办单位的领导带队，于11月16~22日在嘉兴、湖州、宁波、舟山、台州、温州、丽水7个市进行慰问演出，对杭浦高速、杭州湾跨海大桥、舟山连岛工程、诸永高速、两龙高速、台金高速等21个交通重点工程的数万名一线建设者送上了一台台情真意切的精彩节目，充分表达了各级领导对交通重点工程的重视和对广大高速公路建设者的亲切关怀，进一步激发广大一线建设者建设交通"六大工程"的工作热情。

2006年，省交通工会进一步抓好工会"百千万"暖人心活动。对2006~2008年新一轮交通工会工作联系点单位作了调整，围绕构建和谐交通、和谐企业，有效开展活动。对各市交通工会开展此项工作的情况进行检查，到部分联系点单位开展调研沟通，召开全省交通工会联系点工作座谈会和工会推进构建和谐交通研讨会，围绕工会组织在构建和谐交通中如何发挥作用这个主题展开研讨。杭州、台州、宁波、嘉兴等市交通工会，开展市县互动的联系点活动，以职工面临的热点、难点问题为突破口，以会议研讨、日常交流、信息平台为载体，学习理论、交流经验、拓展思维，加强对县区交通工会工作的指导。9个市交通局、省交投集团公司分别建立了困难职工帮扶基金，10个市交通工会、省交投集团公司分别建立了困难职工动态档案，做到节日慰问和日常帮扶相结合。省交通工会对省直交通企事业单位的困难职工进行了调查，计有特困职工25户、困难职工265户，各级工会年度发放补助35万余元；发动所属基层工会开展"金秋助学"活动，共筹集资金9.15万元，资助困难职工和农民工子女

62人。1月17～18日,省交通运输工会、省公路管理局工会和省交通规划设计研究院工会联合组成慰问小组,对奋战在诸永、两龙高速公路一线建设者和厅、局下派在指挥部的工作人员进行了慰问。慰问小组一行冒雨深入施工现场,了解一线建设者工作、生活情况,并给他们送上猪肉、大米、食用油以及慰问金,向他们致以新春的问候。1月25日,省交通厅领导率省交通工会一行,在湖州市副市长周杰等陪同下,前往申苏浙皖高速公路的难点工程——七合同弁山隧道,深入施工现场,察看了施工进展和安全情况,亲切慰问了春节期间仍坚守岗位的一线建设者。7月中旬起,省交通厅组织人员,由厅领导带队,分6组到诸永高速、两龙高速、台金东段高速、杭新景高速、杭徽高速、杭甬运河等工地,对全省交通重点工程建设中冒着酷暑高温奋战一线的建设者进行高温慰问,送上防暑降温慰问品,召开座谈会,了解工程进展情况,要求工程建设指挥部领导既要抓好工程,又要关爱职工。慰问工作持续一个多月,广大一线建设者深切感受到各级组织的关爱。

2007年,省交通工会不断深化工会"百千万"暖人心活动。在已建立的120个交通企事业单位工会工作联系点开展形式多样的活动,采用双向信息交流的方式,做好上情下达、下情上传,为及时了解掌握基层单位的改革、改制情况和一线职工的思想动态畅通了渠道。围绕建设"和谐交通",组织举办了"工会在构建和谐交通如何发挥应有作用"培训班,全省交通系统近50名工会干部参加。建立健全困难职工帮扶基金,在2006年9个市交通局建立困难职工帮扶基金的基础上,又在1个市交通局建立起困难职工帮扶基金。至此,全省共有10个市交通局和省交投集团公司建立了困难职工帮扶基金,10个市交通工会和省交投集团公司困难职工动态档案,坚持节日慰问和日常帮扶相结合,关心帮扶困难职工。2月15日,省交通厅领导兵分两路,带领省公路局、省港航局、省交通运输工会和厅机关有关处室负责人,分别看望和慰问了奋战在杭浦高速公路建设工地、杭州绕城高速公路超载超限检测站、杭州市港航管理局海月桥港航(海事)所、杭州长运客运西站、解放军驻浙江省航务军代处等单位的工作人员,向坚守在一线的建设者、工作者表示新春的祝福。7月18日起,由省交通厅领导带队,省公路管理局、省港航管理局和厅机关有关处室负责人参加,交通工会具体组织的8个慰问组,分赴杭浦高速公路、杭州湾跨海大桥南北接线、杭甬运河、舟山大陆连岛工程、杭长高速公路、申嘉湖杭高速公路湖州段、温州绕城北线、杭甬高速公路拓宽工程、宁波绕城西线、两龙高速公路莲都段、台金高速公路缙云段、诸永高速公路诸暨段、黄衢南高速公路等工地,亲切看望奋战在高温一线的干部职工,并将防暑降温的清凉食品和日用品送到建设者手中。

2008～2010年,省交通运输工会坚持开展困难职工帮扶活动,在原有节日慰问和日常帮扶相结合的基础上,努力使经济帮扶和精神帮扶相结合,更加全面地关心帮扶困难职工,同时进一步建立健全困难职工动态档案和困难职工帮扶基金。每年春节前夕,省交通运输工会组织慰问部分在杭特困职工。同时,通过各级基层工会组织,将省总工会拨付的困难职工慰问金足额下发到困难职工手中。每年高温期间,由厅领导带队,省公路局、省港航局和厅机关有关处室负责人参加,省交通工会具体组织慰问组,前往一线,开展高温慰问。2008年7月下旬,组织7个慰问组分赴诸永高速公路金华段、杭甬运河、宁波绕城东段、申嘉湖杭高速公路练市到杭州段、温州绕城北段、舟山大陆连岛工程、黄衢南高速等工地,慰问奋战在高温一线的干部职工。2009年7月下旬,组织7个慰问组分赴钱江隧道、申嘉湖杭高速公路、黄衢南高速公路、温州绕城北线工程、长湖申线航道改造工程、杭长高速公路、台缙高速公路、诸永高速公路、嘉绍通道、绍诸高速公路等工地，看望高温一线的干部职工。2010 年 8 月上旬，组织 9 个慰问组分赴钱江通道、世博安保嘉善红旗塘水上检查站、嘉兴内河多用途码头、长湖申线航道改造工程、杭长高速公路安吉段、黄衢南高速公路衢黄段、云景高速公路、嘉绍大桥南接线绍诸高速公路、东永高速公路、杭新景高速公路延伸线（之江大桥）工程、宁波穿山至好思房公路、台缙高速公路东延段，看望奋战在高温一线的干部职工，并将防暑降温的清凉食品和日用品送到他们手中。

三、宣传和文化活动

（一）宣传和关爱劳动模范

2004 年，为进一步弘扬浙江交通精神，鼓舞和激励广大干部职工学习劳模、宣传劳模、尊重劳模、关爱劳模，积极投身交通六大工程建设，省交通运输工会在全省交通系统开展了学习宣传劳模系列活动。活动的主要内容有：全面调查劳模工作生活情况；五一节前夕组织召开全省交通劳动模范代表座谈会；在浙江“交通之声”、《今日早报》、浙江交通网站等新闻媒体上连续报道交通劳模事迹；评比出 17 个全国、省级劳动模范和模范集体，将部分交通劳模收入全省百名劳模纪念邮册；组织 35 名在职劳模代表分别去港澳和九寨沟疗养；春节对省直交通单位中的 51 名省、部级劳模进行了慰问，给全系统 24 名生活有困难的退休老劳模送去了慰问信和慰问金；配合省交通厅有关部门组织了许振超事迹报告会。通过一系列活动，使广大劳模深切体会到党和组织的关怀。各市交通主管部门和交通工会也组织了形式多样的学习宣传劳模活动，使劳模精神得到了进一步发扬光大。

2005 年，4 月 27 日下午，省交通厅召开全国劳模、先进工作者进京欢送会，与即将赴京接受表彰的浙江省交通系统 9 名全国劳模、先进工作者进行座谈。进京的全国劳模、先进工作者是夏慧星（宁波市海曙客货车队出租车驾驶员）、胡金雄（中港总公司三航局宁波分公司总工程师）、朱士庚（温州长运集团有限公司驾驶员）、赵晓春（嵊州市长运集团有限公司驾驶员）、吴长江（宁波港油港轮驳公司原油过驳队队长）、王跃飞（浙江恒风集团公司党委书记、董事局主席）、李建杭（舟山市海峡汽车轮渡有限公司党委书记、董事长兼总经理）、吕广通（宁海县公路管理段技师）、朱汉华（浙江省公路管理局副总工程师）。

2006 年，为了进一步宣传和弘扬“团结务实，开拓创新，无私奉献，一心为民”的浙江交通精神，省交通运输工会继续开展学习、宣传、关爱劳模系列活动：做好全总下拨的全国劳模的春节慰问金、困难劳模生活补助金和慰问信的发放工作；给省直交通单位中 39 名省部级以上劳动模范订阅全年的《浙江工人日报》；“五一”期间选送直属单位劳模参加省总工会组织的休博会游园活动，会同《交通旅游导报》对全省交通系统 2006 年荣获全国总工会颁发的五一劳动奖状、奖章的 3 个单位 5 名个人先进事迹进行系统宣传报道，并积极参与全省建国以来十大最具影响力劳模的评选工作，省公路局的朱汉华被光荣列入 32 名候选人之一。

2007 年，在继续开展学习宣传关爱劳模系列活动同时，进行了全国五一劳动奖章、浙江省五一劳动奖章和五一劳动奖状的推荐评选工作（浙江省首次开评）。经评选，浙江省交通系统荣获浙江省五一劳动奖状、浙江省五一劳动奖章荣誉称号的劳模共 17 名，约占全省各行业总数的 10%。为加大学习宣传报道劳模先进事迹的力度，省交通运输工会组织 17 名劳模代表进行座谈，并将他们的先进事迹在媒体进行系统宣传报道。6 月 15 ~20 日，省交通运

输工会组织了2007年度第一期劳模疗休养，参加疗休养的均是来自全省交通系统的省级劳动模范，其中包括张三莉、郑文俊、夏慧星、吴建林、袁鸿娟、鲁海潮、陈传富、田宏梅、张志明、忻剑明等。

2008年，除继续开展学习宣传关爱劳模系列活动外，还进行了全国、浙江省五一劳动奖章、五一劳动奖状和工人先锋号的推荐评选工作。全省交通系统中共有2个集体、6名个人获全国五一劳动奖状、奖章;4个集体、5名个人获浙江省五一劳动奖状、奖章;6个集体获全国“工人先锋号”称号;21个集体获浙江省“工人先锋号”称号。其中，在抗震救灾重建家园先进集体评选中，浙江省公路管理局荣获全国五一劳动奖状，浙江交通架桥突击队荣获“全国工人先锋号”称号，浙江交通赴川抗震救灾抢修保通突击队省交工集团支队、浙江交通赴川抗震救灾抢修保通突击队桥梁检测支队分别荣获“浙江省工人先锋号”称号。

2009年，继续开展学习宣传关爱劳模系列活动，并进行全国五一劳动奖章、五一劳动奖状和全国、省工人先锋号的推荐评选工作。全省交通系统中共有2个集体、1名个人获全国五一劳动奖状、奖章，8个集体获全国“工人先锋号”称号，8个集体获浙江省“工人先锋号”称号。此外，还进行了浙江省模范集体、劳动模范推荐评选工作。全省交通系统共有2个集体获“浙江省模范集体”称号，15名个人获“浙江省劳动模范”称号。

2010年，在开展学习宣传关爱劳模系列活动，做好全国劳动模范、浙江省五一劳动奖状、奖章和省工人先锋号的推荐工作的同时，参加了全国五年一届的劳动模范评选。省交通系统共有6人获得全国劳动模范荣誉称号。此外，1个集体、7名个人荣获2010年浙江省五一劳动奖状、奖章，14个集体荣获“浙江省工人先锋号”荣誉称号，占全省获奖总数10%，在各行业中名列前茅。组织获得2010年全国劳动模范的6名交通职工接受省交通厅领导接见座谈，并通过电视、报刊、网站等媒体对劳模、先进集体的光荣事迹和高尚品质进行宣传报道。组织全省交通系统省部级以上劳模代表五十余人赴新疆、漠河等地疗休养，为劳模工作之余提供放松身心和相互交流学习的机会。

（二）讴歌和展示交通成就

2002年12月20日，为庆祝浙江省建成1310公里高速公路，提前一年实现“四小时公路交通圈”，省委宣传部、省交通厅、浙江广播电视集团在浙江电视台演播厅联合举行“庆祝浙江省实现四小时公路交通圈”大型电视文艺晚会的现场录制，并以此作为2003年元旦文艺晚会，于12月31日20时在浙江电视台卫视频道播出。整台晚会生动地宣传了“三个代表”重要思想和中共浙江省委、浙江省人民政府“建设大交通，促进大发展”的重大决策，歌颂了浙江交通人开拓、进取、团结、拼搏的艰苦创业精神和先进事迹。

2008年6月中旬，浙江省交通工会通过浙江交通信息平台向全社会征集“浙江交通之歌”歌词，共收到来自全国各地的作品107件。在此基础上，对这些作品进行评选奖励，同时聘请专家创作完成“浙江交通之歌”词曲。7月初，在浙江省合唱协会大力支持下，全面开展浙江省交通职工合唱团组建工作。下发《关于做好参加省交通职工合唱团报名工作的通知》，面向在杭交通机关、企事业单位的在职职工及65周岁以下身体健康的离退休人员中招收合唱团团员。经过各级工会层层发动，共有177名职工报名，经省合唱协会专家负责选拔，最终录取团员75名。自7月20日开始，合唱团成员于每周六上午在专业老师指导下进行训练。11月23日举行了合唱团成立仪式。12月28日，结合浙江交通改革开放30周年宣传活动，由省委宣传部、省文化厅、省文联、省总工会、省交通厅主办，省合唱协会、省交通工会承办，在浙江音乐厅举行了"2009 浙江省首届新年合唱音乐会——交通之夜"。来自杭州、台州、嘉兴等地的 14 支合唱团队 900 多名合唱团员，代表着全省千余支群众合唱团队欢聚一堂，以激情豪迈的合唱尽情歌颂改革开放 30 年。省交通运输工会联系浙江省作协，邀请浙江省在报告文学、散文、诗歌、小说等方面有一定造诣的作家三十余人，分 3 组赴杭州湾跨海大桥、乍浦港、宁波 - 舟山港，京杭运河、杭甬运河沿线，衢州市农村公路、两龙（龙游—丽水段）高速和金丽温高速等地采风，并进行多种形式的文学创作，宣传反映改革开放 30 年来浙江交通事业取得的成就。采风活动共收到各类文学作品 52 件（散文 21 篇、诗歌 25 首、报告文学 6 篇），其中散文《梦想与速度》、《车轮上下看浙江交通》等多篇作品在《浙江日报》等刊物上刊登，对展示交通行业风采，提升社会影响力起到了积极作用。经过整理编辑，12 月底出版文学作品集，作为浙江省交通建设伟大成就的集中展示，向改革开放 30 周年献礼。

2009 年 9 月 24 日晚，在由中共浙江省直属机关工作委员会、浙江广播电视集团主办的"红歌中国——经典传唱 60 年"省直机关大合唱比赛中，浙江交通合唱团以出色发挥赢得在场评委和观众的一致好评，获得一等奖。7 ~ 10 月，由省交通运输厅主办，省交通运输工会、省交通文联承办，以"我与浙江交通 60 年"为主题，采取作品征集和实地采风的形式，开展全省交通系统职工文学采风活动。活动中邀请专家授课，组织全省各地交通文学爱好者共 31 人赴嘉兴、宁波、舟山进行实地采风，获得了许多文学创作的良好素材。截至 9 月底采风活动共收到各类文学作品百余件，在交通网站、《中国交通报》、《交通旅游导报》等媒体上陆续刊登。12 月，组织专家对征集到的文学作品进行了评选并编印作品集。经过专家评定，此次活动获奖作品如下：

一等奖

《长路奉献给远方》　舟山市交通委　彭宪初

二等奖

《从论语中感悟执法》　宁波市鄞州区运管所　卢　忠

《军歌依旧嘹亮》　金华市高速路政大队　陈林方

三等奖

《透过灿烂春花，那一条盛满真情的弯弯山路》　舟山市交通委　徐宏光

《拆迁》　嘉善县公路段　陶盛利

《大山里的文明示范窗口》　庆元县公路段　吴凌云

优秀奖

《航道的交响音画》　杭州市港航局　黄　恺

《风雪公路人》　湖州市公管处　蒲　英

《"千年古道"渐行渐远》　江山市公路稽征所　喻　坤

《劳模赵晓春》　嵊州市交通局　袁开达

《过舟山跨海大桥》　丽水市交通局　俞利清

2010 年 11 月初，由省交通厅和省总工会主办，省交通运输工会承办了赴交通工程一线慰问演出，组织省内知名演员和交通系统文艺骨干 110 人，先后赴黄衢南高速公路、嘉绍跨海大桥等工程现场，受到一线职工欢迎。

第二节 共青团建设

一、主题鲜明的思想教育活动

1997 年,浙江省交通厅团委改为浙江省交通厅团工委,其工作职能比以往有所扩大。为提高厅团工委的整体效能,制订了《共青团浙江省交通厅工作委员会工作规则》。这一年,正逢中华人民共和国对香港恢复行使主权、党的十五大召开、共青团建团 75 周年等,各级团组织纷纷抓住有利时机,开展丰富多彩的教育活动。省交通厅团工委组织了由 1600 余名团员青年参加的、以"爱我中华、爱我交通"为主题的"迎香港回归,献青春年华"知识竞赛,并于 6 月 30 日统一集体佩戴国旗徽章。浙江省交通学校、浙江省交通干校团委分别组织全校学生举办了"到香港"模拟接力赛跑,开展迎香港回归歌咏比赛,举行升国旗仪式。各厅属企事业单位团组织也根据厅团工委的统一安排,结合本单位的实际,开展迎香港回归的各类文体活动。通过这些活动,交通行业的广大团员青年加深了对"一国两制"方针和祖国对香港恢复行使主权伟大意义的认识,进一步坚定了对党的信念、对祖国的热爱和对建设有中国特色社会主义的信心,以良好的精神状态投入到浙江省交通建设的工作和学习中去。党的十五大召开后,厅团工委举办了有 55 位同志参加的全省交通系统团干部读书会,在自学十五大精神的基础上,结合本单位青年思想状况调查和团的工作,交流了学习十五大精神的体会,统一了认识,振奋了精神,基本理清 1998 年工作思路。厅团工委中心组理论学习的一篇文章被共青团浙江省委评为 1997 年度县以上团中心组学习理论文章一等奖(全省共评出 6 篇一等奖)。

2001 年,各级团组织以新世纪和建党 80 周年为教育契机,坚持不懈地开展责任意识和作为意识教育,用中华民族实现伟大复兴的世纪心愿感召青年,用浙江省提前基本实现现代化的宏伟蓝图激励青年,激发起青年的时代责任感,引导青年在拼搏和奉献中实现人生价值。5 月 16 日,浙江省交通厅团工委举办了"世纪 · 青年 · 责任"演讲比赛。厅管厅属单位近 1500 名团员青年参加了这一主题教育活动,经过初试推选 16 名选手参加比赛。经过角逐,浙江省公路技校学生陈丽月以一篇动情的《我是养护工人的女儿》获得第一名,浙江省交通厅幼儿园金一虹和浙江省公路管理局吕峥分获第二、三名。在纪念党 80 周年生日之际,由厅直属机关党委牵头,厅团工委具体组织开展"党在我心中"党的知识竞赛活动。通过活动,广大青年进一步坚定了对马克思主义的信仰、对社会主义的信念、对改革开放和现代化建设的信心、对党和政府的信任,增强了政治意识、竞争意识、责任意识和开拓创新意识。6 月 12 日,在建党 80 周年前夕,浙江省交通厅团工委组织团员青年代表,看望慰问厅机关、厅管厅属单位部分在杭革命老前辈、老交通人,把鲜花和心中的无限敬爱献给在中国革命时期为党做出不可磨灭功勋、解放后为浙江省交通事业发展付出心血和智慧的革命老前辈。李志明、张先进、刘全德、刘斯文等 20 名离休老干部为团员青年代表回忆和讲述了他们的革命生涯,并殷切寄语当代交通青年要艰苦奋斗,脚踏实地,努力创造浙江交通更加美好的明天,使青年代表受到一次很好的革命传统教育。

2002 年,各级团组织以建团 80 周年为契机,开展形式多样的纪念活动。省交通厅团工委举办全省交通青年"情系交通、永远跟党走"征文比赛,共征集到稿件 198 篇。广大参赛作者紧紧围绕主题,热情歌颂党、歌颂祖国,讴歌改革开放二十多年浙江交通两个文明建设成就和在交通改革、发展、稳定中涌现出来的先进事迹，真实生动地反映了全省交通青年追求理想、拼搏进取、乐于奉献的精神风貌。此外，还组织举办建团80周年知识竞赛、团史图片巡回展、厅管厅属单位青年联欢晚会，筹建浙江交通青年网站。浙江交通职业技术学院、浙江省公路管理局等基层团委也根据实际，适时组织团员青年进行学习讨论。通过组织学习，广大青年深刻领会共青团80年的光辉历程，围绕交通改革、发展、稳定大局，努力为"建设大交通，促进大发展"贡献力量。

2003年12月9日，浙江省交通厅团工委在厅机关多功能厅举办"三高"建设演讲会，来自厅机关和厅管厅属单位的18名选手畅谈参与"三高"建设体会，以青年人特有的方式为"三高"呐喊。经过激烈角逐，浙江省交通厅道路运输管理局方颉和浙江省公路管理局吕峥获得演讲比赛一等奖，浙江省交通厅港航管理局叶海英、浙江省公路管理局袁会畅和浙江省交通规划设计研究院彭丁茂获得演讲比赛二等奖，浙江交通职业技术学院吴慧慧、浙江公路技工学校都明华、浙江公路水运工程咨询监理公司詹旭静、浙江省交通厅道路运输管理局仇小军和浙江省交通规划设计研究院刘巧玲获得三等奖。

2004年8月，浙江省交通厅团工委组织厅机关和厅管厅属单位团组织负责人开展了为期3天的"六大工程采风"活动，参观了杭千高速、云和县大湾乡乡村康庄工程建设现场，用半天时间在龙游超限运输检查站体验了治超工作，在云和县大湾乡小学举行了助学活动。9月8日下午，在听取许振超先进事迹报告后，省交通厅团工委举行座谈会，讨论下一步深化"振超精神"学习的工作措施。座谈会决定，为把学习"振超"精神推向深入，厅团工委在浙江交通网站"交通论坛"上开辟"学习'振超精神'大讨论"专栏，发动全省交通系统团员青年参与大讨论，从各自的工作、不同的角度深化对"振超精神"的理解和体会，切实将学习、弘扬"振超精神"转化为推进浙江交通新的跨越式发展的不竭动力。

2005年1月31日，省交通厅团工委向厅机关和厅管厅属单位的广大团员、青年发出倡议，号召以实际行动积极投身先进性教育活动。倡议书向广大团员、青年提出3点希望：一是充分认识先进性教育的重大意义，以积极的态度和高度的责任感，支持、配合、协助先进性教育活动，并在活动中进一步深化对"三个代表"重要思想的学习，努力增强政治素养和理论水平。二是实现教育活动与交通工作"两提高、两促进"，作为党的助手和后备军，更加有责任、有义务、有信心地完成本职工作，并在此基础上竭尽所能地承担更多的工作任务。三是既要坚持党的领导，在党组织的领导下开展各项活动，又要发挥党与群众的桥梁纽带作用，献计献策，帮助党组织整改群众反映的突出问题，帮助党员进一步树立全心全意为人民服务的宗旨，使先进性教育收到更好的效果。

2006年6月30日下午，根据省厅直属机关党委关于开展纪念建党85周年系列活动的安排，厅团工委成功承办了"建党85周年知识竞赛活动"。9月8日，在共青团浙江省委党工部的指导下，又承办了"首届浙江省杰出青年文明号第四组演讲比赛"。该比赛在余姚市举行。7月14~16日，厅团工委组织厅机关广大青年和厅管厅属单位团委书记，赴杭州湾跨海大桥和舟山连岛工程两个重点工程进行调研、考察、学习，感受交通建设成果，增强工作信心。

2007年4月6日，为缅怀革命先烈，弘扬爱国主义精神，在全省上下大力开展机关作风建设的大环境下，引导广大交通青年在机关作风建设活动中发挥生力军作用，省交通厅团工委组织团员代表赴云居山革命烈士陵园，开展“缅怀革命先烈，争做机关作风建设标兵”活动，并向全省交通机关青年发出“争做机关作风建设标兵”的倡议书。5 月 25 日，厅团工委组织厅机关团支部和咨询公司团支部交通青年代表赴“硬骨头六连”，开展“学习硬骨头六连精神，加强机关作风建设”活动。代表们在军营体验生活，与硬六连官兵座谈，通过学习硬六连过硬作风，加强了机关作风建设。

2008 年 10 月 9 日，省交通厅团工委抓住全厅上下广泛开展深入学习实践科学发展观的契机，组织厅机关团委委员和厅属单位团委（总支、支部）书记集中学习科学发展观理论，围绕“加快转变交通发展方式，全面推进现代交通‘三大建设’，切实提高‘三个服务’的能力和水平”进行了问卷调查和征求意见，就“推进交通科学发展团员青年应该做点什么”、“共青团如何围绕交通中心任务开展工作”等主题进行了讨论，并向厅机关、厅管厅属单位各级团组织和广大团员青年发出倡议：提高素质，争做学习科学发展观的先行者；解放思想，争做传播科学发展观的主力军；勇于实践，争做践行科学发展观的排头兵；服务大局，争做推动交通转型发展的先锋队。

2009 年 4 月 18 日，省交通厅团工委组织厅机关、厅管厅属单位团员青年参观嘉兴南湖，缅怀革命先烈，并召开座谈会。团员青年畅谈工作、学习、生活心得，纷纷表示要珍惜美好时光，为浙江省交通事业作出新的贡献。

2010 年 5 月 4 日，省交通厅团工委举行“迎五四、做先锋、促转型”主题团日活动，厅机关、厅管厅属单位团员青年代表以及厅有关部门参加活动。与会团员青年代表围绕“如何服务交通转型发展”展开座谈交流。在团日活动上，厅团工委宣读了关于表彰厅级先进基层团组织、优秀团干部和优秀团员青年的文件，并向厅机关、厅管厅属单位广大团员青年发出了“弘扬五四精神、争做行业先锋、服务转型升级”的倡议。

二、各类“青字号”工程活动

1997 年，根据浙江省交通厅和共青团浙江省委联合下发的关于在全省交通系统开展争创“青年文明号”、“青年岗位能手”活动的通知精神和全省交通系统创建文明行业大会精神，浙江省交通厅团工委承担了活动大量的组织和协调工作。“五四”青年节前，在总结各地交通单位（部门）开展活动的基础上，与共青团浙江省委联合命名表彰了 21 位省级青年岗位能手和 16 个省级青年文明号。其中，有 2 位个人和 4 个集体分别被交通部、团中央联合命名为全国交通系统青年岗位能手和国家级青年文明号。在此基础上，浙江省交通厅团工委根据中央文明委关于开展“讲文明、树新风”活动的电视电话会议精神，以“讲树”活动为载体，在全省交通系统开展了青年文明号优质服务月活动。杭州、宁波、温州、湖州、嘉兴等市（地）交通局（委）团组织紧密配合本系统党政组织，在出租车和公路收费站这两个新兴行业实施形象工程，涌现了救死扶伤、拾金不昧、与孤寡老人和失学少年结对子等好人好事，起到了青年示范带头作用。至此，浙江省交通系统各部门、各行业都有了市级以上的青年文明号和青年岗位能手。

2001 年，在继续巩固和深化文明车、船、港、站、路等传统创建领域的基础上，逐步向企业、重点工程、机关和事业单位拓展争创“青年文明号”活动，进一步扩大青年文明集体的创建面，形成了一定的规模和品牌。在争创中形成了规范的推荐程序，通过各市交通局（委）团组织推荐、职能部门初审、明察暗访、职能部门复审、厅党组最终审定等环节，增加推荐工作的透明度、公正性，确保青年文明号的先进性。积极推进创建青年文明号公示制，贯彻执行《浙江省青年文明号管理试行办法》等措施，进一步加强对青年文明号创建活动的管理，保证了创建工作的质量和信誉。经浙江省青年文明号、青年岗位能手活动指导委员会严格考核，浙江省交通系统20家青年集体被授予1999～2000年度省级青年文明号荣誉称号。此外，1家集体和3位个人分别被交通部、团中央授予全国青年文明号和全国青年岗位能手荣誉称号。为表达对给浙江省高速公路建设立下汗马功劳的青年建设者的祝贺和慰问，8月8～10日，由浙江省交通厅团工委委员组成慰问组，带着省交通厅和团省委联合授予的青年文明号铜牌及部分电脑、英语、企业管理等书籍和慰问品，赴高速公路建设一线，对浙江省交工集团三公司杭金衢高速公路A标段项目经理部、省交工集团二公司甬台温高速公路乐清清江大桥项目经理部2家青年文明号集体进行现场授牌表彰，并到工地现场对奋战在高温一线的青年建设者进行慰问。为实现到2005年浙江省2000公里高速公路、1876公里国道、3500公里省道公路和主要内河航道沿线树木连线、村带成网、绿化成片、畅洁绿美的目标，省交通厅适时提出建设"万里交通绿色通道"的号召。省交通厅团工委联合11个市交通局(委)团组织积极响应这一号召，共同发起倡议，号召全省交通系统团员青年振奋精神，团结协作，积极参与到"万里交通绿色通道"建设中去，用青春和汗水、斗志和豪情，筑万里交通绿色通道，创美好环境，实现山川秀美、绿树成荫的美好理想。为更好地带领团员青年积极投入到这一活动中去，厅团工委于植树节前夕，组织厅管、厅属单位400多名团员青年在萧山机场高速公路互通立交区举行万里绿色通道建设启动仪式，共栽下水杉树苗7000多株，绿化面积达4万平方米。各市交通局团委书记参加了启动仪式，并在当地交通局(委)的支持下，带领广大团员青年开展形式多样的绿化活动，从而真正使青年绿化工程成为共青团服务社会、服务交通、展示风采的一条亮丽风景线。

2002年，为进一步深化创建"青年文明号"、"青年岗位能手"活动，建立健全创建和考核机制，浙江省交通厅团工委在认真学习共青团浙江省委《浙江省青年文明号管理实施办法》精神的基础上，根据浙江交通系统具体实际，制定《浙江省交通系统青年文明号考核细则》(试行)，规范全系统创建和考核工作。厅团工委会同有关部门对所有70家国家级和省级青年文明号进行了全面考核，并有重点地对两个市及浙江省交通投资集团下属青年文明号集体进行明察暗访，按照考核细则，取消了4家不再符合条件的单位，保留66家集体的"青年文明号"称号。在植树节前夕，省交通厅团工委组织厅管、厅属单位以及嘉兴交通系统共400多名党员青年在六平申航道平湖市河段两岸举行"万里绿色航道交通青年示范工程"启动仪式，共栽下树苗七千多株，绿化面积达4万平方米。之后，又带领广大团员青年在竹乡安吉进行公路绿化，栽下了数千株毛竹。

2003年3月11日上午，在全国植树节前夕，为大力推进"绿色浙江"的进程，进一步发挥广大交通青年在重点工程建设中的生力军和突击队作用，共青团浙江省委、浙江省绿化委员会、浙江省交通厅联合在金华市金东区举行"高速公路青年绿色通道建设工程"启动仪式，省委副秘书长王良仟及相关部门的领导出席仪式。2004年3月10日上午，在第二十三个植树节即将到来之际，团省委、省绿委、省生态办、省交通厅和绍兴市人民政府在绍兴联合开展高速公路青年绿色通道示范工程暨"3・12"植树节活动。2005年3月10日，共青团浙江省委、省绿化委员会、省交通厅和金华市人民政府在金华金东区举行高速公路青年绿色通道建设工程现场推进会暨3·12植树节活动。

2007年3月12日，在第二十九个植树节到来之际，省交通厅、浙江出入境检验检疫局、杭州市交通局在19省道萧山塔楼段联合开展以“建公路绿色长廊，造浙江秀美家园”为主题的3·12义务植树活动。省交通厅以及厅管厅属单位、浙江出入境检验检疫局和杭州市交通部门的260余名代表参加义务植树活动。

2008年，全省交通系统72家青年集体被重新认定为省级“青年文明号”，2个青年集体被新命名为“2007年度全国青年文明号”，17个青年集体被继续认定为“2007年度全国青年文明号”，3名同志获得“2007年度全国交通行业青年岗位能手”荣誉称号。3月12日，浙江省关注森林组织委员会、省交通厅、省林业厅、团省委、省公路局、杭州市公路管理局联合在浙江交通职业技术学院举行“取四海之土，育交通之林——浙江省森林城市创建活动”启动仪式。100多份来自四川、山东、湖北、甘肃、黑龙江等10多个省份及浙江省内各地市的土壤，于当天撒在了交通林；来自主办单位的机关干部和浙江交通职业技术学院校友以及在校师生300多人将1300余棵樟树种植在浙江交通职业技术学院的新校区内。

2009年，在征求浙江省公路管理局、浙江省港航管理局、浙江省道路运输管理局等行业管理部门意见的基础上，共推荐2个青年集体为“2008年度全国青年文明号”，推荐22个青年集体为“2008年度全省青年文明号”；3名团员青年为“2008年度全省交通行业青年岗位能手”，3家单位(部门)为“青年安全生产示范岗”。3月9日，省交通运输厅牵头与省林业厅、团省委一起举办，湖州市交通局、安吉县交通局承办了“建设公路生态长廊，打造浙江美丽乡村——全省山区农村公路植树护坡工作启动仪式暨3.12义务植树活动”。省交通运输厅机关、省公路局和省林业厅、团省委、湖州市交通局、安吉县交通部门的约200名干部职工参加了植树活动。

2010年3月10日，省交通运输厅联合省林业厅、团省委在104国道青山段开展以“推进三大建设、打造五型公路、建设森林浙江”为主题的“3·12”义务植树活动，并启动全省年度公路绿化工作。来自省交通运输厅、省林业厅、团省委、省公路局、湖州市交通局、湖州市公路处等相关单位150余人参加了植树活动，共种下约350棵香樟树和杜英树。

三、具有青年特色的服务社会活动

1997年，浙江省交通厅团工委组织各基层单位团组织，为省交通厅援建的扶贫资金联合单位——泰顺县峰门乡一所小学建立了拥有400册各类书籍的“交通希望书库”。浙江省交通工程建设集团团委发起，援建了泰顺县一所希望小学。浙江省交通干部学校团委发动全校师生，为该校1位特困生捐款，使这位濒临失学的同学重新回到了教室。

2002年上半年，当杭州血库告急时，浙江省公路管理局团委发起了“我为血荒献热血”的倡议，在广大团员青年中进行广泛动员，为缓解“血荒”尽了一份力。浙江交通职业技术学院开展了“学雷锋、献爱心”活动，全院共有278名团员参加了献血，是当年浙江省高校大规模组织献血活动的第一所高校。省公路管理局机关团支部与淳安、建德2个贫困失学儿童结对子，新元公司团支部资助衢州一失学儿童，浙江公路技校在学生中发起募捐以资助江西学生徐燕等，都产生了较好的社会效应。

2003年3月5日下午，在学习雷锋活动40周年之际，浙江交通职业技术学院隆重举行“大学生结对助学行动”启动仪式。这一活动是认真贯彻浙江省委、省政府提出的“两个不让"精神的实际行动，由浙江省交通厅团工委和浙江交通职业技术学院党委牵头组织，根据"公平、公正、公开"的原则，经过学院各系推荐，最终确定22名家庭困难、品学兼优的学生参与结对，其中省交通厅团工委下属的12家团组织各结对一名学生。受助学生每年能得到1000元的助学金，直到顺利完成学业。5月23日，省交通厅团工委发出倡议书，号召全省交通系统的广大团员青年积极响应党中央关于"坚持一手抓非典这件大事，一手抓经济建设这个中心不动摇"的重大战略决策，恪守职责，毫不松懈，扎实构筑起抗御非典疫情的坚固防线。5月30日，省交通厅团工委在厅非典防控领导小组办公室隆重举行交通青年志愿者服务队成立仪式，并从即日起每天派遣志愿者代表为厅非典办提供志愿服务，直至非典防控工作结束。在防控工作完成后，浙江交通青年志愿者服务队被共青团浙江省委、省青年志愿者协会授予省级抗击非典先进志愿者集体称号，省交通厅机关团支部获得省级抗击非典先进团组织称号，省公路管理局吕峥被评为省级抗击非典优秀团员，省交通厅港航管理局徐斌、浙江交通职业技术学院祝亮、省交通干部学校曲承佳等被评为省级抗击非典优秀志愿者。

2004年，省交通厅团工委继续与浙江交通职业技术学院开展大学生结对助学活动。5月19日下午，省交通厅团工委与浙江交通职业技术学院联合召开大学生结对助学活动座谈会。座谈会上，与会代表对一年来的助学活动进行了总结，受助学生分别向结对单位团员干部汇报了自己的学习、生活情况和理想，并举行了2004年度的助学金发放仪式。

2005年11月4日上午，在省交通厅直属机关党委副书记带领下，厅机关团支部16位团员青年带着真挚的爱心和捐款，到景宁县看望了结对资助的5名贫困小学生，并进行了座谈。团员青年与结对资助的小学生们亲切交谈，详细询问他们的生活和学习情况，并将1000元助学金交给每位小学生手中。学生们十分感动，表示要努力学习，不辜负厅机关团员青年的关怀，以优异的成绩回报社会。

2006年，省交通厅团工委积极响应团中央、团省委关于服务社会主义新农村建设的号召，配合乡村康庄工程，开展了以"学习八荣八耻，服务社会主义新农村建设"为主题的欠发达山区农村公路帮扶共建系列活动。活动的主要内容是：整合省交通厅机关及厅管厅属单位的技术和人才优势，在优化线位选择、优化设计、工程质量监督、技术培训等方面发挥应有的作用，为农村康庄工程建设作出共青团组织力所能及的贡献。5月份和7月份，先后组织省公路管理局、厅工程质量监督局、省交通规划设计研究院等有关工程技术人员组成的送科技下乡小组到庆元县、文成县进行现场指导、专题培训，取得较好的反响。8月10日，超强台风"桑美"使庆元全县公路遭受重创，省交通厅团工委、省公路管理局团委于9月13日会同省康庄办、省公路管理局、省交通设计院等单位工程技术人员再赴庆元，深入重灾区进行康庄工程疫情调研，提出相应的处治方案，为庆元县康庄工程灾后的修复与重建提供了技术咨询和帮助。此外，省交通厅团工委选取了具有典型代表意义的庆元县左溪镇和张村乡的农村公路建设进行结对共建，为结对共建项目争取到了50万元的共建资金补助。这一年，省交通厅团工委还开展了贫困山区学校助学活动。5月，省交通厅团工委借启动乡村康庄公路帮扶工匠活动之机，在庆元县松源镇周墩存小学开展助学活动，为贫困山区的孩子送上了书籍和学习、文化用品。

2008年，5·12汶川大地震后，厅机关、厅管厅属单位的团员青年除以党员身份交纳"特殊党费”以外，还积极响应团中央、团省委的号召，自愿交纳“特殊团费”14900 元支援地震灾区。厅机关戴建锋、省公路局罗松、郭杨，省交通设计院杜飞天、刘吉奇等一批团员青年积极投身抗震救灾第一线支援灾区。这一年，厅属单位——浙江交通职业技术学院团委组织无偿献血活动。11 月 27 日，由该院团委主办、海运团总支承办的“蓝丝带”无偿献血活动在该学院体育馆举行。这次献血活动人数达 375 人，总献血量 118940ml。浙江教育科技频道小强热线、浙江影视频道、西湖频道、杭州综合频道《新闻 60 分钟》等进行了报道。

2009 年是“五四”运动 90 周年，也是建国 60 周年。为弘扬交通精神，展现青年风采，以实际行动纪念“五四”青年节，5 月 4 日省交通运输厅团工委组织开展了“我为青春献热血”暨纪念“五四”运动 90 周年活动，来自厅机关、厅管厅属单位近 50 名团员青年参加了无偿献血活动。

2010 年年初，祖国西南地区遭遇特大旱灾，给人民群众生产生活带来了重大影响。团中央、团省委先后发出通知，要求广大团员青年迅速响应胡锦涛总书记和党中央的号召，积极投身抗旱救灾活动。厅团工委立即发出通知，积极组织厅机关、厅管厅属单位团员青年开展捐款救灾活动。厅机关、厅管厅属各级团组织和广大团员青年以特殊团费、爱心捐款等形式捐助的款项达 70780.7 元，全部款项均汇入爱心捐赠账号。

第三章 先进人物和先进集体的表彰

浙江交通行业各单位、各部门在长期的建设、运输和管理等实践中，涌现出一大批先进模范人物和先进模范集体。在他们身上，充分体现“开拓进取、敢为人先、埋头苦干、无私奉献”、“团结务实、开拓创新、无私奉献、一心为民”、“惠民、奉献、服务”的浙江交通精神。评比先进模范人物和先进模范集体活动的深入开展和所取得的丰硕成果，为浙江交通科学发展提供了强有力的思想保证、精神动力和智力支持。

本章用表格的形式记载了1948～2010年浙江省交通运输系统受表彰的综合型先进个人和集体，全国劳动模范、先进生产（工作）者（74人），享受政府特殊津贴人员（2人），全国五一劳动奖章获得者（68人），浙江省、交通运输部劳动模范先进生产（工作）者（含支前模范）（558人），革命烈士（4人），全国先进集体（9个），全国五一劳动奖状获得单位（部门）（21个），浙江省、交通运输部模范（先进）集体（123个）。需要说明的是，我们在编写过程中力求做到资料准确完整，但因相隔年代较久，原始资料不全等原因，难免会发生遗漏和出入，欢迎读者补正。

第一节 中共中央、国务院表彰的综合型先进个人和先进集体

一、先进个人〔全国劳动模范、全国先进生产（工作）者〕（见表8－3－1）

浙江省交通系统荣获中共中央、国务院表彰的先进个人

〔全国劳动模范、全国先进生产（工作）者〕名录 表8－3－1

（1950～2010年）

地区或省属单位	姓名	工作单位	获奖称号	获奖时间	授奖单位及文号
杭州市	温传发	浙江省交通公司	全国劳动模范	1950年9月	中央人民政府
	奚盘金	浙江省轮船公司钱江分公司	全国先进生产（工作）者	1956年5月	中共中央、国务院
	陈荣材	浙江省公路运输局杭州运输处	全国先进生产（工作）者	1956年5月	中共中央、国务院
	周友仙	杭州市公共交通公司	全国先进生产（工作）者	1956年5月	中共中央、国务院
	邵　鹏	杭州区公路运输局	全国先进生产（工作）者	1959年11月	中共中央、国务院
	张金土	临安运输公司	全国先进生产（工作）者	1959年11月	中共中央、国务院
	张宝康	杭州长途汽车运输公司（获奖时在金华公路运输局金华车队工作）	全国先进生产（工作）者	1959年11月	中共中央、国务院
	陈大介	杭州汽车制造厂	全国先进生产（工作）者	1959年11月	中共中央、国务院
	黄凤达	杭州长途汽车运输公司	全国劳动模范	1989年9月	国务院
	盛立强	浙江省航运公司杭州分公司第20船队	全国劳动模范	1989年9月	国务院

续上表

地区或省属单位	姓名	工作单位	获奖称号	获奖时间	授奖单位及文号
杭州市	李学光	杭州市长途汽车运输总公司	全国劳动模范	1995年4月	国务院
	杨阿六	杭州市公路管理处凌家桥公路管理站	全国劳动模范	2000年4月	国务院
	孔胜东	杭州市大众公共交通有限公司	全国劳动模范	2000年4月	国务院
	池丽华（女）	杭州市公交集团有限公司第二汽车公司	全国劳动模范	2005年4月	国务院
	高荣根	杭州第一汽车运输有限公司	全国劳动模范	2010年	国务院国发[2010]11号
宁波市	王根法	宁波区公路运输局	全国先进生产(工作)者	1959年11月	中共中央、国务院
	徐　荣	宁波公路运输局余姚运输段	全国先进生产(工作)者	1959年11月	中共中央、国务院
	顾满银	象山石浦搬运站	全国先进生产(工作)者	1959年11月	中共中央、国务院
	叶中央	交通部宁波海上安全监督局镇海航标区	全国劳动模范	1989年9月	国务院
	李英(女)	宁波市公共交通公司	全国劳动模范	1989年9月	国务院
	张帆芳	宁波海运总公司	全国劳动模范	1995年4月	国务院
	张锁珍	宁波港务局引航站	全国劳动模范	1995年4月	国务院
	马玉青（女）	宁波市公共交通总公司	全国劳动模范	2000年4月	国务院
	汤家孟	宁波市汽车客运服务中心宁波南站	全国劳动模范	2000年4月	国务院
	俞鹤鸣	宁波港务局	全国劳动模范	2000年4月	国务院
	胡金雄	中港总公司第三航务工程局宁波分公司	全国劳动模范	2005年4月	国务院2005.4.26发文国发〔2005〕12号
	吴长江	宁波港集团油港轮驳有限公司原油过驳队	全国劳动模范	2005年4月	国务院2005.4.26发文国发〔2005〕12号
	夏慧星	宁波市海曙区客货车队	全国劳动模范	2005年4月	国务院2005.4.26发文国发〔2005〕12号
	吕广通	宁海县公路管理段	全国先进工作者	2005年4月	国务院2005.4.26发文国发〔2005〕12号
	胡耀华	宁波港股份有限公司镇海港埠分公司	全国劳动模范	2010年	国务院国发[2010]11号
温州市	林岩进	温州航管处西门航管站	全国先进生产(工作)者	1956年4月	
	朱启芳	温州市交通局东门搬运站	全国先进生产(工作)者	1959年11月	中共中央、国务院
	陈林魁	温州市航运局	全国先进生产(工作)者	1959年11月	中共中央、国务院
	施辰生	浙江省汽车运输公司温州分公司	全国劳动模范	1979年9月	国务院1979年9月28日表彰

续上表

地区或省属单位	姓名	工作单位	获奖称号	获奖时间	授奖单位及文号
温州市	厉守京	温州市长途汽车运输联合总公司	全国劳动模范	1989 年 9 月	国务院 1989.9.28 表彰
	陈崇光	温州市长途汽车运输联合总公司	全国劳动模范	1995 年 4 月	国务院
	郑朋木	温州长运集团有限公司	全国劳动模范	2000 年 4 月	国务院
	郑月兰（女）	苍南县公路管理段	全国劳动模范	2000 年 4 月	国务院
	庞振声	温州公交集团有限公司	全国劳动模范	2000 年 4 月	国务院
	朱士庚	温州市长运集团有限公司	全国劳动模范	2005 年 4 月	国务院 2005.4.26 发文国发〔2005〕12 号
湖州市	祁荣喜	湖州市航运实业总公司浙运 713 轮	全国劳动模范	1995 年 4 月	国务院
	张启标	湖州市交通规划设计院	全国劳动模范	2010 年	国务院国发［2010］11 号
嘉兴市	李新元	嘉兴专区公路运输公司	全国先进生产（工作）者	1959 年 11 月	中共中央、国务院
	柏鹤林	嘉兴专区航运公司	全国先进生产（工作）者	1959 年 11 月	中共中央、国务院
	韩金奎	平湖造船厂	全国先进生产（工作）者	1959 年 11 月	中共中央、国务院
绍兴市	王水木	绍兴市汽运集团有限公司	全国劳动模范	2000 年 4 月	国务院
	罗关洲	绍兴市道路运输管理处	享受政府特殊津贴人员	2000 年 6 月	国务院政府特殊津贴证书第（99）9330056 号
	赵晓春	嵊州市长运集团有限公司	全国劳动模范	2005 年 4 月	国务院 2005.4.26 发文国发〔2005〕12 号
	徐爱娟（女）	浙江天宇交通建设集团有限公司	全国劳动模范	2010 年	国务院国发［2010］11 号
舟山市	沈根能	舟山中心汽车站	全国先进生产（工作）者	1959 年 11 月	中共中央、国务院
	王德生	舟山造船厂	全国先进生产（工作）者	1959 年 11 月	中共中央、国务院
	沃棉康	舟山港务管理局引航管理站	全国劳动模范	1995 年 4 月	中华人民共和国国务院（第 04072 号）
	李建杭	舟山市海峡汽车轮渡有限责任公司	全国劳动模范	2005 年 4 月	国务院国发［2005］12 号
	郭　超	舟山市汽车运输有限公司	全国劳动模范	2010 年	国务院国发［2010］11 号
台州市	王尚石	天台运输公司	全国先进生产（工作）者	1959 年 11 月	中共中央、国务院
	李吟芳	宁波区公路运输局临海运输段	全国先进生产（工作）者	1959 年 11 月	中共中央、国务院
	仇永春	温岭县公路段大溪道班	全国劳动模范	1989 年 9 月	国务院
	李阳升	台州港海门港埠总公司	全国劳动模范	2000 年 4 月	国务院

续上表

地区或省属单位	姓名	工作单位	获奖称号	获奖时间	授奖单位及文号
金华市	张宝康	金华公路运输局金华车队(后调杭州工作)	全国先进生产(工作)者	1959 年 11 月	中共中央、国务院
	卢连敏	金华市汽运总公司第一客运分公司	全国劳动模范	1989 年 9 月	国务院
	贾礼相	武义县公路管理段油路施工队	全国劳动模范	1995 年 4 月	国务院
	陈燕忠	金华市公共交通公司	全国劳动模范	1995 年 4 月	国务院
	王跃飞	浙江恒风集团	全国劳动模范	2005 年 4 月	国务院 2005.4.26 发文国发〔2005〕12 号
衢州市	余扬奎	浙江交通工程局衢州养路段	全国二等劳动模范	1955 年	
			全国先进生产(工作)者	1956 年 5 月	中共中央、国务院
	刘开耀	衢州汽运集团有限公司	全国劳动模范	2000 年 4 月	国务院
丽水市	孟宪琨	浙江公路局丽水运输处	全国先进生产(工作)者	1956 年 5 月	中共中央、国务院
	陈再新	浙江省汽车运输公司丽水分公司龙泉车队	全国先进生产者	1977 年 4 月	中共中央、国务院
	蓝伟亮	丽水地区汽车运输公司丽水客运分公司	全国劳动模范	1989 年 9 月	国务院
浙江省公路管理局	朱汉华	浙江省公路管理局	全国先进工作者	2005 年 4 月	国务院 2005.4.26 发文国发〔2005〕12 号
	朱定勤	浙江省公路管理局	全国先进工作者	2010 年	国务院 国发[2010]11 号
浙江省交通规划设计研究院	吴德兴	浙江省交通设计院	享受 2002 年度政府特殊津贴人员	2004 年 12 月	国务院批准浙江省人事厅(浙人专〔2004〕248 号)公布
	赵长军	浙江省交通规划设计研究院	全国抗震救灾模范(享受全国先进工作者待遇)	2008 年	中共中央、国务院、中央军委
浙江交通职业技术学院	谭文莹(女)	浙江省交通学校	全国先进工作者	1995 年 4 月	国务院
浙江远洋运输有限公司	励永康		全国先进生产(工作)者	1956 年 5 月	
浙江省交通工程建设集团有限公司	陈大有	浙江省交工集团第四交通工程有限公司(获奖时在浙江交通厅吴兴养路段任库工)	全国先进生产(工作)者	1956 年 5 月	中共中央、国务院
	郑庆南	浙江省交通工程建设集团有限公司	全国劳动模范	2000 年 4 月	国务院
浙江省机场管理局	鲁晓萍(女)	杭州萧山国际机场有限公司生活服务中心	全国劳动模范	2005 年 4 月	国务院国发〔2005〕12 号

二、先进集体(全国先进集体)(见表8-3-2)

浙江省交通系统荣获中共中央、国务院表彰的先进集体(全国先进集体)名录

表8-3-2

(1950~2010年)

地区或省属单位	获奖集体	所在单位	获奖称号	获奖时间	授奖单位及文号
杭州市	405号轮	浙江航运局浙西分公司	全国先进集体	1956年5月	中共中央、国务院
	装卸九工区	杭州运输公司第二车场	全国工业、交通运输、基本建设、财贸方面社会主义建设先进集体	1959年11月	中共中央、国务院
宁波市	中浙八号轮	宁波轮船公司	全国工业、交通运输、基本建设、财贸方面社会主义建设先进集体	1959年11月	中共中央、国务院
温州市	修理车间钳工组	温州区公路运输局	全国工业、交通运输、基本建设、财贸方面社会主义建设先进集体	1959年11月	中共中央、国务院
	瑞安县搬运公司		全国工业、交通运输、基本建设、财贸方面社会主义建设先进集体	1959年11月	中共中央、国务院
	温州造船厂		全国工业、交通运输、基本建设、财贸方面社会主义建设先进集体	1959年11月	中共中央、国务院
嘉兴市	嘉兴搬运装卸站	嘉兴县交通运输公司	全国工业、交通运输、基本建设、财贸方面社会主义建设先进集体	1959年11月	中共中央、国务院
	四一二一船队	海宁县运输公司	全国工业、交通运输、基本建设、财贸方面社会主义建设先进集体	1959年11月	中共中央、国务院
衢州市	第三小组	浙江公路运输局江山运输处	全国先进集体	1956年5月	中共中央、国务院
丽水市	遂昌养路点一〇三道班	金华区公路运输局龙游运输段	全国工业、交通运输、基本建设、财贸方面社会主义建设先进集体	1959年11月	中共中央、国务院

第二节 中华全国总工会表彰的综合型先进个人和先进集体

一、先进个人(全国五一劳动奖章获得者)(见表 8-3-3)

浙江省交通系统荣获中华全国总工会表彰的先进个人
(全国五一劳动奖章获得者)名录 表 8-3-3
(1985~2010 年)

地区或省属单位	姓名	工作单位	获奖称号	获奖时间	授奖单位及文号
杭州市	闻国相	浙江省航运公司钱江分公司	全国五一劳动奖章	1987 年	中华全国总工会
	毕永康	杭州市公共交通公司汽车二场	全国五一劳动奖章	1987 年	中华全国总工会
	赵水康	临安县航运公司	全国五一劳动奖章	1992 年	中华全国总工会
	李学光	杭州长途汽车运输公司	全国五一劳动奖章	1992 年	中华全国总工会
	王保国	杭州港航实业总公司客运旅游公司“天堂”轮	全国五一劳动奖章	1999 年	中华全国总工会
	池丽华(女)	杭州市公共交通总公司	全国五一劳动奖章	2001 年	中华全国总工会 总工发〔2001〕7 号
	忻剑明	杭州市交通工程建设管理处	全国五一劳动奖章	2007 年	中华全国总工会 2007.4.28 发文
宁波市	任艺华	宁波港务局宁波作业区	全国五一劳动奖章	1987 年	中华全国总工会
	叶中央	宁波海上安全监督局镇海航标区	全国五一劳动奖章	1988 年	中华全国总工会
	沈国成	慈溪市公路段	全国五一劳动奖章	1990 年	中华全国总工会
	戴定梅(女)	宁波市公共交通公司	全国五一劳动奖章	1990 年	中华全国总工会
	吕广通	宁海县公路管理段	全国五一劳动奖章	1996 年	中华全国总工会
	马玉青(女)	宁波市公共交通总公司	全国五一劳动奖章	1998 年	中华全国总工会
	邵卫东	宁波市高速公路管理处 34 省道鄞县收费所鄞县收费站	全国五一劳动奖章	2002 年	中华全国总工会
	胡金雄	中港总公司第三航务工程局宁波分公司	全国五一劳动奖章	2004 年	中华全国总工会
	石奇静	宁波公运集团股份有限公司	全国五一劳动奖章	2006 年	中华全国总工会总工发[2006]23 号
	林文体	杭州湾大桥工程指挥部工程管理处	全国五一劳动奖章	2006 年	中华全国总工会总工发[2006]23 号
	严宏军	杭州湾大桥发展有限公司财务部	全国五一劳动奖章	2006 年	中华全国总工会总工发[2006]23 号

续上表

地区或省属单位	姓名	工作单位	获奖称号	获奖时间	授奖单位及文号
宁波市	黄亚华	杭州湾大桥工程指挥部工程管理处	全国五一劳动奖章	2007年	中华全国总工会2007.4.28发文
	金艳婷（女）	宁波公运集团汽车南站3561服务班	全国五一劳动奖章	2008年	中华全国总工会总工发[2008]19号
	竺士杰	宁波港吉码头经营有限公司	全国五一劳动奖章	2009年	中华全国总工会总工发[2009]19号
温州市	吴伯云	温州瓯江大桥建设工程处	全国五一劳动奖章	1985年	中华全国总工会
	邱少林	温州港务局第一装卸公司	全国五一劳动奖章	1986年	中华全国总工会
	厉守京	浙江省汽车运输公司温州分公司	全国五一劳动奖章	1988年	中华全国总工会
	陈崇光	温州市长途汽车运输联合总公司	全国五一劳动奖章	1993年	中华全国总工会
	潘乃为	乐清市县乡公路养护管理所	全国五一劳动奖章	1996年4月	中华全国总工会N0－5878
	郑月兰（女）	苍南县公路管理段	全国五一劳动奖章	1998年	中华全国总工会
	赵国新	温州港务集团杨府山港务公司	全国五一劳动奖章	2006年	中华全国总工会总工发[2006]23号
	汪国杰	永嘉县公路管理段	全国五一劳动奖章	2008年	中华全国总工会总工发[2008]19号
	林圣巧	永嘉县公路管理段交通工程公司	全国五一劳动奖章	2008年	中华全国总工会总工发[2008]19号
湖州市	张三莉（女）	湖州市车辆征费处（获奖时在湖州丝厂任缫丝工，2004年调入该单位）	全国五一劳动奖章	1996年	中华全国总工会
	邬伟奇	湖州市公路运输稽征管理处检测站	全国五一劳动奖章	2007年	中华全国总工会2007.4.28发文
	王月英（女）	湖州市公共交通有限责任公司3路线	全国五一劳动奖章	2008年	中华全国总工会总工发〔2008〕19号
嘉兴市	王德法	浙江省航运公司嘉兴分公司节能技术开发室	全国五一劳动奖章	1987年	中华全国总工会
	张锦浩	嘉兴市桥梁工程队	全国五一劳动奖章	1996年	中华全国总工会
	步海兵	嘉兴市港航管理局	全国五一劳动奖章	2006年	中华全国总工会总工发[2006]23号
	仲顺金	嘉兴市保安出租车公司	全国五一劳动奖章	2010年	中华全国总工会
绍兴市	陈传富	绍兴市公共交通公司	全国五一劳动奖章	1993年	中华全国总工会
	赵晓春	嵊州市长运集团有限公司	全国五一劳动奖章	2001年	中华全国总工会总工发[2001]7号
	徐爱娟（女）	绍兴市双保路桥工程建设有限公司	全国五一劳动奖章	2007年	中华全国总工会2007.4.28发文

续上表

地区或省属单位	姓名	工作单位	获奖称号	获奖时间	授奖单位及文号
舟山市	张喜儿（女）	舟山市海峡汽车轮渡有限公司(获奖时在舟山纺织厂任车间主任)	全国五一劳动奖章	1990年	中华全国总工会
	邱善龙	舟山扬帆船舶工业集团公司	全国五一劳动奖章	1996年	中华全国总工会
	汤永良	舟山市轮船公司“洛伽山”轮	全国五一劳动奖章	1997年	中华全国总工会
	邱建英	舟山市大陆连岛工程指挥部	全国五一劳动奖章	2002年	中华全国总工会
	李培年	舟山港务局引航管理站	全国五一劳动奖章	2006年	中华全国总工会总工发[2006]23号
	赵淑红（女）	舟山市汽车运输有限公司	全国五一劳动奖章	2007年	中华全国总工会2007.4.28发文
	李如光	舟山市海峡汽车轮渡有限责任公司“舟渡6”轮	全国五一劳动奖章	2008年	中华全国总工会总工发[2008]19号
台州市	林小舟	台州市汽车运输总公司检测维修有限公司	全国五一劳动奖章	2001年	中华全国总工会总工发[2001]7号
	舒幼民	浙江畅达运输股份有限公司	全国五一劳动奖章	2006年	中华全国总工会总工发[2006]23号
金华市	贾礼相	武义县公路管理段油路施工队	全国五一劳动奖章	1990年	中华全国总工会
	黄文根	浦江县公路段黄宅道班	全国五一劳动奖章	1991年	中华全国总工会
	张文权	东阳县公路管理段	全国五一劳动奖章	1996年	中华全国总工会
衢州市	吴永祥	龙游长途汽车运输公司	全国五一劳动奖章	1993年4月	中华全国总工会第7533号
	刘开耀	衢州汽车运输集团有限公司	全国五一劳动奖章	1999年	中华全国总工会
浙江省交通规划设计研究院	吴德兴	浙江省交通规划设计研究院第二设计室	全国五一劳动奖章	2002年	中华全国总工会
	王昌将	浙江省交通规划设计研究院第二设计室	全国五一劳动奖章	2004年	中华全国总工会
浙江远洋运输有限公司	王坚强	浙江远洋运输有限公司	全国五一劳动奖章	2003年	中华全国总工会
浙江省交通工程建设集团有限公司	张建新	浙江路桥工程处	全国五一劳动奖章	1997年	中华全国总工会
	郑庆南	浙江省交通工程建设集团	全国五一劳动奖章	1998年	中华全国总工会
	柴世财	杭州湾跨海大桥Ⅰ合同项目经理部	全国五一劳动奖章	2007年	中华全国总工会2007.4.28发文
	左建党	浙江省顺畅高等级公路养护有限公司	全国五一劳动奖章	2008年	中华全国总工会总工发[2008]19号
	阙家奇	浙江省交工高等级公路养护有限公司	全国五一劳动奖章	2008年	中华全国总工会总工发[2008]19号

续上表

地区或省属单位	姓名	工作单位	获奖称号	获奖时间	授奖单位及文号
杭州湾大桥	谭国顺	杭州湾跨海大桥Ⅶ合同项目经理部	全国五一劳动奖章	2006年	中华全国总工会总工发〔2006〕23号
	王广杰	中铁四局集团有限公司杭州湾跨海大桥Ⅸ-A合同项目经理部	全国五一劳动奖章	2006年	中华全国总工会总工发〔2006〕23号
	崔玉彬	中铁十九局集团有限公司杭州湾大桥Ⅸ-B项目经理部	全国五一劳动奖章	2006年	中华全国总工会总工发〔2006〕23号
	李维洲	中交第二航务工程局有限公司杭州湾跨海大桥Ⅲ-A合同项目经理部	全国五一劳动奖章	2007年	中华全国总工会2007.4.28发文
	林　原	中铁二局股份有限公司杭州湾跨海大桥Ⅹ合同项目经理部	全国五一劳动奖章	2007年	中华全国总工会2007.4.28发文
	王兴良	东北林业大学工程监理部杭州湾跨海大桥一合同监理工程师办公室	全国五一劳动奖章	2007年	中华全国总工会2007.4.28发文

特别提示：1990年6月14日，经浙江省人民政府同意，浙江省总工会和浙江省劳动人事厅联合发文，规定：1985年至1989年期间浙江省获全国五一劳动奖章的先进个人可以享受省级劳动模范待遇；从1990年起，对浙江省的全国五一劳动奖章获得者，同时由浙江省人民政府授予浙江省劳动模范称号。根据这一规定，上述名录中1990年以后荣获"全国五一劳动奖章"者，同时荣获"浙江省劳动模范"称号。他们的名字在本志书后面所列的"浙江省交通系统荣获省人民政府、国务院部委表彰的先进个人〔省（部）劳动模范、省（部）先进生产（工作）者〕名录"中，不再出现。

二、先进集体（全国五一劳动奖状）（见表8-3-4）

浙江省交通系统荣获中华全国总工会表彰的先进集体

（全国五一劳动奖状）名录　　表8-3-4

（1985~2010年）

地区或省属单位	获奖集体	所在单位	获奖称号	获奖时间	授奖单位及文号
杭州市	杭州市轮渡公司		全国五一劳动奖状	1988年	中华全国总工会
	杭州市公共交通总公司		全国五一劳动奖状	2003年	中华全国总工会
宁波市	一号客轮	奉化市航运公司	全国五一劳动奖状	1990年	中华全国总工会
	机修厂钳工班	宁波港务局北仑港埠公司	全国五一劳动奖状	1997年	中华全国总工会
	原油过驳队	宁波港务局	全国五一劳动奖状	2001年	中华全国总工会总工发〔2001〕7号
	宁波港集团有限公司		全国五一劳动奖状	2006年	中华全国总工会总工发〔2006〕23号
	宁波南站3561服务班	宁波市汽车客运服务中心	全国五一劳动奖状	2007年	中华全国总工会2007.4.28发文

续上表

地区或省属单位	获奖集体	所在单位	获奖称号	获奖时间	授奖单位及文号
宁波市	宁波市高等级公路建设指挥部		全国五一劳动奖状	2009 年	中华全国总工会总工发〔2009〕19 号
温州市	金竹溪道班	永嘉县公路段	全国五一劳动奖状	1990 年	中华全国总工会
	上海车班组	瑞安市长途汽车运输公司	全国五一劳动奖状	1990 年	中华全国总工会
	温州公交集团有限公司		全国五一劳动奖状	2003 年	中华全国总工会
湖州市	104 国道湖州收费站	湖州市车辆通行费征收处	全国五一劳动奖状	2006 年	中华全国总工会总工发〔2006〕23 号
舟山市	舟山市海峡汽车轮渡有限责任公司		全国五一劳动奖状	2001 年	中华全国总工会总工发〔2001〕7 号
	“洛伽山”轮	舟山海星轮船有限公司	全国五一劳动奖状	2006 年	中华全国总工会总工发〔2006〕23 号
	精度划线组	扬帆集团有限公司	全国五一劳动奖状	2007 年	中华全国总工会 2007.4.28 发文
	舟山港海通轮驳有限责任公司		全国五一劳动奖状	2009 年	中华全国总工会总工发〔2009〕19 号
台州市	大溪道班	温岭县公路段	全国五一劳动奖状	1990 年	中华全国总工会
	临海客运中心	台州汽车运输(集团)有限公司	全国五一劳动奖状	2004 年	中华全国总工会
金华市	曹宅公路养护管理站	金华市公路段	全国五一劳动奖状	1992 年	中华全国总工会
丽水市	客运中心站	松阳县长运有限公司	全国五一劳动奖状	2008 年 4 月 29 日	中华全国总工会总工发〔2008〕19 号
浙江省公路管理局	浙江省公路管理局		全国五一劳动奖状(抗震救灾重建家园先进集体)	2008 年 7 月 17 日	中华全国总工会总工发〔2008〕44 号

第三节　省人民政府、国务院部委表彰的综合型先进个人和先进集体

一、先进个人〔省(部)劳动模范、省(部)先进生产(工作)者〕(见表 8-3-5)

浙江省交通系统荣获省人民政府、国务院部委表彰的
先进个人〔省(部)劳动模范、省(部)先进生产(工作)者〕名录　　表 8-3-5
(1948~2010 年)

地区或省属单位	姓名	工作单位	获奖称号	获奖时间	授奖单位及文号
杭州市	王宝裕	杭州拱墅人力货车	浙江省二等劳动模范	1951 年 5 月	
	谢关木	余杭县城关搬运站	浙江省二等劳动模范	1951 年 5 月	
	胡宝铣	杭州华东内河轮船公司钱江分公司	浙江省三等劳动模范	1951 年 5 月	

续上表

地区或省属单位	姓名	工作单位	获奖称号	获奖时间	授奖单位及文号
杭州市	丁阿虎	杭州搬运公司木排业务站	浙江省三等劳动模范	1951年5月	
	黄启贵	浙江省交通公司第一分厂	浙江省三等劳动模范	1951年5月	
	钱阿德	杭州第一汽车运输公司（获奖时在浙江省修建委员会衢州分会4605工地工作）	浙江省三等劳动模范	1954年9月	
	蒋大成子	杭州搬运公司木排业务站	浙江省二等劳动模范	1954年9月	
			浙江省1954年度工业劳动模范	1955年10月	
	陈荣材	浙江省公路运输局杭州运输段	浙江省1954年度工业劳动模范	1955年10月	
	顾洪章	杭州市公共交通公司	浙江省1954年度工业劳动模范	1955年10月	
	王励之	杭州长途汽车运输公司	浙江省先进生产（工作）者	1955年	
	张苗达	杭州长途汽车运输公司	浙江省先进生产（工作）者	1955年	
	周富良	浙航浙西分公司	浙江省先进生产（工作）者	1955年	
	俞中华	富阳公路段	浙江省先进生产（工作）者	1955年	
				1956年	
	杨士贤	临安养路段	浙江省先进生产（工作）者	1955年	
				1956年	
	景长春	杭州第一汽车运输公司	浙江省先进生产（工作）者	1956年	
	应梅庆	杭州长途汽车运输公司	浙江省先进生产（工作）者	1956年	
	朱福元	杭州长途汽车运输公司	浙江省先进生产（工作）者	1956年	
	朱桂桂	浙江杭州航运公司	浙江省先进生产（工作）者	1956年	
	朱克德	浙航浙西分公司	浙江省先进生产（工作）者	1956年	
				1958年	
	陈荣生	浙航钱江分公司	浙江省先进生产（工作）者	1956年	
				1958年	
	邵　鹏	杭州区公路运输局	浙江省第一个五年计划劳动模范	1958年4月	浙江省人民委员会
	马福荣	杭州长途汽车运输公司	浙江省先进生产（工作）者	1958年	
	王仁根	浙航浙西分公司	浙江省先进生产（工作）者	1958年	
	周秉皓	杭州第一汽车运输公司	浙江省先进生产（工作）者	1958年	

续上表

地区或省属单位	姓名	工作单位	获奖称号	获奖时间	授奖单位及文号
杭州市	董德兴	杭州第一汽车运输公司	浙江省先进生产（工作）者	1958 年	
	刘潮铭	浙江杭州航运公司	浙江省先进生产（工作）者	1958 年	
	江文彬	杭州联运公司	浙江省先进生产（工作）者	1958 年	
	童才德	杭州第一汽车运输公司	浙江省先进生产（工作）者	1958 年	
	蒋阿兴	浙江杭州航运公司	浙江省先进生产（工作）者	1958 年	
				1962 年	
	吴根荣	杭州长途汽车运输公司	浙江省先进生产（工作）者	1959 年	
	张松顺	浙江钱江航运公司	浙江省先进生产（工作）者	1959 年	
	杨来富	杭州第一汽车运输公司	浙江省先进生产（工作）者	1959 年	
	韩松林	杭州第一汽车运输公司	浙江省先进生产（工作）者	1959 年	
	冯天根	浙江钱江航运公司	浙江省先进生产（工作）者	1959 年	
	王广生	杭州拱埠航管所船队	浙江省先进生产（工作）者	1959 年	
	俞春生	浙江杭州航运公司	浙江省先进生产（工作）者	1959 年	
				1962 年	
	许宝华	杭州长途汽车运输公司	浙江省先进生产（工作）者	1959 年	
				1962 年	
	毕长荣	杭州长途汽车运输公司	浙江省先进生产（工作）者	1959 年	
				1963 年	
	郑本土	杭州区运输局	浙江省先进生产（工作）者	1961 年	
				1962 年	
	蒋老虎	杭州第一汽车运输公司	浙江省先进生产（工作）者	1962 年	
	钱宝庆	杭州第一汽车运输公司	浙江省先进生产（工作）者	1962 年	
	汪苗仙	杭州第一汽车运输公司	浙江省先进生产（工作）者	1962 年	
	王禄仪	杭州第一汽车运输公司	浙江省先进生产（工作）者	1962 年	
	李金荣	杭州长途汽车运输公司	浙江省先进生产（工作）者	1962 年	
	王开富	杭州长途汽车运输公司	浙江省先进生产（工作）者	1962 年	

续上表

地区或省属单位	姓名	工作单位	获奖称号	获奖时间	授奖单位及文号
杭州市	邱秉龙	杭州长途汽车运输公司	浙江省先进生产（工作）者	1962年	
	张泉根	浙江杭州航运公司	浙江省先进生产（工作）者	1962年	
	王宝贤	杭州第一汽车运输公司	浙江省先进生产（工作）者	1962年	
	李阿四	杭州第一汽车运输公司	浙江省先进生产（工作）者	1962年	
	董长明	杭州第一汽车运输公司	浙江省先进生产（工作）者	1962年	
	孙　谦	杭州长途汽车运输公司	浙江省先进生产（工作）者	1962年	
	邵忠茂	浙航钱江分公司	浙江省先进生产（工作）者	1962年	
	陈寿增	浙航钱江分公司	浙江省先进生产（工作）者	1962年	
	沈祖运	杭州长途汽车运输公司	浙江省先进生产（工作）者	1962年	
				1963年	
	俞金泉	杭州区运输局	浙江省先进生产（工作）者	1963年	
	钱毛老	杭州交通局养路工程队	浙江省先进生产（工作）者	1963年	
	周张海	杭州第三汽车运输公司	浙江省先进生产（工作）者	1963年	
	蒋志钦	杭州长途汽车运输公司	浙江省先进生产（工作）者	1963年	
	周金富	浙江杭州航运公司	浙江省先进生产（工作）者	1963年	
	方吾炎	杭州第三汽车运输公司	浙江省先进生产（工作）者	1963年	
	唐秀香（女）	杭州公路管理处富阳县公路管理段	浙江省劳动模范	1964年	
			浙江省先进生产（工作）者	1979年7月	中共浙江省委员会 浙江省革命委员会
	刘　伟	杭州市交通局，1975年3月调援助赤道几内亚公路技术组	革命烈士	1977年2月	浙江省人民政府
	刘美星	浙江省交通局直属汽车运输公司	浙江省劳动模范	1978年	浙江省革命委员会
		浙江省汽运公司杭州分公司	浙江省劳动模范	1979年7月	中共浙江省委员会 浙江省革命委员会
			交通部劳动模范	1980年	
	俞子春	杭州第一汽车运输公司	浙江省劳动模范	1979年7月	中共浙江省委员会 浙江省革命委员会

续上表

地区或省属单位	姓名	工作单位	获奖称号	获奖时间	授奖单位及文号
杭州市	何永泉	浙江省航运公司杭州分公司客运所	浙江省劳动模范	1982年10月	浙江省人民政府
	王凤刚	浙江省汽运公司杭州分公司杭州客运站	浙江省劳动模范	1982年10月	浙江省人民政府
	黄凤达	浙江省汽运公司杭州分公司货车大队	浙江省劳动模范	1982年10月	浙江省人民政府
	周珍珠（女）	杭州市第三运输公司上城车队	浙江省劳动模范	1982年10月	浙江省人民政府
	陈耀华（女）	杭州市公共交通公司汽车一场	浙江省劳动模范	1982年10月	浙江省人民政府
	汪静花（女）	杭州市公共交通公司电车场	浙江省劳动模范	1982年10月	浙江省人民政府
	王惠樵	杭州市公共交通公司汽车二场	浙江省劳动模范	1985年12月	浙江省人民政府
	诸葛英（女）	浙江省汽运公司杭州分公司桐庐七里垄站	浙江省劳动模范	1985年12月	浙江省人民政府
	葛广林	杭州第一汽车运输公司第二车队	浙江省劳动模范	1985年12月	浙江省人民政府
	闻根树	杭州市第一汽车运输公司第三车队	1986年度浙江省劳动模范	1987年12月	
	闻国相	浙江省航运公司钱江分公司	1986年度浙江省劳动模范	1987年12月	
	黄樟英（女）	杭州市公共交通公司第三汽车分公司	1987年度浙江省劳动模范	1988年12月	浙江省人民政府
	盛立强	浙江省航运公司杭州分公司浙运118轮	1988年度浙江省劳动模范	1989年9月	浙江省人民政府
	胡茂琪	杭州市第三运输公司东方客运服务处	1988年度浙江省劳动模范	1989年9月	浙江省人民政府
			浙江省“七五”劳动模范	1992年2月	
	杨阿六	杭州市公路管理处	交通部劳动模范	1989年	交通部
	张水囡（女）	杭州内河航运公司	交通部劳动模范	1990年	
	何成法	浙江钱江航运公司客运所	1989年度浙江省劳动模范	1990年9月	浙江省人民政府
	胡玉根	杭州市交通技工学校	全国教育系统劳动模范	1991年	
	朱建其	浙江杭州航运总公司第20船队	交通部劳动模范	1995年1月7日	
	顾海祥	杭州市公路管理处养护科	1994年浙江省劳动模范	1995年3月	浙江省人民政府
	钟礼旺	杭州市公路工程处	交通部劳动模范	1998年	
	高荣根	杭州第一汽车运输总公司	浙江省劳动模范	1999年9月	浙江省人民政府 浙政发〔1999〕242号
	李建平	杭州市交通设施建设处（获奖时在丽水市交通局任局长）	浙江省劳动模范	1999年9月	浙江省人民政府 浙政发〔1999〕242号

续上表

地区或省属单位	姓名	工作单位	获奖称号	获奖时间	授奖单位及文号
杭州市	叶有水	杭州市交通工程质量监督站	全国交通系统先进工作者	2001 年	
	王锡林	杭州市道路运输管理局征收处	浙江省劳动模范	2004 年 9 月	浙江省人民政府浙政发［2004］33 号
	金　尧	杭州市萧山区公路段临浦公路站	浙江省劳动模范	2004 年 9 月	浙江省人民政府浙政发［2004］33 号
	李芳华（女）	杭州市公共交通总公司第一汽车公司	浙江省劳动模范	2004 年 9 月	浙江省人民政府浙政发〔2004〕33 号
	曹国银	杭州市公路管理局	全国交通系统先进工作者	2005 年 3 月	人事部、交通部国人部发［2005］21 号
	方　军	杭州萧山公路开发有限公司	浙江省劳动模范	2009 年 9 月	浙江省人民政府浙政发［2009］63 号
	钟胜阳	杭州市桐庐县公路段	浙江省劳动模范	2009 年 9 月	浙江省人民政府浙政发［2009］63 号
	徐小军	杭州市交通工程集团有限公司	浙江省劳动模范	2009 年 9 月	浙江省人民政府浙政发［2009］63 号
	陈亚萍（女）	杭州市公共交通集团有限公司第三汽车分公司	浙江省劳动模范	2009 年 9 月	浙江省人民政府浙政发〔2009〕63 号
	王德润	杭州市长运运输集团有限公司	全国交通运输系统劳动模范	2009 年 12 月	人社部、交通运输部人社部发［2009］170 号
	毛　剑	杭州市交通信息中心	全国交通运输系统先进工作者	2009 年 12 月	人社部、交通运输部人社部发［2009］170 号
宁波市	陈赞淮	宁波慈久储运有限公司（获奖时在部队服役）	三级人民英雄奖章（享受省级劳动模范待遇）	1948 年	华东野战军
	应文兰	慈溪安东船员工筹会	浙江省一等劳动模范	1951 年 5 月	
	俞火荣	浙江省公路运输局宁波运输处余姚汽车站（原余姚姚江汽车公司）	浙江省二等劳动模范	1951 年 5 月	
	史阿富	宁波华东内河航运公司	浙江省三等劳动模范	1951 年 5 月	
	徐志良	宁波港务局	浙江省 1954 年度工业劳动模范	1955 年 10 月	
	王根法	宁波地区汽车运输公司	浙江省劳动模范	1978 年	浙江省革命委员会
		浙江省汽车运输公司宁波分公司	浙江省劳动模范	1979 年 7 月	中共浙江省委员会浙江省革命委员会
	胡阿梅（女）	鄞县航运公司鄞东客运站	浙江省劳动模范	1979 年 7 月	中共浙江省委员会浙江省革命委员会
	郑秉和	北仑港建设指挥部一航局一处五队打柱班	浙江省劳动模范	1979 年 7 月	中共浙江省委员会浙江省革命委员会
	林万炯	宁波市升船过堰机站	浙江省劳动模范	1979 年 7 月	中共浙江省委员会浙江省革命委员会
	何语欣	浙江省汽车运输公司宁波分公司修理厂	浙江省劳动模范	1982 年 10 月	浙江省人民政府

续上表

地区或省属单位	姓名	工作单位	获奖称号	获奖时间	授奖单位及文号
宁波市	严方连	宁海县公路段民主道班	浙江省劳动模范	1982年10月	浙江省人民政府
	吴德范	宁波港务管理局镇海作业区	浙江省劳动模范	1982年10月	浙江省人民政府
	孙泰东	宁波市汽运公司第三车队	浙江省劳动模范	1985年12月	浙江省人民政府
	戴定梅（女）	宁波市公共交通公司第一车队	浙江省劳动模范	1985年12月	浙江省人民政府
	李忠兆	宁波港务管理局宁波作业区	浙江省劳动模范	1985年12月	浙江省人民政府
	任艺华	宁波港务局宁波作业区装卸一队	1986年度浙江省劳动模范	1987年12月	
	沈国成	宁波市公路总段慈溪公路段油路施工队	1987年度浙江省劳动模范	1988年12月	浙江省人民政府
	李　英（女）	宁波市公共交通公司第二车队	1987年度浙江省劳动模范	1988年12月	浙江省人民政府
	毛林华	奉化市长途汽车运输公司	1988年度浙江省劳动模范	1989年9月	浙江省人民政府
	俞鹤鸣	宁波港务局镇海港埠公司机械队内燃机修理班	1988年度浙江省劳动模范	1989年9月	浙江省人民政府
	张锁珍	宁波港务局引航站	1989年度浙江省劳动模范	1990年9月	浙江省人民政府
	包根祥	宁波市汽运集团	交通部劳动模范	1993年	
	贝金玲	宁波市公交总公司	交通部劳动模范	1994年	
	张帆芳	宁波海运总公司天童轮	1994年浙江省劳动模范	1995年3月	浙江省人民政府
	范宝甫	宁波市公交总公司	交通部劳动模范	1999年	
	杨剑文	宁波海运(集团)总公司	浙江省劳动模范	1999年9月	浙江省人民政府浙政发〔1999〕242号
	张文浩	宁波市北仑区公路管理段	浙江省劳动模范	1999年9月	浙江省人民政府浙政发〔1999〕242号
	华高明	交通部第三航务工程局第四工程公司第一工程处	浙江省劳动模范	1999年9月	浙江省人民政府浙政发〔1999〕242号
	孙荣光	宁波港务局轮驳公司	浙江省劳动模范	1999年9月	浙江省人民政府浙政发〔1999〕242号
	韩士庆	象山县公路管理段田洋湖公路站	全国交通系统劳动模范	2001年	人事部、交通部人发〔2001〕106号
	许　杰	宁波海运股份有限公司“明州20”轮	浙江省劳动模范	2004年9月	浙江省人民政府浙政发〔2004〕33号
	励亚波（女）	宁波市公共交通总公司	浙江省劳动模范	2004年9月	浙江省人民政府浙政发〔2004〕33号

续上表

地区或省属单位	姓名	工作单位	获奖称号	获奖时间	授奖单位及文号
宁波市	吕忠达	杭州湾大桥工程指挥部	浙江省劳动模范	2004年9月	浙江省人民政府浙政发〔2004〕33号
	夏慧星	宁波市海曙区客货车队	浙江省劳动模范	2004年9月	浙江省人民政府浙政发〔2004〕33号
	戴自国	中国港湾建设总公司上海航道局第二工程公司“航浚1003”轮	浙江省劳动模范	2004年9月	浙江省人民政府浙政发〔2004〕33号
	徐燎原	宁波市汽车客运服务中心宁波南站	全国交通系统劳动模范	2005年3月	人事部、交通部国人部发〔2005〕21号
	朱　宝	宁波港集团北仑第二集装箱有限公司	全国交通系统劳动模范	2005年3月	人事部、交通部国人部发〔2005〕21号
	郑　伟	宁波市公路管理局	浙江省劳动模范	2009年9月	浙江省人民政府浙政发〔2009〕63号
	徐爱敏	宁波市高等级公路建设指挥部	浙江省劳动模范	2009年9月	浙江省人民政府浙政发〔2009〕63号
	胡耀华	宁波港股份有限公司镇海港埠分公司	浙江省劳动模范	2009年9月	浙江省人民政府浙政发〔2009〕63号
	孙德丰	宁波市公共交通有限公司	浙江省劳动模范	2009年9月	浙江省人民政府浙政发〔2009〕63号
	何育章	宁波交通工程建设集团有限公司	全国交通运输系统劳动模范	2009年12月	人社部、交通运输部人社部发〔2009〕170号
温州市	胡理寿	温州市搬运公司第六站	浙江省一等劳动模范	1951年5月	
	鲁书声	温州市海员工会金龙汽船	浙江省二等劳动模范	1951年5月	
	姚家丰	浙江省汽车运输公司温州分公司大修厂（获奖时在浙江省交通公司龙游修理班工作）	浙江省二等劳动模范	1951年5月	
		温州区公路运输局	浙江省先进生产（工作）者	1959年3月	
	朱启芳	温州市搬运公司	浙江省1954年度工业劳动模范	1955年10月	
			浙江省先进生产（工作）者	1955年度	
			浙江省第一个五年计划劳动模范	1958年4月	浙江省人民委员会
		温州搬运公司东门搬运站	浙江省先进生产（工作）者	1958年度	
		温州市交通局东门搬运站	浙江省先进生产（工作）者	1959年3月	
				1959年10月	
				1962年	
		温州市汽运公司东门站	浙江省先进生产（工作）者	1963年度	

续上表

地区或省属单位	姓名	工作单位	获奖称号	获奖时间	授奖单位及文号
温州市	孙马亭	温州市搬运公司	浙江省1954年度工业劳动模范	1955年10月	
	林岩进	温州市木帆船船民	浙江省先进生产(工作)者	1955年度	
	李培林	温州市搬运公司	浙江省先进生产(工作)者	1955年度	
		温州市交通局港埠作业站	浙江省先进生产(工作)者	1959年3月	
	孙善农	浙江省公路局丽水运输处	浙江省先进生产(工作)者	1956年度	
		温州区公路运输局(后到黄岩某交通单位工作)	浙江省先进生产(工作)者	1959年3月	
	孙忠民	浙江省公路局丽水运输处	浙江省先进生产(工作)者	1956年度	
	章洪森	浙江省公路局丽水运输处	浙江省先进生产(工作)者	1956年度	
	吴升寿	浙江省公路局丽水运输处	浙江省先进生产(工作)者	1956年度	
	罗珍云	温州市搬运公司	浙江省先进生产(工作)者	1956年度	
		温州搬运公司木材搬运站	浙江省先进生产(工作)者	1958年度	
		温州市交通局西门搬运站	浙江省先进生产(工作)者	1959年10月	
	周燕棠(堂)	浙江省公路局丽水运输处	浙江省先进生产(工作)者	1956年度	
		温州区公路运输局(后到临海某交通单位工作)	浙江省先进生产(工作)者	1959年3月	
	陈有水	浙江省公路局丽水运输处	浙江省先进生产(工作)者	1956年度	
		温州区公路运输局汽车修配厂	浙江省先进生产(工作)者	1962年	
				1963年度	
	赵淑芳(女)	浙江省公路局丽水运输处	浙江省先进生产(工作)者	1956年度	
	杨照民	浙江省公路局丽水运输处	浙江省先进生产(工作)者	1956年度	
	何文旺	温州市航运局南门管理站	浙江省先进生产(工作)者	1956年度	
	刘化忠	温州区公路运输局丽水运输段括苍渡口	浙江省先进生产(工作)者	1958年度	
	陈星玉	温州外海木帆船公司	浙江省先进生产(工作)者	1958年度	
		温州市航运局沿海航运站	浙江省先进生产(工作)者	1962年	
		温州区航运局	浙江省先进生产(工作)者	1963年度	
	黄成森	平阳鳌江搬运站	浙江省先进生产(工作)者	1958年度	

续上表

地区或省属单位	姓名	工作单位	获奖称号	获奖时间	授奖单位及文号
温州市	郑阿治	瑞安搬运站	浙江省先进生产(工作)者	1958年度	
				1959年3月	
		瑞安县搬运站	浙江省先进生产(工作)者	1962年	
		瑞安市搬运公司党支部	浙江省先进生产(工作)者	1963年度	
		瑞安县搬运公司	浙江省劳动模范	1979年7月	中共浙江省委员会 浙江省革命委员会
	李庭充	温州区公路运输局车队	浙江省先进生产(工作)者	1958年度	
		温州区公路运输局温州运输段	浙江省先进生产(工作)者	1963年度	
	陈林魁	温州港务办事处	浙江省先进生产(工作)者	1958年度	
		温州市航运局	浙江省先进生产(工作)者	1959年3月	
				1959年10月	
				1962年	
		温州区航运局	浙江省先进生产(工作)者	1963年度	
	林宝旺	温州轮船公司内河营业处	浙江省先进生产(工作)者	1958年度	
	曹维纲	温州专署交通局	浙江省先进生产(工作)者	1959年3月	
	王其冠	温州区公路运输局	浙江省先进生产(工作)者	1959年3月	
	董鸿庆	温州区公路运输局鳌江运输股	浙江省先进生产(工作)者	1959年3月	
				1959年10月	
	周盛发	温州车辆监理所	浙江省先进生产(工作)者	1959年3月	
	刘日寅	温州市交通局南门搬运站	浙江省先进生产(工作)者	1959年3月	
	陈尧富	温州市交通局内港站	浙江省先进生产(工作)者	1959年3月	
				1959年10月	
				1962年	
		温州区航运局内港航运站	浙江省先进生产(工作)者	1963年度	
	叶庆洪	温州区公路运输局	浙江省先进生产(工作)者	1959年3月	
	张　舜	温州区公路运输局	浙江省先进生产(工作)者	1959年3月	
	梁上福	平阳县航运公司	浙江省先进生产(工作)者	1959年3月	
				1962年	
				1963年度	

续上表

地区或省属单位	姓名	工作单位	获奖称号	获奖时间	授奖单位及文号
温州市	夏三姆	温州市交通局西门搬运站	浙江省先进生产(工作)者	1959年3月	
				1962年	
	金学绸	温州市交通局东门搬运站	浙江省先进生产(工作)者	1959年3月	
	徐阿媛(女)	温州市交通局西门搬运站	浙江省先进生产(工作)者	1959年10月	
	陆忠义	温州区公路运输局	浙江省先进生产(工作)者	1959年10月	
	何重根	温州区公路运输局温州运输股	浙江省先进生产(工作)者	1959年10月	
	郑元臣	乐清县运输公司柳市运输站	浙江省先进生产(工作)者	1959年10月	
	李鸿安	温州市航运局	浙江省先进生产(工作)者	1959年10月	
	张志宽	温州市交通局南门搬运站	浙江省先进生产(工作)者	1959年10月	
	张宗教	温州市交通局港埠作业站	浙江省先进生产(工作)者	1959年10月	
	叶通姆	永嘉县运输公司	浙江省先进生产(工作)者	1959年10月	
	陈时玉	温州市汽车修配厂	浙江省先进生产(工作)者	1962年	
				1963年度	
	张宗敖	温州市交通局港埠作业站	浙江省先进生产(工作)者	1962年	
		温州港埠作业站	浙江省先进生产(工作)者	1963年度	
	过子余	温州区公路运输局温州运输段	浙江省先进生产(工作)者	1962年	
	林玉祥	温州区公路运输局鳌江运输段	浙江省先进生产(工作)者	1962年	
	木云彬	瑞安县交通局工程队	浙江省先进生产(工作)者	1962年	
	金福京	温州市交通局南门搬运站	浙江省先进生产(工作)者	1962年	
	陈顺发	温州区公路运输局泰顺运输段	浙江省先进生产(工作)者	1962年	
	吴永生	温州市三轮车站	浙江省先进生产(工作)者	1963年度	
	吴加仁	瑞安市轮船公司	浙江省先进生产(工作)者	1963年度	
	倪道华	温州区公路运输局鳌江运输段	浙江省先进生产(工作)者	1963年度	
	蔡明罗	平阳县城关搬运站	浙江省先进生产(工作)者	1963年度	

续上表

地区或省属单位	姓名	工作单位	获奖称号	获奖时间	授奖单位及文号
温州市	陈修珍	永嘉运输公司	浙江省先进生产（工作）者	1963年度	
	胡万山	温州市外海运输公司	浙江省先进生产（工作）者	1963年度	
	夏法泛	泰顺百丈木帆船运输合作社	浙江省先进生产（工作）者	1963年度	
	徐林元	平阳县平瑞运输社	浙江省先进生产（工作）者	1963年度	
	周汝提	文成县汇溪运输社	浙江省先进生产（工作）者	1963年度	
	陈星标	永嘉黄田运输社	浙江省先进生产（工作）者	1963年度	
	陈加进	苍南县钱库运输站	浙江省先进生产者	1977年	
	施辰生	温州地区汽车运输公司	浙江省劳动模范	1978年	浙江省革命委员会
		浙江省汽车运输公司温州分公司	浙江省劳动模范	1979年7月	中共浙江省委员会 浙江省革命委员会
	陈彰碎	平阳平瑞线运输社	浙江省劳动模范	1979年7月	中共浙江省委员会 浙江省革命委员会
	赵沛界	文成县公路段	浙江省劳动模范	1979年7月	中共浙江省委员会 浙江省革命委员会
	韩业广	浙江省航运公司温州分公司浙海101轮	浙江省劳动模范	1979年7月	中共浙江省委员会 浙江省革命委员会
				1982年10月	浙江省人民政府
	曹利发	浙江省汽车运输公司温州分公司	浙江省劳动模范	1982年10月	浙江省人民政府
	章新法	文成县公路段（获奖时在嵊县公路段工作）	浙江省劳动模范	1982年10月	浙江省人民政府
	厉守京	浙江省汽车运输公司温州分公司	浙江省劳动模范	1985年12月	浙江省人民政府
			1986年度浙江省劳动模范	1987年12月	
	金志德	浙江省航运公司温州分公司浙海117轮	1987年度浙江省劳动模范	1988年12月	浙江省人民政府
	庞振升	温州市公共交通公司	1988年度浙江省劳动模范	1989年9月	浙江省人民政府
	金爱芬（女）	温州市公共交通公司第一车队	1989年度浙江省劳动模范	1990年9月	浙江省人民政府
	黄崇星	永嘉公路段金竹溪道班	1989年度浙江省劳动模范	1990年9月	浙江省人民政府
			交通部劳动模范	1990年	交通部
	郑朋木	温州长运集团有限公司	浙江省劳动模范	1999年9月	浙江省人民政府浙政发〔1999〕242号

续上表

地区或省属单位	姓名	工作单位	获奖称号	获奖时间	授奖单位及文号
温州市	张迪聚	温州长运集团有限公司客运一公司	全国交通系统劳动模范	2001年	人事部、交通部人发[2001]106号
	林崇兴	温州公交集团有限公司	浙江省劳动模范	2004年9月	浙江省人民政府浙政发[2004]33号
	朱士庚	温州长运集团有限公司	浙江省劳动模范	2004年9月	浙江省人民政府浙政发[2004]33号
	宋白桦	温州机场大道(疏港公路)综合管理处	浙江省劳动模范	2004年9月	浙江省人民政府浙政发[2004]33号
	阮诗科	温州长运集团有限公司	浙江省劳动模范	2009年9月	浙江省人民政府浙政发[2009]63号
	陈卡拉	温州大桥管理处	浙江省劳动模范	2009年9月	浙江省人民政府浙政发[2009]63号
	张宪达	温州市公路管理处稽查二大队五中队	浙江省劳动模范	2009年9月	浙江省人民政府浙政发[2009]63号
	余定善	乐清市长运总公司乐清客运站	全国交通运输系统劳动模范	2009年12月	人力资源与社会保障部、交通运输部人社部发[2009]170号
湖州市	蒋胜林	吴兴海员工人	浙江省三等劳动模范	1951年5月	
	陈伯祥	湖州航运公司	浙江省第一个五年计划劳动模范	1958年4月	浙江省人民委员会
		湖州航运公司801轮	浙江省劳动模范	1978年	浙江省革命委员会
		浙江省航运公司湖州分公司客运所801轮	浙江省劳动模范	1979年7月	中共浙江省委员会浙江省革命委员会
			浙江省劳动模范	1982年10月	浙江省人民政府
	金炳发	湖州市装卸运输公司第装卸站	浙江省劳动模范	1982年10月	浙江省人民政府
	李留成	浙江省航运公司湖州分公司	浙江省劳动模范	1985年12月	浙江省人民政府
	沈志明	浙江省汽车运输公司湖州分公司长兴中心站	浙江省劳动模范	1985年12月	浙江省人民政府
	张阿根	湖州市汽车运输总公司湖州分公司客车二队	1989年度浙江省劳动模范	1990年9月	浙江省人民政府
	卢爱义	湖州市运管处	交通部先进个人	1994年	交通部
	祁荣喜	湖州市航运实业总公司浙运713轮	1994年浙江省劳动模范	1995年3月	浙江省人民政府
	沈宝珠(女)	德清县源顺船务有限公司	交通部先进个人	1998年	交通部
	董觉民	湖州市公路运输管埋稽征所南浔征费站	全国交通系统先进工作者	2001年	人事部、交通部人发[2001]106号
	楼建平	德清县车辆通行征费管理所三桥收费站	浙江省劳动模范	2004年9月	浙江省人民政府浙政发[2004]33号

续上表

地区或省属单位	姓名	工作单位	获奖称号	获奖时间	授奖单位及文号
湖州市	虞根源	湖州市车辆通行费征收处	全国交通系统先进工作者	2005年3月	人事部、交通部国人部发[2005]21号
	丁晓春	湖州长运汽车运输有限公司客运出租分公司	浙江省劳动模范	2009年9月	浙江省人民政府浙政发[2009]63号
	陆新民	湖州市公路管理处	全国交通运输系统先进工作者	2009年12月	人社部、交通运输部人社部发[2009]170号
	楼秋红（女）	湖州市公路运输管理稽征处	全国交通运输系统先进工作者	2009年12月	人社部、交通运输部人社部发[2009]170号
嘉兴市	沈寿观	嘉善客运站	浙江省先进生产者	1955年	浙江省人民政府
	谢阿昌	平湖搬运工会	浙江省先进生产者	1955年	浙江省人民政府
	钱天庆	海宁斜桥业务（搬运）接洽处	浙江省先进生产者	1955年	浙江省人民政府
	韩阿林	嘉兴区航运局平湖营业站	浙江省先进生产者	1955年	浙江省人民政府
	李金荣	嘉兴区航运局平湖营业站	浙江省先进生产者	1955年	浙江省人民政府
	王阿大	国营平湖运输公司	浙江省先进生产者	1955年	浙江省人民政府
	秦延林	国营平湖运输公司	浙江省先进生产者	1955年	浙江省人民政府
	阮荣生	国营平湖运输公司	浙江省先进生产者	1955年	浙江省人民政府
	陆锦英	嘉兴市国鸿汽车运输公司	浙江省文教战线社会主义建设积极分子	1956年	
	李鹿武	嘉兴市国鸿汽车运输公司	浙江省工业、基建、交通社会主义建设积极分子	1959年	
	王阿荣	地方国营平湖运输公司	浙江省先进生产者	1962年	浙江省人民政府
				1963年	
	王桐甫	海宁客运站	浙江省先进生产者	1962年	浙江省人民政府
	杨绍昌	嘉航总公司	浙江省先进生产者	1962年	浙江省人民政府
	王木根	海宁长安镇造船社	浙江省先进生产者	1963年	浙江省人民政府
	朱明忠	嘉兴县桥梁队	浙江省劳动模范	1978年	浙江省革命委员会
			浙江省劳动模范	1979年7月	中共浙江省委员会 浙江省革命委员会
		嘉兴市桥梁工程队	全国交通战线劳动模范	1980年	交通部
			浙江省劳动模范	1982年10月	浙江省人民政府
	曹炳观	海盐县公路段	浙江省先进生产者	1978、1979年	浙江省革命委员会
	佘莘潮	嘉兴搬运装卸公司	浙江省先进生产者	1979年	浙江省革命委员会
	毛钊贵	海宁长安镇搬运站	浙江省先进生产者	1979年	浙江省革命委员会
	王加富	浙江省航运公司嘉兴分公司货运大队	浙江省劳动模范	1985年12月	浙江省人民政府

续上表

地区或省属单位	姓名	工作单位	获奖称号	获奖时间	授奖单位及文号
嘉兴市	王德法	浙江省航运公司嘉兴分公司	1986年度浙江省劳动模范	1987年12月	
	陆锦祥	海盐县运输公司	1989年度浙江省劳动模范	1990年9月	浙江省人民政府
	丁士林	平湖市航运公司	浙江省劳动模范	1999年9月	浙江省人民政府浙政发〔1999〕242号
	王 洪	嘉兴市公路运管稽征处	全国交通系统先进工作者	2001年	人事部、交通部人发[2001]106号
	严凤祥	嘉兴市交通工程质量监督站	浙江省劳动模范	2004年9月	浙江省人民政府浙政发[2004]33号
	王卓琦（女）	嘉兴市交通投资集团有限责任公司	全国交通系统劳动模范	2005年3月	人事部、交通部国人部发[2005]21号
	方建义	嘉兴市公路管理处	浙江省劳动模范	2009年9月	浙江省人民政府浙政发[2009]63号
	边胜荣	嘉兴城郊港航管理处检查站	全国交通运输系统劳动模范	2009年12月	人社部、交通运输部人社部发[2009]170号
	樊关根	嘉善县交通局	全国交通运输系统先进工作者	2009年12月	人社部、交通运输部人社部发[2009]170号
	田春良	嘉兴港航管理局思古桥港航管理检查站	革命烈士	2010年12月	浙江省人民政府
绍兴市	钱菊亭	嵊县嵩新汽车公司	浙江省二等劳动模范	1951年5月	
	陈贵兴	绍兴市萧绍曹嵩汽车公司（后调台州运输公司工作）	浙江省二等劳动模范	1951年5月	
	谢式堂	绍兴市萧绍曹嵩汽车公司	浙江省三等劳动模范	1951年5月	
	茅东水	上虞县百官义江码头	浙江省三等劳动模范	1951年5月	
	孙水根	绍兴市搬运公司	浙江省先进工作者	1956年	
	吕巾元	绍兴市公路管理处（获奖时在部属单位工作）	全国交通系统先进工作者	1956年	
	孙章初	浙江省工程局绍兴养路段	浙江省先进统计工作者（享受省先进生产工作者待遇）	1956年	
	陈九生	绍兴县第一木帆船运输合作社	浙江省先进工作者	1958年	浙江省人民政府
	陈鹤翔	宁波地区公路运输局嵊县中心站	浙江省先进工作者	1958年	浙江省人民政府
	蒲长根	绍兴航运管理局	浙江省先进工作者	1958年	浙江省人民政府
	张阿水	绍兴市运输公司业务站	浙江省先进工作者	1959年	浙江省人民政府
	章张元	绍兴市运输公司火车站业务站	浙江省先进工作者	1959年	浙江省人民政府
	蒋兴桥	上虞县航管所	浙江省先进工作者	1959年	
	陈定娜	诸暨县运输公司	浙江省先进工作者	1959年	

续上表

地区或省属单位	姓名	工作单位	获奖称号	获奖时间	授奖单位及文号
绍兴市	钱金富	诸暨中心站萧山汽车站	浙江省先进工作者	1962 年	
	李海潮	余姚中心站曹娥汽车站	浙江省先进工作者	1962 年	
	杨寿录	诸暨湄池航运站	浙江省工、交、基建、财贸系统先进生产者	1962 年	
		诸暨县轮木船运输合作社		1964 年	
	章阿松	绍兴市县航运公司	浙江省工、交、基建、手工业系统先进生产者	1962 年	
	王桂堂	绍兴县搬运公司	浙江省先进工作者	1962 年	浙江省人民政府
	严圣化	宁波地区公路运输局新昌县小蒋站	浙江省先进工作者	1962 年	浙江省人民政府
	吕学明	宁波地区公路运输局嵊县运输段	浙江省先进工作者	1962 年	浙江省人民政府
				1964 年	
	杨小木	上虞县运输公司	浙江省先进工作者	1962 年	浙江省人民政府
	张灿老	宁波地区公路运输局嵊县运输段甘霖道班	浙江省先进工作者	1962 年	浙江省人民政府
		嵊县公路段甘霖道班	浙江省劳动模范	1978 年	浙江省革命委员会
		绍兴地区公路总段嵊县公路段甘霖道班	浙江省劳动模范	1979 年 7 月	中共浙江省委员会 浙江省革命委员会
	孙海生	绍兴县航运公司	浙江省先进工作者	1964 年	
	傅五一	绍兴县松林船厂	浙江省先进工作者	1964 年	
	劳阿扬	绍兴县运输段车队	浙江省先进工作者	1964 年	浙江省人民政府
	胡幼仁	绍兴县搬运公司塔山业务站	浙江省先进工作者	1964 年	浙江省人民政府
	谢锦春	绍兴县钱清船业生产合作社	浙江省先进工作者	1964 年	浙江省人民政府
	傅金林	嵊县城关镇搬运站	浙江省工、交、基建先进生产者	1964 年	
	俞樟明	嵊县嵊曹港运输合作二社	浙江省先进工作者	1964 年	
		嵊县航运公司	浙江省先进工作者	1978 年	浙江省革命委员会
			先进工作者	1978 年	交通部
	钱智镛	嵊县客运站	浙江省先进工作者	1978 年	浙江省革命委员会
	楼汉根	诸暨县搬运公司	浙江省先进工作者	1978 年	浙江省革命委员会
	顾顺堂	上虞县搬运公司	浙江省先进工作者	1978 年	浙江省革命委员会
	孙百庆	嵊县黄泽运输公司	先进工作者	1978 年	交通部
	王双泉	绍兴航运公司	浙江省先进工作者	1978 年	浙江省革命委员会
		绍兴县公路段	浙江省先进工作者	1979 年	浙江省革命委员会
	章新法	嵊县公路管理段甘霖道班（后调往温州市文成县公路段工作）	浙江省劳动模范	1982 年 10 月	浙江省人民政府
	杨永才	浙江省汽运公司绍兴分公司诸暨中心站	浙江省劳动模范	1982 年 10 月	浙江省人民政府

续上表

地区或省属单位	姓名	工作单位	获奖称号	获奖时间	授奖单位及文号
绍兴市	马南平	嵊县北山交监站	先进工作者	1983年	交通部
	徐忠岳	浙江省汽运公司绍兴分公司嵊县中心站	浙江省劳动模范	1985年12月	浙江省人民政府
	陈如永	上虞县航运公司	1987年度浙江省劳动模范	1988年12月	浙江省人民政府
	裘素珍	绍兴县公路段	浙江省先进工作者	1989年	浙江省人民政府
	戴礼尚	绍兴市第二航运公司	浙江省先进工作者	1989年	浙江省人民政府
	杨松贵	绍兴市第二航运公司	先进工作者	1989年	交通部
	王水木	绍兴汽车运输集团公司	全国交通系统劳动模范	1994年	
	章利军	新昌县公路管理段	1994年浙江省劳动模范	1995年3月	
	鲁海潮	绍兴市交通工程公司二公司	浙江省劳动模范	1999年9月	浙江省人民政府浙政发〔1999〕242号
	李仲牛	绍兴市交通建设监理咨询有限公司	全国交通系统劳动模范	2001年	人事部、交通部人发〔2001〕106号
	田宏梅（女）	绍兴市公共交通总公司	浙江省劳动模范	2004年9月	浙江省人民政府浙政发〔2004〕33号
	袁鸿娟（女）	绍兴市汽运集团有限公司公路客运中心	全国交通系统劳动模范	2005年3月	人事部、交通部国人部发〔2005〕21号
	王正辉	新昌县公路管理段拔茅公路站	全国交通运输系统先进工作者	2009年12月	人社部、交通运输部2009.12.9发文人社部发〔2009〕170号
舟山市	林世浩	定海县搬运站	浙江省劳动模范或浙江省先进生产者	1955年	
	辛仙法	普陀县沈家门镇搬运站	浙江省劳动模范或浙江省先进生产者	1955年	
	乐秀君	舟山地区舟山航运管理处航运股	出席全国交通（航运、公路）系统先进工作者代表大会者	1956年	
	杨修美	舟山航运局机料科	浙江省劳动模范或浙江省先进生产者	1958年	
	俞福嵩	舟山县交通运输管理局秀山运输站	浙江省劳动模范	1962年	
	王宝生	舟山县航运局“浙海704”轮	浙江省劳动模范或浙江省先进生产者	1962年	
	胡成建	舟山县运输公司	浙江省劳动模范或浙江省先进生产者	1962年	
	占启国	舟山公路运输段	浙江省劳动模范	1963年	
	孔水美	舟山区航运局	浙江省劳动模范或浙江省先进生产者	1963年	
	胡成连	普陀县第一运输合作社	浙江省劳动模范或浙江省先进生产者	1963年	

续上表

地区或省属单位	姓名	工作单位	获奖称号	获奖时间	授奖单位及文号
舟山市	华德根	岱山县高亭运输合作社	浙江省劳动模范或浙江省先进生产者	1963年	
	黄金泰	岱山县秀山机帆船运输合作社	浙江省劳动模范或浙江省先进生产者	1963年	
	姜孝财	嵊泗县嵊山搬运站	浙江省劳动模范或浙江省先进生产者	1963年	
	尤善法	普陀县沈家门搬运站	浙江省劳动模范或浙江省先进生产者	1963年	
	蒲信宽	岱山县高亭搬运站	浙江省劳动模范或浙江省先进生产者	1963年	
	张忠棠	定海县运输合作社	浙江省劳动模范或浙江省先进生产者	1963年	
	胡存富	普陀县海运公司132号船	浙江省劳动模范	1978年	浙江省革命委员会
		普陀县海运公司“772”轮		1979年7月	中共浙江省委员会 浙江省革命委员会
	王木林	定海县海运公司“101”轮	浙江省劳动模范	1979年7月	中共浙江省委员会 浙江省革命委员会
	王林忠	岱山县海运公司第六船队“岱机691”船	浙江省劳动模范或浙江省先进生产者	1979年	浙江省革命委员会
	陈志鸿	岱山县海运公司第八船队	浙江省劳动模范或浙江省先进生产者	1982年	
	程如安	定海县海运公司“浙定1号”轮	浙江省劳动模范	1985年12月	浙江省人民政府
	陈兆源	舟山海星轮船有限公司	全国交通系统劳动模范	1994年	交通部、人事部交体法发［1994］1095号
	王炳松	浙江舟山第一海运有限公司	全国交通系统劳动模范	1994年	人事部、交通部
	张承德	浙江舟山第一海运有限公司清波轮	1994年浙江省劳动模范	1995年3月	浙江省人民政府
	沃棉康	舟山港务管理局引航管理站	1994年浙江省劳动模范	1995年3月	浙江省人民政府
	薛伟君	舟山海星轮船有限公司	全国交通系统劳动模范	1997年	人事部、交通部
	李阿坦	舟山市宏道公路养护工程有限公司白泉公路站	浙江省劳动模范	2004年9月	浙江省人民政府浙政发［2004］33号
	李建杭	舟山市海峡汽车轮渡有限责任公司	浙江省劳动模范	2004年9月	浙江省人民政府浙政发［2004］33号
	徐裕康	浙江扬帆船舶集团有限公司	浙江省劳动模范	2004年9月	浙江省人民政府浙政发［2004］33号
	郭　超	舟山市汽车运输有限公司快客分公司	浙江省劳动模范	2004年9月	浙江省人民政府浙政发［2004］33号
	方海平	舟山市普陀南顺旅游客运有限责任公司	全国旅游系统劳动模范	2007年4月	人事部、国家旅游局国人部发［2007］53号
	张　科	浙江东鹏船舶修造有限公司	浙江省劳动模范	2009年9月	浙江省人民政府浙政发［2009］63号

续上表

地区或省属单位	姓名	工作单位	获奖称号	获奖时间	授奖单位及文号
舟山市	王泓波	浙江舟山一海海运有限公司	全国交通运输系统劳动模范	2009年12月	人力资源和社会保障部、交通运输部人社部发[2009]170号
	李亚定	浙江舟山港海通中转储运有限公司	全国交通运输系统劳动模范	2009年12月	人力资源和社会保障部、交通运输部人社部发[2009]170号
台州市	陈贵兴	台州运输公司(获奖时在绍兴萧绍曹嵩汽车公司工作)	浙江省二等劳动模范	1951年5月	浙江省人民政府
	陈太法	临海城区搬运站	浙江省三等劳动模范	1951年5月	浙江省人民政府
	张万春	临海某交通单位	浙江省先进工作者	1955年	浙江省人民政府
	金玉良	临海某交通单位	浙江省先进工作者	1955年	浙江省人民政府
	邹　斌	临海中心站	浙江省三等劳动模范	1955年	
	俞世民	临海中心站	全国交通系统先进生产者	1955年	
	姚肇基	黄岩某交单位(获奖时在丽水运输处任驾驶员)	浙江省先进工作者	1955年	浙江省人民政府
	周燕堂(棠)	临海某交通单位(1955、1956年获奖时在浙江省公路局丽水运输处汽车保养车间任装配工,1958、1959年获奖时在温州区公路运输局工作)	浙江省先进工作者	1955年、1956年	浙江省人民政府
			浙江省先进工作者	1958年、1959年	
			浙江省工交、基建、财贸社会主义建设先进生产者	1962年、1963年	
	钱道华	三门某交通单位	浙江省先进工作者	1956年	浙江省人民委员会
	梁宽铨	天台某交通单位	浙江省先进工作者	1956年、1958年	浙江省人民政府
	孙善农	黄岩某交通单位(1956年获奖时在浙江省公路局丽水运输处工作,1959年获奖时在温州区公路运输局工作)	浙江省先进工作者	1956年、1959年	浙江省人民政府
	徐德林	温岭某交通单位	浙江省系统先进生产者	1958年	浙江省人民政府
	周招秋	海门轮船公司	浙江省工交、基建、财贸社会主义建设先进生产者	1958年	浙江省人民政府
	陶连成	椒江某交通单位	浙江省先进生产者	1958年	浙江省人民政府
	李吟芳	宁波区公路运输局临海运输段	浙江省先进生产者	1959年	浙江省人民政府
	王尚石	天台运输公司	浙江省先进工作者	1959年	浙江省人民委员会
	黄文波	临海运输段	浙江省工交、基建、财贸先进工作者	1962年	浙江省人民政府
	何昌浚(俊)	临海县前所航运公司(获奖时在临海县运输公司前所大队)	浙江省工交、基建、财贸先进工作者	1962年、1963年	浙江省人民政府

续上表

地区或省属单位	姓名	工作单位	获奖称号	获奖时间	授奖单位及文号
台州市	杨小东	温岭某交通单位	浙江省系统先进生产者	1962年、1963年	浙江省人民政府
	黄美布	玉环某交通单位	浙江省工交、基建、手工业先进生产者	1962年、1963年	浙江省人民政府
	梁瑞义	海门海运公司	浙江省工交、基建、财贸先进生产者	1962年	浙江省人民政府
	周老五	海门海运公司	浙江省工交、基建、财贸先进生产者	1963年	浙江省人民政府
	林志全	玉环某交通单位	浙江省工交、基建、手工业先进生产者	1963年	浙江省人民政府
	丁森法	海门港务局	浙江省工交、基建、财贸先进生产者	1963年	浙江省人民政府
	徐樟栓	台州运输公司	浙江省系统先进生产者	1963年	浙江省人民政府
	钱土泉	三门某交通单位	浙江省先进工作者	1972年	
	何锦文	临海县运输公司	浙江省先进生产者	1978年	浙江省革命委员会
	张存孝	台州公路总段临海公路段青松道班	浙江省劳动模范	1979年7月	中共浙江省委员会 浙江省革命委员会
	李阿其	玉环某交通单位	浙江省先进工作者	1979年7月	中共浙江省委员会 浙江省革命委员会
	顾荣其	仙居县公路段大桥道班	浙江省劳动模范	1980年9月	浙江省人民政府000240
				1982年10月	浙江省人民政府
	徐能国	浙江省汽运公司临海分公司天台站	浙江省劳动模范	1985年12月	浙江省人民政府
	王远谋	浙江省航运公司海门分公司浙海305轮	浙江省劳动模范	1985年12月	浙江省人民政府
	仇永春	温岭县公路段大溪道班	1988年度浙江省劳动模范	1989年9月	浙江省人民政府
	叶呈法	浙江省海门海运公司浙江404轮	1989年度浙江省劳动模范	1990年9月	浙江省人民政府
	阮周元	玉环县公路管理段	交通部劳动模范	1990年	交通部
	李阳长	海门港务局装卸公司	1994年浙江省劳动模范	1995年3月	
	王青玉	浙江玉峰集团	全国交通系统劳动模范	1998年9月21日	人事部、交通部人发[1998]81号
	叶梅福	黄岩区公路管理段	全国交通系统先进工作者	2001年	人事部、交通部人发[2001]106号
	冯顺剑	台州市台金高速公路建设指挥部	浙江省劳动模范	2004年9月	浙江省人民政府浙政发[2004]33号

续上表

地区或省属单位	姓名	工作单位	获奖称号	获奖时间	授奖单位及文号
台州市	郑　岩	台州市客运西站有限公司	全国交通运输系统劳动模范	2009 年 12 月	人力资源和社会保障部、交通运输部人社部发[2009]170 号
	林宗国	台州市公路管理处机料科	全国交通运输系统先进工作者	2009 年 12 月	人力资源和社会保障部、交通运输部人社部发[2009]170 号
金华市	施锦泉	浦江县中心站	浙江省先进工作者	1956 年	
	楼开红	浦江县搬运服务站	浙江省先进工作者	1956 年	
	施清松	兰溪县运输公司	浙江省先进工作者	1959 年	
	郭增友	武义县壶山搬运公司	浙江省社会主义建设积极分子	1959 年	
	方樟奎	武义县壶山搬运公司	浙江省社会主义建设积极分子	1959 年	
	周树旺	金华地区交通局汽车修理厂	浙江省劳动模范	1978 年	浙江省革命委员会
	吴松茂	金华县运输公司	浙江省先进工作者	1979 年	浙江省革命委员会
	项天生	武义县汽车站	浙江省先进工作者	1979 年	浙江省革命委员会
	茅　宏	武义县公路段	浙江省先进工作者	1980 年	
	卢连敏	浙江省汽车运输公司金华分公司金华客运南站	浙江省劳动模范	1982 年 10 月	浙江省人民政府
			浙江省特等劳动模范	1985 年 12 月	
	陈　源	金华市汽车运输公司	浙江省劳动模范	1985 年 12 月	浙江省人民政府
	陈马标	兰溪县运输公司	浙江省先进工作者	1985 年	
	范冬冬	兰溪县运输公司	浙江省先进工作者	1985 年	
	贾礼相	武义县公路段水泥路施工组	1987 年度浙江省劳动模范	1988 年 12 月	浙江省人民政府
	王跃飞	浙江恒风集团有限公司	全国交通系统劳动模范	1991 年	
				2001 年	人事部、交通部人发[2001]106 号
	黄义根	浦江县公路段	浙江省劳动模范	1992 年	
	陈增华	武义县通达公路养护工程有限公司王宅公路站	浙江省劳动模范	2004 年 9 月	浙江省人民政府浙政发[2004]33 号
	金建婵（女）	金华市公共交通总公司职业培训中心	浙江省劳动模范	2004 年 9 月	浙江省人民政府浙政发[2004]33 号

续上表

地区或省属单位	姓名	工作单位	获奖称号	获奖时间	授奖单位及文号
金华市	杨活龙	东阳市公路管理段里坞公路站	全国交通系统劳动模范	2005年3月	人事部、交通部国人部发〔2005〕21号
		浙江省东阳市公路管理段	浙江省劳动模范	2009年9月	浙江省人民政府浙政发〔2009〕63号
	徐光明	浙江通济交通运输股份有限公司	浙江省劳动模范	2009年9月	浙江省人民政府浙政发〔2009〕63号
	俞孔发	金华市婺城区公路管理段姜山头公路养护站	浙江省劳动模范	2009年9月	浙江省人民政府浙政发〔2009〕63号
	胡金松	浙江通济交通运输股份有限公司	全国交通运输系统劳动模范	2009年12月	人社部、交通运输部人社部发〔2009〕170号
衢州市	姜遇阶	衢县搬运公司	支前模范	1950年	浙江省人民政府
	陈根水	浙江省交通公司江山保养场	浙江省一等劳动模范	1951年5月	
	姚家丰	浙江省交通公司龙游修理班(后调温州工作)	浙江省二等劳动模范	1951年5月	
	余扬奎	衢州养路段华埠汽车渡班1960年调:双港口汽车渡班	浙江省1954年度工业劳动模范	1955年10月	浙江省人民委员会
			全国公路劳动模范	1955年	交通部
	罗吉鉴	江山汽车运输处	浙江省先进生产(工作)者	1955年	浙江省人民政府
	陈樟棠	开化木运站	浙江省先进生产(工作)者	1955年	浙江省人民政府
	方有财	衢县搬运公司	浙江省先进生产(工作)者	1955~1958年	浙江省人民政府
	施宝财	衢州汽车中心站	浙江省先进生产(工作)者	1956年	浙江省人民政府
	施德维	龙游汽车中心站	浙江省先进生产(工作)者	1956年	浙江省人民政府
	蔡中立	龙游汽车运输段	浙江省先进生产(工作)者	1958年	浙江省人民政府
	田　立	衢州汽车运输段	浙江省先进生产(工作)者	1958年	浙江省人民政府
	夏兴隆	衢州汽车运输段	浙江省社会主义建设积极分子	1959年	浙江省人民政府
	高宝奎	衢州汽车运输段	浙江省社会主义建设积极分子	1959年	浙江省人民政府
	陈金富	衢县搬运公司	浙江省社会主义建设积极分子	1959年	浙江省人民政府
	许金姚	开化航运站	浙江省先进生产(工作)者	1960~1962年	浙江省人民政府
	杨生富	衢汽集团公司	浙江省工、交、建、财贸系统先进生产(工作)者	1962年	浙江省人民委员会
	徐连木	衢州汽车运输段	浙江省先进生产(工作)者	1962年	浙江省人民政府

续上表

地区或省属单位	姓名	工作单位	获奖称号	获奖时间	授奖单位及文号
衢州市	李金荣	衢州汽车运输段	浙江省先进生产（工作）者	1962 年	浙江省人民政府
	严云祥	衢县搬运公司	浙江省先进生产（工作）者	1962 年	浙江省人民政府
	李春林	衢县搬运公司	浙江省先进生产（工作）者	1962 年	浙江省人民政府
	王德祖	江山县搬运公司	浙江省先进生产（工作）者	1962 年	浙江省人民政府
	顾洪祥	开化汽车站	浙江省先进生产（工作）者	1962 年	浙江省人民政府
	姜樟根	常山航运社	浙江省先进生产（工作）者	1962 ~ 1963 年	浙江省人民政府
	周达米	衢县搬运公司	浙江省先进生产（工作）者	1963 年	浙江省人民政府
	兰冬寿	衢县黄坛口航运社	浙江省先进生产（工作）者	1963 年	浙江省人民政府
	杜景庆	浙江省汽车运输公司衢州分公司	浙江省劳动模范	1979 年 7 月	中共浙江省委员会 浙江省革命委员会
	吴永祥	龙游长途汽车运输有限公司	全国交通系统两个文明建设劳动模范	1991 年 7 月	交通部/0000052
	姚明富	205 国道开化收费站	革命烈士	1995 年 1 月	浙江省人民政府
	孙招龙	衢州浙西造船厂	全国交通系统劳动模范	1995 年	人事部、交通部
	夏子明	龙游县公路管理段	浙江省劳动模范	1999 年 9 月	浙江省人民政府浙政发［1999］242 号
	郑国香（女）	龙游县公路管理段溪口公路站	全国交通系统劳动模范	2001 年 12 月	国家人事部、交通部人发［2001］106 号
	郑文俊	衢州市交通工程质量监督站	全国交通系统先进工作者	2005 年 3 月	人事部、交通部国人部发［2005］21 号
	朱小华	江山市公路管理段	浙江省劳动模范	2009 年 9 月	浙江省人民政府浙政发［2009］63 号
	吴茶香（女）	衢州市交通局	全国交通运输系统先进工作者	2009 年 12 月	人社部、交通运输部人社部发［2009］170 号
丽水市	王继武	丽水地区汽车运输公司（获奖时在丽水交通公司保养场工作）	浙江省一等劳动模范	1951 年 5 月	
	金少余	丽水地区汽车运输公司（获奖时任浙江省交通公司丽水保养司机）	浙江省二等劳动模范	1951 年 5 月	
	茅阿忠	丽水黄梅记修理厂	浙江省二等劳动模范	1951 年 5 月	
	裴长根	丽水地区汽车运输公司（获奖时在浙江省交通公司丽水保养场工作）	浙江省三等劳动模范	1951 年 5 月	

续上表

地区或省属单位	姓名	工作单位	获奖称号	获奖时间	授奖单位及文号
丽水市	孟宪琨	丽水地区汽车运输公司（原丽水运输处）	浙江省先进生产（工作）者	1955年	浙江省人民政府
	姚肇基	丽水运输处（后到黄岩某交通单位工作）	浙江省先进生产（工作）者	1955年	浙江省人民政府
	周燕堂（棠）	浙江省公路局丽水运输处汽车保养车间（后到临海某交通单位工作）	浙江省先进生产（工作）者	1955年	浙江省人民政府
	徐振妙	浙江省公路局丽水运输处客运站（后到丽水县交通局、丽水电力公司工作）	浙江省先进生产（工作）者	1955年	浙江省人民政府
				1956年	
			全国交通先进生产（工作）者代表会三等荣誉奖章	1956年	交通部
	杨芝香	丽水地区汽车运输公司（获奖时在浙江省公路局丽水运输处汽车保养车间任装配工）	浙江省先进生产（工作）者	1957年6月	浙江省人民政府
	卢增桂	丽水地区汽车运输公司（获奖时在浙江省公路局丽水运输处客运站任装卸工）	浙江省先进生产（工作）者	1957年6月	浙江省人民政府
	邓鸿松	丽水地区汽车运输公司（获奖时在浙江省公路局丽水运输处任炊事员）	浙江省先进生产（工作）者	1957年6月	浙江省人民政府
	李梦阳	丽水地区汽车运输公司（原温州运输处龙泉中心站）	浙江省先进生产（工作）者	1959年3月	浙江省人民政府
				1959年10月	
	曹宝源	丽水地区汽车运输公司（原温州运输处丽水中心站）	浙江省先进生产（工作）者	1959年3月	浙江省人民政府
	方豪正	丽水地区汽车运输公司（原温州运输处丽水中心站）	浙江省先进生产（工作）者	1959年10月	浙江省人民政府
	何坤松	丽水地区公路总段青田县公路养路队	浙江省先进生产（工作）者	1959年	浙江省人民政府
	董玉成	丽水地区汽车运输公司（原温州运输处龙泉中心站）	浙江省先进生产（工作）者	1962年5月	浙江省人民政府
	陈享宜	丽水地区汽车运输公司（原温州运输处丽水中心站）	浙江省先进生产（工作）者	1962年5月	浙江省人民政府
	吴金娟（女）	遂昌汽车站	全国交通系统先进工作者	1964年	交通部

续上表

地区或省属单位	姓名	工作单位	获奖称号	获奖时间	授奖单位及文号
丽水市	陈再新	丽水地区汽车运输公司龙泉中心站	浙江省劳动模范	1978年	浙江省革命委员会
		浙江省汽车运输公司丽水分公司龙泉汽车中心站	浙江省劳动模范	1979年7月	中共浙江省委员会 浙江省革命委员会
			全国交通战线劳动模范	1980年	
		浙江省汽运公司丽水分公司龙泉货车队	浙江省劳动模范	1982年10月	浙江省人民政府
	张发其	丽水地区公路总段	浙江省先进生产（工作）者	1979年7月	中共浙江省委员会 浙江省革命委员会
	兰光谅	遂昌县交通局	浙江省劳动模范	1982年10月	浙江省人民政府
	蓝伟亮	丽水地区汽车运输公司丽水客运分公司	1988年度浙江省劳动模范	1989年9月	浙江省人民政府
	魏翠芳（女）	丽水地区汽运公司	全国交通系统劳动模范	1994年10月	人事部、交通部
	潘陈根	松阳县长途汽车运输总公司	1994年浙江省劳动模范	1995年3月	浙江省人民政府
	王炳生	丽水地区汽运公司	全国交通系统劳动模范	1998年5月	人事部、交通部
	李建平	丽水市交通局（后调杭州市交通设施建设处工作）	浙江省劳动模范	1999年9月	浙江省人民政府浙政发〔1999〕242号
	宋火星	松阳县长运有限公司	全国交通系统劳动模范	2001年10月	人事部、交通部
	张　毅	遂昌县公路管理段	全国交通系统先进工作者	2005年3月	人事部、交通部
	鲍伟平	景宁县公路段石竹岙公路站	革命烈士	2006年1月	中共浙江省委、浙江省人民政府
浙江省公路管理局	赵大高	浙江省工程局器材供应站	全国公路劳动模范	1955年	交通部
	孔繁龄	浙江省交通厅工程局	浙江省先进统计工作者（根据浙人复［1997］708号文件，孔繁龄同志享受省级劳模荣誉津贴）	1956年	
	蔡体楞	浙江省交通厅工程局	浙江省一九五六年先进生产（工作）者	1957年6月8日	浙江省人民委员会
	陈大有	浙江省交通厅公路工程队	浙江省第一个五年计划劳动模范	1958年4月	浙江省人民委员会
	方树德	浙江省交通厅工程局	浙江省先进工作者	1962年	
	葛辰生	浙江省交通厅工程局	浙江省先进工作者	1962年	
	郑明祥	浙江省工程局第二工程队	交通部劳动模范	1988年	交通部
	杨才古	浙江省公路管理局（获奖时在衢州市交通局工作）	全国交通系统先进工作者	1998年	人事部、交通部
	朱汉华	浙江省公路管理局	浙江省劳动模范	2004年9月	浙江省人民政府浙政发［2004］33号
	蔡金荣	浙江省公路管理局	全国交通系统先进工作者	2005年3月	人事部、交通部国人部发［2005］21号

续上表

地区或省属单位	姓名	工作单位	获奖称号	获奖时间	授奖单位及文号
浙江省公路管理局	朱定勤	浙江省公路管理局	全国交通运输系统先进工作者	2009年12月	人社部、交通运输部人社部发［2009］170号
浙江交通职业技术学院	沈尧根	浙江省交通学校	浙江省社会主义建设积极分子	1957年	浙江省人民政府
	钟祖耀	浙江省交通学校	交通部劳动模范	1991年	人事部、交通部
	陈文华	浙江交通职业技术学院	浙江省劳动模范	2009年9月	浙江省人民政府浙政发［2009］63号
	张乐飞（女）	浙江交通职业技术学院路桥学院	全国交通运输系统先进工作者	2009年12月	人社部、交通运输部人社部发［2009］170号
浙江省交通规划设计研究院	吴德忠	浙江省交通设计院	浙江省劳动模范	1985年12月	浙江省人民政府
	蔡方毅	浙江省交通规划设计研究院	高速公路建设功勋奖并记一等功	2002年12月	浙江省人民政府浙政发［2002］30号
	方贤平	浙江省交通规划设计研究院	全国交通系统先进工作者	2005年3月	人事部、交通部国人部发［2005］21号
浙江省海运集团	甘顺富	台州海运有限公司	全国交通系统劳动模范	2005年3月	人事部、交通部国人部发［2005］21号
浙江申苏浙皖高速公路有限公司	李雪平	浙江申嘉湖杭高速公路有限公司	全国交通系统劳动模范	2005年3月	人事部、交通部国人部发［2005］21号
浙江沪杭甬高速公路有限公司	顾卫林	大云管理所	全国交通运输系统劳动模范	2009年12月	人社部、交通运输部　人社部发［2009］170号
浙江省交通工程建设集团有限公司	蔡纪棠	浙江省交通工程建设集团	浙江省劳动模范	1999年9月	浙江省人民政府浙政发〔1999〕242号
	吴　伟	第三交通工程有限公司	高速公路建设功勋奖并记一等功	2002年12月	浙江省人民政府浙政发［2002］30号
	李卫炎	第三交通工程有限公司	全国交通运输系统劳动模范	2009年12月	人社部、交通运输部人社部发［2009］170号
浙江省机场管理局	鲁晓萍（女）	杭州萧山国际机场有限公司物业管理公司生活服务中心	浙江省劳动模范	2004年9月	浙江省人民政府浙政发〔2004〕33号
浙江省交通运输厅	张治中	浙江省交通厅	高速公路建设功勋奖并记一等功	2002年12月	浙江省人民政府浙政发［2002］30号

续上表

地区或省属单位	姓名	工作单位	获奖称号	获奖时间	授奖单位及文号
省高速公路指挥部	夏林章	杭金衢高速公路工程建设指挥部	高速公路建设功勋奖并记一等功	2002年12月	浙江省人民政府浙政发[2002]30号
	翟三扣	金丽温高速公路工程建设指挥部	高速公路建设功勋奖并记一等功	2002年12月	浙江省人民政府浙政发[2002]30号
	孙国梁	杭州市绕城高速公路东线工程建设指挥部	高速公路建设功勋奖并记一等功	2002年12月	浙江省人民政府浙政发[2002]30号
	陈有华	宁波市高等级公路建设指挥部	高速公路建设功勋奖并记一等功	2002年12月	浙江省人民政府浙政发[2002]30号
	陈宏峰	温州市高速公路工程建设总指挥部	高速公路建设功勋奖并记一等功	2002年12月	浙江省人民政府浙政发[2002]30号
	张吉太	上三高速公路上虞段工程建设指挥部	高速公路建设功勋奖并记一等功	2002年12月	浙江省人民政府浙政发[2002]30号
	章勤方	湖州市高速公路工程建设指挥部	高速公路建设功勋奖并记一等功	2002年12月	浙江省人民政府浙政发[2002]30号
	杨荣华	原沪杭、乍嘉苏高速公路工程建设指挥部	高速公路建设功勋奖并记一等功	2002年12月	浙江省人民政府浙政发[2002]30号
	张志明	杭金衢高速公路金华市工程建设指挥部	高速公路建设功勋奖并记一等功	2002年12月	浙江省人民政府浙政发[2002]30号
	毛建民	杭金衢高速公路衢州市工程建设指挥部	高速公路建设功勋奖并记一等功	2002年12月	浙江省人民政府浙政发[2002]30号
	管敏森	台州市高速公路工程建设指挥部	高速公路建设功勋奖并记一等功	2002年12月	浙江省人民政府浙政发[2002]30号
	黄丽华	金丽温高速公路莲都区段工程建设指挥部	高速公路建设功勋奖并记一等功	2002年12月	浙江省人民政府浙政发[2002]30号

特别提示：

1.根据1990年6月14日浙江省总工会和浙江省劳动人事厅联合发文的有关规定，从1990年起，凡是“全国五一劳动奖章”获得者，同时被授予“浙江省劳动模范”称号。浙江省交通系统荣获上述称号的名字已排列在“浙江省交通系统荣获中华全国总工会表彰的先进个人（全国五一劳动奖章）名录”之中。他们的名字在本名录中不再出现。

2.2003年1月20日浙江省人事厅发出的《浙江省人事厅关于张治中等15位同志享受省部级劳动模范、先进工作者待遇的通知》（浙人公〔2003〕26号）称：按照经省政府同意的《浙江省人事厅、浙江省交通厅关于表彰高速公路建设先进集体和先进个人的通知》（浙人公〔2002〕209号）精神，2002年被省政府授予“高速公路建设功勋奖”荣誉称号并记一等功的张治中等15名同志享受省部级劳动模范、先进工作者待遇，在机关事业单位的可按省人事厅浙人奖〔1995〕112号文件规定，从2002年12月起晋升一档职务工资。

3.舟山市交通系统1955～1985年期间部份获奖人的资料来自《舟山市交通志》（海洋出版社1998年10月第1版）第351～352页。由于该志书没有具体分清获奖人究竟是获“浙江省劳动模范”称号，还是获“浙江省先进生产者”称号，因此在无法辨别的情况下，本志书对上述名录“获奖称号”一栏，采取用一个“或”字的写法，即写成“浙江省劳动模范或浙江省先进生产者”。

4.台州市交通系统1951～1990年期间获奖人的资料来自《台州交通志》（团结出版社1993年8月第1版）第374～377页。由于该志书对获奖人的工作单位没有具体写明，因此本志书在上述名录“工作单位”一栏中写成：“××（地方名）某交通单位”。

二、先进集体〔省模范(先进)集体、部先进集体〕(见表8-3-6)

浙江省交通系统荣获省人民政府、国务院部委表彰的
先进集体〔省模范(先进)集体、部先进集体〕名录
(1950~2010年)

表8-3-6

地区或省属单位	获奖集体	所在单位	获奖称号	获奖时间	授奖单位及文号
杭州市	富阳工区第二道班	建德养路段	全国公路劳模单位	1955年	交通部
	江干业务站第六小组	杭州市运输公司	浙江省先进单位	1956年	
	余杭县木帆船运输合作社		浙江省先进单位	1956年	
	修理车间大修小组	杭州区公路运输局	浙江省先进集体	1958年	
	货车队二保小组	杭州区公路运输局	浙江省先进集体	1958年	
	316轮机舱小组	杭州区航运局	浙江省先进集体	1958年	
	江干第四中队第六小组	杭州市搬运公司	浙江省先进集体	1958年	
	西兴业务站第七小队	萧山搬运公司	浙江省先进集体	1958年	
	三级保养组	杭州市运输公司	浙江省先进单位	1959年3月	
	二车场装卸九工班	杭州市运输公司	浙江省先进单位	1959年3月	
	永一号轮船	钱江航运局	浙江省先进单位	1959年3月	
	轮胎车间	杭州市汽车修配厂	浙江省先进单位	1959年3月	
	直属车队车间二保组	杭州区公路运输局	参加浙江省先进集体和先进生产者代表大会	1959年10月	
	装卸队一工班	杭州区公路运输局	参加浙江省先进集体和先进生产者代表大会	1959年10月	
	行运课业务编制小组	杭州市运输公司	参加浙江省先进集体和先进生产者代表大会	1959年10月	
	二车场装卸九工班	杭州市运输公司	参加浙江省先进集体和先进生产者代表大会	1959年10月	
	轮胎车间	杭州市交通机械修配厂	参加浙江省先进集体和先进生产者代表大会	1959年10月	
	浙运115轮	杭州区航运局	参加浙江省先进集体和先进生产者代表大会	1959年10月	
	装卸中队十小队	杭州区航运局	参加浙江省先进集体和先进生产者代表大会	1959年10月	

续上表

地区或省属单位	获奖集体	所在单位	获奖称号	获奖时间	授奖单位及文号
杭州市	浙运120轮	杭州区航运局	参加浙江省先进集体和先进生产者代表大会	1959年10月	
	浙运先锋客轮小组	钱江航运局	参加浙江省先进集体和先进生产者代表大会	1959年10月	
	九码头二小组	杭州市下城区水陆装卸站	参加浙江省先进集体和先进生产者代表大会	1959年10月	
	养护工程队观音桥道班	杭州市交通管理局	浙江省先进集体	1961年	
				1962年	
	新登运输段桐庐道班	杭州区公路运输局	浙江省先进集体	1961年	
				1962年	
	临安运输段余杭站	杭州区公路运输局	浙江省先进集体	1961年	
				1962年	
	浙运第8661驳	杭州区航运局	浙江省先进集体	1961年	
				1962年	
	第一车队轮胎小组	杭州市运输公司	浙江省先进集体	1962年	
	杭州运输段二保小组	杭州区公路运输局	浙江省先进集体	1962年	
	货运第十六船队	浙江省航运公司杭州分公司	浙江省劳动模范集体	1979年7月	中共浙江省委员会浙江省革命委员会
	装卸一工班	杭州第一汽车运输公司	浙江省劳动模范集体	1982年10月	浙江省人民政府
	一号客轮	余杭县瓶窑航运站	浙江省劳动模范集体	1982年10月	浙江省人民政府
	第二车队一工班	杭州第一汽车运输公司	浙江省劳动模范集体	1985年12月	浙江省人民政府
	西园至毛竹园“三八”航线	淳安县航运公司客运站	浙江省劳动模范集体	1985年12月	浙江省人民政府
	杭州市第三运输公司		浙江省先进企业	1987年	
	杭州内河航运公司		浙江省先进企业	1990年	
	余杭航运公司		浙江省先进企业	1990年	
	货运第十七船队	杭州航运公司	浙江省“七五”模范集体	1992年2月	浙江省人民政府
	杭州市余杭区交通局		全国交通系统先进集体	2005年	人事部、交通部国人部发〔2005〕21号

续上表

地区或省属单位	获奖集体	所在单位	获奖称号	获奖时间	授奖单位及文号
宁波市	一号客轮（奉航一号客轮）	奉化县航运公司	浙江省劳动模范集体	1979年7月	中共浙江省委员会浙江省革命委员会
				1982年10月	浙江省人民政府
				1985年12月	
		奉化市航运公司	浙江省“七五”模范集体	1992年2月	浙江省人民政府
	八路行车组	宁波市公共交通公司	浙江省劳动模范集体	1985年12月	浙江省人民政府
	甬港拖6号轮	宁波港务局轮驳公司	浙江省“七五”模范集体	1992年2月	浙江省人民政府
	白节灯塔	交通部宁波海上安全监督局镇海航标区	浙江省“七五”模范集体	1992年2月	浙江省人民政府
	天童轮	宁波海运总公司	1994年浙江省模范集体	1995年3月	浙江省人民政府
	余姚市四自公路管理所		全国交通系统先进集体	2001年	人事部、交通部人发〔2001〕106号
	宁波港集团有限公司		浙江省模范集体	2004年9月	浙江省人民政府2004.9.28发出浙政发〔2004〕33号
	杭州湾大桥工程指挥部		全国交通系统先进集体	2005年	人事部、交通部国人部发〔2005〕21号
	96520举报投诉受理中心	宁波市公路运输管理处	全国交通运输系统先进集体	2009年12月	人力资源和社会保障部、交通运输部2009年12月9日发出人社部发〔2009〕170号文
温州市	金竹溪道班	永嘉县公路段	浙江省“七五”模范集体	1992年2月	浙江省人民政府
	洞头县公路管理段		1994年浙江省模范集体	1995年3月	浙江省人民政府
	中村公路养护管理站	永嘉县公路管理段	浙江省模范集体	1999年9月	浙江省人民政府浙政发〔1999〕242号
	温州市公路运输管理处		全国交通运输系统先进集体	2009年12月	人力资源和社会保障部、交通运输部2009.12.9发出人社部发〔2009〕170号文
湖州市	湖州市搬运服务站		浙江省先进单位	1955年	浙江省人民政府
	安吉县递铺汽车站		浙江省先进集体	1959年	浙江省人民政府
	长兴县运输公司雉城站		浙江省先进集体	1962年	浙江省人民委员会
	104号轮	长兴县运输公司	浙江省先进集体	1963年	浙江省人民委员会
	船舶修造厂	安吉县航运公司	浙江省先进集体	1978年	浙江省革命委员会

续上表

<table>
<tr><th>地区
或
省属单位</th><th>获奖集体</th><th>所在单位</th><th>获奖称号</th><th>获奖时间</th><th>授奖单位及文号</th></tr>
<tr><td rowspan="10">湖州市</td><td rowspan="2">长兴汽车中心站修理车间</td><td rowspan="2"></td><td rowspan="2">浙江省先进车间</td><td>1978 年</td><td>浙江省革命委员会</td></tr>
<tr><td>1979 年</td><td>浙江省革命委员会</td></tr>
<tr><td>庾村道班</td><td>德清县公路段</td><td>浙江省先进集体</td><td>1978 年</td><td>浙江省革命委员会</td></tr>
<tr><td rowspan="2">安吉县航运公司</td><td rowspan="2"></td><td rowspan="2">浙江省先进集体</td><td>1979 年</td><td>浙江省革命委员会</td></tr>
<tr><td>1987 年</td><td>浙江省人民政府</td></tr>
<tr><td>湖州市内河航运公司</td><td></td><td>浙江省先进企业</td><td>1987 年</td><td>浙江省人民政府</td></tr>
<tr><td>湖州分公司</td><td>浙江省航运公司</td><td>浙江省先进企业</td><td>1988 年</td><td>浙江省人民政府</td></tr>
<tr><td>湖州市车辆通行费征收处</td><td></td><td>全国交通系统先进集体</td><td>2001 年</td><td>人事部、交通部人发〔2001〕106 号</td></tr>
<tr><td>湖州市公路运输管理处</td><td></td><td>全国交通系统先进集体</td><td>2005 年</td><td>人事部、交通部国人部发〔2005〕21 号</td></tr>
<tr><td colspan="5" style="display:none"></td></tr>
<tr><td>嘉兴市</td><td>嘉兴市港航管理局</td><td></td><td>全国交通系统先进集体</td><td>2005 年</td><td>人事部、交通部国人部发〔2005〕21 号</td></tr>
<tr><td rowspan="2">绍兴市</td><td>诸暨航管所</td><td>绍兴市航管处</td><td>全国交通系统先进集体</td><td>1997 年</td><td>人事部、交通部</td></tr>
<tr><td>拔茅公路站</td><td>新昌县公路管理段</td><td>全国交通系统先进集体</td><td>2001 年</td><td>人事部、交通部人发〔2001〕106 号</td></tr>
<tr><td rowspan="4">舟山市</td><td>芦花道班</td><td>普陀区公路段</td><td>浙江省“七五”模范集体</td><td>1992 年 2 月</td><td>浙江省人民政府</td></tr>
<tr><td>舟渡 7 号轮</td><td>舟山市海峡汽车轮渡有限责任公司</td><td>浙江省模范集体</td><td>1999 年 9 月</td><td>浙江省人民政府浙政发〔1999〕242 号</td></tr>
<tr><td>浙江省舟山连岛工程建设指挥部</td><td></td><td>浙江省模范集体</td><td>2009 年 9 月</td><td>浙江省人民政府 2009.9.27 发出浙政发〔2009〕63 号文</td></tr>
<tr><td>舟山海星轮船有限公司</td><td></td><td>全国交通运输系统先进集体</td><td>2009 年 12 月</td><td>人力资源和社会保障部、交通运输部 2009.12.9 发出人社部发〔2009〕170 号文</td></tr>
<tr><td rowspan="7">台州市</td><td>第二道班</td><td>临海养路段</td><td>全国交通先进集体</td><td>1956 年</td><td>交通部</td></tr>
<tr><td rowspan="2">临海工区第一二联合道班</td><td rowspan="2">获奖时，属浙江省宁波区公路运输局</td><td>浙江省先进集体</td><td>1956 年</td><td></td></tr>
<tr><td>浙江省第一个五年计划模范集体</td><td>1958 年 4 月</td><td>浙江省人民委员会</td></tr>
<tr><td>温岭工区</td><td></td><td>浙江省先进集体</td><td>1958 年</td><td>浙江省人民政府</td></tr>
<tr><td>临海县搬运公司第二小组</td><td></td><td>浙江省工业、交通、基建、财贸社会主义建设先进集体</td><td>1959 年</td><td>浙江省人民政府</td></tr>
<tr><td>三门高枧车站</td><td></td><td>浙江省工业、交通、基建、财贸社会主义建设先进集体</td><td>1959 年</td><td>浙江省人民政府</td></tr>
<tr><td>天台运输公司</td><td></td><td>浙江省工业、交通、基建、财贸社会主义建设先进集体</td><td>1959 年</td><td>浙江省人民政府</td></tr>
</table>

续上表

地区或省属单位	获奖集体	所在单位	获奖称号	获奖时间	授奖单位及文号
台州市	前所站605号木船	临海县运输公司	浙江省工交、基建、财贸系统先进集体	1962年	浙江省人民政府
	海门造船厂		浙江省工交、基建、财贸系统先进集体	1962年	浙江省人民政府
	装卸班	天台运输公司	浙江省先进集体	1962年	浙江省人民政府
	黄岩路桥汽车站		浙江省先进单位	1962年	浙江省人民政府
				1963年	
	坎门造船合作社车间		浙江省工交、基建、手工业先进集体	1963年	浙江省人民政府
	三门高枧道班		浙江省工交、基建、手工业先进集体	1963年	浙江省人民政府
	仙居运输社第5小组		浙江省工交、基建、手工业先进集体	1963年	浙江省人民政府
	天台道班	天台县养路段	浙江省工交、基建、手工业先进集体	1963年	浙江省人民政府
	浙海黄101轮	椒江运输社	浙江省工交、基建、手工业先进集体	1963年	浙江省人民政府
	浙江404轮	浙江省航运公司海门分公司	浙江省劳动模范集体	1979年7月	中共浙江省委员会浙江省革命委员会
	天台车辆监理站		浙江省先进集体	1980年	浙江省人民政府
	天台白鹤道班		浙江省先进集体	1982年	浙江省人民政府
				1983年	
	大溪道班	温岭县公路段	浙江省劳动模范集体	1985年12月	浙江省人民政府
			浙江省“七五”模范集体	1992年2月	
	台州市黄岩区公路路政管理大队		浙江省模范集体	2004年9月	浙江省人民政府2004.9.28发出浙政发〔2004〕33号文
	台州市交通局		全国交通运输系统先进集体	2009年12月	人力资源和社会保障部、交通运输部2009.12.9发出人社部发〔2009〕170号文
金华市	业务股	兰溪县运输公司	浙江省社会主义建设先进集体	1959年	浙江省人民政府
	武义县搬运公司		浙江省先进集体	1961年	浙江省人民政府
				1963年	
	浦江道班	浦江县公路段	浙江省劳动模范集体	1979年7月	中共浙江省委员会浙江省革命委员会
			全国交通战线先进单位	1980年	交通部
			浙江省劳动模范集体	1982年10月	浙江省人民政府
	金华市公共交通总公司		浙江省模范集体	1999年9月	浙江省人民政府浙政发〔1999〕242号

续上表

地区或省属单位	获奖集体	所在单位	获奖称号	获奖时间	授奖单位及文号
金华市	甬金高速公路金华市建设指挥部		全国交通系统先进集体	2005年	人事部、交通部2005.3.9发出国人部发〔2005〕21号文
	K8路公交线	金华市公共交通总公司二分公司	浙江省模范集体	2009年9月	浙江省人民政府浙政发〔2009〕63号
	金华市公路管理处		全国交通运输系统先进集体	2009年12月	人力资源和社会保障部、交通运输部2009.12.9发出人社部发〔2009〕170号文
衢州市	华埠搬运站三八妇女运输队	开化县运输公司	全国工交系统先进集体	1959年	全国工交系统代表大会
	华埠搬运大队	开化县华埠搬运站	浙江省先进集体	1964年	浙江省人民委员会
	封家道班	开化县公路管理段	浙江省"七五"模范集体	1992年2月	浙江省人民政府
丽水市	丽水养路段		全国交通系统先进单位	1956年	
	松阳县古市道班		全国交通系统先进集体	1956年	
	松阳工区第六道班	获奖时,属衢州养路段	全国交通先进集体	1956年	交通部
	客车队第一小组	丽水运输处	浙江省先进集体	1956年4月	浙江省人民政府
	搬运小组	丽水中心站	浙江省先进集体	1957年6月	浙江省人民政府
	丽水修理车间		浙江省先进集体	1959年	浙江省人民政府
	遂昌养路点103道班	获奖时,属金华养路段	全国交通系统先进集体	1959年	全国群英会
	吉尔半挂小组	龙泉运输段	浙江省先进集体	1964年	浙江省人民政府
	遂昌县公路运管稽征所		全国交通系统先进集体	2001年	人事部、交通部人发〔2001〕106号
	松阳县长运有限公司		全国交通运输系统先进集体	2009年12月	人社部、交通运输部人社部发〔2009〕170号
省属单位	临安养路段第六道班	浙江省交通厅工程局	浙江省先进集体	1955年	
	建德管理所富阳管理站	浙江省交通厅航运管理局	浙江省先进集体	1955年	
	浙405拖轮	国营浙江省轮船公司浙西分公司	浙江省先进集体	1955年	
	杭州运输处客车队第二小组	浙江省交通厅公路运输管理局	浙江省先进单位	1956年	
	杭州运输处客车队第五小组	浙江省交通厅公路运输管理局	浙江省先进单位	1956年	
	杭州运输处桐庐站	浙江省交通厅公路运输管理局	浙江省先进单位	1956年	

续上表

地区或省属单位	获奖集体	所在单位	获奖称号	获奖时间	授奖单位及文号
省属单位	第一交通工程有限公司	浙江省交通工程建设集团	全国交通系统先进集体	2001年	人事部、交通部人发〔2001〕106号
	杭州管理所	浙江沪杭甬高速公路股份有限公司	全国交通系统先进集体	2001年	人事部、交通部人发〔2001〕106号
	浙江杭金衢高速公路有限公司		全国交通系统先进集体	2005年	人事部、交通部国人部发〔2005〕21号
	浙江省交通厅工程质量监督站		全国交通系统先进集体	2005年	人事部、交通部国人部发〔2005〕21号
	浙江省交通工程建设集团有限公司		浙江省模范集体	2009年9月	浙江省人民政府浙政发〔2009〕63号
	浙江省交通规划设计研究院		全国交通运输系统先进集体	2009年12月	人社部、交通运输部人社部发〔2009〕170号

第九篇　交 通 文 化

交通文化是交通行业在长期的交通建设、运输和管理实践中逐步形成并不断发展的，为广大交通人所普遍认同并付诸实践的，具有鲜明行业特点和时代特征的价值理念，是交通行业各种精神文化、物质文化和制度文化等的总和，具有交通行业特有的外在表现形式。

文化是历史的积淀，交通历史的发展是交通文化的重要内容和展示。浙江交通文化起源可追溯到新石器时代的早期。在距今7000年之前，浙江的先人就已经制造了人类最早的水上交通工具——独木舟和木桨，并利用水上交通工具为生存和交通便利服务。在悠悠历史长河中，浙江先人们发扬愚公移山精神，不畏艰险，开山造路，凿山修道，筑路架桥，为浙江的交通便利和发展奠定了一定基础。当代浙江交通人继承先人的优良传统和作风，发扬“惠民、奉献、服务”为核心价值观的浙江交通精神，艰苦奋斗，甘当“铺路石”，铸造铮亮的服务品牌，将浙江交通文化融入浙江交通人的灵魂中，传播到全国各地，乃至全世界。

交通文化是中国特色社会主义文化的重要组成部分，交通文化建设是中国社会主义精神文明建设的重要内容。浙江交通文化为浙江现代化交通事业的发展提供智力支持和人才优势。自中华人民共和国成立以来，浙江交通人经过60多年的交通文化建设，尤其是改革开放后经过30多年的文化建设，结出了丰硕成果。至2010年，全省建成高等级公路16777.21公里、100米以上现代化桥梁185座、3000米以上特长隧道23道。全省交通系统获得全国劳动模范和全国先进工作者光荣称号的共有75人，获得全国五一劳动奖章的共有68人，获得省(部)级劳动模范和省(部)级先进生产工作者光荣称号的共有558人。交通廉政文化是中华传统文化中的组成部分，廉政文化建设是精神文明建设的重要内容。由于浙江交通系统各级领导重视党风廉政建设和反腐败工作，廉政文化建设取得明显成效。

第一章　精神文明建设

中国古代“愚公移山”、“五丁开道”的故事，显露出远古先民们艰苦努力，不畏艰险的精神。这种精神，在今天浙江交通人不畏艰险，开山造路，凿山修道，筑路架桥的现实行动中得到传承与发展。

社会主义精神文明是中华民族传统文化和传统美德在当代的传承和发展。自1979年9月27日中共中央提出要建设高度的社会主义精神文明以来，浙江交通人在建设社会主义物质文明的同时，努力建设高度的社会主义精神文明。经过30多年的社会主义精神文明建设，浙江交通行业的精神文明得到极大提升，交通人的文化、文明综合素质得到显著提高，涌现出许多先进集体和优秀人物。

第一节　精神文明建设活动

一、思想道德教育

1983年6月，中共中央批转的《国营企业职工思想政治工作纲要（试行）》提出要对职工进行系统的共产主义思想教育。1984年起，省交通厅按照省委统一部署，具体安排，加强组织领导，培训系统教育师资。交通系统各单位采取正规办学、脱产轮训办学，进行爱国主义、集体主义和社会主义的教育。

1988年，省交通厅贯彻中央关于各行各业都要大力加强职业道德建设的指示，结合实际，广泛开展职工道德教育活动。1989年，在职工中采取多种形式进行马列主义、毛泽东思想、党的基本路线和形势教育，深入开展创文明活动。1990年，结合交通特点，在职工中深入开展基本路线、基本国情和形势教育；坚持四项基本原则，反对资产阶级自由化。1991年，对交通职工继续开展基本路线、基本国情和形势教育，以及反和平演变教育。

1992~1995年，在职工中进行社会主义市场经济教育，继续进行创文明活动。1996年，组织职工学习邓小平中国特色社会主义理论。结合创文明年活动，广泛深入开展学习包起帆、学习“华铜轮”、学习青岛港的活动。1997年，对职工进行思想理论和职业道德教育，开展创文明行业活动。

1998~2001年，在职工中开展文明窗口教育，深入开展创文明行业活动，进行行风评议活动。2002年，继续深入开展以“三文明一提高”为主要内容的创文明行业活动。

2003年7月28日至8月8日，全省交通系统先进集体、先进个人事迹报告团赴11个市巡回作事迹报告。报告团成员有：乍嘉苏高速公路建设指挥部报告人、宁波宁东出租汽车分公司报告人、绍兴汽车运输集团有限公司客运中心站务员袁鸿娟、金丽温高速公路建设指挥部总指挥翟三扣、省交通工程建设集团第三交通工程有限公司党总支书记吴伟。报告团成员的事迹很生动，经验很有指导意义，具有鲜明的行业特点和时代精神，充分体现了“团结务实、开拓创新、无私奉献、一心为民”的浙江交通精神。

2004年9月8日，省交通厅在省人民大会堂隆重举行许振超先进事迹报告会。省交通厅机关全体人员，厅管厅属单位、各市交通局(委)和省交通集团公司干部职工代表近300人参加报告会。许振超在报告会上讲述自己在平凡的岗位上追求理想、建功立业、无私奉献、报效祖国的历程。青岛港(集团)有限公司党委书记王伦诚和青岛港(集团)有限公司明港分公司桥吊队技术主管张寅，分别从不同的侧面介绍许振超的先进事迹。交通部、省委宣传部和省交通厅分别对全省交通系统深入开展学习“振超精神”活动提出要求。

2005年4月21日，省交通厅举行朱汉华先进事迹报告会。省公路管理局总工程师朱汉华作了题为“在一线追求理想，用奉献实现价值”的事迹报告。8月8～19日，朱汉华先进事迹报告活动在全省交通系统全面展开。全省交通系统11个市近5000名党员干部和职工聆听了报告团关于朱汉华先进事迹的报告。

二、创建文明建设样板路活动

2005年4月12日，全省文明公路创建活动动员大会在杭州召开。2007年3月8日，文明公路创建活动现场会在台州临海召开。

1995年，浙江全省创建文明建设样板路活动开始，并把高速公路纳入创建活动中。至2001年年底，全省累计创建文明样板路里程3841公里。

三、“3·12”义务植树节活动

2001年2月19日，省交通厅绿化委员会2001年度第一次扩大会议在杭州召开，省交通厅对“十五”期间全省交通系统深入开展“万里交通绿色通道工程”建设活动作出部署。3月8日，省厅绿化委员会和厅共青团工作委员会联合开展的“万里绿色通道交通青年示范工程暨‘3·12’义务植树活动”在杭州萧山机场高速公路互通立交区举行。400多位交通战线的干部职工、共青团员、青年一起参加这次活动。翌日，厅共青团工作委员会与全省11个市交通局(委)共青团组织共同发出关于开展交通青年“万里绿色通道”建设给全省交通系统广大团员青年的倡议书。

2002年3月11～12日，由省交通厅绿化委员会和共青团省交通厅工作委员会主办的2002年“万里绿色通道”(内河航道)交通青年示范工程启动仪式暨“3·12”植树活动分别在平湖、安吉举行。省交通厅和厅港航管理局、嘉兴市、湖州市有关领导及交通系统团员青年参加此次活动。

2007年3月12日，省交通厅联合浙江出入境检验检疫局在杭州萧山19省道举办主题为“建公路绿色长廊造浙江秀美家园”的“3·12”义务植树活动。

2008年3月12日，省关注森林组织委员会、省交通厅、省林业厅、团省委、省公路局、杭州市公路局联合在浙江交通职业技术学院举办以“取四海之土，育交通之林”为名的“浙江省森林城市创建活动”启动仪式。

四、作风建设年活动

2001年，省交通厅机关作风建设年活动按照省委、省政府的统一部署，有计划、有步骤地顺利开展。活动自4月份开始，至12月结束，分为动员、征求意见、分解落实、整改及总结5个阶段。活动得到厅党组高度重视，广泛深入发动群众，虚心征求各方意见，做到有的放矢；坚持边查边改，立说立行，以整改的实际行动贯彻落实“三个代表”重要思想和十五届六中全会精神。活动以抓厅机关带“三局一站”(公路局、航管局、道路运管局、质量监督站)，使厅机关作风建设活动得到有效的延伸，取得更大的效应。

2007年4月12日,省交通厅召开"作风建设年"活动动员大会,部署厅机关和厅管厅属单位开展"作风建设年"活动,厅机关和厅管厅属单位140多人参加会议。会议提出以打造"五型"机关为重点,着力抓好6项工作:一是大兴学习之风,着力打造学习型机关;二是深化机关效能建设,着力打造服务型机关;三是大兴调研之风,着力打造创新型机关;四是加大反腐倡廉工作力度,着力打造廉洁型机关;五是坚持"两个务必",着力打造节约型机关;六是坚持边查边改,努力解决突出问题。同时提出"加强领导,明确责任;突出重点,抓住热点;有机结合,讲究实效;强化督查,注重长效"等4项要求。5月14日,省厅召开"作风建设年"活动第二阶段工作部署会,厅管厅属单位分管领导和"作风建设年"活动领导小组办公室负责人、厅机关各党支部书记参加会议。会议总结了厅"作风建设年"活动第一阶段工作并动员部署第二阶段工作,指出第二阶段要广泛征求意见、加强明察暗访、召开专题会议、评选表彰先进和创新活动载体,做好结合文章。会议对第二阶段工作提出四点要求:一是传达学习好会议精神;二是落实"作风建设年"活动第二阶段实施方案;三是积极查改突出问题;四是建立健全长效机制,要抓好教育、抓好制度建设、加强监督,确保"作风建设年"活动取得实效。为把作风建设的措施落到实处,制定了领导干部争做思想作风、学风、工作作风、领导作风和生活作风5个方面的模范和建设学习型、服务型、创新型、廉洁型和节约型机关的作风建设年活动目标,并出台相应的制度和措施。厅领导分头深入11个市交通部门征求意见,对征求到的57条意见,分工负责,调查研究,限期拿出整改措施。对厅机关自查中党员干部提的意见和建议,有条件的立改立行,条件暂不具备的积极创造条件整改。通过开展作风建设年活动,不接受公务迎送,不接受土特产,不搞超规定接待,不搞铺张浪费等逐步成为大家的自觉行动。7月13日,省交通厅召开作风建设年整改工作会议,厅机关各处室负责人、厅管厅属4局分管领导参加了会议,厅领导就省交通厅作风建设整改工作作出部署:一是高度重视整改工作,把整改措施落到实处,力求取得最佳效果;二是认真做好党员干部作风评议工作,着力提高党员干部作风建设的主动性和自觉性;三是讲正气树新风,进一步加强机关干部作风建设。

2010年,省交通运输厅党组按照省委、省政府关于开展"深化作风建设年"活动的部署,以勤政、廉政、善政为目标,以"治庸治懒、提能增效、狠抓落实"为重点,结合浙江省交通运输业实际,紧紧围绕加快三大建设、推进转型发展的中心工作,在厅机关和厅管厅属各单位开展以"抓作风、提效能、促转型"为主题的深化作风建设年活动,行业管理进一步加强,服务能力进一步提升,干部作风进一步转变,各项工作进展顺利。

五、创建文明行业活动

2002年5月30日,全省交通系统创建文明行业工作会议在杭州召开。会议总结交流"九五"时期以来浙江省交通系统创建文明行业活动的成果和经验,研究部署"十五"时期创建文明行业工作任务,制定《浙江省交通系统"十五"期间创建文明行业工作意见》、《浙江省交通系统文明行业考核标准》、《浙江省星级(汽车、水路)客运站管理办法》、《浙江省文明客运航线管理办法》等4个创建工作文件,推出新一轮46个全省交通系统文明示范窗口。省交通厅党组书记、厅长郭学焕在会上作了题为《以"三个代表"重要思想为指导努力开创我省交通系统创建文明行业工作新局面》的工作报告。会议经过精心准备,推出26个先进单位和先进个人的典型经验,其中会上交流的有14个。

2006年11月3日，省交通厅下发《关于开展全省出租车行业文明创建活动的通知》，随文印发《全省出租车行业文明创建活动管理办法（试行）》。开展出租车行业文明创建活动旨在认真贯彻落实党的十六届六中全会精神，构建和谐交通，进一步规范出租车企业的经营行为，提高从业人员的文明素质，增强文明意识和诚信意识，提升服务水平，展现全省出租车行业的新风采。

六、纪念活动

2001年6月22日，全省交通系统庆祝建党80周年交通歌曲演唱会在浙江音乐厅举行。6月29日，省交通厅举行纪念建党80周年大会，省委党校党史党建教研部主任王河教授应邀作专题报告；会上，全国及省劳模、省交工集团公司第二分公司施工员郑庆南和省优秀共产党员、浙江公路技校政工科科长华利轮介绍先进事迹。厅党组在会上表彰1999~2000年度厅级先进基层党组织、优秀党务工作者和优秀共产党员以及纪检监察先进集体、先进工作者。同日，省交通厅暨厅管厅属单位"庆祝建党80周年文艺晚会"在厅机关举行。

2008年7月2日，省交通厅下发《关于开展浙江交通改革开放30周年纪念活动的通知》。纪念活动具体有：开展"改革开放30年浙江交通最具影响力的十件大事"评选活动；开展改革开放30年浙江交通先进集体先进个人评选活动；组织开展《浙江交通与改革开放30年》课题研究；组织编辑《浙江交通与改革开放30年》画册；在交通旅游导报上开辟"见证30年"和"交通行业核心价值理念和交通精神大讨论"专栏；组织开展"浙江交通纪念改革开放30周年大型系列报道"活动；组织开展"30年变迁作家采风"活动；举办"浙江交通改革开放30周年纪念大会"等。

七、新闻宣传活动

2002年11~12月，"四小时公路交通圈"新闻发布会召开、组织新闻记者采访，利用报纸、广播、电视、网络等各种媒体大角度、大篇幅地开展"四小时公路交通圈"系列报道活动，大力宣传省委、省政府为全面贯彻落实"三个代表"重要思想提出的"建设大交通，促进大发展"和"抓重点、通干线，先缓解、后适应"的重大决策、浙江交通建设的丰富经验、建成"三八双千"工程形成省会城市杭州至各地级市之间"四小时公路交通圈"对促进全省经济、社会发展，提前基本实现现代化的重大意义，以及广大交通建设者为完成省委、省政府提出的在本届政府任期内建成1000公里高等级公路、实现"四小时公路交通圈"的目标任务，开拓进取、严谨求实、团结拼搏、艰苦奋斗、敬业奉献的精神风貌。通过各种宣传形式，形成多渠道、全方位、集中性的宣传声势，在全省范围内，乃至在国家级和境外媒体上，掀起宣传"四小时公路交通圈"的热潮，使"四小时公路交通圈"家喻户晓，深入人心。

2007年8月31日，省文明办、省总工会、省交通厅联合下发《关于联合开展"浙江交通十大感动人物"宣传活动的通知》。活动旨在运用文化的力量，通过各种载体和形式，大力宣传广大交通干部职工昂扬向上、奋发进取的精神风貌和团结拼搏、敬业奉献的奋斗轨迹，以具体的人物和事迹向全社会展示浙江交通的成就，展现交通人的艰辛、奉献、品质和价值取向，营造交通发展的氛围，展示浙江交通的形象，凝聚浙江交通的人气，为推进浙江交通又好又快发展提供强大的精神动力。本次活动分为准备、推荐、评选宣传、表彰宣传和事迹宣传五个阶段。10月9日，浙江交通十大感动人物30名候选人名单及先进事迹在《浙江日报》和《交通旅游导报》以及浙江在线网站公布后，引起了全省交通系统和社会各界的强烈反响。

据不完全统计，浙江交通十大感动人物宣传活动组委会共收到平面媒体选票逾100万张，网络投票也超过100万票。12月18日，浙江省文明办、浙江省总工会联合浙江省交通厅以浙交〔2007〕325号发出《关于表彰浙江交通十大感动人物的决定》。12月29日，“浙江交通十大感动人物”名单揭晓，毛剑、金艳婷、夏慧星、金大鹏、边胜荣、王正辉、胡庆标、朱小华、朱汉华、应红玉10名同志被授予“浙江交通十大感动人物”荣誉称号，陈再新等2名同志被授予特别奖荣誉称号，金永新等18名同志获“浙江交通十大感动人物”提名奖。

八、慰问全省高速公路建设者活动

2001年9月10日至9月18日，省委宣传部、省文化厅、省交通厅联合组织省艺术家参加的省慰问团，赴甬台温、杭金衢、金丽温、杭宁、杭州绕城等在建高速公路沿线进行慰问演出。慰问团足迹遍及宁海、三门、乐清、温州、丽水、衢州、金华、诸暨、湖州、杭州等地，行程1700多公里，一共演出10场，观众达5万余人，受到广大建设者和人民群众的热情欢迎。活动期间，省委宣传部组织新华社浙江分社、浙江电视台、《浙江日报》、浙江人民广播电台、《浙江经济报》、《钱江晚报》、《交通时报》等省级新闻单位的记者随团一路采访，共发表报道30余篇，各地新闻媒体也纷纷进行了采访报道，及时宣传高速公路建设的阶段性成果及工程进展情况，使省委、省政府提出的“四小时公路交通圈”目标更加深入人心，为高速公路建设创造了更加良好的社会氛围。

2003年1月2~7日，省交通厅与省委宣传部、省文化厅联合组织省艺术家慰问团，开展高速公路建设工地慰问活动。慰问活动行程1500多公里，演出10余场，受到广大建设者和人民群众的热情欢迎。

九、保持共产党员先进性教育活动

2005年1月24日，省交通厅党组召开保持共产党员先进性教育动员大会。厅机关、三局一站全体党员和离退休支部全体党员、其他厅管厅属单位领导班子成员参加会议。1月28日，厅党组发出《浙江省交通厅领导班子先进性教育活动实施意见》和《关于开展保持共产党员先进性教育活动的实施意见》。2月2日，省厅在厅党校举办共产党员先进性教育支部书记培训班。3月2日，厅党组印发《浙江省交通系统构建教育、制度、监督并重的惩治和预防腐败体系实施意见(试行)》。3月24日，省厅召开党员先进性教育活动第二次工作会议。4月4~15日，省交通厅领导分别到先进性教育联系单位征求意见，并结合工作深入11个市开展调研，广泛听取基层单位和广大党员、干部的意见和建议。5月20日，省交通厅召开党员先进性教育活动第三次工作会议暨第四次党支部书记培训会，总结厅先进性教育分析评议阶段工作，研究部署整改提高阶段的工作任务。6月29日，省交通厅召开党员先进性教育活动总结表彰大会。会议表彰10个先进基层党组织、20名优秀共产党员和10名优秀党支部书记。11月3日，省交通厅党组发出《关于建立健全保持共产党员先进性长效机制的意见》。

2010年6月7日，省交通运输厅召开“之江先锋”创先争优活动动员大会，对此次活动做出部署。

十、竞赛活动

2001年5月16日，省交通厅团工委在浙江交通职业技术学院大礼堂举办“世纪·青年·责任”演讲比赛。厅管厅属单位各团组织经过初试，推选了16名选手参加比赛。比赛中，参赛选手紧扣交通主题，以活生生的身边人、身边事引申阐述交通青年的责任、展示浙江交通青年的青春风采，很好地起到共青团教育青年、团结青年、凝聚青年的作用。省公路技校学生陈丽月以一篇动情的《我是养护工人的女儿》获得第一名，厅幼儿园金一虹和省公路管理局吕峥分获二、三名。

2001年6月21~22日，省交通厅举行庆祝建党80周年党的知识竞赛活动，浙江远洋运输公司代表队夺冠，省高投公司、省公路管理局代表队获二等奖，省交工集团、海运集团和厅航运管理局代表队获三等奖。

十一、关爱活动

2001年，按照省直机关党工委《关于开展"结对扶贫"的通知》要求和厅党组的部署，厅直属机关党委和厅机关党委动员厅机关全体干部职工积极参加献爱心捐款活动。厅领导积极带头，广大干部职工自觉行动，厅机关全体在职职工共捐款14290元。是年12月底，厅组织慰问组，由厅直属机关党委书记、副厅长杨瑞丰同志带队，走访慰问长广煤矿的6户贫困家庭，把交通厅职工的爱心送到了困难下岗职工手中。

第二节　精神文明建设成果

一、国家级荣誉

2001年4月3日，全国绿化委员会、人事部、国家林业局发出《关于表彰全国绿化先进集体、全国绿化劳动模范和先进工作者的决定》（人发〔2001〕31号），授予浙江省交通厅"全国绿化先进集体"称号。

是年4月28日，中华全国总工会发出《关于颁发全国"五一劳动奖状"、"五一劳动奖章"的决定》（总工发〔2001〕7号），省交通系统嵊州市长运集团有限公司驾驶员赵晓春、台州市汽车运输总公司检测维修有限公司林小舟荣获"五一劳动奖章"；舟山市海峡汽车轮渡有限责任公司、宁波港务局原油过驳队荣获"五一劳动奖状"。

是年5月8日，全国妇联、最高人民法院、最高人民检察院、国防科工委、公安部、国土资源部、交通部、卫生部、国家税务总局、国家环保总局和国家体育总局联合发出《关于表彰全国"十行百佳"妇女的决定》（妇字〔2001〕11号），浙江省苍南县公路管理段溪头埠公路站郑月兰获全国"十行百佳"妇女荣誉称号。

是年5月23日，中宣部、司法部表彰"三五"法制宣传教育全国先进集体和先进个人，省交通厅荣获"1996~2000年全国法制宣传教育先进单位"称号，厅政策法规处胡继祥和杭州长运公司党委书记洪其虎荣获"1996~2000年全国法制宣传教育先进个人"称号。

2004年，浙江省交通规划设计研究院第二设计室主任王昌荣获全国"五一劳动奖章"，同时获得浙江省劳动模范称号；台州汽车运输（集团）有限公司临海客运中心荣获全国"五一劳动奖状"荣誉。

2005年1月27日，全国跨区机收工作领导小组发出《关于表彰2003~2004年度全国跨区机收先进单位和个人的通报》（跨区机收办〔2005〕1号），浙江省公路管理局被评为全国跨区机收先进单位，于树德被评为全国跨区机收工作先进工作者。

是年4月26日，国务院发出《国务院关于表彰全国劳动模范和先进工作者的决定》，浙江交通系统荣获全国劳动模范和先进工作者称号的有:宁波市海曙客货车队出租车驾驶员夏慧星,中港总公司三航局宁波分公司总工程师胡金雄,温州长运集团有限公司驾驶员朱士庚,嵊州市长运集团有限公司驾驶员赵晓春,宁波港油港轮驳公司原油过驳队队长吴长江,浙江恒风集团公司党委书记、董事局主席王跃飞,舟山市海峡汽车轮渡有限公司党委书记、董事长兼总经理李建杭,宁海县公路管理段技师吕广通,浙江省公路管理局副总工程师朱汉华。

2006 年 4 月 26 日,全国总工会《中华全国总工会关于颁发全国五一劳动奖状、全国五一劳动奖章的决定》(总工发〔2006〕23 号)、4 月 28 日浙江省劳动模范评选委员会(浙劳评〔2006〕1 号),表彰"全国五一劳动奖状"、"全国五一劳动奖章",同时授予省劳动模范称号。全省交通系统获奖名单:宁波港集团、湖州市车辆通行费征收处 104 国道湖州收费站、舟山海星轮船有限公司"洛伽山"轮获"全国五一劳动奖状"单位;石奇静、赵国新、步海兵、李培年、舒幼民、谭国顺、王广杰、严宏军、崔玉彬、林文体获"全国五一劳动奖章",同时被授予"浙江省劳动模范"称号。

是年 7 月 1 日,杭州湾大桥工程指挥部党委被中共中央授予"全国先进基层党组织"称号。

2007 年 8 月 22 日,教育部下发《关于表彰第三届高等学校教学名师奖获奖教师的决定》,浙江交通职业技术学院季永青教授荣获国家级高校教学名师奖。

2008 年 6 月 23 日,浙江交通架桥突击队荣膺全国总工会"抗震救灾重建家园'工人先锋号'"称号。

是年 7 月 17 日,全国总工会授予浙江省公路管理局抗震救灾重建家园先进集体全国五一劳动奖状。

是年 10 月 8 日,浙江省交通规划设计研究院副院长,挂职四川省广元市政府副秘书长、广元市交通局副局长,中组部、团中央第九批"博士服务团"成员赵长军被中共中央、国务院、中央军委授予"全国抗震救灾模范"光荣称号,在北京人民大会堂受到表彰。

是年,全国总工会追授汗国杰、林圣巧两位为全国"五一"劳动奖章获得者;中央组织部追授他们为全国"抗冰雪灾害"优秀共产党员光荣称号,并号召全国各条战线共产党员向他们学习。

2009 年 1 月 20 日,中央精神文明建设指导委员会表彰了第二批全国文明单位和第四批全国精神文明建设工作先进单位,浙江交通运输行业 8 家单位受到表彰。宁波港集团有限公司、宁波公运汽车客运服务中心有限公司宁波南站、湖州市车辆通行费征收处、临海客运中心、浙江省舟山市海峡汽车轮渡有限责任公司获得"全国文明单位"称号;绍兴市汽车运输集团有限公司、嘉兴市公路运输管理稽征处、嘉兴市港航管理局获得"全国精神文明建设工作先进单位"称号。

2010 年 4 月 24 日,国务院下发《国务院关于表彰全国劳动模范和先进工作者的决定》(国发〔2010〕11 号),浙江省交通运输系统获表彰的有:杭州第一汽车运输有限公司司机高荣根、宁波港股份有限公司镇海港埠分公司机械修理工胡耀华、浙江天宇交通建设集团有限公司副总经理徐爱娟(女)、舟山市汽车运输有限公司驾驶员郭超、湖州市交通规划设计院总工程师张启标获"全国劳动模范"称号,浙江省公路管理局养护处处长朱定勤获"全国先进工作者"称号。

二、省部级荣誉

2001 年 3 月 20 日，中共浙江省委发出《中共浙江省委浙江省人民政府关于命名表彰省级文明单位省级文明村镇的决定》（浙委发〔2001〕13 号）。其中交通系统（含部属）共有 51 个单位获得省级文明单位荣誉称号。

是年 4 月 24 日，交通部办公厅发出《关于表彰 2000 年度交通政务信息工作先进单位和先进个人的通知》（厅秘字〔2001〕198 号），浙江省交通厅、宁波市交通委员会、宁波港务局为先进单位，省交通厅赖其荣、宁波市交通委员会王造周和宁波港务局金雅雪 3 人为先进个人。

是年 4 月 26 日，交通部、共青团中央发出《关于表彰 1999 ~ 2000 年度全国交通系统青年岗位能手和全国青年文明号的决定》（交体法发〔2001〕210 号），省交通规划设计研究院徐立新、衢州汽车运输集团有限公司长途客运公司驾驶员林正堂、舟山市海峡汽车轮渡有限责任公司轮船长翁文光 3 人荣获“全国交通系统青年岗位能手”称号；37、39 省道东阳征费所荣获“全国青年文明号”称号。

是年 4 月 27 日，省政府发出《关于表彰省重点建设先进单位的通报》（浙政发〔2001〕26 号），上三高速公路等 6 个工程的组织单位为省重点建设先进单位。

是年 5 月 22 日，交通部发出《关于表彰 1999 年 ~ 2000 年度部级文明客船、客运站及客运航线的决定》（交水发〔2001〕247 号）。全省交通系统 11 艘客船、5 个客运站、1 条客运航线获荣誉称号。其中，舟山市海峡汽车轮渡有限责任公司舟渡 7 号为一级文明客船；舟山市海峡汽车轮渡有限责任公司舟渡 4 号、5 号、6 号、8 号，舟山海星轮船公司洛伽山轮、锦屏轮，省海运集团有限公司紫竹林号，杭州港航客运旅游公司天堂号、玉皇号为二级文明客船；宁波海马轮船公司海马 3 号为三级文明客船。宁波港客运站、舟山鸭蛋山客运站为一级文明客运站；舟山海通客运有限公司普陀山客运站、舟山市海峡汽车轮渡有限责任公司白峰轮渡站为二级文明客运站；宁波镇海区客运中心为三级文明客运站。鸭蛋山客运站—白峰客运站客运航线。

是年 8 月 20 日，京杭运河浙江段被交通部命名为文明样板航道。京杭运河浙江段全长 100 公里，是全国继京杭运河江苏段后的第二段文明样板航道，是浙江省首条文明航道。

是年 8 月 28 日，交通部、中国公路运输工会发出《关于表彰全国汽车客运单位 100 个优秀班组 100 名服务标兵的决定》（交公路发〔2001〕469 号），宁波市汽车客运服务中心宁波南站售票班等 5 个单位荣获“优秀班组”称号，杭州长运集团客运东站叶鸣青等 5 名售票员荣获“服务标兵”称号。同日，交通部发出《关于表彰 2000 ~ 2001 年度全国道路运输系统文明单位的决定》（交公路发〔2001〕468 号），在全国道路运输系统 578 个文明单位中，浙江省受到表彰的有 32 个。

是年 9 月 29 日，交通部发出《关于颁布全国交通系统文明示范窗口的决定》（交体法发〔2001〕571 号），浙江省宁波汽车南站、舟山普陀山客运站和舟山市海峡汽车轮渡有限责任公司荣获“文明示范窗口”称号。

是年 10 月 8 日，人事部　交通部发布《人事部　交通部关于表彰全国交通系统先进集体和劳动模范、先进工作者的决定》（人发〔2001〕106 号）。浙江省湖州市车辆通行费征收处、浙江省余姚市四自公路管理所、浙江省新昌县公路管理段拔茅公路站、浙江省遂昌县公路运管稽征所、浙江省交通工程建设集团第一交通工程有限公司、浙江沪杭甬高速公路杭州管理所6个单位荣获全国交通系统先进集体称号;象山县公路管理段田洋湖公路站韩士庆、绍兴市交通建设监理咨询有限公司李仲牛、浙江恒风集团有限公司王跃飞、松阳县长运有限公司宋火星、温州长运集团有限公司客运一公司张迪聚、龙游县公路管理段溪口公路站郑国香(女)6人荣获全国交通系统劳动模范称号;杭州市交通工程质量监督站叶有水、嘉兴市公路运管稽征处王洪、湖州市公路运管稽征处南浔征费稽查站董党民、台州市黄岩公路管理段叶梅福4人荣获全国交通系统先进工作者称号。

是年12月13日,交通部发出《关于表彰1999至2001年全国公路建设质量年活动优秀项目优秀单位的决定》(交公路发〔2001〕724号),浙江省交通厅工程质量监督站荣获"优秀质量监督站"称号,省交通规划设计研究院荣获"优秀设计单位"称号,嘉兴G320枫泾至嘉兴段路面大修改建工程荣获"优秀养护工程"称号。

是年,浙江省交通厅获得省部级荣誉称号9个。1月,被中共浙江省委办公厅授予"2000年度向省委办公厅报送信息二等奖"单位;3月,被中共浙江省委省人民政府授予"省级社会治安综合治理先进集体"浙江省人民政府授予"2000年度目标责任制考核优秀"单位,中共浙江省委宣传部授予"1997~1998年度浙江省宣传工作先进集体";4月,被全国绿化委员会人事部国家林业局授予"全国绿化先进集体",交通部办公厅授予"全国交通系统政务信息工作先进单位";5月,被浙江省人民政府残疾人工作协调委员会授予"'九五'期间省级单位残疾人就业工作先进单位",中共中央宣传部、司法部授予"1996~2000年全国法制宣传教育先进单位";11月,被浙江省对口帮扶四川省贫困地区暨对口支援三峡工程移民工作领导小组授予"浙江省'双对口'工作先进单位"。

2002年3月27日,交通部办公厅发出《关于表彰2000~2001年度全国交通系统"巾帼建功"标兵、"巾帼建功"先进集体的决定》(厅体法字〔2002〕105号)。浙江省绍兴市汽运集团有限公司公路客运中心站袁鸿娟、杭州市公路运输管理处下城区运管所汤燕萍获得"巾帼建功"标兵称号,衢州市汽车客运中心获得"巾帼建功"先进集体称号。

是年4月24日,交通部办公厅发出《关于表彰2001年度交通政务信息工作先进单位和先进个人的通报》(厅秘字〔2002〕155号),授予浙江省交通厅为2001年度交通政务信息工作先进单位称号,浙江省交通厅吕新龙为2001年度交通政务信息工作先进个人称号。

是年4月26日,省劳动模范评选委员会发出《关于授予我省全国"五一劳动奖章"获得者"浙江省劳动模范"称号的通知》(浙劳模评〔2002〕1号),对浙江省42名荣获全国"五一劳动奖章"的个人,省政府授予"浙江省劳动模范"称号。其中,交通系统有3名:宁波市高速公路管理处34省道鄞县收费所站长邵卫东、舟山市大陆连岛工程指挥部副总指挥邱建英、浙江省交通规划设计研究院室主任吴德兴。

是年8月28日,中国海员工会和中国公路运输工会发出《关于颁发第八届"金锚奖"和第五届"金桥奖"的决定》(海工总字〔2002〕6号),授予169名优秀水运职工第八届"金锚奖",授予95名优秀公路运输职工第五届"金桥奖"。浙江省宁波海运(集团)总公司周方平、浙江远洋运输公司王坚强、宁波海事局通信处鲁国钧、宁波港务局党委沈保清、宁波港铁路有限公司胡荣富、宁波港镇海港埠公司刘宏获"金锚奖";杭金衢高速公路建设指挥部夏林章、嘉兴市国鸿汽运公司快客分公司龚旭平、省交通运输工会裘志明获"金桥奖"。

2003年1月10日,省委、省政府发出《关于表彰"百乡扶贫攻坚"先进集体和先进个人的通报》(浙委发〔2003〕4号),省交通厅荣获"'百乡扶贫攻坚'挂钩扶贫成绩突出单位"称号;省交通厅厅长郭学焕荣获"'百乡扶贫攻坚'先进个人"称号。

是年1月14日,中央精神文明建设指导委员会发出《关于表彰全国创建文明行业工作先进单位和精神文明建设工作先进单位的通知》,浙江省交通系统的甬台温高速公路温州大桥管理处,舟山市海峡汽车轮渡有限责任公司,新昌县公路管理段拔茅公路站,宁波港务局荣获"先进单位"称号。同日,中央文明办发出《关于确认首批的通知》,宁波市汽车南站,舟山港海通客运有限责任公司普陀山客运站,湖州市公路运管稽征处被首批确认为全国精神文明创建工作先进单位。

是年1月29日,省府办公厅发出《关于表彰2002年度全省政务信息工作先进单位和个人的通报》(浙政办发〔2003〕4号),省交通厅荣获"政务信息工作先进单位"称号。

是年2月8日,交通部发出《关于公布2002年度公路工程三优评选结果的通知》(交公路发〔2003〕28号),浙江省交通规划设计研究院与重庆交通科研设计院共同设计的大溪岭-湖雾岭隧道工程荣获"优秀设计奖"一等奖,浙江省交通规划设计研究院设计的温州大桥荣获"优秀设计奖"二等奖。

是年2月28日,省政府发出《关于2002年度省政府直属部门工作目标责任制考核情况的通报》(浙政发〔2003〕11号),省交通厅荣获目标责任制考核优秀单位。

是年4月8日,省委、省政府发出《关于命名表彰省级文明单位、省级文明村镇的决定》(浙委发〔2003〕42号),浙江省交通系统的富阳市公路运输管理所,杭州市公路管理处,宁波市北仑区航运管理所,温州大桥管理处,绍兴市汽车运输集团有限公司,嵊州市长运集团有限公司,嘉兴市城郊港航管理处,安吉县高等级公路收费管理所,金华市公路管理处,衢州市港航管理处,衢州市交通设计院,临海市客运中心荣获"省级文明单位"称号。至此,全省交通系统共有57家省级文明单位。与此同时,省精神文明建设委员会发出《关于公布继续保留荣誉称号的省级文明单位、省级文明村镇名单的通知》(浙文明〔2003〕3号),全省交通系统继续保留省级文明单位荣誉称号的有余姚市四自公路管理所等45家,被取消荣誉称号的有宁海县航运管理所等6家。

是年4月22日,省委办公厅发出《关于2002年度全省党委系统信息工作先进单位和先进个人的通报》(浙委办发〔2003〕16号),省交通厅荣获"先进单位二等奖"称号。同日,省劳动模范评选委员会发出《关于授予浙江省2003年全国"五一劳动奖章"获得者"浙江省劳动模范"称号的决定》(浙劳模评字〔2003〕1号),浙江远洋运输有限公司船长王坚强荣获"五一劳动奖章"荣誉,并因此获省劳动模范称号。

是年5月7日,省交通厅办公室《关于转达2002年度全省交通系统技术能手名单的通知》(浙交办〔2003〕62号),接省劳动和社会保障厅浙劳社培〔2003〕4号决定:东阳市公路管理段金海波、松阳县公路管理段林伟平和三门县公路管理段吕祖坚在2002年全省公路养护机械操作工技能比赛中获得"浙江省技术能手"荣誉称号。

是年5月26日,交通部办公厅发出《关于表彰2002年度交通政务信息工作先进单位和先进个人的通报》(厅信息字〔2003〕251号),浙江省交通厅荣获"交通政务信息工作先进单位"称号。

是年6月18日,省政府发出《关于表彰全省重点建设先进集体和先进个人的通报》(浙

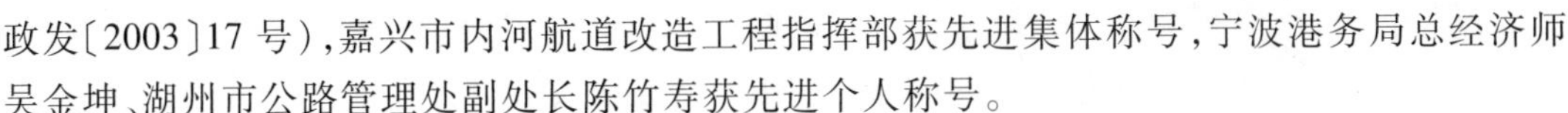

政发〔2003〕17号),嘉兴市内河航道改造工程指挥部获先进集体称号,宁波港务局总经济师吴金坤、湖州市公路管理处副处长陈竹寿获先进个人称号。

是年6月23日,省委、省政府发出《关于表彰抗击非典先进集体和先进个人的决定》(浙委发〔2003〕97号),其中全省交通系统受到表彰的有:长兴县交通局等5单位荣获"先进集体"称号,宁波市公路运输管理稽征处李言佳等18人荣获"先进个人"称号。

是年6月26日,省委发出《关于表彰防治非典型肺炎工作先进基层党组织和优秀共产党员的决定》(浙委发〔2003〕77号),全省交通系统受到表彰的有:湖州市公路运输管理稽征处党委、沪杭甬高速公路大云管理所党支部荣获"防治非典型肺炎工作先进基层党组织"称号;嘉兴市公路运输管理稽征处处长、党总支书记方文理,舟山市海峡汽车轮渡有限责任公司白峰站站长赵锡俊荣获"防治非典型肺炎工作优秀共产党员"称号。

是年11月3日,中国海员建设工会发出《关于评选第九届"金锚奖"第六届"金桥奖"的表彰决定》(海建工总字〔2003〕18号),浙江省交通系统荣获"金锚奖"的有浙江海运集团公司船长方从现等7人,荣获"金桥奖"的有杭宁高速公路管理委员会工程监理处处长陆建根等3人。

是年11月11日,交通部发出《关于授予周绪利等40名同志交通青年科技英才称号的决定》(交人劳发〔2003〕480号),浙江省公路管理局副总工程师朱汉华被授予"2002~2003年度交通青年英才"称号。

是年12月3日,中国海员建设工会、交通部安全生产委员会发出《关于全国水运系统船舶、班组安全竞赛活动表彰决定》(海建工总字〔2003〕35号),浙江省交通系统荣获"安全优秀船舶"称号的有舟山市海峡汽车轮渡有限责任公司"舟渡12"轮等5艘船舶,荣获"安全优秀班组"称号的有杭州市港航管理局钱江港航管理处东江嘴管理所等4个班组。

是年12月11日,省人大常委会办公厅、省政府办公厅、省政协办公厅发出《关于2003年度省人大代表建议和政协提案"最满意"承办件评选情况的通报》(浙政办函〔2003〕92号),省交通厅承办的省人大代表贾若忠等提出的《关于进一步做好边远山区交通工作,解决农民出行难问题的建议》为"最满意"承办件之一。

是年12月26日,省委、省政府发出《关于表彰省级社会治安综合治理先进集体和先进个人的决定》(浙委发〔2003〕119号),全省交通系统受到表彰的有:省交通厅、宁波港务局、宁波市交通局、绍兴市交通局荣获"省级社会治安综合治理先进集体"称号;嵊泗县交通局综治办主任张仲正荣获"省级社会治安综合治理先进个人"称号。同日,省委宣传部、省直属机关党工委、省劳动和社会保障厅、省总工会、共青团浙江省委联合发出《关于表彰浙江省"五十佳"创业新星的决定》(浙宣〔2003〕54号),省公路管理局副总工程师朱汉华荣获"参与西部大开发'十佳'创业新星"称号。

是年12月31日,交通部发出《关于表彰全国交通系统文明行业和全国交通系统创建文明行业先进单位的决定》(交体法发〔2003〕619号),浙江省公路管理局和宁波港务局分别荣获"全国交通系统文明行业"和"全国交通系统创建文明行业先进单位"称号。是日,省交通厅发出《关于表彰"六大工程"建设先进单位的通报》(浙交〔2003〕557号),全省交通系统有33个单位分别荣获"六大工程"建设"综合先进"和"单项先进"称号。是日,浙江省公路管理局被交通部命名为"全国交通系统文明行业"。

是年，台州市路桥区公路运输管理所所长夏林富《加快发展路桥现代物流业的思考》一文获国家经济贸易委员会经济研究中心和《中国经济技术发展优秀文集》编辑办公室联合颁发的优秀论文一等奖。

2004年2月12日，在浙J·A9218“五菱”小旅行车车主黄善勇持刀蓄意杀人事件中，临海市交通局杜桥交通管理所执法人员王道初面对暴徒手持两把尖刀行凶，挺身而出，见义勇为，用自己的身躯和鲜血保护了同事的生命安全，谱写了一曲行政执法人员正气浩然的凯歌。王道初为此获得了第九届浙江省见义勇为先进分子和临海市见义勇为一等奖等荣誉。

是年3月3日，省政府发出《关于2003年度省政府直属部门工作目标责任制考核情况的通报》（浙政发〔2004〕10号），根据考核情况和评议结果，省交通厅为2003年度工作目标责任制考核优秀单位。

是年5月24日，交通部办公厅发出《关于表彰2003年度交通政务信息工作先进单位和先进个人的通报》（厅信息字〔2004〕199号），浙江省交通厅、宁波市交通局、宁波港务局、浙江海事局获先进单位称号，宁波市交通局王造周获先进个人称号。

是年6月2日，交通部发出《关于表彰全国交通内部审计工作先进单位和先进个人的通知》（交审发〔2004〕269号），浙江省交通厅吴立军、宁波港集团有限公司汪国安获先进个人称号。

是年7月7日，浙江省交通规划设计研究院承担的乍嘉苏高速公路浙江段工程设计、甬台温高速公路台州二期工程设计、杭宁高速公路浙江段二期工程设计和杭州萧山机场公路工程设计分别荣获“2004年度浙江省建设工程钱江杯”一、二、三等奖。

是年7月15日，浙江省第二次全国内河航道普查办公室荣获普查先进集体称号。

是年9月7日，交通部表彰全国交通职业教育先进集体和先进个人，浙江交通职业技术学院荣获先进集体称号，浙江省交通厅科技教育处张建光、浙江交通技师学院杨晓法荣获先进个人称号。

是年9月28日，省政府发出《关于表彰2004年浙江省劳动模范和模范集体的决定》（浙政发〔2004〕33号）。朱汉华、王锡林、金尧、许杰、吕忠达、宋白桦、朱士庚、严凤祥、楼建平、陈增华、李建杭、李阿坦、郭超、冯顺剑荣获劳动模范称号；宁波港集团有限公司、台州市黄岩区公路路政管理大队荣获模范集体称号。

是年10月14日，在沈阳召开的交通部全国基本建设质量监督工作会上，浙江省交通厅工程质量监督站、宁波市交通工程质量监督站、嘉兴市交通工程质量监督站和江立生、姚建文、梁冰、童桂正、洪一民5人分别荣获全国先进质量监督站和优秀质量监督工作者称号。

是年10月24日，国务院发出《关于表彰全国东西扶贫协作工作先进集体和个人的决定》（国发〔2004〕29号），浙江省交通厅荣获“全国东西扶贫协作工作先进集体”称号。

是年10月28日，省委、省政府发出《关于表彰浙江省防治高致病性禽流感先进集体和先进个人的决定》（浙委发〔2004〕73号）。舟山市海峡汽车轮渡有限责任公司白峰客运站荣获先进集体称号；省交通厅运输安全处李承志荣获先进个人称号。

是年10月，湖州市交通局被中共浙江省委、浙江省人民政府、浙江省军区发出浙委发〔2004〕70号文件，授予“拥军优属模范单位”荣誉称号。

是年11月11日，全省交通职工225件书画摄影作品参加全省产业文联摄影大展，获得1金1银3铜30幅入选的好成绩，省交通运输工会同时获得摄影大展惟一的组织奖。

是年12月9日，交通部发出《关于表彰2003至2004年度部级文明客船客运站客运航线的决定》（交水发〔2004〕728号）。浙江省16艘文明客船、8个文明客运站、2条文明客运航线受到表彰。

是年12月13日，浙江省交通厅工程质量监督站荣获建设部"质量监督先进集体"称号。

2005年1月5日，省委、省政府发出《关于命名表彰浙江省文明城市、文明县城、文明城区、创建文明城市工作先进县（区）和文明行业的决定》（浙委发〔2005〕3号），命名浙江省港航管理系统为省级文明行业。是日，省委、省政府浙委发出〔2005〕4号文件，24家交通单位被命名为省级文明单位。

是年1月25日，省政府办公厅发出《关于表彰2004年度全省信息工作先进单位和个人的决定》（浙政办发〔2005〕4号）。省交通厅获得先进单位三等奖，省交通厅俞明理获得先进个人荣誉。

是年2月2日，省政府办公厅发出《关于表彰2004年度省政府门户网站工作考核优秀单位和优秀信息报送员的通报》（浙政办发〔2005〕6号），省交通厅获得综合考核优秀单位，省交通厅柴琳获得优秀信息报送员荣誉。

是年2月28日，省委办公厅、省人大常委会办公厅、省政府办公厅、省政协办公厅发出《关于表彰2003～2004年度省人大代表建议省政协提案办理工作先进单位和先进个人的通知》（浙委办发〔2005〕11号），省交通厅获得办理工作先进单位称号，省交通厅叶仁高荣获办理工作先进个人称号。

是年3月9日，人事部、交通部联合发出《关于表彰全国交通系统先进集体、劳动模范和先进工作者的决定》（国人部发〔2005〕21号）。浙江省杭州市余杭区交通局，杭州湾大桥工程指挥部，嘉兴市港航管理局，湖州市公路运输管理处，甬金高速公路金华市建设指挥部，浙江杭金衢高速公路有限公司，浙江省交通厅工程质量监督站被授予全国交通系统先进集体；东阳市公路管理段里坞公路站站长杨活龙，宁波市汽车客运服务中心宁波南站站长徐燎原，宁波港集团北仑第二集装箱有限公司经理朱宝，嘉兴市交通投资集团有限责任公司副总经理王卓琦，绍兴市汽车运输集团有限公司公路客运中心站务员袁鸿娟，浙江申嘉湖杭高速公路有限公司董事长、总经理李雪平，浙江省海运集团台州海运有限公司直属轮轮机长甘顺富荣获全国交通系统劳动模范荣誉称号；衢州市交通工程质量监督站站长郑文俊，遂昌县公路管理段副段长张毅，杭州市公路管理局局长曹国银，湖州市车辆通行费征收处组宣人事科科长虞根源，浙江省公路管理局公路建设管理处处长蔡金荣，浙江省交通规划设计研究院院长、书记方贤平荣获全国交通系统先进工作者。

是年4月12日，省交通厅被省政府授予"五大百亿"工程优秀单位和重点工程立功竞赛先进集体称号。

是年4月，省治超领导小组发出《关于表彰2004年度全省治理车辆超限超载工作先进集体和先进个人的通报》（浙治超〔2005〕1号），对治超工作中表现优异、成绩突出的杭州市治超领导小组办公室等4个优秀单位、杭州市公安局车辆管理所等38个先进集体、金洪等125名先进个人予以通报表彰。

是年5月17日，省委、省政府发出《关于命名表彰全省农村指导员工作先进单位优秀农村工作指导员的决定》（浙委发〔2005〕45号），省公路管理局被评为浙江省农村指导员工作先进单位，省公路管理局周良吾和省港航管理局李树建被授予浙江省优秀农村工作指导员称号。

是年6月22日，交通部办公厅发出《关于表彰2004年度交通政务信息工作先进单位和先进个人的通报》（厅信息字〔2005〕274号）。浙江省交通厅获先进单位一等奖，省交通厅俞明理、省公路管理局余群燕获先进个人称号。

是年8月29日，交通部发出《关于授予杭申线浙境段塘栖至红旗塘航道文明样板航道称号的通知》（交水发〔2005〕390号）和《关于表彰西江南江口至肇庆段和杭申线浙境段文明样板航道创建工作先进个人的通知》（交水发〔2005〕391号），授予杭申线浙境段塘栖至红旗塘106公里航道为“文明样板航道”称号，授予浙江省交通系统22人为“文明样板航道创建工作先进个人”称号。

是年9月9日，省委办公厅、省政府办公厅发出《关于表彰抗台救灾先进集体和先进个人的通报》（浙委办发〔2005〕46号），省公路管理局被评为省抗台救灾先进集体。

是年11月，浙江省交通厅《浙江省对接“长三角”交通规划的调研报告》获得中共浙江省委办公厅、浙江省人民政府办公厅授予的“浙江省党政系统2004年度优秀调研成果优秀奖”；获得浙江省红十字会授予的“印度洋海啸募捐特别贡献奖”。

是年12月14日，交通部发出《关于表彰全国交通行业文明创建工作先进集体和个人的决定》（交体法发〔2005〕624号）。浙江省交通厅道路运输管理局获得全国交通文明行业称号；杭州市港航管理局、杭州市公路管理局、绍兴市道路运输管理处、宁波港集团有限公司获得创建全国交通文明行业先进单位称号；104国道湖州收费站、绍兴市汽车运输集团有限公司公路客运中心、舟山市岱山港客运中心、舟山海星轮船有限公司“锦屏”轮、舟山市汽车运输公司浙L·05040车、宁波市北仑区航运管理所、宁波市汽车客运服务中心宁波南站获全国交通行业文明示范窗口称号；舟山市海峡汽车轮渡有限责任公司获全国交通行业十佳文明示范窗口称号；甬金高速公路金华段获全国交通建设十佳优质管理项目称号；省港航管理局京杭运河浙江段被评为全国交通运输十佳文明畅通工程。

是年12月21日，省人民政府发出《关于表彰浙江省民族团结进步模范集体和模范个人的决定》（浙政发〔2005〕66号），省公路管理局被评为浙江省民族团结进步模范集体。是日，浙江省滩坑水电站工程建设协调小组发出《关于表彰滩坑水电站移民工作先进单位和先进工作者的通报》（浙滩建移〔2005〕4号），浙江省交通厅被评为移民工作先进单位，省公路管理局陈立异被评为浙江省滩坑水电站移民安置工作先进工作者。

是年，交通部交水发出〔2005〕49号文件，表彰在2004年电煤运输工作中作出突出贡献的单位，其中浙江省海运集团有限公司受到表彰。

是年，省综治委、省公安厅、省综治协会以浙综委办〔2005〕3号文授予浙江省交通规划设计研究院“2004年度省级治安安全示范单位”。

2006年1月6日，省国防动员委员会交通战备办公室发出《关于表彰“十五”浙江省交通战备工作先进单位和先进个人的通报》（浙交战办〔2006〕2号）。省公路管理局被评为“十五”全省交通战备工作先进单位，李丽被评为“十五”全省交通战备工作先进个人。

是年1月23日，省综治委以浙综委〔2006〕4号文表彰全省道路交通秩序专项整治先进单位和先进个人。杭州市道路运输管理局、宁波市公路运输管理处、温州长运集团有限公司、绍兴市公路管理处、海宁市交通局、湖州市公路管理处南浔公路管理段、金华市公路管理处、衢州市交通局、丽水市公路运管处运政稽查支队、临海市交通局、舟山市鸭蛋山公路征费稽查站11个单位荣获先进单位称号；孙学思、周静哉、张金熊、斯敏、傅学练、钱晓鸣、万黎明、余国忠、钟强、王龙富和王国增11人荣获先进个人称号。

是年1月，省委、省政府发出浙委〔2006〕3号文件，授予省交通厅“欠发达乡镇奔小康工程”结对帮扶先进单位称号。

是年1月，省交通厅发出厅字〔2006〕1号文件，中共浙江省委办公厅获2005年度全省党委系统信息工作先进单位二等奖。

是年2月27日，省政府浙政发出〔2006〕13号文，通报2005年度省政府直属单位工作目标责任制考核情况，省交通厅被评为2005年度工作目标责任制考核优秀单位。

是年3月24日，省治超领导小组发出《关于表彰浙江省2005年度治理车辆超限超载工作先进的通报》（浙治超〔2006〕1号），对治超工作中表现优异、成绩突出的杭州市治超领导小组办公室等4个优秀单位、杭州市绕城高速公路袁浦超限运输检测站等44个先进集体、金洪等163名先进个人予以表彰。

是年4月4日，交通部办公厅发出《关于表彰2005年度交通政务信息工作先进单位和先进个人的通报》（厅信息字〔2006〕98号），省公路管理局李小燕被评为2005年度交通政务信息工作先进个人。

是年4月19日，交通部授予浙江省交通厅“十五全国干线公路养护管理先进单位”荣誉称号（交公路发〔2006〕171号）。25日，省交通厅被省政府评为“五大百亿”工程考核优秀单位。

是年4月，中共浙江省委办公厅授予省交通厅2005年度双拥目标责任制考核优秀单位称号（浙委办〔2006〕38号）。

是年4月，省政府授予省交通厅为浙江省“五大百亿”工程考核优秀单位，浙江省交通运输工会为重点建设立功竞赛优秀组织单位（浙政发〔2006〕26号）。

是年5月9日，省委、省政府以浙委〔2006〕35号文表彰省级社会治安综合治理优秀市和先进集体先进个人，省交通厅运输安全处被评为省级社会治安综合治理先进集体。

是年5月22日，省委办公厅、省府办公厅下发《关于表彰首届世界佛教论坛承办工作先进单位的通报》（浙委办〔2006〕53号文），省交通厅获先进单位称号。

是年6月4日，交通部以交规划发〔2006〕321号文对2005年度全国交通统计信息工作考核情况进行通报。由浙江省公路管理局组织的公路交通情况调查工作再次被评为单项优秀。

是年6月29日，浙江省委以浙委〔2006〕49号发出《关于表彰省先进基层党组织、优秀共产党员、优秀党务工作者和“十大时代先锋”的决定》，朱汉华被授予省优秀共产党员、省十大时代先锋称号。同时，省交通系统还有5个先进基层党组织、3个优秀共产党员、1位优秀党务工作者受到省委表彰。

是日，浙江交通职业技术学院、湖州交通学校分别被浙江省人民政府授予“浙江省职业教育先进单位”称号（浙政发〔2006〕39号）。

是年6月，交通部授予新安江千岛湖至深度段68.5公里航道为全国文明样板航道称号，授予浙江省交通厅阎震、杨元文等浙江省交通系统22人文明样板航道创建工作先进个人称号（交水发〔2006〕360号）。

是年11月，交通部授予浙江省交通厅为京杭运河船型标准化示范工程推进工作先进单位称号，授予浙江省港航管理局韩力平、曹雪军为京杭运河船型标准化示范工程推进工作先进个人称号（交水发〔2006〕655号）。

是年12月29日，省公路管理局被省委、省政府命名为浙江省文明行业。至此，省公路行业在浙江省交通五大子行业中率先创建成省、部两级“双文明行业”。

2007年1月15～16日，绍兴市交通局获全国交通系统治理公路“三乱”先进单位称号。

是年2月8日，浙江省劳动和社会保障厅下发《关于表彰浙江省技术能手的通报》（浙劳社〔2007〕20号），授予2006年度在全省职业技能竞赛中取得优异成绩的杨建西等142人“浙江省技术能手”荣誉称号，交通系统获奖人员有：浙江省双飞运输有限公司胡一标、金华市通杭快速客运公司陈超、台州汽运集团长运公司许高峰、浙江通济交通运输股份有限公司周曙光、绍兴市公共交通有限公司胡志良。

是年3月2日，交通部下发了《关于表彰全国交通行业巾帼文明岗巾帼建功标兵的决定》（交体法发〔2007〕99号），浙江省交通行业5单位、5个人榜上有名。其中，获全国交通行业巾帼文明岗：宁波市汽车客运服务中心宁波南站“3561服务班”、绍兴市汽车运输集团有限公司公路客运中心“鸿娟服务组”、舟山市海峡汽车轮渡有限责任公司“舟渡12轮”、嘉兴市公路运输管理处行政许可办证中心、330国道永康市收费所，获全国交通行业巾帼建功标兵的是杭州市公路管理局纪委书记张丽萍、104国道湖州收费站征费员沈奕萍、衢州市交通设计有限公司副总经理王永兵、浙江交通职业技术学院教师张乐飞、省交通规划设计研究院副总工程师郑束宁。

是年4月16日，交通部下发《关于表彰“九五”和“十五”期全国内河水运建设优秀项目与先进集体及先进个人的通知》（交水发〔2007〕187号）。浙江省东宗线湖州段航道改造工程、杭申线浙境段航道改造获优秀项目奖；浙江省港航管理局、嘉兴市港航管理局、湖州市港航管理局获先进集体称号；陈妙福、唐净、陈海龙、步海兵、赵炳忠、王恕获先进个人称号。

是年8月22日，教育部下发《关于表彰第三届高等学校教学名师奖获奖教师的决定》，公布获奖教师名单，浙江交通职业技术学院季永青教授荣获国家级高校教学名师奖。

是年8月，省委、省政府以浙委〔2007〕127号发出《中共浙江省委、浙江省人民政府关于表彰第三批省优秀农村工作指导员和第四批省科技特派员工作先进单位先进个人的通报》，省公路局被省委、省政府表彰为“省农村工作指导员工作先进单位”，顾凯锋被表彰为“浙江省优秀农村工作指导员”。

是年12月6日，交通部文件下发《关于表彰全国海（水）上搜救先进单位先进集体和先进个人的决定》（交搜救发〔2007〕710号），浙江海事局、湖州市地方海事局被授予“全国海（水）上搜救先进单位”称号，湖州地方海事处“浙海巡0302”执法船、舟山市普陀区海洋与渔业局“中国渔政33022”船、宁波象山县石浦镇对面山村“浙象渔32005”渔船、温州市苍南县石坪乡坑南村“浙苍渔4545”渔船被授予“全国海（水）上搜救先进集体”称号，浙江海事局通航处叶国鑫、舟山海事局嵊泗海事处执法大队张禹俊、浙江省舟山市海洋与渔业局龚进交、杭州市港航管理局海事处周光明、海宁海事处邬建龙被授予“全国海（水）上搜救先进个人”称号。

是年，交通部以交规划发〔2007〕343号发出《关于表彰全国农村公路通达情况专项调查先进集体和先进个人的通知》,省公路局被交通部表彰为“全国农村公路通达情况专项调查先进集体”。

是年,省核应急委下发《关于表彰2006年度省核事故应急准备工作先进单位和个人的通知》(浙核委〔2007〕1号)。省交通专业组被评为2006年度核应急准备优秀单位,凌宏标被评为2006年度核应急准备先进个人。

是年,省委办公厅以浙委办〔2007〕2号文表彰省交通厅运输安全处为抗台救灾先进集体,丽水市公路管理处副处长何伟军、庆元县公路段机械操作手叶永库为先进个人。

是年,中共浙江省委政法委员会下发《关于表彰“0706”罪犯调遣行动先进集体和先进个人的决定》(浙政法〔2007〕16号)。浙江省沪杭甬高速公路杭州管理处余杭管理所、46省金龙(龙游)收费站获先进集体称号,傅红阳、丁永强、张宁、刘国新、钱峰、鲁建伟、宋志民、陈文标获先进个人称号。

是年,省春运领导小组下发《关于表彰2007年春运工作先进单位及个人的通知》(浙春运发〔2007〕8号)。省交通厅春运办、省港航管理局获先进集体称号,李承志、万毅宏、王振洪、张建阳、曾善荣、张延、汪月娥、朱铁山、张金熊、帅朝晖、陈如春、董一平、万黎明、吕仁苗、顾辉辉、王跃良、虞中伟获先进个人称号。

2008年1月30日,嘉兴船文化博物馆被浙江省巾帼建功和双学双比活动协调小组认定为浙江省“巾帼文明示范岗”(浙巾双协〔2008〕1号)。

是年2月18日,省政府办公厅发出《关于表彰2007年度电子政务建设优秀单位的通报》(浙政办函〔2008〕10号),对省级单位和各市政府的网站建设、政务网络建设及安全工作、电子监察系统建设工作考核评比中的优秀单位予以通报表彰,其中省交通厅被评为2007年度电子政务建设综合考核优秀单位。

是年2月21日,交通部下发《关于表彰2006至2007年度全国交通行业精神文明建设先进集体先进个人的决定》(交体法发〔2008〕80号)。省公路管理局、台州市交通局、浙江恒风交通运输股份有限公司获“全国交通行业文明单位”称号;宁波市公路运输管理(稽征)处96520举报投诉受理中心、舟山港海通客运有限责任公司普陀山客运站、丽水市公路客运西站有限公司、浙江温州甬台温高速公路有限公司浙闽主线收费所、衢州市行政服务中心交通窗口获“全国交通行业文明示范窗口”称号。杭州市交通工程集团有限公司项目经理徐小军,宁波市汽车客运服务中心宁波南站“3561”服务班班长金艳婷,嘉兴市港航管理局城郊港航管理处三塔港航管理站副站长吴建林,湖州市德清县车辆通行征费管理所班长楼建平,舟山市汽车运输有限公司客车驾驶员、车长郭超等人获“全国交通行业文明职工标兵”称号。

是年2月21日,交通部、全国妇联下发了《关于表彰2007年度全国交通行业巾帼建功标兵和巾帼文明岗的决定》(交体法发〔2008〕132号),杭州市市郊公路管理处华龙养护工程处杭千公路站副站长张彩姣、台州汽车运输集团有限公司临海客运中心副站长冯红英、浙江宁波甬台温高速公路有限公司宁海收费所收费员应红玉等3人获“全国交通行业巾帼建功标兵”;宁波市公路运输管理处96520举报投诉受理中心、浙江杭金衢高速公路有限公司金华管理处兰溪收费所、绍兴县公路稽征所征费大厅等3个单位获“全国交通行业巾帼文明岗”称号。

是年2月22日,浙江省“创建学习型组织,争做知识型职工”活动领导小组发文表彰

2007 年度浙江省创争活动示范单位、示范班组、知识型职工标兵和先进单位、先进班组、知识型职工，浙江交通职业技术学院机电系机电一体化技术教研室被评为先进班组。

是年 2 月 29 日，交通部发出《关于表彰全国交通行业抗灾保通先进集体先进个人的决定》（交体法发〔2008〕95 号）。浙江省交通厅、浙江省湖州市交通局、浙江省临安市交通局、浙江省遂昌县公路管理段、浙江省江山市公路管理段峡口公路管理站、浙江省新昌县公路管理段、浙江省天台县交通局、浙江省嘉兴市南湖区公路管理段被授予“全国交通行业抗灾保通先进集体”荣誉称号；汪国杰、林巧圣、左建党、胡明锋、吴德宝、叶卫军、黄禄友、陈国富、李锦秀、陆新民、朱定勤、胡巍、王晓平、姜明才、严慧忠被授予“全国交通行业抗灾保通先进个人”荣誉称号。

是年 3 月 1 日，省信息化工作领导小组发出《关于表彰 2003 ~ 2007 年“数字浙江”建设先进集体和先进个人的决定》（浙信发〔2008〕1 号），对“数字浙江”建设先进集体和先进个人予以表彰通报。浙江省交通厅信息中心获 2003 ~ 2007 年“数字浙江”建设先进集体称号。

是年 3 月 17 日，中共浙江省委、浙江省人民政府发出《关于表彰抗击雨雪冰冻灾害先进集体和先进个人的通报》（浙委〔2008〕29 号）。省交通厅运安处、省公路管理局征费管理处、省道路运输管理局春运办、杭州市公路管理局、杭州市萧山区交通局、宁波市公路运输管理处、永嘉县公路管理段、长兴县交通局、安吉县交通局、湖州市交通局、嘉善县交通局、嘉兴市交通局公路管理处、新昌县公路管理段、浙江通济交通运输股份有限公司、衢州市交通局、衢州市江山市交通局、台州市客运中心（南站）、省交通工程建设集团有限公司 18 个单位获先进集体称号；浙江省公路管理局侯利国等 39 人获先进个人荣誉称号。

是年 3 月，交通部发出《关于表彰 2006 至 2007 年度全国交通行业精神文明建设先进集体先进个人的决定》（交体法发〔2008〕80 号）。舟山港海通客运有限责任公司普陀山客运站荣获“全国交通行业文明示范窗口”称号，吴建林（嘉兴市港航管理局三塔港航管理站副站长）荣获“全国交通行业文明职工标兵”称号。

是年 4 月 23 日，共青团浙江省委、浙江省青年联合会发出《关于追授杨彬同志“浙江青年五四奖章”的决定》。

是年 4 月 29 日，浙江交通职业技术学院汽车系陈文华老师获浙江省“五一”劳动奖章，受到省委、省政府的表彰。这是新中国成立以来浙江省产生的第二批省级“五一”劳动奖状、劳动奖章获得者。

是年 5 月 18 日，“杭州湾大桥建设关键技术”获中国公路学会科学技术奖特等奖。这是浙江省首次获此奖项。

是年 5 月 29 日，交通运输部下发《关于表彰浙江 3 · 27 船碰在建大桥事故抢险救助和调查处理先进单位集体和个人的决定》（交搜救发〔2008〕108 号），授予舟山市人民政府、浙江省交通厅、浙江省海上搜救中心 3 个单位为事故抢险救助和调查处理先进单位，浙江省舟山连岛工程建设指挥部、宁波港集团公司、上海打捞局打捞业务处、浙江蛟龙集团有限公司、宁波港集团油港轮驳公司、“东海救 197”轮、“海巡 112”轮、“海巡 1139”轮、“四航奋进”轮、交通部海事局安全管理处、中国海上搜救中心总值班室、浙江海事局新闻办、宁波镇海海事处、宁波海事局办公室 14 个集体为事故抢险救助和调查处理先进集体，虞洁夫、沈旺、张胜利、王洪涛、卞钧霈、刘肖、周健儿、梁景友、吴永明、乐志军、许尚良、王雷、陆永晨、郑志龙、谭雪峰、许长飞、包能伟、赵红战、章金阳、江道友、范其平、陈志宏、曾平喜、杨国平、程明峰、何易培、王长勇、韦晓光、叶国鑫、赖其荣、周荣祥、何敏捷、胡其红、王宏生、张钧浩、王军、胡钢辉、方益军、黄岩、张仁初、陈贤、胡卫立、张洪垒、徐春部、吴文正、方贤祥46人为事故抢险救助和调查处理先进个人。

是年6月9日，舟山港务集团所属的舟山港海通轮驳有限责任公司"舟港拖9"获得全国"安康杯"先进班组，公司获得浙江省"治安安全示范单位"荣誉称号。

是年6月13日，浙江省人民政府发出《浙江省人民政府关于表彰全省重点建设立功竞赛"五大百亿"工程责任制先进集体和先进个人的通报》(浙政发〔2008〕40号)。浙江省交通厅被表彰为"五大百亿"工程责任制考核优秀单位、"五大百亿"工程责任制五年总体考核优秀单位；全省交通系统曹国银、吴维忠、许海云、毛志鑫、吕水明获省重点建设先进个人称号；中铁四局二公司金塘大桥项目经理部(舟山大陆连岛工程)、台州市台金高速公路建设指挥部(台金高速工程)、温岭市宏远交通工程有限公司(温岭太平至玉环漩门温岭段A标)、杭浦高速公路嘉兴段项目部、宁波市绕城高速公路(西段)建设办公室、广东长大公司舟山大陆连岛工程金塘大桥第一合同项目经理部、瑞安飞云江三桥工程建设指挥部、浙江黄衢南高速公路有限公司、浙江申嘉湖杭高速公路有限公司、杭甬运河余姚段拓宽改造工程指挥部获省重点建设立功竞赛先进集体称号；曹国银、赵先贵、王康强、李亚东、张东福、林兵华、周勇明、蒋永明、方慈良、林智、杨国平、叶勇、朱金龙、李伯东、潘巍、袁建庆、鲁瑞伙获省重点建设立功竞赛先进个人称号。

是年6月25日，人力资源和社会保障部、交通运输部联合下发《关于表彰第二批交通运输系统抗震救灾英雄集体和抗震救灾英雄的决定》(人社部发〔2008〕52号)，浙江交通架桥突击队获"交通运输系统抗震救灾英雄集体"称号。

是年7月2日，交通运输部下发了《关于表彰全国交通运输行业抗震救灾先进集体和先进个人的决定》(交体法发〔2008〕167号)，授予浙江交通赴川抗震救灾抢修保通突击队宁波支队、浙江省公路局、浙江交通赴川抗震救灾抢修保通技术专家组等3个单位(集体)"全国交通运输行业抗震救灾先进集体"称号，侯利国(省公路管理局养护处处长)金洪(杭州市公路管理局副局长)、林宗国(台州市公路管理处机料科科长)、赵长军(省交通厅建管处主任科员)、蒋胜昔(省交通工程建设集团三公司项目部副经理、总工程师)、何育章(宁波交通工程建设集团有限公司机械施工分公司机施一处处长)、郭剑彪(省交通厅党组书记、厅长)7人获"全国交通运输行业抗震救灾先进个人"称号。

是年7月4日，浙江省春运工作领导小组发出《关于表彰2008年春运工作先进单位及个人的通知》(浙春运发〔2008〕7号)。省交通厅运安处、省公路局路政处获先进集体称号，凌宏标、颜青鹏、张杰、施旭霞获先进个人称号。

是年7月14~15日作为全国内河水运建设示范工程、长江三角洲环境友好型航道的湖嘉申线湖州段航道通过交通运输部组织的验收，成为全国内河航道建设的样板工程。

是年7月，交通运输部以《关于表彰全国交通运输行业抗震救灾先进集体和先进个人的决定》(交体法发〔2008〕167号)表彰浙江省公路管理局养护处处长侯利国为"全国交通运输行业抗震救灾先进个人"，浙江省公路管理局援川人员朱定勤为"全国交通行业抗灾保通先进个人"。

是年8月11日，交通运输部办公厅发出《交通部政府网站共建工作情况通报》，对2008年1~6月部网站共建工作考评情况予以通报。浙江省交通厅以6697分的综合得分，获全国交通系统政府网站建设工作考评第一名。

是年10月22日，四川省委、四川省人民政府以《中共四川省委四川省人民政府关于表彰四川省抗震救灾模范集体和抗震救灾模范的决定》（川委〔2008〕300号）表彰浙江省公路管理局朱定勤为“抗震救灾模范”。

是年11月18日，浙江省绿化委员会以《关于命名表彰2008年度“省绿化模范单位”和“省绿化奖章”的决定》（浙绿委〔2008〕5号）授予浙江省公路管理局局长李良福“浙江省绿化奖章”。

是年11月，在2008年度中国公路学会科学技术奖评选中，浙江省有8个项目获奖，其中特等奖1个，一、二等奖各2个，三等奖3个，获奖数量与奖级均名列各省市前茅。

是年12月24日，根据人力资源和社会保障部、交通运输部联合下发的人社部发〔2009〕170号文，杭州交通系统杭州长运运输集团有限公司董事长王德润荣获全国交通运输系统劳动模范荣誉称号，杭州交通信息中心技术总监毛剑荣获全国交通运输系统先进工作者荣誉称号。

是年12月30日，浙江省精神文明建设委员会办公室下发《关于表彰2008年度全省开展文明出行教育实践活动先进单位的通报》（浙文明办〔2008〕23号），全省交通系统共有13个单位荣获浙江省文明出行组织工作先进单位和优秀单位称号。获浙江省文明出行组织工作先进单位的有浙江省道路运输管理局、杭州市道路运输管理局、宁波市公路运输管理处、绍兴市道路运输管理处、嘉兴市公路运输管理处、湖州市公路运输管理处、衢州市公路运输管理处、台州市公路运输管理处，获浙江省文明出行组织工作优秀单位的有温州市公路运输管理处、金华市公路运输管理处、舟山市公路管理局、丽水市公路运输管理处、义乌市公路运输管理所。

是年12月，交通运输部交战办授予浙江省公路管理局“全国交通运输系统国防交通储备器材管理先进单位”荣誉称号。

是年，交通运输部、浙江省委、省政府追授汪国杰、林圣巧为抗雪灾斗争先进个人。

是年，中共浙江省委、浙江省人民政府下发《关于命名表彰社会治安综合治理优秀市、先进集体先进个人的通报》（浙委〔2008〕44号）。省交通厅运输安全处获先进集体称号。浙江省人民政府下发《关于表彰禁毒人民战争先进集体与个人的通报》（浙政发〔2008〕37号），省交通厅运输安全处获先进集体称号。

是年，省政法委下发《关于表彰“0805”罪犯调遣行动先进集体和先进个人的决定》（浙政法〔2008〕55号）。省交通系统杭金衢高速公路衢州东收费站、杭州绕城高速公路半山收费站获先进集体称号，胡静杭、杨尉海、陈利萍、杨顺途、李晓根、方金有、宋志民、王坚省获先进个人称号。

是年，北京奥运会浙江火炬接力组委会下发《关于表彰北京奥运会浙江省火炬接力先进集体的决定》（浙体奥〔2008〕63号）。浙江省交通厅获北京奥运会浙江省火炬接力优秀协作奖。

2009年2月7日，省委省政府命名表彰了415个浙江省文明单位，浙江交通运输行业36

个单位榜上有名，包括杭州的杭州淳安长运发展有限公司、杭州市市郊公路管理处、杭州杭千高速公路发展有限公司，宁波的象山县四自公路管理所、宁波市镇海区公路管理段、宁波市高等级公路建设指挥部、宁波公运汽车客运服务中心有限公司宁波中心站，温州的温州市交通局、浙江温州甬台温高速公路有限公司、温州市港航管理局市区分局，湖州的湖州市公路路政管理支队高速公路大队、安吉县公路运输管理稽征所，嘉兴的嘉兴汽车北站、桐乡市港航管理处，绍兴的绍兴市公路管理处，金华的浙江通济交通运输股份有限公司、浙江省交通投资集团有限公司杭金衢金华服务区、金丽温高速金华管理处、浙江八咏公路工程有限公司、浙江省交通投资集团有限公司杭金衢兰溪服务区、浙江恒风交通运输股份有限公司、东阳市公路运管稽征所，衢州的衢州市交通工程质量监督站、浙江省交通投资集团有限公司杭金衢衢州服务区、衢州市柯城公路管理段、江山市交通局、杭金衢高速公路有限公司衢州管理处浙赣收费所，舟山的舟山市通达海运有限责任公司、舟山市车辆通行费征收所、舟山市嵊泗县公路管理段，台州的台州市公路路政管理支队高速公路大队，丽水的丽水市公路管理处、浙江金丽温高速公路丽水管理处、松阳县公路运管稽征所、景宁畲族自治县公路管理段，以及省港航管理局。

是年，省文明委发出《关于公布浙江省文明行业、文明单位和文明村镇复评结果的通知》（浙文明〔2009〕2 号），浙江港航管理系统 13 家单位（宁波市北仑区港航管理处、嘉兴市港航管理局、嘉兴市城郊港航管理处、海盐县港航管理处、海宁市港航管理处、湖州市港航管理局、湖州市港航管理局湖州管理处、德清县港航管理处、安吉县港航管理处、衢州市港航管理处、台州市港航管理局玉环港航分局、丽水市港航管理处、丽水市港航管理处云和县港航管理所）通过复评，继续保留省级文明单位的荣誉称号。

是年 2 月 7 日，中共浙江省委、浙江省人民政府发出《关于表彰浙江省文明城市（县城、城区）、文明单位、文明村镇的通报》（浙委〔2009〕13 号）。省港航管理局机关、浙江通济运输股份有限公司被授予“省级文明单位”荣誉称号。

是年 2 月 23 日，省总工会交通运输工会以浙交工会〔2009〕8 号发出《关于表彰 2007～2008 年度交通工会先进的决定》。省公路管理局工会被评为“先进基层工会”，局属浙江公路技师学院工会被评为“模范职工之家”，局工会副主席王杭民和浙江公路技师学院工会主席杜晓红被评为“优秀工会干部”。

是年 3 月 10 日，省双对口帮扶和山海协作领导小组表彰了 34 个对口支援和国内合作交流工作先进集体，省交通厅名列其中。

是年 7 月 16 日，省军队转业干部安置工作小组、省委组织部、省人力资源和社会保障厅和省军区政治部联合发出《关于表彰全省优秀军队转业干部、军队转业干部安置工作先进单位和先进军转工作者的决定》（浙军转组〔2009〕3 号）。省公路管理局结算中心副主任陈培良获“浙江省优秀军队转业干部”荣誉称号。

是年 7 月，杭州市港航管理局淳安港航管理处获“全国海事系统文明执法示范窗口”称号。

是年 9 月 4 日，浙江绿化委员会发出《关于命名表彰 2009 年度“省绿化模范单位”和“省绿化奖章”的决定》（浙绿委〔2009〕10 号）。省公路管理局被授予“省绿化模范单位”称号。

是年 9 月 14 日，省公路局总工程师朱汉华、宁波市交通局副局长吕忠达当选 60 位新中国成立以来感动交通人物。

是年9月16日，中国交通职工思想政治工作研究会发文，授予190人“2007~2009年度全国交通运输系统优秀思想政治工作者”荣誉称号。杭州市道路运输管理局纪委书记周勇，温州市港航管理局副局长、纪委书记李绪斌，绍兴市公共交通总公司党委书记、总经理徐行，省交通运输厅直属机关党委专职副书记、人事处副处长戴英荣获表彰。

是年9月27日，浙江省人民政府下发《关于表彰2009年浙江省劳动模范和模范集体的决定（浙政发〔2009〕63号）》，349名省劳动模范个人和50个省劳动模范集体受到表彰。浙江交通职业技术学院汽车学院院长陈文华教授、杭州市交通工程集团有限公司徐小军、杭州萧山公路开发有限公司方军获“浙江省劳动模范”称号。

是年10月16日，交通运输部表彰了第三次全国港口普查先进集体、先进个人及全国公路水路运输量专项调查先进集体、先进个人。浙江省港航局、宁波市港航局、舟山港务局、嘉兴市港务局、杭州市港航局、嘉兴市港航局、湖州市港航局7个单位荣获第三次全国港口普查先进集体称号；史仲波、江筠、陈宁伟、季银根、林秀琴、张伟、金轹、张贤济、郭红军、黄开木、任健、汪国良、焦学明、王非也、何武敏、顾金坤、龚雪明、张虹、徐小林、胡方方20名个人荣获第三次全国港口普查先进个人称号；省运管局、温州市交通局、绍兴市运管处3个单位荣获全国公路水路运输量专项调查先进集体称号；沃跃松、黄晓东、金筱筱、马术华、倪国定荣获全国公路水路运输量专项调查先进个人称号。

是年10月16日，省财政厅表彰了2008年度部门决算报表先进，6个先进单位、41个先进集体、107名先进个人受到了通报表彰。省交通运输厅荣获2008年度部门决算报表先进集体。

是年10月27~28日，省交通运输厅获首届全国交通运输行业机动车驾驶员节能技能竞赛团体二等奖；代表浙江参赛的衢州汽运集团、王渭平还分别获得优胜企业奖第五名和个人赛第五名。

是年11月5日，省委宣传部、省文明办对2005年以来开展的文明单位和行政村结对的“双万结对共建文明”活动先进对子进行表彰。浙江有省交通干部学校、杭州市余杭区公路段、淳安县交通局、安吉县运管所、嘉兴市交通局、绍兴县道路运输管理所、金华市公路管理处、衢州市交通局、舟山市交通委、仙居县公路管理段、庆元县公路段被授予“双万结对共建文明”活动先进对子。

是年12月9日，人力资源和社会保障部、交通运输部表彰全国交通运输系统先进集体、劳动模范和先进工作者。宁波市公路运输管理处96520举报投诉受理中心、温州市公路运输管理处、舟山海星轮船有限公司、金华市公路管理处、台州市交通局、丽水市松阳县长运有限公司、浙江省交通规划设计研究院7个单位获全国交通运输系统先进集体称号，王德润、何育章、余定善、边胜荣、胡金松、王泓波、李亚定、顾卫林、李卫炎、郑岩获全国交通运输系统劳动模范称号，毛剑、樊关根、楼秋红、陆新民、王正辉、吴茶香、林宗国、朱定勤、张乐飞荣获全国交通运输系统先进工作者称号。

是年12月10日，中共四川省委组织部印发《关于通报表扬优秀挂职干部、先进派员单位、先进管理服务单位的决定》（川组通〔2009〕126号）。浙江交通运输系统省公路管理局养护处处长、青川县委常委、副县长朱定勤和温州市交通局副局长、广元市交通局副局长秦肖两位挂职干部受到表彰。

是年,根据《关于表彰全国交通运输系统先进集体劳动模范和先进工作者的决定》(人社部发〔2009〕170号),省公路管理局公路养护管理处处长、青川县委常委、副县长朱定勤,湖州市公路管理处副处长陆新民、新昌县公路管理段拔茅公路站站长王正辉和台州市公路管理处机料科科长林宗国等被人力资源和社会保障部、交通运输部授予"全国交通运输系统先进工作者"荣誉称号,金华市公路管理处被授予"全国交通运输系统先进集体"荣誉称号。

是年,中共浙江省委政法委员会下发《关于表彰"0956"行动先进集体和先进个人的决定》(浙政法发〔2009〕79号)。浙江杭千高速公路发展有限公司、浙江申苏浙皖高速公路有限公司获得先进集体称号,华方平、嵇晓梅、方晓明、方金有、胡巍、钱立高、宋志民、余群燕获先进个人称号。

2010年2月20日,中共浙江省委、浙江省人民政府下发《中共浙江省委浙江省人民政府关于表彰2009年度"低收入农户奔小康工程"结对帮扶工作先进单位的通报》(浙委〔2010〕19号),授予省交通运输厅2009年度"低收入农户奔小康工程"结对帮扶工作先进单位荣誉称号。

是年3月31日,《中共浙江省委、浙江省人民政府关于表彰2009年度创建平安工作先进单位的通报》(浙委〔2010〕30号)下发。浙江省交通运输厅被评为"2009年度创建平安工作先进单位"。

是年4月22日,交通运输部下发《关于授予王联等50名同志交通青年科技英才荣誉称号的决定》(交人劳发〔2010〕204号),表彰2008~2009年度交通运输系统有突出贡献的优秀青年专业技术人才,省公路局张起获此荣誉。

是年5月25日,浙江省春运工作领导小组下发《关于表彰2010年春运工作先进集体和先进个人的通知》(浙春运发〔2010〕7号)。省公路管理局马建青被评为2010年春运工作先进个人。

是年6月24日,浙江省人民政府下发《关于表彰浙江省民族团结进步模范集体和模范个人的决定》(浙政发〔2010〕30号)。省公路管理局荣获浙江省民族团结进步模范集体称号,李良福获浙江省民族团结进步模范个人称号。

是年8月28日,五年一届的全国交通运输科技大会在杭州召开。会议表彰了"十一五"期间全国交通运输科技工作先进集体和个人。杭州市交通局副局长朱玉龙荣获"十一五"交通运输行业优秀科技管理人员称号、杭州市公路管理局教授级高工潘学政荣获"十一五"交通运输行业优秀科技人员称号。全省交通系统共有6人获此表彰,杭州是唯一获得表彰的地市级交通局。

是年8月,交通运输部《关于表彰2010年度全国交通运输依法行政先进集体和先进个人的决定》(交政法发〔2010〕762号)。浙江省绍兴县交通局被评为交通运输依法行政示范单位,湖州市公路路政管理支队高速大队、杭州市道路运输管理局开发区管理处、平湖市交通局被评为交通运输文明执法示范窗口;湖州市港航局湖州管理处沈建国、温州市公路运输管理处李品聪被评为交通运输文明执法标兵,省交通运输厅胡继祥、宁波市交通局葛更坚被评为交通运输法制先进工作者。

是年9月10日,"大爱浙江"第十四届浙江省见义勇为先进人物表彰大会在杭州举行。

绍兴嵊州市的上海大众汽车嵊州销售有限公司客户部副主任杜强获第十四届浙江省见义勇为先进人物称号，得到省公安厅、省见义勇为基金会的表彰。

是年9月13日，交通运输部发出《关于表彰全国交通运输行业精神文明建设先进集体先进个人的决定》（交政法发〔2010〕475号）及《关于命名第二批交通运输文化建设示范单位的决定》（交政法发〔2010〕476号），表彰全国交通运输行业先进集体、先进个人。浙江省交通厅工程质量监督局获全国交通运输文明行业荣誉；温州市交通局、湖州市公路管理处、绍兴市公共交通集团有限公司、宁波市公路运输管理处获全国交通运输行业文明单位称号；杭州市高速公路路政管理大队（杭州市市郊公路管理处），湖州市南浔港航管理检查站，浙江省37、39省道东阳征费所，丽水市汽车运输集团有限公司快客公司丽杭班组，沪杭甬高速公路嘉兴管理处大云管理所获全国交通运输行业文明示范窗口称号；泰顺县交通局、桐乡市港航管理处被授予第二批交通运输文化建设示范单位称号；授予刘自冉、魏俊、蔡志敏、叶梅福、慎琴、马建利被授予全国交通运输行业文明职工标兵称号；嘉兴市交通局政治处（党办）主任张冬泉被授予全国交通运输行业精神文明建设先进工作者称号。

是年10月12日，交通运输部发出《关于"十一五"交通运输行业科技创新表彰的决定》（交科技发〔2010〕548号）。省交通运输厅卞钧霈获得"交通运输行业科技特殊贡献奖"，宁波市高等级公路建设指挥部吕忠达获得"交通运输行业科技杰出成就奖"，杭州市公路管理局潘学政、省交通设计院桂炎德、省交通设计院杨少华、浙北高速公路管理有限公司曹德洪等4人获评"交通运输行业优秀科技人员"，省交通运输厅吕新龙、杭州市交通局朱玉龙等2人获评"交通运输行业优秀科技管理人员"。

是年11月8日，交通运输部下发《关于授予陈小波等29名同志全国交通运输行业援助阿坝州灾后重建先进个人荣誉称号的决定》（交人劳发〔2010〕643号），授予宁波市交通工程质量监督站孙志勇、温州市高速公路工程建设总指挥部吴秀勇、浙江省杭州市交通工程质量安全监督局张涛"全国交通运输行业援助阿坝州灾后重建先进个人"荣誉称号。

是年11月25日，交通运输部发出《关于表彰全国交通运输系统五五普法先进集体先进个人的决定》（交政法发〔2010〕710号）。泰顺县交通局、杭州市港航管理局钱江管理处、浙江省海峡轮渡集团有限公司获全国交通运输系统五五普法先进集体称号，沈建新、王敏儿、潘行进获全国交通运输系统五五普法先进个人称号。

是年11月25日，交通运输部下发《关于授予花茂飞等60名同志全国交通技术能手荣誉称号的决定》（交人劳发〔2010〕711号），授予浙江申浙汽车股份有限公司叶黎敏、余姚申浙汽车有限责任公司谢建峰、浙江广通汽车有限公司李有念、宁波之星汽车维修服务有限公司宋勇兵、杭州园林汽车服务有限公司韩晨洪"全国交通技术能手"荣誉称号。

是年11月，交通运输部海事局下发《关于命名全国海事系统文明机关的决定》（海文明委〔2010〕1号）。浙江省地方海事局被命名为全国海事系统文明机关。

是年11月，交通运输部海事局下发《关于表彰2010年上海世博会水上交通安全保障工作先进集体和个人的决定》（海人教〔2010〕595号）。嘉善县地方海事处红旗塘海事所、平湖市平湖大桥海事所、省地方海事局海事处荣获集体二等功，杭州市地方海事局、湖州市地方海事局荣获集体三等功；唐伟明获个人一等功，陈亮等3人获二等功，何芊易等6人获三等功。

是年11月,交通运输部海事局下发《关于表彰创建“安全畅通文明”航区(线)先进单位的决定》(海文明委〔2010〕2号)。湖州市地方海事局、嘉兴市地方海事局荣获创建“安全畅通文明”航区(线)先进单位称号。

是年12月22日,根据交通运输部《关于表彰全国交通运输依法行政先进集体和先进个人的决定》(交政法发〔2010〕762号),杭州市道路运输管理局开发区管理处获得全国交通运输文明执法示范窗口称号。

是年12月29日,中共浙江省委、浙江省人民政府下发《关于表彰浙江省对口支援青川县灾后恢复重建工作先进单位和先进个人的通报》(浙委〔2010〕101号)。省公路管理局荣获浙江省对口支援青川县灾后恢复重建工作先进单位称号。

是年12月30日,中共浙江省委政法委员会下发《关于表彰“1045”行动先进集体和先进个人的决定》(浙政法发〔2010〕84号)。杭州国益路桥经营管理有限公司、浙江省交通投资集团有限公司杭金衢分公司获“1045”行动先进集体称号,唐子炎、丁永强、胡静、杨蔚海、刘肖、陈记训、陈文标、杜东升获先进个人称号。

是年12月31日,交通运输部下发《关于表彰世博交通运输保障先进集体和先进个人的决定》(交政法发〔2010〕784号)。嘉兴市交通局、嘉兴市港航管理局、嵊泗客运总站李柱山分站、杭州市交通局4家单位获得“世博交通运输保障先进集体”荣誉称号,周方鸣、赖兴祥、李志杰、冯爱观、王关烈、龚华国、宋志民、钱立高、唐伟明、周继标10人获得“世博交通运输保障先进个人”荣誉称号。

是年12月,交通运输部下发《关于表彰世博交通运输保障先进集体和个人的决定》(交政法发〔2010〕784号)。嘉兴市港航管理局荣获“世博交通运输保障先进集体”称号,唐伟明荣获“世博交通运输保障先进个人”称号。

是年,由中国引航协会联合《中国水运报》社在全国引航员中开展的2008年度“全国优秀引航员”和“全国十佳引航员”评选活动结果揭晓。浙江省宁波引航站高级引航员杨旺强、舟山引航站一级引航员郭定兴获“全国十佳引航员”荣誉称号;宁波引航站杨旺强、潘国华、宣晓东,舟山引航站郭定兴,嘉兴港引航站余蔡坪,温州港引航站陈永开,台州港引航站叶巧华获“全国优秀引航员”荣誉称号。

是年,中国海员建设工会下发《关于第九届“金桥奖”的表彰决定》(海建工海字〔2010〕3号)。浙江省获表彰的有杭州市公路管理局徐岱松、宁波市总工会交通工作委员会吴再军(女)、嘉兴市交通局张冬泉、舟山市宏达交通工程有限责任公司方贤飞、省公路管理局王杭民(女)、浙江交通技术学院张向农、浙江金丽温高速公路有限公司姜扬剑。

是年,公路技师学院检测部负责人毛刚被省青年文明号、青年岗位能手活动组委会授予“2008年度省级青年岗位能手”荣誉称号(浙青文〔2010〕1号)。

三、地市、厅级荣誉

2001年3月30日,省交通厅发出《关于表彰2000年度全省交通系统创建文明建设样板路活动先进集体和个人的通报》(浙交〔2001〕125号)。杭州市交通局等62个交通局被授予2000年度全省创建文明建设样板路活动优胜单位称号,嘉兴市交通局等11个交通局为表扬单位,严华好等172人为2000年度创建文明建设样板路活动先进个人。

是年4月25日,湖州市人民政府发出《关于表彰1999~2000年度湖州市劳动模范和模范集体的决定》(湖政发〔2001〕65 号)。湖州市高速公路工程建设指挥部、湖州市航运管理处南浔航管站、湖州市公路管理处湖盐公路改建办公室荣获湖州市劳动模范集体称号。楼建平、郑继农、虞根源、林方金、陈志强、费增乾荣获湖州市劳动模范称号。

是年 5 月 23 日,湖州市人民政府发出《关于表彰“九五”期间重点工程建设先进单位和先进个人的通报》(湖政发〔2001〕78 号)。承建杭宁高速公路一期工程的湖州市高速公路工程建设指挥部荣获先进单位称号,章勤芳、徐章生荣获先进个人称号。

是年 10 月 12 日,中共舟山市委、舟山市人民政府发出《关于表彰“开发海洋、振兴舟山”先进集体先进个人的决定》(舟委〔2001〕13 号)。舟山市大陆连岛工程指挥部被授予先进集体。

是年 12 月 20 日,温州市人民政府发出《关于表彰金丽温高速公路温州段三期工程建设先进单位和先进个人的通报》(温政发〔2001〕202 号)。童文彬、胡隆、杜荣光、陈建国、张志强、杨建华、刘齐平、卢立整、吴圣东、刘亚东、李锡通、王玉栋、叶中耀、文会召、宣寿通、朱少华同志荣获先进个人称号。27 日,温州市人民政府发出《关于表彰甬台温高速公路乐清北段工程建设先进单位和先进个人的通报》(温政发〔2001〕207 号)。王晓铮、姚文龙、周一勤、姜扬剑、吴应哲、陈祥桃、周京安、林立扬、张小兰、汤昌悦、许英、黄崇金、陈鹏飞、吴弛、王善勇、吴学富、李占斌、王利农、李仁忠、申屠德金、王雪刚、杨汝刚、马瑞星、徐元顺、刘禄丰、罗文强、陈维章荣获先进个人称号。

是年,宁波市高管处甬江隧道收费站被评为市模范集体。高管处邵卫东、公路运输总公司尹文虎、交工集团林才明被评为市劳动模范。

是年,全省交通系统获得市级文明单位称号的共有 109 个:杭州市市级文明单位 12 个,宁波市市级文明岗位 1 个,温州市市级文明单位 10 个,嘉兴市市级文明单位 19 个,绍兴市市级文明单位 2 个,金华市市级文明单位 52 个,衢州市市级文明单位 13 个。

2002 年 5 月 27 日,省交通厅发出《关于公布全省交通系统文明示范窗口的决定》(浙交〔2002〕214 号),授予杭州长运运输集团有限公司汽车东站等 46 个单位“全省交通系统文明示范窗口”称号。

是年 7 月 23 日,省交通厅发出《关于表彰 2001 年度全省交通系统创建文明建设样板路活动先进集体和先进个人的通报》(浙交〔2002〕301 号)。杭州市交通局等 27 个单位为先进集体,严华好等 90 位为先进个人。

是年 5 月 7 日,省交通厅办公室发出《关于转达 2002 年度全省交通系统技术能手名单的通知》(浙交办〔2003〕62 号),接省劳动和社会保障厅浙劳社培〔2003〕4 号决定:东阳市公路管理段金海波、松阳县公路管理段林伟平和三门县公路管理段吕祖坚在 2002 年全省公路养护机械操作工技能比赛中获得“浙江省技术能手”荣誉称号。

是年 9 月 15 日,省交通厅发出《关于表彰 2002 年度全省创建文明建设样板路活动先进集体和先进个人的通报》(浙交〔2003〕393 号)。杭州市公路管理局等 9 个单位荣获“2002 年度全省创建文明建设样板路活动先进集体”称号,杭州市交通局范建军等 25 人荣获“先进个人”称号。

是年 9 月 25 ~ 26 日,全省交通系统第四届职工文艺汇演在杭州举行。11 个市交通局(委)及厅管厅属单位选送的 36 个文艺节目诠释交通“六大工程”。省艺术家协会专家评审组对节目进行评选,其中 9 个节目获一等奖,12 个节目获二等奖,15 个节目获三等奖。宁波、嘉兴、台州、衢州 4 市交通局获组织奖。

是年 10 月 21 日,省交通厅发出《关于命名三星级汽车(水路)客运站、公路收费站的通知》(浙交〔2003〕449 号),决定授予 69 个单位为首批三星级汽车(水路)客运站、公路收费站称号。

是年 10 月 31 日至 11 月 1 日,省交通厅、省交通运输工会在杭州举行 2003 年省级汽车维修工技能大赛。杭州、宁波、绍兴 3 市代表队分获团体前三名,王新等分别获个人前八名(其中前五名将获"浙江省技术能手"称号),台州、金华市交通局获组织奖。

是年 11 月 5 日,省交通厅召开全省交通系统星级文明单位创建工作现场会,表彰 69 家星级汽车(水路)客运站、公路收费站,其中汽车站 10 家、水路客运站 8 家、公路收费站 51 家。

2004 年 2 月 2 日,省交通厅发出浙交〔2004〕42 号文件,授予杭申线杭州段(塘栖—博陆 14 公里)、嘉兴段(博陆—红旗塘 92 公里)"文明航道"称号。

是年 2 月 26 日,湖州市人民政府办公室以湖政办发〔2004〕23 号文通报表彰 2003 年度湖州市重点建设先进集体和先进个人。湖州市交通局被评为市重点建设目标责任制考核优胜单位,湖州市高速公路工程建设指挥部、湖州市公路管理处、德清县交通局被评为市重点建设先进集体,章勤方、陈竹寿、姚金林、张玉明、王克林、殷培南、郑继农被评为市重点建设先进个人。

是年 3 月 8 日,省交通厅发出《关于公布 2003 年度工作目标考核等次的通报》(浙交〔2004〕81 号),确定宁波、杭州、金华、衢州、湖州 5 市交通局为综合考核优秀单位,温州、台州、绍兴、舟山、嘉兴、丽水 6 市交通局(委)为综合考核良好单位,按规定获综合奖。其中,宁波、杭州、金华等 3 市交通局为综合考核前三名,按规定获建设工程项目奖。

是年 5 月 8 日,省交通厅发出《关于命名朱家尖至普陀山客运航线为厅级文明客运航线的通知》(浙交〔2004〕160 号),授予朱家尖至普陀山客运航线为厅级文明客运航线,并决定给予该航线两端的客运站(舟山华通客运有限公司朱家尖客运站、舟山港海通客运有限公司普陀山客运站)各 2 万元的奖励;给予经营该航线的客船("海洲"轮、"海星 1"号、"海星 2"号、"海星 107"号、"海星 108"号)各 3000 元的奖励。

是年 9 月 21 日,省交通厅发出《关于命名三星级公路收费站的通知》(浙交〔2004〕388 号),命名了杭金衢高速公路萧山东、诸暨、牌头、郑家坞、鞋塘、金华、衢州东、衢州西、浙赣 9 个收费站为"三星级公路收费站",并给予各 1 万元的奖励。

是年 12 月 23 ~ 24 日,金丽温高速公路金华—丽水段工程通过省交通厅组织的竣工验收,工程质量被评定为优良。

是年 12 月 27 日,杭湖锡线浙境段航道改造工程通过竣工验收,被评为优良工程。

是年,浙江通济交通运输股份有限公司长途汽车维修中心徐光明、甬金高速公路义乌指挥部余青荣获金华市交通系统市级劳动模范称号。

是年,衢州市公路稽征运输管理处被衢州市委授予市级文明行业。衢州市县乡建设处、交通工程质量监督站、高速公路路政管理大队、46 省道衢江公路收费站、龙游通途交通建设工程有限公司、常山县公路稽征运管所被衢州市委授予市级文明单位。

是年,台州市公路管理处被台州市委、市政府命名为台州市首批市级文明行业。

是年，台州市交通局、玉环县公路段、仙居县公路段、三门县公路段、台州市公路路政支队高速公路大队、椒江区港航管理所、台州市第一公共交通公司被台州市文明委授予台州市第五批市级文明单位。

是年，台文明办〔2004〕2号文件，授予台州市交通局为2003年度台州市创建文明行业工作先进单位。台文明办〔2004〕3号文件，授予路桥公交303线为台州市文明服务（窗口）示范点。

2005年3月1日，省审计厅发出《关于表彰全省内部审计先进单位和先进工作者的决定》。省公路管理局被评为浙江省内部审计先进单位。

是年4月4日，省交通厅发出《关于公布2004年度工作目标考核等次的通报》（浙交〔2005〕78号）。金华、湖州、宁波、舟山、杭州、嘉兴6市交通局（委）为综合考核优秀单位，绍兴、台州、温州、衢州、丽水5市交通局为综合考核良好单位，按规定获综合奖。其中，金华市交通局为第一名，湖州市交通局为第二名，宁波、舟山市交通局（委）为并列第三名，按规定获建设工程项目奖。

是年12月22日，杭湖锡线浙境段航道改造工程通过省发展和改革委员会、省交通厅联合组织的竣工验收，并被评为优良工程。

是年12月，浙江省直属机关第七届运动会组委会授予浙江省交通厅“体育道德风尚奖”。

是年，宁波海运股份有限公司船长杜礼强被评为宁波市“首席工人”。这是宁波市首次在全市企事业单位主要专业技术工种的职工中评选“首席工人”。

2006年1月17日，省交通厅下发《关于授予杭金衢高速公路等“文明公路”称号的通报》（浙交〔2006〕14号），授予杭金衢高速公路、杭州绕城高速公路、金丽温高速公路金丽段、104国道湖州境段、省道新淳线、彭泗线、湖盐线、省道江拔线、省道甬余线、省道瑞东线、省道临前线11条公路“文明公路”称号。

是年1月17日，省交通厅下发《关于命名三星级汽车（水路）客运站、公路收费站和文明客运航线的通知》（浙交〔2006〕13号），授予杭州长运运输集团有限公司汽车南站等10个单位“三星级汽车客运站”称号；宁波港大榭客运站等9个单位“三星级水路客运站”称号；杭金衢高速公路临浦收费站等99个单位“三星级公路收费站”称号；宁波大榭—舟山普陀山等4条航线“文明客运航线”称号。

是年9月1日，省交通厅下发《关于表彰全省交通行业文明创建工作先进集体和先进个人的通报》（浙交〔2006〕280号），授予杭州市公路管理局等10个单位“全省交通行业文明创建工作十佳先进单位”称号，授予杭州绕城高速公路袁浦超限运输检测站等10个单位“全省交通行业十佳文明示范窗口”称号，授予浙江省公路管理局总工程师朱汉华等10人“全省交通行业十佳文明标兵”称号，授予杭州市道路运输管理局等30个单位“全省交通行业文明创建工作先进单位”称号，授予杭州长运运输集团有限公司汽车北站等50个单位“全省交通行业文明示范窗口”称号。

是年11月1日，交通部公路司发文通报了2005年公路统计年报资料报送质量，浙江省公路管理局被评为2005年度公路统计年报资料质量优秀单位。

2007年3月2日，省交通厅下发了《关于命名文明公路、文明航道、三星级公路收费站的通知》(浙交〔2007〕16 号),授予沪杭高速公路等 18 条公路为“文明公路”称号;杭湖锡线武林头至三里桥航道为“文明航道”称号,沪杭甬高速公路上虞收费站等 57 个公路收费站为“三星级公路收费站”称号。

是年 3 月 19 日,省交通厅发出《关于表彰全省交通行业文明创建工作先进集体和先进个人的通报》,授予湖州市公路运输管理(稽征)处为全省交通行业文明创建工作先进单位,授予湖州市公路运输管理(稽征)处办证服务中心为全省交通行业文明示范窗口。

是年,杭州市文明委以杭文明委〔2007〕20 号发出《关于表彰杭州市“双千结对、共建文明”活动先进集体和先进个人的决定》。省公路局被表彰为“双千结对、共建文明”活动先进集体。

是年,省核应急委下发《关于表彰 2006 年度省核事故应急准备工作先进单位和个人的通知》(浙核委〔2007〕1 号)。省交通专业组被评为 2006 年度核应急准备优秀单位,凌宏标被评为 2006 年度核应急准备先进个人。

是年,省委办公厅以浙委办〔2007〕2 号文表彰省交通厅运输安全处为抗台救灾先进集体,丽水市公路管理处副处长何伟军、庆元县公路段机械操作手叶永库为先进个人。

2008 年 1 月 8 日,省交通厅党组作出《关于授予杨彬同志“交通卫士”称号的决定》,号召全省交通行业干部职工开展向杨彬学习的活动。

是年 2 月 18 日,省政府办公厅发出《关于表彰 2007 年度电子政务建设优秀单位的通报》(浙政办函〔2008〕10 号),对省级单位和各市政府的网站建设、政务网络建设及安全工作、电子监察系统建设工作考核评比中的优秀单位予以通报表彰,其中省交通厅被评为 2007 年度电子政务建设综合考核优秀单位。

是年 2 月 26 日,在杭州市委、市政府召开的打造“国内最清洁城市”工作再动员暨精神文明建设先进表彰大会上,浙江省交通规划设计研究院获得“2008 年度杭州市文明单位”荣誉称号,受到杭州市委、市政府的表彰。

是年 3 月 12 日,省交通厅作出《关于表彰全省交通行业抗雪救灾先进集体和先进个人的决定》(浙交〔2008〕58 号),授予杭州市交通局等 46 个单位(集体)“全省交通行业抗雪救灾先进集体”荣誉称号,授予张建阳等 86 人“全省交通行业抗雪救灾先进个人”荣誉称号。

是年 3 月 28 日,省交通厅下发《关于命名文明公路、文明航道、文明客运班(航)线的通知》,授予杭徽高速公路等 5 条(段)高速公路和 329 国道舟山段等 12 条(段)国省道为文明公路称号,东宗线航道湖州东迁至嘉兴宗阳庙段为文明航道称号,沈家门—桃花岛等 2 条航线为文明客运航线称号,杭州—南京等 14 条班线为文明客运班线称号,浙江东南汽运股份有限公司富阳客运站等 13 个汽车(水路)客运站为三星级单位称号。

是年 3 月,省交通厅发出《关于命名文明公路、文明航道、文明客运班(航)线的通知》(浙交〔2008〕76 号),授予东宗线湖州东迁至嘉兴宗阳庙“文明航道”称号,沈家门—六横(大岙)航线、沈家门—桃花岛航线“文明客运航线”称号,舟山港沈家门客运有限公司沈家门客运站、舟山普陀区六横金屿客货运服务有限公司六横(大岙)客运站、玉环滚装轮渡有限公司玉环客运站“三星级水路客运站”称号。

是年 4 月 28 日,嘉兴市人民政府发出《嘉兴市人民政府关于表彰嘉兴市劳动模范和先进集体的决定》(嘉政发〔2008〕32 号),授予 96 位同志“嘉兴市劳动模范”称号,29 个集体

“嘉兴市先进集体”称号。嘉兴市港务管理局规建处处长丁家红、嘉兴市港口开发建设有限责任公司榜上有名。

是年6月24日，省交通运输厅直属机关党委以《关于表彰先进基层党组织和优秀共产党员、优秀党务工作者、优秀纪检监察干部的决定》（浙交直党〔2009〕10号），授予省公路管理局养护处党支部和离退休党支部“先进基层党组织”，授予李雪林、倪文彪、朱洪军、吕伟东“优秀共产党员”，授予陈培良、姚为民、刘庭智“优秀党务工作者”，授予张健华“优秀纪检监察干部”等称号。

是年6月，浙江省直属机关工作委员会以《中共浙江省直属机关工作委员会关于表彰先进基层党组织、先进纪检监察组织、优秀共产党员、优秀党务工作者和优秀纪检监察工作者的决定》（省直委〔2008〕10号），授予省公路管理局侯利国、万毅宏为“优秀共产党员”。

是年7月7日，浙江省交通厅发出《关于表彰抗震救灾先进集体和先进个人的通报》（浙交〔2008〕164号）文件，授予浙江交通架桥突击队等11个单位（集体）“全省交通行业抗震救灾先进集体”荣誉称号；授予98人“全省交通行业抗震救灾先进个人”荣誉称号。

是年，11月18日，交通运输部交通战备办公室发出《关于表彰抗震救灾先进单位和先进个人的通报》（交战备字〔2008〕27号）。浙江省公路管理局倪文彪被授予“5·12汶川大地震抗震救灾先进个人、交通战备工作先进个人”光荣称号。

是年，嘉兴市交通局被嘉兴市委、市政府授予“嘉兴市创建全国文明城市突出贡献奖”。

是年，在省交通厅开展的改革开放30年浙江交通先进集体和先进个人评选活动中，杭州市长运运输集团有限公司、杭州市机动车服务管理局、桐庐县交通局获“改革开放30年浙江交通创业创新先进集体”荣誉称号，杭州市交通设施建设处总工程师邵俊江、杭州市交通局人事教育处副处长杜三中、杭州萧山公路开发有限公司总经理方军被评为改革开放30年浙江交通创业创新先进个人。

是年，金华市运管处获金华市级文明单位荣誉称号。

2009年2月25日，杭州市委、市政府对102家市级文明单位进行了表彰，省交通厅名列其中。

是年2月26日，在杭州市委、市政府召开的打造“国内最清洁城市”工作再动员暨精神文明建设先进表彰大会上，浙江省交通规划设计研究院获得“2008年度杭州市文明单位”荣誉称号，受到杭州市委、市政府的表彰。

是年6月24日，省交通运输厅直属机关党委以《关于表彰先进基层党组织和优秀共产党员、优秀党务工作者、优秀纪检监察干部的决定》（浙交直党〔2009〕10号），授予省公路管理局养护处党支部和离退休党支部“先进基层党组织”，授予李雪林、倪文彪、朱洪军、吕伟东“优秀共产党员”，授予陈培良、姚为民、刘庭智“优秀党务工作者”，授予张健华“优秀纪检监察干部”等称号。

是年7月16日，省军队转业干部安置工作小组、省委组织部、省人力资源和社会保障厅和省军区政治部联合发出《关于表彰全省优秀军队转业干部、军队转业干部安置工作先进单位和先进军转工作者的决定》（浙军转组〔2009〕3号）。省公路管理局结算中心副主任陈培良获“浙江省优秀军队转业干部”荣誉称号。

是年7月，杭州市港航管理局淳安港航管理处获“全国海事系统文明执法示范窗口”称号。

是年9月28日,温州市交通局金乐、高速路政大队徐德飞荣获“温州市劳模”称号;温州港叶忠玉荣获温州市“劳动伟大——勇克时艰十大杰出人物”;温州港航局市区分局荣获“温州市劳模集体“。

是年10月28日,全国公路职工思想政治工作研究会《关于表彰“全国公路系统优秀思想政治工作者”的决定》(公政研字〔2009〕05号)授予省公路管理局胡嘉临和钱樟久“全国公路系统优秀思想政治工作者”荣誉称号。

2010年1月14日,浙江省国防动员委员会交通战备办公室下发《关于表彰2009年度浙江省交通战备工作先进单位和先进个人的通报》(浙交战办〔2010〕1号)。省公路管理局荣获浙江省国防动员委员交通战备工作先进单位称号,省公路管理局养护处倪文彪被评为“2009年度浙江省交通战备工作先进个人”。

是年1月27日,省交通运输厅下发《关于表彰全省交通运输系统“群众满意基层站所(服务窗口)”创建工作先进单位的通报》(浙交〔2010〕14号),授予杭州市道路运输管理局上城管理处等52家单位为2009年度全省交通运输系统“群众满意基层站所(服务窗口)”先进单位。此外,杭州市高速公路路政管理大队沪杭甬中队等20家2007年度“群众满意基层站所(服务窗口)”先进单位经全面检查考核通过复评,也一并予以表彰。

是年2月1日,省交通运输厅下发《关于命名文明公路、文明客运班线、三星级客运站的通知》(浙交〔2010〕25号),授予杭州湾跨海大桥等56条公路“文明公路”称号,杭州—临海等18条客运班线“文明客运班线”称号,舟山市岱山港客运服务公司双合客运站等14个客运站“三星级客运站”称号。

是年6月29日,中共浙江省交通运输厅直属机关委员会下发《关于表彰优秀共产党员的决定》(浙交直党〔2010〕15号)。省公路管理局张健华、江晓美、金文彪、钱樟久、李波、祝新星和浙江公路技师学院姚为民获省交通运输厅优秀共产党员称号。

是年9月28日,绍兴市委、市政府举行首届绍兴市道德模范表彰大会,绍兴市公共交通集团有限公司乘务员田宏梅被授予“绍兴市道德模范”荣誉称号,成为全市受此殊荣的10名道德模范之一。

是年11月8日,中国道路运输协会公布首届全国道路运输站场优秀站长评选结果,绍兴市公路客运中心经理周永梅获“首届全国道路运输站场优秀站长”称号。

是年11月15日,交通运输部劳模、全国三八红旗手、绍兴市汽车运输集团有限公司五星级站务员袁鸿娟的“袁鸿娟工作法”被绍兴市总工会发文表彰为绍兴市第二批以工人名字命名的先进职业操作法。

是年12月24日,中共浙江省交通运输厅直属机关委员会下发《关于表彰学习型党组织和学习型党员的决定》(浙交直党〔2010〕39号),省公路管理局党委获省交通运输厅“学习型党组织”称号。

是年12月27日,中共浙江省直属机关工作委员会下发《关于表彰省直机关“学习型党支部”和“学习型党员”的通报》(浙直委发〔2010〕42号)。省公路管理局江晓美获中共浙江省直属机关工作委员会“优秀共产党员”称号。

是年,杭州市政府发出《杭州市人民政府关于表彰2010年杭州市劳动模范和模范集体的决定》（杭政函〔2010〕102 号）。杭州市交通工程质量安全监督局副局长、高级工程师王建民，杭州市交通投资集团有限公司投资发展部部长、高级工程师张雷和杭州市港航管理局航道养护管理处航道保障保洁队副队长、内河四等船组大副张林祥获杭州市劳动模范称号；杭州市道路运输管理局经济开发区管理处、杭州杭千高速公路发展有限公司建德管理处新安江站获杭州市模范集体称号。

第三节　廉政文化

坚持党风廉政建设和交通业务工作同步推进。各单位坚持把廉政工作纳入年度工作责任目标，做到与业务工作一起部署下达，一起检查落实，一起测评考核，促进交通建设与党风廉政建设的协调发展。

一、廉政教育

1989 年，各级交通部门通过多种形式开展廉政教育。

1997 年至 2003 年，厅直属机关纪委在省直机关党纪工委、厅直属机关党委的领导下，紧密依靠驻厅纪检组，紧紧围绕我省交通改革发展这一中心，坚持标本兼治，抓源治本，抓好厅机关和厅管厅属单位党风廉政建设和反腐败工作各项任务的落实，取得了明显成效，有力地促进了交通事业快速、健康、协调发展。

2004 年 9 月，组织厅管厅属单位领导班子成员、厅机关全体工作人员开展首次“廉政警示教育月”活动。活动共分为四课：一、举办由浙江省纪委领导主讲的廉政讲座；二、观看《“立党为公，执政为民”先进事迹报告》、《王怀忠的两面人生》等廉政电教片；三、到监狱听取服刑人员的现身说法；四、组织党员干部就“如何在新形势下提高自律意识，增强拒腐防变能力，做一名合格的共产党员和领导干部”进行学习讨论。

是年 9 月 24 日，省交通厅发出《关于举办全省交通职工廉政文化书画作品展的通知》（浙交〔2004〕397 号）。2005 年上半年，举办“全省交通职工廉政文化书画作品展”，对全省交通系统广大职工、党员干部进行党风廉政教育。

是年，浙江省交通厅针对交通基础设施建设领域腐败易发高发的特点，连续举办了三期县（市、区）交通局长廉政培训班，全省 82 个县（市、区）的近 160 位交通局长、分管基础设施建设副局长接受了廉政教育和专业知识的培训。

2005 年 9 月，组织开展第二个廉政教育活动月。活动中，厅管、厅属单位组织相关人员观看了廉政教育警示片，听取了全国劳模、“五一”劳动奖章获得者的先进事迹报告，在杭州红星剧院观看了浙江省女子监狱育新艺术团的文艺表演，并就加强党内监督的重要意义及如何正确对待监督进行了广泛深入的讨论。交通干部职工在活动中得到了深刻的教育。

是年 9 月 27 日起，省交通厅党组分三期举办县（市、区）交通局长廉政教育培训班，对全省各县（市、区）交通局长、分管交通基础设施建设的副局长进行廉政培训。省交通厅党组书记、厅长发表讲话。

是年 10 月 24 日，省交通厅与监察厅联合发出《浙江省高速公路建设效能监察实施意见》（浙交〔2005〕327 号），着手对在建高速公路实施效能监察。

2006 年 8 月 3 日至 8 月 30 日，组织廉政文化下工地，分别在诸永高速公路的诸暨、金华、台州、温州段工地和两龙高速公路的龙游、遂昌、松阳、莲都、云和、龙泉段工地，组织了数千名一线建设者观看电影《任长霞》、《生死抉择》，在诸永、两龙高速公路省、市、县各级指挥部和省电影公司的大力支持下，排除了台风等干扰，使放映活动圆满结束。数千名一线建设者在观看电影中受到廉政教育。

是年9月，省交通厅开展第三次廉政教育月活动。组织厅机关及厅管厅属单位近600名干部职工在红星剧院观看现代喜剧《较量》，寓廉政教育于活动之中。党员干部廉洁从政的自觉性得到增强。

2007年5月29日，全省公路系统纪检监察干部培训班开学典礼在杭州举行，对纪检监察干部加强廉政教育。

是年，省交通运输厅开展第四次廉政教育月活动。全省交通系统围绕社会主义核心价值体系建设，将廉政教育有机地融入"作风建设年"活动中，提高广大党员干部廉洁从政意识，转变领导作风。坚持开展经常性教育，组织学习廉政规定，开展节前廉政教育，编发廉政宣传资料，定期发送廉政短信，参观廉政书画摄影展。加强集中教育，对新任交通局长进行廉政培训，开展了第四次"廉政教育月"活动，举办了交通系统反腐倡廉图片展，召开了廉政建设先进经验交流会，请专家上廉政课。开展了警示教育，组织观看警示教育片，参观警示教育基地，旁听法庭审判。推进交通廉政文化建设，坚持开展"廉政题材影片进工地"活动，组织了形式多样的廉政教育活动。

省厅监察室组织开展廉政文化建设活动，连续几年开展廉政文化下工地活动，组织万余名交通一线建设者观看了《任长霞》、《生死抉择》、《郑培民》、《大道如天》、《天下无贼》、《暖春》等电影，既对广大的一线建设者们进行了廉政教育，又丰富了工地文化生活，增强了关爱民工和民工的自我维权意识，受到广泛欢迎。

二、廉政制度

1999年，党中央、国务院《关于实行党风廉政建设责任制的规定》和省委、省政府《关于落实党风廉政建设责任制的实施办法》发布。

2000年初，浙江省交通厅组织制定《中共浙江省交通厅党组关于落实党风廉政建设责任制的实施细则》，明确厅机关和厅管厅属单位各级党政领导班子及其职能部门领导对职责范围内的党风廉政建设负全面领导责任。2001年，全省交通系统新制订落实责任制的配套制度321个。对交通建设市场和干部在交通工程建设中的行为进行了具体规范。在重点工程项目中全面推行《廉政合同》。经过几年的不懈努力，全省交通工程建设领域中的违法违纪案件明显下降。

2004年10月18日，省交通厅颁发《关于进一步加强交通基础设施领域廉政建设的意见》(浙交〔2004〕430号)。

是年11月26日，省交通厅党组发出《关于明确干部管理权限的通知》(浙交党〔2004〕51号)。

2005年3月2日，省交通厅党组印发《浙江省交通系统构建教育、制度、监督并重的惩治和预防腐败体系实施意见(试行)》(浙交党〔2005〕22号)。

2006年11月29日，省交通厅出台《浙江省交通厅领导干部廉洁自律若干规定》、《浙江省交通系统机关工作人员与企业交往的若干规定》和《浙江省交通厅关于贯彻党员领导干部报告个人有关事项的规定》。

2007年5月10日，省交通运输厅发出《关于进一步加强交通系统校园廉政文化建设的意见》(浙交〔2007〕131号)。

2010年5月，省厅出台《关于开展重点岗位廉政风险防控机制建设的通知》，11月，厅党组会议审议通过《浙江省交通运输厅机关各处室重点岗位廉政风险点及防控措施》。是月出台《浙江省交通行政处罚自由裁量执行基准》。是年，制订《浙江省国省道及重要县道建设项目管理若干规定(试行)》，进一步规范国省道项目管理和资金管理。

三、廉政行动与成效

1989年，各级交通部门通过多种形式的廉政教育，建立健全廉政制度，查处违法违纪案件。厅直属系统监察部门共受理案件65件，其中立案25件，查结22件，直接给予政纪处分的12人，移送司法机关处理的9人，为国家挽回经济损失约13万元。

1991年，各级交通主管部门进一步完善了“两公开一监督”制度，认真治理“三乱”。据不完全统计，全省先后取消和纠正没有法规依据和不合理的收费、罚款项目23项。

1994年，全省各级交通主管部门治理公路“三乱”(乱设卡、乱收费、乱罚款)，对公路“三乱”进行专项整治。全省撤并一批公路检查站，将省政府原批准的59个检查站调整到42个；对省管的交通规费和罚款项目进行清理，取消一批涉农收费项目；全省制定统一的检查证，对一些滥用职权、越权行政、乱设卡、乱收费、乱罚款的现象进行了有效的制止。治理公路“三乱”取得了阶段性成果。

1998年1月4日，省反腐败斗争联席会议组织全省行风评议工作检查。通过问卷调查，群众对交通系统行风建设满意和较满意的达到97.51%，行风建设取得了明显成效。

1999年，党中央、国务院《关于实行党风廉政建设责任制的规定》和省委、省政府《关于落实党风廉政建设责任制的实施办法》发布。省交通厅贯彻落实，制定《中共浙江省交通厅党组关于落实党风廉政建设责任制的实施细则》，明确厅机关和厅管厅属单位各级党政领导班子及其职能部门领导对职责范围内的党风廉政建设负全面领导责任；厅机关和厅管厅属单位各级党政领导班子主要负责人为党风廉政建设第一责任人，对职责范围内的党风廉政建设负总责；领导班子其他成员根据工作分工，对职责范围内的党风廉政建设负直接领导责任，并对领导体制和工作机制、责任内容、责任考核、责任追究等都作了具体规定。是年，省交通厅组织开展对交通工程建设执法监察工作。

2001年，交通部和省交通厅部署在全省范围内开展水路客运市场、液货危险品运输市场，杭嘉湖水运市场和乡镇船舶安全管理的专项整治，落实各项安全措施，规范港航管理执法人员行为，促进干线航道沿线检查、监督、收费站点的建设。全省交通系统共组织对水上明察暗访154次，纠正各类存在问题36个。

是年，全省交通系统各级纪检监察部门共受理群众来信来访、举报电话1497件(次)；初查核实违纪线索65件；立案调查22件，结案21件，结案率为95.5%；协办案件15件；受到处分的党员、干部63人，其中：处级干部2人，科级干部16人。通过案件查办工作，为国家挽回直接经济损失177.30万余元。揭露、查处的大案主要有：义乌市交通工程建设有限公司原董事长、总经理金开秀贪污受贿案(贪污受贿金额31.60万元)；象山县汽车轮渡公司原经理黄立通受贿案(受贿金额12万余元)；临安市运管所原党总支书记谢自强受贿案(受贿金额5万元)等。

是年,开展清理领导干部违反规定收受礼金礼卡有价证券工作,领导干部主动上交折合人民币3.70万余元。

2002年,组织开展领导干部违反住房规定专项清理工作,对210名领导干部住房情况进行了填表自查和审查核实,2人主动补款,1名退休干部按商品价补交购房款。

是年,全省交通工程建设领域中的违法违纪案件仅发生6件。1996年至2003年,厅纪检组具体部署,有关职能部门,坚持抓源治本,着力从源头上预防和治理腐败,加强对交通建设市场的整治,取得了很好的效果。

2006年8月8日开始,省交通厅组织了八个督查组,由厅领导带队分头对各市交通系统治理商业贿赂专项工作进行督查。

2010年,深化工程建设领域专项治理。省厅下发《关于开展2010年交通建设市场督查工作的通知》,明确了督查内容、督查范围和督查要求。3月初,省厅组织三个复查组对部分重点建设项目的排查情况进行复查,对全省2008年以来立项、在建和竣工的、总投资在5000万以上的392个交通建设项目进行排查,发现涉及五个方面的问题共386个。制订《浙江省国省道及重要县道建设项目管理若干规定(试行)》,进一步规范国省道项目管理和资金管理;推进标化工地建设,强化了对公路、水运工程施工过程的监管。进一步健全完善浙江交通特色的惩防体系,制定下发《关于开展重点岗位廉政风险防控机制建设的通知》,5月份开始在厅机关和厅管厅属单位部署开展岗位廉政风险排查和防控工作。11月,厅党组会议审议通过《浙江省交通运输厅机关各处室重点岗位廉政风险点及防控措施》。在厅机关本级47个重点岗位中,共排查出廉政风险点56个,制定防控措施101项。出台《浙江省交通行政处罚自由裁量执行基准》,进一步增强交通行政处罚的可操作性和可实现性,更好地适应了经济社会发展和交通行政执法环境的变化。自厅规范交通行政处罚裁量权工作以来,全省交通行政复议数量较上年减少40%,行政诉讼较上年减少35%,行政处罚案件自觉履行率较上年提高43%,执法工作进一步得到了当事人的理解和支持,交通行政执法的社会形象得到进一步提高。厅"全面规范行政处罚自由裁量权"工作,获得省纪委监察厅、省政府纠风办颁发的浙江省"2009~2010年度政风行风建设争优奖"。推进网上办事大厅建设,推进"全流程"网上审批系统建设;加强电子监察,提高审批和办事效率,促进行政审批公开透明、廉洁高效。省厅39个许可项目全部纳入电子监察系统,纳入率为100%。全年受理业务量6071件,办结率为100%,提前办结率达到了99.70%。

四、廉政警言

厅纪检监察室充分利用现代通讯手段,通过短信平台,向干部发送廉政警言。2006年1月13日,厅纪检监察室首次向交通系统干部发送廉政短信。2010年,共发送廉政警言短信29条,增强了交通系统干部的廉政意识。

部分警言:

道心静似山藏玉　书味清如水养鱼

海之海潮源于江和海　官之威望来自勤与俭

廉从政之本,勤做人之源,俭守节之道

干净干事,一身正气,心随晴日高;无私无欲,两袖清风,志与秋霜洁。

宁让清风吹两袖，不使吾心染纤尘。

清廉则民爱，腐败则民恨；公正则民服偏颇则民怨。

做事头脑清醒，不为假相所惑；为人心底坦荡，不为虚名所累。

俸薄俭常足　官卑清自高

执政以廉为本，为官以勤为先。

做人重在以诚，说话重在以信，办事重在以实。

修身洁行，不为苟得；竭情尽实，不作诈伪。

民心似海，应珍惜点滴之水；权重如山，勿滥用半捧之土。

心在人民，无论是大事小事；利归天下，何必争多得少得。

牢记宗旨，勤奋好学；公道正派，踏实工作；清廉自守，知足常乐。

以铜为镜，可以正衣冠；以古为镜，可以知兴替；以人为镜，可以明得失。

志不可无，傲不可有；财不可贪，欲不可纵。

第二章　文艺　文史　报刊　体育

文艺、文史、报刊和体育是文化的重要组成部分。浙江交通职工在这些方面展现的才能和技能，反映出浙江交通职工良好的文化素养和综合素质。至2010年，已举办全省交通系统职工摄影作品展5次、书画作品展4次，全省交通系统职工运动会2届，全省交通系统文艺汇演5次，编纂出版书籍81册。

第一节　文　艺

一、文艺演出

（一）职工文艺汇演

1. 第一届职工文艺汇演

1991年9月2日，全省交通系统首届职工文艺调演在杭州拉开帷幕，来自浙江11个市（地）交通局（委）和厅直属2个队共13个代表队参加，演出共4台近90个音乐、舞蹈、曲艺、戏曲、小品节目。王国鑫演唱的《航运工人之歌》荣获调演表演一等奖，舟山队徐芬演唱的《思念》获得表演二等奖，丽水地区代表队演出的《路的使者》获得表演一等奖。衢州代表队蒋征演唱的歌曲《河上人家》获得创作一等奖。台州地区代表队演出的《多情的雨丝》，以创作和表演俱佳获得两个第一，成为调演中的精品。

2. 第二届职工文艺汇演

1996年10月15～16日，省交通系统第二届职工文艺调演演出两场，来自全省各市（地）和省直单位的共12支代表队，结合交通特点演出30多个精选过的音乐舞蹈、曲艺、声乐、小品节目。第二届调演共评出演出一等奖5个，演出二等奖10个，演出三等奖17个，组织奖3个、创作奖10个。演出生动展示浙江省交通系统全体职工的精神文明建设风貌。省交通学校师生百人合唱队以一曲《我的祖国》拉开了此届文艺调演的序幕。话剧小品《又是一个雨天》获得本次调演创作奖和演出一等奖。舞蹈《水上人家》、《畲乡迎汽车》双获演出一等奖。蒋征的男声独唱《追太阳》和男声四重唱《走向辉煌》获演出一等奖。

3. 第四届职工文艺汇演

2003年9月25～26日，全省交通系统第四届职工文艺汇演在杭州举行。11个市交通局（委）及厅管厅属单位选送的36个文艺节目参加汇演。省艺术家协会专家评审组对节目进行评选，其中9个节目（湖州市交通局的女声独唱《时代的彩虹》；温州市交通局的舞蹈《路网》；宁波市交通局的歌舞《世纪飞虹》；杭州市交通局的大合唱《交通之歌》、《青春舞曲》；厅直代表队的舞蹈《托起未来》；舟山市交通委的男声独唱《因为爱你》、《爱在2000》；嘉兴市交通局的小品《家住村道边》；衢州市交通局的男子群舞《风雨港航》；台州市交通局的配乐诗朗诵《缤纷大交通》）获一等奖，12个节目获二等奖，15个节目获三等奖。合唱《交通之歌》，小品《家住村道边》、《今夜雨大》，舞蹈《路网》，男声4重唱《蓝色公路轻骑兵》，舞蹈《风雨港航》获优秀创作奖。宁波、嘉兴、台州、衢州四市交通局获组织奖。

4. 第五届职工文艺汇演

2007 年 11 月 6 ~ 8 日，浙江省交通系统第五届职工文艺汇演在杭州红星剧院举行。来自全省各地、市交通系统 13 个代表团 38 个节目参加了本次文艺汇演（比赛）。其中创作节目达 35 个，包括歌舞、小品、音乐剧等 10 大类。省公路管理局选送的大合唱《浙江公路之歌》、嘉兴市交通局选送的音乐剧《喜车》、湖州市交通局选送的男女声二重唱《大道颂歌》、舟山市交通委选送的音画诗剧《书写壮美》、省道路运输管理局的乐器合奏《古老出征进行曲，棒小伙子》、杭州市交通局选送的男女声二重唱《你是幸福的，我是快乐的》6 个节目获得特等奖。

（二）其他演出活动

1. “庆祝浙江省实现四小时公路交通圈”大型电视文艺晚会

2002 年 12 月 20 日，省委宣传部、省交通厅、浙江广播电视集团在浙江电视台演播厅联合举行“庆祝浙江省实现四小时公路交通圈”大型电视文艺晚会的现场录制，并以此作为 2003 年元旦文艺晚会，于 12 月 31 日 20 时在浙江电视台卫视频道播出。

2. 2009 浙江省首届新年合唱音乐会（交通之夜）

2008 年 12 月 28 日，由省委宣传部、省文化厅、省文联、省总工会、省交通厅主办，省合唱协会、省交通运输工会承办的“2009 浙江省首届新年合唱音乐会（交通之夜）”在浙江省音乐厅举行，浙江歌舞剧院合唱团、省交通合唱团等 25 个省内合唱团体参加演出。

3. 首届十佳歌手大赛

2010 年 9 月，由省直属机关工委主办，省直属机关工会、浙江电台动听 968 音乐调频、省直机关文体协会共同承办省直属机关首届十佳歌手大赛。省交通运输厅选派的 2 名参赛选手在初赛中表现突出，晋级 25 强，进入总决赛。26 日，总决赛在省广电演播厅落幕，省交通运输厅参赛选手获得优秀歌手奖，2 名获奖选手同时被聘为“省直机关艺术团团员”。

4. 迎“国庆”浙江省首届职工健身排舞大赛

2010 年 9 月，省交通厅组队参加由浙江省总工会举办的迎“国庆”浙江省首届职工健身排舞大赛。20 ~ 21 日，来自全省各市总工会、省产业（局）工会共 20 支代表队在杭州黄龙体育馆、浙江省音乐厅展开激烈角逐，省交通运输厅代表队喜获大赛银奖。

5. 赴工程一线慰问演出活动

2010 年 11 月 6 ~ 7 日，省交通运输厅主办，省交通运输工会、省合唱协会承办的赴工程一线慰问演出活动，先后到黄衢南高速公路建设指挥部、嘉绍跨江大桥工程建设指挥部进行文艺演出，省总工会分别向各建设指挥部赠送了慰问金。黄衢南高速公路一线建设者、开化县交通局职工以及嘉绍大桥一线建设者、绍兴市交通局职工等 1000 多人观看了演出。是年，组织浙江歌舞剧院专家赴宁波栎社机场、嘉绍跨江大桥工程指挥部等基层开展文艺采风创作活动，并联合组织赴诸永高速公路温州段延伸工程瓯江特大桥建设一线慰问演出，展示文艺采风创作成果，宣传贯彻党的十八大精神，慰问建设一线职工，获得很好反响。

二、书画与摄影

1998 年 4 月，省交通文联在省交通运输厅党组的决策和省文联的指导帮助下成立，下设书画、摄影、文学、音乐舞蹈等专业协会。此举为展示浙江交通人的艺术文化提供了平台，为提高交通人的艺术文化水平创造了条件。

2004年11月11日,全省交通职工225件书画摄影作品参加全省产业文联摄影大展,获得1金1银3铜30幅入选的好成绩,省交通运输工会同时获得摄影大展唯一的组织奖。

2005年5月10日,省总工会、省文学艺术界联合会发出《关于公布全省第四届职工美术、书法、摄影展获奖作品名单的通知》(浙总工发〔2005〕59号),交通系统选送的10幅作品全部入选。宁波市北仑区公管所虞先飞的摄影作品《大港》获二等奖,嘉兴市港航管理局寿平的摄影作品《26小时疏航纪实》获三等奖,宁波甬江隧道管理处蒋勇的国画《山居图》获三等奖。11月8日,浙江省文联、省美术家协会共同举办的"首届企业(行业)文联美术作品展"评出金奖1件、银奖4件、铜奖6件,优秀奖11件,组织奖1个。省交通工会组织选送的作品获得好成绩:蒋勇的画《抱林山庄图》获铜奖,姚锦标的国画《只留青气满乾坤》、潘志鳌的国画《不染》获优秀奖。省交通文联获本次大展唯一的组织奖。

2006年10月,浙江省交通运输工会举办全省交通系统职工摄影作品展,主题是:讴歌"十五"以来浙江省交通建设、运输生产、行业管理和精神文明建设取得的辉煌成就,记录广大交通职工为交通现代化建设和发展中顽强拼搏的真实画面,展示广大交通职工热爱生活,热爱祖国大好河山的精神风貌,推出交通摄影艺术人才和摄影艺术成果。各市交通工会和直属基层工会选送职工摄影作品近千幅(组),初选后参展作品近300幅(组),后编辑印发《全省交通系统职工摄影作品集》。

是年,选送参加交通部书协举办的"第七届全国交通职工书画大展"的33幅浙江交通职工书画作品,获得4银、1优秀、17入选的好成绩(全国在2000多幅作品中入选仅400幅)。向中国海员工会举办的"纪念中国海员工会成立85周年书画作品展"选送作品6幅,首次获得全国交通系统层次的一金一铜好成绩。

2007年12月,举行"全省交通系统职工书画作品展"。本次书画展共征集到近300幅作品,内容切题,作品质量较前几次有所提高。

2008年6月,浙江省总工会交通运输工会委员会印发《关于举办全省交通系统职工摄影作品展的通知》(浙交工会〔2008〕14号)。9月,共收到摄影作品1100余件,并组织布展。经浙江省摄影协会专家评选,评出金奖10个、银奖12个、铜奖32个。经过整理编辑,于12月印发《浙江省交通系统职工摄影作品集》。

2010年,举办全省交通系统职工书画作品展。截至9月底共收到各类作品300余件。参展作品宣传弘扬浙江交通"惠民、奉献、服务"的精神品质,歌颂交通"三大建设"(建设大港口、建设大路网、建设大物流)的宏伟业绩,展示交通职工求真务实、与时俱进的时代风采。后对作品进行初选并完成装裱工作。

第二节　文史　报刊

一、文史

(一)浙江省交通文联

1998年4月,省交通文联成立,下设书画、摄影、文学、音乐舞蹈等专业协会,是省文联下属的团体会员单位。省交通文联成立后,积极组织职工文艺活动,宣传交通发展成就和弘扬浙江交通精神,展示交通职工的艺术才华和交通人的良好精神风貌,为交通运输建设宣传鼓动推波助澜，营造了良好的发展氛围。省交通文联重视各类文学文艺人才培养，取得显著成效。同时，积极推动全省交通基层单位的文艺工作。至2010年年底，杭州、宁波、台州也相应成立了市交通文联。

2008年，举办"浙江交通三十年"采风活动。省交通运输工会联系浙江省作协，邀请浙江省在报告文学、散文、诗歌、小说等方面有一定造诣的作家30余人，分3组赴杭州湾跨海大桥、乍浦港、宁波－舟山港；京杭运河、杭甬运河沿线；衢州市农村公路、两龙（龙游—丽水段）高速和金丽温高速等地采风，并进行多种形式的文学创作，宣传反映改革开放三十年来浙江交通事业取得的成就。采风活动共收到各类文学作品52件（散文21篇、诗歌25首、报告文学6篇），其中散文《梦想与速度》、《车轮上下看浙江交通》等多篇作品在《浙江日报》等刊物上刊登，为展示交通行业风采，提升社会影响力起到了积极作用。经过整理编辑，于12月底出版文学作品集，作为浙江省交通建设伟大成就的集中展示，向改革开放三十周年献礼。

2009年7月至10月，由省交通运输厅主办，省交通运输工会、省交通文联承办，以"我与浙江交通60年"为主题，采取作品征集和实地采风的形式，开展全省交通系统职工文学采风活动。9月下旬，在杭组织实地采风活动启动仪式，邀请专家授课，组织全省各地交通文学爱好者共31人赴嘉兴、宁波、舟山进行实地采风，为文学创作提供良好素材。至9月底共收到各类文学作品百余件，在交通网站、中交报、交通旅游导报上陆续刊登。12月，组织专家对征集到的文学作品进行了评选并编印作品集。经专家评定获奖作品一等奖：《长路奉献给远方》舟山市交通委彭宪初。二等奖：《从论语中感悟执法》宁波市鄞州区运管所卢忠；《军歌依旧嘹亮》金华市高速路政大队陈林方。三等奖：《透过灿烂春花，那一条盛满真情的弯弯山路》舟山市交通委徐宏光；《拆迁》嘉善县公路段陶盛利；《大山里的文明示范窗口》庆元县公路段吴凌云。优秀奖：《航道的交响音画》杭州市港航局黄恺；《风雪公路人》湖州市公管处蒲英；《"千年古道"渐行渐远》江山市公路稽征所喻坤；《劳模赵晓春》嵊州市交通局袁开达；《过舟山跨海大桥》丽水市交通局俞利清。

（二）文史作品

结集出版了5本交通职工摄影或书画作品集，编辑出版《春天里的交通》、《又闻梅花香》、《世纪新路——浙江作家看交通发展三十年》、《路歌》等浙江交通文史作品。文联不少会员还出版了个人作品选，如省交通文联主席、原交通厅厅长郭学焕同志出版了《郭学焕诗书法篆刻作品选》和《驰骋浙江》等系列文学作品，会员蒋豫生、李靖、章胜利等出版了多本文学作品集，会员朱惠勇撰写出版了《中国古船与吴越古桥》、《中国古桥录》、《中国船文化》等专著。

浙江省交通人编撰出版书籍情况详见表9－2－1。

浙江交通人编撰出版书籍情况一览表 表9－2－1

序号	出版日期	书　名	作　者	出版社
1	1984年10月	仙居县交通志	浙江省仙居县交通局	内部发行
2	1986年12月	鄞县交通志	钱起远主编	《公路交通编史研究》编辑室
3	1986年	浙江省富阳县交通志	富阳县交通局编	内部发行
4	1988年4月	浙江公路史（第一册）	浙江省交通厅公路交通史编审委员会	人民交通出版社

续上表

序号	出版日期	书　名	作　者	出版社
5	1988 年 5 月	浙江公路运输史（第一册）	浙江省汽车运输总公司编史组	人民交通出版社
6	1988 年 6 月	义乌县交通志	义乌县交通局	内部发行
7	1988 年 8 月	洞头县交通志	潘世明张荣芽主编	内部发行
8	1988 年 11 月	常山县交通志	周作洁张朝德林正南主编	内部发行
9	1988 年 12 月	武义县交通志	徐登火主编	内部发行
10	1989 年 5 月	苍南县交通志	郑毅主编	内部发行
11	1989 年 7 月	文成县交通志	文成县交通局、邮电局编	内部发行
12	1989 年 7 月	奉化县交通志	钱智卿主编	中国展望出版社
13	1989 年 8 月	临海县交通志	李尔猷主编	内部发行
14	1989 年 10 月	缙云县交通志	《缙云县交通志》编纂办公室	内部发行
15	1989 年 11 月	东阳市交通志	东阳市交通志编纂办公室	内部发行
16	1990 年 1 月	开化交通志	周光华主编	浙江人民出版社
17	1990 年 4 月	金华县交通志	周树清主编	内部发行
18	1990 年 4 月	嵊县交通志	裘传荣主编	内部发行
19	1990 年 5 月	永康县交通志	陈耀琪主编	内部发行
20	1990 年 7 月	桐庐县交通志	桐庐县交通局	内部发行
21	1990 年 10 月	永嘉县交通志	永嘉县交通局、邮电局编	海洋出版社
22	1990 年 11 月	兰溪交通志	贾金生主编	浙江大学出版社
23	1991 年 6 月	德清县交通志	朱惠勇主编	浙江大学出版社
24	1991 年 6 月	新昌县交通志	陈寿云主编	浙江大学出版社
25	1991 年 10 月	桐乡县交通志	桐乡县交通志编纂领导小组	内部发行
26	1991 年 12 月	浦江县交通志	洪忠斌主编	内部发行
27	1992 年 3 月	遂昌县交通志	遂昌县交通局	海洋出版社
28	1992 年 5 月	青田县交通志	青田县交通局	海洋出版社
29	1992 年 6 月	浙江古代道路交通史	浙江省汽车运输总公司编史组	浙江古籍出版社
30	1992 年 6 月	黄岩交通志	洪晓法主编	上海三联书店
31	1992 年 9 月	衢县交通志	衢县交通志编纂委员会	内部发行
32	1992 年月	平湖市交通志	孙意诚主编	团结出版社
33	1992 年 12 月	余姚市交通志	余姚市交通局	内部发行
34	1992 年 12 月	慈溪交通志	毛松卿主编	浙江人民出版社
35	1993 年 1 月	诸暨市交通志	斯翱主编	团结出版社
36	1993 年 1 月	瓯海县交通志	施南勋主编	海洋出版社
37	1993 年 3 月	庆元县交通志	庆元县交通局	海洋出版社
38	1993 年 4 月	临安县交通志	余欣主编	华艺出版社

续上表

序号	出版日期	书　名	作　者	出版社
39	1993年4月	绍兴县交通志	屠华清主编	中国大百科全书出版社
40	1993年5月	松阳县交通志	松阳县交通局	海洋出版社
41	1993年7月	浙江航运史（古近代部分）	童隆福主编	人民交通出版社
42	1993年8月	玉环县交通志	林兆佩主编	华艺出版社
43	1993年8月	台州交通志	顾恺主编	团结出版社
44	1993年8月	龙泉县交通志	龙泉县交通局	海洋出版社
45	1993年9月	江山交通志	朱云亨主编	浙江人民出版社
46	1993年10月	丽水市交通志	丽水市交通局	海洋出版社
47	1993年12月	浙江公路史（第二册）	浙江省交通厅公路交通史编审委员会	浙江古籍出版社
48	1994年2月	云和县交通志	云和县交通局	海洋出版社
49	1994年3月	安吉县交通志	何仰贤朱惠勇（特邀）主编	浙江大学出版社
50	1994年4月	温州市交通志	吴炎主编	海洋出版社
51	1994年4月	浙江公路运输史（第二册）	《浙江省公路交通史・运输篇》编写组	浙江人民出版社
52	1994年6月	嘉善县交通志	胡秀眉主编	浙江大学出版社
53	1994年7月	公路超限运输管理	洪秀敏	杭州大学出版社
54	1994年10月	长兴县交通志	匡保兴主编	中国书籍出版社
55	1995年1月	湖州交通志	沈莉莉主编	黄山书社
56	1995年11月	丽水地区交通志	杨一民主编	海洋出版社
57	1995年12月	嵊泗县交通志	许示主编	浙江大学出版社
58	1995年12月	椒江市交通志	张苏光主编	黄山书社
59	1996年1月	宁波市交通志	钱起远主编	海洋出版社
60	1996年8月	定海交通志	倪吾芳	浙江大学出版社
61	1996年12月	绍兴市交通志	罗关洲主编	国际文化出版公司
62	1996年12月	建德市交通志	浙江省建德市交通局	海洋出版社
63	1997年4月	宁海县交通志	范铭华主编	华艺出版社
64	1997年9月	余杭市交通志	余杭市交通局	杭州出版社
65	1998年2月	淳安交通志	朱坤成主编	杭州出版社
66	1998年8月	萧山交通志	孙作佳主编	杭州出版社
67	1998年10月	舟山市交通志	彭宪初主编	海洋出版社
68	1998年12月	宁波公路交通史	陈文浩主编	宁波出版社
69	1999年12月	高山流水	贾刚为	中国文联出版社

续上表

序号	出版日期	书 名	作 者	出版社
70	2000 年 12 月	中国古船与吴越古桥	朱惠勇	浙江大学出版社
71	2002 年 1 月	中国古桥录	朱惠勇	杭州出版社
72	2002 年 3 月	常山县交通志(2000)	周作浩主编	内部发行
73	2003 年 5 月	嵊州市交通志	竺柏岳主编	浙江大学出版社
74	2003 年 7 月	中国船文化	朱惠勇	杭州出版社
75	2003 年 12 月	杭州市交通志	韩勇主编	中华书局出版社
76	2006 年 11 月	饮马衢江	郭学焕	人民日报出版社
77	2007 年 3 月	砚边清言	张建康	人民日报出版社
78	2007 年 5 月	金华市公路水运交通志	巫渭清主编	方志出版社
79	2007 年 8 月	浙江省志·交通篇	浙江省交通厅编写组	内部发行
80	2008 年 1 月	义乌市交通志	《义乌市交通志》编纂委员会	方志出版社
81	2010 年 11 月	衢州市交通志	潘玉光主编	方志出版社

二、报刊

(一)《浙江交通报》

《浙江交通报》,国内统一刊号:CN33－0020。1955 年 3 月 1 日创刊,创刊时报名为《浙江交通》,由浙江省交通厅编印。《浙江交通》连续办报 3 年,于 1958 年因故停刊。3 年中,《浙江交通》对推动浙江交通运输事业的发展起到积极的作用,受到广大交通职工的欢迎。停刊期间,浙江省交通厅继续编印《浙江交通》,内部发行,一直到 1959 年 5 月 1 日。

1981 年 7 月 1 日,《浙江交通报》复刊试刊,试刊一共出了 10 期。1982 年 1 月 7 日,《浙江交通报》正式复刊,在正式复刊的第一期第一版上刊发《复刊辞》。1987 年改出周二报,1996 年改为对开四版大报,1998 年改出周三报。

2000 年 7 月 2 日,《浙江交通报》(第一二七期)出版最后一期,累计第 179 期。

是年 8 月 1 日,《浙江交通报》更名《交通时报》。报纸发行量为全国交通报之首,曾获得全国百家地方报纸先进管理单位的荣誉称号。对开四版彩印,每周二、四、六出版。辟有《今日视点》、《交通传真》、《中外高速》、《市场信息》、《行管动态》、《法制经纬》、《假日旅游》、《交通文苑》等栏目。

2003 年,全国报刊大整顿,677 种党政部门报刊被停办,《交通时报》也被列入其中。

2004 年,在省委省政府领导关心和指导下,由浙江广电集团和省交通厅联合主办《交通旅游导报》,并于 2005 年 1 月 1 日正式创刊。此后,《交通旅游导报》以交通信息新闻为主打内容,成为宣传交通的主阵地。

(二)期刊

浙江省交通运输系统 2010 年年底拥有协会(学会)17 个,多个协会先后出版发行过《浙江航海》、《浙江交通》、《浙江交通科技》、《浙江道路运输》等期刊杂志。

《浙江交通》,2008 年 2 月创刊,双月刊,浙江省交通运输厅主管,浙江省交通运输厅新闻宣传中心、中国交通报浙江记者站主办,《浙江交通》杂志社编辑出版。编辑部地址设在杭州市梅花碑4号省交通运输厅225室。至2010年,总共编辑出版18期。

《浙江道路运输》,内部刊物,2006年12月创刊,月刊,统一刊号:ISSN1673－3681,浙江省道路运输管理局主办,运输经理世界杂志社承办,《浙江道路运输》编辑部编辑出版。编辑部地址设在杭州市湖墅南路186－1丽阳国际大厦7楼702号。至2010年,总共编辑出版14期。

《浙江交通科技》,1979年1月创刊,内部刊物,季刊,报刊准印证:浙内准字0087号,浙江省交通厅主管,《浙江交通科技》编辑部编辑出版。编辑部地址设在杭州市环城西路89号浙江交通科技情报站。至2010年,总共编辑出版189期。

第三节　体　　育

省交通厅各级领导重视提高交通职工的身体素质,通过组织各类文体活动活跃职工文化生活,增强职工体质。

一、体育运动会

(一)全省交通系统职工运动会

1.首届职工运动会

2007年4月17日,浙江省交通厅、浙江省体育局、浙江省总工会联合发出《关于做好全省交通系统首届职工运动会准备工作的通知》,各地市交通局和交通系统职工积极响应,切实做好运动会的各项准备工作。全省交通系统首届职工运动会以“参与、健身、文明、和谐”为主题,以“隆重、热烈、精彩、节俭”为原则,项目设置贴近职工,贴近交通,经费采取多渠道筹措的办法解决。运动会共举行5大类26个单项比赛,在杭州、台州、嘉兴、湖州、绍兴、金华、丽水和浙江交通职业技术学院设立八大赛区。为有效安排赛事,部分单项比赛于2007年先期举行,整个运动会前后历时半年。

是年11月20日,首届职工运动会开场赛钓鱼比赛在湖州举行。参加这次钓鱼比赛的省、市两级交通厅局的领导运动员共有20人,职工运动员52人。比赛分别决出个人赛、领导名人赛的前六名。个人赛前三名分别是宁波市代表队戴学春、嘉兴市代表队马联、台州市代表队张猛,四至六名是厅直代表队朱海光、金华市代表队朱敏、宁波市代表队陈英明;领导名人赛前三名分别是金华市交通局局长张志明、舟山市交通委副书记陈国良、丽水市交通局副局长吴和俊,特别奖颁给衢州市交通局纪委书记曾水木。

是年11月23日,首届职工运动会男子三人制篮球比赛在嘉兴举行,全系统13个代表队65名运动员参加比赛。经过两天的激烈紧张角逐,冠亚季军分别是丽水市代表队、杭州市代表队、嘉兴市代表队,获得第四名至第六名的分别是宁波市代表队、厅直代表队和金华市代表队。

是年12月4日,“恒风杯”羽毛球比赛在金华义乌举行,共有13支代表队的108名运动员参加。通过3天激烈紧张的角逐,分别决出了男团、女团、男单、女单4个单项的名次见表。

是年12月16日,“丽汽杯”象棋比赛在丽水市举行,12支代表队的24名象棋选手捉对厮杀。经过两天7轮比赛,最终宁波市代表队王志安、绍兴市代表队章亦根、温州市代表队陈林恩、台州市代表队周春生、金华市代表队张洪金、绍兴市代表队陈钢分列一至六名。

"恒风杯"羽毛球比赛名次一览表 表

项目 名次	男团	女团	男单	女单
第一名	宁波市交通局	温州市交通局	虞显和(金华)	李秋姝(金华)
第二名	绍兴市交通局	金华市交通局	饶少明(嘉兴)	楼灵春(嘉兴)
第三名	省交通集团	嘉兴市交通局	冯志刚(绍兴)	王喜平(衢州)
第四名	嘉兴市交通局	宁波市交通局	贺 伟(宁波)	赖齐波(宁波)
第五名	衢州市交通局	衢州市交通局	傅 强(衢州)	李 红(绍兴)
第六名	温州市交通局	湖州市交通局	毛姚川(宁波)	周芸芳(绍兴)

2008年4月8日上午9时,全省交通系统首届职工运动会开幕式在浙江交通职业技术学院田径场举行,各组团(队)单位主要领导在主席台就坐。开幕式期间举行广播操汇报表演。运动会上进行广播操、田径、网球、趣味等18个单项比赛项目。4月中旬在绍兴进行了乒乓球项目比赛,25日举行运动会闭幕式。参加这次比赛的省、市两级交通厅局的领导运动员共有20多人,职工运动员近300人。全省交通系统共有数万名职工参与首届职工运动会各个层面的比赛活动,其中由省厅直属、省交通集团、各市交通局(委)组建的13个代表团1270名体育健儿参加了省级比赛。

2. 第二届职工运动会

2009年11月27~29日,浙江省交通系统第二届职工运动会乒乓球比赛在宁波隆重举行。由厅直属、省交通集团、各市交通局组成的13个代表队136名运动员在7个单项比赛中展开激烈争夺,10位来自各市交通局、交通集团的领导参加了厅局领导个人赛。最终,宁波市交通局代表队、绍兴市交通局代表队、杭州市交通局代表队、衢州市交通局代表队、温州市交通局代表队、嘉兴市交通局代表队分获乒乓球比赛团体总分前六名。

2010年10月13~14日,浙江省交通系统第二届职工运动会钓鱼比赛在杭州余杭举行。由省交通运输厅、省交通集团公司、各市交通局(委)组成的1个代表队的52名运动员在个人赛中展开争夺;11位来自厅、各市交通局的正副职领导参加了厅局领导比赛。经过激烈角逐,宁波、杭州、台州、金华、湖州、嘉兴市交通局代表队分获钓鱼比赛团体总分前六名。

是年11月1~2日,浙江省交通系统第二届职工运动会网球比赛在杭州萧山举行。由省交通运输厅、省交通集团公司、各市交通局(委)组成的10个代表队的44名运动员在两个年龄组共5个单项比赛中展开争夺。

2011年11月8~10日,全省交通运输系统第二届职工运动会篮球、桥牌比赛在衢州举行,由厅直属、省交通集团、各市交通运输局(委)组成的12支代表队近200名运动员参加了比赛。省交通运输厅副厅长徐纪平、储雪青和省体育局有关负责人、各市交通运输局(委)有关领导观看了比赛。经过激烈角逐,杭州、宁波、丽水、湖州、省交投、衢州分获男子五人制篮球比赛前六名,衢州、舟山、湖州、宁波、台州、嘉兴分获桥牌比赛团体总分前六名。

2012年6月19~21日,由省交通运输厅、省体育局、省总工会主办,舟山市交通运输委员会承办的全省交通运输系统第二届职工运动会羽毛球、象棋比赛在舟山举行,由厅直属、省交通集团、各市交通运输局(委)组成的13支代表队近180名运动员参加了比赛。省交通运输厅副厅长储雪青和省体育局、省总工会有关负责人及各市交通运输局(委)有关领导参加了开幕式并观看了比赛。经过激烈角逐,宁波、舟山、温州、杭州、嘉兴、衢州分获羽毛球男子团体比赛前六名,宁波、温州、嘉兴、金华、厅直属、台州分获羽毛球女子团体比赛前六名,衢州的董国旺、台州的周春生、绍兴的章叶根、嘉兴的张桂龙、宁波的孙小平和顾伟峰分获象棋个人赛前六名。

(二)其他体育运动会

2007年6~11月,省交通厅直属代表队参加省直机关八运会。省交通厅体育代表团发扬顽强拼搏和更高、更快、更强的体育精神,历经8个大项、40个小项的争夺,最终以总分411分勇夺团体第五,以3金、3银、1铜跻身奖牌榜前三,同时荣获赛会颁发的优秀组织奖。

2009年7~12月,省直机关九运会在杭州举行。省交通厅组团参加,并取得了6金、15银、12铜的好成绩,获团体总分第二名。

二、桥牌比赛

2006年7月15~18日,省交通厅组队参加在武汉举行的由中国交通桥牌协会主办、长航局承办的第十四届交通杯(长江航道杯)桥牌比赛。厅代表队由舟山、衢州市交通职工组成,经过激烈争夺,最终获得团体第九名,台州市交通桥牌队获得第七名。

是年,省交通厅组队参加交通部组织的全国交通行业第11届交通杯桥牌团体赛,在来自全国交通行业21个代表队中取得了第二名的好成绩。

2008年5月26~28日,根据交通部要求,浙江省交通运输工会会同台州市交通局承办了全国第十二届"交通杯""浙江交通台州杯"桥牌团体赛。赛事在台州举行,参加比赛的有来自全国交通行业的18个代表队。省交通系统参赛的5个代表队携手进入前八名,其中台州一队、浙江省交通厅队、由浙江海事局代表的交通部海事局队分获冠、亚、季军,浙江省港航局队和台州交通二队分获第七、第八名。这是历年来浙江省交通系统在全国交通行业桥牌比赛中参赛代表队最多、获得成绩最好的一次。

是年8月14~18日,省交通运输工会组队参加交通部桥牌赛。省厅代表队选手由舟山、衢州市交通职工组成,经过激烈角逐,夺得团体赛亚军,由台州市交通局组建的浙江台州桥牌队获得第五名。

2009年7月15~18日,省交通厅组队参加由中国交通桥牌协会主办、长航局承办的第十四届交通杯(长江航道杯)桥牌比赛。比赛在武汉举行,厅代表队由舟山、衢州市交通职工组成,最终获得团体第九名,台州市交通桥牌队获得第七名。

第三章　古亭　碑楹

古代,有许多开明官员、绅士行善积德,慷慨解囊,造桥铺路建凉亭,为过往行人游客交通提供避雨歇脚方便,成为历史瑰宝。浙江古代文人墨客撰写的关于交通设施的碑文楹联,也已成为交通文化的组成部分,流传至今。

第一节　古　　亭

古道上的古亭,见证着交通历史的沧桑,散发着交通文化的幽香。令人扼腕的是,浙江古道上的古亭留存至今的已寥寥无几。

一、师古亭

图 9－3－1　师古亭

师古亭(见图 9－3－1),始建时间无考,清乾隆三十七年(1772 年)重建,1984 年重修,属宁波市江北区区级文保单位。师古亭位于宁波市江北区慈城镇北慈湖湖心堤上。据《慈溪县志》记载,慈湖为唐开元间县令房琯所造。宋时寺僧筑堤湖中,直贯南北以便往来。景定五年(1264 年),令金昌年疏浚筑堤防。洪武二十八年(1395 年),遣官修堤塘,启闭以时,民田赖之,岁久宦家,就湖旁涨落地营建书舍。顺治十二年(1655 年)令王肃开浚之,未浚解任。乾隆三十七年,知县胡观澜重浚。《慈湖碑记》曰:“历十月工竣……覆盖小亭于湖上,颜曰:‘师古’。”亭平面呈六角形,外有副阶,重檐,石质柱子,副阶面阔约 4.20 米,内柱间距约 2.88 米。正南北两面,因系通堤,略宽,内柱高 4.51 米,副阶平身科(一斗三升)四攒,内柱平身科二朵,用抹角梁,梁架结构简明实用。民国重修时因原匾朽毁严重,遂请书法名家钱罕先生题额。1984 年重修师古亭,又请著名书法家凌近仁先生题额,是为现匾。南北亭柱上刻有柱联:

北向柱联:锦城环抱峰头翠,镜水平分涧底清;

南向柱联:三围秀色从中起,一片冰心望里收。

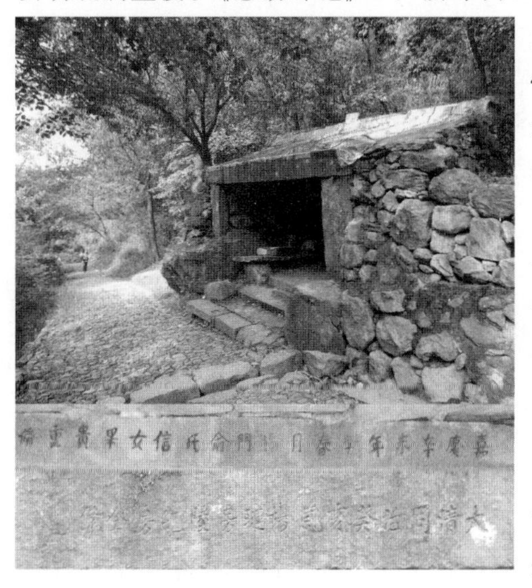

图 9－3－2　下凉亭

二、下凉亭(万寿亭)

下凉亭(见图 9－3－2),又称万寿亭,始建时间无考,嘉庆十六年(1811 年)重修,清同治二年(1863 年)再修。该亭位于鄞州区横溪镇亭溪岭古道上,属宁波市鄞州区区级文保单位。下凉亭为单开间石亭，内供有土地，两侧设有石凳。《鄞县通志》记载："下凉亭，县东南亭溪岭，一名万寿亭。清嘉庆十六年杨俞氏果贵修，同治二年陆纪房、杨琏房同修。南行祥云亭，西南行月桃庵，北行潭地石家及横溪。"凉亭内横梁上刻有"嘉庆辛未年季春月杨门俞氏信女果贵重修"。门楣横梁上镌刻有"大清同治癸亥歲杨涟房陆纪房仝修"。

三、丰乐亭

丰乐亭位于温州苍南县金乡镇，始建于明永乐元年（1403 年），由牛卧龙著名木匠张殿元精心设计建造，取名"后消夏亭"。清顺治、咸丰年间曾重建，改名"丰乐亭"。1984 年 4 月，由群众集资 2.60 万余元，重新修葺。该亭为木质结构，有 3 层，每层均为飞檐翘角，龙脊朱柱，顶部为葫芦形。亭舍面积为 36 平方米，总高 17 米，底层高 7 米，呈正四边形，每边长 9 米，由 16 根圆柱支撑。柱、梁、桁都凿孔作榫，加工精细，满亭梁柱均为浮雕。该亭现为县级文物保护单位。

四、赤水亭

赤水亭位于温州永嘉县白泉乡大箬坑村，始建于清光绪十八年（1892 年），民国 25 年（1936 年）由村民陈永任、陈明轩首事重修。该亭为木结构，共 22 柱，分两进，呈凸形，前进为台，供农闲时演戏之用，长 5.80 米，宽 4.70 米，计 27.20 平方米。后进为憩场，长 10.60 米，宽 4.80 米，计 50.80 平方米。全亭雕梁画栋，升斗飞檐，板壁古画，人物栩栩如生，民间传为"文笔妙绝、图画精绝、建筑巧绝"的"三绝"亭，1985 年定为县级文物保护单位。

五、环水亭

环水亭，又名八角亭，位于嵊州市甘霖镇黄胜堂村北。旧时，有乌榆江水绕亭东去，故名。该亭建于清乾隆六十年（1795 年），占地 130 平方米，建筑面积 50 平方米，高 12 米。12 根石柱支撑木结构亭体，坐北朝南，共分 3 层，呈宝塔形，各层雕梁画栋，飞檐挑角，线条流畅。一层置佛像，正门内两侧是廊屋，两旁置木凳，供人小憩；二层为佛堂；三层置关公及相关神像，意在保佑村庄平安。1988 年被定为县级文物保护单位。

六、四美亭

四美亭座落在桐庐县洋洲乡滩头村北面，亭顶已毁，壁、柱尚存。相传清道光年间，孝仁乡滩头庄村民沈光昌到苏州做生意，遇见四美女。沈应允回家乡给她们造漂亮的八角亭留念，"四美"欣喜资助。沈返家后，并不建亭，钱大部被花。半年后，四美欲来桐庐游"八角亭"，沈无奈，只得募捐筑亭，取名"四美亭"。

七、乌竹岭头亭

乌竹岭头亭位于东阳市乌竹岭。清康熙五十一年（1712 年），俞兰如建，舍田地山共二十余亩。昔为缙云、仙居、东阳等县下杭州和下三府必经之路。虽高山深壑、行人终日不断。有一年楼上层去杭乡试，至该亭小憩，他望着络绎不绝匆匆而过的行人和望不尽头的乌竹岭，有所感触，当即拣石为墨在路亭的墙上写下一联"为名乎、为利乎，行行且止。由天也、由命也，缓缓而前。"后人照看笔体，摹写在路亭柱子上。

八、谢桥亭

谢桥亭位于青田县鹤城中路旁 330 国道，为太鹤风景区入口处。该亭始名问丹亭，清嘉庆间县令孔龙章祈雨辄应，改名甘雨亭，又名谢桥亭。同治元年（1862 年）遭兵燹。同治十二年(1873 年),县令王承霖重修。民国时期亭为木结构,建石板桥上,后畔坑水从桥下通过。东西向穿廊围八角形栏槛,俗称八角亭。1983 年,旅日侨胞林三渔鉴于旧亭年久失修决定捐资重修,将桥、亭一起拆除改为钢筋混凝土结构。新亭四角尖顶琉璃楞瓦,重檐画栋,水磨地面,16 根圆柱竖立整块板梁桥上,南北向穿廊围以靠凳。“谢桥亭”的匾额为对外文化协会会长楚图南所书。国务委员方毅撰联并书“春晚绿野秀,岩高白云屯”。

九、且停亭

且停亭位于兰溪市孟湖乡下李村伊山头村东南,明末崇祯年间李渔隐居故乡时为首倡建,亭竣工后,李渔亲题楹联一副:“名乎利乎,道路奔波休碌碌;来者往者,溪山清静且停停”,故名。现有建筑为硬山顶,五架抬梁式,青石鼓形柱基,亭长 6 米、宽 3.40 米、脊高 4.10 米,亭之两头高圆拱门,今为民居。

十、得月亭

得月亭位于云和县局村乡南 6 公里、云和镇北 1.50 公里五花岭头,海拔 200 米,是局村乡经五花岭至县城的骑路亭。土木结构,面积 32 平方米,高 4.50 米。亭为双面半石匣月门,道路两旁枫木成荫,有如得月,故名。该亭建于清嘉庆二十一年(1816 年),内有石碑文一块(文字模糊)。1950 年重修。1987 年由云和镇红光梅显良主持募资 162.30 元修复。

第二节　碑刻与桥楹

一、碑刻

(一)桥记桥碑

1.桥记

惇义桥碑记

知县　萧彦

峡溪桥,上通松,下通丽,宣之要冲也,废已久矣,民病涉焉。予令宣四年,欲重建之。民以旱告予,闻松邑板桥周氏兄弟曰铄曰镔者,富而好义,乃遣舆折筒邀之,告之以故。铄、镔曰:“是役也当独任之,不必募诸人也。”遂慨然为之,毫无靳色。捐所聚之财,发所积之粟,佣工匠人数十,开山伐石,下为石墩,上架石梁:作四墩以合四时,纵一十二丈以合十二月,横二丈以合阴阳,高三丈以合三才,二载告成。工竣,予适擢绍兴节判,趣装南行,道此桥,见其壮丽,为丽、宣二县巨观,因名之曰“惇义桥[①]”。复叹曰:卓哉!此举诚薄俗之灵光也。予观世人之富厚者,莫不欲侈其宫室,华其车服,美其馐膳;又孰能捐不赀之费一,以利人为哉。自吾邑以及一郡,求若斯人兄弟者,不多觏也。昔包孝肃公尹京兆,民有以百金相让者,吕荣公称之谓“人皆可为尧舜”。今惇义之桥,以千数舍之,施弗少减焉,以视百金之让者,吾不知其果孰为轻重也。使众人皆周氏之子,亦今日之唐虞焉耳!是桥作之始者予也,东岗裴君又将其成焉,省察东涧。乡耆林清邻于桥者,感二人之义,敬之如大宾,日与周旋,抱膝谈心,且为之监督工匠亦可嘉也。递及书之,以志不忘,是为记。

注①惇义桥在今丽水市曳岭区崇义乡红桥村,兴建和改名时间系明嘉靖三十一年(1552 年)

悦济浮桥记

宋·范锷

悦济渡在邑(兰溪)西门外,固无浮桥。熙宁五年(1072 年),太子中允江君衔者,始作浮桥五十节于所居旁，近曰元潭埠。九年夏，霉注汹涌夜发，漂浮桥至悦济渡，城内外之氓，协谋挽留之。江君欣然曰："济人利物，予本心也。不惜兴作之费，承先志也，元潭与悦济均父母之邦，焉有彼此之分，但仅一衣带水而以稍广耳。"更益以十六节，通计六十六节。其置之广袤，材木绠铁，色色坚备。又虑夫风雨震凌，波涛澎湃，人畜之所蹴压腾蹂，当一年一辑，数年一易，苟不能继，将前功之尽弃乎。乃割己田二百五十亩为倡，复哀众置田通五百四十亩，创庵于渡之西，仍匾"悦济"为额，择僧居守，以敦缮修之役，虽千百年可无坠也，江君之功伟矣哉。是岁丙寅十一月，梁成。予忝江君从弟术之妇翁也，江君时持服家居，命术嘱予记其事云。

长洋广济桥记

明·宋　濂

天台山西二十里，有山曰鸪，二水发源其间，合流至长洋，复折而西与大溪会，然后滔滔东下。当夏潦秋霖水骤进，气势奔突，咫尺如隔胡越。里人垒石为小桥，不能杀水怒竟蚀而去。邑家姓洪某等忧之，乃集子侄谋，累址于渊，凿石于山，犬牙相函，鱼鳞密比，架以高梁，崇以尺计者二十有五，修倍之。翼以石阑，与桥相齐，壁东西两堤各二百尺有奇。傍筑庵三楹，招浮屠惠澄者守之。始事于至正已亥之三月，讫工于庚子之十一月，费钱一万缗，夫工一万一百。桥成隐然如虹，跨空而收截险利涉之效，下视飞涛，如履衽席，遂名之曰广济桥。予闻桥之名，始于殷，至秦汉多异称。虽有小大之殊，而济人之功则一也。世道陵夷，拔一毛利物则艴然怒。某视某一门见人病犹已病者几何人哉？呜呼，若其者，亦可谓惠人也已。昔蔡襄记万安桥，不过一百二十字。叶正则利涉桥乃数倍之，予斟酙其繁简而为之记。某字传可，其先有讳汉者，唐末迁自浦江，世多儒，至某益尚义。其子侄来请者国寻生也。

（晋府录事金陵杜环书）

重建潘公桥记

（清）黄寅阶

吾郡北门外有三桥，鼎峙于溪上，而最钜者曰潘公，前明宫保印川潘公所建也。公为一代伟人，其治河功绩备载史书。是桥之建，当必因地之宜，顺水之性，有利于乡邦，无害于旁邑，又仅为往来行人计也。顾自万历以至国朝乾隆间，岁久倾圮，里人俞大令、开甲等谋更新之，南堍桩木已下，事卒不就。道光九年，姚君洪首先捐资躬督畚挶，嗣以财匮，工及半而复辍。十七年，杨封君知新惧桥之终废也，询谋于众，倡捐劝输，会丁君咸亨慨助千金，姚君洪复助千金，而乡先达之宦于四方及士民有力者，亦捐金协助，遂兴工于是年九月，讫于二十年四月，前后计用钱一万八千缗有奇。桥则易平而为，环洞则并五为三，其泄水处阔一百二十丈，中洞高五十二尺，俱增于旧，而长与博如昔焉，于是居民行旅熙来攘往不复唤渡于两岸。每霖雨之后，山水暴至，波流激荡而洞阔，溪深既畅以达。夫然则是桥也，岂独规模之闳敞，工作之坚固，为足壮一郡之观瞻哉！当是时为形家之言者，以上流关锁太紧，不利于下流富户，一倡百和，讹言并兴，谓西来诸水汇于城北，直达于具区，今桥改旧章去水以壅，若遇淫潦，必为患于长兴安吉，遂令二邑之人惧于陷溺，状其事以闻，赖郡守凌公泰封、邑令张公祖基力斥其非，工得以竣。夫富贵在天，子夏尝言之矣，且是桥创自潘公，历数百年，不闻从此为诟病，彼形家者流，岂贤于子夏耶？抑其智更出潘公上耶？何惑之众而信之深也。桥既成，郡士夫相率而诣余曰；昔宫保身居显仕，出其余资以厥功，今封君惟是二三同志兴复，是图沮之益众，而任之益力，卒能底于其成，其难易为何如也。子之辞直而不华，愿记以示后之人，俾有废辄举克，固其好善之心而不为浮言所动焉，则是桥其永存矣，余应之曰诺，遂书其颠末如此。而以任事施财者之名氏别具于碑。

道光二十年岁次庚子九月乌程黄寅阶撰钱塘孙元培书。

注：据清《（同治）湖州州府志》卷23

拱宸桥修建记

据清光绪《杭州府志》（重修本）卷七记载。始建于明崇祯四年（1631 年），初为木桥基础结构三孔薄墩联拱驼峰桥。桥名拱取迎接之意，宸乃帝王宫殿，表达对皇帝的敬意。清顺治八年（1651 年）曾一度坍塌，康熙五十三年（1714 年），浙江布政使段志熙倡率捐筑，云林寺惠辂募助，康熙五十六年（1717 年）12 月竣工。雍正四年（1726 年）右副都御使李卫率属捐俸重修，将桥加厚二尺，加宽二尺。咸丰十年（1860 年），太平军在桥心筑堡垒驻扎。同治二年（1863 年）秋，左宗棠率兵攻垒，激战后桥损，光绪间坍毁。光绪十一年（1885 年）杭人丁丙主持重建三孔石桥，即现之拱宸桥。桥长 92 米，桥身用条石错缝砌筑，上贯穿长锁石。桥面呈柔和弧形，中段略窄宽有 5.90 米，两端桥墩处宽为 12.20 米。桥两侧以素面石栏围护，中刻拱宸桥三字，栏板间立 48 根望柱，柱头都雕刻仰莲。桥墩自下至上逐层收分，拱券用条石纵联并列，分节砌作。中孔净跨 16.50 米，孔高 6.08 米，边孔净跨 11.90 米。光绪二十三年（1897 年），日军在桥面中间铺筑 2.50 米宽的混凝土斜面，以通汽车和人力车。2005 年，浙江省人民政府将之定为省级文物保护单位。同年杭州市政设施监管中心设置四个防撞墩以护桥。杭州市运河集团组织修缮桥梁，拆除后期敷设桥面的各类管线，修复栏板间仰莲望柱 48 根，修整桥面台阶石板，以恢复历史旧貌，2006 年建碑亭。

2. 桥碑

萧山梦笔桥石碑

桥堍置石碑，雕刻纹饰，题镌“古梦笔桥”四字，由沙孟海弟子祝遂之书。碑文阴面刻有北宋文人华镇咏桥诗一首：

绿波日照晴无奈，碧草连天恨未消。

欲问梦中传彩笔，柳丝低拂曲栏桥。

绍兴纤道桥石碑

清代《纤道桥碑记》述：“自太平桥始至板桥止，所有塘路以及玉、宝带桥计贰百八十一洞。乡绅士章文镇、章彩彰重修。匠人毛文珍、周大宝修。”

奉化广济桥石碑

桥头有桥亭，亭内有古桥碑石五块，其中一块为清嘉庆十二年（1807 年）奉化知县胡培所竖的《勒石永禁碑》，碑文为阴刻楷体，内容为：“禁止堆放器物，禁止牵缚耕牛，禁止工作造器，禁止生火煮饭，禁止侵损桥屋。”

德清拱元桥石碑

碑额为阴刻篆体《重建拱元桥记》，碑文由左向右直排二十行，字体为阴刻楷体，碑曰：“苕水出天目之阳，经吾邑为余不溪。人南门，出东门，循乌山而东有拱元桥焉。与乾元山相对，故得是名。往昔寇乱桥毁，往来皆阻。里人谋重建之。经始于光绪十三年冬，其年告成，刻石纪事，仿汉碑例书出钱人姓名于左（注：略），里人俞樾记。大清光绪十有四年冬十月刻石。”除此碑文外，桥碑右下角刻有俞樾先祖俞廷镳一首散步诗：“村落萧然亦复嘉，背山临水面桑麻。隔河丘垅闻松籁，傍舍田畴看稻华。父老神祠归烂醉，儿童乡塾散喧哗。拱元桥畔闲扶杖，不入城门两月赊。”

《重建拱元桥记》由清代著名经学大师俞樾撰写，今保存在德清博物馆内。

（二）路记路碑

重筑瓯南塘路记

（明）周大章

瓯城南达瑞安八十里，故有塘，即群志所载“南塘驿路”、陈止斋所谓“石塘百里，巨石纵横、鳞萃”是已。塘属永嘉者三分之一，属瑞安者三分之二，实闽越孔道。元季修筑城垣，悉毁之。承平少兵旅，使客至瑞有东安馆驿，亦废革。惟设埠头船夫，以备供应。陆行循邮道，间关二危岭，舟行不信宿而达，人固利于舟而不乐于由陆。然天□即水不可恃，兵旅客辐辏，则舟亦不足给，船户之困于瑞特甚。行旅之艰，南北胥病焉，故思驿路者非一人。今督府大司司刘公先予令瑞安。下车值倭寇之变，闽越胥惊干戈，使客南北路驿，供应者病于乏舟，则多索徭值；供事者病于徒步，则攘夺农船，鞭捶船户。匪直民不能支，虽官府亦莫之禁。时有复驿筑塘为谓者，公曰：“二事诚不可慢视，较莫急于筑塘。然权不专在余，而费□滋大，民方荼毒，寝食且不遑，将谁为役乎？庸俟之。”丙辰夏，公赴召内庭，后十载，历大中丞司马，开府两浙。丙寅春，提兵殄矿寇于三衢，乃东巡于瓯。瑞父老复以塘为请，公首肯之。遂属郡伯城丰李公廷观综其事，檄两邑令。方经始，而瑞令吾乡朱君□擢惠郡判，公特留之，俾殚厥役。朱君乃率幕尉莆阳郑君瑜、义士邵元性，度境内桥若干所，塘若干丈，庸值石从若干缗，属桥于耆民，属塘于圩里，计其费以请，永嘉亦如之。公捐俸金、出以帑若干以倡。时有事兹土若宪副泾阳查公绛、藩参劳公劳公堪企、郡伯各佐以俸资。百执事与好义民悉输钱，赞力协衷经理。郡伯以时巡行考成焉，自冬十月迨春三月而且告竣，合縻金若干两。于是吉行不患于陟危，师行不必于待舟。舟行则风雨引缆而无事停泊，幕夜则水陆相保而勿恤，有戎纾船户，省船钱，居者行者，莫不称便。从陟郎舍而衷其多，要地中道，建公署于仙岩，以备驻骖父老，又即公署之北为祠，伐石请们言，以纪公休绩。余时叨命出令瑞，式观厥成。而刘公实余帮人，余素辱公厚，能知公而成梁降道，又王政之急务，不可以无纪也。尝试宋纪重修温州石塘记，谓其役甚大，邦人亟请于州于部，使者给公帑。输民钱七百三十余万，米四百斛，更十载，无成绩。至郡守沈公枢縻钱一千一百万，六阅月而就绪，率以为神。故其时塘虽积坏，不过倾者为嵌陷者为汇耳。不至如今之片石不完，什桥存无一二者，且塘废二百余者，功卒勿克集。今公一加意焉，遂举二百年之坠。（略）

普陀山修路碑记

[明]董其昌

普陀在大海中,开辟之始,即有灵山奇奥之区,未成坦道。彼负好奇之癖,挟济胜之具者,故自忘其跋涉之艰也。其如赍香花而皈命,兼膜拜以奔趋者何哉,嗟夫!惊魂甫定,茧足为虞,彼岸方跻,故步恐失,高高下下,无平不陂,两两三三,欲前且却。即不至青柯坪昌黎漫试之悔;亦足灰桃花源渔夫再访之心。白华庵主朗公于是有修路之议,虽然破混沌之太荒,布平治之月令,补名山之缺陷,振积劫之因循,谈何容易也。乃朗公兴无缘慈,谋不请友,虽口不名一钱,袖不怀一刺,而直以戒行胜,以真心感,畚畚繁兴,众缘辐辏,为石之工十有七,为土之工十有三,绵亘五里,星霜四周,昔之荦角交加荆蓁翳塞者,皆已变为周行,夷然鲁荡。竟不知布金之长者遇在何方,撤石之愚公劝者谁氏,犹之阳春雪曲属和更多,优昙钵花开敷甚速。朗公曰:"大士加彼之力也,予何有焉。"佛氏门中,此为最胜矣。昔佛沙伏国既建宝塔,即埋珠网,立石于旁,刻铭诏后,将使异时修塔,不烦大众捐资。夫财仰法施而就,前事为后事之师。顾予芜词,有惭珠网耳。朗公名性珠,参学师承之详,别有传者,不具书。铭曰:

吾闻善逝语,想澄成国土;心如路亦如,因果无乖误。一堕入我坑,千载永不寤;人劳我逸居,人驰我偃卧。各各不相关,各各不相护;纵得空行仙,脚径亦可锉。伟哉龙象侣,度人如自度;瞠目云霄宽,涤肠冰雪吐。以我解德香,薰彼信心固;一行鸠傭功,七宝阶可数。犹如狮子儿,全力以捉兔;众檀响应声,大士随缘赴。覆以光明云,洒以杨枝露;当来踵修者,认此菩提路。

玉坎路工碑记

吾玉孤悬海外,群山屏进,峻岭崎岖,惟玉环抵坎门三十里许道途平衍,肩摩毂击,为南北通衢,纵云官道。初皆以确石砌成,年湮代远,水渍沙坦,平坦者变为凹凸,遂至风霜雨晦,濒闻行路之嗟,道路泞泥,屡听舆人之忾,虽梓乡不乏仁人,诚以工程浩大,每有志而未逮。余目击神驰,心焉忧之!以山泽之小民,自愧安克荷此重肩?不获已,会集同志,商诸父老,佥谓"独木难支,众擎易举",安敢不辞余力,倾囊发起,筹布地之金,托沙门之钵,献众资以从事,幸集腋以成裘。予购石板三千余丈,计洋二千二百零元,工起于民国元年秋间,六载而告竣。计其路程有三十余里之袤,需资三千三百有奇。

兹幸负贩舆夫群歌坦荡,村氓[①]旅客咸乐康庄,在稍戢对吾乡士庶乐善之诚,而余怀少慰,尤愿后起者继踵增修,推而广之,环江南北共履此路之平乎,余实有厚望焉!爰将诸同志姓氏及乐助洋款砌之碑碣,翼垂不朽。

发起入江志松

嘱里人郭雨青撰记

中华民国七年岁次戊午端阳吉日

注:①村氓即村民。

(三)亭记亭碑

五路岭凉亭

民国·方绍舟

环浦皆山也。其南距城十余里,层峦叠嶂,名日五路岭,为通金适兰之孔道。其岭头平坦处，有亭名日五路岭凉亭。相传此亭为项以文所创始。第年久失修，至光绪初年所留者仅颓垣残瓦而已。许君盛辉见而心恻，语次间，与石君延宝道及此亭倾圮，以及负书担囊，牵车服贾，息肩无所，行者苦之。爰集程君元福、运来，楼君广云、广振，叶君可耕，方君光忠，吴君樟森，成密共十人。各捐银六两，为重建凉亭经费。亭既成、许、石二君恐后修葺无资，难以为继，除樟森外，再集前九人各抖谷捌秤，成为一会。公举广云经理。议定五年一小修，十年一大修，此清光绪十八年事也，嗣因广云年迈，迄民国元年，交会中人公同接理，受田五亩三分三厘五毫，以资修葺，庶此亭不致于倾圮耳。呜呼！人事有代谢、往来成古，今昔同志诸君，已大半凋零，深恐年远无稽，爰特记其颠末如此。作记者谁？会中方氏绍舟也。

日铸岭亭碑记

日铸岭亭位于绍兴县日铸岭山顶，系古代绍兴至嵊县的交通要道上，亭内尚存石碑六块，有明万历二年（1574 年）的《日铸岭庵碑记》，清雍正五年（1727 年）的《永远扫雪》碑，清道光年间立的《灯烛碑记》，清乾隆五十九年（1794 年）立的《助茶碑记》，民国时立的《重修碑记》和《谕禁碑记》，其中《日铸岭庵碑记》记述了路、亭的史实。

日铸岭庵碑记

昔越王卧尝生训命欧冶子铸剑于上中下三灶铸此灶而风云神□五洲成□□□□象形长生铸以□铸为义而岭以斯名夫岭东连台温西接绍杭连穴东楼□□天下□□□峰阳明洞若耶溪咫尺名山环卫耸秀往来络绎商货奔驰乃今指之道也□然而□□日西斜虽于过客戎扬沙尘晦昼风雨而暮夜虎啸猿啼豺狼当路伏暑冒寒□□□疾阉道僧散四境无烟庵前岭后魄散魂消其谁依棲父老曰吾家世居河东祝家□世相溁简尚□□□徽宗皇帝第四女南阳公主随驾南逃□□之氵灵娥历五世祖之郡下□岭南麓珞□□风稍存衣食岭庵废驰本境春祈秋报香火福地岂可坐视募僧曰真实与具徒协力居之勤俭出□余族□□捨助□□阴庵地路此菜园葺颓建亭□息劳者安渴饮不虞有仗匿不德焉例比杭之昭庆苏之虎□丘华且磨徒寄齐人墨客游迹□□於沧桑屡变盛衰不一后之视今亦犹今之视昔凡为后裔用拓先基时修此碑毋□□□侵渔恶国法天诛勒碑刻名世代传颂。

大明万历二年甲戌孟秋朔日

二、桥楹

（一）杭州西湖九曲桥

记故乡亦有仙潭　看一样湖光　添得石桥长九曲
至此地宜邀明月　向谁家思秋　吹残玉笛到三更

枫叶荻花秋瑟瑟
闲云潭影日悠悠

（二）杭州坝子桥

风去桥亭古
雨来烟柳深

（三）杭州横河桥

流通北道千仓粟
约束南湖万顷波
(四)杭州萧山回澜桥
半市十桥　足征东土人烟聚
一河六巻　汇出南流地利兴
(五)杭州萧山星拱桥
七孔连环应北斗
三叉分道话前程
(六)杭州余杭通济桥
通济桥跨大溪上
小店多开桥上头

一路篮舆行地稳
不知鳌背驾层楼
(七)嘉兴国界桥桥楹
披莱远溯夫余泽　端委常存泰伯风
星映斗牛临鹊驾　地联吴越判鸿沟
(八)湖州双林三桥
1. 双林三桥之万元桥桥洞旁条石柱上楹联
主联:源远流长　永固虹梁成利济
　　地杰人灵　高骞凤居焕文明

　　甲地云联　双水千秋资重镇
　　分星鼎峙　三桥一气接长天

副联:苕溪西来　山排万笏
　　奎光东映　星耿元精

　　积厚流光　万家余庆
　　钟灵毓秀　元气常充
2. 双林三桥之化成桥拱券两侧长柱上楹联
主联:磐石沐恩波　水接双桥成鼎峙
　　舆舞舆梁仍古刹　化垂千载拟棠荫

副联:联双水之晴虹　中流自在
　　起三桥之彩凤　夹道行空
3. 双林三桥之万魁桥两侧柱石上楹联
　　桥卧为虹　五色云霞开晓霁

　　波平如镜　万年甲第耀奎文

(九)嘉善三官堂桥

东联:南极星临　快驾长虹以康济
　　东升日丽　请留司马之名题

西联:名著见龙　即此卜当阳盛事
　　挠通画鹢　恰喜沾活水来源

(十)平湖马厩庙桥

东联:半月偃赵泾　五坊门户　隔岸拱星枢　南望海沙　北通汉水
　　长虹环马厩　三县交通　横塘澄月影　东连泽浦　西溯硖川

西联:扬帆东驶　柽联三泖口　万守渡景公　庙貌至今称马厩
　　驱车南望　遥指九峰巅　西区沿大易　塘名终古属赵泾

(十一)平湖当湖第一桥

东联:影接梯云　万里程开腾骥达
　　潮来拓水　一声胪唱冠鳌峰

西联:雄踞西关　一水潆洄钟淑美
　　迎恩北阙　群英次第践清华

(十二)海盐沈荡大桥

南主联:砥柱在中央　善西在东坡　南通殷水
　　　浮图同射影　严虹流华渚　星焕文昌

北主联:螺来剧鲜妍　胜地接三塔　双溪不远
　　　鸿工成略为　文澜汇旋源　五水长流

南副联:阁峙西南咫尺高　星常朗照
　　　塘分上下往来垣　道庆同遵

北副联:雁酋重排数载经　营汉旧制
　　　红腰腹堵万年巩　固镇中流

(十三)海盐钦城大桥

西流硖石　东接秦溪帆影　飞归香雀舫
南注海昌　北连鸳水橹声　荡入碧云天

(十四)桐乡司马高桥

碧浪骞舆梁　事县夏官资共济
向栏依雉堞　情深秋水溯伊人

(十五)桐乡大通新桥

红梁跨塘北　重题柱石仿彭河
归路出城南　百里水城窥省会

(十六)德清茅山高桥

南主联:南北贯杭湖要道　规模重焕　于今利济足千秋
　　　东西是城镇通衢　兵燹几经　遂使徒行资一苇

北主联:溪水南来　考余不残编　九里中此推砥柱
　　　冈峦西峙　访陶朱故址　千载下犹胜剑池

南副联:宸于逼宵汉　天人乘舆渡麟台
　　　峦冈接溪流　仙翁策杖探龙穴

北副联:皓月偃中流　碧云南渡茅氏宅
　　　斜阳映古树　画桥西畔范蠡祠

(十七)德清四仙桥

双桨泛轻舟　绿水潆洄南北埭
一条横彴略　青鞍安稳往来人

野渡傍溪山　会有人才题驷马
嘉名登志乘　不劳仙迹访骖鸾

(十八)德清雷甸庆云桥

绿野虹升封霅水
青坡云护庆苕溪

秀撷超山昭瑞霜
澄流栖水引祥光

(十九)德清新市状元桥

遗泽三潭启后贤　魏科百世留陈绩
崇阑静障百川东　佳气遥迎三极北

(二十)德清新市太平桥

水接三潭环如玉带　路通九陌固若金堤
市尘要道路接东西　舟楫通渠港分南北

(二十一)德清新市发祥桥

南联:西照遥垂五彩虹
　　北流静障三潭水

北联:高跨清涟翻旧样
　　重看安稳济行人

(二十二)德清溅山安济桥

东联：东西乃四海通衢　舟楫往来　水接龟溪流白苎
　　　南北为三山要道　货财殖聚　梁飞澉市跨金堤

西联：天日接来源　由清溪而达文明　到此翔龙起凤
　　　云山话瑞寿　通澉水以承委济　于今驾鹤牵牛

（二十三）德清莫干山灵鹊桥

欲溯河源桥驾鹊
教删尘俗竹连坡

（二十四）绍兴荫毓桥

一声渔笛忆中郎
几处村姑祭二阮

（二十五）绍兴安昌颖安桥

南联：清风沐人宜四方游客
　　　碧水贯街泽两岸居民
北联：长街小河呈水乡秀姿
　　　园日粉虹状石桥胜景

（二十六）绍兴东浦新桥

东联：新建虹成在越浦
　　　横桥镜影便济民

西联：浦北中心是酒国
　　　桥西出口是鹅池

（二十七）绍兴汤公桥

凿山振河海　千年遗泽在三江　缵禹之绪
炼石补星辰　西月新功当万历　于汤有功

（二十八）绍兴泾口大桥

利济东南通镜道
长留来客出陶山

（二十九）余姚通济桥

千里遥吞沧海月　万年独砥大江流
一曲蕙兰飞彩鹤　双城烟雨卧长虹

（三十）慈溪吉吉利桥

南联：吉吉吉终有吉
　　　利利利无不利

北联：锁西北来龙之旺气
　　　镇东南秀水之长源

（三十一）慈溪达蓬桥

中流窖水三千丈 上达蓬山集万重
受书谊访留候道 题柱愧无司马才
(三十二)黄岩卷桥
半倾银浪回砥柱 一弓彩虹锁安澜
不比离亭歌折柳 可如司马快题桥
(三十三)临海锦狮桥
乘风浪远
涉利占功
(三十四)金华腾家桥
玉带村环流水一
彩虹门架石桥双
(三十五)浦江登云桥
金作柱 玉为栏 枕清流
依古岸 跨蝃蝀 亘螭龙
(三十六)兰溪大洪桥
新亭春熙 古豫夏凉
桥卧秋虹 栏石冬垂
(三十七)义乌下朱桥
长桥碧波风景独好
小亭绿水江山多娇
(三十八)永康西津桥
古渡神游 荻叶芦花渔帆片片 几声牧笛闻天外
画桥重建 雕梁朱阁彩舆轮轮 西岸欢歌落樽前
(三十九)瑞安憨心桥
湖上桥 桥上亭 亭中楼台 廿载经营公真果敢者
壁中石 石中书 书中姓名 千秋纪念我亦有心人
(四十)泰顺溪东桥
虹气凌虚
影摇波月
(四十一)衢州通和桥
三衢天堑一道长虹
人行其上如履平地
(四十二)龙游东津桥
东津古渡
坎泽安澜
(四十三)庆元咏归桥
龙山拱秀龟水长流
松源砥柱虹腰永镇

（四十四）舟山定海带月桥

清漪一曲　如月之弯

虹桥带秀　文运循环

（四十五）温岭金清大桥

南联：虹悬不没青云志

　　慈驾还成白水文

南匾：人无病涉

北联：桥接山前排六六

　　亭临江上影双双

北匾：永不扬波

第四章　交通行业文化品牌

2000 年 12 月 31 日，浙江省委、省政府颁布《浙江省建设文化大省纲要（2001 ~ 2020 年）》，确立了浙江建设文化大省的总目标。浙江省交通厅结合本省交通行业实际，精心培育、努力打造交通行业文化品牌，大幅提升交通行业的软实力。至 2010 年，全省交通行业已打造多个文化品牌。

第一节　文 艺 品 牌

一、"河之韵"合唱团

1997 年 5 月，嘉兴市港航管理局组建"河之韵"合唱团，并在是年举办的嘉兴市港航系统"迎七一、迎香港回归"文艺调演活动中首次参加演出，荣获演出特别奖和组织奖。

2003 年，"河之韵"合唱团重建。9 月，参加嘉兴市交通系统第三届文艺汇演，大合唱《祖国你好》、《航标灯之歌》荣获组织奖。10 月，参加嘉兴市"利群杯"《道德组歌》演唱比赛，大合唱荣获银奖。11 月，在嘉兴南湖合唱节闭幕式暨合唱音乐晚会上，大合唱《航标灯之歌》荣获纪念奖。

2004 年 4 月，参加市总工会举办的庆"五一"嘉兴市"联通杯"职工歌咏比赛，大合唱《航标灯之歌》、《青春舞曲》获得金奖。8 月，参加中国嘉兴江南文化节、南湖合唱节"南湖放歌"百支歌队合唱比赛，大合唱《航标灯之歌》、《青春舞曲》获得银奖。

2005 年 8 月，参加中共嘉兴市委宣传部、嘉兴市文化广电新闻出版局举办的"夏之魂"嘉兴市纪念抗战胜利 60 周年暨长征 70 周年合唱音乐会演出，大合唱《松花江上》、《青春舞曲》获嘉兴市华庭街嘉年华广场得分第一名。11 月，参加嘉兴市节庆活动组委会主办的中国嘉兴江南文化节"秋之歌"江南风情合唱音乐会演出，荣获 2005 年嘉兴市本级优秀合唱团荣誉称号。

2006 年 6 月，参加嘉兴市交通局主办的嘉兴市交通系统庆祝建党 85 周年暨第四届职工文艺汇演，大合唱《大运河卫士之歌》获得银奖和优秀创作奖。9 月，参加嘉兴市节庆活动组委会举办的中国嘉兴江南文化节嘉兴市"红船颂"合唱会机关专场演出，被中共嘉兴市委直属机关工作委员会授予金奖。是年，"河之韵"合唱团荣获嘉兴市本级优秀合唱团荣誉称号。

2007 年 4 月 30 日，参加市总工会庆"五一"举办的"嘉城杯"职工歌会暨第五届中国嘉兴南湖合唱节选拔赛，大合唱《大运河卫士之歌》、《一切献给党》获得金奖。

2008 年 4 月 27 日，参加嘉兴市南湖区庆祝"五一"国际劳动节和改革开放 30 周年，迎接 2008 年北京奥运会的"嘉兴市南湖区群众合唱大赛"，大合唱《大运河卫士之歌》、《一切献给党》获得银奖。10 月 23 日，市局 60 余名职工组成的"河之韵"合唱团演唱的《大运河卫士之歌》荣获南湖区原创歌曲创作演唱大赛演唱奖和创作银奖。11 月 1 日，参加中共嘉兴市委宣传部、嘉兴市文化广电新闻出版局主办的"唱响南湖"纪念改革开放 30 周年暨嘉兴市撤地建市 25 周年群众合唱大赛，大合唱《大运河卫士之歌》、《党啊，亲爱的妈妈》获得优秀演唱奖。

2010 年,“河之韵”合唱团共有团员近 70 名。

二、浙江交通合唱团

2008 年 7 月初,省交通运输工会负责组建浙江交通合唱团。浙江交通合唱团成员全部是交通职工,共有 75 人。11 月 23 日上午,浙江省交通合唱团成立仪式在交通厅机关多功能厅隆重举行(图 9-4-1)。合唱团通过专业指导和刻苦训练,水平不断提升。

图 9-4-1　浙江交通合唱团成立仪式时有关领导和合唱团成员合影

2009 年 9 月 24 日晚,浙江交通合唱团在中共浙江省直属机关工作委员会、浙江广播电视集团主办的“红歌中国——经典传唱 60 年”省直机关大合唱比赛中,以出色发挥赢得在场评委和观众的一致好评,获得一等奖。

第二节　服务品牌

一、3561 服务班

1997 年,组建宁波汽车南站 3561 服务班。“35”代表学习雷锋日,“61”宁波话“绿叶”的谐音。2002 年,“3561 服务班”正式命名,2006 年有服务员 16 位,平均年龄 27 岁,均为姑娘(见图 9-4-2)。截至 2006 年 10 月统计,3561 服务班命名四年零八个月以来,共有 1.5 万名旅客写下表扬留言、寄来感谢信。当面一句“谢谢”的更是难以计数。

二、“春之旅”

2004 年初,浙江绍兴市汽运集团有限公司创建全省客运业首个服务品牌——“春之旅”,向旅客作出“员工优秀、服务优质、设施优良、环境优雅”的品牌承诺,给旅客带来优质的服务。

2006 年 12 月 8 日,浙江绍兴市汽运集团有限公司收到国家工商总局商标局颁发的“春之旅”商标注册证。2007 年,“春之旅”品牌被评为“浙江名牌”。2008 年,“春之旅”品牌被认定为绍兴市著名商标。

图 9-4-2　宁波汽车南站 3561 服务班一群助人为乐的年轻姑娘

第三节 其他品牌

一、杭州“的士节”

自2003年始,杭州市交通局每年举办“的士节”。每年的“的士节”伴随着的士之歌、的士之徽、的士之星以及两万多名为自己的节日而骄傲着的杭城的哥,成为这一天最耀眼的风景。至2010年的8年里,连续8届“的士节”形成了交通行业中闪亮的出租车文化品牌。

2003年7月3日至9月6日,首届中国·杭州的士节举办。此次的士节通过弘扬的士之星、唱响的士之歌、展现的士之魂的一系列主题活动,增强了出租车行业凝聚力,加强了出租司机的荣誉感、责任感,同时也引起社会更多的人关注出租车行业。

2004年9月5日,中国·杭州第二届“的士节”举行。此次的士节主题是“OK的士,满意杭州”,定位在突出的士司机与社会各阶层的互动相融性,营造热烈感人、充满朝气的现场气氛,让更多的人走进“的士生活”。此次活动中,“的士之星”评选,社会关爱,赠送小药包,建“的士林”,举办“的士之夜”晚会等,亮点频出,高潮迭起,武汉等地的管理部门都来杭观摩。

2006年9月2~20日,中国·杭州第四届“的士节”举行。本届主题是“OK的士,休闲杭州”,意取“的哥OK则行业OK,行业OK即休闲杭州更加OK”,将行业的作用放大到了社会。

2007年9月15日,举办中国·杭州第五届“的士节”晚会。

2008年9月6~20日,中国·杭州第六届的士节举行。本届以“生活品质更高、发展速度更快、服务素质更强”为主题,在保留前几届优良传统节目基础上,增加更多的互动性、专业性、娱乐性、服务性环节,让出租车司机深切感受到自己节日的幸福感与自豪感,以节日形式促进行业建设,并建成一个行业与社会性互动的平台,营造一种互爱互动的和谐气氛,为创造“生活品质之城”作出贡献。

2009年8月30日至9月6日,中国·杭州第七届“的士节”举行。本届的士节设置宣传日、环保日、休闲劳动日、爱心日、鹊桥日、新杭州人日、亲子日和盛典日“八大主题日”,让杭城2万余名的哥、的姐们享受到“度身定制”的休闲、趣味、实惠。此外,成立“出租车司机维权服务联盟”,搭建市民和企业为出租车司机献爱心、办实事的大型交流平台。

2010年9月12~18日,中国·杭州第八届的士节举行。本届的士节以“八面来风、荟萃西博、文明的士、形象长”为主题,创新设置“一主七分”的办节方式,在杭州市区和七届(县、市)分别设置会场,并开展集知识性和趣味性于一体的竞技劳动。同时,通过节庆启航日、休闲运动日、低碳环保日、西博宣传日、公益服务日、社会关爱日、颁奖盛典日和城市交流日“八大主题日”开展丰富多彩的活动。2010中国·杭州第八届“的士节”被第十二届中国杭州西湖国际博览会列为正式项目。

二、嘉兴船文化博物馆

嘉兴船文化博物馆,坐落于嘉兴古运河畔,地处浙江省嘉兴市栅堰路36号,是国内首家船文化博物馆。博物馆建筑面积1800余平方米,2003年10月26日建成开馆。

博物馆一共3层,内设4个展厅。展示内容分舟船史话,水乡船韵,名船世界,船舶科技四大块。序厅是桅杆直插穹顶的漕舫船,园壁墙上镶嵌着15米长的放大喷绘全卷画《清明上河图》。一楼展厅为舟船简史,8个大展柜讲述了8个动听的故事。二楼展厅为水乡风情,生动形象地展现了江南水乡舟楫人家尽枕河、系船杨柳画中村的风俗民情，极富知识性与观赏性。三楼展厅为名船名舰，由中国古船，西洋古船、近现代战舰、现代民船4部分组成，模型精致，展示了世界航海史上众多的科技成果，同时也是人类探索利用大自然的杰出代表作。

在科普展厅内，8台电脑画屏显示的是船舶构造、航行推进原理、航海探险诸多知识内容，青少年在这里还可以参与海战游戏。高科技大型船舶模拟驾驶器是博物馆的一大亮点，观众登轮进舱，亲自操驾，畅游嘉兴南湖及江南运河，荡舟水乡古镇西塘和乌镇，穿行上海黄浦江，远航深海大洋。逼真的水景，发动机的轰鸣，涛天的巨浪，撞击的警险，让人身临其境，头晕目眩，心跳加快。该模拟器还具有船员培训考试的功能。

2008年1月，经浙江省博物馆评估定级试点单位评定，嘉兴船文化博物馆被评为浙江省三星级博物馆。

附 表

1. 1949～2010年浙江省公路情况一览表见附表1。
2. 1949～2010年浙江省内河航道情况一览表见附表2。
3. 1949～2010年浙江省公路、水路旅客运输量、周转量一览表见附表3。
4. 1949～2010年浙江省公路、水路货物运输量、周转量一览表见附表4。
5. 1949～2010年浙江省主要港口吞吐量一览表见附表5。
6. 1949～2010年浙江省交通基本建设投资一览表见附表6。
7. 1949～2010年浙江省机动车辆数一览表见附表7。
8. 1949～2010年浙江省运输企业车辆数一览表见附表8。
9. 1990～2010年浙江省水路运输船舶数一览表见附表9。
10. 1990～2010年浙江省道路客运班线、班次(总)一览表见附表10。
11. 浙江省国家高速公路编号对照表见附表11。
12. 浙江省省级高速公路网路线命名和编号表见附表12。

附表 1

1949～2010 年浙江省公路情况一览表

年份	通车公路总里程（公里）	等级公路（公里）						等外公路	高级次高级路面（公里）		桥梁		隧道		渡口（处）	绿化里程（公里）		每百平方公里公路数	公路通乡镇情况		公路通村情况	
		高速	一级	二级	三级	四级	小计		里程	占总里程%	座	米	座	米		已绿化	占总里程%		已通乡镇数	占总乡镇%	已通村数	占村总数%
1949	2197										930	17603			14			2.16				
1950	2402										977	18159			16			2.36				
1951	2693										980	18189			17			2.65				
1952	2710										1018	18463			17			2.66				
1953	2864										1103	19918			19			2.81				
1954	3040										1196	21272			21			2.97				
1955	3466										1450	26277			23			3.40				
1956	4111										1571	28300			25			4.04				
1957	4962								0.73		1915	33249			30			4.87				
1958	7414								1.23		2342	40003			36			7.28				
1959	8472								1.33		2626	44245			43			8.32				
1960	9557								1.83		2890	48829			47			9.29				
1961	8978								1.83		3169	52323			47			8.82				
1962	9201								2.13		3215	53613			44			9.04				
1963	8965								2.43		3156	54446			43			8.81				
1964	9917								15.69		3245	56140			42			9.74				
1965	10058								17.39		3432	60166			43			9.88				
1966	10459								18.79		3523	62118			36			10.27				
1967	10564								22.79		3587	64850			35			10.38				
1968	10787								22.94		3645	65493			33			10.60				
1969	11032								43.14		3766	67066			31			10.84				

续上表

年份	通车公路总里程（公里）	等级公路（公里）						等外公路	高级次高级路面（公里）		桥梁		隧道		渡口（处）	绿化里程（公里）		每百平方公里公路数	公路通乡镇情况		公路通村情况	
		高速	一级	二级	三级	四级	小计		里程	占总里程%	座	米	座	米		已绿化	占总里程%		已通乡镇数	占总乡镇%	已通村数	占村总数%
1970	12000								54.32		4008	73414			29			11.78				
1971	13019								103.85		4209	77741			28			12.79				
1972	14007								320.82	2.30	4614	86656			27	3888	27.80	13.76				
1973	14544								502.75	3.50	5044	94768			25	4240	29.20	14.29				
1974	15161								623	4.10	5145	96962			23	4240	28	14.89				
1975	15893								757	4.80	5047	98792			24	3085	19.40	15.60				
1976	16215								954	5.90	5304	102758			22	2304	14.20	15.90				
1977	17020								1137	6.70	5286	103355			22	2789	16.40	16.70				
1978	18621								1439	7.70	5300	111411			19	2786	15	18.30				
1979	20574								1832	8.90	4755	117950			16	2134	10.40	20.20	2165	73.50		
1980	21856						11456	10400	2126	9.70	4998	123687			16	2199	10.10	22.10	2278	76		
1981	22766			311	812	11254	12377	10389	2368	10.40	5181	129735			13	2384	10.50	22.40	2379	77.70		
1982	23566			341	838	11693	12872	10694	2586	11	5865	144228			16	2696	11.40	2320	2514	79.40		
1983	24152			341	890	13699	14930	9222	2824	11.70	6029	150803			17	2963	12.30	23.70	2551	80.60		
1984	24659			326	1090	14424	15840	8819	3088	12.50	6352	160087			17	3213	13	24.20	2626	82.40		
1985	25611			393	1339	15550	17282	8329	3261	12.	6630	167962			19	2800	10.90	25	2678	82.50		
1986	26689			573	1820	16069	18462	8227	3439	12.90	7137	179312			21	3291	12.30	26	2746	85		
1987	27844			715	2087	16404	19206	8638	3663	13.20	7346	186117			22	3900	14	28	2895	89.30		
1988	28854			1023	2107	17087	20217	8637	4109	14.20	8071	205209	68	14959	22	4435	15.40	28.30	2917	91		
1989	29509			1430	2403	17778	21611	7898	4672	15.80	8492	226473	75	15892	22	5037	17.10	28.90	2951	92.70		
1990	30195			1643	2593	18653	22889	7306	5380	17.80	8913	230362	84	18667	23	6305	20.90	29.70	2990	93.60		

续上表

年份	通车公路总里程（公里）	等级公路（公里）						等外公路	高级次高级路面（公里）		桥梁		隧道		渡口（处）	绿化里程（公里）		每百平方公里公路数	公路通乡镇情况		公路通村情况	
		高速	一级	二级	三级	四级	小计		里程	占总里程%	座	米	座	米		已绿化	占总里程%		已通乡镇数	占总乡镇%	已通村数	占村总数%
1991	30852	7		1736	2719	19292	23754	7098	6035	19.60	9526	247252	85	18971	23	6607	21.40	30.20	2980	94.40		
1992	31924	7		2034	3025	20127	25193	6731	7582	23.70	9547	252550	85	18971	24	7125	22.40	31.30	1770	95.70		
1993	32838	7		2120	3346	20655	26128	6710	9429	28.70	9867	260878	99	23022	18	6293	19.20	31.90	1760	95.80		
1994	33598	7	27	2304	3888	21151	27377	6221	11602	34.50	10100	268925	113	28232	17	6940	20.70	33	1800	97.60	27887	68.10
1995	34546	94	110	2610	4254	21515	28583	5963	13185	38.20	10448	284007	126	33463	15	7899	22.90	33.90	1812	98.20	28457	69.20
1996	35335	158	189	2885	4744	21661	29637	5698	15404	43.60	10941	309751	142	41603	15	8163	23.10	34.70	1815	98.30	29656	69.50
1997	36532	168	414	3265	4920	22121	30888	5644	16980	46.50	11527	342370	169	56909	11	11238	30.80	35.90	1813	98.50	30790	71.10
1998	38901	344	670	3686	5500	24063	34263	4638	20093	51.70	12596	411987	194	70065	10	13345	34.30	38.30	1811	98.20	34336	79.60
1999	40630	392	850	3933	5775	25187	36137	4493	21852	53.80	13152	442269	212	81031	9	15077	37.10	39.80	1804	98.50	35575	82.40
2000	41988	645	999	4212	5951	25917	37724	4264	23750	56.60	14151	535765	282	113142	10	17140	40.80	41.20	1752	99	35607	83.10
2001	44005	774.42	1849.11	5682.02	6699.48	26067.21	41072.24	2932.76	27696.05	62.94	17292	697721.1	404	191123	13	24568.04	55.83	43.23	1679	99.17	35573	86.10
2002	45646.72	1307.71	2069.77	5777.32	6822.76	26782.72	42760.28	2886.44	30021.17	65.77	18520	813985.6	457	216158.4	11	25752.60	72.37	44.84	1402	99.15	36444	88.07
2003	46193.22	1438.25	2251.14	5948.31	6938.64	26861.06	43437.4	2755.82	31787.46	68.81	19065	870905.8	478	234031.5	10	26601.13	71.92	45.38	1367	99.42	34962	89.36
2004	46935.03	1474.93	2486.77	6188.81	7118.99	27046.90	44316.40	2618.64	34459.65	73.42	19778	921142.5	512	254230.8	10	27763.62	73.07	46.11	1330	99.70	34688	90.52
2005	48599.51	1866.08	2955.41	6569.23	7067.23	27709.51	46167.46	2432.05	42042.47	86.51	20716	1060095.2	613	337070.6	9	29418.93	74.37	47.74	1281	100	32886	92.78
2006	95309.60	2383.46	3409.76	7710.08	7339.36	44421.61	65264.27	9458.41	82226.45	86.27	38207	1593846	878	467491	30	59036.21	86	93.62	1251	100	33196	96.18
2007	99811.52	2651.40	3616.58	8206.59	7409.28	46684.96	68568.81	7784.27	89807.22	89.98	40289	1737061.6	938	489892.5	23	60288.20	85.88	98.05	1215	100	31603	95.84
2008	103652.48	3073.13	3794.11	8596.09	7521.49	50019.31	73004.78	6303.65	96161.71	92.77	41953	1904150.5	1039	594591.4	23	61996.17	82.95	101.82	1203	100	30184	97.18
2009	106951.89	3298.33	4098.54	8882.01	7628.53	51558.79	75466.2	4798.43	100429.29	93.90	43195	2053248.2	1130	681006.3	22	63211.54	82.49	105.06	1193	100	29500	98.11
2010	110177.01	3383.01	4293.02	9101.18	7720.63	52870	77367.84	4326.22	104884.36	95.20	44778	2238663.3	1273	787513.7	22	66998.81	81.99	108.23	1180	100	29805	99.44

注：①2006 年开始，全省等级公路增加准四级公路和高级次高级路面（2006 年准四级公路为 20586.92 公里；2007 年为 23458.44 公里；2008 年为 24344.05 公里；2009 年为 26687.26 公里；2010 年为 28482.95 公里）

②2000 年数据含萧山机场高速公路 18 公里。

附表 2

1949～2010 年浙江省内河航道情况一览表

年份	航道里程(公里)			通航河流上永久性建筑物(座)			年份	航道里程(公里)			通航河流上永久性建筑物(座)		
	总计	其中:通机动船	总计中:水深1米以上	水利闸坝	其中			总计	其中:通机动船	总计中:水深1米以上	水利闸坝	其中	
					船间	升船机						船闸	升船机
1949	3575	1024					1965	11828	4258				
1950	3575	1024					1966	11828	4258				
1951	3575	1024					1967	11828	4258				
1952	3991	1753					1968	11828	4258				
1953	4304	2040					1969	12512	5359				
1954	5094	2078					1970	12527	5307				
1955	6178	2128					1971	12752	7639				
1956	10767	2199					1972	11723	9019				
1957	11130	2241					1973	11722	9019	3700	195	23	13
1958	11711	2839					1974	11723	9019	3700	195	23	13
1959	12060	2849					1975	11723	8678	1233	154	26	15
1960	12073	2854					1976	11723	8678	1233	154	26	15
1961	12225	3069					1977	11723	8678	1233	154	26	15
1962	12225	3269					1978	11723	8678	1233	154	26	15
1963	11828	3634					1979	11154	8962	3955	233	36	20
1964	11828	3753					1980	10620	7999	3955	233	36	20

续上表

年份	航道里程(公里)			通航河流上永久性建筑物(座)			年份	航道里程(公里)			通航河流上永久性建筑物(座)		
	总计	其中:通机动船	总计中:水深1米以上	水利闸坝	其中			总计	其中:通机动船	总计中:水深1米以上	水利闸坝	其中	
					船闸	升船机						船闸	升船机
1981	10620	7999	3956	233	36	20	1996	10592		4439	203	40	27
1982	10620	7495	3956	233	36	20	1997	10592		4439	203	40	27
1983	10620	7495	3954	233	36	20	1998	10408		5948	459	77	38
1984	10620	7495	3954	233	35	22	1999	10408			459	77	38
1985	10620	7495	3954	233	34	23	2000	10408			459	77	38
1986	10607	7495	3954	291	34	23	2001	10413					
1987	10626	7495	3997	234	35	23	2002	10413					
1988	10626	7505	3954	234	35	23	2003	10539				39	11
1989	10633	7982	3961	234	35	23	2004	11677				39	11
1990	10617	7982	3965	234	36	24	2005	11435				41	11
1991	10617	7982	3965	234	36	24	2006	11435				41	11
1992	10590	7982	3965	222	30	23	2007	11450				41	11
1993	10590	7982	3965	222	30	23	2008	11459				41	11
1994	10592		4439	203	40	27	2009	11468				44	11
1995	10592		4439	203	40	27	2010	11467				45	11

注:1. 1999 年、2000 年内河航道总里程 10408 公里,其中:等级航道 5767 公里(9703 内四级航道 533 公里、五级航道 1122 公里、六级航道 1720 公里、七级航道 2392 公里),七级以下 4641 公里,碍航闸坝 26 座。

2. 1972 年前各栏空白为无统计资料,以后空白各栏则是不再列为统计栏目。

附表 3

1949～2010 年浙江省公路、水路旅客运输量、周转量一览表

年份	运输量	周转量	按运输方式分						按所有制分					
			公路		内河		沿海		全民		集体		其他	
	万人次	万人公里	万人次	万人公里	万人次	万人公里	万人次	万人公里	万人次	万人公里	万人次	万人公里	万人次	万人公里
1949	465	15113	225	9680	236	5268	4	165						
1950	686	24195	347	16487	331	7278	8	430						
1951	890	30543	408	19074	464	10249	18	1220						
1952	1004	30915	405	17210	584	12837	15	868						
1953	1436	44085	590	23266	820	19041	26	1778						
1954	1645	49365	755	27730	842	19032	48	2603						
1955	1766	50397	825	28347	876	18987	65	3063						
1956	3035	69110	1976	45402	971	19465	88	4243						
1957	4046	85533	2714	57054	1236	24196	96	4283						
1958	4867	111263	3389	80327	1376	25918	102	5018						
1959	5645	137790	3816	100702	1709	32058	120	5030						
1960	6266	156694	4135	114862	1998	36405	133	5427						
1961	6009	161810	3207	101225	2614	53124	188	7461						
1962	6760	170332	3383	101416	3173	61541	204	7375						
1963	6842	154419	4083	103082	2588	45156	171	6181						
1964	7215	148833	4484	101826	2579	41669	152	5338						
1965	7604	148554	4915	104538	2557	39051	132	4965						
1966	9061	174690	5808	123901	3097	45072	156	5717						
1967	9418	183959	6309	132273	2930	44924	179	6762						
1968	8349	167211	5009	113846	3183	47044	157	6321						

续上表

年份	运输量	周转量	按运输方式分						按所有制分					
			公路		内河		沿海		全民		集体		其他	
	万人次	万人公里	万人次	万人公里	万人次	万人公里	万人次	万人公里	万人次	万人公里	万人次	万人公里	万人次	万人公里
1969	9617	189809	5796	134749	3748	51000	73	4060						
1970	9891	201359	6122	144704	3614	50740	155	5915						
1971	10282	205476	6702	150727	3429	48927	151	5822						
1972	12024	233213	7749	170020	4113	56759	162	6434						
1973	13303	258558	8453	187391	4664	63970	186	7197						
1974	13316	266724	8603	195208	4522	63885	191	7631						
1975	13054	257981	7781	176707	5059	69486	214	11788	11096	235938	1958	22043		
1976	13032	267688	7748	178877	5052	69479	232	19332	11122	245551	1910	22137		
1977	14607	295197	9043	203928	5330	74121	234	17148	12671	271891	1936	23306		
1978	18643	369599	12815	276035	5573	75000	255	18564	16638	345778	2005	23821		
1979	21709	434499	15543	332642	5865	79154	301	22703	19584	410123	2125	24365		
1980	26028	531835	19326	416962	6328	86772	374	28101	23462	499935	2566	31900		
1981	29898	623520	22864	502459	6621	91519	413	29542	26909	587400	2989	36120		
1982	33244	699265	26150	572771	6625	91997	469	34497	29740	652454	3504	46811		
1983	34930	772658	28469	645429	5940	87950	521	39279	31222	716876	3708	55782		
1984	37565	910727	30882	768623	6086	97498	597	44606	33189	823244	4376	87483		
1985	40016	1100768	33573	951686	5787	96804	656	52278	35017	944712	4999	156056		
1986	54826	1419517	45760	1249120	9066	（河海合计）		170397	38613	1132685	986	36528	15227	250305
1987	58115	1630556	49589	1458595	7158	104725	1368	67236	35860	1148211	3897	115979	18358	366366
1988	60942	1762989	52560	1588062	6920	101878	1462	73049	30756	1085667	4289	143710	25897	533612
1989	56001	1696643	48726	1538820	5924	87321	1351	70502	27118	1003851	4146	138606	24737	554186

续上表

年份	运输量	周转量	按运输方式分						按所有制分					
			公路		内河		沿海		全民		集体		其他	
	万人次	万人公里	万人次	万人公里	万人次	万人公里	万人次	万人公里	万人次	万人公里	万人次	万人公里	万人次	万人公里
1990	57295	1813571	51082	1668719	4848	75558	1365	69294	28130	1091842				
1991	66063	2153470	60777	2013593	3694	60441	1592	79430	30233	1255281	9918	273020	25912	625169
1992	73758	2635770	68669	2496796	3412	58798	1677	80176	29158	1334535	13211	476418	31389	824817
1993	88182	3012792	83623	2885603	2901	47380	1659	79809	23214	1225628	19779	681006	45189	1106158
1994	90776	3423506	86507	3304981	2576	38118	1693	80407	23373	1258022	27414	1113128	39989	1052356
1995	105338	3732647	101370	3600886	2105	41906	1862	89855	25282	1286083	30505	1164087	49551	1282477
1996	110762	4028713	107317	3916475	1792	28009	1653	84229	29648	1407339	31253	1271193	49861	1350181
1997	111885	4285933	108654	4177736	1499	24878	1732	83319	32856	1655022	36307	1445567	42722	1185344
1998	114881	4457791	111847	4363379	1360	21111	1674	73301	36168	1667379	38623	1659203	40090	1131209
1999	114904	4427462	111870	4335324	1213	20679	1821	71459	41453	1761167	31683	1374995	41768	1291301
2000	119934	4583974	116996	4495129	1069	19013	1869	69832	46915	1933442	30634	1361164	42385	1289368
2001	128379	4873118	126008	4795287	623	13129	1748	64702						
2002	131177	5265328	129054	5198706	268	6167	1855	60455						
2003	135951	5373636	133968	5316292	199	4826	1784	52518						
2004	136161	5390440	133850	5316311	342	8902	1969	65227						
2005	136360	5393013	133850	5316311	399	8868	2111	67834						
2006	168233	6881027	165441	6813919	386	7550	2406	59558						
2007	182665	7741753	179501	7610678	426	69099	2738	61976						
2008	188069	7821209	184575	7748311	461	6152	3033	66746						
2009	214263	8610788	210584	8536306	555	6644	3124	67838						
2010	218864	8880622	215708	8820351	683	7614	2473	52657						

附表 4

1949～2010 年浙江省公路、水路货物运输量、周转量一览表

年份	运输量	周转量	按运输方式分								按所有制分					
			公路		内河		沿海		远洋		全民		集体		其他	
	万吨	万吨公里	万吨	万吨公里	万吨	万吨公里	万吨	万吨公里	万吨	万吨公里	万吨	万吨公里	万吨	万吨公里	万吨	万吨公里
1949	464	19080	252	1904	207	16064	5	1112								
1950	544	24487	296	4074	241	18977	7	1436								
1951	744	38852	345	5539	376	28835	23	4478								
1952	892	44030	404	5319	466	35022	22	3689								
1953	1122	55773	473	7277	615	42823	34	5673								
1954	1330	65881	535	8427	748	50406	47	7048								
1955	1437	68138	604	7722	759	50893	74	9523								
1956	1707	85797	724	9731	897	65150	86	10916								
1957	1951	108733	817	10586	1040	82750	94	15397								
1958	3188	192959	1287	20255	1664	112243	237	60461								
1959	5535	308612	1948	32761	3173	170821	414	105030								
1960	6246	368890	2180	44343	3639	213000	427	111547								
1961	3423	212303	1289	23579	1858	112604	276	76120								
1962	2575	177962	929	17858	1398	87885	248	72219								
1963	2729	193233	1021	16460	1446	95969	262	80804								
1964	3263	224392	1253	18038	1744	123889	266	82465								
1965	3842	253774	1587	25464	1962	140135	293	88175								
1966	3947	253229	1709	30490	1942	139581	296	83158								
1967	3562	219430	1680	30454	1625	120022	257	68954								
1968	3538	199867	1645	27015	1721	120001	172	52851								
1969	3768	221816	1798	31623	1831	139437	139	50756								

续上表

年份	运输量	周转量	按运输方式分								按所有制分					
			公路		内河		沿海		远洋		全民		集体		其他	
	万吨	万吨公里	万吨	万吨公里	万吨	万吨公里	万吨	万吨公里	万吨	万吨公里	万吨	万吨公里	万吨	万吨公里	万吨	万吨公里
1970	4365	286250	1763	35378	2308	162276	294	88596								
1971	4702	314328	1952	42697	2403	161693	347	109938								
1972	5463	355733	2202	48724	2836	185963	425	121046								
1973	5357	361372	2075	48685	2880	190669	402	122018								
1974	4857	319270	1781	41540	2737	177864	339	99866								
1975	4731	305459	1689	35395	2712	171743	330	98321			1234	138227	3497	167232		
1976	4782	309495	1683	35368	2770	176217	329	97910			1192	135240	3590	174255		
1977	5744	396801	2152	49839	3161	210469	431	136493			1645	200424	4099	196377		
1978	7044	514250	2689	66942	3764	258073	591	189235			2183	270587	4861	243663		
1979	7741	597331	2998	76152	4083	302751	660	218928			2281	302197	5460	295634		
1980	8054	649312	3012	82463	4390	339343	648	223492	4	4514	2230	309463	5824	340349		
1981	8113	710350	3042	92544	4431	374342	627	225935	13	17529	2177	322958	5936	387391		
1982	9137	813240	3616	114795	4801	422783	705	255996	15	19666	2352	358214	6785	455026		
1983	9214	894739	3728	135811	4721	430406	748	304629	17	23893	2377	404099	6837	490640		
1984	10045	1050764	3988	166683	5191	499372	848	357469	18	27240	2516	463120	7529	587644		
1985	10389	1243139	3917	208822	5491	562765	961	443039	20	28513	2496	515350	7893	727789		
1986	24471	1797264	12270	418498	12201	（河海洋合计）				1378766	7234	1156166	4189	236374	13048	404724
1987	28693	2192538	17702	706480	9441	764331	1535	692830	20	28997	7300	1285601	7250	394436	14148	512601
1988	29869	2404986	18372	692890	9668	818469	1810	866786	19	26841	7303	1443082	6534	402925	16032	558979
1989	28754	2424222	18661	726832	8410	747390	1660	906946	23	43054	6528	1459583	6394	411864	15832	552775
1990	26454	2247380	17547	689546	8883	（河海合计）		1522068	24	36266	5748	1332651				

续上表

年份	运输量	周转量	按运输方式分								按所有制分					
			公路		内河		沿海		远洋		全民		集体		其他	
	万吨	万吨公里	万吨	万吨公里	万吨	万吨公里	万吨	万吨公里	万吨	万吨公里	万吨	万吨公里	万吨	万吨公里	万吨	万吨公里
1991	29547	2771222	20278	922284	7455	690038	1787	1117422	27	41478	6211	1606134	7789	571725	15547	593363
1992	37477	3512590	27165	1261690	8149	791357	2113	1379905	50	79638	6801	1974912	8712	695068	21964	842610
1993	47839	4396484	36394	1612082	8872	883749	2507	1798615	66	102038	6810	2307235	11349	869728	29680	1219521
1994	53382	5346959	41051	2024648	9273	873222	3003	2359941	55	89148	6768	2675324	13387	1268321	33227	1403314
1995	60372	6875414	45052	2451587	11239	1055259	3988	3132153	93	236415	6769	3046350	13869	1667799	39735	2161264
1996	61945	7218707	47399	2662155	10955	1088324	3447	2939909	144	528319	6921	3333702	16688	1592898	38336	2292107
1997	59238	7424991	45224	2623197	9991	1071244	3882	3370245	141	360305	6714	3353484	17371	1813231	35153	2258276
1998	58643	7245973	45338	2571115	9428	953339	3745	3277706	132	443813	6404	3189645	17101	1812075	35138	2244253
1999	62294	8323621	45754	2569297	11854	1166197	4514	4050874	172	537253	6797	3493545	18828	2051363	36669	2778712
2000	72929	10125724	55008	2800179	12319	1165400	5369	4950124	233	1210021	6688	4481919	29423	2744013	36818	2899792
2001	75651	11651208	55706	2825265	13265	1383391	6369	6054122	311	1388430						
2002	89148	13936339	64584	3009938	16218	1795058	7833	7741269	513	1390074						
2003	100506	17945606	70908	3136967	18516	2118857	10399	10834040	683	1855742						
2004	106779	23733717	70908	3136967	20811	2478086	14439	14510393	621	3607871						
2005	112676	30750902	70908	3136967	23617	2928509	17361	19473871	790	5211555						
2006	136864	40629683	89342	4310705	24479	3194379	22090	25654827	953	7469772						
2007	149872	46263217	98743	4936418	24957	3366009	25209	29265626	963	8695164						
2008	155883	45437162	104269	5217095	24103	3258030	26858	30339970	653	6622067						
2009	147804	53364835	95802	11887005	21913	3030602	29307	32180766	782	6266462						
2010	166651	67749517	103394	12987139	26735	3786631	34941	40581036	1581	10394711						

注：运输量：1985 年前为交通部门及由交通部门组织的运输量；1986 年起为交通部门及非交通部门（厂矿企事业、个体联户）运输量。

附表 5

1949～2010年浙江省主要港口吞吐量一览表(单位:万吨)

年份	合计	乍浦港	温州港	海门港	舟山港	宁波港	杭州港	年份	合计	乍浦港	温州港	海门港	舟山港	宁波港	杭州港
1949	30		14	5		11	41	1966	250		107	49		94	
1950	36		13	6		17		1967	240		110	36		94	
1951	68		21	13		34	51	1968	196		84	23		89	
1952	88		26	15		47	67	1969	233		98	43		92	
1953	126		40	20		66	112	1970	284		109	52	23	100	
1954	182		70	34		78	106	1971	349		139	75	18	117	
1955	200		79	32	14	75	97	1972	389		146	84	21	138	
1956	243		98	33	11	101	111	1973	381		130	76	37	138	423
1957	299		145	43	11	100	130	1974	276		90	57	22	107	375
1958	429		198	59	21	151	178	1975	310	23	74	60	22	131	
1959	629		278	79	35	237	375	1976	424	147	59	59		159	
1960	808		351	89	33	335	609	1977	641	257	120	92		172	
1961	447		209	41	28	169		1978	950	363	172	125	76	214	280
1962	348		168	44	25	111	276	1979	978	357	204	131	51	235	527
1963	353		142	45	23	143	240	1980	1103	372	208	140	57	326	554
1964	366		156	43	20	147		1981	1105	352	214	140	51	348	625
1965	251		113	51		87		1982	1168	363	226	146	62	371	654

续上表

年份	合计	乍浦港	温州港	海门港	舟山港	宁波港	杭州港	年份	合计	乍浦港	温州港	海门港	舟山港	宁波港	杭州港
1983	1310	364	234	172	57	483	663	1997	11482	721	617	540	1384	8220	1426
1984	1495	368	248	219	63	597	718	1998	12404	740	621	680	1656	8707	1821
1985	2189	425	301	275	148	1040	738	1999	13985	723	711	809	2082	9660	2147
1986	3077	461	311	353	157	1795	725	2000	17451	906	859	950	3189	11547	2187
1987	3347	483	328	389	205	1942	1133	2001	19490	1019	1314	1024	3281	12852	2337
1988	3507	492	333	432	248	2002	1375	2002	23371	1130	1676	1100	4067	15398	2131
1989	3720	546	333	424	208	2209	1081	2003	29388	1328	2338	1457	5722	18543	2828
1990	3802	689	307	360	192	2254	908	2004	35945	1349	2630	2022	7359	22585	4864
1991	4780	387	366	390	247	3390	1115	2005	42806	1704	3102	2067	9052	26881	5094
1992	5890	425	437	393	268	4367	1153	2006	50017	2248	3275	2107	11418	30969	5221
1993	7159	502	532	401	403	5321	1771	2007	56563	2418	3496	3312	12818	34519	5550
1994	7979	516	589	455	571	5850	1846	2008	63737	2834	4958	3898	15862	36185	5299
1995	9366	554	601	475	883	6853	1671	2009	71463	3485	5999	4294	19300	38385	7605
1996	10636	683	611	516	1187	7639	1659	2010	78847	4432	6408	4706	22084	41217	8753

注：1. 资料主要来自浙江省交通年鉴，部分来自各港港史；
2. 合计数为沿海 5 港合计数，不含内河杭州港；
3. 部分港口数据待补，数据待补年份合计数未含待补港口吞吐量；
4. 舟山港 1975 年前仅为定海港吞吐量，1976 年起为全港吞吐量；
5. 杭州港 1987 年起为全港吞吐量；6. 2001 年起海门港为台州港，2002 年起乍浦港为嘉兴港。

附表 6

1949～2010 年浙江省交通基本建设投资一览表(单位:万元)

年份	全省总投资			投资来源						新增固定资产
	计	其中		国家投资	国内贷款	利用外资	交通部资金	地方自筹	其他资金	
		水运	公路							
1949	28									
1950	91									
1951	555									
1952	193									
1953	169									
1954	377									
1955	398									
1956	624									
1957	1208									
1958	3623									
1959	4256									
1960	2725									
1961	340									
1962	68									
1963	520									
1964	726									
1965	621									
1966	514									
1967	605									
1968	900									
1969	1107									
1970	1617									

续上表

年份	全省总投资			投资来源						新增固定资产
	计	其中		国家投资	国内贷款	利用外资	交通部资金	地方自筹	其他资金	
		水运	公路							
1971	2392									
1972	2691									
1973	2272									
1974	3523	2662	793							1263
1975	2965	2007	924							3989
1976	1747	799	926							731
1977	2404	1228	1117							2601
1978	3002	1427	1516							3613
1979	2215	731	1439							1928
1980	4035	1602	2357							3600
1981	1961	1137	672							1078
1982	3412	2245	1029							3423
1983	2342	1097	1124							766
1984	7793	6431	1258							6210
1985	6240	4422	1544							4695
1986	13389	5800	7356							6636
1987	21226	7150	13391		712		8137	12377		5488
1988	23236	7070	15749				6293	4118		29173
1989	25621	5186	20214				9912	17105	580	21376
1990	27748	7672	19891				8240	26172	400	9203
1991	52898	12213	39828				10372	27240	150	49664
1992	55699	10573	42786			8508	20903	34946	14477	25165

续上表

年份	全省总投资			投资来源						新增固定资产
	计	其中		国家投资	国内贷款	利用外资	交通部资金	地方自筹	其他资金	
		水运	公路							
1993	99949	9956	87703			41803	23854	55950	33116	27455
1994	315356	27676	286672			76900	68209			46560
1995	575183	35524	535811	350	35574		39826	462201	37232	306120
1996	621060	105398	513066	400	68766	42723	116028	392684	459	454045
1997	573373	94749	472842	100	20844	13740	87638	448205	2846	354529
1998	1075985	97306	971585	1900	369951	39400	60857	455928		511310
1999	1258314	82117	1145921	45335	592616	9933	71476	418024	120930	509017
2000	1504847	98757	1395689	33600	518405	33200	60220	590827	268595	671749
2001	1501767	67966	1425858	38382	446796	32144	191270	659617	133558	306795
2002	1691761	72239	1615050	51069	618189	48806	135884	762751	75062	2006755
2003	2219451	106007	2108065	17428	921261	66522	87200	1034624	92416	935810
2004	4925607	527659	4390674	61125	1710077	620956	103463	2268653	233016	1280782
2005	6189988	664289	5519082	31015	1750178	33456	94075	2941899	247721	2524951
2006	6752652	864682	5866650	7439	1844292	90454	110918	3333914	212810	3689501
2007	5566871	1097746	4455499	4410	1510522	15674	119442	2857076	407673	1987487
2008	6149370	1821040	4318438	14807	1266430	27755	138770	3633517	576366	2002096
2009	5809001	1815897	5152230	34137	1555682	7450	133580	3883206	270454	1924302
2010	6828801	1620783	6232698	6965	986431	2290	243329	4870930	85226	3874753
总计	6314143	632937	5583203	81685	1606868	266207	591965	2945777	478785	3027490

注：交通部资金指车购费、港口建设费、内河基金等专用资金和补助资金；地方自筹，指省能交基金、高等级公路基金、交通厅自筹、各地市县自筹和企事业自筹资金等。

附表 7

1949～2010 年浙江省机动车辆数一览表(单位:辆)

年份	总计	一、民用汽车							二、拖拉机	三、其他机动车	四、载货挂车	五、摩托车
		计	载货汽车		载客汽车		特种汽车					
			计	其中:大型	计	其中:大型	计	其中:大型				
1949	1343	1343	758	758	585	585						
1950	1654	1654	1029	1029	625	625						
1951	1920	1897	1297	1297	600	600				23		
1952	1941	1911	1345	1345	566	566				30		
1953	1863	1817	1193	1193	624	624				46		
1954	1887	1836	1202	1202	634	634				51		
1955	1874	1808	1138	1138	670	670				66		
1956	2065	1926	1147	1147	779	779				139		
1957	2397	2259	1353	1353	906	906				138		
1958	2708	2708	1717	1717	991	991						
1959	3034	3034	2340	2340	694	694						
1960	3549	3549	2379	2379	1170	1170						
1961	4625	4137	2693	2594	1277	715	167	112	304	184		
1962	4731	4136	2592	2550	1378	774	166	103	336	259		
1963	5117	4471	2815	2752	1426	824	230	157	352	294		
1964	5299	4557	2798	2726	1481	879	278	190	405	337		
1965	5571	4650	2800	2732	1545	897	305	213	451	470		
1966	5440	4972	2999	2924	1589	946	384	269		468		
1967	5172	4972	2999	2924	1589	946	384	269		200		
1968	6878	5465	3293	3212	1703	1021	469	389	410	1003		
1969	6958	5296	3293	3180	1523	1050	480	388	553	1109		
1970	8958	6414	4211	3968	1703	1150	500	387	849	1695		

续上表

年份	总计	一、民用汽车							二、拖拉机	三、其他机动车	四、载货挂车	五、摩托车
		计	载货汽车		载客汽车		特种汽车					
			计	其中:大型	计	其中:大型	计	其中:大型				
1971	11264	7868	5352	4940	1905	1280	611	500	1255	2141		
1972	20311	9357	6362	5949	2239	1394	756	594	8260	2694		
1973	28765	11733	8213	7782	2719	1510	801	711	13709	3323		
1974	35236	13546	9549	9067	3112	1566	927	812	17830	3858		
1975	43480	15698	10860	10366	3695	1740	1143	978	23524	4258		
1976	48989	18283	12691	12151	4284	1988	1308	1141	26096	4610		
1977	57488	20779	14621	14137	4711	2112	1447	1220	31938	4771		
1978	71311	24820	17546	17011	5523	2548	1751	1536	41847	5144		
1979	88785	29420	21330	20835	6188	2918	1902	1598	52841	6524		
1980	107826	36537	26473	25975	7680	3536	2384	1944	63341	7948		
1981	123692	41279	30089	29474	8850	4293	2340	1920	71909	8617	1887	
1982	134996	43288	30671	29931	9689	4803	2928	2258	79253	9434	3021	
1983	147089	45704	32392	31060	10094	5215	3218	1813	86249	12205	2931	
1984	184319	55260	38800	35603	12811	6039	3649	2919	102227	23268	3564	
1985	189632	75296	50018	42753	20992	7223	4286	2471	62923	47191	4222	
1986	241771	89148	62431	49310	23159	7530	3558	2375	79713	68155	4755	
1987	473270	112565	73116	56785	34574	9202	4875	2939	249094	111611	4208	
1988	477683	127454	81849	58379	41040	9677	4565	2813	202711	147518	5236	
1989	550692	147667	94464	65490	47658	10804	5545	3327	212748	41668	4658	143951
1990	576007	153611	97694	65763	50104	10789	5813	618	213343	41040	5456	162557
1991	628488	171959	106899	69748	58638	11593	6422	630	214313	45847	5228	191141
1992	717957	203055	125286	77488	71442	12486	6327	687	227964	48631	5097	233210

续上表

年份	总计	一、民用汽车							二、拖拉机	三、其他机动车	四、载货挂车	五、摩托车
		计	载货汽车		载客汽车		特种汽车					
			计	其中：大型	计	其中：大型	计	其中：大型				
1993	881892	251415	152313	90524	91765	13648	7337	687	237095	63258	5470	324654
1994	1058424	300154	183109	104605	112725	14506	4320	873	272659	70510	5816	409285
1995	1238912	359214	214348	118696	136643	16694		8223	285631	51034	6218	536815
1996	1337575	381163	219419	107131	152216	15526		9528	202861	66916	5749	680886
1997	1732953	415829	220926	90932	179928	14358		14975	342760	67406	6259	900699
1998	2090993	478293	251859	100645	209074	15349		17360	382864	63267	6402	1160167
1999	2445039	575882	288177	110583	268442	16554		19263	422968	59128	6703	1380358
2000	3005686	680565	337804	119182	323173	18725		19588	422700	53950	8007	1840464
2001	3729551	855642	406536	141103	426109	23995		22997	431600	38139	9220	2394950
2002	4587992	1078311	469717	14064	587846	27804		20748	431700	8307	16002	3053672
2003	5591938	1358209	482999	18653	848444	29403		26766	443938	26826	16998	3745567
2004	6543782	1647435	518642	25186	1074810	31174		53983	421877	179	13652	4460639
2005	7281597	2046626	559043	30735	1435115	35221		52468	415492	121	15824	4803534
2006	7985788	2501118	597414	33840	1844670	38756		59034	362781	96	18615	5103176
2007	9730908	3032672	638139	34684	2329315	41905		48612	365602	86	21750	5310798
2008	9296166	3545050	669033	35681	2804070	46233		55247	353526	91	23503	5373996
2009	10234576	4333031	766460	72049	3514725	49253		36097	367538	91	28406	5505510
2010	11434697	5435718	872865	96492	4508344	52959		54509	378943	90	36070	5583876

注：1. 车辆资料由省统计局提供；
2. 特种汽车指专用载货、专用、特种汽车；
3. 其他机动车辆指机动脚踏、三轮、平板车；
4. 摩托车 1988 年前列在其他机动车栏内，1989 年起单列一栏。

附表 8

1949～2010年浙江省运输企业车辆数一览表

年份	一、汽车总计（辆）	载客汽车		载货汽车		二、载货挂车		三、其他机动车（辆）	四、人力车（辆）	非营运汽车（辆）	拖拉机（辆）
		辆	座	辆	吨	辆	吨				
1949	751	93	2348	658	1974						
1950	955	153	4123	802	2474.50						
1951	1200	148	4423	1052	3385.50						
1952	1323	143	4263	1180	3808.50				13957		
1953	1283	243	7375	1040	3376.50	5	7.50		13957		
1954	1279	254	7787	1025	3345	38	57		13957		
1955	1188	245	7541	943	3095.50	40	60		10299		
1956	1044	342	11263	702	2309.50	73	113		12938		
1957	1386	444	15640	942	3149.50	188	281.50		12387		
1958	1560	468	17889	1092	4109	1074	3847		16084		
1959	1722	465	16256	1257	4296.60	1254	5032		16269		
1960	1698	513	18127	1185	4179	1489	6952.50		16546		
1961	1684	535	18734	1149	4071.80	1102	5303		15523		
1962	1637	553	19651	1084	4701.20	732	3610.50		15563		
1963	1857	621	22612	1236	4702.20	687	3483.50		17223		
1964	1824	640	23988	1175	4307.10	762	3660		18476		
1965	1987	648	24361	1339	4879.50	985	4359		20799		
1966	2147	695	26184	1452	5357.50	1063	4796		17159	51	
1967	2192	698	26578	1494	5654.50	1069	4814.50		16862	62	
1968	2200	733	28016	1467	5564.50	1069	4811		16158	67	
1969	2309	770	29521	1539	5643.90	983	4254.50		16165	75	
1970	2595	816	35951	1779	6020.80	980	4577.50		16510	97	
1971	2969	920	36609	2049	7260.10	959	4439		17117	165	

续上表

年份	一、汽车总计（辆）	载客汽车		载货汽车		二、载货挂车		三、其他机动车（辆）	四、人力车（辆）	非营运汽车（辆）	拖拉机（辆）
		辆	座	辆	吨	辆	吨				
1972	3165	998	40048	2167	8030	1036	4869	627	18167	208	
1973	3121	1070	43716	2051	7968.50	1121	5387.50	829	17257	279	
1974	3218	1106	45327	2112	8287.50	1095	5232.50	638	19147	357	
1975	3357	1159	47955	2198	8770	1100	5286.50		18921	475	
1976	3661	1233	51716	2428	9828.50	1037	5076	900	17395	396	
1977	3970	1331	56230	2639	10787	1127	5606	1032	17860	373	
1978	4286	1446	61571	2840	11838	1173	6079	1035	17595	349	
1979	4772	1606	67938	3166	13636	1346	7226.50	1000	17501	391	
1980	5405	1959	82477	3446	15266.50	1496	8193.50	934	17942	383	
1981	6425	2507	106873	3918	18040	1689	9468.50	996	17982	408	
1982	7353	2876	122987	4477	21536	2012	11267.50	841	17183	449	
1983	7783	3067	131567	4716	24284	2208	12582.50	695	16413	481	
1984	8470	3445	149260	5025	27249	2383	13813	602	15759	538	
1985	9378	3954	170354	5424	31680.60	2482	14442.50	590	12967	743	
1986	9928	4088	176860	5840	36756	2433	14151.50	573	11987	773	
1987	10387	4288	189406	6099	40928	2293	13270.50	451	9800	957	
1988	10329	4361	194294	5968	41946	20171	11481	140	9065	1166	
1989	10546	4542	202390	6004	43267	1758	9752	91	8862	1169	
1990	10697	4825	214029	5872	43690	1527	8237	91	8169	1102	283
1991	11331	5304	233021	6027	46791	1285	6890	88	6784	1228	29

续上表

年份	一、汽车总计（辆）	载客汽车		载货汽车		二、载货挂车		三、其他机动车（辆）	四、人力车（辆）	非营运汽车（辆）	拖拉机（辆）
		辆	座	辆	吨	辆	吨				
1992	12337	6202	254023	6135	50334	906	4799	70	5378	3175	300
1993	12632	6972	259403	5669	48453	611	2878	47	4984	3491	251
1994	13671	7836	254492	5835	48839	241	1291	66	4268	2228	288
1995	15448	9328	254924	6120	47204	103	560	45	2403	2271	231
1996	18417	11510	286602	6907	46288	117	513	80	1855	2169	223
1997	22200	14243	315927	7957	44865	87	417	31	1033	2560	132
1998	25354	16417	341824	8937	45979	49	200	28	1024	2894	101
1999	27215	18186	366196	9029	43975	48	285	13	588	2760	74
2000	27449	20180	402805	7269	36456	50	245	10	878	2447	64
2001	27514	21579	419051	5935	29607	61	325	10		2565	30
2002	253394	68986	905785	194408	581466	2209	18287	7661		544344	174309
2003	289029	70292	938564	218737	670608	3101	30304	6842		826713	176391
2004	306115	73123	985149	232992	790355	3911	56053	6397		1144276	162654
2005	315615	74322	1028832	241293	879820	4802	79493	6221		1484005	152365
2006	446390	72333	1065444	374057	1206209			5196		1759412	148839
2007	510434	74794	1159476	435640	1431823	15405	379289.1	5670		2263609	147574
2008	525151	76530	1247443	446531	1474694			4407		2684665	114298
2009	542081	78313	1327489	463768	1681184						
2010	508055	42029	1285221	466026	2057281						

注：1949～2001 年为浙江省交通系统营运与非营运车辆统计；2002～2010 年为浙江省公路营业性与非营业性运输工具统计。

附表9

1990~2010年浙江省水路运输船舶数一览表

年份	总计			1. 机动船								2. 驳船			其中：货驳		3. 木帆船		
				共计				其中：客轮		其中：货轮									
	艘	客位	吨位	艘	客位	吨位	千瓦	艘	客位	艘	吨位	艘	客位	吨位	艘	吨位	艘	客位	吨位
1990	63079	154317	1669524	53925	142932	1210208	921659	2903	127824	49935	1178399	8221	11385	451706	8046	451706	933		7610
1991	69538	165597	1718498	58964	153824	1274420	949140	2417	129567	55337	1244850	10283	11773	441417	10081	441417	291		2661
1992	63591	159374	1849891	56296	152030	1415894	1049450	2642	134316	52653	1384854	7233	7344	433095	7116	433095	62		902
1993	68495	142853	2453945	61445	135837	1996636	1299840	2686	126371	57819	1898622	6997	7016	456339	6851	456339	53		970
1994	67980	145111	2737604	61318	138556	2279719	1479678	2279	123696	58088	2273225	6662	6555	457885	6526	457885			
1995	68579	129716	2979734	62377	125303	2536134	1580676	2452	115668	59164	2520079	6202	4413	443600	6093	443600			
1996	63937	111632	2990819	57932	107398	2561108	1581822	2064	101198	55143	2538774	6005	4234	429711					
1997	51971	107076	2913865	46846	104281	2519623	1604104	1854	98898	44339	2515045	5125	2795	394242					
1998	50202	87957	3193542	45486	85363	2827761	1703575	1864	83079	43059	2825788	4716	2594	365781					
1999	47258	85695	3752812	43656	83969	3451657	1955057	1367	73333	41832	3446684	3602	1726	301155					
2000	38808	68441	4239618	35631	67414	3960271	2055540	914	58675	34305	3893123	3177	1027	279347					
2001	37893	64924	4906409	34851	64195	4632714	2301068	907	64195	33944	4545779	3042	729	273695					
2002	37251	59818	5773169	34421	58808	55073452	2716413	785	58808	33636	5503144	2830	1010	265824					
2003	33614	60861	6984674	30756	60304	6715360	3208906	795	60304	29961	6710119	2858	557	269314					
2004	31799	61808	8337244	28827	61462	8062402	3622574	806	61462	28021	8057282	2972	346	274842					
2005	29442	63940	10371177	26873	63940	10114638	4229435	849	63940	26024	10093099	2569		256539					
2006	24874	70690	12038208	23290	70690	11865113	4612813	1147	70690	22143	11852311	1584		173095					
2007	24874	70690	12038208	23290	70690	11865113	4612813	1147	70690	22143	11852311	1584		173095					
2008	23695	71865	12915311	22384	71865	12769360	4785208	1147	71865	21237	12760311	1311		145951					
2009	21731	73530	15503286	20658	73530	15382478	5154163	1166	73530	19497	15372249	1073		120808					
2010	21439	72693	18125788	20498	72693	18004798	5695657	1240	70460	19258	17996689	941		120990					

1990～2010年浙江省道路客运班线、班次(总)一览表

附表10

年份	营运班线														日均发班次				
	按区域分										按类别分				合计	跨省	跨地(市)	跨县(市)	县(区)
	合计		跨省		跨地(市)		地(市)区				一类	二类	二类	四类					
									县(区)										
	条	公里	条	公里	条	公里	条	公里	条	公里	条	条	条	条	班次	班次	班次	班次	班次
1990	5859	555307	393	109608	1057	185089	1462	128525	2947	132085									
1991	4441	502866	427	173832	913	170577	1050	73081	2051	85376						748			
1992	5127	654738	725	300241	1195	216277	1266	71768	1941	66452						851.50			
1993	4622	746025	668	376420	1167	240228	1164	85633	1623	43744						911.80			
1994	5342	1007633	970	569945	1431	306435	1163	79271	1778	51982						1180.30			
1995	5616	1145882	1100	662673	1535	336378	1224	85397	1857	61434						1251.70			
1996	6615	1260034	1195	701346	1983	387590	1331	101519	2106	69579	338	656	1684	3937	38576.90	1539.80	3738.50	11236	
1997	6997	1377619	1228	787326	2042	424441	1451	102021	2276	63831	339	825	1713	4120	45740.50	1544.90	4315.50	14931.50	
1998	7057	1387648	1513	829358	2007	407550	1386	91441	2151	59299	358	814	1331	4154	60128.10	1913.30	5092	17822.30	
1999	7449	1492336	1552	913265	2105	422117	1426	89870	2366	64404	441	856	1747	4405	68317.60	1994.10	5714.90	17402.50	43089.80
2000	8127	1557511	1689	935720	2325	452727	1547	98364	2566	70700	546	861	1725	4995	81831.40	2398.20	6041.40	20932.50	52459.30
2001	8548	2095840	1954	1347617	2422	555448	1781	125518	2391	68257					113677.90	3394.40	7971	35817.50	66495
2002	9190	1994179	2059	1242874	2415	551250	1819	122248	2897	77807					167435.40	3372	8733.40	42180	113150
2003	9400	2104933	2069	1340041	2484	564877	1922	123739	2925	76276					167516.46	3469.66	9039	34020	120987.20
2004	7541	1902805	2166	1463047	1290	300686	886	68709	3199	70363					197094	4062	9410	36269	147353
2005	8102	2135232	2291	1668464	1357	312746	895	62311	3559	91711					200066	4320	9639	36612	149496
2006	8014	1987503	2198	1626499	1289	300897	824	60107	3703						208024	4599	10069	35319	158037
2007	8210		2243		1305		817		3845						235809	4645	10032	38274	182857
2008	8449		2374		1297		751		4027						245317	4547	10970	33438	196362
2009	8733		2451		1311		754		4217						258269	4571	11107	35050	207541
2010	8713		2502		1314		746		4151						247975	4590	11555	35689	196141

浙江省国家高速公路编号对照表 附表11

全称	简称	省内路段	编号
北京—台北高速公路	京台高速	黄衢南高速	G3
沈阳—海口高速公路	沈海高速	杭浦高速（沪浙省界—乍浦）	G15
		杭州湾大桥	G15
		杭州湾大桥南接线	G15
		宁波绕城高速（前洋互通—姜山枢纽）	G15
		甬台温高速公路（姜山枢纽—浙闽省界）	G15
常熟—台州高速公路	常台高速	嘉苏高速（江浙省界—嘉兴）	G15W
		上三高速	G15W
宁波—金华高速公路	甬金高速	甬金高速	G1512
温州—丽水高速公路	温丽高速	金丽温高速（丽水—温州）	G1513
长春—深圳高速公路	长深高速	杭宁高速公路	G25
		杭州绕城高速（南庄兜枢纽—袁浦枢纽）	G25
		杭新景高速（杭州—桐庐）	G25
		金丽温高速（金华—丽水）	G25
		丽龙庆高速	G25
上海—重庆高速公路	沪渝高速	申苏浙皖高速	G50
杭州—瑞丽高速公路	杭瑞高速	杭徽高速	G56
上海—昆明高速公路	沪昆高速	沪杭高速（沪浙省界—沈士枢纽）	G60
		杭州绕城高速（沈士枢纽—红垦枢纽）	G60
		杭金衢高速	G60
杭州湾地区环线高速公路	杭州湾地区环线高速	沪杭高速（沪浙省界—嘉善）	G92
		杭州湾大桥北接线	G92
		杭浦高速（乍浦—绕城东枢纽）	G92
		杭州绕城高速（绕城东枢纽—红垦枢纽）	G92
		杭甬高速（红垦枢纽—高桥枢纽）	G92
		宁波绕城高速（高桥枢纽—前洋枢纽）	G92
		杭州湾跨海大桥南接线	G92
		杭州湾跨海大桥	G92
宁波—舟山高速公路	宁波绕城高速	宁波绕城高速（前洋枢纽—蛟川枢纽）	G9211
	甬舟高速	舟山跨海大桥高速	G9211
宁波市绕城高速公路	宁波绕城高速	宁波绕城高速	G1501
杭州市绕城高速公路	杭州绕城高速	杭州绕城高速	G2501

浙江省省级高速公路网路线命名和编号表　　　　附表 12

	全称	简称	路线组成	编号
两纵	宁波—台州—温州高速公路	甬台温高速	金塘疏港、大碶疏港、甬台温高速（北仑—姜山枢纽）	S1
			国高沈海线主线（姜山枢纽—浙闽省界）	
	上海—杭州高速公路	沪杭高速	国高沪昆线主线（沪浙省界—沈士枢纽）	
	杭州绕城东线	杭州绕城	国高杭州绕城高速（沈士—浙赣省界）	
	杭州—金华—衢州高速公路	杭金衢高速	国高沪昆线主线	
两横	杭州—宁波高速公路	杭甬高速	沪杭高速（沈士枢纽—彭埠枢纽）杭甬高速（彭埠枢纽—红垦枢纽）	S2
			杭州机场高速	S4
			国高杭州湾地区环线（红垦枢纽—高桥枢纽）	
			杭甬高速（高桥枢纽—大朱家）、甬台温高速大朱家—潘火	S5
	舟山大陆连岛高速公路	舟山大陆连岛高速	国高杭州湾地区环线联络线（舟山大陆连岛高速）	
	岱山—朱家尖高速公路	岱朱高速	舟山大陆连岛岱山支线、朱家尖支线	S6
	金华—丽水—温州高速公路	金丽温高速	国高长深线主线（金丽段）	
			国高沈海线联络线（丽温段）	
三绕	杭州市绕城高速公路	杭州绕城高速	国高杭州绕城环线	
	宁波市绕城高速公路	宁波绕城高速	国高宁波绕城环线	
	温州市绕城高速公路	温州绕城高速		S10
三通道	杭州湾跨海大桥高速公路	杭州湾跨海大桥	杭州湾跨海大桥北接线、北接线二期	S7
			国高沈海线主线（杭州湾跨海大桥及南接线）	
			慈溪—余姚高速公路	S8
	嘉兴—绍兴高速公路	嘉绍高速	国高沈海线之并行线	
	苏州—绍兴高速公路	苏绍高速	钱江通道及南北接线	S9

续上表

	全称	简称	路线组成	编号
十八连	1. 乍浦—嘉兴—苏州高速公路	乍嘉苏高速	国高沈海线之并行线(嘉苏段)	
			乍嘉段	S11
	2. 上海—江苏—浙江—安徽高速公路	申苏浙皖高速	国高沪渝线	
	3. 上海—嘉兴—湖州(杭州)高速公路	申嘉湖(杭)高速	申嘉湖高速	S12
			练杭高速	S13
	4. 杭州—长兴—宜兴高速公路	杭长(宜)高速		S14
	5. 杭州—安徽高速公路	杭徽高速	国高杭瑞线	
	6. 杭州—浦东高速公路	杭浦高速	国高沈海线(省界—乍浦)、国高杭州湾地区环线主线(乍浦—绕城东枢纽)	
			杭浦高速(绕城东枢纽—大井枢纽)	S16
	7. 杭州—绍兴—宁波高速公路	杭绍甬高速	杭州下沙—慈溪长河镇	S17
			国高沈海线(慈溪长河镇—慈溪观海卫镇)	
			慈溪观海卫镇—宁波镇海	S18
	8. 沿海高速公路	沿海高速	甬台温复线高速	S19
			穿山疏港高速	S20
			六横疏港高速	S21
			象山湾疏港高速	S22
			石浦疏港高速	S23
	9. 上虞—三门高速公路	上三高速	国高沈海线之并行线	
	10. 绍兴—诸暨高速公路	绍诸高速		S24
	11. 宁波—金华高速公路	甬金高速	国高沈海线联络线	
	12. 诸暨—永嘉高速公路	诸永高速	诸永高速	S26
			东永高速	S27
	13. 台州—金华高速公路	台金高速		S28
	14. 临安—金华高速公路	临金高速	国高长深线(桐庐—金华段)	
			宣桐高速(浙江段)	S29
	15. 杭州—新安江—景德镇高速公路	杭新景高速	杭州之江大桥	S30
			国高长深线(杭州—桐庐段)	
			杭新景高速(桐庐—浙赣省界)	S31
			千黄高速(含杭新景高速千岛湖支线)	S32
	16. 龙游—丽水—温州高速公路	龙丽温高速	杭新景高速(龙游支线)、龙丽高速	S33
			丽温高速	S34
			泰顺支线	S35
	17. 丽水—龙泉—庆元高速公路	丽龙庆高速	国高长深线(丽水—浙闽省界)	
			龙浦高速	S36
	18. 黄山—衢州—南平高速公路	黄衢南高速	国高京台线	

注:以后新建成的高速公路应依据本规则进行编号,数字编号在本次编号规则的基础上顺延。

主要参考书目

志书类

[1]浙江省交通厅编写组:《浙江省志交通篇》,2007年版(内部印行)

[2](清)嵇曾筠等:《浙江通志》,上海:上海古籍出版社1991年5月版

[3]浙江省交通志编纂委员会办公室编:《跨越:浙江交通改革开放30年大事记》,北京:人民交通出版社2009年版

[4]浙江省交通厅、浙江省社会科学院编:《浙江交通与改革开放三十年》,杭州:杭州出版社2008年12月版

杭州市

[5]韩勇主编;杭州市交通志编审委员会编:《杭州市交通志》,北京:中华书局2003年版

[6]《杭州市交通志》编纂委员会编:《杭州市交通志:1991~2008》,杭州:浙江人民出版社2012年12月版

[7]蒋天荣、王平、周琪总编:《杭州市公共交通志》,2002年版(内部印行)

[8]孙作佳主编;萧山市交通局编:《萧山交通志》,杭州:杭州出版社1998年版

[9]张竟成主编;余杭市交通局编:《余杭市交通志》,杭州:杭州出版社1997年版

[10]黄韵中主编:《富阳县交通志》,1995(内部印行)

[11]临安县交通局编:《临安县交通志》,北京:华艺出版社1993年4月版

[12]浙江省建德市交通局编:《建德市交通志》,北京:海洋出版社1996年版

[13]桐庐县交通局编:《桐庐县交通志》,1990年(内部印行)

[14]朱坤成主编:《淳安县交通志》,杭州:杭州出版社1998年2月版

宁波市

[15]钱起远主编;《宁波市交通志》编审委员会编:《宁波市交通志》,北京:海洋出版社1996年版

[16]张仕钱主编:《宁波港监志》,北京:人民交通出版社1997年12月版

[17]《慈溪交通志》编纂委员会编:《慈溪交通志》,杭州市:浙江人民出版社1992年10月版

[18]《慈溪市交通志》编纂委员会编:《慈溪市交通志:1990~2010》,杭州:浙江人民出版社2014年版

[19]慈溪县交通史志编委会编编:《慈溪县交通志》,杭州:浙江人民出版社1992年12月版

[20]钱智卿主编:《奉化市交通志》,北京:中国展望出版社1989年版

[21]范铭华主编:《宁海县交通志》,北京:华艺出版社1997年10月版

[22]象山县交通志编纂委员会编:《象山县交通志》,北京:海洋出版社1992年12月版

[23]鄞县交通志编纂领导小组办公室编辑《公路交通编史研究》编辑室:《鄞县交通志》,1986年12月(内部印行)

[24]《鄞州交通志》编纂委员会编著:《鄞州交通志 》,宁波:宁波出版社2009年版

[25]沈升鉴主编:《余姚市交通志》,1992年(内部印行)

[26]姚克章主编;《镇海县交通志》编审委员会编:《镇海县交通志》,北京:海洋出版社1997年版

温州市

[27]吴炎主编:《温州市交通志》,北京:海洋出版社1994年版

[28]郑毅主编:《苍南县交通志》,1989年5月(内部印行)

[29]潘世明、张荣芽主编:《洞头县交通志》,1988年8月(内部印行)

[30]吴道双主编:《乐清县交通志》,北京:海洋出版社1990年版

[31]瓯海县交通局编:《瓯海县交通志》,北京:海洋出版社1993年版

[32]林翔主编:《瑞安市交通志》,杭州:浙江古籍出版社1992年版

[33]文成县交通局、邮电局编:《文成县交通志》,1989年7月(内部印行)

[34]永嘉县交通局、永嘉县邮电局编:《永嘉县交通志》,北京:海洋出版社1990年版

[35]平阳县交通局编:《平阳县交通志》,北京:海洋出版社1991年版

[36]泰顺县交通局、泰顺县邮电局编:《泰顺县交通志》,北京:海洋出版社1991年版

台州市

[37]顾恺主编:《台州交通志》,北京:团结出版社1993年8月版

[38]《椒江市交通志》编写领导小组编:《椒江市交通志》,合肥:黄山书社1995年12月版

[39]洪晓法主编:《黄岩交通志》,上海:三联书店上海分店1992年6月版

[40]李尔猷编:《临海县交通志》,1989年8月(内部印行)

[41]黄圭杰主编:《三门县交通志1990年4月(内部印行)

[42]余林德主编:《仙居县交通志》,1985年(内部印行)

[43]林兆佩主编:《玉环县交通志》,北京:华艺出版社1993年8月版

嘉兴市

[44]嘉兴市志编纂委员会:《嘉兴市志(中册)》,北京:中国书籍出版社1997年版

[45]寿楚林主编:《嘉兴交通志(初稿)》,2014年10月(内部印行)

[46]王鹤生、张可强主编:《嘉兴航运志》,1990年(内部印行)

[47]黄建中主编:《嘉兴航运志(续集)》,1992年12月(内部印行)

[48]《嘉善县交通志》编委:《嘉善县交通志》,杭州:浙江大学出版社1994年版

[49]孙意诚主编:《平湖市交通志》,北京:团结出版社1992年版

[50]桐乡县交通局:《桐乡县志》,1990年7月(内部印行)

[51]褚汉江主编:《海宁市交通志》,杭州:浙江大学出版社1991年版

湖州市

[52]湖州市地方志编委会:《湖州市志(下卷)》,北京:昆仑出版社1999年版

[53]宗源瀚:《湖州府志》,清同治13年[1874]版

[54]沈莉莉主编:《湖州市交通志》,合肥:黄山书社 1995 年 1 月版
[55]何仰贤、朱惠勇主编:《安吉县交通志》,杭州:浙江大学出版社 1994 年
[56]朱惠勇主编:《德清县交通志》,杭州:浙江大学出版社 1991 年版
[57]长兴县交通局编志办公室编:《长兴县交通志》,杭州:中国古籍出版社 1994 年 10 月版
绍兴市
[58]罗关洲编著:《绍兴市交通志》,北京:国际文化出版社 1993 年 4 月版
[59]罗关洲编著:《绍兴市交通志(第 2 版)》,杭州:浙江人民出版社 2007 年 8 月版
[60]屠华清主编:《绍兴县交通志》,北京:中国大百科全书出版社 1993 年 4 月版
[61]裘传荣主编:《嵊县交通志》,1990 年 4 月(内部印行)
[62]许示主编:《嵊县交通志》,杭州:浙江大学出版社 1995 年 12 月版
[63]竺柏岳主编;嵊州市交通局编:《嵊州市交通志》,杭州:浙江大学出版社 2003 年版
[64]陈寿云主编;胡达夫等编辑:《新昌县交通志》,杭州:浙江大学出版社 1991 年 6 月版
[65]诸暨市交通局编:《诸暨市交通志》,北京:团结出版社 1994 年版
[66]高守安主编:《上虞县交通志》,1988 年 1 月(内部印行)
金华市
[67]江涛主编;《金华市交通志》编审委员会编:《金华市交通志》,北京:海洋出版社 1997 年 12 月版
[68]《金华市公路水运交通志》编纂委员会编:《金华市公路水运交通志 1991 - 2005》,北京:方志出版社 2007 年版
[69]周树青主编:《金华县交通志》,1990 年 4 月(内部印行)
[70]东阳市交通志编纂办公室:《东阳市交通志》,1989 年 11 月(内部印行)
[71]兰溪市市志编纂委员会编:《兰溪市志》,杭州:浙江人民出版社 1988 年版
[72]《兰溪市交通志》编审委员会办公室编:《兰溪市交通志》,杭州:浙江大学出版社 1990 年 1 月版
[73]贾金生:《兰溪县交通志》,杭州:浙江大学出版社 1990 年 11 月版
[74]洪忠斌主编:《浦江县交通志》,1991 年 12 月(内部印行)
[75]《义乌市交通志》编委会主编:《义乌市交通志》,北京:方志出版社 2008 年 1 月版
[76]义乌县交通局编:《义乌县交通志》,1988 年 6 月(内部印行)
[77]陈耀琪主编:《永康县交通志》,1990 年 5 月(内部印行)
[78]永康县交通局、邮电局编:《永康县交通志》,北京:海洋出版社 1990 年 5 月版
[79]徐登火主编:《武义县交通志》,1988 年 12 月(内部印行)
衢州市
[80]衢州市交通局史志办公室编:《衢州市交通志》,北京:海洋出版社 1992 年 3 月版
[81]潘玉光主编:《衢州市交通志(1985 ~ 2007)》,北京:方志出版社 2010 年版
[82]杨廷望:《衢州府志》,清光緒 8 年[1882]版
[83]衢县交通志编纂委员会:《衢县交通志》,1992 年 9 月版

[84]周作洁、张朝德、林正南主编:《常山县交通志 2000》,2002 年 3 月(内部印行)

[85]《江山交通志》编纂委员会编:《江山交通志》,杭州:浙江人民出版社 1993 年 9 月版

[86]周光华主编;韩先智等编写:《开化交通志》,杭州:浙江人民出版社 1990 年版

[87]傅琢主编:《龙游县交通志》,1990 年 2 月(内部印行)

舟山市

[88]徐彬主编:《岱山交通志》, 1997 年(内部印行)

[89]《岱山交通志》编纂委员会编:《岱山交通志》,杭州:浙江人民出版社 2013 年 7 月版

[90]倪吾芳主编;《定海交通志》编纂领导小组编:《定海交通志》,杭州:浙江大学出版社 1996 年 8 月版

[91]丁康贤主编;《普陀交通志》编审委员会编:《普陀交通志》,杭州:浙江大学出版社 2005 年版

[92]许示主编;《嵊泗县交通志》编纂领导小组编:《嵊泗县交通志》,杭州:浙江大学出版社 1995 年 12 月版

[93]彭宪初主编;《舟山市交通志》编审委员会编:《舟山市交通志》,北京:海洋出版社 1998 年 10 月版

丽水市

[94]杨一民主编;《丽水地区交通志》编审委员会编:《丽水地区交通志》,北京:海洋出版社 1995 年 11 月版

[95]丽水市交通局编:《丽水市交通志》,北京:海洋出版社 1993 年 10 月版

[96]季宗希主编;丽水市交通局编:《丽水市交通志》,北京:海洋出版社 1993 年 10 月版

[97]赵锡光主编:《缙云县交通志》,1989 年 10 月(内部印行)

[98]缙云县交通志编纂办公室:《缙云县交通志》,1989 年 10 月(内部印行)

[99]景宁畲族自治县交通局编:《景宁畲族自治县交通志》,北京:海洋出版社 1993 年 12 月版

[100]潘志升主编;龙泉市交通局编:《龙泉县交通志》,北京:海洋出版社 1998 年版

[101]青田县交通局编:《青田县交通志》,北京:海洋出版社 1992 年 5 月版

[102]彭荣根主编;庆元县交通运输局编:《庆元县交通志:1990 ~ 2010》,杭州:西泠印社出版社 2015 年版

[103]松阳县交通局编:《松阳县交通志》,北京:海洋出版社 1993 年 5 月版

[104]遂昌县交通局编:《遂昌县交通志》,北京:海洋出版社 1992 年 3 月版

[105]朱佐成主编;云和县交通局编:《云和县交通志》,北京:海洋出版社 1994 年 2 月版

年鉴、统计资料

[106]董朝才、方根雄主编:《浙江年鉴(1992 ~ 2010)》,杭州:浙江人民出版社 1992 ~ 2010 年

[107]马瑞康主编:《浙江经济年鉴(1986 ~ 2010)》,杭州:浙江人民出版社,1988 ~ 2012 年

[108]周天政主编:《浙江省交通统计四十年年鉴(1949~1989年)》,1990年3月(内部印行)

[109]浙江交通年鉴编辑室:《浙江交通年鉴(2002~2010版)》,2003~2011年(内部印行)

[110]浙江省交通运输厅:《浙江省交通统计年鉴(1990~2010年)(内部印行)

[111]浙江省公路管理局:《浙江省公路统计年鉴(2006年)》,2007年5月(内部印行)

[112]浙江省公路管理局:《浙江省公路养护建设统计年鉴》,2002年4月(内部印行)

[113]浙江省港航管理局:《浙江省港航统计年鉴(1990~2010年)(内部印行)

[114]浙江省港航监督局:《浙江省渡口资料年鉴1992年》,1993年6月(内部印行)

资料汇编

[115]浙江省交通厅港口普查办公室编:《全国港口普查·浙江港口》,1987年(内部印行)

[116]浙江省港口普查办公室:《第二次全国港口普查浙江省资料汇编(1996年)》,1999年12月(内部印行)

[117]浙江省道路运输管理局:《浙江省道路运输行业统计资料汇编》,2012年6月(内部印行)

[118]浙江省公路管理局:《浙江省公路交通情况调查(1999~2001年)》,2000年7月(内部印行)

[119]长江水系航道协会:《中国内河航道建设四十年1949~1989》,1989年11月(内部印行)

[120]浙江省交通运输厅编:《浙江省交通厅交通法规汇编(1997~2010)》,2011年2月(内部印行)

[121]浙江省公路管理局:《浙江省公路养护与管理制度规范汇编及公路养护技术管理有关文件汇编(2006~2010)(上册)》,2010年12月(内部资料)

[122]浙江省交通厅道路运输管理局浙江省道路运输协会:《浙江省道路运输管理文件选编(二)》,2002年9月(内部资料)

[123]陈述主编:《杭州运河文献(上下册)》,杭州:杭州出版社2006年4月版

[124]孙忠焕主编:《杭州运河文献集成》,杭州:杭州出版社2009年2月版

[125]王云、李泉主编:《中国大运河历史文献集成》,北京:国家图书馆出版社2014年版

专史

[126]王国平主编:《京杭大运河图说》,杭州:杭州出版社2006年5月版

[127]姚汉源著:《京杭运河史》,北京:中国水利水电出版社1998年12月版

[128]李跃乾:《京杭大运河漕运与航运》,北京:电子工业出版社2014年版

[129]毛锋、吴永兴、李喜仕:《京杭大运河开凿与变迁》,北京:电子工业出版社2014年版

[130]金陈宋主编:《海门港史》,北京:人民交通出版社1995年版

[131]杨新华著:《近现代宁波帮航运史》,吉林:黑龙江教育出版社2002年版

[132]郑绍昌主编:《宁波港史》,北京:人民交通出版社 1989 年版

[133]陈文浩主编:《宁波公路交通史》,宁波:宁波出版社 1998 年 12 月版

[134]林士民著:《宁波造船史》,杭州:浙江大学出版社 2012 年 3 月版

[135][日]松浦章著:《清代内河水运史研究》,南京:江苏人民出版社 2010 年 6 月版

[136]陈桥驿主编:《中国运河开发史》,北京:中华书局 2008 年 9 月版

[137]中国航海学会:《中国航海史 · 近代航海史》,北京:人民交通出版社 1989 年版

[138]中国航海学会:《中国航海史 · 古代航海史》,北京:人民交通出版社 1988 年版

[139]孙光圻:《中国古代航海史》,北京:海洋出版社 1989 年版

[140]周厚才编著:《温州港史》,北京:人民交通出版社 1990 年版

[141]邱志荣、陈鹏儿著:《浙东运河史:上卷》,北京:中国文史出版社 2014 年 7 月版

[142]浙江省公路交通史编审委员会:《浙江公路史(古代公路)》,杭州:浙江古籍出版社 1992 年 6 月版

[143]徐望法主编:《浙江公路史(近代公路)》,北京:人民交通出版社 1988 年 4 月版

[144]浙江省交通厅公路交通史编审委员会:《浙江公路史(现代公路)》,北京:浙江古籍出版社 1993 年 12 月版

[145]徐望法;浙江省交通厅公路交通史编审委员会编:《浙江公路史 第一册》,杭州:人民交通出版社 1988 年 4 月版

[146]王家骝;浙江省交通厅公路交通史编审委员会编:《浙江公路史 第二册》,杭州:浙江古籍出版社 1993 年 12 月版

[147]浙江省汽车运输总公司编史组编:《浙江公路运输史 第一册 近代公路运输》,北京:人民交通出版社 1988 年 5 月版

[148]《浙江省公路交通史 · 运输篇》编写组:《浙江公路运输史 第二册 现代公路运输》,杭州:浙江人民出版社 1994 年 4 月版

[149]童隆福主编:《浙江航运史(古近代部分)》,北京:人民交通出版社 1993 年 7 月版

[150]徐望法主编:《浙江省古代道路交通史》,杭州:浙江古籍出版社 1992 年 6 月版

[151]吴振华编著:《杭州古港史》,北京:人民交通出版社 1989 年版

[152]顾志兴等著:《杭州运河史》,北京:中国社会科学出版社 2011 年 6 月

[153]陈述主编:《杭州运河历史研究》,杭州:杭州出版社 2006 年 4 月版

[154]曲金良主编:《中国海洋文化史长编(近代卷)》,青岛:中国海洋大学出版社 2013 年 5 月版

[155]曲金良主编:《中国海洋文化史长编(明清卷)》,青岛:中国海洋大学出版社 2012 年 11 月版

[156]曲金良主编:《中国海洋文化史长编(宋元卷)》,青岛:中国海洋大学出版社 2013 年 1 月版

[157]曲金良主编:《中国海洋文化史长编(魏晋南北朝隋唐卷)》,青岛:中国海洋大学出版社 2013 年 1 月版

[158]曲金良主编:《中国海洋文化史长编(先秦秦汉卷)》,青岛:中国海洋大学出版社 2008 年 1 月版

[159]席飞龙等主编:《中国科学技术史·交通卷》,北京:科学出版社 2004 年版

专著类

[160]魏桥主编:《浙江历史大事记》,杭州:浙江人民出版社 2010 年 10 月版

[161]浙江省文物局编:《大运河遗产 上》,杭州:浙江古籍出版社 2012 年 3 月版

[162]贾刚为:《高山流水》,北京:中国文联出版社 1999 年 12 月版

[163]陈述主编;顾希佳著:《杭州运河风俗》,杭州:杭州出版社 2006 年版

[164]陈述主编;严军、胡心爱著:《杭州运河古诗词选评》,杭州:杭州出版社 2006 年版

[165]陈述主编;程雷生、沈泯编著:《杭州运河桥船码头》,杭州:杭州出版社 2006 年版

[166]陈述主编:《杭州运河遗韵》,杭州:杭州出版社 2006 年 5 月版

[167]沈弘著:《西湖百象:美国传教士甘博民国初年拍摄的杭州老照片》,济南:山东人民出版社 2010 年 8 月版

[168]张建康:《砚边清言》,北京:方志出版社 2007 年 3 月版

[169]郭学焕:《饮马衢江》,北京:人民日报出版社 2006 年 11 月版

[170]全国政协文史和学习委员会:《运河名城——杭州》,北京:中国文史出版社 2009 年 10 月版

[171]朱惠勇主编:《中国船文化》,杭州:杭州出版社 2003 年 7 月版

[172]朱惠勇主编:《中国古船与吴越古桥》,杭州:浙江大学出版社 2000 年 12 月版

[173]朱惠勇主编:《中国古桥录》,杭州:杭州出版社 2002 年 1 月版

[174]中华人民共和国交通部:《中国桥谱》,北京:外文出版社 2003 年版

[175]朱汉国等主编:《中华民国史 第三册》,成都:四川人民出版社 2006 年版

[176]钟丽萍主编:《流淌的文化:拱墅运河文化概览 上册》,杭州:杭州出版社 2010 年版

编 后 记

《浙江省交通志》(远古~2010年)在浙江省交通运输厅党组和编纂委员会的领导下,自2007年7月始,历经开始建立机构、编制纲目、收集资料、起草长编、试写章节、编写志稿、征求意见、反复修改,五易其稿,历时八年,于2015年7月形成评审稿。2015年7月15日经《浙江省交通志》编纂委员会组织专家和相关人员进行评审,专家组一致通过评审。评审会后,对志稿又进行了数次修改和补充,方形成此稿。

参加《浙江省交通志》编纂工作除正副主编外,具体编纂工作由以下人员完成:照片部分与封底篆印由曹伟川负责收集、编辑和篆刻。凡例,总述,大事记,第六篇管理中的第二章第四节、第五章、第六章、第七章,第七篇中的第二章、第三章由周永富负责收集资料和编写。第一篇由陈鑑明、杨金龙收集资料,杨金龙、高波编写。第五篇中的第一章、第二章中第一节、第二节和第四章中第一节,第六篇中的第二章、第四章由陈鑑明收集资料,潘进、杨金龙编写。第二篇由齐潮生、曹伟川、杨艳收集资料,杨艳编写。第四篇,第五篇中的第二章中的第三节、第三章、第四章中的第二节,第六篇管理中的第三章——由齐潮生、曹伟川、徐子寿收集资料,徐子寿编写。第三篇由陈鑑明、杨金龙收集资料,杨金龙编写。第六篇中的第一章、第七篇中的第一章,第八篇由童隆福负责收集资料和编写。第九篇由杨金龙负责收集资料和编写。

在编写和修改过程中,得到了全省各市(地)交通运输局(委)、厅管厅属单位以及厅机关相关处室的支持;省方志办专家的指导与帮助;省交通厅退休老领导、曾在编志办工作过的领导和同事、市(地)交通志主编提出的宝贵建议和意见。在此一并深表感谢!

因工作调动和到龄退休等原因,曾担任过本志编纂领导工作的储雪青(编纂委员会副主任委员)、戚步云(编纂办公室主任)及多名编委会委员,相继离开编委会。对于他们的指导,在本志出版之时,谨表示敬意!

限于我们的水平和时间跨度大,志书不足之处在所难免,希望读者谅解并批评指正。

《浙江省交通志》编纂委员会办公室

2016年5月